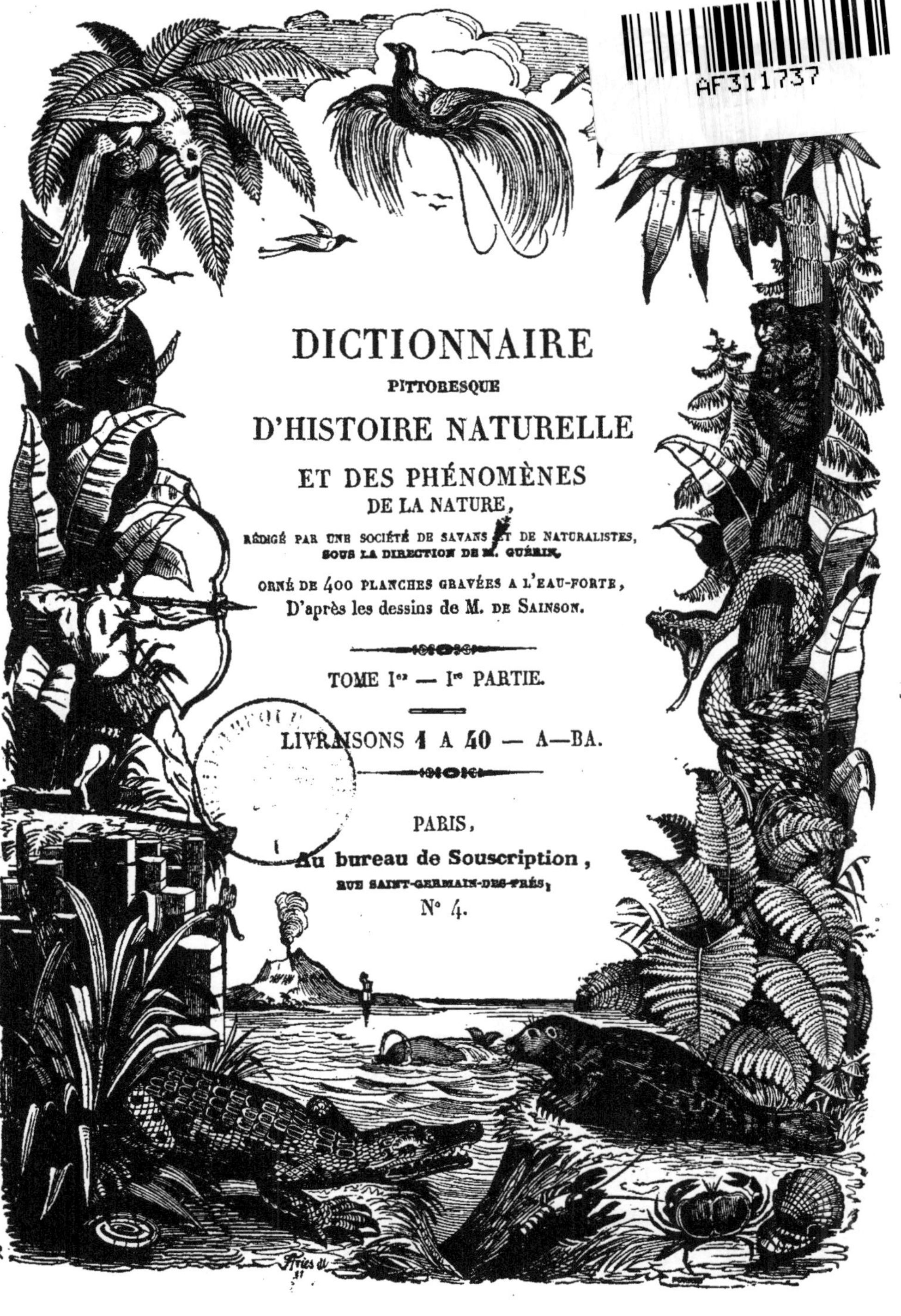

# DICTIONNAIRE

PITTORESQUE

## D'HISTOIRE NATURELLE

### ET DES PHÉNOMÈNES
#### DE LA NATURE,

RÉDIGÉ PAR UNE SOCIÉTÉ DE SAVANS ET DE NATURALISTES,
SOUS LA DIRECTION DE M. GUÉRIN,

ORNÉ DE 400 PLANCHES GRAVÉES A L'EAU-FORTE,
D'après les dessins de M. DE SAINSON.

TOME I er — I re PARTIE.

LIVRAISONS 1 A 40 — A—BA.

PARIS,
Au bureau de Souscription,
RUE SAINT-GERMAIN-DES-PRÉS,
N° 4.

# AVIS AUX SOUSCRIPTEURS.

Cet ouvrage formera quatre volumes, d'environ 80 feuilles chaque, ornés de 80 planches, divisés en huit parties ou huit demi-volumes.

A chaque demi-volume, composé comme celui-ci de 40 livraisons, il sera remis aux Souscripteurs une couverture qui leur donnera la facilité de faire cartonner ou brocher chaque partie séparément.

On remplacera toutes les livraisons gâtées ou perdues, au prix de souscription fixé ci-dessus.

On trouvera au bureau des exemplaires des 40 livraisons terminées : brochés, au prix de 5 fr. 25 c. en noir, et 12 fr. 25 c. en couleur ;

Cartonnés à l'anglaise, au prix de 7 fr. en noir, et 14 fr. en couleur.

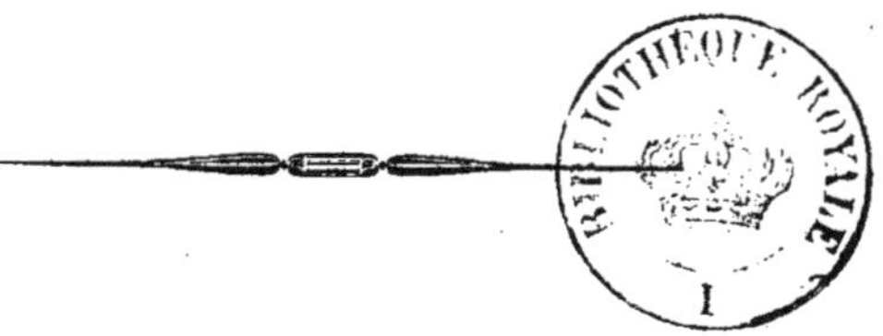

ON SOUSCRIT :

CHEZ TOUS LES LIBRAIRES DE PARIS ET DES DÉPARTEMENS,
ET CHEZ TOUS LES DIRECTEURS DE POSTE.

# A PARIS,

## AU BUREAU PRINCIPAL DE SOUSCRIPTION,
Rue Saint-Germain-des-Prés, n° 4.

**1834.**

PARIS. — IMPRIMERIE DE COSSON, RUE SAINT-GERMAIN-DES-PRÉS, N° 9.

# DICTIONNAIRE

## PITTORESQUE

# D'HISTOIRE NATURELLE

## ET

# DES PHÉNOMÈNES DE LA NATURE.

**TOME PREMIER.**

IMPRIMERIE DE COSSON,
Rue Saint-Germain-des-Prés, n. g.

# DICTIONNAIRE

## PITTORESQUE

# D'HISTOIRE NATURELLE

## ET

# DES PHÉNOMÈNES DE LA NATURE,

CONTENANT

L'HISTOIRE DES ANIMAUX, DES VÉGÉTAUX, DES MINÉRAUX,
DES MÉTÉORES, DES PRINCIPAUX PHÉNOMÈNES PHYSIQUES ET DES CURIOSITÉS NATURELLES;
AVEC DES DÉTAILS SUR L'EMPLOI DES PRODUCTIONS DES TROIS RÈGNES
DANS LES USAGES DE LA VIE, LES ARTS ET MÉTIERS ET LES MANUFACTURES.

RÉDIGÉ PAR UNE SOCIÉTÉ DE NATURALISTES,

### SOUS LA DIRECTION DE M. F.-E. GUÉRIN,

MEMBRE DE LA SOCIÉTÉ D'HISTOIRE NATURELLE DE PARIS ET DE DIVERSES AUTRES SOCIÉTÉS SAVANTES NATIONALES ET ÉTRANGÈRES,
AUTEUR DE L'ICONOGRAPHIE DU RÈGNE ANIMAL DE CUVIER ET DU MAGASIN DE ZOOLOGIE,
L'UN DES AUTEURS DU DICTIONNAIRE CLASSIQUE D'HISTOIRE NATURELLE, DE L'ENCYCLOPÉDIE MÉTHODIQUE,
DU VOYAGE AUTOUR DU MONDE PAR LE CAPITAINE DUPERREY,
DE L'EXPÉDITION SCIENTIFIQUE DE MORÉE, DU VOYAGE AUX INDES ORIENTALES PAR M. BÉLANGER, ETC., ETC.

AVEC PLANCHES GRAVÉES SUR ACIER PAR M. BEYER,
SUR LES DESSINS DE M. DE SAINSON, DESSINATEUR DU VOYAGE DE L'ASTROLABE.

## TOME PREMIER.

----

# PARIS,

## AU BUREAU DE SOUSCRIPTION,
Rue Saint-Germain-des-Prés, n° 4.

----

## 1833—1834.

# DICTIONNAIRE

## PITTORESQUE

# D'HISTOIRE NATURELLE

### ET

# DES PHÉNOMÈNES DE LA NATURE.

## INTRODUCTION.

Depuis que la France jouit d'une sage liberté, que les sectes religieuses ne peuvent plus empêcher la propagation des lumières, et que le gouvernement n'est plus intéressé à tenir les peuples dans l'ignorance, les études positives ont pris une extension immense ; les sciences pénètrent avec rapidité dans toutes les classes de la société, et tout le monde sent vivement le besoin de s'instruire.

Nous avons pensé, avec les éditeurs de cet ouvrage, que le moment était venu, pour l'histoire naturelle, de coopérer à ce grand mouvement de la civilisation, et nous venons apporter notre tribut, en cherchant à faire participer les masses aux belles découvertes que les savans ont faites dans les sciences naturelles. Nous voulons faire connaître aux gens du monde les phénomènes généraux de la nature, les lois qui les régissent, les propriétés et les usages des corps qui composent les trois règnes, l'influence qu'ils exercent les uns sur les autres, et surtout les applications que l'homme est parvenu à en faire pour ses besoins ou ses plaisirs. Nous ne présenterons pas la science, comme on l'a fait trop souvent, d'une manière abstraite, hérissée de mots techniques et barbares, incompréhensibles pour ceux qui ne sont pas déjà savans, et capables de les rebuter en les dégoûtant de l'étude. Nous chercherons, au contraire, à exprimer nos idées en langage ordinaire, afin que chacun puisse nous comprendre facilement. L'ordre alphabétique nous a semblé le plus convenable et le plus commode pour présenter les faits d'une manière variée ; nous l'adoptons donc afin que nos lecteurs puissent arriver plus promptement aux articles qu'ils voudraient étudier de préférence.

Nous ne connaissons aujourd'hui que deux sortes de dictionnaires d'histoire naturelle ; les uns, composés de peu de volumes, mais surannés, remplis d'erreurs et n'étant pas au courant de la science, tels que ceux de Valmont de Bomare, de Lachenès-Desbois, de Favart d'Herbigny, etc.; les autres, au contraire, très-étendus, ayant de 18 à 75 volumes, remplis des mots et des définitions les plus élevées de la science, et par cela même hors de la portée des gens du monde et des étudians, qui ne tiennent pas à savoir, par exemple, si tel ou tel auteur a divisé le genre mouche, que tout le monde connaît, en 2,000 petits groupes, basés sur la présence d'un poil de plus ou de moins aux mâchoires, mais qui apprendraient avec intérêt, au contraire, comment les mouches se multiplient, quels sont leurs habitudes, les ruses qu'elles emploient pour se soustraire à leurs ennemis, les moyens que nous avons de les détruire, etc., etc. Un dictionnaire spécialement destiné à faire connaître l'histoire naturelle sous ce point de vue, deviendrait bientôt populaire, aujourd'hui surtout que cette belle science n'est plus reléguée dans le cabinet d'un petit nombre de savans, mais qu'elle forme une partie essentielle de l'instruction de la jeunesse, depuis que l'université a attaché à chaque collége un professeur d'histoire naturelle.

Nous avons donc pensé que l'ouvrage que nous publions serait accueilli par tout le monde si nous le mettions à la portée des personnes qui, sans vouloir faire leur profession de l'étude de l'histoire naturelle, désireraient cependant connaître les principes, la partie philosophique et les applications de cette science.

Notre Dictionnaire ne sera pas néanmoins un simple abrégé ; il présentera l'état actuel de la science, avec les découvertes qui ont été faites dans ces derniers temps, et offrira même beaucoup d'observations neuves qui n'ont pu faire partie des dictionnaires les plus étendus, dont la publication date déjà de plusieurs années ; ces articles seront indiqués par des astérisques.

Tous les articles généraux seront traités à fond, et présenteront assez de détails pour mettre au courant de cette science les personnes les plus étrangères à l'histoire naturelle. Les mots de détail ne seront pas négligés quand ils nous paraîtront d'une importance réelle : quoique traités brièvement, ils ne laisseront rien ignorer de ce qu'il est nécessaire de connaître pour étudier dans la suite les traités spéciaux dont un dictionnaire ne doit contenir que la substance et souvent même que l'indication.

Nous avons la confiance que notre Atlas pourra rivaliser avec tous ceux qui ont été publiés jusqu'à ce jour, soit par la manière originale dont les objets seront représentés, soit par le choix des sujets. La réputation justement méritée de M. de Sainson, qui est à la tête de la partie iconographique, est un sûr garant de la perfection des planches que nous joindrons à notre ouvrage. Quant au choix des figures, il sera fait dans le même esprit qui nous dirige pour la rédaction des articles, c'est-à-dire que nous n'irons pas figurer une petite plante inconnue trouvée dans quelque coin de la Nouvelle-Hollande, et offrant, avec nos végétaux européens, une légère différence dans le pistil, l'ovaire, etc., mais nous ferons graver les espèces qui donnent des produits importans ou remarquables, telles que les arbres qui produisent les gommes, le sagou, l'encens, et un grand nombre d'autres substances, dont peu de personnes connaissent bien l'origine. Nous aurons soin de montrer, par des figures à l'appui des articles généraux, les phénomènes de la circulation dans les animaux et dans les végétaux, les organes de la fécondation et de la génération, qui offrent des circonstances si curieuses; la composition des organes principaux, tels que le système nerveux, les yeux, les trachées des plantes, leurs tissus, etc., etc. Il en sera de même pour les minéraux, dont la cristallisation offre des particularités si remarquables; enfin des coupes systématiques et locales serviront à éclairer les notions de géologie et l'histoire des principales révolutions de l'écorce de notre globe.

Nous suivrons, pour la classification, les méthodes les plus célèbres de notre époque. En zoologie, nous adopterons la méthode si belle et si simple de Cuvier, et nous mettrons à profit les publications importantes de MM. Lamarck, Latreille, Geoffroy-Saint-Hilaire père et fils, Duméril, Savigny, Serres, Blainville, etc. En botanique, nous prendrons pour guides MM. Desfontaines, De Candolle, Robert Brown, Mirbel, Richard, et surtout Jussieu, dont nous adopterons spécialement la méthode; en minéralogie, Haüy, Werner, et MM. Brochant, Beudant, Dufresnoy et Delafosse. Pour la géologie, science toute nouvelle et qui offre matière à tant d'hypothèses, on suivra les vues ingénieuses de MM. de Humboldt, Ramond, Élie de Beaumont, Constant Prévost, Cordier, Brongniart, etc., etc. Enfin pour la physiologie, la chimie, la physique, l'agriculture et la géographie physique, les meilleures sources aussi seront consultées. Tout en suivant ces méthodes, nous aurons soin de faire connaître sommairement à nos lecteurs celles des autres savans qui ont contribué aux progrès de la science par des publications partielles.

Les noms des naturalistes qui se sont empressés de coopérer avec nous à la publication de ce Dictionnaire, offrent au public une garantie du soin qu'on apportera à sa rédaction. Plusieurs ont déjà fait leurs preuves d'une manière brillante, soit par la publication de mémoires originaux et d'ouvrages importans, soit par leur collaboration au Dictionnaire classique d'histoire naturelle; les autres, initiés plus récemment à la science, ont étudié sous l'influence des premiers savans de notre époque, et sont destinés à suivre un jour leurs traces d'une manière distinguée et digne de leurs célèbres maîtres.

Ainsi, la physiologie et l'histoire de l'organisation de l'homme et des animaux seront traitées par le docteur Martin-Saint-Ange, si connu par ses belles recherches sur la circulation chez les animaux et sur les métamorphoses des reptiles; ouvrages qui lui ont mérité deux prix à l'Académie des Sciences. M. le docteur Gentil, auquel on doit des recherches physiologiques sur la chaleur animale, et plusieurs autres mémoires publiés dans divers recueils, veut bien aussi coopérer, pour l'anatomie et la physiologie, à cette publication.

Les mammifères et les oiseaux seront traités par M. Doyère, auquel M. I. Geoffroy-Saint-Hilaire a promis de communiquer un grand nombre de matériaux inédits.

Les articles relatifs aux reptiles seront faits par M. le docteur Cocteau, qui s'est déjà fait connaître depuis plusieurs années des zoologistes, par la publication de mémoires relatifs à cette partie de la science.

Les poissons auront pour auteur M. Bibron, aide naturaliste du professeur Duméril, au Jardin des Plantes, et dont plusieurs voyages zoologiques, exécutés dans l'Italie méridionnale et la Sicile, ont déjà rendu le nom recommandable.

M. Duclos, membre de diverses sociétés savantes, auteur de plusieurs mémoires sur les mollusques, qui ont été le sujet de rapports très-favorables à l'Académie des Sciences, s'est chargé de rédiger les articles qui traiteront des mollusques.

Nous nous sommes adjoint, pour rédiger les articles relatifs aux Annélides crustacés, Arachnides, Insectes et Zoophytes, M. Achille Percheron, entomologiste déjà bien connu par plusieurs mémoires importans; M. Guillaumé et MM. Lucas et L. Rousseau, remplissant l'un et l'autre les fonctions d'aides naturalistes au Muséum, pour la zoologie des animaux invertébrés.

La botanique sera traitée par M. François Foy, docteur en médecine de la Faculté de Paris, chevalier des ordres de la Légion-d'Honneur et du Mérite militaire de Pologne, pharmacien de l'École de Paris, professeur de chimie et de pharmacologie, un des médecins envoyés en Pologne, membre de plusieurs sociétés savantes, etc., etc. Ce naturaliste traitera surtout la partie des Cryptogames et quelques genres qui donnent les produits employés en pharmacie. MM. Clavé et Lallement, botanistes pleins d'instruction, feront presque tous les articles relatifs aux végétaux phanérogames.

L'agriculture, cette partie si essentielle de la science des végétaux, sera traitée par M. Thiébaut de Berneaud, connu par un grand nombre de travaux estimés sur cette branche.

La minéralogie aura pour auteur M. Charles d'Orbigny, membre de plusieurs sociétés savantes, agent général de la Société géologique de France, etc.

La géologie et la géographie physique seront traitées par M. Burat, Ingénieur civil, membre des Sociétés géologique et des sciences naturelles de France, auteur d'une description géologique de la France centrale, etc.; par M. Huot, membre des mêmes Sociétés, bien connu par divers travaux de géologie et par sa continuation de la géographie de Malte-Brun; par M. Jubé de la Pérelle, membre de diverses sociétés savantes, et par M. P. Boblaye, membre des Sociétés des sciences naturelles et géologique de France, capitaine au corps royal des Ingénieurs géographes, membre de la Commission scientifique de Morée, etc., etc.

Enfin, la physique et la chimie auront pour auteur M. le docteur Foy.

Nous emploierons quelques abréviations pour ne pas répéter certains mots qui se présentent très-fréquemment; néanmoins nous les multiplierons le moins possible, afin d'éviter de devenir obscurs.

Comme il pourrait arriver que les personnes auxquelles nous destinons cet ouvrage, ne se fissent pas une idée exacte de l'histoire naturelle, nous avons jugé nécessaire de définir préalablement cette science, de faire connaître ce qu'on entend par méthode et système, et de présenter sommairement les classifications des principaux auteurs dont nous avons parlé plus haut; afin que le lecteur, pour l'intelligence de nos articles, ne soit pas obligé d'attendre la publication des mots Histoire Naturelle, Méthode, Système, Zoologie, Botanique, Minéralogie, etc., etc.

L'histoire naturelle, prise dans le sens le plus étendu de ce mot, est la connaissance de la nature et de ses lois; mais comme elle comprendrait l'ensemble des connaissances humaines, et qu'ainsi, la physique, l'astronomie, la météorologie et même les mathématiques devraient en faire partie, on a dû la restreindre à l'étude des corps bruts appelés minéraux, et de tous les êtres vivans.

Cette belle science n'a pas seulement pour but de satisfaire une juste curiosité. L'homme a nécessairement cherché, dès le principe, à connaître d'une manière approfondie les êtres qui l'entourent, pour les éviter ou les rechercher suivant leur nature, et plus la civilisation augmente ses besoins, plus elle lui fait sentir la nécessité d'étendre ses connaissances pour découvrir de nouveaux moyens de les satisfaire. Il n'est point d'art qui n'ait ses bases prises dans l'histoire naturelle, puisqu'il n'est aucun corps qui ne rentre dans l'un des trois règnes dont elle comprend l'étude. Enfin, outre cette utilité toute pratique, l'histoire naturelle, science essentiellement positive, éclaire d'une vive lumière l'esprit de ceux qui se livrent à son étude, les forme à l'art d'observer et de raisonner, et, devant ses progrès, tombent rapidement ces préjugés, qui ont si long-temps été la honte de l'esprit humain, et dont trop de vestiges subsistent encore.

Les voies par lesquelles on peut arriver au but auquel tendent les recherches des naturalistes, sont l'observation, l'expérience, le raisonnement et le calcul. Ces quatre voies peuvent être employées avec succès en histoire naturelle ; mais l'observation tient le premier rang, et le calcul n'a été jusqu'à présent que peu usité, si ce n'est dans quelques branches spéciales.

L'observation des faits étant la meilleure voie pour arriver à la connaissance des vérités naturelles, il était nécessaire d'inventer un moyen de les classer pour se reconnaître au milieu de l'innombrable quantité d'êtres et de corps dont se compose le domaine de l'histoire naturelle. On a donc imaginé des classifications ou des méthodes, afin de rapprocher ces êtres et ces corps, selon les ressemblances qu'ils présentent, de les diviser en un certain nombre de groupes, d'après les caractères qui leur sont communs, et de soulager ainsi la mémoire qui n'aurait pu retenir leurs noms et les particularités principales de leur histoire.

On emploie en histoire naturelle deux sortes de classifications, qu'on désigne sous les noms de *méthodes artificielles* ou *systèmes*, et *méhodes naturelles* ou simplement *méthodes*. Leur but est tout-à-fait le même, puisqu'elles sont destinées à disposer les objets dans un ordre méthodique et régulier dans le grand catalogue de la nature, et à offrir un moyen facile de retrouver au besoin chacun de ces corps ; mais elles diffèrent essentiellement dans l'esprit qui a présidé à leur formation. Ainsi, une méthode artificielle est basée sur les modifications d'un petit nombre d'organes très-apparens ou même d'un seul, comme la bouche, les organes du mouvement, les étamines, etc. Elle ne fait envisager les êtres que sous un seul point de vue, et doit être nécessairement incomplète : deux animaux, par exemple, peuvent être semblables par leurs dents, et différer d'une manière frappante par tous les autres points de leur organisation. Dans une méthode naturelle, au contraire, c'est l'ensemble des organes nécessaires à la vie ou à la composition des corps qui doit servir de signes caractéristiques ; ainsi ces êtres ou ces corps doivent avoir en commun les traits les plus saillans de leur organisation ; ils sont envisagés sous tous les rapports possibles et d'une manière telle que nous les connaissons réellement.

Quoique les principes d'une méthode varient suivant les parties de la science auxquelles on les applique, il est certains termes qui doivent exister dans toutes les espèces de classifications, et dont nous devons faire connaître l'acception ; ces termes sont ceux d'INDIVIDU, ESPÈCE, VARIÉTÉ, GENRE, ORDRE et CLASSE.

Un INDIVIDU est un être pris parmi une réunion d'êtres semblables sous tous les points de vue. Ainsi, dans une réunion d'hommes, dans une forêt de chênes, etc., chaque homme, chaque arbre, pris isolément, est un *individu*.

Une réunion de plusieurs *individus* offrant les mêmes caractères et se reproduisant avec les mêmes propriétés essentielles, est ce qu'on appelle une ESPÈCE ; tous les individus d'une même espèce, dans le règne organique, jouissent également de la propriété de se reproduire par la génération ; ceux d'espèces différentes sont en général privés de cette faculté, et s'il arrive quelquefois que des espèces diverses se fécondent, elles ne produisent que des hybrides ou des mulets qui sont le plus souvent privés de la faculté de perpétuer leur race.

On appelle VARIÉTÉS des individus d'une même espèce qui s'éloignent du type primitif par des caractères de peu d'importance.

Un GENRE est la réunion d'un certain nombre d'espèces qui ont entre elles une ressemblance évidente dans leurs caractères intérieurs et leurs formes extérieures. Plusieurs genres sont réunis par les mêmes principes, et constituent un ORDRE ; enfin plusieurs ordres forment ce qu'on appelle une CLASSE, ou le premier degré de division dans une classification.

L'histoire naturelle, ne considérant que les diverses sortes d'êtres vivans et les corps bruts appelés minéraux, a été partagée en trois grandes divisions qu'on nomme RÈGNE ANIMAL, RÈGNE VÉGÉTAL et RÈGNE MINÉRAL.

Le RÈGNE ANIMAL est composé d'êtres animés, c'est-à-dire sensibles et mobiles. L'immortel Cuvier, dont la méthode servira long-temps de règle à tous les naturalistes, range les êtres qui composent ce règne dans quatre divisions principales, les ANIMAUX VERTÉBRÉS, les ANIMAUX MOLLUSQUES, les ANIMAUX ARTICULÉS et les ANIMAUX RAYONNÉS.

Les ANIMAUX VERTÉBRÉS sont divisés en quatre classes, les MAMMIFÈRES, les OISEAUX, les REPTILES et les POISSONS.

Les ANIMAUX MOLLUSQUES renferment six classes : ce sont les CÉPHALOPODES, PTÉROPODES, GASTÉROPODES, ACÉPHALES, BRACHIOPODES et CIRRHOPODES.

Les ANIMAUX ARTICULÉS forment quatre classes, savoir : les ANNÉLIDES, les CRUSTACÉS, les ARACHNIDES et les INSECTES.

Enfin, les ANIMAUX RAYONNÉS ou zoophytes sont rangés dans cinq classes qui sont : les ECHINODERMES, les VERS INTESTINAUX, les ACALÈPHES, les POLYPES et les INFUSOIRES.

Le RÈGNE VÉGÉTAL est composé d'êtres vivans, mais inanimés ; ils ne sont ni sensibles ni mobiles, et sont réduits à la faculté commune de végéter. Dans la méthode de Jussieu ils forment trois grandes sections, les VÉGÉTAUX ACOTYLÉDONÉS, les VÉGÉTAUX MONOCOTYLÉDONÉS, et les VÉGÉTAUX DICOTYLÉDONÉS.

Les VÉGÉTAUX ACOTYLÉDONÉS n'ont pas été divisés ; ils ne forment qu'une classe, l'ACOTYLÉDONIE.

Les VÉGÉTAUX MONOCOTYLÉDONÉS sont partagés en trois classes, savoir : MONOHYPOGYNIE, MONOPÉRIGYNIE et MONOÉPIGYNIE.

Enfin, les VÉGÉTAUX DICOTYLÉDONÉS forment d'abord les quatre divisions auxquelles on a donné les noms d'APÉTALES, MONOPÉTALES, POLYPÉTALES et DICLINES ; ces divisions renferment les onze classes suivantes :

Epistaminie, Péristaminie, Hypostaminie, Hypoco-rollie, Péricorollie, Synanthérie, Corisanthérie, Épipétalie, Péripétalie, Hypopétalie et Diclinie.

Dans le système de Linné, les végétaux sont partagés en deux grandes divisions, ce sont les Crypto-games qui correspondent assez exactement aux Acoty-lédonés de Jussieu, et les Phanérogames.

Enfin le Règne minéral est composé des corps bruts formés naturellement, et que l'on rencontre à la surface de la terre. C'est au célèbre Haüy que l'on doit la classification minéralogique suivie aujourd'hui le plus généralement; dans cette méthode, qui a été modifiée depuis par des savans du premier ordre, il divise l'ensemble du règne minéral en quatre grandes classes; la première comprend les Acides trouvés libres dans la nature; la seconde classe est formée des Métaux hétéropsides; la troisième des Métaux autopsides ou métaux proprement dits, et la quatrième des Corps combustibles non métalliques.

La Géologie étudie le règne minéral sous un autre point de vue, et complète la minéralogie en faisant connaître l'écorce de la terre, et en déduisant de la masse des faits observés, des conséquences plus ou moins probables, relativement à la formation de l'enveloppe extérieure du globe, et aux différentes causes qui l'ont successivement modifiée.                    (Guérin.)

---

### LISTE DES ABRÉVIATIONS EMPLOYÉES DANS CET OUVRAGE.

| | | | | |
|---|---|---|---|---|
| Acal. | Acalèphes. | | Intest. | Intestinaux. |
| Agric. | Agriculture. | | Mam. | Mammifères. |
| Anat. | Anatomie. | | Météor. | Météorologie. |
| Annél. | Annélides. | | Min. | Minéralogie. |
| Arach. | Arachnides. | | Moll. | Mollusques. |
| Botan. | Botanique. | | Ois. | Oiseaux. |
| Chim. | Chimie. | | Phan. | Phanérogamie. |
| Crust. | Crustacés. | | Physiol. | Physiologie. |
| Cryp. | Cryptogamie. | | Poiss. | Poissons. |
| Échinod. | Échinodermes. | | Polyp. | Polypes. |
| Géogr. | Géographie. | | Rept. | Reptiles. |
| Géol. | Géologie. | | Térat. | Tératologie. |
| Inf. | Infusoires. | | Zool. | Zoologie. |
| Ins. | Insectes. | | Zooph. | Zoophytes. |

---

### LISTE DES AUTEURS AVEC L'INDICATION DES LETTRES INITIALES DONT LEURS ARTICLES SONT SIGNÉS.

| | |
|---|---|
| MM. Boblaye. — B. | MM. Huot. — H. |
| Amédée Burat. — A. B. | Malepeyre. — M. |
| Gabriel Bibron. — G. B. | Camille Jubé de la Pérelle. — C. J. |
| Clavé. — C. é. | Lallement. — L. |
| Théodore Cocteau. — T. C. | Hippolyte Lucas. — H. L. |
| Doyère. — D. y. r. | Martin-Saint-Ange. — M. S. A. |
| Duclos. — Ducl. | Charles d'Orbigny. — d'O. |
| François Foy. — F. F. | Achille Percheron. — A. P. |
| Paul Gentil. — P. G. | Louis Rousseau. — L. R. |
| Édouard Guérin. — Guer. | Thiébaut de Berneaud. — T. D. B. |
| Henry Guillaumé. — H. G. | |

# DICTIONNAIRE

PITTORESQUE

# D'HISTOIRE NATURELLE

ET

# DES PHÉNOMÈNES DE LA NATURE.

## A.



**AAL.** (BOT. PHAN.) On nomme ainsi un arbre de l'Inde, que le naturaliste Rumphe a décrit très-imparfaitement : toutefois les botanistes s'accordent généralement à le ranger dans la famille des *Térébinthacées.* Il y en a deux espèces : l'*Aal* à petites feuilles, et l'*Aal* à grandes feuilles, dont l'écorce donne un goût fort agréable aux légumes dans lesquels on la fait infuser. On s'en sert spécialement pour aromatiser le vin de sagou. (C.É.)

**ABACATUAIA** ou **ABACATUIA.** ( POISS. ) Nom donné au poisson que Linnæus a décrit sous le nom latin de *Zeus gallus*, et que Daubenton a rangé dans son neuvième genre de poissons pectoraux, sous la dénomination de Doré gal. Marcgrave, dans son ouvrage sur l'histoire naturelle du Brésil, prétend que ce poisson est nommé Abucatuaia par les habitans de cette partie de l'Amérique méridionale où le Zée gal est assez commun. Le même auteur ajoute que les Portugais du Brésil l'appellent *Peixe gallo*, ce qui signifie poisson-coq. (H. G.)

**ABAJOUES.** (MAM.) Poches situées aux deux côtés de la bouche dans quelques genres de mammifères. Elles sont formées par l'extension des muscles de la joue, s'ouvrent le plus souvent en dedans, et servent à conserver les alimens pendant quelque temps et à les transporter à des distances plus ou moins considérables.

Presque tous les singes de l'ancien continent en sont pourvus. Prévoyans au sein même de la gourmandise, leur premier soin, lorsqu'ils vont au pillage, est de remplir ces magasins que leur a donnés la nature, et souvent ils le font avec tant d'excès qu'ils ne peuvent les vider qu'à l'aide de coups fortement appliqués sur les joues.

Quelques genres de rongeurs, et entre autres les Hamsters, dont une espèce se trouve en Alsace, sont pourvus d'abajoues beaucoup plus vastes encore, puisqu'elles s'étendent sur les côtés du cou et jusqu'aux épaules.

Les nyctères, parmi les chauves-souris, portent, d'après les observations de M. Geoffroy Saint-Hilaire, des abajoues fort remarquables : au fond se trouve une ouverture étroite par où l'animal peut à son gré introduire l'air dans le tissu cellulaire très-lâche qui, chez lui, unit à peine la peau et les muscles



sous-jacens : il se rend ainsi plus volumineux et par conséquent plus léger. Enfin il existe des rongeurs américains chez lesquels les abajoues s'ouvrent en dehors, sur les côtés de la bouche. On les nomme pour cette raison *Diplostomes* (animaux à double bouche ). (D.YE.)

**ABDOMEN** ou VENTRE. (ANAT. COMP.) Mot dérivé du latin *abdere*, qui veut dire cacher. Il s'emploie tour à tour pour désigner les parois, la cavité ou des organes placés dans une partie limitée du corps, que l'on nomme région abdominale.

Dans l'homme, cette grande région du tronc est située au dessous de la poitrine, limitée en haut par le diaphragme (*v.* ce mot), en bas par le bassin, en arrière par une partie de la colonne vertébrale, des muscles, des aponévroses, des ligamens (*v.* ces mots) ; sur chaque côté et en haut par les dernières côtes ; en bas par l'os iliaque (*v.* BASSIN ), et dans l'intervalle par trois muscles larges qui, en se portant en avant vers la ligne médiane, concourent, avec deux autres muscles, la peau, la graisse, etc., à former la paroi antérieure de l'abdomen. De toutes les parties du corps le ventre est le premier dessiné lors de la formation de l'enfant : aussi conserve-t-il pendant les premières années de la vie, des traces de son apparition prématurée ; son volume reste, proportionnellement à celui des autres régions du corps, plus considérable que dans l'âge adulte.

L'abdomen est sujet à beaucoup de variations ; il est plus volumineux chez la femme que chez l'homme ; l'ovoïde qu'il représente a sa grosse extrémité en bas ; c'est l'inverse chez l'homme. La grossesse, certaines maladies, et surtout l'hydropisie, ont porté quelquefois la distension des parois abdominales à un point excessif, sans qu'il en soit résulté d'autres accidens que la formation de cicatricules sur la peau du ventre, et surtout sur celle du pli des aines. Ces petites cicatrices de la peau sont blanches, longues et étroites, comparables aux marques que laissent des brûlures ; comme elles, on les aperçoit pendant toute la vie, et elles deviennent l'indice certain que le ventre a été fortement distendu.

La cavité abdominale sert de réceptacle à la

"

principale portion du tube digestif, aux organes urinaires et à ceux de la génération. Une enveloppe séreuse, le péritoine (*v.* ce mot), renferme la plupart de ces viscères, en recouvre seulement quelques-uns, les isole tous, les assujettit en quelque sorte aux parois abdominales, pour s'opposer à leur déplacement. Malgré cela, les viscères du ventre peuvent changer de place pendant certaines attitudes que prend le corps; c'est ainsi que le foie, par exemple, comprime l'estomac si l'on se couche sur le côté gauche, et détermine, dans beaucoup de circonstances, ce que l'on nomme le *cauchemar*; aussi doit-on en général préférer se coucher sur le côté droit. Le déplacement d'un ou de plusieurs organes à la fois peut être porté si loin que, dans certaines circonstances, l'estomac, les intestins, le foie, la rate, la vessie, l'utérus, etc., peuvent abandonner la cavité abdominale, ce qui constitue une hernie, descente ou effort. Le lieu où l'on remarque le plus fréquemment les tumeurs herniaires s'observe dans différens points de la région abdominale; mais c'est surtout au pli de l'aine, à l'ombilic, et sur la ligne médiane du ventre, qu'elles sont fréquentes. Les causes qui prédisposent aux hernies sont : l'amaigrissement extrême, l'hydropisie, la grossesse, les plaies, les contusions à l'abdomen, la vieillesse et surtout la mauvaise conformation de la région abdominale. Les causes qui peuvent déterminer la formation d'une hernie sont les efforts pour lever de pesans fardeaux, les sauts, la course, le chant forcé, la danse, les cris, les vomissemens, la toux, l'accouchement, la défécation, l'exercice du cheval, etc. Il est aussi une autre circonstance qui favorise la formation des hernies; c'est le défaut ou arrêt de développement des parois qui doivent former la cavité du corps; les exemples de ce genre sont nombreux et très-variés; il suffira d'en citer un des plus remarquables que j'ai eu occasion de rencontrer, et qui a été publié dans le journal des difformités. (Maisonab., ann. 1825.) Le cas dont il s'agit est relatif à une petite fille âgée de quinze jours seulement. Rien à l'extérieur ne faisait présumer qu'il y avait déplacement d'organes; elle vomissait rarement, peu à la fois, se plaignait à peine, et exécutait régulièrement ses fonctions. Une maladie aiguë des poumons fit succomber cette fille. A l'ouverture du corps se présenta un phénomène inattendu : la plus grande partie des intestins était située dans la cavité droite de la poitrine, ainsi qu'une portion assez volumineuse du foie; le poumon droit était devenu inaccessible à l'air, faute de pouvoir se dilater, et le cœur se trouvait fortement déjeté à gauche. Il se présentait chez cet enfant quelque chose de bien remarquable sous le rapport de la digestion; les alimens, après être arrivés dans l'estomac, qui est situé dans l'abdomen, devaient remonter dans la poitrine pour parcourir les intestins et se porter de nouveau dans le ventre, afin d'en être expulsés par l'anus. La cause qui avait produit ce singulier déplacement d'organes tenait à une ouverture insolite existant au centre droit du muscle diaphragme, ouverture

qu'un arrêt de développement avait seul favorisée.

L'abdomen, considéré chez les animaux, ne présente pas chez tous une cavité, des parois et des viscères dans l'ordre établi pour l'homme : par conséquent ce mot n'est pas, sous tous les rapports, susceptible d'une application rigoureuse et générale, bien qu'il ait été employé dans un grand nombre de cas.

Dans les mammifères (*v.* ce mot), l'abdomen ne diffère point, sous les rapports anatomiques et physiologiques, de celui de l'homme; la grande analogie de formes établit ici celle des fonctions; toutefois il importe de savoir que, parmi les mammifères herbivores et les carnassiers, il y a une distinction remarquable à faire : les premiers ont les intestins plus étendus que les seconds; leur bas-ventre est plus gros, plus bombé; celui des carnassiers est au contraire plus mince et moins saillant. Dans les oiseaux l'abdomen n'est pas séparé de la poitrine aussi absolument que dans les mammifères, parce que les poumons communiquent avec lui par plusieurs trous, percés dans une membrane qui tient lieu de diaphragme.

Dans les reptiles, il n'y a le plus souvent aucune séparation entre ces deux cavités; les poumons et le cœur sont en contact immédiat avec le foie, l'estomac, etc., et situés dans la même cavité qui contient tous les autres organes abdominaux. C'est surtout dans la grenouille et le serpent que les deux cavités sont parfaitement confondues en une seule; chez ce dernier, l'estomac, le poumon et le foie sont situés l'un à côté de l'autre, et parcourent ensemble le tiers environ de la longueur totale de l'animal.

Il existe aussi une particularité très-remarquable chez certains reptiles. La cavité du péritoine a une issue à l'extérieur dans les crocodiles et certaines espèces de tortues. Deux conduits, que M. Isidore Geoffroy-Saint-Hilaire et moi avons fait connaître et nommés canaux péritonéaux (*v.* PÉRITOINE), établissent cette communication; l'un des orifices, celui qui s'ouvre dans le ventre, est disposé en entonnoir et situé dans le bas-fond de la cavité abdominale; l'autre s'ouvre dans le cloaque (*v.* ce mot). L'utilité de ces canaux péritonéaux n'est pas encore bien déterminée : les tortues que nous avons examinées y font entrer de l'eau qu'elles lancent assez loin, et sous forme de jet. M. Geoffroy-Saint-Hilaire a déduit de ce fait et de l'analogie de structure, que les canaux péritonéaux pouvaient avoir chez les crocodiles une utilité importante. L'entrée et la sortie de l'eau de la cavité péritonéale, a semblé à ce célèbre zoologiste être une condition favorable à une espèce de respiration abdominale : respiration qui seule semblerait remplacer celle des poumons, lorsque le crocodile passe un certain temps sous l'eau.

Dans tous les cas, les animaux pourvus de canaux péritonéaux sont à l'abri de toute accumulation de liquide dans la cavité abdominale.

Les poissons qui n'ont pas de poumons n'ont point de cavité pectorale proprement dite; leur cœur est cependant séparé de l'abdomen par une forte membrane qu'on pourrait nommer diaphragme. Les poissons cartilagineux, tels que les raies, les squales, etc., ont deux cavités distinctes, l'une abdominale pour les organes de la digestion, de la génération et de la sécrétion urinaire; l'autre, véritablement thoracique, pour les organes circulatoires et respiratoires; seulement cette dernière cavité, au lieu de renfermer des poumons, contient des branchies (*v.* ce mot). Les raies et quelques autres poissons ont aussi deux canaux péritonéaux qui s'ouvrent sur les côtés de l'anus. Dans les mollusques, on peut nommer abdomen la cavité qui contient les principaux organes digestifs; mais sa position n'est pas constante. Elle est tantôt au milieu du corps, comme dans la limace, tantôt à sa partie postérieure, comme dans la seiche, tantôt sur le dos et remplissant le fond de la coquille, comme dans le colimaçon et les autres coquillages semblables.

Les vers et les larves d'insectes à métamorphose complète, comme les chenilles, etc., ne peuvent être divisés en cavités analogues aux nôtres, parce que leurs organes sont répartis pêle-mêle dans une même cavité. Il y a cependant, dans certaines espèces de larves (*v.* ce mot), celles qui présentent un moindre nombre de pattes, disposées différemment que chez les larves à métamorphoses, une région que l'on a nommée abdomen : c'est cette partie du corps qui ne porte point les pattes, et qui vient immédiatement après la poitrine.

Dans les insectes ordinaires le corps se partage en trois parties par des étranglemens; on a nommé celle du milieu thorax ou poitrine, et celle de derrière abdomen; la forme ou la figure de l'abdomen varie beaucoup, ainsi que toutes les autres régions du corps de l'insecte : en proportion du reste du tronc, il est court, allongé, large, étroit, cylindrique, déprimé, comprimé, sphérique, ovale, conique, en massue, en faux, linéaire, renflé, courbé, recourbé, etc.

Dans les crustacés, la même cavité contient le cerveau, le cœur, les viscères de la digestion et de la génération, et porte à ses côtés ceux de la respiration : les zoologistes ont nommé cette partie céphalo-thorax. La queue, qui vient après, et qui contient la dernière portion de l'intestin, a été aussi désignée sous le nom d'abdomen. Dans les arachnides, on a nommé abdomen la partie du corps qui fait suite au thorax, de même qu'on l'a fait pour les insectes; malgré la différence qui peut exister dans la disposition anatomique de l'abdomen et du thorax chez les uns et chez les autres. L'abdomen des araignées, ou des fileuses, est suspendu au thorax au moyen d'un pédicule court; il est mou, très-mobile et muni, au-dessous de l'anus, de quatre à six mamelons très-rapprochés les uns des autres, et percés à leur extrémité d'une infinité de petits trous pour le passage des fils soyeux, partant des réservoirs situés dans l'abdomen. Enfin les zoophytes (*v.* ce mot) n'ont pas d'abdomen proprement dit; leurs organes de la digestion occupent la partie cen-

trale du corps, et sont souvent les seuls qu'ils possèdent. (Martin-S.-Ange.)

ABDOMINAUX. (poiss.) On a désigné ainsi une grande division qui forme, pour Cuvier, le deuxième ordre des malacoptérygiens; dans ces poissons les nageoires ventrales sont suspendues sous l'abdomen, en arrière des pectorales, sans être attachées aux os de l'épaule. Cet ordre est très-nombreux, et comprend une grande partie des poissons d'eau douce. Il renferme cinq familles, savoir : les Cyprinoïdes, Esoces, Siluroïdes, Salmones et Clupes. V. ces mots et Malacoptérygiens. (Guer.)

ABEILLE, *apis.* (Ins.) On désigne vulgairement ainsi presque tous les insectes ailés qui peuvent piquer au moyen d'un aiguillon venimeux. Linné réunissait sous ce nom un grand nombre d'hyménoptères, qui ont donné matière à l'établissement de différens genres, à cause des grandes différences qu'on a remarquées dans leur organisation ou leurs mœurs. Actuellement le genre abeille n'est plus composé que de peu d'espèces, ayant toutes des mœurs à peu près semblables à celle que tout le monde connaît sous le nom de *mouche à miel:* ce genre appartient, dans la méthode de Latreille, à l'ordre des hyménoptères, et fait partie de la famille des mellifères dans la section des apiaires; il se compose, tel qu'il est caractérisé actuellement, d'environ huit ou dix espèces, très-analogues entre elles par la taille et les habitudes.

Nous nous attacherons spécialement à faire connaître à nos lecteurs le caractère et l'industrie de l'abeille mellifique (*apis mellifica*), vulgairement nommée *mouche à miel*, de couleur brune, à duvet plus clair, avec l'abdomen d'un brun uniforme.

L'ordre qui règne dans les différentes fonctions de ces insectes, leur gouvernement, leur industrie, tant d'art dans leurs ouvrages, tant d'utilité dans leurs travaux, leur ont attiré l'attention des philosophes anciens et modernes.

L'abeille provient d'une larve sans pattes, qui éclot d'un œuf déposé par une femelle dans une cellule ou petite loge construite exprès. La figure et la substance de cette cellule varient selon les espèces. La larve est formée de treize à quinze segmens, à l'extrémité desquels on voit d'un côté la tête, dont la couleur est un peu plus foncée et même souvent noirâtre. On y remarque une petite lèvre, des mandibules très-courtes, et une lèvre inférieure, dont la langue porte une filière et deux palpes fort courts. Toute cette bouche rentre dans l'intérieur du second segment à la volonté de l'animal. A l'autre extrémité du corps est l'anus, et sur les côtés, il y a autant de stigmates que de jonctions d'anneaux. Sur le dos, on observe le vaisseau longitudinal supérieur, et sur les côtés, au travers de la peau, les ramifications des vaisseaux aériens, ou trachées.

Ce ver change plusieurs fois de peau; mais on ne peut indiquer le nombre de ces mues. Quand il se dispose à en opérer une, il s'étend et file une coque d'un tissu soyeux, si serré dans quelques espèces, qu'il ressemble à une membrane desséchée. La nymphe qui en provient est nue; les ailes sont portées, ainsi que les antennes, du côté des pattes, qui sont allongées, dirigées en arrière, et au milieu desquelles on aperçoit la trompe. Toutes ces parties, molles d'abord, acquièrent de la consistance et changent leur couleur blanche primitive contre celle que la nature leur a dévolue.

Les parties qui se colorent les premières sont les yeux, le poil, puis la poitrine, le corselet, les pattes, les antennes, et enfin l'abdomen. La tête de l'insecte se trouve placée ordinairement du côté où il a le moins de chemin à faire pour parvenir hors de la cellule. Il la brise avec les mandibules, et en sort encore humide. Bientôt son corps se dessèche, et il jouit de toutes les facultés de l'insecte parfait.

La société des abeilles est composée de trois sortes d'individus : les mâles, les femelles et les neutres ou ouvrières. Voici les caractères généraux qui distinguent les abeilles des autres hyménoptères.

Leur tête est triangulaire, comprimée, verticale, à peu près de la largeur du corselet, et porte deux antennes filiformes, coudées, courtes, de douze à treize articles, deux yeux grands, ovales et entiers, et trois petits yeux lisses, disposés en triangle sur le vertex. La bouche est composée d'un labre transversal, de deux fortes mandibules, resserrées vers le milieu, s'élargissant ensuite triangulairement; de deux mâchoires et d'une lèvre, longues, grêles et coudées; de quatre palpes, dont les maxillaires très-petits, presque cylindriques et pointus; les labiaux sont longs, en forme de soie écailleuse comprimée, allant en pointe et composés de quatre articles : les deux premiers sont beaucoup plus grands, surtout l'inférieur, et les deux derniers forment une très-petite tige, insérée obliquement sur le côté extérieur du second et près de son sommet. La lèvre se termine par une languette longue, linéaire, un peu plus grêle vers le bout, striée transversalement, velue, avec l'extrémité tronquée et un peu dilatée en forme de roue; cette languette sort d'une gaîne écailleuse et demi-cylindrique; elle a, de chaque côté de sa base, ou au dessus du tube qui renferme sa partie inférieure, deux écailles très-courtes, qu'on désigne sous le nom de paragloses. Le pharynx est situé comme dans les autres apiaires.

Le corselet, ou plutôt le tronc, est court, arrondi et très-obtus en arrière.

L'abdomen est presque conique, tronqué en devant, arrondi ou convexe en dessus, comprimé de chaque côté en dessous, avec une faible arête longitudinale au milieu du ventre; il est composé de six à sept anneaux, et suspendu à l'extrémité postérieure du thorax par un petit filet ou pédicule. Les pieds, surtout au côté extérieur, sont bien moins velus que ceux des autres apiaires. Les deux jambes postérieures n'offrent point, à leur extrémité, ces deux pointes en forme d'épines, qui terminent celles des autres hyménoptères. Le premier article des tarses qui leur sont annexés est grand, aplati, en forme de palette carrée, un peu plus longue que large.

Les ailes supérieures ont une cellule radiale, étroite et allongée; trois cellules cubitales complètes, dont la première carrée, la deuxième triangulaire, qui reçoit la première nervure récurrente, et la troisième oblique, linéaire, et recevant la deuxième nervure récurrente, qui est éloignée du bout de l'aile.

Nous avons dit que l'abeille mellifique est divisée en trois variétés, d'abord le mâle ou faux bourdon, qui, sans partager aucun des travaux des ouvrières, n'en reçoit pas moins sa nourriture, jusqu'à ce qu'il ait fécondé la famille ou reine. C'est la seule fonction qui lui soit dévolue par la nature : après son accomplissement il meurt, laissant dans la vulve de la reine ses parties génératrices. C'est ordinairement pendant les mois de juin, juillet et août, époque à laquelle leur mission créatrice est remplie, que ceux qui n'ont pas été appelés à la satisfaire, sont rejetés hors de la ruche, et sacrifiés par l'aiguillon des ouvrières, qui ne reconnaissent pas de membres parasites.

Les femelles, aussi impropres que les mâles à toute espèce de travail, ne sont nécessaires que pour perpétuer l'espèce. Aussi, six jours sont à peine écoulés depuis leur naissance, et un seul consacré à leur établissement dans une nouvelle colonie, qu'elles s'empressent de voler à la recherche du mâle; les mœurs ou la nature de ces insectes ne permettant cette jonction que hors de la ruche. Elles reviennent presque toujours fécondées : riches alors de ce précieux gage d'avenir, elles reçoivent de la part des ouvrières des hommages et des soins empressés qu'on ne leur avait pas encore accordés. La ponte, qui s'opère quarante-six heures après l'acte de copulation, se continue jusqu'au printemps sans que la femelle ait été fécondée de nouveau; car, ainsi que nous l'avons dit plus haut, à dater du mois d'août on ne rencontre plus de mâles; ce terme pour la ponte n'est pas le plus éloigné : Huber nous apprend qu'un seul accouplement peut rendre une femelle féconde pendant deux ans, et cette fécondité est même tellement considérable qu'une abeille qui avait déjà pondu 28,000 œufs, offrit à Réaumur son abdomen encore plein de plusieurs milliers de ceux-ci.

La nature, dans son admirable prévoyance, a divisé en trois parties la ponte des abeilles : la première ne se compose que d'œufs d'ouvrières, la deuxième d'œufs de mâles, et la troisième, mais à un jour d'intervalle, de ceux des reines, afin que celles-ci, destinées à diriger les nouvelles colonies, ne naissent pas en même temps.

Les ouvrières ne diffèrent des reines que par un moindre développement des organes génitaux : c'est à cette privation présumée de l'ovaire qu'il faut attribuer les dénominations de mulets ou neutres, sous lesquelles on les désigne également. De nombreuses observations ont cependant prouvé que les ouvrières pouvaient être converties en femelles. Voici par quels soins les abeilles parviennent à obtenir cette tranformation ou plutôt cet entier développement.

Lorsqu'une ruche se trouve privée d'une reine, les abeilles s'empressent, s'il existe du couvain d'ouvrières qui ne soit pas âgé de plus de trois jours, d'agrandir les cellules de quelques-unes de ces larves; elles leur préparent une pâtée semblable à celle destinée aux larves femelles, les en nourrissent et, à force de soins et de travaux, parviennent à remplacer la reine perdue.

On peut conclure de là que si toutes les ouvrières ne sont pas propres à se reproduire, c'est que, dans l'état de larve, elles n'ont reçu qu'une petite quantité d'une pâtée beaucoup moins active que celle des femelles, et qu'elles ont été logées dans une cellule trop étroite; causes qui influent tellement sur elles, qu'elles empêchent le développement de leurs ovaires.

Dans l'état ordinaire, leurs fonctions principales sont d'aller à la récolte du miel et du pollen, de bâtir les cellules, de soigner les larves, de faire la police extérieure de la ruche et de la défendre contre ses ennemis.

Réaumur attribuait à une quantité plus ou moins grande de matières contenues dans les intestins des ouvrières la différence de grosseur qu'il avait observée entre elles; mais Huber a déterminé le motif de cette différence en découvrant qu'elle constituait deux variétés distinctes par les fonctions que ces abeilles étaient appelées à remplir. Il a nommé *cirières* celles dont l'abdomen est plus dilaté, et qui s'occupent exclusivement de la construction des gâteaux; et *nourrices*, celles dont cette partie est moins étendue, et dont la fonction spéciale est de soigner la larve jusqu'à son complet développement.

Après avoir décrit l'abeille, nous allons tracer son histoire. Supposons d'abord qu'une ruche, dont le nombre d'habitans peut s'élever, d'après Réaumur, jusqu'à 26,426 ouvrières, 700 mâles et une femelle, sans compter un grand nombre d'individus répandus dans la campagne, ne puisse plus contenir de nouveaux habitans, une émigration devenant alors nécessaire, un grand nombre d'abeilles, ayant leur reine à leur tête, abandonne l'habitation; cette réunion forme alors ce qu'on nomme un essaim; les insectes qui la composent ne tardent pas à s'arrêter sur une branche d'arbre ou quelque partie avancée d'un mur; là ils forment une sorte de grappe ou de cône en se cramponnant les uns aux autres au moyen de leurs pattes. La femelle, d'abord errant dans le voisinage, ne vient que quelque temps après se réunir à la masse. Bientôt quelques-unes s'en détachent; toutes alors s'agitent et s'envolent vers une cavité de tronc d'arbre, de rocher ou de muraille, choisissant de préférence l'ouverture la plus étroite.

Si l'émigration s'est opérée par un temps calme et que le soleil soit assez élevé pour leur promettre quelque temps encore sa douce influence, peu de temps après leur prise de possession, un grand nombre d'ouvrières sortent, et ne rentrent à la ruche que chargées de butin. La matière qu'elles apportent, fixée dans la cavité des jambes et des tarses, est tellement adhérente que d'autres ouvrières sont obligées de leur enlever avec les mâchoires et par petites parties, cette substance tenace dont elles vont enduire la ruche et tous les corps qui forment saillie. Cette matière résineuse, ductile et odorante, d'une couleur brune plus ou moins foncée, d'abord très-malléable, et qui forme par le temps un corps dur, a reçu, à cause de l'application qu'en font nos ouvrières, le nom grec de *propolis*, qui signifie au devant de la ville.

Pendant qu'une partie de ces laborieux insectes enduit de propolis l'intérieur de la ruche, d'autres commencent les constructions intérieures, et élèvent les alvéoles destinés à contenir les œufs et à servir de magasin pour l'approvisionnement général.

Pour recueillir la cire, l'abeille se roule dans l'intérieur ou la corolle des fleurs. Son mouvement détache le pollen qui, en s'échappant des anthères, vient s'attacher aux poils dont leur corps est couvert. Les abeilles se servent des brosses qui garnissent leurs longues pattes postérieures, pour se nettoyer et rassembler cette poussière en deux petites boules, qu'elles placent dans les cuillerons de la jambe et du premier article des tarses postérieurs. C'est alors que, les pattes chargées de cette poussière de diverses couleurs, suivant la nature des plantes dont elle provient, elles s'envolent vers la ruche.

Arrivée dans la demeure commune, chaque abeille va déposer son butin dans un endroit déterminé, souvent même d'autres individus viennent aussitôt pour l'avaler, et ne lui laissant pas le temps de le déposer, mangent sur ses pattes le produit de la récolte.

Le pollen des végétaux, pour être changé en véritable cire, a besoin de subir l'action de l'estomac; car, quelque temps après que les abeilles l'ont mangé, elles le dégorgent par l'extrémité de la trompe, sous une forme ductile et très-molle, et c'est alors qu'elles construisent les parois des cellules dont nous allons parler, et dont l'ensemble porte le nom de gâteaux ou de rayons.

Chaque rayon se compose de deux ordres d'alvéoles opposés l'un à l'autre, et dont la base commune est formée de trois pièces qui font partie des bases de trois alvéoles de l'ordre opposé. Ces rayons, placés dans une direction verticale, ne laissent entre eux que l'espace nécessaire au passage de deux abeilles; elles pratiquent, pour s'abréger le chemin, des trous qui traversent chaque rayon, dont l'épaisseur n'a pas tout-à-fait 12 lignes, ce qui donne 5 lignes environ de profondeur pour chaque alvéole d'ouvrière, et toujours 2 lignes deux cinquièmes en largeur. Les alvéoles de faux bourdons sont un peu plus grands, différens en profondeur, leur diamètre est toujours de trois lignes et demi.

C'est dans la partie supérieure de la ruche que les abeilles commencent à établir la base de l'édifice, travaillant à la fois aux cellules des deux faces. Lorsqu'elles sont pressées par l'époque de la ponte, elles laissent leurs travaux imparfaits, ne donnent aux alvéoles qu'une partie de leur profondeur, et ajournent la fin du travail jusqu'après l'entier ébauchement de toutes les cellules dont elles ont besoin.

Elles apportent une si grande délicatesse et un fini si admirable dans les côtés et les bases des alvéoles, que trois ou quatre de ces côtés n'ont pas superposés plus d'épaisseur qu'une feuille de papier ordinaire.

Les cellules des reines, en beaucoup plus petit nombre que les autres, sont construites sur une plus large échelle : pour elles, les abeilles abandonnent l'ordre habituel de leur architecture et l'économie qui préside à leur construction, la cire y est employée avec profusion, les dehors en sont guillochés, tout y est vraiment royal. Ces cellules ont une forme oblongue et arrondie, et pèsent autant que cent et cent cinquante cellules ordinaires.

Nous ne nous sommes occupés que de l'une des parties du travail des abeilles, il nous reste à désigner deux de leurs occupations les plus importantes : la nourriture, l'éducation des larves et la récolte du miel.

Quelques unes des cellules sont à peine préparées, que l'abeille femelle, pressée par le besoin de pondre, se hâte d'aller déposer un œuf dans chacun des alvéoles, souvent même il n'est encore qu'à peine ébauché. Prête à déposer son œuf, elle se promène lentement à la surface du rayon, introduit sa tête dans chacune des cellules pour s'assurer de la solidité et de la convenance de la construction, et observe si elle est entièrement vide ; bientôt après, elle introduit l'extrémité de son abdomen dans l'espèce de cul-de-sac qui termine cette cellule, et y fixe un œuf dans la partie supérieure, au moyen du suc visqueux dont il est enduit au moment de sa sortie.

Cet œuf est allongé, plus gros à une extrémité qu'à l'autre, d'un blanc opalin : il reste dans cet état deux ou trois jours, au bout desquels la larve éclot. A peine née, elle se roule en cercle, et se nourrit d'une espèce de pâtée ou bouillie de couleur blanche et d'une saveur d'abord insipide, puis un peu sucrée, dont nous avons parlé au commencement de cet article.

La larve ne vit dans cet état que cinq à six jours. Au bout de ce temps, elle a acquis assez d'accroissement pour se filer une coque presque membraneuse, et se métamorphoser en nymphe. Aussitôt que les ouvrières s'aperçoivent que la larve file, elles ferment sa cellule avec un petit couvercle de cire, arrondi et légèrement bombé, qui part de chacune des lignes de la cellule.

La métamorphose de la nymphe dure trois jours ; peu à peu les parties de l'insecte prennent de la consistance, et, au bout de huit jours, l'abeille brise, avec ses mâchoires, le couvercle qui fermait sa cellule ; elle en sort encore humide, se place sur le bord du gâteau, où bientôt d'autres neutres viennent l'entourer, lui offrir de la nourriture, en dégorgeant par la langue une petite quantité

de miel, et cherchent à absorber l'humidité qui la pénètre.

Aussitôt que l'abeille croit pouvoir se confier à ses propres forces, elle se hâte de sortir de la ruche, accompagne les autres à la récolte du miel et de la cire, partage tous leurs travaux auxquels elle se livre pour la première fois avec cet instinct de la nature, qui ne lui laisse sentir le besoin d'aucun guide.

Les abeilles neutres travaillent avec une si grande activité dans les commencemens de la fondation, que Réaumur a vu se construire sous ses yeux, dans une même journée, un rayon qui avait sur ses deux faces plus de deux décimètres de longueur.

Par une conséquence de cette admirable prévision qu'on ne saurait nier dans toutes les œuvres du Créateur, les œufs qui doivent donner des femelles sont toujours en raison du nombre des cellules qui ont été préparées, comme s'il était donné aux ouvrières de connaître à l'avance le nombre d'œufs de cette espèce qui ont été fécondés dans l'intérieur du corps de la mère. Ces ouvrières prennent un soin tout particulier des larves qui en éclosent ; la pâtée qu'elles leur apportent, toujours en grande quantité et presque avec profusion, est d'une autre nature que celle des ouvrières et des faux bourdons ; elle est beaucoup plus odoriférante et douée de plus de saveur.

C'est principalement le suc contenu dans certaines glandes des fleurs, désignées par les botanistes sous le nom général de nectaire, que les abeilles vont recueillir l'humeur sucrée. Elles avalent d'abord ce liquide, qui paraît éprouver dans leur estomac une opération particulière, et être ainsi dépouillé d'une partie de son arôme et de la matière visqueuse à laquelle il était uni ; ce qui lui donne la propriété de pouvoir être exposé à l'air sans fermentation. En effet, lorsque l'abeille dégage ce suc, il est tout-à-fait changé de nature, c'est un véritable miel, dont les femelles, les mâles et les neutres se nourrissent suivant leurs besoins : l'excédant est déposé dans les alvéoles vides ; malgré la fluidité du miel et la pente renversée des alvéoles, ces industrieux insectes parviennent à les remplir. Quelle que soit la quantité de miel que l'alvéole contienne, il est toujours recouvert d'une petite couche compacte qui empêche qu'il ne s'écoule au dehors. Lorsqu'une abeille vient ajouter à la provision, elle perce cette légère pellicule avec ses jambes antérieures, et, par cette ouverture, lance et dégorge le miel dont son estomac est plein. Elle raccommode en se retirant l'ouverture qu'elle a pratiquée, et chacune agissant avec le même soin, la cellule se trouve remplie de miel fluide sans danger d'en rien perdre.

Le miel destiné à la nourriture journalière reste découvert et constamment à la disposition de toutes les mouches ; mais elles ferment avec soin, par un couvercle de cire, celui qu'elles conservent pour l'hiver et qu'elles placent toujours dans la partie supérieure de la ruche.

Il arrive souvent qu'au lieu de déposer leur récolte dans une cellule, on voit quelques abeilles se rendre au quartier des travailleuses, et leur offrir leur miel en allongeant la trompe, pour empêcher que celles-ci ne soient obligées de quitter leurs travaux pour en aller chercher.

Les essaims pèsent ordinairement de 5 à 8 livres, et chaque once, d'après Réaumur, ne peut être le poids que de 336 mouches, ce qui ferait d'après ce calcul 26,880 individus dans un essaim de 5 livre, et 43,008 abeilles dans celui de 8 livres. Mais il en est quelquefois de si faibles, qu'ils ne pèsent guère qu'une livre ou une livre et demie.

On peut souvent en été remarquer les combats que se livrent les mouches entre elles; se saisissant réciproquement les pattes, elles se tiennent corps à corps, de manière à ne former, pour ainsi dire, qu'un seul individu, elles pirouettent ainsi cherchant à faire pénétrer leurs aiguillons dans le corps de leur rivale. Quelquefois harassées sans être parvenues à se blesser, elles sont obligées de cesser le combat, mais souvent aussi l'une d'elles plonge son dard empoisonné dans le corps de son adversaire, et privée de cet aiguillon tombe bientôt elle-même victime de sa victoire.

On peut présumer que les abeilles ne vivent qu'un an ou deux, bien que quelques auteurs prétendent que leur existence est de 7 ans et plus. Deux saisons, l'automne et le printemps, en moissonnent une grande partie; chacune de ces saisons en voit mourir au moins le tiers d'une ruche. Outre ces cas de mort naturelle, elles ont de plus, hors de leur domaine, un grand nombre d'ennemis qui exercent sur elles beaucoup de ravage. Plusieurs oiseaux s'en nourrissent, les hirondelles, les mésanges en détruisent beaucoup; mais leur plus grand ennemi est le moineau, quelquefois il en porte jusqu'à trois à ses petits, une dans son bec, et les deux autres à ses pattes. La guêpe et le frelon les détruisent aussi pour sucer le sucre que leur ventre contient. Leur ennemi le plus redoutable pendant l'hiver est le mulot; dans une nuit de cette saison, lorsque les mouches sont engourdies par le froid, il peut détruire la ruche la mieux peuplée. Son goût ne le porte qu'à manger la tête et le corselet.

Les abeilles ont encore dans la teigne de la cire, petite chenille délicate, sans armes, sans défenses, un ennemi non moins dangereux que le mulot; le papillon qu'elle produit profite de la nuit pour s'introduire dans la ruche, dépose ses œufs dans le coin d'une cellule où ils éclosent; bientôt les chenilles qui en proviennent détruisent, mangent et bouleversent tous les travaux.

Les ruches sont construites de diverses manières, suivant les pays. Les unes ne sont formées que d'un tronc d'arbre creux, d'autres sont faites soit d'osier, de paille tressée, ou de quelque bois pliant. Presque toutes ont la figure d'une cloche. Celles de paille de seigle sont les meilleures, parce qu'elles sont propres à défendre les abeilles contre la rigueur du froid et contre les trop grandes chaleurs en été; celles faites d'écorce de liége sont excellentes.

Ces logemens simples suffisent à ces actives et industrieuses ouvrières. Elles y établissent leur république, et y travaillent à la production du miel et de la cire, dont notre commerce tire un si grand avantage.

La planche première offre plusieurs figures destinées à représenter l'abeille domestique; le mâle, la femelle et le neutre sont représentés sous les n°ˢ 2, 3 et 4. La fig. 5 offre un essaim qui vient d'émigrer; on voit aux n°ˢ 6 et 7, deux ruches dont l'une est renversée pour montrer les gâteaux d'alvéoles; enfin les fig. 8, 9 et 10 montrent des alvéoles plus ou moins grossis avec une larve au fond de l'un d'eux.

On nomme abeilles charpentières, menuisières, perce-bois, tapissières, plusieurs espèces de xylocopes et d'osmies, (*V.* ces mots.)  (H. G.)

**ABEL-MOSCH.** (BOT. PHAN.) Mot arabe qui signifie *Graine de musc*; c'est le nom qu'on donne en Orient aux graines de la *Ketmie odorante* (*Hibiscus Abelmoschus* de Linné). Le parfum agréable qu'elles répandent en a fait un des attributs essentiels de l'art du perruquier; long-temps elle fut en usage pour embaumer la poudre à blanchir les cheveux, et nous avons tout lieu de croire qu'au train dont y vont nos élégantes, elle sortira bientôt de l'oubli où on l'a laissée quelque temps. Est-ce à désirer? est-ce à craindre? Un botaniste ne peut prononcer dans cette affaire. (C. É.)

**ABIME** ou **ABYME.** Mot dont se servaient les anciens géologues pour désigner d'immenses cavernes placées dans le sein de la terre et en communication avec l'Océan, dans lesquelles ils supposaient que les eaux s'étaient retirées après le déluge. Aujourd'hui le mot abime n'a plus d'acception propre dans la science; on s'en sert vulgairement pour désigner un gouffre, une ouverture dans le sein de la terre ou bien les profondeurs de l'Océan. Dans un sens plus restreint, on donne ce nom à quelques cavités placées à la surface du globe et dont on n'a pas encore reconnu le fond. La plupart de ces cavités ont pris naissance à la suite des bouleversemens dont la terre a été le théâtre à diverses époques; d'autres ont été creusées depuis le séjour de l'homme sur la terre par l'action des eaux ou des feux volcaniques. Ainsi ces prétendus abimes ne sont que des excavations verticales dues au redressement des couches géologiques de la croûte terrestre, à des cratères d'anciens volcans éteints; ou bien ils sont le lit desséché de quelques lacs dont les eaux se sont écoulées par des ouvertures souterraines qui subsistent encore. Des vides laissés dans les couches terrestres par l'infiltration des eaux qui ont entraîné les parties solubles du sol, des excavations semblables aux *Katavotrons* de La Morée décrits par M. Virlet, sortes de gouffres ou canaux souterrains par où s'écoulent les eaux des grandes plaines fermées de la Grèce et qui donnent à ce pays une physionomie toute particulière, ou enfin des sortes de puisards naturels où disparaissent les eaux des ruisseaux ou des rivières, tels que celui où s'engloutit la rivière d'Hyères près Paris, celui placé près du village de Gercottes sur la route de Paris à Orléans, où se perdent les eaux de la forêt d'Orléans, le gouffre près de l'étang du bois Ballu, commune de Bampierre-sur-Blery, etc. (M.)

**ABLANIA.** (BOT. PHAN.) Espèce unique. *Ablani des Galibis.* (*Ablania guyanensis.* Lin.) Arbre de la Guiane dont la tige est de quarante à cinquante pieds, sur un diamètre d'environ deux pieds et demi. Aublet, qui l'a observé et décrit le premier, lui assigne des caractères d'après lesquels il est impossible de déterminer sa famille. Les feuilles sont simples et alternes, le calice de sa fleur est monocépale, à cinq divisions profondes, sans corolle; soixante ou soixante-dix étamines hypogynes. Son fruit est renfermé dans des capsules velues à une seule loge, qui se sépare, à sa maturité, en quatre valves, où se groupent autour d'un trophosperme central une quantité de graines enveloppées d'une membrane visqueuse. (C.É.)

**ABLAQUE.** (MOLL.) Nom vulgaire que l'on donne à une espèce de soie produite par le byssus de la *Pinne marine.* (V. *Pinne.*) Lorsque la soie était inconnue ou rare, l'*ablaque* en a long-temps tenu lieu. Plusieurs naturalistes ont prétendu que c'était avec ce byssus qu'étaient faits les habits sacerdotaux des prêtres hébreux; cette assertion est tout à-fait dénuée de fondement. Quoi qu'il en soit, l'*ablaque* était fort connue des anciens, et chez nous-même, dans le moyen-âge, il s'en faisait un commerce assez considérable. (C.É.)

**ABLE.** (POISS.) Cuvier a formé ce sous-genre pour réunir quelques espèces. Elles diffèrent un peu de celles qui composent le grand genre Cyprin de Linné. Ces poissons abondent dans les lacs et les rivières d'Europe, et l'on en connaît une quinzaine d'espèces toutes assez petites; mais la plus intéressante est celle qu'on appelle *Ablette* ou *Ablet* (*Cyprinus alburnus.* Lin., Bloch.), dont nous donnons la figure *pl.* 1, *fig.* 1. Elle a rarement plus de six pouces de longueur; ses écailles sont minces, peu adhérentes, argentées sur le ventre et d'un bleu verdâtre, foncé sur le dos. Sa chair est molle, peu savoureuse, n'offre aucun avantage au luxe culinaire; mais ce poisson est très-recherché pour la matière nacrée, appelée essence d'Orient, qui entoure la base de ses écailles, et avec laquelle on fabrique les fausses perles. Cette liqueur se trouve encore dans la capacité de sa poitrine et de son ventre; son estomac et ses intestins en sont entièrement couverts. C'est dans l'ammoniaque, ou kali volatil, qu'on la conserve; car elle est susceptible, surtout pendant les chaleurs, de passer très-rapidement à la fermentation putride; elle commence alors par devenir phosphorique, et se résout ensuite en une liqueur noire.

La pêche de l'able se fait toute l'année, soit à l'hameçon, soit au filet; mais c'est principalement au printemps, lorsqu'elle fraie, qu'on en prend une grande quantité. Ce poisson préfère toujours le courant le plus fort et l'eau la plus agitée. L'able multiplie beaucoup. Petite, elle sert de nourriture aux poissons voraces et aux oiseaux d'eau. Les brochets, truites et autres poissons, en sont très-friands.

Pour obtenir l'essence d'Orient il suffit d'écailler les ables avec un couteau peu tranchant, au dessus d'un baquet plein d'eau bien pure. On jette la première eau, ordinairement salie par le sang et les liqueurs muqueuses qui sortent du corps des poissons; ensuite on lave les écailles à grande eau dans un tamis très-clair, au dessus du même baquet; l'essence d'Orient passe seule et se précipite au fond. On frotte une seconde et même une troisième fois les écailles pour en retirer toute l'essence. Le résidu présente une masse boueuse, d'un blanc bleuâtre très-brillant, couleur parfaitement en rapport avec celle des perles les plus fines, ou de la nacre la plus pure.

Le fabricant de perle doit, pour utiliser l'essence d'Orient, lorsqu'elle est purifiée par les diverses lotions ci-dessus indiquées, la suspendre dans une dissolution bien clarifiée de colle de poisson, en mettre une goutte dans la bulle de verre qui doit lui servir de moule, et l'y étendre en l'agitant dans tous les sens. On la fait ensuite sécher rapidement au-dessus d'un poêle, et, lorsqu'elle est bien sèche, on remplit la bulle, en tout ou en partie, avec de la cire fondue qui consolide le verre et fixe l'essence contre sa paroi intérieure. (H. G.É.)

**ABLÉPHARIS.** (REPT.) Nom d'un genre de sauriens de la famille des scincoïdes, qui a pour caractère d'avoir les yeux dépourvus de paupières. L'on n'en connaît jusqu'à présent que deux espèces:

L'*Ablepharis Pannonicus*, découvert par M. Kitaibel en Hongrie, et qui depuis s'est retrouvé assez communément en Morée;

L'*Ablepharis Leschnault*, qui a été trouvé à l'île de Java par le laborieux voyageur dont il porte le nom. (*Figuré Magazin zoologique* de M. Guérin, 1832, cl. III, n° 1.) (T. C.)

**ABLETTE.** (POISS.) On donne ce nom à plusieurs poissons différens, savoir: 1° à une espèce d'able, 2° aux épinoches qui, ainsi que les ables, vivent dans les eaux douces. (H. G.)

**ABLETTE DE MER.** (POISS.) On a donné ce nom à la perche ablette, *Perca Alburnus*, Lin., qu'on trouve sur les côtes d'Amérique. (H. G.)

**ABOIEMENT.** (MAM.) C'est moins le cri naturel du chien qu'une sorte de langage acquis. On le trouve plus ou moins parfait suivant que les races sont plus ou moins intelligentes, et, si l'on peut s'exprimer ainsi, plus ou moins civilisées. Celles que l'on trouve chez les peuplades sauvages, montrent peu d'intelligence et n'aboient point. Des chiens transportés d'Europe, et perdus dans les îles de la mer du Sud, ont promptement dégénéré, et n'ont plus fait entendre qu'un hurlement plaintif et prolongé, analogue à celui que poussent les nôtres lorsqu'ils sont renfermés ou soumis à quelque épreuve douloureuse. Tout semble donc démontrer que c'est là le cri du chien dans l'état naturel. (D.YE.)

**ABRASIN.** (BOT. PHAN.) Nom japonais du *Dryandra cordata*. C'est un petit arbre de la famille des euphorbiacées: on l'appelle, en Chine, *ton-chu*. En exprimant sa graine, on obtient une grande quantité d'huile grasse qui sert aux mêmes usages nous l'huile de noix. Mêlée à d'autres ingrédiens, elle est utile comme enduit pour conserver les pièces de bois exposées à la pluie, pour peindre les parquets, etc.; elle sert aussi d'éclairage. Dans les colonies de l'Inde, on appelle cette liqueur *huile de bois*, et l'arbre qui la produit *arbre à l'huile*.

(C. É.)

**ABRANCHES.** ( ANNEL. ) C'est, dans la méthode de Cuvier, la dernière des trois grandes divisions établies dans les annélides, ou vers à sang rouge. Ce groupe renferme, entre autres genres, les lombrics, ou vers de terre, et les sangsues. Son nom vient de ce que les animaux qui le composent n'ont pas de branchies apparentes.

(E. G.)

**ABREUVOIR.** ( BOT. et ZOOL. ) C'est un réservoir où se conservent les eaux pluviales pour servir à désaltérer les animaux. L'homme en creuse de sa main auprès des champs où les bœufs labourent, des prés où paissent les troupeaux : tous les animaux qui lui prêtent leur secours trouvent en lui leur providence, providence intéressée, qui ne rend que ce qu'on lui donne. Mais l'oiseau qui vole dans les airs, la biche qui parcourt les bois, le voyageur égaré dans les plaines sablonneuses où nulle source ne jaillit, où nul ruisseau ne murmure, doivent-ils mourir de chaleur et de soif? La nature, mère prévoyante, a mis la fontaine dans le rocher, et sur les sables des déserts, la plante qui recueille la rosée du matin dans sa feuille, pour la porter, coupe salutaire, aux lèvres ardentes du passant. Ici, c'est la *népente* aux cornets allongés; là, c'est le *ravenal* et la *cardère sylvestre* aux spatules creusés comme de frais bassins; ou bien c'est l'insecte curieux qu'on vient de découvrir à Madagascar, et qui laisse suinter de son corps une eau limpide et assez abondante pour être recueillie. Partout l'eau qui désaltère à côté du feu qui dévore, partout la vie à côté de la mort. ( *Voy.* CARDÈRE, NÉPENTE, RAVENAL et CERCOPE. )

(C. É.)

**ABRICOTIER**, *Armeniaca*. ( BOT. PHAN. ) Ce genre, qui selon Richard doit être rapporté au genre Prunier, a été établi par Tournefort : il fait partie de la famille des drupacées, et, comme l'indique son nom scientifique, il est originaire d'Arménie. Cependant plusieurs botanistes, entre autres *Allioni*, prétendent en avoir observé de sauvages dans certaines contrées de l'Europe méridionale; ce qui tendrait à faire croire que l'Asie n'a pas seule le droit de le revendiquer comme une de ses productions. Quoi qu'il en soit, l'abricotier est un des ornemens de nos jardins, et nous lui devons un des fruits les plus agréables dont se couronnent jamais nos tables.

Sa fleur, blanche comme de l'albâtre, s'ouvre avant le développement des feuilles; elle se répand irrégulièrement le long des branches, plus serrée sur les plus courtes, plus rare sur les plus allongées. Comme tout ce qui est tendre et délicat, elle n'a qu'un jour; mais ce jour suffit pour donner à nos potagers un air de fête : c'est le premier jour de printemps. L'abricotier se cultive de deux ma-

nières, en espaliers ou en plein vent : en espaliers, ses fruits sont abondans, gros, agréables à l'œil, mais moins au goût; en plein vent, au contraire, quoique petits et moins nombreux, les abricots sont d'une saveur préférable : aussi voit-on le cultivateur gastronome écarter de ses murailles les tiges tortueuses de l'abricotier. Cet arbre n'aime pas non plus les terres trop chargées d'engrais, celles des pépinières, par exemple; il faut avoir soin de le mettre dans un sol léger; et comme ses fleurs se développent sans attendre l'abri des feuilles, il faut le garantir des gelées tardives qui nous priveraient de ses fruits.

Les variétés d'abricotiers sont très-nombreuses, et se reconnaissent à leurs fruits; les principales sont : l'*abricotier-pêche* ou *de Nanci*, l'*abricotier de Hollande* ou *aveline*, l'*abricotier angoumois*, l'*abricotier alberge*, etc. L'amande de l'abricot sert à faire du ratafia et l'on trouve sur les rameaux de cet arbre une gomme assez semblable à celle que l'on recueille sur le cerisier et le prunier. Plusieurs naturalistes prétendent qu'elle peut remplacer avantageusement la *gomme arabique*.

Dans un temps où les rébus étaient fort à la mode, l'abricotier fut plus d'une fois appelé à y jouer un rôle. Sous la régence de madame de Beaujeu, Cotier, médecin du feu roi Louis XI, d'hypocrite mémoire, fut disgracié par la régente; parvenu à fuir cette cour orageuse, l'Esculape fit sculpter sur la porte de son château un abricotier, avec cette inscription au dessous : *A l'abri, Cotier.*

(C. É.)

**ABROME**, *Abroma*. ( BOT. PHAN. ) Ce genre, très-voisin du Théobroma, peut être classé dans la famille des malvacées de Jussieu, monadelphie décandrie de Linné. Ses espèces sont peu nombreuses; l'une d'elles, petit arbrisseau fort élégant, aux feuilles larges et anguleuses, aux fleurs d'une belle couleur pourpre, réunies en bouquet à la partie supérieure, est assez cultivée dans nos jardins : Lamarck l'appelle *abroma angulata*. Le fruit de l'abroma est sec et sans la moindre saveur; c'est ce qu'exprime son nom, formé de deux mots grecs, qui signifient *impropre à la nourriture*. Il est originaire des contrées chaudes de l'Inde; il craint nos hivers, et ce n'est qu'autant que nous lui ménageons un abri et une douce température dans nos serres, qu'il consent à nous faire jouir des superbes bouquets qui couronnent ses tiges. (C. É.)

**ABRONIE**, *Abronia*. ( BOT. PHAN. ) Un vif intérêt se rattache à cette plante, à cause des circonstances qui nous l'ont fait connaître; c'est un des fruits de l'expédition du malheureux Lapeyrouse. Tel est l'héritage que nous a laissé l'un de ses compagnons de gloire et d'infortune. Colignon, jardinier-botaniste qui suivait l'expédition, nous envoya de Californie les premières graines de cette plante. L'Abronie se rapproche par ses fleurs de la *Primevère*, et par sa tige des *Valérianes*; on peut la classer parmi les nyctaginées de Jussieu, à côté de la belle-de-nuit. Fleur mélancolique comme le présage de la mort, Colignon ne se doutait pas, en nous l'envoyant, que l'on dût sitôt la semer sur sa tombe!                                (C. É.)

**ABRUS.** ( BOT. PHAN. ) Légumineuses, Jussieu. (Diadelphie décandrie, L.) Cette plante est originaire de l'Inde; on n'en connaît qu'une espèce ( *abrus precatorius*). Son fruit est une gousse allongée, comprimée, à une seule loge, où se cachent plusieurs graines d'un rouge éclatant et marquées d'une grande tache noire. Les femmes américaines, plus coquettes, dit-on, que nos Européennes, se plaisent à se faire des colliers et des bracelets de ces petites perles rouges et noires. On s'en sert aussi pour faire des chapelets.

Les feuilles de l'*abrus*, infusées dans de l'eau, donnent une liqueur très-sucrée, connue dans l'Inde sous le nom de *vati*, et qui sert dans certaines parties de l'Amérique aux mêmes usages que chez nous la réglisse.                (C. É.)

**ABSINTHE**, *Absinthium*. (BOT. PHAN.) Genre établi aux dépens des *artemisia* (syngenésie polygamie superflue, L.—Famille des synanthérées de Richard). Les anciens attribuaient des propriétés merveilleuses aux trois espèces principales, qu'ils nommaient *ponticum*, *maximum*, et *santonicum*. Cette dernière était ainsi nommée, parce qu'elle croissait en abondance dans les pâturages de la Saintonge. Pline prétend que les brebis qui en mangeaient n'avaient pas de fiel. Aux courses de chars qui avaient lieu pendant les féeries latines, le vainqueur buvait de l'absinthe. Les uns disent que c'est parce que l'absinthe, symbole de la santé, était le prix le plus honorable qui pût être décerné; d'autres, que c'était pour rappeler au vainqueur que le bonheur n'est jamais sans amertume. Les initiés aux mystères d'Isis portaient des rameaux d'absinthe.

Les modernes distinguent aussi trois variétés d'absinthe : la *grande*, la *petite* et l'*absinthe maritime*. La première se plaît dans les lieux arides, pierreux et montueux de nos climats. Elle fleurit en juillet et août. Ses tiges sont droites, de deux à quatre pieds de hauteur, cannelées, cotonneuses et remplies d'une moelle blanche ; les feuilles sont alternes, larges, molles, d'un vert argenté, profondément découpées; et les fleurs sont jaunâtres, petites, disposées en grappes. Cette absinthe est fortement aromatique, sa saveur est chaude et si puissamment amère, qu'elle communique son amertume au lait des animaux qui en ont mangé une grande quantité.

La *grande absinthe* est d'un usage très-répandu dans l'économie domestique, la médecine, la chirurgie et l'art vétérinaire. Elle entre dans la préparation de la bière, et, dans certaines contrées de la France, on la fait infuser dans les vins faibles pour les conserver plus long-temps.

On prépare avec cette plante 1o une eau distillée purement aromatique; 2o une infusion aqueuse ( une pincée dans quatre onces d'eau ); 5o un vin qu'on fait de deux manières, en mettant une livre d'absinthe sèche sur vingt livres de moût dans un petit tonneau pour qu'il fermente, ou en faisant infuser durant vingt-quatre heures, dans deux li-

vres de vin blanc, une once et demie d'absinthe. Le vin préparé par cette dernière méthode est vermifuge, stomachique, diurétique ( la dose est depuis une once jusqu'à quatre ); 4o en teinture alcoolique, avec une once des sommités sèches dans six onces d'alcool à vingt degrés, quatre jours d'infusion; on en prend une cuillerée à thé le matin, une heure avant le repas; 5o un suc en pilant la plante fraîche, et l'exprimant à travers des linges; 6o un sirop employé à la dose d'une demi-once à une once; 7o enfin, un extrait dont on administre de six grains à un demi-gros. Les vétérinaires emploient, comme vermifuge, une demi-livre d'absinthe en poudre dans une pinte de vin blanc.

La *petite absinthe* est particulière au midi de l'Europe; elle a les mêmes propriétés que la grande, mais à un degré moins élevé.

L'*absinthe maritime* est aussi un puissant vermifuge.                                    (C. É.)

**ABSORBANT.** ( CHIM. ) (Du verbe latin *absorbere*, absorber.) On appelle ainsi toutes les substances que l'on croit capables d'absorber, ou de neutraliser les acides développés ou introduits dans l'estomac. Telles sont, en général, les matières calcaires, la magnésie, etc. (F. F.)

**ABSORPTION**, *absorptio*. (PHYSIOL.) (De *ab* et de *sorbere*, avaler, humer.) On entend par absorption une fonction en vertu de laquelle les êtres organisés vivans attirent, dans des pores ou des vaisseaux particuliers, les fluides qui les environnent ou qui sont exhalés intérieurement. ( *V.* NUTRITION. )                                    M. S. A.

**ABSTINENCE**, *abstinentia*. (PHYSIOL.) (De *abstinere*, s'abstenir.) Ce mot indique en général la privation d'une chose quelconque; ici il désigne particulièrement la privation absolue des alimens. L'abstinence exerce sur l'homme et les animaux des effets très-remarquables, et qui varient suivant les circonstances. Ainsi l'âge, le sexe, la saison, le climat, l'état de santé ou de maladie, etc., influent singulièrement sur la durée possible d'une abstinence complète. Il devient donc extrêmement difficile d'assigner le terme qu'un homme adulte, soumis à une abstinence absolue, peut atteindre sans succomber.

Les Tartares et les Arabes peuvent supporter l'abstinence jusqu'au sixième jour. Plusieurs écrivains rapportent que les Indiens poussent le jeûne absolu jusqu'au neuvième jour. Un homme enseveli sous des ruines a pu vivre pendant seize jours: des mélancoliques et quelques aliénés ont aussi présenté des exemples d'une longue abstinence. On cite l'observation d'une femme malade, qui vécut pendant cinquante ans en ne prenant que du petit-lait; mais ce dernier fait ( qui d'ailleurs ne doit pas être regardé comme un exemple d'abstinence absolue ), ainsi que beaucoup d'autres non moins extraordinaires, rapportés par des auteurs avides du merveilleux, sont au moins douteux.

Les expériences que l'on a tentées sur les chiens prouvent que l'abstinence est supportée plus difficilement par les jeunes et par les individus d'une plus petite espèce, que par les chiens adultes et d'une grande stature. Ces derniers ont vécu trois, quatre, cinq semaines et au delà dans l'abstinence la plus complète. L'homme qui, par un événement quelconque, se trouve dans l'impossibilité de se procurer des alimens et des boissons, éprouve à la région de l'estomac des tiraillemens pénibles; en même temps la face est pâle, tout le corps abattu; les mouvemens sont difficiles, il existe une faiblesse manifeste; le pouls est petit, peu fréquent, la respiration lente, la chaleur du corps sensiblement diminuée; les urines sont pâles et moins abondantes. Si l'abstinence continue, tous les phénomènes précédens augmentent d'intensité; il se joint cependant la faiblesse des sens, la diminution des facultés intellectuelles et morales, l'inaptitude au mouvement. Si la privation des alimens se prolonge encore, alors la maigreur générale se manifeste, les yeux s'enfoncent dans leurs orbites, le nez s'allonge et s'effile, le menton devient saillant, les lèvres pâles et minces; les membres sont grêles et desséchés. L'excitation du cerveau se joint bientôt au trouble de tous les autres organes; dans cet état, l'homme méconnaît ses parens, ses amis, et les prend souvent pour ses premières victimes. A cette période la bouche du malheureux est ardente, la salive rare, épaisse, quelquefois âcre, une douleur atroce torture l'estomac, les urines sont rares, brunes, troubles, fétides; les selles sont supprimées. L'action du cœur est de plus en plus faible, le pouls est sans force, presque insensible au toucher, des bâillemens fréquens indiquent que la respiration devient plus difficile et beaucoup plus lente, la chaleur commence à abandonner toutes les parties du corps, la raison s'égare, il y a transport désordonné, délire féroce, mort, dans un accès de convulsion, de délire ou au milieu d'un évanouissement. (M. S. A.)

ABUTA. (BOT. PHAN.) C'est ce qu'on appelle à Cayenne *Liane amère* : on en fait en médecine un très-grand usage sous le nom de *Pareira brava*; elle calme les coliques néphrétiques. Cette plante appartient à la famille des ménispermées. (C. É.)

ABUTILON. (BOT. PHAN.) (Malvacées, J. Monadelphie décandrie, L.) La principale espèce est le *Sida abutilon* ou *Abutilon avicenniæ*, qui croît aux Antilles, et se trouve aussi dans quelques parties de l'Europe; sa feuille est petite, jaunâtre, et ne jouit d'aucune propriété particulière. (C.)

ABUTUA. (BOT. PHAN.) Plante originaire de la Cochinchine. Elle a été découverte par Loureiro, et l'on prétend qu'elle est très-propre à guérir toute espèce d'inflammations. (C. É.)

ABYSSINIE. *Voyez* AFRIQUE.

ACACIA. (BOT. PHAN.) On désigne communément sous ce nom quelques arbres qu'il ne faut pas confondre avec le genre ACACIE, dont il va être parlé plus bas. Ils appartiennent à un genre tout différent, celui de ROBINIER. (*V.* ce mot.)

ACACIE, *Acacia*. (BOT. PHAN.) Il n'est pas que vous n'ayez rencontré dans le monde, de ces familles patriarcales où la vertu est héréditaire, et que le ciel bénit en en multipliant les membres

pour le bonheur et la gloire d'un pays : telle est, dans le règne végétal, la famille des légumineuses. A elle ont recours sans cesse l'économie domestique, la médecine, les arts, les beaux-arts même. La seule nomenclature des espèces et des bienfaits de chacune d'elles formerait un gros volume. Dans cette admirable et intéressante famille, qui appartient à la diadelphie décandrie de Linnée, on doit distinguer particulièrement le genre Acacie qui, comme le soleil, n'aimant pas à s'éloigner de l'équateur, comme lui fait cependant rayonner ses bienfaits vers les pôles. Mais, dans ce genre, je me trouve environné de 256 espèces de toutes les tailles, de tous les ports, de toutes les couleurs; herbes, arbustes, arbres : auxquelles donnerai-je la préférence ? Chacune d'elles la réclame, et nulle ne manque de titres. C'est l'Acacie à fruits sucrés (*Mimosa Inga*, L.) de Saint-Domingue, qui me présente, comme un aliment délicieux, sa pulpe spongieuse, blanche et sucrée; c'est l'Acacie mielleuse (*Mimosa mellifera*) des montagnes de l'Arabie, qui m'invite à venir cueillir ses fleurs savoureuses; c'est l'Acacie à grandes gousses (*Mimosa scandens*) des parties chaudes de l'Inde et de l'Amérique, dont les rameaux s'étendent au loin, et portent des fruits de trois pieds de long, d'un goût de châtaigne, connus vulgairement sous le nom de fèves de Saint-Ignace; c'est l'Acacie féroce (*Mimosa fera*) qui, plantée en haie, défend de ses épines rameuses les propriétés des Chinois et des Cochinchinois, et dont les gousses combattent deux terribles maladies, l'apoplexie et la paralysie; c'est l'Acacie pennée, de l'écorce de laquelle on fait, en Cochinchine, de très-bons câbles; c'est l'Acacie saponaire, dont l'écorce, froissée dans l'eau, la fait mousser comme le savon, et sert, dans ce même pays, à nettoyer le linge; c'est l'Acacie balsamique du Chili, des branches de laquelle suinte un baume parfumé, excellent pour la guérison des plaies; c'est l'Acacie caven du Chili encore, dont les semences sont enveloppées d'un mucilage astringent qui, mêlé avec de l'oxide de fer, fait une encre excellente; c'est l'Acacie d'Egypte..., ici arrêtons-nous : l'Acacie d'Egypte, ou gommier rouge, et l'Acacie du Sénégal, ou gommier blanc, nous fournissent cette substance précieuse pour la médecine et pour les arts, et que le commerce va distribuant partout sous le nom célèbre de *gomme arabique*. Ils doivent donc nous intéresser particulièrement.

L'acacie d'Egypte (*Acacia albida*, Delille, *Acacia Senegal*, Wilden) est épineuse : ses épines stipuliformes divergent de la tige; ses feuilles sont deux fois ailées, et ont une glande à la base du foliole; ses fleurs sont en tête et pédonculées.

L'Acacie du Sénégal est aussi épineuse, à épines ternées, l'intermédiaire étant recourbée; ses feuilles sont deux fois ailées, mais sans glandes, et ses fleurs sont en épis pédonculés. Cette Acacie, décrite pour la première fois par le célèbre Adanson, n'avait pas reçu de lui un nom spécifique Linnéen. Elle fut nommée *Mimosa senegalensis* par Lamarck, qui mit en doute si l'*Acacia Senegal* de

Wildenow n'était pas la même espèce : MM. Perrottet, Guillemin et Richard ont reconnu que ces deux espèces sont très-différentes ; et, pour ne pas les laisser presque sous la même dénomination, ils ont appliqué à l'Acacie du Sénégal le nom spécifique de *Verek*, qui est celui que les nègres lui donnent. L'*Acacia verek* a été décrit avec détail dans la Flore de Sénégambie ; ce bel ouvrage, fruit de recherches périlleuses faites en Afrique par M. Perrottet, directeur des cultures du gouvernement au Sénégal, en offre aussi une magnifique figure que M. Perrottet a bien voulu permettre de faire reproduire dans l'atlas de ce dictionnaire (*v.* pl. 2, fig. 1, 2, 3 ). Ce savant et laborieux voyageur nous apprend que le Verek est un arbrisseau de quinze à vingt pieds de haut, tortueux, formant des buissons, et ne croissant que dans les localités sablonneuses et sèches ; tandis que l'Acacia d'Égypte (*A. Senegal*, W.), qui se trouve aussi en Arabie et au Sénégal, est un arbre de trente à quarante pieds, à tronc presque droit, et qui se plaît dans les lieux inondés par les débordemens des grands fleuves. L'*Acacia verek* croît dans les environs de Saint-Louis, dans l'intérieur du pays de Cayor, et dans le pays de Walo, où il n'est pas si abondant que sur la rive droite du Sénégal : il est répandu dans ces contrées en petits groupes épars et clairsemés. Le commerce de la gomme produite par cet arbre est fait par les Maures ; ils l'apportent à des espèces de marchés, qu'on désigne en Afrique sous le nom d'*Escales*. Pour donner une idée de l'activité de ce commerce au Sénégal, il suffira de citer comme exemple l'exportation de gomme faite en France pendant l'année 1827 ; la quantité de gomme exportée s'est élevée à 613,504 kilogrammes. Dans d'autres années elle a été encore plus considérable. Nous renvoyons, du reste, pour plus de détails, à la Flore de Sénégambie, ouvrage plein d'observations neuves et intéressantes.

Les pluies qui tombent périodiquement de juin à septembre, humectent la terre, et développent dans le tissu de la tige et des branches de ce précieux *Mimosa* un suc gommeux, qui coule tout le reste de l'année en larmes de formes variées, mais plus abondamment dans les premiers mois qui suivent ces pluies. Ce suc est pour les Arabes et les Maures qui errent dans l'intérieur de l'Afrique, ce que fut la *manne* pour les Israélites traversant le désert : ils le recueillent surtout en décembre et en mars ; et, malgré la grande consommation qu'ils en font, il leur en reste assez pour en vendre aux diverses nations de l'Europe une quantité suffisante à leurs besoins. La médecine accueille cette gomme avec empressement ; nos manufactures l'emploient pour donner du corps aux étoffes de soie, à certaines étoffes de coton, de lin et de chanvre ; le dessin lui doit le papier gommé, et c'est par elle que la peinture peut fixer ses couleurs sur le vélin. Le grand naturaliste que nous avons déjà cité prétendait que cette branche de commerce était plus avantageuse que celle de l'or et la traite des nègres.

L'Acacie d'Egypte donne, à ce qu'on croit, par expression des gousses, un suc gommeux connu sous le nom de *vrai Acacia*, dont on fait usage en médecine. Ses graines servent à la teinture, et son écorce au tannage des cuirs.

Au reste, le commerce ne distingue point la gomme arabique fournie par l'Acacie d'Egypte de celle qui nous vient de l'Acacie du Sénégal.

N'oublions pas l'Acacie du *cachou* (*Acacia catechu*, Wild.), dont les épines sont stipuliformes, les feuilles deux fois ailées, composées de vingt à trente couples de pinnules, soutenant chacune quarante à cinquante paires de folioles étroites ayant une glande à la base ; les fleurs sont disposées en épis axillaires. Cet arbuste de l'Inde donne le cachou, suc gommo-résineux d'un brun noirâtre, qui se fond dans l'eau et brûle dans le feu. Il est sans odeur, mais d'une saveur agréable d'iris ou de violette. Il est astringent, et contient plus des deux tiers de tannin. On le retire en frottant dans l'eau les gousses de l'Acacia, après les avoir concassées. La médecine en fait usage pour arrêter les vomissemens, les diarrhées ; pour faciliter la digestion. Le cachou ne se confine pas dans une pharmacie ; il pénètre dans un séjour plus riant, et la beauté l'admet à sa toilette, pour parfumer son haleine, et se procurer ainsi un moyen de séduction de plus.

Pourrais-je passer sous silence l'aimable sensitive, l'Acacie pudique, qui, au moindre attouchement, replie ses feuilles, et que Roucher a chantée dans son poëme des Mois ? Quand on l'examine avec soin, on s'aperçoit que son feuillage suit la direction du soleil. Quelle est la vraie cause de ce double mouvement ? Hill, Mairan, Duhamel, ont perdu leur temps à la rechercher : c'est encore, ce sera probablement long-temps, le secret de la Providence. *Et mundum tradidit disputationibus eorum.*

Terminons par l'Acacie de Sainte-Hélène (*Mimosa pendula*), aux rameaux pendans comme ceux du saule pleureur, plante pittoresque, plante mélancolique, qui semble pleurer la perte du grand homme sur le tombeau duquel on la voit croître.

Après cela, dirai-je qu'en général les Acacies ont le bois dur, mais rarement droit, et que les racines de quelques unes ont une très-mauvaise odeur ? Hélas ! pas plus chez les végétaux que chez l'homme, la perfection ne se trouve ici-bas.

(C.É.)

**ACAJOU.** ( bot. phan. ) On en compte deux sortes : *Acajou bâtard*, connu à la Martinique sous le nom de *Curatelle*, et *Acajou mahogon* (*v. Swietenia* et *Cedrela*). Nous ne parlerons ici que de l'acajou a pommes, *Cassuvium pomiferum*, Lam. ou *Anacardium occidentale*, Lin., espèce, jusqu'à présent unique, du genre *Cassuvium* de Jussieu. C'est un arbre de troisième grandeur, à feuilles simples, grandes, ovales, obtuses au sommet ; à fleurs petites, blanchâtres, munies à leur base d'un grand nombre de bractées. Ses fleurs sont disposées en panicules terminales : chacune

d'elles a un calice partagé jusqu'à la base par cinq découpures pointues. La corolle se compose de cinq pétales lancéolés, linéaires et deux fois plus longs que le calice. Au centre s'élèvent dix étamines, dont une, un peu plus grande que les autres, porte une anthère qui tombe au moment où s'épanouit la fleur. L'ovaire est arrondi, le style supporte un stigmate simple, le fruit est une noix en forme de rein, lisse, grisâtre à l'extérieur, renfermant une amande blanche, attachée par sa plus grosse extrémité, au sommet d'un réceptacle charnu, ovale, de la grosseur d'une poire moyenne. Ce réceptacle est blanc ou jaunâtre dans une variété, et rouge dans une autre. La substance en est spongieuse, à pores presque imperceptibles, abondante en sucre, acide, un peu âcre, et cependant agréable au goût.

On peut se faire une idée de ce bel arbre, sans traverser les mers, en allant voir aux Gobelins un paysage où il est représenté dans toute sa vérité et dans toute sa fraîcheur.

Cet arbre est un des innombrables bienfaits dont la Providence a gratifié les pays chauds. Tour à tour aliment, boisson, remède, teinture, glu, encaustique, il sert à l'économie domestique, à la médecine, à la chasse, aux arts.

La coque de la noix d'acajou ne se brise pas en éclats comme celle de nos noix : elle est coriace, et pour en retirer l'amande on la fait brûler; mais on a soin, pour cette opération, de s'éloigner des habitations, parce qu'on prétend que la fumée qui s'exhale de ces noix est funeste aux poules, et leur donne une horrible maladie connue sous le nom de *pian*.

À Saint-Domingue on retire du fruit de l'acajou à pommes un suc qui, fermenté, devient vineux, et qui, distillé, donne un esprit très-ardent.

Que l'on coupe un de ces fruits en quatre, qu'on le laisse tremper quelques heures dans de l'eau fraîche, et l'on a une boisson spécifique contre les obstructions d'estomac. De la noix on retire une huile caustique et très-inflammable. Si on l'approche d'une bougie allumée on obtient des jets de flamme très-singuliers et très-amusans. Cette huile teint le linge d'une couleur de fer qu'il est presque impossible de faire disparaître.

Nicholson fait observer qu'elle consume les verrues et les cors sans douleur comme sans danger. Les teinturiers la font entrer dans la teinture en noir.

On a observé chez les Brésiliens un usage qui rappelle la simplicité des premiers temps. Ils comptent leur âge par les noix d'acajou, et n'oublient jamais d'en serrer une chaque année. Quelles doivent être les alarmes de la piété filiale, quand elle en compte un grand nombre dans la cassette d'un père ou d'une mère tendrement chéris !..... Il transsude de cet arbre, quand on le taille, une gomme roussâtre, transparente, tenace, qui, fondue dans un peu d'eau, devient une glu excellente. On s'en sert à Cayenne pour enduire tout ce qu'on veut soustraire à l'humidité et aux insectes, et pour donner du lustre aux meubles.

L'écorce de cet arbre est grise; son bois, blanc, tendre, est recherché pour les ouvrages de menuiserie et de charpente, surtout pour les dessus d'armoires, des corniches arrondies; car la nature contourne ses branches d'une manière si gracieuse qu'il n'y a que quelques coups de ciseau à frapper pour leur donner la perfection convenable. Le nom générique *Cassuvium* vient, selon Rumphe, du malais *cadjus*. Quant au nom *Anacardium*, il est impropre, puisqu'il signifie *en forme de cœur*.

La figure que nous donnons dans la planche 2 de l'atlas, a été communiquée par M. Turpin, naturaliste, doublement recommandable par ses connaissances étendues en botanique et en physiologie végétale, et par son talent supérieur comme peintre d'histoire naturelle ; il l'a faite pendant son séjour à Saint-Domingue. Sous le n° 4 est représenté un rameau de cet arbre chargé de fleurs et de fruits à différens états de maturité. Le n° 5 indique la figure d'une fleur vue de grandeur naturelle. On voit sous les n°s 6, 7, 8, le pédoncule charnu coupé, et une des graines qu'on désigne sous le nom de noix d'acajou. ( G.é. )

ACALÈPHES. (zooph.) On désigne sous ce nom une classe de zoophytes, la troisième dans la méthode de Cuvier, qui comprend des animaux marins dans l'organisation desquels on aperçoit encore des vaisseaux, que Cuvier croit n'être, le plus souvent, que des productions des intestins creusées dans le parenchyme du corps. Cette classe a été ainsi nommée à cause de la propriété que possèdent quelques uns des zoophytes qui la composent, de causer une urtication ou sensation vive et brûlante quand on les touche. Ces animaux ont, en général, une forme circulaire et rayonnante, et leur bouche sert aussi d'anus. Plusieurs sont phosphorescens, et ils offrent au voyageur un spectacle magnifique pendant la nuit, en rendant la mer semblable à un ciel étoilé. Leurs mouvemens sont très-lents; tous nagent dans les eaux de la mer, et plusieurs ne se trouvent qu'à des distances considérables des côtes.

Cette classe est divisée par Cuvier en deux ordres. Dans le premier, ou les Acalèphes simples, il range les zoophytes qui flottent et nagent dans l'eau de la mer par les contractions et les dilatations de leur corps, bien que leur substance soit gélatineuse, sans fibres apparentes; les sortes de vaisseaux que l'on voit à quelques uns sont creusés dans la substance gélatineuse; ils viennent souvent de l'estomac d'une manière visible, et ne donnent pas lieu à une véritable circulation. Ce premier ordre se compose des animaux qui forment, pour Linné, le grand genre Méduse (v. ce mot), et que les auteurs modernes ont divisés en plusieurs sous-genres. Les Porpites et les Velelles, qui, d'après Cuvier, pourraient former une petite famille à cause du cartilage intérieur qui soutient la substance gélatineuse de leur corps, appartiennent encore à cet ordre. (*Voy.* PORPITE et VELELLE.)

Dans le second ordre, celui des Acalèphes

hydrostatiques, Cuvier place des Zoophites qui sont pourvus d'une ou de plusieurs vessies ordinairement remplies d'air, au moyen desquelles ils sont suspendus dans les eaux; ces animaux possèdent des appendices singulièrement nombreux et variés pour la forme, dont les uns servent probablement de suçoirs, les autres peut-être d'ovaires, et quelquesuns, plus longs que les autres, se joignent à ces parties, pour composer toute l'organisation apparente de ces animaux. Cet ordre comprend les grands genres Physalie, Physsophor et Diphye (*v.* ces mots). (Guer.)

ACAMARCHIS. (zooph. polyp.) M. Lamouroux a donné ce nom à un genre de la seconde famille de l'ordre des polypes à polypiers; ces zoophytes diffèrent des cellulaires de Linné par leurs ramifications constamment dichotomes et par la forme de leurs cellules, qui sont unies entre elles, alternes, terminées par une ou deux pointes latérales, avec un corps vésiculaire en forme de casque, situé à l'ouverture même de la cellule. Ce corps, que Lamouroux considère comme un ovaire, avait été pris par Ellis pour la coquille d'un petit animal qui, de polype, se transformait en mollusque, quand il était assez fort pour pourvoir lui-même à sa subsistance. Les Acamarchis s'attachent aux rochers, et se trouvent dans les mers équatoriales et tempérées des deux mondes. On en connaît deux espèces, qui ont été figurées et décrites par M. Lamouroux dans son Histoire des polypiers. (*V.* Cellulaire.) (Guer.)

ACANTHACÉES. (bot. phan.) Ce nom vient d'un mot grec qui signifie *épine*. Il désigne une famille de plantes dicotylédones, dont voici les caractères : calice découpé en plusieurs parties; corolle monopétale, ordinairement anomale; deux ou quatre étamines, un style, un ou deux stigmates; capsules à deux loges, à deux valves longitudinales, s'ouvrant avec élasticité; cloison opposée aux valves, se partageant en deux parties adhérentes aux valves, et pourvue de quelques crochets dans les aisselles desquels les graines sont placées. Toutes les plantes de cette famille sont herbacées et sous-frutescentes; elles sont presque toutes exotiques, et proviennent des contrées situées entre les tropiques. On a rangé les genres qui la composent dans deux grandes divisions; dans la première les fleurs n'ont que deux étamines, comme dans le genre *Justicia* (*v.* ce mot) et quelques autres; les fleurs de la seconde division ont quatre étamines didynames; cette division contient le genre *Acanthus* et plusieurs autres moins connus. (C. É.)

ACANTHE, *Acanthus.* (bot. phan.) Genre de plantes qui donne son nom à la famille des Acanthacées. Ce qui le caractérise, c'est : 1° un calice profond divisé en quatre lobes, deux latéraux courts et les deux autres très-longs, accompagnés de bractées, dont l'intermédiaire est ordinairement dentée, même épineuse; 2° une corolle à tube très-court et velu à l'intérieur, prolongé inférieurement en une languette longue, large, et se terminant par trois lobes; 3° quatre étamines couvertes seulement par le grand lobe supérieur du calice; 4° des anthères longues et velues en forme de brosses; 5° deux semences au plus dans chacune des deux loges de la capsule.

Ce genre comprend huit à neuf espèces, dont plusieurs appartiennent à l'Afrique et à l'Inde, et sont de grands arbustes à feuilles opposées.

Les espèces connues des anciens sont des herbes vivaces, des provinces méridionales de l'Europe et de la France. Elles sont toutes deux remarquables par leurs grandes feuilles radicales profondément sinuées et leurs tiges fleuries, de plus d'un demi-mètre de long. L'une des deux a des piquans à tous les angles saillans des feuilles; c'est l'Acanthe épineuse (*Acanthus spinosus*); l'autre (*Acanthus mollis*) est dépourvue d'épines : c'est la plus intéressante comme la plus célèbre. Une fille de Corinthe, dit Vitruve, étant morte à la fleur de l'âge, sa nourrice, qui la chérissait tendrement, rassembla dans une corbeille les fleurs et les bijoux dont elle avait aimé à se parer pendant sa vie, vint, tout éplorée, déposer cette corbeille sur son tombeau, et pour préserver ce qu'elle renfermait des injures de l'air, elle le couvrit d'une grande tuile. A cette place même commençait de germer un pied d'acanthe molle : bientôt les feuilles se développent, et, rencontrant la tuile, se recourbent autour d'elle avec grâce, comme pour seconder l'intention de la tendre nourrice, et former une décoration digne de cette tombe virginale. L'architecte Callimaque vient à passer; il ne peut détacher ses regards de ce tableau charmant; son cœur est attendri. L'émotion de l'âme n'est jamais stérile dans l'homme de génie; on l'a observé, les grandes pensées viennent du *cœur*, et c'est du cœur de Callimaque que nous est venue la grande pensée de l'ordre corinthien, le plus beau, le plus riche, le plus gracieux de tous les ordres. Bientôt la corbeille funéraire, avec sa jolie ceinture de feuilles d'acanthe, apparaît dans les airs, couronnant une colonne dont toutes les proportions sont prises de la taille d'une jeune vierge.

Faut-il maintenant en croire le jésuite Vilcolpende, qui revendique l'invention du chapiteau corinthien en faveur des architectes du temple de Salomon?

Suivant Virgile, la beauté célèbre dont l'enlèvement fit disparaître un empire de l'Asie-Mineure, avait une robe ornée de broderies qui représentaient des feuilles d'acanthe.

ACANTHIE, *Acanthia.* (ins.) On nomme ainsi un genre d'hémiptères de la famille des cimicides, établi par Fabricius aux dépens des Punaises (*cimex*) de Linné. Latreille le restreignit, et lui assigna des caractères qui le limitaient, mais qui permettaient cependant de comprendre dans ce genre un assez grand nombre d'espèces : Fabricius les en a séparées depuis en réduisant encore cette coupe générique à laquelle il a substitué le nom de *Salda*, qui n'a pas été adopté. Dans la méthode de Latreille, les espèces de ce genre sont des cimicides dont le bec est droit, de trois articles, les antennes filiformes, le labre saillant et dégagé, les yeux très-grands, le premier article des tarses fort court, les deux suivans allongés, presque d'une même longueur, et les pattes saltatoires.

Les *Salda Zosteræ*, *Striata*, *Littoralis* et surtout le *Lygæus saltatorius* de Fabricius se rapportent aux Acanthies; la dernière espèce est commune aux environs de Paris. **(H. G.)**

**ACANTHOCÉPHALES.** (ZOOPH. INTEST.) Rudolphi a donné ce nom à une groupe de vers intestinaux qui forment, pour Cuvier, la première famille du second ordre des vers intestinaux, l'ordre des Parenchymateux. Ces vers s'attachent aux intestins par une proéminence armée d'épines recourbées, qui paraît leur servir en même temps de trompe; leur corps est allongé et arrondi, utriculaire et élastique. Les mâles et les femelles diffèrent un peu entre eux; chez les premiers on aperçoit des vésicules séminales bien circoncrites, tandis que dans les femelles les œufs sont répandus dans la cellulosité du corps. Cette famille ne comprend encore qu'un seul genre, celui des Echinorhynques. (*V*. ce mot.) **(GUER.)**

**ACANTHOPHIS.** ( REPT. ) C'est le nom d'un genre de serpent de la famille des Vipères. Les Acanthophis ont des plaques sur le devant de la tête, des écailles rhomboïdales, lisses, égales sur le dos; presque toutes les plaques du dessous de la queue sont simples; elle en a quelquefois de doubles sous son extrémité; mais le caractère particulier est d'avoir l'écaille terminale de la queue prolongée et recourbée en crochet. Comme leurs congénères, les Acanthophis paraissent très-venimeux. L'espèce la plus commune est l'*Acanthophis cerastinus* ( figuré dans l'Iconographie de M. Guérin, pl. 24, fig. 2 ), gris pâle en dessus, marqué de taches bleuâtres de la largeur du doigt, allongées transversalement, jetées à des distances presque régulières et parsemées de points noirâtres rares; le dessous du corps est blanchâtre, l'angle de chaque lamelle est imprimé d'une tache noire en forme de virgule, l'écaille qui les borde est marquée d'un point noir. La longueur de l'*Acanthophis cerastinus* est de 24 à 30 pouces, la queue forme à peu près la neuvième partie de la longueur totale; sa grosseur est à peu près celle du doigt; il vient de la Nouvelle-Hollande. (T. C.)

**ACANTHOPHORE,** *Acanthophora* (BOT. CRYPT.) Genre d'hydrophyte de l'ordre des floridées, composé de trois jolies espèces de plantes marines, remarquables par des tubercules épineux, épars sur les tiges et les rameaux; ces tubercules sont semblables, quand on les considère à l'œil nu, à de petites épines, ou à de gros poils rudes, très-rameux, assez éloignés les uns des autres. Les Acanthophores sont originaires des latitudes équatoriales; elles sont annuelles, leur port est élégant, et leur couleur est verdâtre, avec de légères nuances de jaune ou de rouge, quand elles sont desséchées. Parmi les trois espèces connues, nous citerons l'Acanthophore de Thierry, *Fucus Acanthophorus*. (Lamouroux, dissert., p. 61, tab. 30 et 51, fig. 1.) Cette plante a une tige cylindrique, filiforme, rameuse, élancée, avec des tubercules épars sur presque toute sa surface. **(GUER.)**

**ACANTHOPODE.** (POISS.) Lacépède a établi sous ce nom un genre de l'ordre des Acanthoptérygiens, auquel Commerson avait donné le nom de *Psettus*. Ce dernier nom, ayant l'antériorité, a été conservé par Cuvier. (*V*. PSETTUS.) **(GUER.)**

**ACANTHOPTÉRYGIENS.** (POISS.) Cuvier applique ce nom au premier ordre des poissons ordinaires, dans la deuxième édition du *Règne animal;* cet ordre se reconnaît aux épines qui tiennent lieu des premiers rayons à leur nageoire dorsale, ou qui soutiennent seules leur première nageoire du dos, lorsqu'ils en ont deux; quelquefois même, au lieu d'une première dorsale, ils n'ont que quelques épines libres. Leur nageoire anale a aussi quelques épines pour premiers rayons, et il y en a généralement une à chaque ventrale. Les Acanthoptérygiens ont entre eux des rapports si multipliés, leurs diverses familles naturelles offrent tant de variétés dans les caractères apparens que l'on aurait pu croire susceptibles d'indiquer des ordres ou d'autres subdivisions, qu'il a été impossible de les diviser autrement que par ces familles naturelles elles-mêmes, que Cuvier a été obligé de laisser ensemble; ces familles, au nombre de quinze, portent les noms de PERCOÏDES, JOUES CUIRASSÉES, SCIÉNOÏDES, SPAROÏDES, MÉNIDES, THEUTYES, PHARYNGIENS, LABYRINTHIFORMES, SQUAMMIPENNES, SCOMBÉROÏDES, TÆNIOÏDES, MUGILOÏDES, GOBIOÏDES, PECTORALES PÉDICULÉES, LABROÏDES, et BOUCHE EN FLUTE. (*V*. ces mots.) **(GUER.)**

**ACANTHURE,** *Acanthurus*. (POISS.) Cuvier conserve ce nom à un genre de l'ordre des Acanthoptérygiens, appartenant à la famille des Theutyes. Ces poissons ont les dents tranchantes et dentelées; on voit de chaque côté de leur queue une forte épine mobile, tranchante comme une lancette, et qui fait de grandes blessures à ceux qui les prennent imprudemment. Cette particularité leur a valu le nom de chirurgiens, sous lequel ils sont désignés en Amérique. On connaît un assez grand nombre d'espèces de ce genre; presque toutes faisaient partie du grand genre Chœtodon de Bloch et de Linné. Ce sont des poissons en général très-comprimés, qui habitent les parties chaudes des deux Océans, et qui varient assez sous quelques rapports. Ainsi on en connaît qui ont la nageoire dorsale très-haute, comme l'*Acanthurus velifer* (*Chœt. velifer*. Bl. 427); d'autres sont remarquables par une sorte de brosse de poils raides, en avant de l'épine latérale. (*Acanth. scopas*. Cuv. Renard.) Enfin on en connaît une espèce, nouvellement découverte, qui a les dents dentées profondément d'un côté, comme des peignes; Cuvier lui a donné le nom d'*Ac. ctenodon*.

L'espèce qu'on peut considérer comme type de ce genre, est l'ACANTHURE CHIRURGIEN (*Chœt. chirurgus*. L. Bloch.), qui est varié de noir, de jaune et de violet; il se trouve aux Antilles. Nous en avons figuré une espèce nouvelle dans notre Nosographie du *Règne animal* (Poissons, pl. 35, fig. 2) elle a été nommée par Cuvier *Acanth. Delicatus*, et se trouve à l'île de France; un dessin colorié en a été fait sur le vivant, par M. Delise, à qui elle est dédiée. (GUÉR.)

ACARDE, *Acardo.* (MOLL.) Genre établi par Bruguière, figuré dans l'*Encyclopédie méthodique*, pl. 173, numéros 1, 2 et 3, sur une coquille bivalve, décrite par Commerson. Bruguière joignit les ostracites de Picot-Lapeyrouse à ce genre qui a été adopté par Cuvier, sous le nom d'Ostracite. (*V.* ce mot.) (DUCL.)

ACARIDES. (ARACHN.) Tribu de la famille des holètres, dans l'ordre des trachéennes, dont les caractères essentiels sont d'avoir des chélicères simplement composées d'une seule pince, cachée dans une lèvre sternale; les pieds au nombre de huit ou quelquefois de six au moment de la naissance; la troisième paire se développant après quelque temps.

Ces arachnides sont de très-petits animaux, presque microscopiques, et que l'on trouve partout, sous les pierres, les écorces d'arbres, dans la terre, sur les animaux soit morts soit vivans; elles sont ovipares, et multiplient beaucoup. On les a long-temps réunies sous les noms de Mittes, Cirons ou Tiques; mais l'on a été obligé de les diviser en plusieurs genres, fondés sur quelques différences d'organisation; ces genres, établis ou adoptés par Latreille dans la nouvelle édition du *Règne animal*, sont répartis dans trois divisions ainsi qu'il suit.

La première division. Les ACARIDES propres, Latr., composée d'Acarides qui ont huit pieds uniquement propres à la course, et des antennes-pinces.

Cette division renferme les genres suivans :

1°. Les TROMBIDIONS et ERYTHRÉES, peu différens entre eux. (V. TROMBIDION.)

2°. Les GAMASES. Ce genre renferme quelques espèces vivant en société et nuisant aux arbres sur les feuilles desquels elles forment, avec de la soie, des toiles très-fines.

3°. Les CHEYLÈTES. Une des espèces de ce genre se trouve dans les livres, ce qui lui a fait donner le nom de Cheylète-Erudite. Elle ronge le papier et les plantes des herbiers.

4°. Les ORIBATES, remarquables par leur dos couvert d'une espèce de bouclier qui déborde le ventre et se replie sur les côtés.

5°. Les UROPODES. Ce genre est formé sur une espèce à pieds très-courts, vivant sur les coléoptères; elle est remarquable par la manière dont elle s'y fixe; elle tire de son anus une soie ou fil avec lequel elle s'attache à ces insectes, et reste ainsi suspendue en l'air.

6°. Enfin les ACARUS proprement dits. (*Voy.* ce mot).

La seconde division. Les TIQUES, *Ricinæ*, Latr., comprend des Acarides qui ont encore huit pieds uniquement propres à la course, mais qui sont dépourvue d'antennes-pinces proprement dites; ces organes sont remplacés par deux lames en lancettes, formant, avec la languette, un suçoir. Cette division renferme les genres BDELLE et SMARIDIE qui ont les yeux distincts, les palpes saillans, filiformes et libres, un suçoir composé de pièces

membraneuses et sans dentelures, et le corps très-mou. Les espèces de ces deux genres sont vagabondes, et se trouvent sous les pierres, les écorces d'arbres ou dans la mousse. Les autres tiques n'ont point d'yeux perceptibles; elles sont parasites et sucent le sang des animaux; ce sont les genres IXODE et ARGAS. (*V.* ces mots.)

La troisième division. Les HYDRACHNELLES, Latr., est formée de Mittes qui ont encore huit pieds, mais ciliés et propres à la natation. Elles forment le genre HYDRACHNE (*v.* ce mot), qui a été divisé en trois petits sous-genres.

Les *Eylais*, *Hydrachna*, proprement dites, et les *Limnochares*.

Enfin la quatrième division. Les MICROPHTHIRES, *Microphthira*, Latr., s'éloigne de toutes les autres par le nombre de pieds qui n'est plus que de six! Elle renferme les genres CARIS, LEPTE, ACHLYSIE, ATOME et OCYPÈLE. (*V.* ces mots.) A. P.

ACARUS. (ARACHN.) Genre de la tribu des Acarides, famille des Arachnides holètres, ayant pour caractère d'avoir le corps très-mou, des chélicères didactyles, et des palpes très-courts; les pattes, au nombre de huit, sont terminées par une pelotte vésiculeuse, pouvant prendre toutes les formes, selon le besoin de l'insecte.

Ces animaux, plus connus sous les noms de Mittes et de Cirons, sont très-répandus sur les différentes substances qui commencent à éprouver quelques détériorations. Ainsi le pain, les confitures, la viande desséchée, en sont couverts; les espèces de fromages secs en renferment presque toujours; ils attaquent tous les objets que les naturalistes conservent avec tant de peine dans leurs collections; les animaux et les insectes vivans sont loin d'en être préservés, et quelques uns, qui vivent habituellement dans l'eau, en sont cependant couverts au point d'en être souvent gênés dans leurs mouvemens.

On a accusé les Acarus de causer des maux bien plus graves et d'être la cause première de bien des épidémies, ce que rien jusqu'à présent n'a justifié; mais une discussion s'est élevée sur une espèce d'Acarus qui a été trouvée dans les ulcères de la gale chez l'homme, et, comme l'ont avancé quelques auteurs, dans ceux des différens animaux; des auteurs d'une grande autorité, entre autres Degéer, dont le nom fait réputation quand il s'agit de bonne foi ou de bonne observation, ont prêté l'appui de leur nom à ces remarques, et l'on a conclu que la gale était le fait de la présence de ces insectes; il y a même eu dans ce sens des travaux très-modernes. M. Raspail, dans un Mémoire sur ce sujet, a mis en regard les opinions pour et contre; il a opposé ses observations, qui avaient toujours été négatives, et celles de beaucoup d'autres personnes, à ce qu'avaient dit ses prédécesseurs, et il en est venu à cette conclusion, que je ne puis qu'adopter : c'est que souvent on a pu trouver des Acarus dans les ulcères de la gale, mais que plus souvent encore les ulcères existent sans eux, que par conséquent la gale n'est pas due à la présence d'un Acarus, mais qu'un

Acarus peut vivre et peut-être multiplier dans les ordres qu'elle produit. Depuis la publication de ce Mémoire, M. Raspail est parvenu à observer l'Acarus de la gale du cheval; dans son Traité de Chimie organique, il en a donné une bonne figure qui est reproduite dans l'atlas de ce Dictionnaire, pl. 5, fig. 4. On a copié aussi la figure de l'espèce observée par Degéer, dans la gale de l'homme, fig. 5, et sous la fig. 6, celle de l'Acarus de la farine ou du fromage. (*A. scabiei*, Fab.). Il est petit, avec le corps arrondi; la bouche et les pattes sont d'un brun clair; l'abdomen est ovale transparent, ayant en dessus deux petites lignes courbes et brunes; il est terminé par deux petites soies.

L'A. domestique (*A. Domesticus*, Degéer). C'est cette espèce qu'on trouve aussi dans les collections d'insectes: son corps est ovale allongé, blanc sale, avec deux points bruns placés, l'un à la partie antérieure, l'autre à la partie postérieure; il a en outre quelques longs poils clairsemés.

Ce genre contient encore d'autres espèces qu'il serait trop long de mentionner ici; nous dirons seulement un mot de celle que vient de découvrir M. Turpin, savant botaniste et le premier peintre de botanique de notre époque. Cet habile observateur a observé que les petites gales corniculées, qu'on observe sur les feuilles des tilleuls, sont produites par une espèce d'Acarus, très-remarquable par la forme allongée de son corps, et par ses quatre pattes postérieures.    (A. P.)

ACASTE, *Acasta*. (moll.) Genre de coquilles multivalves, établi par Léach aux dépens des Balanes, appartenant à l'ordre premier de la division des cirrhipèdes de M. Lamarck, et composé de quelques espèces que l'on ne trouve que dans les éponges. Ces coquilles ont la forme d'une tulipe, mais avec six valves, recouvertes par un opercule formé de quatre parties égales; en sorte qu'en y comprenant le fond, qui ressemble à une moitié d'œuf, ces coquilles sont composées de onze pièces.

Ce petit genre, bien caractérisé et généralement adopté par les conchyliologistes, a été supprimé par M. de Blainville, dans son traité de Malacologie, sans qu'il en ait déduit les causes; mais la science lui restera redevable de deux très-bonnes figures qu'il en a donné au n° 3 de sa planche 85. On peut aussi consulter pour deux autres espèces, le Magasin de Zoologie de M. Guérin, année 1831, Mollusques, nᵒˢ 24 et 39. L'animal qui habite ces coquilles est encore inconnu.    (Ducl.)

ACCENTEUR. (ois.) Genre très-voisin de celui des Fauvettes et duquel beaucoup d'auteurs ne l'ont point séparé. (*V.* Fauvettes.) (D. Y. R.)

ACCIPITRES ou ACCIPITRINS. (ois.) C'est le nom donné par Linné au premier ordre de sa classification des oiseaux. Cuvier l'a désigné sous le nom d'*Oiseaux* de proie, et Duméril sous celui de *Rapaces*. Quant à Linné il l'avait ainsi nommé du nom latin de l'épervier (*accipiter*), suivant la méthode qu'il a suivie, dans beaucoup d'occasions, de désigner le genre par le nom d'une espèce type, qui lui semblait en résumer tous les caractères de la manière la plus frappante.

Les *Accipitres* sont, dans la classe des oiseaux, ce que les bêtes féroces, les *Carnassiers*, sont dans celle des mammifères. Ils ne vivent que de proie morte ou vivante, et leur force musculaire, la puissance et la vélocité de leur vol permet aux espèces courageuses de poursuivre et d'attaquer les autres oiseaux, les petits quadrupèdes et même les reptiles. Leurs cuisses et leurs jambes sont vigoureuses, leur tarse est peu allongé; leurs doigts, au nombre de quatre, dont un seul en arrière, sont armés d'ongles forts, tranchans et crochus comme leur bec, qui par sa forme est éminemment propre à dépecer la chair presque vivante, dont ces oiseaux se repaissent. La femelle est presque toujours plus grosse que le mâle, nommé Tiercelet en termes de fauconnerie. Il résulte de là que, dans beaucoup de localités, ils sont regardés comme appartenant à des espèces différentes, et désignés par d'autres noms.

On les divise en deux grandes familles, celle des *diurnes* et celle des *nocturnes*.

Les *diurnes* ont les yeux placés de côté, la base de leur bec est le plus souvent recouverte d'une peau nue et colorée, que l'on nomme *cire*. Les muscles de la poitrine sont plus puissans, plus fortement fixés au sternum, qui est entièrement solidifié. Leur plumage est serré, leurs pennes fortes; ils cherchent les lieux les plus éclairés, s'élèvent aux plus grandes hauteurs, bâtissent sur la cime des arbres, ou sur les rochers les plus escarpés, des nids que l'on appelle *aires* pour les grandes espèces.

Les *nocturnes* ont la tête grosse, d'énormes yeux dirigés en avant, et la base du bec recouverte de soies raides. L'appareil au vol a beaucoup moins d'énergie que dans les premiers. Les plumes longues et dilatées, à barbes fines et soyeuses, dont ils sont entourés, les font paraître d'un volume énorme, comparé à leur volume réel; leur vol est lent et silencieux. Ils sont éblouis par la lumière, et s'ils se trouvent aventurés de jour dans des lieux découverts, ils se voient bientôt assaillis de tous côtés par les espèces les plus faibles, qui, pour assouvir leur antipathie, se précipitent souvent dans les piéges qui leur sont tendus. De leur côté, les oiseaux nocturnes, loin de repousser un méprisable ennemi ou de s'enfuir, se redressent, prennent des postures bizarres, et font des gestes ridicules. (*V.* Chouettes.)    (D. Y. R.)

ACCLIMATEMENT. (physiol.) Les diverses races de l'espèce humaine, disséminées sur la surface du globe, attestent que l'homme est cosmopolite, et que son organisation si compliquée, si impressionnable, peut se soumettre cependant à toutes les destinées que lui offrent les réions différentes qu'il parcourt ou qu'il habite. Sa vaste intelligence lui fournit les moyens de braver les rigueurs des climats les plus opposés; de se mettre en rapport avec le sol sur lequel il a reçu l'existence, ou que les caprices du sort le forceront à adopter. Mais, roi de la terre, s'il a pris possession de son empire, s'il a renversé les obstacles, franchi d'immenses et arides déserts, atteint la cime des hautes montagnes, s'il a lancé ses vaisseaux dans toutes les directions, traversé l'Océan, abordé toutes les plages, ce n'est souvent qu'en le payant de son sang, de sa santé et de sa vie, qu'il obtient le noble prix de tant de courage, de tant de pénibles efforts.

On ne saurait nier que l'homme porte l'empreinte du climat qui l'a vu naître, ou qu'il habite depuis assez long-temps : son organisation s'identifie avec les circonstances qui l'environnent; les résultats de cette influence, se prolongeant pendant plusieurs générations, se transmettent ensuite, comme un type, des pères aux enfans; c'est ainsi que s'établissent et se perpétuent les races; c'est ainsi qu'ont dû se former plusieurs espèces d'animaux.

Mais plus ces caractères seront tranchés, plus les organes, la forme, les habitudes, les mœurs de l'homme auront été modifiés par l'influence du climat, plus il lui deviendra difficile de vivre sous un ciel nouveau, d'habiter une autre région du globe.

Ainsi le Lapon transporté au Sénégal, le Nègre du Zanguebar jeté sur les côtes de la Norwége, seront exposés à périr; tandis que l'homme des régions tempérées, dont les habitudes sont plus flexibles, l'économie plus facilement modifiable, supportera plus volontiers les nouvelles conditions d'existence d'un pays étranger.

Cependant ce n'est qu'après un certain laps de temps que ses organes se prêteront à des modifications nécessaires; il faudra que ses fonctions s'harmonisent, pour ainsi dire, avec ce qui l'entoure. C'est ce temps à passer, ces changemens à subir, pour atteindre un équilibre indispensable à la santé, que nous appelons *acclimatement*.

L'abaissement ou l'élévation de la température, la sécheresse ou l'humidité de l'air, les différentes pressions atmosphériques, les émanations marécageuses sont les circonstances principales qui agissent sur l'homme, forcé d'habiter dans un pays nouveau.

Les fonctions qui les premières reçoivent l'influence de ce changement, sont la circulation, la respiration, et par conséquent la calorification.

Lorsque l'habitant d'un pays chaud ou tempéré arrive vers les pôles, il lui faut, pour réagir contre l'intensité du froid, produire une plus grande quantité de chaleur; et comme la source principale de celle-ci est dans la respiration, comme il est aujourd'hui prouvé, par les expériences d'Edwards, que les animaux consomment d'autant plus d'air que la température est plus basse; les organes qui servent à cette fonction devront acquérir une plus grande activité. Il en résultera pour eux une excitation plus vive, plus énergique; de là toutes les affections qui peuvent en être la suite : les catarrhes bronchiques et pulmonaires, les pleurésies, les pneumonies, la phthisie même et son effrayant cortége. Le sang, refoulé incessamment vers le cœur et la tête, produira des anévrysmes, des apoplexies; les extrémités : les pieds, les mains, le nez, les oreilles, privés de ce stimulant nécessaire, resteront sans force de réaction; engourdis,

gelés, ils tomberont atteints d'une gangrène profonde. En même temps aussi que les facultés sensitives deviendront plus obtuses et demeureront anéanties par le froid, l'appareil digestif acquerra plus de puissance et réclamera une nourriture plus abondante et plus excitante. Transporté dans un pays froid, l'habitant des contrées méridionales devra donc non-seulement se garantir contre la rigueur du climat, en portant des vêtemens de laine ou de peaux d'animaux, en s'exposant le moins possible aux courans rapides des vents glacés, en tenant particulièrement la poitrine couverte ; mais il lui sera nécessaire encore de rappeler la circulation vers la peau, les extrémités, en abritant ces parties, en réveillant leur action par des frictions et un exercice convenable; il choisira ses alimens dans le règne animal, fera usage de boissons spiritueuses, en évitant l'ivresse qui le livrerait sans défense aux mortels effets d'un froid rigoureux. Accablés déjà par les fatigues et les privations de toute espèce, n'avons-nous pas vu, à la fin de la désastreuse campagne de Russie, nos soldats chercher dans les boissons alcooliques, avec l'oubli de leurs maux, une énergie que la misère avait épuisée, et, bientôt anéantis par l'ivresse, trouver la mort, et joncher de leurs cadavres les neiges d'Osmiana, de Wilna et de Kowno?

L'homme qui laisse les contrées voisines du pôle, ou même nos climats plus doux, pour approcher des tropiques et de l'équateur, éprouve des effets opposés, mais tout aussi manifestes, et dont les résultats ne sont pas moins graves. Chez lui l'appareil respiratoire perdra de son activité; il cessera de produire une aussi grande quantité de calorique; sa circulation s'accélérera, et il en résultera une pléthore générale; la chaleur, en diminuant l'énergie du système musculaire, brisera ses forces, épuisées déjà par une abondante transpiration. L'encéphale, le foie, les membranes muqueuses de l'appareil digestif deviendront le siége de congestions sanguines; une somnolence invincible, des douleurs violentes de tête, l'apoplexie, l'hépatite, la gastrite, la diarrhée, la dysenterie, viendront troubler ou menacer ses jours; la fièvre jaune l'attendra à son débarquement aux Antilles; le choléra-morbus le frappera aux Indes.

On a observé au reste que des pays chauds, situés sous une même latitude, pouvaient exercer une influence différente sur les individus qui les habitaient pour la première fois; ainsi, malgré la plus grande élévation de température, la mortalité est moins considérable parmi les individus qui arrivent à Madras que parmi ceux qui séjournent à la Véra-Cruz. Mais après un certain temps cette proportion s'établit dans un sens inverse : en Amérique, les Européens qui échappent aux ravages de la fièvre jaune s'acclimatent assez facilement; aux Indes, au contraire, les variations continuelles de l'atmosphère, les chaleurs accablantes du jour qui succèdent à la fraîcheur des nuits, rendent ce pays plus constamment insalubre et occasionent des désordres plus graves et plus durables dans la constitution des Européens qui l'habitent. C'est pour cette raison que le gouvernement anglais renouvelle fréquemment les garnisons de ses possessions de l'Inde.

L'influence des astres, si peu manifeste dans nos climats, est au contraire très-marquée sous les tropiques, parce qu'elle est plus directe : les médecins qui ont voyagé sous cette zone ont observé l'influence lunaire sur la marche et les progrès des diverses maladies. Mais les affections causées par l'élévation de la température seront surtout difficiles à éviter pour l'Européen s'il porte dans les régions intertropicales les usages et la manière de vivre de son pays. Il est donc indispensable qu'il commence, dès la traversée, à se montrer plus sobre, à se priver de liqueurs spiritueuses, à ne point surcharger son estomac d'alimens substantiels; à son arrivée il devra se soumettre à une diète végétale, faire usage de boissons aqueuses, douces, lactées, ou légèrement acidulées; ces boissons ne devront être ni trop abondantes, ni trop froides; parfois même il deviendra nécessaire de les aiguiser de quelques gouttes d'une liqueur alcoolique : cette précaution a suffi, pendant les campagnes des Français en Italie, pour diminuer la fréquence des dyssenteries occasionées par l'abus des limonades à la glace. L'usage continué du vin, de l'eau-de-vie, du rhum, serait promptement funeste; les fruits en petite quantité sont aussi salutaires qu'ils deviendraient nuisibles mangés en abondance; l'homme étranger à ces contrées brûlantes devra surtout se couvrir de vêtemens légers, n'entreprendre aucun exercice durant la plus grande chaleur du jour; suivre même l'usage des indigènes qui, pendant cet instant, se livrent au sommeil; se coucher de bonne heure, sur un lit de crin, entouré d'une gaze pour se préserver des insectes; se lever de grand matin et se plonger fréquemment dans un bain froid, surtout lorsque le corps n'est pas couvert de transpiration.

L'humidité n'a pas moins d'influence sur le nouvel habitant d'un climat que l'élévation ou l'abaissement de la température : les pays bas, marécageux, exposés à de fréquens brouillards, débilitent, amollissent la constitution; les forces musculaires diminuent, la peau se décolore, le système nerveux, moins irritable, est moins activement stimulé par les autres organes; les chairs s'engorgent de liquides; les sécrétions muqueuses augmentent; de là naissent des affections catarrhales, des maladies des voies urinaires, passant facilement à l'état chronique; les rhumatismes, le scorbut, l'engorgement des glandes, le développement des tubercules, etc. On comprend alors combien il est urgent de se soustraire aux inconvéniens d'un pareil climat. Les vêtemens de laine, de flanelle, immédiatement appliqués sur la peau; les frictions sèches, les boissons aromatiques, telles que le thé, le café; les vins généreux, les viandes faites, deviennent alors d'un usage indispensable. Les bains chauds et un exercice fréquent doivent seconder l'effet de ces premiers moyens. Lorsqu'à l'humidité habituelle se joignent des émanations

marécageuses, source de maladies nouvelles et principalement de fièvres intermittentes, il faut, avant tout, éviter de sortir le matin et le soir; ne jamais marcher dans la direction des vents qui poussent ces effluves; habiter autant que possible des lieux élevés, des appartemens bien aérés et secs; se garder enfin des excès en tout genre, qui augmentent encore la débilité.

Si l'habitant de la plaine ou des vallées transporte à son tour son habitation au milieu des montagnes, il éprouvera aussi d'importans changemens qui le disposeront à diverses affections : la raréfaction de l'air, l'impétuosité des vents, les brouillards accumulés, les variations brusques de la température activent la circulation, ajoutent à l'action pulmonaire, gênent la respiration et déterminent des crachemens de sang, la phthisie qui marche alors rapidement vers une issue funeste. Aussi les villes situées sur le penchant ou au sommet des collines sont-elles fatales aux individus disposés à cette cruelle affection. C'est en évitant de s'exposer aux courans rapides du vent, c'est en se garantissant contre les changemens subits de l'atmosphère, c'est enfin en se privant de tout exercice un peu pénible, qu'on parvient à atténuer les désavantages d'une telle habitation.

Il n'est pas nécessaire, au reste, de passer ainsi du froid extrême à une chaleur excessive, d'une grande sécheresse à l'humidité, des vallées profondes à la cime des montagnes, pour éprouver des modifications remarquables dans son organisation : il suffit souvent de se transporter à une faible distance, d'aller habiter sous une exposition différente pour subir les chances d'un acclimatement. Ainsi le villageois qui se fait citadin, l'habitant de la province qui se fixe ou séjourne à Paris, sont obligés de payer tribut au nouveau genre de vie qu'ils adoptent, aux nouvelles influences qu'ils reçoivent. Il est peu de personnes, arrivées récemment dans la capitale, qui ne ressentent quelque dérangement dans leur santé : les digestions deviennent plus lentes, plus pénibles; une diarrhée légère est le premier symptôme de ce trouble passager; la céphalalgie et quelquefois un peu de fièvre l'accompagnent. On attribue à tort ces indispositions à la seule insalubrité de l'eau; mais les personnes qui s'en abstiennent n'en sont pas moins atteintes : il est facile de concevoir qu'une foule de causes y contribuent : les émanations nuisibles qui s'élèvent au milieu des vastes réunions d'hommes, l'irrégularité des repas, les courses fatigantes, les veilles prolongées, les plaisirs de toute espèce, qui, s'offrant à chaque pas, séduisent et entraînent les nouveaux arrivés, les émotions de toute nature, ont certainement autant d'influence que la qualité des boissons et des alimens. Il suffit donc de connaître, de réfléchir sur ces causes pour les éviter et se soustraire aux inconvéniens d'un premier séjour dans la capitale et dans toutes les grandes villes.

En changeant de climat, l'homme n'a pas seulement à redouter les modifications inévitables de sa constitution physique, il faut encore qu'il s'arme, qu'il se prémunisse contre les nouvelles impressions que lui feront éprouver l'aspect des pays, ainsi que les mœurs, les lois, la religion des peuples chez lesquels il vient chercher asile; il lui faudra, en un mot, subir une sorte d'acclimatement moral. Ne sait-on pas, en effet, que les montagnards, habitués au magnifique spectacle d'une nature accidentée et pittoresque, comme à une existence vagabonde et indépendante, s'accoutument mal à l'uniformité des plaines et aux formes sociales, paisibles et régulières? Ne sait-on pas que les habitans du centre de l'Europe, en perdant leurs mœurs circonspectes, dans les pays où la licence est presque un principe parce qu'elle est un besoin, se livrent alors sans mesure à l'irrésistible entraînement de leurs passions et en périssent bientôt victimes?

Ce que nous avons dit, au reste, des changemens que les climats apportent dans l'organisation humaine, peut s'appliquer, sous certains rapports, aux animaux et aux végétaux. Les uns et les autres vivent mal dans les régions où règne une température entièrement différente de celle du pays qui les a vus naître: le palmier ne saurait croître près de la mer Glaciale; le léopard des déserts arides de Sahara ne pourrait exister au milieu des glaces du Spitsberg; ni l'ours blanc, habitué aux frimas, vivre sous le sol brûlant de la Nubie; mais l'un et l'autre, entourés de précautions nécessaires, finiront par s'acclimater dans nos pays tempérés. Les végétaux ravis aux températures extrêmes, trouveront un refuge dans les serres de nos jardins, et une existence factice dans les soins assidus de la culture. Ceux de notre zone pourront prospérer, à leur tour, sous des conditions atmosphériques différentes; ils prendront plus d'extension, perdront de leur saveur, de leur couleur, s'étioleront sous un ciel brumeux et sur un sol humide; tandis que leur développement sera moins considérable, leur arôme plus prononcé au milieu des pays secs et chauds.

Enfin les animaux qui se plient le plus volontiers au joug de l'homme, qui partagent avec lui ses travaux, ses habitudes domestiques, seront aussi plus facilement soumis à des températures différentes, et livrés aux chances d'une existence nouvelle. (P. GENTIL.)

ACCOUCHEMENT. (physiol.) En latin *partus*. Ce mot exprime la sortie du fœtus et de ses annexes hors du corps de la mère. C'est ordinairement à la fin du neuvième mois de la grossesse que l'accouchement arrive. Cependant il peut avoir lieu quelque temps avant ou quelque temps après cette époque. Plusieurs auteurs anciens, s'appuyant sur ce que les petits des animaux ovipares rompent eux-mêmes la coque qui les renferme pour en sortir, pensaient par analogie, que le fœtus est lui-même le principal agent de sa sortie. Pour réfuter cette opinion il suffit de remarquer que l'accouchement d'un enfant mort ne diffère en rien de l'accouchement d'un enfant bien portant. Il faut d'ailleurs admettre, d'après un grand nombre d'observations, que les seules contractions de la matrice suffisent pour expulser de sa cavité le fœtus qui s'y était développé, que l'action combinée des muscles abdominaux, jointe à celle du diaphragme, concourent puissamment à chasser au dehors le produit de la conception; mais que sans les contractions de la matrice, celles des muscles abdominaux combinés même avec celles du diaphragme, jointes aux efforts que pourrait faire l'enfant, sont insuffisans à l'accomplissement de cette importante fonction.

Pour que l'accouchement se termine naturellement, il faut, 1° que le bassin de la femme ait des dimensions suffisantes pour livrer passage à l'enfant; 2° que le fœtus ne soit affecté d'aucun vice de conformation qui augmenterait son volume au point de former un obstacle à sa sortie; 3° enfin que l'enfant se présente convenablement à l'orifice de l'utérus et au détroit du bassin. Ces conditions se trouvent très-souvent réunies, de sorte que les accouchemens dont la terminaison exige les secours de l'art sont peu nombreux. Voici, au reste, à ce sujet les observations faites dans différens pays. A l'hospice de la Maternité, à Paris, dans l'espace de quinze années, 20,357 accouchemens ont produit 20,517 enfans; sur ce nombre 20,183 accouchemens ont été naturels, et 334 ont été contre nature. A l'école de Vienne, sur 2,923 accouchemens 53 ont été contre nature. Au dispensaire de Westminster, sur 1,897 accouchemens il y en a eu 32 contre nature, et ainsi de suite dans des proportions différentes. (M. S. A.)

ACCOUPLEMENT (physiol.), ou l'union des sexes dans l'acte générateur. Parmi les différentes manières dont la nature travaille à la reproduction des espèces, elle a voulu que l'espèce humaine dût la sienne au concours de deux individus semblables par les traits les plus généraux de leur organisation, mais destinés à y coopérer par des moyens particuliers et propres à chacun. La différence de ces moyens constitue le sexe. L'accouplement n'est point indispensable dans toutes les espèces d'animaux; les huîtres, les polypes, etc., se fécondent isolément. Il n'a pas lieu non plus chez certains poissons et chez quelques reptiles, quoiqu'il y ait déjà besoin chez eux de la coopération de deux individus de sexe différent pour en procréer de semblables.

L'accouplement est dit simple, lorsqu'il consiste dans l'union d'un mâle et d'une femelle, ce cas est le plus commun; réciproque, lorsque deux animaux hermaphrodites (*v.* ce mot) donnent et reçoivent à la fois, comme dans les limaçons; composé, lorsqu'un individu hermaphrodite reçoit d'un premier, donne à un second, et ainsi de suite.

L'union des sexes, dans l'acte générateur, peut se faire avec introduction de l'organe mâle, par contact des parties sexuelles, ou bien à distance. Les mammifères, les crustacés, les insectes, les arachnides, plusieurs mollusques, et quelques vers annélides, sont dans le premier cas. Les oiseaux, les poissons, qui font des petits vivans, comme les raies, les squales, etc., offrent le second exemple; tandis que le troisième cas est celui de tous les poissons qui font des œufs, celui de quelques mollusques et zoophytes, et des reptiles qui, comme les grenouilles, vont déposer leurs œufs dans l'eau.

La durée de l'accouplement varie à l'infini, et suivant les espèces que l'on examine ; il est instantané dans beaucoup d'oiseaux, les coqs, les moineaux, etc. ; il dure très-long-temps dans le limaçon, dans un grand nombre d'insectes, et ainsi de suite.

Le mode ou la manière dont se fait l'accouplement, et l'époque à laquelle il a lieu chez les animaux, sont subordonnés, dans le premier cas, à la conformation généra le du corps et particulièrement des organes de la génération; dans le second, aux saisons, à la température et à la domesticité. La plupart des animaux sauvages s'accouplent une fois l'an, à une époque fixe. Les loups s'unissent en hiver ; les cerfs en automne ; le plus grand nombre d'animaux au printemps et en été ; enfin ceux que l'on a rendus domestiques s'accouplent en toute saison.

Certains animaux, tels que les taureaux, etc., ne s'accouplent jamais avec des femelles fécondées. Il en est qui se réunissent entre les variétés d'une même espèce, ou entre les espèces voisines. On emploie alors ce moyen pour obtenir de plus beaux produits. Ainsi en unissant la brebis de notre pays au bélier mérinos, on obtient des métis qui égalent presque l'espèce en beauté. La jument et le baudet produisent le mulet; le cheval et l'ànesse donnent le bardeau, etc.

La monogamie et la polygamie s'observent tour à tour dans la série des êtres organisés. Il est des animaux, tels que les chevreuils, les corneilles, les aigles, etc., qui vivent toujours ensemble, et offrent un véritable modèle de fidélité conjugale ; les oiseaux surtout, et certains carnassiers parmi les mammifères, partagent avec douceur les soins de l'éducation des petits. Cependant les espèces herbivores qui trouvent une nourriture abondante et facile, laissent à la mère le soin des petits. Pour certains animaux, au contraire, une seule femelle ne suffit pas; les coqs, les phoques, etc., sont dans ce cas; les abeilles offrent une circonstance contraire; c'est la femelle qui a besoin de plusieurs mâles. Les taureaux, les chevaux et les phoques livrent des combats à outrance; des deux rivaux, le vaincu se retire, et va guérir ses blessures ou chercher une conquête plus facile.

L'influence de l'accouplement dans la génération est très-variable : tantôt un seul acte féconde un très-grand nombre d'œufs, c'est le cas de tous les poissons ovipares, des oiseaux, etc. ; chez l'homme et les quadrupèdes, il n'a de l'influence que pour une seule portée; tandis que dans les pucerons, par exemple, l'accouplement de deux individus féconde plusieurs générations successives, qui alors ne sont plus composées que de femelles, lesquelles pondent toutes sans s'accoupler.

Lorsque l'époque de l'accouplement se fait sentir, et que la saison d'amour est arrivée pour chaque espèces d'animaux, l'impatient désir de se reproduire se manifeste dans l'un et l'autre sexe,

et s'adresse à tous les sens. Certaines femelles redoutent l'acte générateur, à cause de la disposition de l'organe mâle ; l'amour des taupes est surtout remarquable à ce sujet. La femelle cherche à se soustraire aux poursuites du mâle, elle fuit à son approche, dans les nombreux souterrains qu'elle s'est ménagés ; évite surtout, non pas de rencontrer le mâle face à face, mais à ce qu'il se trouve en arrière d'elle, jusqu'à ce qu'enfin égarée dans des chemins tortueux que le mâle établit pour la tromper, ces chemins aient servi de piéges à sa ruse. ces intéressantes spéculations de la taupe, et aux combinaisons calculées qui semblent s'établir entre le mâle et la femelle, se joint une circonstance des plus remarquables, qui semble expliquer la cause des nombreux stratagèmes employés par celle-ci. Le mâle, dans cette espèce curieuse, a la tâche de décider et faire reconnaître à l'extérieur le sexe de sa compagne : son organe générateur est pour cela surmonté d'une petite pointe osseuse très-déliée, propre à perforer la peau qui recouvre entièrement les parties sexuelles de la femelle. Il est même surprenant de penser que, quoique guidé par l'instinct, le mâle puisse rencontrer au milieu des ténèbres où il est placé, ce que notre œil n'aperçoit pas au grand jour. Cela est si vrai, qu'en examinant à l'extérieur un grand nombre de taupes, on est frappé, à la première investigation, de trouver un bien plus grand nombre de mâles que de femelles ; mais une observation plus attentive des organes intérieurs de la génération, fait reconnaître la méprise, et établit le nombre et la différence des sexes.

L'accouplement des araignées fileuses est aussi très-remarquable par les circonstances qui l'accompagnent. Le mâle est souvent la victime de son penchant amoureux, malgré ses grandes précautions : il commence par tendre un fil près du lieu où la scène va se passer ; ce fil est le chemin qu'il se réserve, s'il doit chercher son salut dans la fuite, cette précaution prise, il met le pied sur la toile de la femelle, s'avance vers elle lentement, et toujours en hésitant, se hasarde enfin à la toucher, et recule aussitôt de quelques pas; souvent il n'en faut pas davantage pour que l'araignée le saisisse et le dévore, s'il n'est pas assez leste pour échapper ; souvent aussi elle reste immobile : ce signe favorable rend le mâle plus confiant, et le décide à l'accouplement ; mais aussitôt après il échappe par la fuite aux nouvelles fureurs de la femelle.

Sous le rapport de l'accouplement, les insectes présentent à l'observateur des remarques intéressantes; la plupart ne parviennent à l'état parfait que pour vaquer au grand œuvre de la génération. Le mâle épuisé périt bientôt après l'accouplement, qui, chez ces animaux, ne peut avoir lieu qu'une fois. La femelle fécondée continue de vivre jusqu'après la ponte. Quelquefois son corps desséché sert d'enveloppe aux œufs, ou de nourriture aux petits, lorsqu'ils sont éclos.

Les moyens qu'emploient les insectes pour se rencontrer sont prodigieux: les uns, tels que les vrillettes ou perce-bois, frappent rapidement avec une pièce qui fait partie de leur bouche, les boiseries qu'ils habitent; ils s'arrêtent un moment, puis recommencent de nouveau, si aucun individu ne sort des trous voisins; le bruit régulier que fait entendre cet animal est ce que le peuple nomme l'*horloge de la mort*. Les cigales, les grillons mâles, etc., expriment le besoin de rencontrer la femelle par un frémissement particulier dont le bruit s'étend plus ou moins loin, suivant que celle-ci s'approche ou s'éloigne du lieu où est placé le mâle. Enfin, les femelles de certains vers luisans, ou ce que l'on nomme aussi vulgairement mouches lumineuses, mouches à feu, sont remarquables par la possibilité qu'elles ont de répandre une lumière très-vive. Elle semble redoubler à l'approche du mâle, qui lui-même annonce sa présence par une légère étincelle lumineuse. L'éclat de la lumière est subordonné aux désirs de l'animal, et cesse, à ce qu'il paraît, après l'accouplement.  (M. S. A.)

**ACCROISSEMENT**, *incrementum*. (physiol.) Augmentation de la masse et de l'étendue d'un corps par addition de nouvelles molécules constituantes. Les corps bruts et les corps organisés sont soumis à cette loi; mais entre eux il existe, sous ce rapport, de nombreuses différences. Chez les premiers elle est sans bornes fixes, abandonnée aux caprices du hasard, livrée à l'influence des agens chimiques et physiques, tandis que, chez les seconds, elle s'exerce dans des limites déterminées, avec des circonstances diverses pour chaque espèce, mais que celle-ci ne dépasse jamais. Dans les corps bruts encore, les molécules nouvelles s'appliquent à la surface extérieure des anciennes couches, sans changer leur forme et leur manière d'être; ce mode se nomme par *juxta-position*. Celles qui doivent servir à l'accroissement des corps organisés pénètrent au contraire dans leur intérieur, y subissent des changemens nécessaires, sont mises en mouvement dans des canaux particuliers, pour être déposées ensuite dans l'interstice des molécules anciennes; c'est ce qu'on appelle accroissement par *intus-susception*.

Il suffit donc, pour le bien concevoir, d'indiquer le mode d'accroissement dans les corps bruts; mais il est nécessaire d'étudier avec plus d'exactitude la manière dont se développent les corps organisés. Cependant, pour ne pas nous exposer à d'inutiles redites, nous nous bornerons ici à quelques notions générales, réservant au reste des considérations plus détaillées sur ce sujet pour chacun des articles dans lesquels elles rentrent plus spécialement.

Si nous comparons entre eux les animaux et les végétaux, nous verrons que les uns et les autres reçoivent et élaborent à l'intérieur les matériaux de leur accroissement; mais que dans les animaux il est plus rigoureusement assujéti à des conditions fixes; qu'il résiste davantage à l'influence des circonstances extérieures; que le choix, la quantité des alimens; que l'état de domesticité, l'éducation n'apportent que des modifications légères à la masse et à la forme de l'individu, tandis que la qualité du sol et la culture peuvent changer entiè-

rement l'aspect, la taille et la nature des productions du végétal.

Chez les animaux, les systèmes nerveux et circulatoire doivent être considérés comme la base de tout développement organique. Quelques physiologistes ont cherché à démontrer la préexistence du système nerveux; d'autres ont assigné ce premier rôle à l'appareil circulatoire. Ce qui paraît plus positif, c'est que ces deux moteurs tiennent dans leur dépendance tous les autres phénomènes de la vie organique.

L'accroissement commence après la fécondation : d'abord assez lent, il marche bientôt plus rapidement jusqu'à l'instant où le nouvel être sort du sein de sa mère ou brise l'enveloppe qui le sépare du monde extérieur; cette rapidité diminue ensuite à mesure qu'il s'éloigne du moment de sa naissance : le système nerveux perd de sa mollesse, le système circulatoire de son activité; en même temps la fibre musculaire se colore et acquiert une plus grande force; les cartilages deviennent plus consistans; les os, en se chargeant de phosphate calcaire, se durcissent et offrent une charpente plus solide; la peau conserve sa sensibilité, mais elle est moins souple, moins fine. Vers cette période les organes de la reproduction se développent; le jeune animal, suffisamment assuré de sa propre existence, se sent capable d'en transmettre une partie; un nouvel ordre de phénomènes vient modifier le reste de l'économie; la respiration, la voix subissent des changemens notables; les bois, les cornes, les poils se montrent comme de nouveaux attributs de cet âge.

L'animal cesse bientôt alors de croître en hauteur, mais il acquiert plus d'épaisseur et arrive enfin au complément de son organisation. Depuis cet instant il ne fait plus que décroître jusqu'à ce qu'enfin il cesse de vivre et retombe sous l'empire des lois qui régissent la matière brute.

Il est d'observation que l'organisme ne se développe pas par un mouvement continu, mais qu'il est soumis à des alternatives de repos et d'activité, et qu'après chaque période de travail un certain temps est employé à en assurer les résultats. Une élongation trop rapide eût nécessairement porté préjudice, non-seulement aux parties qui s'y seraient trouvées soumises, mais encore à l'existence en général. Ces alternatives d'activité et d'allanguissement sont faciles à noter chez les végétaux à chaque saison nouvelle; elles sont très-remarquables aussi dans les différens temps de la vie des animaux; ainsi, pour l'espèce humaine, l'embryon prend, pendant le premier mois qui suit la fécondation, une extension rapide; elle se ralentit ensuite jusqu'à trois mois et demi, époque à laquelle elle acquiert une activité nouvelle qui se continue, en s'affaiblissant un peu durant le quatrième, pour s'accélérer de nouveau pendant les mois suivans. Dans les six premiers mois l'accroissement se fait avec une certaine uniformité dans toutes les parties du corps, mais sans mouvement brusque; à sept mois la tête devient le siège d'une congestion manifeste; la face se développe; les mâchoires s'al-

longent pour offrir une place suffisante aux premières dents qui apparaissent ; l'époque de la
seconde dentition et celle de la puberté achèvent
enfin la série de ces évolutions énergiques, après
lesquelles l'économie rentre dans un calme au
moins apparent.

C'est dans les substances organiques et inorganiques, dans les fluides, dans les corps impondé-
rables qui les environnent ; c'est en un mot dans
les liquides et les solides en rapport avec l'extérieur
et l'intérieur de leur corps, que les animaux puisent leurs moyens d'existence et de développement.
Tout ce qui peut modifier ceux-ci doit donc modifier aussi la marche et les progrès de leur accroissement.

Ainsi la température, les climats, l'alimentation, s'ils ne changent pas absolument, comme
nous l'avons dit, la forme des animaux, peuvent
au moins retarder ou précipiter la marche de leur
accroissement : l'homme en général se développe
plus complètement dans les climats tempérés que
sous l'influence d'une chaleur excessive ou d'un
froid rigoureux. Ce développement est plus rapide
dans les pays chauds, mais il atteint rarement sa
perfection ; dans les pays froids il se fait avec lenteur, et semble s'arrêter dans sa progression. Le
sexe et le tempérament ont aussi, sous ce rapport,
une influence marquée : la femme arrive plus
promptement que l'homme au terme de sa croissance ; les individus lymphatiques et nerveux parviennent aussi plus tôt à ce terme que ceux qui
possèdent un tempérament sec et bilieux. Toutes
les maladies qui augmentent l'action des systèmes
nerveux et circulatoire, certaines professions ou
conditions sociales qui exigent un exercice favorable, ajoutent souvent d'une manière surprenante
à l'accroissement soit de tout le corps, soit de
certaines parties seulement. Mais il est remarquable que le développement anormal d'une partie
nuit toujours à l'intégrité des autres : l'activité du
cerveau, dans les intelligences précoces, ne s'exerce
qu'au détriment de la nutrition, et l'obésité dans
un âge peu avancé accompagne rarement une heureuse imagination.

Buffon avait indiqué comme une loi générale
que, chez les animaux, la durée de la vie était en
raison inverse de la rapidité de leur accroissement ; cette loi, applicable au plus grand nombre,
ne saurait l'être à tous : les oiseaux qui arrivent
si vite au complément de leur organisation, vivent
bien au delà du terme que semblerait leur pres-
crire cette condition rigoureuse ; on ne peut pas
non plus établir une telle proportion chez les poissons, dont le développement toutefois se fait avec
plus de lenteur. La précocité des habitans des tropiques serait alors un funeste avantage, mais on
sait qu'ils n'atteignent pas, en général, plus vite
le terme de l'existence que les Lapons, les Samoïèdes et les Esquismaux, qui ne vivent pas eux-
mêmes plus long temps que les hommes nés dans
les climats tempérés.

Il est encore des circonstances inappréciables
qui peuvent enchaîner ou étendre au delà des proportions ordinaires la croissance de certains individus : il n'est pas rare de trouver dans le monde
des hommes d'une taille presque gigantesque ou
d'une exiguité remarquable ; on se rappelle parmi
ces derniers, le nain du roi de Pologne, *Bébé*,
dont on conserve un modèle en cire dans les
cabinets de l'École de Médecine de Paris.

Voyez, pour le complément de cet article, les
mots : AGE, EMBRYON, FŒTUS, HOMME, CHENILLE,
CHRYSALIDE, INSECTE, LARVE, COQUILLE, AUBIER,
LIBER, HYDROPHITES, PALMIER, CRISTALLOGRA-
PHIE, ROCHE.                         (P. GENTIL.)

ACÉPHALES. ( MOLL. ) Classe établie par Lamarck, dans la première édition de son ouvrage sur les animaux sans vertèbres, pour tous
les mollusques privés de tête ou sans tête apparente. Plus tard ce digne professeur, dans
l'extrait de son cours de zoologie, en a séparé certains animaux auxquels il a donné le
nom de Cirrhipèdes, et pour quelques autres celui
de Tuniciers. Dans la deuxième édition de ses animaux sans vertèbres, Lamarck abandonne complètement la dénomination d'Acéphales et forme
une nouvelle classe de ces mollusques sous le nom
de Conchyfères. Cuvier, dans la seconde édition
du *Règne animal*, conserve la dénomination d'A-
céphales, à la quatrième classe des mollusques,
qu'il divise en deux ordres : les *Acéphales testacés* et les *Acéphales sans coquilles*. Le premier
de ces ordres est composé de tous les mollusques
bivalves, jusques et y compris l'arrosoir ; dans le
second il fait entrer les Biphores, les Ascidies,
les Pyrosomes et genres voisins.     (DUCL.)

ACÉPHALIE. ( TÉRAT. ) On désigne par ce
nom un genre de monstruosité composé d'enfans qui viennent au monde sans tête. D'a-
près les recherches de M. Isidore Geoffroy-Saint-
Hilaire, exposées dans son traité de Tératologie,
l'acéphalie est beaucoup plus fréquente chez
l'homme que chez les animaux. Sur quatre-vingt-
huit observations qu'il a recueillies dans les auteurs,
quatre-vingt-cinq appartiennent à l'espèce humaine, deux à l'espèce du mouton, une à celle
de la chèvre. L'acéphalie exclut toute espèce d'existence isolée, aussi ces êtres, comparables en quelque sorte aux plantes parasites, meurent immédiatement après leur naissance. (*V.* MONSTRES).
                                 (M. S. A. )

ACÉPHALOCYSTES. ( ZOOPH. ) Hydatides de
quelques auteurs anciens, ou vessie membraneuse
sans tête, renfermant un liquide transparent plus
pesant que l'eau. Laënnec le premier a regardé ces
productions comme des animaux, et en a fait le
genre Acéphalocyste. M. le professeur Cruveilhier,
qui les a aussi beaucoup étudiés, partage entièrement cette manière de voir. Quelle que soit, au
reste, l'opinion que l'on adopte à cet égard, il faudra toujours reconnaître que ces productions
sphéroïdes, transparentes et d'inégal volume,
ont cela de remarquable, qu'elles n'ont aucune
espèce de connexion avec les tissus au sein desquels elles se sont développées, et que, libres de
toutes adhérences, elles nagent au milieu d'un

liquide de nature variable. Les Acéphalocystes naissent sans cause connue dans l'épaisseur de nos organes, se développent, se multiplient et se détruisent ordinairement à l'insu de l'individu qui les porte et qui les nourrit, ou bien déterminent quelquefois des accidens graves et même la mort.
(M. S. A.)

ACERBE, *acerbus*. (CHIM.) On désigne sous ce nom une saveur qui tient tout à la fois de l'âcreté, de l'acidité et de l'amertume. Cette saveur, moins prononcée que celle dite *austère*, se rencontre principalement dans les fruits sauvages et dans ceux qui ne sont point encore arrivés à leur parfaite maturité.
(F. F.)

ACÈRE, *Acera*. (MOLL.) Genre de gastéropode créé par Cuvier, qui en a donné une bonne figure dans les Annales du muséum, vol. 16, p. 10, pl. 1, nᵒˢ 15 et 16. Ce genre, conservé par Lamarck, fait partie de la famille des Bulléens. Une seule espèce le constitue; c'est l'*Acera carnosa*. Elle offre pour caractère un corps ovale, convexe, divisé en deux parties, ayant la tête peu distincte, point de tentacules en saillies, les branchies sur le dos recouvertes par le manteau, et point de coquille. (DUCL.)

ACÉRINÉES. (BOT. PHAN.) Famille de la classe des Dicotylédones polypétales; elle se compose du genre ÉRABLE (*acer*), auquel on ajoute quelquefois l'Hippocastane (*œsculus*). Ses caractères principaux sont: corolle de cinq à neuf pétales, sept à douze étamines; ovaire à deux, trois loges; le fruit est une camare ou une capsule. Les fleurs sont polygames ou hermaphrodites, en grappes ou en corymbe. (V. ÉRABLE.)      (L. D.)

ACESCENT, *acescens*. (CHIM.) On désigne ainsi tout ce qui a une disposition à devenir aigre ou acide.
(F. F.)

ACÉTABULARIÉES. (ZOOPH. POLYP.) M. Lamouroux avait formé sous ce nom un ordre de polypiers qui se composait des deux genres ACÉTABULE et POLYPHYSE. (V. ces mots.) (GUER.)

ACÉTABULE, *Acetabulum*. (ZOOPH. POLYP.) Le genre que nous allons décrire, établi d'abord pour une seule espèce, est, depuis long-temps, le sujet de contestations parmi les naturalistes qui l'ont étudié. Linné l'avait confondu avec les tubulaires, et ne le considérait que comme une espèce de ce genre. Pallas le confondit avec les corallines; mais Tournefort, qui vint ensuite, fut le premier qui reconnut et établit ce genre, qui a été depuis adopté par MM. de Lamarck, Cuvier et Blainville. Le premier, dans un traité des animaux sans vertèbres, l'a placé parmi les polypiers vaginiformes; le second, dans le *Règne animal*, le range parmi les polypes à polypiers, et le troisième, dans l'article Zoophyte du Dictionnaire des sciences naturelles, l'a considéré comme un être organisé, non animal, mais végétal.

MM. Lamouroux, Bertolomé et Donati, tout en le considérant comme un animal, n'ont pas cru devoir adopter le nom d'Acétabule. Le premier le changea en celui d'*Acetabulaire*; le second l'appela *Olivaria*; le troisième enfin *Callopilophoram*.

Les espèces de ce genre ressemblent en quelque

sorte à des champignons très-allongés et composés d'une tige grêle, qui porte à son sommet une plaque ronde et mince, comme un parapluie crénelé et strié au bord: les rayons de son disque sont creux et contiennent des grains verdâtres, ce qui l'avait fait considérer par Cavolini comme une plante. M. Rafenau, de Lille, le place même dans la famille des conferves.

Trois espèces composent actuellement ce genre; la première se trouve dans la Méditerranée, et principalement à Alger. C'est l'ACÉTABULE de la MÉDITERRANÉE. *A. Mediterraneum*, Lam. (Encycl. meth. moll. pl. 478, f. 3.) *Madrepora acetabulum*, Tournefort. (Inst. R. H. pl. 338.) On en voit une figure originale dans l'atlas de ce Dictionnaire, pl. 3, fig. 3. La seconde espèce vient des mers des Antilles; c'est l'*A. crenata*, Lamour. (Hist. du Polyp., pl. 8, f. 1.) Enfin la troisième a été découverte par MM. Qoy et Gaymard pendant leur premier voyage autour du monde sous les ordres du capitaine Freycinet; c'est l'*A. petit godet* (Zool. de Freyc. pl. 90, fig. 6-7.) (R.)

ACÉTATES. (CHIM.) (De *acetum*, vinaigre.) On appelle *acétates*, autrefois *sels de vinaigre*, les produits résultant de la combinaison de l'acide acétique avec les bases salifiables.

Tous ces sels, excepté celui d'ammoniaque, qui est volatil, sont décomposables en totalité ou en partie par le calorique, et donnent pour résultat de l'acide pyro-acétique, de l'acide acétique, du gaz acide carbonique, du gaz hydrogène et de l'eau. La décomposition est presque complète dans les acétates alcalins et terreux, et n'est que partielle dans les acétates métalliques.

Presque tous les acétates sont solubles dans l'eau, et il n'en est aucun qui ne puisse être décomposé par les acides forts.

Les seuls acétates que l'on trouve dans la nature et que nous ayons à étudier, sont ceux de potasse et d'ammoniaque. Les autres, en plus grand nombre, sont le produit de l'art, et s'obtiennent diversement, c'est-à-dire en traitant les oxides ou les carbonates par l'acide acétique. (F. F.)

ACÉTITE. (CHIM.) Nom donné autrefois aux sels neutres résultant de la combinaison de l'acide acéteux avec une base salifiable. Mais, les travaux des chimistes modernes ayant démontré que l'acide acéteux était le même que l'acide acétique plus ou moins étendu d'eau, il en résulte que les acétites ne peuvent plus exister aujourd'hui, et qu'ils doivent être confondus avec les ACÉTATES (v. ce mot.)
(F. F.)

ACHARIA. (BOT. PHAN.) Plante herbacée, originaire du Cap, et décrite par Thumberg avec l'épithète de *Tragodes*. Elle est de la triandrie monœcie de Linné, mais n'a pu être encore exactement rapportée à l'une des familles naturelles. Ses caractères sont: calice à trois folioles, corolle monopétale à trois divisions, style à stigmates trifides; feuilles alternes, profondément dentées et très-velues; fleurs solitaires, les mâles à trois étamines, les femelles au dessus. L'espèce citée plus haut a été figurée par Lamarck (*Illust. gen.*). (L. D.)

ACHE, *Apium*. ( bot. phan. ) ( Ombellifères de Jussieu, Pentandrie Digynie de Linné. ) Ce genre est ainsi caractérisé : limbe du calice entier; cinq pétales égaux entre eux , ovales , ayant la pointe recourbée en dessus ; cinq étamines saillantes, à peu près de la même grandeur que les pétales; le fruit ovoïde , un peu comprimé, marqué de trois stries longitudinales sur chacune de ses faces; fleurs régulières d'un blanc jaunâtre, disposées en ombelles régulières , ordinairement sans involucres ni involucelles. Ce genre n'a que quatre à cinq espèces, dont les plus importantes à considérer sont :

1° Le Persil, *Apium Petroselinum*, L. Plante bisannuelle, dont la tige, qui ne s'élève qu'à un ou deux pieds, est anguleuse et rameuse. Les feuilles sont composées de folioles ovales, subcunéiformes, incisées ; les feuilles du haut de la tige sont entières, lancéolées; les ombellules sont accompagnées de petites folioles linéaires.

2° L'Ache proprement dite, *Apium graveolens*, L., figurée dans l'atlas de ce Dictionnaire, pl. 5 , fig. 6. Plus grande dans toutes ses parties; feuilles à folioles cunéiformes, dentées ; ombellules dépourvues d'involucelles. La racine de l'Ache sauvage est diurétique et apéritive. Cultivée, elle est connue sous le nom de *Céleri*. Nos potagers en fournissent à l'art culinaire une variété qu'on appelle *céleri-rave*, parce que sa racine est grosse, charnue et savoureuse.     ( C.É. )

ACHÉE. ( annel. ) Dans quelques cantons de la France , on désigne ainsi les lombrics ou vers de terre. Les pêcheurs donnent aussi ce nom aux vermisseaux , larves, insectes et autres petits animaux dont ils font des appâts pour prendre le poisson.     ( Guer. )

ACHIAS. ( ins. ) Ce singulier genre appartient à la tribu des Muscides dans la famille des Athéricères. Il a été établi par Fabricius sur un insecte qu'il a vu dans la collection de feu Bosc, et qui fait actuellement partie de celle du Muséum de Paris. Avec la forme des mouches ordinaires , cet insecte offre une particularité très-remarquable, dans les singuliers prolongemens, en forme de cornes, des côtés de sa tête, à l'extrémité desquels sont situés les yeux. Depuis la publication du *Règne animal*, M. Wiedemann , célèbre entomologiste allemand , a fait connaître deux autres espèces découvertes au Brésil, presque en tout semblables à l'ancienne espèce, pour la tête. Cet entomologiste en a fait cependant deux sous-genres, à cause de quelques différences qu'il a observées dans les antennes. On doit considérer comme type du genre *Achias* l'espèce nommée *Oculatus* par Fabricius. Nous l'avons fait figurer dans la pl. 5 de notre Atlas, sous le n° 8. Cette mouche a été trouvée à Java. Les deux autres espèces sont le *Plagiocephalus Lobularis*, Wied. et le *Zygothrica Dispar*, Wied., toutes deux figurées dans le mémoire que ce savant a publié à ce sujet.

On peut encore voir une figure de l'*Achias oculatus*, accompagnée de détails, dans notre Magasin de Zoologie, 1832, Insectes, pl. 7. (Guer.)

ACHILLÉE. ( bot. phan. ) *Voy.* Millefeuille.

ACHIMÈNES. ( bot. phan. ) C'est un genre établi par Brown; il appartient à la famille des Scrophulaires de Jussieu, et à la Didynamie Angiospermie de Linné. Voici ses caractères essentiels : calice monosépale, renflé à sa base, resserré à son ouverture , à cinq divisions, velu; corolle monopétale, personnée , tubuleuse et ventrue, inférieurement velue; limbe à cinq divisions inégales ; étamines au nombre de quatre, presque didynames ; stygmate bilobé.

Ce genre, désigné par Lhéritier sous le nom de *Grille*, que Scopoli a réuni au *Buchneria* et Lamarck au *Columnea*, n'a qu'une espèce, l'*Achimenes minor* de Brown. C'est une plante qui est cultivée dans nos serres; pendant l'automne elle nous étale ses belles fleurs de pourpre. Elle nous vient des contrées chaudes de l'Amérique septentrionale.     ( C.É. )

ACHIRE, *Achirus*. ( poiss. ) Lacépède réunit sous ce nom générique , tiré du grec et qui signifie privé de mains, des espèces de Pleuronectes entièrement semblables aux Soles, si ce n'est qu'elles manquent complètement de nageoires pectorales. Le petit nombre d'espèces que l'on connaît sont toutes étrangères aux mers d'Europe. Voy. Pleuronectes.     ( G. B.)

ACHLYSIE, *Achlysia*. ( arachn. ) Genre de la tribu des Microphtires, famille des Holètres, ayant pour caractères : bouche en forme de siphon sans palpes apparens ; corps ayant la forme d'une cornemuse, pourvu de six pieds très-petits.

Les Achlysies sont des animaux parasites qui vivent sur le corps des Dytiques ( *v.* ce mot ). On n'en a d'abord connu qu'une espèce, *Achlysia Ditisci*, mais l'on doit la connaissance d'une nouvelle espèce à M. le comte de Manheiren , naturaliste russe.     (A. P.)

ACHROMATIQUE, *Achromaticus*. ( phys. ) On désigne ainsi tous les instrumens d'optique qui n'ont pas l'inconvénient ordinaire de laisser apercevoir les couleurs de l'iris.     ( F. F. )

ACHUPALLA. ( bot. phan. ) Humboldt, Vue des Cordilières. *Pourrettia Pyramidata*, *Pitcairnia furfuracea* de Wild , de la famille des Broméliacées de Jussieu et de l'Hexandrie Monogynie , L.

Cette plante, nommée par les habitans des pays où elle est indigène, *Achupalla* ou *Achupaya*, et dont M. Bonpland a fait connaître certaines particularités, croît en abondance dans le Paramo, près de Pansisara, Mamenday et Almagua, dans la Nouvelle Grenade. Sa tige, de trois à quatre pieds, contient intérieurement, surtout vers la naissance des feuilles, une substance blanche , très-aqueuse et comme spongieuse , semblable à celle que renferme le *Cactus Molocactus*. C'est une des ressources les plus précieuses que la providence ménage aux voyageurs. Les enfans en sucent l'eau, qui est insipide et de la plus grande limpidité. Les indigènes en mangent dans les temps de disette. Les ours du pays en font leur principale nourriture ; ils ne commettent

aucun acte de férocité dans les métairies entourées
de ces plantes.                              (C.É.)

ACIDE. (chim.) Pris d'une manière générale, le
mot Acide présente à l'esprit tout ce qui est aigre;
on dit une liqueur acide, une liqueur aigre ; mais
considéré spécialement et sous le point de vue chimique, le même mot est pris substantivement, et
sert à désigner tous les corps solides, liquides ou
gazeux, plus ou moins odorans, plus ou moins
colorés, doués en général d'une saveur aigre ou
caustique, ayant la propriété, 1° de faire disparaître en tout ou en partie les caractères d'autres
corps appelés *alcalis;* 2° de rougir l'infusé aqueux
(*infusion*, dans le langage ordinaire) de violettes; 3° de jaunir ou de rougir le papier de
Fernambouc; 4° enfin, et c'est là le caractère
principal, de se combiner avec les alcalis, appelés encore *oxides métalliques*, pour former
des sels.

Avant que l'on ne sût que l'oxygène ne possédait
pas seul la propriété acidifiable, on appelait
*acide* tout corps résultant de la combinaison de
l'oxygène avec un corps simple combustible;
mais aujourd'hui que tous les chimistes ont reconnu la même propriété au chlore, à l'iode, au
phtore, etc., cette ancienne définition a dû être
abandonnée.

Les acides sont presque tous susceptibles de se
dissoudre dans l'eau ; tous ont la plus grande tendance à se porter vers les surfaces électrisées vi-
treusement, et tous ceux qui sont formés d'oxygène et d'un corps simple sont décomposés par la
pile voltaïque. Dans cette décomposition, l'oxygène se porte au pôle vitré, et le corps simple au
pôle résineux.

Outre leur division en *métalliques, non métalliques, végétaux* et *animaux*, les acides peuvent
être partagés en trois classes. Dans la première seront compris ceux qui ont l'oxygène pour principe
acidifiant, et qu'on appelle *oxacides.* La dénomination de ces acides se termine en *ique* ou en *eux*,
suivant que la quantité du principe acidifiant est
plus forte ou moins forte; ainsi, on dit *acide sulfurique, acide sulfureux, acide nitrique, acide
nitreux*, etc.; et, pour les degrés d'acidification
intermédiaire, on a recours au mot *hypo* que l'on
place devant le nom de l'acide ; de là les dénominations suivantes : *acide hyposulfurique, acide
hyposulfureux*, etc.

Dans la seconde classe, se trouvent les acides
qui ont l'hydrogène pour base acidifiable, et qu'on
a appelés *hydracides.*

Enfin la troisième renferme les acides qui résultent de l'union de deux corps combustibles,
sans addition d'oxygène ni d'hydrogène.

Tous les acides, suffisamment étendus d'eau et
introduits dans l'estomac, déterminent un sentiment de fraîcheur générale et tout-à-fait agréable.
Administrés par une main habile et expérimentée,
ils calment la soif, modèrent la chaleur fébrile,
diminuent la sueur, augmentent les urines, ralentissent la fréquence du pouls, et suspendent la
putridité. On les conseille, surtout ceux que l'on

trouve dans le citron, l'orange, la groseille, etc.,
dans les fièvres bilieuses, adynamiques et putrides, dans le scorbut, les hémorrhagies passives,
les catarrhes anciens et les hydropisies atoniques.
Cependant leur usage prolongé devient nuisible ;
ils détruisent l'émail des dents, occasionent la
toux, dérangent la digestion, amènent l'amaigrissement et le racornissement de l'estomac et des
intestins.

Ces mêmes acides affaiblis sont employés à l'extérieur, comme astringens, dans le traitement des
hémorrhagies des petits vaisseaux et des écoulemens muqueux.

Purs ou concentrés, les acides sont tous employés comme de puissans caustiques : ils irritent,
enflamment, détruisent les parties avec lesquelles
on les met en contact. Cependant on s'en sert
journellement à l'extérieur pour détruire les por-
reaux, les verrues, les chancres, etc.

Les acides concentrés, et principalement les
acides minéraux, étant capables de donner lieu à
tous les symptômes de l'empoisonnement produit
par les substances âcres et corrosives, voici les
antidotes auxquels on devra avoir recours, et
le traitement que l'on fera subir en cas d'accidens.

Comme antidotes, on se hâtera de donner, en
abondance, soit de la magnésie calcinée délayée
dans de l'eau, soit un macéré (macération) de
graine de lin ou de racine de guimauve, soit de
l'eau de savon ; de plus, on fera administrer quelques lavemens émolliens.

Pour le traitement : si le vomissement n'a pas
eu lieu, ce qui est extrêmement rare, on titillera
la luette avec la barbe d'une plume, et le poison,
qui n'a pas encore agi, étant neutralisé par les antidotes dont nous venons de parler, on aura recours
aux fomentations émollientes sur le ventre, aux
bains tièdes ; à une saignée du bras, aux sangsues
si les premiers moyens ne suffisent pas; aux boissons mucilagineuses, aux sangsues au col, si la
déglutition ne peut se faire.

Une fois maître des accidens, on prescrira quelques tasses d'eau de veau, de bouillon de poulet;
on favorisera la convalescence par l'usage du
gruau, des fécules, des crêmes de riz, des bouillons
gras; on évitera le vin, les spiritueux et les alimens solides : enfin, la convalescence étant confirmée, on permettra des alimens solides, peu à
la fois et d'une digestion facile.

Si, par une cause quelconque, le malade ne
pouvait avaler aucun des médicamens prescrits,
on videra l'estomac à l'aide d'une sonde œsophagienne en gomme élastique.

Ne devant nous occuper ici que des acides
fournis par la nature, nous allons passer successivement en revue les suivans.

A. ACÉTEUX. Acide acétique étendu d'eau, ou
*vinaigre.* Ces deux acides ne diffèrent l'un de
l'autre que par le degré de concentration.

A. ACÉTIQUE. De tous les acides végétaux, c'est
celui que l'on trouve le plus abondamment dans la
nature, et qu'on prépare le plus facilement dans

les arts. Il existe libre ou combiné à la potasse, dans la séve de presque toutes les plantes; on le rencontre également dans la sueur, l'urine de l'homme, etc., dans le lait; enfin il se développe dans l'estomac à la suite des mauvaises digestions, dans la fermentation putride des substances animales et végétales, dans les liqueurs vineuses exposées au contact de l'air, etc.

Cet acide, parfaitement pur, est solide, incolore, d'une odeur très-piquante, d'une saveur très-vive; il rougit fortement la teinture de tournesol, attire un peu l'humidité de l'air, est très-soluble dans l'eau, moins dans l'alcool, et forme, avec les bases salifiables, des sels qui sont très-employés dans les arts et la médecine.

On prépare l'acide acétique en distillant le vinaigre ordinaire absolument comme on distille l'eau simple, ou bien en calcinant l'acétate de cuivre du commerce dans une cornue de grès. Le premier procédé donne un acide très-faible, le second, un acide très-concentré que l'on redistille pour en séparer un peu d'oxide de cuivre qui le colore en vert. C'est à ce dernier que l'on donne le nom de *vinaigre radical*. Maintenant on fabrique ce vinaigre en grand en distillant du bois dans des appareils très-ingénieux dus à M. Mollerat.

Le vinaigre radical a pour caractères principaux d'être liquide, d'une consistance qui tient le milieu entre celle de l'eau et celle de l'acide sulfurique, d'être incolore quand il est parfaitement pur, de répandre une odeur vive, pénétrante, d'avoir une saveur extrêmement piquante, etc.

Les usages de l'acide acétique très-affaibli, c'est-à-dire à l'état de *vinaigre*, sont connus de tout le monde; on le sert sur nos tables comme assaisonnement. Dans les arts, il est employé pour fabriquer les acétates de plomb, d'alumine, de fer, etc. En pharmacie, on en prépare les vinaigres scillitiques, des quatre voleurs, etc.; les oximels, l'extrait de saturne, et beaucoup d'autres médicamens. Enfin, la médecine l'administre comme antiseptique, rafraîchissant, calmant, et antidote de l'opium. Mais avant de faire usage de l'eau vinaigrée, pour combattre les symptômes développés par ce poison, il faut que celui-ci ait été expulsé de l'estomac par les vomissemens, car autrement l'action meurtrière serait augmentée.

A l'état de vinaigre radical, et renfermé dans des flacons de poche, de forme et de grandeur variables, contenant du sulfate de soude cristallisé, il constitue le sel de vinaigre que l'on respire journellement comme stimulant dans les syncopes, les défaillances, les malaises, etc., et pour masquer les mauvaises odeurs des lieux publics, des salles de spectacle, etc.

A. AÉRIEN. *Voyez* CARBONIQUE.

A. ALITHIASIQUE. *Voyez* URIQUE.

A. ALLANTOÏQUE. Selon M. Lassaigne, les eaux de l'amnios de la vache ne contiennent pas d'acide particulier, et celui qui a été décrit sous le nom d'*amniotique* n'est autre que l'*acide allantoïque*

qu'il a découvert en 1821 dans l'eau de l'allantoïde de la vache.

Quoi qu'il en soit, cet acide se présente sous forme de prismes carrés, d'un blanc nacré, inodores, insipides, inaltérables à l'air, solubles dans l'eau et l'alcool bouillant, rougissant la teinture de tournesol, etc.

On l'obtient en traitant le résidu de l'évaporation de l'eau de l'allantoïde par l'alcool qui dissout l'acide et le laisse précipiter presque entièrement par le refroidissement.

A. ALOÉTIQUE. Cet acide, et quelques autres analogues, qui ont été considérés comme des corps particuliers par quelques chimistes, ne doivent pas encore être rangés parmi les véritables acides.

A. AMNIOTIQUE. Dans leur analyse de l'eau de l'amnios, MM. Buniva et Vauquelin ont trouvé un acide particulier qu'ils ont appelé *acide amniotique*.

Cet acide est solide, blanc et brillant, inodore, presque insipide, inaltérable à l'air, peu soluble à froid dans l'eau et l'alcool, plus soluble à chaud dans les mêmes liquides, rougissant très-peu la teinture de tournesol, et cristallisant en aiguilles.

On l'obtient en évaporant jusqu'en consistance de sirop les eaux de l'amnios de la vache, et traitant à plusieurs reprises le résidu par l'alcool bouillant : l'acide se dissout dans celui-ci, et s'en précipite presque en totalité par le refroidissement.

A. ANTIMONIEUX. *Voyez*, dans les ouvrages de chimie, DEUTOXIDE D'ANTIMOINE.

A. ARSÉNIQUE. Entrevu par Macquer et découvert par Schéele en 1775, l'acide arsénique existe dans la nature à l'état d'arséniate de fer, de cobalt, de cuivre, etc.

Cet acide est solide, blanc, déliquescent, très-soluble dans l'eau, incristallisable, entièrement caustique, et réductible par les corps combustibles; il rougit fortement les couleurs bleues végétales. Soumis à une température élevée, il passe à l'état de deutoxide qui se volatilise sous forme d'une fumée blanche, fétide, etc.

On l'obtient en traitant le deutoxide d'arsenic par les acides nitrique ou hydro-chlorique. Il est sans usage et extrêmement vénéneux. *Voyez* DEUTOXIDE D'ARSENIC, pour les accidens auxquels il peut donner lieu et les moyens que l'on doit mettre en usage pour les combattre.

A. ASPARTIQUE. Acide sans usage, découvert en 1829, par Plisson, dans les jeunes pousses d'asperges, et plus tard dans les racines de réglisse, de guimauve, etc. Cet acide est solide, inodore, plus soluble dans l'eau à chaud qu'à froid, inaltérable à l'air, etc.

On l'obtient en faisant bouillir les sucs des substances végétales qui le contiennent avec un excès d'eau de baryte, et décomposant l'aspartate formé par l'acide sulfurique.

A. BENZOÏQUE. Cet acide, appelé autrefois *fleurs de benjoin*, existe dans les baumes et dans les urines des quadrupèdes herbivores, la vanille, etc.

Parfaitement pur, il se présente sous forme de lames nacrées et brillantes; il est incolore, inodore, légèrement acerbe, très-peu soluble dans l'eau froide, soluble dans l'alcool, volatil et décomposable au feu, inaltérable par les acides forts, etc.

On l'obtient en chauffant le benjoin dans un creuset recouvert d'un cône en carton, traitant le produit de la sublimation par l'acide nitrique, puis par l'eau chaude, et faisant cristalliser. L'acide benzoïque n'est plus employé en médecine.

A. BORIQUE. Cet acide, appelé autrefois *sel sédatif*, *sel narcotique*, à cause des propriétés qu'on lui attribuait, puis *acide boracique*, du nom du borax dont on l'extrait, découvert par Homberg en 1702, fut obtenu pour la première fois, par Lémeri le jeune, en traitant le sous-borate de soude par un acide. Considéré comme corps simple jusqu'en 1808, MM. Gay-Lussac et Thénard démontrèrent, à cette époque, qu'il était formé d'oxygène et de *bore*; de là la dénomination d'*acide borique* sous laquelle on le connaît généralement aujourd'hui.

L'acide borique est solide, incolore, inodore et d'une saveur faible. Il est peu soluble dans l'eau, se dissout dans la potasse, la soude et l'alcool, et communique à celui-ci la propriété de brûler avec une flamme verte. Son action sur les couleurs bleues végétales est faible; dissous dans l'eau, il se précipite, après le refroidissement, sous forme de petits cristaux dont la forme n'a pas encore été bien déterminée. Traité par la chaleur, il se fond, se transforme en un verre incolore et transparent, et ne se volatilise jamais.

La nature nous offre l'acide borique en dissolution dans les eaux de plusieurs lacs de Toscane, et à l'état solide sur les bords de ces mêmes lacs. On le trouve également dans plusieurs lacs des Indes, dans le cratère de Vulcano, et il est probable qu'il existe encore dans d'autres lieux.

On le retire du sous-borate de soude ou borax du commerce : pour cela, on traite une partie de borax pulvérisé et dissous dans six parties d'eau par l'acide sulfurique concentré. Cet acide décompose le borax, s'empare de la soude avec laquelle il forme un sel soluble, et met à nu l'acide borique qui se précipite sous forme lamelleuse. La liqueur étant refroidie, on la filtre; on laisse égoutter le résidu, on le lave à l'eau froide et on le fait sécher à l'étuve. Tel est le mode d'obtention de l'acide borique du commerce.

Ainsi obtenu, l'acide borique a besoin d'être purifié. On y parvient en le fondant dans un creuset, en le dissolvant dans plusieurs fois son poids d'eau bouillante, le faisant cristalliser et sécher, pour le refondre et le couler une dernière fois.

Cet acide doit être conservé à l'abri du contact de l'air, car il est effervescent. Très-peu usité en médecine aujourd'hui comme calmant et antispasmodique, on s'en sert dans les arts pour fondre et analyser les pierres gemmes.

A. BUTYRIQUE. D'après M. Chevreul, cet acide existe tout formé dans le beurre et combiné avec la stéarine, l'élaïne et la matière colorante. Il est liquide, incolore, d'une odeur analogue au beurre rance, soluble dans l'eau et l'alcool, sans usage.

On l'obtient en saponifiant le beurre par la potasse, délayant la masse dans l'eau, décomposant le soluté par l'acide tartrique ou phosphorique, et distillant la liqueur filtrée ou décantée.

A. BÉZOARDIQUE. *Voyez* URIQUE.

A. CAÏNCIQUE. Acide extrait de la racine de caïnca par MM. Pelletier et Caventou. Il est solide, blanc, inodore, amer et un peu astringent, soluble dans l'alcool, moins soluble dans l'eau et l'éther, cristallisant en aiguilles, rougissant le papier de tournesol, etc.

On l'obtient en versant un excès de chaux dans un soluté aqueux d'extrait alcoolique de racine de caïnca, et traitant le précipité par l'acide oxalique et l'alcool bouillant.

A. CARBONIQUE. L'acide carbonique, appelé gaz par Paracelse et Van-Helmont, médecins aussi fameux que chimistes habiles, *air fixe* par Black, *acide calcaire* par Keir, *acide aërien* par Bergmann, *acide méphitique* par Bewler, etc., existe sous trois états dans la nature. A l'état gazeux, il entre pour un millième dans la composition de l'air atmosphérique, et on le rencontre également, sous cet état, dans certaines cavités de la terre. A l'état liquide, il existe dans presque toutes les eaux, et surtout dans la plupart de celles dites *eaux minérales*, auxquelles il donne une saveur fraîche, piquante et aigrelette. Enfin, à l'état solide ou à l'état salin, il constitue les roches calcaires, les marbres qui composent une grande partie de la masse du globe. Un des produits de la fermentation, il se dégage en grande abondance pendant la fabrication des vins, de la bière, du cidre, etc. C'est à cet acide, dont on a momentanément suspendu le dégagement en enfermant dans les bouteilles exactement fermées les liquides qui le contiennent, qu'on doit rapporter la propriété mousseuse des vins de Champagne, des eaux, des limonades gazeuses, etc.

Le gaz acide carbonique jouit des propriétés suivantes: il est incolore, d'une saveur acide et d'une odeur piquante; il rougit fortement les couleurs bleues végétales, éteint les corps en combustion, asphyxie les animaux, est soluble dans l'eau, plus pesant que l'air atmosphérique et par conséquent très-facile à transporter. Cette pesanteur spécifique, plus considérable à la température ordinaire que celle de l'air, rend très-dangereuses les descentes dans les grottes ou cavités souterraines où il se dégage naturellement, et où les courans d'air ne sont pas assez forts pour l'expulser; telle est, à Naples, la *grotte* dite *du Chien*, qui a constamment son sol couvert d'une couche épaisse de cet acide, et dans laquelle tombent asphyxiés tous les quadrupèdes qui y pénètrent.

Si, par curiosité ou tout autre motif, on voulait descendre ou pénétrer dans des lieux souterrains non visités depuis long-temps, il ne faudrait le faire qu'en portant devant soi des bougies allumées et attachées à l'extrémité d'un long bâton : le danger sera nul si la bougie brûle facilement et si l'air renfermé dans la grotte est sans odeur; dans le cas contraire on renouvellera l'air au moyen d'un foyer ardent et portatif que l'on placera à l'entrée de la cavité, et au cendrier duquel on adaptera un long tuyau qui se prolongera très-avant dans la cavité.

Ce que nous venons de dire de la grotte du Chien pourrait faire penser que, dans les salles de grande réunion, dans les théâtres, par exemple, où il se forme, par le fait de l'altération de l'air, une quantité assez notable de gaz acide carbonique, le paradis est plus sain que le parterre. Il en est, au contraire, tout différemment; les couches inférieures étant plus chaudes et plus dilatées, gagnent la partie supérieure et entraînent le gaz avec elles.

On obtient le gaz acide carbonique en traitant le marbre en poudre, ou la pierre calcaire, par l'acide hydrochlorique, et recevant le gaz qui se dégage dans des flacons pleins d'eau et renversés.

Cet acide cause promptement l'asphyxie. Le comte Chaptal a cru lui reconnaître des propriétés stupéfiantes, et M. Orfila dit avoir vu certaines douleurs calculeuses céder à son usage; enfin, on l'a conseillé à l'intérieur pour combattre quelques ulcères.

A. CHROMIQUE. Cet acide, découvert par Vauquelin en 1797, est solide, cristallisé en prismes à quatre pans, d'un rouge orangé foncé, d'une saveur acerbe, et soluble dans l'eau; il rougit fortement la teinture de tournesol, et a la propriété, mêlé avec l'acide nitrique, de dissoudre l'or.

Combiné avec le plomb dans le plomb chromaté, on l'obtient en traitant celui ci par du nitrate de potasse et enlevant cette dernière base par un autre acide.

A. CITRIQUE. La découverte de cet acide est due à Schéele qui le retira du suc des citrons; mais il existe aussi dans le suc de beaucoup d'autres fruits, tels que l'orange, le sorbier des oiseaux, etc. Parfaitement pur, il se présente sous forme de cristaux prismatiques et rhomboïdaux, transparens et d'une saveur acide, presque caustique. Il est très-soluble dans l'eau, moins dans l'alcool, inaltérable à l'air, etc.

On le prépare en abandonnant à lui-même du suc de citron pendant un jour ou deux afin de le débarrasser du mucus qu'il contient et qui se précipite, saturant l'acide contenu dans la liqueur par du sous-carbonate de chaux, lavant le citrate de chaux insoluble et le décomposant par l'acide sulfurique qui s'empare de la chaux et met l'acide citrique à nu. Il n'y a plus alors qu'à faire évaporer la liqueur filtrée et à faire cristalliser.

L'acide citrique est employé en médecine comme anti-septique, rafraîchissant et diurétique. On en prépare des limonades qui sont très-utiles dans les fièvres inflammatoires bilieuses, adynamiques et quelques embarras gastriques; enfin, avec une certaine proportion de sucre en poudre, il constitue la *limonade sèche* des voyageurs, et, associé avec le carbonate de magnésie, il peut servir à composer une boisson gazeuse.

A. COLOMBIQUE. Découvert en 1802 par Hatchett. L'acide colombique est pulvérulent, inodore, insipide, peu soluble, d'une action faible sur les couleurs bleues végétales, etc.

On l'obtient en traitant le minéral (tantalithe) qui le contient par la potasse, et en lavant cette dernière par l'acide hydrochlorique.

A. CRAYEUX. *Voyez* CARBONIQUE.

A. DELPHINIQUE. Découvert par M. Chevreul dans l'huile du *Delphinus globiceps* : cet acide existe probablement aussi dans les autres cétacés et dans les poissons. Il ressemble assez à une huile volatile; sa couleur est jaune citron; son odeur est forte, aromatique, et semblable à celle du fromage et du beurre rance; sa saveur est très-acide, sa solubilité dans l'alcool plus grande que dans l'eau, etc.

On l'obtient en traitant l'huile du *Globiceps* par la potasse, en décomposant le savon qui en résulte par l'acide tartrique, lavant le résidu, filtrant et distillant les liqueurs.

A. ELLAGIQUE. Découvert par Braconnot. Cet acide est regardé par M. Chevreul comme étant de l'acide gallique impur. Il est pulvérulent, inodore, insipide, d'un jaune clair, peu soluble dans l'eau, etc.

On le retire en traitant le dépôt formé spontanément dans l'infusé de noix de galle par l'eau bouillante, ajoutant de la potasse, filtrant, etc.

A. FLUORIQUE. Découvert par Schéele en 1771. Cet acide, obtenu pour la première fois par MM. Gay-Lussac et Thénard, est liquide, blanc, d'une odeur très-forte, d'une saveur extrêmement vive et corrosive; il se répand en fumée et désorganise très-promptement et très-douloureusement les substances animales avec lesquelles on le met en contact. Son avidité pour la silice est telle qu'il attaque le verre avec beaucoup d'énergie, et qu'on ne peut le conserver que dans des vases de plomb, d'argent ou de platine.

On l'obtient en traitant le spath fluor par l'acide sulfurique dans des vases de plomb.

Les arts ont mis à profit son action sur le verre pour graver sur cette substance. Pour cela on enduit les endroits qui ne doivent pas être attaqués avec de la cire, et on expose le reste de la pièce à la vapeur acide.

A. FORMIQUE. Acide liquide, incolore, d'une odeur forte, d'une saveur aigre, très-piquante, que l'on obtient en saturant le suc exprimé des fourmis, et principalement celui de la *formica rufa*, avec le sous-carbonate de potasse, et distillant avec l'acide sulfurique.

A. FUNGIQUE. Acide sans usage, découvert par Braconnot dans les bolets, où il existe pur ou combiné avec la potasse, et qui, dans son état de pureté, est incolore, insipide, déliquescent, etc.

A. GALLIQUE. Découvert par Schéele en 1786, dans la noix de galle. Cet acide existe encore uni au tannin dans beaucoup d'autres végétaux. Quand il est pur, il se présente sous forme de cristaux soyeux très-blancs; mais il est plus ordinairement coloré en jaune. Il a pour caractères d'être inodore, d'avoir une saveur peu acide, d'être soluble dans l'eau et l'alcool, etc.

On l'obtient en lavant à l'eau bouillante le dépôt formé par un infusé de noix de galle abandonné à lui-même pendant un ou deux mois, en faisant évaporer la liqueur, et décolorant les premiers cristaux obtenus par du charbon animal et plusieurs dissolutions successives.

A. GALACTIQUE. *Voyez* LACTIQUE.

A. GASTRIQUE. Nom sous lequel on désigne quelquefois le suc gastrique.

A. HONIGSTIQUE. *Voyez* MELLITIQUE.

A. HYDRIODIQUE. Cet acide, découvert en 1814 par M. Gay-Lussac, existe à l'état salin dans l'éponge et quelques plantes marines. Il est gazeux, sans couleur, d'une odeur forte, et d'une saveur piquante; il absorbe l'humidité de l'air, et se répand sous forme de vapeurs blanches; il rougit les couleurs bleues végétales, éteint les corps en ignition, est très-soluble dans l'eau, etc.

On le prépare en faisant passer du gaz hydrogène sulfuré à travers de l'eau chargée d'iode, filtrant et concentrant la liqueur.

Cet acide jouit des propriétés médicinales de l'iode (*v.* IODE.)

A. HYDROCHLORIQUE. L'acide hydrochlorique, obtenu d'abord par Glauber, et qui a été le sujet des recherches d'un grand nombre de chimistes, n'est bien connu que depuis les travaux de MM. Gay-Lussac et Thénard. Il existe dans les fameuses mines de sel de Wieliczka en Pologne, et dans les sources chaudes qui s'étendent depuis le lac de Cusco jusqu'à Valladolid, dans la Nouvelle-Espagne, et dans les vapeurs qui s'exhalent du cratère du Vésuve ou des fentes par lesquelles la lave s'écoule.

Il a pour caractères d'être gazeux, incolore, d'une odeur vive et piquante, et d'une saveur très-acide; il rougit fortement le tournesol, éteint les corps en combustion, se dissout facilement dans l'eau, et répand dans l'air des vapeurs blanches qui irritent fortement les yeux et la poitrine de ceux qui les respirent de trop près.

On l'obtient en décomposant le sel marin (sel de cuisine) ou hydrochlorate de soude par l'acide sulfurique, et recevant le gaz qui se dégage dans des cloches pleines de mercure si on veut avoir l'acide sous forme gazeuse, ou bien dans des flacons remplis aux deux tiers d'eau, et entourés de glace si on veut l'avoir liquide.

Dans les arts, on l'emploie, mêlé à l'acide nitrique, sous le nom d'*eau régale*, pour dissoudre l'or et le platine.

En médecine on s'en sert pour toucher les aphthes gangreneux, pour préparer les bains de pieds irritans, etc. Enfin dans les laboratoires de chimie et de pharmacie, il est journellement usité comme réactif.

A. HYDRO-CYANIQUE. L'acide hydro-cyanique, un des poisons les plus violens que l'on connaisse,

a été découvert par Schéele, en 1780, et obtenu pur, pour la première fois, par M. Gay-Lussac.

Ses caractères sont d'être liquide, transparent et incolore; d'avoir une saveur âcre et irritante, et une odeur très-prononcée; d'être moins soluble dans l'eau que dans l'alcool, d'être très-volatil, etc.

Bien que cet acide existe, en petite quantité il est vrai, dans les feuilles desséchées de laurier-cerise, dans les amandes amères, etc., on le prépare, d'après M. Gay-Lussac, en distillant dans une cornue de verre un mélange de cyanure de mercure pulvérisé et d'acide hydro-chlorique. Le produit est l'acide hydro-cyanique pur, acide que l'on étend d'eau ou d'alcool pour les usages de la médecine, et dont les effets toxiques sont tellement prononcés qu'une seule goutte, dit M. Magendie, introduite dans la gueule d'un chien vigoureux, peut le faire tomber raide mort après quelques minutes.

L'acide hydro-cyanique a été vanté pour guérir la phthisie au premier degré, combattre la toux hectique et la dyspepsie, modérer la trop grande activité du cœur, calmer les douleurs cancéreuses, etc.; mais les dangers qui peuvent résulter de l'administration d'un médicament aussi violent, doivent toujours engager les praticiens à se mettre en garde contre un pareil moyen thérapeutique.

En cas d'empoisonnement par cet acide, on doit, assure le docteur Murray, se hâter d'avoir recours à l'ammoniaque, qui en est le meilleur antidote.

A. HYDRO-SULFURIQUE. Cet acide, découvert par Schéele, désigné autrefois sous les noms de *gaz hépatique*, de *gaz hydrogène sulfuré*, et dont Berthollet fit connaître la composition en 1794, existe dans la nature combiné en très-petite quantité avec la soude dans certaines eaux minérales dites *sulfureuses*, telles que celles de Plombières, Aix-la-Chapelle, etc. Il se dégage encore de la vase des marais, des fosses d'aisance, etc.

Il est gazeux, incolore, soluble dans l'eau, impropre à la combustion et à la respiration, et d'une saveur et d'une odeur fétides, insupportables, semblables à celles des œufs pourris.

Dans les laboratoires, on le prépare en traitant le sulfure d'antimoine par l'acide hydro-chlorique. L'eau de celui-ci est décomposée, son oxygène se porte sur l'antimoine et l'oxide, tandis que l'hydrogène se combine au soufre du sulfure, et se dégage avec lui à l'état d'acide hydro-sulfurique ou hydrogène sulfuré.

Même en très-petite quantité, cet acide asphyxie et tue les animaux. Les oiseaux ne peuvent vivre un seul instant dans un air qui en contient un millième de son poids, et les chiens les plus vigoureux périssent sur-le-champ si l'air qu'il respirent en renferme un centième. L'homme n'est pas aussi immédiatement placé sous son influence; car nous le respirons toujours mêlé à l'air, et tous les jours aussi nous l'introduisons dans l'estomac, dissout dans l'eau, dans le traitement des maladies de la peau, des scrofules, des rhumatismes, des vieux ulcères, etc. Toutefois, si ce gaz acide est en trop grande proportion dans l'air, il produit sur l'homme les mêmes effets que sur les animaux, témoin l'asphyxie des vidangeurs ou *plomb* qui a lieu quand ces derniers descendent dans les fosses sans quelques précautions préalables.

Dans les empoisonnemens par le gaz hydrogène sulfuré, on fait respirer du chlore au patient, et c'est encore au chlore qu'on a recours pour désinfecter l'air vicié par cet acide.

A. HYDRO-THIONIQUE. *V.* HYDRO-SULFURIQUE.

A. KARABIQUE. *Voyez* SUCCINIQUE.

A. KINIQUE. Acide qui existe dans le quinquina à l'état de kinate de chaux, qui cristallise en lames blanchâtres, qui a une saveur assez prononcée, qui est soluble dans l'eau, etc., et qui est sans usages.

A. LITHIQUE. *Voyez* URIQUE.

A. LACCIQUE. Acide jaunâtre, solide, découvert par John dans la lacque, et que l'on obtient en traitant successivement cette dernière, préalablement pulvérisée, par l'eau, l'alcool et l'éther.

A. LACTIQUE. Découvert par Schéele, en 1780, dans le petit lait aigri, et supposé analogue à l'acide nancéique de Braconnot. Cet acide, que M. Berzelius a rencontré dans les muscles, le sang et plusieurs autres liqueurs animales, a une consistance sirupeuse et une saveur peu prononcée; il est incristallisable, très-soluble dans l'eau et l'alcool, etc.

A. MALIQUE. Cet acide existe dans presque tous les végétaux; mais c'est surtout dans les pommes que Schéele l'a découvert en 1785. Impur, cet acide se présente sous forme extractive, brunâtre; il est incristallisable, médiocrement sapide, soluble dans l'eau, décomposable au feu, etc. Purifié, il est blanc, inodore, déliquescent, très-acide, plus pesant que l'eau, susceptible de cristalliser en mamelons, etc.

Bien qu'on puisse retirer cet acide des sucs de pomme, de joubarbe, etc., on le prépare ordinairement en ajoutant de l'acétate de plomb dans du suc de sorbier des oiseleurs clarifié par le repos, lavant à l'eau froide le malate de plomb formé, traitant ensuite ce dernier par l'eau bouillante, faisant cristalliser et décomposant le sel par l'acide sulfurique. Celui-ci forme du sulfate de plomb qui se précipite, et met à nu l'acide malique. Cet acide retenant un peu d'oxide de plomb, on l'en débarrasse à l'aide de l'hydrogène sulfuré.

A. MARIN. *Voyez* HYDRO-CHLORIQUE.

A. MELLITIQUE. Acide inodore, d'une saveur aigre, puis amère, peu soluble dans l'eau, etc., qui a été découvert par Klaproth et qu'on retire de la pierre de miel, *Mellite* ou *Honigstein*, à l'aide de l'eau chaude. On le sépare ensuite de cette dernière par l'alcool.

A. MÉCONIQUE. Acide existant dans l'opium à l'état de méconate de morphine et découvert par Sertuerner. Il se présente sous forme de cristaux aiguillés ou lamelleux; il est blanc, soluble dans l'eau et l'alcool, fusible, volatil, etc.

On l'obtient, d'après M. Robiquet, en faisant bouillir un soluté d'opium, avec une petite quantité de magnésie, et décomposant le sous-méconate de magnésie insoluble par l'acide sulfurique.

A. MÉPHITIQUE. *Voyez* CARBONIQUE.

A. MORIQUE. Découvert en 1805 par Klaproth, cet acide existe à la surface de l'écorce du mûrier blanc à l'état de morate de chaux. Il est solide, blanc, très-sapide, très-soluble dans l'eau et l'alcool, décomposable au feu, etc.

On l'obtient en traitant le décocté aqueux d'écorce de mûrier par un excès d'acétate de plomb et agissant ensuite comme pour l'acide oxalique.

A. MURIATIQUE. *Voyez* HYDRO-CHLORIQUE.

A. MURIATIQUE OXYGÉNÉ et MURIATIQUE SUR-OXYGÉNÉ. *Voyez* CHLORE.

A. NANCÉIQUE. Acide dont la découverte est due à Braconnot, qui existe dans les substances végétales acescentes, qui est incolore, incristallisable, etc., et qui a quelque analogie avec l'acide lactique.

A. NITRIQUE. La découverte de l'acide nitrique, qui porta successivement les noms d'*eau-forte*, *esprit de nitre*, *acide de nitre*, *acide azotique*, et qui est un des produits constans de la nature, date de 1225; elle est due à un alchimiste appelé Raimond Lulle. Beaucoup plus tard, en 1784, Cavendish en fit l'analyse.

Cet acide se reconnaît aux caractères suivans: il est liquide, blanc, transparent, et très-sapide, caustique; mis en contact avec l'air, il répand des vapeurs blanches dont l'odeur assez forte rappelle celle de la rouille. Il attaque vivement les matières animales qu'il colore en jaune, et les désorganise entièrement. Son action sur le tournesol est très-prononcée, et les taches jaunes qu'il imprime sur la peau ne disparaissent qu'avec l'épiderme. Enfin il est soluble dans l'eau en toutes proportions, et n'est nullement altéré par l'air et l'oxygène.

Dans les laboratoires de chimie on l'obtient en décomposant le sel de nitre (nitrate de potasse) par l'acide sulfurique concentré; on le purifie ensuite en le distillant sur de l'argent.

L'acide nitrique est employé pour le départ de l'or et de l'argent; le teinturier, le chapelier, le joaillier, l'orfèvre, le bijoutier, en font également usage après l'avoir étendu d'une plus ou moins grande quantité d'eau: ces mélanges portent le nom d'*eau-seconde*; cette eau-seconde peut être *double* ou *simple*. La première est moitié moins forte que l'acide ordinaire, et doit marquer 18 à l'aréomètre des acides; la deuxième est au quart et marque 9°.

En médecine on s'en sert habituellement pour ronger les callosités, détruire les verrues, etc.; pour préparer la graisse oxygénée, l'esprit de nitre dulcifié; pour arrêter certains écoulemens, après l'avoir préalablement assez étendu d'eau pour en constituer une limonade agréable, etc., etc.

A. OXALIQUE. Acide découvert par Bergmann en 1776, et qui existe naturellement dans l'oseille et dans beaucoup d'autres végétaux, à l'état de sur-oxalate de potasse.

Il est solide, sous forme de cristaux prismatiques, très-acide, inaltérable à l'air, très-soluble dans l'eau, inodore, d'une grande affinité pour la chaux qu'il enlève à tous les sels calcaires solubles, etc.

On l'obtient en décomposant le sel d'oseille (oxalate acide de potasse) par l'acétate de plomb, ou mieux en faisant bouillir trois parties d'acide nitrique sur une de sucre.

Ainsi que les acides citrique, tartrique, etc., il est employé en médecine et en pharmacie pour faire des sirops, des tablettes, des limonades rafraîchissantes et antiseptiques.

A. PHOSPHORIQUE. Acide découvert par Margraff, étudié ensuite par Lavoisier, Berthollet, Dulong, Berzelius, etc., que l'on trouve à l'état salin dans presque toutes les substances animales et certains végétaux, et qui, uni à la chaux, constitue les parties solides (les os) des animaux, ainsi que plusieurs montagnes de l'Estramadure, en Espagne, etc.

L'acide phosphorique est solide, incolore, inodore, très-sapide, très-pesant, très-avide d'eau, très-soluble dans ce liquide, rougissant fortement les couleurs bleues végétales, décomposable par la pile voltaïque, etc.

En brûlant du phosphore sous une cloche de verre pleine d'air bien sec, et fermée par une couche de mercure, on obtient cet acide sous forme de flocons blancs, qui, précipités dans un peu d'eau, donnent lieu à un dégagement de calorique qui produit le même bruit qu'un fer rouge qu'on plonge dans le même liquide froid.

Dans les arts, il sert pour l'analyse des pierres précieuses. En médecine, quelques praticiens le recommandent dans la phthisie pulmonaire, etc., et comme sédatif des douleurs aiguës causées par la carie des dents.

A. PECTIQUE. Acide entrevu par M. Payen dans l'écorce de la racine du vernis du Japon, qui a été étudié avec succès par M. Braconnot en 1824 et 1825, et qui existe dans les végétaux. Il se présente sous forme d'une gelée incolore, inodore, légèrement acide, qui rougit très-bien le tournesol, qui est peu soluble dans l'eau, etc.

On le prépare en traitant le suc des végétaux qui en contiennent par un alcali, la potasse ou la soude, en décomposant le pectate formé par l'hydrochlorate de chaux, et celui-ci par l'acide hydrochlorique, etc.

A. PRUSSIQUE. *Voy.* HYDRO CYANIQUE.

A. PYROLIGNEUX. Nom donné à l'acide acétique provenant de la distillation du bois, et uni à une huile empyreumatique.

A. RHÉIQUE. Acide que Henderson a obtenu en traitant le suc des tiges de rhubarbe par la chaux, et décomposant le rhéate de chaux par l'acide sulfurique. Il a une saveur assez prononcée, est très-soluble et cristallise en aiguilles parfaitement blanches. Quelques chimistes pensent qu'il n'est qu'une modification de l'acide oxalique.

A. ROSACIQUE. Découvert par Proust, en 1798, dans le dépôt rougeâtre formé par les urines dites ardentes, cet acide est solide, d'un beau rouge de cinabre, inodore, peu sapide, décomposable au feu, déliquescent, soluble dans l'eau et l'alcool, etc.

On l'obtient en traitant le sédiment des urines par l'alcool bouillant.

A. SACCHARIN. *Voy.* OXALIQUE.

A. SORBIQUE. Acide découvert par Donavan en 1815, et qui, d'après M. Houton Labillardière, est identique avec l'acide malique.

A. SPATHIQUE. *Voy.* FLUORIQUE.

A. SULFUREUX. L'acide sulfureux, désigné autrefois sous les noms d'*esprit de soufre par la cloche, acide du soufre*, etc., existe dans la plupart des volcans en activité, notamment à l'Etna et au pic de Ténériffe, dans le cratère de Vulcano; dans les solfatares du Pouzzol, auprès de Naples, etc., etc.

Acide gazeux, incolore, d'une odeur vive et suffocante connue de tout le monde : c'est celle de l'allumette soufrée qui commence à brûler; d'une saveur forte et désagréable, impropre à la combustion et à la respiration, détruisant le plus grand nombre des couleurs végétales et animales, soluble dans l'eau, etc.

On l'obtient en brûlant du soufre sous une cloche fermée par une couche d'eau, ou en distillant l'acide sulfurique avec du mercure.

Les arts et la médecine font usage de l'acide sulfureux. Les premiers l'emploient pour décolorer les tissus, blanchir la soie, le chanvre, etc.; la seconde l'administre, dissous dans l'eau, comme tonique et astringent; sous forme de vapeurs et mêlé avec l'air, contre les maladies de la peau.

L'hôpital Saint-Louis, à Paris, possède de nombreux appareils où l'on administre des bains de ce gaz. On s'en sert encore comme excitant, dans les syncopes, les défaillances, etc., et pour enlever les taches de fruit de dessus le linge.

A. SULFURIQUE. De tous les acides, voici, sans contredit, le plus important et le plus employé. Sa découverte, due à Basile Valentin, date de la fin du 15e siècle; son étude a occupé presque tous les chimistes. Il est très-répandu dans la nature, surtout à l'état de sulfate, combiné avec la chaux, la potasse, la soude, etc., et quelques naturalistes assurent qu'il existe aussi à l'état libre, dans les contrées volcaniques. Mais cette dernière opinion n'est pas partagée par tous les chimistes; quelques uns pensent que ce que l'on a pris pour acide sulfurique libre n'est autre chose qu'un sulfate acide.

L'acide sulfurique du commerce est liquide, blanc, inodore, d'une consistance huileuse; de là son nom vulgaire d'*huile de vitriol*. Sa saveur acide est extrêmement forte, et son action sur les couleurs bleues végétales très-prononcée. Mis en contact avec les substances végétales et animales, il les noircit et les réduit promptement en bouillie. Soumis à l'action de la chaleur, il entre en ébullition à 500° du thermomètre centigrade; exposé au

froid,

froid, et étendu d'un peu d'eau, il se congèle même au dessus de zéro; enfin il peut être décomposé par le charbon, le mercure, le cuivre, le fer et plusieurs autres métaux à l'aide d'une douce chaleur, et si on le mêle avec de l'eau, il y a une grande élévation de température et une diminution très-sensible dans le volume du mélange.

On le prépare en grand en dirigeant dans des chambres de plomb dont le sol est couvert d'eau, les vapeurs résultant de la combustion d'un mélange de huit parties de fleur de soufre et une partie de sel de nitre (nitrate de potasse). Ces vapeurs, qui ne sont autres que les gaz acide sulfureux et deutoxide d'azote, réagissant sur l'air atmosphérique contenu dans la chambre, il en résulte l'acide sulfurique, qui se dissout dans l'eau et que l'on concentre ensuite par l'évaporation dans des chaudières de plomb, jusqu'à ce qu'il marque 66° à l'aréomètre de Baumé. Pendant cette évaporation il subit une première purification, c'est-à-dire, qu'il se débarrasse de l'eau, des acides sulfureux, nitreux, etc., qu'il contient toujours en sortant des chambres de plomb. Tel est le mode d'obtention de l'acide sulfurique, acide qu'on livre au commerce dans de grandes bouteilles rondes de verre vert appelées *dames-jeannes*, et qu'on bouche avec de la terre cuite et un peu de terre glaise.

Ainsi obtenu, l'acide sulfurique convient à tous les besoins des arts; mais il ne peut être propre aux opérations de chimie. Il contient encore du sulfate de plomb dont on le sépare facilement en le distillant dans une cornue de verre sur deux ou trois petits fragmens de platine hérissés de pointes, afin de modérer les soubresauts qui ont presque toujours lieu dans cette opération. Du reste, cette dernière exige du soin et une grande habitude.

Déjà nous l'avons dit, les usages de l'acide sulfurique sont très-nombreux : on s'en sert dans les arts, pour extraire la soude du sel marin, faire l'alun, gonfler les peaux dans le tannage, etc.; dans les laboratoires de chimie et de pharmacie, pour préparer presque tous les acides, l'éther sulfurique, l'eau de Rabel, le chlore, etc., et comme réactif; en médecine, pour composer des graisses résolutives que l'on emploie à l'extérieur dans certaines maladies chroniques de la peau, pour préparer des limonades dites *minérales*, qui sont usitées comme rafraîchissantes dans beaucoup d'inflammations, etc.; enfin, comme tous les acides concentrés, il peut être appliqué comme caustique, et donner lieu à des accidens dont nous avons indiqué les antidotes et le traitement à la fin de notre article général sur les acides.

A. SULFURIQUE GLACIAL DE NORDHAUSEN. Produit de la distillation du proto-sulfate de fer, très-concentré et mêlé d'un peu d'acide sulfureux.

A. TARTRIQUE. Cet acide, connu autrefois sous les noms d'acide *tartareux* et *tartarique*, a été découvert par Schéele. Il existe dans beaucoup de végétaux, et particulièrement dans le moût des raisins, dans le vin, le tamarin, etc. où il est combiné avec la potasse et la chaux. Ses principaux caractères sont de cristalliser en prismes, d'avoir une saveur très-acide, de rougir fortement la teinture de tournesol, d'être inaltérable à l'air, inodore, très-soluble dans l'eau, moins dans l'alcool, etc.

On l'obtient du suc des fruits qui le contiennent, en le saturant complétement avec la chaux, et le dégageant ensuite de cette nouvelle combinaison à l'aide de l'acide sulfurique; ou bien en décomposant le tartrate acide de potasse par le carbonate de chaux, laissant déposer la liqueur qui contient le sous-carbonate de potasse, traitant ce précipité (tartrate de chaux) par l'acide sulfurique affaibli, filtrant, évaporant et faisant cristalliser. Les premiers cristaux obtenus sont redissous, filtrés et évaporés pour les avoir plus purs, plus blancs, et entièrement exempts d'acide sulfurique, sans quoi l'acide attire un peu l'humidité de l'air.

L'acide tartrique est très-souvent employé en médecine; on en prépare des limonades sèches ou liquides, qui sont journellement recommandées comme antiseptiques et rafraîchissantes.

A. TUNGSTIQUE. Acide qui existe dans un minerai appelé wolfram, qui a été découvert par Schéele en 1781, qui se présente sous forme de poudre jaune, insipide, inodore, sans action sur les couleurs bleues végétales, insoluble dans l'eau, etc., et qui s'obtient en enlevant au minerai le fer et le manganèse qui lui sont unis, à l'aide de l'acide hydrochlorique, et la silice à l'aide de l'ammoniaque, etc.

A. URIQUE. Découvert en 1776, par Schéele qui le nomma d'abord *acide lithique*, l'acide urique existe dans l'urine de l'homme, dans celle des animaux, dans beaucoup de calculs urinaires et même on vient de l'observer dans les excrémens des insectes; il constitue la partie blanche des excrémens des oiseaux, et offre les caractères suivans : il est inodore, insipide, dur, d'un blanc jaunâtre, peu soluble dans l'eau, insoluble dans l'alcool, plus pesant que l'eau, cristallisable en paillettes, etc. On l'obtient en triturant des calculs humains avec la potasse, et traitant ensuite la masse par l'acide hydrochlorique. ( F. Foy.)

ACIDIFÈRE. (CHIM.) On désigne sous cette épithète tous les corps contenant un acide libre ou combiné avec un ou plusieurs autres corps. (F.F.)

ACIDIFIABLE. (CHIM.) Épithète donnée à toutes les substances capables de devenir acides en se combinant avec un autre principe, que l'on appelle par la même raison *Acidifiant*. (F. F.)

ACIER. (MIN.) L'acier, ou *Proto-carbure de fer*, est une combinaison de fer avec le carbone dans des proportions qui varient entre un et vingt millièmes. Il existe dans la nature, et celui qu'on y rencontre est supérieur à celui qui est fabriqué par la main des hommes. Parmi les aciers vraiment naturels, on distingue celui de Boumbay et celui de la Bouiche, en Auvergne; rien n'égale la dureté du premier, qui a reçu le nom de wootz. Le second n'a pas d'application dans les arts.

On trouve dans le commerce quatre espèces d'aciers : l'*Acier naturel*, de *forge* ou de *fonte*, appelé encore *Acier d'Allemagne* ; l'acier de cémentation, l'*Acier de fusion* et l'*Acier damassé*.

Le premier est obtenu en exposant le *fer fondu*, appelé encore *fonte* ou *gueuse*, à l'action d'une très-forte chaleur, et tenant sa surface constamment recouverte d'un bain de scories. Le second, en stratifiant, dans un fourneau carré, des barres de fer avec de la poudre de charbon, et chauffant la masse jusqu'au rouge ; le troisième, en faisant fondre, dans des creusets de terre, de la fonte grise avec des matières charbonneuses; enfin le quatrième se prépare, d'après MM. Faraday et Stodart, en chauffant ensemble fortement et pendant long-temps, un mélange d'acier pur ou de fer très-bon et de charbon en poudre, pulvérisant ce premier produit et le soumettant à l'action d'une nouvelle et forte chaleur, après l'avoir mêlé à de l'alumine pure. On prépare encore le damassé en fondant ensemble, soit parties égales de limaille de fonte très-grise et de pareille limaille oxidée, soit cent parties de fer doux avec deux parties de noir de fumée. M. Bréant, qui ne partage pas l'opinion des deux savans que nous venons de citer sur l'acier damassé, pense que ce dernier n'est autre que l'acier de fusion cristallisé dans quelques unes de ses parties par le fait d'un refroidissement lent et conduit convenablement.

On reconnaît les différens aciers aux propriétés et caractères suivans : l'acier naturel est réputé le meilleur possible quand il est très-dense, qu'il acquiert une très-grande dureté par son refroidissement dans un liquide, qu'il résiste aux chocs les plus considérables après avoir été trempé, qu'il peut être soumis à la température la plus forte sans changer de nuance, quand dans sa cassure il offre un grain très-fin et très-égal, qu'il se laisse forger et souder facilement sans se casser ni se fendre, enfin qu'il peut supporter la plus grande chaleur possible et l'action de la forge long-temps continuée sans se détériorer. On rejettera celui qui sera *pailleux*, c'est-à-dire celui dans lequel on distinguera des gerçures, des fibres ou des filamens noirâtres, etc. Les aciers naturels ont été ainsi rangés d'après leur qualité : 1° Acier de Styrie ; 2° d'Allemagne proprement dit ; 3° de Catalogne ; 4° de Solingen ; 5° de Hongrie. Les aciéries françaises les plus renommées sont celles de Bèze, de la Bérardière, de Rives, de Paris et de Saint-Etienne.

L'acier de cémentation est plus blanc, d'un grain très-fin, d'une texture très-égale, d'une dureté, d'une élasticité plus grandes que le précédent ; et si celui qui nous vient d'Angleterre jouit d'une réputation grande et méritée, celui que l'on fabrique aujourd'hui à Amboise, à Toulouse, à Givet, ne lui cède sous aucun rapport. Enfin l'acier de fusion est susceptible d'un plus beau poli, il est plus fusible que les précédens ; son homogénéité, son grain fin, serré et brillant, le font considérer comme le meilleur de tous. Telles sont les qualités des aciers, qualités auxquelles ne se tient pas toujours l'ouvrier exercé. Celui-ci essaie son acier en coupant du fer avec des tran-

chans formés de l'acier à essayer et trempé : ces outils se refoulent s'ils sont trop mous, s'égrènent s'ils sont trop durs, résistent et coupent s'ils sont convenables ; plus l'acier est dur, plus les coupures sont vives, nettes et brillantes, et plus les copeaux sont volumineux.

Les usages de l'acier sont très-nombreux, et varient selon les qualités que l'on veut employer ; ainsi avec l'acier naturel, plus mou, moins cher que les autres, on fabrique des ressorts de voitures, des armes blanches, des aiguilles, des scies, etc.; les autres sont réservés pour les lames de rasoirs, de canifs, de couteaux, pour les instrumens de chirurgie, les coins propres à frapper les monnaies, les ouvrages délicats de la bijouterie, etc., etc. On fait encore avec l'acier des sortes d'*étoffes* qui ne sont autre chose qu'une réunion de lames très-minces d'acier de trempes différentes, et avec lesquelles on enlève des empreintes assez régulières.            (F. F.)

**ACINACÉE,** *Acinacea*. (poiss.) Genre de la famille des Scombéroïdes, établi par M. Bory-de-Saint-Vincent sur une seule espèce, l'Acinacée bâtarde, dans la relation de son voyage aux quatre îles des mers d'Afrique, puis reproduit par le même auteur dans le *Dictionnaire classique d'histoire naturelle*, où il en a donné une très-bonne figure.

Suivant M. Cuvier, l'Acinacée bâtarde présente tous les caractères qui appartiennent à son genre *Thyrsite*, et ne diffère de l'espèce, qu'il nomme *Atun*, que par quelques rayons de moins aux nageoires du dos. S'il en est ainsi, le genre *Acinacée* doit nécessairement être rayé des catalogues ichthyologiques. *Voyez* Thyrsite.            (G. B.)

**ACINIER.** (bot. phan.) Nom de l'Aubépine dans quelques parties de la France. (Guer.)

**ACONIT,** *Aconitum* (bot. phan.) Les caractères du genre Aconit, de la famille des Renonculacées de Jussieu, de la Polyandrie Tryginie de Linné, sont les suivans : fleurs bleues ou jaunes, plus ou moins grandes, disposées en panicules et supportées par une tige cylindrique, dressée, de deux à trois pieds de haut, paraissant au mois de juin; calice pétaloïde à cinq sépales inégaux, le supérieur en forme de casque ou de capuchon ; corolle à deux pétales irréguliers, onguiculés ; trente à quarante étamines; trois ou cinq pistils fusiformes; ovaire uniloculaire, polysperme; fruit formé de trois ou cinq capsules allongées, libres, cylindriques, un peu divergentes, terminées en pointe oblique; racines vivaces, noirâtres en dehors, blanchâtres en dedans, plus ou moins grosses, tubéreuses, napiformes ou en rave; feuilles alternes, pétiolées, palmées, multifides, d'une odeur généralement forte, herbacée, et d'une saveur assez ordinairement âcre et caustique.

On connaît vingt-huit à trente espèces d'Aconits, dont dix à onze croissent dans les pâturages et les lieux humides de l'Europe, onze en Sibérie, une au Japon, une dans l'Amérique du nord, etc. Ces espèces ont été divisées en quatre sections, et voici les caractères de chacune d'elles :

1° *Aconitum Anthora*. Fleurs jaunes, sépale

supérieur en casque convexe, feuilles en lobes linéaires ; cinq capsules.

2° A. *Lycoctonum*. Fleurs jaunes, très-rarement bleues, sépale supérieur en capuchon conique obtus, feuilles en lobes cunéiformes, trois capsules.

3° A. *Napellus*. Fleurs bleues ou blanches, sépale supérieur en casque convexe, feuilles en lobes linéaires, trois capsules. Cette espèce est représentée dans notre Atlas, pl. 3, fig. 7.

4° A. *Cammarum*. Fleurs bleues ou blanches, sépale supérieur en capuchon obtus, feuilles en lobes cunéiformes, cinq capsules.

Les Aconits sont en général rangés parmi les poisons âcres. Leurs propriétés délétères, que l'on combat par les vomitifs, les purgatifs, une saignée de la jugulaire, s'il y a coma ou sommeil profond, par des boissons acidules, après que le vomissement a eu lieu ; enfin par les antiphlogistiques, existent surtout dans la racine et les feuilles de l'Aconit napel. Malgré cela, l'extrait d'Aconit napel a été recommandé et employé avec succès dans certains cas de rhumatisme, de goutte, de maladies de la peau, etc., et particulièrement comme diurétique, dans les hydropisies anciennes et rebelles.                                    (F. F.)

ACONTIAS. (REPT.) C'était chez les Grecs le nom ou l'épithète de plusieurs serpens d'Égypte que l'on croyait s'élancer de dessus les arbres sur leur proie avec la vitesse d'un trait, ou que l'on comparait à un javelot à cause de leur forme, ou de l'attitude raide qu'ils prenaient pour tromper leurs ennemis. Les Latins ont traduit le mot Acontias par celui de Javelot qui rappelle les mêmes idées.

Ces serpens étaient regardés comme très-venimeux, et Lucanus par exemple attribue, dans la Pharsale, la mort de Paulus à la blessure d'un reptile de ce genre. (Liv. IX, *Ecce procul*, etc.) Il serait aujourd'hui impossible de déterminer ce que les anciens désignaient par les noms de Acontias ou de Jaculus.

Hasselquist, dans les temps modernes, a décrit une sorte d'Anguis d'Égypte sous le nom d'*Anguis jaculus*, à cause de la forme égale de sa tête, de son corps et de sa queue, qu'il comparait à la tige d'une flèche. L'on a traduit ce mot en français, et l'on connaît ce serpent sous le nom de Trait. Les Italiens ont aussi leurs Saettoni ; mais ces reptiles n'ont guère de rapport avec le Jaculus des Latins et l'Acontias des Grecs. Sans vouloir rappeler les espèces des anciens, et seulement à cause de certaines affinités avec l'Anguis jaculus de Hasselquist, M. Cuvier a donné le nom d'Acontias à un genre de Saurophidiens ou d'Anguis voisin des Orvets, dont il diffère par l'absence de sternum et des vestiges d'épaule et de bassin ; les côtes antérieures se réunissent l'une à l'autre par des prolongemens cartilagineux, à peu près comme chez les caméléons. Les Acontias ont un poumon médiocre et un très-petit, des dents maxillaires et palatines petites et coniques, la langue et les paupières des orvets. Comme eux ils ont des plaques sur la tête, et des écailles arrondies, lisses, égales, imbriquées, alternes sur le reste du corps. Ils ont probable-

ment les habitudes des orvets, et certainement leur innocuité.

Les espèces les plus connues sont l'Acontias Pintade, A. *Meleagris* ( figuré dans l'Iconographie de M. Guérin, pl. 17, f. 2), brunâtre en dessus, blanchâtre en dessous ; chaque écaille du dos, marquée à la partie moyenne de son limbe d'une tache noirâtre rhomboïdale, ce qui forme autant de rangées longitudinales de taches qu'il y a de séries d'écailles ; ces taches, alternant avec la couleur plus pâle du reste de l'écaille, donnent à l'animal un aspect que l'on a comparé à celui du plumage de la pintade (*Numida meleagris*). Sa grandeur est d'environ 48 centimètres ; sa queue très-courte forme à peu près un sixième de sa longueur totale ; sa grosseur et à peu près celle du doigt ; on le trouve au cap de Bonne-Espérance.

L'Acontias aveugle ( A. *cæcus* ), plus petit de moitié que le précédent, d'une couleur brune, uniforme en dessus, blanchâtre en dessous, et entièrement aveugle ; on remarque cependant sur l'écaille qui suit chacun des angles postérieurs de la grande plaque de la tête, un léger enfoncement qui pourrait bien être l'indice d'un œil caché sous la peau, à la manière du tympan. L'Acontias aveugle vient aussi du cap de Bonne-Espérance.
                                    (T. C.)

ACORE, *Acorus*. (BOT. PHAN.) Ce genre se rapporte aux Aroïdées de Jussieu et à l'Hexandrie Monogynie de Linné. Ce qui le caractérise, c'est : 1° un calice globuleux, à six divisions profondes et persistantes ; 2° six étamines à peu près aussi longues que le calice, opposées à ses divisions ; 3° un ovaire globuleux, à trois loges, renfermant plusieurs graines ; 4° un stigmate sessile ; une capsule triangulaire et globuleuse, entourée et recouverte en partie par le calice. Les fleurs sont hermaphrodites, disposées en une sorte d'épi serré, qui naît du milieu de la tige.

Ce genre renferme deux espèces : l'*Acorus Calamus* dont la tige est plane, foliacée, très-longue au dessus de l'épi de fleurs. Il croît en Normandie, en Bretagne, en Alsace, en Belgique, en Prusse, dans l'Inde, au Japon, etc. Sa racine est connue dans le commerce sous le nom de *Calamus aromaticus*. Elle est odorante et stimulante. On la mêle à l'eau-de-vie de grains de Dantzick. On la mange aussi confite. L'Ondatra s'en nourrit dans le nord de l'Amérique.

2° L'*Acorus gramineus*, dont les feuilles sont très-étroites, la tige et les épis plus petits. Cette espèce est originaire de la Chine. Elle porte un fruit globuleux et un peu charnu.         (C. É.)

AÇORES ( Iles ). (GÉOGR.) Sous ce nom, on comprend un groupe d'iles, situées dans l'océan Atlantique, et faisant aujourd'hui partie du royaume de Portugal. Elles furent découvertes, pour la première fois, par des vaisseaux flamands en 1459 : plusieurs familles des Pays-Bas vinrent s'y établir : de là, la dénomination d'*iles flamandes*, qui leur est donnée par plusieurs géographes anciens. Ce furent les Portugais qui, en 1447, découvrirent successivement les îles de Sainte-

Marie, Saint-Michel et Terceire. Elles reçurent alors le nom d'Açores, à cause de la grande quantité d'éperviers qu'on y trouva : en langue portugaise, *açores* veut dire *éperviers.*

Les volcans qu'on y voit brûler, les terres sulfureuses et les scories qu'on y trouve, l'île neuve qui apparut tout à coup, en 1720, à la suite d'une éruption sous-marine, prouvent assez que ces îles forment les sommets de montagnes volcaniques dont la chaîne s'étend sous les eaux de l'océan Atlantique. Dans l'éruption de 1720, le fond de la mer était tellement chaud auprès de l'île de Terceire, qu'il fondit à plusieurs reprises le suif placé au bout du plomb de la sonde.

Depuis quelques années, les événemens politiques ont donné une haute importance à l'île de Terceire. Elle est devenue le séjour des Portugais restés fidèles à la cause de la reine Dona Maria : c'est dans Angra, sa capitale, que s'établit le 15 mars 1830 la régence gouvernant, au nom de la reine, cette faible partie du Portugal. Tout le monde connaît les circonstances qui ont armé deux frères l'un contre l'autre. On sait que Don Pédro, empereur du Brésil, à la mort de Don Juan, son père, abdiqua la couronne de Portugal en faveur de son frère Don Miguel, sous la condition que ce dernier épouserait Dona Maria, fille de l'empereur Brésilien. Don Miguel accepta tout d'abord les offres qui lui étaient faites; mais, une fois en possession du trône, il refusa constamment de devenir l'époux de la jeune reine. Ce refus est la cause de la guerre qui fixe aujourd'hui l'attention de l'Europe.

Les îles Açores produisent en abondance du blé, des fruits de toute espèce et surtout d'excellent vin.

(C. J.)

**ACOTYLÉDONES.** (BOT.) L'une des trois grandes des divisions du règne végétal, qu'a établies Jussieu. Dans cette division rentrent toutes les plantes dont l'embryon de la graine est dépourvu de lobes (*cotylédons*); elle renferme toutes les cryptogames de Linné.

(C. É.)

**ACOUCHI** ou **ACUSHI.** (MAM.) C'est le nom donné à l'une des espèces du genre Agouti. (*Voy.* AGOUTI.)

(D. Y. R.)

**ACRE, ACRETÉ.** (CHIM.) Ces deux expressions désignent la faculté dont jouissent certaines substances de déterminer sur les organes avec lesquels on les met en contact, une sensation forte, pénétrante et désagréable qu'il est très-difficile de faire bien comprendre par des mots. A l'exception des cantharides, toutes les substances âcres sont fournies par les végétaux; telles sont la racine d'arum tacheté, celle de scille, de pyrèthre, etc.

( F. F. )

**ACRIDOCARPE**, *Acridocarpus.* (BOT. PHAN.) Arbre du Sénégal, ainsi nommé de deux mots grecs exprimant que son fruit a l'aspect d'une sauterelle. C'est une espèce de *Banisteria* (*voyez* ce mot), dont MM. Guillemin et Perrottet ont formé un nouveau genre, sur la considération de ses feuilles alternes et de quelques autres moindres caractères.

(L.)

**ACRIDOPHAGES.** (MAM.) On désigne ainsi certaines peuplades qui mangent des sauterelles. *V.* HOMME et SAUTERELLE.

(GUER.)

**ACROCÈRE**, *Acrocera.* (INS.) Genre de la famille des Tanystomes, dans l'ordre des Diptères. Ce genre, établi par M. Meigen, a été démembré des Cyrtes de Latreille; ce sont des insectes à corps court, large et bossu, qui n'ont point de trompe visible, et dont les cuillerons recouvrent les balanciers et sont très-grands.

Les caractères propres qui les distinguent consistent à avoir des antennes de deux articles, insérées à la partie antérieure de la tête, le second article fusiforme terminé par une soie.

Meigen, dans le troisième volume de son Histoire des Diptères, en mentionne cinq espèces; la plus connue est l'ACROCÈRE EN BOULE, *A. orbiculus*; noire avec l'abdomen taché de blanc. *Voy.* CYRTES et TANYSTOMES.

(A. P.)

**ACROCHORDE**, *Acrochordus.* (REP.) Hornstedt a donné ce nom à un genre de serpent couvert partout d'écailles ou plutôt d'écussons petits, égaux, analogues à ceux des monitors, adhérens comme eux à la peau par toute leur surface inférieure, disposés en réseau, granulés sur la tête, surmontés dans les autres points de trois petites carènes dont la moyenne est plus saillante; leur langue est courte, épaisse, cylindrique, libre, échancrée à sa pointe; les dents sont petites, aiguës, disposées sur deux rangs à chaque mâchoire. L'on a signalé chez les Acrochordes un os d'une disposition particulière qui remplace, dit-on, chez ces animaux les crochets des serpens venimeux; M. Cuvier ne l'a pas remarqué, et, d'après les observations de M. Leschnault, cet illustre naturaliste assure que les Acrochordes ne sont pas venimeux. L'on croit, sur une note d'Hornstedt, que ces serpens font leurs petits vivans.

On ne connaît encore qu'une espèce de ce genre, l'ACROCHORDE DE JAVA, *Acrochordus Javanensis,* Lacép., brunâtre en dessus, blanchâtre en dessous; les flancs jaunâtres, marqués de grandes taches brunes; sa longueur est de deux mètres et plus; sa queue en forme environ la neuvième partie; sa grosseur est presque celle du poignet. On le trouve, comme son nom l'indique, dans l'île de Java; les habitans lui donnent le nom de *Oular Caron.*

(T. C.)

**ACROSTIC**, *Acrostichum.* (BOT. CRYPT.) Ce genre, qui appartient à la tribu des Polypodiacées, ou Fougères à capsules entourées d'un anneau élastique, et qui a pour caractères d'avoir ses capsules dispersées sur toute la surface inférieure de la fronde, sans être recouvertes par aucun tégument, est encore, malgré les retranchemens qui y ont été faits depuis Linné, un des plus nombreux de ceux de la famille des Fougères. Sa structure et son port varient beaucoup; les nervures, généralement anastomosées d'une manière irrégulière, sont, dans beaucoup d'espèces, simples, ou régulièrement dichotomes. La fronde est très-souvent simple et plus ou moins lancéolée, comme cela se voit dans les espèces et autres genres analogues que les anciens botanistes appelaient *Lingua cervina*; d'autres fois elle est irrégulièrement lobée à son extrémité, comme dans l'*Acrostichum alcicorne*, plante très-remarquable de cette famille, en ce qu'elle fait exception à la forme généralement symétrique des fougères; enfin elle peut être pinnatifide ou bipinnatifide; c'est ce qui s'observe dans un grand nombre d'espèces.

Parmi les soixante-et-dix espèces de fougères du genre Acrostic, quatre à cinq seulement croissent au delà des tropiques, dans l'Amérique septentrionale, au cap de Bonne-Espérance et à la Nouvelle-Hollande; aucune ne se trouve en Europe. Toutes les autres habitent les parties les plus chaudes des deux continens, et, comme cela s'observe pour toutes les fougères en général, c'est principalement dans l'Amérique qu'on les rencontre. (F. F.)

ACTÉE, *Actæa*. (bot. phan.) Genre de la famille des Renonculacées, à calice et corolle caducs, quinze ou vingt étamines dépassant les pétales, stygmate épais, placé immédiatement au-dessus de l'ovaire. Le fruit est une baie noire (blanche dans une variété), uniloculaire et polysperme. Il en existe deux espèces bien reconnues, dont l'une est indigène d'Europe; on en trouve au Mont-d'Or, où les paysans vendent sa racine sous le nom d'*Elléborenoir*, contre une maladie des bœufs. L'autre croît dans l'Amérique septentrionale. (L.)

ACTÉON, *Actæon*. (moll.) Genre créé par Ocken sur l'animal que Montagu a décrit, dans le tome 8 des Transactions linnéennes, sous le nom de *Laplysia*; on lui donne pour caractère spécial deux tentacules, les yeux situés à leur base et en arrière. M. Rang (Monogr. des Aplysies, pag. 79) le réunit avec juste raison à la famille des Aplysiens, ordre des Tectibranches.

Nous avons fait figurer dans la pl. 4, fig. 1, 2 de ce Dictionnaire, une espèce d'Actéon, l'A. austral, Voyage de l'*Astrolabe*. Cette espèce a été dessinée d'après le vivant, et donne une idée parfaite de ces animaux. (Ducl.)

ACTINAIRES. (zooph. polyp.) Polypiers du vingtième ordre de la troisième division des Polypes appelés Sarcoïdes par Lamouroux. Ni M. Cuvier, ni M. Blainville, n'ont adopté cet ordre; il n'est composé que d'animaux fossiles, à l'exception du genre Isaure (*voy.* ce mot), établi par M. Savigny, qui l'a découvert sur les côtes de l'Egypte. (L. R.)

ACTINIE, *Actinia*. (zooph.) Ces animaux, confondus parmi les Mollusques par Linné, sont maintenant placés par M. Cuvier dans la quatrième grande classe des animaux rayonnés; leur corps, charnu et très-contractile, est couronné à sa partie supérieure d'un grand nombre de tentacules au centre desquels est la bouche : à leur base est le pied par lequel ils sont toujours fixés, soit sur le sable, soit aux rochers qui sont près de la surface des eaux.

La faculté régénérative de ces animaux est aussi grande que celle des polypes, lesquels, comme on le sait, peuvent être coupés en plusieurs morceaux, chaque partie pouvant vivre séparément et devenir elle-même, au bout d'un certain temps, un animal complet; mais leur développement le plus ordinaire se fait dans l'intérieur de l'animal lui-même; les petits sortent en assez grand nombre par la bouche, seule ouverture qui existe dans ces animaux qui sont hermaphrodites et peuvent reproduire leur espèce sans avoir besoin d'accouplement.

Nos mers sont très-peuplées d'Actinies qui habitent près des côtes pendant tout l'été. À l'approche de l'hiver, elles vont chercher une température plus douce dans les eaux plus profondes. Pour changer de place, elles se laissent emporter au gré des flots, rampent sur leur base, ou se traînent avec leurs tentacules, qui font alors l'office de pieds. Quand le temps est serein, on voit paraître sur les rochers ou sur le sable, une immense quantité de ces beaux zoophytes, tous épanouis et qui ressemblent tellement aux belles fleurs de nos jardins, qu'ils ont reçu des marins le nom d'*Anémones de mer*; mais si les eaux sont un peu agitées, tout disparaît, les Actinies ayant retiré leurs tentacules dans l'intérieur de leur corps, et s'étant contractées elles-mêmes au point d'être diminuées de plus de moitié de ce qu'elles étaient. Ces animaux sont très-voraces, et se nourrissent de mollusques, de crustacés et même de petits poissons qu'ils saisissent au moyen de leurs tentacules; ces organes leur servent aussi à attirer l'animal à leur bouche. Les Actinies peuvent en quelque sorte servir de baromètre, lorsqu'on a la faculté de les observer; car, selon leur degré de contraction ou d'épanouissement, on peut juger presque certainement si la mer sera agitée ou calme, ou si le temps sera orageux ou serein. L'expérience a prouvé que les indications fournies par ces animaux sont presque aussi sûres que celles des baromètres, et qu'elles les devancent même dans bien des cas.

Plusieurs espèces d'Actinies servent de nourriture dans le Levant, dans l'Italie et même sur les côtes de France qui bordent la Méditerranée; leur chair, assez délicate, a l'odeur et le goût assez analogues à celui des Crustacés. Elles ne causent pas toutes, quand on les touche, cette piqûre brûlante que l'on ressent quand on a touché les orties; mais quelques espèces de la Méditerranée ont cependant cette faculté. On les connaît dans les provinces méridionales sous le nom d'*Orties de mer*.

Ce genre est composé de plus de trente espèces répandues dans tous les pays, mais plus abondantes dans les parties les plus chaudes des deux continens; elles sont encore fort mal connues. Nous citerons parmi celles sur lesquelles on est le mieux fixé: l'Actinie rousse, A. *rufa*, Lam. A. *equina*, Lin., qui se trouve communément sur les côtes de la Manche et que les pêcheurs appellent *Pisseuse*. Ce nom lui vient de la faculté qu'elle a de lancer l'eau contenue dans son corps, lorsqu'elle est contractée et qu'on l'irrite. M. Risso, qui a publié l'histoire des animaux du littoral de la Méditerranée, a découvert à Nice une magnifique espèce d'Actinie du plus beau rouge carmin ; elle a été figurée par M. Guérin, dans son *Iconographie du règne animal*, zoophytes, pl. 20, fig. 1ʳᵉ. C'est l'*A. corallina* de Risso. Enfin, pour que l'on puisse se faire une idée de la forme extraordinaire et de la beauté de ces animaux, M. Guérin en a fait figurer une magnifique espèce dans la pl. 4, fig. 3, de ce Dictionnaire ; c'est l'ACTINIE DE SAINTE-HÉLÈNE. Les naturalistes du voyage autour du monde, sur la corvette *la Coquille*, l'on découverte dans cette île célèbre. (L. R.)

ACUPUNCTURE. (PHYSIOL.) Bien que ce mot soit plutôt du ressort de la thérapeutique chirurgicale que du ressort de l'histoire naturelle, l'association que M. Berlioz a eu l'heureuse idée d'en faire avec l'électricité ou le galvanisme, nous a décidés à dire quelques mots sur une opération fort usitée chez les Chinois, les Japonnais et les Indiens. Importée en Europe vers la fin du dix-septième siècle, l'acupuncture a été jugée dans ces derniers temps de manière à satisfaire tous les bons esprits, c'est-à-dire qu'elle peut être utile dans certains cas de maladies nerveuses, rhumatismales ou goutteuses ; que, pratiquée par des personnes de l'art, elle n'est nullement dangereuse, mais qu'elle ne peut plus être considérée comme un moyen infaillible, miraculeux même, dans tous les cas possibles de médecine pratique.

Deux instrumens sont nécessaires pour pratiquer l'acupuncture : 1° une aiguille d'acier recuit, d'or ou d'argent, très-déliée, très-polie, conique, plus ou moins longue (deux à six pouces), montée sur un manche tourné en manière de vis ; 2° un petit maillet d'ivoire ou de bois très-dur et poli des deux côtés. Ce dernier sert à frapper tout doucement sur le manche de l'aiguille quand on ne veut pas faire pénétrer celle-ci dans les chairs, en la tournant lentement et perpendiculairement entre le pouce et l'indicateur, et appuyant légèrement. (F. F.)

ADÈLE, *Adela*. (INS.) Latreille a donné ce nom à un genre de Lépidoptères de la famille des Nocturnes, qu'il place dans la neuvième section de cette famille, dans les *Tinéites*. (*Voy.* ce mot.) Ce genre, qui a été le sujet d'une synonymie assez embrouillée, est actuellement restreint et arrêté par Latreille (*Règne animal*, deuxième édition), qui lui donne pour caractères essentiels d'avoir les antennes presque toujours fort longues, les yeux très-rapprochés et les palpes inférieurs très-petits et velus. Les espèces qui le composent sont toutes de petite taille ; elles ont le port et la forme de certaines Friganes, dans l'ordre des Névroptères. On trouve les Adèles dans les bois : leurs chenilles vivent sur les feuilles des arbres ; elles se forment un fourreau avec des fragmens de feuilles et le transportent avec elles, comme toutes les teignes. L'insecte parfait éclot dès que les feuilles des chênes commencent à pousser : on en voit quelquefois des réunions assez nombreuses voltiger le matin au sommet des arbres, et se balancer des heures entières au soleil, sans quitter l'arbre qu'elles ont adopté.

Ces petits Lépidoptères sont très-élégans ; leurs ailes sont ornées des couleurs métalliques les plus brillantes, et étalent aux yeux de l'observateur des reflets d'or, de cuivre et de rubis, comparables à ceux qu'offrent les oiseaux-mouches. On en connaît cinq ou six espèces, presque toutes des environs de Paris ; parmi celles-ci, on peut citer l'ADÈLE RÉAUMURELLE (*Tinea Reaumurella*, Lin.), dont les ailes supérieures sont dorées et sans taches, et l'ADÈLE GÉERELLE (*Tinea Degeerella*, Lin.). Cette dernière, très-commune aux environs de Paris, est des plus brillantes. Ses antennes, longues trois fois comme le corps, sont blanches avec la partie inférieure noire. Elle a cinq lignes d'envergure ; ses ailes supérieures sont d'un jaune doré sur un fond noir qui y forme des raies longitudinales ; elles ont, au milieu, une large bande transversale d'un jaune doré, bordée de violet. Nous avons fait représenter cette espèce dans notre planche 4, fig. 4. (H. G.)

ADÉONE, *Adeona*. (ZOOPH. POLYP.) Ce genre, placé dans les Eschares par M. Cuvier, est fixé sur une tige articulée ; les animaux qui le composent sont encore inconnus, et vivent dans des loges qui ne sont nullement distinctes à l'extérieur. A la vue simple, ce polypier a l'apparence d'un filet dont une partie des mailles seraient bouchées.

C'est à M. Lamouroux qu'on doit l'établissement de ce genre. M. de Lamarck l'a placé, dans son traité des animaux sans vertèbres, parmi les polypes à polypiers ; M. de Blainville l'a rangé, dans l'article *Zoophyte* du Dictionnaire des sciences naturelles, avec les polypiaires membraneux.

Le genre Adéone est composé seulement de trois espèces, qui habitent les mers australes. (L. R.)

ADIANTHE, *Adianthum*. (BOT. CRYPT.) (Fougères.) Ainsi que le genre Acrostic, le genre Adianthe appartient à la tribu des Polypodiacées, ou Fougères à capsules entourées d'un anneau élastique. Il a pour caractères des capsules réunies en groupes linéaires ou arrondis à l'extrémité des feuilles, recouvertes par un tégument formé aux dépens du bord replié de la feuille elle-même, et insérées sur la face inférieure de ce même tégument, qui s'ouvre en dedans sur les nervures qui s'y continuent.

Linné avait réuni dans les Adianthes des genres que nous croyons inutile d'indiquer ici, et qui en diffèrent essentiellement, les uns par leur tégument qui naît de l'extrémité des nervures et s'ouvre en dehors, les autres par l'insertion des capsules au fond du sinus qui unit le tégument à la feuille.

Les feuilles ou pinnules des Adianthes n'ont pas de nervure médiane ; elles sont presque toujours minces, délicates et translucides ; les nervures partent ordinairement, sous forme de rayons, de la base même de la feuille, et vont en se divisant plusieurs fois sans jamais s'anastomoser ; de là la forme généralement cunéiforme, rhomboïdale ou lunulée et fort élégante de ces plantes. Leur tige est grêle, lisse et luisante, leur fronde rarement simple : c'est à l'ensemble de tous ces caractères qu'elles doivent leur nom vulgaire de *capillaires*.

Presque toutes les espèces de ce genre habitent les régions les plus chaudes du globe, ont une saveur mucilagineuse, légèrement astringente, et répandent une odeur aromatique plus ou moins prononcée. Parmi les soixante espèces connues, deux, l'*Adianthum capillus veneris*, capillaire de Montpellier, et l'autre, l'*Adianthum pedatum*, capillaire du Canada, atteignent des latitudes assez élevées. La première, que l'on trouve en Europe, en Ecosse, qui est très-commune dans le midi de la France, en Italie, en Espagne, que l'on rencontre encore au cap de Bonne-Espérance, aux Antilles, etc., etc., est du petit nombre de ces plantes qui paraissent pouvoir supporter les plus hautes températures. L'autre croît au Canada, comme son nom l'indique.

Ces deux capillaires, et surtout celui du Canada, qui est beaucoup plus aromatique, servent à préparer dans les pharmacies un sirop dit de capillaire, dont les usages sont extrêmement fréquens dans les rhumes et les catarrhes anciens. (F. F.)

ADIPEUX. (chim.) Qualification des corps qui ont du rapport avec la graisse, ou qui en contiennent. (F. F.)

ADIPEUSES. (poiss.) *Voy.* Nageoires.

ADIPOCIRE. (chim.) Cette substance, solide, d'un blanc jaunâtre, cristallisant en aiguilles, etc., mieux désignée sous le nom de *gras des cadavres*, que l'on ne doit plus confondre avec la *cholestérine* ou matière grasse des calculs biliaires, ni avec le blanc de baleine ou *cétine*, n'est autre chose qu'une espèce de savon animal, formé, d'après M. Chevreul, d'un peu d'ammoniaque, de potasse et de chaux combinées avec beaucoup d'acide margarique, un peu d'acide oléique, etc. Le gras des cadavres, toujours d'après le même chimiste, serait le résultat de l'action de la graisse sur l'ammoniaque fournie par la décomposition de la fibrine, de l'albumine, etc.; tandis que la potasse et la chaux proviendraient de quelques substances salino-terreuses qui constituent le gisement.

On l'obtient lorsque l'on plonge dans l'eau, ou que l'on enfouit dans un terrain humide, des cadavres entiers ou quelques unes de leurs parties seulement. (F. F.)

ADONIDE, *Adonis*. (bot. phan.) Plante herbacée, de la famille des Renonculacées; on la distingue dans les moissons à son aspect élégant, à ses feuilles très-finement découpées, à ses fleurs rouges dans quelques espèces. Le calice a cinq folioles; le nombre des pétales varie de cinq à quinze; les étamines sont nombreuses et inégales. On cultive l'*Adonis autumnalis*, ou *gouttes de sang*; c'est elle qui est l'objet de la fable d'Adonis. L'espèce des champs, *A. æstivalis* (*œil de perdrix*), vient aussi dans les jardins. On trouve des Adonides au cap de Bonne-Espérance; la *Vernalis* fleurit au nord et au midi de l'Europe, et même en Sibérie. (L.)

ADRAGANT (Gomme). (bot.) La gomme adragant ou adragante découle lentement et naturellement, à l'époque des grandes chaleurs, de différens arbrisseaux épineux d'Orient, qui croissent sur le mont Ida, à Candie, en Crète, etc., qui appartiennent à la famille des Légumineuses de Jussieu, et au genre *Astragalus* de Linné. On cite principalement l'*Astragalus verus* d'Olivier, l'*Astragalus gummifer* de Labillardière, etc. Quant à l'*Astragalus tragacantha* de Linné, il ne donne pas du tout de gomme adragant.

Cette gomme se présente dans le commerce sous forme de morceaux tantôt rubanés, tantôt vermicellés, tantôt enfin amorphes, ondulés, d'une couleur qui varie du jaune citron au blanc parfait; ils sont demi-transparens, très-compactes, élastiques, très-difficiles à pulvériser, inodores, d'une saveur fade, extrêmement mucilagineuse, solubles dans quinze à dix-huit fois leur poids d'eau, etc. Elle nous vient du levant par Marseille; elle jouit des propriétés dites émollientes et adoucissantes. Cependant en médecine on lui préfère la gomme arabique, comme plus commune et moins chère. Les pharmaciens la réduisent en poudre, et la font entrer en très-petite quantité dans les loochs pour donner à ceux-ci la consistance épaisse qu'ils doivent avoir. Dans les arts on s'en sert pour l'apprêt des gazes, dans la teinture en soie, pour lustrer le vélin des peintres en miniature, etc. (F. F.)

ADRIATIQUE (Mer ou golfe). (géogr.) On appelle ainsi la mer dont les eaux baignent les côtes orientales du royaume de Naples, des états de l'Église, du royaume Lombardo-Vénitien, et les côtes occidentales de la Turquie d'Europe. Sa forme allongée et dirigée du S. E. au N. O. dans le même sens que la mer Rouge ou golfe Arabique, a fait supposer que toutes deux avaient été produites par une violente irruption de l'océan Asiatique. Mais, en examinant attentivement les bords de cette mer intérieure, les baies, et les îles nombreuses qu'on rencontre vers les embouchures des rivières qu'elle reçoit, on se persuadera sans peine que ce sont les eaux courantes, sortant de la Lombardie, du Tyrol et de la Carinthie, qui ont donné naissance à ce golfe, et qui servent à l'alimenter.

De jour en jour le niveau de ses eaux devient de plus en plus élevé. Cette augmentation continue est incontestablement établie par les ruines d'édifices qui sont aujourd'hui submergés : on en voit une nouvelle preuve dans la situation actuelle des anciens pavés de la place Saint-Marc à Venise, lesquels se trouvent aujourd'hui bien inférieurs au niveau moyen de la mer.

On ne sera plus étonné de ce fait, si l'on réfléchit que les flots de la Méditerranée, soulevés par les vents d'Afrique, tendent continuellement, par leur impulsion, à contenir et même à refouler au besoin les flots de l'Adriatique.

Pendant la belle saison, sa navigation n'offre pas de dangers : les vents, soufflant de l'extrémité supérieure, aident puissamment les vaisseaux à gagner la Méditerranée, et retardent leur marche, lorsqu'ils veulent remonter à Venise : aussi trois ou quatre jours suffisent-ils pour se rendre de Venise au golfe de Tarente, tandis que dix-huit ou vingt jours de traversée sont nécessaires pour parcourir la même route en sens inverse. Pendant l'hiver au contraire la navigation est pénible et dangereuse : le vent changeant à chaque pointe de terre qu'il faut doubler, les lames courtes et profondes qu'on ne peut éviter forcent le marin le plus intrépide à chercher un abri dans les archipels des côtes de la Dalmatie. Les nombreuses îles dont ces côtes sont bordées forment des espèces de bassins où les vaisseaux n'ont plus rien à craindre des coups de vent si funestes près des côtes de l'Italie.

Si l'on jette les yeux sur la partie supérieure du golfe, on y trouve un barrage, une espèce de digue formée par la nature, et qui renferme entre elle et la terre, un vaste marais, tranquille au milieu des plus violens orages : sa figure est à peu près celle d'un triangle isocèle : il est rempli d'îles, de bancs, de bas-fonds, parmi lesquels l'industrie humaine jointe à l'action des eaux a su creuser quelques canaux plus profonds qui servent à la navigation : telles sont les *lagunes* où Venise la belle s'élève majestueusement, entourée de ses nombreux palais de marbre, vieux témoins de sa grandeur et de sa richesse passées. Nous réservons pour les articles LAGUNES et VENISE, les intéressans détails que retracent à l'esprit les souvenirs historiques de cette grande ville.

Nous ne terminerons pas sans indiquer ici la grande différence qui existe entre la nature et la constitution des rivages occidentaux et orientaux de l'Adriatique, différence qui est évidemment le résultat de l'action des vents. Les rivages occidentaux, qui forment les côtes de l'Italie, sont bas et plats, et reçoivent des envasemens considérables des fleuves qui viennent s'y décharger : les autres au contraire sont non-seulement élevés, mais escarpés et dominans sur une mer profonde.

De grands fleuves, de petites rivières viennent se perdre sur ces rivages peuplés de nombreuses villes : leurs noms rappellent à l'esprit des souvenirs de gloire ou de poésie, un long passé de puissance et de richesse : contentons-nous d'indiquer ici, comme fleuves : le Pô, l'Adige, le Tagliamento, la Brenta; comme villes, Venise, Zara, Ancône, Raguse et Ravenne; de pareils noms peuvent se passer de commentaires. (C. J.)

ADULAIRE. (MIN.) (Feldspath nacré, Haüy.) Cette variété de feldspath, qui est d'un blanc nacré et d'une transparence un peu nébuleuse, offre dans son intérieur des reflets variés qui flottent et vacillent lorsqu'on change la pierre de position. C'est ce qui lui a fait donner les noms de *pierre de lune*, d'*argentine*, d'*œil de poisson*, etc.

Cette variété, étant susceptible de prendre un assez beau poli, est recherchée dans la bijouterie. Les lapidaires la taillent en cabochons pour faciliter le jeu de ses reflets, et la montent en bague ou en épingle. Les cristaux de feldspath adulaire qui proviennent de l'île de Ceylan sont les plus estimés; néanmoins, on en trouve aussi de transparens et très-purs au mont Saint-Gothard, qu'on nommait anciennement *Adula*, d'où est venu le nom d'*Adulaire* ; mais ces derniers, quoique fort beaux à l'état brut, produisent moins d'effet que les autres lorsqu'ils sont taillés. *Voy.* FELDSPATH.
(D'OR.)

ADY. (BOT. PHAN.) Nom de l'espèce de palmier de l'île Saint-Thomas, qui fournit un fruit appelé *Abanga* ou *Abariga*, et d'où s'écoule, des sommités coupées, un suc avec lequel on prépare, par la fermentation, une liqueur très-enivrante appelée, en Afrique et dans les Indes, *vin de palmier*. (F. F.)

ÆCIDIE, *Æcidium*. (BOT. CRYPT.) (Urédinées.) Genre de petits champignons que l'on trouve tantôt sur la face inférieure, tantôt sur la face supérieure des feuilles vivantes, et dont les capsules, globuleuses ou ovales, uniloculaires, libres ou adhérentes entre elles, sont réunies en groupes sous l'épiderme des feuilles qu'elles soulèvent, et qui, en s'épaississant, forment autour d'elles une sorte de cupule ou de faux péridium charnu ou membraneux, d'une couleur différente de celle de la feuille.

Bien que le caractère des Æcidies soit peu naturel, on a cru cependant ce genre assez tranché pour le conserver, et, ainsi que Link, on y a distingué trois sous-genres, qui sont :

1° Les *Æcidies proprement dites*, qui renferment le plus grand nombre d'espèces, qui croissent sur les euphorbes, le tussilage et la renoncule des bois, et dans lesquelles l'épiderme ne forme, autour des groupes de capsules, qu'un léger rebord en forme de cupule.

2° Les *Ræstelies*, dans lesquelles l'épiderme se prolonge en un long péridium tubuleux ; telles sont les Æcidies de l'amélanchier, de l'épine-vinette, etc.

3° Les *Péridermes*, nom donné par Link à quelques espèces dont le péridium se rompt transversalement à sa base ; tel est l'*Æcidium pini*, espèce fort remarquable en ce qu'elle atteint trois à quatre lignes de grandeur, et qu'elle croît, non sur les feuilles, mais sur l'écorce des pins.
(F. F.)

ÆDELITE. (MIN.) Cette substance, que Bergman nomme *zoolite siliceuse*, se trouve en Suède dans les fentes d'une roche trappéenne ; elle sert de support à la mésotype épointée, qui a été rangée par Haüy parmi les *Apophyllites. Voy.* ce mot. (GUER.)

ÆGILOPS, *Ægilops*, ou *OEil de chèvre*. (BOT. PHAN.) Plante de la famille des Graminées. Son épi est simple, formé d'épillets sessiles alternés, à trois fleurettes, dont deux hermaphrodites, l'autre à trois étamines. On en compte six espèces, sur lesquelles quatre sont indigènes en France ou dans le midi de l'Europe. Nous citerons l'*Ægilops ovata*, parce qu'elle est l'objet d'une controverse curieuse. Les anciens ont raconté que cette herbe, très-abondante en Sicile, s'y changeait en orge.

orge. On avait dû reléguer un tel récit dans les contes mythologiques, lorsqu'un professeur de Bordeaux, M. Latapie, l'a renouvelé, en l'appuyant d'expériences : il assure que la graine d'*Ægilops*, semée et récoltée plusieurs fois, a varié à ses yeux de caractères génériques. La culture a produit de tels changemens sur les plantes, qu'il ne faut pas rejeter sans la vérifier l'assertion d'un savant aussi recommandable.

La médecine antique se servait de l'*Ægilops* en cataplasme pour guérir les maladies d'yeux ; cette propriété, si elle est réelle, doit lui être commune avec beaucoup d'autres Graminées.

(L.)

**ÆGIPHILE**, *Ægiphila*. (BOT. PHAN.) Arbrisseau de la famille des *Verbénacées*, commun aux Antilles et à la Guyane ; on le nomme aussi *bois de fer*, ou *bois cabril*. Il porte des rameaux et des feuilles opposées, des fleurs blanches en panicules axillaires ou terminales. Ses caractères distinctifs sont un calice à quatre dents, une corolle à long tube quadrifide, quatre étamines, un ovaire à style bifide, une baie jaunâtre. On en compte environ quinze espèces, auxquelles nous rapporterons les genres *Knoxie* et *Manabea*. La plus remarquable est l'*Ægiphile multiflore* du Pérou.

(L.)

**AÉROLITHES.** *Météorites*, *Météorolithes*, *Bolides*, *Uranolithes*, *Pierres tombées du ciel*, etc. (MIN. et GÉOL.) Ces divers noms ont été donnés aux masses minérales qui se précipitent des hautes régions atmosphériques à la surface de la terre avec un ensemble de phénomènes constans dont nous citerons quelques exemples après avoir donné succinctement un précis historique sur les aérolithes, et présenté les opinions des auteurs les plus célèbres.

Ce n'est que depuis le commencement de ce siècle que les physiciens et les naturalistes ne contestent plus la chute des pierres atmosphériques, laquelle est aujourd'hui prouvée de la manière la plus évidente. Ce phénomène a été remarqué et relaté par les auteurs les plus anciens ; car on en trouve des citations non équivoques dans Pythagore, Pausanias, Pline, Tite-Live, Plutarque, César, et beaucoup d'autres auteurs de l'antiquité. Divers auteurs du moyen âge ont aussi rapporté des faits semblables bien constatés. Néanmoins, les modernes ont considéré ces assertions comme fabuleuses jusqu'à la fin du siècle dernier : ils ont révoqué en doute l'origine atmosphérique de ces pierres, et l'incrédulité était devenue tellement générale que ceux qui ne la partageaient pas ne pouvaient émettre leur opinion à cet égard sans s'exposer à la critique.

La pierre du poids de sept livres qui tomba à Lucé, département de la Sarthe, le 15 septembre 1768, fut présentée à l'Académie des sciences, qui nomma Lavoisier, Cadet et Fougeroux pour l'examiner. Ces commissaires en firent l'analyse et affirmèrent qu'elle n'était pas tombée du ciel, que ce n'était qu'une espèce de grès pyriteux qui, étant couvert d'une petite couche de terre ou de gazon, avait été frappé par la foudre et mis par là en évidence.

Néanmoins les chutes de pierres atmosphériques qui eurent lieu le 13 décembre 1795 dans le *Yorkshire*, et le 19 décembre 1798, près de Bénarès (au Bengale), ayant donné lieu à des enquêtes juridiques qui constatèrent ce phénomène, les savans commencèrent à être ébranlés. Mais cet esprit d'incrédulité ne cessa totalement en France qu'après l'effroyable pluie d'aérolithes qui eut lieu à *Laigle* en Normandie, le 26 avril 1803. Cette dernière chute fit une grande sensation dans toute l'Europe. Ayant été observée par un grand nombre de témoins, elle acquit tant de célébrité que, sur la demande de Chaptal, alors ministre de l'Intérieur, l'Institut décida qu'il serait envoyé un commissaire sur les lieux afin d'y constater l'exactitude des faits. M. Biot, qui fut chargé de cette mission, fit un rapport tellement circonstancié, tellement fort de vérités, que la conviction devint aussi universelle que l'avait été l'opposition, et que, depuis cette époque mémorable, il ne s'est plus élevé de doute important à ce sujet.

C'est peu d'années avant cette enquête, que M. Chladni, savant physicien allemand, fit paraître un mémoire fort étendu et que l'on peut regarder comme le premier ouvrage spécialement consacré aux aérolithes. Il publia plus tard une liste chronologique des chutes de pierres, de fer, de poussière, etc., observées depuis 1478 ans avant l'ère vulgaire jusqu'à nos jours. M. Chladni, après avoir rectifié et complété ce catalogue, qui contient plus de deux cent soixante exemples de chutes diverses, l'adressa à M. Arago, qui le fit insérer dans l'Annuaire du bureau des longitudes pour l'année 1825.

Après ce savant, MM. Bigot de Morogues, King, Soldani, Yzarn, par des ouvrages généraux, et MM. Bournon, Biot, Daubuisson, Leman, de Schreibers, Fleuriau de Bellevue, G. Rose, etc., par des traités spéciaux, ont puissamment contribué à répandre de l'intérêt sur l'histoire des pierres météoriques dont nous allons développer les causes et les effets.

La chute des aérolithes est généralement précédée de l'apparition d'un globe enflammé qui se meut dans l'espace avec une extrême vélocité, et peut-être à plus de dix lieues au dessus de la surface de la terre. Son volume apparent est souvent comparé à celui du disque de la lune ; tantôt il est plus petit, tantôt beaucoup plus grand. Ce globe, dans son mouvement, lance parfois comme des étincelles, et laisse derrière lui une queue ou traînée lumineuse qui ressemble à une flamme retenue en arrière par la résistance de l'air. Après avoir brillé plus ou moins de temps, cette masse éclate tout à coup dans les régions supérieures de l'atmosphère, en laissant ordinairement à sa place un petit nuage blanchâtre semblable à une bouffée de fumée, et qui se dissipe quelques instans après. On entend alors une ou plusieurs fortes détonations qu'on pourrait comparer à de violens coups de tonnerre, ou à des décharges d'artillerie ; elles sont ensuite suivies, le plus souvent, d'un bruit imitant celui du roulement de plusieurs tambours ou de plusieurs voitures qui ébranleraient le pavé. Puis enfin, on entend presque toujours dans l'air des sifflemens causés par la chute des pierres qui tombent avec une grande rapidité, et s'enfoncent plus ou moins profondément dans le sol.

Ces pierres, très-variables par leur nombre et leur dimension, arrivent brûlantes à la surface de la terre, où elles répandent souvent une forte odeur sulfureuse ou de poudre à canon. Elles sont couvertes d'une croûte noirâtre, tantôt unie, tantôt réticulée en partie, et sur laquelle on remarque aussi parfois comme des sortes d'enfoncemens alvéolaires. La configuration des pierres d'une même chute pouvant être rapportée à des formes déterminées, on ne peut pas douter qu'elles aient fait partie d'une seule masse qui s'est brisée en éclats plus ou moins volumineux au moment de la détonation.

Si l'on est aujourd'hui parfaitement d'accord sur la réalité des chutes d'aérolithes, il n'en est pas de même à l'égard de leur origine. Diverses hypothèses ont été proposées par des savans du plus grand mérite ; elles sont appuyées de tant de calculs et de données que, considérées chacune à part, on les trouve assez plausibles ; mais si l'on réfléchit à l'opposition directe qui existe entre elles, on est disposé à les faire entrer dans la classe des choses *possibles*.

Les trois principales hypothèses imaginées pour expliquer la chute et l'origine des aérolithes sont les suivantes :

1°. Les uns supposent que le gaz hydrogène, qui est 14 ou 15 fois plus léger que l'air que nous respirons, joue un grand rôle dans ce phénomène. «Dans le travail des volcans, ce gaz, après avoir dissout les métaux qui entrent dans la composition des pierres atmosphériques (le fer, le nickel, etc.), et s'être chargé de molécules métalliques, s'élèverait dans les régions supérieures. Alors, un orage survenant, l'hydrogène s'enflammerait et ferait apercevoir quelques uns de ces météores lumineux dont l'existence, d'après les traditions constantes, paraît devoir précéder la formation des pierres. Le gaz en brûlant abandonnerait le métal qu'il aurait dissout, et réduirait celui qui était à l'état d'oxide ; la chaleur vive produite en ce moment fonderait le métal, et l'attraction moléculaire le rassemblerait en masses plus ou moins grosses qui, tombées sur la terre, conserveraient quelque temps une partie de la chaleur développée dans leur formation.»

On objecte à cette opinion que, les aérolithes étant composées de plusieurs substances métalliques, qu'on ne peut volatiliser par nos moyens actuels, il est difficile de concevoir cette gazéification aérienne ; que même, si l'on en admettait la possibilité, on ne comprendrait pas encore comment ces matières métalliques, tenues en dissolution dans l'atmosphère, pourraient se trouver toujours dans les mêmes proportions relatives, et

surtout former des masses de plusieurs quintaux, avant d'obéir à la loi naturelle de la gravitation.

2°. M. de La Place, l'un de nos savans les plus illustres, a pensé que les météorites nous sont lancés par quelques volcans de la lune ; il a appuyé son opinion par des raisons très-plausibles, et il a même calculé la force de projection qui serait nécessaire pour qu'un corps, sorti de la lune, pût arriver au point où l'attraction terrestre peut l'entraîner dans notre globe. MM. Biot et Poisson ont aussi calculé la résistance que doit présenter l'atmosphère de la lune et le peu d'attraction qu'exerce cette planète comparativement à la nôtre, puisqu'elle est trente-deux fois plus petite, et que l'attraction des corps de même nature est en raison de leur volume ; ils ont reconnu que, pour avoir une force capable de porter les aérolithes au delà de l'attraction lunaire, il suffirait qu'elle fût cinq fois plus considérable que celle qu'une pièce de 24, chargée de 12 livres de poudre imprime à un boulet de calibre. Or cela n'a rien d'extraordinaire, quand on compare les effets des volcans terrestres avec ceux de notre plus grosse artillerie.

Mais à ce système on oppose, par des observations toutes récentes, que ce qui avait été considéré jusqu'alors comme phénomènes volcaniques dans la lune, n'est autre chose qu'un effet de lumière, d'où on conclut que le système qui vient d'être développé n'est qu'une hypothèse de plus.

3°. Enfin on a pensé que ces pierres météoriques sont des fragmens de planète qui circulent dans l'espace jusqu'à ce qu'ils se trouvent engagés dans notre sphère, où le frottement qu'ils éprouvent par leur contact avec l'air atmosphérique les échauffe à un tel point qu'ils s'enflamment, se brisent en éclats, et produisent tous les autres phénomènes que nous avons exposés.

Cette dernière hypothèse, qui est celle de MM. Lagrange, Chladni, Gay-Lussac, etc., compte un plus grand nombre de sectateurs, et paraît devoir faire beaucoup de prosélytes ; elle a du moins le mérite de rattacher le phénomène des aérolithes à celui des étoiles tombantes ou filantes qui seraient aussi des corps solides du même genre.

M. Rozet, capitaine au corps royal des ingénieurs géographes, a vu dans les Alpes une étoile filante tomber sur une montagne et s'y briser en plusieurs morceaux.

L'analyse chimique ayant fait connaître dans les aérolithes l'existence de plusieurs métaux et principalement du fer à l'état natif, ces corps ont été classés dans le genre Fer par les minéralogistes, qui les divisent en deux sections : 1° Aérolithes métalliques, 2° Aérolithes pierreuses.

Les Aérolithes Métalliques (ou fer météorique), qui tombent très-rarement, sont composées de fer presque pur, attirable à l'aimant, plus ductile et plus blanc que celui qui provient de nos fabriques, et qui est toujours allié à une portion plus ou moins forte de nickel. La présence de ce dernier métal y est si constante qu'elle suffit pour faire reconnaître au minéralogiste si tel fer est un produit de l'art ou bien une acrolithe. Sa pesanteur spécifique est de 6.48 à 7.'80.

La masse de fer météorique, de Sibérie ( vulgairement fer de Pallas), a été analysée par M. Klaproth, qui a trouvé sur 100 parties,

| | |
|---|---|
| Fer . . . . . . . . | 58,50 |
| Nickel. . . . . . . . | 0,75 |
| Silice. . . . . . . . | 20,50 |
| Magnésie. . . . . . | 19,25 |
| Total. . . | 99,00 |

Depuis lors, le conseiller Stromeyer a découvert du *cobalt* dans cette même aérolithe. M. Laugier a trouvé du *soufre* dans le fer météorique de Brahin; enfin M. Stromeyer vient encore de découvrir une nouvelle substance dans les aérolithes métalliques: ce savant a communiqué à la Société royale des sciences de Gœttingue, le 24 février 1833, une notice sur l'apparition du *cuivre* dans le fer météorique. Il a analysé avec soin un grand nombre de masses de fer reconnues comme météoriques, telles que celles d'*Agram*, de *Lenarto*, de *Gotha*, de *Sibérie*, du *Brésil*, de *Buénos-Ayres*, etc., et à l'aide des observations les plus subtiles, il a reconnu que toutes contiennent une légère quantité de cuivre, peut-être 0,1 à 0,2 pour 100. La faible proportion de cette substance fait concevoir facilement qu'elle ait pu échapper aux observations des chimistes distingués qui se sont occupés des aérolithes. Néanmoins, comme tous les fers météoriques sans exception renferment ce métal, M. Stromeyer croit en pouvoir conclure qu'il doit être aussi bien considéré comme une partie intégrante et caractéristique du véritable fer météorique que le nickel et le cobalt.

Quelquefois le fer de ces aérolithes est cristallisé en octaëdre ou en masses, présentant une structure dendroïde qui offre des stries croisées sous l'angle de 60°; mais le plus souvent il est caverneux et comme spongieux. Dans ce cas on a remarqué que les cavités sont parfois remplies de matières vitreuses que quelques minéralogistes croient appartenir au péridot: ce fait a lieu, par exemple, dans le fer de Sibérie.

C'est à l'état de blocs et épars sur la surface du globe qu'on trouve généralement le fer métallique. Comme ces blocs reposent sur des terrains qui ne contiennent pas de fer natif, ni même souvent de mines de fer; que d'ailleurs il n'existe pas de fer natif dans la nature, sauf un ou deux exemples très-douteux, leur origine a été pendant longtems un véritable problème; mais aujourd'hui nous avons des preuves indubitables que ces masses métalliques sont tombées de l'atmosphère.

Une chose très-remarquable, c'est que la chute de cette espèce d'aérolithes date d'une époque tellement reculée, que nulle part on n'en a conservé le souvenir,' à l'exception cependant des deux blocs qui tombèrent à Rraschina près d'Agram, en Croatie, le 26 mai 1751. Leur chute fut précédée de l'apparition d'un globe de feu qui fut vu par un grand nombre de personnes ; il détona avec fracas, et se divisa en deux morceaux, l'un du poids de seize livres, l'autre de soixante-onze livres. Ce dernier tomba avec une telle violence qu'il s'enterra à trois brasses de profondeur, et que l'on crut que c'était un tremblement de terre.

L'aérolithe métallique la plus connue est celle qui fut découverte en Sibérie par un cosaque et décrite par le célèbre Pallas. Ce bloc pesait alors plus de quatorze cents livres ; mais de nombreux morceaux furent cassés par les curieux qui le visitèrent, et le reste enrichit encore le Museum impérial de Saint-Pétersbourg. Quoique ce bloc de fer météorique paraisse être d'une grosseur prodigieuse, il en existe cependant d'un volume encore bien plus considérable sans qu'on puisse néanmoins douter de leur origine atmosphérique.

Une masse de fer natif météorique, que l'illustre de Humboldt a observée à la Nouvelle-Biscaye, lui a paru devoir peser environ quarante mille livres. Le savant voyageur Bougainville a aussi parlé d'un bloc encore plus énorme, découvert sur les bords de la rivière de la Plata et qu'on croit devoir peser *cent mille livres*.

M. Daubuisson suppose que la ductilité et la ténacité dont ces aréolithes sont douées, s'opposent à leur rupture, et que c'est pour cette raison qu'elles tombent le plus souvent en une seule masse.

Indépendamment du nickel qui est toujours associé au fer météorique, ainsi que nous l'avons dit précédemment, les analyses les plus récentes ont fait connaître qu'il est aussi quelquefois mélangé de *chrome* et de *cobalt* dans différentes proportions, et qu'il est associé avec des parties plus ou moins fortes de substances pierreuses composées de silice, de *soufre* et de *magnésie*.

Les AÉROLITES PIERREUSES ( ou *pierres météoriques*) sont les plus communes. Ce sont elles qui tombent de nos jours et qui, par leur grand nombre, produisent quelquefois ce qu'on appelle pluie ou grêle de pierres.

Voici les caractères généraux que M. Daubuisson leur assigne :

« Formes entièrement indéterminées et irrégulières; surface offrant de toutes parts des arêtes ou angles, arrondis ou émoussés, à peu près comme ceux d'un corps qui aurait éprouvé un commencement de fusion, et couverts en entiers d'une croûte noire très-mince, le plus souvent semblable à un simple enduit superficiel, mais qui a quelquefois plus d'une ligne d'épaisseur. Cette croûte est fréquemment vitrifiée en partie. Intérieur d'un gris cendré plus ou moins foncé, se couvrant de taches de rouille par suite de son exposition à l'air. Cassure matte, terreuse, à grain grossier, analogue à celle de certains grès; elle présente souvent des pièces séparées grenues, qui lui donnent l'aspect de certaines brèches; elle est rude au toucher.

» Les aérolithes pierreuses sont faciles à briser; quelquefois même elles sont friables : elles raient le verre, et la croûte étincelle sous le choc de l'acier. Leur pesanteur spécifique varie entre 3, 3 et 4, 3, suivant que le fer abonde plus ou moins. »

L'analyse qui a été faite par M. Vauquelin sur une des pierres tombées à Laigle, département de l'Orne, en 1803, a donné :

| | |
|---|---|
| Fer. . . . . . . . . | 36 |
| Nickel. . . . . . . . | 3 |
| Silice . . . . . . . . | 53 |
| Magnésie. . . . . . . | 9 |
| Chaux. . . . . . . . | 1 |
| Soufre. . . . . . . . | 2 |
| Total. . . | 104 |

De nouvelles analyses faites par les chimistes les plus distingués, sur beaucoup d'autres aérolithes pierreuses, ont démontré : 1° que ces diverses substances ne sont pas toujours dans les mêmes proportions; 2° que plusieurs d'entre elles peuvent manquer; 3° qu'elles se trouvent parfois associées à de nouvelles substances, telles que l'*alumine*, le *manganèse*, le *carbone*, le *chrome* et le *cobalt*.

La présence de ces trois derniers métaux a été constatée, à l'aide de moyens chimiques très-délicats, par MM. Thénard et Laugier.

M. G. Rose, ayant étudié en 1826 la pierre tombée près de Juvenas, y a reconnu : 1° des grains bruns plus ou moins cristallins, qui ont offert les caractères des pyroxènes; 2° une substance blanche dont les cristaux présentent des macles analogues à celles de l'anorthite, du labradorite et de l'albite. M. G. Rose est assez porté à penser que cette matière appartient plutôt au labradorite; 3° une substance en lames jaunes, fusible en verre noir, attirable à l'aimant; 4° des grains métalloïdes jaunes, rougeâtres, qui ont les caractères de sulfure de fer magnétique. C'est le pyroxène et le labrodorite qui dominent dans la pierre de Juvenas, aussi ressemble-t-elle à certaines variétés de dolérites.

Quant au *carbone* qui entre dans la composition de l'aérolithe tombée à Alais, département du Gard, le 5 mars 1806, nous n'avons pas encore eu d'autres exemples de ce fait. Néanmoins, comme ce principe additionnel donne à la pierre quelques caractères physiques différens, tels qu'une couleur noire terne qui existe dans toute son épaisseur, et qui tache les doigts comme le charbon; une pesanteur spécifique moindre, etc., quelques auteurs ont cru en devoir former une section distincte sous le nom d'Aérolithes charbonneuses.

Persuadé que nos lecteurs ne verront pas sans intérêt quelques extraits des relations qui ont été publiées sur les chutes d'aérolithes, nous allons citer les plus remarquables :

1°. A *Ensisheim*, en Alsace, le 7 novembre 1492, une pierre du poids de deux cent soixante livres tomba près de l'empereur Maximilien, qui se trouvait précisément dans ce bourg. Le bruit qui se fit entendre lors de la chute de cette aérolithe fut tellement violent qu'on crut que des maisons venaient d'être renversées. L'empereur, que cet événement affecta singulièrement, fit suspendre cette pierre, dont quelques morceaux avaient déjà été détachés, dans l'église d'Ensisheim, où elle était encore enchaînée lors de la révolution. A cette époque on la transporta dans la bibliothèque publique de Colmar, où de nombreux échantillons furent encore enlevés, entre autres un de vingt livres qui est exposé dans les galeries du Muséum d'histoire naturelle de Paris.

2°. A *Lucé*, département de la Sarthe, le 13 septembre 1768, il tomba une pierre du poids de 7 livres. Cette aérolithe, dont nous avons déjà parlé plus haut, est celle que l'Académie des sciences a fait examiner par des commissaires, MM. Fougeroux cadet et Lavoisier, qui affirmèrent que ce n'était qu'un grès pyriteux frappé par la foudre, et non un produit céleste.

3°. A *Juillac* et à *Barbotan*, en Gascogne, le 24 juillet 1790, il tomba une quantité prodigieuse d'aérolithes. Cette chute eut lieu entre 9 et 10 heures du soir, après une fort belle journée; elle avait été précédée par un globe de feu qui traversa les airs en suivant à peu près la direction du méridien magnétique, et qui fut aperçu au même instant à Bayonne, à Mont-de-Marsan, à Toulouse, à Bordeaux, et dans tous les autres lieux intermédiaires. Ce globe de feu, dont le diamètre apparent était plus grand que celui de la lune, qui brillait au ciel en même temps, traînait après lui une longue queue lumineuse. Bientôt ce globe disparut, sembla tomber, et ne laissa à sa place qu'un petit nuage blanchâtre. Peu après on entendit une explosion terrible, plus forte que le bruit du tonnerre, et il tomba une grande quantité de pierres, dont plusieurs pesaient jusqu'à 20 et 25 livres. L'une d'elles pénétra dans une cabane, tua un berger et un jeune taureau.

Jamais phénomène céleste n'avait eu peut-être autant de spectateurs que celui-ci, puisqu'il fut remarqué dans un diamètre de plus de 40 lieues.

4°. Le 16 juin 1794, entre 7 et 8 heures du soir, plusieurs pierres tombèrent à *Sienne*, en Toscane, au moment où les habitans jouissaient du plaisir de la promenade. Le savant naturaliste Soldani et le comte de Bristol constatèrent ce phénomène, qui fut accompagné de toutes les circonstances qui le caractérisent habituellement, et en donnèrent la relation la plus circonstanciée. Cette chute donna naissance aux premiers ouvrages sur les aérolithes et à des hypothèses explicatives de leur origine; mais on n'était pas d'accord sur la nature de ces pierres; on doutait encore qu'elles fussent des corps célestes.

5°. Le 13 décembre 1795, une pierre du poids de 48 livres tomba à *Wold-Cottage*, dans le Yorkshire, sans qu'on eût remarqué qu'elle ait été précédée d'un globe de feu; sa chute eut lieu avec sifflemens, par un temps doux et un ciel sans nuages, à la suite de plusieurs explosions, etc.

Ce phénomène fut constaté de la manière la plus authentique; et c'est depuis cette époque

que les savans anglais ne doutèrent plus de la chute des pierres atmosphériques.

6°. Le 12 mars 1798, entre 7 et 8 heures du soir, une pierre du poids de vingt à vingt-cinq livres tomba à Salles, près Villefranche, département du Rhône. Cette chute, qui fut constatée sur les lieux par M. de Drée, est la première qui l'ait été par un minéralogiste.

7°. Le 26 avril 1803, un nombre prodigieux de pierres météoriques tomba à Laigle, en Normandie. C'est à l'occasion de cette étonnante chute, ainsi que nous l'avons dit plus haut, qu'il fut fait une enquête juridique par suite de laquelle l'évidence des faits triompha de toutes les préventions des savans français, concernant la chute des aérolithes. Voici un passage du rapport que M. Biot fit à ce sujet à l'Académie des sciences :

« Vers une heure après midi, on vit se mouvoir dans l'atmosphère un globe enflammé d'un éclat très-brillant; peu d'instans après, on entendit dans un arrondissement de plus de trente lieues, une explosion violente qui dura cinq ou six minutes : on distingua d'abord trois ou quatre coups semblables à des coups de canon, suivis d'une espèce de décharge qui ressemblait à une fusillade; puis on entendit comme un long roulement de tambour; et enfin, sur une étendue elliptique d'environ deux lieues et demie de long, il tomba près de deux à trois mille pierres, dont la plus grosse pesait dix-sept livres et demie, et la plus petite environ deux gros. »

8°. Le 5 mars 1806, à cinq heures et demie du soir, plusieurs pierres tombèrent à Saint-Etienne-de-Lolm et à Valence, près d'Alais. Leur chute fut précédée de détonations; mais on ne remarqua pas de météores lumineux. Ces pierres, dont l'une pèse huit livres et l'autre quatre, sont très-remarquables par leur légèreté et par leur nature charbonneuse dont aucune autre chute n'offre d'exemple. Elles ont été doublement analysées par MM. Thénard et Vauquelin, qui ont reconnu qu'elles ne diffèrent des autres aérolithes qu'en ce qu'elles contiennent un peu de carbone et des métaux à l'état d'oxide. Leur pesanteur spécifique est moitié plus faible que celle des aérolithes pierreuses.

9°. Le 14 décembre 1807, après de fortes détonations, des sifflemens dans l'air, etc., un grand nombre de pierres tombèrent à Weston (États-Unis). On en trouva dans six endroits différens, dont les plus éloignés étaient distans de six à dix milles l'un de l'autre. Le morceau le plus volumineux qu'on retira pesait trente-cinq livres. Mais un autre plus considérable s'était brisé sur un rocher, et l'on reconnut que ses fragmens réunis avaient dû former une masse d'environ deux cents livres. Ces pierres étaient encore chaudes lorsqu'on les ramassa.

10°. Le 13 juin 1819, à six heures moins un quart du matin, une grêle de pierres tomba dans l'arrondissement de Jonzac, département de la Charente-Inférieure. Ce phénomène eut lieu par un ciel serein, et à la suite de détonations dont la dernière fut d'une telle violence qu'on l'entendit à Marennes, à Blaye, et jusque près de Niort, à vingt lieues de distance. Les habitans d'Angoulême et de Mauzé crurent que le magasin à poudre de Saint-Jean-d'Angely venait de sauter. Ces pierres météoriques, dont la plus grosse pèse six livres, et qui tombèrent après l'apparition d'un globe lumineux, ont été analysées par M. Laugier, qui n'y a pas découvert de nickel, ce qui est un fait digne de remarque. Leur chute a été constatée par M. Fleuriau de Bellevue, qui en a donné une relation très-détaillée dans un mémoire fort important, et dans lequel il se livre à de savantes dissertations sur les aérolithes en général.

Ce naturaliste s'attache entre autres choses à réfuter une opinion émise par M. Chladni, savoir : que les masses météoriques éprouvent ordinairement une fusion plus ou moins complète dans notre atmosphère. Il n'admet pas non plus, comme M. Leman, 1° que les aérolithes *sont des corps dénaturés par la combustion*, et par conséquent des *résidus*; 2° que le noyau de la masse météorique a *pu contenir des matières combustibles* qui ont produit l'inflammation, et par suite l'explosion du météore.

M. Fleuriau croit qu'à l'exception d'un très-petit nombre de masses terreuses et incohérentes que le feu du météore a pu calciner et réduire en poussière, tous les fragmens solides arrivent à la surface de la terre dans un état à peu près semblable, quant à leur extérieur, à celui qu'avait la masse elle-même lorsqu'elle est parvenue au contact de notre atmosphère. Il pense qu'il est extrêmement probable que la seule circonstance qui ait lieu pendant l'apparition d'un météore, est celle d'une sphère gazeuse qui enveloppe un noyau déjà solide, et qui, en s'enflammant, la réduit en éclats.

« Nous sommes donc fondé à conclure, dit M. Fleuriau, que cette matière inflammable n'a existé qu'à l'extérieur du noyau, et que, quant à son état gazeux, elle a pu le devoir à la vaporisation de quelques matières combustibles qui recouvraient la surface de ce noyau, et qui se sont enflammées lorsqu'il s'est précipité dans notre atmosphère, ou bien, ce qui me paraît plus naturel, que ce corps était déjà revêtu d'une atmosphère inflammable, comme la plupart des corps célestes. »

Ce savant appuie son système par de nombreuses et puissantes considérations qui portent avec elles la conviction.

11°. Le 15 juin 1822, deux pierres météoriques tombèrent à Juvenas, département de l'Ardèche. C'est sur ces aérolithes, qui ne contiennent pas de nickel, que M. G. Rose a fait les recherches et les précieuses découvertes dont nous avons déjà parlé.

12°. Le 3 juin 1832, une pierre tomba à Angers, département de Maine-et-Loire. Il existe au Muséum d'histoire naturelle de Paris un échantillon de cette aérolithe, qui arriva sur le sol tellement chaude, qu'elle brûla les doigts des personnes qui la touchèrent immédiatement après sa chute.

13°. Le 27 février 1827, à trois heures et demie de l'après-midi, et par un temps parfaitement serein, plusieurs aérolithes tombèrent dans le district d'Azim Gerh, près du village de Mhow, dans l'Inde. L'une de ces pierres météoriques brisa un arbre, et une autre tua un homme.

14°. Le 4 juin 1830, à onze heures du matin, des aérolithes tombèrent entre 20° 10' latitude nord, et 51° 50' longitude ouest, sur un vaisseau de Liverpool, sur lequel étaient MM. Turner de Triest, Rauch de Nuremberg, etc. Ces pierres sortirent d'un nuage noir qui parut tout à coup et qui se dissipa après une pluie battante. Les aérolithes étaient humides, froides, sans croûtes, et avaient une odeur sulfureuse. Chladni cite deux cas semblables dans le 17ᵉ siècle.

D'après de nombreuses observations, dues pour la plupart à d'habiles chimistes, les chutes de poussière ou de substances molles, sèches ou humides, auraient une origine commune avec les aérolithes. « Ces substances, dit Leman, sont pulvérulentes, très-fines, grises, rougeâtres ou noires, le plus souvent semblables à la brique finement broyée, âpres au toucher, rayant le verre; tantôt en masses, qui furent comparées à du sang coagulé, à de la brique, à une matière visqueuse, à de la pluie rouge, vulgairement appelée pluie de sang, parce qu'elle colore quelquefois l'eau avec laquelle ou dans laquelle elle tombe. » Ces matières, de même que les aérolithes, n'ont point d'analogues sur la terre, ce qui prouve plus évidemment encore que ce sont des résultats de météores aériens.

Beaucoup d'auteurs ont mentionné des chutes de ces sortes de substances. M. Chladni en a publié une série de cinquante-neuf; mais il nous suffira de citer les quatre exemples suivans :

1°. Le 3 décembre 1586, beaucoup de matières rouges et noirâtres tombèrent à Verde, dans le Hanovre. Ces substances arrivèrent tellement chaudes, qu'elles brûlèrent plusieurs planches sur lesquelles elles se précipitèrent. Un météore de feu et de fortes détonations avaient précédé cette chute.

2°. Le 31 janvier 1686, il tomba près de Randen, en Courlande, et en même temps en Norwége et en Poméranie, une grande quantité d'une substance membraneuse, friable et noirâtre, semblable à du papier demi-brûlé. M. le baron Théodore de Grotthus a analysé une portion de cette substance, qu'il a trouvée composée de silice, de fer, de chaux, de carbone, de magnésie, de chrome et de soufre, mais non de nickel.

3°. Le 14 mars 1813, il tomba en Toscane, en Calabre, et dans plusieurs autres parties de l'Italie, une quantité prodigieuse de poussière et de neige rouge qui était rude comme du sable très-fin. Cette chute fut accompagnée de plusieurs pierres qui tombèrent avec fracas à Cutro, en Calabre.

4°. Le 16 mai 1830, à sept heures du soir, il tomba à Sienne et dans les environs de cette ville une pluie qui tachait en rouge tous les objets qu'elle touchait. Le même phénomène se renouvela vers minuit; il paraissait provenir d'un brouillard dense et rougeâtre qu'on remarquait depuis deux jours. M. Giuli, professeur d'histoire naturelle, ayant analysé la matière terreuse et coloriée, recueillie sur les feuilles d'un grand nombre de plantes, a reconnu que cette substance était composée d'une matière organique végétale, de carbonate de fer, de manganèse, de carbonate de chaux, d'alumine et de silice.

La nature de ces substances, les phénomènes qui précèdent leur chute, etc., tout fait présumer qu'elles ne diffèrent pas essentiellement des pierres météoriques dont elles contiennent à peu près les élémens. « Il paraît, dit M. Chladni, qu'il n'y a d'autre différence que dans la plus ou moins grande rapidité avec laquelle ces amas de matières chaotiques, dispersées dans l'espace de l'univers, arrivent dans notre atmosphère, de manière qu'elles subissent un plus ou moins grand changement par la chaleur que la compression de l'air développe. Il est probable que, dans la poussière rouge et noire, l'oxide de fer est la principale matière colorante, et que l'on y trouvera aussi du carbone. Je regarde, ajoute-t-il, les pierres noires et friables tombées à Alais le 6 mars 1806, comme servant de transition entre la poussière noire et les aérolithes ordinaires, la chaleur n'ayant pas été suffisante pour brûler le carbone et pour fondre les autres substances. »

Le catalogue chronologique des chutes de fer, de poussière, etc., rédigé par M. Chladni, et inséré dans l'*Annuaire* de 1825, ainsi que dans les *Annales de Chimie et de Physique* (mars 1826), ne remontant que jusqu'à l'année 1824, nous allons faire en sorte de compléter cette liste en indiquant ici brièvement les chutes qui ont eu lieu depuis cette époque :

1824 (15 janvier). A Ferrare, chute de plusieurs pierres météoriques, sur l'une desquelles M. Cordier a fait un rapport très-étendue à l'Académie des sciences. (*Annales de Chim. et de Phys.* 1827, p. 132.)

1824. Pluie d'aérolithes à Sterlitamak, près Orembourg. (*Zeitsch. fur Minéral.*, n° 10, 1825.)

1824 (mars). Chute de plusieurs pierres, près d'Ovenazo, dans la légation de Bologne. (*Philos. Magaz. de Tilloch.*)

1825 (10 février). Il tomba à *Nanjemoy* en *Maryland* (Amérique du nord), une pierre du poids de 16 livres et 7 onces. (*Ann. de Chim. et de Phys.*, tome 30, 1825.)

1825 (5 juillet). Pluie abondante de pierres à *Torrecillas del Campo*, en Espagne.

1825 (14 septembre). Chute d'une aérolithe dans une des îles Sandwich. (*Ibid.*, tome 39, 1828.)

1826 (15 mars). Chute de pierres dans la vallée de Lugano. (*Zeitschrift fur Mineralog.*, août 1826, p. 167.)

1826 (août). A la suite d'un orage, une grosse aérolithe tomba sur les coteau de Galapean, département de Lot et Garonne.

1826 (31 août). Chute d'une pierre du poids de 2 livres dans le gouvernement d'Ekaterinoslaw, au district de Pawlograd. (*Zeitschrift fur Mineralog.*, février 1827, p. 167.)

1827 (27 février). Quatre ou cinq pierres tombèrent dans le district d'Azim Gerh, dans l'Inde; l'une brisa un arbre, une autre tua un homme. (*Edimb. Journ. of Scienc.*, juillet 1828, p. 172.)

1827 (9 mai, à quatre heures de l'après-midi). Plusieurs pierres tombèrent à *Drake-Creek*, dans l'état de Tennessée. (*Ann. de Chim. et de Phys.*, t. 45, p. 416.)

1827 (8 octobre). Chute de quatre pierres près de Bjelostok en Russie; la plus grosse pesait 4 livres, et la plus petite 3 quarts de livre. (*Edimbourg, Journ. of Sciences*, juillet 1828, p. 172.)

1828 (4 juin). Une pierre météorique du poids de 2 livres et demie tomba près de Richemond, en Virginie. (*Amer. Journ. of Sciences*, tom. VXI, avril 1829, p. 194.)

1829. Découverte d'une masse de fer météorique à *Bohumiliez*, en Bohême. (*Zeitschrift fur Physik* de Vienne, 1833.)

1829 (8 mai, entre trois et quatre heures du soir). Chute d'une pierre météorique près de *Forsyth* en Géorgie. (*Ann. de chimie et de physique*, t. 45, 1830.)

1829 (14 août). Une pierre tomba aux Etats-Unis, dans le New-Jersey, près de Déal. (*Annal. de Chim. et de Phys.*, tom. 42, 1829.)

1829 (9 septembre). Une aérolithe verdâtre tomba à *Krasno-Ougol*, en Russie. Elle contenait du fer oxidulé, du fer natif et des points verdâtres, peut-être de l'olivine, d'après M. G. Rose. (*Ann. de Phys.* de Poggendorf, 1829, n° 379.)

1829 (1er octobre). Pluie de terre rougeâtre à Orléans et à Versailles. L'analyse en a été faite par M. Fougeroux. (*Ann. de Chim. et de Phys.*, tom. 45, p. 413.)

1830 (5 avril). Plusieurs pierres tombèrent sur un vaisseau de *Liverpool*. (*Zeitsch. fur Phys.*, etc. vol. 7, 1830.)

1830 (16 mai, à 7 heures du soir et à minuit). Pluie de terre tachant en rouge, à *Sienne* et dans la campagne environnante. L'analyse en a été faite par M. le professeur Giuli. (*Ann. de Chim. et de Phys.*, tom. 45, p. 419.)

1831 (13 mai). Il tomba à Vouillé, département de la Vienne, une aérolithe du poids de 20 kilogrammes. L'Académie des sciences chargea MM. Thénard, Brongniart, Cordier et Berthier de l'analyser. (*Revue encyclopédique*, septembre 1831, p. 573.)

1831 (septembre). Chute de quelques pierres à *Wesely*, en Moravie. (*Zeitschrift fur Physik* de Vienne, 1833.)

Des phénomènes aussi surprenans que ces chutes d'aérolithes ne pouvaient manquer, par leur effrayante apparition, de frapper vivement l'imagination des peuples superstitieux et plongés dans les ténèbres de l'ignorance.

Toute pierre tombée du ciel était, aux yeux des anciens, un prodige qu'ils regardaient tantôt comme un bienfait céleste, tantôt comme un indice de la colère des dieux. Ils poussèrent même la superstition jusqu'à décerner un culte à ces corps inertes comme à des images de la divinité. Des prêtres imposteurs encouragèrent, dans leur intérêt, ce fanatisme ridicule qu'on vit régner dans les beaux jours de la Grèce et de Rome. C'est ainsi que chez les Phéniciens on vit une pierre, qu'on disait tombée du ciel, adorée sous le nom d'*Elio-gabale*, et, chez les Phrygiens, une autre adorée sous le nom de *Cybèle* ou la *Mère des dieux*. M. Biot a fait, au sujet de cette dernière, un savant mémoire dans lequel il prouve évidemment que la *Mère des dieux* n'était qu'une pierre météorique. (C. D'ORBIGNY.)

**ÆSHNE**, *Æshna.* (INS.) Genre de la famille des Subulicornes et de l'ordre des Névroptères, dont les caractères essentiels sont exprimés de la manière suivante :

Tête globuleuse, ayant des yeux très-grands et très-rapprochés; les ocelles situés sur une élévation transverse, lobe intermédiaire de la lèvre le plus grand, les deux autres écartés et armés d'une dent très-forte, et de deux appendices en forme d'épines; ailes horizontales; corps des nymphes et des larves allongé; masque plat, armé de deux fortes serres étroites, avec un onglet mobile au bout; abdomen terminé par cinq appendices allongés, dont l'un est tronqué au bout.

Ces insectes sont les géans de la famille pour notre pays; car dans les pays étrangers il se trouve des espèces du genre Agrion qui atteignent une dimension presque double : leur corps est toujours cylindrique allongé, terminé à son extrémité par des crochets très-développés, dont M. Leach s'était servi pour former le genre *Petalocheirus*, mais qui n'a pas été adopté, comme ne présentant pas de caractères assez essentiels. Ces insectes sont doués d'une grande puissance de vol; quoiqu'ils vivent sous leur premier état dans l'eau, on les voit se tenir plus volontiers vers le haut des arbres, et quelquefois très-éloignés de leur premier élément; ils planent beaucoup et chassent les mouches et autres insectes à la manière des hirondelles, passant et repassant continuellement dans une allée qu'ils ont adoptée.

Au mot *Libellule*, dont les genres Æshne et Agrion ont été démembrés, on donnera tous les détails de mœurs et d'organisation qui leur sont communs.

Notre pays possède plusieurs de ces individus, et même de grande taille. Nous allons en faire connaître quelques uns.

A. GRANDE. *A. Grandis*, Lin. La plus grande espèce d'Europe; elle a quelquefois près de trois pouces de long. Tête jaune, yeux bruns, corselet brun, avec six lignes obliques, trois de chaque, côtés verdâtres, abdomen taché de vert et de jaunâtre, ailes irisées, avec un stigmate brun à la côte antérieure. Très-commune. On en trouve une figure dans la pl. 4, fig. 5, de ce Dictionnaire; la larve est représentée sous le n° 6.

A. a Tenailles. *A. Forcipata* des auteurs. Yeux bruns, tête, corps et abdomen jaunes. Sur le corselet, deux bandes noires de chaque côté, deux larges bandes, et des taches plus inférieures, noires; stigmate des ailes jaunâtre bordé de noir. Longueur, au plus deux pouces. Elle est commune.  (A. P.)

ÆTÉE, *Ætea*. (zooph. polyp.) Nom donné par Lamouroux à un genre qu'il a placé dans l'ordre des Cellaires, dans la première division des Polypiers flexibles.

Comme ce genre a été établi antérieurement par Lamarck, sous le nom d'Anguinaire, on a dû lui conserver cette dénomination. *V. Anguinaire.*
  (L.)

ÆTHUSE, *Æthusa*. (bot. phan.) Dans le genre *Æthuse*, de la famille des Ombellifères de Jussieu, de la Pentandrie Digynie de Linné, qui a des rapports intimes avec les genres *Cicuta* et *Conium*, les ombelles n'ont point d'involucres; les involucelles ont trois à cinq folioles unilatérales et pendantes; les fleurs sont blanches, les pétales un peu inégaux, cordiformes; le fruit est ovoïde, à côtes simples, caractère très-tranché avec les conium, dont les côtes sont crénelées.

L'*Æthusa cynapium* de Linné, petite ciguë, est une plante annuelle très-vénéneuse, et par conséquent très-importante à connaître, car elle ressemble beaucoup au persil, à côté duquel elle croît très-souvent. On évitera de confondre ces deux plantes en faisant attention, 1° que les feuilles de la petite ciguë sont très-luisantes, découpées en lobes très-aigus, tandis que celles du persil ont les lobes plus larges et moins luisans; 2° que la tige de la petite ciguë est très-glauque, presque lisse, et que celle du persil est verte et cannelée; 3° que la petite ciguë a des fleurs blanches, et le persil des fleurs jaunâtres; 4° enfin, que l'odeur, la saveur de la petite ciguë sont désagréables, vireuses; le persil au contraire a une odeur agréable et une saveur légèrement aromatique.

Le cerfeuil, qui peut aussi être pris pour la petite ciguë, diffère de celle-ci par ses folioles élargies et courtes, et par son odeur et sa saveur aromatiques.

La petite ciguë jouit des propriétés de la grande ciguë; comme cette dernière, elle peut donner lieu à des accidens très-graves. *Voyez* pour les antidotes et le traitement à suivre en cas d'empoisonnement par ces plantes, ce que nous avons dit au mot *Aconit*.  (F. F.)

ÆTITE ou Pierre d'aigle. (min.) On nomme ainsi une variété géodique de fer oxidé qui se présente le plus souvent sous la forme de petites masses sphéroïdes, ovoïdes, ou aplaties. En cassant des œtites, on remarque qu'elles sont composées de couches concentriques, alternativement brunes et jaunâtres, et qui vont toujours en diminuant de consistance à mesure qu'on approche du centre. Ces pierres recèlent souvent un noyau mobile qui résonne quand on les agite; quelquefois on trouve à la place de ce noyau une matière terreuse, ou une simple cavité.

Les anciens croyaient que ces petites masses ferrugineuses provenaient des nids d'aigles, d'où est venue cette dénomination de *Pierres d'aigles*. Ils leur attribuaient beaucoup de propriétés merveilleuses, entr'autres celles de faciliter les accouchemens, de prévenir les fausses couches, d'aider à découvrir les voleurs, etc. Aujourd'hui, les seules vertus qu'on leur reconnaît sont de produire de bon fer. On en trouve des bancs assez épais pour être exploités à Trévoux près de Lyon; les œtites y sont généralement de la grosseur d'un œuf d'autruche.  (D'Or.)

ÆXTOXICON ou Poisson des chèvres. (bot. phan.) Arbre du Pérou, ainsi nommé à cause de la qualité vénéneuse de son fruit. Il constitue un genre de la Diœcie Pentandrie de Linné; ses caractères particuliers sont peu connus, et l'on ne l'a encore rapporté à aucune famille naturelle. (L.)

AFFINITÉ. (chim. et phys.) Les physiciens et les chimistes désignent par ce mot la force qui tend à combiner et qui tient réunies les molécules de nature différente. Cette force ne s'opère le plus souvent qu'entre deux, trois ou quatre espèces de molécules, et rarement entre cinq. Geoffroy, Bergmann, Guyton-Morveau, sont les premiers savans qui ont donné une théorie satisfaisante sur l'affinité; depuis, les progrès de la science ont fait apporter de grandes modifications à cette théorie, et voici quels sont les points le plus généralement admis aujourd'hui.

L'affinité dépend, 1° *de la quantité relative des corps entre lesquels la combinaison peut avoir lieu.* En effet, les corps peuvent s'unir en toutes ou en diverses proportions, et, dans ces cas, ils ont une adhérence qui est d'autant plus grande que la proportion de l'un d'eux est plus petite. Ainsi prenant pour exemple trois composés formés le premier, de 2 molécules de A et 2 de B; le second de 2 de A et de 3 de B; le troisième de 2 de A et de 4 de B, nous verrons qu'il sera plus facile d'enlever une molécule de A du premier composé AB que du second, et de celui-ci beaucoup plus encore que du troisième; car dans le premier composé il n'y a qu'un nombre égal de molécules, tandis que dans le troisième il est double.

2°. *Des combinaisons dans lesquelles les corps peuvent être engagés.* Ainsi une molécule A, exerçant déjà son affinité sur une molécule B, agira moins sur une molécule C que si elle était libre.

3°. *De la cohésion* qui, empêchant le contact d'un corps avec un autre, nuit par conséquent à la combinaison. On dit tous les jours : telle substance est insoluble dans tel liquide; on veut exprimer par là que la cohésion des molécules de cette substance les unes pour les autres l'emporte sur l'affinité de ces mêmes molécules pour le liquide avec lequel on les met en contact.

4°. *Du calorique* qui, s'interposant entre les molécules et les éloignant les unes des autres, agit en sens inverse de la cohésion. Toutefois, l'action du calorique dans l'affinité peut devenir semblable à celle de la cohésion, c'est-à-dire l'empêcher ou la retarder : c'est lorsque la dose du calorique est

assez

assez considérable pour rendre gazeuses les molé- cules que l'on veut réunir. On a donné à cet état de sursaturation de calorique le nom de *ré- pulsion*.

5°. *De la quantité respective de l'électricité.* Bien que l'expérience ait démontré que deux corps électrisés de la même manière se repoussent, et que deux corps électrisés d'une manière différente s'attirent, on connaît mieux l'influence de l'élec- tricité sur l'affinité qu'on ne l'explique.

6°. *De la pesanteur spécifique.* Tout le monde sait que l'eau et l'huile ne peuvent être tenues par- faitement mélangées, qu'au bout d'un temps très- court, l'huile occupe la partie supérieure; cela tient à ce que l'huile est spécifiquement plus lé- gère que l'eau. Détruisez cette différence, la com- binaison pourra avoir lieu. On explique de la même manière la séparation de deux métaux qui diffèrent par leur pesanteur spécifique, que l'on fond en- semble et qu'on abandonne à eux-mêmes.

7°. *De la pression.* L'action de cette force, nulle sur les solides, susceptible de s'exercer sur les liquides, se manifeste avec énergie sur les fluides élastiques, et cela en rapprochant leurs molécules, multipliant les points de contact. C'est d'après ce principe que l'on prépare les eaux mi- nérales gazeuses, et que l'on dissout facilement dans l'eau un volume assez considérable de gaz. Toutefois il y a des exceptions à cette règle géné- rale, car on a observé que le phosphore ne brûlait point dans l'oxygène à la température et sous la pression ordinaires, et qu'au contraire la com- bustion avait lieu si on raréfiait le gaz en diminuant la pression. La même observation a été faite pour le *gaz hydrogène proto-phosphoré.* (F. F.)

**AFGANISTAN.** (géogr.) *Voyez* Kaboul.

**AFRIQUE.** (géogr.) De toutes les parties de l'an- cien continent, l'Afrique est celle dont les limites sont les plus naturelles et les plus marquées. Pres- que entièrement entourée d'eaux, cette vaste pres- qu'île ne tient à l'Asie que par une étroite langue de terre située au nord-est, et qui porte le nom d'isthme de Suez. Napoléon, dont toutes les pen- sées avaient pour but l'anéantissement de la puis- sance britannique, voulait couper cet isthme, joindre la mer Rouge à la mer Méditerranée, et ouvrir ainsi à nos vaisseaux un passage vers l'océan Indien. Par ce moyen, et en supposant que les forces maritimes de la France défendissent l'entrée de la Méditerranée au détroit de Gibral- tar, le commerce des Anglais dans l'Inde et par conséquent toute leur puissance se trouvait dé- truite, obligés qu'ils étaient alors de doubler le cap de Bonne-Espérance pour revenir de leurs colonies d'Orient. Les funestes événemens qui bientôt abaissèrent l'immense fortune de cet homme de génie, vinrent mettre obstacle à l'ac- complissement de ce projet gigantesque.

Nous avons dit que l'Afrique était presque entiè- rement entourée d'eaux; et parmi toutes ces mers qui viennent baigner ses côtes, aucune ne lui appartient en propre : la Méditerranée, qui baigne ses côtes septentrionales, vient aussi frap-

per de ses eaux les rivages de l'Europe et de l'Asie, et la mer Rouge touche à la fois l'Egypte, la Nubie, l'Abyssinie en Afrique, et l'Arabie en Asie. A l'ouest l'océan Atlantique, à l'est l'océan Indien s'avancent, le premier jusqu'aux rivages du Sénégal, de la Guinée et du pays des Hotten- tots; le second, jusque sur les côtes de Zangue- bar et du royaume d'Adel.

L'Afrique est assurément la moins explorée et la moins connue de toutes les contrées du globe. Les anciens en avaient une idée si imparfaite, qu'ils pensaient qu'elle ne s'étendait pas au-delà de la ligne équinoxiale, et qu'à cette hauteur elle se réunissait à l'Asie. Ce ne fut qu'en 1486 que Barthélemi Diaz doubla le cap de Bonne-Espé- rance, qui forme l'extrémité méridionale de cette contrée; peu de temps après cette découverte, en 1497, Vasco de Gama en détermina toute l'importance, en ouvrant aux Européens la navi- gation de l'océan Indien.

Nous n'avons aucune notion sur l'intérieur de l'Afrique. Quelques voyageurs ont eu le courage de se hasarder au milieu de cette vaste contrée : mais, obligés de prendre sans cesse quelques nouveaux déguisemens pour échapper à la bar- barie et à la défiance soupçonneuse des naturels, ils n'ont pu rapporter que des connaissances très- imparfaites sur la nature et la constitution géo- graphique de ce pays.

Cependant, nous croyons pouvoir partager l'Afrique en quatre grandes divisions hydrogra- phiques. Dans la première se trouvent rangés les fleuves qui viennent décharger leurs eaux dans la Méditerrannée : à leur tête se place le Nil, ce fleuve dont le nom rappelle tant de souvenirs historiques.

Nous formons la seconde division de tous les fleuves qui ont leur embouchure dans l'océan Atlantique. C'est donc dans ce bassin que se placent le Sénégal, la Gambie, qui arrosent la Nigritie occidentale ; le Niger, qui traverse le Soudan et la Guinée; et le Congo, qui parcourt la Nigritie méridionale.

La troisième division se compose du bassin de l'océan Indien, qui, sur les côtes de Zanguebar et de Mozambique, reçoit les eaux du Zambèze, du Loffih, du Mother, de l'Outando et du Zebi, fleuves dont les cours sont entièrement inconnus.

Enfin, dans la quatrième division se trouvent placés tous les fleuves qui vont se perdre dans un énorme lac, qu'on peut bien considérer comme une mer intérieure; je veux parler du lac *Tchad*, situé dans le Soudan ou Nigritie centrale. Cette énorme masse d'eau offre à sa surface des îles assez nombreuses, demeure accoutumée des fé- roces Bidoumahs, dont la vie se passe en pirate- ries continuelles.

Nous ne citerons, parmi les lacs de cette vaste contrée, que ceux qui présentent quelque intérêt : en première ligne nous nommerons le *Caloun- ga-Kouffoua* (lac Mort), qui reproduit en Afrique les phénomènes qui se passent sur les rivages de la mer Morte. Rien ne peut rendre la morne tristesse des bords de ce lac : aucune plante ne croît dans ses environs ; les montagnes qui l'entourent n'offrent aux yeux qu'une affreuse stérilité ; de leur sein découlent des ruisseaux de bithume ; elles exhalent une odeur fétide, qui les a fait surnommer *les montagnes des mauvaises odeurs* ; aucun poisson ne peut vivre au milieu de ces eaux huileuses, dont les vapeurs dessèchent la poitrine et excitent une toux fatigante. Tous les animaux fuient ces bords, comme s'ils prévoyaient qu'un court séjour sur cette terre de désolation serait pour eux la mort.

Nous nommerons encore le *Dembea* dans l'Abyssinie, le *Birket-el-Keroun* dans l'Egypte, autrefois le fameux lac *Mœris*, qu'on crut long-temps avoir été creusé par la main des hommes, erreur détruite de nos jours par un savant académicien ; enfin le lac *Mariout* (ancien *Maréotis*), dont les eaux douces baignaient autrefois de beaux jardins et de riches vignobles, et qu'une irruption de la mer, en 1801, a transformées en eaux salées.

La direction des fleuves d'Afrique, la largeur et la profondeur de quelques uns, ont fait soupçonner dans cette contrée l'existence de nombreuses montagnes. Un habile géographe a observé que les chaînes sont plus remarquables par leur largeur que par leur hauteur, et que généralement elles n'arrivent à un niveau considérable qu'en s'élevant lentement de terrasse en terrasse ; cette observation l'a conduit à dire que toutes les montagnes de l'Afrique pourraient être regardées comme formant deux immenses plateaux, l'un boréal, l'autre austral ; et que ce dernier, dont l'étendue est moindre, offrait une plus grande élévation.

Quelques volcans sont jetés sur la surface de cette grande presqu'île ; l'un d'entre eux, situé dans le Congo, est appelé le mont des Ames par les indigènes : ils croient que son cratère est la porte par laquelle les morts passent de ce monde dans l'autre. Nous indiquerons aussi le pic de Ténériffe, dans l'île de ce nom, montagne qui pendant long-temps a été estimée la plus élevée de toutes les montagnes du globe.

Nous avons indiqué plus haut le triste aspect qu'offraient les environs du lac Mort ; mais cette petite contrée peut-elle entrer en comparaison avec cette vaste mer de sable brûlant qui s'étend de l'ouest à l'est comme une ceinture de feu, en partageant l'ancien continent des côtes de l'océan Atlantique, à l'extrémité orientale de Gobi ? Rien n'arrête le désert dans sa marche ; il traverse toute l'Afrique septentrionale dans sa plus grande largeur ; la mer Rouge n'est pas une barrière pour lui : on le retrouve en Arabie, dans la Perse, au royaume des Mongols ; l'océan Atlantique à l'ouest, l'océan Oriental à l'est, sont les seuls obstacles qui puissent mettre un terme à sa course. Le sol du désert est susceptible, par sa nature, de s'échauffer jusqu'à 5o ou 6o degrés ; les vents viennent soulever le sable fin qui le compose, et le seymoun, dans sa fureur, ensevelit des caravanes entières.

Les dangers incalculables que présente un voyage dans de semblables contrées, sont en partie la cause du petit nombre d'explorations qui en ont été faites. Il faut joindre à cette raison une autre non moins puissante et dont nous avons déjà parlé, le caractère féroce et soupçonneux de ses habitans. La population se compose d'hommes blancs et noirs : le teint des premiers est tellement bronzé par la chaleur excessive du climat, que souvent on aurait grand'peine à distinguer les deux races, si les cheveux crépus du Nègre ne servaient pas à le faire reconnaître : les Maures, qui composent en général la race blanche, regardent les Nègres comme d'une espèce inférieure : aussi, dans toutes les régions habitées par les Maures, les Nègres sont soumis à un dur et pénible esclavage. La race blanche est indigène dans le nord et l'est ; la race noire dans tout le reste de l'Afrique. Les Maures, qui sont musulmans, portent une haine bien prononcée à tout ce qui est chrétien, et voient dans chaque voyageur un espion venu des contrées d'Europe pour explorer le pays, et donner à ses concitoyens les moyens d'en faire la conquête ; ils sont avides de butin, féroces, et se laissant prendre aux louanges les plus fades, aux éloges les plus outrés. Chaque peuplade est partagée en deux classes ; les guerriers, qui portent le nom de *Hassannes*, sont ignorans, vains, orgueilleux, comme l'étaient nos barons du moyen-âge ; les *Marabouts* ont des mœurs plus douces, possèdent quelques faibles connaissances, et sont regardés comme les sages de la contrée.

Le *fétichisme* est la religion des Nègres ; ces peuples grossiers et fanatiques admettent en général un bon et un mauvais principe, et prennent pour objet de leur adoration tout ce qu'ils rencontrent autour d'eux : le serpent, la hyène, le coq, le chakal, un fleuve, une montagne sont pour eux l'emblème de la divinité ; ils sont en général soumis à un gouvernement qui peut passer pour une monarchie héréditaire ; ils forment diverses familles que la couleur de leur teint et la configuration de leurs traits aident à reconnaître. Telles sont les familles des Cafres et des Hottentots.

De nombreux animaux de toute espèce peuplent l'Afrique ; ils ont en général une physionomie particulière qui les distingue de tous les animaux des autres parties du globe : le lion, la panthère, l'hyène, le chakal, l'antilope, l'autruche, la gazelle, habitent le nord et le centre ; au delà du grand désert de Sahara, les fleuves qui arrosent la Sénégambie demandaient d'autres espèces d'animaux supportant facilement l'influence humide de ces grands courans d'eau. C'est dans ces contrées qu'apparaissent ces énormes pachidermes, l'éléphant africain, le rhinocéros, l'hippopotame, dont la structure n'offre à la vue qu'une masse grossière et informe.

Les oiseaux présentent aussi de nombreuses variétés : leur plumage, orné des couleurs les plus vives, les fait rechercher dans nos pays d'Europe ;

c'est du Sénégal que provient la perruche à collier ; le Congo fournit le jacko gris, qui imite la voix de l'homme avec tant de perfection ; on y trouve aussi de nombreux palmipèdes qui ne vivent que dans ces contrées : nous nous bornerons à citer les cormorans, les pélicans, les pétrels, les albatrosses.

Jusqu'à ce jour aucun savant ne s'est livré entièrement à l'étude du règne végétal de ce pays; quelques parties ont bien été examinées, mais elles sont trop minimes pour donner une idée générale de la végétation de cette partie du monde.

La géographie topographique de l'Afrique est fort peu avancée, ce qui est facile à concevoir en se rappelant ce que nous avons dit de la difficulté de pénétrer dans l'intérieur des terres.

Les côtes, explorées plus facilement, ont été partagées et forment des divisions que nous connaissons : nous nous contenterons de les mentionner ici et nous renverrons pour les détails aux articles particuliers que nécessitera chacune de ces provinces. Elles forment plusieurs régions : la région du Nil, où se trouve, 1° l'Egypte, qui après avoir été le pays le plus civilisé, est tombée de sa gloire et de sa puissance, et promet en ce moment de se relever sous la main ferme et régénératrice de son souverain actuel.

2°. La Nubie, où l'on voit les ruines de la fameuse Méroé.

3°. L'Abyssinie, ce royaume dont la longue et puissante prospérité nous est constatée par ses relations avec l'Europe du 15° siècle.

Je ne peux omettre d'indiquer ici un des faits les plus curieux de l'ethnographie.

Je veux parler d'une colonie de juifs dont l'existence en ce pays remonte à plus de trois mille ans.

Il paraît qu'à l'époque de la conquête de la Judée et des provinces voisines, par Nabuchodonosor, un grand nombre d'habitans se réfugièrent en Egypte ou en Arabie, d'où ils passèrent en Abyssinie. Du temps d'Alexandre-le-Grand, ces juifs portaient encore le nom de *falasjan* ou *exilés*. Ils avaient formé un établissement sur les côtes de la mer Rouge, où leur activité commerciale avait bientôt été mise en jeu. Jusqu'à nos jours, ils ont su conserver leur indépendance, leur langue, leur religion et leurs institutions nationales. Pendant long-temps leur domination s'étendit sur une assez grande partie de l'Abyssinie; et, quoique resserrés successivement dans des limites plus étroites, ces juifs pouvaient encore, au temps de Bruce, mettre sur pied et entretenir une armée de cinquante mille hommes. Mais en 1800, la race royale s'étant éteinte, cette espèce de principauté est retombée sous la domination du roi chrétien qui gouverne à Tigré. Les juifs n'étaient donc pas entièrement anéantis, comme nation, et, quoique dispersés sur toute la surface de la terre, quoique répandus au milieu de tous les peuples, sans pourtant jamais se confondre avec aucun d'eux, ces parias du moyen âge avaient, dans un coin de l'Afrique des compatriotes réunis en corps de nation, ayant des lois et un gouvernement par-

ticulier, et conservant avec leurs mœurs et leurs coutumes, le type original de leur caractère.

La région du Maghreb, où se trouvent : 1° l'état de Tripoli, enrichi des ruines de Ptolémaïs et de Cyrène ;

2°. L'état de Tunis, où fut Carthage, l'éternel ennemi de Rome ;

3°. L'état d'Alger, qui vient d'être récemment l'objet d'une conquête, et qui promet aux Français une riche colonie ;

4°. L'empire de Maroc.

La région des Nègres, qui renferme la Nigritie centrale, occidentale, méridionale et maritime, contrées fort peu connues.

La région de l'Afrique australe, où se trouvent le pays des Hottentots et la Cafrerie.

Enfin la région de l'Afrique orientale, dont la partie insulaire, qui renferme Madagascar, est la seule sur laquelle nous pourrons donner quelques détails. (C. J.)

AGACE. (ois.) Les pies portent ce nom, ainsi que ceux d'*Agache*, *Agasse* ou *Ajace*, dans quelques cantons méridionaux de la France. (E. G.)

AGALOUSSÉ. (bot. phan.) Nom du houx dans le midi de la France.

AGAME. *Agama.* (rept.) Nom d'un groupe de Sauriens à langue large, entière, molle, fongueuse, à peine extensible, qui ont la tête fortement renflée en arrière, recouverte de plaques polygones, petites, égales, plus ou moins saillantes, et dont le corps, parfois renflé, la queue longue, ronde, grêle, et les membres développés, mais peu charnus, sont revêtus en dessus et en dessous d'écailles rhomboïdales, imbriquées, alternes, carénées; quelques unes de ces écailles sont redressées et prolongées en épines plus ou moins développées, tantôt rapprochées, constituant des aigrettes autour des yeux, des oreilles, de la nuque; tantôt isolées et semées en quinconces, quelquefois réguliers, sur les côtés de la partie supérieure du dos. Leurs yeux sont saillans et recouverts en grande partie par deux paupières égales, dont l'ouverture, très-étroite et bordée de petites épines qui semblent remplacer les cils des mammifères, laisse voir seulement une petite partie de la pupille; les doigts sont recouverts d'écailles qui les débordent sur les côtés, et forment par leur réunion une sorte de frange dentelée ou de scie. La plupart des espèces ont un tympan visible, quelques unes ont une rangée de pores crypteux le long du bord interne des cuisses. Des auteurs pensent que le nom d'Agame vient d'*agamos*, mot grec qui signifie célibataire; mais d'autres croient avec plus de probabilité que c'est le nom vulgaire, à la Guyane, de l'espèce de ce groupe qui a été connue la première. Ce nom depuis a été étendu à toutes les espèces de Sauriens qui ont avec elle quelques rapports intimes d'organisation.

Les Agames, d'un aspect en général hideux et repoussant, se rencontrent dans des contrées incultes, désertes, arides, sablonneuses; leur robe sèche, raboteuse, semble en rapport avec la nature du terrain qu'ils fréquentent, et leurs couleurs ternes, peu voyantes, se marient assez bien avec la teinte générale du sol où ils habitent. Ils sont vifs, alertes, bien que leurs doigts soient longs, grêles, libres, armés d'ongles forts et recourbés. Ils vivent constamment à terre, se cachent sous les pierres ou dans des terriers peu profonds, et ne paraissent pas avoir pour habitude de grimper sur les arbres ou les buissons. Ils n'ont pas en général de dents au palais; mais leurs mâchoires garnies de dents courtes et fortes, disposées comme celles de la plupart des Sauriens pachyglosses, mues par ces muscles épais et robustes qui déterminent la forme renflée de la nuque, suppléent à ce défaut et les rendent redoutables pour les insectes même les plus coriaces. Ils se raidissent volontiers contre la violence, et leur courage et leur audace sont bien au dessus de leur force réelle; ils se défendent avec un acharnement incroyable contre la main qui les prend; mais leur morsure n'a rien de venimeux, et leur taille, en général peu considérable, ne les rend pas à craindre pour l'homme. Leur peau lâche, plissée sous le cou et les flancs, paraît susceptible de se gonfler comme celle des crapauds; quelques espèces changent de couleur d'une manière aussi brusque et aussi marquée que le caméléon; on dit qu'ils rendent dans la colère une sorte de stridulus, et qu'au temps des amours ils s'appellent entre eux par de petits cris analogues à ceux de certains Batraciens anoures. Les femelles pondent une trentaine de petits œufs de la grosseur d'un pois, presque sphériques, à coque dure, cassante, blanche, qu'elles déposent dans le sable sans en prendre plus de soin que ne font les autres Sauriens pour les leurs.

L'on a divisé les différentes espèces d'Agames d'après quelques modifications de leurs formes extérieures; ainsi l'on a fait un genre distinct pour certaines espèces dont la tête fortement déprimée se rapproche de celle des Batraciens, et à cause de cette disposition l'on a donné au genre le nom de Phrynocéphale.—Parmi les espèces que l'on y range l'on voit l'Agame à oreille *A. Aurita*, qui, comme son nom l'indique, porte aux angles de la bouche un repli de la peau en forme d'oreillon, ou de collerette épineuse à deux rangs. Sa grandeur est de huit à treize centimètres; il se trouve en Sibérie; l'Agame Hélioscope, l'Agame de l'Ural, l'Agame de l'Aral et l'Agame Caudivolvula sont des Phrynocéphales de la Russie asiatique, qui ont à peu près la même taille que le premier, et qui ne diffèrent entre eux que par des accidens de coloration. Le tympan des Agames Phrynocéphales est caché sous la peau, ce qui les distingue des autres espèces d'une manière plus tranchée encore que la forme de leur tête.

D'autres Agames ont le ventre renflé comme celui des crapauds; on les a groupés à part et l'on a donné au genre établi sur ce caractère le nom de Phrynosôme. Ces Agames à ventre orbiculaire que, par analogie, l'on désigne vulgairement sous le nom de crapauds épineux, se nomment encore *Tapapaye*, traduction de *Tapayaxin*, du nom-

mexicain de l'espèce de ce groupe que l'on a connue la première.

Les Agames de cette catégorie sont remarquables par la longueur des crêtes qui surmontent l'œil et l'ouverture des oreilles; leur queue est plus courte, plus renflée à sa base que dans les autres espèces. On a indiqué comme espèces de ce genre l'Agame orbiculaire, l'Agame cornu, l'Agame de Douglass et l'Agame Bufonien. Ils sont tous à peu près de la même taille, c'est-à-dire de huit à seize centimètres; ils ont le dessus du corps grisâtre, tacheté irrégulièrement de vert noirâtre, parfois ces taches plus circonscrites entourent la base des écailles épineuses du dos. Ces quatre espèces n'en forment probablement qu'une seule: en effet, les trois premières ne diffèrent pas sensiblement entre elles, et l'on a dit qu'elles ne se distinguaient de la dernière que par leurs écailles des parties inférieures qui étaient lisses; elles ont ordinairement toutes les trois des écailles plus ou moins carénées sur ces parties, et s'il s'est rencontré des individus où toutes fussent entièrement lisses, cette circonstance ne peut guère être considérée que comme accidentelle; car l'on voit des individus chez lesquels les écailles des parties inférieures offrent et la disposition lisse et la disposition carénée: quelquefois aussi par le développement du ventre, les écailles s'inclinent et prennent un aspect subverticillé, les pores aux cuisses paraissent aussi leur être communs. Ces Agames sont propres à l'Amérique. — L'on a encore distingué dans les Agames ceux dont les écailles, lisses et égales partout dans le jeune âge, prennent ensuite des carènes, mais ne se relèvent pas en épines sur le dos, et se dilatent seulement par intervalles sur les parties supérieures du corps. Cuvier a fait de ces Agames un genre particulier auquel il a donné le nom de Changeant ou *Trapelus*. L'espèce la plus commune, de la taille ordinaire des Agames, a la queue grêle, les écailles lisses en dessous, n'offrant que quelques petites épines sur le bord libre des paupières et du tympan; c'est le Changeant d'Egypte, bleuâtre, chatoyant dans le jeune âge, grisâtre, tacheté de noir dans l'âge adulte, et moins susceptible alors de ces variations brusques de couleurs diverses, qui lui ont mérité son nom générique. Mais ces différens genres ne sont pas bien distincts, et il serait quelquefois assez difficile de déterminer auquel d'entre eux l'on doit rapporter certaines espèces d'Agames. Parmi les autres Agames, les uns n'ont pas de pores aux cuisses, ce sont entre autres l'Agame des colons, *A. colonorum*, de neuf à dix pouces de long, à queue prolongée, brunâtre, parsemé de taches plus foncées; il vient de l'Afrique méridionale. L'Agame à aiguillon (*A. Aculeata*), partout hérissé d'épines tetraèdres, disposées par bandes régulières dans le jeune âge, qui lui ont fait donner le nom d'Agame à pierreries, grisâtre en dessus, avec des taches irrégulières d'une teinte plus foncée, disposées en bandes transversales. L'Agame sombre, *A. Atra*, brun-marron en dessus, avec une raie jaune pâle imprimée tout le long de la partie moyenne du dos. Ces espèces appartiennent à l'Afrique méridionale. L'Agame muriqué, du port Jackson, *A. Muricata* (Iconographie de M. Guérin, reptiles, pl. 7, n° 1), d'une taille un peu plus forte que les précédens, offre entre des lignes parallèles d'épines, une double série de taches pâles qui se détachent sur la teinte brune noirâtre du fond, constituées par deux rangées d'écailles plus grandes que les autres.

Parmi les espèces qui ont des pores aux cuisses, l'Agame le plus remarquable est sans contredit l'Agame ocellé, *A. Barbata.* Il parvient à 40-48 centimètres de long; la tête a six ou huit centimètres de diamètre; il est brun-verdâtre en dessus, avec des taches jaunes arrondies bordées de noirâtre sous le ventre, qui lui ont mérité son nom français; des rangées transversales d'épines d'un à deux centimètres de long bordent les flancs et la nuque, et l'on voit à la région sous-maxillaire moyenne, une série de longues épines qui lui ont fait donner le nom latin qu'il porte et le rapprochent des iguanes. L'Agame ocellé vient de la Nouvelle-Hollande. (T. C.)

AGAMI, *Psophia*, Lin. (ois.) Genre que Cuvier place le premier de la famille des Grues. On n'en connaît qu'une seule espèce (*Psophia crepitans*), représentée dans l'Atlas de ce Dictionnaire, pl. 5, fig. 1. On la nomme *Agami* à Cayenne, *Caracara* aux Antilles, et *Oiseau trompette* dans l'Amérique méridionnale. Son bec est conique, très-fléchi à la pointe, et la mandibule supérieure dépasse l'inférieure. L'oiseau a la taille d'un faisan ou d'un chapon ordinaire, et un extérieur un peu analogue à celui d'une poule d'eau. Sa tête, son bec, ses mœurs, ses habitudes le rangeraient parmi les Gallinacés, dont il partage les jeux et les alimens; mais il a les tarses très-allongés, et la jambe recouverte de petites écailles et non de plumes dans sa moitié inférieure, caractère qui le place irrévocablement parmi les échassiers. Le doigt postérieur est plus élevé que les trois antérieurs (quoique des auteurs récens affirment le contraire); les deux externes sont réunis par une petite membrane. La queue est courte et n'excède pas les ailes lorsqu'elles sont fermées. L'Agami a, de hauteur totale, dix-huit à vingt pouces, et de longueur environ vingt-deux pouces. Sa tête en entier, ainsi que la gorge et la partie supérieure du cou, sont revêtues d'un duvet court, serré et moelleux au toucher; toute la partie antérieure de la poitrine offre de vifs reflets irisés, verts, verts dorés, bleus et violets-foncés. Les ailes, la partie supérieure du corps et le dessous du ventre sont d'un beau noir qui devient de plus en plus fauve à mesure que l'on s'approche davantage de la queue. Le bas du dos est recouvert d'une plaque grise séparée du noir par une bande d'un fauve éclatant. Les plumes sont effilées, à barbes fines, séparées, longues et soyeuses.

Dans un trou creusé au pied d'un arbre, sans autre soin d'un nid quelconque, la femelle dépose de douze à seize œufs sphériques, d'un vert clair, un peu plus gros que ceux de nos poules. Cette ponte se renouvelle deux ou trois fois l'année; l'incubation dure vingt-huit jours; les petits Agamis courent en naissant comme nos poulets et nos perdreaux et sont revêtus comme eux d'un duvet qu'ils conservent beaucoup plus long-temps.

Quoique l'on ne trouve cet oiseau que dans les forêts les plus épaisses, dans les retraites les plus éloignées de la demeure des hommes, il n'offre cependant pas ce caractère sauvage que présentent presque tous les animaux des solitudes. Il s'associe aux oiseaux de son espèce, et on les rencontre par troupes de trente ou quarante qui se laissent approcher par l'homme et sont si peu farouches, que l'on peut même en abattre plusieurs avant que les autres songent à s'enfuir. Quoique la conformation de ses pieds et de ses jambes semble indiquer un oiseau des marécages et du bord des eaux, il n'habite cependant que les lieux élevés, souvent même de hautes montagnes où il vit d'insectes, de baies et de fruits sauvages. Si on le surprend, il s'enfuit en courant rapidement; car son vol est lourd, et il ne s'en sert guère que pour se transporter à des distances peu éloignées, ou pour gagner la tête des arbres les moins élevés.

Tel est l'Agami dans l'état sauvage; mais il se laisse facilement réduire en domesticité, et dans ce nouvel état il se perfectionne d'une manière prodigieuse; ses qualités et son intelligence se développent, et il se place, parmi les oiseaux, au rang qu'occupe le chien parmi les mammifères. Bientôt en effet il reconnaît son maître et s'éprend pour lui d'une affection dont on ne croyait pas les oiseaux susceptibles. Heureux quand il lui est donné de l'accompagner, il s'afflige de son absence, et fête son retour par de brusques démonstrations de joie, saute, bondit autour de lui, sollicite un regard, une caresse. Dans la basse-cour il s'arroge bientôt un pouvoir absolu qu'il n'arrive à conquérir qu'à force d'audace et d'activité. Les chiens de moyenne taille eux-mêmes sont obligés de céder le pas à ce rude adversaire; mais ce n'est qu'après de longs combats, dans lesquels notre héros harcelle et fatigue son ennemi en s'élevant en l'air pour retomber sur lui à l'improviste, le poursuivre, le meurtrir de coups, lui crever les yeux, et souvent lui arracher la vie si on ne prenait soin de les séparer à temps.

Dressé avec soin, l'Agami devient un guide et un défenseur intrépide pour les autres oiseaux domestiques, et même, dit-on, pour des troupeaux de moutons. Il les conduit aux pâturages, les surveille, les ramène, assure leur rentrée, rentre lui-même le dernier pour commander et maintenir l'ordre dans la basse-cour dont la garde lui est confiée. Avec de si précieuses qualités il nous rendrait sans doute d'éminens services; cependant il ne paraît pas que des efforts aient été faits pour le naturaliser en Europe. Le Jardin du Roi en a possédé plusieurs qui y ont vécu long-temps, mais je ne sache pas que l'on ait fait aucune expérience pour s'assurer de la perfectibilité de leur instinct.

Outre son cri qui n'offre rien de remarquable, l'Agami possède la faculté d'émettre sans ouvrir le bec, un son sourd intérieur que l'on a cru pendant long-temps sortir par l'anus, et qui a beaucoup exercé la sagacité des auteurs. Il semble dû à une conformation particulière des organes de la voix, comme le roucoulement des pigeons, ou comme le son grave que font entendre les coqs d'Inde avant de pousser leur cri ordinaire. Cette même faculté se rencontre dans les Hoccos et dans quelques oiseaux de la même famille.

On voit au Museum, sous le nom d'Agami du Brésil, un sujet qui diffère de celui de Cayenne en ce que sa couleur est partout uniformément d'un fauve très-foncé. On parle aussi d'un Agami d'Afrique, mais il est au moins douteux que cet oiseau, décrit par un seul auteur, Jacquin, appartienne réellement au genre Agami. (D. Y. B.)

* AGAON. (INS.) Genre de la tribu des Chalcidites, famille des Pupivores, ordre des Hyménoptères, établi par Dalman, et ayant pour caractères : bouche très-petite, cachée en dessous de la tête; mandibules quadridentées; deux lames en forme de couteau, couvrant la partie inférieure de la tête; antennes insérées avant la partie médiane de la tête; premier article sécuriforme, les intermédiaires très-petits, les trois derniers très-renflés; corps allongé; une tarière; ailes presque sans nervures.

Cet insecte, qui vient de la côte de Sierra-Leone en Afrique, a une tête tout-à-fait singulière : elle représente un carré long, dont le côté antérieur est légèrement convexe et le postérieur concave pour l'insertion du corselet; les yeux sont assez grands, placés latéralement près du commencement de la tête, oblongs; les antennes sont insérées en dessus et près de l'extrémité de la tête, le premier article est grand, méplat, sécuriforme, courbé extérieurement, dépassant l'extrémité de la tête de la moitié de sa longueur, les autres articles sont insérés à l'angle interne du premier, le second et le troisième réunis n'égalent pas la dixième partie de celui-ci; les suivans, dont le nombre est encore indéterminé, forment un tiers de l'antenne dont les trois derniers, cylindriques, enfilés, forment le dernier tiers; au milieu de la tête est un enfoncement; la bouche n'est pas moins remarquable : elle se compose de deux mandibules quadridentées, situées en dessous et près de l'extrémité de la tête, près de la base desquelles sont insérées deux pièces faites en forme de lames de couteau, et qui se rabattent et se couchent sous le dessous de la tête qu'elles couvrent entièrement dans la longueur et près des deux tiers dans la largeur; ces pièces, dont M. Dalman ne donne pas l'analogie, me paraissent être des palpes appropriés à quelque usage inconnu. Le reste de l'insecte n'a rien de particulier.

A. PARADOXAL, *A. Paradoxum*, Dalm. Il est jaunâtre, sans tache, avec les yeux et la tarière noirs. On en trouvera une figure dans l'Atlas de ce Dictionnaire, pl. 5, fig. 2, 3.      (A. P.)

AGAPANTHE, *Agapanthus*. (BOT. PHAN.) Belle plante d'Afrique de la famille des Hémérocallidées; ses fleurs, grandes, d'un bleu magnifique, forment une ombelle simple au sommet d'une hampe nue, haute de deux à trois pieds; à la base sont des touffes de feuilles allongées, glabres, obtuses. Ce genre a été extrait par L'Héritier des *Crinoles* de Linné; il s'en distingue effectivement par son ovaire libre, son calice tubuleux, à six divisions inégales; le filament des étamines est un peu décliné. On la cultive facilement dans nos orangeries, dont elle forme l'ornement.      (L.)

AGARIC, *Agaricus*. (BOT. CRYPT.) On a pendant long-temps appliqué successivement le nom d'*Agaric* à des plantes de la famille des Champignons, très-différentes les unes des autres; on sait aussi que presque tous les auteurs anciens appelaient *Agarics* les champignons charnus ou subéreux, à chapeau sessile, demi-circulaire, qui croissent sur les troncs d'arbres; que Linné désignait sous le même nom les champignons dont la surface intérieure présente des lames rayonnantes, simples et rameuses; que Haller appliquait la même dénomination aux champignons sessiles et à surface inférieure lisse; qu'enfin Jussieu formait le même genre des espèces du genre *Bolet* de Linné, et que plus tard, Palisot de Beauvois donnait le nom d'Agaric à tous les Bolets de Linné. Aujourd'hui encore les botanistes ne sont pas d'accord sur l'extension plus ou moins grande que l'on doit donner à ce mot. Nous qui n'avons nullement la prétention de pouvoir lever les difficultés qui existent dans l'étude des Agarics, qui ne voulons imposer notre opinion à personne, et qui nous contenterons toujours, dans les articles qui nous seront confiés, d'exposer le plus brièvement et le plus clairement possible l'état actuel de la science, nous dirons que le nom d'Agaric est généralement donné maintenant à une grande partie du genre auquel le donnait Linné, dont l'opinion sur cette partie importante de la botanique a prévalu, c'est-à-dire, à tous les champignons dont la surface inférieure offre des lames rayonnantes, simples ou rameuses.

Le genre Agaric, dont le nom vient d'*Agaria*, contrée de *Sarmatie*, d'après Dioscoride, appartient à la famille des Champignons, section des *Agaricoïdes*, et à la Cryptogamie de Linné; il est composé de plusieurs centaines d'espèces, même aux environs de Paris. Son étude est très-difficile, d'abord à cause du nombre des espèces qu'il renferme, puis à cause des grandes différences que ces espèces ont entre elles : voici du reste comment on le caractérise.

*Champignon sans volva, chapeau distinct, de forme variable; sessile ou pédiculé, garni inférieurement de lames simples ou toutes d'égale longueur, ou entremêlées vers la circonférence de lamelles plus courtes.*

Quant aux caractères des espèces et variétés, nous renvoyons, pour éviter des répétitions, à la descriptions de chacune d'elles.

Les Agarics croissent, pour le plus grand nombre du moins, dans les lieux humides et ombragés, dans les prairies, les fumiers, les troncs d'arbres et les bois pourris : quelques uns se rencontrent également dans les mines et les caves. Leur durée varie beaucoup; les uns parcourent toutes les périodes de leur existence dans l'espace d'un jour; les autres ont besoin d'un mois pour atteindre tout leur développement; enfin la majorité dure de dix à douze jours.

Une fois que l'Agaric a atteint son entier développement, les sporules ou graines s'élancent de leurs capsules et recouvrent la surface des feuillets d'une matière pulvérulente, de couleur blanche, rose, jaune, brune ou noire : cette matière, plus ou moins abondante, s'attache aux corps environnans, et donne naissance à des Agarics tout-à-fait semblables à celui dont elle provient.

Après la disparition des graines, quelques espèces, et surtout celles qui sont coriaces, se dessèchent et se détruisent lentement; d'autres, en plus grand nombre, charnues et spongieuses, analogues dans leur composition avec les substances animales, se décomposent à la manière de ces dernières et donnent des produits semblables.

Parmi les vrais Agarics, un petit nombre seulement est servi sur les tables; les autres sont vénéneux; l'attention la plus scrupuleuse doit donc présider à leur choix, et par conséquent à leur description : c'est ce que nous allons faire dans un instant. Le midi de la France, et surtout les environs de Montpellier, l'Italie, font une grande consommation des Agarics comme alimens. Les paysans russes mangent indifféremment toutes les espèces; on a même avancé que si des accidens avaient été observés, ceux-ci devaient plutôt être considérés comme le fait d'un empoisonnement, que le fait de la nature vénéneuse de l'Agaric. Quoi qu'il en soit de cette opinion, qui du reste est loin d'être partagée par tous les auteurs, nous engageons nos lecteurs, jusqu'à ce que de nouvelles expériences aient bien établi l'innocuité de tous les Agarics, à s'abstenir de manger ceux qui se trouvent dans les bois, nous réservant d'indiquer aussi complétement que la science le permet, les caractères des bons et mauvais Agarics en parlant des champignons en général. Nous renvoyons à ce mot pour les antidotes et traitement à opposer aux accidens causés par ces sortes de végétaux, et nous passons de suite, d'abord, à la division des Agarics par Persoon, ensuite à la description des espèces les mieux connues, soit comme alimens, soit comme poisons.

*Division du genre Agaric.* PERSOON. ( Dictionnaire classique d'histoire naturelle. )

† Pédicule central.

1°. *Lepiota.* Lames se séchant sans se noircir, recouvertes par une membrane qui, en se déchirant, laisse un anneau autour du pédicule.

2°. *Certinaria.* Chapeau charnu, lames non adhérentes au pédicule, recouvertes par une membrane mince qui se rompt irrégulièrement, et forme à leur surface comme une toile d'araignée, adhérente au pédicule.

5°. *Gymnotus.* Chapeau charnu, convexe, lames se desséchant sans changer de couleur, pédicule nu. Section très-nombreuse, subdivisée

par Persoon d'après la forme et la couleur des espèces.

4°. *Mycena.* Chapeau membraneux, souvent presque transparent, strié, convexe, non déprimé au centre, se desséchant sans changer de couleur; pédicule nu, souvent fistuleux. Toutes les espèces sont petites, et beaucoup croissent sur les bois morts, les feuilles, etc.

5°. *Coprinus.* Chapeau membraneux, de peu de durée; lamelles se transformant en une eau noire comme de l'encre qui entraîne les graines : de là leur nom vulgaire d'*encriers*; pédicule presque toujours fistuleux, nu ou souvent entouré d'un anneau; capsules éloignées les unes des autres, renfermant quatre rangs de graines. Presque toutes les espèces de ce genre croissent rapidement après les pluies et souvent en groupes nombreux sur la terre, le fumier, ou même dans les appartemens humides.

6°. *Pratella.* Chapeau charnu, lisse, persistant; lames noircissant sans se ramollir. Le champignon de couche appartient à ce sous-genre.

7°. *Lactifluus (Galorrheus de Fries).* Chapeau charnu, le plus souvent déprimé au centre; lamelles répandant, lorsqu'on le rompt, un suc laiteux, qui, dans la plupart des espèces, est âcre, poivré, brûlant et vénéneux.

8°. *Russula.* Chapeau charnu, ordinairement déprimé; lames égales en longueur et s'étendant depuis le pédicule jusqu'à la circonférence du chapeau.

9°. *Omphalia.* Chapeau entier, charnu ou membraneux, déprimé au centre; lamelles inégales en longueur, non lactescentes, souvent décurrentes; pédicule nu et central. Ce sous-genre peut être subdivisé, d'après la forme du chapeau et des lamelles, et d'après la structure du pédicule.

†† Pédicule latéral ou nul.

10°. *Pleuropus.* Chapeau charnu, déprimé, oblique ou demi-circulaire; pédicule latéral ou nul. Ce sous-genre peut être subdivisé, et renferme des espèces qui croissent presque toutes sur les arbres.

*Description des espèces d'Agarics les mieux connues.*

1°. AGARIC COMESTIBLE, *Agaricus campestris*, Linné, vulgairement *Champignon de couche*, le plus usité et le seul qu'il soit permis de vendre sur les marchés de Paris. Figuré dans notre Atlas, pl. 5, fig. 4.

*Caractères.* Forme d'abord arrondie en forme de boule; pédicule haut de un à deux pouces, plein intérieurement; chapeau convexe, lisse, glabre, garni en dessous de feuillets d'un rose un peu terne, et qui deviennent noirâtres en vieillissant, couleur générale d'un blanc brunâtre; odeur fort agréable.

Bien que cette espèce croisse naturellement sur les pelouses sèches et exposées au soleil, on la cultive assez généralement sur des couches de fumier, sur lesquelles on a projeté du *blanc de champignon.* Voy. ce mot.

L'Agaric comestible ne doit pas être confondu avec l'*Amanite vénéneuse*, qui lui ressemble beaucoup, que nous décrirons au genre *Amanite*, et dont nous aurons bien soin d'indiquer les différences. Quant à l'Agaric *Boule de neige*, on peut le substituer à l'Agaric comestible dont il n'est qu'une variété.

2°. AGARIC ÉLEVÉ, *Agaricus procerus*, Persoon, vulgairement *Couleuvrée*, *Coulemelle*, *Cormelle*, *Parasol*, *Poturon*, *Boutarot*, *Vertet*, etc.

*Caractères.* Stipe bulbeux à sa base, creux dans son centre, recouvert d'écailles brunâtres, haut de huit à douze pouces; chapeau couleur bistre, large de dix à douze pouces, chargé d'écailles imbriquées; feuillets blancs formant un bourrelet au sommet du pédicule; chair tendre et d'un goût agréable.

Cet Agaric croît en automne sur les pelouses découvertes; on le mange dans beaucoup de provinces de la France, à l'exception de son pédicule qui est dur et coriace.

3°. AGARIC ANNULAIRE, *Agaricus annularius*, Bulliard, ou *Tête de Méduse*. On le trouve, en automne, dans les bois, sous forme de groupes de quarante à cinquante individus qui croissent, soit sur terre, soit sur les vieilles souches.

*Caractères.* Couleur fauve roussâtre; stipe charnu, cylindrique, de trois à quatre pouces de haut, écailleux supérieurement et terminé par un collet annulaire redressé et concave; chapeau convexe, mamelonné à son centre, un peu écailleux et large d'environ trois pouces; lames inégales, d'abord blanches, puis un peu brunâtres.

Cet Agaric est très-vénéneux, du moins l'expérience l'a prouvé pour les chiens. L'est-il pour l'homme? La question n'est pas encore résolue. Cependant on le mange impunément, dit-on, à Prague, dans les mois de septembre et octobre; mais dans la crainte que l'espèce qui est apportée sur les marchés de Prague ne soit pas celle que nous venons de décrire, nous engageons fortement nos lecteurs à s'abstenir de l'*Agaric annulaire*.

4°. AGARIC MOUSSERON, *Agaricus mousseron*, Bulliard. Figuré dans notre Atlas, pl. 5, fig. 5.

*Caractères.* Couleur d'un blanc sale, quelquefois grisâtre; pédicule épais, long de un pouce à un pouce et demi, un peu enfoui dans la terre; chapeau très-convexe, presque globuleux, glabre, un peu onduleux sur les bords; lames blanches, serrées et étroites; chair blanche, charnue, cassante, et d'une odeur agréable.

Cet Agaric apparaît au printemps, sur les pelouses sèches et la lisière des bois; on le sert journellement sur nos tables avec le *Mousseron blanc* ou *Champignon muscat*, ainsi nommé à cause de son odeur musquée, et qui est l'espèce la plus agréable et la plus estimée.

5°. AGARIC OREILLETTE, *Agaricus auricula*, De Candole.

*Caractères.* Pédicule court, plein, blanchâtre et cylindrique; chapeau rarement arrondi, grisâtre et roulé sur ses bords; feuillets blancs, décurrens sur le pédicule.

Cet Agaric est bon et très-commun en automne sur les pelouses des environs d'Orléans, où on le mange sans défiance.

6°. AGARIC DU HOUX, *Agaricus aquifolii*, Persoon, ou *Oreille de houx*, *grande Girole*. Il croît en automne sous les buissons du houx, il est très-estimé.

*Caractères.* Couleur jaune clair; pédicule de quatre ou cinq pouces de haut, un peu aplati et très-épais; chapeau large de trois à quatre pouces, lisse et glabre; chair fine et délicate; saveur parfumée et agréable.

7°. AGARIC DE L'OLIVIER, *Agaricus olearius*, De Candole, ou *Oreille de l'olivier*. Cette espèce, très-vénéneuse, croît par touffes dans le midi de la France, sur les racines de l'olivier et de quelques autres arbres.

*Caractères.* Couleur rousse dorée, très-vive; pédicule court, un peu courbé et très-rarement attaché dans le centre du chapeau; lames décurrentes, chair dure et filandreuse.

8°. AGARIC FAUX-MOUSSERON, *Agaricus pseudomousseron*, Bulliard, ou *Mousseron godaille* ou *de Dieppe*, *Mousseron pied-dur* ou *d'automne*. Figuré dans l'Atlas de ce Dictionnaire, pl. 5, fig. 6.

*Caractères.* Couleur jaune pâle tirant sur le roux; pédicule très-grêle, un peu fusiforme; chapeau convexe, mamelonné au centre, large d'un pouce et demi à deux pouces; chair assez dure, mais savoureuse; odeur agréable.

On le trouve, à la fin de l'été, dans les pâturages et les endroits découverts des bois; il se conserve bien et est très-agréable après la cuisson.

9°. AGARIC BRULANT, *Agaricus urens*, Bulliard. Représenté dans notre pl. 5, fig. 7.

*Caractères.* Couleur d'un jaune sale; pédicule long de cinq à six pouces, cylindrique, glabre, strié et un peu velu à sa base; chapeau, d'abord convexe, puis devenant légèrement concave, large de deux pouces; feuillets inégaux, d'une couleur brune; saveur âcre et brûlante.

L'Agaric brûlant croît dans les bois humides, et principalement sous les feuilles mortes; il est essentiellement vénéneux.

10°. AGARIC DÉLICIEUX, *Agaricus deliciosus*, Linné.

*Caractères.* Pédicule long de deux à trois pouces, épais, charnu, jaune; chapeau d'abord jaune, puis fauve ou rougeâtre, légèrement concave et assez souvent marqué de zônes jaunâtres; lames inégales et plus pâles que le chapeau; suc d'un rouge de brique, plus ou moins foncé; saveur âcre et désagréable qui disparaît, sinon en totalité, du moins en partie par la cuisson.

Cet Agaric croît par touffes dans les forêts de sapins du nord de l'Europe, et, bien qu'il ne soit pas malfaisant, nous croyons qu'il ne mérite pas l'épithète de *délicieux* qui lui a été donnée on ne sait trop pourquoi.

11°. AGARIC MEURTRIER, *Agaricus necator*, Bulliard,

Bulliard, connu sous les noms vulgaires de *Morton*, *Raffron*, *Mouton zôné*. Représenté pl. 5, fig. 8.

*Caractères.* Couleur d'un brun roux; pédicule cylindrique, long de deux à trois pouces; chapeau convexe, un peu déprimé au centre, offrant quelquefois des zônes concentriques, et recouvert, lorsqu'il est encore jeune, de petites écailles inégales et d'une couleur plus foncée que les autres parties; bords roulés en-dessous; feuillets inégaux; suc âcre, caustique, tantôt blanc, tantôt jaune.

Cette espèce croît dans les bois à la fin de l'été, et, malgré l'opinion de beaucoup d'auteurs qui prétendent qu'elle n'est point vénéneuse, son épithète indique suffisamment qu'on doit s'en méfier.

12° AGARIC CAUSTIQUE, *Agaricus pyrogalus*, Bulliard.

*Caractères.* Couleur d'un rouge assez vif; pédicule jaunâtre, plein, haut de un à deux pouces, cylindrique; chapeau convexe, un peu concave à sa partie moyenne, offrant souvent des zônes concentriques d'un rouge très-vif; feuillets adhérens au pédicule, inégaux et rougeâtres; saveur âcre, très-caustique.

Cette espèce est un poison dangereux que l'on trouve dans les bois.

13° AGARIC STYPTIQUE, *Agaricus stypticus*, Bulliard.

*Caractères.* Couleur jaune-cannelle plus ou moins foncée; pédicule plein, conique, latéral, long de huit à dix lignes; chapeau hémisphérique, un peu analogue à une oreille d'homme, et ayant à peu près un pouce de diamètre; feuillets égaux et faciles à détacher de la chair du chapeau; saveur âcre et astringente.

Cet Agaric est très-vénéneux; on le rencontre sur les souches et les vieux troncs d'arbres.

*Agaric des pharmacies.* Les deux Agarics connus dans les pharmacies sous les noms d'*Agaric de chêne* ou *Agaric proprement dit*, *Agaric blanc* ou *Agaric du mélèze*, seront décrits au genre *Bolet*. Voy. ce mot.

AGARIC-AMADOUVIER, AGARIC DE CHÊNE et AGARIC DES CHIRURGIENS. *Voy.* BOLET. (F. F.)

AGARIC-MINÉRAL. ( MIN. ) ( *Chaux carbonatée spongieuse*, Haüy. ) Cette substance est blanche, légère, friable à l'état sec, d'un tissu lâche et à filamens très-fins. On la trouve ordinairement dans les fentes de certaines roches calcaires, d'où on la retire le plus souvent molle et humide. Elle est commune en Suisse, où elle est employée pour blanchir les maisons. — Les caractères et le gisement de ce minéral lui ont fait donner, par les anciens minéralogistes, les noms de *Farine-fossile*, *Lait de lune*, *Lait de montagne*, *Moelle de pierre*, etc. (D'OR.)

AGARICIE, *Agaricia*. ( ZOOPH. POLYP. ) Ce nom a été donné par M. de Lamarck à un Polypier qui est formé de loges souvent confuses, contenant des animaux encore inconnus. Dans presque toutes les espèces, ces loges, réunies entre elles, forment un polypier pierreux presque constamment foliacé et toujours fixé.

Ce genre est placé, par son auteur, dans la division des Polypes lamelliformes. MM. Cuvier et Blainville l'ont rangé dans la famille des Madrépores. Onze espèces le composent; quatre sont fossiles. (L. R. )

AGARICOIDES. (BOT. CRYPT.) Nom donné aux végétaux pour lesquels Persoon a établi une section dans la famille des Champignons et dans la tribu des Hyménothèques. Ces végétaux cryptogames ont pour caractères une membrane fructifère, disposée en lames ou en veines, à la surface inférieure du chapeau, ou à la surface du champignon entier, lorsqu'il n'y a pas de chapeau distinct. Cette section renferme les genres AMANITE, AGARIC, et MÉRULE. *Voy.* ces mots. (F. F.)

AGARISTE, *Agarista*. ( INS. ) Genre de Lépidoptères de la section des Castnies dans la famille des Crépusculaires, ayant pour caractères essentiels : palpes inférieurs très-allongés, second article très-comprimé, le dernier grêle, presque nu; antennes simples graduellement plus épaissies vers le milieu, terminées en un crochet allongé.

Ce sont des insectes exotiques et encore peu répandus dans les collections. Godard, dans l'Encyclopédie méthodique, au mot *Papillon*, n'en cite que trois espèces, et toutes trois sont de pays différens. Depuis cet auteur, on en a découvert quelques autres, propres à la Nouvelle-Hollande et à l'île de Madagascar. C'est à ce pays qu'appartient la belle espèce ( *Agarista pales* ) figurée par M. Guérin dans son Iconographie du règne animal. ( *Insectes*, pl. 83, fig. 1. ) (A. P.)

AGASSE CRUELLE ou AGASSE GRAOUILLASSE. (OIS.) Nom de la Pie grièche dans quelques provinces de la France.

AGATHE ou QUARTZ AGATHE. (MIN.) On donne ce nom à des pierres siliceuses, assez dures pour faire feu au briquet, et susceptibles de recevoir un beau poli; pierres très-recherchées pour l'ornement et la grosse bijouterie, qui se distinguent des autres quartz par leur cassure un peu ondulée, comme celle du verre, douce et onctueuse au toucher; et surtout par leur demi-transparence gélatineuse, et leurs nuances variées à l'infini.

Les agathes se trouvent sous forme de rognons ovoïdes, de stalactites, de masses irrégulières et mamelonnées, dans certaines roches massives de Saxe, de Bohème, du duché de Deux-Ponts, d'Ecosse, etc. Un des gisemens les plus célèbres est celui d'Oberstein, où l'on exploite des rognons d'agathes très-variées, disséminés dans une roche rougeâtre, celluleuse, dont les cavités sont remplies d'une matière verdâtre ( spillite ). En Corse, on trouve sur les montagnes du Niolo des agathes dont la pâte est très-fine; à Frishausen, sur le bord de la mer, elles se présentent sous formes de galets. D'après Pline, les premières agathes furent trouvées en Sicile, sur les bords du fleuve appelé aujourd'hui Drilo; on en voit aussi de très-belles à Castro-Nuovo; mais il est à croire que ce naturaliste a voulu dire que ce sont les premières qui aient été trouvées en Europe; celles d'Orient étaient connues avant ce temps, car l'on en trouve qui portent des gravures dont le style dénote une haute antiquité. Ces agathes d'Orient, qui nous arrivent, comme beaucoup de pierres précieuses, sans que nous connaissions les points précis où elles se trouvent, sont les plus belles et les plus recherchées; elles offrent toutes les nuances imaginables; le noir, le vert et le bleu sont les seules couleurs qui s'y montrent rarement.

Quelle que soit la contrée d'où elles viennent, les agathes prennent différens noms suivant les variations de leurs couleurs, de leurs jeux de lumière et de leur transparence.

Les *Calcédoines* varient du blanc laiteux au blanc roussâtre ou bleuâtre; elles sont translucides et quelquefois même tout-à-fait transparentes; les plus belles, dites orientales, présentent des ondes ou petits nuages pommelés qui font un assez bel effet; elles arrivent des Indes toutes travaillées en plaques, en coupes ou en tasses. Les autres viennent des îles Féroë, d'Islande, de Sibérie et d'Oberstein, où il y a de grands ateliers de taille et de polissage; on les travaille avec des meules de grès, et les ouvriers sont ventre à terre sur une espèce de tréteau, portant à l'estomac une planche qui sert à presser la pierre contre la meule.

Les *Cornalines* sont beaucoup plus estimées que les Calcédoines; les lapidaires en distinguent deux variétés, les cornalines simples, qui sont d'un rouge de chair, et les cornalines de vieille-roche, qui sont d'un rouge de sang. Ces dernières sont fort rares. Les cornalines viennent du Japon, d'où les Hollandais les rapportent à Oberstein, pour les vendre et les échanger contre les Calcédoines et les onyx du pays; celles que l'on vend à Bombay sont apportées de la province de Guzarate, dans l'Inde; et suivant Niebuhr, les plus belles viennent du golfe de Cambaye. Cette variété d'agathe est plus particulièrement employée pour gravures et sculptures; et la difficulté de ce travail en centuple le prix.

Les *Agathes-Onyx* présentent deux, trois et jusqu'à six couleurs différentes, disposées en bandes droites, ondulées, ou courbes et concentriques. Les qualités qu'on y recherche sont la finesse de la pâte, la translucidité, le volume et les couleurs vives et tranchées. Elles sont principalement employées à faire des camées, des cachets, etc. Les *Nicolos* ne sont autre chose que de ces onyx à deux couches, dont l'une est bleue ou brune, et l'autre qui la recouvre est translucide, et semble un voile bleuâtre; on les trouve en Allemagne et en Écosse. Quant aux autres variétés, Oberstein et l'Orient nous en fournissent la meilleure partie. La rivière d'Aigue, près Orange, renferme, parmi ses galets, beaucoup d'Onyx opaques, à couches concentriques. A Rome, l'on tire de Monte-Neo une agathe rubanée, grise, rose et blanche, qui est assez grossière. Enfin, M. Gillet de Laumont découvrit, à Champigny, près Paris, sur les bords de la Marne, de véritables Onyx à trois couches, deux brunes et l'autre blanc-bleuâtre; mais le gîte en est épuisé.

L'*Agathe Sardoine* est d'une couleur orangée, plus ou moins altérée par des nuances de jaune, de roussâtre ou de brun; elle est quelquefois à zônes concentriques. La *Chrysoprase* est vert-pomme, et reçoit un très-beau poli; c'est peut-être la plus chère des agathes. Une Chrysoprase ovale de huit lignes et d'une très-belle couleur s'est vendue 310 francs. Cette variété se trouve dans la haute Silésie, à Kosmütz; elle est engagée au milieu de roches magnésiennes. Sa couleur est due, d'après l'analyse de Klaproth, à trois centièmes d'oxide de nickel.

Telles sont les principales variétés d'agathes. Nous ne faisons que mentionner celles que l'on désigne sous les noms d'agathes *ponctuées*; d'agathes *arborisées*, lesquelles contiennent des espèces de dendrites qui figurent très-bien de petits arbres; et *herborisées* lorsque ces dendrites représentent des mousses et des plantes basses. En réalité, ces dessins ne proviennent nullement de débris de plantes microscopiques, comme beaucoup d'auteurs l'ont pensé; ce sont des accidens d'infiltration très-simples, et l'on peut, dit M. Brard, produire des dendrites analogues lorsqu'on broie des couleurs, et qu'on enlève la molette perpendiculairement et sans la faire glisser. Ces dendrites sont noires, brunes ou rouges. Une de ces agathes arborisées, célèbre par la grâce et la variété de son dessin, faisait partie du cabinet de M. Drée, et fut vendue 2,700 francs. Elle avait vingt-et-une lignes sur dix-sept.

Une particularité fort singulière de certaines agathes, est de renfermer des cavités en partie remplies d'eau. Ce sont ordinairement des Calcédoines blanches, en noyaux avellanaires, qui présentent ce phénomène; et le Monte Galdo, dans le Vicentin, le Monte Berico et San Floriano en contiennent beaucoup; elles y sont désignées sous le nom d'*Enhydres*. Ces noyaux sont engagés dans une roche volcanique noire qui entre en décomposition en certains points, ce qui permet de les détacher sans les briser. Faujas portait en bague une de ces enhydres de la grosseur d'une forte aveline : la goutte d'eau qu'elle renfermait était de la grosseur d'une merise, et jamais ce savant ne s'aperçut qu'elle subît d'altération. Cependant, lorsque ces gouttes d'eau sont très-petites, il arrive souvent qu'elles se solidifient, tandis que dans le quartz hyalin elles subsistent toujours, quel que soit leur volume. MM. de Born et Collini ont trouvé des enhydres semblables dans les roches volcaniques des îles Feroë.

Il nous reste, pour terminer ce qui a rapport aux agathes, à citer les *bois agathisés* que l'on trouve dans beaucoup de terrains quartzeux. Des troncs d'arbres entiers ont été ainsi changés en agathe, en conservant non seulement leur forme, mais aussi le tissu ligneux, leurs couches concentriques annuelles, leurs prolongemens médullaires, et tous les signes de la végétation. Il est possible de distinguer ainsi les plantes monocotylédones des dicotylédones, et quelquefois même les espèces. Ces bois agathisés que l'on trouve en Hongrie (*Palmiers*), dans la Saxe, la Silésie, dans les départemens de l'Aisne, de la Drôme, de l'Oise, du Puy-de-Dôme, etc., sont très-recherchés pour les ameublemens. (A. B.)

AGATHÉE, *Agathæa*. (BOT. PHAN.) Genre formé par Cassini du *Cineraria amelloïdes* de Linné (famille des Corymbifères). Assez près des *Aster*, il s'en distingue par son involucre à une seule rangée de folioles aiguës; les fleurons du centre sont hermaphrodites, et les demi-fleurons femelles; enfin la graine porte une aigrette sessile à poils roides et un peu barbus.

L'*Agathea cœlestis*, seule espèce du genre, est originaire du cap de Bonne-Espérance; on remarque ses fleurs, d'un bleu céleste sur les bords, et jaune doré au centre; on la cultive dans nos climats, mais elle doit être abritée dans l'orangerie pendant l'hiver. (L.)

AGATHIDIE, *Agathidium*. (INS.) Genre de la famille des Clavipalpes, section des Tetramères, ordre des Coléoptères, formé par Illiger aux dépens des Sphéridies. Le caractère qui le distingue est d'avoir tous les articles des tarses entiers, tandis que dans les autres genres ils sont garnis de brosses est que le dernier est bilobé.

Ce sont de petits insectes globuleux, rongeurs comme tous ceux de la famille, et se contractant en forme de boule.

A. GLOBULEUX, *A. seminulum*. Fabr.; noir, avec l'abdomen, les bords du corselet, des élytres, et les pieds fauves. Il est commun en France. (A. P.)

AGATHINE, *Achatina*. (MOLL.) Genre établi par Lamarck sur des coquilles terrestres ayant beaucoup de rapports avec les limaçons, mais s'en distinguant facilement par leur forme, qui n'est pas la même. Toujours ornées des plus belles couleurs, ces coquilles présentent les caractères suivans: Forme conique plus ou moins allongée, bord droit tranchant, columelle lisse et tronquée à sa base.

Ces caractères, quoique bien posés, n'ayant pas paru suffisans à M. de Férussac pour constituer un genre, il crut devoir réunir ces coquilles aux hélices, en les divisant en deux groupes d'un sous-genre qu'il appelle Cochlitome. Soit habitude de la part des naturalistes et des simples amateurs, soit pressentiment que M. de Férussac commettait une erreur, nous ne connaissons pas un conchyliologiste qui ait adopté ce changement, et le genre Agathine a survécu dans toutes les collections, laissant seulement quelque incertitude de sa valeur. Une connaissance approfondie de l'animal pouvait seule décider cette question. Cette lacune vient d'être remplie de la manière la plus satisfaisante, par MM. Quoy et Gaimard, naturalistes aussi distingués qu'infatigables, et les détails anatomiques qu'ils donnent du mollusque de l'Agathine dans leur Zoologie de l'*Astrolabe*, page 152 et planche 11, n⁰ˢ 10-15, planche 49, n° 21, ne laissant plus de doute, donnent gain de cause aux travaux de M. Lamarck. Pas de doute, disent ces naturalistes, qu'il y ait grande analogie entre ces animaux et ceux des hélices; mais les organes de la génération diffèrent essentiellement. Il n'y

a point, pour me servir de leurs mêmes expressions, cet appareil d'appendices frangés ni de dard calcaire comme dans l'escargot.

Les espèces qui constituent ce genre sont nombreuses; M. Lamarck en a décrit dix-neuf; mais depuis cette époque le nombre s'est accru considérablement. Les plus remarquables sont: l'AGATHINE PERDRIX, l'A. ZÈBRE, l'A. POURPRE, l'A. BI-CARÉNÉE, etc. *Voy.* Lam. An. s. v. 6. 2, p. 126. M. Guérin en a figuré une jolie espèce (*A. Mullerii*. Fer.) dans son Iconographie du règne animal (*Mollusques*, pl. 6, fig. 14). Enfin nous donnons la figure de l'AGATHINE MAURITIENNE avec son animal, dans notre planche 6, fig. 1. (DUCL.)

AGAVE. (BOT. PHAN.) Plante grasse, de la famille des Bromeliacées, une des plus belles conquêtes de l'ancien monde sur le nouveau: nos soldats, qui l'ont vue acclimatée à Alger et au pied de l'Atlas, l'ont nommée *Aloës* selon l'erreur vulgaire; les voyageurs l'admirent aux îles Borromées, dans la Sierra-Morena d'Espagne, enfin au Mexique, et dans les contrées chaudes d'Amérique, où elle est indigène. Ses caractères botaniques sont: calice coloré, pétaloïde, tubuleux, à six parties, soudé à sa base avec l'ovaire; six étamines débordant le calice, où elles s'insèrent; ovaire infère, stigmatifide; capsule trigone, à trois loges; graines nombreuses, plates. Son aspect la fait surtout reconnaître: on voit un tronc cylindrique et écailleux, s'élevant jusqu'à trente pieds; à sa base sont des feuilles épaisses, étalées en rosette; du milieu au sommet apparaissent les fleurs, disposées sur chaque côté en élégant candelabre. Elles ne s'épanouissent que difficilement dans les contrées froides; c'est ce qui a fait dire que la floraison de l'Agave n'avait lieu que tous les cent ans, et était accompagnée d'une forte explosion. Cet absurde récit s'est propagé et a trouvé croyance. Au lieu de nous arrêter à le réfuter, nous parlerons des propriétés intéressantes de l'Agave.

Les deux principales espèces de ce genre (on en compte sept à huit) sont l'*A. Americana*, dont nous donnons une figure inédite dans notre atlas, pl. 6, fig. 23, et l'*A. fœtida*.

C'est la première, appelée aussi *Agave Pitte*, qui s'est naturalisée en Afrique et dans le midi de l'Europe, où, comme au Mexique, elle forme des haies vives, remparts redoutables par la solidité et par les piquans acérés de ses feuilles; celles-ci ont de cinq à six pieds de longueur, sur une épaisseur de plus de moitié. La tige croît avec une rapidité prodigieuse. On en a vu dépasser vingt pieds en quelques jours.

Si l'on écrase entre deux rouleaux les feuilles de l'Agave, le mucilage qui les constitue tombe, et laisse libre une quantité immense de fils semblables à ceux du chanvre; il ne s'agit plus que de les laver et de les peigner. Avec ces fils, obtenus par une manipulation si facile, on fabrique des cordages grossiers de la plus grande solidité, et même des toiles d'emballage. Cette industrie, pratiquée par les Américains et par les Espagnols, a réussi en

France, où pendant quelque temps une manufacture de sparterie s'est alimentée de fils d'Agave.

Si l'on voulait imiter les Mexicains dans les divers usages qu'ils font de cette plante, on pilerait ses feuilles pour les donner aux bestiaux en guise de fourrage ; ou bien on retirerait l'huile contenue dans toutes ses parties, et, la combinant à la potasse qui s'y trouve aussi, on obtiendrait une pâte visqueuse ayant les propriétés du savon. Enfin on en extrait encore une liqueur spiritueuse, appelée *pulché*, qui, distillée, fournit une eau-de-vie très-forte. On remarquera que cette dernière propriété est commune à l'Agave et au chanvre.

Cette belle et utile plante se cultiverait très-bien en France, et y serait d'une grande ressource dans les provinces où tant de terrains restent en friche ; car elle réussit dans les plus mauvais, et ne souffre point des variations de la température. Les récoltes sont toujours égales, c'est-à-dire qu'on obtient chaque année un nombre semblable de feuilles.

L'*Agave fœtida*, qu'on a constituée en genre *Furcrea*, parce que sa corolle est campanulée (celle de l'*Americana* est infundibuliforme), est celle qui fleurit au jardin des Plantes en 1793 ; les journaux en entretinrent long-temps le public. Elle croissait à cette époque de cinq à six pouces chaque jour, et parvint ainsi à trente-deux pieds ; le froid arrêta sans doute un plus grand développement. Sa tige était garnie de bas en haut de rameaux couverts de fleurs. La plupart, avortant, laissèrent des bulbes prolifères, capables de prendre racine, et de produire de nouvelles plantes.

Les feuilles de cette espèce sont plus minces et plus sèches que celles de la précédente ; mais leur fil est supérieur par sa finesse, sa souplesse et sa quantité. On le préférerait donc à l'autre, s'il ne fallait nécessairement employer le rouissage pour l'extraire. En outre la plante ne réussit que dans le midi de la France.

Les jardins possèdent une belle variété d'Agave à feuilles panachées de blanc et de jaune. (L.)

AGAVON ou Agon. (bot. phan.) L'Ononide est nommée ainsi dans les provinces méridionales de la France. *Voy.* Ononide. (Guer.)

AGE. (physiol.) La vie se divise en plusieurs périodes qui constituent ce qu'on appelle les *âges*. On est dans l'usage de les mesurer par la division du temps, c'est-à-dire par le nombre des jours, des mois, des années. Les moralistes distinguent quatre âges : l'enfance, l'adolescence, l'âge viril, et la vieillesse, que les poëtes ont ingénieusement comparées aux saisons. Mais les physiologistes, plus rigoureux dans leurs observations, ont fondé la division de l'existence sur des résultats anatomiques et sur les changemens les plus remarquables qui s'opèrent pendant sa durée. Les uns, s'arrêtant à des considérations trop générales, ont assigné à la vie trois époques : l'âge d'accroissement, l'âge stationnaire, et l'âge de décroissement ; les autres, prenant pour base de leur classification la faculté reproductrice, qu'ils regardent comme le but principal pour lequel tout animal est créé, ont aussi marqué de trois époques l'é-

tendue de la vie, savoir : celle où cette faculté n'existe point encore ; celle où elle est établie dans toute sa puissance, et celle où elle diminue et s'anéantit. D'autres enfin, appliquant seulement leur pensée à l'existence humaine, la fractionnent en espaces successifs de sept années ; ces septenaires, leur paraissant correspondre aux principales modifications que subit le corps de l'homme. Mais de telles divisions sont trop arbitraires pour indiquer exactement les diverses mutations que la physiologie nous révèle. C'est en tenant rigoureusement compte de ces changemens, que le savant Hallé a signalé cinq âges principaux, qu'il subdivise ensuite en différens stades : la PREMIÈRE ENFANCE présente, selon lui, trois époques bien distinctes, et se termine à sept ans ; la DEUXIÈME ENFANCE est comprise entre ce dernier terme et les premiers signes de la puberté ; l'ADOLESCENCE dure jusqu'à vingt-cinq ans pour les hommes, mais commence et finit quelques années plus tôt pour les femmes ; puis vient l'AGE ADULTE, qui va jusqu'à soixante ans, et auquel il a moins heureusement assigné trois degrés ; enfin la VIEILLESSE, qui offre aussi trois temps plus ou moins marqués, depuis l'instant où elle commence jusqu'à la décrépitude.

Nous ne développerons ici aucune des considérations qui se rapportent à chacune de ces périodes : elles doivent faire l'objet d'articles spéciaux, et méritent en effet une étude particulière. Mais ce que nous devons dire, c'est qu'elles se succèdent et s'enchaînent par des transitions souvent inapercevables ; que les caractères qui les distinguent sont moins tranchés, moins faciles à observer au commencement et à la fin que vers le milieu ; que chacune d'elles cependant a sa physionomie particulière aussi remarquable au physique qu'au moral ; que dans chacune aussi, l'état des organes et des fonctions diffère, et que par conséquent chacune a ses maladies qui doivent être prévenues ou combattues par des moyens qui lui soient spécialement appropriés.

« Considérés dans leurs rapports avec le temps, les âges, a dit un physiologiste moderne, varient comme la vie, qui n'est que leur ensemble dans chaque espèce animale ; telle espèce n'a qu'une vie d'un jour, telle autre a une vie d'un siècle. Mais dans la même espèce, certains individus peuvent parcourir ou plus lentement ou plus rapidement que d'autres les phases de leur vie, et par conséquent parvenir, dans le même temps, à des âges différens. »

Ce qu'il faut observer aussi, c'est que les évolutions qui marquent la première moitié de l'existence et le dépérissement par lequel la dernière se signale, ne sont pas le résultat d'une action constante et uniforme dans tous les appareils d'organes et dans tous les systèmes, mais que chaque appareil et chaque système ont leur âge de prédominance et deviennent ou cessent d'être dans l'économie des centres d'action. Cette observation, reproduite dans des ouvrages récens, avait été parfaitement comprise par Cabanis, qui, dans son immortel ouvrage, l'a consignée en ces termes : « On n'a pas de peine à remarquer que, dans chaque âge, les hommes ont une direction particulière; que les mouvemens tendent spécialement vers tel ou tel organe; que non-seulement les organes ne se développent pas tous aux mêmes époques, mais qu'à développement d'ailleurs égal, ils deviennent successivement des centres de sensibilité, des foyers nouveaux d'action et de réaction, et que les phénomènes qui accompagnent et caractérisent ces déplacemens successifs des forces sensitives, ont lieu dans un ordre qui se rapporte entièrement à celui des idées, des sentimens, des habitudes, en un mot, à l'état des facultés intellectuelles et morales. » ( *Rapports du physique au moral de l'homme.* )     (P. G. )

**AGE DE LA TERRE ET DES CONTINENS.** (GÉOL.) Sans rechercher depuis quelle époque la terre est formée et se trouve dans les relations astronomiques où nous la voyons, il est naturel de se demander si, depuis qu'elle existe, elle a toujours présenté la même configuration que maintenant; si la distribution des eaux et des terres saillantes au dessus de leur niveau a toujours été la même. Les agens qui tendent à modifier actuellement la configuration du globe sont de deux natures. Les uns, tout-à-fait superficiels, sont représentés par les eaux, dont l'érosion continue arrache toujours quelques parties des masses saillantes, lesquelles, entraînées par les torrens et les fleuves, vont former au fond des mers des dépôts de sables et de cailloux roulés ( *v.* ALLUVION); les autres, agissent au contraire de bas en haut, et consistent en ouvertures d'où sont rejetées, à des intervalles plus ou moins rapprochés, des roches fondues et scorifiées, des cendres, etc. ( *v.* VOLCAN). Ces agens sont inhérens à la constitution du globe terrestre; ils ont dû par conséquent se manifester de tout temps, par des phénomènes analogues. Que l'on parcoure en effet les diverses régions continentales : les plaines représenteront bien souvent ces sables mélangés de coquilles, ces cailloux roulés qui n'ont pu être formés qu'au fond des eaux, et que l'on retrouvera même en s'élevant sur les flancs des chaînes de montagnes, telles que les Alpes, le Jura, les Pyrénées, etc., à des hauteurs considérables au dessus du niveau actuel des mers. D'autres fois on verra dans les montagnes, par exemple la chaîne des Andes, l'Auvergne et le Vivarais, etc., des masses énormes composées de roches presque identiques à celles des volcans brûlans, et qui indiquent de leur part une action énergique et prolongée.

Ainsi donc les alluvions formées sous nos yeux, les volcans brûlans, ne sont que la suite d'une série de phénomènes qui ont pour ainsi dire engendré les masses dont se compose la surface du globe. Mais, en voyant ces indices certains de la présence des mers là où elles n'existent plus, en voyant des montagnes volcaniques là où il n'y a plus de volcans, nous sommes forcés de convenir que cet équilibre, qui semble actuellement établi, n'a pas toujours existé; que la distribution actuelle des mers et des continens ne s'est établie qu'après des oscillations, qu'après une série de distributions différentes dont elle est le dernier terme.

L'âge des continens n'est donc pas le même que celui de la terre, sous le double rapport de la génération des masses qui les composent et de la configuration de ces masses; quant à assigner des époques, la géologie, qui a la double mission d'étudier les roches constituantes de l'écorce du globe depuis les plus hautes sommités jusqu'aux excavations les plus profondes où l'homme ait pu pénétrer, et les phénomènes qui ont présidé à la génération de ces roches, la géologie manque de terme de comparaison pour établir des chiffres même très-approximatifs : tout ce qu'elle peut affirmer, c'est que les temps historiques se perdent dans la série incommensurable des siècles que comprennent les révolutions du globe. (*V.* RÉVOLUTIONS DU GLOBE.)     (A. B.)

**AGELÈNE**, *Agelena*. (ARACH.) Ce genre, établi par M. Walckenaer, n'est qu'un démembrement du genre Araignée de Latreille; les Arachnides qui le composent ne diffèrent des araignées proprement dites que par la position des yeux, qui offrent deux lignes parallèles beaucoup plus courtes, et par des pattes moins grêles; c'est le même genre auquel M. Savigny, dans l'ouvrage de la commission d'Égypte, a donné le nom d'*Arachné*. Le type de ce genre est l'A. LABYRINTHE, *A. Labyrinthica*, Walck. Lin., qui a l'abdomen ovale, gris foncé, avec une suite de lignes blanches en forme d'accent circonflexe, disposées longitudinalement.

Cette espèce est, avec l'araignée domestique, une de celles qui, dans notre pays, file le mieux; elle établit sa toile sur les herbes, les buissons, etc.; cette toile est horizontale en forme de hamac, souvent très-grande et environnant les plantes sur lesquelles elle est posée; au dessus de cette toile s'élèvent encore des fils isolés, souvent d'une grande dimension, servant à arrêter les insectes, et à les précipiter sur la toile par les efforts mêmes qu'ils font pour se dégager. Elle garnit le trou où elle se retire de feuilles sèches qu'elle fixe avec de la soie pour se garantir de la pluie et du soleil; quand vient la saison de la ponte, elle fait un cocon de couleur orangée, et dont l'enveloppe extérieure représente une étoile grossière; il est formé de fils entrelacés, mais laissant entr'eux des routes ressemblant à un labyrinthe.

Cette espèce attaque facilement des abeilles et de grosses fourmis; ce qui explique la propension qu'elle a d'établir sa toile dans le voisinage des grandes fourmilières.     (A. P.)

**AGÉNÉIOSE.** (POISS.) Genre qui ne diffère de celui des Pymélodes, lequel appartient aussi à la famille des Siluroïdes, que par l'absence de barbillons proprement dits, aux parties externes de la bouche. *Voy.* PYMÉLODE.     (G. B.)

**AGLAOPE**, *Aglaope*. ( INS. ) Genre de Lépidoptères de la section des Zygœnides, division du genre Sphynx de Linné, famille des Crépusculaires, ayant pour caractères essentiels : antennes pectinées dans les deux sexes, point de trompe distincte, ergots des jambes postérieures très-courts

Nous n'en possédons qu'une espèce aux environs de Paris ; c'est l'A. MALHEUREUSE, *A. Infausta*. Latr. Fabr. Corps, ailes supérieures, partie externe des inférieures d'un brun cendré, origine de la côte externe aux unes, prothorax et moitié interne des autres rose carmin. La chenille vit sur le prunelier ou prunier sauvage. Cette espèce est très-commune dans le midi de la France. Parmi les espèces exotiques, nous citerons l'*Aglaope americana*, publiée par M. Guérin, dans son Iconographie du règne animal (Insectes, pl. 84 *bis*, fig. 5). Elle est blanche, avec quelques teintes jaunâtres sur les ailes. Elle vient de l'Amérique septentrionale. (A. P.)

AGLAOPHENIE, *Aglaophenia*. (ZOOPH. POLYP.) Genre de l'ordre des Sertulariées, division des Polypiers flexibles, nommé *Plumulaire* par M. de Lamarck. *Voy.* PLUMULAIRE. (L. R.)

AGLAURE, *Aglaura*. (ANNEL.) Genre établi par Savigny, et rangé par M. de Lamarck dans l'ordre des Antennés et dans la division des *Eunices*.

Les mâchoires, au nombre de neuf, quatre au côté droit et cinq au côté gauche, sont fortement dentées, la tête est cachée sous le premier segment, les yeux sont peu distincts et les branchies sont inconnues.

Ce genre n'a encore été trouvé que sur les bords de la mer Rouge. Il n'est composé que d'une espèce (*Aglaura fulgida*, Sav.), dont on voit une magnifique figure dans les planches de l'Expédition d'Egypte. M. Guérin a figuré la tête de cette espèce avec beaucoup de détails dans l'Iconographie du règne animal (Annelides, pl. 6, fig. 2). (L. R.)

AGLAURE, *Aglaura*. (ZOOPH. ACAL.) Genre établi par Péron et Lesueur, et que M. de Blainville place (*Dictionnaire des sciences naturelles*) dans la troisième section de l'ordre des Pulmogrades, ou Médusaires. Ces animaux, dont le corps est sphéroïde, sont pourvus à la circonférence de cirrhes tentaculaires peu nombreux ; leur bouche est placée au milieu de quatre appendices très-courts. Péron et Lesueur ont établi ce genre sur un animal qui habite la Méditerranée. Il est actuellement composé de quatre espèces. (L. R.)

AGLOSSE, *Aglossa*. (INS.) Genre de Lépidoptères de la section des Tinéites, du genre Phalène de Linné, famille des Nocturnes, ayant les caractères essentiels suivans : trompe nulle ou presque nulle, quatre palpes découverts ; ailes disposées en toit aplati dans le repos ; point d'échancrure à l'extrémité des ailes supérieures. On ne connaît que peu d'espèces de ce genre ; les plus remarquables sont :

L'A. DE LA GRAISSE, *A. pinguinalis*, Latr. Réaumur la nomme la *fausse teigne des cuirs*. La chenille de cette espèce est d'un brun-noirâtre, très-luisante et comme grenue ; elle vit sur les cuirs, les couvertures de livres ; elle s'accommode aussi fort bien des insectes morts, et, je crois, de toutes les substances animales ; elle fait un fourreau en forme de tuyau qu'elle applique sur les corps qu'elle ronge ; elle le recouvre de ses excrémens ; arrivée à la métamorphose, elle fait une coque de soie blanche en forme de bateau renversé, qu'elle recouvre de même de ses excrémens ; elle éclot à presque toutes les époques de la belle saison. Cette espèce peut, en certains cas, devenir dangereuse. Linné dit qu'elle s'introduit dans l'estomac et qu'elle y cause de grands ravages. M. Latreille a reçu de personnes très-dignes de foi, de ces chenilles qui avaient été vomies par des enfans. L'insecte parfait est grisâtre, avec des raies et des taches noires.

L'A. DE LA FARINE, *A. farinalis* des auteurs. Cette espèce se trouve souvent dans les maisons ; elle se tient appliquée le long des murs, en tenant l'extrémité de son abdomen relevée : elle a le bord des ailes supérieures rougeâtre, avec une tache de la même couleur, et bordée de blanc à l'extrémité ; le milieu de l'aile est jaunâtre. M. Guérin en a fait connaître une nouvelle espèce de ce genre (*A. Dilucidalis*) dans son Iconographie du règne animal (Insectes, pl. 90, fig. 11). (A. P.)

AGNOSTE. (CRUST.) M. Brongniart a donné ce nom à un Trilobite fort curieux dont nous parlerons plus en détail à l'article TRILOBITES. *Voy.* ce mot. (GUER.)

AGOUTI, *Cavia*. (MAMM.) Ce genre est dans le nouveau continent l'analogue du lièvre et du lapin dans le nôtre. Il en a la taille, les mœurs et les habitudes ; quant à sa conformation extérieure, il se rapproche davantage du cochon d'Inde, que Linné classait dans un même genre (*Cavia*), par son corps beaucoup plus volumineux à la partie postérieure, par la forme aplatie de sa tête, par ses oreilles courtes, minces, arrondies, peu saillantes et presque nues, par ses doigts, au nombre de cinq aux pattes antérieures, dont un, quoique à l'état rudimentaire, est armé d'un ongle très-apparent, et de trois seulement aux pattes de derrière, pourvus d'ongles longs et forts ; par la queue très-courte ou manquant totalement ; toutefois les Agoutis se distinguent facilement des cochons d'Inde, ne fût-ce que par leurs jambes beaucoup plus longues, et par leurs molaires, au nombre de seize, aplaties, creusées de sillons irréguliers, à contour arrondi, échancré au bord interne dans les supérieures, à l'externe dans les inférieures. Les incisives sont plus courbées que dans tous les autres rongeurs, et ils s'en séparent mieux encore par l'absence totale des clavicules, ce qui ne leur est commun qu'avec un petit nombre de genres. Ils ont les jambes de derrière plus longues d'un tiers que celles de devant. La femelle émet tous ses excrémens par une seule fente de la peau.

Ces animaux sont très-propres ; leur poil, qu'ils peignent et nettoient souvent, à la manière des chats, est toujours lisse et brillant ; court et ras sur les membres, il est beaucoup plus long à la partie dorsale et surtout à la croupe. Le pelage est généralement d'un fauve orangé foncé de noir, avec quelques nuances verdâtres, plus sensibles à la face externe des membres, qui lui ont fait donner par F. Cuvier le nom de *Chloromys* (Rat-vert). Leur nourriture se compose de fruits, de feuilles, de racines, de noyaux de toutes sortes d'arbres, et même de viande quand ils peuvent s'en procurer. Ils savent se servir de leurs pattes comme nos écureuils pour soutenir leurs alimens et les porter à leur bouche; mais ils le font avec moins d'habileté, à cause de l'absence des clavicules. Ils se logent dans les trous des vieux arbres qu'ils agrandissent et disposent pour s'en faire une demeure commode. Ils sont surtout communs à Cayenne, où on les rencontre souvent par troupes de vingt ou trente, et où on les chasse par tous les moyens possibles; ils courent bien, et il est difficile de les forcer en plaine ou lorsqu'ils montent les collines. Mais dans les descentes rapides leur course se rallentit, la longueur des jambes de derrière les exposant, comme notre lièvre, à de fréquentes culbutes. Leur chair est délicate quoiqu'elle ait un léger goût de sauvage, et très-recherchée dans un pays où il n'existe presque pas d'autre gibier. On les réduit facilement en domesticité; mais on en est bientôt dégoûté par l'impossibilité de leur créer une prison : armés de dents tranchantes et dures, doués d'une inquiétude et d'une activité continuelles, ils ont bientôt détruit toutes leurs chaînes et coupé jusqu'aux fils de fer de la cage où on les renferme. Ils sont d'un naturel colère, et si on les irrite, on voit leur poil tomber en grande quantité comme dans certains cerfs, ou comme les épines des hérissons.

Outre l'Agouti ordinaire, auquel se rapporte principalement la description qui vient d'être faite, et dont nous donnons une figure pl. 7, fig. 2, on distingue encore trois autres espèces : l'*Agouti* à queue bien distincte, ou *Acouchi*; l'*Agouti huppé* qui porte sur le cou et à la partie supérieure de la tête des poils beaucoup plus longs, qu'il peut relever de manière à s'en faire une sorte de crête. La couleur et la forme de ces trois premières espèces ne diffèrent pas d'une manière très-sensible; elles occupent exclusivement la partie nord de l'Amérique du sud jusqu'au Paraguay, et sont remplacées au delà par l'*Agouti patagonien*, dit aussi lièvre Pampas ou lièvre des Patagons, qui se distingue par ses oreilles longues de trois pouces, son pelage beaucoup plus gris et entièrement blanc sous le ventre et sous la gorge. Il est aussi beaucoup plus grand; sa peau, comme celle de tous les Agoutis, s'emploie à différens usages ; certains peuples s'en composent des vêtemens, et nous pouvons citer entr'autres les Charruas dont quelques individus sont maintenant exposés à la curiosité de Parisiens. Ils nomment l'animal *Mara*. (D. Y. R.)

**AGRE**, *Agra*. (ins.) Genre de Coléoptères de la tribu des Carabiques, famille des Carnassiers, section des Pentamères, établi par Fabricius, et ayant pour caractère : tête ovalaire ou ovoïde, séparée du corselet par un étranglement; premier article des antennes allongé; palpes maxillaires extérieurs filiformes, labiaux se terminant par un article plus grand sécuriforme, menton arrondi avec une dent au milieu de l'échancrure, languette presque cylindrique sans paraglosses distinctes; tarses triangulaires, le pénultième article profondément bilobé ; crochets des tarses dentelés en-dessous.

Ces insectes, tous jusqu'à présent de l'Amérique intertropicale, sont ornés de couleurs métalliques brillantes; leur forme est élégante, leurs antennes sont assez longues, le corselet cylindrique plus étroit antérieurement; les élytres, dilatées vers leur milieu, sont échancrées à leur extrémité, et laissent libre la terminaison de l'abdomen; les pattes sont robustes. Ils vivent naturellement de chasse comme tous les carabiques, mais cependant leurs mœurs sont peu connues et leurs métamorphoses encore moins.

Le nombre des espèces décrites dans la Monographie de Klug est de vingt ; je crois que maintenant il s'élève plus haut; les amateurs les recherchent beaucoup. On peut citer parmi elles l'A. BRENTOIDE, *A. brentoïdes* des auteurs, entièrement d'un brun cuivré; elle se trouve au Brésil, ainsi que l'A. PETITE, *A. parvula*, dont la tête et le corselet sont bruns, les élytres vert-cuivreux chatoyant, avec les pattes brunes; enfin l'A. SPLENDIDE, *A. splendida*, Latreille, figurée dans l'*Iconographie du Règne animal* par M. Guérin, (Insectes, pl. 4, fig. 10). Cette belle espèce, longue d'un pouce, a le corselet et les pattes d'un noir bleu et les élytres striées, d'un beau vert métallique à reflets rouges, comme nos beaux carabes brillans. Elle vient du Mexique. (A. P.)

**AGRAM.** (BOT. PHAN.) Nom du chiendent dans quelques cantons de la France.

**AGRASSOL** ou **AGRASSON**. (BOT. PHAN.) On désigne ainsi, dans le midi de la France, le groseiller à maquereaux. (GUER.)

**AGREFOUS**, **AGREOU** ou **AGRITOUS**. (BOT. PHAN.) Nom du houx dans quelques provinces méridionales de la France. (GUER.)

**AGRÉGATION** (ROCHES D'). (GÉOL.) On désigne ainsi les roches ou masses minérales composées de fragmens agglutinés de diverses espèces. Ces fragmens sont de dimensions très-variables : lorsqu'ils ont plus d'un demi-mètre cube, ils constituent des *conglomerats*; au dessous, ils constituent des *poudingues*, s'ils sont arrondis, et des *brèches* s'ils sont anguleux; enfin lorsqu'ils sont à peine perceptibles, ils constituent des *grès* (grains siliceux), ou des *tufs* (grains d'apparence feldspathique). On distingue dans les roches d'agrégation la nature des fragmens et celle du ciment qui les agglutine; ces roches peuvent être homogènes lorsque les fragmens et le ciment sont de même nature; ainsi il y a des brèches calcaires à ciment calcaire, et la plupart des grès et des poudingues sont composés de grains ou fragmens de quartz agglutinés par un ciment siliceux: le plus souvent elles sont hétérogènes.

Dans l'impossibilité d'assigner des noms différens à toutes les associations et à tous les mélanges qui peuvent se présenter, on a seulement nommé ceux dont les caractères paraissent assez constans. Ainsi, outre les *grès* et les *tufs*, on distingue les *arkoses* (grains de feldspath et de quartz), les *psammites* (grès micacés), les *macignos* (mélange de quartz sableux, de calcaire et d'argile), les *grauwackes* ( fragmens de granite, gneiss, mica-schiste, schiste argileux, etc., dans un ciment argileux), les *peperinos* (mélange variable de frag-mens volcaniques et de fragmens sédimentaires). Les autres associations sont désignées sous les noms génériques de poudingue, brèche et conglomerat, auxquels on ajoute la nature des fragmens et des blocs constituans, ainsi que celle des graviers qui leur servent de ciment. (*V.* Roche.) (A. B.)

AGRICULTURE. Art de cultiver la terre, de lui demander la plus grande quantité de végétaux appropriés à sa nature, et, pour ne point l'épuiser par des récoltes successives, d'entretenir sa ferti-lité par des labours, par des fumiers ou mélanges, des irrigations et des semis de différentes espèces. L'agriculture est le rouage essentiel de la machine politique : elle est liée aux premiers intérêts de la société. Comme telle, son action est très-puis-sante, puisqu'elle influe nécessairement sur la for-tune privée, sur les causes de la grandeur et de la décadence des nations. Ses phases historiques sont celles de la civilisation. Où vous la trouvez sta-tionnaire, un simple mécanisme, limitée à quelques grains, à quelques fruits, concluez que le peuple est serf, qu'il est privé d'instruction, qu'il agit comme les bœufs attelés à la charrue. Partout, au contraire, où elle est pleine de mouvement et progressive, l'homme est libre, instruit, intéressé à l'existence politique de son pays.

Tous les écrivains placent sa naissance auprès du berceau de la société, c'est un fait constant; mais ce que je leur conteste, c'est qu'elle soit venue du sud au nord, de l'Ethiopie dans l'Asie, et de ces deux contrées, par l'intermédiaire des Egyptiens, des Grecs et des Romains, dans les diverses contrées de l'Europe. Il y a, dans l'agri-culture des peuples du midi, des différences tran-chées et de la plus haute évidence, avec celle des peuples du nord : elle a été plus active, plus in-génieuse chez ces derniers : ils avaient à lutter sans cesse contre l'atmosphère, une terre naturel-lement froide, un soleil moins ardent ; ils durent beaucoup faire pour créer la charrue, pour ima-giner tous les outils et instrumens dont ils usèrent, et que les fouilles nous découvrent pour ainsi dire chaque jour, pour trouver les boissons fermentées, pour imprimer une perfection aux fruits sauvages qu'ils rencontraient dans leurs immenses forêts. Tandis que, dans le midi, comme il suffisait de gratter le sol pour en obtenir de larges récoltes, les instrumens agraires qui composaient l'attirail de la maison des champs étaient et demeurèrent long-temps grossiers, où, si l'on aime mieux, in-complets. Ils se sont améliorés par le mélange des nations à la suite des guerres, des révolutions po-litiques, des grandes émigrations et des conquêtes.

Tous les peuples ont vu leur agriculture de l'en-fance monter à l'âge mûr, et de la perfection des-cendre, avec leurs autres institutions, dans une triste nullité : c'est l'histoire des âges passés. L'im-primerie empêchera sans aucun doute que les âges futurs subissent la même loi.

L'agriculture veut être libre ; la liberté, la paix sont les pivots de sa prospérité : celui qui s'y livre a besoin de savoir que ses avances et ses longues sueurs ne tourneront point à pure perte pour lui. Elle veut être étendue, variée dans ses opérations, c'est-à-dire occuper le plus de bras, le plus de terrains possible, offrir tous les genres de produc-tions qu'exigent les besoins actuels des hommes, l'industrie et même le luxe ou le caprice. Elle veut enfin être lucrative, dans le but d'unir étroi-tement ensemble les intérêts du sol, ceux du pro-priétaire et ceux des auxiliaires qu'il emploie. Elle n'est plus aujourd'hui une science conjecturale ni un vil métier; elle repose sur des règles certaines, rigoureuses, résultant d'applications faites avec soin, calculées avec précision, et de faits incontes-tables. Si quelques-unes de ses parties demandent encore à être simplifiées ou perfectionnées, les lu-mières qui se font jour partout en fourniront bientôt les moyens.

Nous n'avons pas le droit de les indiquer ici, c'est l'œuvre des agriculteurs eux-mêmes, qui sont, plus que nous, en état de les lire sur la terre qu'ils exploitent, dans les faits que leur révèlent les travaux de chaque journée. Et comme nous devons nous en tenir à des généralités, nous dirons seu-lement que l'agriculture se divise en théorie et en agriculture-pratique. La *théorie* est l'exposé des principes qui forment la base de la science, l'exa-men des méthodes suivies dans les divers climats, l'étude des végétaux et des animaux que l'on peut introduire dans les cultures ou qu'il faut en re-pousser, les mélanges qu'il convient de faire avec les autres produits terrestres pour rendre la végé-tation plus active, plus long-temps brillante. La *pratique* vient confirmer ou infirmer les conclu-sions de la théorie, et par ses travaux de tous les instans préparer d'abondantes récoltes et répondre à toutes les exigences de la vie. La pratique se subdivise en *agriculture proprement dite*, qui s'oc-cupe de l'exploitation des terres, de la culture des bois et forêts, de l'éducation des animaux associés aux diverses opérations de la ferme, de la fabrica-tion des instrumens aratoires et des procédés pour opérer les récoltes ; en *économie rurale*, qui traite de l'habitation et des moyens de conservation des produits obtenus, qui prépare les boissons fermen-tées, les huiles, les plantes textiles, tinctoriales et économiques; et en *horticulture*, qui embrasse la culture des jardins potagers ou d'agrément, des pépinières, et des arbres à fruits. Ces différens objets, que nous développerons successivement, constituent la vie des champs, indiquent l'im-mense utilité de l'agriculture, et donnent une idée des plaisirs, des profits et des peines qui lui sont inhérens, quand elle jouit de la plénitude de ses forces physiques, morales et politiques.

(A. T. D. B.)

AGRION, *Agrion.* (ins.) Genre de Névro-ptères, de la famille des Subulicornes, établi par Fabricius aux dépens du grand genre des Libel-lules de Linné, et ayant pour caractères : ailes élevées perpendiculairement dans le repos ; tête transversale, plus large que le corselet portant

les

les yeux sur les côtés. Ocelles disposés en triangle sur le vertex, sans être portés sur aucune vésicule; lobe du milieu de la lèvre divisé en deux jusqu'à sa base, divisions latérales dentelées, le troisième article en forme de languette membraneuse; l'abdomen est presque filiforme, et acquiert dans quelques espèces un développement extraordinaire. Celui des femelles est terminé par des lames en scie.

Les proportions de la larve et de la nymphe sont celles de l'insecte parfait; le masque est plat, les serres sont étroites, mais terminées par plusieurs dentelures en forme de mains.

Leurs mœurs sont les mêmes que celles des Libellules et des Æshnes (*voy.* ces mots); seulement leur vol est bien moins rapide; il est plutôt sautillé : aussi ne les voit-on jamais s'élever beaucoup, ni planer comme le font les autres genres; ils voltigent plutôt au bord des ruisseaux, où ils sont très-communs, et sur les plantes basses; ils sont tout aussi carnassiers. On en connaît un assez grand nombre d'espèces de tous les pays ; parmi celles des environs de Paris nous citerons :

L'A. VIERGE, *A. Virgo* des auteurs; elle est d'un vert doré ou d'un bleu vert, avec les ailes soit immaculées soit tachées à leur extrémité; le réseau des ailes est très-serré; cette espèce varie beaucoup. Sa larve ainsi que celles qui s'en rapprochent ont la mentonnière évidée au bout et terminée par deux pointes.

L'A. JOUVENCELLE, *A. Puella*, Fabr., a les ailes incolores, à réseau très-large et à mailles presque quadrangulaires ; le stigmate est noir; l'abdomen varie beaucoup en couleur; mais il est toujours annelé de noir; elle fait une coupe à part. Dans cette division les larves ont l'extrémité supérieure de la mentonnière en angle saillant.

Quelques espèces exotiques atteignent une longueur de près de six pouces, sans que leur abdomen ait plus d'une demi-ligne de diamètre. Telle est l'A. LUCRECE, *A. Lucrecia* de Drury, d'un vert bleu en dessus, jaune en dessous, ailes diaphanes à réseau noir, avec une teinte laiteuse à leur extrémité. Il y a d'autres espèces exotiques dont les ailes présentent les reflets les plus brillans. Nous citerons parmi celles-ci une espèce que l'on peut considérer comme la plus admirable du genre : c'est l'A. *Fulgipennis* de M. Guérin (Magasin de zool. 1831, ins., n° 15). Ses ailes offrent les reflets éblouissans et couleur de feu qu'on observe le soir quand le soleil donne, en se couchant, sur les vitres des édifices qui lui sont opposés. Cette espèce vient de la Cochinchine; une autre du même pays a été figurée dans l'Iconographie du règne animal, insectes, pl. 60, fig. 4. C'est l'A. *Chinensis* de M. Guérin. (A. P.)

AGROSTEMME, *Agrostemma* (BOT. PHAN.), ou COURONNE DES CHAMPS, ainsi nommée, parce qu'elle croît en abondance parmi les blés, où ses fleurs pourpres la font remarquer. C'est un genre de la famille des Caryophyllées, assez ressemblant aux Lychnis, à calice coriace, un peu renflé ; cinq pétales, avec appendice à la réunion du limbe et de l'onglet ; dix étamines; cinq styles et stigmates; capsule ovoïde, uniloculaire, s'ouvrant par le sommet ; graines nombreuses.

On en connaît quatre ou cinq espèces indigènes en Europe. La plus commune est la Nielle des blés (*Agrostemma githago*), dont la graine donne un goût amer à la farine où on la laisse entrer. L'*A. Coronaria*, cultivée sous le nom de *Coquelourde*, est remarquable par la belle couleur pourpre de ses fleurs; elle vient d'Italie. L'*A. fleur de Jupiter* et l'*A. rosée du ciel* pourraient aussi orner les jardins. Villars attribue à leurs feuilles la propriété de guérir les coupures récentes.

( L. )

AGROSTIDE, *Agrostis*. (BOT. PHAN.) Genre de plantes de la famille des Graminées, remarquable par sa finesse et sa panicule élégante ; ses espèces sont très-variées, et croissent abondamment parmi les moissons et dans les prés, où elles donnent un très-bon fourrage. Les botanistes modernes ont divisé les *Agrostis* en deux genres, l'un sans arête, sous le nom de *Vilfa* (*v.* ce mot); l'autre Aristée a conservé le nom d'*Agrostis*; il a pour caractères des épillets uniflores, et un ovaire surmonté de deux stigmates plumeux. L'espèce la plus commune est l'*A. Spicaventi*; on la reconnaît à sa panicule lâche et découpée, que le moindre vent agite et casse ; elle est annuelle, tandis que les autres sont vivaces pour la plupart. (L.)

AGROSTOGRAPHIE (BOT. PHAN.), ou description des Graminées. Cette partie de la science est difficile, vu le grand nombre et les caractères si variés des plantes qu'elle a pour objet. On compte plusieurs *Agrostographes* célèbres ; mais on ne peut se dissimuler que leurs travaux laissent encore à désirer sous le rapport de la nomenclature et de la distinction des genres. (L.)

AGROUELLES. (BOT. PHAN. et CRUST.) Ce nom, qui est une corruption de celui d'Écrouelles, a été donné, dans quelques cantons de la France, à la Scrophulaire, parce que l'on croit encore aux propriétés antiscrofuleuses de cette plante. Par une opinion contraire, la Crevette des ruisseaux a reçu le même nom, parce que des personnes peu instruites croient qu'elle peut donner des écrouelles quand on l'avale par hasard en buvant. (GUER.)

AGRUNA. (BOT. PHAN.) Ce nom, qui exprime une chose aigre, est donné dans le Languedoc au prunelier. On appelle *Agrunella* le fruit de cet arbrisseau. ( GUER.)

AGYRTE, *Agyrtes*. (INS.) Genre de Coléoptères de la tribu des Boucliers (Silpha), famille des Clavicornes, section des Pentamères, établi par Frœlich aux dépens des Mycétophages de Fabricius. Ces insectes se distinguent des genres de la même tribu par leur corps convexe, mais qui n'est point en forme de bouclier ; leur tête n'est point rétrécie postérieurement, les mâchoires sont garnies d'un onglet corné; le dernier article des palpes maxillaires est plus gros et ovoïde, le corselet est presque corné, plus large que long, un peu plus étroit en devant. On ne connaît qu'une espèce de ce genre aux environs de Paris, c'est l'A. CHATAIN, *A.*

*Castaneus.* Fr. Fab. „glabre, brun, avec la bouche, les antennes, les élytres et les pieds châtains; les élytres sont couvertes de stries ponctuées, les jambes sont ciliées et épineuses. Cette espèce était très-rare à Paris; elle a été prise en assez grand nombre cette année sous des écorces de hêtre, à Fontainebleau. (A. P.)

AI. (MAM.) Nom d'une espèce du genre BRADYPE. *Voy.* ce mot. (GUER.)

AIGLE, *Aquila.* (OIS.) L'art de la fauconnerie, maintenant oublié parmi nous malgré l'éclat dont il brilla pendant tant de siècles, avait partagé les oiseaux de proie diurnes en deux grandes familles, les *Nobles* et les *Ignobles.* Dans la première se trouvaient classées les espèces à la fois les mieux armées, les plus courageuses et les plus dociles, et dans la seconde avaient été groupés pêle-mêle tous ces fiers tyrans de l'air qui n'avaient répondu que par une indocilité farouche aux efforts constans que l'on avait faits pour les courber sous le joug avec les espèces que leur faiblesse et leur indocilité rendaient également méprisables et inutiles. Cependant, par un hasard assez bizarre, lorsque la science est venue apporter, dans la classification des êtres, un examen raisonné et approfondi des rapports naturels qui les unissent entre eux, elle s'est vue forcée à respecter une division aussi peu rationnelle; elle a trouvé dans les deux familles ainsi distribuées des caractères distinctifs profonds, marqués, et d'une importance réelle aux yeux du véritable naturaliste. (*Voy.* la classific., art. RAPACES.)

A la seconde famille, qui est de beaucoup la plus nombreuse, appartient le genre AIGLE, qui se fait parfaitement reconnaître par son bec sans dentelure, et droit à sa base jusque près de l'extrémité, où il prend tout-à-coup une courbure considérable; vers le milieu se trouve un feston à peine sensible; il est d'un bleu verdâtre et recouvert d'une cire jaune dans laquelle sont percées les narines. Si on compare ces oiseaux aux *Nobles* (*v.* FAUCON, GERFAUT) on les trouvera moins bien armés, et de proportions bien moins parfaites dans les organes relatifs au vol. Leurs ailes semblent tronquées obliquement, les premières plumes étant beaucoup plus courtes que la quatrième, qui dépasse toutes les autres. Toutefois les muscles sont forts et solidement fixés au sternum; et souvent la puissance de leur vol emporte ces fiers habitans des airs loin de la portée de notre vue. Eux au contraire, de ces régions élevées, plongeant sur la terre un regard perçant et assuré, y découvrent sans peine le lièvre qui broute heureux et tranquille, ou l'agneau qui s'écarte, ou le reptile qui s'étend au soleil, et de ces hauteurs immenses ils tombent avec la rapidité de la pierre que lance la fronde, saisissent leur proie, l'égorgent et la dépècent. Du reste qu'on ne les accuse point d'une cruauté inutile: pour eux cette barbarie est un besoin, car la nature en les créant les voulut carnassiers. Elle leur donna des jambes peu faites pour la marche, des serres et un bec destinés à saisir et à déchirer, un estomac membraneux et impropre à broyer des graines, des intestins courts et un énorme jabot dans lequel ils engloutissent de la nourriture pour plusieurs jours, sujets qu'ils sont à des voyages lointains et aventureux qui souvent les exposent à des jeûnes de plusieurs semaines.

Les Aigles vivent dans les rochers les plus sauvages et les plus escarpés. Ils n'ont qu'une seule femelle, avec laquelle ils passent leur vie entière, chassant toujours de concert avec elle, si ce n'est dans le temps où elle couve, et où le mâle pourvoit à sa subsistance. Les jeunes Aigles ne parviennent à leur complet accroissement qu'après un temps assez long, et pendant les premières années de leur vie la mue apporte à leur plumage des variations tellement considérables, qu'il en est résulté beaucoup de confusion dans les nomenclatures, et de nos jours encore quelques points de la classification des Aigles demeurent enveloppés d'incertitude.

Les espèces qui appartiennent à ce genre sont assez nombreuses pour qu'il ait fallu le subdiviser, et Cuvier compte jusqu'à huit tribus d'Aigles : savoir :

Les Aigles proprement dits. A. Pêcheurs (*v.* Pygargue), Balbuzards, Circaètes, Caracaras, Harpies, Aigles Autours, Cymindis. (*V.* ces mots.)

A. PROPREMENT DITS. Ils sont caractérisés par leurs tarses emplumés jusqu'à la base des doigts, leurs ailes aussi longues que la queue. On en compte quatre espèces : *l'Aigle commun, l'Aigle impérial, l'Aigle criard,* et *l'Aigle botté.*

A. COMMUN. (Pl. 7, fig. 1.) Par ce nom nous désignerons l'Aigle royal ou grand Aigle des anciens, dont leur *Aigle commun* n'est qu'une variété du jeune âge, qui doit presque exclusivement à ses couleurs plus claires d'avoir été regardé comme une espèce à part; Buffon et Cuvier eux-mêmes y ont été trompés.

Un caractère constant chez l'Aigle commun et propre à le distinguer, se trouve dans les trois grandes écailles qui couvrent la dernière phalange de tous les doigts. Il est d'un brun noirâtre, un peu moins foncé à la partie supérieure de la tête et sous le corps; mais les plumes sont blanches dans la plus grande partie de leur longueur, et lorsqu'elles sont ébouriffées, l'oiseau paraît entièrement gris. Ses yeux sont grands et protégés par une saillie très-avancée du crâne.

C'est l'un des plus puissans oiseaux de proie; la femelle a trois pieds et demi de l'extrémité du bec au bout des ongles, et ses ailes étendues ont jusqu'à huit et neuf pieds. On l'a proclamé le roi des oiseaux, et ses brillantes qualités ne lui assignent pas dans cette classe d'êtres un rang moins élevé que celui qu'occupe le lion parmi les animaux. Son regard est fier et assuré; tout dans son aspect décèle la force, et je dirais presque le sentiment de sa supériorité. Son vol est à son gré prompt comme la foudre, ou lent et majestueux comme le nuage qui le porte. Clément et magnanime, l'Aigle, dit-on, dédaigne un ennemi trop faible, et jamais on ne le voit rassasier sa faim sur des cadavres.

C'est à ces qualités qu'il doit la vénération que lui portaient les anciens; sa présence au milieu d'un sacrifice annonçait un message des dieux, et lorsqu'à Rhodes un Aigle alla se poser sur la maison de Tibère, chacun y vit un présage assuré de la grandeur future de celui qui l'habitait. Ses images conduisirent au combat les deux plus puissantes nations de l'antiquité, les Perses et les Romains, et de nos jours encore, lorsque le génie de la gloire et de la liberté a voulu étendre son bras sur le monde, c'est l'Aigle qu'il a pris pour emblème, et qu'il a fait flotter victorieux sur toutes les capitales de l'Europe.

Pris très-jeune et dressé avec habileté, l'Aigle se montre quelquefois assez traitable pour qu'on puisse l'employer à la chasse, et on s'en sert dans certaines contrées de l'Asie, au dire de voyageurs dignes de foi. Dans son état naturel, il chasse les faons, les agneaux, les lièvres; il les enlève et les transporte dans son aire. Souvent il s'attaque à des animaux beaucoup plus grands, les tue et les dépèce sur place. Comme il est doué d'une voracité énorme, il éloigne avec soin, du canton qu'il a choisi, tous les autres tyrans de l'air; on lui a même attribué des habitudes atroces, comme de tuer les plus gourmands de ses nourrissons, de les expulser de bonne heure, et de les reléguer au loin lorsqu'à peine ils sont en état de pourvoir à leur subsistance; mais le premier fait paraît controuvé, et le second est en contradiction avec l'habitude où sont, dit-on, certains paysans des montagnes de s'approvisionner, pendant une moitié de l'année, aux dépens des aiglons, qu'ils enchaînent dans leur nid.

. Nous avons déjà parlé de leur aire : la femelle y pond deux ou trois œufs, dont un et même plusieurs sont inféconds. On assure que les aigles communs vivent plus d'un siècle. On les trouve dans toutes les contrées montagneuses de l'Europe, en Arabie, en Perse, en Arménie, dans toute la Barbarie, et dans presque toute l'Amérique septentrionale.

. A. Impérial. Un peu plus petit que le précédent, et de couleur moins foncée. Le mâle a deux pieds et demi, et la femelle trois pieds; sur le sommet de la tête se trouve une plaque fauve-clair assez peu étendue, le derrière du cou est d'un blanc légèrement nuancé de jaune; il porte sur le dos, à l'origine des ailes, deux grandes plaques blanches qui lui ont fait donner le nom d'*Aigle à dos blanc*. Il habite les grandes forêts montagneuses de l'est de l'Europe, et est très-commun en Egypte. Ses habitudes sont trop rapprochées de celles de l'Aigle commun pour mériter une histoire à part. *V.* pl. 8, fig. 1.

A. criard, ou petit Aigle, *Falco nævius*. Cet Aigle est beaucoup plus petit que les deux premiers, la femelle n'ayant que vingt-quatre pouces: il doit le premier de ces noms aux cris presque continuels qu'il fait entendre. C'est le moins féroce des Aigles : il fait une guerre continuelle aux petits oiseaux, aux canards, aux pigeons, aux lièvres, et se nourrit même d'insectes; il s'apprivoise facilement,

mais sa lâcheté le rend inutile; il est en général d'un brun plus ou moins foncé. Dans les jeunes, les plumes des ailes, de la queue, des flancs sont terminées par des taches blanches ovales qui ont valu à l'espèce le nom d'Aigle tacheté (*F. maculatus*, Cuvier).

A. botté. C'est le dernier des Aigles proprement dits; il passe aux Buses par son bec très-légèrement arqué, par l'ensemble de ses formes, et par sa taille, qui est de dix-sept à dix-huit pouces seulement. La face et la partie supérieure du corps sont d'un fauve clair avec des taches blanches, chaque plume offrant une ligne fauve bordée de blanc. Le derrière de la tête, la gorge, le dessous du corps et de la queue et les tarses sont d'un blanc plus ou moins pur, plus ou moins moucheté de lignes fauves.

Cet Aigle, malgré sa petitesse, est, dit-on, d'un grand courage, et on le voit souvent s'attaquer à des ennemis d'une taille bien supérieure à la sienne. Il habite presque exclusivement les forêts de la Russie et de l'est de l'Allemagne. Cependant on en a tué un à Meudon, il y a quelques années, et sa présence à une distance si considérable n'a pu être expliquée. On le voit au Muséum.

Parmi les Aigles exotiques, nous citerons l'Aigle malais, entièrement noir et de la grandeur de l'Aigle criard; il est figuré dans l'Iconographie du règne animal de M. Guérin. (Oiseaux, pl. 2, fig. 2.) (D. Y. R.)

AIGRE. (chim.) Epithète donnée en général aux substances animales ou végétales dont la saveur tient le milieu entre l'acide et l'acerbe. Mais on applique encore cette épithète à un métal qui n'est ni ductile ni maléable, et à la voix aiguë et criarde. (F. F.)

AIGREMOINE, *Agrimonia*. (bot. phan.) Genre de la famille des Rosacées, composé de cinq à six espèces herbacées, à feuilles ailées, avec une impaire, composées de folioles alternativement inégales, avec des fleurs jaunes en épis terminaux, pourvues chacune de trois bractées. Les caractères botaniques de l'Aigremoine sont : un calice tubuleux, hérissé supérieurement de petites folioles aiguës; une corolle de cinq pétales; douze à vingt étamines; deux styles, deux stigmates; deux ovaires membraneux, renfermant une graine renversée.

La seule espèce intéressante est l'*A. Eupatoria* ou *Eupatoire*, ainsi nommée, dit-on, du roi Eupator. On la distingue à ses feuilles caulinaires et à son fruit hérissé de pointes. La médecine l'emploie en cataplasmes détersifs. (L.)

AIGRETTE. (zool.) On appelle ainsi un ornement donné par la nature à un petit nombre d'animaux et plus spécialement à certains oiseaux, tels que le Paon, quelques espèces de Hérons, les Ducs, plusieurs espèces de Hiboux, etc. Quant aux plumes qui servent à la parure, à la distinction des grades militaires, et que l'on nomme aussi Aigrettes, elles n'ont pas pour la plupart joué ce rôle sur les oiseaux qui les ont fournies, et nous en parlerons en traitant de ces derniers. On donne aussi ce nom à quelques espèces de mammifères et d'oiseaux. (*Voy.* Macaque, Héron.)     (D. Y. R.)

AIGRETTE, *Pappus.* (bot.) Touffe de filamens qui couronne la graine ou le fruit de certaines plantes, particulièrement de celles à fleurs composées. Tout le monde a vu l'aigrette soyeuse des pissenlits, des chardons; s'élevant à la moindre agitation de l'air, elle dissémine la graine, et la transporte souvent à de très-grandes distances.

L'*aigrette* est, 1° *membraneuse*, comme dans la chicorée, où elle forme une espèce de bourrelet autour du fruit; 2° *squameuse*, ou composée d'écailles, tantôt minces et membraneuses, tantôt épineuses et raides; on la voit ainsi dans l'œillet d'Inde; 3° *soyeuse*, c'est-à-dire formée de poils ou de soies. On la dit *poilue* si les poils sont simples, comme dans les chardons; *plumeuse*, si les poils sont ramifiés. L'aigrette soyeuse peut encore être *sessile*, si le faisceau de poils part immédiatement du fruit; *stipitée*, si elle est au sommet d'une espèce de pédoncule appelée *stipe*.

Aigrette, arbre de Madagascar. *Voyez Chigomier.*

Aigrette, ou Agrette; c'est l'Oseille ordinaire.     (L.)

AIGUE-MARINE ou Béril. (min.) Nom que donnent les bijoutiers à quelques variétés d'émeraudes de couleur verdâtre ou bleuâtre, et qui, taillées, produisent assez d'effet. Presque toutes les Aigues-Marines qui existent dans le commerce de la joaillerie viennent du Brésil et de la Russie. On en fait des épingles, des bagues, des pendans d'oreilles, etc. Mais ces pierres, étant assez communes, ont une faible valeur, lors même qu'elles sont d'une belle couleur, d'une grande pureté et un peu volumineuses : un échantillon qui réunit toutes ces conditions et qui pèse 100 grains ne vaut pas plus de 36 à 40 francs.

L'Aigue-Marine la plus remarquable est celle de la couronne du roi d'Angleterre. Elle a environ deux pouces de diamètre, et elle est d'une beauté rare par sa pureté et son volume. Il en existe aussi une magnifique dans la collection des pierres gravées de la Bibliothèque royale de Paris; elle est également précieuse par sa pureté, sa couleur et le mérite de la gravure qui représente le portrait de *Julia*, fille de *Titus*. (*Voy.* Emeraude.)

L'Aigue-Marine orientale de Brisson est une variété de topaze bleuâtre. (*Voy.* Topaze.) (D'Or.)

AIGUILLAT, *Spinax.* (poiss.) Ce genre, établi par Cuvier, se compose des espèces de Squales qui possèdent des évents, mais qui manquent de nageoire anale. Leurs dents, disposées sur plusieurs rangs, sont petites et tranchantes, et la partie antérieure de leurs deux dorsales se trouve munie d'une longue et forte épine qui doit les rendre des ennemis redoutables.

Au nombre de trois seulement, les espèces qui composent ce petit genre habitent nos mers, et n'atteignent pas au delà de trois pieds de longueur : elles sont donc de petite taille, relativement à celle de beaucoup d'autres Squales.

La plus commune est l'Aiguillat ordinaire (*Squalus acanthias*, Lin.), dont la couleur en dessus est d'un gris bleuâtre et d'un blanc sale sous le ventre.

Le Sagre (*Squalus spinax*, Lin.) est plus rare; il se reconnaît au noir profond qui colore la partie supérieure comme la partie inférieure de son corps, et surtout aux petits tubercules filamenteux dont cette dernière est garnie, ce qui la rend comme poilue. Ses côtés brillent d'une couleur d'argent nacré.

La troisième espèce a été dédiée à M. Blainville, par M. Risso; il l'a découverte sur la plage de Nice, où son nom vulgaire est *Mangin*. Elle a, à ce qu'il paraît, l'habitude d'enlever avec beaucoup d'adresse l'appât dont les pêcheurs garnissent l'hameçon qu'ils lui jettent pour s'en emparer.

L'Aiguillat Blainville se distingue de ses congénères par les raies obliques brunes, qui se détachent de la couleur plus foncée de ses flancs. La chair de ces poissons est blanche et peu délicate. De leur foie, qui est très-volumineux, on retire une huile limpide qu'on emploie dans les arts, et en particulier pour la préparation des peaux. Cette huile a, dit-on, la propriété de calmer les douleurs rhumatismales.

Bien qu'ils attaquent indifféremment beaucoup d'espèces de poissons, les Aiguillats paraissent faire leur nourriture ordinaire de crustacés, de calmars et de nautiles.     (G. B.)

AIGUILLE, Aiguille de mer. (poiss.) Nom vulgaire que l'on a appliqué indistinctement à plusieurs poissons de genres différens, que la forme allongée et quelquefois très-mince de leur corps a fait comparer à des aiguilles : tels sont les *Syngnathes*, l'*Aulostome*, l'*Orphie* et la *Sphyrène*. (*V.* ces mots.)     (G. B.)

Ce nom a été donné également à des animaux de classes différentes pour rappeler leur forme allongée ou seulement celle de quelques uns de leurs organes. Beaucoup de coquilles sont connues vulgairement sous le nom d'Aiguilles. Quelques plantes sont aussi appelées Aiguilles, parce que leurs graines offrent des formes allongées.     (Guer.)

AIGUILLES. (géogr.) On nomme ainsi les sommets des montagnes taillés en pointes aiguës et saillantes : l'Aiguille du Midi, située sur les glaciers des bois, aux environs de Chamouni, dans la chaîne des Alpes, en offre un exemple assez remarquable. Les diverses formes que prennent les cimes peuvent se réduire à trois espèces : les cimes *aux dos larges et allongés*, les cimes *aux arêtes longues et escarpées*, et enfin les cimes *aux pics aigus* ou *aiguilles droites et isolées*. Les Aiguilles sont ordinairement composées de lames verticales; il est facile d'en conclure que c'est à la nature des substances et à la structure des couches successives qu'elles doivent leurs formes. Pour plus amples détails, nous renvoyons le lecteur à l'article Montagnes.     (C. J.)

AIGUILLES ( Cap des ). (géogr.) Ce cap est la pointe la plus méridionale de l'Afrique : il est situé à trente-cinq lieues du cap de Bonne-Espérance.

(*voy.* ce mot): un banc de sable, appelé *banc des Aiguilles*, se trouve en avant du cap. Il était autrefois l'un des points remarquables où l'aiguille aimentée n'avait point de déclinaison ; telle est la cause qui lui a valu la dénomination de *cap des Aiguilles*.                              (C. J.)

**AIGUILLETTE.** (**MOL.**) Coquille fort petite, diaphane, composée de six tours, et très-commune dans presque toute l'Europe. Elle doit son nom à Geoffroy, qui l'a tiré de sa forme mince et allongée. M. de Férussac, examinant la troncature de sa columelle, avait pensé qu'elle pouvait constituer un genre, et lui donna le nom de Cécilioïde. Muller, ne la distinguant pas des buccins, en fit son *Buccinum Acicula* ; enfin Brugnière, plus heureux, la réunit aux Bulimes, qui est le véritable genre auquel elle appartient. Cette espèce vit sous les mousses qui s'attachent aux vieilles murailles.
                              (DUCL.)

**AIGUILLON.** (**ZOOL.**) On nomme ainsi, dans les insectes, une arme offensive et défensive dont sont pourvus certains Hyménoptères, et qui, cachée dans leur abdomen, en sort à volonté pour piquer et verser dans la blessure une liqueur véneneuse. Mais cette arme que possèdent les seules femelles et les neutres (femelles imparfaites), n'a pas seulement pour but de mettre l'animal en état de se défendre ou d'attaquer, elle est encore destinée à des fonctions plus essentielles : c'est un complément des organes reproducteurs, nécessaire surtout à la ponte. Réservé aux mêmes usages que les pièces cornées dans les autres insectes, l'aiguillon a la plus grande analogie, par sa composition et ses fonctions, avec ce qu'on appelle *oviductus*, ou plus ordinairement *tarière*.

Cet instrument vulnérant reste, lorsqu'il est inactif, renfermé dans le ventre ; mais lorsqu'il est en action, l'insecte le projette et le retire avec une grande rapidité ; sa flexibilité lui permet de le diriger vers l'objet de ses attaques ; aussi le nombre, la promptitude, la diversité de ces mouvemens exigent-ils un appareil assez compliqué, composé de plusieurs pièces qui méritent une étude particulière.

On reconnaît, dans l'aiguillon, une *base*, un *étui*, et, dans l'intérieur de celui-ci, deux *stylets* dont la réunion forme le *dard*.

La *base* est composée de six pièces suivant Réaumur ; Swammerdam en compte huit, et M. Duméril en admet une neuvième, placée sur la ligne médiane, ayant la forme d'un V, dont les branches, dirigées en avant, s'articulent avec l'étui, et semblent avoir pour fonctions de le ramener au dedans. Les huit autres pièces, disposées par quatre de chaque côté, se réunissent entre elles au moyen de membranes consistantes, et forment, dans leur ensemble, une sorte d'enveloppe dont la circonférence adhère au dernier segment de l'abdomen, tandis que, par sa face interne, elle embrasse l'étui de l'aiguillon. Quelques muscles s'insèrent aux pièces de cette enveloppe ; celles-ci transmettent les mouvemens que ces muscles leur impriment, aux stylets avec lesquels

elles s'articulent. Deux corps membraneux, blanchâtres, évasés en gouttières, formant, par leur réunion, une sorte de fourreau, font encore partie de la base, et paraissent avoir pour emploi de garantir les portions molles du contact de l'étui, ou peut-être de favoriser ses mouvemens.

L'*étui* est une tige de consistance cornée, présentant à sa base un renflement nommé *talon*, et diminuant progressivement jusqu'à son sommet, toujours aigu. Cette tige, ou plutôt ce fourreau, est creusé inférieurement par une gouttière qui se prolonge dans toute sa longueur ; il sert à loger la troisième partie de l'aiguillon, ou le dard.

Nous avons déjà dit que le *dard* était formé de la réunion des deux stylets adossés par leur face interne, toujours plane et creusée d'un léger sillon ; leur sommet, très-acéré, est garni en dehors de petites dents, toutes dirigées vers la base. Ces deux stylets, unis dans presque toute leur étendue, se séparent enfin, et vont, après avoir décrit environ la moitié d'un ovale, s'articuler avec les pièces cartilagineuses de la base de l'aiguillon. Dans cette bifurcation, ils sont accompagnés par l'étui, qui se divise lui-même, et dont chaque branche, sillonnée d'une rainure, continue à servir de fourreau à la portion correspondante du stylet.

Il est facile de concevoir que, pour lancer l'aiguillon au dehors de l'abdomen, l'insecte n'a besoin que de contracter, à diverses reprises, les muscles qui le fixent au dernier anneau de cette cavité : les fibres charnues de la base se contractant alors à leur tour, l'étui pénètre, par son sommet pointu, dans le corps qu'il rencontre, et sert de point d'appui à la base ; les muscles de cette partie font agir sur sa coulisse le dard, qui jaillit et s'enfonce plus profondément dans le tissu percé par l'étui. Souvent il s'y implante si intimement, à l'aide des petites dentelures dont le sommet est armé, que l'aiguillon reste tout entier dans la plaie. L'insecte périt alors, car il n'a pu se séparer de cette partie que par un violent effort, qui détermine toujours la déchirure de son rectum et de son oviductus.

La disposition des pièces de cet organe, le concours puissant de plusieurs muscles, expliquent très-bien comment l'aiguillon pénètre et blesse les tissus animaux sur lesquels il est dirigé ; mais on se rendrait difficilement compte des accidens que détermine cette piqûre, si l'on ne savait que cet instrument sert aussi à conduire, sur la partie lésée, une liqueur vénéneuse. Cette liqueur est sécrétée par deux vaisseaux aveugles, remplissant les fonctions de glandes ; ces vaisseaux se réunissent en un seul canal, terminé par une vésicule servant de réservoir au venin. La mise en action de l'aiguillon provoque la contraction des parois de cette dernière ; le liquide, pressé dans tous les sens, passe dans un nouveau canal, qui se termine à la bifurcation des stylets ; le poison s'écoule ensuite le long des sillons que nous avons indiqués à leur face interne ; il s'échappe par l'extrémité du dard, et pénètre enfin dans la plaie faite par l'aiguillon. Les propriétés de ce liquide n'ont pas encore été suffisamment examinées; tout ce qu'on sait, c'est que sa saveur est styptique, qu'il se coagule facilement à l'air; qu'il n'est ni acide ni alcalin; mais ce qu'on sait mieux encore, c'est le résultat de son inoculation dans les tissus animaux; celle-ci occasione toujours une douleur vive, parfois une inflammation prompte, quelquefois de graves accidens nerveux; si les piqûres sont multipliées, si les parties lésées appartiennent à un appareil d'organes importans, la mort même peut en être la suite : les journaux ont rapporté, il y a peu d'années, qu'un individu, assailli par un essaim d'abeilles, voulut appeler à son secours; que plusieurs de ces animaux s'introduisirent dans la bouche et la gorge, piquèrent horriblement ces parties; que le gonflement, survenu soudainement, mit obstacle à la respiration, et causa presque instantanément la mort.

On a conseillé, pour calmer la douleur aiguë déterminée par la piqûre des insectes Porte-Aiguillons, de douces frictions avec l'huile, l'ammoniaque, l'eau-de-vie, la salive. On a quelquefois réussi à les apaiser à l'aide d'un mélange d'huile, de camphre et de laudanum; mais un moyen qui paraît tout aussi efficace c'est de sucer l'endroit lésé pendant un certain temps. On fera bien aussi d'extraire l'aiguillon en le saisissant le plus près possible de la pointe ou d'en couper la base avec des ciseaux. On nomme encore AIGUILLON les osselets d'une seule pièce et pointus qui remplacent, dans certains poissons, les rayons des nageoires; quelquefois ces rayons sont mobiles, et l'animal possède, en même temps, une fente destinée à les recevoir et à les cacher : la Vive en offre un exemple; dans les Acanthinions ils sont dépourvus de membranes; dans les Acanthures ils ne font pas partie de l'appareil natatoire, et sont rangés sur les portions latérales qui avoisinent la queue; répandus enfin sur toute la surface du corps des Raies et des Pleuronectes, ils sont implantés sur un tubercule qu'on appelle *boucle*. (P. GENTIL.)

AIGUILLON. (BOT.) Plusieurs plantes sont armées de piquans auxquels on a donné le nom d'Aiguillons. Ceux-ci se distinguent des épines en ce que ces dernières sont ordinairement des rameaux avortés, à sommets pointus, tandis que l'Aiguillon n'a de connexion qu'avec l'épine et quelquefois même avec l'épiderme, dont il n'est assez souvent qu'une espèce d'excroissance, comme dans les rosiers, les ronces, etc. Par extension cependant, on a donné ce nom à certains organes devenus épineux, comme les stypules du groseillier à maquereau. La forme, la position varient considérablement; simples ou rameux, ils sont tantôt droits, coniques, tantôt recourbés, etc.

(P. G.)

AIL, *Allium*. (BOT. PHAN.) Genre de plantes de la famille des Asphodélées, à racines bulbeuses, vivaces ou bisannuelles, à fleurs disposées en ombelle, et présentant plusieurs espèces connues sous le nom d'ail, oignon, porreau, échalotte, ciboule, civette et rocambole. Nous diviserons ces espèces en trois sections, comme le fit Tournefort, d'après la forme des bulbes : 1° l'ail et ses variétés, chez lesquelles le bulbe est un composé de bulbilles réunies sous une enveloppe commune; 2° l'ognon, dont le bulbe est parfaitement sphérique; 3° le porreau qui l'a cylindrique. ( *V*. OGNON et PORREAU.)

L'AIL ORDINAIRE ou cultivé, *A. sativum*. On le trouve dans tous les jardins; il végète partout, mais il aime de préférence une terre bien ameublie; son bulbe acquiert une grosseur monstrueuse dans les dunes couvertes de débris de plantes marines; il n'exige aucun soin, si ce n'est celui d'arracher exactement les mauvaises herbes qui dévoreraient sa substance. Les Egyptiens paraissent être les premiers qui le cultivèrent; les Grecs l'avaient en horreur; les Romains l'abandonnaient aux valets de la ferme et aux soldats; de nos jours, c'est le manger favori du peuple dans tout le midi de l'Europe. Il s'en fait une consommation surprenante dans nos départemens du sud et de l'ouest; on l'y associe avec profusion à tous les mets. Il est vrai que les aulx de ces contrées, surtout ceux de la Tranche (Vendée) et de Cavaillon (Vaucluse), se font remarquer par une âcreté moins forte, par une odeur moins pénétrante que partout ailleurs. On lui attribue vulgairement des propriétés médicinales et de salubrité si nombreuses, qu'on l'a surnommé la *thériaque des pauvres* : elles se réduisent à peu de choses comme médicament; sa vertu vermifuge est incontestable, ainsi que son utilité dans les temps d'épidémie pour augmenter l'activité de l'estomac.

L'AIL D'ESPAGNE, ou ROCAMBOLE, *A. scorodoprasum*, dont on mange les petites bulbes ou soboles purpurines et blanchâtres qui couronnent la tige et se voient entremêlées aux fleurs. Cette plante croît spontanément dans diverses contrées de l'Europe, surtout en Hongrie et en Suède; on en fait d'ordinaire une espèce; elle n'est cependant qu'une simple variété, qui se distingue de l'ail ordinaire pour avoir, même au nord, conservé sa saveur douce.

L'AIL DES OURS, *A. ursinum*, abonde sur les montagnes. Les habitans des Vosges en recueillent les feuilles, qu'ils font cuire, en petite quantité, pour servir d'assaisonnement à la pomme-de-terre.

L'AIL ÉCHALOTTE, *A. ascalonicum*, que les Croisés nous ont rapporté de la Palestine, fournit plusieurs variétés, dont deux seules sont cultivées, la grande et la petite; l'une et l'autre sont fort recherchées.

L'AIL BLANC, *A. album*, l'AIL ODORANT, *A. odorum*, et l'AIL SUPERBE, *A. fragrans*, se cultivent dans les jardins d'agrément; le premier est de pleine terre sous la température de Paris, où il épanouit ses fleurs blanches d'un joli aspect au mois de mai; il est originaire de l'Italie; on le trouve aussi en Espagne, et depuis quelques années aux environs de Toulon, où il fleurit en avril. Le second exhale un parfum agréable, s'accommode assez bien de tous les terrains, et se multiplie de graines; le troisième, dont les fleurs ont une odeur de vanille très-prononcée, est encore fort peu répandu. Dumont de Courset l'a essayé en plein air, et il y a fort bien résisté à nos hivers.

On admet aussi, dans le nombre des plantes d'ornement, l'AIL DORÉ, *A. moly*, à cause de la brillante couleur de ses fleurs, qui s'épanouissent au milieu de l'été. Il faut le cultiver par touffes de plusieurs tiges à côté les unes des autres, séparer le bulbe tous les ans en automne, et replanter de suite.

Considérés comme plantes économiques, les aulx sont admis dans les cuisines comme bulbes pour entrer dans presque tous les mets et assaisonnemens; leurs feuilles hachées se mangent en salade au printemps. Sur les bords de la Loire, on pile le bulbe et quelquefois les feuilles pour les mêler au fromage frais. En Orient, on les réduit en poudre, et on s'en sert comme de poivre moulu. L'ail, additionné à la colle de farine, lui donne une plus grande force d'adhésion.            (T. D. B.)

**AILE.** (MOLL.) Ce nom a été donné à la lèvre extérieure de certaines coquilles, lorsqu'elle est plus dilatée qu'à l'ordinaire. Ce même mot, accompagné d'épithètes variées, sert à désigner, dans le langage vulgaire, plusieurs espèces de genres très-différens, comme par exemple le *Strombus gigas*, qu'on appelle *Aile d'aigle*; le *Strombus pes pelecani*, qu'on appelle *Aile de chauve-souris*, etc., etc.

Cette dénomination d'Aile a été également appliquée aux nageoires des ptéropodes et des céphalopodes (*v.* ces mots). Parmi les zoophytes, on nomme la pennatule *Aile de mer*.            ( GUER.)

**AILERONS.** (INS.) On nomme ainsi de petites lamelles qui dépendent des ailes antérieures et qui se continuent avec les *cuillerons* (*v.* ce mot).
            ( GUER.)

**AILES.** ( ZOOL.) La locomotion volontaire, cette faculté précieuse qui élève de tant de degrés au dessus du végétal le plus parfait, l'animal le moins élaboré par les mains de la nature, ne s'exerce pas chez tous par les mêmes moyens. A chacun ont dû être donnés des organes en rapports avec ses besoins, avec les mœurs qui lui étaient tracées par l'ensemble de son organisation, au poisson des rames et un corps admirablement disposé pour fendre le liquide dans lequel il doit vivre; à l'homme et à la plupart des mammifères des extrémités allongées qui ne leur permettent de franchir les grandes distances qu'au moyen d'une suite non interrompue de déplacemens partiels. Mais si nous venons à lever les yeux, de quel sentiment d'envie ne serons-nous pas saisis à la vue de ces êtres privilégiés que nous voyons se balancer avec une molle nonchalance au milieu de ce fluide si doux qui les caresse en les soutenant et semble les transporter, au gré de leurs caprices, à travers un espace sans bornes! Sommes-nous battus par l'orage et la tempête sur cette surface boueuse, dure et raboteuse où nous nous traînons si lourdement; ces rois de l'air, que

n'arrêtent ni écueils ni précipices, vont chercher dans des régions plus élevées un ciel toujours pur et serein, et si l'hiver, dépouillant nos tristes contrées, menace de leur ravir leurs alimens, leurs retraites et leurs plaisirs, ils franchissent des continens et des mers, et vont demander à d'autres climats de nouveaux printemps et de nouvelles amours. C'est ainsi que les hirondelles, que nous voyons partir dans le commencement d'octobre, sont, moins de huit jours après, rencontrées sous la ligne par les voyageurs, et l'on a vu un faucon échappé à l'esclavage parcourir deux cent cinquante lieues en seize heures, pour retrouver la patrie qui l'avait vu naître. De nos jours, tout le monde connaît la vélocité des pigeons messagers, et nous voyons les oiseaux les plus lourds, les oies, les canards, lorsqu'ils émigrent, parcourir la route qui leur est tracée avec une vitesse que rien ne saurait nous faire atteindre; cependant cette puissance de vol, déjà si prodigieuse, doit le céder encore à celle de ces frégates que les navigateurs rencontrent à quatre cents lieues de toute pointe de rocher, bien que leur conformation leur rende impossible un instant de repos à la surface des eaux, de sorte que, même sans leur tenir compte des circonvolutions qu'elles ne cessent de tracer dans leur course, nous pouvons affirmer qu'une promenade de huit cents à mille lieues ne leur est pas chose pénible.

Aussi de tout temps ce merveilleux exercice de la volonté a-t-il été regardé comme l'un des plus beaux et des plus nobles dons de la nature; et, depuis les ailes d'Icare jusqu'aux aérostats du professeur Reisner, conduits et dirigés par des aigles, plus d'un effort a été tenté, mais toujours en vain, pour vaincre les obstacles qui nous ferment ces routes si commodes et si sûres. S'il ne s'agissait que de construire des ailes artificielles capables de remplir, avec toute l'exactitude possible, le rôle que jouent les ailes des oiseaux dans le vol, nul doute que la mécanique, riche déjà de tant de prodiges, n'eût depuis long-temps résolu le problème; mais la nature en nous donnant cette admirable disposition des muscles et des vertèbres à laquelle nous devons la flexibilité du corps, le mouvement des bras en tous sens, la souplesse et l'agilité des doigts, a dû nous refuser ces vertèbres soudées qui soutiennent le corps de l'oiseau, ces muscles groupés en masse sur la poitrine, et fixés à un sternum robuste et solidifié, et qui font mouvoir, mais dans deux sens seulement, les ailes, surfaces souvent énormes, le fluide sur lequel elles doivent s'appuyer n'offrant qu'une résistance presque nulle.

Outre qu'en faisant l'histoire de chaque espèce, nous présenterons ce qu'elle offre de remarquable sous le rapport des organes du vol, nous allons les passer en revue chez les grands groupes de vertébrés; car ce n'est pas seulement aux oiseaux qu'ont été ouvertes les routes aériennes, nous retrouverons cette faculté, à un degré de perfection plus ou moins grand, chez quelques espèces de mammifères, de reptiles et de poissons.

**Ailes chez les mammifères.** Dans les chauves-souris, les doigts des membres antérieurs atteignent une longueur égale à cinq ou six fois celle de l'animal entier, et sont réunis par une membrane d'une minceur et d'une souplesse remarquables. (*Voy.* Chauve-Souris.) Tout le monde connaît la légèreté de leur vol, leurs circonvolutions rapides lorsqu'elles poursuivent l'insecte que sa petitesse et l'obscurité nous dérobent. Ce sont là de véritables ailes qui ne doivent pas être comparées aux extensions de la peau que l'on rencontre chez quelques autres mammifères, tels que les Galéopithèques, les Phalangers volans et les Polatouches (*voyez* ces mots). Ces membranes ou extensions dénuées de muscles ne doivent être considérées que comme de véritables parachutes qui soutiennent l'animal dans les sauts qu'il exécute d'une branche à une autre.

**Chez les oiseaux.** Si nous ne craignions d'être emportés trop au delà des limites qui nous sont imposées, que de merveilles à décrire dans les ailes du moindre de ces volatiles, dans ces plumes à la fois si fortes et flexibles, si légères et si résistantes, et dans leur admirable disposition, et dans la manière dont elles s'implantent dans l'aile et se soutiennent mutuellement les unes les autres! Mais occupons-nous de notre sujet sous un point de vue plus scientifique.

Si nous venons à considérer l'aile des oiseaux, nous y retrouverons toutes les parties qui constituent les membres antérieurs chez les mammifères. Un *humérus* ou os du bras solidement fixé à la jonction de l'omoplate avec la clavicule, et soutenant l'*avant-bras*, composé de deux os, le *radius* et le *cubitus*. A l'extrémité est soudé le *carpe* composé de deux ou trois osselets et qui porte lui-même le *métacarpe* et quelques phalanges, ou la main proprement dite, qu'on ne rencontre qu'à un état plus ou moins rudimentaire. Cependant un examen attentif y fait reconnaître deux doigts soudés entre eux et réunis par des muscles, et un osselet de forme allongée isolé des autres, et qui, placé à la base du carpe, représente le pouce. Quelquefois même l'aile se termine par un ongle, tantôt rudimentaire, tantôt comme dans les Kamichis, les Jacanas et quelques autres Échassiers et Palmipèdes, très-développé, acéré et devenant pour ces oiseaux des armes dont ils font dans leurs combats un usage redoutable.

Quant aux plumes, elles prennent des noms différens, suivant leur position relative sur l'organe. Les grandes plumes qui composent l'aile proprement dite, ou *pennes alaires*, portent encore le nom de *rémiges*; elles sont au nombre de dix-huit, vingt et même davantage. Des dix extérieures, ou *rémiges primaires*, quatre garnissent le long doigt; les *rémiges secondaires*, en nombre variable, se distribuent le long de l'avant-bras. A l'extrémité de l'aile est l'*aileron* ou *fouet* de l'aile, composé de plumes longues et étroites au nombre de trois, quatre ou cinq, insérées sur le pouce. Les pennes sont d'autant plus fortes et plus solidement

attachées qu'elles sont plus éloignées du corps, et leur base au dessus et au dessous est recouverte par les *tectrices* ou *scapulaires* dont l'ensemble est désigné sous les noms de *couvertures supérieures* et *inférieures* de l'aile.

Quant au mécanisme du vol en lui-même, il s'explique facilement par la grande surface de l'aile, par sa forme convexe en dessus, concave en dessous, ce qui établit une différence considérable dans la résistance des deux colonnes inférieure et supérieure, par la facilité avec laquelle les pennes glissent les unes sur les autres, ce qui permet à l'oiseau de diminuer la surface de l'aile lorsqu'il la relève, enfin par la disposition des grandes pennes dont les barbes intérieures sont les plus longues et s'appliquent exactement sur la penne qui les précède, par l'effet seul de la résistance de la colonne inférieure, tandis qu'elles s'écartent par l'effet contraire de la colonne supérieure. Au reste, il en est du vol comme de toutes les facultés physiques et morales; ce n'est que par une longue habitude et par un exercice soutenu que les oiseaux atteignent le degré de perfection dévolu à leur espèce, et l'on reconnaît pendant long-temps les jeunes à la timidité inhabile de leurs mouvemens.

Le mot *aile*, par lequel on indique les organes du vol, quelle que soit leur forme et leur structure, désignant d'une manière au moins aussi générale les membres antérieurs des oiseaux, on pourrait être tenté d'associer assez intimement ces deux idées pour regarder le vol comme un attribut essentiel de ce groupe d'êtres. Cependant il en est autrement, et il existe des oiseaux que leur organisation condamne à ne jamais quitter la terre. Cette anomalie apparente peut se présenter sous trois formes parfaitement distinctes : dans les Autruches et le Dronte elle est produite par la trop grande flexibilité des plumes de l'aile, dont quelques unes ne sont autre chose que ces belles aigrettes si recherchées, et par la faiblesse des muscles pectoraux. Toutefois, l'oiseau, dans ce cas, se sert encore de ces ailes imparfaites pour accélérer sa course; mais dans les Casoars, elles deviennent absolument inutiles, les pennes étant tout-à-fait nulles, et remplacées seulement par de longues épines sans barbes. Enfin la troisième disposition anormale nous est présentée par les Manchots et quelques autres oiseaux aquatiques, dont les ailes sont converties en véritables nageoires palmées et leur servent à cet usage. Ici les pennes manquent entièrement ou ne sont qu'à un état tout-à-fait rudimentaire.

Pendant long-temps les ailes n'ont guère fourni à la classification des oiseaux d'autres caractères que ceux que l'on tirait de leur longueur, comparée surtout à celle de la queue. Mais depuis plusieurs années les savans y ont cherché des caractères distinctifs plus profonds, plus importans, et surtout établissant entre les différens groupes des rapprochemens plus naturels. Enfin, dans un mémoire qui résume d'importans travaux, M. Isid. Geoffroy Saint-Hilaire a appelé sur les ailes l'attention

tention spéciale des naturalistes. Exposons quelques unes de ses idées.

Si nous examinons les ailes des oiseaux, déployées comme dans l'action du vol, nous serons frappés tout d'abord par deux dispositions bien différentes : chez les uns, en effet, les plumes à partir du corps vont en s'accroissant jusqu'aux plus éloignées, ce qui donne à l'aile une forme *aiguë*; chez d'autres au contraire l'aile semble *obtuse*, tronquée, et même arrondie, les pennes plus rapprochées de l'extrémité devenant plus courtes que celles qui les précèdent.

Dans la plupart des oiseaux à *ailes aiguës*, c'est la seconde penne qui est la plus longue, cependant il en est où la première dépasse toutes les autres; ce sont ces ailes d'une acuité presque exagérée que M. Isid. Geoffroy désigne par le nom d'*ailes suraiguës*; si la troisième penne vient à égaler la seconde ou à la dépasser fort peu, il donne à ces ailes le nom de *subaiguës*. De même, quoique dans la plupart des oiseaux à ailes *obtuses*, la quatrième penne dépasse les autres, il arrive que la troisième l'égale, ce qui constitue l'aile *subobtuse*, quelquefois au contraire la cinquième égale la quatrième ou même la dépasse, ce qui a lieu dans les ailes *surobtuses*.

C'est ainsi que M. Isid. Geoffroy rapporte toutes les variations de l'aile à deux grands groupes subdivisibles chacun en trois autres de la manière suivante :

*Aile suraiguë*. Ex. : les colibris, les vrais étourneaux, les sternes, les frégates, les vraies hirondelles.

*Aile aiguë*. Ex. : la plupart des oiseaux de proie nobles, les balbuzards.

*Aile subaiguë*. Ex. : les gypaètes, les vautours, beaucoup de passereaux.

*Aile subobtuse*. Ex. : un grand nombre de passereaux, les brèves, les kakatoès.

*Aile obtuse*. Ex. : les aigles, un grand nombre d'oiseaux de proie ignobles et de gallinacées.

*Aile surobtuse*. Ex. : les geais, les touracos, les coqs de roche, les lyres et un grand nombre de gallinacées.

Après avoir ainsi classé les oiseaux suivant la forme de leurs ailes, il passe en revue les systèmes adoptés pour leur classification et prouve 1° que les genres reconnus généralement comme les plus naturels ne renferment que des espèces à ailes d'une même forme ou de deux formes voisines au plus, encore ces derniers ne sont-ils pas généralement admis; 2° que, quant aux genres établis d'après d'autres principes, et qui comprennent des espèces très-différentes sous le rapport de la forme des ailes, il est facile de démontrer qu'ils ne sont nullement naturels, et qu'ils doivent évidemment être subdivisés; puis, faisant une application immédiate de sa théorie, il établit huit nouveaux genres dont nous aurons soin de parler en leur lieu. ( *Voyez* Lophote, Phodile, Artamie, Philesturne, Picerthie, Upucerthie, Alcémérope et Picule. )

Ainsi des variations d'organisation en apparence peu importantes en précèdent, en annoncent constamment d'autres plus réelles, plus pro-

fondes et beaucoup plus saillantes. Ce résultat d'ailleurs eût pu encore en grande partie être prévu; car si deux formes d'ailes immédiatement consécutives, telles que la subaiguë et la subobtuse diffèrent assez peu pour ne pas influer d'une manière sensible sur le vol, et par suite sur les mœurs de l'oiseau, on sent qu'il en est tout autrement de deux formes éloignées de l'aiguë, par exemple, et de l'obtuse, une aile de cette dernière forme en représentant une de la première, dont on aurait tranché obliquement les premières pennes. Aussi remarquerons-nous que les espèces à vol haut et soutenu ont presque toutes les ailes très-aiguës, tandis que les oiseaux lourds, tels que les pies, les geais, tous les oiseaux de basse-cour, ont les ailes très-obtuses et souvent tout-à-fait arrondies.

Chez les reptiles. Si l'on s'en rapportait à des traditions, à des légendes, à des monumens même et à des armoiries, sur lesquelles se fonde plus d'une illustration, nul doute qu'à des époques très-peu éloignées de celle où nous vivons, il n'eût existé d'énormes serpens ailés, de véritables dragons ; mais l'histoire de ces monstres terribles est entourée de tant de merveilleux, de tant de contradictions, de tant d'absurdités, qu'un instant de doute est impossible, et que, quel que soit l'observateur un peu éclairé qui l'étudie, il la rangera bientôt parmi tant d'autres fables venues des mêmes sources. Cependant, par une coïncidence qui pourrait étonner d'abord, si les descriptions données par les historiens étaient moins en opposition avec les nouveaux faits acquis par la science, on a retrouvé depuis quelques années les restes d'un grand genre de reptiles volant au moyen d'ailes qui devaient avoir de l'analogie avec celles des chauves-souris (Pterodactyle). Quant au lézard connu sous le nom de Dragon, il n'est rien moins que ce que son nom pourrait faire imaginer, et l'extension de la peau des flancs que soutiennent ses pieds et les prolongemens de six fausses côtes, ne peuvent que retarder sa chute et prolonger les sauts qu'il exécute avec beaucoup d'agilité, de branche en branche et d'arbre en arbre, dans les forêts, où il fait sa demeure habituelle.

Chez les poissons. Quoique aucun poisson ne possède des organes destinés spécialement au vol, certains d'entr'eux, les Exocets et les Trigles ( *v.* ces mots ), n'en ont pas moins la faculté d'échapper, en s'élevant au-dessus de la surface des eaux, aux poursuites d'avides et féroces ennemis. Mais leur fuite à travers un élément où les attendent d'autres ennemis non moins acharnés, n'est pas de longue durée : bientôt les vastes nageoires qui les supportent se dessèchent sous un soleil ardent, et ce n'est que par une nouvelle immersion qu'ils leur rendent la souplesse sans laquelle il n'est point de vol possible. Aussi ne se soutiennent-ils en l'air que quelques minutes pour aller retomber à une distance très-peu étendue, et souvent se précipiter, de frayeur et de fatigue, sur le pont des vaisseaux. (Doyere.)

Ailes des insectes. Pour parcourir les espaces de l'air, voler à leurs amours, fuir le danger qui les menace, butiner l'aliment qui leur est nécessaire, la nature a pourvu un grand nombre d'insectes d'appendices membraneux, véritables rames aériennes, aussi variées de forme que d'étendue. Transparentes ou opaques, d'une teinte uniforme ou nuancées des plus vives couleurs, ces appendices, toujours implantées sur les parties latérales du thorax, ont reçu le nom d'*ailes*. On les distingue en *premières*, qu'on appelle aussi *antérieures* ou *supérieures*, et en *secondes*, qu'on désigne également par les noms de *postérieures* ou d'*inférieures*. Les premières, toujours fixées au mésothorax, ont été, dans certains cas, appelées *élytres* ou *étuis*; les secondes, s'attachant au métathorax, n'ont reçu de nom particulier que dans leur état rudimentaire : on les nomme alors *balanciers*.

Examinées dans leur organisation la plus simple, telles qu'on les trouve, par exemple, chez certains Hyménoptères, les ailes paraissent formées de deux membranes superposées, transparentes, constituant à elles seules, dans le plus petit nombre de cas, l'aile tout entière, mais partagées le plus ordinairement en une suite de mailles ou d'aréoles par des lignes d'apparence cornée, saillantes et auxquelles on a donné le nom de *nervures*. Ces nervures ne sont autre chose que de petits tubes, diversement colorés, consistans, élastiques, et recevant, à leur naissance, une véritable trachée, tournée en spirale, susceptible d'extension et de contraction, s'anastomosant plusieurs fois dans le cours de son étendue avec des vaisseaux de même nature. Les trachées reçoivent l'air qui vient de l'intérieur du corps et qui sert, selon plusieurs naturalistes, à distendre l'aile dans l'action du vol. Elles ne sont pas sensiblement dilatables; mais le tube qui les contient peut au contraire prendre tout à coup un diamètre assez considérable. Au point où ils se forment, la substance cornée composant ces tubes s'étend de chaque côté en petits filets dans la duplicature de l'aile; la matière qui les colore, en se disséminant, perd ses nuances les plus prononcées; la continuité des nervures paraît alors interrompue par de petits points ronds transparens, qu'on appelle *bulles d'air*; mais il n'y a aucune interruption dans les trachées.

Les nervures, parfaitement décrites par Jurine, ont reçu de cet habile entomologiste des noms particuliers. (*V.* pl. 8, fig. 2.) Les plus fortes partent de la base de l'aile : il les nomme *primitives* : elles sont au nombre de deux; l'externe s'appelle *radius* (*a*), l'interne *cubitus* (*b*); elles aboutissent toutes deux au *point* ou *stigmate* de l'aile (*c*), nommé le *carpe* par Jurine, et *calus* par Latreille. Plusieurs autres nervures partent encore du même endroit; ce sont les *brachiales* (*d*). Ces branches ou troncs principaux se divisent en rameaux nombreux qui s'anastomosent en laissant entre eux des espaces remplis par la membrane de l'aile, et auxquels on a donné le nom de *cellules*.

Celles-ci ont encore été désignées d'une manière particulière; ainsi on appelle *cellule radiale* (1, 2.) l'intervalle compris entre le bord externe et une nervure nommée aussi radiale, naissant du milieu du carpe, et se dirigeant vers le bout de l'aile. Quelquefois il part de ce point deux nervures au lieu d'une, et il existe alors deux cellules radiales. Dans ce cas la grande nervure commence en arrière au lieu de naître au milieu du carpe. Quelquefois encore le tube radial en rencontre un plus petit qui sort du bord externe de l'aile; la petite cellule qui en résulte n'est plus que rudimentaire : elle prend alors le nom d'*appendicée*.

De l'extrémité du *cubitus* descend aussi une nervure secondaire, allant également vers le bout de l'aile : l'espace qu'elle renferme entre elle et celle qui concourt à former la cellule radiale, est sillonné de nervures transverses d'où résultent d'autres cellules nommées *cubitales* (3, 4, 5, 6). Quelquefois l'une d'elles n'est produite que par la bifurcation intérieure d'une nervure transverse : elle paraît alors surmontée d'une tige ou pétiole, et on la dit *pétiolée*. Parfois encore, la dernière cellule cubitale n'atteint pas le bout de l'aile et n'est point fermée; on dit alors qu'elle est *incomplète*.

Nous avons encore parlé de nervures *brachiales* (*d*); celles-ci, comme les premières, partent de la base de l'aile, et fournissent plusieurs rameaux qui remontent vers les cellules cubitales; on les désigne par la dénomination de *récurrentes*. Les espaces formés par les anastomoses sont appelés, par Jurine, *cellules humérales* (*e*), et Latreille distingue parmi celles-ci les *discoïdales* (10, 11, 12), placées au centre de l'aile, en arrière du calus, et celles du limbe (13, 14) qui sont au bord et à l'extrémité de l'aile.

Les ailes inférieures sont quelquefois dépourvues de nervures, tandis qu'il en existe aux supérieures. Les mâles de quelques Phalènes, dit Latreille, ont à la naissance des ailes inférieures, un appendice de même consistance qu'elles, couché sur leur face supérieure, plat, ovale, et plié en double. Ces Lépidoptères paraissent ainsi avoir six ailes; mais les deux surnuméraires ne sont qu'un repli du bord interne des inférieures.

Composées donc de nervures et de cellules, les ailes offrent, dans leur ensemble, plusieurs parties qu'il a fallu, pour l'étude, distinguer par des dénominations spéciales; ainsi l'on y remarque la *base*, c'est la portion qui s'articule avec le thorax; le *bout* ou *angle externe*, *angle antérieur*, ou enfin *sommet*, est la partie opposée à la base; l'*angle postérieur*, ou *angle interne*, ou *angle anal* se forme de la réunion du bord postérieur et du bord interne; le *bord interne* s'étend depuis l'angle postérieur jusqu'à la base; le *bord postérieur* commence aussi à l'angle postérieur, et se termine au bout ou sommet. On nomme enfin *disque* ou *surface*, suivant Latreille, l'espace compris entre les bords. (*Voyez* aussi, pour ces indications, figures d'Abeilles, planche 1, I^re livraison.)

Les ailes s'articulent avec le thorax, et sont mises en mouvement au moyen de pièces nombreuses, dont la structure a surtout été examinée par Jurine dans les Hyménoptères. Son travail qui doit encore être regardé comme le plus exact et le plus circonstancié, peut, à la rigueur, s'appliquer aux autres ordres d'insectes : nous le prendrons pour guide.

Les pièces articulaires, ou osselets, auxquels l'on a appliqué le nom d'*épidèmes*, sont au nombre de sept pour la *grande aile* ou aile du mésothorax; celle du métathorax en compte cinq.

Les épidèmes du mésothorax sont : le *petit radial*, le *grand radial*, le *grand cubital*, le *petit cubital*, le *naviculaire*, le *petit huméral*, le *grand huméral*. Ces pièces, de forme et d'étendue variables, s'unissent entre elles par une membrane; souvent elles sont difficiles à séparer et ne se distinguent que par les traces de leurs sutures; mais on en trouve toujours des vestiges. D'une part elles tiennent au mésothorax, de l'autre aux principales nervures : elles servent de point d'insertion à trois muscles. Le premier a pour fonction d'abaisser la base de l'aile et de soulever par conséquent son extrémité; le second lui fait exécuter des mouvemens de bascules et abaisse le bord interne; le troisième enfin n'est qu'un auxiliaire des deux premiers.

Les osselets de la petite aile, ou aile du métathorax, sont, avons-nous dit, au nombre de cinq : l'*échancré*, le *scutellaire*, le *diadémal*, le *fourchu*, la *massue* : ils auraient pu, en raison de leur analogie, recevoir les mêmes noms que ceux du mésothorax. Comme eux, au reste, ils s'unissent par une membrane, tiennent d'une part au métathorax, de l'autre aux nervures, et sont aussi pourvus de muscles chargés de fonctions semblables.

L'organisation si compliquée des ailes en rend l'étude fatigante, en multipliant les dénominations par lesquelles on est forcé de désigner les pièces qui y concourent; cependant cette nomenclature, indispensable pour l'ordre des idées et l'exactitude des observations, doit encore s'augmenter de toutes les désignations par lesquelles il a fallu indiquer la différence de leurs proportions et leurs diverses formes. Nous nous contenterons d'en signaler quelques unes. Ainsi elles ont été dites égales, inégales, lancéolées, en faux, en massue, rhomboïdales, oblongues, etc., etc., suivant qu'elles affectent l'une des formes auxquelles ces épithètes peuvent convenir.

On les appelle *couvertes* lorsqu'elles sont tout-à-fait cachées sous les élytres; *découvertes* lorsqu'elles dépassent celles-ci; *farineueuses*, *velues*, *squameuses*, *réticulées*, *striées*, *vitrées*, *oculées*, *à prunelles*, *à bandes*, etc., etc., en raison des différences qu'on remarque dans leur aspect et leur coloration. Les bords et le sommet des ailes, par suite de leur figure ou des dispositions particulières qu'on y remarque, ont encore prêté à ces désignations : tantôt on les dit dentelées, frangées, laciniées, déchirées, fendues, digitées; tantôt obtuses, pointues, tronquées, etc., etc.

On comprendra au reste l'importance qu'on doit attacher à la connaissance de cette nomenclature si étendue, lorsqu'on se rappellera que la figure et l'organisation des ailes ont servi de base à la classification adoptée par plusieurs auteurs pour l'étude des insectes. C'est ainsi qu'on a désigné divers ordres par les noms de *Coléoptères* ou ailes à étuis, d'*Orthoptères* ou ailes droites, d'*Hémyptères* ou demi-ailes, de *Névroptères* ou ailes à nervures, d'*Hyménoptères* ou ailes à membranes, de *Lépidoptères* ou ailes en écailles, de *Strepsitères* ou ailes torses, de *Diptères* ou deux ailes, etc.

Nous avons dit que, dans certains cas, les ailes antérieures avaient reçu le nom d'*élytres* ou d'*étuis*, par suite de la protection dont elles semblent chargées à l'égard des ailes membraneuses qu'elles recouvrent. Ce sont alors deux écailles allongées, parallèles, aussi solides que les tégumens du reste du corps, présentant comme lui de nombreuses modifications, offrant souvent à leur surface des dessins très-variés, des ciselures, des tubercules, des piquans, des aiguillons, pouvant aussi différer en raison du sexe. Les élytres concourent le plus ordinairement à l'action du vol; dans quelques circonstances elles ne jouissent pas de cette faculté, mais protégent l'abdomen en se soudant entre elles par leur bord postérieur; parfois elles perdent leur aspect corné, et, plus flexibles, elles se rapprochent davantage de la structure des ailes proprement dites; enfin, dans quelques cas, elles offrent une composition mixte : semblables, jusqu'auprès de leurs extrémités, aux élytres des coléoptères, elles se terminent brusquement par une membrane, et sont désignées alors sous le nom d'*hémilytres* ou demi-étuis.

Plusieurs organes accessoires complètent l'appareil qui, chez les insectes, sert à l'action du vol, et paraissent être pour ainsi dire des dépendances des ailes : les *balanciers (haltères)*, au nombre de deux, sont de petits corps membraneux, en forme de maillet ou composés d'une tige filiforme, terminée par un bouton ovale; situés au-dessous des ailerons ou cueillerons, à l'origine des ailes des diptères; ils sont susceptibles d'un mouvement très-rapide de vibration. (*V.* BALANCIER.)

On nomme *aileron* ou *cueilleron* une petite écaille membraneuse, placée au dessous du point où naissent les ailes des diptères, ordinairement blanchâtre, arrondie, ciliée sur ses bords. (*Voy.* AILERON.)

Les *prébalanciers* (*préhaltères*) sont deux petites pièces étroites, allongées, arquées, contournées à leurs extrémités, remarquables seulement chez les insectes que Kirby a nommés *Strepsiptères* (ailes torses), et que Latreille désigne par le nom de Rhipiptères (ailes en éventail). (*V.* PRÉBALANCIERS). Kirby a pris ces pièces pour des élytres; Latreille les compare aux écaillettes qui, chez les Lépidoptères, forment des espèces d'épaulettes, prolongées en arrière et le long d'une partie du dos, et qu'il appelle *ptérygodes* (*v.* ce mot).

Nous avons dû, pour ne pas sortir du cercle qui nous est tracé, nous contenter de résumer rapidement les travaux des plus célèbres entomologistes sur l'organisation des appendices thoraciques dont les insectes sont pourvus. Quelques observateurs ont trouvé, entre ces organes et les ailes des oiseaux, la plus grande analogie ; dans leur préoccupation, ils n'ont pas hésité à signaler les diverses pièces qui concourent à la structure des uns par les dénominations consacrées aux parties constituantes des autres; de là les noms de *radius*, de *cubitus*, de *brachiales*, etc., etc. Latreille a comparé les ailes des insectes, par analogie de fonctions, à des vessies natatoires ou aux corps vésiculeux qui accompagnent les pattes de certains crustacés amphipodes : « Pour donner aux insectes la faculté de voler, la nature nous paraît, dit-il, avoir employé des moyens analogues.... Elle n'a eu besoin, à cet effet, que d'accroître la portion membraneuse de leur peau, de la rejeter au dehors, d'y ajouter des muscles et d'introduire, dans l'intérieur de ces nouveaux appendices, des tubes aériens, etc. »

Mais soit que les auteurs qui ont traité ce sujet l'aient examiné sous le rapport anatomique, soit qu'ils l'aient considéré sous le point de vue physiologique, les recherches nombreuses auxquelles ils se sont livrés, les discussions qu'elles ont éveillées, les détails circonstanciés dans lesquels ils sont entrés, prouvent assez l'importance qu'ils y attachent. Et, en effet, il est difficile de ne pas admirer combien la nature s'est montrée prévoyante et riche dans la composition de ces organes : elle ne s'est pas contentée d'y remplacer les vaisseaux sanguins par des vaisseaux remplis d'air et peut-être de gaz plus légers encore, pour diminuer la pesanteur spécifique du corps de ces animaux; elle n'a pas seulement permis que ces parties si flexibles, si délicates, pussent se replier afin d'occuper le moins d'espace possible en s'abritant sous les étuis qui doivent les recouvrir; elle ne les a pas seulement pourvus de muscles nombreux qui leur donnent la faculté de se mouvoir avec rapidité, ou de les tenir immobiles en les étendant comme des voiles légères, mais elle leur a prodigué les teintes les plus vives; elle a semé leur surface d'écailles brillantes, les a diaprés d'or, de saphirs et d'azur, et semble avoir pris plaisir à donner à ces organes essentiels toute la recherche d'une élégante parure. (P. Gentil.)

**AILES**, *Alæ*. (bot.) Nom figuratif appliqué 1° aux deux pétales latéraux de la corolle des papillionacées; 2° à toutes membranes saillantes des végétaux disposées aux côtés de la tige, des rameaux ou de la semence; la tige du bouillon blanc, de la consoude, la graine du pin, le fruit de l'orme, etc., sont ailés. L'épithète de *feuilles ailées* s'applique à celles qui sont composées de plusieurs folioles. (L.)

**AIMANT.** (min.) On appelle fer oxidulé magnétique l'oxide de fer le moins oxygéné. Ce minerai de fer a l'aspect métallique; il est d'un noir brillant, plus foncé que celui du fer, et il a la propriété d'agir fortement sur les boussoles et sur les barreaux aimantés, ce qui lui a fait donner le nom d'oxide magnétique. Il possède quelquefois même les propriétés des Aimans : il attire le fer; il a un pôle nord et un pôle sud; en un mot c'est un *Aimant naturel* qui peut communiquer sa propriété, par le contact et le frottement, à des barreaux d'acier, et avec lequel on peut ainsi fabriquer des *Aimans artificiels*. (*V.* Magnétisme.)

L'Aimant naturel, caractérisé par sa polarité, c'est-à-dire par sa propriété de se tourner dans une direction fixe qui est à peu près nord-sud, se trouve principalement dans les terrains anciens, en Suède, en Norwége, en Laponie, dans des masses très-considérables de fer oxidulé, dont les plus célèbres sont celles de Dannemora, d'Utoë, de Taberg, celle de Gallivara, qui constitue une montagne considérable. On l'a également cité en Sibérie, au Brésil, dans la province de Minas-Geraës, etc. On n'en connaît pas de gisement en France. Il est ordinairement compacte, à cassure lithoïde, grenue ou lamelleuse; contenant de quatre-vingts à quatre-vingt-dix pour cent de fer, et présente cette particularité tout-à-fait remarquable, que presque toujours ses pôles se trouvent placés dans le sein de la terre comme ils le seraient si l'on en suspendait les fragmens dans l'espace.

Les anciens connaissaient la vertu attractive de l'Aimant sur le fer; ils avaient même reconnu que cette vertu se manifestait à travers des corps opaques, et pouvait se communiquer à d'autres fers; mais il paraît que ce fut seulement vers le douzième siècle que la propriété si importante de ce minéral, sur laquelle est fondée la construction des boussoles, fut enfin découverte et mise à profit.

Pour conserver et même augmenter la propriété attractive des Aimans naturels, on leur adapte ce que l'on appelle des armatures. Pour cela on les taille d'abord en parallélipipèdes rectangles; puis on applique à chaque pôle des armatures de fer doux; ce sont des barreaux coudés en forme d'équerre, qui, tenant toujours l'aimant en exercice, augmentent peu à peu l'énergie de son action. Ainsi des Aimans qui ne portent que quatre à cinq livres peuvent, avec des armatures et un long exercice, porter le double, en ayant soin de n'augmenter la charge que très-graduellement. Les Aimans naturels peuvent rarement porter au delà de quelques livres; mais on peut les employer à fabriquer des aimans artificiels, dont la force est illimitée. (*Voyez*, à ce sujet, l'article Magnétisme, ainsi que pour les détails relatifs à la distribution du fluide magnétique et à ses propriétés.) (A. B.)

**AIMANT DE CEYLAN.** (min.) La tourmaline a reçu ce nom parce qu'elle acquiert la propriété attractive par la chaleur. (*V.* Tourmaline.) (Guer.)

**AIR. ATMOSPHÉRIQUE.** (phys. chim.) On désigne ainsi la masse de fluide élastique qui, à part les exhalaisons, les vapeurs, etc., qu'elle contient, et qui constituent l'*Atmosphère*, enveloppe le globe, pénètre les abîmes les plus profonds, entre dans la composition des corps, et adhère à leur surface. D'après cette définition, on voit que les mots *Air atmosphérique* et *Atmosphère*, qui au premier abord peuvent paraître synonymes, ne sont pas la même chose. En effet, le premier exprime le contenant, l'autre le contenu; l'air atmosphérique s'élève à une hauteur inconnue;

l'atmosphère paraît avoir une hauteur égale à quinze à seize lieues de longueur; enfin l'air atmosphérique pourrait être considéré comme de l'air pur, comparativement à l'atmosphère qui n'est autre chose qu'un amas de tous les corps du globe terrestre capables de rester à l'état de gaz, au degré de pression et de température sous lequel nous vivons, et de toutes les substances solides très-divisées et suspendues dans le premier fluide aériforme. Ne devant nous occuper ici que de l'air atmosphérique sous les rapports physique et chimique, nous renvoyons au mot ATMOSPHÈRE, traité par un autre de nos collaborateurs.

L'air est invisible, incolore quand il est en petites masses; visible et de couleur bleue lorsqu'il est en masse considérable, comme on le voit dans la portion bleue de l'espace qu'on nomme *ciel*; insipide, inodore, soit par sa pureté, soit par l'habitude que nous avons de l'avoir constamment en contact avec nos organes; enfin il est fluide, pesant, compressible et parfaitement élastique.

La fluidité de l'air se prouve par la facilité extrême avec laquelle il s'applique à la surface de tous les corps, et par la grande promptitude avec laquelle il se déplace. Sa pesanteur, observée pour la première fois par Aristote, constatée ensuite par les expériences de Galilée, de Torricelli, de Pascal, de Boyle et de Mariotte, se démontre, 1° en pesant exactement un ballon de verre dans lequel on a fait le vide, tenant compte du poids et comparant celui-ci avec le poids du même flacon pesé plein d'air; on voit qu'il y a une différence en plus pour le dernier ballon; 2° en plaçant une cage de verre sous la machine pneumatique, et faisant le vide. L'opération achevée, on ne peut plus déplacer la cage de verre; on l'enlève facilement au contraire lorsqu'on a fait rentrer de l'air. Ces expériences, que nous pourrions certainement multiplier sans prouver davantage, ont fait connaître qu'un décimètre cube d'air pèse environ 1225 milligrammes; que la couche atmosphérique qui enveloppe la terre a une pesanteur égale à une couche d'eau de 32 pieds ou de 28 pouces de mercure; enfin que la pression exercée par l'air sur la surface totale d'un homme ordinaire, est égale à peu près à un poids de 32,000 livres. Mais si on réfléchit que ce poids énorme est contrebalancé par la réaction des fluides élastiques contenus dans les cavités intérieures de notre corps, on ne sera pas étonné qu'il nous soit insensible.

La pesanteur de l'air est subordonnée à sa densité; elle varie encore suivant les hauteurs, suivant les vents, les vapeurs dont il est chargé, etc. Il résulte de là qu'avant de déterminer la pesanteur spécifique de la densité de l'air, on doit avoir égard au degré de pression et de chaleur sous lequel on agit; c'est ce que l'on fait à l'aide du *baromètre* et du *thermomètre*. (*Voyez* ces mots).

Enfin, la compressibilité et l'élasticité de l'air sont établies d'une manière incontestable, 1° par la *fontaine de compression*, dans laquelle l'eau ne s'élève sous forme de jet que par la force de l'air condensé qui reprend son premier état; 2° par l'expérience de Boyle et de Mariotte, qui consiste à comprimer dans un tube de verre recourbé, une colonne d'air par une colonne de mercure, et dans laquelle on voit que, plus la quantité du mercure augmente, plus l'espace occupé par l'air diminue; 3° par la vessie à demi pleine d'air qui, soumise à l'action de la chaleur ou sous la machine pneumatique en action, se gonfle spontanément; 4° enfin par la construction du fusil à vent et des pompes foulantes et aspirantes.

Ainsi que tous les gaz, l'air comprimé dégage une quantité de calorique capable d'enflammer certains corps; c'est ce que prouvent le briquet dit *pneumatique* et l'étincelle du briquet ordinaire.

L'eau jouit de la propriété de dissoudre une plus ou moins grande quantité d'air atmosphérique; cette vérité est reconnue et admise par tous les chimistes; mais en est il de même de la proposition opposée, c'est-à-dire, l'air peut-il dissoudre une certaine quantité d'eau? Nous pensons qu'il n'en est pas tout-à-fait ainsi, et que l'air ne dissout pas l'eau; il est capable seulement d'en tenir de très-grandes masses en suspension, surtout sous forme de vapeur, et c'est à cette interposition de molécules d'eau et d'air, augmentée ou diminuée, suivant la température et la pression de l'atmosphère, que l'on doit rapporter la cause principale des météores aqueux.

D'après notre célèbre Lavoisier, dont les recherches et les travaux scientifiques sont immortels, à qui nous devons la savante et utile doctrine pneumatique, l'air atmosphérique, parfaitement sec, est composé, n'importe à quelle température et à quelle hauteur on l'examine, de 21 p. de gaz oxygène, d'environ 79 parties de gaz azote, et d'une très-petite quantité (un millième) de gaz acide carbonique.

L'air atmosphérique renferme le principe essentiel à la vie, l'oxygène. Sans lui, aucun être vivant ne saurait exister sans éprouver d'abord de profondes altérations organiques et fonctionnelles, puis une fin affreuse et prématurée. Qui ne connaît les funestes effets d'un séjour prolongé dans les prisons et les cachots? qui ne sait que les hommes privés d'air pur et souvent renouvelé, finissent par pâlir et s'étioler à la manière des végétaux que l'on soustrait à l'influence vivifiante de ce fluide élastique et de la lumière?

Indispensable à la vie des animaux, l'air n'est pas moins utile aux végétaux dont il favorise l'accroissement, et ses usages dans les arts et l'économie domestique sont extrêmement importans et multipliés. Sans lui point de chaleur, point de lumière artificielle. Son contact avive les couleurs, blanchit certains tissus, dessèche les corps humides, concentre les liquides, etc. Sous forme de masses mobiles appelées *vents*, il sert de force motrice; c'est lui qui fait tourner les moulins placés sur les lieux élevés ou en rase campagne, qui gonfle les voiles des vaisseaux, etc., etc. Enfin c'est par son intermède qu'on calcine les métaux, qu'on grille les minerais, etc.

AIR DÉPHLOGISTIQUÉ. A l'époque où le phlogistique (être imaginaire, principe du feu, etc., des anciens chimistes) était considéré comme un corps qui s'opposait à la combustion, on devait tout naturellement appeler air déphlogistiqué le gaz qui, par dessus tout, jouissait de propriétés comburantes; c'est ce qui avait été fait pour le gaz oxygène. Mais depuis Lavoisier on a fait justice de ce nom. *Voyez* Gaz oxygène.

Air fixe. *Voyez* Acide carbonique.

Air inflammable. Ancien nom du gaz hydrogène.

Air méphitique. Ancien nom de l'acide carbonique.

Air phlogistiqué. Nom sous lequel on désigna le gaz hydrogène à l'époque de sa découverte.

Air vicié. Air atmosphérique dans lequel le gaz azote est en excès. *Voyez* Gaz azote.

Air vital. Premier nom qui fut imposé au gaz oxygène. (F. F.)

AIRAIN ou Bronze. (min.) Alliage de cuivre et d'étain dont les proportions varient suivant les usages, et qui est employé pour les statues, les cloches, divers ustensiles, etc. C'est à l'étain qu'est dû le grand degré de dureté qui caractérise cet alliage, ainsi que sa qualité sonore. Le savant M. Darcet, qui est parvenu à former un alliage de cuivre et d'étain assez dur pour fabriquer des lames de canif et de rasoir, a démontré que l'immersion du bronze encore rouge dans l'eau froide le ramollit au lieu de le durcir, ce qui est tout-à-fait le contraire de ce qui arrive à l'acier. Il faut donc, après avoir fait rougir cet alliage, le laisser refroidir lentement dans l'air; et alors la dureté qu'il acquiert est proportionnelle au degré de chaleur qu'il a reçu et à la lenteur avec laquelle il perd son calorique.

Les armes et les outils en bronze dont se servaient les anciens contenaient 100 parties de cuivre et 14 à 15 d'étain; les proportions les plus convenables pour les pièces d'artillerie sont 100 parties de cuivre sur 11 d'étain; enfin l'airain avec lequel on fabrique les cloches est un alliage de 75 parties de cuivre et de 25 d'étain. A ces deux métaux on ajouta, dans la fonte des cloches, du fer, du zinc, et quelquefois même de l'argent, pour obtenir des tons harmoniques. Chaque cloche doit donner le ton d'une note pour pouvoir faire partie d'une sonnerie brillante : si ce ton n'est pas juste, la cloche est manquée; il faut la refondre. C'est ce qui explique la multitude de cloches de différentes dimensions que l'on trouva dans les églises et les communautés religieuses qui furent supprimées en France à l'époque de la révolution. On estime à plus de 56,000 le nombre des cloches dont le gouvernement s'empara et dont la plupart furent converties en canons pour la défense de la patrie. Depuis la rentrée de Louis XVIII on a rendu à quelques églises leurs bruyans carillons.

A propos de ce métal, nous rappellerons à nos lecteurs l'airain si célèbre de Corinthe, qui se forma lors de l'incendie de cette ville par les Romains (146 ans avant l'ère chrétienne). Pline rapporte que cet incendie fut si terrible et si violent, qu'il fit fondre les statues sur les places

publiques, les ornemens et les vases sacrés dans les temples, et que de cette fusion on obtint un précieux alliage d'or, d'argent, de cuivre et d'autres métaux. (D'Or.)

AIRE. (ois.) On donne ce nom aux nids des grands oiseaux de proie, à cause de leur forme aplatie, de leur étendue et de la manière dont ils sont construits. Quelques uns les placent dans de grands arbres à tête touffue; mais les vautours, les aigles et les plus grandes espèces choisissent de préférence les rochers les plus solitaires, les plus escarpés, ou les bords de précipices inabordables. Là, sur quelques bâtons croisés, forts et longs de cinq à six pieds, qui vont d'un rocher à un autre, ils établissent ce plancher qui n'a d'autre abri que le ciel, ou quelquefois un roc en saillie. Il est tapissé de mousse, de feuillage et de bruyère, et sert de retraite, pendant leur vie entière, au couple inséparable qui l'a construit. Il serait donc facile de représenter, sous les couleurs les plus poétiques, cette demeure où viennent se rattacher tant d'idées de famille, de constance et de fidélité conjugales, de soins et de secours mutuels; mais vu de près, ce n'est le plus souvent autre chose qu'un charnier infect, sans cesse couvert des débris de repas féroces et ensanglantés, parmi lesquels, dit-on, se sont trouvés jusqu'à des ossemens d'enfans. (D.Y.R.)

AIRE DE VENT. (géogr.) On appelle ainsi la seizième partie d'un cercle placé sous l'aiguille aimantée de la boussole, et servant à indiquer la direction suivie par cette aiguille. Cette partie porte aussi le nom de *quart de rhumb*. Nous allons indiquer le moyen d'obtenir cette fraction du cercle. On a commencé par tracer deux diamètres perpendiculaires l'un à l'autre; les quatre extrémités de ces deux diamètres ont donné les quatre points cardinaux, le nord, l'est, le sud et l'ouest. Ces différentes parties du cercle ont reçu le nom de *rhumb* ou *quart du cercle*. Mais cette première division n'a pas paru suffisante, et en menant de nouveaux diamètres toujours perpendiculaires deux à deux, on a subdivisé chaque rhumb en quatre parties égales, comme l'indique la fig. 4, pl. 8 : ce sont ces dernières fractions du cercle qu'on nomme *Aires de vent*. (*V*. Boussole.) (C. J.)

AIRELLE, *Vaccinium*, L. (bot. phan.) Genre de plantes de la famille des Bruyères et de la Décandrie monogynie, contenant des arbustes, rarement des arbrisseaux, à feuilles alternes ou éparses, le plus souvent entières; fleurs axillaires ou en épis, à corolle campanulée, auxquelles succèdent des baies globuleuses à quatre ou cinq loges avec plusieurs graines. Parmi les quarante espèces provenant du nord de l'Asie, de l'Europe et surtout de l'Amérique, nous citerons les suivantes:

A. myrtille ou *Anguleuse*. *A. Myrtillus*, L. Arbuste commun dans nos bois et les lieux frais des montagnes, haut de trente-deux à quarante centimètres; ses fleurs, d'un blanc rosé, s'épanouissent en avril ou en mai, pour donner en juin une petite baie d'un pourpre noirâtre, que les enfans mangent avec plaisir. Ses feuilles, alternes,

ovales, finement dentelées, et ses baies, qui rappellent celles du myrte, lui ont fait donner le nom de Myrtille. Ses racines tracent beaucoup. Coupée au printemps, cette plante fournit un excellent tan, propre à la confection des cuirs. On fait des confitures et un sirop rafraîchissant avec son fruit, et on l'emploie dans la teinture. On en retire aussi de l'eau-de-vie. L'Airelle myrtille est cultivée dans les jardins comme plante d'agrément, mais elle s'y accommode difficilement.

**A. PONCTUÉE**, *A. Vitis idœa*, L. Joli petit arbuste toujours vert, dont les rameaux ont la propriété de s'attacher à la terre, lorsqu'ils y touchent, et de produire de nouveaux individus. Son feuillage ressemble à celui du buis; ses fleurs, disposées en petites grappes pendantes, sont d'un blanc rougeâtre; la baie, d'un beau rouge, donne aussi de très-bonnes confitures. L abonde dans les Vosges et sur les Alpes.

**A. VEINÉE ou des marais**, *A. Uliginosum*, L., et l'**A. COUSSINETTE**, *A. Oxycoccus*, L. Habitent les endroits marécageux; elles sont l'une et l'autre petites, et donnent un fruit acide. La première est très-commune aux monts d'Or, dans le Puy-de-Dôme. Leurs fleurs sont blanches. (T. D. B.)

**AISELLE.** (BOT. PHAN.) On nomme ainsi une variété de betterave qui donne peu de sucre.
(GUER.)

**AISSELLE**, *Axilla*. (BOT. PHAN.) C'est l'angle rentrant qui se montre à l'insertion du rameau. L'organe situé dans cet angle prend l'épithète d'*axillaire*; par exemple les fleurs de la pervenche sont *axillaires*. (L.)

**AIX** (ÎLE D'). (GÉOGR.) L'île d'Aix est cette petite île située en avant de l'embouchure de la Charente, entre l'île d'Oléron et l'île de Ré; elle forme, avec ces deux îles, un bassin où les vaisseaux trouvent un bon mouillage. Elle est très-rapprochée du continent, et le bras de mer qui l'en sépare a si peu de profondeur, qu'à la marée basse on pourrait, pour ainsi dire, la traverser à gué. On y trouve les mêmes couches et les mêmes bancs de coquillages que sur la côte de France; ces deux considérations indiquent assez qu'autrefois l'île d'Aix faisait partie de la terre ferme.

Au milieu de ce bras de mer, dont nous venons de parler, on voit le fort Ennet, qui, à la marée montante, se trouve à flot comme un bâtiment. Dans l'île le fort Liedot, dont les constructions ne s'élèvent pas au dessus du niveau de la mer, défend avec avantage l'entrée de la Charente; on en construit un troisième en ce moment pour défendre le canal qui sépare l'île d'Oléron de l'île d'Aix.

Cette île, quoique fort petite, est assez importante comme position, puisque, dans les guerres de l'empire, on y a transporté jusqu'à 10,000 hommes de troupes. Elle est la dernière terre du sol français qu'ait foulée le pied de Napoléon, et c'est en quittant cette île qu'il s'est embarqué sur le bâtiment anglais *le Bellérophon*, chargé de le conduire à Sainte-Hélène.

Cette terre, qui n'offre que peu d'élévation au dessus du niveau de la mer, est toujours exposée à un vent assez violent; comme elle est sans abri, les arbres ne peuvent s'y développer; aussi sa végétation ne présente que des broussailles et de petits arbustes. On y cultive la vigne avec quelque succès, et le vin qu'on en retire est le principal produit de l'île. (C. J.)

**AIZOON ou LANQUETTE.** (BOT. PHAN.) Plante grasse, herbacée, originaire des pays chauds; elle est de la famille des Ficoïdes. Elle a un calice monosépale à cinq divisions, environ quinze étamines, cinq styles, des fleurs axillaires, sessiles. On compte dix espèces d'Aizoon; leurs cendres, qui donnent beaucoup de potasse, sont utilisées sous ce rapport en Espagne et aux îles Canaries. (L.)

**AJONC**, *Ulex*. (BOT. PHAN.) Sous-arbrisseau de la famille des Légumineuses, très-rameux, à feuilles simples, raides, hérissées d'épines, à fleurs jaunes, partant en épi de l'aisselle des rameaux; son calice est à deux lèvres, coloré; sa gousse est renflée, très-courte. La principale espèce d'Ajonc (*ulex europæus*), connue sous le nom de *Genêt épineux, Jonc marin, Sainfoin d'hiver*, etc., croît très-abondamment sur les côtes de France, entre Bordeaux et Bayonne, en Bretagne, en Normandie, enfin en Espagne, où il atteint quinze pieds; les plus mauvais terrains, les bruyères, les landes de sables lui sont favorables; il y devient utile; car on peut brûler son bois pour chauffer les fours, et donner ses jeunes pousses en litière et même en fourrage aux bestiaux. En Angleterre on cultive l'Ajonc à cause de ses fleurs, qui donnent presque tout l'été; il forme aussi de très-bonnes haies. Une autre espèce, l'*Ulex nanus*, semblable à la précédente, mais beaucoup moins grande, croît aux environs de Paris. (L.)

**AKANTICONE, AKANTICONITE ou ARENDALITE.** (MIN.) Ces noms, qui n'ont pas été conservés par Haüy, ont été donnés à une variété d'Epidote trouvée à Arendal, en Norwége. Ce minéral est vert noirâtre, et donne par la trituration ou la râclure une poussière d'un jaune serin. (*V.* EPIDOTE.) (D'OR.)

**AKIDE**, *Akis*. (INS.) Ce genre de Coléoptères, formé par Fabricius, fait partie de la tribu des Piméliaires, famille des Mélasomes, section des Hétéromères. Il a pour caractères essentiels : tête carrée, rétrécie en arrière, le milieu de son bord antérieur échancré pour recevoir le labre, côté extérieur des mandibules fortement excavé dans son milieu : côtés inférieurs de la tête emboîtant les mâchoires et le menton, terminés en pointe ou en manière de dent; antennes de onze articles très-distincts, dont le troisième le plus long.

Ce genre commence à être assez nombreux en espèces dans les collections : ce sont des insectes de couleur noire, lisses, et dont les mœurs sont peu connues; ils paraissent vivre principalement sur les terrains tenant en dissolution des substances salines; ils ont tous le même faciès : une tête tronquée, rétrécie postérieurement, les côtés dilatés recouvrant la base des antennes, le corselet cordiforme échancré pour recevoir la tête, tronqué à son extrémité; les côtés relevés se dilatant fortement en pointe à la partie postérieure, les élytres soudées, carénées sur les côtés, embrassant l'abdomen, et s'inclinant brusquement à l'extrémité du corps.

A. ACUMINÉE, *A. acuminata*, Fabr. Noire, élytres entièrement lisses, légèrement bombées. Des provinces méridionales de la France et des pays plus méridionaux.

A. PONCTUÉE, *A. punctata*, Thumb. (*A. reflexa*, Oliv.) Voisine de la précédente; élytres plus planes, carène latérale en scie antérieurement, un rang de tubercules auprès de chaque carène. Des mêmes localités que le précédent, mais plus commun.

A. RÉFLÉCHIE, *A. reflexa*, Fabr. Semblable à la précédente, mais ayant deux rangs de tubercules de chaque côté. Nous l'avons fait représenter dans notre pl. 8, fig. 4.

Les espèces précédentes sont de véritables Akis; mais on a été obligé d'en séparer sous le nom d'ELÉNOPHORE,

L'A. A COLLIER, *A. collaris*, Fabr. Tête allongée, rétrécie postérieurement en manière de cou, corselet cylindrique plus étroit que la tête, abdomen lisse, beaucoup plus élevé que le corselet. Cette espèce est rare en France. M. Lacordère en a découvert une autre espèce, presque une fois plus grande, aux environs de Buénos-Ayres. C'est l'ELÉNOPHORE AMÉRICAIN, *E. americanus*. (Guérin, *Iconographie du règne animal*, insectes, pl. 28, fig. 9.) (A. P.)

ALABANDA. (MIN.) Marbre d'un noir très-foncé que l'on exploitait aux environs d'Alabanda, ville de la Carie, dans l'Asie mineure. Les anciens Grecs l'appelaient indistinctement *Alabanda* et *Marbre alabandique*. J'ai vu plusieurs piédestaux et des fûts de colonnes de ce marbre au Capitole à Rome; ils provenaient de la Grèce, d'où les Romains les avaient enlevés. C'est le marbre noir antique que quelques auteurs appellent *noir de Lucullus*. (T. D. B.)

ALABANDINE. (MIN.) Pierre précieuse que l'on trouvait aussi dans les environs de la même ville; on la place entre le rubis et le grenat; elle est moins obscure que le premier, et plus transparente que le second; elle est dure, anguleuse, et l'on en trouve qui ont six angles. Théophraste l'appelle *pierre incombustible de Milet*. On a dit que c'était, tantôt la tourmaline rouge-foncé de Ceylan, tantôt le grenat syrien: c'est une erreur; l'Alabandine des anciens est un spinelle rouge-pourpré, qui prend le premier rang après le vrai rubis. (T. D. B.)

ALADER. (BOT. PHAN.) Nom de l'alaterne et du phyllirea, dans le Languedoc. (GUER.)

ALALONGA. (POISS.) On nomme ainsi sur les côtes d'Italie, en Sicile et en Sardaigne, une espèce de Thons à nageoires pectorales très-longues, appelé Germon dans le golfe de Gascogne. *Voy.* GERMON. (G. B.)

ALANTINE. (CHIM. ORG.) Fécule tirée de l'*An-*

*gelica arkangelica*: on la nomme Datiscine lorsqu'on la tire du *Datisca cannabina*, Dahline lorsqu'elle est extraite du *Dahlia*, et Inuline quand elle provient de l'*Inula Helenium*. Raspail (*Nouveau Système de chimie organique*) lui assigne tous les caractères physiques et chimiques de l'amidon, à l'exception du suivant: l'Inuline ou Alantine ne se colore pas en bleu par l'Iode. Il pense au reste que les autres différences indiquées par les chimistes découlent de circonstances de la manipulation ou des modifications accidentelles de l'organisation. Pour l'obtenir, on râpe les racines, on les exprime, on les fait bouillir avec de l'eau, et on filtre la dissolution bouillante à travers un linge: si elle est trouble, on clarifie avec du blanc d'œuf; on l'évapore ensuite jusqu'à pellicule et on laisse refroidir; la fécule se dépose alors sous forme pulvérulente. L'examen de cette poudre, au microscope, confirme l'analogie qu'elle offrait en grand avec l'amidon. (P. G.)

ALAPA ou ALAPAS. (BOT. PHAN.) Nom languedocien de l'*Arctium Lappa*. *Voy.* BARDANE. (GUER.)

ALASMIDONTE, *Alasmidonta*. (MOLL.) Genre créé par Say (Journal de l'acad. des sc. nat. de Philadelphie, vol. 1, p. 459) sur une coquille bivalve dépendante du genre Mulette, et présentant les caractères suivans: coquille équivalve, inéquilatérale, transverse, ovale ou elliptique; axe extra-médial; trois impressions musculaires, ligament droit, imbriqué; charnière ayant une dent primaire antérieure sur chaque valve et point de dent lamellaire.

Ce genre qui n'est composé que de trois espèces seulement, l'*Al. marginata*, l'*Al. undulata*, et l'*Al. costata*, a le singulier avantage de porter trois dénominations différentes, savoir: *Alasmidonte*, *Alasmodonte* et *Alasmisodonte*. Pour ce dernier, v. Blainville, Traité de Malacol. p. 630. (DUCL.)

ALATA. (MOLL.) Nom latin donné par Klein aux espèces de Strombes dont le bord droit est fort étendu, en forme d'aile et sans digitations. Schlotheim, dans son ouvrage (*Die petrefacten kunde*, p. 153), les nomme Strombites; mais il y joint les Ptérocères. Ces noms ont été changés de nouveau en celui d'Alatites, par Walch (*Die naturgeschichte versteinerungen*); mais aucun n'a été adopté. (DUCL.)

ALATERNE, *Rhamnus alaternus*. L. (BOT. PHAN.) Arbrisseau du genre Nerprun (v. ce mot), que l'on a long-temps réputé d'un mauvais voisinage, parce que le suc qu'il fournit est couleur de sang. Indigène aux lieux humides du midi de l'Europe, où il monte jusqu'à six mètres, on l'a introduit dans les jardins d'agrément, à cause de son beau port, de son feuillage toujours vert, et de l'odeur suave que répandent, au mois de mai, ses petites grappes de fleurs peu apparentes; mais il ne s'y élève guère qu'à la hauteur de trois mètres à trois mètres et demi. L'on en forme des buissons très-agréables à l'œil, d'une culture difficile quand ils sont jeunes;

quand

quand ils ont pris de l'âge et que l'on a la précaution de couvrir les racines avec des feuilles sèches ou de la litière, ils résistent aux plus rudes hivers de nos départemens septentrionaux. Les ébénistes emploient le bois de l'Alaterne, qui ressemble assez à celui du chêne vert ; ses baies, ses feuilles et ses jeunes rameaux donnent une belle couleur vert de vessie. La culture a produit plusieurs variétés curieuses.

A. BATARD. On donne improprement ce nom au Céanote d'Afrique. *V*. ce mot. (T. D. B.)

ALATIER. (BOT. PHAN.) On nomme ainsi le fruit de la Viorne, dans quelques parties de la France méridionale. (GUER.)

ALAVETTE. (OIS.) Nom vulgaire de l'alouette commune, dans quelques provinces de France. (GUER.)

ALBATRE CALCAIRE ou ALBATRE proprement dit. (MIN.) (Variété de chaux carbonatée concrétionnée, Haüy.) C'est un dépôt calcaire qui se forme le plus souvent dans certaines cavernes ou excavations qui existent dans la croûte du globe. Il y est entraîné par les eaux qui s'infiltrent dans le sein de la terre en découlant de la superficie du sol, et qui pénètrent successivement à travers les couches calcaires et ferrugineuses, en se chargeant de toutes les parties solubles qu'elles rencontrent sur leur passage. Ces infiltrations, arrivées à la voûte des cavernes, y forment bientôt des incrustations qui s'agrandissent de haut en bas, et que l'on appelle *Stalactites*. En même temps, une partie de cette eau, tombant sur le sol avant d'avoir abandonné toutes les molécules pierreuses qu'elle contenait en dissolution, y forme d'autres concrétions qui s'élèvent en forme de pyramides, et qui portent le nom de *Stalagmites*. Ces Stalactites et Stalagmites continuent souvent de s'allonger jusqu'à ce qu'elles se rencontrent, et alors, croissant de concert, elles se transforment en espèce de piliers énormes qui semblent soutenir la voûte. Lorsque ces concrétions sont multipliées et de formes variées, elles produisent un effet extrêmement pittoresque, et donnent aux grottes un aspect des plus imposans. Le curieux qui visite alors l'intérieur de ces cavités, y trouve des figures sans nombre qui lui offrent quelque ressemblance avec les objets qui lui sont familiers. Mais insensiblement ces concrétions grossissent dans tous les sens, et cette décoration merveilleuse se convertit en une masse informe. Le sol s'élève, la voûte s'abaisse, les colonnes et les arcades se confondent, et enfin, après un laps de temps assez considérable, ces grottes ne sont plus que des carrières d'albâtre.

Il existe de ces grottes dans presque tous les pays ; une des plus célèbres est celle d'Antiparos, dans l'Archipel : elle a été visitée par un grand nombre de naturalistes, et entr'autres par Tournefort, qui trouva environ dix-huit cents pieds d'étendue depuis son entrée jusqu'au point où il a pu pénétrer. Ce savant, qui admettait une force végétante dans les minéraux, ne voyait dans cette réunion de concrétions qu'un vaste *jardin minéral*.

L'*Albâtre calcaire*, qui est susceptible de recevoir un beau poli, est très-rarement blanc ; il est le plus souvent agréablement nuancé de couleurs jaunâtres et rougeâtres plus ou moins vives, qui ont servi à en distinguer plusieurs variétés dont voici les deux principales : 1°. *Albâtre oriental* ou *antique*, d'un blanc jaunâtre, d'une belle demi-transparence, avec des veines d'un blanc laiteux. C'est avec cette variété qu'a été faite la magnifique statue égyptienne qui décore le musée royal de Paris. 2°. *Albâtre veiné* ou *Marbre onyx*, *Marbre agate*, composé de couches parallèles bien distinctes, plus ou moins translucides, et planes ou contournées, suivant que le plan sur lequel elles se forment est uni ou raboteux. Le plus estimé est ordinairement jaune de miel et offre des bandes ou zones ondulées de couleurs diverses et vivement tranchées. On en fait de fort beaux vases, de superbes camées et d'autres objets de curiosité.

Les artistes anciens tiraient d'Égypte tout l'Albâtre qu'ils mettaient en œuvre ; mais nous en avons de semblable en Italie, en Espagne et en France ; on en a même trouvé quelques morceaux d'une riche couleur dans les carrières de plâtre de Montmartre, près Paris, et l'un d'eux a servi à faire une fort belle coupe. (*V*. CHAUX CARBONATÉE CONCRÉTIONNÉE.) (D'OR.)

ALBATRE GYPSEUX. (MIN.) (*Alabastrite* des anciens et *chaux sulfatée compacte* des minéralogistes modernes.) Cette espèce d'Albâtre est celle que l'on travaille aujourd'hui le plus communément. Sa blancheur et son peu de dureté la font rechercher des sculpteurs, pour les ouvrages d'une grande délicatesse, tels que des vases, des pendules et autres charmans objets d'ornemens. Cette matière a, sur l'Albâtre calcaire, l'avantage de ne pas être attaquable par les acides ; mais elle n'est jamais comme lui ornée de couleurs vives, elle n'est pas susceptible d'un aussi beau poli et elle a l'inconvénient de perdre sa transparence, son brillant et sa solidité quand on l'expose au feu.

La plupart des ouvrages que nous voyons en Albâtre gypseux sont fabriqués en Italie, où de vastes ateliers ont été établis dans le voisinage même des belles carrières de *Volterra*. Il existe aussi en France de nombreux gisemens de cette substance que l'on pourrait également employer avec succès. (D'OR.)

ALBATROS ou ALBATROSSES, *Diomedea*, Lin. (OIS.) Ce genre se caractérise par son bec sans dentelures, grand, fort et tranchant, offrant plusieurs sutures, et terminé par un croc gros et fort que l'on y croirait soudé, et qui lui donne de la ressemblance avec celui des grands oiseaux de proie. Les narines ont la forme de rouleaux couchés dans un sillon sur les côtés du bec, et ouverts en devant. Les ailes sont longues, étroites, et tout-à-fait aiguës ; les rémiges secondaires vont en diminuant, et les plus voisines du corps dépassent à peine les couvertures de l'aile. Les jambes sont courtes, les pouces manquent tout-à-fait et les trois doigts antérieurs sont longs et entièrement palmés. C'est d'après ces différens caractères que Cuvier les a placés dans la famille des Longipennes ou grands voiliers de l'ordre des Palmipèdes.

Les Albatros sont les plus grands et les plus massifs oiseaux qui volent à la surface des mers ; leurs ailes étendues ont jusqu'à dix et onze pieds, et leur taille énorme leur a fait donner les noms de *moutons du Cap*, et de *vaisseaux de guerre*, sous lesquels ils sont généralement connus des matelots. On les rencontre dans toute l'immense étendue d'océans qui sépare le continent Américain de l'Asie et de l'Afrique, mais plus spécialement dans les mers australes, et surtout dans celles qui avoisinent le plus le cap de Bonne-Espérance, entre les îles de glace qui flottent à leur surface jusqu'à la Nouvelle-Hollande, et même à la côte N.-O. de l'Amérique. Vers le mois de juin, ils se transportent par troupes nombreuses des mers de la Chine et du Japon jusqu'aux parages glacés du Kamtschatka et du détroit de Behring, où leur arrivée précède immédiatement celle de nombreuses troupes de poissons voyageurs. Là, ils se tiennent à l'embouchure des rivières, où la nourriture leur abonde, et ne tardent pas à devenir aussi gras qu'ils étaient maigres et chétifs à leur arrivée. Toutefois, si l'on excepte les occasions semblables à celle-ci où leurs besoins les appellent sur le rivage, ces oiseaux visitent rarement la terre ; c'est à la surface des eaux qu'ils se refont de leurs fatigues, mais ces instans de repos sont très-rares, et MM. Quoy et Gaimard, qui, dans leurs voyages, ont eu souvent occasion de les observer dans des contrées où il n'y a presque pas de nuit, assurent que l'on voit pendant des jours entiers les mêmes troupes planer au-dessus des vaisseaux, sans qu'un exercice que l'on pourrait croire aussi pénible parût les fatiguer en rien ou apporter le moindre ralentissement dans leurs mouvemens. Leur vol offre de plus cette particularité remarquable que, soit qu'ils s'élèvent, soit qu'ils s'abaissent, soit qu'ils poursuivent leur proie entre les montagnes énormes qui sillonnent ces mers sans bornes, leurs ailes ne présentent, lors même qu'ils se jouent des ouragans les plus furieux, aucun battement, presque aucun mouvement sensible qui puisse expliquer la prestesse et l'agilité de leur course, la multitude et la variété de leurs circonvolutions. C'est surtout par les temps les plus orageux que l'on a lieu de les observer, et cette remarque s'applique à toutes les espèces qui appartiennent à la même famille, ce qui tient sans doute à ce que l'agitation des flots ramène à leur surface un plus grand nombre d'animaux marins qui leur servent de pâture, et c'est encore à cette même cause que l'on doit attribuer la constance avec laquelle ils s'attachent à suivre le sillage des vaisseaux, plongeant fréquemment la tête sans jamais ralentir leur vol, pour y saisir sans doute une proie que les yeux des navigateurs n'y peuvent apercevoir.

Les Albatros, malgré leur grande taille, malgré leur force et le bec puissant dont la nature les a pourvus, sont des oiseaux lâches qui se laissent battre et poursuivre par des espèces beaucoup plus faibles, telles que les goëlands et les mouettes, leur abandonnant leur butin plutôt que de le leur disputer, et qui, lorsqu'elles les harcèlent et leur déchirent le ventre de leur bec, ne savent se défaire d'ennemis aussi méprisables qu'en se plongeant dans l'eau. Certains mollusques, les œufs et le frai des poissons forment leur nourriture ordinaire ; ils sont les ennemis acharnés des poissons volans, qu'ils saisissent au sortir de l'eau. Ils dévorent aussi les autres poissons qu'ils peuvent saisir, les avalent sans les dépecer, et même, au dire de plusieurs voyageurs, n'en pouvant quelquefois engloutir qu'une moitié, ils attendent comme certains serpens que la première, dissoute par la digestion, laisse le passage libre à l'autre. On ajoute que souvent ils se gorgent avec tant de gloutonnerie qu'ils ne peuvent ni voler, ni fuir à l'approche des barques qui les poursuivent, et que leur unique ressource alors est de rejeter avec de grands efforts les alimens dont leur estomac est surchargé. C'est le plus souvent à la surface de la mer que ces oiseaux se reposent ; ils y peuvent dormir et passer ainsi des semaines et même des mois entiers sans voir la terre ; mais une fois posés, il leur est très-difficile de reprendre leur vol, et ce n'est qu'après avoir couru sur l'eau l'espace de quarante ou soixante toises qu'ils réussissent à s'élever. Comme en outre ils se laissent approcher avec assez d'indifférence, les matelots que l'on envoie dans des canots, peuvent les choisir et les assommer à leur gré sans autres armes qu'un croc ou un aviron. On les prend aussi à l'hameçon, et il suffit pour cela de l'amorcer d'un morceau de peau ou de tout autre objet dont la vue puisse tenter leur gloutonnerie. Malheureusement leur chair, qui pourrait fournir aux vaisseaux des approvisionnemens frais, abondans et assurés, est dure et de mauvais goût. Cependant les marins parviennent à la rendre supportable en l'écorchant, la mettant tremper dans l'eau salée, la faisant bouillir, et l'accommodant à une sauce piquante. Les Kamtschadales en tirent aussi parti dans les temps de disette, et ils emploient leurs os à différens usages.

Les Albatros s'apparient vers la fin de septembre. Leur nid, qu'ils construisent à terre, avec de l'argile, est haut de trois pieds et contient un assez grand nombre d'œufs bons à manger, mais dont le jaune ne durcit point par l'ébullition.

Quant aux espèces différentes qui appartiennent à ce genre, les naturalistes sont fort peu d'accord, et la même confusion règne sans exception dans l'histoire de tous les oiseaux de haute mer disséminés sur une surface immense, que le plus souvent on ne peut observer qu'au vol et en passant, et qui offrent en général dans la même espèce des variations de couleur sans nombre. Cependant l'on reconnaît généralement trois espèces d'Albatros assez bien caractérisées :

L'ALBATROS BRUN ( *Diomedea fuliginosa* ). Tout son corps est d'une couleur de fumée uniforme, très-légèrement cendrée vers la poitrine; son bec est noir.

L'Albatros a bec jaune et noir (*Diomedea chlororhinchos*), qui n'a d'autre caractère remarquable que la raie jaune qui couvre tout le dessus du bec. C'est celle qui est représentée dans notre pl. 9, fig. 1.

L'Albatros commun (*Diomedea exulans* ou *spadicea*). C'est le plus grand de tous et celui qui fréquente de préférence les mers qui baignent l'Afrique méridionale. Il a jusqu'à quatre pieds de longueur; son plumage varie depuis la couleur uniforme du chocolat jusqu'au blanc le plus parfait. Son cri est très-fort et approche du braiement de l'âne.

Plusieurs auteurs reconnaissent sous le nom d'Albatros a sourcils noirs (*Diomedea melanophrys*), une quatrième espèce plus petite que la précédente, dont le Muséum possède deux individus parfaitement semblables, et qui a été figurée par M. Guérin (Iconogr. du règne animal, Ois. pl. 62, fig. 5). Sa tête, son cou, sa poitrine et tout le dessous de son corps sont d'un blanc pur, le dessus des ailes est noir. Quant aux autres, elles ne nous semblent pas assez caractérisées pour que nous osions les admettre.    (D. Y. R.)

**ALBERGIER.** (bot. phan.) On estime généralement cet arbre comme une variété déterminée de l'abricotier : rien de plus inexact; c'est une espèce à part venue de semis, qui dégénère promptement quand elle est soumise à la greffe. L'Albergier est un arbre assez grand, à feuilles en cœur, dentelées, plus petites que celles de l'abricotier, et portant un appendice de chaque côté du pétiole. Ses fruits, mûrs à la mi-août, toujours abondans et de haute qualité, sont jaune foncé, souvent couverts d'une peau raboteuse et colorée; leur chair est fondante, vineuse, légèrement amère, sans que cette amertume soit désagréable. Le noyau est assez gros et contient une amande également grosse et amère.    (T. D. B.)

**ALBIN** ou **Albine.** (min.) *V.* Apophyllite.

**ALBINISME.** (tératologie.) Anomalie qui consiste dans la décoloration plus ou moins complète de la peau, des cheveux, et en général de toutes les parties qui composent la surface extérieure du corps. Les individus qui en sont affectés sont généralement connus sous le nom d'*Albinos*. On a pendant long-temps appelé *Bédos* ou de *Bédas* ceux de l'île de Ceylan, *Dondos* ceux d'Afrique, *Chacrelas*, *Kacrelas* ou *Kaquerlaques* ceux de Java. Enfin ils sont connus encore sous le nom de *Blafards* ou *Nègres* blancs.

La coloration de la peau, des poils, des cornes, etc., dans les différentes espèces qui composent le règne animal, est due à une substance particulière à laquelle les anatomistes donnent le nom de *pigment*, *pigmentum*, préparée par des organes particuliers, et étendue à la surface du corps, suivant les diverses nuances qui les distinguent, dans une sorte de réseau que l'on nomme *réseau muqueux*. Or, si les organes les plus importans peuvent manquer tout-à-fait dans certains individus, ou ne se présenter qu'imparfaitement

conformés et comme étiolés, tandis que, dans d'autres cas, nous les rencontrons monstrueux par excès de développement, on conçoit que ceux-ci, qui, dans l'organisation, ne jouent qu'un rôle secondaire, doivent ou au moins puissent manquer totalement, ou présenter des altérations plus ou moins profondes, ou enfin pécher par surabondance, et c'est en effet ce qui se remarque souvent. Les deux premiers états constituent l'Albinisme. Quant à l'excès de coloration, on le désigne sous le nom de *mélanisme*. (*Voy.* Mélanisme.)

Pendant long-temps, l'Albinisme, considéré sous un faux point de vue, fixa peu les regards. Les Albinos humains, les seuls qui eussent paru mériter quelque attention, étaient presque sans exemple dans les pays où l'on s'occupait de science, et les voyageurs n'avaient donné sur ceux des contrées éloignées que des notions fausses. Trompés peut-être par les naturels, ou remplaçant, comme on ne l'a fait que trop souvent, par les fantaisies de leur imagination les renseignemens précieux qu'ils avaient négligé de prendre, ils avaient représenté cette curieuse variété d'hommes, comme formant des peuplades séparées, dont ils avaient eu soin de détailler le caractère, les mœurs et les habitudes. Aussi Buffon lui-même n'a-t-il pu échapper à l'erreur dans son *Traité de l'Homme*, quoiqu'il en eût vu plusieurs, et qu'il en ait même donné les descriptions les plus parfaites que possède la science. C'est dans ses derniers ouvrages seulement (supplément IV) qu'il a formellement avancé que ce n'étaient que des nègres affectés d'un vice particulier d'organisation. Au reste, cette vérité, il l'avait aperçue de bonne heure; car dans ce même *Traité de l'Homme* (Histoire naturelle, tome 3), où il rapporte les fables les plus erronées, il est facile de s'apercevoir qu'il a moins exprimé son opinion personnelle que celle de son époque.

Voltaire en parle et les décrit dans plusieurs de ses ouvrages. Il en avait vu quelques uns; mais il les avait moins bien observés. Aussi les regarde-t-il comme formant une espèce intermédiaire entre la nôtre et celle des singes. *Cet animal*, dit-il, *s'appelle homme parce qu'il a le don de la parole, de la mémoire, un peu de ce qu'on appelle raison, et une espèce de visage. . . . . . . Il ne me semble pas plus descendre d'une race noire dégénérée que d'une race de perroquets.*

Étudiés avec autant de dédain, les Albinos devaient offrir peu d'intérêt, et c'est dans les années seulement qui viennent de s'écouler, que plusieurs savans français et allemands, et surtout M. Isid. Geoffroy Saint-Hilaire (*voy.* son *Histoire des Anomalies*, tom. 1), ont appelé sur eux l'attention spéciale de la science, par le grand nombre de faits qu'ils ont cités, et par les conséquences importantes qu'ils en ont déduites pour l'étude de l'organisation en général. M. Isidore Geoffroy range les Albinos en trois genres : Albinos *complets*, lorsqu'il y a absence totale de coloration sur toute la surface du corps; Albinos *partiels*, lorsque certaines parties du corps sont dans l'état normal, le reste étant complétement décoloré; Albinos *imparfaits*, lorsque la matière colorante a seulement éprouvé une diminution plus ou moins sensible, soit par tout le corps, soit dans quelque partie seulement, mais sans manquer entièrement dans aucune. Les animaux sont aussi bien que l'homme sujets à l'albinisme ; nous en dirons quelques mots après avoir parlé d'une manière plus étendue de cette affection chez l'homme.

### ALBINISME CHEZ L'HOMME.

*Albinisme complet.* Il est peu d'êtres dont l'extérieur soit autant de nature à frapper les regards que celui des Albinos complets. Un teint chez tous blanc et fade comme celui du papier ou de la mousseline, sans la moindre nuance d'incarnat ou de rouge, quelquefois moucheté de petites taches lenticulaires grises ; nul vestige de la coloration particulière aux races dont ils sortent ; des cheveux fins et soyeux chez tous, laineux et crépus chez les nègres, longs et lisses chez les autres, le plus souvent d'un blanc de neige tirant quelquefois sur le jaune, ou légèrement colorés de roux ; des sourcils qui ont l'apparence du coton ou du duvet le plus fin qui revêt la gorge des cygnes ; des lèvres et des joues dont le sang a disparu, et qui ne peuvent s'animer, d'après les observations de Buffon, que par l'action d'une chaleur violente, ou des émotions les plus vives ; des yeux de couleur étrange, souvent louches, toujours clignotans ; des bras d'une longueur énorme, un corps et des membres mal proportionnés, tels sont les caractères extérieurs de l'Albinisme complet chez l'homme. Toutefois, quant à l'ensemble général de leur conformation, ces individus conservent les caractères des races auxquelles ils appartiennent.

Étudiés de plus près, les Albinos n'offrent pas des modifications moins remarquables ; leurs yeux suffiraient seuls pour les distinguer des êtres qui les entourent : l'iris, ordinairement colorée, se présente ou presque incolore, ou jaunâtre, quelquefois d'un gris pâle, mais le plus souvent d'un rouge transparent plus ou moins vif. La pupille elle-même, que l'on croirait devoir toujours être noire, puisqu'elle n'est que l'ouverture d'une cavité profonde remplie d'un liquide sans couleur, est souvent d'un rouge ardent ou de la couleur du feu. Enfin la membrane, ordinairement noire, qui revêt l'intérieur de l'œil, et qui est connue sous le nom de choroïde, est, comme tout le reste, entièrement privée de matière colorante. Ces anomalies, en apparence de peu d'importance, influent cependant d'une manière prodigieuse sur le naturel et les habitudes des infortunés qui en sont atteints. L'iris, devenue transparente, d'opaque qu'elle doit être, ne s'oppose plus à l'entrée des rayons lumineux inutiles qui viennent frapper la surface de l'œil, et cette surabondance de lumière l'éblouit et le blesse ; les images des objets extérieurs sont moins nettes, et le moindre éclat devient insupportable. C'est pour remédier à ce défaut d'occlusion par l'iris qu'ils tiennent constamment leurs yeux à demi fermés, d'où ce clignotement qui achève de rendre leur aspect anomal et bizarre,

habitude chez eux tellement constante, que les savans les mieux instruits ont cru pendant long-temps qu'elle était due à l'absence du muscle élévateur de la paupière supérieure. Aussi les Albinos, toujours faibles et timides, ne jouissent-ils pleinement de leurs facultés que le soir, par un crépuscule doux, semblables à ces oiseaux aux grands yeux que toute leur force et leur énergie ne pourraient défendre des attaques des ennemis les plus faibles, s'ils n'allaient demander aux ténèbres de les protéger jusqu'à l'heure où le reste de la nature sommeillera dans l'obscurité. Les chouettes et les hiboux doivent cette infirmité à l'ouverture trop grande de l'iris, les Albinos à sa transparence plus ou moins complète.

Toutefois, la faiblesse et la timidité des Albinos ne doivent pas être attribuées seulement à l'état normal de l'organe de la vision. S'il est rare qu'un vice d'organisation se présente isolé, on sent qu'il en doit surtout être ainsi d'une anomalie qui résulte, comme celle-ci, de causes essentiellement débilitantes. Aussi les Albinos sont-ils, en général, d'une constitution frêle et délicate, à quelque race qu'ils appartiennent, mal proportionnés pour la plupart, tristes, et offrant avec exagération tous les caractères du tempérament lymphatique (*voy.* TEMPÉRAMENT). Ils ont pour l'ordinaire l'intelligence peu développée, quoique l'on puisse citer parmi eux des individus à facultés assez complètes, à reparties vives, et même un auteur distingué, Sachs, qui a écrit sa propre histoire et celle de sa sœur, Albinos comme lui.

Les caractères de l'Albinisme sont, en général, plus marqués chez les hommes que chez les femmes ; les premiers sont plus blafards ; les yeux sont plus faibles et plus ternes ; ils manquent de barbe et les poils sont rares sur le corps et les membres ; ils vivent moins long-temps, et même on assure qu'ils sont en général incapables de perpétuer leur espèce.

Au contraire, on a de fréquens exemples de femmes Albinos qui ont donné le jour à des enfans plus ou moins nombreux. On avait même avancé que ces femmes donnaient avec les nègres des *enfans pies*, c'est-à-dire parsemés de taches noires et blanches ; mais le contraire est complétement démontré maintenant, et ces hommes *pies* doivent être regardés comme des Albinos partiellement affectés. Les femmes Albinos peuvent donner avec les nègres des enfans Albinos complets, comme elles, ou des enfans pies, ou des enfans noirs comme leur père. Ce dernier cas est même assez commun pour que des auteurs n'aient parlé des autres que comme d'exceptions. On cite deux sœurs, mariées en même temps, et dont l'une donna le jour à un nègre, tandis que sa sœur mettait au monde un Albinos parfait. Ces faits sont d'ailleurs complétement en harmonie avec une loi générale établie par M. Isidore Geoffroy sur des faits nombreux et concluans. Cette loi consiste en ce que autant le produit de deux espèces essentiellement différentes, c'est-à dire présentant des différences d'organisation profondes et importantes, doit être fixe, constant et déterminé, comme le sont en effet les métis des races blanches et nègres, autant le produit de deux individus qui, comme le nègre et l'albinos-nègre, ne sont que des variétés peu éloignées d'une même espèce, doit être variable et peu déterminé.

Les Albinos naissent ordinairement de femmes très-fécondes, et il arrive souvent qu'une même mère donne naissance à plusieurs individus affectés de cette anomalie. Presque sans exemple dans les pays très-froids, rares encore dans les contrées froides et tempérées, ils se montrent assez nombreux dans les contrées équatoriales pour que des voyageurs de bonne foi aient pu les regarder comme formant des peuplades à part, à Ceylan, à Java, dans l'intérieur de l'Afrique, à Madagascar, dans les contrées qui avoisinent l'isthme de Panama. On en trouve aussi dans les îles de la mer du Sud. A des latitudes égales, ils sont moins rares chez les peuples dont la couleur est plus foncée, et ce fait est d'autant plus remarquable que, tant chez l'homme que chez les animaux, les espèces normalement blanches sont d'autant plus communes que l'on se rapproche davantage des pôles, tandis qu'au contraire les couleurs tranchées et brillantes ne sont nulle part plus communes et plus remarquables que dans les pays chauds.

Presque partout les Albinos ont partagé le sort des êtres faibles et disgraciés de la nature, c'est-à-dire que, presque partout, ils se sont vus en butte au mépris et aux plus mauvais traitemens; car partout l'esprit humain est le même, n'accordant que le mépris et l'injure au faible qui réclame pitié et protection. A Rome et à Sparte les lois condamnaient à mort tous les individus mal conformés; qu'attendre après cela des Sauvages et des Cannibales? Cependant au Mexique, les Albinos étaient destinés à l'amusement des princes, comme jadis nos fous et nos nains. On affirme même que dans un royaume de l'Afrique ils sont le sujet de la vénération du peuple, qui les regarde comme ayant un commerce rapproché avec la divinité. Etrange bizarrerie sans doute, mais que de semblables contrastes ne trouve t-on pas dans l'histoire de l'esprit humain?

L'Albinisme complet, tel que nous venons de le décrire, est congénial; on n'a point d'exemple qu'il se soit produit après la naissance, quoique l'on conçoive fort bien qu'il pût être le résultat d'une maladie du pigment ou du réseau muqueux. Dans l'état actuel de la science, on doit le considérer comme résultant d'un développement interrompu dans le fœtus, ou, en termes scientifiques, d'un *arrêt de développement*. Le fœtus en effet réunit jusqu'à une certaine époque tous les caractères de l'Albinisme; la non existence de la matière colorante et des organes qui la sécrètent est une des conditions de sa première existence, condition transitoire dans l'état normal, et qui, chez les Albinos, est demeurée durable et constante. L'absence de coloration n'est pas d'ailleurs la seule partie de l'organisation primitive qu'ils aient conservée; car on trouve sur plusieurs des restes du duvet qui recouvre le fœtus durant une grande partie du temps qu'il passe dans le sein de sa mère.

Quant aux causes de cet arrêt de développement, nous les ignorons, comme la plupart des causes premières. Parmi les auteurs qui ont voulu tout expliquer, plusieurs ont dit que l'Albinisme des nègres était dû à la température élevée des climats où ils naissent, ce qui n'explique rien. D'autres ont supposé un commerce monstrueux avec les grands singes, explication absurde puisqu'il n'existe point de singes dans les deux tiers des pays où naissent les Albinos. Enfin, comme dans presque tous les cas de naissances anormales, on a accusé l'imagination des mères, cause dont l'action n'est pas parfaitement connue, qui paraît d'ailleurs en contradiction avec un grand nombre de faits.

*Albinisme partiel*, et *Albinisme imparfait*. L'Albinisme est partiel lorsqu'une partie seulement de la surface du corps est affectée d'une décoloration complète; il est imparfait lorsque la matière colorante, sans être anéantie, est simplement diminuée. Les hommes pies dont nous avons déjà parlé sont des Albinos partiels, et après ce que nous avons dit de l'Albinisme complet, il ne nous reste plus que quelques détails à donner. Tantôt des taches blafardes plus ou moins nombreuses, plus ou moins rapprochées, couvrent le fond qui est formé par les couleurs normales, tantôt le contraire a lieu. Il peut arriver que les taches soient symétriques, et l'individu observé par Buffon, que nous représentons planche 9, figure 2, présentait dans toute la partie supérieure du corps une symétrie frappante. Quelquefois l'on ne remarque qu'une seule tache plus ou moins étendue. Quant aux yeux et aux cheveux, leur couleur est régulière ou anormale, suivant qu'ils se trouvent compris dans des taches albines ou dans des parties de la peau normalement colorées. Il ne serait même pas impossible que les deux yeux présentassent des caractères opposés.

Quand l'Albinisme est imparfait, comme il est seulement dû à la présence d'un pigment moins abondant ou moins coloré, on conçoit combien les nuances par lesquelles il se sépare de l'état normal doivent être insensibles. Ici, rien de tranché, et il n'est aucun de nous qui, s'il pouvait classer par ordre de couleur toutes les têtes qui ont frappé ses yeux, ne formât sans peine une série tellement suivie que l'on arriverait sans secousse aucune du noir ou du brun le plus foncé au blanc blafard le plus pur.

Ces deux genres d'Albinismes diffèrent encore de l'Albinisme complet en ce qu'ils sont très-souvent produits d'une manière tout-à-fait accidentelle. Car c'est un fait bien démontré que la décoloration plus ou moins complète des cheveux ou de la peau peut être l'effet presque instantané d'une émotion violente, d'une frayeur subite et prolongée, d'une douleur vive. Un noble Italien condamné à mort par François de Gonzague, duc de Milan, obtint sa grâce le lendemain de sa condamnation, parce que ses cheveux étaient devenus en très-peu d'heures blancs comme la neige, phénomène qui parut un prodige. On affirme que la reine Marie-Antoinette, jetée dans un cachot infect après la mort de Louis XVI, y vit blanchir dans l'espace d'une nuit sa chevelure, dont la beauté était citée au temps de sa puissance. Un jeune officier, qui était en garnison au Cap-Français, fut saisi après une nuit de débauche d'un spasme violent et douloureux. Ses membres perclus et raidis se refusaient à toute espèce de mouvement ou de flexion. Le matin, on découvrit que tous ses cheveux du côté droit, auparavant d'un beau brun, étaient devenus blancs comme la neige. L'affection nerveuse céda bientôt à l'application de remèdes énergiques, mais rien ne put rendre aux poils blanchis la couleur qu'ils avaient perdue.

Presque toutes les causes débilitantes produisent lentement les mêmes effets; la décoloration des cheveux chez les vieillards en est une preuve, mais on en a vu, ce qui est plus rare, reprendre leur couleur primitive à un âge fort avancé, et vivre pour la plupart fort long-temps. On cite entr'autres un vieillard du comté de Belfort (Angleterre) qui, parfaitement blanc à quatre-vingts ans, redevint en peu de temps du plus beau brun foncé, couleur qu'il conserva jusqu'à sa mort, arrivée à cent ans. — Un autre, à Vienne, vit dans sa cent cinquième année sa tête se recouvrir de cheveux noirs. — Une Anglaise de quatre-vingt-quinze ans éprouva le même phénomène. Dix ans plus tard, sa chevelure blanchit de nouveau, et cet événement ne précéda sa mort que de fort peu de temps.

ALBINISME CHEZ LES ANIMAUX.

Les trois variétés de l'Albinisme se présentent chez les animaux comme chez l'homme, et en général avec la même fréquence, quoiqu'elles semblent suivre dans leur production des lois un peu différentes; ainsi rarement les rencontre-t-on dans les espèces à couleurs métalliques, noires ou fortement tranchées. On ne cite parmi les premiers qu'un Colibri topaze, et la rareté du merle blanc est devenue proverbiale. Au contraire, ils sont assez connus dans les espèces revêtues de ces couleurs que l'on pourrait appeler *ordinaires*; mais l'Albinisme complet ne se présente fréquemment que dans les races domestiques; on en trouve souvent de nombreux exemples chez les lapins et les furets, que beaucoup de personnes croient même normalement blancs. Le serin jaune des Canaries est une variété albine, d'une espèce naturellement d'un vert plus ou moins foncé, surtout chez la femelle, que nous voyons cependant la plus blanche; il existe même dans plusieurs espèces, telles que les daims, le paon, la pintade, la poule, des races où la couleur blanche ou jaune remplace d'une manière constante la couleur primitive. Ce sont de véritables races albines, quoique à la longue plusieurs des caractères aient fini par se perdre, et notamment celui qui résulte de la décoloration des yeux.

Les éléphans blancs du Pégu ne sont autre chose que des Albinos parfaits. On sait quelle importance les rois de cette partie de l'Asie attachent à leur possession, qui n'est pas à leurs yeux le moindre de leurs titres de gloire. Ces animaux ont leurs palais, leur vaisselle d'or et leurs domestiques, et ils doivent ces honneurs à ce que, suivant le dogme de la métempsycose, l'âme des grands et des plus magnanimes souverains s'est logée dans leur corps.

On a exposé dernièrement à la curiosité de la capitale, un cerf du Mexique Albinos complet. Tout son corps est de la plus parfaite blancheur; ses yeux sont rouges et son bois n'est coloré seulement que par les rameaux veineux du rose le plus pur. On ne connaissait encore aucun exemple de l'Albinisme chez les reptiles; mais dernièrement notre savant collaborateur M. Cocteau en a rencontré dans l'ordre des grenouilles. Enfin, les coquilles des mollusques présentent des cas très-nombreux de décoloration.

L'ensemble de ces faits permet de considérer l'Albinisme comme une anomalie, dont la production est des plus générales dans le règne animal, et nous pouvons même citer dans le règne végétal comme une décoloration albine, l'étiolement des plantes gênées dans leur développement ou soustraites à l'action de la lumière; ce qui achève de confirmer cette induction, c'est que l'Albinisme peut être produit artificiellement sur certains animaux, et notamment sur les Cyprins dorés (poissons rouges de la Chine), en les tenant pendant quelques semaines dans l'eau de puits. C'est à M. Isidore Geoffroy que l'on doit ce fait. (D.Y.B.)

**ALBINOS.** *V.* ALBINISME.

**ALBITE.** (MIN.) (Syn.: *Schorl blanc, Cleavelandite, Tetartine, Feldspath vitreux, Sanidine*, etc.) La place que doit occuper cette substance dans la classification minéralogique, est encore incertaine pour quelques auteurs; mais M. Beudant en forme une espèce distincte qu'il range dans son sous-genre Feldspath. — L'Albite est une substance généralement blanche, aciculaire ou lamellaire, étincelant sous le choc du briquet, inaltérable par les acides, fusible en émail blanc, et dont la pesanteur spécifique est de 2,61. Les principales parties constituantes de ce minéral sont la silice, l'alumine et la soude.

L'Albite, dont on distingue neuf variétés, se trouve dans les granits de divers lieux. Elle est abondamment disséminée dans les trachytes, en Hongrie, en Auvergne, etc. Enfin on la trouve quelquefois dans les laves, et en très-petits cristaux dans les basaltes, les porphyres, etc. (D'OR.)

**ALBUCA.** (BOT. PHAN.) Genre de plantes bulbeuses, à la hampe nue, aux fleurs grosses, peu nombreuses, disposées en épi lâche; elles paraîtraient se ranger assez naturellement dans la famille des Liliacées; quelques similitudes de détail ont déterminé Jussieu à les comprendre dans celle des Asphodélées. Les caractères botaniques de l'Albuca sont : calice coloré, à six divisions, trois intérieures, dressées et conniventes, et trois extérieures, étalées et plus longues; six étamines, dont trois avortent dans la plupart des espèces ; style en pyramide renversée, terminé par un stigmate à trois pointes ; capsule à trois loges , semences planes.

On compte quelques espèces d'*Albuca* , toutes originaires du cap de Bonne-Espérance; plusieurs ont réussi dans nos serres ; une seule a de l'odeur. Nous citerons l'*Albuca spiralis* , remarquable par ses feuilles roulées en spirale à leur sommet. Les Hottentots mâchent les feuilles de l'*Albuca major* pour se désaltérer.     (L.)

**ALBUMEN.** (bot.) L'Albumen , *périsperme* de Jussieu , *endosperme* de Richard , est cette partie de l'amande qui est appliquée sur l'embryon , lui sert de nourriture quand il est encore jeune , n'adhère presque jamais avec lui, et n'a pas d'organisation vasculaire. L'Albumen manque dans plusieurs graines , et sa nature varie beaucoup; elle est *sèche* et *farineuse* dans la plupart des Graminées ; *coriace* et presque *cartilagineuse* dans beaucoup d'Ombellifères; *oléagineuse* et *charnue* dans le plus grand nombre des Euphorbiacées ; *cornée* dans la majorité des Rubiacées et des Palmiers; enfin *membraneuse* , comme cela se voit dans beaucoup de Labiées.     (F. F.)

**ALBUMINE.** ( chim. ) L'Albumine , en latin *Albumen* , est un corps solide ou liquide qui constitue la plus grande partie du blanc d'œuf, que l'on trouve dans le sérum du sang, le chyle , la synovie , la bile des oiseaux , la liqueur du péricarde , celle des hydropiques, l'humeur de la brûlure , du vésicatoire , etc. On la rencontre encore dans quelques matières végétales; de là sa distinction en *végétale* et *animale*.

Les caractères de l'Albumine liquide, état sous lequel elle se présente le plus fréquemment, sont les suivans : liquide incolore, transparent, inodore , insipide, plus lourd que l'eau, plus ou moins visqueux, susceptible de mousser par l'agitation, verdissant le sirop de violette, à cause d'une petite quantité de sous-carbonate de soude qu'il contient ; miscible à l'eau en toutes proportions, etc.

A l'état solide , état sous lequel on l'obtient à l'aide de la chaleur et de l'alcool , l'Albumine ne diffère de la précédente que par sa consistance d'abord , puis parce qu'elle ne verdit plus le sirop de violette.

Les usages de l'Albumine sont assez nombreux. Les pharmaciens , les confiseurs , les marchands de vin , les brasseurs , etc., s'en servent journellement pour clarifier les sirops, les vins, la bière, etc. La théorie de ces opérations est fondée, pour les sirops , sur la propriété qu'a l'Albumine de se coaguler par la chaleur, et d'entraîner tous les corps étrangers tenus en suspension; et pour les vins, la bière, etc., sur la formation d'un corps insoluble qui résulte de l'union de l'Albumine et du tanin , et qui agit alors comme l'Albumine coagulée.

Plus ou moins étendue d'eau , l'Albumine jouit de la propriété de décomposer les sels de mercure et de cuivre, et de former avec eux des précipités qui sont sans action sur l'économie animale. Cette solution est le meilleur antidote à opposer aux empoisonnemens par les sels minéraux dont nous venons de parler. Enfin , dans les laboratoires de chimie, on la mêle avec de la chaux pour en faire un lut très-siccatif , et l'économie domestique la considère comme substance nutritive , car elle fait partie des œufs , du sang, de la chair musculaire, etc.     (F. F.)

**ALBUNÉE,** *Albunea.* (crust.) Ce genre , que Latreille a changé plusieurs fois de place , a été établi par Fabricius ; dans la dernière édition du *Règne animal* , Latreille le range dans la famille des Macroures, de l'ordre des Décapodes ; il fait partie de la tribu des Hippides , et diffère des Hippes , genre principal de cette tribu, par des caractères qui seront exposés à l'article Hippe (*v.* ce mot).     (Guer.)

**ALCALI.** (chim.) Ce mot , dérivé d'une plante appelée *Kali* et qui contient de la soude, était autrefois spécifique et ne s'appliquait qu'à la soude; mais aujourd'hui il sert à désigner toutes les substances âcres, caustiques et urineuses, verdissant le sirop de violette, rougissant la couleur jaune du curcuma, et ramenant au bleu la couleur du tournesol rougie par les acides; solubles dans l'eau , et douées de la propriété, 1° de faire disparaître , en tout ou en partie, les caractères des acides; 2° de s'unir avec eux pour former des sels ; 3° de se combiner avec des huiles pour former des savons, etc.

Pendant long-temps la potasse , la soude et l'ammoniaque ont été les seuls Alcalis connus ; mais depuis les belles découvertes de Davy et de Gay-Lussac, la strontiane, la chaux et la baryte ont été reconnues comme tout-à-fait semblables.

A ces Alcalis s'en viennent adjoindre d'autres appartenant à la chimie végétale : tels sont la *morphine* , la *strychnine* , la *brucine* , la *cinchonine* , la *quinine* , etc., etc.

A. marin. Ancien nom de la soude, qui fait partie du sel marin. (*V.* Soude.)

A. minéral. Nom sous lequel on désignait encore la soude, parce que le sel marin, qui en contient beaucoup , est très-répandu dans le règne inorganique ou minéral.

A. végétal, A. des végétaux. *V.* Potasse.

A. volatil. *V.* Ammoniaque.     (F. F.)

**ALCÉMÉROPE,** *Alcæmerops.* (ois.) C'est à M. Isid. Geoffroy St-Hilaire (*Nouv. ann. du Mus.*, t. 1) que nous devons la séparation de ce genre, qui lie les martins-pêcheurs (*alcedo*) avec les guêpiers (*merops*), parmi lesquels il avait toujours été rangé, tant à cause de son bec long, fort, légèrement arqué, que pour l'habitude générale du corps; mais il s'en éloigne par sa grande taille (onze pouces) , par ses ailes *obtuses* (*voy.* Ailes), comme chez les martins-pêcheurs , par ses narines percées à la base du bec , et cachées sous les plumes. Le dessus du bec est parcouru par une rainure à bords parallèles ; la queue est longue et carrée; les tarses sont courts, et, comme chez tous les autres syndactyles, les deux doigts externes sont réunis dans une grande partie de leur longueur. L'espèce qui a servi à établir le genre, est le *Merops amictus* de Temminck, dont nous donnons la figure pl. 10, fig. 1, l'un des plus beaux oiseaux de Sumatra, tant pour l'élégance de ses formes que pour la magnificence de ses couleurs. Il porte sur le front une calotte d'un pourpre clair à reflets violets ; la gorge et la poitrine présentent des plumes longues qui forment une sorte de fraise d'un rouge-vermillon brillant. Le reste du corps et le dessus de la queue sont du plus beau vert. Elle a été figurée aussi par M. Guérin, dans l'*Iconographie du règne animal* (oiseaux, pl. 27, fig. 1). Ses mœurs ne sont point connues.

Une seconde espèce de même taille, mais dans laquelle le pourpre de la tête est remplacé par le plus beau bleu tendre, est venue confirmer tout récemment l'établissement de ce nouveau genre. Elle faisait partie d'une riche collection d'oiseaux de l'Himalaya, donnée au Muséum par S. M. Louis-Philippe. (D.Y.R.)

**ALCHIMILLE ou PIED-DE-LION. (BOT. PHAN.)** Plante de la famille des Rosacées, Tétrandrie monogynie de Linné. C'est une herbe vivace des montagnes froides, remarquable par l'élégance de ses feuilles palmées ou digitées, et par ses fleurs ordinairement verdâtres, en corymbes terminaux ou axillaires. Le calice est persistant, à huit découpures, alternativement grandes et petites ; il recouvre le fruit à sa maturité ; la corolle est nulle ; les quatre étamines sont très-courtes. Des six ou huit espèces décrites, deux sont du Pérou et du cap de Bonne-Espérance ; une autre, l'*Alchemilla vulgaris*, fréquente dans les pâturages, est vulnéraire et astringente ; celle des Alpes, l'*A. alpina*, réussit très-bien aujourd'hui dans les jardins botaniques.

Les auteurs modernes ont définitivement réuni à ce genre l'*Aphanes arvensis* de Linné et Jussieu ; quelques différences dans sa fructification et son port ne sont pas assez graves pour les distinguer. L'*Alchemilla aphanes*, comme on la nomme désormais, est une petite plante des plaines sablonneuses de la France. (L.)

**ALCOOL. (CHIM.)** L'Alcool, que l'on appelle encore *Esprit pur, Esprit de vin rectifié*, est un liquide incolore, transparent, d'une odeur particulière, d'une saveur brûlante, très-volatil, très-inflammable, sans action sur le tournesol, miscible à l'eau en toute proportion, capable de dissoudre un grand nombre de corps, surtout les baumes, les résines, les huiles volatiles, etc. ; qui existe tout formé dans les liqueurs fermentées, et dont la découverte, due à Arnauld de Villeneuve, médecin à Montpellier, remonte au quatorzième siècle. Ce liquide prend différens noms selon les proportions d'eau qu'il contient, et selon les liquides dont on l'a obtenu : ainsi, il conserve dans le commerce le nom d'*Alcool*, quand il est formé de cent parties d'Alcool pur ou absolu, et au plus de soixante à quatre-vingts parties d'eau ; il prend au contraire ceux d'*Eau-de-vie*, de *Rhum*, de *Tafia*, etc., quand il est formé de cent parties d'Alcool absolu et de moins

de trois cent quarante parties d'eau, et qu'on l'a retiré du vin, du suc de canne, etc.

L'Alcool que l'on retire, d'une manière générale, de tous les liquides sucrés qui ont éprouvé la fermentation vineuse, se préparait autrefois en distillant le vin dans des vaisseaux fermés, et soumettant à plusieurs distillations successives le premier produit obtenu. Aujourd'hui, que l'art de la distillation a été singulièrement perfectionné, on se sert d'un appareil extrêmement économique, imaginé il y a dix-huit à dix-neuf ans par Adam, et simplifié depuis par Duportal. Cet appareil se compose d'un alambic avec son chapiteau, quatre grands vases de cuivre qui communiquent entre eux et l'alambic à l'aide de tubes de même métal, de deux serpentins, dont un est entouré de vin, l'autre d'eau ; enfin d'un récipient : ce dernier n'est souvent que le tonneau destiné à renfermer l'Alcool.

Toutes ces pièces étant adaptées et lutées les unes avec les autres, voici, d'une manière très-sommaire, la pratique et la théorie de l'opération : on remplit presque entièrement la cucurbite et les deux premiers vases de vin ; on élève peu à peu la température de celui qui est dans la cucurbite ; bientôt l'ébullition a lieu, et avec elle des vapeurs alcooliques et aqueuses se forment ; ces vapeurs passent dans le premier vase, échauffent, à l'aide de leur calorique latent, le vin qui y est renfermé ; celui-ci ne tarde pas non plus à donner des vapeurs semblables aux premières, lesquelles vont se rendre dans le deuxième vase ; de ce second vase s'élèvent également et toujours par les mêmes causes, des vapeurs qui passent dans le troisième, puis dans le quatrième, où il n'y a rien. La température de ces deux vases étant variable et modifiée à volonté, on a, dans l'un, ce que l'on appelle *Eau-de-vie*, et dans l'autre ce qu'on nomme *Esprit*. De là, cette eau-de-vie, cet esprit encore en vapeur, se rendent dans le premier serpentin, qui est entouré de vin, puis dans le second qui est entouré d'eau, où ils se refroidissent complétement, et enfin dans le tonneau qui fait office de récipient. Maintenant, le vin de la cucurbite de l'alambic ne donnant plus d'Alcool, on le fait écouler par un robinet, et on le remplace par celui du premier vase ; celui du serpentin passe dans le second vase, et du nouveau vin est ajouté autour du serpentin. Tel est en grand le mode de préparation de l'Alcool, mode dans lequel, on vient de le voir, tout est tellement arrangé, que l'on obtient tout de suite de l'eau-de-vie et de l'esprit, que l'opération marche sans interruption, et qu'on tire parti de tout le calorique, puisque l'on met à profit celui de la vapeur que l'on forme.

Dans l'économie domestique, l'Alcool uni à l'eau, au sucre, aux fruits, à des aromates, fait la base des ratafias, des liqueurs, du punch, etc. Etendu d'eau et d'une couleur légèrement ombrée, couleur qui plaît à tous les consommateurs et qu'il acquiert dans les futailles, où on doit le tenir quelque temps avant de le mettre en bouteilles, sans

sans quoi il serait incolore et d'une saveur trop forte, il constitue l'eau-de-vie que l'on sert sur les tables aisées. Qu'il y a loin de cette liqueur à celle de la plupart des marchands de Paris! Ceux-ci, peu scrupuleux, l'œil constamment fixé sur la poche du buveur, vendent pour eaux-de-vie qu'ils datent de dix, de vingt ans de bouteille, du trois-six ( Alcool du commerce marquant près de 34°) ramené avec de l'eau à 18 ou 19°, et coloré avec du suc de réglisse ou du caramel.

L'Alcool donne aux vins leur force et leurs vertus. Etendu de vingt-cinq à trente fois son poids d'eau et pris en petite quantité, il constitue en médecine une boisson appelée *hydro-alcoolé*, que l'on emploie avec avantage, comme tonique, dans les grandes chaleurs d'été. En pharmacie, il sert à préparer les éthers, les teintures dites *alcooliques*, les alcoolats, etc.; enfin, dans les arts, on s'en sert pour faire des vernis fins et très-siccatifs.  (F. F.)

**ALCYON**, *Alcyonium*. (ZOOPH. POLYP.) Les Alcyons sont des polypiers couronnés à leur extrémité de tentacules, dont le nombre est très-variable; ils sont pourvus d'intestins qui se prolongent dans une masse commune, toujours gélatineuse, et présentent les formes les plus variées : tantôt ils sont arborescens, tantôt semblables à des champignons, et fort souvent aussi s'étalant sur la surface des corps, où ils forment une sorte de croûte peu épaisse, mais quelquefois très-étendue. Ces animaux, dont nous ne connaissons pas le mode de reproduction, pullulent dans toutes les mers avec une très-grande facilité, mais surtout sous les tropiques. Ils se tiennent toujours à de très-grandes profondeurs, et cherchent à s'abriter, autant qu'ils le peuvent, des courans et des vagues. La lumière leur fait perdre les belles couleurs qu'ils ont dans les eaux.

M. Lamouroux pense que ces animaux, étudiés avec plus de soin, devront être rangés dans une classe beaucoup plus élevée, celle des mollusques, avec lesquels, dit cet auteur, ils ont beaucoup d'analogie. Malgré cette opinion, M. Cuvier place encore ces animaux dans les polypes à polypiers.

Ce genre, qui, sans contredit, sera démembré et en formera plusieurs autres, se compose, encore aujourd'hui, de quatre-vingts espèces, décrites successivement par Pallas, Flemming, Savigny, Lamarck et Lamouroux. Vingt se trouvent dans nos mers, et sont très-communes; quinze sont fossiles, et se trouvent dans des terrains de diverses formations.  (L. R.)

**ALCYONCELLE**, *Alcyoncellum*. ( ZOOPH. POLYP.) Ce genre a été établi, par MM. Quoy et Gaimard, sur un polypier fixé, mou, à branches cylindriques, peu nombreuses, et terminées par un orifice arrondi.

M. de Blainville, qui a décrit ce genre dans l'article Zoophytes du *Dictionnaire des sciences naturelles*, n'ayant point vu les animaux de ces polypiers, n'a pu dire s'ils appartenaient aux Alcyons ou aux Eponges; dans le doute il les a placés entre les deux.

Ce genre est composé d'une seule espèce, qui n'est point figurée : c'est l'Alcyoncelle spécieux, *Alcyoncellum speciosum* de Quoy et Gaimard.  (L. R.)

**ALCYONÉES**, *Alcyoneœ*. (ZOOPH. POLYP.) On nomme ainsi un ordre de la division des Polypiers sarcoïdes, composé de genres dont les polypiers sont encore peu connus. Ils ont en général des tentacules au nombre de huit ou plus, souvent pectinés ou garnis de papilles de deux sortes. Cet ordre renferme les genres *Alcyon*, *Lobulaire*, *Ammothée*, *Xénie*, *Anthélie*, *Palythoé*, *Alcyonidie*, *Alcyonelle* et *Hallirhoé* (v. ces mots).  (GUÉR.)

**ALCYONELLE**, *Alcyonella*. (ZOOPH. POLYP.) Bruguière est le premier qui ait découvert ces animaux; mais, les prenant pour des Alcyons, il les rangea dans ce genre sous le nom d'*Alcyons fluviatiles*. M. de Lamarck, qui vint ensuite, les ayant vus vivans, et reconnaissant que cet auteur s'était trompé, établit le genre Alcyonelle, que nous allons essayer de décrire.

Ces polypes, qui vivent dans des tubes membraneux réunis entre eux, forment des masses plus ou moins considérables (*voy.* notre Atlas, pl. 10, fig. 2), toujours fixées, soit sur les pierres siliceuses, soit aux vieux bois qui sont dans les eaux douces. Leur tête (Atlas, fig. 2, *b*.) est hérissée de quarante-quatre tentacules, rangés en forme de fer-à-cheval, au centre desquels est placée la bouche. Ces tentacules rétractiles leur servent à saisir les *volvox*, les *gonium* et autres infusoires dont ces animaux se nourrissent, lesquels, étant introduits dans l'estomac, y meurent et sont rendus bientôt après sans avoir perdu leur forme ni même leur couleur.

Dans ces êtres, la reproduction se fait de deux manières : ou elle est ovipare, et les œufs se développent sur deux rangs longitudinaux, dans un ovaire qui est sous l'estomac, ou elle est vivipare, les animaux poussant de divers points de leur superficie, des tubes dans lesquels se développent des polypes qui prennent différentes formes, selon le degré d'accroissement (Atlas, fig. 2, *a*, *c*). Ces belles observations sont dues à M. Raspail, qui a étudié ces animaux avec le plus grand soin, et a publié ses découvertes dans les Mémoires de la Société d'histoire naturelle de Paris.

Cet auteur paraît avoir prouvé que le genre *Cristatelle* de M. Cuvier, le genre *Plumatelle* de Lamarck, et une espèce du genre *Tubulaire* de Muller (*Tubularia repens*), ne sont autres que des Alcyonelles à différens états.

M. de Blainville n'est pas encore persuadé; car il place ces animaux (article Zoophytes du *Dictionnaire des sciences naturelles*) parmi les polypiers douteux.

Une seule espèce compose le genre, c'est l'ALCYONELLE DES ÉTANGS, *A. stagnorum*, Lam., Rasp., etc. Toutes les eaux douces contiennent ces Alcyonelles; elles y sont en très-grande abondance. Celles qui ont été le plus observées ont été prises à l'étang du Plessis-Piquet, près Paris.  (L. R.)

**ALCYONIDIE**, *Alcyonidium*. (ZOOPH. POLYP.) Genre de l'ordre des Alcyonées, dans la division des Polypes sarcoïdes, présentant une masse arrondie, lobée, allongée, encroûtante, quelquefois pédiculée et rameuse. Les polypes sont armés de douze tentacules transparens, tous égaux, longs et filiformes.

Muller est le premier qui ait observé ces animaux, qui sont très-difficiles à voir. C'est Lamouroux qui les a séparés des Thalassiophytes, avec lesquels ils étaient confondus, et leur a donné le nom qu'ils portent actuellement. On en connaît trois espèces qui se trouvent sur les côtes de France; elles se tiennent sur les plantes marines.     (L. R.)

**ALCYONIDIÉES.** (ZOOPH. ET BOT.) On désignait ainsi un ordre composé de plantes et de polypiers, qui n'a pas été conservé. Les plantes rentrent dans le genre *Dumontie* (*v.* ce mot), et les polypiers ont été nommés *Alcyonidies* par Lamouroux. (*V.* ALCYONIDIE.)     (L. R.)

**ALCYONITES.** (ZOOPH. POLYP.) Les naturalistes confondaient sous ce nom beaucoup de polypiers fossiles de différens genres, et principalement d la division des *Polypiers sarcoïdes*.     (L. R.)

**ALCYONS**, *Alcedo*, Lin. (OIS.) Sous ce nom générique Linné avait classé les Martins-Pêcheurs et les Ceyx, auxquels Temminck, dans sa *Méthode ornithologique*, avait ajouté les Guêpiers. Mais Cuvier ayant complétement séparé ces trois genres, nous parlerons de chacun d'eux en particulier.

Quelques auteurs ont donné à tort le même nom à l'Hirondelle salangane, aux Pétrels, et à quelques oiseaux à long vol. Quant à celui qu'Aristote a désigné sous le nom d'*Alcyon vocal*, il est de nos jours tout-à-fait inconnu.     (D.Y.R.)

**ALEBRENNE** ou ALEBRAUNE. (REPT.) On donne ce nom à la Salamandre terrestre dans plusieurs cantons de la France.     (GUER.)

**ALECTO**, *Alecto*. (ZOOPH. POLYP.) Polypier flexible, filiforme, rameux, articulé, ayant des cellules formées les unes à la suite des autres. M. Lamouroux a établi ce genre sur un polypier fossile, assez rare, trouvé sur les Térébratules des environs de Caen.

Une seule espèce le compose : c'est l'Alecto dichotome, *Alecto dichotoma*.     (L. R.)

**ALECTORIE**, *Alectoria*. (BOT. CRYPT.) *Lichens*. Nom donné à un genre de plantes qu'Achard avait d'abord réuni aux Parmelles, que Hoffmann et de Candolle avaient placé parmi les Usnées, et qui nous vient d'Europe et d'Afrique.

*Caractères:* Tige très-rameuse, cylindrique, à divisions presque capillaires et cartilagineuses; scutelles sessiles (ce qui n'a pas lieu dans les Usnées, les *Cornicnlaires* et les *Romalines*), arrondies, d'abord creuses, puis convexes, etc.

On connaît huit espèces de ce genre; elles se trouvent sur les branches des arbres, d'où leurs tiges longues et flexibles pendent en forme de stalactites : la plus remarquable et la plus commune est, sans contredit, l'*Alectoria jubata*, qui croît principalement sur les sapins, qu'elle recouvre presque entièrement, et auxquels elle donne un aspect tout particulier.     (F. F.)

**ALECTORS.** (OIS.) Ce nom du coq de basse-cour dans la langue grecque, a été transporté à un grand genre de Gallinacés américains, intermédiaire entre les dindons et les faisans. Ils se caractérisent par leur queue large et arrondie, composée de douze pennes grandes et raides. Ils manquent d'éperons; ils vivent dans les bois de bourgeons et de fruits, y nichent sur les arbres, se perchent, sont très-sociables et disposés à la domesticité. Cuvier les subdivise en Hoccos proprement dits, PAUXI, GUANS ou JACOUS, PARRAQUAS et HOAZIN (*v.* ces mots).     (D.Y.R.)

**ALÈNE**, *Subula*. (MOLL.) Genre créé, par M. de Blainville, dans son *Traité de Malacologie*, pag. 405, aux dépens des *Vis* de M. de Lamarck, et sur la considération, dit-il, de l'animal rapporté des îles Sandwich par MM. Quoy et Gaimard, de leur premier voyage de circumnavigation (*Zool. de l'Uranie*, pag. 449, pl. 69). En établissant ce genre, M. de Blainville a commis une erreur d'autant plus grande, que toutes les espèces dont il a formé son genre Alène sont de véritables Vis, et que toutes celles qu'il a cru devoir attribuer à dernier genre sont des Buccins.     (DUCL.)

**ALÉOCHARE**, *Aleochara*. (INS.) Genre de Coléoptères, de la section des Pentamères, famille des Brachélytres, division des Aplatis.

Ils ont, ainsi que les autres insectes de la même division, le labre entier, les palpes maxillaires courts, de quatre articles distincts; les jambes mutiques, et cinq articles bien visibles aux tarses.

Les caractères qui les distinguent particulièrement sont d'avoir les antennes à nu à leur naissance, avec les trois premiers articles sensiblement plus longs que les autres, qui sont perfoliés, avec le dernier plus allongé et conique.

On peut rapporter à ce genre les trois premières familles du genre *Aléochara* de M. Gravenhorst.

A. CANALICULÉE, *A. canaliculata*, Fabr. Jaunâtre, longue de deux lignes, tête et bords de l'abdomen noirs, corselet creusé en gouttière. D'Europe.

A. DU BOLET, *A. boleti*, Linn. Enfumée, longue d'une à deux lignes; élytres plus pâles, pieds et antennes livides : dans les champignons.

Ce sont des insectes de très-petite taille, et n'offrant rien de remarquable : ils vivent le plus souvent dans les champignons; on les trouve aussi sous les pierres ou les débris des végétaux : ils courent très-vite.     (A. P.)

**ALÉPOCÉPHALE**, *Alepocephalus*. (POISS.) Genre de la famille des Esoces, dont le principal caractère consiste dans l'absence complète d'écailles sur toutes les parties de la tête.

On n'en connaît encore qu'une seule espèce, l'Alépocéphale à bec, *Alepocephalus rostratus*, ainsi nommé par M. Risso, auquel la découverte en est due.

La forme de ce poisson, le nombre et la position de ses nageoires, le rapprochent infiniment du brochet; mais son museau, loin d'être élargi comme celui de ce dernier, est au contraire rétréci et un peu allongé. Sa bouche est aussi plus petite; ses mâchoires, ainsi que les os palatins, ne portent que des dents très-fines, et ses yeux sont énormes.

Un autre caractère, qui lui est encore commun avec les brochets et plusieurs autres genres qui en sont voisins, ce sont les pores dont se trouve percée sa mandibule inférieure.

Les narines s'ouvrent très-près des yeux. Les opercules sont minces, allongés et anguleux.

De petites tubulures marquent la ligne latérale, qui suit une ligne parfaitement droite depuis la queue jusqu'à l'opercule, d'où elle se rend à l'œil en formant un angle très-ouvert.

Excepté la tête, toutes les parties du corps sont revêtues de tégumens squammeux, larges, épais et de forme oblongue; les nageoires elles-mêmes sont couvertes de petites écailles sur leur moitié la plus rapprochée du corps; elles offrent, aussi bien que la tête, une couleur noire foncée.

Le reste du corps, ou plutôt le centre de chaque écaille, est coloré en bleu violacé, tandis que leur bord libre est liseré de brun.

L'Alépocéphale à bec habite la Méditerranée, à de très-grandes profondeurs; aussi n'est-ce que très-rarement qu'il devient la proie des pêcheurs.

(G. B.)

**ALEUTIENNES** ou **Aléoutes** (Iles). (géogr.) On nomme ainsi une réunion d'îles qui embrassent, dans un arc de cercle très-étendu, tout l'espace compris entre les rivages de la presqu'île du Kamtschatka, à l'ouest, et ceux de l'Amérique russe à l'est : la manière dont elles sont disposées, à la suite les unes des autres, en prolongeant la ligne tracée par la presqu'île d'Alaska en Amérique, indique assez qu'autrefois les deux continens d'Asie et d'Amérique étaient réunis par l'espèce d'isthme que les îles Aléoutes formaient en cet endroit. Ces îles ne laissent de communication entre la mer de Béring et le grand Océan boréal que par des canaux qui n'ont que peu de profondeur; quelques unes d'entre elles seulement sont habitées par une race d'hommes qui présente les mêmes caractères que la race américaine. Lorsqu'elles furent découvertes, elles étaient peuplées d'un grand nombre de loutres de mer et de renards bleus. On cite à cette occasion une chasse qui fut faite, vers la moitié du dix-huitième siècle, par des aventuriers russes, et qui produisit dix-huit cent soixante-douze peaux de loutres de mer, dix-neuf cents de renards bleus, et cinq mille sept cents de veaux marins. On conçoit facilement qu'en usant d'un pareil moyen on est parvenu promptement à dépeupler ces îles des nombreux troupeaux d'animaux marins qui venaient y séjourner.

Les îles Aléutiennes forment trois groupes appelés îles *Aléutiennes* ou *Blegenii*, îles *Krisii* ou des *Rats*, îles *Andréanow*. Dans le premier de ces groupes, qui est le plus rapproché de la presqu'île du Kamtschatka, sur le continent de l'Asie, se trouve l'île de *Béring*, où périt, en novembre

1741, le grand navigateur de ce nom, après avoir essuyé les plus cruelles infortunes : presque tout son équipage mourut du scorbut; parmi ceux qui survécurent, le naturaliste Steller parvint à gagner la côte d'Asie en août 1742, au moyen d'un petit vaisseau qu'il construisit des débris du navire naufragé. Ces trois groupes d'îles n'offrent qu'un amas de rochers où s'élèvent des volcans qui, à chaque instant, bouleversent leur surface, changent leurs formes et leur superficie. La végétation de ces îles ne présente aucun intérêt, et nous avons déjà parlé des animaux qu'on y rencontre.

Le troisième groupe, qui borde les rivages de la presqu'île d'Alaska, en Amérique, a reçu le nom d'îles *Andréanow*, du nom du navigateur russe *André Tolstyk*, qui les découvrit en 1761, dans une expédition qu'il fit long-temps après celle de Béring, et qui fut moins malheureuse que cette dernière. (C. J.)

**ALEYRODE**, *Aleyrodes*. (ins.) Genre de l'ordre des Hémiptères, section des Homoptères, famille des Aphidiens, ayant pour caractères essentiels : antennes de six articles, presque cylindriques, yeux échancrés, élytres et ailes entières; tarses de deux articles; les deux sexes sont ailés.

Ce genre est formé jusqu'à présent sur un seul insecte de petite taille, que l'on trouve, pendant toute l'année, même par les froids les plus rigoureux, sous les feuilles de la *grande éclaire*, d'où lui vient son nom d'Aleyrode de l'Éclaire, *A. chelidonii*, Latr. Son nom générique vient de la poussière blanche dont il est entièrement couvert; dépouillé de cette poussière, il est jaunâtre et quelquefois légèrement rosé; les yeux sont noirs et paraissent divisés par un trait; les élytres ont une ligne transverse et un point, situés vers le milieu, qui paraissent noirâtres en dessous; les pattes sont blanches.

Les œufs, posés entre les grosses nervures inférieures des feuilles, au nombre de dix à trente, sont presque toujours disposés en rond, et recouverts de la même matière farineuse dont cet insecte est couvert; ils sont blancs, luisans, avec le bout jaunâtre.

Ces insectes sont sujets à une métamorphose complète, ce qui me ferait croire qu'un nouvel examen pourrait peut-être les éloigner des Hémiptères, auxquels on les réunit. Réaumur décrit ainsi leur métamorphose : la larve change d'abord de forme, et devient conique; elle devient ensuite arrondie, bombée en forme d'écaille de tortue, avec deux points noirs qu'il suppose les yeux : cette seconde forme constituerait la nymphe; mais M. Latreille paraît avoir étudié ce changement avec plus de soin : selon lui, l'insecte s'élargit, son extrémité postérieure présente l'apparence d'un stigmate foncé ceint d'un bourrelet, il se fixe sur la feuille avec la liqueur visqueuse qui forme le duvet qui couvre son corps : bientôt on ne voit plus qu'une membrane sèche demi-transparente, à travers laquelle on distingue la nymphe; celle-ci est couverte d'une enveloppe brune, la tête est arrondie, le reste du corps est conique; les antennes et les palpes sont libres.

Le peu de fixité qui existe sur ce qu'on a dit de cet insecte, indique assez qu'il doit subir un nouvel examen. (A. P.)

**ALFONSIE**, *Alfonsia*. (BOT. PHAN.) Genre de la famille des Palmiers, établi par Kunth, dans les *Nova genera* de Humboldt et Bonpland; il lui donne pour caractères: fleurs monoïques, calice à six divisions profondes, à peu près égales; six étamines à filets réunis à la base, ovaire simple, trois styles, un drupe ovoïde, fibreux et à une seule graine.

Ce nouveau genre a été contesté par Brown, comme faisant double emploi avec l'*Elaïs* de Jacquin. En effet, l'espèce de palmier qui le forme, l'*Alfonsia oleifera*, paraît être celle qui porte le nom de Corozo, dans la Nouvelle-Grenade; elle s'élève seulement à cinq ou six pieds. On tire de ses fruits une huile célèbre, que l'on brûle dans les églises de Carthagène. (L.)

**ALGAZELLE**. (MAM.) Espèce du genre ANTILOPE. (*V.* ce mot.) (D. V. R.)

**ALGER** (régence d'). (GÉOGR.) La régence d'Alger, jusqu'en 1830, fut le plus belliqueux et le plus riche des états barbaresques; à cette époque le dey, qui la gouvernait, n'ayant pas craint d'insulter le gouvernement français, dans la personne de son consul, fut bientôt renversé du trône où il était assis: vingt jours suffirent pour faire cette brillante conquête, et l'armée française, partie de Toulon le 15 mai 1830, débarquée après une pénible traversée sur la plage africaine le 14 juin, se trouva, au mois de juillet suivant, campée dans les murs d'Alger, dont elle venait de se rendre maîtresse. Cette conquête est un grand bien pour le commerce de toutes les nations civilisées; car les habitans de la régence lui causaient de graves et continuels dommages par l'insolente piraterie à laquelle ils ne cessaient de se livrer.

Ce qu'on nomme aujourd'hui régence d'Alger est formé du territoire de l'ancienne Numidie et de l'ancienne Mauritanie Tingitane, provinces soumises autrefois à la puissance romaine. Des Romains elle passa dans les mains des Vandales, qui bientôt furent dépossédés par Bélisaire. La régence demeura soumise alors à la domination des empereurs de Constantinople, jusqu'à l'invasion de cette plage de l'Afrique par les Arabes, qui la conservèrent jusqu'au milieu du septième siècle. Elle fut successivement tributaire du roi de Bougie, des Espagnols, du fameux Barberousse, qui, tué dans un combat, la laissa en héritage à son frère; celui-ci ne se sentit pas la force de gouverner par lui-même: il se mit donc sous la protection de Sélim I<sup>er</sup>, empereur des Turcs, qui en accepta la suzeraineté, et en forma un pachalik, devenu par la suite indépendant. C'est à partir de cette époque que le souverain de Constantinople a pris le titre de souverain d'Alger. Tel était l'état politique de cette contrée, lorsqu'en 1830 Hussein s'attira le courroux de la France : on sait déjà quelles furent les conséquences de ses arrogantes

présomptions. Il est à penser que cette belle conquête fournira à la France une terre précieuse où de nombreux colons iront exercer leur industrie, et former ainsi, pour la métropole, une mine inépuisable de richesses. La brillante végétation des vallées et des côtes de la Méditerranée permet de concevoir les plus belles espérances sur les immenses produits qu'on pourra retirer des établissemens projetés. Quoique le climat y soit très chaud, les brises qui s'élèvent de la mer le rendent supportable et salubre : cependant aux mois de juillet et d'août, on voit de nombreux exemples de pleurésies et de fièvres dangereuses, qui sont attribuées à la fraîcheur des rivières.

La surface de la régence est entrecoupée de montagnes d'où découlent quelques rivières, dont les principales sont le *Medjerdah*, le *Schelif*, qui se jettent dans la Méditerranée. Deux lacs, ceux de *Titerie* et de *Melghig*, le vaste marais de *Chot* et les eaux thermales de *Merigah* et de *Hamman-Meskouten*, méritent d'être rappelés ici.

La population de toute la régence s'élève à 1,800,000 habitans, répandus sur un espace de 22,000 lieues carrées. Elle professe la religion musulmane et est peu civilisée : c'est un mélange de *Maures*, d'*Arabes*, de *Berbères*, de *Nègres*, et de *Colouglis*, nom qu'on donne aux individus nés de l'union des Turcs et des femmes maures.

Les principales villes sont *Alger*, que les Arabes appellent *Al-Djézair* : elle est bâtie en amphithéâtre sur une colline; ses fortifications, du côté de la mer, sont très-fortes, mais elle est presque sans défense du côté de la terre; ses rues, comme celles de toutes les villes d'Orient, sont étroites; les principaux édifices publics sont le *Séraï*, ou palais du dey; la *Qassábah*, citadelle située à l'extrémité méridionale, où l'on a trouvé, après la prise de la ville, 48 millions de fr. en or et argent monnoyé; les *bazars*, et les *bagnes*, espèce de casernes destinées aux esclaves. La population peut être évaluée à 70,000 habitans.

*Oran*, dont les vastes magasins, bâtis par les Espagnols, sont encore intacts.

*Bougie*, qui possède un excellent port, et où furent inventées les chandelles de cire auxqu'elles elle a donné son nom. Une expédition française est partie de Toulon dans le mois de septembre 1833 pour en faire la conquête.

*Bône*, avec un bon port très-fréquenté à l'époque de la pêche du corail : cette ville, l'ancienne Hipponc, a la gloire d'avoir eu pour évêque saint Augusin, cet éloquent père de l'église.

*Constantine*, résidence d'un bey qui jusqu'à présent a su résister à l'armée française : cette ville, qui possède de nombreuses ruines romaines, telles que arcs-de-triomphe, aqueducs, colonnes, a vu naître dans ses murs deux puissans rois de Numidie, Masinissa et Jugurtha.

*Bélidah*, dans une délicieuse position : victime en 1825 d'un violent tremblement de terre, malheureux phénomène qui se renouvelle si souvent dans cette contrée, elle est bientôt sortie de ses ruines, et est aujourd'hui entièrement rebâtie.

*Tremecen* enfin, que recommandent son industrie, sa population et les débris d'anciens édifices. (C. J.)

ALGUES. (bot. crypt.) Depuis les progrès rapides de la botanique, depuis les nombreuses divisions et subdivisions introduites dans les anciennes classifications, depuis enfin que de nouvelles familles ont été créées pour faciliter davantage l'étude des êtres organisés qui recouvrent en si grande quantité la surface du sol, on se demande pour quel groupe de végétaux on doit conserver aujourd'hui le nom d'*Algue* ou *Algues*. En effet, on connaît maintenant la famille des *Hydrophytes* ou *Thalassiophytes*, celle des *Conferves*, des *Lichens*, des *Hépatiques*, etc., avec lesquelles Tournefort, Linné, Jussieu composaient autrefois l'ordre des Algues, et il est tout naturel de penser qu'un jour ce mot sera rayé des ouvrages de botanique : l'histoire naturelle générale s'en servira pour désigner tous ces débris de la mer roulés çà et là par les vagues et les tempêtes, et dont les propriétés et usages, comme engrais, intéressent beaucoup plus le cultivateur que le botaniste. (F. F.)

ALGYRE, *Algyra*. (rept.) C'est le nom d'un genre de Sauriens à langue libre, bifurquée à sa pointe. Voisins des lézards proprement dits, comme ceux-ci les Algyres ont de grandes plaques lisses sur la tête, des dents aux mâchoires et au palais, des pores fémoraux, mais ils n'ont pas sous la gorge de repli cutané en forme de collier, et les écailles qui les recouvrent sont partout égales, rhomboïdales, imbriquées, alternes, carénées sur les parties supérieures du corps, des membres et de la queue, lisses sur les parties inférieures. Le genre Algyre ne renferme encore qu'une espèce, le lézard Algyre, l'*A. algyra* de Linnæus (figurée dans l'Iconographie de M. Guérin, pl. 5, fig. 2), brun en dessus avec deux bandes jaunes pâles bordées de noir le long des flancs ; il atteint 16 à 18 centimètres environ, dont la queue, ronde et grêle, forme plus de la moitié. On le trouve, comme son nom l'indique, sur les côtes de l'Afrique septentrionale, aux environs d'Alger, etc. L'Algyre n'est connu ni par ses mauvaises qualités, ni par ses vertus ; ses habitudes sont celles des lézards arénicoles. (T. C.)

ALIBOUFIER, *Styrax*. (bot. phan.) Nous connaissons deux espèces de ce genre de plantes de la Décandrie monogynie, famille des Plaqueminiers ; l'une qui provient du Levant et qui s'est acclimatée dans le Midi de la France et dans l'Italie, l'Aliboufier officinal, *Styrax officinalis*, L. ; l'autre, originaire de la Caroline, l'Aliboufier glabre, *Styrax americana*, Lenck., nous est connue depuis 1765. Toutes deux elles se cultivent comme plantes d'ornement. Ce sont des arbrisseaux que l'on multiplie de graines, par rejetons ou de marcottes : ils demandent un sol léger et une exposition chaude. L'Aliboufier officinal fournit, par incision faite à son tronc et à ses rameaux,

une résine aromatique connue dans le commerce sous le nom de *Storax* (*v.* ce mot). Les Aliboufiers forment d'agréables buissons, qui se couvrent, en été, de bouquets de fleurs blanches, assez semblables à celles de l'oranger, dont l'éclat fait encore ressortir le beau vert du feuillage.

(T. D. B.)

ALIMENS. (physiol.) Ce sujet est vaste et comporte de longs développemens, tant sous le rapport de l'hygiène que sous le point de vue physiologique. En le traitant ici sommairement, nous tâcherons cependant de présenter le résultat des recherches auxquelles il a donné lieu, et de ne rien omettre de ce qu'elles offrent de principal et de digne d'intérêt.

On nomme *Aliment* toute substance qui, introduite dans les corps vivans et soumise à une élaboration nécessaire, peut servir à leur accroissement, à leur nourriture, et devenir, en un mot, partie constituante de l'organisme.

Les corps vivans, dont le développement se fait par *intussusception*, sont donc les seuls qui consomment des matières alimentaires.

Les végétaux se nourrissent d'air, chargé d'acide carbonique, et d'eau, entraînant avec elle des débris de matières organiques.

Un grand nombre d'animaux choisissent leur nourriture parmi les plantes : on les nomme *Herbivores* ; à leur tour ils servent d'alimens à des espèces plus élevées. Les *Carnivores* sont les seuls qui soient impropres à en nourrir d'autres. Leur chair, facilement putrescible, se décompose trop vite : ils n'ont d'utilité, à cet égard, que lorsque, privés de la vie, ils retombent sous l'empire des lois qui régissent la matière brute. Enfin, il en est qui puisent également dans le règne animal et dans le règne végétal : on les nomme *Omnivores*. Quelques animaux domestiques partagent avec l'homme le privilége de cette nourriture variée.

C'est chez ce dernier que nous étudierons les divers phénomènes de l'alimentation, en faisant ressortir, à mesure qu'elles se présenteront, les lois générales qui s'appliquent à tous les êtres vivans.

Nous venons de dire que l'homme faisait également servir à sa nourriture les animaux et les plantes ; le règne minéral en effet ne lui fournit point de substance alimentaire, en prenant ce mot dans sa plus rigoureuse acception ; cependant les mets qu'il prépare chaque jour contiennent, comme assaisonnemens, des matières qui, appartenant au règne minéral, n'en sont pas moins assimilables, et entrent dans la composition des solides et des fluides animaux : tels sont le chlorure de sodium, ou sel marin, la silice, et l'eau si abondamment mêlée à tous les corps de la nature.

La philosophie, aux prises avec l'observation des phénomènes de la vie, a long-temps combattu pour prouver que l'homme était essentiellement herbivore ; mais les immortelles déclamations de Plutarque et de J.-J. Rousseau restent sans force contre l'examen anatomique de l'appareil digestif. Il est facile de voir que la structure de cet appareil tient le milieu entre celle des herbivores et des carnassiers, et que la nourriture de l'espèce humaine doit être prise ainsi aux deux sources où puisent les autres animaux.

Il est difficile jusqu'ici d'indiquer dans quelles proportions les matières végétales ou animales doivent faire partie de l'alimentation de l'homme. A cet égard, les goûts et le caprice sont souvent sa seule règle; quelquefois il doit céder, ainsi que nous aurons occasion de le voir, à des considérations qui tiennent à la nature du climat, des saisons, à son âge, à ses habitudes, à ses travaux; d'autres fois même, son choix est soumis à des idées religieuses : il s'impose alors des privations que ses croyances lui font bientôt regarder comme d'imprescriptibles devoirs.

La division des alimens, en raison de leur nature végétale ou animale, paraît si simple et si naturelle, qu'on n'hésite point, tout d'abord, à l'adopter comme la meilleure ; mais les progrès de la chimie ne permettent plus aujourd'hui de s'y attacher rigoureusement, à moins de confondre des choses différentes, et d'en séparer qui ont la plus grande analogie entre elles.

En effet, existe-t-il des caractères bien tranchés entre les huiles animales et les huiles végétales, entre l'albumine extraite des végétaux et l'albumine des animaux ? Dira-t-on que les substances animales contiennent de l'azote, que les végétaux n'en contiennent pas ? mais le gluten, substance végétale, est azotée, mais la graisse, substance animale, ne l'est pas. Sans remonter donc à l'analyse élémentaire et sans nous astreindre à une division trop arbitraire, nous classerons les alimens en raison des principes immédiats qui prédominent dans leur composition; sous ce rapport on peut les ranger sous huit groupes différens qui permettent de rattacher à chacun des considérations communes.

1°. *Alimens farineux.* La fécule en fait la base; tantôt elle s'y trouve pure comme dans le riz, tantôt elle entre dans leur composition en proportions variables comme dans le froment, le seigle, l'orge, l'avoine, le maïs, la pomme de terre, les pois, les haricots, les lentilles, etc. Quelquefois elle est associée au gluten, qui, seul, donne aux farines la propriété de subir la fermentation panaire. Ainsi dans le froment, le gluten entre pour un huitième ; sa proportion est moindre dans le seigle; et surtout dans l'orge ; enfin, dans les céréales et les légumineuses, la fécule est encore mêlée à des matières sucrées, mucilagineuses, albumineuses, ou à une matière colorante, comme dans les haricots, les pois, les fèves, etc.

Les alimens rangés sous ce premier groupe ne diffèrent entre eux que par les proportions des principes unis à la fécule. Quant à celle-ci elle est identiquement la même, quelle que soit la substance de laquelle on la retire. Il est donc absolument indifférent, sous le rapport de la qualité, de se servir de fécule de pomme de terre, par exemple, ou de fécules exotiques, comme de l'arrow-root, du sagou, toujours d'un prix plus élevé.

Cette substance, au reste, n'est nutritive pour l'homme qu'autant qu'elle a été soumise à l'ébullition. La chaleur ordinaire de l'estomac ne suffit pas pour faire éclater les grains qui composent la masse féculente, et cette condition est indispensable à sa digestibilité. L'estomac des bestiaux, des volailles, paraît doué de cette propriété; cependant on constate que la cuisson des pommes de terre qu'on leur donne, ou la panification de l'avoine, pour remplacer les grains dont ils font usage, rend, pour eux, ces alimens plus nourrissans.

2°. *Alimens mucilagineux.* Il faut ranger sous ce titre les plantes qu'on nomme potagères, comme les haricots et les pois verts, la betterave, la carotte, le navet, le potiron, le concombre, la bette, le melon, le pourpier, l'asperge, le chou, la laitue, l'artichaut, la chicorée, l'endive, les cardons, les salsifis, les raves, les radis; puis les substances gommeuses, caractérisées plus spécialement par la présence de l'acide pectique, qui n'est, suivant Raspail, que du gluten dissous par la potasse et précipité par un acide. La plupart de ces alimens contiennent peu de matières nutritives, et dégagent dans l'estomac ou l'intestin une grande quantité de gaz ; il en est qui traversent rapidement le tube digestif, mais en ne laissant que de faibles matériaux pour la nutrition.

3°. *Alimens sucrés:* Le sucre et ses diverses préparations, le miel, les dattes, les raisins secs, les abricots, les figues, etc., etc. Ils nourrissent beaucoup sous un petit volume, et sont facilement assimilables; aussi produisent-ils peu de matières excrémentitielles; c'est pour cela que la constipation est presque toujours la suite d'une diète exclusivement sucrée, et que dans le langage ordinaire on dit que le sucre échauffe.

4°. *Alimens acidules.* Ils se rapprochent beaucoup des alimens sucrés; mais ils contiennent une plus grande quantité de mucilage mêlé à un principe acide; dans ce nombre il faut ranger d'abord les fruits rouges : les cerises, les groseilles, les grenades; puis les pêches, les citrons, les oranges, les fraises, les framboises, les mûres, les raisins, les prunes, les poires, l'oseille, etc.; pris en petite quantité ils produisent un effet favorable sur l'estomac, surtout lorsqu'il n'est point excité; à haute dose ils exigent beaucoup de travail de la part de l'appareil digestif, et déterminent promptement une irritation de la muqueuse gastrique et intestinale.

5°. *Alimens huileux et gras.* Les premiers sont émulsifs, c'est-à-dire qu'ils contiennent une certaine quantité d'albumine qui, étendue dans l'eau, forme un liquide laiteux, désigné sous le nom d'émulsion : tels sont les olives, les noix, les amandes, les faines, le cocotier, le cacao ; parmi les seconds, il faut placer les graisses animales, celle du cochon, le beurre, les huiles de poissons; on doit y rapporter aussi les volailles engraissées, les foies gras, les chairs huileuses de l'anguille, de l'alose, etc.

Les huiles prises seules et en certaine quantité excitent un sentiment de pesanteur et provoquent parfois des nausées, des vomissemens, des déjections alvines; elles deviennent rances par un séjour prolongé dans l'estomac; le beurre se digère plus facilement que l'huile; mais se rancit avec une égale promptitude; les graisses ont quelques uns de ces inconvéniens d'autant moins marqués au reste qu'elles sont plus divisées, plus mélangées.

6°. *Alimens caséeux.* Le lait des diverses mammifères, les préparations qu'on lui fait subir, en exceptant toutefois le beurre, que nous avons placé dans les alimens huileux et gras; le lait et les fromages frais sont en général d'une digestion facile; parmi ces derniers ceux qui contiennent le plus de parties butyreuses pèsent davantage sur l'estomac; les fromages fermentés stimulent fortement la muqueuse intestinale; cette stimulation devient fâcheuse lorsque cette membrane est facilement irritable; continuée pendant un certain temps, il est rare qu'elle ne détermine pas une excitation maladive.

7°. *Alimens gélatineux.* Les tendons, les aponévroses, le chorion, le tissu cellulaire, les animaux très-jeunes, riches en gélatine; cette substance, qui ne saurait servir seule à l'alimentation, ainsi que nous aurons occasion de le démontrer, devient au contraire une excellente nourriture lorsqu'elle est associée à d'autres principes nutritifs; elle se digère de plus avec facilité.

8°. *Alimens albumineux* et *fibrineux.* Nous avons à dessein réuni sous ce titre les substances dont l'albumine et la fibrine sont la base, bien qu'elles aient été isolées jusqu'ici par tous les physiologistes : pour nous il existe la plus parfaite identité entre ces deux principes organiques; les caractères particuliers que la chimie leur avait assignés tiennent à des circonstances qui ne peuvent plus servir à les différencier depuis que les travaux de Raspail ont jeté le plus grand jour sur cette matière. Ces alimens fournissent au reste de riches matériaux à la nutrition.

Les substances alimentaires sont employées sous la forme liquide ou solide : elles ne retiennent le nom d'*Alimens* que sous la première; liquides, on les appelle *Boissons*; nous examinerons celles-ci dans un article séparé. (*V.* Boissons.)

Il est peu d'alimens dont on fasse usage à l'état naturel; le plus ordinairement, avant de les soumettre à l'action du tube digestif, on leur fait subir diverses préparations qui en changent l'aspect, la consistance, la saveur, l'odeur, etc. L'art du cuisinier, qui devrait se borner à rendre les alimens plus agréables et plus faciles à digérer, devient souvent fatal, par ses abus, en excitant un appétit qui dépasse les besoins de la nutrition, en provoquant les palais blasés et dédaigneux, en satisfaisant la vanité et le caprice aux dépens de la santé.

Il nous est impossible d'entrer dans tous les détails des préparations que l'art culinaire est parvenu à inventer; il est même assez difficile de tenir compte de leurs résultats sur l'économie animale. La première et la principale de ces préparations est la coction; elle se fait directement, sans intermédiaire, par un grand nombre de substances, et constitue ainsi ce qu'on nomme le *rôtissage*, le *grillage*, la *torréfaction*. La cuisson dans l'eau ou l'ébullition s'emploie lorsqu'on veut obtenir séparément certains principes solubles : le liquide qui les tient en dissolution se nomme *bouillon*. C'est surtout aux substances végétales que la cuisson par l'eau est applicable; elle leur enlève ce qu'elles ont d'âcre, d'acide, de vireux, et, en ramollissant leurs tissus, leur fait subir une sorte de solution.

L'huile et la graisse peuvent aussi servir de véhicule; il en résulte ce qu'on appelle *roux*, *friture*; ce mode développe constamment des principes âcres par l'action du feu sur les corps gras. Cuites dans leur jus, selon le mode qu'on nomme *étuvée*, les chairs sont en général plus savoureuses; les vapeurs chaudes qui les pénètrent les ramollissent en conservant tout leur suc : elles sont ainsi favorablement disposées à subir le travail de l'estomac. Enfin on expose pendant long-temps, pour les conserver, certains alimens au-dessus de la fumée, comme dans le *boucanage*, ou on leur fait subir une fermentation acide ou putride, comme pour la choucroute, le fromage, etc.

Au milieu des mélanges et des transformations sans nombre que réclament les goûts bizarres ou les recherches vaniteuses de nos Lucullus, il est presque impossible d'indiquer le degré de digestibilité de chaque aliment, c'est-à-dire la promptitude avec laquelle chacun d'eux peut se transformer en chyle. Des expériences ont été tentées à cet égard : Gosse de Genève, qui possédait la faculté de se faire vomir en avalant de l'air, mit à profit cette disposition et parvint à tracer ainsi une sorte de table où les substances alimentaires sont rangées dans leur ordre de digestibilité; Lallemand, dans ses observations sur la digestion chez des individus portant des anus contre nature, a pu calculer le temps que les résidus des alimens mettaient à parvenir à l'ouverture accidentelle; MM. Magendie, Lassaigne et Leuret, Tiedmann et Starck avant eux, ont aussi fait connaître leurs nombreuses recherches à cet égard, et tous ont à peu près confirmé les résultats suivans : les substances les plus faciles à digérer sont celles dont les principes immédiats se dissolvent facilement dans les parties aqueuses du fluide salivaire et dans le suc gastrique; telles sont la gomme, le sucre, l'amidon, l'albumine non coagulée, la gélatine, l'osmazome. Le gluten, le caséum, l'albumine concrète, résistent davantage à l'action de ces fluides. Les huiles, les matières grasses, le ligneux, la fungine, se dissolvent trop difficilement pour n'être pas réfractaires aux forces digestives. Les alimens sapides, dont les qualités stimulantes sont encore augmentées par divers assaisonnemens ou par la fermentation, sont plus promptement digérés que ceux qui sont fades et douceâtres.

Il ne serait pas moins curieux et il n'est pas moins difficile d'établir avec une exactitude rigoureuse la proportion dans laquelle chaque aliment concourt à la nutrition. Ce qu'on doit dire en thèse générale, c'est que ceux qui appartiennent au règne animal nourrissent mieux que les végétaux; cependant ces derniers suffisent pour entretenir la vie, et quelquefois contribuent aux développemens d'un embonpoint remarquable; on peut s'en convaincre en se rappelant la sévérité avec laquelle certains ordres religieux observent une diète végétale, et la santé florissante de quelques frères qui font partie de ces ordres.

Pour arriver, sous ce rapport, à des résultats concluans, les expériences ont été tentées en employant celles de ces substances qui présentent les caractères les plus tranchés. M. Magendie a soumis des animaux à une nourriture essentiellement végétale, ou mieux il les a nourris d'une substance entièrement privée d'azote; en peu de semaines ces animaux ont maigri considérablement, et ont fini par succomber. On ne pouvait cependant conclure de là que la présence de l'azote était une condition essentielle pour qu'une substance fût nutritive; car il eût été facile d'opposer à cette conclusion que certains peuples se nourrissent de substances non azotées, comme le riz, le maïs, les figues, les dattes, etc.; que des nègres, nourris uniquement avec le sucre brut, restent bien portans et gras; que les caravanes s'alimentent souvent pendant plusieurs semaines avec la gomme seule. Au reste, d'autres expériences sont venues démontrer que les substances azotées, lorsqu'elles étaient employées isolément, produisaient aussi pour résultat l'affaiblissement, l'amaigrissement et la mort.

MM. Edwards et Balzac ont récemment présenté à l'Académie un Mémoire contenant des recherches sur les qualités nutritives de la gélatine. Les expériences consignées dans ce travail, et qu'ils ont répétées avec un soin extrême, les ont convaincus que ce principe organique ne pouvait suffire à l'alimentation; que les animaux soumis à cette seule nourriture perdaient en très-peu de temps de leur volume et de leur pesanteur; mais qu'en associant au contraire à la gélatine la plus petite quantité d'une autre substance nutritive, on parvenait à maintenir les animaux dans leur état de santé et d'accroissement. Ces essais prouvent donc que les principes organiques, pris isolément, ne peuvent entretenir l'existence; qu'ils doivent être associés, combinés entre eux, pour posséder la qualité alimentaire. On peut cependant établir dès à présent que les alimens les plus nourrissans sont les fibrineux, la chair musculaire, puis viennent ensuite les alimens gras, oléagineux, caséeux, les gélatineux, les féculens, les sucrés, et en dernière ligne les mucilagineux.

Les qualités digestives ou nutritives des alimens sont d'ailleurs relatives à une foule de circonstances, qui dépendent de l'organisation, ou agissent sur les animaux ou sur les hommes qui en font usage. Il est un grand nombre de substances vénéneuses pour l'espèce humaine, qui forment, pour les animaux, une nourriture agréable, et réciproquement. Ainsi, les hérissons se nourrissent, dit-on, de cantharides; l'abeille compose son miel avec le suc de plantes malfaisantes; la chenille de quelques sphynx est avide du lait âcre et vénéneux de la tithymale. L'homme assaisonne quelques mets avec le vinaigre à haute dose; une ou deux cuillerées de ce liquide causent, instantanément, la mort de certains herbivores, par exemple du lapin; quelques gommes-résines, qui ne sont pour nous que de doux purgatifs, sont de violens poisons pour les carnassiers.

Mais si l'on conçoit que, sur des espèces dont l'organisation est si différente, certaines substances aient une action entièrement opposée; si l'on comprend encore facilement comment une alimentation de même nature peut produire des effets divers en raison de l'âge et des tempéramens, on s'explique plus difficilement ces sympathies ou ces antipathies qu'on observe chez des individus offrant, tant que possible, des conditions semblables d'existence; celui-là éprouvera tous les effets de l'empoisonnement pour avoir mangé telle espèce de fruits ou de légumes que cet autre digère avec facilité et savoure avec délices. Nous connaissons une dame, d'une santé constante, dont l'estomac supporte, sans inconvéniens, toute espèce d'alimens, à l'exception des fruits en compote, qu'elle préfère cependant sous cette forme. Une jeune demoiselle fut prise de vomissemens violens pour avoir mangé quelques fraises sans assaisonnement, tandis qu'elle peut en digérer une quantité plus considérable lorsqu'elles sont saupoudrées de sucre. L'habitude atténue singulièrement les effets de plusieurs substances. Ainsi les Orientaux font un usage immodéré de l'opium, qui, pour nous, est un poison. Le docteur Busdach a rapporté récemment qu'une femme malade était parvenue à prendre une demi-once, par semaine, de ce médicament.

La température du climat doit aussi motiver le choix et changer les effets des substances nutritives. Le docteur Labat, médecin de Méhémet-Ali, vient de publier, sur l'influence du régime alimentaire dans les pays chauds, un travail qui contient d'excellentes données sur ce sujet. Les maladies si fréquentes et si graves des Européens venus des régions tempérées, et la santé vigoureuse des indigènes que leur instinct de conservation pousse à la sobriété la plus rigoureuse, démontrent assez que, sous l'influence de la température intertropicale, tous nos organes se trouvent dans un état de stimulation à laquelle ne saurait convenir une nourriture trop substantielle. Tandis que le Bédouin ou le *fellah*, se contentant d'un peu d'eau et de farine pour sa journée, que le *Saÿs*, monté sur son dromadaire, franchissant par jour plus de soixante lieues à travers les déserts, jouissent d'une santé presque inaltérable, l'Européen, qui apporte d'ordinaire ses goûts et ses habitudes, mange et boit copieusement, et s'expose ainsi à toutes les maladies qui naissent de l'excitation trop vive de l'appareil digestif et des centres nerveux et vasculaire. Les saisons, comme les climats, doivent encore faire préférer certains

alimens

verts. Ne pourrait-on pas voir là une sorte d'acte de foi, et n'était-ce pas pour témoigner hautement de leur adhésion au dogme de l'immortalité de l'âme, qu'ils traitaient ainsi leurs cadavres ?

On prétend que le lendemain de l'horrible massacre de la Saint-Barthélemi on vit une Aubépine fleurie au cimetière des Innocens, ce qui fut diversement interprété par les deux partis.

L'Aubépine, par ses ramuscules nombreux et flexibles, est susceptible de prendre, sous les ciseaux des jardiniers, toute sorte de formes : c'est l'arbrisseau le plus propre à former ces haies vives, qui sont en même temps des murs de défense et des palissades d'agrément.

A la première section des Cratægus, malgré quelques différences, doit être rapporté le Buisson ardent, *Mespilus pyracantha*, L. Ses fleurs ressemblent un peu à celle de l'Aubépine. Ses fruits nombreux, rapprochés, d'une couleur rouge éclatante, le font paraître enflammé et justifient le nom qu'il porte. (C.é.)

**ALISMA.** (BOT. PHAN.) Ce genre, type de la famille des Alismacées, appartient à l'Hexandrie Polygynie de Linné. Ses caractères sont : calice à six divisions profondes, dont les trois intérieures sont pétaloïdes, et les trois extérieures vertes et caliciformes; ordinairement six étamines, rarement plus; pistils très-nombreux, réunis en tête au centre de la fleur, se changeant en autant de petites capsules uniloculaires renfermant une ou deux graines : l'Alisma comprend dix espèces, parmi lesquelles cinq sont indigènes; deux appartiennent à l'Amérique septentrionale, deux à l'Amérique méridionale, et la dernière croît en Guinée.

PLANTAIN D'EAU, vulg. Fluteau, *Alisma Plantago*, L. (*Voy.* notre Atlas, pl. 11, fig. 2.) Cette plante croît sur les bords des fossés aquatiques, des mares et des étangs. Ses tiges sont droites, lisses, triangulaires, creuses, à nœuds très-espacés; ses feuilles radicales sont droites, pétiolées, ovales-aiguës et nervées; ses fleurs, en verticilles composés, pédunculés et roses. Les pétales se roulent intérieurement sur eux-mêmes, quand la fleur commence à se flétrir; ils sont placés aux intervalles des divisions du calice. Le Fluteau est vivace, et fleurit en été. On prétend qu'il est nuisible aux bestiaux. (C.é.)

**ALISMACÉES**, famille que Richard père a détachée de celle des Joncs de Jussieu, et dont les caractères sont : calice à six divisions profondes, dont trois intérieures pétaloïdes et caduques; étamines au nombre de six ou plus, insérées au calice; pistils au nombre de six à trente, uniloculaires à un ou deux ovules dressés et pariétaux; fruits, petites capsules indéhiscentes; graines renfermant un embryon dépourvu d'endosperme, souvent recourbé en fer à cheval. Les plantes de cette famille sont herbacées, vivaces, à feuilles simples, et croissent sur les bords des ruisseaux, des étangs, et dans les terres marécageuses. (C.é.)

* **ALIZARINE.** La garance, Alizari (racine du *Rubia tinctorum*), contient une matière colorante, jaune, et une autre rouge, dont la première altérerait la beauté si on ne parvenait à les séparer par une macération plus ou moins prolongée dans l'eau. C'est cette matière rouge que MM. Collin et Robiquet ont appelée *Alizarine*. Comme cette substance est soluble dans l'alcool et dans l'acide sulfurique, tandis que la matière jaune est soluble dans l'eau froide, ils obtiennent l'Alizarine en sublimant la portion précipitée par l'eau de l'alcool ou en précipitant par l'eau la dissolution sulfurique. Cette matière colorante est employée avec le plus grand succès dans la teinture des toiles.
(P. G.)

**ALKÉKENGE DES ARABES**, *Physalis* ou *Coqueret*. (BOT. PHAN.) *V.* COQUERET. (C.é.)

**ALLAITEMENT.** (PHYSIOL.) Le rôle d'une mère n'est point terminé alors qu'elle a mis au monde l'enfant qu'elle portait dans son sein; il lui reste encore de longs et de pénibles devoirs à remplir : le nouveau-né attend d'elle des secours qui doivent assurer son existence; c'est à ses soins à le garantir contre les intempéries de l'air; c'est à sa sollicitude à deviner ses besoins, à veiller sur sa faiblesse, à lui fournir enfin le premier aliment que réclame ses débiles organes.

La nature prévoyante a, depuis long-temps, tout disposé pour que la mère puisse remplir cette importante fonction : les glandes mammaires, développées à l'époque de la puberté, acquièrent, pendant la grossesse, un volume plus considérable; elles élaborent le liquide précieux qui doit nourrir le nouvel être, et commencent à le sécréter, quelquefois deux ou trois jours avant l'accouchement, mais le plus ordinairement aussitôt après.

Le *lait*, produit de cette sécrétion, n'a pas à cet instant les qualités qu'il doit bientôt acquérir : plus limpide, plus séreux, il convient mieux à ce premier temps. On lui donne alors le nom de *colostrum*, et on prétend qu'il possède une vertu *purgative*, nécessaire pour débarrasser les intestins du *méconium* qui les surcharge. Sans doute on veut dire que ce premier produit de la sécrétion mammaire, trop séreux pour être assimilable, traverse le canal intestinal du nouveau-né sans être soumis à une action digestive; qu'il délaie et entraîne ainsi le méconium, tandis qu'un lait plus consistant éveillerait trop tôt l'action de cet organe, encore surchargé de matières accumulées pendant le séjour dans le sein de la mère, et pourrait rendre plus difficile l'évacuation de celles-ci.

Mais, après deux ou trois jours, le lait possède toutes les qualités qui le rendent propre à l'alimentation. C'est alors un liquide blanc, opaque, un peu plus pesant que l'eau; d'une saveur douce et sucrée, qui, abandonné à lui-même à une température de 10°, ne tarde pas à se séparer en deux portions, dont l'une (la *crème*) monte à la surface, et l'autre (le *sérum* ou lait écrémé) est plus liquide qu'auparavant. On s'est occupé avec soin de l'analyse du lait; mais l'étude de ses propriétés physiques et chimiques, ainsi que des diverses opinions sur son origine ou le mode par lequel il est sécrété, nous paraissent appartenir à l'article consacré spécialement à ce liquide.

Sa présence a déterminé le gonflement des mamelles ; le changement qu'il offre vers le troisième jour, s'établit au milieu d'un nouveau travail fluxionnaire dont elles sont encore le siége. Douloureuse d'abord, cette excitation paraît bientôt moins pénible et devient habitude, sollicitée par la succion de l'enfant et peut-être aussi par ses douces caresses.

C'est environ cinq ou six heures après l'accouchement qu'il faut essayer de faire téter l'enfant ; plus tard le sein est trop distendu, la succion le presse douloureusement et peut déterminer des crevasses. Cet accident, toujours fâcheux, rend long-temps pénibles les fonctions d'une nourrice, et la force souvent à renoncer à l'allaitement. En présentant le sein de bonne heure, la mère se préserve d'ailleurs de la fièvre de lait, ou tout au moins elle l'éprouve à un plus faible degré. L'enfant parfois reste quelque temps suspendu à la mamelle sans la presser de ses petites lèvres ; il faut alors exciter leur action en les caressant avec le mamelon, en faisant jaillir, avec précaution, quelques gouttes de lait, et ne point se désespérer d'un refus qui peut se prolonger pendant plusieurs jours, mais qui n'est que bien rarement absolu lorsque le nouveau-né n'est point empêché par le filet ou quelqu'autre vice congénial.

A la fin du siècle dernier la philosophie s'est armée de ses plus solides argumens pour rappeler aux mères un devoir qu'elles négligeaient trop souvent ; les pages éloquentes du citoyen de Genève ont opéré sous ce rapport la plus heureuse révolution ; mais n'est-on pas tombé dans un abus presque aussi fâcheux en suivant tout-à-fait à la lettre des préceptes dictés par une philantropie mal éclairée ? Sans doute il faut blâmer la femme qui, sans de puissans motifs, consent à partager, avec une étrangère, le précieux titre de mère ; mais les circonstances qui doivent la déterminer à ce sacrifice ne sont elles pas plus fréquentes qu'on ne se l'imagine aujourd'hui ? L'amour maternel ne trompe-t-il pas un grand nombre de femmes sur leurs forces, sur les avantages qu'elles croient posséder comme nourrices ? ne les empêche-t-il pas de réfléchir sur les suites déplorables d'un courage dangereux, d'une tendresse mal dirigée ?

Nous ne voulons pas seulement parler ici des maladies nombreuses qui doivent engager une mère à abdiquer une partie de ses devoirs ; mais nous pensons qu'il y a souvent avantage, pour la santé future de l'enfant, à modifier, par l'allaitement qu'il recevra d'une nourrice étrangère, les dispositions organiques qu'il aura reçues des auteurs de ses jours. Ne serait-ce pas, par exemple, un véritable bienfait que de donner une nourrice à la peau brune, au lait consistant, jeune, vive et gaie, à l'enfant né de parens moroses et lymphatiques ? N'agirait-on pas d'une manière heureuse sur la constitution de celui qui devrait le jour à un père et à une mère essentiellement nerveux, si on remettait le soin de sa première nourriture à une

femme blonde, dont le lait, abondant et séreux, en imprégnant les tissus de ce nourrisson, diminuerait ainsi son excitabilité, et préviendrait sans doute les convulsions de son enfance ou les affections spasmodiques d'un âge plus avancé ?

Nous indiquons ici les circonstances les plus tranchées ; il en est une foule d'autres qui doivent engager la mère à renoncer quelquefois au plus doux comme au plus sacré des devoirs. Sans doute il est cruel de livrer à des mains mercenaires l'être auquel on vient de donner la vie ; mais il serait plus cruel encore de le condamner à d'éternelles souffrances.

Nous conseillons, au reste, à toutes les mères qui sont contraintes de renoncer au bonheur d'allaiter elles-mêmes leur enfant, de tenir au moins le plus près possible d'elles la nourrice qu'elles chargent du soin de les remplacer ; elles doivent se rappeler que les travaux pénibles, les peines morales nuisent à la sécrétion laiteuse, et les femmes qui nourrissent sont en général plus impressionnables que dans leur état habituel ; elles doivent empêcher qu'on ne présente le sein à leur enfant après un exercice violent, lorsque le corps est en transpiration ; immédiatement après le repas ou après un accès de colère : on a vu des enfans pris subitement de convulsions qui ne reconnaissaient pas d'autres causes.

Plus une nourrice sera récemment accouchée, plus elle sera propre à remplacer la mère ; c'est une erreur que de penser qu'un nourrisson nouveau rajeunit ou renouvelle un vieux lait ; le gonflement plus considérable des mamelles qu'on remarque lorsqu'une femme sèvre son enfant pour lui substituer un nourrisson nouveau-né, tient à ce que celui-ci consomme moins que le premier, ou qu'une excitation moins vive modifie la sécrétion.

L'impossibilité de se procurer une nourrice est la seule circonstance qui doive autoriser à employer le lait des animaux domestiques. Cet allaitement artificiel est aujourd'hui trop fréquemment mis en usage ; quelques tentatives heureuses ont empêché d'en reconnaître les dangers. Lorsqu'on est contraint d'y avoir recours, il faut, autant que possible, que le nourrisson prenne immédiatement le lait au pis de l'animal. Une chèvre, une ânesse, peuvent être facilement dressées pour ce service. En agissant ainsi, le lait conserve des qualités que son exposition à l'air lui fait rapidement perdre.

Le lait d'ânesse est celui que ses propriétés rapprochent le plus de celui de la femme ; le lait de chèvre est plus excitant ; il trouble le sommeil de l'enfant. Si l'on emploie le lait de vache, il faut, pendant les premiers temps, le couper avec une certaine quantité d'un liquide convenable, comme le petit lait ou la décoction d'orge, et dont on diminuera la quantité à mesure que l'enfant avancera en âge. A six mois on peut donner le lait pur.

Il est fort difficile d'assigner l'époque à laquelle doit cesser l'allaitement. Celle à laquelle l'enfant a complété sa première dentition est trop variable pour qu'on puisse la regarder comme le terme fixé par la nature : il faut avant tout consulter la santé de la mère et de l'enfant; si la première paraît fatiguée, si le second est bien portant, s'il a franchi sans trop de peine l'instant où les premières dents ont apparu, on peut sans crainte le sevrer du douze au quatorzième mois, et quelquefois avant.

Nous avons dit que le lait se montrait chez la femme au terme de l'accouchement; on a vu cependant cette sécrétion s'établir chez des femmes qui n'avaient jamais eu d'enfans; on cite également l'exemple de jeunes vierges dont les glandes mammaires laissent exsuder un liquide laiteux; Humboldt rapporte qu'un homme a pu donner à teter à son enfant pendant plusieurs mois.

Tant que dure l'allaitement, la femme n'est plus soumise au flux menstruel; il y a cependant à cet égard quelques exceptions; on a pensé que le lait perdait alors de ses qualités : nous avons eu occasion d'observer quelques personnes soumises à cet inconvénient, et qui ne cessaient pas de présenter toutes les conditions de bonnes nourrices.

L'état de grossesse peut aussi diminuer ou altérer la sécrétion laiteuse; si dans cet état cependant l'allaitement n'est pas trop long-temps prolongé, l'enfant n'en est point manifestement incommodé.

La plupart des mammifères ont, en venant au monde, la faculté de se tenir sur les jambes et de téter leurs mères dans cette situation ; les singes, qui portent comme l'homme des mamelles pectorales, y suspendent leurs nourrissons en les maintenant embrassés. Les cétacés, que Linné a séparés de l'ordre des poissons pour les replacer parmi les mammifères, pressent aussi leurs petits contre leur poitrine, où sont placés les organes sécréteurs destinés à les nourrir, et se servent, pour les entraîner ainsi au milieu des mers, de leurs mains ou nageoires pectorales.

Chez les sarigues et les kanguroos, peu de temps après la conception le produit de l'accouplement s'échappe du sein de la mère sous la forme d'un corps à peine visible, passe dans une bourse que la mère a sous le ventre, s'unit à l'un des mamelons que renferme cette bourse, embrasse celui-ci avec sa langue, y reste suspendu jusqu'à ce qu'il soit assez fort pour quitter cet asile, où il trouve long-temps encore, avec la nourriture nécessaire à sa faiblesse, un refuge contre les dangers qui peuvent le menacer. (P. Gentil.)

ALLANITE. (min.) Cette substance, encore très-rare dans les collections, a été découverte au Groënland, dans des roches micacées, par M. Giesecke. Elle a été rangée au nombre des espèces minérales par M. Allan, d'où est venu son nom. L'Allanite est une matière de couleur noire, avec un éclat vitreux, rayant le verre, difficilement fusible au chalumeau, et dont la pesanteur spécifique est de 3-1 à 3-4. D'après ses caractères et le résultat de son analyse, M. Beudant la place en appendice dans l'espèce Cérine, conjointement avec l'Orthite et le Pyrorthite (*v.* ces mots). (D'Or.)

ALLANTE, *Allantus.* (ins.) Genre d'Hyménoptères, famille des Porte-Scie, tribu des Tenthrédines.

Ce genre, et plusieurs autres qui en diffèrent peu, a été établi, par Jurine, aux dépens des Tenthrèdes, avec lesquelles M. Latreille et M. Lepeletier de Saint-Fargeau, qui a donné une monographie de cette tribu, les ont réunis. (*V.* Tenthrède.) (A. P.)

ALLANTOIDE. (anat.) D'un mot grec qui veut dire *boudin.* On donne ce nom à une poche membraneuse de forme allongée, cylindroïde, qui communique avec la vessie au moyen d'un canal nommé *Ouraque.* Elle est très-développée chez le plus grand nombre des mammifères ; mais dans d'autres espèces, et surtout chez l'homme, elle n'est point apercevable, ou n'est tout au plus que rudimentaire; plusieurs physiologistes en ont nié l'existence. Sa description tient si essentiellement à l'histoire de l'œuf humain, que, pour éviter de répéter plus tard ce que nous pourrions exposer ici, nous la renvoyons à l'instant où nous nous occuperons de cette étude. (P. G.)

ALLANTOIQUE. *V.* Acide.

ALLECULA, *Allecula.* (ins.) Genre de l'ordre des Coléoptères, section des Hétéromères, famille des Sténélytres, tribu des Cistélides.

Toutes les cistélides ont l'insertion des antennes découverte ; les crochets des tarses dentelés inférieurement en manière de peigne; les Allécules ont le pénultième article des tarses bilobé, et le dernier article des palpes maxillaires très-dilaté en forme de hache; le corps est plus allongé que dans les autres genres de la même tribu.

A. noire, *A. morio,* Fabr., Oliv. Ent., n° 54, pl. 2, fig. 17. Elle est entièrement noire, avec les pieds blancs. Europe.

A. variable, *A. varians.* Oliv. Ent., n° 54, pl. 2, fig. 7. Grise, les yeux noirs, les élytres légèrement striées. Europe. (A. P.)

ALLÉLUIA. (bot. phan.) Ce nom vulgaire, donné à l'oxalide blanche en signe de la joie qu'inspire la vue de ses fleurs, vrai signal du retour complet du printemps, est une corruption du nom *Giuliola,* que la plante porte encore dans les Calabres. (*V.* au mot Oxalide.) (T. d. B.)

ALLEMAGNE. (géog.) Maltebrun a dit : « L'Al- » lemagne peut être considérée comme *la croix* » *des géographes,* à cause de ses innombrables » subdivisions et de leur circonscription bizarre, » si long-temps contraire à toute loi géographique » comme à toute raison politique, et encore aujour- » d'hui peu conforme à ces principes. » En effet, si nous jetons les yeux sur une carte d'Europe centrale, si nous examinons avec soin quelles causes ont pu déterminer les limites de tous ces petits états, rien ne semble nous guider dans cette recherche, et le caprice seul paraît avoir présidé à toutes ces divisions : nous ne comprenons pas l'ensemble de la monarchie prussienne dans sa longueur toujours incomplète, et dans sa difformité ambitieuse, et nous nous étonnons de l'existence de cette masse d'états secondaires, de cette quantité de petits duchés qui rompent, d'une manière si fatigante, l'unité uniforme de cette partie de l'Europe.

C'est pourquoi, voulant donner ici une idée de ce pays, placé à si juste titre parmi les premières puissances du monde intellectuel et moral, nous laisserons entièrement de côté, dans cet article, les différentes subdivisions auxquelles on l'a soumis, et nous en parlerons comme d'une seule et même nation, d'un seul et même pays, digne, sous tous les rapports, d'intéresser vivement nos lecteurs.

L'Allemagne peut être divisée, en prenant son climat pour base, en trois grandes régions que nous allons indiquer.

La première région est formée de cette immense plaine septentrionale, qui, sans autre interruption que les fleuves, traverse la Basse Silésie, l'ancienne Lusace, le Brandebourg, la Poméranie, le Mecklembourg, le Holstein et le Jutland. La température de cette zône est froide et humide ; les pays qui la composent reçoivent sans cesse, à leurs deux extrémités, les brouillards, les pluies et les tempêtes de la mer du Nord et de la mer Baltique. Les contrées du Nord-Ouest surtout, soumis à l'influence de la mer du Nord, sont sans cesse éprouvées par des ouragans furieux et des brouillards épais et malsains. Le nord-est, que subit la mer Baltique, est plus froid, mais moins humide.

Dans la seconde région viendront se placer tous les pays qui composent le centre de l'Allemagne ; je veux dire la Moravie, la Bohême, la Saxe, la Franconie, la Souabe, les rives du Rhin et la Hesse. C'est dans cette région que nous trouverons de nombreuses montagnes qui dépendent ou du système des Alpes ou des monts Hercynio-Karpathiens ; car toutes les montagnes de l'Allemagne se rattachent à l'un ou à l'autre de ces systèmes. En effet, en examinant sur une carte la direction des différentes chaînes de ce pays, on trouve pour les unes, situées au Sud de la vallée du Danube, une source commune, la grande chaîne des Alpes qui s'étend à travers le *Tyrol*, la *Carinthie*, la *Carniole* et la *Styrie*, en prenant les diverses dénominations de *Alpes Rhétiques*, *Alpes Carniques*, *Alpes Noriques*, et qu'on reconnaît encore facilement dans les montagnes qui abritent la *Haute-Bavière* et le pays de *Salzbourg*. Au contraire, pour toutes les montagnes situées au nord de la grande vallée Danubienne, pour toutes celles qui occupent la Wetéravie, la Hesse, la Thuringe, la Bohême, la Moravie, la Haute-Silésie, la Haute-Hongrie et la Transylvanie, nous trouvons un nouveau centre commun, auquel elles remontent de chaînon en chaînon, pour former enfin le grand système Hercynio-Karpathien, dont le versant boréal donne naissance à ces nombreux cours d'eaux qui s'élancent à travers les plaines de la Pologne, de la Prusse et de l'Allemagne septentrionale. Cette région, couverte ainsi de nombreuses montagnes, n'est point exposée, comme la première, à des troubles continus dans la température ; seulement, d'après la latitude de cette contrée, on devrait s'attendre à y trouver une chaleur plus forte que celle qu'on y rencontre habituellement. Ce climat,

ainsi tempéré, provient de l'élévation assez considérable du sol au-dessus du niveau de la mer. Du reste, cette contrée est l'une des plus agréables de toute l'Allemagne, et peut-être même de toute l'Europe. On y cultive la vigne : elle ne produit pas partout de brillans résultats ; mais elle offre cependant des vins d'une qualité supérieure dans les pays sur le Rhin.

Dans la troisième région, nous placerons la Bavière, la Haute-Autriche, les glaciers du Tyrol et du Salzbourg, et les vallées de la Styrie et de la Carniole. Ici se trouvent réunies les températures les plus extrêmes : en vue d'un pays de glaces se trouvent de riches vallées où la plus brillante des végétations vient étaler le luxe de ses produits.

Ces deux grands massifs de montagnes, dont nous avons déjà parlé, les Alpes et les monts Hercionio-Karpathiens, se subdivisent en une grande quantité de monts particuliers qui prennent différens noms et offrent à l'industrie humaine de nombreuses mines à exploiter. Le plus riche dépôt de toute l'Allemagne, en minéraux, est cette chaîne qui sépare la Bohême de la Saxe et qui, à cause de ses produits, a été nommée *Monts métalliques (Erz-gebirge)*. L'argent qu'on en a tiré pendant les dernières années du dix-huitième siècle, a permis de faire frapper à Freyberg pour 22,000 écus de Saxe (85,800,000 fr.) ; et ce n'est pas seulement de l'argent qu'on extrait de ces mines ; tous les autres minéraux s'y trouvent en grande quantité. Leur richesse en cuivre, en fer, en étain, est inépuisable. Ce dernier métal surtout est de première qualité, et peut rivaliser avec celui qu'on tire de l'Angleterre. De nombreuses pierres fines, des topazes, des grenats, des cristaux, des marbres, des porphyres, des granites viennent encore augmenter la féconde variété des produits de cette contrée.

Nous signalerons, dans les montagnes de la Thuringe, une immense couche de cuivre qui s'étend à une grande distance, et qui présente à l'observateur des pétrifications et des débris fossiles très-curieux. Nous indiquerons aussi la veine d'eau salée qui, des pieds des monts métalliques, va rejoindre les célèbres salines de Halle, et se perd dans les montagnes du Harz. On extrait encore, dans ces cantons, une grande quantité de charbons de terre.

Enfin, dans le Tyrol, la fameuse mine salée de Halle, qui s'étend en Bavière, dans le Salzbourg et en Autriche, le riche dépôt du meilleur fer de l'Europe, dans la Styrie, les grandes mines de plomb dans la Carinthie, celles de vif-argent près d'Idria, qui ne le cèdent qu'à celles d'Almaden en Espagne, complètent ici le tableau des richesses minéralogiques de l'Allemagne.

Les nombreuses montagnes que nous venons d'examiner ont dû suffisamment faire pressentir l'existence de grands fleuves : en effet l'Allemagne est l'un des pays de l'Europe où l'on trouve les plus grands cours d'eau. Pour appuyer cette assertion, il suffira de nommer le Danube, qui prend

sa source dans la forêt Noire, non loin des limites de la France, et va se perdre dans la mer Noire. Nous avons vu que la vallée qu'il parcourait servait de séparation entre les deux systèmes des Alpes et des monts Karpathiens; la Vistule, l'Oder, l'Elbe, qui arrosent l'immense plaine septentrionale que nous avons décrite au commencement de cet article, et le Rhin, ce fleuve au cours si noble et si majestueux. Le lecteur me saura bon gré, j'espère, de citer ici la description du cours de ce fleuve : c'est une des meilleures pages d'un de nos premiers géographes modernes.

« Le Rhin est un fleuve plus allemand que le Danube, quoique sa source et sa fin n'appartiennent pas dans un sens politique à l'Allemagne. Ce beau fleuve naît dans la partie sud-ouest du canton des Grisons, où tous les vaisseaux portent le nom de *Rhein* ou *courant*, mot qui paraît celtique ou ancien germanique.

Le prétendu *Rhin du milieu* ( *Mittel-Rhein* ) n'est qu'un torrent peu important, dont le nom propre est *Froda*, et qui tire aussi d'un village voisin le nom appellatif de *Rhein* ou *courant*. Le *Rhin d'en bas* (*Unter-Rhein*) a sa source vers l'extrémité occidentale du canton des Grisons, entre les monts Badus et Crispalt, et reçoit, dans sa partie supérieure, le Rhin du milieu. Le *Rhin d'en haut* (*Ober-Rhein*) prend sa naissance au glacier de Rheinwald, au pied du mont Muschel-horn, et se grossit de l'Albula. La réunion de toutes ces branches forme le fleuve au bas du mont Galanda. Descendu de ces hauteurs glaciales, élevées de plus de six mille pieds au-dessus de l'Océan, le Rhin sort du pays des Grisons, et se jette à un niveau de mille deux cent vingt-quatre pieds dans le *lac Boden* (*Bodensée*), nommé en français *lac Constance*. Un savant géographe allemand, M. Hoffman, pense que le cours primitif du Rhin a eu une direction toute différente ; qu'au moment d'atteindre le pays des Grisons, le fleuve se jetait à travers les montagnes de Sargans, traversait les lacs de Wallenstadt et de Zurich; et, en suivant le lit actuel de la Limmat, venait se réunir à l'Aar, vis-à-vis de l'endroit nommé Rein. Cette hypothèse, fondée sur quelques observations locales, mérite sans doute de l'attention, mais nous ne l'admettrons pas sans un examen plus approfondi. Dans son état actuel, le Rhin, en sortant des lacs de Constance et de Zelle, rencontre, un peu au-dessous de Schaffhouse, un chaînon inférieur des Alpes, qu'il ne réussit à franchir qu'en formant, près de Laufen, la célèbre chute tant de fois admirée, et qui n'a pourtant que soixante-dix pieds de hauteur, à peine égale aux chutes de second ordre de la Scandinavie. Le Rhin, à Laufen, après sa chute, a mille soixante quatorze pieds de niveau; et, en arrivant à Bâle, il n'a plus que sept cent soixante-deux pieds : cette partie de son cours, d'une rapidité extrême, est interrompue par une chute près de Laufembourg, et par le torrent dangereux de Rheinfelden. Le fleuve s'accroît ici par sa réunion avec l'Aar, qui est comme un second Rhin, et qui lui amène presque toutes les eaux des rivières et des lacs de la Suisse, masse d'eau plus considérable que celle qu'il reçoit du lac de Constance. Arrivé à Bâle, le Rhin se tourne au Nord, et parcourt la belle et riche vallée où sont situées l'Alsace, une partie du territoire Badois, l'ancien Palatinat et Mayence : c'est son deuxième bassin; son cours y est encore très-impétueux jusqu'à Kehl; mais, roulant dans un large lit, parsemé d'îles boisées et riantes, il prend tout-à-fait le caractère d'un grand fleuve, il se couvre de bâtimens et de radeaux, mais continue en beaucoup d'endroits à miner ses bords et changer ses rivages. A Mayence, il atteint une largeur de mille trois cents pieds, et, bordé, à quelque distance, de superbes montagnes chargées de vignobles, il présente un panorama d'une grande beauté : il reçoit, dans cette partie de son cours, le *Necker*, qui lui apporte les eaux de la Souabe, et le *Mein*, qui, en serpentant par de larges détours, lui amène les eaux de l'ancienne Franconie. Depuis Bingen jusqu'à Coblentz, les montagnes resserrent le cours du Rhin ; quelques rochers y forment même des bancs et des îlots; mais il n'est pas bien prouvé qu'il y ait jadis été arrêté par une chute. Dans ce passage pittoresque, à travers la dernière barrière de montagnes, au pied de tant de vieux châteaux suspendus sur des rochers sourcilleux, le Rhin reçoit, entre autres rivières affluentes, la *Lahn*, enfoncée parmi les montagnes, et la *Moselle*, qui, dans les innombrables détours de son cours méandrique, débarrassée de bas-fonds, de marais, de tout objet désagréable, ressemble à un canal que l'industrie aurait conduit exprès autour des prairies et des vignobles, et qui même, sans avoir été l'objet d'un poëme, serait célèbre parmi les plus belles rivières du monde. Le confluent de la Moselle avec le Rhin est comme l'extrême vestibule de l'Allemagne romantique. Le Rhin roule désormais sa vaste nappe d'eau, large de deux mille pieds, à travers une contrée ouverte et plane : il reçoit encore, sur le sol allemand, la *Ruhr* et la *Lippe*. Arrivé en Hollande, il forme, avec ses trois bras artificiels, le *Whaal*, le *Leck* et l'*Yssel*, un grand Delta qui renferme les villes les plus riches de l'industrieux Batave; mais ses eaux, absorbées dans ses canaux, laissent son ancien lit presque à sec, et ce fleuve, si majestueux, n'atteint la mer que sous la forme d'un ruisseau imperceptible. Il serait absurde de ne pas considérer en géographie physique, sinon le Whaal, du moins le Leck et l'Yssel, comme les deux embouchures actuelles du Rhin : la Meuse devrait cesser d'usurper à Rotterdam et à Dordrecht un nom qui peut lui être contesté, et, se contentant d'inonder le Busbosch, ne prétendre à d'autre embouchure qu'à celle du Moerdik; mais il en est de la gloire des fleuves comme de celle des hommes : le hasard et l'usage prédominent sur les idées justes. Le Delta du Rhin a subi, par la nature et par l'art, tant de révolutions violentes et tant de changemens lents et imperceptibles, qu'il est difficile de reconnaître, même après des recherches savantes, où était le véritable emplacement de ses anciennes embouchures. »

L'Allemagne présente encore un autre fait curieux et digne d'observation : c'est la grande quantité de ses eaux minérales , soit chaudes , soit acidulées. Tout le monde connaît les eaux thermales de Bade, d'Aix-la-Chapelle, de Pyrmont, de Carlsbad, de Tœplitz, dont la réputation attire, chaque année , de nombreux visiteurs. Selters, Dribourg, Rohistich, Sudschitz et Sedlitz offrent à la médecine le secours de leurs eaux amères ou acidulées.

Si maintenant nous passons à l'examen du règne animal et du règne végétal de l'Allemagne , nous lui trouvons aussi de nombreuses richesses. Les grandes forêts qui couvrent ses montagnes, lui fournissent une exploitation considérable , qui dépasse ses besoins, et dont elle fait un grand commerce avec les nations étrangères : le chêne , le hêtre , des frênes gigantesques, des pins , des sapins sur les hauteurs, des poiriers, des pommiers, des amandiers, des pêchers, et toute espèce d'arbres fruitiers dans les lieux plus abrités, offrent une variété de végétation admirable. Des vignobles qui s'élèvent jusqu'à un niveau de deux mille pieds, de gras pâturages , des céréales de toute espèce prospèrent généralement dans toute la contrée. Parmi les légumes alimentaires , nous n'en citerons qu'un seul qui a su conquérir une réputation européenne ; à Londres, à Paris, à Saint-Pétersbourg, dans toutes les villes de l'Europe, on retrouve les produits du *Sauer-Kraut*, mot qui , en allemand , veut dire *légume acide* , et qu'en français nous avons traduit par *choucroûte*. On tire aussi un grand parti du houblon dans les nombreuses brasseries de la Bohême et de la Franconie. Quoique tous les Allemands soient de grands fumeurs , la culture du tabac ne présente pas des résultats bien satisfaisans. Le chanvre y est cultivé avec un grand succès dans le pays de Bade , où il en croît des tiges de seize pieds de haut , et où une livre de chanvre suffit pour faire vingt-deux aunes de toile.

L'Allemagne nourrit, dans ses pâturages , de nombreux troupeaux. Les bêtes à cornes qui sont de deux espèces, l'espèce des Alpes, répandue en Autriche , en Bavière et dans le Tyrol , et l'espèce dite d'Ostfrise, qu'on trouve dans la Westphalie, et dans le Holstein , sont estimées dans les statistiques à quinze ou dix-huit millions de têtes. Les bêtes à laines présentent un nombre plus considérable ( vingt-cinq millions ) ; aussi la laine qu'on en retire dépasse-t-elle les besoins des importantes manufactures de la contrée.

Les chevaux sont grands , très-forts et très-propres à la voiture. Quoique leurs formes ne soient pas très-agréables , ils sont très-recherchés et servent les remontes de la grosse cavalerie. On en élève principalement dans le Holstein et le Mecklembourg.

Les poissons de l'Allemagne forment un manger très-délicat ; le Danube, l'Elbe, l'Oder, le Weser en fournissent en grand nombre et de fort bons : les husons, les saumons, les truites, les esturgeons, les murènes et les lamproies peuplent presque toutes les rivières, sans compter tous les autres poissons ordinaires aux eaux douces.

Les immenses parcs de gibier, appelés *nobles*, qu'entretenaient autrefois les grands seigneurs , ont presque entièrement disparu du sol de l'Allemagne : on en retrouve encore quelques uns dans les grandes propriétés seigneuriales de la Bohême et de la Moravie ; mais , en général , l'aristocratie allemande a su comprendre qu'il pouvait y avoir quelques occupations plus nobles et plus dignes que celle de passer des journées entières à égorger des troupeaux de lièvres, de lapins et de cerfs.

(C. J.)

ALLIAGE. (MIN. et MÉTALL.) On donne ce nom au résultat de la combinaison, opérée par la fusion, de deux ou de plusieurs métaux. Par exception cependant, les produits dont le mercure fait partie se nomment *Amalgames* (v. ce mot).

La nature ne présentant jamais les métaux purs et isolés, il en résulte différens alliages naturels ; mais le plus souvent ils sont faits artificiellement et suivant le besoin. — L'alliage donne presque toujours aux métaux quelques propriétés nouvelles, telles qu'une grande dureté, plus de malléabilité, des couleurs extrêmement variées , une qualité plus sonore et propre à recevoir plus de poli et de brillant, etc.

Les métaux que l'on allie le plus fréquemment sont , 1° le cuivre et le zinc , qui constituent le *Laiton*, alliage dont on obtient plusieurs variétés distinctes par la couleur et la densité , suivant que l'on varie la proportion de ses élémens ; 2° l'étain et le cuivre , qui forment le bronze , employé si souvent pour les cloches , les statues, les médailles et une multitude d'autres objets ; 3° le plomb et l'antimoine (5 parties du premier et 1 du second), avec lesquels on fond les caractères d'imprimerie : l'antimoine sert dans ce cas à donner au plomb assez de dureté pour résister à une forte pression. Enfin , par les alliages on obtient les soudures dont l'emploi est si journalier ; on donne aux monnaies d'or et d'argent le degré de dureté nécessaire pour les empêcher de s'user trop vite, etc.

Depuis peu d'années on emploie en Angleterre un nouvel alliage métallique, ayant la couleur et l'éclat de l'or ; il se prépare de la manière suivante : on fait fondre ensemble, dans un creuset, à la plus basse température possible, parties égales de cuivre et de zinc ; quand la fusion est complète, on ajoute une autre partie de zinc par petites portions, jusqu'à ce que l'alliage ait acquis la couleur convenable , qui est d'abord jaune , puis pourpre ou violette , et enfin blanche : c'est le moment de couler dans les lingotières. Cet alliage est alors susceptible d'un beau poli et d'être tourné et réduit en feuilles minces ; il ne s'oxide ni à l'air ni à l'humidité, et résiste à l'action des acides faibles.

On pourra consulter, pour plus de détails, les articles AIRAIN, CUIVRE, SOUDURE, etc. (D'OR.)

ALLIAIRE, *Alliara*. (BOT. PHAN.) Nouveau genre de la famille des Crucifères, établi par Adanson ; il a pour type l'*Erysimum Alliaria* de Linné, plante

plante dont les fleurs sont blanches, le calice ouvert et la silique très-allongée. M. de Candolle, qui a adopté ce genre sous le nom d'*Alliaria vulgaris*, y rapporte une plante du Caucase remarquable par l'odeur alliacée de ses feuilles, et déjà nommée *Raphanus rotundifolius*.    (L.)

**ALLIGATOR.** (REPT.) Nom d'un genre de Crocodiles. M. Cuvier pense que ce nom est une corruption du portugais *Lagarto*, dérivé lui-même du latin *Lacerta;* mais les reptiles que les colons portugais désignent sous le nom de *Lagarto* sont fort différens des Crocodiles. Quelques auteurs veulent que le mot Alligator vienne du mot Légater, nom vulgaire du Crocodile dans certaines parties de la presqu'île du Gange ; ce mot est latin, et a été appliqué, avec sa signification primitive, d'abord à tous les Crocodiles, à cause de la ruse qu'on leur suppose faussement de tromper les passans dont ils veulent faire leur proie, en imitant la voix d'un enfant qui pousse des gémissemens et des cris plaintifs : depuis, le nom d'Alligator a été affecté aux Champsès ou Crocodiles d'Afrique, et plus généralement aux Caïmans ou Crocodiles propres à l'Amérique ; il paraît leur être maintenant exclusivement réservé.

Les Alligators ou Caïmans, que l'on désigne encore en Amérique par les noms de Jacare, Jacaretinga, Cocodrillo, se distinguent par leur museau plus large, plus obtus, leurs pieds à demi palmés, sans dentelures, et particulièrement par la disposition de leurs dents; elles sont très-inégales en grandeur et en volume; celles de la mâchoire inférieure sont toutes dirigées en dedans, recouvertes par le bord de la mâchoire supérieure; mais, ce qui est surtout caractéristique du genre, la première et la quatrième sont reçues, pendant l'état de repos, dans des trous de la mâchoire supérieure. Les Alligators étaient jadis si communs dans les grands fleuves de l'Amérique, que le célèbre voyageur Bartram en rencontra des troupes assez considérables pour intercepter le cours de l'eau et entraver la navigation. Refoulés dans les forêts du centre par la culture des provinces littorales, incommodés par les communications fréquentes du commerce intérieur, ils ne se développent plus avec autant de facilité ; ils deviennent plus rares de jour en jour, et n'atteignent plus, à ce qu'il paraît, des proportions aussi gigantesques qu'autrefois. Les gens du pays les redoutent peu, et leur font volontiers la chasse à coups de fusil; l'on mange quelquefois la chair du Caïman, malgré l'odeur musquée qui lui est propre, et qu'elle ne perd pas entièrement par la cuisson; la queue est le morceau que l'on préfère.

Les Nègres font beaucoup de cas, dit-on, de la graisse des Caïmans, employée en frictions dans le traitement des douleurs rhumatismales et des entorses, confondant sans doute, dans leur amour pour ce qui est extraordinaire, l'action du moyen principal, c'est-à-dire du frottement, avec celle de l'agent auxiliaire, erreur assez commune dans la médecine populaire.

On voit de temps à autre en Europe de petits échantillons d'Alligators vivans parmi les animaux qui composent les ménageries ambulantes. Les bateleurs s'en servent pour fixer les regards étonnés des curieux, et les droguistes en conservent de morts dans l'alcool pour faire *étalage*.

Les espèces les plus communes sont : l'ALLIGATOR A LUNETTES, *A. sclerops*, ainsi nommé à cause d'une sorte de crête transversale qui s'étend en avant des orbites, et semble réunir la saillie circulaire du rebord des paupières; la planche 11 représente un jeune individu de cette espèce.

L'ALLIGATOR A MUSEAU DE BROCHET, *A. lucius.* C'est la forme plus aplatie de son museau qui lui a valu son nom distinctif.

Ces deux espèces sont à peu près de même couleur, c'est-à-dire d'un brun verdâtre plus ou moins foncé, avec de larges bandes transversales irrégulières, de teinte plus obscure sur les parties supérieures : ils sont blanchâtres sur les parties inférieures du corps, des membres et de la queue; ils ont presque la même taille ; on dit qu'ils atteignent jusqu'à sept ou huit mètres de longueur ; mais ordinairement ils ont au dessous de quatre à cinq mètres.     (T. C.)

**ALLOCHROITE.** (MIN.) *V.* MÉLANITE.

**ALLUVIONS.** (GÉOL.) Les eaux, qui couvrent les deux tiers de la surface du globe, subissent une vaporisation considérable; elles vont ensuite se condenser sur les sommités des montagnes, et souvent même se précipitent instantanément sous forme de pluies et de neiges. Ces eaux alimentent les ruisseaux, les torrens, les rivières, les fleuves qui sillonnent toutes les terres en saillie; mais ce mouvement continuel d'une masse liquide aussi considérable que celle qui constitue ces cours d'eaux innombrables, n'a pas lieu sans exercer un frottement et des perturbations très-sensibles à la surface du globe. Dans les pays de montagnes, on voit naître des filets d'eau qui, sur les pentes les plus élevées, ont à peine tracé un léger sillon; ces filets se réunissent bientôt pour donner naissance à des ruisseaux dont le lit est déjà très-distinct, et qui, dans les saisons pluvieuses, ou vers l'époque de la fonte des neiges, roulent des fragmens de rochers assez volumineux; quelques lieues plus loin ce sont déjà des torrens dont les eaux impétueuses et bruyantes sont chargées de sables, et qui entraînent dans leur course des blocs de toutes les roches qui sont sur leur passage. Ces blocs roulés et broyés les uns contre les autres, se trouvent ensuite à l'état de galets et de sables dans les rivières et dans les fleuves, qui vont les porter dans le fond des mers. C'est ainsi que des couches épaisses de sables et cailloux roulés se trouvent accumulées; ces couches représentent ce que l'on appelle des *Alluvions.*

L'embouchure des grands fleuves présente toujours une grande quantité de ces Alluvions; le limon, les sables qu'elles amènent forment alors des plaines très-étendues, sur lesquelles le cours d'eau se divise de manière à donner naissance à plusieurs branches, et forment ce que l'on appelle des *deltas.* Le Nil, le Rhône, le Mississipi, etc., ont formé de ces deltas. Mais la masse des matières charriées augmentant tous les jours, les côtes s'ensablent peu à peu, et la mer recule, laissant derrière elle des flaques d'eau et des marais dont la direction générale suit les contours de ses bords. Cet ensablement graduel est un phénomène connu sous le nom d'*attérissemens*, et toutes les côtes voisines des embouchures des grands fleuves, qui ne se terminent point par des falaises escarpées, s'ensablent peu à peu d'une manière très-sensible. L'ensablement du golfe de Lyon, par les alluvions du Rhône, marche en certains points avec une rapidité bien remarquable; la ville de Cette, qui d'abord était une île, et qui a peine à maintenir son port à une profondeur suffisante, est un de ces points où l'on voit écrite, dans tous ses détails, l'histoire des attérissemens. La mer Jaune se comble peu à peu par les alluvions des grands fleuves de la Chine qui viennent s'y décharger, et l'on a pu calculer l'époque où elle serait convertie en une plaine unie et marécageuse, comme celle des deltas ou des landes. Chacun peut vérifier avec quelle rapidité le Rhin, le Pô, l'Arno élèvent leur fond, combien leur embouchure s'avance dans la mer, en formant de longs promontoires; Venise a peine à maintenir ses lagunes, et malgré ses efforts elle appartiendra un jour au continent, ainsi que Ravenne, qui, suivant Strabon, était jadis dans les lagunes, et se trouve actuellement à une lieue du rivage.

Un des faits les plus caractéristiques des Alluvions, est l'horizontalité constante et parfaite des dépôts ainsi formés. Ainsi par exemple la Manche, dont le fonds est formé de sables et cailloux roulés, présente des pentes extrêmement adoucies. Sa plus grande profondeur ne dépasse pas cent mètres, de telle sorte que si le niveau plus régulier des eaux n'était pas là pour faire sentir qu'il y a une dépression, il serait impossible de l'apprécier. Pour en être convaincu, il suffit de réfléchir que la surface des eaux n'est pas elle-même rigoureusement horizontale : ainsi la basse mer a lieu dans le détroit à Calais, lorsque la haute mer a lieu à l'entrée de Saint-Malo; dans ce moment la surface des eaux présente, entre ces deux points, une différence de niveau de douze mètres. Or cette différence est tout-à-fait inappréciable à l'œil, et il en serait certainement de même pour le fond, dont la différence de niveau n'est que dix fois plus grande. Les cartes marines, où les variations du fond sont connues, à l'aide de la sonde, avec plus d'exactitude que nous ne connaissons les variations de niveau des contrées habitées, prouvent que les mers les plus orageuses, les plus remplies d'écueils (qui sont des saillies de la roche qui supporte les Alluvions) satisfont à cette loi générale d'horizontalité. En résumé il n'est aucune plaine continentale que l'on puisse comparer, sous ce rapport, au fond alluvial des mers.

Partout où l'on a pu sonder, le fond des mers a été trouvé d'une composition analogue aux parties que les marées mettent chaque jour à découvert : ce sont des graviers, des sables et des galets mé-

langés de débris de coquilles, et il est à remarquer que, dans une même contrée, ces débris de coquilles appartiennent à des espèces identiques, tandis qu'elles varient à des distances considérables. (A.B.)

**ALMA DE MAESTRO.** (ois.) L'*Ame du maître.* Les matelots espagnols et portugais ont donné ce nom à de petits oiseaux d'un plumage mêlé de noir et de blanc, que l'on n'aperçoit qu'au sein des tempêtes, et que peut-être leur frayeur superstitieuse leur aura fait regarder comme les génies qui président à ces terribles bouleversemens. Buffon le regarde comme ne différant pas du Pétrel damier, et Desmarest comme ne faisant qu'un avec le Pétrel des tempêtes. (D.Y.R.)

**ALMAGRA** ou **ALMAGRO**. (min.) Cette substance est une sorte d'argile rougeâtre, ocreuse, susceptible de se réduire en poudre très-fine, qui est connue plus ordinairement sous le nom de *Rouge indien* ou *Terre de Perse*; on s'en sert dans l'Inde ou dans l'Orient en guise de fard, et en Espagne pour colorer le tabac. On en fait également usage pour polir les glaces, pour nettoyer l'argenterie, etc. (D'Or.)

**ALMANDINE.** (min.) Quelques auteurs anciens donnent ce nom à l'Alabandine (*v.* ce mot) : c'est à tort. L'Almandine ou Amandine provenait des environs de Trézènes, ville de l'Asie-Mineure; elle se faisait remarquer par ses zônes brillantes de pourpre et d'un blanc nacré. On s'en servait comme de petits miroirs, et pour cela on la préférait à l'Almandine de Corinthe. L'une et l'autre offraient une belle variété de ce que nous appelons aujourd'hui Jaspe onyx rubané. (T.D.B.)

**ALOES**, *Aloë.* (bot. phan.) Les Aloès, plantes grasses de la famille de Asphodèles de Jussieu, de l'Hexandrie monogynie de Linné, ont pour caractères : Un calice monosépale, tubuleux, presque cylindrique, à six divisions peu profondes; six étamines insérées à la base du calice; un stigmate trilobé; fruit : capsule trigone, triloculaire, polysperme; feuilles épaisses, charnues, réunies à la base de la hampe; hampe terminée par un épi de fleurs allongées. *Voy.* pl. 12, fig. 1. (*Aloe vulgaris*).

Les espèces d'Aloès sont très-nombreuses; elles croissent toutes dans les régions chaudes du globe, et particulièrement au cap de Bonne-Espérance et dans l'Inde. Beaucoup sont cultivées dans nos serres à cause de la singularité de leur port et de la beauté de leurs fleurs.

De certains Aloès on retire un suc extracto-résineux, que l'on connaît, dans le commerce, sous les noms d'*Aloès succotrin*, *Aloès hépatique* et *Aloès caballin.*

L'Aloès succotrin, ou socotrin, le plus pur, le plus estimé, le seul qui doive être employé en médecine, se présente dans le commerce en masses plus ou moins volumineuses, solides, compactes, pesantes, d'une couleur brune verdâtre, jaune et transparente sur leurs bords, se ramollissant à la chaleur des doigts, prenant la forme des vases ou des boîtes qui les contiennent, d'une cassure vitreuse, donnant une poudre d'un beau jaune doré, et qui s'agglomèrent promptement; solubles en entier dans l'eau et l'alcool quand l'Aloès est pur ; d'une odeur forte , particulière , d'une saveur très-amère , qui a de l'analogie avec celle de la bile , et qui est très-tenace. L'Aloès hépathique ou des Barbades est d'un jaune sale , non transparent , se ramollit moins facilement entre les doigts , a une cassure opaque , donne une poudre d'un jaune terne , ne se dissout pas entièrement , et répand une odeur forte , nauséeuse et désagréable. Enfin l'Aloès caballin , du mot arabe *caballus* , cheval , est le plus impur de tous , et n'est employé que par les vétérinaires. Ses masses sont tout-à-fait brunâtres , sèches , non-friables , d'une odeur presque fétide , rappelant celle de la myrrhe , etc.

Le mode d'extraction de l'Aloès succotrin varie suivant les pays. Thumberg dit que chez les Hottentots , à l'époque des pluies ou après , on coupe les feuilles à leur base , on les suspend au dessus de vases convenables , et que le liquide , obtenu et évaporé sur le feu , est versé encore chaud dans des caisses plus ou moins grandes. A Soccotora on coupe les feuilles , on les pile avec un peu d'eau , on exprime , on laisse déposer le suc obtenu , on décante et on fait évaporer jusqu'à consistance convenable. Le dépôt est une fécule qu'on rejette à Soccotora , et dont les Cochinchinois tirent parti comme aliment. Enfin , à la Jamaïque , on déracine les Aloès , on coupe les feuilles , on les met dans des paniers que l'on plonge plusieurs fois dans l'eau bouillante ; celle-ci se sature de plus en plus de matière extractive ; on filtre et on évapore. Quant aux Aloès hépatique et caballin , ils paraissent être les produits de l'évaporation d'un infusé ou d'un décocté aqueux de feuilles déjà soumises à l'incision et à l'infusion.

A petites doses , l'Aloès succotrin est un excellent tonique ; à haute dose c'est un violent purgatif. On l'emploie souvent en médecine contre la jaunisse , les constipations , etc. Son usage doit être défendu aux personnes affectées d'hémorrhoïdes. Enfin , en pharmacie , il fait la base d'une teinture composée , connue vulgairement sous le nom d'*élixir de longue vie* , et dont les vertus, dans l'esprit du public , toujours trop crédule , sont innombrables et miraculeuses.

*Nota.* Ce que l'on appelle communément *bois d'Aloès* ou *bois d'aigle* , n'a rien de commun avec les Aloès que nous venons d'étudier.

(F. F.)

**ALOIDE**, *Aloïdis*. (MOLL.) Genre institué par Mégerle ( inséré dans le *Magasin de la Société des amis de la nature* , en 1811 , pag. 38 , G. 44) sur une coquille que Chemnitz a figurée , planche 72 , numéros 1670 , 1671 , et qui n'est autre chose qu'une corbule (*v.* ce mot). (DUCL.)

**ALOPÉCIE.** (PHYSIOL.) Terme employé en médecine pour désigner la chute des cheveux. Il est tiré du mot grec ἀλώπηξ , renard , parce que cet animal est sujet , dans sa vieillesse , à une espèce de gale qui détermine la chute des poils.

Il nous semble que cette expression est employée dans un sens trop général ; qu'elle tend à confondre des affections qui , loin d'être identiques ,

diffèrent par leurs causes , leur aspect , leur marche et les moyens de les guérir ; que ce symptôme commun , la perte des cheveux , ne saurait suffire à les caractériser et à les rapprocher confusément dans un même cadre. En effet il est impossible de regarder comme la même affection la chute des cheveux , qui survient à la suite de violens chagrins , de passions vives , de veilles prolongées , de fréquentes migraines , dans la convalescence des maladies aiguës , par les progrès de l'âge , etc., avec celle qui dépend des maladies de la peau , la teigne , les dartres , la lèpre , ou seulement de cet état morbide de l'organe cutané , qu'on a nommé *pelade* , et dans lequel l'épiderme s'enlève chaque jour en écailles furfuracées. Dans les premiers cas indiqués , la peau paraît saine et conserve sa coloration ordinaire aux endroits dénudés ; dans les autres , au contraire , elle est rouge , enflammée , couverte de croûtes , ulcéreuse , etc. On pense bien aussi que ces circonstances diverses doivent exiger des moyens différens : la chute des cheveux par les progrès de l'âge ne laisse point de chances de guérison ; celle qui dépend de violens chagrins , d'excès , de veilles , de maux de tête , ne cessera que lorsque la cause aura disparu ; mais on peut espérer de voir les cheveux renaître , au moins en grande partie , si l'on rase la tête avec soin et plusieurs fois de suite , si l'on ajoute à cette précaution des frictions avec une brosse douce , des lotions aromatiques , toniques , spiritueuses , lorsque l'action de la peau a besoin d'être réveillée ; des onctions avec des substances grasses , huileuses , mucilagineuses , quand au contraire cet organe est sec , rigide , imperspirable.

On ne connaît jusqu'ici aucun moyen spécifique capable d'empêcher la chute des cheveux ou de les faire croître de nouveau. La plupart de ceux dont le charlatanisme proclame pompeusement les merveilles , n'ont souvent d'autre mérite que de pouvoir être employés sans danger , ou d'autre tort que leur inutilité.

Quant à la dépilation causée par une affection de la peau , un vice dans les sécrétions qui altère le bulbe des cheveux , ou la syphilis , elle ne peut céder à un traitement particulier qu'autant que la maladie principale marche vers la guérison.

On a encore , par un étrange rapprochement , appelé du nom d'Alopécie une sorte de calvitie congéniale qu'on rencontre assez rarement chez les enfans faibles et souffrans. Celle-ci n'exige aucun traitement : les cheveux se montrent quelques mois après la naissance , à mesure que l'enfant acquiert des forces.

En résumé , le mot *Alopécie* ne présente aucun sens exact ; comme beaucoup d'autres termes dont la science devrait se débarrasser , il contribue à jeter de la confusion dans le langage et dans les idées. (P. G.)

**ALOSE.** (POISS.) Nom d'un poisson de la famille des Clupes , qui ne diffère du hareng que par sa taille plus considérable , et par l'échancrure qu'on remarque au milieu de sa mâchoire supérieure. *V.* Hareng.              (G. B.)

ALOUATES ou Singes hurleurs, *Stentor*, Geoff. (mamm.) Plusieurs voyageurs racontent que, campés sur les rives des fleuves encore sans noms, ou égarés au sein des forêts sans bornes qui couvrent les contrées vierges de l'Amérique méridionale, ils ont entendu tout à coup surgir, du sein de l'ombre et du silence, une clameur inconnue, quelque chose d'inouï, et que, dans leur étonnement, ils n'ont pu comparer à rien de ce qu'ils croyaient capable d'ébranler une oreille humaine. Aidés de quelques idées superstitieuses, ils se fussent crus volontiers dans le voisinage de quelque ronde infernale, car ce n'était pas un grincement de machines rouillées, et moins encore le retentissement solennel d'un orage lointain ou les rugissemens des bêtes féroces : cette voix se taisait par intervalle pour revenir plus forte et plus rapprochée ajouter aux terreurs d'une nuit orageuse passée sur des rives inexplorées. Venait le jour ; enhardis par le silence, et forts de la supériorité de leurs armes, ils se hasardaient à chercher dans les taillis fourrés ces ennemis inconnus dont le voisinage avait éloigné d'eux le repos et la sécurité ; nulle part ils n'en démêlaient les traces, mais au sommet des arbres les plus élevés se jouaient de très-petits Singes qui s'empressaient de fuir à leur approche en leur faisant des grimaces et leur lançant des ordures ou des branches cassées.

C'était là cependant les terribles ennemis de la nuit précédente, les Alouates, dont nous avons aujourd'hui à écrire l'histoire, et que distingue avant tout cette puissance des organes vocaux, qui leur a valu le nom de Hurleurs par excellence, *Stentores*. A peine hauts de deux pieds, et d'une organisation en apparence assez frêle, ces animaux portent à la partie supérieure de la gorge un os hyoïde (*voyez* Hyoïde) d'une grandeur démesurée, et qui a environ deux pouces en tous sens, creux, formant une sorte de tambour qui agrandit leur voix, sans que la nature directe de son action soit complétement expliquée. Ce cri, plus fort que celui d'aucun animal connu, est tel, qu'un seul Alouate peut se faire entendre dans un rayon d'une lieue, et lorsque, réunis par troupes de vingt ou trente, ils commencent à crier de concert, l'effet, dit-on, en est véritablement prodigieux et effrayant : aussi les premiers qui l'ont entendu n'ont-ils pas manqué d'ajouter à la simple réalité les merveilles créées par leur imagination. « Tous les jours, dit Marcgrave, matin et soir les Hurleurs s'assemblent dans les bois ; l'un d'entre eux prend une place élevée, et fait signe de la main aux autres de s'asseoir autour de lui pour l'écouter ; dès qu'il les voit placés, il commence un discours à voix si haute et si précipitée, qu'à l'entendre de loin on croirait qu'ils parlent tous ensemble ; cependant il n'y en a qu'un seul, et, pendant tout le temps qu'il parle, tous les autres sont dans le plus grand silence. Lorsqu'il cesse, il fait signe de la main aux autres de répondre, et à l'instant tous se mettent à crier ensemble, jusqu'à ce que, par un autre signe de la main, il leur ordonne le silence ; dans le moment ils obéissent et se taisent ; alors le premier reprend son discours ou sa chanson, et ce n'est qu'après l'avoir encore écouté bien attentivement qu'ils se séparent et rompent l'assemblée. »

Les Alouates forment la première tribu des Singes du Nouveau-Monde (*v.* Singes), dont ils présentent tous les caractères généraux ; absence totale de callosités sur les fesses ; longueur extraordinaire de la queue, qui égale ou surpasse celle de l'animal entier. De plus cet organe, d'un usage nul ou très-secondaire dans tous les animaux que nous connaissons, devient chez eux un membre important par sa force et sa longueur, et par l'habileté avec laquelle ils savent s'en servir pour saisir les objets les plus petits, cueillir les fruits, les porter à leur bouche, comme ils le feraient d'une cinquième main, ou comme le fait l'éléphant avec sa trompe. Nue en dessous, dans le dernier tiers de sa longueur, elle paraît douée d'une grande sensibilité, et elle est d'une force telle, que souvent on les voit se précipiter des cimes les plus élevées, s'accrocher, au milieu de leur chute, à quelque branche isolée, s'y balancer, s'élancer et franchir ainsi des espaces assez considérables. Aussi passent-ils la plus grande partie de leur vie sur les arbres, et c'est même en sautant de l'un à l'autre qu'ils exécutent leurs promenades et leurs voyages les plus considérables. Leur chair, qui, au goût de certains peuples, peut passer pour délicate malgré son goût fade, les expose aux balles et aux traits des chasseurs ; mais si le coup qui les frappe ne les renverse pas sans vie, on doit perdre l'espoir de profiter jamais de leur dépouille ; sur quinze ou seize, à peine peut-on en obtenir trois ou quatre ; les autres demeurent suspendus aux branches les plus élevées, et la contraction des muscles de la queue n'a pas encore cessé quatre jours après la mort de l'animal.

Quant à la conformation de sa tête, l'Alouate ne présente rien au premier coup d'œil qui le distingue des autres animaux quadrumanes ; mais si on vient à l'examiner avec plus de soin, on est surpris d'abord de l'énormité de la mâchoire inférieure, qui, avec ses branches postérieures, occupe au moins la moitié de la surface latérale de la tête, de manière à former un vide énorme destiné à loger l'os hyoïde, qui pourtant forme encore à la naissance de la gorge une sorte de tumeur, recouverte et en partie cachée par une barbe longue et épaisse. Les oreilles paraissent donc fort élevées comparativement à celles des autres animaux, et l'on est étonné de voir que l'angle facial (*v.* Angle facial) atteint à peine trente degrés, c'est-à-dire l'amplitude qu'offre ce même angle dans les chiens et dans les singes cynocéphales. Quant au crâne, il offre une forme pyramidale assez aiguë, et présente de plus cette singularité que, si l'on place horizontalement le plan des dents supérieures, le trou occipital, au lieu d'être horizontal comme dans l'homme et la plupart des singes, est au contraire entièrement vertical. Les dents sont au nombre de trente-six, dont vingt-quatre molaires; les narines sont percées de côté; mais ce caractère, qui appartient à tous les singes américains, est, chez celui-ci, beaucoup moins prononcé, quoiqu'il le soit plus que chez les Atèles.

On rencontre les Alouates au Paraguay, au Brésil, à la Guiane, sur les bords de l'Orénoque, et en général sur toutes les rives ombragées par le sagoutier d'Amérique. Ce sont des animaux tristes, paresseux et farouches. La domesticité ne les perfectionne point; elle leur enlève leur voix et leur fait bientôt perdre la vie. Aussi ne les rencontre-t-on point hors de leur pays natal. On les chasse pour leur chair que quelques uns ont comparée à celle du lièvre, d'autres à celle du mouton, et pour leurs pelleteries que l'on emploie à divers usages, et entr'autres, dans une grande partie de l'Amérique méridionale, à construire des selles, et à recouvrir le dos des mulets. C'est, dit-on, le soir, au milieu de la nuit, à l'approche d'un orage que leurs cris se font surtout entendre. Au dire de certains auteurs, les mères abandonneraient leurs petits pour prendre la fuite, d'autres au contraire nous les représentent comme beaucoup plus susceptibles des sentimens maternels. Elles portent, disent-ils, sur leur dos un petit, et quelquefois deux, ne s'en séparent jamais; et ce n'est qu'en tuant la mère que l'on parvient à s'en emparer. Nous ne rapporterons pas sans émotion ce trait cité par un auteur allemand, digne de foi, Spix, qui a beaucoup écrit sur les singes américains. Une mère qu'il avait frappée à mort, tombait de branche en branche, et sa chute allait entraîner celle de son précieux fardeau, lorsque tout à coup il lui voit rassembler ses forces défaillantes et tout ce qui lui restait de vie pour le lancer sur une branche plus élevée où il devait trouver un asile assuré.

Ces réflexions s'accorderaient assez bien avec ce qu'ont dit d'autres auteurs de l'intelligence de ces animaux, des secours qu'ils se rendent au besoin les uns aux autres et de la sollicitude avec laquelle un Alouate blessé est secouru par ses camarades qui s'empressent autour de lui, ferment sa plaie, étanchent le sang et y appliquent des feuilles mâchées propres à hâter sa guérison. Toutefois des faits aussi merveilleux, pour mériter une entière croyance, ont besoin, comme beaucoup d'autres, de trouver un appui dans les observations immédiates d'hommes aussi connus par leur véracité que par leur habileté à bien voir et à bien juger ce qui se passe sous leurs yeux.

Quant aux espèces qui composent ce genre, les différens auteurs en ont reconnu un plus ou moins grand nombre, que M. Isid. Geoffroy-Saint Hilaire, dans son excellent article du Dict. classique, sur les Sapajous, réduit à trois auxquelles il ajoute une quatrième qui n'avait pas été reconnue avant lui. Ces espèces sont :

L'Alouate proprement dit, *Stentor seniculus*, Geoff. St-Hil., Guérin, Icon. du R.A., mam., pl. 3, fig. 3, se distingue facilement par sa face presque complètement nue, et par l'éclat de la belle couleur dorée qui recouvre tout son corps et se convertit vers la base de la queue, et près des cuisses et des épaules, en un roux brillant. La barbe, les joues, les bras, les cuisses sont d'un marron clair qui devient très-foncé et prend même une teinte violacée sur le reste des membres. Les jeunes sont entièrement roux. Cette espèce a environ deux pieds de hauteur; elle habite la Guiane, où on la connaît sous le nom de *Singe rouge*.

Le Hurleur ourson, *Stentor ursinus*, Geoffroy, a la face entièrement velue, le tour de la bouche et des yeux exceptés. Son pelage est composé de poils longs et plus abondans que chez le précédent, et d'un roux doré et à peu près uniforme. Il est un peu plus petit et habite le Brésil et la Terre-ferme.

Le Hurleur noir, *Stentor niger*, Geoff. C'est probablement celui qu'Azzara a désigné sous le nom de *Caraya*. Les mâles adultes sont généralement noirs avec quelques poils jaunes; les femelles ont le dessous du corps, les flancs, les mains, la tête, d'un beau jaune de paille. Les poils du dos sont noirs avec la pointe jaune, ce qui forme un ensemble d'un jaune cendré.

Le Hurleur a queue dorée, *Stentor chrysurus*, Isid. Geoff., dont nous donnons une figure sous le n° 2 de notre planche 12, avait toujours été confondu avec l'Alouate proprement dit, quoiqu'il s'en distingue par des caractères très-marqués. La tête et les membres sont d'une seule couleur marron foncé prenant même sur ces derniers une teinte violacée. La queue et le dessus du corps sont de deux couleurs, le roux et le jaune doré le plus brillant, tandis que le contraire a lieu dans l'Alouate proprement dit; la tête et les membres offrent deux couleurs; la queue et le dessus du corps, une seule : le crâne présente également des différences marquées de conformation. Le Hurleur à queue dorée appartient à la Colombie où il est désigné sous le nom d'*Araguato*. Les autres espèces ne nous semblent pas offrir des différences d'organisation assez remarquables pour que nous puissions les séparer d'une manière tranchée des quatre qui précèdent. Nous citerons donc seulement les noms des suivantes.

Le Hurleur brun, *Stentor fuscus*; c'est l'Ouarine de Buffon, et le Belzebul de Gmelin. Il paraît être une variété d'âge de l'ourson.

Le Hurleur aux mains rousses, *Stentor rufimanus*. Le Hurleur discolore.

Le Hurleur a queue noire et jaune, *Stentor flavicaudatus*, Geoff. Le Hurleur barbu. L'Alabate, *Stentor stramineus*.

Ces trois derniers sont probablement des variétés d'âge ou de sexe du Hurleur noir. (D. Y. R.)

ALOUE. (ois.) C'est le nom qu'on donne encore en France à l'alouette des champs. (*V.* Alouette.) (Guer.)

ALOUCHIER. (bot. phan.) C'est l'alisier à fleurs blanches (*v.* ce mot), auquel on a donné ce nom dans les parties de la France où il abonde le plus, parce qu'on emploie son bois, très-dur, à faire des aluchons de moulin et des vis de pressoir. (T. D. B.)

ALOUETTE, *Alauda*. (OIS.) Il est peu d'oiseaux plus connus que les Alouettes, et pourtant il en est peu dont une description écrite puisse moins donner une idée complète et propre à faire distinguer aisément sinon les espèces les plus tranchées, au moins le genre lui-même des genres les plus voisins. Cependant le trait le plus saillant de leur organisation, le développement excessif de l'ongle du pouce qui de plus est entièrement droit ou très-peu arqué, fort, et souvent plus long que le pouce lui-même, ne leur est commun qu'avec un assez petit nombre d'autres (les Bergeronnettes, les Farlouses, les Anthus, les Hochequeues, les Bruans de neige). Quant aux autres caractères, les principaux sont : bec garni à la base de petites plumes se dirigeant en avant et couvrant les narines en partie ou entièrement : langue cartilagineuse, fourchue à sa pointe : ailes subobtuses, la troisième rémige étant la plus longue de toutes, et la première égalant à peine la quatrième, qui souvent la surpasse : douze pennes à la queue et dix-huit aux ailes, dont les moyennes ont le bout coupé presque carrément et partagé dans son milieu par un angle rentrant : plumage gris ou sombre, marqué de grivelures plus foncées à la gorge, au cou, et à la poitrine. Ce sont des oiseaux pulvérateurs, et si la conformation de leurs pieds les empêche de se percher, elles en sont dédommagées par la facilité de leur marche lorsqu'elles sont à terre. Aussi vivent-elles en général dans les champs, où elles se nourrissent de graines, d'herbe, d'insectes et de chrysalides.

Cuvier les place dans la troisième famille des Passereaux (les Conirostres), et en forme la première tribu.

Parmi les nombreuses espèces qui rentrent dans ce genre important, il en est plusieurs qui, par l'ensemble de leurs mœurs, par leur taille, et même par l'ardeur égale avec laquelle leurs ennemis communs les poursuivent, se trouvent tellement rapprochées qu'elles mériteraient de former un groupe qui aurait son histoire à part (l'Alouette commune, le Cochevis, la Calandrelle et même le Cujelier). Dans l'impossibilité où nous sommes de les réunir, nous traiterons longuement l'une d'elles (l'Alouette commune), et nous comprendrons dans son histoire les détails qui conviennent également à toutes. Quant à leur classification scientifique, Cuvier en a formé trois tribus d'après des caractères tirés de la conformation du bec. 1°. *Bec droit un peu grêle et en alène, médiocrement gros et pointu.* L'ALOUETTE COMMUNE, le COCHEVIS ou ALOUETTE HUPPÉE, l'ALOUETTE DES BOIS, CUJELIER ou LULU, etc. 2° *Bec très-gros et conique, comme ceux des moineaux :* La GALANDRE, l'ALOUETTE DE TARTARIE, etc. 3° *Bec allongé un peu comprimé et arqué, semblable à celui des Huppes et des Proméops.* Le SIRLI.

ALOUETTES A BEC DROIT, MÉDIOCRE ET POINTU.

ALOUETTE COMMUNE, *Alauda arvensis.* Cette espèce, la plus commune, et par conséquent la plus connue, se distingue par son plumage mélangé de noirâtre, de gris teint de roux et de blanc sale sur les parties supérieures, et en dessous, d'un blanc roussâtre avec des taches longitudinales noires ou d'un brun très-foncé. Une bande étroite de blanc roussâtre passe au dessus des yeux des deux côtés. Le dessus de la tête et le cou sont sillonnés de petites bandes alternativement fauves et d'un brun plus ou moins foncé; les bandes sont plus ou moins tranchées suivant l'âge et le sexe. La gorge est blanche, les pennes de l'aile sont brunes; leur bord extérieur est fauve, excepté vers le bout qui est blanc. La mandibule supérieure est noirâtre; l'inférieure est d'une couleur plus pâle.

La longueur de cette Alouette est ordinairement d'un peu moins de sept pouces depuis le bout du bec jusqu'au bout de la queue; le bec a six à sept lignes, et l'envergure douze pouces et demi. Les ailes, dans l'état de repos, s'étendent aux deux tiers de la longueur de la queue. L'ongle du doigt postérieur atteint jusqu'à près de deux pouces dans la vieillesse. Les mâles sont plus bruns que les femelles, et portent autour du cou une sorte de colier noir. Ils sont aussi plus gros, quoique cependant l'Alouette la plus lourde ne pèse pas deux onces. Ces oiseaux ont l'estomac charnu et assez ample relativement au volume du corps.

« L'Alouette commune, dit Vieillot, est le musicien des champs; son joli ramage est l'hymne d'allégresse qui devance le printemps et accompagne le premier sourire de l'aurore; on l'entend dès les beaux jours qui succèdent aux jours froids et sombres de l'hiver, et ses accens sont les premiers qui frappent l'oreille du cultivateur vigilant. Le chant matinal de l'Alouette était chez les Grecs le signal auquel le moissonneur devait commencer son travail, et il le suspendait durant la portion de la journée où les feux du midi imposent silence à l'oiseau. L'Alouette se tait en effet vers le milieu du jour; mais quand le soleil s'abaisse vers l'horizon, elle remplit de nouveau les airs de ses modulations variées et sonores; elle se tait encore lorsque le ciel est couvert et le temps pluvieux; du reste elle chante pendant toute la belle saison. De même que dans presque toutes les espèces d'oiseaux, le ramage est un attribut particulier au mâle de celle-ci; on le voit s'élever presque perpendiculairement et par reprises, et décrire en s'élevant une courbe en forme de vis ou de limaçon : il monte souvent fort haut, toujours chantant, forçant sa voix à mesure qu'il s'éloigne de la terre, de sorte qu'on l'entend aisément lors même qu'on peut à peine le distinguer à la vue; il se soutient long-temps en l'air, et il descend lentement jusqu'à dix ou douze pieds du sol, puis s'y précipite comme un trait; sa voix s'affaiblit à mesure qu'il en approche, et il est muet aussitôt qu'il s'y pose. Du haut des airs, ce mâle amoureux cherche à découvrir une femelle qui réponde à ses désirs; celle-ci reste à terre, et regarde attentivement le mâle suspendu en l'air, voltige avec légèreté vers la place où il va se poser, et lui donne le doux prix de ses chansons d'amour. Ce ne sont pas néanmoins les expressions de la constance; le mâle, aussi bien que la femelle, animés des mêmes feux, pressés des mêmes désirs, ne forment que des unions passagères. Ce n'est point sans doute parmi les Alouettes qu'il faut chercher des modèles de fidélité; mais comme la nature leur a généralement imprimé ce caractère de légèreté dont tous les individus sans exception suivent l'impérieuse impulsion, aucun n'en est tourmenté, aucun ne peut s'en plaindre sans cesser d'être Alouette, en sorte que chez ce peuple volage, mais aimable et peut-être heureux, il n'existe pas à vrai dire d'inconstance ni d'infidélité. »

Cette voix si pure et si mélodieuse, loin de s'éteindre dans l'esclavage, s'y conserve et s'y embellit; et si on la prend jeune et qu'on l'élève avec soin, l'Alouette devient l'un des oiseaux les plus précieux, moins encore par la beauté de ses accens naturels que par sa prodigieuse mémoire qui lui permet de retenir ceux des autres oiseaux et tout les airs qu'on veut lui faire apprendre et qu'elle répète avec une pureté, une flexibilité d'organe qui leur ajoute de nouveaux charmes, et ne les imite que pour les embellir. C'est en octobre ou en novembre que l'on doit prendre ceux que l'on destine au chant; ils ne tardent pas à s'habituer à l'esclavage, et deviennent familiers au point de manger dans la main, sur la table et même dans les assiettes; mais la cage où on les renferme doit être recouverte de toile par le haut, sans quoi, obéissant à l'instinct qui les porte à s'élever perpendiculairement, ils ne tarderaient pas à se tuer en se brisant la tête contre le plafond. De plus on doit en revêtir le fond d'une épaisse couche de sable fin où ils puissent se rouler et chercher un soulagement contre les petits insectes qui les tourmentent. Il est encore bon de placer dans un coin du gazon frais et de le renouveler souvent. On nourrit les jeunes que l'on prend dans le nid avec de la graine de pavot mouillée, et lorsqu'elles mangent seuls, avec de la mie de pain aussi humectée, ou même avec toute sorte de graines ou toute autre nourriture, comme nos oiseaux domestiques dont elles acquièrent promptement toutes les habitudes. Lorsqu'elles commencent à faire entendre leur ramage, on a coutume de leur préparer une pâtée avec de la viande bouillie, et de la mie de pain détrempée dans du lait, et à laquelle on ajoute de la graine de pavot, de l'orge, du blé, du millet, du chènevis écrasé; mais cette dernière nourriture, si elle leur était donné en trop grande quantité, pourrait, suivant un auteur, faire noircir entièrement leur plumage. C'est ordinairement après deux ans que la voix des jeune mâles est complétement développée; mais pour qu'elle arrive à un grand degré de perfection, leur éducation doit avoir été soignée, et l'on a dû veiller surtout à éloigner d'eux tout ce qui pourrait, qu'on veuille bien me passer cette expression, fausser leur goût. Surtout que jamais on ne cherche à leur faire apprendre plusieurs airs à la fois; que rien de faux, d'aigre, de discordant ne frappe leurs oreilles, qu'aucun chant étranger ne vienne distraire leur mémoire des dernières modulations

sur lesquelles on a voulu fixer leur attention. Faute de ces précautions, leur ramage ne sera qu'un mélange confus, un composé bizarre et mal assorti des différens sons qui les auront frappés davantage. Ils chantent en cage durant toutes les saisons, et leur vie s'y prolonge dix à douze ans suivant quelques auteurs et jusqu'à vingt et vingt-quatre suivant d'autres; mais ils ne tardent pas à y devenir épileptiques.

C'est vers le mois de mai seulement, dans nos contrées, que la femelle construit par terre, entre deux mottes ou au pied d'une touffe d'herbe, avec de petits brins de paille, de menues racines et du crin, son nid qui est plat ou très-peu concave et presque sans consistance. Elle y pond quatre ou cinq œufs tachetés de brun sur un fond grisâtre; après quatorze ou quinze jours d'incubation, les petits éclosent, et quinze autres jours suffisent à l'activité de la mère pour élever et instruire sa couvée et la mettre en état de se soustraire aux poursuites de ses nombreux ennemis. Les petites Alouettes quittent leur nid de bonne heure, surtout si la sollicitude maternelle a découvert aux environs quelques traces ennemies, et souvent il arrive aux chasseurs de trouver la famille délogée long-temps avant le jour où ils comptaient s'en emparer.

A peine les petits sont-ils en état de se suffire que la mère songe déjà à de nouvelles amours et à une nouvelle famille, et dans les pays chauds, elle fait jusqu'à trois couvées dans le courant de la belle saison; mais qu'on ne croie pas que la tendresse maternelle se taise devant ce besoin si actif de se reproduire, et qu'aux soins et à l'affection succède tout d'un coup l'oubli de ses premiers nourrissons; long-temps encore on la voit voltiger au dessus de sa couvée sans expérience, la suivre de l'œil avec sollicitude, diriger tous ses mouvemens, pourvoir à tous ses besoins, veiller à tous ses dangers, et cet instinct sublime d'amour, de soins et d'abnégation maternelle est même porté si loin dans ce frêle et intéressant oiseau, que, loin de n'être, comme dans presque tous les êtres, qu'une conséquence de celui qui les dispose à devenir mères, souvent il les précède de long-temps, et se développe, d'après Buffon, dès l'âge le moins avancé. Ce profond observateur de la nature en nourrissait une qui à peine mangeait seule, lorsque l'on mit dans la même cage trois ou quatre petits d'une autre couvée. Ce moment fut pour la première le commencement d'une vie nouvelle; elle s'éprit pour ces nouveaux-venus d'une affection si vive qu'on la vit s'oublier entièrement pour les soigner, les nourrir, les réchauffer de ses ailes, et, malgré l'attention particulière que lui mérita à elle-même son admirable dévouement, elle se laissa mourir d'inanition au milieu des soins affectionnés et bien entendus dont elle les entourait, et auxquels aucun ne survécut tant ils leur étaient devenus nécessaires.

La question de savoir si les Alouettes sont ou non des oiseaux de passage ne paraît pas résolue. Buffon n'affirme rien, et un grand nombre répondent négativement; Vieillot et quelques autres affirment au contraire qu'au commencement de l'hiver l'espèce tout entière se partage en deux bandes, celle des voyageuses et celle des sédentaires, que les premières traversent la Méditerranée et vont se répandre en Syrie, sur les bords de la mer Rouge, en Egypte, en Nubie et en Abyssinie, d'où elles reviennent au retour de la belle saison réparer les pertes énormes qu'ont éprouvées celles qui ont osé braver dans leur patrie les horreurs d'une saison rigoureuse et la guerre acharnée que leur livrent d'avides et habiles ennemis. De quelque côté que soit la vérité, il est certain que les Alouettes au commencement de l'hiver sont extrêmement nombreuses. Alors elles se rassemblent en troupes et quittent les plaines élevées qu'elles habitaient pour chercher des lieux plus abrités. Souvent, lorsqu'il survient un froid rigoureux et subit, elles disparaissent comme par enchantement pour revenir dès que succèdent quelques jours d'une température plus douce; mais, durant les jours de l'hiver, si le froid continue, si la terre est long-temps couverte, leur misère devient extrême; elles se rapprochent alors des grands chemins, des lieux habités, perdent même le soin de leur conservation au point de se laisser tuer à coup de perche et presque prendre à la main sans chercher à s'enfuir.

Un oiseau, dont les insectes, les chrysalides, forment la principale nourriture, a dû trouver protection dans ces pays où les sauterelles ne sont pas un fléau moins destructeur que la peste et la famine qui marchent à leur suite; aussi les Alouettes ont-elles toujours été en vénération dans le levant et surtout dans l'île de Lemnos; mais chez nous, où leurs services, s'ils sont aussi éminens, sont beaucoup moins sensibles, elles sont l'objet d'une guerre acharnée, d'une guerre de destruction qui a ses règles et sa tactique fondées sur l'étude la plus approfondie du caractère de celles qui en doivent être les victimes. Aussi plusieurs naturalistes affirment-ils que l'espèce a considérablement diminué depuis cinquante ans, et si elle n'est pas encore complétement détruite, nous ne le devons qu'à leur fécondité et surtout à cette activité prodigieuse avec laquelle elles travaillent à la perpétuer.

C'est vers le mois de septembre, lorsque le temps des amours, du chant et des soins maternels est passé, lorsque la nourriture de toute espèce leur abonde, que les Alouettes prennent cet embonpoint, cette chair succulente qui les fait accueillir si favorablement par les gourmets sous le nom de *mauviettes* et à laquelle les pâtés de Pithiviers doivent leur réputation colossale. C'est alors aussi que la destruction commence, et elle se poursuit avec activité jusqu'à la fin de l'hiver. Comme l'oiseau est petit, ce n'est pas aux individus que l'on s'attaque, c'est aux masses; et nul autre n'offre plus de prise par sa confiance, la douceur de ses mœurs, sa sociabilité, et surtout par sa curiosité, aux ruses et aux stratagèmes des ennemis acharnés à sa perte. Placez au milieu des sillons où il se réfugie quelques objets brillans mis en mouvement par une cause quelconque, un *mi-*

*roir*, sorte de morceau de bois taillé en dos d'âne et supporté par son milieu, sur lequel vous aurez groupé des boutons d'acier ou de cuivre, de petits morceaux de glace, tout ce que vous voudrez qui pourra réfléchir à travers les champs les mobiles rayons du soleil, et bientôt, cédant à une sorte de fatalité d'instinct, il accourra, le pauvre oisillon, presque de l'autre bout du ciel, viendra papillonner autour de cet objet nouveau, se grouper sous vos filets ou s'offrir à vos coups, sans que les détonations ni la mort de celles qui l'entourent aient le pouvoir de le sauver d'une perte assurée.

Si le temps est sombre et froid, le ciel couvert, ou encore le soir, après le coucher du soleil, les Alouettes volent par troupes, sans s'élever et en rasant la terre; et lorsqu'on les force, elles marchent long-temps avant de se lever, et se laissent conduire au gré des chasseurs, tantôt sous de vastes filets que supportent quelques fourchettes, et qui, fixés à terre par trois côtes, ne leur offrent qu'une entrée sans issue et se referment sur elles dès qu'elles y sont engagées; tantôt dans la tonnelle murée, sorte d'énorme sac offrant une ouverture de dix pieds en tous sens, et flanquée à droite et à gauche par de larges filets qui s'agrandissent de manière à réunir dans la tonnelle la bande entière qui s'y laisse facilement engager; mais aucune chasse n'est plus coûteuse, n'exige plus de soins et n'est plus destructive que la *chasse aux gluaux* qui se pratique dans toute la Lorraine. Quinze cents à trois mille branches de saule de trois ou quatre pieds et enduites de glu, alignées en carré long dans une plaine en jachère et plantées assez légèrement pour que l'oiseau n'y puisse toucher sans les faire tomber; des détachemens entiers de chasseurs formant autour du terrain où se trouve le gibier un cordon d'une lieue de développement qui se referme lentement en serrant dans son enceinte des milliers d'Alouettes, des drapeaux qui servent de point de ralliement, tels sont les principaux appareils de cette chasse. Un commandant supérieur et des chefs sous ses ordres dirigent avec habileté les manœuvres, et ce n'est qu'après trois heures de soins et de ruses que les infortunées arrivent en sautillant et s'élevant de quelques pieds dans la funeste enceinte où elles ne tardent pas à s'empêtrer sans qu'aucun autre pouvoir que celui du hasard puisse les sauver d'une perte assurée. Une chasse de cette nature rapporte jusqu'à cent douzaines d'Alouettes, et vingt-cinq douzaines ne semblent pas un dédommagement suffisant des frais et des soins qu'elle a coûtés.

Une dernière chasse aux Alouettes, plus usitée peut-être qu'aucune des précédentes, parce qu'elle exige moins de frais et moins d'adresse, est la *chasse aux lacets*. Les *lacets* ou *collets traînans* sont faits avec un ou deux crins de cheval, disposés en nœud coulant et fixés à des ficelles de plusieurs toises de longueur. On les tend sur un terrain en jachère, dans des sillons nouvellement labourés, dans une trace à travers dans la neige,

et

et l'on a soin que les lacets, sans ordre ni régularité, s'élèvent de quelques pouces au-dessus du sol. Le grain que l'on y sème, les Alouettes captives ou *moquettes* que l'on place dans les sillons mêmes, tout contribue à y attirer celles que le chasseur va faire lever au loin pour les envoyer dans le piége, où elles ne tardent pas à s'empêtrer de la tête aux pieds dans les lacets, et il ne lui reste d'autre soin à prendre que celui d'aller les saisir quand il les juge en nombre suffisant.

Nous avons déjà dit combien la chair de l'Alouette passe pour un mets délicat; on lui a attribué des vertus médicinales qui ne paraissent pas démontrées. Quant aux coliques et aux douleurs d'estomac dont se plaignent un grand nombre de personnes après en avoir mangé, elles eussent pu se les éviter en écartant avec soin tous les petits fragmens d'os dont elle est remplie.

On trouve les Alouettes communes dans presque tous les pays habités de l'ancien continent; mais il ne paraît pas qu'on les rencontre en Amérique.

ALOUETTE COCHEVIS. *Alauda cristata.* La petite huppe qu'elle porte sur la tête, et qui lui a valu son nom (*Cochevis, visage de cochet* ou de petit *coq*), n'est autre qu'une touffe de sept à douze plumes effilées grises qu'elle peut abaisser ou relever à son gré. Cette Alouette est un peu plus petite que la première, à laquelle, au reste, elle ressemble beaucoup. Cependant elle a le bec plus long, les ailes et la queue plus courtes; la gorge est blanchâtre, et la poitrine grisâtre, avec des traits noirs. Elle pond cinq œufs cendrés tachetés de brun; son chant est plus doux, et elle retient avec la plus grande facilité les airs qu'elle a entendus; mais l'esclavage lui pèse, et elle n'y vit pas long-temps. Cette espèce est beaucoup moins connue que la précédente, elle fréquente moins les champs et les plaines; mais on la rencontre davantage sur les grands chemins, dans les basses-cours, sur les couvertures en paille, sur les tas de fumier, et en général dans le voisinage de l'homme. Les *collets* et les *filets à nappes* dits *filets à alouettes*, sont les piéges qu'elle a le plus à redouter. On les rencontre partout où se trouve l'Alouette commune.

ALOUETTE DES BOIS, CUJELIER OU LULU (*Alauda arborea, A. nemorosa*). Plusieurs naturalistes regardent le *Cujelier* et le *Lulu* comme formant deux espèces différentes; mais nous suivons à cet égard Cuvier, qui les réunit en une seule. Elle porte, comme le cochevis, une petite huppe, mais beaucoup moins marquée. Une bande blanchâtre lui entoure entièrement la tête, et passe au-dessus des yeux; et elle porte sur les joues, qui sont brunes, une autre tache triangulaire de la même couleur. Elle est beaucoup plus petite, n'ayant que cinq pouces deux lignes du bout du bec au bout de la queue.

Les Cujeliers se perchent sur les grosses branches des arbres, et y font entendre dès le commencement du printemps un chant doux et plein d'agrément; mais c'est surtout lorsque le mâle veut charmer les ennuis de sa compagne, durant les longues heures de l'incubation, qu'il déploie le gosier le plus brillant, les accords les plus mélodieux. Ces Alouettes font leur nid par terre comme toutes les autres, sur les coteaux à demi arides où se trouvent des buissons et des ronces, mais en général sur le bord des bois. Dès que les petits sont éclos, le mâle se tait pour vaquer aux soins de la couvée. Vers le milieu de l'automne, elles se réunissent et se tiennent dans les champs pierreux et découverts, par troupes serrées de trente à cinquante, qui ne se mêlent à aucune autre espèce. Si elles se posent à terre, elles sont toujours réunies, et si on les force à prendre leur volée, elles se lèvent simultanément sans se quitter, et comme par une impulsion unique, s'élèvent peu, voltigent en tournant rapidement, et jetant souvent des cris de rappel, autour de la place qu'elles viennent de quitter, et où elles reviennent presque toujours s'abattre de préférence. Cette habitude où elles sont de vivre en société, de s'appeler, de se rapprocher les unes des autres, devient entre les mains de l'homme une arme fatale; car il suffit, pour amener sous les filets et dans les piéges leurs nombreuses troupes, de les y faire appeler par quelqu'un de leur espèce. La société de leurs semblables est pour ces petits êtres un élément de leur existence; et dès qu'arrive le printemps, la mort les soustrait aux ennuis et à l'isolement de la domesticité.

Cette espèce a été observée dans presque tous les départemens de la France, et on la rencontre également dans presque toute l'Europe.

Nous citerons encore, comme appartenant à la première section des Alouettes:

L'ALOUETTE CALANDRELLE, *Alauda arenaria,* Vieill., très-commune aux Canaries, dans les provinces méridionales de la France, et en Champagne, où elle arrive vers la fin d'avril. Elle demeure dans les localités les plus sablonneuses; mais elle les quitte dès que l'éducation de sa couvée est finie, pour se réfugier dans les lieux frais et les champs d'avoine. Les mâles d'une même plaine ont l'habitude de se réunir matin et soir à une hauteur qui les dérobe à la vue, et d'y donner un concert que l'on entend encore malgré la distance.

Cette espèce est de la même taille que la précédente; la gorge et toutes les parties inférieures sont d'un blanc quelquefois très pur, quelquefois teinté de roux, plus chargé sur la poitrine, la tête, le cou et le dos; de couleur isabelle plus cendrée sur la nuque. Le ton général de la couleur est le roux plus ou moins pur, plus ou moins clair, mélangé de brun et de jaune.

L'ALOUETTE COQUILLADE. — Quoique Buffon ait fait de cette Alouette une espèce à part, il est probable qu'elle n'est qu'une variété de l'Alouette des champs, de taille un peu plus grande et de teintes générales un peu plus rousses.

L'ALOUETTE D'ITALIE. Celle-ci, que Buffon a décrite sous le nom de *Girole*, parait n'être, comme la précédente, qu'une variété de l'Alouette commune, dont la teinte générale serait le marron.

Quant aux espèces étrangères, elles sont en grand nombre. Les principales sont :

L'Alouette bateleuse, *Alauda apiata* d'Afrique ; elle est en dessus d'un brun marron varié de noir, avec le bord des plumes blanc ; la gorge est blanche, la poitrine d'un blanc nuancé de fauve, le dessous du corps d'un blanc orangé. Elle s'élève en chantant moins haut mais plus souvent que nos Alouettes. Cette espèce a été figurée dans l'Iconographie du R. A., par M. Guérin, Ois., pl. 18, fig. 1.

L'Alouette cendrille, du cap de Bonne-Espérance, longue de cinq pouces.

L'Alouette a dos roux, qui se perche comme nos Cujeliers. — Du même cap.

L'Alouette grisette, du Sénégal.

L'Alouette a hausse-col noir, *Alauda alpestris*, habite les contrées les plus boréales des deux continens, mais les quitte vers les derniers jours de l'été pour s'avancer un peu vers le sud. Elle a le front et la gorge jaunes, et sur la poitrine une grande tache noire, en forme de hausse-col.

L'Alouette a longs pieds, qui habite les confins de la Mongolie, et ne chante qu'à terre.

Et une foule d'autres dont l'énumération seule nous entraînerait trop loin et serait d'ailleurs sans intérêt.

*Alouettes à bec très-gros, plus haut que large, et un peu fléchi en arc.*

La Calandre ou grosse Alouette, *Alauda Calandra*. C'est en effet la plus grosse de toutes les Alouettes de nos pays. Elle a jusqu'à sept pouces un quart de longueur, et son vol, treize pouces et demi. Ses ailes pliées aboutissent à l'extrémité de la queue, tandis que dans la plupart des autres Alouettes, elles n'atteignent qu'à la moitié ou tout au plus aux deux tiers. Sous le rapport des couleurs, elle ressemble en général à l'Alouette commune dont elle partage également les mœurs et les habitudes.

Les parties supérieures sont d'un cendré jaunâtre tacheté de brun ; la gorge, le ventre et l'abdomen d'un blanc pur, et il existe une grande tache noire de chaque côté du cou : flancs jaunâtres, avec des taches lancéolées brunes sur la poitrine ; rémiges bordées et terminées de blanc ainsi que les tectrices moyennes et les pennes de la queue, dont les deux extérieures sont presque entièrement blanches. La voix est également agréable, mais plus forte. Son espèce est beaucoup moins nombreuse que celle de l'Alouette commune. On la prend de la même manière, soit dans des filets que l'on tend au bord des eaux où elle a coutume d'aller boire, soit avec les collets et tous les autres piéges. On l'élève dans le même but, en prenant les mêmes précautions et lui donnant la même nourriture.

Les autres espèces étrangères sont :

L'Alouette a cravate jaune, qui a jusqu'à sept pouces et demi.

L'Alouette a gros bec, du Cap ainsi que la précédente.

L'Alouette de Sibérie.

L'Alouette Mongole.

L'Alouette de Tartarie passe l'été dans les solitudes arides du midi de la Tartarie, et l'hiver au nord de la mer Caspienne, jusqu'au 50ᵉ degré ;

mais elle s'égare souvent en Europe, et on en a trouvé jusqu'en Italie. Son plumage est d'un noir foncé, légèrement ondé de grisâtre aux parties inférieures. On lui a donné le nom d'Alouette variable, sans doute à cause des changemens que la mue apporte dans le plumage des jeunes ; cette espèce paraît être la même que

L'Alouette d'Yelton observée par le naturaliste Forster, sur les bords du lac d'Yelton, en Russie, noire comme la précédente, et de la même taille.

*Alouettes à bec très-long et très-arqué.*

Nous ne citerons que le Sirli, *Alauda africana*, qui se trouve dans les plaines sablonneuses de l'Afrique, depuis la Barbarie jusqu'au cap de Bonne-Espérance, et ne diffère que par son bec de notre Alouette commune, dont il a, à très-peu près, les formes, le plumage et les habitudes. Le Sirli doit son nom au cri qu'il pousse au sommet des petites dunes de sable où il se pose, *sirrrrrrrli*, la première syllabe étant très-prolongée, autant que le lui permet son haleine, et la dernière appuyée avec force et prononcée du ton le plus aigu. Sa longueur est de huit pouces. (D.Y.B.)

**ALOUETTE DE MER,** *Pelidna*, Cuvier (ois.) « Les Françoys voyants un petit oysillon vivre le long des eaux, et principalement ès eaux marécageuses près la mer, et estre de la corpulence d'une Alouette, au moins quelque peu plus grandet, n'ont su lui trouver appellation plus propre que de le nommer *Alouette de mer*, et le voyant voler en l'aër, on le trouve de même couleur, sinon qu'il est plus blanc par dessous le ventre, et plus brun dessus le dos qu'une Alouette. »

C'est ainsi que Belon explique, dans son langage naïf, le seul motif qui ait pu faire donner à ces oiseaux un nom qui pourrait faire croire à des rapports beaucoup plus intimes avec un genre dont tout concourt à les distinguer.

Comme les maubèches et les barges, dont elles se rapprochent bien davantage et auxquelles plusieurs auteurs les ont réunies sous le nom générique de *Tringa*, les Alouettes de mer ont le bec crochu au bout, le sillon nasal très-long, et le pouce assez long pour toucher à terre, les jambes médiocrement hautes et nues à leur partie inférieure, et la taille raccourcie ; mais elles ont le bec un peu plus long que la tête, et leurs pieds n'ont ni bordures ni palmures ; aussi ressemblent-elles assez, pour le port et la couleur, à la bécassine, quoique beaucoup plus petites. Leur vol est rapide, et leurs mouvemens pleins de vivacité ; souvent il arrive, lorsque l'on admire la variété de leurs circonvolutions, de les voir alternativement blanches et brunes, le dessus et le dessous du corps s'offrant alternativement aux regards avec assez de prestesse pour permettre à des yeux peu exercés de croire à une sorte de métamorphose. Cuvier en a fait un sous-genre du grand genre des bécasses de la famille des échassiers. ( V. Bécasses. )

Ces petits oiseaux vivent sur le rivage de la mer, et forment des sociétés nombreuses, comme les cujeliers dans nos campagnes. Souvent on les

voit voler par troupes si serrées, que d'un seul coup de fusil l'on peut, dit-on, en abattre jusqu'à quarante et cinquante, et celles qui survivent, loin de se dérober par la fuite au sort qui les menace, se pressent autour du chasseur, en poussant des cris perçans, et réclamant en quelque sorte leurs compagnes, victimes de sa barbarie. Aussi nul gibier n'est-il moins rare dans les marchés voisins de la mer, et « l'on ne peut voir, dit encore Belon, plus grand'merveille de ce petit oiseau, que d'en voir apporter cinq ou six cents douzaines en un jour de samedy en hyver.» Leur chair est très-bonne, et même, dit-on, préférable à celle de l'Alouette, lorsqu'elle est très-fraîche, mais elle contracte de bonne heure un goût d'huile rance qui la rend fort désagréable. La femelle dépose ses œufs sur le sable au nombre de quatre ou cinq, et ne fait point de nid. Il paraît que ce sont des oiseaux de passage qui ne paraissent même que pour un temps fort court sur plusieurs de nos côtes. On les trouve également dans l'un et dans l'autre continent, et dans le nôtre, depuis le cap de Bonne-Espérance jusqu'au nord de l'Ecosse.

On en avait toujours distingué deux espèces. Cuvier les réunit en une seule, dont il donne la description suivante :

« L'Alouette de mer ou petite Maubèche, *Tringa cinclus* et *alpina*, d'un tiers moins grande que la grande Maubèche, est, comme elle, en hiver, cendrée dessus, blanche dessous, à poitrine nuagée de gris; en été, elle prend en dessus un plumage fauve tacheté de noir, de petites taches noires sur le devant du cou et de la poitrine, et une plaque noire sous le ventre; c'est alors l'*Alouette de mer à collier.* »

Les Cocorlis, dont Cuvier fait un sous-genre, n'en diffèrent que parce que leur bec est un peu plus arqué. L'espèce la plus connue (*Scolopax subarcuata*) est en hiver noirâtre en dessus, ondée de grisâtre, et blanchâtre en dessous; en été elle a le dos tacheté de noir et de fauve, les ailes grises, et le cou et le dessous du corps roux. On la rencontre partout, mais toujours très-rare. (D. y. n.)

ALOUETTINE. (ois.) On donne ce nom, dans quelques parties de la France, au Pitpit Farlonse (*Alauda pratensis*).                    (Guer.)

ALPACA, ALPAQUE, ALPAC, ALPACO. (mam.) Ces différens noms appartiennent également à une espèce du genre Lama, intermédiaire entre le *Lama proprement dit* et la *Vigogne*. (*V.* Lama.)                    (D. y. n.)

ALPES. (géol.) La dénomination d'Alpes était primitivement appliquée à toutes les chaînes de montagnes très-élevées au dessus des contrées environnantes : aussi l'on disait les Alpes Scandinaves, pour désigner cette longue chaîne qui sépare la Suède de la Norwége ; de même que l'on appelait les Alpes de la Savoie, de la Suisse ou de la France, ces énormes masses couvertes de neiges éternelles, qui constituent les limites naturelles entre la France et l'Italie.

Aujourd'hui, ce nom d'Alpes est spécialement réservé à deux chaînes de montagnes : la première dirigée du N. 26° E. au S. 26° O., comprend les Alpes de la Suisse, depuis le lac de Constance jusqu'aux Alpes françaises ou de Briançon, sur une longueur de près de cent lieues. Elle est la plus élevée, et contient le célèbre massif du *Mont-Blanc*, point culminant de toute l'Europe, dont la hauteur absolue est de 4810 mètres; cette première chaîne est distinguée sous le nom de *Chaîne Occidentale* ou des *Grandes Alpes*; la seconde est dirigée de l'E. 1/4 N.-E. à l'O. 1/4 S.-O., depuis le Saint-Gothard jusque dans l'Autriche, sur une longueur de soixante-quinze lieues. C'est la chaîne des *Alpes Orientales.*

L'ensemble des deux chaînes alpines est très-compliqué, parce que les deux systèmes dont elles se composent comprennent, indépendamment des chaînes principales, des chaînons parallèles qui se rencontrent et se croisent en plusieurs points. Le point principal de croisement est le Valais, où le massif du Saint-Gothard, qui appartient au système oriental, vient rencontrer les massifs du Mont-Blanc et du Mont-Rose qui appartiennent au système occidental, sous un angle variable de 45° à 50°.

Beaucoup d'observateurs ont parcouru les Alpes, Deluc, Saussure, M. Brochant et récemment M. Elie de Beaumont en ont décrit la structure et la composition géognostique d'une manière qui ne laisse rien à désirer; M. Léopold de Buch est le principal historien de la chaîne orientale. La magnificence du spectacle que présentent les Alpes, ce contraste admirable des vallées fertiles avec les sommets décharnés et couverts de neiges éternelles qui les encaissent; ces immenses amas de glaces descendant des sommités, et dont les blocs entassés reproduisent l'aspect de la mer en furie qui aurait été subitement gelée; le Mont-Blanc, dont les flancs escarpés et d'une hauteur prodigieuse dominent la belle vallée de Chamouni, et qui semble souvent, au dessus des nuages qui enveloppent sa base, un monde étranger à celui que nous habitons, attirent chaque année un grand nombre de voyageurs qui viennent parcourir les chemins tracés par Saussure, et jouir de la vue de toutes ces merveilles. Des sommités du Jura, la chaîne des Alpes apparaît comme une bande neigeuse et brillante qui termine l'horizon; mais à mesure que l'on s'approche, l'uniformité s'évanouit, des pics se détachent, des vallées se découvrent, et l'on peut détailler ces entassemens de montagnes et de glaces que l'imagination a peine à embrasser, et à la vue desquels toutes les idées de bouleversemens et de révolutions viennent assaillir l'observateur.

Un grand nombre des sommités des Alpes sont tout-à-fait inaccessibles, et en effet, non seulement les neiges opposent une barrière difficile à franchir, mais l'inclinaison des plans est souvent tellement rapide, qu'il est impossible de s'y maintenir. Aussi beaucoup de ces sommités ont-elles reçu le nom d'aiguilles; ce sont d'énormes pyramides, superposées aux plans les plus élevés dont les escarpemens dominent les vallées cultivées. De leurs flancs se détachent souvent des masses de rochers ou de glaces qui, roulant avec une vitesse toujours croissante sur les plans inclinés couverts de neiges, donnent naissance à des avalanches dont le volume augmente à chaque circonvolution, et qui vont se briser dans les vallées avec un bruit semblable à celui du tonnerre. Ces avalanches ont souvent causé de grands désastres, et il est des passages où il faut se garder de crier ou de tirer des coups de fusil, de peur de déterminer leur chute par la vibration de l'air. Ce fut Saussure qui le premier parvint au sommet du Mont-Blanc, point culminant des Alpes; depuis, beaucoup d'observateurs y sont montés, et les habitans de Chamouni se chargent de vous y conduire, sans que les frais de la course dépassent cent cinquante francs. Cette course est peu instructive sous le rapport des recherches minéralogiques, car les roches sont cachées sous une épaisseur considérable de neiges; mais elle est utile pour l'étude de la structure de la chaîne.

Du haut de cet observatoire, et en se transportant successivement sur l'aiguille du Gouté, sur le Brevent, le Cramont, etc..., on voit que la chaîne occidentale des Alpes se compose d'une chaîne centrale qui est la plus saillante et la plus déchirée, puis d'autres chaînes parallèles qui décroissent à mesure qu'elles s'éloignent de la chaîne centrale, et vont se perdre à l'est dans les plaines de la Lombardie, à l'ouest vers celles de Bresse. La chaîne centrale est découpée, hérissée de rochers escarpés qui partout où leurs flancs ne sont pas taillés absolument à pic sont couverts de glaces et de neiges; des deux côtés sont de profondes vallées, arrosées de cours d'eau, tapissées de verdure et peuplées de nombreux villages. En la détaillant, on voit que les glaciers y affectent deux dispositions; les uns renfermés dans des vallées encaissées, les autres simplement étendus sur les pentes des hautes sommités qui vont se déverser jusque dans les vallées habitées. Un de ces glaciers, celui des Bois, a cinq lieues de longueur sur une de large, et l'épaisseur de la glace y atteint jusqu'à cent et deux cents mètres. Les chaînes les plus voisines de la chaîne centrale présentent, mais en plus petit, les mêmes phénomènes; puis à mesure qu'elles s'en éloignent, leur hauteur, leurs pentes diminuent, et les glaces finissent par disparaître; on voit ainsi les montagnes, en s'abaissant toujours, perdre leur aspect sauvage, revêtir des formes plus douces, se couvrir de verdure, et venir mourir au bord des plaines.

Sous le rapport de la composition, les Alpes occidentales présentent une grande variété de roches; presque toute la masse du Mont-Blanc est composée d'une roche verdâtre appelée protogine (feldspath, talc et quartz). Les montagnes attenantes sont composées de granite passant à la syenite ou au gneiss. Le développement des protogines est lié à celui des schistes talqueux, qui depuis le Mont-Blanc jusqu'au Mont-Rose constituent la roche dominante. En sortant de ce massif central, on trouve des schistes ardoises ou schistes argileux, des calcaires, des quartz, des micaschistes

et des roches d'agrégation qui alternent ensemble : ces roches schisteuses avaient été regardées comme primitives ainsi que les protogines et les granites du centre; mais M. Brochant, alors établi à Moutiers en Tarentaise, fut frappé, en observant différens points de cette contrée, de la multitude de brèches et de poudingues qui s'y trouvaient. Il vit les roches de ces montagnes alterner avec ces poudingues et avec un terrain anthraciteux renfermant un grand nombre d'empreintes végétales; il exposa ces faits en 1808, et montra pour la première fois des micaschistes, des serpentines, des quartz en roche et des calcaires grenus postérieurs à l'existence des êtres organisés, et qu'il plaça par conséquent dans le terrain de transition.

Depuis, ce terrain a été reconnu comme appartenant à une époque encore bien postérieure. M. Elie de Beaumont rapporte qu'aussitôt que l'on quitte le bourg d'Oisan en Dauphiné, en se dirigeant vers l'axe primitif des Alpes occidentales, qui depuis le Mont Blanc et le Mont-Rose se prolongent vers le sud dans la direction générale; on voit les terrains secondaires perdre peu à peu leurs caractères distinctifs, de même qu'un morceau de bois demi-brûlé présente un passage presque insensible depuis le bois encore sain jusqu'à celui qui est passé à l'état de charbon; de plus, il a été conduit à penser qu'un phénomène d'altération avait produit ces modifications graduelles, phénomène qui ne peut être attribué qu'aux masses serpentineuses qui abondent dans cette partie des régions alpines; et en effet on trouve dans les exploitations d'anthracite à Petit-Cœur, près Moutiers, des fossiles végétaux et des belemnites qui démontrent que ce terrain, qui était toujours regardé comme de transition, était réellement secondaire et appartenait probablement au terrain de lias, c'est-à-dire à la formation inférieure du terrain jurassique. Les terrains du Val d'Aoste présentent des phénomènes analogues à ces altérations complètes des terrains sédimentaires accompagnées du bouleversement de leurs couches, caractères qui rendent l'étude des régions alpines des plus intéressantes.

Le Saint-Gothard, où commencent les Alpes orientales, est composé d'une alternance de micaschistes, de gneiss et de granites. On a remarqué que la masse granitique centrale et culminante avait la forme d'un coin enfoncé dans des alternances de gneiss qui de chaque côté plongent en sens inverse. Ces gneiss et micaschistes sont regardés comme primitifs; on a cependant signalé en plusieurs points des calcaires contenant des débris organiques qui semblent plonger vers l'intérieur de la masse et la supporter; disposition qui tendrait à la faire regarder comme appartenant au terrain de transition.

La chaîne des Alpes orientales est plus simple sous le double rapport de la structure et de la composition que la chaîne occidentale; l'axe central, formé par les plus hautes sommités, et qui détermine la direction de la chaîne, est en même temps l'axe minéralogique. Les granites, gneiss, micaschistes et autres dont il se compose, appartiennent aux terrains primitifs. Sur chaque versant, vers la Bavière et l'Italie, deux bandes de terrain de transition dont les couches suivent la direction générale forment les sommités du second ordre. Les terrains postérieurs se succèdent ensuite sur les flancs de la chaîne, soit qu'on se dirige vers les plaines de la Bavière ou de la Lombardie.

Le trait le plus remarquable de cette chaîne est la présence des dolomies et leur liaison avec la position des mélaphyres qui apparaissent sur les versans méridionaux, depuis les lacs majeurs de Lugano et de Côme, jusqu'à Bleyberg; c'est-à-dire sur une ligne de plus de cinquante lieues, parallèle à la direction de la chaîne. Sur toute cette ligne, les calcaires secondaires ont été, dans le voisinage des mélaphyres, changés en dolomie. Les fossiles y ont disparu, et la roche, de compacte et tenace qu'elle était, est devenue presque toujours friable et tellement fissurée qu'on peut en briser des blocs très-considérables sans obtenir de surface fraîche. Les nombreuses fissures qui sillonnent les montagnes de dolomie sont souvent tapissées de cristaux qui la font passer à la dolomie grenue et cristalline. Le phénomène de la modification du calcaire en dolomie est, du reste, tout-à-fait analogue à celui de la transformation du terrain de lias en schistes d'apparence de transition sous le rapport du passage presque insensible. La vallée de Fassa en Tyrol est un des points où M. Léopold de Buch a fait ressortir avec plus d'évidence la liaison de cette transformation avec la présence des mélaphyres; mais, bien que cette liaison soit évidente, beaucoup d'opinions très-divergentes ont été émises sur cette transformation et sur la manière dont elle a été opérée. M. de Buch a supposé que la magnésie avait été en quelque sorte sublimée, puisque son introduction n'avait eu lieu que postérieurement à la formation du calcaire, et sous l'influence d'une haute température. Bien que cette opinion ne soit pas en harmonie avec les caractères chimiques de la magnésie, la liaison qui a lieu dans un grand nombre d'autres contrées entre les roches ignées et le changement des calcaires voisins en dolomie, lui donne un grand poids, et ce fait nous apprend en outre qu'il ne faut pas toujours comparer les phénomènes et les réactions qui ont accompagné les grandes révolutions géologiques, avec les phénomènes qui se passent sous nos yeux, et les réactions que nous pouvons reproduire dans nos laboratoires.

Les hauteurs des points les plus remarquables des régions alpines au dessus du niveau de la mer, sont :

| | |
|---|---|
| Mont-Blanc. | 4,810 mètr. |
| Mont-Rose. | 4,736 |
| Iung-Frau. | 4,180 |
| Col-du-Géant. | 3,426 |
| Grand-Saint-Bernard. | 3,354 |
| Simplon. | 3,333 |
| Saint-Gothard. | 2,766 |
| Passage du Mont-Cervin. | 3,410 |
| — du Col de Seigne. | 2,461 |
| Passage du Grand-St-Bernard. | 2,491 mètr. |
| — du Col-Ferret. | 2,321 |
| — du Petit-St-Bernard. | 2,192 |
| — du St-Gothard. | 2,075 |
| — du Simplon. | 2,005 |

(A. B.)

**ALPHÉE**, *Alphæus*. (CRUST.) Genre de Décapodes Macroures de la section des Salicoques, établi par Fabricius, et dans lequel on a fait d'abord entrer plusieurs espèces qui n'avaient pas les caractères qu'on assignait au genre; dans ces derniers temps, Latreille, après avoir beaucoup varié à son sujet, a caractérisé ce genre de la manière suivante; dans le premier volume de son Cours d'Entomologie. Antennes mitoyennes ou supérieures n'ayant que deux filets, point d'appendices sétiformes à la base de leurs pieds : les quatre pieds antérieurs finissant par une pince distinctement et parfaitement didactyle; les secondes étant plus courtes que les premières, avec le carpe crénelé. Ce genre diffère des *hippolytes* parce que, chez ceux-ci, les premières, pinces sont plus courtes que les secondes; chez les *pontonies*, le carpe des secondes pinces est inarticulé. On ne connaît encore que peu d'espèces appartenant bien certainement à ce genre; nous en avons décrit une dans le voyage de la coquille sous le nom d'*Alphæus Lottini*, figurée dans l'atlas de ce voyage, crustacés, pl. 3, fig. 3. Nous en avons donné une autre dans la partie entomologique de l'expédition de Morée (*Alphæus dentipes*), figurée dans la planche des crustacés de cette publication, fig. 3. Enfin il y en a plusieurs autres figures dans les magnifiques planches de l'Expédition d'Égypte.

(GUÉR.)

**ALPISTE**, *Phalaris*. (BOT. PHAN.) Genre de plantes de la Triandrie Digynie et de la famille des Graminées. Trois de ses espèces offrent de l'intérêt à l'agriculture; 1° l'ALPISTE ASPERELLE, *P. oryzoïdes*, qui croît dans les lieux aquatiques des Vosges, de la Suisse, de l'Italie et de la Virginie; on le nomme communément *riz bâtard*, parce que ses graines remplacent volontiers le riz; il serait peut-être avantageux de se livrer en grand à sa culture; 2° l'ALPISTE DES CANARIES, *P. Canariensis*, que l'on cultive maintenant partout. Autrefois les villes de Tunis et d'Alger étaient seules en possession du commerce de sa graine, qu'elles fournissaient à toute l'Europe. Cette plante est d'un rapport très-considérable; on s'en est servi comme aliment pour l'homme; on en prépare un très-bon gruau, et sa farine, quoique moins blanche que celle du blé, donne d'excellentes bouillies. Les oiseaux, les serins surtout, sont très-friands de sa graine; sa fane donnée aux bestiaux est mangée avec plaisir, c'est un fourrage fin et appétissant. Depuis 1818, la farine de l'alpiste des Canaries est employée avec succès pour le collage des tissus fins; 3° l'ALPISTE CHIENDENT, *P. arundinacea picta*, que l'on admet dans les jardins d'ornement à cause de ses feuilles élégamment variées de lignes longitudinales jaunes, blanches et vertes, et à cause de ses panaches de fleurs purpurines : il y produit un très-bel effet. (A.T.D.B.)

ALQUIFOUX. (MIN.) Les faïenciers et les potiers de terre donnent ce nom au plomb sulfuré ou galène réduit en poudre : il l'emploient pour la couverte de la poterie grossière (GUÉR.)

ALSTROEMERIE, *Alstrœmeria*. (BOT. PHAN.) Genre appartenant à la famille des Amaryllidées, et à l'Hexandrie Monogynie de Linné; il est très-nombreux en espèces, et propre à la partie équinoxiale du Nouveau-Monde. Voici ses caractères : Tige herbacée, garnie de feuilles alternes et entières. Fleurs en ombelle; calice coloré à six sépales inégaux, dont les deux inférieurs creusés en gouttière vers la base; six étamines insérées à la base du calice et réfléchies en dehors; ovaire infère, un style, un stigmate trifide; fruit, capsule triloculaire; polysperme.

Fleurs élégantes, dont deux ou trois seulement sont cultivées dans nos serres. Une des plus belles est l'*Alstrœmeria pelegrina*, L. *Lis des Incas*, originaire du Pérou. Sa racine est vivace : sa tige de deux pieds; ses feuilles sont contournées, sessiles, lancéolées aiguës; ses fleurs, au nombre de trois ou quatre, sont grandes, à sépales ouverts, inégaux, blancs, rayés et lavés de rose foncé, les intérieurs marqués à la base d'une tache jaune, pointillée de pourpre. Le nom de *pélégrine* que lui ont donné les Espagnols, signifie *fleurs superbes :* il est bien mérité.

Après l'Alstrœmérie pélégrine vient l'ALSTROE-MÉRIE GRACIEUSE, *Alstrœmeria pulchella*, L. Elle diffère peu de la première : ses feuilles sont plus étroites; sa tige est terminée par un involucre de feuilles un peu moins grandes que celles de l'Alstrœmérie pélégrine, et du milieu desquelles naissent quatre à six fleurs grandes, inclinées, irrégulières. Les six divisions calicinales sont aiguës, ouvertes et recourbées en arrière; trois de ces divisions sont rouges au sommet, striées ou pointées de rouge à la base ; les trois autres, alternes avec les premières, sont plus petites et blanches.

L'ALSTROEMÉRIE A FLEURS RAYÉES, *Alstrœmeria Ligtu*. L. Tiges stériles de sept à huit pouces, plus ou moins lavées de rouge, terminées par une rosette de feuilles en forme de spatules oblongues. Les tiges qui portent les fleurs ont des feuilles beaucoup plus étroites et longues d'un pied et demi. Les fleurs, au nombre de trois ou quatre, sont en ombelle; trois de leurs sépales sont en partie blancs et rouges, les autres sont tout rouges. Si ces fleurs sont moins belles que celles des deux Alstrœméries déjà décrites, elles ont une odeur suave dont les autres sont privées.

Le genre *Alstrœmérie* comprend plus de trente espèces décrites par Tussac dans la Flore des Antilles. MM. Humboldt, Bompland et Kunth ont fait connaître dix espèces nouvelles de ce même genre, qui se prêtent complaisamment à embellir toutes les saisons; car les unes fleurissent en mars et en mai, d'autres en août, d'autres en octobre, d'autres enfin en novembre et décembre. Au nombre de ces dernières est l'*Alstrœmeria hirtella*, qui croît aux environs de Mexico. (C.É.)

ALTERNAT. (AGRIC.) Méthode simple, économique et nouvelle de culture au moyen de laquelle le sol est appelé à donner des produits successifs de différens genres, adaptés à la nature de la terre, aux besoins actuels du pays. L'ordre dans lequel il faut suivre cette méthode, source de l'abondance, est une des opérations les plus délicates et les plus essentielles de l'économie rurale; rien ne doit être fait arbitrairement quand on veut jouir longtemps, conserver la fécondité de ses terres, épargner les frais et marcher sans cesse dans une ligne progressive d'amélioration. (*V.* ASSOLEMENT.) L'alternat est naturel dans les forêts, il y est le travail du temps, la main de l'homme ne peut en interrompre le cours. (*V.* APPARITIONS SPONTANÉES.)

ALTERNAT SÉVEUX. Les pousses alternatives des branches et des racines prouvent qu'il y a alternat entre leurs séves réciproques d'accroissemens en longueur et en grosseur, c'est-à-dire que pendant que les tiges s'allongent, les racines grossissent, et que lorsque les premières grossissent les secondes s'allongent. De là, le phénomène des arbres fruitiers à pepin, qui ne donnent du fruit que de deux années l'une, et même qui se reposent plusieurs années après avoir fructifié. Les causes de ce phénomène, que nous examinerons au mot SÈVE, éprouvent des modifications, des variations curieuses. On les attribue à tort à la trop grande abondance d'une récolte, et au trop long séjour du fruit sur les arbres. (A. T. D. B.)

ALTERNE, ALTERNATIF. (BOT.) On désigne par ces mots (suivant M. Bory, Dict. class.) la disposition des parties d'un végétal, et plus particulièrement celle des feuilles et des rameaux, quand ces parties sont placées d'un et d'autre côté d'un axe, mais sur le même plan, et qu'elles ne sont ni opposées ni verticillées. On distingue encore de la disposition alterne celle qu'on a nommée *distique*, *bifariée*, *éparse*. Les feuilles du tilleul et les rameaux de l'orme sont alternes. Certains organes des plantes ont aussi leur insertion alterne dans une disposition circulaire; ainsi les étamines sont alternes dans les boraginées par exemple, où elles sont en nombre égal des divisions de la corolle et leur répondent, et le pétale est alternatif avec les parties du calice, quand il est inséré à l'un des points qui séparent les lobes de ce calice. (GUER.)

ALTHÆA. (BOT. PHAN.) Ce nom latin est devenu la dénomination vulgaire française de l'*Hibiscus syriacus*, Lin., qui appartient au genre KETMIE (*v.* ce mot.) (GUER.)

ALTISE, *Altica*. (INS.) Genre de l'ordre des Coléoptères, section des Tétramères, famille des Cycliques, tribu des Galérucites, séparé par Geoffroy du grand genre *Chrysomela* de Linné. La tribu des Galérucites se divise en deux sections, dont la seconde présente pour caractère remarquable d'avoir les fémurs postérieurs renflés, propres au saut; les Altises font partie de cette seconde division : confondues par Fabricius dans plusieurs de ses genres, elles en ont été tirées par Latreille, et établies en genre sous le nom qu'elles portent maintenant : Olivier et Illiger ont adopté ce genre dans leur méthode ; ce dernier les a particulièrement étudiées, et en a donné une monographie dans le sixième volume de son *Magasin Entomologique.* Il le divise en neuf familles, de plusieurs desquelles on a fait des genres propres.

Ces insectes, en général très-petits, sont ornés de couleurs brillantes et variées; ils sautent avec une grande promptitude, et échappent au moment où l'on croit les saisir; quelques espèces se multiplient beaucoup dans nos jardins, et attaquent en si grande quantité les plantes potagères, qu'elles leur font beaucoup de tort et sont le désespoir des jardiniers; leurs larves vivent aux dépens des mêmes plantes; elles rongent le parenchyme des feuilles, et y subissent leurs métamorphoses. Ce genre est très-nombreux en espèces, l'Amérique méridionale est le pays d'où l'on en connaît le plus. On les distingue par les caractères suivans : tête saillante, fémurs postérieurs renflés, jambes postérieures tronquées à leur extrémité sans prolongement particulier ni épine fourchue, le dernier article des tarses postérieurs allongé, s'épaississant graduellement; ce tarse entier n'égale pas la moitié de la longueur de la jambe. Parmi les espèces les plus communes aux environs de Paris, nous citerons :

L'A. Potagère. *A. Oleracea.* Linn., Oliv., col. VI, 93 *bis*, IV, 66, longue de deux lignes, verte ou bleue, ovale, allongée, avec une impression transverse sur le corcelet, et les étuis finement pointillés; antennes noires. C'est la plus grande de notre pays. Nous en donnons une figure grossie, pl. 13, fig. 1.

A. Rubis. *A. Nitidula.* Linn., Oliv., ibid., V, 80. Tête et corcelet rouge doré éclatant, élytres vertes ou bleues, pieds fauves. Sur les saules.
(A. P.)

ALUCITE. *Alucita.* (ins.) Genre de l'ordre des Lépidoptères, famille des Nocturnes, section des Tinéites, ayant pour caractères essentiels : palpes supérieurs peu apparens, les inférieurs, grands, portés en avant, avec le dernier article relevé; une trompe distincte, antennes simples. Les ailes supérieures sont longues, étroites, très-inclinées latéralement, relevées à leur extrémité.

Ce genre, créé par Fabricius, a été tellement embrouillé par cet auteur, qu'il serait trop long et peu instructif de faire ici l'histoire de tous les changemens qu'il lui a fait subir; tel qu'il est adopté maintenant par les entomologistes, il ne renferme plus l'insecte que l'on connaît sous le nom d'Alucite des blés; cette espèce fait actuellement partie du genre Œcophore (*v.* ce mot.) Nous citerons, parmi les véritables Alucites, l'espèce qui a été décrite et figurée par Degeer, sous le nom d'A. de la julienne. *A. Julianella.* Oliv., Degeer, t. 1, pl. 26, fig. 1, 2, 5, 15, 16 et 11, p. 454. D'un gris blanchâtre, avec une bande longitudinale ondée sur les ailes supérieures. D'Europe.

La chenille vit en petites sociétés de cinq ou six individus, sur les jeunes plants de julienne; elle est verte avec des points noirs et quelques tubercules d'où partent des poils; si on vient à la déranger dans sa retraite, elle se laisse couler à terre au moyen d'un fil qui lui sert à remonter quand elle croit pouvoir le faire sans danger. Vers le mois de mai, elle file une coque à tissus lâches, dans laquelle elle se change en nymphe.          (A. P.)

ALUMINE, oxide d'Aluminium, et quelquefois Argile, Argile pure. (chim. et min.) Signalée, en 1754, par Margraff, comme corps particulier, l'alumine, du mot latin *alumen*, alun, sel dont elle fait la base et dont on la retire, est une substance que la chimie moderne range, par analogie, avec les oxides métalliques, et qui existe dans la nature 1° à l'état de pureté; 2° mélangée avec la silice; 5° à l'état de combinaison. Sous le premier état, elle appartient aux terrains anciens et constitue le saphir, la topaze d'Orient, le rubis ou corindon du minéralogiste (*V.* Corindon), substances les plus dures après le diamant; mélangée avec la silice, elle forme les argiles, substances qui lui doivent la propriété de faire pâte, et qui renferment souvent un peu d'oxide de fer et de carbonate de chaux (*V.* Argile); enfin, combinée : 1° avec l'eau, elle donne l'Alumine hydratée silicifère, l'Allophane et le Diaspore (*v.* ces mots); 2° avec l'acide sulfurique, la potasse ou l'ammoniaque, elle fournit l'Alun (*V.* Alun); 5° avec l'acide fluorique et la soude, elle offre la Cryolite (*V.* Cryolite ou Alumine fluatée alkaline); enfin le feld-spath, les kaolins, les terres à pipe, les terres à foulon, les ocres, la tourmaline, etc., contiennent de l'alumine.

L'alumine est blanche, pulvérulente, insipide, inodore, douce au toucher et infusible sans addition; elle happe à la langue, forme pâte avec l'eau qu'elle retient très-fortement sans s'y dissoudre, est sans action sur le tournesol, inaltérable à l'air, se combine avec les acides pour former des sels, etc.

On l'obtient en traitant un soluté (solution) aqueux d'alun par l'ammoniaque, lavant le précipité et faisant sécher; ou bien, comme le conseille M. Gay-Lussac, en chauffant fortement, dans un creuset ordinaire, le sulfate d'alumine et d'ammoniaque jusqu'à ce que tout l'acide sulfurique et l'ammoniaque soient entièrement dégagés.

L'alumine n'est pas employée en médecine; dans les arts on s'en sert, mêlée à la silice, pour fabriquer toutes les poteries, pour glaiser les bassins, s'opposer à l'infiltration des conduits des eaux, fouler les draps, etc.

A. fluatée alcaline, ou Cryolite d'Abildgaard. Ce minéral, qui a été reçu du Groënland occidental par W. Abildgaard de Copenhague, que l'on rencontre à Arksut, près de Julianahope, et qui, d'après Vauquelin, est composé d'alumine, de soude, d'acide fluorique et d'eau, se présente sous forme de masses concrétionnées, translucides, à cassure laminaire. Sa forme primitive paraît être un parallélipipède rectangulaire; sa couleur, ordinairement blanche, varie quelquefois du brun au rougeâtre; sa fusibilité est très-prononn cée; sa dureté, plus grande que dans la chaux sulfatée, est moindre que celle de la chaux fluatée; enfin, traitée par l'eau, elle prend la forme d'une gelée transparente.

A. HYDRATÉE SILICIFÈRE. Lelièvre. Substance ordinairement blanche, rarement jaunâtre, mamelonnée, granuleuse, très-friable, opaque et quelquefois plus ou moins transparente, happant à la langue, rayant faiblement la chaux carbonatée, présentant quelquefois dans son centre une couleur vert-de-pomme, un aspect résinoïde, faisant pâte avec les acides, et enfin, ne donnant point, quand on la traite au chalumeau, une lueur phosphorique verdâtre, ni une poussière blanche, comme le fait le zinc carbonaté mamelonné de Carinthie, avec lequel on peut la confondre.

L'alumine hydratée silicifère a été trouvée par Lelièvre et Gillet Laumont dans une mine de plomb sur la montagne d'Esquerre, dans les Pyrénées; on la rencontre encore près de Schemnitz, en Hongrie.

Elle est composée, d'après Berthier, d'alumine, d'eau et de silice.

*Nota.* L'ALLOPHANE DE STROMEYER, que Rienmann et Raquat ont découvert à Grafenthal, dans le Salfeld en Saxe, et qui se présente, tantôt sous forme de concrétions, tantôt sous forme de petites masses, tantôt enfin disséminée dans une roche marno-ferrugineuse de transition, est une des variétés de l'alumine hydratée silicifère, et qui, comme cette dernière, fait gelée avec les acides. Ses autres caractères sont : une couleur d'un bleu céladon passant au vert-de-gris, une cassure concoïde, un aspect vitreux, une transparence complète, une dureté peu prononcée, etc. Sa composition, d'après Stromeyer, est celle ci : alumine, eau, silice, cuivre carbonaté, chaux, chaux sulfatée et fer hydraté.

A. MELLATÉE. (*V*. MELLITE.)

A. SOUS-SULFATÉE, appelée encore ALUMINE NATIVE, ALUMINITE, ALUMINE PURE. Ce minéral est composé ainsi, d'après Stromeyer : alumine, acide sulfurique et eau; il a été trouvé successivement en Saxe, dans le comté de Sussex en Angleterre. Il est en masses réniformes et globulaires, lisses, ou un peu mamelonnées, blanchâtres, douces au toucher, tendres, friables, opaques et happant faiblement à la langue.

ALUMINE PURE, ALUMINE NATIVE et ALUMINITE. (*V*. ALUMINE SOUS-SULFATÉE.)          (F. F.)

ALUN, *Alumen.* (CHIM. ET MIN.) L'Alun, sulfate d'alumine, de potasse et d'ammoniaque des chimistes modernes, appelé autrefois *Vitriol d'argile*, *Vitriol d'alumine*, *Alumine vitriolée*, etc., est un sel qui résulte de la combinaison de l'acide sulfurique avec : tantôt l'alumine et la potasse, tantôt la potasse et l'ammoniaque, tantôt enfin l'alumine, la potasse et l'ammoniaque; que l'on peut, par conséquent, regarder comme un sel double, ou comme un sel triple, et qui est tout à la fois le produit de la nature et le produit de l'art.

L'Alun est connu depuis très-long-temps. Pendant long-temps aussi on l'a cru composé d'acide sulfurique et d'une terre seulement, terre que Margraff avait comparée à celle des argiles; mais depuis les travaux de Chaptal, Vauquelin et Descroizilles, nous connaissons sa véritable composition.

L'Alun naturel, que les minéralogistes désignent sous le nom d'*Alumine sulfatée alkaline*, ne s'est présenté jusqu'alors, et en petite quantité, que sous forme d'efflorescences, ou de petites masses fibreuses et concrétionnées que l'on rencontre sur des roches alunifères, telles que le schiste et la terre alumineuse, la pierre d'alun, la houille, l'argile schistoïde alunifère et le schiste bitumineux.

On le trouve également dans l'île de Milo, d'où Tournefort l'a rapporté; celui-ci, dit *Alun de plume*, ou *Alumine sulfatée fibreuse*, est en filamens soyeux parallèles, d'un blanc éclatant et assez semblable à l'amiante; enfin on en voit encore dans des lieux évidemment volcaniques, tels qu'à la solfatare de Pouzzoles, dans le cratère de Vulcano, dans les îles Eoliennes, dans certaines eaux minérales, etc.

L'Alun artificiel, que l'on fabrique par plusieurs millions de kilogrammes, se présente en masses plus ou moins considérables, inodores, incolores, d'une saveur douceâtre et astringente, rougissant la teinture de tournesol, solubles dans l'eau froide et dans l'eau chaude, cristallisant en octaèdres, s'effleurissant légèrement à l'air, éprouvant d'abord la fusion aqueuse quand on les soumet à l'action de la chaleur, perdant ensuite leur eau de cristallisation si on continue l'opération, et se transformant alors en une matière très-légère, très spongieuse et très-friable, que l'on connaît sous le nom d'*alun calciné*.

Sans vouloir entrer ici dans tous les détails de la préparation de l'alun, détails qui sont plutôt du ressort de la chimie que du ressort de l'histoire naturelle, nous indiquerons cependant, mais très-brièvement, les modes opératoires suivis à Liége et à Paris. A Liége, on fait un mélange de pyrite de fer et d'alumine; on expose ce mélange à l'action de l'air humide, jusqu'à ce que les sulfures soient changés en sulfates; puis, à l'aide de lavages, de solutions, de cristallisations, on sépare du sulfate d'alumine le sulfate de fer formé pendant l'opération. Dans les eaux mères, contenant le sulfate d'alumine, on fait bouillir du sulfate de potasse ou du sulfate d'ammoniaque.

A Paris, on le prépare en calcinant de l'argile pure, afin de sur-oxider le fer qu'elle contient, et le rendre insoluble. On dissout l'argile avec de l'acide sulfurique affaibli dans des vases de plomb; dans les solutés, on ajoute du sulfate de potasse ou d'ammoniaque, et on fait cristalliser. Les premiers cristaux, peu volumineux, sont redissous, soumis à une nouvelle cristallisation et à la fusion aqueuse, afin d'avoir de grosses masses d'alun.

On distingue dans le commerce quatre variétés d'alun. La première, *Alun de Roche*, du nom de la ville de Roche en Syrie, est en grosses masses transparentes, et d'une cassure vitreuse; la seconde, qu'elles portent maintenant : Olivier et Illiger ont adopté ce genre dans leur méthode ; ce dernier les a particulièrement étudiées, et en a donné une monographie dans le sixième volume de son *Magasin Entomologique*. Il le divise en neuf familles, de plusieurs desquelles on a fait des genres propres.

Ces insectes, en général très-petits, sont ornés de couleurs brillantes et variées; ils sautent avec une grande promptitude, et échappent au moment où l'on croit les saisir; quelques espèces se multiplient beaucoup dans nos jardins, et attaquent en si grande quantité les plantes potagères, qu'elles leur font beaucoup de tort et sont le désespoir des jardiniers; leurs larves vivent aux dépens des mêmes plantes; elles rongent le parenchyme des feuilles, et y subissent leurs métamorphoses. Ce genre est très-nombreux en espèces, l'Amérique méridionale est le pays d'où l'on en connaît le plus. On les distingue par les caractères suivans : tête saillante, fémurs postérieurs renflés, jambes postérieures tronquées à leur extrémité sans prolongement particulier ni épine fourchue, le dernier article des tarses postérieurs allongé, s'épaississant graduellement; ce tarse entier n'égale pas la moitié de la longueur de la jambe. Parmi les espèces les plus communes aux environs de Paris, nous citerons :

L'A. Potagère. *A. Oleracea*. Linn., Oliv., col. VI, 93 *bis*, IV, 66, longue de deux lignes, verte ou bleue, ovale, allongée, avec une impression transverse sur le corcelet, et les étuis finement pointillés; antennes noires. C'est la plus grande de notre pays. Nous en donnons une figure grossie, pl. 13, fig. 1.

A. Rubis. *A. Nitidula*. Linn., Oliv., ibid., V, 80. Tête et corcelet rouge doré éclatant, élytres vertes ou bleues, pieds fauves. Sur les saules.
(A. P.)

ALUCITE. *Alucita*. (ins.) Genre de l'ordre des Lépidoptères, famille des Nocturnes, section des Tinéites, ayant pour caractères essentiels : palpes supérieurs peu apparens, les inférieurs, grands, portés en avant, avec le dernier article relevé; une trompe distincte, antennes simples. Les ailes supérieures sont longues, étroites, très-inclinées latéralement, relevées à leur extrémité.

Ce genre, créé par Fabricius, a été tellement embrouillé par cet auteur, qu'il serait trop long et peu instructif de faire ici l'histoire de tous les changemens qu'il lui a fait subir; tel qu'il est adopté maintenant par les entomologistes, il ne renferme plus l'insecte que l'on connaît sous le nom d'Alucite des blés; cette espèce fait actuellement partie du genre OEcophore (*v*. ce mot.) Nous citerons, parmi les véritables Alucites, l'espèce qui a été décrite et figurée par Degeer, sous le nom d'A. de la julienne. *A. Julianella*. Oliv., Degeer, t. 1, pl. 26, fig. 1, 2, 3, 15, 16 et 11, p. 454. D'un gris blanchâtre, avec une bande longitudinale ondée sur les ailes supérieures. D'Europe.

La chenille vit en petites sociétés de cinq ou six individus, sur les jeunes plants de julienne; elle est verte avec des points noirs et quelques tubercules d'où partent des poils; si on vient à la déranger dans sa retraite, elle se laisse couler à terre au moyen d'un fil qui lui sert à remonter quand elle croit pouvoir le faire sans danger. Vers le mois de mai, elle file une coque à tissus lâches, dans laquelle elle se change en nymphe. (A. P.)

ALUMINE, oxide d'Aluminium, et quelquefois Argile, Argile pure. (chim. et min.) Signalée, en 1754, par Margraff, comme corps particulier, l'alumine, du mot latin *alumen*, alun, sel dont elle fait la base et dont on la retire, est une substance que la chimie moderne range, par analogie, avec les oxides métalliques, et qui existe dans la nature 1° à l'état de pureté; 2° mélangée avec la silice; 3° à l'état de combinaison. Sous le premier état, elle appartient aux terrains anciens et constitue le saphir, la topaze d'Orient, le rubis ou corindon du minéralogiste (*V*. Corindon), substances les plus dures après le diamant; mélangée avec la silice, elle forme les argiles, substances qui lui doivent la propriété de faire pâte, et qui renferment souvent un peu d'oxide de fer et de carbonate de chaux (*V*. Argile); enfin, combinée : 1° avec l'eau, elle donne l'Alumine hydratée silicifère, l'Allophane et le Diaspore (*v*. ces mots); 2° avec l'acide sulfurique, la potasse ou l'ammoniaque, elle fournit l'Alun (*V*. Alun); 3° avec l'acide fluorique et la soude, elle offre la Cryolite (*V*. Cryolite ou Alumine fluatée alkaline); enfin le feld-spath, les kaolins, les terres à pipe, les terres à foulon, les ocres, la tourmaline, etc., contiennent de l'alumine.

L'alumine est blanche, pulvérulente, insipide, inodore, douce au toucher et infusible sans addition; elle happe à la langue, forme pâte avec l'eau qu'elle retient très-fortement sans s'y dissoudre, est sans action sur le tournesol, inaltérable à l'air, se combine avec les acides pour former des sels, etc.

On l'obtient en traitant un soluté (solution) aqueux d'alun par l'ammoniaque, lavant le précipité et faisant sécher; ou bien, comme le conseille M. Gay-Lussac, en chauffant fortement, dans un creuset ordinaire, le sulfate d'alumine et d'ammoniaque jusqu'à ce que tout l'acide sulfurique et l'ammoniaque soient entièrement dégagés.

L'alumine n'est pas employée en médecine; dans les arts on s'en sert, mêlée à la silice, pour fabriquer toutes les poteries, pour glaiser les bassins, s'opposer à l'infiltration des conduits des eaux, fouler les draps, etc.

A. fluatée alcaline, ou Cryolite d'Abildgaard. Ce minéral, qui a été reçu du Groënland occidental par W. Abildgaard de Copenhague, que l'on rencontre à Arksut, près de Julianahope, et qui, d'après Vauquelin, est composé d'alumine, de soude, d'acide fluorique et d'eau, se présente sous forme de masses concrétionnées, translucides, à cassure laminaire. Sa forme primitive paraît être un parallélipipède rectangulaire; sa couleur, ordinairement blanche, varie quelquefois du brun au rougeâtre; sa fusibilité est très-pronon, cée; sa dureté, plus grande que dans la chaux sulfatée, est moindre que celle de la chaux fluatée; enfin, traitée par l'eau, elle prend la forme d'une gelée transparente.

A. HYDRATÉE SILICIFÈRE. Lelièvre. Substance ordinairement blanche, rarement jaunâtre, mamelonnée, granuleuse, très-friable, opaque et quelquefois plus ou moins transparente, happant à la langue, rayant faiblement la chaux carbonatée, présentant quelquefois dans son centre une couleur vert-de-pomme, un aspect résinoïde, faisant pâte avec les acides, et enfin, ne donnant point, quand on la traite au chalumeau, une lueur phosphorique verdâtre, ni une poussière blanche, comme le fait le zinc carbonaté mamelonné de Carinthie, avec lequel on peut la confondre.

L'alumine hydratée silicifère a été trouvée par Lelièvre et Gillet Laumont dans une mine de plomb sur la montagne d'Esquerre, dans les Pyrénées; on la rencontre encore près de Schemnitz, en Hongrie.

Elle est composée, d'après Berthier, d'alumine, d'eau et de silice.

*Nota.* L'ALLOPHANE DE STROMEYER, que Rienmann et Raquat ont découvert à Grafenthal, dans le Salfeld en Saxe, et qui se présente, tantôt sous forme de concrétions, tantôt sous forme de petites masses, tantôt enfin disséminée dans une roche marno-ferrugineuse de transition, est une des variétés de l'alumine hydratée silicifère, et qui, comme cette dernière, fait gelée avec les acides. Ses autres caractères sont : une couleur d'un bleu céladon passant au vert-de-gris, une cassure concoïde, un aspect vitreux, une transparence complète, une dureté peu prononcée, etc. Sa composition, d'après Stromeyer, est celle ci : alumine, eau, silice, cuivre carbonaté, chaux, chaux sulfatée et fer hydraté.

A. MELLATÉE. (*V.* MELLITE.)

A. SOUS-SULFATÉE, appelée encore ALUMINE NATIVE, ALUMINITE, ALUMINE PURE. Ce minéral est composé ainsi, d'après Stromeyer : alumine, acide sulfurique et eau; il a été trouvé successivement en Saxe, dans le comté de Sussex en Angleterre. Il est en masses réniformes et globulaires, lisses, ou un peu mamelonnées, blanchâtres, douces au toucher, tendres, friables, opaques et happant faiblement à la langue.

ALUMINE PURE, ALUMINE NATIVE et ALUMINITE. (*V.* ALUMINE SOUS-SULFATÉE.)     (F. F.)

ALUN, *Alumen.* (CHIM. ET MIN.) L'Alun, sulfate d'alumine, de potasse et d'ammoniaque des chimistes modernes, appelé autrefois *Vitriol d'argile, Vitriol d'alumine, Alumine vitriolée,* etc., est un sel qui résulte de la combinaison de l'acide sulfurique avec : tantôt l'alumine et la potasse, tantôt la potasse et l'ammoniaque, tantôt enfin l'alumine, la potasse et l'ammoniaque; que l'on peut, par conséquent, regarder comme un sel double, ou comme un sel triple, et qui est tout à la fois le produit de la nature et le produit de l'art.

L'Alun est connu depuis très-long-temps. Pendant long-temps aussi on l'a cru composé d'acide sulfurique et d'une terre seulement, terre que Margraff avait comparée à celle des argiles; mais depuis les travaux de Chaptal, Vauquelin et Descroizilles, nous connaissons sa véritable composition.

L'Alun naturel, que les minéralogistes désignent sous le nom d'*Alumine sulfatée alkaline*, ne s'est présenté jusqu'alors, et en petite quantité, que sous forme d'efflorescences, ou de petites masses fibreuses et concrétionnées que l'on rencontre sur des roches alunifères, telles que le schiste et la terre alumineuse, la pierre d'alun, la houille, l'argile schistoïde alunifère et le schiste bitumineux.

On le trouve également dans l'île de Milo, d'où Tournefort l'a rapporté; celui-ci, dit *Alun de plume*, ou *Alumine sulfatée fibreuse*, est en filamens soyeux parallèles, d'un blanc éclatant et assez semblable à l'amiante; enfin on en voit encore dans des lieux évidemment volcaniques, tels qu'à la solfatare de Pouzzoles, dans le cratère de Vulcano, dans les îles Eoliennes, dans certaines eaux minérales, etc.

L'Alun artificiel, que l'on fabrique par plusieurs millions de kilogrammes, se présente en masses plus ou moins considérables, inodores, incolores, d'une saveur douceâtre et astringente, rougissant la teinture de tournesol, solubles dans l'eau froide et dans l'eau chaude, cristallisant en octaèdres, s'effleurissant légèrement à l'air, éprouvant d'abord la fusion aqueuse quand on les soumet à l'action de la chaleur, perdant ensuite leur eau de cristallisation si on continue l'opération, et se transformant alors en une matière très-légère, très spongieuse et très-friable, que l'on connaît sous le nom d'*alun calciné*.

Sans vouloir entrer ici dans tous les détails de la préparation de l'alun, détails qui sont plutôt du ressort de la chimie que du ressort de l'histoire naturelle, nous indiquerons cependant, mais très-brièvement, les modes opératoires suivis à Liége et à Paris. A Liége, on fait un mélange de pyrite de fer et d'alumine; on expose ce mélange à l'action de l'air humide, jusqu'à ce que les sulfures soient changés en sulfates; puis, à l'aide de lavages, de solutions, de cristallisations, on sépare du sulfate d'alumine le sulfate de fer formé pendant l'opération. Dans les eaux mères, contenant le sulfate d'alumine, on fait bouillir du sulfate de potasse ou du sulfate d'ammoniaque.

A Paris, on le prépare en calcinant de l'argile pure, afin de sur-oxider le fer qu'elle contient, et le rendre insoluble. On dissout l'argile avec de l'acide sulfurique affaibli dans des vases de plomb; dans les solutés, on ajoute du sulfate de potasse ou d'ammoniaque, et on fait cristalliser. Les premiers cristaux, peu volumineux, sont redissous, soumis à une nouvelle cristallisation et à la fusion aqueuse, afin d'avoir de grosses masses d'alun.

On distingue dans le commerce quatre variétés d'alun. La première, *Alun de Roche*, du nom de la ville de Roche en Syrie, est en grosses masses transparentes, et d'une cassure vitreuse; la seconde,

conde, *alun de Rome*, en petits fragmens cubiques, recouverte d'une poudre rosée, formée
d'oxide de fer et de sous-sulfate d'alumine et de
potasse; la troisième, *alun du levant*, en morceaux irréguliers rougeâtres; la quatrième, *alun
d'Angleterre*, en gros fragmens blanchâtres,
d'une cassure grasse.

Les usages de l'alun sont extrémement multipliés. Dans les arts : le teinturier l'emploie comme
mordant, le fabricant de chandelles pour donner
plus de consistance au suif, le papetier pour confectionner sa pate, etc. La médecine l'administre
journellement comme astringent contre les écoulemens blancs, les hémorrhagies, etc., et comme
léger caustique, pour détruire les chairs fongueuses
des plaies ; mais alors on le préfère *calciné*.

*Nota.* Nous ne terminerons pas cet article sans
dire que parmi les aluns naturels doit être rangé
ce que l'on appelle *beurre de montagne*, substance blanche, grise ou jaune, d'une cassure résinoïde et faiblement lamelleuse, translucide sur
ses bords, d'un aspect gras, que l'on trouve sous
forme de petites concrétions parmi les roches alunifères, dans la Baltique, l'Allemagne, la Sibérie, etc., et qui n'est autre chose que de l'alun
souillé d'un peu d'oxide de fer. (F. F.)

**ALUNITE.** (*Alumine sous-sulfatée, alcaline,
aluminite, pierre alumineuse de la Tolfa*, etc.)
(**min.**) C'est à M. Cordier qu'on doit la parfaite
connaissance de cette espèce minérale qui est une
substance pierreuse, insoluble, cristallisant en
rhomboëdre, ayant un vif éclat, rayant difficilement le verre, et dont la pesanteur spécifique est
de 2,69. Par une calcination modérée, elle donne
d'abord une odeur sulfureuse, puis une saveur
alumineuse. L'analyse faite par M. Cordier sur
l'Alunite cristallisé de Tolfa, a donné : acide sulfurique 35,49 ; Alumine 59,65 ; Potasse 10,02 ;
Eau 14,83.

Le gîte d'alunite le plus connu en Europe est
celui de Tolfa dans les Etats Romains. Cette substance, qui est une matière très-précieuse pour la
fabrication de l'alun, et dont on distingue six
espèces différentes (cristallisée, fibreuse, stratoïde,
compacte, caverneuse, terreuse) se trouve aussi :
1° au Mont-d'Or où elle a été découverte par
M. Cordier; 2° dans l'île de Milo en Morée où
M. Virlet dit qu'elle existe si abondamment qu'elle
constitue une partie du sol. Enfin l'Alunite se
trouve sur presque tous les points où l'action des
volcans a laissé ses traces, et en particulier dans
les terrains trachytiques, comme en Hongrie, etc.
(D'Or.)

**ALURNE,** *Alurnus.* (**ins.**) Genre de l'ordre des
Coléoptères, section des Tétramères, famille des
Cycliques, tribu des Cassidaires.

Ce genre ne diffère des Hispes proprement dits
que par l'extrémité de ses mandibules, qui est terminée par une seule dent forte et pointue, et en
offre une plus petite au côté interne ; la tête est entièrement découverte, les antennes insérées très-
près l'une de l'autre sont filiformes et dirigées en
avant.

Ces insectes, presque tous de l'Amérique méridionale, sont d'assez grande taille, quelques-uns
atteignent plus d'un pouce de long, mais le nombre
en est assez limité. Nous citerons comme type du
genre l'A. **bordé**, *A. Marginatus*, Lat. Rég. animal,
pl. 13, fig. 5. Long de plus d'un pouce et demi, corps,
tête, bords latéraux du corselet, pourtour de chaque élytre, rouge de sang, antennes, corselet, écusson, élytre, genoux, tibias et tarses, noirs : Brésil.

M. Guérin en a représenté une autre espèce fort
belle, dans son *Iconographie du Règne Animal*
(ins., pl. 48, f. 1). C'est l'*A. Corallinus*, décrit sous
ce nom dans le *Zoological journal*, et que tous les
collecteurs de la capitale étiquettent sous des noms
divers, pris dans les collections d'amateurs. Il vient
de l'intérieur du Brésil. (A.P.)

**ALUTÈRE,** *Aluterus.* (**poiss.**) Nom d'un genre
de poissons de la famille des Sclérodermes, qui se
distingue de suite des *Balistes* et des *Monacan-
thes* par le caractère particulier de n'avoir point
une saillie épineuse formée par les os du bassin,
lequel reste entièrement caché sous la peau.

Les *Alutères* présentent aussi une forme proportionnellement plus allongée, et leur tête est
fortement aplatie sur ses côtés. Un seul rayon
épineux, souvent assez long, compose leur première dorsale.

La peau de ces poissons est rugueuse au toucher,
ce qui tient au nombre infini de petits grains
pointus et extrêmement serrés dont elle est couverte et qu'on n'aperçoit bien qu'avec le secours
de la loupe.

Six espèces se rapportent à ce genre; l'une
d'elles, l'*Alutère monoceros*, est très-bien représentée dans le voyage à la Caroline par Catesby,
planche 19.

Elle atteint jusqu'à trois pieds de longueur ; le
fond de sa couleur brune olivâtre est parcouru par
des raies d'un beau bleu, entre lesquelles se
voient des taches rondes et noires. Cet Alutère se
nourrit de mollusques et de coraux qu'il brise à
l'aide de ses larges et fortes dents. Les autres espèces vivent dans la mer des Indes. (G.B.)

**ALVÉOLE.** (**anat.**) On donne le nom d'alvéoles
aux cavités pratiquées sur le bord libre des deux
mâchoires, et destinées à loger les racines des dents.
Il y a ordinairement chez l'homme adulte seize
alvéoles à chaque mâchoire ; elles sont plus ou
moins profondes, subdivisées par des cloisons particulières, et d'une forme variable, suivant les
différentes espèces de dents qu'elles doivent loger.
Les alvéoles sont simples, coniques pour les dents
incisives et canines; presque toujours uniloculaires pour les petites molaires ; carrés et multiloculaires pour les dents grosses molaires. En dehors,
le bord où sont pratiquées les alvéoles, présente
des bosselures et des enfoncemens, qui correspondent à ces cavités et à leurs cloisons : toutes
ces cavités sont percées, à leur fond, de petites
ouvertures pour le passage des vaisseaux et des
nerfs qui vont se distribuer aux dents. M. S. A.

On a aussi appelé alvéoles les cellules que les
guêpes et les abeilles construisent pour élever leurs

larves et renfermer leurs provisions. *V.* Abeilles et Guêpes.          (Guér.)

ALVÉOLITE, *Alveolites.* (zooph. polyp.) Ce genre a été établi par M. de Lamarck, sur des polypiers pour la plupart fossiles, dont les animaux sont contenus dans des cellules assez courtes, alvéoliformes, à parois très-minces, qui forment, réunies entre elles, un polypier branchu.

On connaît seize espèces de ce genre; elles ont été décrites par M. de Lamarck et par Goldfus; deux seulement sont vivantes, l'une d'elles a été découverte à Nice par M. Risso et nommée Alvéolite celluleuse, *Alveolites cellulosa.* Les quatorze autres sont fossiles. M. Goldfus, réunissant ce genre avec les Favosites, leur a donné le nom de *Calamopora.*          (L. R.)

ALVIN. (poiss.) On désigne ainsi les jeunes poissons qu'on emploie pour peupler les étangs d'eau douce : l'introduction de ce jeune frai est appelée Alvinage          (Guér.)

ALYSIE, *Alysia.* (ins.) Genre de l'ordre des Hyménoptères, famille des Pupivores, tribu des Ichneumonides.

Caractères : mandibules en carré irrégulier ; tridentées, une dent au milieu et les deux autres formées par la saillie des angles du bord terminal; tête plus large que le corselet; palpes maxillaires de six articles, les labiaux de quatre; antennes allongées presque grenues ; tarière saillante.

A. mangeur, *A. manducator.* Fab. Panzer. Faun. ins. Germ., fasc. 72, tab. 4. Noir avec les pieds fauves; antennes un peu velues ; on le trouve aux environs de Paris; suivant Latreille, la femelle dépose ses œufs sur les excrémens humains. (A.P.)

ALYSON, *Alyson.* (ins.) Genre de l'ordre des Hyménoptères, famille des Fouisseurs, ayant pour caractères : pas de rétrécissement à la base de l'abdomen : trois cellules cubitales complètes aux ailes, la seconde pétiolée et recevant les deux nervures récurrentes; pelote du bout du tarse petite ; mandibules larges et tridentées, au moins dans les femelles.

On trouve ces insectes sur les fleurs et les feuilles, on ne connait pas leur manière de vivre.          (A.P.)

ALYSSE, *Alyssum.* (bot. phan.) Plantes de la famille des Crucifères, remarquables par leurs fleurs nombreuses, d'un beau jaune d'or, d'un aspect très-agréable, qui fleurissent au printemps et durent presque tout l'été; aussi les cultive-t-on dans les parterres. Deux espèces sont principalement recherchées, l'Alysse jaune, *A. saxatile,* originaire de l'île de Candie, et l'Alysse sinuée, *A. sinuatum,* que nous devons à l'Espagne. Il en est une troisième que l'on trouve spontanée dans les Pyrénées, c'est l'*A. Pyrenaïcum.* Ce charmant arbrisseau donne des buissons du plus bel aspect; il est garni de feuilles disposées en paquets au sommet des tiges, toutes parsemées de points brillans, argentés. Ses fleurs sont petites, blanches, réunies, au nombre de vingt à vingt-cinq, en corymbe, et durent fort long-temps. On le néglige trop, il mériterait, autant que ses congénères, de figurer dans nos massifs et nos plates-bandes. Il

vient partout et se reproduit aisément. (A.T.D.B.)

AMADOUVIER. (bot. crypt.) Espèce du genre Bolet, avec laquelle on fait l'amadou. (*V.* Bolet et Amadou.)          (Guér.)

AMADOU. ( bot. crypt. ) Substance spongieuse fournie par le bolet amadouvier, et préparée pour servir dans l'économie domestique et dans l'art de guérir. Quand il s'agit d'arrêter les hémorrhagies extérieures on lui préfère l'agaric du chêne. On recueille l'amadou sur les chênes, les hêtres, les frênes, les poiriers, les pommiers, etc. ; on le choisit lorsqu'il a de six à douze ans, il est alors plus avantageux et plus susceptible de recevoir la préparation qu'on lui fait subir. Cette préparation consiste à le diviser par tranches minces, à le battre à diverses reprises, puis à le faire bouillir dans une eau de lessive nitrée, ou bien seulement à le tremper dans une dissolution de nitrate de potasse, ou plus simplement encore, à le rouler sur un lit de poudre à tirer écrasée.          (A. T. d. B.)

AMALGAME. (min.) Ce nom a été donné à l'alliage résultant de la combinaison du mercure avec d'autres métaux. Les amalgames sont fréquemment employés dans les arts; ainsi, par exemple, c'est un amalgame d'or ou d'argent qu'on applique sur les métaux qu'on veut dorer ou argenter; c'est un amalgame de mercure et d'étain qui sert à étamer les glaces, etc.

La combinaison *naturelle* du mercure avec l'argent, forme une espèce minérale qu'on a aussi nommée amalgame, et qui constitue à elle seule le genre Hydrargure de M. Beudant. (*V.* Hydrargure.)          (d'Or.)

* AMALLOPODE. *Amallopodes.* (ins.) Genre de l'ordre des Coléoptères, famille des Longicornes, tribu des Prioniens, établi par M. Lequien fils, dans notre *Magasin de Zoologie.* Le caractère le plus important de ce genre, est d'avoir les tarses composés d'articles cylindriques et dépourvus de brosses en dessous, ce qui le distingue de tous les autres genres de Longicornes. La seule espèce connue vient du Chili, elle a été rapportée par MM. Gay et Gaudichaud. C'est l'*Amallopodes scabrosus,* figuré dans notre Magasin, classe IX, pl. 74. Cet insecte est long de près de deux pouces et demi, d'une couleur marron. Son corselet est remarquable par deux fortes épines recourbées en arrière et placées aux angles antérieurs. Les élytres sont chagrinées, elles ont chacune quatre lignes peu élevées. Les jambes sont munies intérieurement d'une double rangée d'épines. (Guér.)

AMALOUASSE. (ois.) C'est le nom vulgaire de la Pie grièche grise, *Lanius excubitor,* Linn. (*V.* Pie grièche.)

Amalouasse gabe, est le nom du Gros-Bec dans quelques provinces de France.          (Guér.)

AMAMOU ou AMAMOUR. (bot. phan.) Les jardiniers connaissent sous ce nom vulgaire une jolie espèce de Morelle qui se couvre de petits fruits rouges; c'est le *Solanum pseudocapricum.* (*V.* Morelle.)          (Guér.)

AMANDE. (bot. phan.) D'abord limité au fruit

de l'Amandier (*v.* ce mot), le mot Amande s'est vulgairement étendu au corps renfermé dans la coque osseuse ou noyau de certains fruits. Scientifiquement pris, son acception est devenue plus exacte. L'enveloppe extérieure de la graine est appelée *tunique séminale* (*v.* ce mot), tandis que la substance généralement blanche, homogène, qu'elle recouvre, prend le nom d'*Amande*. Elle présente deux parties très-distinctes : l'*Embryon*, partie essentielle de la reproduction, et le *Périsperme* qui sert à le nourrir (*v.* ces mots). On retire d'un grand nombre d'amandes une huile ordinairement blanche; plusieurs, surtout celles qui sont amères, contiennent de l'acide hydrocyanique (*V.* Acide). Quand le périsperme manque, ce qui arrive souvent, l'embryon constitue seul l'amande.

Amande-aveline. On donne quelquefois ce nom au fruit de l'abricotier hollandais.

Amande de terre. Nom vulgaire des graines de l'Arachide et des tubercules du Souchet (*v.* ces mots), que l'on mange dans les régions méditerranéennes.

Amande-verte. Dans les départemens du Var et des Bouches-du-Rhône, on connaît sous ce nom deux variétés d'Amandier, l'une, dite *Grosse-Verte*, qui fleurit environ quinze jours après les espèces ordinaires; l'autre, *Petite-Verte*, qui tarde quinze jours de plus. L'amande de la première variété est très-recherchée, tandis que celle de la seconde a des qualités fort inférieures.

(A. T. D. B.)

On a donné aussi le nom d'Amande, avec diverses épithètes, à plusieurs espèces de coquilles; ainsi, l'Amande ou Came feuille est la *Vénus pectinata*, Linn. (*V.* Vénus); l'Amande a cils est l'*Arca lacerata*, Linn. (*V.* Arche); l'Amande notie est l'*Arca fusca* de Bruguière; enfin Plancus a nommé Amande de mer l'animal de la *Bulla aperta* (*V.* Bullée.) (Guér.)

AMANDIER, *Amygdalus.* (bot. phan.) Genre appartenant à l'Icosandrie Monogynie de Linné, et aux Amygdalées ou Drupacées, l'une des tribus dans lesquelles a été divisée l'immense famille des Rosacées de Jussieu. A ce genre se rapportent des arbres et des arbrisseaux qui ont les feuilles étroites, lancéolées, accompagnées de deux stipules subulées, dont les fleurs s'épanouissent aux premières influences du printemps, et paraissent avant les feuilles. Le calice est campanulé, à cinq lobes obtus ; la corolle se compose de cinq pétales égaux, au milieu desquels on voit une trentaine d'étamines. Le fruit est une drupe charnue, globuleuse ou allongée, marquée d'un sillon longitudinal et renfermant un noyau dont la surface est creusée de sillons irréguliers et profonds. C'est ce noyau rugueux et sillonné qui distingue l'Amandier de l'Abricotier. Dans le genre Amygdalus se rangent deux espèces principales bien connues.

1° L'A. commun, *Amygdalus communis.* L. Originaire du midi de l'Europe, suivant les uns, de l'Afrique septentrionale, suivant d'autres, de l'Asie, suivant d'autres encore. Il parvient quelquefois à 25 ou 30 pieds de hauteur. Les fleurs de cet Amandier s'épanouissent, à Paris, à la fin de février ou au commencement de mars. Sous le beau ciel de l'Italie, au témoignage de Pline même, elles s'empressent d'ouvrir leur blanche corolle aux rayons du soleil du premier mois de l'année. Partout elles sont les premières à éclore ; mais ces aimables messagères du printemps ressemblent trop souvent à ce fameux coureur de l'antiquité, qui tomba mort immédiatement après avoir annoncé à ses concitoyens une heureuse nouvelle. Des gelées surviennent qui détruisent ces jolies fleurs trop hâtives. Ce sont ses fleurs qui font de l'Amandier l'emblème de la diligence.

Les fruits de l'Amandier sont ovoïdes, allongés, un peu comprimés, tomenteux et verts; la chair en est coriace et peu épaisse.

On distingue dans cette espèce deux variétés principales : l'*Amandier à amandes douces* et l'*Amandier à amandes amères*.

La première variété se subdivise en deux sous-variétés, suivant que la coque osseuse qui renferme l'amande est très-épaisse et très-dure, ou qu'elle est mince, tendre, et se casse aisément.

Les amandes douces ont un goût fort agréable, surtout lorsqu'elles sont vertes et fraîches. Quand elles sont sèches, elles sont difficiles à digérer. La médecine fait usage de l'émulsion et de l'huile d'amandes douces, et tout le monde connaît cette boisson rafraîchissante due aux amandes douces, et à laquelle on donne le nom d'*orgeat*.

Les amandes douces entrent aussi dans la composition des dragées et de certains gâteaux. L'eau distillée d'amandes amères est mortelle pour les chiens, les chats, les renards, les pigeons, les perroquets; mais elle ne fait aucun mal à l'homme.

Le bois d'Amandier est fort dur, et quelquefois agréablement coloré; aussi est-il souvent employé par les tourneurs.

2° L'Amandier pêcher, *Amygdalus-Persica.* Originaire de Perse et naturalisé en Europe. Il ressemble à peu près au précédent; mais il en diffère par son fruit globuleux, qui flatte tous les sens à la fois : son parfum suave le décèle, ses fraîches couleurs offrent presque toutes les nuances du blanc, du rouge, du jaune et du violet. Son léger duvet le rend si doux à la main qui le cueille, sa chair, souvent aussi colorée que sa peau, est si savoureuse !

Cet arbre est cultivé avec soin dans nos jardins; il fleurit en mars et en avril. Il offre un grand nombre de variétés, relatives à la grosseur, à la forme, à la saveur de son fruit. On peut les ranger dans quatre sections principales : la première renfermera les pêchers dont les fruits ont la peau velue, la chair fondante, se détachant facilement du noyau; telles que la grosse mignonne, la pêche de Malte, la belle de Vitry, l'Alberge jaune, le téton de Vénus, etc. ; la seconde section comprendra les pêchers dont les fruits ont la peau velue, la chair adhérente au noyau. On désigne, en général, les variétés de cette section sous le nom de *Pavies.* Ce sont les Persecs du midi de la

France. La troisième section embrassera tous les pêchers dont les fruits ont la peau lisse et sont peu adhérens au noyau; dans la quatrième section enfin, se rangeront les pêchers dont les fruits ont la peau lisse, mais la chair fortement adhérente au noyau : on les connaît sous le nom de *Brugnons*.

Le pêcher se cultive de deux manières, ou en plein vent ou en espalier. Cette dernière méthode est plus généralement employée. On en plante les noyaux dans l'année, ou on le greffe sur de jeunes Amandiers. On peut encore le greffer en écusson, sur des pruniers de Damas noirs.

Les feuilles du pêcher sont purgatives, surtout lorsqu'on les cueille dans le premier printemps. Avec les fleurs on fait un sirop indiqué contre la bile et les sérosités. L'eau de noyaux de pêches, distillée avec l'eau commune, est stomachique, carminative et fort agréable. En y joignant des amandes douces, du sucre, de la cannelle et des jaunes d'œufs, on a un bouillon excellent pour rétablir les malades convalescens. Les noyaux de pêches font aussi la base d'un excellent ratafia. La gomme des pêchers est astringente, et sa viscosité adoucit les tranchées de la dyssenterie; mais il est d'usage de ne la donner que dans une décoction vulnéraire.

Dans une bonne terre, le pêcher peut occuper 3o pieds d'espalier.

Le mot *Amygdalus* vient, selon Vossius, du grec et signifie *stries*, à cause du noyau.

Les voyageurs ont donné le nom d'*Amandier des bois* à l'*Hypocratea Camesafu* de Saint-Domingue; celui d'*Amandier de Buonavista* au *Pourouma d'Aublet* (Pérou); celui d'*Amandier des Indes* au *Terminalia-Catalpa* de Linné. (C. É.)

AMANITE, *Amanita*, Persoon. (bot. crypt.) Le genre *Amanite*, de la famille des Champignons, diffère du genre *Agaric* par une bourse ou *volva* qui enveloppe plus ou moins le champignon dans sa jeunesse, et par son pédicule presque toujours bulbeux à sa base; mais il lui ressemble par le chapeau qui est distinct et soutenu par un pédicule central : celui-ci est garni en dessous de feuillets inégaux qui supportent de petites capsules renfermant six à huit graines ou sporules.

Parmi les espèces de ce genre, qui croissent presque toutes sur le sol, dans les bois, nous décrirons les suivantes :

1° Amanite Oronge, *Amanita Aurantiaca*, Persoon, désignée ordinairement sous les noms de : *Oronge vraie, Jaserand, Dorade, Jaune d'Œuf, Cadran*, etc., représenté dans notre planche 13, figure 2.

*Caractères* : forme et apparence d'abord analogues à celles d'un œuf, volva blanc, recouvrant la totalité de l'Oronge, puis se divisant en lobes pour laisser sortir le champignon. Champignon, d'un rouge orange fort éclatant et uni; pédicule plein, cylindrique, jaune, avec un collet membraneux et pendant; chapeau convexe, large de quatre à cinq pouces, glabre, lisse, strié et souvent incisé sur son bord; lames jaunes, épaisses et inégales; saveur délicieuse.

Cette espèce, dont on fait une grande consommation, qui croît dans les bois et surtout dans le midi de la France, et que l'on trouve en automne aux environs de Paris, ne doit pas être confondue avec la suivante, qui est un poison extrêmement actif.

2° Amanite fausse Oronge, *Amanita Muscaria*, Persoon. Vulgairement, *Fausse Oronge, Agaric aux Mouches, Agaric Moucheté. Caractères* : port et couleurs analogues à l'Oronge vraie; volva ne recouvrant pas la totalité du chapeau (c'est le contraire dans la précédente); chapeau, après son entier développement, tacheté de plaques jaunâtres, irrégulières, appelées *verrues*; pédicule blanc et non jaune comme dans l'Oronge vraie; lames blanches également : dans l'autre elles sont jaunes; odeur nauséeuse, saveur brûlante.

Cette espèce, très-dangereuse, se rencontre malheureusement en très-grande quantité dans nos bois pendant l'automne. Nous l'avons fait représenter dans notre pl. 13, fig. 3.

3° Amanite vénéneuse, *Amanita venenosa*, Persoon. Persoon et Bulliard désignent ainsi plusieurs espèces de champignons appelés par les auteurs, *Agaric Bulbeux*, *printannier*, etc. Cette espèce comprend trois variétés.

1° L'*Amanite bulbeuse blanche* ou *Oronge ciguë blanche* de Paulet, qui est blanche dans toutes ses parties; 2° l'*Amanite sulfurine* ou *Oronge ciguë jaunâtre* de Paulet, dont le chapeau, tacheté de verrues brunes, est, ainsi que l'anneau, d'un jaune citron, dont le pédicule a trois à quatre pouces de longueur, et que l'on trouve dans les bois sombres et humides; 3° l'*Amanite verdâtre* ou *Oronge ciguë verte* de Paulet. Les caractères de cette variété sont les suivans : chapeau lisse et sans verrue, d'un vert plus ou moins foncé; grandeur plus forte que dans les deux autres; saveur et odeur également plus nauséabondes et plus prononcées. Elle croît en automne dans les bois ombragés.

L'Amanite vénéneuse et ses variétés sont des poisons extrêmement dangereux, et leur ressemblance avec le Champignon de couche donne lieu à de fréquens accidens. On évitera facilement ces derniers si on se rappelle que le Champignon de couche n'a ni bulbe ni volva à la base de son pédicule, que ses lames sont toujours roussâtres, et qu'enfin son chapeau n'est jamais tacheté de verrues.

4° Amanite à tête lisse, *Amanita leucocephala*, Persoon. *Caractères* : couleur générale entièrement blanche, même dans un âge avancé; odeur agréable, chair ferme, surface sèche et chagrinée; pédicule épais vers sa base, chapeau de sept à huit pouces de diamètre; feuillets nombreux, non adhérens au pédicule; pédicule dépourvu de collier (dans l'espèce précédente et qui est vénéneuse, avec laquelle on pourrait la confondre, le pédicule a un collier); volva d'une grandeur prononcée.

L'Amanite à tête lisse est comestible; on la trouve sur les marchés de Montpellier.

*Nota.* Il existe encore quelques espèces ou va-

riétés de l'Amanite vénéneuse qui sont peu connues et très-délétères : ces variétés sont : 1° L'*O-
ronge vraie de Malte*, dont le chapeau se fend
en plusieurs lobes rayonnans ; 2° l'*Oronge souris*;
3° l'*Oronge paucière de Picardie*; 4° l'*Oronge
dartreuse* ; 5° l'*Oronge blanche* ou *citronée* ;
6° l'*Oronge à pointes de trois quarts*; 7° enfin
l'*Oronge à râpe*.        (F.F.)

AMANSIE, *Amansia*. (ʙᴏᴛ. ᴄʀʏᴘᴛ.) Genre
d'hydrophytes établi par M. Lamouroux et remarquable par une organisation facile à observer
à la simple loupe; cette organisation, dit Lamouroux, présente un réseau à mailles hexagones,
régulières et allongées, avec les sommets aigus ;
la fructification n'est pas encore bien connue et
paraît différer dans les espèces que nous possédons ; de sorte que, par la suite, ces plantes
pourront former une famille particulière composée
de plusieurs genres établis d'après la fructification,
mais ayant toutes la même organisation. Les Aman-
sies sont des plantes marines d'un vert rougeâtre
ou d'une couleur olive; elles n'atteignent jamais
plus de six pouces. On en connaît six espèces,
toutes propres aux mers d'Amérique; elles ont été
décrites par M. Lamouroux dans le nouveau Bulletin de la Société philomatique, année 1829.
       (Guér.)

AMARANTHACÉES, *Amaranthaceæ*. ( ʙᴏᴛ.
ᴘʜᴀɴ.) Famille de plantes dicotylédones, apétales,
ou monopérianthées, à étamines hypogynes. Elle
comprend des plantes herbacées ou sousfrutes-
centes, à feuilles alternes ou opposées, à fleurs
petites, souvent hermaphrodites, quelquefois
unisexuées, en épis, en panicules ou en capitules
terminaux. Ces fleurs ont un calice monosépale,
profondément divisé en quatre ou cinq lobes,
persistant après la fécondation; des étamines,
dont le nombre varie de trois à cinq, qui sont
hypogynes, et dont les filets sont tantôt libres et
distincts, tantôt soudés et monadelphes. Quelquefois on remarque, outre les étamines, de petites
écailles alternes qui ressemblent à des filets sans
anthères. L'ovaire est libre, le plus souvent uniloculaire, uniovulé, et quelquefois pluriovulé, mais
plus rarement biloculaire. Le fruit est une petite
capsule ou pyxide s'ouvrant transversalement ou
restant indéhiscente ; fort rarement une baie.
L'embryon est recourbé autour d'un endosperme
farineux.

Cette famille se divise en deux sections, dont la
première renferme les genres qui ont les feuilles
alternes, et la seconde, les genres qui les ont opposées.

Dans la première proprement dite se rangent les
genres suivans: *Amaranthus*, L.; *Trichinium*, R.
Brown; *Ptilotus*, R. Brown; *Celosia*, L.; *Deeringia*, R. Br.; *Lestibudosia*, Petit-Thouars; *Chamissoa*, Kunth.

A la deuxième section se rapportent les genres
ci-après :

*Iresim*, L.; *Achyrantha*, L.; *Nyssanthers*,
R. Br.; *Alternanthera*, Forskal; *Desmacheta*,
D. C.; *Gomphrena*, L.; *Philoxorus*, R. B. (G.ʟ.)

AMARANTHE, *Amaranthus*. (ʙᴏᴛ. ᴘʜᴀɴ.) Ce
genre de plantes est le type de la famille des Amaranthacées de Jussieu; il appartient à la Monœcie
Pentandrie de Linné. Les fleurs de l'Amaranthe
sont unisexuées, monoïques. Les fleurs mâles ont
un périanthe à trois, quatre ou cinq étamines,
dont les filamens sont libres. Les fleurs femelles,
mêlées avec les mâles, ont un périanthe pareil et
un style tripartite. Ordinairement le fruit est une
capsule monosperme qui s'ouvre circulairement,
et quelquefois est indéhiscente; la graine est dressée.

Les Amaranthes sont des plantes herbacées, ordinairement annuelles, dont les fleurs sont en épis
composés ou en grappes au sommet des rameaux.
Les espèces, qui sont assez nombreuses, sont dispersées dans toutes les contrées du globe, particulièrement dans les régions chaudes de l'Asie. Elles
sont cultivées dans les jardins d'ornement, à
cause de la couleur de leurs fleurs et même de
leurs feuilles. On distingue surtout :

1° L'Amaranthe à fleurs en queue, Discipline
de religieuse, Queue de renard, *Amaranthus
caudatus*, L., de l'Inde. Sa tige est de 2 à 3 pieds;
ses feuilles sont ovales, oblongues, rougeâtres.
Elle fleurit de juin à septembre. Ses fleurs sont
en longues grappes, pendantes et cramoisies. Elle
se sème d'elle-même et vient partout.

2° L'Amaranthe tricolore, *Amaranthus tricolor*, L., de l'Inde. Cette espèce est remarquable
par ses grandes feuilles tachées de jaune, de vert
et de rouge. Elle fleurit de juin à septembre; ses
fleurs sont vertes et latérales.

3° L'Amaranthe gigantesque, *Amaranthus
speciosus*, Ker., du Nepaul. Sa tige est droite,
rameuse, pyramidale, haute de 5 pieds. Ses fleurs
sont d'un pourpre cramoisi, agglomérées le long
des rameaux.

4° L'Amaranthe blette, *Amaranthus blitum*,
L. Sa tige est rameuse, couchée à la base, diffuse;
ses feuilles sont pétiolées, ovales, échancrées au
sommet; ses fleurs sont triandres, trifides, les
axillaires en glomérules, les terminales en épis
courts. Cette espèce offre une variété, *Amaranthus blitum ascendens*, qui est plus grande dans
toutes ses parties. Cette espèce est comestible.

Quelque beauté que déploient certaines Amaranthes, c'est une beauté sombre et sévère,
comme celle de la pourpre des rois, sous laquelle
se cachent tant de soucis amers ; aussi les anciens
l'avaient-ils consacrée aux morts : ils la portaient
en signe de deuil, et la plantaient autour des
tombeaux.

La reine Christine de Suède institua, en 1655,
l'ordre de chevalerie de l'*Amaranthe*. La médaille
de cet ordre portait en émail une fleur d'Amaranthe, avec cette devise : *dolce nella memoria*.

Ce mot *Amaranthe* vient du grec, et signifie *qui
ne se flétrit point*. La fleur de l'Amaranthe était
le symbole de l'immortalité. Les magiciens attribuaient de grandes propriétés aux couronnes faites
de cette fleur, entre autres, la vertu de concilier
à ceux qui en portaient la faveur et la gloire. Dans
une ode adressée à Henri IV, Malherbe dit :

Ta louange, dans mes vers,
D'*amaranthe* couronnée,
N'aura sa fin terminée
Qu'en celle de l'univers.

L'*Amaranthus* de Théophraste et de Pline est, suivant M. Fée, le *Celosia cristata*, plante originaire d'Asie, mais cultivée dans les jardins d'Italie, long-temps avant Virgile. *Voyez* CÉLOSIE A CRÊTE.
(C.É.)

AMARANTHE DE MER. (ZOOPH. POLYP.) On donne ce nom au *Madrepora areola* de Linné, qui appartient au genre Méandrine de Lamarck et aux Actinies. (GUÉR.)

AMARANTINE, *Gomphrena*, Linn. (BOT. PHAN.) Genre de plantes de la famille des Amaranthacées, dont on connaît une douzaine d'espèces, toutes originaires des régions intertropicales de l'un et de l'autre hémisphère; toutes sont herbacées, une seule exceptée, qui prend rang parmi les sous-arbrisseaux. L'A. GLOBULEUSE, *G. globosa*, que l'on cultive dans les jardins d'agrément, est une fort jolie plante annuelle, venue des Antilles en 1769; elle monte à soixante-dix centimètres, forme des touffes d'un vert foncé que rendent pittoresques, depuis le mois de juillet jusqu'à la fin de l'automne, les globules de fleurs violettes et d'un très-beau rouge qui sont placés à l'aisselle des feuilles et qui couronnent sa tige et ses rameaux nombreux. On en possède une variété à fleurs blanches peu recherchée, et une autre panachée, qui l'est davantage. L'A. ARBRISSEAU, *G. arborescens*, est originaire de la Nouvelle-Grenade; ses fleurs pourpres, d'abord petites, s'allongent en vieillissant; elles sont disposées en grappes terminales. On la tient à l'air pendant l'été. Les feuilles qui garnissent sa tige ligneuse sont ovales, tandis que dans la première espèce elles sont lancéolées. Comme les fleurs de l'immortelle (*V.* GNAPHALE), les têtes globuleuses, sèches et brillantes des Amarantines peuvent se conserver plusieurs années, quand on a le soin de les sécher à la chaleur d'un four. (A. T. D. B.)

AMARE, *Amara*. (INS.) Bonelli a établi ce genre dans la tribu des Carabiques, de l'ordre des Coléoptères; il a été d'abord adopté par quelques entomologistes; mais on l'a réuni dans ces derniers temps au grand genre des Féronies. Ce sont de petits insectes de couleur noire, quelquefois métallique peu brillante, qui vivent à terre et sous les pierres; plusieurs espèces se trouvent aux environs de Paris. (*V.* FÉRONIE.) (GUÉR.)

AMAREL. (BOT. PHAN.) On donne ce nom, dans le midi de la France, au *Prunus mahaleb*. (*V.* PRUNIER.) (GUÉR.)

AMARINE ou AMARINO. (BOT. PHAN.) On donne ce nom dans quelques provinces méridionales au Saule-Osier. (*V.* SAULE.) (GUÉR.)

AMAROU ou AMAROUN. (BOT. PHAN.) On désigne ainsi, dans nos provinces méridionales, plusieurs plantes qui croissent dans les champs de blé, et dont les semences communiquent un goût amer à la farine des céréales dans lesquelles elles se trouvent mêlées. Ces plantes sont connues des botanistes sous les noms de *Lathyrus aphaca*, *Ornithopus scorpioïdes* et *Agrostemma githago*. (*V.* GESSE, ORNITHOPE et AGROSTEMME.)
(GUÉR.)

AMARYLLIDÉES, *Amaryllideæ*. (BOT. PHAN.) C'est Robert Brown qui a formé cette famille, où il a réuni tous les genres de la famille des Narcisses de Jussieu, qui ont l'ovaire infère. Les caractères auxquels on reconnaît les plantes de la famille des Amaryllidées, sont les suivans : calice monosépale, tubuleux, à six divisions, étamines au nombre de six, à filets libres ou soudés, ovaire infère, à trois loges polyspermes, style simple, stigmate trilobé. Le fruit est une capsule loculicide, trivalve, polysperme, ou une baie ne renfermant qu'une ou trois graines.

Les genres de cette nouvelle famille se rangent dans deux sections, suivant que la racine est *bulbifère* ou *fibreuse*.

La première section comprend les genres CRINUM, CALOSTEMME, PANCRATIE, AMARYLLIS, NARCISSE, LEUCOIUM et GALANTHE.

La seconde est composée seulement des genres ALSTROEMÉRIE et DORYANTHE (*v.* ces mots).

Les fleurs des plantes de cette famille sont disposées en ombelle, ordinairement grandes et brillant d'un vif éclat. Elles font un des plus beaux ornemens de nos serres et de nos parterres.
(C. É.)

AMARYLLIS, *Amaryllis*. (BOT. PHAN.) Ce genre, qui appartient à l'Hexandrie Monogynie de Linné, est le type de la famille des Amaryllidées. Voici ses caractères : calice monosépale, infundibuliforme, coloré, dont le limbe ouvert est à six divisions souvent inégales; six étamines libres et déclinées vers la partie inférieure de la fleur; style terminé par un stigmate trifide, capsule triloculaire, polysperme. Toutes les plantes de ce genre ont la racine bulbifère, une hampe terminée par une ou plusieurs fleurs ordinairement fort grandes, qui sortent d'une spathe monophylle.

Ce genre comprend soixante-trois espèces bien connues, pour la plupart originaires de l'Inde, de l'Amérique méridionale, ou du cap de Bonne-Espérance. Plusieurs sont cultivées dans nos jardins d'agrément. De ce genre sont :

1° L'AMARYLLIS ou LIS DE GUERNESEY, *Amaryllis sarniensis*, du Japon, à feuilles planes, assez longues, à ombelle de 8 à 10 fleurs rouge cerise, à lobes ligulés, étalés, renversés au sommet, paraissant au soleil parsemées de points d'or. Cette plante s'est naturalisée dans l'île de Guernesey, à la suite du naufrage d'un vaisseau qui en contenait.

2° L'AMARYLLIS A FLEURS EN CROIX, Lis ou Croix de Saint-Jacques, *Amaryllis formosissima*. L., de l'Amérique australe; cette espèce a une hampe uniflore d'un pied de hauteur, une corolle bilabiée, penchée, d'un rouge pourpre foncé et velouté; des étamines inclinées. Les lobes figurent les épées rouges brodées sur les habits des chevaliers de Saint-Jacques de Calatrava. Ses feuilles sont planes, sublinéaires. Nous avons fait représenter cette belle espèce dans l'Atlas de ce Dictionnaire, pl. 13 , f. 4.

3° AMARYLLIS A FLEURS ROSES, Belladone d'automne , *Amaryllis Belladona* , de l'Amérique méridionale. Cette espèce se fait remarquer par ses feuilles en courroie, canaliculées, très-glabres , plus courtes que la hampe qui a de 18 à 24 pouces de hauteur ; par les huit ou douze grandes fleurs qui la terminent et qui sont penchées, campanulées , odorantes et d'une belle couleur rose. Les feuilles ne poussent que long-temps après que les fleurs sont passées.

4° AMARYLLIS DE LA REINE, ou du Mexique , *Amaryllis reginæ* , L. Cette espèce est originaire du Mexique ; elle se distingue par la couleur verdâtre de sa bulbe , par ses feuilles lancéolées , carénées, par sa hampe de 20 pouces , par ses fleurs campanulées , grandes , divergentes , à tube court, et à gorge velue , à divisions , d'un beau rouge ponceau ;

5° AMARYLLIS JAUNE, *Amaryllis lutea* , L. C'est la seule espèce qui soit originaire de l'Europe, où elle croît dans les contrées méridionales. Ses caractères sont les suivans : spathe uniflore ; corolle égale , campanulée , à tube presque nul , étamines droites , alternativement plus courtes , fleurs jaunes. Elle décore les rochers exposés au midi. On l'appelle vulgairement la *Vendangeuse* , parce qu'elle fleurit dans le temps des vendanges. (*V.* l'*Almanach du bon jardinier.*)     (C. É.)

* AMARYGME , *Amarygmus.* (INS.) Dalman a établi ce genre, dans les *Analecta entomologica*, avec quelques insectes Coléoptères de la section des Hétéromères, famille des Sténélytres, dont Fabricius avait placé plusieurs espèces dans les genres Hélops, Cnodalon et Chrysomèle ; Latreille a adopté ce genre dans la nouvelle édition du *Règne animal*, et il le place dans la tribu des Hélopiens, assez près des Hélops, dont il diffère par la forme du corps, celle des antennes, et par plusieurs autres caractères moins importans. Latreille rapporte à ce genre l'*Hélops ater* de Fabricius, qui se trouve aux environs de Paris. On en connaît plusieurs autres espèces, toutes propres aux Indes orientales et à l'Océanie ; nous avons fait connaître trois espèces nouvelles de cette dernière contrée, dans l'entomologie du voyage de la corvette *la Coquille.*

(GUÉR.)

AMAS. (GÉOL.) On désigne sous ce nom le gisement des matières minérales qui se trouvent intercalées en masses plus ou moins irrégulières dans les autres terrains ; ainsi, le fer oxidulé, le cuivre pyriteux forment un grand nombre d'amas dans les terrains anciens de la Scandinavie. Ce mode de gisement est assez fréquent lorsqu'on donne un peu d'extension à sa dénomination ; ainsi, des couches très-renflées dans leur centre , très-minces vers leurs extrémités, constitueront des amas. Les mêmes circonstances pourront se représenter dans les filons ; et les Allemands, qui ont été en quelque sorte les fondateurs de l'art des mines, ayant observé que les amas étaient presque toujours plus étendus dans un sens que

dans l'autre , distinguaient les amas verticaux et les amas horizontaux sous les dénominations de *stehende stock* (bloc ou amas debout), et de *liegende stock* (bloc ou amas couché). Il est rare en effet que les amas soient réellement des masses informes et irrégulières , et à mesure que les travaux souterrains permettent de mieux apprécier leur disposition, on reconnaît que cette disposition est presque toujours assujettie à des lois qui permettent de les rattacher à des formes déterminées , telles que les couches et les filons. Pour exemple on peut citer le massif de houille du Creusot, qui a long-temps été regardé comme un amas, et qui depuis a été reconnu comme n'étant autre chose qu'une couche très inclinée.

Les substances métallifères qui paraissent affecter le plus volontiers une véritable disposition en amas, sont le fer oxidulé et le cuivre pyriteux.

Les amas de fer oxidulé sont surtout remarquables par leur fréquence , et il semble même que cette forme soit la seule sous laquelle il se présente. Parmi les plus célèbres de ces amas figure d'abord celui de Cogne, au dessus du village de ce nom, dans la vallée d'Aoste. La montagne de Cogne, formée de schistes micacés et de calschistes, est traversée par un filon serpentineux qui a plus de cinquante mètres de puissance et que l'on peut suivre sur une grande longueur ; c'est dans cette serpentine que se trouve l'amas de fer oxidulé. Cet amas a environ trente mètres d'épaisseur, il est exploité à ciel ouvert, de sorte que , sa cassure étant brillante et métallique, on croirait se voir dans une mine de fer métallique. A Traverselle, en Piémont, un terrain formé de micaschistes est traversé par un gros filon de granite qui renferme également un amas de fer oxidulé. Cet amas est énorme ; car on l'a reconnu sur une longueur de cinq cents mètres, sa largeur étant de quatre cents et sa hauteur de trois cents ; mais le minerai y est très-mélangé de calcaire, de substances talqueuses, et de pyrites qui altèrent sa qualité. Néanmoins, les exploitations qui y sont ouvertes, alimentent un grand nombre de hauts-fourneaux. Il importe de rapprocher ces deux gisemens, parce que l'on voit que dans l'un et l'autre cas, le terrain schisteux sédimentaire a été traversé par des roches ignées, et que c'est dans ces roches ignées que se trouve le minerai.

Cette connexion entre les gisemens de fer oxidulé et les roches ignées, se représente dans les vastes et nombreux amas que renferment la Suède, la Norwége et la Laponie ; nous la retrouverons dans presque tous les gisemens métallifères. Les plus célèbres de ces amas de fer oxidulé de l'Europe septentrionale, sont ceux de Dannemora en Suède, dans la province d'Upland. Ils constituent trois masses distinctes, qui sont verticales, dirigées du Nord-Est au Sud-Ouest, et enclavées dans un terrain de gneiss traversé par des filons de granite et de roche pétrosiliceuse. Les exploitations y sont à ciel ouvert, disposées sur une longueur de plus de quatorze cents mètres. Chacune d'elles présente une tranchée verti-

cale de soixante mètres de largeur, sur une longueur beaucoup plus considérable, et d'une profondeur effrayante; les explosions de la poudre,
les chants des mineurs qui s'élèvent des entrailles
de la terre, semblent ajouter au grandiose de ces
excavations. On voit, d'après la disposition des
mines, que ces amas se rangent dans la catégorie
des stehende stock. Les mines de Dannemora,
celles de l'île d'Utoë, d'Aker en Sudermanie, de
Taberg dans la province de Smoland, de Gellivara en Laponie, fournissent la presque totalité
du fameux fer de Suède, si recherché dans le
commerce par sa ductilité, sa ténacité, et surtout
pour la fabrication des aciers.

Ces mines sont généralement en amas, et la
montagne de Taberg, dans la province de Smoland, est un amas qui, ayant opposé plus de résistance à la décomposition et à l'érosion qui ont
abaissé les terrains environnans, est resté en saillie
à la surface du sol. Ce mont Taberg a cent vingt-
cinq mètres de hauteur, et cinq ou six cents dans
sa plus grande longueur; il est composé d'une roche amphibolique chargée de fer oxidulé. Cette
roche est enclavée dans les gneiss; le fer oxidulé
dont elle est pénétrée s'isole en veines, en nodules.
En Laponie, ce sont aussi des roches amphiboliques qui contiennent le fer oxidulé, mais il s'y
isole en amas puissans; tels sont ceux de Gellivara,
de Kirnnavara, reconnus sur une épaisseur de plus
de deux cents mètres; ces roches amphiboliques
sont, ainsi qu'en Suède, enclavées dans le gneiss.

Quant aux amas de cuivre pyriteux, nous citerons ceux de Falhun en Dalécarlie, à 40 lieues
Nord-Ouest de Stockholm. Ce sont quatre amas irréguliers de pyrites; le principal a la forme d'un
demi-ellipsoïde placé verticalement; sa hauteur
atteint près de quatre cents mètres, et sa plus
grande coupe, qui est à la surface du sol, en a environ deux cent cinquante de diamètre. Cet amas,
composé en beaucoup de points de pyrite uniquement ferrugineuse, se charge vers sa circonférence
d'une proportion plus ou moins grande de pyrite
cuivreuse; il est enclavé dans des roches talqueuses
et amphiboliques qui elles-mêmes traversent un
terrain de micaschistes. Les travaux d'exploitation
furent commencés à ciel ouvert; mais en 1647
les parois s'éboulèrent, et l'exploitation fut continuée par puits et galeries dans la partie inférieure du
gîte, c'est-à-dire à quatre cents mètres au dessous
de la surface du sol : ces travaux sont très-vastes,
on y a établi des logemens, des écuries, des forges
pour la réparation des outils des mineurs. Les autres
amas sont également exploités; mais ces mines,
qui à l'époque de leur plus grande prospérité ont
fourni jusqu'à cinquante mille quintaux métriques
de cuivre par an, n'en fournissent plus maintenant
que cinq à six mille; comme elles renferment en
outre de la galène argentifère, et que les pyrites
sont quelquefois aurifères, il faut ajouter à ce
produit trois cents quintaux métriques de plomb,
cinquante marcs d'argent et trois ou quatre d'or.
Le minerai ne donne plus que deux à deux et demi
pour cent de cuivre, et les exploitations ne peu-

vent être lucratives qu'à la faveur du bon marché
de la main d'œuvre; en France, il y aurait certainement perte.

Outre les pyrites de fer et de cuivre, la blende,
la galène, le cinabre, constituent quelquefois des
amas. Les exploitations de mercure d'Idria, en
Carniole, portent sur un amas de cinquante
mètres de long, trois cents de large et cent cinquante d'épaisseur, composé d'un mélange de
schiste bitumineux et de cinabre, le tout enclavé
dans une montagne calcaire. Les célèbres mines
de Rammelsberg dans le Hartz portent sur une
couche très-inclinée qui se bifurque, et se renfle
dans une de ses branches jusqu'à former un amas
de trois cents mètres de profondeur et de vingt-
cinq d'épaisseur. Cet amas se compose d'un mélange de pyrites, de galène, de blende, de quartz,
de sulfate de baryte; il est renfermé dans un
schiste argileux. On en retire du plomb, du zinc
et de l'argent. (A.B.)

*AMATHIE, *Amathia.* (CRUST.) M. Roux a désigné sous ce nom un genre de crustacés décapodes
brachyures, de la tribu des Triangulaires, très-
voisin du genre Pise de Latreille, mais en différant par l'absence des poils terminés en massue
que l'on observe sur les antennes des Pises. Ce
genre n'est encore composé que d'une seule espèce
fort curieuse, décrite dans l'histoire naturelle des
crustacés de la Méditerranée par Roux. C'est l'A-
MATHIE DE RISSO, *Amathia Rissoana*, Roux, crust.,
pl. 3. Elle est longue d'un pouce et demi, avec
deux pointes en avant qui forment plus du tiers de
sa longueur. Toute la carapace est armée de longues pointes ou épines aiguës; ses pattes sont
grêles, sans épines. Elle est rare et se trouve sur
la côte de Provence, près de Marseille. (GUÉR.)

AMATHIE, *Amathia.* (ZOOP. POLYP.) Genre
établi par M. Lamouroux, pour un Polypier qu'il
a rangé dans l'ordre des Sertulariées, première
section des Polypiers flexibles, et que M. de Lamarck a nommé *Sérialaire.* (*Voyez* SÉRIALAIRE.)
 (L.R.)

AMAZONE. (Fleuve.) (GÉOGR.) Ce fleuve, qui
arrose l'Amérique méridionale dans toute sa largeur, est le plus grand de tous les fleuves du globe :
plusieurs rivières descendant des Andes du Pérou
concourent à le former, et c'est à la réunion du
*vieux Maranon*, ou *Ucayali*, avec le *nouveau
Maranon* ou *Tunguragua*, qu'il prend le nom
d'Amazone. Pendant long-temps on a pensé que
la branche principale de ce fleuve était le Tunguragua, dont la source se trouve dans les Andes du
Pérou : pour nous, dit un habile géographe de nos
jours, nous n'hésitons pas à regarder comme le
véritable *Maranon*, la branche appelée *Beni* ou
*Saro*, qui, après sa jonction avec l'*Apurimac*,
forme l'*Ucayali* ou ancien Maranon. C'est donc
alors dans les montagnes de la république de
Bolivia qu'il faudra placer la source de cet immense fleuve; et alors nous le verrons traverser
du Sud au Nord, cette république où il prend
naissance, puis les états Péruviens, entrer dans
la Colombie pour en ressortir bientôt; et après
 s'être

s'être joint au Nouveau-Maranon, rouler majestueusement ses eaux de l'ouest à l'est dans cette partie du Brésil, nommée province du Para, jusqu'à son embouchure dans l'océan Atlantique, où il forme une île assez considérable, l'île Marajo.

Nous citerons ici ses affluens, qui sont euxmêmes d'une haute importance, puisque plusieurs d'entre eux peuvent entrer en comparaison avec les plus grands fleuves du globe. L'Amazone reçoit à sa droite le *Javary*, qui sépare le Pérou et le Brésil; le *Jutay*, le *Jurua*, le *Téfé* : toutes ces rivières descendent du Pérou, et arrosent des solitudes encore peu connues; le *Madeira* qui arrose une partie de la république de Bolivia et du Pérou; enfin le *Topayos*, qui dans la partie supérieure de son cours, porte le nom de *Jurena*, et traverse les provinces de Matto-Grosso et du Para.

A sa gauche l'Amazone reçoit les eaux de l'*Iça* et du *Gapura*, rivières de la Colombie; du *Rio-Negro*, qui communique à la fois avec l'*Orénoque*, par le *Cassiquiare*, et avec l'Amazone; singulier phénomène, unique dans toute l'hydrographie du globe; enfin du *Rio-Trombetas*, et de l'*Anaurapara*, dernières rivières qui viennent y décharger leurs eaux. L'Amazone, dont le courant est extrêmement rapide, est peuplé de nombreux crocodiles et de beaucoup de tortues : son cours présente une longueur de 1100 lieues environ, et sa largeur, d'une lieue lorsqu'il commence à porter le nom d'Amazone, est, à la plus grande extension de son embouchure, de cinquante-quatre lieues. Il donnait autrefois son nom à une partie des contrées qu'il traverse; aujourd'hui ces contrées forment diverses provinces de l'empire du Brésil. ( C. J. )

AMAZONE. (ois.) Buffon a donné ce nom aux espèces de perroquets à plumage vert dont le fouet de l'aile est coloré de rouge ou de jaune. Elles viennent toutes d'Amérique, et se distinguent par l'éclat et la vivacité des couleurs.

On donne aussi ce nom à une espèce de Bruant (*Emberiza amazona*, Lin.) ( D. y. r. )

AMAZONITE. ( min. ) Espèce de feld-spath vert, opaque, susceptible de recevoir un poli vif et éclatant, dont la couleur est d'un beau vert céladon. On l'a nommée Amazonite ou pierre des Amazones, parce qu'on l'a retrouvée dans l'Amérique aux bords du fleuve qui porte le même nom. Elle était connue des anciens; les camées et les beaux vases grecs que le temps a respectés, et que l'on voit dans plusieurs musées, surtout celui de Florence, en sont une preuve irréfragable. Les Grecs et les Romains tiraient cette pierre de l'Orient ou mieux encore des contrées du nord de la Russie, puisqu'elle existe en Sibérie et aux monts Oural. Quelques auteurs ont cru devoir la ranger parmi les Jades; ils se sont laissé tromper par la dureté et la couleur, sans s'arrêter à la contexture, au chatoiement, et aux petites paillettes luisantes, quoique d'une teinte plus légère, que la masse présente. ( T. d. B. )

AMBASSE, *Ambassis*. (pois.) C'est un nom donné par Commerson à un petit poisson de l'île de Bourbon, que Cuvier a pris pour type d'un genre qu'il range parmi les Percoïdes à sept rayons branchiaux, et à deux dorsales.

Les Ambasses, pour la taille et la forme du corps, ressemblent beaucoup aux Apogons, dont ils ont aussi presque tous les larges écailles; mais ils s'en distinguent, à la première vue, par la contiguité de leurs deux dorsales, lesquelles chez les premiers sont au contraire écartées l'une de l'autre; de plus, les Ambasses ont une petite épine couchée au devant de leur première nageoire du dos. Quelques uns ont de petites dents coniques et écartées aux deux mâchoires; mais le plus souvent elles sont en velours, et tous en possèdent de cette nature au vomer, aux os palatins et sur l'extrémité postérieure d'une ligne osseuse et saillante qu'on remarque sur le milieu de la langue.

Outre la dentelure du sous-orbitaire, on observe encore une double arête dentelée au bord inférieur du préopercule; enfin la protractilité de la bouche est encore un des caractères extérieurs de ces poissons, il ne permet point qu'on les confonde ni avec les Apogons ni avec quelques autres genres voisins.

Les Ambasses ont tous une vessie natatoire, mince et très-transparente, et leur péritoine est d'une couleur argentée souvent fort éclatante.

Les parois de la cavité abdominale sont ellesmêmes si peu épaisses, que cette partie du corps de ces poissons se laisse facilement traverser par les rayons lumineux.

Les onze espèces qui composent actuellement ce genre, viennent toutes des Indes, où elles vivent, à ce qu'il paraît, en très-grande abondance dans les mares et les étangs.

Une des plus remarquables est l'espèce type, l'Ambasse de Commerson, figurée par Cuvier et Valenciennes, dans leur Histoire des Poissons, tom. II, pl. xxv.

Elle atteint jusqu'à sept pouces de longueur; son dos est d'un vert brunâtre quelquefois pointillé de noir; les opercules brillent de l'éclat de l'argent, et une bande de la même couleur se fait remarquer sur chacun des côtés du corps, depuis l'ouverture des ouïes jusqu'à la queue.

L'Ambasse de Commerson est un poisson fort estimé. A Bourbon, où il est fort commun, surtout dans un étang salé appelé *Dugol*, il passe pour donner un excellent goût à la soupe. Dans cette île, on le conserve dans la saumure à peu près de la même manière qu'on le fait pour les Anchois sur les bords de la Méditerranée.

On ne le pêche pas moins abondamment à l'embouchure de la rivière *Arian Coupang*, à Pondichéry, où les naturels le nomment *Selintan*; là, on le donne volontiers aux malades. *Moullé Choudüm* est le nom qu'il porte sur la côte du Malabar.

Les Ambasses *Nolua*, *Vauya*, *Lala* et *Nama*, sont très-bien représentés dans les planches 6, 16, 21 et 39 du bel ouvrage de M. Hamilton Buchanan, sur les poissons du Bengale. ( G. B. )

* AMBLYTÈRE, *Amblyterus*. (ins.) Genre de

l'ordre des Coléoptères, section des Pentamères, amille des Lamellicornes, établi par M. Mac-Leay, dans ses *Horæ entomologicæ*, ouvrage dont un volume a été brûlé dans un incendie à Londres, avant d'avoir été mis en vente, et dont M. Lequien fils, libraire, vient de publier une nouvelle édition. Le genre Amblytère ne se compose encore que d'une seule espèce trouvée à la Nouvelle-Hollande, c'est l'*Amblyterus geminatus*, dont nous avons donné une figure originale dans notre Iconographie du règne animal, insectes, pl. 24, fig. 7. (Guén.)

AMBOINE (île). (géogr.) Cette île, située entre les 6° et 7° latitude N., et les 134° et 135° de longitude, fait partie du groupe des *îles Moluques*; elle est de peu d'importance par sa superficie, qui n'a que vingt lieues de long; son principal commerce consiste en Gérofle et en Muscade, qu'elle produit en abondance; toutes les maisons qu'on y bâtit n'ont qu'un étage d'élévation, à cause des nombreux tremblemens de terre qui s'y font sentir. Sa capitale, qui porte aussi le nom d'Amboine, est formée de rues assez larges et de places aérées; elle est la résidence du souverain, qui lui-même se trouve soumis à l'Angleterre : cette dernière puissance s'étant emparée de cette île sur les Hollandais, pendant les dernières guerres de l'empire.

Pour plus amples détails, nous renvoyons à l'article Moluques, où nous traiterons l'ensemble des montagnes qui sont jetées sur la surface de ces îles, en faisant ressortir les rapports qui peuvent exister entre elles. (C. J.)

AMBRE GRIS. (zool.) L'ambre gris est une substance sur la nature de laquelle une foule d'opinions plus ou moins opposées ont été émises. Depuis 1784, la plupart des auteurs ont pensé, avec Swédiaur, que cette substance n'était autre chose que des alimens mal digérés, ou un mélange d'excrémens et de portions de matières alimentaires retenu dans l'intestin cœcum de l'espèce de *Cachalot* nommée *Physeter macrocephalus*. Cette opinion est encore celle qui prévaut aujourd'hui, malgré les recherches de MM. Pelletier et Caventou, qui pensent que l'ambre gris pourrait bien être un calcul biliaire. M. Martin, de Courceuille, en Normandie, observateur éclairé et consciencieux, a eu occasion d'observer un gros morceau d'ambre gris, dans lequel il a reconnu plusieurs becs de Céphalopodes et des restes d'os de Seiches, ce qui tendrait à confirmer les observations précédentes.

Quoi qu'il en soit, l'ambre gris nous arrive des Indes orientales, et voici à quels caractères on peut le reconnaître :

Masses plus ou moins volumineuses, grisâtres, jaunâtres ou brunâtres, opaques et légères, présentant des stries jaunâtres, noirâtres et blanchâtres dans leur intérieur, quelquefois poreuses, se ramollissant à la chaleur des doigts, se liquéfiant dans l'eau bouillante et à l'humidité prolongée; d'une cassure écailleuse; se polissant avec l'ongle comme le savon; s'attachant à la pointe du cou-

teau comme la poix; brûlant avec une vive clarté et sans résidu quand l'ambre est pur; insolubles dans l'eau, solubles dans l'alcool, l'éther et quelques huiles fixes; fusibles à 50° du thermomètre centigrade; volatiles à 100°; d'une odeur particulière qui rappelle celle du musc; d'une saveur fade peu prononcée.

Celui que l'on trouve flottant sur les mers de l'Inde (de là, l'opinion que cette substance pourrait bien encore être une sorte de bitume élaboré au fond des eaux), aux environs de Madagascar, des îles Moluques, du Japon, etc., est un peu plus dur et plus odorant que celui des cétacés que nous venons de décrire; du reste, il jouit des mêmes propriétés.

L'ambre gris est beaucoup plus employé en parfumerie, comme cosmétique, qu'en médecine où il était vanté autrefois comme antispasmodique.

Le prix fort élevé de cette substance fait qu'on la rencontre très-rarement pure. La cire, les fécules, le benjoin, le styrax et beaucoup de résines servent à l'altérer. On reconnaîtra sa pureté aux caractères suivans : combustion rapide et presque sans résidu; volatilisation complète à 100° de température; percée d'une tige métallique chauffée au rouge, celle-ci doit en être retirée sans aucune trace d'ambre; enfin, de l'ouverture faite, doit exsuder un liquide huileux et d'une odeur suave.

Ambre blanc. Variété de l'ambre jaune.

Ambre jaune. (*V*. Succin.)

Ambre noir. (*V*. Jayet.) (F.F.)

AMBRE RENARDÉ. (zool.) Les habitans des Landes Aquitaniques appellent ainsi les morceaux d'ambre blanchâtre que l'on rencontre sur les bords de la mer, et qui y ont été apportés par les renards. Ces animaux, très-friands, dit-on, d'ambre gris, viennent le chercher sur les côtes, le mangent et le rendent à peu près tel qu'ils l'ont avalé. (F. F.)

AMBRÉE. (moll.) Geoffroy, dans son *Traité des Coquilles*, p. 60, a donné ce nom à l'*Hélix Putris* de Muller, fort connue et remarquable par sa forme variant à l'infini. Elle est fragile, diaphane et de couleur d'ambre. Elle présente le singulier phénomène d'habiter presque tous les pays; on la trouve dans toute l'Europe, on la connaît en Amérique, à Tranquebar, aux îles Mariannes, etc., etc. Elle vit dans les lieux humides comme les Ambrettes, genre auquel il est fort probable qu'elle appartient. (Ducl.)

AMBREINE. (chim.) Substance particulière que MM. Pelletier et Caventou ont retirée de l'ambre gris à l'aide de l'alcool bouillant, et qui a pour caractères, d'être blanche, insipide, d'une odeur agréable, insoluble dans l'eau, très-soluble dans l'alcool et l'éther, fusible et volatile à 42° au dessus de zéro, etc. (F. F.)

AMBRETTE, *Succinea*. (moll.) Genre très-voisin des Hélices, établi par Draparnaud (*Hist. nat. des moll. de la France*, p. 58), adopté par Lamarck, qui de son côté l'avait créé sous le nom d'Amphibulime. Les espèces dont il se compose sont petites, fragiles et peu nombreuses; les plus

connues sont l'Ambrette Capuchon de la Guadeloupe qui est encore fort rare et conserve un assez
haut prix dans le commerce; l'Ambrette amphibie,
et l'Ambrette oblongue qui habitait la France. Ocken a fait, avec ces coquilles, son genre Lucène,
Studer son genre Tapade, et enfin M. Fedérussac
son sous-genre Cochlohydre.  (Ducl.)

*AMBRETTE. (bot. phan.) On donne ce nom à
une poire fort estimée et à deux espèces de
pommes, que l'on confond à tort ensemble, la
passe-pomme et la pomme Vinet. La graine de la
Ketmie musquée, et celle de la Ketmie rosée
portent aussi le nom d'Ambrette. Une belle
variété de bluet odorant, originaire du Levant,
ainsi que les fleurs des centaurées musquées, sont
aussi vulgairement dites Ambrettes, quoique leur
parfum ait plus d'analogie avec l'odeur du musc
qu'avec celle de l'ambre.  (T. d. B.)

AMBROSIACÉES, (bot. phan.) Famille établie
par Richard, et formée des genres *Ambrosia, Iva,
Xanthium*, et *Franceria*, qui, bien que très-voisins des Corymbifères, offrent cependant quelques
anomalies dans la structure des fleurs et des fruits.
Cette distinction n'a pas été généralement adoptée.

AMBROSIE, *Ambrosia*. (bot. phan.) Genre de la
famille des Corymbifères, Pentandrie monogynie de
Linné; il a pour caractères : fleurs monoïques : les
mâles, en épis terminaux, ont un calice monophylle
enveloppant plusieurs fleurs à corolle en entonnoir,
à cinq étamines ; les femelles, solitaires ou rapprochées dans l'aisselle des feuilles, entourées de
plusieurs bractées ; corolles très-courtes, un style,
deux stygmates ; fruits recouverts par le calice.

Les Ambrosies sont des herbes ou arbustes à
feuilles alternes ou opposées, souvent découpées.
On en connaît cinq ou six espèces, toutes exotiques
et indigènes de l'Amérique, à l'exception d'une
seule, qui croît dans les pays méridionaux de
l'Europe, sur le bord de la mer; c'est l'*Ambrosia
maritima*, L., herbe d'un pied et demi de haut,
à racine fibreuse, à feuilles très-découpées, blanchâtres et soyeuses; toute la plante exhale une
odeur aromatique; sa saveur est un peu amère.
On en fait des infusions dans l'eau, le vin et les
liqueurs spiritueuses; en médecine elle est regardée
comme stomachique et résolutive.  (L.)

AMBROSIE-ANSÉRINE. (bot. phan.) Plante
potagère que l'on dit originaire du Mexique, quand
elle se trouve naturellement dans les parties occidentales et méridionales de la France. Cette plante,
connue des botanistes sous le nom de *Chenopodium ambrosioïde*, est annuelle, rameuse, garnie
de feuilles d'un beau vert, de fleurs blanchâtres,
disposées en petites grappes, qui s'épanouissent en
juin et durent jusqu'en octobre; elle répand une
odeur fortement aromatique approchant de celle
du cumin. On la cultive en pleine terre, et elle prend
place dans les jardins. Pendant plusieurs années
son usage a été de mode, on prenait ses feuilles en
infusion théiforme, sous le nom vulgaire de *Thé
du Mexique. Voyez* CHENOPODIUM.  (T. d. B.)

AME. (physiol.) Dans la signification la plus
ancienne et la plus étendue, ce mot sert à exprimer
tout principe d'action, c'est-à-dire la cause des
phénomènes de l'univers et celle des phénomènes
de chaque corps en particulier. Nous ne chercherons point à présenter l'analyse des divers systèmes, plus ou moins intelligibles, créés sur ce
sujet, par la philosophie de tous les temps; nous
ne chercherons pas à donner une idée des contro-
verses sans nombre qui se sont élevées sur la nature
de l'Ame, que les uns ont regardée comme un être
intelligent, lorsque d'autres la faisaient consister
dans une force aveugle que *Pythagore* disait être
une matière ignée, tandis qu'*Anaxymène* de
Milet y voyait une matière aérienne : de pareilles
discussions sur l'essence et l'origine des choses
appartiennent entièrement à la philosophie générale. Le Christianisme s'en est emparé, et a proclamé comme un dogme, imposé à la foi de ses
fidèles, l'existence et l'immortalité de l'Ame; mais
la théologie doit seule avoir mission d'établir l'une
et l'autre, en s'appuyant sur la révélation, en
invoquant l'intervention divine.

Quant au physiologiste, au naturaliste, ils se
contentent d'observer les phénomènes de la vie; et,
pour se rendre compte du mécanisme vital, il ne
leur est pas nécessaire d'avoir recours à des causes
occultes, dont l'action sur l'organisme leur paraît
plus difficilement explicable que la manifestation de
chaque phénomène. Pour eux, tout acte physique
ou moral ne s'exerce qu'à l'aide d'un appareil
matériel, d'un instrument corporel. La structure
particulière de cet appareil leur explique le mode
d'exercice de la faculté. Toutes les facultés dépendent de l'organisation; sans elle on n'a aucune
idée, aucune qualité; c'est elle qui dispose à telle
ou telle chose, qui donne la possibilité de nos
actions; une chose n'est possible qu'autant qu'il
existe un organe pour la produire : sans organes,
point de facultés. La diversité, l'étendue, la
puissance de celles-ci sont toujours en raison de la
diversité, de la forme, de la structure plus ou
moins compliquée, de l'intégrité des instrumens
desquels elles dépendent ou plutôt qui les constituent. Pour s'en convaincre il suffit de parcourir
l'échelle des êtres, de placer en regard ceux dont
l'organisation est la plus simple et ceux qui présentent une organisation plus avancée, en arrivant
ainsi jusqu'à l'homme. On comprendra alors la
différence des facultés et de la structure chez les
uns et les autres : ainsi dans les animaux sans
cerveaux, comme les zoophytes, les polypes, il y
a déjà de la sensibilité, de la vie, mais rien qu'on
puisse comparer aux facultés intellectuelles; à
mesure que la nature perfectionne les êtres, on
voit celles-ci se développer et prendre plus de puissance, plus d'énergie.

De même que tout se lie, tout s'enchaîne dans
les opérations infinies de la nature, de même aussi
dans l'ensemble de la vie de chaque être en
particulier, tous les phénomènes dépendent les
uns des autres, tous les organes ont besoin d'une
influence réciproque pour remplir le but auquel
ils sont destinés : l'estomac a besoin que le cœur
lui envoie du sang, le cœur cesserait d'agir s'il ne

recevait pas de nouveaux matériaux par suite du travail de l'estomac; l'œil ne perçoit les couleurs que sous le patronage du cœur et du cerveau , etc.; et lorsque cette réciprocité d'action, ce consensus entre toutes les parties donne si bien l'explication des actes de la vie, « faudra-t-il, dirons-nous avec Cabanis, avoir recours à des forces inconnues et particulières, pour mettre en jeu les organes pensans et pour expliquer leur influence sur les autres parties du système animal ? Pourquoi dédaignerait-on de rapporter cette influence aux autres phénomènes analogues et même semblables, à moins qu'on ne veuille répandre, comme à plaisir, d'épais nuages sur le tableau des impressions, des déterminations, des fonctions et des mouvemens vitaux, ou sur l'histoire de la vie, telle que la fournit l'observation directe des faits ? »

Si, en établissant l'ordre de succession des phénomènes , on parvient à concevoir les relations d'effets aux causes, pourquoi donc une fois encore essayer, à l'aide de mots mal définis, jetés à la place de faits, d'expliquer des phénomènes dont la source est plus ou moins obscure ? « Il est préférable, a dit un physiologiste moderne, d'avouer son ignorance sur les rapports, la nature des liaisons entre les choses, que de prétendre en imposer par des explications qui n'ont aucune consistance, qui ne sont appuyées sur aucun fait constaté par la puissance des sens ! Un pareil aveu offre au moins l'immense avantage de ne point entraver, arrêter les recherches de l'observateur; d'exciter, au contraire, son zèle et son ardeur; de le résigner à la patience : son opinion, fût-elle fausse, ne peut avoir que d'heureux résultats, ne peut que conduire à des découvertes toujours précieuses pour l'avancement de la science; en cherchant plus qu'il n'existait réellement, il serait du moins possible qu'il parvînt à connaître la puissance de l'organisation. »

Le mot *Ame* appartient donc au vocabulaire de la métaphysique et de la théologie; dans les sciences naturelles on ne doit y attacher aucun sens rigoureux. (P. Gentil.)

AMEIVA , *Ameiva.* (rept.) Genre de Sauriens, voisin de celui des Lézards. Les Améivas diffèrent des lézards proprement dits par leurs dents uniformes, coniques, simples, comprimées latéralement, et par la lame supra-orbitaire, qui chez eux n'est pas osseuse. Comme une partie des lézards de l'ancien monde, ils n'ont point de dents au palais, et les écailles qui garnissent les replis de la peau du cou, auxquels on a donné le nom de collier, ne sont pas plus dilatées que les voisines; mais, comme tous les lézards en général, ils ont cinq doigts à chaque pied, deux paupières inégales, l'inférieure plus grande, plus une clignotante, la langue longue, libre, squameuse, profondément bifide à sa pointe, le tympan visible, des pores fémoraux, des plaques sur la tête, des écailles granulées sur le dos et des lamelles carrées, verticillées, lisses sous le ventre, carénées sur toute la queue, qui est longue, grêle et ar-

rondie. Les Améivas ont les mœurs et les habitudes de nos Lézards.

Le nom d'Améiva désignait, selon Marcgrave, dans la langue brésilienne, un Lézard à deux queues, que l'on regardait à cause de cela comme une espèce distincte : ce Lézard était semblable du reste au Taraguira, que Marcgrave indique comme couvert partout d'écailles triangulaires; G. Edwards appliqua depuis ce nom d'Améiva à un Lézard à queue fourchue qui offrait les caractères énoncés ci-dessus , et depuis on l'a conservé à toutes les espèces analogues.

Les principales espèces d'Améiva sont les suivantes : 1° l'Améiva ordinaire , *Tejus ameiva* (figuré dans l'Iconographie de M. Guérin, planche 4 , figure 1 ), long d'un pied environ, dont la queue forme plus de la moitié, gros comme le poignet, vert en dessus avec de petites taches noires et irrégulièrement arrondies , discrètes ou confluentes, des rangées verticales d'ocelles blancs entourés de noir sur les flancs, blanc jaunâtre en dessous; la disposition variable des taches du dos a fait souvent indiquer comme des espèces distinctes de simples nuances de cet Améiva; la couleur plus ou moins brunâtre des flancs a donné lieu à des erreurs du même genre.

2° L'Améiva bleuâtre ( *Tejus cyaneus*); il a à peu près les mêmes proportions que le précédent, il est bleuâtre en dessus avec des taches blanches, arrondies , disséminées irrégulièrement.

3° L'Améiva à quatre raies, vert en dessus comme les premiers; quatre lignes étroites, jaunâtres claires, sont imprimées sur les flancs; dans leurs intervalles l'on voit des taches noires irrégulières plus ou moins grandes.

4° L'Améiva galonné (*Am. lemniscata*) , plus petit que les précédens, et de la grandeur de notre Lézard des murailles, parcouru en dessus du corps par six ou huit lignes blanchâtres, séparées par des lignes de même largeur d'un vert noirâtre.

Toutes les espèces d'Améiva sont propres à l'Amérique. On les désigne aujourd'hui au Brésil, sous le nom commun de Teiou.

Il faut peut-être ajouter ici une espèce d'Améiva adoptée par quelques auteurs, contestée par d'autres, qui n'a que quatre doigts aux pieds de derrière; elle est également d'Amérique, c'est l'Améiva vert ( *Tejus viridis*), dont on a fait récemment un genre à part, sous le nom de *Acrantus.* (Th. C.)

AMELANCHIER. (bot. phan.) On donne vulgairement ce nom à deux espèces d'Alisier, l'une que l'on trouve en France, le *Cratægus rotundifolia*; l'autre à épis, venu du Canada, *C. spicata.* On connaît et cultive un assez joli arbrisseau, très-improprement appelé *Amelanchier de Choisy*, une troisième espèce, *C. racemasa*; provenant de l'Amérique septentrionale, dont les fleurs sont en grappes lâches, à l'extrémité de rameaux grêles, portant des feuilles longues, aiguës et dentées. On appelle enfin *Amelanchier de Virginie* une belle espèce de Chionante. (T. D. B.)

**AMELAOU.** (bot. phan.) On donne ce nom à une variété d'olivier, dans nos provinces méridionales. (Guér.)

**AMÉLIORATION.** (agr.) Le temps détruit continuellement, et sous sa faux, qui n'épargne rien, tout disparaîtrait, si la main de l'industrie ne réparait sans cesse ses désastres : mais réparer n'est simplement qu'entretenir les choses dans leur état, et le propriétaire intelligent cherche toujours à les perfectionner. Perfectionner c'est améliorer, et, en agriculture, amélioration passe acquisition. Par la voie des améliorations, on augmente la masse des produits en diminuant celle des travaux, en convertissant en terre fertile un sol usé ou détérioré, en substituant de bonnes races d'animaux à celles qui sont abâtardies; on obtient de la sorte un revenu égal, quand il n'est pas supérieur, à celui que l'on obtiendrait par la voie de l'acquisition. Ainsi, le cultivateur ne doit acheter que lorsqu'il ne peut plus améliorer, et il ne doit le faire qu'avec l'intention bien formelle d'améliorer encore. L'amélioration s'étend aux diverses branches de l'économie rurale et domestique; il faut s'en occuper sous tous les rapports, une amélioration partielle mal combinée étant plus nuisible que l'état stationnaire, le pire de tous, puisque les accidens, les variations atmosphériques, les besoins actuels rendent impossible de s'y maintenir long-temps. Les moyens de l'amélioration bien entendue sont lents mais certains, ils sont auprès de nous : ce que nous dédaignons aujourd'hui peut s'élever demain au rang des substances utiles. Souvenons-nous que le sable et la cendre étaient, depuis des milliers d'années, dédaignés généralement avant qu'un Vénitien, dans le 15ᵉ siècle, eût créé l'art d'en faire des glaces; le salpêtre, le charbon et le soufre s'entassaient inutiles, avant qu'un moine de Fribourg en Brisgaw en tirât la poudre à canon, en 1520; etc. (T. d. B.)

**AMELLE,** *Amellus.* (bot. phan.) Arbrisseau de la famille des Corymbifères, Syngénésie superflue de Linné, ainsi appelé par rapprochement du nom (*Amellus*) que Virgile donnait à la marguerite des prés. Il a pour caractères : involucre hémisphérique, réceptacle paléacé; écailles linéaires, serrées; demi-fleurons femelles, les graines surmontées de quatre à six paillettes courtes et aiguës; fleuron du disque hermaphrodite, les graines à aigrette de cinq soies ciliées.

L'espèce principale et la plus remarquable est l'*A. Lychnitis*, dont les fleurs sont jaunes au centre, et bleues à la circonférence; il est originaire du cap de Bonne-Espérance. M. Bory de Saint-Vincent a vu aux Antilles un *Amellus* à ombelles, dont les feuilles sont en dessous d'un blanc argenté; la pellicule qui leur donne cette apparence, s'enlève et peut servir à dessiner. (L.)

**AMELLIÉ.** (bot. phan.) C'est le nom de l'amandier dans le midi de la France, en Languedoc. (Guér.)

**AMÉNAGEMENT.** (agr.) Art de conduire la végétation et l'exploitation des bois et forêts de manière à en rendre la jouissance perpétuelle, et toujours égale, selon les différentes essences d'arbres, leur âge de maturité, les diverses qualités du sol et la température sous laquelle on se trouve placé. L'aménagement consiste donc dans le classement des coupes successives et l'établissement des réserves, qu'il faut combiner avec les besoins et les ressources de la localité, ainsi qu'avec les convenances du propriétaire et celles de la société. Ces connaissances, quoique liées, par analogie, à l'assolement agricole, appartenant plus à la pratique qu'aux formules imposantes de la science, nous renvoyons aux traités spéciaux publiés sur cette matière d'administration et de commerce. (T. d. B.)

**AMENDEMENT.** (agr.) On donne à la terre, par les amendemens, les moyens de produire une plus grande quantité de végétaux, ou des végétaux plus grands ou meilleurs que ceux qu'elle aurait produits, abandonnée à elle-même. Les amendemens sont de deux sortes, les simples et les composés. Les premiers comprennent les labours, l'écobuage, l'arrosage, les saignées, etc. ; les seconds ne sont autres que la marne, le plâtre, l'argile, et autres matières inorganiques dont l'assimilation apporte un changement notable dans la constitution physique d'un champ. Les amendemens ne dispensent nullement de l'emploi des engrais végétaux et animaux, qui seuls rajeunissent chaque année le sol, et l'obligent à répondre largement aux espérances du laboureur. (T. d B.)

**AMENTACÉES.** (bot. phan.) Famille formée originairement par Jussieu, et comprenant des genres dont les fleurs sont disposées en chaton (*amenta* en latin); nos plus grands arbres, le Chêne, le Bouleau, l'Orme, le Saule, le Peuplier, s'y rangeaient naturellement. Des observations plus approfondies ont fait remarquer d'assez grandes différences dans l'organisation de ces végétaux, pour en former désormais plusieurs familles. (*Voy.* Ulmacées, Salicinées, Myricées, Bétulinées, Cupulifères, etc.) (L.)

**AMER.** (chim.) Expression qui est employée tantôt comme substantif, et tantôt comme adjectif. Dans le premier cas, elle désigne le principe particulier auquel on attribue la saveur des substances dites *amères*, *médicamens amers*, ou *amers* tout simplement, et qui sont toniques et fébrifuges; dans le second, c'est-à-dire dans le langage ordinaire, elle exprime la saveur désagréable des substances soit animales, soit végétales, saveur qui est très-caractérisée dans la bile, la gentiane, la petite centaurée, l'écorce de *quinquina*, etc. (F. F.)

**AMÉRIQUE.** (géogr.) Nous allons entrer dans la description d'un vaste continent, dont on ne soupçonnait pas même l'existence au 14ᵉ siècle, et dont les richesses immenses ont changé la face du monde, et opéré une brillante révolution dans le commerce de notre continent.

L'Amérique, dont le cap le plus septentrional (le cap Barrow) s'avance jusqu'au 17° de latitude nord, et dont la pointe la plus méridionale (le cap

Froward) est situé sous le 54° de latitude sud, présente ainsi dans sa plus grande longueur, une distance de 3227 lieues. Peut-être même pourrait-on indiquer, comme la limite la plus australe, l'extrémité sud de la *Terre de Feu*, île assez considérable, qui n'est séparée du continent que par le très-minime détroit de Magellan, et alors notre latitude sud serait portée au 55°. Quant à une limite plus boréale que celle indiquée ci-dessus, certes elle existe; mais les explorations maritimes n'ont pu encore nous la faire connaître, arrêtées qu'elles sont par les glaces éternelles des mers polaires.

La forme physique de ces deux grandes presqu'îles, qui ne tiennent l'une à l'autre que par une étroite langue de terre (isthme de Panama), donne une première division bien naturelle; l'Amérique septentrionale et l'Amérique méridionale.

Dans la partie septentrionale se trouvent l'Amérique Russe, les états de la Nouvelle-Bretagne, les États-Unis, le Mexique, le Guatemala.

Dans la partie méridionale se trouvent la Colombie, les Guyanes anglaise, hollandaise et française, l'empire du Brésil, le Paraguay, l'Uraguay, les provinces unies du Rio de la Plata, la Patagonie, le Chili, et les républiques de Bolivia et du Pérou.

Chacune de ces grandes divisions nous fournira un article particulier, dans lequel nous mentionnerons les différentes subdivisions auxquelles elles sont soumises.

Ce fut au quinzième siècle, qu'un homme d'un grand génie, Christophe Colomb, Génois d'origine, illustra, par sa brillante découverte, le règne d'Isabelle et de Ferdinand-le-Catholique: lorsque pour la première fois il parla de l'existence d'un continent qui devait se trouver à l'ouest, il fut traité de fou et de rêveur: cependant bientôt la haute protection de la reine d'Espagne, Isabelle, lui permit d'armer quelques vaisseaux, pour mettre son projet à exécution; et ce fut le 12 octobre 1495, qu'après une longue et pénible traversée, il se trouva en vue du groupe des îles Lucayes: bientôt Haïti et Cuba furent reconnues ainsi que tout l'archipel des Antilles et les bords du continent baignés par la mer de ce nom, découvertes qui furent le résultat de trois voyages successifs.

Depuis cette époque, toutes les côtes de ce continent occidental furent successivement explorées, et aujourd'hui les seuls rivages qui nous soient inconnus se trouvent à l'extrémité septentrionale, entourée des glaces des mers polaires. Aucune terre ferme ne sert de limite à l'Amérique; de quelque côté que nous tournions les yeux, nous y trouvons les eaux de l'Océan qui, suivant leurs diverses positions, prennent différens noms: ainsi nous voyons au nord l'océan Arctique, le long des côtes orientales l'océan Atlantique, qui forment plusieurs mers intérieures, telles que la mer d'Hudson, la mer de Baffin, le golfe Saint-Laurent, le golfe du Mexique, la mer des Caraïbes: au sud, l'océan Austral; à l'ouest l'océan Pacifique, qui forme le long des côtes la mer du Pérou,

le golfe de Panama, le golfe de Californie; enfin la mer de Béring, qui communique avec l'océan Pacifique par les nombreux canaux qui existent entre les îles Aléoutiennes: cette dernière mer communique, comme chacun sait, avec l'océan Arctique par le détroit de Béring, qui sépare l'Asie de l'Amérique en cet endroit.

On doit comprendre facilement qu'à la surface de toutes ces mers que nous venons de citer, doivent s'élever, près des côtes, de nombreuses îles, qui dépendent du continent américain. Aussi trouvons-nous au nord, dans l'océan Arctique, le groupe du *Groënland*, l'*Islande*, et l'île de *Jean-Mayen*, fréquentés à l'époque de la pêche de la baleine; les groupes du *Devon-Septentrional*, et l'archipel de *Baffin*.

A l'est, dans l'océan Atlantique, les archipels de *Terre-Neuve*, des *Bermudes*, des *Antilles*; ce dernier, le plus grand et le plus peuplé du monde, se divise en *Grandes-Antilles*, *Petites-Antilles* et *Iles Lucayes*.

En descendant toujours le long des côtes, nous arrivons à l'île de *Marajo*, formée par l'embouchure du fleuve l'Amazone; puis viennent les îles *Maranham*, *Grande*, *Santa Catharina* et *Fernando de Noronha*, le long des côtes de l'empire du Brésil: plus au sud, les *Iles malouines*, peuplées d'innombrables pingouins « dont les légions stupides, pressées, inactives, courent les grèves, et forment de longues files qui ressemblent à une procession de pénitens provençaux, ou, comme le dit Pernetty, à des enfans de chœur en camail. »

Au sud, dans l'océan Austral, se trouvent l'*Archipel de Magellan*, dont la plus grande île, la *Terre de Feu*, n'est séparée de la Patagonie que par le détroit de Magellan; l'*Archipel de la Reine Adélaïde*; le *groupe des îles Hermite*, et celui des *îles de Diego Ramirez*, la plus australe de toutes les terres habitées.

Le Grand-Océan à l'ouest nous présentera l'*Archipel Patagonien*, l'*Archipel de Chonos*, celui de *Chiloë*, celui de *Gallapagos*, sous l'équateur: les îles *aux Perles*, celles de *Santa Margarita* et de *Santa Cruz*; et enfin les îles *Aléoutes*, qui ont été l'objet d'un article séparé.

Si nous examinons la conformation de la surface de ce continent, nous y trouvons la plus grande chaîne de montagnes du globe; elle s'étend du sud au nord, et ses chaînons, qui commencent à la Terre de Feu, sous le 55e degré, traversent dans sa plus grande longueur toute l'Amérique méridionale, l'isthme de Panama, et, après avoir parcouru toute l'Amérique septentrionale, disparaissent dans les terres les plus boréales du continent. Dans l'Amérique du sud, ces montagnes portent le nom générique de *Cordillières des Andes*, et leurs sommets les plus élevés ne le cèdent que de quelques toises aux plus grands colosses de l'Himalaya. Elles se rapprochent sans cesse des côtes de l'océan Pacifique, et souvent même les eaux de la mer viennent en baigner les bases.

Cette immense chaîne se divise en plusieurs

chaînes moindres, qui prennent différens noms suivant les différens pays qu'elles traversent : ainsi l'on a successivement les *Andes de la Patagonie*, les *Andes du Chili*, les *Andes du Pérou* et de la *Colombie*. Quelques chaînons particuliers se séparent de la ligne occidentale, et se dirigent alors vers l'est, où elles forment les *Andes du Brésil*, les *Andes du Paraguay*, et les montagnes que l'on trouve dans l'Etat de Buenos-Ayres. Cet immense système a été récemment exploré avec un talent remarquable par l'un des savans les plus distingués de notre époque, M. le baron de Humboldt, qui a reconnu que la longueur de cette chaîne était de plus de 9,000 milles.

Elle peut se partager dans l'Amérique du sud en trois systèmes, savoir :

Système Péruvien : c'est dans ce système que nous placerons les *Andes Patagoniques*, les *Andes du Chili*, les *Andes du Pérou*, et les *Cordillières de la Nouvelle-Grenade* : on y trouve les points culminans du Nouveau-Monde, les pics *Sorata* et *Ilimani* : ils font partie de la Cordillière orientale de Titicaca : le premier a 3,948 toises, le second 3,753 toises.

Système de la Guyane. Ce système est composé de beaucoup de montagnes séparées, qui ne forment pas une chaîne continue. Le point le plus remarquable est le *Pic de Duida*, qui présente une élévation de 1,300 toises au dessus du niveau de la mer.

Système Brésilien. Ce système offre peu d'élévation, puisque dans les trois chaînes (chaîne centrale, orientale, occidentale) qui le composent, le plus haut sommet, situé dans la chaîne centrale, qu'on nomme le mont *Itacolumi*, n'a que 950 toises au dessus du niveau de l'Océan.

Passant maintenant aux montagnes de l'Amérique du nord, nous y trouvons quatre systèmes, dont le premier seulement peut entrer en ligne de comparaison avec les chaînes de montagnes que nous venons d'examiner. Ces quatre systèmes sont les suivans :

Système Missouri-Mexicain. Il se subdivise en quatre chaînes, les *Cordillières de Vesagua*, celles de *Guatemala*, de *Mexico*, enfin les montagnes *Rocheuses* ou monts *Rockys*, situés dans la Colombie. Le point culminant, haut de 2,456 toises, est la *Sierra nevada de Mexico*.

Système Alleghanien. Il comprend toutes les montagnes des Etats-Unis du nord ; les trois chaînes qui le composent sont les *montagnes Bleues*, les *montagnes de Cumberland*, et les *montagnes d'Alleghany*. C'est dans la première de ces chaînes que se trouve le mont *Washington*, haut de 1,040 toises : il est le point culminant de tout le système.

Système Arctique. Ici se trouveront placées les différentes montagnes des Archipels des terres arctiques, dont les sommets ont été peu explorés jusqu'à présent : parmi eux nous citerons, dans le Groënland, les *Cornes de Cerfs*, ainsi nommés à cause de leur forme : : hauteur, 1,300 toises; dans l'Islande, le mont *Hécla*, haut de 868 toises, et

dans l'île de Jean Mayen, le sommet de *Beerenberg*, haut de 1,070 toises.

Enfin le Système Antillien, qui embrassera toutes les montagnes situées sur ce vaste archipel, et où l'on voit deux sommets de l'île de *Cuba* et un de l'île d'*Haïti*, s'élever chacun à une hauteur égale de 1,400 toises.

De grands courans d'eau découlent de toutes ces montagnes, ils sont en général larges, profonds, et très-étendus; ainsi dans l'Amérique septentrionale, on trouve le *Saint-Laurent*, fleuve très-large et très-profond, et qui cependant ne se trouve rangé que parmi les fleuves de second ou troisième ordre. Les auteurs sont partagés sur le lieu où il prend sa source; en sortant du lac Ontario, il se dirige vers le nord-est, et, après un cours de 250 lieues à travers le Canada, il se jette dans l'Atlantique en formant un golfe considérable qui porte son nom. Ce fleuve semble traverser plusieurs lacs qu'on pourrait regarder comme la partie supérieure de son cours; en effet le lac supérieur au Saut de Sainte-Marie, verse ses eaux dans le lac Huron, qui les conduit dans le lac Saint-Clair, au moyen de la petite rivière de ce nom; ce dernier lac se jette dans le lac Erié, qui forme la fameuse chute du Niagara, en se précipitant dans le lac Ontario. Enfin, au sortir du lac Ontario, on trouve le fleuve Saint-Laurent, qui sert de canal à ces différentes eaux pour les conduire à l'Océan.

La mer Arctique reçoit le *Mackensie*, qui traverse l'Amérique, et le Grand-Océan reçoit l'*Orégon*, ou *Colombia*, qui arrose la partie occidentale des Etats-Unis.

Plus bas, nous rencontrons le *Mississipi*, qui, augmenté des eaux de plusieurs affluens, entre autres du *Missouri* et de l'*Ohio*, court se jeter dans le golfe du Mexique, après avoir traversé les Etats-Unis.

Puis le *Rio-del-Norte*, autrefois *Rio-Bravo*, qui arrose tout le Mexique, et se précipite dans le golfe qui porte ce nom.

Dans l'Amérique du sud, nous trouvons l'*Orénoque*, qui traverse la Nouvelle Grenade; le fleuve de l'*Amazone*, qui est l'objet d'un article particulier de ce Dictionnaire, et dont le courant a tant de force, qu'à son embouchure, il refoule la mer à trente lieues; enfin *la Plata*, l'*Uraguay* et le *Paraguay*, qui tous trois donnent leur nom à des républiques.

Indiquons ici que l'Amérique a de vastes plaines, parmi lesquelles nous citerons en première ligne la plaine de Mississipi Mackensie, qui s'étend depuis la limite boréale de l'Amérique jusqu'au Delta du Mississipi; la plaine de l'Amazone et celle de la Rio-Plata, qui, mesurées par M. de Humboldt, offrent une superficie, la première, de 260,000 lieues carrées, la seconde, de 155,000 lieues carrées.

Nous venons d'examiner l'Amérique sous le rapport de ses divisions politiques, de son orographie et de son hydrographie. Voyons maintenant quelles sont ses richesses naturelles, et observons successivement les diverses productions de son règne minéral, de son règne végétal, et de son règne animal.

Le règne minéral des régions équatoriales de l'Amérique offre une richesse des plus remarquables. L'or et l'argent y abondent, et on se fait difficilement une idée de tous les métaux que ce pays a jetés dans la circulation. Écoutons parler M. de Humboldt : « Sur les 73,191 marcs, ou 17,655 kilogrammes d'or, et les 3,554,447 marcs, ou 869,960 kilogrammes d'argent que l'on retirait annuellement au commencement du 19ᵉ siècle de toutes les mines de l'Amérique, de l'Europe et de l'Asie Boréale, l'Amérique seule fournissait 57,658 marcs d'or, et 3,250,000 marcs d'argent, par conséquent 80 centièmes du produit total de l'or, et 91 centièmes du produit total de l'argent.» Tous les métaux, l'or, l'argent, le fer, le plomb, le cuivre, l'étain s'y trouvent en grande abondance, et de toutes les contrées du globe, le Brésil, seul avec l'Inde, l'île de Bornéo et l'Oural, partage l'avantage de posséder des mines de diamans.

Le règne végétal n'est pas moins remarquable que le règne minéral ; c'est au nouveau continent, et là seulement, qu'on a trouvé ces forêts vierges qui font de la zône torride un climat frais et humide, sous la même latitude que les déserts brûlans de l'Afrique ; c'est en Amérique qu'on a rencontré ces savanes, si bien décrites par Cooper, dans son roman de la Prairie ; ces immenses fougères, qui ne s'élèvent chez nous qu'à la hauteur d'un arbrisseau, et qui, sur cette terre d'outre-mer, élancent dans les airs leurs éventails de verdure. Le Cacaotier, l'Acajou, le Campêche, le Caféier, la Canne à sucre offrent leurs produits au commerce ; c'est de l'Amérique que nous avons tiré la Tomate, le Topinambour, un grand nombre d'arbres et de plantes d'ornement, et la Pomme de terre, ce tubercule si précieux, qui rend désormais les disettes impossibles en Europe. Pour de plus grands détails sur le règne végétal du nouveau continent, nous renvoyons le lecteur aux nombreuses relations de voyages scientifiques, et nous lui recommandons surtout l'ouvrage de M. de Humboldt, et le compte rendu que M. Auguste de St-Hilaire a présenté aux savans, immédiatement après son retour.

Dans le règne animal, l'Amérique a fourni de ces énormes colosses trouvés dans les autres parties du globe ; cependant quelques espèces de Bœufs sauvages et des Bisons, des Antilopes, des Ours blancs, des Ours noirs, des Kinkajous, des Rats musqués, des Loutres, des Tapirs, des Paresseux, ont donné aux animaux de cette contrée un aspect qui leur est propre. Dans la région tempérée, les Lamas, les Alpacas, les Vigognes ont remplacé les Chameaux de l'Afrique. Parmi les animaux marins, de nombreuses Baleines, une quantité de Phoques ont rendu les voyages dans les contrées qu'ils habitent une source de richesse pour le commerce de toutes les nations. C'est surtout aux XVII et XVIIIᵉ siècles que la pêche de la Baleine rapporta d'immenses trésors aux Hollandais et aux autres peuples maritimes, et aujourd'hui les Américains arment chaque année jusqu'à 200 navires, dont le retour leur produit des sommes énormes ; on pourra s'en faire une idée lorsqu'on saura que l'Angleterre, qui n'arme que 40 ou 50 navires, a retiré de ce commerce 15,600,000 livres sterling, dans l'espace de quatorze années.

Parmi les oiseaux, les Européens ont rencontré dans cette partie du monde de nombreux Dindons, une grande quantité de Gallinacés, dont la chair est très-savoureuse, des troupes de Perroquets multipliés à l'infini, et dont les espèces variées présentent les Aras, les Perruches et les Amazones. Dans les climats les plus chauds, on rencontre des races au plus brillant plumage ; il me suffira de citer, à l'appui de ce que j'avance, l'existence des Jacamars émeraudes, des Jacamerops, des Martins-pêcheurs, des Todiers et des Motmots. Rappelons encore ici ces nombreux Oiseaux mouches, ces brillans Colibris, dont la parure étincelle du feu des rubis, des topazes et des émeraudes.

Des Caïmans, des Crocodiles et de grandes Tortues se retrouvent dans presque toutes les rivières : et parmi les poissons curieux, nous citerons le *Gymnote* des eaux douces de la Colombie, de la Guyane et du Brésil, qui a la propriété de faire ressentir, à quiconque le touche, une commotion électrique des plus violentes.

Mais le caractère le plus remarquable du règne animal de cette contrée, est, sans contredit, cette race nombreuse de Singes à queue prenante qui peuple toutes les forêts ; c'est là qu'on trouve les *Atèles aux longs bras*, les *Lagotriches*, les *Sapajous*, les *Sagoins*, les *Singes de nuit*, les *Sakis*, et les *Ouistitis* si fantasques, et peints de couleurs si brillantes.

Les peuples qui habitent aujourd'hui l'Amérique sont pour la plupart des Européens, qui sont allés y former de nombreux établissemens : dans le Nord, nous trouvons des Français, et surtout une grande quantité d'individus de race anglaise, tandis qu'en général la presqu'île du Midi est habitée par des Espagnols et des Portugais : quant à la race indigène, elle a presque entièrement disparu, anéantie par la barbarie et l'avare cruauté de ceux qui firent la conquête de ce continent.

Il ne faudrait pas juger de ce qu'elle fut autrefois par l'état d'abrutissement où elle est aujourd'hui, qu'on la traque dans les forêts comme les bêtes féroces, qu'on la poursuit à outrance, et qu'on lui a enlevé ses temples, ses prêtres, ses lois, et tout ce qui la constituait en corps de nation : mais, en examinant les nombreuses ruines qui couvrent le sol de ces diverses contrées, et particulièrement du Mexique, en se reportant par la pensée aux temps de la conquête, en se rappelant le courage que déployèrent ces habitans dans la défense de leurs villes, les richesses qui s'y trouvèrent amassées, on se persuadera bien facilement que la nation indigène était très-avancée en civilisation, et ne présentait pas qu'un rassemblement de hordes sauvages, ne connaissant

que

que la chasse et la guerre : malheureusement pour l'histoire de cette contrée, le fanatisme des moines du XVIᵉ siècle vint renverser et détruire tout ce qui était l'ouvrage d'une religion différente de la leur. Rien ne fut épargné ; aussi ne trouvons-nous aujourd'hui que des ruines, et nous sommes contraints de déplorer la perte de ces routes, de ces canaux, de ces digues, de ces pyramides parfaitement orientées, dont nous ne retrouvons plus que les restes, et qui indiquent suffisamment le degré de civilisation auquel les Américains indigènes avaient su parvenir. En général, ce qu'il en reste ne présente pas, comme type de caractère, une grande faculté inventive : mais il possède au suprême degré l'esprit de comparaison.

Nous ne parlerons pas ici des différentes guerres d'émancipation soutenues par les colonies contre leurs métropoles ; elles trouveront place, lorsque nous parlerons de ces états, aujourd'hui indépendans, et pour la plupart formés en gouvernemens républicains. Nous terminerons cet article en indiquant que la population du continent est beaucoup moindre qu'on ne pourrait le supposer, en examinant sa grande surface, puisqu'elle n'est que de 39,000,000 d'habitans, nombre à peine égal à celui que présenteraient les populations réunies de la France, de la Belgique et de la Hollande.
(C. J.)

AMÉTHYSTE. (MIN.) (*Quarz-hyalin violet* des minéralogistes.) Pierre précieuse d'une couleur violette fort agréable : cette couleur, qu'une chaleur un peu forte fait disparaître totalement, semble fuir les bords et se retirer vers le centre lorsqu'on plonge la pierre dans l'eau. Il est rare que les Améthystes un peu volumineuses aient, dans toute leur étendue, une belle teinte violette pourprée bien uniforme ; aussi celles qui réunissent cette qualité sont d'un prix assez élevé.

Ces pierres, qui prennent un beau poli, sont fréquemment employées dans la bijouterie. Leur couleur se marie parfaitement bien avec une monture d'or artistement travaillée ; et, après l'émeraude, se sont les pierres qui plaisent le plus à la vue. On en fait des parures complètes qui produisent un fort bel effet à la lumière ; et l'on en voit presque toujours à l'anneau pastoral des évêques, ce qui leur a quelquefois valu le nom de *Pierres d'Évêques*. Les anciens ont beaucoup gravé sur les Améthystes, auxquelles ils attribuaient la précieuse propriété de préserver de l'ivresse, aussi s'en mettaient-ils aux doigts ou s'en suspendaient-ils au cou lorsqu'ils faisaient de trop abondantes libations.

Les Améthystes les plus estimées viennent du Brésil et de la Sibérie ; mais on en trouve également en Espagne, en Allemagne, et même en Auvergne, aux environs de Brioude, etc. ; enfin elles sont assez communes dans presque toutes les montagnes qui contiennent des filons métalliques (*Voy.* QUARZ-HYALIN VIOLET.)

L'AMÉTHYSTE ORIENTALE des lapidaires se distingue facilement de l'Améthyste proprement dite, dont la dureté et la pesanteur spécifique sont beaucoup plus faibles. C'est une variété violette de Corindon. *Voyez* ce mot.  (D'OR.)

AMÉTHYSTE ( OIS. ) Espèce d'oiseau mouche ainsi nommée à cause de sa brillante couleur qui rappelle la pierre précieuse de ce nom.
(D. Y. R.)

AMÉTHYSTÉE, *Amethystea cærulea*, L. (BOT. PHAN.) Jolie petite plante de la Diandrie monogynie, famille des Labiées. Son nom lui vient de la belle couleur bleue d'améthyste qui colore ses fleurs axillaires, toujours trois à trois, et de la teinte brillante de même couleur qui s'étend jusqu'aux sommités de la tige et des rameaux. Originaire des lieux montueux de la Sibérie, cette plante annuelle se cultive dans les jardins, où elle ne demande aucun soin particulier ; elle affectionne principalement l'exposition au nord et un sol frais, à demi ombragé. Sa tige, haute de trente-deux centimètres, et ses rameaux sont quadrangulaires, ornés de feuilles opposées, pétiolées et glabres ; celles du bas sont simples, les supérieures trilobées ; toutes sont dentées. Les fleurs répandent une odeur agréable et sont disposées en corymbes terminaux ; elles s'épanouissent en juin et juillet. L'Améthystée flatte également l'œil et l'odorat ; sa présence adoucit l'aspect de rudesse qui règne dans les âpres contrées d'où elle a été tirée (T. D. B.)

AMIANTE. (MIN.) Cette substance, qui est en filamens flexibles et soyeux, et qu'Haüy a nommée *Asbeste flexible*, fait partie du sous-genre Amphibole de Beudant. *Voy.* AMPHIBOLE.  (D'OR.)

AMIANTOIDE, BYSSOLITE ou ASBESTOÏDE. (MIN.) Synonymes d'Actinote. *Voyez* AMPHIBOLE.

AMIBE. *Amiba* ( ZOOPH. INFUS. ) Les Amibes sont des infusoires aplatis, transparens, dépourvus d'appendices et de cils, ayant le corps toujours foncé vers le centre, ou dans les endroits qui se contractent.

Ces animaux, qui ne peuvent être vus qu'avec les plus forts grossissemens du microscope, paraissent n'avoir de formes que celles qu'il leur plaît de se donner.

Rœsel le premier a découvert ce genre ; et Muller l'a nommé Protée, et en a décrit plusieurs espèces. M. Bory de St-Vincent les réunissant à quelques vibrions du même auteur leur a donné le nom d'Amibe, d'un mot grec qui signifie *changer*.

Sept espèces composent ce genre, les principales sont : l'AMIBE RAPHANELLE, *Amiba raphanella*, Bory ; *Proteus tenax*, Mull. loc. cit., pag. 10, pl. 11. fig. 13 et 18, copié dans l'Encyclopédie, vers. tab. 1, fig. 2 ; et l'AMIBE CANARD, *Amiba anas* (*vibrio anas*, Mull.).  (L. R.)

AMIDINE. (CHIM.) Substance opaque ou demi-transparente, d'une couleur blanche ou jaunâtre, très-friable, inodore, insipide, soluble dans l'eau bouillante, insoluble dans l'alcool, etc., que l'on obtient en abandonnant l'empois d'amidon à lui-même, à la température ordinaire, avec ou sans le contact de l'air.  (F.F.

AMIDON. (CHIM.) Principe immédiat des végétaux, formant la base de tous ceux qui peuvent être employés à la nourriture de l'homme et des animaux. On le trouve en abondance dans le blé et les autres graminées, dans la pomme de terre, la nigelle, la filipendule, l'orchis-morio, divers iris, etc.; dans les fruits du marronier, du châtaignier, du chêne ballotte, dans les expansions foliacées du lichen d'Islande, dans une foule de racines, telles que celles des arums, de la bryone, du manioc, qui contiennent en outre des substances vénéneuses; dans le sagoutier et plusieurs autres palmiers, etc. L'amidon est indépendant de l'odeur, de la saveur et de la couleur des plantes; il jouit d'un très-grand degré de blancheur et de finesse; il est brillant, inodore, frais au toucher, faisant entendre sous les doigts qui le pressent un léger craquement, inaltérable à l'air, insoluble dans les véhicules aqueux et spiritueux, à moins que leur température ne s'élève à 63 degrés centigrades; l'eau bouillante le convertit en une espèce de gelée tremblottante et demi-transparente; il donne du sucre sous l'action de l'acide sulfurique.

Selon les observations de Raspail, l'amidon n'est point un corps homogène, chaque granule qui le compose est un véritable organe; il est formé: 1° d'une enveloppe ou tégument lisse, inattaquable par l'eau et les acides à la température ordinaire, susceptible d'une longue coloration bleue par l'iode; 2° et d'une substance intérieure soluble dans l'eau froide, liquide même dans son état naturel, à laquelle l'évaporation fait perdre la faculté de se colorer par l'iode. Raspail lui reconnaît de plus toutes les propriétés de la gomme, et il estime que la coloration est due à une substance volatile. Des expériences faites à la suite de cette intéressante découverte m'ont prouvé le contraire des trois dernières assertions. L'amidon de pomme de terre fournit bien un mucilage analogue à celui de la gomme adragant; mais il n'est point de la gomme et ne présente aucune de ses propriétés. Quant à la coloration en bleu céleste et même en bleu foncé, elle a lieu lentement, et n'est nullement l'effet d'une substance volatile, puisque l'amidon soluble ne perd point cette faculté même lorsqu'il est soumis à une longue ébullition, et que desséché, si on le broie de nouveau, et qu'on le mouille avec de l'eau, la couleur bleue se manifeste toujours aussi belle.

Les usages de l'amidon sont nombreux; outre qu'il sert comme matière nutritive, il donne une colle tenace qui devient très-dure en séchant, et dont on fait usage dans les arts et dans l'économie domestique. Le sucre qu'on en obtient pour fabriquer de l'alcool, est devenu l'objet d'importantes exploitations. (*V.* FÉCULE et POMME DE TERRE.) Les Kosaques préparent avec l'amidon, sous le nom de kissel, un mets assez agréable, dans lequel il entre du lait, de l'eau et du sucre. On réserve pour les arts l'amidon que l'on retire des blés gâtés, des recoupettes et autres matières analogues.

(T. D. B.)

AMIE, *Amia.* (POISS.) Ce genre appartient à la famille des Clupes; c'est des Erythrins et des Bichirs qu'il se rapproche davantage, par la forme de son corps, qui n'est point comprimé comme celui des poissons de la même famille. La tête légèrement déprimée de l'*Amie*, son large museau arrondi, la disposition même de ses écailles lui donneraient plutôt un air de ressemblance avec certains ésoces, et particulièrement avec le brochet. Mais ses caractères essentiels ne permettent point qu'on l'éloigne du groupe dans lequel il a été placé par Cuvier. La seule espèce qui compose ce genre, l'Amie chauve (*Amia calva*), a la tête couverte de pièces osseuses et dures, qui sont percées d'une infinité de très-petits pores; l'inter-maxillaire est, aussi bien que la mâchoire inférieure, armé d'un rang de dents fortes et pointues, derrière lesquelles on en aperçoit d'autres beaucoup plus courtes, coniques et disposées en pavé. Les maxillaires en portent de très-fines et aiguës. Les rayons branchiaux sont plats, élargis, et au nombre de douze; entre les branches de la mâchoire inférieure on remarque une plaque osseuse de forme oblongue, laquelle est marquée de stries qui partent d'un centre commun.

L'ouverture antérieure de la narine se prolonge en un tube charnu, que quelques auteurs ont considéré, mais mal à propos, comme un barbillon.

La nageoire du dos prend naissance entre les pectorales et les ventrales et ne laisse qu'un très-petit intervalle entre elle et la nageoire caudale. Celle-ci est arrondie, et l'anale est fort courte.

Une autre particularité qu'il est essentiel de faire connaître, c'est la structure de la vessie natatoire, qui présente l'aspect celluleux d'un poumon de reptile

L'Amie chauve est un poisson des rivières de la Caroline. On l'y nomme *mudfish* ou poisson de vase, et sa chair y est peu estimée. On dit qu'il se nourrit d'écrevisses, et qu'il arrive à une taille assez considérable. (G. B.)

AMIRAL. (MOL.) Nom donné à un cône fort beau, très-recherché et dont le prix est toujours resté fort élevé dans le commerce. Les variétés de cette espèce sont assez nombreuses, et ne reposent pour la plupart que sur des taches plus ou moins grandes et des fascies plus ou moins nombreuses, qui leur ont valu des dénominations différentes, telles que Contre-amiral, Vice-amiral, Grand-Amiral. etc., etc. Au nombre de ces variétés on en distingue deux qui sont encore plus rares que les autres, et qui ont aussi une plus grande valeur. La première est celle que l'on appelle Amiral grenu; nom justement donné, puisque ce cône est effectivement chargé en totalité de granulations. La deuxième, rapportée récemment de la Californie, présente un caractère différent, qui consiste à avoir la spire couronnée par une rangée de tubercules blancs et placés uniformément. Ce jeu de la nature, que j'ai eu lieu d'observer sur beaucoup d'espèces, et qui est sans doute commun à toutes celles qui existent, n'a pas été compris de M. Vignard, naturaliste du Havre, qui avait bien voulu me consulter à ce sujet; et, persistant à voir une espèce nouvelle dans cette variété, il lui donna le nom de *Conus Blainvilii.* Un Anglais en fit l'acquisition, moyennant la somme de cinq cents francs. Nous avons fait figurer cette espèce dans notre Atlas, pl. 14, f. 1. (DUCL.)

AMIS (Iles des), ou ARCHIPEL DE TONGA. (GÉOG.) Ces îles, qui sont au nombre de 150 environ, se trouvent situées dans le Grand-Océan, un peu au dessus du tropique du Capricorne, dans cette partie du monde qui a reçu le nom de Polynésie. Elles furent découvertes en 1645 par Tasman; et ce fut le fameux navigateur Cook qui, en mémoire du bon accueil qu'il reçut, les surnomma îles *des Amis* : depuis elles ont pris le nom *d'Archipel de Tonga*. Quelques unes d'entre elles seulement, les principales, sont habitées par une race d'hommes qui est une variété de la race trouvée dans les différens archipels de la Polynésie : quoique les formes de leur figure offrent beaucoup de différences entre elles, on peut cependant dire qu'en général ils ont le nez épaté, les lèvres peu épaisses, de bonnes dents et de beaux yeux; ils sont tous bien faits, d'une force musculaire et d'une adresse remarquables ; aussi les chutes que les étrangers font en se heurtant contre les racines qui couvrent ces îles sont pour eux une source de rire inextinguible ; la couleur de leur peau est très bronzée : cependant quelques individus, les femmes surtout, jouissent d'un teint beaucoup plus clair. Les femmes y sont belles et très-fières de la petitesse élégante de leurs mains ; ce sont elles qui sont chargées de la fabrication des étoffes et des nattes, qui surpassent en beauté toutes celles que l'on voit ailleurs.

Le soin de la culture de la terre regarde les hommes, ainsi que tous les autres travaux qui nécessitent plus de force et de fatigue, tels que la construction des maisons, des pirogues, des divers instrumens de pêche et de navigation : leur nourriture se compose des poissons qu'ils trouvent en abondance sur les côtes, des plantes légumineuses et des racines que produit le sol des îles de l'archipel : ils sont en général d'un caractère doux, quoiqu'un peu voleurs, et très-adroits dans la fabrication de leurs armes et de leurs outils.

Ces îles offrent un sol très-fertile, dont les naturels tirent parti avec une intelligence qui leur est propre. On y rencontre peu de quadrupèdes ; des cochons, quelques rats et des chiens, qui vivent à l'état de domesticité, sont les seuls que nous puissions nommer; mais on y trouve une espèce de volaille d'une grande taille et d'un très-bon goût, ainsi qu'un grand nombre de perroquets et de pigeons.

Cet archipel formait naguère un gouvernement monarchique obéissant aux lois de Finow Ier; maintenant il est partagé entre plusieurs chefs.

L'île principale est TONGA ou TONGA-TABOU. Tasman l'avait appelée *Amsterdam* : elle est la plus peuplée et la plus grande. Une révolution s'est opérée il y a quelques années : le roi de la race vénérée de Touï-Tonga a été chassé de l'île, et trois chefs la gouvernent aujourd'hui conjointement ; ils se nomment *Tahofa*, *Palou* et *Lavaka*. Le premier est un ambitieux qui règne au nom des deux autres ; mais laissons parler M. Durville,

qui, dans sa relation de la corvette *l'Astrolabe* donne les détails suivans : « Lorsque les habitans de l'île eurent chassé la race antique de leurs rois, Palou, Lavaka et Tahofa furent conjointement investis de la souveraine puissance. Tahofa, doué de qualités guerrières, rendit au pays d'éminens services dans les combats, et dès lors il s'éleva dans l'opinion des insulaires bien au dessus de ses deux collègues qui, à des goûts très-pacifiques joignaient l'indolence et l'incapacité. Bien plus, par une politique qui dénote un degré peu commun d'intrigue et d'habileté, Tahofa, devenu père d'un garçon, réussit à le faire adopter par la *Tamaha*, mère du roi chassé, et la seule personne de la branche souveraine qui fût restée dans l'île. En vertu de cette adoption, nous pûmes voir le peuple de Tonga, et Tahofa lui-même, rendre humblement à un enfant de trois ans les honneurs dus au rang suprême et à la race vénérée des Touï-Tongas. N'est-il pas merveilleux de retrouver aux extrémités du monde, dans une île presque imperceptible sur la carte du globe, une parodie si vraie, si frappante des grands événemens qui, lorsque nous étions encore enfans, avaient agité l'Europe entière. Ainsi la mer du sud avait aussi son Napoléon. Peut-être n'avait-il manqué au guerrier sauvage qu'un plus vaste théâtre, pour remplir aussi un hémisphère de son nom et de sa renommée. N'est-il pas au moins étonnant de voir aux deux points opposés de la terre, deux ambitieux procéder par les mêmes moyens et s'avancer vers le même but ? Entre Napoléon et Tahofa, la distance est immense, sans doute, mais aussi entre la France et Tonga-Tabou ! »

Nous citerons ensuite *Eoua*, *Anamouka*, *Kotou*, petites îles qui n'offrent à la curiosité que quelque volcans jetés à leur surface. *Vavao*, siége du gouvernement du sage et intelligent Finow II; enfin le groupe d'*Hapaé*, soumis aux lois de Toubo-Toa, le plus puissant rival de Finow II. C'est ici que fut fait prisonnier en 1806 le capitaine Mauvelu, après le massacre de la presque totalité de son équipage.

(C.J.)

AMITE ou AMMITE. (MIN.) (*Chaux carbonatée globuliforme testacée*, Haüy.) On a donné ce nom à un calcaire composé de globules accumulés les uns sur les autres, et qui sont souvent strillés du centre à la circonférence, ou formés de couches concentriques. Ces globules, qui sont de grosseur très-variable, ont été nommés *Méconites*, *Oolithes*, *Pisolithes*, *Orobites*, etc., suivant leur volume, qu'on a comparé à des graines de pavot, des pois, des œufs, etc. (D'OR.)

AMMI. (BOT. PHAN.) Plante herbacée de la famille des Ombellifères, Pentandrie digynie, ainsi nommée, de ce que plusieurs de ses espèces croissent dans le sable. Elle a pour caractères génériques : calice entier, pétales fléchis en cœur, égaux dans le disque, inégaux à la circonférence ; graines ovoïdes, marquées de côtes saillantes ; elles ne sont point hérissées de pointes épineuses, comme dans les carottes, avec lesquelles cependant toute la plante a de grands rapports.

Des cinq ou six espèces d'Ammi, qui toutes ont les fleurs blanches, une croît en Egypte, les autres sont communes dans le midi de l'Europe. La principale est l'*Ammi majus*, dont les semences âcres et aromatiques, sont carminatives, et faisaient partie des quatre semences chaudes de l'ancienne médecine. L'*A. visnaga* ou *herbe aux cure-dents*, doit ce nom aux rayons de ses ombelles, qui en Turquie servent à nettoyer les dents et leur donne une odeur aromatique. (L.)

**AMMOBATE**, *Ammobates*. (INS.) C'est un genre d'hyménoptères de la famille des Apiaires, établi par Latreille, et auquel il assigne pour caractères : premier article des tarses postérieurs sans dilatation à l'angle extérieur de son extrémité inférieure, dont le milieu donne naissance à l'article suivant; palpes inégaux, les labiaux sétiformes et les maxillaires de six articles.

Ce genre avait été réuni, par son auteur, aux Nomades; mais il l'en a séparé dans ses derniers ouvrages. Il ne se compose encore que d'une seule espèce, c'est l'AMMOBATE A VENTRE FAUVE, *A. rufiventris*, originaire de Portugal. Elle est de couleur noire avec l'abdomen fauve. (H. G.)

**AMMOBIUM.** (BOT. PHAN.) Plante de la famille des Corymbifères, Syngénésie polygamie de Linné. On n'en connaît qu'une espèce, originaire de la Nouvelle-Hollande, c'est l'*A. alatum*, que l'on cultive dans les jardins; ses fleurs sont terminales, scarieuses, en bouton rond, jaune au centre et blanc à la circonférence. (L.)

**AMMOCÈTE**, *Ammocœtes*. (POISS.) Genre de la famille des Cyclostomes, établi par Duméril. Les Ammocètes se reconnaissent à leur lèvre charnue, qui n'est que demi-circulaire et non tout-à-fait arrondie comme celle des lamproies, ce qui les met dans l'impossibilité de se fixer comme le font celles-ci sur les pierres ou autres corps solides.

Ils manquent complétement de dents, mais l'ouverture de leur bouche se trouve garnie d'une rangée de petits barbillons branchus. Bien qu'elles aient chacune un trou particulier pour la sortie de l'eau, leurs sept paires de branchies sont contenues dans une cavité commune, et l'eau qu'elles reçoivent vient directement de la bouche sans passer par un canal particulier, comme cela a lieu dans les lamproies.

Les nageoires du dos et de l'anus de ces poissons sont confondues avec celles de la queue; à peine leurs yeux se laissent-ils apercevoir au travers de la peau.

On peut considérer les Ammocètes comme étant complétement privés de squelette, car les parties qui devraient le constituer demeurent toujours à l'état membraneux, et sous ce rapport ils ressemblent plus à des vers qu'à des animaux vertébrés.

On distingue deux espèces d'Ammocètes : l'*Ammocète lamprillon*, qui est le *Petromyzon branchialis* de Linné, ainsi nommé parce qu'on a cru qu'il s'attachait aux branchies des poissons pour les sucer, ce qui arrive en effet à la petite lamproie de rivière (*Petromyson Planeri*) avec laquelle, ainsi que le fait remarquer M. Cuvier, on l'aura sans doute confondu.

On le nomme aussi *Lamproyon* et plus communément *Sept-œils*; il est long de sept à huit pouces et gros comme un fort tuyau de plume. Son dos est d'une couleur verdâtre et la partie inférieure de son corps est blanche; il s'enfonce dans le sable, et y respire par un mécanisme particulier à l'aide duquel il fait pénétrer l'eau jusqu'à lui.

La seconde espèce est l'Ammocète rouge (*Petromyzon ruber*, Lacép.), figurée dans notre Atlas, pl. 14, fig. 2. Sa taille est la même que celle de l'espèce précédente; mais elle est d'un rouge de sang plus foncé sur le dos. L'une et l'autre se trouvent à l'embouchure de la Seine. A Rouen on mange volontiers la première, et toutes deux servent d'appât pour les hameçons. (G. B.)

**AMMODYTE.** (POISS.) Voy. ÉQUILLE.

**AMMONÉES** (Les), (MOLL.) Coquilles multiloculaires fort rapprochées des Nautiles et dont Lamarck a fait une famille bien tranchée qu'il composait des genres Ammonite, Orbulite, Ammonocératite, Turrilite et Baculite. Voici les caractères qu'il lui assigne : cloisons sinueuses, lobées et découpées dans leur contour, se réunissant entre elles contre la paroi intérieure de la coquille, et s'y articulant par des sutures découpées et dentées.

Ces coquilles du plus grand intérêt, que l'on trouve en nombre infini dans les plus anciennes couches secondaires de la terre, n'avaient été étudiées que d'une manière superficielle. On doit à Lamarck et à ses premiers travaux l'élan donné à ce sujet. Depuis la publication de son ouvrage sur les animaux sans vertèbres, il en a paru un de M. Dehaan ayant pour titre Monographie des Ammonites et Goniatites (Leyde 1825), et plus récemment un autre en allemand de M. de Buck, traduit en français et publié dans les Annales des sciences naturelles (tome 29°), par M. Domnando, géologue distingué. Ces ouvrages, justement appréciés, jetteront un grand jour sur l'histoire de cette famille, dont l'étude plus approfondie a déjà donné lieu aux changemens que je vais indiquer. Des six genres créés par Lamarck, un d'entre eux a été supprimé et quatre nouveaux l'ont remplacé. Voici leur classement méthodique et l'ordre dans lequel il faut les étudier : Ammonite, Scaphite, Cératite, Goniatite, Ammonocératite, Hamite, Baculite et Turrilite. Voyez ces mots. (DUCL.)

**AMMONIAC, AMMONIACAL** (GAZ.), GAZ HYDROGÈNE AZOTÉ. (CHIM.) Substance connue depuis un temps immémorial, qui résulte de la combinaison de trois volumes de gaz azote et d'un volume de gaz hydrogène, qui se forme pendant la décomposition des matières animales, et qui n'existe jamais dans la nature que combinée avec les acides carbonique, sulfurique, muriatique, phosphorique, acétique, etc.

Le gaz ammoniac est incolore, invisible, âcre, caustique, d'une odeur très-vive et très-irritante; il verdit les couleurs bleues végétales, éteint les corps en combustion, se dissout dans l'eau qui en absorbe 460 fois son volume, est susceptible de se combiner avec les huiles et les graisses pour former des savons, avec les acides pour former des sels, etc.

On l'obtient en triturant ensemble parties égales de sel ammoniac et de chaux vive.

Le gaz ammoniac n'est guère employé que dissous dans l'eau. Dans cet état il forme l'AMMONIAQUE LIQUIDE, autrefois ALCALI VOLATIL, ALCALI VOLATIL FLUOR. C'est un liquide incolore, transparent, etc., qui résulte de la solution du gaz ammoniac dans l'eau distillée, qu'on obtient en recevant le produit de la décomposition du sel ammoniac par la chaux, dans des flacons tubulés, aux deux tiers remplis d'eau pure et entourés de glace. On l'emploie en médecine, à l'extérieur, comme excitant, dans les syncopes, les défaillances, etc. ; comme rubéfiant associée avec l'huile d'olives ou d'amandes douces dans des proportions variables; comme caustique contre la morsure des chiens enragés, le venin de la vipère, etc. ; à l'intérieur, étendue dans de l'eau, contre l'ivresse, la morsure des animaux venimeux, les fièvres adynamiques, etc.

AMMONIAQUE ACÉTATÉE, ou ACÉTATE D'AMMONIAQUE, autrefois esprit de Mindérérus. Cet acétate, formé, comme son nom l'indique, d'acide acétique et d'ammoniaque, existe dans l'urine pourrie, le bouillon gâté, etc.

Il est ordinairement liquide, mais on peut l'avoir sous forme d'aiguilles déliées, en le soumettant à une prompte évaporation. Dans cet état, sa saveur est très-piquante, et sa solubilité dans l'eau, sa volatilité sont très-prononcées.

La préparation de l'acétate d'ammoniaque concret est extrêmement simple ; il suffit de saturer du sous-carbonate d'ammoniaque par de l'acide acétique concentré, et d'évaporer la liqueur à une douce chaleur. Veut-on l'avoir liquide; on verse, comme le conseillait Mindérérus, du vinaigre distillé sur du sous-carbonate d'ammoniaque jusqu'à ce qu'il n'y ait plus d'effervescence, c'est-à-dire de dégagement d'acide carbonique. Ce mode de préparation ne donne pas toujours, il est vrai, un médicament identique, car le vinaigre distillé n'a pas toujours le même degré de concentration; mais les différences qui en résultent sont de peu d'importance.

A l'état liquide, cet acétate a une couleur citrine et une saveur légèrement urineuse.

L'acétate d'ammoniaque est très-employé en médecine. Comme toutes les préparations ammoniacales, il jouit des propriétés sudorifiques, diurétiques et antispasmodiques. On l'a conseillé dans le typhus, les fièvres putrides, malignes, nerveuses, etc, à la fin des affections goutteuses et rhumatismales; dans la petite-vérole, contre l'ivresse, la migraine, etc.

AMMONIAQUE CARBONATÉE, ou SOUS-CARBONATE D'AMMONIAQUE. Sel solide, blanc, très-volatil, d'une odeur ammoniacale très-prononcée, soluble dans l'eau, etc., que le docteur Marcet a trouvé dans l'eau de la mer, qui se dégage des substances animales en putréfaction, qui existe dans quelques eaux minérales, et qu'on obtient en chauffant le sel ammoniac avec du carbonate de chaux.

Ses usages, comme excitant et comme stimulant, sont très-fréquens. On l'enferme dans de petits flacons avec quelques liquides aromatiques, et on le désigne alors sous le nom de *sel volatil d'Angleterre*.

AMMONIAQUE MURIATÉE, SEL AMMONIAC, HYDROCHLORATE D'AMMONIAQUE. Combinaison de l'ammoniaque avec l'acide hydrochlorique, qui existe dans la nature et qu'on a trouvée; 1° cristallisée dans les produits de l'éruption du Vésuve, en 1794; 2° en masses granulées à la Solfatare; 3° en concrétions stalactiformes à Vulcano; 4° dans tous les volcans, dans le cratère de l'Etna, dans une caverne de l'île de Lipari, en solution dans les eaux de Lagonis, dans quelques fontaines d'Allemagne, et dans le voisinage de certaines houillères d'Angleterre; 5° enfin, en Tartarie, en Perse, au Thibet, en Bucharie, en Sibérie, etc. Sa forme, tantôt cristalline (octaèdre, cube, ou dodécaèdre), tantôt granuleuse, tantôt enfin stalactitique, est quelquefois encore fibreuse, aiguillée ou lamelleuse ; son odeur est urineuse, sa solubilité dans l'eau est complète, et sa couleur varie du blanc grisâtre au jaunâtre, ou bien du jaune au noir brunâtre.

Le sel ammoniac que l'on trouve aujourd'hui dans le commerce est le produit de l'art. Des fabriques, qui rivalisent entre elles par la beauté des échantillons et la modicité des prix, se sont élevées en Belgique, en Allemagne et en France; et voici, en très-peu de mots, le procédé suivi le plus généralement : on décompose des matières animales par la chaleur; on filtre les produits obtenus, qui contiennent principalement du sous-carbonate d'ammoniaque, sur du sulfate de chaux (plâtre) : il se forme du sulfate d'ammoniaque que l'on décompose par l'hydrochlorate de soude (sel marin); on fait évaporer et cristalliser pour séparer le sulfate de soude; puis, par la sublimation, on obtient le sel ammoniac resté dans les eaux mères. Celui-ci est ensuite purifié par des lotions, des solutions, des cristallisations ou sublimations successives.

Avant Baumé, qui le premier le prépara chez nous, tout celui que l'on employait dans les arts et la médecine était envoyé d'Ammonie (de là son nom), pays d'Egypte, où était un temple consacré à Jupiter Ammon, et où on le retirait de la fiente des chameaux.

Le sel ammoniac des fabriques se présente avec les caractères suivans : pains assez volumineux, concaves d'un côté, convexes de l'autre, cristallisés en aiguilles pinnées, d'un blanc grisâtre, quelquefois brunâtres, surtout quand ils n'ont pas été purifiés; élastiques, inodores quand ils sont entiers, d'une odeur vive quand on les pulvérise ; d'une saveur très-piquante, âcre et amère, inaltérables à l'air, solubles dans l'eau et dans l'alcool, volatilisables en totalité quand ils sont purs; exhalant une forte odeur ammoniacale quand on les triture avec de la chaux, etc.

A l'état brut, on s'en sert pour la fabrication du fer-blanc; dans l'étamage, pour décrasser les métaux; dans la teinture, la préparation de l'ammoniaque liquide, etc. ; purifié, la médecine l'administre à l'intérieur, seul ou associé à d'autres substances, comme stimulant, sudorifique et fébrifuge ; enfin, appliqué à l'extérieur, dissous dans l'eau, il agit comme résolutif, et le grand froid qu'il produit en se dissolvant, le rend propre à combattre les inflammations superficielles de la peau, les migraines, etc.

AMMONIAQUE PHOSPHATÉE OU PHOSPHATE D'AMMONIAQUE. Sel qui résulte de la combinaison de l'acide phosphorique avec l'ammoniaque, que l'on rencontre dans l'urine de l'homme, dans certains calculs, dans les concrétions intestinales des animaux, et que l'on obtient en traitant le phosphate acide de chaux par un excès de sous-carbonate d'ammoniaque, filtrant la liqueur, etc.

L'ammoniaque phosphatée cristallise en prismes à quatre pans ; sa saveur est salée, piquante et urineuse ; elle est inodore, inaltérable à l'air, blanche, soluble dans l'eau, décomposable au feu, verdit les couleurs bleues végétales, etc.

Inusitée en médecine, on s'en sert dans la fabrication des pierres précieuses, pour rendre la toile incombustible, etc.

AMMONIAQUE SULFATÉE. Mascagni a rencontré le premier l'ammoniaque sulfatée naturelle dans l'eau des Lagonis du pays de Sienne, en Toscane. Depuis, on l'a observée également dans une source thermale du département de l'Isère, et sous forme de concrétions ou de stalactites sur les laves du Vésuve, et dans les fumeroles de l'Etna, de la Solfatare, etc. Sa couleur varie du gris jaune au jaune roussâtre ; sa cassure est terreuse, sa transparence peu sensible, sa solubilité dans l'eau très-prononcée, sa saveur piquante et un peu acide.

Celle des pharmacies, ou *sulfate d'ammoniaque*, appelée encore, autrefois surtout, *sel ammoniac vitriolique, sel ammoniacal, sel secret de Glauber, vitriol ammoniacal*, se présente sous forme de petits prismes hexaèdres, terminés par des pyramides à six faces, inaltérables à l'air, solubles dans l'eau, volatils par l'action de la chaleur, incolores, etc. On l'obtient en décomposant le sous-carbonate d'ammoniaque par l'acide sulfurique affaibli. On s'en sert pour préparer l'alun.

(F. F.)

AMMONIAQUE (GOMME). (CHIM.) *V.* GOMME AMMONIAQUE.

AMMONIE. (MOLL.) Genre créé par Denis de Montfort et figuré par lui, page 74, sur une coquille encore fort rare et d'une assez grande valeur que l'on connait sous le nom de Nautile ombiliqué. *V.* NAUTILE et la description qu'en donne Lamarck dans son vol. 7, page 633. (DUCL.)

AMMONITE. *Ammonites.* (MOLL.) Premier genre de la famille des Ammonées, dont Lamarck a posé ainsi les caractères : coquille discoïde, en spirale, à tours contigus et tous apparens, à parois internes articulées par des sutures sinueuses, cloisons transverses, lobées et découpées dans leur contour, imitant en quelque sorte la feuille du persil, sans siphon dans leur disque, mais percées par une sorte de tube marginal.

Ces coquilles, vulgairement appelées cornes d'Ammon, ne sont encore connues qu'à l'état fossile, et sont fort nombreuses en espèces, quoiqu'on en ait extrait toutes celles qui présentaient des caractères différens, dont on a fait les genres Scaphites, Cératites, Goniatites, Ammonocératites, Hamites, Baculites et Turrilites. On les trouve dans les plus anciennes couches secondaires de la terre, et jusque dans les premières couches de craie. Mais dans cette dernière formation, qu'elles dépassent rarement, elle sont moins communes.

Leur taille varie de la plus petite à la plus grande qu'on puisse imaginer. *Schloteim*, dans son ouvrage intitulé *Die Petrefactenkunde*, en décrit une espèce sous le nom d'*Ammonites colubratus*, que l'on peut comparer à une fort grande roue de voiture, puisqu'elle dépasse six pieds de diamètre, mais à cet état de grand développement, on peut concevoir qu'elles sont fort rares ; le test des Ammonites étant naturellement fort mince est rarement conservé, on n'en trouve que quelques parcelles. Ce n'est donc que le moule intérieur de ces coquilles qu'on peut étudier pour distinguer les différentes espèces qui constituent le genre. Ces moules, sous le rapport de leur nature, présentent les phénomènes les plus intéressans, et tout à la fois les plus bizarres ; quelquefois ils sont à l'état pyriteux, offrant les plus belles couleurs prismatiques et métalliques ; souvent on les trouve complétement ferrugineux ou quarzeux. D'autres sont convertis en agate, et sciés en deux parties, ils sont susceptibles de recevoir le plus beau poli ; dans certaines localités ces coquilles sont si abondantes que des chaînes de montagnes tout entières en sont composées.

Les Ammonites ont été connues des anciens, et s'il faut les croire sur ce qu'ils en disent, on leur attribuait des vertus particulières. De nos jours elles font encore dans l'Inde l'objet d'un culte, et toutes celles que l'on trouve près du Gange ont une fort grande valeur.

Pour donner une idée de la forme de ces coquilles remarquables, nous avons fait figurer une belle espèce de ce genre, l'*Ammonites bifidus* de Bruguière ; voyez notre Atlas, pl. 14, fig. 3. (DUCL.)

AMMONIURES. (CHIM. et MIN.) On appelle ainsi les combinaisons de l'ammoniaque avec les bases salifiables. On dit *Ammoniure d'argent*, de *cobalt*, etc.

(F.F.)

AMMONOCÉRATITES, *Ammonoceratites.* (MOLL.) Genre de coquilles multiloculaires créé par Lamarck (ann. sans vert., vol. 7, pag. 644), fort rapproché des Ammonites, appartenant à la division des Céphalopodes testacés. Deux espèces seulement constituent ce genre, et ne sont connues qu'à l'état fossile. l'Ammonocératite glossoïde, que l'on peut voir dans le cabinet de M. le duc de Rivoli, et l'Ammonocératite aplatie de la collection de M. Defrance. (DUCL.)

AMMOPHILE, *Ammophila.* (INS.) Genre de l'ordre des Hyménoptères établi par Kirby aux dépens du genre Sphex.

Ces insectes ont pour caractères : antennes insérées vers le milieu de la face de la tête ; mâchoires et lèvres formant une trompe beaucoup plus longue que la tête, fléchie dans le milieu de sa grandeur, palpes très-grêles, à articles cylindriques.

Les Ammophiles se distinguent des Sphex par la longueur des mâchoires, celle de la lèvre inférieure, la flexion de ces parties, les palpes filiformes et deux nervures récurrentes aboutissant à la seconde cellule cubitale.

Les Ammophiles creusent leur demeure, dont la forme est celle de petites galeries obliques à la surface du sol, dans une terre sèche et sablonneuse. Dans l'état parfait elles se nourrissent du suc des fleurs.

Peu de temps après l'acte de copulation, la femelle vient déposer ses œufs dans la cavité qu'elle a creusée, et y introduit, pour nourrir la larve qui doit en éclore, une chenille qu'elle a été chercher et qu'elle a percée de son aiguillon. Après avoir assuré par ce moyen la nourriture de la larve, elle bouche l'entrée de sa demeure avec des grains de sable, et n'y revient que pour déposer de nouveaux œufs.

• Le genre Ammophile, qui comprend quelques Sphex et quelques Pepsis de Fabricius, a pour type le *Sphex sabulosa* de Linné. Il renferme aussi une partie des Sphex de Jurine et la première section ou famille de son genre Misque.

On distingue les espèces suivantes : 1° AMMOPHILE DES SABLES, dont le mâle est le *Pepsis lutaria* et la femelle le *Sphex sabulosa* de Fabricius ; 2° les *Sphex binodis*, *Holosericea* et *Clavus* de Fabricius, 3° l'Ammophile champêtre, l'*A. campestris* ou *A. argentea* de Kirby; l'Ammophile des chemins, *A. viatica* ou *Pepsis arenaria* de Fabricius. (H.G.)

AMMOTHÉE, *Ammothea*. (ARACHN.) Ce genre, qui appartient à la famille des Pycnogonides, dans l'ordre des Trachéennes, a été établi par Leach, pour une espèce voisine des Nymphons, mais qui en diffère d'une manière assez notable; c'est l'AMMOTHÉE DE LA CAROLINE. *A. Carolinensis.* Leach, (*The. zool. miscell.*) (GUÉR.)

AMMOTHÉE, *Ammothea*. ( ZOOPH. POLYP. ) Voilà encore un animal qui porte le nom d'Ammothée, en sorte qu'il faudra que celui-ci ou l'arachnide change de nom. Lamouroux a désigné ainsi un genre de l'ordre des Alcyonés, dans la division des Polypiers sarcoïdes, qui se rapproche de la lobulaire digitée. L'espèce type de ce genre est l'*Ammothea virescens*, Lamour. gen. Polyp. p. 69. Ses tiges sont blanches et rameuses ; les animaux sont verdâtres. Ce polypier a été rapporté de la mer Noire par Savigny. (GUÉR.)

AMNIOS. (ANAT.) Membrane lisse, transparente, de nature céreuse, d'une extrême ténuité et l'une de celles qui servent d'enveloppe au fœtus; c'est la première en comptant de dedans en dehors. Sa surface externe est recouverte par le *chorion*; ces deux membranes, ainsi superposées, tapissent toute la portion de l'utérus qui n'est pas recouverte par le placenta; elles passent ensuite devant ce dernier en enveloppant les deux artères, et la veine qui forme le *cordon*.

La face interne de l'Amnios exhale un fluide au milieu duquel nage le fœtus dans le sein de la mère. Ce fluide est limpide, quelquefois blanchâtre et comme laiteux; il exhale une odeur fade, sa saveur est légèrement salée, on l'appelle *Eaux de l'Amnios* ou simplement *les eaux*. L'analyse chimique des eaux de l'Amnios est une de celles sur lesquelles la science doit aujourd'hui revenir : l'acide amniotique (*v.* ce mot) , qu'on a découvert dans cette humeur, paraît être un de ceux dont l'existence est au moins contestable. Ces *eaux* ont pour usage d'empêcher que l'utérus ne s'applique immédiatement sur le fœtus, ne le serre, ne le comprime douloureusement; elles servent à modérer, à amortir les chocs extérieurs, et à l'instant de l'accouchement, la dilatation qu'elles opèrent , par leur présence, au col utérin, contribue à rendre cette fonction plus prompte et moins pénible. (P. G.)

AMOME, *Amomum*. (BOT. PHAN.) Genre de la famille des Balisiers de Jussieu, Monandrie monogynie de Linné, et type d'une nouvelle famille dans la classification de Richard (*V.* AMOMÉES). Les Amomes sont des herbes aromatiques originaires des pays chauds, à racines épaisses, à feuilles entières, lancéolées, engaînantes, à fleurs en épi ou panicule terminale, accompagnées de bractées. En en séparant les espèces qui, comme le gingembre (*v.* ce mot), ont le filet de l'étamine subulé, il reste pour caractère du genre *Amomum* proprement dit : calice trifide, corolle à quatre divisions profondes, l'inférieure plus grande (*Nectaire* de Linné); une étamine à filet plane, se prolongeant au delà de l'anthère, et trilobée au sommet avec deux appendices à sa base, style filiforme.

On compte une douzaine d'espèces d'Amomes, parmi lesquelles nous citerons le cardamome. (*A. cardamomum*), dont les tiges nombreuses sont hautes de deux pieds; les feuilles ondulées terminées en pointe; les épis courts, composés d'écailles lâchement imbriquées, d'où sortent les fleurs. Les Indiens font entrer les graines de cette plante dans la plupart de leurs ragoûts. Une autre espèce, l'*A. graine de paradis*, a été employée en médecine. (L.)

AMOME ou AMOMON (BOT.) ou AMOUR, nom vulgaire d'une espèce de morelle, le *solanum pseudocapricum*. (L.)

AMOMÉES. (BOT. PHAN.) Famille de plantes herbacées, monocotylédones, à étamines épigynes; elle comprend les Balisiers de Jussieu, ou Drymyrrhizées de Ventenat, et, prenant pour type le genre *Amomum*, donne peut-être les moyens de classer ces végétaux d'une manière plus générale. M. Richard, qui l'a créée, lui assigne pour caractères; racines tubéreuses, épaisses, très-aromatiques; feuilles simples, entières, engaînantes; fleurs grandes en épi ou panicule; un calice double, l'extérieur court, trilobé, l'intérieur pétaloïde, disposé sur deux rangs, trois externes égales (corolle), une interne, trilobée (nectaire); étamine à filet pétaloïde, prolongé souvent au dessus de l'anthère; ovaire inférer, triloculaire, capsule ou baie trivalve. Les principaux genres de cette famille sont le *Balisier*, le *Gingembre*, l'*Amome*, le *Curcuma*, etc.     (L.)

**AMONT.** (géogr.) *Amont* est la partie de la rivière opposée à la partie *d'aval*; ainsi l'on dit *pays d'Amont*, pour désigner la contrée qui forme les rivages de la partie supérieure à une ville principale, et *pays d'aval*, pour indiquer la contrée qui se trouve au dessous de la ville, en suivant le courant; donc les bateaux qui viennent de Charenton à Paris traversent, par rapport à cette dernière ville, la *contrée d'Amont*, tandis que s'ils remontaient de Saint-Cloud, ils navigueraient en *aval*.     (C. J.)

**AMORPHA.** (bot.) Arbrisseau de la Caroline, appelé vulgairement *Indigo bâtard*, quoiqu'il ressemble peu à l'indigotier, et qu'il n'ait point sa vertu colorante. Il est de la famille des Légumineuses, Diadelphie décandrie de Linné, et se distingue en ce que sa corolle manque d'ailes et de carène, d'où le nom d'*Amorpha*, en grec *sans forme*. Les étamines sont au nombre de dix, unies faiblement à leur base; le légume ovale, très-petit, tuberculé, à une ou deux graines.

On cultive l'*Amorpha fruticosa* dans nos jardins, où ses rameaux réunis en buisson, ses fleurs en long épi pourpre et violet, sont d'un aspect agréable. Il s'élève à dix ou douze pieds; ses feuilles, ailées avec impaire, se composent de quinze à dix-neuf folioles pétiolées. La seconde espèce connue est herbacée, à folioles sessiles, plus fournie de feuilles et de fleurs que la précédente, mais seulement annuelle dans nos climats. (L.)

**AMOUR** (fleuve). (géogr.) Le fleuve Amour est un des grands courans d'eau de l'Asie orientale : il prend sa source dans les monts Barkadabaln, et dans cette partie de son cours reçoit le nom de *Onon*, donné par les naturels du pays qu'il arrose; il se dirige au nord-est, jusqu'au point le plus septentrional de sa course, où les Tongouths l'appellent *Amour*, et les Chinois *Sagaalien Oula*, c'est-à-dire la rivière de la montagne Noire; cette dernière dénomination lui vient des nombreuses forêts qui couvrent les montagnes qui l'entourent. Il reçoit plusieurs affluens assez considérables, tels que l'*Argoum*, le *Tchoukir*, la *Nonni-Oula* et l'*Onsouri*, et, après un cours de 700 lieues de long, à travers l'Asie russe et différentes provinces de l'empire chinois, il vient se jeter dans l'océan Pacifique, en face de l'île de Tchoka.     (C. J.)

**AMOUR.** (zool.) *V.* Reproduction, Rut et Accouplement.

**AMOURETTE.** (bot. phan.) Plante vivace des prés secs et des montagnes privées de bois, appartenant au genre Brize (*v.* ce mot). Elle fournit un fourrage court, mais de bonne qualité, fort aimé des chevaux, des vaches et surtout des moutons. Ses épillets ovales ont les balles calicinales plus courtes que les balles florales, et renferment cinq ou six fleurs qui, lorsqu'elles sont épanouies, en mai et juin, donnent à cette graminée un aspect agréable.

On appelle *Amourette des prés* la lychnide fleur de coucou, *Amourette moussue* la jolie saxifrage hypnoïde, et *petite Amourette* le paturin éragroste, dont nous parlerons plus tard. (T.d.B.)

On donne encore ce nom à une espèce d'insecte, qui détruit les collections d'histoire naturelle, et que les naturalistes ont appelé *Anthrenus Musæorum*. *V.* Anthrène.     (Guér.)

**AMOURIE.** (bot. phan.) Ce nom vulgaire est donné, dans quelques parties méridionales de la France, aux mûriers et à diverses espèces de plantes qui portent des mûres, telles que la ronce, le framboisier, etc.     (Guér.)

**AMOUROCHE.** (bot. phan.) C'est le nom de l'*Anthemis cotula* dans quelques cantons de la France.     (Guér.)

**AMPELIS.** (ois.) Nom latin d'un genre d'oiseaux. *V.* Cotinga.     (Guér.)

**AMPHACANTHE.** (pois.) *V.* Sidjan.

**AMPHIBIE.** (zool.) Ce mot, diversement employé par les auteurs, paraît aujourd'hui consacré à désigner des animaux pourvus à la fois de poumons et de branchies, et ayant la propriété de vivre alternativement dans l'air et dans l'eau.

Toutes les larves de reptiles pourvus à la fois de poumons et de branchies sont momentanément amphibies. En effet, à l'époque de leur métamorphose, ces animaux respirent l'air atmosphérique par les poumons, et l'air contenu dans l'eau par les branchies. Pour cela les têtards commencent par rester plus long-temps à la surface de l'eau; puis, plus confians dans les changemens qui s'opèrent en eux, ils vont à terre pour essayer leur respiration pulmonaire; quelquefois on les voit revenir dans l'eau; le plus souvent ils n'y retournent qu'après leur complète métamorphose. A cette époque, il est facile de prolonger leur état transitoire d'animaux amphibies, en les forçant à rester dans l'eau quelques jours de plus. Voir pour plus de détails l'article Métamorphose.

Pour ce qui regarde les autres Amphibies, on a beaucoup discuté sur la question de savoir si les reptiles pourvus à la fois de branchies et de poumons, et pouvant respirer en même temps l'air atmosphérique ou l'air contenu dans l'eau, sont des êtres parfaits ou seulement des larves d'espèces encore inconnues dans leur état complet de développement. Il résulte des recherches anatomiques de l'illustre Cuvier, et aussi des rapprochemens zoologiques qu'il a présentés, que ces animaux sont véritablement des êtres parfaits, comparables aux têtards de grenouilles et de salamandres, qui conserveraient les mêmes conditions pendant toute la durée de leur vie, sans subir aucune métamorphose. De ce nombre seraient les sirènes, les protées, les ménobranches et les axolotls.

On doit cependant rayer du nombre des amphibies les Protées; car, d'après les belles et intéressantes recherches de M. Rusconi, ces animaux meurent aussitôt qu'on les retire de l'eau, d'où il faut conclure que les poumons rudimentaires de ces reptiles sont insuffisans pour une respiration atmosphérique.

Quant aux axolotls, Cuvier les place encore avec quelque doute parmi les genres à branchies permanentes : il ne resterait donc de véritables Amphibies, que les ménobranches et les sirènes. Ces dernières surtout lui ont paru offrir toutes les conditions essentielles à une respiration aquatique et pulmonaire indépendantes l'une de l'autre. On a aussi donné le nom d'Amphibies à une petite tribu de mammifères carnivores, ce sont les Phoques et les Morses (*v.* ces mots). Ces animaux, dont l'organisation est encore peu connue, ont des poumons, mais pas de branchies, quoique habitans des eaux. Les auteurs qui attribuaient la faculté de rester long-temps sous l'eau à une disposition particulière du cœur, avaient cru que le trou de Botal chez ces animaux était resté libre, fait que des observations ultérieures sont venues infirmer.

D'où il suit pour nous que tous les animaux qui ont la possibilité de rester un certain temps sous l'eau, ceux-là même qui n'ont pas de branchies et que l'on plaçait à tort parmi les Amphibies, doivent cette faculté à une disposition particulière de leurs poumons, et à la possibilité d'obstruer l'ouverture des narines. Je citerai pour exemple des animaux bien connus, comme la grenouille et la salamandre ou lézard d'eau. Ces deux espèces de reptiles ont des poumons très-amples, d'une structure différente de celle des poumons des mammifères, ressemblant plutôt à des sacs ou à des vessies gonflées ; là une grande masse d'air peut entrer et y être maintenue ; de plus, la langue de la grenouille, en s'appliquant sur le palais, bouche les trous des narines internes ; et chez la salamandre, deux prolongemens semi-cartilagineux (dépendances de l'hyoïde) vont aussi, au gré de l'animal, se placer dans les ouvertures internes des narines. Ce qui, chez l'un comme chez l'autre de ces reptiles, empêche l'entrée de l'eau dans la bouche et permet à ces animaux de rester sous l'eau tant que le besoin de respirer ne se fait pas sentir. D'après Buffon et Daubenton, il suffirait de plonger de jeunes mammifères, à diverses reprises, dans un fluide dont ils puissent se nourrir, tel que le lait, par exemple, pour les rendre Amphibies. Ce fait cependant est loin d'être démontré, et ne s'appuie nullement sur des données anatomiques exactes. On peut tout au plus admettre, d'après les expériences de M. Edwards, une respiration cutanée propre à certains reptiles qui séjournent dans l'eau ; d'après cela, et d'après ce que nous avons dit plus haut, on peut s'expliquer pourquoi des animaux non Amphibies restent plus ou moins long-temps sous l'eau. (*V.* les articles Cœur, Circulation et Respiration.)

( M. S. A. )

AMPHIBOLE. (min.) Considérée comme espèce minérale, cette substance ne nous offrirait, d'après la nomenclature de notre célèbre minéralogiste Haüy, qu'une combinaison de silex et de chaux, rayant le verre, et se présentant en cristaux, tantôt d'un noir plus ou moins foncé, tantôt d'un vert plus ou moins intense, tantôt enfin bleus ou gris-cendré.

Haüy a réuni sous le nom d'Amphibole les trois espèces de Werner appelées Hornblende, Actinote et Grammatite. Mais la minéralogie nouvelle, dont M. Beudant a fondé les caractères sur la composition rigoureusement chimique, considère l'Amphibole comme une division du genre des silicates magnésiens, comme un sous-genre qui comprend les silicates de chaux et de magnésie, c'est-à-dire des substances dans lesquelles la silice, qui se présente dans son plus grand degré de pureté dans le quarz incolore et transparent, ou, pour nous servir d'un nom vulgaire, dans le cristal de roche le plus limpide, joue le rôle d'acide, forme, sur cent parties, plus de la moitié du composé, et s'unit à plus de vingt parties de magnésie et à plus de douze de chaux. Ajoutons à cette combinaison de l'oxide de fer, de l'alumine, et quelques autres substances en quantités peu considérables et plus ou moins variables ; nous aurons la composition des deux espèces minérales appelées *Trémolite* et *Actinote*, qui forment le sous-genre Amphibole.

Ce sous-genre cristallise en prismes rectangulaires obliques ; mais sa dureté est différente dans les deux espèces qui lui appartiennent.

Ainsi la trémolite raie difficilement le verre : et en effet, c'est dans cette espèce que se range la plus flexible des substances minérales, cet *amiante* ou *asbeste*, dont les longs filets soyeux sont susceptibles de se tisser et de former des étoffes incombustibles.

Cette propriété si connue dans l'amiante l'avait rendu célèbre chez les anciens : aussi les deux noms français sont-ils la traduction exacte de ses deux noms grecs ; Pline l'appelait *Linum vivum* (Lin inaltérable). Dès la plus haute antiquité, en employait des tissus qu'on en formait à brûler les corps ; ce qui rendait très-facile la conservation des cendres des morts. Mais il n'y avait que pour les riches que l'on pouvait employer ce moyen, parce que ces tissus d'amiante étaient d'un prix excessif : Pline en compare la valeur à celle des perles fines. Cependant on aurait tort de prendre à la lettre l'expression d'incombustible, relativement à la propriété qui faisait rechercher l'amiante, puisqu'il est prouvé que chaque fois qu'il est soumis à l'action du feu il perd une partie de son poids, et que d'ailleurs, exposé à la flamme du chalumeau, il fond en un verre noirâtre.

Une autre variété de la trémolite est la *Grammatite*. L'amiante ne se montre jamais en cristaux, la grammatite, au contraire, cristallise en prismes ; lorsqu'elle est fibreuse, ses fibres se distinguent de celles de l'amiante en ce qu'au lieu d'être flexibles et soyeuses elles sont cassantes comme le verre. Du reste, l'amiante est blanc ou blanchâtre, et la grammatite est tantôt blanche et tantôt verdâtre.

La seconde espèce, ou l'*Actinote*, diffère de la trémolite, d'abord parce qu'elle est toujours d'un vert plus ou moins foncé, quelquefois même d'une couleur bleue, et qu'elle raie le verre. Ce qui en fait une substance spécifiquement différente de la trémolite, c'est que les parties qui la constituent chimiquement sont en proportion autre que dans celle-ci. Ainsi, par exemple, au lieu de ne renfermer au plus que 2 pour cent d'oxide de fer, elle en contient jusqu'à 5o pour cent.

Les Amphiboles se trouvent dans les roches anciennes où domine le Talc ( *v.* ce mot ), et quelquefois dans des produits d'origine volcanique.

Nous avons vu que, dans la trémolite, la variété soyeuse, ou l'amiante, était employée par les anciens pour en faire des tissus; elle est encore utilisée de même par les modernes. Les Chinois en fabriquent des étoffes en pièces; en Italie on en a, dans ces derniers temps, obtenu des toiles et même des dentelles; enfin, on en a fabriqué du papier incombustible : il existe, dans la bibliothèque de l'Institut, un ouvrage imprimé sur ce papier. En Corse, les potiers mêlent l'amiante à l'argile pour en fabriquer des poteries légères, solides, et qui résistent à l'action d'un grand feu. On en a fait aussi des mèches incombustibles, et qui n'ont conséquemment pas besoin d'être mouchées. Enfin, son usage le plus vulgaire en France est l'emploi qu'on en fait dans les briquets sulfuriques, si généralement employés : ainsi les petites bouteilles dans lesquelles on frotte l'allumette de ces briquets ne contiennent que de l'amiante imbibé d'acide sulfurique.

Ces exemples suffisent pour placer l'Amphibole au rang des substances minérales utiles. Il est vrai que l'actinote n'est d'aucun usage; mais plusieurs roches composées d'Amphibole, et principalement les *diorites* ( *V.* Roches), sont employées en Allemagne; on en obtient des verres noirs ou verts, dont on fabrique des boutons d'habits, des manches de couteaux, et d'autres objets qui, bien que d'un joli effet, se vendent à très-bas prix.

( J. H. )

**AMPHIBOLIQUES** (roches). (géol.) L'amphibole à peu près pur constitue des masses plus ou moins puissantes, dont la texture en partie cristalline, la non-stratification et les positions intercalées dans des terrains d'âge très-variable, indiquent suffisamment l'origine ignée. Ces roches sont souvent désignées sous le nom d'*amphibolites*; et sous la dénomination plus générale de roches amphiboliques, on comprend celles dont l'amphibole n'est pas le seul principe constituant, mais où il est en quantité suffisante pour qu'il en résulte des caractères spéciaux qui se rapprochent plus ou moins des caractères assignés à ses diverses variétés.

C'est le *feldspath* qui est le plus souvent associé à l'amphibole dans les roches amphiboliques; les *diorites*, les *trapps* et les *ophites* résultent du mélange de ces deux principes, dont les quantités relatives sont d'ailleurs susceptibles des plus grandes variations. Ainsi, pour donner une idée de ces variations, l'on peut citer les ophites des Pyrénées, qui tantôt ne sont que des porphyres amphiboliques où le feldspath est très-distinct, et qui, près du lac de Lherz (canton de Vicdessos), passent

à la variété d'amphibole pur que l'on a désignée sous le nom de *Lherzolite*. Quelquefois on a constaté, dans des roches amphiboliques, la présence du calcaire; ces variétés ont reçu le nom d'*Hémitrènes*. Les roches amphiboliques sont généralement cristallines, et la tendance à l'état cristallin se manifeste par une texture tantôt lamelleuse, tantôt aciculaire; les couleurs dominantes sont le noir et le vert plus ou moins foncé. La structure massive, quelquefois prismatique, de ces roches, les formes qu'elles affectent, surtout leur gisement et les altérations qu'elles ont souvent fait subir aux couches qu'elles traversent, les désignent comme roches ignées. C'est surtout dans les Iles Britanniques que les espèces connues sous le nom de *Trapps* (Whinstone ou Toadstone des Anglais ) se montrent développées sur une puissante échelle. Leur sortie se lie aux plus grands bouleversemens dans les terrains stratifiés; on les voit souvent empâter des masses considérables de calcaires qu'elles ont changés en marbre ou en dolomie; de grès qu'elles ont transformés en quarz compacte; de schistes qu'elles ont pénétrés de manière à les rendre amphiboliques jusqu'à plusieurs centaines de mètres du plan de contact. En traversant le terrain houiller, elles se sont souvent insérées entre les couches, de manière à prendre une apparence stratifiée; et lorsqu'elles sont en contact avec la houille, elles l'ont changée en coke. Ces caractères de perturbations et d'altérations sont d'ailleurs communs à toutes les roches ignées, et nous ne les citons ici que parce qu'ils ont acquis une certaine célébrité dans la science.

Beaucoup de roches contiennent des cristaux ou des nodules cristallins d'amphibole, et reçoivent l'épithète d'Amphiboliques, sans qu'il y ait lieu cependant à les admettre dans cette classe; ainsi l'on dit un trachyte amphibolique, un porphyre amphibolique, pour désigner des trachytes ou des porphyres parsemés de cristaux. Dans toutes les roches où l'amphibole est à l'état cristallin, et même lorsque dans les roches compactes la nature amphibolique se révèle par la présence de cristaux dans les fissures, dans les géodes, il n'y a pas lieu de les confondre avec les roches pyroxéniques. Mais lorsque la nature constamment compacte et la couleur foncée de la roche rendent cette confusion possible, ainsi que cela a lieu pour certains trapps, on ne doit prononcer qu'avec une grande réserve sur cette distinction. Il résulte en effet des recherches de M. Rose, que l'amphibole et le pyroxène qui se touchent, et l'on peut même dire se confondent sous le rapport de la composition, peuvent dériver l'un de l'autre sous le rapport des formes cristallines; de telle sorte que M. Rose, en s'appuyant en outre sur les faits qui résultent de la formation des pyroxènes dans les scories des hauts-fourneaux, qui ne cristallisent au contraire jamais en amphibole, a été conduit à penser que la seule différence qu'il y eût entre ces deux substances consistait en ce que le pyroxène s'était formé sous l'influence d'un refroidissement brusque, tandis qu'un refroidissement lent avait amené la formation de l'amphibole. Ces conclusions importantes démontrent que s'il existe une différence réelle entre l'amphibole et le pyroxène cristallisés, cette différence peut être regardée comme n'existant plus, lorsque la roche est à l'état compacte ou terreux.

Comme roches presque impossible à classer parmi les roches amphiboliques plutôt que parmi les pyroxéniques, on peut citer les *Spilites* ; leur gisement principal est près de la ville d'Oberstein, où nous les avons déjà citées pour les belles agates qu'elles contiennent. ( *V.* Agate. ) Ce sont les roches brunes ou rougeâtres, compactes, grenues ou terreuses, ordinairement cellulaires, leurs cavités étant tapissées d'une matière verdâtre, regardée comme un silicate de fer, et contenant quelquefois des noyaux ovoïdes de quarz-agate ou de jaspe. Les fissures et les cavités ne contiennent d'ailleurs aucuns cristaux qui puissent décider si le principe dominant est l'amphibole ou le pyroxène; et comme en outre les monticules arrondis qu'elles constituent ne se lient pas avec d'autres éruptions ignées dont on puisse mieux apprécier la nature, l'incertitude de leur classification est complète. (A. B.)

**AMPHIBOLITE.** (min.) Synonyme d'*Actinote.* *V.* Amphibole.

**AMPHIBULIME,** *Amphibulima.* ( moll. ) Genre établi et figuré par Lamarck ( *Ann. du Mus.*, vol. 6, p. 303, pl. 55, fig. *a, b, c* ) sur une coquille voisine des hélices qu'il nomma Amphibulime Capuchon, et dont il fit plus tard le type du genre Ambrette ( *succinea* ) que Draparnaud venait de créer. ( *Voyez* Ambrette. ) ( Ducl. )

**AMPHICOME,** *Amphicoma.* (ins.) Latreille a établi sous ce nom un genre de Coléoptères de la famille des Lamellicornes, tribu des Scarabéides, dont les anciens auteurs avaient confondu les espèces avec le grand genre Hanneton. Les caractères essentiels du genre Amphicome sont : palpes filiformes, terminés par un article cylindrique; languette bifide, prolongée en avant du menton; extrémité des mâchoires membraneuse, presque linéaire, allongée. Mandibules sans dents, arrondies à leur extrémité et assez coriaces. Ces insectes ressemblent assez aux hannetons et surtout aux genres qu'on en a détachés sous les noms d'Hoplie, d'Anysonyx et de Glaphyres; mais ils s'en distinguent cependant facilement au moyen des caractères exprimés ci-dessus; ce sont des insectes d'Asie et des parties de l'Europe qui en sont voisines; ils sont tous couverts de longs poils et d'écailles diversement colorées selon les espèces; leurs habitudes ne diffèrent pas de celles de certains petits genres de hannetons; comme eux, ils vivent sur les fleurs et s'y rencontrent en très-grande abondance. Les naturalistes de l'expédition scientifique de Morée en ont trouvé des quantités, en avril et en mai, sur les anémones qui couvrent alors certains cantons; il y en avait aussi beaucoup sur les graminées dans les prairies de Modon et autres lieux.

On connaît actuellement une quinzaine d'espèces d'Amphicomes ; les *Melolontha Hirta, Cyanipennis, Meles, Bombylius, Vittata* et *Vulpes* de Fabricius en font partie. M. Brullé en a fait connaître sept espèces nouvelles, parmi lesquelles nous citerons l'Amphicome à écusson vert, *A. Scutellata*, dont nous avons donné une figure dans notre Atlas, pl. 15, fig. 1. Pallas en a découvert quelques belles espèces dans la Russie méridionale; on peut voir la figure de l'une de ces espèces dans notre Iconographie du règne animal, insectes, pl. 25 *bis*, fig. 2.

Eschscholtz, naturaliste russe, a détaché des Amphicomes une espèce qui se trouve dans l'Italie méridionale et que Fabricus avait nommée *Melolontha Abdominalis*; cet insecte diffère des Amphicomes par les tarses antérieurs qui ont les trois articles du milieu très-dilatés dans les mâles, ce qui n'a jamais lieu dans le genre dont on l'a séparé. Eschscholtz a donné à ce nouveau genre le nom d'Anthipne, *Anthipna*. Nous en avons publié une figure détaillée dans notre Iconographie du règne animal, insectes, pl. 25 *bis*, fig. 4. On pourra voir dans cette même planche des figures de tous les genres voisins et se faire une idée bien nette des différences qui existent entre eux. (Guér.)

**AMPHICTÈNE,** *Amphictena.* (annel. ) Nom donné par Savigny aux espèces de la première division du genre Amphitrite de Cuvier. Ce genre correspond à celui de Pectinaire de Lamarck. V. Amphitrite. (Guér.)

**AMPHIDESME,** *Amphidesma.* (moll. ) Genre de coquilles bivalves de la famille des Mactracées de Lamarck (Ann. sans vert., vol. 5, pag. 489. ) présentant les caractères ci-après : coquille transverse, inéquilatérale, ovale ou arrondie, quelquefois un peu bâillante sur les côtés, charnière ayant une ou deux dents, et une fossette étroite, pour le ligament intérieur. Ligament double, l'externe court. Parmi les quinze espèces décrites par Lamarck, il en est quelques unes qui n'appartiennent point à ce genre; mais elles sont remplacées par de nouvelles non moins intéressantes et en plus grand nombre. Une coquille ordinairement fort petite constitue un genre très-distinct qui portait anciennement le nom de Donacille. Voyez, pour plus amples détails, l'Extrait du cours de Lamarck, p. 107.

L'Amphidesme panachée, type du genre, et la plus grande espèce, a 42 millimètres de largeur. (Ducl. )

**AMPHIGÈNE.** ( min.) Substance blanche ou blanchâtre, composée de silice, d'alumine et de potasse; rayant difficilement le verre, et cristallisant en dodécaèdres, c'est-à-dire en solides à 12 facettes; souvent même ses cristaux ont 24 faces. Elle se trouve en abondance dans les produits volcaniques ou dans les rochers qui ont subi l'action des feux souterrains. Elle n'est d'aucun usage dans les arts. (J. H. )

**AMPHINOME,** *Amphinome.* ( annel. ) Genre de l'ordre des Dorsibranches établi par Bruguière et adopté par Cuvier ( *Règne animal*, nouvelle édition, 1830 ). Ce genre a été retiré avec raison des Aphrodites de Pallas, et des Térébelles de Gmelin. Il est pour M. Savigny le type d'une famille qu'il nomme *Amphinomes*. Les caractères que Cuvier assigne à ce grand genre sont d'avoir, sur chaque anneau du corps, une paire de branchies en forme de houppe ou de panache plus ou moins compliqué, et à chacun de leurs pieds deux paquets de soies séparés et deux cirrhes. Leur trompe n'a point de mâchoires. A l'exemple de Savigny, Cuvier divise ce groupe en trois sous-genres, auxquels il en adjoint un quatrième formé depuis peu. Voici les caractères de ces coupes secondaires: Les Chloés, *Chloeia*, Savigny, ont cinq tentacules à la tête et les branchies en forme de feuilles. L'espèce type de ce sous-genre est l'Amphinome chevelu de Bruguière ( *Terebella flava*, Gmel., Pallas ). Elle est extrêmement remarquable par ses longs faisceaux de soies couleur de citron, et par les beaux panaches pourpres de ses branchies. Sa forme est large et déprimée, et elle porte une crête verticale sur le museau. Cette belle espèce vient des mers des Indes.

Les Pléiones, *Pleiones*, Savigny, ont aussi cinq tentacules à la tête; mais leurs branchies sont en forme de houppes: elles sont aussi des mers des Indes.

Les Euphrosines, *Euphrosine*, Savigny, qui n'ont à la tête qu'un seul tentacule et dont les branchies, en arbuscules, sont très-développées. Savigny décrit et figure deux magnifiques espèces de ce genre, trouvées dans la mer Rouge. Ce sont les *Euphrosine laureata* et *mirtosa*, que nous avons figurées dans notre Iconographie du règne animal, Annelides, pl. 4 *bis*, fig. 1 et 2.

Les Hipponoes, *Hipponoe*, Edwards et Aud., diffèrent des genres précédens, parce qu'elles sont dépourvues de caroncules et qu'elles n'ont à chacun de leurs pieds qu'un seul paquet de soies et un seul cirrhe; l'espèce type de ce genre ( *Hippone Gaudichaudii* ) vient du port Jakson; nous en avons donné une figure dans la planche de notre Iconographie du règne animal citée plus haut, fig. 3.

( Guér. )

AMPHINOMES. (Annel.) Nom donné par Savigny à une famille qui correspond exactement au genre Amphinome de Cuvier. ( Guér. )

AMPHIPODES, *Amphipoda*. (crust.) Nom que Latreille a donné au quatorzième ordre des Crustacés. Après avoir varié sur la place et les limites de cet ordre, son auteur l'a enfin caractérisé d'une manière définitive, dans le premier volume de son Cours d'entomologie. Il s'est servi d'un travail sur ce sujet, publié par M. Milne Edwards.

La tête des Amphipodes est presque toujours distincte du thorax et porte quatre antennes. Les deux premiers pieds-mâchoires forment une sorte de lèvre inférieure. Le thorax est divisé en sept segmens, munis chacun d'une paire de pieds; il est suivi d'une espèce de queue composée d'un nombre variable de segmens. Le cœur forme un vaisseau étroit et allongé s'étendant le long du milieu du dos. Les deux cordons médullaires et ganglionnaires sont parfaitement symétriques et séparés dans toute leur longueur. Les organes sexuels sont placés à la naissance inférieure de la queue. Le mâle se place sur le dos de la femelle dans l'accouplement; celle-ci porte ses œufs sous la poitrine, entre des écailles formant une sorte de poche, les petits restent attachés au corps de la mère jusqu'à ce qu'ils aient acquis assez de forces pour aller eux-mêmes chercher leur nourriture. Ces crustacés ont généralement, à la base extérieure des pieds, à commencer de la seconde paire, des bourses vésiculaires dont on ignore l'usage.

Les Amphipodes sont de petits crustacés aquatiques et terrestres; ils sont partagés en trois familles qui sont les Crevettines, Podocérides et Hypérines. V. ces mots. ( Guér. )

AMPHIPRION, *Amphiprion*. (poiss.) Ce genre appartient à la famille des Sciénoïdes de Cuvier. Les espèces qui le composent ont toutes un corps ovale, cinq rayons aux ouïes, une seule nageoire du dos et une ligne latérale ne se prolongeant pas au delà de celle-ci. Elles ne possèdent qu'une seule rangée de dents à chaque mâchoire, et leur palais en manque complètement. La tête de ces poissons est obtuse; toutes leurs pièces operculaires sont dentelées, surtout l'opercule, le subopercule et l'interopercule, qui le sont fortement sur leurs bords, et de plus, striés à leur surface.

Les Amphiprions sont des poissons de petite taille qui brillent des plus belles couleurs. Tous viennent de la mer des Indes et surtout de son archipel. Cuvier et Valenciennes en ont représenté deux espèces (*Amphip. laticlavius* et *Amphip. tunicatus* ), à la pl. 132 de leur Histoire des poissons. Nous avons reproduit la figure de cette espèce dans notre Atlas, pl. 15, fig. 2.

Une autre, qui est remarquable par la belle couleur dorée qu'offre sa poitrine, est figurée sous le n° 2 de la planche 19 de l'Iconographie du règne animal par Guérin. ( G. B. )

AMPHIROÉ, *Amphiroa*. (zooph. polyp. ) Ce genre a été établi par M. Lamouroux, pour des polypiers à rameaux épars, dont les articulations, formées d'une substance nue et cornée, sont constamment séparées les unes des autres, et pourraient en quelque sorte les faire comparer à des Isis dépouillées de leur écorce polypifère.

Ce genre a servi à son auteur à établir la division des polypiers flexibles, que MM. Lamarck et Blainville n'ont point admise. Ce dernier seulement, conservant ce genre, l'a divisé en quatre sections, et l'a placé (article Zoophytes au Dictionnaire des sciences naturelles) dans la famille des Corallines.

M. Lamouroux pense que, par la nature de leur substance, ces zoophytes peuvent faire le passage des Polypiers aux Nullipores.

Dix-huit espèces sont décrites, cinq appartiennent à nos mers; plusieurs sont figurées dans Lamouroux: nous citerons l'Amphiroé raide, *Amphiroa rigida*, Lam., Polyp, Flex., etc., p. 197, n° 436, pl. 11, fig. 1; Amphiroé très-fragile, *Amphiroa fragilissima*, Ellis et Solander, Zooph., table 21, fig. a. ( L. R. )

AMPHISBÈNE, *Amphisbæna*. (rept.) C'était

chez les anciens le nom d'un serpent que l'on redoutait beaucoup et que l'on connaît seulement par les fables débitées sur son compte. Comme on le voit par ce vers de A. Lucanus dans la description des serpens de la Libye ,

*Et gravis in geminum surgens caput amphisbæna* ( *Phars., l.* ix),

et par divers passages de C. Plinius, on le croyait pourvu d'une tête à ses deux extrémités, on disait qu'il marchait en arrière comme en avant, et qu'il suffisait qu'une femme enceinte marchât sur une Amphisbène pour qu'elle avortât et devînt stérile à jamais, etc.

Aujourd'hui l'on donne le nom d'Amphisbène à un genre de serpens d'Amérique dont le corps est d'un volume égal partout et dont la queue , de même forme et de même volume que la tête, pourrait être confondue avec elle au premier coup d'œil ; aussi les habitans du Brésil les appellent - ils *Cobra de duas cabeças*. Cette disposition de la queue a fait croire qu'ils pouvaient marcher avec une égale facilité en avant et en arrière , et c'est dans cette pensée qu'on leur a appliqué le nom grec *Amphisbène,* dont la qualification de *doubles marcheurs* qu'on leur donne aussi n'est qu'une traduction. Les Amphisbènes ont la tête obtuse , arrondie , la bouche petite , peu dilatable , la langue mince , petite , libre , bifurquée , à peine extensible , les yeux petits, peu ou point visibles ; le tympan caché sous la peau , l'anus transversal placé très-près de l'extrémité postérieure et parfois garni en avant d'une rangée de pores squameux. Les mâchoires chez ces serpens sont articulées avec un os tympanique immédiatement soudé au crâne ; les dents sont petites, presque égales, uniformes, coniques, simples , opposées latéralement et insérées seulement sur les mâchoires ; l'on trouve en arrière et cachés sous la peau, des pieds vestigiaires composés d'une petite pièce osseuse , grêle, allongée , surmontée d'une sorte d'ergot et enveloppée d'un petit muscle peaucier. Ces animaux n'ont qu'un poumon; ils se nourrissent de petits insectes et surtout de fourmis; ils vivent constamment dans des bois sablonneux ; comme on les trouve près des fourmilières et qu'on les croit privés de la vue , l'on a prétendu que les fourmis se chargeaient de leur donner à manger, et que les Amphisbènes jouaient , parmi ces insectes , le rôle de la reine chez les abeilles : c'est dans cette supposition qu'on leur a donné le nom de *mère des fourmis*. Ils sont ovipares; l'on croit au Brésil qu'ils sont venimeux, mais il n'en est rien.

Les Amphisbènes ont la tête recouverte de grandes plaques et le corps revêtu d'écailles égales, uniformes , carrées , verticillées , lisses. Les espèces les plus communes sont :

L'Amphisbène blanche (*A. alba*) , ou Blanchet, de la grosseur du doigt environ ; elle a dix-huit à vingt-deux pouces de long ; huit pores au devant de l'anus; elle est entièrement blanche rosée ou d'un bleu jaunâtre ; elle a été décrite par Margraf sous le nom d'Ibyara que l'on a mal à propos appliqué à une autre espèce de serpent. *V.* notre Atlas , pl. 15 , fig. 3.

L'Amphisbène enfumée ( *A. fuliginosa*), peu différente de la précédente; blanche , mais marquée , surtout en dessus , de larges bandes transversales noirâtres ou brunâtres plus ou moins confluentes. Elle a six ou huit pores au devant de l'anus. (Iconog. de M. Guérin, Reptiles, pl. 18 , fig. 2. ) Parmi les Amphisbènes dont les yeux ne sont pas visibles à l'extérieur, on trouve :

L'Amphisbène vermiculaire ( *A. vermicularis* ), de dix à douze lignes de long , grosse comme une plume d'oie, d'une couleur brune uniforme, avec quatre pores, percés au centre d'une des écailles qui précèdent l'anus. C'est le jeune âge de l'Amphisbène aveugle de Cuvier et de l'Amphisbène ponctuée de Bell.

L'Amphisbène scutigère (*A. scutigera* ), à museau un peu prolongé et pointu ; l'ouverture des narines se trouve à la partie inférieure du rostre ; une douzaine de plaques sont disposées par paires à la région préthoracique ; on voit sur les flancs un sillon longitudinal formé d'écailles brisées en biais ; il n'y a point de pores au devant de l'anus. Cette Amphisbène est d'un blanc jaunâtre, chacune de ses écailles est marquée d'un petit point brunâtre ou bleuâtre. On en a fait un genre particulier, sous le nom de *Leposternon* (*Sternum écailleux*). On a encore fait un genre d'une autre espèce d'Amphisbène à peu près semblable à l'Amphisbène vermiculaire , mais dont le museau et la queue sont plus pointus; c'est l'Amphisbène oxyure (*A. oxyura*) ou à queue pointue, d'une couleur brune uniforme , sans pores au devant de l'anus, à sillon latéral ; on a donné à ce genre le nom particulier de *Blanus* ou *myope*, à cause de ses yeux cachés sous la peau. C'est peut-être l'Amphisbène rousse ( *A. rufa* ) de quelques auteurs. C'est l'Amphisbène cendrée (*A. cinerea*) , *Alicanço*, de quelques autres. Cette espèce est de Portugal et la seule jusqu'ici qui appartienne à l'Europe. On la croit venimeuse, mais à tort.

On a récemment encore établi parmi les Amphisbènes, une division particulière fondée sur une disposition spéciale des dents ; mais ces parties sont trop sujettes à varier chez les individus de cette famille , sous le rapport du nombre , de la longueur, de l'acuité et de la distance relative, pour que le genre auquel on a donné le nom de *Trogonophis* puisse être conservé.     (T. C.)

AMPHISILE. (poiss.) Sous-genre établi aux dépens du genre Centrisque. *V.* ce mot.     (G. B.)

AMPHISTOME, *Amphistoma*. (zooph. intest.) Ce genre , établi par Rudolphi et placé par cet auteur dans l'ordre des Trématodes , est nommé *Strigea* par Abildgaard, et *Holostome* par Niltsch. Les animaux qui le composent ont un corps mou , peu allongé , ayant des anneaux très-peu arrondis , d'une couleur blanchâtre , et un pore terminal et solitaire à chaque extrémité. Ce genre, auquel on n'a pu encore découvrir ni nerfs ni tube digestif, se trouve presque toujours dans les intestins des animaux. Il a été divisé par Rudolphi en deux sections. Dans la première, la tête est distincte du corps

par un rétrécissement; cette section est composée d'espèces qui se trouvent dans les oiseaux, à l'exception d'une qui vit dans la grenouille verte. Dans la seconde, la tête est confondue avec le corps, elle ne comprend que des espèces trouvées dans les mammifères et dans les amphibiens. MM. Bojanus, Bremser et de Blainville pensent que les espèces qui composent cette dernière division devront être placées avec les *Fascioles*.
(L. R.)

AMPHITOÉ, *Amphitoe*. (CRUST.). Genre de l'ordre des Amphipodes, famille des Crevettines, établi par Leach et ne différant que très peu du genre CREVETTE. V. ce mot. (GUÉR.)

AMPHITOITE, *Amphitoites*. (ZOOPH. POLYP.) Ce genre, découvert par M. Desmarets, qui l'a trouvé dans un banc de marne jaunâtre, a été placé par Lamouroux à la suite des Sertulariées; il est formé de nombreux anneaux emboîtés les uns dans les autres, et dont le bord supérieur présente une échancrure alternativement opposée, et autour de ce même bord, une ligne de pores enfoncés, de chacun desquels sort un cil.

Ce genre n'est encore composé que d'une espèce, c'est l'*Amphitoïtes Desmarestii* de Lamouroux, p. 80, tab. 81, fig. 1 et 5. (L R.)

AMPHITRITE, *Amphitrite*. (ANNEL.) Dans la méthode de Cuvier, Règne animal, édition de 1830, ce nom est employé pour désigner un genre d'Annelides de l'ordre des Tubicoles, facile à reconnaître, dit ce savant, à des pailles de couleur dorée, rangées en peigne ou en couronne, sur un ou sur plusieurs rangs, à la partie antérieure de leur tête, leur servant probablement de défense, ou peut-être de moyen de ramper ou de ramasser les matériaux de leur tuyau. Autour de la bouche sont de très-nombreux tentacules, et sur le commencement du dos, de chaque côté, des branchies en forme de peignes.

Il n'est peut-être pas de genre d'animaux dont la synonymie soit plus embrouillée; ce nom d'Amphitrite a été employé par quelques uns des auteurs qui ont traité des annelides, pour désigner une grande famille; d'autres s'en sont servis pour désigner plusieurs genres très-différens. Ainsi les Amphitrites de Lamarck sont des Sabelles pour Cuvier; Savigny a donné le nom d'Amphictènes aux Amphitrites de Cuvier, et s'est servi de ce dernier nom pour désigner la famille qui renferme les genres Serpule, Sabelle, Hermelle, Térébelle et Amphictène. Les auteurs plus anciens, tels que Muller, Bruguière, etc., ne faisaient des cinq genres cités ci-dessus qu'un seul grand genre, sous le nom d'Amphitrites. On verra, à l'article TUBICOLES, comment Cuvier a débrouillé cette synonymie. Pour nous, qui suivons la méthode de ce célèbre zoologiste, nous conservons le nom d'Amphitrite aux annelides dont les caractères ont été exprimés plus haut, et nous allons encore emprunter à Cuvier les caractères des deux divisions qu'il forme dans ce genre.

Les Amphitrites de la première division se composent des tuyaux légers, en forme de cônes réguliers, qu'elles transportent avec elles. Leurs pailles dorées forment deux peignes dont les dents sont dirigées vers le bas. Leur intestin, très-ample et plusieurs fois replié, est d'ordinaire plein de sable. Les espèces de cette division forment le genre PECTINAIRE de Lamarck, qui correspond à celui d'AMPHICTÈNE de Savigny. Cuvier range dans cette division l'AMPHITRITE DORÉE, *Amphitrite auricoma belgica*, Gmel., Pallas, etc., dont le tube, de deux pouces de long, est formé de petits grains ronds de diverses couleurs; ses peignes sont composés chacun de treize paillettes étroites, pointues et resplendissantes comme de l'or. On la trouve dans toutes nos mers; elle se tient sous les pierres. La mer du Sud en produit une espèce plus grande (*Amph. auricoma capensis*, Pallas), dont le tube, mince et poli, a l'air d'être transversalement fibreux et formé de quelque substance molle et filante, desséchée.

Les Amphitrites de la seconde division habitent des tuyaux factices fixés à divers corps; leurs pailles dorées forment sur leur tête plusieurs couronnes concentriques, d'où résulte un opercule qui bouche leur tuyau quand elles se contractent, mais dont les deux parties peuvent s'écarter. Elles ont un cirrhe à chaque pied; leur corps se termine en arrière en un tube recourbé vers la tête, sans doute pour émettre les excrémens. Cette division correspond au genre Sabellaire de Lamarck, auquel Savigny a donné le nom d'Hermelle. L'espèce principale de cette division est l'AMPHITRITE A RUCHE, *Amph. alveolata* (*Sabella alveolata*, Gmel.), que Linné et Ellis ont rangée dans les polypiers sous le nom de *Tubipora arenosa*. Ses tuyaux, unis les uns aux autres en une masse compacte, présentent leurs orifices assez régulièrement disposés, comme ceux des alvéoles des abeilles. On trouve cette espèce sur toutes nos côtes, ainsi qu'une autre qui en est très-voisine (*Amph. ostrearia*, Cuv.), et qui établit ses tubes sur les coquilles des huîtres, et nuit beaucoup, dit-on, à leur propagation. (GUÉR.)

AMPHIUME, *Amphiuma*. (REPT.) Genre de reptiles qui, par leur organisation, se rapprochent des tritons ou salamandres aquatiques. Les Amphiumes ont un corps fusiforme très-allongé, dont le plus grand diamètre forme à peu près le vingtième de la longueur totale; la tête est aussi large que le tronc, déprimée, arrondie en avant; l'ouverture de la bouche parabolique prend environ la moitié de la longueur de la tête; la langue est peu prononcée, petite, molle, adhérente par toute sa face inférieure; les dents sont petites, presque égales, simples, coniques, légèrement arquées, serrées : l'on en compte vingt-quatre de chaque côté à la mâchoire supérieure, seize à l'inférieure, et quatorze ou quinze aux rangées du palais; les narines, très-petites, s'ouvrent au dehors, en dessus du museau, près de sa pointe, et vont communiquer avec la bouche par un orifice placé entre les dents maxillaires et palatines; l'œil est rond, sans paupières, couvert par la peau, devenue transparente au-devant de cet organe. En arrière et sur les côtés de la tête, on aperçoit un trou elliptique garni d'une double valvule à deux lèvres verticales, vestige, à ce que l'on croit, de l'ouverture branchiale du jeune âge. Les Amphiumes ont quatre pieds très-courts, très-distans l'un de l'autre, une queue flexible, formant presque le quart de la longueur de l'animal, légèrement comprimée en dessus; l'anus est disposé longitudinalement; l'on voit sur les flancs de larges plis verticaux, comme chez les salamandres; la peau est partout uniformément molle, lisse, mate, d'un gris noirâtre en dessus, plus pâle en dessous. Les Amphiumes sont particuliers à l'Amérique septentrionale; on les trouve ordinairement enfoncés dans la vase des étangs, ou dans les lieux frais et humides voisins des eaux. Les habitans les ont en horreur; mais ces reptiles ne sont nullement venimeux. L'on en connaît deux espèces.

L'Amphiume à deux doigts (*A. didactylum*), de quatorze à vingt-deux pouces de long, dont les pieds n'ont chacun que deux doigts extrêmement courts. Nous l'avons figuré dans notre Atlas, pl. 16, fig. 1.

L'Amphiume à trois doigts (*A. tridactylum*), de proportions un peu plus fortes que l'espèce précédente, autant qu'on en peut juger par les échantillons que l'on possède; il a trois doigts à chacun de ses pieds. (T. C.)

**AMPLEXE**, *Amplexus*. (MOLL.) Genre institué par Sowerby (Min. conchyl. vol. 5, p. 165, pl. 72), sur une coquille fossile multiloculaire, de la famille des Orthocères, et paraissant avoir la plus grande analogie avec l'orthocératite, figurée par Breyn. (Dissert. phys. de Polythal. p. 34, et pl. 6, fig. 3, 4, 5). (DUCL.)

**AMPLEXICAULE**. (BOT.) (*Qui embrasse la tige*). On distingue ainsi les feuilles qui s'élargissent à leur insertion, de manière à embrasser la tige et à l'entourer en partie. On observe cette disposition dans les feuilles des aloès, des agaves, de l'uvulaire, et de beaucoup d'autres plantes. (GUÉR.)

**AMPONDRE** ou **ANPONDRE**. (BOT. PHAN.) On nomme ainsi les gaînes des feuilles et des parties de la fructification des palmistes (*areca*). Les Ampondres des espèces de l'Ile de France et de Madagascar sont dures, ligneuses et ont la forme de grandes cuvettes. On s'en sert dans ces pays pour couvrir les cases en guise de tuiles. Les Ampondres tombées des arbres se remplissent souvent des eaux pluviales ou de rosée, et servent ainsi d'abreuvoirs aux voyageurs; on s'en sert même pour faire cuire du riz et d'autres alimens, en les faisant bouillir au moyen de cailloux chauffés qu'on y éteint. (GUÉR.)

**AMPOULAOU**. (BOT. PHAN.) On donne ce nom à une variété d'olivier, dans le midi de la France. (GUÉR.)

**AMPOULE**. (MOLL.) C'est le nom de la *Bulla ampulla. V. BULLE. (GUÉR.)

**AMPOULES**. (BOT. CRYPT.) On désigne ainsi des filamens transparens, simples ou rameux, cylindriques, articulés d'une manière à peu près carrée, qui n'ont aucun rapport avec les organes sexuels des végétaux, et qui font partie intégrante des hydrophytes qui les renferment et auxquels ils donnent la propriété de surnager. On a encore appliqué cette dénomination aux lacunes ou vésicules remplies d'air que l'on observe sur plusieurs varecs, et particulièrement sur ceux du genre *Fucus*. (F. F.)

**AMPOULETA**, ou POULE GRASSE. (BOT. PHAN.) Nom languedocien de la mâche. *V.* VALÉRIANELLE. (GUÉR.)

**AMPULEX**, *Ampulex*. (INS.) Genre de l'ordre des Hyménoptères, de la famille des Porte-Aiguillons, établi par Jurine dans sa classification des hyménoptères, et auquel il assigne les caractères suivans: une cellule radiale allongée, appendicée; quatre cellules cubitales: la première assez grande, recevant la première nervure récurrente; la deuxième plus petite et carrée; la troisième plus grande, recevant la seconde nervure récurrente; la quatrième atteignant le bout de l'aile; mandibules allongées, striées, sans dentelures; antennes filiformes, composées de douze anneaux dans les femelles et de treize dans les mâles. L'espèce qui sert de type à ce genre est le *Chlorion compressum* de Fabricius, *Ampulex compressa* Jurine, très-commun à l'Ile de France, où il fait la guerre aux kakerlacs, dont il approvisionne ses petits; il est vert, avec les quatre cuisses postérieures rouges. (LUC.)

**AMPULLACÈRE**, *Ampullacera*. (MOLL.) Genre voisin des Ampullaires, créé par MM. Quoy et Gaymard (Voyage de *l'Astrolabe*, vol. 2, première partie, p. 196, et pl. 15, fig. 1, 8, 9), présentant pour caractères génériques: animal spiral, globuleux, renflé, à pied court, quadrilatère, avec un sillon marginal antérieur; tête large, aplatie, échancrée en deux lobes arrondis portant deux yeux sessiles, sans apparence de tentacules; cavité pulmonaire limitée en avant par un collier ayant son ouverture au bord droit; bouche membraneuse; les deux sexes réunis; coquille assez épaisse, globuleuse, ventrue, profondément ombiliquée, à ouverture ronde ou oblique, les bords réunis; spire courte, mais saillante; opercule membraneux, mince, à stries obliques, paucispiré, portant quelquefois un talon.

Ce genre, qui n'est encore composé que de peu d'espèces, a pour type les Ampullacères aveline et fragile que Lamarck cite et décrit aux numéros 9 et 11 de ses Ampullaires. (DUCL.)

**AMPULLAIRE**, *Ampullaria*. (MOLL.) Troisième et dernier genre d'une petite famille particulière de mollusques trachélipodes que Lamarck a créée sous le nom de *Peristomicus*. Elle ne comprend que les genres Valvée, Paludine et Ampullaire. Toutes ces coquilles ont en effet les plus grands rapports.

Les Ampullaires présentent pour caractères génériques: une coquille globuleuse, ventrue, ombiliquée à sa base, sans callosité au bord gauche comme dans les natices; ouverture entière plus longue que large, à bords réunis ; le droit, non réfléchi et tranchant, est généralement assez mince, épidermé ; un opercule calcaire ou corné. Les animaux qui habitent et produisent ces coquilles ont été jusqu'ici fort mal étudiés et par conséquent mal décrits. M. de Blainville, dans le mémoire qu'il a consigné au Journal de Physique de décembre 1822, vol. 95, sur leur organisation, ne leur assigne qu'une paire de tentacules, tandis qu'ils en ont deux et d'une dimension considérable, mais effectivement rétractiles comme beaucoup d'autres organes. On supposait ces mollusques essentiellement fluviatiles, et on pouvait le croire puisqu'on en trouve une fort grande quantité dans les lacs, les fleuves et les rivières. Mais de nouvelles recherches faites avec plus de soin et dans l'intérêt de la science ont prouvé qu'ils vivaient également sur terre, et pouvaient se passer d'eau, du moins pour un laps de temps assez grand. Les bornes de ce Dictionnaire ne permettant pas d'entrer en général dans de grands détails, je ne donnerai pas ici tous les phénomènes curieux que j'ai pu recueillir sur ces mollusques, toutes les anomalies qu'ils présentent et que j'indique dans un mémoire que je destine à l'académie des sciences ; je me bornerai à faire connaître que j'ai chez moi depuis sept mois une Ampullaire vivante venant de l'intérieur du Mexique, qui a été privée d'alimens pendant une traversée de six mois et qui a été prise avec beaucoup d'autres sur la cime fort élevée et dans le trou d'un vieil arbre, à une distance fort éloignée des eaux. L'anatomie que j'ai faite d'un de ces animaux m'a démontré qu'ils étaient pourvus de deux organes distincts pour la respiration. Ainsi ils sont donc fluviatiles et terrestres, et de plus carnivores, herbivores et frugivores. Des dessins fort soignés faits sur ces animaux à l'état vivant accompagneront le mémoire que je compte publier sous peu.

De toutes les espèces dont ce genre est composé, voici les plus remarquables : l'Amp. Idole, *Amp. rugosa*. Cette espèce qui habite le Mississipi est une des plus grosses connues ; elle est toujours assez rare et fort recherchée ; c'est à ses stries d'accroissement très-prononcées que sans doute elle doit son nom. L'Amp. Cordon Bleu., *Amp., fasciata*. Celle-ci est entièrement reconnaissable par les zônes bleues qui teignent son dernier tour ; on la trouve dans toutes les collections. Enfin l'Amp. des Célèbes, espèce nouvelle, figurée par MM. Quoy et Gaymard, pl. 57 du Voyage de *l'Astrolabe*. Elle présente pour caractère spécial une multitude de petites zônes enveloppant en entier son dernier tour. Ces naturalistes ont donné sur la même planche un dessin de l'animal de cette coquille et des détails anatomiques fort curieux. On en connaît une autre espèce rapportée d'Egypte et publiée par M. Caillaud, sous le nom d'*Amp. carinata*, dont nous donnons la figure dans notre Atlas, pl. 16, fig. 2.

Toutes les espèces fossiles attribuées à ce genre, n'en présentant pas bien les caractères, me paraissent appartenir au genre Natice, ainsi que le pense et l'a publié M. de Férussac dans son article du Dictionnaire classique d'Histoire naturelle. *Voyez* NATICE. (DUCL.)

AMPULLINE, *Ampullina*. (MOLL.) Genre institué par Lamarck dans son cours de zoologie, sur des coquilles univalves fossiles, que plus tard il reporta à son genre Ampullaire et qui ne sont pour la plupart que des Natices. *Voyez* ce mot. (DUCL.)

AMSTERDAM (île d'). (GÉOGR.) Cette île est située dans la mer des Indes, à une distance un peu plus rapprochée des côtes de l'Australie que de la terre d'Afrique. Elle a peu d'étendue et présente un sol assez fertile. Parmi les faits remarquables observés dans cette île, on peut compter les nombreuses sources d'eaux chaudes qu'on y rencontre à chaque pas ; quelques unes même présentent un tel degré de chaleur, que le thermomètre de Farenheit, plongé dans l'une d'elles, s'éleva jusqu'au degré d'ébullition.

Cette île, en été, est couverte de vaches marines, dont les peaux font un article de commerce assez considérable avec la Chine. Les Chinois le préparent avec une habileté remarquable ; ils en rendent le cuir très-souple, et parviennent à arracher le poil long et grossier, sans endommager la fourrure fine et veloutée qu'il recouvre. Les animaux dont nous venons de parler viennent à terre par milliers, et un seul coup de bâton sur le nez suffit pour les tuer.

Des perches, des brèmes, des tanches se trouvent en grande quantité dans le bassin de la baie, et des requins et des baleines viennent en assez grand nombre visiter les côtes de l'île.

AMSTERDAM (ville d'). (GÉOGR.) Cette ville, presque entièrement bâtie sur pilotis, est la ville principale de la province de Hollande. Elle fut longtemps le centre de tout le commerce de l'Europe, et, quoiqu'elle ne soit pas restée à la hauteur où elle avait su s'élever, elle a encore une importance commerciale très-considérable. Plus de 6,000 navires entrent dans son port et en sortent annuellement. La petite rivière d'Amstel la divise en deux parties, et chacune de ces parties se trouve coupée par un grand nombre de canaux, sur lesquels sont jetés 280 ponts ; chaque canal, garni de deux rangées de tilleuls, sert d'alignement aux rues qui les bordent. Les maisons, bâties de briques, sont d'une excessive propreté. La population est de 220,000 habitans, parmi lesquels on compte 20,000 juifs.

Amsterdam renferme de beaux monumens : 49 églises, dont quelques unes sont très-remarquables ; 5 théâtres ; un institut ; un musée, et un jardin de botanique. C'est dans les murs d'Amsterdam que vint au monde Spinosa.

Près d'Amsterdam se trouve le village de Saardam, garni de 2,300 moulins à vent. On y montre encore la maison qu'habita le czar Pierre-le-Grand, lorsqu'il vint y faire son apprentissage de charpentier-constructeur. (C. J.)

AMUSER LA SÈVE. (AGR.) C'est, dans le gouvernement

+ vement des arbres fruitiers, laisser à l'arbre plus de bois et de bourgeons que de coutume, afin de le ramener à une végétation modérée ou égale dans toutes ses parties. Dans les pépinières on trouve aussi fréquemment les occasions d'Amuser la séve d'une manière utile aux greffes, aux marcottes, aux végétaux ligneux soumis à la taille et à l'arçûre. *V.* chacun de ces mots, ainsi que celui Séve. (T. de B.)

AMYGDALE, *Amygdalum.* (moll.) Mégerle (Syst. der Schalthiere. In. Berlin, Mag. 1811, g. 50) institua ce genre sur des coquilles bivalves, appartenant aux Modioles de Lamarck. Son espèce type est le *Mytilus arborescens* de Chemnitz, figuré par cet auteur pl. 198, nos 2016-2017, lequel est une véritable modiole. (Ducl.)

AMYGDALES. (anat.) On nomme ainsi (d'un mot grec qui signifie *amande*) des glandes muqueuses, ou plutôt un assemblage de follicules muqueux, situés de chaque côté de l'isthme du gosier, entre les piliers du voile du palais; leur forme ovoïde, aplatie de dedans en dehors, leur surface rugueuse les a fait comparer à des amandes recouvertes de leur coque ligneuse.

Le tissu des Amygdales est gris rougeâtre et mou. La membrane muqueuse qui les recouvre présente une teinte plus prononcée que celle des parties voisines; elle est criblée d'une douzaine d'ouvertures dirigées en bas.

Examinées par leur face interne, ces glandes offrent un certain nombre d'ouvertures qui conduisent dans les lacunes et enfoncemens de la membrane muqueuse, en communiquant plus ou moins entre elles, de façon à former une espèce de tissu aréolaire dont les parois sont fournies par cette membrane. Disséquées avec soin, par leur face interne, on y reconnaît un amas de follicules muqueux qui aboutissent aussi aux lacunes de la membrane.

Les nerfs des Amygdales leur proviennent du voile du palais; leurs vaisseaux sanguins sont des rameaux des artères et des veines palatines; leurs vaisseaux lymphatiques vont se rendre aux ganglions jugulaires supérieurs.

Ces glandes ont pour fonctions de sécréter un mucus demi-transparent, destiné à faciliter le passage du bol alimentaire à travers l'isthme du gosier, excrété surtout pendant cette période de la déglutition. (P.G.)

AMYGDALOIDE (structure). (géol.) La structure dite Amygdaloïde ou Amygdaline, résulte de la présence de noyaux arrondis, ordinairement de la forme de glandes ou amygdales, dans une pâte distincte. Ainsi des schistes qui contiennent, comme cela arrive très-souvent, des nodules ovoïdes de quartz, de fer carbonaté, de grenat, autour desquels leurs feuillets se contournent, affectent une structure Amygdaline; des roches à base de feldspath (*petrosilex*), de feldspath et amphibole ou pyroxène (*diorite, spillite...*), au milieu desquelles on distingue des nœuds ou noyaux dont la nature paraît différente, soit par la présence d'un nouveau principe (*talc, stéatite...*),

soit par suite d'une plus grande proportion d'un des principes constituans; ces roches affectent la structure Amygdaloïde. Par suite, on a long-temps désigné, sous la dénomination d'Amygdaloïde, certaines roches feldspathiques ou pyroxéniques qui affectaient cette structure.

Les roches ignées, de même que les roches sédimentaires, peuvent affecter cette structure, puisqu'elle est commune à beaucoup de roches massives et à beaucoup de roches schisteuses stratifiées, qui font surtout partie du terrain de transition. Ce fut long-temps une question de savoir si l'on devait regarder les noyaux amygdalins comme contemporains de la pâte où ils se trouvent; le fait ne peut guère être révoqué en doute pour les schistes stratifiés; mais dans une partie des roches ignées, on crut y voir d'abord les résultats d'infiltrations postérieures. Cependant, on peut très-bien concevoir la présence de ces noyaux par un fait d'attraction moléculaire; par le groupement des cristaux de même nature autour d'un même centre; opération que l'on peut admettre de même que l'on admet la formation de cristaux dans un fluide même pâteux. Les molécules de même nature, par suite de leur tendance à se chercher et s'accoler, forment en effet des cristaux dans un liquide soumis à une liquation, de sorte que des cristaux de substances minérales, en proportions définies, se sont formés dans la pâte des roches ignées; or, l'on peut très-bien concevoir que ces substances n'aient pu former que des nodules qui résultent soit du groupement, de petits cristaux de substances définies autour d'un centre commun, soit de l'agglomération concentrique de molécules de diverses natures, en parties inaptes à cristalliser. C'est ce qui paraît avoir eu lieu pour les roches appelées variolites, pour une partie des mandelstein des Allemands, etc..... Quant aux roches qui contiennent des nodules de toute autre nature que leur pâte, par exemple, les spillites d'Oberstein avec leur rognons quartzeux, on peut croire à des infiltrations postérieures qui auraient rempli les cavités naturelles de la roche; mais l'hypothèse qui regarde ces nodules comme préexistans, et déjà empâtés dans la roche lorsqu'elle est arrivée au jour, est d'autant plus forte qu'elle est incontestable en beaucoup de circonstances. (A. B.)

AMYMONE, *Amymona.* (crust.) Muller a formé sous ce nom un genre qui ne doit pas être conservé; il est fait avec des individus jeunes du genre Cyclope. *V.* ce mot. (Guér.)

ANABAINE. (zool.-bot.) Dans la chaîne immense des êtres organisés, les Anabaines et les genres qui les avoisinent semblent destinés à marquer le point de transition entre l'animalité et la végétabilité. Les Arthrodiées, dans lesquelles on les a rangées, ont été l'objet de longues recherches, d'études approfondies de la part de M. Bory de Saint-Vincent, auquel les sciences naturelles doivent tant d'autres importans travaux. Nous prendrons donc ce savant pour guide, en exposant ici les caractères distinctifs des Anabaines;

voici ceux qu'il leur assigne : «Filamens libres et simples, à double tube, dont l'extérieur paraît être cylindrique et inarticulé, tandis que l'intérieur est composé d'articles ovoïdes ou obronds, disposés comme les perles d'un collier, dont quelques uns, placés de distance en distance, sont plus gros que les autres. Ces êtres sont muqueux au tact lorsque la réunion d'un assez grand nombre de filamens les rend perceptibles; on ne leur a reconnu aucun mouvement d'oscillation, mais un mouvement de progression très-sensible qui tient un peu de la manière dont rampent les lombrics. Ce mouvement progressif et les courbures qu'il détermine sont d'une excessive lenteur; c'est à l'aide de cette faculté que l'on voit surtout les espèces aquatiques s'élever à la surface des eaux, le long des conferves ou de débris de végétaux, ramper sur les roseaux et se mêler parmi les oscillaires. »

M. Bory de Saint-Vincent les a divisés en *espèces d'eau douce* et en *espèces terrestres* : parmi les premières, il distingue l'Anabaine fausse-oscillaire, d'un vert noir, à filamens un peu plus gros que ses congénères, formant un tissu très-serré sur les extrémités des conferves et sur les feuilles des renoncules inondées ou autres plantes de ce genre, qui habitent les eaux pures presque stagnantes. Elle s'élève du fond à la superficie en expansion, semblable à des brins de ficelle. 2° L'Anabaine membranine : Filamens plus fins que ceux de la précédente, d'un vert foncé plus beau, rampant sur les extrémités de diverses conferves des fossés tranquilles, et qui finissent par former autour de celles qu'ils peuvent captiver de petites membranes d'un vert bleu, papyriformes et à peine transparentes. C'est dans cette Anabaine qu'on observe plus facilement les mouvemens de courbure et de progression. 3° L'Anabaine thermale : on la trouve dans les eaux thermales les plus chaudes; elle tapisse, à certaines époques de l'année, le grand bassin de la place publique de Dax, où la chaleur de l'eau est de 49 à 50° de Réaumur. Les crêtes de sa surface s'élevant en cordes de quelques pieds de hauteur, et plusieurs des plaques de sa substance finissant par surnager, elle encombre bientôt les lieux où elle est née. Les filamens en sont tellement ténus, qu'au microscope il est difficile d'observer leur organisation, et que le mouvement de reptation n'y a point été constaté. 4° L'Anabaine impalpable : Ses filamens sont presque imperceptibles; c'est elle qui teint souvent d'une couleur verte brillante la surface de la vase dans certains marais, ou la base des tiges et des feuilles de carex qui se décomposent dans les eaux stagnantes. Comme *espèce terrestre*, M. Bory de Saint-Vincent ne désigne que l'Anabaine lichéniforme, qui croît vers la fin des automnes chauds et humides, sur la terre grasse des jardins ombragés, dans les allées des potagers et dans les endroits nus des pelouses; elle y forme des taches d'un vert triste, muqueuses, luisantes, encroûtant souvent les mousses, ou de jeunes herbes qui en percent la substance. Les

premières gelées la font disparaître. Nous dirons à l'article Arthrodiée comment la chimie moderne explique aujourd'hui la formation de ces masses filantes que l'on trouve soit à la surface, soit dans la vase des eaux stagnantes, soit enfin sur la terre humide. (P. G.)

ANABAS, *Anabas*. (poiss.) Nom donné par M. Cuvier à un petit genre de poissons *pharyngiens la byrinthiformes* (*v.* ces mots), dont on ne possède encore qu'une espèce, l'Anabas sennal, *Anabas scandens*, Cuv.

À l'extérieur, ce poisson se caractérise par les fortes dentelures que présentent l'opercule, l'interopercule et le subopercule, tandis que rien de semblable ne s'observe au préopercule, lequel n'a pas même de limbe distinct, disposition fort remarquable en ce qu'elle est contraire à celle qui a lieu communément. La tête est large, un peu arrondie, et percée, ainsi que la mâchoire inférieure, de pores disposés régulièrement. Le bord du premier sous-orbitaire est dentelé ; par lui se trouve couvert, lorsque la bouche est fermée, le maxillaire, qui, aussi bien que l'intermaxillaire, est petit et fort étroit. La membrane branchiale a six rayons. La bouche est transversale, située à l'extrémité d'un museau court et obtus, et les mâchoires portent chacune une bande de dents en velours, dont il existe aussi une rangée en avant du vomer, et un petit groupe tout-à-fait en arrière, entre les troisièmes pharyngiens supérieurs, qui eux-mêmes en ont de coniques, serrées et assez grosses. De larges et fortes écailles revêtent presque toutes les parties du corps, lequel est oblong et beaucoup plus comprimé à mesure qu'on avance vers la queue. C'est à quelque distance de celle-ci que s'interrompt la ligne latérale, pour recommencer ensuite, mais un peu plus bas et toujours parallèlement au dos. La nageoire de cette partie du corps en occupe presque toute la longueur; elle est, comme celle de l'anus, soutenue dans les trois quarts de son étendue par des rayons épineux.

L'Anabas a de cinq à six pouces de longueur; son corps offre une couleur verte très-foncée, qui l'est cependant moins vers la région de la queue. La dorsale et l'anale sont teintes de violet, et les nageoires paires de roussâtre. Le museau est, comme le ventre, d'un gris sale, et les yeux sont rougeâtres.

À l'intérieur, les principales particularités qu'il offre sont celles-ci : un foie médiocre, un estomac petit, un péritoine mince et argenté, et une vessie natatoire peu épaisse, ressemblant assez à un sac arrondi, lequel se prolonge postérieurement en deux longues cornes qui se logent de chaque côté de la queue dans un sinus creusé au milieu des muscles.

Les appendices labyrinthiques de cette espèce sont plus compliqués que chez aucune autre de la famille. Ils composent, dit M. Cuvier, un vrai labyrinthe qu'on ne peut mieux comparer qu'à un chou frisé ou qu'à certaines espèces d'escarres ou de millepores lamelleux. Une ligne tirée en quelque sens que ce soit couperait dix ou douze des lames saillantes et des sillons qu'ils présentent. C'est donc au moyen des cellules formées par les replis de ces feuillets que se trouve retenue l'eau qui découle sur les branchies , et les humecte pendant que le poisson est à sec. Car il est certain que l'Anabas, ainsi que tous ses congénères , peut vivre quelque temps hors de l'eau et ramper sur la terre; mais ce qui paraît bien plus extraordinaire, c'est l'habitude qu'on lui attribue , celle de grimper sur les arbres, et de vivre dans l'eau qui s'amasse entre leurs feuilles , ainsi que l'affirment deux personnes qui ont long-temps résidé à Tranquebar , M. John et M. Daldorf. Celui-ci en particulier, dans un mémoire imprimé en 1797, parmi ceux de la Société Linnéenne de Londres (tom. III, p. 62), assure avoir pris un de ces poissons de ses propres mains, en novembre 1791, dans une fente de l'écorce d'un palmier de l'espèce du *borasus flabelliformis*, qui croissait près d'un étang. Ce poisson était à cinq pieds au dessus de l'eau , et s'efforçait de monter encore; à cet effet, il se retenait à l'écorce par les épines de ses opercules , fléchissait sa queue, s'accrochait par les épines de son anale, et, détachant alors sa tête , s'élevait ainsi et se fixait de nouveau pour recommencer le même mouvement.

Aussi le nomme-t-on , en tamoule ou malabare, *Pané-ére*, grimpeur aux arbres. L'Anabas habite non-seulement le continent de l'Inde , mais aussi les îles de son archipel.

Au marché de Calcutta , on voit souvent de ces poissons que l'on y apporte en vie des grands marais du district de Jazor, dont la distance est plus de cent cinquante milles. Comme il n'est pas rare d'en rencontrer se traînant sur la terre ou sur l'herbe , et quelquefois assez éloignés de l'eau , le peuple les croit tombés du ciel. Les charlatans et les jongleurs les conservent dans des vases, et s'en servent ainsi pour attirer les regards de la populace , qui s'amuse de leurs mouvemens.

Un poisson déjà si extraordinaire par lui-même ne pouvait pas manquer non plus d'avoir quelques propriétés plus extraordinaires encore ; en effet, bien qu'il soit d'assez mauvais goût et abondant en arêtes , l'usage en est très-répandu , assuré que l'on est qu'il augmente le lait des femmes et qu'il donne aux hommes plus de force et plus de vigueur.

On voit une très-belle figure de l'Anabas sennal dans l'*Iconographie du Règne animal*, par M. Guérin ; elle a été reproduite dans notre Atlas , pl. 17, fig. 1. (G. B.)

ANABASE, *Anabasis*. (BOT. PHAN.) Genre de la famille des Chénopodées, Pentandrie digynie de Linné , composé de quatre à cinq espèces d'arbrisseaux habitant les bords de la mer et le voisinage des salines , dans le nord comme dans le midi de l'Europe. L'Anabase se distingue du genre *Salsola* , dont il est très-voisin, par son calice charnu, et par la position verticale de son embryon ; il a du reste des fleurs axillaires accompagnées de bractées , un calice à cinq divisions qui recouvre

le fruit à sa maturité , cinq étamines et deux styles.

ANABASIS. (BOT.) C'est le nom que les anciens donnaient à l'UVETTE. ( *Voy.* ce mot.) (L.)

* ANABATE , *Anabates*. (OIS.) Nom d'un petit genre d'oiseaux américains très-voisin des Sitelles. ( *V.* SITELLES. ) (D. Y. R.)

ANABLEPS, *Anableps*. (POISS.) Anableps vient d'un mot grec qui signifie lever les yeux ; c'est un nom donné par Artedi à un poisson que Linné avait placé parmi les Cobitis, d'où Bloch l'a retiré pour en former un genre particulier que Cuvier range parmi ses Cyprinoïdes.

Les Anableps ont le tiers postérieur du corps aplati sur les côtés , tandis que la partie antérieure , ainsi que la tête, sont au contraire très-déprimées ; ils sont en entier couverts d'écailles généralement larges et toutes ciliées sur leur bord. La bouche est une fente transversale , aussi large que le museau, qui est tronqué, et au dessous duquel elle se trouve située. Des dents en velours garnissent les mâchoires ; celles-ci s'abaissent , lorsque le poisson ouvre la bouche , la supérieure en se protractant , l'inférieure par une simple flexion. Les os intermaxillaires n'ont point de pédicule , ils sont simplement suspendus sous les os nasaux, lesquels forment le bord antérieur du museau. A l'angle et à la partie supérieure de celui-ci se voit à peine, tant il est étroit, l'un des deux orifices de la narine , l'autre se trouve un peu au dessous. C'est un petit appendice tubuleux, qu'on a jusqu'à présent , et mal à propos , considéré comme un barbillon , erreur qui devait nécessairement en entraîner une autre , celle de croire que les narines de ce poisson n'offraient chacune qu'une seule ouverture.

Mais un caractère qui distingue essentiellement l'Anableps , caractère qui lui est tout-à-fait propre et dont on ne rencontre pas d'autre exemple parmi les animaux vertébrés , c'est la singulière conformation que présente son œil, dont plusieurs des parties qui le composent sont doubles.

Déjà Artedi , il est vrai, avait signalé l'existence de deux iris et de deux cornées dans l'organe de la vue de ce poisson; mais c'est à Lacépède que nous devons véritablement de connaître sa structure complète. (Voy. *Lacép.*, *Mém. de l'Inst.*, tom. 2, p. 372. )

L'œil de l'Anableps est gros, saillant , situé sur la partie latérale de la tête , dans une orbite dont la voûte, qui est très-élevée, est formée par une partie de l'os frontal.

La cornée, dit Lacépède, est divisée en deux portions très-distinctes à peu près égales en surface, faisant partie chacune d'une sphère particulière, placées l'une en haut, l'autre en bas, et réunies par une petite bande étroite , membraneuse , peu transparente, et qui est à peu près horizontale lorsque le poisson est dans sa position naturelle. Au travers de chacune de ces deux portions de la cornée , on aperçoit distinctement un iris et une prunelle assez grande , au delà de laquelle on voit très-facilement le cristallin qui est simple , et sphérique , comme chez tous les animaux de la même classe. Les deux iris se touchent dans plusieurs points derrière la ligne qui divise la cornée; ils sont les deux plans qui soutiennent les deux petites calottes formées par les deux cornées, et sont inclinés de manière à produire un angle très-ouvert. Lacépède avait également remarqué, et nous l'avons nous-même vérifié, que la prunelle de l'iris supérieur est plus grande que celle de l'inférieur.

La membrane branchiostége de ces poissons est soutenue par six rayons; leurs os pharyngiens sont très-développés et garnis d'un grand nombre de petites dents globuleuses.

Quant aux viscères, le canal intestinal présente assez d'étendue et quelques sinuosités; mais on ne voit point de cæcum; la membrane de l'estomac est mince et le foie est divisé en deux lobes. Il existe aussi une vessie natatoire, laquelle est fort grande.

Le mode de génération des Anableps ne laisse pas non plus que d'être fort curieux; il paraît certain qu'il y a un véritable accouplement entre les deux sexes; car on remarque chez le mâle, en arrière de l'anus, un appendice conique assez long, lequel est revêtu d'écailles et percé d'un canal qui communique avec la laite et la vessie urinaire. Il est donc au moins très-probable que cet appendice, qui sert bien évidemment de conduit et à la liqueur séminale et à l'urine, est appelé à jouer le même rôle que l'organe qui lui est analogue chez les animaux des classes supérieures. On sait d'ailleurs que les œufs sont fécondés à l'intérieur puisqu'ils éclosent dans le ventre de la femelle, et que les petits naissent même assez avancés. L'ovaire consiste dans deux sacs inégaux, assez grands et membraneux.

La seule espèce qui constitue ce genre est l'ANA-BLEPS A QUATRE YEUX, *Anableps tetrophthalmus* Bloch, *Cobitis anableps* Lin., représenté dans notre atlas, pl. 17, fig. 2. Il habite les rivières de la Guiane, à Cayenne on le nomme *Gros-OEil*. C'est un poisson qui n'atteint pas au delà de huit pouces de longueur, et dont la chair est fort estimée. Ses nageoires sont petites, et celle du dos particulièrement à laquelle on ne compte que sept rayons; elle naît à peu de distance de la caudale qui est arrondie à son extrémité. Les pectorales sont écailleuses à leur base.

La couleur du Tétrophthalme est d'un vert olivâtre sur la partie supérieure du corps, argentée en dessous, avec trois ou quatre raies brunes le long des flancs. Il est, dit-on, d'une grande fécondité.

(G. B.)

ANACANTHE, *Anacanthus*. (POISS). On doit l'établissement de ce genre à M. Ehrenberg, naturaliste allemand aussi instruit que zélé. Les Anacanthes sont des poissons cartilagineux plagiostomes qui ressemblent aux Pastenagues, mais dont la queue longue et grêle ne porte ni nageoires ni aiguillon.

La mer Rouge en nourrit une espèce qui a le dos garni d'un galuchat à grains étoilés et beaucoup plus gros que celui que donne la Pastenague sephen (*Raia sephen* Foirkaal). (*Voy.* PASTENAGUE.)

(G. B.)

ANACARDIER, *Anacardium*. (BOT. PHAN.) Ce genre est si voisin de l'Acajou (*Cassuvium*), que quelques botanistes ne l'en ont point distingué. Il appartient, comme ce dernier, à la famille des Térébinthacées et à la Pentandrie trigynie; mais voici les caractères qui lui sont propres : calice sub-campanulé, quinquéfide; corolle pentapétale; étamines au nombre de cinq; ovaire surmonté de trois styles et de trois stigmates, fruit en cœur et non réniforme, appuyé sur un réceptacle charnu, un peu plus gros que le fruit, mais jamais aussi développé que dans la pomme d'acajou. Linné fils avait nommé ce genre *Semocarpus*. Il comprend deux espèces ;

1° L'ANACARDIER A LONGUES FEUILLES, *Anacardium longifolium*, Lamk. Le fruit de cette espèce est l'*Anacarde des boutiques*. Les Indiens en mangent l'amande.

2° L'ANACARDIER A FEUILLES LARGES, *Anacardium latifolium*, Lamk, figuré dans notre Atlas, pl. 18, fig. 1. Ces deux espèces sont originaires de l'Inde. Ce sont de grands arbres à fleurs petites disposées en grappes paniculées et terminales.

Le fruit de l'Anacardier, qu'on appelle vulgairement *noix de marais*, fournit un vernis fort recherché en Chine. Quant aux propriétés médicinales de l'amande, elles seraient merveilleuses, s'il fallait en croire certains auteurs ; car elle atténuerait les humeurs, exalterait les sens et donnerait de l'esprit aux sots. On dit aussi que le suc mucilagineux de l'écorce est efficace contre les maladies de la peau, mais que son emploi demande beaucoup de précautions. Combiné avec la chaux, il sert à marquer le linge d'une manière indélébile.

L'Anacardier s'appelle *Baba* dans le pays: on en mange, dit-on, les jeunes pousses. (C. É.)

ANADYOMENE ou ANADIOMENE, *Anadyomena*. (ZOOPH. POLYP.) Genre de l'ordre des Polypiers, rangé par Cuvier dans sa deuxième famille de cet ordre, celle des polypes à cellules, différant des corallines par le polypier qui est composé d'articulations régulièrement disposées en branches, sillonné de nervures symétriques et articulées, comparables, suivant Lamouroux, à une riche broderie ou aux figures régulières de certaines dentelles. Ce réseau est formé d'une substance un peu cornée, recouverte d'un enduit gélatineux et verdâtre. La seule espèce connue a été nommée *Anadyomena flabellata* par Lamouroux; elle se trouve sur les côtes de France et d'Italie, et on la rencontre souvent, mais en petite quantité, dans la mousse de Corse des pharmacies. (*V.* HELMINTHOCORTOS et CORALLINES.) (GUÉR.)

ANAGALLIDE, *Anagallis*. (BOT. PHAN.) Genre appartenant aux *Primulacées* ou *Lysimachies* de Jussieu, et à la Pentandie monogynie de Linné. Voici ses caractères : calice à cinq lobes profonds; corolle monopétale, en roue, à cinq divisions arrondies; cinq étamines à filets velus; fruit désigné par Linné sous le nom de *Capsula circumscissa*, ce qu'en français nous pouvons rendre par le nom de *Pyxide s'ouvrant circulairement.*

Dans ce genre se rangent douze espèces qui , à l'exception de l'*Anagallis collina*, ou *fruticosa* , sont de petites herbes grêles , au port assez élégant , à la tige ordinairement carrée et glabre, aux feuilles opposées, sessiles et cordiformes , aux fleurs axillaires,vivement colorées. Les Anagallides croissent spontanément dans l'Europe et l'Amérique méridionales.

On trouve très-communément aux environs de Paris une espèce connue vulgairement sous le nom de Mouron, c'est l'*Anagallis arvensis* , qui offre deux variétés remarquables , dont quelques botanistes ont fait deux espèces sous les noms de *A. phœnicæa*, mouron rouge , et de *A. cærulea* , mouron bleu. «Mais, dit St-Amans , nous ne » pouvons regarder comme formant des espèces » différentes, des plantes qui ne se distinguent » que par la couleur de la corolle. Au surplus , la » couleur rouge et la bleue ne sont point exclusi- » ves l'une de l'autre , puisqu'on trouve des indi- » vidus dont la corolle est bleue au centre et rouge » sur les bords. » L'*Anagallis arvensis* est vulné- raire.

Mouron délicat, *A. tenella*. Tiges filiformes , couchées ; feuilles opposées, arrondies , pétiolées; pédoncules plus longs que les feuilles ; fleurs d'un rose pâle. Cette espèce se plaît dans les lieux hu- mides.

L'*Anagallis crassifolia* a les feuilles un peu grasses et plus courtes que celles des espèces précé- dentes; ses fleurs sont blanches.

On cultive dans nos jardins l'*Anagallis Monelli*, originaire d'Espagne , et l'*Anagallis collina* , ou *fruticosa, Mouron de Maroc. Voyez* l'Almanach du bon jardinier. (C.É. )

ANAGYRE , *Anagyris*. ( bot. phan. ) Famille des Légumineuses, Décandrie monogynie. Ce genre ne comprend qu'une espèce,c'est l'ANAGYRE FÉTIDE, *Anagyris fœtida* L. , Arbrisseau de trois à qua- tre pieds de haut, à feuilles trifoliées , blanchâtres, cotonneuses ; à fleurs jaunes en faisceaux, ayant un calice persistant , court , quinquéfide , à co- rolle papilionacée, dont l'étendard est en cœur renversé , plus court que la carène qui est droite et dipétale. Les étamines , au nombre de dix , ne sont point soudées par leurs filets. La gousse est plane, allongée , un peu courbée, et renferme plusieurs graines bleuâtres et réniformes.

Cet arbrisseau a reçu le nom vulgaire de *Bois puant*. Pour reconnaître qu'il le mérite , on n'a qu'à froisser entre ses doigts son écorce ou ses feuilles. Il se plaît sur les lieux montueux, au mi- lieu des rochers de nos départemens méridionaux et de l'Espagne. Ses fleurs devancent le prin- temps.

Ses feuilles sont résolutives ; ses semences, un puissant vomitif. A petites doses et grillées comme le café , elles sont , dit-on, bonnes contre les vapeurs. 'Cé. )

ANALCIME ( min. ), Sous ce nom, qui d'après son étymologie grecque signifie *sans force*, on dé- signe une substance minérale composée de silice, d'alumine et de soude, cristallisant dans le système cubique, et ne rayant le verre que très-faiblement, et quelquefois même pas du tout,quoiqu'elle con- tienne 55 à 58 p°/. de silice. Elle est blanche et quelquefois d'un rouge de chair. Sa cristallisation présente les différens passages du cube à un solide trapézoïdal, composé de 24 faces en trapèze. Le plus communément on la trouve dans des roches d'origine ignée ; mais on en trouve aussi dans des grès schisteux d'une époque géologique ancienne. Elle n'est d'aucune utilité dans les arts. (J.-H.)

ANALE. (nageoire). *Voyez* NAGEOIRES.

ANALOGUES ( zool. ). On dit que des *espèces* fossiles sont *analogues* aux espèces vivantes ou analogues entre elles, lorsqu'elles ne présentent d'autres différences que celles des variétés d'une même espèce vivante. On nomme *subanalogues* les espèces qui n'ont qu'une analogie éloignée, qui est hors des limites que l'on donne aux variétés d'une même espèce. Enfin on nomme *identiques* les espèces qui ne présentent pas la moindre diffé- rence. ( B. )

ANAMPSÈS, *Anampses*. ( poiss.) Les Anampsès sont des poissons de la famille des Labroïdes, dont le caractère distinctif consiste à n'avoir les mâchoi- res garnies chacune que de deux dents , lesquelles sont aplaties , saillantes et recourbées en dehors. Du reste , ce genre, qui a été établi par Cuvier, ressemble complétement à celui des Girelles (*Julis*). Les deux espèces que l'on y rapporte viennent de la mer des Indes; ce sont les *Labrus tetrodon* , Bloch. , édit. Schn. , pag. 265 , et l'*Anampses Cuvierii*,Quoy et Gaymard. *V*. de Freycinet Zool., pl. LV., fig. 1. (*V*. LABRE. ) ( G. B. )

ANANAS, *Bromelia*. (bot. phan. ) Plante cé- lèbre de la famille naturelle des Broméliacées ( *v.* ce mot), que l'on dit , mais à tort, originaire de l'Indoustan, où elle a été portée dans le dix-sep- tième siècle; elle appartient aux parties équatoria- les de l'Amérique.La première mention qui ait été faite de l'Ananas et la première figure que l'on en ait publiée remontent à l'année 1578 ; on les trouve au chapitre 13 du Voyage au Brésil entrepris en 1555 par un Français , Jean de Lery , de la Margelle, petit village du département de la Côte- d'Or. Cette plante , dont quelques botanistes font un genre distinct sous le nom de *Ananassa sativa*, fut apportée en France par lui, mais négligée dans sa culture , elle périt bientôt; elle nous est revenue de la Hollande, cent ans plus tard, et n'a mûri, à Versailles, qu'en 1734. Son port est élé- gant ; de longues feuilles vertes environnent sa tige , haute de soixante centimètres, qui porte un épi serré de fleurs violacées très-nombreuses aux- quelles succèdent des baies symétriquement ar- rangées, si pressées qu'elles semblent ne faire qu'un seul fruit, plus ou moins gros, ressemblant à un cône de pin surmonté d'une espèce de cou- ronne de feuilles courtes , s'allongeant après la floraison , dont on se sert, aussi bien que des œil- letons , pour propager la plante. Son fruit est ex- cellent , il prend à l'époque de la maturité une belle couleur jaune-doré , et répand une odeur agréable, forte et particulière ; sa chair est douce, fondante , parfumée d'une saveur acide très-flatteuse : ces qualités l'ont fait rechercher de tous les amateurs. On cultive avec succès l'Ananas dans les serres et les bâches à température toujours élevée ; les uns le tiennent sur une simple couche de feuilles de chêne et de châtaignier de dix à quatorze décimètres de haut : cette couche demande beaucoup moins d'eau que le tan , aussi le fruit y devient plus savoureux ; les autres sollicitent la végétation en introduisant la vapeur sous les racines ; la vapeur agit puissamment, mais on n'a que des fruits très-gros et aqueux. L'Ananas redoute l'extrême humidité, il lui faut de l'air , des arrosemens modérés , une terre préparée depuis longtemps et des soins tout particuliers.

On connaît plusieurs variétés du *Bromelia Ananas* : l'Ananas à feuilles panachées , à fruit blanc , à fruit rouge , à gros fruit violet , à fruit noir , à fruit en pain de sucre ou pyramidal, l'Ananas rond ou pomme de reinette.

Une espèce nouvelle que l'on cultive dans quelques jardins, est l'Ananas aux bractées cramoisies , *B. bracteata*. C'est une plante magnifique.

ANANAS DES BOIS ou sauvage ; *Bromelia pinguin* Lin. que Jacquin appelle *Tillandsia lingulata*. Nous en donnons une figure dans notre pl. 18 , fig. 2

ANANAS-FRAISIER. — Espèce de Fraisier ( *v.* ce mot ) dont le fruit est gros.

ANANAS-PITTE. — Espèce non épineuse.

(T. de B.)

ANANAS DE MER. ( ZOOPH. POLYP. ) C'est le nom vulgaire de l'Astrée Ananas ( *Madrepora Ananas*). (*V.* ASTRÉE.)     (GUÉR.)

ANANCHYTE, *Ananchytes.* (ZOOPH. ÉCHIN.) Nom donné par M. de Lamarck à un sous-genre démembré du genre Oursin de Linné. (*V.* OURSIN.)

(L. R.)

ANAPHIE, *Anaphia.* (ARACHN.) Genre de la famille des Holètres, dans l'ordre des Arachnides trachéennes, établi par Say (Journ. de l'Acad. des sciences de Philadelphie, vol. 11 , pag. 59), et différant du genre pycnogonon par l'absence de palpes ; ce genre a beaucoup de rapport avec les Phoxichiles de Latreille , qui sont aussi privés de palpes ; mais il en diffère par ses mandibules, qui sont didactyles, et par les crochets des tarses, qui sont simples. L'espèce servant de type à ce nouveau genre est *l'Anaphia pallida* de Say, trouvée dans la mer qui baigne les côtes de la Caroline du Sud, sur les branches du *Gorgonia cingulata*. Ce genre n'a pas été adopté par Latreille ; car ce savant n'en fait aucune mention dans son dernier ouvrage, le Cours d'Entomologie.     (LUC.)

ANARRHIQUE, *Anarrhicas.* (POISS.) Le genre qui porte ce nom appartient à la famille des Gobioïdes (*v.* ce mot) ; il est voisin de celui des Blennies, auquel il ressemble par la forme du corps , mais dont il se distingue par l'absence de nageoires ventrales.

Les Anarrhiques sont entièrement recouverts d'une peau lisse et muqueuse ; leurs pectorales sont très-développées et offrent, comme la caudale, une forme presque arrondie. Des rayons simples et flexibles soutiennent seuls la nageoire du dos, qui commence sur l'occiput et ne se termine, aussi bien que l'anale, que tout près de la queue. La bouche de ces poissons est vigoureusement armée ; car on y voit des tubercules osseux dont le sommet supporte de petites dents émaillées, aux os palatins, au vomer et aux mâchoires, lesquelles sont en outre garnies , sur leur bord, d'autres dents longues et coniques. Il y a six rayons à la membrane des branchies. Leur anatomie montre qu'ils n'ont point de vessie aérienne , que leur estomac est peu volumineux mais charnu , et leur intestin court , épais et sans cœcum.

Des deux espèces qui composent ce genre, l'ANARRHIQUE-LOUP, *Anarrhicas lupus* Lin., fig. par B. C., pl. 74, est le plus commun, et par conséquent le mieux connu. On le nomme vulgairement *Loup-marin*, *Chat-marin*. Bien qu'il habite de préférence les mers du Nord , il se laisse prendre souvent sur nos côtes ; c'est un poisson féroce et dangereux qui atteint jusqu'à sept et huit pieds de longueur, et dont on compare la chair, pour le goût, à celle de l'anguille.

Sa couleur est d'un brun noirâtre, un peu plus clair sous le ventre, avec douze ou treize bandes verticales brunes sur les côtés du corps. On assure de ce poisson qu'il grimpe contre les écueils, en s'aidant de ses nageoires et de sa queue, d'où le nom d'*Anarrhicas*, qui veut dire grimpeur, que Gesner lui a le premier donné ; les Islandais le conservent séché et salé ; sa peau est aussi employée par eux à divers usages, et son fiel leur tient lieu de savon. La seconde espèce est d'une moins grande taille. C'est le PETIT ANARRHIQUE, *Anarrhicas minor*, que Olafsen a fait connaître dans la relation de son voyage en Islande.

(G. B.)

ANARNAK , *Anarnacus.* (MAMM.) Nom d'un genre peu connu de cétacés. Cuvier l'indique dans une note (*Règne animal*, pag. 281), comme se rapprochant beaucoup des Hyperoodons (*v.* ce mot). Il a comme eux deux dents à la mâchoire supérieure ; elles sont petites et se recourbent en défenses ; l'inférieure en est dégarnie. Il se distingue des Narwals par une nageoire sur le dos, dont ceux-ci manquent.

On n'en connaît qu'une espèce que l'on pêche dans les mers du Groënland , loin des côtes , et dont la chair passe pour purgative. C'est le *Monodon spurius* de Fabricius.     (D. Y. R.)

ANARRHINE, *Anarrhinum.* (BOT. PHAN.) Didynamie angiospermie. Genre établi par Desfontaines dans la famille des *Scrophulaires* ou *Personnées*, et rapproché des *Antirrhinum*, dont plusieurs espèces lui ont été rapportées. Voici ses caractères : calice persistant à cinq lanières profondes ; corolle tubuleuse, munie ou dépourvue d'éperon à la base, toujours ouverte ou sans palais proéminent ; quatre étamines didynames non saillantes ; un seul style, un stigmate simple ; une capsule arrondie, à plusieurs valves , s'ouvrant par deux trous au sommet, à deux loges polyspermes.

Une espèce de ce genre, l'*Anarrhinum belli*-

*difolium*, est très-répandue dans le midi de la France, et s'avance même jusqu'aux environs de Paris.

Desfontaines en a découvert deux en Afrique, l'*A. pedatum* et l'*A. fruticosum*. Elles sont figurées dans la Flore atlantique. Bory de Saint-Vincent les a retrouvées dans le midi de l'Espagne. A ce genre se rapportent deux *Antirrhinum* représentés tab. 144 et 180 de l'Icones de Cavanilles, l'*A. tenellum* et l'*A. crassifolium*, qui croissent dans le royaume de Valence et dans l'Andalousie; enfin l'*A. aquaticum* de Loureiro.     (C. É.)

ANASARQUE. (ANAT. PATH.) Hydropisie ou accumulation de sérosité dans les petits espaces qui existent entre les flocons graisseux.

Lorsque la quantité de sérosité est très-considérable, il en résulte une augmentation énorme du volume du corps. La peau des individus affectés d'Anasarque, offre une blancheur plus prononcée que dans l'état de santé; elle s'amincit de plus en plus et devient luisante, à mesure que l'infiltration augmente. Dans quelques circonstances, la distension est assez grande pour déterminer la rupture de la peau dans plusieurs points, et dans ce cas, la sérosité s'écoule en grande partie.

Les causes qui déterminent l'Anasarque sont très-nombreuses et très-variables, les principales sont : l'action prolongée de l'humidité atmosphérique, la suppression brusque d'une transpiration abondante. On voit souvent aussi l'Anasarque survenir avec une grande facilité chez les enfans convalescens d'une maladie éruptive, telle que la rougeole ou la scarlatine, lorsque par imprudence on les expose à un air froid et humide.
(M. St-A.)

ANASPE, *Anaspis*. (INS.) Genre de l'ordre des Coléoptères, section des Hétéromères, famille des Trachélides, tribu des Mordellones.

Ce genre, établi par Geoffroy, ne diffère des mordelles (*v.* ce mot) que par des antennes simples qui vont en grossissant, des yeux échancrés et le pénultième article des quatre tarses antérieurs bilobé, avec les crochets des postérieurs non dentelés.     (A. P.)

ANASTATIQUE. (BOT. PHAN.) La petite plante vulgairement connue sous le nom de *Rose de Jéricho*, et appelée par les botanistes *Anastatica hierochuntina*, est une crucifère annuelle, quelquefois bisannuelle de la Tétradynamie siliculeuse, que les vents de l'Afrique arrachent au sol sablonneux et aride de l'Égypte, de la Syrie et de la Palestine, pour en rouler les débris à l'embouchure des fleuves qui se perdent dans la Méditerranée. Sa tige rameuse, garnie de feuilles oblongues, est terminée par des épis de fleurs blanches; dès que la graine a atteint l'époque de la maturité, cette plante se pelote et se dessèche; mais à peine se trouve-t-elle transportée sur une terre humide ou arrêtée aux bords des eaux, elle reprend sa forme première, les racines s'accrochent au sol, les rameaux s'étendent, de nouvelles feuilles naissent, de nouvelles fleurs s'épanouissent, une seconde végétation s'accomplit entièrement. On

place l'Anastatique au nombre des plantes hygrométriques; même lorsqu'elle est vieille et sèche, elle a la propriété de se dilater et de s'étendre, ou de se resserrer, suivant que l'air libre est humide ou sec. Ses graines arrondies s'attachent à la terre aussitôt qu'elles s'échappent de la silicule globuleuse qui les contient, et y germent bientôt.

En mettant tremper la tige de l'Anastatique dans un verre d'eau, l'on obtient le même phénomène que lorsque la plante se fixe sur un sol humide, avec la seule différence que la sorte d'épanouissement de ses rameaux desséchés n'est autre chose que l'expansion des rameaux devenus souples, qui rappelle le calice frangé de la nigelle des jardins ou de la rose mousseuse. L'expérience peut être répétée plusieurs fois avec la même plante. Nous l'avons fait représenter à l'état sec dans notre Atlas, pl. 19, fig. 1.     T. de B.

ANASTOMOSE. (ANAT.) Mot employé pour indiquer un abouchement, une communication qui existe naturellement entre deux vaisseaux. Les artères s'anastomosent en formant des arcades ou en se joignant à angle aigu, soit entre elles, soit avec les dernières radicules des veines; le réseau inextricable qui en résulte est connu sous le nom de *Système capillaire*. Le nombre des Anastomoses est d'autant plus grand que les vaisseaux sont plus petits. Le but principal des Anastomoses est de suppléer aux obstacles que les liquides peuvent éprouver dans leur cours. Lorsque l'artère principale d'un membre, par exemple, est obstruée ou liée, on voit les Anastomoses entretenir la circulation dans le membre, et remplacer ainsi la fonction du tronc principal.

Les Anastomoses des veines sont en général plus fréquentes que pour les artères, mais présentent à peu près la même disposition.

Les Anastomoses des vaisseaux lymphatiques, dans lesquels circule la lymphe ou liquide blanc, sont très-nombreuses. Ce troisième ordre de vaisseaux diffère des précédens par la forme de ses parois et la disposition particulière de son calibre. On peut comparer les vaisseaux lymphatiques à une traînée de grains de raisin placés bout-à-bout et toujours dans le même sens, ce qui forme une espèce de chapelet alternativement renflé et restreint à des distances égales.

On a aussi donné le nom d'Anastomose à la réunion des bronches et des filets nerveux entre eux, bien qu'ils n'aient point une cavité aussi évidente que celle des vaisseaux.     (M. S. A.)

ANATASE. (MIN.) *Voy.* TITANE ANATASE.

ANATIFE, *Anatifa*. (MOLL.) Genre de coquilles créé par Bruguière et figuré dans l'*Encyclopédie méthodique*, pl. 85, n° 6. Ce genre, adopté par Lamarck dans son *Hist. des animaux sans vertèbres*, vol. 5, p. 402, appartient à la famille des Cirrhipèdes pédonculés et présente les caractères suivans : coquille composée de cinq valves, deux de chaque côté et la cinquième sur le bord dorsal; ces valves sont réunies par une membrane qui les borde et les maintient. Dans la coquille fermée, ces mêmes valves sont rapprochées en forme de cône aplati, lequel est soutenu sur un pédicule tubuleux, tendineux, flexible, susceptible de s'allonger et de se contracter. Sa base est fixée sur différens corps marins. C'est à l'aide des divers mouvemens que l'animal imprime au tube qui le soutient qu'il se procure les alimens dont il a besoin. Poli, dans son *Hist. des testacés*, a décrit et figuré ce singulier animal, auquel il donne douze paires de bras et une bouche armée de deux paires de mâchoires.

Les espèces qui constituent ce genre sont en général peu nombreuses, et comme elles s'attachent souvent à la cale des navires, il est probable qu'on les retrouve dans toutes les mers. Lamarck n'en décrit que cinq espèces, dont voici les noms : Anatifes lisse (*V*. la fig. que nous en donnons, pl. 19, fig. 2), velue, dentelé, striée et vitrée. Quelques unes de ces espèces se mangent, et ce qui paraîtra sans doute étonnant, ce sont les vertus aphrodisiaques qu'on leur attribue. (*Voy.* Cirrhopodes.

Depuis la rédaction de cet article, notre collaborateur, M. Martin-Saint-Ange, a présenté à l'académie des sciences un mémoire étendu sur les Cirrhipèdes. L'examen complet qu'il vient de faire des divers systèmes organiques de ces animaux, établit d'une manière positive que les Anatifes sont de véritables animaux articulés, offrant des rapports avec les Annelides, et liés, d'une manière beaucoup plus intime encore, avec les crustacés inférieurs. D'après cela, les Anatifes formeraient le passage naturel des Annelides aux Crustacés, et les Cirrhipèdes en général formaeraient une classe distincte que M. Martin-Saint-Ange se propose de désigner sous le nom de classe des Cirrhipédiens. (*Voy.* ce mot.) (Ducl.)

ANATIFÈRE ou Conque anatifère. (moll.) Dénomination vulgaire des différentes espèces d'Anatifes, et particulièrement de l'Anatife lisse. (Ducl.)

ANATINE, *Anatina*. (moll.) Coquilles bivalves fort recherchées des naturalistes, dont Lamarck a fait un genre dépendant de la famille des Myaires, de la classe des Lamellibranches. Les caractères qui lui sont assignés le distinguent facilement des myes. Ces coquilles sont transverses, subéquivalves, toujours bâillantes, soit aux deux côtés, soit à un seul. Elles ont une dent cardinale nue, élargie en cueilleron, saillante intérieurement, insérée sur chaque valve et recevant le ligament ; une lame ou une côte en faux, adnée, obliquement courante sous les dents cardinales dans la plupart.

Les coquilles dont ce genre est composé sont assez rares et conservent un prix fort élevé dans le commerce ; la plus grande partie habitent les mers australes. Lamarck n'en décrit que dix espèces, parmi lesquelles nous citerons : 1" L'Anatine lanterne, *A. lanterna*, figurée dans Chemnitz, Conch. XI, p. 175, vign. 26. Cette espèce, très-fragile, est globuleuse et translucide ; 2" L'Anatine subrostrée, *A. subrostrata*, dont nous avons donné une figure dans l'atlas de ce Dictionnaire, pl. 19, fig. 5. M.] Cuvier, dans une note du 3e volume de son *Règne animal*, pag. 155,

donne le nom d'*Anatina hispidula* à une espèce curieuse, couverte de petites épines, que Savigny a figurée dans les belles planches de l'*Expédition d'Egypte*, et qui a été reproduite par M. Guérin, *Iconographie du règne animal*, Mollusques, pl. 32, fig. 3. (Ducl.)

ANATOMIE, *Anatomia*, et *Anatome* en grec, qui veut dire couper dedans ou parmi. Dans son acception la plus étendue, l'Anatomie, science de l'organisation, a pour objet la détermination des formes, du nombre, des rapports, de la structure et de la nature des organes, soit dans les animaux, soit dans les végétaux. L'Anatomie qui embrasse la série des êtres organisés, celle qui généralise les résultats de son observation, et qui en déduit les conséquences rigoureuses, a été désignée sous le nom d'Anatomie *générale, transcendante* ou *philosophique*. Cette Anatomie du premier ordre, présente une admirable uniformité de plan au milieu de la prodigieuse diversité des êtres. La nature, assujettie à des procédés constans, se répète dans tous ses actes et se reproduit dans toutes ses opérations, en variant toutefois ses résultats. Elle nous fait voir que la formation des organes est graduelle et successive, que ces organes sont d'autant plus fractionnés qu'ils sont plus près de leur formation ; que la juxtaposition des matériaux d'abord isolés, ou l'addition de couches nouvelles sur des couches déjà existantes, est le mécanisme primitif de leur accroissement ; enfin que les matériaux des organes se comportent en s'unissant comme si une affinité d'un genre particulier présidait à leur arrangement. Chaque tissu organique, chaque partie d'organe se dirige vers la partie et le tissu qui lui est homogène et ne s'unit qu'à elle, ce qui produit la fusion des organes de même nature lorsque ceux-ci peuvent se rencontrer. Ce principe, si fécond en observations, établit sur des bases plus certaines la cause du développement des anomalies et des monstres (*v.* ces mots).

L'Anatomie qui s'occupe des animaux seulement (Anatomie *animale*) se divise en Anatomie *générale* ou *zoologique*, et en Anatomie *spéciale* ou *particulière*. La première étudie comparativement le même organe dans les diverses espèces d'animaux qui l'ont reçu, y trouve des parties constantes, d'autres accidentelles, et en déduit des conséquences physiologiques. Cette Anatomie a reçu le nom de *comparative* ou d'Anatomie *comparée*. La seconde s'occupe d'une seule espèce, c'est l'Anatomie spéciale, qui prend le nom d'Anatomie *humaine* lorsqu'elle s'applique à l'homme, d'Anatomie *vétérinaire* lorsqu'elle s'applique aux animaux domestiques.

L'Anatomie *humaine* présente deux grandes divisions : tantôt elle étudie les organes sains, c'est l'Anatomie *physiologique*; tantôt elle étudie les organes malades, c'est l'Anatomie *pathologique*.

Lorsque l'Anatomie s'occupe de toutes les qualités des organes qu'on peut observer sans les diviser, elle prend le nom d'Anatomie des *formes* et des *connexions*, généralement appelée Anatomie *descriptive*; et lorsqu'elle s'occupe de la texture proprement dite ou des élémens organiques composant les formes, elle est désignée sous le nom d'Anatomie de *texture*.

L'Anatomie *descriptive* apprend le nom des organes (ou la *nomenclature anatomique*), leur nombre, leur classification, leur situation absolue ou relative, leur direction, leur volume, leur couleur, leur consistance, leur pesanteur absolue ou spécifique, leur figure, leurs régions et leurs rapports.

L'Anatomie qui comprend les corps en masse, celle qui les divise en régions, qui décompose chaque région en couches successives et qui en établit les rapports divers, est nommée *topographique chirurgicale* ou des régions. Elle devient indispensable aux médecins comme aux chirurgiens, étant surtout d'une grande utilité pratique pour ces derniers.

A l'Anatomie des formes et des connexions se rapporte l'Anatomie des peintres; elle est basée sur les principales proportions du corps de l'homme adulte, et sur les formes extérieures qui le composent.

Par proportions, on doit entendre ici l'étendue relative des diverses parties du corps. Sous ce rapport l'homme offre un grand nombre de différences chez les divers individus; néanmoins il y a des limites à ces variations, et l'homme adulte bien constitué se rapproche quelquefois du beau idéal qui dirige si souvent les peintres. Pour eux la tête se divise en quatre parties : la première s'étend du sommet à la naissance des cheveux, au dessus du milieu du front; la seconde, depuis ce dernier point jusqu'à la racine du nez entre les yeux; la troisième, depuis la naissance du nez jusqu'à sa base, ou à l'ouverture des narines; la quatrième, depuis ce point jusqu'au bas du menton.

La tête d'un homme adulte, par sa hauteur, fait la huitième partie environ de celle de tout le corps. Il est rare cependant de trouver ces proportions chez un grand nombre d'individus; aussi les peintres y apportent des modifications nécessaires et variées, suivant leur goût ou suivant certaines circonstances qui font préférer telle proportion à telle autre.

La première division de la hauteur du corps comprend la tête elle-même; la seconde correspond au mamelon; la troisième à l'ombilic; la quatrième aux organes de la génération; la cinquième s'étend jusqu'au milieu de la cuisse; la sixième va jusqu'au genou et au niveau du bord inférieur de la rotule; la septième correspond au milieu de la jambe, et la huitième se termine à la plante du pied.

La tête a, dans son diamètre transversal, qui correspond immédiatement au dessus des oreilles, les trois quarts de sa hauteur totale. Le grand diamètre antéro-postérieur, ou son étendue d'avant en arrière, est à peu près égal à celui de la hauteur, quelquefois un peu plus, de manière que cette première partie ou division du corps de l'homme, vue de côté, peut être renfermée dans un carré.

De telles proportions, quoique fort simples, offrent cependant une tête qui ne manque point de beauté. La face comprend la moitié antérieure des côtés de la tête; l'oreille et la saillie du derrière de la tête prennent à peu près toute la moitié postérieure.

L'oreille s'étend ordinairement du niveau de la base du nez jusqu'au dessus de l'angle interne de l'œil : elle a un peu moins d'étendue en largeur.

La saillie de la tête, par derrière, ne paraît pas descendre plus bas que le niveau du conduit auditif; aussi l'échancrure qui lui succède et la sépare du cou se montre-t-elle un peu plus élevée que le bout de l'oreille.

Le cou offre à la partie supérieure une largeur égale à la moitié de l'étendue totale de la tête : la même proportion, à peu près, s'observe sur les côtés lorsqu'on regarde le profil de la face. Enfin la hauteur du cou, quoique très-variable, a ordinairement un peu moins de longueur que sa largeur prise à la base du crâne.

Les diamètres de la poitrine varient beaucoup suivant les points où on les mesure. Depuis la fossette du cou jusqu'au creux de l'estomac, il y a environ la même longueur que présente la hauteur de la face. Sur les côtés la poitrine descend jusqu'au sillon du flanc; en arrière elle a une étendue égale à une tête et demie. L'épaule, en la mesurant depuis son bord supérieur, qui commence presque au niveau de la clavicule, jusqu'à l'angle de l'omoplate, qui correspond au niveau du bord inférieur de la mamelle, a la même étendue que la tête. Une égale distance sépare l'angle inférieur de l'épaule de la crête osseuse de la hanche.

La largeur de la poitrine ou du torse, à partir du sommet d'une épaule au sommet de l'autre, est de deux têtes; il y a la moitié de cette étendue, ou une tête, d'un mamelon à l'autre, et une tête et demie d'une aisselle à l'autre. L'épaisseur de la poitrine est d'environ une tête et un quart, depuis la surface antérieure de la mamelle, jusqu'à la surface postérieure de l'épaule. Au reste, les proportions de cette région du corps sont peut-être les plus variables de toutes celles que l'on a établies, surtout si l'on cherche à les retrouver chez la femme; car chez elle l'usage des corsets nuit au développement de la poitrine et aux libres fonctions de la respiration et de la circulation. Cette difformité du torse, que l'on contracte malheureusement dans le jeune âge, devient souvent funeste par la suite, lorsque surtout à cette cause toute mécanique se joint une mauvaise disposition acquise, pour ainsi dire, en naissant. Il serait bien plus convenable alors de s'occuper à modifier la conformation de la poitrine par des moyens de gymnastique, moyens en général précieux pour favoriser le développement des organes musculaires, et si utiles dans le jeune âge pour corriger les déviations des os. C'est ainsi qu'en cherchant à favoriser et à produire une heureuse conformation de la poitrine, au lieu d'en empêcher le développement par l'usage des corsets, on pourrait espérer de restreindre un peu le cadre si vaste des maladies de poitrine.

Après cette courte digression, qui peut-être sera profitable à quelques personnes, nous allons continuer à indiquer les autres proportions du corps.

Le ventre a, sur la ligne médiane et depuis le creux de l'estomac jusqu'au pubis, une tête et demie; sur les côtés, dans la région des flancs, un quart de cette étendue; une tête et un quart dans la région des reins, et une tête et un quart environ de largeur au niveau du sillon des flancs.

Le bassin a une tête et demie de largeur au niveau de la hanche, comme la poitrine au dessous de l'aisselle, et une tête au moins d'épaisseur au niveau du pubis. Le bras a une tête et un quart depuis le sommet de l'épaule jusqu'au pli du coude; une tête depuis ce dernier point jusqu'au dessus du poignet, et autant de là jusqu'au bout du doigt du milieu. Les membres supérieurs descendent jusqu'au milieu de la cuisse; le dessus du poignet correspond à la hauteur de la hanche, et le coude se trouve sur la même ligne que l'ombilic. La cuisse a trois quarts de la hauteur de la tête dans sa partie la plus volumineuse, qui se trouve immédiatement au dessous de la hanche. Le mollet a une demi-tête, et le pied une tête de longueur.

L'Anatomie des peintres ne se borne pas à connaître toutes les proportions du corps; elle s'occupe aussi de la forme que présentent toutes les divisions qu'elle a établies. C'est d'après ces formes arbitraires et idéales que les peintres exécutent des morceaux d'ensemble et d'une beauté rare quelquefois. Ce principe s'applique surtout aux peintures grecques; car il paraît bien certain aujourd'hui que l'angle facial, que le nez droit, presque perpendiculaire, que les yeux profondément enchâssés dans leur orbite, etc., sont des dispositions et des formes exagérées, et purement de convention.

Pour terminer ce qui nous reste à dire de généralités sur l'Anatomie animale, et avant de passer à celle des végétaux, il doit être question de l'Anatomie de texture.

Cette espèce d'Anatomie ne s'arrête plus aux qualités extérieures, aux surfaces, aux nombres et aux rapports des organes; elle s'attache à connaître leur cohésion, leur substance et les élémens organiques qui entrent dans la composition d'un organe, les proportions et le mode de combinaison de ces élémens. Mais pour parvenir à la détermination de cette texture, il ne suffit pas d'observer les organes développés, il faut encore les observer se développant, et les suivre à travers les diverses métamorphoses qu'ils subissent. On substitue de cette manière à l'analyse par le scalpel celle qui est toute préparée par la nature; méthode féconde en découvertes, et la seule peut-être qui puisse guider sûrement l'anatomiste. Aristote, qui avait envisagé l'Anatomie sous ce point de vue élevé, disait avec juste raison que les animaux se ressemblent d'autant plus qu'on les observe à une époque plus rapprochée de leur formation. Cette idée a été reproduite par Camper, qui avança que le fœtus humain passait successivement par les états de poisson, de reptile, de mammifère, idée de nos jours si accréditée. Pourtant, sans chercher à infirmer les faits admis par quelques anatomistes, il me semble qu'il faut se tenir en garde contre certaines théories dont le merveilleux plaît à l'esprit et l'égare quelquefois. L'existence des branchies chez l'homme, les mammifères et les oiseaux, admise sans doute par analogie, a dû certainement séduire les observateurs de la nature, et cependant ces prétendues branchies ne sont que des replis de la peau du cou ou des fissures de celle-ci, n'aboutissant à rien de vasculaire, à rien qui ressemble aux branchies, pas même à celles des animaux les plus inférieurs de la série des êtres.

En passant à l'Anatomie des végétaux, nous voyons qu'elle nous offre moins de complications et de variations que celle des animaux. Un seul tissu élémentaire, composé de lamelles diversement combinées, forme la base de tous les organes des plantes. Ce tissu lamelleux en présente deux secondaires, savoir : le tissu cellulaire ou aréolaire, et le tissu vasculaire ou tubulaire. Le premier se compose de petites cellules contiguës les unes aux autres, et présentant une ressemblance assez marquée avec les alvéoles des abeilles; ces cellules, à parois très-minces, communiquent toutes ensemble par des moyens divers. Le second, que certains auteurs regardent comme un tissu élémentaire et primitif, n'est autre chose qu'une modification du tissu lamelleux, dont les lames, roulées sur elles-mêmes de manière à former des canaux, constituent les vaisseaux dans les végétaux. Tous ces tubes, qui se forment successivement au milieu du tissu lamelleux, doivent être considérés non comme des canaux cylindriques et parfaitement réguliers, mais seulement comme des séries de cellules superposées et communiquant entre elles.

On distingue six espèces de vaisseaux différens par leur forme, leur structure et leurs usages. On a nommé vaisseaux *moniliformes* ou en chapelet des tubes poreux, resserrés de distance en distance et coupés par des diaphragmes criblés de petits trous; vaisseaux *poreux* des tubes continus, criblés de pores disposés régulièrement par lignes transversales, *fausses trachées*, des vaisseaux présentant des fentes transversales; *trachées*, les vaisseaux formés par une lame mince et transparente roulée sur elle-même en spirale, comme les fils élastiques de laiton que l'on met dans les bretelles; vaisseaux *mixtes*, ceux qui sont alternativement et irrégulièrement poreux, fendus ou roulés en spirale dans différens points de leur étendue; enfin on appelle vaisseaux *propres*, des tubes non poreux contenant un suc particulier à chaque végétal, comme la résine dans le pin, un suc blanc et laiteux dans les euphorbes, etc. Telles sont les différentes formes que l'on observe dans les vaisseaux des plantes. Ce sont ces vaisseaux qui, en se groupant, se soudent ensemble par faisceaux, et constituent les fibres végétales proprement dites. *Voyez*, pour de plus grands détails, les mots AURIER, BOIS, ÉCORCE, ÉPIDERME, TIGE, RACINE, FEUILLES, etc.                    (M. S. A.)

**ANATOMIE IMITATIVE.** L'art de traiter en cire l'histoire anatomique est ancien; au moulage sur nature on joignit l'artifice des couleurs, afin de compléter l'illusion, et de donner aux différentes pièces les degrés d'opacité, de transparence, de raideur et de flexibilité qu'on remarque dans la nature. On estime que le premier qui se livra à ce genre de travail fut un Français, maître Jacques, sculpteur, né à Angoulême. En 1550, on voyait de lui, à la bibliothèque du Vatican, à Rome, trois statues de grandeur naturelle : elles faisaient l'admiration des artistes célèbres du temps; Michel-Ange Buonarotti prenait plaisir à les étudier. La première représentait un homme dans toute la force de l'âge, que l'on pouvait disséquer de la tête aux pieds, et que l'on recomposait pièce à pièce tout en étudiant le jeu des divers organes durant l'époque la plus brillante de la vie; la seconde était un écorché, donnant une idée exacte de la situation, de l'étendue, de la configuration, des attaches, de la direction, de la couleur et des rapports des muscles; l'origine, ainsi que le trajet, la division et la distribution des nerfs, des veines et des artères; la troisième offrait un squelette dépouillé de ses chairs et dans la froide immobilité de la mort.

Vers la fin du XVIIe siècle, Zumbo, de Syracuse, qui mourut à Paris en 1701, à peine âgé de quarante-cinq ans, imprima, par le fini de ses préparations, un nouveau lustre à cet art tombé en désuétude par le succès des statues anatomiques en marbre exécutées par Agrati, Ercole Lelli et leurs élèves, statues que l'on voit encore à Milan et à Bologne. Je connais de Zumbo plusieurs morceaux remarquables, entre autres une tête humaine préparée pour l'étude de l'oreille, de l'œil et du cerveau; sept anatomies représentant les différens âges de l'homme et de la femme, et trois grands tableaux (1) que l'on conserve au cabinet d'histoire naturelle de Florence.

En 1750, Galli, de Bologne, appliqua la cire colorée à l'histoire de la grossesse, des phénomènes particuliers qui l'accompagnent et de l'accouchement qui la termine. Ercole Lelli et Nina Manzolini, peu d'années après, exécutèrent toute l'anatomie humaine, et plus spécialement les parties sexuelles des deux sexes.

Dans le même temps Desnoues, et vingt ans plus tard Gautier d'Agoty et Thérèse Biheron, ramenèrent en France le goût de l'Anatomie imitative. On conserve des deux derniers, à l'Ecole vétérinaire d'Alfort, plusieurs pièces fort bien exécutées, surtout une statue représentant la couche la plus superficielle des muscles et des principaux viscères.

Tous ces artistes furent surpassés par deux Toscans, Susini et Calenzuoli. Dirigés dans leurs travaux par le célèbre Mascagni, ils ont enrichi les cabinets de Vienne et de Florence de toutes les pièces, isolées ou réunies, qui peuvent apprendre l'Anatomie dans ses plus petits détails sans être obligé de recourir sans cesse aux cadavres. Nul doute que ces pièces n'exemptent point de l'étude sur la nature vivante et sur la nature morte; mais elles servent à remettre sous les yeux les cas rares, les parties difficiles à bien voir dans une ou deux dissections.

Pendant que les deux artistes florentins modelaient toutes les pièces du corps humain, fixaient avec leur cire savante les phénomènes de l'économie animale, et jusqu'aux écarts de la nature, Laumonier, de Rouen, et Pinson, de Paris, fournissaient, dès 1794, l'Ecole de médecine et le cabinet d'anatomie de morceaux exécutés avec beaucoup de soins et une connaissance approfondie. Ceux du premier, qui traitent de certaines maladies, qui montrent l'étendue de leurs ravages, les altérations des tissus et le changement qu'elles déterminent sur les parties voisines, sont d'une grande fidélité. L'histoire complète du canard et de la taupe, les détails du cœur et de l'oreille par le second, sont de véritables chefs-d'œuvre.

Bertrand et Dupont, venus après eux, ont rendu, avec une effrayante vérité, tous les désordres causés par les différens virus. De nos jours Ameline se distingue par une exécution digne des plus grands éloges.

Auzoux a substitué, depuis quelques années, une composition particulière à la cire, qui a le double inconvénient de coûter fort cher et de s'altérer à la longue, au marbre et au bronze dont les Grecs se servirent, au rapport de Pausanias, pour l'Anatomie imitative (1). Il a exécuté avec elle un cadavre artificiel sur lequel on peut faire une démonstration parfaite; toutes ses parties, moulées d'après nature, pouvant être tour à tour assemblées et désunies. Il remplace avec avantage les cadavres préparés à l'imitation de ceux de Ruysch et de Hunter. Il rend inutile le bel écorché de Houdon, et répond aux exigences de l'investigation la plus minutieuse.                    (T. D. B.)

**ANATRON.** (MIN.) *V.* NATRON.

**ANCÉE,** *Anceus.* (CRUST.) Genre de l'ordre des Amphipodes, section des Décempèdes (Latreille), établi par Risso dans son Histoire naturelle des Crustacés des environs de Nice, et auquel il assigne les caractères suivans : corselet carré; mandibules très-longues, falciformes, dentelées; queue munie de trois lames natatoires. L'espèce qui sert de type à ce genre est l'*Anceus forficularius*, Riss., qui a le corps allongé, déprimé, blanchâtre; la tête car-

---

(1) L'un est une scène de la peste sous le ciel brûlant de l'Egypte; l'autre représente la puissance du temps sur tous les âges de la vie, sur toutes les institutions sociales; le troisième est un intérieur des tombeaux, où l'on suit le cadavre depuis le jour de la mort jusqu'à celui de son entière décomposition.

(1) Un squelette en bronze avait été donné par Hippocrate au temple de Delphes. J'ai vu au musée du Vatican une charpente osseuse de la poitrine humaine, sortie d'un ciseau grec; c'est un fragment mutilé d'une statue anatomique en marbre de Paros.

rée et tronquée sur le devant; les yeux presque sessiles et en réseaux. Ses antennes extérieures sont longues, avec les derniersarticles filiformes; la bouche est armée de deux longues mandibules dentelées sur le côté intérieur et terminées en pointe; les palpes sont en forme de cueillerons et velues; l'abdomen est presque aplati, formé de cinq segmens; enfin la queue est composée de quatre pièces transversales et terminée à son extrémité par trois lames natatoires dont celle du milieu est plus aiguë. Ce crustacé se tient dans la région des coraux, ou il se cache dans les interstices des madrépores. (Luc.)

ANCHOIS, *Engraulis*. (poiss.) Genre de la famille des Clupes, qui se distingue de celui des Harengs par une bouche beaucoup plus large, laquelle est fendue bien au delà des yeux, ainsi que par des ouvertures branchiales également considérables. Les Anchois ont de très-petits intermaxillaires et des maxillaires, au contraire longs et droits, le plus souvent hérissés, ainsi que la mâchoire inférieure, d'une infinité de dents extrêmement fines. Leur tête se prolonge en un petit museau conique et pointu, de chaque côté duquel s'ouvrent les narines; leur membrane des ouïes a quelquefois plus de douze rayons. Ils sont de petite taille, allongés, étroits et couverts d'écailles larges et transparentes qui se détachent de la peau avec une extrême facilité. On les divise en deux petits groupes. Au premier appartiennent les espèces dont le ventre est tranchant et dentelé comme celui des Harengs. Tels sont les *Clupea atherinoïdes*, Bl. ; *Clup. telara*, Buch., tom. ii, p. 72 ; *Clup. phasa, id.*, p. 240; *Clup.*; *poorwah*, Russ., pl. 194.

En tête du second, que composent les espèces à ventre simplement arrondi, se place l'*Anchois vulgaire, Clupea encrasicholus*, Linn., petit poisson qui excède rarement quatre pouces et demi de longueur, et dont on prend chaque année, pendant le printemps et une partie de l'été, des quantités innombrables sur les côtes de Bretagne et de Hollande, ainsi que sur presque tout le littoral de la Méditerranée.

C'est pendant les nuits obscures que se fait la pêche aux Anchois; elle occupe un grand nombre de petites barques qui, réunies trois par trois, se rendent à deux lieues au large environ, l'une portant sur son avant un réchaud dans lequel on fait brûler des petites branches bien sèches de pin ou de sapin, de manière à répandre la plus grande clarté possible, qui est le moyen dont on se sert pour attirer ces poissons; deux autres barques se tiennent à quelque distance attendant un signal convenu pour mettre à la mer un long filet qu'elles vont traîner par chacune de ses extrémités et en entourer à bas bruit la barque éclairée. Ceci fait, le feu est éteint, les pêcheurs agitent l'eau à l'aide de leurs rames, et ces malheureux poissons effrayés se précipitent alors dans les mailles du filet, qu'on lève dès qu'à sa pesanteur on juge qu'il est suffisamment garni.

Frais, les Anchois sont peu estimés, aussi en sale-t-on la presque totalité. La première opération à faire pour procéder à cette salaison, c'est d'arracher la tête de ces poissons avec laquelle on enlève aussi les viscères et par conséquent la vésicule du fiel, qui, si l'on ne prenait cette précaution, donnerait de l'amertume à la chair. Ces Anchois, ainsi vidés et privés de tête, sont ensuite lavés dans plusieurs eaux, puis, lorsqu'on les a bien fait égoutter, placés dans des barils et disposés de telle manière qu'il y ait un lit de sel et un lit d'Anchois. On a aussi la coutume de mêler au sel dont on se sert pour cet usage de la poussière d'une argile rougeâtre, laquelle donne aux Anchois cette teinte artificielle qu'ils sont loin d'avoir dans l'état frais. Ainsi préparés, au bout de quelque temps ces poissons, qui rendent une grande quantité d'huile, se trouvent véritablement confits. Chacun sait qu'on les emploie comme assaisonnement.

Les Grecs et les Romains connurent aussi ce poisson; ces derniers composaient avec des Anchois fondus dans leur saumure, et qu'ils faisaient bouillir en y ajoutant toutefois du vinaigre et quelques épices, une sorte de sauce, nommée *Garum*, qui, quoique fort estimée, l'était cependant beaucoup moins que celle qu'on préparait avec les viscères de certaines espèces de scombres. On trouve encore dans la Méditerranée une autre espèce d'Anchois plus petite que la précédente : c'est le *Mélet* (*Engraulis meletta*, Cuv.). Nous n'en citerons qu'une seule de celles qui habitent les mers d'Amérique; elle est la plus remarquable, en ce qu'elle ne possède pas une seule dent; Cuvier la nomme *Engraulis edentulus*. (G. B.)

ANCHOMÈNE, *Anchomenus*. (ins.) Genre de Coléoptères de la famille des Carabiques, section des Patélimanes de M. Latreille, fondé par Bonelli et adopté par presque tous les naturalistes; ses caractères consistent à avoir le corselet en forme de cœur tronqué, le corps peu aplati, le labre entier, les palpes extérieurs filiformes terminés par un article cylindrique, la palette des tarses étroite, formée par les trois premiers articles. Ce sont des insectes de petite taille, ordinairement verts ou cuivrés; on peut rapporter à ce genre les espèces nommées par Fabricius *Prasinus*, *Pallipes*, *Oblongus*, etc. (A. P.

ANCHORELLE, *Anchorella*. (zooph. intest.) Genre de l'ordre des Cavitaires, établi par Cuvier et démembré des Lernées de Linné. *V.* Lernée. (Guér.)

ANCHOYO. (pois.) C'est le nom des Anchois dans le Languedoc et la Provence. (Guér.)

ANCILLAIRE, *Ancillaria*. (moll.) Genre créé par Lamarck pour quelques espèces de coquilles voisines des Olives, mais s'en distinguant facilement par leurs plis columellaires réunis en forme de torsade, et par l'absence totale du canal spiral; caractère particulier qui fait que leur surface est complétement lisse. Ces coquilles appartiennent à la dernière famille des Trachélipodes de Lamarck et constituent le quatrième genre de ses Enroulées.

Lorsqu'en 1822 ce célèbre professeur publia le septième volume de ses Animaux sans vertèbres, quatre espèces d'Ancillaires seulement étaient connues à l'état vivant sous les noms d'Ancillaire cannelle, *Anc. cinnamomea.*; Anc. ventrue, *Anc. ventricosa*; Anc. bordée, *Anc. marginata*; et enfin Anc. blanche, *Anc. candida.* A cette époque les sciences conchyliologique et malacologique étaient tout-à-fait dans l'enfance, et l'on peut avouer, sans blesser les intérêts de qui que ce soit, qu'il n'y avait pas un seul véritable conchyliologiste en Europe; pourtant on écrivait sur les coquilles: c'est à cet état de choses que nous devons attribuer les deux erreurs commises par M. de Férussac dans son article du Dictionnaire classique d'Histoire naturelle, sur le sujet que nous traitons; erreurs que nous croyons devoir relever dans l'intérêt de la science seulement. Ce naturaliste considère ces coquilles comme devant être formées par des animaux semblables à ceux des Olives et, d'après cette présomption, dit qu'elles doivent leur être réunies et ne plus former qu'un sous-genre. Ensuite, parlant de leur spire, qu'il décrit comme étant empâtée par un dépôt testacé, il pense que cet empâtement s'opère par une grande expansion du manteau de l'animal. Ayant été à même d'examiner et d'étudier le mollusque des Ancillaires, nous affirmons 1° que ces animaux sont totalement dépourvus de manteau, et qu'ils n'ont qu'un pied, susceptible, il est vrai, du plus grand développement, qui entoure à volonté tout ou partie de leur coquille; 2° que l'organe destiné à former la suture qui sépare tous les tours de la spire des Olives, et dont la longueur est fort grande, manque complètement. Il résulte donc de cette différence dans l'organisation que ce genre a été très-bien établi par Lamarck, et qu'il doit d'autant plus être conservé qu'il vient de s'accroître d'un assez grand nombre d'espèces fort précieuses, dont la plupart habitent les côtes de la Chine et les mers australes. Nous devons la connaissance de ces nouvelles espèces, au nombre de treize, à un travail fort remarquable que M. Sowerby a publié à Londres en 1830, sous le titre de *Species conchyliorum*; voici leurs noms : ( *A* ) *Mauritiana*, *Aperta*, *Effusa*, *Albisulcata*, *Castanea*, *Obtusa*, *Exigua*, *Cingulata*, *Oblonga*, *Australis*, *Mucronata*, *Rubiginosa* et *Tankervilii.* A ces dix-sept espèces que nous possédons, il faut en ajouter deux autres que nous avons décrites sous les noms d'*Idalina* et de *Nerveta*. En sorte que le genre est composé aujourd'hui de 19 espèces à l'état vivant, et d'un nombre à peu près aussi considérable à l'état fossile. Les Ancillaires sont des coquilles toujours fort rares, très-recherchées des conchyliologistes, et qui conservent un prix fort élevé dans le commerce. Pour donner une idée de leurs formes, nous avons fait figurer dans notre Atlas, pl. 19, fig. 4, l'espèce que Lamarck nomme Ancillaire cannelle.    ( Ducl. )

**ANCILLE**, *Ancilla.* ( moll. ) Dénomination donnée primitivement par Lamarck à des coquilles dont il a fait depuis son genre Ancillaire. (*V.* ce mot.    ( Ducl. )

**ANCOLIE**, *Aquilegia.* ( bot. phan. ) Genre de plantes de la famille des Renonculacées et de la Polyandrie pentagynie, remarquable par la singulière organisation de ses fleurs, qui ressemblent à un capuchon ou à un bec et à des serres d'aigle, et par leurs feuilles, qui forment, quand elles ne sont pas entièrement déployées, une espèce de cornet où la rosée et les gouttes de pluie séjournent. La beauté de l'Ancolie des bois, *Aquilegia vulgaris*, L., en a fait un des ornemens les plus recherchés de nos parterres ; elle est vivace, à fleurs bleues qui, dans les jardins, doublent et deviennent blanches, jaunes, rouges, violettes et panachées; elle forme des touffes d'un vert assez gai, glauque, que l'on doit tenir dans une situation un peu ombragée. L'Ancolie des Alpes, *A. alpina*, plus petite que l'espèce commune, est fort jolie, donne une fleur d'un bleu constant, très-agréable, et talle en corbeille. L'Ancolie de Sibérie, *A. Siberica*, a les fleurs grandes, entourées d'un anneau blanc sur un fond du plus beau bleu. L'Ancolie du Canada, *A. canadensis*, introduite dans nos jardins depuis plus de deux siècles, est remarquable par son port élégant, et des fleurs d'un beau rouge mêlé de jaune safrané, qui se balancent avec grâce sur leur pédoncule légèrement courbé ; elle fleurit au premier printemps, tandis que ses congénères ne s'épanouissent qu'au milieu du mois de mai. Toutes sont peu délicates, je devrais dire très-rustiques; elles ne demandent aucune culture: on les multiplie de semences et par pieds enracinés que l'on sépare en avril ou en septembre.    ( T. D. B. )

**ANCYLE**, *Ancylus.* ( moll. ) Très-petites coquilles fluviatiles univalves, dont la forme est analogue à celle des Patelles, et dont Geoffroy, dans son Traité sommaire, p. 122, a fait un genre adopté depuis par tous les conchyliologistes. Lamarck, vol. 6, 2° part., p. 25, fait de ce mollusque un Gastéropode, et le range, mais avec un point de doute, à côté des Crépidules, place qui ne saurait lui convenir, d'après les observations de M. de Férussac qui en a étudié les mœurs et les caractères. Si, comme le dit ce savant, les Ancilles respirent l'air au moyen d'un appendice tubiforme, il est certain qu'ils ont les plus grands rapports avec les Lymnées et les Planorbes, et dans ce cas ils appartiennent à la famille des Trachélipodes amphibiens de Lamarck. Voici les caractères que leur assigne M. de Férussac : Animal tout couvert en dessus; pied ovale, moins large que le corps; deux tentacules latéraux, contractiles et variables, coniques ou triangulaires, plus ou moins tronqués; les yeux à la base et derrière, mais paraissant en dessus comme en dessous ; orifice respiratoire en siphon cylindrique, court, contractile, situé vers l'extrémité postérieure du corps et du côté extérieur. Test conique semblable à celui des Patelles. Ces coquilles vivent exclusivement dans les eaux douces; elles sont d'une petitesse extrême. Draparnaud, pl. 2, n° 25 et 27; et M. de Blainville, Traité de Malacologie, pl. 48, n° 6, en ont donné de fort bonnes figures. Neuf espèces à l'état vivant ont été décrites par divers auteurs; mais il est à présumer qu'il y a erreur et que le nombre en est moins grand. Trois espèces fossiles sont connues, l'une décrite par M. Desmarets (Nouveau bullet. des sc. 1814, p. 19, pl. 1, fig. 14), sous le nom de *Deperditus*, et les deux autres par *Schlotheim* qui les a découvertes dans le tuf calcaire de la Thuringe.     (Ducl.)

ANCYLODON, *Ancylodon*. (poiss.) Genre de la création de Cuvier et que ce savant ichthyologiste place immédiatement après les Otolithes, avec lesquels il a en effet les plus grands rapports, puisque les seuls caractères distinctifs de ce genre sont: un museau beaucoup plus court et des dents canines excessivement longues.

Les Ancylodons sont d'ailleurs, à l'extérieur comme à l'intérieur, semblables aux Otolithes. Comme eux, ils ont une vessie aérienne fourchue antérieurement et un pylore à quatre appendices.

On n'en connaît encore que deux espèces : l'Ancylodon a dents en flèches ( *Ancylodon jaculidens* Cuv.; *Lonchurus Ancylodon*, Bl., édit., Schn., pl. 25; il est long d'un pied environ, argenté, teint d'un gris brunâtre vers le dos, avec des points un peu plus bruns, formant des lignes serrées, obliques, nombreuses, mais très peu-sensibles. Ses dents sont longues, écartées, un peu élargies dans le milieu, ce qui les fait ressembler à des flèches. La caudale est en fer de lance.

L'Ancylodon a petites nageoires, *Ancylodon parvipinnis*, Cuv. et Vol., Hist. pois., pl. 105, a été découvert par M. Poiteau. Il se reconnaît de suite par la petitesse de ses deux nageoires du dos. Sa queue est carrée. Il vient de Cayenne comme le précédent. Le genre Ancylodon appartient à la famille des Sciénoïdes.     (G. B.)

ANDALOUSITE. (min.) On a donné ce nom à une substance que l'on a cru long-temps originaire de l'Andalousie, bien qu'elle ne se trouve point dans cette province d'Espagne, et qu'elle soit au contraire très-commune dans celles de Tolède et de Castille, et dans un grand nombre de localités de la France, de l'Allemagne et de l'Ecosse.

Elle est composée de silice, d'alumine, de potasse et d'oxide de fer. Quoiqu'elle ne contienne que 52 à 54 p% de silice, elle raie non seulement le verre, mais le quartz ou le cristal de roche. Sa cristallisation est un prisme droit à base carrée.

On connaît aujourd'hui sous le nom d'Andalousite, l'ancienne espèce minérale appelée *Macle*, qui est chimiquement composée de même, qui cristallise aussi en prisme, et qui est remarquable en ce que le cristal, coupé parallèlement à sa base, présente au centre une tache noire en forme de parallélogramme, dont les quatre angles prolongent une ligne noire aux quatre extrémités anguleuses du prisme, qui présentent ainsi quatre autres petites figures noires de la même forme; le tout sur un fond grisâtre, verdâtre ou rougeâtre.

Autrefois l'ignorance populaire attribuait des propriétés surnaturelles aux Andalousites de la variété appelée Macle, et elles servaient d'amulettes. Encore aujourd'hui on emploie en Espagne celles dont les parties noires représentent une croix, à occuper une ou plusieurs places dans les grains d'un chapelet.

Les diverses variétés d'Andalousite se trouvent dans des roches de granite, de gneiss, de schiste et de micaschiste. (*V*. ces mots. )     (J. H.)

ANDES (chaîne des). ( géogr. et géol. ) La chaîne des Andes est la plus considérable de toutes les chaînes de montagnes qui sillonnent le globe terrestre; elle s'approche presque également des deux pôles, et ses extrémités n'en restent éloignées que de 25 à 30 degrés, de latitude. Elle s'étend depuis les îlots placés au sud de la Terre de Feu, c'est-à-dire depuis le 55e degré de latitude australe, jusqu'au 60e de latitude boréale. Sa direction, à partir du cap Horn, coïncide d'abord avec celle du méridien; mais, à partir du Pérou, et à travers toute l'Amérique septentrionale, elle incline à l'ouest, de sorte que la direction moyenne devient N.-N.-O., S.-S.-E.

Sur cette longueur de 2,500 lieues, la chaîne des Andes présente de grandes inégalités dans sa largeur et son élévation; les premiers voyageurs qui la visitèrent, Ulloa, La Condamine, frappés de la hauteur et de la majesté des masses constituantes, les proclamèrent les plus hautes montagnes de l'univers; et en effet, elles ne le cèdent sous ce rapport qu'aux sommités de l'Hymalaya. C'est aux travaux de M. de Humboldt que nous devons une description détaillée de sa forme et de sa composition. La partie la plus célèbre est celle qui est désignée sous le nom des Andes du Pérou, surtout entre l'équateur et le 1er degré 45 minutes de latitude australe; là se trouvent le Chimborazo qui atteint une hauteur absolue de 6,530 mètres; l'Antisana, qui s'élève à 5,833; le Capac-Urcu, qui, suivant les traditions du pays, était encore plus élevé que le Chimborazo, mais qui s'écroula à la suite d'éruptions volcaniques, et ne présente plus actuellement que des pics inclinés qui lui sont inférieurs. Ces masses imposantes ne sont cependant pas les points les plus élevés; mais, comme elles sont isolées, elles semblent surpasser toutes les autres sommités. On a constaté des hauteurs qui dépassent 7,000 mètres. Cette élévation prodigieuse est loin de se maintenir dans toutes les Andes; il existe des dépressions dans l'isthme de Panama, dans l'hémisphère boréal, qui n'ont que quelques centaines de mètres. La largeur de la chaîne subit de non moins grandes variations; elle est dans le Pérou de vingt et quarante lieues, et se réduit à quelques lieues en plusieurs contrées de l'Amérique septentrionale.

Les Andes sont croisées par plusieurs autres systèmes de montagnes, sous des angles presque droits; les principaux sont ceux de la Cordillière du littoral de Venezuela, et de la Cordillière de Parime, traversée par l'Orénoque.

La composition minéralogique des Andes n'est pas moins remarquable que sa constitution physique. Ainsi, non seulement les diverses parties de cette chaîne nous présentent les roches anciennes, telles que les granites, les syénites, les porphyres, les serpentines et les roches schisteuses; telles que les gneiss, les micaschistes, les schistes argileux et talqueux...; mais les plateaux élevés, les crêtes que forment ces roches primitives et de transition, sont surmontées de dômes volcaniques, la plupart trachytiques, dont le Chimborazo fait partie.

C'est principalement dans la chaîne des Andes et dans les Cordillières qui s'en détachent, celles de Parima et de Venezuela, que M. de Humboldt a étudié les terrains primitifs et de transition, et qu'il en a établi la classification en formations successives. Ainsi, le terrain primitif y est composé : 1° de la formation du granite primitif (*Qui la Chao, Caloto, Cascas*), et du granite-gneiss (*S.-E. de Riobamba*); 2° de celle du gneiss primitif (*chaîne du littoral de Caracas, Sierra de la Parime, îles du lac Tacarigua*), comprenant les sous-formations parallèles du gneiss-micaschiste (*Ingapilca, montagnes au sud et sud-ouest de Tunguragua*), les granites postérieurs au gneiss et antérieurs au micaschiste (*plateau du Papagallo et de la Moxonera*); les syénites primitives (*Andes du Popayan, pente orientale des Andes du Pérou*), les serpentines primitives (*entre Caracas et les vallées d'Aragua*); 3° la formation du micaschiste primitif (*Cordillière du littoral de Venezuela, depuis le cap Codera jusqu'à la Punta-Tucacas, Nevado de Quindiù, province d'Oaxaca*), comprenant les granites postérieurs au micaschiste (*Andes du Barahuan, de Quindiù et d'Herveo*); 4° la formation du schiste argileux primitif (*Condorasto, Paramo de Yanaguanga...*), comprenant les quartz primitifs (*Hacatacumba, dans les Andes de Quito*), les porphyres primitifs et les granites postérieurs au schiste argileux (*vallée de la Magdalena*). Le terrain de transition, non moins puissant que le terrain primitif, y comprend six formations : 1° celle du calcaire grenu, talqueux, des micaschistes de transition, et des grauwackes avec anthracite (*Cordillière de Quindiù*); 2° celle des porphyres et syénites de transition (*Andes du Pérou et du Mexique*); 3° celle du schiste argileux de transition, renfermant des grauwackes et des calcaires noirs (*Malpasso dans la Cordillière de Venezuela, et Guanaxuato au Mexique*); 4° et 5° celles des porphyres, syénites et grunstein postérieurs au schiste argileux de transition (*Guanaxuato, entre Acapulco et Mexico, entre Pachuca et la Puebla, Chabucanas, San Felipe...*); 6° enfin celle des euphotides de transition (*entre Villa de Cura et Malpasso*). Ces diverses formations ne sont pas toutes simultanément développées, et il y en a qui sont plus ou moins sujettes à manquer. Ainsi, les Andes de Quito et du Pérou présentent généralement au dessus du terrain primitif des porphyres de transition, des grunstein et des calcaires noirs. Les montagnes du Mexique présentent au contraire préférablement des schistes argileux souvent carburés, et renfermant des couches de syénite et de serpentine; puis des porphyres dont les parties supérieures passent aux phonolithes. Dans les montagnes de Venezuela, les schistes verts, stéatiteux, dominent avec les calcaires noirs et les roches serpentineuses.

Ces terrains anciens sont souvent recouverts par des calcaires, des dépôts arénacés plus récens, lesquels se trouvent en beaucoup de points à plusieurs milliers de mètres d'élévation. Mais il résulte, dit M. de Humboldt, du nivellement barométrique des Cordillières, que, dans toute la région des tropiques, les granites et les gneiss anciens ne s'élèvent guère au delà de la hauteur qu'atteignent les sommets des Pyrénées. Tous les massifs superposés aux roches primitives, qui dépassent la limite des neiges perpétuelles (4,600 à 4,800 mètres), et qui donnent aux Cordillières leur caractère de grandeur et de majesté, ne sont généralement dus ni à des formations primitives ni à des roches calcaires (il n'y a que les calcaires de Gualgayoc et Guancavelica qui se trouvent à 4,200 ou 4,600 mètres), mais à des porphyres trachytiques, à des phonolithes, à des dolérites.

Le caractère le plus saillant de la chaîne des Andes résulte, comme on le voit, de la présence des dômes et des cônes volcaniques qui y sont en grande quantité, et dont les dimensions sont gigantesques. Mais ce caractère devient d'autant plus important pour le naturaliste, que la nature semble y avoir adopté d'autres moyens d'action, et qu'elle ne reste pas assujettie à la série des phénomènes volcaniques qui est propre aux volcans de la Méditerranée. Ces grands dômes trachytiques, dont plusieurs sont creux, ainsi que l'attestent des expériences relatives à l'action du pendule sur le Chimborazo, l'écroulement du Capac-Urcu et du Carguairazo, ne paraissent avoir eu aucun cratère, ni avoir donné lieu à des éruptions intermittentes. Quelques uns agissent cependant par leurs flancs; tel est l'Antisana, dans les Andes de Quito, qui a eu de mémoire d'homme des éruptions latérales, mais dont la cime n'a jamais été percée. Le grand volcan mexicain de Popocatepell, a eu au contraire des épanchemens de laves, sous forme de coulées étroites, comme les volcans de la Méditerranée et ceux qui sont éteints dans la France centrale, bien que son élévation soit de 5,542 mètres. Au Mexique, dit M. de Humboldt, dans l'intérieur des terres, sur un plateau trachytique, situé à plus de trente-six lieues de la mer, et loin de tout volcan brûlant, des montagnes de 1,600 pieds de hauteur sont sorties (29 septembre 1759) sur une crevasse, et ont jeté des laves qui en chassent des fragmens granitiques. Tout à l'entour un terrain de quatre milles carrés a été soulevé en forme de vessie, et des milliers de petits cônes (Hornitos de Jorullo) ont hérissé cette surface bombée, et donnent lieu à des dégagemens de vapeurs. En résumé, presque toutes les sommités des Cordillières sont trachytiques, et les volcans actuels agissent par des ouvertures formées dans les trachytes : ce terrain s'étend rarement vers les plaines, et les volcans encore actifs sont alignés par files, tantôt sur une série, tantôt sur deux lignes parallèles. Ces lignes sont généralement dirigées (montagnes de Guatemala, de Popayan, de Los Pastos, de Quito, du Pérou et du Chili) dans le sens de l'axe des Cordillières, quelquefois (Mexique) elles font avec cet axe un angle de 70 degrés.

Les Andes présentent les phénomènes volcaniques dont elles sont si souvent le théâtre, en proportion avec leurs dimensions gigantesques. Les tremblemens de terre ne sont nulle part aussi fréquens, aussi énergiques ; les écroulemens nombreux qui ont souvent lieu, les traces de bouleversement que l'on rencontre à chaque pas, semblent indiquer que la nature y est moins avancée que partout ailleurs dans son repos et dans ses dégradations. M. Élie de Beaumont, dans sa classification des révolutions du globe, a fait observer que ces faits semblaient désigner la chaîne des Andes comme une des plus récemment soulevées ; cette chaîne, dont les soupiraux volcaniques sont encore en activité, forme, dit-il, le trait le plus étendu, le plus tranché, et pour ainsi dire le moins effacé de la configuration actuelle du globe terrestre. Nous terminerons cette trop courte notice des Andes Cordillières, en citant les hauteurs les plus remarquables de cette chaîne et ses ramifications.

|  |  | mètres |
|---|---|---|
| Nevado de Sorata. | . . . . . | 7696 |
| Nevado de Illimani. | . . . . . | 7515 |
| Chimborazo (Pérou). | . . . . | 6550 |
| Cayambe (Id.). | . . . . . | 5954 |
| Antisana (volcan du Pérou). | . . | 5855 |
| Cotopaxi (volcan du Pérou). | . . | 5753 |
| Volcan d'Arequipa. | . . . . | 5600 |
| Mont St-Élie (côte N.-E.) | . . . | 5515 |
| Popocatepell (volcan du Mexique). | | 5400 |
| Puebla (Mexique). | . . . . . | 5400 |
| Tunguragua (Mexique). | . . . | 4958 |
| Sierra Nevada (Mexique). | . . . | 4786 |
| Montagne du Beau Temps (c. N.-O.) | | 4549 |
| Silla de Caracas (Colombie). | . . | 2654 |
| Jorullo (Mexique). | . . . . . | 1299 |
| Saut du Tuquendama. | . . . . | 1559 |

(A. B.)

**ANDRÉE**, *Andræa*. (BOT. CRYPT.) Genre de la famille des Mousses, dont les espèces, remarquables par leur petitesse, se rencontrent sur les montagnes et dans les régions les plus froides de l'Europe, et qui ont pour caractères : une capsule à quatre valves réunies au sommet par un petit opercule persistant, soutenu par une apophyse, et dont la coiffe se rompt irrégulièrement.

On trouve, dans ce genre, 1° les *Jungermannia alpina*, et *Jungermannia rupestris* de Linné ; 2° les *Andræa Rothii* de Mohr, et *Andræa nivalis* de Hooker. On a représenté l'*Andræa rupestris* dans notre pl. 20, fig. 1.    (F. F.)

**ANDRÈNE**, *Andrena*. (INS.) Genre d'Hyménoptères porte-aiguillon de la famille des Apiaires, formant le type de la division à laquelle M. Latreille donne le nom d'Andrénète dans la nouvelle édition du Règne animal ; ce genre est formé d'espèces pour la plupart propres à l'Europe, et dont le principal caractère est d'avoir la languette semblable à un fer de lance, et repliée sur le côté supérieur de sa gaîne. Ce caractère lui est commun avec le genre Dasypode, qui ne s'en distingue que par des tarses plus velus. Ces insectes n'ont que deux cellules cubitales aux ailes supérieures.

On connaît deux ou trois espèces de ce genre aux environs de Paris ; la plus commune et celle qui lui sert de type, est :

L'ANDRÈNE DES MURS, *Andrena Flessæ*, Panzer., que nous avons figurée dans notre Atlas, pl. 20, fig. 2. Elle est longue de six lignes, d'un noir bleuâtre avec des poils blancs sur la tête, le corselet, les bords latéraux des derniers anneaux de l'abdomen, et aux pieds. Les ailes sont noirâtres, un peu plus foncées à l'extrémité. Suivant Réaumur, la femelle creuse dans les enduits de sable gras, des trous au fond desquels elle dépose un miel de la couleur et de la consistance du cambouis, et d'une odeur narcotique.    (GUÉR.)

**ANDRÉNÈTES**, *Andrenetæ* (INS.) Ces insectes forment, dans la nouvelle édition du Règne animal, la première section de la famille des Mellifères. Tous les individus qu'elle comprend ont la division intermédiaire de la languette en forme de cœur ou de fer de lance, plus courte que sa gaîne, pliée en dessus dans les unes, presque droite ou simplement inclinée et courbée dans les autres. Les mandibules sont simples, terminées au plus par deux dentelures ; les palpes labiaux ressemblent aux maxillaires ; ayant toujours six articles. La languette est divisée en trois pièces, dont les deux latérales sont très-courtes, et en forme d'oreillettes. Les femelles de ces hyménoptères ramassent, avec les poils de leurs pattes postérieures, la poussière des étamines, et en composent avec un peu de miel une pâtée pour nourrir leurs larves ; elles creusent dans la terre, et souvent dans les lieux battus, des trous assez profonds, où elles placent cette pâtée avec un œuf, et ferment ensuite l'ouverture avec de la terre. On distingue la tribu des Andrénètes par les pattes postérieures, qui sont ordinairement très-velues, et par le premier article des tarses des pieds qui est très-grand, comprimé, et en palette carrée, tandis qu'il est en forme de triangle renversé dans les Apiaires : au moyen de la conformation de leurs pieds, les insectes de cette famille recueillent sur les fleurs le pollen qui doit servir à la nourriture de leurs larves.

Cette division comprend plusieurs genres assez tranchés : les plus curieux à connaître sont ceux de COLLÈTE, ANDRÈNE et HALICTE. *V.* ces mots.    (LUC.)

**ANDROGYNE**. (ZOOL. ET BOT.) De deux mots grecs qui signifient homme et femme. On appelle quelquefois de ce nom les hommes efféminés ; mais il sert plus particulièrement à désigner les individus sur lesquels les organes des deux sexes semblent réunis ; il devient alors synonyme d'*hermaphrodite*. On a proposé d'employer le mot Androgyne pour caractériser les animaux pourvus des organes des deux sexes, mais qui ne peuvent se reproduire qu'en s'accouplant deux à deux, comme, par exemple, les limaces, et de réserver le nom d'Hermaphrodite à ceux qui, possédant les organes mâles et femelles paraissent se féconder eux-mêmes, tels sont les huitres, les moules, etc.

En botanique on nomme Androgynes les plantes dont les deux sexes se rencontrent sur le même individu, mais sur des fleurs distinctes et séparées; et Hermaphrodites celles qui présentent les organes mâles et femelles sur la même fleur. (*V*. HERMAPHRODITE. ) (P. G.)

**ANDROMACHIE**, *Andromachia*. (BOT. PHAN.) Genre de la famille des Composées, Syngénésie polygamie superflue de Linné, établi par MM. Humboldt et Bompland, dans leur description des plantes équinoxiales de l'Amérique. Ce sont des herbes et même des arbustes à feuilles opposées, entières, couvertes en dessous d'un duvet fort épais; tantôt la plante est acaule, à pédoncule uniflore, tantôt elle montre une tige rameuse et des fleurs en corymbe; ses autres caractères la rapprochent tout-à-fait de la verge d'or (*Solidago*).

Des dix ou onze espèces décrites, nous citerons l'*Andromachia igniaria*, qui fournit aux habitans du Pérou une substance inflammable; en enlevant le duvet qui recouvre toutes les parties de la plante, elle remplace pour eux l'amadou du bolet. Les médecins s'en servent aussi comme styptique. ( L. )

**ANDROMÈDE**, *Andromeda*. (BOT. PHAN.) Genre de plantes de la famille des Bruyères, Décandrie monogynie de Linné, pour la plupart s'élevant quelquefois à la hauteur d'arbres, ayant les feuilles alternes (parfois opposées), coriaces, les fleurs en grappes ou épis axillaires. L'*Andromède* se distingue par son calice à cinq divisions, sa corolle à cinq dents réfléchies, dix étamines, et une capsule pentagonale à cinq loges. Ses feuilles sont aussi plus grandes que celles de la bruyère.

Le port élégant des Andromèdes les a fait admettre comme ornement de nos jardins, où l'on remarque parmi une trentaine d'espèces, la plupart exotiques, l'*Andromeda arborea*, bel arbuste à feuilles elliptiques; l'*A. speciosa*, buisson de deux à trois pieds, qui a ses feuilles couvertes en dessous d'une poudre blanche; l'*A. racemosa*, qui vit dans les marais et même dans l'eau; enfin l'*A. polifolia*; à feuilles luisantes, toujours vertes, on la trouve dans quelques cantons de la France. (L.)

**ANDROPHORE.** (BOT. PHAN.) De deux mots grecs qui signifient homme, je porte. On a appliqué cette dénomination au filet de l'étamine lorsqu'il porte plusieurs anthères, ou plutôt à la réunion des filets en un ou plusieurs faisceaux. C'est ce qui caractérise les classes 6e, 7e et 8e de Linné. Ainsi la mauve offre un seul *Androphore* chargé de nombreuses anthères (monadelphie); la fumeterre en a deux (diadelphie); enfin l'oranger a ses anthènes réunies sur plusieurs *Androphores* (polyadelphie). ( L. )

**ANDROPOGON.** (BOT. PHAN.) Ce genre de Graminées, dont le nom signifie *barbe d'homme*, est de la Polygamie monoécie de Linné; il a pour caractères : des épillets géminés ou ternés, celui du centre sessile, hermaphrodite, uniflore; les autres pédicellés, mâles, quelquefois neutres; ces derniers sont mutiques; la fleur hermaphrodite a une lépicène à deux valves coriaces, et une glume à deux écailles, dont l'inférieure porte une arête raide, tordue. Les fleurs sont en épis ou en panicules rameuses.

Parmi les nombreuses espèces dont se compose ce genre, nous citerons particulièrement l'*Andropogon nardus*, dont la racine, connue sous le nom de *Nard indien*, est très-employée aux Indes comme condiment, et possède des propriétés excitantes ; l'*A. schœnanthus*, également originaire des Indes et de l'Arabie, est remarquable par son odeur de citron; ses fleurs se prennent en infusion comme le thé.

L'*A. caricosum*, très-commun dans l'île de Java, sert de chaume pour couvrir les maisons ; le duvet soyeux de ses épis fait d'assez bons coussins. Les racines d'une autre espèce, sous le nom de *Chiendent*, entrent dans la confection des brosses et des balais que l'on vend à Paris en si grande quantité. Enfin le *Vétiver*, que l'on pend en petits paquets aux murailles pour corriger la mauvaise odeur de l'air, est la racine de l'espèce d'*Andropogon* surnommée *squarrosus*. ( L. )

**ANDROSELLE**, *Androsace*. ( BOT. PHAN. ) Genre de la famille des Primulacées, Pentandrie monogynie de Linné, composé de petites plantes d'un aspect agréable, à feuilles radicales étalées en rosette, à fleurs en ombelle, solitaires ou axillaires, souvent munies d'un involucre. Le calice est monosépale, à cinq divisions; la corolle monopétale, hypocratériforme, à cinq lobes obtus, garnis de petites glandes à leur base; le fruit consiste en une capsule globuleuse, uniloculaire, polysperme, à cinq valves.

Les Androselles, au nombre de quinze à vingt espèces, habitent en général les montagnes élevées de l'Europe, les monts Altaï en Asie, etc. ; l'*Androsace maxima* est commune en Suisse et en Allemagne; chaque groupe de montagnes a son espèce particulière. Les anciens attribuaient à l'Androselle des vertus médicinales; c'est de là que lui vient son nom, qui signifie *guérison de l'homme*. (L.)

**ANE.** (MAM.) *Voyez* CHEVAL.

**ANÉMIE.** *Anemia*. ( BOT. CRYPT. ) Genre de Fougères voisin des Osmondes, dont les espèces, environ au nombre de vingt, habitent l'Amérique équinoxiale, et dont voici les caractères : capsules turbinées, sessiles, terminées supérieurement par une calotte à stries rayonnantes, disposées en panicules. (Dans les osmondes, les capsules sont lisses ou irrégulièrement veinées.)

Nous avons donné une figure de l'ANÉMIE A FEUILLES D'ADIANTHE, *A. adianthifolia*, Swartz, dans notre Atlas, pl. 20, fig. 3. (F. F.)

**ANÉMONE.** ( BOT. PHAN. ) Sous ce nom on connaît un genre de plantes de la famille des Renonculacées, et de la Polyandrie polygynie, renfermant beaucoup d'espèces, dont le plus grand nombre se fait remarquer par une tige droite, robuste, haute d'environ trente centimètres, garnie de feuilles découpées, d'un vert foncé, portant une fleur dont le calice est remplacé par un involucre caulinaire, à corolles de cinq à neuf pétales sur deux à trois rangs, qui ne s'épanouit que quand le vent souffle, d'où leur vient le nom d'Anémone, suivant Pline. La grandeur, l'élégance, la richesse, la disposition et la vivacité de leurs fleurs leur ont fait donner un rang distingué parmi les plantes d'ornement. On les cultive dans tous les jardins, et on les revoit avec plaisir dans les bois, leur patrie primitive, où elles annoncent le retour du printemps. Rozier a le premier fait remarquer que l'on assurait à tort venir de l'Orient deux espèces indigènes au bord du Rhin, à nos départemens du midi et à l'Italie; je veux parler de l'ANÉMONE DES JARDINS, *Anemone hortensis*, et de l'ANÉMONE A COURONNES, *A. coronaria*, qui sont remarquables par leurs couleurs émaillées, et qui ont fourni plus de 150 variétés. L'ANÉMONE HÉPATIQUE, *A. hepatica*, originaire des montagnes de l'Europe et de l'Amérique, est une charmante plante dont la fleur blanche, rose ou bleue, dure près d'un mois, et dont le feuillage d'un vert luisant, prend en vieillissant une teinte de brun rougeâtre. L'ANÉMONE PULSATILLE, *A. pulsatilla*, aux grandes fleurs bleu-violet, s'agitant au moindre vent, ainsi que l'ANÉMONE ŒIL-DE-PAON, *A. pavonina*, qui porte une infinité de pétales longs d'un cramoisi clair et vif, contrastent agréablement avec l'ANÉMONE SYLVIE, *A. nemorosa*, sortie de nos forêts pour multiplier en touffes charmantes dans les jardins paysagers. On y cultive encore l'ANÉMONE ARBORESCENTE, *A. arborea*, et l'ANÉMONE DE L'APENNIN, *A. apennina*. L'une, originaire de la Chine ou du Népaul, a été apportée en France en 1826, où elle a fleuri dès la première année; sa fleur, composée de quinze à seize pétales disposés sur deux rangs, a les six pétales extérieurs de couleur purpurine claire, tandis que les autres sont entièrement blancs. La seconde, connue des botanistes du moyen-âge, a été retrouvée dans les montagnes de nos Alpes. Elle donne une fleur d'un bleu superbe.

Les Anémones n'ont pas d'odeur suave; elles aiment une terre légère, mais substantielle. On les multiplie par le moyen de leurs nombreuses semences nues, ou par la séparation de leurs racines tubéreuses. Nous avons fait représenter l'Anémone pulsatille dans notre Atlas, pl. 20, fig. 4.

(T. D. B.)

**ANEMONE DE MER.** (ZOOPH.) On donne ce nom, sur les côtes de l'Océan, à quelques espèces d'Actinies. (*Voyez ce mot.*)     (GUÉR.)

**ANENCÉPHALIE.** (TÉRAT.) Par ce mot l'on désigne les monstres qui n'ont ni cerveau ni ni moelle épinière. L'Anencéphalie est exclusivement ou presque exclusivement propre à l'espèce humaine. Les fœtus ainsi conformés naissent avant le terme régulier de la grossesse, vers le septième ou le huitième mois, et meurent en naissant ou peu de temps après avoir vu le jour. (*Voy.* MONSTRES.)

(M. S. A.)

**ANETH ODORANT**, *Anethum graveolens.* BOTH. PHAN.) Plante aromatique annuelle de la famille des Ombellifères et de la Pentandrie digynie. On la trouve dans nos départemens du midi, en Espagne et en Italie. Elle monte à quarante et soixante centimètres. Son odeur est forte et néanmoins assez agréable, son goût âcre et piquant. Ses graines servent dans la cuisine, à mariner les viandes, à apprêter les végétaux insipides; on en exprime une huile essentielle, autrefois très-recherchée dans la médecine et surtout par les gladiateurs, à cause de la propriété qu'on lui attribuait d'augmenter singulièrement les forces. Les semences seules entrent aujourd'hui dans le domaine pharmaceutique: les confiseurs les emploient en guise d'Anis (*voy.* ce mot). Les anciens Romains se couronnaient d'Aneth dans leurs festins; cette plante était pour eux le symbole de la joie.

(T. D. B.)

**ANÉVRYSME.** (ANAT. PATH.) On désigne spécialement par ce nom une tumeur produite par la dilatation d'une artère, qui offre des battemens analogues à ceux du pouls. On a aussi appelé Anévrysme la dilatation des diverses cavités du cœur.

Les causes des Anévrysmes sont fort nombreuses, et sont difficiles à déterminer. Cependant les professions mécaniques qui nécessitent des efforts violens, comme celles de porte-faix, de crieurs publics, etc., l'abus des liqueurs alcooliques, les passions vives, la colère, et toutes les causes qui activent la circulation, peuvent donner lieu aux Anévrysmes. Les contusions, les tiraillemens portés sur les artères, les blessures, la dénudation de ces vaisseaux, et surtout le virus syphilitique, déterminent aussi la formation des Anévrysmes. Quant à leur traitement, il varie beaucoup, et suivant la cause qui les a produits.

(M. S. A.)

**ANGE**, *Squatina.* (POIS.) Ce genre, l'un de ceux de la famille des Plagiostomes, a été établi par M. Duméril; il semble lier les Squales aux Raies; car, s'il conserve encore la forme allongée des premiers, il a, comme les secondes, le corps déprimé et les yeux verticaux.

Les pectorales sont larges, elles présentent en avant une forte échancrure, au fond de laquelle s'aperçoivent les fentes branchiales. La tête est arrondie, et la bouche fendue à son extrémité, et non en dessous, comme dans les squales et les raies. Ces poissons ont des évents et manquent de nageoires de l'anus, caractère qui leur est encore commun avec certains squales. Les deux dorsales naissent en arrière des ventrales, et sont fort rapprochées l'une de l'autre. Des trois espèces actuellement connues, qui appartiennent à ce genre, deux se pêchent sur nos côtes: l'une, *Squatina Angelus* Cuv., *Squalus Squatina*, Lin, Bl., pl. 116, arrive à sept et huit pieds de longueur; toute la partie supérieure de son corps est couverte d'une peau extrêmement rude et d'un gris roussâtre. Le mâle, comme celui de la raie ronce, a de petites épines au bord des pectorales.

L'autre, *Squatina aculeata*, Dum., porte le long du dos une rangée de fortes épines. C'est cette espèce que nous avons fait représenter dans notre Atlas, planche 21, fig. 1.

La troisième habite les mers de l'Amérique septentrionale; elle a été découverte par M. Lesueur, qui l'a dédiée à M. Duméril, *Squatina Dumerilii*, Lesueur., Acad. sc., Philad., tom. I, pag. X.     (G. B.)

ANGÉLIQUE, *Angelica*. (BOT. PHAN.) Genre de la famille des Ombellifères, Pentandrie digynie de Linné, caractérisé par ses pétales lancéolés, recourbés, et par son fruit ovoïde, contenant deux graines relevées de cinq côtes; l'involucre a d'une à cinq folioles, quelquefois il est nul; l'involucelle en a jusqu'à huit. Toutes les Angéliques sont bisannuelles ou vivaces, leurs feuilles sont grandes, souvent deux fois ailées, les ombelles à rayons nombreux, étalés, les ombellules globuleuses.

Des neuf ou dix espèces décrites, la plus belle et la plus intéressante est l'*Angelica archangelica*, indigène en France et dans le nord de l'Europe; la culture a doublé ses propriétés aromatiques et médicales; ses tiges, confites dans le sucre, font des conserves très-recherchées; sa racine, dont on tire une liqueur spiritueuse, est employée comme diurétique; ses feuilles peuvent être utiles à l'hygiène de la bouche; enfin ses graines, réduites en poudre, sont vermifuges. C'est surtout dans la ville de Niort, que se prépare l'Angélique du commerce; il y a plus de trois cents ans qu'elle y est cultivée. Nous avons fait représenter cette plante dans notre Atlas, pl. 21, figure. 2.

L'ANGÉLIQUE SAUVAGE (*A. sylvestris*) a les mêmes ualités à un degré inférieur; elle est commune qans les endroits marécageux.

On donne le nom d'*Angélique* à une variété de poire, à une espèce d'*Aralie*, et à la *Podagraire*.
     (L.)

ANGIOSPERMIE. (BOT. PHAN.) C'est, dans la classification de Linné, le second ordre de sa 14ᵉ classe; il comprend toutes les plantes qui, avec quatre étamines didynames ont leur *graine* enfermée dans une *capsule*; telles sont les scrophulaires, la digitale, les bignones, etc.     (L.)

ANGIOLOGIE ou ANGÉIOLOGIE, *Angiologia* ou *Angeiologia*. (ANAT.) Partie de l'anatomie qui traite des vaisseaux. Elle comprend l'étude des artères (*Artériologie*), celle des veines (*Phlébologie*), et celle des vaisseaux lymphatiques (*Angiohydrologie*).     (M. S. A.)

ANGIOTOMIE ou ANGEIOTOMIE. (ANAT.) *Angiotomia*, dissection des vaisseaux. Presque inusité.     (M. S. A.)

ANGLE FACIAL. (ANAT. ZOOL.) Deux lignes idéales, dont l'une descend du point le plus saillant du front au bord des dents incisives supérieures, et dont l'autre doit être tracée du conduit auriculaire à ce dernier point, forment par leur réunion un *angle* auquel on a donné le nom de *facial*. Le degré d'ouverture de cet angle, en donnant la proportion relative du crâne et de la face, peut indiquer d'une manière assez exacte le développement plus ou moins considérable de

l'intelligence chez l'homme et les divers animaux. Camper fut le premier qui fit l'application de cette donnée mathématique : en partageant par le milieu un assez grand nombre de têtes d'hommes et d'animaux quadrupèdes, il découvrit que l'emplacement des mâchoires supérieure et inférieure était la cause naturelle des innombrables variétés que l'on remarque dans les physionomies. En rapprochant des têtes d'Européens, de nègres, de singes, il s'aperçut qu'une ligne tirée du front à la lèvre supérieure, non seulement rendait compte de la différence de leurs traits, mais encore démontrait une grande analogie entre la tête du nègre et celle du singe. Ainsi, après avoir tracé quelques unes de ces têtes sur une ligne horizontale, il y ajoutait les lignes faciales des visages avec leurs angles divers; et lorsqu'il faisait incliner la ligne *faciale* en avant, il obtenait une tête qui tenait de l'antique; en la rejetant au contraire en arrière, il produisait une physionomie de nègre et successivement un profil de singe, de chien, de bécasse, à mesure que cette inclinaison était plus marquée.

Il est facile de concevoir que plus le crâne augmente de volume, plus le front doit faire saillie en avant, et, par conséquent plus l'angle formé par la rencontre de la ligne faciale avec la ligne de la base du crâne doit être ouvert; tandis qu'il devient, au contraire, plus aigu à mesure que la capacité cranienne diminue et que la ligne faciale s'incline en arrière.

Dans ce calcul, il faut au reste, ainsi que le fait observer M. Jules Cloquet, tenir compte de la saillie que peuvent former la mâchoire et les dents au-delà de l'épine nasale et de l'allongement de ces mêmes parties dans le sens vertical. M. Cuvier remarque également que le développement plus ou moins considérable des sinus frontaux peut rendre le front plus saillant, sans pour cela que la capacité du crâne soit plus étendue. En laissant de côté ces considérations de détail, nous devons indiquer ici, en thèse générale, que l'ouverture de l'angle facial diminue à mesure qu'on s'éloigne de plus en plus de l'homme, et qu'on descend davantage dans l'échelle animale. Il est quelques animaux chez lesquels on voit les mâchoires s'allonger tellement et le crâne offrir si peu de capacité, comme les reptiles et beaucoup de poissons, que la tête paraît formée presque entièrement de deux mâchoires horizontales, qui se trouvent sur le même plan que le crâne. Camper a trouvé que l'angle facial est d'environ 80° dans les têtes européennes, de 75° pour les têtes mongoles, et 70° pour les nègres; dans l'orang-outang, cet angle n'est que de 58°. Il varie donc chez l'homme d'un *maximum* de 100° à un *minimum* de 70°; l'âge apporte aussi de nombreuses variations à ce degré d'écartement; ainsi, chez les enfans, avant le développement des dernières molaires la ligne faciale est plus droite et l'angle plus ouvert, disposition qui explique les changemens défavorables que le temps apporte à la beauté des enfans. Chez le vieillard, le rétrécissement des mâchoires par suite de la chute des dents, donne 90° d'ouvertures à l'angle facial, qui varie de 70° à 85° chez l'adulte.

Les applications physiologiques de ce principe trouveront, au reste, leur place dans les recherches sur les diverses races, et dans l'étude générale de l'homme. (*V.* ce mot.)          (P. G.)

ANGLÉSITE. (MIN.) On désigne sous ce nom un sulfate de plomb cristallisant en octaèdres, qui paraissent dériver d'un prisme droit rhomboïdal.          (J. H. (

ANGLETERRE. (GÉOGR.) L'Angleterre occupe toute la partie sud de la plus grande île de l'Europe; elle compose, avec l'Écosse et l'Irlande, les trois royaumes qui forment le royaume uni de la Grande-Bretagne; elle porte aussi le nom d'Albion, à cause de la blancheur de ses côtes du côté oriental, en regard des rivages de la France. Le peu de largeur du détroit qui la sépare de l'Europe, et son peu de profondeur, ne peuvent laisser aucun doute sur l'opinion, émise depuis long-temps, que cette île était jointe autrefois au continent. M. Desmarest, savant géographe, a publié sur ce sujet une dissertation fort intéressante, où il traite longuement cette matière, et indique les raisons qui l'ont conduit à se ranger de l'avis de ceux qui pensent que l'Angleterre fut autrefois une presqu'île, jointe au continent par un isthme à la hauteur de Douvres et de Boulogne.

Les principales rivières de l'Angleterre peuvent se réduire à quatre, qui reçoivent divers affluens. Ces rivières sont la *Severn*, la *Tamise*, l'*Humber*, et la *Merse*. Elles ont un courant peu rapide, et coulent dans des pays très-plats : aussi l'industrie anglaise a su en tirer parti pour former de nombreux canaux qui facilitent les mouvemens de son immense commerce. Ces canaux ont coûté à l'Angleterre une somme de 700,000,000 fr., et ont exigé la percée de 48 galeries souterraines, qui présentent une longueur totale de 56,910 toises.

Les montagnes de cette contrée ne présentent que peu d'élévation au dessus du niveau de la mer; ce sont plutôt des pics isolés qu'une chaîne continue; cependant on peut en former deux groupes principaux; les monts *Chiviot*, qui séparent l'Angleterre de l'Écosse, et la *chaîne centrale* qui renfermera toutes les montagnes du Cumberland, du comté d'York, du Lancaster et du pays de Galles.

Le climat de l'Angleterre est excessivement variable, et cette variation peut être attribuée aux vapeurs qui s'élèvent sans cesse du sein de l'Océan à l'ouest et aux vents secs qui viennent à l'est du continent oriental. L'humidité continuelle qui règne dans l'atmosphère de cette contrée, entretient cette brillante végétation qu'on trouve difficilement dans d'autres pays. Mais aussi elle est cause de nombreuses maladies qui se terminent en général en affections de poitrine. En définitive on peut dire que l'Angleterre a quatre mois d'été et huit mois d'hiver; ce climat, toujours rembruni par les brouillards, joint à la grande consommation de grosses viandes, produit chez les habitans cet es-

prit sombre et mélancolique, qui est regardé par les étrangers comme faisant essentiellement partie du caractère national.

L'Angleterre renferme des mines assez considérables de fer, de plomb et surtout d'étain. Les mines de ce métal, situées dans le comté de Cornouailles, passent pour les plus riches du monde entier : elles sont placées au dessus de celles de même métal que renferment la Bohême, la Saxe et la Hongrie.

L'Angleterre possède des curiosités naturelles dignes d'attirer les regards des voyageurs. Citons ici le trou de Leak, le trou de Pool, la caverne d'Yordas et le puits de Settle.          (C. J.)

ANGORA. (MAM.) On donne ce nom, et à tort celui d'*Angola*, à une race de lapins, de chèvres et de chats, originaire d'Angora dans la Natolie.
          (GUÉR.)

ANGOSTURE. (BOT. PHAN.) Même plante qu'ANGUSTURE. (*V.* ce mot.)

ANGUILLE, *Murœna*. (POIS.) Type des anguilliformes, ce genre est aussi celui de cette famille qui comprend le plus grand nombre d'espèces. Toutes celles qui le composent n'ont point d'opercules visibles au dehors. Ces pièces osseuses, qu'entourent concentriquement les rayons branchiostèges, sont fort petites, et comme ces derniers, complétement cachées dans l'épaisseur de la peau. Sous celle-ci, qui ne laisse d'autre passage à l'eau qui a servi à la respiration, que de simples trous qui s'ouvrent, suivant les espèces, tantôt sur les côtés du cou et fort en arrière, tantôt tout-à-fait sous la gorge, les branchies sont placées comme au fond d'un sac et par conséquent mises à l'abri de tout contact extérieur, ce qui permet à ces poissons, ainsi que M. Cuvier l'observe, de demeurer quelque temps hors de l'eau sans périr. Long et grêle, leur corps est couvert d'une peau grasse et épaisse dont les écailles ne deviennent sensibles à la vue qu'après le desséchement. Leur cloaque est situé assez loin en arrière du corps. A l'intérieur, leur squelette offre des côtes fort courtes, et chez la plupart on trouve des os intermusculaires. Ils n'ont point de cœcum.

Depuis long-temps divers ichthyologistes ont introduit dans ce grand genre *murœna* de Linné, des divisions que l'auteur du Règne animal a cru devoir encore subdiviser. C'est ainsi que l'ouvrage de ce savant illustre nous montre des Anguilles partagées en huit sous-genres. Les ANGUILLES PROPREMENT DITES, *Anguilla Thumb.*, forment le premier. Elles sont principalement caractérisées par la présence de nageoires pectorales sous lesquelles viennent, de chaque côté, s'ouvrir les ouïes, et par leurs nageoires du dos et de l'anus qui se prolongent jusqu'à l'extrémité du corps, où elles se réunissent en pointe, et y remplacent la caudale. Elles ont le corps cylindrique, la tête étroite et un peu pointue à son extrémité antérieure, les narines tubuleuses; sur les lèvres et sous la mandibule des pores disposés assez régulièrement, et aux mâchoires, ainsi qu'au palais et aux os pharyngiens, de petites dents en crochets ou en velours. Parmi ces anguilles proprement dites , on distingue encore les vraies ANGUILLES et les CONGRES.

Celles-là se reconnaissent à leur mâchoire inférieure plus longue que le museau , ainsi qu'à leur dorsale, qui ne commence que fort en arrière des pectorales: telle est l'ANGUILLE COMMUNE (*Murœna Anguilla* Lin. ) , espèce répandue abondamment dans toute l'Europe et qu'on trouve aussi en Amérique et dans l'Inde. Tout le monde connaît ce poisson à corps souple et gluant, dont les couleurs varient suivant la qualité de l'eau dans laquelle il vit ; ainsi les eaux limoneuses produisent des individus dont la partie supérieure du corps est noirâtre-foncé, et la partie inférieure jaunâtre, tandis que ceux qu'on pêche dans les eaux limpides présentent sur le dos un beau vert olive à reflets dorés, et sous le ventre un blanc argenté magnifique.

Les Anguilles peuvent atteindre jusqu'à cinq et six pieds de longueur. Pendant le jour elles se tiennent le plus ordinairement cachées dans la vase ; mais la nuit elles vont à la recherche de leur nourriture, qui consiste en vers et en petits poissons. On prétend aussi qu'on en a vu s'élancer sur de très-jeunes canards qu'elles submergeaient en les saisissant par les pattes pour les dévorer ensuite.

Mais ce qui est plus extraordinaire, c'est qu'il leur arrive quelquefois d'abandonner les eaux dans lesquelles elles vivaient habituellement pour aller en chercher d'autres, souvent à des distances assez considérables, en rampant sur la terre à la manière des serpens.

Outre le brochet, qui leur fait une guerre assidue , elles ont encore tout à craindre des loutres parmi les quadrupèdes, et des grues et des cigognes parmi les oiseaux.

La pêche des Anguilles se fait avec des hameçons suspendus à des lignes de fond , ou avec la seine. On en prend aussi dans des nasses et avec la fouenne.

Quant à leur mode de reproduction, quoique rien de bien positif ne soit connu à cet égard, l'opinion la plus généralement répandue est qu'elles sont ovovivipares , c'est-à-dire que les œufs éclosent dans le corps de la mère.

L'Anguille est un poisson dont la chair est, comme chacun le sait, fort estimée.

Les Congres ne diffèrent des Anguilles ordinaires que parce que leur nageoire du dos commence très près des pectorales et même sur elles, et qu'ils ont tous la mâchoire supérieure plus longue que l'inférieure. Nos mers en nourrissent deux espèces, la première est le CONGRE COMMUN, *Murœna conger* Lin., qui arrive à plus de six pieds de long ; la couleur de son corps est blanchâtre ; ses nageoires verticales portent une bordure noire , et une suite de points blancs indiquent la direction de la ligne latérale.

C'est un poisson fort commun pendant toute l'année sur les marchés de Paris, où il est connu sous le nom d'*Anguille de mer*. La chair en est peu délicate.

La seconde espèce est le MYRE, *Murœna myrus*, Lin. D'une taille beaucoup moins considérable que le précédent , il a sur le museau des taches fauves, et sur l'occiput une bande transversale de la même couleur.

Il vit dans la Méditerranée, et est peu recherché pour la table.

Les OPHISURES, *Ophisurus*, Lin. , ont été séparés des Anguilles proprement dites, parce que leur anale et leur dorsale ne s'étendent point , comme chez celles-ci, jusqu'à l'extrémité de la queue, qui reste ainsi dépourvue de nageoire , et se termine en poinçon. Chez les Ophisures , c'est sur le bord même de la lèvre supérieure que s'ouvre l'orifice postérieur des narines. La Méditerranée en produit une espèce connue depuis longtemps sous le nom de SERPENT DE MER, *Murœna serpens*, Lin. , long de six à sept pieds ; il est extrêmement grêle et parfaitement arrondi ; son museau est allongé et pointu. On lui compte vingt rayons branchiaux. La partie supérieure de son corps est brune , et l'inférieure argentée.

Maintenant viennent les véritables MURÈNES, *Murœnophis*, Lacép. , qui sont complétement privées de nageoires pectorales, et dont les trous branchiaux s'ouvrent bien encore sur les côtés du cou, mais sont, ainsi que les opercules et les rayons branchiostèges, beaucoup plus petits que chez les espèces que nous avons examinées précédemment. L'estomac de ces poissons se montre sous la forme d'un sac fort court, et leur vessie aérienne, qui est placée vers le haut de l'abdomen , est petite et ovale.

Parmi ces Murènes, il en existe qui ne portent qu'une seule rangée de dents aiguës sur chacune de leurs mâchoires. La MURÈNE HÉLÈNE, *Murœna helena*, Lin. , est dans ce cas ; c'est l'espèce que la délicatesse de sa chair a rendue si célèbre chez les anciens Romains, qui l'élevaient dans des viviers construits à grands frais sur le bord de la mer, et en nombre si considérable que, du temps de César, ce grand homme, lors d'un de ses triomphes, en fit distribuer six mille à ses amis. À l'histoire de cette Murène, se rattache un acte de cruauté qu'on ne saurait comment qualifier aujourd'hui. Vedius Pollio, qui possédait un grand nombre de ces animaux, condamnait impitoyablement à être dévorés par eux, des esclaves fautifs qu'il faisait jeter vivans dans la piscine.

La Murène hélène est très-bien secondée, dans son naturel extrêmement vorace, par ses dents acérées, à l'aide desquelles elle fait des morsures souvent fort dangereuses, et que les pêcheurs prennent le plus grand soin d'éviter. On en rencontre des individus de quatre à cinq pieds de longueur, qui, le plus ordinairement, sont marbrés de brun sur un fond jaunâtre.

Quoique bien moins estimée qu'elle ne l'était autrefois, cette Murène est cependant encore aujourd'hui un des poissons les plus recherchés sur les côtes d'Italie.

Le *Murénophis gris*, figuré par Lacépède, pl. XXIX, fig. 5, est un de ceux dont les mâchoires sont garnies de deux rangs de dents aiguës, et qui en possèdent également un au vomer.

Nous citerons le Murénophis unicolore, Lac., Ann. mus., tom. XIII, pl. XXV (*Muræna Christini*, Riss.), comme exemple parmi les espèces qui ont deux rangs de dents rondes ou coniques à l'une comme à l'autre mâchoire. Enfin la Sorcière, *Muræna sago*, Riss., que ses mandibules longues et arrondies ne rendent pas moins remarquable que la forme de sa queue, qui est allongée en pointe très aiguë, et chez laquelle aussi les dents sont en carde et sur plusieurs rangs.

Le quatrième sous-genre est celui des Sphagebranches, *Sphagebranchus*, Bl. Chez eux les ouvertures branchiales sont situées sous la gorge, fort rapprochées l'une de l'autre, et les nageoires du dos et de l'anus ne deviennent apparentes que très près de la queue. Leur estomac est un long cul de-sac, leur intestin droit, et leur vessie aérienne allongée et étroite. Quelques espèces sont comme les Murénophis, tout-à-fait dépourvues de pectorales. Le Sphagebranche a bec, *Sphagebranchus rostratus*, figuré par Bl., tom. IV, pl. 419, fig. 2, en est un exemple. Mais on ne voit pas le moindre vestige de ces nageoires dans le Sphagebranche imberbe, *Sphagebranchus imberbis*, Delar., Ann. mus., tom. XIII, pl. XXV. L'un et l'autre se trouvent dans la Méditerranée.

Les Aptérichthes de Duméril sont de véritables Sphagebranches qui n'ont aucune nageoire. L'Aptérichthe aveugle (*Muræna cœca*, Delar., Ann. mus., tom. XXI) est la seule espèce qu'on rapporte à ce sous-genre.

Les Monoptères (*Monopterus*, Lacép.). Placés sous la gorge, comme chez les Sphagebranches, les orifices branchiaux des Monoptères présentent néanmoins cette différence, qu'ils ne sont séparés l'un de l'autre que par une cloison, ce qui leur donne l'aspect d'une simple fente transversale.

Ces poissons ont, comme les Anguilles, la dorsale et l'anale réunies à l'extrémité de la queue; mais ces nageoires se montrent seulement sur le milieu de celle-ci. Ils ont les mâchoires et les os palatins garnis de dents en cône, et leurs branchies offrent cette particularité fort remarquable de n'avoir que trois lames de chaque côté. La membrane branchiostège est soutenue par six rayons. La seule espèce que l'on connaisse est le Monoptère javannais (*Monopterus javanicus*, Lacép.), dont la couleur du dos est verte, et celle du ventre jaune. Il vient des îles de la Sonde.

Les Synbranches, *Synbranchus*, Bl., n'ont plus sous la gorge qu'un seul orifice, soit rond, soit longitudinal, qui est commun aux deux côtés des branchies. Ils n'offrent pas le plus petit vestige de nageoires pectorales, et celles du dos et de l'anus sont presque adipenses. Ces poissons se font remarquer par la grosseur de leur tête, laquelle se termine en avant par un museau arrondi. Ils présentent encore cette autre particularité, c'est que leurs opercules n'ont qu'une consistance cartilagineuse, tandis que leurs rayons bran-

chiaux, au nombre de six, sont au contraire très-solides; leur estomac ne se distingue du canal intestinal, qui est tout droit, que par un peu plus d'ampleur, et leur vessie natatoire est longue et étroite. Les Synbranches acquièrent une assez grande taille; ils sont tous originaires des mers des pays chauds. Bloch en a représenté deux espèces dans les planches 418 et 419 de son ouvrage; ce sont : *Synbranchus marmoratus* et *Synbranchus immaculatus*.

Enfin le dernier sous-genre des Anguilles est celui des Alabès, lesquels ressemblent aux Synbranches par leurs intestins et l'ouverture unique qu'ils possèdent sous la gorge, mais en diffèrent par la présence de nageoires pectorales, par le plus de solidité de leurs petits opercules, et le nombre de leurs rayons branchiaux, qui n'est que de trois de chaque côté.

La mer des Indes nourrit la seule espèce qu'on rapporte à ce groupe. (G. B.)

ANGUILLIFORMES, Cuv. (Poiss.) Cette famille compose à elle seule l'ordre des Malacoptérygiens apodes, qui est le quatrième de la classe des Poissons. Tous ceux qui en font partie manquent de nageoires ventrales, leur corps est allongé comme celui des Anguilles, ou à peu près, et enveloppé d'une peau épaisse, souvent très-gluante, qui laisse à peine paraître les très-petites écailles qui la garnissent. Aucun de ces poissons ne possède de cœcum; mais chez la plupart, on trouve une vessie natatoire dont la forme, très-variable, est quelquefois fort singulière.

Aux Anguilliformes appartiennent les genres suivans :

Anguille, Sarcopharynx, Gymnote, Aptéronote, Gymnarchus, Leptocéphale, Donzelle et Equille. *Voy.* ces mots. (G. B.)

ANGUIS, *Anguis*. (Rept.) Appliqué d'abord à tous les reptiles ophidiens et presque synonyme du mot *serpens* des Latins, ce nom est aujourd'hui employé pour désigner des reptiles à corps cylindrique dépourvu de membres apparens, mais dont l'organisation intérieure se rapproche beaucoup de celle des lézards. Ainsi l'on trouve encore au dessous de la peau de ces animaux des vestiges d'épaules, de sternum, de bassin ou de membres postérieurs, consistant en un petit osselet allongé, grêle, suspendu aux apophyses transverses de la première vertèbre caudale; leur bouche est petite, à peine dilatable; l'os de la mâchoire inférieure est immédiatement articulé avec le crâne; les dents sont petites, nombreuses, simples, presqu'égales, serrées, comprimées, légèrement aiguës, insérées sur la mâchoire seulement; la langue libre, courte, à peine incisée à sa pointe; les yeux sont petits, couverts de deux paupières inégales, l'inférieure plus grande que l'autre, néanmoins le tympan est caché sous la peau, et ils ont un poumon de moitié plus petit que l'autre; leur tête est couverte de plaques polygones et le corps revêtu d'écailles uniformes, arrondies à leur bord libre, serrées, lisses, imbriquées, alternes. Les Anguis vivent de petits insectes, ils se retirent dans des terriers étroits superficiels, ils font leurs petits vivans.

L'espèce principale, l'Anguis fragile ( *Anguis fragilis* ), est connue dans les campagnes sous les noms d'*Orvet*, d'*Envoye* et d'*Aveugle*, parce que l'on croyait jadis que les morceaux de ce reptile, lorsqu'il a été divisé, donnaient chacun naissance à un individu complet, mais que les tronçons ou les yeux n'étaient pas restaient privés de ces organes. On trouve communément l'Orvet dans les clairières des bois sablonneux de l'Europe; il atteint 40 à 45 centimètres de longueur; la queue épaisse, cylindrique, mousse, forme à peu près le quart de cette étendue, il parvient au plus à la grosseur du petit doigt; la tête petite, courte, terminée par un museau obtus et arrondi, se continue insensiblement avec le cou et ne dépasse pas le volume du corps. L'Anguis fragile en naissant a 5 à 6 centimètres de long et sa grosseur est celle d'une plume de corbeau. Il est dans le premier âge d'un blanc argenté, irisé en dessus, trois lignes longitudinales noires, étroites, nettement imprimées, relèvent l'éclat du fond. La raie moyenne est légèrement bifurquée sur l'occiput; la coloration des parties inférieures est d'un noir bleuâtre, uniforme. Avec l'âge, le dessus du corps devient d'un brun fauve ou grisâtre, les lignes noires s'étalent plus ou moins, et donnent lieu à des variétés de coloration que l'on a prises souvent pour des espèces distinctes; ainsi l'*Anguis lineatus* et l'*Anguis eryx* sont de jeunes individus, et l'*Anguis clivicus*, un Anguis fragile plus âgé. L'Anguis fragile est un reptile fort joli, tout-à-fait innocent et innoffensif; sa queue se rompt facilement lorsqu'on cherche à la prendre, c'est ce qui lui a fait donner le nom qu'il porte.

Sous le nom de *Siguana*, on a récemment établi un genre particulier pour une espèce d'Anguis qui a été trouvée en Allemagne, et qui diffère de l'Anguis fragile par son tympan visible à l'extérieur, c'est l'Anguis d'Otto, du nom de l'auteur qui l'a découvert. (Th. C.)

**ANGULOA.** (BOT. PHAN.) C'est un genre d'Orchidées, Gynandrie dyandrie de Linné, découvert au Pérou par MM. Ruiz et Pavon; il se compose d'herbes parasites, à feuilles membraneuses, à fleurs grandes, tachetées, de formes plus ou moins bizarres; la sixième foliole du calice est concave et trilobée; une espèce d'*Anguloa*, dont la fleur a quelque ressemblance avec la tête d'un perroquet, porte le nom espagnol de *Periquito*. ( L. )

**ANGUSTURE.** (BOT. PHAN.) Sous le nom d'*Angusture vraie* et d'*Angusture fausse*, on désigne deux écorces fournies, la première par le *Cusparia febrifuga* de Humboldt, ou *Bomplandia trifoliata* de Willedenow, arbre de l'Amérique méridionale, dont nous avons représenté un rameau, pl. 21, fig. 3, et qui forme d'immenses forêts sur les bords de l'Amérique. Il appartient à la famille des *Rutacées* de Jussieu, section des Cuspariées de quelques auteurs modernes. ( *V.* BOMPLANDIE et CUSPARE.) Quant à la seconde, son origine est en-

core hypothétique. Pendant long-temps on l'a attribuée au *Brucea ferruginea* ou *Antidyssentérica* de Bruce, arbre très-commun dans l'Abyssinie, et de la famille des Térébinthacées, selon MM. Richan et Virey. La fausse Angusture est l'écorce du *Strychnos colubrina* de Linné, de la famille des Apocynées de Jussieu, et selon d'autres elle appartient au *Magnolia glauca* des États-Unis, ou bien encore au *Strychnos nux vomica*.

Quoi qu'il en soit de ces diverses opinions, voici les principaux caractères à l'aide desquels on pourra reconnaître ces deux écorces et les distinguer l'une de l'autre.

*Angusture vraie* : Morceaux variables dans leurs formes, leur grosseur et leur longueur; amincis sur leurs bords, très-fragiles, peu épais, d'une texture peu serrée, plus ou moins chargés de lichen, etc.; d'une odeur désagréable, un peu animalisée, et d'une saveur extrêmement amère.

*Angusture fausse.* Morceaux généralement plus forts, non amincis sur les bords, non fragiles, pesans, compactes, à surface grisâtre et verruqueuse, ou couleur de rouille et non verruqueuse; inodores, très-amers, etc.

L'Angusture fausse est un poison dangereux, qu'il faut bien se garder d'administrer en médecine. L'Angusture vraie, trop peu usitée aujourd'hui, a été long-temps employée contre les fièvres et la dysenterie, et surtout contre la fièvre jaune. (F. F.)

**ANHINGA,** *Plotus*, Lin. (Ois.) Ce genre se distingue par son cou mince, allongé, surmonté d'une tête petite, effilée, cylindrique, portant un bec long, droit, pointu, en forme de fuseau et barbelé vers sa pointe de fines dentelures rebroussées en arrière. La face et le dessous du bec sont nus. Les narines sont longitudinales, linéaires, cachées dans une rainure peu profonde; les ailes longues et *obtuses*; la queue grande et large, contre l'ordinaire des oiseaux d'eau; les pieds gros, courts, robustes; les quatre doigts réunis par une seule membrane, ce qui les place parmi les palmipède totipalmes, et en fait d'excellens nageurs. A terre, ils ne se traînent que péniblement; mais ils ont le vol élevé et soutenu, et malgré la conformation de leurs pieds, se perchent fort bien. Aussi est-ce sur les branches les plus élevées qu'ils établissent leurs nids. Quant à l'habitude où ils sont, dit-on, d'attendre les poissons pour les saisir au passage, comme le font nos martins-pêcheurs, elle est peu vraissemblable dans des oiseaux, excellens plongeurs, et pourvus de toutes les armes nécessaires pour poursuivre, attaquer et saisir leur proie. Ils sont défians et sauvages, ne se laissent que très-difficilement approcher, et échappent au chasseur par la rapidité avec laquelle ils plongent pour aller sortir de l'eau le bec seulement, et reprendre l'air à mille pas plus loin, et dans les directions les plus opposées. Du reste leur chair est détestable, puisqu'on la compare à celle du cormoran.

Le trait le plus saillant de leur organisation se trouve dans la conformation du cou, qui, avec la tête et le bec, est aussi long au moins que le corps et la queue, malgré l'étendue de cette dernière. Dans l'action du vol, il est tendu en avant, et forme avec la queue une ligne horizontale. Dans le repos, il est agité d'oscillations continuelles qui lui donnent une ressemblance frappante avec un serpent qui serait greffé sur le corps d'un canard de très-petite taille.

Les auteurs ne sont pas d'accord sur le nombre des espèces; chez toutes celles que l'on a voulu former jusqu'ici, la taille, la forme, le port, les habitudes sont identiquement les mêmes, et la distinction que l'on en a établie ne repose que sur des caractères de coloration qui sont loin d'avoir une importance satisfaisante, surtout lorsqu'il s'agit d'oiseaux d'eau, et d'un genre peu important et peu connu, aucune des variations les plus tranchées n'excédant celles que l'âge et le sexe apportent dans des genres parfaitement connus, et paraissant pouvoir tout au plus caractériser des variétés.

On trouve les Anhingas au Brésil, à la Guiane, dans les îles de la Sonde, à Ceylan et au Sénégal. Ceux de ce dernier pays (*Plotus rufus*) ont le cou et le dessus des ailes d'un fauve roux tracé par faisceaux sur un fond brun noirâtre, avec le reste du plumage noir, la partie antérieure du cou et les tectrices d'un roux doré. Quant aux autres, ils sont tout noirs au dessus du dos, sur la queue et les ailes, ou d'un brun très-foncé, pointillé ou ondé de petites taches blanches, avec le dessous du ventre blanc (*Plotus leucogaster*), ou noir, (*Plotus melanogaster*). C'est cette espèce que nous avons fait représenter dans notre Atlas, pl. 22, fig. 2. Chez tous, les plumes du cou sont aussi douces au toucher que du velours, soyeuses et argentées, les yeux d'un noir brillant avec l'iris doré, et entouré d'une peau nue. La taille commune est d'environ trente pouces du bout du bec au bout de la queue. On les trouve dans les grands cantons inondés, sur les bords des fleuves et des rivières, et principalement sur les petits lacs et les eaux courantes des vastes savanes noyées. (D. Y. R.)

ANI, *Crotophaga*, Lin. (ois.) C'est sans doute une pensée aussi sage que simple et naturelle, que de chercher dans les êtres qui nous entourent, quoique placés dans un degré bien moins élevé, dans les mœurs qui les caractérisent, de bonnes et utiles leçons des vertus dont la réunion pourrait seule constituer la perfection idéale de l'espèce humaine. Aussi voyons-nous chez tous les peuples, et dans les temps les plus reculés, cette philosophie si simple, si primitive, étudiée et mise en pratique d'une manière plus ou moins heureuse, et c'est à elle que nous devons ces fables si gracieuses, dans lesquelles des êtres privés de raison parlent pourtant chacun suivant le caractère que nous lui connaissons, et prêchent souvent une morale si persuasive, si bien à portée des intelligences les plus faibles, si pleine de grâces encore pour les plus élevées, que nous ne pouvons plus, même dans l'âge le plus avancé, perdre le souvenir de ces premiers instituteurs de notre

enfance, ni presque parler de travail et de difficultés vaincues, de fidélité, de clémence unie à la force et au courage, sans rappeler l'abeille, la fourmi, le chien, le lion, et tant d'autres vivans exemples qui les premiers ont frappé nos yeux et notre intelligence. Certes! si c'est un préjugé, celui-là du moins est consolant, qui veut que la nature, en créant l'homme, se soit proposé de réaliser la plus belle de ses conceptions, et qu'elle n'ait couronné son chef-d'œuvre en lui accordant la raison, que pour qu'en donnant à ses facultés toute l'action dont elles sont susceptibles, il pût concentrer en lui l'ensemble des perfections qu'elle s'était plu à ne répandre qu'une à une, et avec une sorte d'économie, sur la totalité des êtres qu'elle a groupés autour de lui.

Parmi ces êtres qui ont le privilège de nous apporter leur tribut d'exemples et de leçons, nul doute que l'*Ani*, dont nous avons aujourd'hui à parler, n'eût été cité le premier parmi tous les philosophes, si l'hémisphère qu'il habite eût été découvert trois mille ans plus tôt; l'Ani, modèle désespérant de toutes les vertus domestiques et sociales, et du bonheur de tous, dû au sacrifice de l'égoïsme et des autres passions individuelles. Nés en société les jeunes Anis contractent de bonne heure des habitudes sociales, et leur vie tout entière se passe dans celle qui les a vus naître, si des circonstances imprévues ne les forcent pas à en créer de nouvelles. Là, sans cesse réunis, ils travaillent de concert à augmenter la somme de bonheur qui résulte pour chacun des efforts de tous pour le bonheur commun, toujours sans troubles, sans haines ni discordes, ni aucun de ces frottemens qui entravent les sociétés les mieux organisées. De toutes les passions, la plus terrible et la plus impétueuse, celle qui peut-être a causé dans toutes les autres sociétés le plus de ravages, l'amour, auquel ils sont plus enclins, peut-être qu'aucune autre espèce, loin de pouvoir altérer en rien l'admirable harmonie qui les unit, ne fait que lui prêter une nouvelle force et l'alimenter par de nouvelles douceurs. Les mâles sont-ils en nombre égal à celui des femelles, et devons-nous ranger la fidélité conjugale au nombre de leurs vertus? ou bien, rivaux sans jalousie, jouissent-ils en commun des douceurs de la polygamie? nous l'ignorons; mais dès que les femelles sont fécondées, c'est en commun qu'elles travaillent à un seul nid, et c'est en commun qu'elles y pondent, souvent même avant qu'il soit achevé; c'est en commun qu'elles couvent, si le nombre des œufs n'est pas assez petit pour qu'une seule, en s'entourant d'un lit d'herbe et de feuilles sèches, puisse suffire à ce soin. A peine éclos, les petits sont adoptés par la société tout entière, soignés par tous avec une sollicitude égale, jusqu'à ce que leur âge et leurs forces leur permettent de céder la place aux apprêts d'une couvée nouvelle.

En lisant ces détails, dont nous renvoyons au reste la responsabilité à la masse imposante d'auteurs qui se réunit pour les affirmer, ne dirait-on pas un fragment de l'histoire allégorique de quel-

que .colonie de sages, et pourtant c'est d'un simple oiseau qu'il s'agit, un peu plus gros qu'un geai ou un merle, de la couleur d'un corbeau ou à peu près, et de l'ordre des Zygodactyles ou Grimpeurs (*v.* ce mot).

Les Anis ont un bec gros, court, très-comprimé, un peu arqué dès son origine, où il est entouré de petites plumes effilées et raides, sans dentelures, avec de légères stries longitudinales, surtout à la mandibule supérieure. Les narines sont ovales, longitudinales et situées à la base du bec, qui est surmonté d'une crête cornée, verticale et tranchante. Leurs ailes sont surobtuses, les trois premières rémiges étant étagées et moins longues que la sixième, et les quatrièmes et cinquièmes, étant les plus longues. Aussi la faiblesse de leur vol, court et peu élevé, les laisse-t-elle sans défense contre les ouragans, qui en font périr un grand nombre. Les pieds sont forts, les tarses longs et robustes, la queue composée de dix pennes, arrondie et autant ou même plus longue que le corps. Ces oiseaux sont indigènes des contrées les plus chaudes de l'Amérique, où on ne les rencontre que par troupes de trente à cinquante, se serrant les uns contre les autres et faisant entendre une sorte de cri ou de piaulement désagréable. Ils ont assez de confiance pour se laisser approcher par le chasseur, qui les choisit et les abat à son gré; mais leur chair est détestable, et même vivans ils ont une odeur repoussante. Pris jeunes ils se familiarisent bien et apprennent à parler avec autant de perfection que les perroquets, quoiqu'ils aient la langue aplatie et terminée en pointe. Dans leur état naturel, ils aiment les endroits découverts et n'habitent jamais les hautes futaies. Les petits serpens, les lézards, les insectes forment leur principale nourriture, et souvent on les voit, comme nos pies, aller s'abattre sur le dos des animaux pour les débarrasser de la vermine qui les ronge, habitude à laquelle même ils doivent leur nom scientifique (*Crotophaga, mangeurs d'insectes*). Les femelles, plus petites que les mâles et de couleurs plus sombres, font trois couvées; leurs œufs sont sphériques, et d'un assez beau vert-bleuâtre après qu'on a débarrassé leur surface d'une couche calcaire assez épaisse.

On en connaît trois espèces, dont les deux premières habitent constamment les mêmes contrées sans se mêler jamais.

L'ANI DES PALÉTUVIERS, *Crotophaga major*, grand comme un geai, à pennes d'un vert foncé noirâtre, chaque plume est terminée par un liseré irisé violet, ou vert brillant.

L'ANI DES SAVANES, de la grosseur d'un merle, d'un plumage plus brun et à reflets moins brillans.

Enfin, M. Lesson en a fait connaître une autre espèce sous le nom d'ANI DE LASCASES; il vient de Lima, et nous l'avons fait représenter dans notre pl. 22, fig. 1. Son plumage est d'un noir-bleu; sur la joue, au dessous de l'œil, se voit une plaque rouge.                    D. R. Y.

ANIMALCULES (ZOOL. INF.). Expression em-

ployée comme diminutif d'animaux, pour désigner toutes les petites espèces qu'on ne peut apercevoir qu'à l'aide du microscope. (*Voy.* INFUSOIRES).                    (GUÉR.)

ANIMALES (SUBSTANCES). (CHIM.) On désigne ainsi toutes les parties des animaux, ou tous leurs produits, soit naturels, soit chimiques. Parmi ces substances, qui toutes ont pour principes l'azote, l'hydrogène, le carbone, l'oxygène, les unes, très-abondantes, sont connues sous le nom générique de *graisses*; les autres, jouissant des propriétés des acides, sont appelées *acides animaux*; enfin il y en a qui ne possèdent ni les qualités des graisses, ni celles des acides, qu'on a nommées *neutres*, et une quatrième section renferme les matières dites *salines* ou *terreuses*.

Quelques unes des substances dites *animales* étant déjà décrites, et les autres devant l'être dans leur ordre alphabétique, nous nous contenterons d'énumérer ici, chacun dans leur section, ces différens produits de la nature.

Dans la première section, celle des graisses, se trouvent : le *sain-doux*, *axonge* ou *graisse de porc*; le *beurre*, l'*huile de pied de bœuf*, l'*huile de poisson*, le *blanc de baleine* ou *cétine*, l'*adipocire* ou *gras des cadavres*. Tous ces différens corps ont été ramenés, par M. Chevreul, à cinq principaux, qui constituent tous les autres; ce sont : la *stéarine*, l'*élaïne*, la *cétine*, la *cholestérine* et la *butirine*.

Dans la seconde, ou acides animaux, sont les acides amniotique, butirique, chloro-cyanique, cholestérique, delphinique, tannique, hydro-cyanique, lactique, margarique, oléique, purpurique, pyro-urique, rosacique, sébacique et urique.

Dans la troisième section, celle des substances qui ne sont ni grasses ni acides, se trouvent placés le lait, le picromel, le sang, l'urée, la fibrine, l'albumine, la gélatine, le sucre de diabètes, le caséum, le chyme, le chyle, la bile, la lymphe, la synovie, la salive, la sueur, le mucus, le cérumen, le sperme, le suc gastrique, l'urine, les calculs et concrétions diverses, la matière cérébrale, la peau, les muscles, les cheveux, les poils, les plumes, les différens tissus internes, la laine, la soie, les ongles, la corne, les cartilages, les os, le sucre du lait, la matière colorante du sang, etc.

Enfin il nous reste à énumérer, pour la quatrième et dernière section : les oxides de silice, de fer et de manganèse; les sous-phosphates de chaux, de magnésie, de soude, d'ammoniaque; les sous-carbonates de soude, de potasse, de chaux, de magnésie; les sulfates et les hydrochlorates de potasse et de soude; les benzoates de soude et de potasse; l'acétate de potasse; l'oxalate de chaux; l'urate d'ammoniaque et le lactate de chaux.

Toutes les substances animales jouissent de propriétés physiques et chimiques différentes, selon qu'elles appartiennent à la première, seconde, troisième ou quatrième section. *Voyez*, pour ces propriétés, les mots: *Graisse*, *Acide*, *Terres*, *Oxides métalliques*, *Sels*.          (F. F.)

**ANIMAUX**, *Animalia*. (zool.) Des trois groupes primitifs ou *règnes* qui se partagent l'ensemble des êtres créés, le RÈGNE ANIMAL est le plus varié, le plus fécond en espèces et en individus, comme il est le plus grand, le plus magnifique, le plus riche en organisation. Si les végétaux supérieurs nous semblent plus répandus à la surface du globe que les espèces qui leur correspondent dans l'échelle zoologique, nous trouverons cette énorme disproportion plus que compensée, lorsque nous viendrons à rapprocher, dans l'un et dans l'autre règne, les plus petites espèces, et à considérer que là où la végétation s'arrête, aux mousses et aux champignons des moisissures, commence tout un nouveau monde animal; monde dont jusqu'à nos jours on n'avait pas soupçonné l'existence, et dont les limites s'éloignent à chaque progrès que fait la science; monde infini qui échappe à nos regards par sa petitesse, et confond notre imagination par son immensité.

L'histoire de ces êtres qui sont nos voisins en organisation, est donc à la fois la plus importante division des sciences naturelles, et celle qui offre le plus d'attrait à celui qui veut se livrer à l'étude de cette belle branche des connaissances humaines. Mais il est une question qui se présente d'abord, une exigence à laquelle nous devons nous soumettre avant d'écrire l'histoire des animaux, une définition à donner, une description à faire qui les caractérise d'une manière satisfaisante, et qui, résumant les conditions de leur existence, les rattache au règne voisin ou les en sépare. Cette tâche serait facile si nous n'avions à nous occuper que des sommités de chacune des deux séries. L'animal et le végétal ainsi compris se présentant à nous comme deux types parfaitement distincts, nous dirions avec Linné, dans son style aphoristique, à la fois énergique et concis :

> *Mineralia crescunt ;*
> *Vegetabilia crescunt et vivunt ;*
> *Animalia crescunt et vivunt et sentiunt.*

VIVRE *distingue les animaux des minéraux qui n'ont d'autre propriété générale que celle de s'*ACCROITRE; SENTIR *les place à une distance énorme des végétaux qui possèdent comme eux l'*ACCROISSEMENT *et la* VIE. Ajoutez à ces premiers caractères la faculté de SE MOUVOIR, l'existence au moins apparente de la spontanéité, la présence d'une cavité intérieure ou INTESTIN propre à contenir les alimens, et vous aurez la définition de l'animal tel que la plupart le conçoivent. Cette définition renferme, il est vrai, dans peu de mots les facultés principales qui établissent la supériorité du premier règne sur les deux autres, mais beaucoup trop large, et de moins en moins exacte à mesure que nous nous éloignerons des types supérieurs qui ont servi à l'établir, pour nous rapprocher des limites qui partagent en deux la grande série des corps vivans, de telle sorte que dans la recherche que nous avons à faire de ces limites, et long-temps peut-être avant d'y être arrivés, nous verrons s'échapper de nos mains le fil qui devait nous guider dans ce vaste labyrinthe.

Si cet univers, avec l'immense variété d'êtres qui l'habitent, eût été jeté tout achevé dans l'espace, par un acte instantané de la toute-puissance créatrice, nous trouverions peut-être entre ses œuvres de nombreuses solutions de continuité, et il nous serait possible d'établir des groupes multipliés avec des démarcations bien tracées. Mais il est facile de se convaincre que tout autre fut la marche suivie. L'on serait tenté de dire au contraire que tout ce que la nature offre à notre étude, n'existe que par un travail d'un million de siècles, travail profondément et long-temps médité, et dont toutes les nuances se déroulent successivement aux regards de quiconque l'étudie avec soin, depuis l'ébauche la plus informe jusqu'aux conceptions les plus sublimes. S'il nous force à une étude beaucoup plus minutieuse, pour nous reconnaître dans les différens détours qu'a suivis la cause organisatrice, ce fait nous fournira en revanche un guide d'une grande importance lorsque nous voudrons porter nos investigations un peu avant dans l'étude de l'organisation en elle-même. Car cette même puissance que nous aurons reconnue si admirablement calculatrice, ne sera pas moins sage dans l'exécution de ses plans que dans ses plans eux-mêmes; partout nous trouverons entre le but et les moyens, entre l'état organique d'un être et les circonstances où il se trouve placé, entre les besoins de sa nature et les instrumens qui lui ont été donnés pour les satisfaire, une harmonie, une coordination, un ordre qui nous permettront de conclure avec assurance des uns aux autres comme des effets à la cause, comme des principes aux conséquences.

De tous les phénomènes dont l'étude doit nous occuper, la vie est le premier et le plus important parce qu'il résume tous les autres, et résulte de leur ensemble. « Si, pour nous faire une idée juste de son essence, dit Cuvier, nous la considérons dans les êtres où ses effets sont les plus simples, nous nous apercevrons promptement qu'elle consiste dans la faculté qu'ont certaines combinaisons corporelles de durer pendant un temps et sous une forme déterminés, en attirant sans cesse dans leur composition une partie des substances environnantes, et en rendant aux élémens des portions de leur propre substance. La vie est donc un tourbillon plus ou moins rapide, dont la direction est constante, et qui entraîne toujours des molécules de même sorte, mais où les molécules entrent et d'où elles sortent continuellement, de manière que la forme du corps lui est plus essentielle que sa matière. »

Pour établir tous ces mouvemens, condition essentielle du phénomène qui nous occupe, pour maintenir l'équilibre qui doit exister entre tous les élémens d'un corps *vivant*, il fallait un système tout entier, un mécanisme plus ou moins compliqué, des parties solides pour assurer la forme et imprimer le mouvement, des parties fluides pour le transmettre et pour établir dans la machine l'équilibre conservateur. Il devait y avoir dans les êtres où la vie est la plus parfaite des solides inflexibles et robustes, d'autres flexibles et contractiles pour se prêter à la motilité, au déplacement des parties les unes par rapport aux autres ; des fluides animés d'un mouvement continuel par les solides qui les contiennent, portant sur tous les points leurs molécules réparatrices, et se chargeant de celles qui deviennent impropres à aider de leur concours l'harmonie de l'ensemble. C'est le rapport de ces différentes parties entre elles, leur mécanisme, qui constitue l'essence de tout corps vivant. Les solides sont ce que nous appelons des *organes*, lesquels, en commun avec les fluides ou *humeurs*, composent l'organisation, et produisent la vie qui, ainsi que l'a dit un auteur, n'est que *l'organisation en action* (*V.* ORGANISATION, ANATOMIE), ou encore un ensemble résultant de l'action et de la réaction mutuelles de toutes les parties d'un corps organisé.

Combinées suivant les affinités qui leur sont propres, les différentes substances élémentaires ne donnent que des composés inertes, à formes régulières et invariables, incapables de mouvement et par conséquent incapables de vie ; il fallait donc les combiner dans d'autres proportions ; il fallait les maintenir en présence, par une force sans cesse agissante. Cette force, dont la nature et le mode d'action nous sont également inconnus, est-elle le résultat de l'ensemble même de l'organisation mise une fois en mouvement ? N'est-elle autre chose que la vie elle-même, ou devons-nous la regarder comme résultant de l'action d'un être à part, d'un *moi* d'une nature supérieure à l'organisation sur laquelle il agit ? Tel est le champ que se disputent les spiritualistes d'une part, et de l'autre les partisans de la matière organisée ; mais, cet article n'ayant pour but que de résumer des faits, on ne nous reprochera point de ne nous être occupés ni à combattre des hypothèses, ni à discuter des raisonnemens métaphysiques.

. Mais si, par quelque cause accidentelle, ou par une conséquence même du mouvement vital dont l'action finit par user et fatiguer les organes où elle s'exerce de manière à y rendre sa continuation impossible, quelque grave altération vient à se déclarer dans l'ensemble ; si quelque important tissu vient à être détruit, quelque fluide à être arrêté ou seulement troublé dans son cours, sur-le-champ l'harmonie s'altère ; les mouvemens vitaux se troublent, se ralentissent ou s'accélèrent outre mesure, et si la force réparatrice ne reprend pas le dessus, l'équilibre est à jamais rompu ; l'organisation s'abîme au milieu d'un désordre qui ne cesse que pour faire place au repos absolu par la mort. Alors tout se détruit, tout se décompose, les élémens primitifs se séparant avec d'autant plus d'activité que l'ensemble était plus compliqué, et que leurs affinités propres sont plus aidées par l'action des agens extérieurs.

Ainsi donc, dans tout corps vivant, deux forces sont constamment en présence, celle qui détruit et celle qui répare, et la première sort du combat toujours victorieuse par rapport à l'individu, toujours vaincue par rapport à l'espèce. La vie n'est

peut-être autre chose que le combat lui-même, et tous les mouvemens, tous les phénomènes qu'elle embrasse se rapportent uniquement à deux grandes fonctions, l'une tout-à-fait relative à l'individu, la *nutrition*, ou *conservation de l'individu*, l'autre toute relative à l'espèce, la *reproduction*, ou *conservation de l'espèce*. Ce sont elles qui caractérisent les corps vivans ; elles leur appartiennent en propre ; mais comme tous n'ont pas été placés dans les mêmes circonstances, chacun d'entre eux ne peut les exercer qu'au moyen d'organes appropriés à sa position dans la grande société des êtres.

Créés pour une immobilité constante, les végétaux doivent trouver à leur portée tout préparés, tout élaborés, tout digérés en quelque sorte, les élémens de leur nutrition et de leur conservation. Leur composition doit être simple ; car la force vitale est chez eux presque sans énergie et résisterait peu à une tendance puissante vers la dissolution. Aussi trouvent-ils dans l'air de l'atmosphère et dans l'humidité du sol tous les élémens de leur organisation, dans laquelle l'azote n'entre que par exception. Le premier, ils se l'approprient par des organes à large surface, les feuilles avec leurs vaisseaux respiratoires ; les racines sont chargées d'aller chercher le second élément, et elles savent le trouver là où il est plus abondant et dans des conditions plus favorables à l'alimentation, guidées par une sorte de sentiment que rien dans les lois purement physiques ne pourrait expliquer d'une manière satisfaisante, et qui n'est peut-être que l'expression la plus simple de ces facultés de mouvement et d'élection qui servent les animaux dans l'exercice de leurs fonctions vitales, savoir, le mouvement spontané, l'intelligence et l'instinct.

Les végétaux, exposés à des agens extérieurs de destruction sans pouvoir les éviter, seraient sans cesse en danger de périr, si la nature n'y avait pourvu par une force de réparation qui résulte de la simplicité même de leur organisation. Point d'organes à fonctions déterminées, mais tous pouvant changer de rôles et se remplacer les uns les autres ; des parties qui repoussent lorsqu'elles ont été enlevées, sans que l'ensemble de l'économie paraisse à peine en souffrir ; une forme générale qu'un plan partage en deux moitiés de nature analogue, au dessus, la cime avec ses branches, au dessous, la souche avec ses racines, remplissant de fait les fonctions les plus opposées, pouvant néanmoins les échanger à la suite d'un simple changement de position relative ; les racines se convertissant en branches avec leurs tiges, leurs boutons et leurs feuilles ; les branches, pour remplir les fonctions des racines, se couvrant de radicules et de suçoirs, et faisant circuler la sève en sens contraire par les mêmes vaisseaux qui ne sont que des tuyaux parallèles et peu compliqués. Tout le reste de l'ensemble est d'une composition tout aussi simple, formée d'élémens en petit nombre et réunis dans des proportions peu variées, de sorte que la matière végétale résiste avec succès aux agens extérieurs de destruction pendant la vie et n'est soumise après la mort qu'à une force de dissolution assez peu énergique, qui lui permet de résister long-temps avec les formes qui lui sont propres.

L'animal au contraire, détaché de la surface qui le porte, comme s'il avait été créé pour établir entre toutes les parties de ce vaste univers, entre tous les êtres qui y ont été disséminés, un lien, un merveilleux rapprochement, pourvu d'organes propres au mouvement, ne pouvait exister avec une organisation aussi simple, aussi passive que celle des végétaux. Pour concilier la matière vivante avec une faculté d'une si haute importance, il fallait la refaire sur un nouveau plan, créer de nouveaux organes et de nouvelles facultés, il fallait une composition moins simple, des alimens plus combinés, plus spécialement préparés pour maintenir dans l'organisation l'équilibre conservateur de la vie au milieu des pertes continuelles que lui fait éprouver l'exercice de ses fonctions. Une fois doué du pouvoir d'aller chercher ses alimens, il fallait à l'animal celui de les choisir, et les sens lui ont été donnés, organes d'élection chargés en outre de pourvoir à sa conservation, et à son bien-être. Sentinelles avancées en face des ennemis extérieurs, ils transmettent les impressions du dehors par un système approprié de nouveaux organes, les nerfs, à un centre où se passent les phénomènes du sentiment, de l'intelligence et de la volonté; principes si puissans de mouvement et d'action, dont la nature et les rapports avec nos organes nous sont également inconnus, également inexplicables.

Ce n'est que dans les animaux supérieurs que nous rencontrons l'intelligence. Cette faculté importante et complexe est la compagne ordinaire de la complexité de l'organisation et de la perfection de l'ensemble, et surtout des organes centraux du sentiment, organes d'autant plus circonscrits que l'animal est plus parfait : le cerveau dans l'homme, et surtout ses deux hémisphères; le cerveau et la moelle épinière dans les reptiles, qui peuvent sentir et agir malgré l'enlèvement complet du premier de ces deux organes. La *perception* des images et la production des *idées*, la *mémoire* qui les conserve, le *raisonnement* qui les compare et les associe, l'*abstraction* qui les réunit pour en faire naître les idées générales, l'*imagination* qui reproduit, dans toute leur vivacité primitive, les sensations éprouvées et les sentimens d'autrefois, telles sont les principales facultés dont l'ensemble constitue l'intelligence. La perfectibilité est de son essence; elle se manifeste au dehors par des actes, par des signes, par un langage plus ou moins parfait; la parole et l'écriture, et une perfectibilité indéfinie par l'expérience impérissable du passé, élèvent celle de l'homme au dessus de toutes les autres.

A côté de l'intelligence, et souvent sa rivale, marche une autre faculté, l'instinct, donnée aux animaux inférieurs dont l'organisation peut-être n'eût pu soutenir le travail puissant de la première; et l'instinct en effet semble suivre une loi directement inverse, d'autant plus parfait que les

autres facultés sont elles-mêmes moins complexes. Chez l'homme, il ne se manifeste par des signes bien évidens que dans l'âge le moins avancé; tandis que plus bas dans la série, et presque au pied de l'échelle, ses ouvrages pourraient, dans plus d'une occasion, rivaliser avec l'intelligence elle-même; mais il s'en distingue essentiellement par sa constance et son immobilité. L'instinct produit aujourd'hui mathématiquement ce qu'il produisait hier, et comme il le construisait hier il le construit aujourd'hui; mêmes ouvrages, mêmes merveilles, et dont le but, presque toujours inconnu de l'infatigable travailleur, lui est même assez souvent étranger, cette puissance irrésistible à laquelle il obéit, n'en ayant souvent pas d'autre que le bien-être et la conservation de l'espèce. Enfin, pour nous servir des expressions de M. Cuvier, « ses opérations de-
» viennent d'autant plus singulières, plus désinté-
» ressées à mesure que les animaux approchent des
» classes moins élevées et, dans le reste, plus
» stupides, et l'on ne peut s'en faire une idée
» claire qu'en admettant que ces animaux sont
» soumis à des images ou sensations innées et
» constantes qui les déterminent à agir comme les
» sensations accidentelles. C'est une sorte de rêve
» qui les poursuit toujours, et, dans tout ce qui a
» rapport à leur instinct, on peut les regarder
» comme des espèces de somnambules. »

Toutefois, l'instinct ne croît pas indéfiniment, non plus que l'intelligence dans la série inverse. C'est dans les insectes qu'il se montre le plus admirable; après eux, il va sans cesse s'effaçant, et nous verrons ces deux puissans principes d'action se réduire à quelques signes équivoques de sensibilité, à quelques mouvemens pour échapper à la douleur. Entre ces deux extrêmes, les degrés sont infinis.

De cet ensemble de nouvelles facultés, et surtout du pouvoir donné aux animaux de se déplacer pour aller chercher et choisir leurs alimens, du besoin d'une préparation plus spéciale pour entretenir une machine plus compliquée, résultait la nécessité d'un nouveau plan d'organes pour la nutrition. Un estomac leur a été donné; un réservoir reçoit les alimens et leur fait subir une première préparation; des intestins les digèrent, les charrient à travers le corps, rejettent les parties inutiles; à leur surface intérieure, des vaisseaux absorbans s'emparent des principes utiles, les soumettent à un nouveau travail avant de les confier aux canaux chargés de les distribuer par tout le corps, et jusqu'aux recoins les plus cachés de l'organisation. C'est même cette disposition des vaisseaux absorbans à la surface intérieure du corps, qui a fait dire que l'*animal est une plante retournée*, définition plus ingénieuse que vraie, puisque les animaux doués d'un estomac n'ont presque rien de commun avec la plante, tandis que les animaux inférieurs semblent, ainsi que nous le verrons, ne se nourrir plus que par absorption, et à la manière simple des végétaux.

La composition chimique du corps animal, comparée à celle des végétaux, s'est compliquée d'un nouvel élément, l'azote, et c'est autant pour le faire entrer dans la masse du sang que pour débarrasser celui-ci des molécules inutiles dont il s'est chargé en parcourant l'organisation, et le régénérer par l'action de l'oxygène, qu'aux organes de la circulation ont été réunis intimement ceux de la respiration ( *V.* Respiration ). Cette faculté est donc l'une des plus essentielles de l'organisation animale ; c'est elle qui l'animalise en quelque sorte, comme le dit Cuvier, et nous verrons que l'ensemble des fonctions vitales est d'autant mieux et d'autant plus complétement exécuté, que la respiration elle-même est plus active et plus complète.

A ces différens caractères plus ou moins généraux, ajoutons ceux que l'on peut tirer des dérangemens plus fréquens des phénomènes de la vie en général, des maladies beaucoup plus graves et plus variées, d'un cours bien moins régulier, bien moins suivi dans l'ensemble des faits qui constituent la vie individuelle, et nous aurons résumé à peu près tout ce que l'on peut donner de plus caractéristique sur l'organisation animale en général, et sur ses rapports avec celle des végétaux.

Quant à la reproduction, l'un des plus importans, l'un des plus beaux, mais aussi l'un des plus mystérieux phénomènes de l'économie des corps vivans, elle se montre dans les animaux tellement diversifiée dans ses modes, que nous n'y trouverons presque aucun caractère qui leur soit propre, ou qui soit commun au plus grand nombre d'entre eux. Cependant la séparation des sexes est une suite constante de la plus grande aptitude au mouvement, et ce n'est que dans les espèces inférieures et les plus inertes que nous les voyons assez étroitement réunis sur un seul individu, pour qu'il puisse se passer du concours d'un autre être de son espèce. Quant à la reproduction par boutures, par scission de parties, nous la retrouverons aussi dans quelques uns, mais seulement lorsque nous arriverons aux limites qui séparent les deux règnes.

L'examen rapide que nous venons de faire, nous était indispensable pour arriver à la grande question que nous nous sommes proposée. Il nous fallait nous pénétrer d'avance de cette admirable harmonie dont nous n'avons pu encore qu'entrevoir quelques uns des effets les plus saillans, de cet ensemble d'ordre et de sagesse qui nous démontre partout l'unité et la grandeur de la cause souveraine dont nous nous proposons d'étudier les effets. Au moment où nous nous disposions à quitter la route large et frayée que nous avons parcourue en étudiant les sommités extrêmes de l'organisation, pour nous jeter dans les sentiers les plus obscurs et jusqu'ici les moins battus, il nous fallait des principes pour guider nos pas incertains, et ces principes nous étonneront moins, quelque rapide qu'ait été le coup d'œil que nous venons de jeter sur l'organisation.

C'est aux méditations du savant Lamarck que nous les emprunterons. Peut-être, au premier abord, ne sembleront-ils pas tous d'une vérité également évidente ; mais, étudiés avec soin, placés en regard des faits et des choses, ils seront jugés tout autrement, et, forts d'évidence et de vérité, ils ne tarderont pas à apparaître à l'esprit comme enseignés par une étude profonde de la nature intime des êtres, comme l'expression la plus fidèle et la plus simple des lois qui ont présidé à leur création.

« 1° Nulle sorte ou nulle particule de matière, dit le célèbre professeur dans sa *Philosophie zoologique*, ne saurait avoir en elle-même la propriété de se mouvoir, ni celle de vivre, ni celle de sentir, ni celle de penser ou d'avoir des idées ; et si, parmi les corps, il y en a qui soient doués, soit de toutes ces facultés, soit de quelques unes d'entre elles, on doit considérer alors ces facultés comme des phénomènes physiques que la nature a su produire, non par l'emploi de telle matière qui posséderait elle-même telle ou telle de ces facultés, mais par l'ordre et l'état de choses qu'elle a institués dans chaque organisation et dans chaque système d'organes particulier.

» 2° Toute faculté animale quelle qu'elle soit est un phénomène organique, et cette faculté résulte d'un système ou appareil d'organes qui y donne lieu, en sorte qu'elle en est nécessairement dépendante.

» 3° Plus une faculté est éminente, plus le système qui la produit est composé, et appartient à une organisation compliquée ; plus aussi son mécanisme devient difficile à saisir. Mais cette faculté n'en est pas moins un phénomène d'organisation, et est en cela purement physique.

» 4° Tout système d'organes qui n'est pas commun à tous les animaux, donne lieu à une faculté particulière à ceux qui le possèdent ; et lorsque le système spécial n'existe plus, la faculté qu'il produisait ne saurait plus exister, ou s'il n'est qu'altéré, la faculté qui en résultait l'est pareillement.

» 5° Comme l'organisation elle-même, tout système d'organes particulier est assujetti à des conditions nécessaires, pour qu'il puisse exécuter ses fonctions ; et parmi ces conditions, celle de faire partie d'une organisation dans le degré de composition où on l'observe, est au nombre des essentielles.

» 6° L'*irritabilité* des parties souples, quoique dans différens degrés suivant leur nature, étant le propre des animaux, et non une faculté particulière, n'est point le produit d'aucun système d'organes particulier dans ces parties ; mais elle est celui de l'état chimique des substances de ces êtres, joint à l'ordre de choses qui existe dans le corps animal pour qu'il puisse vivre.

» 7° Tout ce qui a été acquis dans l'organisation d'un individu par l'influence des circonstances, est transmis, par la génération, à celui qui en provient, sans qu'il ait été obligé de l'acquérir par la même voie, en sorte que de la réunion de cette cause à la tendance de la nature à compliquer de plus en plus l'organisation, résulte nécessairement la grande diversité qu'on observe dans la production des corps vivans.

» 8° La nature, dans toutes ses opérations, ne pouvant procéder que graduellement, n'a pu produire tous les animaux à la fois ; elle n'a d'abord formé que les plus simples, et, passant de ceux-ci jusqu'aux plus composés, elle a établi successivement en eux différens systèmes d'organes particuliers, les a multipliés, en a augmenté l'énergie, et, les cumulant dans les plus parfaits, elle a fait exister tous les animaux avec l'organisation et les facultés que nous leur observons. »

Mais si tel fut l'ordre que suivit la nature dans l'immense travail de la création, nous, au contraire, c'est la marche précisément inverse qu'il nous convient de prendre pour arriver au but que nous nous sommes proposé, à la solution de cette grande question : Y a-t-il entre les deux règnes qui comprennent à eux seuls tout l'ensemble des corps vivans, une limite fixe et bien tracée ? Ou bien devons-nous les regarder comme les deux extrémités d'une longue chaîne dont tous les anneaux intermédiaires se tiennent sans rupture ? Ce ne sera qu'après avoir admiré tout ce qu'il fut semé de richesses sur les êtres les plus parfaits, que, descendant successivement l'échelle, perdant à chaque pas que nous ferons quelque beauté, quelque fini d'exécution, nous pourrons espérer d'arriver, par la décomposition raisonnée de ce grand ouvrage, au dernier degré de simplification possible, à cet animal type qui, vivante solution du problème, ne nous offrira plus que l'expression la plus simple de l'animalité dépouillée de toute cette magnifique parure qui la dérobe à nos regards. Ce n'est que dans les ordres les moins élevés que nous pourrons trouver, si elle existe, cette délimitation qui sépare les corps vivans en deux grandes classes ; et s'il nous arrivait de ne la pas rencontrer, nous ne pourrions plus comparer leur longue série qu'à ces courbes géométriques dont les deux branches se repliant l'une vers l'autre par degrés insensibles, marchent en s'écartant sans cesse vers un commun horizon : et, dans l'ordre de choses dont nous avons à nous occuper, cet horizon, c'est le perfectionnement à l'infini, chaque espèce suivant son type particulier.

En tête, l'homme : c'est lui qui domine la création tout entière ; c'est le chef-d'œuvre de la nature, le plus beau produit de son art, le dernier coup de ciseau qu'elle ait donné à son œuvre. Après lui, il n'y a plus qu'à descendre, et cette suprématie, il la doit à son haut degré d'intelligence aidé par l'admirable perfection de tous ses organes, par le fini merveilleux de ses membres nus, mobiles en tous sens, et si propres à l'exercice de toutes les facultés dont l'a pourvu la nature au jour de ses prodigalités. Chez lui, l'instinct, passé le premier âge, s'efface et fait place à l'intelligence ; et ces deux facultés si admirables, si sœurs et pourtant si différentes qu'elles semblent s'exclure mutuellement, vont, à partir de lui, passer par des périodes d'accroissement tout-à-fait inverses.

Sous le rapport de son organisation, il tient à la classe des *mammifères*, de manière à n'en pouvoir être séparé, et ce sont eux qui ont dû le précéder immédiatement dans le travail successif de la création ; les singes d'abord, avec leur instinct plus développé aux dépens de leur intelligence ; puis les chauve-souris que nous trouvons déjà moins intelligentes et plus instinctives, et que suivent une foule d'autres dans une série de décroissement de plus en plus rapide. Chez presque tous, nous rencontrons les cinq sens, plus ou moins développés ; parmi eux le tact (1) disparaît le plus tôt, remplacé par un toucher de moins en moins parfait qui, ainsi que nous le verrons, disparaît lui-même dans les derniers groupes d'animaux, pour y être remplacé par une sorte d'excitabilité matérielle, n'offrant plus que les traces les plus équivoques de sensibilité. Aussi, n'hésitons-nous pas à dire que de tous, le tact est celui dont les rapports avec l'intelligence sont les plus intimes. Dans l'homme, il s'exerce plus ou moins parfait par tous les points de son corps ; déjà moins éminent chez les singes, nous le retrouvons chez la chauve-souris, porté à un degré de perfection qui a même été refusé à notre nature, et qui a, pendant long-temps, fait croire à l'existence d'un sixième sens. Passé ce terme, il ne fait plus que décroître à mesure que les doigts, qui en sont le principal organe, deviennent moins flexibles et moins nus, des carnassiers aux rongeurs, de ceux-ci aux pachydermes, aux ruminans et aux cétacés, chez lesquels il doit être arrivé à son dernier période de décroissement pour la classe des mammifères.

La perfection de l'intelligence, compagne de celle du tact et de la plupart des sens, bien que dans un degré moins marqué, caractérise donc l'homme parmi les mammifères, sans cependant le porter dans un groupe à part, puisque de toutes ces facultés, il n'en est pas une que nous ne retrouvions chez tous ces derniers, et quelquefois même plus parfaite et d'un usage bien plus étendu. Leur intelligence elle-même, bien que sans doute à une distance immense de la nôtre, existe pourtant évidente et souvent sublime dans ses effets. Tous, en effet, sont susceptibles d'apprendre, de retenir, de modifier leurs mœurs sur les circonstances dans lesquelles ils se trouvent placés, par la mémoire, l'association des idées, une sorte de raisonnement, de la volonté, de la prudence et même de l'imagination. « Les animaux les plus parfaits, dit Cuvier, bien qu'infiniment au dessous de l'homme pour les facultés intellectuelles, se meu-

---

(1) Devons-nous dire que nous distinguons ici le *tact* ou *sens des formes* de ce sens du *toucher*, propre seulement à nous transmettre les impressions immédiates des corps étrangers sur le nôtre, qui n'est qu'une conséquence de l'irritabilité des tissus ? Celui-ci au contraire disparaît le dernier, et se retrouve encore long-temps après que l'on a perdu jusqu'aux derniers vestiges du tact et des autres sens. Une huître *sent* si nous entendons par là que sa substance se contracte sous l'impression d'un acide ou d'un déchirement quelconque ; mais de bonne foi lui accorderons-nous ce qui nous semble constituer le *toucher* comme sentiment des formes ? Lui accorderons-nous même le sentiment intérieur de cette sensation extérieure ?

vent en conséquence des sensations qu'ils reçoivent, sont susceptibles d'affections durables, et acquièrent par l'expérience une certaine connaissance des choses d'après lesquelles ils se conduisent, indépendamment de la peine et du plaisir actuels, et par la seule prévoyance des suites. En domesticité, ils sentent leur subordination, savent que l'être qui les punit est libre de ne pas le faire, prennent devant lui l'air suppliant quand ils se sentent coupables ou qu'ils le voient fâché. Ils se perfectionnent ou se corrompent dans la société de l'homme; ils sont susceptibles d'émulation et de jalousie; ils ont entre eux un langage naturel qui n'est à la vérité que l'expression de leurs sensations du moment; mais l'homme leur apprend à entendre un langage beaucoup plus compliqué, par lequel il leur fait connaître ses volontés, et les détermine à les exécuter. En un mot, on aperçoit dans les animaux supérieurs un certain degré de raisonnement avec tous ses effets bons et mauvais, et qui paraît être à peu près le même que celui des enfans, lorsqu'ils n'ont pas encore appris à parler. »

Les organes de la locomotion ne manquent à aucun mammifère. Quant à leur composition chimique, elle est plus qu'aucune autre compliquée, et même, dans ceux où elle l'est le plus, elle réalise ce dernier terme passé lequel une complication plus grande devenait peut-être impossible, l'action de l'agent vital ne pouvant qu'à peine résister à la tendance qu'ont les élémens à se fuir mutuellement. Aussi voyons-nous les espèces supérieures qui cherchent dans la substance des autres un aliment riche en matières déjà animalisées se dissoudre rapidement dès que la vie a cessé, sujets qu'ils sont même avant leur mort à des maladies infectes, à des décompositions qui les font tomber par lambeaux.

Il n'entre point dans notre plan de faire une description complète des différens appareils de la nutrition, de la circulation, de la respiration, ni de ceux non moins importans de la génération; nous ne nous occupons des animaux que d'une manière générale, et chacun de ces articles sera traité à part. Nous ferons remarquer, cependant, combien sont compliqués, contournés, entortillés en quelque sorte ces différens organes, et partout nous retrouverons cette complication dans l'organisation, compagne inséparable de sa perfection; mais ce qui distingue surtout les mammifères et la plupart de vertébrés, outre l'action particulière des organes qui leur sont propres, c'est la centralisation de la vie dans des organes spéciaux, le cœur et le centre nerveux, et dans l'action réciproque de ces deux parties l'une sur l'autre. C'est peut-être aussi la spécialité de leurs organes, dont aucun ne peut être remplacé par un autre, ni reproduit comme dans les espèces inférieures, et dont un assez grand nombre ne peuvent être détruits ni même embarrassés dans leurs fonctions, sans que la mort en soit l'inévitable conséquence.

Enfin il est un dernier caractère qui lie l'homme aux mammifères, et les sépare simultanément des autres vertébrés; c'est le mode de sa reproduction par des petits qui naissent tout conformés et presque en tout semblables à leurs parens; c'est la *génération vivipare* et *l'allaitement*, ou nutrition du nouveau-né au moyen d'organes donnés aux femelles, et sécrétant une substance particulière pendant la première période de la vie. Quelques espèces, il est vrai, parmi les reptiles et les poissons, et d'autres encore appartenant à des classes bien inférieures, donnent le jour à des petits vivans; mais ce mode d'enfantement *ovo-vivipare* diffère essentiellement de celui dont il s'agit ici, les petits ne naissant vivans que parce que de véritables œufs sont éclos dans le sein de la mère.

Des mammifères aux *oiseaux* la distance devait sembler immense lorsque l'exploration d'un monde nouveau, la Nouvelle-Hollande, n'était pas encore venue révéler à la science tout une nouvelle série de mammifères de nature entièrement inconnue, et parmi eux plusieurs dont la description moins authentique semblerait un jeu bizarre de l'imagination. Les monotrêmes, animaux de fabuleuse organisation, établissent entre les deux groupes dont nous nous occupons le passage le plus remarquablement nuancé peut-être que nous connaissions dans toute la science. Quadrupèdes par leur forme générale, par leur système de locomotion, par la conformation de leurs organes respiratoires, par les quelques dents qui existent encore dans un genre; oiseaux par l'absence de véritables mamelles, par leur génération selon toute apparence ovipare, par l'ensemble de leurs organes reproductifs, placés entièrement à l'intérieur, et n'offrant qu'une seule issue qui leur est commune avec les excrémens; par leurs épaules ils présentent réunis les caractères de chacun des types; un genre (l'Ornithorinque) a le bec et les pieds palmés des canards; un autre établit entre ce dernier et les pangolins un étroit rapprochement.

Un trait caractéristique et général de l'organisation des oiseaux, c'est la présence des plumes. Tout leur corps en est couvert, et par cela même leur système nerveux se trouvant bien moins en rapport avec les objets extérieurs, leurs sensations sont moins vives, et leurs sens moins parfaits. L'odorat dans la plupart est faible ou nul; le tact, ne s'exerçant plus que par leur langue souvent presque rudimentaire, et par leurs pieds endurcis par la marche, ne doit leur donner que des images bien imparfaites.

Mais leur respiration est plus active et beaucoup plus complète, en général, que celle des mammifères. La cloison, qui, dans ceux-ci, sépare la poitrine de l'abdomen, disparaît chez eux complétement, et ce n'est pas seulement par les poumons qu'ils respirent; l'air pénètre dans toutes les parties de leur corps, et jusque dans les os; il baigne tous les rameaux des principales artères, et fouille, pour les revivifier, les points les plus intimes de leur organisation. C'est à cette circonstance que les oiseaux doivent la chaleur élevée de leur sang, l'activité et la surabondance de vie qui les caractérise en général, leur légèreté spécifique et la prodigieuse énergie de leur système muscu-laire.

Chez eux le vol est la faculté prédominante; et presque toutes les autres lui ont été plus ou moins sacrifiées. Les vertèbres ont perdu leur flexibilité; toute leur force musculaire a été groupée autour des membres spécialement affectés à cette faculté importante; et les deux autres, peu étendus en surface, écailleux en dessus et calleux en dessous, et devenus inhabiles à palper les objets, ne leur sont plus que d'un usage restreint. Le cerveau est grand, les hémisphères sont petits; l'oreille, un peu plus complète que dans les autres ovipares, l'est déjà beaucoup moins que dans les mammifères.

Tout le monde sait combien leur instinct se montre développé dans la construction de leurs nids, dans l'éducation de leur famille, dans leurs migrations à époque fixe et leur retour aux mêmes lieux qui les ont vus naître, la constance des chants par lesquels ils proclament le bonheur de leur existence ou des cris qui expriment leurs souf-frances. Toutefois l'intelligence quoique déjà do-minée par l'instinct n'a pas encore complétement disparu. Un grand nombre sont susceptibles d'ac-quérir par l'éducation des qualités nouvelles; la fidélité, l'attachement, la reconnaissance ne sont pas pour eux des vertus inconnues; l'éducation les perfectionne, ils ne manquent d'ailleurs ni de mémoire ni même d'imagination, puisqu'ils rêvent; et, par un exception assez bizarre, ils sont les seuls dont les organes vocaux se prêtent à imiter la parole humaine, privilége refusé même à tous les mammifères, malgré les rapports bien plus in-times de leur organisation avec la nôtre.

La nature, avant de créer les oiseaux, avait-elle pris plusieurs jours de repos, ou bien devons-nous croire que de nombreux anneaux de la grande chaîne se soient trouvés anéantis dans quelques uns de ces horribles bouleversemens qui ont rayé de la surface du globe tant de si importantes espèces? Toujours est-il que des oiseaux aux *repti-les* existe un hiatus immense qui a pu donner à plusieurs auteurs l'idée de rattacher simultané-ment aux mammifères ces deux groupes impor-tans, pour les faire marcher parallèlement l'un à l'autre. Cependant, quelque grande que soit la distance qui les sépare, si on les compare simul-tanément dans toutes les parties de leur organisa-tion, on trouve dans quelques reptiles, et c'est précisément dans les plus lourds et les moins ac-tifs de tous, dans les tortues, les ébauches des conceptions qui ont dû conduire la nature d'un à l'autre type, un sternum et des vertèbres solides, les clavicules et la bouche cornée des oiseaux, la même conformation des os de l'épaule, et des membres antérieurs qui rappellent ceux de ces oiseaux imparfaits dont les ailes sont changées en nageoires (1).

Toutefois, quoi qu'il en soit des rapports de leur organisation avec celle des oiseaux, les reptiles doivent avoir été créés les premiers; ils sont beau-coup moins parfaits à tous égards, et s'éloignent de l'homme avec une rapidité toujours croissante à mesure que l'on descend des ordres les plus élevés à ceux qui le sont moins. La circulation, si ac-tive chez les oiseaux, devient lente, et dans tous, sauf la remarquable exception signalée par M. Martin Saint-Ange dans les crocodiles, une partie du sang seulement reçoit l'action de la respiration pulmonaire. Puis, à mesure que nous avançons, les altérations dans le squelette de-viennent de plus en plus profondes. Plus de cla-vicules dès les crocodiles; absence totale dans les ophidiens des membres spécialement destinés à la locomotion. Dans tous la respiration est lente et incomplète, l'activité des mouvemens vitaux décroît rapidement d'espèce en espèce, et la chaleur du sang s'élève à peine au dessus de celle des objets extérieurs. Bientôt nous ar-rivons à ces batraciens qui passent dans l'eau la plus grande partie de leur vie, poissons vé-ritables dans la première période de leur exis-tence; puis à ces autres reptiles de la même fa-mille, que l'on a récemment découverts dans les eaux souterraines de la Carniole et dans quelques lacs américains, véritables amphibies, poissons et reptiles tout à la fois, pouvant respirer à leur gré ou à la surface de la terre par des poumons, ou au sein des eaux qu'ils habitent, par des bran-chies.

Chez les reptiles, les organes sont beaucoup moins bien dessinés que chez les oiseaux; l'oreille n'est pas complète, et les crocodiles presque seuls offrent dans cet appareil une complication qui rappelle les mammifères. Le système nerveux devient aussi beaucoup moins centralisé; le cer-veau, très-petit, peut être enlevé chez plusieurs, et même la tête tout entière, sans que les mou-vemens vitaux cessent, et dans quelques es-pèces (les tortues) la vie semble plutôt s'étein-dre faute d'alimens que pour toute autre cause, la plaie se cicatrisant parfaitement. Il en est chez lesquels des parties importantes repoussent dans toute leur intégrité aussi souvent qu'elles sont en-levées, et il n'est pas rare même que long-temps après avoir été séparées du corps, elles conservent leur excitabilité musculaire indépendante du sys-tème nerveux.

Si les reptiles sont déjà à une distance immense de l'homme, notre point de départ, les *poissons* nous en éloigneront encore bien davantage; leur organisation devient tout-à-fait imparfaite, et la densité du milieu qu'ils habitent devait en effet exercer sur elle une énorme influence. Toute la surface de leur corps est en général écailleuse, leurs membres tout-à-fait impropres à saisir autant qu'à palper ces corps, et le sens des formes doit être chez la plupart entièrement nul, puisque par-

---

(1) Un fait assez curieux, c'est que ces rapports intimes entre les oiseaux et les tortues, établis récemment par les travaux de MM. Geoffroy et de Blainville, avaient été entrevus dès la fin du xviie siècle (1686), par un médecin allemand, Christophe Gottwaldt, qui fut jusqu'à avancer que le meilleur nom à donner aux tortues de mer était celui de *Perroquets marins* (Seepapagey).

tout

tout la langue, le dernier organe du tact, ne présente plus elle-même qu'un état rudimentaire, et que dans plusieurs sa surface hérissée de pointes ne permet plus de la considérer que comme un organe de préhension. Le système respiratoire est construit sur un type nouveau ; les poumons sont remplacés par des branchies, organes bien moins puissans dans leur influence, puisqu'ils n'agissent plus que sur la petite quantité d'air que l'eau tient en dissolution. Plus de trachée-artère, plus d'organes vocaux, plus de voix véritable, plus de paupières; de simples ébauches des organes de l'ouïe et de l'odorat. Enfin c'est dans cet ordre que la forme symétrique souffre ses premières altérations (*V.* Pleuronectes), et le squelette, déjà, chez les reptiles, moins compliqué et construit sur un plan moins arrêté que chez les mammifères et les oiseaux, devient de plus en plus simple, s'oblitère, et, par une étonnante métamorphose, disparaît à certaines époques dans quelques genres (Lamproies, Myxines) que l'on pourrait presque regarder comme passant ainsi alternativement de l'ordre des poissons à celui des mollusques. Linné les classait parmi les vers.

En ce moment, où nous perdons entièrement le caractère essentiel de la série précédente, l'existence d'une colonne vertébrale traversée par la moelle épinière, deux nouveaux groupes s'offrent à notre étude avec des droits égaux à la priorité. Car si d'un côté les *Articulés*, sous le rapport de l'activité de la vie, de la vivacité des mouvemens, de la perfection de l'instinct et peut-être même de l'intelligence, méritent d'occuper le premier rang, ils s'en trouvent rejetés à une distance énorme si nous attachons au degré de composition physique et à la complication des organes de la circulation, de la respiration, et à l'existence des principaux viscères, toute l'importance dont ils sont dignes. Les *Mollusques*, qui leur disputent le pas, forment un groupe distinct, tout-à-fait à part de tous les autres; et s'il nous était permis de croire que la nature, cause souveraine et toute puissante, eût pu mettre un instant d'hésitation dans ses œuvres, interprétation fausse peut-être de ce fait acquis à la science, que tous les êtres qui peuplent la surface du globe n'ont été créés qu'un à un ; si, dis-je, nous osions nous rapprocher par la pensée, faibles et chétifs que nous sommes, de ce grand travailleur de mondes, nous dirions volontiers de ces animaux qu'ils sont là dans la série comme, dans l'atelier de quelque grand peintre, ces croquis sur lesquels se lisent déjà les larges et puissantes conceptions qui devaient révolutionner l'art tout entier. Dans les mollusques, tout n'est qu'ébauché, jeté comme au hasard et pour ainsi dire sans forme arrêtée; et là pourtant, au sein de ce que l'on pourrait appeler de la confusion et du désordre, se révèle une pensée profonde et suivie. Le type des insectes, dirions-nous, allait s'épuisant, et rien ne satisfaisait encore ce besoin qu'éprouvait le puissant ouvrier d'une œuvre dont il pût s'enorgueillir. Il lui fallait une conception plus large, plus riche, de belles et puissantes facultés servies par de beaux

et puissans organes, et il semble que ce ne fut que pour y arriver par les essais d'une lente et sérieuse étude qu'il créa les mollusques. Nous l'y voyons s'essayer d'abord avec une sorte de timidité à abandonner l'usage des articulations et des tégumens cornés, sans savoir substituer encore un squelette et des supports intérieurs à ces points d'attache des muscles qui donnent aux mouvemens des insectes, des arachnides et des crustacés, leur solidité et leur énergie. Une peau molle et mince compose en général l'enveloppe intérieure ; des muscles peu robustes y sont faiblement fixés, d'où résulte un tout mollasse et informe, l'organisation appauvrie d'un poisson, d'un reptile ou d'un mammifère dont on aurait soustrait les os et les parties solides. A l'intérieur est le système nerveux avec les viscères. Le plus souvent fort obscur, il se compose généralement de plusieurs masses éparses réunies par des filets nerveux. Dans les espèces les plus élevées, on croit rencontrer quelques vestiges d'un cerveau; mais nulle part encore les nerfs ne tendent à se réunir en moelle épinière, la formation de ce centre nerveux étant entièrement contemporaine de celle de la colonne vertébrale.

Leurs organes du mouvement et des sensations n'ont pas la même uniformité de nombre et de position que dans les animaux vertébrés, et la variété est plus frappante encore pour la structure, la position et même la nature des viscères, du cœur et des organes respiratoires. Ils offrent toutes les sortes de mastication, de déglutition, de digestion, tantôt par un seul estomac, souvent par plusieurs; nous trouvons de même chez eux tous les modes de génération : des sexes séparés, des hermaphrodites qui ont besoin pour devenir féconds d'un accouplement réciproque, et dans les familles les moins élevés un hermaphrodisme complet qui se suffit à lui-même. Il en est qui mettent au jour des petits vivans; les autres sont complétement ovipares; mais les œufs présentent toutes les variétés imaginables de couleur, de formes et de consistance, et ces variations se remarquent non seulement dans des groupes éloignés, mais dans un même ordre, dans une même classe, dans une même famille.

Si maintenant nous quittons les mollusques pour jeter nos regards sur la série parallèle des articulés, nous reconnaîtrons, après un court examen, que c'est dans les *Annélides*, qui sous quelques rapports paraissent succéder sans intervalle aux poissons cyclostomes (*V.* Cyclostomes), que disparaissent, dans la série descendante, les derniers vestiges du squelette, et que s'offre pour la première fois cette disposition extérieure en anneaux qui peut déjà dans notre étude, nous faire pressentir le caractère général des *Articulés*, dont ils forment un des ordres les plus remarquables. Mais ces anneaux ne sont plus solidifiés, et les membres articulés ont entièrement disparu, imparfaitement remplacés par quelques filamens en forme de soies, qui même ne se rencontrent pas dans tous. Mais si les systèmes nerveux et musculaire s'effacent d'une manière sensible, il en est autrement du système circulatoire. Le sang, sorte de sanie incolore dans tous les autres articulés, est, dans les annelides, rouge comme dans les vertébrés, et c'est par ce développement plus grand du système sanguin que ces animaux se rapprochent des mollusques, caractérisés d'une manière générale à l'égard des articulés par le plus grand développement de leur appareil circulatoire, coïncidant avec l'état beaucoup plus imparfait du système nerveux et en même temps du système musculaire et du squelette dont les modifications sont intimement liées à celles du premier.

Aux annelides, dans le groupe des articulés, succèdent les *Crustacés*, chez lesquels on observe encore quelques vestiges du foie et des organes de l'ouïe, et les *Arachnides*, qui, par les *Myriapodes*, classe intermédiaire nouvellement établie par M. Latreille, continuent la série jusqu'aux insectes. Chez les Arachnides, la tête et le thorax, réunis en une seule pièce, portent de chaque côté des membres articulés en nombre variable, et des yeux simples, aussi variables dans leur nombre; c'est aussi dans cet ordre que les organes de la circulation s'oblitèrent et finissent par s'anéantir entièrement. Il en est de même du mode de respiration. Après avoir encore rencontré dans les plus parfaits quelques vestiges, soit de branchies, soit d'organes pulmonaires, nous arriverons aux derniers genres, qui ne nous offriront plus que des trachées, sortes de sacs aérifères ou de vaisseaux élastiques qui reçoivent l'air par des stigmates ou ouvertures percées sur les côtés, et le distribuent en se ramifiant à l'infini dans tous les points du corps.

Crustacés par leur enveloppe, par le nombre variable de leurs pieds, et par plusieurs autres détails de leur organisation, insectes par leurs métamorphoses bien qu'incomplètes, par la nature, la forme et la direction de leurs organes respiratoires, les *Myriapodes* (vulgairement *mille-pieds*) établissent un de ces passages que nous sommes heureux de rencontrer dans la science. Ils lient d'une manière assez intime ces deux classes dont la dernière se fait remarquer, entre toutes celles du règne animal, par l'innombrable quantité des espèces qui la composent, par l'élégance des formes et des couleurs, par l'activité de la vie, par l'instinct porté dans quelques espèces à son plus haut point de développement. Sous le rapport de leur organisation, les insectes, si on les compare aux classes précédentes, deviennent de plus en plus simples. Ils n'ont plus qu'une ébauche de cœur, sans aucun vaisseau apparent, et leur sang n'est autre chose qu'une sanie blanchâtre ou sans couleur qui, de même que les alimens, paraît pénétrer dans la masse entière par le mode simple de l'imbibition. C'est probablement, dit Cuvier, cette sorte de nutrition qui a nécessité dans les insectes la respiration par trachées qui leur est propre, parce que, le fluide nourricier qui n'était point contenu dans des vaisseaux ne pouvant être dirigé vers des organes pulmonaires circonscrits pour y recevoir l'action de l'air, il a fallu que l'air se répandît partout le corps pour y atteindre le fluide dans les recoins les plus cachés. Plus de cerveau ni de centre nerveux; une sensibilité fort obscure, et réduite, à ce qu'il semble, à deux sens, celui du goût et celui de la vue. Cependant beaucoup de savans leur en accordent un troisième d'une nature inconnue à tout ce qui les précède en organisation, un sixième sens résidant dans les antennes. D'autres regardent ces organes comme le siège d'un toucher plus délicat, d'autres enfin comme mettant seulement les êtres qui en sont doués, les crustacés seuls avec les insectes, dans un rapport plus intime avec l'atmosphère.

Les sexes sont séparés, mais n'exercent en général leurs fonctions qu'une seule fois; c'est à cette époque que les insectes ont acquis la plénitude de leur existence; ils sont parés comme pour le plus beau jour de leur vie; mais dès qu'ils ont obéi aux ordres de la nature en assurant la perpétuité de l'espèce, leur tâche paraît remplie, et ils ne lui survivent pas.

Après ce parallèle, dans lequel nous nous sommes efforcés de résumer autant que possible l'état organique de chacune des deux grandes divisions dont nous avions à nous occuper, l'avantage resterait tout entier aux articulés, si nous ne rétablissions l'équilibre, en disant combien dans les mollusques les appareils de la circulation et de la respiration sont compliqués et parfaits, comparés au reste de l'ensemble, comparés surtout à ces mêmes organes dans la plupart des articulés. Variés à l'infini dans leurs formes et dans leur position, et il en est de même, nous l'avons vu, de tous les autres systèmes, ils sont de même variés dans leur nature, puisque tantôt ce sont des poumons, et alors la respiration est complète; tantôt, au contraire, des branchies remplacent l'organe pulmonaire; mais dans tous les cas, l'ensemble de ces fonctions s'exécute par un système plus ou moins complet de vaisseaux clos, un cœur, un sang blanc ou bleuâtre, encore assez riche en matière animalisée, un foie et des viscères assez bien tracés. Le sens du goût leur appartient sans doute, et le tact doit être encore assez développé dans ceux qui ont des tentacules, bien qu'il soit nul ou à peu près dans la plupart des autres. Ils jouissent même de l'odorat, quoique l'on n'en ait pu découvrir l'organe. Ce sont du reste des animaux peu développés, peu susceptibles d'industrie, doués d'un instinct peu remarquable, chez qui l'intelligence est nulle, et qui ne se soutiennent que par leur fécondité et la ténacité de leur vie, qu'explique en partie leur simplicité organique.

Les espèces supérieures, les *Céphalopodes*, ont une tête bien développée, de grands yeux, dont le fini rappelle les mammifères les plus parfaits, des organes de locomotion longs, flexibles et vigoureux; dans plusieurs, l'ensemble est soutenu par un os solide qui semble un prélude au squelette, et leurs mouvemens attestent de l'énergie; armés de tentacules plus ou moins nombreux, ils palpent, saisissent, rampent, nagent, se fixent à leur gré. Mais cette complication d'organes ne se montre qu'un instant ; déjà les *Ptéropodes* et les *Gastéropodes* ne peuvent tout au plus que nager ou ramper, traînant pour la plupart la coquille univalve qui leur sert de demeure pendant le repos ; leur tête commence à s'effacer, leurs tentacules presque rudimentaires n'ont plus d'autre usage que le tact et peut-être l'odorat. Les *Acéphales*, comme l'indique leur nom, ne présentent plus de tête apparente ; la plupart d'entre eux sont inséparables d'une coquille bivalve, et il en est qui sont condamnés à une constante immobilité. Quelques uns, les *Agrégés*, se réunissent à un nombre plus ou moins grand d'individus de leur espèce, et paraissent sentir, se mouvoir et vivre en commun, et par la nature de leurs agrégations, nous préparent à des phénomènes que nous verrons se reproduire dans les zoophytes.

Enfin, ces deux grandes classes, qui, rapprochées ainsi que nous l'avons vu par les annelides, s'étaient séparées pour marcher parallèlement l'une à l'autre, se réunissent une fois encore par leur extrémité opposée, et ce sont les *Cirrhopodes* qui établissent de l'une à l'autre ce passage intime. Placés jusqu'à ce jour parmi les mollusques, ces êtres viennent d'être l'objet d'une étude spéciale de la part de M. Martin Saint-Ange, qui, le premier, a bien fait connaître leur organisation, et démontré avec une évidence toute nouvelle combien de rapports les unissent au type voisin. Les bornes de notre article ne nous permettent point de plus longs détails sur cet important rapprochement qui réunit les deux séries pour les clore en même temps, et les rattacher simultanément à la série inférieure ; et d'ailleurs, ce serait pour nous un devoir de laisser à notre savant collaborateur le soin de rendre compte lui-même de ses heureux et intéressans travaux. (*V*. Cirrhopodes).

Après ces êtres qui terminent simultanément la double série, et les plus simples de tous ceux dont le corps est disposé en deux moitiés, des deux côtés d'un plan de symétrie unique, vient s'offrir à notre étude toute cette foule d'autres dont les parties sont rangées autour d'un point central, et auxquels leur forme générale autant que leur simplicité de composition, leur rapport de configuration avec les végétaux, et leur disposition étoilée, ont fait donner les noms de *Radiaires*, *Rayonnés*, *Zoophytes* (*animaux-plantes*), groupe excessivement nombreux, et présentant plus de degrés que chacun des autres embranchemens, plus peut-être que les trois ensemble. Le seul trait organique qui les réunisse, c'est cette tendance des différens systèmes à la disposition en rayons autour d'un axe, disposition rarement obscure et le plus souvent fortement tranchée. Pour la plupart, ils sont hermaphrodites et ovipares ; les plus simples et un grand nombre d'autres n'ont aucun organe génital, et ne se reproduisent que par boutures ou par divisions.

C'est par les *Vers intestinaux*, et quelques *Echinodermes* cylindroïdes, que s'établit le passage de la forme rayonnée, à laquelle ils participent déjà, à la forme symétrique, et à la disposition articulaire dont ils présentent encore les ébauches. C'est chez eux que nous rencontrons les derniers vestiges de vaisseaux ; mais pour passer des insectes, et même des mollusques acéphales à ces animaux, l'organisation a fait une chute immense. Plus de cerveau, ni de centre nerveux, ni de cordon longitudinal ganglioné comme dans les insectes, pour la production des phénomènes du sentiment ; plus de tête ni de sens particuliers ; plus d'organes apparens pour la respiration ni pour la circulation. Quelques uns ont encore un canal intestinal distinct avec une double ouverture et des organes caractéristiques pour les deux sexes ; dans d'autres, on ne retrouve plus que quelques simples suçoirs ouverts en dehors avec des canaux ramifiés que l'on croirait chargés de distribuer la nourriture partout le corps, sans cavité abdominale, sans intestins, sans anus ; enfin une simplicité d'organisation telle que beaucoup ont pu être regardés comme naissant de générations spontanées.

Dans les radiaires, cette imperfection de l'organisation animale non seulement se soutient, mais se continue et s'accroît encore. C'est en effet dans quelques unes des espèces de cet ordre nombreux que commence la nutrition par le mode simple de l'imbibition ; et dans beaucoup de ceux qui offrent un canal alimentaire, ce canal n'a plus qu'une seule issue. Plusieurs offrent encore quelques traces de sentiment ; dans les espèces mollasses, nous ne retrouvons plus que cette sensibilité obscure que les mots *excitabilité*, *contractilité*, suffisent à exprimer tout entière, et dont les phénomènes diffèrent essentiellement de ceux que produit le sentiment, de telle sorte qu'il nous est impossible de confondre sous un même nom cette faculté importante des animaux supérieurs, et cette propriété faible et chétive des derniers en organisation. Les plus parfaits n'offrent plus que des rudimens d'organes sexuels ; la génération s'opère chez un grand nombre par le mode simple des germes ou boutons se détachant de l'individu dont ils ont fait plus ou moins long-temps partie, pour vivre à leur tour d'une vie individuelle.

Le peu de vaisseaux que nous rencontrons encore dans les *Echinodermes*, les moins simples de tous, avec quelques organes pour la génération, pour la respiration, pour une sorte de circulation partielle, et l'espèce de squelette qui les soutient, disparaissent entièrement dès les *Acalèphes* ou *Orties de mer*, et les *Polypes* ne diffèrent de celles-ci qu'en ce que leur tissu est encore moins développé. Ce n'est plus qu'une masse gélatineuse sans fibres, flottant dans le liquide qui l'entoure, avec des dilatations et des contractions successives. La bouche existe encore dans les *Acalèphes* simples, et disparaît dans les *Acalèphes hydrostatiques*. Quelques vessies remplies d'air les tiennent suspendus à d'inégales hauteurs dans les eaux qu'ils habitent, et composent, avec quelques appendices sans fonctions bien déterminées, l'ensemble tout entier de leur organisation. Quelques uns ont encore une sorte d'estomac visible avec quelques canaux sans complication, mais pas la moindre apparence ni même la moindre possibilité d'une circulation générale. Dans beaucoup, l'estomac n'est plus autre chose que la cavité simple, l'espèce de sac formé par l'enveloppe homogène qui compose toute leur organisation. Tout le monde sait au reste jusqu'à quel point ces êtres sont simples ; retournez-les, leurs parties changent de fonctions ; coupez-les, déchirez-les, et abandonnez les débris à eux-mêmes, ils prendront vie ; et vous aurez dix animaux pour un, semblables entre eux, doués d'autant de vie, des mêmes mouvemens, des mêmes facultés que le premier, et qui pourront être retournés, coupés, déchirés eux-mêmes, et de cette manière multiplier indéfiniment l'espèce. Quelques uns ont cependant encore autour de la bouche des tentacules mobiles au moyen desquels ils peuvent agiter l'eau, et amener dans leur sac les molécules nutritives. Et il en est même qui, bien que dépourvus de tout organe musculaire distinct, n'en offrent pas moins quelques mouvemens de totalité. La plupart ne se reproduisent plus que par boutures au moyen d'espèces de bourgeons. Il en est qui se réunissent en communauté de corps, de nutrition, de mouvemens et de vie ; ce sont eux qui forment ces agrégations singulières que long-temps on a prises pour des plantes marines.

Ainsi donc nous arrivons à ces animaux où la vie est la plus simple, et de nouvelles décompositions nous sont devenues à peu près impossibles, tant il nous reste peu de chose. Ce sont les *Polypes*, dont nous venons de parler ; ce sont les *Infusoires rotifères*, qui présentent même quelques traces d'une organisation un peu plus élevée que les premiers, surtout si l'autorité de quelques expériences subséquentes vient confirmer celles du célèbre Ehrenberg. (*V.* Infusoires.) Ce sont encore les *Infusoires homogènes*, petites masses gélatineuses sans la moindre apparence d'organisation. Dans tous ces êtres si simples, nous distinguons partout l'excitabilité des tissus et une certaine spontanéité de mouvemens qui se signale dans ceux qui sont libres par la faculté de s'éviter les uns les autres, ce qui semble prouver que l'existence de chacun est perçue par ses congénères. Dans les espèces fixées, elle n'a plus d'autres signes que la contractilité des parties que l'on irrite, et l'exécution de certains mouvemens par lesquels les molécules alimentaires sont amenées dans la sphère d'activité de leur organisation nutritive. Chez la plupart la vie est on ne peut plus simple, tellement simple que, répandue dans tout le corps, elle se partage comme lui et semble inséparable de chacune de ses parties ; que, suspendue, arrêtée dans les tissus desséchés, elle reparaît après un temps indéfini, pourvu que, les fluides seuls écoulés et évaporés, la partie solide soit demeurée sans altération qui en détruise la structure.

Cependant, considérée dans tous les êtres que nous venons de passer en revue, l'animalité semble encore assez caractérisée par cette spontanéité de mouvemens au moins partiels dont jusqu'ici nous n'avons pas encore perdu les dernières traces ; et

il nous resterait entre ces êtres que nous pourrions nous croire autorisés à regarder comme offrant l'expression la plus simple de l'animalité, et les plus simples des végétations, une distance assez grande si elle n'était comblée de la manière la plus complète par cette foule d'êtres paradoxaux en tête desquels nous placerons les *Éponges*, que l'on dirait des fragmens oubliés des matériaux organiques flétris par la nature pour façonner les autres êtres, et dont M. de Blainville s'est efforcé de donner une idée en les comparant à des masses animées et monstrueuses d'individus broyés et intimement confondus : pour toute organisation une sorte de gélatine animale, ténue, supportée par un ensemble d'apparence végétale ; nul mouvement, nulle apparence de spontanéité qui n'ait été contestée par d'habiles observateurs. Un savant anglais, M. Grant, après une étude spéciale, croit pourtant avoir reconnu chez elles quelques contractions, quelques frémissemens et surtout des courans continus constans en direction.

Immédiatement à la suite des éponges, et sans aucune solution de continuité, se placent toute cette série d'êtres que M. Bory-St-Vincent propose de réunir à plusieurs de ceux dont nous venons de nous occuper en dernier lieu, pour en faire un règne à part qu'il désigne par le nom de Psychodiaires (*v.* ce mot), et qui placés sur la limite, comme pour dérouter toutes les théories, n'ont encore jusqu'ici été classés de l'un ou de l'autre côté que d'après des caractères dont la valeur n'est pas bien établie, et dont l'étude, si elle offrait plus d'attrait et d'importance, alimenterait peut-être entre la botanique et la zoologie de pénibles et éternelles discussions.

Un ensemble de la nature la plus simple, composé de filamens simples ou articulés, de tubes n'offrant à l'œil que les plus faibles vestiges de quelque organisation d'apparence végétale, remplis d'une matière colorante extrêmement variée ; parmi tout cela cependant des traces encore de ce que l'on peut entendre par *volonté*, par *spontanéité* dans de tels êtres ; un caractère général de vie animale ; quelques mouvemens qui se répètent sans aucune cause apparente en rapport avec eux, mouvemens de parties par rapport aux parties et d'êtres les uns par rapport aux autres, mouvemens plus ou moins vifs d'oscillation, de reptation (*Oscillaires*) ; toute la constitution chimique des matières animales (*Anabaines*) ; une vie tout entière de végétation et d'immobilité se terminant par un rapprochement spontané de sexes, par une véritable union sexuelle, par la transmission et la combinaison intime d'une substance fécondante et d'une substance fécondée ; puis après une gestation toujours assez courte, un enfantement tout-à-fait vivipare, constamment suivi de la mort des parens. Des molécules naissent, douées de mouvement et de vie, tels que nous concevons l'un et l'autre dans les animaux les plus imparfaits ; de véritables infusoires ; puis après quelques heures ou quelques jours de cette existence, une catastrophe bizarre à laquelle rien encore dans aucun ordre de choses n'avait pu nous préparer ;

peu à peu ils perdent la prestesse et l'agilité de leurs mouvemens, s'allongent, s'articulent, s'engourdissent, se *végétalisent*, se fixent à quelque point solide, véritables végétaux, jusqu'au moment où obéissant à la voix de la nature qui commande la propagation de l'espèce, ils reprendront pour un instant leur premier rôle, et, ce dernier devoir une fois satisfait, perdront une existence dont le but parait rempli.

Mais arrêtons-nous et renonçons à pousser plus loin nos recherches, puisque déjà nous avons dépassé sans les apercevoir d'une manière assez claire les limites que nous voulions découvrir; il nous faudra donc nous retirer de la question après cet aveu peu consolant pour notre amour-propre, que ce problème, quelque travail et quelque ardeur que nous ayons apportés à l'approfondir, quelle que soit l'autorité des savans ouvrages dont nous nous sommes entourés pour résoudre sur ce point nos incertitudes, reste pour nous absolument insoluble, que les difficultés ont sans cesse grandi, et que cette délimitation si évidente et si certaine en apparence s'est d'autant plus effacée que nous avons poussé plus loin nos investigations. Beaucoup de personnes ne se familiariseront pas avec cette idée que les corps vivans doivent être réunis en une série unique; et nous-mêmes avons eu peine à nous y soumettre; mais qu'elles observent, et qu'elles jugent : et d'ailleurs manquerons-nous d'exemples pour leur prouver que tout se passe ainsi autour de nous, que partout l'intervalle entre les extrémités les plus éloignées est comblé par des nuances insaisissables? Nous avons tous admiré l'arc-en-ciel ou même le jeu des rayons solaires à travers un prisme : là aussi, du violet sombre au rouge vif la distance est énorme; mais qui de nous pourrait tracer la ligne précise qui sépare ces deux couleurs, au milieu de toutes les zones intermédiaires nuancées elles-mêmes de couleurs si vives et si tranchées pour peu qu'on les prenne à quelque distance les unes des autres, mais si inséparables si l'on veut leur fixer une limite mathématique? Nous venons de parcourir tous les phénomènes de la vie animale; nous avons vu le sentiment, le mouvement décroître par degrés insensibles depuis l'homme jusqu'au zoophyte le plus imparfait ; nous les suivrions encore à travers la série végétale décroissant sans cesse, et cependant toujours apparens; dans la sensitive, qui fuit la flétrissure d'un attouchement trop hardi ; dans toutes les feuilles, dans toutes les fleurs, dont la plus chétive offre une contractilité, une sensibilité, une motilité plus ou moins évidentes; et dans les racines, qui savent choisir les terrains les plus riches, tourner pour s'en rapprocher d'impénétrables obstacles, et faire circuler dans les canaux du tronc la séve qu'elles y vont puiser. Sans doute l'on niera que ces mouvemens obscurs soient du mouvement spontané, que ces excitations reconnaissent pour cause le sentiment; et nous aussi, nous nous refuserons à accorder au végétal quelqu'une de ces qualités éminentes dont nous ferons l'apanage exclusif des animaux supé-

rieurs; mais encore une fois, où est précisément la limite? Où cessent le sentiment et le mouvement spontané pour être remplacés par l'excitation matérielle?

Concluons :

Le mouvement spontané, s'il reconnaît pour origine la *volonté*, suppose quelque intelligence et doit être refusé à la dernière moitié des animaux; si son caractère est simplement d'avoir sa cause dans l'être (1), il doit être considéré comme une conséquence nécessaire de la vie, comme de l'essence même des êtres vivans.

Ce que nous venons de dire du mouvement, nous le répéterions au sujet du sentiment qui ne s'annonce au dehors que par la spontanéité ; et quant à la simplicité de composition, qui pourrait être regardée comme l'apanage des végétaux, nous devons être convaincus maintenant que les caractères qu'elles nous offre sont moins tranchés encore ; et ce n'est pas après en avoir vu disparaître successivement jusqu'aux dernières traces que nous nous rejetterons sur l'existence d'un système nerveux ou d'une cavité intestinale, comme caractères d'une assez haute importance dans les derniers groupes pour établir autre chose que des divisions tout-à-fait secondaires.

Etudions donc la nature telle qu'elle se présente à nos regards, belle surtout de sa mystérieuse harmonie; pénétrons-nous bien des lois qu'elle a suivies, appliquons-nous avec ardeur à leur traduction fidèle, disons-nous bien que l'œuvre est d'autant plus parfaite que ses parties sont plus intimement liées entre elles. La science que nous nous créerons sera-t-elle moins utile ou moins belle parce que nous n'aurons pas attaché à quelques divisions vaines et subtiles plus d'importance qu'elles n'en méritent à nos yeux ?

Le végétal et l'animal sont deux types éloignés comme les derniers anneaux d'une longue chaîne, et la nature partit du milieu pour se diriger simultanément par un double travail vers chaque extrémité. Son point de départ fut unique, et elle ne s'arrêta dans sa marche ascendante que lorsqu'elle eut atteint son double but. (D. Y. R.)

ANIMAUX ( Classification des). (ZOOL.) Après avoir étudié comme nous venons de le faire les animaux pour chercher leur définition, il nous reste peu de chose à dire sur leur classification. Nous renvoyons aux mots HISTOIRE NATURELLE, ZOOLOGIE, toutes les explications que nous devons à nos lecteurs sur la nécessité d'une méthode, sur les qualités qu'elle doit réunir pour atteindre véritablement son but, et sur les plus remarquables entre toutes celles qui ont été proposées. Ici, nous nous contenterons de résumer dans un tableau les principaux caractères des différentes coupes qui ont été établies par notre immortel Cuvier, dont le système ne réalise point sans doute cette perfection qui est le but constant de toutes les sciences, mais offre du moins dans le nom et l'immense savoir de son auteur, des garanties que nous ne trouverions

_________________

(1) Lamarck le définit celui qui est sans rapport saisissable avec la cause qui le produit.

dans aucune de celles en nombre énorme qui se pressent autour d'elle sans jamais la perdre de vue.

La science la plus avancée en classification est sans contredit la botanique, et parmi toutes les fonctions vitales c'est la génération qui en a fourni les principaux élémens. C'est qu'en effet, dans les plantes, elle est la seule dont les organes soient parfaitement tracés, et assez variés pour qu'on y trouve la base d'une classification; se reproduire semble le but de la vie végétale tout entière; chez les animaux, le phénomène important, c'est le sentiment; tous les autres semblent en dépendre; mais comme les organes qui lui sont affectés finissent par s'obscurcir, il a fallu, pour pouvoir continuer la série après les avoir perdus, s'appuyer sur les analogies que fournit l'ensemble tout entier, et c'est à l'heureuse combinaison de tous les caractères qui se peuvent tirer de tous les différens phénomènes vitaux autour de ceux que fournissent les organes des sens, que la classification de M. Cuvier doit d'être regardée comme un monument élevé à la science, monument vers lequel long-temps encore se tourneront les regards, alors même que l'on sera arrivé à la perfection, si jamais la perfection peut être du domaine de l'intelligence humaine.

Pour celui qui a fait de l'histoire naturelle l'étude de sa vie tout entière, comme pour celui qui s'est contenté de soulever quelque faible coin du rideau, il existe quatre types primitifs dans lesquels s'encadrent plus ou moins bien tous les êtres. Ce sont les quatre *embranchemens* de l'illustre auteur dont nous suivons la nomenclature, division sans nul doute acquise à la science, quelles que soient les modifications qui puissent y être apportées.

Le premier, celui des Vertébrés, a son système nerveux supérieur au canal intestinal. Une charpente osseuse formée de vertèbres, série d'os mobiles, soutient l'organisation, et protège d'une enveloppe solide les centres des organes des sens, le cerveau, et le tronc principal du système nerveux, la moelle épinière. La colonne vertébrale se termine à l'une de ses extrémités par un renflement ou boîte osseuse qui contient, outre le centre nerveux, dans les vertébrés supérieurs, les organes de quatre des cinq sens. Les membres sont au nombre de quatre au plus, et symétriquement disposés. Toujours deux mâchoires horizontales, un sang rouge, et des sexes séparés.

Ils se subdivisent en Mammifères, animaux à sang chaud, vivipares et à mamelles, ayant la peau presque constamment couverte de poils, quatre membres tous destinés à marcher, un seul ordre excepté: Oiseaux, ovipares, à sang chaud, sans mamelles; le poil est remplacé par des plumes; deux membres seulement servent à la marche, les deux autres ont été modifiés pour le vol; les dents sont remplacées par un bec corné, la poitrine et l'abdomen ne forment plus qu'une cavité unique: Reptiles, animaux ovipares, à sang froid, ayant la peau nue ou couverte d'écailles, respirant encore, ainsi que les précédens, par des poumons, mais imparfaits, ainsi que le cœur;

quatre membres, ou deux, ou point du tout: Poissons, ovipares, respirant par des branchies, à sang rouge et froid, à cœur imparfait; plus de voix ni de membres véritables; ceux qui restent, entièrement modifiés pour la natation.

Les Mollusques, qui forment le second embranchement, présentent une forme paire plus ou moins symétrique, mais sans squelette. Le système nerveux est disposé des deux côtés du canal intestinal. Leur peau est molle, tantôt nue, tantôt recouverte d'un test calcaire auquel ils n'adhèrent que par quelques points de leur corps. Leur respiration, aquatique ou aérienne, se fait par des organes spéciaux, et ils ont un système de circulation complet. Les escargots, les limaces, les huîtres, les moules sont des *Mollusques*.

Comme nous ne nous sommes point chargés de traiter l'histoire de ces animaux, nous nous contenterons d'indiquer leur subdivision en Céphalopodes, Ptéropodes, Gastéropodes, Acéphales, Brachiopodes, Cirrhopodes. (*V.* Mollusques.)

Nous avons émis nos idées sur le parallélisme de l'embranchement précédent et de celui des Articulés, le troisième de la série. Ce sont des animaux très-symétriques, dont le corps et les appendices, recouverts de tégumens alternativement solides et flexibles, se trouvent ainsi partagés en anneaux mus par des muscles intérieurs. Quelquefois le corps porte des membres, souvent il en est dépourvu. Leur système nerveux, abaissé au dessous du ventre, présente deux cordons renflés d'espace en espace en nœuds ou *ganglions*, dont le principal, appelé *cerveau*, et un peu plus gros que les autres, se trouve situé sur l'œsophage. Cœur simple et sans vaisseaux; respiration par des organes branchio-pulmonaires, ou par des trachées. Toujours plus de quatre membres chez ceux qui en ont, et des mâchoires latérales si elles existent. Un grand nombre subissent des métamorphoses.

On les divise en Annélides, Crustacés, Arachnides, Myriapodes, Insectes.

Enfin, si nous venons à rapprocher tous les animaux que leur organisation exclut des trois premiers embranchemens, nous leur trouvons assez de rapports pour les réunir en un groupe qui forme le quatrième embranchement, celui des Rayonnés. Ce sont les moins compliqués de tous, et ils approchent de l'homogénéité des plantes. Leur système nerveux, et tous leurs systèmes, quand ils en ont d'apparens, affectent une forme rayonnée autour d'un centre. Leurs organes de la respiration et de la circulation, s'ils ne sont pas entièrement nuls ou douteux, n'offrent que de faibles vestiges. Du reste, c'est de tous les quatre embranchemens celui qui est le moins important et le plus obscur.

Cuvier le subdivise en Echinodermes, Intestinaux, Acalèphes, Polypes, Infusoires.

La planche 23 jointe à notre article offre le tableau synoptique de la classification telle que nous la concevons d'après les rapports qui nous ont semblé les plus naturels entre ces différentes divisions. Elle résume à la fois les deux articles qui précèdent.

(D. Y. R.)

**ANIMAUX DOMESTIQUES.** ( zool. ) Êtres que nous avons arrachés à l'état de nature pour les soumettre à la vie domestique, les associer à nos travaux, à nos plaisirs; pour les faire servir à nos besoins, nous fournir, pendant la durée de leur vie et après leur mort, des produits nombreux, incalculables. Dans cette métamorphose, ils ont adopté de nouvelles conditions d'existence, subi dans leur régime, leur taille, la couleur de leur pelage, et même dans leurs formes, des modifications plus ou moins grandes, mais qui, lorsque l'animal est rendu à l'état sauvage, à sa liberté primitive, à ses goûts naturels, ne tardent pas à s'effacer. C'est d'abord bien moins l'ancien animal sauvage qu'un être mixte conservant encore pendant quelque temps des traces plus ou moins profondes de l'état de civilisation, mais qui se dégradent à chaque nouvel individu, et finissent par se perdre enfin entièrement.

Les animaux domestiques appartiennent aux mammifères, aux oiseaux, aux poissons, aux insectes. Les mammifères, plus spécialement appelés *Bestiaux* (*v.* ce mot), sont le cheval, l'âne, le mulet, le taureau, le bœuf et la vache, le buffle et sa femelle, le verrat et la truie, le belier et la brebis, le bouc et la chèvre, le chien, le chat et le lapin. Les oiseaux affectés au domaine spécial de la basse-cour sont le coq et la poule, le dindon, l'oie, les canards et les pigeons; on y trouve aussi le paon, le cygne, le faisan, la pintade, etc. Les insectes sont les abeilles, le ver à soie, et plus rarement la cochenille. Nos viviers renferment diverses sortes de poissons, tels que la carpe, la tanche, le brochet, l'anguille, etc., que l'on pourrait comprendre aussi parmi les animaux domestiques (*v.* chacun de ces mots).

Dans les temps les plus reculés, les animaux domestiques constituèrent la richesse des familles et excitèrent la sollicitude des premiers hommes; ils sont encore les plus sûrs auxiliaires de la maison rurale, le pivot et le constant appui d'une culture bien entendue. Pour répondre aux services de tout genre qu'ils nous rendent, il faut dépouiller la servitude à laquelle nous les condamnons dans notre intérêt, de ce que la contrainte a d'odieux et d'abrutissant; les mauvais traitemens irritent, et dénotent dans celui qui s'y livre une âme aride, prête à se livrer avec violence aux excès les plus affreux. En habituant de bonne heure les animaux aux soins que réclament leur santé, leurs besoins actuels, ils acquièrent promptement toutes leurs forces et cette docilité si nécessaire pour les conduire en troupeaux, pour les former aux occupations rurales, pour en obtenir des profits journaliers. Ceux que l'on a maltraités dans leur jeunesse se refusent à toute espèce de travail; ils restent dans un état constant d'irritation qui ne permet pas de les aborder sans de grandes précautions, ce qui les rend inutiles et même fort dangereux. Gardez-vous aussi de les excéder de fatigue; les exercices et les travaux doivent être proportionnés à l'âge et à la force de l'animal, à la nature du climat et de la saison, à la quantité et à la qualité des alimens, à la durée du repos, etc. L'inaction leur est aussi funeste que l'excès du travail, la première amène promptement l'obésité, le dégoût, une vieillesse prématurée et la ruine totale des plus importantes fonctions; le second affaiblit, ôte aux organes le jeu et le ressort nécessaires pour maintenir l'équilibre parfait entre les différentes parties du corps. (*Voy.* Hygiène vétérinaire.)

On considère les animaux domestiques sous trois points de vue, 1° ceux qui sont propres à l'exploitation des terres, 2° ceux qui sont spécialement utiles pour fournir des engrais, 3° et ceux qui servent à la nourriture et aux autres usages particuliers de l'homme. Le choix à faire dans les individus se règle d'après ces destinations différentes. Ceux uniquement consacrés à la propagation de l'espèce doivent avoir atteint le développement entier de leurs organes et réunir à la beauté des formes un sang très-pur. La masse, le poids et l'aplomb du corps, la largeur de ses bases, l'épaisseur des reins, la force de la charpente osseuse, sont des caractères essentiels dans tous les animaux de bât et de somme. Il faut moins de masse et plus de légèreté dans ceux destinés aux montures. Pour le tirage pénible, l'animal doit avoir un large poitrail, un devant bien relevé, une grande force musculaire, des jarrets nets, amples, bien élevés, parfaitement conformés, et un corps convenablement proportionné dans toutes ses parties. Pour le trait ordinaire et léger, il faut plus de dispositions à l'agilité. La course exige beaucoup de souplesse et de liberté dans tous les membres, un devant bas, une poitrine large, un corps plus allongé que raccourci, la faculté de soutenir long-temps un élan rapide, ou, comme disent les Anglais, un bon vent. L'ampleur, le poids, le volume, l'aptitude à engraisser très-vite, la petitesse des os, la quantité et la qualité de la chair, sont les objets qu'il faut avoir en vue dans les espèces ou races d'animaux destinés à servir de nourriture aux hommes.  (T. D. B. )

**ANIMAUX FOSSILES.** ( Géol. ) L'ancienne acception du mot *fossiles* appliqué à toutes les substances minérales, est depuis long-temps abandonnée, et on ne désigne sous ce nom, dans la plupart des ouvrages modernes, que les restes des corps organisés enfouis dans les couches *régulières* du globe et *ayant éprouvé un certain état d'altération*. Cette définition demande elle-même à être modifiée en ce qu'elle établit des divisions qui n'existent pas dans la nature entre les couches régulières et celles qui ne le sont pas, entre les corps organisés vraiment fossiles et ceux qui ne le sont pas encore; la création d'une classe intermédiaire de *subfossiles*, qui ne pouvait avoir aucuns caractères précis, suffit pour le prouver. Nous devons aujourd'hui étendre le nom de fossiles à toutes les traces distinctes de corps organisés enfouis dans les dépôts terrestres. Ainsi les ossemens humains sont pour nous le fossile caractéristique de l'époque actuelle, comme l'éléphant (*Elephas primigenius*), lors même qu'on le trouve avec ses chairs dans les glaces de la Lena en Sibérie, est un fossile des dépôts diluviens.

L'observation des ossemens d'animaux, et surtout des coquilles fossiles, remonte à la plus haute antiquité, et l'on sait que Pythagore appuyait sa doctrine des transmutations successives par la présence des coquilles marines dans les rochers, et au milieu des continens; il est même probable que l'observation de ce fait si apparent sur les trois quarts de la surface terrestre, est la seule origine de la prétendue tradition d'un déluge universel.

Si l'observation des fossiles est ancienne, leur étude est toute récente. Le peuple n'y vit longtemps que les coquilles du déluge ou des ossemens de géans, pendant que les savans, plus éloignés encore de la vérité, en faisaient des jeux de la nature. Tout récemment encore les êtres qui peuplent la surface du globe étaient regardés comme les seuls représentans de la création primitive, et le naturaliste qui, il y a moins de 100 ans, eût annoncé tout un monde d'êtres différens des générations actuelles et antérieurs à l'existence de l'homme, et qui eût représenté tous ces animaux à formes étranges que la géologie a exhumés, eût été sans aucun doute taxé de folie et, qui pis est, d'hérésie. Les progrès de la zoologie fossile ont été si rapides dans ces dernières années que, pour ne citer qu'un seul fait, Deshayes a déterminé plus de 5000 espèces de mollusques dans les seuls dépôts tertiaires. Néanmoins on commence à peine à entrevoir quelques unes des lois auxquelles sont soumises ces antiques créations. Les dépôts les plus superficiels qui continuent à se former de nos jours par l'action des divers agens physiques, ne renferment avec les ossemens humains que ceux des espèces existantes; plus bas, ou dans des dépôts d'une origine plus ancienne, on reconnaît un mélange d'espèces vivantes et d'espèces perdues; ces dernières deviennent d'autant plus nombreuses qu'on s'écarte davantage de la surface, et bientôt on ne rencontre plus qu'espèces, et, en partie, que genres et même que familles inconnues, en sorte que toutes ces générations d'êtres enfouis dans des dépôts qui avant d'être recouverts formèrent successivement la surface terrestre, sont d'autant plus différentes de la création actuelle qu'elles sont d'une époque plus ancienne. L'observateur ne s'est pas arrêté à constater l'existence de ces diverses générations; il croit avoir reconnu un développement progressif dans l'organisation depuis les temps les plus anciens jusqu'à l'époque actuelle : les types de l'organisation la plus simple règnent d'abord presque exclusivement; les animaux vertébrés apparaissent ensuite et couvrent le globe de reptiles gigantesques; long-temps après les mammifères, dont quelques uns avaient déjà apparu, se multiplient, et l'homme termine enfin l'œuvre de la création.

Cette marche progressive de la nature qu'on croit pouvoir déduire de la végétation fossile comme de l'étude du règne animal, et le renouvellement presque complet des *espèces* constaté dans chaque grand système de couches ou formation, ont donné lieu à des questions du plus haut intérêt : on s'est demandé si ce dernier phénomène provenait de créations successives ou de modifications lentes des types primitifs. Ce dernier système a été soutenu de la manière la plus ingénieuse par Lamarck; Il n'accorde pas aux *espèces* une existence réelle et permanente : il les croit susceptibles de s'altérer indéfiniment, de manière à ce que les animaux les plus anciens et les plus différens de ceux qui vivent aujourd'hui pourraient être les ancêtres de ces derniers. Ainsi, par exemple, le changement de l'Orang-outang en homme n'est qu'un pas dans ses transformations. Ce système fut loin d'être généralement admis; les savans dont les noms avaient le plus d'autorité pensèrent que l'espèce a une existence réelle et fixe, qu'elle ne varie que dans des limites étroites au-delà desquelles elle périt; cette doctrine qui repoussait le développement progressif de l'organisation, parut entraîner la nécessité de créations successives à époques déterminées jusqu'à la plus récente, celle de l'homme. Aujourd'hui que les découvertes de la géognosie ont démontré des modifications successives dans l'état physique du globe, et que de savans observateurs, tels que Deshayes, Agassiz, Ad. Brongniart, etc., ont établi des changemens correspondans et progressifs dans tous les êtres organisés; aujourd'hui que l'étude des animaux fossiles a beaucoup étendu les limites des variations attribuées aux espèces, et fait découvrir chaque jour dans la chaîne des êtres des transitions qu'on ne soupçonnait pas, l'hypothèse hardie de Lamarck, modifiée par Geoffroy-Saint-Hilaire, acquiert une probabilité qu'elle n'avait pas à l'époque où Cuvier la combattait. Geoffroy-Saint-Hilaire, admettant la fixité de l'espèce dans un état stable des *milieux ambians*, tel que celui dont nous jouissons depuis la courte durée des temps historiques, établit que l'espèce a pu et a dû varier indéfiniment avec les changemens survenus dans la composition de l'atmosphère, de la mer et en un mot dans l'état physique du globe. Ce point de vue fécond, et des recherches positives dirigées par l'esprit philosophique de l'auteur, promettent enfin quelques lumières sur la grande question soulevée par la découverte des *animaux fossiles*.

L'hypothèse des créations successives est embrassée par une classe de géologues qui cherchent la confirmation de la Genèse dans les découvertes de la géologie; pour eux les six jours ou plutôt les six époques de la création, et l'ordre dans lequel les êtres sont créés, se reconnaissent aux grandes divisions de l'écorce terrestre, et à l'ordre d'ancienneté des diverses classes de fossiles. Ce système n'appartient pas seulement à l'Angleterre, il a été développé au Collége de France par le célèbre professeur Ampère avec le talent et la conviction religieuse qu'on lui connaît. Moïse, d'après lui, doit être le premier des géologues aux yeux de tous ceux qui ne lui accordent pas de lumières surnaturelles.

On ne peut nier que le point de vue religieux sous lequel les savans anglais envisagèrent, dans l'origine, la géologie et l'étude des animaux fossiles, ne contribua puissamment aux progrès de la la science. Aujourd'hui, fort heureusement, les sciences naturelles offrent assez d'attrait en elles-mêmes pour n'avoir pas besoin de semblables véhicules.

Nous avons cherché à représenter dans la planche 24 quelques uns des animaux perdus, les plus remarquables de la seule époque secondaire. Leurs formes extérieures sont déduites de celles du squelette. Le n° 1 offre la figure de l'Icthyosaure, dont les puissantes mâchoires atteignent près de huit pieds de longueur. Le Plésiosaure, animal presque aussi gigantesque, dont le long cou, semblable à un serpent, s'élevait au dessus des eaux, est figuré sous le n° 3. Les n°³ 3 et 4 indiquent des Pterodactyles, reptiles volans. Sous le n° 5 est représenté un de ces crocodiles gigantesques trouvés fossiles à Maestricht. Les n°⁵ 6, 7 et 8, offrent des figures de libellules, tortues et nautiles de la même époque géologique. Enfin on voit sur le premier plan des Cycadées, des Presles arborescentes et d'autres plantes de l'époque secondaire.

Un article séparé sera consacré à chacun des genres d'animaux fossiles les plus remarquables par leur forme ou par leur importance dans les déterminations des formations; ici nous exposerons seulement quelques uns des faits généraux, tels que la distribution des quatre grandes classes du règne animal au milieu des terrains inférieurs, moyens, et supérieurs, que l'on désigne encore sous les noms de terrains de transition et terrains secondaires et tertiaires. Les ANIMAUX RAYONNÉS, classe de l'organisation la plus simple, se montrent dans les dépôts les plus anciens; dans le nombre, les encrines et les madrépores se rencontrent en si grande abondance dans le terrain de transition, que quelques bancs sont entièrement formés de leurs débris. Certains genres forment encore à eux seuls de grandes masses analogues à nos récifs de corail dans le terrain secondaire, notamment dans l'étage nommé coral-rag. Mais dans tous les dépôts supérieurs, les rayonnés ne se montrent plus que disséminés, ce qui est d'autant plus étonnant qu'il se forme aujourd'hui dans nos mers d'immenses récifs de corail. Le genre Pentacrinites, si remarquable par la réunion de ses tiges branchues et pentagonales, se montre dès le terrain de transition, se multiplie beaucoup dans le terrain secondaire, et disparaît ensuite. Cependant une espèce vivante, trouvée récemment dans les mers de l'Inde, montre qu'il ne faut pas se hâter de prononcer l'extinction de genres qui pourraient n'avoir été que déplacés.

Dans l'ordre des Echinodermes, les Echinides de Lamarck ou le genre Oursin de Cuvier n'apparaît que vers le milieu de la série secondaire, mais il se multiplie dans tous les étages supérieurs et se conserve jusqu'à nos jours.

A la division des ANIMAUX ARTICULÉS appartient une famille nombreuse des plus anciens habitans du globe; ce sont les crustacés marins auxquels on a donné le nom de Trilobites (v. ce mot), d'après la singulière division de leur corps en trois lobes longitudinaux; ils présentent, dans le terrain de tran-

sition, des genres très-nombreux, et une si grande quantité d'individus que des bancs entiers de schistes ou de calcaires en paraissent formés; ils s'arrêtent au terrain de transition, et on n'en cite aucun genre dans toute la série des dépôts moyens et supérieurs; cependant on annonce que M. d'Orbigny vient d'en découvrir une espèce vivante dans les mers du Chili, nouvelle preuve du déplacement géographique, plutôt que de l'extinction totale des animaux marins. Des insectes fossiles apparaissent dès le terrain houillier, où l'on vient de découvrir un Névroptère très-voisin du genre Mantispe; ils se montrent en abondance en Allemagne et en Angleterre dans les couches supérieures de la série jurassique, où se trouve en même temps le reptile volant (Ptérodactyle), et l'on peut présumer qu'ils lui servaient de nourriture. Enfin dans le terrain tertiaire, leurs espèces deviennent si nombreuses, que le docteur Behrendt, de Dantzig, en a déterminé plus de six cents espèces dans l'ambre, qui n'est qu'une résine de cette époque; les genres appartiennent en général à l'Europe, mais les espèces ont disparu, du moins dans le nord. Dans les marnes subapennines, au contraire, à Radebois en Carinthie, à Aix en Provence, la plupart des espèces ont des analogues vivans.

Les MOLLUSQUES sont répandus avec profusion dans la plupart des couches de la série géologique. Cependant, dans le terrain de transition, leur nombre est comparativement peu considérable, et les coquilles bivalves dominent. Parmi les coquilles cloisonnées, les Orthocératites peuvent être considérées comme caractéristiques de cette ancienne formation, et il est encore douteux qu'elles pénètrent jusqu'au terrain secondaire. Dans celui-ci, le nombre des genres de bivalves et d'univalves s'accroît prodigieusement; les ammonites, si remarquables par leur forme, par la multitude des espèces, et la grandeur de quelques unes (plus de trois pieds de diamètre), sont les plus caractéristiques; elles commencent à paraître dans les plus anciens dépôts secondaires, et on n'en trouve plus de traces dans les séries tertiaires, tandis que les nautilites traversent toute la série des formations, et se retrouvent encore dans les espèces vivantes. Au dessus de la craie, le nombre des univalves excède de beaucoup celui des bivalves, et le contraire a lieu au dessous de la même formation. M. Deshayes a établi, par un travail immense sur les seuls mollusques des diverses formations tertiaires, que le rapport numérique des espèces perdues aux espèces vivantes croissait avec l'ancienneté des dépôts; de telle sorte que la formation tertiaire très-récente, que l'on a nommée subapennine, parce qu'elle règne au pied de l'Apennin ainsi que dans les contrées basses voisines de la Méditerranée, ne contient que 51 pour cent d'espèces perdues, tandis que celle du Bordelais, de la Touraine et d'autres localités, en renferme 80 pour cent, et celle du bassin de Paris et de Londres, où le plus ancien dépôt tertiaire, contient, sur 100 espèces, plus de 96 espèces perdues.

Les ANIMAUX VERTÉBRÉS ont présenté à l'état fossile des poissons, des reptiles, des oiseaux et des mammifères. Les poissons fossiles sont extrêmement rares et très-altérés dans le terrain de transition ; mais ils sont déjà nombreux et bien distincts dans les couches secondaires les plus anciennes. On les rencontre quelquefois si bien conservés et entassés en si grand nombre, qu'on doit penser qu'ils ont été détruits subitement et enfouis par suite de quelques phénomènes volcaniques sous-marins, comme il est arrivé souvent de nos jours. Nous savons que plus de 500 espèces ont été déterminées par M. Agassiz, et la science attend impatiemment la publication du travail de ce savant naturaliste. Dans les poissons, ce ne sont plus seulement des espèces, des genres, des familles, mais de plus grandes divisions encore, qui apparaissent, se multiplient et s'éteignent des temps les plus anciens aux temps actuels. Ainsi, pour n'en citer qu'un seul exemple, les poissons à écailles carrées de cette grande division, comprenant plusieurs familles, à laquelle Agassiz donne le nom de *Goniolépidotes*, font leur première apparition dans le terrain houiller, atteignent leur plus grande multiplication dans le *lias* et les dépôts jurassiques, et n'ont plus aucun représentant ni dans les dépôts tertiaires ni dans les êtres vivans. Suivant nous, ces nouvelles recherches tendent à comprimer la loi du développement progressif des êtres.

Des reptiles gigantesques, plus ou moins rapprochés de la classe des Sauriens, apparaissent dès les étages inférieurs du terrain secondaire ; ce sont des Icthyosaures et des Plésiosaures, fig. 1 et 2, pl. 24, animaux marins qui surpassent en grandeur tout ce que la zône torride nous offre en ce genre ; à ces monstres se joignent, dans les étages jurassiques et crétacés, une foule de reptiles à formes tellement étranges, que les dessins exécutés d'après leur squelette paraissent plutôt l'œuvre d'une imagination malade, que la réalité. Nous citerons le *Téléosaure*, le *Mégalosaure*, le *Géosaure*, et cet immense *Iguanodon*, trouvé récemment en Angleterre, animal dont la longueur, suivant M. Mantell, dépassait 80 pieds anglais, et dont le corps était de la grosseur d'un éléphant.

Les oiseaux fossiles sont très-rares ; on avait cru en avoir trouvé dans le milieu de la formation secondaire ; mais ces débris ont été reconnus pour appartenir à des reptiles volans ou ptérodactyles. On ne peut jusqu'à présent citer avec certitude de véritables ornitholithes, que dans le terrain tertiaire.

Si on fait abstraction des didelphes trouvés dans un seul lieu, à Stonesfield, en Angleterre, on peut dire que les *Mammifères* ne se montrent pas dans des couches plus anciennes que les dépôts tertiaires : mais, ici, ils deviennent très-nombreux, particulièrement dans les dépôts lacustres, et dans ceux qui semblent, par le mélange des espèces marines et d'eau douce, s'être formés vers l'embouchure des grands fleuves. Cuvier a reconnu plus de 70 espèces de mammifères dans le seul bassin Parisien, parmi lesquelles près de quarante appartiennent à des espèces perdues. L'homme enfin (*Voy.* ANTHROPOLITHES) n'a été reconnu avec certitude que dans les dépôts superficiels qui se forment journellement sous nos yeux.

On peut présumer, d'après ce qui précède, qu'on a pu caractériser par quelques familles d'animaux fossiles, chaque grand système de couches qui entre dans la composition de l'écorce terrestre ; ainsi, en suivant leur ordre, des plus récens aux plus anciens, on établit la classification zoologique suivante : 1° Le *système de l'homme* et des espèces actuelles, qui comprend tous les dépôts meubles formés depuis la dernière grande catastrophe qu'éprouva notre continent ; 2° le *système des éléphans*, qui comprend encore des dépôts meubles, mais inférieurs aux précédens, et dont la plupart des fossiles appartiennent déjà à des espèces perdues, quoique peu différentes de celles qui vivent aujourd'hui : ce sont des éléphans, des rhinocéros, des hippopotames, des ours, des hyènes, des chevaux, etc. ; les éléphans de la Sibérie, qui avaient conservé, dans des boues glacées, leur peau et leur chair, appartiennent à cette division ; c'est à ce système qu'on avait donné le nom de diluvien ; 3° le *système des mastodontes*, dans lequel on voit paraître beaucoup de genres inconnus, tels que les mastodontes, les déinoptères, les lophiodontes, les ziphies, etc. ; 4° le *système des paléothères*, dans lequel dominent ces animaux et beaucoup d'autres pachydermes, tels que les anoplothères, les chéropotames, etc., très-différens de nos animaux actuels ; ici finit avec les mammifères la division des terrains tertiaires ; 5° le *système des grands sauriens*, dont nous avons déjà nommé quelques uns des reptiles gigantesques de cette grande division (terrain secondaire), si naturelle sous les rapports géognostique et zoologique, compte, parmi les reptiles de sa partie supérieure, des crocodiles, et quelques autres animaux appartenant déjà à des genres connus. 6° le *système des trilobites*, famille qui appartient exclusivement au terrain de transition, dans lequel se montrent les premiers débris de l'organisation, mais où il serait cependant peu philosophique de placer les limites de la vie. (B.)

ANIMAUX PERDUS. (GÉOL.) Les géologues désignent ainsi les animaux fossiles qui n'ont plus d'analogues vivans. (*Voyez* ANALOGUES et ANIMAUX FOSSILES.) Au dessous des terrains les plus récens, les fossiles appartiennent presqu'en totalité à des espèces perdues. Le grand travail de M. Deshayes sur les fossiles des divers dépôts tertiaires, a montré que le rapport numérique des espèces perdues aux espèces vivantes croissait avec l'ancienneté des dépôts. Quand on étudie les fossiles des formations plus anciennes, ce ne sont plus seulement des *espèces*, mais des *genres*, des *familles* et des divisions d'un ordre encore supérieur qui se rangent dans les *animaux perdus* : tels sont les genres anoplothérium, paléothérium, plésiosaurus, les familles des ammonées, des trilobites ; et dans les poissons la grande division des *Goniolepidotes*, comprenant plusieurs familles ; enfin quelques animaux, tels que le ptérodactyle ou lézard volant, semblent même établir des passages entre deux classes; d'autres, tels que le *Moschus*, découvert récemment par Geoffroy-Saint-Hilaire, tenant le milieu entre le porte-musc et les chevrotains, forment un lien entre deux familles, et enfin un très-grand nombre établit des passages entre des genres et des espèces, et tend à reconstituer l'enchaînement des êtres, si fréquemment et si grandement interrompu dans la création actuelle. Tous les genres les plus remarquables, parmi les animaux perdus, seront décrits et figurés dans ce Dictionnaire. (B.)

· ANIMAUX UTILES A NATURALISER. (zool.) Quand on considère le petit nombre d'animaux qui peuplent nos fermes, nos bois et nos montagnes, on sent le besoin de demander aux climats étrangers les espèces qui peuvent aider à augmenter la variété, le mouvement, les charmes et les ressources de la campagne. Déjà le domaine de l'agriculture s'est enrichi du mérinos, de la vache sans cornes, de la chèvre du Tibet, etc.; pourquoi ne chercherions-nous pas à introduire sur notre sol les animaux sauvages qui semblent se complaire dans le voisinage de l'homme? Quelques essais ont été tentés avec bonheur à diverses reprises et en diverses contrées; il ne s'agit que de les agrandir. Je vais indiquer plusieurs espèces; quoique je me limite à un petit nombre, il serait facile d'en grossir la liste.

Le renne, la vigogne, le lama des Péruviens, l'axis du Bengale, pourraient vivre sur les Alpes et les Pyrénées, dans les Vosges, les Cévennes et en Corse. Nous avons vu, en 1819, aux environs de Gand, le renne s'y accoupler et donner plusieurs portées. En 1800, on a nourri près de dix-huit mois une vigogne à Alfort, près Paris. Au commencement du dix-huitième siècle plusieurs axis vécurent dans les bois de l'Angleterre.

L'apalca, le bison, le zèbre, si leste à la course, multiplieraient volontiers dans nos climats, et nous procureraient sans aucun doute des métis du plus grand intérêt. Nous savons que le buffle prospère chez nous, il en serait de même de l'yak.

La petite espèce de lapin reléguée au pied de l'Altaï, ajouterait un mérite de plus aux animaux qui peuplent nos garennes.

Parmi les oiseaux, l'eider de la Norwége, l'outarde qui vit dans les climatures les plus opposées, le hocco, dont la chair est si bonne à manger, etc., viendraient très-bien dans nos basses-cours. Il ne s'agit que de le tenter.

Mais pour réussir en ce genre de naturalisation, il faut se souvenir que tous les animaux ne se réduisent pas à l'état domestique par les mêmes moyens; tous ne sont pas susceptibles de la même éducation; les règles doivent être très-variées et propres à chaque ordre, à chaque genre, à chaque espèce, et même à chaque individu. Nous en dirons un mot en parlant de ces divers animaux.
(T. D. B.)

ANIMAUX TROUVÉS VIVANS DANS DES CORPS SOLIDES. ( zool. ) De tout temps le merveilleux a exercé sur les hommes un empire extraordinaire; et c'est pour avoir été, par quelques autorités imposantes, accepté sans défiance, qu'il a acquis sur la masse la puissance qu'on lui voit conserver encore au milieu des progrès scientifiques de notre âge. Le mensonge ne manque jamais de sectaires, tant de gens y trouvent leur profit. D'un autre côté, les savans se laissent souvent entraîner à l'erreur; leur crédulité, vraiment enfantine, les fait ressembler, selon l'expression de Clément d'Alexandrie, à ces vases qui se laissent prendre à deux mains par les oreilles.

De nombreux préjugés se sont accrédités par le manque de critique des écrivains, et par la manie adoptée dans les XV$^e$ et XVI$^e$ siècles, d'entasser texte sur texte, de vouloir tout expliquer par les livres, de chercher à justifier avec eux les assertions les plus hasardées, les récits les plus ridicules; la nature était alors sans force contre le dire du maître. Dès 1770, l'on commença à s'ouvrir une voie nouvelle en soumettant les faits au creuset de l'expérience, en les rapprochant les uns des autres, en les comparant, en les amenant à prendre ainsi les caractères de réalité et d'authenticité qui font la base du vrai savoir. Linné l'a dit : toutes les discussions en histoire naturelle, quand elles ont un objet réel, se réduisent à des faits bien ou mal observés, il suffit d'ouvrir les yeux pour s'assurer de quel côté se trouve la vérité.

Au moyen de la machine pneumatique, on a reconnu la possibilité, pour certains animaux, de vivre, peu de temps il est vrai, dans un air infiniment plus raréfié que l'air atmosphérique, et conséquemment dans un lieu privé d'air. Mais prétendre à la durée indéfinie de ce phénomène, c'est imposer silence à la raison, c'est méconnaître les lois de la physiologie, c'est détruire l'organisation propre aux êtres qui l'ont reçue. En effet, aucun animal, terrestre ou aquatique, ne peut vivre qu'autant que la nutrition s'opère chez lui; la nutrition est une fonction précédée de la digestion; celle-ci est une suite nécessaire de l'alimentation, fonction à laquelle un être organisé ne peut impunément se soustraire pendant un petit nombre de jours. D'un autre côté, les serpens, grenouilles, crapauds, lézards, les abeilles et autres insectes trouvés vivans dans des blocs de pierre, dans des masses de houille, dans des troncs d'arbres, étant pourvus de poumons, ont besoin d'une certaine quantité d'air atmosphérique renouvelé pour entretenir la vie; l'expérience et les lois de l'organisation prouvent que la privation d'un air suffisamment renouvelé cause infailliblement la mort à ces sortes d'animaux, et par conséquent l'impossibilité physique de leur séjour plus ou moins prolongé dans des corps solides est démontrée de la manière la plus complète.

Il n'y a que quelques larves d'insectes, les Xylophages (*v.* ce mot), qui soient créées pour vivre pendant un espace de temps assez long dans des corps solides. La larve des abeilles maçonnes, qui demeure enfermée dans des nids pierreux jusqu'au moment de sa métamorphose en insecte parfait, s'y nourrit de la pâtée que l'abeille mère a eu le soin d'accumuler dans chaque cellule où elle a déposé un œuf. Les larves que l'on trouve dans les racines, les tiges, les bourgeons des plantes, dans les boutons à fleurs et les fruits, sont placées au centre de la masse alimentaire qu'elles dévorent, et ne la quittent que lorsqu'elle est épuisée, ou que l'époque de la métamorphose est arrivée. Il en est de même des larves qui se voient dans l'intérieur des galles ou fausses galles.

Les vers lithophages, dont on a tant parlé, sont les larves de la Mégachile des murailles (*v.* ce mot), celles de quelques clairons, d'ichneumons, ou bien celles des certaines espèces de teignes, qui se nourrissent des lichens et des mousses collés contre les murs, etc.

Quant aux poissons vivans dans la terre, il s'agit du Misgurne fossile (*v.* ce mot), qui a l'habitude de s'enfoncer dans le limon pour échapper au froid de l'hiver ou à la dessiccation des marais en été, mais qui sort de cette retraite quand la saison des frimas est passée ou dès que l'eau recouvre le sol; ou bien il s'agit de certaines espèces mal observées de Blennies (*v.* ce mot), qui pénètrent dans les fentes des pierres et s'y tiennent jusqu'à ce que leurs nageoires commencent à ressentir l'influence du desséchement.

Parmi les mollusques, les Pholades et les Lithodomes, appelés ordinairement *Dails* (*v.* ces trois mots); les pétricoles et autres coquilles térébrantes sont désignées sous le nom générique de *lithophages*, expression erronée, puisqu'aucune ne se nourrit des pierres qu'elle creuse pour s'y loger momentanément.

Les crapauds que l'on assure avoir été trouvés dans des pierres et jusque dans les laves, sont tout simplement des géodes; les serpens, des ammonites; les huîtres fraîches déterrées, des dattes ou variétés du *Mytilus lithophagus*, etc., transportées loin des eaux de la mer et enfoncées dans le sol par des alluvions plus ou moins récentes, etc. Avant de publier une observation quelconque, il importe de l'examiner avec soin; l'enthousiasme ne voit pas, il crée. (*V. Art d'observer* et *Fait*.)

(T. D. B.)

ANIS. (BOT. PHAN.) Plante de la famille des Ombellifères et de la Pentandrie digynie, que l'on cultive en grand aux environs d'Angers, de Bordeaux, en Espagne, à Malte et aux échelles du Levant. Elle est annuelle, originaire de l'Egypte, et appelée par les botanistes *Pimpinella anisum*. En Italie et en Allemagne on mêle ses semences avec le pain, et partout elles entrent dans quelques pâtisseries. Les dragées d'anis de la ville de Verdun sont très-renommées; la liqueur d'anis ou anisette de Bordeaux jouit d'une haute réputation; on emploie l'anis vert en médecine; l'on en retire, par expression, une huile grasse odorante, et par distillation une huile essentielle très-agréable. La culture rend cette plante bienne; elle demande une terre légère, sablonneuse, et cependant bien amendée, et une exposition très-chaude.

On appelle ordinairement ANIS ACRE le *cumin*;

ANIS DE PARIS, une variété du *fenouil* dont on mange les racines et la portion de la tige qui l'avoisine le plus; ANIS ÉTOILÉ, la *Badiane* de la Chine. *V.* chacun de ces mots. (T. D. B.)

ANISONYX, *Anisonyxius*. (INS.) Genre de Coléoptères de la section des Pentamères, famille des Lamellicornes, section des Anthobies. Ce genre a été fondé par M. Latreille aux dépens des *Melolontha* de Fabricius; leur caractère consiste à avoir les antennes de dix articles, le chaperon triangulaire allongé, le labre et les mandibules cachés, le menton allongé et velu, les palpes saillans terminés par un article long et cylindrique, le lobe maxillaire long, étroit, saillant à son extrémité, sans dents, la languette divisée en deux parties membraneuses, les élytres en carré long arrondies postérieurement; les jambes postérieures sont en forme de cône allongé avec deux éperons égaux au bout, les tarses postérieurs n'ont qu'un seul crochet. Ce sont des insectes, en général, de petite taille, très-couverts de poils, presque tous du cap de Bonne-Espérance, où l'on dit qu'ils vivent sur les fleurs. Ce genre n'est pas très-nombreux en espèces, on peut y rapporter les espèces nommées *crinitum*, *lynx*, *proboscideum*, par Fabricius; une des espèces les plus connues est l'ANISONYX OURS, *A. Ursus*, Fab. long de quatre lignes, noir, très-velu, avec des écailles du plus beau vert sur toutes les parties du corps. M. Guérin en a représenté une espèce fort curieuse à tête prolongée en museau, c'est l'*A. Nasua* de Wiedemann. Voyez l'Iconographie du Règne Animal, Insectes, *pl.* 23 *bis*, *fig.* 9.

(A. P.)

ANISOPLIE, *Anisoplia*. (INS.) Genre de l'ordre des Coléoptères, section des Pentamères, famille des Lamellicornes, tribu des Scarabéides phyllophages. La distinction de ce genre est due à M. Dejean, ou à M. Megerle; mais je crois que ce n'est que dans l'Encyclopédie que MM. Saint-Fargeau et Serville en ont exposé les caractères: ils consistent dans des antennes de 9 articles, des mâchoires pluridentées à dents fortes; pas de saillie sternale, les crochets des quatre tarses antérieurs bifides dans les deux sexes. Ces insectes faisaient autrefois partie du genre Hanneton; on les en a séparés avec raison; la forme seule de leur corps indiquait cette séparation: le chaperon est arrondi antérieurement; le corselet en carré traversal, recevant la tête qui est un peu prolongée postérieurement; l'écusson est petit, arrondi; les élytres arrondies à l'extrémité; les pattes postérieures sont très-robustes.

Plusieurs espèces sont de notre pays, nous citerons l'A. DES CHAMPS, *A. arvicola*, Fab. Cette espèce varie beaucoup de taille, et présente des individus de quatre à sept lignes; son chaperon est avancé, rétréci, relevé antérieurement; sa tête, son corselet et la partie inférieure du corps sont d'un vert noir, les élytres rougeâtres, et tout le dessous du corps couvert d'un duvet jaunâtre très-serré; elle ne varie pas moins par la couleur que par la taille; on en trouve des individus tout noirs, et d'autres où le noir couvre seulement l'écusson, et la portion des élytres qui l'entoure ainsi que la terminaison de ces derniers. D'Europe.

On peut encore rapporter à ce genre les espèces nommées *horticola*, *variabilis*, *ruricola*, *arenaria*, etc., de Fabricius; enfin nous citerons une jolie espèce brésilienne, figurée dans l'Iconographie du Règne Animal, Insectes, pl. 25, fig. 3, et à laquelle M. Guérin a donné le nom d'*A. suturalis*.

(A. P.)

ANKYLOSE. ( ANAT. PATH. ) On désigne par ce mot l'état d'une articulation mobile, qui a perdu la faculté d'exécuter des mouvemens.

L'Ankylose n'est point, à proprement parler, une maladie; elle n'est qu'une suite d'autres affections, toutes celles, par exemple, qui détruisent quelqu'une des conditions sans lesquelles une articulation ne peut se mouvoir. Ainsi tout ce qui peut altérer le poli des surfaces articulaires, faire cesser la sécrétion de la synovie ( *v.* ce mot ), diminuer la souplesse des parties molles qui environnent une articulation, ou empêcher les surfaces articulaires, de glisser l'une sur l'autre, sont des causes qui déterminent l'Ankylose.

On rapporte que les fakirs Indiens, qui, dit-on, se condamnent, par esprit de pénitence, à rester immobiles dans certaines attitudes, quelquefois pendant plusieurs années, se trouvent au bout de ce temps avoir les membres ankylosés dans la position où ils ont été maintenus. Au reste, il n'est point nécessaire de laisser long-temps une articulation sans mouvemens pour qu'elle puisse s'ankyloser, on voit souvent cet accident arriver aux personnes dont la fracture d'un membre a nécessité seulement deux ou trois mois d'inaction; cela arrive surtout aux personnes scrophuleuses et à celles qui ont été atteintes du virus syphilitique. De toutes les Ankyloses, celle de l'articulation de la mâchoire inférieure, heureusement assez rare, est la seule qui puisse offrir quelque gravité sous le rapport de la difficulté de la mastication, et de la préhension des alimens; cependant j'ai eu occasion de voir un cas analogue chez une femme très-avancée en âge, qui depuis plusieurs années avait perdu tout espèce de mouvement de la mâchoire. (M. S. A. ).

ANNEAU, *Annulus.* ( BOT. CRYPT. ) Ce mot, employé en botanique comme synonyme de collet, sert à désigner, dans les plantes cryptogames, trois organes très-différens les uns des autres, suivant les familles auxquelles on l'applique. Dans les fougères, il désigne le bourrelet élastique qui ceint chacun des conceptacles ou petites boîtes qui contiennent les séminules; dans les mousses, il désigne la lame qui couvre la suture qui sépare l'urne de son opercule; enfin, dans les champignons, il désigne la collerette membraneuse qui entoure le pédicule de beaucoup d'agarics et de certains bolets. (F. F.)

ANNEAUX. ( INS. ) On désigne par ce nom les parties dont la réunion constitue les parois extérieures de l'abdomen des insectes. Les *Anneaux* ou *segmens* se divisent chacun en deux *arceaux* ou *demi-segmens*; ces derniers à leur tour peuvent être considérés comme formés de plusieurs pièces, soudées intimement dans le plus grand nombre de cas, et par conséquent difficiles à distinguer.

Les Anneaux sont au nombre de neuf ou dix; mais parfois il n'en paraît à l'extérieur que six ou sept, les derniers sont rapetissés et cachés dans l'abdomen. Dans les coléoptères, les anneaux inférieurs sont moins nombreux que les supérieurs; deux ou trois de ceux-ci correspondent alors à l'espace occupé par le premier arceau ventral. On donne le nom de *dos* à la portion formée par les arceaux supérieurs; on appelle *ventre* celle qui résulte de la suite des arceaux inférieurs. Les Anneaux sont joints entre eux par une membrane solide, mais assez flexible pour leur permettre de glisser les uns sur les autres et d'augmenter, en s'écartant, l'étendue de l'abdomen. Ils sont ainsi disposés en recouvrement, de telle sorte que le second s'emboîte sous le premier, le troisième sous le second, et ainsi de suite.

Les muscles insérés aux Anneaux donnent à l'insecte le moyen d'étendre ou de raccourcir l'abdomen, d'en diriger l'extrémité dans plusieurs sens, à droite comme à gauche, en haut comme en bas.

De chaque côté des Anneaux on aperçoit, le plus ordinairement, un petit enfoncement par lequel pénètre l'air nécessaire à la respiration de l'animal.

Les cloportes, les jules, les scolopendres et quelques autres insectes ont le corps entièrement composé d'Anneaux, tandis que chez le plus grand nombre, ceux-ci ne sont manifestes que sur la région abdominale. Les crabes, les écrevisses présentent des Anneaux à la portion qu'on appelle *queue*; ou n'en observe pas chez les mites et les araignées.

En démontrant l'analogie qui existe entre ces organes et le système osseux chez les animaux vertébrés, des entomologistes modernes ont considéré tout le corps des insectes comme formé d'une suite d'Anneaux; selon ces auteurs, leur assemblage constitue la charpente, le squelette, ou mieux l'enveloppe solide, divisée en tête, en thorax et en abdomen; cette enveloppe supporte les divers appendices, comme les antennes, les pattes, la tarière, etc. (P. G.)

ANNEAUX. ( ANAT. ) Les anatomistes ont adopté cette expression pour désigner des ouvertures circulaires ou obrondes spécialement destinées au trajet de quelques parties. Ainsi à l'abdomen on en reconnaît trois :

1° L'*Anneau ombilical*, formé au milieu de la ligne médiane de cette partie, et qui dans le fœtus donne passage aux vaisseaux ombilicaux; cet Anneau s'efface après la chute du cordon, et présente, avec le temps, une cicatrice déprimée très-résistante. Cependant les fibres aponévrotiques dont il se compose peuvent se relâcher, se dilater lorsque les parois abdominales sont distendues, comme dans la grossesse, l'obésité, l'ascite, etc. Dans ce cas cette ouverture peut donner passage à quelque portion des viscères contenus dans le ventre.

2° *Les Anneaux suspubiens ou inguinaux*, ouvertures oblongues, l'une à droite, l'autre à gauche, formées dans l'épaisseur du muscle costo-abdominal, plus larges dans l'homme et donnant passage au cordon spermatique ; plus petites dans la femme et servant au trajet du ligament rond. C'est par ces Anneaux que s'engagent les portions viscérales qui forment les tumeurs désignées sous le nom de *descentes*, ou *hernies inguinales*. 5° On a enfin proposé de laisser le nom d'*Anneaux* à toutes les ouvertures aponévrotiques livrant passage à des vaisseaux sanguins. (P. G.)

**ANNÉLIDES**, *Annelides*. (zool.) Les animaux qui composent cette classe étaient confondus par Linné avec les mollusques et les vers ; Bruguière, qui vint ensuite, les sépara bien des mollusques, mais les laissa réunis aux vers. Ce n'est qu'en 1798 que Cuvier établit, avec les animaux qui nous occupent, une classe qu'il nomma vers à sang rouge, pour la distinguer des vers intestinaux, dont l'organisation, bien inférieure, fait qu'il les a placés, dans son Règne animal, à la suite des animaux rayonnés.

M. de Lamarck adopta ce que Cuvier avait fait, mais changea le premier nom en celui d'Annélides, qui a été généralement conservé.

Les Annélides sont les seuls de tous les animaux sans vertèbres qui aient le sang rouge ; il circule dans un double système de vaisseaux compliqués. Le système nerveux, semblable à celui des insectes, est formé d'un double cordon noueux ; leur corps mou, plus ou moins allongé, et divisé en un nombre quelquefois assez considérable de segmens, est souvent pourvu d'une tête, ayant des yeux, des tentacules et une bouche armée de mâchoires ; les côtés sont pourvus de soies raides, rétractiles, de couleur métallique, qui sont tantôt simples, tantôt en faisceaux, et remplissent les fonctions de pieds ; souvent aussi tous ces organes sont presque invisibles ou n'existent même pas.

Un grand nombre d'Annélides vivent libres dans la mer, dans les eaux douces, dans la vase et le sable humide. D'autres, au contraire, habitent des tubes calcaires formés par la transsudation de l'animal. Enfin il en est qui agglutinent autour de leur corps du sable et des débris de coquilles, et se forment ainsi des tubes qu'elles habitent et dont elles ne peuvent plus sortir.

Ces animaux, qui se trouvent ordinairement sur les côtes, sont pour la plupart carnassiers ; plusieurs sont armés de mâchoires cornées, et se nourrissent souvent de petits poissons ; d'autres au contraire ne vivent que de molécules et de restes d'animaux contenus dans le sable qu'ils creusent pour se former des habitations. Quoiqu'ils soient tous hermaphrodites, ils ont cependant besoin d'un accouplement réciproque.

Les Annélides sont connues vulgairement sous le nom de Fuseaux de mer, Tuyaux de mer, etc.

Elles sont beaucoup plus utiles à l'espèce humaine, qu'elles ne lui sont nuisibles ; les sangsues,

comme on le sait, sont d'un très-grand secours en médecine, et forment même une branche de commerce très-étendue. (*V.* Sangsues.) Les Lombrics (vulgairement appelés vers de terre) ne nuisent point aux plantes, et même, en divisant la terre comme ils le font, facilitent le développement de leurs racines. Enfin les Néréides, les Arénicoles, les Siponcles et les Lombrics eux-mêmes, sont employés avec beaucoup d'avantage pour servir d'appâts dans la pêche à l'hameçon ou à la trouble, et servent pendant l'hiver, à celle du merlan et de la sole.

La phosphorescence de toutes celles qui sont marines est très-grande, et fait croire à plusieurs auteurs qu'elles participent, comme beaucoup d'autres animaux, à produire celle qu'on voit dans la mer à certaines époques.

Cuvier, qui a rangé cette classe à la tête des animaux articulés, c'est-à-dire avant les Crustacés, les Arachnides et les Insectes, la divise en trois ordres : le premier, ou l'ordre des *Tubicoles*, comprend les Annélides dont les branchies, en forme de panaches ou d'arbuscules, sont attachées à la tête ou à la partie antérieure du corps ; ces Annélides vivent dans des tubes.

Le second ordre, celui des *Dorsibranches*, comprend celles qui ont à la partie moyenne du corps, ou le long des côtés, des branchies en forme d'arbres, de houppes, de lames ou de tubercules, dont les vaisseaux se ramifient, et qui nagent pour la plupart plus librement dans la mer.

Le troisième enfin, celui des *Abranches*, comprend les Annélides dont les branchies ne sont point apparentes, qui respirent, comme le croient quelques auteurs, ou par la surface de la peau, ou par des cavités intérieures, et qui vivent librement dans l'eau, dans la vase, ou dans la terre.

Après l'impulsion donnée par Cuvier, plusieurs savans se sont occupés avec grand soin de l'organisation et de la classification de ces animaux. M. de Lamarck, le premier, profitant des travaux de Cuvier et de M. Savigny, établit trois ordres, et décrivit plusieurs genres nouveaux qu'il y intercala. Il donne le nom d'*Annélides apodes* au premier ; celui d'*Annélides antennées* au second, et nomme *Annélides sédentaires* le troisième.

M. Savigny, après des observations très-étendues, publiées dans le bel ouvrage d'Égypte et accompagnées de magnifiques planches, établit une nouvelle classification, et employa les noms de Néréidées, de Serpulées, de Lombricinées, et d'Hirudinées pour désigner ses ordres, variant comme ses prédécesseurs sur la place que doivent occuper plusieurs genres qui y sont contenus.

M. de Blainville, dans un article très-étendu du Dictionnaire des Sciences Naturelles, après avoir récapitulé tout ce que les auteurs anciens et modernes ont dit, et après avoir donné ses propres observations sur cette classe d'animaux, établit aussi trois ordres, auxquels il donne les noms d'Hétérocriciens, de Paromocriciens, et d'Homocriciens. Enfin l'établissement successif de genres décrits par ces différens auteurs, et la description de plusieurs autres, étudiés vivans sur les côtes de la France, par MM. Audoin et Milnes Edwards, ont fourni à ces auteurs les moyens d'établir une nouvelle classification basée sur des caractères anatomiques. Dans cette méthode les Annélides sont divisées en quatre ordres, savoir : les *Annélides errantes*, les *Tubicoles* ou *sédentaires*, les *Terricoles*, et les *Succeuses*. Les observations de ces auteurs sont accompagnées de planches ; elles ont été publiées dans les Annales des Sciences Naturelles.

Nous donnerons, quand les noms des genres se présenteront, les détails fournis par chacun de ces auteurs à la place qu'ils leur auront assignée dans leurs différentes classifications. (L. R.)

ANNUEL, *Annuus*. (bot. phan.) Cet adjectif indique le temps durant lequel un assez grand nombre de végétaux naissent, se développent et meurent ; il en est qui subsistent d'un printemps à l'autre, quelques uns vivent seulement peu de semaines ou peu de mois. La plupart des feuilles d'arbres sont annuelles.

La différence de temps dans la vie des végétaux avait donné à M. de Candolle l'idée d'en faire un caractère distinctif ; mais ici la règle aurait souffert trop d'exceptions. (L.)

ANOBIUM. (ins.) *V.* Vrillette.

ANODON. (rep.) *V.* Serpent.

ANODONTE, *Anodonta*. (moll.) Genre de coquilles fluviatiles appartenant à la famille des Naïades de Lamarck, et nommé ainsi qu'il suit par divers auteurs : *Anodontites*, Brug.; *Anodon*, Ocken; *Mytilus*, Linné; *Limnea*, Poli; *Anodontidia*, Raffinesque. En voici les caractères : coquille équivalve, inéquilatérale, transverse ; charnière linéaire, sans dents ; une lame cardinale, glabre, adnée, tronquée ou formant un sinus à son extrémité antérieure, termine la base de la coquille ; deux impressions musculaires écartées, latérales, subgéminées ; ligament linéaire, extérieur, s'enfonçant à l'extrémité antérieure dans la lame cardinale. Ces coquilles sont en général minces et fragiles, leur test est composé d'une nacre assez belle, argentée et irisée sur quelques parties, recouverte d'un épiderme d'un beau vert dans le jeune âge, et d'un vert foncé presque noir à l'état vieux. Lamarck, dans la première partie de son 6e volume, page 85 de ses An. S. V., en décrit quinze espèces, au nombre desquelles deux fort connues vivent dans nos rivières et dans nos étangs. La plus remarquable est l'A. dilatée. *A. cycnea*, figurée dans notre Atlas, pl. 1, fig. 25, dont les habitans des campagnes se servent communément pour écrémer leur lait. Cette espèce atteint une taille que Lamarck porte à 177 millimètres ; mais on trouve des individus plus grands ; car j'en possède des échantillons qui en ont 200 et plus, venant de la Picardie. La deuxième est l'A. des canards, *A. anatina*, qui ne diffère de la première que par une taille plus petite et moins dilatée postérieurement. M. de Férussac, qui a fait une étude spéciale de ces coquilles, pense avec

raison que toutes les espèces décrites jusqu'à ce jour, qui constituent ce genre et dont le nombre est assez considérable, ont entre elles une si grande analogie, qu'il est impossible d'affirmer leur existence. C'est certainement à l'influence des localités que sont dues les différences observées dans le développement et l'épaisseur de leur test par divers naturalistes, et s'ils y eussent pensé, moins d'espèces auraient été créées. Un fait fort curieux, que j'ai été à même d'observer, vient à l'appui de cette assertion. Mme Ve Lecarlier, mère du député de ce nom, possède au pied de la montagne de Laon une propriété fort bizarre par les nombreuses pièces d'eau dont elle est ornée et qui s'alimentent par des sources innombrables. Toutes ces pièces d'eau se vident les unes dans les autres, et la dernière verse son trop-plein dans la petite rivière d'Ardon, qui n'en est éloignée que de six pieds environ. Pour que l'écoulement des eaux se fasse sans crainte de perdre son poisson, cette dame fit faire un petit aqueduc en maçonnerie, et à chaque extrémité y fit placer des grilles où le pouce passerait à peine. Deux ou trois ans ne s'étaient point encore écoulés que l'aqueduc fut presque totalement bouché. Le supposant comblé par de la vase et quelques herbages, on en fit faire devant moi l'ouverture, et à notre grand étonnement nous y trouvâmes une quantité considérable d'Anodontes amoncelées les unes sur les autres, que le courant avait sans doute entraînées dans leur très-jeune âge. Leur développement s'étant opéré dans la plus grande gêne en cet endroit, sans possibilité d'en sortir, il en est résulté qu'il a été bien moins grand que de coutume, mais le test, sous le rapport de l'épaisseur, y a gagné considérablement, et chaque strie d'accroissement. surchargée de matière testacée, leur donnait une forme tellement particulière, que si je n'eusse pas été témoin de ce phénomène, je n'aurai pas hésité à déclarer que toutes ces coquilles appartenaient à une nouvelle espèce.

Peu d'Anodontes sont connues à l'état fossile. Le comte Razoumowski est le premier qui en ait découvert une, qu'il croit être la même que celle de nos étangs (*A. cycnea*) : il la cite comme appartenant aux couches de lignite de Paudex, près de Lausanne. (Hist. du Jorat. t. 2, p. 57).

Tout porte à croire que ce genre devra être réuni aux Unios, ces coquilles ayant entre elles les plus grands rapports et leurs animaux étant en tout semblables. (Ducl.)

ANOLIS. (rept.) Genre de Sauriens, voisin des Iguanes par plusieurs caractères de structure et d'habitudes, que l'on désigne vulgairement aux Antilles sous les noms d'*Anoli* ou d'*Anoelli*. Les Anolis ont la tête pyramidale, allongée, le corps épais, légèrement comprimé latéralement, la queue longue, renflée par intervalles, surmontée à sa naissance d'une crête plus ou moins prononcée, les membres et les postérieurs surtout très-développés, grêles ainsi que les doigts, qui sont terminés par des ongles forts et crochus. La bouche des Anolis est grande, la langue molle, spongieuse, entière, un peu extensible, les dents nombreuses, peu inégales, serrées et aplaties de dehors en dedans, les antérieures simples, les postérieures bicuspides ou tricuspides, ou dentelées en scie ; plusieurs auteurs prétendent que les Anolis ont des dents simples, coniques au palais, d'autres disent qu'ils n'en ont pas ; le fait est que ces dents ne sont pas constantes chez tous les Anolis, preuve que ces Phanères ne peuvent pas avoir dans l'histoire des reptiles toute l'importance caractéristique que l'on a voulu leur attribuer. Les branches postérieures de l'os hyoïde se prolongent chez ces animaux fort en arrière sous le thorax, et le rapprochement de leurs extrémités détermine dans certaines circonstances physiologiques une saillie plus ou moins considérable de la peau du gosier, élargie en une sorte de fanon que l'on a appelé improprement goitre, et qui a fait donner aux Anolis les noms vulgaires de *Goîtreux*, de *Papa-Vento*, etc. Les côtes se réunissent entre elles à la partie inférieure du thorax, à peu près comme chez les caméléons, avec lesquels les Anolis ont encore d'autres points de ressemblance; les yeux sont saillans, munis de deux paupières à peu près égales; le tympan forme une ouverture ovalaire libre. La tête est couverte de petites plaques égales polygones, irrégulières ; le corps est revêtu d'écailles petites, égales, uniformes, quadrilatères, lisses, subverticillées, réunies sous le ventre en forme de suture; sur les membres elles prennent une forme rhomboïdale, et deviennent carénées ; mais le caractère propre des Anolis est celui qui leur a valu les noms de *Lézards larges-doigts* ou *Dactyloa*; la dernière phalange de tous les doigts est grêle, arrondie, tandis que l'avant-dernière est renflée, élargie en une plaque discoïdale aux quatre doigts extérieurs de chaque pied, garnie au dessous de petites lamelles transversales qui aident ces Sauriens dans l'action de grimper; car les Anolis chassent ordinairement sur les arbres et les buissons, et se nourrissent non seulement d'insectes, mais encore de fruits et de baies ; leur coloration, en général verdâtre, se perd facilement dans la teinte du feuillage sous lequel ils se cachent; cette couleur est aussi, comme celle du caméléon, sujette à varier brusquement selon les sensations de l'animal. Les Anolis sont vifs et lestes, ils courent avec promptitude et sautent avec légèreté d'une branche à l'autre ; ils mordent fortement et avec assez d'acharnement la main qui les saisit, mais leur morsure est innocente. Ils s'accouplent et se reproduisent comme la plupart des autres Sauriens.

Il existe un assez grand nombre d'espèces d'Anolis, qui toutes appartiennent à l'Amérique et aux Antilles. Les mieux déterminées sont :

L'Anolis de Cuvier, *A. velifer* (figuré dans l'Iconographie de M. Guérin, rept., pl. 12, *fig.* 1; et dans notre Atlas, pl. 25, fig. 2 ), long d'environ trente-deux centimètres, d'un bleu cendré plus ou moins irisé de brunâtre sur le dos ; une crête assez prononcée, soutenue par douze ou quinze rayons épiaux des vertèbres caudales, s'étend sur la première moitié de la queue.

L'Anolis bimaculé de Sparmann ( *A. bimaculatus* ), bleu verdâtre en dessus du corps, tacheté de noir ; deux taches de même couleur imprimées sur les épaules lui ont valu le nom qu'il porte. Sa queue est aussi surmontée d'une crête assez marquée ; il n'atteint guère qu'à la moitié de la grandeur du précédent.

L'Anolis a Echarpe, *A. equestris*, ainsi appelé à cause d'une bande blanche étendue sur les épaules. Il est long de vingt-quatre à trente centimètres ; il est d'une teinte violacée claire, plus ou moins fauve sur les parties supérieures ; sa queue est munie d'une crête un peu moins développée que dans les espèces précédentes.

L'Anolis rayé, *A. lineatus*. Vert brunâtre en dessus, avec de larges lignes longitudinales noires ; la queue est garnie à sa racine d'une crête peu saillante, sinueuse. Cet Anolis atteint quarante à quarante-huit centimètres de longueur, la queue en forme plus des deux tiers : le corps a deux ou trois centimètres d'épaisseur.

L'Anolis a' points blancs de Daudin, *A. punctatus*, long de vingt-quatre à trente deux centimètres, dont les deux tiers au moins pour la queue, épais d'un à deux centimètres, marbré de brun et de blanc finement mélangés; de petites taches blanches arrondies sont quelquefois disposées en séries transversales régulières sur les flancs; la crête de la queue est peu ou point sensible.

On a voulu distinguer par le nom de *Xiphosurus* les Anolis qui ont une crête sur la queue; mais sous le rapport de ce caractère l'on trouve parmi ces Sauriens une dégradation et une transition tellement insensibles d'une espèce à l'autre, qu'il n'est guère possible d'établir entre elles une ligne de démarcation bien tranchée.     (T. C.)

**ANOMALIE.** (térat.), C'est une expression souvent employée par les zoologistes et peu usitée dans le langage anatomique. Cependant, depuis la publication du Traité de *Tératologie*, par M. Isidore Geoffroy Saint-Hilaire, ce mot a reçu une acception précise, et a été fréquemment employé par ce savant auteur, dont l'ouvrage nous servira de guide pour cet article.

Toute déviation du type spécifique, ou en d'autres termes, toute particularité organique que présente un individu comparé à la grande majorité des individus de son espèce, de son âge, de son sexe, constitue ce qu'on peut appeler une *Anomalie*. On doit donc entendre d'une manière générale par un être *anomal*, un être qui s'éloigne par son organisation de la grande majorité de ceux auxquels il doit être comparé. Nous ne nous proposons point dans cet article de donner une histoire complète ou même de présenter le tableau général des Anomalies, mais seulement de poser des définitions et d'exposer la classification à laquelle se rapporteront les articles spéciaux qui feront connaître les faits anomaux les plus curieux et les monstruosités les plus remarquables. Nous aurons soin de compléter ces articles par des figures, comme nous le faisons pour les articles ordinaires de zoologie et de botanique.

Toute

Toutes les anomalies qui peuvent se rapporter à l'hermaphrodisme forment un groupe distinct et très-naturel. Au contraire, toutes les anomalies qui ne se rapportent pas à l'hermaphrodisme, rentrent d'une manière très-naturelle dans l'une des quatre divisions suivantes :

1° *Anomalies simples*, *légères*, ne mettant obstacle à l'accomplissement d'aucune fonction et ne produisant point de difformité. L'usage a consacré pour elles le nom de *Variétés*;

2° *Anomalies simples*, peu graves sous le rapport anatomique, rendant impossible ou difficile l'accomplissement d'une ou de plusieurs fonctions, ou produisant une difformité. Ces anomalies, déjà plus graves que celles de la première section, sont les *vices de conformation*.

3° *Anomalies complexes*, graves en apparence sous le rapport anatomique, mais ne mettant obstacle à l'accomplissement d'aucune fonction, et non apparentes à l'extérieur. Elles n'ont point reçu de nom particulier, M. Isidore Geoffroy les désigne sous celui d'*Hétérotaxies*.

4° *Anomalies très - complexes*, très - graves, rendant impossible ou difficile l'accomplissement d'une ou de plusieurs fonctions, ou produisant chez les individus qui en sont affectés une conformation vicieuse, très-différente de celle que présente ordinairement leur espèce. Ces dernières anomalies, les plus graves de toutes, sont les véritables *Monstruosités*. Ces quatre groupes, quoique fondés sur des distinctions réelles et importantes, ne peuvent former des divisions de même rang dans une classification méthodique et régulière. Aussi M. Isidore Geoffroy a senti la nécessité de réunir, dans la classification *tératologique*, les vices de conformation et les variétés en une seule et même grande division qu'il nomme *Hémitérie*; elle constitue le premier embranchement ; le second comprend les *Hétérotaxies*, le troisième l'*Hermaphrodisme*, et le quatrième embranchement, la *Monstruosité* proprement dite. Le tableau suivant présente ces divisions dans leur ordre naturel.

ANOMALIES { Simples. HÉMITÉRIES { *Variétés.* *Vices de conformation.* } } Complexes. { HÉTÉROTAXIES. HERMAPHRODISME. MONSTRUOSITÉS. }

On voit donc que le mot *Hémitérie*, dans le sens très-général que lui attribue M. Isidore Geoffroy-Saint-Hilaire, correspond à la fois à la détermination exacte du sens des mots variétés et vices de conformation. Il devait en effet en être ainsi, la même anomalie qui n'est dans cette époque qu'une simple variété, pouvant être dans une autre un vice, même assez grave, de conformation.

Le nom d'*Hétérotaxie* indique une disposition régulière, mais différente de celle qui constitue l'état normal. Ces anomalies sont très-remarquables, en ce qu'elles modifient sur beaucoup de points et d'une manière en apparence très-complexe l'organisation intérieure des sujets qui les présentent, sans modifier en aucune façon ni leurs fonctions ni même leur conformation extérieure.

Le mot *Hermaphrodisme*, dans le langage usuel et en histoire naturelle, signifie la réunion complète des deux sexes chez le même individu ; mais en *tératologie* l'on comprend sous ce nom plusieurs états très-différens de l'organisation participant à la fois aux conditions des deux sexes. Par conséquent la signification de ce terme n'a rien de plus absolu que celle des mots *Variété*, *Monstruosité*, etc.

Enfin la signification du mot *Monstruosité*, qui exprime la condition de l'être monstrueux, est une anomalie très-complexe, très-grave, rendant impossible ou difficile l'accomplissement d'une ou de plusieurs fonctions, ou produisant chez les individus qui en sont affectés une conformation vicieuse, très-différente de celle que présente ordinairement leur espèce.

Après ces définitions générales sur lesquelles nous reviendrons en traitant de chacun des quatre embranchemens, nous indiquerons succinctement leurs subdivisions principales afin d'offrir ici un tableau complet de l'ensemble des Anomalies.

*Premier embranchement: Hémitéries.* L'étude des déviations organiques qui se rapportent au groupe des *Hémitéries*, le premier et le plus vaste des quatre embranchemens des Anomalies, comprend des variétés nombreuses renfermées dans cinq classes particulières. Toutes les Anomalies relatives au volume, à la dimension, à l'étendue des organes appartiennent à la première classe. Mais les Anomalies de volume pouvant être *générales* ou *partielles*, par *diminution* ou par *augmentation*, elles nécessitent la division de cette classe en quatre ordres.

Le premier comprend les Anomalies par *diminution générale de volume*, ou par diminution de toutes les parties du corps. Le second, les Anomalies par *augmentation générale* ou par augmentation de toutes les parties du corps. Le troisième, les Anomalies par *diminution partielle* ou par diminution d'une ou de plusieurs régions, d'un ou de plusieurs organes, etc. Enfin les Anomalies par *augmentation partielle*.

Aux deux premiers ordres se rapportent les *nains* et les *géans*, à l'étude desquels seront consacrés des articles spéciaux. Les deux derniers ordres comprennent un grand nombre d'Anomalies pour la plupart peu intéressantes.

La deuxième classe comprend les Anomalies de *forme*; elles sont pour la plupart congéniales, tantôt apparentes à l'extérieur, tantôt ne pouvant être révélées que par la dissection des organes internes.

La troisième est relative aux Anomalies de *structure* ou de *composition intime*. Cette troisième classe, peu nombreuse, doit être divisée en deux groupes principaux, les Anomalies de couleur et les Anomalies de structure proprement dites. Le premier comprend les Anomalies par *diminution* de la matière colorante; celles par *augmentation*; enfin les Anomalies par *simple altération*. L'Albinisme et ses variétés se rapportent aux Anomalies par diminution de la matière colorante ; le *Mélanisme* et les taches dites *envies*, aux Anomalies par augmentation de couleur. (Voyez les mots ALBINISME, ENVIES et MÉLANISME ). Quant aux Anomalies par simple altération, elles renferment des cas moins remarquables, qu'on observe spécialement parmi les animaux.

Le second groupe, ou les Anomalies de structure proprement dites, comprend les Anomalies par *ramollissement des organes durs* et les Anomalies par *induration des organes mous*. L'état cartilagineux des os, l'ossification des organes mous, sont les principaux types de ces deux ordres.

La quatrième classe, celle des Anomalies de dispositions, comprend le plus grand nombre de cas remarquables, et se compose de cinq ordres, savoir : les Anomalies par *déplacement*; celles par *changement de position*; les Anomalies *par continuité* de parties ordinairement disjointes; celles par *cloisonnement*, enfin les Anomalies par disjonctions de parties ordinairement continues.

Dans le premier ordre sont compris une foule de cas très-remarquables, dont la connaissance importe au plus haut degré à l'anatomiste et au chirurgien. Tels sont les déplacemens du cœur, des organes digestifs, l'extroversion de la vessie, etc. Dans le second, on observe une foule de variétés des vaisseaux; des dispositions très anomales des gros troncs, du rectum, de l'appareil urinaire, des organes génitaux, etc.

Le troisième ordre comprend un grand nombre de cas dont la connaissance est aussi importante pour le chirurgien qu'intéressante pour l'anatomiste. Il se divise en deux groupes principaux, les *imperforations*, et les *réunions* anomales.

Le quatrième ordre renferme les Anomalies par cloisonnement *longitudinal*, *transversal* ou *oblique*.

Enfin le cinquième ordre comprend les Anomalies par disjonctions de parties ordinairement continues; elles se subdivisent en deux groupes, dont chacun renferme plusieurs cas d'une haute importance, savoir : les *perforations* et les *divisions* anomales.

La cinquième et dernière classe, indiquant les Anomalies de nombre et d'existence, se partage en deux ordres de la manière suivante : *Anomalies par diminution* dans le nombre des organes, Anomalies par augmentation.

*Second embranchement : Hétérotaxie.* — Cet embranchement ne comprend qu'un très-petit nombre de genres composant un second ordre, et dont le plus remarquable est la transposition complète des viscères, dont nous parlerons avec quelque détails au mot *Hétérotaxie*.

*Troisième embranchement : Hermaphrodisme.* — Un Hermaphrodite, dans le sens le plus spécial de ce mot, est un être possédant à la fois les deux sexes, et pouvant soit se féconder lui-même, soit alternativement féconder et être fécondé; deux modes de reproduction dont la nature, même sans franchir les limites du règne animal, nous offre une multitude d'exemples.

En tératologie le mot *Hermaphrodisme* a reçu un sens plus général, et signifie la réunion chez un même individu, soit des deux sexes, soit seulement de quelques uns de leurs caractères.

Cet embranchement comprend deux classes, l'*Hermaphrodisme sans excès* dans le nombre des parties, et l'*Hermaphrodisme avec excès*.

La première classe comprend tous les cas dans lesquels le nombre normal des parties n'a subi aucune augmentation; elle comprend quatre ordres : 1° l'*Hermaphrodisme musculaire*, dans lequel l'ensemble de l'appareil sexuel, essentiellement mâle, revêt extraordinairement quelques caractères féminins; 2° l'*Hermaphrodisme féminins*, dans lequel le contraire a lieu; 3° l'*Hermaphrodisme neutre*, dans lequel l'appareil sexuel présente des conditions intermédiaires entre celles du mâle et celles de la femelle, et n'est réellement d'aucun sexe; 4° l'*Hermaphrodisme mixte*, dans lequel l'appareil sexuel est en partie mâle et en partie femelle. Ce dernier ordre comprend des cas très-variés, dont le plus remarquable est l'Hermaphrodisme latéral, dans lequel un côté du corps est mâle, et l'autre femelle.

La seconde classe, l'Hermaphrodisme avec excès, comprend trois ordres, savoir : 1° l'*Hermaphrodisme masculin complexe*; dans lequel à un appareil mâle plus ou moins complet se trouvent surajoutées quelques parties femelles surnuméraires; 2° l'*Hermaphrodisme féminin complexe*, dans lequel ce sont au contraire quelques parties mâles qui viennent se surajouter à un appareil femelle; 3° l'*Hermaphrodisme bisexuel*, caractérisé par la présence d'un appareil sexuel mâle et d'un appareil femelle. Ce dernier ordre se subdiviserait en *Hermaphrodisme bisexuel imparfait*, et *Hermaphrodisme parfait*, si le dernier cas, caractérisé par la réunion de deux appareils complets, venait à se réaliser; ce qui n'a encore jamais eu lieu.

*Quatrième embranchement : Monstruosités.* — Cet embranchement est subdivisé, comme le précédent, en deux classes, suivant que le nombre des parties n'a point subi d'augmentation, ou qu'au contraire une ou plusieurs régions du corps, ou même toutes, se trouvent doublées, triplées, etc.

La première classe, les monstres chez lesquels on ne trouve que les élémens complets ou incomplets d'un seul sujet, ou *Monstres unitaires*, se subdivise en trois ordres : ceux dont la forme est, au moins en très-grande partie, symétrique; ceux où elle est encore déterminée, mais non symétrique; et ceux où elle est tout à fait indéterminée.

Le premier de ces ordres comprend surtout un très-grand nombre de genres, dont la plupart avaient été confondus sous le nom d'Anencéphales. Au second se rapportent les Acéphales et quelques autres genres qui, quoique pourvus d'une tête plus ou moins complète, ont la même organisation générale. Le un troisième comprend seulement quelques cas dans lesquels certains organes seulement sont ébauchés; cas peu nombreux et qui n'ont point jusqu'à présent fixé l'attention.

La seconde classe, comprenant les monstres chez lesquels se trouvent réunis les élémens complets ou incomplets de deux ou plusieurs sujets, porte le nom de *Monstres composés*, et se subdivise en deux sous-classes, les Monstres doubles et les Monstres triples.

Parmi les Monstres doubles, les seuls dont nous devions ici parler (les autres étant à peine connus), on distingue cinq groupes principaux.

Le premier comprend plusieurs genres, dans lesquels des membres surnuméraires tiennent toujours à un corps plus ou moins complétement normal.

Le second comprend les Monstres doubles à l'une des extrémités de leur corps, et simples à l'autre. Le Monstre Rita Cristina, dont tout Paris a entendu parler, et dont nous avons donnés l'histoire (voyez les Annales des sciences naturelles, Fév. 1830 ), peut être cité comme type de cette division très-nombreuse.

Le troisième comprend un très - petit nombre de genres dans lesquels une tête et quelquefois un cou, mais point de thorax (et par conséquent point de cœur), se trouvent entés sur la tête ou sur les mâchoires d'un individu, d'ailleurs bien conformé.

Le quatrième, également très-peu étendu , comprend les genres dans lesquels deux sujets entiers, ou presque entiers, se trouvent soudés l'un à l'autre par les extrémités de leurs corps, c'est-à-dire par leurs bassins ou leurs têtes.

Enfin dans le cinquième et dernier groupe se trouvent placés les Monstres composés de deux individus complets, unis soit ventre à ventre, soit dos à dos, soit côté à côté.

On voit que, suivant la classification générale dont nous venons de donner l'analyse, et qui servira de base aux articles qui seront publiés dans ce Dictionnaire sur la tératologie, toutes les Anomalies se trouvent rapportées à dix classes, dont cinq appartiennent à l'embranchement des Hémitéries, une aux Hétérotaxies, deux aux Hermaphrodismes, et deux aux Monstruosités proprement dites. (M. S. A.)

**ANOMALIE.** ( bot. ) Irrégularité , dissemblance dans la forme, dans les caractères, qui différencient un corps quelconque de ses congénères, et l'éloignent de la famille , de la classe à laquelle il appartient naturellement. En botanique, l'Anomalie dépend tantôt de la plante elle-même, de la vigueur de l'individu, de sa constitution intérieure, tantôt du sol, des agens extérieurs et des corps qui l'avoisinent; le plus souvent la cause qui la détermine est inconnue : par exemple, tous les arbres et arbrisseaux de la nombreuse famille des conifères sont pourvus de feuilles; les genres *Filao* et *Urette* (v. ces mots) sont les seuls dont les espèces en soient totalement dénuées : c'est une Anomalie relativement à la famille. Le rosier des Alpes ( v. ce mot) est le seul de son genre qui soit entièrement et constamment dépourvu d'épines ou aiguillons, tandis que tous les autres rosiers en sont plus ou moins hérissés: c'est une Anomalie de l'espèce au genre, etc. Dans sa nomenclature botanique , Tournefort a désigné sa onzième classe sous le nom de fleurs Anomales , et il y comprend diverses espèces de plantes extrêmement irrégulières, d'ordinaire munies d'un ou de deux éperons, tels qu'on en voit dans la Capucine, l'Ancolie, la Violette, l'Aconit , le Muflier, le Delphinium , etc. ( T. d. B.)

**ANOMIE,** *Anomia*. (moll.) Genre de coquilles appartenant à la famille des Ostracés de Lamarck, (vol. VI, première partie, page 225), et présentant pour caractère une coquille inéquivalve, irrégulière, operculée, adhérente par son opercule; valve percée, ordinairement aplatie, ayant un trou ou une échancrure à son crochet; l'autre un peu plus grande, concave, entière. Opercule petit, elliptique, osseux, fixé sur des corps étrangers, et auquel s'attache le muscle intérieur de l'animal.

Le mollusque de ces coquilles a un pied petit comme celui des peignes, il se glisse entre l'échancrure et la plaque qui la ferme et sert, à ce que dit Cuvier, à faire arriver l'eau vers la bouche, qui en est voisine. (*Voyez* Règne animal. t. II., p. 461. )

Toutes les espèces qui constituent ce genre sont irrégulières et en général minces et translucides; elles sont unicolores; mais leur couleur, d'un jaune plus ou moins foncé, est toujours fort vive. Ces coquilles s'attachent sur les corps marins comme les huîtres, avec lesquelles elles ont beaucoup d'analogie; on en trouve même sur des crustacés et sur différentes coquilles; leurs valves sont inégales, celle qui est percée et qui adhère aux corps étrangers est appelée valve inférieure , tandis que dans les huîtres cette même valve est la supérieure; l'espèce la plus commune habite la Méditerranée, la Manche et l'océan Atlantique ; elle est connue sous le nom de *Pelure d'ognon*. Les habitans des côtes la mangent et la préfèrent aux huîtres; c'est la plus grande du genre, elle est représentée pl. 170 , nos 6 et 7, de l'Encyclopédie. M. Guérin l'a figurée dans son Iconographie du règne animal, Moll., pl. 25, fig. 6.

On trouve des Anomies à l'état fossile; la plupart habitent le Plaisantin. Une espèce fort belle, qui se rencontre dans les calcaires des environs de Paris , est décrite comme étant l'analogue de l'Anomie Pelure d'ognon ; mais il y a certainement erreur à ce sujet, car elle présente des caractères tout-à-fait différens. (Ducl. )

**ANOMITES.** (moll.) Nom donné primitivement aux coquilles fossiles des genres Anomie et Térébratule, que l'on confondait. Aujourd'hui le mot Anomites n'est plus applicable qu'aux anomies fossiles. Schlotheim ( Pétrif., p. 243) emploie ce mot (*Anomiten*) dans une autre acception; il en forme une famille qu'il divise en Craniolithes, Hystérolithes et Térébratulites. (Ducl. )

**ANONACÉES** ou Anonées, *Anonaceæ*. (bot. phan.) Famille de plantes dicotylédones polypétales à étamines hypogynes; elle répond aux Gyrospermes de Ventenat, et se distingue des Ménispermées par ses étamines indéfinies, et des Magnoliacées par le manque de stipules; la structure de ses fruits la sépare aussi de ces deux familles. On y a compris un petit nombre de genres qui ont pour caractères communs : un calice persistant, à trois divisions ; six pétales, disposés sur deux rangs ; des anthères très-nombreuses ; presque sessiles ; des pistils également nombreux, serrés, réunis, parfois soudés au centre de la fleur. Le fruit est une baie ou une capsule uniloculaire, à une ou plusieurs graines ; celles-ci ont le périsperme cartilagineux et profondément sillonné.

Les Anonacées sont toutes exotiques, et ne renferment que des arbres ou arbrisseaux à rameaux nombreux, ayant les feuilles alternes, simples, et les fleurs ordinairement axillaires, portées sur des pédoncules simples. (L.)

ANONE, *Anona.* (bot. phan.) Genre et type de la famille des Anonacées, Polyandrie polygynie de Linné, composé d'arbrisseaux ou arbustes à feuilles alternes, entières, et à fleurs axillaires. Il a pour caractères : un calice à trois divisions (rarement à quatre) ; six pétales disposés sur deux rangs, les intérieurs plus petits, avortant même quelquefois ; des étamines indéfinies, à anthères presque sessiles, anguleuses, serrées ; des pistils très nombreux, soudés ensemble ; un fruit charnu, en forme de poire ou de cœur, composé de plusieurs baies, pulpeux intérieurement, écailleux à l'extérieur ; chaque loge ne renferme qu'une graine. (Ces caractères excluent l'*Anona triloba* de Linné, et les espèces qui ont les baies non soudées et polyspermes ; elles forment le genre *Asimina.*)

Les Anones, au nombre de 27 espèces, sont toutes originaires des régions équatoriales ; elles ne réussissent guère en France ; mais en Espagne on les cultive, et l'on obtient leurs fruits à l'état de maturité ; ceux de l'*Anona muricata*, vulgairement nommée *Corossol* ou *Cachiman*, de l'*A. tripetala*, appelée *Cherimolia*, et de l'*A. squammosa*, ou pommier cannelle, sont très-succulens, et se servent sur les tables au Pérou comme les meilleurs du pays. Quant aux produits de l'*A. reticulata*, ou *Cœur-de-bœuf*, on ne les donne guère qu'aux animaux immondes de basse-cour, qui en sont très-friands.

La graine des Anones passe pour vénéneuse ; mais on se sert des principes amers de leur écorce comme antidysentérique. (L.)

ANONYME, *Anonymos.* (zool.) Buffon donne ce nom à une espèce du genre Chien, que Bruce avait fait connaître sous la dénomination de *Fennec* ; c'est le *Canis cerdo*, Gmel. (*Voy.* CHIEN.)

On a donné aussi le nom d'Anonyme à un oiseau du genre Engoulevent, à la mésange à longue queue et à une plante du genre Léatris. (GUÉR.)

ANOPHÈLE, *Anopheles.* (ins.) M. Meigen a établi ce genre de Diptères, avec quelques espèces du grand genre cousin, de Linné, dont les antennes sont étendues, filiformes, de quatorze articles ; celles du mâle sont plumeuses, celles de la femelle seulement poilues. Les palpes sont étendus, de la longueur de la trompe, formés de cinq articles ; la trompe est de la longueur du thorax, avancée : les ailes sont écailleuses et en recouvrement. M. Meigen rapporte à ce genre le *Culex bifurcatus* de Linné, et une espèce nouvelle que M. Haffmansegg a fait connaître sous le nom d'*Anopheles macul'pennis.* Toutes deux sont d'Europe. (GUÉR.)

ANOPLOTHERIUM. (mam.) Le savant anatomiste Cuvier a signalé, décrit et restitué dans les débris fossiles que recèlent les carrières de gypse des environs de Paris, plusieurs animaux qui n'ont aucun analogue vivant, parmi lesquels le Ligewe, auquel il a donné le nom d'*Anoplotherium*, en français *Anoplothère*, tient une place importante.

Le nom latin qu'a imaginé notre célèbre naturaliste dérive du grec, et signifie *animal sans défenses.* Il désigne un genre de mammifère *Pachyderme* (*v.* ce mot), c'est-à-dire à peau épaisse, qu'il a divisé d'abord en six espèces, mais dont il a fait depuis trois genres distincts, qui sont d'abord celui dont nous nous occupons, et les genres *Dichobune* et *Xiphodon* (*v.* ces mots).

Au nombre des caractères qui servent à reconnaître le genre *Anoplotherium*, les plus importans sont un système dentaire qui le rapproche des ruminans et particulièrement du chameau, et, comme celui-ci, deux doigts à chaque pied, renfermés chacun dans une corne. Les mâchoires ont chacune six dents incisives, deux canines et quatorze molaires, dont les séries sont continues et sans inégalité : ce qui, ainsi qu'on l'a fait observer, ne se voit que chez l'homme.

La première espèce, appelée *Anoplotherium commune*, était la plus grande ; elle avait plus de trois pieds de hauteur jusqu'au garrot ; son corps était long de cinq pieds et quelques pouces, sans y comprendre la queue, dont la longueur, de près de trois pieds et demi, lui donnait quelque ressemblance avec la loutre. Mais, loin d'être comme celle-ci un animal carnassier, l'*Anoplotherium commune* vivait, suivant l'opinion de Cuvier, comme le rat d'eau ou l'hippopotame, tantôt sur terre, tantôt dans l'eau, où il allait chercher les racines et les plantes qui y croissaient. Animal nageur et peut-être plongeur, son poil devait être lisse et court, et ses oreilles ne devaient point être longues, parce qu'elles l'auraient gêné au sein des eaux.

La seconde espèce, *Anoplotherium secundarium*, ressemblait parfaitement à la précédente, avec cette seule différence qu'au lieu d'avoir la taille moyenne d'un âne, elle avait celle d'un porc.

On a découvert en Italie et en Angleterre des ossemens fossiles d'*Anoplotherium*, mais qui n'ont pas été reconnus assez différens des espèces précédentes pour qu'on en ait fait des espèces distinctes. Mais tout récemment (en 1833), M. Geoffroy-Saint-Hilaire, ayant eu occasion d'explorer les dépôts calcaires des environs de Saint-Gérand-le-Puy, dans le département de l'Allier, y a reconnu une nouvelle espèce, à laquelle il a donné le nom d'*Anoplotherium laticurva'um*, fondé sur ce que la branche coudée des maxillaires inférieurs est plus développée que dans les espèces des environs de Paris, et surtout contournée plus circulairement.

Les ossemens d'*Anoplotherium* se trouvaient communément aux environs de Paris dans le gypse ou la pierre à plâtre de Montmartre, du mont Valérien, Pantin, Belleville, Montmorenci, Argenteuil et Vaux près Triel. On en a trouvé aussi dans les environs d'Orléans, de Saint-Geniez, d'Issel et dans un grand nombre d'autres localités. Le gypse et le calcaire dans lesquels gisent ces ossemens, sont tous de formation d'eau douce dont la position est supérieure à la pierre à bâtir du bassin de Paris.       (J. H.)

ANOSTOME, *Anostomus*. (poiss.) Les Anostomes constituent un des genres de la famille des *Salmones*. Leur forme est la même que celle des *Ombres*, auxquels ils ressemblent encore par la rangée de petites dents que porte chacune de leurs mâchoires, mais dont ils se distinguent suffisamment par la disposition singulière que présente leur mandibule inférieure, qui se relève au devant de la supérieure, de telle manière que la bouche se trouve placée verticalement à l'extrémité du museau. Le *Salmo anostomus* de Linné est le type de ce genre et l'unique espèce qu'on y rapporte.       (G. B.)

ANOSTOME, *Anostoma*. (moll.) Coquille fort singulière, connue dans le commerce sous le nom de Lampe antique, et dont Lamarck a fait un genre que Denis de Montfort avait créé avant lui sous le nom de *Tomogère*. Ses caractères génériques sont ainsi posés : coquille orbiculaire, à spire convexe et obtuse ; ouverture arrondie, dentée en dedans, grimaçante, retournée en haut ou du côté de la spire ; bord droit ayant son limbe réfléchi. On ne connaît encore que deux espèces de ces coquilles, l'une assez grande sous le nom d'ANOSTOME DÉPRIMÉ, *Anostoma depressa*, et l'autre sous celui d'A. GLOBULEUX, *A. globulosa*. Toutes deux sont terrestres et viennent des Grandes-Indes. Elles ont de tels rapports avec les hélices qu'on ne pourra véritablement affirmer leur existence comme genre, que lorsqu'on aura vu l'animal qui les forme et que l'on ne connaît pas encore. Ces coquilles, toujours rares, se vendent à l'état bien frais de 100 à 150 francs la pièce. (Ducl.)

ANOTIE, *Anotia*. (ins.) Le doyen des entomologistes anglais, M. Kirby, a établi sous ce nom un genre d'Hémiptères de la section des Homoptères, famille des Cicadaires muettes, faisant partie de la tribu que Latreille désigne sous le nom de Fulgorelles. Ces insectes, dont Kirby a fait connaître une espèce dans les Transactions de la société Linnéenne de Londres, sont très-voisins du genre Derbe de Fabricius, genre qui a été si long-temps un sujet de doute ; comme ces derniers, les Anoties ont les antennes tronquées obliquement au sommet, avec une soie insérée dans cette troncature ; leur front est aussi comprimé et bicaréné ; mais ce qui les en distingue nettement, c'est qu'elles n'ont point d'yeux lisses, que leur suçoir est très-court, et que la réticulation de leurs ailes est toute différente.

Les Anoties sont de petits insectes en forme de cigales, probablement sauteurs comme les Cercopes ; l'espèce type du genre est l'ANOTIE DE BONNET, *A. Bonnetie* Kirby (Trans. of. Lin. soc., t. XIII, p. 12, pl. 1) ; nous en avons fait connaître une espèce nouvelle dans la partie entomologique du Voyage aux Indes orientales de M. Bellanger ; c'est l'ANOTIE ROUGE, *Anotia coccinea* ; elle vient de la Nouvelle-Irlande, et sera figurée dans notre Iconographie du règne animal, Insectes, pl. 54 ; elle est entièrement d'un beau rouge carmin pur.    (GUÉR.)

ANSE. (géogr.) On appelle ainsi, en géographie, des enfoncemens semi-circulaires, formés sur les côtes par les eaux de la mer qui les remplissent, et où les petits navires peuvent trouver un abri dans les mauvais temps : c'est une baie de petite dimension, dont l'ouverture présente une bien plus grande étendue. Les Anses produisent sur les côtes ces nombreux festons qui découpent les rivages de toutes les terres, et qui font que leur contour est composé d'une infinité de lignes brisées.       (C. J.)

ANSÉRINE, *Chenopodium*. (bot. phan.) Genre nombreux de la Pentandrie digynie et de la famille des Chénopodées, qui offre beaucoup d'espèces intéressantes ; toutes ont la tige cannelée, les feuilles alternes, souvent sinuées, anguleuses, les fleurs peu apparentes, disposées en petits paquets axillaires à l'extrémité des rameaux. Les graines petites et très-nombreuses de l'A. POLYSPERME, *C. polyspermum*, et de l'A. VERTE., *C. viride*, peuvent être mangées en guise de millet, comme les Péruviens le font de celles de l'A. QUINOA, et leurs feuilles peuvent servir, dans la cuisine et sur les tables, d'auxiliaires aux épinards. Déjà l'on fait usage, sous ce rapport, de l'A. DES MURAILLES, *C. murale*, que l'on trouve sur les vieux murs et le long des chemins, ainsi que de l'A. HATÉE, *C. bonus Henricus*, qui est vivace. On cultive dans les jardins d'ornement, pour son beau port et la couleur pourpre foncé de ses feuilles, l'A. POURPRÉE, *C. purpurascens*, plante annuelle que nous avons reçue de la Chine ; l'A. BOTRYDE, *C. botrys*, de la France méridionale, qui répand une odeur agréable, et l'A. BELVÉDÈRE, *C. scoparium*, dont la tige droite, haute d'un mètre, a les rameaux flexibles ramassés autour d'elle comme ceux du peuplier pyramidal : son feuillage vert est léger. La médecine emploie l'A. VERMIFUGE, *C. anthelminticum* ; on brûle l'A. MARITIME, *C. maritimum*, pour en retirer la soude ; l'A. FÉTIDE, *C. vulvaria*, a joui autrefois d'une haute réputation pour soulager les douleurs de l'enfantement ; on multiplie autour des cloaques et des marécages l'A. GLAUQUE, *C. glaucum*, parce qu'elle améliore l'air par sa végétation vigoureuse. La culture de toutes ces plantes n'a rien de particulier.       (T. D. B.)

* ANOURES. (rept.) On désigne par ce mot les Batraciens qui, dans l'âge adulte, n'ont point de queue ; outre l'absence de cet organe, les Batraciens Anoures offrent des caractères particuliers qui les distinguent nettement des Batraciens Urodèles ou à queue permanente. Ainsi, leur corps

est trapu, sphéroïde, les fosses cotyloïdes sont rapprochées l'une de l'autre jusqu'au point de contact, de sorte que la cavité du bassin n'existe pas, et que la direction des mouvemens imprimés au tronc par les membres postérieurs est peu propre à la marche ordinaire; les extrémités abdominales sont très-développées chez les Anoures; leurs doigts allongés sont plus ou moins réunis par des membranes intermédiaires, et leurs muscles fléchisseurs sont forts et renflés en forme de mollets; cette disposition spéciale les rend singulièrement aptes à la natation et au saut, aussi ne se servent-ils guère que de ces deux modes de progression. Leur cloaque a un orifice extérieur circulaire; le mâle aide la sortie des œufs et les féconde seulement au moment de la ponte, qui se fait en un seul temps; ces œufs, agglutinés diversement selon les espèces, donnent naissance à un têtard d'abord dépourvu de pieds et muni d'une queue comprimée latéralement; ce sont les membres postérieurs qui, plus tard, apparaissent les premiers. La bouche, à cette époque, est munie d'une lèvre coriace, peu fendue, terminée en avant par un crochet au moyen duquel l'animal se suspend pendant le sommeil; les branchies sont rentrées dans un sac de la peau, et ne communiquent à l'extérieur que par un trou placé sur tel ou tel côté du cou, selon l'espèce. A une certaine époque du développement, les Anoures, d'abord aquatiques, éprouvent, comme la plupart des Batraciens, une métamorphose dans leur manière d'être : ils deviennent terrestres; c'est alors qu'ils perdent leur queue et qu'ils revêtent les caractères généraux de structure et d'habitude des autres membres de la famille. Les Batraciens Anoures sont les Grenouilles, les Rainettes, les Pipas et les Crapauds.

(T. C.)

ANTARCTIQUE (Pôle). (géogr.) La terre ayant une forme sphérique, les deux extrémités de l'axe sur lequel elle est supposée faire son mouvement de rotation, portent le nom de pôles. Le pôle qui est situé au nord porte le nom de pôle arctique; celui, au contraire, qui se trouve au sud, est appelé *Pôle Antarctique*. C'est de ce dernier que nous allons nous occuper. Si l'on se suppose placé à l'extrémité australe de l'axe dont nous venons de parler, et que l'on tourne sur soi-même en examinant toutes les parties du globe qui passent dans ce mouvement sous les yeux, aucune terre comme n'apparaît au spectateur avant le cinquantième degré de longitude. En portant ses regards sur une surface plus étendue, on commence à apercevoir les terres Magellaniques, appartenant à l'Amérique méridionale, la pointe australe de l'Afrique, celle de la Nouvelle-Hollande et les îles de la Nouvelle Zélande : ces petites pointes de terre, s'élevant sur cette immense plaine de l'Océan, rappellent à l'esprit l'expression du poète latin : *Rari nantes in gurgite vasto*. Le célèbre navigateur Cook a fait deux grands voyages dans le but d'explorer les mers du pôle Antarctique, le premier en 1769 et 1770, le second en 1773, 1774 et 1775, et il a reconnu qu'à partir

du 50me degré, la température devenait tellement froide que les glaces commençaient à s'y accumuler à cette latitude, et formaient une calotte non discontinue, embrassant toute cette partie de notre globe. Les bords de cette calotte glacée offrent de nombreuses échancrures qui ont permis à ce célèbre voyageur de pénétrer plus avant vers le pôle; mais nul part il n'a pu s'avancer au-delà du 71me degré. D'énormes glaçons se détachent de cette vaste glacière, et, sous une certaine longitude, on en trouve voyageant jusqu'au 50me et même au 48mr degré de latitude.

Le pôle Antarctique présente une surface beaucoup plus étendue que celle du pôle arctique; ainsi la température des pays compris du 50e au 55e degré de latitude australe peut entrer en comparaison avec celle des terres du Groenland et de la Laponie, qui cependant sont situées du 60e au 70e degré de latitude boréale, et se trouvent ainsi rapprochées du pôle arctique d'une vingtaine de degrés ou de six cents lieues. Cette excessive froidure, beaucoup plus répandue dans l'hémisphère austral que dans l'hémisphère boréal, provient d'abord du séjour moindre qu'y fait le soleil, et ensuite de la masse énorme des eaux qui le recouvrent. (C. J.)

ANTÉDILUVIENNE (Epoque). (géol.) Les mots *Diluvium* et les analogues de ses dérivés *Diluviens*, *Antédiluviens* et *Postdiluviens*, appliqués aux fossiles et aux dépôts terrestres d'une certaine époque géologique, ont été introduits, chez les Anglais, dans la nomenclature géologique, par les naturalistes théologiens (*Physico-theologicals writers*), et bientôt après ils ont été importés en France, dans les mêmes acceptions. L'époque *Antédiluvienne* était celle qui avait précédé immédiatement la formation du *Diluvium*, dépôt meuble et superficiel, qu'on attribue au déluge mosaïque. La plupart de ces savans et de leurs imitateurs sur le continent reconnaissent aujourd'hui qu'ils avaient confondu, sous le nom de *Diluvium*, les produits de diverses catastrophes d'époques éloignées et souvent même des alluvions régulières; ce nom et tout ses dérivées n'ont plus d'application déterminée, et doivent être bannis de la nomenclature. Lorsqu'au milieu des dépôts divers qui constituent le Diluvium, les effets du déluge mosaïque auront été constatés avec certitude, ces noms leur seront affectés; jusque-là ils ne seraient dans la science qu'une source d'erreur.

Parmi les animaux appelés *Antédiluviens*, parce que leurs restes se trouvent dans les différens dépôts de transport, dont on faisait le *Diluvium*, les uns appartiennent à des espèces encore existantes, les autres, comme le Tapir, la Hyène, à des espèces éteintes dans l'Europe; le plus grand nombre à des espèces et même à quelques genres perdus, tels que les Mastodontes, les Eléphans, les Rhinocéros, etc. Il est très-remarquable qu'au milieu de cette immense quantité d'animaux terrestres, d'espèces en partie vivantes, dont les débris ont été exhumés des alluvions anciennes de l'Europe, de l'Amérique, de l'Inde et de l'Australasie, l'Homme Antédiluvien n'a point encore paru. Le déluge de la Genèse avait eu pour but la destruction de notre race Antédiluvienne. Cette absence de l'homme a dû plus d'une fois étonner les géologues créateurs du Diluvium. (*V.* DILU-VIUM.)' (B.)

ANTENNAIRE, *Antenarius.* (POISS.) *V.* CHI-RONECTE.

ANTENNES. Ces organes, que vulgairement on nomme *les cornes*, se remarquent sur la tête des insectes et des crustacés ; ils sont placés entre les yeux, et se présentent sous la forme de filets articulés, mobiles, rarement rétractiles (pl. 4, f. 4), qu'il ne faut pas confondre avec ceux qu'on appelle *Palpes* (*v.* ce mot), et qui font partie de l'appareil de la manducation. Les *Antennes* sont au nombre de deux pour les insectes, de quatre pour la plupart des crustacés, et de trois à cinq pour quelques Annélides ; les Limules et presque toutes les Arachnides en sont privés. Ces organes sont composés de petits cylindres ou articles cornés ou coriaces à l'extérieur, tubulaires ou perforés dans toute la longueur de leur axe ; l'espèce de canal qui en résulte est rempli par des muscles, du tissu cellulaire, des trachées et une substance pulpeuse, membraneuse, recevant les derniers rameaux nerveux de l'extrémité du corps. Le nombre, la forme, la consistance de ces articles varient à l'infini ; on en compte ordinairement onze chez les Coléoptères, et quatre à cinq chez les Hémiptères, en n'y comprenant pas toutefois le tubercule sur lequel ils prennent naissance. Les Antennes ne se développent pas d'une manière régulière, et présentent des différences notables, non pas seulement d'une espèce à une autre, mais encore entre les sexes et chez le même individu aux diverses époques de son accroissement. C'est ainsi qu'elles peuvent être plus longues ou plus larges chez le mâle que chez la femelle ; que chez la femelle encore leur angle supérieur et interne se prolonge parfois en dents de scie, tandis que chez le mâle il forme un rameau plus ou moins long. C'est dans ces derniers cas que les Antennes ont été appelées *simples*, *en scie*, *pectinées*, *branchues*, *rameuses*, etc. En tenant compte au reste de leur nombre, de leur connexion entre elles ou avec les autres parties de la tête, de leur configuration, de celle des articles qui les composent, de leur terminaison, etc., on les a désignées par des dénominations applicables à ces diverses circonstances, et, en rapprochant quelques caractères communs, on s'en est utilement servi pour la classification. Nous ne donnerons ici que quelques unes de ces désignations, trop intelligibles, au reste, pour qu'il soit nécessaire de les indiquer ou de les expliquer toutes. Ainsi, on dit que les Antennes sont *placées sur le front* ; *devant*, *au dessous*, *au dessus*, *derrière* les yeux ; qu'elles sont *éloignées* ou *rapprochées*, qu'elles sont *droites*, *penchées*, *en spirale*, *longues*, *très-longues*, *courtes*, *médiocres*, *régulières*, *irrégulières*, *cylindriques*, *fusiformes*, *subulées*, ou en alène, *moniliformes* ou semblables à une suite de petites perles ; *imbriquées*, terminées *en massue*, *bifides*,

*tronquées*, *villeuses*, *tomenteuses*, *épineuses*, etc., etc.

On est loin d'être d'accord sur les fonctions des Antennes : quelques entomologistes ont pensé qu'elles étaient les organes de l'audition, et ont appuyé leur avis de raisonnemens assez plausibles ; d'autres ont supposé avec autant de vraisemblance qu'elles devaient servir à l'odorat.

M. Thiebaut de Berneaud, notre collaborateur, a repris quelques expériences faites avant lui, dans le but de connaître les fonctions des Antennes, et il en a tenté plusieurs nouvelles qui toutes l'ont convaincu que ces organes n'étaient point, ainsi que le pensait Latreille, le siège de l'odorat : toutes les fois qu'il a plongé ces filets mobiles dans l'éther sulfurique ou dans des substances vénéneuses réduites à l'état d'huile essentielle, il n'est jamais parvenu à détruire l'insecte, tandis qu'en touchant même légèrement un stygmate, il obtenait toujours et presque instantanément un résultat très-marqué. M. Thiebaut de Berneaud a également abandonné l'opinion de Huber, qui regardait les Antennes comme l'organe d'un sens inconnu, et surtout comme le principal instrument du langage. Et si d'abord il avait cédé au sentiment de conviction dont ce patient observateur était pénétré, il a depuis acquis la certitude, autant qu'il est permis d'employer cette expression, qu'elles servent au toucher et à la préhension. Le fait lui paraît particulièrement sensible chez les pucerons, les cérambix, les lamies, etc., qui sont dépourvus de palpes. Il les regarde aussi comme des armes défensives et fait remarquer la promptitude de leurs perceptions. Les Antennes longues, flexibles, et quelquefois rameuses de la crevete des ruisseaux, des daphnies, des cypris, des cyclopes, etc., leur servent aux mêmes usages. Les palpes de l'araignée sauteuse ont le plus grand rapport avec les Antennes. Chez les animaux anténophores, dont les yeux sont couverts d'une membrane cornée, le tact remplace la vue, ce qui donne aux Antennes une quatrième propriété très-importante.

Nous devons surtout remarquer que la mobilité de ces organes, la promptitude avec laquelle l'animal les porte en avant pour reconnaître les corps qui lui font obstacle, semblent militer en faveur de l'opinion des entomologistes qui, avec M. Thiebaut de Berneaud, les ont regardés comme destinés au sens du tact et de la préhension ; mais nous croyons que de nouvelles recherches anatomiques sont encore nécessaires pour lever les doutes qui existent à cet égard.

Dans certains genres, les mâles se servent des antennes pour enlacer et retenir leur femelle ; on avait même prétendu que chez les Brachiopodes, les organes sexuels mâles étaient placés sur ces appendices ; mais depuis, cette opinion a été victorieusement réfutée.

Le plus ordinairement les Antennes sont entièrement libres et flottantes : dans quelques insectes cependant elles peuvent se loger dans des cavités ou rainures situées sur les côtés de la tête ou du prothorax. (P. G.

ANTENNULES. (ins.) Ce mot est adopté par quelques auteurs pour désigner les parties de la bouche que d'autres ont nommées *Palpes*. (*V.* Bouche et Palpes.) (P. G.)

ANTÉNOIS. (zool.) On appliqua long-temps cette dénomination aux jeunes animaux domestiques âgés d'un an; aujourd'hui on ne l'applique plus qu'aux agneaux qui commencent leur seconde année et que l'on a sevrés. Une des causes de dégénération très-prompte, c'est de faire sauter les anténoises au lieu d'attendre une année de plus. (T. de B.)

ANTHÈRE, *Anthera*. (bot.) C'est, dans l'étamine, la partie membraneuse, de couleur jaune ou rougeâtre, de forme ovoïde ou parallélogrammique, où se trouve réunie la poussière fécondante; elle est ordinairement portée par le filet, celui-ci étant quelquefois très-court ou même nul; alors l'Anthère est dite sessile.

Elle consiste, dans le Pin, le Balisier, etc., en une seule bourse ou loge; mais généralement elle présente deux poches membraneuses, tantôt adossées immédiatement l'une à l'autre, tantôt unies par la partie supérieure du filet, ou bien enfin les Anthères sont maintenues et séparées par un corps appelé *connectif* (dans les sauges, par exemple). Chaque loge est intérieurement coupée en deux compartimens au moyen d'une cloison qui forme à l'extérieur un sillon latéral. Il y a quelques exemples d'Anthères à quatre loges (le jonc fleuri); on en observe davantage dans l'if.

Les Anthères sont attachées au filet par leur base, leur dos ou leur sommet; dans ce dernier cas, on les appelle pendantes; elles affectent une grande variété de formes, qu'on représente par les épithètes de *globuleuses, tétragones, sagittées, bicornes, peltées*, etc., etc.

Quant à leur disposition sur la fleur, elles sont, dans la plupart des plantes, libres et sans adhérence entre elles, dans une famille considérable, les Composées, elles sont soudées et réunies par leurs côtés en une sorte de tube, d'où Richard a créé l'expression de *Synanthérées*, pour exprimer cette adhérence générale; enfin les Anthères sont quelquefois soudées et confondues avec le pistil; c'est ce qu'on voit dans les Orchis et dans toute la Gynandrie de Linné.

L'Anthère reste parfaitement close jusqu'à l'épanouissement de la fleur; à ce moment, la poussière fécondante étant formée, une déhiscence a lieu dans l'organe: ordinairement c'est le sillon latéral qui s'entr'ouvre en tout ou en partie, ou bien une petite ouverture se forme à la base ou au sommet de la loge, dans les lauriers et quelques plantes; le pollen sort à mesure que de petites plaques ou valves s'enroulent du bas au sommet des loges. Aucune de ces opérations n'a lieu sans le contact de l'air et la présence de la lumière; privées de ces deux moyens, les Anthères n'agissent point. (*Voyez* Pollen.)

Le nombre, la forme et la disposition des Anthères ont fourni de bons caractères botaniques aux auteurs de méthodes. (L.)

ANTHÈSE. (bot.) Ce mot désigne l'épanouissement des fleurs, et les phénomènes qui accompagnent cet instant de la vie des plantes: c'est, si on peut le dire, celui de leur puberté, le plus curieux pour le naturaliste, le plus intéressant pour le simple admirateur des belles et riches couleurs que la nature a données au plus grand nombre.

On peut considérer l'*Anthèse* des plantes sous les rapports du climat, de la chaleur, de la lumière, de l'époque, de l'heure même.

Telle plante, originaire des régions équinoxiales, ne fleurit point en France, quoiqu'elle prenne racine et vive.

La chaleur, ou trop forte ou trop faible, accélère ou retarde l'épanouissement des fleurs. Adanson avait eu l'idée de calculer en degrés la chaleur que réclame chacune pour s'ouvrir et se féconder; mais on sent combien une telle évaluation était difficile.

La lumière est un autre agent indispensable dans le phénomène de l'*Anthèse*; une plante soustraite entièrement au jour ne fleurit point; la plupart des Composées restent fermées ou seulement entr'ouvertes lorsque le soleil est caché par des nuages. Une lumière artificielle, comme celle de plusieurs bougies, a suffi pour déterminer l'épanouissement de certaines fleurs: M. de Candolle a fait cette expérience sur le liseron appelé *Belle de jour*, et M. Bory de Saint-Vincent sur quelques espèces d'Oxalides. Tout le monde connaît la fleur qui tourne constamment son disque vers le soleil. Le phénomène des couleurs de la corolle durant l'*Anthèse* est encore dû à la lumière, dont les rayons sont réfléchis selon la structure et l'essence des pétales; on connaît leur éclat et leur variété; une fleur placée à l'ombre s'étiole quelquefois ou reste pâle.

La température agit sur certaines plantes, que pour cette raison on surnomme *météoriques*; plusieurs des Composées sont de ce nombre. Ainsi le *Laitron de Sibérie* ne se ferme point durant la nuit s'il doit pleuvoir le jour suivant; au contraire le *Souci pluvieux* ne s'ouvre point lorsqu'un orage est près d'éclater.

L'époque de l'Anthèse est diverse; chaque saison a ses fleurs, aucune n'en est privée; nous ne citerons pas celles des beaux jours; celles, en petit nombre, que les glaces n'empêchent point de s'épanouir paraissent plus curieuses; telles sont la *Soldanelle* et quelques espèces d'*Hellébores*.

A chaque mois appartient une classe de plantes; Linné, qui concevait tout poétiquement, avait construit son *Calendrier de Flore* sur l'observation des plantes qui s'épanouissent dans des mois déterminés; il faut avoir égard aux climats pour ne pas errer dans ce calcul, qui, du reste, est familier à tous les jardiniers.

L'observation précédente intéresse les agriculteurs; les amateurs ont préféré l'*Horloge de Flore* du même naturaliste, qui avait remarqué que certaines plantes n'ouvrent leurs fleurs qu'à momens fixes; il en avait rangé plusieurs dans un ordre qui permettait de compter à peu près l'heure par

par heure l'espace du matin au soir. Un genre de la famille des Malvacées, le *Sida*, renferme, dit-on, des espèces qui s'ouvrent successivement à chaque heure de la journée.

Un autre phénomène est présenté par quelques plantes qui n'épanouissent leurs fleurs qu'un temps déterminé et court, soit une seule fois, soit plusieurs jours de suite. Au nombre des *éphémères* sont plusieurs espèces de cactus et de cistes qui s'ouvrent vers onze heures du matin, et meurent avant quatre heures de l'après-midi; le *Cactus grandiflorus* s'épanouit vers sept heures du soir, et se ferme à minuit.

D'autres fleurs sont *diurnes*, comme la *Dame d'onze heures*, qui s'ouvre plusieurs jours de suite à l'instant qu'indique son nom; le *Ficoïde nyctiflore* s'épanouit également plusieurs jours de suite à sept heures du soir et dure douze heures.

Une dernière observation, en ce qui concerne l'Anthèse et ses phénomènes, portera sur l'odeur qu'exhalent plusieurs plantes à l'entrée de la nuit, tandis qu'elles sont inodores durant le jour; telle est, dans les environs de Paris, le *Lychnis dioïca*, ou Compagnon blanc. (L.)

ANTHIDIE, *Anthidium*. (INS.) Genre de l'ordre des Hyménoptères, section des Porte-Aiguillons, division des Anthophiles, famille des Apiaires; ce genre a pour caractères d'avoir les palpes maxillaires d'un seul article, caractère unique dans cette division, le premier article des tarses postérieurs est sans dilatation à l'angle extérieur de son extrémité; le labre est en carré long; l'abdomen des femelles est soyeux au dessous et convexe en dessus.

Ce genre a été établi par Fabricius; mais M. Latreille est un de ceux qui l'ont le mieux étudié. On possède dans le 15ᵉ volume des Mémoires du museum d'histoire naturelle les observations qu'il a recueillies à leur sujet; ces insectes, qui sont en général propres aux pays chauds, paraissent dans notre climat vers le solstice d'été; les mâles sont de même taille que les femelles et souvent même plus grands; ils sont distingués de ces dernières par leurs pattes antérieures arquées, les jambes et le premier article des tarses ciliés, et l'abdomen souvent terminé par des épines; l'accouplement se fait sur les fleurs et sur les feuilles; la femelle s'occupe ensuite du soin de sa postérité. A cet effet, elle arrache sur les fleurs des labiées, particulièrement, un duvet cotonneux dont elle remplit en partie le trou qu'elle a destiné à receler ses œufs; elle s'occupe ensuite de la pâtée mielleuse qui doit les nourrir, et termine par boucher le trou avec du même duvet qu'elle a mis au commencement; les insectes en sortent dans le courant de l'année suivante; ces détails de mœurs, propres à presque toutes les espèces, souffrent cependant quelques exceptions; car je crois que dans les petites espèces, qui se contractent en boule et qui sont dépourvues de brosses soyeuses sous l'abdomen, il y en a plusieurs qui sont parasites; j'en ai pris une petite espèce cherchant à percer le mortier du nid d'une abeille maçonne pour y pénétrer. Tous ces

insectes, dont le nombre est assez grand, ont un caractère de ressemblance général; ils sont tous jaunes et noirs, et quelquefois il s'y mêle un peu de rougeâtre.

ANTHIDIE A CINQ CROCHETS, *A. manicatum*, Fab. Panzer, Faun. ins. Germ., fasc. 55, table 11. Longue de cinq à sept lignes, noire tachée de jaune, mandibules jaunes; le cinquième et le sixième anneau de l'abdomen épineux dans les mâles, mais les épines du cinquième anneau sont souvent peu visibles, de sorte qu'on ne compte facilement que cinq épines : les femelles ont souvent les cuisses postérieures rougeâtres. Au reste, les taches varient beaucoup. On la trouve en France.

A. FLORENTINE, *A. florentina*, Fab. *ibid.*, Panzer, fasc. 105, tab. 20. Le mâle. Longueur, sept à huit lignes; l'abdomen des mâles a les 4ᵉ, 5ᵉ et 6ᵉ anneaux épineux, en tout neuf épines; les cuisses postérieures sont unidentées près de leur base. Cette espèce est plus méridionale que la précédente.

(A. P.)

ANTHIE. *Anthia*. (INS.) Genre de Coléoptères pentamères, de la famille des Carnassiers, tribu des Carabiques troncatipennes, établi par Wéber, qui n'en distinguait pas les Graphiptères, et adopté dans toute son étendue par Fabricius, qui a fait connaître seize espèces de ces deux genres, savoir : dix Anthies véritables et six Graphiptères. Les Anthies ont été le sujet d'un mémoire très-intéressant publié par M. Lequien fils dans notre Magazin de zoologie, classe IX, pl. 38, 39, 40, 41. Ce sont de grands carabiques noirs, souvent tachetés de blanc, qui paraissent habiter exclusivement l'ancien monde, particulièrement l'Afrique et les parties de l'Asie qui l'environnent. Ces insectes, très-recherchés des amateurs, ont le corselet en forme de cœur, la tête peu rétrécie en arrière, sans col visible; les élytres oblongues, arrondies; les pattes grandes, fortes : leurs palpes sont filiformes, terminés par un article tronqué obliquement. Leur lèvre inférieure est très-profondément échancrée, avec la languette cornée, allongée, dépourvue de ces appendices latéraux que Latreille nomme paraglosses; c'est ce dernier caractère qui distingue surtout les Anthies des Graphiptères, qui ont la languette garnie de deux lames ou paraglosses presque membraneuses.

M. Lequien fait connaître actuellement vingt-une espèces d'Anthies proprement dites; il a eu l'avantage de décrire le premier la larve de l'une des plus grandes espèces de ce genre, celle de l'ANTHIE A SIX GOUTTES, *A. sexguttata*, Fab. Cette larve est longue de plus de deux pouces et demi, composée de onze anneaux lisses, cornés, en n'y comprenant pas la tête et l'anus; elle est d'un brun foncé luisant, avec le bord postérieur de chaque segment rouge. Sa tête est armée de deux fortes mandibules, de mâchoires et de palpes très-courts; les trois premiers segmens ont chacun une paire de pattes cornées, courtes, terminées par un seul crochet. Le segment anal est terminé en fourche, couvert d'épines courtes et dirigées en arrière. L'insecte parfait est long d'environ vingt lignes et large de sept ou huit ; il est tout noir, avec les élytres lisses ; on voit deux taches rondes sur le corselet et quatre sur les élytres formées par un duvet blanc très-serré. Cette belle espèce se trouve au Bengale, dans les Indes orientales. Il y en a plusieurs belles espèces au cap de Bonne-Espérance, dans la Nubie, au Sénégal, etc.

Le genre GRAPHIPTÈRE, qui diffère si peu des Anthies, est formé avec les espèces dont le corps est large, aplati et arrondi ; tous les insectes qui le composent ont les élytres plus ou moins tachetées ou rayées de blanc ou de cendré. Elles habitent toutes l'Afrique et l'Asie ; et M. Lefebvre a observé que celles de l'Égypte produisent un petit bruit quand on les inquiète. On connaît une douzaine d'espèces de Graphiptères ; ce sont des insectes élégans, et tous assez rares dans les collections. Parmi celles qui viennent d'Égypte, nous citerons le GRAPHIPTÈRE VARIÉ, *G. variegatus*, *Anthia variegata*, Fab., qui est d'un noir de velours, avec des taches arrondies et les bords des élytres et du corselet blancs ; on en connaît plusieurs espèces voisines qui ont été très-bien représentées dans le bel ouvrage de M. Ehremberg, sur les Animaux de l'Afrique. (GUÉR.)

* ANTHIPNE, *Anthipna*. (INS.) Eschscholtz a donné ce nom à un genre de Coléoptères de la famille des Lamellicornes, tribu des Scarabéides phyllophages, formé avec une espèce qu'on avait confondue avec le genre Amphicome, et qui en diffère par un chaperon qui n'est point rebordé en devant ; par la portion médiane de la tête, qui forme avec lui une plaque en carré long, rebordée latéralement et postérieurement, et surtout par les quatre premiers articles des tarses antérieurs, qui sont dilatés en forme de dents chez les mâles. On verra une figure de cette disposition curieuse dans notre Iconographie du Règne animal, Insectes, pl. 25 *bis*, fig. 4, C. L'espèce unique de ce genre y est représentée sous la figure 4, c'est l'ANTHIPNE ABDOMINALE, *A. abdominalis*, Esch., *Amphicoma abdominalis* de Latreille. Cet insecte se trouve en Italie. (GUÉR.)

ANTHOLOMA. (BOT. PHAN.) Arbuste de la Nouvelle-Californie, décrit par Labillardière avec l'épithète de *montana* ; il s'élève à quinze pieds environ, a des feuilles alternes, un calice de deux à quatre sépales, une corolle polypétale en godet, de nombreuses étamines et un ovaire à quatre loges polyspermes. On peut le rapporter à la famille des Guttifères. (L.)

ANTHOMYE, *Anthomya*. (INS.) Ce genre n'est qu'un démembrement de celui de Mouche, proprement dit. Les caractères qui le distinguent sont d'avoir les antennes presque aussi longues que la face de la tête, avec la soie plumeuse ; l'abdomen n'est composé extérieurement que de quatre segmens et va en se rétrécissant en pointe. Le nom de ce genre vient de deux mots qui signifient mouche de fleurs ; il est peu nombreux en espèces ; l'une d'elles, qui est fort incommode, pour vouloir, dans les temps de pluie, s'attacher aux yeux des hommes et des animaux, est l'A. DES PLUIES, *A. plu-*

*vialis*, Linné ; elle est cendrée, avec des taches noires sur le corselet et sur l'abdomen ; elle est très-commune dans notre pays, ses métamorphoses doivent être les mêmes que celles de la mouche commune. (*Voyez* MOUCHE.) (A. P.)

ANTHOPHILES, ou MELLIFÈRES. (INS.) Famille de l'ordre des Hyménoptères, section des Porte-Aiguillons. Ces insectes sont appelés Mellifères, *porte-miel*, parce que ce sont eux qui récoltent le miel des fleurs, soit pour leur nourriture, soit pour la nourriture de leurs larves, qui comme eux n'en ont pas d'autre. La nature les a, à cet effet, pourvus de divers instrumens appropriés au travail particulier qu'ils ont à exécuter : les mâchoires et les lèvres sont fort allongées, coudées dans le repos, formant une espèce de trompe propre à pénétrer dans le calice des fleurs, et à y recueillir la liqueur miellée qui y est contenue ; la languette, quelle que soit sa forme, est toujours très-allongée et velue à son extrémité ; les tarses postérieurs offrent aussi un caractère particulier, le premier article est très-grand, dépassant de beaucoup à lui seul tous les autres articles, en forme de carré long ou de triangle, garni inférieurement de plusieurs rangs de poils raides, disposés comme une brosse, et de beaucoup de poils sur les côtés. C'est au moyen de ces brosses que ces insectes recueillent le pollen des fleurs qui est la matière première de la cire.

Dans les genres de cette famille dont les larves vivent en parasites, la forme de l'article du tarse existe toujours, mais les brosses manquent.

Les anciens, qui n'observaient pas aussi exactement que nous, ayant remarqué des abeilles chargées de pollen, avaient dit que ces insectes se chargaient de pierres dans les grands vents, de crainte d'être emportés ; malheureusement, en examinant de plus près, ce surcroît d'instinct s'est évanoui ; mais il en reste encore assez à ces animaux pour faire notre admiration. (*V.* ANDRÉNÈTES et APIAIRES.) (A. P.)

ANTHOPHORE, *Anthophora*. (INS.) Genre de l'ordre des Hyménoptères, division des Porte-Aiguillons, famille des Mellifères, section des Apiaires.

Ce genre a été formé par M. Latreille aux dépens des Mégilles et des Centris de Fabricius. Ce sont des Lasies pour Panzer ; M. Latreille lui-même les avait d'abord nommés Podaliries, mais il a depuis adopté le nom d'Antophore, qui leur est resté. Ce genre a pour caractère d'avoir les mandibules unidentées au côté interne, les palpes maxillaires composés de six articles distincts, les paraglosses beaucoup plus courtes que les palpes labiaux ; ces derniers en forme de soie écailleuse ; ils ont encore un caractère très-remarquable, surtout dans les femelles, c'est d'avoir le côté externe des pattes et des tarses postérieurs très-fortement garni de poils raides, souvent fort allongés dans quelques mâles.

Les Antophores sont des insectes tout-à-fait printaniers : passé le solstice d'été, on n'en rencontre plus ; ils volent avec beaucoup de rapidité, ne s'arrêtent que peu sur chaque fleur, et font toujours entendre un bourdonnement assez fort. Les femelles établissent leur nid dans les terrains coupés à pic, ou dans les vieux murs, se servant pour cela des trous qu'elles y trouvent, et qu'avec de la terre elles savent rétrécir à la grandeur qu'elles désirent; avec la même terre, elles fabriquent de petites cellules en forme de dés à coudre, très-lisses, qu'elles remplissent de pâtée, et où elles déposent un œuf; il existe quelquefois deux de ces cellules l'une au dessus de l'autre; le nid est ensuite fermé avec de la terre.

Les mâles et les femelles des espèces de ce genre diffèrent beaucoup entre eux, principalement par les jambes postérieures et le labre, ce qui a beaucoup contribué à multiplier les espèces.

ANTHOPHORE DES MURS, *A. parietina*, Fab. Latr. Annal. Muséum d'his. nat. T. 3. pl. 22, fig. 1. Noir, avec une bande roussâtre ou grisâtre sur le milieu de l'abdomen. Le mâle est noir avec le duvet gris jaunâtre; le labre et le chaperon sont bleus; les tarses sont garnis de poils roussâtres, les intermédiaires ne diffèrent presque pas des autres.

C'est cette espèce qui construit sur les murs ces tuyaux cylindriques formés de petits grains de sable agglutinés; ils sont presque toujours courbés, et destinés, à ce que l'on croit, à rendre difficile l'entrée du nid aux insectes parasites, qui chercheraient à s'y introduire pour y pondre; le nid terminé, l'insecte se sert des matériaux du tube pour le boucher, et détruit le reste. Environs de Paris.

ANTHOPHORE HÉRISSÉE, *A. hirsuta*, Fab. (Panz. Faun. ins. Germ., fasc. 55, fig. 6). Femelle noire, avec tout le corps couvert de poils roux; le mâle est de la même couleur, avec le premier article des antennes, le chaperon, le labre et une tache à la base des antennes jaunes; les pattes intermédiaires sont arquées, les tarses très-fortement ciliés extérieurement et à leur extrémité. Environs de Paris.

On peut encore rapporter à ce genre les espèces nommées *A. acervorum*, Fab.; *A. vulpina, quadrimaculata, furcata*, etc., de Panzer.     (A. P.)

**ANTHOPHYLLITE.** (MIN.) Substance minérale d'une couleur brunâtre, d'une texture lamellaire et d'un éclat métalloïde, c'est-à-dire qui rappelle un peu celui d'un métal. Elle cristallise en prismes à six pans; mais le plus souvent elle se présente en longues lames ou en masses fibreuses. Elle raie légèrement le verre, et se laisse couper facilement par le quartz. Son analyse oblige à la classer dans les *Silicates d'alumine*. Sur 100 parties, elle en contient 62 à 63 de silice, 13 d'alumine, 4 de magnésie, 3 de chaux, 12 d'oxide de fer, 3 d'oxide de manganèse, et 1 à 2 d'eau.

L'Anthophyllite ne s'est encore trouvée que dans les roches appelées Micaschiste, en Norwége et dans le Groënland, où elle forme de petites couches.     (J. H.)

**ANTHOPHYSE**, *Anthophysis*. (ZOOL. BOT.) Genre regardé par des cryptogamistes célèbres comme un des exemples les plus remarquables de la double nature signalée par eux chez des êtres organisés qui, assurent-ils, passent comme par enchantement de la vie animale à la vie végétale. En cédant à l'autorité du nom de ces savans, nous indiquerons seulement les caractères qu'ils ont assignés à l'Anthophyse; mais, nous appuyant aussi sur des théories et des recherches récentes, nous élevons quelques doutes sur ce que l'origine, le développement, l'existence de ces êtres semblent offrir de merveilleux. Pendant une partie de sa vie, a-t-on dit, l'Anthophyse est une simple plante; pendant une autre elle présente des groupes d'êtres mouvans, agissant réciproquement les uns sur les autres, dans leurs mouvemens; puis arrive un instant où chaque parcelle du groupe animé vit individuellement, jusqu'au moment où elle redevient plante à la manière des semences des végétaux. Le genre Anthophyse est surtout caractérisé par des filamens simples ou divisés, tubuleux, entrelacés ou parallèles, articulés d'une manière à peine visible : à leur extrémité se montrent, vers une certaine époque, des rosettes formées de corpuscules sphériques et ressemblant à de petites fleurs animées, douées d'un mouvement de rotation assez rapide pendant lequel elles se détachent et errent à l'aventure. Après la séparation des glomérules animés, les filamens conservoïdes qui les ont produits ne paraissent plus qu'un léger duvet étendu sur la surface des corps inondés, mêlés à diverses vorticelles et à deux ou trois conferves. On n'a jusqu'ici reconnu que deux espèces du genre dont nous nous occupons : l'ANTHOPHYSE DE MULLER, sociale, formant des duvets étendus, presque impalpables, à filamens rameux, vagues, fourchus et pâles; l'ANTHOPHYSE DICHOTOME, à filamens brunâtres, dichotomes, par faisceaux, et que M. Bory de Saint-Vincent, auquel nous empruntons ces indications, a, pendant son exil, trouvée dans les rivières de Wesdie et d'Ourthe, parasite sur d'autres arthrodiées, ou sur des conferves et contre les planches des vieux bateaux remplis d'eau.
    (P. G.)

**ANTHRACITE.** (MIN.) (Vulgairement *houille éclatante, houille* ou *charbon incombustible*, etc.)

Substance noire, avec un éclat métalloïde assez vif, opaque, friable, tachant les doigts d'une manière tenace, brûlant lentement et avec difficulté, sans répandre de fumée ni d'odeur. Ces derniers caractères, auxquels on peut joindre l'absence du bitume, suffisent parfaitement pour distinguer cette espèce minérale de la houille, ou charbon de terre, dont la combustion est facile et accompagnée d'une odeur plus ou moins bitumineuse.

L'Anthracite est composé de carbone presque pur, de quelques traces d'hydrogène et de trois à cinq centièmes de matière terreuse. Sa pesanteur spécifique est de 1, 5 à 1, 8.

L'Anthracite, dont on connaît plusieurs variétés, se trouve particulièrement dans les terrains de transition, où il est en couches, en amas ou en filons, tantôt au milieu des roches arénacées désignées sous le nom de *grauwackes*, tantôt entre des couches de roches amygdaloïdes ou porphyriques, etc. Ce combustible se trouve également dans quelques terrains plus élevés dans la série des formations, tels que les terrains houillers (Anzin), le lias alpin (Dauphiné, Tarantaise), etc. Les principales localités où se trouve cette substance sont les Alpes du Dauphiné, les Pyrénées, la Savoie, la Saxe, la Bohême, l'Espagne, l'Angleterre, etc.

Usages. L'Anthracite, par suite de la difficulté qu'on éprouve à l'allumer, a été pendant long-temps considéré comme incombustible ; mais M. Brard a démontré que cette matière, mêlée d'abord, pour qu'elle s'enflamme plus facilement, soit avec du bois, soit avec de la houille, n'a besoin que d'une *très-grande quantité* d'air pour produire, en brûlant, un degré de chaleur beaucoup plus considérable que celui qu'on obtient avec les autres combustibles. Ce savant a employé l'Anthracite, avec un succès très-remarquable, à de nombreux usages, et entre autres au traitement métallurgique des minerais extrêmement réfractaires. On s'en sert maintenant avec avantage dans un assez grand nombre de fonderies, et surtout dans les grandes opérations pour lesquelles on a besoin d'une température très-élevée. Mais, comme il est presque impossible de parvenir à allumer une petite quantité d'Anthracite, et que d'ailleurs cette matière a l'inconvénient de s'éteindre totalement dès qu'on l'éloigne d'un brasier où la combustion est en pleine activité, il en résulte qu'on ne peut en faire usage dans les appartemens. Certaines variétés, étant exposées à la chaleur, ont de plus la fâcheuse propriété de se réduire, en pétillant, en une sorte de poussière qu'il n'est plus possible d'allumer et dont il devient alors nécessaire de débarrasser les fourneaux. C'est avec l'Anthracite pulvérisé, uni à de la houille et à une petite quantité d'argile, qu'on forme les bûches économiques que beaucoup de personnes placent dans le fond de leur cheminée.                              (D'Or.)

ANTHRACOTHERIUM. (mam.) G. Cuvier a donné ce nom à un animal dont les ossemens ne se trouvent qu'à l'état fossile, et qui est voisin du genre *Anoplotherium* (voy. ce mot). Il offre quelques rapports avec l'Hippopotame, et fait le passage du genre *Chœropotame* au genre *Dichobune* (voy. ce mot). Les dents molaires de cet animal ont à leur couronne six et quatre tubercules coniques rangés par paires ; les canines offrent beaucoup de rapport avec celles du Tapir.

Cuvier a divisé ce genre en cinq espèces, auxquelles il a donné les noms suivans : *Anthracotherium magnum*, *A. minus*, *A. minimum*, *A. Alsaticum*, et *A. Velaneum*.

La première avait la taille de l'âne ; la seconde celle du cochon ; la troisième était encore plus petite ; les deux autres, dont il est difficile de préciser la taille, ont reçu leurs noms des deux anciens pays de France où elles ont été trouvées, l'Alsace et le Velay. Une sixième espèce a été découverte au Bengale : c'est celle que

M. Pentland a décrite sous le nom d'*Anthracotherium silistrense*.

Les débris de toutes ces espèces se trouvent dans des marnes calcaires de sédiment d'eau douce, supérieures au gypse, comme aux environs du Puy en Velay, et dans des dépôts de lignite ou de bois carbonisé, formant des couches au milieu de marnes, d'argiles et de sables, placés dans une position supérieure aussi à celle du gypse ou de la pierre à plâtre des environs de Paris.

(J. H.)

ANTHRAX, *Anthrax*. (ins.) Ce genre, après avoir fait partie des Mouches de Linné et de Geoffroy, des Némotèles d'Olivier, a été formé par Fabricius, dans ses premiers ouvrages, sous le nom de *Bibio*, qu'il a ensuite abandonné en le divisant en deux parties, dont l'une a formé le genre Midas, et l'autre le genre qui nous occupe en ce moment ; ses caractères consistent à avoir les palpes intérieurs, la trompe peu saillante, les antennes ayant le premier article plus long que le suivant, celui-ci en forme de poire, terminé par une longue alêne, munie d'une soie.

Ces insectes ont un facies très-reconnaissable ; leurs ailes sont presque deux fois aussi longues que le corps, portées latéralement, même dans le repos, composées de parties transparentes, et d'autres la plupart du temps noires qui les font paraître comme en deuil ; leur tête est globuleuse, et les yeux en occupent la plus grande partie ; le corps est oblong, nu, plat, toujours velu. Ces insectes volent rapidement en planant long-temps à la même place avant de se fixer, ils se posent souvent à terre au plein soleil, c'est là qu'on les trouve fréquemment ; ce genre est assez nombreux en espèces, celles étrangères à notre pays présentent absolument la même apparence. On ne connaît pas leurs larves ni par conséquent leurs métamorphoses.

Anthrax noir, *A. Morio*. Panzer, Faun. ins. Germ., fasc. 35, n° 18. *Semi-atra*, Meig. Long d'environ 5 lignes, noir, avec des poils fauves à la partie antérieure du corselet et des deux côtés de la base de l'abdomen. Les ailes sont noires de la base à la moitié, la limite de la partie noire formant quatre dentelures. C'est l'espèce la plus commune des environs de Paris. A. varié, *A. varia*. Fab. Coqueb. Illus. inn., ins., tab. 23, fig. 2, long de 5 à 6 lignes. Le corps est brun, velu, avec des poils fauves sur le corselet, et des taches blanches sur l'abdomen ; les ailes sont transparentes, avec des petits points parsemés sur leur surface. A. jaunatre, *A. flava*, Macquart. Cette espèce, longue de 7 à 8 lignes, diffère un peu de ses congénères ; le corps est noir, fortement chargé de duvet jaunâtre ; les ailes sont transparentes, enfoncées à la rote antérieure et à la base.

(A. P.)

ANTHRÈNE, *Anthrenus*. (ins.) Genre de l'ordre des Coléoptères, section des Pentamères, famille des Clavicornes, tribu des Dermestins ; ayant pour caractères : mandibules très-saillantes, antennes en massue solide, se logeant dans une cavité pratiquée aux angles du corselet; pieds contractiles, tarses libres.

Les Anthrènes sont de très petits insectes dont le corps est arrondi, lenticulaire, les pieds courts et se rapprochant du corps au moindre danger; leur corps est couvert de petites écailles semblables à celles qui couvrent les ailes des papillons et qui s'en détachent avec la même facilité : ce sont ces écailles qui déterminent les couleurs dont ils sont ornés; on trouve ces insectes souvent en grande quantité sur les fleurs, où ils sucent la liqueur miellée qui y est renfermée; on les trouve aussi quelquefois dans les maisons, et, beaucoup trop souvent, dans les collections d'insectes où leurs larves exercent les plus grands ravages. Ces larves sont très-petites, comme on doit le penser; les plus grandes, parvenues à tout leur accroissement, ne vont guère à plus de deux lignes; elles ont une tête écailleuse, munie de deux petites antennes coniques et de deux fortes mâchoires; tout leur corps est couvert de poils roux, surtout sur les côtes et à l'extrémité du corps, où ils forment deux houppes que l'insecte a la faculté de redresser à sa voloné, principalement quand il se sent inquiété. Est-ce une arme, est-ce plutôt un moyen de défense? C'est ce qui n'a pas été encore bien éclairci; ces larves suivent, dans leurs métamorphoses, les mêmes phases que les autres insectes; mais elles sont près d'un an sous leur premier état, pour passer à l'état de nymphe; elles restent dans leur dernière peau de larve, qui se fend seulement sur le dessus du dos, pour préparer la sortie de l'insecte parfait. On voit de ces larves et des insectes dans toutes les saisons de l'année, mais principalement au printemps; c'est à la fin de l'été, quand les larves ont acquis tout leur accroissement, qu'elles sont le plus redoutables.

On n'en connaît que peu d'espèces; les plus répandues sont :

L'ANTHRÈNE DE LA SCROPHULAIRE, *A. scrophulariæ*, Fab.; Oliv., col. t. 2, n° 14, pl. 1, fig. 5. D'un noir foncé, avec la suture des élytres roussâtre et trois bandes grises transverses.

A. DES COLLECTIONS, *A. museorum*, Fab.; Oliv., col., t. 2, n° 14, pl. 1, fig. 1. Elle est entièrement d'un brun obscur; c'est celle dont la larve fait tant de ravages dans les collections d'animaux desséchés.          (A. P.)

ANTHRIBE, *Anthribus*. (INS.) Genre de l'ordre des Tétramères, famille des Rynchophores. Ce genre, démembré du genre *Bruchus* de Linné, a pour caractères essentiels : tête aplatie, avancée, labre apparent, palpes visibles filiformes, antennes en massue à leur extrémité, et le pénultième article des tarses bilobé.

Les Anthribes ont un peu le port des Charançons, dont ils sont un démembrement; mais leur museau est plus aplati, leurs antennes ne sont point coudées, et la massue n'est formée que des trois derniers articles; leur corps est en général oblong, nu, plat au-dessus, parallèle sur les côtés; ces insectes ne sont pas très-communs dans notre pays : on en trouve quelques espèces sur les fleurs, et les plus grosses sur le vieux bois, où il est présumable qu'elles opèrent leurs métamorphoses.

A. LATIROSTRE, *A. Latirostris*, Fab.; Oliv., col., t. 4, n° 80, pl. 1, fig. 6. Long d'environ 7 lignes; tout le corps est fortement ponctué et chagriné, noir enfumé, parsemé de taches plus foncées et de points grisâtres; rostre très aplati, tête, extrémité des élytres, plaque anale, dessous de l'abdomen jaunâtres. Les antennes ne sont pas très longues. Des environs de Paris. A. ALBIROSTRE, *A. albirostris*, Fab. Long de 5 lignes, noirâtre, deux ou trois larges bandes blanchâtres sur les élytres, le tour des yeux, tout le dessous du corps couvert d'un duvet blanchâtre très-serré. D'Europe.          (A. P.)

ANTHROPOLITHES et ANTHROPOÏDES. (GÉOL.) Le mot Anthropoïdes, proposé par M. Brongniart pour désigner les fossiles humains, doit être préféré à Anthropolithes, attendu qu'on n'a pas trouvé jusqu'à présent d'ossemens humains *pétrifiés*. Ainsi, on peut douter de l'existence des premiers, tandis que les seconds sont les fossiles les plus caractéristiques de notre époque : les restes de l'homme, n'ont été trouvés que dans les couches les plus récentes, dans des dépôts meubles et superficiels, et les archives de la nature sont d'accord avec celles de l'histoire pour démontrer l'origine récente de l'homme, du moins dans l'Europe et dans l'Amérique septentrionale, seules contrées bien explorées par les géologues. On ne peut supposer que ses restes, tout aussi indestructibles que ceux des autres animaux, aient disparu, quand on trouve dans des couches très anciennes l'impression des feuilles les plus délicates et des élytres d'insectes parfaitement reconnaissables; jamais les débris de l'homme, ou ceux de son industrie, n'ont été trouvés avec certitude associés à des ossemens d'animaux perdus, ni dans les amas meubles formés par des causes violentes et presque générales, ni dans des couches sous-marines devenues terrestres par suite de soulèvemens.

L'existence de l'homme dans les contrées étudiées jusqu'à ce jour semble donc postérieure aux dernières grandes catastrophes qu'elles ont éprouvées; et remarquons que sa récente origine n'est pas un fait isolé; mais qu'elle se rattache à ces deux circonstances importantes : qu'on n'a pas encore trouvé à l'état fossile les animaux qui se rapprochent le plus de l'homme par leur organisation, tels que les singes; et qu'en outre les espèces d'un ordre élevé, tels que les grands mammifères, n'appartiennent qu'aux couches les plus récentes, comme si la création eût été progressive et terminée par l'apparition de l'homme.

Les anatomistes ont reconnu pour des ossemens de divers animaux, ou pour des formes dues au hasard, comme celles du fameux fossile humain des grès de Fontainebleau, tous les prétendus *anthropolithes* annoncés jusqu'à ce jour. Ainsi le fossile des schistes calcaires d'Oeningen, que Scheuchzer honora du titre d'homme témoin du déluge, *homo diluvii testis et theoskopos*, et qui conserva cette qualification jusqu'en 1758, a été reconnu par Cuvier pour une grande espèce de reptile voisin du genre *Proteus*; une carapace de tortue trouvée dans les environs d'Aix a long-temps passé pour un crâne humain; les ossemens d'homme trouvés dans les brèches ossifères de la Méditerranée n'ont rien de réel. M. Cuvier n'y a vu, contre l'opinion de Spallanzani, que des os de quadrupèdes; il est plus que probable que tous ces ossemens de géans et de héros, que l'antiquité conservait dans des temples, musées de l'époque, avaient la même origine, et que l'omoplate de Pélops conservée à Olympie, le géant Oronte trouvé à Antioche, le géant Opladamus conservé dans le temple d'Esculape à Mégalopolis, et tant d'autres, auraient été restitués au Mastodonte ou autre animal antédiluvien, s'ils étaient venus jusqu'à nous.

Parmi les fossiles humains Anthropoïdes qui remontent à une haute antiquité, on cite les squelettes de la grande terre à la Guadeloupe, enveloppés dans un calcaire sablonneux d'une grande dureté; il est bien reconnu d'ailleurs que ce calcaire, qui est au-dessous de la ligne des hautes marées, se forme journellement par la réunion de petits grains de sable et de fragmens de coquilles dans un ciment calcaire, phénomène qui a lieu non seulement sur les rivages des Antilles, mais dans la Méditerranée. Le Musée possède un de ces squelettes de la Guadeloupe, et on a pu s'assurer que les os ont conservé une partie de leur gélatine. Les cavernes du midi de la France ont fourni récemment beaucoup d'observations sur les ossemens humains; mais on a commis de véritables anachronismes en confondant les dépôts qui y avaient été entassés à diverses époques et mélangés par les eaux ou par les travaux des hommes. Nous citerons les cavernes de Bize, département de l'Aude, où on a trouvé des ossemens d'homme et des poteries grossières avec des débris d'espèces éteintes de mammifères, telles que l'*ursus arctoïdeus*; celles de Lunel-Vieil, où des restes d'hommes étaient réunis à des os de rhinocéros, d'ours, d'hyène. Les conséquences qu'on en peut tirer relativement à l'antiquité de l'homme sont nulles, attendu que le dépôt qui les renfermait avait été remanié par les eaux. D'habiles observateurs ont même reconnu sur quelques points que la couche qui renfermait les ossemens humains était tout-à-fait supérieure, et que les objets d'art qui leur étaient réunis ne remontaient pas au-delà de l'invasion romaine.

Mais en est-il ainsi des ossemens humains trouvés par un de nos premiers géologues, Boué, dans les alluvions anciennes de l'Alsace? Suivant ce géologue, ces ossemens seraient contemporains du dépôt qui les renferme, et par conséquent antérieurs à ce que nous appelons l'époque actuelle. Ce fait doit être rapproché de la découverte faite en Autriche, dans une alluvion ancienne absolument semblable à la précédente, de crânes que l'on a d'abord attribués aux *Avares*, et qui présentent cette singularité bien remarquable, d'avoir les plus grands rapports avec ceux d'une race découverte dans le Haut-Pérou par M. Pentland. Ils montrent le même aplatissement du frontal et la même élévation si extraordinaire des parties postérieures du pariétal.

L'existence de l'homme est, sans aucun doute, très-récente en Europe; mais est-elle postérieure à la dernière grande catastrophe? C'est un point qui ne nous semble pas démontré, et sur lequel l'observateur doit suspendre son jugement, ne fût-ce que pour se prémunir contre les idées préconçues. Considéré *à priori.*, ce fait de la coexistence de l'homme aux espèces de l'époque alluviale ancienne n'a rien d'improbable, et la découverte en Europe des débris d'une race équatoriale ne serait qu'un fait de plus ajouté à l'ensemble des observations sur la faune et la flore de cette époque qui annoncent encore le climat des tropiques.

S'il n'existe pas d'Anthropolithes ou d'hommes pétrifiés, la surface de la terre et le bassin des mers se couvrent depuis plusieurs milliers d'années d'Anthropoïdes et de tous les débris de l'industrie humaine, fossiles caractéristiques de notre époque; ils s'enfouissent dans des dépôts de même nature que ceux qui renferment les ossemens des races perdues et se conserveront comme eux, signalant une époque plus grande encore dans l'ordre moral que dans l'ordre physique. Supposons, ce qui n'a rien d'impossible, qu'un soulèvement mette à découvert le bassin de la Méditerranée : on trouvera, sur ce théâtre de tant de naufrages, de tant de combats, les types de toutes les races qui l'ont parcouru et les archives de leur histoire et de leur industrie. De semblables soulèvemens ont eu lieu dans ce même bassin et à une époque *géologique* très-récente ; car nous avons trouvé sur les côtes de la Sicile et de la Grèce des dépôts entièrement formés des coquilles qui peuplent la Méditerranée; cependant rien n'y annonce encore l'existence de l'homme. (B. )

**ANTHROPOMORPHE.** ( MAM. ) Ce mot, qui vient du grec et qui signifie *ayant la forme humaine*, a été donné à des êtres fabuleux qu'on disait être moitié hommes et moitié animaux. De ce nombre étaient les Syrènes, Tritons, Satyres, Centaures, etc. (GUÉR.)

**ANTHROPOMORPHES.** ( MAM.) Dans les premières éditions de son *Systema naturæ*, Linné donnait ce nom au premier ordre des Mammifères. Dans les éditions suivantes, il a modifié sa méthode, et une partie des animaux de cet ordre ont formé celui des *Primates*. (GUÉR.)

**ANTHROPOMORPHITES.** ( ZOOL.) On donnait ce nom à toutes les pétrifications dans lesquelles on croyait retrouver la forme humaine. On a reconnu depuis que ces prétendus fossiles humains étaient des débris de tortues. (*Voyez* ANTHROPOLITHES.) (GUÉR.)

**ANTHROPOPHAGE,** ( MAM.) MANGEUR D'HOMMES. Il n'est pas de notre tâche d'examiner comment a pu s'établir et se perpétuer, chez quelques peuplades soustraites au bienfait de la civilisation, l'horrible coutume de déchirer et de dévorer les membres palpitans de leurs ennemis vaincus. La privation d'alimens ordinaires, la soif de la vengeance ont sans doute été les premières causes de cet usage révoltant, qui se sera transmis ensuite, comme une tradition religieuse, plutôt que comme un goût particulier : c'est à la philosophie à rechercher sous quelle influence il a dû naître, sous quelle influence il devra disparaître du monde entier. Il n'entre pas non plus dans notre sujet de parler ici de ces hommes qui, livrés aux angoisses d'une faim dévorante, ont pu se résoudre à sacrifier les plus faibles d'entre eux pour satisfaire ce besoin, le plus impérieux de tous. Sans doute ils avaient déjà perdu l'usage de la raison, lorsqu'ils approchaient de leur bouche les lambeaux d'un cadavre humain : l'histoire du siége de Jérusalem par Vespasien, de la famine de Paris assiégé par Henri IV, les relations de plusieurs naufrages et surtout du désastre de *la Méduse*, attestent par quelle suite de tortures ces malheureux sont arrivés à cette affreuse extrémité. Mais existe-t-il réellement des hommes, parmi les peuples civilisés, que les vices de leur organisation, que la dépravation du goût, qu'un excès de sensualité même ont pu pousser à se nourrir de la chair de leurs semblables? Ces exemples, fort rares à la vérité, sont malheureusement trop bien avérés : Galien en rapporte quelques uns ; Jacobi de Hatzfeld nous a transmis l'histoire d'une famille d'Antropophages, condamnée au feu pour avoir assassiné un grand nombre d'individus, et en avoir fait sa nourriture ; une jeune fille de douze ans, appartenant à cette famille, et que son âge avait exemptée du supplice, tua bientôt plusieurs enfans pour en manger la chair : condamnée à être enterrée vive, elle disait à l'instant de sa mort, aux spectateurs qui la regardaient en frémissant : Si l'on savait combien est savoureuse la chair des hommes, personne ne pourrait s'empêcher de manger des enfans. Le professeur Gruner, à Iéna, a rapporté l'observation d'un certain Goldschmidt, gardeur de vaches, aux environs de Weimar, qui, d'abord assassin, coupa sa victime en morceaux pour la soustraire aux regards, et qui, chaque soir, portait à sa demeure ces portions de cadavre, dont il se régalait avec sa femme, en laissant croire à celle-ci que c'était de la viande de mouton. Un an après il tua un enfant et en mangea une partie. Nous pourrions rapprocher de ces exemples révoltans, l'histoire de ce Léger, supplicié il a quelques années à Versailles, et dont la tête, examinée par les plus savans phrénologistes, a fourni de si précieux renseignemens à la physiologie. Chez ce monstre, comme sans doute chez les premiers dont nous avons parlé, il ne faut pas reconnaître un résultat moral, mais une disposition organique vicieuse, ou un état maladif, tout-à-fait indépendans de la volonté, et qu'on doit plutôt livrer aux secours de la médecine qu'à la vengeance des lois. (*V.* Homme.) (P. G.)

ANTHUS. (ois.) C'est le nom latin de la Farlouse. (*V.* Pitpit.)

ANTHYLLIDE, *Anthyllis*. (bot. phan.) Parmi les vingt espèces qui constituent ce genre, de la famille des Légumineuses et de la Diadelphie décandrie, quelques unes croissent naturellement sur nos montagnes, et d'autres se cultivent dans nos jardins. On regarde comme vulnéraire l'Anthyllide qui peuple les prés secs et celle des montagnes du midi ; ce qu'il y a de plus certain, c'est qu'elles sont l'une et l'autre mangées par les bœufs, les moutons et les chèvres. Elles fleurissent pendant tout l'été. L'espèce la plus remarquable est l'Anthyllide argentée, *A. barba Jovis*, joli arbuste d'un mètre et demi de haut, dont le feuillage blanc satiné persiste tout l'hiver, couvert de bouquets jaunes qui s'épanouissent au mois de juin, et de jeunes rameaux soyeux. On croyait cette Anthyllide indigène seulement aux contrées du Levant ; nous l'avons recueillie sur l'Apennin des deux Calabres et sur les rochers de nos côtes Méditerrannéennes. On peut la risquer en pleine terre sous le climat de Paris, en ayant soin de la couvrir pendant les froids et les gelées. On la multiplie de marcottes, de boutures, de drageons, et par le moyen de ses graines semées en automne. On cultive encore, mais avec plus de soins et dans les orangeries, l'Anthyllide de Crète, à la tige frutescente et aux fleurs rougeâtres, ainsi que l'Anthyllide faux cytise et celle qui porte le nom du botaniste Hermann. (T. D. B.)

ANTIARE, *Antiaris*. (bot. phan.) Genre de plantes de la famille des Urticées et de la Monoécie polyandrie, particulier à l'île de Java. On en connaît deux espèces, l'une à grandes feuilles, *Antiaris macrophylla*, que Brown a décrite et figurée, et sur les propriétés de laquelle nous n'avons aucun renseignement positif ; l'autre est un arbre fort élevé, *A. toxicaria*, dont la séve fournit un poison si violent que, lorsqu'il est introduit dans le sang par la plus légère piqûre, il agit avec une promptitude telle qu'aucun des poisons animaux les plus énergiques ne peut en approcher. Les expériences nombreuses du docteur Horsfield, de Batavia, le démontrent d'une manière irrécusable. Cet arbre, qui atteint souvent de cinq à six mètres et demi de circonférence, croît dans la partie orientale de l'île de Java, où il est appelé *Antshar*. Son écorce est lisse, blanchâtre, épaisse, le bois blanc ; les feuilles sont très-caduques, alternes, ovales, d'un vert pâle, couvertes de poils rudes et courts, et portées sur des pédoncules très-minces et allongés. Rumph en a parlé sous le nom de *Arbor toxicaria*. C'est le fameux *Boon-upas* ou plutôt *Boin-oupas* sur lequel on a publié tant de récits exagérés. Le suc laiteux éminemment visqueux qui coule en abondance de l'Antiare vénéneux, quand on fait une incision à son écorce, est blanc, fourni par les jeunes branches ; celui du tronc est jaunâtre ; c'est celui que le Javanais et les habitans des îles voisines recherchaient pour empoisonner leurs petites flèches de bambou. J'en possède quelques unes. On dit que l'écorce intérieure des jeunes arbres est employée à fabriquer une étoffe commune dont les pauvres gens se servent pour se vêtir; mais cette étoffe a l'inconvénient de causer à la peau de fortes démangeaisons lorsqu'elle est mouillée par la pluie.

Un autre poison, plus subtil encore et dont les indigènes gardent la préparation compliquée comme un secret impénétrable, est extrait d'un grand arbrisseau grimpant, appelé dans le pays *T'shettik*, et non pas *Tieuté* comme l'écrit Leschenault. Les botanistes pensent que c'est un *Strichnos* ou Vomitier (*v.* ce mot); mais leurs recherches ne sont pas encore assez complètes pour prononcer sans appel. Ce qu'il y a de certain, c'est que les émanations du suc du Tshettik sont très-dangereuses et qu'on les a long temps attribuées au Boûn-upas, que l'on approche sans en être incommodé. (T. D. B.)

ANTILIBAN. (GÉOGR. PHYS.) (*Voyez* TAURUS.)

ANTILOPES. (MAM.) Des cerfs aux chèvres, aux moutons et aux bœufs, le passage se nuance par une foule d'espèces ruminantes à cornes creuses, extrêmement variées dans leurs formes, leur taille, leurs mœurs et le climat qu'elles habitent, et se ressemblant en général moins entre elles qu'à quelqu'un des genres voisins. On les a réunies sous le nom générique d'Antilopes. Ce genre, d'une importance incontestée en histoire naturelle, se caractérise très-difficilement. Le seul trait général de leur organisation, établi par M. Geoffroy, la solidité du noyau osseux de leurs cornes, commence à disparaître dans les espèces les plus éloignées des cerfs. Il paraît certain que toutes ont huit incisives, et dans plusieurs espèces voisines du nanguer, les deux intermédiaires ont un excès de largeur fort remarquable, tandis que les trois de chaque côté sont extrêmement étroites et contiguës face à face et non bord à bord; mais ce caractère n'est point général, et se présente dans quelques espèces étrangères à ce genre. M. Desmarest (art. ANTILOPE du *Dictionn. classique*) croit en trouver un plus constant dans l'articulation des os sphénoïde et pariétal, lesquels, au lieu de se souder par une surface de neuf à douze lignes, comme dans les cerfs et les chèvres, ne se rencontrent pas du tout, ou n'ont de commun qu'une pointe aiguë ou une suture presque linéaire. Ajoutons que toutes ont vingt-quatre molaires, et plusieurs des *pores inguinaux*, sortes de poches formées par les replis de la peau des aines. Quant aux cornes, dont la considération est d'une telle utilité, soit pour les distinguer comme genre, soit pour les classer en espèces, elles affectent toutes les formes imaginables, lisses, cannelées, striées, partagées en anneaux, rondes, triangulaires ou enroulées d'une arête saillante, droites ou contournées en spirale, courbées et inclinées dans tous les sens, simples ou rameuses; dans un grand nombre d'espèces, elles sont le privilége exclusif des mâles. La délicatesse excessive de leurs jambes fait qu'on

ne peut que difficilement les prendre sans les leur briser; et ce n'est qu'à force de précaution qu'on parvient à les transporter vivans. Leur taille varie depuis celle d'un agneau qui vient de naître jusqu'à celle d'un cheval de moyenne taille. Toutefois on les distingue facilement des cerfs par la nature de leurs cornes creuses et à noyau osseux, persistant toute la vie, au lieu de tomber chaque année; par la présence d'une vésicule biliaire et par la récurrence des poils surépineux du cou et du dos; mais la plupart des espèces s'en rapprochent par l'élégance et la légèreté de leurs formes, la souplesse de leurs jambes, la grandeur et la vivacité de leurs yeux le plus souvent accompagnés de larmiers, par la rapidité de leur course, par la nature de leur pelage, qui est ras. Quelques unes, au contraire, passent aux bœufs, de manière à n'en pouvoir être que difficilement séparées.

Gmelin en comptait vingt-sept espèces, et déjà l'on se plaignait de plus d'un double emploi; un auteur moderne en cite cinquante-quatre, et d'autres en portent le nombre à quatre-vingts. Du reste, ce genre a été fort peu étudié; les mœurs vagabondes des espèces qui le composent, leur séjour dans des pays en général peu habités et peu connus, en sont les causes. Peut-être pourrait-on, d'après la forme de leurs talons, les partager en deux grandes divisions assez en rapport avec leurs habitudes et les localités qu'elles habitent. Les unes ont en effet des ongles petits et presque sans talons apparens, et ce sont en même temps des espèces à jambes effilées, dont le séjour est établi dans les montagnes, où elles courent de rochers en rochers avec une effrayante agilité. Les autres, au contraire, ont les talons plus ou moins développés, et leurs formes sont en général plus massives; elles habitent de préférence les plaines, les forêts, les terrains sablonneux et unis, et même les marécages; et tandis que les premières, habiles à se dérober par une prompte fuite aux dangers qui les menacent, ont été créées timides et désarmées, la plupart des autres, beaucoup plus exposées par la nature des localités qu'elles habitent, ont des cornes puissantes, dont elles savent se servir, et se réunissent en troupes pour repousser leurs communs ennemis. C'est à M. Verner, peintre d'histoire naturelle attaché au Muséum, que nous devons ces remarques, qui nous semblent devoir être de quelque utilité, et qui pourront influer sur une nouvelle classification de ces animaux. Nous nous conformerons ici aux divisions les plus généralement suivies. Elles reposent toutes sur la forme et la direction des cornes.

Si la classification des Antilopes est de nature à occuper les naturalistes, les étymologistes ont aussi trouvé dans leur nom de quoi exercer leur patience et leur érudition. Devons-nous en effet le regarder comme d'origine grecque parce qu'Eustathius désigna sous le nom d'Antholops un animal cornu de nature inconnue? ou bien croirons-nous, avec Bochart, qu'il dérive du copte *pantalops*, qui signifie licorne? C'est ce que *Ray*, qui paraît s'en être servi le premier, a oublié de nous faire connaître. Albert-le-Grand et d'autres écrivains ne nous apprennent pas davantage pourquoi ils se servent des mots *calopus*, *antaplos*, *analopos*.

On pourrait dire que l'Afrique est la patrie du genre ; cependant on trouve en Asie un grand nombre d'espèces, deux en Europe ; et récemment on en a découvert deux en Amérique.

#### 1° ANTILOPES A QUATRE CORNES.

Le TSCHICKARA, espèce unique, porte presque entre les deux yeux deux petites cornes droites, courtes, coniques et un peu comprimées ; en arrière, sont les deux cornes ordinaires, droites, plus longues que les autres, aiguës et lisses. Les yeux sont accompagnés de larmiers ; cette espèce a la taille du chevreuil. — Originaire de l'Inde.

#### 2° LES ACUTICORNES.

*Cornes ou entièrement lisses ou légèrement cannelées vers la base, droites ou très-peu courbées en avant, verticales et se terminant par une pointe aiguë. Les femelles n'ont point de cornes.*

*Espèces à cornes droites :*

Le KLIPPS PRINGER, *Oreotragus*. On le nomme encore *Antilope sauteuse*, *sauteur de rochers*. Cette espèce est grande comme une chèvre ; son poil rude et cassant s'enlève par le plus léger attouchement. Elle a les oreilles plus courtes que les autres Antilopes et un petit mufle. Son pelage offre une teinte générale gris-verdâtre. Les cornes sont courtes, minces, très-légèrement arquées en dedans. Elle habite les rochers, et se fait remarquer, comme notre chamois, par les sauts prodigieux qu'elle y exécute au dessus de précipices immenses. Sa chair est délicate, et elle passe pour le meilleur gibier de l'Afrique méridionale et des environs du Cap.

L'ANTILOPE DE LA LANDE. Habite les contrées montagneuses de l'Afrique, où elle vit en petites troupes sans descendre jamais dans les plaines.

L'ANTILOPE LAINEUSE ou REE-BOOCK, *Antilope lanata*, est extrêmement rare ; on la rencontre aux environs du Cap, formant de petites troupes de dix à quinze paires ; elle se tient constamment dans les montagnes. Son poil, assez doux et court, est en même temps frisé et laineux, d'un gris cendré, plus grisâtre sous le ventre. Ses cornes sont extrêmement droites, marquées d'anneaux peu nombreux dans leur moitié inférieure.

Le GRIMM, *Antilope grimmia*, reçut de Pallas, qui le décrivit l'un des premiers, le nom de *petit bouc damoiseau de Guinée*, sans doute à cause de sa gentillesse et de l'élégance de ses formes. Sa taille excède à peine un pied. Son pelage est généralement d'un fauve jaunâtre ou d'un brun foncé, gris le long du dos, sur le chanfrein, la queue et les membres. Les cornes sont droites, petites, presque parallèles et dirigées en arrière. Sur le haut du front, est un épi dirigé dans le même sens que les cornes, et une bande noire va joindre le nez après avoir sillonné tout le chanfrein. Au des-

sous de chaque œil, plus bas, et dans une position toute différente des larmiers, se trouve une cavité considérable d'où découle une humeur visqueuse qui se solidifie, avec le temps, en une masse noire.

Le Grimm s'apprivoise facilement et se fait remarquer par son excessive propreté. Quelques auteurs regardent comme appartenant à la même espèce la petite *chèvre plongeante* ou *chèvre sautante* du Cap, ainsi nommée à cause de la manière dont elle fuit en s'élevant en l'air par des sauts réitérés, pour découvrir les dangers qui la menacent et se replonger aussitôt dans les buissons. D'autres croient que la chèvre plongeante forme une espèce à part, beaucoup plus grande.

Le GUÉVEY ou ROI DES CHEVROTAINS, la plus petite de toutes les espèces connues, n'est, en quelque sorte, qu'un chevrotain, plus deux petites cornes d'Antilope. La hauteur du train de devant n'excède guère douze à quinze pouces. Les cornes du mâle sont noires, lisses, avec quelques anneaux à leur base. Son pelage est d'un brun cendré, avec une ligne fauve de chaque côté du front qui est noirâtre. Le Guévey, ainsi que l'espèce précédente, a un petit mufle avec une fosse sous chaque œil. Il n'habite que les grandes forêts, où il vit isolé. On le dit si leste qu'il peut s'élever à une hauteur de douze pieds, ce qui paraît un peu exagéré. — Du Congo et des environs du Cap.

ANTILOPE DE SALT, *Saltiana*. Espèce connue depuis très-peu de temps, et rapportée en Angleterre par Salt, ancien consul anglais à Alexandrie. Dans la Nubie et l'Abyssinie, où elle se trouve, on la nomme *Madoko*. Ses cornes sont courtes, très-aiguës, triangulaires, annelées et dentelées en scie sur l'arête antérieure, légèrement inclinées en arrière. Une touffe de poils longs et dirigés dans le même sens remplit l'intervalle des cornes, qui sont très-rapprochées. Chaque poil du corps est piqueté de blanc, de roux et de noir, ce qui donne au pelage une teinte générale gris roussâtre. Le dessous du ventre est d'un blanc légèrement teinté de fauve. Portée sur ses quatre jambes, grosses au plus comme le petit doigt, il n'est point de plus gracieuse ni de plus mignonne petite bête. Ses sabots fort longs et ses pieds sans talons indiquent assez une habitante des montagnes.

Le GRIS-BOOCK, *Antilope melanotis*, *Grisboock* ou *Grisea*, l'une des plus communes dans les cabinets. Sa couleur est d'un beau rouge ardent ou d'un brun fauve, semé d'une foule de poils blancs par tout le corps, sans aucune tache ; le roux devient plus pâle sous le ventre ; l'intérieur des oreilles est noir. Quoique très-agile, il se laisse pourtant prendre à la course par les chiens.

L'OUREBI, *Antilope scoparia*, offre beaucoup de rapports avec le *Grimm* ; mais il est plus grand, et sa taille atteint presque celle de notre chevreuil. Il est aussi plus svelte et plus haut sur ses jambes ; son pelage est d'un fauve uniforme en dessus, d'un beau blanc de neige en dessous ; il a au poignet des brosses fauves et blanchâtres, et les yeux sont accompagnés de larmiers. Les cornes du mâle sont petites et droites, avec cinq bourrelets.

Cette Antilope vit par petites troupes aux environs du cap de Bonne-Espérance.

### 3° LES RÉCURVICORNES.

*Cornes à une seule courbure dirigée en avant.*

Le RITBOOCK, CHÈVRE et CHEVREUIL DES ROSEAUX, *Oleotragus.* Cette espèce est de la grandeur du daim et à peu près de la couleur du cerf, c'est-à-dire d'un gris fauve cendré. Les cornes, plus longues que la tête, entourées d'anneaux dans la première moitié de leur longueur, sont lisses et très-aiguës à leur extrémité, et se dirigent en avant par une courbure uniforme assez prononcée.

Le Ritboock est rare au cap de Bonne-Espérance. Il se tient dans l'intérieur des terres et fait sa demeure dans les roseaux qui avoisinent les fontaines. Buffon regarde cette espèce comme une variété du NAGOR. (*Voyez plus bas.*)

### 4° LES ANTILOCHÈVRES.

*Cornes à une seule courbure, recourbées en arrière.*

Le CAMPTAN, CAMBING-OUTANG ou ANTILOPE DE SUMATRA, est de la taille d'une chèvre, mais beaucoup plus élevé sur ses jambes; il en a aussi le museau. Une ligne noire sillonne le chanfrein, et ses cornes courtes mais assez fortes, très-aiguës et fortement arquées, sillonnées à la fois d'anneaux et de stries longitudinales très-fines, le font aisément reconnaître. Son pelage est noir, avec une crinière blanche.

L'ANTILOPE CHEVALINE ou OSANNE, *Antilope equina*, est de la grandeur d'un petit cheval, et remarquable par la longueur de ses oreilles. Son pelage est long et de couleur grise, brune ou roussâtre; elle a la tête brune; au devant de l'œil, un pinceau de poils blancs dirigés vers l'angle des lèvres; sur le cou, une crinière dont les poils se dirigent vers la tête et qui se prolonge sur le dos. Les cornes sont grandes et sillonnées de gros anneaux. Elle n'a ni brosses ni larmiers. L'Afrique est sa patrie.

L'ANTILOPE BLEUE, nommé par Buffon TSEIRAN, *Antilope leucophœa.* De la taille d'un grand cerf ou d'un âne. Son pelage est d'une teinte généralement ardoisée, quelquefois rougeâtre; le ventre, la queue et une tache au dessous de chaque œil sont blancs.

Plusieurs naturalistes affirment que cette couleur bleuâtre n'est due qu'aux reflets des poils qui pendant la vie de l'animal sont toujours hérissés; ou, selon d'autres, à ce que ces poils ne sont bleuâtres qu'à leur partie inférieure; après sa mort, disent-ils, les poils se couchent, et la teinte première se convertit en une sorte de gris cendré brillant; les joues sont marquées d'une ligne blanche de chaque côté du chanfrein, depuis la bouche jusqu'aux larmiers; mais ces raies deviennent de moins en moins tranchées à mesure que l'animal avance en âge, et dans la vieillesse la tête devient entièrement blanche.

Les cornes de cette Antilope sont noires et ridées, ont environ vingt anneaux, et se recourbent uniformément en arrière; leur longueur est d'un pied et demi à deux pieds; elle n'a point de brosses aux genoux. On assure qu'elle ne manque point de courage, et que souvent elle attend de pied ferme les chiens et les chasseurs; quoiqu'elle semble indigène du Cap, on la trouve représentée de la manière la moins équivoque sur les monumens égyptiens. Elle est très recherchée pour la délicatesse de sa chair.

### 5° LES ORYX.

*Ce sont en général de grandes espèces à cornes longues, très-grêles, annelées, droites ou peu courbées; point de larmiers ni de brosses.*

L'ORYX, CHAMOIS DU CAP, ou ANTILOPE A CORNES DROITES, le même que Buffon a décrit sous le nom de PASAN, *Antilope oryx.* Sa taille surpasse celle du cerf, et ses cornes, qui sont droites, lisses dans les deux tiers supérieurs de leur hauteur, sont verticales et très-rapprochées, et atteignent jusqu'à trois pieds de longueur. Sa teinte générale est un brun cendré bleuâtre; la tête, dont le front, les régions orbitaires et le museau sont blancs, semble recouverte sur toutes les autres parties d'un masque brun foncé; une bande de même couleur règne le long de l'épine dorsale, dont les poils depuis la croupe se dirigent vers la tête. On remarque sur la gorge, sur les épaules et les cuisses des raies brunes.

C'est probablement cette espèce qui a donné naissance à la fable de la licorne (*V.* LICORNE), soit que des individus aient été observés avec une seule corne, comme cela arrive assez fréquemment, soit qu'on en ait tiré l'idée des monumens égyptiens, où l'Oryx est représenté avec beaucoup d'exactitude, mais où en même temps on aperçoit les deux cornes dans le même plan, ce qui peut faire croire qu'il n'en existe qu'une seule.

C'est un animal très commun dans l'intérieur de l'Afrique, rare au Cap. On ne le rencontre que par paires; ses sabots sont longs et lui donnent beaucoup de facilité pour grimper; aussi se plaît-il dans les contrées montagneuses.

Un grand nombre d'auteurs regardent comme une variété du précédent

Le LEUCORYX, ou ORYX BLANC, que l'on rencontre en Arabie; il en diffère en ce que son corps est d'un beau blanc; on prétend que ses sabots diffèrent aussi pour la forme de ceux de l'Oryx, que son cou est plus court et plus épais, et son museau plus large.

On a souvent confondu avec ces deux espèces l'AL-GAZELLE ou ALGAZEL, dont les cornes ressembleraient entièrement à celles de l'Oryx, si elles n'étaient recourbées en arc de cercle; elles atteignent jusqu'aux flancs, et gênent beaucoup l'animal dans ses mouvemens. Le pelage est d'une teinte générale blanchâtre, ses formes sont trapues et assez lourdes. Elle habite la zône centrale de l'Afrique depuis la Nubie jusqu'au Sénégal; il n'est aucune espèce dont l'image soit plus répétée sur les monumens

de la Haute-Égypte, et Cuvier pense avec Lichten-
stein que c'est elle seule que les anciens ont désignée par le nom d'Oryx.

On accorde aux Oryx le courage et une habileté à se servir de leurs cornes qui les rendent redoutables; aussi figurèrent-ils dans les jeux des
Romains. Les cornes elles-mêmes ont servi à plus
d'un emploi; on en fit des branches d'instrumens de
musique, des armes offensives, des branches d'arcs;
leur forme régulièrement courbée, ou parfaitement
droite, se prêtait à ces différens usages.

### 6° LES STREPSICÈRES.

*Cornes à arête spirale.*

Le COUDOUS, décrit par Buffon sous le nom de
CONDOMA, *Antilope strepsiceros.*

C'est l'une des espèces qui s'éloignent le plus
du type commun des Antilopes, pour se rapprocher de celui des chèvres.

Comme ces dernières, elle a les cornes entourées
d'une arête très-saillante, et soutenues par des
noyaux cellulaires, et sous le menton une petite
barbe qui se continue sous la gorge, sur la poitrine
et sous le ventre, avec une crinière le long de l'épine
dorsale. Les cornes, longues quelquefois de plus
de trois pieds, décrivent une belle spirale régulière à triple courbure, et leurs pointes, qui sont
lisses et aiguës, sont écartées de deux pieds et
demi; la substance en est dorée, d'un jaune pâle,
et demi-transparente. La couleur du pelage est d'un
brun cendré clair avec huit ou dix taches blanches
sur les flancs, très-apparentes dans le jeune âge,
dont le pelage est d'un roux bien plus foncé. On
peut voir pl. 26, n° 3, une figure de cet animal.

Le COUDOUS est un animal d'une belle pres-
tance; il porte fièrement sa tête et n'est pas moins
remarquable par l'élégance de ses cornes, par
la finesse de ses jambes et l'agilité de sa course, que
les plus beaux cerfs de nos pays; on assure qu'il
franchit des barrières de dix et douze pieds de
hauteur; on le trouve dans l'intérieur de l'Afrique,
au nord du cap de Bonne-Espérance; quoiqu'il
vive solitaire, il n'est point farouche, et s'apprivoise avec la plus grande facilité.

Le CANNA, que Buffon avait mal à propos nommé
COUDOUS, *Antilope oreas*, la plus grande espèce du
genre. Outre la grandeur de sa taille, il offre
avec le cheval plusieurs traits de ressemblance;
ses cornes sont divergentes, longues de plus d'un
pied et demi, mais entourées d'une arête qui circule tout autour en spirale, ce qui leur donne
l'air d'avoir été tordues. Le garrot s'élève entre
les deux épaules, le pelage est grisâtre; une petite crinière règne le long de l'épine, la queue se
termine par un flocon; au-dessous du cou, un fanon
semblable à celui des bœufs et garni de poils qui
peuvent atteindre jusqu'à un pied de long; son pelage est d'un fauve grisâtre.

Ces animaux vivent au nord du Cap, dans les
montagnes, par troupes de trente à quarante,
quelquefois de deux à trois cents. On les chasse
pour leur chair qui est excellente et pour leur peau,
et ils sont si peu farouches que le chasseur peut
pénétrer au milieu de leurs rangs et choisir en
sécurité ceux qui lui semblent les meilleurs et les
plus gras. Leur taille, leur force, la facilité avec
laquelle ils s'apprivoisent, permettent de croire
qu'avec quelques soins la colonie du Cap en retirerait les mêmes services que des bœufs et des
chevaux.

L'ADDAX est une espèce nouvellement connue
des modernes, quoique les anciens paraissent en
avoir laissé des portraits et des descriptions. Un
individu a été amené en France avec la Girafe;
il est mort à la ménagerie, et le Muséum possède
sa dépouille; ses cornes sont grêles, un peu comprimées, annelées et contournées en spirale, beaucoup plus renversées en arrière que celles du Coudous; elles sont longues et extrêmement pointues;
l'animal les aiguisait sans cesse, et s'essayait à
en percer les objets qui étaient à sa portée. Son
pelage est blanchâtre ou même blanc, la tête
porte une calotte brune avec une grande tache sur
la face, au dessus des yeux. Cette espèce habite
l'intérieur de l'Afrique.

Nous nous contenterons de nommer le BOSCH-
BOCK, *Antilope sylvatica*, dont les cornes sont presque droites, et dont le pelage du cou est usé
par le frottement des branches dans les forêts
qu'il habite;

Le GUIB, *Antilope scripta*, dont les cornes sont
droites avec un arête spirale double : la femelle
est représentée pl. 26, fig. 1;

L'ANTILOPE DÉPRESSICORNE.

A cette division se rattache celle des

### 7° ANTILOPES PROPREMENT DITES.

*Cornes aussi en spirale, mais beaucoup plus al-
longées, dépourvues d'arêtes, et sillonnées d'un
bien plus grand nombre d'anneaux.*

L'ANTILOPE DES INDES, *Antilope cervicapra.*
Cornes à triple courbure, couvertes jusqu'à leur
extrémité d'anneaux très-serrés. Cette espèce se
rapproche beaucoup des gazelles, dont elle a la
taille haute et svelte, avec toute la légèreté, et la
même distribution de couleurs. Des brosses aux
poignets.

Le SAIGA, *Antilope saiga*, l'une des deux espèces européennes, a les cornes semblables à peu
près à celles de la gazelle, c'est-à-dire qu'elles se
recourbent en arrière pour se reporter en dehors,
et ramener ensuite leurs pointes à l'intérieur
et un peu en avant, ce qui leur donne une forme
un peu analogue à celle d'une lyre. Elles sont
d'une couleur jaune clair, et leur transparence
rivalise presque avec celle de l'écaille.

Le Saiga n'a que cinq vertèbres lombaires, tandis
que les autres en ont six. Il est de la taille d'un daim,
fauve sur le dos et les flancs, blanc sous le ventre;
il a les formes beaucoup moins élégantes et plus
trapues que les cerfs et les gazelles. Son nez est
gros et bombé, les narines larges et proéminentes,
ce qui l'empêche de paître autrement qu'en recu-
lant ou en saisissant l'herbe de côté. Aussi, dans
le squelette, les ouvertures nasales occupent-elles
la moitié de la longueur de la tête, et c'est par le
nez qu'il aspire la plus grande partie de l'eau qu'il

boit. Les yeux sont modifiés, pour les déserts arides et blancs que ces animaux ont à parcourir, par une membrane qui adoucit l'effet d'une lumière trop vivement réverbérée sur la rétine; mais leur vue en est rendue plus courte, et ils seraient exposés à tous les genres d'attaque, si la nature n'était venue à leur secours en leur donnant une incomparable finesse d'odorat, qui les avertit de la présence du chasseur, lorsqu'il est encore éloigné d'une demi-lieue.

Les Saigas habitent les vastes déserts sablonneux et salés qui s'étendent depuis le Danube et la Pologne jusqu'aux mers Caspienne et d'Aral. Ils y voyagent par troupes que l'on évalue à dix mille, et dont une partie veille sans cesse à la sûreté des autres; ils se retirent à la fin de l'été vers les contrées les plus méridionales, pour se rapprocher au printemps des latitudes plus froides. Les herbes du désert, âcres et amères, forment leur nourriture; aussi leur chair est-elle détestable, d'une odeur et d'une saveur nauséabondes, et le dégoût qu'elle cause n'est pas peu augmenté par la multitude de vers qui s'engendrent sous leur peau, dans les grandes chaleurs. Ce sont des animaux faibles et d'un tempérament délicat; ils courent avec une rare vitesse, mais sont bientôt arrêtés par la fatigue, et ils succombent à la moindre blessure.

### 8° Les Gazelles.

*Cornes en lyre, annelées, sans arêtes et existant dans les deux sexes.*

La Gazelle, *Antilope dorcas.* Citer son nom, c'est rappeler toute la poésie arabe qui emprunte à l'élégante légèreté de ses formes, à la délicatesse de sa taille, à la finesse de ses membres, à la vivacité, à la magique douceur de ses beaux yeux noirs, tant de délicieuses comparaisons; les naturalistes les plus sévères eux-mêmes n'ont pas cru pouvoir parler de ce mignon animal sans adoucir la rudesse de leur langage, et Cuvier s'est plu à décrire celle que possédait, il y a trente ans, le Muséum : toujours gaie, toujours vive, mais toujours douce et caressante; s'emportant, dans ses accès de folle gaîté, jusqu'à blesser de ses petites cornes les jambes des visiteurs, et poussant alors de petits cris d'ivresse qui ne cessaient que pour être remplacés par le silence le plus absolu.

Les cornes de la Gazelle se recourbent en arrière en même temps qu'elles s'écartent en dehors pour ramener leur pointe en avant. Le beau fauve du dos est séparé du blanc de neige qui revêt le ventre et l'intérieur des membres, par une bande brun-foncé qui parcourt les flancs. Les membres sont fauves à l'extérieur. Une bande blanchâtre entoure l'œil et sillonne les joues jusqu'aux narines. Elles ont des larmiers, des brosses aux genoux; les oreilles grandes, la queue courte et terminée par une touffe noire; sur les aines, des poches particulières sécrètent une matière fétide.

On distinguait quatre espèces, que Cuvier a réunies dans la précédente : la Gazelle dorcas,

dont nous venons d'écrire l'histoire, la Corinne dont les cornes sont très-petites et presque droites, le Kevel dont les cornes sont plus longues et les yeux plus grands, le Tscheiran ou Antilope de Perse, dont le seul caractère consiste en une saillie un peu plus apparente du larynx; saillie qui se retrouve dans toutes les espèces que Cuvier a réunies, et ne suffit pas à établir un groupe à part. Toutes ces espèces, au reste, ne diffèrent que par des caractères si peu tranchés, et le passage des unes aux autres est tellement nuancé par une foule de variétés intermédiaires, que notre illustre naturaliste les a regardés comme des accidens peu distincts d'un type unique, et la plupart des auteurs se sont réunis à cette opinion.

La patrie des Gazelles est immense; elle comprend l'Afrique presque tout entière, et la moitié méridionale et occidentale de l'Asie. On les rencontre en Arabie, au Sénégal et dans la Barbarie, par troupes innombrables, quoiqu'elles soient poursuivies par les lions et les panthères du désert, et par l'homme, qui les chasse avec le chien, l'once ou le faucon, et leur tend des pièges de toute espèce. Leur chair est recherchée.

Antilope a bourse, *Antilope euchore.* Cette espèce est d'un tiers plus grande que la précédente, et les cornes du mâle sont, toute proportion gardée, beaucoup plus grosses. Une ligne blanche s'étend en s'élargissant depuis les reins jusqu'à la croupe. Du reste, la courbure des cornes est la même, ainsi que la distribution des couleurs. Elle a des larmiers, mais point de brosses.

Ces animaux, que l'on nomme au Cap, leur patrie, *Spring-Book*, se réunissent, dit-on, à l'époque des grandes sécheresses, et viennent par troupes de dix à cinquante mille, chercher aux environs du Cap une température plus douce, un climat moins desséché. Poursuivies par les lions, les tigres et les panthères, leurs ennemis acharnés, elles savent opposer le nombre à la force, marcher en colonnes serrées, se former en cercle, et offrir aux féroces assaillans un intrépide rempart de cornes aiguës. Les auteurs ajoutent que l'ordre suivi demeure invariablement le même; que la végétation disparaît sous les pas de cette immense tribu errante, et que l'arrière-garde souffre beaucoup, réduite qu'elle est à des arbres dépouillés par cinquante mille bouches, ou à quelques racines oubliées. Mais au retour elle ouvre la marche, et s'engraisse à son tour en traversant de riches et abondans pâturages.

Les Hollandais, frappés de sa beauté, ont donné à cette Antilope le nom de Prop-Boock, ou *Chèvre de parade.*

Antilope Daim, ou Nanguer de Buffon. Les cornes de cette espèce, assez sensiblement recourbées en avant, sembleraient la placer parmi les *récurvicornes*; mais ce caractère n'est point assez tranché, d'autant moins que cette courbure est précédée, dans ceux qui ont atteint leur complet accroissement, d'une autre qui les ramène en arrière; nous les conservons donc parmi les Gazelles, où les place tout l'ensemble de leurs caractères extérieurs. Le Nanguer est de la taille d'un chevreuil, fauve en dessus, blanc en dessous, sur les fesses et sur le cou; ses cornes sont longues de six ou sept pouces, et très-courbées en avant dans le jeune âge. L'individu dont Buffon a fait la description était un jeune.

C'est, de toutes les Antilopes, l'une des plus élégantes et des plus jolies; le public admis à voir celle que possédait la ménagerie, frappé de ses belles proportions, et surtout de la délicatesse de ses jambes d'un beau blanc, l'avait nommée *la petite Girafe.*

L'Antilope de Soemmering, diffère peu de la précédente. Elle a le chanfrein noir et les jambes presque entièrement fauves.

L'Antilope pourpre, *Antilope pygarga*, offre encore des proportions fort belles; elle est de la taille d'un cerf; ses cornes, plus petites à proportion que celles de la gazelle, mais plus profondément annelées, offrent à peu près la même disposition. Sa couleur, d'un rouge très-vif ou d'un bel alezan, lui a mérité son nom. Une large bande brune sépare, comme dans les gazelles, la couleur du dos de celle du ventre qui est d'un blanc pur, ainsi que les fesses et la face interne des membres. Cette espèce, par ses formes et sa grande taille, se rapproche de la division suivante :

### 9° Les Bubales.

*Cornes annnelées, à double courbure, en sens contraire des gazelles, la pointe en arrière.*

Le Bubale, *Antilope bubalis*, ou Vache de Barbarie. La frappante analogie qui existe entre sa tête et celle de la vache, et ses formes lourdes, justifient ce dernier nom, que lui ont donné plusieurs auteurs et le public, presque toujours excellent juge en fait de rapprochemens ; mais ses larmiers, ses jambes de cerf, le placent dans une autre catégorie; il n'a point de brosses aux genoux. Son pelage est d'un fauve à peu près uniforme, excepté le flocon de poils noirs qui termine la queue. Le train antérieur est sensiblement plus élevé que le train postérieur; il a la tête excessivement allongée, et la disposition des cornes, très-rapprochées à leur base, et implantées sur le sommet de la tête, rend encore ce caractère plus frappant. C'est un animal naturellement farouche, et méchant comme presque tous les ruminans bien armés ; ses cornes puissantes et aiguës, l'habileté avec laquelle il sait s'en servir, le rendent dangereux. Cependant on assure qu'il s'apprivoise assez aisément, et d'anciens bas-reliefs hiéroglyphiques donnent à penser qu'à une époque il fut employé comme nos bœufs dans l'agriculture.

Le Caama ou Cerf du Cap, *Antilope caama*, diffère du précédent, avec lequel Buffon et un grand nombre d'auteurs l'ont confondu; la courbure des cornes est plus prononcée et leur extrémité est lisse et pointue; la tête est plus longue encore et plus étroite que celle du Bubale. Une ligne noire étroite règne sur le cou, et une bande longitudinale de la même couleur sur les jambes.

### 10° Les Leiocères.

*Cornes entièrement lisses.*

Nous arrivons à des divisions tellement éloignées du cerf, notre point de départ, que l'on conçoit à peine qu'il ait pu venir dans l'esprit de quelqu'un de les rapprocher. Nous allons en citer les principaux types :

### 1° *Chamois.*

Le Chamois ou Isard, *Antilope rupicapra*, la seconde des espèces européennes, bien connue de tous ceux qui ont fréquenté nos grandes chaînes montagneuses. Il a la taille d'une grande chèvre ; son pelage est d'un brun foncé; une bande noire va de l'œil au museau. Ses cornes, noires et lisses, droites dans leur première moitié, se courbent tout à coup en hameçon; leur noyau n'est pas entièrement solide. Derrière l'oreille se trouve un trou n'offrant rien de particulier, si ce n'est qu'il est probable que c'est lui qui a fait dire à quelques anciens que les chèvres respirent par les oreilles.

Le Chamois ne se plaît que dans les montagnes les plus escarpées, et il est célèbre par la prodigieuse hardiesse des sauts qu'il exécute de rochers en rochers, s'arrêtant immobile, après les bonds les plus effrayans, sur quelque pointe aiguë qui offre à peine assez de surface pour qu'il y puisse rassembler ses pieds. Sa chair est délicate, et il est l'objet d'une chasse active et pleine de dangers. Cerné par les chasseurs au sommet de quelque pointe de rocher, il sait, dit-on, venger sa mort, et, se précipitant sur l'un d'eux, l'entraîner avec lui dans des précipices sans fond. Du reste, son odorat et ses yeux le servent merveilleusement contre les embûches qu'on lui prépare. On le trouve par troupes de quinze ou vingt, et les chasseurs du pays, seuls, vieillis dans les dangers et les ruses de leur pénible métier, savent le suivre et le surprendre.

### 2° *Les Bosélaphes.*

Le Nyl-Ghau, *Antilope picta*. Le nom de Taureau-Cerf des Indes, que lui ont donné plusieurs voyageurs, exprime parfaitement la place qu'il doit occuper dans la classification des Antilopes. Taureau par son cou, ses cornes et sa queue ; cerf par sa tête, son corps et ses jambes; cependant celles de derrière sont plus courtes que celles de devant; aussi sa démarche est-elle lourde et de mauvaise grâce. Il porte des larmiers, et sous le milieu de la gorge une touffe de longue barbe. Il est de la taille d'un grand cerf. Le pelage est grisâtre chez le mâle, roussâtre chez la femelle. Au dessus des sabots se trouvent, chez l'un et chez l'autre, de doubles anneaux noirs et blancs. Ses cornes, supportées par des noyaux, en partie cellulaires, sont égales en longueur à la moitié de la tête. On remarque à leur base un tubercule que l'on peut regarder comme un rudiment de bifurcation.

C'est encore un de ces animaux auxquels les vrais amis de l'agriculture désirent une place dans l'économie domestique. Il s'apprivoise facilement, quoique d'un naturel vif, vagabond et enclin à la colère. Bien qu'originaires du bassin de l'Indus, des montagnes de Cachemire et de la chaîne de l'Hymalaya, ceux que l'on a amenés vivans en Angleterre y ont produit.

Le Nyl-Ghau vit comme tous nos animaux domestiques ; le pain lui semble une nourriture délicieuse, pourvu qu'il n'ait été mordu par aucun autre animal, ce que la finesse de son odorat lui fait sur-le-champ découvrir.

*Nyl-Ghau*, composé de deux mots indiens, signifie *taureau bleu*.

Le Gnou, *Antilope gnus*, termine la série des Antilopes, à laquelle il tient moins par quelque caractère positif que par la difficulté de le placer dans aucune autre division. Il a les cornes d'un bœuf, les jambes fines d'un cerf ou d'une Antilope, l'encolure et la croupe d'un cheval, ainsi que la queue, terminée par un flocon de longs poils, et la belle crinière qui recouvre son cou ; son mufle est large et aplati comme celui d'un bœuf ; au dessous du cou, une autre crinière noire. Sa couleur générale est le fauve-gris. Cette espèce est représentée dans notre planche 26, fig. 2.

Cet animal a un aspect farouche, et les poils abondans qui recouvrent sa face y ajoutent encore ; on le dit brutal, et ne s'apprivoisant que difficilement.

### 11° Les Ramifères.

On donne ce nom à deux espèces américaines, connues depuis assez peu de temps, lesquelles se distinguent des précédentes par la nature de leurs cornes, qui se rapprochent par leur forme de celles du genre *Cerf.*

L'Antilope a empaumures, *Antilope palmata*, doit faire suite immédiatement au Nyl-Ghau, l'empaumure n'étant autre chose que le développement du rudiment que nous avons remarqué à la base antérieure des cornes de celui-ci. On dit cette espèce de la grandeur d'un cerf.

L'Antilope a andouillers, *Antilope furcifer*. Les cornes, aux deux tiers de leur hauteur, se partagent en deux andouillers dont l'antérieur n'est que la moitié du postérieur. Au dessous de la bifurcation se trouvent des anneaux peu profonds.

Ces deux espèces habitent les bords du Missouri et le nord du Mexique.     (D. Y. R.)

ANTILLES (Archipel des). (géogr.) Cet archipel est le plus grand et le plus peuplé du monde entier : il se compose de trois cent soixante îles ou îlots qui s'étendent entre les 10° et 28° de latitude nord, et 61° 50' et 87° 20' de longitude ouest, en décrivant une ligne courbe depuis la Floride jusqu'au golfe de Maracaïbo. Sa position, exposée toute l'année aux vents alizés, a fait donner aux îles qui le composent la dénomination d'*îles du vent* et d'*îles sous le vent*. Il peut se diviser en trois groupes principaux : les *Grandes Antilles*, qui comprennent les îles de *Cuba*, d'*Haïti*, autrefois *Saint-Domingue*, de la *Jamaïque* et de *Porto-Rico*.

Les *Petites Antilles*, dont les principales sont la *Trinité*, la *Martinique*, la *Guadeloupe*, la *Do-*

minique, la *Barbade*, *Antigoa* et *Sainte-Croix*.

Enfin les *îles Lucayes*, qui furent découvertes par Christophe Colomb, dans trois voyages successifs de 1492 à 1496, et qu'il nomma *Indes occidentales*, croyant qu'elles appartenaient au continent de l'Inde. Quoique l'erreur ait été reconnue depuis fort long-temps, la dénomination ne leur en est pas moins restée.

Cet archipel présente, sur sa surface, une assez grande quantité de montagnes formant un système qu'on peut nommer système antillien, et qui offre des points culminans de mille quatre cents toises au-dessus du niveau de l'Océan. Tels sont, dans l'île de Cuba, le *Mont Potrillo*, et la *Sierra de Cobre*, hauts de mille quatre cents toises ; dans la Jamaïque, le point culminant des *Montagnes bleues*, qui a mille cent trente-huit toises d'élévation ; dans l'île d'Haïti, le *Pic de la grande Serrania*, haut de mille quatre cents toises, et le *Mont de la Selle* qui s'élève à mille cent cinquante-cinq toises. Les autres montagnes ne présentent pas des élévations aussi considérables, et les plus hautes n'atteignent pas plus de neuf cents toises.

Le climat des Antilles est malsain, et suit l'influence des deux saisons qui règnent dans l'archipel, la saison sèche et la saison pluvieuse : elles sont elles-mêmes la conséquence de la marche du soleil, qui, dans l'année, atteint deux fois le zénith. C'est surtout à ces époques que se déclarent de violentes tempêtes et d'affreux ouragans qui dévastent tout le pays, et joignent leurs ravages à ceux produits par le fléau de la fièvre jaune. En général, ce climat est funeste aux Européens qui viennent y former des habitations.

On cultive avec un grand succès, dans tout l'archipel, le café, la canne à sucre, le cacao, et le tabac. Le manioc y forme la nourriture des trois quarts de la population. Le sol des îles Antilles est, dit-on, dix-huit fois plus productif que celui d'Europe.

La minéralogie de cet archipel offre peu d'intérêt, et, parmi les trois cent soixante îles qui le composent, deux seulement, Cuba et Haïti, renferment des mines d'or, d'argent, de fer, de cuivre, de soufre et de charbon.

Tous les animaux qu'on y transporte, excepté le lapin, y dégénèrent promptement, et la principale richesse de son règne animal consite en oiseaux, dont le plumage offre les couleurs les plus variées et les plus brillantes.

Deux îles seulement, Haïti et Sainte-Marguerite, ne sont du domaine d'aucune nation étrangère : quant à toutes les autres, elles rentrent dans les possessions de l'Angleterre, de la France, de l'Espagne, de la Hollande, du Danemarck et de la Suède.     (C. J.)

ANTIMOINE. (min.) Ce métal, dont nous indiquerons ci-après les usages et l'utilité, se présente dans la nature à l'état natif ou pur. Il est alors reconnaissable à son brillant métallique, à son blanc d'étain, à son tissu lamelleux, à sa fragilité, et à son peu de dureté qui permet à une pointe de laiton de le rayer : il est d'ailleurs encore reconnaissable à la manière dont il se comporte dans l'acide nitrique ; il s'y dissout en y laissant un dépôt blanchâtre. Enfin, si l'on en jette des parcelles sur des charbons ardens, il répand des vapeurs blanches.

Ce n'est pas seulement l'Antimoine natif qu'on exploite : il ne se présente en cet état, dans les filons, qu'en petites masses lamellaires ; mais on le trouve aussi tantôt oxidé, tantôt combiné avec le soufre ou avec différens métaux, ainsi que nous allons le rappeler.

A l'état d'oxide, il n'a plus son brillant métallique ; mais il est blanc et d'un éclat nacré. Plus tendre encore qu'à l'état natif, il se laisse rayer par tous les corps : il est fusible à la flamme d'une bougie, et complétement volatil en fumée blanche ; il se présente alors en lames et en aiguilles divergentes. L'Antimoine oxidé forme, dans la minéralogie chimique, en suivant la nomenclature de M. Beudant, une espèce minérale à laquelle il a donné le nom d'*Exétèle*, d'un mot grec qui signifie *vaporisable*.

L'oxide d'Antimoine se présente encore sous forme d'une substance terreuse, très-tendre et d'une couleur blanc-jaunâtre. Sous cette forme, il a reçu le nom de *Stibiconise* ou Poussière d'Antimoine, du latin *stibium* (antimoine), et du grec *konis* (poussière). Il se trouve dans le sein de la terre, par suite de la décomposition du sulfate d'Antimoine.

L'Antimoine, combiné au soufre, forme le sulfure naturel d'Antimoine. Soumis à l'analyse chimique, il se compose d'environ 27 parties de soufre et de 73 d'Antimoine sur cent. Cette espèce, que M. Beudant désigne sous le nom de *Stibine*, est une substance métallique d'un gris de plomb qui cristallise en prisme rhomboïdal, terminé souvent par une pyramide à quatre faces. On la trouve aussi en petites baguettes qui partant d'un point central divergent en rayonnant, ou bien en lamelles, ou bien encore en fibres capillaires, ou enfin en petites masses compactes. C'est cette espèce qui est la plus commune dans la nature, et qui, par conséquent, est la plus exploitée pour les arts.

Quelquefois, par une sorte de décomposition naturelle, le sulfure d'Antimoine prend une teinte rougeâtre, devient fragile et tendre, et forme alors l'*Antimoine oxidé sulfuré*, qui porte le nom vulgaire de *Soufre doré* ou celui de *Kermès*, sous lequel il est admis dans la minéralogie chimique. En cet état, il est formé d'environ 30 parties d'oxide d'Antimoine et de 70 de sulfure du même métal.

Nous avons dit que l'Antimoine se combinait, dans la nature, avec plusieurs métaux. En effet, il s'unit avec l'argent, et forme alors un antimoniure auquel on a donné le nom d'*Argent antimonial*, et que la nomenclature de M. Beudant désigne sous celui de *Discrase*, qui, tiré du grec, signifie *mauvais alliage*. Enfin, à l'état de sulfure, il se combine avec le nickel, avec le plomb, et avec le cuivre et le plomb à la fois. La première

de ces trois combinaisons porte le nom d'*Antimonickel*, la seconde celui de *Jamesonite*, et la troisième celui de *Bournonite*.

Les différentes espèces d'Antimoine ne sont pas très-répandues dans la nature ; nous ne rappellerons pas tous leurs gisemens variés ; nous nous contenterons d'indiquer celui du sulfure d'Antimoine appelé *Stibine*, parce que c'est le plus communément exploité. Il se trouve en filons dans le granite, le gneiss et le micaschiste. Les départemens de la France qui en possèdent le plus sont ceux de l'Ardèche, du Cantal, du Gard, de la Haute-Loire, du Puy-de-Dôme et de la Vendée.

L'Antimoine est d'une grande utilité dans les arts et l'industrie. Combiné avec l'acide tartrique et la potasse, il forme l'émétique ; à l'état d'hydrosulfate, il fournit encore à la médecine d'autres médicamens, le soufre doré et le kermès. Combiné avec la potasse, il en donne un quatrième appelé *Antimoine diaphorétique*, auquel on attribue des propriétés sudorifiques, et qui sert aussi dans la peinture et dans la fabrication des émaux : il entre dans la composition du jaune de Naples, et c'est par lui qu'on obtient le beau jaune de paille employé à peindre la porcelaine ; avec le chlore, il fournit un cinquième médicament appelé vulgairement *Baume d'Antimoine*, et qui sert aussi pour bronzer les métaux, surtout le fer ; à l'état de sulfure, il entre dans la composition des crayons communs de graphite, improprement appelé crayons de mine de plomb ; enfin, à l'état métallique, il sert à faire plusieurs alliages. Avec le plomb, il est employé à fabriquer les caractères d'imprimerie et des robinets de fontaines ; avec l'étain, qu'il rend plus dur, on en forme des planches qui servent à graver la musique. (J. H.)

ANTIMONIATES et ANTIMONITES. ( CHIM. ) Noms par lesquels Berzelius désigne les combinaisons 1° du tritoxide d'antimoine avec les bases salifiables, 2° du deutoxide du même métal avec les mêmes bases. (F. F.)

ANTIPATHE, *Antipathes*. ( ZOOPH. POLYP.) Ce genre, établi par Pallas, est formé d'une masse gélatineuse, dans laquelle sont contenus des animaux : elle enveloppe une tige ramifiée, cornée, d'une couleur noirâtre, très-dure, cassante, un peu vitreuse. Cette tige est souvent armée de petites épines qui ne sont que des commencemens de rameaux que les animaux ont cessé d'allonger.

Les polypes qui forment les Antipathes ne nous sont point connus : ils sont si mous que, dès qu'ils sont sortis de la mer, ils tombent et ne laissent dans nos collections que les polypiers. Ce n'est donc que sur ces derniers qu'on a pu prendre les caractères pour distinguer ce genre. Nous en connaissons plus de vingt espèces qui viennent de toutes les mers. La Méditerranée en fournit plusieurs, tels que l'*Antipathes dichotoma*, l'*Antipathes fœniculacea* et l'*Antipathes radians* qui sont tous décrits dans le *Dictionnaire des sciences naturelles*. (R. L.)

ANTIPATHIE. ( PHYSIOL. ) Répugnance, aversion de quelques uns des organes à l'égard de certaines influences extérieures.

Cette révolte des sens, cette impression pénible que nous éprouvons malgré nous, et souvent en dépit de nos plus fermes résolutions, dans nos rapports avec les objets ou les individus qui nous entourent, ont, dès long-temps, fixé l'attention des philosophes et des physiologistes; aussi les uns et les autres se sont-ils efforcés d'en découvrir la source, d'en expliquer les causes. On les a vainement attribuées à des qualités occultes, à des différences de mouvemens, de configuration, d'union, de répulsion réciproques des corpuscules qui émanent des corps, etc., lorsqu'il était plus facile d'en trouver l'explication dans un enchaînement, une association d'idées qui se rattachent, de plus ou moins près, à des souvenirs, des habitudes, des intérêts, des passions, et, pour le plus grand nombre des cas, dans une disposition organique particulière, presque toujours inappréciable.

On conçoit que si les êtres organisés puisent sans cesse autour d'eux les élémens de leur développement, les moyens d'assurer leur existence, il a bien fallu qu'ils fussent construits, édifiés de façon à établir des rapports, des liaisons nécessaires à leur conservation et au rôle qu'ils étaient appelés à remplir; il a bien fallu qu'ils trouvassent, dans la composition de leur être, les moyens de reconnaître, de recueillir l'aliment indispensable, de fuir ou de braver le danger qui pouvait les menacer. Où trouver ailleurs, en effet, la raison pour laquelle cette espèce recherche avec empressement et savoure avec délices la substance que telle autre repousse comme un poison? Et s'il est facile d'expliquer ainsi les relations de convenances ou d'opposition entre les espèces et ce qui peut leur être agréable ou nuisible, cette explication ne serait pas plus difficile à l'égard des individus, si l'on pouvait toujours apprécier, déterminer le mode de sensations propres à chacun d'eux; l'on s'étonnerait surtout alors des différences qui se présentent sous ce rapport.

Tous les sens peuvent être ensemble ou séparément les instrumens de l'Antipathie : ainsi les sensations que l'œil reçoit peuvent produire une foule d'impressions plus rapides que le jugement; la forme, la couleur, la fixation rappellent des idées de crainte, de haine, et, par un sentiment irrésistible, on cède à ces impulsions avant d'en pouvoir examiner la justesse ou la portée. Il est des hommes que les plus pressans périls ne sauraient émouvoir, et qui tremblent et pâlissent à l'aspect d'un insecte, d'un faible animal. On parle d'un maréchal d'Albret qui ne pouvait supporter la vue d'une tête de marcassin; on cite l'exemple d'une femme qui s'évanouissait en apercevant voltiger une plume, et celui d'une personne qui perdait connaissance à l'aspect d'un corps rouge.

Quelques animaux ont l'odorat tellement parfait que, par son seul secours, ils reconnaissent la trace de leur ennemi; chez l'homme, ce sens est souvent aussi d'une grande susceptibilité : nous avons connu une jeune dame qui redoutait l'odeur de la

violette, et reconnaissait de très-loin la présence de cette fleur; un moine, dit-on, se condamnait à ne point quitter sa cellule pendant toute la saison des roses, tant leur parfum l'affectait péniblement. Nous pourrions citer un grand nombre de répugnances semblables.

Les sensations perçues par le sens de l'ouïe donnent également lieu à de pareils phénomènes : le son de certains instrumens, agréables au plus grand nombre, peut agir d'une manière fâcheuse sur quelques individus : sans parler de ce Nicanor, qui, au rapport d'Hippocrate, ressentait du malaise en entendant jouer de la flûte, ne voit-on pas chaque jour des individus éprouver de l'agitation, de l'anxiété, des accidens nerveux, même au seul bruit d'une vitre qu'on raie, au cri strident d'une tabatière qu'on ouvre? Nous avons vu un jeune homme tomber dans de violentes convulsions en écoutant les sons d'un harmonica composé de plusieurs verres. Il est quelques personnes qui ne peuvent entendre sans malaise, sans anxiété, le chant d'un oiseau, le coassement d'une grenouille, etc.

Les répugnances des organes du goût sont souvent accidentelles; elles tiennent alors à un état maladif de l'estomac; dans les irritations gastriques, dans l'état de grossesse, qui exerce une si grande influence sur les fonctions digestives, on sait jusqu'à quel point certains alimens excitent du dégoût; mais celui-ci disparaît avec la cause qui le produit; il n'en est pas de même de ces Antipathies originelles ou acquises, dont les organes digestifs sont quelquefois les instrumens : c'est en vain qu'on cherche à les braver; elles renaissent au seul aspect de l'aliment qui les provoque. Montaigne a dit qu'il y avait des individus qui rendaient la gorge à voir de la crème; il en est qui éprouvent des nausées en apercevant un fromage ; on m'a parlé d'une personne qui, dès son jeune âge, repoussait les alimens sucrés, et qui, malgré les résolutions les plus énergiques, n'avait jamais pu, depuis, vaincre son aversion pour les préparations dont le sucre faisait partie. Il serait facile de multiplier de pareilles observations.

On a dit que les précisions des rapports que le tact sert à déterminer, que la nature de son exercice le rendaient moins susceptible d'éprouver de ces oppositions que nous nommons Antipathies. Nous croyons, nous, qu'elles ne sont pas moins nombreuses à l'égard de ce sens que relativement aux autres : un médecin, qui cent fois a cherché à surmonter cette révolte de sens, n'a jamais pu toucher une pêche sans éprouver à l'instant un frisson général, sans que son visage pâlit, sans qu'une sueur froide ruisselât sur son front et sur tout son corps; nous connaissons des personnes qui ne peuvent glisser le doigt sur une paille, sur une étoffe de velours ou de soie, sans éprouver un sentiment pénible et quelquefois même des mouvemens spasmodiques.

Les passions deviennent surtout une autre source d'Antipathies qu'il est plus difficile peut-être de surmonter que celles qui dépendent d'une organisation particulière : l'ambition déçue, l'a-
mour

mour trompé excitent de ces injustes préventions qu'on ne saurait vaincre en appelant à son aide toute l'énergie de sa raison, et que le temps même ne parvient pas toujours à effacer.

L'imagination peut être assez fortement préoccupée de l'objet qui cause une aversion si grande, que cette idée devienne exclusive et altère les facultés intellectuelles; l'Antipathie doit alors être considérée comme une manie.

Il est plus facile au reste de prévenir les Antipathies que de les combattre; le temps, la persévérance, l'habitude qui familiarise avec des sujets d'une constante aversion; le raisonnement, l'exemple, sont les seuls moyens qu'il faut appeler à son aide. (P. G.)

ANTIPODES (géogr.) On appelle ainsi deux contrées qui sont diamétralement opposées par leur position sur la surface du globe : antipodes vient de deux mots grecs, et veut dire pieds contre pieds. Nous allons rapporter les différens phénomènes qui résultent de cette position pour deux pays antipodes :

1° Le soleil et les étoiles se lèvent pour l'un quand ils se couchent pour l'autre, pendant toute l'année.

2° Le jour de l'un est la nuit de l'autre.

3° Les jours opposés dans l'année sont égaux ainsi que les nuits; de sorte que quand un lieu a les jours les plus longs, l'autre a les plus courts.

4° Ils ont les saisons contraires en même temps, et les mêmes dans les temps différens; ainsi l'un a le printemps pendant que l'autre a l'automne, l'un a l'été pendant que l'autre a l'hiver, et réciproquement.

5° Ils ont les pôles différens, également élevés; ils sont à une égale distance de l'équateur, mais dans des points opposés : ils sont placés dans le même méridien, mais ils correspondent à deux demi-cercles différens.

6° Leurs heures sont contraires, quoiqu'elles soient au même rang : ainsi il est midi pour l'un, quand il est minuit pour l'autre; et trois heures après midi pour l'un, quand il est trois heures après minuit pour l'autre : leurs heures diffèrent continuellement de douze.

7° Les étoiles qui sont toujours sur l'horizon de l'un, sont toujours sous l'horizon de l'autre : celles qui restent long-temps sur l'horizon de l'un, ne restent que peu de temps sur l'horizon de l'autre.

8° Le soleil et les étoiles semblent se lever à droite pour l'un et à gauche pour l'autre, lorsqu'ils regardent l'équateur; et si l'un a le soleil devant ou derrière lui pendant la moitié de l'année, l'autre l'a tout aussi long-temps. C. J.

ANTIRRHINUM. (bot. phan.) Plantes des rochers et des murailles, des terrains arides et sablonneux, auxquelles on donne, depuis Galien, ce nom à cause de la forme étrange de leurs fleurs, qui représentent le mufle d'un veau, la gueule d'un loup et d'un lion. Nous en parlerons au mot Muflier. Pline écrivait plus régulièrement le mot *Antirrhinum* par un *th*, ce qui signifie alors fleur en groin, mais l'usage a prévalu. (T. d. B.)

ANTLIATES, *Antliata*. (ins.) Ce nom, dans la méthode de Fabricius, est synonyme de Diptères (*v.* ce mot). Dans sa méthode comme dans celle de M. Latreille, ces insectes forment un ordre qui se trouve être le dernier de la série, comme n'ayant que deux ailes, tandis que dans tous les autres ordres il en existe quatre, ce qui dépend de ce que la division méthodique des grandes coupes a été fondée sur les différences de ailes. A. P.

ANTOFLES ou ANTOPHYLLES. (bot. phan.) On appelle ainsi les fruits du giroflier : ils sont de forme ovalaire comme des olives, charnus, noirs et aromatiques. Suivant M. Bory de Saint-Vincent, on en fait, à l'île de France, des confitures fort agréables, et l'on en retire une huile essentielle qui est assez répandue dans le commerce. (*V.* Giroflier.) Guér.

ANTRE. (géogr.) *Voyez* Cavernes.

ANUS. (anat.) Orifice du canal alimentaire par lequel sont rejetés les résidus de la digestion, ainsi nommé à cause de sa forme à peu près circulaire. Il existe chez tous les animaux, la plupart des Zoophytes exceptés : ceux-ci n'ont qu'une seule ouverture pour prendre les alimens et en rendre la portion qui n'est point assimilée. La position de l'Anus varie dans les différens animaux; ses fonctions ne sont pas non plus les mêmes; ainsi, dans les mammifères, à quelques exceptions près, il ne donne issue qu'aux excrémens solides; chez les oiseaux, l'extrémité intestinale forme un cloaque qui sert de passage commun aux matières excrémentitielles consistantes, à celles qui sont liquides, aux œufs et à l'organe générateur du mâle. Dans les poissons il offre encore de nombreuses différences; mais, comme l'histoire particulière de chaque animal nous fournira l'occasion de signaler ces variétés, comme toutes celles de situation et de fonctions des principaux organes, nous nous bornerons ici à cette simple remarque. Quelques entomologistes ont appelé *Anus*, chez les animaux articulés, toute la partie postérieure de l'abdomen, comprenant ainsi, dans cette désignation, un plus ou moins grand nombre d'anneaux. On a fixé dans ces derniers temps la nomenclature sur ce point en réservant ce nom à *l'extrémité du rectum, terminant par conséquent en arrière le canal intestinal et se continuant en cet endroit avec l'enveloppe extérieure.*

Dans l'homme, cette ouverture est située dans l'intervalle des fesses, devant le coccyx, et formée par l'extrémité inférieure du dernier intestin dont la membrane muqueuse se continue dans cet endroit avec la peau. Celle-ci, plus mince, plus colorée que dans les parties voisines, est humectée par un fluide onctueux sécrété par les follicules cachés dans son épaisseur; elle perd graduellement et à mesure qu'elle marche vers l'intestin son caractère organique, et finit par prendre ceux de la membrane muqueuse. Mais ce changement est loin d'être brusquement tranché, comme on l'observe sur d'autres parties, aux paupières, par exemple. Un grand nombre de plis rayonnés se remarquent au pourtour de l'anus; ils sont dus à la contraction des muscles subjacens, et s'effacent par l'extension de leurs fibres. A l'aide de ces plis, l'ouverture anale peut acquérir l'étendue que nécessite le passage des matières fécales, sans que la peau soit exposée à se rompre, accident que cette disposition rend assez rare.

Quelquefois l'Anus n'existe pas; il est alors fermé par une membrane plus ou moins épaisse : cette infirmité congénitale se nomme Imperfora- tion ( *v.* ce mot ).

On appelle *Anus contre-nature*, une ouverture par laquelle les matières stercorales s'échappent en totalité ou en partie, et dont la situation est différente de celle de l'Anus naturel. Quelquefois cette maladie est le résultat d'un vice de conformation, et l'enfant l'apporte en venant au monde; parfois aussi elle est la suite de l'opération par laquelle on remédie à l'imperforation; alors l'Anus contre-nature est *artificiel*; enfin elle peut résulter de la gangrène de l'intestin, dans les hernies étranglées, ou d'une blessure de cet organe.

P. G.

AORTE. ( ANAT. ) Aristote a le premier donné ce nom à la principale artère du corps, qui est destinée à porter le sang dans tous les organes. Quelques zoologistes, à cause de la position constante que prend l'Aorte le long du corps des vertèbres, donnent aussi à ce principal tronc artériel le nom de *Vaisseau dorsal*, surtout quand ils veulent indiquer l'Aorte des animaux inférieurs; chez les mammifères et les oiseaux, l'Aorte s'élève de la cavité ou ventricule gauche du cœur, et se recourbe bientôt après son origine pour descendre jusque dans le bassin. Cette courbure, qui a été nommée crosse de l'Aorte, varie de disposition, d'étendue, de rapports, de nombre et même d'usages, suivant qu'on l'étudie chez l'Homme, les Mammifères, les Oiseaux, les Reptiles, les Poissons, ou les Animaux invertébrés.

Dans les Mammifères, la crosse se courbe et se dirige ordinairement de droite à gauche. Cette partie recourbée de l'Aorte fournit les troncs qui se portent à la tête et aux membres supérieurs; puis elle se continue le long du corps des vertèbres en donnant plusieurs petites branches importantes, et finit par se diviser en deux troncs principaux, lorsqu'elle est parvenue dans le bassin. De cette bifurcation naissent les artères crurales, destinées aux membres inférieurs, et les artères qui vont se distribuer à la plupart des organes contenus dans le bassin ou aux organes tégumentaires de cette région. Chez les animaux à queue, l'Aorte se continue dans cette partie, et devient le tronc principal, qui semble fournir les branches artérielles destinées aux membres inférieurs. L'artère caudale est représentée chez l'homme par une petite branche nommée artère sacrée moyenne, à cause de sa position sur la ligne médiane de l'os sacrum.

Dans les Oiseaux, la crosse de l'Aorte est plutôt dirigée de gauche à droite, que de droite à gauche, comme cela a lieu pour les mammifères. Enfin l'Aorte présente de très-remarquables modifi-

cations dans le premier âge de la vie, tant chez les mammifères et les oiseaux que chez les reptiles et les invertébrés. Tous ces changemens seront indiqués avec soin à l'article Circulation.

Dans le Crocodile, il y a deux crosses Aortiques; mais elles ne proviennent point de la même cavité du cœur, comme on l'avait cru jusqu'à présent; l'une d'elles, la gauche, naît du ventricule droit; l'autre, du ventricule gauche : ces deux crosses se réunissent après un trajet assez long, pour former un seul tronc, qui est l'Aorte descendante.

Il résulte de cette double origine des crosses et de l'existence de deux ventricules bien séparés, pour le cœur des crocodiles, un fait des plus importans pour la physiologie, fait qui n'avait pas été indiqué avant nos recherches sur la circulation du sang dans les quatre classes d'animaux vertébrés, et qui a été constaté, depuis la publication de notre travail, par un célèbre professeur de Pavie, M. Panizza ; l'importance de cette découverte sera établie à l'article Circulation.

Dans les Serpens il y a aussi deux crosses qui se réunissent pour constituer l'Aorte; mais ici l'une et l'autre proviennent d'une source commune, c'est-à-dire que les deux ventricules, chez ces animaux, communiquent ensemble au moyen de plusieurs petits trous pratiqués dans l'épaisseur de la cloison, et par une large ouverture inter-ventriculaire. Toutefois des valvules situées à l'orifice de celle-ci peuvent modifier le résultat que nous venons d'indiquer. C'est ainsi, par exemple, que dans le serpent python, et d'après les savantes recherches de M. Retzius, professeur d'anatomie à Stockholm, les valvules du cœur seraient disposées chez ce reptile de manière à empêcher le mélange du sang, fait nouveau et important s'il reste démontré.

Dans les Tortues, la crosse gauche naît immédiatement d'un ventricule unique du cœur; la droite, d'un tronc commun avec la branche qui porte le sang à la tête. Ce tronc lui-même provient du ventricule commun; les deux crosses ne se réunissent pas par leurs troncs, mais seulement par une grosse branche qui se détache de l'une d'elles.

Dans les Lézards, la disposition intérieure du cœur est la même que chez les tortues; mais la disposition des crosses est différente. Deux troncs s'élèvent du ventricule commun et se bifurquent en quatre branches, qui se réunissent deux à deux bientôt après leur division, de telle sorte, cependant, que chaque tronc résultant de cette union se trouve être formé d'une branche de chaque tronc primitif. Après cette singulière disposition, les deux crosses se réunissent sur la ligne médiane et constituent l'Aorte descendante.

Dans les Poissons, un seul tronc s'élève du ventricule unique du cœur et fournit quatre grosses branches qui, au lieu d'aller immédiatement après former l'Aorte, vont aux branchies, organes respiratoires des poissons. Le sang passe ensuite dans six grosses branches placées trois de chaque côté de la ligne médiane; celles-ci se réunissent ensuite sur la colonne vertébrale et constituent l'Aorte ou le vaisseau dorsal.

Dans les Mollusques et les Crustacés, où il y a un système de circulation complet, il existe aussi un vaisseau principal qui a reçu le nom d'Aorte.

Enfin dans les Insectes le vaisseau dorsal se modifie singulièrement, ainsi qu'on le verra à l'article CIRCULATION. ( M. S. A. )

**AOUBA, AUBE** ou **AUBO.** (BOT. PHAN.) On donne ce nom au peuplier blanc (*Populus albus*); dans le midi de la France. (GUÉR.)

**AOUCO, AOUCA, AOUQUE.** (OIS.) Noms de l'Oie dans nos provinces méridionales. (GUÉR.)

**AOURADE, AURADE.** (POIS.) Nom de la dorade (*Sparus aurata*, L.), sur les côtes méridionales de la France. (GUÉR.)

**AOURAOUCHI.** (BOT. PHAN.) Les habitans de la Guiane donnent ce nom à une sorte de suif végétal, qu'on extrait des graines d'un arbre appelé *Voirouchi* ou *Virola* par les naturels. On se sert de ce suif pour faire de fort bonnes chandelles. (GUÉR.)

**AOUTER.** Terme d'agriculture et de jardinage, dérivé du mot *août*, et exprimant la même chose que parvenu à la maturité : la plupart des fruits achevant leur évolution à cette époque. On dit qu'un bourgeon est aoûté quand il est bien formé, arrivé à point et qu'il se change en corps ligneux; une branche est aoûtée quand elle a assez de consistance pour supporter la gelée d'hiver, et qu'elle est susceptible de fournir des greffes, des boutures, etc.; une plante, un fruit, une semence, un bois, parvenus à leur maturité, sont aoûtés. Les pluies de l'arrière-saison, un hiver doux, nuisent à l'aoûtement, tandis qu'un hiver sec et froid contribue à le compléter. On peut aoûter un arbre, un arbuste, en lui refusant de l'eau, s'il est en pot, en coupant l'extrémité de toutes les branches, ou bien en le liant, en le soumettant à l'incision annulaire. (*Voyez* BOURGEON, GREFFE, MATURITÉ, SÉVE.) (T. D. B.)

**APALACHES** (Monts). (GÉOGR.) Ces montagnes font partie de la chaîne désignée, dans l'article AMÉRIQUE, sous le nom de *système Alléghanien*; comme hauteurs, elles présentent peu d'importance si on les compare aux sommets, toujours couverts de neige, des Andes du Pérou; situées, ainsi que les Andes du Brésil, sur la partie orientale des continens qu'elles occupent respectivement, elles offrent l'une et l'autre une élévation à peu près égale dans leurs points culminans, comme dans leurs sommets les plus abaissés; elles courent du nord-est au sud-ouest, et forment différentes petites chaînes presque parallèles entre elles et aux rivages de l'océan Atlantique, et qui, appelées par les Indiens du nord *Alleghanys*, portent au sud le nom d'*Apalaches* ou *Pamontinck*. Elles parcourent ainsi toute la ligne comprise entre l'embouchure du fleuve Saint-Laurent, au nord, et les sources de l'Alabama sur les confins de la Georgie, au midi : cette chaîne a 400 lieues de long, et 40 à 60 lieues de large.

Nous la diviserons en deux parties; la première, que nous appellerons *chaîne orientale*, est connue sous le nom de *Montagnes-Bleues*; c'est à cette chaîne que se rattache le groupe des *Montagnes Blanches* où se trouve le mont *Washington*, haut de 1040 toises, et le point culminant de tout le système. La seconde partie, formant la *chaîne occidentale*, est connue sous le nom de montagnes du *Cumberland* et de monts *Alleghanys*, proprement dits; elle vient se joindre à la chaîne orientale dans l'état de Vermont, après avoir traversé le Tennessée, la Virginie et une partie de la Pensylvanie.

Ces deux chaînes, disposées comme nous venons de l'indiquer, forment les deux versans d'où découlent d'un côté les eaux qui vont se précipiter dans le fleuve Saint-Laurent et dans le Mississipi, et de l'autre celles qui vont se perdre dans l'océan Atlantique. (C. J.)

**APALANCHE** et **APALANCHINE**, *Prinos.* (BOT. PHAN.) Genre de plantes de l'Hexandrie monogynie, et de la famille des Rhamnoïdes, renfermant trois arbrisseaux, dont l'élégance des formes et la beauté du feuillage contribuent à l'ornement des jardins. Ils sont de pleine terre, aiment les lieux frais, ombragés, et se multiplient par la voie des semis, des marcottes, des rejetons enracinés. —L'APALANCHE A FEUILLES DE PRUNIERS, *P. verticillatus*, forme un joli buisson, de deux à trois mètres de haut, garni de feuilles alternes, lancéolées-aiguës, surdentées, velues sur les nervures inférieures, disposées en verticilles assez serrées, et tombant chaque année. Les fleurs sont petites, blanches, en bouquets dans les aisselles des feuilles; elles s'épanouissent au milieu de l'été et donnent des fruits rouges, petits, qui restent long-temps sur les branches. Les plus fortes gelées n'atteignent point cet arbrisseau, quoiqu'il soit originaire des bois humides de la Caroline et de la Virginie. — L'APALANCHINE LISSE, *P. glaber*, ne monte qu'à deux mètres, a le feuillage persistant et d'un beau vert; ses rameaux, assez nombreux, portent des panicules de fleurs blanchâtres, à peine apparentes, qui ont une odeur légère, assez agréable : elles durent un mois à peu près. Il souffre de nos hivers rigoureux, et fournit rarement des graines dans le climat de Paris. — L'APALANCHE AMBIGUE, *P. ambiguus*, que Michaux a rapportée de la Caroline, diffère de la première espèce par des feuilles plus larges, des fleurs plus grandes, des fruits plus gros et jaunes. (T. D. B.)

**APALE**, *Apalus.* (INS.) Genre de l'ordre des Coléoptères, établi par Fabricius dans son *Systema Eleutheratorum*, t. 1, p. 1, et qui avait été adopté depuis par tous les entomologistes. Latreille, dans sa nouvelle édition du *Règne animal*, forme, avec les Apales de Fabricius, son genre Sitaris, en lui assignant ces caractères : extrémité postérieure des étuis rétrécie brusquement, mettant à découvert une portion des ailes. Cependant, dans les Apales proprement dits de Fabricius, les élytres sont un peu moins retrecies, les extrémités externes des articles des Antennes sont un peu avancées ou dilatées en manière de petites dents. L'espèce qui sert de type à ce genre est le *Sitaris bimaculatus*, Latreille, ou l'*Apalus bimaculatus* de Fabricius (*Melæ bimaculatus*, Linné). Cette espèce a été décrite et figurée par Degeer, sous le nom de *Pyrochroa bimaculata*, t. 5., p. 25, pl. 1, fig. 13. Ces insectes ressemblent d'ailleurs beaucoup aux zonitis, et vivent de même, en état de larve, dans les nids de quelques apiaires solitaires maçonnes. (H. L.)

APATE, *Apate*. (ins.) Nom générique que Fabricius substitua, sans aucun prétexte, à celui de *Bostriche* employé par Geoffroy, et qui est adopté comme étant le plus ancien. (*Voy*. BOSTRICHE).
(H. L.)

APATITE. (min.) C'est au phosphate de chaux minéral que l'on a donné ce nom, et plusieurs autres encore que nous aurons soin d'indiquer en parlant des variétés de cette substance.

Ses caractères physiques sont d'avoir un éclat ordinairement. vitreux, surtout dans sa cassure, de rayer le phtorure de calcium ou la fluorine (*v.* ce mot), et d'être rayée par le *feldspath* (*v.* ce mot); assez souvent même elle raie le verre et indique par là quelques portions de silice : mais ordinairement, sur 100 parties de ce minéral, l'analyse présente environ 92 parties de phosphate de chaux, 7 à 8 de phtorure de calcium, et quelques traces de chlorure de calcium.

Ses caractères chimiques sont faciles à saisir : ainsi elle se dissout lentement et sans effervescence dans l'acide nitrique, et sa solution donne un précipité abondant par l'oxalate d'ammoniaque.

La cristallisation de l'Apatite offre encore des caractères propres à le faire reconnaître. Sa forme primitive est un prisme hexaèdre régulier, qui se termine quelquefois par des pyramides, mais moins aiguës que dans le quartz; assez ordinairement le prisme a ses angles remplacés par des facettes qui en doublent le nombre, ou bien les arêtes qui le terminent sont remplacées aussi par des facettes : de sorte que les deux extrémités du prisme diminuent de superficie; enfin dans toutes les variétés de cristaux, qui sont au nombre de 15 ou 16, il est toujours facile de reconnaître la forme primitive.

Les variétés de l'Apatite sont nombreuses : celle qui est transparente et dont les prismes sont à douze facettes, a été nommée *Beril de Saxe* et *Agustite;* celle qui est en cristaux bleuâtres a été appelée par les Allemands *Moroxite*. Celle qui est verdâtre a reçu le nom de *Pierre d'Asperge;* celle qui est pulvérulente porte vulgairement en Hongrie celui de *Terre de Marmarosch*; enfin la variété blanchâtre et terreuse a reçu du minéralogiste allemand Werner, le nom de *Phosphorite*, parce que sa poussière, projetée sur du charbon ardent, jouit sensiblement de la propriété phosphorescente. Outre les couleurs que nous venons d'indiquer, il y a des Apatites violettes, rouges, jaunâtres, ou d'un jaune orangé, et d'un vert grisâtre.

Parmi celles qui ne sont point cristallisées, on distingue les variétés *laminaires*, *lamellaires*, *granulaires* et *guttulaires*. Il y en a même de *fibreuses* ou de *compactes*; mais celles-ci sont toujours mélangées d'un peu de silice.

L'Apatite cristalline se trouve dans les terrains de *granite* et de *gneiss* (v. ces mots), tantôt disséminée dans ces roches, et tantôt en occupant les fissures. Les plus belles viennent de la Saxe, de la Bohême et de la Suisse. On en rencontre même dans les terrains volcaniques anciens et modernes : dans les trachytes, les basaltes et les laves. Celle qui n'est point cristallisée se présente dans tous les autres terrains : ainsi dans les terrains de sédiment les plus inférieurs ; elle est tellement abondante qu'elle constitue des collines entières comme aux environs de Truxillo dans l'Estramadure en Espagne : dans les formations houillière, oolithique, crétacée, et dans les assises inférieures du terrain de sédiment supérieur. Elle se trouve principalement dans les dépôts argileux : c'est ainsi qu'on l'a trouvée dans les argiles d'Auteuil près Paris.

On a long-temps regardé l'Apatite colorée et cristalline comme une gomme; mais son peu de dureté, et son faible éclat l'ont fait exclure des ateliers de bijouterie. Dans l'Estramadure, et en Bohême, où elle forme des masses considérables, elle est employée comme pierre à bâtir. (J. H.)

APEIBA. (bot. phan.) Genre appartenant à la famille des Tiliacées, et à la Polyandrie monogynie. Il a pour caractère un calice à cinq divisions allongées, qui alternent avec autant de pétales égaux ou moindres, des étamines très-nombreuses à filets très-courts, et dont les anthères sont longues et acuminées au sommet; un ovaire hérissé surmonté d'un style qui va s'épaississant comme une masse de bas en haut, et se termine par un stigmate infundibuliforme, denté sur ses bords. Cet ovaire devient une capsule grande, coriace, sphéroïde, déprimée, couverte de poils raides et serrés, ou bien rugueuse comme une lime ; elle présente intérieurement de huit à vingt-quatre loges dans lesquelles sont attachées, à un réceptacle central et charnu, des graines nombreuses et petites, ou moins nombreuses et plus grosses.

Ce genre comprend quatre espèces dont les individus, originaires de la Guiane, sont des arbres ou des arbustes à feuilles grandes et alternes, à pédoncules solitaires di ou trichotomes, accompagnées de deux ou quatre bractées, à la pointe de leur division. Le fruit, rarement déhiscent, laisse échapper ses graines par une fente supérieure, ou par un trou situé inférieurement et résultant de la séparation du pédicelle. (G. C.)

APENNINS. (géogr. physique.) Depuis le col de Tende, qui la sépare des Alpes, la chaîne des Apennins s'étend jusqu'aux deux points qui terminent l'Italie : l'une au canal d'Otrante, et l'autre au détroit de Messine. Sur une longueur d'environ 550 lieues, elle partage cette péninsule en deux grands versans, l'un oriental et l'autre occidental. Le premier est sillonné par plus de quarante rivières généralement peu considérables, parmi lesquelles nous ne pouvons citer que le *Tronto* , qui a vingt lieues de cours, le *Pescara* ou l'*Aterno*, qui en a trente , le *Sangro* et l'*Ofnuto* qui sont de la même étendue. Les autres rivières du même versant n'ont que douze a dix-huit lieues de cours. Toutes se jettent dans la mer ou le golfe Adriatique. Le second versant donne naissance à des cours d'eau plus considérables, parce que la ligne de fuite des Apennins y est moins rapprochée des côtes de la mer. Il est arrosé par environ quarante-cinq rivières plus ou moins importantes : les principales sont l'*Arno*, qui a cinquante-cinq lieues de cours; l'*Anbrone*, qui en a vingt-cinq ; le *Tibre*, qui en a quatre-vingts , et que l'on range parmi les fleuves; le *Volturno*, qui en a environ trente. Tous ces cours d'eau se jettent dans la Méditerranée. A la hauteur du golfe de Salerne, la chaîne des Apennins se partage en deux branches, et forme un troisième versant dont les pentes entourent le golfe de Tarente : les deux principales rivières qui y coulent sont le *Brusano* et le *Basento*, de dix-huit à vingt lieues de cours.

Les Apennins sont beaucoup moins élevés que les Alpes, puisque leur hauteur moyenne est d'environ treize cents mètres. Voici quels sont ses huit principales cimes :

| | mètres. |
|---|---|
| Le monte Cirno (dans le royaume de Naples). . . , . . . . . . , . - . . | 2900 |
| Le mont Cimora . . . . . . . . . . . . | 2126 |
| Le mont Amiata. . . . . . . . . . . | 1766 |
| Le mont San-Pelegrino. . . . . . . . | 1573 |
| Le mont Barigazzo. . . . . . . . . | 1206 |
| Le mont Cavigliano. . . . . . . . . . | 1099 |
| Le mont Soriano (à l'est de Viterbe). . | 1071 |
| Le Colmo di Luco, sommet della Bochetta. | 1064 |

On divise la chaîne des Apennins en trois parties distinctes. L'*Apennin septentrional* s'étend depuis le col de Tende jusqu'au mont Coronaro, près duquel le Tibre prend sa source ; il est très-escarpé du côté du golfe de Gênes, sur le versant opposé ses pentes s'étendent jusque sur la rive droite du Pô. L'*Apennin central* se prolonge depuis le mont Coronaro jusqu'au mont Velino ; c'est une des parties les plus élevées de toute la chaîne : elle comprend le mont Cirno. L'*Apennin méridional* est la partie qui, depuis le mont Velino, se prolonge et se bifurque jusqu'à l'extrémité de l'Italie.

De la chaîne principale, que nous venons de parcourir rapidement, partent trois groupes de rameaux *sub-apennins*, qui ont reçu des noms distincts. Le *Sub-Apennin Toscan* est formé des ramifications comprises entre le cours de l'Arno et celui du Tibre. Le *Sub-Apennin Romain* comprend les rameaux qui s'étendent entre le cours du Tibre et celui du Volturno. Enfin le *Sub-Apennin Vésuvien* peut être considéré comme comprenant toutes les ramifications qui descendent sur la Méditerranée , depuis le Volturno jusqu'au golfe de Policastro.

*Constitution géognostique et minéralogique.* La géologie détaillée de cette chaîne de montagnes et de ses ramifications, nous entraînerait au-delà des bornes que le plan de cet ouvrage nous prescrit; nous

nous contenterons d'en donner un aperçu général.

La chaîne des Apennins ( ainsi que nous l'avons dit dans notre continuation du *Précis de la géographie universelle* ) présente deux massifs : l'un composé de granite , de gneiss, de micaschiste , de *gubbro*, que les minéralogistes français appellent *Euphotide*, et de serpentine, qui constituent en quelque sorte le noyau de ces montagnes ; l'autre est formé de calcaires saccaroïdes, c'est-à-dire dont le grain ressemble à celui du sucre , et de calcaires compactes analogues à ceux qui constituent la dernière du Jura, auxquels succède, au nombre de plusieurs autres, la couche sablonneuse appelée *Macigno*.

Les calcaires saccaroïdes, dont il est ici question, ont été regardés pendant long-temps comme *primitifs ;* mais on y a reconnu depuis peu de temps des coquilles. Ils offrent au ciseau du statuaire de très-beaux marbres blancs, dont le principal est celui de Carrare, sur le versant méridional de l'*Apennin septentrional ;* et plusieurs marbres colorés, que le luxe des arts d'ornement utilise depuis long-temps en Italie : tels sont les marbres *vert de mer* de la Bocchetta, ceux de Prato et de Florence qui imitent le *vert antique*, le *jaune de* Sienne, et le *Portor* du cap Porto-Venere.

En remontant vers le nord, les calcaires de transitions et jurassiques supportent des dépôts tertiaires, parmi lesquels on remarque des argiles remplies de coquilles, des marnes contenant des fragmens de bois et des fruits de divers arbres conifères.

A la base de l'*Apennin central* s'étendent les mêmes terrains tertiaires. Ils forment des collines composées en grande partie de marne argileuse , de sable calcaire et siliceux, dans lesquels on trouve du soufre , de la poix minérale et du sel.

Les roches granitiques de l'*Apennin méridional* sont plus visibles que dans les deux autres parties de la chaîne ; leur couleur est jaunâtre, et leur texture grenue et demi-cristalline. Elles ne paraissent point appartenir à l'époque la plus ancienne, mais plutôt faire partie de terrains intermédiaires.

Sur le versant oriental, les collines calcaires, qui s'élèvent çà et là appartiennent au terrain tertiaire. Dans la Calabre orientale, au bas des pentes de l'Aspromonte, on trouve de grands dépôts salifères : l'exploitation de Lungro, à deux ou trois lieues de Castrovillari, est la plus considérable. Sur le même versant, on remarque des dépôts calcaires qui appartiennent au terrain quaternaire, et qui sont remplis de coquilles fossiles dont les analogues, et même les espèces identiques, vivent encore dans la Méditerranée.

Les dépôts quaternaires se retrouvent sur le versant opposé. Mais le *Sub-Apennin Vésuvien* forme un ordre à part, par ses dépôts volcaniques anciens et modernes, qui se prolongent jusque dans les îles voisines du golfe de Naples. (*Voyez* VÉSUVE et VOLCAN.) Cependant il ne faut pas croire que le versant oriental soit dépourvu de roches d'origine ignée : depuis l'embouchure du Pô jusque dans les Abruzzes, on en remarque une longue traînée; et même à quelques lieues de la côte, près de ce qu'on appelle vulgairement l'éperon de la botte de l'Italie, les îles virent naître au milieu d'elles, le 15 mai 1816, un petit cratère qui vomit alors, et même encore depuis, de véritables laves.

Dans la partie appelé le *Sub-Apennin-Romain*, tout le bassin du Tibre est composé de vastes dépôts de calcaire récent, appelé *Travestin*, qui paraît avoir été formé par des sources minérales, contenant de l'acide carbonique, et qui a servi à la construction de la plupart des monumens de l'ancienne Rome. Plusieurs eaux en déposent encore, ainsi qu'on peut le voir aux cascades de Terni et de Tivoli. Des chaînes de collines entièrement composées de ce travestin, n'ont pu être formées que dans de vastes lacs d'eau douce, dont ceux de *Perugia*, de *Bolzena* et de *Bracciano* ne sont peut-être que de faibles restes. Sur une colline évidemment moderne, au nord-ouest de Radicofani, près des frontières de la Toscane, les eaux de Saint-Philippe, utilisées comme moyen curatif, le sont encore par la propriété dont elle jouissent, de déposer un sédiment calcaire très-fin et du plus beau blanc. On les fait tomber en pluie sur des moules en creux, et l'on obtient ainsi, au moyen de l'évaporation et par voie d'incrustation, de très-jolis bas-reliefs.

Nous terminerons cet aperçu géognostique, en rappelant qu'une des particularités des Apennins, est le phénomène de *Salses* (*voyez* ce mot). Près de Saßuolo, dans les environs de Modène, une chaîne de collines entoure un marais qui jouit d'une grande réputation, par le phénomène résultant de la quantité de gaz hydrogène qui s'exhale du fond vaseux que recouvrent ses eaux. Si l'on y enfonce une perche à la profondeur de cinq à six pieds, on remarque, en la retirant, l'eau qui, poussée par le gaz, s'élance avec force de l'ouverture qu'on a faite dans la vase.

*Végétation.* Les Apennins sont trop peu élevés pour être couronnés de glaciers; cependant leurs crêtes et leurs flancs sont dépourvus de ces riches prairies, qui donnent un si bel aspect aux petites montagnes qui s'étendent aux pieds des hautes cimes des Alpes. Les arbres que l'on rencontre à la plus grande élévation sont des pins; au dessous se trouvent les hêtres et les chênes de diverses espèces, propres aux régions méridionales de l'Europe. Les vallons, toujours étroits, ne sont que de grands ravins d'un aspect âpre et sauvage. Ce n'est qu'en approchant des plaines que les collines, couvertes de noyers, de cyprès, d'arbousiers, de lauriers, d'oliviers, d'orangers et de citronniers, annoncent, par l'agréable variété de verdure de ces arbres divers, l'heureux climat de l'Italie. A mesure que l'on s'avance vers le sud, les caroubiers et les palmiers reposent l'œil, fatigué de la teinte grise et monotone des Apennins.          (J. H.)

APEREA. ( MAM. ) Nom américain d'une espèce du genre COBAYE ( *v.* ce mot )          ( GUÉR. )

APETALES. ( BOT. PHAN. ) Ce mot qui signifie *sans pétales*, se dit des fleurs qui n'ont qu'un seul périanthe, ou qui même en sont tout-a-fait dé-pourvues. Exemple : les Daphnés, les Lis, les Tulipes, etc. Ce ne sont pas toujours, comme on voit, les moins brillantes.          ( G. C. )

APHANE, *Aphanes.* ( BOT. PHAN. ) Genre établi par Linné, mais que les auteurs modernes ont réuni aux ALCHIMILLES ( *v.* ce mot ).          ( GUÉR. )

* APHÆNE, *Aphæna.* ( INS. ) Genre de l'ordre des Hémiptères, section des Homoptères, famille des Cicadaires, que nous avons établi aux dépens du genre Fulgore de Linné, et dont les caractères ont été exposés dans la partie entomologique du Voyage aux Indes orientales de M. Bellanger. Nous présenterons les caractères de ce genre et de quelques autres à l'article FULGORE ( *v.* ce mot ).          ( GUÉR. )

APHANISTIQUE, *Aphanisticus.* ( INS. ) Genre de l'ordre des Coléoptères, établi par Latreille, aux dépens du genre Bupreste, et auquel il donne pour caractères : antennes terminées en une massue brusque, oblongue, comprimée, légèrement en scie, formée par les quatre derniers articles. Dernier article des palpes un peu plus gros, presque ovalaire. Entre-deux des yeux étant un peu excavé, ainsi que dans les TRACHIS ( *v.* ce mot ). Ce genre ne se compose que de deux ou trois espèces, très-petites et à corps très-étroit; la plus connue, l'*Aphanisticus emarginatus*, Latr., ou le *Buprestis emarginata*, Fabr., Oliv., se trouve assez communément aux environs de Paris. Elle a été figurée dans l'Iconographie du Règne animal, par M. Guérin, Insectes, pl. 11, fig. 5. ( H. L. )

APHANITE. ( MINÉR. GÉOLOG. ) Ce nom a été donné par Haüy à une roche d'apparence homogène, mais qui paraît être composée d'amphibole et de feldspath. Comme cette dernière substance y est invisible, on conçoit comment Haüy, par allusion à cette circonstance, a choisi un mot grec qui signifie je *disposais*, pour dénommer cette roche, qu'on nommait avant lui *Cornéenne*.

L'Aphanite est d'une texture terreuse et un peu compacte, d'une couleur noirâtre, et d'une solidité qui la rend difficile à casser. Elle se trouve dans des terrains d'origine ignée, et forme des collines ou des masses qui ne sont jamais divisées en couches.          ( J. H. )

APHARÉUS. ( POISS. ) *V.* FARÈS.

APHÉRESE. ( MIN. ) C'est le nom que M. Beudant a donné à une des deux espèces de Phosphate de cuivre que l'on trouve dans la nature. (*V.* CUIVRE. )          ( J. H.

APHIDIENS, *Aphidii.* ( INS. ) Famille des Hémiptères homoptères, qui se trouve la quatrième de l'ordre.

Cette famille, établie par Latreille, est ainsi nommée du mot *Aphis*, qui veut dire puceron, parce que ce genre en compose la plus grande partie. Ces insectes offrent des caractères et des mœurs tout à fait insolites, et sans les parties de la bouche qui rapprochent les insectes qui la composent de ceux du même ordre. on pourrait même faire de quelques uns un ordre a part : car cette famille elle-même n'est composée que de genres très-différens les uns des autres et ayant besoin d'un nouvel examen.

Les caractères qui distinguent cette famille des autres sont principalement de n'avoir que deux articles aux tarses, et des antennes filiformes de six à onze articles. Les autres caractères qu'on leur assigne se rapportent davantage aux pucerons qu'aux autres coupes. On les expliquera à ce mot. Les grandes divisions des Aphidiens sont les PSYLLES, les THRIPS et les PUCERONS. (*Voyez* ces mots.) (A. P.)

**APHIDIPHAGES**, *Aphidiphagi*. (INS.) Famille de Coléoptères, de la section des Trimères. Ainsi que leur nom l'indique, ces insectes vivent de rapine et presque exclusivement de pucerons ; mais cependant, comme leurs mœurs n'ont été jusqu'à ce moment étudiées que sur le genre Coccinelle, qui est le principal de cette coupe, nous renvoyons à ce mot pour la connaissance des larves et de leurs mœurs, ainsi que de celles de l'insecte parfait, qui ont été étudiées avec tout le talent de notre patient Réaumur.

Le caractère rigoureux de cette famille est d'avoir les antennes terminées en massues formées par des articles en forme de cône renversé ; les insectes dont elle se compose sont en général de petite taille, hémisphériques ; leur corselet est très-court, transversal ; le dernier article des palpes maxillaires est fort grand, sécuriforme ; tantôt le pénultième article est fortement bilobé, tantôt il est presque entier ; ce dernier caractère établit une division dans les genres de cette famille. (*V.* COCCINELLE.) (A. P.)

**APHIDIVORES.** (INS.) On désigne sous ce nom les larves d'insectes qui se nourrissent de pucerons (*aphis*). Les mieux connues sont celles des COCCINELLES, des HÉMÉROBES et des SYRPHES (*voyez* ces mots). (GUÉR.)

**APHODIE**, *Aphodius*. (INS.) Genre de l'ordre des Coléoptères, de la section des Pentamères, et de la tribu des Scarabéides, établi par Illiger, aux dépens des Scarabés de Linné, et adopté par tous les entomologistes. Latreille, dans ses Familles du Règne animal, lui assigne pour caractères : dernier article des palpes cylindrique, celui des labiaux un peu plus grêle que les précédens, ou du moins un peu plus court. Mâchoires n'ayant pas au côté interne d'appendice ou de lobe corné et denté. Corps étant rarement court, avec l'abdomen très-bombé, et lorsqu'il offre ces caractères, le corselet n'est point sillonné transversalement. Ce genre est assez nombreux en espèces ; on en trouve dans tous les pays ; la plus connue et la plus commune est l'APHODIE DU FUMIER, *Az fimentarius*, Linn. (Pan., Faun. Ins. Germ., XXXI. 2) ; long de trois lignes, noir, avec les étuis et une tache de chaque côté du corselet fauves ; trois tubercules sur la tête, et ayant des stries ponctuées sur les élytres. Ces insectes, à démarche lente, sont assez petits et ont des habitudes analogues à celles des bousiers, c'est-à-dire qu'ils se nourrissent de fientes et d'excrémens. Ils sont en général noirs ou bruns ; mais on en connaît quelques espèces assez élégantes, et entre autres celle qui a été figurée dans l'Iconographie

du Règne animal, Insectes, pl. 21, fig. 11, sous le nom d'*Aphodius bipunctatus*. Elle se trouve en Russie. (H. L.)

**APHRÉDODÈRE**, *Aphredoderus*. (POISS.) Ce nom est celui d'un nouveau genre de Percoïdes à six rayons branchiaux, dont M. Lesueur est l'auteur. Bien que ces Aphrédodères aient beaucoup de ressemblance avec les *Centrarchus* et les *Pomotis*, ils s'en distinguent de suite par deux caractères essentiels qui consistent, le premier, dans l'absence complète de rayons épineux aux nageoires ventrales, exemple jusqu'à présent unique parmi la famille des Percoïdes, et le second dans la position avancée du cloaque, qui vient s'ouvrir sous la gorge.

On peut aussi ajouter que l'angle de l'opercule est armé d'une épine aplatie, et qu'il existe des dentelures aussi bien sur ce bord du préopercule, que sur ceux du sous-orbitaire, dont la crête mitoyenne est en outre garnie de piquans.

L'APHRÉDODÈRE BOSSU, *Aphredoderus gibbosus*, Lesueur, l'espèce unique du genre, a reçu cette épithète de la forme élevée que présentent les parties moyennes de son corps, dont les extrémités sont au contraire assez basses ; néanmoins ce poisson est allongé et les côtés en sont comprimés. Les écailles qui le recouvrent sont petites et âpres au toucher ; il a la tête déprimée, le museau arrondi et un peu plus court que la mâchoire inférieure, laquelle est, ainsi que la supérieure, les os palatins, le chevron du vomer, et les os pharyngiens eux-mêmes, garnie de dents en fin velours. Libre à son extrémité, la langue est lisse et épaisse, les ouïes sont très-fendues ; la longueur de la dorsale est du cinquième de celle du corps ; l'anale est moitié moins longue que haute ; la caudale est arrondie ; un vert olive foncé est répandu sur le corps de ce poisson, dont les nageoires verticales sont jaunâtres et bordées de noir ; il possède une vessie aérienne qui est grande, à parois minces et argentées. L'Aphrédodère bossu fréquente de préférence les eaux ombragées et à fond vaseux ; l'individu que le Muséum possède a été pêché dans le lac Pont-Chartrain ; il a trois pouces de longueur. Voici la formule indiquant le nombre des rayons de ses branchies et de ses nageoires.

B. 6 ; D. 5/11 ; A. 5/7 ; C. 17 ; P. 12 ; V. 6/7. (G. B.)

**APHRITE**, *Aphritis*. (INS.) Genre de l'ordre des Diptères, famille des Athéricères, tribu des Syrphides ; ce genre, établi par M. Latreille, offre pour caractères essentiels une tête très-obtuse en dessous, sans avancement en bas, les antennes plus longues que la tête, avancées ; la première pièce presque aussi longue que les deux suivantes réunies, les deux premières cellules formées du limbe postérieur se terminant presque en angle : l'écusson armé de deux dents.

APHRITE DORÉ SOYEUX, *A. Auropubescens*. Lat. gen. Ins., t. 1, pl. 16, fig. 7. Corps noir recouvert d'un duvet court, doré, luisant ; jambes et tarses jaunâtres, cuisses noires, ailes lavées d'une teinte jaune, aussi longues à peine que l'abdomen. Cet insecte est long de cinq à six lignes. Plus commun vers le midi de la France.    (A. P.)

APHRIZITE. (minér.) Nom que l'on a donné à une variété de l'espèce minérale appelée Tourna-line. (*V.* ce mot.)    (J. H.)

APHRODITE, *Aphrodita.* (annel.) Les Aphro-dites, ainsi nommées par Linné, sont placées, dans le *Règne animal* de M. Cuvier, dans l'ordre des Dorsibranches. Les animaux qui composent ce genre ont un corps généralement aplati, pourvu de deux rangées longitudinales de longues écailles membraneuses, qui existent seulement sur le dos et sous lesquelles sont les branchies en forme de crêtes charnues. Des poils qui sortent de dessous ces mêmes écailles et qui brillent des plus belles couleurs, telles que l'or et l'argent, rendent ces animaux très-brillans. La bouche, formée par une trompe cylindrique qui est fendue transversale-ment à son extrémité, est munie de quatre mâchoires cartilagineuses, ou cornées, qui se meuvent dans le sens vertical; leur tête est ornée de deux ou quatre yeux, et de deux à cinq antennes, mais dont deux ne manquent jamais.

Le corps, composé de vingt-cinq segmens, qui sont plus courts que dans les autres annélides, est pourvu, dans son intérieur, d'un canal intesti-nal droit garni de nombreux cœcums, de vaisseaux sanguins, dans lesquels circule un fluide rougeâ-tre, et d'un système nerveux composé d'un cor-don médullaire renflé à chaque anneau. On n'a pu encore découvrir l'appareil générateur de ces ani-maux. On pense qu'ils ont les sexes séparés et qu'ils sont ovipares. Nos mers paraissent seules contenir les Aphrodites, qui sont très-communes sur nos côtes, où elles vivent toujours enfoncées dans la vase.

Ces animaux, qui ne forment, dans le système de Linné et de M. Cuvier, qu'un genre, ont servi à MM. Savigny et Blainville à établir une famille, qui est la première de l'ordre des Homocriciens pour le premier, et la première de l'ordre des Né-réidées pour le second.

On peut citer comme type du genre l'*Aprodita aculeata,* Cuv., figurée dans l'Iconogr. du *Règne ani-mal.* Annélides, pl. 9, fig. 1, et reproduite dans notre Atlas pl. 27, f. 1. Sa couleur est jaunâtre avec les soies latérales irisées des plus belles couleurs dorées, rouges, vertes, bleues, etc.    (L. R.)

APHRONATRON. (minér.) On a donné ce nom à un carbonate de soude et de chaux, que l'on trouve assez souvent en effervescence sur les vieilles murailles, et que l'on a même confondu quelquefois avec le salpêtre ou le nitrate de potasse. La dénomination d'Aphronatron ne nous paraît pas devoir être conservée, depuis qu'on a reconnu qu'il existe dans la nature un carbonate sembla-ble que l'on a appelé Gay-Lussite. (*V.* ce mot.)    (J. H.)

APHRYTIS, *Aphrytis.* (poiss.) Ce genre trouve sa place parmi les Percoïdes à ventrales jugulaires, et à six rayons branchiaux. Voisin des *Percis* et des *Percophis,* la présence de dents en velours aux os palatins le sépare des premiers, de même qu'une

double dorsale et l'absence de dents à crochets aux mâchoires l'éloignent des seconds.

MM. Cuvier et Valenciennes ont établi ce genre et ont représenté dans la planche 243 du tome huitième de leur Histoire des Poissons, l'Aphritis de d'Urville, *Aphritis Urvillii,* qui est la seule espèce connue. C'est un très-petit poisson que nourrissent les eaux douces de la terre de Van Diemen, d'où il a été rapporté par MM. Quoy et Gaymard. Son corps est allongé et cylindrique; le dessus de sa tête aplati et étroit, le museau ar-rondi et un peu déprimé. Ni le sous-orbitaire, ni le préopercule, n'offrent de dentelure; mais on remarque une forte épine à l'opercule, la bouche et les fentes branchiales sont larges. La seconde nageoire du dos présente un peu plus de hauteur que celle qui la précède, et la caudale est coupée carrément. De petites écailles finement ciliées sur leurs bords revêtent tout le corps, à l'exception toutefois du front, du sous-orbitaire et des mâ-choires. Vers le dos, sur un fond rougeâtre, se mon-trent quelques nuances d'un brun verdâtre.

B. 6; D. 6 — 19; A. 25; P. 19; V. 1/5. (G. B.)

APHTHALOSE. (min.) Les anciens chimistes désignaient sous les noms de *Tartre vitriolé, Sel de duobus,* et *Sel polychreste de Glaser,* un composé d'acide sulfurique et de potasse. Comme ce com-posé est rare dans la nature, il n'avait point encore figuré dans les classifications minéralogiques, lors-que notre célèbre Haüy l'introduisit dans la sienne sous le nom de *Potasse sulfatée.* Cette substance venait alors d'être découverte dans les laves du Vé-suve, où elle se présente en petites masses mamelon-nées, qui occupent les cavités de ces laves.

Sa saveur est amère; mais, son principal carac-tère étant d'être inaltérable à l'air, M. Beudant l'a placée dans sa classification sous le nom uni-voque d'*Aphthalose,* composé de deux mots grecs, dont l'un signifie *sel* et l'autre *inaltérable.*

Cette espèce minérale est composée d'environ 46 parties, en poids, d'acide sulfurique, et de 54 de potasse; bien que les chimistes obtiennent le sul-fate de potasse en cristaux assez variés, qui déri-vent d'un prisme rhomboïdal, la nature ne pa-raît point produire pour le même composé ces formes régulières. Seulement, outre les petits mamelons de ce sulfate dont elle tapisse les laves, elle le dépose en un enduit léger sur les produits volcaniques récens. Quelquefois, elle colore cette substance en verdâtre ou en bleuâtre par l'addition de quelques oxides cuivreux. (JH.)

APHYE. (poiss.) Nom d'une espèce du genre Gobie. (*V.* ce mot.)    (G B.)

APHYLLANTHES, *Aphyllanthes.* (bot. phan.) Ce nom grec décomposé donne : *Fleur sans feuil-les.* C'est celui d'un genre qui appartient à la fa-mille des Joncées et à l'Hexandrie monogynie. Ses caractères sont : involucre double, dont l'ex-térieur formé de deux écailles trifides au sommet, et l'inférieur monophylle, caliciforme et à six di-visions; calice tubuleux à sa base, formé de six sépales soudés inférieurement, à limbe ouvert et un peu oblique, offrant six divisions oblongues et

obtuses,

obtuses; étamines insérées dans la partie supérieure du tube du calice; ovaire libre, à trois loges contenant chacune un seul ovule; style allongé, triangulaire, élargi à son sommet, occupé par un stigmate à trois angles très-saillans; fruit en capsule triloculaire.

Jusqu'à présent, on ne connaît qu'une seule espèce de ce genre : c'est le Bragalon de Montpellier, *Aphyllanthes Monspeliensis*, L. Il a le port de l'œillet stolonifère, et est cultivé dans nos jardins comme plante d'agrément. Originaire du midi de la France, il demande l'abri d'une orangerie contre les rigueurs de nos hivers.       ( G. C. )

APHYLLE, *Aphyllus*. ( bot. ) Mot qui signifie *dépourvu de feuilles*. On peut citer comme exemple la Véronique Aphylle, *Veronica Aphylla*. La Hampe est une sorte de tige *Aphylle*.       ( G. C. )

API. ( bot. phan. ) Nom vulgaire de l'Ache (*v.* ce mot) et d'une variété de pomme.       ( Guér. )

APIAIRES, *Apiariæ*. ( ins. ) Seconde section de la famille des Mellifères, dans l'ordre des Hyménoptères.

Cette division a été établie par M. Latreille; le nom qu'elle porte lui vient des Abeilles qui en sont les insectes les plus importans pour nous, quoique les autres genres qui la composent ne soient pas moins remarquables par leurs mœurs. Ses caractères essentiels sont d'avoir les mâchoires, la lèvre et les palpes très-allongés, coudés et formant une trompe appliquée, dans l'inaction, le long de la poitrine. La division moyenne de la languette est aussi longue au moins que le menton et la gaîne réunis, et en forme de soie; les deux premiers articles des palpes labiaux sont comprimés et embrassent la languette, les deux suivans sont très-petits; enfin le premier article des tarses postérieurs est grand, comprimé, très-velu, mais variant de forme selon les différens genres.

La forme des Apiaires ne diffère pas d'une manière très-sensible de celle des autres hyménoptères porte-aiguillons; leur tête est triangulaire, verticale, avec les yeux entiers et trois yeux lisses situés sur le vertex; les antennes sont de douze articles dans les femelles et de treize dans les mâles. Elles sont courtes, coudées après le premier article, filiformes; les mandibules, sur lesquelles repose presque toute l'industrie de ces insectes, varient beaucoup de forme; tantôt elles sont terminées simplement en pointe, tantôt, dans les espèces qui coupent le bois, elles sont en forme de cueiller; elles deviennent plus larges et font les fonctions de ciseaux dans les espèces coupeuses de feuille; enfin dans les abeilles maçonnes, elles deviennent une espèce de truelle: les ailes ont deux ou trois cellules cubitales complètes et deux nervures récurrentes; l'abdomen est toujours ovoïde et composé de six segmens dans les femelles et de sept dans les mâles; il est attaché au corselet par un pédicule très-court; les pieds sont en général remarquables, comme nous l'avons dit, par une grande dilatation et par les poils raides et nombreux dont ils sont munis.

Ces insectes volent avec rapidité de fleur en fleur, pour recueillir le miel dont ils se nourrissent, eux et leurs larves. En approchant de la fleur qu'ils veulent attaquer, ils redressent leur trompe et la plongent jusqu'au fond du calice; ils continuent de fleur en fleur, et ramassent aussi avec leurs pattes, et souvent avec les poils attachés à leur abdomen, le pollen des fleurs, qui entre aussi dans la composition de la pâtée qu'ils préparent pour leurs petits; l'accouplement s'opère sur les fleurs et souvent dans l'air; dès qu'il est terminé, la femelle avise aux moyen de construire le nid qui doit receler sa postérité, et c'est là qu'elle déploie tout l'instinct dont la nature l'a pourvue. Comme ces nids sont très-variés dans leur structure, et dans les moyens employés pour parvenir à leur construction, nous en parlerons à chaque genre en particulier. Toutes les femelles des Apiaires n'ont pas été douées par la nature des organes propres à recueillir la nourriture qui doit élever leur progéniture; elle leur a indiqué un autre moyen qui leur épargne la peine, au prix de quelques dangers; ces espèces, appelées parasites, parce qu'elles vivent aux dépens des autres, vont pondre leurs œufs dans le nid d'autres Apiaires, et leurs larves se nourrissent de la pâtée destinée à l'enfant de la véritable propriétaire du nid; comme elles éclosent avant et prennent leur accroissement plus vite, celui aux dépens de qui elles ont vécu meurt ordinairement de faim, à moins qu'il n'y ait surabondance de nourriture.

Les larves de tous les Apiaires sont de petits vers blancs un peu courbés, rétrécis par les deux bouts, ayant la tête armée d'une bouche écailleuse où se trouve une filière. Après avoir pris leur accroissement, elles filent une coque où s'opère leur métamorphose en nymphe et ensuite en insecte parfait; mais, quoique ces différens passages soient assez courts, l'insecte parfait ne sort souvent de son nid qu'au printemps de l'année suivante, quand les fleurs dont il doit se nourrir sont écloses. Cette famille se divise en deux grandes coupes, les Apiaires solitaires et les Apiaires sociales. C'est dans les premières seules que se trouvent les espèces parasites.       (A. P.)

APIER. (agric.) Au seizième siècle on désignait sous ce nom la ruche et le rucher. Dans le département des Landes, on appelle encore ainsi un amas de ruches figurées en pyramides, placées dans les clairières au milieu d'enceintes de fascines, que l'on peut prendre de loin pour des cippes grossiers couvrant des tombeaux. Dans le département du Nord, surtout aux environs de Lille, l'Apier est celui qui cultive des abeilles; les Apiers y sont distribués par compagnie, ils se choisissent un chef, qu'ils appellent roi, dont la puissance dure une année, et célèbrent leur fête le 14 février.       ( T. D. B. )

APION, *Apion*. (ins.) Genre de l'ordre des Coléoptères, section des Tétramères, établi par Herbst aux dépens des Attelabes de Fabricius. Latreille ( *Consid. gén.* ) le rapporte à la famille des Charançonites, et dans sa nouvelle édition du Règne animal de Cuvier, il place ce genre dans la famille des Porte-bec ou Rhynchophores; ces

insectes sont très-petits, ils se trouvent communément sur les fleurs et sur les arbres fruitiers;
leur museau n'est point élargi à l'extrémité et se
termine même souvent en pointe, l'abdomen est
court et renflé. L'espèce servant de type à ce genre
est l'APION ROUGE, *A. frumentarius*, Oliv. (*Coléopt.*,
tom. V. pl. III, fig. 47.) ou l'*Attelabus frumentarius* de Fabricius. (*V.* ATTELABE.)        (H. L.)

APISTE, *Apistus.* (POISS.) Les Apistes ont pour
principal caractère générique une épine au sous-
orbitaire et une autre au préopercule. Très-voisins
des Scorpènes, ils ont, comme elles, une dorsale
simple et des dents au palais, mais leurs rayons
pectoraux sont moins nombreux et tous branchus.

Cuvier, qui a établi ce genre, le partage en deux
petites tribus : dans la première il place ceux
qui ont le corps couvert d'écailles comme les
Scorpènes, et dans la seconde ceux qui l'ont uni
comme les Cottes; chacune de ces deux divisions
possède des espèces à rayons libres sous les pectorales, et d'autres qui en manquent.

Parmi les Apistes à corps écailleux et à rayon
libre sous les pectorales, nous citerons l'APISTE A
LONGUES PECTORALES, *Apistus alatus*, Cuv., que
Russel a le premier fait connaître sous le nom de
Morah-Minoo. (*Voy.* Russ., n° 1606.)

Son corps est argenté, ses pectorales tirent
sur le pourpre à leur face externe, et sur le vert
à leur face interne; il existe une tache noire sur
la portion épineuse de la dorsale, et trois bandes
obliques et noirâtres sur sa partie molle. Un de ceux
qui n'ont point de rayon libre, est l'APISTE VIVE,
*Apistus trachinoïdes*, Cuv.; il est représenté à la pl. 92
de l'Histoire des poissons de MM. Cuvier et Valenciennes. On connaît maintenant quatorze ou quinze
espèces d'Apistes; ils sont tous de petite taille,
c'est-à-dire qu'ils ne dépassent pas quatre pouces
de longueur; et tous également vivent dans la mer
des Indes. On peut voir une très-belle figure d'une
espèce nouvelle de ce genre (*A. marmoratus*,
Cuv.), dans l'Iconographie du règne animal, Poissons, pl. 14, f. 3.        (G. B.)

APLIDE, *Aplidium.* (MOLL.) Genre formé par
Savigny, mais qui diffère peu de celui de POLY-
CLINUM. (*V.* ce mot.)        (GUÉR.)

APLITE. (MINÉR. GÉOL.) Nom donné par les
Suédois, et principalement par Retz, à une roche
qui a été appelée par Haüy PEGMATITE. (*V.* ce mot.)
        (J. H.)

APLODACTYLE, *Aplodactylus.* (POISS.) Cuvier et Valenciennes ont donné ce nom à un
genre d'Acanthoptérygiens de la division des Percoïdes à six rayons branchiaux.

Les Aplodactyles ont bien quelque analogie avec
les Cirrhites, à cause des rayons libres de leurs pectorales; mais ils s'en distinguent évidemment par
leurs dents aplaties et dentelées, qui ressemblent à
celles des Acanthures et des Crénidens.

On connaît deux espèces d'Aplodactyles, l'une
et l'autre originaires des mers du Chili.

L'APLODACTYLE PONCTUÉ, *Aplodactylus punctatus*, Cuv. Val. Hist. Poiss. tome VIII, suppl. p.
352, pl. 243, qui est brunâtre tacheté de noir, même

sur les nageoires; et l'APLODACTYLE VERMICULÉ,
*Aplodactylus vermiculatus*, des mêmes auteurs.
        (G. B.)

APLOME. (MIN.) Haüy a donné ce nom, qui
d'après son étymologie grecque signifie *simple*,
à une substance minérale qui ressemble au grenat, mais dont la cristallisation primitive lui paraît plus simple, puisque c'est le cube; tandis
que le grenat cristallise en dodécaèdre rhomboïdal,
ou en un solide qui présente douze faces en losange. Cependant, d'après la nomenclature minéralogique qui se fonde sur la chimie, toutes les
substances que l'on considère comme très-voisines
du grenat, telles que la *Grossulaire*, l'*Almandine*, la
*Mélonite* et la *Sperfaitine*, sont aujourd'hui regardées comme des variétés du sous-genre *Grenat*,
subdivision du genre *Silicate*.

L'Aplome doit-être compris dans l'espèce Grossulaire. Nous en parlerons à l'article GRENAT. (J. H.)

APLYSIE, *Aplysia.* (MOLL.) Ce mot, dont l'étymologie est, *qu'on ne peut nettoyer*, a été généralement adopté par tous les naturalistes et substitué
à celui de Laplysie, que Linné avait créé pour un
genre de Gastéropodes marins, connus des plus
anciens historiens sous la dénomination de *Lièvres marins*. Les espèces qui constituaient ce
genre, à l'époque où Lamarck publiait la seconde partie du sixième volume des Animaux sans
vertèbres, ne s'élevaient pas à plus de quatre. M. San-
der Rang, dans un fort beau travail, qu'il a publié en 1828 sous le titre de Monographie, en décrit vingt-quatre. Depuis lors MM. Quoy et Gaimard, Lesson et quelques autres naturalistes, en
ont publié d'autres, en sorte qu'aujourd'hui la
série de ces Mollusques est fort nombreuse. Voici
les caractères que leur assigne M. Rang : corps
charnu, oblong, allongé ou arrondi, bombé en
dessus, plat et généralement élargi en dessous,
conjoint avec le pied et ne formant qu'un tout
avec lui, jamais divisé et ne se renfermant point
dans une coquille; tête distincte, bouche fendue en long; manteau étendu sur tout le corps,
muni sur la partie supérieure d'une fente longitudinale formant quelquefois, par la dilatation
de ses bords, deux lobes latéraux plus ou moins
distincts, propres à la natation, et qui se croisent sur la cavité branchiale, située à la partie
moyenne du corps, protégée, le plus souvent, par
une membrane operculaire renfermant quelquefois une lame testacée, et toujours par les bords du
manteau; branchies en forme de panache flottant
dans cette cavité et parfois même en dehors;
tentacules au nombre de quatre; yeux situés à la
base et en avant des tentacules postérieurs; anus
placé en arrière des branchies; organes de la génération, séparés sur le même individu, mais liés
par un canal extérieur, la vulve en avant des branchies, le pénis près du tentacule droit antérieur.
Ces animaux ont été l'objet de bien des fables. Cuvier, dans un mémoire plein de recherches curieuses, publié sur ce sujet dans les Annales du Muséum, rapporte ainsi qu'il suit les histoires qui ont été
faites sur l'espèce type du genre (*Aplysia depilans*).

» Les pêcheurs paraissent avoir en de tout temps la manie, qu'ils conservent même de nos jours, d'attribuer des qualités malfaisantes aux animaux marins qui ne servent point à la nourriture de l'homme. On sait que les livres des naturalistes ne sont encore que trop remplis des rapports de ces hommes ignorans, sur les orties de mer, sur les étoiles et sur d'autres productions semblables, quoique l'observation en ait depuis long-temps démontré la fausseté. Ces contes se multiplient et augmentent en merveilleux lorsque la figure, la couleur ou l'odeur de l'animal ont quelque chose d'extraordinaire ou de rebutant, comme il arrive dans le Lièvre marin; aussi trouvons-nous une longue liste des propriétés pernicieuses et étonnantes de cet animal: non-seulement sa chair et l'eau dans laquelle on la fait infuser sont venimeuses, et font mourir au bout d'un nombre de jours parfaitement égal à celui qu'a vécu l'individu dont on a mangé, ou pris l'infusion; mais sa vue seule peut empoisonner. Une femme qui aurait voulu cacher sa grossesse, ne peut résister à l'aspect d'un Lièvre marin femelle; des nausées et des vomissemens subits la trahissent, et elle ne tarde pas à avorter, à moins qu'elle ne place dans sa manche un Lièvre marin mâle, desséché et salé; car c'est aussi là une des idées superstitieuses répandues de tout temps parmi le peuple, que chaque espèce malfaisante porte en elle-même le remède propre aux maux qu'elle cause. Il y a dans cette application-ci un embarras particulier; c'est que tous les individus des Lièvres marins réunissent les deux sexes. Si les Lièvres marins d'Italie sont si funestes à l'homme, c'est tout le contraire pour ceux de la mer des Indes: c'est l'homme qui est funeste à ceux-ci; et il ne peut les prendre vivans, parce que son seul contact les fai périr.

» On devine aisément que c'est Pline qui m'a fourni cette longue série de propriétés, et l'on est tenté de les rejeter toutes sur la seule considération d'une origine si suspecte. J'avoue que j'y suis très-porté aussi, d'après mes propres recherches, quoique le témoignage nanime des anciens semble confirmer celui de Pline.

» Il paraît cependant qu'en Italie, ce pays où l'art des empoisonnemens a été pratiqué et raffiné si anciennement, on faisait entrer le Lièvre marin dans quelques uns des breuvages si usités dans les temps de corruption. Locuste l'employait, dit-on, pour Néron, et Domitien fut accusé d'en avoir donné à son frère.

» Les médecins traitent au long les symptômes produits par le poison du Lièvre marin: la peau devenait livide, le corps s'affait, l'urine se supprimait d'abord, et sortait ensuite, tantôt pourpre, tantôt bleue, et souvent sanguinolente; enfin le malade périssait avec des coliques et des vomissemens affreux.

» Les remèdes que l'on a proposés contre ce poison sont presque innombrables. Il ne paraît pas qu'on ait été guidé dans leur choix par des principes bien constans, car des substances de vertus toutes contraires sont proposées avec une égale confiance. Tels sont la mauve, le lait de femme, celui d'ânesse et de jument, le suc de cèdre, les os d'âne, le raisin, l'alisma et le cyclamen.

» Mais parmi tant de faits annoncés par les anciens, touchant les propriétés du Lièvre marin, on ne trouve, comme il est trop ordinaire, presque rien sur sa forme et sur son organisation. Aristote, qui était bien fait pour porter la lumière sur un objet si curieux, n'en parle pas du tout. Pline le compare à une pâte informe qui n'a du lièvre terrestre que la couleur; Dioscoride, à un petit calmar; Élien, à un limaçon dont on aurait enlevé la coquille; et cette dernière comparaison est la seule qui commence à nous mettre sur la voie. Commet les auteurs auraient-ils examiné de près un tel animal? Outre que son air et son odeur devaient inspirer de la répugnance, on se rendait suspect solement en le recherchant. Lorsqu'Apulée fut accusé de magie et d'empoisonnement, on rapporta comme principale preuve, qu'il avait engagé, à prix d'argent, des pêcheurs à lui procurer un Lièvre marin. »

Toutes les Aplysies sont herbivores et carnivores; leurs mouvemens sont très-lents, et elles se tiennent tapies sous des pierres ou dans des trous de rochers; le seul fait remarquable en elles, est le pouvoir qui leur est donné de répandre, à l'approche d'un ennemi, une certaine quantité de liqueur nauséabonde et rougeâtre qui obscurcit un assez grand espace d'eau et leur permet de fuir sans être vues. S'il faut en croire Cuvier, ces Mollusques pullulent d'une manière si prodigieuse, que la mer, à certaines époques de l'année, en fourmille.

L'espèce type du genre est très-commune sur les côtes de la Méditerranée et même de l'Océan, à La Rochelle, etc. C'est l'ApLYSIE DÉPILANTE, *Aplysia depilans* de Linnée, ainsi nommée parce que ce grand naturaliste croyait que la liqueur qu'elle lance fait tomber le poil des parties du corps qu'elle touche. C'est la même que l'*Aplysia fasciata* que Poiret a trouvée sur les côtes de Barbarie. Sa couleur est d'un noir plus ou moins bleuâtre avec les bords d'une belle couleur rouge. Dans les individus pris à La Rochelle, ces bords sont noirâtres, brunâtres, etc. Nous avons figuré la variété à bords rouges dans notre Atlas, pl. 27, fig. 2.     (Ducl.)

APOCYN, *Apocynum*. (BOT. PHAN.) Toutes les espèces qui composent ce genre, de la famille des Apocynées et de la Pentandrie digynie, sont dangereuses, vivaces, robustes et traçantes; elles rendent un suc laiteux, lorsqu'on coupe ou seulement lorsqu'on blesse leurs feuilles et principalement leurs tiges; elles portent des feuilles toujours opposées et des fleurs disposées en corymbes axillaires ou terminaux. Les plus connues sont l'APOCYN A FEUILLES HERBACÉES, *A. cannabinum*, l'APOCYN GOBE-MOUCHE, *A. androsæmifolium*, et l'APOCYN MARITIME, *A. venetum*.

La première de ces trois espèces, que les curieux cultivent et qui ont assez de rapport avec les Asclépiades (*v.* ce mot), devrait être admise dans l'économie rurale, à cause de son utilité comme plante textile. Les habitans du nord de l'Amérique la préparent comme le chanvre, ses tiges fournissant en abondance des filamens forts, soyeux, propres à la filature et à la fabrication des toiles. Elle est très-rustique, vient très-bien dans les terrains un peu profonds et substantiel; elle s'y étend d'elle-même, y monte à un mètr et même à deux de hauteur; sa tige, garnie de feuilles oblongues, velues en dessous, est surmontée, au mois de juillet, par de petites fleurs verdâtres, dont les corymbes dépassent la longueur des feuilles Toutes les parties de cette plante peuvent être employées comme vomitif.

L'Apocyn gobe-mouche a reçu ce non trivial de la singulière propriété dont jouissent ses fleurs, de retenir par la trompe les mouches qui viennent puiser le suc mielleux qui se trouve au fond des corolles, et dont l'odeur se répand au loin Son port élégant; ses tiges hautes d'un mètre, grnies de rameaux nombreux et d'un feuillage d'urbeau vert en dessus et blanchâtre en dessous; ses boutons rouges qui s'épanouissent en juillet, et deiennent des fleurs campanulées, roses en dehrs, blanches en dedans, un peu inclinées, dispoées en bouquets d'un aspect agréable, et qui durnt six semaines ou deux mois, lui ont fait donner ue place distinguée dans les jardins d'agrément. Il produit un fort bel effet, tenu en touffe isolée sur e bord de l'eau. Cette belle espèce a été apporte en France, il y a un siècle et demi, des environ de Halifax, dans l'Amérique septentrionale.

L'Apocyn maritime, originaire des bords de la Méditerranée, surtout des lagunes de Venise, se plait dans les terrains les plus secs, et conviendrait, par sa propriété de tracer considérablement, pour fixer les sables mouvans de nos côtes. On en cultive deux variétés, l'une à fleurs rouges, l'autre à fleurs blanches, toutes deux fort agréables.

APOCYN A LA OUATTE. *Voy* ASCLÉPIADE DE SYRIE.

APOCYN EN ARBRISSEAU, nom improprement donné au MOUREILLER PANICULÉ, *Malpighia paniculata (v.* ce mot). (T. D. B.)

APOCYNÉES. (BOT. PHAN.) Famille de plantes dicotylédonées, monopétales, à corolle hypogyne, ayant des rapports avec les Gentianées, les Rubiacées et les Sapotiliées. Les genres qui la composent sont pour la plupart originaires des pays chauds, à tige ligneuse, pleine d'un suc laiteux, garnie de feuilles opposées, coriaces, entières, et de fleurs tantôt verdâtres ou blanches, tantôt jaunes, rouges, violettes, et même bleues, ce qui est fort rare dans les végétaux à tige ligneuse. On en cultive beaucoup dans les jardins d'agrément : de ce nombre sont les PERVENCHES, les ASCLÉPIADES, les LAURIERS-ROSES ou NÉRIONS, les APOCYNS, etc. (*v.* chacun de ces mots.) Cette famille a des caractères communs qui lient tous les genres, et chaque genre en a de particuliers, très-saillans dans les organes les plus essentiels : les uns ont le fruit simple, c'est une drupe, une baie ou une capsule; les autres ont le fruit double, toujours formé de deux follicules allongés; tantôt les grai-

nes sont nues, tantôt elles sont couronnées d'une aigrette soyeuse. Robert Brown divise les Apocynées de Jussieu en deux sections distinctes, les Apocynées vraies et les Asclépiadées, fondées sur la forme des anthères et la nature du pollen.
(T. D. B.)

APODA, APODE, APUS. (OIS.) Ce nom, qui signifie *sans pied*, a été donné aux Oiseaux de paradis, dans un temps où on n'en rapportait en Europe que des peaux préparées, pour la parure, par les naturels de la Nouvelle-Guinée, qui supprimaient les pieds. Cette omission des pattes a donné lieu aux contes les plus ridicules; on a prétendu que ces oiseaux ne se posaient jamais, qu'ils vivaient dans les nuages, etc. On a encore donné les mêmes noms au Martinet noir, *Hirundo apus*, parce que ses pattes sont si courtes qu'il en paraît privé. (*V.* les articles PARADISIER et MARTINET.)
(GUÉR.)

APODES. (ZOOL.) Ce nom avait été réservé par Linné au premier ordre de sa classe des Poissons, composé d'espèces ossiculées, dépourvues de nageoires ventrales. M. Duméril, attachant moins d'importance aux caractères qui dépendent de la présence ou de l'absence et de la disposition des nageoires, a rangé les Apodes en tête de chacun des huit ordres de sa méthode analytique. Cuvier n'applique cette dénomination qu'au septième ordre de ses Maacoptérygiens, qui renferme les poissons anguiformes. Blainville donne le nom d'Apodes non-seulement au troisième ordre de sa seconde tribu des Poissons, mais encore aux serpens et au trosième ordre de ses Lacertoïdes. Il a également étendu cette désignation à la huitième classe du sous-type des Entomozoaires, tandis que Lamarck le restreint aux Annélides de l'ordre premier de cette classe. Enfin Latreille désigne ainsi le cinquième type de cette grande division.

Les entomologists donnent aussi le nom d'Apodes à toutes larves d'insectes privées de pattes.

Goldfuss avait également proposé d'appeler ainsi la classe des Ascidie de Savigny ou des Tuniciers de Lamarck.

On doit espérer qu'une heureuse réforme dans la nomenclature viendra mettre un terme à la confusion qu'on y remarque aujourd'hui, en fixant ou en restreignant l'application de ce mot, comme de beaucoup d'autres. (P. G.)

APODÈME. (ZOOL) On a désigné par ce nom des proéminences de onsistance cornée, situées à l'intérieur du squelette des animaux articulés, résultant de pièces externes voisines, soudées ensemble, et ont les unes donnent attache aux ailes et les autres aux muscles. Les premières sont nommées *Apodèmes d'articulation*, les seconds *Apodèmes d'insertion*. Leur caractère le plus important est de naître de quelques pièces cornées du corps et de leur adhérer intimement, sans qu'il soit possible de les mouvoir ou de les désarticuler. Ces espèces de cloisons qui partagent en plusieurs cellules la cavité thoracique, très-visibles dans plusieurs insectes, le sont davantage encore dans les

Crustacés décapodes. Les Apodèmes qui naissent des lignes de soudure des sternums entre eux, ou avec l'épisternum, sont ascendans; ceux qui partent, au contraire, du point de réunion des épimères, sont descendans, et se rencontrent avec les premiers. *V.* Thorax.                    (P. G.)

APODÈRE, *Apoderus.* (ins.) Genre de l'ordre des Coléoptères, section des Tétramères, famille des Rhynchophores, établi par Olivier, avec quelques Attelabes de Fabricius: la tête de ces insectes est rétrécie en arrière, ou présente une sorte de cou, et s'unit au corselet par une espèce de rotule; leur museau est court et épais, s'élargissant un peu au bout; ils se distinguent des autres genres de la famille des Charançonites, par leurs antennes de onze articles en massue ovale, droites ou peu courbées, toujours insérées sur la trompe, par leurs pattes jamais propres pour sauter, et par le pénultième article de leurs tarses qui est bifide. Ce genre est peu nombreux en espèces: celle qui lui sert de type est l'*Apoderus coryli*, d'Olivier, qui se trouve aux environs de Paris. (*V.* Attelabe.)                    (H. L.)

APOGON, *Apogon.* (poiss.) Genre d'Acanthoptérygiens établi par Lacépède et adopté par Cuvier, qui le place dans la première subdivision de sa famille des Percoïdes. C'est fort mal à propos que Lacépède a considéré le poisson qu'il a pris pour type de ce genre, le Mulle imberbe (*Mullus imberbis*) d'Artedi et de Linné, comme étant tout-à-fait semblable aux Mulles, moins toutefois les barbillons que ceux-ci portent sous la mâchoire inférieure, d'où le nom générique d'Apogon, tiré du grec, qui signifie imberbe, privé de barbillons, qu'il lui a imposé.

Les Apogons au contraire, ainsi que le fait remarquer Cuvier, n'ont de commun avec les Mulles que le peu d'étendue en longueur que présentent leurs nageoires du dos, ainsi que la grandeur de leurs écailles, qui tombent avec une extrême facilité; tandis que leurs caractères essentiels les rapprochent, sinon des Perches, au moins des genres qui en sont voisins.

Les Apogons ont, en général, un corps court dont la partie moyenne est ventrue, et la région postérieure légèrement comprimée; leurs deux dorsales, bien que très-distinctement séparées, ne sont cependant pas fort éloignées l'une de l'autre; leur préopercule a un double rebord dentelé, et leur membrane branchiostége est soutenue par six rayons osseux.

Ce genre, qui aujourd'hui comprend au moins quinze espèces, n'a qu'un seul représentant dans nos mers, encore paraît-il être exclusivement propre à la Méditerranée. La plupart des autres Apogons habitent l'océan Indien, et quelques uns la mer Rouge.

Celui de la Méditerranée, l'Apogon commun, *Apogon rex Mullorum*, Cuv., que l'on voit très-bien représenté par M. Guérin dans son Iconographie du règne animal, Poissons, pl. 3, fig. 1, est un petit poisson dont la longueur ne dépasse pas ordinairement cinq pouces. Un rouge magnifique, tantôt à reflets dorés, tantôt à reflets argentés, est répandu sur tout son corps, lequel est piqueté de noir. Il existe toujours deux taches de cette dernière couleur à la base de la caudale, et l'on en voit ordinairement une autre à la pointe de la seconde nageoire du dos; celle-ci a un rayon épineux et neuf rameux, dont le premier est le plus long; on compte dix rayons mous aux pectorales, un seul épineux et dix rameux aux ventrales, huit également rameux à l'anale, et dix-neuf à la caudale. Ni le crâne ni les mâchoires de l'Apogon commun ne sont revêtus d'écailles, mais toutes les autres parties de la tête en portent de semblables à celles du corps: ces écailles sont larges, minces et un peu rudes à leur bord. Proportionnellement assez courte, la tête est obtuse à son extrémité antérieure. La bouche n'est pas fendue au-delà des yeux; elle a peu de protractilité, et chacune des mâchoires est munie d'une bande de dents en velours; il y en a d'autres, disposées de la même manière, qui sont attachées aux palatins, et le vomer en est garni d'un groupe en chevron, également en velours; mais celles que portent les os pharyngiens sont un peu plus fortes, et la langue, qui est libre, obtuse et molle à son extrémité, en est complétement dépourvue. L'opercule se prolonge postérieurement en un angle obtus et épineux; on remarque sur le préopercule une arête saillante, qui forme un double rebord au devant du bord ordinaire, lequel est finement dentelé; l'œil est grand et l'iris en est argenté. Sous la mâchoire inférieure se montrent deux lignes longitudinales saillantes.

Le squelette de l'Apogon a vingt-cinq vertèbres; son estomac est court, charnu et arrondi; quatre appendices cœcals seulement, entourent le pylore; l'intestin est peu allongé, puisqu'il ne se replie que deux fois; et la vessie aérienne est grande, mince et transparente.

L'Apogon commun, que l'on nomme vulgairement *Roi des Rougets*, habite, pendant la plus grande partie de l'année, des profondeurs inaccessibles. Ce n'est qu'à l'époque du frai, époque qui arrive aux mois de juin, juillet et août, qu'on en prend, même en très-grande abondance, La chair en est délicate et agréable au goût.

Parmi les espèces étrangères, la plus remarquable est l'Apogon a trois taches (*Apogon trimaculatus*, Cuv.); il est long de sept pouces au moins; le fond de sa couleur est rouge comme chez presque tous ses congénères; les trois taches qui lui ont valu son nom spécifique sont noires, et placées l'une sous la première dorsale, l'autre sous la seconde et la troisième sur la queue. MM. Cuvier et Valenciennes en ont donné la figure dans la planche 22 de leur Histoire des poissons.
                    (G. B.)

APOLLE, *Apollo.* (moll.) Genre de coquilles univalves créé par Denis de Montfort, et dont Lamarck a fait depuis son genre Ranelle. (*V.* ce mot.)                    (Ducl.)

APOLLON, (ins.) Les amateurs connaissent sous ce nom un très-beau papillon des Alpes et des plaines de la Suède, qui fait partie du genre PAMASSIEN. (*V.* ce mot.)       (GUÉR.)

APONÉVROSE, ou APONEUROSE. (ANAT. ) On désigne par ces noms une sorte de membrane, ou toile, plus ou moins large, d'une couleur blanche, luisante, satinée, d'un lisse dense, serrée, peu extensible, très-résistante, ayant quelquefois un reflet métallique, composée de faisceaux de fibres d'une nature particulière plus ou moins rapprochées, et qui tantôt enveloppe, contient les muscles, prévient leur déplacement, tantôt sert à l'implantation des fibres musculaires, et leur fournit un point d'attache.

Les Aponévroses présentent des ouvertures pour le passage des vaisseaux ou des nerfs, et elles sont disposées de manière que jamais ces parties ne peuvent en être comprimées. Enfin ces enveloppes membraneuses ont été surtout employées dans l'économie animale comme parties protectrices d'un grand nombre d'organes.       (M. S. A.)

APONOGÉTON, *Aponogeton.* ( BOT. PHAN. ) Ce genre est compris dans la famille des Saururées, et dans la Dodécandrie trigynie. On y distingue quatre espèces, toutes originaires de l'Inde et du cap de Bonne-Espérance, et dont les individus sont des herbes vivaces aquatiques. Leur racine est tuberculeuse et charnue; elle sert quelquefois d'aliment. Les fleurs sont en épis écailleux, à écailles alternes, tenant lieu de calice et de corolle, et protégeant à leur aisselle une fleur nue et hermaphrodite. On y remarque trois ou quatre pistils sessiles, rapprochés, globuleux inférieurement et se terminant en pointes recourbées; la loge contient trois ovules. Étamines à filets très-courts, au nombre de sept à quatorze, irrégulièrement disposées autour du style. Anthères globuleuses, et comme didyme. Les pistils se changent en capsules uniloculaires et trispermes.

On peut voir au Jardin des Plantes l'*Aponogéton Distachyon*, dont les fleurs blanches exhalent une odeur extrêmement suave.       (G. C.)

APOPHYLLITE. ( MIN. ) Cette substance, blanche, brillante et souvent d'un éclat nacré, est un des plus jolis silicates de chaux. Elle se compose d'environ 52 à 55 parties de silice, de 25 de chaux, de 5 de potasse, de 16 à 17 d'eau; et présente quelquefois des traces d'oxide de fer, d'alumine et même d'acide fluorique.

Elle raie légèrement la Fluorine (*voy.* ce mot), et très-difficilement le verre; son peu de dureté doit être attribué à la présence de la potasse. Ce qui aide surtout à la faire reconnaître, c'est qu'elle se dissout en gelée dans les acides, et que la grande quantité de chaux qu'elle contient fait qu'elle donne un abondant précipité par l'oxalate d'ammoniaque.

Enfin son caractère le plus essentiel est sa tendance à s'exfolier, par le frottement, par la chaleur, par l'action de l'acide nitrique. Aussi est-ce de ce caractère qu'Haüy lui a donné le nom d'Apophyllite, d'un mot grec qui signifie *exfolier.*

La forme primitive de ses différentes variétés de cristallisation, qui sont au nombre de quatre ou cinq, est le prisme droit symétrique, c'est-à-dire très-voisin du cube. Quelquefois elle présente la structure lamellaire ou fibreuse : dans ce dernier cas les fibres sont ordinairement radiées.

L'Apophyllite a reçu les noms d'*Albine*, de *Tessélite*, de *Zéolite* et d'*Ichtyophteline*. Elle se trouve dans les formations de gneiss et de micaschiste (*voy.* ce mot), dans les terrains de sédiment les plus inférieurs, mais principalement dans ceux d'origine ignée.       (J. H.)

APOPHYSE. ( ANAT. ) Les Apophyses sont des éminences qui existent à la surface des os. On les nomme diversement, d'après leur forme générale. Ainsi les *Empreintes* sont des éminences inégales, peu prononcées, étendues en largeur; les *Lignes*, des éminences peu saillantes, inégales, étendues en longueur; les *Crêtes* sont analogues aux lignes, mais lisses, peu marquées, et quelquefois tortueuses et assez longues; les *Bosses* sont arrondies, larges et lisses; les *Protubérances* et les *Tubérosités* sont arrondies et rugueuses. D'après les corps auxquels on les a comparées, on les appelle Apophyses *Épineuses* ou en forme d'épine; *Styloïdes* ou en forme de stylet; *Coracoïdes* ou en forme de bec de corbeau; *Odontoïdes* ou en forme de dents; *Mastoïdes* ou en forme de mamelon. Enfin, d'après leurs usages, on les nomme *Trochanters*, ou qui font tourner, *Orbitaires*, ou qui appartiennent à l'orbite; et d'après leur direction et leur situation relatives, Apophyses *Montantes*, *Verticales*, *Transverses*, *Supérieures*, etc., etc.       (M. S. A.)

APOPHYSE. ( BOT. CRYPT. ) On désigne ainsi en botanique le renflement charnu, ou le bourrelet circulaire, plus ou moins marqué, que l'on observe dans quelques mousses au sommet du pédicule de l'urne. Beaucoup de *Polytrichum* et de *Dicranum* présentent une Apophyse.     (F. F.)

APOSÉDÉPINE. ( CHIM. ) Substance que Braconnot a trouvée dans le caséate d'ammoniaque de Proust, et qu'à sa cristallisation *dendritique* Raspail n'hésite pas à considérer comme un ou plusieurs sels ammoniacaux susceptibles de se volatiliser.       (P. G.)

APOTHÉCIE. ( BOT. CRYPT. ) Nom donné par Achar à cette partie des Lichens que l'on appelle encore *Scutelle* et qui renferme les *Séminules* ou organes de la reproduction de ces plantes. (F. F.)

APOTOME, *Apotomus.* ( INS. ) Genre de Coléoptères de la section des Pentamères, famille des Carnassiers, tribu des Carabiques, division des Bipartis; ce genre a été établi par Hoffmanseg aux dépens des Scarites; ses caractères essentiels sont : palpes très-allongés, les maxillaires extérieurs beaucoup plus longs que la tête, terminés par un article ovoïde, le dernier article des palpes labiaux en forme de fuseau; le corselet est orbiculaire, les pattes antérieures sont filiformes non palmées. Ce genre, qui pendant long-temps n'a été basé que sur une seule espèce, en compte maintenant une seconde, selon le species de M. le comte Dejean; l'insecte primitif est très-petit, se tient sous les pierres, où il paraît vivre en société, et est plus commun dans les provinces méridionales que dans les environs de Paris.

**Apotome roux.** *A. Rufus.* Long d'environ une ligne et demie à deux lignes, entièrement d'un rouge ferrugineux, velu, des stries de points enfoncées sur les élytres. Cette espèce est figurée dans l'Iconographie du Règne animal de M. Guérin, Insectes, pl. 5, fig. 5. Des provinces méridionales de la France.

APPARIMENT. ( AGR. ) Opération essentielle qui demande la connaissance des rapports intimes qui doivent exister entre le mâle et la femelle, appelés à donner de belles et bonnes productions. L'Appariment bien entendu doit surtout fixer l'attention des cultivateurs et des chefs de haras : c'est par lui que des races médiocres, ou même abâtardies et dégradées, peuvent remonter à un degré de perfectionnement qu'on est loin de soupçonner et que le climat semble exclure. Comme il est constant que le petit tient plus du père que de la mère pour les qualités, et plus de la mère que du père pour la taille, à très-peu d'exceptions près, un premier point est d'avoir grand soin de faire un bon choix pour fixer les races. Les Arabes, amateurs distingués de chevaux, dans la noblesse de ce bel animal, ne comptent pas seulement les degrés, ils nombrent aussi les quartiers. Outre la parfaite égalité sous les rapports physiques, il faut aussi s'occuper des qualités morales : ce second point est plus important qu'on ne le pense d'ordinaire. Quoique l'âge des individus rentre dans la série des rapports physiques, il est bon d'observer qu'une trop grande différence sous ce point de vue entre le mâle et la femelle, nuit au maintien des espèces autant que les tares, les vices de caractère, les infirmités héréditaires. Quand on emploie les semences avant leur parfaite maturité, ou lorsque le temps les a détériorées, l'on n'en obtient que des plantes chétives, étiolées, dont les fruits n'ont aucune valeur ; cela est également vrai des animaux.                 ( T. D. B. )

APPARITIONS SPONTANÉES DES VÉGÉTAUX. (BOT. AGR.) Toutes les lois de la physique ne nous sont point connues, et pour arriver un jour à les déterminer d'une manière positive, utile à la marche progressive des sciences, le devoir de l'observateur est de recueillir les faits que lui découvre l'étude suivie des phénomènes de la nature. Ces faits sont nombreux, ils nous paraissent de prime abord étranges, bizarres, incroyables, très-souvent contraires aux doctrines proclamées par une théorie savante, parfois même diamétralement opposés à des faits établis antérieurement, parce que nous ne sommes pas encore en état de saisir tous les anneaux qui les lient ensemble. Il ne suffit donc pas de réunir des faits, il faut, avant de les inscrire dans les fastes de l'histoire naturelle, les examiner sous toutes leurs faces, les discuter sans prévention, les comparer avec une sage critique, et leur donner la garantie morale nécessaire pour déterminer de nouvelles recherches, des études plus approfondies. C'est ce que j'ai fait, depuis 1822, pour le phénomène des apparitions spon-

tanées. J'ai été le premier à l'envisager sous le double point de vue de l'agriculture et de l'histoire naturelle. J'ai rassemblé tout ce qui tend à le montrer, à fixer sur lui l'attention ; je vais rapporter ingénument les faits que j'ai constatés ; d'autres iront plus loin, si un esprit mal intentionné ne vient point, comme il arrive trop souvent, détourner l'observateur fidèle par les scrupules de la routine scolastique, ou par les décisions tranchantes d'un système adopté de toutes pièces. Quant à moi, je ne discute pas, j'expose, je dis naïvement ce que j'ai constaté.

Posons d'abord un principe : il paraît démontré que les terrains qui, pendant un laps de temps plus ou moins long, ont porté de grands végétaux d'une famille, en produisent ensuite spontanément d'autres de familles étrangères à la première, lorsque les précédens sont détruits par des accidens ou qu'ils tombent de vétusté. Ce phénomène est, du moins, fondé sur des observations étudiées avec soin, sans idée préalable, et recueillies avec la plus grande fidélité et les précautions les plus rigoureuses.

I. — En 1746, des pâtres causèrent involontairement un immense incendie dans la forêt de Château-Neuf, aujourd'hui département de la Haute-Vienne. L'essence de cette forêt était en hêtre qui, comme on le sait, donne rarement du recru de souche. Le propriétaire en fit exploiter les débris, et résolut d'abandonner à la nature les cinq hectares et demi de bois que le feu avait entièrement consumés. Bientôt le sol se couvrit de broussailles, à travers lesquelles s'éleva, quelques années plus tard, une infinité de petits chênes. Jusque-là, aucun arbre de ce genre n'avait été vu dans la forêt de Château-Neuf, et ce qui n'est pas moins étonnant, c'est qu'il n'en n'existait aucune tige dans les environs à plusieurs myriamètres à la ronde.

II. — Durant l'année 1799, les bois de Lumigny et partie de ceux de Crécy, département de Seine-et-Marne, ayant été exploités, le hêtre y fut remplacé, sans le concours de l'homme, par des framboisiers, des groseillers, des fraisiers et par l'espèce de ronce qui donne la mûre ; à leur tour, ces humbles plantes ont cédé la place à des chênes aujourd'hui en pleine végétation.

III. — La grande forêt de Chambiers près Durtal, département de la Sarthe, que la tradition orale et les documens écrits attestent avoir été couverte, jusqu'en 1800, de chênes magnifiques, n'en possédait plus un seul pied vingt-trois ans après quand je la visitai ; l'on a vainement essayé d'en semer ou planter, aucun n'a réussi. L'essence du chêne a été naturellement remplacée par des bruyères, des ajoncs, des genêts, des ronces. Le hêtre a refusé d'y croître ; les arbres verts, auxquels on a eu recours en dernier lieu, sont les seuls qui aient pris racines ; ils y prospèrent aujourd'hui merveilleusement, et dans deux ou trois siècles le bouleau remplacera les arbres verts, ou bien le chêne reparaîtra nombreux et brillant.

IV. — Une semblable remarque a été faite, à des

époques différentes, dans les forêts qui couronnent les bords escarpés du Dessombre, petite rivière, dont les eaux vont se perdre dans le Doubs à Saint-Hippolyte. Ces forêts sont composées d'arbres de haute futaie, principalement de hêtres; elles s'étendent sur un espace assez considérable, et alimentent en partie les usines du pays et le foyer des habitans. Lorsqu'une coupe a été faite, on voit bientôt l'emplacement découvert s'orner d'une infinité de framboisiers qui fournissent, pendant trois ou quatre ans, une abondante récolte de leurs fruits succulens. A ces arbrisseaux succèdent des fraisiers et à ceux-ci la ronce bleue; enfin les pousses du nouveau bois mettent un terme à cette succession de rosacées.

V. — Après toutes les coupes de forêts de hêtres qui ont lieu sur le Jura, particulièrement au revers du mont d'Or, l'un des points les plus élevés de cette chaine de montagnes, les groseillers paraissent les premiers et donnent un fruit aussi bon et tout aussi beau que celui des groseillers cultivés; mais la croissance de ces petits arbrisseaux non épineux est limitée à certaines localités, principalement aux sols frais sans être humides, et consistans sans être argileux. Les framboisiers occupent ensuite le sol pendant trois ou quatre ans, puis les fraisiers deux années, et la ronce bleue de huit à dix ans; enfin revient l'essence de hêtre et de chêne.

VI. — Dans les forêts d'arbres résineux, on ne trouve point, après la disparition des pins ou sapins, de framboisiers, mais seulement quelques fraisiers et beaucoup de ronces, comme on le voit aujourd'hui sur plusieurs points, surtout à Malbuisson, près de Pontarlier, département du Doubs.

VII. — Trois espèces de coupes se succèdent dans le même triage de la forêt de Belesme, située près de Mortagne, département de l'Orne, quand on y fait une exploitation. La première coupe a lieu sur un taillis de vingt ans, essence de chêne et de hêtre; trente ans après, on pratique sur les mêmes souches une seconde coupe dite taillis sous futaie, et qui ne donne encore que du hêtre et du chêne; la troisième succède sur l'ancienne souche après un siècle de végétation, c'est ce qu'on appelle la coupe de haute futaie. Les souches existantes depuis un siècle et demi périssent alors, et on les voit remplacées, sans semis ni plantations et même sans voisinage immédiat, par des tiges de bouleau, qui, après avoir à leur tour donné trois coupes successives d'environ vingt ans chacune, périssent et cèdent elles-mêmes la place à des chênes nouveaux. Ce fait a été observé dans le canton de la forêt de *Vallée du Creux*; la coupe en futaie de chênes a eu lieu en 1800; vingt-trois ans après j'y ai vu le bouleau très-abondant et en pleine végétation; maintenant il s'éclaircit et le hêtre lui succède; les triages du *Gué de la pierre*, de la *Piponnerie*, de la *Galipotte*, du *Piébiard*, du *Parc-à-la-Braine* et du *Chêne galant* sont dans le même cas. En quelques unes de ces localités il se mêle au bouleau une espèce de tremble; dans les lieux marécageux de l'Aune, mais toujours et seulement

lorsqu'on a entièrement rasé la futaie de chênes et de hêtres.

VIII. — Aux bois assis sur le territoire de Haute-Feuille, arrondissement de Coulommiers, département de Seine-et-Marne, c'est le tremble qui remplace spontanément les vieilles souches de chênes. On y trouve aussi, suivant les localités, beaucoup d'ajoncs, quelques faibles traces de saule marceau, et surtout une grande quantité d'alisiers et de pruniers épineux.

A ces faits recueillis en France, j'en joindrai quelques uns hors de son sein, pour les corroborer et ouvrir un plus vaste champ à l'examen critique des phénomènes des apparitions spontanées de végétaux.

IX. — L'antique forêt de Sauvabelin, située au canton de Vaud, en Suisse, présente en plusieurs endroits le même phénomène, sans cette transition générale et pour ainsi dire nécessaire, lorsque l'essence du bois passe des hêtres aux chênes. Ce point de vue nouveau n'est pas sans intérêt. En 1820, l'essence de la forêt était en chêne. Cet arbre y était fort ancien, partout il se couronnait et portait les livrées d'une vieillesse extrême, disons mieux, agonisante. Sous ces tiges séculaires, au pied de ces troncs d'une grosseur peu commune et que la foudre a tant de fois sillonnés, malgré les glands dont le sol était couvert chaque année, on ne vit plus germer aucun jeune chêne, mais bien des hêtres nombreux; les uns naissaient, les autres étaient déjà parvenus à un certain degré de développement, et cela dans les parties de la forêt où il ne se trouvait aucun hêtre ayant atteint l'âge de la reproduction.

X. — A la Guiane, quand on a abattu des forêts dites *Bois vierges*, le terrain se couvre d'arbres et de plantes dont les congénères n'existent nulle part dans les forêts primitives ou grands bois. Dans les bois revenus, appelés *Niamans*, croissent en énorme quantité deux espèces de palmistes, l'aouara et le maripa des Karaïbes, le bois-puant, l'acasson, le bois d'Artic, etc., qu'on ne rencontre jamais dans les grands bois.

XI. — En 1666, à la suite de l'incendie qui consuma la majeure partie de la cité de Londres, on vit paraître sous les débris des édifices détruits une quantité prodigieuse de sisymbre raide, *sisymbrium strictissimum*, plante rare, inconnue dans cette ville ainsi que dans les environs, et dont les germes, conservés intacts depuis long-temps, trouvèrent alors les circonstances favorables à leur parfait développement.

XII. — Sur les bords de l'Oder, au nord de l'Allemagne, des portions de marais ayant été mises en culture, en 1796, il s'y fit remarquer tout à coup une foule de tiges de moutarde blanche, *synapis arrensis*, dont les graines, long-temps ensevelies dans le limon, ont reçu l'impulsion végétative par l'action de l'air et de la chaleur, etc.

Quelle explication donner du phénomène qui nous occupe? Aura-t-on recours à la voie de la dissémination (*voyez* ce mot)? Mais les cantons voisins n'offraient point les types générateurs; la
stabilité

stabilité dans la succession variée de deux ou trois genres de plantes absolument différens, et la constance des produits, que l'on voit toujours les mêmes, du moins en France et sur notre vieil hémisphère, rendent ici de plus en plus inapplicables les lois ordinaires de la dissémination. Dira-t-on que les arbres nouveaux étaient des rejetons, des boutures, des fragmens d'anciens arbres coupés, dont les racines sommeillèrent, restèrent en un état d'inertie complète pendant que le sol était occupé par d'autres végétaux ligneux? Mais pourquoi ces rejetons, que j'admets réduits à des molécules très-petites, contenant toutes les parties de la plante mère, n'ont-ils pas fourni des pousses lorsque, tous les trente ans, on faisait, de temps immémorial, une coupe réglée et même à blanc-étoc ou à blanc-être? Comment, dans les forêts incendiées, ces mêmes rejetons ont-ils pu résister à la puissance des flammes, qui, après avoir dévoré les arbres, couvrit le sol de charbons ardens, puis d'une cendre brûlante, qui consument d'ordinaire non-seulement les dépouilles végétales, mais jusqu'à la terre à plusieurs décimètres de profondeur? Assurera-t-on que les semences des arbres qui devaient remplacer ceux tombés de vieillesse ou détruits par le feu, se trouvaient cachées dans les fissures des rochers ou sous tout autre abri quelconque, et que là elles ont, long-temps engourdies, attendu que leur époque fût arrivée? Cette faculté générative de la semence me semble embrasser une série infinie d'années, une masse de circonstances si différentes, qu'elle peut bien attester la puissance de la nature sans satisfaire les lois connues du raisonnement. Je conçois qu'un taillis, acquérant de la force et de l'élévation, fasse périr subitement les groseillers, les framboisiers, les fraisiers et les ronces, que nous venons de voir jouer un rôle intermédiaire dans le phénomène des Apparitions spontanées; je veux encore que certaines semences, transportées par les vents, par les oiseaux, par les pieds des animaux, se réfugient sous la couche végétale produite par le détritus annuel et successif des feuilles, des jeunes rameaux, qu'elles s'y cachent et qu'elles lèvent, croissent en abondance, montent avec vigueur aussitôt que les rayons solaires viennent les frapper directement, leur imprimer le mouvement, donner de l'énergie au principe vital; mais en est-il de même pour le gland, pour la faîne, pour la graine des pins, qui sont recherchés avec une sorte de fureur par les sangliers, les porcs, les cerfs, l'écureuil, la loxie à bec croisé, plusieurs autres espèces d'oiseaux et par de nombreuses larves? Je sais par expérience que les semences enfermées dans des vases tenus en lieu parfaitement sec, conservent long-temps leur propriété germinative (*voyez* ce mot); mais j'ignore si le résultat est le même pour des semences plus ou moins enterrées. J'en doute : d'une part, l'évolution qui détermine cette germination y est incessamment favorisée par l'humidité du sol, par la douce chaleur dont elle est pénétrée, et surtout par l'obscurité si nécessaire à l'embryon et à la for-

mation de l'acide carbonique qu'il lui faut pour opérer son premier développement. De l'autre part, la multiplicité des ronces, leurs racines traçantes et nombreuses, la force végétative que toutes les parties de la plante mettent en jeu, et la rapidité avec laquelle elles augmentent leurs tiges et couvrent une étendue de terrain très-considérable, sont autant de causes pour arrêter la marche, pour empêcher la conservation de tous les végétaux qui pousseraient auprès d'elles. Verra-t-on ici la preuve de ces générations spontanées (*voyez* ce mot), dont la simple énonciation implique contradiction aux yeux de certains naturalistes? Je n'ose l'affirmer positivement. Voilà l'état de la question, j'appelle les observateurs à sa solution.

(T. D. B.)

**APPAT.** (zool.) Dans le vocabulaire de la chasse et de la pêche, ce mot sert à désigner certains moyens dont on se sert pour tenter l'appétit et attirer dans le piége les animaux dont on veut se saisir : ainsi on appelle *Appâts* le grain qu'on répand sous le trébuchet, auprès des branches enduites de glu, pour prendre les oiseaux; le ver qu'on attache à l'hameçon pour amorcer les poissons. Mais ces ressources que l'homme a trouvées dans son industrie, la nature les a libéralement départies à plusieurs animaux, moins favorisés sous d'autres rapports; lorsqu'elle accordait aux uns la force et le courage, à d'autres l'agilité, l'adresse et la ruse, elle remplaçait, chez certaines espèces, toutes ces qualités par quelques dispositions organiques. Elle les douait, en quelque sorte, d'Appâts naturels qu'ils mettent à profit pour s'emparer de leur proie et satisfaire au besoin de se nourrir. Ainsi les pics plongent dans les trous des arbres ou dans les fourmilières leur langue rétractile et gluante, et la retirent chargée de petits insectes qui y sont attachés. Ainsi l'on trouve encore de merveilleux exemples de cette prévoyance dans l'organisation si singulière de certains poissons et surtout de la baudroie. Cet animal, que les habitans de l'archipel grec ont nommé le *Pêcheur*, que Plutarque, Aristote, Pline ont décrit, dont Cicéron dans son livre de *Naturâ Deorum* et Opien dans ses Halieutiques ont aussi parlé, a trouvé depuis un fidèle historien dans Belon, qui nous raconte en ces termes ce qu'il avait observé sur les mœurs de la Baudroie: « C'est, dit-il, un poisson moult laid à voir, duquel on ne tient grand compte pour manger, mais seulement pour l'éventrer et lui tirer les poissons qu'il a encore dans le corps; car c'est bien le plus gourmand de tous les poissons de rivage; aussi a-t-il une gueule si grande qu'il pourrait aisément dévorer un grand chien d'une goulée. Il porte deux ailes sur le dos, l'une quasi entre les deux yeux, composée de plusieurs petites lignes desquelles il y en a deux de la longueur d'un pied et demi, et au bout d'icelles, il y a comme une manière de chair blanche semblable à un Appât ou amorce, qu'on en a coutume de mettre aux hameçons, duquel Appât ce diable déçoit les poissons après qu'il a troublé l'eau fangeuse; puis s'étant attapy contre terre, il ne montre sans plus que ces deux lignes au-dessus de l'eau. » Dominée par sa gloutonnerie, la Baudroie ne saurait l'assouvir par le moyen de cette pêche à la ligne, quelle exerce cependant avec tant d'adresse, si elle ne déployait, en même temps, d'autres ressources. « En effet, dit M. Geoffroy St-Hilaire (Rapport à l'Institut sur un mémoire de M. Bailly), il faut la considérer en elle-même, elle tout entière, comme offrant un Appât, comme se présentant soi-même comme curée aux petits poissons, qui se nourrissent de vase ou des débris d'animaux qui y sont mêlés. A la mucosité dont sa peau et sa chair mollasse sont abondamment recouvertes, et dont tous les poissons se montrent extrêmement friands, elle ajoute une vase fangeuse dont elle enduit son corps et l'extérieur de sa gueule immense ; elle s'habille, en quelque sorte, d'un limon d'une odeur fétide, qui par conséquent avertit au loin et fait accourir près d'elle. » (*Voy.* BAUDROIE.) Rapporter ici, en détail, ces Appâts perfides, ces amorces trompeuses, que quelques animaux tendent à d'autres pour les faire tomber en leur puissance, ce serait empiéter sur l'histoire de chacun d'eux : nous devons donc y renvoyer. (*Voy. aussi* RUSES DIVERSES DES ANIMAUX.) (P. G.)

APPENDICE. (ANAT.) Partie accessoire d'un organe, adhérente ou continue à celui-ci, mais distincte par sa forme et sa disposition ; tels sont l'Appendice xiphoïde du sternum, l'Appendice vermiculaire du cœcum, les Appendices épiploïques de l'intestin. (P. G.)

APPENDICES. (ZOOL.) Les entomologistes appellent ainsi les dépendances des anneaux dont le corps est formé ; ces organes accessoires s'unissent aux anneaux par diarthrose ou par synarthrose, et sont souvent eux-mêmes composés de plusieurs pièces ou articles : tels sont les mâchoires, les mandibules, les antennes, les ailes, les pattes, les filets terminaux de l'abdomen, l'aiguillon, etc. Quelques uns apartiennent à l'arceau supérieur, d'autres à l'arceau inférieur ; les premiers sont fixés entre les pièces du tergum et de l'épisternum : ce sont les ailes, les élytres, les balanciers ; les seconds, considérés au thorax, s'articulent entre le sternum et l'épimère : ce sont les pattes. La forme, le nombre, les usages des Appendices ont été l'objet de recherches importantes et la base des meilleures classifications. Dans les animaux articulés, on considère encore les branchies comme des Appendices. (P. G.)

APPENDICES. (BOT. PHAN.) On donne ce nom, en botanique, à certains prolongemens qui semblent être autant de parties étrangères surajoutées, soit à la base de certaines feuilles, soit sur les pétioles qui les supportent, comme on le remarque, par exemple, aux feuilles de l'oranger ; soit au bas du calice de quelques fleurs, comme dans la capucine ; soit enfin dans l'intérieur de la corolle, ainsi qu'on le voit dans la bourrache. Selon M. Mirbel, la radicule du nénuphar, celles du saururus, du poivre et du nelumbo présentent un appendice, en forme de poche, dans laquelle l'embryon est renfermé tout entier. (P. G.)

APPENDICULÉ. (BOT.) On désigne par cet adjectif la partie d'une plante qui est accompagnée d'un ou plusieurs appendices. (P. G.)

APPENDICULES. (ZOOPH. ECHIN.) Nom que quelques naturalistes donnent aux épines des astéries, ainsi qu'aux branches cartilagnineses qui, partant de la colonne articulée et pierreuse des rayons, supportent l'enveloppe extérieure. (P. G.)

APPÉTIT. (PHYSIOL.) En restreignant ce mot à son acception physiologique, on doit considérer l'*Appétit* comme une disposition particulière de l'économie qui nous invite à recevoir des alimens solides. Cette sensation n'est souvent que le premier degré de la faim, mais parfois elle persiste alors que celle-ci est apaisée ; aussi ne doit-on pas confondre ensemble ces deux états. Si la faim (*v.* ce mot) est un besoin impérieux, pénible, l'Appétit n'est qu'un désir, qu'une excitation agréable, accompagnée d'une espèce d'éréthisme des papilles de la langue, d'une sécrétion plus abondante de salive ; c'est souvent aussi une réminiscence de la saveur de quelques alimens qui, en d'autres instans, ont agréablement impressionné l'organe du goût, et dont l'effet est de diriger notre préférence pour certaines substances ou d'ajouter au plaisir avec lequel on les savoure. L'Appétit s'augmente ou diminue sous l'influence des circonstances qui agissent incessamment sur l'économie ; il se déprave ou s'éteint par suite de l'état maladif de l'estomac, ou des organes qui sympathisent avec lui : la dépravation ou la perte de l'Appétit ne sont donc que des symptômes d'affections morbides, dont l'étude appartient à la médecine. (P. G.)

APRON, *Aspro*. (POISS.) Les Aprons ne se distinguent essentiellement des Perches proprement dites que par leur museau bombé en avant de la bouche, et l'intervalle qui existe entre leurs deux dorsales ; ils ont des dents en velours aux mâchoires ainsi qu'aux palatins ; et leurs ventrales sont fort éloignées. On en connaît deux espèces, toutes deux propres à l'Europe : l'APRON ORDINAIRE, *Aspro vulgaris*, Cuv., *Perca aspro*, Lin. ; et le CINGLE, *Aspro zingel*, Cuv., *Perca zingel*, Lin.

En France, c'est seulement dans le Rhône et ses affluens que l'on trouve l'Apron ordinaire, qui habite aussi le Danube et les rivières qui en sont tributaires. Le Rhin, à ce qu'il paraît, le nourrit également, et, s'il faut ajouter foi à ce qu'avance Georgii, les eaux du Volga, du Jaïk, de l'Irtisch, ainsi que celles qui viennent s'y rendre, produisent aussi ce poisson.

Aujourd'hui les pêcheurs du Rhône ne le connaissent plus sous ce nom d'Apron, que lui a restitué Cuvier, et qui, suivant le témoignage de Rondelet, était celui par lequel, à cause de la rudesse de ses écailles, on le désignait autrefois à Lyon. C'est *Sorcier* qu'on le nomme maintenant en cette ville. *Strebert* ou *Stræbert* est le nom qu'il porte en Bavière et en Autriche ; il est connu sous celui de *Kutz* à Bâle, et dans certains pays d'Allemagne on l'appelle *Pfiffert*.

L'Apron ordinaire n'excède jamais six ou sept

pouces de longueur; son corps est allongé et à peu près arrondi; sa tête est déprimée, fort large en arrière, et étroite à son extrémité antérieure, sous laquelle s'ouvre la bouche, qui est peu fendue; situées entre l'œil et le museau, les deux ouvertures nasales sont presque contiguës. Le préopercule empêche, lorsque l'animal est frais, que l'on aperçoive les fines dentelures qui existent sur cette partie osseuse. Une épine, au contraire, très-apparente, termine l'opercule. Les joues et les mâchoires sont les seules parties de la tête qui ne soient point protégées par des écailles, mais sur le corps on en voit partout ailleurs que sous la poitrine; les huit rayons de la première dorsale sont tous épineux, la caudale est en croissant, et les ventrales montrent beaucoup d'épaisseur; toutes les nageoires sont d'un gris jaunâtre; il existe quatre ou cinq bandes obliques noirâtres sur la partie supérieure du corps, laquelle offre un brun rougeâtre, tandis que l'inférieure est d'un blanc gris. Le squelette de l'Apron a quarante-deux vertèbres, parmi lesquelles vingt-cinq doivent être considérées comme appartenant à la queue; ses intestins ont beaucoup de ressemblance avec ceux de la perche.

Ce poisson, dont la chair est blanche, légère et d'un goût agréable, se nourrit de vers, aime les eaux pures et vives et se laisse transporter aisément; il fraie au mois de mars, et les œufs que répand la femelle sont petits et blanchâtres.

B. 7., D. 8—1/12; A. 1/12; C. 17; P. 14; V, 1/5.

Le Cingle, dont le nom allemand varie, puisque, selon M. Cuvier, on le prononce aussi *Zindel* et *Zundel*, paraît exclusivement appartenir aux eaux du Danube et des rivières qui y affluent; il se distingue de l'espèce précédente par sa taille plus considérable, attendu qu'on en pêche des individus de dix-huit pouces de longueur, par la forme de son corps qui est plutôt triangulaire qu'arrondie, et par le plus grand nombre de ses rayons dorsaux. Il a la chair blanche comme celle de l'espèce commune, mais plus ferme et de meilleur goût; aussi est-ce un poisson qu'en Allemagne on sert sur les tables les plus recherchées. Pendant la plus grande partie de l'année, le Cingle habite les profondeurs et les endroits où le courant est peu rapide; ce n'est qu'aux mois de mai et d'avril qu'il recherche les eaux courantes, et qu'il s'approche des bords pour frayer.

Les œufs sont déposés par la femelle sur les pierres et sur le sable. Le Cingle fait sa nourriture de petits poissons.

B. 7; D. 14—1/19 ou 20; A. 1/13; C. 17; pl. V. 1/5.

G. B.

**APSEUDÉSIE**, *Apseudesia*. (ZOOPH.) Ce genre, établi par Lamouroux pour un polypier fossile du calcaire à polypier de Caen, est placé par cet auteur près des Méandrines; M. de Blainville, qui a eu occasion de l'examiner avec plus de soin, l'a rangé, dans son article du Dictionnaire des sciences naturelles, avec les Millépores à cellules et l'a ainsi caractérisé:

Animaux inconnus, contenus dans des cellules subpolygonales, petites, poriformes, irrégulièrement disposées, et occupant le bord supérieur et extérieur des crêtes ondées, sinueuses, lisses d'un côté, plissées de l'autre, constituant un polypier calcaire, globuleux ou hémisphérique, divergeant de la base à la circonférence.

Deux espèces seulement composent ce genre; l'une, l'APSEUDÉSIE CRÊTÉE, *Apseudesia cristata*, Lam., Gen. Pol., pl. 82, tab. 80, fig. 12, 13, 14, se présente en masses presque globuleuses ou hémisphériques, couvertes de lames saillantes. Elle est rare et se trouve aux environs de Caen. (L. R.)

**APTÈRES.** (ZOOL.) Ce mot, qui signifie privés d'ailes, a singulièrement varié dans son application depuis Aristote, qui rangeait sous cette désignation tous les insectes sans ailes. Dans la méthode de Latreille (*Règne animal de Cuvier*), les Aptères ne consistuent pas une classe, un ordre, une famille; ce mot n'est qu'une qualification adjective. Cependant plusieurs auteurs encore, et entre autres Hermann, Duméril, Lamarck, Blainville, n'en restreignent point ainsi la signification. (P. G.)

**APTÉRIX**, *Apterix*. (OIS.) Shaw a donné ce nom à un genre d'oiseaux de l'ordre des Inertes, ayant des ailes impropres au vol et terminées par un ongle courbé. Ce genre, formé sur une espèce trouvée à la nouvelle Zélande, était encore peu connu, et la seule espèce qui le compose n'avait été figurée que dans l'ouvrage de Shaw (Nat. miscellany, pl. 1057 et 1058). Mais d'autres naturalistes anglais viennent d'en donner une description et une excellente figure, dans les Transactions de la Société Zoologique de Londres.

(GUER.)

**APTÉROGYNE**, *Apterogyna*. (INS.) Genre d'Hyménoptères de la section des Porte-Aiguillons, famille des Hétérogynes, ayant pour caractères essentiels : antennes insérées au milieu de la face: corselet presque cubique, sans nœuds ni apparence de division en dessus; premiers anneaux de l'abdomen en forme de nœuds, ailes supérieures n'offrant que des cellules brachiales ou basilaires et une seule cellule cubitale. Ce genre a été établi par Latreille, sur un insecte rapporté d'Arabie par Olivier.

APTÉROGYNE D'OLIVIER, *A. Olivieri*, Lat. Femelle fauve très-ponctuée avec du poils gris; le premier anneau de l'abdomen noir : le mâle est presque noir avec des taches sur le corselet, les antennes et les pieds fauves. On n'a long-temps connu que cette espèce; mais Dalman, dans ses *Analecta entomologica*, a indiqué que la *Scolia globularis* de Fabricius était le mâle d'une autre espèce.

(A. P.)

**APTÉRONOTE**, *Apteronotus*, Lac., *Sternarchus*, Schn. (POISS.) Ce nom d'Aptéronote a été donné par Lacépède à un genre de poissons, qui ne se compose encore aujourd'hui que d'une espèce, l'Aptéronote à front blanc, sur le dos duquel, en effet, on n'aperçoit pas le moindre vestige de nageoire, mais qui, d'un autre côté, possède une anale dont l'étendue est égale à celle du corps, puisqu'elle règne depuis le dessous du cou jusqu'à l'origine de la caudale, qui en est cependant distincte et séparée.

Ce poisson, que Cuvier place parmi les Anguilliformes, est loin d'offrir, comme la plupart des membres de cette famille, un corps cylindrique et, en apparence, privé d'écailles : le sien, au contraire, est fortement comprimé, et revêtu partout de tégumens squameux assez dilatés. Sa plus grande hauteur est vers les pectorales, d'où il va toujours en diminuant jusqu'à la queue. Obtuse en avant, et moitié moins élevée qu'en arrière, la tête est aussi comprimée que le corps ; elle est tout entière enveloppée d'une peau parfaitement nue qui couvre même les yeux, au travers de laquelle on les aperçoit à peine, et qui ne laisse voir ni les opercules, ni les rayons branchiaux. Toute la partie antérieure de la tête est percée d'une multitude de petits pores, qui sont sans doute destinés à sécréter une humeur visqueuse, qui se répand ensuite sur tout l'animal ; c'est du moins ce que l'on est porté à croire, d'après l'observation qu'on a faite que ceux des Malacoptérygiens apodes chez lesquels il existe des pores analogues, situés soit aux environs de la bouche, soit le long de la ligne latérale, ont tous le corps couvert de mucosité.

La bouche de l'Aptéronote est profondément fendue ; la mandibule supérieure est garnie tout autour d'une lèvre épaisse et pendante, sous laquelle, lorsque les mâchoires se rapprochent, l'inférieure, qui se relève latéralement en une sorte de *crête* cartilagineuse, se trouve en grande partie cachée. L'une et l'autre mâchoires portent des dents en velours d'une finesse extrême ; les narines ont deux orifices : l'un, petit et tubuleux, qui est situé presque à l'extrémité du museau ; l'autre, large et ovale, qui s'ouvre sur la même ligne que le premier, mais plus en arrière. L'ouverture des branchies est une petite fente en croissant qui se montre à la base antérieure des pectorales. C'est vers le milieu de l'espace compris entre celles-ci et le dos que naît la ligne latérale, pour s'étendre parallèlement à lui jusqu'au bout de la queue. Il arrive à l'Aptéronote, ce que l'on remarque chez plusieurs autres poissons de genres pourtant fort différens, que l'extrémité du tube intestinal vient aboutir tout-à-fait sous la gorge. Mais ce qui le rend surtout fort remarquable, c'est l'existence, sur le dernier tiers supérieur du corps, d'un sillon peu profond dans lequel se trouve reçu et retenu de distance en distance, par de très-petits filets tendineux, qui lui permettent néanmoins quelque liberté, un filament grêle et mou qui s'amincit davantage à mesure qu'il se rapproche de la queue ; filament qui est convexe en dessus, légèrement cannelé en dessous, et dont l'usage est jusqu'à présent demeuré inconnu. Cette lanière grêle et charnue, qu'on pourrait bien supposer n'être que le résulat d'une cause accidentelle, comme M. Cuvier lui-même a cru s'en apercevoir, est bien cependant une production particulière et naturelle ; car, si c'était un des muscles de la queue, auquel la peau, plus faible en cet en-

droit, permettrait de se détacher aisément, ainsi que l'annonce l'auteur du Règne animal, il est évident que ni la face inférieure de ce prétendu muscle, ni la partie de laquelle il aurait été séparé, ne devraient être revêtues de peau, comme cela existe en effet ; celle qui enveloppe en entier le filament est, à la vérité, très-mince ; mais celle qui tapisse le creux qui le contient est fort épaisse, et ce n'est qu'après l'avoir enlevée qu'on aperçoit les muscles supérieurs de la queue.

Le nom spécifique de ce poisson lui vient de ce que le dessus de sa tête est d'une belle couleur blanche, qui se fait également remarquer sur le museau, et s'étend tout le long du dos, en formant une bande fort étroite. Le reste du corps est d'un beau brun noirâtre, à l'exception toutefois de la queue, sur laquelle reparaît encore un blanc pur. L'Aptéronote à front blanc se trouve à Surinam, et n'atteint guère au-delà de quinze pouces de longueur. (G. B.)

**APTINE**, *Aptinus*. (ins.) *Voyez* BRACHINE.

**APUS**, *Apus*. (crust.) Genre de l'ordre des Branchiopodes, section des Aspidiphores (*Règne animal* de Cuvier, nouv. édit.), ayant pour caractères, suivant Latreille : Pattes au nombre de soixante paires, toutes munies extérieurement d'une grosse vésicule, dont les deux antérieures sont beaucoup plus grandes, en forme de rames, et ressemblant à des antennes ; un test recouvrant la majeure partie du dessus du corps, portant antérieurement sur un espace circonscrit trois yeux simples, dont les deux antérieurs plus grands et lunulés ; et deux capsules bivalves, renfermant les œufs, annexés à la onzième paire de pattes.

Le nom d'Apus, employé d'abord par Frisch, a été appliqué depuis par Scopoli, Latreille, Cuvier et Bosc, en un genre compris dans les Monocles de Linné et de Fabricius, dans les Binocles de Geoffroy, et dans les Limules de Müller et de Lamarck. Les individus qui composent ce genre ont le corps ovalaire, plus large et arrondi par devant et rétréci postérieurement, en manière de queue, se composant d'une trentaine d'anneaux, diminuant beaucoup de grandeur vers l'extrémité postérieure, et qui, à l'exception de sept à huit anneaux, portent les pattes. Les dix premiers sont membraneux, sans épines, offrant de chaque côté une petite éminence en forme de bouton, et n'ayant chacun qu'une paire de pattes. Les autres sont plus solides, avec une rangée de petites épines au bout postérieur ; le dernier est plus grand que les précédens, et terminé par deux filets ou soies articulées. Dans quelques espèces qui forment le genre Lépidure de M. Leach, on voit dans l'entre-deux une lame cornée, aplatie et elliptique. Le nombre des pattes est d'environ cent vingt ; les derniers anneaux, à partir du douzième, en portent plus d'une paire, ce qui, sous ce rapport, rapproche ces crustacés des Myriapodes (v. ce mot). Le test depuis son attache est parfaitement libre, recouvre une grande partie du corps et garantit ainsi les premiers segmens, qui sont d'une consistance plus molle que les suivans.

Il consiste en une grande écaille cornée, très-mince, presque diaphane, représentant les téguments supérieurs de la tête et du thorax réunis et formant un grand bouclier ovale. Il est divisé à sa face supérieure par une ligne transverse, formant deux angles réunis en deux aires, dont l'antérieure, presque semi-lunaire, répond à la tête, et l'autre au thorax. La première offre, au milieu, trois yeux simples ou sans facettes sensibles, très-rapprochés, dont les deux antérieurs sont plus grands, et dont le postérieur est beaucoup plus petit et ovale. Une duplicature de la portion antérieure du test forme en dessous une sorte de bouclier frontal, en demi-lune et servant de base au labre. L'aire postérieure, celle qui répond au thorax, est carénée au milieu de sa longueur. Ce test n'est fixe que par son extrémité antérieure, de sorte qu'à partir de ce point on peut découvrir tout le dos de l'animal. Les côtés de cette écaille, vus en dessous et à la lumière, présentent chacun une grande tache, formée d'un grand nombre de lignes, qui paraissent être des tubes remplis d'une liqueur rouge. Immédiatement au dessous du bouclier, sont situées les antennes et la bouche. Les antennes sont au nombre de deux, insérées de chaque côté des mandibules, très-courtes, filiformes, et de deux articles presque égaux. La bouche est composée d'un labre carré et avancé ; de deux fortes mandibules, cornées, sans dentelures à leur extrémité, sans palpes ; d'une languette profondément échancrée ; de deux paires de mâchoires, en forme de feuillets, et appliquées l'une sur l'autre. La languette offre, suivant M. Savigny ( *Mém. sur les anim. sans vertèbres*, 1<sup>re</sup> part., 1<sup>er</sup> fasc.), un canal cilié qui conduit droit à l'œsophage. Les pattes, dont le nombre est d'environ cent vingt, diminuent insensiblement de grosseur, à partir de la seconde paire ; elles sont toutes très-comprimées et se composent de trois articles. Sur le côté postérieur du premier article, est insérée une grande membrane branchiale, et le suivant, ou le second, porte aussi un sac ovalaire, vésiculeux et rouge. Le bord opposé de ces pattes offre quatre feuillets triangulaires, dont le supérieur est très-rapproché des doigts de la pince, et paraît en former un troisième sur les secondes pattes et les suivantes, jusqu'à la dixième paire. Au fur et à mesure que la grandeur de ces organes diminue, les feuillets se rapprochent les uns des autres, la pince est moins prononcée et moins aiguë, et le premier doigt s'élargit aux dépens de la longueur et s'arrondit. La onzième paire porte les œufs, qui sont contenus dans une capsule à deux valves ; les pattes diminuent ensuite peu à peu de grandeur, et deviennent enfin imperceptibles. Telles sont les connaissances acquises sur l'organisation externe de ces crustacés, tous les individus qu'on a étudiés jusqu'à ce jour ayant tous été trouvés munis de pattes semblables, on a soupçonné qu'ils se fécondaient eux-mêmes, et qu'il n'y avait pas de mâle. Ces crustacés habitent les fossés, les mares, les eaux dormantes, et presque toujours en société innombrable. Enlevés, ainsi rassem-blés, par des vents très-violens, on en a vu tomber sous la forme de pluie. Leur nourriture consiste principalement en têtards. Ils nagent très-bien sur le dos, et lorsqu'ils s'enfoncent dans la vase, ils tiennent leur queue élevée. En naissant ils n'offrent qu'un seul œil, que quatre pattes, en forme de bras ou de rames. Leur corps n'a point de queue, et leur test ne forme qu'une plaque recouvrant la moitié antérieure du corps ; ce n'est qu'après la huitième mue qu'ils ont atteint leur entier accroissement. On a remarqué que ces animaux étaient souvent dévorés par l'oiseau connu vulgairement sous le nom de *Lavandière*.

Les espèces décrites jusqu'à présent sont peu nombreuses ; telles sont l'Apus prolongé (*Monoculus apus*, Linn.; Schœff., Monoc., VI; *Limule serricaude*, Herm. fils.; Desm. consid., l. II., 2 ), avec laquelle M. Leach a fait son genre *Lépidurus*.

L'Apus cancriforme, *A. cancriformis*, ou le Binocle à queue en filet de Geoffroy (Ins., XXI, 4 ; *Limulus palustris*, Müller; Schœff., Monoc. 1-1.; *l'Apus vert*, Bosc.; Desm., *ibid.*, l. I, 1). Celle-ci est le type du genre Apus du docteur Leach. Il en a figuré (Edimb., Encyclop., suppl., I, xx ) une autre espèce sous le nom d'*Apus Montagui*.
(H. L.)

**APYRE.** (MINÉR.) Ce mot est employé adjectivement pour désigner, en minéralogie, une substance inaltérable au feu, et conséquemment infusible. Le quartz ou le cristal de roche est rangé parmi les minéraux Apyres. C'est en ce sens que l'Andalousite (*v.* ce mot) a été nommée *Feldspath Apyre*, à une époque où l'on croyait que c'était un feldspath.
(J. H.)

**AQUILAIRE,** *Aquilaria.* (BOT. PHAN.) Nom générique donné au *Bois d'Aigle* ou *Garo* de *Malacca*, grand arbre des Indes orientales, à feuilles alternes, lancéolées, velues, à fleurs très-petites, Il appartient à la Décandrie monogynie de Linné, et se rapproche des genres Samyda et Anavinga, avec lesquels il forme la famille des Samydées de Ventenat. Ses caractères distinctifs sont : calice monosépale turbiné, à cinq divisions, persistant ; corolle nulle ; à sa place, au milieu du calice, est un appendice urcéolé, à dix lobes inégaux, alternant avec les dix étamines ; stigmate sessile ; capsule coriace, à deux loges renfermant une ou deux graines semi-arillées ( selon Lamarck).

Le Bois d'Aigle (*Agoucla* en Cochinchine, d'où, par corruption, l'*Aquila* des Portugais) rivalise dans l'Inde avec l'aloès, comme un des parfums les plus exquis et les plus recherchés ; il est dur, pesant, de couleur noirâtre, résineux, répandant une odeur très-aromatique à l'approche du feu ; on le brûle chez les grands dans des appartement fermés, où ils se tiennent pour en recevoir précieusement les vapeurs : elles sont en effet fortifiantes, et salutaires dans un pays désolé souvent par les maladies contagieuses.
(L.)

**AQUILEGIA.** (BOT. PHAN.) Nom botanique de l'Ancolie (*v.* ce mot).
(T. D. B.)

**ARA**, *Macrocercus*. (Ois.) Groupe de beaux Perroquets, de l'Amérique méridionale, séparés par Cuvier des Perroquets proprement dits, et dont Lacépède fit ensuite un genre distinct ainsi caractérisé : queue plus longue que le corps, étagée et aiguë ; joues ou tempes entièrement dépourvues de plumes ; la membrane qui les recouvre est généralement blanche, elle se prolonge sur la base de la mandibule inférieure, ce qui donne à la physionomie des Aras un air dédaigneux et désagréable ; la langue est épaisse et charnue ; le bec, dont la mandibule supérieure est mobile, est fort et crochu, l'animal s'en sert pour grimper. Les espèces de ce genre surpassent en taille et en beauté les autres Psittacidées, leur plumage est varié des couleurs les plus vives et les plus brillantes.

Au rapport des voyageurs, les Aras volent ordinairement par troupes, ils se perchent sur les branches les plus élevées, et se nourrissent de semences et de fruits, principalement de ceux du palmier latanier ; ils ne dédaignent pas non plus les graines du caféyer, et les dégâts qu'ils occasionnent dans les plantations de cet arbuste font employer mille moyens pour les en éloigner. Rarement on les voit à terre, la longueur de leurs ailes et surtout de leur queue ne leur permettant guère d'y marcher. La femelle pond, dans le tronc de quelque vieux arbre, deux œufs blancs, quelle couve alternativement avec le mâle.

Il est assez facile d'apprivoiser les Aras lorsqu'on les a pris jeunes ; on leur apprend même à prononcer quelques paroles, mais ils ne le font qu'avec difficulté ; le mot *Arra*, qu'ils répètent habituellement, est devenu leur nom. Les espèces d'Aras ne sont pas très-nombreuses ; on en connaît une dizaine environ : quelques unes se voient assez souvent en Europe, où il est facile de les conserver, en les garantissant du froid qui leur est très-nuisible. Dans ces derniers temps on en a vu procréer dans nos climats, ainsi Lamouroux a fait connaître avec détail le résultat des pontes d'une paire d'Aras bleus qu'il a observés à Caen.

Les principales espèces sont : l'Ara macao, remarquable par sa grande taille ; il a trois pieds depuis le bec jusqu'à l'extrémité de la queue ; l'Ara aracanga, de Linné, que Buffon ne considère que comme une variété du précédent. Cette espèce en diffère par une taille plus petite et parce qu'elle est d'un rouge moins foncé. Elle est figurée dans l'Iconographie du *Règne animal* de M. Guérin, et dans notre Atlas, pl. 27, fig. 3.

L'Ara tricolor, qui est un peu plus petit, mais n'est pas moins bien paré. L'Ara bleu ou Ara-rauna est un de ceux que l'on voit le plus souvent en France, où il a produit en domesticité, comme nous l'avons dit plus haut. La tête, le dos, le derrière du cou, les ailes et le dessus de la queue sont d'un bleu d'azur éclatant, la poitrine et tout le dessous du corps d'un jaune brillant ; l'espace nu des joues est considérable et de couleur rosée, avec trois petites lignes horizontales de plumes noires ; la gorge est entourée d'un collier verdâtre.

Sa longueur totale est de 32 pouces au moins.
(Gervais.)

**ARABETTE**, *Arabis*. (bot. phan.) On compte environ soixante-cinq espèces dans ce genre, de la famille des Crucifères et de la Tétradynamie siliqueuse ; elles sont herbacées, annuelles ou vivaces, à fleurs petites, blanches, rarement roses, peu apparentes en général et presque toutes inodores. On les trouve en Europe ou dans les climats analogues. On les cultive aisément en pleine terre et elles se multiplient de semence et de drageons. De Candolle les a partagées en deux sous-genres ; le premier, qu'il nomme *Alomatium*, renferme toutes les espèces à graines nues ; le second, appelé *Lomaspora*, contient celles dont les graines sont ailées.

L'Arabette des Alpes, *A. alpina*, L., forme des touffes toujours vertes, et se couvre, dès la fin de mars, de fleurs blanches, légèrement odorantes, qui lui ont mérité une place distinguée dans les jardins. Il en est de même de l'Arabette petite tour, *A. turrita*, L., qui monte à un mètre de haut, et dont le sommet des tiges est terminé par un épi cylindrique de fleurs blanches assez grandes, qui s'épanouissent à la fin du printemps.

Je ne dirai qu'un mot de l'Arabette rameuse, *A. thaliana*, L. Sa présence sur un terrain prouve qu'il est très-aride et peu propre à la culture, à moins d'une longue amélioration. Mais je m'arrêterai sur l'Arabette du Caucase, *A. caucasica*, Wild., parce qu'elle a été jusqu'ici mal décrite, tantôt confondue avec l'Arabette des Alpes, tantôt donnée pour une giroflée, sous la dénomination de *Cheiranthus mollis* (Horneman).

Cette belle espèce se fait remarquer autant par la précocité de sa floraison que par les touffes veloutées de ses feuilles. Dès la fin de février, elle étale ses fleurs blanches, qu'elle renouvelle successivement jusqu'à la fin d'avril. Elles répandent une odeur suave et sont deux et même trois fois plus grandes que celles de l'Arabette des Alpes. Les tiges sont ascendantes, simples, arrondies, couvertes, dans leur jeune âge, ainsi que les pédoncules, d'un duvet cotonneux très-serré, qui s'éclaircit peu à peu, à mesure que la plante s'élève. Les feuilles inférieures, réunies par paquets, sont de forme obovée, atténuées vers la base en pétiole ; elles sont d'une consistance épaisse, veloutées et marquées à chaque bord de deux ou trois dents exactement opposées l'une à l'autre ; au-dessous de la dent supérieure, elles se rétrécissent en sommet obtus ; quant aux feuilles caulinaires, elles sont lancéolées, également dentées et cotonneuses ; elles embrassent la tige par leur base cordiforme, sagittée, et perdent, en se développant, une partie du blanc qui les couvrait d'abord ; cependant, il faut le dire, elles demeurent toujours tomenteuses, ainsi que le calice. L'Arabette du Caucase est de pleine terre, et produit un effet fort joli dans les plates-bandes.
(T. D. B.)

**ARABIDE.** (bot. phan.) Espèce de moutarde bâtarde, appelée plus généralement *Sanve* (v. ce mot). Quelques auteurs tentèrent de faire adopter le mot *Arabide* pour remplacer celui d'*Arabette*, parce que la désinence leur déplaisait; mais l'usage a prévalu, et rien ici n'autorise à le proscrire. (T. D. B.)

ARABIE. (GÉOGR. PHYS.) Cette vaste péninsule, qui à l'occident tient à l'Afrique, et à l'orient à l'Asie, a six cents lieues de longueur, quatre cent vingt dans sa plus grande largeur ou dans sa partie méridionale, et cent trente mille lieues carrées de superficie : ce sera peut-être donner une idée plus simple de son étendue, que de dire qu'elle est *cinq* fois aussi grande que la France. Baignée au sud et au sud-est par le golfe ou la mer d'Oman, à l'ouest et au nord par deux grands golfes qui méritent autant le nom de *mer* que plusieurs autres auxquels on accorde ce titre, elle donne son nom à celui qui la sépare de l'Afrique, tandis que celui qui la sépare des côtes de la Perse a été appelé golfe Persique. Enfin, située entre le 12e degré 40 minutes et le 34e degré 7 minutes de latitude septentrionale, et entre le 30e degré 15 minutes et le 57e degré 30 minutes de longitude orientale, elle forme une région physique ; et c'est sous ce rapport seul que nous allons l'examiner.

Les montagnes qui traversent la partie du nord-ouest ou déserte de l'Arabie, appartiennent aux ramifications du mont Liban ; l'une de ces branches prend au sud-ouest, vers l'isthme de Suez, le nom de *Djebal Haïras*, et sous celui de *Djebal Hacabuh*, elle va se terminer en petites collines le long du golfe Arabique. Le mont Sinaï se rattache à cette chaîne. Le centre de l'Arabie est occupé par un immense plateau, dont l'élévation et la constitution géognostique, c'est-à-dire les roches qui y dominent, ne sont point encore bien connues. La côte qui borde le golfe Arabique est beaucoup plus garnie de montagnes que la côte opposée ; elles augmentent d'élévation à mesure qu'elles se dirigent vers le sud. Selon quelques voyageurs, elles sont principalement formées de granite et de gneiss. Niebuhr a observé, dans ces montagnes, des roches volcaniques et des prismes de basalte (*voyez* ce mot). Dans la partie du sud-ouest, le haut plateau s'abaisse insensiblement vers le golfe Arabique : il en est de même vers le sud-est, à l'entrée du golfe Persique. Dans l'intérieur, au nord du plateau, les monts Chamar paraissent égaler en élévation le mont Liban. Mais aucune de ces montagnes n'est assez élevée pour se couvrir de neige.

Les montagnes de l'Arabie renferment probablement des richesses métalliques, négligées par l'Arabe ; on sait que dans l'antiquité l'Yémen, qui est la partie qui s'avance en pointe à l'entrée du golfe Arabique, passait pour renfermer des mines d'or. Cette contrée possède aussi du fer, de belles agates onyx, et des cornalines ; on y exploite une grande quantité de sel gemme. L'Oman, qui est à l'opposé, vers l'entrée du golfe Persique, a des mines de plomb argentifère.

L'Arabie ne possède aucun fleuve considérable ; ses rivières ne sont que des torrens, qui coulent à l'époque des pluies, et auxquels les Arabes donnent le nom d'*Ouadi* ou de vallons. La plupart se perdent dans les sables. Les deux plus considérables sont le *Méidan* et l'*Aftan* : la première se jette dans l'océan Indien, après un cours de quarante lieues ; la seconde, qui en a plus du double, a son embouchure dans le golfe Persique.

Le climat de l'Arabie est à peu près celui de l'Afrique septentrionale. Les montagnes de l'Yémen éprouvent des pluies régulières, depuis le milieu de juin jusqu'à la fin de septembre. Pendant le reste de l'année à peine aperçoit-on un nuage ; mais dans les plaines de cette partie de l'Arabie, quelquefois l'année se passe sans qu'il pleuve. Dans les montagnes d'Oman, la saison pluviale commence au milieu de novembre et continue jusque vers la moitié de février ; dans les déserts du nord, la saison pluvieuse arrive régulièrement en décembre et en janvier. Depuis le 18 jusqu'au 24 juin, le thermomètre de Réaumur marque 25 à 24 degrés dans l'Yémen ; mais sur la côte de Tehama, sur le golfe Arabique, il s'élève à 29 degrés, depuis le 6 jusqu'au 21 août. Dans quelques montagnes, il gèle même en été. Pendant la nuit, surtout dans l'Arabie méridionale et dans les déserts, une rosée abondante rafraîchit l'atmosphère, et près des côtes, une brise constante tempère la chaleur pendant la saison de la sécheresse. Cependant l'hiver est quelquefois assez rude en Arabie ; et le plateau central, qui l'été est brûlé par les rayons verticaux du soleil, se couvre de neige chaque année.

Les déserts de l'Arabie sont couverts de sables mouvans, qui, lorsque les vents se déchaînent, sont enlevés dans les airs et retombent comme des vagues immenses capables d'ensevelir des caravanes entières. Mais le plus redoutable fléau de ce désert est le vent appelé *Somoun*, c'est-à-dire *poison*, parce que les téméraires qui osent braver son souffle brûlant sont subitement suffoqués. Quand les Arabes en sentent l'approche, à son odeur sulfureuse, ils n'ont d'autre moyen de l'éviter que de se coucher à terre.

Les déserts de l'Arabie sont parsemés d'oasis ombragées de dattiers comme celles de l'Afrique. Ces plaines sablonneuses produisent les mêmes plantes salines et grasses que l'on rencontre dans celles de l'Afrique septentrionale ; telles sont les Ficoïdes ou *Mesenbrianthemum*, une quinzaine d'espèces d'Euphorbes, des Aloès, des Stapélies, et plusieurs espèces de soudes. Les terres qui bordent les côtes présentent un aspect plus riche et plus varié, grâce aux nombreux ruisseaux qui descendent des montagnes. Ainsi, à côté des palmiers et des cocotiers, croissent le sycomore, l'acacia, le bananier et plusieurs espèces du genre *Mimosa*. L'Arabe cultive le figuier, l'oranger, l'abricotier, le cognassier, la vigne, le cotonnier, la canne à sucre, le muscadier, le bétel, espèce de poivrier, toutes sortes de melons et de courges, le ricin et le séné, tous deux en usage en médecine, la garance, qu'ils appelle *Fouah*, et le sésame, qui, suivant Niebuhr, remplace en Arabie l'olivier. Le froment, le maïs et le dourah (*Holcus sorghum*) couvrent les campagnes de l'Yémen et de quelques autres contrées fertiles. Enfin les deux plantes les plus précieuses sont le caféyer ( *Coffæa arabica* ) et le balsamier qui fournit le baume de la Mekke, la plus odorante et la plus chère de toutes les gommes résines.

L'Arabie ne nourrit point d'animaux qu'on ne retrouve dans quelque autre partie de l'Asie. Nous les mentionnerons lorsque nous décrirons cette partie du monde.

▸ ARABIQUE ou FAUSSE ARLEQUINE. (MOLL.) Les amateurs et les marchands donnent ce nom à une espèce de porcelaine assez commune, qui est la *Cypræa arabica* des auteurs. On nomme *Arabique bleue* la même espèce dépouillée. *V.* PORCE-
LAINE.
(GUÉR.)

ِ ARACARI, *Pteroglossus.* ( OIS. ) Petit genre d'oiseaux grimpeurs, dont les mœurs et les habitudes sont celles des Toucans; comme eux, ils habitent les régions les plus chaudes du nouveau continent. Le nom d'Aracari leur a été donné par Buffon, pour rappeler leur cri. Illiger, dans sa nomenclature, a remplacé ce nom par celui de *Pteroglossus.*

Voir, pour plus de détails, l'article TOUCAN de ce Dictionnaire.          (GERVAIS.)

ARACHIDE, *Arachis.* (BOT. PHAN.) Genre de la grande famille des Légumineuses et de la Diadelphie décandrie, dont on ne connaît que deux espèces. L'une, l'ARACHIDE ASIATIQUE OU COUCHÉE, *A. procumbens*, originaire du Japon, de la Chine et particulièrement du Macassar, est cultivée dans la plus grande partie des contrées méridionales de l'Asie. Cette plante, au rapport de Rumph, le seul auteur qui en ait publié une description et une figure exactes, ne s'élève point au dessus du sol; elle le recouvre comme d'une épaisse chevelure, étendant partout ses racines; elle produit de nombreux rejetons qui se plongent jusqu'à deux mètres. Ces rejetons sont un peu ligneux à leur partie inférieure; ils se répandent de tous côtés, s'entrelacent confusément, et prennent racine en d'autres places distinctes. Les feuilles sont rondes, oblongues, bleuâtres en dessous, et entièrement couvertes en dessus d'un duvet roux, épais. Les fruits sont blancs jusqu'à l'époque de leur maturité, à laquelle ils deviennent très-durs et prennent une couleur brun-cendré. L'Arachide asiatique n'est point sortie de sa patrie, elle n'a point été transportée en Europe.

Il n'en est pas de même de la seconde espèce, appelée ARACHIDE HYPOCARPOGÉE, *A. hypogæa* ( *voyez* notre Atlas, pl. 28, fig. 1 ), indigène à l'Afrique occidentale et à l'Amérique. Sa culture s'est propagée dans le continent américain depuis le Chili jusqu'au Maryland; de l'Afrique, elle s'est introduite en Espagne, où elle occupe une assez grande partie de terrain; le département des Landes a le premier, en 1800, donné l'exemple de sa culture; elle s'est de là répandue dans presque tout le midi de la France, pour descendre sur l'Italie et remonter ensuite dans quelques parties de nos départemens du centre. Les nombreuses propriétés de cette plante annuelle, à la fois ali-

mentaire et oléagineuse, ont fait tenter son admission sous le climat de Paris; mais elle a mal réussi, parce qu'on n'a point respecté à son égard les lois imprescriptibles de la naturalisation ( *v.* ce mot).

L'Arachide souterraine a la racine fusiforme, s'enfonçant à vingt centimètres en terre, parfois contournée en S, et composée de fibres grêles couvertes d'un grand nombre de tubercules pisiformes. La tige n'est point couchée, comme on l'a répété d'après Russel et de Lamarck, mais haute de quarante centimètres; dans l'origine elle est droite, simple; ensuite elle se ramifie, et tous ses rameaux acquièrent à peu près une égale grosseur; à la naissance de chaque stipule elle porte un nœud ou une articulation; sa couleur est rouille foncé depuis la base jusqu'à la moitié de sa longueur, et d'un vert tendre sur le reste, qui est légèrement velu. Les feuilles sont alternes, ailées, lisses, d'un beau vert, composées de deux paires de folioles, disposées dans la partie supérieure d'un pétiole commun; de ces deux paires l'une est terminale, l'autre est située en dessous et à une petite distance de la première. Chaque feuille est munie d'une paire de stipules lancéolées : signe distinctif entre les deux espèces d'Arachide, selon l'observation de Lourciro. Aux aisselles des feuilles naissent les fleurs, réunies par bouquets de trois à six, et soutenues par de petits pédoncules. Celles qui partent des aisselles des feuilles supérieures sont toutes mâles; celles des feuilles inférieures sont les unes mâles et les autres synoïques. Après la fécondation, ces fleurs périssent : les premières disparaissent avec les pédoncules sans rien produire; les secondes, les seules susceptibles d'être fécondées, présentent un phénomène physiologique digne de remarque. On voit poindre de la base de leur pédoncule une petite corne, qui se courbe vers la terre; alors elle commence à s'allonger rapidement, et dans cinq jours, conservant sa même grosseur, elle touche au sol. Jusque-là aucune trace de fructification ne se manifeste: mais à peine y a-t-il contact entre la corne et la terre, que l'extrémité aiguë de cette corne s'insinue dans le sol de quelques millimètres; à mesure qu'elle se gonfle elle s'enfonce davantage, et parvenue en peu de jours à la profondeur de huit à dix centimètres, elle achève son évolution, et offre ensevelie une gousse longue, presque cylindrique, de substance coriacée, et remplie de deux, quelquefois une et rarement trois semences de la grosseur d'une petite aveline. On donne généralement le nom de légume à ce fruit, quoiqu'il se rapproche beaucoup de la noix; il ne s'ouvre jamais spontanément, comme il arrive dans les véritables légumes; pour en retirer les graines, il faut forcer la petite fente qu'il présente à sa pointe, et ensuite déchirer tout le reste de la gousse. L'amande est enveloppée d'une pellicule couleur de chair; sa substance est blanche, farineuse et oléagineuse.

La récolte se fait de la même façon que celle de la pomme de terre ( *v.* ce mot); on met à sécher les plantes arrachées et on bat les gousses avec des gaules ou de légers fléaux. C'est dans les

amandes

amandes que réside le principal produit de l'Arachide, quoique sa fane soit un excellent fourrage. On a compté qu'elles sont de cent et même deux cents pour une, quand la plante se trouve dans une terre légère, sablonneuse, néanmoins substantielle et parfaitement divisée. Elles se mangent crues dans divers pays, mais il faut de l'habitude pour les trouver bonnes; la cuisson leur ôte l'âcreté; elles ne rancissent point ni ne pourrissent. On en fait des dragées, une espèce d'orgeat, des ratafias, de fort bonnes purées; on les substitue moins heureusement au cacao pour la fabrication du chocolat, à cause du goût sauvage des pois chiches verts qu'elles conservent; et mêlant la farine qu'elles fournissent avec celle du froment, on en obtient un pain agréable. Torréfiée, l'amande donne un café semblable à celui de la chicorée; les racines séchées remplacent la réglisse. C'est particulièrement pour l'extraction de l'huile que l'Arachide est cultivée : elle donne la moitié de son poids d'huile, qui rancit difficilement. Son extraction est la même que celle des amandes douces; elle se fait d'abord sous un cône roulant, puis sous un pressoir dans des sacs. Cette huile, agréable au goût, saine, économique, sert aux usages de la table; et comme elle est très-siccative, on peut utilement l'employer dans les arts. (T. D. B.)

**ARACHIDNA.** (BOT. PHAN.) Sous cette dénomination Théophraste parle d'une plante dont le fruit ou tubercule naît en terre, et dont la racine est simple et charnue. Quelques botanistes ont cru reconnaître l'Arachide souterraine. Il est impossible, d'après le texte, de l'affirmer. Le voisinage de l'Afrique, les relations des Grecs avec cette vaste contrée, ont pu lui procurer cette plante; mais comme les auteurs de l'antiquité font mention de plusieurs espèces hypocarpogées, il est difficile de se prononcer entre la gesse tubéreuse, *lathyrus tuberosus*, le cyclame ordinaire, *cyclamen europæum*, le trèfle enterré, *trifolium subterraneum* etc.; qui portent des fruits ou tubercules à leurs racines et non à leurs tiges recourbées. Plumier a le premier, parmi les modernes, appliqué le mot *Arachidna* à l'Arachide souterraine. Nissolle l'a critiqué sur ce point et il a eu parfaitement raison. (T. D. B.)

**ARACHNIDES.** (ZOOL.) Les animaux qui forment cette classe avaient été réunis par Linné avec les insectes et rejetés à la fin de cette division, sous le nom d'Aptères; Fabricius les en sépara sous le nom d'*Ugonata*, mais en y laissant encore des animaux qui ne devaient pas en faire partie; Latreille trancha le groupe d'une manière positive, et les nomma Acéphales, comme n'ayant pas de tête apparente; dans d'autres ouvrages, il les a aussi nommé Acères (sans antennes). M. de Lamarck sentit, dans son Histoire des animaux sans vertèbres, la nécessité d'en former une nouvelle coupe, à laquelle il donna le nom qu'elle porte maintenant; mais, telle qu'il l'avait faite, elle renfermait encore des animaux très-différens: on les en a distraits, et le nom est demeuré à la classe tel qu'il l'avait

donné; les animaux qui la composent maintenant sont ceux que l'on nommait autrefois scorpions, araignées et mittes. Quoiqu'au premier coup d'œil ils paraissent présenter beaucoup de différence, cependant les caractères essentiels d'organisation sont les mêmes; les voici :

La tête est confondue avec le thorax; elle fait l'effet d'un v renfermé dans un U plus grand U; elle porte le nom de Céphalothorax; les yeux sont lisses, au nombre de deux à douze; pas d'antennes; à leur place deux pièces articulées en forme de serres, didactyles ou monodactyles, nommées chélicères, se mouvant de haut en bas, remplaçant les mandibules; vient ensuite une pièce cachée sous elles, composée d'un très-petit chaperon et d'un très-petit labre, et que M. Savigny a nommée langue sternale; deux mâchoires formées par le premier article des palpes, une lèvre ou languette produite par un prolongement pectoral. Les pieds sont le plus souvent au nombre de huit, terminés par deux ou trois crochets; l'abdomen est peu défendu, les organes de la génération sont toujours éloignés de l'extrémité du ventre; la respiration s'opère au moyen de branchies ou de trachées, communiquant avec l'air extérieur par de stigmates au nombre de deux à huit au plus, situés près de la jonction du thorax avec l'abdomen. Le système nerveux des Arachnides se compose de deux cordons qui n'ont que trois ganglions, à l'exception des scorpions, qui, à cause de leur queue, en ont quelques uns de supplémentaires.

Les Arachnides sont des animaux sans métamorphoses, à changement de peau; ce n'est qu'après quatre ou cinq mues que ces animaux deviennent propres à s'accoupler et à la reproduction de leur espèce; ils sont ovipares; la plupart se nourrissent d'insectes qu'ils saisissent vivans; d'autres se fixent sur les autres animaux, y vivent en parasites, et s'y multiplient quelquefois en grand nombre; il en est cependant quelques uns qui vivent sur les végétaux et différentes autres substances.

On a divisé cette classe en deux ordres, qui eux-mêmes se sont subdivisés : ces ordres sont les PULMONAIRES, qui respirent au moyen de poumons, et les TRACHÉENNES, chez qui la même fonction s'opère au moyen de trachées. (*V.* ces deux mots.) (A. P.)

**ARACHNOIDE** (ANAT.), qui veut dire, ressemblant à une toile d'araignée. On a donné ce nom à diverses membranes à cause de leur ténuité. Celse et Galien appellent ainsi une des membranes de l'œil; mais aujourd'hui on a réservé ce nom à une des membranes du cerveau. (*V.* MÉNINGES.) (M. S. A.)

**ARADE,** *Aradus.* (INS.) Genre de l'ordre des Hémiptères, section des Hétéroptères, famille des Géocorises, établi par Fabricius aux dépens des Cimex de Linné, et séparé de ses propres Acanthies. Il est maintenant bien réduit de ce qu'il l'avait fait lui-même, par les démembremens qu'il a subis. Voici ses caractères essentiels: Antennes de quatre articles, le second le plus long, ensuite le troisième, le quatrième, le premier le plus court, le rostre est logé dans une gouttière inférieure peu profonde.

Ces insectes sont très-aplatis; leur tête est avancée, rétrécie antérieurement; les yeux sont très-brillans; les antennes insérées au devant de la tête; le corselet est triangulaire, arrondi à ses angles; l'écusson plus long que large; les élytres et les ailes ne couvrent pas à beaucoup près l'abdomen, soit sur les côtés, soit à son extrémité; celui-ci est ovalaire, très-déprimé. Les individus de ce genre ne sont pas encore très-nombreux dans les collections; ils se tiennent rarement à découvert; ils vivent sous les écorces des arbres, où ils subissent leurs métamorphoses, se nourrissant des larves qui attaquent le bois; c'est là aussi qu'ils passent l'hiver, et souvent on les y trouve en grand nombre.

ARADE CORTICAL, *A. corticalis*. Fab. Volff. Cim. fasc. 5, pl. 9., fig. 8. Entièrement d'un brun noirâtre, une épine auprès de l'insertion de chaque antenne; quatre carènes longitudinales sur le corselet; élytres et ailes presqu'aussi longues que l'abdomen.

ARADE DÉPRIMÉ, *A. depressus*. Fab. Volff. Tab. 13, fig. 12. Long de quatre lignes, brun fauve, antennes fauves avec un anneau blanc à l'extrémité du troisième article, une épine à la base de chaque antenne; corselet quadricaréné, membraneux, épineux sur les bords; élytres et ailes très-courtes, abdomen marqué d'une tache plus claire au bord de chaque segment.

Ces deux espèces se trouvent aux environs de Paris. (A. P.)

ARAGNE, ARAGNO, ARANO. (zool.) C'est le nom de l'Araignée dans les divers dialectes de l'Europe méridionale. On a nommé ainsi plusieurs animaux appartenant aux classes supérieures; ainsi le Gobe-mouche gris porte ce nom, parce qu'il fait son nid avec des toiles d'araignée. Plusieurs crabes portent ces noms à cause de leurs grandes pattes; ils appartiennent surtout au grand genre Maja de Fabricius. La vive (*Trachinus draco*) est aussi désignée par ces noms, à cause de la douleur que cause sa piqûre, douleur que l'on compare à celle que cause la morsure des Araignées. (GUÉR.)

ARAIGNÉE, *Aranea*. (ARACHN.) Genre de la tribu des Tubitèles, ou Tapissières, famille des Aranéides. Ce mot a été long-temps le nom commun de toutes les espèces d'Araignées; maintenant il n'est plus que générique et sert à spécifier l'Araignée domestique et congénères, que M. Latreille et d'après lui M. Walckenaër avaient classées sous le nom de Tégénaires. Ce genre a pour caractères: filières supérieures notablement plus longues que les autres, huit yeux disposés sur deux lignes transverses, les quatre du milieu plus écartés entre eux dans la hauteur que ceux de l'extrémité des lignes.

Ces Araignées sont très-connues; ce sont elles qui filent aux angles de nos murs, surtout près des plafonds, dans les greniers et autres endroits retirés, ces toiles triangulaires que l'on y remarque si souvent; mais cette forme n'est pas absolument exclusive; dans celles qui par hasard se placent dans un endroit rétréci dont les côtés sont parallèles, la toile prend une forme carrée; si c'est dans un champ, sur les herbes, que cette toile s'établit, elle devient presque ronde; quelle que soit la forme que la toile présente, voilà la manière dont l'Araignée s'y prend pour la construire. Quand elle a choisi l'emplacement qui lui convient et déterminé la grandeur que doit avoir la toile, elle part du point le plus éloigné de l'angle du mur, c'est-à-dire d'une des extrémités de la base du triangle que sa toile doit former, et, après avoir fait sortir de ses filières une goutte du liquide destiné à former un fil, elle la fixe au mur et rejoint l'autre extrémité de la base du triangle; ce premier fil est tendu et fixé à la muraille; il va maintenant servir de pont pour tendre tous les autres: l'Araignée en le parcourant conduit un nouveau fil parallèle, espacé d'environ une ligne du premier, et ainsi de suite jusqu'à ce qu'elle soit arrivée près de l'angle du mur: alors, prenant son ouvrage en sens contraire, elle le couvre de fils serrés qui font de la toile un tissu où l'on ne découvre aucun intervalle; il reste à construire son logement; il consiste en un tube placé au sommet du triangle qui forme la toile, s'ouvrant en dessus et se terminant en dessous: elle tend encore d'autres fils lâches sur sa toile, mais sans y être adhérens, et servant à arrêter les insectes qui y tombent; quand cette toile est terminée, elle a une forme un peu concave tant par son propre poids que par la poussière qui avec le temps s'y amasse. L'Araignée se tient habituellement dans le tube qui lui sert de retraite, les yeux tournés vers sa toile; là, immobile des semaines entières, elle attend patiemment qu'un insecte vienne s'y prendre; à peine a-t-il touché les fils que l'Araignée s'élance sur lui; s'il est petit, elle l'enlève sur-le-champ et l'emporte dans sa demeure pour le manger à son aise; est-il gros, elle s'approche vivement, tire un fil de ses filières et le dirigeant avec ses pattes postérieures sur l'insecte qui se débat, elle l'enlace de tous côtés, parvient à rendre ses mouvemens impuissans, et le suce à son aise; si l'insecte lui paraît trop fort pour elle, elle brise elle-même les fils de sa toile pour s'en débarrasser.

Si quelque danger menace l'Araignée, elle sort par l'extrémité inférieure du tube de sa toile, et ne revient que long-temps après à son habitation.

Ces Araignées vivent plusieurs années, l'accouplement a lieu vers le commencement de juin, et l'on croit qu'il suffit pour plusieurs pontes. L'on doit à M. de Theis la connaissance du cocon destiné à renfermer les œufs; pour faire ce cocon, la femelle commence à quelque distance de son nid, et suspendue à des fils, une petite pelote de bourre brune qu'elle garnit de gravois et de tous les objets lourds qu'elle peut se procurer; elle construit ensuite une espèce de sac, au fond duquel se trouve placé et éparpillé son premier ouvrage, qui n'est destiné qu'à lui donner du poids; dans le sac elle fait alors son cocon, mais il n'y est pas adhérent, il y tient seulement par des fils, et est suspendu à une petite toile qui ferme le sac ; ce sac a quelquefois deux pouces de profondeur sur autant d'ouverture, dans les individus de grande taille. C'est sur ce sac que l'Araignée se tient après la ponte, ne retournant que rarement à sa demeure. La ponte habituelle s'opère deux mois environ après l'accouplement.

Araignée domestique, *A. domestica*, L. C'est l'espèce la plus commune dans nos maisons ; elle est noirâtre avec deux rangées de taches brunes, dont les antérieures plus grandes. L'abdomen est ovale. C'est la Tagénaire domestique de Walkenaër.

M. Latreille a vu le célèbre astronome Lalande en avaler de suite quatre gros individus.

Araignée privée. *A. civilis*, Walk. Abdomen ovale, d'un rouge très-pâle, irrégulièrement tacheté de noir ; elle vit comme la précédente dans les maisons, construit une toile de la même forme, mais plus petite. ( A. P. )

ARAIGNÉE, ARAIGNÉE DE MER, ou SCORPION. ( zool. ) On donne ces divers noms, sur les côtes de la France, à la Vive ( *Trachinus draco,* Lin. ) ; *Voy.* Vive. Les amateurs et marchands de coquilles désignent ainsi diverses espèces des genres Ptérocère, Strombe, Murex, etc. On nomme encore ainsi des espèces du genre Maja, dans les Crustacés. ( Guér. )

ARAIGNÉES. ( arachn. ) Ce nom est devenu, pour bien du monde, un mot de proscription ; aussi voyez quel effet leur vue produit aux dames ; une Araignée vient-elle à courir sur elles, s'il y a du monde présent, on se trouve mal : je ne sais pas ce que l'on fait quand il n'y a personne, peut-être se contente-t-on de la chasser ; pourquoi cette frayeur d'un si petit animal ? Les Araignées, dit-on, sont sales, hideuses, dégoûtantes, venimeuses, etc. Voilà de bien grandes accusations que l'on a entendu dire à des bonnes et à des nourrices, et que l'on répète sans savoir pourquoi et sans vouloir examiner si cela est vrai. J'avoue que les Araignées, du moins pour la plupart, n'ont pas un aspect très-agréable : des couleurs sombres, un corps velu, un caractère sauvage, tout cela n'est pas fort engageant ; mais cependant en quoi sont-elles plus sales que beaucoup d'autres animaux ?... Elles ont du poil... Elles ont des grandes pattes... Mais tous les jours on caresse un chat qui a bien autrement de poil que les Araignées, et dont les pattes, sans être à proportion aussi longues, sont armées de griffes bien autrement à redouter que celles que les Araignées peuvent avoir. Les Araignées sont venimeuses, on a vu des personnes mourir pour avoir été piquées par des Araignées.... et là-dessus l'on ne manque jamais de vous raconter fort au long l'histoire lamentable et surprenante arrivée au maréchal de Saxe, qui fut obligé de coucher dans une hôtellerie où il n'y avait qu'un lit de libre, dans lequel lit mouraient tous les voyageurs qui osaient y coucher, sans que l'on pût savoir pourquoi ; que le maréchal, qui comme tout le monde sait, n'était pas poltron, se coucha, et fit coucher dans un fauteuil à côté de lui son domestique ; que celui-ci au bout de quelque temps fut tout étonné et tout effrayé de voir son maître pâlir... pâlir... pâlir et avoir l'air de se mourir sans rien dire, ce qui en effet était fort extraordinaire ; qu'en essayant d'éveiller son maître et de le faire revenir, il leva son drap, et vit sur sa poitrine une grosse araignée toute noire ( car remarquez que plus une araignée est noire, plus elle est méchante, ) toute noire, dis-je, qui lui suçait le sang, c'est ce qui faisait que le maréchal se mourait ; mais tranquillisez-vous, âmes sensibles, le maréchal n'en mourut pas. Il est vraiment dommage qu'on n'ait pas fait une complainte en une trentaine de couplets, avec une belle image au dessus, sur ce sujet véridique, qui heureusement, pour la moralité des Araignées, n'est pas vrai ; et cependant que d'autres histoires du même genre ne raconte-t-on pas, et qui ne le sont pas davantage ! Les Araignées ont-elles donc un venin ? oui, elles en possèdent un, mais qui n'a d'action que relativement à l'animal qu'elles attaquent ; une mouche piquée par une araignée plus petite qu'elle périt en quelques instans ; il en est de même de tous les insectes, leur mort est plus ou moins prompte, selon que leur proportion est moindre de celle de l'araignée qui les attaque ; mais un homme piqué par une araignée, même grosse, des environs de Paris, je suppose, n'en éprouvera aucun accident ; peut-être surviendra-t-il une légère enflure comme dans une piqûre de cousin. Dans les climats plus méridionaux, où ces animaux acquièrent une plus grande taille, les accidens peuvent être plus graves ; il peut survenir des inflammations locales, qui, si le sujet est sain, n'auront aucune suite ; mais si l'individu a une disposition aux plaies, s'il néglige de se soigner, ces différens antécédens, joints à la chaleur du climat, développent des accidens plus ou moins graves, et qui dans certains cas pourront amener la mort ; mais elle serait survenue de même par la morsure de tout autre animal qui ne serait pas venimeux. Un des accidens sur lesquels on a le plus écrit est la morsure de le Tarentule, espèce de l'Italie méridionale, mais dont on trouve des espèces congénères dans nos départemens méridionaux ; on ne connaissait d'autre remède que la danse poussée à l'extrême ; c'est la première fois peut-être que les idées populaires s'étaient trouvées d'accord avec la raison, sur les remèdes à offrir à des malades ; et en effet, si cette Araignée avait introduit dans l'économie animale un venin quelconque, la danse amenait des sueurs, et les sueurs sont un des moyens curatifs recommandés dans ces cas-là. Mais depuis long-temps on n'entend plus parler d'accidens produits par la tarentule, parce qu'on n'y croit plus, ce qui prouve que cette maladie ne prenait qu'à des fripons qui exploitaient la crédulité publique, ou à quelques esprits faibles qui, comme on en voit partout, croient toujours être atteints des maladies dont ils entendent parler. Le véritable inconvénient des araignées, c'est de faire partout des toiles, et d'exiger un soin continuel pour pouvoir être débarrassé de la présence de ces hôtes peu agréables.

Toutes les Araignées n'ont pas des teintes sombres ; beaucoup ont des formes très-singulières et sont ornées de couleurs très-jolies ; aussi tout le monde n'a pas pour elles la même antipathie, et, sans parler des naturalistes, qui, par état, voient en beau toutes les créations de la nature, on a vu des personnes, poussées par un goût dépravé, en manger souvent, sans qu'il en soit jamais résulté pour elles aucun inconvénient ; et l'on sait que la plupart des oiseaux insectivores en sont très-friands ; d'autres personnes se contentent de les observer et d'en tirer des pronostics plus ou moins justes ; aux uns elles servent de baromètre annonçant la pluie ou le beau temps, à d'autres elles servent de présage : Araignée du matin, chagrin ; Araignée du soir, bon espoir, dit-on. Le premier de ces présages peut donner des résultats justes, mais le second fait nombre dans la foule des superstitions ridicules.

La nature n'a rien fait en vain : elle a créé les Araignées pour nous délivrer d'une immense quantité d'insectes importuns, comme mouches, cousins, etc…, qui sans elles nous tourmenteraient continuellement ; en faveur des services qu'elles nous rendent, fermons les yeux sur leur aspect peu agréable ; ne les redoutons pas, puisqu'elles ne peuvent faire aucun mal, et que même les plus grosses connues sont des animaux timides qui ne cherchent qu'à fuir ; si leur vue n'a rien de bien attrayant, examinons si leurs mœurs ne méritent pas notre attention, et si l'industrie dont elles font preuve ne vaut pas mieux qu'une belle figure ; il ne faut pour cela que la volonté, puisque la plupart travaillent sous nos yeux. Il est probable que nos peines et notre attention seront récompensées.

*Voir*, pour l'organisation et la division des Araignées, le mot ARACHNIDES.     (A. P.)

ARAKATCHA, *Aracacia esculenta.* (BOT. PHAN.) Plante à racine édule, de la nombreuse famille des Ombellifères, que don Vargas, médecin distingué de Caracas, fit le premier connaître à l'Europe en 1804, et que j'apportai d'Italie en 1807. Mes essais pour son introduction dans nos cultures ont parfaitement réussi ; mais des chagrins de famille me les ont fait négliger depuis. L'Arakatcha est originaire de la Colombie et est cultivée en grand à Bogota, à Truxillo et autres lieux élevés des Andes, où sa racine fournit un aliment aussi sain qu'il est de bon goût. Sa culture a beaucoup de rapport avec celle de la pomme de terre. Cette plante, appelée parfois *Apio* sur les marchés de Caracas, à cause de sa ressemblance avec l'ache, pousse du collet quantité de petites tiges, hautes d'un demi-mètre, divisées en branches, dont l'extrémité porte des petites fleurs rouges, disposées en ombelle ; les feuilles sont grandes ; les racines oblongues, d'un brun pâle tacheté : cette couleur n'est cependant pas uniforme, souvent la même touffe en présente de blanches, de jaunes et même des rouges ; eur saveur a quelque chose de la châtaigne, elles sont faciles à cuire ; on les mange crues avec et sans assaisonnement, cuites sous la cendre, bouillies à la vapeur ; elles s'accommodent de la même manière que les pommes de terre ; reduites en pulpe, elles fournissent, par la fermentation, une liqueur agréable et stomachique.

L'Arakatcha demande une bonne terre meuble ; plus elle est profonde plus ses racines acquièrent de volume. La végétation dure quatre mois ; mais en laissant quelques semaines de plus la racine en terre, elle grossit davantage. La température que la plante exige doit être modérée : dans les pays chauds, elle pousse peu de tiges, ses racines perdent leur saveur et souvent deviennent tout-à-fait ligneuses.

On a long-temps confondu l'Arakatcha avec le *Conium moschatum*, dont le nom vulgaire, dans l'Amérique équinoxiale, est *Sacharrachaça*, ensuite avec le *Solanum crassifolium*, avec le *Convolvulus trilobus*, avec l'*Ipomœa triloba.* Bancroft en fait un genre à part, différent du *conium*, par son port assez semblable à celui de l'Angélique, par sa propriété comestible, et par les côtes entières de ses fruits. Il est très-voisin de l'*Apium* ou Ache.     (T. D. B.)

ARAL. (GÉOG. PHYS.) Grand lac auquel on donne mal à propos le nom de mer. Il est situé en Asie à environ 40 lieues à l'est de la mer Caspienne (entre 42° 5' et 46° 10' de latitude N. et entre 54° 4' et 58° 54' de longitude E.) Sa longueur est d'environ 55 lieues et sa longueur de 12. On évalue sa superficie à 1280 lieues carrées. Il renferme un grand nombre d'îles, surtout dans sa partie méridionale ; les plus considérables sont *Antchatachly*, *Sariplosky* et *Yassir.* Ses eaux sont moins salées que celles de la mer Caspienne parce que, relativement à son étendue, il reçoit une bien plus grande quantité d'eau douce : en effet les deux principales rivières qui s'y jettent sont le *Sir-Deria* ou *Syhoun*, l'ancien *Iaxartes*, et l'*Amou-Deria* ou *Djihoun*, l'ancien *Oxus.*

Le Sir-Deria, que l'on a rangé parmi les fleuves, en considérant l'Aral comme une mer, est une grande rivière d'environ 350 lieues de cours, qui est navigable à peu de distance de sa source, qui dans beaucoup d'endroits a plus de 800 pieds de largeur, et qui à son embouchure est large d'environ deux lieues. Il prend naissance dans les monts *Thsou-ling*, ramification des monts Mous-Tagh, au sud de la steppe des Kirghiz.

L'Amou-Deria prend sa source au pied des monts Bolor qui vont se rattacher au nord aux monts Mous-Tagh. Son cours est à peu près de la même longueur que celui du Sir-Deria ; mais dans plusieurs endroits il est beaucoup plus large.

Le Sir-Deria et l'Amou-Deria coulent au milieu de plaines sablonneuses dont l'uniformité n'est interrompue que par des collines de sable blanc d'environ deux cents pieds de hauteur. Mais, en approchant des monts Kachghar qui forment la limite orientale de la Boukharie, ces deux cours d'eau suivent la direction de plusieurs petites chaînes formées en grande partie de grès rouge, de gypse et d'une roche appelée Diorite. Quelques unes de ces montagnes renferment des gneiss contenant des filons aurifères, et des turquoises, mais d'une teinte trop verdâtre pour qu'elles puissent être exploitées comme objet de luxe.

Les steppes que traverse le Sir-Deria sont parsemées de lacs dont les eaux en s'évaporant pendant l'été laissent sur leurs bords des efflorescences d'hydrochlorate et de sulfate de soude, dont la couleur blanche fatigue l'œil du voyageur. L'existence de ces lacs est due à la couche argileuse sur laquelle repose le sable de ces déserts.

Le lac Aral appartient, comme la mer Caspienne, à l'un des bassins les plus curieux qui existent sur le globe, puisque ses parties les plus basses sont à un niveau fort inférieur à celui de l'Océan : ainsi l'Aral, qui n'est cependant point aussi bas que la mer Caspienne, est à 186 pieds au dessous du niveau de l'Océan. Nous expliquons les causes de cette dépression à l'article *Caspienne*, dont il est très-probable que l'Aral a été jadis une dépendance. (J. II. )

**ARALIACÉES.** (bot. phan.) Famille de végétaux dicotylédones polypétales à étamines épigynes, composée de quelques herbes et arbrisseaux exotiques, fort voisins de nos Ombellifères, dont ils ont la disposition alterne des feuilles, l'inflorescence et l'aspect ; on les en distingue par le nombre des loges de l'ovaire et des styles, qui sont de deux à cinq, ou même dix à douze ; les étamines varient également de nombre, ainsi que les divisions du calice, qui ne sont jamais au dessus de cinq ; le calice peut aussi être entier. La corolle a cinq ou six pétales caducs ; le fruit est charnu, ordinairement à cinq ou six loges, rarement à deux.

Ajoutons que les genres d'Araliacées se rapprochent encore des Ombellifères par leurs propriétés médicales ; la racine de quelques espèces herbacées est sucrée, aromatique, comestible dans quelques pays de l'Asie orientale ; la racine de *Ginseng*, cette panacée des Chinois, provient d'une Araliacée. Un examen approfondi diminuera sans doute le nombre des genres établis dans cette famille, et on ne la considérera que comme une section de la famille si naturelle des Ombellifères. (L.)

**ARALIE.** (bot. phan.) Genre et type de la famille des Araliacées, où nous avons indiqué ses caractères généraux. Les Aralies offrent un ovaire et une baie à cinq loges, et un nombre égal de graines (akènes), de styles, d'étamines, de pétales à la corolle et de dents au calice ; la plupart sont des arbrisseaux à feuilles entières, lobées ou composées, et à fleurs en ombellules disposées en grappes.

Deux ou trois espèces d'Aralies sont cultivées dans nos jardins, où l'abondance et la grandeur de leurs feuilles produisent un effet agréable. La plus connue est l'*Aralia spinosa* ou *Angélique épineuse*, qui doit ce surnom aux épines acérées dont ses feuilles sont munies ; ses fleurs blanches

exhalent une odeur semblable à celle du lilas. L'*A. racemosa* n'a point d'épines, elle demande une culture moins délicate que la précédente ; toutes deux sont originaires de l'Amérique septentrionale. (L.)

**ARANÉIDES,** *Araneides.* (arach.) Famille du premier ordre des Arachnides, les Pulmonaires. Ce sont les Araignées proprement dites de Linné ; mais la grande quantité d'espèces disparates qu'il avait renfermées sous le même nom ayant nécessité la création de beaucoup de genres et tribus, son genre a été élevé au rang de famille, comme offrant des caractères communs bien tranchés. L'on peut rigoureusement les réduire au suivant : des filières à l'anus, dans les deux sexes ; mais pour plus de facilité on ajoute : serres frontales à deux articles, palpes renfermant, dans les mâles, les organes de la génération.

D'après l'exposé de ces caractères, on voit que les Aranéides renferment toutes les Araignées qui possèdent la faculté de filer, soit des toiles, soit simplement le cocon qui contient leurs œufs ; leur corps ne paraît composé que de deux parties, un tronc et l'abdomen ; le tronc et la tête ne font effectivement qu'un ; seulement, dans la plupart des espèces, une impression en forme de V paraît indiquer la limite de la tête ; effectivement ce n'est jamais que sur cette partie que se trouvent les yeux, elle occupe tout le bord antérieur du tronc ou plus exactement du céphalothorax, et partant des côtés, un peu au dessous des angles, elle va en se rétrécissant vers le disque du corselet ; les yeux, au nombre de six à huit, sont disposés sur le bord antérieur ; leur position paraît tenir aux mœurs et aux habitudes des différentes espèces ; on en a beaucoup tiré parti, pour les différentes coupes qui ont été établies ; ils sont simples, ronds, saillans, au moins quelques uns dans le nombre ont souvent l'apparence d'avoir un iris, ce qui a fait penser que ces animaux pouvaient être demi-nocturnes comme les chats ; au dessous des yeux se présentent les chélicères ou mâchoires ; elles sont perpendiculaires, parallèles dans le repos, composées de deux pièces, la première de forme arrondie ou conique méplate en dessous, creuses, coupées en biais au côté interne de leur extrémité, et souvent garnies dans cet endroit de deux rangs d'épines ; à leur côté externe s'insère la deuxième pièce : c'est un onglet mobile méplat conique, aigu à son extrémité, qui, dans le repos, se replie entre les épines de la pièce précédente ; cet onglet est percé à son extrémité, du côté du dos, d'une fente très-petite, destinée à laisser échapper une liqueur vénéneuse, renfermée dans une glande propre, dépendant de la première pièce ; c'est cette liqueur qui, introduite par l'onglet dans le corps d'un insecte, le fait périr avec tant de rapidité ; mais elle ne peut avoir sur l'homme aucune action, du moins dans les espèces européennes. Au dessous des chélicères se trouve la bouche proprement dite ; elle se compose de deux mâchoires horizontales, courtes, le plus souvent réniformes, arrondies à leur extrémité.

ciliées à leur côté interne, portant un palpe inséré au côté externe, dans une partie échancrée ;
il est de cinq articles cylindriques, ordinairement
poilus, dont le dernier, dans les mâles, est plus
gros, inerme, et contient les organes générateurs
ou du moins des organes excitateurs ; il est terminé par un petit crochet dans les femelles, et fait
tout-à-fait les fonctions de pied. Les organes renfermés dans les palpes des mâles ont donné lieu
à beaucoup de discussions ; les uns ont voulu
qu'ils fussent des organes absolument copulateurs,
et y ont vu un pénis, une verge et généralement
tout ce qui constitue l'appareil mâle de ces animaux : mais je ne sache pas que personne soit
parvenu encore à y trouver les glandes spermatiques ni les canaux qui en dépendent ; c'est cette
difficulté qui a déterminé l'opinion des auteurs
qui ne regardent ces organes que comme propres
à exciter et préparer la femelle à l'accouplement.
Dans cette dernière classe se rangent MM. Savigny
et Treviranus, deux des auteurs qui aient étudié
ces animaux avec le plus de talent. La question
est donc encore indécise. Cet organe, quel que
soit son emploi définitif, est composé de beaucoup de pièces très-compliquées, offrant des crochets, des dents, etc.; mais, comme ces parties varient beaucoup dans chaque espèce, il est
difficile d'en donner un détail autre part qu'en
traitant chaque genre en particulier. La bouche
est terminée par la lèvre qui n'a l'air que d'un
prolongement de la poitrine, et est petite et de
forme variable. Au dessus de l'extrémité de la
lèvre, et entre la base des mâchoires, s'avance
une petite pièce qui fait partie du palais et complète la clôture buccale.

Le tronc, y compris la portion qui représente
la tête, est ovoïde ou en forme de cœur renversé,
tronqué à son extrémité ; il porte inférieurement
les pattes, qui sont au nombre de huit, disposées
sur deux lignes courbes, plus rapprochées vers
l'abdomen, et composées de quatre parties principales, la hanche, la cuisse, la jambe et le tarse ;
mais la cuisse se forme de deux pièces, un trochanter et le fémur soudés ensemble ; la jambe
en compte aussi deux, une rotule et le tibia soudés de même. Le tarse est composé de deux articles, et terminé par deux crochets dentelés en
dessous, et souvent d'un troisième plus petit,
simple ; ils sont en général velus, et souvent ont à
leur extrémité des poils courts, en forme de
brosses. Ces organes varient de grandeur, suivant
les genres et les espèces et souvent même les sexes.

L'abdomen est suspendu au céphalothorax par
un pédicule très-mince et court ; il est le plus souvent mou, soyeux, ovoïde très-bombé ; dans
quelques espèces exotiques, du genre Épéire seulement, il prend des formes anguleuses et irrégulières : on n'y distingue aucune trace d'anneaux ;
mais seulement quelques plis ; à son extrémité
sont situées les filières ; elles sont au nombre de
quatre, disposées en carré, articulées de deux articles dont le dernier très-court percé à l'extrémité
d'une multitude de petits trous, ou hérissé de pe

tites papilles destinées à laisser passer la soie ; toutes ces soies réunies ne forment cependant, tant
est grande leur finesse, qu'un seul fil d'araignée !
On compte ordinairement six filières aux Aranéides ; mais, d'après les observations de MM. Savigny et Treviranus confirmant celles déjà faites par
Lyonnet, il est certain que les deux plus grandes
ou extérieures, et qui sont triarticulées, n'étant pas
percées, ne peuvent avoir un usage analogue à
celles dont nous venons de parler, et par conséquent ne peuvent porter ce nom. Auprès des filières est situé l'anus. Si l'on regarde l'abdomen
en dessous, on voit à la base de l'abdomen un repli de la peau souvent orné de taches blanches
au nombre de deux à quatre : c'est des deux côtés
de ces replis que s'ouvrent les branchies aériennes
au nombre de deux à quatre, comme les taches
qui les décèlent. Ces branchies sont de véritables
poumons recevant l'air en nature ; elles sont composées de petits feuillets renfermés dans une
membrane blanchâtre glaireuse ; le bord de ces
branchies est formé par une pièce cartilagineuse
qui se ferme et s'ouvre à volonté au moyen de
muscles propres. C'est entre les branchies qu'est
placé dans les femelles l'organe génital ; cet organe
a encore été peu étudié, il paraît assez compliqué, et l'ouverture destinée au passage des œufs
est cachée par les différentes pièces qui le composent.

L'organisation interne des Aranéides se compose d'un canal intestinal, où l'on remarque un
estomac formé de plusieurs sacs, où viennent aboutir plusieurs vaisseaux hépatiques ; du canal intestinal proprement dit, d'un cœcum, du rectum recevant près de l'anus quatre vaisseaux biliaires.
Le système nerveux consiste en trois ganglions
principaux, un double envoyant ses rameaux aux
parties distinctives de la tête, un second central
envoyant les nerfs des pattes, et un troisième situé
à la base de l'abdomen et dirigeant ses rameaux
vers tous les organes de cette partie. Le cœur ou l'organe qui le remplace est allongé, plus rétréci postérieurement, et semble jeter plusieurs branches à
droite et à gauche et se diviser en vaisseaux vers
son extrémité ; les ovaires sont au nombre de
deux rétrécis par le haut où ils aboutissent aux
parties génitales ; enfin les réservoirs de la soie
paraissent, d'après les dernières observations de
M. Treviranus, n'être qu'au nombre de quatre,
ce qui vient encore à l'apui de ce que nous avons
dit du nombre des filières.

Si de l'organisation des Aranéides on passe à
l'étude de leurs mœurs, on ne trouve pas moins
de sujets d'attention et d'admiration ; les araignées étant ou sédentaires ou coureuses, les
mœurs ont dû subir dans ces deux grandes coupes de grandes modifications ; les espèces sédentaires se font toujours une toile, dont la disposition et le travail varient suivant les espèces : et là,
soit cachées dans un trou qui leur sert de retraite,
soit placées au milieu de la toile même, elles attendent patiemment que l'ébranlement des fils vienne
leur annoncer qu'un insecte est tombé dans

leurs filets ; aussitôt elles se précipitent dessus , le saisissent, le sucent ou le dévorent sur place selon les espèces ; si l'insecte peut faire résistance , il est à l'instant même emmaillotté par des fils innombrables qui paralysent ses mouvemens, et permettent à son ennemi de l'attaquer comme bon lui semble ; il arrive cependant quelquefois que l'insecte se trouve trop fort pour l'araignée ; alors celle-ci s'empresse elle-même de briser sa propre toile, pour se débarrasser d'un hôte dangereux ; elle raccommode ensuite le dégât, ou s'il est trop grand elle abandonne sa toile et va en construire une autre ailleurs. Les araignées coureuses poursuivent leur proie ou l'épient, et d'un bond parviennent à sauter sur elle et à la saisir ; dans ces espèces, qui ne vivent que de chasse active , quelques uns des yeux sont toujours très-développés. Ces animaux ne se font entre eux aucune grâce , et se dévorent quand ils en trouvent l'occasion ; cependant il faut dire qu'ils s'attaquent peu volontiers ; car celui qui a l'espoir d'être le plus fort sait que la victoire peut lui coûter cher.

Quand les Aranéides sont parvenues à tout leur accroissement , arrive le moment indiqué par la nature pour le perpétuement des races. Ce temps est remarquable dans les mâles, en ce que les organes renfermés dans les boutons des palpes acquièrent alors un grand développement. Poussés par le sentiment qui dans cette occasion excite tous les animaux, ils se mettent donc en quête des femelles , mais avec beaucoup de circonspection , car une démarche imprudente peut être cause de leur mort ; les préliminaires sont les mêmes pour les espèces sédentaires et les espèces coureuses ; mais les individus qui habitent les toiles ayant été le plus souvent observés , nous prendrons sur eux ce que l'on sait de l'accouplement. Quand un mâle a découvert une femelle , il s'approche lentement et fait quelques pas sur sa toile, puis s'éloigne avec rapidité, revient, s'approche un peu plus, et enfin , après plusieurs hésitations, se hasarde à toucher la femelle du bout d'une de ses pattes antérieures ; c'est là le moment critique ; malheur à lui si la belle est à jeun , ou si elle est mal disposée ; aussi, après ce premier essai de hardiesse, le mâle se laisse-t-il tomber et ne revient-il que quelques instans après : jusque-là la femelle est demeurée immobile ; cependant, si les préludes du mâle lui ont plu , elle le tâte aussi avec ses pattes , celui-ci devient alors plus hardi , les organes renfermés dans les boutons de ses palpes en sortent comme par l'effet d'un ressort, il les présente au bas de l'abdomen de la femelle, et les introduit alternativement dans l'organe sexuel ; après quelques momens, il réitère à plusieurs reprises ces introductions, qui sont si courtes qu'elles paraissent n'être que de simples attouchemens ; l'accouplement est alors terminé...., du moins voilà jusqu'à présent tout ce que l'on en a observé ; la suite, s'il y en a une, n'est pas connue. Quelque temps après, l'abdomen de la femelle devient très-volumineux, elle s'occupe du soin de sa postérité ; à cet effet elle file un cocon composé de deux parties bien distinctes , l'une assez ferme, extérieure ; l'autre épaisse, ressemblant à de la soie très-fine cardée, habituellement d'une autre couleur que la partie extérieure : c'est dans cette partie molle que sont déposés les œufs. Après la ponte, le sort qui attend les femelles n'est pas encore très-certain ; on sait bien que quelques espèces périssent, mais on a aussi l'exemple de beaucoup qui se cachent pour passer l'hiver, et s'enveloppent dans une toile qu'elles filent à cet effet ; elles y passent l'hiver dans une espèce d'engourdissement, car elles peuvent supporter un long jeûne, même dans la belle saison ; on a aussi l'exemple d'autres qui ont été élevées pendant plusieurs années ; mais avaient-elles été fécondées ? avaient-elles pondu ? enfin se trouvaient-elles dans les circonstances générales des espèces qui meurent après la ponte ? c'est ce qu'on ignore ; eh ! que de choses nous ignorons encore ! Y a-t-il plusieurs accouplemens ? les mâles sont-ils en état de féconder plusieurs femelles ? etc. , etc. Toutes ces questions sont encore à résoudre ; on ne sait pas même encore d'une manière bien positive si les Aranéides, de même que les Crustacés, subissent une nouvelle mue tous les ans ; cela est probable , si elles vivent plusieurs années, et si, comme dans les animaux dont nous venons de parler , il y a plusieurs pontes et plusieurs accouplemens ; ce qu'on sait, c'est qu'on trouve au printemps peu de grosses araignées, et alors on suppose, avec raison, que celles qui ont résisté à l'hiver sont des femelles qui n'ont pas trouvé occasion de s'accoupler et qui ont survécu pour pouvoir satisfaire au but de la nature.

Les femelles des Aranéides veillent avec sollicitude sur le cocon qui renferme leurs œufs. Les œufs qui ne sont pas destinés à passer l'hiver éclosent quinze ou vingt jours après la ponte ; quand la petite araignée sort de l'œuf, elle est d'abord incapable de mouvement ; toutes les parties de son corps restent recouvertes d'une membrane fine qui en paralyse les mouvemens ; dans cet instant, si les pattes n'étaient pas étendues, on pourrait la comparer à une nymphe de coléoptère ; au bout de quelques heures ou d'une couple de jours, l'araignée se dépouille de cette petite pellicule, et alors elle est en état de chercher à prendre de la nourriture ; les petites araignées restent ensemble jusqu'à la première mue ; elles filent en commun, et ce sont ces fils qui forment ce que l'on nomme fils de la Vierge, et que l'on voit voltiger dans les airs, dans les beaux jours d'automne, en si grande quantité ; après la première mue, les Aranéides se séparent , et chacune va chercher à vivre de son côté. Elles subissent plusieurs nouvelles mues avant d'être en état de se reproduire ; on croit que le nombre en est de trois.

On a beaucoup parlé d'araignées que l'on était parvenu à apprivoiser, et le fait paraît à peu près certain ; mais il est malheureux que l'on soit obligé de citer à l'appui une histoire qui, si elle montre l'insecte sous un beau côté, n'est pas très-favorable à l'espèce humaine ; tout le monde comprendra sans doute que je veux citer l'histoire de Pélisson, qui, enfermé à la Bastille, était parvenu à habituer une araignée à venir prendre des mouches, au son de la musette d'un Basque qu'il avait à son service; il eut un jour l'idée de la faire voir au gouverneur, et celui-ci fut assez stupide, car je ne puis croire que ce soit par méchanceté, pour l'écraser. Pélisson affirme que la nouvelle la plus affreuse lui aurait dans le moment fait moins de mal, et dans la position où il se trouvait, cela se conçoit sans peine.

On a voulu aussi tirer parti de la soie des araignées; matériellement, il a été prouvé que cela était possible, c'est-à-dire qu'avec une quantité donnée de matière, on est parvenu à fabriquer des bas et des gants; mais la difficulté consiste à élever en domesticité des animaux habitués à ne vivre que de carnage et à s'entre-dévorer mutuellement. On y a donc renoncé tout-à-fait; le seul usage que l'on tire actuellement des fils d'araignées est de servir à diviser les micromètres; on a prétendu aussi que les toiles d'araignées étaient bonnes pour arrêter les petites hémorrhagies produites par les coupures, c'est peut-être l'espoir d'avoir le remède sous la main qui fait que tant de personnes paraissent les conserver religieusement dans tous les coins de leurs appartemens. (A. P.)

ARANÉOLE. (poiss.) Les pêcheurs du midi de la France donnent ce nom à la Vive (*Trachinus draco*) quand elle est encore jeune. (*V.* Vive.) (Guér.)

ARAPÈDE. (moll.) On donne ce nom, sur les côtes de Provence, aux diverses espèces de Patelles (v. ce mot). (Guér.

ARARAT. (géogr. phys.) *V.* Caucase.

ARAUCARIA. (bot. phan.) Arbre de la famille des Conifères, Diœcie monadelphie de Linné, indigène au Chili et au Brésil, où il forme de vastes forêts; il se rapproche du pin, avec lequel Molina l'avait confondu. Ses caractères génériques sont : fleurs dioïques, disposées en chatons terminaux; les mâles, ovoïdes, composés d'écailles acuminées, serrées, fixées à un réceptacle central, et portant dix à douze anthères soudées ensemble; les chatons femelles deviennent très-gros après la fécondation; leurs écailles, également imbriquées et pointues, portent chacune une fleur renversée. Le fruit a la forme d'une olive, recouverte par le calice, et terminée en pointe; l'amande, qui est comestible, renferme un embryon à deux ou trois cotylédons.

M. Richard distingue deux espèces d'*Araucaria*. L'une, du Chili, *A. Dombeyi*, a ses rameaux souvent opposés en croix, des feuilles squamiformes, imbriquées, un bois très-dur, et son olive est munie d'un appendice en forme d'aile; cette espèce a réussi dans quelques serres d'Europe. L'autre, indigène du Brésil, a un bois mou, des rameaux verticillés, et un fruit sans appendice aliforme. Ces arbres donnent une résine que l'on brûle dans le pays. (L.)

ARBALÈTRE ou ARBALÉTRIER. (ois.) Ce

sont les noms vulgaires du Martinet noir (*Hirundo Apus*, Linn.). (*V.* Martinet.) (Guér.)

ARBORISATION. (min.) Ce mot sert à désigner une disposition particulière qu'affectent, dans certaines circonstances, les molécules cristallines d'un métal, de manière à leur donner l'apparence de petits arbres ou de plantes incrustées dans une roche quelconque. Dans le langage scientifique, les Arborisations sont appelées *Dendrites*, d'un mot grec qui signifie *arbre*. On les nomme aussi *Herborisations* lorsqu'elles ont l'apparence d'herbes ou de petites mousses.

Les rameaux élégans qui couvrent nos vitres pendant l'hiver et qui ne sont, comme tout le monde le sait, que le résultat de la cristallisation des molécules d'eau vaporisée répandue dans l'air plus ou moins humide qui remplit l'intérieur de la chambre, peuvent donner une idée de l'aspect que présentent les Arborisations minérales, et jusqu'à un certain point de la manière dont elles se forment.

C'est le *fer* et plus ordinairement le *manganèse* (v. ces mots) qui, à l'aide d'un liquide, donnent lieu aux Arborisations : elles sont très-fréquentes dans certains calcaires, dans quelques marnes, dans du grès d'ancienne formation et dans les agates. Les marnes qui alternent avec les couches de gypse à Montmartre, sont couvertes de ces dendrites. Quelquefois ces Arborisations ne sont que *superficielles*, c'est-à-dire que, dans les fissures de la roche où elles se sont formées, le liquide métallifère s'est légèrement imprégné sur les deux surfaces en contact; d'autres fois elles sont *profondes*, c'est-à-dire qu'elles pénètrent dans l'intérieur de la roche, qu'il faut alors tailler dans le sens où elles s'étendent, pour pouvoir les faire voir dans toute leur beauté. On exploite dans les environs de Florence un calcaire marneux compacte qui est recherché pour les accidens d'Arborisation qu'il présente. (J. H.)

ARBOUSE, ARBOUSSE, ou ARBOUSTE D'ASTRACAN. (bot. phan.) On donne ce nom à une variété de courge (*Cucurbita melopepo. L.*). (*V.* Courge.) (Guér.)

ARBOUSIER, *Arbutus*, L. (bot. phan.) Des arbustes, dont quelques uns s'élèvent à la hauteur des arbres, constituent ce genre de la famille des Bruyères, qui appartient à la Décandrie monogynie de la nomenclature linnéenne. On en connaît une vingtaine d'espèces; la plus intéressante sous tous les rapports, c'est

L'Arbousier commun ou des Pyrénées, *A. Unedo*, L., Ce bel arbrisseau, qui monte depuis deux et quatre mètres et demi jusqu'à sept à dix, croît spontanément dans nos forêts du midi, en Italie, en Espagne et particulièrement sur les dunes et la mer de sables qui s'étend de l'embouchure de la Gironde aux pieds des Pyrénées. Son tronc se divise en rameaux irréguliers, nombreux, d'un beau rouge, et forme des taillis du plus bel aspect, surtout lorsqu'ils sont chargés de fleurs et de fruits. Il est impossible d'en voir des massifs plus élégans que sur le cratère éteint

de

de Valcrose, près de Murviel, département de l'Hérault. Le beau feuillage dont l'Arbousier est orné persiste l'hiver, il est alterne, ovale-oblong, denté; d'un vert brillant, sur lequel tranche agréablement le pétiole, qui est rouge. En septembre, puis en février, il est couvert de fleurs blanches ou roses, simples ou doubles, suivant la variété, disposées en grelots et en grappes pendantes, axillaires ou terminales. Le fruit qui leur succède est semblable à la fraise de nos jardins, d'où l'Arbousier a reçu le nom vulgaire d'*Arbre aux fraises* et *Fraisier en arbre*. Il est très-sucré, d'une couleur rouge vif à l'époque de sa maturité, c'est-à-dire à l'entrée de l'hiver. Les oiseaux le dévorent; quelques personnes en mangent, quoique son goût âpre et son astringence aient été cause du nom spécifique *Unedo* que porte l'Arbousier, et qui, abrégé de *unum edo*, signifie j'en mange assez d'un. Quoi qu'il en soit, on retire de sa pulpe jaune, mucilagineuse, un sucre liquide, prêt à se cristalliser, et de l'alcool de seize à vingt degrés. Il est essentiel de n'opérer que sur les fruits d'une parfaite maturité; on recueille d'abord ceux tombés par l'effet du vent ou par suite de légères secousses de la main; puis ceux qui cèdent sans efforts au simple toucher, et après les avoir pressés dans des sacs sous l'action de la meule, on les traite comme le moût du raisin dont on veut obtenir du sucre. L'eau-de-vie d'Arbouse, comme celle du raisin, est le produit de la fermentation spiritueuse et de la distillation. Cette double découverte date de l'année 1807, et appartient à l'Espagnol Juan Armesto. L'Arbousier se multiplie de graines semées en temps sec, au mois de mars, et de marcottes. Cultivé sous la climature de Paris, il demande à être couvert de litière pendant l'hiver; durant les grands froids, il faut quelquefois le rentrer dans l'orangerie. On en possède une variété panachée.

Trois autres espèces méritent de trouver ici une mention,

L'Andrachné ou Arbousier a panicules, *A. andrachne*, L., originaire du mont Ida, de la Natolie et des îles de la Grèce, subsiste très-bien en pleine terre dans le midi de la France; mais plus haut il est sujet à périr de froid. C'est un arbrisseau faisant naturellement pyramide; son écorce, lisse, d'un rouge brun, tombe chaque année au plus fort des chaleurs; ses feuilles sont plus larges, plus luisantes que celles du précédent; ses fleurs, constamment blanches, et en panicules, s'épanouissent en mars. Sa culture est difficile, je devrais dire très-exigeante.

L'Arbousier des alpes, *A. alpina*, est, avec la ronce arctique, le dernier arbuste à fruits comestibles, que l'on rencontre sur les plus hautes montagnes de l'Europe. Sa tige rampante est garnie de feuilles oblongues, dentées, ridées, ciliées; ses baies noirâtres sont d'un goût agréable, et très-précieuses pour les Lapons, les Samoïèdes, les Kouriles, et autres peuples du cercle polaire.

L'Arbousier raisin d'ours, *A. uva ursi*, a bien, comme la précédente espèce, la tige étalée sur le

sol, et pour habitation les monts les plus élevés; mais il en diffère d'abord par ses feuilles, assez voisines de celles du buis, ce qui le fait appeler quelquefois *Busserolle*, qui sont petites, éparses, luisantes, et par ses baies d'un beau rouge, en grappes et peu agréables à manger; les ours en font leurs délices.

Les feuilles des diverses espèces d'Arbousiers contiennent une grande quantité de tannin et d'acide gallique, ce qui les fait rechercher pour le tannage des cuirs. On leur donne aussi des propriétés médicales, surtout contre la gravelle; mais j'avoue qu'on peut en contester l'héroïsme.

(T. D. B.)

**ARBRE.** (chim.) Chaque état, chaque profession a son industrie, ses petits moyens pour se faire connaître, arrêter et attirer les regards du passant, fixer son attention, et chatouiller son penchant à la dépense. Le notaire a son écusson, et plus d'un mauvais payeur a maudit celui de l'huissier; le médecin à sa sonnette de nuit, le changeur ses plats remplis d'or et d'argent, ses billets de banque; le marchand de comestibles ses homards, ses chevreuils ensanglantés, ses pâtés, ses dindes truffées.

Nos pharmaciens, car c'est à eux que nous voulons en venir avec notre mot *Arbre*, ont aussi cédé à l'empire de l'habitude, et ils ont bien fait. Ne pouvant mettre en évidence matérielle le fruit de leurs veilles et de leurs longues études, c'est-à-dire les connaissances étendues qu'ils doivent avoir acquises sur toutes les sciences naturelles avant de se livrer à l'exercice de leur noble profession, ils placent sous les yeux du public quelques uns des plus beaux produits que la physique et la chimie leur apprennent à composer. De là ces belles masses de sels, de couleurs variables, où la lumière du jour se réfléchit en mille sens divers; de là aussi ces superbes cristaux où sont renfermées des liqueurs alcooliques d'une transparence et d'une nuance admirables. Parmi les riches cristallisations que l'on trouve sur le devant des pharmacies, cristallisations auxquelles on donne assez ordinairement le nom de *chefs-d'œuvre*, on en voit quelques unes qui sont renfermées dans des vases cylindriques, larges et peu élevés, et qui imitent parfaitement des touffes végétales arborifères; ce sont ces sortes de végétations que les anciens chimistes appelaient *Arbres*, à cause de leur forme, et qui se distinguaient en *Arbre de Saturne* et en *Arbre de Diane*.

Le premier s'obtient en prenant de l'eau qui contient la trentième partie de son poids d'acétate de plomb (le plomb s'appelait autrefois *Saturne*); déposant cette eau dans un flacon à large goulot et d'une capacité de trois ou quatre litres, et plaçant au milieu du liquide une plaque de zinc suspendue au bouchon du bocal à l'aide de fils de laiton : les fils de laiton doivent descendre plus bas que la lame de zinc, être un peu écartés les uns des autres et contournés de manière à imiter les branches d'un arbre. Au bout de quelques jours, le zinc et les fils sont recouverts de paillettes de plomb très brillantes et tellement nombreuses que le vase en est presque rempli.

Pour préparer l'arbre de Diane ( *Diane* est l'ancien nom de l'argent), on met quinze à vingt grammes de mercure dans un vase à pied, et l'on verse par dessus cinquante à soixante grammes de soluté de nitrate d'argent, contenant environ sept à huit grammes de sel; on couvre le vase et on l'abandonne à lui-même. Au bout de quelques jours, l'argent apparaît sous formes de petites ramifications cristallines, très-brillantes, très-nombreuses et combinées avec un peu de mercure.

( F. F. )

ARBRE. (bot. phan.) L'Arbre est le terme le plus élevé, le plus parfait de la vie végétative; il l'emporte sur toutes les autres plantes par sa taille élancée, son port majestueux, la vigueur et l'abondance de ses sucs vitaux, par sa durée, par l'ensemble de toutes ses parties, par les nombreux genres d'utilité qu'on en retire. Il est composé d'un tronc simple, ligneux, qui s'enfonce dans le sol au moyen de racines plus ou moins étendues, plus ou moins fortes, et terminées par des chevelus; d'un fût ou tige qui va presque toujours en s'amincissant de la base au sommet, et se terminant par une cime imposante ou bien une flèche aiguë; des branches divisées et subdivisées en rameaux, se portant sans régularité positive de tous côtés, garnies de distance en distance de feuilles, à l'aisselle desquelles se trouvent des bourgeons chargés de donner plus tard de nouvelles ramifications.

Dans l'origine, l'Arbre est renfermé sous les enveloppes étroites d'une graine. Aux premiers jours de son développement, il est aussi faible que l'herbe la plus chétive. Ce n'est d'abord qu'un étui médullaire, blanc, pressé entre deux cotylédons épais et charnus; la plantule prend bientôt de la consistance et s'enveloppe d'une pellicule ou membrane sèche, mince, au dessous de laquelle est le tissu herbacé, couche assez lâche, toujours imbibée d'une substance résineuse, ordinairement verte, quelquefois brune, jaune, rouge. La couleur est plus intense à la superficie; elle s'affaiblit de plus en plus à mesure qu'elle se rapproche du centre. Là, sont logées les couches corticales; vient ensuite le liber; puis l'aubier au grain grossier, à la couleur blanchâtre; enfin le corps ligneux, dont les lignes circulaires s'étendent du centre à la circonférence, et que l'on a comparées aux lignes horaires d'un cadran. Le tout est enveloppé, à la superficie, par une écorce plus ou moins épaisse.

Jeune encore, l'Arbre aime à trouver un appui, à voir son tronc dépouillé des bourgeons qui produiraient des branches beaucoup trop basses, et l'empêcheraient de monter fort haut, de filer une tige droite et sans nœuds.

Plus un Arbre a de feuilles et de petites branches à son sommet, plus en effet il croit vite. Il grandit et grossit par l'addition annuelle d'une nouvelle couche de séve entre le corps ligneux et l'écorce, et par l'extension des couches des années précédentes,

dont l'épaisseur varie suivant que la température a été plus ou moins favorable aux évolutions végétales, que l'Arbre s'est trouvé sur un sol convenable, suffisamment aéré, etc.

Dès qu'il cesse de croître, l'Arbre a atteint le maximum de sa taille ordinaire; de ce moment il dépérit d'une manière insensible; il se couronne, les branches supérieures meurent, celles qui leur sont inférieures végètent encore, mais faiblement; et comme l'aubier n'a pu se perfectionner, il s'altère, devient la retraite et la pâture des insectes, dont la présence et les ravages accélèrent le dépérissement de l'Arbre. Il s'introduit enfin entre l'écorce et l'aubier, déjà envahis par les mousses et les lichens, d'autres insectes qui détachent l'écorce, la font tomber par plaques; dès que l'Arbre en est dépouillé, ce végétal, naguère si beau, si riche des larges tributs de la séve, tombe en poussière et engraisse le sol de ses tristes débris.

Il y a dans la durée de la vie des Arbres une très-grande variété. Les uns vivent au plus trente ans, d'autres prolongent leur existence pendant plusieurs siècles. Quelques uns, pour ainsi dire indestructibles, comme le cèdre du Liban, le boabab, le laricio, etc. offrent sous ce dernier point des phénomènes remarquables.

Si l'on s'arrête à la taille, l'échelle des Arbres, commencée avec les sous-arbrisseaux, les arbustes et les arbrisseaux, arrive aux Arbres proprement dits, qui sont de trois différentes grandeurs. Les plus petits, ou de troisième grandeur, s'élevant de douze à vingt mètres, et dont la hauteur moyenne est de quatorze mètres et demi; ceux de deuxième grandeur, qui vont de vingt à trente-trois mètres, dont la moyenne est vingt-six mètres; ceux de première grandeur qui montent en Europe de trente-trois à cinquante mètres, et atteignent en Amérique soixante-cinq et soixante-dix mètres. Cette division dépend de la nature et de l'élévation du sol; tel Arbre, dans des circonstances favorables, prend tout le développement qui lui est propre, arrive au maximum de sa croissance, demeure rabougri s'il se trouve sur une terre aride, sous une climature rigoureuse. Le boabab, sur les côtes du Sénégal, aux îles de la Madeleine, près du cap Vert, embrasse une circonférence de vingt-neuf mètres et demi, quand le saule n'est plus qu'un sous-arbrisseau rampant entre les rochers sur les cimes des plus hautes Alpes.

Considérés sous le rapport de leur nature, les Arbres sont divisés en Arbres qui se couvrent de feuilles au printemps et qui les perdent aux approches de l'hiver, et en Arbres conservant leur feuillage d'une année sur l'autre, que l'on nomme *Arbres résineux* et *Arbres verts* (v. ces deux mots). On distingue encore ceux qui sont nés dans les pays chauds d'avec ceux qui sont originaires des climats tempérés, par la forme et l'organisation des bourgeons. Chez les uns, les bourgeons sont garnis d'écailles toujours enduites d'une sorte de liqueur résineuse, qui les garantit des intempéries des saisons et même de l'âpreté des hivers, tandis que chez les autres, les boutons sont dépourvus de semblables écailles.

Quand on observe les Arbres sous le rapport économique, on les dit *forestiers*, lorsqu'ils peuplent les forêts; *fruitiers*, lorsqu'ils donnent des fruits bons à manger, et *d'ornement*, encore ceux-ci sont-ils confondus dans le nombre des premiers et ne prennent-ils ce nom qu'à raison de l'emploi que l'on en fait dans l'horticulture.

Prise d'un point de vue plus élevé, l'utilité des Arbres se découvre à nos yeux lorsqu'ils s'arrêtent sur la cabane rustique et la fumée qui s'élève de l'âtre, sur la charrue qui féconde nos champs, sur le navire qui brave les fureurs de l'Océan, sur le bâton noueux qui soutient le débile vieillard. Les Arbres nous donnent, outre leurs baies succulentes, un fruit qui supplée le pain, un autre que nous convertissons en boisson spiritueuse, l'huile, la cire, le suif, les différentes gommes et résines, la poix, le vernis, etc. Quelques unes de leurs feuilles se changent en tissus de soie; on fait des cordages et des toiles avec les fibres corticales; le sucre est délayé dans la séve des érables, et celle du bouleau présente une liqueur rafraîchissante, etc., etc.

Envisagés sous un aspect plus intéressant encore, les arbres améliorent la terre qui les nourrit, et augmentent son épaisseur fécondante par les débris qu'ils entassent successivement à leurs pieds; ils entretiennent les sources et l'humidité salutaire, indispensables aux évolutions de la végétation, en appelant les nuages qu'ils retiennent, qu'ils conduisent, qu'ils résolvent en pluies bienfaisantes; ils dessèchent le sol par le jeu de leurs racines, ils tempèrent par leur ombrage les vents du midi; ils protégent le pays qu'ils abritent contre les ouragans, les orages et les grands froids; ils l'assainissent en pompant sans cesse les vapeurs qui s'élèvent du sol, en absorbant les gaz nuisibles, et rendent les récoltes abondantes par l'influence même de leur action physique.

Nous aurions une bien faible idée du nombre des Arbres qui végètent sur la surface du globe, si nous n'en jugions que d'après ceux qui croissent en Europe. Elle est peut-être, sous ce rapport, la partie du monde la plus pauvre; à peine y compte-t-on cinq cents espèces indigènes, tandis qu'elles sont par milliers en Amérique, dans l'Asie, dans l'Australasie. Nous sommes bornés à quelques espèces de chênes, et on en connait une centaine d'exotiques; les figuiers, les saules, etc., sont encore plus nombreux. On peut, sans crainte d'être taxé d'exagération, assurer qu'il existe plus de genres d'Arbres dans les autres parties de la terre, que d'espèces dans notre vieille Europe si savante, si industrieuse, si patiemment entreprenante.

Outre la faculté de se reproduire par graines, comme les autres végétaux, les Arbres possèdent encore, presque exclusivement, d'autres moyens de multiplication; leur racines fournissent des rejetons, des drageons, etc.; leurs branches, des marcottes, des boutures, des greffes, etc. (*Voyez* chacun de ces mots.)

Planter des Arbres est une bonne action; le cultivateur ne doit point balancer à le faire, s'il veut assurer la longue prospérité des terres qu'il exploite. Malheur à lui quand, par avarice, par faux calcul ou par préjugé, il abat les arbres qui décorent les montagnes; la stérilité vient aussitôt, elle menace de tout envahir, de tout livrer au désordre.

D'ordinaire on place sur la même ligne que les Arbres les plantes monocotylédones qui montent à une grande élévation: c'est à mon avis une faute grave. Rien de semblable entre ce qu'on appelle les arbres à deux feuilles séminales et les prétendus arbres à un seul cotylédon. Des différences tranchées les éloignent absolument les uns des autres: la structure intérieure, le mode d'accroissement, l'absence d'un point central déterminé, les gaînes qui s'emboîtent les unes dans les autres pour former le stipe, et ce stipe lui-même qui se soutient dans une direction verticale, sans augmenter de grosseur, sans jeter aucune branche, qui se termine par un vaste faisceau de palmes épanoui en rosette et du milieu desquelles naissent des grappes de fleurs. Dans les monocotylédones arborescentes, il n'y a pas de couches concentriques de bois et d'aubier; les fibres ligneuses ne forment que des faisceaux isolés les uns des autres; tout l'appareil vasculaire s'allonge dans la même direction que la plante suit en s'élevant; le centre du stipe est lâche; la circonférence présente un bois dur et compacte, sans écorce, ayant à peine un quart de mètre de diamètre. Tous ces caractères séparent d'une manière incontestable les palmiers, les fougères et les autres monocotylédonées arborescentes, des Arbres proprement dits, et nous autorisent à rejeter le système qui leur donne rang parmi eux.

On a donné vulgairement le nom d'Arbre, avec quelques épithètes, à divers végétaux de plus ou moins grande taille; nous allons indiquer ici les plus remarquables, en renvoyant à leurs noms scientifiques pour leur histoire.

ARBRE AQUATIQUE. Arbre qui croît naturellement dans l'eau, ou dont les racines aiment à vivre dans le voisinage des eaux.

ARBRE A SANG. Espèce de Millepertuis arborescent que l'on trouve dans la Guiane, et qui fournit, par incision faite à ses tiges, une résine d'un rouge sanguin. (*V.* MILLEPERTUIS.)

ARBRE A SUCRE. Nom donné à l'Arbousier (*v.* ce mot), à cause du sucre que l'on retire de son fruit.

ARBRE A TAN. Nom du Sumac des corroyeurs, *Rhus coriaria* (*v.* ce mot).

ARBRE A THÉ. On donne ce nom à un arbrisseau de l'Amérique du sud, qui ressemble au véritable thé de la Chine. (*V.* SYMPLOQUE.)

ARBRE A TIGE. Se dit des arbres fruitiers dont on forme des espaliers élevés ou bien des plein-vents.

ARBRE AU COTON. C'est le nom vulgaire du Fromager à cinq feuilles, *Bombax ceyba*. (*Voyez* FROMAGER.)

**Arbre au mastic.** Nom du pistachier lentisque, *Pistacia lentiscus.* (*V.* Lentisque.)

**Arbre au poivre.** Deux plantes portent ce nom vulgaire, le Gatillier, *Vitex agnus castus* (v. ce mot), à cause de la forme de ses fruits, et le Poivrier d'Espagne ou du Pérou, *Schinus molle* (v. ce mot), dont toutes les parties répandent une forte odeur de poivre.

**Arbre au raisin.** Daléchamp donne ce nom au Staphylier, *Staphylea pinnata* (v. ce mot).

**Arbre au vermillon.** L'espèce du Chêne-Kermès à petits glands, *Quercus coccifera*, porte ce nom dans diverses localités de la France et d'Italie.

**Arbre aux anémones.** Nom de la belle espèce de Calycanthe de la Caroline, *Calycanthus floridus*, que l'on cultive dans nos jardins.

**Arbre aux fraises.** Nom donné parfois à l'Arbousier, *Arbutus unedo.*

**Arbre aux grives.** Dans diverses contrées de la France on désigne vulgairement sous ce nom le Sorbier des oiseaux, *Sorbus aucuparia.*

**Arbre aux œufs.** Nom vulgaire du Prunier, dont les fruits, appelés *prune impériale blanche*, sont blancs et de la grosseur d'un œuf de dinde.

**Arbre aux pois.** On appelle ainsi l'espèce de Robinier (v. ce mot) désignée par les botanistes sous le nom de *Robinia caragana.*

**Arbre aux quarante écus.** Nom que l'on a long-temps donné au *Ginkgo biloba* (v. ce mot), à cause du prix que coûta le premier individu cultivé en France.

**Arbre aux savonettes.** Nom du Savonier des Indes, *Sapindus saponaria* (v. ce mot), à cause de la ressemblance de ses fruits avec la boule de savon dont les barbiers faisaient autrefois usage.

**Arbre aux tulipes.** Arbre de la Virginie auquel on a donné ce nom lors de son introduction en Europe, dans l'année 1688. (*V.* Tulipier.)

**Arbre aveuglant.** Rumph appelle ainsi l'espèce d'Agalloche, plus connue dans l'Inde sous le nom de Calambac, l'*Excæcaria agallocha* des botanistes. (*V.* Exoecaria.)

**Arbre bouton.** Trois arbres ont reçu ce nom, le Céphalanthe d'Amérique, *Cephalanthus occidentalis*, le Conocarpe à tige droite, *Conocarpus erectus*, et le Gainier du Canada, *Cercis canadensis.*

**Arbre d'amour.** On donna long-temps ce nom au Gainier, *Cercis siliquastrum* (v. ce mot).

**Arbre d'argent.** Le Chalef, *Elæagnus angustifolia*, et le Protée, *Protea argentea* (v. ces deux mots), ont reçu ce nom de leurs jeunes pousses blanches drapées, de leurs feuilles élégantes qui semblent argentées.

**Arbre de baume.** C'est le nom vulgaire du Clusier jaune, *Clusia flava*; du Tolutier d'Amérique, *Toluifera balsamum*; de l'Hedwigie, qui produit la résine, *Hedwigia resinifera*; du Baumier dit Gomart, *Bursera gummifera*, et autres.

**Arbre de corail.** Le beau rouge luisant du tronc de l'Arbousier d'Orient, *Arbutus andrachne*, lui a fait donner ce nom, que l'on applique aussi à l'Erythrine des Antilles, *Erythrina corallodendrum*, et surtout au Condori du Malabar, *Adenanthera pavonina*, à cause de leurs graines rouges.

**Arbre d'encens.** Diverses espèces de Baumier, *Amyris*; le Pin de Virginie, *Pinus tæda*; une espèce de *Terminalia* des îles de France et de Mascareigne, etc.

**Arbre de fer.** Le *Dracæna ferrea* de l'Inde, et le *Stedmannia* de l'île de France, portent ce nom dans certains ouvrages de botanique.

**Arbre d'huile.** C'est l'*Eleococca* (v. ce mot) du Japon que Thunberg a nommé *Dryandra cordata.*

**Arbre de Judée.** Nom donné communément au Gainier, *Cercis siliquastrum*, et aux îles Philippines au *Kleinhovia hospita.*

**Arbre de la vache.** Arbre des vallées d'Aragua et de Caucagna, dans l'Amérique du sud, dont le suc laiteux se rapproche un peu du lait des vaches, est connu sous le nom de *Palo de leche.* On appelle aussi Arbre de la vache l'Asclépiade du Ceylan, *Asclepias lactifera.*

**Arbre de mille ans.** surnom du Boabab, *Adansonia digitata* (v. ce mot).

**Arbre de Moïse.** Le buisson ardent ou rouge-feu que forme le Néflier, appelé par les botanistes *Mespilus pyracantha*, a reçu ce nom par allusion à un passage du livre sacré des Juifs.

**Arbre de neige.** L'Amélancher de Virginie, *Chionanthus virginicus*, et la Viorne à fleurs stériles, *Viburnum opulus.*

**Arbre d'or.** Expression emphatique employée par quelques horticoles pour désigner le mûrier blanc, et l'espèce à plusieurs tiges. On donne aussi ce nom au Rhododendron d'Amérique, *Rhododendrum maximum*, parce que le pétiole, et la nervure, qui en est la continuité, sont d'un beau jaune doré, couleur que prennent souvent les feuilles elles-mêmes.

**Arbre d'or et d'argent.** Au rapport des voyageurs, ce nom se donne au Japon à une très-jolie espèce de Chèvrefeuille, *Lonicera japonica*, trouvée par Thunberg près de Nagasaki.

**Arbre de paradis.** Nom que l'on donne parfois au Chalef, *Elæagnus angustifolia*, qui croît naturellement dans le midi de la France, en Bohême et dans le Levant.

**Arbre de Rosny.** Les ormes plantés en France sur les routes et les lieux les plus apparens des villages, à la sollicitation du ministre Sully, sont appelés ainsi en mémoire de ce grand homme.

**Arbre de Sainte-Lucie.** Nom donné au Mahaleb, *Prunus mahaleb*, d'un village du département des Vosges, où il a été découvert.

**Arbre de sauge.** Nom bizarre vulgairement donné à la Phlomide frutescente, *Phlomis fruticosa.*

**Arbre de seringue.** A la Guiane, on fait avec la gomme élastique que l'on retire du Caoutchouc, *Hevea guianensis*, des vessies qui s'emplissent d'eau et remplacent nos seringues ordinaires : c'est de cet usage que l'Éve (*v.* ce mot) a reçu le nom vulgaire qu'il porte.

**Arbre de soie.** Plusieurs arbres ont reçu ce nom, et plus particulièrement deux espèces d'Acacie, celle en arbre, *Mimosa arborea*, et celle qui nous est venue de Constantinople en 1745, *Mimosa julibrissin*; on le donne aussi à l'Asclépiade de Syrie, *Asclepias syriaca*.

**Arbre de suif.** Le Croton porte-suif, *Croton sebiferum*, est ainsi appelé de la substance grasse et blanche qui couvre ses graines et dont on fait des chandelles en Chine.

**Arbre de vie.** Les diverses espèces du genre Thuya prennent ce nom de leur feuillage toujours vert, ce qui, il convient de le dire, n'a aucun rapport avec l'étymologie grecque.

**Arbre du brésil.** Nom improprement donné à une espèce de Césalpinie, *Cæsalpinia sappan*, qui est indigène aux Indes orientales. On l'applique aussi, mais non moins improprement, au Campèche, *Hœmatoxylon campechianum*, que l'on tire du Mexique, où il abonde.

**Arbre du castor.** Nom donné au Magnolier glauque, *Magnolia glauca*, parce que le castor est très-friand de son écorce.

**Arbre du ciel.** La beauté et la haute taille de l'Aylante glanduleux, *Aylantus glandulosa*, lui ont mérité ce nom de la part des pépiniéristes; ils l'étendent aussi parfois au Ginkgo à deux lobes, *Gingko biloba*; je n'ai pu en savoir la raison.

**Arbre du diable.** En Amérique on appelle ainsi le Sablier, *Hura crepitans*, dont le fruit en s'ouvrant fait beaucoup de bruit.

**Arbre du dragon.** Le Dragonnier d'Yucca, *Dracæna draco.*

**Arbre du vernis.** On donne ce nom à quelques espèces de Sumac, dont on retire une sorte de vernis; à l'Augia de la Chine qui fournit le vernis le plus célèbre, etc.

**Arbre étranger.** Celui que l'on tire d'un autre pays, mais qui peut croître et multiplier en pleine terre.

**Arbre exotique.** S'entend des arbres tirés des pays chauds et qui ne peuvent vivre en pleine terre qu'après une acclimatation plus ou moins longue.

**Arbre fruitier.** On distingue les arbres fruitiers relativement à leurs fruits, qui sont à pepins, à baies, à noyaux, et à capsules ligneuses ou coriaces, qui appartiennent à l'été, à l'automne, à l'hiver; et relativement à leurs formes, c'est-à-dire quand ils sont en plein vent, en demi-tige, en espaliers, en buissons, en pyramides, en quenouilles et en nains. Nous comptons en ce moment douze cents variétés ou sous-variétés de fruits différens, dont près des deux tiers se mangent crus, cuits ou confits. L'autre tiers est employé à faire du cidre ou autres boissons fermentées plus ou moins agréables. Ces variétés ont été produites par soixante-dix-huit espèces faisant partie de trente-sept genres différens, qui appartiennent à dix-huit familles. Les Rosacées en comptent, à elles seules, treize, et les Amentacées quatre.

**Arbre géant.** Quelques forestiers et pépiniéristes donnent ce nom au Mélèze, *Pinus larix*, parce qu'ils l'estiment à tort le plus haut pin de l'Europe. Ce nom convient beaucoup mieux au Pin de Corse ou Laricio (*v.* ce mot).

**Arbre immortel.** On appelle ainsi l'Endrach de Madagascar, *Endrachium Madagascariense*, et l'Erythrine à graines rouges, *Erythrina corallodendrum*. Autrefois, c'était le nom poétique du cèdre du Liban, *Pinus cedrus*.

**Arbre impudique.** La disposition du fruit du Couratari de la Guiane, la forme des fleurs des Clitores ou Nauchées, la figure qu'affectent les espèces d'arcs-boutans de certains Vacoas et particulièrement du Pandanus utile, leur ont fait donner ce nom à cause de leur ressemblance plus ou moins vraie avec les organes de l'un et de l'autre sexe.

**Arbre indigène.** Celui qui naît, croît et se multiplie spontanément dans le pays.

**Arbre lanigère.** On donne quelquefois ce nom aux saules, aux peupliers, et autres arbres dont les chatons portent une substance laineuse.

**Arbre poison.** Nom vulgaire des arbres éminemment vénéneux, et plus spécialement du Mancelinier, du Sumac, du Toxicodendron, de l'Antiare (*v.* chacun de ces mots).

**Arbre puant.** Tous les arbres dont la fleur répand une odeur désagréable, surtout l'Anagyre fétide, *Anagyris fœtida*; le Fétidier, *Fœtidia* de l'île Mascareigne; le *Sterculia fœtida*; le *Pyrigara* de la Guiane, etc.

**Arbre résineux.** Ce nom s'applique en particulier à tout arbre qui, lorsqu'on fait une incision sur son tronc ou sur ses branches, laisse fluer un suc propre, le plus souvent concret, quelquefois liquide, ayant la propriété de s'enflammer par le contact d'un corps incandescent. Ce suc propre se nomme résine (*v.* ce mot).

**Arbre sage.** Les éducateurs de vers-à-soie donnent ce nom au Mûrier noir, *Morus nigra*, dont la feuille, très-tardive, n'est point sujette à être brouie par les gelées du mois d'avril.

**Arbre tendre.** Nom vulgaire d'un genre de la famille des Malvacées que Linné dédia à Jean Stevart, le *Stevartia.*

**Arbre triste.** On donne ce nom au Bouleau commun, au Saule de Babylone, etc., à cause de leurs rameaux qui tombent souvent jusqu'à terre, et au Manjapuméran de l'Inde, *Nyctanthus arbor tristis*, dont les fleurs ne voient jamais le soleil.

**Arbre a aiguilles.** On désigne sous ce nom les Pins, Mélèzes, Sapins et autres Arbres résineux dont les feuilles ressemblent à des aiguilles plus ou moins longues.

**Arbre a bourre.** Espèce du genre Areca, dite *crinita.* (*V.* Arec.)

**Arbre a bois blanc.** Les Saules, les diverses espèces et variétés de Peupliers, le Sapin, etc., sont le plus généralement appelés Arbres à bois blanc.

**Arbre a calebasse.** Nom des diverses espèces

du *Crescentia* (*v.* ce mot), et plus particulièrement de celle dite Cujète.

**Arbre a chapelet.** Dans quelques localités on
donne ce nom à l'Azédarach bipinné, *Melia azedarach* (*v.* ce mot).

**Arbre a cire.** Le Galé et toutes les espèces de
Ciriers (*v.* ces mots) ont reçu ce nom vulgaire.

**Arbre a corde.** Le Bananier, *Musa abaca*; plusieurs Figuiers de l'île de Mascareigne, le Mûrier, etc., sont appelés Arbres à corde parce que
leur écorce fournit une filasse dont on fait des
cordes estimées.

**Arbre a enivrer.** Plusieurs Arbres portent ce
nom vulgaire, entre autres un *Galega* et la *Pisci-
dia erythrina*, aux Antilles ; un Phyllanthe, à
Cayenne ; un Tithymale arborescent et fort laiteux,
aux îles de l'Asie méridionale, etc. (*v.* chacun de
ces mots).

**Arbre a franges.** Nom vulgaire du Chionante
de Virginie (*v.* ce mot).

**Arbre a l'ail.** L'odeur alliacée qu'exhalent les
feuilles et le bois de certains arbres leur a fait donner le nom d'Arbres à l'ail ; de ce nombre on cite
principalement une espèce de Casse, le *Cassia
alliodora* ; le Sébestier domestique, *Cordia myxa* ;
le Cerdane du Pérou, *Cerdana alliodora*.

**Arbre a lait.** Ce nom se donne à la plante
d'Amérique dite le *Palo de leche*, ainsi qu'à plusieurs espèces d'Apocynées, d'Euphorbes arborescentes et d'Urticées, à l'Argan à feuilles de
saule, qui fournissent un suc blanc, assez semblable au lait des mammifères.

**Arbre a la glu.** Nom du houx (*v.* ce mot),
dont l'écorce moyenne fournit la meilleure glu. A
la Martinique, on appelle ainsi le Mancenillier à
feuilles oblongues, *Hippomane biglandulosa*.

**Arbre a la gomme.** Divers Arbres ont reçu ce
nom, l'Eucalyptus résineux, le Métrosidéros à
côtes, que l'on trouve dans la Nouvelle-Hollande.

**Arbre a la migraine.** Le Premna à feuilles entières (*v.* ce mot) porte ce nom à l'île de France,
parce que, dit-on, il a la propriété de dissiper
cette indisposition.

**Arbre a mammelles.** Nom donné au Mammé
d'Amérique (*v.* ce mot), à cause de la forme de
ses fruits.

**Arbre a pain.** Nom d'une intéressante espèce
du genre Artocarpe (*v.* ce mot) ; on le donne
aussi quelquefois à l'Arbre qui produit le sagou.
*V.* Sagouier ronfia, *Sagus raphia*.

**Arbre a papier.** Nom vulgaire de l'espèce de
Mûrier consacré à Broussonet par L'Héritier, et
dont il a fait un genre particulier sous le nom de
*Broussonetia* (*v.* ce mot).

**Arbre a pepins.** Arbre fruitier dont la pulpe
contient un ou plusieurs pepins, comme le Poi-
rier, le Pommier.

**Arbre a perruque.** Nom vulgairement donné
au Sumac fustet, *Rhus cotinus* (*v.* ce mot), à
cause de la ressemblance qu'offre, avec une perruque, la grosse grappe terminale de ses fleurs, portées sur de longs pédoncules ramifiés.

(T. D. B.)

**ARBRES VERTS.** (bot. phan.) Arbres et arbustes conservant leurs feuilles durant tout l'hiver. On les confond le plus ordinairement, mais
à tort, avec les arbres résineux, qui, la plupart,
restent aussi verts toute l'année. (T. D. B.)

**ARBRISSEAU.** (bot. phan.) Végétal ligneux
dans toutes ses parties, se comportant comme les
arbres, s'allongeant comme eux par des bourgeons, mais ayant une durée beaucoup plus
courte et se tenant habituellement dans des proportions moindres. Il monte à la hauteur de sept
mètres, et souvent reste peu au-dessous de quatre
et cinq. Il n'a pas une tige unique, mais plusieurs
qui naissent presque de la racine. L'Aubépine,
le Coignassier, le Néflier, le Sureau, etc., sont
des Arbrisseaux. (T. D. B.)

**ARBRISSEAU (Sous-).** (bot. phan.) Comparé
à l'arbrisseau, ce végétal est beaucoup plus petit,
ne s'élevant que de quelques centimètres à un
mètre ; ses tiges sont ligneuses à la base, qui est
dure et persistante ; mais leurs extrémités et leurs
ramifications sont herbacées, meurent et se renouvellent chaque année. Tous les Sous-Arbrisseaux affectent la forme de buisson. Le thym, la
sauge, la douce-amère, etc. sont des Sous-Arbrisseaux. (T. D. B.)

**ARBUSTE.** (bot. phan.) Muni de tiges entièrement ligneuses, privé de boutons ou gemmes,
l'Arbuste ne diffère de l'arbrisseau que parce qu'il
est plus petit ; sa taille, que l'on voit presque réduite à rien sur les hautes montagnes, arrive à un
mètre et demi, et ne dépasse jamais quatre mètres.
Les Bruyères, certains Rosiers, le Dryas octopé-
tale, plusieurs Saules, les Daphnés, etc., sont des
Arbustes. Le nombre des Arbustes utiles est fort
circonscrit, celui des Arbustes agréables est très-
considérable ; et il est à remarquer que l'Amérique
septentrionale est, avec le cap de Bonne-Espérance, le pays qui en a fourni le plus.

(T. D. B.)

**ARCABAS.** (bot. phan.) Aux Antilles françaises on appelle de ce nom des éminences plates,
triangulaires, qui se forment à la base du tronc
de certains arbres, et plus particulièrement des
Micocouliers et des Figuiers. Ces protubérances
sont quelquefois d'une dimension si forte, que
dans l'interstice on établit des retraites pour abriter le menu bétail. (T. D. B.)

**ARCACÉES.** (moll.) Coquilles bivalves réunies
en famille par Lamarck (Système des animaux sans
vertèbres, vol. 6, 1re partie, page 32), dépendante de
ses Conchyfères lamellipèdes, composée de quatre
genres seulement qui ont entre eux les plus grands
rapports et dont voici les noms : *Cucullée, Arche,
Pétoncle* et *Nucule*. Les caractères de ces quatre
genres sont ainsi posés : dents cardinales petites,
nombreuses, intrantes et disposées sur l'une et
l'autre valve, en lignes, soit droites, soit brisées.
« La famille des Arcacées ou *Polyodontes*, dit Lamarck, est extrêmement remarquable par la charnière des coquilles qu'elles embrasse ; ces coquilles
sont équivalves, régulières, à crochets ordinairement écartés, à ligament tout-à-fait extérieur,

et à impressions musculaires latérales; les unes sont transverses et les autres sont arrondies; plusieurs d'entre elles ont leur épiderme plus ou moins velu. Quelques espèces se fixent aux rochers par des fils tendineux que l'animal y attache, et leur coquille est plus ou moins bâillante au bord supérieur. »

La plupart des Arcacées vivent enfouies dans le sable, à peu de distance des côtes, et toutes sont marines. Par suite du voyage de circumnavigation récemment entrepris et si heureusement terminé, cette famille a considérablement augmenté en espèces, dont quelques unes sont d'un assez grand prix; nous renvoyons pour les caractères spéciaux de chaque genre à leur nom respectif.

(DUCL. )

ARCACITES, *Arcacites*. (MOLL.) Dénomination adoptée par tous les naturalistes modernes pour les coquilles fossiles ou pétrifiées qui dépendent du genre Arche. Le nombre des espèces connues à l'époque où Lamarck écrivait pour la première fois sur les coquilles, ne s'élevait qu'à neuf; aujourd'hui, par suite des recherches qui ont été faites, il est presque innombrable. Schlotheim, dans son ouvrage ayant pour titre *Die petrefac.*, p. 201 à 205, en mentionne dix espèces nouvelles; mais quelques unes devront en être extraites pour être reportées aux genres Pétoncle, Nucule et Vénéricarde, dont elles dépendent. (DUCL.)

ARCEAUX. (ZOOL.) Ce mot, qu'on a souvent employé comme synonyme d'ANNEAUX, ne doit s'appliquer qu'aux parties constituantes de ces derniers. Ainsi un anneau complet est formé par la réunion de deux Arceaux, l'un supérieur, l'autre inférieur; ceux-ci sont eux-mêmes composés de plusieurs pièces, faciles à distinguer dans certains cas, confondues et soudées dans d'autres; ces pièces sont surtout apercevables au thorax des insectes; mais elles sont intimement réunies à l'abdomen et à la tête. (*V.* ANNEAUX. )

(P. G. )

ARC-EN-CIEL. (MÉTÉOR. ) Si on laisse pénétrer dans une chambre noire, par une ouverture pratiquée à cet effet, un rayon de lumière, ce rayon ne paraît renfermer aucune couleur, et, projeté sur le mur, il n'y formera qu'une tache blanche; mais si vous placez en avant de l'ouverture un prisme de cristal, le rayon de lumière, en le traversant, se décompose et se réfracte de manière à former une figure oblongue, où l'on retrouve, disposés dans l'ordre suivant, *le rouge, l'orangé, le jaune, le vert, le bleu, l'indigo et le violet*; cette décomposition se nomme *spectre solaire*, et montre d'une manière bien évidente que la lumière blanche n'est qu'un assemblage de molécules diversement colorées.

Les sept couleurs primitives que nous venons de nommer, et que l'on retrouve dans l'*arc-en-ciel*, indiquent assez que le même phénomène se reproduit dans ce météore : en effet l'arc-en-ciel n'est autre chose que la décomposition des rayons du soleil par les gouttes d'eau suspendues dans l'atmosphère : aussi ne pouvons-nous jouir des cou-

leurs brillantes dont il est paré que lorsqu'il fait soleil et qu'il pleut en même temps; cette condition ne suffit pas encore pour le voir, il faut aussi que le spectateur soit placé le dos tourné vers le soleil et les yeux vers le nuage qui produit la pluie. L'arc-en-ciel est ordinairement double et quelquefois triple; nous allons expliquer les causes de cette reproduction.

Chaque rayon traversant les globules d'eau dont la surface externe est convexe, produit les mêmes résultats que nous avons observés dans le spectre solaire, c'est-à-dire la suite des sept couleurs primitives; mais, avant de sortir du globule d'eau qui est concave, il se réfléchit sur la surface interne, et cette première réflexion, en produisant une seconde sur la face opposée, se peint de nouveau aux yeux du spectateur sous des couleurs identiques, mais moins intenses que celles de la première image. On conçoit facilement que l'angle formé par l'incidence et la réflexion du rayon solaire étant très-aigu, ce jeu peut se reproduire plusieurs fois et donner ainsi plusieurs arcs de moins en moins colorés, placés les uns au dessus des autres, et dont la disposition des couleurs se trouve renversée dans le second arc par rapport au premier, et ainsi de suite. Cet ordre inverse est le résultat de la concavité intérieure des globules d'eau; le même effet se reproduit dans les miroirs à surface concave, où l'on se voit la figure renversée.

(C. J. )

ARCHANGÉLIQUE. (BOT. PHAN.) C'est le nom vulgaire par lequel on désignait anciennement l'ANGÉLIQUE, *A. Archangelica*. On le trouve aussi employé pour la Gantelée et pour le Lamier blanc.

(L. )

ARCHE, *Arca*. (MOLL.) Coquilles bivalves de l'ordre des Conchyfères lamellipèdes de Lamarck, famille des Arcacées. Ce genre, fort nombreux en espèces distinctes, en comprend quelques unes qui forment des sous-divisions très-tranchées. Elles ont pour caractères spécifiques : un test transverse, sub-équivalve, inéquilatéral, à crochets écartés, séparés par la facette du ligament; charnière en ligne droite, sans côtes aux extrémité, et garnie de dents nombreuses sériales et entrantes; ligament tout-à-fait extérieur; ces coquilles sont faciles à reconnaître par l'écartement de leurs crochets, et par les nombreuses petites dents en forme de peigne dont leur charnière est ornée; quelques unes sont bâillantes à leur bord supérieur, parce que l'animal a besoin de faire sortir par cette ouverture des fils tendineux qui l'attachent aux rochers. L'écartement des crochets donne lieu à une fossette externe plane ou en vallon, de figure rhomboïdale, plus ou moins allongée, et sur laquelle s'applique le ligament des valves; cette fossette est marquée de sillons qui forment des losanges, quand les valves sont réunies. A l'intérieur, les deux impressions musculaires sont apparentes sur les côtés.

Poli, Test., 2, p. 129, t. 24, a confirmé ce genre par d'intéressantes observations faites sur l'animal. Il le décrit comme étant muni d'une sorte d'appendice abdominal tenant lieu de pied, et formant un gros cordon tendineux, comprimé sur les côtés, élargi à son extrémité en une sorte de plaque cartilagineuse, avec laquelle il se fixe sur les corps sous-marins. De toutes les espèces d'Arches dont le genre est composé, les plus remarquables et celles qui conservent le plus haut prix dans le commerce sont l'Arche bistournée, dont nous donnons la figure dans la planche 28 de notre Atlas, et l'Arche demi-torse, dont le volume est plus grand, et qui vit dans les mers de la Nouvelle-Hollande, à la terre de Diemen. (Ducl.)

ARCHER, *Toxotes.* (poiss.) Le genre Archer est celui par lequel Cuvier termine sa famille des Squamipennes. Les caractères que lui assigne cet auteur consistent dans la position très-reculée de la dorsale; dans les sept rayons qui soutiennent la membrane des branchies; dans la fine dentelure qu'on remarque au sous-orbitaire et sur le bord inférieur du préopercule; enfin dans les dents en velours qui garnissent les mâchoires, le bout du vomer, les palatins, les ptérygoïdiens et la langue.

La seule espèce qui appartienne à ce genre est l'Archer sagittaire. *Toxotes jaculator*, Cuv., ainsi nommé de la singulière faculté qu'il possède de lancer, avec sa bouche, à plus de trois pieds de hauteur, des gouttes d'eau qu'il sait adroitement diriger contre les insectes qui se tiennent sur les plantes aquatiques ou même sur celles qui bordent le rivage. Il paraît même que ces projectiles d'une espèce particulière manquent rarement d'atteindre le but vers lequel ils sont dirigés, c'est-à-dire de malheureux petits animaux, qu'une chute par conséquent inévitable livre incontinent à leur adroit ennemi.

L'ensemble du corps du Sagittaire représente un ovale peu régulier: très-fortement comprimé en arrière, il augmente sensiblement d'épaisseur à partir des premiers rayons dorsaux, jusqu'aux yeux, où alors la tête se termine brusquement en un museau court et pointu. Cette tête, en dessus, offre une surface parfaitement plane, et, à l'exception du maxillaire, toutes ses parties externes sont protégées par des écailles semblables à celles du corps: la bouche est fendue obliquement; lorsqu'elle s'ouvre, la mandibule inférieure, qui est la plus longue, s'abaisse considérablement, tandis que la supérieure n'opère qu'un faible mouvement de protractilité; situées près du bord antérieur de l'œil, lequel est grand et à fleur de tête, les deux ouvertures de chaque narine sont presque contiguës: l'une est ovale et un peu plus grande que l'autre; la seconde est arrondie et entourée d'une petite membrane aiguisée inférieurement en un petit tentacule.

Des dix-huit rayons qui composent la dorsale, les cinq premiers sont seuls épineux et très-solides, tous les autres sont mous; l'anale lui correspond; elle est plus étendue qu'elle; en avant, elle a trois épines et seize rayons mous. Les pectorales sont médiocres et pointues, les ventrales petites et armées d'une seule épine; la caudale est un tant

soit peu échancrée. Les écailles sont généralement très-développées, et l'on s'aperçoit, en les examinant à la loupe, que leur surface est finement pointillée; la ligne latérale se marque par une petite tubulure sur le milieu de chaque écaille; d'abord droite en s'éloignant de l'endroit où elle prend naissance, elle se courbe presque aussitôt après pour se rapprocher du dos; puis, arrivée à la hauteur de la dorsale, elle redescend, par une flexion contraire à la précédente, vers la ligne moyenne du dos, de laquelle enfin elle ne s'écarte plus.

L'Archer sagittaire a de six à sept pouces de longueur; sa couleur, sur le crâne, sur le dos et la nageoire qui le surmonte, ainsi que sur la moitié longitudinale externe de l'anale, est d'un brun très-foncé; quatre larges taches noires arrondies, qui laissent entre chacune d'elles un espace à peu près égal, se trouvent placées sur la ligne qui conduit directement de la région la plus élevée de l'opercule à l'extrémité supérieure de la queue.

Les autres parties du corps offrent un blanc argenté teint de verdâtre.

On trouve ce poisson non-seulement dans le Gange, mais, à ce qu'il paraît aussi, dans les rivières de la plupart des îles qui composent l'Archipel des Indes, où il est connu sous le nom d'Ikan Sumpit.

Son industrie le fait rechercher des habitans de ces contrées, et particulièrement des Chinois de Java, qui l'élèvent dans leurs maisons comme objet de curiosité et d'amusement; car, afin de lui voir exercer ses manœuvres, ils ont le soin de placer les mouches et les fourmis qu'ils lui destinent, sur des fils ou des bâtons suspendus au dessus du vase dans lequel ils le conservent.

L'Archer sagittaire fait le sujet de la planche 192 de l'ouvrage sur les poissons de MM. Cuvier et Valenciennes, et M. Guérin en a donné une autre figure dans son Iconographie du règne animal, Poissons, planche 26, fig. 3.          (G. B.)

ARCHIPEL. (géogr.) On donne ce nom à une partie de la mer qui présente à sa surface un grand nombre d'îles. Ainsi nous pouvons offrir ici pour exemple l'Archipel grec, comprenant environ quatre-vingts îles, situées entre la Romélie au Nord, l'Anatolie à l'est, la Morée, la Livadie et la Thessalie à l'ouest: c'est dans cet Archipel qu'on retrouve ces îles dont les noms rappellent à l'esprit tous les grands souvenirs des beaux temps de la Grèce; Candie, l'ancienne Crète, qui renferme dans son sein le fameux mont Ida, aujourd'hui Psiloriti, et où fut construit le labyrinthe; Négrepont, l'ancienne Eubée: Scio, l'ancienne Chio, si renommée par ses vins; Sousam, l'ancienne Samos, aux voluptueux souvenirs: Rhodes, qui a eu le privilége de conserver son nom, si célèbre par son Colosse; l'ancienne Naxos, Lemnos aux forges de Vulcain, enfin toutes ces îles que le génie poétique de la Grèce avait placées sous la protection de ses nombreuses divinités. La position de cet Archipel, jeté dans le bras de mer qui sépare l'Asie mineure de la Turquie d'Europe, et qui présente un espace si resserré au détroit du Bosphore, indique que cet Archipel doit être rangé parmi ceux qui ont été formés par l'irruption prolongée de la mer, dont les courans, joints aux eaux des fleuves voisins, les détachèrent du continent auquel ils étaient primitivement réunis.

En effet, on doit rapporter la formation de tous les Archipels à deux causes principales : ou ces Archipels se trouvent situés près des côtes des continens, comme celui dont nous venons de parler, et alors ils se trouvent être le produit de la force brutale de la mer et du cours des fleuves qui les séparèrent autrefois des côtes ; ou ils sont jetés au milieu de l'Océan, et couverts de volcans, et alors ils sont le produit des secousses et des éruptions volcaniques, qui, amoncelant au fond de la mer des amas énormes de laves et de matières, sont parvenus à élever le sommet des montagnes sous-marines au-dessus du niveau des eaux de la mer. Telles sont les îles Mariannes, les Philippines, les îles Sandwich, les Açores, les Canaries, etc. Nous aurons soin d'indiquer aux articles dont le sujet nous sera fourni par ces différens Archipels, des notions plus étendues sur chacun d'eux, et sur les rapports existant entre la nature des îles qui les composent et celle des continens les plus voisins.              (C. J.)

ARCTIE, *Arctia.* (ins.) Genre de Lépidoptères de la famille des Nocturnes, section des faux Bombyx. Confondu long-temps dans les Bombyx de Linné, séparé par Schrank sous le nom que nous lui conservons, il a été tour à tour des Bombyx pour Godard, des Arctics pour Latreille qui y joignait les écailles, des *Liparii* ou des *Eyprepia* pour Ochsenicimer, formant enfin des Sericaria pour d'autres. Ce groupe a été remanié de toutes les façons et le sera encore probablement beaucoup. Voici les caractères que l'on peut lui assigner : antennes pectinées dans les mâles, bouche munie d'une trompe courte, palpes très-velus, ailes disposées en toit dans le repos ; les chenilles de ce genre sont demi-velues, à seize pattes ; elles éclosent vers le mois d'août, et passent l'hiver à l'abri d'une petite toile qu'elles se filent, soit à part, soit en commun ; elles en sortent au printemps et se répandent sur les arbres pour ronger les premières pousses ; quand elles sont parvenues à toute leur croissance, elles filent une coque lâche, entre quelques feuilles d'arbres, et y attendent leur dernière métamorphose ; nous possédons, aux alentours de Paris, plusieurs espèces de ce genre.

Arctie cul-brun, *A. chrysorrhœa*, Fab. God., Hist. pap. France, t. 4, page 273, pl. 27, fig. 5. L'envergure est d'environ onze lignes ; les deux sexes sont pareils, excepté que la femelle est plus grande et plus grosse ; la partie plumeuse des antennes est fauve clair, en dessous. La côte antérieure des premières ailes est brune, et cette couleur devient un peu diffuse avant d'arriver à l'extrémité de l'aile dont elle s'écarte ; la moitié postérieure de l'abdomen, et les poils en pinceaux

de la partie anale, sont d'un brun-doré. La femelle a l'abdomen extrêmement garni de poils, et s'en sert pour recouvrir les œufs. La chenille est noirâtre, garnie de tubercules de même couleur, d'où s'élèvent des aigrettes de poils roussâtres ; elle a en outre deux lignes rouges entrecoupées le long du dos, et deux autres blanches aussi interrompues ; cette chenille passe l'hiver sous une toile commune, mais divisée en autant de petites cellules qu'il y a d'individus renfermés ; elle est souvent très-abondante, ce qui lui a valu le nom de chenille commune ; elle ne l'est effectivement que trop, car, dans certaines années, elle dépouille des bois entiers de leurs feuilles.

Arctie cul-doré, *A. auriflua*, Fab. God. Hist. des pap. de France, t. 4, page 276, pl. 27, fig. 4. Envergure 15 lignes ; cette espèce est très-voisine de la précédente, mais les feuillets des antennes sont blancs, la bande qui se trouve à la côte antérieure des premières ailes est plus diffuse ; l'abdomen est blanc et le faisceau de poils de l'anus est d'un beau jaune doré ; la chenille ressemble aussi beaucoup à la précédente, mais ses bandes rouges sont au nombre de quatre, dont deux situées sous les stigmates ; elle vit sur plusieurs arbres fruitiers, et sur l'aubépine.

Arctie du saule, *A. salicis*, Fab., Godard, Hist. des pap. de France, t. 4, page 271, pl. 27, fig. 3. Envergure 21 lignes ; d'un blanc très-luisant lavé de jaunâtre sur le corselet, la base et les principales nervures des ailes ; les feuillets des antennes et les barbes des palpes sont bruns, le commencement de la côte antérieure des premières ailes, en dessous, est de la même couleur, les pattes sont blanches et mêlées de noir. La chenille est noirâtre avec une rangée de taches blanches sur le dos et quatre petits points rouges sur chaque anneau ; elle vit solitaire sur les saules et les peupliers ; elle n'est pas rare.       (A. P.)

ARCTOMYS. (mam.) Nom scientifique du genre Marmotte. (*V.* ce mot.)

ARCTOPITHÈQUE. (mam.) M. Geoffroy-Saint-Hilaire a donné ce nom à la troisième division des Singes d'Amérique. (*V.* Singes.)       (Guér.)

ARCTOTIDE, *Arctotis.* (bot. phan.) Genre de la famille des Corymbifères, composé d'un grand nombre d'espèces offrant des caractères assez variés : l'involucre est composé de folioles imbriquées, les extérieures scarieuses au sommet, et plus grandes que les autres ; le réceptacle est creusé d'alvéoles garnis de poils, ou bien plane et paléacé. Les fleurs sont radiées : les fleurs hermaphrodites, souvent stériles ; les demi-fleurons ordinairement femelles et fertiles, à languettes lancéolées, entières ou à trois dents. Les graines sont couronnées d'une aigrette simple ou double, à folioles souvent scarieuses. Ces différences dans le genre *Arctotis*, tel qu'il avait été établi par Linné, ont autorisé les botanistes à le scinder en plusieurs autres, dont nous dirons un mot aux articles *Ursinia*, *Soldevilla* et *Hispidella*.

Les Arctotides, originaires du Cap, sont de belles plantes, auxquelles un climat chaud est indispensable pour s'épanouir ; à Paris, où on en cultive plusieurs espèces, on ne voit leurs fleurs s'ouvrir qu'aux rayons du soleil, pendant une heure ou deux ; en Italie, elles subsistent et fleurissent en pleine terre. Nous citerons l'*Arctotis tricolor*, ainsi nommé parce que ses rayons sont couleur soufre pâle en dedans, rouge-sanguin et bordés de blanc en dehors ; le disque est pourpre foncé. L'*A. rosea* a des fleurs roses, l'*A. maculata*, des fleurs blanches ; les *A. spinosa, undulata, grandiflora, fastuosa*, etc., sont tout-à-fait jaunes. (L.)

**ARCYRIE.** (BOT. CRYPT.) ( Lycoperdacées. ) Genre formé aux dépens des Trichia, et qui en diffère par le péridium, dont la partie supérieure se détruit entièrement, tandis que la partie inférieure persiste sous la forme d'un petit calice, et soutient une certaine quantité de filamens entrecroisés, qui présentent une masse réticulée, remplie d'un très-grand nombre de sporules ou graines. La couleur des sporules, ordinairement la même pour le péridium, sert à caractériser les espèces ; elle est rouge dans l'*Arcyria punicea*, jaune dans l'*Arcyria flava*, grise dans l'*Arcyria cinerea*.

Dans toutes les espèces de ce genre, qui croissent sur les bois morts et pourris, les péridiums sont allongés, pédiculés et réunis à leur base par une membrane commune.

Le genre Arcyrie diffère encore, 1° des *Stémonites*, par l'absence d'un axe central ; 2° des *Physarum*, par l'abondance et la persistance des filamens mêlés aux graines ; des *Diderma*, par leur péridium simple ; enfin des *Cribraria*, par les filamens qui enveloppent les graines comme une sorte de réseau, au lieu d'être entremêlés avec elles. (F. F.)

**ARDENNE.** ( GÉOG. , PHYS. ) Région montueuse et boisée qui s'étend entre le Grand-Duché du Bas-Rhin, ou la Province Rhénane de Prusse, le royaume des Pays-Bas et la France, dont elle occupe une faible partie. Cette région, qui était entièrement couverte de forêts, alors que les besoins de l'homme n'y avaient point encore porté la hache ; cette région que les Celtes nommaient *Ard* ou *hauteur*, parce qu'elle offrait, comme aujourd'hui, une chaîne de montagnes qui semblent d'autant plus élevées, que leurs crêtes sont décharnées et leurs pentes assez rapides ; cette région enfin dont le nom lui vient, selon quelques auteurs, d'une déesse *Ardeiana*, la Diane des anciens Belges, à laquelle elle était consacrée, n'occupe plus, en France, depuis les derniers traités qui ont dépouillé celle-ci, qu'une étendue de 156,000 hectares, sur une superficie totale de 570 lieues géographiques carrées.

Bien que l'Ardenne dépasse en hauteur les contrées qui l'environnent au nord, à l'ouest et au sud, elle n'est pas d'une grande élévation : ainsi, par exemple, elle est moins haute que l'espace qui la sépare du Rhin. Ses sommités ont une hauteur moyenne de 550 mètres au dessus du niveau de l'Océan ; son point culminant, près de la ville de Prüm dans la régence de Trèves, atteint une élévation de 650 mètres. M. d'Omalius d'Halloy a fait, à l'égard de l'Ardenne, une observation très-judi-

cieuse : c'est que l'on est exposé quelquefois à tomber dans une grave erreur, en jugeant de la pente générale d'une contrée par celle des cours d'eau. En effet, le plateau de Langres, regardé pendant long-temps comme un des points les plus élevés de la France, donne naissance à plusieurs grandes rivières et à deux fleuves, la Seine et la Meuse ; il n'a que 456 mètres de hauteur, et cependant la Meuse traverse, au nord de Mézières et de Givet, une partie de l'Ardenne, qui a plus de 500 mètres d'élévation.

La Meuse, en traversant l'Ardenne, passe au milieu d'une gorge qui a plus de 200 mètres de hauteur : c'est dans des gorges à peu près aussi profondes que l'Ourte, la Soure, la Roër et d'autres rivières suivent leurs cours. Ces déchiremens sont, dans plusieurs endroits, les seules interruptions d'un plateau qui a presque partout à peu près la même hauteur.

Ce qui contribue à faire de l'Ardenne une région physique intéressante, c'est que partout elle présente la même nature de terrain. La formation schisteuse y est composée de couches alternatives de schistes et de quartz plus ou moins inclinées, souvent verticales et généralement dirigées du nordest au sud-ouest. Ces schistes fournissent de très-bonnes ardoises : les exploitations les plus communes sont celles de *Rimogne* et de *Fumay* dans le département des Ardennes, de *Couvin* dans la province de Namur et de *Martelange* dans le pays de Luxembourg. Ils sont encore précieux par les pierres à rasoirs qu'ils fournissent ; c'est de *Salm-Château*, près de *Viel-Salm*, dans le pays de Luxembourg, qu'on les extrait pour être expédiées dans toute l'Europe. Ainsi, pour le dire en passant, ces pierres qui dans leur épaisseur sont moitié jaunes et moitié bleues, et qui ont l'air d'être le résultat de la réunion factice de deux substances différentes, ne sont que des morceaux d'un même schiste veiné de jaune et dont les veines de cette couleur jouissent de la propriété de donner le tranchant le plus vif au rasoir. Cette variété de schiste est connue dans le langage scientifique sous le nom de *schiste coticule*. Une autre variété que l'on exploite aussi près de Viel-Salm, est l'*Ampélite graphique*, ainsi appelé parce qu'il jouit de la propriété traçante ; il est connu vulgairement sous le nom de *Crayon des charpentiers*.

Les roches quartzeuses de l'Ardenne sont généralement d'une texture grenue, et sont traversées par des veines de la même roche, mais compacte ou laminaire, c'est-à-dire disposée en lames. Ces veines sont assez souvent bleuâtres ou noirâtres : elles sont exploitées dans les environs de *Viel-Salm* et d'*Houffalise*, sous le nom de *pierres à faux*, parce qu'elles servent à aiguiser les faux. Cette variété est connue des minéralogistes sous la dénomination de *Psammite schistoïde* ; lorsqu'elle est peu feuilletée, on l'emploie à faire des meules à aiguiser.

On trouve encore dans la formation schisteuse de l'Ardenne, des grès, des poudingues, c'est-à-dire des roches formées de la réunion de petits cailloux de quartz cimentés par une pâte quartzeuse, des calcaires qui fournissent un marbre dont la couleur ressemble à celle de l'ardoise, et des ruches porphyroïdes , c'est-à-dire qui se rapprochent beaucoup du porphyre.

Dans les schistes ardoisiers on trouve l'espèce minérale appelée *Macle*, et quelques métaux tels que le plomb, l'antimoine, le cuivre et le fer; enfin les eaux minérales de Spa , qui sortent des mêmes schistes, sont encore une des richesses de l'Ardenne.

Malgré ses immenses forêts,composées de chênes, de hêtres, de charmes, de frênes, d'ormes et de bouleaux, la plus grande partie de l'Ardenne ne présente que des landes incultes , que de maigres pâturages ou des marais qui ont reçu dans le pays le nom de *Fagnes*, et qui produisent une grande quantité de tourbe.

La culture n'a pu s'établir que dans quelques vallons où la décomposition des schistes a formé des dépôts mêlés de sable et d'argile, peu profonds et peu fertiles. L'orge , le seigle, l'avoine, le sarrasin et la pomme de terre, sont les seuls végétaux qu'on y cultive facilement; en général, il faut une grande quantité d'engrais pour y fertiliser le sol.

Un des caractères de cette région, c'est que les animaux domestiques y sont en général petits, quoique vigoureux; les vaches n'y fournissent point une grande quantité de lait; mais les moutons y sont renommés par leur riche toison autant que par leur chair succulente.

Dans l'Ardenne l'air est vif et sain; le climat y est plus froid et plus humide que dans les contrées environnantes ; cette région est exposée à des brumes épaisses qui sont surtout très-désagréables dans les soirées d'automne. (J. H.)

**ARDISIACÉES**, *Ardisiaceæ*. (BOT. PHAN.) Famille de plantes établie par Jussieu , et que maintenant on désigne sous le nom de Myrsinées (*v.* ce mot). (L.)

**ARDISIE**, *Ardisia*. (BOT. PHAN.) Genre de la famille des Myrsinées , Pentandrie monogynie de Linné, composé d'arbres ou arbrisseaux exotiques, à feuilles alternes, à fleurs glanduleuses, disposées en panicules ou en faisceaux. Leurs caractères botaniques sont : un calice monosépale, à quatre ou cinq divisions, ainsi que la corolle, qui est monosépale ; cinq étamines à anthères conniventes; un stigmate sessile ; un ovaire libre, à une seule loge; une baie pyriforme, polysperme.

On compte une vingtaine d'espèces d'*Ardisies*; parmi celles qui sont cultivées dans nos orangeries, nous citerons : l'*Ardisia solanacea*, arbrisseau de la côte de Coromandel, à feuilles ovales , entières , à fleurs purpurines, disposées en corymbes; l'*A. crenata*, à feuilles bordées de crénelures glanduleuses; ses fruits , rouges et nombreux , sont d'un effet agréable; enfin, l'*A. paniculata*, arbrisseau vigoureux , à feuilles fasciculées à l'extrémité des rameaux et très-longues ; les fleurs , d'un rose violacé, forment un belle panicule terminale. (L.)

**ARDOISE** (Schiste). (GÉOL.) *Argile schisteuse tégulaire* (Haüy). Cette variété de l'espèce de roche nommée *Schiste* appartient exclusivement au terrain *intermédiaire* ou de *transition*. Ses caractères

sont de se présenter en feuillets minces , droits, faciles à séparer, sonores; leur aspect est terne ou un peu luisant, leur couleur est le gris bleuâtre un peu foncé; il y en a aussi de verdâtres , de rougeâtres , de violettes ; mais la couleur la plus générale est le *gris d'ardoise*, c'est la teinte des Ardoises d'Angers.

Les qualités que doivent avoir de bonnes Ardoises , indépendamment de celles que nous avons déjà énoncées , sont de ne point absorber l'eau , sans quoi elles sont gélives, se couvrent de mousses et se détruisent promptement, et en outre, suivant l'expression des ouvriers, de *bien garder le clou*; certaines Ardoises pyriteuses ont, en effet, le défaut de détruire par l'oxidation le clou qui les supporte.

Les Ardoises présentent très-souvent des empreintes de végétaux, plus rarement d'animaux; ce sont des poissons et surtout des trilobites, crustacés dont le corps est divisé en trois lobes longitudinaux, et qui habitaient les vases des mers de l'époque la plus ancienne.

L'abondance des fossiles , presque toujours accompagnés de pyrites, est l'indice d'une Ardoise de qualité médiocre.

Sous le rapport du *gisement*, on a remarqué que les Ardoises appartiennent toujours à des couches très-inclinées , quelquefois verticales , et dont les feuillets ne sont pas toujours parallèles au plan des couches. Elles sont divisées naturellement en grands blocs par des fissures qui se croisent sous différens angles et que l'on nomme, suivant les localités, *cordons*, *crins*, *fils*. Les Ardoises qui se montrent au jour, ou très-près de la surface du sol, ont éprouvé une altération plus ou moins forte, et ce n'est qu'à une certaine profondeur qu'elles acquièrent toutes leurs qualités.

Les terrains de schiste talqueux offrent une Ardoise plus cristalline que la précédente , qui se divise en feuillets épais et d'une très-grande étendue (un à deux mètres de surface) ; tous les voyageurs ont pu voir en Bretagne des chaumières dont la façade était faite par quatre à cinq de ces Ardoises. Toutes les recherches pour avoir dans ce terrain des Ardoises de bonne qualité sont toujours inutiles.

Indépendamment de l'usage le plus général de l'Ardoise , qui en fait une branche importante de notre industrie , puisque , sans parler d'une immense consommation intérieure , on en exporte annuellement plus de cinquante millions, nous devons mentionner son emploi comme tableaux pour écrire. Espérons qu'avant peu on trouvera en France dans chaque chaumière les tableaux d'Ardoise destinés aux comptes courans et à l'enseignement des enfans, comme cela a lieu depuis long-temps dans plusieurs parties de l'Europe et dans la Grèce elle-même, que nous croyons barbare. (B.)

**ARDOISIÈRE** (lieu d'où l'on extrait l'ardoise). Ce sont ordinairement des carrières à ciel ouvert, plus rarement des exploitations avec puits et galeries. Les principales Ardoisières de la France sont celles d'Angers et de Charleville. L'on peut citer encore celles de Saint-Lô et de Cherbourg, de Redon et autres lieux sur les bords de la Vilaine, des environs de Grenoble, de Traversac et de Villac près de Brives (départemens de la Dordogne et de la Corrèze), de Blamont près Lunéville, et une multitude d'autres, servant à la consommation locale dans toutes les régions occupées par le terrain schisteux.

Les Ardoisières d'Angers sont ouvertes sur une couche de schiste argileux, d'une grande épaisseur, que l'on peut considérer comme se prolongeant à peu près de l'est à l'ouest jusqu'à Châteaulin, à l'extrémité de la Bretagne, où elle donne lieu à de très-grandes exploitations. A Angers, on a poussé les excavations jusqu'à trois cents pieds au-dessous de la surface du sol, et la qualité de l'ardoise s'améliore toujours à raison de la profondeur. Ces ardoises sont bien connues des naturalistes par les impressions du trilobite auquel Guettard donna le nom d'Ogygie. Les Ardoisières de Charleville s'étendent de cette ville jusqu'à Fumay, en suivant les bords de la Meuse. La principale exploitation est à Rimogne; la couche est inclinée à l'horizon, et on l'attaque par des rampes et galeries souterraines qui s'enfoncent jusqu'à quatre cents pieds. Ici, et dans les Ardennes en général, les ardoises violettes et verdâtres sont plus abondantes que les ardoises bleues.

En Angleterre, les Ardoisières les plus renommées sont celles du Westmoreland dans le Derbyshire, l'ardoise y est bleue; elle est rouge pourpre dans l'île d'Anglesey. Celles qu'on emploie généralement à Londres viennent de Bang dans le pays de Galles, elles sont grisâtres. Nous devons citer, dans le pays de Gènes, les grandes exploitations de Chiavari, dans les communes de Lavagna et de Cogorno; en Suisse, celles du Platsberg dans le canton de Glaris, ardoises que l'on emploie aux usages les plus variés, et que l'on exporte dans une grande partie de l'Europe comme tablettes à écrire. (B.)

ARÉC, *Areca*. (BOT. PHAN.) Genre de Palmiers, commun aux Indes et à l'Amérique, et l'un des plus intéressans de cette famille. Il est caractérisé par un régime contenant les fleurs mâles et femelles enveloppées, avant leur épanouissement, dans une spathe bivalve; un calice à six divisions disposées sur deux rangs; six étamines, ou neuf, selon quelques botanistes (car les observations ne s'accordent pas); trois stigmates; une drupe ronde recouverte d'un brou filamenteux, contenant une amande.

Deux espèces d'Arec ont été célébrées par les voyageurs; ce sont l'*Areca oleracea*, ou *Chou palmiste*, et l'*Areca cathecu*.

Le chou palmiste serait l'arbre le plus élevé du monde botanique, si l'on en croit Wildenow, qui assure en avoir vu à la Jamaïque de 170 pieds d'élévation; le tronc est mince, très-dur à sa circonférence sur une profondeur de deux à trois pouces; l'intérieur est rempli d'une moelle ou farine analogue au sagou. A la cime s'étendent, en forme de parasol, des feuilles ailées de neuf à dix

pieds de longueur, composées de folioles étroites, d'un à deux pieds. A la base des pétioles, qui s'élargissent en Ampondres (*voy.* ce mot), naissent les régimes, qui, après la chute des spathes, présentent une belle panicule de fleurs blanches fort petites. Les fruits sont oblongs, bleuâtres, de la grosseur d'une olive, et renferment une amande assez dure; on ne la mange point. Mais le bourgeon des jeunes feuilles qui couronne l'arbre, est ce mets si recherché dans les îles d'Afrique et d'Amérique, sous le nom de *Chou-palmiste*; il a le goût de l'artichaut; on ne peut l'obtenir qu'en abattant le palmier, ce qui arrête naturellement la multiplication de cette espèce, et la rendra un jour très-rare.

On sait qu'aucune des parties d'un palmier ne reste sans usage; l'amande de l'*A. oleracea* donne de l'huile et une fécule résineuse; sa moelle est comestible comme le sagou; son bois, qui a la couleur et la dureté de l'ébène, est taillé en tuyaux, en planches; ses feuilles servent à couvrir les cases, à faire des nattes, des paniers.

L'*Arec* de l'Inde, figuré dans notre Atlas, pl. 28, fig. 2, a reçu de Linné l'épithète de *cathecu*, parce que l'on croyait de son temps le cachou produit par ce palmier; il est très-commun dans les contrées méridionales de la Chine, à Ceylan et dans les Moluques : son tronc a 40 à 50 pieds de hauteur sur un de diamètre, et présente une surface cendrée et marquée d'anneaux parallèles. Sa cime est couronnée de sept à huit feuilles, longues de dix à douze pieds, composées de deux rangs de folioles rapprochées, plissées en éventail, longues de trois pieds sur quatre pouces de large; les supérieures sont déchirées et comme tronquées au sommet. Les fruits ont la grosseur et l'aspect d'un œuf jaune-doré. La pulpe qu'ils renferment, nommée *pinangue*, et leur amande, entrent dans la composition de cette substance dont on fait un si grand usage dans l'Inde sous le nom de *bétel*. Le chou de l'*A. cathecu* est trop acerbe pour être comestible.

Nous devons encore citer l'*A. spicata* ou Palmier épineux, qui a ses feuilles hérissées à leur base d'épines noires, très-lisses : il produit un chou jaunâtre, d'un goût analogue à celui de la noisette, et plus délicat que celui de l'*A. oleracea*.

On connaît encore diverses espèces d'*Areca*; l'une ne s'élève guère qu'à six pieds, et a reçu l'épithète d'*humilis*; une autre est nommée par les nègres *Palmiste-poison*, à cause de l'amertume de son chou; M. Bory de Saint-Vincent en cite quatre dans son Voyage aux îles d'Afrique; ils ne diffèrent que par des caractères accessoires : tous ont un bois très-dur, et produisent des amandes et des bourgeons, plus ou moins recherchés par les nègres et les colons. (L.)

ARENG. (BOT. PHAN.) Nom générique donné par Labillardière à un palmier des îles Moluques, nommé *Sagou* par les insulaires (ce qu'il ne faut pas confondre avec le véritable *Sagoutier*); il s'élève assez haut, a les feuilles ailées, les fleurs monoïques, les mâles à 50-60 étamines, les femelles à trois styles ; trois folioles au calice, autant de pétales ; son fruit est une drupe presque ronde, à trois loges.

La seule espèce connue est l'*Areng saccharifera* ; les naturels d'Amboine tirent de ses branches, en les coupant, une liqueur abondante et agréable à boire ; elle donne par l'évaporation un sucre roussâtre, fort employé à cause de son bas prix.

(L.)

ARÉNICOLE, *Arenicola*. (ANNÉL.) Le genre Arénicole, confondu avec les lombrics par Linné, a été établi par M. de Lamarck, et placé par Cuvier (Règne animal) dans l'ordre des Dorsibranches.

Les animaux qui forment ce genre ont un corps allongé, mou, fusiforme, plus gros au milieu qu'aux deux extrémités ; leur partie antérieure est terminée par une tête peu distincte, pourvue d'une bouche rétractile qui ne supporte point de mâchoires, et la partie postérieure par un anus de forme arrondie, situé au bout d'une sorte de queue formée par tous les anneaux qui suivent le vingtième ; les pieds sont dissemblables, et les branchies, au nombre de treize de chaque côté, correspondent à la septième paire de pieds et aux suivantes, jusques et compris la dix-neuvième, et manquent dans tout le reste du corps ; le canal intestinal est droit ; l'œsophage, joint avec l'estomac, offre deux poches membraneuses dont on ignore l'usage, et l'estomac, plus épais que le reste de l'intestin, est oblong et dilaté transversalement. Cinq bourses noirâtres, que l'on suppose être les testicules, sont situées à la partie antérieure, et les œufs, semblables à des grains jaunâtres, sont répandus dans l'intérieur du corps.

Ces singuliers animaux habitent sur les bords de toutes les mers d'Europe ; ils forment des tubes quelquefois très-profonds dans le sable, et les tapissent d'une membrane très-peu épaisse. Tous les pêcheurs de nos côtes et principalement ceux du Havre, où ces animaux sont en très grande abondance, s'en servent pour la pêche du poisson. Ce n'est qu'à la marée basse, quand les sables sont à découvert, que des hommes armés de bêches vont aux endroits qu'ils habitent et creusent quelquefois jusqu'à trois ou quatre pieds de profondeur pour les atteindre.

La seule espèce qui compose ce genre est l'ARÉNICOLE DES PÊCHEURS, *Arenicola piscatorum*, Lam. ; *Lumbricus Marinus*, Lin. ; longue de six à dix pouces, d'une couleur cendrée, rougeâtre ou brune, avec les soies d'un brun doré éclatant et les branchies rouges quand elles sont pleines de sang. Cette espèce est représentée dans notre Atlas, pl. 29, fig. 1. (L. R.)

AREQUE ou ARERQUIER. (BOT. PHAN.) On trouve ces noms dans les voyageurs, pour désigner le palmier qui produit la noix d'AREC. (*Voy.* ce dernier mot.) (L.)

ARÈTE. (ZOOL.) On appelle ainsi, dans le poisson, les parties qui remplacent ou représentent le système osseux. (*Voy.* Os.)

ARÈTE ou BARBE. (BOT.) On désigne par ce nom les filets plus ou moins allongés, grêles, barbus, et parfois articulés, qui surmontent les valves de la glume ou du calice des graminées. Il ne paraît pas que cet appendice soit indispensable pour la fructification des plantes qui le possèdent, puisque la culture, en le faisant disparaître dans certaines espèces, ne les rend pas pour cela moins productives. (P. G.)

ARÉTHUSE, *Arethusa*. (MOLL.) Genre établi par Denis de Montfort (Conchyl., Syst., t. 1, p. 505), pour une petite coquille microscopique, que Soldani avait figurée avant lui dans son ouvrage intitulé Testacéographie, t. II, tab. 107, et qui nous paraît devoir prendre rang dans la famille des Milioles de la classe des Céphalopodes. Cette coquille, nommée *Arethusa corymbosa*, a pour caractères génériques : coquille libre, univalve, cloisonnée, formée en grappe ; sommet rond ; base élargie ; concamérations triangulaires ; bouche ronde, placée latéralement à la base ; cloisons ondulées, siphon inconnu. Cette espèce est translucide, irisée, teinte de rouge, d'orangé et de violet. Elle est extrêmement fragile et habite les plages de l'Adriatique. (DUCL.)

ARGAS. (ARACH.) Genre de l'ordre des Trachéennes, famille des Holètres, tribu des Tiques, établi par Latreille et ayant pour caractères : bouche inférieure, palpes d'une forme conique, de quatre articles, n'engaînant pas le suçoir.

A. BORDÉ, *A. marginatus*, Latr. D'un jaunâtre pâle, avec des lignes de sang foncé ou obscures et anastomosées ; on le trouve sur les pigeons, dont il suce le sang.

A. DE PERSE, *A. persicus*. Il est d'un rouge sanguin clair, parsemé sur le dos de points élevés blancs ; les pieds sont d'un jaune pâle. Il est à peu près de la forme d'une punaise ; mais son corps est plus ovale, plus allongé, rétréci en avant et plus gros. Tout le dos est garni de petits grains blanchâtres, comme chagrinés ; il est très-peu rebordé en avant, avec une légère échancrure des deux côtés ; les palpes sont gros à la pointe et amincis à la base, sans articulation bien distincte. Le corps est également granulé à son pourtour, et deux plis latéraux forment une élévation au milieu ; c'est dans chacun des plis que se trouvent insérés les pieds.

Cet insecte est très-connu, dans les relations des voyageurs, sous le nom de Punaise venimeuse de Miana, ou sous le nom de Teigne de Miana ; on rapporte que sa piqûre occasione des accidens graves qui peut-être sont dus au climat. Il est très-incommode pendant l'été, et l'hiver il se retire dans les fentes des murailles et infeste les maisons. (A. P.)

ARGEMONE. (BOT. PHAN.) Genre de la famille des Papavéracées, établi par Tournefort, et conservé par Linné, dans sa Polyandrie monogynie, quoiqu'il ne doive peut-être former qu'une espèce du genre Pavot. On le caractérise par un calice de deux ou trois sépales mucronés, velus ; une corolle de quatre à six pétales, des étamines indéfinies, quatre à sept stigmates non soudés ; une capsule uniloculaire à cinq valves, de nombreuses graines, attachées à des placentas pariétaux.

L'unique espèce du genre est le Pavot épineux ou Chardon bénit des Américains, *Argemone mexicana*, plante annuelle qui, du Nouveau-Monde, s'est naturalisée en Europe et en Afrique, et se cultive dans nos jardins; elle a un à deux pieds de haut; ses feuilles sont embrassantes, épineuses, et répandent, quand on les déchire, un suc jaunâtre comme celui de la chélidoine. Ses fleurs, ordinairement jaunes, possèdent la vertu assoupissante des pavots. (L.)

ARGENT. (min.) Substance métallique dont on fait la base d'un genre composé de plusieurs espèces, dans la méthode qui consiste à grouper les espèces d'après la nature du principe *minéralisé* ou de la base; genre et espèce unique de la famille des Argyrides dans la méthode de M. Beudant: méthode sans aucun doute plus naturelle que celle de l'ancienne classification, mais s'écartant trop du point de vue économique pour être adoptée dans ce Dictionnaire.

Argent natif, *Gediegen silber*, W. Corps simple de la chimie. Substance métallique, blanche, ductile, tenace, ne fondant qu'à une haute température. Cristallisant en cube, et en octaèdre, et en cubo-octaèdres, formes qui dérivent de la première. Pesanteur spécifique 10.59. Sous le rapport chimique l'argent est caractérisé par les propriétés suivantes : il se dissout à froid dans l'acide nitrique, et donne par l'acide hydrochlorique un précipité très-soluble qui se dissout dans l'ammoniaque.

A ce signalement nous ajouterons que sa dureté et son élasticité sont inférieures à celles du fer, du platine et du cuivre, et supérieures à celles de l'or, de l'étain et du plomb. Sa couleur est le blanc éclatant, toujours brillant à l'intérieur, souvent terne, et même brun ou noir grisâtre à la surface.

On le trouve rarement sous la forme de cristaux réguliers ou de masses d'un certain volume. Il est ordinairement disséminé dans ses diverses gangues à l'état *lamelliforme* ou *dendritique*, imitant des feuilles de fougère et des rameaux ou arborisations formées de petits cristaux implantés les uns sur les autres; ou *filiforme* et *capillaire*, à filamens fins et déliés souvent entremêlés. Quelquefois, cependant, il forme des masses compactes assez volumineuses. D'anciennes chroniques estiment à 20,500 livres le poids de celle qui fut trouvée à Schneeberg en Misnie; deux masses trouvées à Coronal, au Pérou, pesaient l'une 200, l'autre 800 livres; enfin on en cite plusieurs du poids de 50 à 60 livres, dans les exploitations de Sainte-Marie-aux-Mines. L'Argent natif a été trouvé dans toutes les localités de l'ancien et du Nouveau-Monde où l'Argent est exploité.

L'*Argent natif aurifère*, variété de l'espèce précédente, n'a été trouvé que dans un petit nombre de localités, telles que Kongsberg en Norwége et Schlangenberg en Sibérie. Klaproth, qui l'a analysé, y trouva 56 parties d'Argent sur 64 d'or; il lui donne le nom d'*Electrum*, par lequel Pline désigne un alliage artificiel d'or et d'Argent. En Norwége, la gangue de ce minerai précieux est du quartz, du calcaire spathique et du spath-fluor dans un filon au milieu d'une amphibole schisteuse. En Sibérie, il est associé à la baryte sulfatée, à la blende et à la galène.

Argent antimonial, *Discrase* ou *Antimoniure d'Argent*, B.; *Spiesglanz-Silber*, W. Substance métalloïde d'un blanc d'Argent, ou plus exactement d'un blanc d'étain, tendre et cassante, cristaux en prismes hexaèdres irréguliers ou rectangulaires. Sa pesanteur spécifique est 9.44; traité au chalumeau, l'antimoine se volatilise en donnant l'odeur qui lui est propre, et laisse un globule d'Argent; plongé dans l'acide nitrique, il se recouvre d'une pellicule blanche d'oxide d'antimoine; sa composition est indiquée par la formule Ag² An.; ou en poids, sur 100 parties, 77 d'Argent et 25 d'antimoine. Cette substance, qui présente diverses variétés de forme, n'a été trouvée jusqu'à présent que dans un petit nombre de gisemens.

Argent antimonié sulfuré, *Argyrythrose* (sulfure d'Antimoine et d'argent) B., vulgairement Argent rouge. Substance non métalloïde, dont la couleur varie du rouge de cochenille au gris bleuâtre et tendre, facile à casser, donnant par la raclure une poussière d'un rouge vif. Ses cristaux, de formes très-variées, dérivent d'un rhomboèdre obtus de 108..30′ et 71° 30′: la pesanteur spécifique est de 5.56. Au chalumeau, l'Argent rouge se réduit très-facilement en donnant des vapeurs d'antimoine, et un bouton d'Argent. D'après M. Beudant, ce minéral, double sulfure d'Argent et d'antimoine, se compose, sur cent parties, de dix-huit de soufre, vingt-trois d'antimoine, et cinquante-neuf d'Argent.

Les variétés cristallisées sont quelquefois translucides; les variétés *compactes*, *botryoïdes* et *granuliformes* sont toujours opaques. L'Argent rouge se rencontre dans des filons associé à un grand nombre d'autres substances métalliques. On cite, parmi les mines où il a été trouvé, celles de Poulaouen en Bretagne, d'Allemont, de Guadalcanal, d'Andreasberg au Harz, de Freyberg en Saxe, de Kongsberg en Norwége, de Schemnitz en Hongrie, et en Amérique la Veta-Negra de Sombrerete, où il a donné d'immenses produits.

Il existe une autre espèce d'Argent rouge, que l'on a nommée *Argent antimonial arsénifère*, qui ne diffère de la précédente que par le remplacement d'une partie ou de la totalité de l'antimoine par de l'arsenic. M. Beudant l'a nommée *Proustite* en l'honneur du chimiste Proust. M. Beudant, d'après Rose, forme encore une autre espèce sous le nom de *Miargyrite* d'une variété d'*Argent antimonié sulfuré* qui se distingue par une couleur noirâtre, quoique la poussière soit rouge, par une cristallisation différente et une plus grande quantité d'antimoine dans sa composition.

Argent antimonié sulfuré noir, *Psaturose*, B, *Sproedglaserz*. Mine d'Argent vitreuse de quelques minéralogistes. Sa couleur est le noir de fer qui passe au gris de plomb. Elle est semi-métalloïde, tendre, fragile et pesante. Pesanteur spécifique 6.26; elle présente tous les caractères de l'Argent rouge, à l'exception de la couleur de sa poussière, qui est noire. Haüy ne la regarde que comme une variété de l'espèce précédente, qu'elle accompagne dans tous ses gisemens. L'analyse a prouvé récemment à M. Rose qu'elle formait une espèce bien distincte, où il n'entrait que du soufre, de l'antimoine et de l'Argent, mais dans des rapports de composition différens. Les minéralogistes étrangers font, en outre, une espèce particulière, sous le nom de *Silberschwarze* (*Argentum fuliginosum*), d'un minerai en masses noirâtres, qui diffère du précédent en ce qu'il est mat, à cassure terreuse, *doux* et non *aigre*. Il est probable que cette prétendue espèce n'est que le résultat de la décomposition de l'Argent muriaté et de l'Argent sulfuré. Ces deux variétés d'Argent noir sont peu abondantes, mais d'une grande richesse (donnant jusqu'à 70 pour 100 d'argent); elles se réduisent avec facilité.

ARGENT CARBONATÉ, *Luftsaüres sulber*. Substance très-rare, amorphe, à éclat métallique, d'un gris cendré, facile à entamer avec le couteau; assez bien caractérisée par une réduction facile au chalumeau et une dissolution avec effervescence dans l'acide nitrique. Selb, qui en a fait la découverte, l'a trouvée composée de 72.5 Argent, 12 acide carbonique et 15.5 carbonate d'antimoine mêlé d'oxide de cuivre. L'Argent doit y entrer avec la composition suivante : Ag C$^2$ ou, en poids, 84 d'oxide d'Argent et 16 d'acide carbonique. On ne l'a connu pendant long-temps que dans la mine de Saint-Wenceslas près Altwolfsach. Beudant regarde cette substance comme un mélange de carbonate et d'antimoniate d'Argent.

ARGENT MURIATÉ, Kérargyre, B., *Silber hornerz*, W., vulgairement appelé *Argent corné*. Cette substance d'une couleur gris de perle, molle, se coupant comme de la cire, fondant à la flamme d'une bougie, très-peu pesante (pesanteur spécifique 4.74), est bien loin, par ses caractères, d'indiquer la présence d'un métal tel que l'Argent; mais si on la frotte sur une lame de cuivre humectée, elle dépose de l'Argent métallique. Son analyse indique pour composition un chlorure d'Argent, Ag. Ch$^2$, ou, en poids, Argent 75 et Chlore 25, mais mélangé de substances étrangères. On la trouve ordinairement en petites lames mamelonnées, très-rarement en petits cristaux cubiques et toujours accompagnés d'Argent natif. On la connaît en France, à Allemont et à Poulaouen, en Saxe, dans la Hongrie; mais elle est peu abondante en Europe, tandis que, au Pérou et au Mexique, elle forme une des principales richesses minérales.

ARGENT SULFURÉ, *Glazerz*, W., vulgairement *Argent ritreux*. Matière compacte, métalloïde, malléable, facile à couper et un peu ductile, d'un gris de plomb foncé, système cristallin cubique, pesanteur spécifique 6.9. L'Argent sulfuré donne un bouton métallique à la flamme d'une

bougie. Sa composition est Ag S$^2$, ou, en poids, 87 d'Argent et 15 de soufre. Les variétés de formes les plus communes sont le cube, l'octaèdre et le dodécaèdre rhomboïdal. On le trouve plus souvent amorphe, et dendritique, filiforme ou mamelonné. Il se trouve dans des filons au milieu des roches dites primordiales, associé aux autres espèces du genre Argent et il constitue une des mines exploitées les plus communes.

En n'adoptant pour espèces que les composés qui présentent des proportions définies, nous avons beaucoup réduit le nombre des espèces des anciens minéralogistes.

*Gisement des minerais d'Argent.* Le sulfure d'Argent est le minerai dont on a tiré la plus grande partie d'Argent du commerce. Les mines de la Hongrie, de la Transylvanie, quelques unes des mines de la Saxe, presque toutes celles du Nouveau-Monde sont exploitées sur cette substance, et il n'y a que les *Pacos* du Pérou, ou amas d'Argent natif et d'Argent muriaté, qui fassent exception; si à ces deux dernières espèces on ajoute l'Argent antimonié sulfuré, on aura tous les minerais d'une certaine importance dans les exploitations argentifères. Les divers gisemens montrent souvent leur association, mais dans des proportions très - diverses. Ils se trouvent en filons au milieu des terrains stratifiés anciens, tels que le gneiss et le micaschiste (Kongsberg en Norwége, près de Freyberg en Saxe, dans la Souabe, en Sibérie, dans l'Amérique équinoxiale); dans les calcaires qui sont subordonnés aux roches précédentes (Sala en Suède); dans la protogyne du Dauphiné (Allemont); dans la diorite schisteuse (plusieurs mines de la Saxe). En Amérique, d'après Humboldt, des filons très-puissans et d'une richesse prodigieuse traversent le schiste argileux de transition (*Cerro del Potosi; districts de Guanaxuato, Zacatecas et Catorce*); tels sont les filons de la mine de Valenciana, qui à elle seule a fourni annuellement, pendant plus de 40 années consécutives, 360,000 marcs d'Argent, et le filon de Guanaxuato 556,000 années communes. Enfin les calcaires de transition les plus récens, et même le zechstein, calcaire de la formation secondaire, renferment encore des mines extrêmement riches : *Veta-Negra de Sombrerete*, qui a donné en quelques mois un produit net de près de 20 millions de francs; *Tchuilotepec* et *Tasco*, au Mexique; *Micuipampa* et un grand nombre d'autres mines au Pérou. C'est dans cette dernière contrée, à la montagne de Yauricocha, que se trouvent les fameux *Pacos*, minerais de fer hydraté, remplis de filets d'Argent natif et d'Argent muriaté, qui forment, suivant M. Rivero, des amas dans une *couche* de grès environné de calcaires, amas d'une richesse telle qu'ils ont donné plus de vingt millions de marcs d'Argent dans les vingt dernières années du dix-huitième siècle. Les gîtes métallifères au milieu des roches *massives* auxquelles on attribue une origine ignée, ne sont pas non plus sans importance. En Europe, la syénite et la diorite renferment la plupart des mines d'Argent célèbres de la Hongrie et de la Transylvanie, celles de Sainte-Marie-aux-Mines et de la Croix dans les Vosges; en Amérique, on cite dans ce même gisement les riches mines mexicaines de Real del Monte, de Moran, de Pachuca, etc., dont les premières ont fourni, en 1726 et 1727, 542,000 marcs d'Argent, c'est-à-dire presque deux fois autant qu'en ont donné dans le même intervalle toute l'Europe et toute la Russie asiatique. Dans les trachytes et les conglomérats trachytiques, sont les mines de Kœnigsberg et de Telkebanya en Hongrie et celles de Villalpando au Mexique. En outre des mines d'Argent proprement dites que nous avons indiquées, il existe encore des exploitations de minerais argentifères qui en fournissent une quantité notable; telles sont, en France, les mines de sulfure de plomb de Poulaouen et celles qui ont été récemment découvertes dans le département de la Charente, les mines de cuivre argentifères de Baigorry, etc. (*Voy*. les articles PLOMB et CUIVRE.)

*Traitement des mines d'Argent*. On peut distinguer trois méthodes principales de traitement, appliquées : aux minerais où l'Argent natif domine ; à ceux où l'Argent se trouve à l'état de combinaison, mais ne contient que peu ou point de plomb et de cuivre ; à ceux qui ne sont que des plombs ou des cuivres sulfurés argentifères. On ne parlera ici que des deux premières méthodes ; il sera question de la troisième aux articles du Cuivre et du Plomb. Les mines d'*Argent natif* sont rares, et ce n'est en Europe qu'à Kœnigsberg qu'une partie des minerais soit traitée comme telles ; on en retire l'Argent par deux procédés, l'imbibition et l'amalgamation ; le premier est fort simple, il consiste à faire fondre le minerai argentifère avec une égale quantité de plomb, et à séparer ensuite l'Argent du plomb au moyen du procédé de la coupellation. *V*. PLOMB.

Lorsque les minerais ne sont pas très riches, on commence par les fondre à part pour en préparer des mattes par des opérations successives, et ce n'est que lorsqu'on en a obtenu d'assez riches, qu'on les fait couler dans des bassins remplis de plomb.

L'amalgamation est un procédé très-ancien, et, selon M. Bousingault, il est pratiqué dans l'Amérique avec tout l'art que donne une longue expérience : il consiste à séparer l'Argent de sa gangue à l'aide du mercure; l'amalgame étant formé et bien purifié de toute substance étrangère, on fait évaporer le mercure à l'aide de lachaleur.

Lorsque l'Argent se trouve à l'état de combinaison, ce dernier procédé re peut être employé, attendu que le mercure ne se combine qu'avec l'Argent à l'état métallique; pour l'y amener, on le grille dans des fourneaux après l'avoir mêlé avec du sel commun qui convertit les divers minerais d'Argent en Argent muriaté; on pratique alors l'amalgamation en mêlant, dans des tonneaux, du mercure, de l'eau et des ferrailles; le muriate d'Argent est décomposé par le fer, et l'Argent s'unit au mercure.

Les procédés suivis dans chaque mine varient,

comme on doit s'y attendre, en raison de la nature du minerai et de celle de la gangue.

La quantité d'Argent versée annuellement dans le commerce ne s'élevait pas en 1820 à moins de 3,561,380 marcs, ou autrement 17,806 quintaux, dont la valeur peut être estimée à 192 millions. La France n'y contribue que pour 3,600 marcs, de la valeur d'environ 195 mille francs, et l'Europe entière ne fournit que la 15e partie de ce que le Mexique verse à lui seul, comme on le voit dans le tableau suivant.

ARGENT VERSÉ ANNUELLEMENT DANS LE COMMERCE.

| | marcs. |
|---|---|
| France. (Huelgoat, Villefort.) | 3,600 |
| Savoie. (Pesey.) | 2,500 |
| Pays-Bas. (Vedrin.) | 700 |
| Baden. | 200 |
| Anhalt-Bernbourg. Saxe-Cobourg. | 2,000 |
| Nassau. | 3,500 |
| Sonabe. | 1,600 |
| Prusse | 6,200 |
| Saxe. | 64,000 |
| Harz. | 36,000 |
| Autriche (n'a donné que 85,400 en 1829). | 98,400 |
| Suède. | 5,000 |
| Sibérie. | 87,000 |
| Mexique. | 2,196,126 |
| Pérou (n'a donné, en 1820, que 455,000 m., d'après M. Rivero) | 573,984 |
| Buénos-Ayres. | 542,578 |
| Chili. | 27,894 |
| Total (en marcs) | 3,561,382 |
| Ou en quintaux | 17,806 9/10 |

M. Beudant estime à 192 millions la quantité d'Argent mise en circulation dans l'année 1830.

On ne connaît pas de mines d'Argent en Afrique, ni dans l'Asie méridionale; mais on sait qu'il en existe en Chine et au Thibet, sans connaître la quantité de métal qu'on en extrait.

ARGENT CORNÉ. *V*. ARGENT MURIATÉ.

ARGENT GRIS. *V*. CUIVRE GRIS.

ARGENT NOIR. *V*. ARGENT ANTIMONIÉ.

ARGENT ROUGE. *V*. ARGENT ANTIMONIÉ.

ARGENT VITREUX. *V*. ARGENT SULFURÉ. (B.)

ARGENTINE, *Argentina*. (POISS.) Genre de la famille des Salmones. Il est caractérisé par la petitesse et la dépression de sa bouche, dont les mâchoires, ainsi qu'on l'observe dans les Ombres (Thymallus), sont complétement édentées; par sa langue, qui est, comme celle des truites et des éperlans, toute couverte de fortes dents crochues; par celles, beaucoup plus petites, qu'on remarque en avant du vomer; enfin, par les six rayons osseux qui soutiennent la membrane branchiostége.

L'ARGENTINE SPHYRÈNE, *Argentina sphyræna*, Linn. La seule espèce qui compose ce genre est un petit Abdominal méditerranéen de huit à dix pouces de longueur, qui fréquente particulièrement les côtes de l'Italie, où il est moins renommé pour la délicatesse de sa chair que par l'usage qu'on en fait dans les arts. C'est en effet un des poissons qui fournissent le plus abondamment de la substance argentée qui sert à fabriquer les fausses perles.

Quant

Quant aux procédés employés pour l'obtenir ou mieux pour la détacher du poisson et l'appliquer ensuite aux parois internes des petites boules de verre, ils sont entièrement semblables à ceux qu'on a fait connaître en traitant de l'ablette (*v.* ce mot), qui produit aussi beaucoup de cette substance argentée.

Le corps de l'Argentine diffère peu pour la forme de celui de la truite; mais sa tête est proportionnellement plus longue, et son œil, proportionnellement aussi, beaucoup plus large, puisque son diamètre est presque égal à la hauteur de cette tête, dont il occupe le tiers médian latéral.

Toutes les nageoires de ce poisson sont fort courtes; situées à peu près sur le milieu du dos, la première dorsale a dix rayons; la seconde, qui est adipeuse, naît au dessus de l'anale, à laquelle on en compte douze. Les ventrales en ont chacune onze, et les pectorales un de plus.

La nageoire de la queue est fourchue. Minces et transparens, les opercules brillent de l'éclat de l'argent le plus vif, aussi bien que les écailles du corps, et, en particulier, celles qui garnissent les flancs, sont très-développées, et une fois plus hautes que larges.

Ces tégumens squameux ne sont pas les seules parties du corps de l'Argentine qui soient enduites de cette substance argentée; la vessie natatoire et le péritoine en sont également revêtus. La première est longue, peu large et épaisse. (G. B.)

ARGENTINE. (BOT. PHAN.) C'est le nom vulgaire du *Potentilla anserina*. (*V.* POTENTILLE.)
(GUÉR.)

ARGILE. (MIN.) Mélange naturel de diverses terres dans des proportions variées, offrant, dans leur composition, presque autant de variétés que de gisemens. D'après cela on ne peut en faire une espèce minérale à proportion définie, telle que la chaux carbonatée, le plomb sulfuré, etc.; mais seulement un groupe de roches réunies par quelques propriétés communes, dont les plus remarquables et les plus générales donnent les caractères suivans: Substances terreuses plus ou moins homogènes, tendres, douces au toucher, happant à la langue, répandant, par l'insufflation, une odeur particulière dite argileuse, et jouissant, caractère le plus essentiel, de la propriété de se délayer dans l'eau et d'y faire une pâte onctueuse, tenace, susceptible de se mouler et d'acquérir au feu une grande dureté.

Les substances que l'on a réunies jusqu'à ce jour sous le nom d'*Argiles* forment deux classes distinctes par leur composition, leur gisement et leur origine. Les unes, et ce sont les plus nombreuses, sont des matières de transport ou le produit toujours hétérogène des eaux qui coulent à la surface du globe, ou des *troubles*, matières de sédiment plus homogènes, dépôt des lacs et des mers. Les autres sont des matières de filon ou le produit de la décomposition sur place de diverses roches par des agens météoriques ou des forces qui agissent dans l'intérieur du globe. Les premières forment des couches peu inclinées, plus

ou moins riches en débris végétaux et animaux, et ne peuvent se rapporter à aucune espèce minérale connue; les secondes ne contiennent point de débris organiques, sont en filons ou en bancs inclinés, et se rattachent toujours par leur composition, à des roches ou à des espèces minérales déterminées. Nous ne parlerons de ces dernières dans cet article qu'autant qu'elles seront d'une grande importance dans les arts comme matières argileuses.

ARGILE CALCARIFÈRE, H. *Marne argileuse* de M. Brongniart, qui fait une espèce, sous le nom de *Marne*, des Argiles effervescentes. Nous ne considérons comme *Argile calcarifère* que les marnes dans lesquelles l'Argile domine, et qui, par suite, forment une pâte avec l'eau. Celles qui ne jouissent pas de cette propriété sont des *calcaires argileux*, et le mot marne reste appliqué exclusivement au langage industriel.

L'Argile calcarifère, étant un mélange d'Argile et de calcaire dans diverses proportions, n'a pour caractère spécifique que de faire effervescence avec les acides, d'être fusible au chalumeau, d'absorber l'eau et de faire une pâte qui a très-peu de liant. Ses couleurs sont extrêmement variées. On trouve l'Argile calcarifère en très-grande abondance dans les terrains tertiaires et dans la partie moyenne du terrain secondaire. Les variétés les plus connues par leurs usages sont, aux environs de Paris: l'Argile d'Argenteuil, qui est blanche, et fait la base de la porcelaine tendre de Sèvres; les Argiles verdâtres de Montmartre, Ménilmontant, etc., qui fondent très-facilement et entrent dans la composition de la faïence fine; l'Argile brune et marbrée de Montmartre, employée à Paris pour pierre à détacher.

ARGILE FEUILLETÉE, *Polierschiefer*, W. (schiste à potier). Substance terreuse, opaque, tendre, à cassure schistoïde, *âpre au toucher* et fragile; très-légère, et surnageant un moment quand on la plonge dans l'eau; ne durcit point au feu, caractère qui l'éloigne de l'Argile et la rapproche du tripoli. Plusieurs variétés donnent de 79 à 87 pour cent de silice. On la trouve en Bohême, en Saxe et en Auvergne, et on la regarde comme une production pseudo-volcanique entraînée et déposée par les eaux.

ARGILE CIMOLITHE. Sa couleur est le gris de perle; elle est un peu rude au toucher, opaque, tendre, infusible au chalumeau et ne forme dans l'eau qu'une pâte très-courte. Son analyse, suivant M. Beudant, a donné: silice 63, alumine 23, oxide de fer 1, eau 12. Elle jouit, comme les meilleures terres à foulon, de la propriété de blanchir les étoffes de laine, usage auquel elle est employée aujourd'hui comme au temps de Pline et de Théophraste. M. Virlet a reconnu son gisement dans l'île de l'Argentière (Cimolis); l'échantillon qu'il nous a remis donne, par l'action de la chaleur, une odeur sulfureuse. Il renferme des pyrites, du gypse et des petits cristaux de quarz. L'Argile qu'on retire de la mer, en face de Polino est la plus estimée comme terre à foulon; on en exploite aussi sur plusieurs points de l'île Milo, aux environs de la montagne Calamo, lieu où elle est traversée par des vapeurs acides. M. Virlet croit qu'elle appartient, par son gisement, à l'Argile bleue sub-apennine.

ARGILE COLLYRITE. *V.* COLLYRITE.

ARGILE COMMUNE OU FIGULINE. Douce, onctueuse au toucher, faisant avec l'eau une pâte assez tenace; elle montre les couleurs les plus variées, qui deviennent presque toujours rougeâtres par l'action du feu. Elle se distingue de l'Argile plastique par sa fusibilité et souvent par la présence d'une petite quantité de chaux carbonatée, qui la rend effervescente. Son poids est à peu près le double de celui de l'eau; sa pesanteur spécifique est de 2,080.

On en exploite une très-grande quantité dans les communes d'Arcueil, de Vanvres, de Vaugirard et dans tous les environs de Paris, où elle est connue sous le nom de *terre glaise*.

Nous indiquerons rapidement les principaux usages auxquels les Argiles communes sont employées.

Il n'est pas de contrées où l'on ne trouve des terres de cette nature propres à faire des *briques*. Il suffit qu'elles fondent difficilement et qu'elles ne soient pas trop grasses; celles du terrain tertiaire exigent presque toujours un mélange de sable. Les contrées les plus dépourvues de pierres, comme les grandes plaines d'alluvion, sont précisément celles qui offrent le plus d'Argile propre à cet usage. L'art de faire des briques remonte à la plus haute antiquité; l'histoire et le témoignage des ruines nous apprennent que les villes les plus anciennes des vallées du Nil, de l'Euphrate et du Tigre, étaient construites, en partie, avec des briques crues. Nous en avons trouvé de cette nature, et toutes remplies de roseaux hachés, dans les ruines de Tirynthe, ville à enceinte cyclopéenne.

Les *tuiles* exigent une terre plus fine que celle des briques; mais il n'est pas nécessaire qu'elle soit infusible.

Les *poteries rouges* sont faites avec les mêmes Argiles; il en est même ainsi des poteries fines que l'on nomme *vases étrusques*. La base de cette espèce de poterie est une Argile ferrugineuse, dégraissée par une petite quantité de sable. On a imité ces vases à Sèvres, en employant l'*Argile commune* d'Arcueil. Leur pâte était aussi fine et aussi légère que celle des vases étrusques.

Les *alcarazzas*, ou *vases à rafraîchir*, ne sont que des poteries grossières qui laissent suinter une petite quantité d'eau, dont l'évaporation entretient la fraîcheur dans le vase. On en fabrique aujourd'hui à Paris avec une Argile rendue poreuse par une forte addition de sable et une légère cuisson.

Les *fayences communes*, à pâte jaune ou rougeâtre, sont encore faites avec cette espèce d'Argile, quelquefois avec des Argiles calcarifères.

Les *pipes du levant*, dont la pâte, d'une extrême finesse, est colorée en rouge brun, sont faites, d'après M. Virlet, avec des Argiles ocreuses qui viennent de Tchorlou et de Bourghaz. Leur pâte est très-fine; il y en a de jaunes et de rouges; celles-ci s'emploient sans mélange, pour la fabrication des belles pipes que l'on orne de dessins en or; on les mélange, pour les pipes plus communes, soit entre elles, soit avec des Argiles verdâtres de la vallée des Eaux-Douces, aux environs de Constantinople. Les pipes de seconde qualité reçoivent souvent une couche de couleur rouge avant la cuisson. On fabrique aussi à Constantinople des pipes en terre noire, et l'on y mélange des paillettes de mica; elles sont peu recherchées.

ARGILE FIGULINE. *V.* ARGILE COMMUNE.

ARGILE KAOLIN, *Porcellanerde*, W., feldspath décomposé, H. Cette substance, dans une classification méthodique, doit faire une espèce séparée ou des annexes aux espèces *Pegmatite* et *Eurite*, de la décomposition desquelles elle provient. Sous le point de vue économique, on doit la réunir aux Argiles dont elle a une partie des propriétés et des usages. Elle est blanche, friable, maigre au toucher, ne faisant pas facilement pâte avec l'eau, infusible et durcissant au feu. Tels sont les caractères de la plupart des Kaolins de l'Europe; mais ceux de l'Angleterre, de la Chine, du Japon; ceux qu'on exploite près de Schio, dans les anciens États-Vénitiens, sont doux et onctueux au toucher, et font une pâte liante avec l'eau. Le Kaolin de Limoges a donné, sur 100 parties, 55 d'Argile, 27 d'alumine, 2 de chaux et 14 d'eau. Le gisement du Kaolin est en bancs, filons ou amas, au milieu des rochers feldspathiques, et principalement des pegmatites et des eurites; il n'en diffère que par une décomposition plus ou moins complète et la disparition de l'élément soluble des feldspaths, la potasse ou la soude. Il est évident qu'ils devraient être réunis aux roches dont ils ne sont qu'une altération, et que les seuls Kaolins qui dussent être réunis au genre *Argile* sont ceux d'alluvion, ou qui sont formés par voie de transport. On sait que le Kaolin est la base des porcelaines. Celui que l'on emploie à Sèvres vient de Saint-Yrieix, près Limoges; il demande, avant d'être employé, à être dépouillé avec soin du quartz qu'il renferme. On doit y ajouter, pour former une pâte susceptible d'éprouver une demi-fusion et de devenir un peu transparente, une substance que l'on nomme en Chine *petunzé*. Ce n'est autre chose que du feldspath altéré, qui doit être broyé en poussière impalpable, et dont la quantité mélangée varie de 15 à 20 pour cent, selon que l'on veut rendre la porcelaine plus ou moins fusible.

Pour former la couverte de la porcelaine, on plonge les pièces, après une première cuisson, dans une boue liquide faite avec du petunzé broyé, qui dépose un léger enduit à leur surface, et on les reporte au four pour éprouver une dernière cuisson.

On peut employer avec succès la ponce broyée au lieu de Kaolin, comme on le fait à la manufacture de Vienne en Autriche. L'Auvergne, les volcans éteints des bords du Rhin, la Hongrie, quelques îles de l'Archipel, et en général tous les terrains volcaniques, en renferment d'immenses dépôts. Le Kaolin est exploité, en France, à Saint-Yrieix qui pendant long-temps a approvisionné la manufacture de Copenhague, à Maupertuis près d'Alençon, au bourg des Pieux près Cherbourg, à Saint-Bonnet, etc.; en Saxe, au mont Schnéeberg; en Angleterre, dans le comté de Cornouailles. Le Kaolin employé à la manufacture impériale de Saint-Pétersbourg vient, dit-on, de la Sibérie.

Suivant M. Brongniart, la pâte de porcelaine de Chine est moins blanche que celle des porcelaines de l'Europe, et la couverte toujours défectueuse; parmi ces dernières; la porcelaine de Saxe l'emporte sur toutes les autres par sa blancheur et la finesse de son grain. La porcelaine de la Chine se distingue de celle du Japon, parce que les couleurs des ornemens sont en saillie dans la première, et de niveau avec la surface dans la seconde.

ARGILE A FOULON, *A. smectique*, B. Ses couleurs les plus habituelles sont le vert d'olive, le gris, le verdâtre, le bleuâtre, et plus rarement le jaune et le rougeâtre; elle est grasse au toucher et se laisse polir avec l'ongle; elle est peu fusible, se délaie dans l'eau avec la plus grande facilité, mais sans former une pâte très-ductile: c'est à cette propriété qu'est dû son emploi dans le dégraissage des étoffes de laine: ses particules s'unissent au corps gras et restent en suspension dans l'eau. Les analyses qui ont été faites de diverses variétés montrent peu d'uniformité; elles indiquent environ 50 pour cent de silice, une quantité d'alumine qui varie de 10 à 25, de l'oxide de fer, 15 à 25 pour cent d'eau, et constamment une petite proportion de magnésie.

L'Angleterre passe pour posséder la meilleure terre à foulon; les gisemens les plus connus se trouvent au Hampshire, Straffordshire, Kent, etc., et appartiennent à un groupe de la formation jurassique, que l'on a nommé pour cette raison *Jullers, Earth*, terre à foulon. Il est à remarquer que nous avons reconnu un gisement tout-à-fait identique dans les Argiles exploitées pour les manufactures de Sedan et des environs; on les trouve particulièrement le long de la vallée de la Chiers, entre la grande Oolithe et le Lias. Cette position n'est pas la seule où l'on trouve en France des terres propres au foulage ou dégraissage des étoffes; Les fabriques de Vire emploient une variété grise que l'on trouve à St-Mauvieux sur le sol granitique; à Lisieux, c'est une Argile de couleur vert d'olive, qui repose sur la craie chloritée ou du moins d'origine ignée. Enfin il existe dans les terrains volcaniques des Argiles exploitées pour cet usage et qui ne devraient être réunies aux précédentes que sous le rapport économique; telles sont les terres à foulon si renommées du Vicentin, en Italie, exploitées au milieu des porphyres et des basaltes; celles de Lemnos dans l'Archipel, et celle de couleur rouge de brique que l'on trouve en Silésie dans les fissures du basalte. L'analyse que Klaproth nous a donnée de cette dernière montre que ce dernier groupe des Argiles à foulon, auquel appartient, sui-

vant nous, la cimolithe, a une composition bien distincte de celle du groupe des terrains stratifiés, et ne s'en rapproche que par son effet tout mécanique sur les étoffes de laine.

ARGILE LITHOMARGE, H., ou MOELLE DE PIERRE. Il nous serait impossible d'assigner des caractères communs aux diverses Argiles qu'on a désignées sous ce nom. Klaproth a analysé la terre de Sinope de Théophraste, qu'il regarde comme un lithomarge; elle renferme: silice 52; alumine, 26; fer oxidé, 21; soude muriatée, 1.5; eau et perte, 19. Elle se trouve en veines ou en rognons dans diverses roches ignées. On en cite encore en couches dans le terrain houiller; telle est la *terre miraculeuse de Sane*, qui doit ce nom aux mélanges des plus belles couleurs. On attribuait jadis des propriétés médicinales aux lithomarges, et on se sert des variétés endurcies pour polir.

ARGILE MARTIALE (*terre de Vérone*, *Talc. Zographique*. H. )

ARGILE MURIATIFÈRE, *Salzthon*, W. Les Allemands donnent ce nom à l'Argile qui accompagne le gypse dans la formation des mines de sel ou de soude muriatée. Ce n'est autre chose qu'une Argile pénétrée de sel gemme; elle est généralement grise, quelquefois brun-rougeâtre et même rouge de brique. Elle renferme presque toujours du gypse, de la chaux sulfatée, et quelquefois du sulfure de fer et plus rarement du sulfure de plomb.

ARGILE OCREUSE. (*Voy*. OCRE. )

ARGILE PLASTIQUE, B. Nous n'appliquons ce nom, comme le fait M. Brongniart, qu'à celles des Argiles ou terres à potier qui, douces au toucher, faisant pâte tenace avec l'eau, sont en outre infusibles à un feu très-élevé: ce sont de véritables *argiles réfractaires*. Leur couleur ordinaire est le blanc grisâtre ou le brun noirâtre; elles se délaient facilement dans l'eau et font une pâte très-tenace. Au feu de porcelaine elles acquièrent une grande dureté sans se fendre et deviennent plus ou moins blanches; quelques unes cependant rougissent à une chaleur plus forte. On a analysé des Argiles plastiques d'Abondant, près de la forêt de Dreux, de Montereau, de Forges-les-Eaux, d'Arcueil, de Montmartre: Leur composition est très-variable et fait voir que leur infusibilité est d'autant plus grande qu'elles renferment moins de chaux et de fer. L'Argile plastique de Montereau en France est la meilleure pour la fabrication des faïences dites terre de pipe ou terre anglaise; cependant, à une haute température, elles perdent un peu de leur blancheur; tandis que celles du Devonshire et du Schropshire, en Angleterre, conservent leur blancheur à quelque feu qu'on les expose. Elles sont de couleur grise ou brune, et il est à remarquer que presque toutes les argiles naturellement blanches deviennent rouges par l'action du feu. Pour fabriquer la faïence fine, dite terre anglaise, on mélange à l'argile plastique, de la silice très-divisée, dans la proportion d'un cinquième, qu'on obtient en calcinant et broyant des silex de la craie. Après avoir cuit les pièces préparées avec cette pâte, on doit les recouvrir, comme la por-

celaine, d'un enduit vitreux qu'on nomme couverte, il se compose de silice, d'oxide de plomb
et d'un alcali soude ou potasse qui fond à une
température assez basse.

L'Argile plastique que l'on trouve près de Gournay et de Gisors, et près de Forges-les-Eaux, est
bleue, et devient rouge à une haute température.
La propriété qu'elle a de résister au feu le plus
violent la fait employer dans la fabrication des
creusets de verrerie; celle des environs de Mau-
beuge est très-réfractaire et acquiert au feu une
grande dureté; on en fait les poteries appelées
grès de Flandre. En Allemagne, les célèbres creusets de la Hesse sont faits avec une Argile de cette
nature; on emploie deux parties de sable contre
une d'Argile. Le sable a pour but d'empêcher la
pâte d'être aussi compacte et de se briser par le
retrait ou par un changement de température.

*Gisement.* Dans les environs de Paris l'Argile
plastique se trouve, suivant M. Brongniart, à la
partie inférieure de la formation tertiaire. Il nous
paraît résulter de sa composition si homogène, de
la présence de cristaux de gypse et de fer sulfuré,
de l'absence si singulière de la chaux carbonatée,
que sa formation est liée à celle de la chaux sulfatée ou pierre à plâtre du même bassin. D'après
M. Desnoyers, l'Argile plastique de Forges et des environs de Beauvais appartient au terrain secondaire.

ARGILE RÉFRACTAIRE. *Voy.* ARGILE PLASTIQUE.

*Gisement des Argiles en général.* La nature a
répandu avec profusion ces substances si utiles
par l'importance et la variété de leurs usages; il est
peu de contrées qui en soient totalement privées.
Les vases de nos ports, et de l'embouchure des
grands fleuves, sont des argiles impures que l'on
emploie avec succès dans diverses parties de la
Hollande à la fabrication des briques, usage dont
l'utilité serait incontestable dans beaucoup de nos
ports. La terre végétale, mélange d'alluvions et
de produits de la décomposition des roches du sol,
a souvent une partie des propriétés et des usages
de l'Argile. Le sol *alluvien*, qui comble les vallées
et couvre souvent des plateaux élevés renferme
toujours quelques couches argileuses, mais jamais
d'une grande pureté.

C'est le terrain tertiaire, et particulièrement la
formation la plus ancienne, ou celle des bassins
de Londres et de Paris, qui fournit à l'industrie les variétés les plus pures et les plus nombreuses. La formation sub-apennine, qui entoure le
bassin de la Méditerranée, ne possède pas cet avantage au même degré; presque toutes les Argiles
sont très-marneuses, et il nous a été impossible de
nous procurer en Morée des argiles *réfractaires*.

La seule considération des Argiles suffirait pour
établir dans *les terrains secondaires* une division
bien naturelle entre ceux du midi et ceux du nord
de l'Europe. Ici nous trouvons l'Argile calcarifère
non-seulement en bancs isolés, mais en grands
systèmes de couches, de plusieurs centaines de
pieds d'épaisseur, tout remplis de cornes d'Ammon
et de reptiles gigantesques (V. ANIMAUX PERDUS). En

France et en Angleterre, le gisement des meilleures
terres à foulon se trouve vers le milieu de la série
secondaire. Dans la zone du midi, au contraire,
qui s'étend des Pyrénées, et même du Portugal
jusqu'en Syrie, il n'y a plus de véritable Argile
dans le terrain secondaire, mais des *Argiles schisteuses* ou *Schiefershon* des minéralogistes allemands. C'est la cause principale de la rareté des
sources dans toute cette vaste région, où les circonstances qui ont redressé et bouleversé les couches
du terrain secondaire, qui ont rendu les calcaires
compactes et cristallins, ont fait aussi perdre aux
Argiles leurs caractères primitifs. Dans les contrées
où règne exclusivement cette formation secondaire, comme dans le centre de la Morée, on ne
trouve que quelques Argiles d'alluvion propres
seulement à la fabrication des briques et des poteries grossières. La *formation houillère* présente
aussi dans toute l'Europe beaucoup de couches
argileuses; mais ce n'est ni de l'Argile telle que
nous l'avons définie, ni du schiste argileux; c'est
ce que nous avons déjà nommé *argile schisteuse*,
roche qui diffère des schistes en ce qu'elle se
désagrège promptement étant exposée à l'air et à
l'humidité, et des Argiles en ce qu'elle ne fait pas
de pâte liante et tenace. Enfin, parmi les roches
du terrain de transition, nous reconnaissons dans
les schistes ardoises devenus indestructibles à l'air
et en partie cristallins, des Argiles ou des vases
endurcies des mers de l'ancien monde, encore remplies des débris des étranges crustacées (les trilobites) qui vécurent à leur surface.

Les contrées où règnent les terrains primordiaux
(terrains primitifs et de transition) sont dépourvus
d'argile, de sédimens, et les dépôts d'alluvion
que l'on rencontre là comme ailleurs, ne sont propres à être employés qu'aux usages les plus grossiers
de la céramique; mais d'un autre côté c'est le sol
qui renferme en filons, en bancs ou en amas superficiels, les kaolins, les diorites décomposés et
la plupart des substances argileuses que l'on réunissait jadis aux Argiles et qui forment aujourd'hui
des espèces minérales bien déterminées. Enfin les
régions trachytiques, basaltiques et laviques,
(volcaniques) renferment diverses variétés d'Argile,
mais en général très très-âpres et d'une pâte peu
liante.

ARGILE DE KIMMERIDGE, *Kimmeridge clay. Marnes
argileuses havriennes*, de quelques géologues français. C'est le dernier ou le plus récent des grands
dépôts argileux de la *formation jurassique.* (*Voy.*
ce mot.)

ARGILE D'OXFORD, *Oxford clay.* Grand dépôt
marneux situé, en France et en Angleterre, au dessous du précédent, dont il est séparé par le calcaire à coraux, *coral-rag* des Anglais; il appartient également à la formation jurassique. On
trouve une grande quantité de reptiles gigantesques
dans ces deux dépôts marneux, anciennes vases
de la mer pendant la période secondaire.

ARGILE SCHISTEUSE, *Schiefershon.* Nous avons dû
séparer cette substance des véritables Argiles, attendu qu'elle ne jouit pas de la propriété de se

délayer immédiatement dans l'eau. Ce n'est que par une longue exposition à l'air et à l'humidité qu'elle se désagrége, et jamais assez complétement pour former une pâte liante avec l'eau. On la trouve dans tous les terrains houillers, où elle renferme souvent des impressions de plantes, et passe au schiste bitumineux et au psammite ou grès des houillères. C'est évidemment une argile endurcie.

**Argile veldienne**, *Weald clay*, petit système de couches appartenant au grand dépôt arénacé du *grès vert et des sables ferrugineux* qui sépare la formation jurassique, et est réuni assez généralement à la formation supérieure ou à la craie ; il a pris son nom d'une région boisée du comté de Sussex, où il forme le terrain dominant. *L'argile veldienne* est très-souvent une argile plastique, bleue noirâtre, qui devient sablonneuse dans sa partie inférieure et passe *au sable ferrugineux* ou *iron-sand*. Un fait très-remarquable, dans ces petits systèmes de couches, est la présence presque exclusive de fossiles d'eau douce ou terrestres : fait observé non-seulement en Angleterre et dans le nord de la France, mais encore dans le midi de cette même contrée, vers Angoulême. Cette considération devrait, suivant nous, faire regarder le *groupe veldien* comme terminant la formation jurassique plutôt que commençant la formation de la craie. L'Argile veldienne est le gisement de quelques unes des meilleures terres à foulon et Argiles plastiques de la France et de l'Angleterre. *Voy.* Grès vert et Sables ferrugineux.

**ARGILOLITHE.** (min.) (Saussure et Brongniart.) Roche à texture terreuse et lâche, quelquefois même poreuse, rude au toucher, est presqu'infusible ; ne se dissout que rarement dans l'eau, et n'y fait jamais pâte. Ses couleurs sont ternes, souvent rubanées et variées dans les nuances du jaune au violâtre. L'Argilolithe ne comprend qu'une partie des roches désignées par les Allemands sous les noms de *Thonstein*, R. et de *Verhærtetev-thon*, W. On doit en séparer les variétés translucides et celles à cassure conchoïde écailleuse, qui n'étaient que des curites. Cette substance est peu répandue dans la nature ; elle fait la base des *Argilophyres* et des *Domites*, et se trouve en bancs et en nodules, dans la formation trachytique, comme à la vallée de Vic dans le Cantal, et à l'île d'Égine : ici elle forme des bancs verticaux, rubanés, de couleur rosâtre, jaune et fleur de pêcher ; elle est en général demi-dure ; dans quelques localités elle est devenue molle et un peu onctueuse. Elle forme aussi des nodules au milieu des trachytes et de certains porphyres de Hongrie et de Saxe, qui ne sont eux-mêmes que des variétés de la première roche ; telles sont les *fruchstein* des environs de Schemnitz qu'à raison de leur *forme* et de leur *couleur* on assimilait à des fruits. Indépendamment de ces Argilolithes en bancs et en nodules, qui sont au terrain trachytique ce que certaines curites terreuses sont au granite, il en est d'autres en couches horizontales et en amas dans les agglomérats trachytiques. Nous présumons que les belles poteries antiques d'Égine, dont la pâte est d'un rouge brun, étaient faites avec un mélange d'argile plastique de la formation sub-apennine et d'Argilolithe.     (B.)

L'espèce *Globaire* se distingue des précédentes par des sphéroïdes blanchâtres sur un fond de couleur rouge. On ne doit point les confondre avec les argilophyres des porphyres schisteux et à base argileuse, que l'on rencontre dans les terrain d'épanchement du porphyre vert ou prasophyre. La pâte de la roche, ainsi que le gisement, les rapprochent davantage des roches ophitiques ou serpentineuses, que des trachytes et roches à base d'Argilolithes.     (B.)

**ARGILOPHYRE.** (min.) (Thonporphyr, W.) M. Brongniart a désigné sous ce nom le porphyre terreux de Daubuisson, et une partie des roches auxquelles Werner donna le nom de Thonporphyr. Elles se composent d'une pâte d'Argilolithe, enveloppant des cristaux de feldspath compacte et terne ou vitreux ; ses couleurs ordinaires sont le grisâtre, le rosâtre ou le vert pâle. Cette roche, dont M. Brongniart distingue trois espèces, diffère des trachytes par moins d'homogénéité, par des teintes sales et variées, et par quelques apparences toujours plus ou moins distinctes d'agrégation mécanique. L'espèce *Porphyroïde* a des cristaux bien terminés et a une pâte homogène de couleur violâtre comme au Puy-Griou, dans le Cantal, ou verdâtre comme à Schemnitz et à Oberstein. L'espèce *terreuse* s'éloigne davantage des trachytes, prend quelquefois une structure assez prononcée et un aspect bigarré par des teintes violettes et verdâtres, comme au port d'Agail et aux montagnes de l'Exterel, près Fréjus. (B.)

**ARGONAUTE**, *Argonauta*. (moll.) Genre fort remarquable dont Lamarck, dans son 7° vol. des An. S. V., page 648, a formé sa deuxième division des Céphalopodes monothalames, auquel on donne pour caractères : un test uniloculaire, tout-à-fait extérieur, dans lequel l'animal se contracte à volonté ; tête couronnée de huit pieds inégaux, garnis de ventouses ou suçoirs, quelquefois pédiculés sur leur surface interne, et alternant sur deux séries ; les pieds supérieurs plus longs, élargis vers leur extrémité en forme d'aile ou de voile ; test monothalame représentant une espèce de conque ou de nacelle, à carène large ou étroite ; aplati sur les côtés ; à spire courte et rentrant dans l'ouverture, très-fragile, transparent, tuberculeux ou muni de côtes saillantes.

Ce genre est composé de peu d'espèces, six environ : toutes sont d'une fragilité extrême. L'Argonaute papyracé, souvent citée par les Grecs et les Romains, sous la dénomination de *Nautilus Argo*, est sans contre dit la plus grande espèce ; elle est fort mince, très-blanche, sauf la partie postérieure de la carène, qui est d'un roux brûlé. Elle est garnie sur les côtés d'une multitude de rides ou côtes serrées, transverses, très-lisses et fourchues du côté de la carène ; son diamètre est de 7 à 8 pouces ; elle n'est pas rare.

*Aristote*, *Élien*, *Oppien et Philés* ont beaucoup

parlé de l'industrie de ce singulier animal. Les poètes de l'antiquité ont chanté les merveilles de sa navigation, et ne forment pas de doute que ce soit à lui que les hommes sont redevables des premiers principes de cet art. Aristote paraît être le premier qui ait décrit les manœuvres à l'aide desquelles il vogue sur la surface des eaux, et cette description, parfaitement faite, a été copiée presque littéralement par Pline. Tous ces auteurs des temps anciens ont publié sur cet animal des fables de tous genres qui, à notre grand étonnement, ont été adoptées par un grand nombre de naturalistes modernes : la plus absurde voulait que cet animal fût un hôte étranger à cette coquille et qu'il vînt s'y loger comme le font les *pagures*, connus sous le nom de *Bernard l'Hermite*, pour toutes les coquilles qu'ils rencontrent et dont ils ont véritablement besoin. Pline, enchérissant toujours sur les Grecs, dit positivement que l'animal du Nautile quitte sa coquille pour venir paître à terre, opinion qui a dû prendre naissance de la grande ressemblance qu'ont ces animaux avec les poulpes, dont certains rivages sont souvent fort garnis. Des observations récentes ont fait justice de toutes ces absurdités, et ce céphalopode est aujourd'hui connu avec détail sous le double rapport de ses mœurs et de son organisation.

La coquille de l'Argonaute papyracé est de forme symétrique, son dernier tour est fort grand, et lui donne l'apparence d'une petite chaloupe dont la spire serait la poupe. La carène dont elle est pourvue aide la navigation en déplaçant avec plus de facilité le liquide. Cette barque fragile, ne pouvant résister à l'agitation des flots, ne s'élève du fond de la mer que par les temps les plus calmes : parvenue à la surface des eaux, elle agite ses bras comme autant de balanciers, ensuite elle introduit dans la coquille l'eau qui lui est nécessaire pour lui servir de lest ; elle étend ses bras, et, s'en sert comme de rames, elle vogue à volonté et avec une extrême facilité. Lorsqu'un vent doux se fait sentir, ce céphalopode dresse perpendiculairement ses deux bras palmés, les tient écartés, et la membrane élargie et oblongue qui règne sur une partie de leur longueur, présentant une plus grande surface au vent, lui sert de voile. Les trois autres bras de chaque côté sont employés comme balanciers, et le bas du corps, qui forme un crochet hors de la coquille, fait les fonctions de gouvernail. Mais survient-il du mauvais temps ou un ennemi, dans l'instant même tout l'attirail rentre en dedans, l'animal retire ses rames, ses voiles, son gouvernail, ses avirons, et fait chavirer son frêle navire qui se remplit d'eau et s'enfonce dans les profondeurs de la mer. Dès que le danger est passé, il revient à la surface des ondes, et vogue de nouveau tranquillement.

On trouve des Argonautes dans la Méditerranée et dans les mers des Indes. Nous en avons fait figurer un dans la planche 29, fig. 2 de notre Atlas, pour donner une idée précise du mode de navigation de cet intéressant animal. (DUCL.)

**ARGOUSSIER**, *Hippophaë rhamnoïdes*. (BOT.

PHAN.) Arbrisseau dont le fruit sauvage donna quelques inquiétudes à J.-J. Rousseau, qui crut en être empoisonné. Ce fruit, de la grosseur d'un pois, est acide, mûrit en septembre et est très-astringent ; mais il n'est nullement vénéneux ; les habitans de la campagne, et surtout les enfans, le mangent avec plaisir. Il abonde dans le vaste lit que s'ouvre la Durance, sur les rives de l'Isère et du Rhône, quoique originaire du nord et indigène aux sables de la mer ; on le trouve aussi dans les vallées des Alpes, sur les bords du Rhin. Il se multiplie de graines, de marcottes et de rejetons.

L'Argoussier appartient à la famille des Éléagnoïdes et à la Diœcie tétrandrie. Sa tige monte de quatre mètres et demi à cinq mètres ; mais le plus ordinairement elle ne forme qu'un buisson d'un mètre à un mètre et demi, épineux à l'extrémité, garni de feuilles alternes, persistantes, parsemées, ainsi que les nombreux rameaux, d'écailles blanchâtres ou roussâtres ; ses fleurs sont petites, vertes ; son fruit est d'un jaune éclatant, globuleux et d'un effet agréable. La plante fleurit en avril et mai, ses racines sont longues et traçantes, elles servent à fixer les sables mouvans ; à contenir les eaux des torrens, les rives des fleuves et des rivières, à conserver la berge des fossés, etc. Le bois de l'Argoussier est blanc, très-dur, presque incorruptible ; on en fait peu d'usage, parce qu'on ne lui laisse pas prendre tout le développement auquel il est susceptible d'arriver. Par l'incision faite aux racines, il en découle un suc gommeux que les anciens employaient dans la médecine vétérinaire.

On connaît une autre espèce d'Argoussier, l'*Hippophaë canadensis* ; elle n'est point épineuse. Originaire du Canada, cet arbrisseau, tout aussi rustique que le précédent, produit dans nos jardins, où il a été introduit en 1795 par Cels, un effet fort remarquable. Ses jeunes rameaux couverts d'un duvet épais de couleur de rouille, son écorce grise, ses larges feuilles vertes en dessus, blanches et cotonneuses en dessous, contrastent agréablement avec les végétaux qui l'entourent.

(T. D. B.)

**ARGULE**, *Argulus*. (CRUST.) Genre de l'ordre des Branchiopodes, de la section des Pœcilopodes siphostomes (R. anim. de Cuv., 2ᵉ édit.), établi par Müller, et qui avait été désigné par Latreille sous le nom d'*Ozole*, et décrit d'une manière incomplète. Jurine, qui depuis a observé l'espèce qui lui sert de type, en donne une monographie qui ne laisse rien à désirer. Les caractères des Argules sont d'avoir un bouclier ovale, échancré postérieurement, recouvrant le corps, à l'exception de l'extrémité postérieure de l'abdomen, portant sur un espace mitoyen, distingué sous le nom de chaperon ; deux yeux ; quatre antennes très-petites, presque cylindriques, placées en avant, dont les supérieures, plus courtes et de trois articles, ont à leur base un crochet fort, édenté et recourbé et dont les inférieures, de quatre articles, offrent une petite dent au premier. Le siphon est dirigé en avant. Les pieds sont au nombre de douze ; les deux premiers se terminent par un empâtement annelé transversalement, offrant à l'intérieur une sorte de rosette formée par les muscles, et paraissant agir à la manière d'une ventouse ou d'un suçoir. Ceux de la paire suivante sont propres à la préhension, avec les cuisses grosses, épineuses, et les tarses composés de trois articles, dont le dernier muni de deux crochets. Les autres pieds se terminent par une nageoire, formée de deux doigts allongés, garnis, sur leurs bords, de filets barbus; les deux premiers de ceux-ci, ou ceux de la troisième paire, ont un doigt de plus, mais recourbé. Les deux derniers sont annexés à cette partie du corps qui fait postérieurement saillie hors de la queue. Les femelles n'ont qu'un seul oviducte, recouvert par deux petites palettes. L'organe considéré comme le pénis du mâle est placé à l'extrémité interne du premier article des mêmes pattes, près de l'origine des deux doigts. Sur le même article des deux pattes précédentes, est, en regard avec ses organes copulateurs, une vésicule présumée séminale. L'abdomen s'étend en arrière depuis les pattes ambulatoires; le bec et un tubercule renfermant le cœur, sont entièrement libres depuis leur naissance, sans articulations distinctes, et se terminent immédiatement après les deux dernières pattes par une sorte de queue en forme de lame arrondie, profondément échancrée ou bilobée, et sans poils au bout. La transparence du corps permet de distinguer le cœur. Il est situé derrière la base du siphon, logé dans un tubercule solide, demi-transparent et formé d'un seul ventricule. Le sang, composé de petits globules diaphanes, se dirige en avant, sous la forme d'une colonne, qui se divise bientôt en quatre rameaux, dont deux vont directement vers les yeux, et deux autres vers les antennes; ceux-ci, réfléchis ensuite en arrière et réunis aux premiers, forment de chaque côté une seule colonne qui descend vers la ventouse, en contourne la base et disparaît. Un peu au dessous des deux pattes suivantes, l'on distingue, de chaque côté, une autre colonne sanguine, qui se recourbe en dehors, s'étend ensuite près des bords du test, et, arrivée près des deux avant-dernières pattes, se replie en avant et cesse d'être visible. Il y a une autre colonne, où le sang, ainsi que dans la précédente, va d'avant en arrière, et parcourt longitudinalement le milieu de la queue; elle se réunit postérieurement à deux autres courans que l'on observe sur les bords de cette queue, mais allant en sens contraire ou paraissant ramener le sang au cœur. Jurine évita d'employer le mot vaisseau, parce que le sang, chassé dans la partie antérieure, paraît s'y répandre et s'y disséminer, de manière à faire croire que les globules du sang sont dispersés dans le parenchyme de ces parties, plutôt que d'être contenus dans des vaisseaux particuliers.

Mais, d'après ce que l'on connaît à l'égard de la circulation des Décapodes, on voit qu'ici le sang se distribue d'abord de la même manière, et les courans ou colonnes dont nous venons de

parler semblent indiquer l'existence de vaisseaux propres. Aussi Jurine convient-il après que la circulation ne se fait point partout d'une manière aussi diffuse que dans la partie antérieure du test, où cependant elle paraît, selon Latreille, s'effectuer comme dans les Décapodes. Le cerveau, placé derrière les yeux, lui a paru divisé en trois lobes égaux, un antérieur et deux latéraux. La partie antérieure de l'estomac donne naissance à deux grands appendices, divisés chacun en deux branches, qui se ramifient dans les ailes du test. Les matières alimentaires et de couleur bistrée qu'ils contiennent rendent ces ramifications sensibles. Le cœcum est pourvu, vers son origine, de deux appendices vermiformes. Les mâles sont très-ardens en amour, ce qui leur fait souvent prendre un sexe pour l'autre, ou les fait adresser à des femelles pleines ou mortes. Dans l'accouplement, ils sont placés sur leur dos, auquel ils se cramponnent au moyen de leurs pieds à ventouse, et ils restent dans cet état plusieurs heures. La durée de la gestation est de treize à dix-huit jours. Les œufs sont unis, ovales, et d'un blanc de lait. Ils sont fixés avec un gluten sur les pierres et autres corps durs, soit en ligne droite, soit sur deux rangs, au nombre d'un à quatre cents; étant pressés les uns contre les autres, leur forme en devient presque hexagonale. Vingt-cinq jours après la ponte, et après avoir pris une teinte jaunâtre et opaque, on commence à y distinguer les yeux et quelques parties de l'embryon. Au bout ensuite d'environ dix jours, ou vers le trente-cinquième après la ponte, la coquille se fend longitudinalement, et le petit ou têtard vient au monde. Il n'a guère alors que trois huitièmes de ligne de long. Sa forme, en général, ressemble à celle qu'il aura dans l'état adulte; mais ses organes locomotiles présentent des différences essentielles. Müller l'a décrit dans cet état, sous le nom d'*Argulus charon*. Quatre rames ou longs bras, dont deux placés au devant des yeux et les deux autres derrière, terminés chacun par un pinceau de soies flexibles et pennées, que l'animal meut simultanément et au moyen desquelles il nage facilement et par saccades, sortent de l'extrémité antérieure du test; elles ne représentent pas les antennes, puisque l'on voit aussi ces derniers organes. Les pieds à ventouse sont remplacés par deux fortes pattes, coudées près de leur extrémité et terminées par un fort crochet, avec lequel ce crustacé peut se cramponner sur les poissons. D'autres pattes propres à l'état adulte, celles de la seconde et de la troisième paire, ou les deux ambulatoires et les deux premières des natatoires, sont les seules qui soient développées et libres; les suivantes sont comme emmaillottées et appliquées sur l'abdomen. Le cœur, la trompe et les ramifications de l'estomac sont distincts. La première mue, qui s'opère au moyen d'une rupture de la face inférieure, ayant lieu, les rames ont disparu, et toutes les pattes natatoires se montrent. Trois jours après arrive la seconde mue, qui ne produit aucun changement important. Mais à la troisième, qui

s'opère deux jours après, l'on commence à apercevoir, vers le milieu des deux pattes extérieures,
le commencement de la formation des ventouses.

A la quatrième mue, qui a également lieu au
bout de deux jours, ces mêmes pattes sont enfin
transformées en pattes à ventouse, en conservant
néanmoins le crochet terminal. Au bout de six
jours, nouveau changement de la peau, et apparition des organes générateurs de l'un et de l'autre
sexe; mais il faut encore une mue, retardée de
dix jours, pour que ces animaux puissent se réunir et se multiplier. Ainsi, la durée de leur état
d'enfance ou de leurs métamorphoses est de vingt-
cinq jours. Ils n'ont cependant encore atteint que
la moitié de leur grandeur. D'autres mues, et qui
se font tous les six et sept jours, sont pour cela
nécessaires. Jurine s'est assuré que les femelles
ne pouvaient devenir mères sans l'intervention des
mâles. Celles qu'il avait isolées ont péri d'une maladie s'annonçant par l'apparition de plusieurs globules bruns, disposés en demi-cercle vers la
partie postérieure du chaperon, et qui se forment,
à ce qu'il paraît, dans le parenchyme, puisque les
mues ne les détruisent point.

La seule espèce connue et celle qui sert de
type à ce genre est l'Argule foliacée (Jurine fils,
ann. du Mus. d'Hist. Nat. VII, XXVI; *Monoculus
foliaceus*, Linn.; *Argulus delphinus* et *Argulus charon*, Müll., *Entom.*, *Argulus delphinus*, Herm. fils,
Mém. apter., V, 3, VI, 11, *Monoculus gyrini*, Cuv.,
tabl. élém. de l'Hist. Nat. des Anim. pag. 454;
*Argulus gastroteis*, Latr., Hist. Nat. des Crust.
et des Ins., IV, XXIX, 1-7; Desm. consid. L., 1;
Pou du gastérote, Baker, Miscrosc., II, XXIV. Ce
crustacé se fixe au dessous du corps des têtards
des grenouilles, des épinoches et suce leur sang.
Son corps est aplati, d'un vert jaunâtre clair,
long d'environ deux lignes et demie. Hermann fils,
en citant un manuscrit de Renard Baldaneur, pêcheur de Strasbourg, dit que ce crustacé ne se rencontre guère, dans les environs de cette ville, que
sur les truites, et qu'il leur donne souvent la mort,
surtout à celles des viviers; on le trouve aussi sur
les perches, les brochets et les carpes. Il ne l'a
jamais rencontré sur les ouïes. Ce crustacé se
tourne sur lui-même en manière de girouette.

(H. L.)

ARGUS. (ois.) C'est le nom spécifique d'une
espèce magnifique du genre Faisan. M. Vieillot a
fait avec cet oiseau un genre qu'il nomme Argus;
mais les caractères qu'il lui assigne ne sont pas
assez importans pour qu'on l'adopte. *V.* FAISANT.

(GUÉR.)

ARGUS. (ins.) Nom employé par les amateurs, pour désigner le genre Polyommate. (*V.*
ce mot.

(GUÉR.)

ARGYNNE, *Argynnis*. (ins.) Genre de Lépidoptères de la famille des Diurnes, établi par Fabricius et adopté par tous les auteurs. Godard et Latreille y ont réuni les Melitœa; j'en userai de même
en indiquant seulement ceux propres à chacun de
ses genres. Ses caractères sont d'avoir les antennes brusquement terminées en bouton, les palpes

épais, terminés par un article aigu, s'élevant au
dessus du chaperon, écartés à leur extrémité; les
deux pattes antérieures fortement repliées sur la
poitrine, incapables de servir à la marche; les
crochets des tarses bifides; enfin les cellules centrales des ailes inférieures ouvertes. Les chenilles
sont épineuses et vivent sur les violettes et plantes
analogues. Leurs chrysalides, qui ont un peu la
forme d'un sabot, se suspendent par la queue.

ARGYNNES PROPRES.

Chenilles épineuses, ayant deux épines
plus longues sur le premier anneau; les papillons de cette première division portent conjointement le nom de nacrés.

A. CARDINAL, *A. cynara*, Fab.; God., Hist. des
Pap. de France, t. 1, p. 56, pl. I, fig. 12. Il est
large de près de deux pouces et demi, fauve, avec
plusieurs rangs de taches rondes et une ligne prolongée sur les deux ailes en zigzags noirs; les ailes postérieures et la partie qui les avoisine des
antérieures sont en outre lavées de verdâtre, en
dessous; les antérieures ont le sommet fauve et le
reste rouge marqué de points noirs; les inférieures
sont d'un vert mat, traversées longitudinalement
par quatre bandes argentées et quelques points auprès de la troisième. Cette belle espèce est en général propre aux provinces méridionales.

A. TABAC D'ESPAGNE, *A. paphia*, Fab. God.
Hist. des Pap. de France, t. 1, pag. 51, pl. 3,
fig. 1. Chenille et chrysalide. Duponchel, Iconographie des chenilles, t. 1, pag. 117, pl. 14,
fig. 45, a. 6. Large de deux pouces et demi, fauve
foncé, avec un grand nombre de taches rondes,
et des bandes sur les nervures noires, les ailes supérieures reproduisent en dessous les dessins
du dessus, mais plus pâles; les inférieures sont
d'un vert violeté par place, avec quatre bandes
argentées longitudinales, un peu diffuses. Commun aux environs de Paris.

A. ADIPPÉ. *A. adippe*, Fab. God. Hist. des Pap.
Eur. t. 1, pag. 57, pl. 3 et 3 bis, fig. 22. Duponchel, Iconog. des chenilles, t. 1, pag. 121,
pl. 13, fig. 47, *a*, *b*, *c*. Large de deux pouces environ, ailes fauve foncé avec des taches noires,
celles du milieu plus prononcées que celles du bord,
ailes postérieures, en dessous garnies de beaucoup
de taches argentées, dont une fait au milieu une
bande brisée, accompagnée de petits yeux rougeâtres; ocelles d'argent, etc. Des environs de Paris.

A. NACRÉE, *A. aglacia*, Fab. God. Très-voisine
de la précédente. Nous l'avons fait représenter
dans notre Atlas, pl. 29, fig. 3.

A. PETIT NACRÉ, *A latonia*. Fab. Gob. His. des
Pap. de France, t. 2, pag. 59. pl. 3, fig. 3,
pl. 4, fig. 1. Duponchel, Icon. des chenilles,
t. 1, pag. 123, pl. 16, fig. 49. Large d'environ
18 à 20 lignes; c'est l'espèce qui mérite à plus
juste titre le nom de nacré: le dessus des ailes
est fauve avec beaucoup de taches arrondies
noires, et la base verdâtre. Au sommet des ailes
antérieures, en dessous, on trouve quelques taches
argentées, mais les inférieures surtout en sont
abondamment

abondamment pourvues ; elles sont larges, parfaitement brillantes et limitées ; celles de la côte externe sont au nombre de sept grandes, et chacune est accompagnée intérieurement d'un ocelle brun argenté à son centre ; enfin le centre, outre un grand nombre d'autres, en offre trois très-grandes. Commun partout.

A. PETITE VIOLETTE, *A. dia*, Fab., God., Hist. des pap. d'Europe, t. 1, pag. 66, pl. 4, seconde, fig. 1, pl. 4', cinquième, fig. 1 ; Duponchel ; Icon. des Chenil., t. 4, pag. 129, pl. 17, fig. 55. Large d'environ quinze à dix-huit lignes, fauve en dessus avec la base et des taches noires. Les ailes inférieures et le sommet des supérieures sont violets ; aux ailes inférieures, une bordure de taches argentées triangulaires, surmontée d'un ocelle presque noir, et quatre autres taches isolées formant une bande courbe autour de la base de l'aile. Dans les bois.

A. PALÈS, *A. Pales.* Fab., God., Hist. des Lépid. de France, t. 2, pag. 68, pl. 9, fig. 1, 2. Large de 'quinze à dix-huit lignes, fauve en-dessus, avec la base des ailes noire et les points peu marqués, excepté ceux du sommet des supérieures, ailes postérieures au-dessous, une bande transversale, une tache triangulaire vers le milieu du bord externe fauves, tandis que le reste de l'aile est rouge brique ; les taches argentées du bord sont rondes et les autres presque en forme de croissant. Des Alpes.

A. COLLIER ARGENTÉ, *A. euphrosine*, Fab., God., Hist. des Pap. de France, t. 1, pag. 61, pl. 4, fig. 1, pl. 4 ter, fig. 2 ; Duponchel, Icon. des Chenilles, t. 1, pag. 126, pl. 17, fig. 51. Large d'environ 18 lignes, ailes fauves, base noirâtre, taches qui en sont les plus rapprochées, très-prononcées, celles du bord des ailes en forme de croissant, très éloignées de la frange, surmontées d'un point rond, disposé régulièrement. En dessous, les inférieures ont les taches du bord grandes, triangulaires, argentées, une seule tache sur le disque en forme de carré long, argentée, surmontée du côté de la base de l'aile d'un gros point noir. Environs de Paris.

A. MELITOEA, Fab.

" Les chenilles des espèces de cette division sont seulement garnies de tubercules velus ; aussi ont-elles été appelées fausses chenilles épineuses ; les papillons ne présentent plus de taches argentées, mais des taches alternativement noires et fauves disposées avec assez de régularité leur ont valu le nom de damiers.

" A. DAMIER, *A. cinxia*, Fab. God. Hist. des Pap. de France, t. 1, pag. 75, pl. 4, 4, fig. 1, pl. 4, 5, fig. 2 ; Duponchel, Icon. des Chenilles, t. 1, pag. 159, pl. 21, fig. 60. Large de dix-huit à vingt pouces, fauve, avec des bandes noires ondées s'étendant du bout antérieur d'une aile au bout postérieur de l'autre ; les espaces compris entre ces bandes sont alternativement plus foncés ou plus clairs ; en dessous, les inférieures et le sommet des supérieures sont d'un jaune de soufre avec des lignes noires,

une série de points fauves près de la bordure et une bande de la même couleur double vers son milieu près de la base. Environs de Paris.

A. ATHALIE, *A. athalia*, Fab., God., Hist. des Pap. de France, t. 1, p. 78, pl. 4, 4, fig. 2 ; Duponchel, Icon. des Chenilles, t. 1, pag. 144, pl. 21, fig. 61. Large de seize à dix-huit lignes ; Fauve-rougeâtre en dessus, avec des bandes larges, noires, se confondant vers la base des ailes et la faisant paraître entièrement noire ; en dessous, les ailes inférieures paraissent brun-rouge, avec trois bandes jaunâtres, formées de taches séparées par des traits noirs, une à la base, une au milieu et une au dessus de la frange ; plus une tache isolée entre la première et la seconde bande. Des environs de Paris.

A. PHOEBÉ, *A. Phœbe*, Fab., Godart, Hist. des Pap. de France, t. 1, pag. 76, pl. 4, 5, fig. 3 ; Duponchel, Icon. des Chenil., t. 1, pag. 56, pl. 19, fig. 56. Large de quatorze à quinze lignes. Ailes fauves en dessus avec un grand nombre de bandes très-prononcées ; en dessous, les inférieures et le sommet des supérieures sont jaunes, avec deux larges bandes rouge de brique sur les inférieures et des points noirs sur les parties jaunes. Environs de Paris.

Outre une grande quantité d'espèces de notre pays et d'Europe que nous n'avons pas mentionnées, ce genre renferme encore beaucoup d'espèces exotiques ; nous nous contenterons d'indiquer ici la belle espèce nommée *A. moneta* par Geyer, dont on peut voir une figure dans l'Iconographie du Règne animal de M. Guérin, pl. 78, insectes, fig. 2. Cette espèce présente des variétés remarquables, dont une, très-importante, a été figurée dans le Magasin de Zoologie du même auteur, classe 9, fig. 11, et décrite par M. Poey. (A. P.)

ARGYREJA. (BOT. PHAN.) Genre de la famille des Convolvulacées, Pentandrie monogynie de Linné, établi par Loureiro pour un arbrisseau de la Cochinchine, assez semblable à nos liserons. Il a pour caractères : un calice coloré, velu, grandissant après la floraison ; une corolle à tube court muni à sa gorge d'une membrane à cinq crénelures ; le fruit est une baie à quatre loges monospermes.

L'*Argyreja* doit son nom à la couleur argentine de ses feuilles (*argyros*, argent) ; on en connaît trois espèces ; l'une, *A. arborea*, pourrait orner nos jardins si on parvenait à l'acclimater. (L.)

ARGYRÉIOSE (POISS.) M. Cuvier a nommé Argyréioses des poissons dont il a formé une subdivision de son genre Vomer, à l'article duquel nous les ferons connaître. (G. B.)

ARGYRITE et ARGYROLITHE. (MIN.) Ce mot signifie *semblable à de l'argent*, et s'appliquait chez les anciens à une pierre précieuse, très-brillante, ayant le ton argentin chatoyant, dont on faisait des vases et des bijoux de différentes espèces. Quelques minéralogistes ont voulu la reconnaître dans l'argentine des lapidaires modernes, laquelle est une variété de spath schisteux blanchâtre, à reflets nacrés ; d'autres, avec Dutens, ont dit qu'i s'agissait d'un girasol chatoyant. On a été plus loin, et l'on a cru pouvoir assurer qu'il était impossible de savoir à quelle substance métallique se rapportait le nom d'Argyrite donné dans l'antiquité grecque à une véritable gemme. Le texte de Théophraste, qui appelle cette pierre *Magnes*, laisse beaucoup à désirer ; cependant il en dit assez pour la ranger parmi les aventurines de l'Orient à pâte blanc d'argent, renfermant des paillettes brillantes, extrêmement fines, avec reflets d'un vert fort léger. Dans la collection minéralogique du cabinet de Florence, j'ai vu plusieurs Argyrites assez dures, d'une grande beauté ; mais je n'ai pu découvrir le pays d'où elles provenaient. Elles appartiennent aux contrées orientales, disent les étiquettes. (T. D. B.)

**ARGYRONÈTE**, *Argyroneta*. ( ARACHN. ) Genre de l'ordre des Pulmonaires, de la famille des Fileuses et de la première section des Tubitèles, établi par Latreille aux dépens du genre *Aranea* de Linné, et ayant pour caractères : yeux au nombre de huit, presque égaux entre eux, occupant le devant du céphalothorax ; lèvre allongée, ovale, triangulaire, dilatée à sa base, arrondie à son extrémité ; mâchoires inclinées sur la lèvre, cylindriques, coupées obliquement à l'extrémité du côté interne, élargies à leur base ; pattes fortes, de longueur médiocre ; la première paire est la plus longue, la quatrième ensuite ; la troisième est la plus courte. Ce genre est composé d'une seule espèce, l'*Argyroneta aquatica*, Latreille ; ou l'*Aranea aquatica* de Linné, décrite par Degéer, Mém., t. 7, p. 503, n. 33, pl. 19, fig. 5, 6, 7, 8, 9, 10, 11, 12 ; Clerck, *Araneu Suec*, p. 143, pl. 6, t. 8, fig. 1, 2 ; Mémoire pour servir à commencer l'histoire des Araignées aquatiques, première édition, 1749 ; deuxième édition, 1799. Geoffroy, t. 2. n. 7. C'est dans l'eau que l'on rencontre cette aranéide ; c'est dans ce liquide qu'elle respire, qu'elle vit et qu'elle chasse ; en un mot elle est aquatique, et diffère beaucoup de toutes les autres, qui sont terrestres et qui périssent aussitôt qu'elles sont dans l'eau. Lorsque cette aranéide nage, elle est ordinairement à la renverse, le céphalothorax en bas, et l'abdomen en haut ; et ce qui est remarquable, c'est que cet abdomen paraît brillant, semblable à du vif argent. Ce brillant dépend de ce qu'il est revêtu d'une quantité innombrable de poils, et aussitôt qu'il est sorti de l'eau, l'air s'y attache. C'est ce même air qui sert à cette aranéide à remplir une cloche soyeuse qu'elle s'est construite au fond des eaux. Pour cet effet, elle fixe quelques fils à des plantes aquatiques : ces fils tiennent en position la coque soyeuse qu'on peut comparer à une cloche de plongeur ; ensuite, montant à la surface, elle met son abdomen hors de ce liquide ; puis elle le retire vivement, et cet abdomen entraîne avec lui une quantité innombrable de bulles d'air ; l'araignée, aussitôt arrivée sous sa cloche, débarrasse son abdomen de ces bulles qui, réunies, peuvent la remplir. Alors l'araignée retourne faire un second voyage, en rapporte de nouvel air, qu'elle

porte à sa cloche, ce qui l'augmente de volume ; elle répète ce manège jusqu'à ce que cette cloche soit pleine d'air et capable de la contenir. C'est alors qu'on la voit entrer et sortir, y rapporter les insectes qu'elle prend, pour les dévorer. L'usage de cette cloche fournit à l'araignée une retraite qu'elle peut habiter long-temps, à cause du fluide respirable qui s'y trouve approvisionné ; et lorsque l'Argyronète veut changer cet air qui a été vicié par la respiration, elle renverse sa cloche, et la remplit de nouveau par le même moyen que nous avons décrit ci-dessus. Telles sont les demeures que les femelles se construisent ; elles y passent, dit-on, l'hiver, et pondent des œufs qu'elles enveloppent d'un coton très-blanc. Les mâles sont semblables aux femelles ; ils en diffèrent cependant par des caractères importans ; leur abdomen est assez allongé, presque cylindrique, avec l'extrémité postérieure un peu courbée : ils sont en général plus grands, et ont les pattes plus longues que les femelles ; mais ce qui les en distinguera surtout, c'est l'organe sexuel situé à l'extrémité de leurs palpes. Cette aranéide est d'une couleur brune ; elle a sur le dos quatre points enfoncés, et une tache oblongue foncée, on la trouve rarement aux environs de Paris, mais plus communément en Champagne. (H.-L.)

**ARGYRYTHROSE**, Beud. ( MIN. ) Synonyme d'ARGENT ANTIMONIÉ SULFURÉ (*voy.* ce mot).

**ARICIE**, *Aricia*. ( ANNEL. ) Les Aricies, placées, dans le Règne animal de M. Cuvier, dans l'ordre des Dorsibranches, ont un corps allongé, pourvu d'une tête et d'yeux peu distincts, d'une bouche armée d'une trompe très-courte, qui a des plis longitudinaux, et qui est dépourvue de papilles et de dents. Leurs pieds sont dissemblables ; les deux premiers sont fort courts, et formés d'espèces de cirrhes tentaculaires, et les vingt-trois suivans sont pourvus de deux rames distinctes, et sont beaucoup plus rapprochés. Les cirrhes supérieurs sont écartés et allongés, et les inférieurs sont saillans. Trois faisceaux de soies longues et fines sont à la rame supérieure ; et deux rangs, l'un de soies fines, l'autre de grosses, sont à la partie inférieure.

Ce genre, qui habite l'Océan, a été établi par M. Savigny, qui n'a décrit qu'une seule espèce. L'ARICIE SERTULÉE, *Aricia sertulata*, figurée dans le bel ouvrage d'Égypte. Depuis, on en a découvert une nouvelle espèce qui a été dédiée à M. Cuvier : *Aricia Cuvierii*, Histoire naturelle du littoral de la France, Annélides, pl. 7, fig. 5, 13. (L. R.)

**ARILLE**, *Arillus*. ( BOT. PHAN. ) On remarque, autour de la graine du muscadier, des lanières charnues, rouges, qui l'entourent en se recouvrant à plusieurs reprises (on l'emploie en pharmacie sous le nom de *macis*). Un tégument de semblable nature enveloppe complétement les graines du fusain. Les graines du *polygala vulgaris* sont aussi contenues dans une membrane particulière.

Ce tégument, si remarquable dans quelques

plantes, est ce qu'on a nommé *Arille*; il est distinct du tégument propre de la graine, et adhère par le cordon ombilical ou le podosperme; on peut aussi le considérer comme une prolongation de ce dernier organe. La forme de l'*Arille* varie beaucoup; une remarque intéressante, c'est qu'on ne l'a trouvée jusqu'à présent dans aucune plante monopétale.

On donne l'épithèthe d'*Arillée* à la graine qui présente une *arille*; ce sont presque des exceptions dont il est encore difficile de former une loi générale. (L.)

ARINCA. (BOT.) Au rapport de Pline, les Gaulois cultivaient deux variétés d'épeautre, que les armées romaines rapportèrent dans l'Italie, où elles se propagèrent bientôt. Une de ces variétés portait le nom d'*Arinca*; les indications qu'il en a données ne suffisent pas pour la désigner avec certitude. J'estime, mais sans l'affirmer, qu'il s'agit de la variété que les botanistes appellent aujourd'hui *triticum monococcum*, qui résiste aux hivers, qui couvrent la terre de neige pendant quatre et cinq mois. Nous parlerons de l'autre variété au mot BRACE. (*V.* aussi au mot EPEAUTRE.) (T. D. B.)

ARION, *Arion*. (MOLL.) Genre de Gastéropodes de l'ordre des Pulmonés et de la famille des Limaces, établi par M. de Férussac (Hist. Nat. des Moll. terr. et fluv., pag. 53) pour une partie des espèces comprises par Linné, Muller, Draparnaud et Lamarck dans le genre Limace. Ce genre n'est encore composé que d'un petit nombre d'espèces ainsi nommées : 1° *Arion empiricorum*, qui est le même que le *Limax ater*, *rufus et succineus* des auteurs; 2° *A. albus*; 3° *A. subfuscus*; 4° *A. melanocephalus*; 5° *A. fuscatus*; 6° *A. hortensis*, et 7° *A. ascensionis* figuré par Lesson (Voyage de la *Coquille*, pl. 16, n° 4, *a*, *b*). Beaucoup d'auteurs anciens ont parlé de ces animaux comme pouvant quitter leur coquille, cette erreur s'est long-temps perpétuée, et ce n'est que de nos jours qu'elle a été constatée. Swammerdam est le premier naturaliste qui ait donné l'anatomie de l'*Arion empiricorum* (Bibl. Nat., t. 1, pag. 162, tab. 9, n° 1 à 3) comparée avec celle du *Limax antiquorum*. Cuvier (Ann. du Mus. t. 7, an 1806, pag. 140 à 184, pl. 8 et 9) en a fait le sujet d'un fort beau travail, auquel nous renvoyons pour les détails curieux de l'organisation.

, Voici ce qui sépare les Arions des limaces, et les groupe d'une manière spéciale; les Arions, dit M. de Férussac, diffèrent des Limaces à l'extérieur, par la présence d'un pore muqueux, situé à l'extrémité de leur corps, à la réunion des bords du plan locomoteur; par l'épaisseur de ces bords, la situation de l'orifice respiratoire qui est placé plus en arrière que chez les Limaces; par l'emplacement des organes de la génération, situés sous l'orifice respiratoire, tandis que dans les Limaces ils se trouvent près du grand tentacule droit. Leur cuirasse est ordinairement chagrinée, ce qui n'arrive jamais chez les Limaces, qui l'ont couverte de stries concentriques. Ils ont enfin un rudiment testacé dans l'intérieur de cette cuirasse, et on ne trouve

chez eux qu'une poussière graveleuse sans agrégation. Les Arions ont aussi une manière de vivre plus agreste; c'est dans les endroits frais des jardins qu'il faut ordinairement les chercher, tandis qu'on rencontre fréquemment la grosse limace rousse ou noire dans les caves et les celliers, où elle commet des dégâts plus ou moins considérables. Les auteurs du moyen-âge sont remplis de détails sur les propriétés merveilleuses des animaux qui nous occupent. Ces détails sont, pour la plupart, empruntés de Pline, qui lui-même en a pris une partie chez les Grecs. Tout le monde connaît la faveur populaire dont jouit l'*Arion empiricorum* ou *Limace rouge*, dans certaines provinces, où les charlatans vendent la poudre qu'ils en tirent par la calcination, pour guérir certaines maladies. Nous en donnons la figure dans la planche 29, fig. 4, de notre Atlas. (DUCL.)

ARISARUM. ( BOT. PHAN.) (*Voy.* ARUM.)

ARISTE, *Aristus*. (INS.) Genre de Coléoptères, section des Pentamères, famille des Carnassiers, tribu des Carabiques, division des Bipartis. Bonelli avait réuni les insectes de ce genre avec ceux qu'il a nommés Ditomus; mais M. Ziegler, ayant remarqué des différences, qu'il a pensé devoir être génériques, a formé le genre dont nous nous occupons maintenant aux dépens de celui de Bonelli. Ses caractères essentiels sont d'avoir les antennes filiformes, composées d'articles cylindriques; ceux rapprochés de la base, plus amincis, en forme de cône renversé; le dernier article des palpes maxillaires extérieurs presque ovalaire; le corselet transversal en forme de coupe; les tarses courts, non dilatés. La forme de ces insectes est remarquable : leur tête est très-grosse, enfoncée dans le corselet jusqu'aux yeux; celui-ci est fortement ponctué, plus large que les élytres ; celles-ci sont profondément cannelées; ce genre est peu nombreux en espèces; les individus qui le composent sont noirs ou de couleur terne; ils sont en général propres aux provinces méridionales; ils se font des trous dans les endroits sablonneux, et se retirent dans les crevasses qu'ils trouvent toutes faites; on a remarqué qu'une espèce montait sur les graminées pour en arracher les balles et les emportait; mais cette observation n'a malheureusement pas été suivie; elle avait été faite sur une espèce qui se trouve aux environs de Paris.

L'ARISTE BUCÉPHALE, *A. bucephalus*. (Oliv., Col., t. 5, n° 56, fig. 5-5.) Il est long d'environ cinq lignes; noir, luisant; avec la tête et le corselet fortement ponctués; les élytres ont des stries très-prononcées, formées de points enfoncés, et quelques autres points clairsemés sur les parties saillantes des élytres; les pieds sont noirs. C'est le *Sulcatus* de Fab.

ARISTE A GROSSE TÊTE, *A. capito*, Illig. Long de cinq lignes; entièrement noir et couvert de points nombreux, enfoncés; les stries des élytres sont profondes, munies de points, mais sans être formées par eux. De la France méridionale. (A. P.)

ARISTÉNIE, *Aristenia*. (ANNEL.) Genre établi

par M. Savigny sur un animal incomplet, dont il a donné une figure dans l'ouvrage d'Égypte, et qu'il a nommé ARISTÉNIE TACHETÉE, *Aristenia conspurcata.* Sav., *loc. cit.*, pl. 64. (L. R.)

ARISTIDE. (BOT. PHAN.) Genre de la famille des Graminées, Triandrie digynie de Linné, distingué par ses fleurs en panicule, ses épillets uniflores ; sa lépicène à valves inégales ; sa glume, formée de deux écailles, dont l'une embrasse l'autre, et porte à son sommet une arête ou soie à trois ou quatre divisions. Les espèces d'*Aristides* sont nombreuses, mais peu intéressantes ; on les classe d'après la forme et la disposition de l'arête, qui a déterminé le nom du genre (*arista*, arête). (L.)

ARISTOLOCHE. (BOT. PHAN.) Genre et type de la famille des Aristoloches, Gynandrie hexandrie de Linné, composé d'herbes ou arbrisseaux à tige faible ou couchée, souvent grimpante, variant en longueur d'un pied à vingt ou vingt-cinq ; à feuilles alternes, entières ou lobées. Les fleurs, qui naissent à l'aisselle des feuilles, présentent une organisation fort singulière, qui ne permet pas de les méconnaître : le calice monosépale est coloré, tantôt droit, tantôt recourbé en siphon, ou bien tronqué obliquement et terminé en languette. Il n'y a point de corolle. L'ovaire porte un stigmate presque sessile, divisé en six parties, au-dessous desquelles s'insèrent un nombre égal d'anthères ; le fruit est une capsule à six loges polyspermes.

Les différentes espèces d'*Aristoloches*, au nombre d'environ cinquante, jouissent, pour la plupart, de propriétés médicales énergiques ; leurs racines sont âcres, amères ; en Amérique, d'où beaucoup sont indigènes, on les regarde comme souverains contre les morsures des serpens.

Nous citerons d'abord l'*Aristolochia sipho*, originaire de Virginie, fort cultivée dans nos jardins, où ses tiges atteignent trente pieds le long des murs ou des treillis, qu'elles recouvrent de leurs belles et larges feuilles arrondies en cœur ; on connaît la bizarre structure de ses fleurs, qui sont recourbées en forme de pipe turque, et semblent coiffées d'un chapeau à trois cornes. C'est le lieu de rappeler un récit de M. de Humboldt, qui a vu, à la Nouvelle-Grenade, des nègres se servir, en guise de bonnet, d'une espèce d'Aristoloche.

On cultive encore l'*A. triloba*, l'*A. grandiflora*, l'*A. puber*, etc.

La *Serpentaire de Virginie*, dont la racine s'emploie en médecine comme sudorifique et excitante, est une espèce d'Aristoloche ; on la vante dans le pays contre la morsure des chiens enragés. Les Aristoloches *longa* et *rotunda* jouissent des mêmes propriétés.

Nommons encore l'*A. anguicida*, qui doit son nom à la propriété de sa racine, dont le suc, selon Jacquin, est mortel pour les serpens. En Amérique, où ces reptiles sont si communs, et souvent si venimeux, il n'est pas étonnant que le peuple accoure aux pompeuses annonces du charlatan qui vend le secret d'endormir ces dangereux en-

nemis : quelques gouttes du suc de l'A. anguicide, versées dans la gueule d'un serpent, l'enivrent, et permettent de le manier sans crainte ; tel est au moins le récit de témoins dignes de foi. (L.)

ARISTOLOCHES ou ARISTOLOCHIÉES, *Aristolochiæ.* (BOT. PHAN.) Famille naturelle d'herbes et arbrisseaux, à tiges couchées, le plus souvent sarmenteuses et grimpantes, écailleuses quelquefois, ordinairement garnies de feuilles alternes, simples, pétiolées. Les caractères distinctifs de la fleur sont : un calice coloré, de configuration irrégulière, tantôt à plusieurs divisions, tantôt tubulé ; six, douze ou seize étamines insérées sur l'ovaire, tantôt soudées avec le pistil, tantôt libres et distinctes ; un stigmate soudé avec les filets staminaux, ou libre, et à plusieurs branches ; un ovaire infère ; une capsule ou baie à plusieurs loges polyspermes. L'embryon de la graine est dicotylédoné, ce dont avait douté Bernard de Jussieu ; aujourd'hui les *Aristoloches* sont placées à la tête des plantes dicotylédonées apétales, à étamines épigynes.

Cette famille ne renferme que trois genres, l'*Aristoloche*, l'*Asaret*, et le *Cytinus*. (L.)

ARKOSE. (GÉOL.) Ce nom a été donné, par M. Brongniart, à une roche formée en partie par l'agrégation des élémens du granite, et quelquefois du gneiss. Sa texture est donc grenue, et elle est composée de grains de quartz hyalin, et de grains de feldspath ou laminaire, ou compacte, ou argiloïde ; le mica, le talc, la lithomarge, y entrent comme parties accessoires ; la galène, la fluorite (chaux fluatée) et surtout la barytine (baryte sulfatée), font presque toujours partie des variétés cristallines, et leur donnent une pesanteur qui est un de leurs caractères les plus remarquables. On a divisé ces roches en *Arkoses commune, granitoïde* et *milliaire* ; dans les premières, le quartz est dominant, c'est le feldspath dans les secondes, et la petitesse des grains caractérise les troisièmes. Ces distinctions, fondées uniquement sur la composition minéralogique entre des roches les unes massives, les autres stratifiées, et dans lesquelles les dernières, formées par le transport de débris préexistans, offrant presque autant de variétés que de gisemens, ne peuvent avoir ni précision minéralogique, ni utilité géognostique. Une division plus essentielle à établir, est celle entre les Arkoses qui ne sont que le produit du transport par les eaux et de l'agrégation des élémens du granite, et celles qui sont formées en quelque sorte sur place par trituration, ou par diverses autres modifications des élémens du granite, peut-être même, suivant l'opinion d'un de nos habiles chimistes, par la sublimation des élémens du feldspath, de la galène, de la barytine, et leur cristallisation au milieu de certains grès ; on sent que ces deux groupes de roches, confondus dans une même espèce, doivent présenter sous les rapports de structure, de gisement, et même de composition, des différences telles qu'en les confondant leur histoire devient inexplicable. Il est généralement admis que la plupart des roches dures, cristallisées, *non stratifiées*, sont sorties de l'intérieur de la terre, à travers les couches déjà déposées à sa surface; par suite, on les a nommées *roches plutoniques* ou *d'origine ignée*; on a reconnu dans les granites diverses époques d'épanchement ou du moins d'apparition; car il n'est pas certain qu'ils aient été toujours soulevés à l'état fluide ou pâteux. Ce phénomène n'a pu avoir lieu sans donner naissance à des amas de débris incohérens qui formèrent en partie les élémens des Arkoses, comme la sortie des trachytes et des basaltes a donné lieu à des agglomérats trachytiques et basaltiques d'une origine plus récente, et par suite d'une étude plus facile. En outre la sortie, à travers les granites, des porphyres et des autres roches ignées, dut produire encore de nouveaux débris et de simples altérations du granite lorsque ces masses n'étaient pas déplacées. Si l'on ajoute à ces effets ceux que produisent les agens atmosphériques sur les surfaces émergées, on concevra *à priori* le rôle important que les Arkoses ou les roches formées des élémens du granite peuvent jouer dans l'écorce terrestre.

Parmi les Arkoses formées sur place, ou sans transport par les eaux, la variété nommée *Arène*, en Bourgogne, est celle qui se rapproche davantage du granite, du moins par sa composition. C'est du sable granitique sans agrégation, mais dans lequel le quartz, le mica et le feldspath sont disséminés de la même manière que dans le granite. Le feldspath et le mica sont souvent altérés, et quelquefois même le dernier disparaît presque complétement. L'Arène, ou *Arkose friable*, forme des amas à la surface du granite auquel elle passe d'une manière insensible, et est recouverte par des roches d'épaisseurs diverses, et quelquefois très-anciennes; ainsi, près Pontivy, département du Morbihan, les montagnes granitiques sont flanquées par des Arènes qui recouvrent des micaschistes ferrugineux, ou des schistes talqueux; d'immenses carrières ont été ouvertes pour les travaux de la canalisation de Nantes à Brest, et permettent l'étude de ce gisement, où l'on voit que l'Arène ne pénètre qu'en veines ou petits filons, comme le granite lui-même, au milieu des schistes, et que ceux-ci ne renferment aucun débris du granite; d'où l'on peut tirer cette conclusion, qui a paru si étrange il y a peu de temps encore, que le granite est plus récent que les schistes dont il est recouvert. L'Arène est employée avec succès dans la fabrication des mortiers hydrauliques.

Souvent, au dessus des amas dont nous venons de parler, des Arkoses sablonneuses et friables, que l'on peut facilement confondre avec l'Arène massive, alternent en couches régulières avec des Arkoses solides, ou avec diverses roches de sédimens. Elles sont souvent composées des mêmes élémens que les Arkoses en masse; mais l'uniformité de volume et la réunion des grains de même nature, ainsi que des indices de stratification, montrent que ces Arènes ont été transportées par les eaux.

L'*Arkose granitoïde* ou *semi-cristalline*, a une texture tantôt grenue, tantôt empâtée, quelquefois un peu cellulaire; elle est toute pénétrée de minéraux cristallisés, tels que la barytine, la fluorite, la galène, le carbonate de chaux, l'arragonite, etc., qui, en cristallisant au milieu de la masse, lui ont donné de la dureté, de la pesanteur, et une grande ténacité. Son gisement le plus habituel est à la surface même des massifs granitiques, et, suivant M. de Bonnard, il y a alors passage insensible de la roche à agrégation en partie mécanique à la roche cristalline. Si l'Arkose repose sur des roches autres que le granite, le porphyre ou le gneiss, il est très-probable qu'elle est plus ou moins stratifiée, qu'elle est formée par voie de transport, et n'appartient pas au groupe qui nous occupe.

Lorsque cette roche est recouverte par des couches de sédimens, quel que soit leur âge, du moins depuis le terrain houillier, il y a pénétration de leurs élémens dans toute la partie supérieure de la masse granitoïde, observation faite depuis longtemps par M. Cordier, et l'on y trouve même les fossiles qui caractérisent la formation superposée, sans qu'on en puisse conclure, hâtons-nous de le dire, que les formations et les Arkoses appartiennent à une même époque. Ainsi sur tout le revers oriental du grand massif granitique qui forme le plateau de la France, on voit le calcaire à gryphées arquées, que les Anglais nomment *Lias*, et plus rarement des sédimens plus anciens, comme les marnes irisées, recouvrir l'Arkose granitoïde, et y introduire leurs fossiles; tandis que dans les terrains houilliers du midi de la France, de Saint-Hippolyte dans les Vosges, des *calamites*, et autres plantes de la houille, se montrent déjà, dans la partie supérieure, des Arkoses avec baryte et galène qui forment le mur du dépôt houillier, et qu'en Auvergne, près de Clermont, les roches de cette nature qui formaient le fond des lacs de la période tertiaire ont reçu, dans leur partie désagrégée, des ossemens de mammifères et des coquilles lacustres.

On ne doit pas conclure de ces faits, que trois apparitions d'Arkose aient eu lieu à des époques caractérisées par des *calamites*, des gryphées arquées et des mammifères; mais seulement qu'à ces diverses époques, des Arkoses dont la surface était à l'état d'Arène se sont trouvées immergées dans la mer ou dans les lacs.

Indépendamment de ces Arkoses, formées par des amas détritiques, entassées au pied des massifs granitiques ( Arkoses des houillières ), et de ceux qui les enveloppent en forme de manteaux, et sont contemporains, les uns de l'épanchement des granites, les autres de leur destruction par la sortie des roches ignées d'origine plus récente, l'Arkose *semi-cristalline* forme des bancs ou des filons dans le granite lui-même; tels sont les filons de la Romanèche, département de Saône-et-Loire, où l'on exploite le manganèse; ceux de Mayny dans le Morvan, cités par M. de Bonnard; ceux moins connus de la Bretagne, qui traversent le granite et les schistes, en prennent souvent le caractère des mimophyres, roche qui est au porphyre ce que l'Arkose est au granite. Nous citerons encore comme gisement remarquable et peu connu, les Arkoses granitoïdes et cristallines du mont Mulchren dans les Vosges (Haut-Rhin) ; elles forment un énorme amas vertical qui se divise en *bancs* parallèles, et se subdivise en tables rhomboïdales. La barytine est répandue dans toute la roche, et lui donne une compacité et une pesanteur qui, réunies à l'absence presque complète du mica, peuvent seules la faire distinguer du véritable granite : de là, et de la présence de fragmens arrondis de quartz jaspoïde et de granite, mais non pas de véritables galets, ou même cailloux roulés, aura pu résulter l'opinion d'un géologue, qui cite des cailloux roulés dans le granite des Vosges.

Les Arkoses de ce premier groupe se rencontrent dans des positions très-variées qui annoncent diverses époques de formations. Le grand dépôt houillier qui commence la série secondaire s'appuie si fréquemment sur les Arkoses en masse, qu'il doit avoir suivi à peu d'intervalle leur formation et probablement l'apparition du granite à grands cristaux rouges ou blancs ( *granite porphyroïde* ) du plateau central de France, et de la chaîne dirigée est et ouest d'Alençon à Brest ; or, il est démontré pour nous que ces granites ont apparu après la consolidation du terrain de transition. C'est donc dans ces limites étroites, entre le terrain de transition et la houille secondaire, que nous devons fixer l'âge de ces Arkoses. M. Dufresnoy a vu des Arkoses avec barytine à la partie inférieure du terrain houillier à Saint-Etienne, département de la Loire, à la Magdeleine, près des bords du Lot ; M. de Caumont en cite à la mine de Vitry, département du Calvados ; et M. Brongniart, dans celles de Montrelai ; enfin M. de Beaumont, dans son beau travail sur les formations secondaires des Vosges, mentionne les Arkoses avec baryte du mur de la mine de houille de Saint-Hippolyte. En Angleterre, où elles font partie des *Millstone-grit*, elles constituent, de même qu'en France, la base du terrain houillier du pays de Galles. On peut dire, en général, que dans tout l'est de la France, les sédimens inférieurs du terrain secondaire ne recouvrent immédiatement l'Arkose que là où il n'existe pas de terrain houillier. A une époque un peu plus récente que celle de la houille, on voit l'Arkose *en masse* former le passage du granite au grès vosgien, qui n'est lui-même qu'une variété arénacée formée par voie de transport. Enfin, dans presque toute la Bourgogne, ce sont les groupes inférieurs du terrain secondaire, tels que les *marnes irisées*, le calcaire *conchylien*, et surtout le *lias*, qui recouvrent immédiatement l'Arkose granitoïde, et montrent avec cette roche une liaison apparente. Il en est encore ainsi au nord-est d'Alençon, où le *lias* existe, fait peu connu, et doit recouvrir l'Arkose qui, près de la ville, est en contact avec des couches plus récentes de la formation jurassique. La superposition de divers groupes du terrain secondaire, jusqu'au lias, sur l'Arkose, ne prouve pas qu'ils lui aient succédé immédiate-

ment à diverses époques d'apparition, mais seulement que ces dernières roches ont été portées sous les eaux, ou par affaissement, ou par un abaissement du sol ; de même que les dépôts tertiaires, sur les Arkoses de Clermont, nous montrent seulement qu'elles venaient d'être recouvertes par les eaux d'un lac. La seule conséquence qu'on puisse déduire de l'observation sur l'âge des Arkoses *massives* est leur antériorité ou contemporanéité, dans un grand nombre de cas, à la formation houillière.

Les Arkoses *en couches régulières* ou *stratifiées* se distinguent des précédentes par la réunion et l'égalité de volume des grains de même nature, la présence des débris organiques répandus dans l'intérieur des couches, l'absence fréquente du mica, et l'état du feldspath en petits grains plus ou moins broyés et décomposés. Si tels sont les caractères généraux des Arkoses stratifiées ou formées à la suite d'un transport, on doit reconnaître que les couches très-rapprochées du granite, comme celle d'Aubenas décrites par M. Brongniart, offrent presque entièrement les mêmes caractères que les Arkoses *granitoïdes massives*. Les différens minéraux cristallisés, tels que la blende, la galène, la fluorite, et surtout la baryte, caractérisent les variétés stratifiées, ainsi que les variétés massives ; mais elles s'y trouvent en état d'amas plutôt qu'en filons. Ce caractère est général dans toute l'Europe, et M. Virlet l'a retrouvé dans les Arkoses en couches de l'île de Mycone. La variété *milliaire* appartient exclusivement aux terrains stratifiés ; une couche de cette nature sépare deux des principaux bancs de houille de Saint-Etienne, et, à la mine du Treuil, c'est une couche d'Arkose *milliaire* qui recouvre les derniers lits de houille, et est traversée par les grandes tiges de fougères que l'on avait prises pour des palmiers. Il est très-rare que le terrain houillier ne renferme pas quelques couches de cette nature qui alternent avec des psammites, de la houille, ou de l'argile schisteuse.

Le grès vosgien n'est souvent qu'une Arkose *milliaire* à petits grains et cristaux de quartz très-abondans, et à grains décomposés de feldspath blanc, avec quelques gosets accidentels. Cette roche montre sa tendance à la cristallisation, non-seulement dans les cristaux de barytine et de fluorite, qui s'y trouvent en veines et en amas, mais même dans les petits cristaux de quartz qui s'y sont évidemment formés. Des Arkoses en couches à structure plus ou moins granitoïde et cristalline alternent avec des couches de marnes et de calcaires ou de psammites, quel que soit le groupe de terrain secondaire jusqu'au lias inclusivement, qui recouvre le granite ; il existe donc des Arkoses en couches de l'âge de ces divers groupes, roches qu'il est essentiel, sous le rapport économique comme sous le rapport géognostique, de distinguer des Arkoses massives ; les unes qui sont le produit de l'apparition des granites et des roches plutoniques qui les ont traversées, sont liées au terrain houillier par leur origine et leur gisement ; les autre pourraient appartenir à toutes les époques, et se former de nos jours; il est cependant à remarquer que l'Arkose semi-cristalline, avec métaux et minéraux cristallisés, ne dépasse pas le *lias*, qui est aussi la plus récente des formations métallifères *en couche* du nord de l'Europe; et qu'au-delà, ou dans la partie supérieure du terrain secondaire, ni dans le terrain tertiaire, on ne cite plus d'agglomérat granitique, comme si les dépôts secondaires inférieurs avaient tellement enveloppé les massifs granitiques, que leurs débris ne pussent former sous les mers de dépôts plus récens.

Sous le *point de vue économique*, l'Arkose mérite toute notre attention. Ses variétés cristallines et quelquefois milliaires sont l'indice de substances métalliques qui y sont dispersées en nodules, en amas et rarement en filons. Dans le Beaujolais et le Charolais, le minerai de plomb argentifère s'y rencontre fréquemment, et devient l'objet d'exploitations importantes; il en est de même dans le département de la Nièvre, et l'on peut dire que la plupart des gîtes métallifères, connus autour du groupe granitique du centre de la France appartiennent à cette formation. C'est le gîte de mine de plomb de Confolens, département de la Charente; des mines de manganèse de la Romanèse, département de Saône et-Loire, et de celles du département de la Dordogne, des mines de cuivre de Chessy, près de Lyon; de Crôme, aux Écouchets (Saône-et-Loire): de mercure dans le Palatinat. En outre, il n'est peut-être pas de terrain houillier sans Arkose. Les variétés massives forment le mur de la mine; tandis que la variété milliaire indique la partie supérieure, ou le toit. Partout l'Arkose fournit d'excellentes pierres à meule de moulin, notamment dans plusieurs localités de la Bourgogne, et à la Cassine de Montpeyroux, département de l'Allier; il en est ainsi à Waldshut près Schaffouse, et en Angleterre, où par suite les variétés cristallines ont pris le nom de *Millstonegrit*. On emploie quelques variétés à raison de leur qualité réfractaire, à faire des cheminées de fourneaux. Enfin, les Arkoses tabulaires des Vosges nous ont paru très-propres à être employées comme carreaux de dallage, ce qui leur donnerait un grand prix. En un mot, il n'est pas de localités où la découverte des Arkoses ne doive éveiller l'attention des industriels. (B.)

ARLEQUIN, ARLEQUINE. (ZOOL.) On a donné ce nom à plusieurs espèces d'oiseaux, de mollusques et d'insectes bigarrés de couleurs plus ou moins variées. Ainsi, parmi les oiseaux, le *Trochilus multicolor* s'appelle Arlequin; plusieurs espèces de porcelaines sont nommées Arlequines. Enfin, quel est le petit amateur d'insectes qui n'ambitionne pas la possession d'un Arlequin de Cayenne, belle espèce de coléoptère du genre Macrope? (GRÉB.)

ARMADILLE, *Armadillo*. (CRUST.) Genre de l'ordre des Isopodes, section des Oniscides, établi par Latreille, et ayant pour caractères: appendices postérieurs du corps ne formant point de saillies; dernier segment triangulaire,

une petite lame, en forme de triangle renversé, ou plus large ou plus tronqué au bout, formée par le dernier article des appendices latéraux, remplissant, de chaque côté, le vide compris entre ce segment et le précédent. Antennes latérales n'ayant que sept articles. Écailles supérieures sous-caudales ayant une rangée de petits trous; corps se roulant en boule. Les organes respiratoires de ces crustacés sont renfermés dans la duplicature de petites écailles branchiales et supérieures du dessous de la queue, présentant une rangée de trois à quatre petites ouvertures, pour l'introduction de l'air. C'est aussi sous des valves de la partie inférieure du corps que ces animaux conservent leurs œufs qui y éclosent. Ces crustacés habitent les lieux humides, tels que les caves, les trous des murailles et les fentes des rochers. Le peu d'espèces connues jusqu'à présent sont: l'*Armadille commun*, Armadillo vulgaris, ou l'*Oniscus Armadillo*, Linn.; Cuv., ibid., 14, 15; *Oniscus cinereus*, Panz. ibid., LXII, XXII; *Oniscus variegatus*, Vill., Entom. IV, XI, 15; *Armadille pustule*, Desm., Consid., XLIX, 6; *Armadille des boutiques*, Dumér. Dict. des Sc. Nat., III, pag. 117; il est gris, et a le second anneau du corps très-grand et échancré; cette espèce, venant d'Italie, était employée autrefois par les apothicaires. (H. L.)

ARMES. (ZOOL.) Parties du corps dont les animaux se servent pour attaquer leur proie, combattre leur ennemi, et se préserver du danger: les dents, le bec, les cornes, les ongles, certains prolongemens des systèmes pileux et épidermique, quelques produits de sécrétion doivent être considérés comme de véritables armes.

Cependant plusieurs organes qui semblent être, au premier aspect, des moyens d'agression ou de défense, sont loin de présenter sous ce rapport l'utilité qu'on est tenté de leur supposer et remplissent d'autres fonctions. Ainsi, les cornes des herbivores ne peuvent pas toujours être regardées comme des armes offensives ou défensives; celles qui arment la tête du taureau, lui servent sans doute, dans le plus grand nombre des cas, à combattre l'ennemi qui le harcelle; mais il arrive souvent que par leur position, leur conformation, elles sont incapables de lui rendre aucun service sous ce rapport. Aux Indes orientales, on trouve des taureaux privés de cornes; au cap de Bonne-Espérance on en voit chez lesquels celles-ci sont pendantes, c'est-à-dire seulement attachées à la peau: le chamois des Alpes, l'isard des Pyrénées portent les cornes toutes droites sur le sommet de la tête; leur extrémité supérieure se recourbe en arrière de telle sorte qu'ils ne peuvent s'en servir pour attaquer ou se défendre. La gazelle, la corinne offrent des dispositions semblables. Ces organes chez le bélier, en se contournant derrière les oreilles, deviennent inutiles dans le combat. Les bois du cerf, du renne, de l'élan, leur sont plus défavorables qu'avantageux à cet égard: ce n'est point avec la tête, mais avec les pieds, qu'ils se défendent contre les loups; les cerfs, cependant, blessent souvent de leur bois les hommes et les chiens qui les poursuivent;

le buffle enfin frappe, renverse avec son front, pile avec ses genoux l'ennemi qu'il combat ; mais il ne se sert point de ses cornes. Ces organes ne se trouvent, au reste, jamais réunis chez le même animal avec les dents et les ongles tranchans, et pour les dents ce sont, à très-peu d'exceptions près, les incisives qui sont employées comme armes, chez les mammifères. Les armes dont la nature a pourvu les animaux, sont aussi variées qu'admirablement appropriées aux nécessités de leur existence et aux autres circonstances de leur organisation. Ainsi un développement excessif des poils produit, par plusieurs emboîtemens coniques, les épines des porcs-épics, des hérissons, etc., et par leur agrégation les cornes du rhinocéros. Dans les vipères, une salive empoisonnée s'écoule par le canal de leurs crochets mobiles ; l'ornithorynque porte au pied de derrière une espèce d'ergot creusé pour l'écoulement d'un poison liquide : c'est le seul animal dont les ongles soient venimeux.

Les ongles sont, avec le bec, les principaux moyens d'attaque et de défense des oiseaux ; il en est quelques uns qui en présentent aux doigts de leurs ailes, tels sont le casoar des Moluques, le kamichi, le pluvier spinosus, l'oie de Gambie; etc., d'autres aussi portent sur la tête des végétations cornées ou osseuses.

Pour les poissons, les Armes sont presque toujours des prolongemens du système osseux : tels sont les os operculaires et quelques autres de la tête, hérissés de dentelures et d'épines, dans les spares et les perches ; les premiers rayons des nageoires chez les silières et plusieurs balistes ; telle est encore l'espèce d'épée tranchante qui arme la queue de la mourine et de la pastenague. On peut aussi appeler Armes les boucles des raies, que Blainville considère comme des dents développées dans la peau. Les insectes, les crustacés sont armés de prolongemens de la peau endurcie ; les coquilles des mollusques, les cellules calcaires des polypiers madréporiques, sont aussi des Armes protectrices accordées à ces animaux. Les vers intestinaux sont pourvus de suçoirs, de crochets, de poils ; le test qui enveloppe les échinodermes est couvert d'un grand nombre de piquans mobiles, qui blessent ceux qui veulent les saisir. Les méduses exhalent une humeur âcre et brûlante qui produit, quand on les touche, une sensation semblable à la piqûre des orties. Les éponges, les alcyons, les gorgones possèdent la même faculté. La liqueur noire des seiches et aplysies, les gaz fétides des moufetts, les commotions électriques que déterminent certains poissons, doivent encore être regardés comme des circonstances propres à les protéger. Mais une remarque générale, c'est que dans leur agression, ou dans le péril qui les menace, les animaux ne se servent pas seulement des organes ou des moyens que nous avons indiqués comme des Armes, mais ils déploient alors toutes les ressources de leur constitution; ces ressources sont bien plus nombreuses pour la défense que pour l'attaque. (P.G.)

ARMES. ( BOT. ) On appelle ordinairement ainsi les épines et les aiguillons, qui consistent, comme l'on sait, en des pointes plus ou moins dures, plus ou moins aiguës, et qui naissent sur les tiges, les branches, comme sur les calices et sur les feuilles. Quelques botanistes, cependant, mettent au nombre des Armes des végétaux ces enveloppes dures, solides et ligneuses, qui recèlent entre leurs parois protectrices l'amande de certaines espèces de fruits. Ils rangent également parmi les *Armes* des plantes l'odeur de quelques unes d'elles, qui souvent est si fétide, qu'elle repousse les animaux qui veulent en approcher. Ces botanistes, en un mot, appellent *Armes* tous les moyens que la nature a mis en usage en faveur des végétaux pour les préserver de leurs ennemis extérieurs ou pour assurer la conservation ainsi que la propagation des espèces.    (P. G.)

ARMOISE, *Artemisia*. (BOT. PHAN.) Genre de la famille des Corymbifères, Syngénésie polygamie superflue de Linné, composé d'un assez grand nombre de plantes herbacées ou frutescentes, qui toutes sont essentiellement aromatiques et d'une saveur très-amère. Le botaniste suédois avait réuni les genres *Abrotanum, Absinthium* et *Artemisia* de Tournefort ; depuis on a divisé le genre de Linné, selon que son réceptacle est nu ou soyeux, en deux autres : l'*Absinthe*, dont nous avons parlé à son ordre alphabétique, et l'*Armoise*, dont voici les caractères distinctifs.

Fleurs réunies en capitules ovoïdes allongés; réceptacle nu ; involucre formé d'écailles imbriquées, obtuses, scarieuses sur les bords, parfois colorées ; fleurons hermaphrodites au centre, tubuleux, à cinq dents égales et réfléchies ; fleurons femelles à la circonférence, peu nombreux, subulés, entiers ; anthères imparfaitement soudées, style saillant, stigmate à deux branches recourbées et obtuses; fruit renflé à sa partie supérieure, sans aigrette.

Nous citerons les espèces d'Armoises les plus intéressantes par leurs propriétés.

L'ARMOISE COMMUNE, *Artemisia vulgaris*, possède à un degré un peu plus faible les propriétés toniques et excitantes de l'Absinthe. On la reconnaît à ses tiges cannelées, rameuses, rougeâtres; à ses feuilles découpées, vertes en dessus, blanches et tomenteuses en dessous; à ses fleurs en panicules terminales, un peu cotonneuses. Elle se trouve aux environs de Paris, dans plusieurs contrées, et au Japon, où, selon Haller, on brûle sa moelle en moxa sur les membres douloureux de ceux qui souffrent de la goutte.

L'ARMOISE DE JUDÉE, *A. judaïca* et l'*Armoise de Perse*, *A. contra*, fournissent au commerce la poudre vermifuge connue sous le nom de *Semencine*, *Barbotine*, ou *Semen contr*. Ce sont de petits arbrisseaux à tige et feuilles cotonneuses; celui de Perse se distingue par l'agglomération de ses fleurs en petits épis ovales, alternes, épars sur des rameaux assez simples, réunis en panicule.

L'*Artemisia abrotanum*, arbrisseau originaire de l'Orient et des contrées méridionales de l'Europe,

rope, se cultive dans nos jardins sous le nom d'*Au-rone* ou *Citronnelle*, qu'il doit à l'odeur suave de ses feuilles ; ses fleurs sont jaunâtres et ont leur calice couvert de duvet; sa tige a de deux à trois pieds.

L'*Estragon*, dont les feuilles aromatiques et piquantes forment un assaisonnement bien connu, est une Armoise, *A. dracunculus*, originaire de Tartarie; ses fleurs sont jaunâtres, fort petites, et dispersées en petites grappes axillaires; on a remarqué que ses premières feuilles sont souvent découpées en trois lobes, tandis que les suivantes sont simples et entières.

On cultive encore dans les jardins une *Armoise* de Madère, à laquelle l'aspect blanchâtre de ses feuilles a fait donner le surnom d'*argentea*.    (L.)

ARMORACIA. (BOT. PHAN.) Dans un mémoire lu à l'académie des sciences de l'Institut, en 1814, j'ai prouvé, par le rapprochement des textes de Théophraste, de Pline, de Dioscoride, de Columelle et de Palladius, que l'*Armoracia* des Romains est la même plante que le *Kéras* des Grecs, notre cranson rustique (V. ce mot), ou *Cochléaria armoracia* de Linné.     (T. D. B.)

ARNIQUE, *Arnica* (BOT. PHAN.) Genre de la famille des Composées, section des Corymbifères, distinct des *Doronics* par l'aigrette simple qui couronne toutes ses graines, et par les cinq filamens stériles de ses demi-fleurons. Ses autres caractères génériques sont : un involucre à folioles égales, disposées sur un ou deux rangs; un réceptacle nu, des fleurs radiées, à fleurons hermaphrodites, quinquéfides, et demi-fleurons en languette lancéolée munie de trois dents et de cinq filamens stériles déjà mentionnés.

Les différentes espèces d'*Arnica*, au nombre de vingt-cinq ou trente, se trouvent dans les diverses contrées du globe; leurs fleurs sont jaunes, leurs feuilles opposées ou alternes, radicales ou caulinaires. La plus intéressante est l'*Arnica montana*, que l'on trouve en France, dans les lieux plats aussi bien que sur les montagnes; ses propriétés excitantes sont employées en médecine. Nous l'avons fait représenter dans notre Atlas, pl. 30, fig. 1.     (L.)

AROIDÉES, *Aroïdeæ*. (BOT. PHAN.) Famille de végétaux monocotylédones, à étamines hypogynes, très-voisine des Typhacées et des Fluviales, entres lesquelles M. de Jussieu la range; l'*Arum*, ou Gouet, en est le type, et renferme en effet la plupart des caractères qui la distinguent.

Les Aroïdées ont en général une racine vivace, tubéreuse, charnue; la plupart sont acaules; au milieu d'un faisceau de feuilles, s'élève une hampe nue, qui porte les fleurs; quelques espèces présentent des tiges grêles, sarmenteuses, qui croissent et vivent en parasites sur d'autres végétaux.

Le pétiole des feuilles forme gaîne; celles-ci, très-variées de figure, sont alternes, roulées dans leur jeunesse, et marquées souvent de nervures saillantes.

Les fleurs sont ordinairement enveloppées dans une spathe en forme de cornet, souvent colorée. Un spadice ou réceptacle central porte les éta-

mines et les pistils. Ces organes sont : 1° tantôt nus; alors les fleurs sont monoïques, les étamines au dessus des pistils ou mélangées avec eux, ce qui constitue le groupe des Aroïdes vraies (Brown); 2° tantôt entourés d'écailles calicinales ou pétales; alors on peut considérer les fleurs ou comme hermaphrodites, ayant quatre ou six étamines autour d'un pistil; ou bien comme unisexuées, chaque écaille portant un organe sexuel, et formant une fleur. Cette dernière hypothèse est de M. Richard, qui regarde toutes les Aroïdées comme ayant des fleurs unisexuées, monandres et monogynes, pourvues ou non d'écailles calicinales.

L'ovaire est à une loge, plus rarement à trois; en mûrissant, il devient une baie ou une capsule, souvent monosperme par l'avortement des autres graines.

Les Aroïdées naissent généralement à l'ombre, dans les lieux humides; la plupart ont un aspect triste, une odeur désagréable, et renferment des sucs vénéneux. Les plantes les plus intéressantes de cette famille sont le *Gouet*, la *Zostère*, la *Calle*, le *Pothos*, l'*Acore*, etc.     (L.)

AROMATES. (CHIM.) On désigne ainsi toutes les substances qui répandent une odeur plus ou moins suave et qui sont tirées, pour la plupart, des végétaux qui habitent les pays chauds. Les Aromates doivent leur odeur à une huile volatile ou à une matière balsamo-résineuse qu'ils contiennent en plus ou moins grande quantité. On les emploie en médecine et dans l'économie domestique, soit comme médicamens, soit comme parfums ou cosmétiques, soit comme assaisonnemens; enfin, leurs propriétés médicinales sont excitantes et anti-spasmodiques. Leur usage doit être interdit aux personnes sèches et irritables; il convient, au contraire, aux méridionaux, dont la fibre musculaire est détendue, les viscères languissans par l'effet de la chaleur et de l'humidité. La cannelle, le poivre, le gérofle, la muscade, le gingembre, la vanille, l'anis, le fenouil, la coriandre, etc., sont des Aromates.     (F. F.)

ARÔME. (CHIM.) L'Arôme, *esprit recteur* de Boerhaave, est cette portion d'un corps odorant qui, entraînée, dissoute par l'air ambiant, vient frapper plus ou moins fortement et plus ou moins agréablement le sens olfactif. L'Arôme est le principe de l'odeur, l'effet de toute substance minérale, végétale ou animale capable de se volatiliser. Il peut être fixé, et on le fixe tous les jours, à l'aide de la distillation ou de la simple imprégnation, dans divers corps, tels que l'eau, les huiles, les graisses, l'alcool, le vinaigre, etc. C'est par la distillation que les pharmaciens préparent les eaux distillées des plantes, les alcoolats, etc.; c'est par l'imprégnation que les parfumeurs préparent leurs huiles, leurs vinaigres, leurs pommades, etc., pour la toilette.     (F. F.)

ARON DES ANCIENS. (BOT. PHAN.) La plante alimentaire connue des anciens Égyptiens sous le nom de *Aron*, qu'ils cultivaient avec le plus grand soin, dont ils faisaient un commerce très-étendu, et qu'ils transportaient jusque dans Rome, est la racine du Gouet comestible (*v.* ce mot), que l'on trouvait sur les tables du riche et du pauvre.

(T. D. B.)

ARONDE, *Avicula.* (MOLL.) Dénomination proposée par Cuvier, dans son Tableau élémentaire, pour les coquilles bivalves appelées Hirondes par Bruguière, et dont la forme et la couleur leur donnent de la ressemblance avec une hirondelle. Cette dénomination n'a point été adoptée par Lamarck, qui, dans le vol. 6, 1<sup>re</sup> part., page 146, de ses An. S. V., en a fait le genre Avicule, auquel nous renvoyons nos lecteurs. (DUCL.)

ARROW-ROOT. (BOT.) Fécule que l'on retire de la racine des *Maranta indica* et *Maranta arundinacea*, plantes de la famille des Amomées et de la Monandrie monogynie. Ces deux espèces croissent naturellement dans l'Inde ; mais on les cultive abondamment aux Antilles, et surtout à la Jamaïque.

Cette fécule, qu'on extrait de la même manière que celle de pommes de terre, est très-fine et très-douce au toucher ; elle est également insipide, et jouit des mêmes propriétés.

Raspail, en réfutant les assertions de Berzélius et de Guibourt, a démontré que les grains d'Arrow-Root, observés au microscope, n'étaient point translucides, ainsi que l'avait dit ce dernier ; qu'ils étaient au contraire plus fortement ombrés et il a, en outre, assigné à cette substance les caractères suivans :

« La fécule d'Arrow-Root, examinée en grand, a un œil cristallin, mais mat ; elle est plus rude au toucher que celle de pommes de terre et presqu'autant que celle d'amidon de froment ; elle renferme des grumeaux qui résistent à la pression, et craquent sous les doigts. Examinée dans l'eau, au microscope, elle offre des groupes de cinq, six et même dix et douze grains, que le mouvement le plus rapide et l'agitation la plus prolongée ne parviennent pas à désassocier, et qui voyagent de compagnie dans le liquide.

» Mais ce qu'il y a de plus distinctif dans les caractères physiques de cette fécule, c'est que chacun de ces grains représente une moitié, un quart, un tiers de sphère solide, que d'autres sont de petits cylindres ayant une extrémité arrondie en calotte et l'autre aplatie ; enfin que d'autres ressemblent exactement à des molettes de peintre. »

Comme aliment, l'Arrow-Root n'ayant aucun avantage sur la fécule de pommes de terre, on doit toujours lui préférer cette dernière, dont le prix est bien moins élevé, et n'ajouter aucune foi aux éloges intéressés que le charlatanisme accorde à cette substance. (P. G.)

ARPENTEUSES ou GÉOMÈTRES. (INS.) Nom appliqué, comme adjectif, à des chenilles, qui semblent, par leur manière de marcher, mesurer le terrain qu'elles parcourent ; car lorsqu'elles veulent avancer, elles se fixent d'abord par les pattes antérieures, élèvent ensuite leur corps en manière de boucle ou d'anneau, pour rapprocher l'extrémité postérieure de l'opposée, ou de celle qui est fixée ; elles se cramponnent ensuite au moyen des dernières pattes, dégagent les antérieu-

res et portent leur corps en avant, pour se fixer de nouveau avec les pieds écailleux, et recommencer le même manège. Leur attitude dans le repos est très-extraordinaire. Fixées aux branches ou aux rameaux de divers végétaux par les seules pattes de derrière, leur corps est suspendu en l'air, dans une ligne droite, et parfaitement immobile. Par les couleurs et les inégalités de sa peau, il ressemble souvent, et de manière à s'y méprendre, à des rameaux secs. L'animal se tient, pendant plusieurs heures et même des journées entières, dans cette singulière position. (*Voy.* notre Atlas, pl. 30, fig. 2).

Latreille, Règ. anim. de Cuvier, a donné le nom de Géomètres ou Arpenteuses à la septième section des Lépidoptères nocturnes, comprenant le genre PHALÈNE. (*V.* ce mot.) (H. L.)

ARRAGONITE. (MIN.) Pour le chimiste cette substance, que l'on devrait écrire *Aragonite*, parce qu'elle doit son nom à la province d'Aragon en Espagne, n'est qu'un carbonate de chaux ; pour le minéralogiste, c'est une espèce distincte. Elle n'en diffère à l'analyse que par une petite quantité de carbonate de strontiane, et par une quantité encore moins considérable d'eau ; mais aux yeux du minéralogiste elle se distingue de la chaux carbonatée par sa cristallisation, qui, au lieu de dériver du rhomboïde obtus, dérive de l'octaèdre rectangulaire qui donne un prisme rhomboïdal ; et parce qu'elle ne possède point la faculté de se cliver, c'est-à-dire de se diviser nettement par la percussion ou à l'aide d'une lame de fer, parallèlement aux faces du cristal primitif. De là vient que le moyen le plus simple de reconnaître les diverses variétés d'Arragonite, qu'il serait facile de confondre avec celles de la chaux carbonatée, puisque l'une et l'autre de ces substances font effervescence dans l'acide nitrique, c'est d'examiner leur cassure : celle de l'Arragonite est toujours vitreuse, plus ou moins ondulée ; celle de la chaux carbonatée est toujours plus ou moins plane, ou présente des faces brillantes unies et plus ou moins grandes. Enfin l'Arragonite se distingue encore de la chaux carbonatée par sa dureté, qui va jusqu'à rayer toujours fortement celle-ci, et par sa pesanteur spécifique qui est plus grande, dans le rapport de 16 à 15.

Nous venons de dire que la forme primitive des cristaux d'Arragonite est l'octaèdre ; cet octaèdre, par suite d'un décroissement à l'aide duquel les arêtes terminales sont remplacées par des faces perpendiculaires à l'axe, donne naissance à un prisme rhomboïdal. Quatre ou sept de ces prismes se groupent et forment un cristal qui, au premier coup d'œil, paraît être un prisme hexaèdre ou à six faces, primitif ; mais en l'examinant avec attention on reconnaît qu'entre plusieurs de ces prismes se trouvent d'autres prismes trièdres ou à trois faces, qui remplissent les vides que le groupement des prismes hexaèdres a dû former. Ces agrégations de prismes produisent des variétés fort intéressantes sous le rapport cristallographique, auxquelles Haüy a donné les noms de *Dilaté primitif*, *Dilaté* basé, *Contourné ba é, Emergent basé, Méiogone basé*, et *Mésotome l asé*. L'Arragonite se présente rarement avec sa forme primitive ; quelquefois en cristaux cubiques, mais plus souvent en prismes à six pans terminés aux deux extrémités par deux faces trapézoïdales qui se réunissent en formant une arête au sommet et à la base du prisme.

Quant aux formes indéterminables, c'est-à-dire qui ne peuvent être soumises aux règles sévères de la géométrie, l'Arragonite en offre plusieurs, telles que celles d'aiguilles éclatantes et déliées, quelquefois radiées ; celles de rameaux blancs, opaques, contournés, quelquefois lisses, d'autres fois présentant l'assemblage de petites aiguilles placées obliquement à l'axe de chaque branche. Cette dernière variété, à laquelle on a donné le nom de *Coralloïde*, est celle que les anciens minéralogistes appelaient *flos ferri*, parce que les premiers échantillons ont été recueillis dans des mines de fer.

L'Arragonite se trouve dans des terrains d'âges très-différens : ainsi dans les Alpes, au milieu des serpentines ; dans les Vosges, au milieu de roches anciennes voisines des GRANITES et des GNEISS (*voy.* ces mots) par leur composition et riches en filons métalliques ; en Espagne, dans des gypses de la formation salifère ; en Auvergne, dans les basaltes (*voy.* ce mot), ainsi que dans des calcaires d'eau douce du même pays, et plus récens peut-être que ceux de Saint-Ouen près Paris ; enfin elle se forme même dans des terrains tout récens : c'est ainsi qu'on la trouve dans les vacuoles des laves de l'île Bourbon, du Vésuve et de l'Etna. Ce que l'on peut aussi affirmer c'est qu'elle se dépose dans certaines eaux minérales, puisque non-seulement quelques travestins qui bordent l'Allier près d'Issoire en sont remplis, mais que je possède un morceau de bois venant des bains romains de Sénecterre et tenant encore au béton antique, qui est complétement tapissé d'Arragonite aciculaire. (J. H.)

**ARRÊTE-BŒUF.** (BOT. PHAN.) Synonyme vulgaire d'une espèce de BUGRANE (*voy.* ce mot). (L.)

**ARRIÈRE-FAIX, SECONDINE, DÉLIVRES.** (ZOOL.) Noms vulgaires donnés au placenta et aux membranes qui entourent le fœtus des quadrupèdes, parce qu'ils arrivent après l'accouchement. (*Voy.* AMNIOS, ALLANTOÏDE, CHORION et PLACENTA.) (P. G.)

**ARROCHE,** *Atriplex.* (BOT. PHAN.) Genre de la famille des Chénopodées et de la Polygamie monoécie, contenant une douzaine d'espèces, dont une seule se cultivait dans les jardins bien antérieurement au VIII<sup>e</sup> siècle, c'est l'Arroche des jardins, *A. hortensis*, que l'on appelle vulgairement *belle et bonne dame*. On la dit originaire de l'Asie ; elle est annuelle, à tige droite, d'un vert très-pâle, s'élevant de douze à seize décimètres ; ses feuilles sont larges, dentées, triangulaires, aiguës, d'un vert jaune. Cette plante dure peu, monte vite en graines qui se répandent d'elles-mêmes, et se détruit difficilement. On mange en salade et dans les potages les feuilles de l'Arroche, quoiqu'elles

soient peu savoureuses ; le plus souvent on s'en sert pour adoucir l'acidité de l'oseille. Deux variétés sont recherchées comme ornement, la rouge et la très-rouge dont la tige et les feuilles sont de cette couleur.

Parmi les autres espèces, on distingue l'ARROCHE HASTÉE, *A. halimus*, des bords de la mer, dont la tige frutescente, très-rameuse, chargée de feuilles permanentes, deltoïdes, d'un glauque argenté, s'élève jusqu'à trois et quatre mètres de haut ; l'ARROCHE POURPIÈRE, *A. portulacoïdes*, qui se brûle pour en retirer la soude ; sa tige est également frutescente, mais ses feuilles sont épaisses et ovales ; l'ARROCHE ÉTALÉE, *A. patula*, qui rampe sur la terre, est munie de feuilles lancéolées, triangulaires, et porte une dentelure sur ses valves séminales ; enfin l'ARROCHE DU BENGALE, *A. bengalensis*, que les Indiens cultivent comme plante potagère : on la cultive dans quelques jardins de botanique ; quand elle sera parfaitement acclimatée, on la préférera à la *bonne dame*. (T. D. B.)

**ARROCHE PUANTE.** (BOT. PHAN.) Nom impropre vulgairement donné à l'Ansérine fétide, *Chenopodium vulvaria*, à cause de l'odeur qu'elle exhale, surtout quand on l'écrase. (T. D. B.)

**ARROCHES.** (BOT. PHAN.) La famille de plantes que l'on a successivement appelée Arroches et Atriplicées, a pris, depuis 1800, le nom de Chénopodées que lui imposa Ventenat. (*Voy.* le mot CHÉNOPODÉES.) (T. D. B.)

**ARROSOIR,** *Aspergillum.* (MOLL.) Coquilles remarquables par leur forme, toujours rares, très-recherchées, d'un fort grand prix, que Lamarck, dans son Système des Animaux sans vertèbres, vol. 5, page 428, a décrites, et qu'il classe dans sa division des Conchifères crassipèdes, famille des Tubicolées, près des Clavagelles et des Fistulanes. Voici les caractères qu'il leur assigne : Fourreau tubuleux, testacé, se rétrécissant insensiblement vers sa partie antérieure, où il est ouvert, et grossissant en massue vers l'autre extrémité ; la massue ayant d'un côté deux valves incrustées dans sa paroi ; disque terminal de la massue convexe, percé de trous épars, subtubuleux, ayant une fissure au centre.

Ces coquilles singulières présentent un tube testacé, rétréci vers le côté ouvert, grossissant vers l'extrémité opposée, où il est fermé par un disque de même nature, ayant la forme d'une calotte, dont la surface convexe est parsemée de petits tubes qui ne font qu'un seul corps avec elle, et bordée par d'autres tubes qui adhèrent les uns aux autres en forme de couronne ; sur cette paroi, vers la massue, se trouve la coquille véritablement bivalve et équivalve. Elle complète, par ses deux valves ouvertes et enchâssées, une partie du tube qui contient l'animal. Une espèce fort belle, et que nous représentons dans notre Atlas, pl. 50, fig. 5, habite la mer Rouge ; elle porte à sa base des articulations foliacées imitant exactement une manchette, ce qui lui a valu le nom d'*A. à manchette*.

Ce genre de coquilles n'est composé que de

quatre espèces à l'état vivant : Savoir, l'A. DE JAVA, l'A. A MANCHETTES, l'A. DE LA NOUVELLE-ZÉLANDE, et l'A. AGGLUTINANT.

Une espèce fossile a été depuis peu publiée par M. Hœninghaus de Crefeld, sous le nom d'*A. Leognanum*, parce qu'elle a été, dit-il, trouvée dans la localité de Leognan, près Bordeaux. Nous n'avons vu cette coquille qu'en gravure, et l'examen attentif que nous en avons fait nous porte à croire qu'elle n'est pas fossile.

Ces coquilles, dont la forme générale est fort bizarre, ont donné lieu à des noms qui ne le sont pas moins de la part de beaucoup d'auteurs. On les voit dénommées *Phallus testaceus marinus*, par Lister; *Tuyau de Vénus*, par Rhumphius; *Solen phalloïdes*, par Klein; et enfin *Serpula penis*, par Linné, d'où les marchands l'ont baptisé le *Brandon d'amour*.                    (DUCL.)

**ARSÉNIATES.** ( CHIM. ) Sels formés par les bases et l'acide arsénique, qui dégagent une forte odeur d'ail quand on les projette sur des charbons ardens, et dont quelques uns existent dans la nature. Parmi ces derniers, nous citerons : l'*Arséniate de chaux*, que l'on trouve dans le duché de Bade sous forme de petits mamelons blancs, soyeux; 2° l'*Arséniate de cuivre*, qui existe dans le pays de Nassau, dans le comté de Cornouailles, etc., en cristaux verts ou en masses olivâtres; 3° l'*Arséniate de fer*, que l'on rencontre à Saint-Léonard en France, ainsi que dans les mêmes lieux que le précédent, et dont les cristaux ont une couleur d'un vert olive ou brunâtre; 4° l'*Arséniate de cobalt*, que l'on a signalé en Saxe, en Hongrie, en France, etc., en cristaux aciculaires, ou en efflorescences terreuses, d'un rouge de fleurs de pêcher.                    (F. F.)

**ARSENIC.** ( CHIM. et MINÉR. ) Métal qui se trouve dans la nature à l'*état natif*, à l'*état d'oxide* et à l'*état de sulfure*, et qui est rangé dans la troisième classe de M. Thénard. L'Arsenic natif est d'un gris d'acier, très-cassant; il se ternit à l'air et répand une forte odeur d'ail quand on le projette sur des charbons ardens; sa forme cristalline naturelle est encore inconnue; mais si on le fond et qu'on l'abandonne à lui-même, il forme des masses plus ou moins considérables, qui paraissent composées d'aiguilles prismatiques.

L'Arsenic se rencontre en Saxe, en Bohême, au Hartz, en Souabe et en France, associé avec la chaux carbonatée, la baryte sulfatée et le quartz. Ses variétés sont la *lamellaire*, la *tubéreuse testacée*, la *globuliforme*, la *massive*, etc.

On l'obtient en calcinant et en sublimant les mines de cobalt arsénial dans des fourneaux à réverbère; une grande partie de l'Arsenic passe à l'état d'acide arsénieux, tandis qu'une autre portion se sublime à l'état métallique près de la cheminée.

L'Arsenic natif sert à préparer, dans les arts, ce que l'on appelle *cuivre blanc*, alliage qui résulte de la fusion à parties égales de cuivre et de métal, et avec lequel on fabrique, en Allemagne, une foule d'objets d'utilité ou d'agrément. Ce que l'on emploie dans l'économie domestique sous les noms de *Poudre à mouche*, *Cobolt* ou *Cobalt*, pour faire périr les mouches, n'est autre chose que de l'Arsenic natif réduit en poudre et mélangé avec de l'eau.

Cette substance et tous ses composés sont des poisons extrêmement dangereux, sur lesquels nous reviendrons dans un instant.

ARSENIC OXIDÉ. Substance blanche, soluble dans l'eau, cristallisant en octaèdre régulier, se volatilisant au feu, avec une odeur alliacée, existant en petite quantité dans la nature sous forme aciculaire, et paraissant avoir été confondue avec la chaux arséniatée.

Celui du commerce, que l'on appelle *Deutoxide d'Arsenic*, *Acide arsénieux*, *Oxide blanc d'Arsenic*, ou vulgairement *Arsenic*, *Mort aux rats*, s'obtient en sublimant les mines de cobalt arsénical.

L'Arsenic oxidé est employé dans les arts pour purifier le platine et hâter la vitrification du verre. Il entre dans la préparation de plusieurs vernis et dans quelques compositions pharmaceutiques, telles que : la *poudre de Rousselot*, le *topique du frère Côme*, que l'on emploie souvent pour cautériser les ulcères cancéreux de peu d'étendue; la *teinture de Fowler*, les *pilules asiatiques*, etc. Dans l'Inde, on le prescrit à l'intérieur, à très-petites doses, comme fébrifuge, contre les fièvres intermittentes rebelles; on l'a administré dans les mêmes cas, en France, associé à la potasse; enfin, quelques maladies de la peau ont cédé à son usage interne, mais à des doses extrêmement minimes.

ARSENIC SULFURÉ. Cette espèce se subdivise en deux sous-espèces, eu égard à leur couleur; l'une (*sulfure orangé*), qui est d'un rouge aurore et qu'on nomme vulgairement *Réalgar*; l'autre, qui est d'un jaune citrin (*sulfure jaune*), qui porte le nom d'*Orpiment*. La première cristallise en prismes transparens, acquiert une électricité résineuse très-prononcée par le frottement, répand une odeur alliacée et sulfureuse au chalumeau, etc., et se trouve principalement dans les terrains primitifs de l'Europe, où elle est associée tantôt avec l'Arsenic natif, tantôt avec le cuivre gris, le fer sulfuré, etc. On en a trouvé sous forme cristalline près des cratères des volcans.

La seconde, plus volatile que l'Arsenic, solide, luisante, composée de lames brillantes comme superposées, inodore, insipide, etc., se rencontre dans les terrains secondaires, en Hongrie, en Transylvanie et dans l'Orient, où elle est acompagnée d'argile, de quartz, etc.

Les formes déterminables connues de l'Arsenic sulfuré sont : l'*Arsenic primitif*; l'*Arsenic octodécimal*, qui a la forme d'un prisme à huit pans, terminé par des sommets à cinq faces; l'*Arsenic bi-décimal*, dont le prisme est devenu décaèdre; les formes indéterminables sont le *laminaire* rouge ou jaune, et quelquefois moitié rouge et moitié jaune; le *concrétionné globuliforme* et le *compacte*.

Les Arsenics sulfurés rouge et jaune, moins vénéneux que le deutoxide d'Arsenic, sont employés dans la peinture, après avoir été réduits en poudre fine. Le jaune entre dans la composition du *baume vert de Metz*, dans le *collyre de Lanfranc*, etc.

De tous les composés arsénicaux, c'est l'acide arsénique qui est le plus vénéneux, et malheureusement le plus à la portée des mains criminelles; car, employé dans les arts, on le trouve partout et on se le procure avec trop de facilité. Les secours à apporter aux premiers accidens causés par cette terrible et dangereuse substance, accidens qui se manifestent par des coliques atroces, des vomissemens sanguinolens, des sueurs froides, des tremblemens, etc., consistent à faire boire au malade assez d'eau sucrée, ou d'eau tiède, ou de macérés émolliens, pour déterminer le vomissement qui, nécessairement, doit faire rejeter le poison. On peut encore avoir recours à quelques verres d'eau hydrosulfurée, ou à un mélange à parties égales d'eau de chaux et d'eau sucrée. Ensuite on se comporte selon l'état dans lequel se trouve le malade, c'est-à-dire que des sangsues, des fomentations émollientes, des cataplasmes anodins sont appliqués, si on les juge nécessaires. *Voyez*, du reste, ce que nous avons dit pour les empoisonnemens par les acides.        (F. F.)

ARSÉNIEUX, ARSÉNIQUE. (chim.) *V.* Acide.

ARSÉNITES. (chim.) Combinaisons des oxides métalliques avec le deutoxide d'arsenic, oxide qui joue le rôle d'acide et qu'on désigne encore, pour cela, sous le nom d'*acide arsénieux.* Un seul de ce genre de sels existe dans la nature, c'est l'*Arsénite de plomb.*        (FF.)

ARTAMIE, *Artamia.* (ois.) Genre de Passereaux de la tribu des Dentirostres, famille des Pies-grièches, établi récemment par M. Isid. Geoffroy Saint-Hilaire (*Nouvelles Annales du Musée*), pour une espèce à ailes obtuses et assez courtes, jusqu'à présent rangée dans le genre Langrayen (*Ocypterus*), dont le caractère essentiel consiste, comme l'indique son nom, dans des ailes aiguës et très-longues. Cette espèce, l'*Ocypterus sanguinolentus*, Temm. pl. 499, que l'on doit désormais appeler Artamie sanguinolente, *Artamia sanguinolenta*, a la queue beaucoup plus longue que ne l'ont généralement les Langrayens; son bec, plus long et moins conique, est pourvu d'une échancrure et d'un crochet terminal bien plus marqués. Ses tarses sont plus courts.

Cette espèce est de la grosseur d'un merle; elle est assez remarquable par la distribution de ses couleurs :

Tout le corps est d'un noir brillant avec une tache d'un rouge ponceau au milieu de la poitrine et du ventre, et une autre tache de même couleur, mais plus petite, au bord des couvertures supérieures de l'aile.        (GERVAIS.)

ART D'OBSERVER. Les êtres nombreux qui vivent, croissent, multiplient et meurent auprès de nous, depuis le cryptogame qui tapisse les pointes des rochers jusqu'aux étoiles peuplant la voûte éthérée, depuis l'insecte qui butine sur la fleur nouvellement éclose jusqu'à l'énorme cétacé caché dans les profondeurs des mers polaires, depuis les plus petites parcelles du sable que l'Océan apporte sur nos plages jusqu'aux colosses granitiques témoins des premières révolutions du globe terraqué, toute la création, en un mot, appelle, fixe l'attention de l'homme. De l'analyse des objets qui ébranlent nos sens, naquit la science des faits, et de celle-ci la certitude morale qui fournit les idées claires, les notions exactes, et développe le jugement, lequel, à son tour, créa l'art d'observer, autrement dit l'art d'examiner, de se rendre compte, de classer les phénomènes étudiés. L'observation est donc l'instrument du naturaliste, comme elle doit être celui du philosophe, du littérateur, de l'artiste jaloux d'agrandir le domaine de la pensée et d'arriver sûrement à la vérité; l'observation est la glace sur laquelle viennent se refléter les rayons de la lumière; c'est la main qui soulève un coin du voile qui cache aux yeux vulgaires les lois de la nature, les rapports secrets qui lient les corps les uns aux autres, les élémens de leur composition, de leurs actions réciproques. L'art d'observer a été, dans l'origine de la société, l'instigateur d'une foule de découvertes, d'inventions importantes, comme il est la voie la plus simple, la plus prompte, la plus certaine, pour atteindre à la perfection, terme final des choses. Tous les hommes peuvent exercer cette noble faculté de l'intelligence, l'œuvre de chacun hâte le grand œuvre de tous; mais il n'y a que le génie qui soit appelé à forcer la nature à répondre aux questions qu'il lui fait, et à mettre ses contemporains en possession de conquêtes incontestables.

Quand on veut observer avec fruit, il faut redouter les écarts de l'imagination, secouer le joug des idées préconçues et ne point marcher en aveugle sur la route tracée par le maître; il faut, avec calme et une impassibilité stoïque, épier le moment, ne rien brusquer, s'en tenir aux faits, les enregistrer tels qu'ils se présentent, soumettre ceux acquis aux épreuves qui séparent les causes des effets, qui mesurent l'étendue réelle, distinguent la partie essentielle de celle qui n'est qu'accidentelle, qui remuent, troublent, rapprochent, éclairent, développent les résultats obtenus et en font jaillir le vrai, l'utile : c'est ainsi que l'observateur paie sa dette, qu'il acquiert des droits à la reconnaissance de tous les âges, qu'il recule les barrières imposées par l'erreur et le despotisme du dogme.

N'allez point croire qu'il faille toujours aller en avant pour découvrir des faits utiles, pour pénétrer dans les secrets de la nature, pour acquérir à son nom une gloire brillante et durable; l'important est souvent tout près de nous, on le néglige parce qu'on ne perfectionne pas ce que nous connaissons déjà; l'on veut innover au lieu de scruter les opinions reçues, au lieu de s'assurer par des investigations profondes si les bases adoptées n'ont rien de défectueux, si l'on a su tirer d'un fait quelconque tous les avantages qu'il offre ou qu'il semble promettre. Des prodiges surprenans n'étaient-ils pas attribués à la salamandre? un poison subtil ne coulait-il pas dans ses veines? ne pouvait-elle pas vivre et même multiplier sans crainte au milieu des flammes? etc., etc. La science a dissipé ces chimères ; la salamandre, soumise aux recherches de l'observateur, n'est plus qu'un reptile ordinaire, dont la dissection a jeté un grand jour sur ses nombreux congénères.

Le champ des observations n'est pas dans des courses rapides et lointaines ; il est dans le pays qui nous a vus naître, que nous habitons depuis plusieurs années, que nous sommes à même d'explorer à tout instant, à chaque révélation nouvelle. L'erreur se mêle aux observations faites sur une nature morte, ou bien sur un sol que l'on visite seulement durant quelques semaines. On peut recueillir un fait nouveau, l'on peut profiter d'un heureux hasard ou de l'expérience des autres ; mais il est essentiel, pour saisir toutes les circonstances d'un phénomène, pour pénétrer dans ses détails les plus minutieux, de voir par soi-même, de suivre pas à pas cette succession étonnante qui modifie sans cesse l'aspect, les forces, le grand but de la nature, et arracher la vérité au désordre apparent qui semble naître sous l'influence d'une multitude de causes locales et de perturbations partielles.

Mais, me dira-t-on, tout est connu autour de nous ; le sol de la patrie a été fouillé sur tous les points, il est impossible d'y trouver de quoi faire quelque chose. Erreur, cent fois erreur. Je le répète : tout est à revoir, tout est à étudier, tout demande à être approfondi. Ce que l'on croit bien connaître, ne l'est souvent que sous les formes extérieures. Qui peut, en effet, se flatter de posséder parfaitement les mœurs des animaux indigènes, les principes de leur constitution particulière, les alimens qui leur sont propres et les diverses circonstances de leur vie? Qui peut assurer, dans l'intéressante famille des oiseaux, distinguer leurs chants ou cris, les robes différentes dont ils se revêtent à diverses époques, leurs demeures et habitudes, la nature et la disposition de leurs nids, la forme et la couleur de leurs œufs, les motifs et l'époque précise de leurs voyages ou de leur apparition et disparition? Qui peut dire la véritable loi d'habitation des insectes, leurs différens modes de station et les particularités qui en dépendent, les végétaux qu'ils préfèrent, toutes les transformations qu'ils subissent durant leur singulière existence? Et les plantes, qui peut en parler en pleine et entière connaissance? Il ne suffit pas de savoir leur nom, de citer la famille à laquelle elles appartiennent, de décrire leur port, leurs racines, leurs feuilles, leurs fleurs et leurs fruits ; il faut pouvoir dire leurs rapports d'utilité réelle avec l'homme, avec les animaux associés à ses rustiques travaux et avec la terre qui les nourrit ; il faut rechercher leurs propriétés, les lois qui régissent leur germination, leur développement, leurs productions, la nature, l'action et les mouvemens des sucs qui se dispersent dans tout le végétal, depuis l'embryon, dont l'enveloppe fragile renferme les rudimens des générations fu-

tures, jusqu'aux feuilles qui décorent les tiges et les rameaux. La plupart de nos arbres forestiers les plus communs sont moins connus que certains lichens et les mousses qui s'accrochent à leur écorce. Les règles de leur culture reposent le plus souvent sur des faits vagues, sur des redites fâcheuses. Il faut l'avouer sans détour, beaucoup de fanaux trompeurs sont plantés sur la route de la science ; on cède trop facilement à la brillante théorie, à l'autorité d'un grand nom, on donne trop d'importance à des générations hibrides, avortons du hasard ou de l'esclavage ; on interroge plus avec les yeux du maître, que guidé par les flambeaux de l'expérience et de l'investigation.

Le temps n'est plus de faire école, de viser à se singulariser par des innovations, par des systèmes plus ou moins brillans ; il est passé le temps où l'on se contentait d'aperçus vagues, de résultats approximatifs ; il faut aujourd'hui apporter un œil philosophique, disons mieux, une rigueur mathématique, dans les sciences naturelles comme dans les procédés des arts. Loin de nous ces spéculateurs de la nature qui n'examinent que ce qui flatte l'œil ; pour le naturaliste, il y a partout des épines mêlées aux fleurs : ces épines sont les détails qu'il faut donner, parce qu'ils sont essentiellement liés à l'étude, parce qu'ils donnent des choses une connaissance vraie, qui chasse loin de lui l'erreur et les entreprises hasardeuses. (T. D. B.)

**ARTÉMISE.** (BOT.) (*V.* ARMOISE.)

**ARTÈRES.** (ANAT.) On nomme ainsi les vaisseaux destinés à porter le sang du cœur dans tous les organes. Les Artères se présentent sous formes de canaux cylindriques, fermes, élastiques, d'un blanc jaunâtre ou grisâtre, peu dilatables, faciles à déchirer. Elles sont formées de trois membranes ou tuniques superposées. La plus intérieure de ces membranes est une continuation de celle qui tapisse les cavités du cœur ; elle est très-ténue, transparente, lisse, et se déchire facilement. A l'extérieur, on trouve une autre tunique dense et serrée, qui est formée de lames et de filamens pressés les uns contre les autres. Cette membrane présente beaucoup de solidité ; elle est extensible et se nomme *tunique cellulcuse*. Enfin la tunique intermédiaire aux deux précédentes, est dense, serrée, épaisse ; elle a été appelée *membrane propre* des Artères ; ses fibres sont dures, fragiles, peu extensibles, et très-élastiques.

Les parois des Artères reçoivent de petites artérioles, qui forment à leur surface des réseaux très-compliqués et auxquels succèdent des vénules qui vont se rendre dans les troncs voisins. Les nerfs qui s'y distribuent viennent spécialement du système des ganglions. La forme cylindrique des Artères et la laxité du tissu cellulaire qui les environne, leur permettent d'échapper à une foule de lésions. C'est ainsi qu'elles sont soustraites aux éraillemens, aux déchirures, qui seraient inévitablement le résultat des mouvemens un peu étendus, des tractions exercées sur les membres. Les parois artérielles sont extensibles et élastiques, dans le sens longitudinal de même que dans le sens transversal, d'où le phénomène du pouls. De l'élasticité de l'Artère découle la rétraction du vaisseau artériel, à la suite de sa section, rétraction très-favorable à la cessation de l'hémorrhagie. D'une autre part, l'élasticité est cause, dans les sections imparfaites ou les piqûres des Artères, de l'hémorrhagie grave qui survient ; car la solution de continuité tend sans cesse à s'agrandir.

Enfin, sous le rapport des anomalies, aucun système d'organes n'est plus sujet aux variétés anatomiques que les Artères ; aussi leurs principales modifications sont-elles connues des praticiens ; il arrive néanmoins des cas où ces variétés trompent toutes les prévisions de l'homme de l'art.

(M. S. A.)

**ARTHRODIE.** ( zool.. bot. ?) Substance flottante en taches vertes sur les eaux douces de la Sicile, que Rafinesque considère comme un végétal, et dont il avait fait un genre, mais que M. Bory Saint-Vincent regarde comme analogue à une substance verte qu'on rencontre dans les eaux stagnantes, sur certains pots de fleur où l'on cultive les plantes aquatiques, dans des gouttières de toits, et qu'il range dans le genre Palmela, de la famille des Chaodinées ( *v.* ce mot). (P. G.)

**ARTHRODIÉES.** (zool.. bot. ?) Les êtres désignés par ce mot, qui signifie *articulation*, ont été appelés ainsi parce qu'ils consistent, au moins pendant un temps de leur existence, en filamens articulés. Ils appartiennent à cette grande famille qui semble destinée à former un règne intermédiaire entre les animaux et les végétaux. Tant que les caractères de l'animalité n'auront point été posés par les physiologistes d'une manière définitive, il sera difficile d'assigner la place que doivent occuper les Arthrodiées ; les secours puissans que la chimie organique prête chaque jour à la science des phénomènes de la vie éclaireront bientôt, il faut l'espérer, cette importante question. Nous renverrons au reste au mot Métamorphose tout ce que les cryptogamistes rapportent de merveilleux sur les transformations animales et végétales des êtres qui nous occupent, et nous nous contenterons d'exposer ici les caractères généraux qui leur ont été assignés.

« Les Arthrodiées consistent en filamens simples, formés de deux tubes ; l'un, extérieur et transparent, ne présente, à l'aide du microscope, aucune organisation : on dirait un tube de verre, contenant un filament intérieur, articulé, rempli de matière colorante, souvent presque inappréciable, mais d'autres fois fort intense, verte, pourpre ou jaunâtre ; ces filamens ainsi composés offrent à l'œil surpris des phénomènes fort étranges et différens, mais qui tous présentent un caractère réel de vie animale, si ce genre de vie peut se déduire de mouvemens indicateurs d'une volonté parfaitement marquée. »

Les Arthrodiées habitent généralement soit l'eau douce, soit l'eau de mer. Une seule croit sur la terre, mais sur la terre humide, et souvent inondée. D'autres couvrent la surface humide des rocs, des chaumes, et les interstices des pavés dans les rues des villes. Enfin il en est qui naissent dans les eaux thermales dont la température est plus élevée.

On a divisé cette famille en quatre tribus renfermant quatorze genres et soixante et quelques espèces : la première tribu comprend les fragillaires, la seconde les oscillariées, la troisième les conjuguées, la dernière les zoocarpées. Nous indiquerons les caractères distinctifs et les divisions de chacune d'elles dans leur ordre alphabétique.

(P. G.)

**ARTHRONIE.** ( bot. crypt. ) (Lichens.) Les plantes qui composent le genre Arthronie ont une croûte mince, lichénoïde, lisse, ou très-rarement pulvérulente ; leurs réceptacles ont une forme variable, mais point de rebord particulier, comme dans les Opégraphes, avec lesquels d'ailleurs ils ont assez de ressemblance ; enfin toutes les espèces, dont le nombre n'est pas encore fixé, croissent sur l'écorce des arbres. (F. F.)

**ARTICHAUT**, *Cynara.* (bot. phan.) Genre de la famille des Carduacées, qui a reçu son nom d'une espèce très-connue, *C. scolymus*, originaire de l'Éthiopie, d'où elle s'est répandue dans les cultures de l'Égypte et des Hébreux ; l'Artichaut a été rarement admis sur la table des Grecs et des Romains. On le trouve tellement vivace, il trace sous terre avec tant de force dans les jardins qui bordent le Nil, qu'on a beaucoup de peine à l'en extirper. Il s'était propagé jusqu'en Espagne ; mais il y fut abandonné pendant longues années. On en a retrouvé quelques pieds à l'état sauvage dans les parties de l'Andalousie arrosées par le Guadalquivir, que l'on voulut, au seizième siècle, regarder comme indigènes. Le siècle précédent vit l'Artichaut reprendre rang au sein des jardins de Venise, de Florence et de Naples, d'où il fut apporté en France, pour y être cultivé en grand. Certains écrivains qui adoptent les erreurs les plus évidentes, et les répètent à satiété, font venir l'Artichaut de la Sicile, de la Toscane, de la Lombardie orientale, et même des côtes de la Barbarie ; ils se trompent ; les faits que j'ai recueillis aux sources les plus respectables détruisent leurs assertions. C'est de cette plante que parlent les livres juifs, et surtout la Michna, sous le nom de Dudaïm. (*V.* ce mot.)

La culture a produit plusieurs variétés, dont l'existence et la conservation ne sont dues qu'aux soins prolongés de l'horticole, quand il est favorisé par le climat et une terre convenablement préparée. Toutes s'obtiennent par le semis des graines, ou par la multiplication des œilletons. La racine de l'artichaut est grosse, fibreuse, ferme, et laisse échapper sur toute sa longueur un chevelu clairsemé. Il sort du collet deux feuilles lancéolées, qui sont suivies de beaucoup d'autres, du centre desquelles s'élève une tige rameuse, très-droite, haute d'un mètre environ ; à son sommet, un pédoncule porte un calice grand, évasé, à écailles charnues en leur base, se terminant en pointe, et se recouvrant alternativement. Leur agglomération constitue une sorte de pomme. L'intérieur est garni de poils sétacés, d'où sortent des graines ovales, surmontées d'une aigrette longue et violette, qui sont mûres en septembre.

Un pied d'artichaut peut durer, selon les terrains et les engrais, quatre et cinq années, passé lequel terme, ses pommes dégénèrent.

De toutes les variétés, les plus connues sont l'Artichaut blanc, *C. scolymus alba*, qui vient dans le midi; l'Artichaut vert, *C. scolymus viridis*, que l'on tire de Laon, département de l'Aisne, et dont les têtes ou pommes sont très-grosses; l'Artichaut rouge, *C. scolymus rubra*, aux têtes petites, d'un rouge pourpre, très-bonnes à manger à la poivrade; l'Artichaut violet, *C. scolymus violacea*, aussi bon, aussi tendre que l'Artichaut vert, mais moins productif; et l'Artichaut sucré, *C. scolymus italica*, provenant des environs de Gênes, dont le fruit est petit, d'un vert pâle, à chair d'un jaune foncé, ayant le goût fin, sucré, et que l'on mange seulement cru.

La seconde espèce du genre Artichaut étant plus connue sous le nom de Cardon, nous en parlerons à ce mot. (T. D. B.)

**ARTICHAUT D'HIVER.** Un des noms du Topinambour. (*V.* ce mot.) (T. D. B.)

**ARTICHAUT DE JÉRUSALEM.** Nom improprement donné à une courge de l'Amérique, à fruit couronné de tubercules. (T. D. B.)

**ARTICHAUT DES INDES.** Nom donné à la Patate (*v.* ce mot), à cause du goût que l'on trouve à sa racine. (T. D. B.)

**ARTICHAUT SAUVAGE.** On donne vulgairement ce nom à la Joubarbe (*v.* ce mot), à cause de la disposition de ses feuilles, qui rappelle celle des écailles du fruit de l'Artichaut proprement dit. On emploie aussi ce nom pour désigner la Carline sans tige, le Cardon d'Espagne, et le Chardon Marie. (*V.* chacun de ces mots.) (T. D. B.)

**ARTICLE.** (bot.) Intervalle qui se trouve entre deux articulations. (P. G.)

**ARTICLES.** (zool.) (*Animaux articulés.*) Ce nom est désormais réservé aux pièces mobiles qui concourent à la formation des appendices, tels que les antennes, les palpes, les mâchoires, les ailes, les pattes, les tarses, etc. Leur nombre, leur forme, le mode d'articulation de ces pièces ont fourni à la classification des caractères d'une grande importance. (P. G.)

**ARTICLES.** (bot. crypt.) M. Bory-Saint-Vincent a donné ce nom à des espaces contenus, dans les conferves et arthrodiées, entre deux dissépimens ou étranglemens, qui forment le point d'articulation. Il pense que ces Articles existent dans le tube intérieur seul et contiennent la matière colorante qui, dans certaines Arthrodiées, passe d'un article à l'autre au moyen d'un véritable accouplement, ou par le déplacement des cloisons ou valvules. (P. G.)

**ARTICULATION.** (anat.) On entend par ce mot l'assemblage des os et leur mode d'union, quel qu'il soit. On partage les articulations relativement à la mobilité ou à l'immobilité des pièces osseuses, en *diarthroses*, *synarthroses* et *amphiarthroses*. La diarthrose comprend toutes les articulations qui peuvent exécuter des mouvemens étendus; exemples: celle de la cuisse avec le bassin, celle du bras avec l'épaule, etc., etc. Par synarthrose on désigne les articulations à surfaces contiguës et sans mouvemens; tous les os du crâne et de la face en offrent des exemples. Enfin les amphiarthroses ou symphyses sont des articulations en partie contiguës et en partie continues, à l'aide d'un tissu particulier nommé *fibreux*. Toutes les vertèbres du cou, du dos et des lombes, sont dans ce cas; il en est de même des articulations des os du bassin.

L'usage des articulations est de réunir les nombreuses pièces dont le squelette se compose, et de les maintenir toujours dans les mêmes rapports. Le plus grand nombre d'entre elles sont formées: 1° de surfaces articulaires pourvues de cartilages; 2° d'organes propres à sécréter une humeur lubréfiante, la synovie; 3° des ligamens qui assujettissent le tout.

Il est assez rare de rencontrer les cavités articulaires viciées; cependant celle du bassin, qui reçoit le fémur, présente quelquefois plus d'ampleur qu'elle n'en devrait avoir. Ce vice particulier de conformation peut tenir à l'irrégularité de développement des os du bassin; mais le plus souvent il est occasioné par les mouvemens forcés de l'os de la cuisse, lorsque les parties osseuses qui reçoivent le fémur ne sont pas entièrement solidifiées. Les enfans très-jeunes, que l'on se hâte de faire marcher, offrent ce vice de conformation. En effet, la station prolongée détermine chez eux, outre l'incurvation trop prononcée des cuisses, un enfoncement considérable des cavités articulaires, enfoncement qui a pour résultat de diminuer les diamètres du bassin, ce qui pour la femme peut devenir une cause funeste lors de l'accouchement. Enfin les articulations sont sujettes à une foule de maladies, et les plaies ou contusions de ces parties regardées comme fort dangereuses. (M. S. A.)

**ARTICULÉS.** (zool.) (*V.* Animaux.)

**ARTIMON ENTORTILLÉ.** (moll.) Les amateurs et les marchands donnent ce nom au *Strombus vittatus* de Linné; il est encore connu sous les noms de Voile roulée, ou Fuseau ailé. (*Voy.* Strombe.) (Guér.)

**ARTISONS, ARTUSONS ou ARTOISONS.** (ins.) Nom vulgaire donné aux insectes qui détruisent les pelleteries et les étoffes; ils appartiennent aux genres, Anthrène, Dermeste, Teigne, Psoque, etc. (*Voy.* ces mots.) (Guér.)

**ARTOCARPE,** *Artocarpus.* (bot. phan.) Ce genre de la Monoécie monandrie, long-temps appelé *Jaquier*, de l'une de ses espèces, offre des arbres précieux, jusqu'ici très-incomplètement connus et décrits. Il est indigène aux parties méridionales de l'Asie et surtout aux îles nombreuses et très-peuplées de la mer du Sud. Il y est cultivé et constitue une ressource des plus importantes pour leurs habitans. Les Artocarpes sont des arbres latescens, de deuxième grandeur, d'un très-beau port, à cime ample, arrondie, dont les branches, peu étendues, se courbent et sont garnies d'une petite

petite quantité de grandes feuilles alternes, d'un beau vert, découpées plus ou moins profondément et avec plus ou moins de régularité. L'extrémité des rameaux présente une touffe de six à sept feuilles réunies ensemble, enveloppées avant l'épanouissement de deux grandes stipules de couleur jaunâtre, faisant fonction de spathe : c'est le siége des deux sexes. L'organe mâle est un chaton cylindrique, pendant, mollet, spongieux, long de dixhuit centimètres, chargé de fleurons nombreux, sessiles ; calice bivalve ; une étamine fort courte ; la fleur femelle est un chaton court, épais, en massue, couvert d'un grand nombre d'ovaires connés ; calice allongé, prismatique, hexagone, presque charnu ; corolle nulle, style filiforme, persistant, terminé par un et deux stigmates. Le fruit est une baie ovale, raboteuse, couverte d'aspérités plus ou moins prononcées, à peau épaisse, verte et jaune à l'époque de la maturité ; la pulpe est d'abord très-blanche, un peu fibreuse, puis jaunâtre et quelquefois bonne à manger.

Nous connaissons cinq espèces d'Artocarpes : 1° le véritable Arbre à pain, *A. incisa* ; 2° l'Artocarpe à châtaignes, *A. seminifera* ; 3° le Bedo, *A. integrifolia* ; 4° le Jaquier, *A. jaca* ; 5° et l'Artocarpe velu, *A. hirsuta*.

La première espèce, que les Javanais et les habitans des Moluques appellent *Rima*, est un fort bel arbre, dont les fruits acquièrent le volume du melon vert. On en retire, après une légère cuisson au four, une fécule très-blanche susceptible de fournir un très-bon pain. Les indigènes des îles de la mer du Sud se nourissent de cette farine, aussi saine, aussi abondante, qu'elle est d'un goût agréable, de préférence aux autres comestibles que la nature leur prodigue à chaque pas. L'Arbre à pain cultivé ne donnant point de semences, on le multiplie par la voie des drageons, qui naissent sur ses racines. Nous avons fait représenter un rameau de cet arbre précieux, dans notre Atlas, pl. 30, fig. 4.

La seconde espèce a le fruit de même grosseur que la précédente, seulement il offre des aspérités plus fortes et plus rapprochées les unes des autres. Sous son enveloppe on trouve de soixantedix à quatre-vingts tubercules, assez semblables, pour la forme, à notre châtaigne, mais un peu plus petits, et d'une substance presque analogue, que l'on cuit de même : on les mange avec plaisir et il sont d'une digestion facile. Cet arbre a le port de l'arbre à pain, ses feuilles sont moins découpées et souvent plus larges. On le multiplie de semences, qui germent huit à dix jours après la cueillette du fruit.

Le Bedo a les feuilles entières, rudes au toucher ; ses fruits, de forme allongée, sont moins gros que ceux des deux espèces décrites, et couverts d'aspérités longues, aiguës et très rapprochées ; leurs semences nagent dans une pulpe blanchâtre, presque liquide et d'un goût vineux très-délicat. Cet arbre, commun à Java, aux îles Marianes et aux Philippines, veut un terrain frais, humide ; il périt dans toutes les terres légères, sablonneuses,

où ses congénères développent une végétation brillante et vigoureuse.

Quant au Jaquier, il a une physionomie à part. Son élévation est moyenne, ses branches sont étalées, ses feuilles petites, ovales, parfois entières, le plus souvent découpées et moins rudes au toucher que les feuilles des trois espèces nommées. Les fruits naissent sur le tronc, sur les grosses branches et sont disposés le plus habituellement par paquets de trois. Deux avortent presque toujours, ce qui permet à celui qui reste d'acquérir un volume considérable. Rumph en a vu plusieurs qu'un homme pouvait à peine soulever. Les graines que ce fruit contient ont à peu près la forme et la grosseur de celle de l'Artocarpe à châtaignes ; elles se mangent, quoiqu'elles leur soient inférieures en qualité.

Lamarck a décrit l'Artocarpe velu, qui croit sur la côte du Malabar, où il vit fort long-temps.

Avec l'écorce des Artocarpes on prépare un fil propre à donner une toile assez fine ; avec leur bois les indigènes de la mer du Sud construisent et leurs maisons et leurs pirogues légères. Le tronc fournit un suc laiteux ou une résine élastique. On les cultive maintenant à Cayenne et aux Antilles.

( T. D. B. )

**ARTOCARPÉES.** ( BOT. PHAN. ) Section de la famille des Urticées, comprenant les genres Artocarpe, Broussonnetie, Cécropie, Dorsténie, Figuier, Mûrier, etc. ( *Voy.* chacun de ces mots. ) Quelques botanistes avaient voulu prendre le premier de ces genres comme type d'une famille particulière : cette coupure n'a point été adoptée.

( T. D. B. )

**ARTOLITHE.** ( MIN. ) Ce nom, qui signifie *pierre pétrifiée*, ainsi que l'indiquent les deux mots grecs dont il est composé, était donné autrefois à toutes les substances minérales qui offraient quelque ressemblance avec ces pierres rondes qu'on appelle *miches*. Les gros rognons de sulfate de strontiane que les ouvriers trouvent à Montmartre dans les couches de marne supérieure, et qu'ils nomment pains de 14 sous, sont des *Artolithes*. ( J. H. )

**ARUM.** ( BOT. PHAN. ) Nom botanique du *Gouet* ( *v.* ce mot ), dont on connait trois espèces. On appelle aussi ARUM BICOLOR une plante du Brésil dont Ventenat a fait un genre sous le nom de *Caladium* ( *v.* ce mot ), et ARUM D'ÉTHIOPIE une autre plante du Cap plus connue sous le nom de *Calla d'Ethiopie*. ( *V.* ce mot. ) ( T. D. B. )

**ARZILLA.** ( POISS. ) Nom vulgaire qu'on applique indifféremment à plusieurs espèces de raies, sur les côtes d'Italie. ( GUÉR. )

**ASCALABOS** et **ASCALABOTÊS.** ( ERPÉTOL. ) Tous les traducteurs d'Aristote, depuis Gaza jusqu'à Camus et Schneider, rendent ce mot par celui de *Stellion* ou *Lacerta*, sans donner d'autre explication. En rapprochant les textes de Théophraste et ceux de son maitre, il m'a été facile, sur les lieux mêmes, et en présence de l'animal, par eux appelé *Ascalabotès* et par les poëtes grecs *Ascalabos*, de reconnaître le *Gecko des murailles* ( *v.* ce mot ), qui habite les contrées baignées par les eaux de la Méditerranée. Il n'est point venimeux, quoiqu'il en ait la réputation en Grèce et dans l'Italie, où on le désigne vulgairement sous le nom de *Tarantola*, et dans nos départemens du midi, où on le nomme *Tarente*. (T. D. B.)

ASAPHE, (CRUST.) (*v.* TRILOBITE.)

ASARET, *Asarum*. (BOT. PHAN.) Famille des Aristoloches, Décandrie monogynie, L. Ce genre de plantes, dont le nom dérivé du grec indique un défaut de beauté qui anciennement les faisait exclure des fêtes, et qui aujourd'hui leur interdit tout accès dans nos parterres, se compose en effet de plantes humbles et rampantes, qui recherchent l'ombre des taillis ; mais pour être sans éclat on n'est pas toujours sans mérite, et la médecine venge assez nos modestes plantes du mépris de l'horticulture.

Voici leurs caractères génériques : calice campanulé, coloré, à trois divisions profondes ; corolle nulle ; douze étamines couronnant l'ovaire, ayant les anthères oblongues, adnées au milieu des filamens ; ovaire surmonté d'un style court, supportant un stigmate étoilé ; capsule coriace à six loges.

Toutes les parties de ces plantes exhalent une odeur assez forte et un peu résineuse. La couleur des feuilles est un vert foncé, luisant ; et leur forme, celle de l'oreille humaine.

Réduites en poudre, elles sont sternutatoires ; infusées dans du vin, elles ont passé pour un spécifique contre les affections hypochondriaques.

Quant aux racines, administrées en poudre ou en infusion, elles sont regardées comme diurétiques, purgatives, émétiques et emménagogues.

On compte quatre espèces d'*Asarum*, dont une seule appartient à nos climats ; aussi l'appelle-t-on *Asarum europæum*, L. Il est assez commun. Ses fleurs sont d'un pourpre noirâtre. Il tapisse les rochers qui s'élèvent dans l'épaisseur des bois antiques et sombres. L'hippiatrique l'emploie en poudre contre le farcin. L'usage qu'en certains pays on en fait pour dissiper l'ivresse, lui a fait donner le nom de *Cabaret*. Voyez une figure de cette plante, pl. 31, fig. 1. (C<sup>t</sup>.)

ASBESTE. (MIN.) Cette substance, plus connue des gens du monde sous le nom d'*Amiante*, appartient, selon qu'elle est flexible ou cassante, ainsi que nous l'avons dit, soit à l'espèce minérale appelée *Trémolite*, soit à celle qui porte le nom d'*Actinote*, et qui appartiennent toutes deux au sous-genre *Amphibole*. (*V.* ce mot.)

Moelleux et brillant, il est, par sa finesse et sa ténuité, comparable à la plus belle soie blanche ; d'autres fois dur, cassant et coloré, il ressemble à du bois réduit en éclats, et acquiert assez de solidité pour rayer le verre. Tantôt compacte et élastique comme le liége, quelquefois en masses d'un blanc sale semblables à de la pâte de papier desséchée, enfin en morceaux dont les filamens semblent être tressés, il a mérité les surnoms de *Liége de montagne*, de *Cuir* et de *Papier fossiles*. (J. H.)

ASCALAPHE, *Ascalaphus*. Fab. (INS.) Genre de l'ordre des Névroptères, famille des Planipennes, ayant pour caractères essentiels d'avoir six palpes, les antennes aussi longues que le corps, terminées par un bouton court tronqué formé des derniers articles, et l'abdomen guère plus long que le thorax. Ces insectes faisaient, dans la méthode de Linnée, partie des Myrméléons, et plusieurs auteurs, entre autre Olivier, les y ont laissés réunis, mais Fabricius les en a séparés ; en effet ils en diffèrent par leurs palpes labiaux, à peine plus longs que les maxillaires, par leur abdomen beaucoup plus court et leurs antennes beaucoup plus longues ; les ailes sont en outre plus larges et moins longues. Tout le corps de ces insectes est très-velu ; les yeux sont comme formés de deux parties soudées ensemble dont la jonction serait visible par une cicatrice sensible, surtout dans certaines espèces ; leurs pattes sont courtes ; il y a cinq articles à tous les tarses ; le mâle a l'abdomen terminé par deux crochets propres à saisir la femelle dans l'accouplement. Ces insectes ont un vol sautillé assez prompt ; ils se fixent habituellement sur les graminées élevées où on les voit en très-grand nombre, dans les endroits sablonneux des pays chauds. On ne connaît pas positivement leurs larves, mais l'on présume par analogie qu'elles doivent ressembler à celles des Myrméléons. On connaît une larve découverte par Bonnet, que l'on suppose être celle d'une des espèces vivant en Europe et qui sont communes dans les parties chaudes de la Suisse ; elle est de forme beaucoup plus allongée que celle du Formicaléo, ne fait pas d'entonnoir dans le sable où elle se tient simplement cachée à l'affut, et ne marche pas comme l'autre à reculon, ce qui fait supposer qu'elle doit être douée de beaucoup plus d'agilité.

A. A LONGUES CORNES, *A. Longicornis.* Charp., *Horæ entom.*, p. 56, pl. 2, fig. 9. Long d'un pouce, corps noir, avec des ponctuations dorsales ; le bord antérieur des yeux et les tibias jaunes ; ailes à nervures brunes ; deux taches oblongues à la base des premières, soufre : base des secondes, noires ; une grande tache soufre sur le disque. Il se trouve dans la France méridionale. (A. P.)

ASCARIDE, *Ascaris.* (INT.) Ce genre, placé dans le premier ordre des intestinaux, celui des Cavitaires, par Cuvier, est rangé dans l'ordre des Nématoïdes par Rudolphi. Ses caractères sont : un corps rond, aminci aux deux bouts, la bouche garnie de trois papilles charnues d'entre lesquelles saille de temps en temps un tube très-court ; un canal intestinal droit ; dans les femelles, un ovaire à deux branches plusieurs fois plus long que le corps, donnant au dehors par un seul oviducte, vers le quart antérieur de la longueur de l'animal ; dans les mâles un seul tube séminal aussi beaucoup plus long que le corps, et qui communique avec un pénis quelquefois double, qui sort par l'anus. Ce genre, composé de près de cent cinquante espèces, dont la moitié, à la vérité, ont été peu étudiées, vit dans un grand nombre d'animaux, et souvent aussi on en trouve plusieurs espèces sur le même individu. On voit souvent en très-grande abondance chez l'homme l'Ascaride lombrical, *Ascaris lombricoïdes*, que l'on nomme vulgairement Ascaride des intestins; cette espèce se trouve même, presque sans différence, dans le cheval, l'âne, le zèbre, le bœuf, le cochon; elle a jusqu'à quinze pouces de long et est ordinairement blanchâtre. Sa grande facilité de reproduction cause souvent des maladies mortelles, surtout quand il remonte dans l'estomac des enfans.

L'espèce la plus commune est l'ASCARIDE LOMBRICOÏDE de Linnée, qui cause les accidens connus sous le nom de maladie des vers; elle habite dans les intestins grêles de l'homme et de quelques animaux, tels que le bœuf, le cochon, le cheval, etc. Ce ver atteint quelquefois plus de dix-huit pouces de longueur. (L. R.)

ASCENSION. ( île de l' ). (GÉOGR. ) Cette île, jetée au milieu de l'Océan Atlantique, au dessus de Sainte-Hélène, par 7° 57 ' de latitude australe, et par 16° 17' de longitude (méridien de Paris), offre, sur toute sa surface, qui n'est que de cinq lieues carrées, des productions volcaniques d'une époque récente. En général, son terrain se compose de trois espèces de terres, l'une rouge et fine comme de la brique pilée, l'autre jaunâtre, et la troisième noire, fine et meuble. Cette île fut long-temps déserte; il n'y a que peu de temps qu'elle est habitée, si on peut regarder comme habitans les soldats que l'Angleterre y a envoyés pour occuper le fort que son gouvernement a fait bâtir.

L'île de l'Ascension a été tellement retournée par les éruptions volcaniques que son sol est pour ainsi dire percé à jour, ce qui fait qu'il ne peut retenir aucune eau : dans quelques bas-fonds, cependant, les eaux des pluies, se mêlant aux terres noires dont nous avons parlé plus haut, ont formé une espèce de mastic qui retient l'eau. On rencontre aussi quelques lits de torrens, à sec une partie de l'année, et qui ne servent que dans les grandes pluies.

Le sol de l'île de l'Ascension est couvert de montagnes, disséminées sur sa surface et qui ne présentent que peu d'élévation; la plus haute, qui se trouve située dans la partie S. E. de l'île, n'offre que quatre cents toises de hauteur, et se termine par un sommet double et allongé, forme que l'on remarque dans plusieurs montagnes volcaniques. Les autres montagnes, qui ne sont hautes que de cent à cent cinquante toises, sont couvertes de laves et de scories et n'offrent rien de remarquable.

Cette île est le rendez-vous des tortues de mer, et les **navigateurs**, avant qu'elle ne fût occupée par les Anglais, ne la fréquentaient que pour se pourvoir, pendant les voyages de long cours, de cette nourriture saine et abondante. (C. J.)

ASCIDIE, *Ascidia*. On désigne sous ce nom un grand genre de l'ordre des Acéphales sans coquilles, appartenant à la première famille de cet ordre et composé d'animaux qui ont le manteau et son enveloppe cartilagineuse, très-épaisse, en

forme de sacs, fermés de toute part, excepté à deux orifices qui répondent aux deux tubes de plusieurs bivalves, et dont l'un sert de passage à l'eau et l'autre d'issue aux excrémens. Leurs branchies forment un grand sac au fond duquel est la bouche, et près de cette bouche est la masse des viscères. L'enveloppe est beaucoup plus ample que le manteau proprement dit. Celui-ci est fibreux et vasculaire; on y voit un des ganglions entre les deux tubes.

Ces animaux, que Baster avait désignés par le nom d'*Ascidium*, dérivé d'un mot grec qui veut dire *outre*, sont encore appelés *Outres de mer* par les pêcheurs. Ils n'ont été bien connus que depuis les observations de Cuvier et de Savigny. Une portion des animaux que les naturalistes considéraient comme des Ascidies en ont été distingués et forment un ordre qu'on a nommé ordre des *Tuniciers* (v. ce mot). Les vraies Ascidies sont des animaux marins qui se fixent aux rochers et aux autres corps; ils sont privés de toute locomotion. Leur principal signe de vie consiste dans l'absorption et l'évacuation de l'eau par un de leurs orifices. Ils la lancent assez loin, quand on les inquiète. On en trouve un grand nombre dans toutes les mers, et il y en a que l'on mange.

M. Savigny a divisé le grand genre des Ascidies en plusieurs sous-genres, il a présenté ce travail dans la deuxième partie de ses Mémoires sur les animaux sans vertèbres, Paris 1826. En voici une idée:

Sous-genre BOLTÉNIE, *Boltenia*, composé des Ascidies dont le corps est pédiculé, et l'enveloppe coriace. Le type de ce sous-genre est la *Boltenia orifera* de Savigny, décrite sous le nom d'*Animal planta* par Edwards, Ois. pl. 556. C'est la *Vorticella orifera* de Linné, *Ascidia pedunculata* de Shaw, Miscel. zool. Son corps est porté sur un pédicule long et grêle, inséré un peu latéralement; le sac est ovoïde, d'un cendré roux, entièrement garni de poils raides, courts et très-serrés. Sa longueur est d'un pied, le pédicule seul a plus de 10 lignes de longueur. On trouve cette espèce curieuse dans l'Océan américain, elle se fixe aux rochers au moyen de son long pied. On peut voir une figure de cette Ascidie dans notre Iconographie du Règne animal, Mollusques pl. 54, f. 10.

Sous-genre CYNTHIE, *Cynthia*, formé avec les espèces dont le corps est sessile et le sac branchial plissé longitudinalement; leur test est coriace. Cette division comprend quatorze ou quinze espèces distribuées dans quatre tribus; la plus remarquable est la *Cynthia Momus* Savigny, de forme sphérique, longue d'un à deux pouces, finement verruqueuse, blanche ou orangée, ou couleur de chair. Les orifices sont saillans et forment deux tubes cylindriques marqués de quatre cannelures, et s'ouvrant à leur sommet en quatre rayons d'un rouge vif. Cette jolie espèce, que nous avons figurée dans notre Iconographie du Règne animal, Mollusques, pl. 54, fig. 11., se trouve dans le golfe de Suez. Elle s'attache aux fucus par groupes composés de quatre à cinq individus, qui de cette manière flottent, voyagent même à la surface de la mer. Son sac branchial contient souvent de petits crustacés tels que pinnothères, crevettes, etc. On peut citer parmi les espèces connues des anciens naturalistes, et qui appartiennent a cette division, l'*Ascidia sulcata*, Coquebert, Bulletin des Sciences, avril 1797, tab. 1. f. 1., qui est la même chose que l'*Ascidia Microcosmus*, décrite par Cuvier dans les Mémoires du Muséum. Ce mollusque avait été appelé *Microcosmus* par Redi., *Tethya* par Rondelet, et *Mentula marina informis*, par Plancus. L'*Ascidia papillosa*, de Linné, l'*Ascidia quadridentata*, de Forskaal, et l'*Ascidia conchylega*, de Bruguières, appartiennent aussi à cette division.

Sous-genre PHALLUSIE, *Phallusia*. Ce sous-genre diffère des Cynthies parce que le sac branchial n'est pas plissé; leur test est gélatineux. Nous citerons dans cette division la PHALLUSIE CANNELÉE, *Phallusia sulcata* Savigny, *Ascidia fusca* de Cuvier, décrite et figurée par Forskaal sous le nom d'*Alcyonium fusca*. Cette espèce habite la mer Rouge, où on la trouve attachée aux madrépores par de nombreux jets sortant de sa base. La *Phallusia nigra* de Savigny, que nous avons représentée dans notre Iconographie du Règne animal, Mollusques, pl. 34, f. 12., se trouve aussi dans les mêmes lieux; on connaît huit espèces de ce sous-genre.

Sous-genre. CLAVELLINE, *Clavellina*. Caractérisé par un sac branchial sans plis, ne pénétrant pas jusqu'au fond de l'enveloppe, et ayant le corps porté sur un pédoncule. Le test des espèces de ce sous-genre est gélatineux, les ovaires sont compris dans l'abdomen. On ne connaît que deux espèces appartenant à cette division, l'une la CLAVELLINE BORÉALE, *Clavellina borealis* Savigny, *Ascidia clavata* Pallas, Cuvier, a le corps oblong, sub-cylindrique, un peu renflé en massue lisse, d'un blanc teint de vert bleuâtre, porté sur un mince et long pédicule. Les orifices sont petits, coniques, rapprochés, et situés tous deux au sommet. Cette espèce a cinq à six pouces de longueur, elle habite les mers du nord, et nous l'avons figurée dans notre Iconographie du Règne animal, Mollusques, pl. 34, f. 13.

La seconde espèce est la CLAVELLINE LEPADIFORME *Clavellina lepadiformis* Savigny, *Ascidia lepadiformis* de Muller; elle habite les côtes de Norwége et son pédicule est très-court. (GUÉR.)

ASCIDIENS ou TUNICIERS LIBRES. (MOLL.) Lamarck désigne ainsi le deuxième ordre de la classe des Tuniciers, qui comprend les Théties simples et les Thalides de Savigny. Dans la méthode de Cuvier ce groupe correspond au grand genre ASCIDIE. (*V.* ce mot.) (GUÉR.)

ASCLÉPIADE, *Asclepias*. (BOT. PHAN.) Plusieurs espèces de ce genre des Asclépiadées (r. ce mot) sont recherchées comme plantes utiles, et comme plantes d'ornement. Sous ce dernier rapport, on distingue l'ASCLÉPIADE ROUGE, *A. rubra*, qui croît dans la Virginie; elle est herbacée; l'ASCLÉPIADE TUBÉREUSE, *A. tuberosa*, du nord de l'Amérique, dont les fleurs d'un rouge orangé, réunies en ombelle, produisent un effet des plus agréables; l'ASCLÉPIADE COTONNEUSE, *A. tomentosa*, fort jolie plante,

haute d'un mètre et demi; l'ASCLÉPIADE DE CURAÇAO, *A. curassavica*, d'une constitution délicate, exigeant la serre chaude ou tout au moins une exposition choisie et de grands ménagemens; on est bien dédommagé de ces soins par la beauté des fleurs dont les pétales sont d'un jaune safrané et les cornets d'un rouge orangé; elles s'épanouissent depuis juillet jusqu'en octobre; l'ASCLÉPIADE ÉLÉGANTE, *A. amœna*, qui attire tous les yeux, pendant l'été, par le pourpre brillant de ses ombelles. Mais il n'en est aucune qui puisse rivaliser avec l'ASCLÉPIADE GÉANTE, *A. gigantea*, originaire des Indes, que l'on trouve aussi en Égypte, sur les sables brûlans du Cap-Vert, et en l'Amérique équatoriale, où on la cultive sous le nom d'*oreille d'Ours en arbre*. Elle est remarquable par la hauteur de sa tige, atteignant plus de trois mètres; par le volume de ses corolles tantôt d'un blanc teinté de rougeâtre, tantôt d'un rouge violet velouté, et par la grosseur de ses gousses remplies de semences à longues aigrettes.

L'espèce utile, celle que la matière douce et soyeuse de ses gousses, que la filasse de ses tiges, que l'huile excellente de ses graines rendent vraiment précieuse, c'est l'ASCLÉPIADE DE SYRIE, *A. syriaca*. Quoique indigène à la Syrie, à l'Égypte, à la Palestine, elle est assez robuste pour ne pas craindre de passer en pleine terre les hivers de nos pays. On la propage par drageons, comme la méthode la plus expéditive et la moins embarrassante; on les coupe en automne, quand le suc laiteux, répandu dans toutes les parties de la plante, est séché, et au printemps avant que ce suc recommence à circuler dans les canaux intérieurs. La culture est facile, elle n'exige que peu ou point de façons; et quoiqu'on ait avancé le contraire, avec beaucoup de légèreté, elle nous offre les moyens de mettre en valeur les terrains médiocres dont nos départemens du midi et de l'ouest sont couverts. Les aigrettes de cette Asclépiade, vulgairement dite *à la ouate*, tiennent de la soie et du coton, elles sont d'une finesse extrême, d'un éclat brillant, longues de vingt-cinq à quatre-vingts millimètres; on s'en sert pour ouater les vêtemens, garnir les matelas, les coussins, les meubles; pour fabriquer des couvertures, des tentes, etc. La filasse extraite des tiges, traitée comme la chenevotte du chanvre, se convertit en fil plein de nerf, donnant des toiles très-fines.

Un préjugé fort répandu fait regarder l'ASCLÉPIADE BLANCHE ou commune, *A. vincetoxicum*, comme propre à guérir de la morsure des serpens et de l'effet des poisons : cette plante est au contraire elle-même un poison assez dangereux pour qu'on redoute de l'employer. Les bestiaux n'y touchent jamais, les chèvres excepté, qui broutent l'extrémité de ses tiges. L'Asclépiade blanche se plaît sur les terrains les plus ingrats, mais les vents, en transportant ses semences sur les sols mis en culture, la rendent nuisible aux végétaux utiles dont elle envahit la place. (T. D. B.)

ASCLÉPIADÉES. (BOT. PHAN.) Grande tribu de la famille des Apocynées (*r.* ce mot), et de la

Pentandrie digynie. Le beau genre Asclépiade lui a servi de type. Elle n'a aucun rapport avec les plantes auxquelles on donnait le nom d'Asclépiade chez les vieux Grecs et chez les Romains. Les nombreuses espèces qui constituent cette tribu sont à suc laiteux, plus ou moins corrosif, frutescentes ou herbacées, garnies de feuilles opposées ou verticillées, simples et entières ; de fleurs monopétales disposées en ombelles simples ou formant bouquet ; de fruits composés de deux follicules oblongs, simples ou doubles, contenant un grand nombre de semences, aplaties, imbriquées, pendantes et munies d'une aigrette soyeuse, dont la longueur varie et qui naît de leur base. Les Asclépiadées sont divisées en deux sections, celles à feuilles rangées alternativement le long des branches, et celles à feuilles placées en face l'une de l'autre, à la même hauteur.     (T. D. B.)

ASCOPHORE. ( BOT. CRYPT. ) Le genre Ascophore, déjà décrit par Tode dans les Mémoires des Curieux de la nature de Berlin, sous le nom d'*Ascidie*, reprit bientôt le nom qu'il porte aujourd'hui. Sous ce nom différens genres ayant été confondus par Tode lui-même, et par les auteurs modernes, nous adopterons l'opinion de Persoon, qui, le premier, a mieux défini ce genre. Voici les caractères qu'il lui assigne : pédicelle filiforme soutenant une sorte de vessie de forme irrégulière, couverte de sporules.

La première espèce, l'*Ascophora oralis*, décrite par Tode, croît sur les branches et les troncs de saules en automne. Ce petit champignon ressemble assez bien à une petite goutte d'eau qui, d'abord incolore, se nuance peu à peu, se couvre d'une poussière argentine, finit par se rompre et se rider. Arrivée à cet état, elle peut se conserver assez long-temps.

Les autres espèces étant encore peu connues, nous nous contenterons de cette seule description.     (F. F.)

ASELLE. *Asellus.* ( CRUST. ) Genre de l'ordre des Isopodes, section des Normaux (Cours d'Entomologie de Latreille), établi par Geoffroi aux dépens du genre Oniscus de Linné. Les caractères que lui assigne cet auteur sont : quatorze pattes, quatre antennes brisées, dont deux sont plus longues. Latreille les remplace par ceux-ci : quatre antennes très-distinctes, sétacées et composées d'un grand nombre de petits articles ; queue formée d'un seul segment, avec deux stylets bifides à l'extrémité postérieure du corps ; branchies recouvertes par deux écailles extérieures, arrondies et fixées seulement à leur base.

Les Aselles se rapprochent sous plusieurs rapports des Cloportes, avec lesquels ils ont beaucoup de ressemblance ; mais ils en diffèrent par plusieurs caractères, dont le plus important est le développement des quatre antennes. Ils se rapprochent aussi des Sphéromes, des Idotées et des Cymothoés. Le corps de ces crustacés est oblong, déprimé, formé de sept segmens pédigères, et d'une queue d'un seul article fort grand et arrondi, portant deux appendices fourchus, com-

posés d'une tige déliée, cylindrique, et terminée par deux filets coniques, ou deux petites pièces en forme de tubercules. La tête, bien distincte du corps, supporte 1° des antennes intermédiaires ou supérieures quadriarticulées, aussi longues que l'article terminal sétacé des extérieures ; celles-ci formées de cinq articles ; 2° de petits yeux simples et latéraux ; 3° des pieds-mâchoires extérieurs réunis à leur base en forme de lèvre, ayant leur premier article grand et lamelliforme. Les branchies, au nombre de six, vésiculeuses, allongées et aplaties, sont recouvertes par deux écailles extérieures, arrondies et fixées par leur base. Les pattes, terminées par un crochet simple, sont au nombre de sept paires, les dernières sont plus longues que les antérieures, les premières ont leur avant-dernier article un peu renflé. Ce genre comprend plusieurs espèces ; l'une d'elles, commune dans les eaux douces, est la seule qui ait été étudiée avec soin. Leach (Linn. trans. societ. tom. XI) en a décrit quelques espèces sous le nom de Janira et de Jæra ; le premier de ces genres se distingue de celui des Aselles par les crochets, qui sont bifides, par les antennes intermédiaires plus courtes que le dernier article des extérieures, et par des yeux plus gros et moins distans ; le second genre diffère par la présence de deux tubercules qui remplacent les filets bifides de l'extrémité du corps des Aselles et par l'absence de renflemens ou de mains aux pattes antérieures. Les individus qui composent ces deux genres se rencontrent dans la mer, sur les pierres et sur les fucus. L'espèce que nous pouvons faire connaître comme type du genre est l'Aselle d'eau douce (Geoff., Ins. II, XXII, 1, 2 ; *Idotæa aquatica*, Fabr., Squille Aselle ; Degéer, Insect. VII, XXI, 1 ; Desmt. Considér. XLIX, 1, 2); ce crustacé, de couleur cendrée et lisse, long de six à sept lignes, et large de deux à deux et demie, est très-abondant dans les eaux douces et stagnantes des environs de Paris ; il marche lentement ; mais, lorsqu'il est effrayé, il court très vite ; il se cache pendant l'hiver dans la vase, et ce n'est qu'au commencement du printemps qu'il en sort pour s'accoupler. Dans cet acte le mâle, qui est beaucoup plus gros que la femelle, porte celle-ci pendant une huitaine de jours environ sous son corps, la retenant, avec les pattes de la quatrième paire, exactement appliquée contre lui, et dans l'impossibilité de lui échapper ; lorsqu'il l'abandonne, elle est chargée d'un grand nombre d'œufs, renfermés dans un sac membraneux, placé sous la poitrine, et s'ouvrant par une fente longitudinale, à la naissance des petits. (H. L.)

ASELLIDES. (CRUST.) Lamarck, dans son Histoire naturelle des animaux sans vertèbres, tome V, page 149 et 157, désigne sous ce nom une famille de crustacés isopodes, calquée sur un groupe antérieurement établi, par Latreille, sous le nom d'ASELLATES (*v.* ce mot).     (H. D.)

ASELLATES. (CRUST.) Famille de l'ordre des Isopodes (Règn. anim. de Cuvier), section des Normaux (cours d'Entomologie de Latreille), ayant pour caractère, suivant cet auteur : appendices sous-caudaux et branchiaux étant pareillement recouverts par deux feuillets libres ; queue formée d'un seul segment, avec deux stylets bifides, ou deux appendices très-courts, en forme de tubercules au milieu de son bord postérieur ; n'ayant pas de nageoires sur les côtés ; quatre antennes se terminant par une tige sétacée, pluriarticulée. Cette famille, dans le Cours d'entomologie de Latreille, comprend les Asellates marines, ou les genres *Jæra* et *Janira* du docteur Leach. (H. L.)

ASIE. (GÉOGR. PHYSIQ.) Berceau des sociétés humaines et de la civilisation, l'Asie est, après l'Amérique, la plus vaste des cinq parties du monde. Son nom, dont l'origine se perd dans la nuit des temps, fut celui d'un canton de la Lydie habité par les *Ioniens*, et renfermant une ville appelée *Asia* ; par extension il fut donné plus tard à cette immense péninsule qui tient à l'Afrique par l'isthme de Suez, et à l'Europe par les terres comprises entre la mer Noire et l'océan Glacial arctique. Baignée au nord par cet océan, séparée du nouveau continent par le détroit de Béring, l'Asie abandonne à l'Amérique les îles Aléoutes ou Aléoutiennes, simple prolongement de la presqu'île d'Alaska, bornée à l'orient par le Grand-Océan ou l'océan Pacifique ; les îles du Japon et de Formose en font partie ; la mer de la Chine à l'est, comme au sud le détroit de Malacca, la séparent de l'Océanie ; le Grand-Océan et l'océan Indien baignent ses côtes méridionales et comprennent dans ses limites Ceylan, les Maldives et les Laquedives. Sa plus grande longueur, du sud-ouest au nord-est, depuis l'extrémité septentrionale de la mer Rouge jusqu'au détroit de Béring, est de 2,590 lieues ; sa plus grande largeur, depuis le cap Severo-Vostochnoï ou Taïmoura, dans l'océan Glacial, jusqu'au cap Romania, à l'extrémité de la presqu'île de Malacca, est de 1,825 lieues. Sa superficie peut être évaluée, en y comprenant celle des îles qui en dépendent, à 2,100,000 lieues carrées : c'est plus de quatre fois la surface de toute l'Europe.

Quatre grands versans, l'un au nord, incliné vers l'océan Glacial ; le second à l'est, vers le Grand-Océan ; le troisième, au sud, vers l'océan Indien ; le quatrième, à l'ouest, vers la mer Noire et la mer Caspienne, s'appuyant tous sur un immense plateau qui s'élève entre le 30e et le 50e parallèle, forment les cinq grandes régions physiques de l'Asie.

Le plateau central, improprement appelé plateau de la Tatarie, au nord du désert de Gobi ou de Chamo, est un assemblage de montagnes nues, de rochers énormes et de plaines que l'on a supposées fort élevées, mais qui le sont généralement si peu, que la moyenne des observations et des mesures barométriques, faites en différentes saisons par MM. Ledebourg, Bunge, Hansteen, Rose et Humboldt, ne lui donne sous le parallèle de 49 degrés et par une longitude de 16 degrés et demi plus orientale que Tobolsk, ainsi qu'à une grande partie de la steppe des Kirghiz, qu'une hauteur de 500 à 400 toises au dessus du niveau de l'Océan. Mais, en se dirigeant vers l'occident, la continuation de ce plateau s'abaisse jusqu'à présenter au bord septentrional du lac Aral un abaissement de 31 toises au dessous du niveau de l'Océan. Nous entrerons dans quelques considérations sur cette dépression remarquable, à l'article CASPIENNE.

Plaçons-nous au milieu de ces vastes déserts pour suivre dans toutes les directions les montagnes et les versans qui l'entourent. Le désert de Gobi a passé à tort jusqu'à ce jour pour la plus haute région de tout le globe. Des lacs salés, de petites rivières qui se perdent dans un amas de sable et de gravier, quelques pâturages ou quelques buissons chétifs, çà et là dispersés, sont les seuls objets qui en interrompent la triste monotonie. Il s'étend du sud-ouest au nord-est depuis la chaîne des monts Bolor jusque près des sources du fleuve Amour ou Saghalien, sur une longueur d'environ 700 lieues, et depuis les monts Koulkoum jusqu'aux monts Thian-chan et Altaï, sur une largeur de 100 à 150 lieues. Ce n'est que vers son extrémité orientale que l'œil peut se reposer sur quelques fertiles oasis arrosées par des sources.

Le *Petit Altaï*, les monts *Khangaï* et les monts *Iablonnoï*, dont le prolongement va se terminer au détroit de Béring, limitent le versant septentrional de l'Asie, où plusieurs rameaux indiquent la naissance de trois grands bassins, celui de l'*Obi* à l'ouest, celui de l'*Jenis* au centre, et celui de la *Lena* à l'est. Tout ce versant est occupé par la vaste Sibérie, qui s'étend vers le pôle, et s'incline vers la mer Glaciale, et qui ne reçoit de celle-ci que des particules chargées du froid polaire.

La Sibérie est séparée de l'Europe par les monts *Ourals* et le fleuve de ce nom qui a environ 700 lieues de cours. Sa longueur, d'orient en occident, est de 1,900 lieues, et sa plus grande largeur du nord au midi d'environ 600,000 lieues, ce qui lui donne une superficie de 600,000 lieues, c'est-à-dire supérieure de près d'un quart à celle de l'Europe entière, puisque celle-ci n'a que 484,910 lieues carrées.

Le plateau de l'Asie centrale se confond insensiblement avec la région du versant oriental. Une large chaîne de montagnes en partie couvertes de neiges éternelles s'étend depuis son extrémité jusque dans la Corée. Une autre n'est séparée de celle de la Daourie que par le fleuve Amour. Cette contrée, à l'est du désert de Gobi, est, par son élévation, la plus froide de la zône tempérée boréale. Quoiqu'elle soit située sous les latitudes de la France, sa température ressemble à celle de l'Asie septentrionale. Elle comprend une partie de la Tatarie chinoise. Les ramifications des chaînes de montagnes de ce versant entourent cinq bassins maritimes : la mer de Béring, celle d'Okhotsk, celle du Japon, la mer Jaune, et celle de la Chine. Les deux premiers ne reçoivent aucun cours d'eau remarquable ; dans le troisième, se jette le fleuve Amour ; le Hoang-Ho et le Yang-Tseu-Kiang se déversent dans le quatrième ; enfin le Kiang a son embouchure dans le dernier. Une prodigieuse quantité d'îles s'élèvent à peu de distance du continent, et présentent comme une immense haie contre laquelle viennent se briser les flots de l'Océan. Voisine des glaces polaires d'un côté, et des régions tropicales de l'autre, cette petite région maritime offre d'innombrables variations de température.

Les monts Altaï, la chaîne du Thianchan, celle de Koulkoum et les monts Himalaya, garantissent des vents glacés du nord l'Asie méridionale, magnifique parterre de fleurs, où les peuples sont appelés par la nature à la vie agricole et pastorale; comme, sur le versant opposé, le Sibérien au milieu de ses déserts est entraîné à la vie active. Six bassins reçoivent les eaux de cette région : le May-Kang et le Meinam ont leur embouchure dans la mer de la Chine; l'Yraouaddy et le Brahmapoutre, sortis de la montagne de Damtchonck-Kabab; le Gange, qui descend de l'Himalaya, et le Godavery, qui prend sa source dans les Ghattes occidentales, se jettent dans le golfe du Bengale; le Nerbouddah et le Sind dans le golfe du Sind ou d'Oman.

La cinquième région se détache plus qu'aucune autre de la masse du continent; la mer Caspienne, la mer Noire, la Méditerranée, les golfes Arabique et Persique, donnent à l'Asie occidentale quelque ressemblance avec une grande péninsule. Elle présente avec la région orientale presqu'autant de contrastes que le versant méridional en offre avec le versant opposé. L'Asie orientale est, en général, humide; l'occidentale est sèche et même aride dans quelques unes de ses parties : la première est sous un ciel orageux et nébuleux; la seconde jouit de vents constans et d'une grande sérénité d'atmosphère; la première a des chaînes de montagnes escarpées, la seconde est composée de plateaux en grande partie sablonneux.

La nature géologique des montagnes et des plaines de l'Asie est analogue à celle des autres parties du monde : des roches granitiques, des produits ignés, des dépôts attestant les diverses époques du séjour des mers et des eaux douces dans les bassins et dans les plaines; des montagnes dont les couches inclinées annoncent comme en Europe l'effet du soulèvement du sol, enfin des volcans beaucoup plus nombreux qu'en Europe et qu'en Afrique.

La chaîne appelée improprement Petit-Altaï montre, en se terminant au cap Kolyvano-Voskressensk, des masses de granite et de porphyre, des roches trachytiques (voy. TRACHYTE) et des métaux précieux. Suivant M. de Humboldt, l'Irtyche remplit une immense fissure entre des montagnes et laisse voir le granite superposé au schiste argileux. De petites montagnes ont été soulevées à travers une fissure qui forme la ligne de partage d'eaux entre les affluens du Sarason et ceux de l'Irtyche. C'est de cette même fissure que sont sortis des granites stratifiés, des schistes, des roches calcaires, et des métaux parmi lesquels on doit citer le plomb argentifère, le carbonate de cuivre, et le cuivre natif.

Le grand affaissement que l'on a constaté au-tour de la mer Caspienne et du lac Aral est antérieur à l'origine de la chaîne de l'Oural : s'il eût été postérieur, cette chaîne se serait affaissée aussi. M. de Humboldt pense que l'affaissement de l'Asie occidentale coïncide avec l'exhaussement du plateau de l'Asie centrale, de l'Himalaya, du Thianchan et de tous les systèmes de montagnes dirigés de l'est à l'ouest.

L'Asie est la seule partie du monde qui offre des volcans fumans, situés à une distance immense de l'Océan; en Europe ils sont sur le bord de la mer; en Amérique à une trentaine de lieues; en Afrique à 112; mais en Asie à plus de trois fois cette dernière distance.

Le lac Baïkal entouré de basaltes, et les volcans du Tianchan, sont le centre des commotions volcaniques qui agitent l'intérieur de l'Asie. Mais il est à remarquer que ces commotions ne s'étendent dans la Sibérie occidentale que jusqu'à la pente de l'Altaï. Dans l'Oural, dit M. de Humboldt, on ne ressent pas de tremblemens de terre; aussi, malgré la richesse métallique des roches, on n'y trouve ni basalte, ni trachytes, ni sources minérales.

La même cause qui a formé sur la croûte du globe des soulèvemens et des affaissemens brusques, a probablement, par une action latérale continuée graduellement, rempli de métaux les fentes de l'Oural et de l'Altaï. Mais ce qu'il y a de remarquable et ce qui pourrait servir à prouver combien la chaîne de l'Oural est peu ancienne, c'est que les alluvions d'or et de platine sont mêlées sur les hauteurs avec les mêmes ossemens fossiles de grands animaux terrestres que l'on trouve dans les plaines basses de la Sibérie.

D'après un travail sur les volcans que nous avons publié dans l'Encyclopédie méthodique, l'Asie renferme 127 volcans et solfatares, dont, 52 sur le continent et 75 dans les îles. La seule presqu'île du Kamtchatka en contient 16.

C'est principalement dans les îles qui bordent le continent, que les volcans se montrent dans toute leur activité : l'archipel des Kouriles, les îles du Japon, Formose près des côtes de la Chine, Barren dans le golfe du Bengale, et plusieurs autres, sont tourmentés par de fréquentes éruptions.

Nous avons nommé les principaux fleuves de l'Asie; tâchons d'évaluer la superficie relative des eaux courantes sur le sol de cette partie du monde. Si nous prenons pour unité leur surface totale, les eaux des diverses contrées de ce continent présenteront les fractions suivantes de l'unité.

| | | |
|---|---|---|
| Fleuves de la Sibérie { coulant vers le nord 0,31 <br> — vers l'est 0,02 } | | 0,33 |
| — de l'Inde entière . . . . . . . . | | 0,27 |
| — de la Chine et de la Tatarie chinoise. | | 0,15 |
| — de la Turquie d'Asie. . . . . . | | 0,10 |
| — de l'Asie centrale. . . . . . . | | 0,08 |
| — de la Perse et de l'Arménie . . . . | | 0,06 |
| — de l'Arabie . . . . . . . . | | 0,03 |

Pour juger de la sécheresse relative de ces pays, il faut avoir égard à leur surface respective. L'Ara-

Lie, par exemple, est beaucoup plus sèche que la Perse ou la Turquie; mais l'Inde et la Chine sont tout autant arrosées que la Sibérie.

Afin de faire apprécier l'importance de la superficie relative et absolue des principaux lacs asiatiques, nous allons réunir les plus considérables dans un seul tableau.

Lieues carrées.

| | |
|---|---:|
| Lac Aral ou mer Aral (Tatarie). . . | 1,280 |
| — Baïkal (Sibérie). . . . . . . | 981 |
| — Tchany (*id.*) . . . . . . | 960 |
| — Zaïsan (Kalmoukie) . . . . . | 800 |
| — Palkation Balkhachie (Kalmoukie). | 480 |
| — Tékiri (Tibet) . . . . . . | 300 |
| — Lob-Noor (Kalmoukie) . . . . | 280 |
| — Van (Turquie) . . . . . . | 255 |
| — Khonkhou-Noor (Chine). . . . | 240 |
| — Zereh (Perse) . . . . . . | 140 |
| — Namour (Chine occidentale). . . | 130 |
| — Ourmiah (Perse). . . . . . | 100 |
| — A-phaltite (Palestine) . . . . | 65 |

Les plaines asiatiques sont, en quelque sorte, de vastes plates-formes posées sur le dos des montagnes. Tantôt, s'élevant de distance en distance, par terrasses, elles s'étendent au loin en conservant le même niveau, quoique légèrement interrompues par des pentes locales. De là, ces lacs sans écoulement, ces fleuves qui naissent et meurent dans le même désert; de là, ces passages subits d'un froid rigoureux à une chaleur insupportable lorsqu'on descend du Tibet dans l'Inde, ou de l'intérieur de la Perse aux côtes maritimes. C'est aussi à cette configuration du pays qu'il faut attribuer ces vents périodiques de l'intérieur, bien différens de ces vents maritimes, de ces moussons de l'Inde. Les vents glacés de la Sibérie remontent jusqu'au centre de l'Asie, et s'ils sont assez élevés pour dépasser la première chaîne, ils peuvent s'étendre jusqu'au sommet du Tibet. Le vent d'est, chargé de brouillards, couvre dans le même instant toute la partie basse de la Chine; mais, à mesure que l'on s'enfonce dans la zône tempérée, toute régularité dans les mouvemens si intimement combinés de l'Océan et de l'atmosphère cesse peu à peu : on éprouve alors les mêmes changemens d'orient en occident qu'en avançant en Europe d'occident en orient.

La division de l'Asie en cinq régions facilite celle des climats qui y règnent : au centre, l'hiver établit son empire, et dans un espace qui, depuis le 30° jusqu'au 50° parallèle, comprend l'Afrique septentrionale, le midi et le centre de l'Europe, il règne en Asie près des trois quarts de l'année, et laisse à de courts étés la tâche facile de brûler des déserts couverts de sable et presque dépourvus de végétation. Il y a cependant quelquefois de la neige en été.

La région du nord, que nous avons déjà caractérisée, n'offre que dans quelques parties australes, favorisées par une exposition particulière, des exceptions au triste spectacle de ces immenses et froides solitudes. On peut la diviser en deux zônes : depuis les bords de l'océan Glacial jus-

qu'au 62° parrallèle, le froid y est excessif, et le mercure y gèle souvent. Les frimas couvrent la terre depuis le mois de septembre jusqu'à celui de juillet. Depuis le 62° jusqu'au 50° degré de latitude, le climat devient moins âpre, les rivières gèlent depuis la fin d'octobre jusqu'à la fin du mois de mai.

La région orientale, en se confondant avec les hauts plateaux du centre, est peut-être, de toutes les contrées de la zône tempérée, celle dont le climat est le plus rude; mais, près des bords de la mer, sa température devient douce; et dans sa partie méridionale, qui comprend la moitié de la Chine proprement dite, la chaleur paraît d'autant plus insupportable, que les pluies y sont peu fréquentes.

Dans la région méridionale, bornée au nord par des plaines élevées, baignée à l'orient et au sud par le Grand-Océan, on ne connaît que deux saisons : depuis le mois d'avril jusqu'à celui de novembre, les rayons solaires sont perpendiculaires à l'horizon. Cette région, qui forme une large zône, depuis le 30° parallèle jusqu'au 10°, comprend la Cochinchine, l'Hindoustan, la Perse méridionale et l'Arabie. Dans l'Hindoustan, et particulièrement sur les côtes, la fin de la saison pluvieuse est marquée par de brusques changemens de vents et par la violence des orages : nulle part les ouragans ne se déchaînent avec plus de fureur; nulle part les éclairs et les coups de tonnerre ne présentent des spectacles plus épouvantables; nulle part la grêle pesante, la sécheresse prolongée et les déluges de pluie ne menacent le cultivateur de plus de ravages.

La région occidentale, qui renferme la Boukharie, l'Afghanistan, la Perse septentrionale et la Turquie d'Asie, éprouve des chaleurs excessives, pendant les mois de juin, de juillet et d'août.

Enfin l'Asie maritime ou les îles asiatiques, en s'étendant du nord au sud, éprouvent au nord des froids moins intenses que sur le continent et au midi, des chaleurs plus supportables : conséquence nécessaire de l'influence de l'Océan.

L'Asie se vante d'avoir donné à l'Europe ses céréales, la plupart de ses plantes potagères et plusieurs espèces de fleurs et d'arbres fruitiers. Le nord de cette partie du monde est la patrie de l'épinard; nous devons le radis à la Chine, et la fève de marais à la Perse; le haricot, la chicorée blanche, et le potiron qui, dans nos potagers, étale ses larges feuilles et fait briller l'or de son énorme fruit, ont passé du climat brûlant de l'Inde à la douce température de la France et de l'Europe occidentale. Dans nos jardins on cultive l'astragale bigarrée de la Sibérie, l'astère de la Chine, la balsamine de l'Inde, la tubéreuse de Ceylan, le lis de la Palestine, et la renoncule que saint Louis apporta de Syrie. On sait que le cerisier, venu d'Asie, fut acclimaté en Europe par Lucullus; que les Phéniciens y naturalisèrent la vigne, et que les anciennes colonies grecques, établies sur nos côtes méditerranéennes, y transportèrent l'olivier, originaire du mont Taurus, et le framboisier du mont Ida. L'Europe doit aussi le mûrier blanc à la Chine, le mûrier noir à l'Asie mineure, l'a-

bricotier

bricotier à l'Arménie, et le pêcher à la Perse ; l'Asie a vu naître aussi l'amandier et le noyer. Enfin, nos parcs et nos jardins se parent du marronier d'Inde, originaire de la Turquie d'Asie, et de ce saule pleureur qui laisse tomber jusqu'à terre ses rameaux souples et légers.

La rhubarbe, objet d'un grand commerce, croît spontanément au milieu des déserts du plateau central, ainsi que le *polystichum barometz*, plante singulière, dont la tige couverte de longs poils et la racine tortueuse prennent des formes bizarres, imitent même celle d'un animal, et lui ont valu le surnom d'Agneau de Tatarie.

La région septentrionale offre plusieurs zônes bien différentes : près des sources du fleuve Amour, le chêne et le noisetier sont faibles et languissans ; le tilleul et le chêne cessent vers l'Irtyche ; le sapin ne dépasse pas le 60e parallèle ; d'épaisses forêts de bouleaux, d'ormes, d'érables et de peupliers, bordent le cours des fleuves. Le pin cimbro (*pinus cimbra*), qui couronne en Europe les flancs des hautes montagnes, s'élève au milieu des plaines humides de la Sibérie, où il atteint une taille gigantesque ; à l'est de l'Ienisci, il diminue de grandeur, et vers les bords de la Léna il ne dépasse guère la taille des arbustes. Le peuplier blanc est tellement commun en Sibérie, que Pallas s'étonnait que le duvet cotonneux qu'il porte n'y fût pas utilisé. Le peuplier baumier, qui dans nos jardins n'est qu'un arbrisseau, élève majestueusement sa tige, et répand dans les airs les molécules odorantes de ses bourgeons résineux.

Le merisier à grappes (*cerasus padus*) croît dans la Sibérie méridionale jusqu'au Kamtchatka, et porte un fruit douceâtre ; celui d'un autre arbre (*prunus fruticosa*), commun dans les steppes, sert à faire une sorte de vin. Un grand nombre de plantes ornées de fleurs brillantes sont indigènes de la Sibérie : l'hellébore noir, le vérâtre blanc, l'iris jaune-blanc (*iris ochroleuca*), l'iris des prés (*iris sibirica*), l'anémone, la potentille, la gentiane des marais et l'élégant astragale des montagnes, offrent en beaucoup d'endroits l'assemblage des couleurs les plus variées. Le joli robinier caragan, le daphné altaïque, l'amandier nain, l'œillet superbe (*dianthus superbus*), la valériane et la gentiane altaïque, croissent sur les flancs des monts Altaï, tandis qu'à leurs pieds fleurissent l'aster de Sibérie aux fleurs bordées d'un violet pourpré, la tulipe sauvage et le rosier à feuilles de pimprenelle. Sur les autres montagnes, on trouve la gentiane croisette et la gentiane des neiges ; mais c'est en Daourie que la flore sibérienne étale ses principales richesses : les monts se couvrent de deux espèces de rhododendrons, l'un à fleurs rouges et l'autre à fleurs jaunes, de plusieurs églantiers, de spirées à feuilles de mille-pertuis, à feuilles crénelées, à feuilles d'orme, à feuilles lisses, à feuilles de saule, et à feuilles de sorbier ; tandis qu'à leurs pieds croissent les anémones pulsatilles, quatre espèces de pivoines et vingt espèces de potentilles.

En remontant l'Irtyche, on retrouve quelques

plantes des régions élevées de l'Europpe ; mais dès qu'on passe l'Ienisci, la végétation devient plus pauvre, et enfin au-delà du cercle polaire jusqu'au bord de l'océan Glacial, aux chétifs arbrisseaux succèdent des mousses et des lichens.

La région méridionale de l'Asie offre des zônes de végétation importantes. Un arbre à cire, qui n'est cependant pas le *myrica cerifera*, et l'arbre à suif (*croto sebiferum*), offrent à l'industrie une matière recherchée pour l'éclairage ; le sumac vernis ; le camphrier (*laurus camphora*) ; la camellie à feuilles étroites (*camellia sesanqua*), dont la feuille fournit par la décoction un parfum recherché pour les toilettes des Chinoises, et dont la graine donne une très-bonne huile ; la pivoine en arbre (*pæonia moutan*), à laquelle sa beauté a fait donner par les Chinois le surnom de *reine des fleurs* ; l'hortensia, qui fut long-temps l'une de nos plantes d'agrément les plus recherchées ; et l'hémérocale qui ressemble au lin pour la forme, et le surpasse en beauté.

Dans la presqu'île de Malacca, des forêts où croissent l'aloès, le bois de santal, la casse odorante et plusieurs autres arbres précieux, conservent toute l'année leur brillante verdure. Le teck, dont le bois dur et presque inaltérable est si utile dans les constructions, et dont les fleurs passent pour un bon remède contre l'hydropisie, fait l'ornement des forêts de la Cochinchine, de la presqu'île de Malacca et des bords du Gange. Le cocotier doit être cité parmi les arbres les plus précieux de l'Inde ; mais le figuier des pagodes (*ficus religiosa*), dont le tronc atteint 10 à 15 pieds de circonférence, est en vénération chez les habitans, qui croient que Vichnou est né sous son ombrage ; et les immenses rameaux du figuier des Indes (*ficus indica*), retombant à terre, y poussent de nouvelles racines, et forment d'une seule tige une vaste forêt. A côté de ces végétaux remarquables, l'Inde voit croître la plupart des arbres fruitiers de l'Europe.

Les plaines élevées de la Perse et de la Tatarie produisent une foule de plantes salines ; mais vers les bords de la mer Caspienne et de la Méditerranée, la végétation prend une physionomie européenne, et les forêts reprennent leur vigueur. En s'élevant à travers des bouquets d'églantiers et de chèvre-feuilles sur les flancs des collines, on est bientôt entouré d'acacias, de chênes, de tilleuls et de châtaigniers ; au dessus d'eux les sommets se couronnent de cèdres, de cyprès et d'autres arbres verts.

L'Arabie offre encore une autre nuance de végétation. (*Voy.* ARABIE.)

Enfin nous répéterons ici ce que nous avons dit ailleurs, en faisant observer que le riz, originaire de l'Inde, est le principal aliment des peuples de l'Asie méridionale ; que le millet et l'orge forment la nourriture de ceux de la zône septentrionale, et que ce n'est que sur les limites des régions que nous avons tracées que l'on trouve les pays de froment.

Le règne animal est plus riche en Asie que dans toute autre partie du monde. Sur les côtes méridionales, les zoophytes brillent des plus vives couleurs; des coralligènes variés couvrent les bas fonds et bordent en murailles élevées les approches des îles. Les mollusques y comptent de nombreuses tribus, dont nous nous bornerons à citer quelques espèces remarquables; telle est d'abord la tridacne gigantesque, dont deux valves servent de bénitiers dans l'église de Saint-Sulpice à Paris; puis l'huître rayonnée de 8 à 10 pouces de diamètre; le grand triton émaillé, qui atteint quelquefois 16 pouces de longueur; la pintadine, qui fournit la nacre employée dans les arts et les plus belles perles fines; la placune vitrée, que les Chinois emploient comme vitre. Parmi les céphalopodes, nous ne devons point oublier la sèche tuberculeuse si importante pour les Chinois, qui fabriquent, avec la matière colorante qu'elle sécrète, la substance connue sous le nom d'encre de la Chine. Parmi les crustacées se font remarquer les squilles, ou mantes de mer, animaux ornés de longues arêtes et d'épines, et dont la chair sert communément de nourriture; les grandes langoustes mouchetées de blanc sur un fond bleu; et la maïa pipa, qui porte ses œufs sur son dos. Les poissons les plus éclatans, ou dont la chair est la plus recherchée, pullulent dans les mers de l'Asie équinoxiale: tels sont les scombres, les muges, et parmi ceux de forme bizarre les chétodons et les coffres.

Un grand nombre de reptiles puisent en Asie les élémens d'une vie puissamment aidée par la chaleur et l'humidité. La côte de Coromandel nourrit la plus grande tortue terrestre que l'on connaisse; c'est elle que l'on a surnommée la tortue indienne: sa carapace, d'un brun foncé, a plus de 5 pieds de longueur. Le Gange et le Brahmapoutre sont peuplés de crocodiles, et principalement de ceux à long bec qui appartiennent au genre gavial. C'est au Coromandel et au Malabar que l'on trouve ce redoutable naja, surnommé la vipère à lunettes, dont la morsure donne en quelques instans la mort, que les jongleurs indiens apprivoisent, que les superstitieux Hindous nourrissent, que les Bramines conjurent, et dont la figure est le principal ornement de leurs pagodes.

L'Asie est peuplée des oiseaux les plus beaux et les plus variés dans leurs couleurs; elle est la patrie des paons, des faisans, des argus et des élégans oiseaux de paradis. Le coq et la poule ont été trouvés à l'état sauvage dans les montagnes des Gathes.

Les mammifères asiatiques sont les plus nombreux et les plus grands en commençant par les singes: tels que les orangs, les semnopithèques, les macaques, et les quatre espèces de gibbon. Plusieurs quadrimanes lémuriens, tels que les loris et les makis, y vivent. Les carnassiers y comptent de puissantes espèces: telles que le lion, répandu dans tout l'ancien continent, et le tigre royal que l'on a l'habitude de regarder comme habitant exclusivement la zône torride, et qui, ainsi que l'a fait observer M. de Humboldt, habite depuis l'Hindoustan jusqu'au Tarbagatuï et à la steppe des Kirghiz; le léopard, la panthère et le manoul remarquable par ses longues soies, et qui est particulier à la Sibérie. C'est dans les forêts qui environnent les montagnes de cette dernière contrée que se réfugient plusieurs animaux précieux pour leur fourrure, ces martres, ces hermines, ces renards argentés et cet écureuil surnommé *petit-gris*.

Parmi les grands pachidermes, l'éléphant des Indes, et le rhinocéros à une corne, sont des espèces uniquement asiatiques. La presqu'île de Malacca est la patrie d'un tapir qui diffère de celui d'Amérique. Les deux espèces de chameaux, celle à une et celle à deux bosses, paraissent appartenir plus particulièrement à l'Asie qu'à l'Afrique. L'Asie nourrit aussi différens bœufs sauvages, tels que le zébu qui habite les contrées les plus chaudes, l'arni qui se tient dans les hautes montagnes de l'Hindoustan, le gour qui habite les forêts de l'intérieur, le yack qui aime à se vautrer dans la fange, et dont la queue touffue sert d'étendard aux Orientaux; plusieurs espèces d'antilopes et le mouton appelé Argali, dont la corne présenterait une longueur de 5 à 6 pieds si sa courbure était développée. La chèvre dont le poil soyeux donne aux châles de Cachemire une souplesse particulière, habite les montagnes du Tibet; enfin c'est de l'Inde et de la Perse qu'à la faveur des navires marchands, le surmulot, ou le gros rat gris, émigra au XVIII<sup>e</sup> siècle en Europe, où il a presque détruit l'espèce indigène noire.

Parmi les cétacés qui habitent les plages asiatiques, on cite plusieurs espèces particulières de lamantins, de dugongs, de dauphins, et surtout le dauphin du Gange, qui paraît être le plataniste de Pline.

Trois races d'hommes, si l'on ne s'en rapporte qu'à la couleur, habitent la contrée asiatique: la blanche en occupe toute la moitié occidentale; les principaux peuples qui la composent sont ceux du Caucase, les Arabes, les Persans, les Boukhares, les Arméniens, les Géorgiens, les Turkomans, les Ouzbeks, les Kirghiz, les Iakoutes, les Ostiaks, les Tchouvaches et les Mordouins. La race jaune comprend les Kalmouks, les Samoïèdes, les Ioukaghirs, les Lamoutes, les Koriaks, les Kamtchadales, les Mongols, les Tongouses, les Mantchoux, les Coréens, les Japonais, les Aïnos, les Siamois et les Tibétains. La race noire qui est la moins nombreuse habite les îles de Nicobar, d'Andaman et de Ceylan. (*Voy.* Homme.) Les Malais paraissent provenir du mélange des races blanche et jaune.

Nous terminerons par un tableau des hauteurs des principales montagnes de l'Asie.

| | | |
|---|---|---|
| | Le Tchamoulari | 8560? mètres. |
| Groupe | Le Dhavalagiri | 8556 |
| de | Le Djavahir | 7821 |
| l'Himalaya. | Le Serga Rouenir | 6959 |
| | Hindou Koh | 6226 |

| Groupe de l'Altaï. | Petit Altaï | 2202. |
| | Grand Altaï | 3000? |
| | Pic de la frontière de la Russie et de la Chine | 5135. |
| Groupe du Thianchan. | Bokhda-Vola | 5840? |
| | Mont Bolor | 5800? |
| Groupe de Caucase. | Elbrouz | 5009. |
| | Le Mkinouari ou Kaz-bek | 4677. |
| Groupe du Liban. | Mont Liban | 2906. |

(J.-H.)

**ASILE**, *Asilus*. (ins.) Genre de l'ordre des Diptères, établi par Linné et répondant à la famille des Asiliques. Latreille, dans le Règne animal de Cuvier, range le genre Asile dans la famille des Tanistomes ; les caractères qu'il lui assigne sont : Antennes de même longueur que la tête, séparées jusqu'à leur base, dont le premier article est plus long que le second, et le troisième encore allongé, avec un stylet en forme de soie au bout. Meigen (Descript. des Dipt. d'Europe) caractérise ainsi ce genre : Antennes avancées, rapprochées à leur base, formées de trois articles, le premier cylindrique, le second en cône renversé, le troisième sans anneau avec un stylet terminal sétiforme ; trompe droite, dirigée en avant, horizontale et courte ; jambes plates, épineuses ; pieds armés de deux éperons. Les Asiles se distinguent des Laphries par le dernier article des antennes qui est en forme de fuseau ou de petite tête obtuse, des Dasypogons où le stylet est bien distinct du corps et où la trompe est droite, des Gonypes de Latreille, ou des Leptogastres de Meigen, par les tarses qui sont terminés par trois crochets ; du reste leur corps est allongé ; leur tête, concave antérieurement et plane postérieurement, supporte des yeux lisses ; les ailes sont placées horizontalement et dépourvues de cuillerons ; il existe des balanciers minces, qui sont terminés brusquement par un bouton ; leur abdomen est allongé, et il se termine en pointe dans les femelles.

Les Asiles sont des insectes carnassiers, très-voraces ; ils saisissent, suivant leur taille et leur force, des mouches, des tipules, des bourdons et des coléoptères pour les sucer ; leur vol est rapide et accompagné d'un bourdonnement assez fort. On les rencontre vers la fin de l'été et de l'automne, dans les bois, dans les lieux sablonneux ; leurs larves vivent dans la terre, ont une petite tête écailleuse, armée de deux crochets mobiles, et s'y transforment en nymphes qui ont des crochets dentelés au thorax et de petites épines sur l'abdomen. Plusieurs espèces se trouvent en Europe ; une des plus communes, et qui sert de type au genre, est l'ASILE FRELON, *Asilus crabroniformis*, Lin., Degéer, Ins., VI, XIV, 3, ou l'Asile brun à ventre de deux couleurs de Geoffroi (Insect., tom.

2, page, 468, pl. 17, fig. 3, X.) Elle a été figurée dans notre Atlas, pl. 31, fig. 4. Cette espèce est longue d'environ un pouce, d'un jaune d'ocre, avec les trois premiers anneaux de l'abdomen d'un noir velouté, les antennes d'un jaune fauve et les ailes roussâtres. Meigen (*loc. cit.*) en décrit cinquante-six espèces, dont plusieurs sont nouvelles. (H. L.)

**ASILIQUES**, *Asilici*. (ins.) Famille de l'ordre des Diptères, section des Proboscidés, établie par Latreille (Géner. Crust. et Insect.), qui lui assigne pour caractères : tête transverse, antennes presque cylindriques, de trois articles, dont le dernier est sans anneau avec un stylet ou une scie, dans la plupart ; trompe aussi longue que la tête ; cellule complète, en forme de triangle allongé, près du bord interne (la dernière de toutes) se terminant au bord postérieur ; épistome toujours barbu. Cette famille, qui répond au grand genre Asile de Linné, a été depuis subdivisée en plusieurs genres, dont les plus remarquables sont : les Laphries, Dasypogons, Dioctries, Gonypes et Asiles proprement dits. Meigen (Descript. syst. des Ins. dipt., 1820, t. 11) donne à la famille des Asiliques les mêmes caractères que Latreille, et elle se compose pour lui des Dioctria, Dasypogon, Laphria, Asilus et Leptogaster.

(H. L.)

**ASIRAQUE**, *Asirica*. (ins.) Genre d'Hémiptères, de la section des Homoptères, famille des Cicadaires. Parmi les Fulgorelles, les unes ont les antennes placées hors des yeux et les autres dans une échancrure des yeux. C'est dans cette division qu'il faut placer le genre Asiraque, dont les caractères consistent à avoir le premier article des antennes plus long que le second, ce qui le sépare des Delphax et des Anotia, et des ocelles, ce qui le distingue de ces derniers. Ces insectes sont de petite taille ; leur tête est transversale, leur chaperon déprimé, large ; l'échancrure des yeux, destinée à recevoir les antennes, forme une fente très-profonde ; les antennes ont le premier article aussi long que la tête et le corselet pris ensemble, déprimé, le dernier ovoïde, beaucoup plus court, chargé de papilles ; les élytres sont chargées de poils raides sur les nervures. L'espèce la plus connue est :

L'A. à corne en massue, *A. clavicornis*. Fab. Coqueb. illust. Icon. déc. I, tab. 8, fig. 7. Long de deux lignes ; corps, mésothorax, les quatres pattes antérieures, noirs ; tête, antennes, prothorax, élytres, pattes postérieures, fauves ; extrémité des quatre antérieures, blanchâtre. Des environs de Paris, mais pas très-commun. (A. P.)

**ASPALAX**. (mam.) *Voyez* RAT-TAUPE.

**ASPARAGINE**. (chim.) Substance découverte, par Vauquelin et M. Robiquet, dans le suc des asperges, qui existe aussi dans les racines de guimauve, de réglisse, et probablement dans beaucoup d'autres végétaux, et qui a été étudiée par plusieurs chimistes, parmi lesquels nous citerons Wittstock, Henry fils, Plisson, Pelouze, etc.

L'Asparagine est solide, inodore, d'une saveur faible de bouillon, plus soluble dans l'eau chaude et l'alcool faible que dans l'eau froide, l'alcool pur et l'éther, cristallisable, etc. On l'obtient en abandonnant à lui-même, dans un lieu froid, un décocté de racine de guimauve filtré et concentré ; ou bien en traitant l'extrait aqueux de cette même racine, devenu acide, par l'alcool bouillant, etc. (F. F.)

ASPARAGINÉES, *Asparagineæ*. (BOT. PHAN.) Famille de la classe des Monocotylédones à étamines périgynes, composée de plantes vivaces, herbacées ou sous-frutescentes, à feuilles ordinairement alternes. Ses fleurs sont tantôt hermaphrodites, tantôt unisexuées, distinction peu constante, d'après laquelle Ventenat avait formé deux groupes, les *Asparagoïdes* et les *Smilacées*. Une autre division plus fondée a été établie par R. Brown et Richard, qui ont séparé des Asparaginées, telles que Jussieu les avait présentées, les genres dont l'ovaire est infère. (*Voyez* DIOSCORÉES.) La famille qui nous occupe aura donc pour caractères et pour limites : fleurs hermaphrodites ou unisexuées, monoïques ou dioïques, accompagnées, à leur base, de pathes ou écailles, calice pétaloïde, à six divisions avec lesquelles alterne un nombre égal d'étamines, à filets libres, soudés dans le genre *Ruscus* ; ovaire supère surmonté d'un style simple et d'un stigmate, ou de trois ou quatre styles avec autant de stigmates ; capsule ou baie globuleuse, ordinairement à trois loges, quelquefois à une seule par avortement des deux autres.

Les genres de la famille des Asparaginées peuvent être classés d'après le nombre de leurs stigmates. Il n'y en a qu'un, simple ou trilobé, dans les genres *Asparagus*, *Convallaria*, *Polygonatum*, *Mayanthemum*, *Dracæna*, *Dianella*, *Flagellaria*, *Callixenia*, *Ruscus*, *Smilax*, etc. On en compte trois ou quatre dans les genres *Paris*, *Trillium*, *Medeola*, etc. (L.)

ASPERGE, *Asparagus*. (BOT. PHAN.) Genre et type de la famille décrite ci-dessus. Il se distingue par ses feuilles, ordinairement réunies en faisceaux autour d'une tige herbacée ou ligneuse, dressée ou grimpante, souvent épineuse. Ses fleurs, hermaphrodites dans la plupart des espèces, dioïques dans les autres, et solitaires à l'aisselle des feuilles, présentent un calice à six divisions égales, dont trois intérieures, et réfléchies au sommet ; six étamines attachées au fond du calice ; un style, un stigmate trigone, une capsule à trois loges dispermes.

Tout le monde connait l'Asperge, *Asparagus officinalis*, L., cette plante potagère, cultivée dans des fossés séparés par des ados plus ou moins élevés ; de loin on croit voir une forêt d'arbres verts d'une taille toute lilliputienne. En réalité, sa tige a de trente à trente-six pouces, et porte des rameaux écartés, et disposés en pyramide comme ceux d'un sapin ; ses feuilles sont fines, réunies en nombreux faisceaux de trois à quatre renfermés d'abord entre plusieurs stipules. On remarque peu de fleurs, petites, verdâtres, mâles sur certains pieds, femelles sur les autres, ce qui n'intéresse que pour la récolte des graines.

Celles-ci sont contenues dans une baie d'un rouge très-vif.

L'Asperge se sème en pépinière ; après un an ou quelquefois deux, selon la qualité du sol, on relève les pieds ou *griffes*, pour les repiquer dans des fossés ou des planches séparées, où on les recouvre chaque année de quelques pouces de fumier et de terre. Pour quelques citadins, nous ajouterons que ce sont les jeunes pousses de l'Asperge qui sont servies et recherchées sur toutes les tables. Une observation bien connue, mais que nous devons consigner, c'est que ce légume communique aux urines une odeur fétide *sui generis*, et que quelques gouttes de térébenthine suffisent pour changer en odeur de violette.

L'Asperge, succulente sous notre climat tempéré, devient ligneuse dans les pays chauds. Sur une vingtaine d'espèces connues, la nôtre seule est comestible ; les autres sont parfois de vrais buissons, souvent épineux, comme beaucoup de plantes que la culture n'a pas en quelque sorte *civilisées* et réduites à la domesticité. Nous citerons seulement l'Asperge tortueuse, *Asparagus retrofractus*, à cause de sa tige sarmenteuse et haute d'environ cinq pieds. Elle croit en Afrique. (L.)

ASPÉRITÉS. (ANAT.) Ce mot, souvent employé comme synonyme d'*irrégularités*, sert à désigner certaines surfaces raboteuses, âpres, qu'on rencontre ordinairement sur les os et destinées ordinairement à l'insertion d'organes fibreux. Dans quelques circonstances morbides, on donne encore ce nom aux petites éminences des calculs urinaires, comme aux lamelles aiguës des fragmens d'un os fracturé. (P. G.)

ASPÉRITÉS. (BOT.) Tubercules ou poils courts et raides qui couvrent certaines plantes et font éprouver à la main qui les touche une sorte de rudesse, de rugosité, comme il est facile de le remarquer, par exemple, sur les tiges et les feuilles de bourrache. (P. G.)

ASPÉROCOQUE. (BOT. CRYPT.) (*Hydrophytes*.) Genre de l'ordre des Ulvacées, parmi les plantes marines. Les caractères de ce genre, dont les espèces sont toutes indigènes, sont les suivans : graines isolées, éparses ; frondes toujours fistuleuses ; couleur moins vive, moins éclatante que celle des ulves, peu altérable par la dessiccation, l'air ou la lumière.

Comme espèces principales, nous citerons : 1° l'*Aspérocoque rugueuse*, que l'on trouve sur les côtes de Normandie et de Bretagne ; qui est simple, cylindrique, rétrécie à sa base, d'une longueur qui varie de un à six pouces, et qui est couverte de graines nombreuses et un peu saillantes ; 2° l'*Aspérocoque bulbeuse*, que l'on rencontre dans la Méditerranée et dans l'Océan, qui diffère de la précédente non-seulement par son pédicelle beaucoup plus marqué, mais encore par le diamètre des frondes, qui est de trois à huit lignes, et par les graines toujours moins saillantes.

Les Aspérocoques ne vivent que très-peu de temps. (F. F.)

**ASPÉRULE**, *Asperula*. ( BOT. PHAN.) Parmi les douze espèces que renferme ce genre de plantes herbacées, de la famille des Rubiacées, et de la Tétrandrie monogynie, trois intéressent particulièrement par leurs propriétés utiles et agréables. La première est l'ASPÉRULE RUBÉOLE, *A. tinctoria*: sa racine donne une couleur rouge aussi belle que celle de la GARANCE ( *v.* ce mot ); elle se trouve d'ordinaire dans les terres en friche, sèches et arides, sur les pentes des collines et les pelouses; elle est vivace, fleurit en été, et est recherchée par tous les bestiaux. Les os des oiseaux nourris avec ses racines, se teignent en rouge. Une variété de cette espèce, dite *Herbe à l'esquinancie*, a les fleurs couleur de chair, et était autrefois très-recherchée pour ses propriétés médicales. La seconde, l'ASPÉRULE BLEUE, *A. arvensis*, est annuelle, pullule dans les champs en jachère, et mériterait de faire partie de nos prairies artificielles. Sa racine est aussi fort bonne pour la teinture. La troisième, la plus élégante de toutes, l'ASPÉRULE ODORANTE, *A. odorata*, pare, en été, le sein des jeunes villageoises de son joli bouquet blanc, qui répand une odeur douce et agréable. On la trouve dans les bois humides, dont souvent elle couvre abondamment le sol, et où son parfum attire les abeilles; c'est de là qu'on lui donne parfois les noms vulgaires de *reine* et de *muguet des bois*. Verte ou desséchée, elle rend le soin très-appétissant; on la prend en infusion théiforme; mise en petite quantité dans le vin, elle lui communique un goût qui plaît; et on lui attribue la propriété de chasser les teignes et les blattes.    (T. D. B.)

**ASPHALTIDE** (Lac). (GÉOGR.) Ce lac, qu'on appelle aussi mer Morte, fut long-temps un sujet de superstition; la nature de ses eaux, les singuliers phénomènes qui se passaient à sa surface, contribuèrent à le faire regarder comme le séjour de quelque mauvais génie, dont la puissance surnaturelle, ennemie nécessaire de l'homme, le gratifiait des pernicieuses qualités dont il était pourvu. Ses eaux salées étaient d'une âcreté remarquable; de là le nom qu'il reçoit dans la Bible, mer de sel, *mare salis, mare salsissimum*; il était sans cesse recouvert d'excrétions bitumineuses, qu'il rejetait à sa surface; aucun poisson ne pouvait y vivre; la mort les surprenait instantanément; aucun oiseau n'habitait ses bords; ils fuyaient au loin, cherchant un air qu'ils pussent respirer sans danger, et par un instinct que la Providence semblait leur avoir spécialement accordé, ils avaient toujours soin de se tenir hors de la portée de l'atmosphère fétide du lac; de là le nom de mer Morte. Vespasien ordonne-t-il un supplice; veut-il que de malheureux condamnés soient noyés en sa présence; le lac Asphaltide, dans lequel on les précipite, les rejette de son sein, ne veut pas les laisser pénétrer dans l'intérieur de ses eaux, comme s'ils devaient venir troubler par leur présence la cour du génie qui l'habitait. On conçoit sans peine que de semblables phénomènes, apparaissant aux yeux étonnés d'un siècle superstitieux, et que n'avait pas éclairé les analyses de la chimie;

on conçoit sans peine, dis-je, que de semblables phénomènes devaient être pour eux la preuve irrécusable de la présence de quelque esprit surnaturel. Aussi cette croyance se retrouve-t-elle chez tous les anciens peuples qui habitèrent les bords de ce lac.

Examinons d'abord la position du lac Asphaltide ou mer Morte; puis nous verrons après si la science ne trouvera pas moyen d'expliquer les phénomènes que nous venons d'indiquer.

Le lac Asphaltide est situé en Judée; il reçoit les torrens d'Arnon, de Debbon et de Zored; le Jourdain, rivière dans laquelle Jésus-Christ reçut le baptême des mains de saint Jean, le traverse dans sa plus grande longueur, qui n'a pas moins de cent mille pas; sa largeur peut être évaluée de vingt à vingt-cinq mille pas. Comme on le voit, ce lac doit être rangé parmi ceux qui occupent le lit d'un fleuve; on a observé aussi que la digue qui en arrête les eaux à l'extrémité inférieure, était formée de laves; ces diverses considérations ont amené quelques géographes à penser que des courans de laves, venant se jeter à travers les eaux du Jourdain, en barrèrent le cours, et donnèrent ainsi naissance au lac Asphaltide, qui occupe en effet la vallée du Jourdain tout entière.

La dénomination de *mer de sel*, donnée par la Bible au lac dont nous nous occupons, est fort juste, puisqu'on avait reconnu depuis long-temps que ses eaux étaient très-chargées de sel; ce qui fait que, malgré leur limpidité, elles ont une saveur d'une amertume et d'une âcreté très-désagréables. Diverses analyses faites avec soin de cette eau, ont permis d'apprécier quelle était la quantité de sel qu'elle contenait; sur un quintal d'eau du lac Asphaltide, on a trouvé:

Sel marin ordinaire. . . . . . 6 livres 1/2
Sel marin à base terreuse. . . 16     1/2
Sel marin à base de terre magnésienne. . . . . . . . . . 22

en tout quarante-cinq livres de sel.

Ce résultat pouvait être prévu à l'avance, en observant que cette eau, enfermée dans une bouteille, déposait souvent des cristaux de sel marin.

La présence du bitume qui surnage sur les eaux de la mer Morte sera facile à concevoir si l'on se rappelle que le terrain sur lequel elles coulent, est essentiellement bitumineux, et que l'action des eaux jointe à celle de la chaleur, doit nécessairement forcer cette matière à se séparer des terres auxquelles elle se trouve mêlée; elle arrive molle à la surface, et c'est dans cet état que les Arabes s'en servent pour goudronner leurs vaisseaux. Il porte chez ces peuples le nom de *Karabé de Sodome* ou *Gomme des funérailles*, à cause de l'usage que les Égyptiens en faisaient pour embaumer les corps morts. Dioscoride nous apprend que le bitume de Judée était très-estimé, et qu'on le reconnaissait facilement au reflet couleur de pourpre qu'il offrait aux regards lorsqu'on l'exposait au soleil.

La détermination de la pesanteur spécifique de l'eau du lac Asphaltide démontre péremptoirement qu'il n'y eut rien de surnaturel dans l'événement qui se passa sous les yeux de Vespasien. La pesanteur de cette eau, comparée à celle de l'eau distillée, est dans le rapport de 5 à 4. On conçoit sans peine alors que le bitume, qui se précipite au fond de l'eau ordinaire, surnage sur les eaux de la mer Morte. La même raison leur donna les moyens de supporter les corps des hommes que l'empereur Vespasien avait ordonné qu'on y jetât.

C'est ainsi que la science, au moyen de sages raisonnemens, d'habiles analyses, et d'ingénieuses déductions, parvient à rendre compte des phénomènes que présente la nature, et que, sans elle, on regarderait comme étant le produit de pouvoirs surnaturels.                    ( C. J. )

ASPHYXIE. Dans le sens le plus exact, ce mot signifie *absence du pouls*, c'est-à-dire de la circulation ; mais il a dans la science une autre valeur, et l'on définit ordinairement l'Asphyxie, la suspension des phénomènes qui entretiennent la respiration.

En acceptant à la lettre cette définition, il faut nécessairement ranger parmi les Asphyxies tout ce qui peut mettre obstacle à la respiration, et regarder comme telles : l'introduction d'un corps étranger dans la trachée-artère ; le gonflement considérable de tout ou d'une partie du conduit aérien ; l'induration du poumon ; l'inaction des muscles qui concourent à l'acte respiratoire, soit que cette inaction résulte de la paralysie des nerfs qui s'y rendent, soit qu'elle dépende d'une pression mécanique. Mais on comprend que, dans ces circonstances, l'Asphyxie ne doit être considérée que comme affection secondaire, que comme résultat, et que nous devons, nous, l'envisager seulement comme maladie essentielle, comme phénomène primitif.

En nous tenant dans ces limites, nous rangerons cependant les causes qui produisent l'Asphyxie sous trois chefs différens : 1° l'air ne peut pénétrer dans les poumons ; 2° l'air qui les parcourt n'est pas propre à la respiration ; 3° il a des qualités nuisibles.

1° L'Asphyxie par privation d'air peut être occasionée par *strangulation*, par *submersion*, ou par *immersion dans le vide*.

Les phénomènes qui accompagnent l'Asphyxie par *submersion* doivent varier en raison d'un grand nombre de circonstances : l'individu qui tombe ou qui se précipite dans les flots peut être à l'instant même pris de syncope, et succomber par suite de cet état plutôt que par Asphyxie. S'il conserve l'intégrité de ses facultés intellectuelles, s'il sait nager, la lutte peut être pour lui longue et cruelle : tous ses efforts le ramèneront à la surface de l'eau ; il cherchera long-temps à venir y respirer l'air dont il a besoin, et dans chaque tentative il avalera une certaine quantité d'eau, dont une petite portion s'introduira dans la trachée-artère, en provoquant une toux convulsive. Il essaiera de saisir, de s'accrocher à tous les corps mobiles ou immobiles qu'il rencontrera, aux

pierres, au sable qu'il grattera de ses ongles ; dans cet horrible débat, le sang affluera de plus en plus vers le cerveau, et bientôt, brisé par la fatigue et succombant aux effets de cette congestion, il restera sans mouvement et glissera au fond des eaux en laissant échapper de sa poitrine quelques bulles d'air. S'il ne sait pas nager, mais qu'il n'ait pas été pris de syncope, la lutte peut encore durer quelque temps ; mais elle sera, toutes choses égales, moins longue que dans le cas précédent. Les signes de l'Asphyxie, ou les altérations cadavériques, ne seront plus les mêmes, dans ces diverses circonstances. En général les noyés offrent les caractères suivans : face pâle, ou légèrement violacée ; coloration qui se remarque aussi par places, sur différentes parties du corps ; bouche écumeuse, langue souvent placée entre les dents ; mousse savonneuse, rarement sanguinolente, dans le larynx, la trachée-artère, les bronches ; une petite quantité d'eau dans la trachée-artère ; poumons développés, violacés, contenant beaucoup de sang fluide ; cavités droites du cœur remplies ; cavités gauches à peu près vides : l'oreillette moins que le ventricule ; estomac contenant de l'eau ; intestin rouge par places ; le foie, la rate gorgés de sang ; les vaisseaux du cerveau injectés ; la substance médullaire piquetée, enfin les ongles souillés de vase et de sable. Les médecins légistes sont parvenus à déterminer, par une série de signes assez positifs, le temps qu'un cadavre a séjourné sous les eaux et à reconnaître si un individu était vivant avant d'y être plongé.

Lorsqu'un noyé vient d'être tiré de l'eau, on doit se hâter de lui porter secours tant que la rigidité cadavérique n'est pas survenue. Il faut, avant tout, le soustraire au froid, le déshabiller, l'essuyer, le poser sur un plan un peu incliné, la tête en haut, sur le côté ; comprimer d'instant en instant la poitrine et l'abdomen ; frictionner la partie interne des membres avec des morceaux de laine, avec la main ; exciter la luette, les fosses nasales, la plante des pieds ; pratiquer, après avoir continué quelque temps ces moyens, l'insufflation pulmonaire et l'aspiration, soit bouche à bouche, soit à l'aide d'un tube, d'une sonde introduite dans le larynx, en ayant soin de chercher toujours à produire mécaniquement la respiration artificielle ; essayer les lavemens de tabac, et surtout prolonger l'emploi du secours pendant cinq à six heures, si la rigidité cadavérique ne vient pas enlever toute espérance. Dans le cas où quelques mouvemens respiratoires se manifestent, s'il se montre des signes d'excitation, pratiquer une saignée. Placer enfin l'individu dans un lit chauffé, lui faire prendre quelques cuillerées de potion antispasmodique ou de liqueur spiritueuse.

Lorsque le cou est comprimé par un lien fortement serré, le retour du sang de la tête au cœur devient impossible et la trachée-artère ne peut plus admettre l'air qui la traversait. Alors se manifestent les symptômes suivans : les veines jugulaires et les parties situées au-dessus de la ligature se gonflent, la face s'injecte, devient rouge, livide ;

les yeux plus que saillans ; les lèvres prennent une teinte bleue ; la bouche est garnie d'écume ; la langue est poussée au dehors ; les membres s'agitent ; le pouls diminue de fréquence et cesse bientôt de se faire sentir. Quelques personnes, rendues à la vie après avoir tenté de s'étrangler ou de se pendre, assurent n'avoir éprouvé aucun sentiment pénible, mais une sorte de torpeur générale, un engourdissement graduel, un état, enfin, comparable aux premiers instans du sommeil, état que parfois accompagnait l'apparition d'une espèce de flamme à laquelle succédait bientôt une complète obscurité. On a dit même que cet instant n'était pas exempt d'une sorte de volupté. Le degré de constriction exercé par le lien passé autour du cou peut expliquer la rapidité plus ou moins grande avec laquelle la mort survient ; la luxation des vertèbres dans la suspension la détermine à l'instant même, et c'est dans l'intention d'abréger ainsi les souffrances que les exécuteurs impriment au corps des criminels qu'ils sont chargés de pendre, une secousse violente, ou appuient fortement sur leurs épaules.

Après la mort des Asphyxiés par strangulation, on trouve ordinairement les vaisseaux du cerveau engagés et des épanchemens dans la substance de ce viscère ; les cavités gauches du cœur ne contiennent qu'une petite quantité de sang, les cavités droites en sont remplies pendant les premiers instans qui suivent la mort ; cette disposition disparaît après le refroidissement du cadavre ; la peau du dos et des lombes est rouge et livide.

La plupart des moyens mis en usage pour combattre les effets de la submersion doivent être employés pour rappeler à la vie les Asphyxiés par strangulation ; mais il n'est pas ordinairement nécessaire de réchauffer le corps, et la saignée générale, au pied, à la jugulaire, est presque toujours indiquée.

Les phénomènes de l'*Asphyxie dans le vide* ne sont connus que par les expériences tentées sur les animaux : en plaçant ceux-ci sous le récipient d'une machine pneumatique, on a remarqué qu'ils manifestaient d'abord une extrême inquiétude, suivie bientôt d'une agitation violente ; que plus l'air était raréfié, plus les mouvemens respiratoires s'accéléraient ; que l'animal s'affaiblissait ; que des hémorrhagies, des déjections involontaires précédaient la mort, qui ne tardait point à survenir, et qu'enfin celle-ci était d'autant plus prompte que la soustraction de l'air respirable était plus rapide.

C'est encore dans les Asphyxies par défaut d'air qu'il faut placer celle des nouveau-nés : l'enfant sortant du sein de sa mère ne donne souvent aucun signe d'existence ; si la tête a long-temps été comprimée, si des mucosités obstruent l'entrée des voies aériennes, la respiration ne s'exécute point, la circulation semble suspendue. On doit remédier promptement à cet état, en débarrassant le larynx des matières muqueuses qui s'opposent à l'introduction de l'air ; en stimulant les organes respiratoires ; en pratiquant avec précaution l'insufflation ; en frictionnant le corps, en exerçant de légères pressions sur le cordon, qu'on aura soin de ne pas couper tant que le placenta ne sera pas détaché ; en stimulant le canal intestinal par un lavement légèrement vinaigré, en plongeant l'enfant dans un bain de 24 à 28°.

*Asphyxie par les gaz non respirables.* Les effets de cette Asphyxie sont rarement aussi prompts que ceux que nous venons d'indiquer. C'est encore ici le défaut d'air respirable et non l'action délétère du gaz respiré, qui détermine la suspension des phénomènes de la vie.

Un animal placé sous un récipient contenant seulement du *gaz azote* éprouve à l'instant même de la gêne dans la respiration, qui devient grande, élevée, rapide ; il s'affaiblit progressivement ; cependant, s'il est assez tôt ramené à l'air libre, il revient vite à son état ordinaire. Si la mort a lieu, on trouve le système artériel rempli de sang noir. M. Dupuytren a démontré que ce gaz est une des causes du *plomb* ou Asphyxie des fosses d'aisances. Il se dégage dans les caves contenant des substances qui ont de l'affinité pour l'oxygène. Quelques chimistes qui se sont exposés à le respirer pur ou à peu près pur, sont à l'instant devenus pâles, verdâtres ; ont éprouvé du malaise, de l'anxiété, des syncopes. Le principal moyen à opposer à cette espèce d'Asphyxie est le renouvellement de l'air ; les moyens stimulans doivent également être mis en usage, si l'intensité des symptômes l'exige.

Les phénomènes qui résultent de la respiration du gaz hydrogène sont à peu près les mêmes que les précédens. Les animaux succombent tantôt en quelques minutes, tantôt dans un temps un peu plus considérable.

Selon Davy, l'inspiration du *gaz oxidule d'azote* produit d'abord une sorte de vertige, suivi de picotemens à l'estomac ; la vue, l'ouïe semblent douées d'une énergie plus grande ; la force musculaire augmente : on éprouve un besoin irrésistible d'agir, de se mouvoir, et, sans perdre le sentiment de ses actions, on éprouve un commencement de délire, caractérisé par une vivacité, une gaîté inaccoutumées ; en cessant de respirer ce gaz, tous ces symptômes disparaissent en peu de temps. Les expériences du chimiste anglais n'ont pas eu pour tous ceux qui les ont répétées des résultats semblables ; peut-être doit-on attribuer cette différence à la préparation du gaz lui-même, et plus encore aux dispositions particulières des individus.

*L'acide carbonique*, formé, comme on le sait, de carbone et d'une certaine proportion d'oxygène, est comme l'air incolore à l'état de gaz, mais beaucoup plus pesant que ce fluide : il se produit pendant la combustion du charbon et la fermentation alcoolique. C'est de l'action de ce gaz sur l'économie que dépendent les accidens qui arrivent dans les puits, les mines, les cuves où fermentent le vin et la bière, les fours à chaux, etc. Dans une grotte des environs de Naples, il s'en dégage incessamment de l'intérieur de la terre, et il occasione des phénomènes qui paraissent surprenans aux personnes qui en ignorent la cause : lorsqu'un homme entre dans cette caverne, il ne ressent aucune gêne dans la respiration ; mais s'il est suivi d'un chien, cet animal ne tarde pas à tomber asphyxié et périt promptement s'il continue à séjourner dans ce lieu. Cela tient à ce que l'acide carbonique, beaucoup plus pesant que l'air, reste près du sol et forme une couche de deux pieds environ, et que le chien qui pénètre dans la caverne se trouve tout entier plongé dans cette asmosphère méphitique ; tandis qu'un homme, dont la taille est bien plus élevée, respire librement l'air qui se trouve au dessus. On a donné à cette caverne le nom de *Grotte du Chien*.

On rapporte à l'Asphyxie produite par des gaz non respirables, celle qui est due au défaut de renouvellement d'air atmosphérique. On l'a observée chez des prisonniers enfermés en grand nombre dans un cachot où deux petites ouvertures ne laissaient entrer qu'une quantité insuffisante d'air. Un grand nombre de ces prisonniers succombèrent en peu d'heures ; ceux qui survécurent présentaient, en sortant de ce lieu, l'aspect de véritables cadavres. Parmi les *gaz nuisibles* les uns produisent l'Asphyxie en provoquant la toux et un spasme nerveux des voies aériennes, ce sont les *gaz irritans* ; les autres ont une action plus rapide, ce sont les *gaz délétères* : *l'acide sulfureux, l'ammoniaque, le chlore* font partie des premiers, et les expériences faites sur les animaux ont prouvé que, respirés seuls, ils peuvent produire l'Asphyxie en quelques minutes.

*Asphyxie par les gaz délétères.* Ces gaz n'agissent pas seulement en enlevant aux organes de la respiration le principe essentiellement respirable ; leur influence paraît s'exercer par voie d'absorption, et ils produisent moins l'Asphyxie qu'un véritable empoisonnement ; aussi quelques auteurs ont-ils rejeté l'étude des effets qu'ils produisent avec celle des poisons. On n'a bien observé jusqu'ici que les accidens déterminés par l'oxide de carbone, l'hydrogène carboné, l'hydrogène sulfuré, l'hydro-sulfure d'ammoniaque et le gaz nitreux. L'Asphyxie par le gaz oxide de carbone est un événement assez fréquent dans les endroits où l'on brûle le charbon et où l'air ne pénètre qu'en petite quantité. Ce gaz se dégage ordinairement en même temps que l'hydrogène carboné. Les personnes qui s'exposent à leur action éprouvent en général un violent mal de tête, un resserrement à la région des tempes, des vertiges, des palpitations, des bourdonnemens d'oreilles, des nausées ; la respiration devient de plus en plus difficile ; la vue se trouble et se perd ; les forces manquent et la chute devient inévitable.

Les cadavres de ceux qui succombent à ces symptômes conservent long-temps leur chaleur ; parfois même, elle dépasse la température ordinaire du corps ; le système veineux est gorgé de sang, le système artériel n'en contient qu'une petite quantité noir et coulant ; les vaisseaux du cerveau et du poumon en sont surtout injectés ; le visage est gonflé, rouge, violacé ; cette coloration apparaît aussi sur quelques autres parties du corps, qui du reste est aussi un peu tuméfié, les yeux sont vifs, les lèvres vermeilles.

Les Asphyxiés par la vapeur du charbon doivent être avant tout portés au grand air ; il faut les dépouiller de leurs vêtemens, les exposer au froid, élever la poitrine et la tête un peu plus que le reste du corps ; asperger le visage, la poitrine d'eau vinaigrée froide ; frictionner le corps, l'épigastre, le bas-ventre avec des flanelles imbibées de liqueurs alcooliques et aromatiques ; essuyer ensuite les parties mouillées à l'aide de serviettes chaudes, pour recommencer de nouvelles frictions ; irriter la plante des pieds, la paume des mains, le trajet de la colonne vertébrale avec une brosse de crin ; faire respirer avec précaution, et en soulevant la tête du malade, la vapeur d'une allumette enflammée, le gaz ammoniacal, la vapeur du vinaigre ; chercher à faire avaler, à l'aide d'une sonde flexible, quelques cuillerées d'eau vinaigrée ; administrer un lavement d'eau froide avec addition de vinaigre ; le faire suivre d'un autre avec le sel de cuisine ou le sel d'Epsom ; insuffler de l'air dans les poumons avec la bouche ou un soufflet, en usant à cet égard des plus grands ménagemens, et frictionnant en même temps la poitrine. Si les yeux sont saillans, les lèvres gonflées, le visage rouge, pratiquer une saignée du pied ou de la jugulaire.

Si l'on plonge un animal dans l'*hydrogène sulfuré* pur, il périt dès les premières inspirations ; si ce gaz est mêlé à une certaine quantité d'air respirable, il s'agite quelque temps, chancelle et tombe. Les ouvriers employés aux vidanges sont fréquemment exposés à l'Asphyxie par ce gaz, qui s'échappe des fosses d'aisance, mêlé communément à l'*hydro-sulfure d'ammoniaque*. Ces vapeurs connues sous le nom de *méphitisme* ou de *plomb*, ne produisent pas les mêmes effets sur tous les individus ; tantôt ceux-ci n'éprouvent qu'une sorte de stupeur, de l'assoupissement ; tantôt ils ressentent, au contraire, une agitation plus grande, une vivacité inaccoutumée ; quelquefois même des mouvemens convulsifs, des douleurs vives à l'épigastre, dans les membres, une accélération marquée de la respiration, et bientôt la suspension des phénomènes vitaux succèdent à ces premiers symptômes. Quelquefois des ouvriers sont tombés morts à l'instant même ; quelquefois aussi, retirés des fosses d'aisance, ils ont communiqué les symptômes qu'ils éprouvaient à ceux qui s'approchaient d'eux. En général, avant la mort ou avant que l'Asphyxié reprenne connaissance, la circulation et la respiration se rétablissent ; le pouls est précipité, inégal, les mouvemens respiratoires difficiles et accompagnés de plaintes ; une écume blanche et sanguinolente découle de la bouche ; le corps est agité de convulsions partielles ou générales ; la face est pâle, livide ; le malade pousse des cris, et cet état se prolonge quelquefois pendant 24 heures. Chez ceux

qui

qui périssent, le cadavre se putréfie rapidement, la peau présente de larges ecchymoses, le tissu cellulaire devient souvent emphysémateux; presque tous les organes offrent une teinte verdâtre et répandent une odeur fétide : le sang est ordinairement noir; les bronches, les fosses nasales sont enduites d'un mucus visqueux et brunâtre, enfin les muscles ne se contractent plus sous l'action galvanique. Ceux qui échappent aux effrayans symptômes de cette Asphyxie en ressentent longtemps les effets. Il faut rapporter à cette espèce l'Asphyxie que produisent les émanations des cimetières, des fumiers et de tous les endroits où se trouvent des matières animales en putréfaction.

La respiration du gaz *acide nitreux* peut aussi déterminer des accidens semblables qu'il faut combattre également par des moyens de même nature que ceux que nous venons d'indiquer. Quelle que soit au reste la cause de l'Asphyxie, elle n'agit pas de la même manière sur tous les animaux; chez l'homme on observe aussi de grandes différences en raison des circonstances dans lesquelles le sujet se trouve placé, en raison des dispositions individuelles, de l'âge, etc. Comme loi générale, on peut cependant établir que plus un animal consomme d'air dans un temps donné, plus sa mort sera rapide lorsqu'il en sera privé, ou lorsque la pureté de cet air sera notablement altérée. Ainsi les oiseaux sont de tous les êtres ceux qui consomment la plus grande quantité d'air atmosphérique, et ceux qui par conséquent périssent le plus promptement lorsque ce fluide leur est enlevé. Les mammifères ont également une respiration très-active : on a calculé que la somme d'air nécessaire à la consommation d'un homme s'élevait environ à trois mille cinq cents litres cubes par jour. (P. Gentil.)

ASPHODÈLE, *Asphodelus*. (bot. phan.) Dans l'antiquité la plus reculée les Asphodèles étaient des plantes sacrées, cultivées autour des tombeaux et réputées le mets le plus agréable aux morts heureux. Je retrouve ce culte chez les Grecs modernes, particulièrement chez ceux qui peuplent les côtes de l'Asie mineure. S'il faut en croire au contraire Dioscoride, dont le texte a subi tant d'altérations, la tige gracieuse de l'Asphodèle aurait servi de symbole à la royauté, *Hastula regia*, surtout chez les Romains; mais Théophraste, plus sage et plus instruit, nous apprend que cette même tige, garnie de ses fleurs éclatantes et ouvertes en étoiles, était le gage des amours et non pas celui de la puissance, ce qui est fort différent. Quoi qu'il en soit, les Asphodèles blanc, *A. ramosus*, et jaune, *A. luteus*, servent d'ornement dans les jardins quand ils sont épanouis, aux mois de mai et de juin. L'un et l'autre offrent un épi de fleurs nombreuses, assez grandes, terminant une tige ronde, élevée, verte, garnie de feuilles longues, étroites. Le premier est vivace, indigène à la France, commun aux environs de Rennes, de Nantes, et dans tous nos départemens de l'ouest et du midi; le second, venu de l'Italie et de la Sicile, est cultivé et propagé par la sépara-

tion des racines, qui se détachent d'elles-mêmes. Les tubercules de l'Asphodèle blanc affectent tantôt la forme ronde, tantôt l'oblongue; on les mange après les avoir dépouillés de leur âcreté naturelle en les faisant bouillir dans plusieurs eaux; on en retire aussi une fécule qui, mêlée avec de la farine de blé ou de sarrasin, fait un pain passable. Les Siciliens se régalent de la tige de l'Asphodèle jaune, lorsqu'elle commence à pousser; ils lui trouvent avec raison la saveur de l'asperge.

Depuis que la pomme de terre est généralement adoptée, on ne cultive plus les Asphodèles que comme plantes d'ornement et comme susceptibles de présenter aux bestiaux une nourriture saine dans leurs tubercules charnus cuits ou crus.
(T. D. B.)

ASPHODÉLÉES. ( bot. phan. ) Famille de plantes appartenant aux Monocotylédonées à étamines périgynes et à l'Hexandrie monogynie, que l'on a détachée des Liliacées avec lesquelles elle a les plus grands rapports. C'est le genre Asphodèle qui lui a servi de type. Le caractère distinctif qu'on lui donne est uniquement pris dans le port; il ne peut paraître suffisant pour créer une famille nouvelle d'une simple tribu qu'à ceux qui travaillent à replonger la botanique dans le chaos d'où les Bauhin, les Tournefort, les Linné l'avaient retirée. (T. D. B.)

ASPIC. (rept.) (*Voy.* Aspis.)

ASPIC (Huile d'). (chim.) On désigne ainsi, en pharmacologie, une huile volatile, limpide, transparente, d'une odeur particulière, peu agréable, d'une saveur forte et très-âcre, que l'on obtient par distillation des fleurs du *Lavandula Spica*, variété à feuilles larges du *Lavandula vera*, ou Lavande de nos jardins. L'Huile d'Aspic est encore désignée sous les nom d'*Huile de Spic* ou *Huile d'Epi*. (F. F.)

ASPIDIE. (bot. crypt.) (Fougères.) Genre formé par Swartz aux dépens de celui appelé *Polypodium* par Linné, qui a été subdivisé en : *Athyrium*, Roth; en *Cystopteris*, Devaux; en *Nephrodium*, Richard et Nob, Brown; et en *Hypopeltis*, Richard; dont, à la rigueur, on pourrait ne faire que deux groupes, et qui renferme des plantes pour la plupart exotiques et des pays chauds. (F. F.)

ASPIDOPHORE, *Aspidophorus*. (poiss.) A ce genre établi par Lacépède et conservé par Cuvier, qui le place parmi ses Acanthoptérygiens à joues cuirassées, appartiennent les espèces désignées sous le nom générique d'Agonus dans le système ichthyologique de Bloch, édition de Schneider, ainsi que celles que Pallas indique sous celui de Phalangistes dans sa Zoographie russe.

Voisins des Cottes, les Aspidophores ont plusieurs de leurs caractères, et, en particulier, la tête déprimée, les rayons des nageoires simples et ceux qui soutiennent la membrane branchiostége au nombre de six. Mais leur corps est protégé, dans toute sa longueur, par une cuirasse composée de plaques anguleuses tout-à-fait analogues à celles dont se trouve enveloppé un autre poisson de la famille des joues cuirassées, le Péristédion malarmat. Les Aspidophores se distinguent, en outre, des Cottes, parce qu'ils n'ont de dents ni à l'extrémité du vomer, ni aux os palatins.

Nos côtes de l'Océan n'en ont jusqu'à présent encore offert qu'une seule espèce aux recherches des ichthyologistes. C'est l'Aspidophore d'Europe (*Aspidophorus europæus*, Cuv.; *Cottus cataphractus*, Linn. et Bl., pl. 39, fig. 3 et 4), lequel ne paraît pas habiter la Méditerranée, mais se trouve, suivant Klein et Géorgia, dans la Baltique.

Cet Aspidophore n'atteint que quelques pouces de longueur, et est un de ceux dont la bouche s'ouvre sous le museau, et qui ont la membrane des branchies garnie de petits filamens charnus; son corps est octogone, assez mince en arrière, mais large et un peu déprimé antérieurement; ses yeux, qui regardent obliquement de côté, sont plus rapprochés de l'extrémité du museau que de la fente branchiale. Le crâne est surmonté de quatre crêtes larges, mousses et peu saillantes. Le sous-orbitaire occupe toute la joue, son bord inférieur présente trois tubercules mousses et a, vis-à-vis de l'œil, une petite crête terminée par une faible épine couchée vers l'arrière; cette crête est continuée par le préopercule, qu'une autre épine semblable termine à son angle, qui est petit, finit en pointe obtuse et ne montre qu'une faible arête. Un peu relevé, ce museau porte, en dessus, quatre épines, dont deux antérieures obliquement dirigées en avant, et deux postérieures dirigées de même en arrière; en dessous, il est muni de deux barbillons, et il y en a un petit en avant de chaque orbite. L'une des deux ouvertures de chaque narine est tubuleuse; elle est placée tout auprès de la seconde épine du museau; l'autre est plus petite et fort voisine de l'œil. La bouche est protractile, et les lèvres sont un peu épaisses.

Toutes les écailles qui revêtent le corps sont dures, osseuses, légèrement granulées, unies par une peau molle, qui leur laisse assez de liberté pour que l'animal puisse se fléchir en tous sens.

Les pectorales de l'Aspidophore d'Europe sont arrondies et soutenues par quinze rayons; les ventrales, pointues et à trois rayons, dont un épineux.

Les deux nageoires du dos sont d'égale hauteur; mais la postérieure est un peu plus étendue longitudinalement. La première a cinq rayons flexibles; la seconde sept, qui sont simples, mais articulés. On compte absolument le même nombre à l'anale. La nageoire de la queue est arrondie et a onze rayons.

L'estomac de l'Aspidophore d'Europe est assez large, les parois en sont minces et sans plis en dedans. On ne voit qu'un seul lobe au foie. Il manque de vessie natatoire.

Ce poisson, qu'on ne mange point, se tient dans les lieux sablonneux : Pogge est son nom anglais; on l'appelle Lisitza (Renard) en russe, et Brodamus dans le Nord.

Parmi les espèces étrangères, il s'en trouve une

qui a aussi, comme celle-ci, la bouche située sous le museau et des villosités aux parties de la bouche et sous le museau; c'est l'Aspidophore Esturgeon (*Aspidophorus acipenserinus*, Tiles., *Phalangistes acipenserinus*, Pall.).

Quoiqu'il ressemble beaucoup au précédent, il est cependant facile de l'en distinguer; d'abord par le nombre plus considérable des rayons de ses nageoires, lesquels sont de neuf à la première dorsale, de huit à la seconde ainsi qu'à l'anale, et de onze à la caudale. Les pectorales en ont dix-sept, et les ventrales trois.

Il en diffère encore par sa tête moins large; par son museau plus mince, plus saillant; par son corps plus allongé; par les arêtes qui surmontent diverses parties de son corps, qui sont plus prononcées; enfin par sa taille, qui est du double de celle de l'Aspidophore d'Europe.

Sa couleur est d'un gris-jaunâtre pâle, plus foncé en dessus, avec des lignes transversales brunâtres, ondulées dans les intervalles des écailles. Il est fort commun sur les côtes du Kamchatka et autour de l'île d'Unoloska. Il est nommé par les Russes de ces contrées, ainsi que les autres Aspidophores, Lisitza; les habitans des îles Aléntiennes l'appellent Koschadanguisch.

Il y a des Aspidophores qui ont la mâchoire inférieure plus avancée que la supérieure, leur museau ne fait point saillie en avant de leur bouche, et ils ne portent point d'épines. Cette petite subdivision se compose de trois espèces.

l'Aspidophore dodécaèdre, *Agonus dodecaedrus*, Tiles., Acad. de Pétersb., Mém., t. iv, pl. 13; *Phalangistes loricatus*, Pall., Zoogr. russ., tom. iii, pl. 114. Il est aussi plus allongé que l'espèce de nos côtes, arrive ordinairement à sept pouces, porte onze rayons à la première dorsale comme à la caudale, sept à la seconde, quinze à l'anale ainsi qu'aux pectorales, et trois aux ventrales; le dessus de son corps est teint d'un brun jaunâtre, lequel est plus pâle en dessous; ses nageoires sont généralement marquées de taches brunes. Les mers orientales le nourrissent en abondance. Les Kamchadales le nomment *Vulna*.

L'Aspidophore a museau étroit, l'*Agonus rostratus*, Tiles., Acad. de Pétersb., Mém., tom. iv, pl. 14; *Phalangistes fusiformis*, Pall., Zoogr. russ., tom. iii, pl. 116, est reconnaissable par l'étroitesse de son museau. Sa longueur est de six pouces, et le nombre de ses rayons comme il suit : première dorsale, huit; anale, treize, caudale, dix; pectorales, quatorze; ventrales, trois. Beaucoup d'individus de cette espèce ont été trouvés par M. Tilesius près de l'île Sagalien, et dans le golfe d'Aniva.

Le cabinet de Pétersbourg en possède plusieurs qui lui ont été adressés des îles Kouriles par Heller et Merk.

L'Aspidophore lisse, *Agonus lævigatus*, Tiles., Mém. de l'Acad. de Pétersb., tom. iv, pl. 436, habite les mêmes parages que le précédent. Sa couleur est aussi approchant la même; il a, comme tous les autres, trois rayons aux ventrales, mais le nombre de ceux des autres nageoires est différent. Ainsi on en a compté sept à la première dorsale, huit à la seconde, douze à l'anale, dix ou onze à la caudale, et quatorze aux pectorales.

Les Aspidophores que nous venons de faire connaître ont leurs dorsales assez rapprochées l'une de l'autre; ceux que nous allons maintenant signaler les ont au contraire très-séparées; de plus, leurs mâchoires sont égales et leurs rayons de la première dorsale robustes. Cette subdivision renferme l'Aspidophore hauts sourcils, *Aspidophorus superciliosus*, Cuv., Val., Hist. des Poiss., tom. iv, pag. 215. Il est originaire du nord de l'océan Pacifique; l'Aspidophore a quatre cornes, *Aspidophorus quadricornis*, Cuv., Val., des Hist. Poiss., tom. iv, pag. 221, pl. 80. Il est remarquable par les quatre tubercules saillans qui lui ont valu son nom spécifique; ils sont situés, un sur chaque sourcil et un autre de chaque côté de l'occiput, en arrière. L'individu dont MM. Cuvier et Valenciennes ont donné la description, a été rapporté du Kamchatka et donné au Muséum britannique par M. Collé, chirurgien de la marine royale d'Angleterre.

La troisième et dernière espèce de ces Aspidophores à dorsales éloignées, est l'Aspidiphore a dix pans, *Aspidiphorus decagonus*, Cuv., Val., Hist. des Poiss., t. iv, p. 225. Ces auteurs n'en parlent que d'après Block, qui la dit venir des Indes orientales.

M. Cuvier termine son genre Aspidophore par une espèce qui ne porte qu'une seule nageoire sur le dos, d'après laquelle M. Lacépède a fait le genre Aspidophoroïde, que le célèbre ichthyologiste que nous venons de citer en premier lieu n'a pas cru devoir conserver.

C'est l'Aspidophore a une seule dorsale, *Agonus monopterygius*, Bl., edit. Schn.; Aspidophoroïdes Tranquebar, Lacép. Il est le plus grêle de tous ses congénères. On ne lui voit d'aiguillons ni sur l'orbite ni sur aucune partie de la tête, si ce n'est deux petits sur le bout du museau; aucune de ses écailles ne porte de carènes, et toutes sont striées en rayons.

Ce poisson est gris, avec des bandes brunes sur le corps, et des lignes et des points de cette dernière couleur sur les pectorales et la caudale. On dit qu'il vit de petites écrevisses et de jeunes poulpes. (G. B.)

ASPIRATION. ( physiol. ) Action par laquelle on fait entrer l'air dans la poitrine. On emploie ce mot le plus ordinairement comme synonyme d'inspiration. Cependant il serait plus exact de donner ce dernier nom à l'acte qui marque le premier temps de la respiration ordinaire, acte par lequel la quantité d'air nécessaire à l'exercice de cette fonction arrive naturellement dans les poumons, et de conserver celui d'Aspiration aux efforts à l'aide desquels on parvient à attirer et à précipiter dans les voies aériennes un volume considérable de ce fluide. (P. G.)

ASPIS. (rept.) C'est un des reptiles les plus célèbres dans les anciens fastes de la science; les fables merveilleuses et les faits grandis et multipliés par la peur se sont accumulés sur son compte; mais ce qui a surtout contribué à sa réputation, c'est la triste prérogative qu'on lui attribue d'avoir servi à soustraire l'infortunée Cléopâtre à l'ignominie que lui réservait son superbe vainqueur. L'histoire rapporte, comme chacun le sait, que la reine d'Égypte, *ce fatal prodige*, réduite par les armes et désespérant de soumettre Octavius aux charmes qui avaient su séduire J. César et M. Antonius, résolut de se faire mourir pour ne point parer le triomphe du général qui comptait, en rentrant dans Rome, la traîner à la suite de son char comme une dépouille opime; elle se fit, dit-on, apporter en secret, et caché sous des fleurs, d'autres disent sous des figues et des raisins, un Aspis dont la morsure ne laissait pas de trace et faisait passer sans angoisses du sommeil à la mort; elle essaya d'abord la violence du venin sur ses deux suivantes, Iœra et Carmione, qui tombèrent à l'instant comme frappées de la foudre; puis, agaçant le serpent avec un fuseau d'or, elle se fit mordre au dessus de la mamelle gauche, et mourut aussitôt. Il est difficile de savoir précisément quel fut cet Aspis si vanté des anciens. Beaucoup d'auteurs en parlent, mais aucun d'eux ne donne de détail exact sur les caractères de ce reptile; il paraît que dans l'origine l'on confondait sous ce nom un grand nombre de serpens venimeux, puisque, au rapport d'Ælianus, les Égyptiens distinguaient seize espèces d'Aspis; avec une étude plus attentive, le nom devint un peu plus spécifique, et A. Lucanus nous apprend sur l'Aspis une particularité qui permet presque de reconnaître que ce nom s'appliquait spécialement à la *Vipère Haje*. Il dit en effet :

« Aspida somniferum tumidâ cervice levavit. »

(*Phars.*, lib. ix.)

Or, cette faculté de gonfler son cou est à peu près caractéristique de la *Vipère Haje*, puisque les vipères *Naja*, qui partagent avec l'*Haje* cette propriété, ne se retrouvent pas dans les paquets de serpens momifiés des monumens égyptiens; l'étymologie que le Scholiaste d'Aristophane donne du mot Aspis (de σπιχω, distendre) semble confirmer cette présomption : aussi les auteurs modernes s'accordent-ils à voir l'Aspis des anciens dans la *Vipère Haje*. Néanmoins Nicander ajoute à la description de l'Aspis au cou dilatable, un autre caractère qui est propre à la *Vipère Ceraste :*

« Præterea geminæ colli instar fronte carunde
« hærent »;

ce qui jette quelques doutes sur la détermination de l'Aspis, et donne à penser que ce mot s'appliquait encore de son temps indifféremment à la *Vipère Haje* et à la *Vipère Ceraste* dont A. Lucanus fait avec raison deux espèces bien distinctes; ce que Strabo dit à l'égard de la grandeur différente des deux espèces d'Aspis d'Égypte dont il parle, s'applique effectivement aussi assez bien à ces deux sortes d'Ophidiens. Enfin Laurenti voit, on ne sait sur quelle raison particulière, l'Aspis des anciens dans la *Vipère d'Égypte*, à laquelle il donne même le nom d'*Aspis de Cléobâtre*. Tout ce que l'on peut dire à l'appui de cette dernière opinion, c'est que ce serpent se retrouve, aussi bien que les deux précédens, enveloppé dans les paquets de serpens momifiés et figurés sur les monumens et les papyrus de l'antique Égypte. Toutefois on se console un peu de l'obscurité dans laquelle les auteurs grecs et latins nous ont laissés sur l'Aspis, en songeant que son principal titre de gloire est bien douteux, et que le genre de mort de la reine Cléopâtre n'est pas lui-même authentiquement prouvé. Il paraît au contraire devoir être relégué parmi ces contes que la politique met en usage dans certaines occasions pour endormir l'inquiétude des oisifs et des curieux. Il ne sera peut-être pas hors de propos, dans un Dictionnaire pittoresque, de relever, au sujet de l'Aspis des anciens, une erreur de la statuaire assez répandue; l'on croit généralement que la statue de marbre de Paros qui ornait le belvéder du Vatican, et dont on voit une copie en bronze dans la *niche* de l'escalier qui, dans le jardin des Thuileries, conduit des parterres à la terrasse du bord de l'eau, représente Cléopâtre mourant de la piqûre d'un Aspis, et que c'est précisément l'effigie qu'Octavius fit exécuter à Alexandria, et qui, au défaut de Cléopâtre elle-même, orna son triomphe. Mais il est facile d'apercevoir que le serpent enroulé au bras gauche de cette statue est disposé trop régulièrement pour être autre chose qu'un ornement. En effet les anciens avaient vu, dans les replis étroits des serpens qui enlacent leur proie, un emblème de l'attachement, et ils rappelaient cette idée dans la confection des bracelets qui, chez eux comme chez nous, étaient un signe d'esclavage et de fidélité amoureuse. Ces bracelets en forme de serpens, et que l'on nommait à cause de cela *Ophis*, se portaient impairs attachés au bras gauche, comme on le voit sur plusieurs statues; et la mode, il y a peu d'années, a reproduit chez nous ces sortes de bracelets impairs, à gauche, avec leur forme de serpent : seulement, l'hygiène, la pudeur et la coquetterie s'accordent heureusement de nos jours pour dissimuler, sous des manches plus ou moins étoffées, des formes que la nature n'a pas toujours dispensé avec une grâce égale et suffisamment durable pour tous, nos dames portaient ces sortes de bracelets au poignet, comme le *pericarpium* des anciens, au lieu de les mettre à mi-bras. La statue dite de Cléopâtre, ornée d'un *Ophis*, est d'ailleurs couchée sur des rochers, ce qui ne peut s'appliquer à la reine d'Égypte. Aussi les archéologues depuis long-temps regardent-ils cette statue comme une Ariadne abandonnée sur les rochers de Naxos, ou au moins une dame romaine représentée en Ariadne. Monument de l'inconstance des hommes, et aussi de la légèreté des femmes, Ariadne, délaissée par le perfide Thésée et parée encore des symboles d'amour de l'infidèle, Ariadne pleure, dans une pose gracieusement étudiée, le départ du fugitif, et baisse à demi les yeux pour dissimuler à la fois le dépit que lui cause l'abandon du héros et la douce émotion qu'elle éprouve à la vue du dieu Bacchus, épris d'une beauté dont les soupirs et les larmes relèvent les attraits. Au reste, le mot Aspis se transmetant d'âge en âge avec le vague de son attribution, chacun l'appliqua, au gré de son caprice, à des reptiles de divers genres et sans autre analogie entre eux que celle d'inspirer l'épouvante et l'effroi; c'est ainsi que le traducteur de la Bible remplace par le mot Aspis une idée équivalente, plutôt que le mot latin correspondant à celui qui se trouve dans le texte original du Psalmiste et du Deutéronome. L'on se servit surtout du mot Aspis pour désigner des serpens venimeux indigènes, que l'on redoutait le plus. Aussi chaque pays eut-il son Aspis : ce sont ces erreurs populaires que Linnæus, de Lacépède et quelques auteurs de leur époque ont consacrées, en donnant, sur cette seule autorité *des coutumes locales*, le nom d'Aspis soit à la *Vipère commune d'Europe* ou à quelqu'une des variétés de coloration qu'elle offre accidentellement, soit à des vipères plus ou moins voisines de cette espèce. Un mot dont l'application est si douteuse, dont on s'est servi d'une manière si abusive et si défectueuse, ne peut subsister sans danger de confusion, et doit rester seulement pour mémoire dans le vocabulaire de la science. Aussi le mot Aspis est-il aujourd'hui inusité en erpétologie. (T. C.)

**ASPLÉNIÉ** (bot. crypt.) (Fougères.) Genre établi par Linné, dans lequel les auteurs modernes ont admis plusieurs groupes distincts, tels que les *Scolopendrium, Diplazium* et *Grammitis*, et dont les caractères sont les suivans : groupes de capsules linéaires, parallèles aux nervures secondaires, et recouvertes par un tégument qui naît latéralement de ces nervures, et s'ouvre en dedans par rapport à la nervure principale. Robert Brown, Kunth et Brongniart, ont également réuni au genre *Asplenium*, le genre *Darea*, qui ne diffère du précédent que par ses pinnules plus profondément lobées.

Dans les *Darea vivipara* et *prolifera* de Wildenow, espèces qui habitent les lieux ombragés de l'île Bourbon, les feuilles naissent des bourgeons écailleux placés à la partie inférieure de la nervure moyenne de la fronde; ces petites feuilles sont d'une structure délicate, dentelées à leur extrémité, d'une couleur pâle et à peine marquées de nervures. D'après M. Bory-de-St-Vincent, les organes de la fructification y sont absolument dépourvus de tégument, et en tout semblables à ceux des polypodes.

Parmi les cent et quelques espèces d'Asplénies que l'on trouve en Amérique, dans les régions chaudes de l'ancien continent, à la Nouvelle-Hollande, dans les îles de la mer du Sud, et en Europe, nous en citerons quelques-unes. Les espèces indigènes les plus remarquables sont :

1° Le Polytric, *Asplenium trichomanes*, de Linné, que l'on trouve sur les murs humides, qui jouit de propriétés pectorales et que l'on emploie dans les mêmes cas que les capillaires du Canada et de Montpellier.

2° La Rue des Murs, *Asplenium Ruta muraria*, de Linné, qui tapisse les rochers et les murailles, et qui varie dans sa forme.

3° La Doradille marine, *Asplenium marinum*, de Linné, qui tapisse les roches maritimes.

4° L'Adianthe noire, *Asplenium Adianthum nigrum*, de Linné, qui habite les haies obscures, et qui, par son abondante fructification, ressemble assez bien à une *Acrostie*.

Comme espèces exotiques, nous signalerons:

1° L'*Asplenium Nidus*, de Linné, qui croît sur les vieux arbres, et dont les feuilles longues, simples, épaisses, coriaces, assez larges et réunies en touffes servent aux oiseaux pour établir leurs nids.

2° L'*Asplenium Rhizophyllus* de Linné, qui habite les États-Unis, et dont les frondes, également simples et lancéolées, se terminent par un appendice linéaire qui s'enfonce en terre et y prend racine. *Voy.* notre pl. 32, fig. 1.

3° L'*Asplenium arboreum* de Wildenow, que l'on rencontre à Caracas, qui a sept à huit pieds de hauteur, et dont les frondes sont pinnées, longues de deux pieds environ, etc. (F. F.)

**ASPRÈDE**, *Aspredo*. Les Asprèdes sont des Malacoptérygiens abdominaux de la famille des Siluroïdes. Ils se font remarquer par le grand aplatissement de leur tête, sur le dessus de laquelle sont situés les yeux; par l'élargissement de la partie antérieure de leur tronc, élargissement qui est en grande partie dû à celui de l'os de l'épaule; par leurs os intermaxillaires qui sont couchés sous l'ethmoïde, dirigés en arrière, et garnis de dents seulement sur leur bord postérieur; enfin, et plus particulièrement, parce que ce sont les seuls poissons osseux connus qui n'aient rien de mobile à l'opercule, attendu que les pièces osseuses qui devraient le composer sont soudées au tympanique et au préopercule. On peut encore considérer comme un de leurs caractères distinctifs, celui d'avoir la queue proportionnellement plus longue et plus grêle qu'aucun autre poisson de leur famille. Chez ces Malacoptérygiens, la mâchoire supérieure dépasse l'inférieure. Ils n'ont qu'une seule nageoire du dos, laquelle est courte et assez rapprochée de la tête; mais leur nageoire de l'anus est fort étendue, puisqu'elle règne sous toute la queue. Le genre Asprède est peu nombreux en espèces : les unes ont huit barbillons à la bouche, les autres n'en ont que six. La plus anciennement connue est l'Asprède lisse (*Aspredo levis*) *Platystacus levis* figuré par Bloch, pl. 372. Elle est originaire des fleuves de l'Inde; sa couleur est d'un brun violacé en dessus, et la partie inférieure de son corps est blanchâtre. (G. B.)

**ASSA-FŒTIDA.** (CHIM.) Gomme résine que l'on obtient à l'aide d'incisions et de sections transversales pratiquées sur les racines de quatrième année du *Ferula Assa-fœtida*, de Linné, plante vivace de la Perse, qui appartient à la famille des Ombellifères de Jussieu.

L'Assa-fœtida se présente en masses plus ou moins volumineuses, d'une consistance de cire, d'une couleur jaunâtre à l'extérieur, d'un blanc mat à l'intérieur, surtout les portions amygdaloïdes; rougissant promptement au contact de la lumière, solubles dans l'eau, l'alcool, le vinaigre, l'éther et le jaune d'œuf; d'une odeur alliacée, fétide; d'une saveur âcre, nauséeuse, alliacée et extrêmement désagréable, surtout pour les Européens qui l'appellent *Stercus Diaboli*; les Orientaux au contraire, qui en mettent dans presque tous leurs alimens, la nomment *Délice des Dieux*.

L'Assa-fœtida jouit de propriétés toniques et antispasmodiques. La médecine l'emploie avec succès dans le traitement de beaucoup de maladies nerveuses; les vétérinaires la donnent aux bestiaux qui ont perdu l'appétit. (F. F.)

**ASSIMILATION.** (PHYS.) Fonction commune à tous les êtres organisés, et en vertu de laquelle ils transforment en leur propre substance les matières étrangères. On emploie souvent ce mot comme synonyme de *nutrition*, bien qu'il présente un sens distinct; la *nutrition* est en effet la conversion de la substance nutritive en molécules organiques propres à remplacer celles que l'être vivant perd à chaque instant; et par Assimilation, on entend, en outre, la transformation de ces mêmes substances en humeurs propres à l'animal ou au végétal et destinées à être excrétées d'une manière quelconque, ou à séjourner plus ou moins long-temps dans les cavités dont il est pourvu. La *nutrition* est ainsi le complément ou plutôt le résultat de l'*Assimilation*. Cette dernière fonction s'exerce dans toutes les parties du corps, partout où les tissus vivans extraient des fluides, et incorporent les particules nouvelles que leur apporte la circulation. Lorsque la quantité des matières étrangères ainsi assimilées à la subtance des organes dépasse celle des matières éliminées de ces mêmes organes, le corps s'accroît; dans le cas contraire, il maigrit; lorsqu'il y a équilibre, le poids du corps reste stationnaire. Le mot *Assimilation* ne saurait convenir au mode d'accroissement des corps inorganiques par juxta-position.

(P. G.)

**ASSOLEMENT.** (AGR.) Une des nombreuses et importantes améliorations introduites dans l'agriculture pratique depuis fort long-temps, mais dont la théorie n'est bien connue et n'a été développée parfaitement que depuis l'aurore du XIXᵉ siècle, l'Assolement, ou l'art de varier les cultures, consiste à faire succéder aux plantes qui tracent celles à racine en pivot; les végétaux à racines bulbeuses à ceux qui sont pourvus de racines fibreuses; en un mot à remplacer une famille par une autre différente. Cette pratique est fondée sur la triple loi que les plantes épuisent le sol qui les nourrit, que le plus grand nombre d'entre elles exsudent par leurs racines les substances impropres à leur végétation, et comme ces substances sont âcres, elles nuisent essentiellement aux individus du même genre que l'on oblige à vivre dans un centre où tout leur est contraire. Un bon Assolement est le meilleur amendement que l'on puisse procurer à la terre, surtout lorsqu'il est secondé par des labours profonds, donnés en temps opportun et calculés d'après la nature des diverses semences. (T. D. B.)

ASSOUPISSEMENT. Tendance au sommeil, disposition dans laquelle les fonctions de relation sont ou complétement suspendues ou ne s'exercent qu'imparfaitement. L'assoupissement peut être compatible avec la santé, mais il accompagne le plus ordinairement un état morbide. La fatigue qui succède aux travaux de l'imagination, aux veilles prolongées, à un violent exercice du corps ; une chaleur excessive, un froid intense disposent à l'assoupissement ; on le voit également succéder au repos lorsque l'estomac est surchargé et surtout après un usage copieux de boissons spiritueuses. Il précède le sommeil chez les personnes délicates ou dont l'esprit a été vivement préoccupé ; les vieillards ont une grande disposition à cet état de somnolence qui souvent pour eux remplace un sommeil complet. L'assoupissement ne mérite au reste ce nom que lorsqu'il ne se prolonge pas, et que les individus qui s'y laissent aller en peuvent être facilement tirés. Poussé plus loin il n'est souvent alors que le symptôme grave d'une maladie dangereuse, et a reçu suivant ses divers degrés des noms différens, tels que ceux de *Cataphora*, de *Carus*, de *léthargie*, etc.

ASTATE. *Astata*, Lat. (INS.) Genre d'Hyménoptères de la section des Porte-aiguillons, famille des Fouisseurs, ayant pour caractères : yeux presque contigus postérieurement dans les mâles, mandibules refendues à l'extrémité, languette à trois divisions égales, palpes ayant le troisième article plus épais que les autres, seconde cellule radiale de l'aile recevant deux nervures récurrentes dont la dernière presque carrée. Les Astates sont des insectes toujours en mouvement, d'où leur est venu leur nom ; leur tête est large, transverse, le prothorax droit, l'abdomen court, conique ; on trouve ces insectes dans les lieux sablonneux,

A. ABDOMINALE, *A. abdominalis*, Fab. Panz. Faun, Ins. Germ., fasc., 55, Tab. 815. La femelle est noire, avec l'extrémité de l'abdomen fauve. (A. P.)

ASTÈRE, *Aster*. (BOT. PHAN.) Corymbifères de Jussieu ; Syngénésie polygamie superflue, L. Involucre presque hémisphérique, composé de plusieurs rangs de folioles imbriquées, les inférieures souvent étalées ; réceptacle plane, parsemé de petits poils déprimés ; fleurs radiées ; fleurons du centre très-nombreux, tubuleux, hermaphrodites ; demi-fleurons de la circonférence femelles, au nombre de plus de dix ; aigrette de poils simples, sessile.

Ce genre comprend près de cent trente espèces, dont les unes sont des sous-arbrisseaux, et les autres des plantes herbacées. Tantôt la tige de ces dernières porte une ou deux fleurs seulement ; tantôt elle se ramifie pour former des panicules ou des corymbes. Dans ces derniers cas, les feuilles sont entières ou dentées, linéaires ou lancéolées ou ovales.

Ce genre se divise en trois sections, dont les deux dernières comprennent des sous-divisions.

La première section renferme les espèces ligneuses : elle sont toutes exotiques. Nous renvoyons ceux qui seraient curieux de connaître leurs caractères aux flores du cap de Bonne-Espérance, de la Nouvelle Hollande, et de l'Amérique septentrionale.

La première section des espèces herbacées se sous-divise ainsi :

† Tiges uniflores ou biflores.

*Aster alpinus*. Disque jaune, rayons blancs ; dans les Alpes, les Cévennes et les Pyrénées.

*Aster crucifolius*, Humboldt et Bompland, Nov. Gen., tab. 332.

†† Tiges rameuses.

A. Feuilles entières.

*a.* Linéaires ou lancéolées.

*Aster aeris*. Aigrette rougeâtre, rayons d'un blanc pâle. Dans nos départemens méridionaux.

*Aster Amellus*. Aigrette rousse, fleurs à rayons bleus ; dans la France méridionale.

*Aster caricifolius*, Humboldt, et Bompl. N. G., tab. 333.

*b.* Feuilles ovales.

*Aster cornifolius*, Wild.

B. Feuilles dentées.

*g.* Lancéolées.

*Aster Tripolium*, L. Fleurs d'un blanc pourpré ; dans les Pyrénées, sur les côtes maritimes d'Europe.

*Aster Pyrenæus*, dont une belle et rare variété, l'*A. Pyr. præcox, flore cæruleo majori*, a été découverte dans les Pyrénées, par Picot de Lapeyrouse.

*d.* Feuilles ovales ou cordées.

*Aster macrophyllus*, L.

*Aster Sinensis*, L., *Reine Marguerite*, originaire de la Chine et du Japon, transporté en Europe en 1750 ou 1752. D'abord à fleurs simples et blanches, cette plante est devenue, grâce à la culture, extrêmement variée, et fait un des plus beaux ornemens de nos parterres, depuis les premiers jours d'été jusqu'aux premières gelées.

Le genre *Aster* est le type de la sixième des tribus établies par Cassini dans la famille des *Synanthérées*, et que l'on désigne sous le nom de :

ASTÉNÉES. Caractères distinctifs : branches du style se courbant l'une vers l'autre, comme celles d'une pince, hérissées tout autour de papilles glanduleuses et filiformes dans leur moitié supérieure, et offrant inférieurement et en dedans deux bourrelets stigmatiques, saillans, non confluens, séparés par un large intervalle. (C. É.)

ASTÉRIE, *Asterias*. (ZOOPH. ÉCHIN.) Les Astéries étaient connues des anciens sous le nom d'*Étoiles de mer*. Linné plaça ces animaux parmi les Mollusques. Bruguière ensuite les rangea dans l'Encyclopédie avec les Vers échinodermes. M. de Lamarck, après eux, établit le premier la division des Radiaires échinodermes, où il plaça dans la première section, celle des Stellérides, les genres Comatule, Euryale, Ophiure, Astérie, que M. Cuvier a rangés dans le Règne animal à la tête du premier ordre des Echinodermes, celui des Pédicellés.

Les Astéries sont des animaux divisés en rayons, qui sont souvent au nombre de cinq, mais qui peuvent aussi atteindre, dans certaines espèces, jusqu'à vingt. Au centre de ces rayons est une ouverture nommée ordinairement bouche, mais qui sert aussi d'anus. Chaque rayon d'une Astérie a en dessous un sillon longitudinal, ayant de chaque côté une ou deux rangées de trous laissant passer des tentacules qui leur servent de pieds : la surface de ces animaux est percée de pores très-petits qu'on croit servir à absorber l'eau et à l'introduire dans la cavité générale par une sorte de respiration. On trouve sur toutes les Astéries, sur le côté du corps et toujours'entre deux rayons, un point nommé madréporiforme, lequel correspond intérieurement au canal rempli de matières calcaires, que l'on croit servir à l'accroissement des parties solides.

Tous ces animaux sont carnassiers; les uns se meuvent très-lentement, et d'autres au contraire nagent avec beaucoup de vitesse en agitant leurs rayons.

La plupart des naturalistes pensent, sans l'affirmer, qu'ils sont pourvus à la fois des deux sexes, et Othon Fabricius rapporte qu'au mois de mai ils sont réunis deux à deux, face à face, et d'une manière très-forte. A peu près à cette époque, comme le dit M. de Blainville, 'on trouve les ovaires 'gonflés d'œufs qui paraissent composés comme ceux des holothuries; mais on ignore combien de temps ils peuvent être à éclore, à quel état sort le jeune animal, la durée de son accroissement, et par conséquent celle de sa vie.

Les Astéries ont une si grande puissance de reproduction que non seulement elles repoussent en très-peu de temps les rayons qui leur sont enlevés, mais qu'un seul resté entier autour du centre lui conserve la faculté de reproduire tous les autres.

Aucune Astérie ne sert à la nourriture de l'homme, et on prétend même qu'elles donnent aux moules, à de certaines époques, leur qualité malfaisante. Comme elles sont en très-grande abondance sur les côtes de la Manche, on les emploie à fumer la terre, et il paraît que cet engrais est excellent.

Les Astéries fossiles, dit Lamouroux, sont assez communes dans les terrains de dépôts; on les trouve rarement entières. C'est des carrières de la Thuringe, des schistes de Solenhofen et de Pappenheim, des carrières de Pirna, de Chassay-sur-Saône, de Malesmes, des environs de Cobourg et de Rotembourg sur la Tauber, que l'on a retiré les Astéries fossiles les mieux caractérisées; l'on croit qu'il en existe des débris dans le terrain coquillier des environs de Paris, à Grignon, à Valognes, à Caen, dans le Jura, en Italie, etc.

Les Astéries sont très-communes dans toutes les mers; on en connaît déjà plus de soixante espèces. Après les travaux de Linck et de Lamarck.

M. de Blainville a essayé une nouvelle classification qu'il a développée dans l'article Zoophyte du Dictionnaire des Sciences Naturelles. Cet auteur prétend que le meilleur caractère qu'il ait encore pu trouver pour caractériser les Astéries est la forme du tubercule madréporiforme, tubercule qui, dit cet auteur, est en rapport avec la génération, mais dont on ignore encore l'usage spécial.

Les espèces les plus communes dans nos mers sont : l'Astérie rouge, *Asterias rubens*, figurée dans l'Atlas du Dict. des Sc. nat., pl. 15, et dans l'Atlas de notre ouvrage, pl. 32, fig. A; et l'Astérie a aigrettes, *Asterias papposa*.

M. de Lamarck a donné le nom d'Ophiure, *Ophiura*, à des radiaires qui ont un corps très-petit dont les rayons grêles, fort allongés, cirrheux et écailleux sont toujours au nombre de cinq. Ces rayons sont garnis sur les deux côtés opposés soit de papilles courtes, soit d'épines plus ou moins ouvertes.

Les Ophiures se servent de leurs rayons comme de jambes; elles en accrochent un ou deux à l'endroit où elles veulent aller. Des trous qui servent au passage des tentacules sont aux environs de la bouche, et l'estomac de ces animaux, comme l'a démontré M. Cuvier, n'est point environné de cœcums.

Les Euryales et les Comatules ont servi à M. de Blainville à former une famille qu'il a nommée Astérophide, *Asterophida*.

Le nombre des espèces de ce genre, quoique beaucoup moins considérable que celui des Astéries, n'est pas moindre de trente, qui sont répandues dans toutes les mers.

On peut citer pour type du genre l'Ophiure annuleuse, figurée dans le Dict. des Sc. nat., Zooph., pl. 16, et dans notre Atlas, pl. 32, fig. B.

Les Euryales, ainsi appelées par Lamarck, et nommées Gorgonocéphales par Leach, étaient connues par Linné sous le nom d'*Asterias caput Medusæ*; il n'en avait décrit qu'une espèce. M. de Lamarck s'exprime ainsi en parlant de ce genre : animaux qui ont des rayons qui partent d'un corps ou d'un disque en général très-petit, dont le nombre est toujours de cinq à leur origine, mais qui se bifurquent dans certaines espèces un si grand nombre de fois, qu'on prétend avoir compté jusqu'à huit mille de leurs branches.

Les Euryales ont à la face inférieure du disque dix ouvertures oblongues, deux entre chaque rayon, qui donnent passage à des organes rétractiles. Sept espèces de ce genre sont connues; nous donnons pour type l'Euryale à côtes lisses, figuré dans notre Atlas, pl. 32, fig. C.

Les Comatules sont distinctes des genres précédens parce qu'elles ont une bouche qui est saillante, membraneuse, et qui offre un tube en forme de sac ou de bourse au centre du disque inférieur. Ces animaux diffèrent aussi par leurs habitudes des autres Stellérides; leur corps est petit, orbiculaire, déprimé en dessus et en dessous, ayant des rayons simples, les uns sur le dos du disque, et les autres abaissés sous le ventre.

Les rayons simples qui sont au dos servent à

ces animaux à s'accrocher et à se suspendre aux fucus ou à tout autre corps, et, ainsi placés, ils attendent leur proie, qu'ils saisissent et amènent à leur bouche.

Le nombre des espèces de ce genre décrites dans l'ouvrage de M. de Lamarck est de six.

(L. R.)

ASTÉRITE DES ANCIENS. (min.) Ce n'est point, comme on l'a dit, une variété chatoyante de fel-spath, ni le girasol; encore moins l'Agate saphi-rine, qui ne réfléchit aucun rayon étoilé; ni le rubis d'Orient, puisque cette superbe pierre est parfaitement décrite par les naturalistes de l'anti-quité. L'Astérite, dans toute sa pureté, ne nous est pas encore connue, à moins qu'il ne s'agisse de prismes semblables à ceux que l'on trouve quel-quefois dans une grotte située près de Bourg-d'Oi-sans, département de l'Isère : ces prismes offrent des étoiles plus ou moins nombreuses, bien formées et jetant une lumière brillante. Le saphir de Ceylan, qui donne une étoile mobile à six rayons, faisait nécessairement partie des quatre espèces bien dis-tinctes d'Astérite dont parlent les anciens. Théo-phraste fait mention d'une Astérite terre calcaire qui pourrait bien n'être qu'une pétrification, un zoophyte réduit à l'état fossile, un crinoïde ar-ticulé. (T. D. B.)

ASTERNAL. Qui ne tient point au sternum; M. Chaussier a remplacé le nom de *fausses côtes*, autrefois employé par les anatomistes, par celui de *côtes asternales*, pour désigner celles qui ne s'arti-culent pas directement avec le sternum. Cette dé-nomination est maintenant généralement adoptée.

(P. G.)

ASTÉROPHORE. (bot. crypt.) (*Lycoper-dacées.*) L'espèce la plus anciennement connue de ce genre, appelé *Asterophora lycoperdoides*, est l'*Agaricus lycoperdoides* de Bulliard, plante qui croît sur les Agarics qui commencent à se décom-poser, et particulièrement sur l'*Agaricus adustus* Persoon, et sur l'*Agaricus fusipes* de Bulliard.

Ce petit champignon a des feuillets entiers, rares, très-épais, noirâtres, peu saillans; un à deux pouces de hauteur, une couleur brune, une sur-face pelucheuse ou un peu velue.

Nous passons sous silence, comme moins im-portantes, quatre autres espèces décrites par Fries, et qui toutes croissent sur les Agarics pourris. (F. F.)

ASTOME, *Astome.* (arach.) Genre de l'ordre des Trachéennes. Latreille a établi ce genre sur de petites Arachnides hexapodes vivant parasites sur des diptères et des hyménoptères. Les carac-tères des ces Arachnides sont : six pieds; point de siphon ni de palpes apparens, bouche ne consistant qu'en une petite ouverture située sur la poitrine. Ces Arachnides, dans le Règne animal de Cuvier, appartiennent à la famille des Microphthires. L'es-pèce servant de type au genre est l'Astome para-site, *Astoma parasitica*, Mitte parasite, *Aca-rus parasiticus* de Degéer, VII., vii, 7; *Trombidium parasiticum*, Hermann. (II. L.)

ASTRAGALE (anat). (*V.* Ostéologie).

ASTRAGALE, *Astragalus.* (bot. phan.) Genre de la famille des Légumineuses, composé d'espèces très-nombreuses et très-variées, ayant les feuilles ailées, avec ou sans impaire, les fleurs axillaires ou terminales disposées en tête ou en épi. De Candolle, qui en a publié une excellente monographie, leur assigne pour caractères dis-tinctifs : un calice à cinq dents ou divisions; co-rolle papilionacée, ayant l'étendard ordinaire-ment plus long que les ailes; étamines diadelphes; style infléchi, stigmate simple, légume presque toujours sessile, tantôt court et renflé, tantôt long et grêle; son intérieur simule deux loges plus ou moins complètes, déterminées par l'intro-flexion des deux valves, dont la suture inférieure rentre, et forme une sorte de cloison. Ce dernier caractère a servi à M. de Candolle pour établir sa sous-tribu des *Astragalées*, qui, outre notre genre, renferme encore le *Bisserrula* et l'*Oxy-tropis*.

On compte plus de cent cinquante espèces d'*As-tragales*, classées soit d'après leur tige ligneuse ou herbacée, soit d'après l'insertion caulinaire ou pétiolaire de leurs stipules, soit d'après la couleur des fleurs, etc. Plusieurs offrent un aspect assez agréable; mais nous ne nous arrêterons qu'à celles qui produisent des sucs gommeux, entre autres la *Gomme adragant*.

Et d'abord prévenons que Linné a été induit en erreur au sujet de l'*Astragalus tragacantha*. Cette espèce ne produit point de gomme. Il paraît que nous ne connaissons pas l'espèce qui la four-nit au commerce, et qui est indigène de Perse. L'*A. creticus*, observé par notre célèbre Tourne-fort sur le mont Ida, en donne beaucoup, ainsi que les *A. gummifer* et *verus.* Ce sont tous des arbustes d'une culture facile; ils réussiraient pro-bablement dans nos provinces méridionales, en Corse, à Alger, et dispenseraient notre com-merce d'un des mille tributs qu'il paie à l'O-rient.

Un mot encore pour citer deux Astragales qui croissent aux environs de Paris : l'un, *glycyphyllos* ou réglisse bâtarde, a une tige grosse et flexueuse et des fleurs jaunes; l'autre, *A. monspessulanus*, est acaule et porte des fleurs purpurines.

(L.)

ASTRANCE, *Astrantia.* (bot. phan.) Des cinq ou six espèces qui constituent ce genre, de la Pen-tandrie digynie et de la famille des Ombellifè-res, deux seules sont cultivées. Les jardiniers les confondent avec les Sanicles (*voy.* ce mot); mais ces deux genres sont absolument distincts. Les fleu-res des Astrances sont ouvertes en étoiles comme celles des Astères (*v.* ce mot). Ce sont des plantes des plus hautes montagnes, vivaces, à feuilles palmées, s'accommodant de tout terrain, de toute exposition et de tous les moyens de multipli-cation.

L'Astrance a larges feuilles, *A. major*, a le port élégant, donne de grosses touffes, se couvre, durant tout l'été et jusqu'en octobre, de fleurs blanches ou purpurines, petites, mais nombreuses

et

et réunies en ombelle au dessus d'une collerette blanchâtre, divisée en plusieurs folioles que j'ai vu souvent prendre pour des pétales. Les feuilles sont presque toutes radicales, d'un beau vert, de moyenne grandeur, à cinq lobes trifides, assez semblables à celles de l'Hellébore noir (*v.* ce mot). Les tiges sont nombreuses, hautes de trente-deux centimètres, et forment le buisson. On a transporté cette plante dans les parterres, où son effet est peu sensible; elle conviendrait mieux sur le bord des massifs.

L'Astrance des Alpes, *A. minor*, que l'on trouve aussi dans les Pyrénées, est de moitié plus petite dans toutes ses parties, et du reste parfaitement semblable à la précédente, si l'on excepte les feuilles, qui sont composées de sept à neuf folioles tout-à-fait distinctes. On la cultive dans les plates-bandes; quelques personnes la tiennent dans la terre de bruyère; elle vient cependant partout, est très-rustique et demande un peu d'ombre et d'humidité. (T. D. B.)

ASTRAPÉE, *Astrapæus*. Graven. (INS.) Genre de Coléoptères, section des Pentamères, famille des Brachélytres, ayant pour caractères essentiels : palpes terminés par un article presque triangulaire, plus grand que les précédens : tarses antérieurs dilatés, le premier et le dernier article étant les plus longs.

Ces insectes, et quelques autres, font partie de la division des Fissilabres, et ont par conséquent la tête nue et séparée du corselet, et le labre profondément divisé en deux lobes. Ce sont de petits insectes vivant en général sous les écorces d'arbres, et dont les mœurs ont été peu étudiées. Nous citerons seulement l'espèce la plus commune.

A. DE L'ORME, *A. ulmi.* Oliv., Panzer. Faun. ins. Germ., LXXXVIII, 4. Noir luisant, avec la base des antennes, les élytres et l'avant-dernier anneau abdominal fauves. Sous les écorces d'orme.
(A. P.)

ASTRÉE, *Astræa.* (ZOOPHYTE.) Les Astrées sont des masses pierreuses, épaisses, ordinairement planes, hémisphériques ou globuleuses, encroûtant souvent les corps marins solides. Les animaux sont courts, pourvus d'une bouche arrondie, au milieu d'un disque couvert de tentacules, en général assez courts, peu nombreux, et contenus dans des loges peu profondes.

M. de Lamarck, le premier, a fixé les caractères de ce genre, qui avait été établi par Brown, et en a décrit, dans son Traité des animaux sans vertèbres, trente et une espèces. M. de Blainville ensuite a fait connaître ce genre avec beaucoup de détails; et, lorsqu'on connaîtra les animaux de toutes les espèces, il subira encore d'autres changemens. Cet auteur divise ce genre en douze sections, et décrit beaucoup d'espèces nouvelles, tant fossiles que vivantes.

L'espèce que nous reproduisons dans notre Atlas, pl. 55, fig. 2, est l'Astrée annulaire, *A. annularis*, de Lamarck; elle habite les mers d'Amérique; ses étoiles sont cannelées en dehors; sa couleur est d'un blanc jaunâtre. (L. R.)

ASTROBLÈPE, *Astroblepus.* (POISS.) C'est un genre de la famille des Siluroïdes. Humboldt, qui l'a établi, lui assigne les caractères suivans : corps déprimé, s'amincissant vers la queue; quatre rayons branchiostéges; ni dents, ni langue, ni ventrales; deux barbillons implantés vers la commissure des lèvres; deux rayons dentés à toutes les nageoires; narines grandes, à bord membraneux; yeux petits, situés au dessus de la tête.

L'Astroblèpe Grixalva, *Astroblepus Grixalvii*, Humb., Obs. zool. foss., tom. 1, pag. 37, est la seule qui se rapporte à ce genre. C'est un poisson des fleuves du Mexique, dont la chaire est fort estimée. Il atteint jusqu'à quatorze pouces de longueur.
(G. B.)

ASTRODERME, *Astrodermus.* (POISS.) Ce genre appartient à la famille des Scombéroïdes; il a été établi par Bonelli.

Les Astrodermes, ou plutôt l'Astroderme tacheté (*Astrodermus guttatus*), car c'est la seule espèce qu'on connaisse encore aujourd'hui, a, comme les coryphènes, la tête élevée et tranchante, et une seule nageoire du dos, laquelle règne sur toute l'étendue de celui-ci. Sa bouche est petite, il n'a que quatre rayons à la membrane branchiale; ses ventrales sont très-peu développées, et situées positivement sous le col. Mais ce qui le distingue particulièrement c'est la forme singulière de ses écailles, qui sont découpées en étoiles, d'où le nom générique d'Astroderme qu'on lui a imposé. Il est argenté, semé de taches noires sur le corps; avec ses nageoires d'un rouge magnifique. (G. B.)

ASTROITES (LES), *Astroites.* (POLYP.) On désignait sous ce nom beaucoup de Polypiers fossiles qui ont été intercalés dans différens genres. (L. R.)

ASTRONOMIE. (PHYS.) Quoique cette *science, qui s'occupe de la description des astres et de la détermination de leurs mouvemens,* soit essentiellement physique et mathématique, on ne peut se dispenser d'indiquer, dans un Dictionnaire d'histoire naturelle, les principaux phénomènes célestes, spectacle le plus admirable que nous offre la nature.

L'espace qui nous entoure est infini; le nombre immense des astres que nos yeux seuls nous montrent s'accroît toujours avec la puissance des instrumens, et déjà au télescope d'Herschell on en compte au-delà de 75 millions. Ce n'est là sans aucun doute qu'une faible partie des mondes qui peuplent l'espace, et l'on peut dire que leur nombre est infini comme l'espace lui-même.

La terre est animée d'un double mouvement : l'un, de rotation sur elle-même, fait passer tous les astres devant nous dans un jour; l'autre, de translation, lui fait faire le tour du soleil dans la durée d'une année.

Parmi les étoiles, les unes sont *fixes* ou conservent leurs distances respectives; les autres changent de place par rapport au soleil et aux autres étoiles, ce sont les planètes. Les *satellites* sont de petits astres qui tournent autour des planètes, comme celle-ci autour du Soleil. Les Comètes sont des astres qui tournent également autour du Soleil, mais qui, après s'en être approchés, s'en écartent à d'immenses distances, pour ne reparaître que long-temps après.

Notre système solaire, composé du Soleil, de la Terre et des autres planètes, n'est qu'un point dans l'immensité ; on peut s'en convaincre en cherchant à apprécier la distance des étoiles fixes. Les plus voisines de nous ne peuvent être à moins de 206 mille fois la distance de la Terre au Soleil, qui est de 34 millions de lieues ; par conséquent elles sont à plus de sept mille milliards de lieues, et l'on ne peut douter qu'il n'en existe de mille fois plus éloignées.

La *Voie lactée*, qui ne paraît qu'une lumière confuse, n'est qu'un amas prodigieux de petites étoiles dans lequel se trouvent enveloppés la Terre et tout le système solaire.

Les astronomes sont parvenus à déterminer toutes les lois du mouvement de la Terre et des planètes. Trois lois très-simples, qu'on appelle *lois de Kepler*, du nom de leur inventeur, régissent tellement le mouvement des planètes, qu'on calcule avec précision la position que chacune doit occuper à une époque donnée. Newton est allé plus loin : il a découvert dans la *gravitation universelle* la propriété inhérente à la matière, de laquelle dérivent ces lois : *tous les corps s'attirent en raison directe des masses et en raison inverse du carré des distances.* Telle est cette loi admirable qui rend compte de tous les mouvemens des corps célestes et même de toutes leurs irrégularités apparentes. Lorsqu'on admet en même temps une impulsion primitive, c'est à cette même loi, que l'on nomme alors *pesanteur*, que sont soumis tous les corps à la surface de la Terre.

Le phénomène des *étoiles doubles*, soleils qui nous paraissent très-rapprochés à raison de leur immense distance, et qui tournent autour d'un centre comme les planètes autour du Soleil, a montré tout récemment que la *gravitation universelle* était réellement une loi applicable à tout l'univers.

A l'aide de ces lois, les astronomes ont calculé les distances des planètes au Soleil, la durée de leur révolution autour de cet astre, la forme exacte de leur orbite : on a trouvé que le diamètre du Soleil est environ 110 fois, et son volume 1400 mille fois plus grand que celui de la Terre ; que sa densité est un peu plus du quart de celle de notre globe, c'est-à-dire un peu plus forte que celle de l'eau.

Ces mêmes résultats ont été obtenus pour les planètes. On a trouvé que la Terre était une sphère aplatie vers les pôles et renflée à l'équateur, et que l'aplatissement ($\frac{1}{131}$) du rayon est précisément celui qui devrait résulter de l'état supposé fluide du globe.

Le mouvement des planètes est d'autant plus rapide qu'elles sont plus rapprochées du Soleil. Mercure parcourt 40 mille lieues à l'heure, et Saturne, vingt-cinq fois plus éloigné, n'a plus qu'une vitesse de huit mille lieues à l'heure ; la Terre, qui occupe une position intermédiaire, parcourt vingt-

cinq mille lieues dans le même temps. La densité des planètes décroît à mesure qu'elles s'écartent du Soleil : celle de Mercure est double de celle de notre globe ou à peu près la densité de l'argent. La densité de Vénus peut se comparer à celle du zinc, et celles des deux planètes les plus éloignées, Saturne et Uranus, se comparent à la densité du sapin et du liége.

Le retour des Comètes, qui après les éclipses avaient encore conservé le privilége d'effrayer le monde, se calcule aujourd'hui non pas avec la même précision, mais avec la même certitude que celui des éclipses. Malheureusement leur observation date encore de si peu de temps qu'il n'en est qu'un petit nombre dont on puisse prédire le retour. Ainsi, au commencement de novembre 1835, nous verrons repasser auprès du Soleil la première Comète dont on ait constaté la périodicité, Comète qui en 1456, accompagnée d'une queue immense, excita en Europe une si grande consternation. Félicitons-nous de voir la science enlever à la superstition ses terreurs, et à l'ignorance ses alimens.          (B.)

**ATÉLÉCYCLE**, *Atelecyclus*. ( crust. ) Ce genre, établi par Leach ( Trans. Linn. Societ., t. XI, p. 312 ), appartient à l'ordre des Décapodes. Latreille, dans le Règne animal de Cuvier, le place dans la famille des Brachyures, et dans la section des Arqués dans son Cours d'Entomologie. Ses caractères sont, suivant cet auteur : d'avoir un test élargi, même orbiculaire dans une espèce ; des antennes latérales allongées, saillantes, composées d'un grand nombre d'articles très-velus. Les serres sont fortes avec les mains comprimées ; le troisième article des pieds-mâchoires est sensiblement rétréci postérieurement en manière de dent obtuse ou arrondie ; les tarses sont coniques, et les pédicules oculaires sont de grandeur ordinaire ; la queue est allongée.

Ces crustacés habitent les mers, et ne se trouvent qu'à de grandes profondeurs. L'espèce servant de type au genre est l'Atélécycle à sept dents, *A. septemdentatus*, décrite et figurée par Leach, M. Guérin, dans son Iconographie du Règne animal de Cuvier, pl. 2, fig. 2, a figuré une autre espèce sous le nom d'Atélécycle ensanglanté, *Atel. cruentatus*, Desm. Cette espèce a été découverte dans l'île de Noirmoutier, par M. d'Orbigny. Desmarest, Hist. nat. des Crust. foss., p. 111, et p. 9, fig. 9, a fait connaître un petit crustacé qu'il rapporte au genre que nous avons décrit ci-dessus ; il le nomme Atélécycle rugueux, *Atel. rugosus*. On le rencontre dans un calcaire grossier, au Boutonnet, carrière voisine de Montpellier.          ( H. L. )

**ATÈLE**, *Ateles*. ( mamm. ) Genre de singes établi par M. Geoffroy, pour quelques espèces américaines dont les mains antérieures sont dépourvues de pouce ou ne l'ont que rudimentaire, et toujours sans phalange unguéale. Les Atèles ont la queue et les membres, surtout ceux de devant, agrandis à l'excès et très-grêles. Leur tête au contraire est petite et presque ronde.

Ils vivent par troupes, composées de douze ou quinze individus, et se tiennent le plus souvent sur les arbres, où ils se meuvent avec une grande agilité, aidés qu'ils sont par leurs longs bras et leur queue prenante, c'est-à-dire susceptible de s'accrocher aux corps. Ils sont craintifs et toujours prêts à fuir : à l'état de domesticité, ils sont doux, mais ordinairement mélancoliques. On les trouve dans l'Amérique méridionale, à la Guiane, au Paraguay, au Brésil et dans toutes les contrées avoisinantes.

Les principales espèces sont :

Le Coaïta, *A. Paniscus*, qui est tout-à-fait noir ; le Chameck, qui est, comme le précédent, presque entièrement noir, mais de plus petite taille : ses membres antérieurs, offrant un pouce rudimentaire ( d'où son nom de *A. subpendactylus*, ou qui a presque cinq doigts), suffisent pour le distinguer du Coaïta, qui est tétradactyle ; le Belzébuth, *A. Belzebuth*, qui est noir dessus, avec le ventre blanc chez les mâles, à peu près gris au contraire chez les femelles et les jeunes sujets.

Le Choura est encore une espèce du même genre ; noir avec la face entourée de blanc, il manque de pouce. M. I. Geoffroy en a décrit un autre sous le nom d'Atèle métis, *A. hybridus*. ( *Voy.* Magasin de Zool. par M. Guérin, 1832 ; cl. 1, pl. 1. ) Le principal caractère de cette espèce consiste dans une tache blanche placée sur le front, et de forme à peu près semilunaire. Le dessous de la tête, du corps et de toute la queue jusqu'à sa callosité, ainsi que la face interne des membres, sont d'un blanc sale, et les parties supérieures généralement d'un brun cendré. Sa longueur est, depuis la partie antérieure de la tête jusqu'à l'origine de la queue, d'un pied dix pouces ; la queue, qui mesure à elle seule un peu plus de deux pieds, est cependant moins longue que chez les autres espèces. L'Atèle métis vient de la vallée de la Madeleine, où il porte le nom de *Marimonda* et celui de *Zambo* ou *Mono-Zambo*, qui veut dire *Singe-métis*, à cause de sa couleur qui est à peu près celle des métis nés d'un nègre et d'un Indien, appelés en langue du pays *Zambo*. Les femelles sont très-attachées à leurs petits ; dans les voyages elles les portent sur leurs dos.

M. Desmarest, dans son Traité de Mammalogie, partage les Atèles en deux sections : la première comprenant les espèces entièrement dépourvues de pouce ; la seconde, celles qui ont un pouce rudimentaire mais apparent au dehors. Spix dans son ouvrage sur les singes du Brésil, érigea en genres ces deux sections, que M. Desmarest n'avait données que comme des coupes artificielles, destinées à faciliter la distinction des espèces ; il réserva aux espèces sans pouces le nom d'*Atèles*, et donna à celles qui en ont un celui de *Brachytèles* ce genre n'a point été adopté. Dans un mémoire particulier, M. I. Geoffroy a séparé du genre Atèle plusieurs espèces (l'*A. Arachnoïde* et les deux espèces confondues sous le nom d'*Hypoxanthe*), dont il a formé le genre ÉRIODE. ( *Voy.* ce mot. )

(GERVAIS.)

ATEUCHUS, *Ateuchus*, Weber. (INS.) Genre de Coléoptères, de la section des Pentamères, famille des Lamellicornes, tribu des Scarabéides, ayant pour caractères essentiels : antennes de neuf articles, pas d'écusson, les quatre jambes postérieures allongées, à peine dilatées, terminées par un seul éperon.

Les insectes composant ce genre n'ont ni la tête ni le chaperon garnis de cornes comme certains Coprophages, et c'est ce qui leur a valu leur nom, qui signifie *sans armes* ou *sans défenses* : leur corps est large, ovale ou arrondi ; le chaperon est presque toujours refendu, relevé antérieurement ; le corselet est large, bombé ; les élytres sont droites sur les côtés ; les tibias antérieurs sont à peine dilatés, mais un peu courbés et armés extérieurement de trois ou quatre dents tranchantes, aiguës, courbées inférieurement : ces dentelures et celles du chaperon s'usent très-vite et sont alors beaucoup plus courtes, arrondies ; quand l'insecte a quelque temps d'existence, les tarses de cette paire de pattes sont caducs ; les quatre pattes postérieures sont garnies de poils au côté externe. Ces insectes vivent, eux et leurs larves, dans les excrémens des différens animaux. Quand arrive le moment de la ponte, c'est-à-dire au printemps, ils prennent une portion d'excrémens dont ils forment une boule, souvent presque aussi grosse qu'eux, d'où leur est venu le surnom de Scarabées pilulaires ; c'est à elle qu'ils doivent confier leurs œufs. Cette boule, d'abord molle, acquiert de la consistance à force de rouler sur le sable, elle devient ferme et rugueuse ; alors l'insecte la pousse avec ses pattes postérieures vers le trou qu'il a creusé dans la terre et qui doit la renfermer avec l'espoir de sa postérité. Souvent deux individus se réunissent pour rouler la même boule ; souvent aussi, dans les efforts qu'il fait, le propriétaire perd l'équilibre et tombe de côté : un autre survient avant qu'il ait eu le temps de se relever, ce qu'ils font avec beaucoup de difficulté, et se met à faire rouler la boule pour son compte. Il faut que le maladroit cherche sa pilule, et s'il ne la trouve pas, qu'il en fasse une autre, ce qu'il exécute avec une ardeur toute nouvelle. Ces insectes sont propres aux parties chaudes de l'Europe et des autres parties du monde. Les anciens ont beaucoup connu ces insectes, et leurs mœurs les avaient particulièrement frappés. Les Égyptiens les regardaient, à cause de l'époque de leur apparition, comme le symbole de la renaissance de la nature ; aussi les voit-on représentés dans tous leurs monumens, souvent même sous une taille colossale. Pour le peuple, chez qui tout est réalité, et qui dans un emblème ne voit que l'objet lui-même, cet insecte était l'objet d'un culte particulier ; aussi sa figure se retrouve sur les médailles, les amulettes, les cachets. Les matières les plus précieuses étaient employées à représenter sa figure ; enfin jusque dans les momies on a trouvé de ces représentations variées de toutes les façons et l'insecte même parfait : peut-être alors annonçait-il, par analogie, un réveil futur, l'immortalité de l'âme ; comme dans l'usage ordinaire il annonçait le réveil de la nature, le retour du printemps.

Les espèces de ce genre sont assez nombreuses, nous nous contenterons de citer les suivantes.

A. SACRÉ, *A. sacer*, Linn., Oliv., Col., t. 1. 3; VIII, 59; représenté dans notre Atlas, pl. 33, fig. 3. Noir; corselet et élytres lisses; vertex portant deux très-petits tubercules; tibias antérieurs quadridentés extérieurement, bidentés intérieurement, des dentelures très-fines les garnissent en outre des deux côtés. C'est l'espèce qui a été le plus spécialement l'objet du culte des Égyptiens, quoique deux ou trois autres espèces presque semblables puissent avoir été confondues avec elle. M. Latreille pense que ce devait être une autre espèce qu'il a nommée A. DES ÉGYPTIENS; mais comme elle n'a été trouvée que dans le Sennaar, je crois qu'il vaut autant suivre l'opinion vulgaire.

A. DES ÉGYPTIENS, *A. Ægyptiorum*, Caillaud. Voy. à Méroé; Guérin, Icon. du Règne animal, Insectes, pl. 21, fig. 1; reproduit dans notre Atlas, pl. 33, fig. 4. Il est vert-bronze doré, de la grandeur du précédent; mais au lieu de deux tubercules sur le vertex, il porte une petite éminence allongée, faible et très-luisante.

On peut voir pour les autres espèces la monographie de ce genre, donnée par M. Mac Leay fils, dans ses *Horæ Entomologicæ*, sous le nom de SCARABÉE. (A. P.)

ATHANAS, *Athanas*. (CRUST.) Genre de l'ordre des Décapodes, établi par Leach (Linn., Soc. trans., tom. XI), et que Latreille range dans la famille des Macroures, section des Salicoques. Ce genre se rapproche beaucoup des Palémons, dont il ne diffère que par les deux pieds antérieurs plus développés que les suivans, et par le dernier article des pieds-mâchoires extérieurs, plus grand que le pénultième. On n'en connaît qu'une seule espèce, l'ATHANAS NITESCENS de Leach, Malac. Brit., XLIV; Desm., Considér., pag. 239, 240; de Bréb., Crust. du Calv., pag. 23, 24. Montagu l'a découvert sur les côtes d'Angleterre. (H. L.)

ATHÉRICÈRE, *Athericera*. (INS.) Cinquième famille de l'ordre des Diptères, selon M. Latreille, et la plus nombreuse, puisqu'à elle seule elle renferme presque autant de genres et beaucoup plus d'espèces que les autres prises ensemble. Elle a pour caractères d'avoir la trompe ordinairement membraneuse, terminée par deux lèvres, renfermée, ainsi que les palpes, dans une cavité de la tête pendant le repos, contenant un suçoir le plus souvent de deux pièces, mais quelquefois de quatre; des antennes toujours accompagnées d'une soie ou stilet auquel on n'aperçoit aucune division annulaire.

M. Latreille, dans d'autres ouvrages, avait beaucoup restreint cette famille, et je crois qu'il avait eu raison, puisque lui-même indique le suçoir comme tantôt de deux pièces et tantôt de quatre, comme dans les Syrphes, dont on sait que les larves sont carnassières; mais, obligés comme nous le sommes de suivre la marche tracée dans le règne animal, nous ne pouvons,

dans un ouvrage aussi sommaire, qu'indiquer ce qui nous paraît des erreurs, sans chercher à les relever.

Les larves des Athéricères sont apodes, ont le corps mou, en cône très-allongé, dont la partie étroite renferme la bouche; elles sont très-contractiles, offrent plutôt des rides transverses que des anneaux distincts; la tête n'ayant rien d'écailleux est variable de forme. Les organes de la manducation consistent en un ou deux crochets cornés; à leur base est probablement une ouverture œsophagienne par où s'introduisent les sucs; la respiration s'opère par des stigmates, dont une paire placée sur le premier segment du corselet, et deux autres sur la partie tronquée de l'extrémité du corps, où elles figurent deux plaques écailleuses; mais, comme on a découvert que chacun de ces stigmates postérieurs était, dans quelques espèces, composé de trois stigmates réunis, il est probable qu'un peu d'attention fera peut-être qu'on en découvrira une dernière paire, et qu'alors leur nombre se trouvera en rapport avec celui que l'on observe sur toutes les autres larves d'insectes. Ces larves ont la faculté de recouvrir ces stigmates avec la peau des parties environnantes de leur corps, et, par là, de les mettre à l'abri des inconvéniens de l'immersion où elles sont souvent exposées. On croit qu'elles ne changent pas de peau; à l'époque de la transformation en nymphe, la peau se durcit et devient une coque ovalaire, souvent plus épaisse à l'endroit où l'insecte était le plus étroit, à l'abri de laquelle il doit opérer sa dernière métamorphose; dans ce moment, et avant que l'insecte ait pu acquérir une forme réelle, toute la masse charnue se trouve détachée de la peau, et passe par l'état que l'on a nommé la boule allongée; mais cet état, que l'on a signalé comme très-extraordinaire, est très-simple, et l'on verrait qu'il s'opère de même dans tous les insectes possibles, si l'on saisissait le moment précis, tandis qu'on ne voit jamais la nymphe qu'au moment où la nature a indiqué qu'elle pouvait être en contact avec l'air extérieur; si l'on tuait une chenille au moment où elle cesse de manger pour se métamorphoser, on arriverait peut-être, avec un peu de peine, à la trouver dans un état analogue à celui par lequel passent les diptères. Au bout de quelque temps, l'insecte gonflant beaucoup la partie vésiculaire de sa tête, située sur le front, fait sauter une calotte de sa coque, et en sort pour se répandre sur les fleurs, et souvent sur des subtances dont l'odeur nous flatterait beaucoup moins; mais, comme on dit, il ne faut jamais disputer des goûts et des couleurs. (A. P.)

ATHÉRINE, *Atherina*, Linn. (POISS.) M. Cuvier place isolément entre les Mujiloïdes et les Gobioïdes, un genre de poissons acanthoptérygiens, qu'il avoue n'avoir pu convenablement intercaler dans aucune des familles déjà établies de cet ordre. Ce genre est celui des Athérines, qu'à leur petite taille, à leur corps comprimé, à leurs larges écailles et à leur couleur argentée, on serait, à la première vue, tenté de prendre pour de petites

Clupées. Aplatie latéralement, leur tête est déprimée en dessus et obtuse en avant; leur mâchoire supérieure est seule protractile; l'inférieure, qui est percée de quelques petits pores, est très-longue et peut s'abaisser beaucoup; l'une et l'autre sont garnies de dents très-fines. Les yeux sont grands, les joues écailleuses, les opercules minces et sans épines; la membrane branchiale a six rayons.

Le dos de ces poissons est surmonté de deux nageoires, dont la seconde correspond à l'anale et la première aux ventrales, qui sont attachées assez en arrière des pectorales. Ces nageoires, ainsi que la caudale, sont de médiocre étendue.

A l'intérieur, les Athérines offrent un estomac qui n'a point de cul-de-sac, et un duodénum sans appendice cœcal; leur squelette présente cette particularité, que les apophyses des dernières vertèbres abdominales sont recourbées de telle manière, qu'elles forment un petit entonnoir dans lequel vient se loger la pointe de la vessie aérienne.

On pêche en grand nombre dans la Méditerranée plusieurs espèces d'Athérines, qui sont les Aphies des anciens; l'une d'elles, dont la tête se termine en pointe, qui a neuf rayons épineux à la première nageoire du dos, onze mous à la deuxième, et douze à l'anale, est appelé *Sauclet* dans le Languedoc et *Cabassou* par les Provençaux; c'est l'*Atherina Hepsetus* de Cuvier. Il y a encore le Joël (*Atherina Boyer* de Risso), et le Mochon (*Atherina Mochon* de Cuvier).

Sur les côtes de l'Océan on en trouve une autre qu'on nomme vulgairement le Prêtre, Abusseau ou Roseré (*Atherina Presbyter* Cuv.). Ce nom de Prêtre vient de la bande d'argent qui est imprimée sur chacun de ses flancs, et qu'on a comparée à une étole. Cette bande argentée, d'ailleurs, est commune à toutes les espèces d'Athérines aujourd'hui connues; la chair de ces poissons, qui, comme les Clupées, se tiennent quelquefois en troupes serrées, est d'un excellent goût. (G. B.)

ATHÉRIX, *Atherix*. (ins.) Genre de Diptères de la famille des Tanistomes, section des *Leptides*, distingué des genres voisins par le premier article des antennes qui est plus grand que le second, et par la soie du dernier article insérée latéralement; les palpes sont avancés. Les mœurs de ces insectes étant peu connues, nous nous contenterons d'indiquer deux espèces qui se trouvent plus communément que les autres.

A. TACHETÉ, *A. maculatus*, Meig., Dipt., tab. 24, fig. 30, ayant des bandes noires aux ailes, et l'A. IMMACULÉ, *A. immaculatus*, où elles sont entièrement transparentes. Ces insectes se trouvent dans notre pays. (A P.)

ATLANTE, *Atlanta*. (moll.) Genre de Gastéropodes appartenant, suivant Cuvier, à l'ordre des Hétéropodes, dans le voisinage des Carinaires et des Firoles, et se composant d'animaux pélagiens de petite taille, dont la coquille, au lieu d'être évasée comme celle des Carinaires, a sa cavité étroite et roulée en spirale sur le même plan, avec le contour relevé d'une crête mince.

Avant les observations publiées dans les Mémoires de la Société d'histoire naturelle de Paris, par M. Rnag, ces mollusques étaient placés dans la classe des Ptéropodes, à côté du genre Limacine; c'est Lesueur qui a découvert et établi ce genre; il en a décrit deux espèces dans le Journal de physique; ce sont les *Atlanta Peronii* et *Keraudrenii*. Cette dernière espèce a été mieux observée et figurée d'après le vivant, par M. Rang, qui a publié son travail dans notre Magasin de zoologie, année 1832, classe 5, pl. 4. Cette Atlante se distingue de celle de Péron, par sa texture membraneuse et un peu moins transparente, par sa forme plus épaisse en même temps que son diamètre est moins grand, par sa carène toujours moins large, par ses tours contigus; la couleur générale de l'animal est le pourpre le plus éclatant, nuancé de diverses manières selon les organes où il se montre. Très-foncé dans le tourillon, il devient presque bleu plus en avant, rose à la nageoire, et d'un vif éclatant à la ventouse ainsi qu'à la trompe.

L'Atlante de Keraudren nage avec vivacité et comme par sautillemens vagues. Quand elle veut descendre au fond de l'eau, il lui suffit de rester immobile. Elle a été trouvée dans la Méditerranée entre les îles Baléares et la côte d'Espagne.

(GUÉR.)

ATLANTIQUE (Océan). (GÉOGR.) L'Océan Atlantique est cette vaste étendue d'eau qui sépare l'Europe et l'Afrique de l'Amérique; il a pour limites au nord l'Océan Glacial arctique, et au sud l'Océan Glacial antarctique; il s'étend donc en longitude de l'un à l'autre cercle polaire, et en latitude de l'Europe et de l'Afrique aux deux continens américains.

Cette surface aquatique peut être soumise à une division correspondante à celle de la surface du globe en zones. Ainsi du cercle polaire arctique au tropique du cancer, l'Atlantique prendra le nom d'*Océan Atlantique boréal*; la partie comprise entre le tropique du cancer et celui du capricorne, dans laquelle se trouve situé l'équateur, sera pour nous l'*Océan Atlantique équinoxial*; enfin nous nommerons *Océan Atlantique austral* les mers qui s'étendent entre le tropique du capricorne et le cercle polaire antarctique. La première partie de cette division correspond à la zone tempérée boréale, dans laquelle figure l'Europe; la seconde partie correspond à la zone torride, la troisième enfin à la zone tempérée australe.

Toutes ces portions de l'Atlantique donnent naissance à différentes mers, dont nous allons donner ici la nomenclature, en suivant la division que nous venons d'indiquer.

OCÉAN ATLANTIQUE BORÉAL. Les mers qui en dépendent sont: *la mer Baltique*, entre la Suède et la Russie; la *mer du Nord*, entre l'Angleterre, la Norwége, le Danemarck et l'Allemagne; la *mer d'Irlande*, entre l'Angleterre et l'Irlande; le *golfe de Gascogne*, entre les côtes de France et d'Espagne; la *Méditerranée* et les mers qui en dépendent, entre l'Europe, l'Afrique et l'Asie.

Océan Atlantique équinoxial. Ici se rattachent le *golfe du Mexique*, la *mer des Antilles*, en Amérique, à la hauteur de l'isthme de Panama, et le *golfe de Guinée* sur les côtes de l'Afrique.

L'Océan Atlantique austral, ne baignant aucune terre qui vienne en interrompre la surface, n'est soumis à aucune subdivision.

Il serait trop long de faire l'historique exact de la vaste étendue d'eau que nous examinons en ce moment : contentons-nous de dire que la forme de cette vaste mer, qui ressemble à une manche dont le poignet se trouve à la jonction de l'Atlantique avec l'Océan Glacial arctique, parait indiquer que primitivement l'Europe touchait l'Amérique par le nord au moyen de la Norwége, de l'Angleterre, de l'Irlande et du Groënland. Toutes les presqu'îles des divers continens baignés par les eaux de l'Atlantique, dont l'extrémité est toujours tournée vers le sud, donneraient à penser que la force qui a séparé les deux continens avait reçu une impulsion du sud au nord ; un affaissement dans cette partie du globe, suite d'un violent cataclysme, aura pu causer un grand trouble dans ces contrées, et former tout à coup un immense abime où les eaux se seront précipitées avec violence. Ce qui pourrait confirmer cette croyance est l'opinion que nous a transmise Platon et d'autres philosophes de l'antiquité, sur l'existence, dans cette partie de la terre, d'une très-grande île qui a disparu et qu'ils nommaient l'*Atlantide*. Cette opinion d'ailleurs n'offre rien d'absurde, surtout lorsqu'on examine les iles qui sont desséminées dans cette partie de l'Océan, et qui présentent toutes à leur surface des volcans éteints ou encore en action, prêts à porter témoignage des nombreux cataclysmes auxquels ces iles ont été soumises. Les *côtes de Norwége*, *les terres du Groënland*, *les Orcades*, *les Schetland*, *les îles Féroé*, *l'Islande*, *les Açores*, toutes terres volcaniques, semblent être les points culminans de ces terrains submergés. C'est cette idée de jonction entre les deux continens par une masse de terres submergées qui a conduit Buache à faire de nombreuses recherches sur l'Atlantique, et à le diviser en divers bassins que limitaient les chaines de montagnes qu'il a reconnues sous ses eaux, et qu'il croyait être le prolongement des chaines situées à la surface de nos continens.  (C. J.)

ATLAS. (anat.) (*Voy.* Ostéologie.)

ATLAS. (géog. phys.) Les anciens avaient fait de l'Atlas un colosse qui portait l'Olympe sur ses épaules. Les vers remplis d'images dans lesquels Virgile le représente, ont été traduits avec son élégance habituelle par notre poète Delille.

......Et déjà se découvre à ses yeux
L'Atlas, l'énorme Atlas, antique appui des cieux.
Sous d'éternels frimas ses épaules blanchissent,
De bleuâtres glaçons ses cheveux se hérissent ;
Son front couvert de pins, de nuages chargé,
Par l'orage et les vents est sans cesse assiégé,
Et cent torrens vomis de sa bouche profonde
Font retentir ses flancs du fracas de leur onde.

Mais ce n'est plus aujourd'hui le géant qui supporte le ciel, ce n'est qu'une chaine, ou plutôt un groupe de chaines de montagnes qui tiennent à peine un rang parmi les plus hautes du globe, et dont on n'a pas encore de description satisfaisante.

Les modernes divisent l'Atlas comme Ptolémée, en Grand et en Petit Atlas, le premier voisin du désert, l'autre rapproché de l'Océan et de la Méditerranée.

Le Grand Atlas s'étend parallèlement aux côtes de l'Océan ; il occupe tout l'empire de Maroc ; c'est la chaine la plus haute de tout le groupe ; il change souvent de dénomination, à mesure qu'on s'avance vers l'Orient. Ainsi, ce sont les monts Ammer (*Djebel-Ammer*) sur le territoire d'Alger, les monts *Megala* et le *Djebel-Fissato* dans les états de Tunis ; puis les monts *Gharians* et les monts *Ouadans*, en entrant dans le territoire de Tripoli.

Du nœud où commencent les monts Ammer part une petite chaine qui est la plus méridionale et qui se dirige aussi vers l'est : l'un de ses noms est celui d'*Andamer*. Une chaine transversale commence de celle-ci, et, sous le nom de *Nefisa*, se dirige vers les monts Megala ; un de ses rameaux, appelé *Djebel-Zeah*, la réunit au Djebel-Fissato.

De l'extrémité des monts Nefisa part une chaine qui, sous le nom de *Djebel-Agrouh*, va se terminer dans le désert de Sahara. Elle envoie vers le sud-est deux rameaux parallèles dont le septentrional se nomme *Montagnes Noires* (*Haroudjé-el Açouad*) et le méridional *Montagnes Blanches* (*Haroudjé-el Abiad* : c'est à ce dernier qu'appartiennent le mont *Tibesty* et le *Djebel-Tadent* qui se prolongent au sud dans le désert.

Le Petit Atlas est la chaine la plus rapprochée de la Méditerranée. Il est parallèle au Grand Atlas ou s'en détache obliquement, et se joint à celui-ci par plusieurs chaînons transversaux, dont le plus élevé est le *Jurjura* ou le *Guaraïgura* qui a environ 8 lieues de longueur. Le Petit Atlas commence au cap Spatel et forme le cap *Bon* à son extrémité orientale.

Toutes les chaines de l'Atlas sont faciles à franchir, à l'aide des nombreux défilés dont elles sont percées et que les Arabes appellent *portes*. Le plus occidental s'appelle *Porte du Soudan* ((*Bab-Soudan*). Pour aller d'Alger à Constantine, on traverse le *Jurjura* par un défilé remarquable appelé *Biben* ou *Biban*, que plusieurs voyageurs nomment la *Porte de Fer*. C'est une vallée étroite dominée par des montagnes élevées et dont les flancs sont impraticables ; dans le fond coule un ruisseau d'eau salée, qui fait tant de circuits qu'on est obligé de le traverser au moins quarante fois pendant les sept heures que l'on met à passer ce défilé.

A l'est de Maroc, des neiges perpétuelles couvrent les sommets de l'Atlas. Dans l'état d'Alger, les neiges fondent vers le mois de mai et recommencent à tomber en septembre.

Le climat qui règne dans la région occidentale du haut Atlas, c'est-à-dire dans l'empire de Maroc, est un des plus salubres et des plus beaux de la terre, à l'exception de trois mois de l'été. Le versant occidental est abrité par les montagnes contre le vent brûlant du désert qui souffle pendant quinze jours ou trois semaines dans la saison pluvieuse ; les brises de mer y rafraîchissent l'atmosphère, mais les pays situés sur le versant oriental ne jouissent pas de ces avantages : les vents y apportent le hâle du désert et souvent la peste de l'Égypte. En général, dans cette région, les saisons sont marquées par la sécheresse et les pluies ; celles-ci commencent en septembre, mais elles ne durent pas sans interruption.

Les orages sont plus fréquens dans le Petit que dans le Grand Atlas ; ils sont ordinairement partiels et s'étendent rarement hors de la région montagneuse. Souvent la foudre, accompagnée de torrens de pluie, tombe dans les montagnes, tandis que dans la plaine et à Alger il fait le plus beau temps possible. C'est dans le mois de décembre que le thermomètre descend le plus bas à Alger; mais jamais ou très rarement il s'abaisse jusqu'à zéro. C'est en juin, juillet, août et septembre, que la chaleur est la plus forte ; en août surtout, le thermomètre centigrade monte jusqu'à 35 ou 34 degrés (environ 27° de Réaumur). En novembre commencent le mauvais temps et le froid ; vers la fin de décembre, les arbres perdent leurs feuilles ; mais avant le 20 janvier on en voit de nouvelles pousser, et les arbustes se couvrent de fleurs ; vers le 15 février, la végétation est en pleine activité, et dans les premiers jours de mars, malgré quelques jours de froid, on fait la première récolte de pommes, de poires et de quelques autres fruits. Depuis mars jusqu'à la fin de mai, le temps est délicieux sur toute la côte ; mais en juin les chaleurs recommencent, les sources tarissent et la végétation périclite.

Plus à l'est, par exemple dans le royaume de Tunis, il gèle rarement. Vers la fin d'octobre les vents du nord, venant d'Europe et traversant la Méditerranée, transportent des vapeurs humides, et déterminent les pluies qui commencent à cette époque, et qui continuent par intervalles jusqu'en mai ; tandis que les vents du sud et de l'est, qui en juin viennent des déserts africains, amènent les beaux jours et la chaleur. Celle-ci devient insupportable en juillet et en août, lorsque le vent du sud apporte l'air enflammé de l'intérieur de l'Afrique. Le thermomètre se soutient alors à l'ombre et vers le milieu du jour entre 26 et 52 degrés du thermomètre de Réaumur. Cette température continue ordinairement jusqu'à la fin d'octobre. On a estimé que sur le versant oriental des monts Mégala et Gharians il tombe annuellement 50 à 56 pouces d'eau.

Les montagnes de l'Atlas ne donnent naissance à aucun cours d'eau qui soit digne de prendre un rang parmi les grands fleuves. Le versant occidental du Grand Atlas, dont toutes les eaux vont se jeter dans l'Océan Atlantique, nous offre d'abord, en allant du midi au nord, le *Tenfil* qui a 80 lieues de longueur ; la rapide et profonde *Morbea*, appelée aussi *Omm'er-Bebic'h*, qui n'a que 60 à 65 lieues de cours ; le *Sebon* ou *Malimure*, qui est un peu moins long ; et le *Louccos*, qui ne parcourt

qu'une étendue de 40 lieues. Les autres rivières du même versant sont moins considérables encore.

Sur le versant septentrional qui s'incline vers la Méditerranée, nous trouvons à l'est la *Moullouaïa* ou *Moulouvia*, ou encore *Moulvia*, qui a plus de 100 lieues de cours, mais qui est presque à sec pendant l'été, ce qui lui a valu le surnom de *fleuve sans eau* (*Bahr-delamah*). Toutes ces rivières sont dans l'empire de Maroc.

Sur le territoire de l'ancienne régence d'Alger, le *Chélif* a 80 ou 100 lieues de cours ; plus à l'est, l'*Isser* et le *Saibous* en ont 40 ; le *Rummel*, appelé aussi *Ouad-el-Kebir*, n'en a que 50. Les autres cours d'eau sont plutôt des ruisseaux que des rivières. Cependant l'*Afroun* a été représenté comme un fleuve par quelques géographes, parce que son lit très-profond a dans plusieurs endroits et dans certaines saisons plus de 100 mètres de largeur. Au-delà du Djebel-Ammer, au milieu d'un vaste bassin fermé de tous côtés par des chaînes de montagnes, coule la grande rivière appelée *Ouad-Djidi*, qui après un cours de 70 lieues se jette dans le lac *Melgigy*, lac marécageux et salé, sans écoulement, et de 10 lieues de longueur sur 7 à 8 de largeur.

Sur le versant du Grand Atlas, qui descend vers le Sahara, nous ne citerons que deux cours d'eau : le *Ziz* qui, après avoir parcouru une étendue de plus de 100 lieues, se jette dans un lac sans écoulement ; et le *Ouady-Draha* ou *Ouady-Darah* qui, parcourant une distance au moins aussi considérable, va se perdre dans les sables du désert.

Jetons maintenant un coup d'œil sur la constitution géologique de l'Atlas.

Ce que les voyageurs les plus récens nous ont appris sur le Grand Atlas, c'est qu'il est formé d'une roche de quartz et de mica appelé gneiss, sur laquelle repose un calcaire de sédiment inférieur ou de transition qui a subi un soulèvement tel que ses couches, d'horizontales qu'elles étaient primitivement, sont devenues presque perpendiculaires.

La conquête d'Alger par les Français a donné lieu au capitaine Rozet de faire des observations sur la généalogie du Petit Atlas. Il paraît composé, en suivant la série des formations depuis les plus anciennes jusqu'aux plus modernes, de schiste et de gneiss qui appartiennent aux terrains de sédiment les plus inférieurs ou de transition sur lesquels se trouve le lias ou calcaire bleu, de dépôts de sédiment supérieur, de *porphyres trachytiques* et de terrain diluvien ou de transport.

C'est dans la formation schisteuse que se trouvent les calcaires qui ont fourni aux anciens les beaux marbres de Numidie. La roche dominante est un schiste talqueux luisant, dont les couleurs habituelles sont le blanchâtre, le vert et le bleu. Il ne se présente pas en couches régulières, mais en feuillets contournés et coupés par une infinité de fissures qui les traversent dans tous les sens et qui sont remplis de quartz blanc et de fer oxidé. Le calcaire subordonné ou enclavé dans le schiste est d'une texture saccharoïde, c'est-à-dire imitant le sucre dans sa cassure, ou d'une texture sublamellaire ; sa couleur est tantôt un beau blanc, ou bien le gris et le bleu turquin. Il forme souvent des masses considérables parfaitement stratifiées, dans la montagne de *Boudjerah*, à l'ouest d'Alger ; sa puissance est au moins de 150 mètres, celle du groupe schisteux en a plus de 400. Le schiste contient du grenat et de l'anthracite. Il passe par des nuances presque insensibles au micaschiste, puis au gneiss ; sous cette forme il ne paraît pas avoir plus de 100 mètres d'épaisseur ; parmi les substances minérales qu'il renferme, les tournalines noires sont en quantité considérable.

La formation du lias paraît constituer la masse principale du Petit Atlas. Elle atteint une hauteur de 1650 mètres et une puissance de 1200, et se compose de calcaire compacte et de couches marneuses ; cependant il serait à désirer, pour pouvoir assimiler au calcaire ce lias, qu'on y eût trouvé la coquille fossile appelée *Gryphea arcuata*, qui est caractéristique ; car les huîtres, les peignes, et même les bélemnites, pourraient bien ne pas empêcher que ce calcaire n'appartînt à une formation moins ancienne.

Le terrain de sédiment supérieur du Petit Atlas est formé de grès et de calcaire grossier ferrugineux. Il constitue toutes les collines qui s'étendent entre les deux Atlas, et paraît être, à en juger par les corps organisés qu'il renferme, tout-à-fait de la même époque que les dépôts qui se trouvent au bas des deux versans des Apennins. Composé de deux étages, sa puissance moyenne est d'environ 400 mètres. Il paraît s'étendre jusque dans le grand désert, dont les sables ne sont probablement que la partie supérieure de ce terrain ; et entre les deux Atlas, il paraît également occuper une longueur de plus de 100 lieues.

Les porphyres trachytiques, roches d'origine volcanique, que l'on remarque sur la côte le long de la falaise qui s'étend près du fort de Matifou, où ils forment des écueils, sont intercalés au milieu du terrain tertiaire, où ils n'ont pu arriver que de bas en haut. Ce qu'il y a de remarquable, c'est que jusqu'à l'endroit où les porphyres commencent à reparaître, les couches tertiaires sont parfaitement horizontales, et qu'elles s'inclinent tout à coup de 15 à 20 degrés vers le nord-est, jusqu'à leur point de contact avec les schistes. A l'époque où le soulèvement qui a produit ces inclinaisons a eu lieu, les schistes avaient déjà été soulevés, puisqu'ils sont inclinés en sens inverse du terrain de sédiment supérieur.

Enfin le terrain de transport, composé de marne argileuse grise et de cailloux roulés, occupe la plupart des plaines qui s'étendent entre les ramifications de l'Atlas.

Les environs d'Oran présentent en général les mêmes formations que ceux d'Alger, mais avec quelques différences dans les détails : c'est ainsi que les dolomies ou calcaires magnésiens se montrent en beaucoup d'endroits sur les schistes.

Les chaînes de collines qui terminent l'Atlas dans le désert de Barcah sont des masses calcaires blanches ; l'Haroudjé blanc est de ce nombre : il doit son nom à la couleur de la roche dominante. Quant à l'Haroudjé noir, peut-être son noyau est-il calcaire ; mais il n'offre que des mamelons de basalte.

Si les peuples qui habitent les diverses régions de l'Atlas étaient plus avancés en civilisation et en industrie, ils tireraient probablement un grand parti des richesses métalliques renfermées dans ses flancs. Le Grand Atlas paraît être traversé par des filons de cuivre, d'étain, de fer, d'antimoine, et peut-être même aussi d'or et d'argent. Dans le Petit Atlas, il y a des mines de plomb et de fer ; on cite aussi dans les monts Mégala et Gharians, l'argent, le cuivre, le plomb, le mercure, le fer, le graphite ou la plombagine. Les plaines sont imprégnées de chlorure de sodium ou de sel gemme, de nitre ou de nitrate de potasse et de carbonate de soude, que les Arabes appellent *trona*. Les sources minérales sont aussi très-abondantes dans les différentes parties de l'Atlas.

Les rameaux de l'Atlas sont séparés par des plaines que l'on peut regarder comme les plus riches du monde en céréales, et qui pourraient à l'aide d'une bonne culture, et grâce au climat, produire abondamment du coton et l'indigo. Tous les arbres fruitiers de l'Afrique et même de l'Europe y croissent avec vigueur. Dans le Grand Atlas les vallées sont remplies d'orangers, de pêchers, d'abricotiers, d'amandiers et de grenadiers. Au dessus de ces vallées commence la région des forêts à laquelle succèdent celle des graminées, et enfin celle des neiges. Les forêts se composent principalement de sept espèces d'arbres : l'olivier sauvage, le genévrier de Phénicie, le térébinthe, occupent la région inférieure ; le chêne-liège, le chêne à gland doux, le peuplier blanc et le pin de Jérusalem se trouvent au dessus. Les flancs du Petit Atlas sont couverts de forêts, et les cimes garnies de plantes herbacées. Les monts Ammer sont garnis d'arbres jusqu'à leur sommet. Les agaves, les cactus et les orangers croissent en général jusqu'à 600 mètres de hauteur sur le versant septentrional ; mais on n'en voit presque plus sur le versant méridional. De ce côté les figuiers paraissent croître jusqu'à 1400 mètres d'élévation. Les datiers sont dispersés çà et là sur les collines. Les plaines sablonneuses ne voient croître que des arbousiers et des lentisques. Celles qui sont cultivées produisent des ceps de vigne, dont les raisins sont monstrueux ; le mûrier paraît devoir y donner de brillans résultats ; le tabac y vient presque sans culture. Les haies sont garnies de vignes sauvages qui produisent des raisins d'un goût agréable, des touffes d'agaves, de raquettes (*cactus opuntia*) et de myrte à larges feuilles. Les bords des rivières sont ombragés de lauriers, d'oliviers, de cyprès et de lentisques. Les vallées des monts Gharians sont les seules qui produisent un safran estimé, qui se répand de là dans tout l'Orient.

Les

Les diverses régions de l'Atlas nourrissent la plupart des animaux communs à l'Afrique, à l'exception du rhinocéros, de l'hippopotame, du zèbre, de la girafe et de divers singes. Parmi ces derniers ceux que l'on rencontre le plus souvent, principalement dans les montagnes, appartiennent aux genres Guenon et Magot. Au nombre des animaux carnassiers, nous devons citer le lion, le tigre, la panthère (*felis pardus*), que les Arabes appellent *Nemr*, et le guépard qu'ils nomment (*felis jubata*), *fadh*; enfin le loup et le chacal. Parmi les Pachydermes, nous citerons le sanglier, qui est très - commun dans le Petit Atlas; dans les Ruminans, le bubale, espèce du genre Antilope, et la gazelle, dont les beaux yeux sont pour l'Arabe amoureux les seuls auxquels il puisse comparer les yeux de sa maîtresse. Le hérisson et le porc-épic sont aussi très-communs dans l'Atlas. Enfin, parmi les animaux domestiques, nous citerons la chèvre, le mouton, dont la laine est longue et fine; le bœuf, qui est plus petit que celui de France; l'âne, qui est au contraire beaucoup plus grand; le chameau, dont quelques variétés sont célèbres par leur vitesse à la course, et le cheval, dont la race arabe est le type de la beauté chez les animaux de cette espèce.

Pour donner une idée du rang que doit tenir, sous le rapport de la hauteur, le système atlantique parmi les grandes chaînes du globe, nous terminerons par le tableau des hauteurs de ses principales cimes. On verra que le Grand Atlas n'a aucun sommet à comparer au mont Blanc.

| | mètres. |
|---|---|
| Point culminant du Grand Atlas, environ.. | 4000 |
| Le Miltzéin. . . . . . . idem . . . . | 5474 |
| Point culminant de la chaîne de Jurjura. | 2000 ? |
| idem. . . . du Petit Atlas. . . . . | 1650 |
| Col de Tenia. . . . . . idem . . . . | 1000 |
| Le Zaouan dans le royaume de Tunis. . | 1400 |
| Hauteur moyenne de la chaîne du Gharian. | 500 |
| Point culminant de la même chaîne. . | 1000 ? |

(J. II.)

**ATMOSPHÈRE.** ( GÉOLOG. ) La masse gazeuse qui entoure la terre porte le nom d'Atmosphère. On sait que cette masse qui fournit aux êtres organisés l'air qu'ils absorbent et qui est nécessaire à leur existence, se compose, sur 100 parties considérées en poids, de 21 d'oxygène et de 79 d'azote ou de nitrogène; ou de 1 volume d'oxygène et de 4 de nitrogène. On sait encore que cette masse doit avoir environ 48000 mètres de hauteur : l'astronome Lalande l'a même estimée à 38000 toises, c'est-à-dire à plus de 74000 mètres. Mais on ne peut s'en rapporter ici qu'à des calculs approximatifs, attendu que, comme sa masse n'est point homogène et que ses couches diminuent de densité à mesure qu'on s'éloigne de la terre, il est impossible d'en mesurer l'épaisseur d'une manière précise. On sait aussi que l'Atmosphère se dilate ou se comprime en raison de la chaleur des rayons solaires, et que pour cette raison elle est plus renflée ou plus haute sous l'équateur que sous les pôles. Laplace a même calculé la proportion de ce renflement, et il a reconnu que sous l'équateur

et sous les pôles il est dans le rapport de 3 à 2.

Cette dilatation de l'Atmosphère a dû avoir, dans les différentes époques géologiques, une influence très-marquée sur l'organisation des êtres qui primitivement ont peuplé le globe, puisqu'elle en a encore une fort grande sur l'homme lui-même. Ainsi, sur les hauts plateaux des Andes, un naturaliste français, M. d'Orbigny, qui vient de passer 7 à 8 ans dans l'Amérique méridionale, a eu l'occasion d'observer que les peuples qui habitent ces plateaux ont subi une modification importante dans le système organique. La raréfaction de l'air qu'ils respirent a contribué à développer leurs poumons à tel point qu'ils sont remarquables par la largeur de leur poitrine, et qu'on reconnaît facilement à ce caractère un habitant de ces régions élevées, d'un habitant des plaines basses et des vallées.

Ce fait nous conduit naturellement à examiner jusqu'à quel point l'Atmosphère, à l'époque où la terre était couverte de grands animaux et de végétaux gigantesques qui n'existent plus, devait être différente de ce qu'elle est aujourd'hui : c'est là le principal point de vue sous lequel nous nous proposons de parler de l'Atmosphère. Cette question a des rapports directs avec l'histoire naturelle; toutes celles qui se rattachent à la physique doivent être négligées ici : il en a d'ailleurs été question à l'article AIR ( *v*. ce mot). Dès l'année 1828, nous avons dans l'Encyclopédie méthodique fait remarquer que l'Atmosphère primitive de la terre a dû être très-différente de ce qu'elle est aujourd'hui : cette idée, développée et considérée même sous un autre point de vue, a servi à un géologue à construire un système entier de géologie, une véritable théorie de la terre. Ce que nous allons dire aujourd'hui n'est que la rectification de ce que nous avons dit alors, parce qu'un grand nombre d'observations ont dû modifier nos conjectures sur ce point.

L'opinion si bien exposée par Buffon, que notre planète a été dans un état complet d'incandescence, n'est plus aujourd'hui regardée comme une hypothèse hardie, depuis qu'une foule d'expériences répétées sur un grand nombre de points attestent que la température s'élève à mesure que l'on descend dans les profondeurs de l'écorce terrestre, et qu'elle doit être tellement élevée à la profondeur de quelques lieues, qu'elle surpasse certainement celle que nous obtenons dans les fourneaux où nous concentrons la plus forte chaleur, puisqu'elle est d'un degré du thermomètre centigrade pour 20 à 30 mètres de profondeur. Il est vrai que, d'après les recherches de plusieurs physiciens et particulièrement de M. Ampère, le noyau central de la terre ne doit pas être dans un état fluide; mais aussi ce noyau ne pourrait-il pas être formé d'une substance minérale tellement peu fusible qu'elle pût résister à une chaleur à laquelle rien ne saurait se comparer sur la terre?

Quoi qu'il en soit, il n'en est pas moins admis aujourd'hui qu'à une certaine époque la terre a été fluide; d'où il résulte qu'à cette époque tous les corps simples ou composés que nous connaissons, et qui à la température actuelle sont solides, liquides ou gazeux, étaient à l'état de vapeur répandus dans l'Atmosphère, et que conséquemment celle-ci occupait un espace peut-être des milliers de fois plus considérable que celui qu'elle occupe aujourd'hui.

Ce ne peut être que par suite d'un premier refroidissement que les oxides de *silicium*, d'*Aluminium* de *potassium*, de *calcium*, de *magnesium* et de *fer* se précipitèrent; après quoi ces oxides métalliques constituèrent, en formant la première écorce du globe, les plus anciennes roches ignées ou fondues : telles que les granites, les gneiss et les micaschistes, essentiellement composés de *quartz* ou d'oxide de silicium, ou, si l'on veut, d'acide silicique : car la silice ou l'oxide de ce métal est en même temps un acide; de *feldspath*, qui est une combinaison de silice, d'alumine, de potasse et de chaux; enfin de *mica*, qui est composé de silice, d'alumine, de potasse, de magnésie et de fer.

C'est au dessous de ces roches que se sont consolidées d'autres roches par suite du refroidissement graduel de la terre, et dont plusieurs, se faisant jour à travers toutes les autres, se sont épanchées à différentes époques sur la surface du globe. Mais nous ne devons point pousser plus loin l'histoire de la formation de l'écorce terrestre, puisqu'il ne s'agit ici que de l'Atmosphère. Contentons-nous seulement de faire observer qu'à mesure que le refroidissement s'opérait, l'Atmosphère se modifiait dans sa composition.

La seconde grande époque de refroidissement fut caractérisée par une grande diminution dans la hauteur de l'Atmosphère : c'est à cette époque qu'une partie des vapeurs qui la constituaient venant à se condenser, la surface du globe se couvrit complétement d'eau; nous disons complétement, parce qu'alors aucun grand soulèvement n'avaient formé ces chaînes de montagnes qui plus tard servirent de limites aux bassins maritimes. On peut seulement admettre qu'il s'élevait çà et là au sein de l'Océan primitif quelques îles dont les végétaux gigantesques se retrouvent dans les formations houillères. Il régnait alors sur toute la terre une température probablement plus élevée que celle que l'on éprouve aujourd'hui dans les régions intertropicales, puisque les végétaux fossiles qui se rapprochent le plus de ceux de ces régions y sont huit à dix fois plus grands.

Ce qui distingue surtout l'état de l'Atmosphère à cette époque, c'est la quantité d'acide carbonique dont elle devait être saturée. On ne peut en effet attribuer qu'à l'excès de cet acide, joint à l'élévation de température, l'activité de la végétation primitive du globe et le grand accroissement des plantes. C'est aussi cet acide qui explique la formation des roches calcaires qui apparaissent avec les roches de micaschistes un peu avant l'existence des corps organisés; la formation de l'*anthracite* ou du carbone hydrogéné qui commence à se montrer dans les formations antérieures aux formations houillères; la grande quantité de calcaires qui accompagnent le terrain

houiller; l'accumulation des végétaux qui formèrent la houille, accumulation qui ne pourrait se faire aujourd'hui, parce que l'Atmosphère, contenant beaucoup d'oxygène et une très-petite quantité d'acide carbonique, détruirait rapidement les matières végétales accumulées même en grande quantité sur un même point; le bitume qui a pénétré la matière végétale des houillères; enfin c'est la présence de cet acide qui fait que l'époque des grands végétaux des houillères n'est point celle des grands reptiles, qui se montrent si nombreux ensuite sur la terre.

Ce n'est qu'après que les grands végétaux eurent absorbé une partie de l'excès de carbone répandu dans l'atmosphère, que l'on vit paraître les reptiles monstrueux qui caractérisent l'époque du troisième degré de modification et de refroidissement de l'Atmosphère.

Mais elle en était encore considérablement chargée : c'est ce qui fait que les animaux à sang chaud, qui exigent un air plus pur, ne pouvaient encore vivre sur la terre.

Enfin c'est lorsque la végétation eut continué à absorber une partie du carbone de l'air, que les mammifères peuplèrent les différentes contrées du globe. Déjà de violens soulèvemens avaient couvert la terre d'assez d'aspérités pour que des continens se fussent élevés au dessus des eaux resserrées dans des bassins nombreux mais peu étendus. L'acide carbonique n'était plus abondant que dans les sources minérales qui sortaient en grand nombre des entrailles de la terre, alimentées par l'incandescence intérieure du globe.

L'Atmosphère purgée de son excès d'acide carbonique permit ensuite aux végétaux dicotylédons et aux mammifères de se multiplier; et ce fut bientôt après qu'une nouvelle création, à la tête de laquelle l'homme fut placé comme pour la modifier à son gré, vint habiter la terre, sur laquelle l'état de la température et celui de l'Atmosphère n'auraient pu avant cette époque lui permettre de prospérer. (*Voy.* Époques géologiques.)(J. H.)

ATOME. (zool. bot. min.) Particule de matière qu'on regarde comme indivisible par cela seul que sa divisibilité échappe à nos sens. L'imagination s'égare en songeant à la possibilité de partager les corps à l'infini; mais elle peut cependant admettre qu'il est probable, qu'à un certain point, quelque éloigné qu'il soit, les molécules qui le composent ne sont plus susceptibles de résolution.

Si l'on broie du marbre ou toute autre substance, qu'on le réduise en poudre impalpable, ses molécules primitives ne demeureront pas moins intactes; examiné au microscope, chaque grain présentera une pierre solide, de même configuration que le bloc dont il a été détaché, il est difficile de supposer à quel terme cette réduction peut s'étendre, lorsqu'on réfléchit que les dalles de marbre des grandes églises se creusent sous les génuflexions des dévots; que les pieds et les mains des statues de bronze portent de profondes empreintes des baisers des pélerins. Quelle faible particule doit cependant être enlevée à chaque contact ! Les chimistes entendent par *Atome* la plus petite partie dont un corps se compose. On ne sait pas si les Atomes d'un corps A sont de la même dimension que ceux d'un autre corps B, C ou D, et cela n'est pas supposable; comme on ne sait pas non plus si leurs dimensions sont en rapport avec leurs poids. Lorsque deux corps de différente nature se combinent, la combinaison a lieu entre leurs Atomes; si ces corps ne peuvent se combiner qu'en une seule proportion, il n'y a qu'un Atome de l'un qui se combine avec un atome de l'autre; au contraire, s'ils sont susceptibles de s'unir en plusieurs proportions, celles-ci sont des multiples d'un des Atomes. La théorie Atomistique, quoique tout à-fait hypothétique, est en chimie un des moyens qui ont le plus aidé à étudier la composition des corps. (P. G.)

**ATRACTOCÈRE**, *Atractocerus*. (ins.) Genre de Coléoptères, section des Pentamères, famille des Serricornes, tribu des Limebois, établi par Palissot-Beauvois, et ayant pour caractères rigoureux : antennes de onze articles fusiformes, palpes maxillaires beaucoup plus grands que les labiaux, terminés par un article pectiné dans les mâles, arrondi dans les femelles; élytres presque rudimentaires, échancrés du côté de la suture, ailes plissées longitudinalement dans le repos. Ces insectes ont un faciès tout particulier, et qui les éloigne plus ou moins de tous les autres coléoptères; leur corps allongé et leurs élytres courtes semblent les rapprocher des Staphylins dont les éloignent leur tête ovoïde, leurs yeux qui tiennent tout le côté de la tête, des antennes courtes, très-grosses à leur base, très-aiguës à leur extrémité; tout semble laisser une espèce d'incertitude sur la place qu'ils doivent occuper; leur bouche est tout-à-fait particulière; les mandibules sont courtes, demi-circulaires, refendues à leur extrémité; les mâchoires sont presque rudimentaires, formant seulement un petit lobe arrondi; le palpe est de quatre articles, dont le dernier beaucoup plus grand à lui seul que les trois autres pris ensemble; la lèvre est très-allongée; les palpes labiaux sont de trois articles, les deux premiers presque égaux, le dernier plus épais, falciforme, cilié intérieurement, aussi grand à lui seul que les deux autres; le corselet est carré, les élytres ne servent aucunement à recouvrir les ailes, qui, au lieu d'être pliées transversalement, sont simplement plissées dans leur longueur, ce qui constitue une anomalie dans l'ordre des coléoptères; enfin leurs tarses sont bien au moins aussi longs que les tibias, surtout les postérieurs. Le nombre de ces insectes est encore peu nombreux et va tout au plus à cinq ou six : on croit que leurs larves vivent dans l'intérieur du bois; l'espèce sur laquelle le genre a été formé est l'A. Necidaloïde, *A. Necidaloïdes*, Palissot-Beauv. Longueur, 18 lignes; la tête et le corselet noirs, avec une ligne longitudinale jaunâtre; élytres très-courtes, obtuses, échancrées vers la suture; elle a été rapportée du royaume d'Oware, en Afrique. (A. P.)

**ATTAGÈNE**, *Attagenus*. Lat. (ins.) Genre de Coléoptères de la section des Pentamères, fa-

mille des Claricornes, démembré du genre Dermeste, dont il ne diffère que par la massue des antennes allongée, les palpes maxillaires plus grêles et l'absence d'une dent cornée au côté interne des mâchoires; on y rapporte l'*A. ondé* de Fabricius et d'autres. (*Voy.* Dermeste.) (A.P.)

**ATTE**, *Attus*. (arachn.) Walckenaer (Tableau des Araxéides, pag. 22) a appliqué cette dénomination à un genre d'Arachnides pulmonaires correspondant aux Saltiques de Latreille, qui sont connues généralement sous le nom d'Araignées sauteuses. (*Voy.* Saltique.) (H. L.)

**ATTE**, *Atta.* (ins.) Genre d'Hyménoptères, de la section des Porte-Aiguillons, famille des Hétérogynes, dont les caractères rigoureux peuvent s'exprimer ainsi : palpes très-courts, les maxillaires au moins de six articles. Ces insectes ont un faciès tout particulier; les mandibules sont allongées, tranchantes; la tête est toujours triangulaire, inclinée dans les individus ailés, très-grande dans les neutres. Les neutres (Atlas, fig. 4) que j'ai eus sous les yeux m'ont offert des ocelles comme les individus sexués; mais leurs yeux sont très-petits, et placés près de la base des mandibules; la partie rétrécie de l'abdomen est formée de deux nœuds comme dans les Mirmices, mais le second est le plus souvent déprimé; l'abdomen est toujours globulaire, armé d'un aiguillon.

Ces insectes sont encore plus connus par leurs mœurs que par leur figure; leurs nids sont faits dans la terre et souvent, à ce qu'il paraît, à la profondeur de sept ou huit pieds. Un voyageur chassant dans les bois fut un jour tout étonné d'entendre autour de lui un bruit singulier, et de voir les branches d'un arbre tomber les unes après les autres comme il arrive en automne à la suite d'un coup de vent; il s'approcha avec précaution et vit que le dégât était produit par les fourmis dont nous parlons. Une partie était sur l'arbre et travaillait avec une grande activité, tandis que celles qui étaient restées en bas de l'arbre coupaient les feuilles en morceaux et les emportaient; le voyageur les suivit pendant long-temps et les vit enfin descendre dans un trou creusé dans la terre où elles emportèrent leur butin. Privé au milieu des bois de tout moyen de faire des excavations, il ne put donner suite à cette observation, observation qui déjà avait été faite; de sorte que l'on en est encore à présumer que ces morceaux de feuilles leur servent dans la confection de leur nid; ces fourmis sont en outre, à certaines époques, de grandes voyageuses sans qu'on en sache la raison, qui peut-être consiste tout simplement dans le manque de nourriture dans le pays qu'elles habitent. Elles se rendent alors par troupes innombrables dans les maisons, ce qui leur a valu le nom de *Fourmis de visite*; lorsqu'on s'aperçoit de leur arrivée on s'empresse de tout ouvrir; car on est sûr qu'elles vous débarrassent de tous les insectes importuns, et même des rats et autres animaux de même taille. Malheureusement dans des pays où les insectes incommodes sont très-nombreux on trouve que leurs visites sont rares; car souvent elles sont trois ou quatre ans sans reparaître, malgré tout le désir qu'on aurait de les voir.

Ce genre n'est pas très-nombreux et les espèces en ont été peu étudiées ; nous nous contenterons d'en citer une.

A. Grossetête, *A. cephalotes.* Fab., Lat. Hist. nat. des Fourmis, pag. 222, tab. 9, fig. 47. Longue de six lignes, de couleur enfumée ; tête cordiforme, épineuse postérieurement ; corselet à six épines dorsales. Cette espèce est commune dans toute la partie centrale de l'Amérique. Nous l'avons fait représenter dans notre Atlas, pl. 54, fig. 3 et 4.       (A. P.)

ATTELABE, *Attelabus.* (ins.) Genre de Coléoptères de la section des Tétramères, famille des Rynchophores. Ce sont les mêmes insectes nommés par Geoffroy Becmares. Leurs caractères consistent à n'avoir pas de labre apparent ; des antennes droites, dont les trois derniers articles forment la massue ; les mandibules fendues à leur extrémité et les jambes terminées par deux crochets. Ce genre a été divisé en plusieurs autres selon quelques modifications et différences de forme dans les organes, mais dont les détails généraux de mœurs et d'organisation peuvent se rapporter à un seul et même genre ; ce sont les Apodères, Rhynchites, Apions. Quelques autres espèces encore très-analogues, mais dont le corps est beaucoup plus allongé, ont servi à établir les genres Rhinotie, Eurhine et Tubicène.

Tous ces insectes, dans l'état de larve, rongent l'intérieur des végétaux, des fruits ou des fleurs ; quelques espèces, particulièrement celles dont on a fait le genre Rhynchite, roulent les feuilles et en rongeant le parenchyme. Leur multiplication est souvent très-grande, et alors elles causent de grands dégâts. Celle qui attaque la vigne, qui a été nommée dans quelques cantons de la France Beche ou Lisette, n'est que trop connue des vignerons. Parvenues à tout leur accroissement, ces larves se filent une coque ou la construisent d'une matière résineuse particulière, et au bout de quelque temps parviennent à leur état parfait. On trouve alors ces insectes sur les plantes qui ont nourri leurs larves, mais ils y causent peu de dégât. Leur nombre est assez considérable. Nous citerons parmi ceux de notre pays :

A. Baccus, *A. Baccus.* Oliv. col. v, 81, 11, 27. Long de 3 à 4 lignes, rouge cuivreux pubescent, avec le bout de la trompe et les pieds noirs. C'est le type du genre Rhynchite.

A. Charançon, *A. Curculionides.* Linn. Oliv. col. v, 81, pl. 1, fig. 1. De deux à trois lignes de longueur, noir luisant, avec les élytres et le corselet rouges. Il fait partie du genre Attelabe proprement dit. On le trouve plus particulièrement sur le bouleau.

A. des noisetiers, *A. Coryli.* Linn., Clairville, Ent. Helv., t. 1, p. 118, pl. 15, fig. 1. 2. Noir, avec le corselet, les élytres et les fémurs d'un rouge vif ; il fait partie du genre Apodère.

A. pourpre. *A. purpureus,* Fab., Panz., Faun. ins. Germ., fasc. 20, n° 14. Long de deux lignes ; rouge mat, avec les yeux noirs ; les élytres sont munies de côtes, et dans les stries sont de petits tubercules oblongs imitant une chaîne. Il est du sous-genre des Apions.

Toutes ces espèces se trouvent aux environs de Paris.       (A. P.)

ATTÉRISSEMENT. (géol.) *Voy.* Alluvion.

ATTRACTION. (phys. et chim.) Le mot *Attraction,* action d'attirer, exprime un fait : la tendance que les corps ont à se réunir. De ce fait, résultat d'une force dont nous ignorons absolument la cause, découlent des conséquences dont l'ensemble constitue une science toute particulière parmi les sciences *dites* naturelles. Nous croyons utile de retracer brièvement ici les lois de l'Attraction, lois dont la théorie a été établie pour la première fois par le célèbre Newton ; nous ferons connaître également les différentes espèces d'Attractions.

1° L'Attraction a lieu à des distances considérables ou seulement près du point de contact : la première appartient à la physique, la seconde à la chimie.

2° L'Attraction qui rapproche continuellement du centre de la terre tous les corps qui sont à sa surface, qui s'exerce en raison inverse du carré des distances, s'appelle *Attraction terrestre, pesanteur* ou *gravitation.*

3° L'Attraction dite *planétaire* est celle qui a lieu entre la terre, le soleil et les autres planètes, et réciproquement, entre toutes les planètes, le soleil et la terre ; elle s'exerce également en raison inverse du carré des distances, et c'est à elle que l'on doit attribuer l'action de la lune sur les mers ; action qui y détermine les mouvemens de flux et de reflux.

4° L'Attraction qui existe entre le fer et quelques uns de ses composés, est dite *magnétique. Voy.* Magnétisme.

5° L'Attraction qui s'étend à tous les corps, quoiqu'avec des différences très-marquées, constitue l'électricité. *Voy.* ce mot.

6° L'Attraction chimique, celle qui a lieu entre les dernières parties du corps, qui ne s'exerce qu'au point de contact ou très-près de ce point, prend différens noms suivant que son action se manifeste sur des molécules semblables ou sur des molécules différentes, *intégrantes* ou *constituantes* ; dans le premier cas on la désigne sous le nom de *Cohésion,* dans le second sous celui d'*Affinité. Voy.* ces mots.

ATTRAPE-MOUCHE. (bot. phan.) Plusieurs plantes ont reçu ce nom singulier de la propriété funeste qu'elles ont de donner la mort aux insectes ailés qui se reposent sur elles, ou viennent puiser le miel que distillent le stigmate, le pistil et les étamines. La dionée et le gouet muscivore les enferment dans une étroite prison qui les étreint de toutes parts ; l'apocin du Canada, le nérion vulgairement appelé *Laurier-rose,* et la scamonée de Montpellier, les saisissent par leur trompe ; deux ou trois lychnides et un siléné les arrêtent pour toujours au moyen du suc visqueux dont leurs tiges sont enduites, etc. *V.* aux mots APOCIN, DIONÉE, GOUET, LYCHNIDE, NÉRION, SCAMMONÉE, SILÉNÉ.

(T. D. B.)

ATYE, *Atya.* (CRUST.) Genre de l'ordre des Décapodes, établi par Leach, et rangé par Latreille dans la famille des Macroures, section des Salicoques. Les principaux caractères de ce genre sont d'avoir la pince qui termine les quatres serres fendue jusqu'à sa base, composée de deux doigts en forme de lanières, réunis à leur origine ; l'article qui précède est en forme de croissant, la seconde paire est la plus grande ; les antennes mitoyennes ne sont composées que de deux filets. L'espèce servant de type à ce genre est l'Atye raboteuse, *Atya scabra*, Leach, Trans. soc., Linn., tom. x, figurés dans son Zool. Misc., tom. 5, tab. 151. On ne connait pas l'habitation de ce crustacé.

(H. L.)

ATYPE, *Atypus.* (ARACHN.) Genre de l'ordre des Pulmonaires, famille des Fileuses, section des Territèles du Règne animal de Cuvier, et tribu des Tétrapneumones du Cours d'Entomologie de Latreille. Ses caractères sont, suivant cet auteur : huit yeux, preque égaux entre eux, groupés et ramassés sur une avance du corselet ; lèvre petite, presque nulle, insérée sous les mâchoires qui sont allongées, coniques, dilatées à leur base, se terminant en pointe à leur extrémité ; palpes courts, non pédiformes, minces, insérés sur les côtés des mâchoires et à l'extrémité de leur dilatation. Pattes allongées, la quatrième paire et la première paire sont presque égales entre elles ; la quatrième est la plus longue, et la troisième est la plus courte de toutes. Ces Aranéides avoisinent les Mygales, dont elles diffèrent cependant par l'origine des palpes, et par l'insertion ainsi que par la forme des organes sexuels dans les mâles ; elles s'éloignent encore des Ériodons par l'état rudimentaire et par la forme de la lèvre. Walckenaer, dans son Tableau des Aranéides, pag. 7, a remplacé le nom d'Atype par celui d'Olétère, *Oletera.* Le corps de ces aranéides est entièrement noirâtre et long d'environ huit lignes. Le thorax est presque carré, déprimé postérieurement, renflé, élargi et largement tronqué par devant, ce qui lui donne une forme très-différente de celle qu'offre cette partie du corps dans les Mygales. Les chélicères sont très-fortes, et leur griffe a en dessous, près de la base, une petite éminence en forme de dents. Le dernier article des palpes du mâle est pointu au bout. L'organe génital donne inférieurement naissance à une petite pièce demi-transparente, en forme d'écaille, avec une petite soie à l'une de ses extrémités. Ce genre se compose de deux espèces ; celle qui lui sert de type est l'ATYPE DE SULZER, *Atypus Sulzeri*, Latr.; Dufour, Ann. des scien. physiq.; *Aranea picea, Sulzer*, Oletere atype Walck., Faun. Franc., Arachn., II, 5. Cette aranéide se trouve aux environs de Paris, sur les coteaux de Belle-Vue ; dans les environs de Bordeaux. Sulzer, qui l'a décrite le premier, l'a observée en Suisse. Cette espèce se creuse, dans les terrains en pente et couverts de gazon, un boyau cylindrique, long de

sept à huit pouces, d'abord horizontal, incliné ensuite, où elle se file un tuyau de soie blanche de la même force et des mêmes dimensions. Le cocon est fixé avec de la soie et par les deux bouts, au fond de ce tuyau.

M. Milbert a découvert, aux environs de Philadelphie, une autre espèce (*Atypus rufipes*) toute noire avec les pattes fauves.

(H. L.)

AUBEPIN ou AUBÉPINE. (BOT. PHAN.) Noms vulgaires d'une espèce d'ALISIER (*v.* ce mot).

(GUÉR.)

AUBIER. (BOT. PHAN.) Nouvel accroissement qui se fait chaque année dans le corps ligneux des arbres parvenus à leur quatrième feuille ; il a lieu entre l'écorce et le produit des trois premières années de végétation. Une ligne circulaire sépare l'Aubier de la partie qui a pris consistance. Il est d'ordinaire blanc, sous forme de gelée, contenant une petite quantité de résine, d'eau et de fluides abondans; il est composé des membranes réticulaires du liber ; il ressemble au bois par son organisation, il devient lentement solide et présente un corps dur, très-compacte à sa quatrième année, qui est la huitième de l'arbre. Pendant ce travail une nouvelle couche excentrique d'Aubier se prépare et subit les mêmes changemens.

On donne aussi le nom d'*Aubier* au Cytise des Alpes, à la Viorne, à divers Saules, et à un Raisin blanc très-sujet à pourrir. (T. D. B.)

AUBIFOIN et AUBITON. (BOT. PHAN.) On nomme ainsi, dans quelques provinces, le BLUET, (*Centeurea cyanus*). *V.* BLUET et CENTAURÉE.

(GUÉR.)

AUDITION. (PHYSIOL.) Fonction destinée à faire connaître les sons produits par les corps vibrans. Pour bien comprendre le mécanisme à l'aide duquel cette fonction s'exécute, il est essentiel de se rappeler les diverses parties qui entrent dans la composition de l'appareil auditif. Mais comme leur description doit trouver sa place ailleurs, nous nous contenterons d'en indiquer ici les principales dispositions.

L'Oreille (*v.* ce mot) est divisée en *Oreille externe, Oreille moyenne* et *Oreille interne.* L'Oreille externe se compose du *Pavillon* et du *Conduit auriculaire;* le *Pavillon* est une lame fibro-cartilagineuse, élastique, flexible, recouverte d'une peau mince et tendue ; sa surface présente plusieurs éminences et divers enfoncemens : le plus considérable a reçu le nom de *Conque auditive.* Le *Conduit auriculaire*, continu au pavillon, s'enfonce dans l'os temporal, et se recourbe en haut et en avant; la peau qui tapisse ce conduit se termine en cul-de-sac à son extrémité interne, et au dessus d'elle on trouve un grand nombre de follicules sébacés qui sécrètent la matière jaune et amère qu'on nomme *Cerumen.*

L'Oreille moyenne comprend la *Caisse du tympan* et ses dépendances : la caisse est une cavité de forme irrégulière, creusée dans la portion de l'os temporal appelée le *Rocher.* Cette cavité fait suite au conduit auriculaire, et n'en est séparée que par une cloison membraneuse, très-tendue et très-élastique ; cette cloison est le *Tympan*: vis-à-vis l'ouverture dans laquelle le tympan est comme enchâssé, se trouvent deux autres trous, bouchés de la même manière par une membrane tendue, on les appelle *Fenêtres ovale* et *ronde*. A la paroi postérieure de la caisse on voit une ouverture qui communique avec les cellules creusées dans la portion mastoïdienne de l'os temporal, et à sa paroi inférieure on remarque l'embouchure de la *Trompe d'Eustache*, conduit long et étroit qui vient aboutir dans la bouche à la partie postérieure des fosses nasales, et établit ainsi une communication entre l'air de la caisse et l'air extérieur. Enfin cette cavité est garnie d'une chaîne de petits osselets, au nombre de quatre, qui ont reçu les noms de *Marteau*, d'*Enclume*, d'*Os lenticulaire*, et d'*Etrier*. La petite tige ou manche du marteau appuie sur le tympan, tandis que la base de l'étrier repose sur la membrane de la fenêtre ovale. Enfin de petits muscles fixés à ces osselets, leur font exécuter des mouvemens qui les pressent plus ou moins contre ces membranes et augmentent ou diminuent ainsi leur degré de tension.

L'oreille interne est également logée dans le rocher. Elle est formée du *Vestibule*, des *Canaux semi-circulaires*, du *Limaçon*, cavités qui communiquent toutes entre elles. La fenêtre ovale est le moyen de communication du vestibule avec la caisse. Les canaux semi-circulaires s'élèvent de la face postérieure et supérieure du vestibule ; ils sont au nombre de trois, et présentent la forme de canaux arrondis et renflés à l'une de leurs extrémités. Enfin le limaçon, contourné en spirale comme la coquille de l'animal dont il porte le nom, est divisé en deux parties par une cloison longitudinale, moitié osseuse, moitié membraneuse, qui communique avec l'intérieur du vestibule, et n'est séparée de la caisse que par la membrane de la fenêtre ronde. Cette dernière cavité est remplie d'air ; l'oreille interne au contraire est remplie d'un liquide aqueux, et la membrane qui tapisse le vestibule, ainsi que les canaux semi-circulaires, n'est pas appliquée contre les parois osseuses de ces cavités, mais, pour ainsi dire, suspendue dans leur intérieur.

*Le nerf de la huitième paire* pénètre dans le rocher par un canal osseux, nommé *Conduit auditif interne*, et se termine dans l'intérieur des poches membraneuses du vestibule et des canaux semi-circulaires, ainsi que dans le limaçon. Ce nerf, qu'on nomme *Acoustique*, donne à l'appareil auditif la sensibilité dont il jouit.

C'est donc à travers toutes ces parties que le *son* doit se propager pour être perçu ; mais, avant d'en suivre la marche au milieu de l'appareil qui sert à le transmettre, il est essentiel de rappeler que le son est le résultat d'un mouvement vibratoire éprouvé par les particules des corps sonores ; que, pour que nous puissions le percevoir, il faut que ces mouvemens vibratoires parviennent jusqu'à l'oreille interne ; et qu'enfin, sous leur influence, le liquide qui baigne le nerf acoustique entre en vibration. C'est d'abord sur le pavillon de l'oreille que viennent frapper les ondes sonores de l'air. Dans les animaux où cette partie présente la forme d'un cornet, elle sert à réfléchir les vibrations et à augmenter l'intensité du son qui arrive à son extrémité rétrécie. C'est pour ce motif que les personnes un peu sourdes entendent mieux lorsqu'elles appliquent à leur oreille un cornet qui se rapproche de cette forme. Chez l'homme, la conque de l'oreille et le conduit auditif remplissent les mêmes fonctions ; mais le reste du pavillon n'est pas disposé de manière à réfléchir le son vers le tympan ; aussi la perte de cette partie n'affaiblit-elle pas l'ouïe d'une manière remarquable. Nous avons vu, en Allemagne, un poète célèbre, auquel l'empereur de Russie Paul Ier avait fait couper les oreilles, et dont la sensibilité auditive paraissait aussi complète qu'avant cette mutilation.

Le tympan sert principalement à transmettre les ondes sonores de l'air extérieur au nerf acoustique. Les expériences de M. Savart ont démontré que les sons, en frappant une membrane mince et médiocrement tendue, y excitent facilement des vibrations. Si l'on tend, par exemple, sur un cadre une feuille de papier et qu'on en saupoudre la surface avec du sable, on voit celui-ci s'agiter et se rassembler de manière à former des lignes variées, si l'on en approche un corps sonore en vibration. Si l'on répète l'expérience avec une planchette ou une feuille de carton, on ne verra plus de mouvemens semblables, à moins que d'employer un son très-intense. Mais si l'on adapte à ces derniers corps un disque membraneux, semblable au tympan, on les verra vibrer alors sous l'influence de sons qui n'auraient auparavant produit sur eux aucun résultat. On doit en conclure que le tympan entre aisément en vibration, et qu'il sert à augmenter la facilité avec laquelle les autres parties de l'appareil auditif éprouvent des mouvemens semblables.

Les mouvemens vibratoires se transmettent ensuite du tympan aux osselets de l'oreille, aux parois de la caisse et surtout à l'air dont cette cavité est remplie ; ils arrivent ainsi à la paroi postérieure de la caisse c'est-à-dire jusqu'aux membranes tendues sur les ouvertures conduisant dans l'oreille interne. Ces membranes, agissant de la même manière que le tympan, entrent aussi en vibration et propagent à leur tour ces mouvemens. La face postérieure de ces disques membraneux se trouve en contact avec le liquide aqueux qui remplit l'oreille interne, et dans ce liquide sont suspendues les poches membraneuses, distendues à leur tour par un autre liquide, dans lequel baignent les filets terminaux du nerf acoustique. Les vibrations auxquelles ces membranes sont soumises doivent donc se transmettre à ce liquide, se communiquer au sac membraneux du vestibule et parvenir enfin au nerf chargé de percevoir cette sensation. L'air contenu dans la caisse joue donc un rôle important dans la transmission des sons aussi la nature a-t-elle pourvu à son renouvellement, au moyen de la trompe d'Eustache, dont l'obstruction peut devenir une cause de surdité. La chaîne des osselets, qui traverse la caisse et s'appuie par une de ses extrémités sur le tympan et par l'autre sur la fenêtre ovale, est susceptible, à l'aide des petits muscles dont elle est pourvue, d'exécuter certains mouvemens qui augmentent ou diminuent le degré de tension de ces membranes; et cette disposition était nécessaire pour ajouter à la force vibratoire de ces membranes, lorsque les sons parviennent trop affaiblis, ou pour diminuer cette force, au contraire, lorsqu'elle est excitée par des sons trop intenses.

Toutes les parties qui entrent dans la composition de l'oreille externe et de l'oreille moyenne servent à rendre l'Audition plus parfaite, sans être cependant indispensables à l'exercice de cette fonction. Aussi les voit-on disparaître peu à peu, à mesure qu'on s'éloigne de l'homme pour étudier la structure de l'oreille chez les animaux de moins en moins élevés dans la série des êtres.

Aussi chez les oiseaux, le pavillon de l'oreille a disparu; chez les reptiles le conduit auditif externe manque également; le tympan est à l'extérieur, la structure de la caisse est plus simple; chez la plupart des poissons il n'y a plus trace d'oreille externe et d'oreille moyenne. En descendant encore plus bas dans l'échelle animale, on voit s'effacer les canaux semi-circulaires, le limaçon, tandis que le vestibule membraneux ne manque jamais; il est l'organe essentiel, et partout où il existe un appareil auditif, on rencontre un sac membraneux rempli de liquide, dans lequel vient se terminer le nerf acoustique. (P. G.)

AULOPE, *Aulopus.* (POISS.) Les Aulopes ont, comme tous les poissons qui font partie de la famille des Salmones, dans laquelle ils ont été placés par Cuvier, la seconde dorsale adipeuse. Leurs maxillaires sont fort développés et dépourvus de dents; mais plusieurs des autres pièces osseuses qui composent leur bouche en portent qui sont en cardes. C'est ainsi qu'on en voit sur les intermaxillaires, qui forment tout le bord supérieur de l'ouverture buccale, sur l'extrémité antérieure du vomer, les palatins et la mâchoire inférieure; la langue n'est pas hérissée d'épines, comme cela a lieu chez le commun des Salmones, mais a simplement un peu d'âpreté. Les ouïes offrent une fente qui est pour le moins aussi considérable que celle de la plupart des Clupées. Les rayons qui soutiennent la membrane branchiostége sont au nombre de seize.

L'espèce qui a servi de type à ce genre est l'Aulope filamenteux ( *Salmo filamentosus,* Bl. ), probablement ainsi nommé parce que plusieurs des rayons de la première dorsale et des ventrales, lesquelles sont placées presque au dessous des pectorales, sont libres à leur extrémité, plus longs que les autres, très-grêles ou en fils. On en compte quinze à la nageoire du dos, et neuf à chaque ventrale; et parmi ceux de ces dernières nageoires, il s'en trouve quatre, les externes, qui sont par-

tagés en deux dans la moitié de leur longueur la plus rapprochée du corps. Les nageoires pectorales, qui sont les plus courtes de toutes, ont treize rayons, ainsi que l'anale; la caudale est échancrée.

Le préopercule et l'opercule de ce poisson, qui vit dans la Méditerranée, sont revêtus d'écailles semblables à celles du corps, c'est-à-dire larges et ciliées. Il est d'un rouge violet sur le dos, et a le ventre d'un blanc argenté. (G. B.)

AULOSTOME, *Aulostomus.* (POISS.) La seule espèce qui compose ce genre, le second de la famille des Bouches en flûte, est l'Aulostome chinois ( *Aulostomus sinensis* ), dont le corps est long, très-peu élevé et déprimé latéralement. Les pectorales et les ventrales sont fort courtes: celles-là, qui ont seize rayons, naissent immédiatement derrière les opercules; celles-ci, qui n'en ont que sept, se trouvent placées à peu près vers le milieu du ventre. La dorsale et l'anale, qui se correspondent, sont situées fort en arrière du corps, et laissent entre elles et la caudale, qui est courte et triangulaire, une étendue égale à leur longueur. Ces nageoires du dos et de l'anus sont supportées chacune par vingt-cinq rayons, et en avant de la première on voit une rangée longitudinale d'épines libres.

C'est tout à-fait à l'extrémité de son long museau que s'ouvre la bouche, laquelle est très-peu fendue, et dont ni l'une ni l'autre mâchoire n'a de dents. Il y a six rayons à la membrane branchiale, et la vessie aérienne est fort grande. Une jolie couleur rose est répandue sur le dessus du corps de l'Aulostome chinois, et, sur chacun de ses flancs, règnent trois lignes longitudinales et parallèles d'un blanc d'argent; le dos et la région abdominale sont semés de taches noires. Cet acanthoptérygien habite la mer des Indes. (G. B.)

AUNE, *Alnus.* (BOT. PHAN.) Genre d'arbres de la famille des Bétulinées de Richard, Monoécie tétrandrie de Linné; ce grand naturaliste l'avait réuni au Bouleau, ne jugeant pas importans les caractères qui l'en distinguent; mais tous les auteurs modernes, depuis les observations de Gaertner, en font un genre séparé, ainsi caractérisé : fleurs monoïques : les mâles en chatons allongés, pendans, formés de pédicelles à quatre écailles, l'une épaisse et terminale, les trois autres moins grandes, et munies chacune d'un calice à quatre lobes, renfermant quatre étamines (le bouleau en a douze sans calice); les femelles en chatons ovoïdes, composés d'écailles sessiles, imbriquées, quadrifides, portant chacune deux fleurs à deux styles; l'ovaire se change en un fruit osseux, à deux loges monospermes. Les graines sont anguleuses, et non ailées comme dans le bouleau.

L'Aune que l'on trouve dans toute la France au bord des eaux et dans les terrains marécageux, est l'*Alnus communis,* Duhamel, ou *Betula Alnus,* Linné. Cet arbre peut atteindre au-delà de quarante pieds de hauteur, quand l'intérêt du propriétaire ne le soumet pas à des coupes régulières; il a un tronc assez droit, une écorce épaisse et gercée et des rameaux en général courts et tortueux. Ses feuilles, un peu gluantes dans leur jeunesse, sont parcourues de nervures à l'aisselle desquelles se trouvent des houppes de poils. Une variété très-commune dans nos jardins, *Alnus laciniata*, se distingue par des feuilles découpées profondément, tandis que celles de l'Aune ordinaire sont seulement crénelées sur les bords.

Les autres espèces sont l'*A. oblonga*, dont les feuilles ne présentent pas de poils à l'aisselle de leurs nervures; il est indigène en France, ainsi que l'*A. incana*, à écorce cendrée, feuilles cotonneuses en dessous; l'*A. serrulata*, de Pensylvanie, à feuilles dentées en scie; l'*A. undulata*, du Canada, à feuilles crépues.

Le bois d'Aune a la propriété, connue de toute antiquité, de ne point s'altérer dans l'eau; aussi est-il très-employé pour la construction des conduits souterrains et des pilotis; les boulangers, les verriers le recherchent pour chauffer leurs fours, parce que sa flamme est claire et sa combustion rapide; enfin les tourneurs et les ébénistes le travaillent souvent, parce qu'il prend très-bien le noir. On se sert aussi de son écorce dans le tannage.

AUNE NOIR, nom inexact de la BOURDÈNE dans quelques provinces de France. (L.)

AURÉLIE. *Voy.* MÉDUSE.

AURÉLIES ou FÈVES DORÉES, *Aurelia.* (INS.) Les auteurs anciens donnaient ce nom aux Nymphes des insectes et surtout des papillons. (*Voy.* NYMPHES, CHRYSALIDES et PAPILLONS.) (GUÉR.)

AURICULE, *Auricula.* (MOLL.) Coquilles univalves, terrestres, classées par Lamarck parmi les Trachélipodes, famille des Colimacés (Animaux sans vertèbres, tom. III, part. II, pag. 156). Ces coquilles fort remarquables ont été ainsi nommées à cause de la forme de leur ouverture, qui est semblable à l'oreille d'un homme. Les Auricules ont été de tous temps fort recherchées des naturalistes et se sont toujours payées assez chèrement. Leur nombre, sans être restreint à quelques espèces, est en général peu considérable. Lamarck en décrit quatorze, y compris celles dont il avait fait précédemment son genre Conovule, et il les divise en deux sections bien tranchées. La première, à bord droit réfléchi en dehors, a pour type l'Auricule de Midas; la seconde, à bord droit simple et tranchant, a en tête l'Auricule de Dombey. Voici les caractères assignés à ce genre : coquille subovale ou ovale-oblongue, ouverture longitudinale, très-entière à sa base et rétrécie supérieurement où ses bords sont réunis; columelle munie d'un ou plusieurs plis; labre à bord tantôt réfléchi en dehors, tantôt simple et tranchant. Jusqu'à l'époque où le gouvernement fit entreprendre les grands voyages autour du monde, l'animal de ces coquilles était resté à peu près inconnu. Le retour de M. Lesson d'une part, et ensuite de MM. Quoy et Gaymard ont rempli cette lacune, mais d'une manière si peu uniforme qu'on pourrait encore se demander s'il existe véritablement des Auricules, et si ce ne sont pas plutôt de vraies Agatines. Les naturalistes qui n'ont vu que la figure, du

reste fort belle, que donne M. Lesson de l'Auricule de Midas à sa pl. 9, n° 1, du Voyage de *la Coquille*, doivent rester pénétrés de cette idée, puisque, sauf les deux tentacules inférieurs, l'animal est en tout pareil à celui de l'Agatine couroupa figuré sur la même planche au n° 2. Mais c'est évidemment une erreur commise par M. Lesson, sans que nous puissions l'expliquer, et que nous croyons devoir relever dans l'intérêt de la science; et, afin qu'on ne s'y méprenne plus désormais, nous donnons à la planche 34, fig. 1, de notre Atlas, le mollusque de cette même espèce, tel que l'ont dessiné, dans l'*Astrolabe*, pl. 14, MM. Quoy et Gaymard, et qui est tout différent de celui de M. Lesson. Les bornes de ce Dictionnaire ne nous permettant pas d'entrer dans les détails fort curieux que nous avons de l'anatomie de ce mollusque, nous nous bornerons à dire qu'au lieu d'avoir les yeux placés à l'extrémité des tentacules, à la manière des agatines, des bulimes et autres genres voisins, comme l'indique M. Lesson, cet animal présente le phénomène extraordinaire de n'en point avoir du tout à l'extérieur, et de n'en avoir qu'un simple rudiment à l'intérieur. (DUCL.)

AURICULES, *Auriculæ.* (MOLL.) Dénomination empruntée du genre Auricule et appliquée par M. de Férussac à une famille de mollusques qui compose à elle seule le second sous-ordre de ses Gastéropodes pulmonés, les GÉHYDROPHILES. (*V.* ce mot.) Les genres dont cette famille se compose sont au nombre de six; en voici les noms : CARYCHIE, SCARABE, AURICULE, PYRAMIDELLE, TORNATELLE et PIETIN. (DUCL.)

AURIFÈRE, *Aurifera.* (MOLL.) Nom donné par M. de Blainville (Dict. des sciences nat.) au genre Brante d'Ocken, Otion de Leach. (*Voyez* BRANTE.) (DUCL.)

AURIOL, AURION ou AURIOU. (OIS.) On donne ces noms, dans le midi de la France, au Loriot commun (*Oriolus galbula*), à cause de la couleur jaune-doré de son plumage. (GUER.)

AURORE. (MÉTÉOR.) On appelle Aurore la lumière qui apparaît sur l'horizon avant que le soleil soit entièrement levé. (C. J.)

AURORE BORÉALE. (MÉTÉOR.) Ce phénomène météorique a été long-temps pour les poètes du nord un sujet inépuisable de fictions : Ossian et ses nombreux imitateurs virent dans cet éclat lumineux, qui apparaît au milieu des nuits, les mânes des guerriers morts en combattant, les âmes des jeunes filles venant voltiger autour de ce qu'elles ont aimé, et se livrant à des danses célestes. Les habitans des îles Schetland donnent à ce phénomène le nom de danse joyeuse. En effet qui ne serait tenté de voir dans les brillans mouvemens de ce météore quelque chose de surnaturel ! Dans les régions du nord, au milieu des glaces et de longues nuits où règne une affreuse obscurité, vers la fin du crépuscule, tout à fait à l'horizon, apparaît un nuage d'un brun foncé, dont les bords décrivent un arc de cercle formé par l'horizon. Bientôt ce nuage s'agrandit, se déchire, et alors s'échappent de son sein mille bandes

d'une

d'une vive lumière, mille colonnes étincelantes, protées d'un nouveau genre, varient leurs formes à l'infini, et se colorent successivement de toutes les teintes, depuis le jaune jusqu'au rouge le plus prononcé. S'emparant de tout l'hémisphère, l'aurore boréale darde ses traits dans tous les sens avec la rapidité de l'éclair ; elle déplace avec une facilité surprenante son centre d'action ; réunit ses traits en faisceaux, en forme une couronne au zénith, présente un aspect radieux et brillant : ou, prenant des couleurs plus prononcées, elle jette un éclat terrible ; c'est une colonne de sang qui sépare le firmament dans toute son étendue ; et alors les sages des campagnes deviennent des prophètes ; on les entoure avec respect, on leur demande conseil et protection ; ils expliquent le phénomène en annonçant quelque malheur prochain, quelque calamité publique, et se servent ainsi des merveilles de l'Aurore boréale pour répandre autour d'eux la crainte de la guerre, de la peste, de la famine, la superstition et la démence.

Les anciens, qui donnaient à ce phénomène le nom de *torches ardentes*, ne se mirent pas au dessus de pareilles croyances ; depuis Plutarque jusqu'au siècle dernier, l'Aurore boréale fut toujours regardée comme un présage d'événemens désastreux. En 1715 et 1716, elle parut avec éclat, même à la latitude de la France, elle qui, d'ordinaire, habite les régions polaires, et en 1831, on a pu voir à Paris une légère teinte rose qui colorait l'horizon vers le nord.

Diverses opinions ont été émises sur la formation de ce météore : voici celle qui est le plus généralement reçue. Elle est due aux expériences du professeur Libes.

Ce physicien a d'abord reconnu que, 1° «si l'on
» excite l'étincelle électrique dans un mélange de
» gaz azote et de gaz oxigène, il en résulte de l'a-
» cide nitrique et de l'acide nitreux ou du gaz ni-
» treux, suivant le rapport qui existe entre le gaz
» oxigène et le gaz azote qui composent le mélange;
» 2° Que l'acide nitrique, exposé au soleil, prend
» plus de couleur et de volatilité ;
» 3° Que dans des flacons qui contiennent de
» l'acide nitreux, on aperçoit toujours au dessus
» de l'acide une vapeur très-rouge et très-volatile
» qui ne se condense jamais ;
» 4° Que le gaz nitreux, en contact avec l'air
» atmosphérique, exhale des vapeurs rutilantes, qui
» s'envolent dans l'atmosphère ;
» 5° Que le gaz hydrogène, en se dégageant de
» la surface du globe, va occuper, dans les hautes
» régions de l'atmosphère, une place marquée par
» sa pesanteur spécifique ;
» 6° Qu'enfin la chaleur solaire a très-peu d'ac-
» tivité dans les régions polaires.»

En combinant ces divers résultats, on peut dire que l'Aurore boréale est le produit du fluide électrique, qui, entraîné de l'équateur vers le pôle, fixe et combine dans les contrées polaires dépourvues de gaz hydrogène, le mélange de gaz azote et de gaz oxigène qu'il y rencontre ; que cette combinaison opérée doit former de l'acide nitrique,

de l'acide nitreux ou du gaz nitreux, selon le rapport des gaz composans, qui, comme nous l'avons vu plus plus haut, donnent naissance à des vapeurs volatiles et rutilantes, s'élevant dans l'atmosphère et produisant les merveilles météoriques que nous avons décrites précédemment. Si ces phénomènes ne se représentent pas dans les zones tempérées, on peut en donner une raison plausible en disant que, dans ces contrées, l'électricité fixe de préférence l'hydrogène et l'oxigène qui s'y trouvent en grande quantité, et nous dédommagent ainsi, par la foudre et le tonnerre, de l'absence des aurores boréales.

Malgré cette explication qui est la plus vraisemblable, on peut dire qu'on n'a point encore découvert la véritable cause du phénomène météorique dont nous venons de parler.     (C. J.)

**AUSTRALIE.** (géog. phys.) Cette partie de l'Océanie (*voy.* ce mot) est appelée par quelques géographes *Océanie centrale*. Elle est située au sud de l'équateur, et se compose de la *Nouvelle-Guinée*, des archipels de la *Nouvelle-Bretagne*, de *Salomon*, de la *Louisiade*, de la *reine Charlotte*, des *Nouvelles-Hébrides*, de la *nouvelle Calédonie*, de la *Nouvelle-Irlande*, de la *Nouvelle-Hollande*, enfin de l'île de *Diemen*.

L'ensemble de toutes ces îles présente une superficie d'environ 445,000 lieues géographiques, et une population quel'on peut évaluer à 1,290,000 individus.

Examinons séparément chacun des groupes d'îles qui composent cette portion de la cinquième partie du monde.

*Nouvelle-Guinée.* Cette grande île, la plus septentrionale de l'Australie, a reçu deux autres noms : celui de *terre des Papous* ou des *Papouas*, et celui de *Papouasie*. Elle a environ 500 lieues de longueur sur 200 dans sa plus grande largeur. Une grande presqu'île qui la termine vers le nord-ouest, en est la partie la plus connue. Elle paraît être composée de roches granitiques et de terrains volcaniques anciens. Elle est habitée par deux peuples nègres appelés *Papouas* et *Alfourous-andamènes*, et par des *Malais*. Les Papouas appartiennent à la plus belle variété de l'espèce noire océanienne. Les Alfourous, toujours en guerre avec les premiers, vivent dans l'intérieur des terres de la manière la plus misérable. Les Papouas se tatouent en se bornant à tracer quelques lignes sur leurs bras, ou à l'angle des lèvres ; ils ornent leurs bras de larges bracelets en nacre de perle, et les autres parties de leur corps, de plumes, de coquilles et de morceaux d'écaille. Les Alfourous se font des incisions sur les lèvres et sur la poitrine, et portent dans la cloison du nez un bâtonnet long de six pouces. Les premiers sont actifs, intelligens ; les seconds sont silencieux, farouches et d'une profonde stupidité. Les Malais qui habitent les régions basses de l'île sont en tout semblables à ceux de la presqu'île de Malacca. (*V.* ce mot.)

Les principales îles qui entourent la Nouvelle-Guinée sont : *Vaïgiou, Sallwatty*, le groupe de *Furvil* ou de *Saint-David*, celui de *Schouten*, celui de *Dampier* remarquable par ses volcans, et celui d'*Arrou* qui fournit à la Chine de la nacre de perle, des écailles de tortue, et ces nids d'oiseaux si recherchés par les Chinois opulens. A Vaïgiou, tous les terrains reposent sur des schistes. On peut évaluer la superficie de la Nouvelle-Guinée, avec les îles qui en dépendent, à 39,000 lieues, et sa population à 500,000 habitans.

*Archipel de la Nouvelle-Bretagne.* Nous comprenons sous ce nom la grande île de la *Nouvelle-Bretagne*, qui a 110 lieues de longueur; la *Nouvelle-Islande*, qui en a environ 80; la petite île du *Duc d'York*, qui offre l'aspect d'un grand jardin; le *Nouvel-Hanovre*, dont le centre est occupé par des montagnes; le groupe des petites *îles Portland* et celui de l'*Amirauté*, couverts d'arbres et surtout de cocotiers. Les autres îles ne méritent pas d'être nommées. Toutes les terres comprises dans le grand groupe de la Nouvelle-Bretagne forment une superficie d'environ 3,200 lieues, et peuvent renfermer près de 10,000 habitans.

*Archipel de Salomon.* Les îles de cet archipel sont en général assez bien peuplées. Les habitans ont, suivant les voyageurs, un si grand respect pour leurs chefs, qu'un sujet qui marche dans l'ombre de son roi est puni de mort. *Bougainville, Choiseul, Gaadulcanar, San-Christoval, Georgia, Sesarga,* et *Santa-Isabella,* sont les principales îles de cet archipel; les autres sont les îles *Rennel* et *Bellona,* les îles *Carteret,* le groupe des *Mortlock* ou de *Hunter,* celui de *Lord-Howe,* ainsi que ceux de *Stewart* et de *Langhlan.* Cet archipel paraît avoir 2,200 lieues carrées, et 100,000 habitans.

*Archipel de la Louisiade.* Situé au sud du précédent. Cet archipel est composé d'un grand nombre d'îles et de récifs irrégulièrement disposés sur une longueur d'environ 150 lieues et sur une largeur de 50. Les principales îles sont celles de *Rossel,* de *Saint-Aignan,* d'*Entrecasteaux* et de *Trobriand.* Plusieurs paraissent être peuplées d'une race guerrière et perfide, que l'on croit anthropophage. Le nombre des habitans est d'environ 10,000, et la superficie de l'archipel de près de 100 lieues.

*Archipel de la Reine Charlotte.* Nommé précédemment Archipel de *Santa-Cruz,* celui-ci comprend de nombreuses îles dont la plus grande est celle d'*Egmont,* qui a 8 lieues de long sur 4 de large, et qui est couverte de la plus belle végétation; la plus intéressante est celle de *Vanikoro,* où périt l'infortuné *Lapeyrouse.* Deux races habitent ces îles: l'une noire, et l'autre au teint olivâtre. Le sol a 200 lieues de superficie et une population de 50,000 âmes.

*Archipel des Nouvelles-Hébrides.* Ainsi appelé par Cook, qui ignorait que Bougainville lui avait donné le nom de *Grandes Cyclades,* cet archipel est peuplé de plusieurs races remarquables par leur laideur. La plus grande de ces îles est *Espiritu-Santo* : sa circonférence est d'environ 60 lieues. Parmi les autres, nous citerons *Mallicollo,* dont les habitans sont armés de lourdes massues et de flèches empoisonnées; *Sandwich,* couverte de bosquets de cocotiers; *Banks,* presque stérile; l'*île des Léprcux,* dont tous les habitans sont en effet couverts de lèpre; *Tanna* et *Ambrym* qui ont chacune un volcan en activité. La superficie de cet archipel est d'environ 300 lieues et la population de 150,000 individus.

*Archipel de la Nouvelle-Calédonie.* Cet archipel est formé d'abord de l'île de ce nom, qui a 85 lieues de longueur et 11 de largeur, et qui renferme des montagnes dont la plus centrale a près de 2,400 mètres de hauteur. Une douzaine d'autres îles peu importantes composent cet archipel, qui peut avoir 200 lieues de superficie et 150,000 habitans.

Le *groupe de la Nouvelle-Zélande* se compose de trois îles : au nord *Eaheino Mauwe,* la plus septentrionale, est longue de 200 lieues et en a 115 dans sa plus grande largeur. Une chaîne de montagnes, dont le point culminant s'élève à 900 mètres, parcourt toute sa longueur; une rivière considérable que les navigateurs anglais ont nommée Tamise prend sa source dans ces montagnes. Dans sa partie septentrionale il existe un lac de 5 lieues de longueur appelé *Morberui.* Au sud de la précédente s'étend l'île de *Tavaï-Poénammou,* longue de 275 lieues et large de 20 à 60. Sa surface est hérissée de montagnes dont plusieurs sommets sont tapissés de neiges éternelles et dont les flancs sont couverts de verdure. Les eaux qui descendent de ces monts remplis de sites sauvages et tourmentés par l'action des feux souterrains, s'amoncellent d'étage en étage et forment des torrens qui tombent en cascades jusqu'à la mer. Au pied de ces montagnes s'élèvent des forêts de beaux arbres propres à la marine; dans la plupart des vallées croît le *Phormium tenax,* improprement appelé Lin de la Nouvelle-Hollande. La Nouvelle-Zélande jouit d'un climat assez tempéré, mais humide. Elle est fréquemment le théâtre de violens ouragans. Au sud de cette île se trouve celle de *Stewart,* qui a environ 15 lieues de longueur. Tous les insulaires de la Nouvelle-Zélande sont sauvages et cruels. Leur nombre s'élève à peine à 14,000 habitans, répartis sur une superficie de 8,600 lieues carrées.

*Nouvelle-Hollande.* Cette île immense peut être considérée comme le plus petit des trois continens du globe. Elle a de l'est à l'ouest environ 1000 lieues de longueur, 625 du nord au sud, 3,500 de circonférence, et 585,000 de superficie. Au nord elle est entaillée par un grand golfe que l'on appelle *Golfe de Carpenterie,* qui a 110 lieues de large et 150 de profondeur ou de longueur; et par un autre moins grand, à l'ouest, appelé *Golfe de King,* qui a près de 90 lieues de largeur et 50 de profondeur. Ses côtes seules sont connues : en suivant ses contours à partir du nord, nous les trouvons partagés en douze divisions, qui, à l'exception d'une seule, portent le nom de *terres* : ce sont au nord la terre de *Carpenterie,* celle d'*Arnheim,* et celle de *Diemen*; à l'ouest celle de *Witt,* celle d'*Endracht,* celle d'*Edel,* et celle de *Leuwin*; au sud celle de *Nuyts*, celle de *Flinders*, celle de *Baudin*, et celle de *Grent;* enfin à l'est la *Nouvelle Galles méridionale*.

Suivant notre savant ami Lesson, qui l'a visitée, la Nouvelle-Hollande présente une physionomie particulière. Aspect géologique, règne végétal et animal, rien n'y rappelle, dit-il, ce que l'on voit ailleurs. Les côtes, formées de roches granitiques, de grès en partie houillers qui les recouvrent et de lambeaux de formation tertiaire qui couronne ces roches, ont une teinte sombre et repoussante. Une large bande de grès s'appuie sur les flancs des Montagnes Bleues formées de granite. De nombreux volcans éteints attestent l'influence que les feux souterrains ont dû avoir sur le relief de ce petit continent. C'est à leur présence qu'il faut attribuer l'abondance des bois fossiles à l'état de lignite. Mais ce que la Nouvelle-Hollande offre de plus remarquable, c'est que le seul volcan actif qu'on y ait observé n'a ni laves ni cratère, quoiqu'il lance continuellement des flammes : comme si les volcans devaient offrir sur cette terre les anomalies que présentent le règne végétal et le règne animal.

La flore de la Nouvelle-Hollande porte, nous le répétons, un caractère spécial. Lesson, qui l'a examinée avec la sagacité d'un habile naturaliste, va nous guider dans l'esquisse que nous allons en tracer. D'immenses forêts formées d'*Eucalyptus*, de *Casuarina* propre à la construction des navires, de *Banksia* et d'arbustes singuliers et bizarres, forment, dit-il, les paysages de la partie extra-tropicale de ce continent, tandis que celle qui est renfermée entre le tropique du capricorne et la ligne équinoxiale se rapproche, par la nature des arbres et le luxe de la végétation, des forêts équatoriales des Moluques.

Au nord, en effet, sur des plages vaseuses, croissent le *Bruguiera* et les lianes des climats chauds ; plus au sud, du dixième au vingtième degré, s'élèvent les gigantesques pins de Norfolk et les cèdres de l'Australie ; plus au sud encore, depuis le trentième degré jusqu'aux côtes les plus méridionales, la végétation offre un caractère particulier : les premiers naturalistes qui abordèrent à la Nouvelle-Galles méridionale, par exemple, furent tellement émerveillés à la vue des végétaux qui se pressaient sur un seul point, sans rappeler aucune des formes des plantes des autres climats, qu'ils donnèrent le nom de *Botany-Bay* au havre où ils mouillèrent. Mais ce luxe de plantes cesse à mesure qu'on se dirige de l'est à l'ouest. Les prairies humides sont ornées par une liliacée nommée *Blandfordia nobilis*, et çà et là s'élèvent les tiges raides des singuliers *Xanthorœa* et les cônes du *Zamia australis*. Au nord de Botany-Bay s'étendent des forêts épaisses d'une espèce de cèdre que Brown a nommée *Calidris spiralis*, dont le bois par son poli rivalise avec le plus beau bois des Antilles ; plus loin, quinze autres espèces de bois rouges, blancs, veinés de toutes couleurs, offrent d'immenses avantages à l'ébénisterie. Tous les végétaux de la Nouvelle-Hollande, dit encore Lesson, ont un caractère unique, c'est celui de posséder un feuillage sec, rude, grêle, aromatique, à feuilles presque toujours simples. Ses forêts ont quelque chose de triste et de brumeux qui fatigue la vue ; la teinte du feuillage est d'un vert glauque, monotone ; les rameaux sont à demi dépouillés de leur écorce fongueuse, ou celle-ci se détache par lanières qui flottent au gré du vent. Toutefois, un grand nombre de plantes d'Europe se trouvent dans la Nouvelle-Hollande : ce sont celles qu'on peut appeler cosmopolites, et qui viennent dans les marais, telles que la samole, la salicaire, etc. Ainsi donc, ajoute Lesson, toute la moitié intertropicale de la Nouvelle-Hollande produit les plantes des climats chauds, notamment plusieurs espèces de muscadiers : aussi les Anglais y ont-ils établi des cultures d'indigo, de café et de canne à sucre ; tandis que la partie méridionale, au contraire, ayant sa flore spéciale, est aussi la seule qui convienne aux fruits d'Europe. Le pêcher, par exemple, s'est assez naturalisé pour croître à l'état sauvage ; la vigne toutefois a été plus rebelle, et semble ne point s'accommoder des variations subites de la température.

Si la botanique, dit Lesson, imprime à ce pays une physionomie spéciale, le règne animal lui en donne une plus étonnante et plus étrange peut-être. Le caractère que ce naturaliste fait remarquer dans les animaux de la Nouvelle-Hollande, c'est une double poche ou *marsupialité*. Trois animaux seulement en sont dénués : le phoque, une roussette de la partie intertropicale, et le chien, qui a suivi, dit-il, de misérables peuplades lors de leur émigration sur ce continent appauvri. Depuis le doux et timide *Kangourou*, dont quelques espèces sont les plus grands quadrupèdes du continent austral, jusqu'au *Pétauriste* à grande queue, animal de la taille du rat, dont la peau des flancs est étendue entre les membres antérieurs et postérieurs, tous les animaux mammifères de ce continent mériteraient une description spéciale ; mais nous ne citerons qu'un petit nombre d'entre eux. Les *Potorous*, qui ont, comme les kangourous, les jambes de derrière beaucoup plus longues que celles de devant, et l'*Halmature*, qui se rapproche tellement des kangourous, qu'il ne semble en différer que par le système dentaire, la petitesse de ses oreilles et sa queue presque nue ; le *Phascogale*, qui vit sur les arbres ; et les *Péramèles* qui ressemblent aux sarigues, nous sont encore imparfaitement connus sous le rapport des mœurs. Les *Dasiures*, dit encore Lesson, sont des carnassiers qui remplacent à la Nouvelle-Hollande les fouines de nos climats. Le *Thylacine*, de la taille et de la forme du loup, qu'il représente, est souvent mentionné dans les relations comme loup d'Australie ; il vit dans les cavernes sur le bord de la mer, à la terre de Diémen. Tous ces animaux à poches, malgré la singularité de leur conformation, sont cependant moins extraordinaires que deux de cette espèce nommés *paradoxaux*, c'est-à-dire l'*Ornithorhynque* et l'*Échidné*. Le premier, au corps couvert de poils, au bec de canard, aux pieds garnis d'ergots vénéneux, pondant des œufs, semble, suivant Lesson, être une créature fantastique jetée sur le globe pour renverser tous les systèmes admis sur l'histoire naturelle ; car on peut soutenir avec autant de raison qu'il appartient aux quadrupèdes, aux oiseaux, aux reptiles. Le second, dont on fait deux espèces selon que les piquans qui couvrent son corps sont plus ou moins garnis de poils, paraît aussi pondre des œufs au lieu de mettre au jour des petits vivans. Son museau, mince et très-allongé, est terminé par une fort petite bouche ; ses mâchoires, dépourvues de dents, sont garnies de lames cornées comme chez plusieurs palmipèdes ; sa langue est extensible comme celle du fourmilier.

Les mêmes phénomènes de singularité qui caractérisent les quadrupèdes de la Nouvelle-Hollande, se répètent aussi chez les oiseaux. La plupart d'entre eux, dit Lesson, ne pouvant tirer leur subsistance des fruits dont les forêts sont privées, n'ont que des genres restreints de nourriture. Ceux qui vivent d'insectes ont la langue organisée comme les oiseaux des autres climats. Mais les perroquets, les merles et beaucoup d'autres passereaux, obligés de pomper le suc mielleux des fleurs, ont à l'extrémité de la langue des faisceaux de papilles, ressemblant à un pinceau, et qui leur permettent de ne rien perdre de cette matière toujours peu abondante. La plupart des oiseaux du continent austral rivalisent avec ceux des autres continens pour la vivacité des couleurs ; mais un grand nombre présentent avec ceux-ci des différences très-tranchées ; ainsi, le cygne d'Europe est considéré comme le type de la blancheur : celui de la Nouvelle-Hollande est au contraire d'une teinte noire ; le kakatoès est blanc à la Chine et aux Moluques : la même espèce se trouve à la Nouvelle-Hollande, mais c'est seulement sur ce continent qu'on en trouve du plus beau noir. Partout les diverses espèces de volatiles sont couvertes de plumes : sur le continent austral, le *Casoar* forme en quelque sorte le passage des animaux à plumes aux animaux à poils. Parmi les oiseaux les plus remarquables, il faut mettre, comme le dit Lesson, ce superbe *Menure*, dont la queue est l'image fidèle, dans les solitudes australes, de la lyre harmonieuse des Grecs ; ce *Loriot prince-régent*, dont la livrée est mi-partie de jaune d'or et de noir de velours ; ces *Scytrops*, dont le bec imite celui du toucan ; ces Perruches de toute taille et de toute couleur ; ces bruyans Martin-chasseurs et ce *Moucherolle crépitant*, dont le cri imite, à s'y méprendre, le claquement d'un fouet.

Divers reptiles plus ou moins dangereux pullulent dans la Nouvelle-Hollande : ici c'est l'Agame hérissé (*Agama muriata*) encore peu connu ; là, les *Scinques*, par leurs courtes pattes, semblent être intermédiaires entre les lézards et les serpens : le plus remarquable de ce genre est le Scinque noir et jaune. Le plus singulier des sauriens du continent austral est le *Phyllure*, dont la queue s'élargit en forme de feuille ou de spatule, et qui constitue deux espèces, l'une d'un brun marbré (*Phyllurus Cuvieri*), l'autre d'une couleur orangée (*Phyllurus Milii*). Quant aux serpens, dit Lesson, ils y sont nombreux ; on y trouve des couleuvres et des *Pythons* de longue taille. Le *Serpent fil*, à peine long de huit à dix pouces, occasione, dit-on, la mort en moins de quelques minutes ; mais l'espèce la plus redoutable, sans contredit, comme la plus commune, est le Serpent noir, que son affreux venin a fait nommer *Acantophis bourreau*.

Les peuplades indigènes de la Nouvelle-Hollande appartiennent à une race noirâtre, qui dans toute l'Australie présente un caractère uniforme. La couleur de leur peau ressemble à celle du café au lait foncé en couleur ; ils ont le nez large et épaté, la bouche saillante, les lèvres épaisses, le haut du visage plat, et les cheveux noirs, épais et frisés. Ils sont d'une stature moyenne et d'une constitution grêle et énervée, bien que la taille de quelques uns d'entre eux soit de cinq pieds six pouces. Ces peuplades sont divisées par tribus peu nombreuses, qui n'ont point de communications entre elles. Elles vivent misérablement, et sont dans une sorte d'abrutissement moral. Les deux sexes vont nus et n'ont aucun sentiment de pudeur. Ils paraissent même n'avoir aucune idée religieuse. Ils n'ont pour nourriture que quelques racines de fougères, et quelques bulbes d'orchidées, que la chair du casoar et du kangourou, qui deviennent de jour en jour plus rares par la chasse continuelle qu'ils leur font ; quelquefois même ils sont réduits à dévorer des grenouilles, des lézards, des serpens, des chenilles, et même des araignées, et lorsque ces ressources dégoûtantes leur manquent, ils tuent leurs nouveau-nés.

La Nouvelle-Hollande paraît renfermer à peine 110,000 indigènes ; mais les colonies anglaises s'y élèvent à 70,000 individus.

*Terre de Diemen.* Au sud de la Nouvelle-Hollande, s'élève l'île de Diemen formant, avec quelques autres très-petites, un groupe appelé *Terre de Diemen* ou Tasmanie, du nom d'un célèbre voyageur nommé Tasman, qui la découvrit en 1642. L'île de Diemen a 63 lieues de longueur, de 50 à 55 de largeur, et 5,600 de superficie. Elle renferme des montagnes dont le point culminant a reçu le nom de Pic de Tasman. Ces montagnes sont garnies d'épaisses forêts, dans lesquelles on trouve des arbres d'une grosseur et d'une hauteur surprenantes. Ces forêts sont composées principalement de cyprès et de pins ; on y trouve aussi plusieurs espèces d'*Eucalyptus*, qui presque tous sont, comme on sait, originaires de l'Australie. Les principales productions de cette grande île sont le froment, l'orge, l'avoine, presque tous les légumes et beaucoup de fruits de l'Europe ; mais le climat, bien que tempéré, ne permet pas à la vigne d'y prospérer. Les animaux sont à peu près les mêmes que ceux de la Nouvelle-Hollande ; mais les habitans ont beaucoup plus d'analogie avec les Papous ou les nègres de la Nouvelle-Calédonie qu'avec les indigènes de la Nouvelle-Hollande.

La population de la Tasmanie peut être évaluée à 5,000 indigènes, et à 20,000 colons.

Telles sont les généralités dans lesquelles les bornes fixées à cet article nous ont permis d'entrer.

(J. H.)

**AUTOUR**, *Astur*. (ois.) La petite famille des Autours ou Asturinées renferme deux genres : celui des Autours proprement dits, *Astur*, Besch., et celui des Eperviers, *Nisus*. Le caractère commun à ces deux groupes est d'avoir le bec recourbé dès sa base et les ailes plus courtes que la queue : nous ne nous occuperons ici que des vrais Autours. *Voyez*, pour les autres, l'article ÉPERVIER de ce Dictionnaire.

Les espèces du genre Autour présentent les caractères suivans : bec court, incliné dès sa base, convexe en dessus ; narines à peu près rondes ; doigts longs, les extérieurs unis à leur base par une membrane ; tarses écussonnés comme ceux des éperviers, mais plus courts.

De toutes les espèces qu'on a décrites dans ce genre, une seule se trouve en Europe, c'est l'Autour ordinaire, *Falco palumbarius*, figuré pour l'adulte dans les planches enluminées de Buffon, 418 et 461, et pour le jeune à la planche 425.

L'Autour ordinaire mâle est long d'un pied sept à huit pouces, sa femelle a près de deux pieds. Il est brun dessus avec des sourcils blanchâtres, blanc en dessous, rayé en travers de brun dans l'âge adulte, moucheté en long dans le premier âge. Cette espèce habite de préférence les montagnes boisées, et se nourrit de pigeons, de poules, de levrauts, de rats, de taupes, etc. ; son cri est rauque et fréquent ; elle vit par paires comme le font en général les autres oiseaux de proie, et pratique sur les arbres les plus grands un nid dans lequel la femelle dépose quatre ou cinq œufs, d'un blanc bleuâtre avec des raies et des taches brunes.

Le vol de ces oiseaux est bas, ils fondent obliquement sur leur proie ; les fauconniers les ont quelquefois employés pour chasser le menu gibier, et encore ont-ils constamment négligé la variété blonde, qui est plus lâche et peu susceptible d'éducation. Le naturaliste Brisson a considéré à tort cette variété comme une espèce distincte, et l'a décrite dans son Ornithologie sous le nom de GROS-BUSARD.

Parmi les espèces exotiques, dont le nombre a probablement été exagéré, nous citerons :

L'A. MULTIRAIE, *F. nitidus*, qui se rapproche le plus du *F. palumbarius* ; il habite le Brésil et la Guiane.

L'A. A TROIS BANDES.

Le CULBLANC rapporté de la Nouvelle-Hollande par MM. Quoy et Gaimard.

L'A. DE LA NOUVELLE-HOLLANDE.

L'A. MÉLANOPE, *F. Melanops*, qui habite la Guiane.

Ces espèces, avec l'AUTOUR BLEU, sont les seules que l'on voie aujourd'hui au Muséum de Paris ; on devra consulter principalement le Mémoire de MM. Horsfield et Vigors (Trans. de la soc. Lin., Lond., xv, pag. 179), pour celles de la Nouvelle-Hollande ; plusieurs sont aussi figurées et décrites dans les planches coloriées de M. Temminck.

(GERVAIS.)

**AUTRUCHE**, *Struthio*. (ois.) Les Autruches forment dans la méthode de Cuvier un genre de la famille des Brévipennes (ordre des Échassiers). Quelques auteurs ont cru devoir placer cette famille parmi les Gallinacés ; d'autres en ont fait un ordre à part. Les Autruches ont les ailes très-courtes, impropres au vol, garnies de plumes lâches et flexibles dont les barbes ne s'accrochent point entre elles comme chez les autres oiseaux, le bec est médiocre, droit, obtus, déprimé à sa pointe qui est arrondie et onguiculée ; les mandibules égales et flexibles ; les fosses nasales sont ouvertes et longitudinales, elles se prolongent jusqu'à la moitié du bec ; les pieds sont très-robustes, les tarses et les jambes très-élevées, celles-ci garnies de muscles puissans. Ces animaux ne volent pas, mais ils courent avec une grande rapidité. Leur régime est omnivore et leur appétit très-vorace : ce qui s'explique par le développement de leur système digestif : ils ont un énorme jabot, un ventricule considérable entre le jabot et le gésier qui est très-puissant, des intestins volumineux et de longs cœcums. Ce sont les seuls oiseaux qui urinent, leur vaste cloaque fait l'office de vessie ; l'organe de la copulation est très-long chez les mâles et se montre souvent au dehors.

Ce genre singulier ne renferme que deux espèces, l'une d'Afrique, qui a la tête chauve et deux doigts seulement aux pieds ; la seconde est d'Amérique, elle diffère de la précédente par sa tête parfaitement emplumée et ses pieds à trois doigts : quelques ornithologistes en ont fait un genre particulier sous le nom de Nandu, en latin *Rhea* ; mais le caractère de notre Dictionnaire ne nous permet pas d'entrer dans ces détails de nomenclature.

L'AUTRUCHE D'AFRIQUE, *Struthio camelus*, L., a été décrite dans tous les ouvrages d'ornithologie, et figurée dans un grand nombre avec plus ou moins d'exactitude. La meilleure figure qu'on puisse indiquer est celle donnée par Miger dans la Ménagerie du Muséum de Lacépède et Cuvier (pl. 2 le mâle, et pl. 3 la femelle). Nous l'avons reproduite dans notre Atlas, pl. 34, fig. 2.

L'Autruche est le plus grand de tous les oiseaux ; elle atteint jusqu'à sept et huit pieds de hauteur et 90 à 100 livres de poids. Son cou long et mince est revêtu d'un simple duvet, sa tête est petite proportionnellement à la grosseur du corps. L'orifice de l'oreille est large et garni de poils dans son canal auditif ; ses yeux sont très-grands et vifs, la paupière supérieure mobile et garnie de longs cils ; les jambes, dénuées de plumes, sont fortement musclées et plus grosses que la cuisse d'un homme ; les pieds sont charnus et renforcés par un rang de grosses écailles, ils n'ont que deux doigts et ressemblent beaucoup à ceux du chameau. La forme des pieds n'est pas la seule conformité que l'Autruche présente avec cet animal ; elle a dans sa démarche, dans son faciès, quelque chose qui rappelle aussitôt l'idée du chameau ; aussi les Arabes l'ont-ils surnommée l'*Oiseau-chameau*, et les naturalistes ont ajouté au nom de genre *Struthio* l'épithète de *Camelus*. Le sternum des Autruches manque de bréchet, il est arrondi et aplati en forme de bouclier. L'organe de la génération chez le mâle est plus développé que chez les autres oiseaux, on y trouve de nouveaux rapports avec l'organisation des quadrupèdes ; c'est, comme chez eux, une sorte de verge longue de cinq pouces et demi, creusée, dans sa partie supérieure, d'une espèce de sillon ou de gouttière qui sert de conduit à la liqueur fécondante. Cet organe n'a ni gland ni prépuce ; il sort de deux ou trois pouces quand l'animal fiente, dans l'érection il ressemble à la langue d'un bœuf. Pendant la copulation il se fait une véritable intromission de cet organe, au lieu d'une simple compression comme dans les autres oiseaux. L'Autruche femelle présente une sorte de clitoris.

Cette espèce se rencontre dans toute l'Afrique, depuis la Barbarie jusqu'au cap de Bonne-Espérance ; elle est très-commune en Arabie, il paraît même qu'autrefois on la voyait assez avant dans l'Asie, aujourd'hui elle en a entièrement disparu. Elle habite par préférence les lieux les plus solitaires et les plus arides, se tient par troupes quelquefois très-nombreuses, composées d'autres fois de quelques individus seulement ; ces troupes, prises de loin pour des escadrons de cavalerie, ont effrayé plus d'une caravane. Les Autruches se nourrissent principalement de matières végétales ; pour satisfaire leur faim dévorante, elles mangent tout ce qu'elles trouvent : on en a vu qui avalaient du fer, des os, du cuivre, des pièces de monnaie ; quelquefois elles sont victimes de leur gloutonnerie ; on en cite une qui mourut pour avoir pris une quantité considérable de chaux vive. Les Arabes et les voyageurs s'accordent à dire qu'elles ne boivent pas ; il leur serait en effet bien difficile de satisfaire leur soif dans des pays brûlans, où il ne pleut pour ainsi dire jamais : cependant, à l'état de domesticité, elles boivent et boivent même beaucoup ; on en a vu une à la ménagerie de Paris boire en été quatre pintes d'eau par jour, et ce qui est plus étonnant, en employer six pendant l'hiver, quoique alors on la tînt dans sa case presque sans exercice. La ponte d'une seule femelle se compose d'une quinzaine d'œufs, dont elle ne couve qu'une partie ; la plus faible, qu'elle abandonne à quelques pas de son nid, étant destinée à la nourriture des petits lorsqu'ils écloront.

On pense que les Autruches sont monogames. « Elles connaissent, a-t-on dit, l'amour et la constance ; c'est transformer les déserts en des lieux de délices. » Cependant on trouve dans les récits des voyageurs quelques faits qui paraîtraient indiquer le contraire. Un mâle, peut-être, vit en société avec quelques femelles ; celles-ci pondent leurs œufs dans le même nid et couvent chacune à son tour ; c'est, au reste, le résultat d'observations faites sur les lieux par Levaillant. Ce voya-

geur infatigable trouva dans le nid d'une femelle qu'il fit lever, trente-huit œufs dans un tas, et 15 distribués plus loin, chacun dans une petite cavité : étonné du grand nombre de ces œufs, il voulut savoir si l'Autruche en question les avait tous pondus, ce qui n'était guère probable, ou, du moins, si elle était seule chargée de les soigner. Il fit arrêter ses hommes et dételer à un quart de lieue, et s'enfonça dans un buisson d'où le nid lui apparaissait à découvert et à portée de la balle. Bientôt une femelle arriva, qui s'accroupit sur les œufs, et pendant le reste du jour que le célèbre voyageur passa dans le buisson, « trois autres femelles se rendirent au même nid. Elles se relevaient, dit-il, l'une après l'autre ; une seule resta un quart d'heure à couver, tandis qu'une nouvelle venue s'y était mise à côté d'elle ; ce qui me fit penser que quelquefois et pendant les nuits fraîches et pluvieuses elles s'entendent pour couver à deux et même davantage. Le soleil touchait à son déclin, un mâle arrive qui s'approche du nid pour y prendre sa place, car les mâles couvent aussi bien que les femelles, etc. » (*Voy.* 1er Voyage, pag. 374.

Sous la zone torride les femelles sont dispensées de couver, la chaleur de l'atmosphère, celle du sable où sont les œufs, étant suffisante pour les faire éclore ; mais en deçà et au-delà des tropiques, elles les couvent avec soin, en tous lieux elles veillent sur eux et les défendent avec courage. Les œufs d'Autruche sont très-gros, ils pèsent jusqu'à deux et trois livres. Leur couleur est d'un blanc sale tirant sur le jaune. On les mange avec plaisir ; la manière la plus ordinaire et la meilleure de les accommoder est de les brouiller en les faisant cuire avec beaucoup de beurre : ils sont assez gros pour qu'un seul suffise au repas d'un homme. Leur coque est très-dure, et peut servir de vase ; dans les mosquées et dans les églises chrétiennes d'Orient on les suspend aux voûtes en guise d'ornemens. La durée de l'incubation est de six semaines environ. Au sortir de l'œuf, les petits sont tout couverts de plumes, même aux endroits qui doivent être nus dans la suite ; ils sont d'un gris roussâtre, tacheté de noir, avec des bandes longitudinales de cette couleur sur la tête et derrière le cou ; ils courent déjà et cherchent leur nourriture.

Les Autruches, quoique habitantes du désert, ne sont pas aussi sauvages qu'on l'imaginerait ; elles s'apprivoisent facilement, surtout lorsqu'on les prend jeunes. Les habitans de Dara, ceux de la Libye, en nourrissent des troupeaux dont ils tirent des plumes et une nourriture abondante. On en a vu qui étaient assez familières pour se laisser monter comme on monte un cheval, et le tyran Firmius, qui régnait en Égypte sur la fin du troisième siècle, se faisait porter, dit-on, par de grandes Autruches.

L'Autruche ne fait entendre son cri que très-rarement ; celui du mâle est plus fort que celui de la femelle, tous deux soufflent comme les oies quand on les irrite. La chair des jeunes est bonne à manger; celle des vieilles, dure et coriace, n'est pas souvent employée. On l'avait défendue aux Hébreux; les mahométans ne la mangent pas, non plus que les Arabes, chasseurs de profession. Des peuplades entières de l'Afrique, nommées *Struthophages* ou mangeurs d'Autruches, se nourrissent presque entièrement de ces animaux; cet usage existe encore aujourd'hui.

Les Autruches courent très-vite, c'est avec les chevaux qu'on les chasse et qu'on les prend; comme leur course est plus rapide que celle du meilleur cheval, il faut pour se livrer à cette chasse un peu d'industrie; celle des Arabes consiste à les suivre à vue, sans trop les presser, et surtout à les inquiéter assez pour les empêcher de prendre leur nourriture. Comme elles ne vont point en ligne directe, mais qu'elles décrivent le plus souvent un cercle plus ou moins étendu, les chasseurs dirigent leur marche sur un cercle concentrique intérieur, moindre par conséquent. Après un jour et quelquefois davantage, lorsqu'ils les ont fatiguées et affamées, ils prennent leur moment, fondent sur elles au grand galop, et les tuent à coups de bâton pour que le sang ne gâte point leurs plumes. Les peuples struthophages avaient une autre façon de les prendre: ils se couvraient d'une peau d'Autruche, passant leur bras dans le cou pour mieux imiter les mouvemens de ces oiseaux et les approchaient avec facilité. On a aussi employé des chiens et des filets.

Ce n'est pas seulement pour leur chair, leur graisse ou leurs œufs qu'on chasse les Autruches; dans tous les temps leurs dépouilles ont été un objet de commerce très-lucratif. Leur cuir très-épais a été employé pour faire des cuirasses; les longues et belles plumes de leur queue et de leurs ailes ont toujours été recherchées à cause de leur mollesse et de leur jeu. En Europe on les voit ombrager la tête des guerriers, flotter mollement sur la chevelure des dames ou former des touffes aussi riches qu'élégantes sur les meubles les plus précieux. Les janissaires turcs qui se sont distingués dans les combats ont seuls le droit d'en orner leur turban. Les beaux éventails des Orientanx sont presque tous composés avec de telles plumes. Celles des mâles sont plus estimées que celles des femelles; on recherche surtout celles qui ont été enlevées à l'animal vivant, on les reconnaît à ce que leur tuyau pressé dans les doigts laisse écouler un suc sanguinolent; elles sont sèches au contraire si elles ont été prises sur un individu mort, et fort sujettes au ver. Les caravanes de Nubie apportent au Caire une grande quantité de peaux et de plumes d'Autruches. Dans le seul port d'Alexandrie il s'en chargeait autrefois pour Marseille pour plus de 50,000 fr. par an. Elles nous arrivent aussi en grande quantité, par la voie du commerce, du Levant, de la Barbarie, et de la côte occidentale d'Afrique.

La seconde espèce du genre est l'Autruche d'Amérique, *Struthio Rhea*, connue aussi sous les noms de Nandou, Churi, Autruche d'Amérique, de Magellan, d'Occident, Autruche bâtarde, etc.

C'est mal à propos que Brisson et Buffon l'ont appelée Touyouyou, par abréviation *To) ou*: ce nom appartient au Jabiru (*v.* ce mot). Cette espèce est de l'Amérique méridionale; elle n'est pas moins commune dans cette partie du globe que la précédente dans le sud de l'Afrique; cependant elle n'est pas aussi bien connue; quoique moins grande que celle-ci, elle est néanmoins plus grande qu'aucun des autres oiseaux de l'Amérique; sa taille ne s'élève guère au-delà de quatre ou cinq pieds. Sa tête et son cou sont garnis de plumes grisâtres semblables à celles du dos et des cuisses; ses pieds sont forts et présentent trois doigts, tous très-gros et munis d'ongles courts, arrondis et presque droits; ce qu'on avait considéré comme un quatrième doigt, par derrière, n'est qu'un simple talon. La poitrine porte une callosité peu apparente, les ailes sont sans piquans. Les plumes des ailes sont longues de trois décimètres environ, égales entre elles et semblables quant à leur structure; on ne saurait les distinguer en primaires, secondaires et tectrices: elles sont en grand nombre, très-touffues et serrées contre les flancs et sur le dos; leur largeur est de 2 à 5 pouces; d'un gris bleuâtre, plus clair sur le devant des ailes, et mêlé de taches noires sur le derrière. Leurs barbes sont longues et désunies quoique garnies de barbules. Ces plumes sont loin d'être aussi belles que celles de l'Autruche d'Afrique, aussi ne sont-elles point estimées, on les emploie seulement à faire des ballets et d'autres instrumens de ce genre.

Ces oiseaux marchent et courent avec célérité, mais leur pas est mal assuré; ils n'étendent leurs ailes que lorsqu'ils voient un animal qui leur est inconnu, ou bien qu'ils veulent exprimer leur contentement. Leurs œufs sont jaunâtres, un peu moins gros que ceux de l'Autruche d'Afrique; les femelles commencent à pondre vers la fin d'août, elles en font d'ordinaire une quinzaine qu'elles déposent simplement dans un creux fait à la terre, et garni parfois de quelques brins de paille. Ces œufs sont bons à manger; on les emploie principalement pour faire des biscuits. Ils éclosent en novembre après une incubation de six semaines. Les petits à leur naissance sont de la grosseur d'une poule, leur couleur est grise avec quelques lignes roussâtres sur le dos; ils courent déjà et peuvent subvenir à leurs besoins. Cette espèce d'Autruche est très-douce et facile à apprivoiser; elle a été figurée dans le tom. XII des Annales du Muséum, à la planche 59ᵉ. (GERVAIS.)

AUXIDE, *Auxis*, Cuv. (POISS.) Sous-genre de la famille des Scombéroïdes; les espèces qui le composent ne diffèrent des thons que parce que leurs dorsales sont séparées comme celles des maquereaux. (*Voy.* Thon.) (G. B.)

AVAGNON ou LAVIGNON. (MOLL.) On donne ces noms vulgaires, sur les côtes de France, à diverses coquilles bivalves dont on mange les animaux. *Voy.* Arénaire, Ligule.

(Guér.

AVALANCHES. (GÉOGR. PHYS.) Du sommet de ces masses neigeuses qui couvrent les points culminans des hautes montagnes, se détache à certaines époques une chétive boule de neige; celle-ci dans sa course rapide se grossit, en entraîne une seconde; les deux réunies en poussent plusieurs autres; et bientôt leurs masses, croissant en volume comme en vitesse, se précipitent avec la rapidité de la bombe, au fond de la vallée, en renversant dans leur chute terrible les arbres, les rochers et les habitations. On donne aussi à ce redoutable phénomène le nom de *Lavanges*.

Pendant l'hiver, ce sont les vents qui déterminent la chute de ces monceaux de neige; au printemps c'est la fonte de celle-ci : à cette époque de l'année, les Avalanches sont les plus terribles. Ainsi, par une de ces sortes de compensations dont la nature offre tant d'exemples, tandis que les plus hautes montagnes sont formées de toutes pièces par l'action violente des soulèvemens provoqués par les feux souterrains, une force minime qui agit périodiquement tend à les dégrader sans cesse.

Les forêts qui couvrent les flancs inférieurs des hautes montagnes suffisent pour arrêter la marche des Avalanches, et préserver les habitans des vallées de ce fléau destructeur. Mais le montagnard imprévoyant, en abattant les arbres et en ne les remplaçant jamais, détruit la seule barrière qui puisse s'opposer aux ravages de ce terrible phénomène. Il en résulte qu'il devient d'autant plus fréquent que les montagnes où il prend naissance sont plus dépouillées.

Les Avalanches les plus communes sont celles qui se forment par suite de la fonte des neiges. On sait que celles-ci se fondent en dessous plutôt qu'en dessus. La masse dont la base a été fondue, ne se trouvant plus en équilibre, s'affaisse, et les parties supérieures se détachent et vont porter au loin la destruction. Le vent, le bruit, la moindre agitation de l'air peut provoquer la chute de ces sortes d'Avalanches. C'est pour cela qu'à l'époque où elles peuvent se former, on recommande au voyageur le silence dans le voisinage des masses de neige, où les Avalanches ont coutume de se précipiter; c'est pour cela encore que l'on tamponne les sonnettes des mulets, dans les passages dangereux. Ou bien, pour prévenir le danger, on provoque leur chute par la décharge d'armes à feu; et l'on peut ensuite passer sans crainte après que l'Avalanche est tombée.     (J. H.)

AVELINE, SCARABÉ ou GUEULE-DE-LOUP. (moll.) Noms marchands de la jolie coquille formant le genre Scarabé (*voy.* ce mot).
(Guér.)

AVELINIER. (bot. phan.) Variété du noisetier que l'on cultive de préférence, à cause de la beauté, de la délicatesse et de la précocité de son fruit. (*Voy.* Noisetier.)     (T. D. B.)

AVENTURINE. (min.) On prétend qu'un ouvrier ayant laissé tomber par hasard ou, comme on dit, par aventure, de la limaille de laiton dans un creuset contenant du verre fondu, fut agréablement surpris du produit qu'il avait obtenu, et qu'il appela *Aventurine* : le verre, qui était coloré, était parsemé de paillettes brillantes. On perfectionna ce produit artificiel, en employant du verre d'un brun rouge foncé, dans lequel on mêla des paillettes jaunes ou blanches de tombac, alliage formé de cuivre et d'arsenic.

Nous ne garantissons pas l'authenticité de cette origine du nom d'Aventurine; ce qu'il y a de certain, c'est que l'*Aventurine* naturelle, ou le *quartz aventuriné*, est depuis long-temps connue du lapidaire, et qu'il est même probable qu'elle jouissait de quelque estime chez les anciens; car le *coralloachates* de Pline, pierre précieuse d'un rouge de corail, parsemée de taches d'or, paraît ne pouvoir être rapporté qu'à l'Aventurine naturelle.

Le quartz aventuriné présente ordinairement des points brillans sur un fond blanc, ou verdâtre, ou brun rougeâtre. Cet effet, ce jeu de lumière, est dû à la nature granulaire du quartz, dans lequel il se trouve des grains plus vitreux, plus transparens les uns que les autres. Les reflets sont blancs lorsque le quartz est blanc; ils sont rougeâtres, jaunâtres ou brunâtres, lorsque le quartz est coloré par de l'oxide de fer, qui assez ordinairement est interposé entre les grains.

Il ne faut pas confondre le quartz aventuriné, qui est une substance homogène, contenant seulement des oxides métalliques, avec le quartz micacé, qui prend un aspect brillant comme la véritable Aventurine, aspect qui est dû à des lames de mica disséminées dans sa masse. On ne doit pas non plus confondre avec l'Aventurine naturelle le feldspath aventuriné, qui doit aussi cet aspect tantôt à la structure de cette substance, et tantôt à des lamelles de mica. (*Voy.* Feldspath.)

La province d'Aragon en Espagne, la Transylvanie, et les environs de Quimper et de Nantes en France, fournissent de belles Aventurines naturelles, que l'on taille en cachets et en divers bijoux. Mais jamais le quartz aventuriné ne jouit de l'éclat qui caractérise l'Aventurine artificielle.
(J. H.)

AVÉRANO, *Casmarynchos*. (ois.) Genre de passereaux de la famille des Ampélidées ou Cotingas, dont les caractères sont les suivans : bec large très-déprimé, mou et flexible à sa base, comprimé au contraire et de consistance cornée à sa pointe; fosse nasale très-ample, avec la membrane qui la recouvre garnie de quelques plumes; tarse plus long que le doigt du milieu; troisième et quatrième rémiges plus longues que les autres.

Ce genre comprend trois espèces toutes originaires des forêts de l'intérieur du Brésil, leur bec mou à sa base et la position de leurs narines les différencient assez des Procnés; ces espèces sont :

L'Avérano caronculé, *C. carunculata*, qui est d'un blanc pur dans son plumage parfait, c'est-à-dire à l'époque des amours, et verdâtre dans les autres saisons; la base du bec est surmontée par une caroncule charnue, quelquefois garnie de petites plumes, et filiforme.
L'Araponga

L'Araponga averano, *C. nudicollis*. Le mâle est d'un blanc pur; mais la base du bec, le tour des yeux et le devant du cou sont nus, la peau de ces parties est verte et parsemée seulement de quelques soies noires. La femelle est d'un vert cendré plus pâle aux parties inférieures, qui sont marquées de larges mèches blanches; les plumes de la tête sont noires, la longueur de l'oiseau est de dix pouces, y compris la queue.

L'Araponga guira-punga, *C. variegata*, est la 5ᵉ et dernière espèce connue; c'est l'*Averano* de Buffon; sa tête est rousse, les ailes noires et le reste du corps d'un gris blanchâtre. La gorge est nue et garnie d'un grand nombre de caroncules aplaties, d'une teinte bleuâtre et susceptibles de prendre du rouge lorsque l'oiseau est animé de quelque passion. C'est cette espèce qui est représentée dans notre Atlas, pl. 35, figure 1.

(GERVAIS.)

AVICENNIA. (BOT. PHAN.) Nom donné par Linné à un genre d'arbres communs au bord des eaux salées, dans les Antilles et sur quelques côtes de l'Inde et de l'Afrique; on les a quelquefois décrits sous le nom de *mangle* ou *manglier*, ce qui est une erreur; Adanson nomme ce genre *upata*; c'est encore le *Halodendéon* ( arbre maritime) d'Aubert du Petit-Thouars; enfin chaque pays où il croît lui donne un nom différent, rapporté par les voyageurs, ce qui a mis une grande confusion dans sa synonymie.

L'*Avicennia* est rapporté par Jussieu à la famille des Verbénacées, et présente un calice à 5 divisions, muni extérieurement de trois écailles; une corolle à 4 divisions un peu inégales; quatre étamines didynames (parfois cinq, suivant Adanson) ; un style, deux stigmates; une capsule bivalve à une seule graine, celle-ci offre la particularité de germer intérieurement après la fécondation; ses cotylédons sont repliés sur euxmêmes, et semblent composés de quatre lamelles charnues.

L'espèce la plus vulgaire est l'*A. tomentosa*, qu'on trouve au Malabar, en Abyssinie, aux Antilles. Il s'élève à plus de 40 pieds sur 12 à 15 de diamètre; on le reconnaît à ses racines traçantes, à son écorce cendrée, à sa cime étalée et orbiculaire; à ses feuilles opposées, entières, persistantes, cotonneuses en dessous, à ses fleurs petites, jaunâtres et odorantes; son fruit se mange au Malabar; il ne faut pas oublier que, sur une fausse indication, Linné l'avait confondu avec l'*Anacardiam* du commerce, et que cette erreur du grand botaniste a été répétée par plusieurs modernes.

Nous citerons encore l'*A. nitida* ou *Palétuvier gris*, qui croît à la Martinique; sa corolle porte le rudiment d'une cinquième étamine. (L.)

AVICULE, *Avicula*. (MOLL.) Coquilles bivalves de forme assez bizarre, ayant quelque ressemblance avec une hirondelle. Lamarck a placé ce genre dans sa division des Conchifères monomyaires où il fait partie de sa petite famille des Malléacées. Les Avicules vivent un peu dans toutes les mers; on en trouve dans la Méditerranée, dans l'Inde et à la Nouvelle-Hollande; pourtant le nombre de leurs espèces n'est pas très-considérable; car on n'en compte qu'une vingtaine environ, et Lamarck n'en décrit que treize à l'état vivant. Voici leurs caractères génériques : coquille inéquivalve, inéquilatérale, fragile, à base transversale, droite, ayant ses extrémités avancées et l'antérieure caudiforme; une échancrure ou un sinus à la valve gauche; charnière linéaire unidentée, à dent cardinale de chaque valve sous les crochets; facette du ligament marginale, étroite, en canal, non traversée pour le passage du byssus. Ces coquilles sont toutes marines, presque toujours mutiques ou non écailleuses en dehors: leur test est généralement mince, fragile et nacré en dedans. Les Avicules ont beaucoup d'analogie avec les Marteaux, parmi lesquels elles ont été long-temps confondues; cependant elles s'en distinguent non-seulement par leur forme générale, mais surtout par l'ouverture qui donne passage au byssus, et qui a lieu aux dépens de la valve gauche. La plus grande espèce connue a 178 millimètres de longueur (*Avicula macroptera*). Elle est figurée dans Knor. (Vergn., 6, tab. 2.) (DUCL.)

AVOCETTE, *Recurvirostra.* (OIS.) Genre d'oiseaux échassiers longirostres facilement reconnaissables à leur bec très-long et très-grêle, aplati en dessus et sans dentelures; il est recourbé vers le haut et membraneux à sa pointe, qui est très-flexible; particularités qui distinguent suffisamment les Avocettes de tous les autres oiseaux. Leurs pieds palmés presque jusqu'au bout des doigts, pourraient les faire rapprocher des oiseaux nageurs; mais leurs tarses grêles et élevés, leurs jambes à moitié nues, la forme de leur bec et les habitudes qu'on leur connaît, ne permettent pas de les éloigner des bécasses; ils ont les trois doigts antérieurs réunis, comme nous l'avons dit, par une membrane assez large; leur pouce, libre et très-petit, n'atteint même pas le sol. Les ailes sont assez étendues, la première rémige dépasse les autres.

Les Avocettes fréquentent les rivières limoneuses, les marais et les côtes de la mer; la conformation singulière de leur bec les force à chercher dans l'eau et dans la vase, les vers, les mollusques et autres petits animaux aquatiques. Elles marchent à gué dans les eaux basses, ou bien se jettent à la nage lorsqu'elles ne peuvent prendre pied. C'est ainsi qu'elles chassent, et s'emparent du frai des poissons. Ces oiseaux sont d'une défiance extrême; ils ne se laissent point approcher et ne se prennent à aucun piège, aussi est-il très-rare qu'on les possède vivans. La femelle fait un nid creux en terre, qu'elle tapisse de quelques brins d'herbe; elle y pond trois ou quatre œufs sur lesquels elle se pose en ployant ses longues jambes.

Ce genre est aujourd'hui composé de quatre espèces; l'Europe n'en possède qu'une, l'Avocette, *R. Avocetta*, qui est de la grosseur d'un pigeon ordinaire; son plumage est varié de noir et de blanc ; la tête, la partie postérieure du cou, etles ailes presque entièrement, sont d'un noir profond, tout le reste est blanc. Le bec est long de trois pouces et demi et de couleur plombée ; cette espèce se trouve dans le nord de l'Europe ; en hiver les frimas la font émigrer, on la rencontre alors dans le midi de la France et même en Italie. On l'a aussi observée dans l'Afrique depuis l'Egypte jusqu'au Cap. Elle pond sur les côtes de l'Océan ; ses œufs sont olivâtres, tachés de noirâtre ; les habitans de ces contrées les recherchent pour les manger et les préfèrent à ceux des vanneaux. Les espèces étrangères sont : L'Avocette isabelle, *R. americana*, qui habite l'Amérique méridionale ; l'A. à cou marron, *R. rubricollis*, qui vient de la Nouvelle-Hollande : on la confond quelquefois avec la précédente. L'A. orientale, *R. orientalis* de Cuvier, est la quatrième et dernière espèce ; on la trouve sur les rivages de l'Inde, sa taille est celle de l'Avocette d'Europe ; elle est représentée dans notre Atlas, pl. 55, fig. 2. (Gervais.)

AVOINE, *Avena*. (bot. phan.) Genre de la famille des Graminées, appartenant à la Triandrie digynie, et dont les nombreuses propriétés intéressent les cultivateurs, surtout ceux des régions septentrionales. On a dit que l'Avoine était originaire de la Perse et même de l'île découverte par Jean Fernandez en 1572 dans la mer du Chili : on a avancé une erreur et on la retrouve consignée dans tous les livres. Cette graminée est indigène au nord de l'Europe ; les Celtes, les Scandinaves, les Gaulois et les Germains l'estimaient leur mets par excellence ; ils la mangeaient torréfiée ou réduite en gruau, préparée en bouillie, convertie en pain, en gâteaux, et ils la cultivaient avec le plus grand soin. Les Romains l'ont reçue de nos antiques aïeux ; mais ils ne l'employèrent qu'à la composition de leur fourrage artificiel appelé Farrago (*v.* ce mot). De nos jours, son grain sert, en Allemagne, en Hollande, en Angleterre, à faire de la bière très-fine et fort délicate ; il est plus particulièrement réservé, dans toute l'Europe tempérée, pour la nourriture des chevaux, de plusieurs autres mammifères et des oiseaux de basse-cour, quand il a perdu son eau de végétation. En Norwége et en Islande, où l'Avoine est presque l'unique ressource des pauvres habitans, on prépare avec sa farine, unie à celle de l'orge et du seigle, le *falbrod*, espèce de biscuit rond, fort large, très-mince, qui se conserve durant plusieurs années, si l'on a la précaution de le tenir en un lieu sec.

Quoique Davy ait annoncé l'existence du gluten dans l'Avoine, il m'est démontré qu'il ne s'y trouve pas. Ce grain contient de la fécule, du mucoso-sucré, une matière azotée dépourvue de toute élasticité, un principe amer qui agace chez quelques individus le canal alimentaire, et une huile grasse, jaune-verdâtre, cristallisant en grumeaux comme l'huile d'olives. Les scories boursouflées et semblables à celles des volcans, que l'on découvre parmi les cendres d'une meule d'Avoine brûlée, prouvent que cette graminée renferme beaucoup de Silice (*voy.* ce mot).

L'Avoine multiplie jusqu'à vingt et vingt-cinq fois quand elle croît sur un bon fonds, sur un sable frais, dans un sol légèrement humide, souvent labouré et bien amendé ; elle redoute les terres arides et la sécheresse ; elle demande à être chaulée, à être semée dru en automne et plus clair au printemps. Elle ne tarde pas à germer, et si la température de l'année lui est favorable, elle monte rapidement et épis en juin. Rien de plus gai que sa tige verte et l'axe florifère qui la termine agités par le vent le plus léger, ou lorsque le soleil fait briller le jaune doré de son chaume et rend plus frappant le contraste de ses graines ellipsoïdes d'un beau noir. Les racines tallent beaucoup et effritent singulièrement la terre.

La fane d'Avoine est recherchée par tous les animaux ; elle les entretient dans un bon état et améliore sensiblement le lait des femelles ; mais il faut la leur donner avec modération : comme le grain trop nouveau, la fane fraîche détermine des maladies graves ; quand on la destine pour fourrage sec, on la coupe à l'époque où le grain est en lait, elle est alors préférable au foin ordinaire qui se récolte les grains étant mûrs et la tige dépouillée de tout principe sucré ; les bestiaux la mangent avec une sorte de sensualité. Les balles sont estimées pour le coucher, surtout pour celui des petits enfans.

Nous possédons plusieurs espèces excellentes : 1° l'Avoine commune, avec et sans barbes, *A. sativa*, que la culture a douée d'un bon nombre de variétés ; leurs différences sont rarement dans les propriétés essentielles, mais seulement dans la grandeur du chaume, la disposition de la panicule, dans la présence ou l'absence des barbes, dans la taille, la couleur et le produit des grains ; 2° l'Avoine nue, *A. nuda*, espèce naturellement dépouillée de sa balle, portant des barbes tortillées, rapportant peu ; grain petit, nu, mais d'une haute qualité pour faire du gruau propre à être converti en pain ; 3° l'Avoine pomme de terre, *A. præcox*, connue en France depuis 1811 ; sa tige est bleuâtre, le grain précoce, rond, blanc et court, donnant d'ordinaire vingt-neuf pour un et une farine abondante presque sans son ; cette espèce est très-commune en Ecosse ; 4° l'Avoine d'Orient, *A. orientalis*, qui se distingue des précédentes par sa panicule contractée et unilatérale, par ses glumes dont les nervures s'anastomosent, et par ses fleurs dépourvues de barbes.

Parmi les autres espèces, je citerai seulement l'Avoine folle ou follette, *A. fatua*, une des plantes les plus nuisibles à l'abondance des récoltes en blé ; ses barbes sont très-longues, ses balles velues, ses grains très-petits et sans valeur ; sa panicule écartée fournit un bon hygromètre ; l'Avoine des prés, *A. pratensis*, espèce vivace que l'on trouve dans les prés, dans les bois et qu'no emploie souvent pour des tapis de verdure ; l'Avoine bulbeuse, *A. bulbosa*, remarquable seulement par les tubercules arrondis et blanchâtres que portent ses racines. On a voulu les introduire dans nos cuisines, mais la tentative n'a pas eu de succès. (T. D. B.)

AVOINE DES CHIENS. Les habitans de la Guiane donnent vulgairement ce nom au Pharus lappulaceus (*v.* ce mot). (T. D. B.)

AVORTEMENT. Expulsion d'un embryon ou d'un fœtus, avant l'époque de sa viabilité. Ce mot n'est pas absolument synonyme de *fausse-couche*, qui peut également s'appliquer à l'issue d'un *faux germe* ou d'une *môle*; il ne présente pas non plus la même idée que l'expression d'*accouchement prématuré*, qu'on emploie à l'égard d'un fœtus avant terme, mais viable.

L'Avortement est presque toujours spontané, il peut être provoqué. Parmi les causes qui le déterminent, les unes agissent sur la mère, les autres sur le produit de la conception.

Un état de pléthore générale ou une faiblesse extrême; un relâchement des fibres de l'utérus après de nombreux accouchemens ou une rigidité considérable de cet organe; une grande susceptibilité nerveuse; quelque vice de conformation; les émotions vives; l'abus des plaisirs; les travaux pénibles; les exercices violens; les maladies des voies digestives, de l'encéphale, de la poitrine lorsque la toux est fréquente; les coups, les chûtes sur le ventre, sur la région lombaire; l'implantation du placenta à l'orifice de l'utérus, le volume extraordinaire des *eaux*; la rupture du cordon; la présence de plusieurs fœtus, sont les causes les plus fréquentes de l'Avortement. On remarque qu'il coïncide souvent avec une époque menstruelle, et que les femmes qui déjà ont éprouvé cet accident y sont plus disposées que d'autres. L'action violente de certains médicamens peut encore occasioner l'Avortement. Les médicamens, quelquefois employés dans une intention coupable, ont rarement obtenu le résultat qu'on en espérait, et trop fréquemment ils ont compromis la santé de la mère ou mis ses jours en danger. Il en est de même des manœuvres coupables à l'aide desquelles on agit directement sur le fœtus et ses enveloppes : plus dangereuses encore, ces tentatives, souvent inutiles, peuvent être suivies de lésions profondes de l'utérus, d'hémorrhagies et de douleurs atroces.

Quelle que soit, au reste, la cause qui le détermine, l'Avortement est précédé de signes qui laissent peu de doutes sur la nature de cet accident, et qui doivent engager à mettre en usage tous les moyens propres à le prévenir : des frissons vagues, un mouvement fébrile, l'élévation du pouls, la pesanteur générale, des douleurs de tête, des défaillances, la pâleur de la face, la lividité des paupières, la fétidité de l'haleine, la flaccidité des mamelles, la mollesse du ventre, la cessation des mouvemens du fœtus lorsque la grossesse est assez avancée, puis bientôt quelques gouttes de sang suivies d'un écoulement plus considérable de ce fluide, enfin des douleurs utérines précèdent ou accompagnent les symptômes plus positifs qu'il est possible de reconnaître par le toucher.

Pour prévenir l'Avortement, il faut en rechercher la cause; ainsi l'on doit diminuer l'état de pléthore par une ou plusieurs saignées, un exercice et un régime convenables; remédier, au contraire, à l'état de faiblesse par de légers toniques, une alimentation réparatrice; combattre la susceptibilité nerveuse par les calmans, éviter les émotions vives, la fatigue. Ces indications, qui appartiennent, au reste, à la pratique et que nous devons à peine énoncer ici, varient en raison des dispositions du sujet et des circonstances qui ont amené ou qui accompagnent cet accident. Nous devons cependant dire que les moyens indiqués par l'art doivent être mis en usage alors même que le travail semble commencé; car il est arrivé que l'écoulement d'un liquide qu'on a pu prendre pour les eaux de l'amnios n'entraînait pas nécessairement une parturition précoce; on cite encore des exemples de l'expulsion d'un fœtus abortif, tandis que son jumeau continuait à se développer dans l'utérus jusqu'au terme ordinaire de l'accouchement.

Si l'on n'a pu prévenir l'Avortement, il faut l'abandonner à la nature, en se contentant de combattre les accidens qui pourraient en compliquer les suites ordinaires. Celles-ci sont, au reste, d'autant plus fâcheuses que la grossesse est plus avancée, que les causes qui ont produit l'Avortement sont plus graves et ont agi plus violemment sur la mère.

Il est des pays où les femmes parviennent, à l'aide de préparations particulières, à se faire avorter impunément : en Égypte, par exemple, les matrones font commerce de ces moyens abortifs, et quelques uns de nos médecins sont parvenus à se faire initier dans ces secrets du harem, qu'ils se sont prudemment gardés de publier : l'influence du climat, les mœurs, les habitudes peuvent au reste soustraire les femmes de ces contrées aux dangers que l'usage de ces préparations ne manquerait pas d'entraîner ailleurs. (P. G.)

AVORTEMENT. (bot.) Lorsqu'une graine ou tout autre organe d'une plante n'atteint point un développement complet, on dit qu'il y a Avortement. Cet accident peut dépendre de différentes causes, et presque toujours de causes extérieures : ainsi, qu'un insecte ronge le stigmate ou les anthères d'une fleur, cette fleur ne pourra plus produire de semences fécondes; que les brouillards, que les pluies abondantes imprègnent le pollen des anthères, les petits globules destinés à se porter sur le stigmate du pistil resteront collés ensemble, et, les embryons n'étant point fécondés, il s'ensuivra un véritable *Avortement*. (P. G.)

AXE (anat.), d'un mot grec qui signifie pivot. Mot employé en anatomie pour désigner une ligne droite qui passe par le centre d'une partie ou d'une cavité, en suivant la direction principale de cette partie ou de cette cavité. Ainsi l'on dit l'*axe* de l'œil pour indiquer une ligne qui est censée traverser l'œil depuis le centre de la cornée jusqu'au centre de la sclérotique : c'est cette ligne prolongée en avant qu'on appelle *Axe visuel*.

On désigne souvent encore sous le nom d'*Axe cérébro-spinal* la portion centrale du système nerveux de la vie animale. Cette portion comprend essentiellement le cerveau, le cervelet et la moelle épinière ; elle est logée dans une gaîne osseuse formée par le crâne et la colonne vertébrale. Les recherches anatomiques récentes dont cet appareil est devenu l'objet trouveront leur place au mot ENCÉPHALE.          (P. G.)

AXE. (PHYSIQ.) Ligne droite qui s'étend d'un point de la circonférence d'une sphère à un autre, en passant par le centre. En optique, on appelle *Axe* une certaine direction autour de laquelle les phénomènes lumineux se passent de la même manière, de tous les côtés, dans les cristaux où les lois de la double réfraction sont réduites à leur plus grande simplicité.          (P. G.)

AXE. (BOT.) Ce terme a plusieurs significations : il sert à indiquer la partie centrale d'un corps ; c'est dans ce sens que l'on dit *Axe du fruit*, *de la fleur*. L'Axe du fruit peut être fictif ou matériel : dans ce dernier cas il forme une sorte de petite colonne à laquelle on donne le nom de *columelle* ; dans l'autre sens, c'est la ligne fictive qui traverse le fruit, de la base au sommet, en passant par le milieu. On désigne par *Axe* d'un épi ou d'une grappe la partie centrale à laquelle sont attachées les fleurs ou les ramifications portant des fleurs.          (P. G.)

AXIA. (BOT. PHAN.) Arbrisseau de la Cochinchine, Triandrie monogynie L., dont la tige noueuse et rameuse n'a guère que deux pieds de hauteur ; les feuilles sont opposées et inégales ; les fleurs petites et disposées en grappes terminales ; involucre à trois folioles courtes, inégales et caduques ; calice monosépale, campanulé, dont le limbe se découpe en dix lobes arrondis et égaux ; trois étamines à filets menus, aussi longs que le calice, à anthères didymes ; ovaire infère, surmonté d'un style filiforme, aussi long que les étamines, et terminé par un stigmate légèrement renflé ; fruit à surface sillonnée et velue, pseudosperme. Cette plante se rapproche des Dipsacées ou des Nyctaginées : des premières si le calice est supère, des secondes s'il est infère, ce qu'ont négligé de vérifier les observateurs de cette plante encore peu connue.          (CÉ.)

AXILE. (BOT.) Qui forme l'axe.

AXILÉ. (BOT.) Qui est pourvu d'un axe.

AXILLAIRE. (BOT.) On désigne ainsi un rameau, une feuille, une stipule, une fleur, une épine, etc., qui naissent au point où deux branches se bifurquent, ou au point d'insertion d'une feuille à la tige ou rameau qui la porte. Les *vrilles* de la *passiflore* sont *axillaires*.          (P. G.)

AXILLAIRE. (ANAT.) Qui a rapport à l'aisselle ou qui en fait partie.

*Artère axillaire*. Elle suit le trajet d'une gouttière formée en dedans par les parois du thorax et le muscle grand dentelé, en dehors par l'omoplate, l'articulation scapulo-humérale que garnit le muscle sous-scapulaire, la partie supérieure de la face interne de l'humérus et le muscle coraco-brachial. Dans son trajet oblique, attachée en haut à la poitrine d'où elle sort, elle se rapproche de plus en plus du bras, dont elle fait partie.

La *veine Axillaire* est formée par la réunion de la plupart des veines du bras, ou placée en avant et au dedans de l'artère du même nom.

*Nerf axillaire* ou circonflexe, fourni par le plexus brachial ; il descend au devant du muscle sous-scapulaire, s'enfonce entre le grand et le petit rond et se contourne en dehors et en arrière pour gagner le bord du deltoïde. Ses rameaux se distribuent aux divers muscles que nous venons de nommer.

*Glandes axillaires*. C'est à ces glandes, situées dans le creux de l'aisselle, que viennent aboutir les vaisseaux absorbans du membre supérieur. Elles s'engorgent assez facilement, surtout lorsqu'un point inflammatoire se développe à l'un des doigts ou sur l'étendue de l'avant-bras ou du bras.          (P. G.)

AXINITE. (MIN.) Ce nom, qui dérive d'un mot grec qui signifie *hache*, a été donné à un silicate d'alumine et de chaux qui se présente sous forme de substance vitreuse en cristaux à bords tranchans comme un fer de hache. Ces cristaux, assez variés dans leurs décroissemens, puisque Haüy en a décrit dix variétés de formes, dérivent d'un prisme oblique à base de parallélogramme obliquangle.

L'Axinite est assez dure pour rayer le feldspath et le verre ; elle étincelle sous le briquet en répandant la même odeur que la pierre à fusil, sa cassure est écailleuse et raboteuse. Elle est inattaquable par les acides, et fusible au chalumeau en un émail sombre ou grisâtre. Enfin l'analyse chimique démontre qu'elle est composée d'environ 45 parties de silice, 18 à 19 d'alumine, 12 à 14 d'oxide fer, de 4 à 9 d'oxide de manganèse, et de 1 ou 2 parties d'acide borique.

L'Axinite se trouve dans les roches de formation granitique. Elle est très-commune en France et dans les montagnes du département de l'Isère. On la rencontre aussi quelquefois dans les terrains dits de transition.

Cette subtance n'est point recherchée dans la bijouterie, bien qu'on ait quelquefois employé les variétés transparentes pour remplacer le grenat appelé hyacinthe.          (J. H.)

AXINURE, *Axinurus*. (POISS.) M. Cuvier a donné ce nom à un petit genre de la famille des Theutyes. Les principales différences qu'il présente avec celui des Nasons, dont il est le plus voisin, consistent dans la forme plus allongée du corps, dans l'absence complète de loupe ou de corne sur le front, ainsi que dans la petitesse de la bouche, dont les mâchoires sont munies de dents très-grêles et nullement coniques. Les Axinures ont de chaque côté de la queue une seule lame osseuse, carrée et tranchante. Comme celle des Nasons, leur membrane branchiostège est soutenue par quatre rayons, et comme ces poissons aussi, ils n'ont que trois rayons mous aux ventrales.

On ne connaît jusqu'à présent qu'une seule espèce d'Axinure, l'AXINURE THYNNOIDE, *Axinurus thynnoides*, Cuv. On en doit la découverte à MM. Quoy et Gaimard, qui le rapportèrent de la Nouvelle-Guinée. (G. B.)

**AXIS.** (ANAT.) On nomme ainsi la seconde vertèbre du cou, parce qu'elle est comme le pivot sur lequel tourne la tête. M. Chaussier l'appelle *axoïde*. On peut facilement la distinguer des autres vertèbres du cou par le volume de l'apophyse épineuse ; par la forme particulière des apophyses transverses, qui sont très-courtes, et ne sont ni creusées supérieurement, ni bifurquées à leur sommet ; par le trou dont elles sont percées à leur base et qui est dirigé obliquement en haut et en dehors ; enfin par une éminence allongée qui surmonte le corps et qu'on appelle *apophyse odontoïde* : c'est cette apophyse qui sert d'axe ou de pivot aux mouvemens de rotation de la tête. (*Voy.* VERTÈBRE.) (P. G.)

**AXIS.** (MAMM.) *Voy.* CERF.

**AXOLOTL.** (REPT.) Les Mexicains donnent ce nom et celui d'Acolocatl à un reptile batracien qui, par sa forme extérieure, ressemble tant à une larve de triton ou de salamandre au moment où elle va passer à son état parfait, qu'on l'a longtemps regardé comme un individu au premier âge de quelque espèce de ces genres, de la grande salamandre des monts Alleghanys par exemple ; mais des observations suivies et des recherches anatomiques ultérieures ont fait voir que la disposition organique de l'Axolotl, momentanée seulement chez les tritons, reste constante chez lui, et que cet animal ne perd à aucun temps de sa vie ses branchies en panaches libres, flottans sur les cotés du cou, ni sa queue ensiforme, comprimée en aviron et surmontée, en dessous comme en dessus, d'une membrane natatoire continue, qui se prolonge en forme de petite crête le long du rachis, jusque vers l'origine des membres antérieurs. L'Axolotl paraît se reproduire, comme les tritons et les salamandres, au moyen d'un accouplement *à tergo*, et par simple aspersion à l'extérieur d'une part, et de l'autre par absorption de la liqueur séminale sans intus-susception. La durée de la gestation est probablement soumise ici aux mêmes conditions que chez tous les Urodèles ; on dit que l'Axolotl pond des œufs isolés à enveloppes membraneuses demi-transparentes comme les tritons ; mais d'autres auteurs prétendent que, comme les salamandres, il fait des petits vivans, pourvus de quatre pieds courts, mais entièrement développés au moment de la naissance ; les antérieurs munis de quatre doigts, les postérieurs de cinq, tous presque entièrement libres et dépourvus d'ongles. Au volume près, chacune des parties apparentes de l'Axolotl a, dès cette époque, la forme et la disposition qu'elle conservera toujours. La tête est grande, déprimée, arrondie en avant, la bouche fortement fendue, la langue courte, peu préhensible et peu extensible, libre seulement en avant, et nullement protractile comme celle des Batraciens anoures ; aussi l'Axo-

lotl saisit-il sa proie en la happant comme font les tritons. De petites dents simples, nombreuses, garnissent les deux mâchoires ; on en trouve aussi une rangée disposée en fer à cheval à la voûte du palais. Les yeux, dépourvus de paupières, sont petits, placés près de l'extrémité du museau, non loin de l'ouverture des narines ; l'ouverture du cloaque est longitudinale comme chez tous les Urodèles ; la peau mince est partout recouverte d'une quantité infinie de petites granulations mucipares, et l'épiderme est peu consistant. L'Axolotl est d'une couleur grise ardoisée, parfois brunâtre, un peu plus foncée en dessus ; partout il est parsemé de petites macules noirâtres, irrégulièrement arrondies et disséminées ; dans leurs intervalles, on voit une multitude de petits points blancs presque imperceptibles au premier coup d'œil. L'Axolotl parvient à vingt ou vingt-cinq centimètres de longueur, la queue en prend à peu près la moitié ; la tête peut avoir deux à trois centimètres au niveau des angles des mâchoires. L'Axolotl se trouve en société dans les lacs des plus hautes montagnes du Mexique, à plusieurs milliers de pieds au dessus du niveau de la mer ; il ne paraît pas quitter l'eau, et ses habitudes sont à peu près celles des tritons ; comme eux il paraît pouvoir supporter impunément un abaissement assez fort de température ; les habitans l'emploient parfois comme aliment. On ne connaît encore qu'une seule espèce d'Axolotl ; c'est celle que Hernandez a fait connaître sous les noms de *Gyrinus edulis*, *Lusus aquarum*, *Piscis ludicrus*, et qui depuis a été décrite, sont ceux de *Gyrinus mexicanus*, *Proteus mexicanus*, *Syren pisciformis*, etc. L'on a dans les derniers temps proposé de remplacer, dans la science, le nom vulgaire d'Axolotl par celui de *Siredon* ou de *Phyllhydrus*. (T. C.)

**AXONGE.** (CHIM.) Ce mot, dérivé du grec, signifie *graisse pour les essieux*. On l'emploie ordinairement à désigner la graisse de porc. Cette graisse est molle, incolore, inodore lorsqu'elle est solide ; d'une odeur désagréable si on la fait fondre dans l'eau bouillante ; d'une saveur fade et fondant à 270°. Cent parties d'alcool bouillant en disolvent 1,80. Traitée par les bases salifiables, cent parties de cette graisse ont fourni 94,7 de matière savonneuse ; 5,3 de matière soluble ; quelques traces d'une huile volatile et d'une substance orangée. On l'emploie comme aliment ; on en fait usage dans la corroierie, la hongroierie ; elle sert à graisser les roues des voitures, elle entre dans la préparation de plusieurs onguens, dans celle de pommades cosmétiques. (P. G.)

**AYE-AYE,** *Cheiromys.* (MAMM.) Parmi les nombreuses espèces que le célèbre voyageur Sonnerat a rapportées de ses voyages, les Ayes-Ayes, à cause de leur singulière conformation, fixèrent plus particulièrement l'attention des zoologistes. Les Ayes-Ayes forment un de ces groupes qui, sans appartenir proprement à une famille, semblent intermédiaires entre plusieurs ; placés d'abord dans l'ordre des Rongeurs, et comme espèce du genre Écureuil, et comme genre particulier, sous les noms divers de *Cheiromys* et *Daubentonia*, ils ont été rapprochés ensuite des Quadrumanes, avec lesquels ils offrent en effet le plus de ressemblances, et forment aujourd'hui, dans la famille des Quadrumanes lémuriens, le genre Cheiromys, voisin des Tarsiers et des Galagos.

Les caractères de ce genre sont, savoir: cinq doigts à chaque extrémité, le doigt médian des antérieures très-long et très-grêle; un pouce opposable aux membres postérieurs; une queue très-longue et deux mamelles inguina'es; quant aux dents, en voici la formule : 18, $\frac{4-4}{3-3}$ mol., $\frac{2}{2}$ incis., c'est-à-dire 18 dents ainsi réparties : quatre molaires à la mâchoire supérieure, trois à l'inférieure, et deux incisives à chaque mâchoire; M. Geoffroy considère celles-ci comme de véritables canines, qui, à cause de l'absence des vraies incisives, se sont rapprochées et dirigées en avant.

On ne connaît qu'une seule espèce dans le genre Cheiromys, c'est l'AYE-AYE MADÉCASSE, *Ch. madagascariensis*. Cet animal n'est pas moins remarquable par la disposition de ses dents, que par celle de ses autres organes. Ses pieds de derrière, à cause de leur pouce opposable, constituent une véritable main, analogue à celle de l'homme et des singes; ce pouce est très-court et garni d'un ongle plat. Les doigts sont allongés et égaux en grosseur. Les membres antérieurs ont leur pouce médiocre et libre, mais non opposable, de telle sorte qu'on leur donnerait à tort le nom de mains; les autres doigts sont très-allongés, surtout le médian, qui est exclusivement grêle; l'index est entièrement nu. La queue est aussi longue que le corps, et garnie de poils grands, durs et cassans, rangés de telle façon qu'elle paraît aplatie. La tête est de grandeur médiocre, et assez semblable à celle des écureuils, mais un peu moins allongée et plus arrondie; le museau qui la termine est court et peu pointu, les narines sont ouvertes en dessous. La lèvre supérieure, dirigée en bas, dépasse l'inférieure, qui est très-courte; les yeux sont roussâtres, saillans, et fixes comme ceux des hibous; aussi ne voient-ils le jour qu'avec peine.

Cet animal est paresseux et sans défense; il vit sous terre et se nourrit de vers, qu'il retire des trous des arbres au moyen des longs doigts de ses membres antérieurs.

Sonnerat rapporte qu'il a nourri deux jeunes Ayes-Ayes, mâle et femelle; ils n'ont vécu que deux mois. «Je les nourrissais, dit-il (Voyage aux Indes, t. II, pag. 188), de riz cuit, et ils se servaient, pour le manger, des doigts grêles des pieds de devant, comme les Chinois se servent de leurs baguettes. Ils étaient toujours assoupis, se couchant la tête placée entre leurs jambes de devant; ce n'était qu'en les secouant plusieurs fois qu'on parvenait à les faire remuer. »

L'Aye-Aye a été rapporté de la côte occidentale de Madagascar; le nom qu'il porte est le cri d'étonnement des habitans de l'île, lorsqu'ils virent cet animal. Il y est très-rare, et les peuplades de la côte occidentale assurèrent à Sonnerat, qui le leur fit connaître, ainsi qu'à l'Europe, que jamais ils ne l'avaient vu dans leur pays. On ne possède en Europe qu'un seul individu de cette espèce; il est conservé comme un objet des plus curieux dans la riche collection du Muséum de Paris.

Les figures qui en ont été données sont toutes plus ou moins faibles; celle du Voyage de Sonnerat et celle de l'Encyclopédie sont inexactes. Une autre, assez médiocre encore, existe dans le numéro 28ᵉ de la *Décade philosophique*. Celle qui a été peinte par Maréchal, et que l'on peut voir parmi les beaux vélins du Muséum, est sans contredit la meilleure; on en trouvera une copie à la planche 56, fig. 1, de ce Dictionnaire. (GERVAIS.)

AZALÉE, *Azalea*. (BOT. PHAN.) Arbrisseaux ou sous-arbrisseaux de la famille des Rhodoracées, à fleurs solitaires à l'aisselle de feuilles alternes, et assez voisins des chèvrefeuilles et des rosages par leur aspect et leur odeur agréable. On les caractérise par un calice et une corolle à 5 divisions inégales, cinq étamines, un style, une capsule à cinq loges.

On connaît six ou sept espèces d'*Azalea*; celle que nous citerons la première, (*Azalea procumbens*), parce qu'elle croit en France, s'éloigne assez du genre, par la régularité de sa fleur, pour que M. Desvaux l'en ait séparée sous le nom de *Loiseleuria*; c'est du reste un petit buisson peu apparent.

Les *Azalea* d'Amérique sont celles qui ornent nos jardins de leurs nombreuses variétés; dans l'une, *A. nudiflora*, les fleurs sont terminales, et varient du rouge au blanc; dans l'autre, *A. viscosa*, elles sont visqueuses, accompagnées de feuilles, et ordinairement blanches.

Une Azalée du Japon est citée par Kæmpfer comme une des plus belles du genre.

Enfin nous devons nommer l'*A. pontica*, décrite par notre Tournefort, qui l'avait observée dans l'Asie mineure; elle s'élève à six ou sept pieds; ses fleurs sont jaunâtres et d'une odeur pénétrante. Le miel que les abeilles y butinent cause, dit-on, des nausées et des vertiges; on a présumé que cette *Azalea* était l'*Ægoletron* des anciens, dont Pline raconte la même particularité; nous ferons seulement observer que l'auteur latin parle d'une *herbe*, ce qui se rapporterait difficilement à l'arbrisseau en question. (L.)

AZÉDARACH. (BOT. PHAN.) Nous parlerons de cet arbuste des Indes au mot MÉLIA. On ne voit un rameau figuré dans notre pl. 56, fig. 2. (T. D. B.)

AZOLLE. (BOT. CRYPT.) *Marsiléacées*. Des différentes espèces de plantes qui appartiennent au genre *Azolla*, une seule a été décrite par Lamarck dans son Encyclopédie méthodique; c'est l'*Azolla filiculoïdes*; les autres demandent à être étudiées de nouveau, car il est probable qu'on en a confondu plusieurs. Wildenow, Rob. Brown se sont occupés de l'étude de l'*Azolla filiculoïdes*; mais c'est au dernier, dans ses Remarques sur la botanique des terres australes, que nous devons la connaissance exacte de la structure de cette espèce. Toutefois, disons qu'il reste beaucoup à désirer sur les fonctions des divers organes.

Les Azolles flottent sur les eaux stagnantes, forment de petites rosettes, à rameaux rayonnans, à feuilles arrondies, imbriquées plus ou moins exactement sur la tige, etc. (F. F.)

AZOTE. (chim.) L'Azote est un corps simple qui tire son nom de deux mots grecs qui signifient *privatif de la vie*, que les anciens regardaient comme de l'air vicié ou gâté, et qui existe dans la nature à l'état solide, liquide ou gazeux. Lavoisier, qui en fit la découverte en 1775, lui donna le nom de *mofette atmosphérique*; plus tard on l'appela *septon, gaz méphitique, gaz nitrogène, alcaligène*, etc.

Parmi les chimistes qui se sont occupés de l'étude de l'Azote, nous devons citer Bertholet, Fourcroy, Cavendish, Davy, etc. Le premier de ces savans illustres reconnut ce corps parmi les principes constituans des matières animales, de l'ammoniaque et de l'acide hydrocyanique, etc.

Le gaz Azote est incolore, ordinairement inodore et insipide; impropre à la combustion et à la respiration (de là son nom), inaltérable à la chaleur, sans action sur l'oxygène, plus léger que l'air, etc. On l'obtient, en grand, en traitant la chair musculaire par l'acide nitrique et la chaleur; en petit, en brûlant du phosphore sous une cloche pleine d'air et entourée d'eau. Dans cette opération, le phosphore brûle aux dépens de l'oxygène de l'air, et l'Azote mis à nu, est lavé pour enlever la petite quantité d'acide carbonique et d'acide phosphorique formé. (F. F.)

AZUR DE CUIVRE. (min.) Carbonate bleu de ce métal, auquel on donne le nom d'Azurite. (*Voy.* Cuivre.) (J. H.)

AZUR (pierre d'). (min.) Nom que l'on a donné à plusieurs espèces minérales, principalement au Lazulite ou *Lapis-Lazuli*. (*Voy.* Lazulite.) (J. H.)

AZURITE. (min.) Ce nom a été donné à la fois au carbonate bleu de cuivre et au phosphate bleu d'alumine. Nous le réservons, à l'exemple de M. Beudant, pour désigner la première de ces combinaisons naturelles; quant à la seconde, elle sera décrite au mot Klaprothine. (J. H.)

AZYGOS. (anat.) D'un mot grec qui veut dire impair. On a donné ce nom à un muscle et à une veine.

Le *muscle Azygos* est placé dans l'épaisseur du voile du palais; il y forme une petite colonne qui s'étend depuis l'aponévrose commune aux péristaphylins externes jusqu'au sommet de la luette. Il a pour usage d'élever la luette et de la raccourcir.

La *veine Azygos* est située dans la poitrine, contre l'épine du dos; elle aboutit supérieurement à la veine cave, tout près de son entrée dans l'oreillette du cœur, et y porte le sang qui arrive de la plupart des côtes, d'une grande portion de la plèvre et d'autres parties intérieures de la poitrine. Son extrémité inférieure communique avec la veine cave inférieure, soit directement, soit par l'intermédiaire des veines rénales ou de quelque autre veine voisine. La veine Azygos paraît avoir pour usage de faciliter le cours du sang, parce que, dans tout l'intervalle auquel elle répond, la veine cave est cachée dans le foie, et que les petites veines des environs auraient eu de la peine à y arriver immédiatement. Quelquefois cette veine est double. (P. G.)

# B.

BABAN. (agr.) Les cultivateurs d'oliviers, depuis la côte de Gênes jusqu'à l'ancien port de Cette, département de l'Hérault, désignent, sous ce nom trivial, la larve de la chenille mineuse qui attaque particulièrement les bourgeons naissans et détruit les jeunes pousses de l'olivier. Ses ravages sont tels, en certaines années, que pour y mettre un terme, il faut recourir à la taille et couper tout ce qui dénonce la présence de l'insecte. Quelques entomologistes ont dit à tort que le Baban était le Thrips noir. (*Voy.* Thrips.) (T. D. B.)

BABINGTONITE. (min.) Le minéralogiste Levy a proposé de donner ce nom à une substance d'un vert noirâtre, cristallisant en prisme rhomboïdal oblique et disséminée dans des cristaux d'albite, à Arendal en Norwége. Elle est composée de silice, d'oxides de fer et de manganèse, de chaux et d'un peu d'acide titanique. (J. H.)

BABIROUSSA, *Babiroussa*. (mam.) M. Frédéric Cuvier a démembré du genre *Sus* ou *Sanglier* le genre Babiroussa, dont on ne connait qu'une seule espèce.

Les Babiroussas diffèrent des véritables *sus* par leur système dentaire. Ils ont quatre incisives en haut et six en bas, et douze molaires à chaque mâchoire $\frac{6-6}{6-6}$, plus quatre canines, au total trente-huit. Un des principaux caractères de ce genre est d'avoir, à la mâchoire supérieure, l'alvéole de la canine dirigée en haut, et la dent, qui se développe outre mesure, se dirigeant en haut et se recourbant en arrière sur elle-même; les canines de la mâchoire inférieure sont remarquables par la longueur de leur racine; quand l'animal acquiert un certain âge, elles forment des défenses.

Le Babiroussa se fait remarquer par ses formes trapues et son museau très-allongé. Les oreilles sont petites, pointues et dirigées en arrière. La peau, dure et épaisse, forme des plis dans plusieurs endroits du corps, ce qui donne aux Babiroussas quelque ressemblance avec les Rhinocéros, dont ils ont aussi le port. La queue est grêle, non tortillée et garnie d'un bouquet de poils à son extrémité. Les canines supérieures, que les anciens avaient prises pour de vraies cornes (d'où le nom de *Cochons-Cerfs*, sous lequel ils désignaient les Babiroussas), percent la peau du museau et se recourbent en arrière, pour s'enfoncer quelquefois dans les chairs du front, après avoir décrit un arc de plusieurs pouces d'élévation;

celles de la femelle sont très-courtes et ne font seulement que percer la peau.

Les Babiroussas nagent très-bien; ils habitent l'intérieur des forêts marécageuses des îles de l'archipel Indien. Dans les Moluques on les trouve à l'état sauvage. Célèbe est une des îles qui en contiennent le plus; en domesticité, leur caractère est inquiet et farouche; ils mangent de tout comme les cochons, mais préfèrent le maïs. « Les Rayas, disent MM. Quoy et Gaimard, en font grand cas comme objet de curiosité, et ils les nourrissent pour en faire des cadeaux. Nous estimons que les nôtres avaient dans le pays même la valeur de 5,000 francs. »

Les deux individus qu'ils ont rapportés vivans à la ménagerie, y existaient encore il y a quelque temps; ils y ont même produit.

Cette espèce paraît avoir été connue des anciens; tous les auteurs, depuis Pline jusqu'à Buffon, l'ont décrite et souvent même figurée; mais tous sont tombés dans des erreurs plus ou moins graves : il était réservé à MM. Quoy et Gaimard (Zool. Astrolabe), de nous faire connaître le Babiroussa dans ses différences de sexe et d'âge : les pl. 22 et 23 de leur Atlas lui ont été consacrées. Nous avons reproduit la figure d'un mâle dans notre Atlas, pl. 57, fig. 1.  (GERVAIS.)

BABOUIN, *Simia Cynocephalus*, L. (MAM.) C'est une espèce de singe africain du genre *Cynocephalus*, reconnaissable à la couleur jaune-verdâtre uniforme des parties supérieures de son corps, plus pâle inférieurement. La touffe de poils qui se trouve de chaque côté des mâchoires y forme de larges favoris blanchâtres. Le museau est de couleur de chair livide; la queue, relevée à son origine, se reploie bientôt et descend jusqu'au jarret; le museau est moins saillant chez les jeunes individus; les fesses, au lieu d'être rouges comme chez l'adulte, sont de couleur tannée. Cette espèce a été souvent confondue avec le Papion, *S. Sphinx*, L., qui est d'un jaune plus foncé; les favoris de celui-ci sont fauves au lieu d'être blancs; son visage est noir, sa queue plus longue que chez le précédent. Ces deux espèces se font remarquer par leur lubricité dégoûtante.

La fig. 1, pl. 58, de notre Atlas, représente le vrai Babouin. Il est aussi très-bien figuré dans le Traité élémentaire d'histoire naturelle de MM. Martin Saint-Ange et Guérin, 2e livraison.  (GERVAIS.)

BACAR, BACCAR et BACCARIS. (BOT. PHAN.) Le végétal auquel les anciens Grecs et les Latins donnaient ces trois noms, est une plante fort commune, aux feuilles vertes, semblables à celles du lierre, et que l'on recherchait pour les tresser en couronnes. Tous les commentateurs de Théophraste et de Dioscoride ont reconnu qu'il s'agissait d'un Asaret; il ne leur a manqué que d'en désigner l'espèce. Cette espèce est positivement l'Asaret à feuilles rondes, *Asarum rotundifolium*, L., dont les racines tracent sur le sol, et dont les tiges sarmenteuses couvrent les déclivités de toutes les montagnes de l'Europe méridionale. Sprengel

avance donc sans raison que le Baccaris d'Hippocrate et du pharmacope d'Anazarbe, est le Gnaphale sanguin, *Gnaphalium sanguineum*; Fée prétend donc sans preuve aucune y voir la Digitale pourprée, *Digitalis purpurea*, qu'on ne trouve point en Grèce ni dans l'Italie méridionale : jamais le poète de Mantoue ne put l'appeler Baccar, puisque cette personnée est tellement rare dans son pays qu'elle n'a été rencontrée que deux fois depuis le XVIIIe siècle au Monte-Baldo, point culminant de l'extrême frontière de l'Italie septentrionale. Quand on veut écrire sur les plantes des anciens, il faut d'abord explorer les pays qu'ils habitaient, et les interroger, non dans les livres, mais sur le sol même.  (T. D. B.)

BACILE, *Crithmum*. (BOT. PHAN.) Plante vivace, à racine charnue, fusiforme, longue et pivotante, s'accommodant de peu de terre et s'insinuant dans les fentes des rochers, dans les crevasses des vieux murs, ce qui la fait appeler vulgairement *perce-pierre*; elle se plaît surtout au voisinage de la mer, d'où lui est venu son nom botanique, *C. maritimum*. On la cultive dans quelques jardins; elle demande à y être semée sur un sol léger, un peu humide, abritée en été, couverte de litière pendant l'hiver. La Bacile appartient à la famille des Ombellifères et à la Pentandrie digynie; sa tige s'élève au plus à seize centimètres, elle est cannelée, rameuse, chargée de feuilles épaisses profondément découpées, de folioles lancéolées et de fleurs blanchâtres, auxquelles succèdent de petites graines vertes, légèrement odorantes. Dans diverses localités des bords de la Méditerranée, on cueille les feuilles avant leur entier développement, on les saupoudre de sel et de poivre, puis on les jette dans le vinaigre; ainsi confites, on les sert sur la table, elles entrent dans tous les assaisonnemens et les salades. On les mange aussi fraîches : celles venues dans nos jardins sont loin de pouvoir leur être comparées.  (T. D. B.)

BACILLAIRE. (ZOOL. BOT.) Genre que Muller a rangé parmi les Vibrions, et que M. Bory de Saint-Vincent a long-temps hésité à confondre avec les Arthrodiées, mais dont il a fait le type d'une petite famille. Ce savant naturaliste assigne au genre Bacillaire les caractères suivans : animalcules microscopiques, dont le corps linéaire, simple, cylindrique et égal dans toute sa longueur, s'adapte, dans les espèces sociales, à celui de l'individu voisin, soit dans toute sa longueur, soit par l'une de ses extrémités seulement, de manière à présenter dans leur réunion une figure carrée, une longue ligne articulée ou diversement brisée, enfin tout autre disposition intermédiaire. Une seule espèce de ce genre, qui en comprend un grand nombre, a été observée par Muller, et retrouvée par M. Bory de Saint-Vincent, sur l'*Ulva latissima* des rives de Danemarck ou sur d'autres hydrophytes de l'île de Sud-Bevelan en Zélande.

BACILLAIRE PARADOXALE. *Vibrion porte-pièce* de Muller : cette production singulière ne peut être observée qu'à l'aide d'une lentille d'une ligne de foyer

foyer, et jusqu'ici on n'a point aperçu d'individus séparés de leur série et se livrant isolément aux mouvemens par lesquels ils allongent, raccourcissent ou changent les figures qu'ils forment en commun. La *Bacillaire commune* est l'espèce qu'on rencontre le plus fréquemment dans les eaux douces des environs de Paris.    (P. G.)

**BACILLAIRE** ( min. ), de *Bacillus*, expression dont on se sert pour indiquer la disposition en prismes très-allongés et striés, en forme de baguettes, qu'affectent souvent certaines substances minérales, telles que le plomb carbonaté, le quartz, l'amphibole, l'épidote, etc.    (Th. V.)

**BACILLARIÉES.** ( ins. ) Le nom de M. Bory de Saint-Vincent vient toujours se placer en première ligne lorsqu'il est nécessaire de rappeler les recherches entreprises sur ces êtres que leur animalité douteuse a fait reléguer jusqu'ici aux confins du règne animal et du règne végétal. Ce savant est encore le guide le plus sûr, et ses travaux présentent ce qu'il y a de plus complet sur un sujet aussi obscur. En proposant l'établissement de la famille des Bacillariées dans les dernières limites du règne animal, M. Bory de Saint-Vincent n'a point oublié que la plupart de celles-ci avaient de grands rapports d'apparence avec la première division des Arthrodiées (v. ce mot); mais il a pensé qu'un plus grand développement de vie animale légitimait assez la distinction qu'il réclamait. Il fait, au reste, consister leurs caractères dans leur corps transparent, raide, privé de mouvement anguin, mais nageant et agissant par balancement et par glissement. Ce corps, ajoute-t-il, est cylindrique ou comprimé sur un seul côté ou sur les deux, égal ou aminci aux extrémités, linéaire, cunéiforme, aigu, tronqué ou obtus, en général marqué de points globuleux ou de teintes jaunâtres.

Enfin il a rangé sous deux ordres les genres qui composent cette famille. Dans le premier qu'il indique ainsi : *corps de chaque individu parfaitement simple*, il comprend quatre genres; les deux premiers vivant souvent en société, les deux autres vivant toujours isolés; les deux premiers sont : La Bacillaire, *Vibrio praxillifer*, de Muller, au corps cylindrique, linéaire, égal dans toute sa longueur, adapté à celui de l'individu voisin, soit dans cette longueur, soit par l'une des extrémités (voy. pl. 37, fig. 2 à 9); l'Échinelle, dont les caractères consistent dans un corps cunéiforme, transparent, nageant isolément, ou se collant à d'autres individus de manière à paraître doubles, triples ou en forme d'éventail, se fixant enfin par l'une de leurs extrémités sur quelques corps étrangers, sur des conserves, lorsque l'animal ne nageant plus devient immobile. L'*Echinella cuneata* (pl. 37, fig. 25) est le type de ce genre; les deux derniers genres sont la Navicule (pl. 37, fig. 10 à 16), ainsi nommée parce que son corps ressemble à une navette de tisserand. Ce corps est linéaire, comprimé au moins d'un côté et aminci aux deux extrémités; et la Lunuline (pl. 37, fig. 17 à 25), qui em-

prunte son nom de la forme de son corps, courbé en croissant; moins agiles que les précédens, peut-être à cause de leur courbure, ces animalcules sont simples, amincis aux extrémités. Quelques unes des espèces de ce genre sont de couleur verte.

Dans le 2e ordre, le *corps de chaque animalcule est conique et porté sur un stipe simple ou rameux dont il se détache parfois.* Cette section ne comprend jusqu'ici qu'un seul genre, la Styllaire (pl. 27, fig. 24), à laquelle M. Bory de St-Vincent assigne les caractères suivans : stipe translucide, inarticulé, simple ou divisé en deux ou trois branches à l'extrémité des corps cylindriques, cunéiformes ou semblables aux cornes d'un *Splachnum*; corps qui, se détachant à une certaine époque, nagent avec plus ou moins de vélocité. Aux figures que nous avons indiquées ci-dessus, nous avons ajouté celles de l'*Echinella striata* et de la *Palmetina fulva* qu'on a placées dans ce dernier genre.    (P. G.)

**BACINET** ou Bassinet. ( bot. phan. ) Noms vulgaires d'une espèce de Renoncule de France (*Ranunculus bulbosus*, L. ). *Voy.* Renoncule.

(Guér.)

**BACTRIS.** ( bot. phan. ) Jacquin a donné ce nom à un genre de la famille des palmiers, formé d'espèces propres à l'Amérique méridionale. (*V.* Palmier. )    (Guér.)

**BACULITHE,** *Baculithes* (moll.), et non Baculite. Les restes de mollusques fossiles qui ont servi à Lamarck pour établir ce genre, appartiennent à la classe des Céphalopodes, et ont été retirés du grand genre Ammonite de Bruguière; ces fossiles paraissent avoir formé le centre ou avoir été contenus en partie dans un mollusque actuellement perdu, et qui devait être d'une grande taille; car on trouve de ces coquilles qui atteignent 3 ou 4 pieds, ce qui suppose un mollusque de plus de huit pieds de longueur, s'il était fait comme les calmars ou les seiches. Le genre Baculithe n'ayant été fondé que sur le moule qu'on trouve fossile, se caractérise de la manière suivante : test droit, cylindrico-conique, toujours comprimé; articulations lobées, ou simplement sinueuses; siphon latéral, situé à l'une des extrémités du grand diamètre de la coupe transversale. Les Baculithes se trouvent dans les couches assez anciennes des terrains intermédiaires situés au dessus de la craie, avec les ammonites, les térébratules, les trigonies, etc. On les trouve rarement entières, mais au contraire elles sont très-communément répandues par fragmens, qui se sont séparés à l'endroit des cloisons, et offrent quelque ressemblance avec des vertèbres d'animaux supérieurs : ces fragmens ont reçu des anciens naturalistes le nom de vertèbres fossiles. On ne connait que peu d'espèces de ce genre; celle qui lui sert de type et que nous avons représentée dans notre Atlas, pl. 58, fig. 2, a été nommée Baculithe vertébrale, B. *vertebralis*, par Lamarck. Cette espèce et très-commune dans le terrain qui constitue la montagne de St-Pierre, à Maestricht; elle se rencontre aussi dans plusieurs localités en France; sa forme est cylindrico-conique ; mais le cylindre est aplati, et la dépression étant plus forte latéralement, vers l'extrémité de l'axe où se trouve le siphon, il s'ensuit que le côté de ce siphon offre une carène aiguë, tandis que le côté opposé est arrondi. Suivant M. Defrance, les Baculithes ont une dernière loge sans cloisons, comme les ammonites. (GUÉR.)

BADIAN et BADIANE, *Ilicium.* (BOT. PHAN.) Genre de plantes de la famille des Magnoliacées et à la Polyandrie polygynie, dont on connaît trois espèces qui sont des arbrisseaux toujours verts. La plus célèbre d'entre elles, la BADIANE DE LA CHINE et DU JAPON, que l'on appelle communément Anis étoilé, *I. anisatum,* à cause de la forme qu'affecte son fruit aromatique, pourrait s'accommoder de nos départemens du midi, si l'on voulait donner au semis plus de soin qu'on ne l'a fait jusqu'ici. Cette plante est décorée d'un beau feuillage, semblable à celui du laurier, de fleurs jaunes odorantes, composées d'un si grand nombre de pétales, d'étamines et de styles, qu'on les croirait doubles. Leurs semences entrent dans tous les alimens chinois : on en mâche durant le jour pour se parfumer la bouche ; elles servent à la fabrication du ratafiat de Boulogne, et on les préfère à l'ANIS ordinaire (*v.* ce mot) quand on veut imprimer à l'anisette de Bordeaux un goût délicat et suave.

Les deux autres espèces, originaires des Florides, sont la BADIANE A GRANDES FLEURS ROUGES, *I. floridanum,* et la BADIANE A PETITES FLEURS, *I. parviflorum,* connue en Europe depuis 1771. On les trouve dans quelques jardins. La dernière est de pleine terre sous le climat de l'olivier et de l'oranger ; plus haut, elle gèle. On se sert des feuilles et des fruits de ces deux plantes pour préparer une liqueur excellente. (T. D. B.)

BADISTE, *Badister.* (INS.) Genre de Coléoptères, de la famille des Carabiques, très-voisin des Licines, établi par Clairville, et dont le type est un insecte fort joli que l'on trouve aux environs de Paris, sous les mousses, près des lieux humides : c'est le *Badister bipustulatus* des auteurs ; il est long de deux ou trois lignes, assez étroit, noir, à pattes rouges, avec les élytres rouges à la base, noires au bout, et ayant la suture et une tache ronde commune de couleur rouge. On connaît plusieurs autres espèces de ce genre, mais elles sont rares et peu intéressantes. (GUÉR.)

BAGNES (Vallée de). (GÉOG. PHYS.) C'est en Suisse, dans le Valais, que se trouve cette vallée, longue d'environ 10 lieues et que parcourt le torrent de la Dranse. Les énormes glaciers de Tzermotane ou Tchermotane la terminent à l'est et au sud. Long-temps on y exploita des mines de plomb argentifère, de cuivre et de cobalt. Deux fois des phénomènes naturels ravagèrent cette vallée : en 1545 l'écroulement d'une montagne arrêtant l'écoulement des eaux de la Dranse causa une inondation qui détruisit le village de Bagnes et l'établissement de bains qui faisait sa richesse ; pendant l'été de 1818, des avalanches amoncelèrent dans le lit de la Dranse les débris des glaciers de Gétroz, et

formèrent un lac qui, après avoir brisé les barrières qui le retenaient, inonda la vallée et détruisit le village de Champsée, une partie de la ville de Martigny, et ravagea plusieurs localités du Bas Valais. (J. H.)

BAGRE, *Pagrus.* (POISS.) Ce nom, d'abord employé par Bloch pour désigner une espèce du genre Silure de Linné, a été ensuite étendu par Cuvier à toutes celles qui offrent avec le *Silure Bagre* des rapports intimes d'organisation.

Les Bagres donc constituent un des genres de la famille des Siluroïdes ; ils y occupent une place auprès des Pimélodes, auxquels ils ressemblent par la nudité de la peau qui les enveloppe. C'est-à-dire que celle-ci ne porte aucune des pièces osseuses qui revêtent, soit en totalité, soit en partie, le corps de certains Siluroïdes.

Le principal caractère générique des Bagres consiste dans la présence d'une bande de dents en velours à chaque mâchoire, et au vomer. Les espèces en sont nombreuses, et présentent entre elles des différences assez notables dans la forme de leur tête et le nombre des barbillons qui garnissent les parties externes de leur bouche, pour qu'on ait dû les partager en plusieurs petits groupes. Ainsi on distingue :

1° Parmi les espèces à huit barbillons, celles dont la tête est oblongue et déprimée, comme chez le Bagre Bagad, figuré dans le grand ouvrage sur l'Égypte (*Poissons*), pl. 15, fig. 1 et 2 ;

2° Celles qui ont la tête longue et courte, ainsi que le SILURE ÉRYTHROPTÈRE, *Silurus erythropterus,* représenté dans l'Ichthyologie de Bloch, pl. 369, fig. 2 ;

3° Parmi les Bagres à six barbillons, ceux dont le museau est si large et si déprimé qu'il a véritablement beaucoup d'analogie avec celui du brochet : telle est en particulier l'espèce dont Bloch a donné la figure, pl. 366, sous le nom de SILURE A BANDES, *Silurus fasciatus;*

4° Ceux qui ont la tête ovale, dont les os chagrinés leur forment une sorte de casque ; groupe auquel appartient le BAGRE ABOURÉAL, espèce que M. Geoffroy a fait représenter dans la pl. 14, fig. 3 et 4 (*Poissons*), de la Description de l'Égypte.

5° Ceux chez lesquels les os de la tête, qui est ronde, sont cachés par une peau nue ;

6° Les espèces qui ont une petite dorsale adipeuse et qui se font plus particulièrement remarquer par la dépression du crâne et la position des yeux, qui sont placés très-bas sur les côtés de la tête ;

7° Enfin les Bagres qui n'ont que quatre barbillons, et de ceux-là fait partie le SILURE BAGRE, dont Bloch a donné le portrait à la pl. 365 de son ouvrage. (G. B.)

BAGUENAUDIER, *Colutea.* (BOT. PHAN.) Arbrisseau de la famille des Légumineuses, Diadelphie décandrie de Linné, connu de tous les enfans par sa gousse vésiculeuse, qu'ils s'amusent, en *baguenaudant,* à faire éclater entre leurs doigts. Mais, ce caractère pouvant ne pas paraître assez scientifique, nous y ajouterons les suivans : feuilles ailées avec impaire, munies de stipules très-petites ; calice à cinq dents, dont deux un peu plus courtes que les autres ; corolle papilionacée, à étendard large et redressé, carène très-convexe, ailes étroites et non écartées ; style recourbé et velu ; gousse ovoïde, terminée en pointe, et renflée en forme de vessie.

Le BAGUENAUDIER ORDINAIRE, *Colutea arborescens*, est très-commun dans nos bosquets, où il atteint une dizaine de pieds ; il a des feuilles de neuf à onze folioles, échancrées et glauques en dessous, des fleurs jaunes et des gousses d'un vert rougeâtre ; celles-ci sont remplies d'air, et éclatent avec bruit lorsqu'on les presse. Cet arbrisseau est connu aussi sous le nom de *faux séné*, parce que ses feuilles et ses fruits sont purgatifs, administrés à doses assez fortes.

On voit encore dans les jardins le BAGUENAUDIER D'ÉTHIOPIE, *Colutea frutescens*, dont les fleurs rouges se détachent avec élégance sur le vert de son feuillage ; le BAGUENAUDIER D'ORIENT et celui d'ALEP, le premier à fleurs jaunes, l'autre à fleurs rouges. La culture de ces arbrisseaux est facile, ainsi que leur reproduction.                (L.)

BAGUETTE DIVINATOIRE. (Application à la MIN. et à la GÉOL.) Il pourra peut-être paraître un peu oiseux à quelques personnes de vouloir remettre ici en scène une question dont tous les gens sensés se moquent avec raison. Mais quand on pense combien à ce sujet la crédulité est encore grande dans une partie de nos provinces ; qu'une foule de gens sont journellement trompés par des charlatans qui, spéculant sur leur crédulité, ne craignent pas de leur annoncer, à l'aide de la Baguette divinatoire, qu'ils ont des trésors enfouis dans leurs propriétés ; on ne peut trop chercher à détruire des préjugés qui peuvent devenir une cause de ruine pour les familles, et les avertir de se tenir en garde contre les promesses trompeuses des fripons qui cherchent à les exploiter à leur profit. Si leurs jongleries se bornaient à extorquer quelque argent de leurs dupes, le mal ne serait pas bien grand ; mais il n'arrive que trop souvent que celles-ci, persuadées des vertus de la Baguette, se laissent entraîner à faire, sur ses prétendues indications, des recherches dispendieuses et, comme on le pense bien, la plupart du temps infructueuses. Nous avons connu plus d'une de ces dupes qui s'étaient ainsi ruinées, et dont l'entêtement était tel, qu'elles persistèrent à continuer leurs travaux contre l'avis des gens de l'art, et quoique ceux-ci eussent reconnu l'impossibilité de trouver dans les endroit désignés les substances indiquées. Ainsi donc, en supposant que lors même que les propriétés de la Baguette pussent se manifester dans quelques cas, ce que nous espérons bien démontrer d'une manière péremptoire n'avoir certainement pas lieu, ce serait une raison de plus pour se défier des charlatans et des fripons, toujours habiles à s'emparer de tout ce qui peut servir à exploiter, par des moyens qui paraissent surnaturels au vulgaire, la crédulité publique.

Depuis le caducée de Mercure, le bâton de Jacob et la verge de Moïse et d'Aaron, jusqu'au sceptre de nos rois, la Baguette a toujours été un signe de puissance ; de tout temps les peuples lui ont attribué des vertus surnaturelles, et les Médée, les Circé, les augures, les astrologues et les magiciens d'Égypte, aussi bien que ceux de nos jours, en ont fait l'objet principal et indispensable de leurs pratiques occultes. Nous nous rappelons avoir souvent vu dans notre enfance les paysans de nos contrées, venir à certaines époques de l'année, de deux, quatre, et même dix lieues, pour frotter sur la tête ou les pieds d'un saint de bois ou de pierre une baguette de noisetier préparée à ce sujet, dans la persuasion où ils sont encore qu'en en frottant ensuite leurs bestiaux, cela les préserve non-seulement des maléfices des sorciers, mais encore des maladies, de la rage, etc.

La *Baguette divinatoire* ou *divine*, à laquelle on a donné aussi le nom de *caducée*, de *verge d'Aaron*, bien qu'elle ne paraisse pas avoir été connue dans l'antiquité, puisqu'il n'en est fait aucune mention dans les auteurs qui précédèrent le onzième siècle, consiste en une simple branche de coudrier, d'aune, de hêtre, de pommier, de noisetier, etc., à laquelle on donne à volonté des formes différentes, et qu'on peut tenir de différentes manières. C'est à un tel talisman qu'on attribue la vertu non-seulement de découvrir toutes les espèces de mines ou de sources, mais aussi les trésors cachés, les bornes des champs, etc. ; et dans les siècles derniers on alla même jusqu'à lui supposer la faculté de découvrir les maléfices, les voleurs, les assassins, voire même la fidélité des dames et la sagesse des demoiselles. Heureux temps que celui où vivaient nos pères ! Si la Baguette avait conservé ces précieuses vertus, elle aurait aujourd'hui fort à faire.

Tout le monde a entendu parler du fameux rhabdomancien Jacques Aymar, riche paysan du Dauphiné, et de l'aventure singulière et presque miraculeuse qui lui arriva à Lyon en 1692, où, avec le secours de sa seule Baguette, il fit ce que la justice n'avait pu faire : il découvrit des assassins en les poursuivant depuis Lyon jusqu'à Beaucaire, et même au-delà, à une grande distance en mer. Mais ce qui est généralement moins connu, c'est que ce même Jacques Aymar, dont la renommée volait de bouche en bouche, étant venu à Paris, sur l'invitation du prince de Condé, y fut convaincu d'imposture après un grand nombre d'épreuves où la puissance de sa Baguette échoua, et où ses vertus furent gravement compromises. Comment pouvoir supposer en effet que des sources d'eau situées à de grandes profondeurs, qu'une petite quantité d'or, d'argent, de cuivre, de plomb ou de fer, etc., enfouie dans les entrailles de la terre ; que les émanations d'un voleur, d'un assassin, éloigné de 40 à 50 lieues, pussent faire tourner une baguette de coudrier entre les mains d'un paysan robuste ?

Des philosophes, de graves physiciens du dernier siècle, au nombre desquels il faut surtout compter Formey, ont cru reconnaître dans les mouvemens de la Baguette divinatoire un effet naturel, une suite nécessaire des lois du mouvement et de la théorie des émanations corpusculaires : c'était, suivant eux, une espèce de magnétisme particulier qui agissait sur la Baguette pour la faire tourner, comme le magnétisme terrestre agit sur la boussole. Les pères Lebrun et Mallebranche s'étaient rejetés au contraire sur le diable, et, s'appuyant sur des passages de Porphyre, de saint Augustin, de Lactance et de plusieurs autres graves docteurs qui ont écrit sur l'enfer, ils prouvèrent que c'était à Satan qu'on devait attribuer les vertus de la Baguette.

Aujourd'hui que nous vivons à une époque un peu plus éclairée, il existe cependant encore bon nombre de personnes qui, sans oser l'avouer, croient fermement à la rhabdomancie; et l'on a vu dans ce siècle même, le savant Ritter en Allemagne, Thouvenet et de Tristan en France, Amoretti et Arétin en Italie, Ralph Emerson en Amérique, et plusieurs autres savans, ne pas craindre de se constituer les apologistes des vertus de la Baguette divinatoire, du pouvoir de Jacques Aymar et de Bleton. Il suffit cependant de raisonner un peu pour reconnaître le charlatanisme de leurs pratiques, démontrer leur ridicule, et voir qu'avec un peu d'adresse on peut faire tourner la Baguette à volonté, qu'il suffit de tenir ses extrémités de manière à faire ressort, et que c'est alors la force élastique de celle-ci qui opère le prodige. Ne sait-on pas aussi qu'à l'époque où le fameux rhabdomancien Bleton opérait ses miracles avec la Baguette, le physicien Charles construisit un automate qui, au moyen de ressorts convenablement ménagés, faisait tourner la Baguette aussi bien que Bleton.

Rien de comparable au phénomène du magnétisme ne peut exister dans ce que l'on a long-temps regardé comme les propriétés de la Baguette; car c'est en vertu d'un phénomène qui ne change jamais que l'aiguille aimantée tend à être continuellement ramenée dans la direction du méridien magnétique; mais il n'y a que le seul magnétisme qui puisse exercer sur elle cette influence, et si quelques substances peuvent agir sur elle et la dévier, c'est précisément parce qu'elles sont elles-mêmes douées de propriétés magnétiques. Quels rapports d'actions, je vous prie, comparables à ce phénomène, peuvent exercer sur la Baguette tant de substances diverses? Ainsi toutes les mines, les sources, les trésors, les maléfices, les voleurs, les assassins, l'infidélité des femmes devraient avoir également la même influence sur un petit bâton de prunier sauvage, d'épine blanche, d'ormeau ou d'érable; ce serait vraiment la panacée universelle. Ces raisons devraient suffire pour démontrer qu'il ny a jamais eu dans la pratique de la Baguette qu'un insigne charlatanisme; car, en supposant le phénomène possible, il devrait au moins n'agir, suivant les règles de la saine physique, qu'en raison des masses et des distances; il n'en a jamais été ainsi dans toutes les expériences qui ont été rapportées, où l'on voit qu'une simple pièce de monnaie, un bijou dérobé, etc., font aussi bien tourner la Baguette que l'aurait fait un trésor considérable,

ou une mine, quelle que fût sa puissance ou sa profondeur au dessous du sol.

Nous ne nions pas que le système nerveux ne puisse être assez sensible chez quelques individus, pour que de certaines influences qui échappent à nos sens ordinaires, ne puissent exercer sur elles des actions nuisibles; c'est ainsi que l'état hygrométrique ou électrique de l'air agit souvent assez sur l'organisation de quelques personnes pour leur faire éprouver des sensations désagréables. Quels sont ceux qui n'ont pas eu occasion de rencontrer dans le monde des personnes que l'approche de l'orage ou de la pluie rend malades, d'autres qui annoncent exactement toutes les variations atmosphériques et qui pourraient servir en quelque sorte de baromètres et d'hygromètres naturels? C'est principalement chez les névralgiques que ces influences se font sentir; ils sont malades ou deviennent moroses, tristes et taciturnes à tous les changemens de temps; chez les uns, cette action se manifeste par des crampes dans tous les membres, chez les autres par des battemens plus précipités du cœur, ou des spasmes, des bâillemens, une lassitude extrême, etc.

Il ne serait donc pas impossible que certaines actions électro-magnétiques, qui échappent à nos sens grossiers, pussent agir aussi quelquefois sur ces organisations toutes sensuelles, et leurs permissent de reconnaître le voisinage des métaux, des mines; que l'humidité de l'air ambiant leur annonçât la présence de sources cachées; mais il n'y aurait rien là de merveilleux, et cette propriété que quelques personnes ne devraient qu'à la grande irritabilité de leur système nerveux, ne peut avoir rien de commun avec un bâton de coudrier, que tous les trésors du monde ne feraient probablement pas tourner entre les mains et contre la volonté d'un homme, si lui-même ne l'aidait à se mouvoir.

Nous avons eu l'occasion de pouvoir vérifier par nous-même jusqu'où peut aller le développement des organes chez certains individus, et c'est ce qui nous fait surtout penser qu'il n'y a pas impossibilité de supposer que quelques personnes ne puissent reconnaître, par suite de la délicatesse de leurs organes, le voisinage des sources et des métaux; car le contact de ceux-ci avec d'autres substances doit parfois déterminer des phénomènes électro-chimiques, susceptibles peut-être d'affecter quelques organisations délicates.

En 1828, à l'époque où nous habitions la Vendée, nous éprouvâmes, par suite d'une grande inflammation au cerveau, une insomnie qui dura plus de trente jours et qui causa un tel degré d'irritation dans nos deux sens de l'odorat et de l'ouïe, qu'ils étaient devenus pour nous un supplice plus grand que la maladie elle-même. Le moindre bruit nous était devenu incommode, et cependant nous percevions celui qui se faisait à des distances vraiment inconcevables, tellement que les personnes qui nous entouraient, et auxquelles nous soutenions par exemple entendre le bruit des pas d'un cheval à plus de vingt minutes de distance, prenaient nos doléances à ce sujet pour du délire; il en était de même de l'odorat; toutes les odeurs nous étaient devenues insupportables, et la cuisinière ne pouvait pas plus comprendre que nous devinassions tout ce qu'elle avait dans sa cuisine, séparée cependant de notre chambre par plusieurs pièces, que croire que nous reconnussions au bruit non-seulement toutes les personnes qui y entraient, mais que nous entendissions distinctement ce qu'elles disaient même à voix basse. Notre médecin, homme épais et lourd, et que nous avions pris alors en haine, sans doute parce que sa présence affectait très-désagréablement notre odorat, ne pouvait venir que nous ne le sentissions avant son entrée dans la maison, et nous aurions certainement pu le suivre à la piste à une grande distance. Il est à remarquer que, pendant que les sens de l'ouïe et de l'odorat s'étaient ainsi développés d'une manière extraordinaire, celui du goût était entièrement neutralisé, et à tel point que nous ne pouvions faire la moindre différence entre les diverses substances qu'on nous donnait à prendre. Cette grande irritabilité des sens s'affaiblit peu à peu, à mesure que le sommeil revint, en même temps que le goût, et bientôt ils reprirent leur état normal habituel.

Nous ne croyons pouvoir mieux faire que d'ajouter ici des détails curieux sur un de ces êtres, chez lequel les antipathies et la sensibilité du système nerveux avaient été développées d'une manière presque incroyable. On se rappelle avoir vu, il y a peu de temps dans les journaux, la relation de l'horrible assassinat de Gaspard Hauser, de ce malheureux jeune homme, dont la vie comme la mort sont restés jusqu'à présent un problème inexplicable. Trouvé un beau jour à Nuremberg, il y a quelques années, comme il n'avait jamais parlé, on ne put savoir qui l'y avait amené, d'où il venait, ni qui il était; on apprit seulement plus tard, lorsqu'il fut en état de se faire comprendre, qu'il ne savait rien sur lui-même ni sur sa famille; que c'était à Nuremberg qu'il avait pour la première fois vu qu'outre lui et l'homme avec lequel il avait toujours été, il existait d'autres créatures vivantes; il avait vingt-cinq à trente ans, et était resté, selon toutes les apparences, renfermé depuis sa plus tendre enfance dans un cachot étroit et sombre, où il était obligé de se tenir continuellement assis, n'ayant que du pain et de l'eau pour toute nourriture.

C'est le 17 décembre 1833 que Gaspard Hauser a été assassiné d'un coup de stylet à Anspach, où le président du tribunal d'appel, M. Fauerbach, son protecteur, lui avait donné une petite place au greffe. La multiplicité des impressions qu'il avait éprouvées en voyant pour la première fois les hommes et la lumière, causa seule l'exaltation de ses nerfs, exaltation qui était si grande, qu'elle fit de lui un homme tout miracle.

Il voyait aussi bien dans l'obscurité qu'au grand jour; par la nuit la plus noire, il pouvait facilement distinguer le bleu du vert. Le sens de l'ouïe était aussi chez lui excessivement développé, mais son odorat surtout lui était un sujet de tourmens. Toutes les odeurs, à l'exception de celle du pain, du fenouil, de l'anis et du cumin, lui étaient plus ou moins désagréables. A une grande distance il distinguait les arbres fruitiers des autres arbres par l'odeur seule de leur feuillage. Quand il passait près d'un cimetière, l'odeur qui s'en exhalait, et qui du reste n'était sensible que pour lui seul, lui donnait un accès de fièvre; l'odeur d'une rose le faisait évanouir.

Mais ce qui paraîtra peut-être le plus extraordinaire dans l'organisation de Gaspard Hauser, c'est sa facilité à éprouver les actions magnétiques et métalliques. Un jour on lui donna un jouet aimanté; il le prit, s'en occupa quelques instans, puis le rejeta en disant qu'il lui faisait éprouver des sensations désagréables. Le professeur Daumer, ayant appris ce fait, fit sur lui quelques expériences avec l'aiguille aimantée; et quand elle était dirigée de son côté, il se plaignait d'une forte douleur d'estomac, et disait qu'il éprouvait en outre une sensation comme celle que lui causerait un courant d'air sortant de son corps.

Les métaux agissaient aussi sur lui fortement, et lui faisaient éprouver, par leur contact, une sorte d'attraction et un froid qui pénétrait, selon la grandeur des objets, plus ou moins dans son bras. S'il prenait un chat par la queue, il éprouvait un frisonnement et sentait comme un coup sur la main. Cette incroyable faculté de sentir disparut au reste peu à peu.

L'histoire de Gaspard Hauser est un des événemens les plus singuliers de notre temps, et peut-être plus énigmatique que celle de l'homme au masque de fer. On conçoit en effet que la politique d'un despote puisse avoir intérêt à cacher l'existence d'un personnage important; mais quel intérêt peut-on avoir à faire élever un enfant dans un isolement complet, à le constituer prisonnier pendant toute son enfance, sous la garde d'un geôlier, à l'abandonner ensuite à la charité publique, puis à le faire assassiner? Comment peut-il exister dans notre siècle un monstre capable d'un pareil raffinement de cruauté?

*Voyez*, pour les personnes douées de la faculté de découvrir les sources, le mot HYDROSCOPE.

(TH. VIRLET.)

BAHRÉIN. ( géog. phys. ) On désigne sous ce nom, ainsi que sous celui d'*Aoual*, un groupe de petites îles situé dans le golfe ou la mer Persique sous le 26e parallèle. Les plus importantes sont *Bahreïn* ou *Aoual*, *Arad*, *Samahe* et *Tarout*. Elles sont arrosées par d'abondantes sources, et sont fertiles en dattiers, en figuiers, en vignes et en cotonniers; mais ce qui leur donne de la célébrité, c'est la pêche abondante qu'on y fait de l'AVICULE PERLIÈRE, *Avicula magaritifera*, mollusque bivalve qui fournit la substance appelée nacre de perle et ces sécrétions calcaires connues sous le nom de perles et si recherchées lorsqu'elles ont un vif éclat et une sphéricité parfaite. Ces mollusques forment des bancs épais qui sont à 15 ou 20 pieds au dessous de la surface de l'eau et qui s'étendent sur une longueur de plus de 25 lieues. La pêche s'en fait principalement pendant les mois de juin, de juillet et d'août ; ce sont des Arabes seuls qui s'y livrent ; on en estime le produit à 2 ou 5 millions de francs. Les perles des îles *Bahreïn* sont moins blanches que celles de Ceylan et du Japon, mais beaucoup plus grosses et plus régulières. (J. H.)

BAIE, *Bacca*. (BOT PHAN.) C'est le nom général donné par Linné à tout fruit charnu dont la pulpe est molle et succulente à sa maturité, et renferme une ou plusieurs graines ; tels sont la *groseille*, le *raisin*, l'*airelle*, etc. Cette définition est restreinte par les modernes aux espèces simples seulement ; les fruits charnus composés ou multiples, tels que l'*anone*, la *fraise*, l'*ananas*, la *mûre*, la *figue*, etc., se rangent dans les classes que nous décrirons aux mots SYNCARPE, SOROSE, et SYCONE.

Les baies sont généralement de forme arrondie, quelquefois allongées, comme dans l'épine-vinette ; elles succèdent tantôt à un ovaire supère, tantôt à un ovaire infère ; dans ce dernier cas, on remarque à leur sommet un petit ombilic formé par les dents du calice. La baie du *Physalis alkekengi* offre la singularité d'être entièrement renfermée dans l'enveloppe florale.

Quant à la disposition des graines, elles sont ou éparses dans la pulpe de la baie, comme dans le raisin, ou bien contenues dans des loges, comme dans le fruit des *solanum*. (L.)

BAIE. (GÉOG.) Il n'est personne qui en jetant les yeux sur une carte n'ait remarqué les nombreuses déchirures qu'offraient les côtes des continens : ces innombrables sinuosités qui en varient les formes d'une manière si bizarre et si inattendue, ces enfoncemens, ces affections de la terre, selon l'heureuse expression de Varenius, n'étaient désignés chez les anciens que par un seul et même mot (*sinus*), et ce mot s'appliquait indifféremment à toute espèce d'enfoncemens formés sur le rivage, quelles que fussent d'ailleurs leur figure et leur étendue. Nous avons été plus généreux que nos devanciers, et la langue française offre plusieurs mots destinés à les distinguer entre eux ; malheureusement ces mots n'ont pas toujours été appliqués avec beaucoup de discernement, et peuvent ainsi donner une fausse idée de ce qu'ils devraient immédiatement rappeler à l'esprit.

Ainsi donc une Baie est un enfoncement plus ou moins profond de l'Océan dans l'intérieur des terres qui, plus large dans son milieu, présente une ouverture plus étroite à son entrée. C'est en cela qu'elle diffère du golfe, qui au contraire offre aux yeux la forme d'un triangle plus large à sa base qu'à toute autre partie de sa surface : malgré cette définition adoptée pour distinguer les golfes des Baies et les Baies des golfes, on a presque toujours mêlé les dénominations données à ces enfoncemens, de sorte qu'en définitive on peut dire qu'un golfe est une grande Baie et qu'une Baie est un petit golfe.

Les Baies peuvent être rangées en deux classes, selon que l'on considère ou leurs rapports avec les eaux qui les avoisinent ou la forme qu'elles ont adoptée. Ainsi, sous le premier point de vue, les Baies sont ou principales ou secondaires, selon qu'elles versent leurs eaux directement à l'Océan ou bien que, manquant de débouché immédiat avec la grande mer, elles aient recours à des intermédiaires pour y parvenir. Ces secondes ne sont évidemment que des appendices des premières.

Sous le second point de vue, on les désigne sous les noms de Baies ouvertes et Baies fermées : les Baies ouvertes ne sont en résumé que de petits golfes : telles sont les Baies de Campêche, d'Honduras, etc. ; les Baies fermées sont pour ainsi dire de petites mers intérieures : telles sont les Baies de Cadix et de Boston.

On a aussi donné le nom de Baies à de vastes étendues d'eau qui, par leur importance, méritaient d'être élevées au rang des mers intérieures, où elles n'occuperaient pas probablement le dernier rang : ces dénominations consacrées, par l'usage, offrent l'inconvénient que nous avons déjà signalé, de ne pas représenter à l'esprit ce qu'elles devraient indiquer de prime abord : cette observation se rapporte principalement aux *Baies de Baffin* et d'*Hudson* dans l'Amérique du Nord.

C'est à tort, selon nous, que la plupart des géographes ont exclusivement regardé l'Océan comme seul et unique agent de toutes les dentelures qu'offrent les côtes de nos continens. Il nous semble que d'autres agens sont venus concourir à la formation de ces enfoncemens, et si les eaux de l'Océan, par leurs mouvemens de chaque jour, ont contribué à les créer, certes les eaux courantes de l'intérieur des terres ont dû y faire sentir leur influence. Ainsi donc, tout en admettant l'intervention de l'Océan en cette circonstance, intervention suffisamment prouvée par les nombreuses îles qu'il a successivement détachées des côtes orientales de l'un et de l'autre continent, on doit, ce nous semble, admettre aussi l'influence des grands cours d'eaux qui viennent apporter le tribut de leurs ondes à l'Océan. Il y aurait vraiment injustice à vouloir leur refuser ce pouvoir, lorsque ces Baies se trouvent à leur embouchure, ou dans les environs des lieux où ils se jettent à la mer. Comment en effet n'auraient-ils pas une influence suffisante pour contribuer à ces modifications, lorsqu'ils peuvent former des mers intérieures, et lorsqu'ils donnent comme preuve de leur force et de leur action journalière, des résultats aussi remarquables que ceux que nous voyons dans la création de la mer Baltique, de la mer Azow, de la mer Noire, de la mer Égée, et enfin du dernier bassin qui, à la suite de ces mers, vient baigner de ses eaux les côtes d'Italie, de France, d'Espagne et d'Afrique ? N'hésitons donc pas un seul instant à affirmer que ce n'est pas seulement à l'Océan qu'on doit les nombreuses échancrures qui varient la forme des continens, mais bien aux forces réunies et des eaux extérieures de l'Océan et des eaux intérieures des grands courans qui sillonnent en tous sens la surface de notre globe.

(C J.)

**BAIERINE.** (minér.) Cette substance, à laquelle on a donné les noms de *Tantalite*, de *Columbite*, et de *Tantale oxidé*, est d'un noir brunâtre et d'un éclat légèrement métallique. Elle ressemble beaucoup à l'espèce appelée COLUMBITE (*v.* ce mot); mais elle en diffère par sa cristallisation en prisme rectangulaire et par les proportions dans lesquelles les mêmes principes se trouvent combinés. Ainsi on y a trouvé acide tantalique 75, protoxide de fer 17, protoxide de manganèse 5, oxide d'étain 1.

(J.-H.)

**BAIKAL.** (géog. phys.) Grand lac de l'Asie septentrionale, situé entre les parallèles de 51° 21′ et de 55° 40′ et entre le 101e et le 107e degré de longitude du méridien de Paris. Sa longueur du sud-ouest au nord-est est d'environ 150 lieues, sa plus grande largeur de 22 et sa circonférence d'environ 470 lieues. Son nom yakoute (Bayakhal) signifie *grande mer*. Son eau est légère, douce et limpide; sa profondeur est d'environ 900 pieds. Souvent sa surface est violemment agitée sans que le moindre vent règne dans l'air; d'autres fois pendant les plus grandes tempêtes il éprouve le calme le plus complet; enfin quelquefois encore il suffit d'un léger souffle de vent pour y produire une grande agitation. Ces effets singuliers sembleraient annoncer qu'ils ont leur cause dans quelque phénomène souterrain.

On trouve dans le lac Baïkal des carnivores amphibies, de la tribu des Phocacées, qui vivent ordinairement dans la mer: ainsi le *Nerpa* des Sibériens, qui est le lion marin, ou le Platyrhynque-lion (*Otaria jubata*), y est très-abondant. Les peuplades de ses environs en vendent les peaux aux Chinois. Le Saumon voyageur (*Salmo migratorius*) et un autre poisson particulier à ce lac, le Coméphore de Lacépède, ou le *Callionymus baïcalensis* de Pallas, sont les plus communs du lac Baïkal. Le premier dépose son frai sur le sable du rivage lorsque les glaces du lac se rompent; en été il se tient au fond des eaux.

Un grand nombre de rivières qui prennent naissance dans les montagnes environnantes descendent dans le lac. Il reçoit l'*Angara*, la *Bargouzine* et la *Selengga*, fleuves importans; et ses eaux s'écoulent par l'Angara inférieure.

Le Baïkal renferme plusieurs îles, dont la plus considérable, celle d'*Olkhon*, près de ses bords septentrionaux, a 18 lieues de longueur sur 6 de largeur.

*Montagnes du Baïkal.* Les bords du lac Baïkal sont très-élevés et escarpés. Ils sont en général formés de roches serpentineuses et calcaires. On y remarque aussi du basalte contenant du péridot, de la chabasie et de l'apophyllite. Près de ses rives orientales, le docteur Hess a observé dans ces dernières années le granite alternant avec des CONGLOMÉRATS (*v.* ce mot) d'origine volcanique. Ses rives occidentales sont dominées par une chaîne de montagnes qui sépare le bassin du Baïkal de celui de la Lena. Cette chaîne se termine par un large plateau, à couches horizontales; mais en général la surface de ces monts est irrégulière et présente des traces de grands bouleversemens. Le *Bourgoundou*, son point culminant, est couvert de neiges perpétuelles. Les roches qui composent ces montagnes occidentales sont le granite, le schiste, le calcaire et des brèches siliceuses. On y trouve du mica en grandes lames, le pyroxène appelé *Baïkalite*, l'outremer ou le lapis-lazuli, des mines de cuivre, de fer et de plomb, ainsi que de la houille et du soufre. On y remarque aussi des sources sulfureuses.

Une partie de ces montagnes est nue; l'autre est couverte de pins, de bouleaux et de mélèses.

(J.-H.)

**BAIKALITE.** (min.) L'une des variétés de l'espèce minérale appelée DIOPSIDE, et qui appartient au genre PYROXÈNE. (*V.* ces deux mots.) (J. H.)

**BALAIS** (RUBIS). (min. et joaill.) Nom que l'on donne aux variétés rosâtres, rouge-fauve et lie de vin de Spinelle, que l'on tire des Indes et particulièrement de Ceylan. (*V.* RUBIS et SPINELLE.)

(Th. V.)

**BAILLARD et BAILLARGE.** (agr.) On donne indistinctement ces noms vulgaires tantôt à l'orge commune, tantôt à l'orge gauloise ou distique et même à l'orge en éventail, non pas, comme on l'a dit, de ce que ces variétés sont très-productives, mais bien parce que, dans les temps de la féodalité, le froment étant de droit réservé au maître, il ne restait au teneur de bail que l'orge pour fabriquer son pain. (T. D. B.)

**BAILLEMENT.** Inspiration profonde, brusque, lente, involontaire, accompagnée d'une contraction presque spasmodique des muscles des mâchoires, avec écartement considérable de ces dernières. Les auteurs ont attribué ce phénomène à un certain embarras dans la circulation pulmonaire. Mais, pour expliquer cette gêne du mouvement circulatoire, il nous semble qu'il faut d'abord remonter à l'impression produite sur le cerveau par les causes qui déterminent le Bâillement: en effet, la fatigue, l'ennui, cette espèce de fatigue morale, le besoin de dormir, le froid, le malaise qui précède certaines fièvres agissent immédiatement sur le système nerveux, et n'entraînent que secondairement l'action du système respiratoire. Ainsi que plusieurs autres actes physiologiques, le Bâillement est soumis à la loi de réminiscence et d'imitation, et survient à l'aspect d'une personne qui l'éprouve ou d'une cause qui l'a déjà produit. C'est une nouvelle preuve que ce phénomène s'opère sous l'influence directe du système nerveux, puisque le souvenir et l'imitations ont des facultés dépendantes de ce système, et qu'il peut, comme le *rire*, survenir en dépit des dispositions les moins favorables à son développement.

Le Bâillement peut se répéter assez fréquemment pour être considéré comme une maladie; on a rapporté l'exemple d'une jeune fille chez laquelle ce phénomène était si opiniâtre, qu'elle ne semblait fermer la bouche que pour la rouvrir immédiatement; et celui d'une personne qui, pendant plusieurs jours et sans relâche, éprouvait ce tourment comme signe précurseur d'une *crampe* d'estomac. Nous nous rappelons également une dame chez laquelle cette singulière disposition au Bâillement continuel se réveillait sous l'influence de toute émotion vive, gaie ou triste, et qui en était plus particulièrement affectée dans les jours qui précédaient l'époque menstruelle. (P. G.)

BALANCE HYDROSTATIQUE, ET PESANTEUR SPÉCIFIQUE DES CORPS SOLIDES. (min.) La Pesanteur ou le poids des substances minérales est un de leurs caractères physiques les plus importans, qui sert à reconnaître *a priori* beaucoup d'entre elles. Cette différence est tellement sensible dans quelques espèces qu'elle peut facilement les faire distinguer, en les sous-pesant seulement avec la main ; aussi les minéralogistes et les joailliers les reconnaissent-ils la plupart du temps de cette manière. Cependant, quelque habitude que l'on ait d'apprécier ainsi les minéraux, il y en a dont la différence de poids n'est pas assez sensible pour la reconnaître par ce seul moyen, sans s'exposer à commettre des erreurs ; l'on a donc dû chercher à ramener la détermination de ce caractère à des principes rigoureux : c'eût été chose assez facile, si, comme les liquides, tous les corps étaient susceptibles d'être amenés à un même volume ; mais la plupart des substances minérales sont beaucoup trop dures pour pouvoir être facilement et rigoureusement réduites à un volume déterminé à l'aide duquel on puisse établir directement, par une expression numérique, une échelle de comparaison de leurs Pesanteurs relatives, Pesanteurs qui tiennent souvent au seul arrangement des molécules ; car le diamant et l'anthracite, par exemple, qui sont des corps absolument de même nature chimique, ont cependant des densités bien différentes ; il en est ainsi de beaucoup d'autres corps dont les densités varient suivant l'arrangement de leurs molécules.

On a donné le nom de *Pesanteur spécifique* à ces Pesanteurs relatives des diverses substances comparées entre elles, et, comme nous l'avons dit, cette Pesanteur spécifique est facile à obtenir pour les liquides ; il suffit de déterminer leurs poids pour un même volume, à l'aide d'une mesure commune. Si un liquide pèse 100 grammes et qu'on le prenne pour unité, qu'un autre en pèse 250, ces liquides seront entre eux comme 250 est à 100, ou comme 2 1/2 est à 1, c'est-à-dire que le second pesera une fois et demie plus que l'autre. Mais si le corps dont on veut avoir la pesanteur spécifique est solide, l'opération, quoique également facile, diffère un peu ; on prend un vase exactement rempli du liquide qu'on prend pour unité, on le pèse avec le corps dont on veut déterminer la pesanteur spécifique ; puis on le plonge dans le liquide, la quantité qui s'échappera de celui-ci, sera égale au volume du corps ; on pèse de nouveau le tout, et la différence de poids représente celui du liquide déplacé : soit donc 850 grammes le poids du vase et du corps à l'air et 640 celui de ce même vase après que le corps a été plongé dans le liquide ; celui de ce corps étant de 550, le poids du liquide déplacé

sera de 140 ; on aura donc le poids du corps et le poids du liquide unité pour un même volume, et l'on dira 140 (poids du liquide) est à 550 (poids du corps), comme 1 (pesanteur spécifique du liquide), est à X (pesanteur spécifique cherchée) ; ou $140 : 550 :: 1 : X = \frac{550}{140} = 2,357$.

En partant du principe bien reconnu d'hydrostatique, qu'un corps plongé dans un liquide y perd une partie de son poids égale à celui du volume de liquide qu'il déplace, pour déterminer la Pesanteur spécifique de ce corps, il suffira de le peser dans l'air, puis de le peser dans un liquide, à l'aide d'un fil placé au dessous de la Balance : la différence de poids sera égale à celui du volume de liquide déplacé par le corps.

Nicholson a imaginé un instrument fort commode pour déterminer, d'après ces principes, la Pesanteur spécifique. C'est une espèce d'aéromètre désigné sous le nom de *Balance hydrostatique de Nicholson*, et composé d'un cylindre creux en verre, en argent ou en fer-blanc, exactement fermé et terminé en cône de chaque côté ; à l'une des extrémités est fixée une tige terminée par un petit plateau, tandis qu'à l'autre se trouve suspendu un autre plateau terminant un cône mobile, lequel forme lest, de manière qu'en plongeant l'instrument dans l'eau, il surnage en partie. On place sur le plateau supérieur les poids nécessaires pour faire plonger l'instrument jusqu'à ce qu'un point déterminé à l'avance sur la tige arrive à fleur d'eau ; on enlève ces poids et on les remplace par le corps ou minéral dont on veut déterminer la Pesanteur spécifique, lequel doit toujours être moindre que ces poids : les nouveaux poids qu'on est obligé d'ajouter à ce corps pour faire affleurer l'instrument au même point, retranchés des premiers, donnent le poids du corps dans l'air ; on le place ensuite sur le plateau inférieur, il perd alors un poids égal au volume de liquide qu'il déplace, et pour faire affleurer l'instrument, il faut encore ajouter des poids à ceux qui étaient nécessaires pour le faire affleurer lorsqu'il était dans l'air ; ces poids sont égaux au volume du liquide déplacé, et en établissant comme précédemment une proportion, on obtient la Pesanteur cherchée : soit donc 92 le poids du corps dans l'air et 36,57 celui du volume de liquide déplacé, on aura

$$36,57 : 92 :: 1 : X = \frac{92}{36,57} = 2,51.$$

Si le corps dont on veut avoir la Pesanteur spécifique était, comme certains sels, soluble dans l'eau, il faudrait remplacer celle-ci par un liquide qui n'eût aucune action sur lui, tel que le mercure, les huiles, l'esprit de vin, etc. ; mais alors il faudrait aussi substituer au troisième terme de la proportion ou à l'unité de la Pesanteur spécifique celle du liquide employé, et l'on obtiendra également la Pesanteur spécifique cherchée. Si le corps, au contraire, était susceptible de s'imbiber, la différence du poids ou du déplacement du liquide pourrait être moindre que le volume réel du corps, elle serait même nulle si le corps absorbait un volume de liquide égal au sien ;

il

il faut alors peser de nouveau le corps dans l'air après l'imbibition, et ajouter au poids du liquide déplacé celui de la quantité de liquide que ce corps a absorbée.

A défaut de Balance hydrostatique, nous avons souvent fait usage d'un simple tube de verre fermé par l'une de ses extrémités et assez gros pour recevoir sur l'autre un petit verre de montre ou un plateau quelconque; on détermine un point d'affleurement vers l'extrémité ouverte ou supérieure du tube, on le leste convenablement pour le faire plonger verticalement dans le liquide, et on opère comme avec la balance de Nicholson; seulement, au lieu du plateau inférieur de celle-ci, il faut avoir soin de fixer à l'extrémité du tube un fil qui sert à peser le corps dans l'eau. Ce moyen simple et facile peut, avec un peu d'habitude et des précautions, très-bien servir à remplacer la Balance, et a sur celle-ci l'avantage de pouvoir s'employer partout, car on trouve partout des tubes de verre; les différences qu'il donne sont inappréciables.

C'est par ces divers procédés et en prenant pour unité l'eau à la température de 18° centigrades, que toutes les Pesanteurs spécifiques des corps solides, rapportées dans les ouvrages, ont été déterminées et ont été exprimées en multiples et sous-multiples de cette unité; nous croyons devoir rapporter ici les Pesanteurs spécifiques des principales substances connues :

| | |
|---|---|
| Le platine laminé. | 22,06 |
| L'or forgé. | 19,56 |
| Le tungstein. | 17,60 |
| Le mercure (à o°). | 13,59 |
| Le plomb fondu. | 11,55 |
| L'argent id. | 10,47 |
| Le bismuth id. | 9,82 |
| Le cuivre rouge id. | 8,78 |
| Le fer en barre. | 7,78 |
| L'étain fondu. | 7,29 |
| Le zinc id. | 6,86 |
| L'antimoine id. | 6,71 |
| Le chrôme. | 5,90 |
| Le spath pesant. | 4,45 |
| Le rubis oriental. | 4,28 |
| La topaze orientale. | 4,01 |
| Les diamans (les plus lourds). | 3,55 |
| Le marbre de Paros (ou des statuaires). | 2,85 |
| L'émerande verte. | 2,77 |
| Le cristal de roche pur. | 2,65 |
| Le verre de Saint-Gobain. | 2,48 |
| Le soufre natif. | 2,05 |
| L'anthracite. | 1,80 |
| Le succin. | 1,07 |
| L'eau à 18° cent. | 1,00 |
| Le sodium. | 0,97 |
| La glace. | 0,95 |
| Le potassium. | 0,86 |
| Le bois de sapin jaune. | 0,65 |
| Le peuplier blanc d'Espagne. | 0,52 |
| Le peuplier ordinaire. | 0,58 |
| Le liège. | 0,24 |

Les nombres correspondans aux substances indiquées ci-dessus, et que nous avons choisis dans chacun des degrés de l'échelle, suffisent pour établir les termes de comparaison entre elles; ces nombres sont ce que l'on nomme leurs Pesanteurs spécifiques ou relatives. Quand on dit donc que le platine a une Pesanteur spécifique de 22, tandis que celle du plomb n'est que de 11, celle de l'étain 7, et celle du soufre 2; cela veut dire qu'il pèse une fois plus que le plomb, deux fois plus que l'étain, dix fois plus que le soufre, et 21 fois plus que son volume d'eau.

En vertu des lois de la pesanteur, les corps les plus lourds tendent toujours à déplacer les plus légers pour occuper les parties inférieures; tous les multiples de l'eau devront donc aller au fond, tandis que le succin, ayant à peu près la même Pesanteur spécifique, peut indifféremment surnager, rester au milieu, ou occuper le fond de l'eau. Le sodium, la glace, le potassium, presque tous les bois, le liège, etc., ayant au contraire une Pesanteur spécifique moindre que celle de l'eau, doivent surnager lorsqu'on les y plonge d'une quantité égale à la différence qui existe entre leur Pesanteur spécifique et celle de l'eau; en sorte qu'il faudrait ajouter un poids un peu plus considérable que cette différence, ou une force quelconque, pour les maintenir au fond; aussi est-ce un préjugé de croire que certaines rivières et certains lacs commencent à se geler par le fond; la nature même de la glace s'y oppose, et comme elle est plus légère que l'eau, elle tend toujours à rester à la partie supérieure.

Les hommes, n'ayant qu'une Pesanteur spécifique de très-peu supérieure à celle de l'eau, n'ont pas besoin de faire de grands efforts pour se maintenir à sa surface; et comme, parmi ceux-ci, les individus gras sont proportionellement moins lourds que les individus maigres, ils nagent avec beaucoup plus de facilité que ceux-ci, et n'ont souvent besoin de faire aucun effort pour se maintenir à la surface; l'eau de mer ayant une pesanteur spécifique plus grande que celle de l'eau douce, l'homme s'y trouve relativement plus léger, et y nage avec plus de facilité encore que dans l'eau douce, tellement que les personnes grasses sont obligées de faire des efforts pour aller au fond. Cet effet est bien plus sensible dans la *mer Morte* ou *lac Asphaltide*, dont les eaux, beaucoup plus chargées de sels, ont une Pesanteur spécifique de 1,24, c'est-à-dire presque un quart en sus de l'eau douce ordinaire, avec laquelle elle est dans le rapport de 5 à 4; et un homme pesant 150 livres, qui ne déplace que 150 livres d'eau douce, n'ayant qu'une Pesanteur spécifique de 2,15, doit nécessairement surnager au-dessus des eaux du lac Asphaltide, qui soutiennent en effet tellement le corps, qu'on peut rester immobile à leur surface, et qu'il faut même faire quelques efforts pour y enfoncer les jambes et y nager; aussi les merveilles que l'on raconte de cette mer ne sont pas aussi dénuées de vérité que beaucoup de personnes sont portées à le croire, et bien qu'on ne pourrait plus y répéter le miracle de saint Pierre, qui marchait à sa surface comme sur un chemin plat et solide, ce que l'on rapporte des prisonniers que l'empereur Vespasien y fit jeter garrottés, et que l'on retrouva le lendemain nageant sur la surface, n'a rien que de très-naturel.

*V.* pour la Pesanteur spécifique des liquides, des vapeurs et des gaz, au mot PESANTEUR SPÉCIFIQUE.

(Th. V.)

**BALANCIERS**, *Halteres.* (INS.) Organes placés sous l'origine des ailes des diptères, tout-à-fait au-dessous des ailerons ou cuillerons, au nombre de deux, et que quelques auteurs ont regardés comme des ailes inférieures, ou comme en représentant les rudimens. Cette opinion, combattue par Latreille, ne saurait plus être adoptée après les puissantes objections de ce célèbre entomologiste. Ils consistent en un petit corps membraneux, dont la longueur est en raison inverse de celle des ailerons; ils ont la forme d'un maillet, ou plutôt sont composés d'une tige filiforme, terminée par un bouton ovale ou triangulaire. Le renflement terminal ressemble à une vessie dont le sommet est tantôt concave et tantôt saillant; ce corps est un peu élargi ou dilaté au point d'attache. Les Balanciers sont susceptibles d'un mouvement très-rapide de vibration. Tout fait présumer que ces appendices, communiquant avec les trachées voisines, et pouvant recevoir une certaine quantité de fluide aérien, concourent à l'acte du vol et servent de contre-poids. Latreille pense que ce sont là leurs véritables fonctions.

(P. G.)

**BALANE**, *Balanus.* (MOLL.) Genre de la famille des Cirrhopodes fondé par Bruguière, dans l'Encyclopédie méthodique, et faisant partie du grand genre Lepas de Linné. Ces mollusques, qui couvrent quelquefois tous les rochers des côtes, les pieux des digues, la carène des bâtimens, etc., étaient connus des anciens; les Grecs les nommaient *Balanoi*, à cause de leur ressemblance avec le fruit du chêne, de là le nom vulgaire de *glands de mer* qui leur est resté. Les Balanes ont pour pièce principale de leur coquille un tube testacé, fixé à divers corps, et dont l'ouverture se ferme plus ou moins par plusieurs valves ou battans mobiles. L'animal contenu dans ces coquilles est semblable à celui des ANATIFES (*v.* ce mot). Il fait sortir ses bras articulés, et établit un courant d'eau au moyen duquel il entraîne les petits animaux qui se trouvent près de lui, et dont il fait sa nourriture.

Ce genre a été divisé, depuis Bruguière, en plusieurs sous-genres, d'après la considération du nombre et de la position des pièces qui composent l'enveloppe testacée; ces sous-genres, au nombre de neuf, seront traités à leur ordre alphabétique : les espèces composant le genre Balane proprement dit ont pour caractère essentiel d'avoir la partie tubulaire en cône tronqué, formé de six pans saillans, séparés par autant de pans enfoncés, et dont trois sont plus étroits que les autres. Leur base est le plus souvent formée d'une lame calcaire et fixée sur divers corps; leur opercule est composé de quatre valves qui ferment exactement l'orifice.

Ce genre se compose d'un assez grand nombre d'espèces, mais elles ne sont pas encore bien distinguées entre elles; l'espèce type et la plus commune sur toutes nos côtes, est la Balane ordinaire, *Lepas balanus*, Lin., qui est décrite par tous les auteurs et dont nous avons donné une figure à la planche 59, fig. 2. Le test est d'un blanc plus ou moins jaunâtre, il atteint quelquefois jusqu'à un pouce de diamètre, mais ordinairement il est plus petit. Cette espèce a été transportée dans tous les pays du monde par la navigation, comme il doit être arrivé souvent que des bâtimens, après avoir séjourné quelque temps dans des lieux très-éloignés de nous, en aient apporté des espèces étrangères dans nos ports. Les autres espèces de Balanes sont peu intéressantes et ne diffèrent que par des nuances peu sensibles de celles que nous venons de citer. Il sera parlé plus tard des Tubicinelles et des Coronules que nous avons fait représenter dans notre planche 59, fig. 3 et 4. La figure 5 offre une Acaste des éponges. *V.* ACASTE.

(GUÉR.)

**BALANINE**, *Balaninus.* (INS.) Genre de Coléoptères de la section des Tétramères, famille des Porte-becs, démembré du genre Rhynchène de Fabricius, et ayant pour caractères : trompe au moins de la longueur du corps; pénultième article des tarses très-fortement bilobé, corps de forme presque naviculaire. L'objet le plus remarquable de ces insectes est leur trompe, qui est très-grêle et d'une longueur telle qu'elle surpasse souvent tout le corps; celui-ci est en forme de vaisseau ou de navette, épais, plat en dessus, en carène arrondie en dessous; la trompe dont ces animaux sont pourvus ne leur a pas été donnée en vain; avec elle ils atteignent les noisettes qui commencent à nouer à travers les membranes végétantes qui les enveloppent, font un trou à la partie déjà dure de la coquille et glissent un œuf dans ce trou; la jeune larve, apode comme ses congénères, vit aux dépens de l'amande de la noisette, dont la coque acquiert cependant tout son accroissement. Parvenue au point de sa métamorphose, elle fait au fruit un trou circulaire et se glisse à terre, soit que la noisette se trouve encore sur l'arbre, soit, ce qui arrive le plus souvent, qu'elle soit déjà tombée; elle pénètre en terre et s'occupe à s'y construire une coque qui a la forme d'un chaudron fermé; c'est là qu'elle se transforme en nymphe. Cette nymphe a l'extrémité de son corps armée de deux épines qui lui donnent la facilité de pouvoir opérer des mouvemens circulaires dans sa coque. Après être resté en cet état depuis l'automne jusqu'au milieu de l'année suivante, l'insecte parvient à son dernier état.

L'espèce de ce genre la plus connue, et que l'on trouve facilement dans presque toute l'Europe, est le B. DES NOISETTES, *B. nucum*, Fab. Long de trois à quatre lignes, sans compter la trompe; tout le corps est noir, mais couvert de poils serrés jaunâtres qui le font paraître comme d'un gris vert, avec une bande irrégulière tranverse aux deux tiers de la longueur des élytres, formée de poils plus serrés; la trompe, les antennes et les pattes sont fauves rougeâtres couverts du même duvet ; cette espèce est très-bien figurée dans l'Iconographie du Règne animal, par Guérin, Insectes, pl. 58, fig. 4.    (A. P.)

**BALANITE.** (moll.) On donne ce nom aux espèces fossiles du genre Balane. (*V.* ce mot.)
    (Guér.)

**BALANITE,** *Balanites.* (bot. phan.) Ce nom, qui dans Pline désigne le châtaignier, a été imposé par Delille (Mémoires de l'Institut d'Égypte) à un petit arbre d'Afrique, haut d'environ vingt pieds, d'un aspect blanchâtre, garni de feuilles conjuguées, au dessus desquelles naissent des épines longues et acérées ; les fleurs forment des espèces de bouquets verdâtres, et les fruits sont de la grosseur d'une prune, et jaunâtres. C'est cet arbre que, dès 1640, Prosper Alpin avait fait connaître sous le nom d'*Agihalid*, et l'on a cru long-temps que son fruit était le *Myrobolan chébule* des pharmacies. Depuis, Linné le rangea dans le genre *Ximenia;* mais des observations plus exactes ont déterminé à en faire un genre à part, caractérisé par un calice et une corolle à cinq parties, dix étamines, un style, un stigmate, et une drupe ovoïde, à cinq angles, renfermant un noyau monosperme.

On ne connaît qu'une espèce de Balanite, le *B. ægyptiaca,* qui se trouve rarement en Égypte, mais en assez grande abondance dans l'intérieur de la Nigritie. Ceux que l'on cultive au Jardin des Plantes de Paris n'y fleurissent point.    (L.)

**BALANOPHORE,** *Balanophora.* (bot. phan.) Plante parasite, trouvée par Forster dans une des îles de la mer du Sud, où elle croît sur les troncs pourris ou sur le terreau, à peu près comme l'orobanche : de loin on croit voir un champignon. En l'examinant, c'est un gros tubercule charnu, d'où partent quelques tiges cylindriques, garnies d'écailles ; à leur sommet est une tête de fleurs mâles et femelles, portées sur un spadice : les premières, placées à la partie inférieure, ont un calice à trois divisions, et trois étamines soudées par leurs filets et leurs anthères; les femelles, plus petites et plus nombreuses, ont un ovaire infère, surmonté d'un style filiforme, et renfermant probablement une graine. Forster, qui a seul observé cette plante, n'a point vu son fruit; il lui a donné le nom de *Balanophore,* c'est-à-dire *porte-gland,* d'après l'apparence du capitule de fleurs.

Jussieu avait laissé le *Balanophora* dans les genres *incertæ sedis;* Richard en a fait le type de la famille suivante.    (L.)

**BALANOPHORÉES,** *Balanophoreæ.* (bot. phan.) Cette nouvelle famille comprend quatre genres, savoir: le *Balanophora,* le *Cynomorium,* le *Langsdorffia* et l'*Helosis,* qui étaient restés errans autour des classes de l'illustre Jussieu, jusqu'à ce que C. Richard les eût rapprochés par leurs irrégularités communes. Ils ont quelques rapports avec les Orobanches par leur vie parasite et leurs tiges charnues, garnies d'écailles au lieu de feuilles; avec les Aroïdes par leur port ;

avec les Cytinées par la structure de leurs organes, enfin avec les Hydrocharidées par l'ensemble de leurs caractères généraux, que voici : fleurs unisexuées, disposées en capitules ovoïdes, sur un axe commun, garni de soies ou d'écailles; une seule, ou bien trois étamines symphysandres, c'est-à-dire soudées en tube cylindrique par leurs filets et leurs anthères; un ovaire infère, à un seul style et une seule loge; un fruit ou cariopse couronnée par le limbe du calice, à péricarpe sec, avec lequel la graine est intimement soudée; un embryon simple et indivis.

M. Richard fils place cette nouvelle famille à la fin groupe des Monocotylédones.    (L.)

**BALBISIE,** *Balbisia.* (bot. phan.) Wildenow a créé ce genre en l'honneur de feu mon ami J.-B. Balbis, botaniste piémontais, auteur de la *Flore de Lyon.* Les Balbisies font partie de la famille des Corymbifères et sont inscrites dans la Syngénésie superflue du système Linnéen. Nous ne connaissons qu'une seule espèce de ce genre exotique, à laquelle on n'a encore reconnu aucune propriété propre à fixer sur elle l'intérêt que commande le nom du célèbre botaniste. La Balbisie a longs pédoncules, *B. elongata,* est une plante herbacée, annuelle, originaire du Mexique, ayant sa tige cylindrique couchée et velue, garnie de feuilles opposées, pétiolées, hérissées de poils rudes et rappelant celles de l'arroche. L'involucre est simple, les fleurs radiées sont d'un beau jaune, et les graines qui leur succèdent sont couronnées d'une aigrette plumeuse. La Balbisie blanchâtre, *B. canescens* de quelques botanistes, a été découverte dans l'Amérique du nord ; elle a la tige droite, rameuse, velue; comme c'est la seule différence qui la sépare de la précédente, à mon avis, on a tort de l'appeler espèce; elle est seulement une variété.
    (T. d. B.)

**BALBUTIEMENT.** Prononciation imparfaite dans laquelle on remplace, par les lettres B et L, la plupart des autres consonnes. Il est fréquent dans l'enfance; il accompagne souvent l'ivresse, et peut être symptomatique de lésions plus ou moins graves du système nerveux. Le Balbutiement est continu ou accidentel et passager. (*V.* Bégaiement.)    (P. G.)

**BALBUZARD,** *Pandion.* (ois.) Le Balbuzard, *Falco haliætos,* L., est devenu, pour quelques ornithologistes, le type d'un petit genre de la famille des Faucons : ce genre est ainsi caractérisé par M. Savigny, qui l'a établi dans son Système des oiseaux de l'Égypte et de la Syrie : bec presque droit à sa base, à dos renflé; la cire velue et lobée au dessus des narines, lesquelles sont lunulées et obliques; les doigts dénués de membranes, l'intérieur excédant à peine les latéraux, et l'extérieur versatile, c'est-à-dire susceptible de se diriger en arrière et en avant; les ongles arrondis et lisses en dessous; la queue composée de rectrices égales, et la troisième penne des ailes plus longue que les autres.

Les Balbuzards ne vivent que de poissons ; aussi ne s'écartent-ils guère du voisinage des côtes, des lacs, des étangs et de tous les endroits poissonneux. Lorsqu'ils veulent nicher, ils gagnent les hautes montagnes et établissent leur aire dans les crevasses des roches escarpées ou sur les arbres les plus élevés dans de vieilles forêts. La ponte est de trois ou quatre œufs d'un blanc jaunâtre, marqués de grandes taches rougeâtres avec de petits points de la même couleur.

Le Balbuzard proprement dit, *Pandion fluvialis* (figuré dans les planches enluminées de Buffon, n° 414), est à peu près la seule espèce authentique dont se compose le genre; on le trouve en Europe, en Asie, en Afrique, en Amérique, et sur le bord des eaux de presque tout le globe.

Il a le manteau brun et la tête plus ou moins variée de blanc: cette couleur occupe le bord des plumes; les parties inférieures sont blanches, avec des taches brunes ou d'un fauve clair sur la poitrine; les pennes primaires des ailes sont d'un brun noirâtre; le bec est noir ainsi que les ongles, la cire et les pieds bleus. Longueur totale du mâle (depuis le bout du bec jusqu'à l'extrémité de la queue), un pied dix pouces; de la femelle, deux pieds. On trouve, suivant l'âge et les contrées, quelques variétés de taille et de couleur.

En Europe, on rencontre cet oiseau sur la lisière des forêts, ou sur les rochers, proche des eaux douces, des lacs et des rivières. Il est très-commun en Russie et en Allemagne, assez abondant en Bourgogne et dans les Vosges; on le trouve aussi en Suisse et en Hollande; il émigre en hiver.

Sa nourriture consiste en poissons, qu'il saisit avec ses serres à la surface de l'eau, souvent même en s'y plongeant. Rarement il attaque les oiseaux aquatiques, même les plus petits; il est presque exclusivement piscivore.

On doit lui adjoindre comme congénère le *Pandion ichthyatus* d'Horsfield, décrit par cet auteur dans le Catalogue des oiseaux de Java; on l'a observé dans cette île, où il porte le nom de Jokowuru. Cet oiseau est fauve, avec le bas-ventre blanc et la queue noire au sommet. Il est long de deux pieds. (GERVAIS.)

**BALDISSÉRITE.** (MIN.) Magnésie carbonatée ou giobertite, de Baldissero, où elle a été d'abord rencontrée au milieu des serpentines; nous en avons trouvé aussi en filons de plusieurs pouces de puissance dans les ophiolithes de Skyros, l'une des îles du nord de la Grèce. (*V.* GIOBERTITE.) (TH. V.)

**BALDOGÉE.** (MIN.) Nom donné par de Saussure à la *terre verte de Monte-Baldo*, variété de talc chloriteux qu'on rencontre au milieu des roches porphyroïdes des environs de Minelle, entre Nice et Fréjus. (TH. V.)

**BALE** ou **BALLE**, *Tegmen, Gluma.* (BOT. PHAN.) Ce nom s'applique d'une manière générale aux enveloppes coriaces ou écailles qui, dans les Graminées, tiennent lieu de calice et de corolle; c'est ce qu'en économie rurale on nomme *menue*

*paille.* Mais en botanique, le mot de *Bale* et celui de *Glume* ont été souvent confondus ou appliqués d'une manière différente; tantôt la *Bale* a désigné l'enveloppe la plus extérieure des Graminées, tantôt l'enveloppe intérieure; c'est dans ce dernier sens qu'il se trouve le plus ordinairement employé par les auteurs de beaucoup de Flores spéciales. Le professeur Richard, ayant fait recevoir le mot de *Lépicène* pour l'enveloppe extérieure ou calice, a conservé celui de *glume* pour l'organe intérieur, et par conséquent l'expression de *Bale* n'a plus un sens spécial. (L.)

**BALÉARES.** (GÉOG. PHYS.) On donne ce nom, depuis la plus haute antiquité, à des îles de la Méditerranée situées à 22 lieues des côtes de la péninsule hispanique et qui paraissent être le prolongement de la chaîne de montagnes qui a formé le cap Saint-Martin. Leur direction générale est du sud-ouest au nord-est.

Elles se composent de quatre îles principales: Ivice et Fromentera, Majorque et Minorque; plusieurs îles avoisinent leurs côtes. Autour d'Ivice on voit Conejera-Grande (la grande Ile aux Lapins) Esporto, Belra, Espalmador, Espardell et Tagam. Près des côtes de Majorque s'élèvent Dragonera (l'Ile aux Dragons), Conejera (l'Ile aux Lapins) et Cabrera (l'Ile aux Chèvres) où, à la honte du gouvernement espagnol, de malheureux prisonniers français ont, pendant la guerre de 1808, souffert toutes les horreurs de la faim et de la misère. L'île d'Ayre est à peu de distance des côtes méridionales de Minorque. Nous ne nommerons point d'autres rochers qui ne sont d'aucune importance.

Majorque ou *Mallorca* a environ 50 lieues de circonférence, et Minorque ou *Menorca* 38. Le sol de ces îles est montueux; leur constitution géognostique est partout la même; les roches calcaires y dominent, ce qui paraît confirmer leur réunion sous-marine avec le cap Saint-Martin. Depuis le séjour que M. Cambessède, naturaliste français, fit dans ces îles en 1825, on connaît d'une manière positive la hauteur de leurs montagnes, leurs roches et leurs végétaux.

L'île Majorque est la plus intéressante sous ces divers rapports. Ses deux principales montagnes sont le Duig-de-Torcella, haut de 1463 mètres, et le Duig-Major, qui en a 1115. Les deux groupes de montagnes qui les divisent sont formés de calcaires appartenans aux terrains de sédimens inférieurs, c'est-à-dire de calcaire oolithique et de celui que les Anglais appellent *Lias.* On y trouve aussi des dolomies, des porphyres et quelques roches qui semblent être d'origine ignée. Des sources minérales et divers échantillons de minerai de cuivre indiquent dans cette île des richesses dont on ne tire pas parti.

Majorque, comme les autres Baléares, offre des sommets arides et de vertes vallées; le caroubier occupe le niveau le plus bas jusqu'à la hauteur de 500 mètres; l'olivier ainsi que le buis s'élèvent aussi sur la montagne et le pin d'Alep; mais ce dernier forme des forêts qui règnent jusqu'à 200 mètres plus haut. Il se mêle souvent au chêne vert, bien que celui-ci croisse encore à 100 mètres au dessus. Enfin les cimes les plus élevées ne se couvrent que d'une espèce de Seslerie (*Sesleria cærulea*). Sur les coteaux montueux, le palmier nain protége de son large feuillage de jolies espèces de *Cyclamen*, des *Ononides* à fleurs blanches ou purpurines et quelques élégantes *Anthyllides*. Sur les coteaux pierreux qui avoisinent les montagnes de Majorque, le myrte, le pistachier lentisque, le câprier épineux, le ciste et le romarin, indiquent aux botanistes la région méditerranéenne. Le cactier-roquette entoure les jardins; sur les bords de la mer, le tamarix et la salicorne ligneuse croissent au milieu des marais salés; enfin la vigne s'élève en amphithéâtre sur le flanc de plusieurs collines, et le cotonnier se plaît dans les terrains bas et humides.

L'analogie qui existe sous le rapport physique entre Majorque et les autres îles Baléares nous dispense de poursuivre sur leur sol ces observations relatives à l'histoire naturelle. (J. H.)

**BALEINE.** (CÉTACÉ.) Ce mot ne vient pas du phénicien, *Baal-nun*, comme l'a dit Bochart; il est évidemment dérivé du grec *Phalaina*, qui servait, à ce qu'il paraît, chez les anciens, à désigner collectivement plusieurs animaux de l'ordre des Cétacés. D'après le peu qu'Aristotélès a laissé sur l'animal qu'il appelle *Phalaina*, on peut juger qu'il appliquait ce mot d'une manière plus restreinte et qu'il l'attribuait exclusivement à ce que nous nommons aujourd'hui des Cachalots, mais que l'extension de cette signification à divers Cétacés fut un effet de l'usage vulgaire, dont les décisions ont, dans la république des lettres, autant force de loi que les sénats académiques et les aristocraties poétiques ou scientifiques, qui ne savent pas se populariser assez pour avoir de l'influence sur les masses ou se la conserver assez long-temps. Le mot grec *phalaina* se transmit avec le vague de son attribution populaire aux Latins, qui en firent *balæna*, d'où nous avons eu *baleine*, et les peuples du Nord, *walle*, que l'on a cru à tort dériver du mot *welle*, source, flot, parce que l'eau, disait-on, jaillit par les évents de la Baleine, comme d'une source ou comme des flots. Les savans du moyen-âge rapportaient, comme le vulgaire le fait encore aujourd'hui, à la Baleine tous les grands Cétacés à grosse tête ou Macrocéphales, tous les Cétacés souffleurs, les grands poissons, les poissons à lard et même des Morses et des Squales. C'est ainsi par exemple que les commentateurs ont traduit par le mot *baleine* le *piscis grandis* du livre de Jonas, que l'on voit dans nos anciennes chroniques qu'on mangeait de la Baleine dans les monastères de France, que les églises de Saint-Bertin et de Saint-Omer avaient un droit de quatre deniers sur chaque queue de Baleine, que l'abbaye de Caen avait la dime sur les baleines prises à Dives, et l'église de Coutances celle des langues des Baleines amenées à Merri; c'est ainsi que les Norwégiens et les Irlandais du XIIe siècle

distinguaient par des noms différens vingt-trois espèces de Baleines dans les mers du Nord, parmi lesquelles on reconnaît des Cachalots, des Narwals, des Marsouins et des Phoques; de cette extension vinrent ces assertions que les Baleines quittaient l'onde pour venir paître l'herbe des rivages, qu'elles se dressaient l'une contre l'autre pour l'accouplement en enfonçant leur queue dans le sable et en s'embrassant avec leurs nageoires; c'est de là aussi que l'on a appliqué le nom de blanc de Baleine à la substance huileuse cristallisable que l'on retire du cerveau des cachalots. Linnæus donna à ce mot une attribution plus restreinte, et l'appliqua, on ne sait sur quels motifs, aux cétacés qu'Aristotélès a décrits, selon Rondelet, sous le nom de Cétacés à moustaches (*Mysticetos*). A tort ou à raison, Linnæus a fait autorité dans le monde savant, et le mot *baleine* y est réservé pour représenter les cétacés à grosse tête ou macrocéphales dépourvus de dents (au moins dans l'âge adulte, car les recherches de M. Geoffroy Saint-Hilaire lui ont offert dans le jeune âge des rudimens de dents insérés dans le sillon de la mâchoire inférieure, qui, avec les progrès de l'âge, sont oblitérés par l'envahissement du tissu osseux de l'os maxillaire), et dont la mâchoire supérieure très-étroite, inclinée en bas et en dedans, a ses deux côtés garnis de grandes lames cornées, prismatiques, légèrement recourbées sur elles-mêmes en forme de faux, disposées transversalement les unes à la suite des autres sur les côtés du palais, composées de fibres élastiques longitudinales, réunies par une sorte de mucus coagulable. Ces lames sont implantées par leur base cartilagineuse blanchâtre dans l'épaisseur de la membrane du palais, de manière à pouvoir s'infléchir un peu en arrière ou se redresser au gré de l'animal. Les fibres les plus extérieures de la tranche ou du sommet, qui est un peu recourbé en arrière en forme de gouttière, se détachent du reste de la lame, pendent dans la bouche, et donnent au palais un aspect velu; celles du sommet des lames s'épanouissent aussi et peuvent dépasser l'ouverture de la bouche; on retrouve sur les bords de la mâchoire inférieure de ces sortes de filets fibreux semblables à du fort crin de cheval ou à des soies de cochon, mais qui ne paraissent pas avoir de follicules vasculaires pour base; ces filets dépassent un peu, comme ceux de la mâchoire supérieure, l'ouverture de la bouche, et lui forment comme des moustaches qui rendent assez vraisemblable l'opinion de Rondelet sur l'identité des Baleines d'aujourd'hui avec les Mysticetos d'Aristotélès, et qui l'a fait adopter généralement par les savans. Ces lames qui garnissent les côtés du palais sont au nombre d'environ huit à neuf cents de chaque côté, implantées à un pouce de distance environ les unes des autres; leur grandeur varie selon leur situation, celles du centre ont ordinairement de huit à dix pieds; on dit que l'on en a vu de vingt-cinq pieds de longueur; celles qui sont aux extrémités sont plus petites, leur hauteur à leur base a de six à dix ou quinze pouces environ ; dans l'intervalle des grandes lames s'en trouvent d'autres plus petites qui paraissent être des lames de remplacement, c'est à ces dernières qu'il faut attribuer l'énorme différence que l'on trouve dans les auteurs sur le nombre des lames, que l'on porte quelquefois à moins de trois cents. De chaque côté les couches extérieures des lames sont d'un jaune verdâtre, demi-transparent, celles de l'intérieur sont d'un noir bleuâtre mat. Ces lames cornées, caractéristiques des Baleines et qui représentent une sorte d'exagération des plis de la muqueuse palatine de l'homme et des mammifères, sont connues dans le commerce sous le nom de *Fanons*, et dans les arts sous celui de *Baleines*. Les Baleines à fanons sont de gigantesques cétacés qui atteignent soixante à soixante-quinze pieds de longueur, et, si l'on en croit les anciens auteurs, parviennent jusqu'à cent cinquante et trois cents pieds ; leur circonférence au point culminant du corps surpasse la moitié de la longueur totale, et leur poids a été porté jusqu'à trois cent mille livres. La forme générale des Baleines se rapproche un peu de celle de certains poissons. C'est une sorte de conoïde allongé terminé un peu brusquement en avant en une portion de cône plus ou moins obtuse. La tête de ces animaux est volumineuse, presque de la grosseur du corps à sa base, et fait à elle seule plus du tiers de la longueur totale ; mais ce développement est dû au prolongement considérable des os maxillaires, et les autres parties de la face et du crâne ne participent guère à cette extension prodigieuse. Le cou n'est pas marqué chez les Baleines, et comme chez les poissons, la tête se lie d'une manière insensible à l'extérieur avec le dos. Sur le squelette les vertèbres cervicales, au nombre de six ou sept, sont quelquefois en partie soudées entre elles ; mais lors même qu'elles sont libres, leur peu d'épaisseur ne doit guère permettre à cette région de mouvement particulier. Le tronc se continue aussi d'une manière indistincte avec la queue, qui forme environ un tiers de la longueur totale, et se termine par une nageoire horizontale en forme de croissant ou de cœur déprimé. L'on trouve de l'extrémité d'un des lobes à l'autre près des trois septièmes de la longueur totale. Les Baleines n'ont point de membres postérieurs ; leurs membres antérieurs sont à peu près composés des mêmes pièces que dans les animaux supérieurs ; mais les doigts formés de phalanges bien plus nombreuses, pour quelques uns d'eux surtout, et d'une grandeur relative différente, ne sont point libres et détachés, ni même flexibles, mais confondus en une sorte de nageoire pectorale assez courte, puisqu'elle forme à peine un vingtième de la longueur de l'animal. Ces nageoires sont assez rapprochées l'une de l'autre au dessous de la partie antérieure de la poitrine, mais ne paraissent pas susceptibles de pouvoir se rapprocher au point de permettre à l'animal d'embrasser quelque chose avec leur secours, ainsi qu'on l'a dit, ni même de saisir quoi que ce soit avec chacune d'elles en particulier ; elles

sont tout au plus capables de retenir un corps d'un certain volume entre elles et la portion postérieure des flancs qui leur correspond. La peau qui les recouvre est semblable à celle du reste du corps, et ne paraît pas du tout modifiée pour servir au tact ; ces nageoires semblent seulement destinées à la locomotion. La bouche de la Baleine est transversale, située à la partie inférieure antérieure de la tête ; son ouverture, un peu sinueuse, se prolonge en arrière jusqu'au dessous des yeux ; les mâchoires sont garnies d'un rebord cartilagineux, mollasse, qui remplit les fonctions de lèvres ; les bords de la mâchoire inférieure emboîtent légèrement le bord de la supérieure ; la paroi supérieure de la cavité de la bouche est constituée par les fanons. La paroi inférieure est formée par une langue molle, épaisse, presque entièrement adhérente, non extensible, longue de douze à vingt-cinq pieds et plus, et large de sept à douze pieds. Le tissu de cet organe se charge assez de graisse pour pouvoir fournir cinq à six *tonneaux* d'huile ; le gosier n'est pas à beaucoup près aussi spacieux qu'on pourrait le présumer d'après les proportions de la bouche, et un large repli de la membrane muqueuse qui le tapisse, forme à son orifice une sorte de valvule qui s'oppose à l'entrée de corps un peu volumineux. Aussi les Baleines ne se nourrissent-elles que de plantes marines, de fucus de crustacés, ou de mollusques et de poissons de petite taille, tels que des harengs, des merlans, etc., qu'elles engloutissent par le remous que produit dans l'eau l'écartement de leurs énormes mâchoires. Cette quantité d'eau superflue est ensuite chassée, au moyen d'un appareil particulier, de l'arrière-bouche, par l'orifice extérieur des fosses nasales, et lancée en gerbes quelquefois à plus de quinze et vingt pieds au dessus de la surface des flots. Une cavité parcourue si fréquemment par un liquide aussi abondant, ne paraît guère appropriée à l'analyse des qualités olfactives des corps, aussi l'existence du sens de l'odorat chez ces animaux est-elle encore en question. L'exemple que de Lacépède cite en faveur de l'affirmative s'explique sans le secours de l'olfaction, et la présence de substances putrides dans l'eau peut s'apprécier par l'organe du goût aussi bien que par celui de l'odorat. L'orifice extérieur des narines porte, chez les Baleines, le nom d'*évent* ; il est double et situé sur une petite éminence, placée à la partie la plus saillante du dessus de la tête. L'œil de la Baleine est très-petit à proportion de la masse de l'animal, situé sur les parties postérieures latérales inférieures de la tête, au dessus de l'angle des lèvres ; son volume dépasse à peine celui de l'œil du bœuf. Il est muni de deux paupières peu mobiles, dépourvues de cils. Le conduit auditif externe va s'ouvrir près des évents par un orifice garni seulement d'une valvule et privé d'appareil extérieur, pour la réunion des rayons sonores. Bien que les organes de la vue et de l'ouïe ne paraissent pas très-développés chez les Baleines, cependant ces deux sens jouissent chez elles d'une finesse assez remarquable. Vers la réunion du tiers postérieur de l'animal avec les deux tiers antérieurs, on voit à la face inférieure, en arrière des faibles rudimens du bassin, les parties extérieures de la reproduction; elles consistent chez les mâles en un baleinoas de six à neuf pieds de longueur, de cinq à huit pouces de diamètre, ordinairement rétracté dans une sorte de fourreau peu apparent; chez la femelle on trouve une vulve longitudinale à lèvres peu saillantes, hors le temps de l'accouplement. En avant de la vulve, et sur chacun de ses côtés, on aperçoit une fente longitudinale, dans laquelle se trouve le mamelon, à peine sensible hors de l'époque de la lactation, mais susceptible, dit-on, de faire, pendant la sécrétion du lait, une saillie de huit à quinze pouces. Ce mamelon, s'il faut s'en rapporter à l'analogie, communique avec un canal étroit, long de plusieurs pouces, qui va aboutir dans une cavité assez ample, dont les parois glanduleuses verseraient sans intermédiaire un fluide lactescent, assez consistant. Un appareil fibro-musculaire remarquable, chasserait avec force le fluide accumulé dans ce réservoir jusque dans l'arrière-bouche du baleineau, dont la lactation serait en partie active, comme chez les animaux mammifères terrestres, et en partie passive; la succion étant à ce qu'il paraît impuissante pour aspirer ou exprimer le lait, et n'ayant guère, chez ces cétacés, d'autre but que celui de fixer le petit à la tétine de la mère, et de solliciter les contractions de la tunique musculeuse du sac galactophore, situé sous les muscles droits de l'abdomen. En arrière et à quelque distance des parties génitales, on trouve chez les deux sexes l'orifice extérieur de la fin du canal digestif, ou l'anus, orifice circulaire légèrement plissé concentriquement.

Les tégumens des Baleines sont à peu près uniformes sur tous les points de leur corps, et consistent dans un cuir dur et épais d'un pouce environ, d'un tissu assez poreux et laissant transsuder ou sécrétant lui-même une quantité assez notable d'huile, qui donne à l'épiderme épais qui le recouvre un aspect toujours onctueux et lisse. Au dessous du derme on trouve une couche épaisse de tissu cellulaire graisseux, gorgé d'un liquide huileux, qui s'en sépare à la moindre pression ou par une élévation peu considérable de température; cette couche de tissu graisseux, que l'on désigne sous le nom de lard, a cinq à six pouces d'épaisseur sur le dos et sous le ventre; sur les côtes près des nageoires, il atteint quelquefois plus d'un pied, et sous la mâchoire il forme une sorte de collet qui a quelquefois trois pieds d'épaisseur. On retire quelquefois jusqu'à soixante, et quatre-vingts quintaux d'huile; on dit même jusqu'à cent trente. La graisse de la Baleine a une odeur forte et repoussante; elle passe facilement à la fermentation putride, mais, bien que l'huile que l'on en peut extraire conserve en grande partie cette odeur, elle est pourtant fort recherchée, à cause de l'emploi considérable que l'on en fait dans les arts et dans l'économie domestique; la fabrication des savons noirs, celle du goudron, la préparation des cuirs, usent une grande quantité d'huile de Baleine; mais c'est surtout pour l'éclairage qu'elle est d'une ressource précieuse, et, malgré les impôts considérables auxquels l'huile de Baleine est sujette, elle a presque totalement remplacé dans cette partie importante de l'usage domestique la résine et le suif, autrefois si répandus. Ce tissu graisseux est tellement mollasse qu'il se laisse déprimer par le moindre contact, et bien que la peau de la Baleine soit aussi glissante que la peau de l'anguille, le poids d'un homme y fait une excavation suffisante pour pouvoir s'y tenir debout et y marcher presque en sûreté. La couleur de la peau de la Baleine n'est pas toujours la même. Ordinairement elle est d'un brun ou d'un gris noirâtre ou même d'un noir uniforme en dessus du corps, et d'un blanc argenté dans ses parties inférieures, le long de l'ouverture de la bouche et autour des yeux et des nageoires; mais quelquefois ces couleurs se mélangent de diverses manières, et donnent lieu à des marbrures plus ou moins multipliées; quelquefois la couleur du dos envahit les parties inférieures, d'autres fois c'est la couleur du ventre qui s'étend plus ou moins en dessus, et l'on a vu des Baleines tantôt toutes noires, tantôt toutes blanches.

La baleine est constamment dans l'eau, et ne quitte guère les mers profondes; son organisation ne lui permet pas de venir à terre, et son poids et son volume ne la laissent pas même approcher des rives plates et des bas fonds; lorsque par malheur les tempêtes la chassent vers les côtes, et qu'elle ne trouve plus assez d'eau pour se soutenir, elle fait de vains efforts pour se remettre à flot, et vient alors, exténuée de fatigues superflues, échouer sur le rivage, aussi les baleines fréquentent-elles de préférence les baies et les sinus où elles trouvent un abri contre la fureur des flots. Mais, bien que la Baleine soit condamnée à vivre continuellement dans l'eau, elle n'en est pas moins obligée de venir fréquemment à la surface respirer l'air atmosphérique; douée de poumons analogues à ceux des autres mammifères, elle ne saurait se passer de ce fluide élastique, et celui qui est plus ou moins mêlé à l'eau ne pourrait être employé pour son hématose; c'est pour cela que les Baleines, à l'approche de l'hiver, paraissent quitter les parages du nord, où l'Océan, glacé à sa surface, forme un plafond qui s'oppose à la libre respiration de ces animaux; aussi est-ce à cette époque que l'on en voit plus volontiers venir atterrir sur nos dunes. Du reste, les Baleines paraissent vivre dans toutes les mers et se faire assez facilement aux différences de température et de climat; on en a trouvé dans toutes les mers et sous toutes les latitudes, dans toutes les saisons, partout vives et agiles, partout se reproduisant et élevant leurs petits, peu influencés eux-mêmes par les différences des circonstances extérieures, et se jouant aussi bien dans les mers boréales que dans l'Océan antarctique. Le mode de reproduction de la Baleine est encore peu connu; l'accouplement se fait certainement dans l'eau, mais la forme du corps et la disposition des organes ne permet pas que la conjonction de ces animaux soit bien étroite et long-temps prolongée. En effet la copulation ne peut avoir lieu que par opposition antérieure et la superposition rendrait la respiration impossible pendant l'accomplissement de cette fonction ; en supposant l'incubation latérale, le défaut de moyens contentifs réciproques, l'obligation de consacrer les faibles nageoires lancéolées à la station fixe au milieu d'un élément toujours assez agité, et la gêne de la respiration pour l'un et pour l'autre dans une telle attitude, seraient encore des difficultés dont la continuation ne saurait se concevoir, à moins que l'un et l'autre n'exécutent des mouvemens alternatifs d'oscillations simultanées ou alternes, qui les rameneraient de temps à autre à la surface de l'eau. Peut-être la nature supplée-t-elle, comme chez les oiseaux, par une répétition plus fréquente de la copulation, à l'imperfection que cet acte peut offrir d'ailleurs. On dit que la Baleine reste mariée ; mais cette particularité paraît contredite par d'autres observations. La durée de la gestation est également douteuse, et c'est seulement sur des inductions qu'on lui a assigné le terme de dix mois. La Baleine donne ordinairement un baleineau, au plus deux, et c'est en effet ce que l'on observe chez tous les grands animaux, qui ne sauraient se multiplier beaucoup, sans se nuire dans leur développement et leur conservation. Le petit baleineau a 12 à 18 pieds et selon les individus 21 à 24 de longueur ; l'allaitement se fait par l'incubation latérale et oscillée, de telle sorte que la respiration reste assez libre pour la mère et l'enfant. On dit que le baleineau tette un an ; mais ce que l'on sait positivement, c'est qu'il reste long-temps sans s'éloigner de sa mère, et que la tendresse réciproque de ces animaux a de quoi surprendre ; l'enjouement, la grâce de leurs jeux, de leurs agaceries, l'attachement qu'ils se témoignent surtout dans le danger, ont attendri plus d'une fois le cœur des plus rudes *loups de mer*. La durée de la vie de la Baleine n'est pas connue ; Buffon l'a estimée à mille ans, mais seulement d'après une probabilité dont le point de départ était lui-même très-suspect ; en histoire naturelle il vaut mieux avouer son ignorance que de mettre l'incertain à la place des faits.

La Baleine, outre l'huile et les fanons qui l'ont fait tant rechercher dans tous les temps, fournit encore à l'homme d'autres ressources dans la nécessité. Les habitans du Nord quelquefois mangent sa chair fraîche, quelquefois ils la font sécher et fumer pour la conserver et l'employer lorsque la rigueur de la saison de l'hiver, si longue pour eux, ne leur permet plus d'aller à la chasse ou à la pêche ; les intestins leur donnent des liens, des cordages robustes et presque inaltérables ; ils doublent de leurs membranes ces frêles embarcations avec lesquelles ils affrontent la haute mer et les glaçons qu'elle charrie ; les excrémens de la Baleine fournissent une teinture rougeâtre que l'on peut fixer sur les étoffes. Enfin les longs arcs-boutans de la cavité thoracique des Baleines présentent encore aujourd'hui, comme déjà au temps de Néarchos et d'Alexandre-le-Grand, d'excellentes charpentes avec lesquelles les malheureux habitans des côtes se construisent des cabanes pour s'abriter contre les injures des saisons et un combustible pour leur chauffage ou l'apprêt de leurs alimens.

Les cétacés qui se rapportent aux Baleines présentent entre eux quelques différences, qui ont fait établir des divisions et des subdivisions dans la famille naturelle qu'ils constituent. Ainsi, il est des Baleines qui n'offrent pour organes de locomotion que leurs nageoires pectorales ou extrémités thoraciques, pinniformes et la queue horizontale, épaisse et charnue, au moyen de laquelle elles s'avancent par un mouvement alternatif de haut en bas, ou par un mouvement latéral que l'on emploie quelquefois dans la manœuvre des petites barques, et que l'on désigne par le mot *godiller* ; ce sont les Baleines proprement dites Baleines vraies ou franches, Baleines mysticètes, *B. mysticetus*, Linn., *B. vulgaris* ; les Finn-back ou à dos lisse des baleiniers du Nord ; c'est l'espèce la plus recherchée à cause de l'abondance de son lard.

Les baleiniers distinguent de la Baleine franche une espèce ou peut-être une simple variété, à laquelle ils donnent le nom de Nord-Caper parce qu'on la trouvait d'abord vers le cap Nord, entre la Norwége et le Spitzberg ; mais depuis on l'a retrouvé ailleurs, et les pêcheurs du Sud ont aussi rencontré le Nord-Caper dans les mers antarctiques. On lui a donné également le nom de Sarde. Au dire des nautoniers, le Nord-Caper est plus allongé, a les formes un peu plus sveltes que la Baleine franche ; ses mouvemens sont plus agiles, mais ses fanons sont plus courts et son lard moins épais et moins riche en huile ; les Sardes ne donnent guère, d'après leur rapport, que dix, douze ou trente quintaux d'huile. Des naturalistes ajoutent que le Nord-Caper a la tête plus ovalaire que la Baleine franche, et que sa mâchoire inférieure est plus arrondie, plus haute et plus large que dans l'espèce type du genre ; la difficulté plus grande que l'on a à l'atteindre, et le moindre profit que l'on en retire, font que le Nord-Caper est moins estimé et moins recherché. Mais il est des Baleines qui diffèrent des premières par l'existence d'une nageoire dorsale, courte, simple, cartilagineuse, de forme pyramidale. On leur a donné le nom de Baleinoptères ; les pêcheurs les désignent sous les noms de Pinn-Whale, de Pflock-Fish, de Baleines américaines, parce que les côtes de l'Amérique en offraient d'abord un assez grand nombre. Ces sortes de Baleines, qui reproduisent ici en quelque sorte les chameaux et les zébus du continent, sont bien moins productives que les Baleines franches, mais néanmoins sont encore assez recherchées. Parmi les Baleinoptères, les unes ont le ventre lisse ou dépourvu de plis ; ce sont les Finnafish, les Win-Whale des Baleiniers, les Gibbar des Basques (*B. Physalus* des auteurs). Les autres ont la partie inférieure du cou et de l'origine de la poitrine plissée longitudinalement.

On les distingue par les noms de Baleines à tuyaux, de Rohre-Walle, d'où l'on a fait Rorqual ; noms qu'elles conservent parmi nous ; ces plis ou goitres sont peut-être susceptibles de dilatation comme ceux des pélicans, des anolis et des iguanes. Mais leur destination précise est encore ignorée. On a dit qu'ils répondaient à une vessie aérienne, ouverte en avant de la trachée-artère, et s'étendant sous la poitrine pour augmenter au gré de l'animal sa pesanteur spécifique ; mais cette observation mérite confirmation. Les Basques donnaient à ces Baleines le nom de Jubartes, comparant ces sortes de plis au fanons des taureaux ou à la crête des gallinacés. Les naturalistes ont établi dans cette division plusieurs espèces, telles que le Rorqual des mers du Nord, la Baleine a œil de bœuf (*Bal. Boops*), Lin., et le Rorqual de la méditerranée, à laquelle Linnæus a cru devoir appliquer le nom de *Musculus*, que Plinius avait employé pour caractériser un poisson ou cétacé qui dépasse en grandeur la Baleine, ou la précède dans ses migrations, car les commentateurs de cet auteur ne sont pas d'accord sur le sens du mot *antecedit*, qu'il a employé. On a aussi fait une Baleine a museau pointu, à tête de brochet (*Bal. rostrata*), etc. Enfin on a établi une espèce de Baleine à nageoires dorsales, multiples, sous le nom de Baleine a nœuds (*Bal. nodosa*). Les habitans des côtes des mers du Nord distinguent encore beaucoup d'autres espèces ; ceux des bords de l'océan Antarctique en signalent aussi un bien plus grand nombre ; mais si l'on examine rigoureusement les sources de ces diverses distinctions, l'on voit qu'elles sont souvent douteuses, et quelquefois fort suspectes. Les caractères établis par les savans ne sont pas non plus bien arrêtés, et se sentent de l'incertitude des renseignemens sur lesquels ils se sont trop souvent appuyés. Aussi un naturaliste rigoureux serait-il tenté de rapporter les espèces de Baleines franches à une seule, et tous les Rorquals à une même espèce. Le Gibbar, établi d'après la description et la figure de Martens, peut bien en effet n'être fondé que sur un oubli ou une omission involontaire des plis de la gorge ; le mot *Jubarte* n'est peut-être qu'une altération que les Saintongeois ont fait subir au mot *Gibbar* ; il en est de même du mot *Jupiter*, appliqué quelquefois à une espèce de Baleine à tuyau ; la *Balæna musculus* ne diffère guère de la Jubarte, au dire des naturalistes, que par quelques proportions de détails ; la *Balæna rostrata* ne diffère pas du Boops, et sa distinction a été, dit-on, causée par une confusion assez singulière, quelques auteurs ayant rapporté au museau un nom caractéristique qui s'appliquait à la nageoire dorsale.

Si, dans l'insuffisance des caractères extérieurs, on consulte l'anatomie pour découvrir des bases solides de distinctions spécifiques, on voit que l'ostéologie, en laissant entrevoir la possibilité de plusieurs espèces de Baleines et de Rorquals, se trouve dans l'impuissance de rapporter ces espèces à celles qui ont été établies par les zoologistes, et n'indique qu'avec hésitation de légères modifications de forme des diverses parties du squelette ; mais, dans des animaux si gigantesques, le cercle de ces différences peut être assez grand dans la même espèce, à en juger comparativement avec ce qu'on observe chez l'homme, dont on connaît mieux la charpente, et la saillie plus ou moins grande d'une crête, des apophyses plus ou moins prononcées, un écartement plus ou moins considérable dans des limites aussi peu étendues que celles qui ont été données, laissent encore beaucoup de doutes sur les résultats qu'on en a déduits. Aussi telle est encore aujourd'hui l'histoire des espèces de ces deux genres, que toutes les fois qu'un de ces cétacés vient à échouer sur nos côtes, on ne manque pas d'en faire une espèce nouvelle. Ainsi la Baleine échouée sur les côtes d'Ostende en 1827 constituerait, selon M. Vauderlinden, une seconde espèce de Rorqual des mers du Nord ; le Baleinoptère échoué à Marseille en 1828 serait une espèce de Rorqual de la Méditerranée que l'on devrait appeler du nom spécial que M. Farines lui a imposé, *Balænoptère-Arago*.

Si l'ostéologie ne fournit pas de documens bien précis pour la détermination des espèces de Baleines proprement dites et des Rorquals, il n'en est pas de même pour l'histoire de chacun de ces genres, et l'examen du squelette offre au premier coup d'œil des caractères saillans qui ne permettent pas de les confondre, et qui sont aussi sensibles que le caractère zoologique tiré de la présence de la nageoire dorsale. En effet, pour ne parler ici que des plus importantes particularités, tandis que les maxillaires supérieures de la Baleine franche sont cambrées en avant et que le palais a plus de hauteur, que par conséquent les fanons qui en partent sont plus longs et que leur réunion forme une voûte plus élevée, ceux des Rorquals sont plus déprimés et les fanons beaucoup moins allongés, moins convexes, mais en compensation, pour ainsi dire, les os maxillaires inférieurs sont plus grands, et la parabole qu'ils forment par leur réunion est moins comprimée sur les côtés ; la tête présente les différences métriques suivantes, dans la proportion comparative de ses principaux points :

| | BALEINE DU CAP. | | | RORQUAL DU CAP. | |
|---|---|---|---|---|---|
| Longueur de la tête. | 4 | 30 | | 4 | 8r |
| Hauteur. | 1 | 6 | | 1 | 08 |
| Largeur. | 0 | 83 | | 0 | 60 |
| Longueur de la mâchoire infér. | 4 | 35 | | 5 | 09 |
| Distance des condyles. | 2 | 00 | | 2 | 00 |
| Hauteur de l'os. | 0 | 45 | | 0 | 52 |

Les nageoires pectorales sont aussi beaucoup plus longues, proportion gardée, dans les Rorquals que dans les Baleines franches.

Outre les espèces de Baleines actuellement vivantes, il en est encore d'autres que l'on a trouvées à l'état fossile dans les dernières couches des alluvions marines. C'est dans des argiles sablonneuses, à des profondeurs peu considérables, et sur le penchant des collines ou le versant de quelques coteaux, que l'on a rencontré leurs débris plus ou moins intacts ;

c'est en Italie, sur le flanc oriental du Monte-Pulguasco, et non loin de là sur les bords d'un petit ruisseau qui se jette dans la Chiavenna, l'un des affluens du Pô; c'est en Angleterre, à Dingwal, non loin de l'embouchure de la Conan et de Stratpeffer, à Dunmore près de la Forth, à Blair-Drummond, qu'on a signalé des restes d'animaux de cette famille. En France on en a trouvé un fragment intéressant sur les bords de la Seine, à Paris, sur la pente du prolongement de la montagne Sainte-Geneviève, qui va se perdre dans l'ancien Pré-aux-Clercs. En 1779, un marchand de vin de la rue Dauphine, en faisant des fouilles dans sa cave, découvrit une pièce osseuse d'une grandeur considérable enfoncée dans de la glaise jaune et sablonneuse qui forme la croûte superficielle de la vallée. Ne voulant et ne pouvant d'ailleurs faire l'extraction complète du squelette, il détacha une partie de la pièce osseuse, qui pesait deux cent vingt-sept livres. Lamanon, qui prit des empreintes de cette pièce, en donna une figure, conjecturant que c'était quelque portion de la tête d'un cétacé, mais ne sachant pas à quel point la rapporter, il la représenta le dessus dessous. Daubenton, qui l'examina depuis, crut y voir une portion voisine des narines postérieures d'un cachalot; Cuvier la rapporta enfin à la partie antérieure du museau d'une Baleine; mais l'incertitude où l'on est sur la latitude des variations individuelles et des accidens particuliers que peuvent présenter les pièces osseuses du squelette des diverses espèces de Baleines proprement dites et des Rorquals, le degré d'influence que ces variations peuvent avoir sur les proportions des parties qu'elles constituent, se sont fait ressentir aussi dans la détermination des espèces de Baleines fossiles. C'est ainsi que Cuvier, sur de légères nuances de forme et de grandeur, a fait autant d'espèces de Rorquals fossiles des échantillons qu'il a pu observer, et qu'il croit devoir rapporter le fragment de la rue Dauphine à une espèce de cétacé particulière voisine, mais distincte des Rorquals.

Des produits si nombreux, si abondans, et dont l'emploi se lie à la fabrication des objets des premières nécessités de l'homme, durent attirer l'attention de son industrie sur la Baleine; aussi à mesure que l'on sentit davantage tout le parti que l'on pouvait retirer de cet animal, devint-il le but d'exploitations de plus en plus vastes et considérables. Partout cette exploitation dut commencer de même et subir les mêmes révolutions: on dut se borner d'abord à profiter de l'échouement sur les côtes, et lorsque l'on apprit l'importance commerciale de la Baleine, l'industrie grandit avec l'ambition; on étudia mieux ce prodigieux cétacé, et l'on s'habitua à affronter les dangers et les difficultés de sa chasse. Les Grecs, à ce qu'il paraît, et les peuples de l'ancien monde, ne dépassèrent pas le premier degré de l'exploitation, et Néarchos, dans son expédition, loin de chercher à s'emparer des Baleines qu'il rencontre sur son passage, se hâte au contraire de les mettre en fuite par le son bruyant de sa musique militaire.

On est même surpris de l'indifférence de l'époque à l'égard d'un animal si intéressant. En effet, dans un temps où tous les êtres remarquables par les bienfaits que l'on pouvait en obtenir ou par la crainte qu'ils inspiraient, recevaient des honneurs poétiques et religieux qui allaient parfois jusqu'à la déification, la Baleine n'eut pas d'autels et ne fut pas même personnifiée; elle ne figure dans aucune mythologie, et ce n'est que dans des commentateurs des premiers siècles de l'ère chrétienne que l'on voit émettre cette présomption, que le monstre auquel la superbe Junon exposa les charmes de la trop présomptueuse Andromède, et le Léviathan du Livre de Job, pouvaient bien être une Baleine, et que Kointos, ou si l'on veut Quintus, de Smyrne, qui donna une continuation d'Homeros, représente Hésione sur le point d'être engloutie par une immense Baleine, dont Hercule la délivre. Le peuple romain était trop belliqueux pour s'adonner au développement d'une industrie commerciale quelconque, et le trouble et la guerre qu'il porta partout devaient détruire tous les germes des exploitations nautiques chez les peuples où ils auraient pu se développer: aussi ne voit-on pas chez eux et au temps de leur grandeur plus de traces de pêche de la Baleine que chez les Grecs. Au reste les peuples connus de cette époque, placés sous des latitudes tempérées, trouvaient ailleurs les ressources que la Baleine pouvait leur offrir, ou bien leurs habitudes les leur rendaient superflues. Ainsi l'olivier fournissait aux habitans du Périple de la Méditerranée plus que la quantité d'huile nécessaire pour les usages culinaires ou l'éclairage nocturne; les savons étaient inconnus, et la beauté grecque ou romaine dédaignait alors comme aujourd'hui cette finesse ridicule de la taille que les Européens du nord estiment si fort, se contentant de soutenir par une simple ceinture des charmes dont les corsets dissimulent mal les infortunes, elle voyait sans prix ces fanons que l'on a tant recherchés depuis; le jonc et l'osier les remplaçaient pour les autres usages domestiques. Cependant Oppianus nous montre que dans le onzième siècle la pêche de la Baleine avait déjà reçu de grands développemens. On attirait la Baleine par des appâts fixés à des hameçons; des outres attachées à l'autre extrémité de la ligne indiquaient la route que l'animal qui s'y laissait prendre prenait pour se soustraire aux poursuites. A son retour à la surface de l'eau on l'attaquait avec des javelots à deux pointes, qu'on lui lançait de dessus des barques légères embossées autour d'elle, jusqu'à ce qu'enfin l'animal expirât au milieu des tortures; mais ce n'était encore à cette époque qu'une pêche isolée, accidentelle, qui ne ressemblait en rien aux pêcheries que l'on vit depuis dans le nord; néanmoins ce genre de chasse se propagea peu à peu aux habitans des contrées septentrionales de l'Europe, qui apprécièrent les ressources qu'offrait la Baleine à proportion du défaut des moyens que les Grecs et les Romains avaient de s'en passer. Ils sentirent les inconvéniens d'une pêche isolée, et cette industrie s'amplifia alors par l'esprit d'association. Lorsque la révolution qui bouleversa l'univers à la chute de l'empire romain commença à s'apaiser, les Normands et les Basques surtout donnèrent à la pêche de la Baleine une extension dont l'histoire conserve encore les souvenirs; les Baleines qui fréquentaient les côtes et le littoral du golfe de Gascogne, du cap Finistère et de la Manche, ne suffirent plus bientôt à leurs besoins, elles paraissaient les fuir et se réfugier ou rester dans les mers du Nord; pirates audacieux, marins aguerris, ils allèrent les y poursuivre. La renaissance des arts en Europe fut aussi celle de l'industrie; plus éclairés, les commerçans découvrirent des applications nouvelles des produits de la Baleine, et bientôt l'exploitation de ce cétacé prit un essor qui ne connut plus guère de bornes que celles de l'univers lui-même. Les Basques s'étaient avancés dans l'océan Boréal jusqu'au Groenland et au Spitzberg, et envoyaient tous les ans des flottilles de cinquante à soixante navires, mais sans relâcher beaucoup sur ces rives presque inhospitalières; les Anglais les y suivirent vers la fin du seizième siècle, prirent, au nom du droit du plus fort, possession de cette dernière contrée, découverte par les Hollandais, et profitèrent du déclin de la marine basque pour accaparer la pêche de la Baleine. Lorsque les navires hollandais vinrent à leur tour tenter la fortune de l'exploitation, les Anglais les repoussèrent par la force brutale et la violation infâme du droit des gens. Les armateurs hollandais souffrirent d'abord paisiblement ces insultes, mais à la fin ils se coalisèrent et répondirent à l'insolence anglaise comme on doit toujours lui répondre, par une insolence plus grande encore : les Anglais furent battus, et une convention amiable vint régler, d'une manière presque équitable, les droits de chacun des industriels prétendans à la pêche. Les Suédois, les Danois, les populations de la Baltique vinrent alors prendre part à l'exploitation ; on se partagea les stations et les baies où les Baleines se retiraient plus volontiers. La pêche et le dépècement de la Baleine, la fonte et l'épuration de l'huile s'étaient passés jusque-là en pleine mer, ou bien le lard, tassé dans des tonneaux, était emporté jusque dans les ports respectifs des puissances, où on lui faisait ensuite subir les diverses préparations; on commença à établir des fonderies fixes sur divers points du Groenland; pour éviter l'encombrement du lard et les difficultés de son transport, toutes les opérations se faisaient sur place, et tel fut l'accroissement rapide de cette branche de commerce, que des colonies vinrent fonder des villages entiers consacrés à la pêche et à l'exploitation de la Baleine; leurs noms rappellent encore leur origine; on y établit des comptoirs, des foires, et toutes les institutions commerciales de la civilisation; les Hollandais se distinguaient surtout dans la grande pêche, et c'est d'eux que nous avons presque tous les renseignemens relatifs à son histoire. A peu de chose près, toutes les nations faisaient la grande pêche de la même manière. Une Baleine

était-elle aperçue par la vigie, on mettait les chaloupes à la mer, et l'on forçait de rames sur l'animal ; un des plus forts et des plus habiles marins, monté sur l'avant de la barque, tenait un épieu long de sept à huit pieds, armé d'un harpon attaché à une ligne de six à sept brasses de longueur, et le lançait avec force sur la Baleine, en évitant de frapper sur les parties osseuses de la tête; la Baleine, se sentant blessée, fuyait sous l'eau, entraînant la ligne avec elle; on la laissait ainsi dériver, raboutant successivement les lignes lovées à bord, et disposées de manière à pouvoir les larguer sans encombre; elle filait ainsi souvent cinq à six lignes; mais obligée de remonter à la surface de l'eau pour respirer, le navire signalait son ascension, au moyen d'un gaillardet, à celle des barques la plus voisine du point où elle reparaissait; on tâchait alors de lui lancer un second harpon, et ainsi de suite, jusqu'à ce que, se consumant en efforts pour se débarrasser des harpons, la Baleine n'eût plus la force de plonger. Toutes les barques s'en approchaient alors avec précautions et achevaient de la tuer à coups de lance, que l'on dirigeait autant que possible dans l'intervalle des côtes. Lorsqu'on s'était assuré de sa mort, on la remorquait, et on l'amarrait sur un des côtés du navire pour la dépecer. Mais le harponnage à la main présentait trop de dangers pour qu'on ne cherchât pas à les éviter : la Baleine pouvait, par un mouvement brusque, frapper la barque qui s'approchait d'elle, et la faire voler en éclats; c'est ainsi que Jacques Wienkes, au moment de harponner une Baleine pour le second coup, se trouva sur la direction de l'ascension de l'animal, qui d'un coup de tête enleva rudement et brisa la chaloupe avant que Wienkes pût décocher son harpon. Cet intrépide baleinier retomba sur le dos de l'animal; sans se déconcerter, et malgré une blessure grave qu'il s'était faite à la jambe en retombant avec les éclats de la chaloupe, il harponna, avec son fer qu'il n'avait pas abandonné, la Baleine qui l'emportait. Tous les efforts de rames des autres chaloupes ne purent l'atteindre et le secourir; la promptitude de la course ne permettait pas au malheureux de tirer le couteau qu'il portait et qui s'était embarrassé dans la poche de son caleçon, pour couper la ligne attachée à sa main gauche; il allait infailliblement périr victime de son courage, lorsque par bonheur le harpon se dégagea du corps de la Baleine; Wienkes exténué se mit à la nage, et parvint enfin à être rejoint par les barques en observation. On employa d'abord pour lancer le harpon une sorte de mousquet au moyen duquel il était projeté de plus loin, à l'exemple des anciens, qui avaient déjà appliqué la baliste au harponnage. Depuis, les Anglais essayèrent de le lancer avec le canon; mais ces divers moyens étaient d'un emploi peu commode, et l'on en revint au lancement du harpon à la main ; seulement les barques s'éloignèrent moins du navire, et sitôt que le harpon était lancé, l'on faisait force de rames pour rejoindre le bâtiment, en laissant glisser la ligne librement sur l'étrave, jusqu'à ce que l'on pût l'amarrer au cabestan, au risque de casser la ligne et de perdre le harpon. Lorsque la Baleine reparaissait, on la poursuivait à coups de fusils ou de pierriers ; c'est à peu près la méthode qu'on emploie encore aujourd'hui. Les pêches dans les mers du Nord avaient encore un autre danger : c'était celui des glaces ; la Baleine harponnée s'enfuyait au dessous d'elles ; et dans les glaces entrecoupées pouvant remonter et respirer sans y être poursuivie, elle filait successivement les lignes qui étaient à bord de l'embarcation, et si les autres barques ou le bâtiment n'apportaient un prompt secours, l'équipage ne trouvait d'autre moyen d'échapper à une mort certaine que celui de couper la ligne et d'abandonner sa capture. Les bâtimens couraient aussi de grands dangers de la part de la présence de ces glaces immenses souvent détachées et poussées avec force par la violence des courans, et, malgré les précautions que l'on prenait pour garantir les navires du choc des banquises, chaque année était marquée par quelque sinistre accident ; néanmoins on continua long-temps encore à faire la pêche dans ces parages. Les Groenlandais apprirent bientôt aussi à chasser la Baleine, et apportèrent dans l'exploitation de cette industrie les ressources ingénieuses que la nécessité leur suggéra. A défaut des moyens que les Européens mettaient en usage, faute de longues lignes et de bâtimens capables de résister par leur masse et la force de leurs voiles aux efforts de la Baleine, ils imaginèrent, pour réduire un animal dont le produit pouvait leur être plus précieux encore qu'aux autres baleiniers, l'emploi d'un expédient dont les Romains avaient déjà eu quelque idée : ils attachèrent des outres de peau de phoque à des harpons, et suppléèrent par le nombre à la force des machines. Parés de leurs habits de fête, car la religion avait su consacrer chez ce peuple la pêche de la Baleine, hommes, femmes, enfans quittaient leurs huttes enfumées et s'aventuraient sur leurs *kajacks* jusqu'en pleine mer : là, sans crainte d'être submergés dans leurs batelets de cuir, ils assaillaient la Baleine d'une grêle de harpons balonnés qui gênaient d'abord les mouvemens de l'animal, et finissaient par les rendre presque impossibles ; les sauvages se jetaient alors à l'eau, et, soutenus par leurs vêtemens de peaux imperméables, ils commençaient sur les lieux mêmes le dépècement, qu'ils terminaient à la côte. Mais une pêche à laquelle tant de spéculateurs prenaient part dut troubler dans ces parages la reproduction et le développement des Baleines ; elles les quittèrent peu à peu, et, bien que les procédés de l'extraction de l'huile se fussent perfectionnés au point que la même quantité de lard pût fournir le double de ce qu'elle produisait dans l'origine, les avantages de la grande pêche du Nord diminuèrent d'une manière rapide. Il fallut poursuivre les Baleines sur les côtes de l'Amérique septentrionale, et le Spitzberg, le Groenland et leurs établissemens commerciaux furent presque abandonnés. Plus tard on apprit par les navigateurs que l'A-

mérique méridionale possédait aussi dans ses mers des Baleines productives, et la pêche du Sud succéda à celle de la terre de Labrador, du détroit de Davis et du banc de Terre-Neuve ; moins féconde, elle offrait du moins l'avantage de présenter moins de dangers. Sur plusieurs points, les naturels des nouvelles pêcheries s'initièrent à la pêche de la Baleine ; on vit des Américains cerner ces animaux avec leurs innombrables canots d'écorce, les effrayer par leurs cris, leur musique discordante, le bruit de leurs rames, et parvenir à les faire échouer sur le rivage ; d'autres plus intrépides se jetaient à la nage, gagnaient la Baleine, lui enfonçaient à coups de maillet une forte cheville de bois dans l'un des évents, plongeaient avec elle, et lorsqu'elle reparaissait, répétaient la même manœuvre sur l'autre évent. La Baleine, suffoquée par le défaut de respiration, ouvrait grandement la gueule pour recevoir de l'air, et engloutissait vainement une immense quantité d'eau ; elle expirait enfin asphyxiée, dérivait le ventre en dessus, et se remorquait sans effort jusqu'à la rive prochaine, où on la débitait. La découverte des terres australes et les relations plus fréquentes avec les mers des Indes firent aussi connaître l'existence de Baleines dans les diverses parties de l'océan Austral. La pêche s'établit sur divers points ; la baie de Sainte-Hélène, le cap de Bonne-Espérance entre autres, eurent leurs pêcheurs baleiniers ; la sûreté et la durée plus grande de la pêche compensaient la longueur du trajet et l'inconvénient d'une exploitation en pleine mer.

Malgré ces nouvelles ressources, la pêche de la Baleine perdit beaucoup de son ancienne splendeur, et la paix générale ne la lui rendit qu'en partie. La marine commerciale des Hollandais n'est plus aujourd'hui, il est vrai, ce qu'elle était jadis ; mais les peuples qui ont grandi la leur à ses dépens ne paraissent pas avoir partagé toute son ancienne *mine d'or* ; plusieurs puissances arment, il est vrai, un grand nombre de bâtimens soi-disant baleiniers ; mais l'on sait qu'à la faveur du prétexte de la pêche de la Baleine, bien des armateurs se livrent chaque jour à la traite prohibée des nègres, et que l'on ne peut se fier entièrement aux chiffres fournis par la statistique des ports et l'indication des partances. Les Français ne firent à aucune époque, depuis les Basques et les Biscayens, une figure bien imposante dans les pêches de la Baleine ; leur commerce maritime, en général un peu timide, n'osa pas toujours s'y aventurer, et les troubles fréquens avec l'Angleterre, l'Espagne et la Hollande ne lui en laissèrent pas non plus toujours la liberté ; d'ailleurs la richesse du sol et son industrie intérieure lui rendirent moins nécessaires les produits de cette pêche ; ses suifs et ses huiles d'olive, de colza, surent, pendant le blocus impérial surtout, lui faire voir d'un œil presque indifférent les huiles de Baleine qu'il ne pouvait aller chercher. Néanmoins la pêche de la Baleine ne fut jamais totalement abandonnée en France ; nos armateurs de l'ouest exploitent encore avec avantage cette branche honorable de haute industrie, et le gouvernement l'encourage non-seulement en protégeant le pavillon, mais encore en accordant aux baleiniers des primes pécuniaires assez considérables; mais, il faut l'avouer, ces encouragemens paraissent plutôt accordés au commerce maritime français, dont on veut conserver les droits acquis par l'usage et l'influence politique, qu'à l'exploitation de la Baleine, puisque d'après les lois les indemnités ne sont allouées qu'aux bâtimens baleiniers français montés par capitaines français. La pêche de la Baleine n'a pas été seulement une source de bienfaits immédiats pour l'homme et de richesses pour les nations qui s'y sont adonnées, elle a été encore une mine précieuse de découvertes pour les sciences et pour la politique; la géographie, la navigation et l'histoire naturelle surtout lui doivent un grand nombre de leurs plus belles pages, et il est à regretter que l'on n'ait pas toujours assez senti l'importance indirecte qu'elle pouvait acquérir. Notre planche 39 offre la figure d'une Baleine au moment où elle vient d'être harponnée; la baleinière, chaloupe destinée à cette opération, est proportionnée à l'animal, pour mieux faire comprendre sa grandeur immense. (T. C.)

BALI-SAUR. ( MAM. ) Carnassier très-remarquable, découvert dans les montagnes qui séparent le Boutan de l'Indoustan; il a le port d'un ours, avec le museau, la queue et les yeux d'un cochon. Sa hauteur est d'environ vingt pouces. Ses pieds sont plantigrades, à cinq doigts réunis dans toute leur longueur par une membrane étroite, et armés d'ongles longs d'un pouce.

Cet animal, observé par Duvaucel, n'est connu que par une figure de M. F. Cuvier, Hist. Mamm., liv. LI. Son museau est en forme de boutoir; sa dentition est à peine connue : on sait seulement qu'il a six incisives à chaque mâchoire, et de fortes canines; que ses molaires, dont on ignore le nombre, sont plates, et d'autant plus grandes qu'elles sont placées plus avant dans la bouche. Le nom indou *Bali-saur*, c'est-à-dire *Cochon des sables*, a été conservé à ces animaux, dont M. F. Cuvier fait un genre particulier, sous le nom d'*Arctonyx*, placé dans la famille des Plantigrades, à côté de celui des Ours.

Le BALI-SAUR de Duvaucel, *Arctonyx collaris*, F. C., a les oreilles courtes, le groin de couleur de chair; son poil est rude, d'un blanc jaunâtre ondé de noir; la gorge est jaune; une bande de cette couleur naît sur le museau, traverse l'œil et va contourner l'épaule. Cet animal est omnivore; lorsqu'on l'inquiète ou qu'on l'irrite, il se dresse comme l'ours sur ses pieds de derrière et présente à la fois à celui qui oserait l'attaquer, ses dents, ses bras et ses ongles. Il fait alors entendre une sorte de grognement très-singulier. (GERVAIS.)

BALISIER, *Canna*. ( BOT. PHAN. ) Douze espèces, toutes étrangères à l'Europe, constituent ce genre de la Monandrie monogynie, servant de type à la famille des Cannées. Elles sont herbacées, munies de racines vivaces, charnues, tuberculeuses, aromatiques et rampantes; de tiges droites, simples, qui montent jusqu'à deux mètres de haut;

de feuilles ovales, engaînantes, et roulées longitudinalement sur elles-mêmes avant leur développement complet; de fleurs rouges ou jaunes disposées en épi lâche, au sommet de la tige; et de semences noirâtres, rondes, dures, renfermées dans une capsule ovoïde qui s'ouvre naturellement en trois valves. Les Indiens et les Américains du sud retirent de ces graines une belle teinture pourpre, malheureusement peu solide; chez nous, ces plantes ne sont d'aucune utilité, seulement la beauté de leurs feuilles, assez semblables à celles du BANANIER ( *v.* ce mot ), la forme très-compliquée et l'éclat de leurs fleurs, les ont fait admettre dans nos parterres, dont elles sont un des plus jolis ornemens. On les y traite avec beaucoup de ménagemens, quoiqu'on puisse les élever en pleine terre; les tiges périssent alors sous le souffle glacé des vents du nord-est; mais, si l'on a soin de couvrir la racine avec des feuilles sèches, dès le mois d'avril de nouvelles pousses assurent des plantes intéressantes, toutes couvertes de fleurs, qui se développeront successivement depuis juillet jusqu'au milieu d'octobre. Il vous sera facile de multiplier les plants, d'abord par leurs nombreux œilletons séparés en automne, ensuite par le semis des graines qui mûrissent parfaitement au nord comme au midi de notre pays. En adoptant l'un ou l'autre mode de propagation, on arrose fréquemment en été, tandis que, durant l'hiver, il faut éviter de donner de l'eau, le tubercule étant fort exposé à pourrir dans le cours de cette saison.

Quatre espèces peuvent s'acclimater avec succès: 1° le BALISIER D'INDE, *C. indica*, représenté dans notre Atlas, pl. 40, fig. 1, qui est remarquable par son feuillage ovale, très-large et d'un beau vert, par ses fleurs éclatantes, à six divisions, variant de l'écarlate au jaune, et le plus souvent panachées de jaune et de rouge; 2° le BALISIER A FEUILLES ÉTROITES, *C. angustifolia*, originaire de l'Amérique intertropicale, aux fleurs constamment jaunes, et plus petit dans toutes ses parties que le précédent; 3° le BALISIER GLAUQUE, *C. glauca*, qui habite les terrains fangeux de la Caroline; il a les feuilles d'un beau vert de mer fort agréable, les fleurs d'un jaune pâle, et son port élevé le fait ressembler au balisier d'Inde; 4° et le BALISIER FLASQUE, *C. flaccida*, superbe plante, couverte de grandes fleurs d'un jaune aurore, que Bartram a découverte dans la Caroline du sud. (T. D. B.)

BALISIERS. (BOT. PHAN.) La famille de plantes à laquelle de Jussieu a donné ce nom est appelée par Ventenat *Drymirrhisée*, à cause de l'odeur aromatique que répandent les racines; par Trattinnick, *Scitaminée*, qui signifie végétal d'un aspect agréable, et par Salisbury, *Cannée*. Ce dernier nom, le plus convenable de tous, puisqu'il est tiré du nom botanique, est généralement adopté.
(T. D. B.)

BALISTE, *Balistes*. ( POISS. ) Les Balistes constituent un des principaux genres de la famille des Sclérodermes de Cuvier. Ce sont des poissons qui se font principalement remarquer par la compression de leur corps, qui est recouvert d'écailles dures, âpres au toucher et de forme le plus souvent rhomboïdale. Ces écailles ne sont point imbriquées; c'est-à-dire qu'étant adhérentes à la peau par toute leur surface, la base de l'une n'est pas recouverte par le bord postérieur de celle qui la précède; disposition qui, jointe à la figure de ces mêmes tégumens squameux, fait paraître la peau, surtout lorsqu'elle est desséchée, comme divisée en compartimens. La bouche des Balistes est fort petite, et leurs mâchoires sont munies chacune d'une rangée de huit dents, qui sont ou élargies et tranchantes, ou coniques et pointues. Chez toutes les espèces, sans exception, ces dents sont cachées par une peau molle ou mieux par de véritables lèvres.

Le dos de ces poissons est pourvu de deux nageoires. L'antérieure n'a jamais que trois épines dont une, la première, est de beaucoup la plus longue et la plus forte; mais toutes sont articulées sur un os particulier qui tient au crâne et qui présente un sillon assez profond pour qu'elles puissent, lorsque l'animal les abaisse, s'y retirer complétement.

Quoique les Balistes soient privés de ventrales, leur squelette offre néanmoins un os du bassin qui est suspendu à ceux de l'épaule et dont l'extrémité, qui ne manque jamais d'être hérissée d'épines, fait une saillie vers la région moyenne du ventre. On observe de plus, entre cette pointe du bassin et la nageoire de l'anus, une suite de petites épines qui sont implantées dans la peau. Leurs yeux sont presque à fleur de tête, et c'est tout près de leur bord antérieur que l'on voit s'ouvrir les deux orifices des narines.

Ce genre, fort nombreux en espèces, a été divisé ainsi que nous allons l'indiquer.

Dans un premier groupe, on a placé celles qui n'ont point d'écailles relevées en pointe sur les parties latérales de la queue, et qui n'en possèdent point derrière les ouïes de plus grandes que les autres : tel est le BALISTE CAPRISQUE, *Balistes capriscus*, Linn.; il habite la Méditerranée, et est connu, sur les côtes d'Italie, sous le nom de *Pesce Balestra*. Sa longueur est d'environ huit pouces; ses dents sont tranchantes, du moins les latérales, car celles du milieu sont pointues et plus longues. Il est d'une teinte brunâtre, semé partout de points bleus.

Un second groupe se compose d'espèces qui, ainsi que les précédentes, ne portent point d'écailles relevées sur les côtés de la queue, mais qui en ont de plus larges que celles du corps derrière les fentes branchiales.

Le BALISTE VIEILLE, *Balistes vetula*, Bl., en fait partie; il se reconnaît à sa couleur brune et aux lignes d'un beau bleu qu'on remarque sur son museau.

Il y a des Balistes à écailles postéro-branchiales plus étendues que celles des autres parties du corps, qui ont en outre sur les côtés de la queue des rangées d'épines courbées en avant, dont le nombre est variable.

Ceux-là forment le troisième groupe, auquel appartient, parmi les espèces à deux séries d'écailles pointues, le BALISTE RAYÉ, *Balistes lineatus*, qui est d'un brun plus ou moins foncé, avec des lignes obliques blanches sur le corps. Il est originaire de la mer des Indes. Comme exemple de ceux qui ont trois rangs d'épines, nous citerons le *Balistes conspicillum*, que Lacépède a fort mal à propos nommé BALISTE AMÉRICAIN, attendu qu'il vit dans la même mer que le précédent; c'est celui dont nous donnons la figure pl. 40, fig. 2. Le BALISTE A ÉCHARPE, qui doit son nom spécifique à la bandelette blanche qui se détache, à la hauteur des yeux, du fond brun de son corps, est un de ceux qui portent quatre rangées d'épines. D'autres espèces ont cinq ou six de ces lignes épineuses, comme le BALISTE SILONNÉ, par exemple, qui est d'un noir d'ébène magnifique, avec le bord externe de l'anale et de la seconde dorsale d'un beau blanc. Enfin, il existe des Balistes qui ont jusqu'à seize rangées d'écailles épineuses; de ce nombre est le BALISTE BOURSE, qui est fauve, avec une bande brune en croissant entre l'œil et la pectorale. (G. B.)

BALIVEAU. (AGR.) Jeunes arbres, particulièrement chênes, hêtres, frênes ou châtaigniers, de la plus belle venue, nés de semences ou seuls sur souche, réservés lors de la coupe des taillis, et choisis pour croître en futaie. Les forestiers distinguent trois sortes de Baliveaux, ceux *de l'âge du taillis*, c'est-à-dire venus de semences en même temps que lui; les *modernes*, qui ont deux âges d'aménagement au moins et trois au plus; et les *anciens*, comptant quatre-vingts ans dans un taillis de vingt ans, cent dans un taillis de vingt-cinq, et cent vingt dans un taillis de trente ans. Les Baliveaux servent à la reproduction de l'espèce, mais ils nuisent à la prospérité des bois et des forêts en appauvrissant la cépée, en attirant à eux tout le suc de la terre. Buffon et Varenne de Fenilles ont eu tort de dire que les Baliveaux occasionent la gelée des taillis par l'ombre et l'humidité qu'ils jettent sur eux; l'expérience démontre au contraire que ce sont les taillis trop fourrés qui sont cause de la gelée qui frappe si souvent les Baliveaux. (T. D. B.)

BALKAN. (GÉOG. PHYS.) Ce groupe de montagnes dépend, à proprement parler, du système alpique : il se lie par le mont Perserin aux Alpes Dinariques, et se termine à la mer Noire, par le cap Eminch. Divisé en un grand nombre de branches, sa principale chaîne porte le nom de *Tchar-dagh* (chez les anciens *Scardus*), et d'*Eminch-dagh* (l'antique *Hœmus*) : c'est le *Balkan* proprement dit; ses ramifications très-importantes au sud, ou l'une d'elles qui forme la presqu'île de la Morée ou du Péloponnèse, ont reçu les noms suivans : *Despotodagh* ou *Rhodope*; *Rastagnats* ou *Pangée*; *Mesovo* ou *Pinde*; *Liakoura* ou *Parnasse*; *Lacha* ou *Olympe*, etc.

Le groupe du Balkan détermine le partage des eaux qui vont se jeter au nord dans le Danube, à l'est dans la mer Noire, au sud dans celle de Marmara, dans l'Archipel et la Méditerranée, à l'ouest dans cette mer et le golfe Adriatique.

M. Hauslab, capitaine au corps des ingénieurs-géographes autrichiens, qui a eu l'occasion d'étudier, en 1832, la géographie et la géologie du bassin du Danube et du groupe du Balkan, estime que la partie orientale de la chaîne principale, et la plus rapprochée du Danube, c'est-à-dire du *Petit Balkan*, n'a pas plus de 1,500 à 2,000 pieds d'élévation; tandis que le *Grand Balkan*, qui s'étend plus au sud dans la même direction, peut atteindre 5 à 6,000 pieds, attendu qu'il conserve encore en mai de la neige sur les hautes cimes. La chaîne du Despoto-dagh est fort élevée : ses sommets peuvent avoir de 8 à 9,000 pieds. Elle est coupée tranversalement par plusieurs rivières, dont la plus importante est la *Maritza*, l'antique *Hebrus*, dont le cours est d'environ 80 lieues.

Le massif qui supporte les différentes roches du Balkan paraît être composé de granite et de gneiss. Ses ramifications septentrionales, qui bordent le cours du Danube, sont formées de collines de grès appelé *mollasse*, assez semblable à celui des Alpes-Helvétiques; au sud de cette ligne on trouve une série de montagnes de calcaire compacte gris ou blanchâtre, qui présente des coupures transversales et offre la plus grande analogie avec la bande secondaire des Alpes. Entre ces montagnes et la chaîne centrale du Balkan, on remarque de grandes cavités, occupées jadis par des lacs, et qui forment aujourd'hui des vallées longitudinales : telles sont, par exemple, celles où se trouvent Varna et Choumla. Si l'on monte le véritable Balkan, on y retrouve les roches les plus anciennes des Alpes : savoir, des masses d'agglomérats, puis des schistes gris, et des schistes talqueux; puis des couches puissantes de calcaire noirâtre ou rougeâtre, du terrain de transition : le col du Balkan, entre Viddin et Andrinople, en est entièrement formé, et ce n'est qu'en descendant par le versant méridional qu'on trouve des micaschistes sur le pied de la chaîne. Ces roches schisteuses sont couvertes, au sud comme au nord, de calcaire gris foncé de transition.

Le groupe du Balkan est partout difficile à franchir; mais on en a exagéré les difficultés, en les comparant à celles que présentaient les Alpes avant la construction des magnifiques routes qui traversent celles-ci. En allant de l'ouest à l'est, le Balkan offre de nombreuses cimes coniques, qui dominent ses flancs escarpés. Ces cimes sont dépourvues de végétation, si l'on en excepte quelques plantes alpines et plusieurs cryptogames. Au dessous de cette région aride, on commence à apercevoir des arbres, puis d'épaisses forêts.

Son versant septentrional est presque toujours humide et couvert de brouillards; du côté opposé, l'air est pur, la température douce et agréable, et de délicieuses et pittoresques vallées annoncent le climat heureux de la Grèce. (J. H.)

**BALLOTE**, *Ballota*. (BOT. PHAN.) Genre de la famille naturelle des Labiées, Didynamie gymnospermie, Lin., distingué des Marrubes par son calice évasé, strié, terminé par cinq dents aiguës et divergentes, par sa corolle dont le tube est plus long que le calice, etc. Ce genre est assez nombreux en espèces : celle qui offre quelque intérêt à cause de l'odeur aromatique qu'elle répand, est la BALLOTE FÉTIDE, *Ballota nigra*, Lin., connue sous le nom vulgaire de *Marrube noir*. Elle croît en abondance dans les lieux incultes et stériles, où elle fleurit pendant l'été. Sa tige est rameuse, carrée, ses fleurs sont rougeâtres, ses feuilles sont ovales, subcordiformes et crénelées. Son odeur est désagréable. (GUÉN.)

**BALSAME**. (BOT. PHAN.) Vieux nom français des arbres à baume (*V.* BAUME), et que l'on appliquait à toutes les plantes qui donnent des résines odorantes (*V.* RÉSINE), ou répandent seulement un arôme plus ou moins flatteur. (T. D. B.)

**BALSAMIER**, *Amyris*. (BOT. PHAN.) Toutes les espèces de ce genre des Térébinthacées ne sont point connues, et des fables enveloppent l'histoire de celles dont les sucs propres, résineux ou balsamiques, nous sont apportés par le commerce. Les Balsamiers sont des arbres ou des arbrisseaux à feuilles ternées ou ailées avec impaire; leurs fleurs, disposées en panicules axillaires et terminales, ont un calice à quatre dents persistantes, une corolle à quatre pétales ouverts, huit étamines, un style épais et un stigmate en tête. Le fruit est un drupe sec, obrond, contenant un noyau globuleux, luisant, monosperme.

L'espèce la plus célèbre est le BALSAMIER DE LA MECQUE, *Amyris opobalsamum*, dont nous avons représenté un rameau, planche 40, figure 3; c'est elle qui fournit un suc blanc, d'une odeur très-pénétrante. Arbrisseau de l'Égypte, de la Syrie et de l'Arabie-Heureuse, où il devient de plus en plus rare; ses rameaux sont tortueux, garnis de feuilles ternées, rarement à cinq lobes; il monte à la hauteur du troène. Les Hébreux l'appelaient *Tsoeri*, les Grecs *Balsamos*. On a, dès la plus haute antiquité, vanté son suc comme ayant des propriétés miraculeuses; le charlatanisme s'est emparé de cette légende pour les étendre et mieux tromper les crédules, auxquels il débite ses drogues grossières sous le nom de *Baume de la Mecque*. Ce qu'il y a de certain, c'est que le suc obtenu par les incisions faites aux branches et au tronc du Balsamier des Turcs est de trois sortes. La première, qui découle directement de l'arbrisseau, est affectée au service de la kaaba et du sultan; la seconde, retirée des rameaux et des feuilles soumis à l'ébullition, est une huile limpide, subtile, que les Musulmanes de haut parage emploient comme cosmétique et pour oindre leurs longs cheveux noirs : c'est cette seconde espèce que les Turcs de Constantinople envoient en présent dans les autres parties de l'Europe. La troisième, résultat d'une nouvelle ébullition, donne une huile épaisse, peu odorante, que l'on sophistique avec du sésame ou de la térébenthine, et c'est cette véritable drogue que les caravanes jettent dans le commerce sous le nom pompeux de Baume de la Mecque.

Le BALSAMIER ÉLÉMIFÈRE, *A. elemifera*, est originaire du Brésil; on en obtient, par incision faite à son écorce, une résine jaune-verdâtre, dont l'odeur rappelle celle de l'anis ou du fenouil. Le Balsamier de la Jamaïque, *A. balsamifera*, s'élève à sept mètres ; il a l'écorce brune, les fleurs petites et blanches ; son bois répand, quand on le brûle, une odeur de rose très-prononcée. Le Balsamier de Gilead, *A. gileadensis* ; ses rameaux, chargés parfois de quelques feuilles, existent dans le commerce sous le nom de *Xylobalsamum*, et ses baies sous celui de *Carpobalsamum*. On pourrait cultiver en pleine terre, dans nos départemens du midi, le Balsamier polygame, *A. polygama*, bel arbrisseau toujours vert qui nous est venu du Chili ; on le multiplie aisément de boutures faites au printemps : ce serait une agréable et précieuse acquisition pour l'horticulture ; toute la plante répand une odeur suave. (T. D. B.)

BALSAMINE, *Balsamina*. (BOT. PHAN.) Deux plantes de ce genre méritent d'être citées ; l'une est rustique dans les Alpes et dans le nord de l'Europe ; la Balsamine des bois, *B. noli me tangere*, qui est sans beauté ; ses feuilles passent à tort pour vénéneuses, elles se mangent préparées comme des épinards ; ses feuilles et ses fleurs fournissent à la teinture une belle couleur jaune très-solide ; sa racine vivace a des propriétés médicales héroïques comme résolutives et détersives. Elle aime les lieux humides, ombragés, et le bord des ruisseaux.

L'autre, la Balsamine des jardins, *B. hortensis*, apportée de l'Inde vers la fin du seizième siècle, est une des plus communes et en même temps l'une des plus belles plantes qui décorent nos jardins. Elle est annuelle, disposée en petits buissons fort jolis, et fleurit presque tout l'été. Le lieu de sa naissance indique les précautions que l'on doit prendre pour sa culture dans les climatures élevées ; la plus légère gelée blanche noircit la tige et la fait promptement pourrir. Les principales couleurs de ses fleurs, que l'on trouve réunies par trois et six dans l'aisselle des feuilles supérieures, sont la couleur de feu, le gris de lin, le violet, l'incarnat, le blanc satiné, et souvent ces différentes nuances sont mélangées ensemble, ce qui forme un coup d'œil très-agréable. Ses fleurs sont grandes, simples ou doubles, et parfois aussi pleines que de gros œillets.

Linné avait donné aux Balsamines le nom de Impatientes, *impatiens*, à cause de l'irritabilité que le fruit manifeste lorsqu'on le touche. La capsule, qui renferme environ dix graines ovoïdes, s'ouvre avec éclat au moment de la parfaite maturité, et ses cinq valves se roulent en spirale vers le pédoncule, et s'en détachent presque aussitôt. Dans ce mouvement de contraction, les graines sont lancées au loin. Le phénomène est surtout très-remarquable dans l'espèce que le législateur de la botanique a surnommée : Ne me touchez pas, *Noli me tangere*. (T. D. B.)

BALSAMINÉES. (BOT. PHAN.) Groupe de plantes de la Pentandrie monogynie, placé entre les Géraniacées et les Violacées. Il n'est composé, jusqu'à présent, que du seul genre Balsamine, qui en est le type et le modèle. Les Balsaminées faisaient naguère encore partie des Géraniées. Richard les en a détachées avec raison ; il s'est fondé sur la forme de l'ovaire, sur les loges qui renferment chacune six ovules, sur le nombre des étamines qui est de cinq, et sur les feuilles qui sont alternes et toujours dépourvues de stipules. (T. D. B.)

BALSANNÉS et BALZANÉS. (AGR.) Taches rondes de poils blancs que certains chevaux ont au dessus du sabot, et qu'ils apportent en naissant. C'était au seizième siècle un signe de haute qualité. Le cheval qui le possédait aux quatre pieds passait pour supérieur à tous les autres ; cependant il y en avait qui mettaient le pronostic en défaut, puisqu'on disait proverbialement : *Cheval aux quatre pieds blancs faillant au besoin*. (T. D. B.)

BALTIQUE (Mer). Cette Méditerranée de l'Europe septentrionale est une sorte de golfe immense, dont la longueur est de 325 lieues, la moyenne largeur de 50, et la superficie de 20,300 lieues. Les nations Scandinaves et Germaniques lui donnent le nom de *Mer orientale* : on pourrait l'appeler *Méditerranée scandinave*. Cette mer, qui communique avec celle du Nord, reçoit le superflu de tous les lacs dont la Finlande, l'Ingrie et la Livonie sont remplies ; c'est dans son sein que s'écoulent la moitié des rivières de la Pologne et de l'Allemagne orientale et septentrionale ; enfin, les nombreux fleuves du nord de la Suède y portent les eaux fournies par les neiges des monts Dofrines. Aucune mer ne reçoit, proportion gardée, un si grand nombre d'affluens d'eau douce ; aussi la Baltique participe-t-elle de la nature d'un lac. La fonte des neiges y détermine, dans l'été, un courant qui se verse dans la mer du Nord par le Sund et les deux détroits appelés *Grand* et *Petit Belt* ; tandis qu'aux autres époques de l'année, les courans ordinaires entrent et sortent selon les vents dominans. Le *golfe de Bothnie* qui forme comme un lac à part, et le *golfe de Finlande*, qui ressemble un peu à un fleuve, et qui, de jour en jour, s'encombre des sables de la Néva, envoient presque toute l'année des courans dans le grand bassin de la Baltique.

La description de cette mer amène naturellement ici la question de son changement de niveau. Depuis long-temps des écrivains allemands et suédois, et Linné lui-même, ont commencé à discuter sur la question de savoir s'il est vrai que les eaux de la Baltique s'abaissent : des traditions semblent l'attester. D'abord, du temps de la domination romaine, elle passait pour une grande mer ; d'un autre côté on connaît, par les chants des anciens bardes, les noms des rochers sur lesquels les Scandinaves avaient l'habitude d'aller pêcher les phoques endormis ; ces rochers sont des blocs à surface plane, assez peu élevés au dessus des eaux pour que les phoques puissent y monter. Or, ceux que chantèrent les bardes, et qui portent encore les mêmes noms, sont maintenant tellement élevés, qu'il serait impossible à un phoque d'y monter. Ce sont principalement ces faits qui ont frappé depuis long-temps des hommes graves et savans. André Celsius et Bergmann ont regardé comme

démontré

démontré l'abaissement de la Baltique. Le premier a même été jusqu'à prétendre que l'eau s'y abaisse annuellement de quarante-cinq pouces, d'où il conclut que, si cela continue, le bassin de la mer Baltique sera tout-à-fait à sec dans trois à quatre cents ans; mais ce qui dérange tout-à-fait ces calculs, c'est que si, sur certains points de la côte, l'abaissement des eaux paraît être considérable, sur d'autres, au contraire, leur niveau ne semble point changer.

Ces questions ont été renouvelées de nos jours; et l'objet en discussion a paru même assez important pour qu'en 1820 les gouvernemens suédois et russe aient cru devoir charger une commission, composée de savans recommandables, de vérifier les observations de leurs devanciers et de fixer, par des mesures exactes, des points de comparaison propres à constater le fait. Les rochers qui sortent des eaux et qui portent l'empreinte de la main de l'homme, ont été d'un grand secours sur plusieurs plages. Ces recherches ont servi à démontrer un abaissement de niveau qui ne suit pas la même loi dans toutes les parties de la Baltique. C'est dans le golfe de Bothnie qu'il est le plus considérable : il paraît être de quatre pieds par siècle, et diminuer dans la direction du sud. Il n'est plus que de deux pieds par siècle sur la côte de Kalmar. On a même été conduit à la connaissance d'un fait qui, pour n'avoir pas été constaté par des savans, n'en est pas moins digne de toute leur attention ; c'est que les eaux de la Baltique ne s'abaissent pas : car, alors, elles diminueraient également partout; mais c'est le terrain de la côte de Bothnie qui s'élève depuis long-temps. Cette opinion est répandue parmi les habitans des îlots granitiques qui bordent cette côte. Ce qui semble l'appuyer plutôt que la contredire, c'est que les îles d'Åland et de Gottland, qui sont calcaires et arénacées, passent pour ne point éprouver ce changement de niveau. En effet, si l'abaissement apparent des eaux est dû au soulèvement des terrains, il doit être beaucoup plus sensible sur les roches de gneiss et de granite, que sur le calcaire, puisque les premières sont beaucoup plus rapprochées que les autres du centre d'action qui produit le soulèvement. (J. H.)

BAMBOU, *Bambos.* (BOT. PHAN.) Hexandrie monogynie de Linné. Le Bambou est le géant des graminées. Utile comme la plupart des plantes de sa famille, il est majestueux comme les palmiers. Voici ses caractères génériques : épillets lancéolés, comprimés, à cinq fleurs ayant à leur base trois écailles imbriquées; glumelle ou balle bivalve; six étamines. Ovaire surmonté d'un style bifide à stigmate plumeux; une seule semence oblongue, enveloppée de la balle calicinale; deux ou trois petites écailles particulières et intérieures à la base de l'ovaire. Ce genre comprend deux espèces bien connues :

1° BAMBOU ILLY, *Bambos arundinacea,* Retz; *Bambusa,* Wild., Illy, Rhéed., Malab., 1, p. 25, tab. 16.; *Nastus,* Juss., genr. 34, représenté dans notre Atlas, pl. 41, fig 1. Il parvient à une hauteur de soixante pieds. Ses feuilles sont longues et semblables à celles du roseau. Ses fleurs forment de longues panicules droites, rameuses et étalées. Il se plaît dans les terrains sablonneux des deux Indes.

2° BAMBOU LÉLÉBÉ, *Bambos verticillata.* (BOT. PHAN.) Lam. III, tab. 264, fig. 1. Rumph. Amb. p. 1, tab. 1. Moins grand que le précédent, il n'est pas moins utile. On fait de son bois divers meubles et ustensiles de ménage. Son nom latin lui vient de ce que ses fleurs sont en verticilles à l'extrémité des rameaux.

De quelle utilité n'est pas le Bambou dans les régions privilégiées où la Providence le fait naître ! Les jeunes pousses offrent aux Indiens une substance spongieuse, succulente et sucrée, dont ils sont très-avides. Des nœuds de cette plante découle une liqueur douce, que l'on croit être le *Tabaxir* des anciens. L'action d'un soleil brûlant la concrète en un véritable sucre, dont il se faisait une grande consommation avant la culture de la canne à sucre. Les jeunes turions des Bambous se mangent, comme chez nous les asperges. Ils entrent dans un aliment composé nommé *Achao.*

L'ouvrier qui fait bien toutes choses a su résoudre, dans le bois du Bambou, le grand problème de la légèreté unie à la solidité. Outre des meubles de toute espèce, on en fait des palanquins, la charpente des maisons, des bateaux, etc., etc.

On lit dans l'Histoire des Voyages, que les Chinois écrivaient autrefois sur des tablettes de *Bambou* passées au feu, et soigneusement polies, mais couvertes de leur écorce ; on taillait les lettres avec un ciseau; et, de toutes ces tablettes pressées l'une sur l'autre, on formait un volume.

Actuellement le papier ordinaire de la Chine est fabriqué avec la seconde écorce du *Bambou,* délayée en pâte liquide par une longue trituration. Il est collé comme notre papier; et c'est avec l'alun qu'on lui donne cette préparation.

On emploie quelquefois aussi la substance entière du Bambou: on tire des plus grosses tiges les rejetons d'une année qui sont ordinairement de la grosseur de la jambe. Après les avoir dépouillés de leur première peau verte, on les fend en pièces droites de six à sept pieds de long, pour les faire rouir, pendant une quinzaine de jours, dans un étang bourbeux; on les lave dans l'eau claire ; on les étend dans un fossé sec; on les y couvre de chaux; peu de jours après on les lave une seconde fois; on les réduit en filasse; on les fait blanchir et sécher au soleil; on les jette dans de grandes chaudières, et après qu'ils ont bouilli fortement, on les pile dans des mortiers, jusqu'à ce qu'ils soient réduits en pâte fine, etc., etc.

Ainsi donc l'homme, dans les deux Indes, peut tout devoir à ce précieux végétal: son logement, son ameublement, sa nourriture, ses moyens de transport.

Le commerce apporte les jeunes tiges de Bambou dans nos contrées : transformées en cannes, en tiges d'ombrelle, elles affermissent les pas du vieillard sans peser à sa main, ou soutiennent le voile de soie qui s'arrondit en dôme au-dessus de la tête de nos élégantes pour garantir du hâle leur teint délicat.

Les Bambous d'une taille énorme sont un objet de vénération pour les Malais : ils croient en tirer leur origine.

M. Clarion assure qu'il y aurait de grands avantages à introduire la culture du Bambou dans les contrées sablonneuses de nos colonies, en particulier au Sénégal, pour en retirer le sucre, à l'aide d'opérations semblables à celles qu'on fait subir à la canne à sucre. « Ce serait, ajoute-t-il, au gouvernement à faire faire des essais, puis des plantations en grand, et des entreprises d'extraction du sucre. » Nous nous permettrons, à cette occasion, de faire observer que cela vaudrait mieux peut-être que d'enlever aux céréales une partie de nos terres pour les consacrer à la culture de la betterave. (CE.)

BANANE. On nomme ainsi le fruit du bananier.

BANANIER, *Musa.* (BOT. PHAN.) Polygamie monœcie, L., famille des Musacées de Juss. Ce genre a pour caractères : périanthe de deux folioles colorées, formant deux lèvres dont la supérieure embrasse entièrement l'inférieure par sa base et se divise à son sommet en cinq lanières étroites : la lèvre inférieure est plus courte, concave, cordiforme et nectarifère : six étamines, dont cinq stériles, la sixième fertile, plus longue ; elles sont insérées sur le sommet de l'ovaire, qui est adhérent au périanthe ; cet ovaire est très-grand, de forme à peu près triangulaire, et divisé en trois loges contenant chacune un grand nombre d'ovules : style terminé par un stigmate concave dont le bord offre six dents : fruit non succulent dans l'état sauvage de la plante, mais que la culture rend pulpeux et d'une saveur agréable. La racine du Bananier se compose d'un grand nombre de fibres allongées, cylindriques et simples. Quant à la tige, elle est semblable à celle des liliacées : c'est de même un plateau charnu, qui, par sa face inférieure, donne naissance aux fibres qui constituent la racine ; et, par sa supérieure, à cette colonne improprement appelée tige. En effet, cette prétendue tige n'est qu'un assemblage de gaînes foliacées, étroitement emboîtées les unes dans les autres, dont les plus intérieures se terminent par une longue feuille elliptique, et les plus extérieures sont nues. Du centre de ces feuilles s'élance une sorte de trompe recourbée et pendante, chargée à son extrémité de fleurs très-grandes, disposées en une série de demi-anneaux, dont chacun est accompagné à sa base d'une grande bractée colorée. Toutes les fleurs ont les deux sexes ; mais avec cette différence qu'il n'y a, dans les fleurs inférieures, que la partie femelle, et, dans les fleurs supérieures, que la partie mâle qui contribuent à la fructification.

Les botanistes distinguent, dans ce genre, une douzaine d'espèces ; nous nous bornerons à décrire les deux plus remarquables :

1° BANANIER A GROS FRUIT, du Paradis, figuier d'Adam, plantanier ; *Musa Paradisiaca*, Linn. figuré dans notre Atlas, pl. 41, fig. 2. Racine vivace ; partie hors de terre, périssant chaque année, après la fructification ; mais repoussant de son plateau un nouveau bulbe et ainsi successivement. Il parvient à une hauteur de douze à quinze pieds, et se couronne d'un faisceau de huit à treize feuilles pétiolées, larges de quinze à dix-huit pouces, et longues de sept à neuf pieds, obtuses au sommet et d'un vert clair et agréable. Les fleurs sont jaunâtres, portées par une hampe qui dépasse le sommet de la *tige* de trois à quatre pieds. Une grande bractée rougeâtre, caduque, protége la floraison, et un bouton d'écailles coloriées, serrées entre elles, forme le chapiteau de la hampe. Les fruits sont à peu près triangulaires, jaunâtres, longs de six à huit pouces et terminés en pointe irrégulière à leur sommet : ce sont les *bananes*. Leur chair est épaisse, un peu pâteuse : la culture fait presque toujours avorter les graines. Ce beau végétal croît spontanément et se cultive en Afrique et dans les deux Indes. C'est, disent quelques écrivains, avec ses feuilles qu'Adam et Ève couvrirent leur nudité après leur désobéissance ! des sauvages en font le même usage. Il en est qui prétendent que les énormes grappes qu'apportèrent à Moïse ses émissaires, n'étaient que des régimes de bananes. Une singulière croyance des Grecs de nos jours, c'est que, si quelqu'un s'avise de cueillir ce fruit avant sa maturité, l'arbre abaisse sa tête et frappe le ravisseur. Dans l'île de Madère, la banane est un objet de vénération : on pense que c'est le *fruit défendu* du paradis terrestre.

Les Espagnols et les Portugais ne coupent jamais une banane transversalement, parce qu'en la coupant ainsi, on y voit la figure d'une croix.

2° BANANIER DES SAGES, Bananier figuier, *Musa sapientum*, Linn. Semblable au précédent par son port et sa taille, mais différent par ses feuilles qui sont plus aiguës et par ses fruits qui sont une fois moins longs, à chair plus fondante : ces fruits sont connus sous les noms de *bacove*, ou *figue banane*. Le *Bananier des sages* est ainsi appelé parce qu'on prétend que les *gymnosophistes* de l'Inde passaient leur vie sous son ombrage, à méditer et à s'entretenir sur des sujets philosophiques, et que son fruit faisait leur principale nourriture ; trouvant ainsi dans le même végétal *le vivre et le couvert*. La figue banane figure, avec les mets de dessert, sur la table du riche colon ; tandis que la banane proprement dite est en général abandonnée aux nègres. Cependant on en extrait une liqueur assez bonne, à laquelle on donne le nom de *vin de bananes*. En écrasant les bananes bien mûres, et les faisant passer au travers d'un tamis pour en séparer les fibres, on fait une pâte qui donne un pain nourrissant, mais lourd. Cette pâte se conserve, lorsqu'elle est sèche ; et, délayée dans de l'eau ou dans du bouillon, fournit un aliment assez agréable, dont les marins se trouvent fort bien pendant leurs traversées. Les Mogols mangent leurs bananes avec du riz. Les habitans des îles Maldives les font cuire avec le poisson. Les Éthiopiens les font entrer dans la composition de certains mets d'un goût exquis. Le cœur du Bananier, nommé *diantong*, se prépare comme un légume.

Quant aux propriétés médicinales des bananes, on croit que, vertes, elles resserrent le ventre; et que, mûres, elles le relâchent. Les feuilles mêmes de ce précieux végétal sont mises à profit : on les emploie à couvrir les habitations; et, dans les repas, on les étend sur la table en guise de nappe, ou sur ses genoux, en guise de serviette. Faut-il ajouter foi à ce qu'on dit de ces mêmes feuilles que, par la quantité d'eau qu'elles rendent, elles sont capables d'éteindre un incendie?

Des gaines foliacées de la *tige*, on fabrique des câbles, des cordages, des hamacs, des toiles, des étoffes même pour robes et tentures d'appartement.

Le Bananier est désigné sous le nom de *Dudaïm* en hébreu, de *Phyximelon* en grec, de *Platane-tree* en anglais. Du nom *Bananas*, que lui donnent les habitans de la Guinée, est venu le nom français *Bananier*, qu'on lui donne vulgairement; et du nom *Mauz*, qu'on lui donne en Égypte, vient le nom latin *Musa*, qu'ont adopté les botanistes.

Bambous, Bananiers ! arbres étrangers à nos climats, vous ne l'êtes point pour nos cœurs : les Bananiers et les Bambous de Paul et Virginie nous intéresseront à jamais et plus vivement que les ormeaux et les hêtres de Théocrite et de Virgile !
(C. É.)

**BANCS.** (zool.) Parmi les animaux aquatiques, plusieurs espèces voyagent par troupes nombreuses et ces immenses associations ont reçu le nom de *Bancs*. Les maquereaux se réunissent ainsi; les thons, les harengs forment également de grandes réunions, et le nombre des poissons qui les composent est souvent prodigieux. S'il faut en croire quelques voyageurs, on a rencontré de ces Bancs qui n'avaient pas moins de trois quarts de lieue à une lieue d'étendue. Cette association n'est pas seulement propre aux poissons, et l'un de nos plus savans naturalistes la signale chez les monophores, chez l'hyale papilionacée, et enfin il considère comme de véritables bancs, très-visibles à l'œil, les réunions innombrables de certains infusoires ou animaux microscopiques, qu'on rencontre dans les bassins de quelques jardins publics.
(P. G.)

**BANC.** (géogr. phys., géol.) On donne ce nom à des amas de galets ou cailloux roulés, de sable, de vase, de coquilles, de polypiers pierreux et de roches qui se trouvent au fond de la mer, des lacs ou des rivières. Ces Bancs sont plus ou moins dangereux pour la navigation, selon qu'ils sont à une plus ou moins grande profondeur au dessous du niveau des eaux. Heureusement qu'ils s'annon-

cent toujours par l'écume que forment les flots qui viennent se briser à leur surface.

Les ouvriers carriers des environs de Paris donnent le nom de *Bancs* à certaines assises de calcaire ou de gypse, qu'ils distinguent par des dénominations particulières. Cette dénomination a passé ensuite dans le langage géologique, où elle doit être rigoureusement considérée comme une réunion de plusieurs *lits*. (*V.* Stratification.)
(J. H.)

**BANDA.** (géog. phys.) Groupe d'une dizaine d'îles peu considérables de la partie de l'Océanie appelée *Notasie* : elles sont situées dans la mer des Moluques, entre 5 degrés 50 minutes et 4 degrés 40 minutes de latitude méridionale, et par 126 à 127 degrés 50 minutes de longitude orientale du méridien de Paris. Elles sont sujettes à de fréquens tremblemens de terre, surtout depuis le mois d'octobre jusqu'à celui d'avril. Chacune de ces îles a son volcan; nous citerons principalement ceux des cinq îles de *Gounong-Api, Banda, Neira, Ay* et *Way*. Le premier n'a pas cessé d'être en activité depuis 1586 que ses éruptions ont été observées par les Européens : celle de 1615 fut si violente, que les canots de la flotte du gouverneur d'Amboine ne parvinrent qu'avec beaucoup de peine à l'île de Neira à travers une pluie de ponces. Le 22 novembre 1694, de grandes flammes sortirent de son sommet; d'autres s'élevèrent du sein même de la mer, et la rendirent si chaude qu'on ne pouvait naviguer dessus; enfin le fond de la mer fut soulevé à la hauteur du sol de l'île. Pendant l'éruption qui eut lieu le 11 juin 1820, le volcan s'ouvrit au nord-ouest, des pierres en incandescence, aussi grosses que les maisons des naturels du pays, furent lancées par le cratère. Mais ce que nous devons signaler ici, c'est un exemple très-remarquable de soulèvement qui eut lieu pendant cette éruption : il existait près de la côte une baie dont la profondeur était d'environ 60 brasses; la place qu'occupait cette baie fut remplie par un promontoire formé de blocs de basaltes, parce que l'île en est entièrement composée. Le soulèvement dut être de plus de 300 pieds, et cependant il s'effectua avec si peu d'agitation intérieure, que les habitans n'en eurent connaissance que lorsqu'il était presque entièrement effectué.
(J. H.)

**BANKSIE**, *Banksia.* (bot. phan.) C'est le nom donné par Linné fils à un genre d'arbrisseaux, découverts il y a environ cinquante ans, à la Nouvelle-Hollande; leur aspect assez singulier, ou peut-être seulement leur rareté, les fait rechercher des amateurs, qui se plaisent à les posséder dans leurs orangeries. Les Banksies sont de la famille des Protéacées; ou les reconnaît à leurs rameaux garnis de feuilles coriaces et terminés par un épi de fleurs environnées d'écailles. Le calice est formé de quatre segmens adhérens et portant chacun une étamine; de l'ouverture étroite qu'ils laissent à leur sommet s'élance un style long et recourbé. Le fruit est une capsule ligneuse et épaisse, se séparant en deux valves comme une huître ; elle contient des graines souvent ailées.

La Banksie à feuilles en scie, *Banksia serrata*, est un arbuste de huit à dix pieds, à rameaux cotonneux, à feuilles terminées par une petite épine, à fleurs jaunâtres, dont les fruits réunis forment un cône assez semblable à celui des pins. Nous nommerons encore les *B. microstachya* et *B. ericæfolia*, et nous renverrons au Mémoire de R. Brown sur la famille des Protéacées, dans lequel ce savant explorateur de la Nouvelle-Hollande a décrit trente et une espèces de Banksies. (L.)

BAOBAB, *Adansonia*. (bot. phan.) Ce genre appartient à la Monadelphie polyandrie de Linné, à la famille des Malvacées de Jussieu, et à celle des Bombacées de Kunst. Caractères : calice simple, caduc, à 5 divisions ; corolle pentapétale, blanche, réfléchie en dehors ainsi que les divisions du calice, de quatre pouces de longueur et de six pouces de largeur ; étamines au nombre de six à sept cents, selon Adanson, réunies par leurs filets en un tube cilindrique ; ovaire simple, à dix loges, contenant chacune plusieurs graines ; style simple, cylindrique, creux, un peu contourné, dépassant le tube staminal, et surmonté de 10 à 18 stigmates ; grande capsule indéhiscente, ovoïde, pointue aux deux extrémités, longue d'un pouce à un pouce et demi, large de quatre à six pouces, velue et dure à l'extérieur ; graines entourées d'une pulpe abondante.

Jusqu'à présent on ne connaît qu'une espèce de ce genre : c'est le Baobab d'Adanson, *Adansonia digitata*, Linn., représenté dans la planche 42 de notre Atlas, arbre qui est, parmi les végétaux, ce que sont, parmi les animaux, l'éléphant et la baleine. Aussi croît-il dans cette partie du monde, *fertile en monstres*, suivant Pline, qui prenait l'extrême grandeur pour une monstruosité : on le trouve particulièrement au Sénégal. Il a été transporté en Amérique. Cet arbre gigantesque vient de préférence dans les terrains sablonneux, dépouillés de pierres. Le diamètre de son tronc est de 25 à 30 pieds, et sa hauteur de 12 à 15 pieds. Sa cime se couronne de branches nombreuses, longues de 60 à 70 pieds, et dont chacune égale les plus grands arbres de nos forêts. Ces branches extérieures s'étendent d'abord horizontalement et s'inclinent à leur extrémité jusqu'à toucher le sol et cacher entièrement le tronc : alors le Baobab forme une vaste rotonde de verdure, dont l'imagination se plairait à faire l'asile des amours, si elle n'y voyait avec effroi le tigre ou le boa goûter un repos formidable. A chaque branche répond une racine de même grosseur : le pivot suit la direction du tronc, dont il est la continuation ; les racines latérales, énormément grosses, s'étendent à peu près horizontalement à plus de 100 pieds de distance de la tige. Leur écorce est couleur de rouille ; celle du tronc et des branches est cendrée, lisse, épaisse, et semble enduite d'un luisant vernis en dehors : en dedans elle est d'un vert pointillé de rouge. L'écorce des jeunes rameaux de l'année est verdâtre, parsemée de poils rares. Les feuilles sont éparses, pétiolées, digitées, à 3, 5 ou 7 folioles, inégales, molles, obovales, obtuses, un peu dentelées vers leur partie supérieure, et longues de 4 à 5 pouces ; le pétiole est long de 2 à 4 pouces, canaliculé et accompagné à sa base de deux petites stipules triangulaires et caduques. Les fleurs sont solitaires ; leurs pédoncules sont longs d'un pied, recourbés et pendans vers la terre. Elles naissent à l'aisselle des feuilles. Les fruits ont la grosseur de nos oranges : *tel fruit, tel arbre*, comme dit Garo, qui n'aurait point trouvé que *Dieu s'était mépris*, s'il eût vu le Baobab, au lieu de la citrouille. Ces fruits sont connus des Français qui habitent le Sénégal, sous le nom de *pain de singe*, et des naturels du pays, sous le nom de *bocci*. La pulpe en est aigrelette et assez agréable lorsqu'elle est édulcorée avec du sucre. On en exprime un suc avec lequel on fait une boisson qu'on assure spécifique contre les fièvres putrides. Le fruit du Baobab est un objet de commerce pour les Mandingues qui l'exportent dans les contrées orientales de l'Afrique, d'où les Arabes le répandent dans le Levant. Les nègres ont l'art de faire un excellent savon, dans la composition duquel entrent le fruit gâté du Baobab et l'huile de palmier. On fait des tisanes adoucissantes des feuilles et de l'écorce des jeunes rameaux qui contiennent beaucoup de mucilage. Les nègres, après avoir fait sécher ces feuilles à l'ombre, les réduisent en une poudre qu'ils nomment *lalo*, et la conservent dans des sachets de coton : ils la mêlent à leurs alimens. C'est dans l'énorme tronc du Baobab qu'ils mettent les corps de leurs *guiriots*, sorte de poètes-musiciens qui président aux fêtes que donnent les rois du pays, et qui, regardés comme sorciers, se font respecter et craindre pendant leur vie, mais sont maudits après leur mort et privés de la sépulture commune. On creuse des chambres dans le tronc du Baobab, on y suspend les cadavres de ces malheureux qui, sans aucune préparation, s'y dessèchent et s'y conservent à l'état de véritables momies. Le Baobab porte, dans le pays où il est indigène, un nom qui signifie *mille ans*, et qui ne donne pas une idée suffisante de sa longévité. Adanson a retrouvé, dans le tronc d'un Baobab des îles du cap Vert, une inscription que des Anglais y avaient écrite trois siècles auparavant : elle était recouverte par 300 couches ligneuses. Il a pu juger ainsi de la quantité dont ce végétal avait crû en trois siècles, et, en partant de cette donnée, et de ce que l'observation des jeunes Baobabs lui fournissait sur leur accroissement, il a dressé un tableau de leur végétation, dont voici un extrait :

A 1 an, 1/2 à 1 pouce de diam. et 5 pieds de haut.

| | | | | |
|---|---|---|---|---|
| 20 » | 1 pied | » | 15 | » |
| 30 » | 2 » | » | 22 | » |
| 100 » | 4 » | » | 29 | » |
| 1000 » | 14 » | » | 58 | » |
| 2400 » | 18 » | » | 64 | » |
| 5150 » | 30 » | » | 73 | » |

Adanson prétend en avoir vu de plus gros, auxquels il attribue 6000 ans d'existence. Suivant M. Perrottet, on trouve en Sénégambie des Baobabs qui ont 60 à 90 pieds de circonférence. Dix-sept hommes auraient de la peine à les embrasser en joignant les uns aux autres leurs bras étendus. Suivant Pline, Alexandre, dans le cours de ses conquêtes, avait vu un arbre plus merveilleux encore par sa grosseur : il avait 60 pieds de diamètre. (C.É.)

BAQUOIS ou VAQUOIS. (bot. phan.) *Voyez* PANDANUS.

BAR, *Labrax*. (poiss.) Cuvier a ainsi nommé un sous-genre de Percoïdes dont les caractères qui le distinguent des Perches proprement dites sont trop peu importans pour que nous croyions devoir séparer son histoire de celle de ces dernières. Il en sera donc traité au mot PERCHE.
(G. B.)

BARBACOU, *Monasa*. (ois.) Genre d'oiseaux Grimpeurs, rangé à tort par Cuvier, Lesson, etc., parmi les Coucous. Il se rapproche des Barbus ou Bucconées par ses caractères zoologiques et les mœurs des espèces qu'il renferme. Nous en parlerons plus longuement à l'article BARBU (*v.* ce mot). (GERVAIS.)

BARBARÉE, *Barbarea*. (bot. phan.) Espèce du genre VILAR, *Erysimum*, L. (*V.* ce mot.)
(C.É.)

BARBE. (zool.) On a donné le nom de *Barbe* aux poils qui garnissent les joues, les environs de la bouche et le menton de l'homme et de quelques mammifères, tels que les boucs et certains singes. (*Voy.* POILS.) Les crins qui garnissent les fanons des baleines ont reçu aussi, par extension, le nom de *Barbe*. Chez les oiseaux on l'a appliqué à des faisceaux de petites plumes ou poils qui pendent à la base du bec, mais surtout aux petites lames de substance cornée qui sont implantées sur les côtés de la tige des plumes. Les Barbes sont elles-mêmes garnies latéralement de lames plus petites, appelées *Barbules*, qui servent à les unir entre elles.

Chez les insectes, des poils longs et assez raides qui garnissent le front de certaines espèces de diptères et entourent la base de leur trompe, ont également reçu le nom de *Barbes*. (GERVAIS.)

BARBE. (bot.) Ce mot s'applique non-seulement aux poils qui se voient au menton de la chèvre, à la poitrine du dindon, à la figure de certains singes, aux fanons des baleines, etc., mais encore aux touffes poilues placées sur un ou plusieurs points d'une partie quelconque des plantes, tels que les filamens des étamines des molènes (*Verbascum*), des lyciets, etc.; le style et le stigmate des gesses (*Lathyrus*); les aisselles des nervures de la face inférieure des feuilles du tilleul, etc. On appelle aussi Barbe le filet qui termine ou accompagne la balle de plusieurs variétés de blés, d'orges et autres graminées.

BARBE DE BOUC. Nom vulgaire du SALSIFIS SAUVAGE, *Tragopogon*, et de la CLAVAIRE CORALLOÏDE (*v.* ces mots).

BARBE DE CAPUCIN. C'est la chicorée sauvage renfermée dans un tonneau rempli de terre, poussant des jets allongés et blancs que l'on mange en salade. On donne aussi ce nom à la nigelle de Damas et aux usnées, *Lichen barbatus*, qui végètent sur les vieux arbres.

BARBE DE CHÈVRE. Espèce du genre SPIRÉE, *Spiræa aruncus*, que l'on cultive et dont les bouquets de fleurs paraissent comme plumeux ou barbus.

BARBE DE DIEU. Toutes les plantes du genre BARBON, *Andropogon*, sont appelées ainsi de l'arête longue et tortillée dont est pourvue leur corolle.

BARBE DE JUPITER. La joubarbe (*Sempervivum tectorum*), l'anthyllide argentée, et le fustet (*Rhus cotinus*), portent vulgairement ce nom.

BARBE DE MOINE. Nom trivial de la cuscute ordinaire (*Cuscuta europæa*).

BARBE DE RENARD. Quelques horticulteurs désignent de la sorte l'astragale adragant (*Astragalus tragacantha*).

BARBE DE VIEILLARD. Nom donné aux gérogopons à cause de leur réceptacle garni de poils.

BARBE ESPAGNOLE. La caragate musciforme (*Tillandsia usnoïdes*) est appelée ainsi aux Antilles, du duvet filamenteux et grisâtre dont ses tiges sont couvertes.

BARBE. Variété du cheval né en Barbarie ; ce mot est une corruption du nom de *Berbère*, qui est celui de cette race. (T. D. B.)

BARBEAU ou BARBIAUX. (poiss.) Noms vulgaires d'une espèce du genre CYPRIN (*v.* ce mot).

BARBEAU. (bot. phan.) C'est le nom de pays du bluet (*centaurea cyanus*). On donne le nom de BARBEAU JAUNE à quelques centaurées à fleurs dorées. Celui de BARBEAU MUSQUÉ à la *centaurea moschata*, etc. (V. CENTAURÉE.) (GUÉR.)

BARBILLONS. (zool.) Filamens qu'on rencontre autour de la bouche de certaines espèces de poissons et qu'on a regardés comme organes du tact. Ils servent en général d'APPAT (*v.* ce mot) à ces animaux, qui se cachent dans la vase et laissent flotter à la surface ces espèces de tentacules pour attirer leur proie. Le mot *Barbillon* s'applique aussi aux animaux articulés comme synonyme d'antennules ou de PALPES (*v.* ce mot). Enfin on donne le nom de Barbillon à une sorte de mamelon servant de pavillon à l'orifice extérieur des glandes maxillaires, et qu'on rencontre, chez les chevaux, à côté du frein de la langue. Quelques empyriques les coupent, parce qu'ils prétendent qu'ils empêchent ces animaux de boire. (P. G.)

BARBION, *Micropogon*. (ois.) Genre de l'ordre des Zygodactyles ou Grimpeurs établi par M. Temminck dans la famille des Bucconées ou BARBUS (*v.* ce mot) pour quelques espèces peu communes trouvées dans les deux continens. Le principal caractère des Barbions est d'avoir les soies de la base du bec peu nombreuses et les doigts antérieurs réunis jusqu'à la dernière phalange. *Voyez*, pour plus de détails, le mot BARBUS. (GERVAIS.)

BARBOTE et BARBOTTE. (poiss.) On désigne ainsi, dans quelques-uns de nos ports, le Gade-Lotte. (*V.* GADE.) (GUÉR.)

BARBUS ou BUCCONÉES ( ois. ) Le genre Bucco, de Linné, constitue aujourd'hui la famille des Barbus ou Bucconées. Les oiseaux de cette famille ont le bec conique, renflé latéralement (d'où le nom de Bucco, *joue*, que Brisson leur a donné ) et garni à sa base de plusieurs faisceaux de barbes raides, dirigées en avant : leurs ailes sont courtes et leur vol lourd.

Ce sont des oiseaux GRIMPEURS (*voy.* ce mot ) qui habitent les contrées les plus chaudes des deux continens ; l'épaisseur de leurs formes leur donne un air pesant, gêné, quelquefois même stupide. Ils vivent solitaires ou par troupes peu nombreuses ; les forêts les plus sombres sont leur demeure habituelle ; ils restent souvent des heures entières perchés sur quelque branche d'un arbre touffu, comme affaissés sous le poids de leur corps, et si par hasard quelque accident imprévu les trouble dans leur obscure retraite, ils s'éloignent lentement et sans paraître nullement effrayés. Leur régime est omnivore ; les fruits mous, les baies, etc., sont leur nourriture habituelle ; les espèces les plus grandes attaquent quelquefois les jeunes oiseaux et ne se montrent pas moins cruelles que les pies-grièches. Leur indolence naturelle se retrouve dans la construction du nid, qu'ils font négligemment dans le creux d'un arbre.

Buffon divisa le premier les oiseaux Barbus en deux sections, les espèces de l'ancien continent furent les Barbus proprement dits ; le nom de Tamatia, au contraire, fut donné à celles d'Amérique : Illiger sépara plus tard de la première section les Pogonias ou Barbicans, et la famille se trouva contenir trois sections ou petits genres. Aujourd'hui elle en renferme cinq.

Voici l'ordre dans lequel nous allons les étudier :

Les espèces africaines, qui ont le bec fortement denté, constituent le premier genre, celui des BARBICANS.

Les autres espèces n'ont pas le bec denté, elles peuvent se distinguer en celles qui l'ont garni de soies longues et serrées ; celles-ci habitent les deux continens et rentrent dans le genre des BARBUS.

Les espèces du genre BARBION ont les soies très-courtes et les doigts antérieurs complétement réunis. On les trouve aussi dans les deux continens.

Les TAMATIAS habitent l'Amérique seulement, ils composent le quatrième genre.

Le cinquième est celui des BARBACOUS, établi par Vieillot. Ce genre a été placé par quelques auteurs dans la famille des Coucous.

### Genre BARBICAN, *Pogonias*, Illig.

Bec court, gros, élevé ; les bords tranchans de la mandibule supérieure sont armés de deux ou d'une seule forte dent ; les mandibules sillonnées ou lisses, l'inférieure moins haute que la supérieure. Les narines latérales et percées dans la masse cornée du bec, recouvertes de quelques poils. Les moustaches sont longues et rudes. Le tarse est de la longueur du doigt externe. Les deux doigts antérieurs réunis jusqu'à la seconde articulation. Première rémige très-courte : la cinquième est la plus longue de toutes.

On ne connaît que les dépouilles des oiseaux de ce genre ; toutes ont été envoyées d'Afrique. Les espèces connues sont au nombre de huit : nous citerons le BARBICAN MASQUÉ, *P. personatus*. Cette espèce, si bien figurée à la pl. 201 de l'ouvrage de Temminck, a le sommet de la tête, la gorge et le devant du cou d'un rouge vermillon ; la nuque, les côtés et le devant de la poitrine sont d'un noir profond ; dos cendré ; ailes et queue noirâtres. Longueur totale, sept pouces. Cet oiseau habite les parties méridionales de l'Afrique, dans le pays des Caffres.

Le GRAND BARBICAN, *Pogonias major* ( dont le bec est figuré à la pl. 34 de l'Iconographie du Règne animal ), c'est le *Sulcirostris* de Leach.

### Genre BARBU , *Bucco*.

Bec déprimé dans toute sa longueur, non denté ; mandibules à peu près égales à la pointe, et aussi fortes l'une que l'autre. Narines basales, percées dans la masse cornée, recouvertes à voie claire par des poils qui dépassent souvent la pointe du bec. Tarse plus court que les doigts extérieurs ; les deux antérieurs réunis jusqu'à la seconde articulation. La première rémige des ailes est la plus courte de toutes.

Les Barbus ont le corps massif, et le vol lourd, la tête grosse, les jambes courtes. Les fruits, les baies, les figues, etc., les insectes même font leur nourriture habituelle. Ils fréquentent, par troupes assez nombreuses, les forêts chaudes des deux hémisphères ; comme les pies ils nichent dans des trous d'arbre, et pondent deux œufs blancs assez semblables à ceux des pigeons.

Les espèces sont nombreuses ; on en compte, pour l'ancien continent, vingt et une qui viennent pour la plupart des îles du grand Archipel asiatique, et du vaste promontoire Indien. Presque toutes ont été figurées dans les planches coloriées de Temminck et dans Levaillant ( Histoire des Oiseaux de Paradis, T. II ). Le dernier auteur rapporte un trait assez curieux touchant une espèce africaine, le Barbu à gorge noire : il trouva dans le nid de l'oiseau, qu'il nomme Républicain, cinq Barbus ; l'un d'eux accablé de vieillesse, était devenu tout-à-fait incapable de voler, à peine pouvait-il se remuer ; des noyaux et des débris d'insectes, placés à côté de lui, firent penser que les jeunes Barbus s'étaient chargés de pourvoir à la nourriture de ce pauvre malheureux. En effet, les ayant placés tous cinq dans une cage, avec des insectes et des fruits, le célèbre voyageur vit les quatre Barbus bien portans donner chaque jour la nourriture au moribond relégué dans un coin de la cage.

Les espèces américaines, appartenant au genre des Barbus, sont au nombre de deux seulement : le BARBU ORANVERT, figuré par Levaillant, Barb. suppl., pl. E. ; c'est le *Bucco auro-virens* ; sa patrie est le Brésil.

Le BARBU ÉLÉGANT, *B. maynanensis* (fig. par

Levaill. , à la pl. 34 ), est la seconde espèce et dernière bien déterminée ; il habite la province de Maynas, sur l'Amazone. Parmi les espèces de l'Inde, nous citerons le BARBU DE DUVAUCEL, *B. Duvaucelii*, Lesson, représenté dans notre Atlas, pl. 43, fig. 1.

Genre BARBION, *Mycropogon*, Temm.

L'espèce type de ce genre nouveau est le *Bucco cayanensis* des auteurs ( Barbion à gorge rouge, *M. cayanensis* ). Le bec est long, aigu, à mandibule supérieure faiblement courbée. Les soies sont très-courtes et existent seulement à la base des narines ; celles-ci sont longitudinales, percées dans une membrane couverte de plumes. Les doigts antérieurs sont réunis jusqu'à la dernière phalange. Ailes médiocres, la première penne est très-courte, la quatrième plus longue que les autres. Les mœurs des Barbions sont à peine connues ; on sait seulement que le Barbion perlé, observé en Abyssinie, vit sur les arbres de haute futaie, et se cache dans le feuillage, d'où il décèle sa présence par un chant court et agréable. La pl. 490 de Temminck donne de cet oiseau une très-belle figure.

Les autres espèces connues sont au nombre de cinq ; l'une d'elles, le *B. parvus*, Vaill., a été très-bien figurée dans l'Iconographie du Règne animal, Oiseaux, pl. 34, fig. 3.

Genre TAMATIA, *Capito*. Temm.

Dont le bec, un peu plus allongé et plus comprimé, a l'extrémité de sa mandibule supérieure recourbée en dessous. La tête grosse, la queue courte de ces oiseaux et leur grand bec, leur donnent un air stupide. Les deux doigts antérieurs sont réunis jusqu'à la dernière phalange.

Toutes les espèces connues habitent l'Amérique : leur naturel est triste et solitaire ; elles ne vivent que d'insectes.

Tel est le *Tamatia collaris*, figuré pl. 34 de l'Iconographie de M. Guérin.

Genre BARBACOU, *Monasa*, Vieill.

Ces oiseaux avaient été placés dans la famille des Coucous ; mais les habitudes qu'on leur connaît, ainsi que leurs caractères zoologiques les rapprochent des Bucconées. Ils ont le bec lisse et sans échancrure, fendu jusque sous les yeux, les mandibules supérieure et inférieure sont courbées et pointues ; la base de toutes deux est garnie de soies touffues et divergentes ; les narines, orbiculaires, sont cachées par les soies de la racine du bec. Les doigts antérieurs sont unis à leur base seulement ; la troisième et la quatrième penne des ailes sont plus longues que les autres.

Ce genre se compose aujourd'hui de quatre espèces, faciles à distinguer des Barbions par leur forme et plus encore par la nature de leur plumage, qui est abondant et plus ou moins ébouriffé et soyeux, comme celui des Couroucous, ce qui tient à la désunion des barbes qui imitent un duvet grossier. Le genre de vie des Barbacous est solitaire et tranquille ; ils habitent sur la lisière des forêts ou près des eaux, et nichent dans de simples trous. Les espèces connues sont toutes des pays chauds d'Amérique. Ce sont :

Le BARBACOU A BEC ROUGE ( Levaill., Ois. de Paradis, II, pl. 44 ), qui est commun dans les différentes parties de la Guiane.

Le BARBACOU A FACE BLANCHE : du Brésil et de la Trinité.

Le BARBACOU TÉNÉBREUX ( Temm., pl. col. 525, fig. 1 ), qui habite la Guiane ; c'est le Barbacou écaudé, de Vieillot.

La quatrième est le BARBACOU RUFALBIN, observé dans les régions peu fréquentées de l'intérieur du Brésil.     (GERVAIS.)

BARDANE, *Arctium*, L. ; *Lappa*, Juss. (BOT. PHAN.) Les chemins, les lieux incultes sont couverts d'une plante assez élevée, dont les larges feuilles, un peu cotonneuses en dessous, retiennent l'eau ou la poussière des champs ; ses fleurs sont purpurines comme celles des chardons ; elles se fanent, sèchent, et, se détachant facilement, s'accrochent, par les épines crochues de leur calice, aux toisons des moutons ou aux habits des passans ; ce qui leur a fait donner le nom de *teigne*, dans quelques provinces.

Cette plante est la BARDANE, *Arctium lappa*, L., ou *Lappa glabra*, Lam. , de la famille des Carduacées , Syngénésie polygamie égale. Ses fleurs sont portées sur un réceptacle garni de soies raides ; leur involucre, ou calice commun , est imbriqué d'écailles linéaires recourbées en crochet ; une aigrette simple et sessile couronne les graines, qui sont anguleuses.

L'espèce la plus vulgaire est celle que nous avons citée ; on la retrouve dans toute l'Europe , en Afrique, aux environs d'Alger , par exemple. Elle varie d'aspect, et, selon que ses fleurs sont plus ou moins grandes, des botanistes lui ont donné l'épithète de *major* ou *minor* ; il y en a aussi une variété ou espèce à involucre cotonneux, *Lappa tomentosa*.

La racine de Bardane est très-employée en médecine, dans les maladies chroniques de la peau. Ses feuilles et ses tiges contiennent beaucoup de potasse.     (L.)

BARDEAU. (MAM.) Petit mulet provenant de l'accouplement d'un cheval et d'une ânesse. *Voy.* CHEVAL.     ( T. D. B.)

BARDIGLIO ou BARDIGLIANE. (MIN.) Nom que l'on donne à une variété siliceuse, d'un gris bleuâtre et quelquefois d'un bleu très-agréable, de sulfate de chaux anhydre, qui s'exploite près de Vulpino, dans le Milanais, pour en faire des tables, des cheminées, etc.     (TH. V.)

BARGE, *Limosa*. (OIS.) Genre d'Échassiers longirostres de la famille des Scolopacidées ou Bécasses, dont voici les caractères essentiels : bec droit, quelquefois même légèrement arqué vers le haut, et plus long que celui des bécasses proprement dites : le sillon des narines règne jusque tout près de l'extrémité, qui est lisse et obtuse, sans sillon impair ni pointillure. Le pouce ne porte à terre que par son bout seulement. Les ailes sont médiocres; la première rémige est plus longue que les autres.

Les Barges ont la taille plus élancée et les jambes plus élevées que les bécasses; elles fréquentent les marais salés et les bords de la mer; leur bec long et la hauteur de leurs tarses leur permettent d'atteindre facilement les petits animaux dont elles se nourrissent. Les couleurs de leur plumage varient suivant les doubles mues. Nous citerons :

La Barge aboyeuse ou rousse, *L. rufa*, qui est rousse, avec le dos brun et la queue rayée de blanchâtre et de noirâtre dans l'été; d'un brun gris foncé, à plumes bordées de blanchâtre, en hiver, avec la poitrine brune, et le ventre blanc sale. Elle habite les bords de la Baltique, l'Angleterre et l'Allemagne; fait son nid dans les régions du cercle arctique. Nous avons représenté cette espèce dans notre Atlas, pl. 43, fig. 2.

La Barge a queue noire, *L. melanura* (d'après Cuvier, *Scolopax ægocephala* et *belgica* de Gmélin), est la seconde espèce observée en Europe. (*Voyez*, pour le plumage d'hiver, pl. enlum. 847, pour celui d'été, *ib.*, 916.) Cette espèce habite les marais, les prairies et les bords bourbeux des fossés et des mares d'eau, où elle cherche les larves d'insectes, les vers et le frai des grenouilles. La femelle fait son nid en été dans le nord; elle pond quatre œufs d'un olivâtre foncé, marqués de grandes taches d'un brun pâle; son cri est très-aigu comme celui d'une chèvre.

Ces deux espèces sont les seules indiquées par M. Temminck comme européennes. Les variations de leur plumage ont beaucoup embarrassé les naturalistes; les espèces étrangères sont encore plus difficiles à déterminer. (GERVAIS.)

BARILLE. (AGRIC.) Toutes les plantes marines qui donnent de la soude, et plus particulièrement diverses espèces du genre Salsola, ainsi que le Batis des côtes de l'Amérique méridionale, portent, dans le commerce, le nom de Barille. Comme le carbonate de soude que l'on retire de ces divers végétaux n'a pas également la même qualité, cette expression est vicieuse et devrait se limiter aux quatre espèces de soude soumises à une culture réglée. (T. D. B.)

BARILLET. (MOLL.) Genre créé par MM. Quoy et Gaimard pour des mollusques fort extraordinaires, représentant effectivement assez bien la forme d'un petit baril. Deux espèces seulement ont été figurées par ces naturalistes à la pl. 89 du Voyage de l'*Astrolabe*, l'un sous le n° 25, auquel ils ont donné le nom de BARILLET DENTICULÉ, et l'autre sous le n° 29, avec la dénomination de BARILLET A QUEUE. La description de ce nouveau genre n'ayant point encore été publiée, nous nous bornons à le mentionner ici. (DUCL.)

BAROLITHE et BAROSÉLÉNITE. (MIN.) Noms que l'on a quelquefois donnés à la baryte carbonatée et à la baryte sulfatée. (*V.* BARYTE.)
(TH. V.)

BAROMÈTRE. (PHYS.) Le Baromètre, de deux mots grecs qui signifient mesure de pesanteur, est un instrument de physique qui sert à mesurer les variations qu'éprouve la pression de l'atmosphère.

L'invention du Baromètre est due à Torricelli, savant disciple de Galilée, qui, méditant sur la cause de l'ascension de l'eau dans les pompes, eut l'heureuse idée de comparer la hauteur du mercure dans un Baromètre à la hauteur de l'eau dans les pompes, et il trouva que le rapport des deux hauteurs était le rapport inverse des densités, de sorte que l'eau qui pèse à peu près treize fois moins que le mercure, s'élève à une hauteur treize fois plus grande.

La découverte du Baromètre date de 1643. Peu après, la nouvelle s'en répandit en France, où Mersenne et Pascal répétèrent l'expérience en 1646. Son usage est populaire aujourd'hui.

On connaît trois sortes de Baromètres : le Baromètre à cuvette, le Baromètre à siphon, et le Baromètre à cadran; ce dernier n'est qu'une application du second.

Le Baromètre à cuvette, connu de tout le monde, consiste en un tube de verre long d'environ trois pieds, fermé par un bout et ouvert par l'autre, et plongé verticalement par son extrémité ouverte dans une cuve remplie de mercure, de manière qu'une partie de ce mercure, en vertu du poids de l'atmosphère qui pèse sur la surface du bain, se tient à une certaine hauteur dans le tube.

Pour construire un Baromètre, on a un tube de verre parfaitement droit et bien calibré; on le fait sécher pour en chasser tout l'air et toute l'humidité; on y verse du mercure que l'on a préalablement fait bouillir; on fait encore bouillir ce dernier dans le tube, afin de chasser tout l'air qui aurait pu se mêler avec lui en le versant dans le tube, et on achève de remplir le tube en plusieurs fois. Cela fait, on ferme l'extrémité du tube avec le doigt, et on le plonge dans une cuvette. Il ne reste plus qu'à déterminer la hauteur de la colonne barométrique, hauteur qui est ordinairement à vingt-huit pouces au dessus du niveau de la mer.

Le Baromètre à siphon, ainsi nommé à cause de sa forme, n'a pas de cuvette, ou plutôt le tube lui-même en tient lieu; il est recourbé par le bas, et forme par conséquent deux branches, dont une plus courte que l'autre, qui a plus de vingt-huit pouces.

Le Baromètre à cadran ne diffère du précédent qu'en ce que, au dessus de l'orifice de la plus courte branche, se trouve une petite poulie parfaitement mobile, et dont le centre est fixé à celui d'un cadran, derrière lequel est attaché le Baromètre. Cette poulie correspond à une aiguille destinée à parcourir les divisions du cadran, et sa circonférence est entourée d'un fil, aux entremises duquel sont suspendus deux petits poids, dont l'un pénètre dans l'intérieur du tube, et dont l'autre est libre au dehors. (F. F.)

BARRAS. (ÉCON. RUR.) Dans les environs de Bordeaux et jusque sur les rives de l'Adour on donne ce nom à la résine qui découle, durant l'hiver, des diverses espèces de pins, et particulièrement

lièrement du pin maritime. Ce suc résineux reste sur l'arbre en masses jaunes ; on le mêle avec le galipot pour former le brai sec. (*Voyez* BRAI, GALIPOT et PIN.) (T. D. B.)

BARRE. (GÉOL.) Les sédimens que les fleuves entraînent dans leur cours forment, à leur embouchure, des amas de sable plus ou moins mobiles qui arrêtent momentanément leur course ou changent leur direction. On donne à ce barrage naturel le nom de *Barre*. Ce sont ces dépôts alluviens qui encombrent un grand nombre de ports situés à l'embouchure des fleuves, et qui, par la difficulté toujours croissante des arrivages, les menacent d'une ruine plus ou moins prochaine. Ce sont aussi ces bancs qui peuvent servir à expliquer le mélange de coquilles fluviatiles et marines que l'on remarque dans plusieurs dépôts géologiques, qui du reste offrent d'autres caractères d'un transport de sédimens dans des bassins maritimes par l'action de courans d'eau douce. On a remarqué que plus les fleuves sont rapides, et moins ils forment de ces amas à leur embouchure. On croit aussi que, lorsque leurs bouches sont tournées du côté de l'orient, ils sont exempts de Barres de sable ; mais cette règle ne doit concerner que certaines localités qui ne seraient point exposées à l'action des vents d'ouest. (J. H.)

BARREAU AIMANTÉ. (MIN.) Certaines substances minérales jouissent de propriétés magnétiques ; on se sert quelquefois de cet instrument pour les reconnaître et surtout pour distinguer les différens minerais de fer. Cette propriété d'agir sur l'aiguille aimantée, que possèdent quelques minéraux, s'exerce de deux manières, l'une par simple attraction sur l'un des pôles de l'aiguille aimantée, l'autre à la fois par attraction et par répulsion sur la même extrémité de l'aiguille : Un seul minéral possède cette dernière propriété, qu'on appelle *magnétisme polaire*, parce qu'un fragment détaché au hasard possède toujours en même temps les deux pôles ; ce minéral est la variété de fer oxidulé qu'on appelle *aimant naturel*, et qui jouit de la propriété remarquable d'attirer le fer et de supporter même, par suite de cette force d'attraction, des poids assez considérables. On a donné le nom de *magnétisme* à cette propriété, du mot grec Μάγνης, qui signifie *aimant*. Pour reconnaître si un minéral jouit du magnétisme, on le présente à un petit Barreau aimanté librement suspendu, pour savoir s'il l'attire ou ne l'attire pas ; et pour reconnaître s'il possède le magnétisme polaire, après l'avoir présenté à l'un des pôles du Barreau, on le présente ensuite à l'autre, qui doit le repousser si le premier l'attirait, et l'attirer si au contraire il le repoussait.

On emploie l'aimant pour séparer des limailles d'or ou d'argent les parcelles de fer qu'elles pourraient contenir ; celles-ci s'attachent au Barreau aimanté, tandis que les deux premiers métaux, n'étant pas attirables, restent libres ; mais en minéralogie on emploie le plus ordinairement cet instrument pour reconnaître la présence du fer dans les minéraux ; il sert ainsi de moyen direct

pour reconnaître certaines substances qui en contiennent, telles que les grenats, le péridot, l'hyacinthe, etc. ; s'il s'y trouve en quantité suffisante, l'aiguille se portera sur-le-champ vers le corps qu'on lui présente ; mais si la quantité de fer contenue était très-petite, comme l'action magnétique de la terre, qui retient toujours l'aiguille dans la direction de son méridien magnétique, est très-forte, il serait possible que celle-ci l'emportât sur celle du fer contenu dans le minéral, et qu'on n'observât plus aucun effet. L'on est obligé d'avoir recours alors à la *méthode du double magnétisme*, imaginée par Haüy, et qui se trouve décrite dans son Traité de Minéralogie.

Le fer, le nickel et le cobalt sont les seuls métaux qui jouissent des propriétés magnétiques, et les deux derniers à un degré bien moindre que le premier ; ils sont susceptibles aussi de devenir des aimans artificiels, et par conséquent de servir à reconnaître les espèces minérales qui possèdent des propriétés magnétiques ; mais c'est du fer ou de l'acier, qui acquièrent facilement le magnétisme polaire au suprême degré, qu'on fait ordinairement usage pour faire les aiguilles aimantées. (*Voy.* BOUSSOLE.) (TH. V.)

BARRES. (MAMM.) C'est le nom donné par les vétérinaires à l'espace qui, dans la mâchoire du cheval, existe entre les canines et les molaires, et sur lequel porte le mors. Les ruminans et les rongeurs ont aussi des Barres : chez eux, c'est la place vide existant entre les incisives et les molaires. (GERVAIS.)

BARRI. (MAMM.) Dans quelques départemens méridionaux on donne ce nom au jeune verrat. (GERVAIS.)

BARSIM. (BOT. PHAN.) Espèce de trèfle, *Trifolium alexandrinum*, cultivée en Égypte, où elle a été apportée de l'Asie par les Mamélouks descendus du Caucase. Les Sarrasins l'introduisirent dans nos départemens du midi, mais elle s'y est perdue avec la défaite de ces conquérans. (T. D. B.)

BARTAVELLE. (OIS.) C'est un des noms de la perdrix grecque (*Perdix saxatilis*, Meyer). Cette espèce, à laquelle il faut rapporter tout ce que les anciens ont dit de la perdrix, est répandue dans tout l'empire ottoman, dans les îles de l'Archipel, en Sicile, dans le royaume de Naples ; on la trouve aussi dans la région moyenne des Alpes allemandes et sur celles de la Suisse. Elle ressemble beaucoup à la perdrix rouge ; mais elle est plus grosse du double, et présente un cercle noir qui, partant du front, passe au dessus des yeux, s'étend au-delà, et descend sur le devant du cou, dont les côtés sont d'un gris cendré, ainsi que le dessous de la tête. Les flancs présentent plusieurs bandes noires assez jolies.

Quoique cette espèce habite plus constamment les lieux élevés que la perdrix rouge, néanmoins elle descend dans les plaines pour y nicher ; elle pond de huit à seize œufs, de la grosseur d'un petit œuf de poule, marqués de petits points rougeâtres sur un fond blanc ; elle les dépose, sans construire de nid, sur de l'herbe ou des feuilles négligemment arrangées. Elle se nourrit d'insectes, d'œufs de fourmis, de jeunes pousses de différens arbres, particulièrement des arbres verts. Sa chair est blanche et fort estimée; du reste ses habitudes sont à peu près celles de la perdrix grise; on la chasse de la même manière.

Il existe dans la collection du Muséum d'histoire naturelle une variété blanche de la Bartavelle, elle n'en a plus que le cercle noir et les bandes latérales; mais le dos, la tête, la gorge et la poitrine sont tout-à-fait blancs.     (Gervais.)

**BARTRAMIA.** (bot. cryt. Mousses.) Genre dédié à Bertram, botaniste de Pensylvanie. Ses caractères sont: capsule terminale, presque globuleuse; péristome double, l'extérieur formé de seize dents simples, l'intérieur composé d'une membrane plissée et divisée en seize laciniures bifides; coiffe fendue latéralement; feuilles longues et d'un beau vert, nombreuses et insérées tout autour de la tige.

Le genre Bartramia se divise en deux sections; la première renferme les espèces à pédicelles très-longs, droits et dépassant de beaucoup la tige: tels sont les *Bartramia pomiformis, fontana, crispa,* etc.; la seconde comprend les espèces dont les pédicelles sont plus courts que la tige et recourbés latéralement; tels sont, parmi les espèces européennes, les *Bartramia halleria* et *arcuata*.

Les 25 ou 50 espèces de ce genre se rencontrent en Europe, dans l'Amérique septentrionale et équinoxiale, jusqu'au détroit de Magellan, au cap de Bonne-Espérance et à la Nouvelle-Hollande. Elles croissent généralement sur la terre ou les rochers humides, et entre les racines des arbres.     (F. F.)

**BARYTE.** (min.) Les anciens chimistes donnaient le nom de Baryte à l'une des *terres* que Davy a reconnues pour des oxides métalliques: ainsi aujourd'hui la Baryte est l'oxide d'un métal appelé *Barium.*

Considérée minéralogiquement, la Baryte, telle qu'on la trouve dans la nature, se divise en deux espèces: la *Baryte carbonatée* ou la *Withérite,* et la *Baryte sulfatée* ou la *Barytine*. La première est, chimiquement parlant, l'oxide de barium combiné avec l'acide carbonique, la seconde le même oxide en combinaison avec l'acide sulfurique.

C'est dans la nomenclature d'Haüy que la première est appelée *Baryte carbonatée*, parce que ce célèbre minéralogiste fait un genre de la Baryte. Les anciens minéralogistes lui donnaient le nom de *spath pesant aéré*, probablement pour deux raisons: la première c'est qu'appelant *spath* toute substance minérale à tissu lamelleux et cristallin, ils réservaient la dénomination de *spath pesant* à la Baryte sulfatée, qui mérite ce nom par sa pesanteur spécifique; et comme celle-ci ne fait point effervescence dans les acides, ils durent distinguer par le surnom d'*aéré* un spath plus pesant encore et qui fait effervescence en se dissolvant lentement dans l'acide nitrique, en un mot

le carbonate de Baryte. Outre ce nom, la Baryte carbonatée portait encore celui de *Barolit* chez les Allemands, tandis que les Anglais lui avaient donné celui de *Witherit* en l'honneur du docteur Withering qui, vers l'année 1780, l'avait découverte aux environs d'Anglesark dans le comté de Lancastre. C'est ce dernier nom francisé en celui de *Withérite* qui mérite d'être conservé à ce minéral ainsi que M. Beudant l'a fait dans sa nouvelle nomenclature.

La *Withérite* est une substance ordinairement blanche, et quelquefois jaunâtre, qui cristallise dans le système prismatique à six pans terminés par des pyramides ou des surfaces planes, mais dont la forme primitive est un rhomboïde légèrement obtus; quelquefois elle se présente aussi en dodécaèdres. Sa pesanteur spécifique est quatre fois et un quart celle de l'eau: aussi est-elle très-pesante, même à la main. Elle est plus dure que le carbonate de chaux cristallisé, et se laisse rayer par la fluorine ou le fluorure de calcium. Sa poussière, jetée sur des charbons ardens, est phosphorescente dans l'obscurité. Nous avons déjà dit qu'elle se dissout lentement et avec un peu d'effervescence dans l'acide nitrique.

La Withérite cristallisée est rare; mais on la trouve fréquemment en petites masses compactes, fibreuses et aciculaires.

Elle forme des filons accompagnés de galène ou sulfure de plomb, de zinc et de barytine dans des roches de formation ancienne ou roches de transition.

Cette substance est ordinairement utilisée dans les laboratoires pour la préparation des sels de Baryte; cependant plusieurs expériences ayant prouvé qu'elle est un poison pour les animaux, font qu'elle est employée en Angleterre pour détruire les animaux nuisibles: aussi l'y vend-on sous le nom de pierre contre les rats.

La *Barytine* ou le sulfate de Baryte, appelée aussi par quelques minéralogistes *Barytite hépatite, Pierre puante*, etc., est plus variée dans ses nuances que la Withérite: elle est tantôt jaunâtre, tantôt rougeâtre, quelquefois olivâtre, brunâtre, blanche, blanchâtre et même bleuâtre. Sa forme primitive est le prisme droit rhomboïdal; mais les décroissemens que présente cette forme sont tellement variés que notre célèbre Haüy, qui en a décrit soixante-treize, ne les a pas tous connus: il y en a plus de quatre-vingts.

Sa pesanteur spécifique est environ quatre fois et demie celle de l'eau. Sa dureté est à peu près la même que celle de la Withérite; mais elle s'en distingue facilement en ce qu'elle n'est point attaquable par l'acide nitrique, et en ce qu'à la flamme du chalumeau elle se fond en émail blanc.

La Barytine se trouve souvent cristallisée; mais ses formes irrégulières sont aussi très-nombreuses: ainsi ses cristaux aplatis prennent grossièrement la ressemblance de crêtes de coq; quelquefois elle se présente en lames plus ou moins grandes, en prismes chargés de cannelures longitudinales, en mamelons ondulés et fibreux, en petits grains ou en petites masses compactes: de là les noms des variétés *crêtée, laminaire, lamellaire, bacillaire, concrétionnée, concrétionnée-fibreuse, granulaire* et *compacte.*

La Barytine comme la Withérite forme dans le terrain de transition, et particulièrement dans le grès rouge, des filons, accompagnés de minerai de plomb et d'argent. On la trouve aussi dans les argiles du terrain secondaire, dans des roches granitiques et même dans des dépôts calcaires très-récens, tels que des travestins. Elle est exploitée principalement pour alimenter les laboratoires de chimie. (J. H.)

**BARYTOCALCITE.** (MIN.) On désigne sous ce nom, d'après Kirwan, une nouvelle substance minérale composée de 65 à 66 parties de carbonate de baryte et de 33 à 34 de carbonate de chaux. Elle est blanche, moins pesante que la withérite (*v.* BARYTE) puisqu'elle pèse environ 3,66, le poids de l'eau étant considéré comme 1 ; et sa dureté est égale à celle de la withérite et de la barytine. Elle est ordinairement compacte; mais elle cristallise en prisme oblique à base rhomboïdale. Elle se trouve dans les mêmes positions géognostiques que le carbonate et le sulfate de baryte; mais jusqu'à présent elle est encore fort rare. (J. H.)

**BARYTINE.** *Voy.* BARYTE.

**BARYSTRONTIANITE.** (MIN.) Découverte récemment à Stromness dans les îles Orcades, cette substance minérale que l'on a proposé de nommer *stromnite* du nom de la localité où elle a été trouvée, a présenté à l'analyse les composés suivans: carbonate de strontiane 68,6 ; sulfate de baryte 27,5 ; carbonate de chaux 2,6, et oxide de fer 0,1 ; mais on n'est point encore certain qu'elle forme une espèce minérale : il serait possible qu'elle ne fût qu'un mélange accidentel de strontianite et de barytine. (J. H.)

**BARYUM.** (CHIM.) Métal découvert par Davy et qui ne se trouve dans la nature qu'à l'état de sel. Il est solide, brillant et aussi ductile que l'argent, plus pesant que l'eau, oxidable à l'air, non volatil, susceptible de s'allier avec l'argent, le palladium et le platine, etc.

On obtient le Baryum en soumettant à l'action de la pile de l'hydrate de baryte réduit en bouillie claire avec de l'eau. (F. F.)

**BASALTE.** (GÉOL.) Le Basalte est une roche d'un aspect homogène, compacte, généralement noire ou d'un gris plombé, dont les principes constituans essentiels sont le feldspath et le pyroxène, auxquels s'adjoignent très-souvent le péridot et le fer titané. Les Basaltes contiennent souvent des cristaux de pyroxène; ils sont alors porphyroïdes; ils n'en contiennent de feldspath que dans des cas très-particuliers, ce qui les distingue des roches appelées mélaphyres, dont la composition est analogue. Le péridot, lorsqu'il existe, se présente sous forme de grains vitreux, d'un vert clair ou foncé, plus ou moins disséminés, qui tantôt ne sont visibles qu'à la loupe, tantôt sont agglomérés en noyaux arrondis désignés sous le nom de noyaux d'olivine: le fer titané est plus accidentel que le péridot, et se présente en grains dont le brillant noirâtre ou bleuâtre ou rougeâtre est métallique. D'autres substances se trouvent encore disséminées dans les Basaltes ; ce sont, entre autres, la mésotype et la chaux carbonatée qui souvent constituent de petits grains arrondis dont la roche est criblée. Dans les cas où les Basaltes abondent en substances accidentelles, ils prennent souvent le nom de basanites : ainsi l'on dit basanite péridotique pour un Basalte criblé de péridot, basanite variolithique pour celui qui contient en abondance ces petits noyaux arrondis de mésotype ou de chaux carbonatée.

Le Basalte est une roche ignée qui a été poussée de bas en haut à la surface du sol, et qui se trouve soit sous forme de filons, remplissant les fissures dans lesquelles elle a été injectée, soit sous forme de coulées ou vastes nappes qui forment des plateaux étendus, soit enfin sous forme de masses coniques qui résultent de l'accumulation de matières pâteuses autour d'orifices d'éruption.

Cette origine ignée des Basaltes est démontrée par de nombreux faits géognostiques; mais elle résulte non moins évidemment des caractères minéralogiques des roches basaltiques et de la comparaison de ces caractères avec ceux des laves et des matières scorifiées que les volcans actifs produisent sous nos yeux. Les Basaltes sont en effet souvent accompagnés de cendres, de pouzzolanes, de scories identiques aux déjections du Vésuve ou de l'Etna; eux-mêmes ils sont volontiers bulleux, cellulaires comme les laves modernes, et l'on est conduit par des passages insensibles des Basaltes les plus compactes aux scories les plus poreuses et les plus légères. La structure est aussi un caractère qui dénote l'origine volcanique ; or les Basaltes sont souvent divisés en colonnades prismatiques, structure que certaines laves du Vésuve et de l'Etna ont affectée, et qui résulte du retrait qu'éprouve nécessairement une roche homogène fondue, lorsqu'elle se refroidit lentement et régulièrement.

La structure prismatique n'est pas la seule qu'affectent les Basaltes, mais c'est la plus caractéristique, parce qu'aucune autre roche n'est aussi compacte, aussi homogène, et parce que, les masses émises étant très-puissantes, elles ont été soumises, après la solidification de la croûte superficielle, à un refroidissement très-lent et très régulier. La structure tabulaire, la structure en boules à couches concentriques sont également communes dans les Basaltes, et il est à remarquer qu'il y a une disposition symétrique même dans les structures qui paraissent au premier abord les plus irrégulières. Nous verrons par la suite, en étudiant les caractères des terrains basaltiques, que les données minéralogiques qui résultent de l'aspect de ces roches, des substances qui y sont disséminées et de la structure prismatique, tabulaire ou globuliforme, peuvent conduire à reconnaître des faits très-curieux et très-intéressans dans l'histoire du terrain qu'elles constituent.

(A. B.)

BASALTES (Pseudo-). (géol.) M. de Humboldt a désigné sous le nom de *Pseudo-Basaltes* quelques variétés de trachytes passant à la structure compacte et à la couleur noirâtre, de manière à se rapprocher en quelque sorte du Basalte; cependant, quoique ces roches se divisent quelquefois aussi en prismes, elles en diffèrent essentiellement par l'absence du péridot et du pyroxène, et la présence de petits cristaux de feld-spath vitreux. Ces Pseudo-Basaltes ou trachytes noirs contiennent beaucoup d'amphibole et constituent tout le Pinchincha. Nous avons aussi reconnu en Grèce, à l'île de Milo, à Egine, sur les rives du Bosphore, de ces Pseudo-Basaltes, ou trachytes prismatiques; ils y forment des escarpemens remarquables.

(Th. V.)

BASALTIQUE (Terrain). Les terrains volcaniques ou d'origine ignée sont en général les plus difficiles à circonscrire et à bien caractériser; leur passage habituel d'une formation à l'autre, leur défaut de stratification, les aspects variés sous lesquels ils se présentent, sont souvent autant d'obstacles pour établir des limites bien tranchées entre eux. C'est ainsi que quand plusieurs formations ignées se succèdent, l'on ne pourrait le plus souvent dire où commence l'une et où finit l'autre, et que souvent entre les basaltes et les trachytes, comme entre ceux-ci et les laves, il y a des passages tellement insensibles, qu'on serait tenté de n'en faire qu'une seule et même formation. Un terrain volcanique devrait représenter une époque géologique plutonienne, si l'on peut s'exprimer ainsi, comme un terrain de sédiment représente une époque géologique neptunienne. Il résulte de là que l'une peut être contemporaine de l'autre.

*Formes générales du terrain.* Parmi les terrains volcaniques, la formation Basaltique est une des plus répandues à la surface de la terre. On l'a observée dans toutes les contrées connues; cependant elle recouvre rarement à elle seule de grandes étendues, et ne constitue jamais de chaîne de montagnes; mais elle présente des masses puissantes, presque toujours intercalées dans les autres terrains, et qui forment des montagnes et des plateaux dont les aspects varient avec la structure des roches: quelque variées que soient cependant leurs formes, les basaltes affectent en général des dispositions toutes particulières qui permettent ordinairement de les reconnaître de loin.

Quelquefois ce sont de simples collines ou buttes isolées, coniques, pointues, mamelonnées, ou à sommets aplatis. La Silésie, la Hongrie, la Troade et beaucoup d'autres contrées présentent de ces collines Basaltiques isolées en masses compactes ou prismées.

La grande tendance que les basaltes ont à se diviser en prismes pseudo-réguliers imprime à leurs principaux dépôts les caractères généraux qui rendent cette formation si remarquable. Leurs

escarpemens, formés d'innombrables colonnes rangées symétriquement les unes à côté des autres, produisent quelquefois des effets qui, tout en donnant l'idée de monumens d'architecture, surpassent en magnificence les travaux des hommes. Les plateaux à flancs si abruptes de l'Écosse et de l'Irlande présentent surtout cette disposition curieuse.

Tout le monde a entendu parler de la fameuse Chaussée des Géans, qui forme, dans la partie septentrionale de l'Irlande, le promontoire Pleaskin-Bengore, qui a plus de 300 pieds de hauteur au dessus du niveau de la mer, au milieu de laquelle il s'avance majestueusement. Ce cap est composé de plusieurs assises, dont la supérieure n'a pas moins de 15 mètres. Elles se divisent en énormes prismes verticaux atteignant de 40 à 45 pieds de hauteur. La surface découverte du cap présentant la tranche de tous les prismes, ressemble parfaitement à un plancher carrelé avec des pierres hexagonales d'une grande régularité; c'est cette circonstance qui lui a valu le nom de *Chaussée* ou *Pavé des Géans*.

La grotte de Fingal, dans l'île de Staffa, l'une des Hébrides, que nous avons fait représenter pour donner à nos lecteurs une idée de l'aspect que présentent généralement les basaltes (*voy.* pl. 44, la vue prise de l'intérieur de cette grotte), offre un autre exemple non moins remarquable de cette disposition prismatique. La grotte a 80 mètres de profondeur et 50 de largeur, sur 19 de haut; vue de quelque distance en dehors, elle ressemble assez bien à une grande nef d'église; la mer y pénètre jusqu'à une profondeur de 46 mètres, et permet de l'aller visiter en bateau; ses murs, comme une belle colonnade, sont formés de prismes verticaux de la plus grande régularité, soutenant une voûte composée de plus petits prismes, mais entrelacés dans tous les sens, et probablement liés par un ciment.

Il existe dans l'île de Mull, aussi l'une des Hébrides, un cirque Basaltique qui présente des circonstances peut-être encore plus remarquables que la grotte de Fingal et la Chaussée des Géans: les prismes y sont entassés horizontalement et avec la plus grande régularité. Les basaltes de l'Auvergne, du Vivarais, de l'Italie, de l'Allemagne, de l'Amérique, des îles de la mer d'Afrique, des côtes de l'Asie mineure, affectent des dispositions non moins curieuses.

Les basaltes de la Nouvelle-Écosse présentent aussi des circonstances de gisement très-remarquables, et que MM. Jackson et Alger nous ont fait connaître. « Il existe dans la partie N. O. de cette contrée une langue de terre connue sous le nom de montagne du Nord; elle s'étend de l'est à l'ouest, le long de la côte de la baie de Fundy, sur une longueur de 130 milles (environ 43 lieues), comme une digue naturelle presque rectiligne, et plus élevée que les collines de l'intérieur du pays, dont elle est séparée par la baie de Sainte-Marie, les bassins d'Annapolis et le bassin des Mines. Elle est composée d'un trapp (basalte) se divisant en gros prismes verticaux plus ou moins réguliers. Vers l'intérieur, les flancs de cette masse trappéenne sont arrondis, et, abrités des vents du N. O. par la masse elle-même, ils présentent un sol des plus fertiles, orné de riches cultures, qui ont fait surnommer les environs d'Annapolis le *jardin* de la Nouvelle-Écosse. Partout au contraire où cette masse trappéenne est battue par les flots de la mer et des marées de 70 pieds de hauteur, elle présente des faces abruptes et presque perpendiculaires. Cette disposition à la fois si rude et si pittoresque tient à la structure de la masse de trapp qui se divise en prismes verticaux et montre partout des joints qui facilitent l'action journalière des vagues. Cette destruction naturelle donne lieu à des accidens nombreux et des plus bizarres. L'œil contemple avec étonnement ce gigantesque escarpement, ce monument de la nature, auprès duquel les colonnades Basaltiques de Staffa et de la Chaussée des Géans ne sembleraient guère que d'élégantes miniatures.

» Ce dépôt de trapp forme un des champs les plus étendus et les plus fertiles en recherches géologiques et minéralogiques que présente le monde connu. Différent de la plupart des formations étendues de la même roche, sa largeur est tout-à-fait hors de proportion avec sa longueur; elle n'excède nulle part trois milles, et dans quelques endroits où elle a été entamée sur le rivage de la mer par des ravins profonds, elle présente à peine une largeur égale au centième de sa longueur. En prenant une moyenne, on trouverait probablement que la largeur de la masse totale des montagnes du Nord, en y comprenant la presqu'île de Digby, n'excède pas le trentième de sa longueur totale. D'après cette circonstance, on doit être porté à y voir un immense dyke élevé de dessous le grès à travers quelque crevasse large et continue, produite par le soulèvement soudain de ses couches, ce qui ne lui a permis d'acquérir, en coulant de part et d'autre, qu'une étendue très-limitée en largeur; et si on doit admettre une théorie quelconque, nous ne concevons pas comment l'origine d'une masse si singulièrement disproportionnée peut être expliquée d'aucune autre manière. La régularité de son contour, sa continuité, et particulièrement sa direction presque en ligne droite, sont contraires à l'idée de la regarder comme le résultat d'éruptions successives, et viennent à l'appui de l'opinion que nous venons d'exprimer relativement à son origine. »

Souvent aussi, comme on vient de le voir, les basaltes se présentent en filons très-allongés, qui, par suite de l'altération des roches qu'ils traversent, finissent quelquefois par faire saillie à la surface du sol; tels sont la plupart des dykes de l'Angleterre et de l'Irlande, et en particulier la grande muraille de 14 mètres de hauteur des environs d'Arragh. Des couches ou des amas tiennent quelquefois à ces dykes ou à une butte dont ils composent le sommet, et ressemblent, pris en masse, à des champignons dont les dykes seraient le pied, et l'amas superficiel le chapeau.

Mais l'un des caractères les plus particuliers de cette formation est de présenter aussi de grandes nappes ordinairement fort peu inclinées, formant quelquefois, comme à Palma, à Ténériffe, au Cantal et au Mont-Dore, des cônes très-surbaissés, tronqués à leurs sommets. Ces nappes Basaltiques inclinées donnent aujourd'hui lieu à de grandes discussions entre les géologues, et ont servi à appuyer une théorie devenue célèbre, celle des *cratères de soulèvement*, dont nous dirons quelques mots à l'article CRATÈRE, et que l'on a appuyée principalement sur ce que, dit-on, les nappes de basalte n'ont pu s'étendre uniformément en tous sens et se diviser en prismes perpendiculaires à leurs surfaces inférieures et supérieures que dans une position sensiblement horizontale; d'où devrait nécessairement résulter que les nappes basaltiques inclinées ont été soulevées ou dérangées.

Cette distinction de la formation des nappes Basaltiques dans un plan horizontal est fondée sur ce que, dans les volcans anciens et modernes, les courans de laves n'ont laissé sur les flancs inclinés des cônes qui les ont vomies, que des traînées étroites de matières scoriacées résultant d'une solidification rapide et confuse de leur surface, et n'ont formé des nappes comparables par leur structure minéralogique aux nappes de basalte, que dans les dépressions à fond plat, où, conformément aux lois de l'hydrostatique, elles se sont arrêtées en formant des lacs enflammés dont la surface est restée horizontale après la congélation de la matière fondue, et où elles ont pris, par un refroidissement lent, une structure plus serrée et moins bulleuse que celle des lames figées rapidement sur les flancs inclinés des montagnes.

D'un côté l'existence dans les laves de parties qui ont une texture à peu près Basaltique, et d'un autre certaines coulées de basalte présentant une structure de lave, rendent souvent bien difficile à limiter ce que l'on doit entendre par basaltes et par laves. Les géologues anglais et écossais ont presque tous renoncé à établir des démarcations tranchées entre les basaltes de Staffa et de la Chaussée des Géans, et les roches trappéennes (*Whinstones* et *Toadstone*), qu'ils appellent souvent basaltes. M. Leonhardt les a même comprises toutes dans sa monographie des basaltes.

Quant à la manière dont les basaltes se sont épanchés à la surface du sol, comme ils appartiennent la plupart du temps à des terrains disloqués, il n'est pas plus facile de décider quel a été leur mode d'émission le plus général; et s'il est certain que quelques basaltes sont sortis de cratères d'éruptions à la manière des laves modernes, il est aussi démontré que beaucoup d'entre eux sont sortis par des fentes ou crevasses du sol pour former ensuite à la surface ou de grandes nappes comme en Auvergne, ou simplement, comme dans quelques cas, un élargissement, une espèce de chapiteau en forme de champignon, que Démarest a appelé *Culot*; tels sont les basaltes de la côte d'Essey dans les Vosges, de l'Erzgebirge, d'Eisenach, etc.

« Les nappes Basaltiques, soit qu'elles aient été produites, comme l'ont pensé quelques géologues, par d'anciens cratères aujourd'hui détruits, soit qu'elles doivent leur origine à un épanchement à travers des fissures, ainsi que conduisent à le faire supposer les nombreux filons basaltiques qu'on a observés, n'offrent d'analogie qu'avec ces larges expansions que présentent vers leurs parties inférieures un grand nombre de coulées modernes. Cette analogie a conduit M. de Humboldt à opposer les laves qui coulent en *bandes étroites* des cratères des volcans permanens aux *nappes Basaltiques* qui constituent de larges plateaux. »

C'est en partant de ces principes que MM. Dufrénoy et Élie de Beaumont ont avancé qu'une pente couverte de basalte est aussi évidemment et même plus évidemment due à un mouvement de l'écorce du globe, qu'une pente formée par une couche de calcaire à lymnées, déposée dans les eaux d'un marais, et qu'un cône revêtu de basalte est nécessairement un *cône de soulèvement*.

C'est aussi d'après ces principes que M. de Beaumont a dit en thèse générale que, bien que les basaltes ne soient, à prendre la chose sous le point de vue le plus général, qu'une forme particulière des laves, puisque beaucoup de coulées de laves sont de vrais basaltes dans quelques unes de leurs parties, le seul choix qu'on fait du mot *basalte* ou du mot *lave*, pour désigner une matière fondue et solidifiée, exprime une idée très-précise, qui se réduit à dire que, dans le premier cas, on ne reconnaît que l'effet combiné des lois du refroidissement et de l'hydrostatique, tandis que dans l'autre on voit intervenir aussi les résultats de phénomènes dynamiques.

*Âge du terrain Basaltique.* On a long-temps discuté et l'on discute même encore sur l'âge relatif de la formation Basaltique, sans être très-d'accord sur la véritable position à lui assigner dans l'échelle des terrains. L'ordre chronologique des roches neptuniennes a pu s'établir facilement à l'aide des superpositions ; mais dans les roches plutoniques ce moyen de comparaison manque presque toujours, puisque, n'occupant que des points très-circonscrits, il est rare de les trouver réunies ; de là naissent l'incertitude et l'embarras qu'on éprouve le plus souvent pour les classer.

On regarde généralement les basaltes comme postérieurs aux trachytes, tandis que MM. de Buch, de Beaumont et Dufrénoy considèrent les catastrophes qui ont mis les trachytes au jour comme plus récentes que celles qui ont produit le même effet sur les basaltes. M. d'Homalius d'Halloy serait tenté au contraire de considérer les deux terrains comme étant parallèles plutôt qu'ayant une superposition relative. Il nous semble résulter de cette divergence d'opinions, toutes appuyées sur un certain nombre d'observations, que l'on a peu tort de vouloir trop généraliser les faits ; car il est probable que tout le monde a peut-être un peu raison ; ainsi, en ne considérant les basaltes que par rapport à l'Auvergne, où ils recouvrent évidemment les trachytes sur de grandes étendues, il est

évident qu'ils y sont postérieurs à ceux-ci ; mais le même ordre chronologique a-t-il eu lieu partout ? Nous ne le pensons pas, et pour nous, en Grèce comme en Amérique, où les trachytes sont encore les roches des éruptions actuelles, ils sont postérieurs aux basaltes de ces mêmes contrées ; nous regardons donc les basaltes de l'Asie mineure, de Métélin, de Samos, par exemple, comme plus anciens que les trachytes.

Si, comme nous le pensons avec beaucoup de géologues, l'on doit regarder toutes les roches volcaniques, basaltes, trachytes, laves, etc., comme de simples modifications les unes des autres, modifications qui seraient dues aux circonstances particulières dans lesquelles chacune de ces roches a été formée et déposée ; le basalte pourrait très-bien être dans quelques cas parallèle aux trachytes, comme ceux-ci le sont, en Grèce et en Amérique, aux roches de l'époque lavique. Il serait donc possible que l'on fût un jour obligé de réunir les trois groupes basaltique, trachytique et lavique en une seule et même formation ignée qui correspondrait aussi bien aux terrains tertiaires qu'à ceux de l'époque actuelle, période pendant laquelle leur dépôt se serait manifesté d'une manière continue avec les différences minéralogiques que nous observons entre toutes les roches de ces trois groupes. C'est à une telle succession non-interrompue d'époques, ainsi que nous l'avons démontré dans le grand ouvrage de l'Expédition scientifique de Morée, que sont dus les trachytes de la Grèce, qui remontent de l'époque actuelle jusqu'au dépôt des gompholithes, lequel appartient au premier ou au second étage tertiaire.

Les Anglais, qui ont étudié les dykes Basaltiques de l'Irlande, ont reconnu qu'ils se dirigent tous à peu près parallèlement vers le nord-ouest, et qu'ils traversent indistinctement tous les terrains. M. Murchison a fait dans l'île Desky des observations qui peuvent indiquer l'âge des dépôts trappéens. Ainsi, à Béal, les couches les plus élevées de la série oolithique, correspondantes au *cornbrach* et au *forest-marble*, sont traversées par les dykes ou filons de trapp ; à Broadfort, ils traversent la formation du lias, tandis qu'à Trishman-Point elle supporte au contraire le trapp.

*Composition du terrain.* Le Terrain Basaltique, considéré dans son ensemble, peut se diviser en deux systèmes de roches, l'un composé de roches massives, homogènes et cristallines, et l'autre de roches meubles ou conglomérées. Le basalte proprement dit, le wakite qui n'en est qu'une modification, le basanite une variété mélangée, et la dolérite qui n'en diffère probablement que parce que les élémens qui la constituent ont pu prendre une texture plus cristalline, en sont les roches principales : les roches subordonnées sont des eurites, des blattersteins ou spilites, des mélaphyres, des trachytes, des phonolithes, etc., toutes roches qui prennent les formes du basalte. Quant aux roches conglomérées qui alternent souvent avec les basaltes, comme cela se voit au Cantal, au Mont-Dore, à Palma, à Ténériffe, à l'Etna , etc., ce sont des espèces de brèches, le plus souvent formées de fragmens des roches avec lesquelles elles alternent ; des pépérites, des breccioles ; mais le plus ordinairement elles forment des couches ou des amas superficiels autour des collines Basaltiques : rarement elles sont en filons.

*Relations avec les autres terrains.* Outre ses rapports avec les terrains porphyrique , trachytique et lavique , le Terrain Basaltique a encore des liaisons avec toutes les formations qu'il a traversées, telles que les granites, les terrains de transition et les formations secondaires et tertiaires. Quelquefois il a agi sur elles ; ainsi les granites ont souvent, vers les points de contact, plus de tendance à se décomposer ; les schistes argileux sont changés en quartzites ou en tripoli ; la houille a perdu son bitume et passe à une houille sèche , grisâtre, assez semblable au coke ; les lignites ont éprouvé au contact des changemens analogues ; les calcaires secondaires y ont souvent une texture plus cristalline, une cassure plus brillante et une plus grande pesanteur spécifique ; enfin les grès sont crevassés et ont pris quelquefois un aspect vitreux. Mais ces altérations n'ont pas toujours lieu , et l'on voit souvent toutes ces roches ne présenter aucune différence entre leurs points de cont... t avec le basalte et celles qui en sont éloignées.

On a reconnu plusieurs cas d'alternances des basaltes avec les terrains tertiaires ; tel est par exemple le mélange remarquable du calcaire tertiaire avec des roches Basaltiques qu'on observe au pied des Alpes, dans le Vicentin et le Véronais, et qui forme un terrain particulier auquel on a donné le nom de *Calcaréo-trappéen.* On y voit non seulement des masses de basalte prismatique intercalées dans des couches de calcaire ordinairement grossier, mais aussi des couches de péperinos et d'autres roches conglomérées passant plus ou moins au basalte, et dans lesquelles on trouve de temps en temps les mêmes fossiles que dans le calcaire ; on compte ainsi plus de vingt alternances successives.

M. C. Prévost a reconnu que les alternances nombreuses de basalte et de calcaire qu'on avait signalées au cap Passaro en Sicile, ne sont que des pénétrations en tous sens des calcaires de différens âges, depuis la craie jusqu'au terrain tertiaire moderne, par les basaltes. En Auvergne, on le voit aussi reposer sur les calcaires d'eau douce, dont on reconnaît les fragmens dans le basalte même. Enfin en Écosse MM. Niell et Jameson ont observé, entre Kircaldy et Kinghorn, des alternances bien remarquables de soixante-cinq couches de basaltes grünsteins, de calcaires coquilliers, de schistes argileux et bitumineux, de grès et d'autres roches.

*État de décomposition.* Tous les terrains feldspathiques, en se décomposant , donnent naissance à des argiles grasses, qui, en raison de la grande quantité d'alcali qu'elles contiennent , sont très-favorables à la végétation ; aussi celle qui recouvre le terrain basaltique est-elle ordinairement très-vigoureuse et très-abondante. Cependant le basalte très-compacte et très-dur s'altère difficilement à l'air ; mais quelques variétés sont soumises à un genre particulier de décomposition qui en modifie les élémens , fait passer la roche à l'état terreux et la transforme en wakite, qui n'est ainsi , à proprement parler , qu'un état particulier de structure du basalte ; quelques variétés de roches de cette formation se décomposent plus ou moins facilement ; les boules Basaltiques, à couches concentriques, sont, aussi bien que les basaltes en tables, un résultat particulier de la décomposition ; enfin quelques couches supérieures se désagrégent parfois en une espèce de gravier cendré dont les grains varient de volume, depuis le pisaire jusqu'au képhalaire.

*Usage du basalte.* En général la grande dureté de cette roche fait qu'on ne l'emploie guère pour les usages habituels ; cependant il pourrait souvent l'être avec avantage , et dans quelques localités il est exploité pour servir à l'empierrement des routes. Les anciens , qui recherchaient au contraire toutes les substances dures, l'ont employé dans un grand nombre de monumens , et les Égyptiens le tiraient de l'Éthiopie, d'où lui venait son nom de *Lapis æthiopius*, pour en faire des statues, des vases et une partie de ces monumens presque impérissables que nous allons chercher aujourd'hui à grands frais pour en décorer nos musées. Quelques personnes ont cru que le basalte des anciens , que Pline place au nombre des *marmor*, n'était pas la même chose que notre basalte ; mais il ne doit rester aucun doute à cet égard lorsqu'on voit Strabon et Agricola dire positivement qu'une partie des basaltes antiques de l'Égypte s'y trouvaient en colonnes prismatiques. Le basalte est donc l'une des substances les plus anciennement connues dont le nom se soit conservé jusqu'à nos jours. (TH. VIRLET.)

**BASANITE.** ( MIN. ET GÉOL. ANC. ET. MOD. ) M. Brongniart, dans sa classification des roches , pour ne pas confondre les roches à bases homogènes avec les roches composées, a réuni sous le nom de Basanites toutes celles qui sont mélangées, et qui ont pour base le basalte, considéré comme substance simple ; mais elles ne sont en réalité que des variétés de basalte. Il les subdivise en plusieurs variétés qu'il distingue entre elles par les épithètes de péridoteuses ou pyroxéniques, selon que c'est le péridot ou le pyroxène qui s'y trouve disséminé ; de laviques ou scoriacées, quand elles sont en outre plus ou moins bulleuses ; et enfin de variolithiques , lorsqu'elles sont mélangées de noyaux arrondis de chaux carbonatée, de calcédoine, de mésotype, etc. ; mais comme ces dernières substances résultent de modifications postérieures à la roche, ou ne sont survenues qu'après coup, nous les regardons comme de véritables blattersteins ou spilites , à base de basalte. Le *Basanites lapis* de Pline a été regardé par quelques personnes comme une variété de basalte, ce qui semblerait résulter d'un passage où cet auteur dit que c'était une espèce de pierre de touche ; mais comme ailleurs il dit aussi que le Basanite servait à faire des mortiers, on ne peut en conclure que c'était ou du basalte ordinaire, ou une variété de notre Basanite, ou même ni l'un ni l'autre. Pour l'histoire des Basanites, *voy.* BASALTE et BASALTIQUE (TERRAIN).     (TH. V.)

BASE. *Basis.* (MOLL.) Mot souvent employé dans la description des coquilles, et qui détermine le côté opposé à la spire. Il ne peut s'appliquer qu'aux univalves.     (DUCL.)

BASELLE, *Basella.* (BOT. PHAN.) Genre de plantes de la famille des Atriplicées et de la pentandrie monogynie ; toutes sont originaires des climats chauds ; cependant on est parvenu à en acclimater deux espèces en France, la BASELLE ROUGE, *Basella rubra*, des Indes orientales, et la BASELLE BLANCHE, *B. alba*, de la Chine, du Japon et des Moluques. Les feuilles de l'une et de l'autre sont employées en guise d'épinards. Le suc de leurs baies noires donne une superbe couleur pourpre. La première de ces plantes est à tige grimpante, s'élevant à deux mètres, vivace ; toutes ses parties sont d'un rose pourpré ou d'un rouge éclatant, ce qui lui a fait donner place parmi les plantes d'ornement, tandis que la seconde, qui n'atteint qu'à trente-deux centimètres de haut, n'a nul besoin pour se soutenir du voisinage d'aucun arbre ; ses feuilles sont grandes, vertes, légèrement cordiformes, et ses fleurs, d'un pourpre pâle, s'épanouissent au bout des rameaux depuis les premiers jours de juillet jusqu'au milieu de novembre.

Une troisième espèce fort intéressante, que l'on trouve au Pérou, et qui, chez nous, demande la serre chaude, est la BASELLE VÉSICULEUSE, *B. vesicaria* ; elle a l'avantage d'être couverte presque toute l'année de fleurs rouges, de fruits d'un noir luisant, et de feuilles d'un beau vert. Les épis floraux sont plus ramassés que dans les deux précédentes, et lui donnent un aspect plus agréable.     (T. D. B.)

BASES. (CHIM.) On donne généralement le nom de *Bases*, à tout corps ayant la faculté de saturer ou de neutraliser un autre corps pour former un composé que l'on appelle *acide* ou *sel.* On voit, par cette définition, qu'il y a des *Bases acidifiables* et des *Bases salines.* Il existe une troisième espèce de Bases, dites *métalliques*, qui résultent de la combinaison des métaux *électropositifs* avec l'oxigène. Ces Bases sont susceptibles de plusieurs degrés d'oxidation, et on les désigne encore quelquefois sous les noms d'*alcalis*, *terres*, *oxides métalliques.*     (F. F.)

BAS-FOND. (GÉOGR. PHYS.) On appelle ainsi un fond très-bas ou élévation quelconque au fond de la mer, qu'on ne peut trouver qu'en se servant d'une sonde, et sur lequel les plus grands vaisseaux peuvent passer, sans avoir à craindre le moindre danger. C'est à tort qu'en général on confond les Bas-fonds et les hauts-fonds. La langue française ne permettrait pas que les mots bas et haut, qui ont une signification entièrement opposée l'une à l'autre, s'appliquassent à une seule et même chose.

C'est du niveau de la basse mer qu'on prend la profondeur de cette inégalité du sol : il ne faut donc pas confondre les Bas-fonds avec les basses et hauts-fonds. Par basses, on entend un petit banc de sable, ou de corail, ou de roches que les eaux de la mer recouvrent toujours, mais qui s'approche assez de la surface de l'eau pour qu'il ne soit pas prudent à un bâtiment de grande dimension d'en essayer le passage à la basse mer. Ainsi les basses tiennent le milieu entre les Bas-fonds et les hauts-fonds. Telles sont les basses Buzec, du Lis, etc., à l'entrée du port de Brest.

Les hauts-fonds sont des montagnes de roches ou de sables qui s'élèvent si près de la surface de la mer, qu'un bâtiment, même de moyenne grandeur, doit éviter de les franchir, quand bien même la mer serait très-élevée.     (C. J.)

BASICERINE. (MINÉR.) Substance nouvellement découverte dans les environs de Fahlun en Suède. Composée, d'après l'analyse qu'en a faite le savant chimiste suédois Berzelius, de phtore, 28,28, cerium, 66,77, et eau, 4,95, elle forme une espèce minérale. Sa couleur est jaune, et sa texture cristalline.     (J. H.)

BASILIC. (REPT.) Cet animal dont les anciens ont tant parlé ; qu'ils redoutaient à l'égal de l'aspic ; dont les yeux lançaient le feu et la mort avec une violence telle qu'il n'en était pas lui-même à l'abri, et qu'il suffisait de réfléchir ses regards au moyen d'un miroir pour lui donner le trépas ; qui tuait rien que par son souffle, et dont les émanation mêmes étaient si délétères qu'elles faisaient périr les plantes qui croissaient et les animaux qui passaient près de son repaire ; dont les dépouilles seules suspendues dans un filet d'or aux voûtes des temples d'Apollon et de Diane suffisaient pour les préserver des toiles d'araignées et des nids d'hirondelles ; cet animal, dont le poison était si subtil qu'il se glissait le long du trait qui déchirait ses flancs jusqu'à la main et aux sources de la vie du téméraire qui le blessait ; ce monstre qui ne redoutait que la belette saturée de rhue ou le chant matinal du coq auquel il devait sa naissance, car il provenait des œufs d'un alectryon décrépit ; le Basilic enfin, que l'on représentait avec la tête surmontée des attributs de la royauté, comme pour témoigner toute sa prééminence sur les autres animaux venimeux, est décrit dans les auteurs d'une manière si peu précise, que l'on ne sait si c'était effectivement un reptile ou un animal d'une autre classe. Les écrivains s'accordent si peu sur les caractères qu'ils lui assignent, que l'on peut conclure que le Basilic des anciens fut une métaphore poétique, s'il ne fut pas une fable. Ce n'est que sur la fin de la période romaine que les naturalistes commencent à s'accorder pour voir le Basilic des anciens dans un reptile de l'ordre des Ophidiens. Néanmoins leurs descriptions sont encore assez vagues pour jeter les commentateurs modernes dans une perplexité interminable. Ainsi les uns parlent de simples éminences qui surmontent la tête du Basilic, et sur l'indication de ces éminences, qui

ont

ont pu donner aux anciens l'idée de l'existence d'une couronne, l'on croit trouver le Basilic dans le Céraste ; mais comment lui adapter les descriptions de Nicander et de Galenus, qui portent que le Basilic est jaune et que les éminences qui surmontent sa tête sont au nombre de trois ? D'autres, insistant sur la propriété du souffle du Basilic, qu'Isidorus consacre en donnant au Basilic le nom de *Sibilus*, ont cru voir dans ce reptile la Vipère haje qui possède en effet à un point assez marqué cette faculté de souffler, mais dont le souffle n'a rien de délétère ; d'autres parlent d'ailes placées sur le dos, et avec Prosper Alpino on trouve dans la faculté de dilater son cou en le repliant, un motif de plus pour rapporter le Basilic à la Vipère haje ; d'autres veulent, avec Clusius, voir le vestige de la couronne du Basilic dans ce dessin imprimé sur la nuque des Naja, dans lequel nous trouvons à peine la figure d'une paire de lunettes ; mais comment appliquer aux reptiles ci-dessus, qui, comme tous les ophidiens venimeux, sont vivipares, cette assertion vulgaire, confirmée par le prophète Jerémias lui-même, que le Basilic naît d'un œuf, assertion qui est tellement enracinée dans l'esprit du commun des hommes de toutes les époques, que la tradition l'a propagée jusqu'à nous, et que nos paysans croient encore, dans leur ignorante simplicité, que ces œufs sphéroïdes, à enveloppe membraneuse et dépourvus de jaune, connus sous le nom d'œufs hardés, proviennent d'un coq âgé, et qu'ils produisent un Basilic ? Cette considération du Basilic ovipare, la présence de deux crêtes rachidiennes qui jusqu'à certain point pouvaient être prises pour des ailes, et surtout l'existence d'un développement considérable de la peau de la nuque, qui rappelait une figure du Basilic donnée par un ancien auteur, et qui parait la tête comme pouvait le faire la couronne dont les Grecs ont fait mention, engagèrent quelques auteurs modernes à appliquer à une espèce de lézard le nom de Basilic. Linnæus adopta cette dénomination, et depuis elle a été généralement consacrée, bien que le Basilic moderne n'ait pu être connu des anciens puisqu'il provient de la Guiane.

Le Lézard Basilic, Basilic a capuchon (*Basilicus mitratus*), est un saurien de deux pieds et quelques pouces de longueur, dont la queue forme à peu près la moitié ; de plus d'un pouce et demi de diamètre à la partie moyenne du corps, et dont la peau est couverte partout de petites écailles rhomboïdales, carénées, couchées sur un de leurs côtés, de telle sorte que leur ensemble présente une disposition subverticillée et que chaque écaille parait au premier abord trapézoïde et divisée par une arène étendue obliquement de bas en haut et d'avant en arrière ; les écailles du ventre sont un peu plus dilatées et lisses, celles qui recouvrent la partie externe des membres ont une forme rhomboïdale plus marquée ; l'occiput est surmonté d'un repli conique comprimé de la peau, en forme de capuchon revêtu d'écailles, analogues à celles du reste du corps, mais seulement un peu plus

dilatées et donnant au bord postérieur du capuchon une apparence denticulée. Ce repli parait uniquement formé de tissu cellulaire, fibreux, soutenu par un prolongement ensiforme de l'occipital supérieur ; ses usages ne sont pas connus, il ne parait pas susceptible, ainsi qu'on l'a dit, de se laisser distendre par l'air du poumon, et disposé en vessie aérienne propre à rendre au besoin la pesanteur spécifique de l'animal moins considérable. Le capuchon du Basilic a environ un pouce de hauteur et un pouce de longueur à sa base ; le long de la région rachidienne règne une crête membraneuse, verticale, continue, denticulée à son bord libre, à dents arrondies, peu profondes, soutenues par les épiaux des vertèbres dorsales et caudales, plus développée à la partie antérieure du tronc et sur l'origine de la queue ; elle se termine insensiblement vers la partie moyenne de cette dernière partie. Ces crêtes, qui ont plus d'un pouce de hauteur dans quelques points, sont recouvertes d'écailles analogues à celles du tronc, et ne peuvent guère contribuer à soutenir en l'air l'animal lorsqu'il s'élance sur sa proie. Du reste, le Basilic a la tête pyramidale, quadrilatère, fortement renflée à sa partie postérieure ; la bouche fendue jusqu'au-delà des yeux, peu sinueuse, les lèvres bordées de petites plaques ; la langue épaisse, molle, papilleuse, libre seulement à sa pointe et à peine incisée à son sommet ; les dents nombreuses, presque égales, droites, comprimées, simples en avant, trilobées ou en trèfle sur les côtés, les dents palatines disposées sur un seul rang, droites, simples, ou tout au plus finement trilobées à leur sommet ; les narines simples ; les yeux grands, légèrement saillans, à deux paupières presque égales, revêtus de petites écailles, la lame susorbitaire simplement coriace ; le tympan largement ouvert, à bords simples, peu saillans ; la peau du cou est lâchement plissée en dessous et sur les côtés ; les membres, les postérieurs surtout, sont très-développés, les doigts très-longs et très-inégaux aux pieds de derrière ; l'anus est transversal, simple ; le bord interne des cuisses dépourvu de pores papillaires. Cet animal est d'un gris bleuâtre, presque uniforme en dessus, blanchâtre en dessous ; sur les côtés de la face on aperçoit trois bandes blanchâtres, étendues d'avant en arrière : la première, confondue avec les autres sur la pointe du museau, s'en détache vers les yeux, sur lesquels elle passe, marche au dessus du tympan, et s'étend sur les côtés supérieurs du dos, où elle se perd ; la seconde borde les lèvres, la partie inférieure de l'ouverture du tympan, et va se terminer vers l'origine des membres inférieurs ; la troisième, moins sensible que les précédentes, s'étend sur les côtés de la région jugulaire, et s'éteint dans les plis du cou : ces accidens de coloration l'ont fait appeler Basilic a bandes (*B. vittatus*).

Le Basilic vient de la Guiane ; aussi lui a-t-on donné le nom de Basilic d'Amérique (*B. americanus*). Il vit sur les arbres, sautant de branche en branche pour atteindre les graines, les baies, et probablement aussi les insectes dont il se nourrit. (Iconographie Guérin, pl. 11, 2.) Cet animal a été décrit et figuré pour la première fois par Séba, célèbre naturaliste hollandais, et l'original dont cet auteur s'est servi a passé, par suite des traités politiques, dans la collection du Muséum national d'histoire naturelle de Paris. L'on doit relever ici un reproche fait plusieurs fois à la France, et récemment encore répété précisément au sujet de ce Basilic. On fait un crime à cette nation d'avoir dépouillé à certaine époque les puissances européennes, qu'elle avait vaincues, de leurs monumens les plus précieux et de leurs plus riches collections. Mais sans chercher à justifier ici la question de droit, qu'il serait difficile de contester sérieusement, et en examinant seulement la question scientifique sous le rapport particulier de l'histoire naturelle qui nous occupe, n'était-il pas plus avantageux pour la science et le monde savant de tâcher de concentrer, dans une collection déjà vaste et riche en objets de toutes les classes, qui avait produit de nombreux et importans travaux, et pour la prospérité de laquelle un gouvernement éclairé n'épargnait pas l'or, dans une collection libéralement ouverte à tout le monde, aux étudians surtout, des matériaux précieux épars dans des cabinets qui pouvaient à peine espérer se compléter jamais, et enfouis dans des palais dont les savans, même titrés, n'approchaient qu'avec peine? N'est-ce pas à ce système de centralisation que l'histoire naturelle a dû, en grande partie, les brillans progrès qu'elle a faits au commencement de ce siècle? Les nations dépouillées pouvaient reprendre, en vertu du traité de 1814, ce que la France avait enlevé en vertu des traités souscrits par elles sous le directoire et l'empire, et n'ont-elles pas adhéré au système français en n'invoquant pas la force de la capitulation de Paris pour recouvrer leur bien, et en enrichissant au contraire chaque jour encore le musée français de leurs offrandes. Certes une accusation semblable ne pouvait venir que d'une nation à qui la France n'a jamais rien pris, chez laquelle on n'aurait rien trouvé à prendre en fait de collections scientifiques; d'une nation qui ne sentit jamais le noble but d'un musée, et qui, décorant sa rapacité du nom de nationalité ou mettant tout en marchandises, ne vit jusqu'à présent dans des collections, qu'un objet de curiosité égoïste et stérile, sinon un moyen de lucre, une ressource de contribution à prélever sur celui qui veut apprendre; d'une nation dont les musées naissans se sont formés des captures de nos récoltes qu'elle n'a pas eu la générosité de restituer à la paix générale; d'une nation enfin dont les savans sont venus souvent et parfois déloyalement exploiter à leur profit les bienfaits d'un système de centralisation qu'elle traite de vol et de pillage ! Nation grande et généreuse, *Ejice primum trabem.....*

L'on a aussi donné le nom de Basilics à d'autres sauriens qui ont à la vérité quelques rapports avec celui qui vient d'être décrit, mais qui s'en distinguent aussi sous tant d'autres qu'ils constituent aujourd'hui des genres tout-à-fait tranchés : tels sont ceux que l'on a désignés sous les noms de Lophura, d'Hydrosaures ou d'Istiures. Ils se rapprochent du Basilic par la taille et la présence de la crête rachidienne, la forme générale de leurs écailles et celle de la queue qui est légèrement comprimée latéralement. Mais les Istiures ont plus de rapports par le reste de leur organisation avec les Galéotes qu'avec les Iguanes dont le Basilic semble voisin. Ainsi leur tête est plus ramassée, leurs dents incisives sont coniques simples, les laniaires assez prononcées, les maxillaires comprimées simples ou à peine dentelées à leur base; ils manquent de dents palatines. Les écailles du dos sont parsemées d'écailles plus grandes que les autres qui rappellent un peu la disposition des changeans; le bord interne des cuisses est garni d'une rangée de follicules poreux; les membres sont moins allongés proportionnellement et les doigts des pieds postérieurs beaucoup plus courts; enfin la crête dorsale est moins élevée, moins continue et formée par des écailles monophylles molles dans lesquelles les épiaux des vertèbres ne se prolongent pas. On en connaît plusieurs espèces. La plus anciennement connue est le Basilic d'Amboine, Atlas, planche 45 (*Istiurus amboinensis*), décrit aussi sous le nom de Lézard porte-crête de Java, long de trois à quatre pieds, à crête caudale très-développée et de plus d'un pouce de hauteur, d'un jaune verdâtre, parsemé sur les parties supérieures d'ondulations noirâtres, courtes, irrégulièrement arrondies; il vit sur le bord des fleuves et des lacs, et lorsqu'il vient à être effrayé par l'approche des chasseurs, il s'élance des arbrisseaux sur lesquels il était perché et s'enfuit sous l'eau en s'aidant fortement de sa queue en aviron. L'Istiure d'Amboine se nourrit de graines, de baies, d'insectes et de petits crustacés arénicoles. L'on connaît encore l'Istiure de Cuvier, indiqué dans l'Iconographie de Guérin sous le nom de *Istiurus Cochinchinensis*, Valenciennes, parce qu'il provient en effet de la Cochinchine, moins grand que le précédent, à écailles beaucoup plus petites proportions gardées, d'un gris verdâtre en dessus avec quatre ou cinq bandes ondulées brunâtres, œillées de bleunâtre, étendues obliquement de haut en bas sur les côtés des flancs. L'Istiure de Lesuenr est un peu plus développé que celui-ci; ses écailles sont un peu plus dilatées, interrompues par des verticilles presque symétriques d'écailles plus grandes, disséminés à des distances égales sur le dos et la queue; des écailles anguleuses plus marquées et plus saillantes sur les côtés de la nuque et de l'orifice du tympan le rapprochent des Gemmatophores ou Agames à pores aux cuisses. La crête nuchale est peu développée, la caudale est moins élevée que dans l'Istiure d'Amboine. Cet animal est d'un brun verdâtre en dessus, interrompu à certaines distances par des petites raies transversales jaunâtres; il vient de Parawatta d'où il a été rapporté par M. Lesueur.

Il est une autre espèce de sauriens qui a beau

coup d'affinité avec le Basilic par la taille, la forme générale du corps, la proportion des membres, de la queue, par la disposition de la langue, des yeux, des dents, l'absence des pores fémoraux, l'existence d'un prolongement nuchal et d'une crête rachidienne : c'est le Basilic du Mexique ; mais le capuchon est ici de forme pyramidale quadrangulaire, déprimé en dessus et rappelant à quelques égards la disposition d'un caméléon. Au dessus du tympan, l'on trouve quelques écailles épineuses plus développées, comme on en observe chez les Agames ; l'on en voit aussi disposées par bandes sur les flancs comme chez les changeans et certains Istiures ; la crête dorsale est très-basse, interrompue, formée seulement d'écailles paléacées ; la queue est presque arrondie, conique et sans vestige de crête rachidienne ; aussi ces particularités ont-elles engagé à faire de cette espèce un genre particulier, sous le nom de Corythéolus ou de Caméléopsis.

Le Caméléopsis du Mexique ou d'Hernandez, parce que cet auteur paraît l'avoir décrit le premier sous le nom de Cuapapaleatl, est d'un gris brunâtre, terne, uniforme en dessus, quelquefois parsemé de bandes transversales plus ou moins larges, irrégulièrement arrêtées, d'une teinte plus foncée ; il est d'un blanc jaunâtre en dessous. On le trouve, comme l'un de ses noms l'indique, au Mexique ; ses habitudes paraissent être les mêmes que celles du Basilic à capuchon. (T. C.)

BASILIC, *Ocymum*. (BOT. PHAN.) Ce genre rentre dans la Didynamie gymnospermie de Linné, et dans la famille des Labiées de Jussieu. Voici ses caractères : calice à deux lèvres, la supérieure large, entière, arrondie, horizontale ; l'inférieure plus longue, à quatre dents aiguës ; corolle renversée, ayant la lèvre supérieure quadrilobée, la lèvre inférieure plus longue et crénelée ; les deux étamines plus courtes munies d'un petit appendice à leur base. A ce genre se rapportent une quarantaine d'espèces, toutes aromatiques, et d'une origine étrangère, quoique acclimatées parmi nous. Nos jardiniers cultivent :

1° Le BASILIC COMMUN, ou GRAND BASILIC, *Ocymum Basilicum*, Linn., originaire des Indes, à tige droite, légèrement velue, d'un pied ; à feuilles pétiolées, cordiformes, un peu ciliées et dentelées sur les bords ; à fleurs blanches ou purpurines, disposées, à l'extrémité de la tige et des rameaux, en anneaux composés chacun de cinq à six fleurs, et formant par leur réunion une sorte d'épi. Comme le thym, le Basilic commun sert de condiment à nos mets.

2° Le BASILIC A PETITES FEUILLES, ou BASILIC NOIR, *Ocymum minimum*, Linn., de Ceylan, à feuilles ovales, vertes ou violettes, à fleurs charnues, petites, blanches et disposées par anneaux. Il ne s'élève qu'à six ou sept pouces, et forme un buisson épais, ou plutôt une petite boule de verdure.

3° Le BASILIC ANISÉ, qui fournit un assaisonnement fort agréable. Il est d'autres variétés du Basilic, qui sont cultivées dans nos jardins : on peut consulter là-dessus l'Almanach du bon jardinier. Au reste, le mot *Basilic* est grec, et signifie *royal*, et, par extension, *excellent*. Matthiole fait dériver *Ocymum* de *ozo, je sens :* ainsi c'est à leur *arôme*, que les plantes qui font le sujet de cet article doivent ces deux noms.          (C. É.)

BASSE-COUR. (AGR.) La partie la plus utile et la plus vivante du domaine rural. Elle renferme tous les bâtimens de l'exploitation, dont le nombre et l'étendue doivent être en rapport direct avec les besoins de la famille, la quantité des bestiaux, le produit des terres. La Basse-cour doit être tenue dans la plus grande propreté, l'ordre le plus parfait doit y régner ; la facilité du service le demande, la santé de l'homme et celle des animaux l'exigent. L'œil du maître en embrasse toutes les parties, la fainéantise n'y trouve aucun asile, et la présence de la mère de famille y rend le travail moins pénible. On fait bien de tenir chaque habitation isolée l'une de l'autre, et de placer les fumiers derrière les pièces destinées à serrer les instrumens aratoires, loin du cellier et des resserres pour les récoltes. Une Basse-cour située avantageusement, peuplée d'animaux de choix, où tout annonce l'ordre, ajoute aux plaisirs vrais que l'on goûte aux champs, que l'on trouve dans une vie active et bien employée.
          (T. D. B.)

BASSETS. (MAM.) Les Bassets à jambes droites et à jambes torses sont deux races du chien domestique. *V.* CHIEN.          (GERVAIS.)

BASSIN. (ANAT.) *Pelvis* des Latins. Les anatomistes modernes désignent exclusivement sous ce nom la partie du tronc qui termine inférieurement l'abdomen. La grande cavité osseuse que présente le Bassin est irrégulière, conoïde, ouverte en haut et en bas ; elle soutient et renferme une partie des intestins, loge les organes génitaux internes, la vessie, le rectum, et livre passage, lors de l'accouchement, au produit de la conception. Le Bassin, soutenu en avant par les fémurs, supporte en arrière la colonne vertébrale ; il est, chez l'adulte, placé à peu près vers la partie moyenne du corps et composé de quatre os larges, aplatis, inégalement épais, et très-différens par leur forme, leur grandeur et leur disposition, comme nous aurons occasion de le démontrer à l'article SQUELETTE en parlant de la région du Bassin.          (M. S. A.)

BASSINS. (GÉOGR. PHYS.) On donne ce nom à un système de vallées plus ou moins considérables qui aboutissent à une plus grande : de telle sorte que les eaux de toutes les vallées supérieures viennent se réunir en un seul canal qui reçoit la dénomination de rivière ou de fleuve, suivant son importance (*V.* COURS D'EAU), et qui va se jeter soit dans un lac, soit dans une caspienne, soit dans une méditerranée, soit enfin dans l'océan.

Des chaînes de montagnes ou de collines, et souvent de simples plateaux, forment les points de partage entre les Bassins. Les versans opposés d'une même chaîne ou d'un groupe de montagnes, ou enfin d'un plateau, donnent naissance à des Bassins opposés : en sorte que de deux points très-rapprochés partent deux Bassins qui s'écartent à mesure qu'ils approchent de leur terme ou de leur embouchure.

Les Bassins présentent un caractère remarquable en géographie physique : c'est que la végétation y offre les plus grands points de ressemblance, bien qu'elle se développe nécessairement sur des versans différens, puisqu'il se réunissent au *thalweg*, c'est-à-dire au point le plus bas de la vallée. Le contraire a lieu sur les versans opposés d'une même chaîne ou d'un même plateau. Il suit de là que les animaux doivent trouver dans le même Bassin une nourriture analogue, et que conséquemment les mêmes races doivent s'y réunir. Il suit de là encore que les mêmes races d'hommes, ou du moins ceux qui ont des mœurs ou un langage analogues, sont répartis sur tous les points d'un même Bassin, en dépit des lignes de démarcation imaginées par la politique. Ainsi, pour citer quelques exemples de ce fait, tout le Bassin du Rhône, depuis son origine jusqu'à son embouchure, est habité par des peuples qui parlent français ou des dialectes du français ; tout le Bassin du Rhin, dans sa vaste étendue, est occupé par la race germanique ; en France, le Bassin de la Garonne est aussi habité par des peuples qui ont des caractères communs qui les distinguent à la fois des peuples du Bassin de la Loire ou de celui de la Seine.

On doit donc conclure de ce fait, qui est général, que la moins naturelle des limites établies par la politique est celle que présente un cours d'eau, quelque large qu'il soit. Cette ligne de démarcation est cependant la seule qui soit généralement adoptée ; tandis que celle qui devait l'être, est celle que forme la ligne defaite d'une chaine de montagnes, et le point de partage des eaux.

On pourrait tirer de l'application de ce fait des conséquences intéressantes en politique et des données curieuses pour l'histoire des peuples et pour la marche de la civilisation ; mais les bornes de ce Dictionnaire ne nous permettent pas d'entrer dans des développemens étrangers à son plan, et surtout à l'histoire naturelle.       (J. H.)

BASSINS AGRICOLES. (AGR.) La France se divise naturellement en douze Bassins, cinq grands et sept petits ; les premiers sont formés par le Rhône, le Rhin, la Seine, la Loire et la Garonne ; les seconds par le Var, la Moselle, la Meuse, la Somme, la Vilaine, la Vendée et l'Adour. L'île de Corse constitue un Bassin particulier ; il est indépendant, tandis que les autres Bassins participent essentiellement des grands et en font partie intégrante sous tous les rapports. Le système entier est soumis à quatre coupes ou zones parfaitement tranchées. L'une, la *zone de l'oranger*, baignée par les eaux de la Méditerranée, est abritée des vents du nord par des montagnes coupées presque à pic ; l'autre, la *zone de l'olivier*, que les défrichemens mal entendus ont singulièrement rétrécie depuis la trop fameuse ordonnance de 1669, qui, par son

mode unique d'exploitation *à tire et aire* ou *à blanc-étoc*, a décidé du déboisement de nos forêts (*v.* ce mot), mis à nu nos rochers, et remplacé d'antiques, de majestueuses futaies par de chétives bruyères, par des terrains improductifs. La troisième zone, la *zone de la vigne*, la plus étendue, la plus riche des quatre, et que nous verrons grandir de plus en plus à mesure que la culture prendra de l'extension dans les hautes régions du continent américain. La quatrième, la *zone du pommier*, commence sur la rive droite de la Basse-Seine, et n'a pour nous d'autres bornes que le lit du Rhin et la Hollande, par où doit s'opérer la prochaine révolution géologique que préparent lentement la puissance des vagues de l'Océan et l'inclinaison de la terre vers le point que nous avons appelé l'ouest.

L'existence des Bassins agricoles, fixée par les grands cours d'eau, et par la chaîne des montagnes qui leur servent de contreforts, est la cause déterminante de la végétation ; elle donne un aperçu général et vrai du genre des productions actuelles et de celles susceptibles de couvrir les pentes diversement inclinées, et les plaines étendues que la charrue fertilise aujourd'hui et qu'envahirent autrefois les eaux de la mer. L'étude attentive de ces limites apprend à l'agriculteur, ainsi qu'à celui livré aux agréables travaux des jardins, les améliorations profitables qu'ils peuvent adopter et celles qu'il faut modifier ; elle leur dit l'art d'échelonner leurs différens essais, les plantes exotiques à demander aux autres climatures, et les termes qu'on ne franchit jamais sans courir les risques d'une tentative inutile et ruineuse.

Chacune des quatre coupes de nos divers Bassins a, comme nous venons de le voir, une propriété distincte ; les deux supérieures peuvent descendre, se réunir aux deux inférieures ; mais, tels efforts qu'on fasse, les inférieures ne se mêleront jamais aux premières, à moins d'un bouleversement total de l'ordre physique maintenant établi, qui rendrait l'Europe tempérée aux végétaux que nous rencontrons fossiles, tels sont les palmiers, les fougères arborescentes, les grandes graminées des régions équatoriales, etc.

Outre cette disposition générale, les zones agricoles admettent encore des cultures particulières, se refusent à celles qui ne sont pas appropriées à leur nature, et exigent presque toujours des procédés différens. Leur climat offre aussi une multitude de modifications de température, de sol, de propriétés locales, dont l'homme industrieux profite pour demander à la terre les richesses qu'elle refuse rarement au travail soutenu, même dans les contrées les plus ingrates et les plus disgraciées. Ces modifications apportent des perturbations nombreuses et détruisent à chaque instant l'exactitude rigoureuse que l'on cherche à établir dans les stations végétales et dans les élémens numériques de chaque espèce, soit sauvage, soit cultivée. (*Voy.* GÉOGRAPHIE BOTANIQUE.)

Dans l'Éloge historique de l'abbé Rozier (in-8°, Paris, 1833), j'ai démontré que la découverte de l'importance des Bassins de la France et l'idée première de les faire servir à la marche régulière des opérations rurales, appartiennent tout entières à l'élégant et savant auteur du *Cours d'agriculture*. J'ai fait voir, contrairement aux assertions des compilateurs, qu'elles datent de l'année 1781, qu'elles furent successivement appliquées en 1784 à la géographie physique par Buache, et en 1786 à la géologie par de La Métherie (la carte donnée par Rozier est adoptée sans aucun changement par ces deux auteurs), et qu'on les attribue à tort à l'anglais Arthur Young ; il s'en empara, en 1788, pour en faire la base de ce qu'il écrivit sur notre agriculture nationale. Personne ne réclama contre ce plagiat ; je fus le premier, en 1798, à m'élever contre les éloges distribués journellement encore à cet étranger par nos agriculteurs de cabinet. Ma voix, trop jeune alors, n'empêcha point l'erreur de se propager et de prendre racine. Je souhaite être plus heureux cette fois.  (T. D. B.)

**BASSORINE.** ( CHIM. ) La Bassorine est un corps particulier qui reste sous forme de gelée gonflée lorsqu'on traite la gomme de Bassora dans l'eau, et sur lequel Vauquelin appela le premier l'attention des chimistes. Plus tard, cette substance fut observée dans plusieurs autres végétaux, savoir, par Bucholz, dans la gomme adragante ; par John, dans la gomme de cerisier ; par Bostock, dans la graine de lin, les pepins de coing, la racine de plusieurs espèces de jacinthe, la racine d'altée, plusieurs espèces de fucus ; par M. Pelletier, dans les gommes résines ; par M. Caventou, dans le salep, d'où elle reçut les noms de *Cérasine*, *Prunine*, *Adragantine*, etc.

La Bassorine est insoluble dans l'eau, quelle que soit la température à laquelle on agisse, à moins que celle-ci ne soit aiguisée d'un peu d'acide nitrique ou hydrochlorique. Cette substance étant sans usage, nous n'en dirons pas davantage.
 (F. F.)

**BATARA**, *Tamnophilus*. (OIS.) Genre de Passereaux dentirostres (*v.* ce mot), de la famille des Laniadées ou Pies-Grièches. Les espèces peu nombreuses dont ce genre se compose ont le bec robuste, élargi à sa base, dilaté et cillé sur les côtés ; la mandibule supérieure est obtuse et plus longue que l'inférieure, celle-ci convexe en dessous et pointue ; les narines ovoïdes et ouvertes ; les pieds grêles, et les ailes très-courtes ; les quatrième, cinquième et sixième rémiges plus courtes que les autres.

MM. Such et Swainson ont publié, dans le *Zoological Journal*, deux mémoires sur le genre Batara. Ils regardent les oiseaux qui le composent comme confinés dans les régions intertropicales du Nouveau-Monde, depuis le Canada au nord, jusqu'au Paraguay au sud ; quelques espèces seulement ont été observées en Afrique. C'est à d'Azara qu'on doit l'établissement de ce genre ; il rapporte que les espèces qu'il a observées vivent dans les broussailles, et s'y tiennent cachées. Leur cri, que l'on n'entend guère qu'à l'époque des amours, se borne à la syllabe *tu*, vive-

ment répétée. Leur régime est insectivore. Ces oiseaux sont monogames ; les femelles pondent deux ou trois œufs rayés de brun rougeâtre ; elles sont ordinairement moins foncées en couleur que les mâles.

Nous citerons la Pie-grièche rayée de Cayenne, *Lanius doliatus* (*Voy.* pl. enluminée de Buffon, n° 297, 2), qui est entièrement rayée de noir et de blanc, avec une petite huppe rayée longitudinalement sur l'occiput ; longueur, six pouces six lignes.

Les principales espèces du Brésil décrites par M. Such sont : le Tamnophile de Swainson, appelé par les Portugais du Brésil *Sirizinho* ; le Tamnophile maculé (*Th. maculatus*), *Choca* pour les Portugais ; le Tamn. de Leach (*Th. Leachii*), qui est long de dix pouces ; le Tamn. noir (*Th. niger*), qui est noir : ses rémiges brunes sont marquées de bandes plus foncées, l'occiput est surmonté d'une huppe.

On doit réunir aux vrais *Bataras* le Vanga strié (*Vanga striata*, Quoy et Gaimard). Cette espèce avait déjà été décrite et figurée par M. Such sous le nom de *Thamnophilus Vigorsii*, qu'on doit lui restituer.  (GERV.)

**BATHYERGUE**, *Bathyergus*. ( MAM. ) Genre de l'ordre de Rongeurs claviculés, établi par Illiger pour quelques espèces du cap de Bonne-Espérance, appelées aussi *Rats taupes du Cap*.

Les Bathyergues ont la forme, les pieds et les incisives des Rats taupes ou *Georychus*, et de même qu'eux, deux incisives et six molaires à chaque mâchoire. Leurs pieds antérieurs sont courts et propres à fouiller ; leurs yeux sont rudimentaires, mais à découvert. Ce caractère est peut-être le seul qui les différencie des Géorychus. Leur queue est, de même que chez ceux-ci, très-courte.

Ce genre ne renferme que deux espèces : le Bathyergue Cricet, petit Rat taupe du Cap, *B. capensis*, qui est brun avec une tache blanchâtre autour de l'œil, une autour de l'oreille, et une autre sur le vertex ; le bout du museau est blanc. Sa taille est celle d'une taupe ; il habite les environs du Cap, et se pratique des galeries souterraines.

Le Bathyergue hottentot, *Bath. cœcutiens*, Lichst., le même que le *Bath. hottentotus*, Lesson et Garn. (*Zool. de la Coquille*), est la seconde espèce. Il est moitié moins grand que le précédent, avec le pelage d'un brun gris uniforme, passant au cendré sous le ventre ; habite le cap de Bonne-Espérance, à quelque distance de la mer.

Le Bathyergue des dunes, *Mus maritimus* de Linné, doit être placé dans le genre Oryctère de F. Cuvier. Ses molaires, au nombre de quatre partout, le différencient suffisamment des Georychus et des Bathyergues.  (GERVAIS.)

**BATOLITE**, *Batolites*. (MOLL.) Genre créé par Montfort (Conchyl., t. I, p. 534) sur une coquille fossile qu'il n'a pas su reconnaître et qui n'est autre chose qu'une Hippurite. (*Voyez* ce mot.)
 (DUCL.)

**BATON.** (AGR. et BOT. PHAN.) On donne vulgairement ce nom aux orangers que le commerce apporte de la côte de Gènes, parce qu'ils sont tellement écourtés, tellement dépouillés, qu'ils ressemblent à de vrais bâtons. C'est aussi le nom que les horticoles donnent à certaines plantes dont les fleurs sont disposées en long épi serré et cylindrique: tels sont entre autres le BATON DE JACOB, qui est l'Asphodèle jaune; le BATON D'OR, ou la Giroflée jaune à fleurs doubles; le BATON DE SAINT-JEAN qui s'applique tantôt à la Persicaire du Levant, et tantôt à la Giroflée cocardeau ou fenestrelle aux fleurs rouges; le BATON PASTORAL, dont par corruption on a fait BATON ROYAL, l'Asphodèle blanc, etc.        (T. D. B.)

BATRACHOÏDE, *Batrachus*. (POISS.) Ce nom de *Batrachus* vient d'un mot grec qui signifie grenouille, et que Cuvier a traduit par celui de Batrachoïde. Schneider l'a appliqué à un genre de poissons dont la forme de la tête rappelle effectivement, jusqu'à un certain point, celle de plusieurs Batraciens anoures.

L'illustre auteur que nous venons de citer en premier lieu a rangé les Batrachoïdes dans la famille des Acanthoptérygiens à pectorales pédiculées, celle qui renferme les Baudroies ou Raies pêcheresses, en particulier, avec lesquelles les poissons qui font le sujet de cet article présentent les plus grands rapports. En effet, l'appareil branchial des Batrachoïdes n'a, comme le leur, que trois lames de chaque côté, et on leur compte aussi, de même qu'à ces dernières, six rayons, mais beaucoup moins allongés, à la membrane branchiostége. Ils ressemblent encore aux Raies pêcheresses par le volume de leur tête, qui excède de beaucoup en largeur celui du corps, lequel d'ailleurs est aplati sur les côtés, tandis que la tête est au contraire fortement déprimée. Leur bouche offre également une ouverture énorme, et les dents dont elle se trouve armée sont réparties sur les mâchoires, la portion antérieure du vomer, en arrière de chaque palatin, et sur les os pharyngiens.

Toutes les pièces operculaires sont cachées par la peau, au travers de laquelle percent néanmoins les épines qui sont implantées sur l'opercule et le subopercule. Les doubles orifices des narines s'ouvrent en avant des yeux. Ceux-ci sont situés tout-à-fait sur le dessus de la tête et à peu de distance du bord de la mandibule supérieure. Des lèvres minces garnissent les mâchoires, dont l'inférieure est quelquefois munie de barbillons.

L'une des deux nageoires du dos, l'antérieure, est représentée par trois rayons épineux extrèmement aigus, qui sont si bien enveloppés dans un repli de la peau, qu'à peine en aperçoit-on la pointe lorsque l'animal n'est menacé d'aucun danger; car dans le cas contraire, il les fait sortir de l'espèce de gaine dans laquelle ils sont renfermés, et ils deviennent alors pour ses ennemis des armes redoutables.

La seconde nageoire du dos, qui commence à paraître à peu de distance de la première, n'est soutenue que par des rayons mous; elle s'étend, aussi bien que l'anale, jusqu'à la caudale, avec laquelle cependant elles ne se confondent ni l'une ni l'autre. Cette nageoire de la queue, dont l'extrémité est arrondie, n'a qu'une médiocre étendue. Chez toutes ces espèces, les pectorales sont attachées tellement près de la fente des branchies, que c'est positivement sur leur base que vient s'appliquer le bord libre de la membrane des ouïes.

Les ventrales naissent sous le col; elles sont étroites, attendu qu'elles ne se composent que de trois rayons, dont l'externe, qui présente plus de largeur que les deux autres, est aussi beaucoup plus court qu'eux.

La partie antérieure de la vessie aérienne des Batrachoïdes est profondément bifurquée. Leur estomac est un sac oblong; leurs intestins sont courts, et l'on n'a point aperçu de cœcums chez ceux que l'on a disséqués.

Ces poissons ont coutume, comme les Baudroies et les Platycéphales, autre genre d'Acanthoptérygiens, mais qui appartient à la famille des Joues cuirassées, de se tenir cachés dans le sable attendant là l'occasion de se jeter sur quelqu'un des poissons dont ils ont l'habitude de se nourrir.

On a divisé les Batrachoïdes en trois petites tribus. La première comprend les espèces dont la peau est tout-à-fait dénuée d'écailles et qui offre en outre ce caractère d'avoir le sourcil surmonté d'un lambeau cutané, avec des appendices charnus sous la mâchoire inférieure; ils ont aussi les dents courtes, fortes et coniques. Nos mers en nourrissent une espèce. C'est le Batrachoïde tau, *Batrachus tau*, *Gadus tau*, Linn. Sa longueur est d'environ cinq ou six pouces; il est marbré de blanc et de brun violacé sur le corps, et les nageoires du dos et de l'anus sont coupées longitudinalement par des bandes alternes brunes et blanches.

Les Batrachoïdes qui composent la seconde tribu ont le corps revêtu de petites écailles et des barbillons sous le menton. Leurs dents intermaxillaires sont en cardes, ainsi que celles qui garnissent le devant de la mâchoire inférieure. Mais les dents latérales de cette dernière, de même que les vomériennes, les palatines et celles que portent les os pharyngiens sont coniques, mais moins fortes que leurs analogues chez les espèces du premier groupe. Tel est en particulier le Batrachoïde de Surinam, *Batrachus Surinamensis*, Cuv., représenté dans l'Iconographie de M. Guérin, pl. 41, fig. 3. Il est brun-clair en dessus, blanc en dessous, avec de larges bandes noires sur les côtés du dos.

Enfin la troisième et dernière tribu renferme des espèces qui ressemblent à celles de la première par la nudité de leur peau, mais chez lesquelles celle-ci se trouve percée d'une infinité de petits pores disposés par rangées longitudinales. Elles offrent de plus des différences notables dans la forme de leurs dents, qui sont en crochets, et parmi lesquelles plusieurs, et notamment celles qui appartiennent au vomer, sont très-longues. Le Batrachoïde à pores nombreux, *Batrachus porosissimus*, Cuv., fait partie de cette division. C'est un poisson que produisent les mers du Brésil. Il est remarquable par son système de coloration, qui consiste en une belle couleur chocolat en dessus, tandis que ses parties latérales et inférieures brillent de l'éclat de l'argent. On lui compte sur les côtés du corps trois rangées de ces pores dont nous venons de parler, et plusieurs autres sous la gorge et les opercules. C'est par erreur que l'on a donné le nom de Batrachoïde au poisson représenté dans notre pl. 45, fig. 3; il appartient au genre CHIRONECTE. *V.* ce mot. (G. B.)

BATRACHOSPERMES. (BOT. CRYPT.) Genre de la famille des Algues, ainsi nommées en raison de leur ressemblance avec les séries de globules gélatineux dans lesquels sont renfermés les œufs de plusieurs Batraciens. Ces végétaux élégans, remarquables par leur extrème flexibilité et surtout par leur mucosité, échappent à la main qui les saisit comme le frai des grenouilles. On les rencontre généralement dans les eaux pures, les fontaines froides et ombragées, les ruisseaux, les trous des tourbières, les cavités que parent certains phanérogames aquatiques. Les Batrachospermes, soumises quelquefois à un courant très-fort, semblent cependant se plaire davantage dans les eaux où le mouvement est moins rapide. Il en est de marines, mais qu'il ne faut pas confondre avec quelques espèces d'hydrophytes de l'Océan qui s'en rapprochent beaucoup au premier aspect. Leur organisation compliquée résiste assez fortement aux moyens de destruction. On en conserve long-temps dans l'eau sans qu'après leur mort elles aient subi de changemens bien notables. Elles se collent intimement au papier sur lequel on les prépare et paraissent revenir à la vie lorsqu'on les humecte, même après plusieurs années de dessiccation.

On leur a assigné les caratères suivans: filamens flexibles, dont les rameaux cylindriques et articulés sont chargés de ramules microscopiques, simples ou divisées à leur tour, formées d'articules ovoïdes moniliformes, et terminées par un prolongement capillaire tellement fin que la plus forte lentille n'y découvre aucune organisation. On avait été tenté d'abord d'y reconnaitre un certain caractère d'animalité, mais on s'est bientôt convaincu que les Batrachospermes n'étaient que de simples plantes, dont on est parvenu à indiquer jusqu'à la fructification. Cette fructification, selon M. Bory de Saint-Vincent, consiste en gemmes formées de corpuscules agrégés, supportées par une sorte de pédicule articulé, environnées de ramules dans quelques espèces, et paraissant même à l'œil nu, comme des points noirs, dans la masse en apparence homogène des petits verticilles, quand ceux-ci existent.

On a signalé dix-neuf espèces qu'on a rangées dans les quatre sous-genres suivans:

A — LÉMANINES. Moins muqueuses au toucher que leurs congénères, formées de filamens opaques, ayant leurs articulations renflées, avec des ramules simples ou à peu près, beaucoup plus rares et dont plusieurs ne sont pas seulement disposées en verticilles, mais répandues sur toutes les plantes. Les Batrachospermes Lemanines connues sont: 1° *Lemanea sertularina*; 2° *L. Dillenii*; 3° *B. tenuissima*. Ces trois espèces habitent la France, où la dernière, la plus élégante, est aussi la plus répandue.

B — THORININES. Filamens pellucides ayant leurs articulations à peu près égales ou peu distinctes, les ramules simples ou divisés et ne formant de verticilles que d'une manière incomplète. Ce sous-genre comprend *sept espèces marines*, savoir: 4° Le *B. zostericola* à filamens simples, flexueux, brunâtres, à rameaux à peine rudimentaires, parasite des zostères et des fucus; 5° *B. alcyonidea*; 6° *B. æstivalis*, très-rameuse, avec une teinte rose, commune en été sur les fucus, à Belle-Ile-en-mer; 7° *B. spongodioides*; 8° *B. miniata*, espèce qui se distingue par sa ressemblance avec une gelée albumineuse, légèrement teinte de pourpre; 9° *B. rivularioides*; 10° *B. crassiuscula*. Trois espèces d'eau douce font aussi partie de ce sous-genre, ce sont: 1° *B. turfosa*, espèce d'un beau vert tendre, qui vit dans les eaux profondes des tourbières; 12° *B. Bamburina*; 13° *B. hybrida*, espèce qui forme sur la vase et sur les plantes de quelques étangs des touffes d'un brun jaunâtre.

C — MONILINES à filamens nus dans leur étendue, n'offrant de ramules qu'aux verticilles par lesquels l'articulation est entourée. Cinq espèces figurent dans ce sous-genre: 14° *B. helmentosa*; 15° *B. ludibunda*, représenté dans notre Atlas, pl. 46, fig. 1 à 7; les fig. 2 et 3 offrent un rameau grossi sur lequel on distingue les corps reproducteurs disposés en petites houppes; on voit une de ces houppes très-grossie dans la fig. 4; la figure 5 représente une tige avec quelques rameaux; enfin les figures 6 et 7 offrent ces rameaux plus grossis; 16° *B. æquinoxialis*; 17° *B. cærulescens*; 18° *B. keratophyte*.

D — DRAPARNALDINES, à filamens vagues, hyalins, entièrement nus, cylindriques, aux articulations peu sensibles desquelles les ramules forment des verticilles souvent incomplets. On ne rencontre jusqu'ici dans ce sous-genre qu'une seule espèce. 19° *B. tristis*; elle renferme deux variétés, la *pâle* et la *colorée*, d'un verdâtre peu apparent, ou devenant brunes dans quelques circonstances. (P. G.)

BATRACIENS. (REPT.) Ce nom, dérivé du mot grec *Batrachos*, grenouille, s'applique aux animaux qui ont avec cette sorte de reptile des rapports plus ou moins intimes de forme ou d'organisation. Ainsi, les Batraciens en général ont une peau, ou enveloppe extérieure, nue et muqueuse, la tête fortement déprimée, à contour antérieur semi-circulaire, articulée avec l'atlas par un double condyle perpendiculaire à l'axe du corps et placé sur la même ligne verticale que l'angle de l'articulation de l'os maxillaire inférieur, des côtes au plus rudimentaires, point d'organe copulateur, un cœur à un seul ventricule et une seule oreillette cloisonnée, un sang à globules volumineux ellipsoïdes, des branchies au moins dans le premier âge, et des poumons au moins dans l'âge adulte, alternant ou coïncidant avec des branchies et déterminant selon les cas une circulation plus ou moins analogue à celle des poissons, ou à celle des reptiles des autres ordres; enfin des pieds plus ou moins développés, plus ou moins digités dans l'état adulte. Mais à ces caractères communs se bornent les affinités des Batraciens, et sous tous les autres rapports ils présentent des différences marquées qui distinguent d'une manière tranchée les diverses familles de cet ordre. Ainsi, en prenant l'animal au premier point de son développement, il est des Batraciens qui accomplissent toutes les phases de leur développement dans l'*oviductus* et viennent au monde vivans et pouvant suffire eux-mêmes à la conservation de leur individu (Salamandres); tandis que d'autres sortent de l'oviducte dans un état imparfait et exigent encore pour leur développement ultérieur une addition plus ou moins prolongée du mucus azoté qui semble faire la base, la trame et l'aliment de tous les tissus animaux. Tantôt ce mucus est fourni par l'oviducte même au moment où l'ovule à enveloppe membraneuse molle, se sépare de la mère, et il entoure chaque germe isolé (Tritons), ou réunit tous les germes en cordons ou en masses plus ou moins volumineuses (Crapauds). Quelquefois ce mucus alimentaire n'est pas fourni par la peau réfléchie de l'oviducte, mais par la peau extérieure du dos, des lombes et des cuisses, préalablement irritée par les frottemens de l'accouplement, et tantôt alors ce mucus sécrété par la peau sort par les follicules mucipares disséminés sur le dos (ou même par des glandes spéciales situées à la région lombaire comme dans la grenouille du Chili rapportée par M. Gay?), s'exhale seulement en petite quantité au point de contact de l'ovule, et sert à le fixer momentanément comme par un pédicule aux tégumens du mâle et de la femelle (Alytes), ainsi que l'on en voit la répétition chez les Astacoïdes; ou bien ce mucus, sécrété en plus grande abondance, se condense en une pseudo-membrane sur la peau du dos de la femelle seule, et recouvre la totalité des œufs qui achèvent leur entier développement dans des sortes de locules incubatoires comme les nymphes d'abeilles dans les alvéoles de la ruche, ou bien encore comme les didelphes dans la poche inguinale de leur mère, ou les lycoses et les aselles dans le sac abdominal (Pipas). Les petits des Batraciens ne déchirent pas tous leur enveloppe fœtale au même degré de développement, ou pour mieux dire, peut-être, n'ont pas tous la même forme lorsqu'ils commencent à vivre par eux-mêmes. Ainsi les uns au sortir de l'ovule ont déjà la forme qu'ils garderont toute leur vie (*Pipas Axolotl, Syrène, Batrachia immutabilia*), tandis que d'autres doivent éprouver encore des modifications plus ou moins notables (*Batrachia mutabilia*).

Pour les uns ces changemens se bornent à la chute des branchies ou organes d'oxygénation aquatique au fur et à mesure que des poumons, organes d'oxygénation aérienne, se développent (Salamandres, Tritons); mais pour d'autres, la révolution est plus générale. Dépourvus de pieds au moment de la sortie de l'ovule, munis d'une queue comprimée latéralement et ensiforme, de branchies rentrées à peu près comme celles des poissons et d'une bouche à petite ouverture, à lèvres cornées et d'abord herbivores, ces Batraciens prennent à certaine époque des pieds antérieurs et postérieurs; ceux-ci, qui étaient venus les derniers, prennent un accroissement rapide, la queue et les branchies disparaissent, et les lèvres cornées sont remplacées par des mâchoires à rebords membraneux plus ou moins pourvus de dents qui obligent l'animal à se nourrir exclusivement de substances animales, en entraînant des modifications intérieures dont la concordance est indispensable.

Arrivés à leur état définitif ou parfait, les Batraciens n'ont pas tous les mêmes formes; ainsi les uns, comme les grenouilles, ont le corps renflé, court, trapu; les pieds de derrière très-développés, rapprochés l'un de l'autre par l'absence du bassin; les orteils allongés, réunis par des membranes comme ceux des oiseaux palmipèdes; l'anus arrondi, et point de queue. On les désigne sous le nom de *Batraciens anoures* ou *sans queue*, de *Batraciens nageurs* ou *sauteurs*, de *Batraciens proprement dits* (Rainettes, Crapauds, Pipas).

D'autres ont un corps plus allongé, des pieds courts à doigts libres, l'anus disposé en une fente longitudinale et une queue plus ou moins longue; on les nomme *Batraciens marcheurs, Batraciens urodèles*; mais, parmi eux, il existe encore beaucoup de différences importantes: les uns ont quatre pieds, et bien que le nombre des doigts soit tout autre, leur forme générale rappelle celle des sauriens, avec lesquels on les rangeait autrefois; ce sont les *Batraciens sauroïdes* ou *pseudo-sauriens*; d'autres, par leur corps extrêmement allongé, représentent, aux pieds près, certains poissons, comme les silures: on les a appelés *Batraciens icthyoïdes*. Le nombre des pieds et celui des doigts est aussi sujet à varier dans les Batraciens urodèles. Ainsi chez les uns l'on voit quatre pieds pourvus de quatre doigts aux pieds antérieurs et de cinq aux pieds postérieurs. C'est le cas de la plupart des *Batraciens unoures*, des *Salamandres*, des *Tritons* et des *Salamandrops*; d'autres ont quatre pieds, mais seulement quatre doigts aux pieds postérieurs comme aux antérieurs; tels sont les *Salamandrines* et les *Ménobranches* ou *Necturus*. D'autres n'ont que trois doigts à chaque pied, comme les *Brachycéphales*, l'*Amphiume tridactyle*; d'autres ont trois doigts aux pieds de devant et deux aux pieds de derrière, comme les *Protes* ou *Hypochtons*; d'autres enfin n'ont que deux doigts à chaque pied, comme l'*Amphiume didactyle*. Il est des Batraciens qui n'ont au contraire que deux pieds situés près de la tête, et

parmi

parmi eux l'on trouve encore cette différence, que les uns ont quatre doigts, tandis que les autres n'en ont que trois; ces doigts varient non-seulement sous le rapport de leur longueur, très-développés, en effet, chez les Batraciens anoures ils sont à peine sensibles chez les Batraciens ichtyoïdes, mais la disposition de leur dernière phalange n'est pas toujours la même; chez la plupart, elle est simple et inerme; mais quelques uns, les Dactylèthres par exemple, ont de véritables ongles coniques aux trois doigts intérieurs des pieds de derrière; d'autres ont, au lieu d'ongles, des pelotes molles, spongieuses, visqueuses, qui servent à les fixer aux corps contre leur propre poids; d'autres ont les dernières phalanges des pieds antérieurs terminées par quatre petits filets courts qui leur ont fait donner le nom d'Astéro-dactyles. Les doigts sont ordinairement mobiles dans un seul sens, de haut en bas; néanmoins il est, dit-on, des Batraciens où le pouce est opposable à l'indicateur ( *R. paradoxa*). La queue, chez les Batraciens où elle existe, présente aussi des modifications : tantôt conique et ronde, tantôt comprimée latéralement et ensiforme ou en aviron; il paraît même que chez certains Batraciens elle prend telle ou telle de ces formes selon les circonstances; ainsi chez les tritons qui vont à l'eau pour l'acte de leur reproduction, la queue se surmonte, pendant l'époque de l'accouplement, d'une crête membraneuse qui peut disparaître complétement lorsque le temps des amours est passé et que l'animal quitte le séjour de l'eau. Si l'on examine chacun des organes des autres systèmes, l'on voit également des différences nombreuses. Le squelette des Batraciens présente de grandes différences lorsqu'on le compare dans les différentes familles qui composent cette classe. Le crâne, toujours déprimé, offre une cavité fermée de toute part et occupe une grande partie de la tête, en sorte que la face se trouve pour ainsi dire réduite aux os maxillaires. Le maxillaire inférieur est long, grêle, faible, articulé tout-à-fait en arrière; la fosse temporale est très-petite en général, en comparaison surtout avec le développement des fosses orbitaires, principalement chez les Batraciens anoures, où ces deux cavités ne sont séparées que par un ligament; l'os tympanique est peu prolongé en arrière, confondu avec les autres os du crâne et maintenu encore immobile par l'adjonction de l'extrémité du jugal. Le nombre des vertèbres varie chez les Batraciens de huit ou dix à soixante ou soixante-un; chez les Batraciens anoures elles sont en petit nombre; leurs apophyses transverses sont fortement prononcées, dilatées en manière de tronçons de côtes; chez les Urodèles cette disposition n'existe pas; mais on trouve chez plusieurs d'entre eux à chaque vertèbre une petite côte rudimentaire perdue dans les chairs par son extrémité libre; les apophyses articulaires et les lames sont fort larges; les apophyses épineuses plus ou moins marquées, et les surfaces articulaires arrondies en arrière, au contraire saillantes en avant chez quelques uns,

sont chez d'autres creuses en avant et en arrière, comme celles des poissons; la tête est presque immobile sur la colonne vertébrale; chez les Batraciens anoures la colonne vertébrale paraît immobile, chez les Urodèles elle jouit d'un certain mouvement latéral. Le bassin n'existe que chez les Batraciens pourvus de pieds postérieurs; chez les Anoures il n'y a pas de bassin proprement dit; les os qui servent à le composer chez les autres Batraciens sont ici repoussés en arrière au dessus du cloaque, la protection latérale des organes qu'il entoure d'ordinaire étant ici suffisamment effectuée par les cuisses constamment ramenées en avant et en haut dans la situation fixe; la dernière vertèbre offre des apophyses transverses dilatées en forme de palettes ou de haches, auxquelles sont suspendus des iliums grêles dirigés en arrière et formant, autour d'un sacrum subulé grêle d'une seule pièce dont la longueur a à peu près les deux cinquièmes de celle du rachis, une arcade comprimée ou ogive légèrement recourbée sur elle, formant, avec le reste du tronc, un angle plus ou moins obtus qui a servi de caractère à certaines espèces ( *Corpus angulatum*, *fornicatum*). Au point d'union des branches des ilions, le pubis et l'ischion viennent se rencontrer pour former la cavité cotyloïde. Ces os sont pour ainsi dire réduits à cet élément de leurs fonctions, et forment seulement autour de ces cavités, qui sont adossées par leur fond, une crête saillante pour servir d'attache aux muscles du tronc et des membres postérieurs. Dans les Urodèles le bassin consiste en un anneau, comme c'est l'ordinaire chez les animaux supérieurs; mais ici il est susceptible d'un léger signe de mouvement de totalité. L'ilium court, grêle, s'articule avec les apophyses transverses de la quatorzième, quinzième ou seizième vertèbre; l'ischion et le pubis, confondus en avant, forment une sorte de plastron; réunis sur la ligne médiane par une symphyse sans vestige de trou obturateur, si ce n'est sur les côtes et en arrière de l'ischion, entre lui et la cavité cotyloïde, où l'on observe une échancrure assez marquée. En avant de la symphyse du pubis, et en opposition avec l'os cloacal des Sauriens, on voit chez ces Batraciens un cartilage qui s'ossifie avec l'âge, et qui, après s'être avancé pendant quelque temps sous l'abdomen, se bifurque pour servir de support aux muscles qui viennent s'y insérer. Cet os, qui rappelle celui des tortues, des crocodiles et un peu ceux des marsupiaux, a reçu de sa forme le nom d'*os hypsiloïde*. Le bassin thoracique ne varie pas moins que celui de la génération chez les Anoures, et semble par son développement une inversion ou une erreur de place; en effet l'on voit en avant une première clavicule que quelques auteurs désignent sous le nom d'*os coracoïde*, venir s'unir par symphyse à celle du côté opposé; en arrière une autre clavicule vient également se réunir à sa congénère sur les côtés d'un sternum simple, grêle, qui les tient séparés des clavicules antérieures par un trou fermé comme l'obturateur par une membrane fibreuse; en arrière de cette articulation vient aussi se rendre un appendice xiphoïde dilaté en une petite palette cartilagineuse ; en avant des clavicules antérieures l'on voit aussi un appendice cartilagineux terminé par un disque qui se trouve placé sous le larynx ; sur les côtés du thorax, et en arrière de la cavité glénoïde, s'étend un omoplate allongé, aplati, sans épine, brisé en deux parties, articulées l'une à l'autre par un cartilage. Dans les Urodèles, le bassin thoracique est formé de chaque côté par un large cartilage, dans lequel on distingue à peine les trois parties de l'épaule des autres animaux. Le sternum n'existe pas, mais la portion discoïde inférieure du cartilage droit passe dessus le cartilage gauche et défend ainsi les organes intérieurs ; le disque antérieur du bassin thoracique des Anoures est ici suppléé par un petit os rudimentaire triangulaire isolé au milieu des muscles, auxquels il donne attache : c'est l'*os thyroïde* ; en arrière l'on trouve aussi dans l'épaisseur des muscles un autre cartilage peu considérable : c'est le cartilage *carré intermédiaire*. Les os du membre antérieur, chez les Anoures, offrent cette particularité importante à signaler, après le nombre variable des doigts et le nombre différent des phalanges qui les composent, que le radius et le cubitus sont soudés et comme confondus, que dès lors la pronation est habituelle, et la supination ne saurait s'effectuer ici ; il en est de même pour le tibia et le péroné ; l'astragale et le calcanéum sont très-allongés, distincts, et pourraient, au premier coup d'œil, être pris pour les os de la jambe ; chez les Urodèles au contraire les os des membres se rapprochent davantage de la disposition qu'offrent ceux des lézards ; le tibia et le péroné sont distincts comme le radius et le cubitus, et l'astragale et le calcanéum semblent confondus avec les autres os du tarse. On observe aussi ici cette différence : tandis que chez les Anoures les membres postérieurs sont repliés en avant comme dans une flexion et une adduction forcée qui les ont ramenés fortement en avant, chez les Urodèles au contraire comme chez les Sauriens, le fémur a pour ainsi dire éprouvé une sorte de torsion qui a porté sa poulie articulaire en dedans, et en même temps un mouvement de totalité d'abduction en vertu duquel sa position ordinaire est d'être dirigé en arrière et en haut.

Le nombre et la disposition des muscles destinés à mouvoir les pièces de la charpente des Batraciens doivent varier comme elles, et il serait trop long de passer ici en revue les modifications de ces parties ; elles changent, comme on peut le pressentir, chez les mêmes individus, lorsque ceux-ci subissent des métamorphoses ; mais en général ces muscles sont peu forts, et leurs fibres se laissent facilement déchirer ; néanmoins leur action paraît assez énergique, et l'on voit les Batraciens sauteurs, entre autres, s'élancer, sans efforts apparens, à plusieurs pieds de distance, et décrire une parabole dont on ne soupçonnerait pas d'abord toute l'étendue. Leur contractilité est telle qu'elle se conserve long-temps après la mort. C'est elle qui a fait découvrir les phénomènes si curieux du galvanisme, dont les applications déjà si précieuses promettent de plus grands résultats encore, et dont Swammerdam avait depuis long-temps (1660) signalé la découverte.

La peau des Batraciens est en général mince et presque d'égale épaisseur sur tous les points du corps, elle paraît disposée à l'absorption de l'oxigène atmosphérique ou mêlé à l'eau, et à aider ou suppléer le poumon ou les branchies dans la fonction de l'hématose ; sa couleur varie : ordinairement blanche, jaunâtre ou rosée en dessous, elle est chez quelques Batraciens noirâtre, chez quelques espèces elle est colorée d'un jaune rougeâtre orangé ; en dessus, elle est encore plus sujette à varier : le vert, le brun, le noir, le rouge et le jaune se marient diversement selon les genres et les espèces ; mais quelquefois ces couleurs manquent en dessus et en dessous, et l'animal paraît alors revêtu d'une peau d'un blanc sale jaunâtre, comme celle de l'homme européen, par exemple ; cet étiolement ou albinisme est propre à certain genre de Batraciens qui vit constamment à l'abri de l'air et de la lumière, mais il se rencontre aussi accidentellement chez d'autres espèces ordinairement colorées, telles que des Grenouilles ou des Tritons. L'épiderme muqueux se renouvelle plus ou moins fréquemment, et tombe en lambeaux que souvent l'animal dévore au fur et à mesure qu'ils se détachent ; les circonstances influent puissamment sur la fréquence du renouvellement. La peau des Batraciens est rarement attachée d'une manière bien serrée aux organes subjacens, et chez quelques espèces d'Anoures par exemple les mailles du tissu cellulaire sont si lâches dans quelques points en particulier, qu'on a cru apercevoir des loges vides ou des sacs aériens que l'on pensait communiquer avec les poumons, comme les sacs aériens des oiseaux, et que l'on a voulu expliquer par leur présence cette faculté qu'ont surtout les Batraciens anoures d'enfler considérablement leur corps en retenant l'air inspiré dans la cavité de leurs poumons. Quelquefois l'épaisseur de la peau du dos s'encroûte à l'intérieur de substance osseuse et forme alors une petite cuirasse de plusieurs pièces qui rappelle en raccourci la carapace des trionyx. Ordinairement la peau des Batraciens est garnie d'une grande quantité de follicules mucipares, soit disséminés et d'égal volume, soit agglomérés et formant des follicules ou tubercules plus volumineux dispersés çà et là, surtout sur le dos ; mais quelquefois ils se disposent en masse, soit autour des oreilles, comme chez les Crapauds et les Salamandres ; soit le long des flancs, où ils forment des séries perpendiculaires qui simulent l'effet que les côtes pourraient produire si elles existaient, comme chez les Ménopômes et les Salamandres, soit en rangées symétriques le long de l'échine, comme chez les Salamandres ; il est des Batraciens où on trouve de ces follicules très-développés, disposés symétriquement de chaque côté de la région lombaire. Ce mucus, ordinairement d'une odeur plus ou moins fétide, d'une consistance huileuse, paraît destiné à lubréfier la peau et à protéger jusqu'à certain point ces animaux de l'approche de leurs ennemis ; quelques Grenouilles de l'Amérique du Sud sont phosphorescentes. La peau des Batraciens forme parfois à la surface du corps des replis particuliers, tels que les appendices labiaux des Pipas, les appendices palpébraux des Mégophrys, ceux du tarse de la Grenouille éperonnée ; chez plusieurs Batraciens elle forme des crêtes plus ou moins développées sur le dos et la queue, comme chez les Tritons, les Axolotls, les Syrènes.

Le mode d'oxigénation du sang ne se fait pas chez tous de la même manière ; les uns ne paraissent au monde qu'avec des poumons, comme les Pipas ; tandis que d'autres, et c'est le plus grand nombre, commencent à vivre avec des branchies ; tantôt ces branchies sont rentrées dans des sortes de sacs sur les côtés du cou, à la manière de celles des poissons : ce sont les Batraciens cryptobranches, comme les Grenouilles, Rainettes, Crapauds, Syrènes ; d'autres au contraire ont des branchies extérieures, libres, flottantes, en forme de panaches ; ce sont les Batraciens phanérobranches ; tels sont les Salamandres, les Protées ; chez les uns les branchies tombent à une certaine époque, qui paraît jusqu'à certain point dépendre de la volonté de l'animal et de l'opportunité des circonstances dans lesquelles il se trouve, et lorsque des poumons en forme de sacs uniloculaires à peine aréolés à l'intérieur et faisant souvent l'office de vessie natatoire se développent dans le thorax : ce sont les Batraciens caducibranches ou à branchies caduques : les Grenouilles, les Rainettes, les Crapauds, dans les Batraciens cryptobranches ; les Tritons, les Salamandres, dans les phanérobranches, peuvent appartenir à cette division ; ce travail ne peut se faire, comme on le présume bien, sans une modification coïncidente de l'appareil d'oxigénation ; mais il serait trop long d'exposer ici les changemens de l'hyoïde des muscles et des vaisseaux bronchiaux ; nous renverrons le lecteur aux ouvrages de Cuvier, de Funck, de Rusconi, et surtout au travail de M. le docteur Martin-Saint-Ange. D'autres Batraciens au contraire paraissent conserver leurs branchies pendant toute leur vie, et offrir sous ce rapport une sorte d'arrêt de développement : ce sont les Batraciens Pérennibranches, comme les Axolotls, les Ménobranches et les Protées ; d'autres enfin ne présentent de branchies complètes à aucune époque de leur vie, ce qui les a fait appeler Abranches ou sans branchies ; néanmoins l'on aperçoit sur les côtés du cou des trous peu profonds qui semblent sinon des branchies rentrées, au moins des vestiges de ces organes, et qui les ont fait appeler Dérotrèmes, Pseudobranches ou à fausses branchies.

Enfin il est des Batraciens qui offrent cette singularité remarquable de la persistance des branchies avec le développement des poumons, tels que les Protées, mais plus évidemment encore les Syrènes, qui méritent seules les noms de Dipnoa, d'Amphipneusta, d'Amphibies, c'est-à-dire d'animaux pouvant vivre également dans l'eau et à l'air, ou pouvant respirer simultanément et à leur gré l'oxygène atmosphérique et l'oxygène combiné avec l'eau. Au reste, la respiration pulmonaire des Batraciens s'exécute, comme chez les autres reptiles dépourvus de côtes, par une véritable déglutition de l'air et sans la participation de muscles inspirateurs. Le mode d'appréhension des alimens n'est pas le même chez tous les Batraciens ; tantôt ce sont les lèvres seules qui sont chargées de cette fonction, et l'animal happe sa proie, c'est le cas des Batraciens qui n'ont pas de langue, soit dans le premier âge comme les têtards des Anoures, ainsi appelés parce que le défaut des membres fait paraître la tête si volumineuse qu'elle semble former presque l'animal tout entier ; c'est aussi le cas des Batraciens qui paraissent n'avoir de langue à aucune époque de leur vie tant elle est peu prononcée, comme chez les pipas, qui reproduisent sous ce rapport l'organisation des crocodiles ; c'est enfin le cas aussi des Batraciens qui sont pourvus d'une langue non extensible comme les tritons. Chez d'autres Batraciens l'on observe un mode de préhension des alimens tout-à-fait spécial ; la langue, molle, visqueuse, extensible, protractile, s'élance et va chercher à distance l'animal qui doit servir de nourriture, à peu près comme chez le caméléon ; mais ici, au lieu que ce soit la pointe de cet organe qui paraisse libre et chargée de ce soin, c'est au contraire, pour ainsi dire, la base de la langue qui, développée en un repli valvulaire, se renverse, va chercher sa proie, la porte, en se repliant, jusque dans le pharynx, et l'y retient à la manière du rideau membraneux que l'on observe à la base de la langue du crocodile ; c'est ce que l'on voit chez les Grenouilles, les Rainettes, les Crapauds et les Salamandres adultes. Les Batraciens avalent comme tous les reptiles leur proie sans la mâcher ; néanmoins plusieurs d'entre eux offrent des dents uniquement destinées à retenir la proie. Ces dents sont en général petites, uniformes, simples, coniques, lisses, à peine recourbées ; quelquefois il n'en existe qu'au palais, rares et disséminées sur le vomer (Crapauds). D'autres fois il en existe en grand nombre au palais et à la mâchoire supérieure, disposées en rangées simples, comme chez les Grenouilles, les Salamandres, les Tritons. D'autres fois, l'on en trouve au palais, à la mâchoire supérieure, et à la mâchoire inférieure comme chez l'*Hemiphractus* de Spix ; quelquefois il n'en existe qu'au palais et à la mâchoire inférieure seulement, comme dans les Syrènes ; quelquefois les rangées palatines sont doubles ; d'autres fois elles sont en quinconce, comme chez les poissons ; enfin, quelquefois elles manquent entièrement, comme chez les rainettes. Ordinairement les dents des Batraciens sont égales ; pourtant chez l'Hémiphractus on observe des dents plus saillantes en avant qui représentent des laniaires en crocs.

Les narines sont petites, placées à l'extrémité du museau, munies d'une sorte de valvule membraneuse plus ou moins sensible, et le conduit qui leur succède s'ouvre, sans se dilater beaucoup en fosse nasale, très-près du bord postérieur de la mâchoire.

Les yeux ne varient pas beaucoup pour la position, mais il n'en est pas de même pour le volume; tantôt ils sont volumineux comme chez les Grenouilles et les Crapauds, tantôt petits comme chez les Pipas, tantôt protégés par deux ou même trois paupières comme chez les Salamandres et les Grenouilles, tantôt nus comme dans les Amphiumes et les Syrènes, tantôt enfin couverts par la peau comme chez les Protées; mais chez tous les Batraciens l'œil a la singulière propriété de coopérer à la déglutition. Le plancher de l'orbite membraneux s'abaisse au dessous du globe de l'œil, qui peut, lorsque ses muscles se contractent, faire une saillie plus ou moins marquée à la voûte du palais et chasser vers le pharynx la proie contenue dans la bouche. La forme de la pupille est sujette à varier : ellipsoïde, allongée horizontalement d'avant en arrière chez les Anoures, elle est circulaire chez les Urodèles; l'iris est doré comme chez les poissons, ou d'un noir foncé uniforme.

L'organe de l'ouïe présente aussi chez les Batraciens des particularités dans lesquelles le plan de cet ouvrage ne nous permet guère d'entrer. Nous dirons seulement que parfois le tympan est marqué à l'extérieur par une membrane circulaire, lisse, tandis que d'autres fois il est recouvert par la peau générale du corps, sans que pour cela le sens de l'audition paraisse perdre de sa finesse, car les Batraciens perçoivent à des distances remarquables les sons ou les bruits même les plus légers.

Le système nerveux des Batraciens offre des différences sensibles dans sa composition. L'encéphale offre des lobes olfactifs peu volumineux, qui paraissent en rapport avec le peu d'étendue des fosses nasales et leur imperfection. Les lobes cérébraux sont plus ou moins développés selon les groupes ; les lobes optiques, découverts comme chez tous les reptiles, varient en proportion relative avec les lobes cérébraux; la couche et le corps striés sont encore séparés; néanmoins l'on aperçoit déjà chez eux des traces de la lame cornée. Le cervelet manque, et la moelle épinière, grise, presque translucide à l'extérieur, offre un cordon de substance blanche à l'intérieur, en opposition avec ce que l'on voit chez l'homme et les mammifères. Dans les Batraciens anoures, la moelle épinière finit plus ou moins avant dans le canal rachidien ; quelquefois elle n'occupe que la moitié antérieure de ce canal, tandis que chez les Urodèles elle se prolonge presque jusqu'à l'extrémité de la queue.

Les mouvemens lents des Batraciens, leur physionomie impassible, l'air hébété que donne à plusieurs d'entre eux la saillie du globe de l'œil, leur longanimité lorsqu'on les tourmente, le peu d'efforts qu'ils font pour se soustraire aux poursuites dont ils peuvent être l'objet, et le peu de ruse qu'ils mettent en usage pour dérouter leurs ennemis, peuvent faire regarder les Batraciens comme des êtres stupides et apathiques ; mais si

l'on observe ces animaux essentiellement nocturnes aux instans consacrés à l'exercice de leurs fonctions de relation, la scène est tout-à-fait différente, et alors leurs mouvemens prennent une vivacité et quelquefois une pétulance dont les poissons nous offrent à peine un exemple. La nature ne leur a pas donné beaucoup de moyens de défense, il est vrai, et ces animaux semblent pénétrés du sentiment de leur faiblesse ; mais leur prudence, leur vigilance en compensation pourraient servir de modèle et de terme de comparaison, et il n'est peut-être pas d'animal où l'instinct d'appareiller et de confondre sa robe avec la teinte des objets extérieurs soit plus développé. D'ailleurs, si la nature leur a refusé un courage déplacé avec le défaut presque complet d'armes offensives et défensives, elle les a gratifiés du don de remplacer facilement leurs pertes, et les membres amputés, des organes des sens enlevés, ne les privent que peu, et ils les reproduisent facilement ; l'on a même vu un triton vivre, après l'amputation des trois quarts de la tête jusqu'au delà la cicatrisation complète de la plaie du cou. Les preuves irrécusables en sont déposées au Muséum national de Paris. A l'époque des amours, ces êtres, si phlegmatiques en apparence, offrent une ardeur qui surpasse celle des *feles*. Les mâles se font une guerre acharnée **qui** va quelquefois jusqu'à la mort, et lorsque l'un d'eux s'est emparé d'une femelle, rien ne saurait l'en séparer; l'on a quelquefois tranché successivement les pieds postérieurs, l'on a même coupé l'animal par le milieu du corps sans pouvoir lui faire lâcher prise. L'existence des Batraciens semble consacrée tout entière au sentiment de l'amour; car, hors la saison de la reproduction, la vie extérieure cesse, et un engourdissement estival et hyémal s'empare de leur être; et de quelle utilité eût été d'ailleurs l'existence active pour ces animaux insectivores lorsque la terre desséchée par les ardeurs de l'été ou les rigueurs de l'hiver ne permettent plus de vaguer aux insectes qui doivent leur servir de pâture ? aussi pressentent-ils à l'avance les moindres changemens de température, et leur sensibilité à cet égard surpasse encore celle des rossignols et des hirondelles. Malgré l'air de sauvagerie brutale des Batraciens, ces animaux ne sont pas insensibles aux soins, et l'on cite souvent des exemples de Batraciens plus ou moins apprivoisés. Si l'on étudie attentivement les actions des Batraciens, si l'on compare le développement de leurs sens, des sources de leur intelligence et leur organisation, l'on verra que ces animaux, sous le rapport de leurs facultés intellectuelles, sont bien au dessus de la place qu'ils occupent à cause de leur structure générale, dans les systèmes de classification que l'on a proposés jusqu'ici.

Le cœur des Batraciens est composé d'un ventricule et d'une oreillette; mais cette oreillette est cloisonnée à l'intérieur, de sorte qu'elle est divisée en deux parties par une membrane mince, qui s'étend jusqu'à l'orifice auriculo-ventriculaire. La loge supérieure, plus grande, reçoit le sang des deux veines caves supérieures et de la cave inférieure; la loge inférieure, plus petite, reçoit le sang artériel du tronc des veines pulmonaires, d'où résulte qu'une quantité proportionnelle à la capacité inégale des deux loges pénétrant dans le ventricule, celui-ci envoie aux parties un mélange formé d'une proportion beaucoup plus considérable de sang veineux que de sang artériel. Le tronc de l'aorte envoie d'abord deux veines pulmonaires, puis deux rameaux qui descendent le long de la colonne vertébrale pour se réunir en un seul tronc vers sa partie inférieure, et enfin deux autres branches qui paraissent correspondre aux artères carotides des animaux supérieurs. Les branches qui constituent l'artère pulmonaire formaient dans l'origine le vaisseau afférent de la troisième branchie, dont l'artère pulmonaire n'est alors qu'un faible rameau. Les branches qui vont constituer l'aorte descendante forment pendant l'époque branchiale l'afférent de la seconde branchie, dont la branche déférente anastomosée avec les déférentes des autres branchies constituent alors l'aorte. Enfin les carotides communes ne sont, lorsqu'il existe des branchies, que les afférens de la première branchie dont les vaisseaux de retour fournissent alors le sang aux parties préthoraciques.

La voix n'a pas été accordée à tous les Batraciens; quelques uns donnent seulement un petit bruit passager, rare, court, flûté, que l'on pourrait prendre pour le frôlement de leur corps contre les parois du vase où on les observe; chez d'autres c'est un son plus marqué, momentané aussi, mais souvent répété, monotone et peu susceptible de varier en force ou en acuité, tandis que chez d'autres c'est un bruit aigre, râlé, saccadé, monotone, plus ou moins sourd ou clair, connu sous le nom particulier de coassement et qu'Aristophane a rendu très-heureusement dans le chœur de la cinquième scène de l'acte premier de sa comédie des Grenouilles, et dont J.-B. Rousseau a donné une pâle traduction dans sa fable du Rossignol et de la Grenouille. La voix paraît n'avoir été donnée aux Batraciens que pour contribuer au rapprochement des sexes; aussi est-ce au déclin des beaux jours du printemps qu'on les entend faire retentir l'air de leur concerts amoureux. Plutarchos a dit à leur sujet, que si le coassement était un épithalame, il fallait que les femelles des Grenouilles eussent les oreilles disposées autrement que les nôtres. En effet, ces chants amoureux peuvent affecter désagréablement nos oreilles; mais le philosophe oubliait sans doute, lorsqu'il les critiquait, que, quelle qu'elle soit, l'on est toujours charmé d'entendre la voix de l'objet qu'on aime. Cette force de voix paraît due au renflement des sons dans des sortes de sacs gutturaux que l'on voit saillir quelquefois sur les côtés du cou; car les Batraciens ne paraissent pas ouvrir la gueule pour chanter, et leur voix se fait entendre lors même qu'ils sont plongés sous une légère couche d'eau.

Le canal digestif est peu étendu, comme cela a lieu chez tous les animaux qui comme eux sont carnivores; néanmoins chez ceux qui sont herbivores dans le premier état, comme ceux qui subissent une métamorphose presque complète, le tube digestif forme alors des circonvolutions plus nombreuses. En tout temps les diverses parties du canal ne se distinguent guère l'une de l'autre, et à peine si l'estomac offre un léger renflement dont l'origine et la terminaison sont presque insensibles. Il n'existe pas de cœcums, et une valvule simple marque à l'intérieur la démarcation entre l'intestin grêle et le gros intestin, chez quelques espèces seulement. La membrane muqueuse est blanchâtre, lisse et plissée longitudinalement, sans offrir dans aucun point de ces villosités et de ces valvules conniventes que l'on remarque chez les animaux supérieurs. Les Batraciens ne paraissent pas posséder d'autres glandes salivaires que celle qui tapisse la partie supérieure antérieure de leur langue. Le foie est presque toujours assez volumineux chez les Batraciens, mais aminci en rapport avec le poumon dont il n'est plus séparé puisque le diaphragme comme les autres muscles inspirateurs des mammifères n'existe plus ici, et avec l'estomac et le canal digestif, tantôt formé d'un seul lobe profondément divisé, tantôt disposé en deux lobes réunis seulement par une languette du tissu parenchymateux. Le canal cystique et l'hépatique s'ouvrent isolément dans le tube digestif. Le pancréas est peu volumineux, de forme irrégulière, et l'embouchure de son conduit dans l'intestin précède quelquefois celle des conduits biliaires. La rate, peu volumineuse, a une forme plus ou moins arrondie, plus ou moins allongée, selon les groupes où on l'examine. Les reins sont parfois globuleux, mais plus souvent leurs lobes, distincts à l'extérieur, sont rangés comme en chapelets le long des parties latérales de la colonne vertébrale, et les uretères viennent s'ouvrir à l'entrée de la vessie près de sa communication avec le cloaque; aussi a-t-on douté parfois que cet appareil jouât chez les Batraciens le même rôle que chez les autres animaux, du moins on sait que, chez plusieurs Batraciens, le liquide amassé dans la vessie peut être lancé à distance, au gré de l'animal, sur l'ennemi qui le poursuit. C'est un moyen défensif assez innocent, que quelques stratégistes de nos jours ont imité avec succès dans les dissensions intestines de l'époque. L'on a accusé ce liquide à odeur nauséeuse des Batraciens, d'être venimeux; mais la chimie a démontré son innocuité, et c'est à peine s'il possède les qualités irritantes de l'urine des animaux supérieurs.

Les organes préparateurs du mâle consistent dans une agglomération de granulations blanchâtres, assez nombreuses, réunies entre elles par des replis du péritoine, dans lesquels s'amasse une quantité notable de graisse dont on ignore l'usage. Ces granulations forment quatre groupes et quelquefois plus, dont les conduits se réunissent définitivement en deux canaux qui viennent s'ouvrir en avant et en bas du cloaque. L'on trouve chez les Batraciens à l'orifice de ce vestibule deux ou trois tubercules que l'on a considérés comme des vestiges d'organes copulateurs; mais ces rudimens, si toutefois on peut leur donner ce nom, paraissent incapables de remplir la fonction à laquelle on les a attribués. L'on trouve encore à l'orifice du cloaque, chez quelques Batraciens, deux corps glanduleux qui se développent au moment de la reproduction et semblent affectés à cette fonction; mais leurs usages précis sont encore peu connus. Les ovaires sont volumineux chez les Batraciens, et plusieurs d'entre eux rappellent à cet égard ce que l'on observe chez les poissons; on les voit composés d'une multitude d'ovules tantôt noirâtres, tantôt jaunâtres, dans l'intérieur desquels le fœtus paraît déjà très-développé avant la fécondation. Ils sont fixés à la colonne vertébrale par deux replis de la séreuse gastro-pulmonaire. Des oviductes, longs, étroits, flexueux, remontant jusqu'aux aisselles, vont enfin aboutir au point du cloaque correspondant à l'endroit où s'ouvrent les vaisseaux déférens du mâle, formant au point de leur réunion une sorte d'arrière-cavité que l'on a considérée à tort comme une matrice. L'acte de la reproduction ne se fait pas de même chez tous les Batraciens; chez les Anoures, le mâle en général plus petit que la femelle, se cramponne sur le dos de sa compagne au moyen de ses pieds antérieurs passés sous les aisselles; chez plusieurs espèces, le pouce, à cette époque, se renfle à sa base et facilite cette position, qu'il conserve ainsi patiemment et sans interruption jusqu'au moment de la ponte qui se fait souvent attendre six semaines ou deux mois, alors il presse de plus en plus les flancs de la femelle avec ses pieds antérieurs et dirige les œufs au fur et à mesure qu'ils sortent, avec les pieds postérieurs, de manière à verser sur eux la liqueur fécondante. L'abdomen de la femelle n'offrant plus ensuite assez de volume pour retenir le mâle, celui-ci glisse, comme malgré lui, le long des flancs et des cuisses, et abandonne la femelle. Chez d'autres Batraciens, la fécondation a lieu dans l'intérieur même du corps : le mode particulier au moyen duquel cet acte se produit a été expliqué diversement par Spallanzani, Rusconi, et autres, mais il paraît encore enveloppé du mystère que ces animaux semblent mettre à toutes leurs actions. D'après des observations récentes, il paraît que les Urodèles s'accouplent comme les Anoures; que la durée de l'accouplement, qui a lieu au bord des eaux et toujours de nuit, est moins considérable que dans les Anoures, mais que le phénomène se répète plus souvent. C'est toujours à l'eau et dans les eaux dormantes que les femelles déposent le produit de la génération, aussi voit-on les espèces qui dans les autres saisons habitent plus ou moins loin des lacs et des ruisseaux s'en rapprocher au printemps, qui est en général l'époque de leur reproduction.

Les Batraciens vivent quelquefois réunis, sans pourtant former société et travailler ensemble à la conservation de l'individu, mais le plus souvent ils vivent isolés hors le temps de la reproduction. Tantôt ils habitent la terre dans des trous peu profonds dont ils sortent seulement la nuit pour aller à la chasse, et qu'ils creusent avec leurs pieds de derrière en marchant à reculons, en s'arc-boutant avec ceux de devant. Ceux-là ne s'approchent de l'eau que pour l'acte de la multiplication de l'espèce. Souvent des pluies brusques et abondantes inondent leurs terriers avant qu'ils n'aient le temps de les rendre plus profonds, et pour se soustraire à une submersion inévitable, ils sortent de leurs trous et paraissent presque subitement à la surface de la terre, et encombrent parfois, pour ainsi dire, les bords des chemins où l'on n'en voyait pas auparavant, ce qui a fait croire au vulgaire qu'ils étaient tombés avec la pluie; c'est une erreur grossière, et comme le disait Rai, « celui qui peut croire qu'il pleut des grenouilles, peut croire également qu'il peut pleuvoir des veaux.» D'autres, également terrestres, habitent dans les crevasses et les fentes des murailles en ruines, dans les caves des maisons, sous les pierres; d'autres sont au contraire continuellement perchés sur des arbres et cachés sous les feuilles, d'où ils se laissent quelquefois choir à terre, ce qui a pu servir à faire croire qu'ils tombaient des nues; d'autres ne s'écartent guère du voisinage des eaux et se réfugient au milieu du liquide lorsqu'un ennemi terrestre les attaque, et entre les racines des roseaux lorsqu'un animal aquatique les poursuit ; d'autres enfin ne peuvent quitter le séjour des eaux, mais c'est seulement dans les eaux douces que l'on rencontre les Batraciens proprement dits. L'on dit qu'une espèce de Grenouille de l'ancien monde était une Grenouille marine, mais elle a été seulement trouvée dans un dépôt marin, et c'est peut-être à l'envahissement des flots qu'il faut attribuer sa mort et son état fossile. De nos jours on donne encore le nom de *marinus* à un Batracien qui pourtant ne fréquente pas le littoral des mers. Quelques uns vivent sans cesse dans les sources souterraines sans pouvoir venir jamais impunément s'exposer au contact de l'air ou de la lumière. Dans l'eau, les Batraciens peuvent impunément s'exposer à des degrés extrêmes de température et de pression atmosphériques. On en trouve dans les lacs glacés des hautes montagnes de la Suisse, sur les plateaux élevés de la chaîne des Andes, et l'on en voit aussi dans les sources chaudes des Pyrénées et des Alpes; mais ces animaux restent peu dans les endroits secs et exposés à une forte chaleur; l'exhalation rapide que détermine une température un peu élevée dans des séjours arides suffirait pour les exténuer et les faire périr, et c'est en partie au défaut d'exhalation qu'il faut attribuer la faculté de vivre plus ou moins long-temps dans des géodes calcaires ou dans l'épaisseur même des troncs d'arbres sans communication avec l'extérieur et sans alimens, faculté que l'on a signalée chez quelques Batraciens, que l'on a contestée souvent, mais que les expériences de M. Edwards ont mis hors de doute. Les Batraciens sont répandus dans presque toutes les régions des deux hémisphères, et à peine si les contrées polaires se montrent assez réfractaires pour se défendre de l'approche de ces animaux; mais c'est surtout dans les régions tempérées qu'ils se multiplient davantage; toutefois cette multiplication se montre partout subordonnée aux mêmes lois que celle des autres animaux; elle est surtout relative à leur volume, qui jamais n'est bien considérable, car les plus grands Anoures connus n'ont pas un pied de diamètre, et beaucoup ont un pouce au plus de longueur; l'on trouve quelques Urodèles ichtyoïdes qui atteignent jusqu'à deux à trois pieds de long; mais leur corps anguilliforme compense par son peu de grosseur la longueur de ces animaux, et ce n'est que dans les espèces éteintes que l'on voit une Salamandre de trois pieds de longueur. L'Europe et l'Afrique septentrionale possèdent une certaine quantité d'espèces différentes de Batraciens, appartenant aux mêmes familles. L'Asie méridionale et l'Amérique du sud produisent aussi un grand nombre d'individus des mêmes genres; mais il en est qui paraissent appartenir, presque exclusivement à quelqu'une de ces parties du monde. Ainsi les Salamandres à parotides et à flancs poreux, les Protées, semblent propres à l'Europe; les Syrènes, les Amphiumes, les Ménopômes, à l'Amérique du nord; les Axolotls au Mexique; les Pipas à l'Amérique du sud; nulle part ces animaux ne se multiplient assez pour devenir à charge, et dans plusieurs endroits ils sont même employés comme alimens; leurs tissus, dans lesquels abondent le mucus animal et la gélatine, paraissent d'une digestion facile; l'odeur particulière dont ils sont imprégnés disparaît beaucoup par la cuisson, et bien qu'un tel manger soit d'ailleurs assez fade, il est parfois recherché et estimé de nos Apicius et de nos épicuriens modernes. Nulle part les qualités malfaisantes que l'on a attribuées aux Batraciens ne sont effectivement constatées. Ils débarrassent les cultures d'une quantité d'insectes dévastateurs; aussi, loin de les poursuivre et de les détruire, devrait-on souvent surmonter la répugnance involontaire qu'ils inspirent et leur donner un asile et une protection, que les services qu'ils peuvent rendre paieraient généreusement; assez d'autres ennemis, tels que les chats, les ophidiens, les oiseaux rapaces, s'opposeraient à l'excès de leur multiplication. Toutefois il faut réduire à leur juste valeur les propriétés médicinales illusoires que la crédulité aveugle des médecins peu analytiques de certaines époques a attribuées à ces animaux.

La durée de la vie des Batraciens n'est pas connue.

Les Batraciens paraissent avoir été connus partout et de tout temps; les plus anciens ouvrages de l'antiquité en font mention, et si l'histoire de ces animaux est encore incomplète sur bien des points, ce n'est pas faute d'avoir pu s'en procurer souvent pour les observer. Les Batraciens existaient même dans les anciens mondes, et l'on en retrouve encore des traces aujourd'hui. Néanmoins ils paraissent avoir été peu nombreux à cette époque et limités, autant qu'on en peut juger jusqu'ici, à des localités peu étendues. En effet, c'est seulement en Allemagne que l'on a trouvé des vestiges fossiles de Grenouilles et de Tritons de petite taille, et aux environs d'OEningen que l'on a recueilli les restes d'une grande Salamandre.

Des animaux qui, avec un cachet commun incontestable de ressemblance et d'analogie, présentent entre eux tant de différences; des animaux dont les affinités avec ceux des autres classes sont si nombreuses et si variées, devaient naturellement offrir beaucoup de difficultés aux généralisations des esprits philosophiques; aussi voit-on ceux qui se sont occupés des rapports des Batraciens entre eux ou de leurs relations avec les autres reptiles ou les autres animaux, flotter dans de continuelles hésitations et les grouper diversement selon le système de leurs idées toujours plus ou moins fautives, parce qu'elles étaient exclusives et qu'elles rompaient des liens indissolubles de parenté. Ainsi l'on voit les Batraciens réunis aujourd'hui, tantôt divisés et en partie groupés à la suite des tortues, en partie reportés dans une classe commune avec certains poissons chondroptérygiens; d'autres confondus avec les lézards. Rien ne serait plus propre peut-être que l'étude approfondie des Batraciens pour prouver que les classifications systématiques, quelles qu'elles soient, sont toujours des tableaux artificiels bien éloignés de représenter l'état des connaissances relatives aux objets qu'elles comprennent. (T.C.)

**BATRAKHITE.** (MIN. ANC.) Quelques auteurs modernes ont confondu la Batrakhite et la Brontialithe des anciens (*voy.* ce mot); mais il est évident, et leurs noms l'indiquent assez, que c'étaient des substances tout-à-fait différentes. On distinguait trois espèces de Batrakhite qui venaient des environs de Coptos, l'une qui avait des couleurs semblables à celles de la grenouille (βάτραχος) d'où elle a tiré son nom, l'autre qui était d'un noir d'ébène, et la troisième d'un noir rougeâtre. On avait aussi supposé que les Batrakhites se trouvaient dans la tête des grenouilles, et on leur attribuait alors des vertus merveilleuses, comme celle de neutraliser toute espèce de venin.     (TH. V.)

**BATTAGE.** (AGR.) Action de séparer le grain de l'épi et les graines de leurs enveloppes ou capsules; le Battage se fait au moyen du fléau, des baguettes, d'une table, d'une planche ou d'un tonneau. Le blé, le seigle, l'orge, l'avoine, les vesces, les gesses, les pois, les haricots, le trèfle, la luzerne, etc., se battent au fléau en plein air ou dans les granges; la navette, le colza, la cameline, et toutes les graines fines, oléagineuses, ou d'une contexture peu solide, se frappent avec des baguettes ou sur les parois d'un tonneau défoncé par un bout. On égrène le maïs à la main, ou, comme le chanvre, le lin, etc., contre une table ou bien une planche, fichée de champ, placée au milieu d'une aire préparée à cet effet.

Dans nos départemens du midi, ainsi que dans tous les pays chauds, le Battage se fait sous les pieds des chevaux ou des bœufs (*voy.* DÉPIQUAGE); celui au fléau lui doit être préféré, en ce qu'il donne aux épis et aux capsules une secousse convenable, fréquemment répétée, sans écraser le grain; en ce qu'il conserve à la paille toute sa longueur, sa saveur, son élasticité. Des cultivateurs ont adopté le Battage au rouleau, et continuent à s'en servir quoiqu'il ait le désagrément de ne pas dépouiller entièrement l'épi, et de laisser au grain sa balle. D'autres ont recours à la mécanique; c'est une méthode prompte, que l'on peut employer quand et comme on le veut, mais elle n'est pas toujours économique.

Comme toutes les opérations qui suivent les récoltes, le Battage se termine d'ordinaire par des fêtes: le plaisir est là pour faire oublier la fatigue, pour entretenir l'émulation et pour récompenser le travail soigné. (T. D. B.)

BAUDET. (MAMM.) Synonyme d'Ane, espèce du genre CHEVAL. (*Voy.* ce mot). (GUÉR.)

BAUDRIER DE NEPTUNE. (BOT. CRYPT.) On a donné ce nom à la Laminaire saccharine, parce qu'elle est allongée et étroite, crispée sur les bords, et qu'elle atteint quelquefois plus de vingt pieds de longueur. (*Voy.* LAMINAIRE.) (GUÉR.)

BAUDROIE, *Lophius.* (POISS.) Les Baudroies ou Raies pêcheresses composent le principal genre de la famille des Acanthoptérygiens à pectorales pédiculées, la treizième de l'ordre.

Ces poissons sont surtout remarquables par la grosseur de leur tête, qui est tout-à-fait en disproportion avec le reste du corps, puisqu'elle entre pour plus de deux tiers dans le volume total de l'animal. Elle est donc par conséquent très-large et, de plus, déprimée, arrondie en avant, avec plusieurs points de sa surface hérissés d'épines. C'est à son extrémité que se trouve située la bouche, qui offre une fente considérable. La mâchoire inférieure dépasse la supérieure, et toutes deux portent des dents en crochets extrêmement pointues. Il y en a d'autres un peu moins longues, mais tout aussi aiguës, qui garnissent le palais et les os pharyngiens. Les opercules de ces poissons, qui n'ont que trois lames branchiales de chaque côté, sont petits et complétement cachés par la peau. Au nombre de six, les rayons branchiostéges sont au contraire très-allongés, et la membrane qu'ils supportent est elle-même si développée qu'elle forme sur les parties latérales de la tête deux énormes sacs, l'un à droite, l'autre à gauche, dont les ouvertures, qui sont assez étroites, aboutissent sous les pectorales.

Les yeux sont placés sur le milieu de la tête, et séparés l'un de l'autre par un espace à peu près égal à leur diamètre. Le corps est court, gros et conique. Les nageoires ventrales sont attachées en avant des pectorales; la seconde dorsale et l'anale, qui se correspondent, ne laissent qu'une très-petite distance entre elles et la queue. Plusieurs des rayons de la première nageoire du dos sont séparés des autres; il y en a deux, en particulier, plus longs, libres, mobiles et terminés par une petite palette charnue qui surmonte le front. La peau de ces poissons est tout-à-fait dépourvue d'écailles, et leur squelette est demi-cartilagineux.

Les Baudroies, avec une conformation aussi peu propre que la leur à poursuivre d'autres poissons, auraient pu difficilement satisfaire leur appétit vorace, si la nature ne leur eût donné les moyens de suppléer par la ruse à ce qui leur manquait d'agilité. Ce n'est point en effet comme le plus grand nombre des autres poissons que ceux-ci se procurent leur proie, c'est-à-dire en lui déclarant franchement la guerre, mais bien en lui dressant des embûches. Pour cela, ils se tiennent au fond de l'eau et particulièrement dans les endroits où ils peuvent cacher leur corps sous la vase, ne laissant apercevoir que les rayons de leur tête, qu'ils ont soin d'agiter pour les faire ressembler davantage à des vers. De cette manière, ils trompent et attirent même d'assez gros poissons, sur lesquels ils se jettent dès qu'ils les voient à leur portée.

Les deux espèces qu'on sait appartenir à ce genre vivent l'une et l'autre dans nos mers. La première est la Baudroie commune (*Lophius piscatorius*, Linn.), qu'on nomme aussi vulgairement Raie pêcheresse, Diable de mer, Galanga, etc. Elle arrive quelquefois à cinq pieds de longueur. Sa couleur, sur le dessus du corps, est fauve marbrée de brun; mais en dessous elle offre une teinte blanchâtre. Nous l'avons fait représenter pl. 45, fig. 2.

La seconde espèce acquiert à peu près les mêmes dimensions, et n'est pas autrement colorée que la première; mais ce qui l'en distingue essentiellement, c'est de n'avoir que vingt-cinq vertèbres au lieu de trente. Sa seconde dorsale est aussi beaucoup moins élevée que celle de l'espèce commune, caractère qui lui a valu de la part de M. Cuvier le nom de Baudroie à petite nageoire (*Lophius parvipinnis*). La chair de ces poissons est coriace et de mauvais goût. (G. B.)

BAUGE. (MAM.) On nomme ainsi le gîte du sanglier; il le choisit dans les lieux les plus écartés et souvent humides et bourbeux. Le nid que se construit l'écureuil dans les trous des arbres porte aussi le nom de Bauge. (GUÉR.)

BAUHINIE, *Bauhinia.* (BOT. PHAN.) La touchante amitié qui régna sans cesse entre les deux frères Bauhin, les services qu'ils ont rendus à la botanique, non comme auteurs d'inventions ou de découvertes importantes, non, comme on l'a très-légèrement avancé, pour avoir posé les vrais principes de la science, mais par l'exactitude de leurs descriptions, par le classement méthodique des connaissances acquises jusqu'au milieu du dix-huitième siècle, par le désintéressement naïf qu'ils apportaient dans leurs travaux, et par la concordance qu'ils ont donnée de tous les végétaux alors connus, décidèrent Plumier à leur consacrer le genre qui porte leur nom. Ce genre, de la famille des Légumineuses et de la Décandrie monogynie, présente dans les deux folioles qui accompagnent les feuilles une union si intime que, pliés naturellement l'une sur l'autre, on les croirait ne former qu'un seul et même corps.

Les autres caractères de ce beau genre sont d'avoir les feuilles simples, à deux lobes plus ou moins

moins profonds; les fleurs disposées en grappes terminales; le calice caduc, à cinq divisions, fendu latéralement; la corolle divisée en cinq pétales oblongs, contenant dix étamines d'inégale grandeur et à filamens penchés, l'une d'elles beaucoup plus longue que les autres et la seule fertile; l'ovaire placé sur un petit pédicelle; la gousse allongée, très-comprimée, à une seule loge contenant plusieurs graines aplaties, réniformes ou elliptiques. Comme on le voit, il était impossible de faire un choix plus heureux pour rendre un hommage complet à Jean et à Gaspard Bauhin, que la France revendique comme fils d'un proscrit français.

Toutes les espèces de Bauhinies, au nombre de trente, forment des arbrisseaux élégans; plusieurs se cultivent dans nos serres, toutes sont originaires des régions équatoriales. Les plus connues sont:

La Bauhinie grimpante, *B. scandens*, arbrisseau sarmenteux, à tige munie de vrilles qui lui servent à s'élever contre les grands végétaux qui l'avoisinent; il porte de petits bouquets de fleurs jaunes. Rumph nous apprend que les habitans d'Amboine attribuent à ses feuilles la puissance d'accélérer l'usage de la parole chez les enfans et de la rendre à ceux qui l'ont perdue. Cette espèce se trouve également aux grandes Indes et dans quelques parties de l'Amérique méridionale.

La Bauhinie a lobes écartés, *B. divaricata*, de l'Inde, est remarquable par ses feuilles cordiformes, dont les deux lobes, terminés en pointe, sont entièrement fendus jusqu'à la base; elle a les fleurs grandes, blanches, qui durent toute l'année, brillent principalement dans les temps de pluie, et sont réunies en grappes terminales; la Bauhinie cotonneuse, *B. tomentosa*, est regardée comme un excellent vermifuge; cette propriété appartient surtout aux racines; la Bauhinie pourprée, *B. purpurea*, dont les fleurs purpurines produisent un très-bel effet en juillet.

(T. D. B.)

**BAUMES.** (chim. bot.) Substances végétales naturelles, solides ou liquides, plus ou moins aromatiques, d'une saveur amère ou piquante, composées de résine, d'acide benzoïque et d'une huile essentielle particulière à laquelle elles doivent leur odeur, qui laissent dégager leur acide par l'action de la chaleur, qui sont solubles dans l'alcool affaibli, l'éther, les huiles volatiles, etc., et en certaine proportion dans l'eau; inflammables, etc.

Les Baumes sont d'un usage fréquent en médecine comme stimulans généraux; la pharmacie, l'art culinaire s'en servent également pour aromatiser certains médicamens, certains mets; enfin les parfumeurs en font la base de leurs cosmétiques, soit solides, soit liquides, et de tous ces mélanges suaves que l'on brûle dans de riches cassolettes sous le nom de *parfums*.

Bien qu'un grand nombre de préparations pharmaceutiques de principes immédiats des végétaux soient journellement désignées sous le nom de *baumes*, il n'y a que cinq substances naturelles

qui doivent être étudiées sous cette dénomination; ces substances sont: le *Baume du Pérou*, celui de *Tolu*, le *Benjoin*, le *Styrax solide* ou *Storax*, et le *Styrax liquide*. (*Voy.* les mots Styrax et Benjoin.)

Baume du Pérou. On a cru pendant long-temps, et telle était l'opinion de Ruiz, que le Baume du Pérou, beaucoup plus employé par les parfumeurs que par les médecins et les pharmaciens, n'offrait aucune différence avec le Baume de Tolu. On sait aujourd'hui que cette substance balsamique est fournie par le *myroxylon peruiferum* de Mutri et de Linné, de la famille des Légumineuses de Jussieu, et le *myroxylon pubescens* de Humboldt et Bonpland, arbre de la même famille que le précédent, et que l'on trouve près de Carthagène, au Mexique, dans la Colombie, etc. Au Baume du Pérou, distingué en Baume du Pérou en coque, et Baume du Pérou liquide, on préfère aujourd'hui en médecine le Baume de Tolu dont nous allons parler. Cependant ces deux substances jouissent des mêmes propriétés, et peuvent se remplacer mutuellement.

Baume de Tolu. Substance fournie par le *myroxylon Toluifera*, de Humboldt et Bonpland, de la famille des Légumineuses de Jussieu; arbre de l'Amérique méridionale, qui croît surtout dans la province de Carthagène, aux environs de la ville de Tolu et dans l'île Saint-Thomas; de là les noms de *Baume de Tolu*, *Baume de Saint-Thomas*, donnés à la même substance.

Le Baume de Tolu nous arrive dans le commerce renfermé dans des pots en terre cuite appelés *potiches*, ou bien dans des *calebasses* (enveloppes sous-ligneuses d'une espèce de courges).

Il est en masses solides, cassantes; se ramollit facilement à la chaleur des doigts, et prend dans l'été la forme des vases ou boîtes qui le renferment; il est d'une couleur ambrée, transparent lorsqu'il est pur, rougeâtre ou grisâtre, terne, opaque quand il a été mélangé avec des corps étrangers; d'une odeur suave et très-douce; d'une saveur également douce et agréable; soluble dans l'acool affaibli. (*V.* Myroxylon.) (F. F.)

**BAVEUSE.** (poiss.) C'est le nom vulgaire de plusieurs espèces des genres Blennie et Gobie. (*Voy.* ces mots.) (G. B.)

**BDELLE**, *Bdella* (arachn.) Ce genre, établi par Latreille, fait partie, dans son cours d'entomologie, de l'ordre des Trachéennes, de la cinquième famille, les Tiques, *Riciniæ*; les caractères qu'il lui assigne sont: huit pieds uniquement propres à la marche; bouche consistant en un suçoir avancé en forme de bec conique ou en alène; palpes allongés, coudés, avec des soies ou des poils au bout; quatre yeux; pieds postérieurs plus longs.

Les animaux qui composent ce genre ont le corps très-mou, le plus souvent de couleur rouge; ils sont vagabonds, ils se rencontrent dans les lieux humides, sous les pierres, les écorces des arbres, dans les mousses. L'espèce qui se trouve le plus communément aux environs de Paris, et qui sert de type au genre, est la Bdelle rouge,

*Bdella longicornis* ou l'*Acarus longicornis* de Linné ; la *Pince rouge*, Geoff. , *Scirus vulgaris* , Hermann ; elle est longue à peine d'une demi-ligne, d'un rouge écarlate , avec les pieds pâles ; les palpes sont composés de quatre articles, dont le premier et le dernier plus longs ; celui-ci est un peu plus court et terminé par deux soies.

Les espèces décrites par Hermann sous le nom de *Scirus longirostris* , *S. latirostris* , *S. setirostris*, appartiennent au genre Bdelle.      (H. L.)

**BDELLE**, *Bdella*. (ANNÉL.) Genre fondé par Savigny et différant peu des SANGSUES. (*Voy.* ce mot.)      (GUÉR.)

**BDELLIUM**. (CHIM. BOT.) Le Bdellium est une gomme résine dont l'origine nous est encore inconnue, que M. Guibourt attribue au *Gummi bdellium* de Murray, d'autres à un *Amyris* , et qui diffère de la gomme du Sénégal, avec laquelle elle est souvent mêlée, par les caractères suivans :

Morceaux de grosseur variable, rudes et inégaux ; de couleur grise, jaune , verdâtre ou rougeâtre ; plus ou moins transparens ; assez compactes ; d'une cassure terne et cireuse (la gomme a une cassure nette et brillante) ; d'une odeur de myrrhe plus ou moins prononcée, ou d'une odeur très-désagréable ( la gomme est inodore) ; d'une saveur âcre, très-amère et persistante ( la gomme a une saveur douce , mucilagineuse) , peu soluble dans l'eau (la gomme est entièrement soluble dans ce liquide).

Le Bdellium nous vient d'Arabie et des Indes ; il entre dans la composition des emplâtres *diachylum gommé* et *vigo cum mercurio*.

M. Pelletier, qui s'est occupé de l'analyse de cette substance, y a trouvé de la résine, de la gomme, de la bassorine et une huile volatile. Cette dernière est plus pesante que l'eau ; la partie résineuse est transparente ; mais, par l'ébullition avec de l'eau, elle devient blanche et opaque ; elle entre en fusion à une température à peu près égale à celle de l'eau bouillante. La partie gommeuse est d'un jaune gris, et donne, avec l'acide nitrique , de l'acide oxalique, sans traces d'acide mucique ; enfin, la bassorine ( *mucilage végétal* de Berzelius ), qui offre ces mêmes caractères, devient mucilagineuse quand on la traite par l'eau, se coagule par l'alcool, et est transformée par l'acide nitrique en un liquide très-fluide.      (F. F.)

**BEC**, *Rostrum*. (OIS.) C'est le nom particulier de la bouche des oiseaux ; les deux mâchoires de cette bouche ont reçu le nom de *mandibules*.

Les os qui entrent dans la composition du Bec sont, pour la mâchoire supérieure : le maxillaire supérieur (divisible, comme chez tous les vertébrés, en une pièce antérieure ou *intermaxillaire* , et une postérieure ou *susmaxillaire*), et quatre lames osseuses, deux internes ou *palatines*, et deux externes comparables aux arcades zygomatiques ; la mandibule inférieure consiste dans le seul maxillaire inférieur (primitivement composé de plusieurs pièces qui se soudent avec l'âge). Ces deux mandibules, et les lames (ou arcs-boutans) que nous avons indiquées, n'appuient pas immédiatement sur le crâne ; elles s'articulent avec l'os carré (1).

Le bec est susceptible de mouvemens très-variés ; sa mandibule supérieure est souvent mobile, comme il est facile de l'observer dans les canards, les perroquets, etc. ; ce caractère anatomique distingue parfaitement les mâchoires des oiseaux de celles des mammifères.

Les oiseaux n'ont ni lèvres ni dents, leurs mâchoires sont toujours couvertes d'une gaîne de substance cornée (2) ; ils avalent leurs alimens sans les broyer ; et le bec est pour la plupart le seul organe de préhension ; c'est avec lui qu'ils recueillent et disposent les matériaux de leur nid ; qu'ils attaquent et se défendent ; c'est avec un petit ongle calcaire dont est armée sa mandibule supérieure que le jeune oiseau brise sa coquille ; après la naissance ce tubercule rostral devenu inutile disparaît bientôt. Les narines chez les oiseaux sont toujours percées dans la mandibule supérieure plus ou moins près de sa racine ; elles sont quelquefois entourées, comme chez les accipitres, par une membrane particulière à laquelle on a donné le nom de *cire* ; certaines espèces ont cette partie du bec surmontée de *crêtes* ou de *caroncules* charnues plus ou moins développées.

La forme , la consistance et la longueur du bec varient beaucoup ; mais toujours les modifications qu'elles éprouvent sont en rapport avec le régime et les habitudes de l'oiseau ; ainsi les espèces qui se nourrissent de proie se font remarquer par leur bec crochu, admirablement disposé pour déchirer des lambeaux de chair ; ces oiseaux ont ordinairement la mandibule supérieure armée d'une ou de deux fortes dentelures. Les granivores au contraire ont un bec droit et conique , les Pics et quelques espèces de la même famille l'ont cunéiforme ou en coin ; chez d'autres, qui doivent tamiser la vase des ruisseaux pour en retirer les

---

(1) Cet *os carré* est un petit os oblong, de forme variable, ainsi nommé parce qu'il présente ordinairement quatre têtes ; Hérissant, qui le premier en essaya la détermination, crut devoir le considérer comme un démembrement de la mâchoire inférieure. M. Geoffroy, et d'après lui Cuvier et la plupart des anatomistes , pense au contraire que c'est l'analogue du cercle tympanique : cette portion de la caisse auditive étant restée libre au lieu de se souder comme on le voit dans les mammifères. Cet os est très-mobile et entouré de muscles nombreux ; il a déjà reçu plusieurs noms : M. Geoffroy propose de lui donner celui d'*énostéal*, lequel, restant étranger, comme le dit ce savant naturaliste, à ses formes variables à l'infini , lui conviendra quels que soient ses métamorphoses et même ses composans.

(2) D'après les observations de M. Geoffroy, la substance cornée du bec doit être considérée comme représentant un véritable système dentaire, de vraies dents composées, telles par exemple que celles de l'éléphant, avec cette différence que la substance transsudée est d'une autre nature et que les racines manquent constamment. M. Geoffroy a reconnu dans le fœtus de quelques espèces , notamment ceux du canard et de la perruche à collier, une série de denticules ou petits corps blancs, arrondis , plus larges à leur extrémité ; tout le pourtour des mâchoires est alors garni de dents qui, par une particularité bien remarquable, existent toujours en nombre impair, l'une d'elles, soit en haut, soit en bas, occupant la ligne médiane. *Voyez*, pour plus de détails, la brochure de M. Geoffroy intitulée : Système dentaire chez les Mammifères et les Oiseaux.

larves aquatiques, ses bords sont dentelés en scie ou en lame, tels sont les canards.

L'étude de ces variations a été d'un grand secours pour les ornithologistes, qui en ont tiré de très-bons caractères sur la considération desquels la plupart des genres ont été établis. Quant aux caractères qu'auraient pu fournir les variations de la structure intime du bec, on les a généralement négligés; « Cependant, dit M. Isid. Geoffroy (Nouv. Ann. du mus., 1 ), cette structure est susceptible de modifications qui, se présentant à la fois dans des espèces vraiment analogues par le reste de leur organisation, peuvent fournir de véritables caractères génériques. » Les *dentelures* et les échancrures que l'on remarque sur le bord des mandibules sont aussi, lorsqu'elles existent en nombre déterminé, très-importantes à noter.

Le mot français *Bec* et ses synonymes grec et latin, *Rynchos* et *Rostrum*, se retrouvent comme composans dans une foule de mots employés en ornithologie et dans les autres parties de l'histoire naturelle: nous indiquerons ceux de Bec-fin, Bec-croisé, Bec-en-ciseaux, etc... (*voy.* ci-après); les noms de Lamellirostres, Pressirostres, Dentirostres etc., donnés à différentes familles, et ceux de Rhyncops, Anarrhynque, Calyptorhynque, Orthorhynque, Platyrhynque, etc. Le fameux Ornithorhynque, que l'on ne sait encore à quelle classe rapporter, doit son nom à la forme singulière de sa bouche semblable au bec d'un canard, ce qui l'a fait appeler aussi *Bec d'oiseau*.

La bouche de quelques animaux des autres classes a quelquefois aussi reçu la dénomination de *Bec* lorsque, à cause de sa forme ou de sa consistance cornée, on lui a trouvé de la ressemblance avec cet organe chez les oiseaux : ainsi on dit que les tortues et les têtards de certains batraciens ont un *Bec*; chez ces derniers il est formé, comme nous l'a fait voir M. Rusconi, par les os palatins qui sont alors placés au devant des maxillaires; à mesure que le jeune batracien s'accroît, ses os palatins, véritables *maxillaires temporaires*, se détachent des apophyses post-orbitaires, deviennent plus grêles et prennent leur véritable place : en même temps les os maxillaires se développent et s'allongent sur les côtés de la tête : c'est ce que l'on observe chez les têtards ou petits des grenouilles et des salamandres aquatiques; les salamandres terrestres ne paraissent point être dans le même cas.

Les sèches et tous les mollusques céphalopodes ont à l'entrée de leur bouche deux mandibules cornées assez semblables à celles des Perroquets, avec cette différence cependant que la mandibule inférieure est la plus grande. On leur a aussi donné le nom de *Bec*.

Le mot *Bec* est également usité en entomologie, on l'a appliqué à une avance cornée, cylindrique ou conique de la bouche (ex. les Charancons ou Porte-bec et les insectes hémiptères et suceurs). Le plus souvent ce Bec est courbé sous la poitrine et creusé supérieurement en gouttière dans le milieu de sa longueur pour recevoir trois filets

ou soies capillaires. Le *Rostrule* ou petit Bec est formé par un tube très-court, sans articulation, et ne renfermant à ce qu'il paraît qu'une ou deux soies au plus.

En botanique on a dit Bec de cigogne, de grue, de héron, etc., pour désigner autant d'espèces de géranium d'Europe.                (Gerv.)

**BÉCAFIGUE** et **BEC-FIGUE.** Noms vulgaires du Gobe-mouche noir et du Gobe-mouche à collier. Bec-Figue d'hiver désigne la Farlouse-Pipi (*Anthus arboreus*).

**BÉCARD.** (poiss.) C'est le nom qu'on donne, en certaines contrées de la France, au saumon mâle.                (G. B.)

**BÉCARDE**, *Psaris.* (ois.) M. Cuvier a établi sous ce nom un petit genre de Passereaux dentirostres de la famille des Laniadées ou Pies-Grièches; ses caractères sont les suivans : bec conique, très-gros, rond à sa base, mais n'échancrant point le front; sa pointe est légèrement comprimée et crochue; ailes médiocres, la première rémige courte, la deuxième et la troisième plus longues que les autres; queue égale et arrondie.

Ce genre ne comprend qu'un petit nombre d'espèces, toutes de l'Amérique méridionale. L'espèce type est le *Lanius cayanus* (Iconographie du Règne animal, Ois., pl. 6, fig. 6); elle est cendrée, avec la tête, la queue et les ailes noires; ses mœurs sont celles de nos pies-grièches.

MM. Swainson et Shelby ont décrit plusieurs espèces nouvelles de Bécardes dans les n° vii et viii du *Zoological Journal*.                (Gerv.)

**BÉCASSE**, *Scolopax.* (ois.) La famille des Echassiers longirostres (Cuvier, Règne animal, pag. 518) ne comprend que deux genres, celui des Avocettes, que nous avons déjà étudié, et celui des Bécasses. Les modifications qu'a subies ce dernier sont assez importantes pour que nous entrions à cet égard dans quelques détails.

D'abord nous devons dire que la plupart des sous-genres ou groupes indiqués comme tels dans le règne animal, figurent dans les ouvrages spéciaux d'ornithologie comme autant de genres distincts; les grands genres de M. Cuvier deviennent alors des familles, et ses familles des tribus ou sous-ordres.

C'est ainsi que les sous-genres Ibis, Bécasses proprement dites ou Scolopax, Rhynchées, Barges, Sanderlings, Echasses et Tournepierres sont devenus les genres Ibis, Scolopax, etc., dont nous parlerons séparément. Le sous-genre des Chevaliers Totanus constitue également un genre distinct; mais quelques espèces en ont été retirées par M. Temminck et placées avec les Maubèches, les Combattans, les Pélidnes ou Alouettes de mer et les Cocorlis, dans le genre Bécasseau Tringa. Le sous-genre des Phalaropes et celui des Lobipèdes forment le genre Phalarope.

Le groupe des Falcinelles ne peut être adopté; il a été reconnu depuis qu'un individu de l'espèce *Scolopax arcuata*, dont le pouce avait été accidentellement détruit, lui avait servi de type.

Nous ne parlerons ici que du vrai genre Bécasse,

*Scolopax*, qui est ainsi caractérisé : bec long, droit, mou et très-grêle, renflé à sa pointe; mandibules sillonnées jusqu'à la moitié de leur longueur; pointe de la mandibule supérieure plus longue que l'inférieure, la partie renflée formant un crochet; les narines latérales, fendues en long près du bord de la mandibule, et recouvertes par une membrane; pieds médiocres; la première rémige à peu près de la longueur de la seconde, qui est la plus longue de toutes.

Les espèces de ce genre habitent les bois ou les plaines marécageuses; leur nourriture consiste en vers, en limaçons et en scarabées; dans quelques contrées elles sont sédentaires. La mue, qui a lieu deux fois chaque année, change peu le système de coloration. La tête comprimée de ces oiseaux et leurs gros yeux placés fort en arrière leur donnent un air stupide que leurs mœurs ne démentent guère.

On les a répartis dans les trois sections suivantes :

BÉCASSES proprement dites.

Elles ont le tibia emplumé jusqu'au genou; nous n'en possédons qu'une seule espèce,

La Bécasse ordinaire, *Scolopax rusticola*, représentée dans notre Atlas, pl. 8, fig. 46, est longue de treize à quatorze pouces; elle a le haut de la tête, le cou, le dos, les couvertures des ailes variés de marron, de noir et un peu de gris; quatre larges bandes transversales et noires sur le cou; de chaque côté de la tête une petite bande de même couleur, qui s'étend depuis le coin de la bouche jusqu'aux yeux; le bec et les pieds sont de couleur de chair, ombrés de gris. La femelle a les teintes plus ternes que le mâle; les taches des couvertures de ses ailes sont plus nombreuses, et sa taille est un peu plus forte.

Pendant l'été, la Bécasse se tient dans les bois des hautes montagnes; elle les quitte aux approches des frimas pour descendre dans la plaine, elle fréquente alors les taillis, les haies et les bosquets, recherchant principalement les endroits où il y a du terreau; elle reste cachée tout le jour, et ne quitte sa retraite qu'à l'entrée de la nuit pour aller chercher sa nourriture. La femelle fait son nid à terre, et le compose de feuilles et d'herbes sèches; elle y dépose quatre ou cinq œufs oblongs, un peu plus gros que ceux d'un pigeon, d'un gris roussâtre et marqués d'ondes plus foncées et noirâtres; les petits courent aussitôt qu'ils sont éclos.

Ces oiseaux ne se réunissent point en troupe; ils vont seuls ou par paire. On les chasse de plusieurs manières; la plus usitée est celle au chien d'arrêt dans les taillis; la Bécasse ne part que sous le nez du chien et quelquefois aux pieds du chasseur; son vol n'est ni élevé, ni de longue durée. On connaît une seconde espèce de Bécasse, mais elle est étrangère à l'Europe : c'est la Bécasse d'Amérique, *Sc. minor* de Linn.

Les Bécassines.

Elles forment la deuxième section des *Scolopax*. M. Vieillot en a fait un genre distinct; la partie inférieure de leur tarse dénuée de plumes est à peu près le seul caractère de ces oiseaux.

Les Bécassines n'habitent que les prairies marécageuses, où elles aiment à se cacher parmi les joncs et les roseaux; elles ont le vol plus soutenu, mais plus irrégulier; aussi leur chasse demande-t-elle beaucoup d'adresse. Nous possédons trois espèces de cette section : la plus commune est

La Bécassine, *Scolopax gallinago*, qui est plus petite que la Bécasse; sa longueur est d'environ dix pouces, y compris le bec, qui en a trois; sa tête est divisée par deux raies longitudinales noires et trois rougeâtres; le menton est blanc, le cou varié de brun et de rougeâtre; la poitrine et le ventre sont blancs; le dessus du corps est varié de brun, de rouge pâle et de noir.

Elle arrive en France au printemps et niche dans les marais de nos contrées montagneuses; la femelle fait son nid par terre, sous quelque grosse racine d'orme ou de saule, dans les endroits où le bétail ne peut parvenir; elle pond quatre ou cinq œufs d'un verdâtre très-clair, tachés de brun et de cendré.

La Bécassine vole avec rapidité; lorsqu'elle est très-élevée, elle fait entendre un cri prolongé *mée, mée, mée*, tremblottant et assez analogue à celui de la chèvre, ce qui lui a fait donner dans quelques pays les noms de *Chèvre volante*, *Chèvre de la Saint-Jean*.

En été cette espèce quitte nos contrées pour y revenir en automne et disparaître en hiver.

La Double Bécassine, *Scolopax major*, se distingue de la précédente par sa taille, qui est plus grande d'un tiers, et parce que ses ondes de dessus sont plus petites, et les brunes de dessous plus grandes et plus nombreuses. Ses mœurs sont les mêmes, mais son essor est moins rapide et son vol assez mou, droit et sans crochets. Elle est très-commune en France.

La Petite Bécassine ou la Sourde, *Scolopax gallinula*, est la plus petite des trois; sa longueur n'excède pas sept pouces et demi; elle n'a qu'une bande noire sur la tête; le fond de son manteau a des reflets vert-bronzé; un demi-collier gris occupe la nuque; ses flancs sont mouchetés de brun comme sa poitrine. Elle se cache dans les roseaux des étangs, sous les joncs secs et les glaïeuls tombés au bord de l'eau. Il est très-difficile de la faire lever; il faut presque marcher dessus, ce qui lui a valu son nom de *Sourde*; on l'appelle aussi *Bécassin*, *Bécasson*, *Bouriolle*, *Bouquerolle*, etc.

Cette espèce habite de préférence les marais du nord de l'Europe; on l'a observée également en Amérique.

Les Bécassines chevaliers.

Doigt extérieur et celui du milieu réunis par une petite membrane.

Nous ne connaissons encore qu'une seule espèce de cette section, c'est la Bécasse ponctuée, *Scolopax grisea*, qui est très-rare en Europe, et au contraire excessivement commune dans l'Amérique du nord; elle se nourrit de coquilles bivalves qu'elle trouve dans les marais salins. Sa propagation est inconnue.

BÉCASSE DE MER. *V.* COURLIS. Ce nom est quelquefois donné au Courlis commun. (GERVAIS.)

BÉCASSEAUX, *Tringa.* (ois.) Ce sont des oiseaux de rivage qui se tiennent ordinairement sur le bord des lacs, dans les marais et sur les côtes de la mer; leur nourriture consiste en vers, larves et insectes aquatiques. Voici leurs caractères génériques :

Bec long ou médiocre, faiblement arqué, un peu fléchi à sa pointe ou droit, mou et flexible dans toute sa longueur; les deux mandibules sillonnées jusque près de leur pointe; narines latérales percées dans la membrane qui recouvre le sillon nasal dans toute sa longueur; pieds grêles, les doigts antérieurs entièrement divisés, l'extérieur seulement et celui du milieu sont réunis à leur base dans quelques espèces; doigt de derrière ou pouce articulé sur le tarse; ailes médiocres; la première rémige est plus longue que les autres. La mue a lieu deux fois par an, et les couleurs varient suivant les saisons et l'âge ainsi que le sexe des individus; ce qui rend très-difficile la distinction des espèces.

On doit admettre dans le genre Tringa les deux sous-genres suivans :

† BÉCASSEAUX proprement dits,

Qui ont les doigts antérieurs entièrement divisés, c'est-à-dire sans membrane interdigitale.

Les espèces européennes sont au nombre de sept; on les trouve toutes en France.

Le BÉCASSEAU COCORLI ou ALOUETTE DE MER, Enl. 851, *Tringa subarcuata*, long de sept pouces et demi. Il habite les bords de la mer et des lacs; on l'observe rarement dans l'intérieur des terres. Des individus de cette espèce ont été envoyés du Cap, du Sénégal et de l'Amérique méridionale.

Le BÉCASSEAU BRUNETTE, *T. variabilis.* C'est le *T. cuclus* (Tringa à collier) de M. Vieillot, Nouv. dict. et Faune française. Il habite les marais, les rivières et les étangs; au printemps on le rencontre aussi sur le bord de la mer. Il pose son nid à terre et le fait avec des roseaux secs; sa ponte est de quatre œufs d'un blanc fuligineux, irrégulièrement tachetés de deux nuances brunes, l'une assez claire, l'autre plus foncée.

Le BÉCASSEAU PLATYRHINQUE, *T. platyrhinca.* Se trouve en France principalement et en Angleterre, dans les endroits marécageux.

Le BÉCASSEAU VIOLET, *T. maritima.* Ainsi nommé à cause des reflets violets et pourpres qu'on observe sur son dos et ses ailes. Il est long de sept pouces sept ou huit lignes.

Le BÉCASSEAU TEMMIA, *T. Temmenckii*, et le BÉCASSEAU A ÉCHASSES, *T. minuta*, sont aussi des espèces européennes. On les voit rarement en France.

Le B. MAUBÈCHE ou CANUT, *T. cinerea*, est très-répandu en Europe ainsi qu'en Amérique. Ses diverses variétés figurent dans les systèmes sous sept noms spécifiques différens; c'est l'espèce type du genre CALIDRIS de Cuvier.

A cette liste nous ajouterons, d'après M. Vieillot, Faune française, le BÉCASSEAU ROUSSATRE, *T. rufescens.* Cette espèce, que l'on observe ordinairement à la Louisiane, a été trouvée depuis peu en Picardie. Elle est longue de sept pouces trois lignes.

†† BÉCASSEAUX COMBATTANS.

Le deuxième sous-genre est celui des Combattans. Les espèces qu'il renferme sont moins nombreuses; elles ont le doigt du milieu et l'extérieur réunis jusqu'à la première articulation. Les mâles sont ornés pendant le temps des noces. Une seule est européenne : c'est le COMBATTANT, *T. pugnax* (Enl. 300, 305, 306 et 307), sur laquelle est fondé le genre MACHÈTES, Cuv.

Rien n'est plus fait pour intéresser que le caractère guerrier que ces oiseaux, ordinairement si timides, prennent dans la saison des amours. Les mâles ont alors la tête ornée de caroncules et le cou garni d'une épaisse crinière de plumes; ils se livrent entre eux, un à un ou bien ordonnés et réunis par troupes, des combats acharnés. Comme ils sont beaucoup plus nombreux que les femelles, on a pensé qu'ils se battaient ainsi pour la possession de ces dernières, qui devenaient le prix du vainqueur. Mais ce que n'explique pas cette hypothèse, c'est que les femelles elles-mêmes prennent souvent part au combat; et que les mâles retenus en domesticité, ayant des femelles en assez grand nombre pour que tous soient satisfaits, ou bien en manquant tout-à-fait, s'abandonnent également à leur penchant belliqueux. Après l'union des sexes tout rentre dans l'ordre; le mâle et la femelle apportent les plus grands soins à l'éducation de leur petite famille.

L'espèce des Combattans offre de nombreuses variétés; elle est commune dans tout le nord de l'Europe; au printemps on l'observe sur nos côtes, mais elle niche plus avant dans le Nord.

Parmi les Bécasseaux étrangers, nous citerons le BÉCASSEAU ALBANE, *T. albescens*, décrit et figuré par M. Temminck à la pl. 41, fig. 2 de son Recueil, et BÉCASSEAU ÉCHASSE, *T. himantopus*, Ch. Bonaparte. Cette espèce très-remarquable habite les États-Unis. (GERV.)

BÉCASSIN. (ois.) Est un des noms vulgaires de la Bécassine sourde (*Scolopax gallinula*). (GERV.)

BÉCASSINES. (ois.) Les Bécassines doivent être placées dans le genre des Bécasses *Scolopax*, auquel nous renvoyons pour la connaissance des espèces.

Ces oiseaux habitent les prairies marécageuses, la queue des étangs et les marais; ils nous arrivent au printemps, et nichent pour la plupart dans les marais de nos contrées montagneuses. Leur vol est très-rapide : aussi doit-on être adroit et bien exercé si on veut les chasser avec succès. On conseille de les tirer à *cul levé*, c'est-à-dire au moment où ils quittent leur gîte; car ils filent alors droit l'espace de deux ou trois toises, mais bientôt après ils font des crochets. On prend aussi les Bécassines à différens piéges, au *collet*, à la *pantaine*, au *traineau*.

Les Bécassines chevaliers forment une autre section dans le genre Scolopax; nous n'en connaissons encore qu'une espèce. La courte membrane qui unit le doigt extérieur à celui du milieu distingue les oiseaux de cette section des autres Bécasses. Les Bécassines chevaliers forment le passage du genre *Scolopax* au genre *Totanus*, ou Chevalier. (*V.* Bécasses.)      (Gerv.)

BEC-CROISÉ, *Loxia*. ( ois. ) Ces oiseaux forment un genre bien distinct de Passereaux conirostres à bec robuste, épais et comprimé, dont les mandibules sont tellement courbes que leurs pointes s'entrecroisent en sens inverse, c'est-à-dire que la pointe de la mandibule inférieure dépasse la supérieure, et *vice-versâ* : les narines sont petites, rondes, et recouvertes de plumes dirigées en avant; les ailes sont médiocres, la première et la seconde rémige plus longues que les autres. Les Becs-Croisés se tiennent dans le nord des deux continens; ils se recherchent principalement les semences des cônes ligneux des pins et des sapins : leur bec, en apparence si difforme, leur sert à détacher et arracher les écailles de ces cônes, afin d'avoir la graine qui se trouve sous chacune d'elles. Ils coupent aussi très-aisément les racines et les bourgeons, dont parfois ils se nourrissent. On connaît trois espèces de ce genre :

Le Bec-Croisé des pins, *Loxia curvirostra*, qui est long de six pouces, avec le plumage généralement verdâtre, tirant sur le rouge dans le mâle adulte, sur l'olivâtre dans la femelle; les jeunes ont, avant la première mue, le dessus du corps d'un gris blanchâtre, tacheté de brun. Les ailes et la queue sont brunes à tous les âges : le bec et les pieds noirs. *Voyez* la figure 9, pl. 46 de notre Atlas.

On rencontre cette première espèce dans tout le nord de l'Europe, jusqu'au Groënland; on la trouve aussi en Asie et en Amérique. Pendant l'hiver elle paraît souvent en France, mais ses migrations ne sont point régulières.

Ces oiseaux se nourrissent de graines de pins, et souvent d'autres fruits : dans la Picardie et la Normandie, leur présence est un véritable fléau; ils détruisent une grande quantité de pommes, les mettant en pièces pour avoir les pepins. Ils sont tout-à-fait sans méfiance et se laissent assez approcher pour qu'on puisse les tuer à coups de bâton, quelquefois même les prendre avec la main. Captifs, ils ne marquent aucune impatience, et s'accommodent fort bien du chenevis qu'on leur donne; lorsqu'ils sont libres, ils se tiennent dans les forêts de pins, et y font leur nid pendant la saison la plus rigoureuse, au mois de janvier : c'est avec des mousses et des lichens qu'ils le construisent; la résine dont ils l'enduisent le rend imperméable à toute humidité. Cette matière leur sert aussi à le fixer aux arbres. La ponte est de quatre ou cinq œufs blanchâtres,

rayés et tachetés au gros bout de rouge ensanglanté : il y a quelques années, un nid de cette espèce a été trouvé dans les sapins des environs de Paris.

Le Bec-Croisé perroquet, ou des sapins, *Loxia pytiopsittacus*, est la seconde espèce de ce genre. Il habite également l'Europe; on le trouve très-rarement en France. Il diffère principalement du précédent par son bec plus fort, plus courbé, mais moins long; son plumage est plus sombre. On l'a aussi observé en Amérique. Il se tient de préférence dans les forêts de sapins; sa ponte est de quatre ou cinq œufs cendrés tachés de rouge.

Latham a décrit dans son *Index* une troisième espèce, qu'il nomme *Loxia falcirostra*; plus petite que les deux précédentes, dont elle a les teintes générales, elle s'en distingue par sa queue très-fourchue, et les deux bandes transversales blanches de ses ailes. Elle appartient en propre à l'Amérique septentrionale; M. Vieillot l'a décrite et figurée dans sa Galerie des oiseaux, sous le nom de *Bec-Croisé de Sibérie*.     ( Gerv. )

BEC DE FER, *Sparactes*. (ois.) Ce genre appartient à la famille des Pies-Grièches; il y prend place à côté des Bécardes, et ne comprend encore qu'une espèce :

Le Barbilanier Bec de fer, *Sp. superbus*, oiseau rare et précieux qu'on suppose habiter les îles de la Polynésie et les Moluques les plus orientales. Il est de la grosseur d'un merle ordinaire; tout le dessus de son corps est noir, à l'exception du croupion et des couvertures supérieures de la queue, qui sont d'un jaune verdâtre. Une huppe longue de quatre pouces surmonte sa tête; elle se compose de plumes effilées retombant avec grâce sur le front. La gorge est rouge vif, avec quelques traits jaunes en bas; la poitrine et le ventre sont noirs; le bec est gris de fer, les pattes bleuâtres, et les ongles noirs.      (Gerv.)

BEC EN CISEAUX, *Rhyncops*. (ois.) Ces oiseaux, appelés aussi *Coupeurs d'eau*, forment un genre de Palmipèdes assez voisins des Hirondelles de mer par leurs petits pieds, leurs longues ailes et leur queue fourchue; mais ils se distinguent de tous les oiseaux par leur bec extraordinaire dont la mandibule supérieure est d'un tiers plus courte que l'inférieure; toutes deux sont droites et comprimées en forme de lame de couteau. La singulière disposition du bec de ces oiseaux ne leur permet de se nourrir que de ce qu'ils enlèvent à la surface de l'eau avec leur mandibule inférieure. On connaît deux espèces de Rhyncops, toutes deux propres aux mers de l'Amérique, soit dans l'Atlantique, soit dans l'océan Pacifique; la plus anciennement connue est :

Le Bec en ciseau noir, *R. nigra*, Enl. 357; représenté dans notre Atlas, pl. 46, fig. 10. Il est blanc, à calotte et manteau noirs, avec une bande blanche sur l'aile et les pennes externes de la queue blanches en dehors. Son bec et ses pieds sont rouges; sa taille égale à peine celle d'un pigeon. Ces oiseaux sont très-nombreux dans la mer des Antilles; ils volent avec lenteur et for-

-ment, avec les mouettes et quelques autres oiseaux de mer, des bandes tellement épaisses que souvent elles obscurcissent le ciel dans un espace de plusieurs milles. (GERV.)

**BEC EN FOURREAU**, *Chionis*. (ois.) Genre d'oiseaux intermédiaires entre les Échassiers et les Palmipèdes grands-voiliers et dont quelques auteurs ont formé une famille distincte, celle des *Chionidées*.

Ils sont caractérisés par leur bec dur, comprimé, fléchi vers sa pointe, la base de la mandibule supérieure étant recouverte par un fourreau de substance cornée, découpé en avant et garni de sillons longitudinaux. Les pieds sont assez courts, les doigts à demi bordés par un rudiment de membrane; la face est nue, mamelonnée chez les adultes; ailes éperonnées au poignet; deuxième rémige plus longue que les autres.

Le BEC EN FOURREAU BLANC, *Chionis alba*, est la seule espèce dont ce genre se compose, son corps gros et massif est couvert de plumes d'une blancheur éclatante. La longueur totale est de quinze pouces; le vol a vingt-huit pouces d'étendue.

Cet oiseau est mentionné dans les récits de presque tous les anciens navigateurs, le plus souvent sous le nom de *Pigeon blanc antarctique*; il habite les hautes latitudes australes, la terre de Diemen, la Nouvelle-Zélande, la Nouvelle-Hollande, et même les terres placées sous les limites du pôle sud. Son naturel est farouche, il est très-difficile de l'approcher, son vol est lourd et peu analogue à celui des oiseaux de haute mer.

La meilleure figure que nous puissions indiquer de cette singulière espèce est celle donnée par MM. Quoy et Gaimard dans la Zoologie de l'*Uranie*, pl. 5o. (GERV.)

**BECS-FINS**, *Sylvia*. (ois.) Ces oiseaux forment, dans la tribu des Passereaux dentirostres, un genre très-nombreux en espèces; on les reconnaît facilement à leur bec droit, grêle, en forme d'alène, dont la base est plus élevée que large; la mandibule supérieure souvent échancrée à sa pointe, l'inférieure toujours droite; les narines sont basales et ovoïdes, à moitié fermées par une petite membrane. Tarses plus longs que le doigt du milieu, qui est soudé à sa base avec l'externe. L'ongle du pouce est de longueur moyenne, toujours plus court que le doigt qui le porte et arqué; la première rémige est très-courte ou presque nulle, la deuxième est de très-peu moins longue que la troisième ou aussi longue qu'elle; les grandes couvertures des ailes beaucoup plus courtes que les rémiges.

Ce genre renferme plus de trois cents espèces, toutes remarquables par leurs formes élégantes, leur petite taille et la mélodie de leur chant; on les trouve répandues sur toutes les parties du monde dans les bocages, les petits bois et près des eaux, dont elles font l'agrément; elles vivent pour la plupart cachées dans les taillis où elles font la chasse aux insectes pour se nourrir, ne les prenant pas au vol, mais sur les branches, et les

feuilles qu'elles parcourent avec vivacité. Les Becs-Fins sont les plus petits oiseaux de nos climats; presque tous sont de passage, arrivant avec le printemps pour nous quitter dans les premiers jours d'automne. Dans les climats méridionaux quelques uns sont sédentaires; ils y font régulièrement deux pontes, ce qui n'a lieu chez nous que pour un très-petit nombre. Ils n'éprouvent qu'une seule mue chaque année; les mâles sont quelquefois assez différens des femelles; cependant chez certaines espèces qui habitent le bord des eaux, on saurait à peine reconnaître les sexes.

Ce genre se partage assez naturellement en trois groupes ou sous-genres, qui sont les Becs-Fins proprement dits, les Roitelets et les Troglodytes.

### Becs-Fins proprement dits.

On distingue parmi ces oiseaux:

† Les RIVERAINS, qui ont le sommet de la tête déprimé, les ailes courtes et arrondies, la queue longue, toujours étagée, souvent conique. Ces Becs-Fins fréquentent le bords des eaux et nichent ordinairement dans les roseaux. Les espèces européennes sont, d'après Temminck:

Le BEC-FIN ROUSSEROLLE, *Sylvia turdoïdes*, Enl. 515 (1), qui se rapproche assez des grives; il est d'un gris olivâtre en dessus, blanc cendré en dessous; bec jaune à sa racine, brun à sa pointe. La Rousserolle habite les joncs et les eaux douces de toute l'Europe, sa femelle pond quatre ou cinq œufs verdâtres, tachetés de cendré et de brun.

BEC-FIN RUBIGINEUX, *S. galactotes*. Temm. (roy. Manuel, p. 282 et pl. col. 251, tom. 1). Il habite le midi de l'Espagne.

BEC-FIN RIVERAIN, *S. fluviatilis*. Cette espèce est, de même que la précédente, très-rare en France; on la trouve communément en Autriche et en Hongrie.

BEC-FIN LOCUSTELLE, *S. locustella* (pl. enl. 581, fig. 5, sous le nom d'*Alouette locustelle*). Il est répandu dans presque toute l'Europe.

BEC-FIN TRAPU, *S. certhiola*, Temm., p. 185. Il habite la Russie méridionale.

BEC-FIN AQUATIQUE, *S. aquatica*. Il se trouve en Italie, quelquefois aussi, mais rarement, dans le midi de la France.

BEC-FIN PHRAGMITE, *S. phragmites*. *Voy.* Temm., Man. p. 189. Cette espèce est de toute l'Europe tempérée.

BEC-FIN DES ROSEAUX ou EFFARVATE, *S. arundinacea*, semblable pour les couleurs à la Rousserolle, *S. turdoïdes*, dont il a aussi les habitudes, mais d'un tiers moindre.

BEC-FIN VERDEROLLE, *S. palustris*, qui habite toute l'Europe.

BEC-FIN A MOUSTACHES NOIRES, *S. melanopogon*.

---

(1) On indique ainsi par *enl.* ou *pl. enl.* les planches enluminées de Buffon; le numéro qui suit indique celui de la planche, *pl. col.*, on Temm., *pl.* veut exprimer les *planches colorées* de M. Temminck.

Cette espèce, décrite et figurée par M. Temminck (pl. col. 245, fig. 2), a été observée dans les environs de Rome ; elle se distingue par sa calotte et ses moustaches noires ; la gorge et le milieu du ventre sont noirs ; un trait de cette couleur passe au dessus de l'œil ; le reste est d'un brun roussâtre.

BEC-FIN BOUSCARLE, *S. Cetti*, décrit par M. de la Marmora, est de couleur marron en dessus ; à queue unicolore et étagée. Il habite l'île de Sardaigne.

†† SYLVAINS. Les espèces de ce groupe ont le bec droit, grêle, comprimé à sa pointe ; leur corps est svelte ; leur queue horizontale, plus longue que chez les Riverains, large et à pennes égales. Elles fréquentent les bois et les jardins qu'elles égaient par leur chant mélodieux : nous décrirons d'abord les espèces européennes, et en premier :

Le BEC-FIN ROSSIGNOL, *S. luscinia*, figuré à la pl. enl. 615, et si bien décrit par Gueneau de Montbéliard, dans l'Hist. nat. de Buffon. Il est long de six pouces deux lignes, brun roussâtre en dessus, gris blanchâtre en dessous ; la queue est un peu plus rousse.

C'est principalement le soir que cet oiseau aime à se faire entendre, quand tout se tait autour de lui ; commençant par un prélude timide, par des sons faibles, presque indécis, comme pour s'essayer et avertir ceux qui l'écoutent, il prend bientôt de l'assurance, s'anime et déploie toute l'étendue de son inimitable gosier ; on l'entend alors à plus d'une demi-lieue de distance. Ses couplets, parmi lesquels on compte seize reprises ou motifs différens, sont diversifiés à l'infini : et cependant une seule octave produit tous ces effets. Les Rossignols ne sont que de passage dans la plupart des contrées de l'Europe, ils voyagent ordinairement seuls et nous arrivent aux mois d'avril et de mai, pour repartir en septembre. Au printemps le mâle et la femelle se recherchent, ils posent leur nid à terre, dans les herbes ou sur les branches de quelque arbuste ; la femelle ne fait qu'une seule ponte, composée de quatre ou cinq œufs ( dans les pays chauds, la ponte a lieu jusqu'à trois et quatre fois ) ; qu'elle couve pendant dix-huit ou vingt jours ; le mâle la quitte rarement ; perché sur une branche voisine, il s'épuise à chanter comme pour la désennuyer. Lorsque les petits sont éclos, la femelle s'occupe ainsi que le mâle de leur éducation, celui-ci cesse alors de chanter... On prend quelquefois de jeunes rossignols pour les élever afin de jouir plus tard de la mélodie de leur voix ; mais il faut leur prodiguer les soins les plus minutieux, et le plus souvent encore on ne réussit pas ; les larves de fourmis, les petits insectes mous, la viande finement hachée, quelques fruits tels que les baies, les figues, etc., sont ce qui leur convient le mieux.

BEC-FIN PHILOMÈLE, *S. philomela*. Cette espèce habite le nord de l'Europe. On l'observe assez souvent en France. Elle est un peu plus grande

que le rossignol, sa poitrine est légèrement variée de reflets grisâtres.

BEC-FIN SOYEUX, *S. sericea*. Il a été observé à Gibraltar.

BEC-FIN ORPHÉE, *S. Orphea*, Temm. Man. p. 198, *la Fauvette*, Buff. enl. 579, fig. 1. Cette espèce est, comme l'indique son nom, remarquable par son chant ; on la trouve dans le midi de l'Europe.

BEC-FIN RAYÉ, *S. nisoria*, Mannel de Temm. p. 200 ; cette espèce habite le nord de l'Europe.

FAUVETTE A TÊTE NOIRE, *S. atricapilla*, pl. enl. 580, fig. 1. Elle est un peu plus grosse que la Fauvette commune ; elle a cinq pouces trois lignes de longueur, et huit pouces six lignes de vol. C'est sans contredit celle de toutes les Fauvettes dont le ramage est le plus doux, le plus mélodieux et le plus agréable, il se rapproche un peu de celui du rossignol.

Le dessus de la tête est d'un beau noir profond chez le mâle, le dessus du corps et le derrière du cou d'un gris passant insensiblement au blanchâtre à la poitrine et aux couvertures inférieures de la queue. La femelle, un peu plus petite que le mâle, présente le sommet de la tête d'un brun marron ; les jeunes mâles sont semblables à la femelle jusqu'à la fin de l'année.

BEC-FIN MÉLANOCÉPHALE, *S. melanocephala*. Il se trouve dans le midi de l'Europe.

BEC-FIN SARDE, *S. sarda*, pl. col. 24, fig. 2. M. de la Marmora a fait connaître cette espèce assez semblable à la précédente par le plumage et le cercle nu qui entoure les yeux, mais dont la queue offre seulement le bord de la penne extérieure de couleur claire, tandis que chez l'autre toute la barbe extérieure, ainsi que le bout des deux premières pennes sont blancs. Elle est commune dans quelques cantons de la Sardaigne. On la trouve le plus souvent dans les petits buissons des endroits peu fréquentés. Elle existe aussi probablement en Sicile, dans le royaume de Naples et en Espagne.

BEC-FIN FAUVETTE ou F. DES JARDINS, *S. hortensis*. Cette espèce est répandue dans toute l'Europe, et en particulier dans les parties méridionales de France qu'elle quitte par troupes au milieu de l'automne pour y revenir au printemps ; elle se nourrit d'insectes et de fruits mous, fait son nid dans les buissons, auprès des habitations, et le plus souvent dans les bosquets et les jardins ; le chant du mâle ne manque pas d'agrément.

La Fauvette est longue de six pouces trois lignes, d'un brun cendré dessus, blanchâtre dessous ; la penne externe de la queue aux deux tiers blanche, la suivante marquée d'une tache au bout, les autres d'un liseré.

M. Vieillot décrit comme une espèce distincte la Fauvette bretonne, que M. Temminck ne considère que comme une variété de la Fauvette des jardins.

FAUVETTE GRISETTE, *S. cinerea*, Buff., enl. 579, t. 5, n'est guère plus grosse que le Roitelet. Elle a le sommet de la tête et tout le dessus du corps

d'un

d'un cendré brunâtre, les pennes des ailes brunes ainsi que celles de la queue. Le dessous du corps est blanchâtre. Cette espèce, que l'on voit dès le printemps, est répandue par toute l'Europe. En France elle ne fait qu'une seule ponte de quatre ou cinq œufs marqués de taches et de zones brunes sur un fond sale. Le nid, composé d'herbes sèches avec des crins dans l'intérieur, est placé à quelques pouces au dessus du sol.

**Bec-fin babillard**, *S. curruca*. Fauvette babillarde de Buffon, *Motacilla garrula*. Cet oiseau ne présente que des nuances sombres et monotones. Sa tête est cendrée ainsi que le dessus de son corps, qui est mêlé d'un peu de brun. La gorge et le dessous du corps sont d'un blanc teint de roussâtre, les côtés et les jambes d'un gris clair.

La Fauvette babillarde est une des plus communes en France; elle y arrive une des premières et ne s'en va que dans le courant d'octobre. Son chant gai, mais sans variations, qu'elle fait entendre sans interruption, lui a valu l'épithète de *Babillarde*.

**Bec-fin a lunettes**, *S. conspicillata*; pl. col. 6, f. 1. Cette espèce a été découverte par M. de La Mormora. Elle est plus petite que la Grisette, à laquelle elle ressemble un peu; ses couleurs sont plus vives et plus pures; deux raies noires garnissent les lorums et entourent l'œil, d'où le nom Bec-fin à lunettes. Cet oiseau, dont les habitudes sont celles de toutes nos Fauvettes, se tient dans les contrées les plus chaudes de l'Europe, en Sardaigne principalement; il recherche les buissons et les petits bois.

**Bec-fin pitte-chou ou Fauvette de Provence**, *S. provincialis*, enl. 655, 1. C'est une petite espèce à peine plus grosse que le Roitelet, qui rôde durant le jour autour des plantations de choux, dans l'intention d'y prendre les chenilles et quelques petits insectes; pendant la nuit elle se cache dans cette plante, afin d'éviter, dit-on, les attaques des chauve-souris. Le Pitte-chou a le sommet de la tête et tout le dessus du corps d'un cendré foncé; le dessous, jusqu'aux couvertures de la queue inclusivement, est d'un roux ondé et varié de blanc; le bec est jaunâtre à sa base.

**Bec-fin passerinette**, *S. passerina*. Temm., pl. col. 24, f. 1, le mâle, et Buff., pl. enl. 579, f. 2, la femelle; se trouve en Italie, en Sardaigne, en Espagne, et dans le midi de la France. Sa nourriture consiste en mouches et en petits insectes qu'il va chercher sur les feuilles. Il est brun olivâtre en dessus, blanc jaunâtre en dessous, et n'a point de blanc à la queue.

**Bec-fin subalpin**, *S. subalpina*, Iconographie de M. Guérin, Ois., pl. 14, fig. 2. Cette espèce, du midi de l'Europe, a été découverte par Bocelli, qui l'a observée en Lombardie, le long de la Méditerranée et en Sardaigne.

**Bec-fin rouge-gorge**, *S. rubecula*, enl. 361, 1. Répandu par toute l'Europe dans les forêts d'une grande étendue, il est surtout très-commun en Hollande et en France, principalement dans la Lorraine et la Bourgogne. C'est un oiseau de passage; il arrive au printemps et disparaît au plus tard dans le commencement de septembre; cependant il en reste toujours quelques individus qui se tiennent dans les vergers et les jardins; si le froid devient un peu vif, on voit ces jolis oiseaux frapper aux vitres des fenêtres comme pour demander l'hospitalité, entrer jusque dans les maisons et s'y montrer très-familiers.

Le Rouge-gorge a le dessus du corps gris-brun, le ventre blanc, et, ce qui lui a fait donner son nom, la gorge et la poitrine rousses; il niche près de terre, dans les bois.

**Bec-fin gorge bleue**, *S. suecica*, enl. 361, 2. Reconnaissable à la couleur de sa gorge qui est d'un bleu éclatant; sa poitrine est rousse et son ventre blanc; cette espèce est plus rare que la précédente, on la trouve cependant en France. Ses habitudes sont celles du Bec-fin rouge-gorge.

**Bec-fin des murailles**, *S. phœnicurus*, enl. 351; appelé aussi Rossignol des murailles, Gorgenoire, etc. Il est brun dessus, avec la poitrine, le croupion et les pennes latérales de la queue d'un roux clair, et la gorge noire. Il niche dans les trous des vieux murs et fait entendre un chant doux, qui a quelque chose des modulations du rossignol.

**Bec-fin rouge-queue**, *S. tithys*, le Rouge-queue de Buffon, décrit sous plusieurs noms par Gmelin. Il diffère surtout des précédens parce que sa poitrine est noire ainsi que sa gorge. Il est plus rare encore que le *Phœnicurus*, cependant on le trouve quelquefois en France; Edwards l'a figuré à la planche 29 de son recueil.

††† Les **Muscivores** forment un troisième groupe parmi les Becs-fins proprement dits. Ces oiseaux se nourrissent de mouches qu'ils prennent au vol et dans les buissons; ils ont les ailes longues, aboutissant au-delà du milieu de la queue dont les pennes sont égales ou légèrement fourchues.

**Bec-fin a poitrine jaune**, *S. hippolaïs*, enl. 581, 2. C'est une petite espèce à peu près de la couleur du serin, et une de celles que l'on prend le plus communément.

**Bec-fin galactote ou rubigineux**, *S. galactotes*, Temm., pl. col. 251, 1. Des parties méridionales de l'Espagne.

**Bec-fin de Ruppel**, *S. Ruppeli*, Temm., pl. 245 (mâle). Tête et devant du cou noirs, dos cendré; ailes brunâtres; bordures de la gorge et du dessous du corps blancs, pieds jaunâtres.

Cet oiseau est européen, il habite l'île de Candie.

**Bec-fin Nattérer**, *S. Nattereri*, Temm., pl. 24, f. 3, *S. Bonelli* de Vieillot. Il a le dessus de la tête et du cou d'un gris olivâtre; ses ailes sont vertes et mélangées de brun; sa queue arrondie est brune et verte; le dessous du corps et de la gorge d'un cendré bleuâtre très-clair; bec et pieds fauves.

Cet oiseau habite l'Europe, notamment la France; il est plus commun dans le midi que dans les provinces septentrionales; on le trouve aussi en Italie ; il se tient dans les buissons, sur le bord des rivières.

**Bec-fin cisticole**, *S. cisticola*, Temm., pl. 6, f. 3, de toutes les contrées méridionales de l'Europe, depuis Gibraltar jusqu'à l'Adriatique. Il est de la grosseur du roitelet ; jaunâtre piqueté de noir en dessus ; un trait noir sur l'œil ; gorge blanche, ventre et flancs jaunâtres ; la queue est noire et étagée, chacune de ses pennes terminée de fauve.

Cette espèce fait chaque année trois pontes composées de quatre ou cinq œufs chacune ; son nid est infondibuliforme ou en entonnoir, le plus souvent composé de brins d'herbes entrelacés avec une matière cotonneuse ; c'est sur une sorte de coussin fait avec cette matière que la femelle pose ses œufs. Dans certains endroits on l'appelle Becque-mouche. M. Savi, qui a observé cet oiseau aux environs de Pise, assure qu'il se tient pendant le printemps et une partie de l'été dans les plaines, et qu'il passe le reste de la belle saison dans les marais.

Telles sont, d'après M. Temminck, les espèces que l'on trouve en Europe. Le nombre, comme on voit, en est assez considérable et probablement il s'accroîtra encore. Nous allons indiquer maintenant, parmi les espèces étrangères à notre continent, celles qui paraissent le mieux déterminées et qui ont été figurées avec le plus d'exactitude.

**Bec-fin mignon**, *S. venusta*, Temm., pl. 293, 1. Il est du Brésil.

**Bec-fin cul-roux**, *S. speciosa*, pl. col. 293, 2 ; également du Brésil. Il n'est pas rare dans les environs de Rio-Janeiro.

**Bec-fin cerclé**, *S. palpebrosa*, pl. col., 293, 3. Espèce rapportée du Bengale par M. Dussumier.

**Fauvette igata**, *S. igata*, Quoy et Gaimard, Zool. de *l'Astrolabe*, t. I, p. 201, pl. 11, fig. 2. *Igata* est le nom que les indigènes de la baie de Tasman dans le détroit de Cook, à la Nouvelle-Zélande, donnent à cet oiseau.

M. Temminck range dans le genre *Sylvia*, comme formant deux sous-genres différens, les Roitelets et les Troglodytes, que nous décrirons séparément. (*Voy.* ces mots.)     (Gervais.)

**BEC-OUVERT**, *Anastomus*. (ois.) Ce sont des Échassiers assez semblables aux cigognes ; ils s'en distinguent par leur bec, dont les mandibules ne se joignent qu'à la base et à la pointe, laissant dans le milieu un intervalle vide, qui paraît être l'effet de la détrition ; en effet, on voit à cet endroit les fibres de la substance cornée du bec, qui semblent usées ; les narines sont linéaires et longitudinales, les jambes grêles.

Les Becs-ouverts vivent sur le bord des eaux et dans les marais, où il font la chasse aux reptiles et aux poissons ; ils entrent dans l'eau sans jamais se mettre à la nage. On n'en connaît que deux espèces :

Le **Bec-ouvert des Indes**, *An. Indicus*, qui est d'un gris brun-cendré, tirant plus ou moins au blanchâtre, à rectrices et rémiges d'un noir vif.

Latham, trompé par des variétés d'âge, en fit deux espèces distinctes.

La seconde espèce est d'Afrique ; on l'a décrite sous le nom de **Bec-ouvert du Cap**, *An. lamelligerus*, voyez la pl. 54 de l'Icon. du règne animal. Elle est à peu près de la taille d'une cigogne ; sa face est nue ; son plumage d'un brun métallisé, avec des reflets pourprés. Les plumes offrent cette particularité très-remarquable, qu'elles sont, pour la plupart, terminées par une palette oblongue, noire et très-luisante. Le bec est jaune, et les pieds sont noirs.

Le Bec-ouvert du Cap est long de trois pieds environ, dont sept pouces pour le bec ; il habite l'Afrique, on l'a observé au Sénégal et dans la Cafrerie.       (Gerv.)

**BÈCHE**, Lisette. (ins.) On a donné ce nom dans quelques parties de la France, à l'Attelabe Bacchus, et à l'Eumolpe de la vigne. (*V.* Attelabe et Eumolpe.)       (Guér.)

**BEDAUDE** ou **BEDEAUDE**. (ois.) Les paysans donnent ce nom à la corneille mantelée. On donne aussi ces noms à divers insectes dont le corps présente deux couleurs.      (Guér.)

**BÉDÉGUARD** ou **BÉDÉGARD**. ( ins. ) C'est une galle chevelue et très-odorante qui est produite sur les jeunes rameaux des rosiers, par la piqûre de plusieurs espèces du genre Cynips ( *v.* ce mot ). On a reconnu que les propriétés merveilleuses attribuées à cette substance par les anciens médecins sont fausses, et qu'elle n'est que légèrement astringente.       (Guér.)

**BEDO**. ( bot. phan. ) Nom donné à une espèce particulière du genre Artocarpe ( *v.* ce mot ) dont quelques botanistes font un genre particulier, sous le nom de Sitodium ( *v.* ce mot ).       ( T. d. B. )

**BÉGAIEMENT**, Psellisme. (physiol.) Prononciation vicieuse qui consiste dans la répétition de la même syllabe, et dans la difficulté d'articuler celles-ci ou seulement quelques unes d'entre elles ; le Bégaiement peut être plus ou moins intense : ce n'est tantôt qu'une légère hésitation dont le bègue se rend facilement maître, tandis que parfois il se consomme en vains efforts, en contractions inutiles des muscles de la face, pour ne produire que des sons sourds et des mots inachevés. La timidité, la colère, la joie, contribuent souvent à augmenter le Bégaiement ; quelquefois au contraire les passions vives, une attention soutenue comme dans le chant, la déclamation, la lecture à haute voix, font disparaître momentanément cette infirmité. On a prétendu que les femmes ne bégayaient jamais ; il est certain que chez elles le Bégaiement est plus rare. Il est moins marqué dans l'enfance que dans la puberté, époque où des idées nouvelles se développent, se pressent et ne rencontrent pas toujours des mots pour les exprimer. Le Bégaiement diminue vers l'âge mûr et se prolonge rarement jusqu'à la vieillesse.

On a cherché la cause du Bégaiement dans quelque vice de conformation des organes vocaux ; ainsi on l'a attribué à la longueur du filet, au volume de la langue, au mode d'implantation des dents incisives ; mais le plus ordinairement l'examen de ces organes n'a rien présenté de particulier. M. Rullier a supposé que chez le bègue l'irradiation cérébrale qui suit la pensée et devient le principe propre à mettre en action les muscles nécessaires à l'expression orale des idées, jaillit avec une telle impétuosité et se reproduit avec une telle vitesse, qu'elle passe la mesure de mobilité possible des agens de l'articulation. Mais il y a des individus, a-t-on dit, qui ne bégaient que dans les instans de calme ; il en est qui sont presque idiots ; ces objections sans doute suffisent pour combattre l'hypothèse de M. Rullier, mais elles ne sont pas suffisantes, selon nous, pour la rejeter entièrement : s'il n'est pas permis d'affirmer que cette infirmité doit être attribuée à la trop grande activité de l'imagination en même temps qu'à la faiblesse relative des muscles qui servent à l'articulation des sons, du moins est-il raisonnable de supposer un défaut de rapport entre le centre nerveux de l'appareil vocal, sans que ce tort d'organisation soit appréciable à nos sens. Quelle que soit au reste la nature de ce vice organique, on est parvenu à en étudier assez exactement les effets pour y remédier souvent d'une manière efficace. Une dame Leigh, de New-York, devenue veuve, fut accueillie avec bonté dans la maison du docteur Yates. Cherchant tous les moyens de témoigner à ses hôtes sa vive reconnaissance, elle entreprit la cure d'une jeune personne, fille du docteur, et qui bégayait d'une manière très-prononcée. Après avoir observé attentivement un grand nombre de bègues, elle s'aperçut qu'à l'instant où ceux-ci hésitent, leur langue est placée dans le bas de la bouche, tandis qu'elle est ordinairement placée contre le palais chez les personnes qui parlent avec facilité ; cette observation la conduisit à engager sa jeune amie à élever la pointe de la langue vers la voûte palatine toutes les fois qu'elle voudrait parler, et le résultat fut des plus satisfaisans ; seulement la parole ne devint pas d'abord pure et facile, la prononciation resta *empâtée* ; mais avec le temps et en s'appliquant à rectifier ce qu'elle avait encore de vicieux, la guérison fut complète. Madame Leigh fit bientôt l'application de son procédé sur un certain nombre de sujets, et ouvrit à cet effet une institution pour les bègues. Les avantages de sa méthode, constatés par les médecins les plus célèbres des États-Unis, ont été publiés dans les recueils scientifiques ; MM. Malbouche la transportèrent en Europe. Ces messieurs apportèrent par la suite des modifications nombreuses à la méthode de madame Leigh, et ces modifications ont toujours eu pour base la nature même du Bégaiement. L'expérience qu'ils ont acquise leur a permis de reconnaître pour ce vice d'organisation plusieurs espèces qu'ils ont ainsi classées :

1° Impossibilité momentanée d'articuler ;
2° Doublement précipité des syllabes ;
3° Arrêt de la parole par habitude d'esprit ;
4° Bredouillement ;
5° Difficulté pour les lettres *d'avant* ;
6° Zézaiement ;
7° Difficulté pour les lettres *de haut* ;
8° Difficulté pour les lettres *d'arrière* ;
9° Difficulté pour les trois articulations *k*, *p*, *t*.

MM. Malbouche, encouragés par les suffrages de nos plus célèbres physiologistes, ont depuis plusieurs années entrepris la guérison d'un grand nombre de bègues, et presque toujours les succès les plus honorables ont couronné leurs essais.

D'autres procédés ont été mis en usage pour la cure du Bégaiement, et il est juste de citer avec distinction ceux de M. Deleau, de M. Serres d'Alais. De ce concours d'efforts il adviendra, nous devons l'espérer, des indications tellement positives, que les moyens de remédier au Bégaiement seront aussi faciles dans leur application que constans dans leurs résultats. (P. GENTIL.)

BÉGONE, *Begonia*. (BOT. PHAN.) Lorsque les caractères scientifiques ne suffisent pas pour déterminer le rang d'une plante dans l'ordre naturel, il faut bien s'appuyer sur quelques particularités vulgaires, qui, comme les recettes de ménage, ont souvent un fondement réel. La plante dont on vient de lire le nom est très-anomale, c'est-à-dire que, malgré les observations les plus approfondies, on ne peut la rapporter à aucune des classes de Jussieu. Mais par le port, par les stipules, et surtout par l'acidité de ses feuilles, elle a des points de ressemblance avec l'oseille ; c'est le nom qu'on lui donne dans les colonies, où l'on emploie ses feuilles pour l'usage de la table. Nous rapprochons donc le Begonia de la famille des Polygonées ; M. Richard en a fait le type d'une nouvelle famille. (*Voyez* l'article suivant.)

Les fleurs du Bégone sont unisexuées et monoïques, et disposées en panicules terminales, où sont entremêlés les mâles et les femelles ; les enveloppes florales sont au nombre de 4 à 8, toutes colorées, mais inégales et disposées sur deux rangs ; on peut y voir un calice double, ou un calice et une corolle. Les étamines, assez nombreuses, forment un tube cylindrique, ou bien sont libres et distinctes. L'ovaire porte trois stigmates bipartis. Le fruit est une capsule triangulaire, ailée sur les coins, à trois loges, renfermant des graines fort petites.

Les plantes de ce genre ont en général des tiges épaisses et charnues, presque toujours herbacées ou à peine ligneuses ; des feuilles alternes, simples, accompagnées de deux stipules. On en compte une quarantaine d'espèces, originaires de l'Asie orientale et de l'Amérique. Celles qu'on cultive particulièrement dans nos serres sont le *Begonia discolor*, de la Chine, dont les feuilles et la tige sont en partie rouges et les fleurs roses (représenté dans notre Atlas, pl. 47, fig. 1), et le *B. nitida*, des Antilles, dont les feuilles sont vertes et luisantes. (L.)

BÉGONIACÉES, *Begoniaceæ*. (BOT. PHAN.) C'est le nom de la nouvelle famille instituée par M. Richard pour le seul genre *Begonia*. Elle restera, comme lui, sans place fixe dans l'ordre naturel, car la classe des Apétales à étamines épi-gynes, dans laquelle elle devait entrer, est com-posée de familles toutes différentes de caractères. Nous avons parlé des rapports du *Bégone* avec les Polygonées, dans la classe des Apétales périgynes; nous indiquerons encore les Cucurbitacées, avec lesquelles il a de commun l'ovaire infère, à trois loges, et la structure des stigmates. (L.)

BÉHEMA et non BÉHEMOTH. (MAM.) Disons d'abord les erreurs répétées jusqu'ici relativement à ce nom, que l'on tient généralement pour inexplicable et peut-être comme une simple allégorie ou bien cachant un sens mystique. La plupart des commentateurs juifs et chrétiens lisent et écrivent *Behemoth* au singulier, tandis qu'il est le pluriel du mot *Behema*; première erreur. La seconde, c'est de penser, avec les Rabbins, qu'il signifie, non pas la Baleine, mammifère des mers du Nord, ainsi que l'avance un compilateur moderne, mais le Crocodile, appelé par les anciens Egyptiens *Champsa* et *Champs s*, par les Hébreux *Leviathan*, puisque cet amphibie ne vit en société avec aucune espèce d'animaux, si l'on excepte le Pluvier tek-tak, comme l'observa fort bien Hérodote, il y a près de 27 siècles. La troisième erreur est d'assurer, avec Bochart, Scheuchzer, et plusieurs naturalistes, que le nom de Behema fut celui de l'Hippopotame, ou du Rhinocéros, ou bien encore celui du Morse : je ne partage point ces divers sentimens.

Le Behema joue un très-grand rôle dans l'Apocalypse, et en recourant au livre de Job, où l'auteur en parle dans un langage rempli d'hyperboles, il n'est guère possible, au premier coup d'œil, d'appliquer les expressions employées à un être réel: tous ceux qui jusqu'ici tentèrent l'entreprise ont échoué; le résultat de mes recherches sera-t-il plus heureux?

Rarement la science et la poésie marchent ensemble, et il est toujours difficile d'établir entre elles un accord parfait, surtout quand le poète n'offre point dans son style le sublime d'un Homère ou du chantre des Géorgiques, quand il ne réunit pas dans ses peintures l'aimable naïveté, la sévère exactitude de ces deux grands génies. Cependant il me semble reconnaître le Mastodonte géant ou Mammouth dans l'animal nommé dans l'Apocalypse et si bizarrement décrit au livre de Job (XL, 10 à 19).

Ce grand mammifère herbivore appartient aux premiers âges qui suivirent la catastrophe physique à laquelle la terre doit sa forme actuelle, et dont les diverses périodes sont inscrites, en caractères ineffaçables, aux flancs des plus hautes montagnes; il était constitué de manière à vivre également au nord comme au midi, puisqu'on retrouve ses débris fossiles sous toutes les climatures, dans l'ancien aussi bien que dans le nouvel hémisphère, tantôt isolés, tantôt et le plus ordinairement mêlés à ceux d'une foule d'animaux pacifiques, dont nous ne connaissons que les squelettes plus ou moins entiers. Le Mastodonte a laissé des souvenirs profonds dans l'esprit de celui qui le

voyait paître au milieu des troupeaux; l'imagination fleurie et le plus souvent délirante des Orientaux, s'est emparée de ces impressions, et, tout en respectant une partie des faits qu'elle ne pouvait détruire, elle a représenté le Behema sous des rapports exagérés; elle en a donné des images grotesques, qu'elle accompagna des idées les plus extravagantes, afin de solliciter plus vivement les émotions de l'homme stupide ou égaré qu'elle cherchait à attirer vers un but secret : c'est ainsi qu'en agissent aujourd'hui ces pauvres écrivains qui se complaisent à peindre le crime en action, les noires pensées du bagne, et se louent de retremper incessamment leurs plumes dégoûtantes dans la lie et au coin de la borne.

Il est à regretter que le livre où Théophraste, au rapport de Pline (XXXVI, 18), mentionnait le Mastodonte, ne soit point arrivé jusqu'à nous; il justifierait pleinement l'opinion que j'émets. En effet, en suivant ce qu'il y a de raisonnable dans le texte de Job, le Behema mangeait l'herbe succulente des plaines et celle moins abondante et plus sèche des montagnes; il se plaisait au milieu des autres animaux et particulièrement des bœufs, dont la tradition, chez les anciens et chez les peuples nomades de l'Asie et de l'Amérique, le regarde comme le père; il réunissait la force à la douceur, l'une était la conséquence de sa masse énorme, de sa taille gigantesque, l'autre de la nature même de ses alimens et de ses habitudes; dans les pays chauds il aimait parfois à se rafraîchir en se plongeant dans l'eau, à se tenir sous l'ombre des arbres penchés au dessus des torrens; il supportait volontiers le froid des régions septentrionales; dans la colère et au temps des amours il dressait sa longue queue, qui paraissait alors comme le cèdre antique aux cimes du Liban; etc., etc.

Gésénius estime que le mot Behema des Hébreux est une corruption de l'ancien mot égyptien *Pehemout* qui, selon lui, signifie animal ami des eaux; Bochart veut, au contraire, qu'il vienne de l'une des branches du Nil, ou le Niger, que le Carthaginois Hannon, selon le dire de Polybe, assurait être appelé *Bamoth* ou *Bambot*. S'il se rencontre des ossemens de Mastodonte dans cette contrée, la seule herbeuse de l'Afrique centrale, mon opinion en recevra le dernier degré de certitude que j'entrevois. (T. D. B.)

BÉLÉMENT. (MAM.) C'est le nom que l'on a donné au cri de certains mammifères, tels que les brebis et les chèvres. (GERV.)

BÉLÉMNITE, *Belemnites*. (MOLL.) Corps fossile dont la plupart des auteurs se sont accordés à former un genre de Céphalopode, et dont le nom vient de l'analogie de forme qu'il présente avec une espèce de dard que les anciens nommaient *Belemnon*. Ces fossiles sont droits, en forme de cône allongé, plus ou moins déprimés, acuminés par un bout et ouverts de l'autre, composés d'un entourage formé par un réseau de petites locules serrées, transversales et divergentes du centre à la circonférence, enveloppant une série de loges transversales qui forment un ensemble conique, garni le plus souvent du côté marginal d'une gouttière.

Peu de corps fossiles ont donné lieu à de plus nombreuses recherches, de plus vives discussions, et dès une époque aussi reculée, que les Bélemnites, soit à cause du merveilleux que l'on avait gratuitement jeté sur leur origine et leurs propriétés, soit à l'aspect du grand nombre d'échantillons que les révolutions du globe ont abandonnés à la surface du sol européen, soit enfin à cause de la difficulté qui s'est toujours présentée de leur assigner une place fixe et surtout convenable au rôle qu'elles ont dû remplir autrefois. D'abord on les rapportait au *Lyncurium* ou *Lapis lyncis* de Théophraste, dont les anciens formaient des cachets gravés et sur lequel on débitait tant de fables, par exemple d'être le produit de la solidification de l'urine de lynx; mais ce rapprochement a été avantageusement combattu par plusieurs auteurs, et M. de Blainville pense même que les Bélemnites n'étaient pas connues des anciens. George Agricola (1546) fut le premier qui les signala d'une manière évidente, puis après lui une foule d'auteurs, les décrivant plus ou moins, crurent pouvoir expliquer leur origine. Quelques uns d'entre eux les firent venir de différens coquillages et notamment de la pinne marine; d'autres les regardaient somme des dattes pétrifiées, des stalactites, du succin durci, des morceaux de silex, des zoophytes pierreux, des queues d'écrevisse, des animaux voisins des oursins, des dents de gros poissons, des griffes de certaines étoiles de mer, etc., etc. Enfin d'Ehrart (1722) fut le premier qui les considéra comme des dépouilles des Céphalopodes, voisins des nautiles et de la spirule, et cette idée, adoptée par Deluc, Miller, M. de Blainville et beaucoup d'autres, se trouva tellement fortifiée de l'opinion de ces savans, que l'on vit dans cette dépouille fossile une pièce analogue à l'os des seiches, et que l'on tenta même par l'analogie d'établir les caractères des animaux auxquels elles avaient appartenu; les travaux de M. de Blainville ont surtout contribué depuis quelque temps à asseoir sur cette matière l'opinion des naturalistes. D'abord il démontre le peu d'analogie, déjà signalé par Klein, qui règne entre ces corps et le *Lyncurium* des anciens; adoptant ensuite le rapprochement des Bélemnites avec les os de seiche, il conclut que ces fossiles appartiennent à un animal pair, symétrique; qu'ils sont complétement intérieurs, et que, comme l'os des calmars, ils étaient contenus dans une loge de l'enveloppe dermoïde, dont les parois déposaient la matière calcaire. Il ajoute par analogie que les Bélemnites devaient être dorsales et terminales, et que lorsqu'elles étaient complètes, l'extrémité des viscères de l'animal y était renfermée.

Peu d'années après, un travail non moins remarquable parut sur le même sujet; son auteur, M. Raspail, n'étant point convaincu par le mémoire de M. de Blainville et s'étant livré à une étude approfondie des Bélemnites d'une collection qui lui avait été confiée, se forma une tout autre idée de leur origine, et consacra un mémoire étendu au développement de sa manière de voir, dont le résumé est que les Bélemnites ne sont point des débris d'animaux mollusques, mais plutôt des appendices cutanés d'un animal marin, peut-être voisin des Échinodermes. Il ajoute que ce que l'on est convenu d'appeler l'alvéole, et que M. de Blainville regarde comme le noyau minéral de la cavité de la coquille, est un être étranger à la Bélemnite, et qu'il désigne sous le nom d'*alvéolite*.

D'après tout ce que nous venons de dire, on voit que la discussion sur l'origine des Bélemnites n'est pas encore fermée, et que, malgré l'adoption provisoire du système si souvent émis et si souvent défendu par M. de Blainville, le doute plane encore sur ce sujet, et que l'on ne doit attendre une solution certaine que du temps et de la constance des naturalistes.

Lamarck comprenait les *Bélemnites* dans la famille des *Orthocérées*. Cuvier en fait une famille à part, voisine des *Ammonites*. M. de Blainville les place dans la famille des *Orthocérées*, ordre des *Polythalamacés*, et M. d'Orbigny dans celle des *Péristellées*, faisant le passage aux *Foraminifères*.

Les espèces de ce genre sont nombreuses. M. de Blainville en signale cinquante; mais on en compte davantage aujourd'hui; elles appartiennent toutes à l'Europe, et on n'en a point encore rapporté des autres parties du monde. Notre pl. 47 représente deux de ces espèces : 1. B. MUCRONÉE; 2. B. DE SCANIE. (RANG.)

BÉLETTE, *Mustela putorius*. (MAM.) C'est une jolie petite espèce du genre Putois (*Putorius*) : Buffon l'a figurée t. VII, pl. XXX, f. 1, de son Hist. nat., et M. F. Cuvier dans le 2e vol. de l'Hist. des Mammifères. Cette espèce est un peu plus petite qu'un rat, longue de six pouces quatre lignes seulement, sur lesquels la queue mesure un pouce six lignes; elle a toutes les parties supérieures du corps, c'est-à-dire le dessus de la tête, le dessus et les côtés du cou ainsi que du tronc, et la face interne des membres, d'un beau marron clair; la mâchoire inférieure, le dessous du cou, le ventre et les membres à leur partie interne, sont couverts de poils blancs; une petite et unique tache brune existe à la mâchoire inférieure en arrière de la bouche. Le mufle et les yeux sont noirs.

La Belette se trouve par toute l'Europe méridionale et tempérée; dans le Nord elle est beaucoup plus rare, et ne change pas ordinairement de couleur comme l'hermine; d'ailleurs, ce qui suffit pour l'en distinguer, c'est qu'elle n'a jamais le bout de la queue noir; elle se tient dans le voisinage des habitations rurales; chez nous elle est très-commune et fort redoutée des fermiers; en effet elle est très-carnassière, et sa taille lui permettant de passer par les plus petites ouvertures, elle s'introduit souvent dans les colombiers et les poulaillers; attaque les poulets et les poussins, qu'elle tue par une seule blessure faite à la tête, et les emporte ensuite; quelquefois elle se contente de leur manger la cervelle ; elle casse aussi les œufs et les suce avec une incroyable rapidité. Pendant la mauvaise saison ces animaux se réfugient dans les granges, où les rats et les souris leur fournissent une proie assurée ; c'est à cette époque de l'année que les sexes se rapprochent ; les femelles mettent bas au printemps quatre ou cinq petits, qu'elles déposent sur un lit de pailles ou d'herbes sèches. En peu de temps toutes les jeunes Belettes ont pris assez d'accroissement et de force pour suivre leur mère à la chasse ; lorsqu'on les prend à cet âge, elles sont susceptibles de quelque éducation.

De même que le furet et le putois, la Belette porte une odeur très-forte ; aussi ne craint-elle point l'infection ; elle se glisse dans les lieux les plus sales pour peu qu'elle espère y trouver quelque butin. Buffon rapporte « qu'un paysan de sa cam- » pagne prit un jour trois Belettes nouvellement » nées dans la carcasse d'un loup qu'on avait sus- » pendu à un arbre par les pieds de derrière ; le » loup était presque entièrement pourri, et la mère » Belette avait apporté des herbes, des pailles et » des feuilles pour faire un lit à ses petits dans la » cavité du thorax. »   (GERVAIS.)

**BELIER.** (MAM.) C'est le mâle de la brebis. Cet animal est en état d'engendrer à dix-huit mois ; mais il est mieux, pour ne pas l'épuiser, d'attendre qu'il ait atteint trois ans. Dans les troupeaux on ne conserve ordinairement qu'un petit nombre de ces individus mâles, puisqu'un seul peut aisément suffire à vingt ou vingt-cinq brebis.

*Voyez* l'article MOUTON de ce Dictionnaire, où il sera parlé avec plus de détails des différentes races de ces animaux.   (GERV.)

**BELIER.** (MAM. et AGR.) Le mâle de nos bêtes à laine domestiques ; la femelle se nomme *Brebis* ; les *Agneaux* et *Agnelles* sont les petits de l'année, que l'on appelle *Antenois* et *Primelles* à la seconde année, ou, quand ils ont subi la castration, *Moutons* et *Moutonnes*. Il est peu d'animaux qui présentent autant de ressources ; aussi regarde-t-on, avec notre Olivier de Serres, « comme un corps sans âme une métairie sans bétail à laine ». L'homme se nourrit de son lait, et par diverses préparations il en fait un aliment qui se garde et qui devient, pour certaines localités, un objet important de commerce. La dépouille de la bête à laine s'applique à nos besoins et alimente presque toutes nos manufactures ; elle fertilise nos champs par un engrais très-actif ; sa chair se trouve sur toutes les tables, depuis celle du sauvage caché dans les cavernes, jusqu'à celle du citadin le plus recherché dans ses goûts ; l'industrie s'empare de ses os, de son suif, de ses boyaux, pour fournir aux arts des matières d'une grande valeur.

Il y a deux types essentiels de bêtes à laine, celui à laine longue et filamenteuse qu'on appelle MÉRINOS (*v.* ce mot), qui est grand et haut, et dont l'existence en Europe remonte à une haute antiquité ; celui à laine courte et frisée, d'une taille moyenne, qui dérive du MOUFFLON (*v.* ce mot), que nous trouvons à l'état sauvage en Corse, en

Sardaigne et autres lieux. La culture a singulièrement multiplié les races nées de ces deux types : les unes y ont gagné, les autres y ont perdu des qualités essentielles.   (T. D. B.)

**BELIÈVRE.** (GÉOL.) Dans la Normandie on donne le nom de *Belièvre* à une argile plastique qu'on y exploite sur quelques points pour la fabrication des poteries.   (CH. V.)

**BELLADONE**, *Atropa*. (BOT. PHAN.) Presque toutes les espèces de ce genre sont des poisons narcotiques ; les jeunes personnes et surtout les enfans, séduits par le rapport de grosseur, de forme et de couleur de leurs fruits avec la cerise, qui mangent quelques unes de leurs baies, éprouvent, assure-t-on, une ivresse complète, à laquelle succèdent le délire, une soif inextinguible, de violens efforts pour vomir, des convulsions et la mort la plus déchirante. On a de même exagéré les effets de la plante, quand on a dit qu'ils amenaient les mêmes résultats lorsque seulement on se reposait sous son ombrage. Son action extérieure est nulle, puisque les Italiennes se servent encore du suc des feuilles pour blanchir la peau, et d'une espèce de fard obtenu par l'expression du fruit parvenu à sa seconde époque. C'est de cet emploi dans la toilette que l'on fait dériver son nom français, tandis que celui botanique rappelle une des trois parques de la mythologie grecque et en même temps les qualités malfaisantes des Belladones.

Si le danger que l'on peut courir en les laissant pulluler dans les jardins, aux alentours de nos habitations rurales, n'était tempéré par les propriétés héroïques qu'elles fournissent à l'art de guérir, et par la belle couleur verte à l'usage des peintres en miniature qu'on retire des baies cueillies avant leur maturité, l'on ferait très-bien de les extirper avec soin. L'opération ne serait pas facile, la plante renaissant de la moindre portion de racine échappée aux recherches, et ces mêmes racines étant fort cassantes, très-longues et vivaces.

Parmi les espèces, il convient de distinguer la BELLADONE COMMUNE, *A. belladona*, que l'on trouve partout dans les lieux habités et dans les bois, s'y multipliant elle-même par ses semences et ses racines ; elle monte à près de deux mètres, forme un buisson ouvert, large, étendu, mais d'un aspect triste ; les tiges sont très-rameuses, couvertes de feuilles grandes, molles, pubescentes, imprimant aux doigts qui les froissent une odeur vireuse, fort désagréable ; de fleurs d'un rouge terne, qui s'épanouissent en juin et juillet ; de baies d'abord vertes, puis rougeâtres, et absolument noires à leur parfaite maturité, pleines de jus et semblables à la cerise-guigne. Cette espèce est représentée dans notre Atlas, pl. 47, fig. 7.

On cultive, moins pour l'agrément que pour la variété, la BELLADONE D'ESPAGNE, *A. frutescens*, dont le buisson est plus gai, les feuilles petites, arrondies en cœur, presque obtuses, les fleurs jaunâtres ; ainsi que la BELLADONE A FEUILLES DE NICOTIANE, *A. arborescens*, arbrisseau de l'Amérique méridionale, aux fleurs blanchâtres, portées sur de courts pédoncules, réunies en faisceaux ; les feuilles sont très-vertes, l'écorce grisâtre, le bois moelleux. Elle demande de fréquens arrosemens en été.

On comprend à tort parmi les Belladones la Mandragore, si fameuse dans l'antiquité, et qui constitue un genre séparé : j'en traiterai plus loin. (*Voy.* MANDRAGORE.) Elle est représentée dans la pl. 47, fig .4, 5, 6 de notre Atlas.

Plukenet appelle Belladone une espèce de Morelle (le *Solanum vespertilio*) qui croît aux îles Canaries. (*Voy.* MORELLE et PERMENTON). Les horticoles donnent aussi improprement le nom de *Belladone d'automne* à l'Amaryllis à fleurs roses, et celui de *Belladone d'été* ou *de Rouen* à l'Amaryllis rayée. (*Voy.* AMARYLLIS.) (T. D. B.)

**BELLE-DAME.** (INS.) Nom vulgaire d'un Papillon de France du genre VANESSE (*v.* ce mot). C'est la *Vanessa cardui* de Linné.

**BELLE-DAME.** (BOT. PHAN.) On donne ce nom à l'*Amaryllis belladona*, à la Belladone et à l'*Atriplex hortensis*. (*Voyez* ARROCHE.)

**BELLE DE JOUR.** (BOT. PHAN.) Nom vulgaire du *Convolvulus tricolor.*

**BELLE DE NUIT.** (OIS. et BOT. PHAN.) C'est le nom de la Rousserolle, *Turdus arundinaceus*, L. (*V.* SYLVIE et BECS-FINS), et d'une espèce très-répandue du genre NYCTAGE. (*Voy.* ce mot.)

**BELLE DE VITRY.** (BOT. PHAN.) On donne ce nom à une variété de Pêche. (*Voy.* PÊCHER.)

**BELLE D'UN JOUR.** (BOT. PHAN.) C'est le nom de l'Asphodèle et de l'Hémérocalle.

(GUÉR.)

**BELLOTE.** (BOT. PHAN.) Nom d'une variété de Chêne vert, *Quercusilex*, à feuilles rondes, bordées de dents épineuses et d'un gris glauque en dessous, que l'on trouve dans le midi de la France, en Corse, en Italie, en Espagne, sur les côtes de l'Afrique méditerranéenne ; ses glands allongés sont alimentaires. On l'appelle assez généralement, avec Desfontaines, *Ballote*, mais il faut dire *Bellote*, que l'on prononce *Beillote*. Nul doute que ce ne soit de cette espèce de glands que les anciens ont voulu parler quand ils ont dit que l'homme des premiers âges, des âges qui précédèrent l'art de cultiver la terre, vivaient du gland. On avait révoqué en doute ce fait de l'histoire des peuples du midi, en considérant la saveur acerbe du fruit de nos chênes du nord ; mais l'existence du Chêne bellote dans les grandes forêts des pays chauds, mais le plaisir que l'on trouve à manger ses glands, leur goût fin de noisette qui sollicite l'appétit et le satisfait agréablement, justifient pleinement les assertions des historiens. Quand on étudie consciencieusement l'histoire naturelle, on détruit bien des erreurs accréditées, on donne du poids aux faits qui paraissent aventurés, et l'on étend les ressources de l'indigent ou de celui que l'injustice, une atroce persécution forcent à se soustraire aux passions pleines de rancœur.

(T. D. B.)

**BELLUÆ.** (MAM.) C'est le nom donné par Linné au sixième ordre des animaux mammifères. Les genres Hippopotame, Tapir, Cochon et Cheval, placés par ce célèbre naturaliste dans l'ordre des Belluæ, composent, avec les Éléphans, celui des Pachydermes dans la méthode de Cuvier. Règne animal, 1, p. 256. (GERV.)

**BELOSTOME**, *Belostoma*. (INS.) Genre d'Hémiptères de la famille des Hétéroptères, tribu des Hydrocorins, séparé par Latreille des Nèpes, avec lesquelles ils avaient toujours été confondus, parce qu'il sont les tarses de deux articles et les antennes presque pectinées.

Ces insectes, carnassiers sous tous leurs états, sont les géans de l'ordre des Hémiptères ; quelques uns atteignent deux pouces et demi à trois pouces. Ce sont de terribles punaises ; il est prudent, quand on les saisit, de ne pas s'exposer à sentir les atteintes de leur suçoir, qui est très-robuste et dont la piqûre doit être très-douloureuse. Presque toutes les grandes espèces ont été confondues sous le nom de N. grande, *Nepa grandis*, Lin. ; mais elles forment plusieurs espèces très-distinctes. Nous nous contenterons, pour donner une idée de ces insectes, de citer la planche 26 du t. 3 de Rœsel, où il y en a une figurée, et nous renvoyons au mot NÈPE pour les détails des mœurs. (A. P.)

**BELUGA.** (MAM.) Espèce de Dauphin du genre Delphinaptère de Lacépède. Elle a douze à dix-huit pieds de longueur ; sa couleur générale est un blanc jaunâtre. Une légère éminence remplace la nageoire du dos ; la tête est obtuse, à museau conique et court ; les dents sont inversement obliques, courtes, émoussées, au nombre de neuf de chaque côté, en haut comme en bas.

Cette espèce habite les mers du pôle boréal ; c'est le *Delphinus leucos* de Gmelin, et le *D. albicans* de Bonnaterre ; *voy.* son Atlas de Cétologie, pl. 24. (GERV.)

**BELZÉBUTH.** (MAM.) Le singe que M. de Humboldt nomme le *Morimonda* est le *Coaita* à ventre blanc de G. Cuvier. Il appartient au genre ATÈLE (*voy.* ce mot). Il est généralement d'un noir brun, moins foncé sur la croupe ; le ventre, qui est blanc chez les femelles et les jeunes individus, tire sur le jaune dans les mâles. Cette espèce est une des plus répandues dans la Guiane espagnole ; sa démarche est lente ; son caractère doux et timide ; elle habite par troupes les bords de l'Orénoque, où les Indiens la chassent pour s'en nourrir.

Le Belzébuth a été figuré dans l'Hist. des Mamm. de M. Fréd. Cuvier. t. III, livraison 58.

(GERV.)

**BEMBEX**, *Bembex*. (INS.) Genre d'Hyménoptères, section des Porte-Aiguillons, famille des Fouisseurs, fondé par Fabricius, ayant pour caractères : prothorax très-court, antennes comme coudées après le second article, plus grosses vers l'extrémité ; tarses munis de cils raides, surtout dans les femelles ; labre allongé, mâchoires et lèvre formant une fausse trompe fléchie en dessous, palpes très-courts ; les maxillaires de quatre articles, les labiaux de deux.

Les Bembex, au premier abord, ont assez l'apparence des guêpes, leur corps étant comme chez celles-ci nuancé de noir et de jaune; mais ils en diffèrent beaucoup; la tête est transverse, perpendiculaire, aussi large que le corselet; les yeux sont grands, rapprochés, les mandibules sont allongées ainsi que le labre; l'abdomen est allongé, très-conique, terminé dans le mâle par des organes sexuels apparens et garni en dessous à quelques uns de ces animaux de dents ou crochets. Les ailes ont une cellule radiale et trois cubitales dont la seconde reçoit deux nervures récurrentes; les jambes sont courtes, assez robustes, et munies, surtout les antérieures, de poils ou cils qui les rendent propres à fouiller le sable.

Ces insectes sont plus particulièrement propres aux pays chauds, et ne font leur nid que dans les terrains sablonneux; c'est là effectivement au plein soleil qu'il faut les chercher; les femelles creusent des trous assez profonds où elles empilent des diptères, surtout du genre syrphe. Elles déposent avec un œuf et referment le trou pour aller recommencer ailleurs. La larve, lorsqu'elle sort de sa première enveloppe, trouvera toute prête la nourriture dont elle aura besoin jusqu'à son parfait accroissement; mais il arrive souvent que pendant que la mère est absente, un intrus se hâte d'entrer dans sa demeure et d'y pondre un œuf, dont la larve vivra aux dépens du véritable propriétaire; cet insecte est le *norpès pincarnat*; c'est aussi dans le même endroit que l'on peut voir les préludes de l'accouplement; car les mâles, attentifs à guetter les femelles, se précipitent sur elles et roulent souvent long-temps avec elles dans la poussière. Dans nos climats ces insectes paraissent au mois de juillet; le nord n'en compte qu'une ou deux espèces, mais le midi et surtout les pays chauds étrangers en fournissent beaucoup et même de grande taille.

BEMBEX A BEC, *B. rostrata*, Panzer, Faun., Ins., Germ., fasc. I, tab. 10. Long de 8 à 9 lignes, noir avec cinq bandes jaune-citron dont la première interrompue et les autres sinuées et comprises sur le dernier segment; bord du premier segment bordé de jaune; pattes entièrement jaunes; chaperon et dessous des antennes entièrement jaunes dans les mâles; dans les femelles le chaperon est traversé par une bande noire, et le dessous des antennes à partir du second anneau est noir. Des environs de Paris. Nous l'avons fait représenter dans notre Atlas, pl. 48, fig. 1. (A. P.)

BEMBIDION, *Bembidion*. (INS.) Genre de Coléoptères de la famille des Carnassiers, tribu des Carabiques, division des Subulipalpes. Cette division peut se réduire facilement au seul genre Bembidion; car les genres *Tachypus*, *Lopha notaphus*, *Periphus*, *Peja*, etc., etc., de MM. Megerle et Ziegler ne diffèrent des Bembidions proprement dits, que par des formes de corselet qui ne devraient jamais servir à établir des genres. Ce genre Bembidion a donc pour caractères, savoir : l'avant-dernier article des palpes extérieurs des mâchoires en forme de cône renversé, se réunissant avec le suivant et formant avec lui une espèce de fuseau terminé en manière d'alène, et

les pattes antérieures échancrées au côté interne.

Tous les insectes de cette division sont de petite taille, habitant sous les pierres des sables humides, soit au bord des ruisseaux, soit au bord de la mer où ils sont quelquefois recouverts par la marée; leur manière de vivre est, on présume, celle de tous les autres carnassiers; on en connaît un assez grand nombre dont on peut voir l'énumération dans la seconde édition du Catalogue de la collection de M. le comte Dejean; nous en citerons seulement quelques espèces, tels sont : B. A PIEDS JAUNES, *B. flavipes*, Linn., Panz. Faun. ins. Germ., xx, 2; le *B. minutus*, Panz. Faun. ins. Germ., xxxviii, 10; le *B.* PONCTUÉ, *B. punctatus*, Linn. Oliv., col. 35, xiv, 163; B. DES PIERRES, *B. rupestris*. Il est long de deux à trois lignes; tête, corselet, partie discoïdale des élytres réunies, représentant une large croix verte bronzée; antennes petites, quatre taches aux quatres angles; des élytres fauves. Des environs de Paris, où il est commun.
(A. P.)

BENGALI. (ZOOL.) C'est le nom d'un joli petit oiseau qui appartient au genre Gros-bec, et de deux poissons des genres Holocentre et Chétodon. (*Voy.* GROS-BEC, HOLOCENTRE et CHÉTODON.)
(GUÉR.)

BENINCASA. (BOT. PHAN.) Genre de plantes de la famille des Cucurbitacées et de la Monoécie monadelphie, créé sur la fin de 1817 par G. Savi, en mémoire du second fondateur, en 1595, du jardin botanique de Pise, et que le premier, dans le mois de mai 1818, j'ai fait connaître en France. Le Benincasa est naturellement placé entre la courge, *Cucurbita*, et le concombre, *Cucumis*. Il diffère de ce dernier genre, 1° par sa corolle roulée et partagée, comme celle de la digitale, *digitalis*, en cinq divisions qui s'étendent à la moitié environ de sa longueur totale; 2° par ses semences, dont la marge est obtuse, et qui sont dépourvues du petit bourrelet que l'on voit sur celles de la courge; 3° par ses étamines, au nombre de trois, séparées, distantes, avec anthères égales; 4° il s'éloigne de toutes les autres cucurbitacées à capsule multiloculaire, en ce que chez lui tous les individus sont polygames.

On ne connaît qu'une seule espèce, le BENINCASA PORTE-CIRE, *Benincasa cerifera*, originaire de la Chine, où il croît spontanément. Cette plante est annuelle, persistante; sa tige, flexible et sarmenteuse, est armée de vrilles; elle porte des feuilles cordiformes, plus ou moins lobées, très-découpées, et des fleurs rouges, roulées, les unes mâles, disposées en entonnoir, les autres monoclynes, plus évasées. Le fruit ressemble beaucoup à une poire de doyenné; sa chair est blanche, tendre et exhale l'odeur du concombre. Les graines sont plates, ovales, obtuses, placées au centre du fruit et enchâssées dans six loges. Toute la plante est munie de poils rudes, l'ovaire perd les siens à mesure qu'il grossit; les feuilles, la tige et surtout les fruits sont couverts d'une efflorescence blanchâtre, qui est une véritable cire, analogue à celle des abeilles, et absolument semblable

semblable à celle que fournissent les ciriers, le palmier des Andes, etc., etc.

La cire végétale exsude par tous les pores du Benincasa en telle abondance, que son fruit en paraît tout blanc, de vert foncé qu'il est dans le principe; si on l'enlève, elle revient promptement, et la production se renouvelle jusqu'à ce que l'enveloppe du fruit soit parvenue à un état voisin du ligneux. Sous ce point de vue le Benincasa sera quelque jour très-utile. Sa culture est absolument la même que celle des autres cucurbitacées, qui toutes nous sont venues des pays chauds et sont généralement acclimatées en France. Le fruit peut devenir alimentaire et son feuillage être donné aux vaches, comme on le fait en Allemagne, notamment aux environs d'Erfurt, pour les feuilles du concombre, où la culture de cette plante est très-abondante. Le Benincasa fructifie très-bien et fort vite en France; il n'est encore cultivé que par quelques amateurs. (T. D. B.)

BENJOIN. (BOT. PHAN.) Substance balsamique que l'on obtient à l'aide d'incisions faites sur le tronc du *Styrax Benjoin* de Driander, lorsque cet arbre a atteint sa cinquième ou sixième année.

Le Styrax Benjoin est un arbre qui croît aux îles de Sumatra, de Malaca, de Java, qui se plaît dans les plaines, sur le bord des rivières, et qui appartient à la famille des Styracées.

Les caractères botaniques du *Styrax Benjoin*, sont les suivans: tronc élevé; rameaux arrondis; écorce blanchâtre; feuilles alternes, striées, tomenteuses en dessous, lisses en dessus, pétiolées, entières, pointues, veinées; fleurs en grappes axillaires; calice campaniforme, court et velu; corolle à cinq pétales obtus et linéaires; ovaire supère ovale et velu; style grêle; stigmate double.

Il existe deux sortes de Benjoin dans le commerce, l'un dit *en larmes*, l'autre dit *en sorte*. Le premier, dit encore *amygdaloïde*, se présente en morceaux de la grosseur d'une noisette ou d'une noix au plus, amorphes, tantôt détachés, tantôt très-faiblement agglomérés les uns aux autres; de couleur jaune à l'extérieur; d'une cassure nette et résineuse; blanchâtre à l'intérieur; d'une odeur douce, suave, particulière, très-agréable; d'une saveur douceâtre, balsamique puis un peu irritante.

Le second est en masses plus ou moins volumineuses, amorphes, grisâtres, jaunâtres ou brunâtres à l'extérieur, compactes; d'une cassure tantôt cireuse, tantôt brillante, offrant quelquefois à l'intérieur des morceaux amygdaloïdes; d'une odeur analogue à celle du précédent, mais plus prononcée. Le Benjoin est administré, en vapeurs ou en substance, dans les rhumes, les catarrhes chroniques, etc. La vapeur du Benjoin placé sur des charbons ardens est encore utile dans le traitement des tumeurs blanches, des rhumathismes, de la goutte, etc; on l'applique en frictions en le recueillant dans des étoffes de laine. La pharmacie en a fait un sirop, une teinture, etc. La teinture étendue d'eau constitue

un cosmétique très-usité pour la toilette sous le nom de *lait virginal*; enfin, mêlé à l'encens, le Benjoin est brûlé dans nos cérémonies religieuses. (F. F.)

BENOITE ou GALLIOTE, *Geum* ou *Caryophyllata*. (BOT. PHAN.) Ce genre appartient à l'Icosandrie polygynie de Linné, et à la famille des Rosacées, section des Dryadées, de Jussieu. Calice à cinq divisions; corolle pentapétale, vingt étamines ou plus; plusieurs styles; baie composée de plusieurs grains réunis, renfermant chacun une graine; réceptacle court, conique, glabre. Dans ce genre viennent se ranger plus d'une quinzaine d'espèces cultivées dans nos jardins; mais on ne trouve guère, dans nos champs, que le *Geum urbanum*, ou Benoîte commune (Dec., Fl. fr., 3763), dont la tige est droite; les feuilles radicales pinnées ou ternées; les caulinaires, ternées, ou simples; les fleurs, droites, terminales; les arêtes, nues, crochues. Cette plante se plaît dans les bois et les lieux ombragés et humides. Pilée et appliquée sur le poignet avant l'accès, elle guérit, dit-on, les fièvres intermittentes, et c'est de là que lui vient le nom de *Benoîte*, *Herba benedicta*. Quant au nom de *Caryophyllata*, elle le doit à l'odeur de ses racines qui, au printemps, sentent le girofle. Buchaw, médecin danois, a célébré la vertu fébrifuge de la Benoîte; Bouillon-Lagrange a constaté, par l'analyse chimique, qu'elle contient beaucoup de principe tannin; Périlhe et Alibert la recommandent, dans leur Matière médicale, comme un bon *succedaneum* du quinquina. Le bétail est friand de ses jeunes pousses.

La racine de la Benoîte aquatique (*G. rivale*, Linn.) jouit des mêmes propriétés. (C. É.)

BENTURONG, *Ictides*. (MAM.) Ce genre de Carnassiers plantigrades a été établi par M. Valenciennes; il a pour type l'espèce décrite d'abord par M. Fréd. Cuvier, sous le nom de *Paradoxurus albifrons*. M. Valenciennes ayant eu l'occasion d'examiner une tête de cet animal, reconnut qu'il devait constituer un genre à part, et proposa le nom *Ictides*, qui lui a été conservé. Ce genre, intermédiaire entre les ratons et les civettes, se distingue de tous deux par les caractères suivans:

Queue forte et prenante; dents au nombre de 36, savoir: incisives, canines, et molaires tuberculeuses de chaque côté; les pieds sont à cinq doigts garnis d'ongles non rétractiles, forts et comprimés, qui semblent propres à grimper; la marche est plantigrade. Les espèces connues dans ce genre sont:

L'ICTIDE DORÉ, *Ictides aureus*, Valenc.; *Paradoxurus aureus*, F. Cuv. Cet animal a le pelage d'un brun fauve doré, composé de poils très-longs. Il est originaire de l'Inde.

ICTIDE BENTURONG, *Ictides albifrons*, Val.; *Paradoxurus albifrons*, F. Cuv. Histoire des mamm., liv. 44. Iconographie du règne anim., pl. 15. Il a le pelage composé d'un mélange de soies noires et blanches, excepté sur la tête et les membres, où elles sont courtes; le front et le museau sont presque blancs; la queue et les pattes noirâtres;

moustaches longues et épaisses. Le Benturong est un animal nocturne, sa patrie est l'Inde. Nous l'avons représenté dans notre Atlas, pl. 48, fig. 2.

Une autre espèce est l'Ictide noir, *Ictides ater*; Benturong noir, F. Cuv, t. iii, livrais. 44, à pelage d'un gris noirâtre uniforme. M. Valenciennes attribue cette coloration à l'âge ou au sexe, et ne pense pas qu'on doive considérer ce Benturong comme une espèce distincte du précédent. (Gerv.)

**BÉOMYCES.** (bot. cryp.) Lichens. Ce genre, d'abord établi par Persoon, admis ensuite par tous les auteurs, a pour type les *Lichen ericetorum* et *byssoïdes* de Linné. Dufour les caractérise ainsi : croûte lichénoïde, uniforme, simplement lépreuse ou granuleuse; apothécies fongoïdes, charnues, sans rebord propre, sessiles ou portées sur un pédicelle simple, glabre et un, terminées par une tête ou un écusson que revêt une membrane proligère colorée.

Achar ne rapporte à ce genre que les espèces à apothécies pédicellées ; il en éloigne, à tort, selon De Candolle, Dufour, etc., etc., Brongniart, le *Lichen ichmadophila* de Linné.

Deux sections composent le genre *Béomyce* : les Béomyces à apothécies sessiles qui ne renferment que l'espèce que nous venons de citer (*Lichen ichmadophila*), et les Béomyces à apothécies pédicellées qui sont les *Béomyces roseus*, et *rufus*, et deux autres espèces exotiques.

Les deux Béomyces indigènes que nous venons de nommer se distinguent parmi les plus jolis Lichens de notre pays, et se rencontrent dans les terrains humides sous forme de plaques blanchâtres ou verdâtres, toutes couvertes de petites têtes arrondies, d'un rose tendre ou d'une couleur rousse. (F. F.)

**BÈQUE-BOIS CENDRÉ.** (ois.) Nom vulgaire de la Sittèle. *Foy.* ce mot.

**BÈQUE-FLEUR.** Nom vulgaire du Colibri et des Oiseaux-Mouches. (Guér.)

**BERBÉRIDE,** *Berberis.* (bot. phan.) Nom scientifique de l'Épine-Vinette ou Vinettier. (L.)

**BERBÉRIDÉES,** *Berberideæ.* (bot. phan.) Famille naturelle de la classe des Dicotylédonées polypétales à étamines hypogynes. Elle renferme des herbes ou arbrisseaux à feuilles alternes munies de stipules, et se caractérise par l'arrangement de ses parties florales, qui sont toutes opposées et non alternes ; les divisions du calice, de la corolle, et les étamines, sont en nombre égal, généralement quatre ou six; les anthères s'ouvrent de bas en haut par une sorte de panneau ou valve. L'ovaire, libre et à une loge, porte un stigmate souvent sessile. Le fruit est une capsule ou une baie polysperme.

Par la déhiscence de leurs anthères, les Berbéridées se rapprochent des Laurinées, avec lesquelles B. de Jussieu les avait réunies ; mais on les en distingue facilement par leur double périanthe, leurs stipules, et leur fruit polysperme.

Cette famille a été surchargée, par quelques auteurs, d'un grand nombre de genres qui lui sont voisins, sans doute, mais qui n'offrent pas d'une manière incontestable les caractères précités. Voici le nom de ceux qui doivent en faire partie: *Berberis*, L. ; *Nandina*, Thunb. ; *Leontia*, L. ; *Epimedium*, L. ; *Caulophyllum* et *Diphylleia*, Richard ; enfin *Mahonia*, Nuttal, qui n'est peut-être qu'une espèce de Berbéride. (L.)

**BERCE,** *Heracleum.* (bot. phan.) Plante fort commune de la famille des Ombellifères, Pentandrie digynie de Linné; elle appartient à la section des *Sélinées* de Sprengel, dont elle a le caractère général, savoir, un fruit plane, comprimé, souvent membraneux sur les bords : le sien est de plus échancré au sommet, et quelquefois marqué de trois stries sur chaque face. On distingue particulièrement la Berce à ses fleurs blanches, à ses pétales échancrés, à ses ombelles étalées, munies d'une collerette générale, et d'involucelle à chaque rayon; enfin à ses feuilles grandes, découpées en nombreux segmens, qui sont eux-mêmes lobés ou pinnatifides.

L'espèce la plus ordinaire dans nos prés et nos bois est la Berce branc-ursine, *Heracleum sphondylium*; dans le nord de l'Europe, où elle se trouve en très-grande abondance, les habitans font avec ses graines une espèce de bière. Les autres espèces de Berce sont peu intéressantes pour nous ; on avait cru à tort que l'une d'elles fournissait l'*opopanax ;* cette gomme-résine découle d'une autre ombellifère, du genre *Pastinaca.* (L.)

**BERCEAU DE LA VIERGE.** (bot. phan.) Nom vulgaire d'une plante nommée *Clematis vitalba*, L. (*V.* Clématite.)

**BERCLAN.** (ois.) Nom picard de l'*Anas tadorna. V.* Tadorne.

**BÉRÉE.** (ois.) En Normandie on donne ce nom au Rouge-gorge, *Motacilla rubecola.* (*V.* Becfin.) (Guér.)

**BÉRÉNICE,** *Berenicea.* (zooph. polyp.) Genre de Polypier flexible de l'ordre des Flustrées, établi par Lamouroux et que Cuvier réunit à ses Flustres ; les caractères que son auteur assigne à ce genre sont: plaques minces, arrondies, composées d'une membrane crétacée, couvertes de très-petits points et de cellules saillantes, ovoïdes ou pyriformes, séparées et distantes les unes des autres, éparses ou presque rayonnantes. L'ouverture par laquelle sort le polypier est ronde, petite et située près de l'extrémité de la cellule.

Lamouroux décrit trois espèces de ce genre ; deux sont vivantes et se tiennent sur les feuilles des hydrophytes de la Méditerranée; l'autre est fossile, on la rencontre sur les térébratules des environs de Caen. (Guér.)

**BERGAMOTTE.** (bot. phan.) C'est le fruit du Bergamottier, espèce d'oranger à fruit parfumé que l'on cultive dans le midi de l'Europe. On fait avec la peau des Bergamottes des bonbonnières qui exhalent une odeur suave. (Guér.)

**BERGÈRE,** *Bergera.* (bot. phan.) Genre de plantes de la côte de Coromandel, fort peu connu, que plusieurs botanistes confondent maladroitement avec un arbre des Moluques, décrit par Rumph, sous le nom de *Popaya sylvestris*, et dont on a fait depuis quelques années, d'après les observations judicieuses de Correa, une espèce du genre MURRAYA (*voy.* ce mot). Le Bergère que Roxburg nous fait connaître dans le second volume de ses *Plants of the coast of Coromandel*, et auquel il a imposé le nom de *Bergera Kœnigii*, est une plante ligneuse ; ses feuilles sont admises dans les cuisines comme alimentaires ; la médecine se sert de l'écorce et des racines : prises à l'intérieur, on les dit stimulantes ; employées extérieurement, elles ont des propriétés détersives. Les indigènes les estiment héroïques contre la morsure envenimée de certains animaux. (T. D. B.)

BERGERONNETTES, *Motacilla.* (ois.) Ces oiseaux, que l'on place quelquefois parmi les Becs-Fins *Sylvia*, constituent un petit groupe très-naturel, reconnaissable aux caractères suivans : bec droit, grêle, à narines basales, ovoïdes, à moitié fermées par une membrane nue ; pieds à tarses deux fois plus longs que le doigt du milieu, qui est soudé à sa base avec l'extérieur ; ongle du pouce plus ou moins courbé, toujours plus long que ceux des doigts antérieurs ; queue longue, égale ; première rémige des ailes nulle, la seconde est la plus courte de toutes, une des grandes couvertures est aussi longue que les rémiges.

Les Bergeronnettes arrivent dans nos contrées au printemps ; elles se tiennent habituellement dans les lieux humides et découverts, dans les prés, les champs et sur le bord des fleuves ; elles nichent sous les tas de pierres, dans des trous ou dans les herbes. La mue a lieu deux fois par an, au printemps et à l'automne. Les mâles diffèrent un peu des femelles, pendant le temps des amours. Ils ont alors les couleurs plus brillantes ; mais, cette époque passée, il est bien difficile de reconnaître les sexes et même les différens âges. Les espèces ne sont point nombreuses, elles sont toutes de l'ancien continent ; l'habitude qu'elles ont d'abaisser et d'élever sans cesse leur queue en marchant leur a fait donner les divers noms de *Hoche-queue*, *Basse-quouette*, etc. Celui de *Lavandière* a été donné à quelques espèces, parce qu'on les voit fréquemment aux environs des lavoirs et des buanderies.

On peut établir dans ce genre les deux subdivisions suivantes.

### † Les LAVANDIÈRES

qui ont l'ongle du pouce recourbé et pas plus long que le doigt qui le porte : les espèces sont :

La LAVANDIÈRE LUGUBRE, *Motacilla lugubris* (Iconographie du règne anim. pl. 15, fig. 5), qui a le dessus du corps d'un noir intense ; le front, les joues, les parties inférieures sont d'un blanc net ; le bec, les pieds et les iris noirs. Dans le son plumage complet d'hiver, la gorge et le devant du cou sont d'un blanc pur, et un large hausse-col noir se dessine sur la poitrine. Cette espèce n'est que de passage en France, elle y paraît au printemps, surtout en Picardie, en Normandie et dans les environs de Paris. Elle reste au plus un mois et se porte ensuite dans le midi de l'Europe.

La BERGERONNETTE GRISE ou *Lavandière*, *M. alba* (Temm., pl. enl. 652, fig. 2), plus commune que la précédente, est remarquable par l'étendue de sa queue, qui fait juste la moitié de sa longueur totale et qu'elle élève et abaisse sans cesse. Elle est cendrée dessus, blanche dessous, avec une calotte brune ou tout-à-fait noire sur la tête ; la gorge et la poitrine sont aussi de couleur noire. On la trouve au bord des eaux, où elle chasse les insectes et les larves aquatiques. La femelle ne fait qu'une seule ponte composée de six œufs d'un blanc bleuâtre moucheté de noir.

Le *M. speciosa*, Horsfield (Birds of Java), est une nouvelle espèce de l'île de Java où on la nomme *Chenginging* ou *Kingking*.

### †† BERGERONNETTES proprement dites.

Les espèces de cette seconde section ont l'ongle du pouce allongé et peu arqué, assez semblable à celui des PIPIS (*Antus*) et des alouettes. Le nom latin *Budites*, Cuv., donné à ces oiseaux, rappelle l'habitude qu'ils ont de voltiger dans les prairies au milieu des bœufs pour y poursuivre les insectes. Le mot français *Bergeronnette* n'est pas moins bien appliqué.

L'Europe en possède trois espèces :

La BERGERONNETTE JAUNE, *Motacilla boarula* (enl. 28, fig. 1, jeune femelle; Edwards, 259), de la taille de la Lavandière ; elle est cendrée dessus, jaune-clair dessous, avec le sourcil de couleur blanche ainsi que les pennes latérales de la queue ; gorge d'un noir profond bordé de blanc, le noir disparaît après la mue. La femelle pond six œufs très-pointus, d'un blanc sale, tacheté de rougeâtre.

Cette espèce, qui reste chez nous toute l'année, habite presque toute l'Europe ; on la trouve surtout plus communément dans le nord. Nous l'avons représentée dans notre Atlas, pl. 47, fig. 8.

La BERGERONNETTE CITRINE, *M. citreola*, a le sommet de la tête comme les parties inférieures d'un jaune citrin très-pur ; sur l'occiput un croissant noir qui disparaît après la mue. Les parties supérieures et les côtés de la poitrine et du ventre sont d'un cendré bleuâtre, les rémiges et les rectrices noirâtres, les deux extérieures d'un blanc pur. Cette espèce est très-rare, elle habite la Russie orientale et la Crimée.

La BERGERONNETTE PRINTANIÈRE, *M. flava* (pl. enl. 674, fig. 2), est longue de six pouces seulement, mais d'ailleurs fort semblable à la B. jaune par les formes et la manière de vivre ; elle est de couleur cendrée dessus, olive au dos et d'un jaune brillant en dessous ; sourcil blanc et pennes latérales de la queue blanches. C'est un des premiers oiseaux qui reparaissent au printemps dans les prairies et dans les champs ; la femelle pond dans les blés six œufs arrondis, d'un vert olivâtre tacheté de couleur de chair.

(GERV.)

BERGMANITE. (min.) Cette substance minérale établie par Schumacher, qui la dédia à Bergmann, est encore trop peu connue sous le rapport chimique, pour qu'on puisse lui assigner une place comme espèce dans la nomenclature : peut-être n'est-elle qu'un silicate alumineux voisin de la Wernerite, avec laquelle elle offre, par ses caractères extérieurs, plusieurs points de ressemblance. Elle est d'une couleur grisâtre ou rougeâtre, d'une texture lamellaire et d'autres fois fibreuse. *(J. II.)*

**BERICOCCA.** (bot. phan). Nom grec de l'abricotier. Il rappelle parfaitement celui qu'il portait chez les Égyptiens anciens et que lui donnent encore aujourd'hui les peuples nomades des déserts, situés entre le Niger et les revers de l'Atlas. Cet arbre fut introduit au pays des Hellènes après la mort de Théophraste ; l'illustre péripatéticien en a parlé dans son Histoire des plantes, mais d'après un voyageur ou marchand qui l'avait pris pour un arbre toujours vert, n'ayant point, faute de connaissances agricoles et botaniques, fait attention au court intervalle séparant l'époque où les feuilles de l'abricotier tombent de celle où ses fleurs s'épanouissent et les nouvelles feuilles paraissent. Admis dans nos cultures, il a conservé son organisation exotique, et n'a pu, malgré le long espace de près de vingt siècles, s'acclimater encore entièrement. Les auteurs latins, et d'après eux toutes les personnes qui ont écrit sur l'Abricotier, le font venir de l'Arménie, région élevée, dont le climat ressemble à celui de l'Europe tempérée, et dans laquelle il n'a jamais été, et ne sera jamais rencontré sauvage. On trouvera sur ce fait de plus amples renseignemens dans mes Recherches sur l'histoire naturelle des anciens et plus particulièrement de Théophraste. *(T. D. B.)*

**BÉRIL.** (min.) Nom que l'on donne habituellement à une variété d'Émeraude dont la couleur est le vert peu intense, le jaune ou le jaunâtre. (*Voy.* Émeraude). *(J. II.)*

**BÉRIS,** *Beris.* (ins.) Genre de Diptères de la famille des Nolacanthes, section des Xylophages, établi par Meigen et ayant pour caractères : antennes un peu plus longues que la tête, ayant le dernier article en forme de cône allongé, divisé transversalement en huit anneaux ; écusson toujours armé d'épines.

Les Béris sont des insectes de petite taille, ayant l'abdomen plat, arrondi, et l'écusson armé le plus souvent de six épines ; ils vivent les uns dans le bois, où ils sucent la carie des arbres, les autres dans les environs des marécages, ce qui fait présumer que leurs larves peuvent être aquatiques ; ce sont en général des insectes de petite taille. On en connaît un certain nombre, presque tous de nos pays.

B. à tarses noirs, *B. nigritarsis*, Lat. Le corps est noir avec l'abdomen et les pieds d'un jaune roussâtre, six épines à l'écusson. Cette espèce habite les lieux aquatiques.

B. brillant, *B. nitens*, Latr. Son corps est vert-doré brillant avec du noir et du jaune à la base.

Ses ailes sont aussi jaunâtres ; six épines à l'écusson.

B. à pattes en massue, *B. clavipes*. Latr., Fabr. Son corselet est noir ainsi que la tête et les pattes, l'abdomen est ferrugineux. Nous l'avons représenté dans notre pl. 48, fig. 3.

Ces trois espèces se trouvent aux environs de Paris. *(A. P.)*

**BERMUDIENNE,** *Sisyrinchium.* ( bot. phan. ) Genre de la Monadelphie triandrie et de la famille des Iridées, ayant de grands rapports avec les Ferraires et Ixies ; il comprend des plantes herbacées exotiques, dont six appartiennent à l'Amérique et deux au cap de Bonne-Espérance. Toutes ces espèces ont à peu de chose près le même aspect ; leurs racines sont fibreuses ; la tige rameuse porte des feuilles qui s'engaînent par le bas, des fleurs de moyenne grandeur auxquelles succède une capsule presque globuleuse, légèrement triangulaire, à trois loges, à trois valves et à deux rangées de graines petites, arrondies.

On cultive la Bermudienne graminée, *S. gramineum*, dont les fleurs bleues et la tige verdoyante forment dans les terrains humides de l'une et l'autre Amérique des gazons très-élégans. La Bermudienne a réseau, *S. striatum*, originaire du Mexique, introduite dans nos jardins en 1780, où elle est parfaitement acclimatée, où elle passe bien les hivers en pleine terre, et où ses graines viennent à complète maturité, se fait surtout remarquer par son élévation, qui arrive à quarante centimètres, par sa panicule florale, longue et serrée, aux corolles monopétales, légèrement odorantes, jaunes, striées d'un rouge brun, et par ses feuilles presque cylindriques, très-glabres, alternes sur deux rangs opposés, et marquées de nervures longitudinales peu prononcées. ( Nous l'avons figurée dans notre Atlas, pl. 48, f. 4.)

Une autre espèce qui, sous le nom de *Illmu*, fournit aux habitans du Chili un aliment d'un goût exquis, c'est la Bermudienne bulbeuse, *S. bulbosum*. Ses bulbes sont rougeâtres, ses feuilles larges, ses fleurs blanches, nombreuses et petites. Il convient de citer aussi la Bermudienne bicolore, *S. bermudianum*, puisque c'est elle qui fut observée la première et fit donner au genre le nom des îles Bermudes où elle croît spontanément. Ses fleurs, au nombre de deux ou trois, développent l'une après l'autre leur corolle violacée, tachée de jaune à sa base interne, s'ouvrant en étoile, et une fois plus grande que celle des autres espèces. On la cultive dans quelques jardins. *( T. D. B. )*

**BERNACHE.** ( ois. ) Espèce de Canard qui habite les régions glaciales des deux continens. Pendant l'hiver les Bernaches se rapprochent des pays tempérés, et viennent souvent sur les côtes de la France. Nous en parlerons en traitant des Canards. *( Gerv. )*

**BERNAGE.** ( agr. ) Mélange de diverses céréales et de quelques légumineuses semées ensemble en automne, pour être fauchées dans le premier printemps et servir aux animaux domestiques de passage de la nourriture sèche à la nourriture verte. Les Romains ont emprunté ce système aux Gaulois, et l'appelèrent *farrago*.    (T. D. B.)

BERNARD ( Mont Saint- ). ( GÉOGR. PHYS. ) Cette montagne, l'une des plus élevées de la chaîne des Alpes Pennines, est située entre le Bas-Valais et le val d'Aoste : elle portait autrefois le nom de *Mons Penninus*, et à son sommet se trouvait un temple fameux dédié à Jupiter, qui était en grande vénération parmi les voyageurs. Nous pouvons avoir une idée de toute l'étendue de la dévotion des voyageurs et des chefs de légions romaines qui venaient se prosterner dans ce temple, par les nombreux *ex-voto* qu'on a retrouvés au Plan de Jupiter, et dont on conserve encore une trentaine dans la collection des antiquités du Saint-Bernard. Ces ex-voto, qui sont tracés sur des tablettes de marbre, ont presque tous la même formule et ne diffèrent entre eux que par les noms de ceux qui témoignaient ainsi leur reconnaissance à la divinité protectrice qui les avait gardés des accidens si fréquens dans cette montagne.

Le mont Saint-Bernard, qui, comme je l'ai déjà dit, est une des plus hautes montagnes des Alpes Pennines, a ses sommets couverts de neige et de glaces permanentes : il se compose en général de pierres et de roches schisteuses, dont les couches et les lits sont plus ou moins marqués, plus ou moins inclinés, et qui sont d'une grande dureté. Leurs parties constituantes sont un mica argileux, dont les lames brillantes et diversement colorées présentent plus ou moins d'étendue. Elles sont traversées par des veines de quartz blanc, quelquefois vitreux, transparent, opaque ou grenu, suivant les divers terrains dans lesquels elles se trouvent. On rencontre sur le penchant de la montagne des blocs isolés de granit. Sa hauteur au dessus du niveau de la mer est de 5,554 mètres. La pente du mont Saint-Bernard du côté de la Savoie est beaucoup plus rapide que du côté du Valais.

Du côté de la Savoie, l'aspect de la montagne est moins sauvage : on y trouve plus de terre végétale et par conséquent une végétation plus animée, des gazons fins, menus et serrés, et une quantité de petites fleurs, parées des couleurs les plus vives et les plus brillantes.

Mais du côté du Valais, la nature est plus agreste et plus sauvage : là se trouvent d'immenses torrens qui roulent vers le Rhône des eaux produites par les glaciers des *Glarets* et du *Vassoré*. Ce dernier glacier donne même son nom à un torrent qui, avec la Drance, traverse les vallées de Bagnes et de Martigny. La seconde de ces vallées, qui descend jusqu'au Rhône, présente un caractère moins sauvage que la première : mais la vallée de Bagnes, étroite et resserrée, offre aux yeux un aspect effrayant. Des deux côtés s'élèvent des rocs à pic, couverts d'une sombre et noire verdure, produite par de vastes et tristes forêts de mélèzes et de broussailles. Les seuls habitans qu'on y rencontre sont quelques chèvres broutant aux sommets les plus élevés, accompagnées de pasteurs aussi sauvages que leurs troupeaux. La vallée s'élève par gradins et forme ainsi un lit très-impétueux aux torrens qui la parcourent. Sa constitution a causé à plusieurs reprises des dommages incalculables. En 1595, la Drance, qui coule dans cette vallée, entraîna dans son débordement plus de cent maisons et ensevelit sous ses eaux plus de soixante personnes. Mais ces ravages ne peuvent être comparés à ceux qui eurent lieu au même endroit en 1818.

Dans la partie supérieure de la vallée de Bagnes, il y a une cinquantaine d'années, une avalanche entraîna dans sa chute une masse énorme de rochers, qui venant s'interposer au milieu de la vallée de Bagnes, intercepta le passage aux torrens qui s'échappent des dix-sept glaciers qu'elle renferme. Cette digue naturelle s'étant fortifiée par des éboulemens successifs, les eaux s'accumulèrent assez rapidement pour y former un lac très-profond et très-étendu, au lieu et place des sombres forêts de sapins et des pâturages où paissaient jadis de nombreux troupeaux de chèvres. Une énorme masse d'eau, qui chaque jour prenait de nouveaux accroissemens, avait donc ainsi improvisé un lac considérable, lorsque, en 1818, la digue temporaire qui le retenait se rompit tout à coup, et ouvrit à ses eaux une large et vaste issue ; favorisées par la pente rapide, elles s'y précipitèrent avec fureur, et arrivèrent avec la rapidité de l'éclair sur la petite ville de Martigny, que le débordement de 1595 avait déjà entièrement détruite une première fois. Cette épouvantable débâcle était précédée d'un vent extrêmement violent, occasioné par la pression que faisaient subir à l'air les efforts de cette énorme masse d'eau. Le torrent, dans sa furie, renversa tous les obstacles qui s'opposaient à son passage ; les forêts étaient brisées avant d'être submergées, des blocs énormes de rochers roulaient avec fracas, et s'entrechoquaient avec tant de force et de fureur qu'ils faisaient jaillir une mer de feu du sein des eaux qui les roulaient. La ville de Martigny fut en partie emportée, la grande route de Lausanne à Lyon fut détruite, et cet épouvantable torrent arriva au Rhône avec tant de furie qu'il en arrêta le cours et troubla la limpidité de ses eaux jusqu'à son embouchure dans le lac de Genève, au dessus de Saint-Maurice. Le pays n'avait jamais été témoin d'un bouleversement aussi complet. Et cependant les habitans ont reconstruit immédiatement leur petite ville, et, semblables aux paysans des montagnes volcaniques, ils vivent sans inquiétude pour l'avenir et sans penser qu'un pareil événement peut à tout instant détruire de nouveau, engloutir à tout jamais, leur ville et ses habitans.

Le village le plus rapproché du mont Saint-Bernard est un petit bourg appelé Saint-Pierre. Le chemin pour y arriver présente une pente assez inclinée, quoique cependant on puisse se servir encore de voiture et de chevaux. Mais, une fois arrivé à Saint-Pierre, il faut renoncer à user de tout autre moyen de transport que ses jambes. La montagne devient trop rapide : on ne trouve plus de chemin fait, et les terrens que l'on rencontre à chaque pas ne permettent pas qu'on en établisse.

La truite des Alpes, ce manger si délicat et si recherché par l'amateur de la bonne chère, ne peut pas remonter au-delà du bourg Saint-Pierre, arrêtée qu'elle est par les nombreuses cascades et chutes d'eau du Vassoré, de ce torrent qui, traversant la vallée de Bagnes, va grossir la Drance de ses eaux. Nous ne pouvons nous dispenser de citer ici la cascade de Pisse-vache, à laquelle la mythologie riante des anciens eût donné un nom plus gracieux, mais qui n'en mérite pas moins d'être rappelé à l'attention de nos lecteurs. Le lit du torrent ferme de ce côté l'entrée du Valais. Cette route, qui est la plus fréquentée, présente un aspect des plus pittoresques : elle est bordée d'énormes rochers irrégulièrement entassés les uns sur les autres, entre lesquels apparaissent de distance en distance quelques mélèzes, quelques aunes, quelques sureaux : parfois, lorsque les eaux n'ont pas entraîné toute la terre végétale, on aperçoit un petit pâturage émaillé de fleurs ; mais bientôt on rentre dans la nature sauvage et agreste, qui n'offre plus à l'œil que des masses de pierre culbutées et accumulées dans des fonds couverts des neiges que les vents y ont apportées. Comme ces neiges y sont à l'abri des rayons solaires, elles s'y conservent, et acquièrent une telle dureté qu'elles ne peuvent même pas être entamées par le fer des chevaux.

C'est au milieu de cette nature morte, au milieu de ces neiges éternelles et de ces vastes abîmes dont la seule vue inspire la terreur, que des hommes, animés par la religion et l'amour de l'humanité, n'ont pas craint de placer leur habitation, toujours prêts à porter secours ou assistance au voyageur égaré, au chasseur perdu dans les nombreuses sinuosités des montagnes, et que l'avalanche terrible vient de surprendre tout à coup. On ne peut se lasser d'admirer le courage de ces bons religieux, lorsqu'on pense que le lieu qu'ils habitent est le séjour des vents, des glaces et des tempêtes ; que c'est aux sommets élevés de leurs montagnes que se forment ces orages dévastateurs qu'aucun obstacle n'arrête, et qui balaient en un clin d'œil tous les espoirs d'une moisson brillante. Pour arriver à leur hospice, dans la saison qu'ils appellent l'été comme dans toute autre, c'est toujours sur la neige qu'il faut marcher ; rarement les rayons du soleil y font sentir leur bienfaisante chaleur, et jamais la main de l'homme n'a pu réussir à y faire croître la moindre des plantes potagères. Il suffira de dire, pour donner une idée exacte de la température de l'hospice, que les cadavres y restent exposés des mois entiers sans être défigurés et sans donner de signes visibles de putréfaction. Tous les ans sept à huit mille voyageurs traversent le Saint-Bernard, et tous se plaisent à rendre hommage à l'urbanité et à la délicate hospitalité des religieux.

Le mont Saint-Bernard a d'autres illustrations, d'autres gloires à revendiquer ; sa nature sauvage, la rude beauté de ses sites, l'immense profondeur de ses torrens ne sont pas les seules raisons qui le recommandent à la curiosité publique.

En 1800, il y a 34 ans, l'armée française, forte de 50,000 hommes, fut passée en revue à Martigny par le premier consul Bonaparte : et en cinq jours de temps cette armée fut transportée, comme par enchantement, avec tout son matériel, au sommet de ces hautes montagnes : ces pièces d'artillerie que des chevaux vigoureux ne traînent qu'avec effort dans les plaines les plus unies, furent traînées par des soldats jusqu'au sommet des Alpes à travers les précipices et les avalanches, et lorsque la fatigue et le froid brisaient leurs membres engourdis, c'était au son de la Marseillaise, répétée au loin par les échos de la montagne, qu'ils reprenaient force et courage et qu'ils accomplissaient cette œuvre de géans. Et quel soulagement inattendu ces braves soldats ne trouvèrent-ils pas à l'hospice de Saint-Bernard dans les soins de ces vertueux cénobites, héros d'un autre genre, placés entre le ciel et la terre pour secourir le malheur et pour desservir, au dessus des nuages, le temple que la vertu consacre à l'humanité !

L'hospice du Saint-Bernard possède dans son sein un monument élevé à la gloire de Desaix, de ce brave et intrépide général qui, dans la campagne d'Égypte, reçut des habitans le nom de Sultan juste.

Pour de plus amples détails, nous renvoyons nos lecteurs aux Essais historiques du docteur Loges sur le Saint-Bernard, et au Voyage publié par de Saussure.       (C. J.)

**BERNARD L'ERMITTE.** (crust.) On donne ce nom à toutes les espèces du genre Pagure, et plus spécialement en France au *Pagurus Bernardus*, L. (*voy.* Pagure).       (Guér.)

**BÉROÉ,** *Beroe.* (zooph. acal.) Genre de la classe des Acalèphes libres, fondé par Muller avec quelques Méduses de Linné et composé d'animaux pélagiens à corps ovale ou globuleux, garni de côtes saillantes hérissées de filamens ou de dentelles, allant d'un pôle à l'autre, et dans lesquelles on aperçoit des ramifications vasculaires, et une sorte de mouvement de fluide. La bouche est à une extrémité ; dans ceux qu'on a examinés, elle conduit dans un estomac qui occupe l'axe du corps, et aux côtés duquel sont deux organes probablement analogues à ceux que l'on a appelés ovaires dans les méduses.

Ces animaux, composés d'une sorte de gélatine transparente, se résolvent en eau pour peu qu'on les blesse en les touchant ; ils ne peuvent vivre un instant hors de l'eau et constituent une masse informe semblable à un blanc d'œuf, hors de cet élément. Dans l'esprit de vin ils se dissolvent et disparaissent entièrement, en sorte qu'il faut que le voyageur qui veut les étudier soit assez instruit pour les observer et les dessiner sur les lieux, car on ne peut les rapporter pour les collections.

On ne sait pas comment se nourrissent les Béroés, ni comment ils se multiplient ; ils sont quelquefois si nombreux, que leurs masses forment des espèces de bancs qui couvrent la mer pendant plusieurs lieues. Ils sont très-phosphorescens et produisent dans l'eau l'effet d'étoiles.

On connaît très-peu d'espèces de ce genre, encore ne le sont-elles que très-imparfaitement et d'après les observations de voyageurs peu exercés. Nous citerons comme type:

Le Béroé globuleux, *B. pileus.*, Gmel., à corps sphérique, garni de huit côtes; à deux tentacules ciliés, susceptibles d'un grand allongement, et sortant de son extrémité inférieure. Il est très-commun dans les mers du nord et même dans la Manche, sur nos côtes, et passe pour l'un des alimens de la baleine. Cette espèce est représentée dans notre Atlas, pl. 48, fig. 5.

Le Béroé allongé, *B. elongatus*, Risso, Hist. nat. de l'Europe mérid., t. 5, p. 305. Il est ovale, allongé, diaphane, passant à l'opale et muni de huit côtes ciliées et irisées. Il est long de soixante millimètres et se trouve en janvier, flottant sur la mer près de Nice. Cette espèce et quelques autres étant dépourvues des tentacules dont il a été question plus haut, on a cru devoir en faire un genre propre sous le nom d'IDIA, mais il n'a pas été adopté. Nous l'avons représenté dans notre Iconographie du Règne animal, Zooph., pl. 7, fig. 2, et reproduit ici pl. 48, fig. 6. (GUÉR.)

BERTHOLÉTIE, *Bertholetia*. ( BOT. PHAN. ) Grand arbre du Brésil, connu seulement par son fruit, qui est un drupe sphérique de la grosseur de la tête, divisé en quatre loges, contenant, chacune, 6 à 8 noix excellentes à manger, et dont on retire abondamment une huile très-propre à brûler.

On fait un grand commerce de ces fruits; mais ils se rancissent assez promptement.

MM. de Humboldt et Bonpland l'ont pris pour type d'un genre qui doit éveiller l'attention des voyageurs botanistes. (C. É.)

BERZÉLITHE. ( MIN. ) Nom qui a été donné par Arfwedson à la pétalithe; c'est une substance blanchâtre, rosâtre, violâtre ou verdâtre, à structure lamellaire, présentant quelquefois un éclat vif ou nacré, dure, rayant fortement le verre et étincelant par le choc du briquet. Elle est insoluble dans les acides et fusible au chalumeau sans addition, en un verre transparent et bulleux. Elle a été trouvée à Uto en Suède, en petits filons au milieu des couches de fer que l'on y exploite.

Ce fut dans cette substance minérale, ainsi que dans la triphane, qu'Arfwedson découvrit pour la première fois, en 1818, l'oxide de lithium, alcali puissant qui jouit de la propriété remarquable d'attaquer le platine par la chaleur et le contact de l'air, caractère qui peut servir, d'après Berzelius, à reconnaître la plus petite quantité d'oxide de lithium. « On prend un morceau du minéral gros comme une tête d'épingle; on le chauffe avec de la soude en excès sur une feuille mince de platine, et on le fait rougir une couple de minutes. La pierre se décompose, la soude chasse l'oxide de lithium de ses combinaisons, et l'excès qu'on en a ajouté étant liquide à cette température se répand sur la feuille de platine et environne la

masse décomposée. Autour de la masse alcaline fondue, le platine prend une couleur foncée, qui est d'autant plus obscure et qui forme une bande d'autant plus large que le minéral contient plus de lithium. L'oxidation n'a pas lieu sous l'alcali.» Il se produit alors, suivant toute apparence, un composé d'oxide de platine et d'oxide de lithium, que l'on peut décomposer et séparer en dissolvant ce dernier oxide. *Voy.* LITHIUM et PÉTALITHE.

   (TH. V.)

BESCHEBOIS. ( OIS. ) On appelle ainsi le Pic vert, parce qu'il frappe avec son bec contre le tronc des arbres comme avec une bêche. ( *Voy.* PIC.)  (GUÉR.)

BÉTAIL. ( MAM. et AGR. ) Nom collectif des animaux mammifères soumis à la domesticité et liés essentiellement à la prospérité de la maison rurale. On distingue les bestiaux en *gros* et en *menu bétail*. Le gros bétail comprend le cheval, l'âne, le mulet, leurs femelles et leurs petits, appelés aussi *bêtes chevalines*; le taureau, le buffle, appelés encore, avec leurs femelles et leurs petits, *bêtes bovines* et *bêtes à grosses cornes*; le chameau et le dromadaire, dont l'usage est limité à quelques contrées. Le menu bétail comprend les *bêtes à laine* ou *bêtes blanches*, le bélier, la brebis, l'agneau, le mouton; les *bêtes à poil*, le bouc, la chèvre, le chevreau; les *bêtes à soie*, le porc, la truie, le cochon ( *roy.* BÉLIER, BOUC, CHEVAL, PORC, TAUREAU). Je ne dirai rien ici de l'importance des diverses espèces comprises sous la dénomination générique de Bétail, je renvoie à l'article ANIMAUX DOMESTIQUES. (T. D. B.)

BÉTEL, BETLE, BETTELE. ( BOT. PHAN. ) Sorte de poivre que les Malais mêlent avec la noix d'Arec et qu'ils mâchent continuellement. ( *Voy.* POIVRE, AREC.)  (GUÉR.)

BÊTES. ( ZOOL. ) C'est le nom collectif des animaux considérés comme des êtres dépourvus d'intelligence. On a donné ce nom de Bête, avec quelque adjectif, à une foule d'animaux de divers ordres; nous allons indiquer les espèces les plus remarquables.

BÊTE ou VACHE A DIEU, et BÊTE A MARTIN. ( INS. ) Toutes les COCCINELLES ( *roy.* ce mot).

BÊTE A FEU. ( INS. ) Les LAMPYRES, les TAUPINS, les FULGORES, les SCOLOPENDRES, etc. ( *roy.* ces mots), qui répandent plus ou moins de lumière pendant la nuit.

BÊTE A GRANDES DENTS. ( MAM. ) Le Morse.

BÊTE DE LA MORT. ( MAM. et INS. ) Divers oiseaux de nuit du genre Strix, et quelques insectes nocturnes, tels que les *Blaps mortisaga*. ( *Voyez* CHOUETTE et BLAPS.) Le Blaps porte encore les noms de BÊTE NOIRE, BÊTE DES BOULANGERS, etc. On donne aussi ces noms au Grillon domestique et au Ténébrion qui provient des vers de farine.

BÊTE PUANTE. ( MAM. ) Nom de diverses Mouffettes qui répandent une urine empestée quand elles sont saisies par la peur.

BÊTES ROUGES. ( ARACH. ) En Amérique on désigne ainsi de petites Tiques qui doivent appartenir au genre LEPTUS ( *roy.* ce mot), comme le

Vendangeron, et qui font éprouver à l'homme des démangeaisons insupportables, en s'introduisant dans les pores de la peau. (*Voy.* Vendangeron.)

(Guér.)

BÉTHYLE, *Bethylus.* (ois. et ins.) Parmi les oiseaux, Cuvier a donné ce nom à un sous-genre démembré des Pies, dont le type est la Pie pie-grièche, *Lanius picatus*, Lath. (*Voy.* Piegrièche et Pie.) Dans les insectes ce nom sert à désigner un petit genre d'Hyménoptères de la section des Porte-aiguillons, établi par Latreille pour des insectes très-petits, quelquefois privés d'ailes, et parmi lesquels nous citerons le Béthyle hémiptère, *B. hemipterus*, de Fabricius. C'est un très-petit Hyménoptère lisse, tout noir, avec les ailes très-courtes. On le trouve aux environs de Paris.

(Guér.)

BÉTOINE, *Betonica.* (bot. phan.) Genre de la Didynamie gymnospermie de Linné et de la famille des Labiées. Voici ses caractères : calice à cinq dents, corolle à tube légèrement arqué, plus long que le calice, non renflé; lèvre supérieure redressée, pliée en gouttière et échancrée, et l'inférieure à trois lobes étalés; quatre petites semences oblongues au fond du cornet verdâtre formé par le calice. A ce genre appartiennent une dizaine d'espèces, dont les plus connues sont :

La Bétoine commune, *B. officinalis*, L., sorte de panacée pour les anciens, qui regardaient la décoction de ses fleurs et de ses feuilles comme un remède souverain contre la goutte, la sciatique, la céphalalgie, etc., etc. Cette plante a été l'objet d'un ouvrage spécial, composé par Antonius Musa, médecin d'Auguste. *Tu hai più virtù che non ne ha la betonica*, est un proverbe italien. Aujourd'hui, en France, on ne reconnaît guère à la Bétoine commune que deux propriétés : l'une, que ses racines, à odeur forte, sont purgatives; l'autre, que ses feuilles sont sternutatoires et peuvent remplacer le tabac.

Au reste, voici les caractères auxquels on reconnaît cette espèce : tige droite simple, élevée et un peu velue; feuilles opposées, pétiolées, en cœur, ovales-oblongues, ridées et un peu velues; les inférieures sensiblement festonnées et les supérieures presque sessiles; fleurs d'un rouge vif, quelquefois blanches, à lèvre supérieure entière, à division intermédiaire de l'inférieure qui est échancrée, et disposées en épi terminal et interrompu à la base.

On trouve cette plante dans les bois découverts.

Bétoine velue, *Betonica hirsuta*, L., originaire des Alpes. Racines vivaces; tige d'un pied et demi, quadrangulaire; feuilles en cœur allongé; fleurs rouges en épi.

Bétoine du Levant, *B. orientalis*, L. Feuilles lancéolées, gaufrées, d'un vert pâle; fleurs d'un pourpre peu éclatant.

Bétoine a grandes feuilles, *B. grandiflora*, W., de Sibérie. Vivace, plus grande. Tiges velues; feuilles radicales nombreuses, grandes, dentées, en cœur allongé; fleurs roses, plus grandes que les précédentes, verticillées, avec de grandes bractées. Ces trois dernières espèces sont cultivées dans nos jardins comme plantes d'ornement.

La Bétoine a été ainsi nommée, selon Pline, *quia Vetones eam invenerunt.* (C.É.)

BETTE, *Beta.* (bot. phan.) Cinq espèces sont renfermées dans ce genre de la famille des Chénopodées et de la Pentandrie digynie; deux seules sont cultivées et méritent une attention toute particulière de la part du propriétaire rural. Les trois autres ne sont d'aucune utilité; l'on pense que l'une, la Bette maritime, *B. maritima*, est le type primitif des deux suivantes, perfectionnées par les soins de la culture : rien ne justifie cette assertion à mes yeux.

La Bette-poirée, *B. cicla*, plante culinaire, dont la culture est très-facile; ses graines [se sèment d'elles-mêmes; ses feuilles servent à adoucir l'acidité de l'oseille. On l'estime originaire du Midi; son introduction dans les jardins remonte à une époque très-reculée. De sa racine cylindrique, ligneuse et légèrement ramifiée, s'élève une tige droite, haute d'un mètre et quelquefois plus, garnie de larges feuilles ovales, portées sur des pétioles épais. Les fleurs, disposées en longs épis grêles, sont petites, blanchâtres, réunies trois ou quatre ensemble. Cette espèce offre trois variétés; une seule est remarquable par ses feuilles d'un blanc-jaunâtre, dont la côte ou nervure médiane est très-large et se mange à la mi-mai comme les cardons et le céleri : c'est de cette particularité qu'on l'appelle *Poirée à Cardes* et *carde poirée*.

La Bette-rave, *B. vulgaris*, a la racine pivotante, charnue, susceptible de prendre un volume très-considérable. On dit qu'elle est native des plaines de Bohême. Elle était depuis long-temps cultivée comme plante culinaire et comme fourrage, quand, en 1747, un chimiste de Berlin, Margraff, reconnut en elle la propriété de donner un sucre absolument identique avec le sucre de canne, et même d'avoir sur lui l'avantage de cristalliser à un plus haut degré. Cependant la betterave ne devint une ressource réelle et importante pour l'Europe que vingt-huit ans plus tard, quand un proscrit français, Achard, se mit à fabriquer du sucre indigène à Berlin même, et surtout, en 1811, lorsqu'en France Deyeux et Cadet de Vaux sollicitèrent du gouvernement des encouragemens en faveur des agriculteurs et des industriels qui s'occuperaient de cette branche nouvelle de spéculation lucrative. L'émulation éveillée, on se mit à l'œuvre; ce travail vivifiant et fécond donna de l'extension aux cultures utiles, il ouvrit la voie à une fortune légitimement acquise, et affranchit le commerce d'une partie de ses courses lointaines, en même temps qu'il porta à l'odieuse traite des nègres un coup plus sûr et plus direct que les discours éloquens des philanthropes les plus ardens.

Le sucre de betterave réunit aux propriétés physiques, chimiques et économiques du sucre de canne les mêmes formes cristallines; ils sont tous les

les deux aussi lourds, et en variant les procédés du raffinage on en obtient également des sucres denses à gros grains et des sucres légers à grains fins. La prévention contesta ces faits, mais le temps lui a imposé silence et a détruit les assertions mensongères publiées par les colons des Antilles. La fabrication du sucre indigène ne coûte point de larmes à l'humanité, elle est aussi prompte que peu dispendieuse. On connaît trois variétés de Betteraves, la rouge, la blanche et la jaune. Dans quelques localités on préfère la dernière pour l'extraction du sucre; la seconde est beaucoup plus riche; la rouge se réserve pour les usages domestiques et pour être donnée aux bestiaux. Toutes demandent une terre profonde, meuble, un peu grasse et mélangée de sable. Les plants à sucre ne s'effeuillent point, l'opération nuirait au développement de la racine et à ses hautes qualités; il n'en est pas de même des plantes destinées pour le fourrage; l'enlèvement successif des feuilles donne lieu à la production de nouveaux bourgeons et rend chaque pied plus profitable aux vaches et aux moutons.

De la racine de Betterave cuite on retire un vin doux fort agréable, et une confiture qui rivalise en bonté avec le meilleur raisiné. Avec la pulpe on est parvenu à fabriquer du papier.

(T. D. B.)

**BEUDANTINE.** (min.) Nom donné à une substance minérale d'un éclat résineux, cristallisant en rhomboèdres, et composée d'oxide de fer et d'oxide de plomb.               (J. H.)

**BEURRE.** (chim., agr.) Toutes nos ménagères, celles qui habitent les campagnes, bien entendu, savent qu'on obtient le beurre en battant la crème pendant quelque temps, soit dans un tonneau dont l'axe mobile offre plusieurs ailes, soit au moyen d'un disque de bois attaché à l'extrémité d'un long bâton. Après quelque temps de cette opération, que l'on nomme *barattage*, la crème, que l'on a préalablement séparée du lait, en exposant celui-ci à l'air dans des locaux appelés *laiteries*, se partage en deux parties; l'une liquide et laiteuse porte le nom de *lait de Beurre*, et contient du petit-lait, du caséum, et un peu de Beurre; l'autre est le Beurre proprement dit.

On sépare le Beurre du petit-lait, on le lave à grande eau, et on le pétrit entre les mains, on le malaxe jusqu'à ce qu'il ne blanchisse plus avec l'eau; alors on le livre dans le commerce. Toutefois, ainsi préparé, le Beurre n'est pas encore parfaitement pur, il retient une certaine quantité de petit-lait et de caséum qui le rendent facilement altérable, surtout en été; on le débarrasse de ces deux corps étrangers en le soumettant à une chaleur de 60 à 66°, il se fond, vient à la surface du petit-lait et du caséum; on le décante et on le conserve.

Parfaitement pur, le Beurre est un corps mou, d'une couleur jaune ou blanche, d'une saveur agréable et douce, légèrement aromatique; du reste toutes ces qualités du Beurre varient du plus au moins selon le mode et les soins apportés dans la fabrication, et surtout selon les pays et la bonté des pâturages qui ont servi de nourriture aux animaux domestiques qui donnent le lait, et qui font la fortune et la richesse des cultivateurs.

Le Beurre se fond avec la plus grande facilité; il est insoluble dans l'eau, soluble dans l'alcool bouillant, décomposable par les alcalis, altérable à l'air, etc. Cette altération du Beurre par le contact de l'air a éveillé la cupide sagacité des marchands de comestibles. Tous ou presque tous savent plus ou moins bien ce qu'ils appellent *retravailler le Beurre*, en faire du *frais* avec de l'ancien. Nous qui ne voulons pas augmenter le nombre de ces *habiles* et *intègres* manipulateurs, nous tairons les moyens qu'il faut mettre en usage pour ce genre d'industrie, mais qui n'échappent pas, en général, au fin dégustateur. Les usages du Beurre, comme aliment, sont trop connus pour être rappelés ici; la médecine et la pharmacie l'emploient peu; cependant cette matière grasse entre dans la composition d'un emplâtre connu sous le nom vulgaire d'*onguent de la mère Thècle*. Ce composé polypharmaque porte le nom de son inventeur, la sœur *Thècle*, autrefois supérieure des religieuses de l'Hôtel-Dieu de Paris.

D'après M. Chevreul, le Beurre est formé de *stéarine*, de deux huiles, l'une qu'il a nommée *butyrine*, et une autre qui présenterait toutes les propriétés de l'*oléine*, si on parvenait à la priver entièrement de *butyrine*, d'*acide butyrique*, d'un *principe colorant jaune*, et d'un *principe aromatique* que l'on rencontre surtout dans le Beurre frais.

**BEURRE D'ANTIMOINE.** *Voyez* CHLORURE D'ANTIMOINE et ANTIMOINE.

**BEURRE DE BISMUTH.** *Voyez* CHLORURE DE BISMUTH et BISMUTH.

**BEURRE DE BAMBOUG.** *Voyez* BEURRE DE GALAM.

**BEURRE DE CACAO.** Le Beurre de cacao, que l'on appelle encore *huile concrète de cacao*, est un corps solide et cassant comme la cire, d'une couleur jaune pâle, d'une odeur et d'une saveur agréables; entièrement soluble dans l'éther quand il est pur; rancissant avec assez de facilité, etc.

On obtient le Beurre de cacao de la manière suivante: on prend une quantité voulue de cacao des îles, semences du cacaoyer (*Theobroma cacao*,) de la famille des Bittnériacées, famille formée aux dépens de celle des Malvacées; on le sépare exactement des corps étrangers; on le torréfie légèrement dans un brûloir semblable à celui dont les limonadiers se servent pour brûler le café; on brise les amandes, on les vanne, et on les sépare à la main de leurs enveloppes ligneuses et des germes. Ainsi préparé, on réduit le cacao en pâte très-ferme et très-homogène, en le pilant d'abord dans un mortier de fonte préalablement échauffé avec des charbons ardens, et en le broyant ensuite sur la pierre à chocolat; on l'étend dans une certaine quantité d'eau, et on le fait bouillir pendant un quart d'heure. On laisse refroidir le tout; le Beurre vient occuper la surface du liquide, on l'enlève et on le purifie en le filtrant au bain-marie, ou à la vapeur de l'eau bouillante. On le reçoit dans des moules de faïence ou de porcelaine analogues à ceux à chocolat, ou mieux dans des fioles dites à médecine, où il se solidifie, et dans lesquelles on le conserve. Ce dernier moyen est préférable pour empêcher le contact de l'air et l'altération du produit dont nous venons de donner la préparation.

Bien que le Beurre de cacao soit doué de propriétés émollientes très-prononcées, on l'emploie peu en médecine aujourd'hui. La chirurgie en fait quelquefois préparer des *suppositoires*, fragmens coniques, plus ou moins gros et plus ou moins longs, que l'on introduit dans l'extrémité inférieure du rectum, en cas de fissures à l'anus, et qui ne sont autre chose que du Beurre de cacao taillé en cône à l'aide du couteau.

L'huile concrète de cacao est souvent falsifiée dans le commerce avec du suif, avec la moelle des os, ou avec la cire. Dans les deux premiers cas le soluté éthéré de Beurre de cacao est trouble, son odeur est désagréable, sa consistance moins dure et sa cassure n'est pas homogène; si le Beurre de cacao contient de la cire, sa solution à froid dans l'éther est incomplète, ce qui n'a pas lieu quand il est pur.

BEURRE DE CIRE. Produit de la distillation de la cire, et qui a beaucoup d'analogie, surtout par la consistance, avec le Beurre provenant du laitage.

BEURRE DE COCO. Substance analogue au Beurre de cacao, et que l'on obtient de la même manière, mais du fruit du cocotier (*cocos nucifera* de Linné).

Le Beurre de coco remplace, chez les Indiens, le Beurre de vache.

BEURRE DE GALAM. Substance grasse, concrète, jaunâtre, un peu grenue, d'une saveur douceâtre, employée en Afrique dans les mêmes circonstances culinaires que le lard, dont elle rappelle le goût, et dont l'origine n'est pas encore bien connue. Suivant Aublet, le Beurre de galam serait fourni par un palmier du genre Elaïs, et suivant Jussieu, des graines d'un végétal appartenant à la famille des Sapotées.

BEURRE DE MONTAGNE ou BEURRE DE ROCHE. Mélange d'argile, d'alumine sulfatée, d'oxide de fer et de pétrole, que l'on trouve en forme de stalactites dans les cavités schisteuses de la Sibérie.

BEURRE DE MUSCADE. Mélange d'huile fixe et d'huile essentielle que l'on obtient en amassant les noix muscades, amandes du fruit du *Myristica moschata*, de la famille des Myristicées, dans un mortier échauffé; formant une pâte que l'on renferme dans des sacs de coutil, et en les soumettant ensuite à la presse entre deux plaques métalliques échauffées dans l'eau bouillante; il s'écoule un liquide qui ne tarde pas à se solidifier.

Le Beurre de muscade se présente en masses aplaties, de forme carrée (celui qui nous vient de Hollande), ou bien renfermé dans des pots de terre (celui qui nous arrive des Grandes-Indes). Ce dernier, que l'on préfère généralement, est épais, d'une couleur de macis, d'une saveur prononcée de muscade et d'une odeur très-agréable. Au surplus, cette substance doit être choisie plutôt solide que molle, d'une odeur très-prononcée, marbrée dans son intérieur, d'une saveur agréable, et d'une couleur jaune tirant un peu sur le rouge.

L'huile concrète de muscade était beaucoup employée autrefois en frictions contre la goutte, les rhumatismes, etc.; on la considérait aussi comme sudorifique et anti-spasmodique. Aujourd'hui on la fait encore entrer dans une composition pharmaceutique appelée *Baume nerval* ou mieux *Graisse narcotique*.     ( F. F. )

BÉZOARD. (zool.) Concrétion qui se forme dans l'estomac, l'intestin ou la vessie des animaux. Long-temps on leur a attribué de grandes vertus médicamenteuses. On faisait surtout très-grand cas du Bézoard oriental, qu'on trouve assez communément dans le quatrième estomac de la gazelle des Indes; il était infiniment plus recherché que le Bézoard occidental, qu'on rencontre ordinairement dans la chèvre du Pérou. Le premier présente une surface lisse, brillante, fragile, brune ou vert foncé; son odeur est fortement aromatique quand on le chauffe; sa saveur est âcre et chaude; on le regardait autrefois comme un puissant antidote de toute espèce de poison, et comme un médicament des plus efficaces contre les maladies éruptives et pestilentielles; il est aujourd'hui tombé dans un discrédit complet. Les Bézoards occidentaux, qui n'ont jamais été estimés comme les premiers, sont des composés salins, blancs ou gris, formés de carbonate de chaux ou de phosphate ammoniaco-magnésien.

Les Bézoards de bœuf, de caïman, de chamois, de porc-épic, ont joui d'une réputation plus ou moins considérable.

On a donné le nom de *Bézoards minéraux* à certaines préparations pharmaceutiques; ainsi on appelait *Bézoard de Saturne* un médicament composé de protoxide de plomb, de beurre d'antimoine et d'acide nitrique; le *Bézoard de Vénus* avait le cuivre pour base; on nommait encore *Bézoard jovial* une poudre fortement diaphorétique composée d'antimoine, d'étain, de mercure; *Bézoard martial*, un médicament composé en partie de tritoxide de fer; *Bézoard lunaire*, une préparation de nitrate d'argent et de beurre d'antimoine; *Bézoard solaire*, un médicament sudorifique où les lames d'or se mélangeaient à l'acide nitrique.

Enfin on désignait sous le nom de *Bézoard végétal* les concrétions pierreuses qu'on rencontre dans l'intérieur des cocos.     (P. G.)

BIBION, *Bibio*. (ins.) Genre de Diptères, de la famille des Némocères, démembré des Tipules par Geoffroy. Ses caractères consistent à avoir des antennes courtes, cylindriques, de neuf articles presque perfoliés, les palpes filiformes de quatre ou cinq articles distincts, trois petits yeux lisses.

Ces insectes ont un faciès très-reconnaissable;

la tête des mâles, vu la grande étendue des yeux, est très-large et arrondie, celle des femelles au contraire est presque carrée, allongée, méplate ; les antennes sont très-rapprochées à leur base et insérées près de l'extrémité de la tête ; dans les mâles le corselet est presque cylindrique, il est très-élevé dans les femelles, aussi paraissent-elles comme bossues ; l'abdomen est seulement plus renflé dans les femelles ; les pattes antérieures ont les fémurs renflés et les tibias prolongés par une épine, les quatre pattes postérieures sont beaucoup plus longues : toutes sont terminées par deux petits crochets et trois petites pelotes vésiculeuses.

Quand vient la saison où éclosent ces insectes, c'est en très-grand nombre à la fois qu'ils paraissent, aussi ont-ils été remarqués en tout temps et leur a-t-on assigné des noms correspondans aux époques où on les voyait ; ceux du printemps ont été appelés Mouches de Saint-Marc, ceux qui viennent plus tard Mouches de Saint-Jean ; on a cru qu'ils faisaient du mal aux arbres fruitiers, mais c'est tout-à-fait à tort, rien dans leur organisation ne leur en donne le pouvoir. Ce sont des insectes lourds, lents, faciles à prendre, puisque souvent ils ne font aucun mouvement pour échapper. L'accouplement s'opère de la manière ordinaire, le mâle et la femelle placés bout à bout restent quelquefois des heures entières dans cette position, la femelle à la fin s'envole, et entraîne le mâle qui se trouve séparé d'elle par son propre poids. La ponte s'opère en terre ; mais les jeunes larves, dès qu'elles sont écloses, cherchent les bouses de vache, où elles vivent ; elles sont apodes et garnies de poils raides dirigés en arrière ; elles opèrent plusieurs changemens de peau et se dépouillent même tout-à-fait en se métamorphosant en nymphe ; cette métamorphose s'opère vers la fin de l'hiver, et ce n'est qu'environ quarante jours après que l'insecte sort de son enveloppe pour remplir à son tour le vœu de la nature, et mourir.

On connaît un certain nombre de ces insectes ; nous nous contenterons d'en citer un ou deux.

B. DE SAINT-MARC, *B. Marci*, Fab., long de quatre ou cinq lignes ; entièrement noir et velu, les ailes sont blanches et bordées de brun dans les mâles, entièrement enfumées dans les femelles. Très-communs partout.

B. DES JARDINS ou PRÉCOCE, *B. hortulanum*, Fab., un peu plus petit que le précédent ; le mâle est presque semblable, mais les pattes postérieures sont brunes, les ailes ont à l'extrémité de la partie enfumée de la côte un point noir très-visible ; la femelle a le corselet et l'abdomen d'un rouge de sang, la tête et les pattes noires. Très-commun au printemps.          (A. P.)

BIBLIOLITHE ou LIVRE PÉTRIFIÉ. (GÉOL.) On a quelquefois donné ce nom à des roches schisteuses feuilletées qui, à l'aide de fissures perpendiculaires au plan des feuillets, se divisent en plaques trapézoïdales ; ou simplement à des incrustations calcaires, parallèles aux feuillets de la roche et présentant l'apparence d'une tranche de livre.          (TH. V.)

BICEPS, qui a deux têtes. (ANAT.) On appelle ainsi tout muscle dont l'une des extrémités est profondément divisée en deux attaches. Le *Biceps brachial* est un muscle de la partie antérieure du bras que Chaussier a nommé Scapulo-huméral ; le *Biceps brachial* est situé à la partie postérieure de la cuisse, c'est l'ischio-fémoro-péronier de Chaussier. Le mot *Bicipital* a la même origine que Biceps ; ainsi on dit gouttière ou coulisse bicipitale pour désigner une gouttière qui loge le tendon du muscle Biceps.          (P. G.)

BICHE. (ZOOL.) On appelle ainsi des animaux de diverses classes ; ainsi chez les mammifères, c'est le nom de la femelle du cerf. (*Voy.* CERF.) Chez les poissons, c'est le nom d'un Scombre et d'une espèce de Squale, *Squalus glaucus* L. (*Voy.* SCOMBRE et SQUALE.) Enfin parmi les insectes, on nomme Biches les femelles des *Lucanus cervus*, ou CERF-VOLANT, et *parallelipipedus* (*Voy.* LUCANE.)          (GUÉR.)

BICHIR, *Polypterus*. (POISS.) Ce poisson, rangé dans la famille des Ésoces, a des caractères particuliers tellement remarquables, qu'il n'est pas possible de le confondre avec les autres genres de la même famille. Ce genre a quelque chose de la physionomie du Caïman, ressemblance qu'il doit à ses tégumens, à la distribution et à la grandeur de ses écailles ; le port de ce poisson le ferait prendre pour un serpent, et c'est ce qui lui a valu, de la part des Égyptiens, le nom de Bichir. Son corps est allongé, revêtu d'écailles pierreuses ; ce qui le distingue au premier coup d'œil de tous les poissons, c'est que le long de son dos règne un grand nombre de nageoires séparées, soutenues chacune par une forte épine qui porte quelques rayons mous. La caudale entoure le bout de la queue, l'anale en est fort près, les ventrales sont fort en arrière, les pectorales sont portées sur un bras écailleux ou peu allongé. (*Voy.* notre Atlas, pl. 48, f. 7.) L'on verra par le passage suivant que j'extrais du mémoire de M. Geoffroy quels sont les renseignemens qu'il a obtenus sur le Bichir.

« Quelque attention que j'aie pu apporter à prendre des informations sur les mœurs de ce poisson, dit-il, je n'ai pu y réussir ; on le trouve si rarement dans le Nil, que quelques pêcheurs m'ont avoué n'en avoir jamais vu d'autres individus que ceux que je leur avais mis sous les yeux. » C'est à l'époque des plus basses eaux qu'on le péchait. Le Bichir n'habite que les lieux les plus profonds du fleuve, il vit constamment dans la vase, et abandonnant ses retraites seulement pendant la saison d'amour, il vient quelquefois alors se renfermer dans les filets des pêcheurs. On ignore son genre de nourriture ; d'après l'étendue de sa gueule, les dents nombreuses dont ses mâchoires sont armées, et la conformation de son canal intestinal, il y a tout lieu de croire que le Bichir est carnivore.

Sa chair est blanche et plus estimée que celle

des autres poissons du Nil. Comme on ne peut entamer ce poisson avec le couteau, on est obligé de le faire cuire; sa peau se détache alors plus facilement, et on l'enlève d'un seul morceau. On connaît une autre espèce de ce genre, trouvée dans le Sénégal et différant de la précédente par un moins grand nombre de nageoires dorsales; elle sera publiée dans le Magasin de zoologie de M. Guérin. ( Alph. G. )

BICHON. (mam.) Petite et jolie race de chiens, qui ont le nez court, le poil long, blanc et très-fin; la femelle se nomme *Bichonne.* Ces petits animaux ont été long-temps à la mode pour les dames, qui les portaient dans leur manchon.

On nomme aussi Bichon un insecte de l'ordre des Diptères, appartenant au genre Bombyle, et auquel les naturalistes ont donné le nom de *Bombylus major.* (*V.* Bombyle.) (Guér.)

BIDET. (mam.) Petit cheval excellent pour la selle, et principalement propre au service des postes; il est doué d'une vigueur extraordinaire, d'une ténacité peu commune, et d'une extrême sobriété. Sa jument est très-féconde. (*V.* Cheval.) (T. d. B.)

BIÈRE. (chim.) Les différentes espèces de Bières sont des infusés de malt ou *Moût de Bière* (orge germée et séchée après que les germes ont poussé), mêlés avec de l'extrait de houblon. L'usage de la Bière est plus répandu que celui du vin, surtout dans les pays où on ne peut cultiver la vigne.

Pour préparer ou faire de la Bière, on verse sur du malt plus ou moins concentré, selon la quantité de produit que l'on veut avoir, de l'eau tiède d'abord, puis de l'eau de plus en plus chaude, de manière que le mélange acquière une température de 75° à 80°. Pendant ce temps on agite bien la masse de temps à autre, et à la fin on la laisse reposer pendant quelques heures. La conversion de l'amidon en gomme et en sucre, commencée pendant la préparation du malt, continue toujours à s'effectuer, et la saveur sucrée de la liqueur augmente d'une manière sensible. On tire la portion dissoute, et on fait bouillir la liqueur; pendant ce temps une grande partie de la gomme d'amidon se transforme en sucre. Les liqueurs qui contiennent de la gomme d'amidon ayant beaucoup de tendance à devenir acides, on ajoute à l'infusé de malt, avant de le faire bouillir, une certaine quantité de fruits de houblon, qui s'opposent à la fermentation acide et donnent au moût de Bière une saveur âcre et aromatique tout à la fois, qui contribue à sa conservation et à la facilité avec laquelle la Bière peut être digérée.

Lorsqu'on agit en grand, la liqueur, concentrée par l'ébullition, doit être refroidie rapidement jusqu'à 22°, température à laquelle on y ajoute du ferment : si le refroidissement avait lieu lentement, la liqueur deviendrait sensiblement acide. Dès qu'elle est arrivée à cette température, on y ajoute de la levure, et on cherche à la maintenir au même degré de chaleur.

Quand la fermentation est terminée, on tire la Bière dans des tonneaux, où la liqueur s'éclaircit, tandis que la fermentation s'achève; si on la met en bouteilles peu de temps avant que la fermentation soit complétement achevée, et qu'on bouche exactement la bouteille, la bière devient mousseuse, plus agréable à boire et plus rafraîchissante.

Quand la liqueur fermentée est très-concentrée, on lui donne le nom de *Double Bière*; dans cet état elle contient de 5 à 6 pour 100 d'alcool pur. La Bière plus étendue, que l'on obtient en ajoutant de l'eau à la Bière forte, ne renferme que 2 à 4 pour 100 d'alcool.

Le *Porter*, qui se fabrique en grand en Angleterre, est une espèce de Bière préparée avec du houblon de première qualité et du malt torréfié. Le plus fort et le plus mousseux, appelé par les Anglais *Brownstout*, contient, selon Brandes, 6 1/3 pour 100 d'alcool pur; le plus faible, qu'ils désignent sous le nom de *Table-Beer*, n'en contient que 3,89 pour 100.

Le *Quaas* des Russes est une boisson un peu semblable à la Bière, que l'on prépare de la manière suivante : on fait une pâte avec quantité suffisante d'eau, 9 parties de farine de seigle, et 1 partie de malt de seigle non desséché; on abandonne cette pâte pendant quelques jours dans un endroit chaud, par exemple dans un four de boulanger qui commence à se refroidir. La masse sucrée obtenue sert à préparer du moût de Bière que l'on tire dans des tonneaux et que l'on fait fermenter lentement ou *froidement*, comme on le dit dans le pays.

La Bière contient de l'alcool, une matière sucrée, de l'acide acétique, un extrait amer et aromatique, de la fécule, une matière végéto-animale fort abondante, etc. Elle nourrit, excite légèrement les organes de la digestion, et est évidemment diurétique. On peut l'employer avec avantage comme diurétique et contre les scrophules. (F. F.)

BIÈVRE et quelquefois Bifre. (mam.) Deux vieux noms du Castor (*v.* ce mot), évidemment dérivés du latin *fiber*, nom que cet animal portait autrefois. Il paraît probable que la petite rivière des Gobelins, appelée aussi *rivière de Bièvre*, qui traverse Paris, nourrissait autrefois des Bièvres lorsqu'elle ne traversait que des plaines, ce qui lui aura fait donner son nom, qu'elle a conservé sur toutes les cartes. ( Gerv. )

BIÈVRE. ( ois. ) Un des noms vulgaires du grand Harle, *Mergus merganser* de. Linné. (*V.* Harle. ) (Gerv.)

BIF. ( mam. ) On donne ce nom au produit supposé de l'ânesse et du taureau. ( Gerv. )

BIFARIÉ, *Bifarius.* ( bot. ) Ce terme indique, comme en latin, l'arrangement, sur deux files ou séries opposées, de parties quelconques d'une plante; telles sont les feuilles dans plusieurs espèces de Lycopodes. (L. )

BIGARADE. ( bot. phan. ) Nom d'une variété d'oranger.

BIGAREAU. ( bot. phan. ) Nom d'une variété

de cerise produite par le cerisier bigareautier.
(*V.* Cerisier. )         (Guér. )

BIGNONE , *Bignonia.* ( bot. phan. ) Genre intéressant de plantes exotiques, placées par Tournefort dans la classe des Personnées, et auxquelles il donna le nom d'un illustre écrivain de son temps; il en indiqua les caractères généraux; après lui, Linné, les rangeant dans sa Didynamie angiospermie, les fit connaître spécifiquement, et aida ainsi Jussieu à y distinguer le type d'une nouvelle famille, les Bignonées ou *Bignoniacées* ( *v.* ce mot ).

Le genre *Bignone*, limité par Jussieu ( qui en détacha les genres *Catalpa*, *Tecoma* et *Jacaranda* ), a pour caractères : un calice campanulé, à cinq dents souvent à peine visibles ; une corolle monopétale, à tube court, à limbe campaniforme, partagé en cinq lobes inégaux formant deux lèvres ; quatre étamines inégales et fertiles, plus un filet stérile, ou rudiment d'une cinquième étamine; un style, un stigmate à deux lames; une capsule en forme de silique, à deux loges, séparées par une cloison parallèle aux valves ; des graines nombreuses ailées sur les bords, et rangées en deux séries.

On compte environ quatre-vingts espèces de *Bignones*; ce sont des arbres, ou plus souvent des arbrisseaux grimpans et munis de vrilles; leurs feuilles sont opposées et leurs fleurs disposées en panicules. Originaires des tropiques, elles ne peuvent guère s'élever chez nous que dans les serres. Voici le nom de celles qu'on y voit principalement.

Bignone de Chine, *Bignonia grandiflora*, arbuste sarmenteux à feuilles ailées, à fleurs safranées ;

Bignone équinoxiale , *B. æquinoxialis*, commune aux Antilles, où on la nomme *liane à paniers;* ses fleurs sont rougeâtres;

Bignone a ébène, *B. leucoxylon*, arbre qui s'élève à quarante pieds dans la Guiane sa patrie; ses fleurs sont blanches et odorantes;

Bignone de Norfolk, *B. pandorea*, arbuste sarmenteux à fleurs blanches pourprées;

Bignone griffe de chat, *B. unguis cati*; à fleurs jaunes; ses feuilles portent une vrille à trois crochets, d'où lui vient son nom;

Bignone porte-croix, *B. crucigera*, ainsi appelée parce que ses tiges, coupées transversalement, présentent la figure d'une croix ;

Bignone du Malabar, *B. indica*. C'est, dans le pays, un bel arbre, à feuilles doublement ailées ; ses fleurs sont d'un blanc-jaunâtre, marquées de lignes rouges.

Bignone blanc de lait, *B. lactiflora*. Représentée dans notre Atlas, pl. 47. f. 4.

Une seule espèce s'est acclimatée chez nous; c'est la Bignone orangée, *B. capreolata*. Elle offre des fleurs réunies plusieurs ensemble et formant de petits bouquets mêlés de pourpre et d'orangé.
                     ( L. )

' BIGNONÉES ou BIGNONIACÉES, *Bignoniaceæ*. ( bot. phan.) Famille où se réunissent, au genre que nous venons de décrire, quelques unes des plus belles plantes des contrées équinoxiales,
les unes arbres et arbustes élégans par leur taille ou par la souplesse de leur rameaux grimpans , les autres herbes encore intéressantes, toutes remarquables par la grandeur et l'éclat de leurs fleurs. Voici leurs caractères les plus généraux.

La famille des *Bignoniacées* appartient à la classe des Dicotylédones monopétales, à corolle hypogyne ; elle se distingue par un calice monosépale à 5 divisions, une corolle irrégulière à 5 lobes inégaux disposés en deux lèvres ; quatre étamines didynames, souvent accompagnées du rudiment d'une cinquième; un ovaire libre, surmonté d'un style et d'un stigmate, et partagé en deux loges ( rarement plus, ou seulement une ). Le fruit est ordinairement une capsule à deux loges, s'ouvrant en deux valves dans toute leur longueur ou seulement par le sommet; parfois c'est un drupe sec à une ou plusieurs loges. Les graines sont ou non pourvues d'un appendice membraneux en forme d'aile.

On voit que cette famille se rapproche des Personnées par sa corolle irrégulière , par sa capsule biloculaire, et par l'avortement de la 5e étamine ; sans cette dernière circonstance , elle serait trèsvoisine des Polémoniacées, des Apocynées et autres familles à corolle régulière et à cinq étamines.

Ajoutons que les Bignoniacées ont des feuilles généralement opposées ou ternées , et presque toujours composées; leur mode d'inflorescence est très-varié.

Jussieu, auteur de la famille, la partageait en trois sections; les deux premières, à capsule entièrement bivalve, se distinguaient par la tige herbacée ou ligneuse; la troisième comprenait les genres dont le fruit ne s'ouvre qu'au sommet, et dont la tige est herbacée.

La première section de Jussieu est celle qui, selon R. Brown, devrait composer seule la famille des *Bignoniacées*; cependant, d'après MM. Kunth et Richard, et abstraction faite de la structure de la tige, on peut regarder comme *Bignoniacées vraies*, les genres *Catalpa*, J.; *Tecoma*, J.; *Bignonia* , J.; *Oroxylum*, Ventenat; *Spathodea*, Beauvois; *Amphilobium*, Kunth; *Jacaranda*, J.; *Cobæa* , Cavanilles, etc. Tous ces genres ont les graines ailées.

Une seconde section, proposée par Kunth, sous le nom de *Sésamées*, a les graines dépourvues d'ailes ; tels sont les genres *Sesamum*, *Martynia* et *Craniolaria* de Linné.

Quant aux genres *Chelone* et *Penhtemon* , ils ont été justement reportés aux Scrophulariées; et les genres *Pédalium* et *Josephinia* forment la nouvelle famille des *Pedalinées* de Brown.     (L.)

BIGOURNAU ou BIGORNEAU. ( moll. ) Le *Turbo littoreus* de Linné, qui appartient au genre Littorine ( *v.* ce mot), porte ces noms vulgaires sur les côtes de l'Océan. Dans d'autres parties de notre littoral, ces mêmes coquilles sont appelées *Vigneau* ou *Vignot*. (Voy. Littorine.) (Guér.)

BIHOREAUX. ( ois. ) Oiseaux échassiers de la famille des Cultrirostres; ils constituent avec les *Butors* la seconde section du genre Héron, *Ardea*,

Linn. , auquel nous renvoyons pour la connaissance de leurs espèces et des caractères. (Geav.)

BILE. (zool. chim.) La Bile est un liquide qui est sécrété par le foie et qui coule de cet organe dans le duodénum par un conduit particulier auquel en aboutissent deux autres, dont l'un sert à l'écoulement du suc pancréatique, et dont l'autre mène à la vésicule biliaire. Cette dernière est un petit réservoir pour la bile; elle est placée immédiatement sur la face inférieure du foie.

La Bile a une couleur verte, depuis le vert jaunâtre jusqu'au vert d'émeraude; sa saveur est amère, et son odeur particulière est nauséabonde.

La Bile qui est contenue dans la vésicule est mucilagineuse, et très-souvent épaisse et filante.

MM. Frommherz et Gugest, qui se sont occupés de l'analyse de la Bile, ont trouvé dans celle de l'homme les matériaux suivans : du mucus, de la matière colorante, de la matière salivaire, de la matière caséeuse, de l'extrait de viande, de la cholestérine, du sucre biliaire, de la résine biliaire, des oléates, des margarates, carbonates, phosphates, sulfates, etc., de soude et de potasse; du phosphate, du sulfate et du carbonate de chaux.

D'après Berzélius, la Bile de bœuf est composée d'eau, de matière biliaire, de graisse, de mucus provenant de la vésicule, d'extrait de viande, de chlorure et de lactate de soude, de soude libre, de phosphate de soude, de phosphate de chaux, et de quelques traces d'une substance particulière insoluble dans l'alcool. M. Thénard a trouvé le même liquide, également chez le bœuf, formé d'eau, de résine biliaire, de picromel, de matière jaune particulière, laquelle matière colore la bile; de soude libre, de phosphate de soude, de chlorure de soude, de sulfate de soude, de sulfate de chaux et de quelques traces d'oxide de fer.

La Bile est susceptible d'éprouver des altérations morbides assez notables, qui, le plus ordinairement, sont dues à des affections du foie, mais qui sont encore peu connues. Ainsi on a trouvé la Bile quelquefois très-acide, d'autres fois jaune et épaisse comme du blanc d'œuf; Mascagni en a rencontré de violacée, etc.

On est encore peu certain du véritable but auquel tend la formation de la Bile dans le corps; les physiologistes sont partagés d'opinion sur ses usages dans notre économie ; les uns pensent que ce liquide exerce une influence essentielle et chimique dans l'acte de la digestion ; d'autres, au contraire, affirment qu'elle ne joue aucun rôle dans cette fonction importante de la vie, et qu'elle n'a été créée que pour être évacuée. Il n'est pas de notre sujet ni de notre intention de traiter ici cette importante question de physiologie.

Dans les arts la Bile sert à enlever les taches de graisse sur les étoffes; on la mêle avec certaines couleurs employées par les peintres, et la médecine l'administre comme tonique, comme amer, soit à l'intérieur, soit à l'extérieur, sous forme d'extrait, en bols ou en pilules. (F. F.)

BILLARDIÈRE , *Billardiera*, ( bot. phan. ) Genre de la Pentandrie monogynie et des Pittosporées de Brown , dans son ouvrage sur les plantes de la Nouvelle-Hollande. En voici les caractères : calice pentasépale; corolle à cinq pétales alternans avec les sépales; cinq étamines, un ovaire supérieur, surmonté d'un style à stigmate simple; baie allongée, à semence très-membraneuse.

On en connaît cinq à six espèces, dont les principales sont :

1° La Billardière sarmenteuse, *Billardiera scandens*, Sm., de la Nouvelle-Hollande. Arbrisseau qui ne s'élève guère qu'à deux ou trois pieds. Ses rameaux sont grêles, ses feuilles ovales, velues, dentées vers le haut; ses fleurs sont solitaires, d'un vert jaunâtre, et en quelque sorte tubuleuses par le rapprochement des pétales; ses fruits sont pendans, charnus et de forme oblongue.

Cette plante se multiplie facilement par boutures et par graines.

2° La Billardière variable, *B. mutabilis* ou *variabilis*, Sm. Originaire, comme la précédente, de l'Océanie. Ses feuilles sont plus étroites, et ses fleurs moins grandes. Elle mérite toutefois l'attention de l'amateur et les soins du jardinier.

Ce sont là jusqu'à présent les seuls végétaux de la Nouvelle-Hollande dont les fruits soient bons à manger. Leur pulpe, suivant M. Bosc, a le goût de la crème d'entremets. (C. É.)

BIMANE. (rept.) *Voy.* Chirote.

BIMANE. (zool.) Qui a deux mains. Epithète donnée à l'homme, parce que seul, parmi les mammifères, il est pourvu de deux mains entièrement disponibles. L'auteur de l'article Bimane du Dictionnaire classique d'histoire naturelle pense que si Cuvier n'a pas, à l'exemple d'autres auteurs, cru qu'il était de la dignité de l'espèce humaine de la tirer du règne où son organisation la rejette, il a peut-être eu tort d'établir pour elle un ordre séparé ; que dans cet ordre il était plus naturel de placer les *Orangs*, qui sont moins éloignés de l'homme que des singes parmi lesquels on les relègue. C'est à l'article Homme, auquel nous renvoyons nos lecteurs, qu'il convient d'examiner cette question. (P. G.)

BINOCLE, *Binoculus*. ( crust. ) Geoffroy a donné ce nom à un genre qu'il composait de trois espèces, lesquelles font actuellement les types de trois genres, savoir : les Apus, les Argules (*v.* ces mots), et les Binocles proprement dits. Ce genre a pour type le Binocle pisciforme de Geoffroy, que Duméril appelle *Binoculus piscinus*; c'est un petit crustacé à démarche vive, dont la queue est sans cesse en action : il vit en société nombreuse dans les mares et dans les ruisseaux des environs de Paris, dans les terrains argileux du bois de Boulogne, etc. (Guér.)

BINNY. ( poiss. ) Les Égyptiens donnent ce nom au *Cyprinus lepidotus* de Geoffroy. (*V.* Cyprin.) Ce Poisson très-abondamment répandu dans le Nil. Il se vend toujours un prix assez élevé, parce que sa chair est très-recherchée des Arabes; ce qui prouve combien ce poisson est estimé en Égypte, c'est qu'il existe, principalement à Syout et à Géné, des hommes qui n'ont point d'autre état que celui de pêcheurs de Binnys. Ces hommes se placent à la portée de l'une des anses du fleuve, dans un endroit où le rivage est escarpé et s'élève au dessus de la surface de l'eau. Là ils se pratiquent dans le sable des creux où ils placent des briques qu'ils emploient à divers usages; des nattes qui leur servent de lits et de tapis, et quelques ustensiles de ménage; telle est leur habitation. La pêche se fait de la manière suivante : on attache au bout d'une longue corde trois hameçons, au dessus desquels on met une boule très-grosse, composée de bourbe mêlée et pétrie avec de l'orge germée; le poids de cette boule la fait plonger avec les trois hameçons, que l'on amorce en y suspendant des dattes; l'autre extrémité de la corde est solidement fixée à un pieu; mais elle communique par une ficelle avec un bâton mince et très-mobile qui sert de support à une sonnette. On conçoit que, par cet arrangement, un Binny ne peut mordre à l'un des hameçons sans que le mouvement imprimé n'ébranle et n'agite la sonnette, et n'avertisse les pêcheurs. Aussitôt l'un d'eux tire l'appareil sur le rivage, aidé par un de ses compagnons, qui s'avance dans l'eau pour soulever la boule. Il est à remarquer que la boule n'est pas utile seulement comme corps pesant, mais au dire des pêcheurs, l'orge germée qui entre dans sa composition répand au loin une odeur qui attire le poisson et le fait approcher des hameçons, qu'il pourrait sans cette précaution ne pas apercevoir. Le Binny a la tête un peu comprimée, le dos élevé, le ventre arrondi, la ligne latérale courbée vers le bas, l'anale et la caudale rouges, avec du blanc à leur base, et les autres nageoires blanchâtres et bordées d'une couleur mêlée de roux. L'éclat de l'argent dont brillent les écailles le fait facilement remarquer.

(ALPH. G.)

BIPÈDE. (REPT.) *V.* HISTÉROPE.

BIPÈDES, ayant deux pieds. (ZOOL.) En histoire naturelle on applique généralement ce nom à tous les animaux pourvus de deux pieds seulement. Pallas et M. Lacépède ont plus spécialement désigné par ce mot un genre de reptiles de l'ordre des Sauriens et de la famille des Urobènes. Ce genre manque de pattes antérieures; on en compte trois espèces pour lesquelles M. Duméril a proposé le nom générique d'Hystérope.

(P. G.)

BIRGUE, *Birgus.* (CRUST.) Genre de Décapodes établi par Leach, et dont il sera traité à l'article PAGURE (*voy.* ce mot). (GUÉR.)

BISCUTELLE, *Biscutella.* (BOT. PHAN.) Cette plante, de la famille des Crucifères, Tétradynamie de Linné, produit une silicule divisée en deux loges articulées, adnées latéralement à l'axe, s'en détachant presque à la maturité, et présentant alors l'aspect d'une petite *lunette* (d'où le nom vulgaire de *lunetière*), ou bien, plus poétiquement, d'un double écusson, d'où son nom latin *bis* et *scutum*). Ses autres caractères sont d'avoir un style persistant, des étamines libres, des pé-

tales onguiculés, et un calice à quatre sépales, dont deux sont parfois prolongés en éperon.

Les vingt à vingt-cinq espèces de Biscutelles habitent le bassin de la Méditerranée; ce sont des herbes à tiges arrondies, garnies de feuilles oblongues, paniculées au sommet, et portant des fleurs jaunes sans odeur. Ces plantes n'intéressent guère que le nomenclateur; on ne s'en sert à aucun usage. (L.)

BISSERULE ou BISERRULE, *Biserrula.* (BOT. PHAN.) Genre de la famille des Légumineuses, Diadelphie décandrie, remarquable en ce qu'il porte une gousse biloculaire comme l'astragale; il ne diffère de ce dernier que parce que son légume a ses bords marqués de dents aiguës auxquelles correspondent les graines. Du reste le *Biserrula* est caractérisé par un calice monosépale à cinq divisions égales; une corolle papilionacée ayant l'étendard un peu plus long que les ailes et la carène; dix étamines, dont une libre; un ovaire sessile, un style infléchi, un stigmate simple, légèrement barbu.

La seule espèce du genre est le *Biserrula pelecinus*, L., vulgairement *Râteau*, à cause des denticules de son fruit; cette herbe a les tiges velues, ainsi que les feuilles, qui sont ailées et composées d'une trentaine de folioles; elle croit dans les contrées méridionales. (L.)

BISET, *Columba livia.* (OIS.), Temm., Hist. nat. des Pigeons, pl. 12. Cette espèce n'a que treize pouces de longueur totale, et vingt-six d'envergure; sa couleur est gris-d'ardoise, avec le tour du cou vert-changeant; une double bande noire sur l'aile, croupion blanc.

On doit considérer le Biset sauvage comme la source de tous nos pigeons de colombier, des diverses races de volière qui par leur forme et leurs organes lui ressemblent plus ou moins; le pigeon domestique des naturalistes, la prétendue espèce de pigeon romain ainsi que ses variétés, et le pigeon de roche, ou rocherai, en proviennent également. En effet, tous ces oiseaux produisent ensemble, et donnent naissance à des individus capables de se reproduire à leur tour, et qui forment par l'entremise de l'homme ces innombrables races que l'on connaît parmi les pigeons domestiques.

Le Biset, assez rare en Europe, est un oiseau voyageur qui, tous les hivers, nous abandonne pour aller chercher des contrées plus favorisées de la nature; on l'observe aussi en Afrique et en Asie; c'est surtout dans cette dernière partie qu'il est plus commun. Il niche dans les trous des rochers et préfère ces demeures à celles qu'il pourrait construire sur les arbres comme le font les Ramiers et les Colombins; les pigeons fuyards ou déserteurs de nos colombiers qui rentrent dans leur état primitif, ont la même habitude; ils donnent toujours la préférence aux vieilles tours et aux masures, et ce n'est qu'à leur défaut qu'ils construisent dans les trous d'arbres, mais jamais sur les branches, comme ces espèces dont nous parlions à l'instant.

Le nombre des races domestiques est trop considérable pour qu'il nous soit possible de les décrire ici : un volume de texte et un autre de planches suffiraient à peine ; aussi n'indiquerons-nous que les principales, celles autour desquelles les autres viennent plus ou moins se grouper, et d'abord :

Les Pigeons domestiques ordinaires, qui sont les premiers descendans du Biset, ceux de tous qui s'en rapprochent davantage ; ils diffèrent beaucoup entre eux pour les nuances, les uns sont blancs, d'autres noirâtres, d'autres roux ; le plus grand nombre présente un mélange infiniment varié de ces diverses couleurs : les pigeons de cette nombreuse famille ont généralement la partie inférieure du dos blanche, le bec brun ; la membrane est rougeâtre à sa base et comme saupoudrée de blanc, leurs pieds sont rouges.

Viennent ensuite les Pigeons romains, regardés à tort par quelques auteurs comme devant former une espèce distincte,

Les grosses Gorges, voy. Buffon, édit. in-8°., t. 4 des Ois., pl. 8 et 9.

Les Pigeons turcs ou *Bayadais*.

Les Pigeons nonnains, avec lesquels on doit ranger les *Pigeons coquilles hollandais* qui en proviennent probablement.

Les Pigeons a cravate. Cette race est une des plus petites, les individus qui la composent ne sont guère plus grands que les tourterelles, avec lesquelles ils produisent quelquefois des mulets ou métis. Ils varient beaucoup ; les plus estimés sont ceux qui ont le plumage blanc avec le manteau noir ou roux ; on en voit de tout roux. Les amateurs recherchent principalement ceux qui ont la cravate d'une couleur bien tranchée.

Les Pigeons paons, ainsi nommés à cause de la facilité qu'ils ont de redresser leur queue à peu près de la même manière que les dindons.

Les Pigeons culbutans ou *tournans* ont les ailes très-longues et dépassant quelquefois la queue ; ils constituent une race bien distincte et tout-à-fait dégradée par la main de l'homme.

*Voy.* pour plus de détails l'art. Pigeon de ce Dictionnaire.      (Gerv.)

BISMUTH. (min.) Ce métal se présente dans la nature en combinaisons très-variées. A l'état *natif*, ou de pureté, il se reconnait à son tissu lamelleux et à sa couleur blanc-jaunâtre ou blanc-rougeâtre. Sa cristallisation primitive est l'octaèdre ; mais il cristallise aussi en rhomboïdes. Il est fragile et s'égrène par le choc d'un corps dur. Il se fond à la flamme d'une bougie ; il se dissout avec effervescence, dans l'acide nitrique, en répandant un nuage de vapeurs d'un vert jaunâtre et en formant un dépôt de la même couleur.

A l'état d'*oxide* il se présente sous forme d'enduit terreux et pulvérulent jaunâtre à la surface de certains minerais de Bismuth, de cobalt et de nickel.

Combiné avec le soufre, il porte le nom de *Bismuthine*, et cristallise en aiguilles prismatiques ou en petites lamelles d'un gris d'acier qui tire sur le jaunâtre. Quelquefois ce sulfure se présente combiné au cuivre, au plomb et au cuivre réunis, ou au plomb et à l'argent : il forme alors ces combinaisons qui ne sont point cependant considérées comme espèces minéralogiques et qui font donner au Bismuth sulfuré les surnoms de *cuprifère*, *plumbo-cuprifère*, et *plumbo-argentifère*.

Le Bismuth se combine aussi avec un métal appelé *Tellure*, et forme conséquemment un tellurure que l'on a dédié à M. de Born sous le nom de *Bornine*. Cette substance, qui est extrêmement rare, est d'un gris d'acier ou d'un blanc de zinc, et se présente en lames hexagones ou irrégulières.

M. Mac-Grégor a signalé dans les mines d'étain de Sainte-Agnès en Cornouailles un *carbonate de Bismuth* ; mais son analyse a présenté dans sa composition une anomalie, relativement aux proportions d'oxide du métal et d'acide carbonique, qui ne permet pas de considérer l'analyse comme exempte d'erreur.

Les diverses espèces de Bismuth se trouvent dans les terrains anciens, dits de cristallisation, et dans ceux qui leur succèdent et qui sont intermédiaires entre les premiers et les terrains secondaires.

Le Bismuth s'emploie pour donner à l'étain un degré de dureté suffisant : il est utilisé ainsi par les potiers d'étain. L'alliage formé de huit parties de Bismuth, cinq de plomb et trois d'étain, est fusible à la température de l'eau bouillante ; on l'emploie utilement à clicher des médailles ; inventé par le chimiste Darcet père, cet alliage est connu sous le nom de *Métal de Darcet*.

La dissolution du Bismuth par l'acide nitrique sert à faire une encre sympathique que le plus léger contact de l'hydrogène sulfuré colore en noir. On emploie aussi l'oxide de Bismuth dans la préparation du blanc de fard. On en fait enfin la base de quelques pommades pour noircir les cheveux.      (J. H.)

BISON, *Bos Bison*. (mam.) Cette espèce de Bœuf est de l'Amérique septentrionale tempérée ; pendant l'hiver elle s'étend dans les forêts ; l'été elle habite les prairies. Nous en parlerons en traitant du genre Bœuf. (*voy.* ce mot.)      (Gerv.)

BISSOLITHE. (min.) Voy. Byssolithe.

BITTERSPATH ou SPATH AMER. (min.) Nom qui a été fort improprement donné par les Allemands à la chaux carbonatée magnésifère ou dolomie ; car cette substance, n'étant soluble ni dans l'eau ni dans la salive, ne présente aucune espèce d'amertume qui puisse justifier l'application d'un nom semblable, puisqu'elle n'a aucun goût. *Voy.* Dolomie.      (Th. V.)

BISTORTE. (bot.) Adjectif synonyme de *contourné* ; il s'applique particulièrement à toute racine présentant deux coudes.

BISTORTE. (bot. phan.) C'est le nom vulgaire du *Polygonum bistorta*, parce que sa racine est repliée deux fois sur elle-même. Cette plante est représentée dans notre Atlas, pl. 49, f. 5. *Voyez* Renouée.      (L.)

BITTAQUE, *Bittacus*. (ins.) Ce genre a été démembré par Latreille de celui de *Panorpe*, à cause

cause des différences très-sensibles que présentait l'espèce sur laquelle il a établi cette coupe ; ses caractères peuvent se résumer en peu de mots : abdomen terminé presque de la même façon dans les mâles et les femelles, crochets des tarses d'un seul article, trois ocelles. Par la terminaison de l'abdomen ils s'éloignent des *Panorpes*, par les yeux lisses des *Némoptères* et des *Borées*, et enfin par la forme du crochet des tarses, des trois précédens pris ensemble. La forme de leur corps est très-allongée ; aussi les a-t-on comparés à des tipules. Les ailes sont égales, en forme de spatule, couchées horizontalement dans le repos, les pattes sont excessivement grêles et allongées. On n'en connaît en Europe qu'une espèce qui se trouve plus particulièrement dans le nord et dans les pays de montagnes comme la Suisse, c'est la B. TIPULE, *Panorpa tipularia*, de Fabr., longue de huit à neuf lignes, d'un brun roussâtre avec les ailes légèrement enfumées ; elle est représentée dans l'Iconographie de M. Guérin, Insectes, pl. 61, fig. 2. (A. P.)

BITUMES. (GÉOL. et MIN.) Les Bitumes sont des substances combustibles de la classe des carbures d'hydrogène, tantôt liquides, tantôt solides ou ayant la mollesse de la poix, et dont la composition, à cause de la variabilité de leurs caractères, n'a pas encore été bien définie. A l'état solide ils sont très-friables, se pulvérisent facilement entre les doigts et se liquéfient à une température peu élevée ; tous les bitumes s'enflamment facilement et brûlent avec flamme et fumée épaisse, en dégageant une odeur forte qui leur est particulière. Leur pesanteur spécifique, ordinairement moindre que celle de l'eau, varie de 0,7 à 1,6, ce qui fait que la plupart du temps ils surnagent à sa surface. On les divise, d'après leurs caractères physiques, en plusieurs sous-espèces qui passent de l'une à l'autre.

1° *Naphte* ou *Pétrole*, est une substance liquide à la température ordinaire, diaphane, jaunâtre, très-inflammable, pouvant prendre facilement feu par l'intermède de sa vapeur, même quand il est placé à une certaine distance d'un corps en ignition, et ayant une odeur forte qui se rapproche de celle de la térébenthine.

Le naphte se trouve rarement pur dans la nature ; il est ordinairement mélangé, lorsqu'il sort du sein de la terre, d'une autre matière bitumineuse, non volatile, qui le rend plus ou moins brun et plus visqueux ; il prend alors le nom de *Pétrole* ; c'est à cet état qu'on le rencontre le plus souvent. Le naphte s'obtient par une distillation douce, et laisse pour résidu une matière visqueuse semblable à l'asphalte, qui prend de la consistance lorsqu'elle est exposée à l'air. Le naphte distillé se compose, suivant Th. de Saussure, de 87,60 de carbone et 12,40 d'hydrogène, exactement la même composition que le gaz hydrogène percarburé ; en sorte que l'état liquide de l'un et l'état gazeux de l'autre ne paraissent tenir qu'à un arrangement moléculaire différent.

2° *Malthe* ou *pissasphalte*, Bitume auquel on donne indifféremment les noms de *Bitume glutineux*, de *Poix* ou *Goudron minéral*, de *Pétrole tenace* ; il est mou, glutineux, se durcit par le froid et se ramollit au contraire par la chaleur ; il paraît être la substance qui, par son mélange avec le naphte, constitue le pétrole ; il a une odeur très-prononcée de goudron, et sa composition n'a pas encore été bien définie.

3° *Asphalte*. Ce Bitume, qui a été connu de toute antiquité, provient particulièrement, ainsi que l'indique assez son nom, du lac Asphaltide ; solide, noir, à cassure vitreuse et conchoïdale, il ne fond qu'à une température plus élevée que celle de l'eau bouillante, est sans odeur, et a une pesanteur spécifique de 1 à 1,6. On le nomme aussi quelquefois *Bitume* ou *Baume de Judée* ou *de momie*, *Gomme des funérailles*, *Karabé de Sodome*, *Poix minérale scoriacée*.

4° On réunit encore aux Bitumes, ou carbures d'hydrogène, beaucoup d'autres substances, telles que le SUCCIN, le RÉTIN ASPHALTE, le CAOUTCHOUC MINÉRAL, l'HATCHÉTINE, etc., etc. (*Voy*. ces différens mots.)

Jusqu'à présent, les Bitumes n'ont guère été considérés que sous le rapport minéralogique ; cependant le rôle important qu'ils jouent dans la nature doit les faire entrer désormais dans le domaine de la géologie. A la vérité leur nature, le plus ordinairement fluide, s'est opposée à leur réunion en roches, et on ne les trouve le plus souvent que disséminés au milieu des différentes formations ; mais leur grande abondance dans toutes les contrées de la terre, leurs liaisons indirectes avec les phénomènes volcaniques, ne permettent pas de les en séparer ; c'est donc sous le point de vue géologique et volcanique que nous allons les examiner.

On a beaucoup discuté jusqu'ici sur l'origine des Bitumes, et imaginé de nombreuses hypothèses pour expliquer cette origine ; mais aucune ne paraît bien satisfaisante, et ne répond qu'à une partie des conditions de leur existence ; plusieurs savans ont pensé qu'ils résultaient de la décomposition des débris organiques, et MM. Turner et Reichenbach, entre autres, ont fait des théories pour prouver qu'ils proviennent de la distillation des houilles, et il faut avouer que la similitude de certains bitumes avec ceux que l'on peut extraire de la houille devait fortement appuyer cette opinion ; mais lorsqu'on réfléchit à l'immense quantité de bitumes répandus à la surface de la terre, qu'on étudie attentivement toutes les circonstances qui accompagnent d'ordinaire leur gisement, qu'on examine leurs rapports constans avec les terrains salifères, les gypses, le soufre, les salces, les éruptions gazeuses ou feux perpétuels, les sources thermales et minérales, qu'on tient compte de leur présence dans beaucoup de roches ignées, et qu'enfin on considère qu'ils entrent en quelque sorte comme élément dans certaines roches volcaniques, on ne peut guère attribuer à la plupart d'entre eux une origine différente de celle des substances avec lesquelles ils sont si constamment en rapport. Les Bitumes sont donc pour nous des produits volcaniques indirects, qui se produisent dans des circonstances toutes particulières, et nous pensons avec plusieurs chimistes que ce sont des substances natives qui peuvent devoir leur origine à un certain nombre de causes qui nous sont encore inconnues. C'est du moins la seule hypothèse rationnelle qui nous paraisse répondre d'une manière satisfaisante à toutes les objections. Cette manière toute nouvelle d'envisager l'origine des Bitumes demande à être appuyée par des faits, aussi nous espérons qu'on nous pardonnera d'être entré ici dans quelques détails sur leurs principaux gisemens, détails qu'on ne pourrait d'ailleurs réunir qu'en lisant un grand nombre d'ouvrages. Quoique nous ayons déjà publié notre opinion à cet égard dans plusieurs notes insérées dans le Bulletin de la société géologique de France, nous ne rejetons cependant pas l'idée que, dans certaines circonstances, la décomposition des corps organisés a pu donner naissance à des substances résineuses : mais nous pensons que ces cas sont en général exceptionnels, et n'ont donné lieu qu'à la formation de très-petites quantités de Bitume comparativement aux masses qui sont journellement produites dans quelques localités.

Les *naphtes* ou *pétroles* accompagnent presque toujours les salces ou les dégagemens de gaz hydrogène carboné, connus sous les noms de *feux perpétuels* ou *sacrés*, qui s'échappent en différens lieux de l'intérieur de la terre, et ces gaz ayant la même composition que les naphtes, on peut très-bien les considérer comme de véritables naphtes à l'état gazeux, et dire que là où il y a dégagement de ce gaz, sans que le naphte se manifeste à la surface du sol, c'est un indice certain de son existence dans l'intérieur du sol.

La seule source de pétrole connue en France est celle de Gabian, près de Pézenas (Hérault), ce qui lui a valu le nom d'*Huile de Gabian*, qu'on lui donne assez ordinairement dans le commerce. Cette source, découverte seulement en 1608, produisait trente-six quintaux de Bitume par an ; entièrement perdue en 1706, elle reparut bientôt après ; mais depuis cette époque ses produits ont beaucoup diminué, et elle ne donne plus guère annuellement que quatre quintaux ou environ deux cents litres. Il existait dans le quinzième siècle une autre source de naphte à Waldsbrunn, près du château de Bitsche (Moselle) ; mais elle s'est perdue et il n'en reste plus de trace.

D'autres sources existent dans le duché de Parme, près des volcans vaseux du Modénois ; en Toscane, au nord des salces de Barigazzo et Pietra-Mala ; en Sicile, dans le voisinage des salces ; on en trouve en Angleterre, en Écosse, en Bavière, en Suède, en Gallicie, dans la Transylvanie, en Valachie, près des feux perpétuels, et du temple des Parsis, où on en recueille annuellement pour 200,000 roubles (environ 800,000 francs). Nous avons fait connaître les sources de naphte de l'île de Zante. Elles sont situées dans une petite plaine marécageuse d'environ deux lieues de circonférence,

bornée d'un côté par la mer, et de l'autre par des collines de calcaires schisteux et bitumineux de la formation crayeuse. En traversant cette plaine, on sent sur quelques points la terre trembler sous les pieds, comme lorsqu'on marche au dessus de certaines tourbières ; ou assure même qu'on y entend parfois un bruit sourd, comme si le dessous du sol était creux. L'huile de pétrole s'y recueille dans plusieurs bassins naturels, dont le principal a environ 50 pieds de circonférence ; et, quand on vient à creuser le terrain aux environs, il en jaillit aussitôt une source d'eau d'où l'huile de pétrole s'élève en bouillonnant.

Ces sources remontent à la plus haute antiquité, et Hérodote, qui les avait visitées, dit « que l'île de Zacinthe (Zante) renferme plusieurs lacs, où en enfonçant une perche à l'extrémité de laquelle est attachée une branche de myrte, on la retire chargée de poix qui a l'odeur du Bitume, et qui est préférable à celle de la Pierrie, province de Macédoine qui en fournissait aussi. » Les parois et le fond de ces étangs se recouvrent continuellement d'un enduit épais de pétrole, que l'on amène encore à la surface, comme du temps d'Hérodote, en agitant l'eau avec quelques branches d'arbre. On en recueille environ 100 barils par an, que les habitans de l'île emploient au calfatage des bâtimens, en le mélangeant avec du goudron de résine pour lui donner plus de consistance.

Il y a également en Amérique de nombreuses sources de naphte et de pétrole ; on en connaît au Pérou, dans les états de New-York, près du lac Érié ; dans le comté de Cumberland, où elles sont connues sous le nom de *Rock-Oil* ; dans les états de l'Union, dans le Kentucky, sur les côtes de Carthagène, etc. ; elles sont généralement connues en Europe dans le voisinage des sources salées ou des *sources brûlantes*.

En Asie, les sources de naphte et de pétrole ne sont pas moins répandues ; il y en a dans le voisinage des sept sources chaudes, sulfureuses et salines à Grumaja, dans le Caucase ; en Perse il y en a une grande quantité, qui toutes sont en rapport ou avec le phénomène qui produit les sels ammoniacaux (dans la petite Boukharie), ou avec les sources salées et les feux perpétuels. Le fameux *moum* des Perses n'est autre chose que du naphte qui découle des parois d'une caverne des environs de Darab, que le gouverneur tient soigneusement fermée et n'ouvre qu'une fois par an, pour en recueillir la petite quantité qui s'y est amassée, et l'envoyer à la cour, où on le regarde comme un baume merveilleux. Il y en a dans l'Inde, au Penjâb, au Japon, en Chine, où on le rencontre ordinairement dans le forage des puits pour la recherche des eaux salées ; les Chinois le nomment *huile de pierre* ; on le trouve sur les bords du Tigre, où les sources de pétrole sont si multipliées que le fleuve en est parfois couvert, et que les voyageurs s'amusent souvent à y mettre le feu ; mais la localité la plus célèbre pour la production du naphte est sans contredit le Schirvan (aux environs de Bakou et de la presqu'île d'Abcheron sur la mer

Caspienne ). Son sol pseudo-volcanique, ses salces qui vomissent des torrens de boues, ses feux perpétuels, ses nombreux puits salés, ses nombreuses sources de naphte et de pétrole, ont rendu cette contrée célèbre dans tout l'Orient et en font une des localités les plus propres à étudier la formation des Bitumes et leurs rapports avec les phénomènes pseudo-volcaniques.

Nous avons aussi fait connaître, d'après M. Lenz, cette localité curieuse. Les feux perpétuels y ont un rapport intime avec les phénomènes pseudo-volcaniques, rapport qui existe également entre ceux-ci et le naphte, qui tantôt est lancé avec la bourbe argileuse, comme cela a lieu au village de Balkhany, tantôt pénètre les morceaux d'argile schisteuse et de grès que vomissent les volcans. Le sol de la presqu'île d'Abcheron est tellement imprégné de naphte, qu'il jaillit en quelques endroits de la terre ; dans ceux où il est moins abondant, il n'arrive à la surface, ainsi que les autres matières, que par les violentes éruptions qui se font jour à travers les masses d'argile amollie.

- Les feux perpétuels sont dans les environs de Bakou, et les plus remarquables, au nombre de deux, sont : les *petits feux*, situés au sommet d'une colline au S.-O., et les *grands feux* nommés Atech-gah ( foyers ), situés dans la presqu'île d'Abcheron, à douze verstes à l'E.-N.-E. Ceux-ci sont sur une bien plus grande échelle et sont ceux que les voyageurs citent comme la chose la plus curieuse ; ils ont acquis dans l'Orient une si grande célébrité, que, de nos jours encore, ils ont attiré du fond des Indes vingt descendans des anciens Guèbres, sectateurs de Zoroastre, qui adorent la divinité dans ces feux perpétuels, et y accomplissent les vœux les plus singuliers avec une persévérance digne des pieux cénobites des premiers siècles du christianisme.

Les feux de l'Atech-gah diffèrent des petits feux en ce que ceux-ci dégagent une odeur très-prononcée de naphte et sont accompagnés de fumée qui en provient très-vraisemblablement ; ils sont situés dans une vaste enceinte de forme elliptique, et s'échappent du milieu d'un calcaire coquillier, à l'extrémité N.-O. de l'ellipse, dont le grand axe est dirigé du N.-O. au S.-E. La plus grande partie des feux se trouve dans la cour du bâtiment des Indiens, pentagone irrégulier, où l'on entre par une porte surmontée d'une espèce de tour. Les flammes principales sortent de quatre piliers creux, d'environ 25 pieds de hauteur, et forment les quatre angles d'un petit temple placé au milieu de la cour ; elles paraissent avoir deux pieds le jour, et trois la nuit ; leur intensité est si grande qu'elles répandent assez de clarté pour lire à une verste de distance dans une nuit obscure.

C'est à l'extrémité N.-O. de cette enceinte elliptique, à 45 pieds au dessous de l'Atech-gah, et à 19 pieds seulement au dessus du niveau de la mer Caspienne, que se trouvent les seize puits de naphte blanc, les seuls que possède la contrée ; ce naphte diffère du noir par une couleur verdâ-

tre, par une odeur moins désagréable, par son extrême fluidité, et sa grande volatilité. La profondeur moyenne des puits jusqu'au naphte est de 18 pieds.

Le naphte noir ou pétrole pénètre à la surface du sol dans un grand nombre d'endroits, mais le lieu principal est près du village de Balkhani, au N.-E. de Bakou. Il y a 82 sources qui fournissent 20,300 pouds de naphte par mois, 243,600 pouds, ou environ 40,194 quintaux par année. Il a une couleur brun verdâtre, une odeur pénétrante et désagréable, plus de consistance que le naphte blanc ; il s'attache fortement aux doigts quand on le touche. Au fond de quelques puits, et notamment dans celui de *Khalafi*, qui fournit la plus grande source, on entend distinctement le bruissement qu'occasionne l'ascension des bulles de gaz hydrogène carboné qui l'accompagne.

L'apparition simultanée du gaz et du naphte, la présence de tous deux dans les éruptions des pseudo-volcans, indiquent suffisamment la correspondance souterraine qui existe entre ces phénomènes ; mais, dit M. Lenz, « où se trouve le foyer de l'action volcanique que les trois éruptions de bourbe, de naphte et de gaz nous annoncent, et quelle en est la cause ? c'est ce qu'il est impossible de déterminer avec précision. » La presqu'île d'Abcheron et les environs de Bakou ne sont pas les seuls points où ces phénomènes se manifestent ; on les retrouve jusqu'à l'embouchure du Koura ( le *Cyrus*), et l'on assure qu'il en existe aussi de semblables sur la côte opposée, en Crimée, dans les petites îles voisines de la côte occidentale de la mer Caspienne ; et l'une d'elles, située à l'embouchure du Koura, paraît devoir son origine à ces phénomènes, ainsi que semble l'indiquer son nom, qui équivaut à celui de *carreau calciné* ; dans celle de Tschélé-Kaen, il existe des puits qui en donnent dans une eau chaude, salée et sulfureuse. Tout le sol de la contrée est tertiaire et plus ou moins pénétré de bitume. Il est couvert de lacs salins, qu'on exploite pour en extraire le sel, et leurs eaux sont ordinairement chaudes ; à Psarachain, il y a une fente d'où s'échappent des vapeurs brûlantes ; enfin l'on assure qu'il sort souvent des flammes du milieu de la mer elle-même.

Le *Bitume malthe*, ou *pissasphalte*, n'est à proprement parler qu'un pétrole plus noir, plus épais, d'une consistance plus solide et plus visqueuse, qui s'approche beaucoup de celle de la poix végétale ; il se trouve dans une grande partie des lieux où se rencontre le pétrole ; il s'écoule par les fissures des roches, et couvre souvent la surface du sol environnant d'une croûte onduleuse et mamelonnée, ou bien il forme des stalactites ; il imprègne beaucoup de terrains et constitue ce qu'on appelle les calcaires, les grès, les conglomérats bitumineux, les argiles, les vacites bitumineuses, etc. Nous avons également fait connaître les fameuses mines de malthe ou pissasphalte de l'Albanie. Ces mines, déjà exploitées du temps de Pline, et où se répètent une partie des phénomènes de Bakou et de Pietra-Mala, sont situées dans le Condessi, à la base septentrionale des monts Chimariots ( *Akrocérauniens* ), et occupent la partie comprise dans l'angle que forme la rivière de Voïoussa avec celle de Souchista. L'étendue de ces mines de poix minérale, réputée excellente pour calfater les vaisseaux, et qu'on n'a cessé d'exploiter depuis un grand nombre de siècles, paraît se prolonger très-loin vers le S.-E.; et la quantité de malthe que l'on pourrait en retirer suffirait à l'approvisionnement de l'Europe entière. On trouve dans les environs le soufre mélangé à du gypse, de l'alun et d'autres substances minérales, et les habitans assurent qu'on voit encore presque toutes les nuits des flammes bleuâtres voltiger à la surface de la terre.

Il est impossible de méconnaître à tous ces caractères le *Nymphæum* des anciens, d'où s'échappaient sans cesse des sources de feu, sans nuire à la verdure environnante. Plutarque, dans sa Vie de Sylla, dit que dans le voisinage d'Apollonia est situé le *Nymphæum*, terre sacrée, où des sources perpétuelles de feu coulent au milieu d'une vallée riante et de belles prairies, sans les endommager; Aristote, en parlant de ce phénomène, ajoute que l'huile que l'on présentait à la flamme qui se dégageait de la terre, s'enflammait facilement; Elien, qui avait observé lui-même le phénomène, dit aussi que le Bitume, auquel Dioscoride et avec lui tous les auteurs de l'antiquité ont donné le nom de *Pissasphalte*, nom qui s'est conservé jusqu'à nos jours, était mêlé avec des substances sulfureuses et alumineuses, et que l'odeur qu'exhalaient au loin les feux du nymphæum ressemblait à celle de l'alun et du soufre.

Si de nos jours, comme au temps de Dion-Cassius, qui parle aussi de ces phénomènes en témoin oculaire, des torrens de feux ne roulent plus au milieu des champs, une partie des circonstances qui les accompagnaient se sont perpétuées : il s'en dégage encore des gaz méphitiques qui s'y enflamment souvent, et, avec le malthe, il se forme, par suite de ces émanations gazeuses, du soufre, du gypse, des sels alumineux et autres produits chimiques.

Le malthe se trouve dans un grand nombre de localités, où il imprègne les roches, soit du terrain houiller ou des terrains secondaires en ( Grèce c'est dans la formation crayeuse qu'on le trouve ), soit du terrain tertiaire où il est surtout abondant et forme des gîtes assez considérables, aux environs de Dax, à Begrède en Languedoc, à Gabian, à Seissel près de la perte du Rhône, à Neufchâtel ( Suisse ), à Lobsan, Lamperlock (Bas-Rhin), dans la Bavière, dans le Banat, en Transylvanie, en Gallicie; il imprègne aussi plusieurs roches et terrains volcaniques, certains basaltes, des tufs basaltiques, des vakites, à Pont-du-Château, au Puy de la Pége près de Clermont (Auvergne); il sort souvent de la terre avec certaines sources minérales et se rassemble à la surface, où on peut le recueillir; au Puy de la Poix, il suinte directement des vakites

à pépérites, en quantité d'autant plus grande que la température est plus élevée : il est accompagné d'eau salée.

Le Bitume malthe s'exploite dans un grand nombre d'autres localités; celui qui imprègne les sables ou les argiles n'offre pas de grandes difficultés d'extraction; on exploite ces matières, on les fait bouillir avec de l'eau dans de grandes chaudières, et le Bitume ne tarde pas à venir se réunir à la surface; dans d'autres cas, on forme avec les roches bitumineuses des tas dans le centre desquels on a ménagé du combustible, auquel on met ensuite le feu; et le Bitume, devenant bientôt fluide par l'action de la chaleur, s'écoule de toutes parts dans des bassins disposés pour le recevoir.

L'*Asphalte* est le Bitume solide qui provient particulièrement de la mer Morte ou lac Asphaltide, où il est connu depuis un temps immémorial; il s'élève continuellement du fond à la surface des eaux, où il arrive à un certain état de mollesse; il est poussé par les vents dans les anses et les golfes le long des côtes, où on le recueille; il acquiert de la consistance par son exposition à l'air. Les anciens paraissent avoir eu l'idée que cette substance est un véritable produit volcanique; ainsi Strabon dit à ce sujet : « que le lac est plein d'asphalte qui, à des époques régulières, se détache du fond des eaux et jaillit en bouillonnant à leur surface; alors les flots écumans se relèvent en pyramides et présentent, en se gonflant, le spectacle d'une colline dont le sommet vomit des cendres et se couvre de nuages de vapeurs qui ternissent l'argent, le cuivre et tous les corps métalliques, excepté l'or. » Cette description nous paraît évidemment indiquer qu'il y a eu anciennement et à différentes époques, dans le lac Asphaltide, des éruptions sous-marines, accompagnées de dégagemens de gaz hydrosulfurique, qui, à l'exception de l'or, a la propriété de ternir tous les métaux.

Tacite rapporte aussi que l'asphalte s'élève à la surface des eaux du lac, qu'il y nage pendant quelque temps, et que les habitans du pays emploient différens procédés pour le coaguler. Dioscoride dit également que le *Bitume de Judée* était très-estimé, et qu'on le reconnaissait au reflet couleur de pourpre qu'il offrait aux regards, lorsqu'on l'exposait à la lumière du soleil. Aujourd'hui ce sont les Arabes qui le recueillent sous le nom de *Karabé de Sodome*; ils en vendent la plus grande partie à Jérusalem, et se servent du reste pour calfater leurs canots et leurs navires. Les manufacturiers de Damas l'emploient pour enduire les étoffes, et en faire des toiles ou des draps imperméables.

Tous les récits des voyageurs, aussi bien que les passages des historiens de l'antiquité, semblent démontrer que le lac Asphaltide a été le siége de grands phénomènes volcaniques, et tous les écrivains, tant profanes que sacrés, s'accordent à dire qu'il existait autrefois sur les bords de cette mer de grandes villes qui ont été englouties, et dont on prétend qu'on retrouve encore des débris sous les eaux. D'un autre côté le docteur Clarke, savant voyageur anglais, prétend que l'une des montagnes qui bordent cette mer n'est autre chose qu'un volcan éteint qui ressemble parfaitement par sa forme au Vésuve, et qui présente à son sommet un cratère très-visible ; ce qui, en dépit des auteurs bibliques, rendrait assez naturelle l'explication de la destruction de Sodome et de Gomorrhe par suite d'une éruption volcanique qui aurait eu lieu depuis les temps historiques..... D'autres phénomènes volcaniques paraîtraient aussi s'être manifestés dans les eaux de cette mer, depuis les temps historiques ; car les eaux semblent, d'après les passages de quelques auteurs, avoir été quelquefois élevées à une très-haute température : ce n'est du moins qu'à l'aide de cette hypothèse que pourraient s'expliquer les contradictions des voyageurs sur la température de ses eaux ; ainsi Strabon dit positivement que ceux qui sont allés bien avant dans le lac ont été brûlés jusqu'à la ceinture, et Pokoke pense que l'on court risque de s'y brûler, tandis que plusieurs voyageurs ont pu s'y baigner impunément ; mais presque tous les auteurs paraissent s'accorder avec nous sur l'origine volcanique du Bitume quelles produisent. *Voy.* pour ce qui concerne la mer Morte le mot ASPHALTIDE et Pesanteur spécifique au mot BALANCE HYDROSTATIQUE.

On cite un grand nombre de lieux où le Bitume asphalte se produit également à la surface des mers : à l'île de la Trinité il en existe un lac de trois milles de tour ; on trouve aussi dans beaucoup de localités des substances bitumineuses analogues, ordinairement noires ou brunâtres, ou rougeâtres, solides, qui accompagnent diverses substances minérales cristallisées, telles que le quartz, la baryte, la chaux carbonatée, la galène, le cuivre pyriteux, au Hartz, dans le Palatinat, en Suisse, en Angleterre ; il en existe des filons avec des calcaires spathiques dans les roches trappéennes du mont Caltonhill, près Édimbourg en Écosse, etc, etc.

*Usages des Bitumes.* Les usages auxquels les Bitumes peuvent servir sont extrêmement nombreux ; ils ont donc sous ce rapport une très-grande importance ; on s'en sert comme combustibles, et le naphte et le pétrole sont employés dans plusieurs localités pour cuire la chaux, et même pour cuire les alimens ; dans les environs de Bakou, où il suffit d'enfoncer dans la terre un tuyau d'un pied de long pour en faire exhaler un jet violent de vapeur bitumineuse à laquelle il suffit de mettre le feu, en Perse depuis Mossul jusqu'à Bagdad, le peuple ne se sert pas d'autre chose pour l'éclairage ; en Chine, où il se trouve avec les eaux salées, il sert à évaporer celles-ci ; dans les Apennins on emploie les feux naturels non-seulement pour cuire la chaux et les alimens, mais aussi pour cuire les poteries et évaporer les liquides ; la ville de Parme est éclairée par le pétrole d'Amiano ; en Valachie, les Parsis s'en servent aussi pour leur éclairage. Dans les lieux où il est abondant, le Bitume entre dans la composition des vernis noirs et même de la cire noire à cacheter, et l'on assure qu'il entre dans celle du brillant vernis chinois qu'on nomme *laque* ; on l'emploie aussi à enduire les bois et les câbles qu'on veut préserver de l'humidité, ou qu'on veut faire servir sous l'eau ; celui de Gabian sert également à enduire les tourillons et les engrenages des grandes machines ; et, pour lui donner plus d'onctuosité, on le fond avec de la graisse. On a quelquefois aussi employé les Bitumes avec avantage dans les constructions hydrauliques ; on en fait d'excellens mastics, qui peuvent servir à toutes espèces de constructions ; il paraîtrait même que les anciens en ont fait usage dans les constructions de la tour de Babel et des murs de Babylone.

Les anciens Égyptiens faisaient de même usage de l'asphalte de Judée et d'autres Bitumes pour embaumer leurs morts et en faire ce que nous appelons aujourd'hui des *momies d'Égypte*, et c'est à cette circonstance qu'il doit son nom de *Baume de momie* ou *des funérailles* qu'on lui a quelquefois donné ; aujourd'hui on se sert encore de l'Asphalte pour fabriquer la couleur qu'on appelle *momie*, parce qu'on a souvent extrait des momies elles-mêmes le Bitume comme y étant de meilleure qualité. En médecine il est employé comme vermifuge, et l'huile de Gabian a eu sous ce rapport une grande renommée ; en chimie, on l'emploie pour conserver le potassium et le sodium qui décomposent de suite les liquides qui contiennent de l'oxygène ; mais l'un des principaux usages auxquels servent les Bitumes est le goudronnage des vaisseaux et de leurs agrès, on l'emploie non-seulement en Grèce, en Russie, en Syrie, mais encore presque partout il sert à cet usage. Enfin, outre des étoffes imperméables propres à couvrir les bâtimens, on peut encore en faire des espèces de dalles, en les mélangeant avec du sable, et on exploite dans quelques localités des bancs de sable bitumineux pour cet objet ; ces dalles ont l'avantage de pouvoir être soudées au moyen d'un fer chaud, en sorte qu'on peut en former des terrasses tout-à-fait imperméables à l'eau.

Si l'on récapitule maintenant toutes les circonstances du gisement des Bitumes sur lesquelles nous venons de nous étendre, et qui les caractérisent en Chine, en Perse, à Bakou, au lac Asphaltide, en Valachie, en Albanie, à Zante, en Sicile, en Italie, à Pietra-Mala et dans le Modénois, où ils sont en rapport soit avec les salces, soit avec les sources brûlantes de gaz hydrogène carboné ; si l'on tient compte de leur liaison avec certains gypses, de leurs rapports avec la production des sels ammoniacaux et alumineux, et autres produits chimiques ; si l'on se rappelle que la présence du Bitume a été constatée par Vauquelin dans tous les minerais de soufre dont il a eu occasion de faire l'analyse, que M. Persoz vient d'en constater aussi dans les eaux mères de Souls-sous-Forêts ; qu'il se rencontre dans beaucoup de roches ignées, telles que certains granites, des basaltes, des vakites, des laves, etc.; qu'il existe en filons dans des roches trappéennes, ou qu'il est souvent mélangé avec des substances de filons telles que le cuivre pyriteux, la galène, la baryte, etc; que M. Fournet l'a constaté dans les calcaires roses spathiques des filons métallifères de Pont-Gibaut; qu'il a été reconnu dans les quartz des environs de Limoges, qu'enfin certaines sources minérales et thermales en charrient quelquefois de grandes quantités et qu'il se rencontre aussi en abondance au milieu de terrains entièrement volcaniques, comme en Auvergne, dans les eaux qui entourent le Vésuve, aux îles de Lipari où déjà au temps des Carthaginois il était le sujet d'un commerce important, dans les îles du Cap-Vert, etc. etc.; il sera bien impossible de ne pas regarder la plupart des Bitumes comme de véritables produits volcaniques. C'est du moins le résultat auquel nous ont amené l'étude et la comparaison de ces différentes circonstances. Néanmoins, s'il restait encore, après l'énumération de tant de faits, quelques doutes, il nous serait facile de les détruire et de prouver par un simple calcul que leur origine n'est point organique et qu'ils ne peuvent provenir, par exemple, de la distillation des houilles, comme le pensent quelques personnes. Nous avons vu que les sources de pétrole de l'île de Zante en fournissent annuellement 100 barils de 200 livres environ. Ces sources existaient déjà du temps d'Hérodote, qui vivait dans le cinquième siècle avant notre ère; en prenant donc pour leur produit la moyenne de 100 barils par année, 2,500 ans $\times$ 100 barils $\times$ 200 livres sera approximativement la quantité de livres de pétrole qu'elles ont dû fournir depuis que cet historien les a décrites; or, M. Reichenbach ayant reconnu, par plusieurs expériences, que chaque quintal de houille donnait au plus deux onces d'huile, il n'aurait pas fallu moins de 2,500 $\times$ 100 $\times$ 200 $\times$ 8 = 568.000,000 quintaux de houille pour produire cette masse effective de pétrole. Si l'on ajoute maintenant que ces sources devaient exister bien avant Hérodote; qu'elles sont loin de paraître épuisées; que la quantité de pétrole recueillie est très-probablement loin de correspondre à celle qui est produite, on voit que toutes les mines de houille de l'Angleterre (pays le plus riche en ce genre de combustible) n'auraient pu suffire à alimenter, par leur distillation lente, les seules sources de Zante, et cependant elles ne fournissent guère que la quatre centième partie de la quantité qui se recueille aux environs de Bakou.

L'âge des Bitumes n'est pas moins difficile à déterminer que leur origine; car nous les voyons remonter de l'époque actuelle jusqu'aux terrains houillers, où l'on commence déjà à les rencontrer mélangés à quelques argiles schisteuses et à des grès; tous les autres terrains secondaires, particulièrement la formation crayeuse, en renferment plus ou moins abondamment; mais ce sont les terrains tertiaires surtout qui les présentent le plus fréquemment et en plus grande abondance.

Il semblerait donc résulter de là que les Bitumes n'ont pas d'époque précise de formation, mais que seulement ils ont commencé à paraître à l'époque des terrains houillers et peut-être même déjà antérieurement; qu'ils ont continué à se former depuis lors en augmentant toujours de proportion jusqu'à nos jours, où ils semblent se produire plus abondamment qu'ils ne l'ont fait à aucune autre époque géologique. ( TH. VIRLET. )

BITUMINEUX, SE. (GÉOL.) Toutes les substances qui renferment une plus ou moins grande quantité de bitume mélangé prennent ordinairement le titre de Bitumineuses; ainsi l'on dit un calcaire, un basalte, un terrain Bitumineux; une argile, une vakite Bitumineuse pour indiquer le mélange d'une certaine quantité de bitume dans la roche. (TH. V.)

BITUMINIFÈRE (ODEUR). (GÉOL. et MIN.) Tous les bitumes jouissant de la propriété de brûler avec une odeur qui leur est propre, on a donné, pour les distinguer, aux substances minérales ou aux roches qui, par le choc ou le frottement, dégagent une odeur analogue, l'épithète de Bituminifères: ainsi l'on dit d'un calcaire, d'une roche, par exemple, qu'ils sont bituminifères pour indiquer qu'ils jouissent de cette propriété particulière. (TH. V.)

BIVALVE. (ZOOL.) Composé de deux valves. La coquille de l'huître, celle de beaucoup d'autres mollusques acéphales, sont Bivalves.

BIVALVE. (BOT.) On donne ce nom à toutes les espèces de *capsules, siliques* et *gousses* qui, au moment de leur maturité parfaite, se partagent en deux parties qu'on appelle *valves*: telles sont les *capsules* de la *bignone*, du *lilas*, les *gousses* des *haricots*, les *noyaux* de *pêche*; quelques botanistes même appliquent ce nom aux *bales* des *graminées*. (P. G.)

BLAIREAUX, *Meles*. (MAM.) Ces animaux forment un genre parfaitement distinct dans la famille des Carnassiers plantigrades, voici leurs caractères:

Corps bas sur jambes, pieds à doigts 5-5, c'est-à-dire au nombre de cinq aux pieds de devant et à ceux de derrière; ongles robustes, propres à fouiller; queue courte, velue; une poche remplie d'une humeur grasse et infecte, placée auprès de l'anus; six mamelles, dont deux pectorales et quatre ventrales.

56 dents, $\frac{3}{3}$ incisives, $\frac{1}{1}$ canines, $\frac{4}{6}$ molaires de chaque côté.

L'espèce-type de ce genre est le Blaireau ordinaire, *Taxus meles*, figuré à la pl. 14 de l'Iconographie du règne anim., et dans notre pl. 49, f. 1. Le pelage, qui est assez long et fourni, présente un système de coloration très-remarquable, ses couleurs les plus foncées sont inférieures, et les plus claires placées aux parties supérieures (c'est, comme chacun a pu en faire la remarque, le contraire de ce qui a généralement lieu). Le dessus du corps est gris-brun, le dessous noir; une bande longitudinale noire existe de chaque côté de la tête, passant sur l'œil et sur l'oreille.

La grosseur du Blaireau est à peu près celle du renard ; mais ses jambes sont plus courtes, ce qui rend sa démarche rampante. Cet animal ressemble beaucoup aux ours, dont il a d'ailleurs les habitudes ; aussi Linné l'avait-il placé dans le même genre que ceux-ci.

Il se creuse, dans les bois sombres et éloignés des habitations, un terrier tortueux et oblique, dans lequel il se tient retiré tout le jour, ne sortant que le soir pour aller à la recherche de sa nourriture. La femelle, qu'on trouve rarement avec le mâle, met plus d'adresse à se faire une demeure ; elle met bas, en été, trois ou quatre petits, qu'elle pose sur une sorte de lit composé d'herbes et de feuilles. Dans la saison rigoureuse, les Blaireaux, bien qu'ils ne s'engourdissent point comme les marmottes et les loirs, restent souvent plusieurs jours sans sortir.

Ces animaux sont tout-à-fait omnivores, mangeant des fruits, du pain, du poisson, de la viande ou du miel selon l'occasion. Pris jeunes, ils s'apprivoisent aisément, vivent familiers avec les chiens et les autres animaux domestiques, arrivent lorsqu'on les appelle et reconnaissent parfaitement la personne qui les soigne. On les trouve dans toute l'Europe, depuis l'Espagne jusqu'en Norwége ; mais ils sont partout assez rares : il pa raît qu'ils existent aussi dans l'Amérique du Nord. Les Grecs ne paraissent point avoir connu les Blaireaux ; les Latins les appelaient *Taxus*, mot duquel dérivent évidemment les noms espagnol *texon*, italien *tasso* et français *tesson* qu'ils portent aujourd'hui.

La chasse du Blaireau, de laquelle nous devons dire quelques mots, se fait de plusieurs manières ; comme l'animal ne sort guère que de nuit, la plus commode et en même temps la plus sûre, est d'aller l'attaquer dans sa retraite ; on s'en empare aisément en ouvrant des tranchées ou en les *fumant*, comme on le fait pour les renards. On chasse aussi le Blaireau au *collet*, aux *traquenards*, à *la fourche* et à *la nuit*, etc. Dans tous les cas, il ne faut guère laisser le chien approcher l'animal ou entrer dans son terrier, car il est presque certain qu'il en sortirait avec la gale. La chair de ces animaux n'est pas tout-à-fait mauvaise à manger, et leur peau sert à faire de grossières fourrures, des colliers pour les chiens, des brosses à barbe, etc.

On considère assez généralement comme une variété du Blaireau d'Europe, le Carcajou, *Meles labradorica*, qui habite le Labrador, le pays des Esquimaux. Cependant les zoologistes américains, M. Harlan entre autres, pensent qu'il doit former une espèce distincte.

Il est d'un brun ferrugineux en dessus, avec une ligne longitudinale blanchâtre, simple, le long du dos, mais bifurquée sur la tête. Les pieds de devant sont noirs, les côtés du museau d'un brun foncé. Longueur totale, deux pieds deux pouces, non compris la queue. La femelle est plus petite.

(GERV.)

**BLANC.** ( BOT. PHAN. ) Maladie des végétaux, caractérisée par une sorte de poussière blanche qui se manifeste sur les feuilles, que l'on a regardée à tort comme contagieuse, et qu'on distingue en *blanc sec* et *blanc mielleux*.

Le Blanc sec n'est point une maladie mortelle ; il recouvre en totalité ou en partie la plante qu'il affecte, et s'observe principalement en été après de grandes pluies suivies de coups de soleil violens. On attribue cette maladie à l'altération du tissu cellulaire.

Le Blanc mielleux, appelé encore *lèpre au meunier*, s'observe en juillet et septembre, et se reconnaît à une substance blanchâtre et un peu visqueuse qui semble formée de petits filamens enlacés. Cette maladie, qui attaque principalement les arbres fruitiers, fait avorter les boutons.

**BLANC AUNE.** (BOT. PHAN.) *Voyez* ALISIER.

**BLANC-CUL.** (OIS.) *Voyez* BOUVREUIL.

**BLANC D'ALBATRE.** (MIN.) Sulfate de chaux réduit en poudre fine, et employé dans la grosse peinture en détrempe.

**BLANC D'ARGENT.** (BOT. CRYPT.) *Voyez* AGARICUS ARGYRACEUS.

**BLANC DE BALEINE.** (CHIM.) *Voyez* CÉTINE.

**BLANC DE BISMUTH,** ou *Magistère de bismuth*. (CHIM.) *Voyez* BLANC DE FARD.

**BLANC DE FARD** ( Sous-nitrate de bismuth lavé à grande eau). (CHIM.) Substance qui se présente en flocons blancs ou en paillettes nacrées très-légères, que l'on obtient en étendant d'eau le dissoluté de bismuth dans l'acide nitrique, et que l'on employait beaucoup autrefois, avant qu'on ne connût les beaux rouges tirés des végétaux, pour donner au teint flétri l'éclat passager de la fraîcheur ou pour rehausser le masque vivant des artistes dramatiques. Ce cosmétique est abandonné aujourd'hui, et avec juste raison ; car, de parfaitement incolore qu'il est naturellement, il a l'inconvénient de noircir facilement, de se transformer en sulfure, lorsqu'il est en contact avec un air chargé de miasmes fétides, et surtout sulfureux. Cette propriété du sous-nitrate de bismuth est bien connue des fabricans d'encre de sympathie, des saltimbanques, des tireurs de cartes, etc., qui occupent les places et les promenades publiques des grandes villes. Mes lecteurs ont vu sans doute plusieurs fois, sur les quais et les boulevarts, à Paris, de ces habiles escamoteurs qui, en deux minutes, donnent à l'ouvrier ou à la bonne d'enfans qui les écoute nez au vent, oreille tendue et bouche ouverte, des nouvelles d'un argent ou d'une lettre attendus avec impatience, et cela en plongeant, non sans beaucoup de paroles et de tours de baguette, un petit morceau de papier blanc dans un long bocal où il n'y a rien pour la vue, mais où il y a pour l'odorat, et que l'on ferme exactement. Au bout de quelques minutes des lignes apparaissent sur le papier ; ce qu'elles renferment n'est pas toujours ce que vous attendiez, vous qui avez payé ; mais ce n'est pas là le plus important ; vos deux sous sont dans la poche du facteur de la nouvelle espèce, et si vous n'êtes pas content, c'est que vous y mettez de la mauvaise volonté ; car, après tout, vous avec en affaire à un chimiste et non à un escamoteur. Maintenant, nous vous devons, à vous, notre lecteur et souscripteur, l'explication de tout ce préambule de place publique. Des caractères ont été tracés d'avance sur du papier avec le soluté incolore de sous-nitrate de bismuth ; l'écriture apparaît après quelques instans que le papier a été déposé dans le bocal, parce que, dans ce dernier, existe un sulfure ou un hydrosulfate qui décompose le sel de bismuth et le transforme en sulfure. Telle est la théorie d'une expérience qui paraît si merveilleuse à la foule ébahie, et tel est aussi ce qui se passait sur la figure de nos dames quand, pour paraître jeunes et belles et pour vouloir briller dans un bal, elles avaient l'imprudence de se plâtrer la figure avec le *blanc de fard.*

BLANC DE CÉRUSE. (CHIM.) *Voyez* Sous-CARBONATE DE PLOMB.

BLANC DE CHAMPIGNON. (BOT. CRYPT.) On désigne ainsi la partie rudimentaire des Champignons, substance blanche, fugace et filamenteuse, que les jardiniers placent sur des couches préparées à cet effet quand ils veulent produire des champignons comestibles.

BLANC DE CRAIE. ( MIN. ) *Voyez* BLANC D'ESPAGNE.

BLANC D'EAU. (BOT. PHAN.) *Voyez* NÉNUPHAR.

BLANC D'ESPAGNE. (MIN.) Carbonate de chaux réduit en poudre d'abord, puis en pâte avec de l'eau, enfin transformé en petites masses carrées et desséché pour les usages des peintres à la colle.

BLANC DE HOLLANDE. (BOT. PHAN.) Nom vulgaire d'une variété du Peuplier blanc.

BLANC D'IVOIRE. ( BOT. CRYPT.) Nom vulgaire de l'*Agaricus eburneus* de Linné.

BLANC DE KREMS. (MIN.) *Voyez* BLANC DE PLOMB.

BLANC DE LAIT. (BOT. CRYPT.) Nom vulgaire des *Agaricus ombelliferus, collinus* et *cæsius.*

BLANC DE PERLE. (CHIM.) Cosmétique encore employé quelquefois, et obtenu en précipitant le dissoluté de nitrate de bismuth par l'hydrochlorate de soude ou par le tartrate acide de potasse.

BLANC DE PLOMB. (CHIM.) *Voyez* Sous-CARBONATE DE PLOMB.

BLANC DE ZINC. (CHIM.) Nom donné au précipité formé à l'aide de la potasse dans le dissoluté de zinc par l'acide sulfurique. Cette substance a été proposée pour remplacer le Blanc de plomb, dont elle diffère surtout par son innocuité.

(F. F.)

BLANCHAILLE. (POISS.) Les pêcheurs donnent ce nom à de très-petits poissons du genre Able, dont ils se servent pour amorcer leurs lignes.

(GUÉR.)

BLANCHET et BLANCHETTE. (ZOOL., BOT.) On désigne ainsi quelques animaux et quelques plantes appartenant à des genres divers qu'il serait trop peu intéressant d'énumérer ici. (GUÉR.)

BLAPS, *Blaps.* ( INS.) Genre de Coléoptères de la section des Hétéromères, famille des Mélasomes, tribu des Blapsides, formé par Fabricius sur un démembrement du genre Ténébrion de Linné et ayant pour caractères : palpes maxillaires manifestement terminés par un article sécuriforme ; corselet plane, carré ; abdomen ovalaire plus ou moins allongé ; deuxième article des antennes plus long que les suivans ; menton petit, n'occupant au plus que le tiers du dessous de la tête ; jambes grêles. Ces insectes sont tous de couleur noire et terne ; ils sont aptères, mais courent avec vivacité ; ils se tiennent dans les lieux humides et sombres, comme les caves et les celliers. Il est étonnant qu'habitant pour ainsi dire nos maisons, leurs larves soient jusqu'à présent demeurées inconnues ; on présume que cela tient à ce qu'elles vivent dans l'intérieur de la terre dont elles ne sortent qu'insecte parfait. Fabricius rapporte que les femmes turques qui habitent l'Égypte mangent ces animaux pour se faire engraisser ; il faudrait chez nous que le remède fût bien évidemment efficace pour l'emporter sur le dégoût ; car la couleur sombre de ces insectes, les lieux obscurs où ils vivent et la mauvaise odeur qu'ils répandent, en ont fait un objet de réprobation ; aussi l'espèce la plus commune a-t-elle été nommée B. PRÉSAGE-MORT, *B. mortisaga*, Linn., Oliv., Voyez notre Atlas, pl. 49, f. 2. Cet insecte est long d'environ dix lignes, noir terne, pointillé, l'extrémité des élytres forme une pointe courte et obtuse ; très-commun dans les localités indiquées ci-dessus.

On en connaît plusieurs autres espèces.

(A. P.)

BLASTÈME, *Blastema.* (BOT. PHAN.) Nom donné par Mirbel à l'une des deux parties qu'il distingue dans l'embryon ; elle comprend la radicule, la gemmule et la tigelle. (L.)

BLATTE, *Blatta.* (INS.) Genre d'Orthoptères de la famille des Coureurs, établi par Linné, et ayant pour caractères : tête très-inclinée, cachée sous le rebord du corselet ; corps ovalaire déprimé, ailes seulement pliées dans leur longueur, cinq articles à tous les tarses. On peut y réunir tous les genres que l'on en a démembrés et qui ne diffèrent pas par des caractères d'une grande importance. Ces insectes ont leur tête triangulaire, les yeux sont grands, échancrés, pour recevoir des antennes sétacées d'un grand nombre d'articles ; les ocelles existent, mais rudimentaires ; il faut les chercher avec attention au dessus et près de l'insertion des antennes ; le troisième, s'il est visible, se trouve au milieu de la face ; les palpes sont longs ; le prothorax est en forme de bouclier, presque demi-circulaire, et s'avance au dessus de la tête, qu'il couvre plus ou moins selon les espèces ; les élytres sont placées horizontalement et se croisent un peu à leur extrémité ; les ailes sont simplement pliées dans leur longueur, les espèces où elles manquent, au moins dans un des sexes, forment le genre Kakerlac de Latreille ; l'abdomen est assez volumineux, terminé près de

l'anus

l'anus par deux filets articulés; toutes les parties composant les pattes sont comprimées, les tibias et les tarses sont fortement épineux.

Leur tube digestif offre un jabot longitudinal et une espèce de gosier muni en dedans de fortes dents crochues; on compte huit ou dix cœcums au pylore.

Les Blattes sont des insectes très-agiles, nocturnes, et que la moindre lumière fait fuir; elles se retirent dans le jour sous les meubles, dans les fentes des planchers, et n'en sortent que la nuit pour prendre leur nourriture. Celles qui vivent dans nos maisons attaquent le pain, la farine dont elles sont très-friandes, les cuirs, les laines, enfin tout ce qu'elles peuvent atteindre, et imprègnent d'une odeur infecte ce qu'elles n'ont pas consommé; mais le dommage que nous en recevons n'est rien, au prix de celui qu'elles font éprouver aux personnes qui habitent les colonies, où elles sont un véritable fléau, dont on a toute la peine du monde à se débarrasser; quelques espèces habitent les bois, et l'on croit qu'elles y vivent d'insectes. L'accouplement se fait à la manière accoutumée, mais la ponte offre des singularités très-remarquables; huit jours après la fécondation, la femelle porte à l'extrémité de son abdomen un corps brun, un peu comprimé, arrondi à ses extrémités, et comme muni d'une couture ou de crochets sur un ou deux de ses côtés: ce corps extraordinaire n'est pas un œuf, mais une capsule, un berceau, où les œufs sont enfermés; la femelle garde ainsi suspendu après elle ce corps singulier, qui est gros comme la moitié de son abdomen, pendant un nombre de jours variable, suivant les espèces, et peut-être jusqu'à ce qu'elle ait trouvé un endroit convenable pour le déposer; enfin elle le laisse tomber.

Quelle est la composition de ce berceau remarquable? On y voit un double rang de cellules bien exactement séparées, en nombre peu considérable, et dont à l'extérieur on retrouve quelquefois des traces dans les raies transverses dont il est sillonné; dans chacune des cellules est un œuf dont il sortira une larve qui se trouvera ainsi dans le premier moment à l'abri de tous dangers. Mais comment cet arrangement peut-il se faire dans l'abdomen de la femelle? Il est difficile de l'indiquer positivement; je vais donner à cet égard mon opinion, mais ce n'est qu'une opinion. La nature a doué toutes les femelles d'insectes de la faculté d'enduire leurs œufs d'une liqueur propre, qui les met à même de braver les injures de l'air, ou qui permet de les coller après les corps où ils doivent être fixés: dans les Blattes, la même faculté se retrouve, mais le moyen de parvenir au but a varié quant à l'exécution; la femelle, sentant le moment de pondre arrivé, laisse couler vers l'orifice de l'abdomen une goutte de la liqueur dont nous venons de parler, qui, arrivée à l'air, s'y gonfle, s'y durcit et forme une espèce de poche; elle y pousse deux œufs, un de chaque ovaire, et recommence à laisser écouler une goutte de liqueur qui forme alors la première cloison; deux nouveaux

œufs descendent, puis une nouvelle liqueur, et ainsi de suite jusqu'à ce que la ponte soit terminée; le réservoir alors ne donne plus de liqueur; les organes, en se resserrant, rapprochent les extrémités des parois extérieures de la capsule et les derniers œufs se trouvent enfermés; voilà pour l'essentiel. Quant à quelques modifications de formes, d'espèce à espèce, on peut facilement admettre qu'elles tiennent à des formes un peu différentes des organes qui agissent dans ce moment.

M. Hummel ayant fait des observations positives sur la *Blatte germanique*, nous allons extraire de son ouvrage ce qui concerne la sortie des larves hors de leur berceau. Nous avons laissé la femelle sa ponte faite et portant au bout de son abdomen le petit coffre qui renferme sa progéniture; le temps qu'elle le garde est plus ou moins long, et je crois maintenant que cela dépend de l'éclosion des petites larves; la femelle, devant leur ouvrir leur prison, attend probablement cet instant pour déposer son fardeau; laissons parler M. Hummel.

« A peine la femelle eut-elle à sa disposition ce paquet d'œufs, qu'elle s'en approcha, le tâta et le retourna en tous sens. Elle le prit enfin entre ses pattes de devant et lui fit une ouverture longitudinale d'un bout à l'autre; à mesure que cette fente s'élargissait, je vis sortir de l'œuf de petites larves blanches, roulées et attachées deux à deux. La femelle présidait à cette opération, elle les aidait à se développer en les frappant doucement avec ses antennes, en les touchant avec ses palpes maxillaires. Les larves commencèrent par remuer leurs longues antennes, puis leurs pattes, puis elles se détachèrent les unes des autres, et en quelques secondes elles furent en état de marcher. Toutes les jeunes Blattes une fois sorties, la femelle ne s'en occupa plus; elles étaient d'abord toutes blanches et transparentes, n'ayant que les yeux noirs et un point foncé sur l'abdomen, qui marquait les intestins, mais en peu d'instans elles prirent une autre couleur plus foncée. » Ces larves vivent avec les insectes parfaits; opèrent les changemens de peau propres à cet ordre, et atteignent ainsi leur dernier état; leur multiplication est quelquefois effrayante.

On connaît beaucoup d'espèces de ces insectes propres à tous les pays, mais surtout aux pays chauds, cependant le froid de la Laponie n'en garantit pas ses habitans.

B. AMÉRICAINE, *B. americana*, Linné. Palisot, Orthop., pl. 1, b, fig. 2. C'est l'espèce nommée dans les colonies Kakerlac et Ravets; elle est longue d'un pouce à un pouce et demi, entièrement d'un fauve roussâtre avec deux taches arrondies contiguës, brunes, sur le disque du corselet. De toute l'Amérique centrale.

B. ORIENTALE, *B. orientalis*, Geoff. Palisot. Orthop., pl. 2, c, fig. 5, le mâle. C'est l'espèce la plus commune dans nos maisons, aussi la nomme-t-on *Blatte des cuisines*. Elle est entièrement d'un brun marron plus ou moins foncé; la femelle est entièrement aptère, et le mâle a les élytres et les ailes très-courts. On croit qu'elle a été introduite d'Orient en Europe, d'où lui est venu son nom. Nous l'avons représentée pl. 49, f. 3.

B. germanique, *B. germanica*, Linné. Cette espèce s'est multipliée partout; elle fait quelquefois de grands ravages dans les provisions qu'on embarque et dans les herbiers; elle a cinq ou six lignes de long, est entièrement fauve clair avec les élytres et les ailes quadrillés de raies plus foncées et deux raies longitudinales noires sur le corselet.

B. lapone, *B. laponica*, Linné. C'est elle qui fait des dégâts dans les provisions de poisson séchés que les Lapons ramassent pour leurs longs hivers; elle est longue d'environ quatre lignes; le corps, les fémurs, la tête, les antennes et le corselet sont noirs, les pattes, les élytres et le pourtour du corselet sont fauves; il y a en outre sur les élytres deux petites raies longitudinales à la base et quelques petits points noirs; cette espèce se trouve communément dans nos bois.

Parmi les espèces dont la forme s'éloigne du type le plus commun, nous nous contenterons de citer les B. peinte de Drury, B. pacifique de Fab., B. Peltier, etc., etc.     ( A. P. )

BLATTERSTEIN. ( géol. ) Les Allemands ont donné le nom de Blatterstein à des roches amygdaloïdes, à base d'aphanite ou de toute autre nature, à noyaux différens, contemporains ou postérieurs à la masse; on les a quelquefois appelées en France Variolithes, et M. Brongniart les a désignées par le nom de Spilites : on a souvent ainsi confondu sous différens noms des substances qui diffèrent entre elles autant sous les rapports minéralogiques que géologiques. Il serait cependant essentiel qu'on pût bien caractériser chacune d'elles, afin de pouvoir leur appliquer définitivement un nom invariable.

Les Blattersteins, auxquels il nous aurait paru tout-à-fait convenable de conserver le nom de Variolithes, s'il ne se trouvait déjà appliqué à des roches d'une origine toute différente, sont des roches à bases variables, compactes ou terreuses, avec des noyaux ou petits filons d'une nature différente de celle de la masse; elles nous paraissent résulter en général de l'action des roches ignées sur d'autres roches ; ce sont en quelque sorte elles qui établissent les passages, sinon réels, du moins apparens, de certaines roches plutoniques à des roches neptuniennes; circonstance qui tient à ce que, en général, des roches en contact, en se pénétrant réciproquement, acquièrent un peu des caractères les unes des autres; il y a eu souvent au contact une espèce de cémentation qui a produit les passages minéralogiques qu'on y observe; car, géologiquement parlant, ces passages n'ont jamais pu avoir lieu.

Jusqu'ici les géologues ont peu tenu compte des actions réciproques des roches les unes sur les autres, et des actions électro-chimiques qui ont pu se développer au contact, surtout quand l'une d'elles arrivait à un état pâteux de fusion ou d'incandescence; aussi nous pensons que quand, dans l'observation, on aura tenu compte de ces actions,

tous ces prétendus passages de roches ignées à des roches de sédiment, causes de tant de discussions entre les vulcanistes et les neptuniens, perdront un peu de l'importance qu'on y attachait pour soutenir tel ou tel système, comme aussi les passages géologiques, soit entre les granites, soit entre les porphyres, etc., et les autres roches ignées, se réduiront à de simples modifications des roches vers leurs points de contact, ou même à une transmutation de quelques unes de leurs parties vers ces points.

On voit d'après la définition que nous venons de donner des Blattersteins, qu'ils doivent différer suivant la nature des roches qui les ont produits ; par exemple, nous avons observé en Morée des ophiolithes qui par leur contact avec des calcaires ont produit des Blattersteins ou spilites à base de serpentine et à noyaux calcaires; tandis que les prasophyres ( ophite, porphyre vert antique ) de la même contrée nous ont paru, par leur contact avec certains calcaires, produire d'autres Blattersteins à base d'aphanite brunâtre, aussi à noyaux calcaires. Les parties accessoires de ces roches doivent donc varier aussi comme les roches elles-mêmes, et c'est surtout là un des caractères qui doivent les faire distinguer des amygdaloïdes proprement dites, qui sont des roches à base de feldspath, à noyaux contemporains et de même nature, mais de couleurs différentes; tels sont les porphyres, les variolithes de la Durance, etc., tandis que les variolithes du Drac sont de véritables Blattersteins. Ceux-ci sont des roches toujours subordonnées, et les amygdaloïdes au contraire des roches indépendantes qui peuvent avoir donné naissance, par leur contact avec d'autres roches, aux premières. La Corse abonde en amygdaloïdes, et le Hartz au contraire en Blattersteins. *V*. Spilite, Variolithes, Amygdaloïde, etc.
    ( Th. V. )

BLÉ. (bot. phan.) La plus parfaite des céréales, celle qui donne le pain le plus nourrissant, le plus léger, le mieux levé, celle en un mot qui fait la base des richesses agricoles. On l'estime généralement originaire des plaines d'Enna, en Sicile, où, selon certains auteurs, le Blé croît spontanément; d'autres ont dit et répété, avec aussi peu de fondement, qu'on le trouvait spontané dans le nord de l'Asie, surtout en Sibérie. A cette double erreur, on est venu en ajouter une troisième en assurant que le Blé est une création de la culture.

Toutes les espèces de Blé rentrent naturellement dans le genre Froment ( *v*. ce mot ), dont le type essentiel est le *Triticum vulgare*, qu'une culture soignée a perfectionné, pendant que le routinier le forçait à dégénérer, à perdre une grande partie de ses hautes qualités naturelles.

Dans l'histoire du Blé, il est une anecdote qu'on ne sera point fâché de trouver ici. Un ministre persan rend au schâh un service signalé. L'empereur veut l'en récompenser et lui demande ce qu'il souhaite. Moins ambitieux que sage, le ministre profite de l'occasion pour apprendre au chef de l'état que la vertu doit être dans la modération des désirs, dans l'accomplissement de ses devoirs comme homme, comme citoyen, et pour lui donner une leçon afin de mettre un terme à ses prodigalités. Il lui dit donc qu'il ne voulait qu'un seul grain de Blé, toujours en doublant depuis la première case de l'échiquier jusqu'à la soixante-quatrième et dernière. Le schäh se mit à rire de pitié et promit de lui livrer de suite la mesquine récompense désirée. Le ministre le prie de ne point s'engager légèrement, sa demande étant au dessus de sa puissance. Nouveaux éclats de rire, et les courtisans de lever les épaules. On en vint à la preuve. La première case de l'échiquier ne portant qu'un seul grain de Blé, la dernière en exigeait neuf mille deux cent vingt trois milliards huit cent cinquante-quatre millions sept cent soixante-quinze mille huit cent huit. Pour couvrir les soixante-quatre cases, il fallait quatre-vingt-neuf mille deux cent cinquante-huit milliards quatre cent trente millions soixante-six mille six cent trente-trois hectolitres, c'est-à-dire un champ couvert d'épis ayant huit fois plus d'étendue que n'en présente la surface entière du globe terrestre. Cette masse de Blé formerait un cube de trois lieues en tous sens et représenterait, à raison de cinq francs l'hectolitre, un total de deux mille neuf cent soixante-quinze millions de milliards.

On connaît beaucoup d'espèces, ou pour mieux dire, de variétés de Blés, auxquelles on a donné des noms particuliers. Nous allons indiquer les principales :

BLÉ A CHAPEAUX, cultivé dans les vallées supérieures de l'Arno et de l'Elsa, en Toscane. Ce Blé barbu constitue une branche importante d'industrie; on le sème dans les terres les plus pauvres, et sa paille, haute de quelques centimètres, sert à fabriquer les chapeaux quand elle a subi la préparation convenable par le rorage. On divise cette paille en six grosseurs différentes; la plus courte, qui est de cinquante millimètres, est celle de haut-choix, celle qui donne les chapeaux les plus fins. J'ai rapporté ce grain en 1807, et mes essais m'ont prouvé qu'il réussit parfaitement en France, quand on le tient dans les mêmes localités qu'en Toscane.

BLÉ AMIDONIER, *Triticum amylaceum*, espèce particulière, peu répandue, qui fournit un très-bel amidon.

BLÉ AVRILLET. Nom du froment de printemps, que l'on sème en mars et plus particulièrement au mois d'avril.

BLÉ BARBU. Tous les Blés dont les épis sont garnis de barbes plus ou moins longues. Par extension on donne quelquefois ce nom au SORGHO (*voy.* ce mot).

BLÉ BLANC. Deux variétés de Blés donnant une très-belle et bonne farine portent ce nom. A l'une on ajoute l'épithète de *long*, parce que son grain est plus long que chez l'autre, appelée Blé blanc *court*. Cette dernière a l'avantage de résister à toutes les intempéries.

BLÉ COTONNEUX. Variété cultivée au treizième siècle sous le nom de *Blé français*. Sa culture est aujourd'hui limitée aux deux départemens du Rhin, à l'Italie, et à l'Espagne.

BLÉ D'ABONDANCE. Autrefois très-répandu; l'on commence à l'abandonner. Il donne communément quarante pour un. C'est un grain médiocre, surchargé de son.

BLÉ D'ÉGYPTE. Dans les premiers temps de son introduction en France, dans l'année 1800, il rapporta beaucoup, depuis il ne rend plus que onze et douze pour un. Les marchands grainetiers ont vendu sous ce nom une orge nue.

BLÉ DE MIRACLE. Variété hâtive, se faisant remarquer par l'abondance de ses jets, le nombre de ses épis, le luxe de sa végétation et la beauté de ses grains; elle demande beaucoup de place pour se développer entièrement.

BLÉ DE POLOGNE. Très-belle variété fort répandue; elle donne vingt pour un et se maintient dans une égale prospérité aux pays de plaine; sur les montagnes elle est sujette à verser sous l'influence des vents, mais elle y vient beaucoup mieux que le froment ordinaire.

BLÉ DE TAGANROK. N'est point sujet à la carie; ses épis sont toujours bien garnis, son grain rend beaucoup de farine. Les barbes longues et raides qui garnissent l'épi l'abritent des dévastations des oiseaux; ces barbes sont tantôt noires, tantôt blondes, et ne constituent point deux sous-variétés distinctes, comme on l'a avancé.

BLÉ FELLEMBERG. Variété sujette à dégénérer; quand elle se soutient, sa paille est excellente; le grain s'égrène trop facilement, ce qui fait qu'on en perd beaucoup lorsqu'on attend sa parfaite maturité pour la couper. On la croit originaire de Russie. Son nom rappelle celui du cultivateur suisse qui l'a répandue en France, en Italie, en Allemagne.

BLÉ LAMMAS. Apporté de la Grande-Bretagne en France en 1797, il fut d'abord cultivé dans le département du Calvados. Il vient très-bien dans les terres médiocres, est moins sujet que tout autre Blé aux diverses maladies qui attaquent et déshonorent les céréales. Le pain qu'il donne est d'une saveur agréable; il n'en est pas de même de la paille, que le cheval rejette.

BLÉ MÉTEIL. Mélange de Blé et de seigle, qui, selon la proportion dominante, prend le nom de Méteil de froment ou de Méteil de seigle.

BLÉ VIVACE. On a pris pour un froment vivace, et comme souche de toutes les variétés connues de Blé, des champs de seigle qui, dans la Sibérie, produisent, durant six et sept années de suite, une récolte qui ne coûte ni culture ni semence, mais qui diminue progressivement et à tel point, que si l'on ne venait y mettre la main, le sol deviendrait complétement stérile.

Je ne parle point des Blés d'*automne*, d'*été*, d'*hiver*, de *mars*, de *Pâques*, de *printemps*, de la *Saint-Jean*; toutes ces prétendues variétés ne sont autres que le froment ordinaire, auquel on donne le nom de la saison durant laquelle on en confie la semence à la terre préparée à cet effet.

Selon que le Blé est affecté de maladie ou dévoré par des insectes ou par quelque cryptogame, il prend diverses dénominations, telles que :

BLÉ BROUI, c'est-à-dire qui est attaqué par la rouille, dont l'action empêche le grain de se former.

BLÉ CHARBONNÉ, grain noirci par la présence du charbon, maladie plus généralement connue sous le nom de carie.

BLÉ COULÉ, grain petit, plus rempli de son que de farine, qui a survécu à la coulure, mais qui n'a pu remplir convenablement les diverses périodes de sa végétation.

BLÉ ÉCHAUFFÉ. Dans nos départemens du Midi l'on appelle ainsi le Blé chez lequel les vents du sud-est développent, au moment de la maturité première, une fermentation intérieure qui détruit la partie alimentaire.

BLÉ GERMÉ. Grain qui n'a plus rien de la couleur ni de la forme du Blé.

BLÉ MOUILLÉ. Grain plus ou moins altéré par les pluies continues qui tombent d'ordinaire en juillet, août et septembre.

BLÉ VERMOULU. Blé dont le chaume est gâté par la présence d'insectes, ou plutôt de larves presque invisibles à l'œil nu, qui se fixent au-dessus du nœud le plus voisin de l'épi.

Enfin on donne le nom de Blé à des plantes qui n'ont aucun rapport avec les fromentacées ordinaires ; ce sont principalement :

BLÉ CANARIE ou d'oiseau, qui est l'ALPISTE DES CANARIES, *Phalaris canariensis*.

BLÉ DE GUINÉE, nom vulgaire du SORGHO A ÉPI, *Holcus sorghum*, que l'on mange sur la côte occidentale de l'Afrique, et dont on prépare une sorte de pain.

BLÉ DE VACHE, le MÉLAMPYRE DES CHAMPS, *Mélampyrum arvense* ; la SAPONAIRE ROUGE, *Saponaria vaccaria* ; le SARRASIN, *Polygonum fagopyrum*.

BLÉ LENTILLEUX. Mélange de lentilles et de seigle que l'on sème dans le département du Jura.

BLÉ NOIR. Plante de la Tartarie, *Polygonum tataricum*, dont on fait deux récoltes sur la même pièce de terre et dans la même année. (*Voy.* RENOUÉE.)

BLÉ TURC. Expression d'autant plus fausse lorsqu'elle est donnée au MAÏS (*voy.* ce mot), que ce grain est étranger à la Turquie, comme je l'ai démontré en 1818 dans ma Bibliothèque physico-économique, tom. IV, p. 250. (T. D. B.)

BLÉCHNE. (BOT. CRYPT.) Fougères. Genre de la tribu des Polypodiacées, qui a beaucoup d'analogie avec les genres *Stegania*, *Lomaria* et *Woodwardia*, qui diffère des *Lomaria* en ce que les frondes fertiles et stériles de ce dernier sont extrêmement variables, soit par leur étroitesse, soit par leur largeur, et que l'on peut caractériser ainsi : capsules disposées en une ligne continue de chaque côté de la nervure moyenne, recouvertes par un tégument également continu et qui s'ouvre en dedans ; fronde fertile semblable aux frondes stériles.

Parmi les espèces appartenant certainement au genre *Blechnum*, nous citerons les *Blechnum occidentale*, *australe*, *orientale*, *denticulatum*, *levigatum*, *cartilagineum* et *striatum*. (F. F.)

BLENNE ou BLENNIE, *Blennius*. (POISS.) On donne généralement le nom de Blennie ou Baveuse, dans la Méditerranée, à tous les poissons qui offrent un caractère très-marqué dans leurs nageoires ventrales, placées en avant des pectorales et composées seulement de deux rayons. Leur corps est allongé, comprimé, et ils ne portent qu'une seule dorsale composée presqu'en entier de rayons simples, mais flexibles ; leur tête est obtuse, leur museau court, et leur front vertical.

Ce sont de petits poissons, vivant sur les rivages et parmi les rochers où ils voltigent et sautillent presqu'à la manière des poissons volans, pénétrant dans les fentes des pierres, ce qui avait fait croire aux anciens qu'ils parvenaient à les fendre. Ces poissons vivent un assez long temps hors de l'eau ; on les voit quelquefois s'éloigner des vagues et ne s'y précipiter que lorsque leurs nageoires, dont ils s'aident pour s'élancer, commencent à se dessécher. Leur nourriture habituelle se compose de petits crabes et de coquillages. Le nom qu'ils portent vient du grec, et dérive de la mucosité particulière et abondante dont sont enduits ces poissons. On connaît un assez grand nombre d'espèces de *Blennies* ; une des plus remarquables, la BLENNIE PAPILLON (*Blennius papilio*, Lin.), a la nageoire dorsale divisée en deux lobes. L'antérieur est très-élevé et marqué d'une tache ronde ocellée, entourée d'un cercle blanc et noir. Les tentacules superciliaires sont simples, vermiformes et peu frangés à leur extrémité. Ce poisson acquiert six pouces de long.

La BLENNIE A TENTACULES PALMÉS, *Blennius palmicornis*, Cuv. Elle atteint un pied de long. Son corps est comprimé, plus large vers le ventre. Sa couleur est jaunâtre, avec la nageoire dorsale plus pâle ; ce poisson est couvert de grosses taches irrégulières brunes. On voit au dessus de chaque œil un tentacule divisé en petits filamens. Cette espèce curieuse a été représentée dans l'Iconographie du règne animal, Poissons, pl. 58, f. 3 ; elle se trouve, ainsi que la précédente, dans la Méditerranée. (ALPH. G.)

BLÉPHARE, *Blepharis*. (POISS.) Ce genre fait partie de la famille des Vomers de Cuvier. Linné et Bloch le rangeaient dans le genre *Zeus*. Les caractères principaux de ce genre consistent dans de très-petites épines à la première dorsale ; les premiers rayons de la seconde dorsale et de l'anale prolongés en fils déliés, les ventrales très-prolongées, et le profil tranchant. Ce genre renferme trois espèces bien distinctes. La première est le Blépharis des Indes (*Blepharis indicus*, Cuv.), figuré dans Bloch (pl. 191), et que nous allons décrire brièvement ; il forme le type de ce genre. Son corps a la forme d'un rhombe, dont le museau et la queue constituent deux angles et dont les deux autres sont, l'un au milieu de la ligne du dos, l'autre au milieu de la ligne du ventre. La caudale est fourchue, et les lobes pointus se maintiennent fort écartés ; la couleur du Blépharis des Indes est un plombé métallique sur le dos, et un bel argenté sur les côtés de la tête, des flancs et du ventre. La chair de ce poisson, selon Kœnig, cité par Bloch, est maigre, coriace et fade ; les habitans de Surate n'en font aucun cas.

Lacépède, recherchant l'usage de ces longs filamens qui garnissent plusieurs des rayons de ses nageoires, pense qu'ils ne peuvent servir ni à ses mouvemens ni à sa défense ; mais on ne sera pas surpris, dit ce naturaliste, lorsqu'on apprendra, par quelques observateurs, qu'ils influent sur les habitudes de ce poisson. Il est probable que ce Zée, qui ne peut pas employer beaucoup de force pour vaincre sa proie, ni peut-être une grande vitesse pour la saisir, à cause de la hauteur et de la faible épaisseur de son corps, ce qui doit rendre sa natation pénible, a recours à la ruse que ces filamens lui fournissent. Il se tient dans un état de repos qui lui permet aisément de dérober sa présence à de petits poissons, surtout lorsqu'il est à demi caché par les végétaux ou les différens corps derrière lesquels il se place, et que, posté en embuscade, il emploie une partie de ces mêmes filamens, comme plusieurs poissons osseux ou cartilagineux se servent des leurs, pour tromper les poissons encore trop jeunes et trop imprudens, qui s'emparent de ces filamens agités en différens sens, les prenant pour des vers marins ou fluviatiles, et croyant se jeter dessus, se précipitent pour ainsi dire dans la gueule de leur ennemi. Mais comme ces filamens ne paraissent pas avoir de muscles propres, susceptibles de les mouvoir à la volonté de l'animal cette conjecture est peu vraisemblable ; il est plus probable que les Blépharis, doivent nager avec rapidité, et qu'ils trouvent aisément leur nourriture dans une mer qui fourmille d'animalcules de tous genres ; d'un autre côté, il y a dans la classe des poissons tant d'appendices de toutes sortes, auxquels il est impossible d'attribuer d'autres usages que celui de les distinguer les uns des autres, que ces sortes de conjectures seront toujours trop vagues pour qu'on ne puisse pas leur opposer des conjectures toutes différentes.

La seconde espèce de ce genre est le Blépharis des Antilles, appelé *Cordonnier* à la Martinique (*Blepharis sutor*. Cuv.), *Zeus ciliaris*, Bloch, 196 ; il serait difficile de trouver un poisson qui ressemble plus que ce Blépharis au précédent. Ce sont les mêmes caractères, seulement sa hauteur est plus considérable à proportion de sa longueur.

Les Antilles nourrissent encore un poisson de ce genre qui porte également le nom de *Cordonnier* à la Martinique, c'est le grand Cordonnier (*Blepharis major*, Cuv.), décrit et figuré à la pag. 165 de son grand ouvrage d'Ichthyologie, mais qui est beaucoup plus grand, et diffère tellement du précédent par les proportions, qu'on ne peut le croire de la même espèce.

Tout ce poisson est argenté, à nageoires d'un gris noirâtre ; vers le haut de l'opercule il y a une forte tache noire. A la Guadeloupe, on nomme cette espèce *Carangue à plume*. Elle passe pour suspecte.

(ALPH. G.)

BLEPSIAS, *Blepsias*. (POISS.) Steller a désigné sous le nom de Blennie un poisson acanthoptérygien ; Pallas et Tilesius ont changé ce nom en celui de Trachirinus ; mais Cuvier a cru devoir en faire un genre particulier, sous le nom de Blepsias, qu'il range parmi les poissons de la famille des Joues-cuirassées. Les Blepsias ont la tête comprimée, la joue cuirassée, des barbillons charnus sous la mâchoire inférieure, de très-petites ventrales et une dorsale très-haute divisée en plusieurs échancrures. Ce genre se compose de deux espèces. La première, que nous allons décrire, se trouve dans le golfe et même dans le port d'Avatscha ; Pallas en a parlé dans sa Zoographie russe, tome III, pag. 257.

L'ensemble de ses formes rappelle assez celles de certains Blennies ; son corps est allongé, comprimé, sa tête proportionnellement assez petite ; sa dorsale et son anale hautes ; ses pectorales et sa caudale grandes ; ses ventrales petites ; ses tentacules sont en forme de filets grêles, deux sur le bout de la mâchoire supérieure, et cinq à l'inférieure. On remarque sur la joue trois bandes bleues, et une tache de même couleur à l'extrémité de l'opercule ; les pectorales et la caudale ont chacune six larges bandes en travers, trois brunes et trois blanches. Le fond de la couleur semble d'un brun roussâtre. Il ne paraît pas que l'on ait remarqué rien de particulier sur ses habitudes. Cette espèce est figurée et décrite, à la page 375 du quatrième volume, de l'Histoire naturelle des poissons, par Cuvier.

La seconde espèce est originaire de la mer de Kamtschatka, et tire son nom de la forme de sa dorsale, qui n'a pas la partie épineuse divisée, mais, comme dans le précédent, elle est séparée de la partie molle par une très-profonde échancrure ; ses pectorales sont un peu plus grandes, mais ses ventrales sont tout aussi petites. La couleur paraît avoir été rouge ; des taches obliques ou irrégulières occupent la caudale et le bord de l'anale ; une bande longitudinale brune règne sur la dorsale.

(ALPH. G.)

BLÈTE, *Blitum*. (BOT. PHAN.) Genre de la Monandrie digynie, et de la famille des Atriplicées. On compte trois espèces dans ce genre ; elles sont originaires de l'Europe et des régions tempérées de l'Asie. Caractères génériques : périgone persistant à trois divisions orbiculaires, rapprochées, une étamine, deux styles. Le calice devient une baie monosperme, succulente. Nous ne mentionnerons ici que la Blète à tête, ou Épinard-fraise des jardiniers, *Blitum capitatum* (d'Autriche), dont les fleurs, peu apparentes, ont une étamine et deux styles, et dont les fruits rouges, ramassés en peloton au bout des rameaux, ressemblent à des fraises.

Le nom que porte ce genre de plantes parait venir du grec *blax*, stupide, ou *blèton*, méprisable : il est justifié par le peu d'usage qu'on fait de cette sorte de végétal.          (C. É.)

BLEU. (phys.) Nom d'une des couleurs primitives.

BLEU D'AZUR. (min.) *Voy.* Bleu d'outre-mer et Lazulite .

BLEU DE COBALT. (chim.) Produit d'une belle couleur bleue, qui peut remplacer l'outremer, qui a été découvert par M. Thénard, et que l'on obtient en chauffant dans un creuset un mélange fait avec une partie de phosphate de Cobalt et huit parties d'alumine en gelée.

BLEU D'ÉMAIL. (chim.) *V.* Smalt.

BLEU D'INDE. (bot. phan.) *Voy.* Indigo.

BLEU DE MONTAGNE. (min.) *Voy.* Cuivre carbonaté.

BLEU D'OUTRE - MER. ( min. ) *Voy.* Lazulite.

BLEU DE PRUSSE. (chim.) Corps solide, d'un bleu extrêmement foncé, insipide, inodore, beaucoup plus pesant que l'eau, verdissant par son exposition à l'air, insoluble dans l'eau et l'alcool, très-rapidement décomposable par les alcalis, susceptible d'être décoloré par l'acide sulfurique concentré, etc.

D'après M. Robiquet, le bleu de Prusse, employé pour préparer l'acide hydrocyanique, les hydrocyanates, etc., pour peindre les papiers et les bâtimens, dans la peinture à l'huile, pour teindre la soie en bleu, etc., est composé d'acide hydrocyanique ferruré et de peroxyde de fer.

On l'obtient de la manière suivante : on calcine dans un creuset de terre ou de fonte un mélange fait à parties égales de sang desséché, de rognures de corne et de sous-carbonate de potasse du commerce ; le produit est du *cyanure de potasse*, dont le cyanogène a été formé aux dépens de l'azote et du carbone de la matière animale. On délaie le produit de la calcination, qui a dû être faite à feu rouge, dans quinze parties d'eau ; on filtre la liqueur, et on y verse un soluté de deux parties d'alun et d'une de sulfate de fer. Aussitôt, un dégagement de gaz acide carbonique et de gaz hydrogène sulfuré, et un précipité abondant d'alumine, d'hydrocyanate, de protoxide, de cyanure et d'hydrosulfure de fer, se manifestent. Dès que la liqueur ne précipite plus par l'addition du soluté d'alun, on laisse reposer, on décante le précipité, on le lave à grande eau quarante ou cinquante fois de suite. Enfin, après vingt jours, le dépôt a acquis toute l'intensité de couleur qu'il doit avoir ; on l'étend sur une toile pour le faire égoutter et sécher, ayant eu toutefois la précaution préalable de le partager en petites tablettes carrées, forme sous laquelle le Bleu de Prusse se trouve dans le commerce.

BLEU DORÉ. (poiss.) *Voyez* Dentex.

BLEU-MANTEAU. (ois.) *Voyez* Goéland.

BLEU MARTIAL FOSSILE. (min.) *Voyez* Fer phosphaté.

BLEU DE THÉNARD. (chim.) *Voyez* Bleu de cobalt

BLEU-VERT. (ois.) Espèce de Guêpier.          (F. F.)

BLEUET. (ois.) Nom vulgaire du Martin-pêcheur ordinaire (*voyez* Martin-pêcheur). On appelle aussi Bleuet ou Bluet le *Centaurea cyanus*, qui est si commun dans nos blés. (*Voyez* Centaurée.)          (Guér.)

BLIGHIA ou Akeesia. (bot. phan.) Arbre de la famille des Sapindacées, plus connu aux Antilles sous le nom d'*Akea*. Il est originaire de Guinée. Sa hauteur est d'environ soixante pieds ; il porte des feuilles ailées à folioles opposées, et des fleurs munies d'une bractée et disposées en grappes. On y distingue un calice de cinq sépales, une corolle de cinq pétales, munis d'un appendice de même nature ; huit étamines ; un ovaire à trois angles, velu, surmonté d'un style et de trois stigmates. Le fruit est une capsule rouge à trois loges, contenant chacune, outre la graine, une substance blanche et charnue que les colons et les nègres recherchent comme aliment.          (L.)

BLONGIOS. (ois.) Nom vulgaire de l'*Ardea minuta*, Lin. (*Voy.* Héron.)          (Guér.)

BLUET. (zool. bot.) On a donné ce nom à divers animaux et à quelques plantes. Ainsi le *Tanagra gularis* et la *Fulica porphyrio*, Lin., sont connus sous ce nom.

On appelle encore Bluet plusieurs espèces de centaurées et l'*Agaricus cyaneus* de Bulliard, qui appartient au genre Bolet (*voy.* ce mot). On nomme Bluet du Canada, le *Vaccinum album*, L. ; Bluet du Levant, le *Centaurea moschata*, etc. (*Voyez* Tangara, Talève, Airelle et Centaurée.)          (Guér.)

BOA, *Boa*. (rept.) Si l'on essaie de remonter à l'origine et à l'étymologie du mot Boa, l'on voit que ce nom, chez les Grecs, servait à désigner des sortes de papules morbides de la peau, assez analogues à celles de l'urticaire ou de l'urtication, que l'on croyait déterminées par la morsure d'un serpent d'Italie, qui, disait-on, suivait les troupeaux de bœufs pour sucer le lait des vaches, ainsi qu'on le voit par ces vers de Georgius Pictor :

> Boa quidem serpens, quam tellus itala nutrit,
> Hunc bubulum plures lac enutrire docent.

Mais il est impossible de savoir à quelle espèce des serpens de cette contrée le nom de Boa a jadis été affecté. Dans la supposition que le nom de Boa avait été appliqué à des serpens capables de pouvoir dévorer des bœufs, et n'en pouvant trouver en Italie d'une taille assez considérable pour leur soupçonner une pareille voracité, on a été chercher les Boas des anciens parmi les grandes espèces de serpens d'Afrique et d'Asie ; cette application du mot Boa était une extension tout-à-fait arbitraire ; mais elle devint de convention générale, et elle fut long-temps conservée. Depuis, on restreignit l'application du mot Boa à ceux d'entre ces grands serpens qui ont des lamelles entières sous la queue, et aujourd'hui on le donne seulement aux espèces de cette famille qui ont l'anus pourvu de crochets ou ergots; ces serpens ont d'ailleurs la tête petite, en proportion de la longueur de leur corps, pyramidale, déprimée en avant, renflée en arrière, le museau mousse et brusquement tronqué, disposition qui a fait comparer la tête des Boas à celle du chien braque; le cou est mince et semble d'autant plus grêle, que le corps et la tête sont plus renflés; le corps est ordinairement très-long, fusiforme, atténué à ses deux extrémités, renflé dans sa partie moyenne, plus ou moins comprimé latéralement; la queue est longue, flexible, prenante; la bouche est grandement fendue, le maxillaire inférieur porté sur un os mastoïde libre et détaché; la langue protractile, longue, étroite, terminée par deux filets grêles pointus, comme celle des couleuvres et renfermée comme chez ces mêmes ophidiens dans un fourreau membraneux, pendant l'état du repos; les dents sont nombreuses, uniformes, presque égales, coniques, simples, légèrement recourbées en arrière, sans canal intérieur ni sillon extérieur, disposées en rangées longitudinales le long des bords des os des mâchoires, et sur chacun des côtés du palais. On en compte 19 à 20 à chaque rangée palatine, et 16 à 20 à chaque rangée maxillaire, en tout 120 environ. Sur la tête osseuse d'un Boa, dont je ne puis dire l'âge ni l'espèce, j'ai vu une dent intermaxillaire, dix maxillaires, onze mandibulaires et neuf palatines de chaque côté. L'iris est verticale rhomboïdale chez les Boas que j'ai pu examiner, ce qui détruit l'assertion des auteurs qui ont cru voir dans cette disposition de la pupille un caractère propre aux espèces venimeuses. Un de leurs poumons est encore de moitié plus petit que l'autre, leurs vertèbres antérieures paraissent renforcées par un cataal qui quelquefois est dit-on libre et détaché du cricéal; l'on trouve sur les côtés de l'anus et cachés sous la peau, des rudimens de membres postérieurs, dont les crochets ne sont que le prolongement extérieur. Ces pièces consistent en un os long, grêle, qui a été considéré comme un vestige du fémur; il aboutit à une petite pièce cartilagineuse excavée en bas pour recevoir la tête arrondie d'un os court, coudé légèrement, que l'on a regardé comme un os du métatarse, parce qu'il porte la phalange unguéale ou crochet; la pièce cartilagineuse porte en outre, en dedans et en dehors, une petite pièce osseuse, grêle, qui se perd dans les chairs. Des muscles particuliers insérés sur ces diverses pièces, servent à les mouvoir, mais dans une étendue très-bornée. Peut-être, et d'après certaines théories anatomiques, devrait-on voir dans ces pièces des rudimens de bassin et des restes de membres postérieurs plus vestigiaires qu'on ne l'a supposé; le grand os, considéré comme un fémur, est peut-être l'os des îles; l'apophyse interne, sans détermination, serait un pubis, l'externe un ischion, venant, selon les lois observées ailleurs, se réunir à ses congénères dans la cavité cotyloïde encore épiphysaire, et l'os du métatarse, articulé par un condyle avec cette cavité, serait, dans cette supposition, un fémur contourné comme il l'est chez tous les reptiles, et terminé par un os qui par l'arrêt de développement, devenu normal ici, aurait pris la disposition terminale obligée, la forme d'une phalange unguéale. Ces crochets, longs d'une à trois lignes, servent, dit-on, d'organes contenteurs pour l'accouplement; quelques auteurs prétendent que le Boa s'en sert aussi pour la progression et pour retenir la proie dont il cherche à s'emparer. Les Boas ont tantôt des plaques en petit nombre sur le dessus du museau, quelquefois la tête est recouverte d'écailles comme le reste du corps, celles-ci sont en général assez petites à proportion de la taille de l'animal, rhomboïdales ou subhexagonales, imbriquées, serrées, lisses, si ce n'est dans quelques espèces où elles sont légèrement carénées; les lamelles du ventre sont assez étroites, celles de la queue le deviennent davantage à mesure qu'elles approchent de l'extrémité. Il n'est pas rare de rencontrer quelquesunes d'entre elles accidentellement doubles ou divisées.

Les Boas habitent dans des trous de rochers, dans le creux de troncs d'arbres excavés par le temps et les saisons, ou bien ils se pratiquent des sortes de terriers au pied et entre les racines des grands arbres; l'on reconnaît facilement les approches de leurs repaires, parce que le poids de leur corps couche et renverse les plantes et les arbrisseaux qui croissent dans leur voisinage; mais en général ils ne s'enfoncent dans leur retraite que pour la ponte et pour passer le temps de l'engourdissement hiémal; car il est à observer pour les espèces brésiliennes, qu'elles ne subissent pas d'engourdissement estival; la température de ces contrées, modérée par les vastes ombrages des forêts vierges, leur permet de résister à l'effort de la chaleur; et, cette action s'étendant aussi aux commensaux dont ils font leur nourriture, la disette ne provoque pas leur retraite forcée. Les Boas ne vivent pas en société, mais il n'est pas rare en défrichant de trouver plusieurs de ces serpens réunis et enlacés dans le même trou; quelquefois l'on rencontre parmi eux des serpens de familles étrangères, ophidiens venimeux ou non venimeux, tout se confond dans ces cavernes; des petits mammifères hibernans se mêlent même à eux, paraissant compter sur la foi antique d'une patriarcale hospitalité. Le plus souvent, hors les époques de la ponte ou de l'engourdissement, les Boas se tiennent enlacés aux pieds des arbres, cachés sous des feuilles tombées, des troncs pourris, dans une sorte d'immobilité stupide dont ils ne sortent que lorsqu'ils sont pressés par l'aiguillon de la faim; les uns vivent dans les contrées sèches et sablonneuses, d'autres vivent sur le bord des ruisseaux, des fleuves ou des mares, s'enfonçant souvent dans l'eau et dans la vase, ou se suspendant aux branches penchées à la surface du liquide, épiant les animaux qui viennent se désaltérer; malheur à l'infortuné poussé par la soif qui approche dans son inadvertance à la portée du monstre, il est enlacé dans les longs replis du serpent avec une promptitude presqu'aussi vive que celle de l'éclair, ses os sont brisés contre l'arbre qui sert de point d'appui aux anneaux musculeux du reptile, qui enfin l'engloutit la tête la première dans son énorme gueule, dont les parois diductibles permettent un écartement qu'on serait loin de supposer de prime abord; néanmoins les Boas n'ont rien de venimeux, et ils ne s'attaquent guère qu'à de petits animaux, tels que des Rats, des Capibaras, des Pacas, des Agoutis; les chiens en chasse sont aussi quelquefois exposés à être aisis par les Boas, mais il ne s'attaquent jamais aux grands quadrupèdes et moins encore à l'homme; aussi les redoute-t-on fort peu, l'on ne se donne pas même la peine de donner la chasse à ceux qui parfois viennent s'établir un peu près des habitations, et dans les excursions, c'est presque par désœuvrement que l'on tue d'une flèche ou d'une balle ceux que l'on rencontre. Dans certaines maladies, l'on recherche la graisse des Boas; leur peau fraîchement détachée et appliquée sur le ventre, est regardée comme un remède souverain pour un grand nombre d'affections morbides des organes abdominaux; car la foi est la vertu capitale de la médecine populaire, et tout ce qui est étrange a le don de l'inspirer : l'on mange parfois la chair des Boas, on tanne leur cuir et l'on en fait des selles ou des bottes, il n'est pas rare d'en voir quelques paires en Europe où on les apporte comme objets de curiosité; mais ces animaux ne sont pas faciles à dépouiller à cause de la contractilité singulière de leurs fibres musculaires, dont la force se conserve et persiste long-temps après qu'ils ont été blessés à mort. L'on se rappelle, au sujet de cette particularité d'organisation, d'autant plus remarquable qu'elle contraste avec la lenteur habituelle des mouvemens de ces animaux, l'anecdote rapportée par Stedmann.

« *Le Caron* se trouvait à moitié chemin entre les criques de Cormo-Étibo et de Barbaça-Éda, quand la sentinelle m'appela pour me dire qu'elle voyait quelque chose de noir qui se remuait sur le rivage et qui ne répondait pas, mais que d'après sa forme on devait conclure que c'était un homme. Je fis aussitôt jeter l'ancre, je descendis dans le canot, et je m'avançai vers le lieu désigné; alors un des esclaves, nommé David, déclara que ce n'était pas un nègre, mais un grand serpent amphibie. David me demanda la permission de s'avancer pour tuer l'animal, et il m'assura qu'il n'y avait aucun danger. Nous avançâmes; à peine avions-nous fait cinquante pas dans la vase et dans l'eau, que le nègre me dit : *Moi voir le serpent !* Je fus quelque temps avant de pouvoir distinguer sa tête éloignée de moi de plus de seize pieds; je tirai, mais ayant manqué la tête, la balle s'enfonça dans le corps; l'animal se sentant blessé, s'agita en tous sens avec une vigueur étonnante, et telle qu'il coupa les broussailles dont il était entouré avec la facilité d'un homme qui

fauche un pré; il enfonçait sa queue avec violence dans l'eau et nous couvrait par ce moyen d'un déluge de vase qui volait à une grande distance. Le nègre me pria de recommencer l'attaque, je fis feu et avec aussi peu de succès que précédemment. N'étant alors que légèrement atteint, cet animal nous envoya un nuage de poussière mêlée de boue, tel que je n'ai jamais vu de pareil que dans un ouragan. Je me laissai entraîner à un troisième essai; nous déchargeâmes nos trois fusils à la fois, et l'un de nous eut le bonheur de tirer le monstre à la tête. David courut vers la barque et rapporta la corde de la chaloupe, afin d'entraîner notre proie dans le canot; mais ce n'était pas chose aisée; car, quoique blessé mortellement, le serpent continuait à se tordre de telle sorte, qu'il était dangereux de s'avancer; le nègre cependant, ayant fait un nœud coulant, parvint à s'approcher et à le lui jeter avec beaucoup d'adresse au cou. Nous le tirâmes tous alors jusqu'au rivage; il vivait toujours, et nageait comme une anguille; arrivés près du *Caron*, nous cherchâmes la manière de placer le monstre; mais, n'en trouvant point de convenable, nous prîmes à la fin la résolution de le conduire à Barbaça-Éda pour l'y dépouiller sur le rivage, et prendre sa graisse ou son huile. Afin d'exécuter ce projet, David, tenant en main le bout de la corde, grimpa sur un arbre, la plaça entre deux branches, et les autres nègres hissèrent le serpent jusqu'en haut. Cela fait, David quitta l'arbre, tenant un couteau fort pointu entre ses dents; il s'attacha au monstre qui tournoyait toujours; il commença l'opération par lui fendre la peau près du cou, ensuite il l'en dépouilla et continua de la sorte en descendant jusqu'en bas. Outre cette peau, David me procura par là plus de quatre gallons de fine graisse clarifiée, ou plutôt d'huile, quoiqu'il y en eût encore une plus grande quantité de perdue. Je remis cette huile au chirurgien de l'hôpital de Vil's harwar, pour les blessés, et j'en reçus leurs remercimens; car elle fait un excellent remède, surtout pour les meurtrissures. Quand je témoignai ma surprise de voir l'animal toujours en vie quoique privé de ses intestins et de sa peau, le vieux nègre Caramaca me dit, soit qu'il le sût par expérience, soit par tradition, qu'il ne mourrait qu'après le coucher du soleil. Les nègres le découpèrent pour l'accommoder et s'en régaler; ils déclarèrent tous qu'il était excellent et très-sain. Sa chair est très-blanche et semblable à celle d'un poisson; tous les nègres en mangèrent sans répugnance, mais je remarquai une sorte de mécontentement parmi les soldats de marine qui m'accompagnaient de ce que j'avais laissé prendre leur chaudière pour la cuire. »

Les divers actes de la reproduction des Boas ne diffèrent pas de ceux des couleuvres; comme ces derniers ophidiens, ils pondent des œufs à enveloppe coriace qu'ils abandonnent dans le sable ou dans la terre sèche, peu tassée. Les œufs des Boas sont à peu près de la grosseur des œufs de nos oies de basse-cour, mais de forme plus ellipsoïde; les

petits

petits, lorsqu'ils quittent l'œuf, ont dix à quatorze pouces de long et la grosseur du doigt ; leur accroissement est assez rapide, mais on en ignore au juste les limites. Sans doute ces animaux ne sont plus aujourd'hui dans des circonstances aussi favorables qu'autrefois pour leur libre développement, mais les plus grands que l'on observe maintenant ne dépassent pas vingt à vingt-quatre pieds de longueur, et l'on ne rencontre nulle part dans les collections des vestiges de cette taille gigantesque mentionnée par quelques voyageurs ; et pour ne pas parler de ceux dont le témoignage doit paraître suspect par son exagération, on peut citer le fait suivant : « Croirait-on, dit Stedmann, que quatre-vingts soldats, marchant dans une épaisse forêt de la Guiane, montèrent l'un après l'autre sur une sorte d'élévation qui se trouvait sur leur route, et qu'ils prirent pour un gros arbre tombé, mais qu'ils sentirent ensuite se mouvoir sous leurs pieds, et qui n'était pas moins qu'un énorme serpent aboma, auquel le colonel Fourgeoud trouva de trente à quarante pieds de long ? Et cependant le fait est véritable. » La durée de la vie des Boas n'est pas non plus connue. Ce sont les seuls ophidiens auxquels on attribue de la voix ; ils poussent, dit-on, dans certaines circonstances un cri sourd, peu prolongé, comme une sorte de grognement, d'autres disent un jargonnement, c'est-à-dire un cri analogue à celui du *jars*.

Les serpens qui se rapportent à la famille des Boas présentent entre eux quelques différences qui les ont fait distribuer en plusieurs groupes ; ainsi il en est qui ont la tête couverte de petites écailles, semblables à celles du reste du corps ; les plaques labiales sont petites, lisses, la rostrale seule est un peu développée comme chez le Boa constricteur, *B. constrictor*, ainsi appelé à cause de la manière dont il saisit sa proie. On lui a aussi donné les noms de B. devin, parce que, dans un temps où ces animaux étaient moins connus, on lui a appliqué ce que quelques voyageurs ont rapporté de certains serpens fétiches des Indes ; de B. royal, B. empereur, à cause de sa grandeur physique que l'on a comparée à la grandeur morale dont les peuples se plaisaient jadis à entourer les différentes variétés de potentats. Le nom de *Boiguaçu*, sous lequel Marcgraff l'a décrit, paraît inconnu aujourd'hui au Brésil, et on le désigne généralement dans les contrées méridionales de l'Amérique sous le nom de *Jyboya* et parfois sous ceux de *Kuong-Kuong gipakiu* ou de *Kta-hia*. Le Boa constricteur est en dessus d'un brun clair, sur chacun des côtés de l'échine est imprimée une rangée de grandes taches rhomboïdales, à contour un peu sinueux, de couleur brunâtre, plus foncée surtout à leur circonférence, moins grandes et discrètes sur le cou et la queue, plus dilatées et plus ou moins confluentes sur la partie moyenne du tronc, réunies l'une à l'autre d'avant en arrière par un petit trait longitudinal de même couleur, d'où il résulte trois séries de grandes taches ovaires jaunâtres disposées alternativement à droite et à gauche de la rangée du milieu ; dans leurs inter-

valles on voit sur chaque flanc une série de taches semblables, mais plus petites et parfois œillées comme les premières, d'une teinte plus ou moins pâle dans leur centre. La tête est marquée de trois raies brunes dont une parcourt la ligne médiale, les autres passent sur les côtés du museau, les narines, les yeux, et s'étendent jusque vers le milieu du cou ; le dessous du corps est d'un blanc jaunâtre ou rougeâtre, parsemé de points noirâtres, arrondis, plus ou moins dilatés et irrégulièrement disséminées.

Les écailles du Boa constricteur sont petites, subhexagonales ; celles qui bordent les lamelles du ventre et de la queue sont plus grandes que les autres ; on compte environ 240 plaques ventrales et 50 caudales. Ce serpent atteint vingt et quelques pieds de longueur et six à dix pouces environ de diamètre à la partie renflée de l'abdomen. La tête forme environ un vingt-cinquième de la longueur totale, et la queue un neuvième. Le Boa constricteur est répandu dans toutes les forêts de l'Amérique, mais surtout dans les provinces de la Guiane et du Brésil : il habite les localités sèches et sablonneuses.

D'autres Boas ont des plaques sur la tête, entre les yeux et le museau ; parmi eux il en est dont les plaques labiales sont planes, ce sont les *Eunectes* de quelques auteurs. A cette subdivision se rapporte :

Le Boa anacondo, *B. scytale*, *B. murinia*, *B. aquatica*, appelé aussi le Rativore, et au Brésil *Sucurinba*, *Sucuriuru*, *Ketomeniop*.

L'Anacondo est en dessus d'un vert olive foncé ; deux bandelettes noirâtres s'étendent sur les côtés du museau, l'une au dessus des yeux, l'autre entre eux et l'angle de la bouche ; de chaque côté du corps une rangée de taches arrondies, noirâtres, plus ou moins discrètes ; sur les flancs une série de taches plus petites, parfois œillées, d'une teinte plus claire ; le dessous du corps est jaunâtre. L'Anacondo est le plus grand et le plus gros des serpens d'Amérique ; il atteint 27 à 30 pieds ; sa queue forme à peu près un sixième de la longueur totale. C'est surtout dans l'Amérique du Sud qu'on le rencontre ; il habite les endroits marécageux sur le bord des fleuves, s'enfonce souvent dans l'eau et dans la vase, et attend en embuscade les petits animaux qui viennent se désaltérer ; il les étouffe, et puis va les manger à terre. Ses écailles sont lisses ; on compte environ 246 plaques ventrales, et 60 plaques caudales.

On rapporte encore à cette subdivision le serpent indiqué par Boié sous le nom de boa à bandes latérales, *B. lateristriga*, et qui est naturel de l'archipel des Indes.

Plusieurs Boas ont des plaques sur la tête, mais les plaques labiales sont creusées de fossettes que l'on a comparées à des alvéoles d'abeilles, ou aux marques enfoncées que la petite-vérole laisse sur la peau. Ce sont les Boas à anneaux, *B. cenchrys* ou *cenchrya*, *B. annulifer*, *B. aboma*, confondus au Brésil sous le nom de *Jyboya* avec les Boas constricteurs, auxquels ils ressemblent par les habitudes. En effet, ils habitent les lieux secs et sablonneux; mais, outre les caractères indiqués plus haut, ils en diffèrent encore par la disposition de la coloration. Le Cenchris est d'un beau brun avec une cinquantaine d'anneaux de couleur foncée, imprimés sur la ligne rachidienne; le centre de ces anneaux est d'une couleur plus claire; leur contour est légèrement sinueux; sur chacun des côtés de cette ligne d'anneaux plus ou moins rapprochés, on voit une série de taches arrondies, plus petites, brunâtres, à demi pupillées, de teinte pâle, et sur les flancs trois séries de macules rondes, brunes, simples, disposées l'une au dessus de l'autre dans un rapport alterne. Sur la tête on voit cinq lignes brunâtres, étroites, l'une moyenne, les deux autres imprimées sur les côtés du museau et passant au dessus des yeux; au dessous d'elles se trouve encore de chaque côté une ligne plus courte de même couleur, confondue avec elles en avant du museau, mais s'en séparant bientôt pour se porter au dessus de l'œil, parallèlement au bord supérieur des plaques labiales; le dessous du corps est blanchâtre; les écailles sont un peu plus grandes que dans les espèces précédentes; on compte environ 244 plaques ventrales et 65 plaques caudales. Le Boa à anneaux ne dépasse guère la taille et les proportions du Boa constricteur. Il habite spécialement l'Amérique du Sud. On a donné dans ces derniers temps le nom particulier d'*Epicrates* aux Boas de cette division.

Il est des Boas dont le corps est plus comprimé que chez les précédens, la tête couverte de plaques en avant du museau, et qui ont au devant des yeux une sorte de fente peu étendue, peu profonde, qui rappelle quelque peu le larmier des cerfs; on leur a donné le nom de Xiphosômes à cause de la forme de leur corps que l'on a comparée à celle d'une lame d'épée. Les uns ont le museau arrondi, un sillon enfoncé au dessous de l'œil, les plaques labiales alvéolées, les écailles lisses comme le Boa brodé ou a broderies, *B. hortulana*, *B. elegans* ou b. parterre, à cause de la disposition variée de la coloration. Fauve en dessus, le corps est parcouru par une ligne brune disposée en zigzag, quelquefois assez régulier. Sur chaque côté l'on voit une série de grandes taches annelées de même couleur; d'autres petites taches brunes, simples, arrondies, sont irrégulièrement disséminées dans leurs intervalles; la tête est ondée de petits traits bruns sinueux; le dessous du corps est jaunâtre; ses écailles sont rhomboïdales, lisses; le nombre des plaques ventrales et caudales paraît être comme chez les précédens soumis à quelques variations; sa taille est à peu près la même; la queue de ce Boa paraît un peu plus longue proportionnellement que dans l'espèce suivante. Il se trouve dans plusieurs contrées de l'Amérique du Sud.

Le boa de merrem, que l'on a quelquefois confondu avec le précédent, et que d'autres auteurs ont distingué, n'en paraît différer que par sa coloration. Il est d'un brun verdâtre en dessus, avec une rangée de grands anneaux bruns,

sinueux, comprimés d'arrière en avant, imprimés sur les flancs; quelques taches irrégulières, allongées, petites, sont disséminées sur la tête; le dessous du corps est jaunâtre. Le Boa de Merrem est également du Brésil; c'est encore à cette subdivision que se rapporte le Boa bojobi, *B. canina*, ou *Ararambojo*, représenté dans notre Atlas, pl. 5o, fig. 1. Ce serpent est d'un brun verdâtre en dessus, interrompu près du rachis par des taches jaunâtres, étroites, sidérées ou en zigzag, bordées d'une teinte noirâtre et disposées alternativement de chaque côté; le dessous du corps est jaunâtre; la queue paraît plus courte, à proportion de la longueur du reste de l'animal, que dans les espèces précédentes; l'on compte environ 2o3 plaques ventrales, et 77 caudales; sa taille paraît être à peu près la même que celle des autres Boas déjà décrits; comme eux, il est du midi de l'Amérique, et spécialement du Brésil. Tous les auteurs s'accordent aujourd'hui à rapporter au Boa bojobi, comme une variété d'âge moins avancé, le Boa dont Linnæus avait fait une espèce distincte sous le nom de *B. hypnale*.

Il est enfin des Boas à corps très-comprimé, à tête recouverte en avant par des plaques, mais qui n'ont point de fossettes en avant des yeux, ni de sillon enfoncé au dessous de l'œil. Leur museau est proéminent, tronqué obliquement de haut en bas et d'arrière en avant; les écailles du corps sont petites, rhomboïdales, carénées; on leur a donné le nom d'*Enygrus*, d'autres les ont appelés *Cenchris*, nom vicieux, puisqu'il a été, ainsi qu'on l'a vu, attribué comme nom d'espèce à des Boas fort différens. Les serpens qui se rapportent à ce groupe habitent les Indes. La forme de leur corps fait présumer qu'ils vont souvent à l'eau, et qu'ils nagent à la manière des anguilles. Ce sont :

Le Boa caréné, *B. carinata*, *B. regia*; brunâtre, avec deux rangées de grandes taches jaunâtres, annelées, disposées alternativement sur les côtés du corps, une bande brune, avec étendue sur les côtés du museau et passant sur les narines et sur les yeux, d'un blanc jaunâtre en dessous, d'une taille un peu moindre que les Boas d'Amérique.

Le Boa ocellé, *B. ocellata*, confondu avec le précédent comme une simple variété, paraît constituer une espèce tout-à-fait distincte.

A ce groupe se rapporte encore le Boa vipérin, *B. viperina*, *B. conica*, dont les taches ocellées, brunâtres, souvent confondues entre elles, donnent à l'animal une certaine analogie de couleur avec notre vipère d'Europe.     (Th. C.)

**BOCARD, BOCARDAGE.** (Application à la min. et à la géol.) Il arrive rarement que les substances minérales exploitées soient assez pures pour être traitées directement. Les minerais sont ordinairement trop pauvres et trop mélangés de gangue pour pouvoir être traités ainsi dans les mines : il est donc nécessaire de les débarrasser autant que possible de cette gangue par des opérations mécaniques, qui consistent en *triages*, *Bocardages* ou *lavages*.

Lorsque l'opération des triages ne suffit pas, on a recours au Bocardage, qui s'exécute à l'aide d'une mécanique composée de plusieurs pièces de bois mobiles appelées *pilons*, qui sont placées verticalement et maintenues dans cette position par des coulisses en charpente; ces pilons sont ordinairement armés à leur extrémité inférieure d'une masse de fer plus ou moins lourde, selon la dureté des minerais qu'ils doivent écraser. Un arbre horizontal, mû par l'eau, ou toute autre puissance mécanique, accroche en tournant ces pilons au moyen de parties saillantes, appelés *cames*, qui entrent dans une échancrure ménagée dans les pilons, ou soulèvent un *mentonnet* qui y est fixé, et les laisse ensuite retomber dans une auge longitudinale, ordinairement creusée dans le sol, et dont le fond et les côtés sont garnis de dalles en pierres dures ou de plaques en fonte. Le minerai à bocarder arrive dans cette auge, au dessous des pilons, à l'aide d'une trémie, qu'on a le soin d'entretenir toujours pleine. Chaque auge contient trois, quatre ou six pilons, et constitue ce que l'on appelle une *batterie* ou *Bocard*, dont le nombre peut varier selon les besoins de l'exploitation. Les cames sont disposées sur l'arbre de manière à ce que le soulèvement et la chute de chaque pilon se fasse successivement et à des intervalles de temps égaux.

Les minerais sont tantôt bocardés à sec, tantôt ils subissent un lavage à l'aide d'un courant d'eau qu'on fait arriver dans le Bocard; celle-ci entraîne les matières terreuses et une certaine quantité de particules métalliques, que l'on peut facilement recueillir en faisant parcourir à l'eau, au sortir du Bocard, une suite de canaux plus ou moins nombreux, dont l'ensemble reçoit le nom de *labyrinthe*, et où ces particules se déposent suivant l'ordre de leurs pesanteurs relatives : cependant il en reste encore une assez grande partie mélangée avec les matières terreuses, que l'on nomme *bourbe*; et quand les métaux qu'on exploite sont précieux, on les en sépare ensuite par différens lavages. Les minerais ainsi bocardés prennent dans les usines le nom de *schlichs*.

(*Voyez*, pour les autres opérations mécaniques et chimiques que l'on fait subir aux minerais métalliques, les mots TRIAGES, LAVAGES et GRILLAGES.) (TH. V.)

BOCCONIA. (BOT. PHAN.) Genre exotique de la famille des Papavéracées, Dodécandrie monogynie, remarquable par l'absence de corolle, par la capsule monosperme, et par le suc safrané qui remplit ses feuilles et sa tige; il est assez voisin de la chélidoine, et présente des fleurs en panicules terminales pourvues de bractées à la base des pédoncules; un calice de deux folioles caduques, formant seul l'enveloppe florale; huit à vingt-quatre étamines à filets très-courts, à anthères allongées; un ovaire légèrement stipité, portant deux stigmates; enfin une capsule renfermant une seule graine, soit que les autres avortent, soit qu'il y ait anomalie dans ce genre.

On connaît trois espèces de *Bocconia*; l'une croît en Chine, *B. cordata*; l'autre, *B. integrifolia*, dans l'Amérique méridionale; la troisième, originaire du Mexique et des Antilles, est un arbrisseau de huit à douze pieds, à branches cassantes comme celles du sureau, à feuilles sinuées, lobées à peu près comme celles du chêne, mais plus grandes. On le cultive dans nos jardins botaniques. (L.)

BOCHIMAN. (MAM.) Nom d'une peuplade d'hommes appartenant à la race nègre. *Voy.* HOMME. (GUÉR.)

BOEMIN. (BOT. PHAN.) C'est le nom du piment aux Antilles françaises. (*V.* PIMENT.) (GUÉR.)

BŒUF, *Bos.* (MAM.) Ce mot, qui signifie proprement taureau coupé, est devenu le nom collectif sous lequel on comprend, comme appartenant au même genre, tous les mammifères RUMINANS BOVINÉS (*voy.* ces mots), dont les cornes, existant chez les deux sexes, sont plus ou moins arrondies, et diminuent sensiblement vers leur extrémité qui revient plus ou moins en avant; les narines chez tous ces animaux sont percées dans un large *mufle*, c'est-à-dire que la peau qui les entoure est mamelonnée et garnie de nombreux cryptes mucipares qui versent sans cesse leur produit à sa surface; tous ont au devant du corps une espèce de repli saillant, une sorte de pincement de la peau, nommé *fanon*, lequel s'étend de la gorge à l'abdomen; leurs mamelles sont inguinales et au nombre de quatre.

Les Bœufs ont la taille élevée; ce sont les plus grands animaux de la famille des Bovinés, leur régime est exclusivement herbivore; l'élévation de leur taille et la force considérable dont ils sont doués leur permet de paître avec sécurité sans avoir rien à redouter des carnassiers même les plus grands; aussi, lorsque l'ennemi se présente, ne fuient-ils pas comme les gazelles et les chèvres, ils l'attendent au contraire de pied ferme et le plus souvent lui font un mauvais parti. Les espèces assez nombreuses de ce genre sont les unes fossiles, les autres aujourd'hui vivantes; parmi ces dernières (que l'on trouve répandues sur presque tout le globe, soit en Europe, en Afrique, en Asie et dans les îles voisines pour l'ancien continent, ou bien en Amérique), quelques unes sont, depuis des temps plus ou moins reculés, réduites à l'état domestique, et rendent à l'homme des services tels, que plusieurs peuples se trouveraient certainement privés de leur principal moyen d'existence si ces animaux venaient à leur être enlevés.

À l'état sauvage, les Bœufs se tiennent dans les forêts et vivent en troupes plus ou moins nombreuses; un seul mâle peut suffire à plusieurs femelles; celles-ci ne mettent bas qu'un petit à chaque portée.

Si l'on retire, avec M. de Blainville, le Bœuf musqué, *Bos moschatus*, Gm., pour en former un petit genre à part (*voy.* OVIBOS), il est facile de subdiviser les espèces du genre des Bœufs en deux sections.

### I. LES BUFFLES.

Ce sont des animaux en quelque sorte aquatiques, qui vivent dans les marais ou près des rivières, dans lesquelles ils restent plongés une partie du jour. On les reconnaît à leurs cornes dont la base toujours élargie recouvre une partie du front, et dont le côté interne est aplati et l'externe seulement arrondi. Les espèces de cette section ont toujours la langue douce ; ce sont :

Le BUFFLE, *Bos Bubalus*, aujourd'hui très-commun en Grèce et en Italie, où il paraît avoir été introduit dans le courant du septième siècle, par Agilulfe, roi des Lombards. Le Buffle est originaire des régions humides de l'Inde, d'où il s'est répandu dans diverses contrées de l'ancien continent ; presque partout on l'a réduit en domesticité, mais il existe encore en grand nombre à l'état de nature. On dit que, dans les environs de Naples, quelques individus échappés se sont multipliés et existent à l'état sauvage.

Les Buffles ne courent pas comme le Bœuf ordinaire ; ils redressent ordinairement la tête et portent leurs cornes en arrière ; lorsqu'ils frappent, ce n'est qu'avec le front ou les pieds.

Cette espèce a le pelage noir, composé de poils rudes et peu nombreux ; son cuir, comme celui du Bison, est spongieux et perméable à l'eau ; comme il résiste mieux aux armes tranchantes, on l'emploie pour faire des cuirasses et autres vêtemens défensifs. Le Buffle est représenté pl. 50, f. 4 de ce Dictionnaire.

Le BŒUF ARNI, *Bos arni*, est considéré par plusieurs naturalistes, MM. Desmarest et F. Cuvier entre autres, comme une simple variété du Buffle ; il n'en diffère en effet que par ses cornes qui sont démesurément longues (4 à 5 pieds pour chacune), ridées sur leur concavité, et un peu plus aplaties en avant.

L'Arni est noir, il n'a ni bosse ni crinière ; il paraît habiter spécialement les hautes montagnes de l'Indoustan et les îles de l'archipel indien.

BUFFLE DU CAP, *Bos caffer*. Cette espèce se distingue de toutes les précédentes par ses cornes énormes, dont les bases aplaties couvrent comme un casque tout le sommet de la tête, ne laissant entre elles qu'un petit canal élargi en avant. Cette espèce est une des plus remarquables du genre, ses formes sont massives et sa taille considérable ; le fanon est vaste et pendant ; elle a le pelage composé de poils longs d'un pouce, durs et fort serrés ; ses oreilles sont un peu couchées et couvertes par les cornes.

Cet animal, terrible par sa férocité, vit en grandes troupes depuis le cap de Bonne-Espérance jusque vers la Guinée ; il se pratique dans les forêts les plus sombres des sentiers étroits dont il s'écarte peu ; il renverse avec fureur tout ce qui se trouve sur son passage, et se plaît à lécher les corps qu'il a tués. Ses mugissemens sont affreux, et sa course très-rapide. Dans les bois il attaque l'homme lui-même ; de même que le Buffle, il ne peut supporter la vue de ce qui est rouge. On le chasse pour sa chair qui est mangeable quoique grossière, mais surtout pour son cuir qui est excellent.

Le BŒUF GOUR, *Bos gour*, *Purorah* et *Gourin* des Indous, est une espèce assez semblable à l'Arni, découverte par les naturalistes anglais dans les montagnes du *Myn-Pat* et décrite en France par M. Geoffroy Saint-Hilaire. Ce Bœuf a le pelage ras, d'un noir assez foncé ; ses cornes sont courtes, épaisses, un peu rugueuses, très-courbées vers leur extrémité. C'est un animal courageux qui vit par troupes de quinze à vingt individus dans les forêts de l'intérieur de l'Inde ; il se nourrit de feuilles et de bourgeons. Le BŒUF GAYAL, *Bos graveus*, décrit comme une espèce distincte dans l'Asiatic resear., t. 8, s'il n'est point une simple variété du *Bœuf gour*, en diffère certainement très-peu.

II. LES BŒUFS PROPREMENT DITS.

Ils ont les cornes lisses, arrondies, un peu plus grosses seulement à leur base, mais sans aplatissement ; leur langue est couverte de papilles aiguës et cornées. Les espèces de ce groupe vivent plutôt dans les prairies élevées et dans le voisinage des forêts. Ce sont :

Le BISON D'AMÉRIQUE, Bœuf sauvage d'Amérique, *Bos Bison*, figuré pl. 50, f. 2 de notre Dictionnaire. Cette espèce, que Buffon avait confondue avec l'Aurochs, habite toutes les parties tempérées de l'Amérique septentrionale ; elle est surtout abondante dans les riches prairies qui bordent les sources du Mississipi et des rivières qui s'y jettent. Elle y vit, dit-on, en grandes troupes, pêle-mêle avec les cerfs et les daims, paissant le soir et le matin, pour se retirer pendant la chaleur dans les lieux marécageux. Quoique cet animal soit fort sauvage, on peut cependant l'apprivoiser lorsqu'on le prend jeune ; s'il est bien nourri il acquiert une taille fort considérable et pèse jusqu'à deux et trois milliers.

Le Bison a les formes trapues, la tête courte et grosse ; le chanfrein, le cou et les épaules sont couverts d'un poil laineux, élastique et très-doux, que l'on pourrait certainement filer avec avantage ; les poils du train de derrière sont plus courts et plus noirs ; la queue est médiocre et terminée par un flocon de longs crins ; les cornes sont petites, arrondies, latérales et séparées.

On chasse cet animal pour sa chair, qui est bonne à manger, et son cuir, qui est fort estimé ainsi que pour différentes parties de son corps.

L'espèce du BŒUF A LARGE FRONT, *Bos latifrons* de Harlan (Faune américaine), ne repose que sur trois crânes fossiles trouvés en Europe et en Amérique dans le Kentucky ; ces crânes ont beaucoup d'analogie avec celui de l'Aurochs dont nous allons parler. Il en est à peu près de même du BŒUF A FRONT BOMBÉ, *Bos bombifrons*, espèce fossile du même auteur.

L'AUROCHS, *Bos urus* est aussi appelé *Bœuf sauvage* de Pologne. Du mot composé *auer-ochs*, qui signifie en allemand bœuf sauvage, bœuf de montagne, dérive certainement le nom de cet animal, que les Latins appelaient *Urus*.

L'Aurochs était autrefois assez répandu dans les forêts de l'Europe tempérée ; mais il en a été repoussé à mesure que les hommes se sont multipliés, et il s'est aujourd'hui confiné dans les forêts les plus sombres des monts Krapachs et du Caucase ; c'est tout au plus s'il en existe encore quelques individus en Lithuanie.

L'Aurochs a le pelage composé de deux sortes de poils : les uns, fauves, doux et laineux, constituent une espèce de bourre recouvrant les parties inférieures ; les poils du dos et des régions antérieures sont plus longs, durs et grossiers, leur couleur est brune : une barbe longue et pendante ombrage le menton ; les cornes sont grosses, rondes et latérales ; le front est bombé et les mamelles disposées en carré. Cet animal est, après l'Éléphant et le Rhinocéros, le plus gros des quadrupèdes mammifères ; le mâle, haut de six pieds au garrot, en a jusqu'à dix de long.

L'Aurochs, susceptible de quelque adoucissement lorsqu'on le prend jeune, est très-féroce dans l'état de nature ; on le chasse non-seulement pour sa chair, qui est un bon manger, mais aussi pour sa toison et son cuir qui sont très-recherchés. Cette chasse est surtout très-dangereuse à l'époque du rut ; ordinairement l'Aurochs fuit devant l'homme ; cependant lorsqu'il est blessé, il se retourne avec violence et fond sur le chasseur pour le terrasser. Les femelles de cette espèce sont moins grandes et moins fortes que les mâles ; elles portent pendant onze mois et ne mettent bas qu'un seul petit.

Le Yak ou Buffle a queue de cheval, appelé aussi Vache grognante de Tartarie, *B. grunniens*, se distingue de tous ses congénères par sa queue garnie de tous côtés de longs poils, comme celle du cheval. Cette espèce, qui ressemble au Buffle par ses formes, en diffère cependant par sa langue qui est garnie de papilles et ses cornes rondes et unies : une grosse touffe de poils crépus couvre le sommet de sa tête ; son pelage est en général ras et lisse en été, hérissé et plus fourni en hiver ; sa couleur est noire. Le cou présente une sorte de crinière, et le dessous du corps ainsi que la naissance des jambes sont garnis de crins touffus très-longs et tombans.

Les Yaks aiment l'eau comme les Buffles, ils nagent très-bien ; on les trouve sauvages dans les montagnes du Thibet ; leur caractère est irascible et farouche ; cependant les Tartares, les Chinois et les Thibétains ont su les réduire en domesticité ; ils les tiennent par troupeaux non pour les faire travailler à la terre, mais pour obtenir leur chair, leur riche pelage et surtout leur queue ; dans quelques contrées on les emploie comme bêtes de somme. Les houppes dont les Chinois ornent leurs bonnets d'été sont faites avec des poils de l'Yak ; et c'est principalement avec la riche queue de cet animal que les Thibétains font des chasse-mouches, et les Persans et les Turcs ces marques de dignité que nous prenons à tort pour des *queues de cheval.*

Le Zébu, *Bos indicus*, regardé par la plupart des auteurs comme une variété du Bœuf ordinaire, en diffère cependant par la taille, qui est moindre, et par une ou deux bosses graisseuses placées sur le garrot. On distingue plusieurs variétés parmi les Zébus ; la plus remarquable est certainement le Zébu de Madagascar, qui approche de la taille de notre Bœuf et lui ressemble encore par ses cornes : la saveur musquée de sa chair et la loupe graisseuse de son dos sont les seules différences qui l'en font distinguer. Les Zébus n'ont souvent pas de cornes, leur pelage est généralement gris en dessus et blanc en dessous, leur queue est terminée par une touffe de poils noirs. Ils habitent les parties chaudes de l'Asie et de l'Afrique ; c'est surtout dans l'Inde qu'ils sont le plus communs.

G. Cuvier a décrit et figuré le Zébu dans l'ouvrage intitulé Ménagerie du Muséum.

Vient maintenant le Bœuf domestique, *B. taurus*, figuré à la pl. 50, fig. 3 de notre Atlas, et dans l'Iconographie du règne animal, pl. 45. Cette espèce, aujourd'hui répandue en Europe, en Asie, en Afrique et même en Amérique, offre partout de nombreuses variétés ; on n'en connaît point le type sauvage ; l'Aurochs est de toutes les espèces du même genre celle qui en approche davantage ; mais il offre quatorze paires de côtes et le Bœuf n'en a que treize. Le pelage de cette espèce est ras, et de couleur variable, les cornes sont arrondies, arquées et le plus souvent déjetées en dehors. Le mâle entier porte le nom de *Taureau* ; celui que l'on a mutilé pour le rendre plus docile et plus soumis conserve le nom de *Bœuf*, nous n'avons point à nous en occuper ; la femelle est la *Vache* ; le *Veau* et la *Génisse* sont deux jeunes de cette espèce, l'un femelle et l'autre mâle. Les Bœufs ont été transportés en Amérique et ils y ont parfaitement réussi, surtout dans les pampas du Paraguay, où ils sont devenus sauvages ; on les chasse principalement pour leur peau.

M. Fréd. Cuvier a décrit sous le nom de Jungli-Gau, *Bos sylhetanus*, et fait figurer dans son bel ouvrage sur les mammifères, un Bœuf qu'il regarde comme de nouvelle espèce, différant principalement du Bœuf domestique par ses cornes qui sont implantées au bout de la crête occipitale et séparées entre elles par un espace d'autant plus petit que l'animal est plus âgé ; une légère proéminence graisseuse remplace la bosse des Zébus ou Bœufs de l'Inde ; la queue est terminée par un pinceau de longs poils.

Le Jungli-Gau mâle et sa femelle se distinguent l'un de l'autre par la grosseur de leurs cornes ; quant à la couleur, elle est la même pour tous deux, c'est-à-dire noirâtre, avec les jambes blanches ; le front est d'un gris cendré, ainsi qu'une bande longitudinale placée sur le garrot ; le dedans des oreilles et le dessous du corps sont garnis de poils blanchâtres : M. G. Cuvier serait porté à considérer ces animaux comme une race bâtarde du Bœuf et du Buffle.

On les trouve principalement au pied des montagnes du Sylhet dans l'Inde, où ils sont aussi communs que le Buffle. Les Indiens les chassent et savent les réduire en domesticité.

Le Bœuf a fesses blanches, *Bos leucoprymnus*, est une autre espèce décrite par MM. Quoy et Gaimard dans la Zoologie de l'*Astrolabe*. Ce Bœuf ressemble aussi beaucoup à notre espèce domestique. Il vit sauvage à Java.

Nous n'avons point parlé dans cet article du Bœuf musqué d'Amérique, *Bos moschatus* de Gmelin, lequel, ayant les cornes très-élargies et se touchant à leur base, les mamelles au nombre de deux seulement et le nez couvert de poils, diffère assez des vrais Bœufs pour constituer un genre distinct. C'est en effet ainsi qu'on le considère aujourd'hui d'après les recherches de M. Blainville. Nous en parlerons au mot Ovibos, nom que lui a donné ce savant naturaliste. (*Voy.* Ovibos.) (Gerv.)

BOEUF, *Bos domesticus*. (agr.) Être mitoyen que l'homme a dépouillé de ses facultés naturelles pour le façonner aux travaux de la terre, pour retirer de lui les plus grands avantages et durant sa vie et après sa mort. Le Bœuf est le taureau qui a été soumis, dans son jeune âge, à l'opération de la castration. L'utilité de cet animal pour l'agriculture remonte aux âges les plus reculés, et comme son existence est liée à la charrue, on l'a regardé comme sacré, on lui a même dressé des autels, et l'on punissait de la peine capitale celui qui méchamment le mettait à mort. Tandis qu'on le plaçait ainsi sous la protection de la loi, pour ménager ses forces ou pour prévenir l'abus que l'on pouvait en faire, on borna à une longueur de quarante mètres la plus grande étendue du sillon qu'il devait tracer par une continuité non interrompue d'efforts et de mouvemens.

Tous les services que ce patient auxiliaire rend au laboureur ont été résumés en quelques lignes par la plume éloquente de Buffon. « Sans le Bœuf, dit-il, les pauvres et les riches auraient beaucoup de peine à vivre, la terre demeurerait inculte, les champs et même les jardins seraient secs et stériles ; c'est sur lui que roulent tous les travaux de la campagne ; il est le domestique le plus utile de la ferme, le soutien du ménage champêtre ; il fait toute la force de l'agriculture ; autrefois il faisait toute la richesse des hommes, il est encore aujourd'hui la base de l'opulence des états, qui ne peuvent se soutenir et fleurir que par la culture des terres et par l'abondance du bétail, puisque ce sont les seuls biens réels, tous les autres, même l'or et l'argent, n'étant que des biens arbitraires, des représentations, des monnaies de crédit, qui n'ont de valeur qu'autant que le produit des terres leur en donne. »

Le Bœuf n'est pas aussi lourd ni aussi malfait qu'il le paraît au premier aspect ; il sait se tirer d'un mauvais pas, aussi bien et peut-être mieux que le cheval. Un signe certain de sa santé, c'est le luisant de son poil épais et doux au toucher ; lorsqu'il est rude, terne, hérissé, dégarni, l'animal souffre, ou bien il n'est pas d'un fort tempérament. Les bonnes qualités sont indépendantes des couleurs de la robe : que celle-ci soit fauve ou noire, rouge, grise, blanche ou mouchetée, le Bœuf sera propre à tous les besoins de la maison rurale, s'il est bien nourri, tenu dans une étable aérée, spacieuse, s'il est traité avec douceur, s'il reçoit du cultivateur les soins que réclament les nombreux services qu'il en exige. Les campagnes les plus fertiles sont bientôt frappées de stérilité, leur population devient misérable quand le bœuf est négligé, méprisé, impitoyablement condamné au plus dur esclavage. L'Espagne, en le repoussant de la charrue et en lui substituant le mulet, a déchu rapidement de sa gloire agricole, elle a de ce moment imprimé sur son sol des traces profondes d'une longue calamité.

La taille et même la force du Bœuf varient considérablement ; elles tiennent à la race dont il sort, elles résultent de l'abondance des pâturages sur lesquels il a passé ses premières années : le climat y influe également. Les Bœufs des pays très-chauds et ceux des pays très-froids, sont plus petits que ceux des régions tempérées. On vanta beaucoup chez les anciens la race monstrueuse de l'Épire, que j'ai vue réduite au plus misérable état possible. De nos jours, les Bœufs les plus grands existent en Sicile, dans la terre de Labour, province de Naples, dans la Podolie, l'Ukraine et la Tartarie ; les plus forts proviennent de la Hongrie, de la Dalmatie, de la Carinthie : ils sont aussi moins maladifs que les Bœufs gras et courts de la Savoie, de la Suisse, de la vallée d'Aoste et du Piémont. Ceux qui fournissent la chair la plus délicate habitent les riches vallées de la Transylvanie.

Toutes les différentes races que nous possédons en France peuvent se réduire à deux classes, les *Bœufs de haut cru* répandus dans les départemens de la Haute-Vienne et de la Corrèze, de la Charente, de la Creuse, du Cher, du Gers, de Lot-et-Garonne, de la Gironde, des Landes, du Cantal, du Puy-de-Dôme, de la Haute-Loire, de l'Allier, de la Nièvre, de Saône-et-Loire, de la Côte-d'Or et de l'Yonne. Les *Bœufs de nature*, c'est-à-dire qui ont la propriété de s'engraisser facilement, sont ceux des départemens de Maine-et-Loire, de la Loire-Inférieure, de la Vendée, de la Charente-Inférieure, d'Ille-et-Vilaine, du Morbihan, des Côtes-du-Nord, du Finistère, de la Sarthe, de la Mayenne, de la Manche, du Jura, du Doubs et de la Haute-Saône. A cette seconde classe se rattache une espèce de belle proportion et d'une nature fort douce, répandue sur divers points de la France, particulièrement dans la vallée d'Auge ; c'est celle que l'on nomme *Bœufs de pays*.

Le Bœuf vit communément quinze ans ; à l'inspection de ses dents et de ses cornes on détermine son âge d'une manière positive. De deux ans et demi à trois, on le dresse au labour, ou bien on l'habitue à porter le harnais ; de cinq à dix ans, il a atteint sa plus grande force, c'est l'époque de ses travaux les plus fatigans et les plus lucratifs ; à douze ans il quitte la charrue pour passer à l'engraissement et de là à la boucherie. Quoiqu'il soit moins propre à traîner la voiture que le cheval, l'âne et le mulet, quoique son allure, la forme de son dos et celle de ses reins s'y opposent, on l'attelle, on l'oblige à trotter et même à galoper, ce qu'il fait au détriment de ses forces et de sa vie. On a tort de l'associer au cheval, de l'atteler avec un collier, de le faire tirer uniquement par les cornes, mais il faut profiter de la puissance de son col et de ses épaules, de l'épaisseur des os de la tête au dessus du front et de la disposition qu'il montre naturellement à se servir de cette partie tant pour attaquer que pour se défendre, afin de les tourner à l'avantage de l'animal et des travaux qu'on veut lui demander.

Quoique l'on estime le contraire, le Bœuf est susceptible d'attachement, non-seulement pour l'homme qui le traite bien, mais encore pour les individus de son espèce qu'on lui associe. Son instinct est si perfectionné qu'il développe en lui des facultés remarquables; aussi quelques peuplades du midi de l'Afrique élèvent-elles leurs Bœufs pour la garde des troupeaux ; nos Bœufs de la Camargue sont surtout précieux sous ce rapport. *V.* au mot CAMARGUE.

Utile dans toutes les circonstances de sa vie, rien n'est perdu après sa mort. Sa viande nourrit l'homme, soit qu'il la mange bouillie, salée, fumée ou apprêtée de plusieurs manières, comme cela se pratique chez les riches aussi bien que chez les pauvres, soit qu'elle lui plaise à demi cuite et presque saignante à l'instar des Anglais, ou toute crue comme aux peuples de l'Abyssinie. Sa peau, tannée, hongroyée ou chamoisée, donne d'excellentes chaussures, des harnais, et est employée à une infinité d'autres usages ; on la sale dans les plaines de Buenos-Ayres, dans les pampas du Chili et du Pérou, pour y servir à la fabrication des chapeaux, des couvertures de maisons, des canots destinés à passer les torrens, les cours d'eau rapides, etc. La graisse du Bœuf et le poil de sa robe reçoivent de nombreuses applications économiques ; les cornes se façonnent en lames pour les lanternes, en peignes, en boites, en manches de couteaux, etc ; quand elles sont râpées, elles fournissent un très-bon engrais, ainsi que les ongles ; les os donnent du bouillon, du noir animal, et servent à divers usages domestiques ; le sang entre dans la confection du bleu de Prusse, dans plusieurs préparations chimiques, dans le raffinage du sucre ; avec les issues on obtient une espèce de colle très-estimée ; en un mot, il n'est aucune partie de la dépouille du Bœuf dont l'industrie ne sache ou ne puisse profiter.

Le Bœuf sans cornes, introduit en France depuis une trentaine d'années et que nous avons tiré de l'Écosse, où il vit dans un état presque sauvage sur les montagnes, est très-doux, fort docile, traîne la charrue avec autant de force que notre Bœuf ordinaire ; sa marche m'a paru plus ferme, mieux réglée, plus vite ; il devient très-gros à l'engraissement. Cette variété se perd aisément quand on l'accouple à des vaches armées de cornes. (T. D. B.)

BOGUE, *Boops.* (POISS.) Ce genre appartient à la famille des Sparoïdes : il y prend place dans la quatrième tribu. Ses caractères consistent dans la forme de son corps, qui est comprimé et revêtu d'écailles assez grandes; dans le peu d'extensibilité de ses mâchoires, dont les dents sont tantôt échancrées, tantôt pointues en partie ; enfin dans l'absence complète des dentelures aux pièces operculaires. Ce genre est assez nombreux en espèces, nous en citerons seulement deux qui vivent dans la Méditerranée. La première est le BOGUE VULGAIRE, *Sparus boops.* Il a les dents supérieures dentelées, et les inférieures pointues. Le fond de sa couleur est d'un gris d'argent, avec les raies longitudinales dorées. Les Grecs connurent bien ce poisson ; ils avaient surtout remarqué la grosseur de ses yeux qu'ils comparaient à ceux d'un bœuf ; d'où le nom de βῶψ par lequel ils le désignaient. Il paraît qu'il fait sa nourriture de très-petits poissons, aussi bien que d'algues et autres plantes marines. La chair en est délicate et facile à digérer. On nomme la seconde espèce BOGUE SAUPE ( *boops salpa,* Linn.,) dont Block a donné une figure dans la pl. 265 de son Ichthyologie. Son corps est plus ovale que celui de l'espèce précédente; les dents qui garnissent sa mâchoire supérieure sont fourchues, mais celles d'en bas sont simplement pointues ; les raies de couleur d'or qui se détachent du fond brun de son corps sont plus brillantes que chez le Bogue commun, mais sa chair est beaucoup moins estimée, attendu qu'elle est molle et difficile à digérer. Il parvient à plus de trois décimètres de longueur. Ce poisson fraie ordinairement en automne; il fréquente de préférence les bas-fonds, où il est sans doute attiré par les plantes marines dont il fait sa principale nourriture. On le prend à l'hameçon. Pendant l'hiver il se retire dans les profondeurs des baies, des golfes, ou de la haute mer.

(ALPH. G.)

BOI ( REPT. ) Cette syllabe américaine, d'où nous avons probablement fait venir *Boa,* signifie *Serpent* et entre dans beaucoup de noms de pays donnés à ces reptiles. Ainsi on appelle BOICININGA ou BOIQUIRA, au Brésil, une espèce de CROTALE (*V.* ce mot) : plusieurs autres Serpens venimeux ou non venimeux portent au Brésil les noms de BOICUABA, BOICUPECANGA, BOIGA, BOIGUACU et BOIGUATRARA. *Voy.* BOA, CROTALE et SERPENT. (GUÉR.)

BOIS. ( ZOOL. ) Cornes solides dont est parée la tête des cerfs, des daims, des chevreuils, des élans, des rennes, etc.

Quelques naturalistes les regardent plutôt comme des ornemens que comme des armes. Cependant les animaux qui en sont pourvus s'en servent dans le danger pour se défendre contre l'attaque de leurs ennemis ; le cerf ou le daim blessent fréquemment de leur bois les chiens et les chasseurs qui les poursuivent. On a émis sur le développement et le renouvellement des *Bois,* des données physiologiques qui méritent examen, mais que nous renvoyons au mot CORNES. Dans les cerfs, cet accroissement, ce renouvellement a lieu vers le printemps, à l'époque où la nourriture est plus abondante; c'est au contraire vers l'automne, lorsque l'herbe jaunit, que les feuilles se dessèchent, que les *Bois* du cerf meurent, s'exfolient et tombent.

Les mâles seuls sont pourvus de *Bois*; la femelle du renne en a cependant la tête ornée. Ils semblent l'indice de la faculté génératrice.

Chaque année, un rameau nouveau s'ajoute aux rameaux existans, mais ce développement n'est pas tellement régulier qu'on puisse exactement fixer l'âge de l'animal par le nombre des rameaux. La forme du Bois varie en raison des espèces, il est *arrondi* chez le cerf, *palmé* chez le renne, triangulaire dans l'élan, etc.

En termes de vénerie, on appelle *andouiller* chacun des rameaux. ( P. G. )

. BOIS, *lignum*. ( BOT. ) Matière propre, substance fibreuse, compacte, très-dure, qui constitue essentiellement le tronc et les branches des arbres et des arbrisseaux ; elle est placée sous le liber, composée de fibres desséchées et de vaisseaux oblitérés par leur cohérence et leur dureté, qui deviennent plus forts à mesure que de nouvelles couches extérieures environnent chaque année les anciennes; pendant la vie c'est cette matière qui renferme la séve et les sucs propres ; quand l'arbre est abattu, c'est elle que l'on met en œuvre sous le nom de Bois de construction, Bois de menuiserie, de charonnage et de chauffage.

Au centre du Bois on trouve la moelle; chaque couche circulaire qui recouvre l'étui ou canal dans lequel elle est contenue, est composée de fibres ligneuses, dont l'ensemble est traversé par des sillons plus ou moins larges de tissu cellulaire. Les couches ligneuses sont d'autant plus dures, qu'elles approchent davantage de la moelle : aussi appelle-t-on communément ce centre *le cœur du Bois*. Les couches les plus extérieures, surtout celles de l'aubier, qui est un Bois encore imparfait, offrent le moins de densité. La dureté, la pesanteur, la compacité, la solidité du Bois, sont presque toujours en raison directe de la durée de son accroissement. Les arbres qui croissent le plus lentement ont le Bois le plus dur et le plus compacte ; il en est de même de celui séché sur pied ; les arbres qui croissent le plus vite ne donnent qu'un Bois tendre, léger, très-susceptible de se fendiller et de se retirer avec excès. Cette loi n'est pas sans exception ; le cormier, par exemple, est aussi dur que le buis, quoiqu'il croisse beaucoup plus vite ; le noyer et le sorbier des oiseleurs sont à peu près également denses, et cependant le second a plus de dureté que le premier, etc. Les autres qualités du Bois dépendent de plusieurs circonstances essentielles. Ces circonstances sont la nature du sol, l'exposition, l'âge de l'arbre, l'époque de la coupe et son placement après l'abattage. Le Bois provenant d'un terrain sec, rocailleux, montueux, est infiniment plus dur que celui qui aura végété sur un sol bas et humide. Tout Bois venu dans une exposition méridionale a les fibres plus serrées, plus imprégnées de séve. Les jeunes arbres donnent un Bois faible, sans consistance. Le Bois coupé durant l'été ou bien au printemps n'est pas de durée, il se gerce profondément. Le Bois que l'on tient en un lieu trop frais devient la proie des insectes et finit par tomber en pourriture.

La force du bois est proportionnelle à sa pesanteur ; elle est beaucoup plus grande qu'on ne croit communément. Les expériences de Buffon, celles de Duhamel-du-Monceau, justifiées par celles des savans venus après eux, nous font connaître la pesanteur spécifique des diverses sortes de Bois, dans leur état de dessiccation parfaite ; en même temps elles nous apprennent que dans les bâtisses destinées à durer long-temps, il ne faut donner au Bois tout au plus que la moitié de la charge qui peut le faire rompre. Veut-on augmenter la puissance du Bois, il faut écorcer l'arbre plusieurs mois avant de l'abattre, ou mieux encore, avant de l'employer, le soumettre à l'ébullition dans une eau saline et le faire ensuite sécher à l'étuve. Par ce procédé, il se dépouille de sa partie extractive, ses fibres acquièrent un tiers de force de plus, et sa conservation est, pour ainsi dire, indéfinie. Le Bois vert peut alors être de suite employé ; on redresse aisément celui qui est tordu, courbé, déjeté, et l'on empêche celui porté à se fendre, à se gercer, à subir la vermoulure, de céder à cette tendance naturelle.

Quant à la couleur, quoiqu'elle soit le plus ordinairement blanche, elle varie beaucoup, passe par mille nuances diverses, depuis le blanc éclatant et satiné de l'érable-plane, *Acer platanoïdes*, jusqu'au noir largement veiné de blanc du cytise des Alpes, *Cytisus laburnum*, au jaune, au rouge, au noir le plus intense ; mais, quelle que soit la teinte du Bois, le centre est toujours très-foncé. Les Bois rouges sont plus communs entre les tropiques que les Bois blancs ne le sont dans les zones tempérées.

Plusieurs Bois fournissent à la teinture des couleurs solides, tels sont ceux du Quercitron, *Quercus tinctoria*, des Brésillets, *Cæsalpinia brasiliensis* et *echinata*, du Fustet, *Coriaria myrtifolia*, du Campêche, *Hæmatoxylum campechianum*, etc.

Un petit nombre est d'usage dans la médecine ; je citerai particulièrement le Bois du Gaïac, *Guajacum officinale*, le Sassafras, *Laurus sassafras*, etc.

Les Bois les plus propres à la grande charpente sont ceux du chêne, du châtaignier, du mélèze, du cèdre, des sapins et des pins ; pour le pilotage, ceux de chêne et de l'aune ; pour le charonnage, ceux de l'orme, du frêne, de l'érable, du charme, du hêtre, du micocoulier ; pour la menuiserie, ceux du noyer, du tilleul, du cerisier, du sycomore, d'acajou, de l'if, du buis, etc., etc. Les Bois à grains fins sont les meilleurs pour le tour ; ceux du chêne vert, du cytise, etc., méritent la préférence pour les manches d'outils ; comme ceux des jeunes arbres, depuis six ans jusqu'à vingt-cinq, conviennent pour la cerclerie.

Ainsi que je l'ai dit en parlant des ARBRES (à ce mot ), on ne peut donner scientifiquement le nom

nom de Bois à la tige ligneuse des arbres et arbrisseaux à un seul cotylédon, tels que le palmier, le dracéna, l'yucca, etc. ; dans ces végétaux, ce sont purement et simplement des filets durs et tenaces qui, au milieu d'un tissu élastique et lâche, soutiennent la tige dans toute sa longueur ; ils ne font point corps comme dans le Bois proprement dit.

BOIS, *Sylva*. ( AGR. ) Réunion, dans un même espace de terrain plus ou moins vaste, d'arbres et d'arbrisseaux plantés naturellement ou artificiellement ; lorsque l'étendue qu'ils occupent est peu considérable on nomme ce lieu simplement *Bois*, dans le cas contraire on l'appelle *Forêt*. Les Bois prennent la dénomination de *Taillis* jusqu'à l'âge de quarante ans ; de *Demi-Futaie* depuis quarante jusqu'à soixante ; de *Jeune Futaie*, depuis soixante jusqu'à cent ; au-dessus on dit *Haute Futaie*.

Un pays privé de Bois afflige partout les regards ; les coteaux et les montagnes sont arides et sans charmes, les plaines desséchées, presque habituellement infertiles ; les eaux mornes et infectes encombrent les vallées ; et quand la température s'échauffe, quand elle arrive plus ou moins rapidement à son maximum d'élévation, le sol, principalement s'il est sablonneux ou calcaire, fait rayonner le calorique dont il est imprégné, l'air devient insupportable, la terre se délite, se crevasse de toutes parts et se réduit en poussière ; en un mot, tout s'exalte, les bestiaux sont haletans, la végétation dépérit, les oiseaux fuient, les animaux malfaisans et les insectes qui survivent se jettent en furieux sur les parties habitées et cultivées, où la main de l'homme industrieux lutte encore contre ces désastres. A leur approche, le peu d'ombre et de verdure disparaît aussitôt, la désolation étend sur tout son manteau de deuil. Les ruines s'entassent, la famine détruit les populations et repousse pour long-temps tout espoir de retour à la fertilité.

Ce tableau n'a rien d'exagéré ; les lieux qu'embrassent le Pont-Euxin, les pyles de la Syrie, la Chaldée, le mont Liban, la mer Caspienne, la Gédrosie et la Bactriane, sont là pour lui servir de corollaires. Je pourrais encore montrer pour preuves les immenses déserts de l'Afrique, peuplés à une époque oubliée et couverts de Bois de dattiers, d'acacias, de sycomores, de cèdres, etc., dont les troncs entiers, convertis en silex, se trouvent amoncelés sous le sable et à un tel degré de conservation, qu'on distingue aisément l'essence à laquelle ces différens Bois ont appartenu. Je pourrais multiplier les exemples, car ils ne manquent point : mais il faut s'arrêter.

A quelles causes doit-on attribuer une aussi funeste disparition des Bois ? De grandes inondations, des envahissemens de la mer, à la suite de longues et effroyables tempêtes, ont pu changer la face entière d'une contrée, témoins les forêts sous-marines que l'on découvre de temps à autre sur les côtes ( *voyez* au mot FORÊTS SOUS-MARINES ), et ravager, par conséquent, les Bois qui couvraient la terre ; mais on ne peut se dissimuler que la diminution des Bois ne soit due à la culture, dont les nécessités deviennent plus grandes à raison des progrès de la civilisation et de l'industrie ; on ne peut pas non plus douter que la destruction des Bois ne soit aussi le triste résultat des coupes extraordinaires faites à la suite de honteuses spéculations, ou commandées par un pouvoir abusif pour des guerres désastreuses, pour des besoins d'extermination, élémens inséparables du despotisme, de l'ambition, de la vanité, d'une avarice sordide. C'est ainsi que, dans l'antiquité, tombèrent les grands Bois de l'Asie, de la Phénicie, de la Perse, de la Grèce ; c'est ainsi que, de nos jours, j'ai vu périr d'anciennes forêts en France, en Italie, pour satisfaire au service des administrations de la guerre et de la marine. La mauvaise tenue des Bois augmente le mal, et si l'on n'y donne l'attention convenable, il est à craindre que les désastres ne deviennent plus grands, je dirai plus, ne deviennent irréparables, sous l'influence de l'impolitique ordonnance de 1669. ( *Voyez* au mot MÉTÉOROLOGIE RURALE. )

Les Bois reprendront leurs vénérables dômes du moment que l'on cessera d'astreindre leur abattage à des époques fixes et invariables, du moment que l'on calculera ces époques, d'après la nature et la disposition du terrain, d'après les lois de la physiologie végétale et l'intérêt réel des populations. Les Bois situés sur les hauteurs ou sur un plan incliné, veulent être jardinés pour empêcher les éboulemens, et maintenir un ombrage tutélaire autour des semis destinés à remplacer un jour les arbres propres à être coupés en ce moment ; les autres Bois doivent être soumis au mode particulier d'aménagement que Varennes de Fenilles et de Perthuis, les deux plus grands observateurs et praticiens forestiers de notre temps, ont proposé et préconisé dix et même vingt ans avant la publication du système qu'on attribue gratuitement à Hartig, et que l'on désigne sous le nom impropre de *méthode allemande*.

Nous dirons au mot PLANTATION, tout ce qu'il faut faire pour avoir des Bois et forêts toujours en bon état, et transmettre à nos petits-neveux une source abondante et certaine de prospérité, comment enfin il convient de les gouverner et les exploiter dans l'intérêt des générations actuelles.

BOIS. ( SYNONYMIE. ) On a appliqué le mot Bois à un grand nombre d'arbres, en l'accompagnant d'une ou de deux épithètes empruntées au pays qui les a vus naître, à la qualité vraie ou fausse qu'on leur attribue, à l'emploi que l'on en fait ou bien à la similitude plus ou moins réelle qu'ils ont avec un corps quelconque. Plusieurs de ces noms sont aujourd'hui sans aucune valeur, aussi les passerons-nous sous silence ; d'autres se trouveront au mot ARBRE ( *voyez* ce mot ) ; d'autres, enfin, sont tellement en usage, qu'ils doivent prendre place ici, d'autant plus qu'on les rencontre dans les relations des voyageurs, qu'on s'en sert habituellement dans le commerce, et que divers d'entre eux ont été adoptés par certains botanistes. La longue liste qui va suivre, toute bizarre qu'elle est, nous a donc paru utile pour répondre aux exigences du plus grand nombre.

BOIS A AIGUILLES. Ce nom se donne ordinairement aux arbres résineux dont les feuilles, quelquefois extrêmement longues, sont étroites, effilées et pointues comme des aiguilles.

BOIS A BAGUETTES. Bois dont les rejets sont droits, élancés et longs. A Cayenne, on appelle ainsi deux RAISINIERS, tandis qu'à Saint-Domingue, c'est le nom d'un SÉBESTIER (*voy.* ces deux mots).

BOIS A BALAI. Le Bouleau, la Bruyère, le Cornouiller, le Genêt et généralement tous les arbustes dont les rameaux effilés, flexibles, peu garnis, de feuilles sont employés à nettoyer les habitations. A l'île Maurice, on désigne sous ce nom l'Erythroxylon à feuilles de millepertuis et au Fernélie ou faux buis.

BOIS A BARRIQUES. L'emploi que l'on fait à la Martinique du bois de la Bauhinie originaire de la Guiane, *Bauhinia porrecta*, a déterminé le nom vulgaire qu'elle porte.

BOIS A BOUTONS. Toutes les espèces du genre Céphalanthe sont ainsi nommées à cause de leurs fleurs qui sont réunies en masses globuleuses, ayant la forme ronde d'un bouton. (*Voy.* CÉPHALANTHE.)

BOIS ABROUTIS. Arbres que les bestiaux ont dépouillés de leurs pousses, de leurs feuilles et de leur écorce, lorsqu'ils étaient jeunes, et qui depuis sont mal venans.

BOIS A CALUMET. A Cayenne on donne ce nom au Mabier piriri, *Mabea piriri*, ses menues branches servant à faire des tuyaux de pipe.

BOIS A CASSAVE. C'est l'Aralie arborescente, *Aralia arborea*, dont le bois est employé à la bâtisse, quoiqu'il soit mou, poreux et très-flexible.

BOIS A COCHON. On donne ce nom au Gomart, *Bursera gummifera*, à l'Iciquier arouaou, *Icica heptaphylla*, à l'Hedwige balsamifère, au Vespris toddali, *Paullinia asiatica*, parce que l'on prétend que les cochons sauvages, blessés par les chasseurs, ont fait connaître l'efficacité du baume qui découle de l'une et de l'autre de ces plantes ligneuses.

BOIS A COTON. Les graines du peuplier de Virginie et des autres arbres qui sont surmontées d'une touffe de poils légers, blancs et soyeux, sont ainsi nommées à cause de l'emploi que l'on fait de leurs aigrettes pour remplacer le coton.

BOIS ACOUMAT. Nom vulgaire de l'Acomas à grappes, *Homalium racemosum*, et du Bumalda à feuilles de saule que Thunberg a rapporté du Japon.

BOIS A DARTRES. A Cayenne c'est le nom du Millepertuis en arbre, *Hypericum latifolium* et *sessilifolium*; à Mascareigne, c'est celui de la Danaïde odorante, *Danais fragrans*.

BOIS A ENIVRER. Presque toutes les plantes lactescentes, principalement le Tithymale arborescent, *Euphorbia frutescens*, le Niruri du Brésil, *Phyllanthus virosa*, et parmi les légumineuses, le Galéga soyeux, *Galega sericea*, sont ainsi nommés de la qualité délétère qu'ils communiquent promptement à l'eau et de l'effet qu'elle produit sur les poissons. C'est un véritable délit social que de recourir à de semblables moyens pour rendre la pêche facile; aussi est-ce avec beaucoup de sagesse qu'il est défendu, sous des peines très-rigoureuses, en France, de se servir à cet effet de la Coque du Levant, *Menispermum cocculus*, qui jouit de la même propriété.

BOIS A FEUILLES. Dans le langage des forestiers, on donne ce nom à tout arbre dont les feuilles sont caduques et se renouvellent tous les ans. Aux Antilles, on appelle Bois à grandes feuilles le Raisinier pubescent, *Coccoloba pubescens*, le Génipayer d'Amérique, *Genipa americana*, le Caïmitier pomiforme, *Chrysophyllum caimito*, etc., et bois à petites feuilles, le Jambosier divergent, *Eugenia divaricata*, ainsi que plusieurs espèces d'autres genres, surtout les Myrtes.

BOIS A FLAMBEAU. Les arbres résineux ont reçu ce nom, parce qu'ils remplacent dans les localités pauvres la chandelle et l'huile. En Amérique, on applique cette dénomination au Brésillet, *Hæmatoxylum campechianum*; à l'île Mascareigne à un Fagarier, le *Fagara heterophylla* et à l'*Erythroxylum laurifolium*.

BOIS A MALINGRES. Espèce de Pittone des Antilles, *Tournefortia*.

BOIS AMANDE. On nomme ainsi aux Antilles le Laurier pichurim, *Laurus pichurim*, et plus particulièrement le Maryle à grappes, *Marila racemosa*. Le bois que l'on nomme dans les colonies françaises de la mer des Indes *Amande à la reine*, donne un charbon léger qui se triture avec peine et fournit une poudre à tirer qui fuse sans détoner.

BOIS AMER. La Cassie de Surinam, *Quassia amara*; le Simarouba de Cayenne, *Quassia simaruba*; le Calac de Mascareigne, *Carissa amara*, et divers autres bois remarquables par leur grande amertume.

BOIS ANGELIN. Le Vouacapoua de la Guiane, *Andira racemosa*.

BOIS A PIANS. Espèce de mûrier, *Morus tinctoria*, selon les uns, et de Fagarier, le *Fagara pterota* ou *tragodes*, selon les autres.

BOIS A POUDRE. L'emploi que l'on fait du bois blanc et léger de certains arbrisseaux pour la fabrication de la poudre à canon, leur a fait donner ce nom: tels sont le Nerprun bourdaine, *Rhamnus frangula*.

BOIS ARADA. Nom vulgaire de l'Icaquier, *Chrysobalanus icaco*, et d'un arbre de Madagascar que l'on n'a pas encore déterminé d'une manière positive et scientifique.

BOIS-BALLE. A Cayenne on donne ce nom au Guaré, *Guarea trichilioides*, à cause de la similitude de son fruit avec une balle à jouer.

BOIS BAMBOU. L'*Arundo bambos*.

BOIS-BAN. Le Sébestier, *Cordia callococca*, arbuste de l'île de Haïti.

BOIS BARAG OU A BARAQUES. Nom donné au Chigomier à épis simples, *Combretum laxum*, de l'emploi que l'on fait de ses rameaux plians et de ses feuilles pour couvrir de petites huttes à Haïti et à la Guiane.

BOIS-BÉNIT. Le Buis porte ce nom dans quelques localités, où il sert à des cérémonies religieuses.

BOIS-BENOIT. Espèce d'arbre à bois veiné que l'on trouve dans l'île de Haïti, que l'on emploie à faire de beaux meubles, mais dont le genre n'est pas connu.

BOIS BLANC. On donne quelquefois ce nom à l'AUBIER (*v.* ce mot); le plus souvent on désigne ainsi en Europe les arbres à bois tendre, peu coloré, tels que le Tremble, le Bouleau, les Saules, les Peupliers, le Tilleul. A la Martinique, on appelle Bois blanc une espèce de Staphilier qui y est indigène. Aux îles Maurice et Mascareigne, c'est l'Hernandier porte-œuf, *Hernandia origera*, et le Sidéroxyle à feuilles de laurier, *Sideroxylum laurifolium*. Dans la Nouvelle-Hollande, et aux Indes, c'est le Mélaleuque employé à la construction des vaisseaux, *Melaleuca leucadendron*. Dans d'autres localités ce nom s'applique aux diverses espèces de Seringa, particulièrement aux *Philadelphus coronarius* et *inodorus*.

BOIS BRACELET. Les Caraïbes ramassaient les graines du Jacquinier, *Jacquinia armillaris*, pour en former des bracelets : cet usage s'est conservé aux Antilles ; de là le nom vulgaire donné à ce sous-arbrisseau.

BOIS-BRAI. C'est le Sébestier à grandes feuilles de la Martinique, *Cordia macrophylla*.

BOIS CABRI et CABRIL. Toutes les espèces d'Ægiphyle, *Ægiphyla*, et le Fagarier à petites feuilles, *Fagara tragodes*, que broutent avec délices la chèvre et le cabri, de même que le Cabrillet bâtard, *Ehretia bourreria*, auquel ils ne touchent jamais, portent ce nom aux Antilles, surtout à la Martinique. On le donne aussi à la Scabieuse, *Knautia orientalis*.

BOIS CACA. L'odeur infecte des fleurs du Câprier ferrugineux, *Capparis ferruginea*, lui a valu ce nom parmi les planteurs de Haïti. On le donne à Mascareigne à l'Acacie de Farnèse, *Mimosa farnesiana*.

BOIS CAÏPON. Nom vulgaire d'un arbre très-élevé, dont le bois sert à la charpente dans l'île de Haïti. On croit que c'est un Clionanthe.

BOIS CANON. Deux arbres portent ce nom aux Antilles, l'Ambaïba, *Cecropia peltata* et le Ginseng aux feuilles dorées, *Panax chrysophyllum*.

BOIS CAPITAINE. Quatre espèces de Moureillers, *Malpighia angustifolia, aquifolia, glabra* et *urens*, portent ce nom singulier à Haïti. Je n'ai pu en découvrir l'origine.

BOIS CARAÏBE. Arbre de l'île de Haïti employé à la charpente. Nicholson en parle sans indiquer ses caractères.

BOIS CARRÉ. Nom vulgaire du Fusain, *Evonymus europæus*, dans divers cantons français.

BOIS CASSANT. Petit arbre de l'île Maurice, aux rameaux très-fragiles, auquel Commerson a donné le nom de *Psathura*.

BOIS COTELET OU A CÔTELETTES. Bon nombre d'arbres dont les tiges sont relevées en côtes plus ou moins saillantes portent ce nom en Amérique ; je citerai seulement l'Agnante, *Cornutia pyramidata*, le Caséarie à petites fleurs, *Casearia parviflora*, le Cabrillet bâtard, *Ehretia bourreria*, et l'Ellise de Virginie, *Ellisia nictelea*.

BOIS COULEUVRE. Divers arbres ont reçu ce nom des qualités qu'on leur attribue comme spécifiques contre la morsure des serpens. A Amboine, c'est l'Ophiose, *Ophioxylum serpentinum* ; aux Antilles, c'est le Draconte, *Dracontium pertusum*, le Nerprun ferrugineux, *Rhamnus colubrinus* ; dans l'Inde, c'est le Vomitier couleuvré, *Strychos colubrina* ; sur la côte du Malabar, l'*Amelpo* de Rhéede, etc.

BOIS CREUX. Nom bizarre donné à Cayenne au Lisianthe ailé, *Lisianthus alatus*, qui est une plante herbacée.

BOIS D'ABSINTHE. Ce nom s'applique aux mêmes arbres que nous avons vu appeler BOIS AMER (*voy.* ce mot).

BOIS D'ACAJOU. Ainsi qu'on pourrait le croire, ce nom n'indique pas l'Acajou à pommes, *Cassurium pomiferum*, dont le bois est blanc ; il s'applique au contraire au Cedrel odorant, *Cedrela odorata*, et au Mahogon, *Swietenia mahogoni*, qui fournissent aux ébénistes l'Acajou-meuble.

BOIS D'ACOSSOIS. Un des noms vulgaires du Millepertuis en arbre, *Hypericum sessifolium*.

BOIS D'AGATIS et D'AGOUTI. Le Gattilier des Antilles, *Vitex divaricata* ; dans l'Inde, c'est l'*Æschinomene grandiflora*, dont les cendres fournissent une grande quantité de potasse.

BOIS D'AGRA. Bois très-odorant dont les Chinois font le plus grand cas, et qu'ils emploient en petits meubles ; les botanistes n'ont pu encore en déterminer le genre.

BOIS D'AGUILLA. Arbre d'Afrique inconnu, dont l'écorce, légèrement aromatisée, est apportée par le commerce en Europe. Il était autrefois très-recherché.

BOIS D'AIGLE. Bois d'une odeur fort agréable, que l'on brûle à la Chine et au Japon, divisé en petits éclats ; il provient d'une espèce d'Agaloche, l'*Excæaria officinarum*. On donne aussi ce nom très-improprement à plusieurs plantes monocotylédonées.

BOIS D'AIXON. Selon quelques botanistes, c'est le Robinier des haies, *Robinia sepium* ; selon Nicholson, c'est un grand arbre de l'île de Haïti, très-recherché pour le charronnage.

BOIS D'AMARANTE. Bois de marqueterie, provenant du Mahogoni des Antilles, le *Swietenia mahogoni*, et du Swietenie du Sénégal, *S. senegalensis*.

BOIS D'AMOURETTE. On en connaît deux espèces, le grand et le petit. Le premier est l'Acacie à petites feuilles, *Mimosa tenuifolia* ; l'autre l'Acacie aux feuilles de tamarinier, *M. tamarindifolia*, que l'on trouve aux Antilles.

BOIS D'ANIS. Tous les arbres qui exhalent l'odeur d'anis dans quelques unes de leurs parties, principalement l'Avocatier, *Laurus persea* ; la Badiane étoilée, *Illicium anisatum* ; le Limonellier de Madagascar, *Limonia madagascariensis*, etc.

**Bois d'anisette.** Nom d'une espèce de poivre en arbre, *Piper aduncum*, que les habitans de l'île de Haïti appellent *Bihimitrou*; le même arbrisseau est connu vulgairement au Brésil sous le nom de *Jaborandi*.

**Bois d'arc.** Le Cytise des Alpes, *Cytisus laburnum*, a pris ce nom de l'usage que l'on fait de son bois flexible pour fabriquer des arcs.

**Bois dard.** Les naturels de Cayenne arment le bout de leurs flèches de petits morceaux du bois de *Possira* et du *Petaloma*, qu'ils taillent en pointe.

**Bois de bananes.** A Mascareigne, c'est une espèce de Canang, l'*Uvaria odorata*. On le donne aussi à Java et dans l'Inde à l'*Uvaria disticha*.

**Bois de bassin.** Dans l'île de Mascareigne on appelle Bois de bassin des bas, un bel arbre dioïque, que Dupetit-Thouars nomme *Comteia*, et Bois de bassin des hauts, le Blacouel, *Blackwellia* de Commerson.

**Bois de Bigaillon.** L'espèce de jambosier découverte par ce botaniste-amateur dans l'île Maurice, *Eugenia Bigaillonii*.

**Bois de bitte.** Fort estimé pour les constructions à Malabar et dans plusieurs autres contrées de l'Inde. C'est le *Sophora heterophylla*.

**Bois de bouc.** L'Andarèse à feuilles dentées de de l'île Maurice, *Premna dentifolia*, et beaucoup d'autres Bois à odeur forte. On le donne aussi aux Bois dits Cabril. (*Voy.* ce mot.)

**Bois de cannelle.** Plusieurs arbres portent ce nom, surtout la Cannelle blanche, *Canella alba*. Parmi les autres, je citerai le Laurier blanc de l'île Maurice, *Laurus capuliformis*; le Ganitre ou Bois de cannelle gris de l'Inde, *Elæocarpus serrata*; le Bois de cannelle noir de l'Amérique du Sud, *Drymis winteri*.

**Bois de canot.** C'est le premier nom donné aux troncs d'arbres creusés et façonnés pour l'usage des embarcations. A l'île Maurice on appelle ainsi le *Calophyllum inophyllum*; sur la côte du Malabar, c'est le Calaba, *C. calaba*; aux Séchelles, le Badamier pyramidal, *Terminalia catappa*; en Amérique, le Tulipier, *Liriodendrum tulipifera*, le Cyprès à feuilles d'acacie, *Cupressus disticha*, etc.

**Bois de Cavalam.** Le Sterculier à feuilles digitées de Sonnerat, *Sterculia fœtida*, et non pas le *S. balanghas*, comme on l'avance d'ordinaire.

**Bois de cèdre.** Celui de la Guiane est l'Anibe des forêts, *Aniba guianensis*; celui de la Jamaïque, le Guazume, *Theobroma guazuma*; celui d'Espagne, le Genévrier d'encens, *Juniperus thurifera*; celui de la Caroline et de la Virginie, une autre espèce de Genévrier, *J. caroliniana*.

**Bois de Cham.** Bois de la côte occidentale d'Afrique que l'on croit être le *Tespesia*, genre des légumineuses, ou bien un gaînier, *Cercis*.

**Bois de chambre.** Nom improprement donné à l'Agavé, *Agave americana*, dont les fibres ligneuses préparées servent en guise d'amadou dans les colonies françaises des Antilles. Nicholson parle sous ce nom d'un arbrisseau qu'il décrit à peine.

**Bois de chandelles.** On donne ce nom vulgaire au Balsamier élémifère, *Amyris elemifera*, au Dragonier à feuilles réfléchies, *Dracæna reflexa*, à l'Erithalide arborescente, *Erithalis fruticosa*; à diverses espèces de pins et arbres résineux que l'on brûle pour s'éclairer la nuit. On les appelle aussi Bois de lumière. (*Voy.* Bois a flambeau.)

**Bois de charpentier.** C'est le *Justicia pectoralis* de Jacquin.

**Bois de chauve-souris.** Espèce de Gui, *Viscum*, dont les roussettes mangent les fruits à l'île Maurice et à Mascareigne.

**Bois de chêne.** Superbe espèce de Bignone, *Bignonia leucoxylon*, dont le bois fin et dur a quelque ressemblance éloignée avec celui du chêne. On applique aussi ce nom à deux autres espèces de Bignones, le *longissima* et le *pentaphylla*.

**Bois de chenilles.** Le Volkamier de l'île Maurice, *Volkameria heterophylla*, et le Conise à feuilles de saule, *Coniza salicifolia*.

**Bois de cheval.** Dans l'île de Haïti, c'est l'Érythroxylon de Carthagène, *Erythroxylum havanense*.

**Bois de chik.** Nom du Sébestier domestique, *Cordia myxa*, selon quelques auteurs, *Cordia sebestana*, selon d'autres.

**Bois de chypre et de cygne.** Il est à présumer qu'il s'agit de l'Aspalat, *Aspalatus ebenus*, employé dans les ouvrages de marqueterie. On donne aussi ce nom aux Antilles au Sébestier à feuilles de verveine, *Cordia gerascanthus*, dans la Caroline, au Cyprès à feuilles d'acacie, *Cupressus disticha*.

**Bois de citron.** Dans l'île de Haïti ce nom se donne aux mêmes arbres que ceux indiqués au mot Bois de chandelle. En France on appelle ainsi le Bois du citronnier.

**Bois de clou.** Le Jambosier à écorce brillante, *Eugenia lucida*, porte ce nom à l'île Maurice; à Madagascar, c'est le *Voafoutsi* des indigènes, le *Ravenala madagascariensis* de Sonnerat; au Brésil, surtout aux environs de Para, c'est le Myrte-giroflé, *Myrtus cariophyllata*.

**Bois de colophane.** Diverses espèces de gros arbres portent ce nom. Le franc est la Colophanie de Commerson, qui paraît avoir du rapport avec le *Canarium*; le bâtard est le Dammar, *Bursera obtusifolia*.

**Bois de comboye.** Espèce de Myrte abondante aux Antilles, mais qui n'est pas encore suffisamment caractérisée.

**Bois de corne.** Celui d'Amboine est une espèce de Mangostan, le *Garcinia cornea*; celui de la Cochinchine est le Brindonier cay-bua, *Brindonia cochinchinensis*, dont le bois a la transparence de la corne.

**Bois de crave.** Traduction du nom portugais donné à la Cannelle giroflée, *Myrtus caryophyllata*.

**Bois de Cranganor.** L'abondance de la Pavette, *Pavetta indica*, dans l'état de la presqu'île de l'Inde que l'on appelle *Cranganor*, lui fait ordinairement donner ce nom.

Bois de crocodile. Nom de la Clutelle musquée, *Clutia eluteria*, à cause de son rapport avec l'odeur de musc que répandent autour d'eux les crocodiles.

Bois de cuir. Le Dircé des marais, *Dirca palustris*, arbrisseau de la Virginie. C'est par erreur que l'on a traduit ce nom vulgaire par Bois de plomb; on a confondu ensemble les deux mots anglais *leather* et *leader*; le premier équivaut à notre mot *cuir*, le second à celui de *plomb*.

Bois de demoiselle. Le fort joli feuillage du Kirganelle de l'île Maurice, *Kirganelia mauritiana*, qu'il renouvelle deux fois dans le cours de l'été, lui a mérité ce nom vulgaire.

Bois de dentelle. Le Laget des Antilles, *Lagetta lintearia*. (*Voy.* Laget.)

Bois d'ébène. Nom du Plaqueminier des forêts du Ceylan, *Diospyros ebenum*. Le Bois d'ébène jaune ou vert de Cayenne, c'est le *Bignonia leucoxylon*; le Bois d'ébène de Crète, l'*Anthyllis cretica*; le Bois d'ébène rouge, le *Tanionus* de Rumph; enfin le faux Bois d'ébène, le *Cytisus laburnum*.

Bois d'écorce. Un *Uraria* non décrit; un *Blackwellia* de l'île Maurice; un *Nuxia* du Malabare portent ce nom; il nous est impossible d'en assigner les espèces.

Bois de fer. Aux espèces indiquées au mot Arbre de fer (*voy.* ce mot), il faut joindre l'*Ægiphyla martinicensis*; l'Argan du Cap, *Sideroxylon cinereum*; le Fagarier de la Jamaïque, *Fagara pterota*; le Panacocco de la Guiane et de Cayenne, *Robinia tomentosa*, le Nerprun elliptique des Antilles, *Rhamnus ellipticus*; le Nagas de Ceylan, *Mesua ferrea*. Le Bois de fer à grandes feuilles des Antilles est le *Coccoloba grandifolia*; celui dit de Judas, est le *Cossignia pinnata*.

Bois de fièvre. Tous les Quinquinas et le Millepertuis en arbre, *Hypericum sessifolium*.

Bois de flot ou de liége. Dans l'Inde les pêcheurs emploient pour construire leurs filets le Bois très-léger du Ketmie à feuilles de tilleul, *Hibiscus tiliaceus*. C'est aussi le nom de l'Ochrome et du Cotonnier en arbre, *Bombax gossipium*.

Bois de frêne et de petit frêne. Le *Bignonia radicans*, quelquefois le *Quassia amara*.

Bois de garou. Le Lauréole, *Daphne mezereum*.

Bois de gouyave. Nom que porte à l'île de Mascareigne et à celle Maurice le *Prockia ovata*.

Bois de grignon. Le Bucide corne de bœuf de la Guiane et des Antilles, *Bucida buceras*.

Bois d'Inde. On donne vulgairement ce nom à tous les Bois de teinture qui nous viennent des Indes orientales et occidentales; cependant on le réserve en particulier à deux grandes espèces de Myrtes, le *Myrtus pimenta* de la Jamaïque, et le *Myrtus acris* de l'île de Haïti.

Bois de lance. Selon Plumier, le Bois de lance franc est le Gratgal à larges feuilles, *Randia aculeata*; selon d'autres botanistes le Bois de lance bâtard est le Canang odorant, *Uvaria odorata*, dont les rameaux droits et longs servent à faire des lances ou piques.

Bois de lettres. On en connaît deux sortes à la Guyane, l'un, l'Argan à feuilles ovales, *Sideroxylon inerme*, l'autre est le *Piratinera guyanensis*. Ils portent ce nom des taches imitant l'écriture qui se remarquent sur leur bois très-dur et susceptible d'un fort beau poli.

Bois de lessive. Un des noms vulgaires du Cytise, *Cytisus laburnum*, dans les Alpes.

Bois lousteau. Nom du Fusain, *Evonymus europæus*, en France, et à l'île Maurice, de l'*Antirrhæa asiatica*.

Bois de mai. L'Aubépine commune, *Cratægus oxyacantha*.

Bois de maïz. C'est le *Memecylon cordatum* que l'on trouve à l'île Maurice.

Bois de merle. On donne ce nom dans les îles Mascareigne et Maurice à l'*Andromeda salicifolia*; en Afrique, et principalement au Cap, à l'*Olea capensis*; dans l'Amérique méridionale, au *Celastrus undulatus*. On l'applique aussi par dérision au Savonnier, *Sapindus saponaria*.

Bois d'olive. A l'île Mascareigne c'est un véritable Olivier qui ressemble beaucoup, si ce n'est pas la même espèce, à notre Olivier cultivé. Dans l'île Maurice, on donne ce nom tantôt à l'Olivetier, *Elæodendrum mauritianum*, tantôt à un Nerprun dont on mange le fruit qui ressemble à une olive et qui a la peau grosse, *Rhamnus altissimus*.

Bois de Perpignan. Le commerce désigne sous ce nom les rejetons du Micocoulier, *Celtis australis*, qu'il va chercher dans le département de l'Aude pour les transporter dans celui des Pyrénées-Orientales, où ils sont arrangés en fouets pour les cochers.

Bois de perroquet. Le *Fissilia psittacorum* des îles Maurice et Mascareigne, dont le fruit est recherché par les perruches.

Bois de pintade. Dans les îles de l'Afrique orientale, c'est l'*Ixora coccinea*; dans les colonies françaises de l'Amérique, l'*Ardisia crenulata*. Leur bois est agréablement veiné de noir, de jaune et de rouge comme le plumage de la pintade.

Bois de reinette. Le *Dodonœa angustifolia*, dont la feuille étroite, quand elle est froissée, exhale une odeur de pomme de reinette très-prononcée.

Bois de rhodes. Une odeur de rose fort agréable distingue ce bois employé dans la parfumerie et que les botanistes croyaient être une espèce de Balsamier, *Amyris balsamifera*, ou bien une espèce de Sébestier, le *Cordia sebestena*; Broussonnet a reconnu qu'il s'agissait du bois fourni par le tronc de deux liserons arborescens des Canaries, *Convolvulus floridus et scoparius*. Aux Antilles on donne le nom de Bois de Rhodes à l'*Ehretia fruticosa*; à Caïenne, au *Licaria guianensis*; à la Chine, au *Tse-Tau*, dont on ne connaît pas le genre et dont le bois rouge-noirâtre est rayé de belles veines d'un noir brillant.

Bois de savane. A Haïti, c'est l'Agnante pyramidale, *Cornutia pyramidata*, et le Gattilier à feuilles digitées, *Vitex digitata*; tandis qu'à Cayenne, c'est le *Coumarouna odorata*.

**Bois de senteur.** Le bleu est le *Ruizia variabilis*; le blanc, le *Ruizia cordata*.

**Bois de soie.** Aux Colonies, le *Mutingia calabura*, et le *Celtis micranthus*. *Voy.* au mot ARBRE DE SOIE.

**Bois de sources.** L'habitude de croître dans les endroits ombragés, près des sources, a fait donner ce nom à l'Aquilice, qui a le port et les feuilles du sureau, *Aquilicia sambucina*. Cet arbrisseau se trouve dans l'Inde et à Mascareigne.

**Bois doux.** Celui qui a peu de fils et de nœuds, tels sont les bois des Peupliers, des Saules, des Tilleuls, des Bouleaux, etc. Aux Antilles on donne ce nom à l'*Aralia arborea*.

**Bois dur.** Parfois on donne ce nom au Charme du Canada, *Carpinus ostrya*; le plus souvent, en Europe, aux bois dont la contexture est ferme, la fibre grosse, serrée, tels que le Buis, l'Orme, le Chêne, le Cormier, etc.; dans l'Inde, c'est le *Securinega* dont le bois résiste à la hache, etc.

**Bois épineux.** Tous les arbres couverts d'épines ou de tubercules épineux. On donne ce nom particulièrement au *Bombax pentandrum*, à l'*Ochroxylum luteum*, au *Xanthoxylum caribæum* dans les Antilles.

**Bois éponge.** Le Mapou de l'île Maurice, *Cissus mappia*; le *Gastonia* de Commerson, et divers autres arbres dont l'écorce est renflée et spongieuse.

**Bois fragile.** Espèce d'Anavinque au bois très-cassant, *Casearia fragilis*, de l'île Mascareigne.

**Bois gentil.** Notre Lauréole, *Daphne mezereum*, qui se couvre de fleurs avant d'avoir des feuilles.

**Bois glu.** Espèce de Glutier de Cayenne, *Sapium aucuparium*.

**Bois guillaume.** On donne vulgairement ce nom, dans nos colonies de la mer des Indes, à diverses Conyzes et Baccharides frutescentes qui sont munies de feuilles visqueuses.

**Bois guitarin.** Toutes les espèces du *Citharexylum*, principalement le *cinereum* de Haïti, le *quadrangulare* de la Martinique, et le *caudatum* de la Jamaïque.

**Bois hinselin.** Le Mourcillier de la Guadeloupe, *Malpighia urens*, est ainsi nommé du colon qui, en 1556, se déchira le premier les mains avec ses feuilles, dont la surface intérieure est parsemée d'aiguillons.

**Bois imparfait.** Partie extérieure du corps ligneux, dont le tissu n'a pas encore acquis toute sa densité. Cette partie se nomme AUBIER. (*Voy.* ce mot.)

**Bois incorruptible.** L'Acomat à grappes, *Homalium racemosum*; le petit Acomat, *Bumelia salicifolia*; l'Endrach de Madagascar, *Endrachium madagascariense*; le Sassafras, *Laurus sassafras*, etc.

**Bois isabelle.** Le Laurier rouge, *Laurus bolbonia*: le myrte à feuilles rondes de la Dominique, *Myrtus gregii*; et un Nerprun de Surinam, dont on a fait le genre Schœfferia.

**Bois jaune.** Le Laurier de la Jamaïque, *Laurus*

*chloroxylon*; le Bignone à ébène, *Bignonia leucoxylon*; le Tulipier, *Liriodendrum tulipifera*, le Sumac fustet, *Rhus cotinus*, le Broussonetie des teinturiers, *Broussonnetia tinctoria*, l'Erythalide des Antilles, *Erythalis fruticosa*, le Calac aux feuilles d'ortie, *Carissa carandas*; l'Ahouai ondulé des îles Mascareigne et Maurice, *Cerbera maculata*. On cite encore un bois jaune de Madagascar que des botanistes ont appelé *Leucoxylon laurifolium*, et un faux bois jaune qui est le *Myrsine africana*.

**Bois jean.** Un des noms de l'Ajonc, *Ulex europæus*.

**Bois laiteux.** Nom de tous les arbres et arbrisseaux de la famille des Euphorbiacées; on le donne aussi au Mancenillier, *Hippomane mancinella*, à divers Taberniers, *Tabernæmontana citrifolia* et *cymosa*, à presque tous les arbres à fleurs apocynées; c'est encore le nom du *Rauwolfia canescens* qui est fébrifuge; du *Syderoxylum lycioïdes* des bords du Mississipi; du *Cameraria latifolia* de l'Amérique du Sud; de plusieurs espèces de Gluttiers, *Sapium*, etc.

**Bois laurier.** Nom donné aux Antilles au Croton à feuilles de laurier, *Croton glabellum*, et non pas *Croton corylifolium*, qui n'a aucun rapport direct ou indirect avec les lauriers.

**Bois lucé.** Espèce de Mouriri, *Petaloma edulis*.

**Bois mabouya.** Une espèce de Morisone, la *Morisona americana*, porte ce nom à la Martinique; dans les autres Antilles, c'est un Câprier qui répand une mauvaise odeur, le *Capparis breynia*.

**Bois manche-houe.** Le Clavalier, *Zanthoxylum clava herculis*, dont les indigènes de Cayene et les nègres emploient le bois à faire les manches de leurs houes. Dans quelques ouvrages on écrit à tort marché-houe.

**Bois néphrétique.** Celui de l'Europe est le Bouleau, *Betula alba*; celui de l'Asie est le Ben, *Moringa oleifera*; celui du Mexique est encore indéterminé; c'est peut-être le même que celui des Antilles, le *mimosa unguis cati*.

**Bois noir.** Dans les Indes, c'est le nom du *mimosa lebbek*, et du *Diospyros ebenum*; aux Antilles, c'est celui de l'*Aspalathus ebenus*. Ces bois sont reconnus pour réunir le plus de qualités propres à donner du bon charbon : aussi les recherche-t-on aux îles Maurice et de Mascareigne pour la fabrication de la poudre à tirer.

**Bois palmiste.** Arbre de la famille des Légumineuses auquel Jacquin a donné le nom d'un médecin chimiste estimé, *Geoffroya spinosa*.

**Bois perdrix.** Nom de l'*Heisteria coccinea* aux îles de la Martinique et de la Guadeloupe, de ce que son fruit plaît fort à une sorte de pigeon qu'on y appelle perdrix.

**Bois puant.** En Europe, l'*Anagyris fœtida* a reçu ce nom de l'odeur extrêmement désagréable qu'il répand dès qu'on le touche. A Cayenne, c'est le nom du *Quassia fœtida*; dans la Guiane, c'est le *Pirigala tetrapetala*; à Haïti et dans plusieurs autres îles des Antilles, le *Capparis breynia*; dans l'Inde, le *mimosa farnesiana*, etc.

**Bois punais.** Un des noms vulgaires du Cornouiller sanguin, *Cornus sanguinea*, à cause de sa mauvaise odeur.

**Bois quévis ou quivi.** Plusieurs arbustes des îles de la mer des Indes ont reçu ce nom, dont l'origine paraît être madécasse. Ils constituent le genre Quivisia de Commerson.

**Bois ramon.** Trois arbres portent ce nom : l'*Erithroxylum rufum*, le *Sapindus saponaria* et le *Trophis americana*, que l'on trouve dans les îles de l'Amérique centrale.

**Bois satiné.** Un des plus beaux bois de marqueterie anciennement connus; sa couleur change suivant le degré d'inclinaison de la surface que l'on considère. On en connaît trois sortes, le rouge, le veiné et le paillé. On les estime appartenir au genre *Ferolia* et provenir de Cayenne ou des Antilles. Notre Prunier, *Prunus domestica*, porte aussi le surnom de *Bois satiné* à cause de ses veines très-variées et chatoyantes qui sont ondées de brun et d'un jaune rougeâtre.

**Bois siffleux.** Le Fromager, *Bombax gossypium*; le Sebestier, *Cordia macrophylla*; le Ketmie à feuilles de tilleul, *Hibiscus tiliaceus*; le Moutouchi d'Aublet, que l'on ne connaît pas encore assez parfaitement.

**Bois tabac.** Quelque ressemblance dans les feuilles a fait donner ce nom vulgaire au *Manabea villosa*.

**Bois tambour.** Le tronc creux de l'*Ambora tambourissa* dont on se sert pour faire des caisses à tambour, a donné le nom à cet arbre que l'on trouve à Madagascar, aux îles Maurice et Mascareigne, et autres lieux baignés par les eaux de la mer des Indes.

**Bois tendre a caillou.** Singulier nom donné à l'Acacie aux feuilles de fougère, *Mimosa arborea*, dans les Antilles. On en connaît une autre espèce, dite bois tendre à caillou bâtard; mais on l'a jusqu'ici si mal décrite qu'on ignore à quel genre elle appartient ; ce qu'il y a de certain c'est que ce n'est point une Acacie.

**Bois trompette.** Le *Cecropia peltata* dont le bois est creux et sert principalement à faire des conduits d'eau. (*V.* au mot Coulequin.)

**Bois violon.** Petit arbre des forêts de l'île Maurice auquel on a donné le nom botanique de *Macaranga* qu'il porte dans le pays.     (T. d. B.)

**BOIS VEINÉ.** ( moll. ins. ) On donne ce nom à la *Voluta hebræa* et au Bombyx zig-zag. (*Voyez* Volute et Bombyx. )     (Guér.)

**BOISSON.** Les substances liquides ingérées dans l'estomac, et qu'on nomme Boissons, ont pour effet commun, de satisfaire à différens degrés le besoin de la soif; de se mettre en équilibre avec la température de cet organe, de délayer les alimens qui y sont contenus, de faciliter leur mélange, soit entre eux, soit avec les sucs gastriques, d'augmenter le volume du sang en le rendant plus fluide, et de réparer, au moins pour le moment, les pertes qu'ont éprouvées, par diverses évacuations, les fluides du corps. On voit que nous ne considérons ici comme *Boissons* que celles qui servent à l'alimentation. Les liquides destinés à une médication intérieure ont reçu d'autres noms en raison des substances qu'ils contiennent ou de leur mode de préparation. Les Boissons *alimentaires* peuvent être divisées en Boissons *non fermentées rafraîchissantes* ou *stimulantes*, en Boissons *fermentées simples*, en Boissons *fermentées distillées* ou *spiritueuses*. Les effets particuliers qu'elles produisent tiennent à la différence de leur nature.

Parmi les *Boissons simples rafraîchissantes*, l'Eau prend le premier rang. ( *Voyez* ce mot pour l'étude de sa composition et de ses diverses qualités. ) Elle sert de Boisson à tous les animaux; non seulement elle jouit de la propriété d'étancher promptement la soif, mais elle est essentiellement délayante. L'usage intérieur de l'eau convient surtout aux personnes excitables, nerveuses; il est moins favorable aux estomacs paresseux des constitutions lymphatiques ou des individus surchargés d'embonpoint. Prise immodérément, elle distend outre mesure les parois de l'estomac, et rend la digestion lente et pénible. Ce que nous disons de l'eau peut s'appliquer aux boissons rafraîchissantes dont elle fait la base, et qu'on prépare ordinairement avec le sucre, les sucs ou les sirops acidules ou mucilagineux, tels que ceux d'orange, de citron, de groseilles, ainsi qu'avec des graines émulsives.

*Les Boissons fermentées*, prises à doses modérées, stimulent l'organe digestif, accélèrent la circulation, augmentent les sécrétions, en un mot, activent et facilitent la digestion. A des doses plus élevées, leur excitation s'étend à tous les organes. On a remarqué que les plus excitables hors le temps de l'ingestion des Boissons étaient les plus excités par l'ingestion de celles-ci. Leur action sur l'estomac peut être assez vive pour en troubler les fonctions; de là de véritables indigestions, des vomissemens, etc. Le système circulatoire en ressent aussi vivement les effets; mais c'est surtout sur l'encéphale qu'ils se manifestent avec violence : si une gaîté vive est le premier résultat de l'emploi des liqueurs spiritueuses à haute dose, bientôt surviennent le trouble des fonctions intellectuelles et morales, des symptômes de congestion cérébrale qui peuvent aller jusqu'à l'apoplexie. Les phénomènes produits par l'emploi immodéré de ces Boissons constituent l'état qu'on appelle *Ivresse*. État passager qu'il est souvent facile de faire cesser, par l'emploi de quelques gouttes d'ammoniaque liquide dans un verre d'eau sucrée, ou mieux encore, d'acétate d'ammoniaque. L'habitude de l'ivresse, ou mieux, l'usage habituel et immodéré des liqueurs alcooliques, peut déterminer toutes les affections maladives qui dépendent d'une trop forte excitation du cerveau et des voies digestives.

Le vin, les eaux-de-vie, les liqueurs auxquelles elles servent de base, le rhum, le kirsch-wasser, le cidre, la bière, sont les Boissons alcooliques les plus généralement répandues; l'intensité de leur action sur les divers organes n'est pas seulement due à leur préparation, mais dépend encore des qualités diverses, de l'âge de chacun de ces produits comme du tempérament, des habitudes de celui sur lequel elles agissent, ainsi que de plusieurs circonstances difficiles souvent à apprécier.

*Les Boissons stimulantes non fermentées* sont presque toujours employées dans l'intention de rendre les digestions plus faciles et plus promptes. Mais leur action ne se borne pas aux voies digestives ; *le café*, ce puissant stimulant de l'encéphale, par cela même augmente l'activité des autres organes ; *le thé* a sur certains individus un effet rapide et aussi certain ; c'est dire assez que ces Boissons, si favorables aux sujets lymphatiques, aux personnes qui digèrent avec lenteur, sont moins utiles et deviennent souvent nuisibles aux sujets nerveux, irritables et disposés aux inflammations de la muqueuse intestinale. Le café, le thé, augmentent rapidement la sécrétion urinaire, et favorisent souvent l'expulsion du résidu alimentaire. Le *lait*, qu'on mêle au thé et au café, diminue leur action stimulante ; facilement digéré par certains estomacs, il est repoussé par ceux qui déjà sont faibles et relâchés.

Mais pour faire connaître l'action propre à chacun de ces produits, nous devons renvoyer aux articles qui les concernent. (*Voyez* ALCOOL, CAFÉ, LAIT, VIN, THÉ.)

On sait avec quelle promptitude les Boissons introduites dans l'estomac passent dans la vessie et sont expulsées au dehors par les voies urinaires ; cependant il n'existe aucune communication directe entre ces deux organes et les liquides ne peuvent parvenir de l'estomac dans la vessie qu'après avoir été absorbés, mêlés à la masse du sang, et soumis à l'élaboration que leur fait subir l'appareil glandulaire qu'on appelle le rein.                    (P. GENTIL.)

**BOL, TERRES BOLAIRES.** (MIN. et GÉOL.) On donne plus particulièrement le nom de Bols ou Terres Bolaires, à certains ocres, dont on faisait autrefois un très grand usage en médecine, sous le nom de *Terra bolaris striegensis ;* ce sont des terres d'apparence argileuse, à grains généralement fins et serrés, ordinairement colorées en jaune ou en rouge par de l'oxide de fer, qui s'y trouve parfois en assez grande quantité pour devenir sensible à l'aimant, après leur calcination. Les Bols sont assez souvent secs, mais quelquefois doux et savonneux ; ils happent très-fortement à la langue, se divisent dans l'eau en pâte très-courte, et se polissent en partie par le frottement de l'ongle ; enfin ils paraissent différer des argiles ordinaires, par la rareté de l'alumine et parce que celles-ci forment, avec l'eau, une pâte longue. La plupart des Bols paraissent se rattacher aux formations volcaniques ; car on les rencontre fréquemment dans le voisinage des volcans anciens : mais tous n'appartiennent pas aux formations ignées, et ils forment aussi des couches bien distinctes dans différens terrains de sédiment.

Aux îles Féroë, le Bol paraît provenir de la décomposition des basaltes ; il y forme des couches minces, auxquelles quelques géologues ont donné le nom de *Wake ferrugineuse ;* on en trouve du blanc rougeâtre et du blanc, près du sommet du Puy Chopine en Auvergne. Celui connu dans le commerce sous le nom de *Bol d'Arménie*, parce que les anciens le tiraient particulièrement de cette contrée, n'est qu'une argile ocreuse, connue dans quelques provinces sous le nom de *Bolus* ; c'est le seul qui soit encore employé en médecine et dans l'art vétérinaire, et l'on assure qu'il entre dans la composition de la thériaque de Venise.

Parmi les autres Terres Bolaires dont les anciens faisaient usage, les plus célèbres venaient de l'Archipel grec ; la *Terre blanche de Lemnos*, ou *Terre sigillée*, a passé de tout temps pour avoir des propriétés merveilleuses ; on en formait de petits gâteaux, que les prêtres de Diane, qui avaient seuls la faculté de l'exploiter, scellaient d'un cachet sacré ; dans les temps du christianisme, les prêtres s'étaient aussi emparés de cette branche lucrative de l'industrie ; ils se transportaient, le jour de la Transfiguration, dans les carrières, en faisaient tirer seulement pendant six heures, pour en entretenir la rareté, et lui imprimaient aussi leur cachet. Aujourd'hui, c'est le gouvernement turc qui spécule sur la terre de Lemnos, qu'il a long-temps réservée pour la cour seule du grand-seigneur ; mais depuis que ses vertus sont moins appréciées, il est facile de s'en procurer à Lemnos même. Après cette terre, venait celle de Samos, qui était grasse, dense et onctueuse. Il y en avait de deux espèces : l'une, blanche, se nommait *Aster* ; l'autre, de couleur cendrée, s'appelait *Collyrion* ; elle passait pour avoir à peu près les mêmes vertus que celle de Lemnos, et avait en outre, dit Dioscoride, la propriété d'arrêter les vomissemens. La terre de Chio était blanche et passait pour avoir la propriété de conserver la fraîcheur des femmes, blanchir la peau, et effacer les rides ; enfin d'autres terres, celles de Damas, de Pnigitis en Libye, de la grotte où la sainte Vierge allaita Jésus-Christ, et qui se vend encore aujourd'hui en trochisques, à Jérusalem et dans toute la Syrie ; celles de Malte, d'Érétrie, de Mélos et de Cimolis, que nous avons fait connaître dans notre géologie des îles de la Grèce (*voyez* ARGILE et CIMOLITHE)', celles de Saxe, etc., passaient toutes pour avoir leurs vertus particulières. On trouve encore dans quelques collections minéralogiques, ou dans les vieilles pharmacies, de ces terres qui portent les unes le cachet de l'ancienne faculté de médecine, les autres ceux du sultan, du pape ou du roi d'Espagne ; les variétés blanches s'appelaient *Terres sigillées*, tandis que celles qui sont colorées portent généralement le nom de *Bols d'Arménie*.

Nous ne croyons pas devoir terminer cet article sans ajouter quelques mots de ces Terres Bolaires qui, dans quelques contrées, servent souvent de nourriture aux hommes, que l'on a nommés, pour cette raison, *Géophages* ou *Mangeurs de terre.* C'est particulièrement dans les régions équatoriales, ou dans celles si ingrates du nord, qu'on rencontre des peuplades de géophages ; mais il en existe aussi dans d'autres contrées ; par exemple,

en

en Portugal, la terre de Boucaros, près d'Estré-
mos, dans l'Alentéjo, dont on fait d'excellentes
alcarazas, contracte un goût qui plaît beaucoup
aux femmes et les porte souvent à en manger des
fragmens. Plusieurs peuplades de Tartares nomades de la Sibérie passent pour manger de l'argile
lithomarge avec du lait. Les habitans de Java
mangent quelquefois, sous le nom d'*ampo* ou de
*tana-ampo*, une espèce d'argile rougeâtre, ferrugineuse, qu'ils étendent en lames minces pour la
faire torréfier sur une plaque en tôle, après l'a-
voir roulée à peu près comme la cannelle du commerce. Ce sont surtout les femmes enceintes qui
font usage de l'*ampo*, elles en mangent souvent
des quantités considérables. Les nègres du Sénégal mêlent avec leurs alimens une terre grasse,
glaiseuse, qu'ils recueillent le long des rivières et
sur la côte du golfe et des îles Los-Idolos. Ceux
de Guinée mangent, sous le nom de *caouac*, une
terre jaunâtre, et les esclaves amenés d'Amérique à la Martinique cherchent toujours à y satisfaire leur goût pour la terre ; ils préfèrent ordinairement un tuf jaune-rougeâtre, fort commun dans
l'île, et ils en sont si friands, qu'aucun châtiment
ne peut les empêcher d'en manger. Au Pérou et
à Popayan, les habitans mêlent aussi aux alimens
une terre calcaire, qui se vend sur les marchés.

Les Ottomaques, peuplade qui habite les bords
de l'Orénoque et de la Méta, mangent également
une terre glaise, grasse et onctueuse, d'un jaune
grisâtre, colorée par de l'hydroxide de fer ; ils la
pétrissent en petites boules de quatre à six pouces
de diamètre, qu'ils font cuire à petit feu, jusqu'à
ce que leur surface extérieure devienne rougeâtre.
Pour les manger, ils les humectent avec de l'eau ;
on en trouve ordinairement de grandes provisions
dans leurs huttes ; et dans la saison des pluies,
pendant les débordemens périodiques de l'Orénoque et de la Méta, quand la pêche a cessé, ils en
mangent des quantités prodigieuses ; c'est alors
leur principale nourriture. Les Ottomaques sont
tellement friands de cette glaise, que même dans
la saison de la sécheresse et lorsqu'ils ont du poisson en abondance, ils en mangent tous les jours
un peu après le repas, en guise de dessert.

Les habitans de la Nouvelle-Calédonie, dans
l'océan Pacifique, mangent, pour apaiser leur
faim, des morceaux de la grosseur du poing,
d'une terre ollaire, friable, dans laquelle Vauquelin n'a trouvé aucun principe nutritif, mais une
quantité notable de cuivre. Enfin, au village de
Banco, sur les bords de la Madalena au Mexique,
les femmes indigènes, qui fabriquent les poteries,
mangent souvent de gros morceaux de la terre
qu'elles emploient.

Tous les géophages éprouvent un désir presqu'irrésistible de manger de la terre, et on est
souvent obligé de lier les enfans pour les empêcher d'en manger, lorsqu'elle a été humectée par
la pluie. Il serait curieux de rechercher comment
cette singulière nourriture agit sur l'économie
animale ; il ne paraît pas probable qu'elle serve
réellement de nutritif, mais bien plutôt de moyen

de lester l'estomac, où elle agit comme absorbant ;
ce qu'il y a de certain, c'est que les habitans des
autres contrées de l'Amérique ne tardent pas à
devenir malades, lorsqu'ils cèdent à cette singulière envie de manger de la terre. M. de Humboldt a vu, à San-Borgia, un enfant qui ne voulait
manger que de la terre, et que cette nourriture
avait rendu un véritable squelette ; les Javans font
usage de leur *ampo* pour se faire maigrir, parce
que chez eux la maigreur est une beauté ; et
M. Leschenault pense que, loin de les nourrir, il
les prive de l'appétit, car l'usage immodéré et trop
fréquent de cette terre grillée les fait bientôt dé-
périr, et les conduit insensiblement à l'étisie et à
une mort prématurée. ( Th. V. )

BOLAX. (bot. phan.) Plante des îles Malouines,
croissant en mottes serrées dont l'aspect justifie le
nom grec que lui a donné Commerson (*bolos*,
motte). Elle appartient aux Ombellifères, et se
rapproche beaucoup des Hydrocotyles et des Azo-
relles, avec lesquelles on l'a même confondue.
Mais, outre les caractères généraux de la famille,
ceux qui suivent, déterminés par A. Richard,
doivent distinguer suffisamment le *Bolax* : fleurs
constamment hermaphrodites et fertiles ; fruit globuleux, à trois côtes peu saillantes ou tout-à-fait
lisses ; styles plus courts que les étamines.

Le Gommier des Malouines, *Bolax glebaria*
(*Hydrocotyle gummifera* de Lamarck), est la principale des cinq ou six espèces du genre ; il forme sur
la terre un gazon touffu où se cachent les fleurs ;
ses feuilles se terminent par trois petits lobes ;
ses graines contiennent une espèce de gomme
résineuse qui lui a valu son nom vulgaire. (L.)

BOLET. (bot. crypt), Champignons. Le genre
Bolet de Linné, qui se trouve divisé aujourd'hui
en trois autres genres bien distincts, les Bolets
proprement dits, les Polypères et les Fistulines
(*v.* Polypore et Fistuline), est ainsi caractérisé :
chapeau présentant à la surface inférieure des
tubes libres, cylindriques, rapprochés, formés
d'une substance différente de celle du chapeau,
pouvant facilement en être détachés, et renfermant dans leur intérieur de petites capsules cylindriques (*asci*), contenant des sporules très-fines.

Toutes les espèces de Bolets ont le chapeau
charnu, hémisphérique, porté sur un pédicule
central, dont la surface est souvent réticulée ou
veinée ; une membrane très-mince, de peu de
durée, recouvre fréquemment sa partie inférieure, surtout avant le développement du chapeau.

Des vingt et quelques espèces connues, la plupart ne sont pas vénéneuses, mais un grand nombre
sont d'une consistance molle, spongieuse, d'une
saveur amère, et par conséquent peu agréables à
manger. Cependant quelques unes sont servies sur
les tables, surtout dans le midi et dans l'ouest de
la France et en Italie ; là on les désigne sous le
nom vulgaire de *Cepe* et *Ceps*, probablement à
cause de la forme de leur pédicule qui est renflé
comme un ognon.

Les Bolets les plus estimés, soit comme aliment, soit comme assaisonnement, sont :

1° Le Bolet bronzé, *Boletus æreus*, de Bulliard, figuré, pl. 51, fig. 2, connu sous le nom de *Ceps noir*, dont le chapeau est d'un brun foncé, les tubes courts et jaunâtres, le pédicule veiné, et qui est assez rare aux environs de Paris. La chair du Bolet bronzé, coupée près de la peau, prend une teinte légèrement vineuse.

2° Le Bolet comestible, *Boletus edulis* de Bulliard, ou *Ceps ordinaire*, pl. 51, fig. 3. Cette espèce, très-commune dans les bois, a le chapeau fauve, les tubes longs et jaunâtres, le pédicule renflé à sa base et veiné, et sa chair passe également au rose quand on la coupe.

3° Le Bolet orangé, *Boletus aurantiacus* de Bulliard, ou *Gyrole rouge*, *Roussile*, etc. pl. 51, fig. 4, est, comme son nom l'indique, d'un beau rouge orangé; son pédicule est gros, renflé, épineux; sa chair, blanche, prend à l'air une teinte rose.

4° Le Bolet rude, *Boletus scaber* de Bulliard, pl. 51, fig. 6. Cette espèce, assez semblable à la précédente et connue sous les mêmes noms vulgaires, est moins bonne que le Bolet orangé; sa chair est molle, son chapeau est brun; son pédicule mince et cylindrique est aussi hérissé de petites pointes noires.

De ces quatre espèces, que l'on pourrait réduire à deux, les deux dernières sont fréquemment servies sur nos tables; on doit les choisir jeunes, peu développées, et leur chair, seule partie que l'on mange, doit être blanche et ferme, séparée du pédicule, des tubes que l'on appelle vulgairement *foin*, et de la peau qui recouvre le chapeau.

Bolet du mélèze, Agaric blanc, ou Agaric du mélèze, *Boletus laricis*, de Linné. Ce Bolet, qui paraît être l'Agaric des anciens auteurs grecs et latins, est une excroissance analogue aux champignons, qu'on trouve sur le tronc du *Pinus larix*, arbre des Alpes, de la famille des Conifères de Jussieu.

Le Bolet du mélèze se présente sous forme de masses plus ou moins volumineuses qui doivent être choisies blanches, légères, pulvérulentes, débarrassées d'une enveloppe sous-ligneuse rougeâtre, et non ligneuses à l'intérieur; d'une odeur particulière, d'une saveur d'abord douce, puis sucrée, un peu amère, nauséeuse et fort tenace. On l'a employé autrefois comme émétique et surtout comme drastique; aujourd'hui on le fait encore entrer dans la teinture d'aloès composée, appelée vulgairement *élixir de longue vie*, et quelques médecins se trouvent bien de son usage contre les sueurs nocturnes des phthisiques.

Bolet amadouvier, Agaric de chêne des chirurgiens, ou Agaric proprement dit, *Boletus fomentarius* de Linné, ou *Boletus igniarius* de Sowerb., pl. 51, fig. 1, champignon qui se forme par couches successives sur le *Quercus robur* de Linné, et que l'on trouve également sur le hêtre, le tilleul, le bouleau, etc. Ce Bolet se rencontre dans toute l'Europe; ses usages sont nombreux.

Pour les besoins de la chirurgie, on le prive de sa partie corticale, on le bat avec un maillet pour le rendre plus souple, on le lave, on le fait sécher, on le bat de nouveau, et on répète ces opérations jusqu'à ce qu'il soit parfaitement doux et moelleux au toucher.

Quand on veut en préparer l'amadou, on met également de côté l'écorce extérieure; on fait bouillir la partie intérieure, qui est molle et fibreuse, avec une lessive de cendre; on la fait sécher, on la réduit en plaque en la battant avec un marteau, on la fait bouillir de nouveau avec un soluté de nitrate de potasse, et on la fait sécher.

Quand on veut employer l'Agaric de chêne pour arrêter les hémorrhagies, on en prend un morceau convenable, on le dédouble, on étanche la plaie, on l'applique et on le fixe à l'aide d'une compresse ou d'une bande.

Quelques Bolets présentent un phénomène fort remarquable, c'est la coloration en bleu, en violet ou en vert qui a lieu lorsqu'on coupe leur chapeau : le Bolet indigotier, que nous avons représenté dans notre Atlas, pl. 51, fig. 5, étant coupé, offre de suite une couleur du plus beau bleu. (F. F.)

BOLÉTOPHILE, *Boletophila*. (ins.) Genre de Diptères, de la famille des Némocères, tribu des Tipulaires, établi par Hoffmansegg et Meigen avec les caractères suivans : antennes longues, sétacées, avec les deux articles de la base plus gros; trois yeux lisses, frontaux, placés sur une ligne transversale; ailes obtuses, parallèles, en recouvrement dans le repos. Ces Diptères, de petite taille, ressemblent aux moucherons; ils vivent dans les bois et se trouvent sur les champignons. J'ai fait connaître pour la première fois leurs métamorphoses dans un mémoire inséré dans les Annales des Sciences naturelles. (Guér.)

BOLIDES. (géol.) Nom que l'on donne quelquefois aux Aérolithes. La question de savoir si les météorites étaient antérieures au dernier cataclysme et avaient précédé l'époque géologique actuelle, vient d'être agitée au sein de la Société géologique de France. On s'est appuyé sur ce que l'on n'avait pas encore rencontré d'aérolithes dans les dépôts diluviens, ou dans les couches du terrain tertiaire, pour soutenir la négative; mais il est évident qu'un tel argument, appuyé seulement sur le défaut d'observation, manque tout-à-fait de valeur. M. Gaymard, d'ailleurs, a trouvé dans les calcaires jurassiques des bords du Rhin, une masse de fer métallique qui pourrait fort bien provenir de quelque ancienne aérolithe tombée à l'époque du dépôt du terrain jurassique, ce qui permettrait de supposer à ces corps, si problématiques encore, une existence peut-être aussi ancienne que celle de la terre elle-même : et en effet, comme très-probablement le phénomène qui leur a donné naissance est tout-à-fait en dehors de la sphère d'action de notre planète, et se trouve conséquemment aussi tout-à-fait indépendant des grands phénomènes géologiques qui ont pu se passer à sa surface, aucune bonne raison ne pouvait permettre de supposer, comme on l'a fait, que leur existence se trouve en rapport avec quelqu'une des époques géologiques qu'on y observe, et ne remontait pas au-delà du dernier déluge.

Une expérience toute récente de M. Bierley, physicien anglais, semblerait démontrer que les aérolithes n'avaient pas en tombant, comme on le croit généralement, une très-haute température; cette expérience, que nous avons répétée, consiste en ce que, si on chauffe du fer au rouge-blanc et qu'on l'expose au vent du soufflet, ou qu'on le fasse tourner avec rapidité dans l'air, comme l'a fait M. Darcet, les parties qui ne sont échauffées qu'au rouge-cerise se refroidissent, tandis que celles qui le sont au rouge-blanc continuent de brûler en jetant de nombreuses étincelles et une vive lumière, comme quand on brûle un fil de fer dans de l'oxigène. Ce fait explique une circonstance connue depuis bien long-temps de tous les forgerons, mais restée jusqu'ici inexpliquée, savoir, que quand le fer est trop échauffé il se brûle, et explique également pourquoi les mauvais ouvriers qui ne savent pas chauffer convenablement leur fer, en consomment une plus grande quantité que d'autres pour produire, la même quantité de travail.

Nous pouvons donc tirer des expériences de Bierley cette conséquence, que si les Bolides étaient tombées comme on le croit généralement à l'état d'incandescence, elles auraient nécessairement brûlé, puisqu'elles sont en grande partie composées de fer à l'état métallique; une circonstance d'ailleurs qui semble devoir surtout confirmer cette opinion que leur température n'était pas très-élevée lors de leur chute, c'est la présence d'une certaine quantité de carbone, reconnue dans les pierres météoriques d'Alais.

Une pluie d'aréolithes a eu lieu à la fin de novembre 1833 à Kandahar, ville de l'Inde; elles y sont tombées en si grande abondance et étaient d'une telle grosseur, qu'un grand nombre de toits furent percés d'outre en outre, et que plusieurs s'écroulèrent. Un enfant de douze ans ayant voulu aller ramasser quelques unes de ces pierres, fut frappé par un de ces météores avec tant de violence, qu'il tomba raide mort.

Le phénomène fut suivi d'un brouillard si épais, que, chose inouïe dans ces contrées, les rayons du soleil ne purent le percer pendant trois jours de suite. (*Voy.* au mot AÉROLITHES.) (TH. V.)

BOLTÉNIE. (MOLL.) *Voy.* ASCIDIE.

BOMBARDIER. (INS.) On donne ce nom aux Brachines parce qu'ils produisent une véritable explosion accompagnée de fumée quand on les inquiète. (*Voy.* BRACHINE.) (GUÉR.)

BOMBAX. (BOT. PHAN.) *Voy.* FROMAGER.

BOMBYCE. *Bombyx.* (INS.) Genre de Lépidoptères de la famille des Nocturnes, tribu des Bombycites, ayant pour caractères : ailes supérieures inclinées en toit, les inférieures débordant celles-ci presque horizontalement; palpes inférieurs sans saillie remarquable. Ce genre formait primitivement une des divisions des Phalènes de Linné; mais depuis son adoption il a subi bien des modifications, et il est probablement destiné à en subir encore beaucoup d'autres; car les caractères dont on a fait usage jusqu'à présent pour le

distinguer de ses voisins sont peu tranchés. Voici les espèces de notre pays qui s'y rapportent le plus sûrement d'après la méthode actuelle.

B. DE CHÊNE, *B. quercus.* Lin., Fab. Godart, Hist. des Lépid. d'Europe, Nocturnes, pl. IX, fig. 1 et 2, mâle et femelle. Le mâle est large d'environ deux pouces, et la femelle de deux pouces et demi; le premier a le corps et les deux tiers de la partie des ailes l'avoisinant brun-rouge, avec un point plus clair au milieu de cet espace dans les supérieures; vient ensuite une bande jaune d'ocre, tranchée du côté du corps, diffuse du côté du bord extérieur des ailes, qui redeviennent brunes à leur extrémité; cette bande prend vers le milieu du bord antérieur et va en s'arrondissant se terminer à l'angle anal des inférieures; la femelle est ordinairement d'un jaunâtre sale avec la bande plus claire. Les mâles de cette espèce recherchent leurs femelles avec beaucoup d'ardeur, on les voit souvent voler en plein jour au milieu des bois, et il n'est pas rare de les voir pénétrer dans les appartemens où il est éclos des femelles : la chenille est couverte de poils grisâtres avec une bande blanche sur les flancs, où l'on remarque aussi des cicatrices noires; elle fait une coque ronde, très-serrée. Le papillon en sort dans le courant de juin. Cette espèce est commune, mais cependant ne fait pas de grands dégâts.

B. DE TRÈFLE, *B. trifolii*, Fab. Godart, Hist. des Lép. d'Europe. Nocturnes, pl. IX, fig. 34. Il est plus petit que le précédent, avec le dessin pareil, mais la couleur approche d'un chocolat au lait clair; il est aussi beaucoup moins commun que le précédent; la chenille a aussi de grands rapports, mais ses poils sont le plus souvent jaunâtres; elle fait une coque jaunâtre, d'où sort le papillon à la même époque que le précédent.

B. DES BUISSONS, *B. dumeti*, Lin. God., Hist. nat. des Lép. d'Europe, pl. X, fig. 1., large de 21 lignes, le mâle; ses quatre ailes sont d'un brun rougeâtre foncé avec une bande jaune sinuée, partant du milieu de la côte antérieure et atteignant l'angle anal des inférieures, et un gros point de la même couleur entre la bande et la base des ailes supérieures; le corps et la base des ailes sont couverts de poils fauves, et la frange des ailes est de la même couleur. Il est peu commun.

B. DU PISSENLIT, *B. taraxaci*, Fab. God., Hist. des Lépid. d'Europe, Noct., pl. X, fig. 2 et 5; large de deux pouces; les ailes, le thorax, les antennes et l'anus sont d'un fauve très-clair, presque transparent, avec un très-petit point noir près de la côte antérieure des ailes supérieures. L'abdomen est noirâtre avec les anneaux bordés de jaune. Cette espèce est plus méridionale que les précédentes.

B. LAINEUX. *B. Lanestris*, Linn. Godart, Hist. nat. des Lépid. d'Europe, Nocturne, pl. XI, fig. 12. Large de 15 à 18 lignes, ailes traversées par une bande sinuée étroite, blanchâtre, toute la partie supérieure comprise entre cette bande et le corps d'un brun chocolat, avec un gros point blanchâtre au milieu et une tache de même couleur à la tête, oculée dans le mâle seulement; l'extrémité de l'aile, les inférieures et le corps de la même teinte, mais beaucoup plus claire. L'anus de la femelle est muni d'une grande quantité de poils noirs, fins, très-soyeux, ayant comme des reflets argentés; elle se dépouille de cette soie pour envelopper ses œufs qui doivent passer l'hiver exposés aux intempéries de l'air. Cette espèce éclot en septembre; mais, quoiqu'on la trouve dans toute la France, elle n'est pas commune aux environs de Paris.

B. DU PEUPLIER, *B. populi*, Linn. Godart, Hist. des Lépid. d'Europe, Noct., pl. x, fig. 4. Large de 12 à 15 lignes; tête, antennes, corps noirs; prothorax blanc; ailes enfumées, plus foncées à la base; une ligne très-flexueuse, étroite, traverse les ailes supérieures; elle est droite et diffuse sur les inférieures; on remarque en outre sur les supérieures une lunule blanchâtre près de la base, la frange est entrecoupée de noir et de blanc; toutes ces teintes varient un peu, mais ne sont jamais très-franches, étant toujours salies de jaunâtre; ce papillon éclot vers la fin de septembre et le commencement d'octobre.

B. PROCESSIONNAIRE, *B. processionea*, Linn., Fabr. Godart, Hist. nat. des Lépid. d'Europe, Noct., pl. xii, fig. 5, 6. Large de 12 à 15 lignes; corps d'un gris jaunâtre; ailes supérieures grises dans le mâle, avec quatre lignes flexueuses noires sur les ailes supérieures, deux près de la base, deux près de la frange, un point noir au milieu de l'espace, et la frange annelée de noir et de gris; les ailes inférieures d'un blanc sale, n'ont qu'une bande plus large près de la frange; la femelle présente les mêmes dessins que le mâle, mais ils se distinguent à peine de la couleur du fond, et sont presque oblitérés, son abdomen est en outre terminé par une grande quantité de poils gris-jaunâtre, sa chenille est d'un gris-roussâtre, avec le dos noirâtre et des tubercules rougeâtres, d'où s'élèvent en aigrette des poils longs, inégaux, clairsemés. Cette espèce, représentée dans notre Atlas, pl. 51, fig. 13, est très-commune partout, mais si elle ne se distingue pas par des couleurs brillantes, les mœurs de sa chenille méritent notre attention tant sous le rapport de son instinct que par le mal qu'elle peut quelquefois nous causer; dans leur jeune âge ces chenilles vivent en société, mais changent souvent de domicile et se contentent d'établir de légères toiles où elles se mettent à l'abri; mais lorsqu'elles sont parvenues presque à tout leur accroissement, c'est-à-dire vers le mois de juin, elles se construisent une demeure plus vaste qui leur servira de retraite pour se métamorphoser, et qu'elles n'abandonneront qu'insectes parfaits. Cette retraite est une espèce de sac de soie appliqué le long du tronc, d'un chêne, placé le plus souvent au bord d'une allée, mais sans y être adhérente (*v.* notre fig. 12); le même arbre en porte quelquefois trois ou quatre depuis sa sortie de terre jusqu'à dix pieds de hauteur; ce sac est assez grand, puisqu'il atteint quelquefois jusqu'à dix-huit pouces de haut; il est ouvert par le haut pour l'entrée et la sortie des chenilles; c'est là qu'elles se tiennent le plus souvent toute la journée immobiles les unes à côté des autres; mais quand arrive l'heure de prendre leur nourriture, c'est-à-dire le soir, elles sortent d'abord une à une, deux à deux, trois à trois, etc., quelquefois jusqu'à vingt de front, marchant quand la première marche, s'arrêtant quand elle s'arrête; c'est cette manière singulière de marcher qui leur a fait donner par Réaumur le nom de *Processionnaire* (*v.* fig. 11); elles rentrent dans leur nid dans le même ordre qu'elles en sont sorties; quand arrive le moment de se mettre en chrysalide, elles filent leurs coques parallèlement les unes aux autres dans l'épaisseur du tissu du nid, et les chrysalides y sont déposées les unes sur les autres horizontalement; le nid n'a donc d'épaisseur que la longueur d'une chrysalide. L'intervalle entre l'arbre et le nid est rempli d'excrémens des chenilles; au moment de la transformation, tous les papillons d'un même nid éclosent dans les vingt-quatre heures. Les chenilles de ces papillons ont pour ennemi la larve d'un carabique nommé *Calosome sycophante*, qui s'introduit dans leur nid, où elle en dévore des quantités; j'ai parlé du mal que peut causer cette chenille, mais ce mal réside dans le nid plutôt que dans l'animal; ce nid se trouve rempli en tout temps de poils et de parties de poils qui tombent des chenilles en parcelles très-menues; dès qu'on y touche elles se répandent dans l'air, s'attachent à toutes les parties nues et y causent des démangeaisons très-douloureuses; les yeux peuvent en être attaqués, et alors il en résulterait une inflammation qui peut être dangereuse; les premiers observateurs qui ont examiné ces insectes en ont été victimes; il faut donc éviter d'y toucher, ou si on cherche à se procurer la chrysalide, tâcher au moins de se mettre au dessus du vent et de remuer le tout le plus doucement possible : plus les nids sont desséchés, plus ils sont dangereux.

B. DE LA RONCE, *B. rubi*, Fabr. Godart, Hist. nat. des Lépid. d'Europe, Noct., pl. 13, fig. 1, 2. Largeur 21 à 24 lignes. Le mâle est d'un rouge de brique, avec deux lignes parallèles dont la plus externe un peu flexueuse s'étendant du bord antérieur au bord postérieur sur le disque de l'aile; la femelle est semblable au mâle, mais sa teinte est beaucoup plus claire. Ce papillon éclot dans les premiers jours de mai; la femelle n'est pas commune.

B. NEUSTRIEN, *B. neustria*, Linn. God., Hist. nat. des Lépidopt. d'Europe, Noct., pl. xiii, fig. 34 (*voy.* pl. 51. fig. 14). Largeur 12 à 18 lignes. Il a pour les bandes la même disposition que le précédent, mais le fond de la couleur est plus pâle, excepté entre les deux bandes; au reste cette espèce varie beaucoup. La chenille est noire avec une bande blanche au milieu du dos et quatre rousses sur les côtés, dont les deux supérieures séparées des inférieures par deux bandes bleues; c'est cette disposition de couleur qui a fait donner à l'espèce le nom commun de Livrée. C'est à la femelle de ce papillon que l'on doit ces bracelets formés d'œufs qu'on trouve souvent autour des jeunes branches d'arbres.

B. **versicolore**, *B. versicolor*, Linn. Godart, Hist. nat. des Lépid. d'Europe, Noct., pl. xiv, fig. 1, 2. Largeur de 24 à 50 lignes. Le mâle a les ailes supérieures ferrugineuses et les inférieures jaune d'ocre. Les supérieures ont deux lignes noires bordées de blanc d'un seul côté, dont l'une droite du côté de la base et l'autre brisée dans son milieu; entre elles est un point accentiforme noir; l'extrémité de l'aile est en outre marquée entre chaque nervure d'une tache blanche en forme de croissant dont les cornes très-prolongées vont souvent rejoindre la frange; les ailes inférieures n'ont qu'une ligne sinuée faisant prolongation à la plus externe des supérieures et quelques unes des lunules blanches près des premières ailes; la femelle ressemble entièrement au mâle, à l'exception de l'intensité de la couleur des premières ailes et des secondes, qui sont blanc sale. Le papillon éclot en mars et en février; la chenille a un peu de ressemblance avec celles des sphinx et, comme elles, file en terre.

B. **du murier**, *B. mori*, Linn. God., Hist. nat. des Lépidopt. d'Europe, Noct., pl. xiv, fig. 34, représenté dans notre Atlas, planc. 51, fig. 10. Largeur 12 à 15 lignes; entièrement d'un blanc grisâtre et les antennes plus foncées. Le mâle a en outre quatre bandes grisâtres sinuées transverses et une lunule sur les ailes supérieures, et deux bandes pareilles sur les inférieures; la chenille (fig. 8) est rose blanchâtre, nuancée de gris, avec une corne sur la queue; sa tête est un peu rétrécie et son col très-gros et rugueux. Cette espèce, originaire de l'Asie, est devenue domestique dans notre pays, mais n'y vit pas encore à l'état sauvage; le cocon qu'elle fabrique est ovale (fig. 9), formé d'un fil soit blanc, soit vert pomme, soit jaune d'or : on n'est pas encore bien certain si quelques variétés donnent plutôt une couleur que l'autre.

De tous les Lépidoptères, voici ceux qui sont les plus intéressans pour nous par l'application que l'on a faite, dès les temps les plus anciens, des fils que produisent leurs chenilles à la fabrication des vêtemens; mais on a été bien long-temps sans savoir d'où provenait la soie et de quel pays au juste on la tirait. Les anciens Romains la tiraient de l'Orient, mais elle avait déjà passé par bien des mains; ils nommaient *Seres* les peuples d'où ils la tiraient, sans savoir au juste où ces peuples habitaient; on peut voir dans le premier volume du Cours d'entomologie du célèbre Latreille une dissertation savante et très-intéressante sur les peuples auxquels le nom de *Seres* a pu appartenir dès l'antiquité et qui ont cultivé la soie. Il paraît cependant que la partie septentrionale de la Chine, où on trouve encore le ver à soie sauvage, est sa véritable patrie, quoique peut-être plusieurs papillons du genre Saturnin dont les chenilles fournissent aussi de la soie, aient été autrefois utilisés.

Les Romains payaient la soie son poids réel d'or, mais pendant le bas-empire, sous Justinien, des moines, qui avaient été envoyés dans l'Inde, parvinrent à tromper la surveillance jalouse des peuples du pays où ils avaient été envoyés, observèrent la méthode d'élever des vers à soie et rapportèrent, dans un bâton creux, des œufs que l'on fit éclore à la chaleur du fumier. Grâce à cette fraude, la soie devint plus commune en Europe; les Arabes en répandirent la culture en Espagne et sur les côtes d'Afrique; de là elle pénétra en Sicile, en Calabre; enfin, à l'époque des croisades, on commença à l'introduire en France; mais ce ne fut que sous le règne d'Henri IV et par les soins de Sully que cette branche d'industrie prit réellement une extension remarquable; depuis elle n'a fait qu'augmenter, et maintenant, grâce aux efforts de l'agriculture et de l'activité du commerce, la moindre grisette porte sur elle des robes de soie que les femmes des empereurs romains avaient peine à se procurer, et que les filles de Charlemagne ne mettaient qu'aux occasions solennelles.

Il est peu de personnes qui dans la jeunesse ne se soient quelquefois amusées à élever des vers à soie; leur culture en grand est à peu près la même, mais cependant, comme elle offre quelque différence, qu'elle doit alors être exécutée sur une plus grande échelle, et pour les personnes qui n'ont pas connu cet amusement, nous allons mettre à contribution les travaux des différens auteurs économiques qui s'en sont occupés, pour en donner une idée claire.

Les bâtimens destinés à l'éducation des vers à soie prennent différens noms selon les localités, mais la plupart du temps ce n'est chez les paysans qu'une chambre même de leur demeure, aussi font-ils rarement des éducations heureuses. Cette culture demande du soin et, pour bien réussir, un local préparé à cet effet, où l'on puisse en tout temps maintenir une température de 16 à 25 degrés de Réaumur, et donner beaucoup d'air, car la grande quantité de vers que renferme un atelier le vicie promptement, ce qui leur est funeste. Le bâtiment dont on veut se servir doit donc être percé de fenêtres à toutes les expositions, de manière à pouvoir établir des courans à volonté; et contenir un ou plusieurs poêles pour arriver au degré de chaleur convenable si l'atmosphère ne le donne pas, surtout la nuit. Il se divise ordinairement en trois parties : une pièce principale qui est l'atelier proprement dit, où l'on élève les vers; une pièce plus petite, appelée infirmerie, où l'on met ceux qui sont malades; une première pièce servant à déposer les feuilles et à sécher celles qui sont trop humides. Les pièces destinées à une éducation nombreuse doivent être très-élevées. Autour de l'atelier on dispose des tablettes sur lesquelles se posent les claies qui reçoivent les vers, l'infirmerie est disposée de même; comme on a le plus grand intérêt à ménager la place, on est obligé de se servir d'échelles pour atteindre aux tablettes les plus élevées. Quand on a un local disposé, le plus essentiel est de savoir combien on pourra récolter de feuilles par jour, car c'est là-dessus que doit se baser la quantité d'œufs que l'on doit faire éclore; il existe là-dessus des calculs dans les auteurs qui ont traité spécialement de cette partie. Pour faire éclore les œufs on peut employer plusieurs moyens, tels que la chaleur naturelle, le fumier, etc. On tient les œufs au frais sans qu'ils soient humides, pour ne les faire éclore que quand il n'y a plus de gelées tardives à craindre, et que les vers peuvent trouver des feuilles sans interruption; quand donc on est décidé, on emploie deux moyens dans les grandes exploitations: on met les œufs dans l'infirmerie où on donne une température que l'on augmente progressivement. Dans les ménages, les femmes se contentent de les porter sur elles à la chaleur de leur corps jour et nuit, et elles obtiennent en un peu plus de temps le même résultat; les vers sont conservés pendant leur premier âge dans l'infirmerie, ensuite on les porte dans l'atelier, où ils exigent beaucoup de soins et de propreté; on doit leur donner à manger plusieurs fois par jour, et changer les anciennes feuilles le plus souvent qu'il est possible; pour cela, dès qu'ils sont montés sur les nouvelles feuilles qu'on vient de leur donner, on place ces feuilles sur une claie, on ôte les anciennes que l'on nettoie avec beaucoup de soin; ce travail devrait se renouveler le plus souvent possible, mais souvent on le néglige un peu, et c'est à tort, ce défaut de soin cause souvent une grande partie des maladies nombreuses qui attaquent les vers à soie; ce n'est pas ici la place de traiter de ces différentes maladies, mais, quelles qu'elles soient, dès que des vers paraissent attaqués, il faut les transporter à l'infirmerie, car souvent ces maladies sont contagieuses.

Quand les vers ont achevé leurs quatre changemens de peau, il faut préparer ce qu'on nomme la monte, c'est-à-dire donner au ver les moyens de faire facilement son cocon; à cet effet, on dispose sur les tablettes et autour des montans qui les soutiennent, des paquets de petits rameaux dépouillés de feuilles, où ils puissent pénétrer et où ils font leur cocon; au bout de quelques jours on les en détache, on met à part ceux que l'on veut laisser éclore pour la reproduction de l'espèce, les autres sont jetés dans l'eau bouillante, qui fait périr la chrysalide, sans altérer sensiblement la soie, on la dévide même avec plus de facilité, et elle est livrée au commerce; les papillons destinés à reproduire éclosent une quinzaine de jours après leur transformation; on dépose les mâles et les femelles par couples, sur une table couverte d'étoffe, où s'attachent les œufs que pond la femelle; ils sont ensuite conservés au frais pour une nouvelle saison.

On cultive en France deux espèces de mûriers, le noir et le blanc, tous deux sont également propres à élever des vers à soie; mais il faut remarquer que ceux qui ont commencé à manger du mûrier blanc, répugnent ensuite à manger du noir, qui est un peu plus coriace; M. Latreille a cité, d'après Bonelli, l'exemple de vers à soie qui s'étaient nourris dans un champ de maïs où ils avaient été jetés; il est extraordinaire que cette expérience n'ait pas été renouvelée, et surtout qu'on n'en ait pas essayé d'autres, surtout sur plusieurs espèces de nos plantes fourragères;

peut-être parviendrait-on à un résultat tout-à-fait important.     ( A. P. )

**BOMBYCITES**, *Bombycites*. ( ins. ) Deuxième section ou tribu des Lépidoptères nocturnes, introduite dans la classification par M. Latreille, et à laquelle il donne pour caractères : trompe toujours courte, ou simplement rudimentaire; ailes soit étendues, soit en toit, les supérieures retenues par un crin des inférieures dans la plupart; antennes des mâles entièrement pectinées. Les chenilles de ce genre vivent à l'air libre sur les végétaux, dont elles rongent les feuilles, et sont quelquefois en tel nombre, qu'elles les dépouillent entièrement; elles se font une coque de soie, où s'opère le changement en chrysalide; celle-ci est arrondie et sans épines autour de ses anneaux. Cette tribu renferme les genres Saturnie, Lasiocampe et Bombyce ( *v.* ces mots ).  ( A. P. )

**BOMBILLE**, *Bombylius*. ( ins. ) Genre de Diptères de la tribu des Bombyliers, famille des Tanystomes, ayant pour caractères : le second article des antennes le plus court, le dernier long, presque cylindrique et terminé en pointe; les palpes très-apparens. Les Bombylles ont la tête presque entièrement occupée par les yeux, et trois ocelles au sommet; la trompe est portée horizontalement et très-longue, égalant souvent la tête et le corselet en longueur; l'abdomen est conique, court, un peu déprimé, les pattes sont allongées, grêles, finement velues; les ailes sont la plupart du temps enfumées à leur base et à la côte antérieure; tout le corps est, en outre, couvert de poils raides, très-fins, jaunâtres, ce qui les fait paraître comme bronzés. Leurs mœurs doivent être celles de la tribu, mais on ne sait rien de particulier. Le nombre des espèces connues s'élève à une quarantaine, dont les deux tiers environ d'Europe; nous citerons :

Le B. grand, *B. major*, Linn. Degener, mémoire sur les insectes, 6, 15, fig. 10, 11, *Bombylle Bichon*, nom qui peint assez bien sa figure courte et toute hérissée de poils, comme celle des petits chiens qui portent ce nom. Il est long d'environ cinq lignes, le corps et la trompe sont noirs avec les poils très-serrés, jaunâtres; la base et le bord antérieur des ailes fortement enfumés; les pattes fauves. Des environs de Paris.

B. brillant, *B. nitidulus*, Macquart. Long de quatre lignes, noir, poil blanchâtre mais noircissant au bout vers l'extrémité de l'abdomen, ailes uniformément teintées, pattes blanchâtres. Des environs de Paris.

B. peint, *B. pictus*, Macquart. Long de quatre lignes, noir, poils formés de bouquets alternativement noirs et fauves; ailes enfumées à la base et au bord antérieur, mais en outre ponctuées de points isolés assez rapprochés sur toutes leurs parties; pattes fauves. Il est représenté dans notre Atlas, pl. 52, fig. 1.     ( A. P. )

**BOMBYLIERS**, *Bombylii*. ( ins. ) Tribu de Diptères de la famille des Tanystomes, formée par Latreille, et se distinguant de celles de la même famille par les caractères suivans : trompe dirigée en avant, ordinairement très-allongée, avec les palpes grêles ; antennes rapprochées à leur base, de trois articles, dont le dernier fusiforme, terminées par un stylet; thorax plus élevé que la tête; ailes placées horizontalement des deux côtés du corps dans le repos, balanciers nus, abdomen conique; pieds allongés, grêles.

Les mœurs de cette tribu sont peu connues sous le premier état; on soupçonne que les insectes qui la composent vivent en parasites; à l'état parfait, ils volent avec beaucoup de rapidité, en faisant entendre un fort bourdonnement; pour pomper le suc des fleurs dont ils se nourrissent, ils planent au dessus d'elles sans s'y reposer; quand ils s'arrêtent, c'est le plus souvent à terre. Ils sont en général couverts de beaucoup de poil. (A.P.)

**BOMBYLOPHAGE.** (ins.) On donne ce nom et celui de *Ver assassin* à la larve du Calosome sycophante qui mange les chenilles du Bombyce processionnaire. (*Voy.* Calosome et Bombyce.)
(Guér.)

**BOM-UPAS** et **BOON-UPAS.** (bot. phan.) Arbre des Indes que nous avons décrit au mot Antiare. (T. d. B.)

**BONDRÉE,** *Pernis.* (ois.) Sous-genre d'oiseaux de proie fondé avec quelques Buses (*voy.* ce mot, et Faucon). (Guér.)

**BONELLIE,** *Bonellia.* (zooph.) Les Bonellies ont le corps allongé, cylindrique, obtus aux deux extrémités, mais prolongé en arrière par un long appendice caudiforme, aplati, membraneux, se fermant d'abord en une sorte de gouttière inférieure, se bifurquant et s'étalant à sa terminaison en deux lobes foliacés. Ces animaux ont une bouche terminale, et un anus à l'autre extrémité. Les organes de la génération se terminent par un petit tubercule mamelonné, situé un peu en avant de l'anus. On trouve ce ver dans le sable et la vase des bords de la mer; il est représenté dans notre Atlas, pl. 55, fig. 2. Ce genre est dû à M. le docteur Rolando, qui l'a trouvé sur les côtes de la Sardaigne. M. de Blainville, dans son article Zoophyte du Dictionnaire des Sciences naturelles, le rapproche des Borlasies. (L. R.)

**BONGARE.** *Bongarus.* (rept.) Ce mot, dérivé du nom indien d'une espèce de Serpent, sert aujourd'hui à désigner tous les Ophidiens qui se rapprochent d'elle, et qui ont la tête courte, déprimée, le museau obtus, l'œil petit, à pupille circulaire, la langue fortement protractile et profondément bifide, renfermée dans un fourreau membraneux; les dents nombreuses, coniques, simples, légèrement recourbées en arrière, inégales, implantées sur les mâchoires et au palais, les maxillaires antérieures plus grandes que les autres, les premières surtout développées en forme de crochets, moins prolongés proportionnellement que chez les crotales et les vipères, canaliculées à l'intérieur, et communiquant avec une glande venimeuse, mais non isolées et mobiles comme chez les autres serpens à morsure délétère; l'inter-maxillaire et le maxillaire étant réunis solidement au reste du crâne, l'occiput est

peu renflé; le crâne recouvert de plaques; le corps est presque d'égale grosseur partout; l'abdomen est protégé par des lames, et la queue médiocrement longue, mais traînante, couverte de lamelles entières à sa partie inférieure; les écailles du dessus du corps sont rhomboïdales, lisses, subverticillées; mais ce qui distingue les Bongares des autres serpens plus ou moins analogues, c'est que, comme chez les Dipsas, le dos, comprimé en carène, est garni d'une rangée rachidienne, impaire, de grandes écailles hexagonales, allongées transversalement et recourbées dans le même sens, ce qui leur a fait donner dans les derniers temps le nom de Aspidoclonion (*Aspis*, bouclier, et *Clonion*, épine du dos). Tous les Bongares connus sont de l'Asie méridionale. Les Bongares sont tous des serpens venimeux, et leur poison paraît avoir une action très-prompte et profonde sur l'économie animale. Confondus d'abord avec les Boas à cause des lamelles sous-caudales entières, on les distingua plus tard par le nom de *Pseudo-Boas*, sous lequel on les voit indiqués dans quelques auteurs. On distingue plusieurs espèces de Bongares, savoir : 1° le Bongare a anneaux, *B. annularis*, (*Boa fasciata*), ainsi appelé à cause de la disposition de sa coloration; nous l'avons représenté dans notre Atlas. pl. 52, fig. 2. Le corps est imprimé d'anneaux d'un bleu noirâtre et de jaune clair, d'un pouce environ de largeur, placés à distance égale l'un de l'autre. Le premier anneau bleu s'étend en pointe sur l'occiput, et le contour du museau est bordé d'une large bande de couleur foncée. Le Bongare à anneaux atteint sept ou huit pieds de long; on compte de 207 à 255 lames ventrales, et de 36 à 50 lamelles caudales. Il n'est pas rare aux Indes; on lui donne, selon les provinces, les divers noms de *Bungarum-Pœnah*, de *Sakéenée*, de *Ranta-Pam*, *Hola-dola*, etc.

2° Le Bongare bleu, *B. cœruleus*, (*Boa. lineata*), noir bleuâtre sur toutes les parties supérieures, marqué à des distances inégales de lignes transverses, blanches, très-étroites, réduites parfois à de simples points, surtout aux extrémités du corps; on compte quarante ou cinquante de ces sortes de lignes. Ce Bongare ne paraît pas atteindre à beaucoup près la taille du précédent; les lames ventrales varient de 192 à 250, et les lamelles caudales de 40 à 47. Il est assez répandu au Bengale, et a reçu les noms de *Pakta-Poola*, *Gedi-Para-Goodoo*, de *Cobra-Monil*, etc. L'on indique encore une troisième espèce de serpent de cette famille, le Bongare a demi-bandes, *B. semifasciatus*, Col., *candidus*, L., *B. farrum equinum?* assez voisin du premier, dont il diffère en ce que les bandes qui chez les Bongares annelés, entourent tout le corps, ne sont ici imprimées que sur les parties supérieures; la tête est couverte d'une grande tache noire qui se confond pour ainsi dire avec la première bande, et chaque écaille des bandes jaunes est imprimée d'une macule noire. On trouve aussi deux macules noires sur les écailles rachidiennes; les lames abdominales sont au nombre de 212 à 220, les sous-caudales de 46 à 50. Le

Bongare à demi-bandes provient de Java.(T. C.)

BOMPLANDIA. *Voyez* Angusture.

BONITE. (poiss.) Espèce de Scombéroïde du genre Thon. (*Voy.* ce mot.)     (Alph. G.)

BONNET. (zool.) On donne ce nom à divers organes et à diverses espèces d'animaux. Ainsi on nomme Bonnet, chez les mammifères, le second estomac des Ruminans. (*Voy.* ce mot.)

Bonnet en Ornithologie est la partie supérieure de la tête.

Bonnet chez les Poissons est le nom vulgaire de de la Bonite. (*Voy.* ce mot.)

Bonnet est le nom donné à diverses espèces de Coquilles; ainsi on appelle Bonnet chinois, la *Patella sinensis*, L.; Bonnet de dragon, la *Patella hungarica*, L.; Bonnet de fou, le *Chama cor.*, Lam.; Bonnet de Neptune, la *Patella equestris*, L.; Bonnet de Pologne, le *Buccinum testiculus*, L. (*V.* Calyptrée, Cabochon, Isocarde et Casque).

Bonnet est le nom d'un grand nombre de Champignons.

Bonnet blanc. C'est le nom d'une espèce d'Oursin du genre Ananchite. (*Voy.* ce mot.)

Bonnet chinois. C'est le nom d'une espèce de singe du genre Macaque.

Bonnet de Neptune. On nomme ainsi une espèce de Polypier du genre Fongie, la *Fugia pileus*, Lam.

Bonnet noir. Nom de la Fauvette à tête noire. (*Voy.* Becs-Fins.)

Ce nom de Bonnet, avec des épithètes variées, est encore donné à d'autres objets, mais il est si peu usité pour ceux-ci, qu'il est inutile de les mentionner ici.     (Guér.)

BOPYRE, *Bopyrus.* (crust.) Genre de l'ordre des Isopodes, première section des Anomaux, troisième famille des Épicarides, Lat. (Cours d'Entomologie, première année), établi par Latreille, qui le distingue par les caractères suivans : antennes n'existant plus, ou n'étant tout au plus que rudimentaires; le corps de la femelle est déprimé, en ovale rétréci et courbé d'un côté postérieurement, creux en dessous jusqu'à l'origine de la queue; les côtés du thorax forment en dessous un rebonr ou cintre sur lequel sont insérées les pattes, il est divisé en cinq lobes membraneux; la concavité intermédiaire est occupée par les œufs; sous le dessous de la queue sont deux rangées de fausses pattes, composées d'un seul feuillet, ciliées et imbriquées. On n'aperçoit pas d'yeux; suivant M. Desmarest, ils sont visibles dans les mâles. La femelle porte sous son ventre une prodigieuse quantité d'œufs qu'elle dépose dans les lieux habités par les palémons. Le mâle est très-petit, le corps est oblong; il se rencontre souvent près de la queue des individus chargés d'œufs. L'espèce la plus commune et la plus connue est le B. des chevrettes, *B. crangorum*, qui avait été rangée avec les Monocles par Fabricius; les pêcheurs de la Manche la regardent comme un très-jeune individu d'une sole ou d'une plie. Fougeroux de Beaudaroix l'avait fait connaître le premier (Mém. de l'Acad. des Sc., 1772). Des-

marest en a publié de bonnes figures. M. Risso dans son Histoire naturelle des Crustacées des environs de Nice, p. 148, en a décrit une autre espèce qui se trouve sur des palémons de différentes espèces, et à laquelle il donne le nom de Bopyre des palémons.     (H. L.)

BOQUEREL. (ois.) Nom vulgaire du Gros-Bec-Friquet, *Fringilla montana*, L. (*Voyez* Gros-Bec.)

BORACIQUE (acide). (chim.) *Voyez* Acides.     (Guér.)

BORACITE. (min.) *Spath boracique* ou *sédatif, Magnésie boratée*, etc. Substance pierreuse, d'un blanc grisâtre, verdâtre ou jaunâtre, très-translucide, d'un éclat faible, à cassure imparfaitement conchoïde, assez dure pour rayer le verre, cristallisant en rhomboèdres très-voisins du cube, ce qui lui a valu quelquefois le nom de *Quartz cubique*; sa pesanteur spécifique est de 2,56; elle fond au chalumeau en bouillonnant, et forme un globule vitreux qui devient blanc et opaque par le refroidissement et se hérisse de petits cristaux. La Boracite est insoluble dans les acides, et sa solution nitrique donne par la soude un précipité blanc qui se colore en lilas quand on la chauffe en l'humectant de nitrate de cobalt; celle de Lunébourg est composée de 69,7 d'acide borique, et de 30,3 de magnésie ; les cristaux présentent les phénomènes de la double réfraction entre deux lames de tourmaline, et jouissent de l'électricité polaire; ils se trouvent isolés et disséminés dans une roche de gypse granulaire assez compacte, dont on ne connait pas encore bien l'âge relatif. Les principales localités où elle se trouve sont le mont Kalkberg, et à Schildstein, près de Lunébourg, en Brunswick; au Segeberg, près de Kiel, dans le Holstein. Elle est ordinairement accompagnée de chaux carbonatée magnésifère, et, suivant M. Steffens, de succin, ou d'une matière bitumineuse et fétide.

La Boracite contient quelquefois une petite quantité de silice, et la variété mamelonnée ou botryoïde, qui se trouve en petits globules blancs, opaques et rares, accompagnant les cristaux, contient du borate de chaux, et forme une Boracite à base de magnésie et de chaux.

M. Beudant a reconnu du borate de chaux sur les pierres calcaires des environs du Monte-Rotondo, et du borate de fer dans les matières terreuses des Lagonis, en Toscane.     (Th. V.)

BORASSUS. (bot. phan.) Nom latin donné par Linné au genre de Palmier appelé en français Rondier ou Lontar. (*Voy.* ces mots.)     (L.)

BORATES. (chim.) Sous-sels résultant de la combinaison de l'acide borique avec les bases salifiables. La plupart des Borates se fondent et se vitrifient sans se décomposer; ils sont généralement peu solubles; tous les acides, excepté les acides carbonique et borique, les décomposent à la température de l'ébullition; tous sont le produit de l'art, excepté ceux de magnésie et de soude. (*Voy.* Soude et Magnésie boratées.)     (F. F.)

BORAX,

**BORAX.** (chim.) *Borate de soude, Sous-borate de soude, Soude boratée, Borax naturel ou Tinckal.* Sel très-commun au Thibet, que l'on trouve à l'état natif au Pérou, dans plusieurs lacs de l'Inde, à Ceylan, en Basse-Saxe, etc., et qui résulte de la combinaison de l'acide borique avec l'oxide de sodium.

Le Borax paraît avoir été connu des anciens sous le nom de *chrysocolle*; on le prépare maintenant en France en saturant l'acide borique que l'on tire d'Italie par la soude et faisant cristalliser.

À l'état natif, le Borax est d'un gris verdâtre, couleur qu'il doit à une matière organique. Purifié par la vitrification, la solution dans l'eau et la cristallisation, il se présente en masses plus ou moins volumineuses, formées de cristaux hexaédriques incolores et translucides, inodores, d'une saveur légèrement styptique alcaline, efflorescentes, solubles dans l'eau, verdissant les couleurs bleues végétales, etc. M. Payen, en faisant cristalliser le soluté salin à une température de 50° au dessus de o, a obtenu des cristaux de Borax de forme octaédrique régulière.

En pharmacie, on retire du Borax, à l'aide de l'acide sulfurique, *l'acide borique, sel sédatif de Homberg*, qui en fit la découverte en 1702, acide solide, blanc, lamelleux, nacré, cristallisé en hexaèdres, ductile sous la dent, inodore, d'une saveur aigrelette, puis amère, inaltérable à l'air, soluble dans l'eau, rougissant la teinture de tournesol, etc., employé autrefois comme tempérant à la dose de quelques grains dans du petit-lait.

Dans les arts, le Borax est employé comme flux dans la soudure des métaux dont il facilite les alliages, dans la peinture sur verre et sur émail, et comme fondant dans les essais docimastiques. La médecine en fait encore quelquefois usage à l'extérieur, comme astringent, en collutoire ou en gargarisme, contre les aphtes, les salivations excessives, les ulcérations de la langue, de la face interne des joues, etc.      (F. F.)

**BORD.** (zool.) Ce mot, fréquemment employé dans les descriptions zoologiques et anatomiques, sert à indiquer les limites d'une surface : ainsi l'on dit les bords d'un os, d'un muscle, etc. On désigne aussi les bords par les épithètes de *déchirés*, *d'épineux*, de *dentés*, de *crénelés*, etc., en raison de leur configuration.      (P. G.)

**BORDELAIS ou BOURDELAIS.** (bot. phan.) Noms vulgaires d'une variété de vigne à fruits toujours acerbes et qu'on appelle Verjus. (*V.* Vigne.)
     (Grn.)

**BORE.** (chim.) Le Bore est un corps simple qui ne se trouve jamais pur dans la nature, qui fait partie de l'acide borique, qui existe tantôt libre et tantôt combiné avec la soude ou la magnésie, et que l'on trouve également dans quelques minéraux, tels que la datholite, l'axinite et la tourmaline.

Le Bore a été découvert simultanément en Angleterre par Davy, en France par MM. Gay-Lussac et Thénard, et cela en chauffant jusqu'au rouge un mélange de potassium et d'acide borique totalement purgé d'eau par la fusion.

Le Bore est solide, pulvérulent, très-friable, insipide, inodore, d'un brun verdâtre, plus pesant que l'eau, inaltérable par le calorique et la lumière; le gaz oxygène et la chaleur le transforment en acide borique; à la température ordinaire, il n'éprouve aucune altération de la part du gaz oxygène ni du gaz hydrogène; il est sans usage.      (F. F.)

**BORGNE.** (ois.) Nom vulgaire de la Mésange charbonnière. (*V.* Mésange.)

**BORIDIE**, *Boridia.* (poiss.) Poisson de la famille des Scincoïdes recueilli au Brésil, et nommé par Cuvier, qui le premier fit connaître ce genre. Son caractère principal consiste en ce que ses deux mâchoires sont armées de trois ou quatre rangées de grosses dents, courtes et mousses, dont les six ou huit antérieures, à chaque mâchoire, sont coniques et un peu plus longues que les autres. La forme de ce poisson est oblongue, son museau est obtus et bombé, son œil grand et sa bouche peu fendue.

La seule espèce qui compose ce genre est la Boridie à grosses dents. *Boridia grossidens*, Cuv.

Sa forme ressemble à celle d'un Bogue; ses écailles sont lisses, grandes; le museau, les sous-orbitaires et les mâchoires manquent d'écailles. La première dorsale est triangulaire, la caudale est à moitié fourchue et en grande partie écailleuse.

La couleur de ce poisson paraît grisâtre; il est plus pâle vers le ventre, et semé presque partout de petits points serrés, noirâtres.      (Alph. G.)

**BORLASIE**, *Borlasia.* (zooph. échin.) Le genre que M. Cuvier nommait Nemerte contient des animaux dont le corps est mou, extrêmement long, presque également obtus aux deux extrémités, pourvu d'une bouche très-grande qui n'est point terminale et forme quelquefois une espèce de ventouse, et d'un anus tout-à-fait terminal.

L'appareil générateur de cet animal est situé dans un tubercule qui est au bord de l'ouverture buccale.

C'est à M. Oken qu'on doit l'établissement de ce genre; il l'a dédié à Borlasius. Ce ver se trouve dans la mer sur la vase; il est commun près de La Rochelle et rampe comme le font les planaires. Nous l'avons fait représenter dans notre Atlas, pl. 53, f. 3.      (L. R.)

**BORNÉO** (Ile de). (géogr. phys.) L'île de Bornéo, située dans la partie du monde qu'on nomme Océanie, forme, avec Java et Sumatra, l'archipel de la Sonde, où se trouvent les îles les plus grandes du globe. Elle est placée sous l'équateur, qui la traverse par les deux tiers, de manière qu'elle s'étend à 4 degrés 1/2 au sud et à 8 degrés au nord de la ligne équinoxiale. Elle comprend donc 12 degrés 1/2 de latitude, ce qui donne 512 lieues de longueur.

Bornéo est donc très-considérable, et pourtant sa surface n'est parcourue que par des fleuves de peu d'importance. On ne peut cependant rien affirmer de bien positif à cet égard, attendu que l'intérieur de cette île n'a pas encore été exploré très-exactement. Contentons-nous de citer comme le fleuve le plus étendu du monde maritime, le *Benjer-Massing*, qui sort du lac *Kiney-Ballou*, situé dans la partie nord-est de Bornéo, et auquel les naturels donnent le nom de *mer*. Un voyageur européen, qui est peut-être le seul qui ait parcouru ses rivages jusqu'à présent, affirme que ses eaux sont blanchâtres, qu'il a 90 milles de tour et que sa profondeur est de quatre à sept brasses. Un autre fleuve assez important, le *Pontianak*, prend sa source, du moins autant qu'on peut le présumer, sur le versant occidental des montagnes centrales de l'île, et court se jeter dans la mer de la Chine.

Les eaux qui environnent Bornéo présentent en grande quantité les merveilleux résultats des travaux des lithrophytes et des madrépores, qui, au moyen de leurs constructions continues, forment ces immenses bancs sous-marins, espèces de murailles contre lesquelles viennent échouer les navires, sans que la prévoyance du plus habile marin puisse les mettre à l'abri du naufrage. Ces singuliers zoophytes subissent de nombreuses modifications : leurs couches supérieures sont dans un état de moiteur qu'on ne retrouve plus dans les bancs de corail pétrifiés ; ce n'est donc qu'après leur mort que leur étui se durcit et se consolide.

Les montagnes qui courent sur la surface de Bornéo se rattachent au système malaisien, l'un des trois systèmes dans lesquels on peut ranger toutes les hauteurs de l'Océanie : elles forment un groupe qui comprend les monts Panams et les monts de Cristal, dont on peut évaluer à 1500 toises les plus hauts sommets. C'est au milieu de ces chaînes que se trouvent les mines si riches et si fécondes qui offrent à l'exploitation tant d'avantages par l'abondance du métal et la grosseur des diamans : on pourra se faire une juste idée de leur importance, lorsqu'on saura qu'il y a environ cent ans, on en a extrait un diamant du poids de 367 carats, ce qui permet d'assigner à cette pierre précieuse la troisième place parmi les plus gros diamans du monde : ces mines sont très-productives, quoique fort mal exploitées par les Dayaks ou sauvages indigènes du pays.

Bornéo est extrêmement fertile ; elle abonde en casse, en muscades, en cire, en benjoin, en plantes aromatiques, en bois résineux et odoriférans. Son camphre est préférable à tous les autres camphres, et les Chinois, qui regardent cette résine comme le plus précieux des remèdes, offrent un prix considérable de celle qu'on récolte à Bornéo. Le poivre est aussi un des plus importans produits du pays. Les Hollandais, qui de tous les peuples européens sont les seuls qui aient sur cette île de brillans établissemens, retirent par an de Bornéo de sept à huit cent mille livres de poivre, qui, transportées en Europe, leur procurent d'immenses profits.

Le règne animal de ces contrées a un caractère qui lui est tout particulier : les contrastes les plus bizarres se présentent entre les nombreux habitans des forêts, des plaines et des montagnes :

c'est là qu'on trouve le *chevrotin napu*, qui, « sous » une taille de quelques pouces seulement, rap» pelle toutes les grâces, toutes les formes si » sveltes et si légères des cerfs et des gazelles » : auprès de cet animal si délicat et si élancé apparaissent plusieurs espèces de Rhinocéros, à la peau hérissée de poils courts et raides, comme les soies d'une brosse usée, toute pavée d'écussons, et dont les goûts solitaires se font assez remarquer par leur prédilection pour les forêts les plus épaisses et les moins fréquentées. Nous ne pouvons omettre de parler ici de ces nombreuses familles de Singes, de ces *Gibbons*, de ces *Vouvous*, de ces *Orangs* qui vivent en famille, et qui, suspendus au sommet des arbres au moyen de leurs bras d'une longueur démesurée, franchissent, avec la rapidité de l'éclair, de très-larges distances. C'est dans ces contrées qu'on rencontre aussi ces *Orangs-Outans* que quelques voyageurs, amis du merveilleux, ont nommés *Hommes sauvages*, à cause de leur conformité avec la race humaine. Ils sont d'un naturel méchant, sont très-prompts à la course, et très-adroits dans leurs mouvemens.

Comme nous l'avons déjà dit, l'île de Bornéo est encore peu connue : les auteurs même ne s'accordent pas sur le nom que lui donnent les naturels du pays : les uns prétendent qu'on la nomme *Varouni*, d'autres *Klemathan*. Dans tous les cas, elle est habitée par diverses races d'hommes qui descendent en général du type malaisien ; ils portent plusieurs noms suivant les divers points du territoire qu'ils habitent : ainsi, au sud et à l'ouest on les appelle *Dayaks*, au nord *Idaans*, à l'est *Tidouns*. Il y a aussi dans l'île des Chinois aux cheveux longs et plats et aux yeux obliques, des Japonais sans barbe et des Mangkassars aux dents noires et luisantes.

L'île de Bornéo est partagée en une foule de petits états qui sont pour la plupart dépendans des Hollandais. La puissance que ce peuple d'Europe a acquise dans cette contrée tient à ce que, en 1787, la compagnie termina la guerre civile qui existait entre le grand-père du souverain actuel de Banjermassing, et l'un de ses neveux. Pour reconnaître un si grand service, le sultan vainqueur se reconnut le vassal de la compagnie, qui a conservé depuis deux établissemens très-considérables à Bornéo, savoir : la *Résidence de la côte occidentale*, d'où dépendent les états du sultan de Sambas, le pays de Mumpawa, où se trouvent les mines les plus riches, et le royaume de Pontianak ; la *Résidence des côtes méridionale et orientale*, qui tiennent sous leur puissance les états du sultan Banjermassing.

Diverses îles dépendent de Bornéo ; nous allons en faire ici l'énumération : *la grande Natuna*, *les Anambas* et *Carimata*, situées à l'ouest ; *Grand-Solomba*, *Poulo-Laut* au sud ; *Maratouba* à l'est ; enfin *Cagayan* et *Balambangan* au nord.

(C. J.)

**BORONIE**, *Boronia*. ( BOT. PHAN. ) Genre d'arbustes de la Nouvelle-Hollande, appartenant à l'Octandrie monogynie et à la famille des Rutacées, dont il occupe la dernière classe pour l'unir aux Simaroubées, desquelles il se rapproche par ses quatre pistils distincts et seulement soudés par une partie des styles. Des dix espèces connues de Boronies, une seule est cultivée, c'est la BORONIE A FEUILLES PENNÉES, *B. pennata* de Smith, fort joli petit arbuste, grêle, peu élevé, à rameaux opposés, trouvé à la fin du dix-huitième siècle, aux environs du port Jackson. Ses feuilles ailées, à folioles impaires et étroites, au nombre de cinq à neuf, sont linéaires, lancéolées, aiguës, disposées en grappes au sommet des rameaux; quand on les froisse entre les doigts, elles répandent une odeur aromatique agréable. Les fleurs, toujours deux à deux, petites, roses, à quatre divisions ovales, se tortillent à leur extrémité; tout le temps qu'elles demeurent épanouies, depuis les premiers jours de février jusqu'à la fin de mai, elles exhalent le même parfum que celui de notre blanche aubépine; on les marie ensemble, et placées sur le sein de la jeune fille, elles donnent un nouvel éclat à la fraîcheur de sa peau, à l'incarnat de ses lèvres, à l'aimable coquetterie de toute sa personne. La Boronie promet de s'acclimater aisément en France; elle aime une terre légère, et durant l'hiver, elle veut encore un abri dans l'orangerie. On la propage de boutures et par la voie des semis, assez difficiles en ce moment. Son introduction date de l'an 1794. Le fruit est formé par l'agrégation de quatre coques ou capsules, s'ouvrant en deux valves et renfermant chacune une ou deux graines enveloppées d'un arille. (T. D. B.)

**BORRAGINÉES.** ( BOT. PHAN. ) Grande famille naturelle de plantes à fleurs monopétales, régulières, disposées en épis unilatéraux, à quatre semences nues, renfermées dans un calice persistant; les feuilles alternes, le plus souvent recouvertes de poils et rudes au toucher; racine vivace, port assez agréable; elle comprend un grand nombre de genres, dont les espèces se plaisent généralement dans les terrains secs et sablonneux.

Les botanistes divisent les Borraginées en trois sections, suivant que l'ovaire est indivis, bilobé ou quadrilobé, suivant que leur fruit est charnu ou capsulaire, et que la corolle est sans appendices ou que son intérieur est garni de cinq de ces prolongemens singuliers. Les cultivateurs ne tirent aucun parti des Borraginées, les bestiaux les repoussent, les horticoles en adoptent quelques unes comme agrément; la médecine en emploie un grand nombre; certaines fournissent un principe colorant fort en usage dans l'art du teinturier, celles-ci sont appelées *Orcanettes* dans le commerce. ( T. D. B. )

**BORYNE.** ( BOT. CRYPT. ) ( *Céramiaires.* ) Genre formé par le savant algologue Grateloup, et dont les caractères consistent en des filamens cylindriques, dichotomes, présentant alternativement des rétrécissemens diaphanes et des renflemens plus ou moins colorés, et dont les capsules extérieures, sphériques, sessiles, adnées aux rameaux, sont comme involucrées au moyen de ramules qui protégent le point d'insertion.

Les Borynes, végétaux nuancés de rose et de pourpre, les plus élégans de tous ceux que l'on trouve sur les bords de la mer, forment sur les fucus ou les rochers qui les supportent, de petites touffes flexibles, dont la hauteur dépasse rarement trois à quatre pouces. On les rencontre ordinairement depuis les limites moyennes que tient la marée, jusqu'à deux ou trois pieds au dessous de l'eau dans la basse mer.

Un grand nombre de Borynes ont été mentionnées soit comme espèces, soit comme variétés, mais cela a été fait d'une manière si confuse, qu'à peine si on peut en reconnaître deux ou trois dans les auteurs. ( F. F. )

**BOSCOTE** ou **BOSOTE.** ( OIS. ) Ces noms sont donnés, dans quelques unes de nos provinces, au rouge-gorge et au rouge-queue, ou rossignol de murailles. (*V.* BECS-FINS.) ( GUÉR. )

**BOSSE.** ( BOT. CRYPT. ) La maladie du blé, connue sous le nom de charbon, et appelée Bosse dans quelques cantons de la France. On sait que cette maladie est causée par un champignon de l'ordre des URÉDINÉES. ( *V.* ce mot. )
( GUÉR. )

**BOSTRICHE,** *Bostrichus.* ( INS. ) Genre de Coléoptères établi par Geoffroi, de la tribu des Bostrichiens et de la famille des Xylophages, ayant pour caractères : mâchoires bilobées, troisième article des tarses très-court, tête globuleuse pouvant rentrer dans le thorax. Ces insectes ont un faciès très-remarquable; leur corps est en effet presque parfaitement cylindrique, tronqué brusquement à leurs deux extrémités. Le thorax est globuleux, et, au lieu d'être ouvert à l'extrémité, il l'est en dessous pour recevoir la tête; la portion que l'on pourrait comparer à ses angles antérieurs, est fortement couverte d'épines ou rugosités dirigées en arrière, qui doivent jouer un rôle important dans son existence; la tête est placée dans une position tout-à-fait perpendiculaire, elle est en outre globuleuse, et peut rentrer à volonté, et presque entièrement, dans le thorax. Les élytres sont rugueuses, coupées obliquement à leur extrémité et offrant des piquans dirigés en arrière dans plusieurs espèces. Les tarses présentent quelques différences dans plusieurs espèces, ce qui confirme combien ce genre et en général tous ceux de cette famille ont besoin d'être travaillés. On peut dire cependant que le troisième est toujours le plus court. Leurs larves vivent sous les écorces des arbres, elles sont molles, courtes et arquées; leur corps est composé de douze anneaux, les trois premiers portent six pattes écailleuses; la tête est armée de deux mâchoires fortes et tranchantes, avec lesquelles elles réduisent le bois en poussière. On ne trouve jamais ces insectes sur les fleurs. On en connaît un grand nombre dont plusieurs exotiques, qui atteignent près d'un pouce de long; leurs couleurs n'offrent rien de remarquable, et leur figure étant toujours la même, nous nous contenterons de citer les suivans.

B. CAPUCIN, *B. capucinus,* Linn., Olivier, représenté dans notre Atlas, pl. 1, f. 54. Long d'environ 7 à 9 lignes, noir, avec les élytres et la terminaison de l'abdomen rouge de brique.

B. BIMACULÉ, *B. bimaculatus*, Fab. Noir, avec une tache blanche de chaque côté du corselet, ponctuée de noir, une dent courte à l'extrémité de chaque élytre. De Provence.  ( A. P. )

BOSTRICHINS, *Bostrichii*. ( INS. ) Tribu de Coléoptères, de la famille des Xylophages, ayant pour caractères : corps cylindrique; tête petite; antennes de huit à dix articles, dont les trois derniers, plus grands, formant une massue feuilletée; les pieds courts, tarses ayant leurs articles entiers. Les larves de ces insectes vivent dans l'intérieur du bois et sont peu connues. (A. P.)

BOSWELLIE, *Boswellia*. ( BOT. PHAN. ) Genre de la famille des Térébinthacées de Jussieu, et de la Décandrie monogynie de Linné, établi par Roxburg.

Jusqu'à nos jours, l'origine de l'encens fut mystérieuse, comme le grand être auquel nous l'offrons en hommage. Théophraste et Pline nous disent que les Grecs différaient dans la description de l'arbre qui le produisait. Pline ajoute que la notice contenue dans l'ouvrage adressé par le roi Juba à C. César, petit-fils et fils adoptif d'Auguste, n'était nullement conforme à ce que rapportaient d'autres auteurs. Plus loin, il remarque que les ambassadeurs arabes qui, de son temps, vinrent à Rome, avaient rendu cette matière plus incertaine que jamais. Enfin, de tant de siècles d'obscurité, la vérité aujourd'hui se dégage. Roxburg et Hunter en sont les révélateurs. C'est à l'arbre que le premier nomme *Boswellia serrata*, que nous devons, suivant eux, cette gomme-résine si célèbre. Le *Boswellia serrata* est unique de son genre et de son espèce, comme si, sacré par son objet, il ne devait rien avoir de commun avec des plantes profanes.

Voici ses caractères génériques : calice libre, pentafide; corolle pentapétale; disque crénelé, charnu, en forme de coupe, embrassant la base de l'ovaire, inséré, ainsi que les étamines, à son pourtour; étamines au nombre de dix; capsule à trois côtes, à trois loges, à trois valves; graine solitaire dans chaque loge.

Quant aux caractères spécifiques, ce sont les suivans : feuilles imparipinnées, situées aux extrémités des rameaux; folioles alternes, oblongues, obliques, pubescentes, dentées en scie ( on en compte ordinairement dix paires ); fleurs petites, verdâtres, disposées en épis axillaires dressés, longs de deux à trois pouces, plus courts que les feuilles; étamines au nombre de dix à filets alternativement plus courts; style cylindrique, stigmate partagé en trois lobes.

Nous devons faire observer que le nombre des divisions du calice, des pétales, des étamines et des loges du fruit, est très-sujet à varier.

Cet arbre est très-commun dans les forêts qui s'étendent entre Sòna et Nagpour, où H.-T. Colebrooke l'observa dans son voyage au district de Berar, en 1798.

L'oliban ou l'encens s'obtient par des incisions profondes pratiquées au tronc du Boswellia. D'abord liquide, il ne tarde pas à se solidifier. On n'a que des notions imparfaites sur la manière dont on le recueille : il paraît qu'elle est très-solennelle. Faut-il s'en étonner? L'homme, en respirant ce parfum, n'a-t-il pas dû, sur-le-champ, reconnaître quel devait être son usage? et ne voyons-nous pas que, de temps immémorial, il fuma sur les autels de la divinité? Entrez dans nos basiliques au moment du salut, et défendez-vous, si vous pouvez, d'un profond sentiment d'adoration, quand tout un peuple de fidèles est prosterné, et qu'un nuage d'encens point du pied de l'autel, s'étend dans toute la vaste enceinte du temple pour recueillir toutes les prières, et monte lentement, aux majestueux accords de l'orgue, pour les porter devant le trône de l'éternel.

L'étymologie du vieux mot français *Oliban* est assez incertaine : les uns veulent qu'il vienne du grec *libanos* joint à l'article *ò*; que *libanos* ait pour radical *leibô*, verser, *libàs*, source, par allusion à l'écoulement de cette résine, radical qui se retrouve dans l'hébreu *lebonah*; d'autres prétendent que *oliban* est pour *oleum Libani*, quoi qu'il soit certain que l'encens ne nous vient pas du Liban.

Quant au mot *encens*, il dérive de *incensum*, substance que l'on brûle.  ( C. É. )

BOTANIQUE. La science qui a pour objet l'étude des plantes s'appelle Botanique; elle recueille les végétaux, en décrit les formes, les organes et les caractères essentiels; elle cherche à saisir les phénomènes de leurs fonctions et à établir la qualité des substances qui les composent ( *v.* PHYSIOLOGIE VÉGÉTALE ); elle dresse l'inventaire des espèces, leur impose un nom afin d'en mieux garder la mémoire, et de les retrouver aisément; elle les range ensuite par genres et par familles, selon les rapports naturels qui les lient entre eux (*v.* MÉTHODES BOTANIQUES et NOMENCLATURE); elle les considère encore dans leur distribution sur le globe, soit par groupes ou s'arrêtant à des localités plus ou moins limitées, soit par grandes masses en embrassant l'ensemble des deux hémisphères (*v.* FLORE et GÉOGRAPHIE BOTANIQUE). Tantôt la Botanique livre les plantes aux règles d'une culture simple, appropriée, pour en découvrir la destination positive, pour en perfectionner les vertus et connaître les insectes et les cryptogames qui vivent à leurs dépens, afin de naturaliser les espèces bonnes à manger, les rendre plus salubres, plus savoureuses, corriger la baie acidule et convertir en alimens agréables la racine amère, la tige ou la feuille coriace (*voy.* AGRICULTURE, HORTICULTURE et JARDINS BOTANIQUES); tantôt elle les examine : 1° relativement à l'action que les différens météores exercent sur leur végétation, sur leurs produits, et à l'influence que les tiges ligneuses exercent à leur tour sur la terre et les êtres qui l'habitent (*v.* MÉTÉOROLOGIE RURALE); 2° sous le rapport des moyens héroïques que leurs propriétés diverses offrent à la médecine pour combattre les maladies, et sous le rapport de leur utilité aux arts, à l'industrie, pour satisfaire à nos goûts, pourvoir à notre sûreté, à notre mieux-être ; 5° ou bien dans l'emploi que l'on peut faire pour l'agrément, de leur grandeur, de la beauté du feuillage et des fleurs, de l'élégance ou de la singularité du port.

Ces nombreuses applications de la Botanique prouvent qu'elle est essentiellement liée aux besoins immédiats de l'homme ; les ressources qu'elle présente à l'art agricole, à l'économie domestique, à l'industrie manufacturière, au commerce, sont incalculables, et les plaisirs que l'on goûte, en se livrant à cette belle branche de l'histoire naturelle, sont doux et de tous les instans. On les savoure, ces plaisirs, à la campagne en portant les yeux autour de soi, en se reposant sur l'herbe molle, en aspirant le parfum des fleurs, en s'enfonçant sous le dôme verdoyant des forêts ; on les double, on en prolonge la jouissance paisible et toute sentimentale, quand, chargé de trophées qui n'ont coûté ni larmes ni sang, on rentre dans son cabinet, on soumet chacune des parties de la plante à l'investigation de la loupe, dont il importe de ne pas abuser, et aux épreuves de l'analyse chimique ; quand enfin on les compare avec leurs congénères, et qu'on les dépose méthodiquement dans son herbier.

Il est impossible de donner une époque précise à l'origine de la Botanique. Les moyens d'investigation nous échappent de plus en plus à mesure que la curiosité nous porte vers cet âge, infiniment reculé, où vivaient sur le sol que nous foulons les végétaux dont les débris fossiles sont cachés au sein des tourbières, ou dont certaines parties sont demeurées empreintes sur nos schistes et nos marnes ; les recherches se perdent en conjectures plus ou moins séduisantes, à raison que le terme se rapproche davantage de la grande révolution terrestre dont les témoins muets existent partout. Quelque lents que soient nos tâtonnemens, quelque infatigables, quelque profondes que soient nos savantes recherches, comment se flatter d'y parvenir jamais, quand la chaîne des traditions est rompue à chaque instant, quand la science des peuples qui, au nord de l'ancien continent, précédèrent les Celtes et les Scandinaves, à l'est les Malais et les Pélasges, au sud la civilisation de l'Éthiopie, est perdue pour toujours ? La science de l'Égypte, quoique en partie inscrite sur ses monumens gigantesques, où la simplicité s'unit à tant de hardiesse et de splendeur, attend encore des circonstances imprévues pour nous redire les événemens, les mœurs, les maximes dont ils consacrent le souvenir, et nous révéler les opinions vraies ou mystérieuses attachées aux trente-six plantes dites sacrées qu'ils nous représentent, ainsi qu'aux fleurs brillantes du Lotus, *Nelumbium speciosum*, aux racines comestibles du Gouet, *Arum esculentum*, aux graines tinctoriales du Carthame, *Carthamus tinctorius*, aux lames minces que l'habitant des bords du Nil séparait de la tige souple du Souchet, *Cyperus papyrus*, à l'ognon très-âcre de la Scille

officinale, *Scilla maritima*, recherché comme le remède d'une hydropisie endémique aux environs de Péluse, etc. ( Je ne pense pas, comme on le croit généralement, que ces diverses plantes cachent une pensée religieuse , une allusion astronomique ; quelques faits , recueillis dans mes voyages, semblent me prouver qu'elles n'étaient rien autre que l'emblème héraldique des trente-six nomes dont se composait le gouvernement politique de l'Égypte.)

Arrivons de suite à la Grèce ; de ce point nous marcherons avec plus de confiance, appuyés sur des autorités écrites. Les plantes que les auteurs citent ne dépassent point d'abord le nombre quatre cents, puis neuf cents et enfin douze cents, encore en est-il beaucoup dont le nom et les usages sont si vaguement indiqués qu'elles nous laissent peu d'espoir de les déterminer un jour. (*Voy.* BOTANIQUE CLASSIQUE.)

Placée sur un sol naturellement stérile, ne payant au laboureur le prix de ses peines que par une longue suite de soins assidus, qu'après une culture pour ainsi dire de tous les instans, la Grèce sentit que sa destinée serait nulle si ses fils ne cédaient point à la voix du travail, et s'ils ne profitaient de leur heureuse imagination pour conquérir de la force et s'élever au dessus des autres peuples. Homère leur promit, en son nom, un noble avenir s'ils voulaient s'adonner à la culture de la vigne et des céréales , fournir d'abondans herbages aux troupeaux, entourer de fleurs odorantes le chaume où l'abeille construit ses alvéoles, et enlever aux arbres fruitiers les branches surabondantes qui dévorent inutilement la séve nécessaire au perfectionnement du fruit. A ses chants harmonieux l'intérêt personnel et l'amour de la patrie répondent avec empressement ; le sol change aussitôt de face, la pensée mythologique se marie aux productions de la terre, des plantes ornent sans cesse les autels, les statues des dieux. Pour obliger chacun à la conservation des arbres, dont la présence embellit le paysage, fertilise les guérets et charme les yeux, le divin poète assure que sous leur écorce respire une nymphe protectrice ; tous les phénomènes de la nature, heureux ou malheureux, s'expliquent par d'ingénieuses allégories dont le voile léger et demi-transparent cache l'austère vérité. Pythagore paraît ensuite, il publie que les plantes sont capables de sensations, qu'elles sont douées d'une certaine intelligence, et qu'elles servent de berceau aux âmes prêtes à subir leur transformation humaine.

Démocrite et Empédocle, voulant amener le culte et l'étude des plantes dans le chemin de l'observation régulière, enseignent à leurs disciples que la graine est l'œuf végétal, et que son existence, ses diverses évolutions résultent d'une loi parfaitement identique à la reproduction des animaux. Anaxagore annonce que les feuilles absorbent et exhalent de l'air : Hippocrate découvre dans les différentes parties des plantes mille ressources thérapeutiques, dont il recommande l'usage. Eudème va plus loin ; il soumet ces vertus à des expériences directes, afin de les rendre et plus constantes et d'un emploi plus direct, tandis qu'Hippon observe l'influence que la culture exerce sur les formes, les produits et la puissance attribuée aux végétaux.

Jusqu'alors la marche adoptée ne pouvait conduire à des résultats bien importans ; les faits étaient recueillis isolément, sans ordre comme sans critique ; les noms s'imposaient au hasard, et changeaient suivant les localités ou la vertu que l'on prêtait à la plante observée ; de là les nombreux écarts d'une imagination ardente et fleurie ; de là les vaines hypothèses qui détournent sans cesse du but. Enfin, riche d'expériences et d'observations faites dans de longs voyages, à la suite de profondes méditations et d'études en présence de la nature, Théophraste fait pour les plantes ce qu'Aristote, son maître et son ami, venait de faire pour les animaux. Il montre les rapports intimes de la Botanique avec l'économie rurale et domestique ; son emploi raisonnable en médecine et ses nombreuses relations avec l'industrie ; il applique à la structure, à l'organisation végétale les lois de la physiologie, il suit les phénomènes de l'existence des plantes depuis l'instant où la plumule brise les enveloppes coriaces de la graine jusqu'à celui où le germe fécondé transmet à une nouvelle génération le principe vivificateur qu'il a reçu, et il en déduit une explication satisfaisante. L'utile étant la base invariable de ses recherches, l'agréable en devenait nécessairement la conséquence ; aussi de ce moment la Botanique fut-elle réellement entendue, cultivée ; de ce moment elle put prendre place parmi les connaissances humaines et recevoir le titre de véritable science.

Théophraste a développé dans l'*Histoire des plantes* et dans le *Traité des causes* la doctrine botanique et le système de physiologie végétale qu'il enseignait à ses deux mille élèves ; comme l'un et l'autre ont été suivis pendant près de vingt-deux siècles sans subir la plus légère modification, il importe d'en offrir ici le résumé rapide. J'extrais en traduisant, mais je n'explique et ne commente pas. On pourra vérifier chaque assertion en consultant le mémoire que j'ai publié sur ce sujet il y a douze ans ( Paris, 1822, in-8° de vingt pages) : on les y trouvera toutes.

Écoutons le philosophe d'Erésos : « Les caractères généraux et essentiels des plantes offrent un rapport remarquable avec ceux des animaux ; il existe entre eux quelques différences, mais ils sont les uns et les autres soumis aux mêmes lois pour l'organisation et le développement, pour la nutrition et la reproduction. La force vitale détermine tous les phénomènes de l'existence végétale, et pour le maintien de cette force, il faut que l'humide radical soit dans une juste proportion avec la chaleur. La reproduction a lieu par l'union des sexes. Ce sont les corpuscules pulvérulens qu'on remarque dans les fleurs mâles, sous l'aspect d'un léger duvet, qui fécondent les fleurs femelles, et leur font porter des fruits. Il y a analogie frappante entre l'odeur qu'exhale la poussière des fleurs et celle de la liqueur séminale. Jamais les fleurs femelles ne produisent sans le concours des fleurs mâles. Tantôt l'hymen s'accomplit par le ministère des vents, ou par la main des hommes qui rapproche les individus parfois très-éloignés, et apporte aux épouses le principe fécondant ; tantôt les organes sexuels sont réunis sur le même pied, et sont placés de manière à ne pouvoir jamais être privés du tribut conjugal. La graine est l'œuf végétal ; une partie de sa substance sert à former la tige, les rameaux et les feuilles qui les ornent, l'autre à nourrir le germe et à développer les racines : tous les élémens de la végétation et de la reproduction sont déposés dans la semence. C'est par les racines que la plante reçoit de la terre une partie de sa nourriture ; là, comme dans l'estomac des animaux, l'eau et les matières qu'elle tient en dissolution acquièrent le degré de coction nécessaire pour être incorporées à la substance végétale. C'est par les racines que les germes aspirent une nouvelle vie, qu'ils prennent de l'accroissement, et que les parties supérieures se chargent de verdure et de fruits. La forme des racines varie à l'infini, et avec elle les propriétés qui leur sont inhérentes. Une plante privée de sa racine ne tarde pas à périr. Les tiges s'élèvent vers le ciel ou rampent sur le sol ; celles qui montent le plus vite s'énervent et ne donnent point de fleurs ni de fruits, ou si elles en portent, les premières tombent aisément, les seconds sont mauvais. La première évolution extérieure commence par des feuilles séminales, dont la forme est le plus ordinairement ronde et simple ; de leur centre sort la tige. Il y a des plantes qui lèvent avec une seule feuille séminale, les autres en ont deux. Aux feuilles radicales succèdent les caulinaires ; elles affectent différentes formes ; les plus communes sont aiguës ou composées ; leur teinte varie, elle est d'un vert foncé en dessus et blanchâtre en dessous. Chacune de leurs faces est formée de fibres et de vaisseaux disposés en un réseau particulier, dont la partie supérieure n'a point de communication avec l'inférieure. Les feuilles nourrissent la plante des vapeurs qui circulent dans l'atmosphère ; c'est par elles que le végétal transpire et qu'il se débarrasse des parties inutiles à sa nutrition. Les fleurs sont le siége des sexes ; les fleurs doubles sont stériles, les mousses et les fougères en sont privées. Les fleurs s'épanouissent à des époques fixes qui varient selon les individus, les localités qui leur donnèrent primitivement le jour, et la température de l'année. Les fruits viennent après les fleurs, à l'exception du figuier chez qui le fruit se développe sans qu'aucun appareil de floraison l'ait précédé. Chez certaines plantes, le fruit est une pulpe charnue ; chez d'autres, c'est une enveloppe plus ou moins épaisse, plus ou moins dure qui renferme les semences. »

Passant ensuite aux parties internes, Théophraste y reconnaît les mêmes organes que chez les animaux, et pour les exprimer, il emploie les mêmes termes. « L'écorce sert d'enveloppe extérieure ; celle des espèces herbacées n'est qu'un simple épiderme recouvrant un tissu cellulaire plus ou moins épais et presque toujours succulent ; l'écorce des espèces ligneuses, proprement appelée *écorce*, est lisse ou raboteuse, fendillée et pour ainsi dire déchirée par lambeaux. Très-importante à la vie végétale, l'écorce est chargée d'élaborer les sucs nutritifs et de réunir en un seul faisceau toute la puissance régénératrice de la plante. Des tubes capillaires fibreux constituent le corps du végétal, c'est par eux que s'opère l'absorption des sucs vitaux et la nutrition des feuilles. Le corps fibreux offre un assemblage de vaisseaux qui ne se déchirent que lorsqu'on fend la tige ; ils s'écartent tout simplement les uns des autres, et ne se confondent jamais au point que deux vaisseaux n'en forment qu'un seul. Ces fibres suivent une direction parallèle dans le pin et le sapin, tandis que dans le liége elles se croisent en tous sens. On peut les observer jusque dans les fleurs et même dans les fruits. Outre le corps fibreux, la plante possède encore des vaisseaux plus gros et plus épais ; ils promènent la séve et les autres fluides ; ils sont très-apparens dans certains arbres, ils manquent dans d'autres. Entre les fibres et les vaisseaux séveux est le parenchyme : cette substance est répandue dans toutes les parties du corps végétal, elle abonde surtout dans le fruit ; on la trouve aussi quelquefois dans le corps ligneux. Le bois est principalement composé de fibres et de sucs ; sa portion la plus ferme est celle qui touche à la moelle ; elle occupe toute la plante depuis l'origine des racines jusqu'au sommet de la tige. Le palmier n'a point de moelle ni de couches concentriques. La moelle se distingue du reste du bois par sa couleur foncée ; elle donne naissance au fruit et au noyau ; elle périt souvent dans le tronc des arbres, et l'on n'en aperçoit plus de vestiges qu'à l'extrémité des branches : le corps ligneux ne cesse point pour cela de végéter avec quelque vigueur, de donner chaque année de nouvelles pousses, des feuilles et même des fruits. La bonté du bois dépend de la nature du sol ; celui venu sur les hautes montagnes et les plaines élevées est plus compacte, plus dur, d'un meilleur usage que celui provenant des terrains humides ou marécageux. Les végétaux sont disséminés inégalement sur la terre ; les vents, les oiseaux et les ondes en transportent les semences à des distances plus ou moins grandes. Plusieurs causes peuvent nuire aux plantes même les plus robustes et porter le désordre dans leur organisation. La rigueur des frimas, les chaleurs excessives et long-temps prolongées, l'humidité constante, les vents impétueux, la foudre, les insectes déterminent des lésions plus ou moins nombreuses, outre les affections générales ou particulières à chaque végétal, qui décident tôt ou tard de sa destruction. »

Sans doute au milieu de ces doctrines vraies, où l'on retrouve toutes celles que le temps a confirmées, il se rencontre quelques erreurs, quelques observations incomplètes ; mais quand on calcule l'espace de temps qui sépare Théophraste des modernes législateurs de la Botanique, on ne peut qu'admirer la puissance de son génie. Il forma deux grandes classes des végétaux, les arbres, et les herbes ; ces dernières, il les divisait en plantes potagères, fromentacées ou céréales, succulentes ou médicinales, oléagineuses et d'agrément. En envisageant ainsi la Botanique, il a quitté la route qui devait le conduire à la distinction des genres et des espèces, qui l'aurait amené à des considérations plus philosophiques, à des notions plus exactes. Il rachète cette faute, lorsqu'il parle des localités, car il le fait toujours en voyageur qui sut tout apprécier, en géographe fidèle ; et quand il s'applique à décrire une plante, ce qui malheureusement arrive trop rarement, c'est avec une telle précision, une telle vérité, qu'on le croirait armé de tous les instrumens que l'esprit d'investigation fit inventer plusieurs siècles après lui.

Les élèves de Théophraste, au lieu de suivre l'impulsion progressive qu'il avait imprimée à la Botanique, demeurèrent stationnaires. L'école d'Alexandrie fit moins encore ; elle ne connut que les livres, tout était là suivant elle, et ce qui ne s'y trouvait pas n'existait point. Elle compta de nombreux, de savans érudits, mais pas un botaniste. Il faut cependant distinguer, parmi les compilateurs et les lourds commentateurs des âges suivans, Cratévas, qui décrivit bien les plantes, et en donna de très-bonnes figures dessinées, et coloriées sur la nature vivante ; Dioscorides, qui reconnut le premier la nécessité de la synonymie, et Galien, qui éclaira la botanique médicale par ses observations au lit des malades, par ses expériences sur lui-même.

La grande période romaine ne produisit rien pour l'aimable science. Uniquement occupés de conquêtes et de despotisme, de l'éloquence de la tribune ou de prostitutions aux pieds de leurs infâmes empereurs, les Romains laissèrent aux esclaves la culture de la Botanique. Caton, Varron, Columelle, et les autres géopones, ne parlent des plantes que comme agriculteurs ; Virgile les chante en poëte né aux champs ; mais aucun d'eux n'en traite spécialement. Si Pline, au lieu d'observer par lui-même, traduit inexactement Théophraste et Dioscorides ; s'il applique souvent à une espèce ce qu'ils disent d'une autre, c'est parce qu'il a plus agi en compilateur qu'en botaniste ; mais, d'un autre côté, il y aurait injustice à passer sous silence l'art séduisant qu'il a de lier à chaque plante les faits remarquables, les anecdotes curieuses, les traits piquans que lui fournissait une lecture immense ; jamais il n'oublie de dire les usages que l'on en faisait dans l'économie rurale et domestique, dans les pratiques civiles et religieuses ; et sous ce double rapport, Pline a rendu service à la science.

Durant le long espace de temps qu'il faut franchir pour passer de cet illustre naturaliste aux dernières années du quinzième siècle de l'ère vulgaire, temps affreux, où la vie de l'homme, soumis au plus dur esclavage, était livrée à la barbarie de quelques tyrans obscurs, à des guerres continuelles, à des famines, à des épidémies dévastatrices, la Botanique fut sans intérêt, délaissée, et presque entièrement nulle. Si elle jette de temps à autre une pâle lueur, le souffle impur de l'intolérance l'éteint aussitôt. Au septième siècle, les Arabes, maîtres de l'Espagne et du midi de la France, se livrèrent à l'étude des plantes, plus en médecins qu'en naturalistes, plus en commentateurs qu'en historiens; ils ne furent utiles à la science que par le nombre des plantes qu'ils apportèrent des régions orientales, ou sur lesquelles ils donnèrent des renseignemens certains. Les croisades, qui embrasèrent l'Orient et l'Occident pendant près de deux cents ans, n'eurent qu'une bien faible influence sur la Botanique, quoiqu'on leur dût l'introduction en Europe de diverses plantes utiles, de la garance, du mûrier blanc, de la belle ketmie des jardins, *hibiscus althœa*, de plusieurs fruits nouveaux que la culture a perfectionnés depuis, etc. Au quatorzième siècle, je vois Silvatico de Salerne faisant venir des contrées les plus éloignées des végétaux rares pour en découvrir les propriétés, et presque dans le même temps, Wallafrid-Strabon se délasser des rigueurs et des vices du cloître, en écrivant son *Hortulus*, petit poème élégant, plein de préceptes très-justes et d'images gracieuses sur les fleurs, avec quelques bonnes descriptions de plantes alors nouvelles ou fort peu connues.

Avec l'invention de l'imprimerie, avec la découverte de Christophe Colomb, qui rendit à l'ancien hémisphère un autre hémisphère depuis long-temps oublié, surgit une nouvelle ère pour l'humaine civilisation, et pour la Botanique commence une révolution mémorable. Bacon et Galilée déchirent le voile épais de la routine, arrachent les esprits aux disputes de la théologie, aux sombres rêveries de la métaphysique, pour les forcer à porter les yeux sur le grand livre de la nature. On écrit encore beaucoup sur les plantes nommées par les anciens, on prétend encore les reconnaître, les désigner avec précision sans les étudier dans leurs diverses évolutions, sans explorer les lieux où elles croissent. Cependant la voix de la raison se fait jour : Cordus fils annonce que les fougères se reproduisent à l'aide des corpuscules qui se développent sur la face inférieure de leurs feuilles, et détermine le vrai caractère des légumineuses; Bock, dit Tragus, rejette l'ordre alphabétique pour classer les plantes et les voies de l'érudition pour les décrire; il voit par ses propres yeux, et dans la méthode qu'il adopte il s'attache aux ressemblances générales, aux élémens qui associent les espèces, et les groupent les unes auprès des autres. Ses classes ne sont point toutes naturelles, mais chacune d'elles offre des rapprochemens qui le sont. Ce botaniste-observateur a fondé l'iconologie moderne, avec Bunsels et Fuchs, qui mérite surtout une place distinguée

parmi les vrais restaurateurs de l'aimable science : ses dissertations sur l'aloès, la rhubarbe, la casse, la manne, l'aconit, la ciguë, la centaurée, l'aigremoine, le bois gentil, *Daphne mezereum*, la bourrache, le sucre, etc., lui feront toujours honneur. A la même époque, Gesner fit sentir la nécessité de chercher dans la fleur et dans le fruit les caractères distinctifs des espèces, des genres, des classes; Zaluzianski confirma la découverte des sexes, il montra leur réunion dans certains végétaux, et leur séparation dans d'autres, et fournit le premier exemple de commencer l'histoire de la Botanique par les plantes les moins parfaites, telles que les champignons, les mousses, etc. Mattioli et Daléchamp ouvrent la route aux deux Bauhin, qui devaient profiter de leur érudition profonde, offrir les modèles d'une bonne synonymie, et élargir la voie de la véritable investigation. A son tour, L'Écluse contribue singulièrement aux progrès de la science, en faisant connaître une multitude de végétaux exotiques, dont les descriptions sont remarquables par l'exactitude et la précision, par un style clair, simple, coulant, plein d'élégance, et par les figures qui les accompagnent. Le nombre d'arbres, d'arbustes et de fleurs dont on doit l'introduction dans nos cultures au botaniste d'Arras, est très-considérable : parmi eux je dois citer ici le marronier d'Inde, *Æsculus hippocastanum*; le laurier-cerise, *Prunus lauro-cerasus*; le platane d'Asie, *Platanus orientalis*; l'arbre de vie du Canada, *Thuya occidentalis*; le jasmin d'Arabie, *nyctanthes sambac*; diverses liliacées, anémones, etc. On lui doit surtout la connaissance de la pomme de terre, et d'en avoir répandu les tubercules.

Césalpin fit plus encore pour la science. Il publia la première classification méthodique. Son attention portée sur le fruit et la semence, lui fournit des caractères bien plus importans que ceux tirés de la grandeur ou des propriétés, adoptés par ses prédécesseurs. Il pressentit la valeur que l'on a depuis accordée au nombre des cotylédons. On vit aussitôt la marche qu'il fallait adopter, le terme qu'on avait à envisager pour avancer de plus en plus. On reconnut encore l'importance des voies expérimentales, on fonda des jardins botaniques, et tandis que, en 1600, Schwenkfeld et Jungermann dressaient les premières flores connues, celle de la Silésie et celle des environs d'Altdorff en Franconie (*voy.* Flores et Jardins botaniques), une foule de naturalistes parcouraient en habiles investigateurs les diverses contrées du globe. Rhéede explore les côtes du Malabar et de l'Inde; Rumph, Amboine et les Moluques; Paul Hermann, le cap de Bonne-Espérance et Ceylan; Koempfer, l'Asie orientale et le Japon; Sherard, Tournefort, Wheler, la Grèce et l'Asie mineure; Sloane, Banister, Plumier, l'une et l'autre Amérique. L'ample moisson que chacun s'empresse de faire connaître, agrandit le domaine de la science, donne aux idées d'ordre une consistance nouvelle, et dispose les esprits à une révolution nécessaire dans l'étude et l'emploi des productions de la nature.

Plus

Plus les termes de comparaison augmentent, mieux on comprend la généralité des conditions de l'être, et plus les observations deviennent meilleures, plus leurs résultats sont lumineux. Jung réduit en axiomes les principes de la science, et écrit d'inspiration, dans son *Isagoge phytoscopica*, les vues profondes sur la distribution méthodique des plantes, sur les caractères et la manière de les exprimer, ainsi que sur la nomenclature. Morison prévoit une détermination moins vague des genres et apprend, par son travail sur les ombellifères, comment on doit écrire une MONOGRAPHIE (*v.* ce mot). Rai, Paul Hermann, Rivin et Magnol, approchent du but que leur génie découvre, et s'ils ne l'atteignent pas, l'un nous donne un catalogue de 18,655 espèces ou variétés qu'il a recueillies à grands frais et avec le plus grand soin pendant cinquante années d'études suivies; l'autre propose une méthode fondée sur l'organisation du fruit; le troisième la veut établir sur la corolle, et le quatrième sur l'ensemble des analogies. On doit à Magnol l'heureuse dénomination de familles, il en fait l'application aux diverses coupes que lui inspirent les agrégations qu'il remarque.

Enfin, Tournefort invente le genre et crée un système régulier de classification, claire, facile, à la portée de tous les esprits et parlant à tous les yeux. La présence ou l'absence de la corolle, voilà la base essentielle; ses divisions, il les puise dans la diversité de formes que présente cet organe délicat où, temple riant de l'hyménée, brillent les couleurs les plus éclatantes, d'où s'exhalent les parfums les plus suaves, et où se jouent les plaisirs, aimables compagnons du gai printemps. A peine l'illustre botaniste d'Aix eut-il mis aux mains des adeptes ce moyen de distribuer régulièrement les plantes répandues sur le globe, que tous les phénomènes de la vie végétale furent soumis à un examen rigoureux qui en fit jaillir des explications plus justes que celles adoptées jusqu'alors. Duy de La Brosse s'occupe du sommeil des plantes; Grew compare entre eux les divers genres de fruits et de semences; Van-Helmont et Boyle étudient les lois de la nutrition; Hale, la marche de la séve, les causes de l'absorption et de la transpiration; Pontadera, la nature de la fleur à laquelle il refuse obstinément le sexe que proclament Camerarius, Vaillant et Geoffroy. D'autres se chargent d'éclairer certaines familles; Scheuchzer et Monti décrivent les graminées et les joncées; Micheli, les champignons; Dillen, les mousses, les lichens et les algues; Commelin et Ferrari, les orangers, pendant que Feuillée va demander de nouvelles richesses au Pérou, Catesby à l'Amérique septentrionale, Burmann à l'Afrique du sud, Messerschmid, Gmelin et Kraschenninikow au nord de l'Asie, Shaw à la côte de Barbarie, Buxbaum aux tristes rivages de la mer Noire et à la fertile Arménie.

Tout à coup un brillant météore paraît près du Pôle arctique et répand une large lumière sur toutes les branches de l'histoire naturelle; sa présence dote une foule de jeunes naturalistes d'une impulsion gigantesque qui les pousse incessam-

ment aux découvertes les plus importantes. Comme Aristote chez les anciens, Linné vient, au milieu du mouvement extraordinaire que ses écrits immortels excitent et soutiennent, asseoir la science sur une base solide, la débarrasser de toutes les entraves qui arrêtent sa marche progressive, et étendre les limites de son beau domaine. C'est un spectacle attendrissant de suivre pas à pas l'étonnante carrière de ces deux grands génies, de voir les nobles efforts qu'ils font pour le triomphe de la raison, leur persévérance, et comment tous deux arrivent au même but par deux routes différentes, le premier en fuyant le faste des cours, en sacrifiant aux études solides les plaisirs que lui assurent un patrimoine considérable, une position élevée, une famille puissante; le second, sans aucun appui, luttant sans cesse contre la misère, la jalousie et la morgue insolente qui le repoussent, accomplissant sa sublime entreprise par ses vues grandes, par son esprit d'analyse et de méthode, par les dons d'une imagination qui grandit à mesure qu'elle détaille les richesses de la nature. (Ce sujet m'a séduit, et j'ai osé tracer un *Parallèle entre Aristote et Linné*, Paris, 1827, in-8°. )

Les genres refondus et déterminés d'après des principes sévères; les espèces établies sur des caractères particuliers et fixées par des noms courts, expressifs; la langue descriptive créée; les lois de la botanique rassemblées dans un livre, vrai modèle d'élégance, de profondeur, de laconisme; ces lois devenues désormais invariables par leur application aux flores de la Laponie et de la Suède : tels sont les bienfaits dont Linné améliore la condition de la botanique. Il fait plus; pour répandre le goût des plantes, exciter l'émulation et consolider le grand édifice qu'il construit, aux élèves qu'il appelle auprès de lui il leur montre le pistil et l'étamine, dont le nombre croit par degrés et dont la position et la grandeur forment des divisions certaines, toujours constantes et bien tranchées, comme le moyen le meilleur, le plus populaire et le plus propre à les attacher à l'étude, à intéresser leur attention; il leur fait voir, selon que les noces sont visibles ou cachées, comment les végétaux constituent deux masses distinctes, les phanérogames et les cryptogames. S'adresse-t-il au philosophe, à l'investigateur habile, il n'a plus recours à un arrangement artificiel dans lequel les groupes d'êtres sont plus ou moins étrangers l'un à l'autre et par la plupart de leurs caractères et par leurs propriétés; c'est la méthode naturelle, ou pour mieux dire des affinités, qu'il lui dit d'adopter, c'est cette manière large et féconde de considérer le règne végétal qu'il lui présente comme la plus parfaite, comme la seule susceptible de remplir à la fois tous les vœux des botanistes et le but réel de la science, comme le premier et le dernier anneau des connaissances positives et progressives, *primum et ultimum in botanicis desideratum.*

Van-Royen sentit vivement toute la portée philosophique de ce dernier moyen; aussi, s'emparant des fragmens insérés dans le *Philosophia botanica*, s'attacha-t-il au nombre des cotylédons

pour former ses classes, et aux autres liens qui
unissent les espèces en genres et en tribus pour
établir ses subdivisions. Haller aida au triomphe
de la méthode dite naturelle par le rapprochement
qu'il fit des caractères essentiels qui se ressemblent
et constituent les vrais genres; Duhamel du Monceau
par ses ingénieuses expériences sur l'accroissement
des arbres en grosseur; Adanson en adaptant à ses
différentes coupes le mot de familles, proposé par
Magnol, qui se rattache si bien à la séduisante
doctrine des sexes et de la fécondation des plantes;
Gleditsch en y ajoutant l'emploi des insertions de
l'étamine; Gærtner par l'analyse des graines, enfin
Bernard de Jussieu et son neveu Antoine-Laurent
par la rigoureuse exactitude qu'ils ont mise à déterminer les traits distinctifs de chaque ordre, et
par la distribution de toutes les plantes en trois
immenses familles, les Acotylédonées, les Monocotylédonées et les Dicotylédonées, dans l'une ou
l'autre desquelles viennent se placer, pour ainsi
dire d'elles-mêmes, toutes les autres familles.

Pourquoi faut-il qu'une foule de botanistes, en
marchant sur les traces de ces législateurs de la
science moderne, aient porté la confusion, l'incendie dans leur sublime édifice? Par vanité et
par ingratitude, ils ont, sous le spécieux prétexte
de perfectionner, rendu les caractères des familles vagues et verbeux, ils les ont embarrassés
de formes exceptionnelles, alternatives, ou tirées
d'organes microscopiques peu ou point faciles à
observer; ils hachent sans cesse, d'une manière
mesquine, arbitraire, incommode, l'ordre établi;
ils changent en familles des genres et même des
espèces; ils vont plus loin encore: ils métamor-
phosent en espèces de simples variétés, de tristes
hybrides, des variations accidentelles dues à la
présence d'un insecte, à la culture, ou bien au séjour forcé des serres, aux aberrations des verres
d'optique, et quand ils ont érigé en famille un
genre, s'ils ne peuvent lui en joindre d'autres, ils
le coupent en deux, trois et même plus, pour
donner davantage à ce démembrement un air de
famille. Il n'y a pas jusqu'à la langue inventée par
Linné, langue si belle, si noble et en même temps
si pleine de concision, de simplicité, de coloris,
sur laquelle ils n'aient mis une main sacrilége;
ils l'ont transformée en un bavardage scolastique,
stérile, fatigant. Ils contestent aujourd'hui la doctrine des sexes et de la fécondation; demain ils
diront que les étamines et les pistils ne sont dans
les fleurs qu'un luxe inutile ou qu'un résultat
d'avortemens; les uns s'attachent au système des
dichotomies irrégulières de De Lamarck, qui n'offre
aucun point où l'on puisse se reposer, qui peut
quelquefois mener assez juste au but, mais qui ne
laisse aucun souvenir de l'espace parcouru pour
y arriver; les autres proposent certains procédés
plus mécaniques encore sans aucun doute pour
désenchanter entièrement la science des fleurs. En
un mot, l'anarchie règne, le mal empire et menace de ruiner l'œuvre immortelle du génie.

Appelons de tous nos vœux le jour où un autre
Linné viendra purger le temple, détruire les ré-

putations usurpées, peser les droits de ceux qui
parlent en despotes, mettre au néant les colifichets
microscopiques auxquels l'ignorance et la fatuité
donnent tant de valeur, ramener les cultivateurs
de la Botanique dans la voie du simple, du vrai,
les obliger à faire servir à la fois leurs connaissances, leurs études, leurs expériences aux sciences
utiles et à l'industrie, aux progrès de l'art agricole et au retour vers la bonne, la solide littérature. Repoussons de toutes nos forces la barbarie
que tant de présomptueux travaillent à introduire
dans le sein de notre civilisation; élevons-nous à
la hauteur de notre destinée, préparons à l'avenir
des lumières nouvelles, des inspirations que l'on
n'a pas encore rencontrées; ayons le noble courage de proclamer hautement la vérité et de stig-
matiser l'empirisme qui veut la dérober aux
hommes.                              (T. D. B.)

BOTANIQUE AGRICOLE. Partie la plus importante de la science végétale, puisqu'elle traite
des végétaux vivans, de leur culture et de leurs
applications à l'économie rurale, domestique et
industrielle. Son but est de rendre féconde la Botanique proprement dite, de lui donner un nouvel attrait, un intérêt plus vif, plus piquant, en
travaillant à l'acclimatation des plantes utiles et à les
mettre en la possession de tous. Quand les essais
se font sur une grande échelle sans torturer les
individus qui y sont soumis, quand ces mêmes
essais sont appuyés par des contre-épreuves dirigées avec aptitude et bonne foi, l'on peut les regarder comme pivots de la prospérité du premier
des arts, comme sources intarissables de jouissances prolongées. La Botanique agricole s'occupe
aussi des soins qu'exigent les plantes vivantes que
l'on rapporte des voyages de long cours. Cette
science pratique a fait des progrès réels en France
depuis que Du Mont de Courset lui a ouvert une
route large et vraie par la publication de son *Bota-
niste-Cultivateur*, le seul et meilleur ouvrage connu
en ce genre difficile d'expériences.   (T. D. B.)

BOTANIQUE CLASSIQUE. On appelle ainsi
l'étude des plantes citées dans les auteurs de l'antiquité. Pour les rapporter aux espèces connues,
il ne suffit pas de bien lire ce qui nous a été
transmis sur elles, de revoir ce qu'ont dit les commentateurs de tous les âges; il faut se transporter
sur les lieux où elles sont indiquées, les y chercher, et lorsqu'on les a découvertes, démêler dans
les traditions ce qu'elles ont pu conserver de réel,
et ne prononcer qu'après certitude loyalement
acquise. On ne suit pas d'ordinaire cette route
difficile; aussi le travail que l'on publie est-il inutile à la science, il encombre sans profit aucun
les tablettes de nos bibliothèques. Les livres de
Bodée de Stapel, de Sprengel et de leurs copistes
valent bien moins que les travaux de Sibthorp, de
Billerbeck. Paulet et Fée sont remplis d'erreurs et
d'assertions fausses.                 (T. D. B.)

BOTANIQUE MÉDICALE. Les vertus médicales
attribuées aux plantes sont pour la plupart ima-
ginaires ou du moins singulièrement exagérées
aussi, depuis que Murray a eu l'idée heureuse d'ap

pliquer à son vaste et savant traité de Pharmacologie l'ordre inventé par Linné dans ses fragmens de familles dites naturelles, beaucoup de végétaux mieux étudiés ont perdu le crédit plus ou moins grand dont ils jouissaient ; beaucoup d'autres subiront nécessairement le même sort, quand, éclaircie dans toutes ses parties, l'histoire des plantes officinales, sera complète. Ne sait-on pas aujourd'hui combien de Crucifères, de Malvacées, d'Ombellifères peuvent être employées à peu près indifféremment l'une pour l'autre ? Afin d'arriver promptement et avec certitude à la connaissance positive des propriétés médicales, il faut, à l'exemple de Gœbel d'Eisenach, soumettre à un examen rigoureux l'organe ou le système d'organes qui fournit un médicament, ou qui produit une action réelle sur l'économie animale ; il faut en donner une description simple, et la figure exacte, afin de fixer le degré de puissance qui lui est propre, prévenir les erreurs, la fraude, les sophistications, éclairer l'emploi que l'on doit en faire, et servir à soulager les maux, à guérir un père souffrant, à rendre à une mère affligée l'enfant qu'elle craint de ne plus voir lui sourire, et à ranimer sur les joues de la beauté le tendre incarnat que la fièvre flétrit. (T. D. B.)

BOTANIQUE MICROSCOPIQUE. Ici tout est abandonné à l'action des verres grossissans, qui dénaturent les objets et les environnent d'illusions : aussi les descriptions que l'on en donne sont-elles pleines d'incertitude et d'obscurité, la nomenclature embarrassée, choquante, et les dessins le plus souvent l'expression du délire poétique, le résultat d'un système bizarre, de pures hypothèses, ou si l'on aime mieux des aberrations d'un œil fatigué. Qui peut raisonnablement admettre le principe d'une existence mixte, que les uns font jouir tour à tour des facultés instinctives de l'animal et des propriétés du végétal, que les autres regardent au contraire comme le point infiniment délicat où l'animalité finit et où commence la végétabilité, si je puis m'exprimer ainsi ? A mon sens, il y a plus que de la témérité à affirmer que les deux phénomènes se confondent, et que la tribu que l'on appelle *Zoocarpée* se fait distinguer par une métamorphose, ou plutôt par une fusion de l'état purement végétal à l'état entièrement animal. La distance qui sépare la molécule inorganique de la molécule organisée, quoique imperceptible à nos yeux, est aussi éloignée du dernier des annélides que du chêne antique, que du laricio à la tige élancée, presque aérienne. Je ne pense pas que jamais la science profite utilement des travaux minutieux, des produits plus qu'équivoques de la Botanique microscopique : en effet, quelle valeur retirera-t-elle, par exemple, des Gymnodés, dont l'espèce est si petite, qu'un grossissement de mille fois ne nous la montre pas plus grosse que la piqûre de l'aiguille la plus fine ? On peut bien regarder cette substance comme étant à l'état rudimentaire, mais est-on pour cela suffisamment autorisé à la constituer espèce distincte, invariable ? (T. D. B.)

BOTANIQUE ORYCTOLOGIQUE, c'est-à-dire des végétaux fossiles que l'on découvre, plus ou moins altérés, dans les différentes couches des terrains secondaires. Ces témoins d'un monde que certains auteurs appellent primitif, appartiennent à des âges très-différens. Il y en a d'absolument inconnus dans les houilles, les carrières à plâtre, les schistes, etc. ; d'autres moins anciens ont aujourd'hui leurs congénères vivans sous les zones équatoriales de l'un et de l'autre hémisphère ; les plus récens sont semblables à nos espèces indigènes. On les rencontre isolés, rarement en grandes masses, jamais les trois époques confondues ensemble ; mais assez communément les deux dernières sont réunies. La Botanique oryctologique est encore dans l'enfance ; les données générales fournies par Faujas, Sternberg, de Schlotheim, A. Brongniart ameneront plus tard à des connaissances plus étendues, plus positives. (T. D. B.)

BOTRYCHIUM. ( BOT. CRYPT. ) ( *Fougères.* ) Les caractères des Botrychium, genre de végétaux qui ont assez d'analogie avec les Osmondes, les Ophioglosses et les Anémies, sont les suivans : capsules disposées en une grappe rameuse provenant évidemment d'une feuille avortée, globuleuses ( elles sont régulièrement striées à leur sommet dans les Anémies, ) sessiles ( ce qui n'a pas lieu dans les Osmondes), lisses, épaisses, tapissées en dedans par une membrane blanche ( cette double membrane se trouve également dans les Ophioglosses), et ne s'ouvrant qu'à moitié par une fente transversale ; fronde droite ( roulée en crosse dans les Osmondes et les Anémies, comme dans la plupart des Fougères ), et seulement repliée latéralement pour embrasser l'épi de la fructification.

Une chose digne d'être signalée dans les jeunes Botrychium, c'est que la plante de l'année suivante préexiste réellement dans celle de l'année, et qu'elle en sort quand celle-ci a fructifié et qu'elle est desséchée.

La plus commune des dix ou douze espèces du genre *Botrychium* est le *Botrychium lunaria* ; cette espèce est connue vulgairement sous le nom de *Lunaire*, à cause de la forme de ses feuilles, qui simule un peu celle du croissant de la lune, et elle fait partie des trois ou quatre qui habitent l'Europe. Quatre ou cinq autres se trouvent dans l'Amérique septentrionale ; une a été signalée par Brown dans la partie méridionale de la Nouvelle-Hollande ; enfin, une existe à Ceylan, Amboine et le reste des Moluques : celle-ci a reçu de Brown le nom de *Botrychium zeylanicum*, et pourrait constituer un genre à part à cause de la disposition de ses capsules en un épi cylindrique, composé d'épis partiels verticillés. ( F. F. )

BOTRYLLE, *Botryllus.* ( MOLL. ) Genre d'animaux fort peu connus encore en raison de leur petitesse et de la difficulté extrême de les observer, quoique étudiés par des naturalistes recommandables. Si l'on en croit Savigny, ces animaux appartiennent à la classe des Mollusques ; mais si l'on consulte Lamarck, qui en a fait l'objet de ses recherches spéciales, on est forcé de reconnaître, d'après l'organisation incomplète de ces animaux, qu'ils doivent former une classe à part, et que c'est avec raison que ce grand maître en a établi une sous la dénomination de *Tuniciers*, laquelle est divisée en deux ordres ainsi conçus : le premier, portant le nom de Tuniciers réunis, comprend les genres *Aplidium*, *Eucælium*, *Synoicum*, *Sigillina*, *Distomus*, *Diazoma*, *Polyclinum*, *Polycyclus*, *Botryllus* et *Pyrosoma*. Le second est composé des genres *Salpa*, *Ascidia*, *Bipapillaria* et *Mammaria*. Voici les caractères que Lamarck reconnaît aux Botrylles, qui nous occupent. Animaux agrégés, biforés, adnés à la surface d'une croûte mince, gélatineuse, transparente; offrant plusieurs systèmes orbiculés, stelliformes, épars; et disposés en rayons dans chaque système autour d'une ouverture centrale, un peu élevée. Individus ovoïdes, rétrécis inférieurement, plus épais et arrondis au sommet, perforés en dessus vers chaque extrémité. Bouche près de la circonférence du système, à huit tentacules, dont quatre plus grands; anus près du centre. Deux vessies gemmifères latérales. On ne connait encore que peu d'espèces appartenant à ce genre, dont voici les noms : *B. stellatus*, *rosaceus* et *conglomeratus*.

( Ducl. )

BOTRYOCÉPHALE, *Botryocephalus*. ( ZOOPH. INTEST.) Les Botryocéphales ont un corps allongé, garni d'un grand nombre d'articulations; ils sont aplatis, pourvus à l'extrémité d'une tête consistant en un renflement, ayant de chaque côté deux ou quatre fossettes opposées. Long-temps ces animaux ont été confondus avec les tænias. C'est à M. Rudolphi qu'on doit de les avoir fait connaître.

On a essayé de distinguer plusieurs espèces dans ce genre, mais les descriptions sont encore très-incomplètes. Les plus grandes espèces qui le composent se trouvent dans les voies digestives de l'homme, des poissons; plusieurs oiseaux, et principalement les aquatiques, en sont également incommodés.

On n'a point encore trouvé de Botryocéphales chez les autres mammifères et les reptiles, mais celui de l'homme est très-commun; il est généralement blanc : on le connait sous le nom de BOTRYOCÉPHALE LARGE, *Botryocephalus latus*. Les habitans de la France sont peu attaqués par ces animaux; mais c'est surtout en Suisse qu'on les trouve en très-grande abondance. Nous représentons cette espèce dans notre pl. 55, f. 1. ( L. R. )

BOTRYOIDE. ( MIN. ) De βότρυς, grappe; épithète dont se servent les minéralogistes pour désigner les substances minérales disposées en grains ou en petites masses mamelonnées en forme de grappe, que l'on rencontre souvent dans la nature; on dit donc du fer hématite, de la chaux carbonatée, du quartz, etc., botryoïdes, pour indiquer que ces substances affectent cette disposition.

( Th. V. )

BOTRYOLITHE. ( MIN. ) *Chaux boratée concrétionnée* ou *boro-silicatée*. La plupart des minéralogistes réunissent cette substance à la datholithe, dont elle a, à la vérité, tous les caractères chimiques, mais dont elle diffère cependant un peu pour les proportions de ses élémens; elle est composée, suivant Klaproth, de 36 de silice, de 13,5 d'acide borique, de 39,5 de chaux et de 6,5 d'eau. La Botryolithe est blanchâtre ou grisâtre, rougeâtre à l'extérieur, à cassure écailleuse et à texture quelquefois fibreuse; elle se trouve en petites masses mamelonnées ou botryoïdes dans la mine de fer magnétique de Œstre-Kjeulie, près d'Arendal, en Norwége. Sa dureté est un peu plus grande que celle du verre, qu'elle raie difficilement. Elle devient blanche et donne de l'eau par la calcination; elle fond au chalumeau avec boursouflement en un verre transparent.

( Th. V. )

BOTYS, *Botys*. ( INS. ) On donne ce nom à un genre de Papillons nocturnes de la famille des Deltoïdes, fondé par Latreille, et auquel il donne pour caractères essentiels : ailes entières, horizontales, formant avec le corps un triangle ou la figure d'un delta; les quatre palpes découverts ou apparens, en forme de bec; antennes ordinairement simples, une trompe distincte; chenilles à seize pattes, se logeant pour la plupart entre les feuilles qu'elles plient et entortillent. Les Botys sont de petits papillons très-peu remarquables; on en trouve quelques espèces dans les maisons. Nous citerons comme étant les plus communs :

Le BOTYS DE LA FARINE, *Phalæna farinalis*, Lin., dont la chenille se nourrit de farine.

Le BOTYS DE LA GRAISSE, *Botys pinguinalis*, Lin., dont la chenille ronge les peaux et toutes les matières animales.

Le BOTYS QUEUE-JAUNE, *Ph. urticata*, Lin. La chenille plie les feuilles de l'ortie, et produit un papillon blanc taché de brun avec l'anus jaune. On en connaît beaucoup d'autres espèces qui vivent aux dépens des plantes aquatiques.

( Guér. ).

BOUBIE. ( OIS. ) On donne ce nom aux oiseaux du genre Fou, *Sula*. *Voyez* Fou.     ( Gerv. )

BOUBOU, *bubutus*. ( OIS. ) M. Lesson ( Man. d'Ornith., p. 145 ) a établi sous ce nom un petit genre d'Oiseaux de la famille des Coucous qu'il caractérise ainsi : bec arrondi, aussi long que la tête; mandibule supérieure légèrement recourbée en crochet à son extrémité; narines étroites, marginales et basales, percées en une scissure droite; ailes courtes ainsi que les tarses qui sont épais et largement scutellés; la queue longue et étagée.

On ne connaît encore que deux espèces de Boubous; la première, le B. DE DUVAUCEL *Bubutus Duvaucelii*, Less. Manuel. p. 143, est un Coucou de taille moyenne dont le bec est jaune; la tête d'un cendré blanchâtre, et le plumage gris cendré; les ailes sont rousses, l'abdomen et la région anale d'un rouge ocreux. La queue est de couleur rouge-vif et terminée par un ruban noir, liseré de blanc.

Le BOUBOU D'ISIDORE, *Bubutus Isidori*, Less., *Voyage de Bélanger*, Ornith., pl. 2, est caractérisé par son bec jaune pour la mandibule inférieure, vert pour la supérieure; le tour des yeux est nu et noirâtre; le plumage d'un rouge vif, plus clair sur la gorge ; l'abdomen est, ainsi que la région anale, d'un gris ardoisé; les ailes sont d'une teinte de chocolat foncé. Cet oiseau habite Java, d'où il a été rapporté par M. Bélanger.

M. Lesson a donné aux oiseaux de ce genre le nom de Boubou, qui exprime assez bien leur cri; avant lui on désignait sous ce nom de Boubou une espèce de Pie-Grièche, décrite et figurée par Levaillant, Ois. d'Afr. pl. 68. C'est le *Lanius bubutus* des auteurs.

Dans quelques endroits, on nomme Boubou ou Boulboul, la Huppe ordinaire, *Upupa epops*. (GERV.)

BOUC. ( MAM. ) On nomme ainsi les individus mâles et adultes du genre Chèvre; tout le monde connaît les Boucs et leur odeur désagréable, odeur qui empreint leur chair et suffirait pour empêcher d'en user comme aliment, lors même qu'elle ne serait point dure et difficile à digérer. Le sang, le suif, la fiente et l'urine des Boucs, qui figuraient au premier rang dans les officines des anciens apothicaires, sont aujourd'hui entièrement inusités. ( GERV. )

BOUCAGE, *Pimpinella*. (BOT. PHAN.). De *Bipinella folia bipinnata*. (Tragoselinum.) Genre appartenant à la famille des Ombellifères de Jussieu, et à la Pentandrie digynie de Linné , et qui doit son nom à l'odeur de bouc qu'exhalent ses racines et ses semences. Les caractères génériques sont : involucres nuls · calice à bord entier; cinq pétales entiers, à peu près égaux et fléchis en dedans; deux stigmates globuleux; ombelles panachées avant la floraison; fruit ovoïde-oblong, marqué de trois côtes longitudinales sur chacune de ses faces; feuilles ailées.

Ce genre comprend plus d'une douzaine d'espèces parmi lesquelles nous n'indiquerons que :

1° La BOUCAGE DISSÉQUÉE, *Pimpinella dissecta*, dont toutes les feuilles, semblables entre elles, ont leurs folioles divisées en lobes profonds et presque linéaires.

2° La BOUCAGE MAJEURE, *Pimpinella magna*, dont les folioles inférieures sont ovales ou arrondies et simplement dentées, et les folioles supérieures simples et linéaires.

3° La BOUCAGE SAXIFRAGE, *Pimpinella saxifraga*, à feuilles pinnées (les radicales à folioles arrondies, et les supérieures à folioles linéaires.)

4° La BOUCAGE DIOÏQUE, *Pimpinella dioïca*, qui se distingue, comme son nom l'indique, par la présence de sexes différens sur différens pieds.

5° La BOUCAGE ANIS, *Pimpinella anisum*, dont les graines, si connues sous le nom d'*anis*, entrent dans la composition des dragées.

Les quatre premières espèces sont indigènes, la dernière est exotique.

Les racines des Boucages sont fort apéritives et très-diurétiques. On y trouve quelquefois de petites vessies rondes, qui, pour la teinture, peuvent tenir lieu du Kermès; et l'on retire des semences de ces plantes une huile essentielle bleue, qui sert à Francfort et autres lieux à teindre l'eau-de-vie en cette couleur, mais qui lui communique une âcreté désagréable. (C. É.)

BOUCHE. (ZOOL.)On appelle ainsi chez l'homme et chez un grand nombre d'animaux la cavité ovalaire formée en haut par la mâchoire supérieure et le palais, en bas par le plancher maxillaire sur lequel repose la langue; bornée latéralement par les joues, antérieurement par les lèvres, postérieurement par le voile du palais et servant d'orifice extérieur au conduit alimentaire. Chez l'homme et chez les animaux qui s'en rapprochent davantage on trouve, dans la Bouche, les dents, les bords alvéolaires, les gencives, la langue, la membrane palatine, des replis membraneux, les orifices extérieurs des canaux excréteurs des glandes salivaires, ceux d'un grand nombre de cryptes muqueux. Ces organes servent à la préhension des alimens, au goût, à la respiration, à l'articulation des sons, à l'expulsion, à la succion, etc. L'ouverture par laquelle la Bouche communique au dehors peut à volonté s'élargir et se fermer, soit par le mouvement des lèvres , soit par le rapprochement ou l'écartement des mâchoires. Pour saisir les alimens, ces organes agissent comme le feraient des pinces. Chez la plupart des animaux ce sont ces mêmes organes qui vont au-devant des alimens pour s'en emparer, mais chez l'homme les mains remplissent ces fonctions. Les liquides sont versés dans la Bouche et poussés dans le conduit alimentaire, ou bien ils y sont attirés par une sorte d'aspiration, soit par la dilatation du thorax, qui détermine aussi l'entrée de l'air dans les poumons, soit par les mouvemens de la langue, qui en se retirant en arrière, agit à la manière d'un piston.

La forme de la Bouche varie à l'infini chez les divers animaux; cette forme est tellement variée dans les animaux articulés, que le *Dictionnaire classique d'Histoire naturelle* a cru devoir consacrer un long article à l'étude des différences que présentent pour ces derniers les organes de la manducation. Mais, chaque classe, chaque espèce devant être l'objet d'articles spéciaux, ces différences ressortiront mieux dans chacun de ces articles que dans un travail général, quel que soit l'intérêt qu'il présente. (P. G.)

BOUCHE. Ce mot a été très-souvent employé avec une épithète caractéristique, pour désigner diverses parties des animaux et quelques unes de leurs espèces.

BOUCHE. (MOLL.) C'est l'ouverture des coquilles univalves par laquelle l'animal sort de son test.

BOUCHE D'ARGENT. (MOLL.) Nom marchand du *Turbo argyrostomus*, Linn.

BOUCHE D'OR, ou FOUR ARDENT. (MOLL.) C'est le *Turbo chrysostomus*, Linn.

BOUCHE DOUBLE GRANULEUSE. (MOLL.) C'est le *Trochus labio* de Linné, *Monodonta labio*, Lam.

BOUCHE JAUNE OU SAFRANÉE (MOLL.) Nom vulgaire du *Buccinum hæmastoma*, Linn.

BOUCHE SANGLANTE. (MOLL.) Nom du *Bulimus hæmastomus*, que les marchands appellent aussi la *fausse oreille de Midas*. On donne les noms de *Bouche à gauche* et *Bouche à droite* à des coquilles de divers genres dont la direction de la volute autour de l'axe spiral varie tantôt à gauche, tantôt à droite. Ces variétés de coquilles sont très-recherchées des amateurs.

BOUCHE DE LIÈVRE (BOT. CRYPT.) C'est le nom vulgaire du *Merulius cantarellus*, que Linné plaçait parmi les Agarics.

BOUCHE EN FLUTE. (POISS.) C'est une espèce du genre FISTULAIRE. (*Voy.* ce mot.)     (GUÉR.)

BOUCHRAIE. ( OIS. ) On donne ce nom, dans nos campagnes, à l'Engoulevent, *Caprimulgus europæus*, L. (*V.* ENGOULEVENT.)     (GUÉR.)

BOUCLE. (POISS.) Ce nom et celui de BOUCLÉE est donné à un Squale et à une Raie qui ont le corps parsemé d'aiguillons nommés *boucles*. (*Voy.* AIGUILLON, RAIE et SQUALE.)     (GUÉR.)

BOUCLIER, *Clypeus*. (INS.) Quelques auteurs anciens désignent sous ce nom le chaperon ou épistome des insectes. (*V.* INSECTES.)     (GUÉR.)

BOUCLIER, *Silpha*. (INS.) Genre de Coléoptères de la section des Pentamères, famille des Clavicornes, tribu des Silphales, établi par Linné, et ayant pour caractères : antennes claviformes dont les quatre derniers articles formant massue; une dent cornée à l'intérieur des mâchoires ; tarses antérieurs dilatés dans les mâles. Ce genre a été séparé en plusieurs autres sous-genres, mais par des caractères peu sensibles ; nous nous contenterons de les indiquer, parce que les mœurs et les métamorphoses sont absolument les mêmes ; ce sont ces genres que l'on a appelés THANATOPHILE, OICEPTOME et PHOSPHUGE : le genre Bouclier n'offre pas d'insectes remarquables par leur grande taille ni par leur petitesse ; la taille générale varie entre six et quatre lignes ; leur corps est ovalaire un peu déprimé ; le corselet est demi-circulaire avançant au dessus de la tête, où il est un peu échancré, relevé des côtés ; les élytres sont relevées tout autour de manière à former une gouttière ; elles sont le plus souvent arrondies à leur extrémité, quelquefois cependant cette partie offre des prolongations ou des échancrures ; leur tête est carrée, les antennes, beaucoup plus longues qu'elle, se terminent, mais non brusquement, par une massue perfoliée dont le dernier article est en cône renversé ; les pattes sont de grandeur et de force moyennes. L'abdomen est rétréci en pointe à son extrémité, surtout dans la femelle.

Ces insectes et leurs larves, dont la manière de vivre est la même, se tiennent dans les charognes et autres matières animales en putréfaction. Quelques espèces habitent sur les arbres, où elles vivent de chenilles ; d'autres attaquent quelques petites espèces de colimaçons qui vivent sur les graminées ; mais les matières corrompues où se tiennent la plupart font qu'ils répandent une odeur très-fétide ; quand on les touche ils laissent écouler par la bouche, et lancent une liqueur noirâtre que l'on croit propre à hâter la décomposition des substances dont ils se nourrissent. La larve est noire, très-agile ; ses anneaux, au nombre de douze, offrent de chaque côté des prolongemens

anguleux ; l'extrémité de l'abdomen offre en outre deux appendices coniques ; cette larve opère sa métamorphose en terre. Le nombre de ces insectes est assez grand ; mais la répugnance pour les matières où l'on pourrait les trouver dans les pays étrangers fait que la plus grande partie de ceux que l'on connaît appartient jusqu'à présent à l'Europe ou aux États-Unis.

B. THORACIQUE. *S. thoracica*, Linné. Panz., Faun., Ins. Germ., fasc. 40, tab. 16. Long de sept lignes, noir, avec le corselet fauve ; le corselet et les élytres sont comme soyeux ; sur chaque élytre s'élève une carène aiguë qui forme une dent au côté externe vers le milieu de sa longueur. Cette espèce vit dans les bois. Europe.

B. QUATRE-POINTS, *S. quadripunctata*, Linn. Panz., Faun., Ins. Germ., fasc. 40, tab. 18. Corps noir, corselet et élytres jaune-pâle, disque du corselet, écusson et quatre gros points disposés en carré sur les élytres, noirs. Cette espèce vit aussi dans les bois d'Europe.

B. SINUÉ, *S. sinuata*. Fab. Schœf., Icon. Ins., tab. 93, fig. 4. Long de cinq à six lignes, noir, avec des taches grisâtres soyeuses sur le corselet, et trois carènes aiguës, flexueuses à leur extrémité sur chaque élytre, celles-ci échancrées et appendiculées à leur extrémité. Europe.

B. OBSCUR, *S. obscura*. Fab. Olivier, Entom., t. 2, n° 11, pl. XI, fig. 18. Long de sept lignes, d'un noir mat, corselet finement ponctué, trois côtes peu élevées sur chaque élytre et les intervalles ponctués moins serrés que dans le corselet. D'Europe. C'est une des espèces les plus communes.

B. RÉTICULÉ, *S. reticulata*. Illig. Long de six lignes, noir mat, corselet finement ponctué, élytres avec trois côtes peu saillantes dont la plus externe s'arrêtant au milieu, et d'autres côtes vermiculées transverses avec les intervalles ponctués de points carrés. Commun aux environs de Paris.

B. ATRE, *S. atrata*. Linn. Long de six lignes, noir brillant, corselet finement ponctué, élytres à trois carènes assez saillantes, n'atteignant pas l'extrémité, ayant leurs intervalles remplis de rugosités vermiculées très-serrées. Cette espèce est très-commune en France ; les antennes sont plus allongées que dans les autres espèces, et la massue paraît n'être que de trois articles. (A. P.)

BOUE. (GÉOL.) Suivant Bory de St-Vincent et Drapiez, on entend par ce mot les débris de tous les corps qui, s'usant et se décomposant à la surface de la terre, et se mêlant dans l'eau, forment un sédiment mou et souvent fétide à la surface du sol, surtout des chemins des villages et du pavé des villes. Cette Boue, entraînée par les pluies dans les rivières à l'aide des ruisseaux, est un des élémens principaux des alluvions et des attérissemens.

Il existe aussi des BOUES MINÉRALES ; on nomme ainsi les sédimens des fontaines dont les eaux sont fortement imprégnées de gaz hydrogène sulfuré. On dirige les sédimens, où le soufre se dépose naturellement, dans des endroits commodes, où les malades puissent demeurer pendant un temps déterminé plongés dans les

Boues. Il paraît que le soufre que contiennent ces sédimens, s'y trouvant à l'état de division extrême, pénètre facilement dans les pores de la peau et concourt puissamment à la guérison des maladies de cet organe.

Voyez, pour ce qui concerne les volcans de Boue, au mot SALZES.     (GUÉR.)

**BOUÉE, VIS BOUÉE ou TÉLESCOPE.** (MOLL.) On donne vulgairement ce nom au *Trochus Telescopium* de Linné, que Bruguière et Lamarck ont placé à tort dans le genre Cérithe. *V.* TROCHE.

**BOUGRAINE, BOUGRANE ou BUGRANE.** (BOT. PHAN.) On désigne ainsi, dans nos provinces et aux environs de Paris, les *Ononis spinosa* et *arvensis.* (*V.* ONONIDE.)     (GUÉR.)

**BOUILLON.** (BOT. PHAN.) On donne ce nom vulgaire à plusieurs espèces du genre *Verbascum.* Le BOUILLON BLANC est le *Verbascum Thapsus*, le BOUILLON MITTIER le *Verbascum blattaria*; on appelle BOUILLON NOIR les *Verbascum nigrum* et *lychnitis.* (*V.* MOLÈNE.)     (GUÉR.)

**BOULE DE NEIGE.** (BOT. PHAN.) Nom de jardin de la variété du *Viburnum opalus* dont la culture a rendu toutes les fleurs stériles et disposées en forme de boule. (*V.* VIORNE.)     (GUÉR.)

**BOULEAU**, *Betula.* (BOT. PHAN.) Genre et type d'une tribu établie par Richard dans la nombreuse famille des arbres à chaton; il a pour caractères distinctifs: fleurs monoïques; les chatons mâles terminaux, longs et cylindriques, formés d'écailles soudées par trois et portant six à douze étamines; les chatons femelles plus petits, formés d'écailles trilobées portant chacune deux à trois fleurs; la fleur consiste en un ovaire terminé par deux stigmates; fruit ou samare membraneuse, à une seule loge et une seule graine.

Le Bouleau est un arbre (rarement un arbrisseau) indigène des parties septentrionales de l'Europe, de l'Asie et de l'Amérique; il croît dans les sols les plus maigres et les plus arides, aussi bien que dans les sols gras et humides; mais dans ces derniers il atteint plus de quarante pieds, tandis que dans les autres, particulièrement dans les régions glacées du Nord, il ne se montre que sous un aspect rabougri et tortu.

Nos contrées possèdent le BOULEAU BLANC, *Betula alba*, qu'on reconnaît aux feuillets nacrés de son écorce extérieure, à ses rameaux grêles et pendans, à ses feuilles un peu visqueuses, de forme deltoïde, et dentées en scie. Le bois de cet arbre, d'un blanc rougeâtre, est léger et flexible; il s'emploie dans le charonnage, la tonnellerie; sa combustion rapide le fait estimer pour le chauffage des fours; ses jeunes pousses forment ces balais si communs qu'on appelle vulgairement *balais de bouilleau.*

Aux États-Unis et dans le Canada, on trouve le BOULEAU MERISIER, *B. lenta*, dont le bois aromatique est recherché pour la menuiserie; le BOULEAU A PAPIER, *B. papyracea*, ainsi appelé de l'usage qu'on peut faire des feuillets de son écorce; le BOULEAU ÉLEVÉ, *B. excelsa*; le BOULEAU A FEUILLES DE MARCEAU, *B. pumila*, etc.

Dans les pays du Groenland, de la Laponie, du Kamtschatka, dernières limites de la végétation, plusieurs espèces de Bouleau restent pour consoler les habitans de ces climats déshérités; tels sont le BOULEAU NAIN, *B. nana*, dont la taille est de deux pieds seulement, et le BOULEAU NOIR, *B. nigra* ou *virginiana.* Leur écorce extérieure, qui s'enlève en feuillets extrêmement minces, remplace le papier (on voit même dans quelques cabinets d'amateurs, des estampes imprimées sur cette substance). L'écorce intérieure, légère, mais résistante, couvre les cabanes ou se transforme, par l'intelligence des sauvages, en pirogues incorruptibles à l'eau; on en fait des cordes, des filets, des espèces de sandales nattées, des vases bons à contenir les liquides; si elle contient encore des sucs demi-résineux, on la brûle en guise de torches. Elle jouit aussi des propriétés du tannin; on en tire une huile ou goudron auquel les cuirs de Russie doivent leur odeur et leur bonne qualité.

La sève du Bouleau contient des principes acides et sucrés. Si on pratique, vers le printemps, des incisions dans l'arbre, elle découle abondamment, et fournit une liqueur très-aimée des habitans du Nord.

Nous ne pouvons énumérer tous les usages du Bouleau, disons seulement que c'est un des arbres les plus utiles à l'homme, et un de ceux dont son intelligence a tiré le plus de parti.     (L.)

**BOULES DE MARS ET DE NANCI,** (CHIM.) *Tartrate de potasse et de fer.* Masses solides, plus ou moins volumineuses, de forme sphérique ou elliptique, garnies de petits rubans de couleur variable ou de fils de laiton qui ont servi à les suspendre pour en opérer la dessiccation; de couleur noire, d'une surface lisse et polie; d'une cassure légèrement grenue; inodores, d'une saveur styptique, solubles dans l'eau, etc., et qui résultent d'un mélange de crème de tartre (tartrate acide de potasse), de vin rouge et de limaille de fer porphyrisée. On forme avec le tout une pâte liquide que l'on arrose de temps en temps avec de l'eau de vie à 18°, et que l'on chauffe peu à peu jusqu'à 60 ou 64° Réaumur, en ayant soin d'ajouter de nouvelle eau-de-vie à mesure qu'elle s'évapore à l'air. La limaille s'oxide; le mélange devient brun foncé, acquiert de la consistance et de la dureté. Lorsqu'il est encore mou, on en forme des boules que l'on imprègne d'eau-de-vie et que l'on fait sécher.

Les boules de Nanci, dissoutes dans de l'eau alcoolisée, sont employées comme résolutives ou astringentes, dans les cas de meurtrissures, de contusions, d'hémorrhagies, etc.     (F.F.)

**BOUQUET.** (BOT.) Ce mot a été remplacé dans le langage scientifique par celui de SERTULE.     (L.)

**BOUQUETIN.** (MAM.) Espèce du genre des Chèvres. (*Voy.* CHÈVRE.)     (G.)

**BOURDON.** *Bombus.* (INS.) Genre d'Hyménoptères de la famille des Mellifères, ayant pour caractères: fausse trompe plus courte que le corps;

labre transversal ; deuxième article des palpes labiaux terminé en pointe portant les deux autres ; côté externe des tibias postérieurs ayant un enfoncement ou corbeille pour récolter le pollen ; toutes les jambes terminées par deux épines.

Les Bourdons sont faciles à reconnaître ; leur corps court, velu, couvert de poils de couleurs tranchantes, les distingue facilement des autres Hyménoptères. Vivant au milieu de nos jardins et de nos bois, ils ont toujours fixé l'attention ; Réaumur les a étudiés avec soin, et après lui d'autres observateurs ont ajouté à ses remarques ; mais je ne puis laisser passer, sans le citer nominativement, M. Huber fils, qui a rendu de si grands services à l'histoire des abeilles en général. Les Bourdons ont le corps trapu, très-velu ; les yeux lisses, au lieu d'être disposés en triangle au sommet de la tête, sont presque sur une ligne droite, transverse ; les antennes sont filiformes, fortement coudées ; les mandibules sont en cuiller dans les femelles, mais plus allongées dans les mâles ; les parties inférieures de la bouche sont très-allongées pour former une trompe fléchie le long de la poitrine dans le repos ; les ailes sont petites en comparaison de la masse du corps, les supérieures ont une nervure radiale, ovale et allongée, trois cellules cubitales presque égales, dont la première est coupée par une petite nervure qui descend du point de l'aile, la seconde est presque carrée et reçoit la première nervure récurrente, la troisième reçoit la seconde, qui est très-éloignée du bout de l'aile ; les femelles et les neutres ont un aiguillon ; les pattes postérieures, comme celles de tous les Mellifères, sont comprimées et ciliées sur les bords pour pouvoir récolter le pollen. Ces insectes font partie de la division des Mellifères vivant en société, mais ces sociétés sont peu nombreuses comparativement aux abeilles proprement dites, n'étant composées que de quarante à deux ou trois cents individus au plus ; on y trouve, comme dans les abeilles, des mâles qui sont très-petits, des femelles assez grosses, et des individus neutres appelés *mulets* ou *ouvrières*, de taille intermédiaire, encore a-t on remarqué deux différences de taille sensibles dans ces dernières.

Après l'hiver quelques femelles fécondées, qui ont échappé aux rigueurs de la saison, se mettent en mesure de déposer les œufs dont elles sont chargées ; à cet effet elles cherchent, soit dans les prairies, soit dans les plaines sèches ou dans un coteau, un emplacement convenable ; elles se mettent à creuser le nid ; mais il est probable que d'abord elles se débarrassent de quelques œufs qui donnent naissance à des ouvrières, et que toutes ensemble continuent ensuite l'excavation du nid ; il se compose de deux parties : d'abord un chemin incliné qui a quelquefois deux pieds de profondeur, sans compter souvent un long boyau qui y conduit et qui est fermé de mousse à l'extérieur (*voy.* notre pl. 52. fig. 5, a. b, qui représente le nid du Bourdon des mousses) ; ce chemin conduit au nid proprement dit, qui est une espace en forme de dôme, dont la voûte est formée de terre et de mousse cardée que ces insectes y transportent brin à brin ; la manière dont ils s'y prennent pour la carder mérite d'être rapportée ; plusieurs Bourdons se mettent à la suite, le premier détache la mousse qui doit être travaillée et la pousse à celui qui est derrière lui, le second l'éparpille et la poussant de ses pattes de devant à celles de derrière il l'envoie ainsi à un autre, et de Bourdons en Bourdons elle arrive dans l'état voulu à sa destination ; quand la voûte du nid est terminée, ils couvrent le sol d'une couche de feuilles ; c'est là qu'on dépose une masse de cire brute, irrégulière, et que l'on a comparée assez justement à une truffe pour la figure, la femelle y pond alors un nombre d'œufs sans pour cela interrompre les travaux ; ces œufs, au bout de quatre ou cinq jours, passent à l'état de larves qui vivent probablement d'une petite portion de miel que leur fournissent les ouvrières, car on en trouve des provisions ou des petits godets tout ouverts, plus ou moins remplis, dans la masse de cire qui forme la base du gâteau, et l'on a remarqué que les ouvrières ouvrent les cellules des larves pour leur fournir de nouvelles provisions quand elles pensent qu'elles les ont épuisées. Quand ces larves ont pris tout leur accroissement, elles se filent une coque dans laquelle la nymphe se trouve la tête en bas ; vers le mois de mai ou de juin ces individus éclosent et se mettent à partager les travaux de la famille ; c'est à l'automne que la réunion atteint son chiffre le plus élevé, mais aux premiers froids de l'hiver tout périt, excepté quelques mères fécondées qui au printemps fonderont de nouvelles colonies. Voici les plus connus.

B. DES MOUSSES, *B. muscorum*, Fabr. Réaum., Mém. sur les insectes, t. VI, II, 125. Femelle longue de sept à huit lignes. Entièrement couvert de poils jaunâtres, celui du corselet fauve ; ailes diaphanes avec l'extrémité légèrement enfumée. Tous les sexes sont pareils. Commun aux environs de Paris.

B. DES FORÊTS, *B. sylvarum*, Linn. Long de sept à huit lignes, la femelle couverte de poils jaunes livides avec une bande transverse noire au milieu du corselet et une autre de même couleur vers le milieu de l'abdomen ; l'anus est un peu roussâtre ; ailes diaphanes. Les autres individus sont pareils. Il se trouve aux environs de Paris.

B. VESTALE, *B. vestalis*, Geoffroy. Panz., Faun. Ins. Germ., fasc. 89, tab. 16. Femelle longue de neuf à dix lignes. Noir, une bande jaune à la partie antérieure du corselet, et deux demi-bandes de même couleur presque à l'extrémité de l'abdomen, avec le pénultième anneau de l'abdomen blanc. Des environs de Paris.

B. SOUTERRAIN, *B. terrestris*, Linn. Panz. Faun., Ins. Germ., fasc. 1, tab. 16. La femelle est longue de huit à neuf lignes. Noir, bord antérieur du corselet vert, l'abdomen jaune, anus blanc, ailes légèrement enfumées.

B. DES JARDINS, *B. hortulorum*, Linné. Femelle longue de huit à neuf lignes. Noir, bord antérieur

et

et postérieur du corselet, base de l'abdomen jaune, anus blanc, ailes légèrement enfumées. Il n'est pas rare aux environs de Paris.

B. des rochers, *B. rupestris*, Fab.; Panz., Faun., Ins. Germ., fasc. 74, tab. 12. Femelle longue de neuf à dix lignes. Noir, avec les tarses d'un fauve rouge et les ailes totalement enfumées. Il est rare aux environs de Paris.

B. des pierres, *B. lapidaria*, Linné. Nous avons figuré cette espèce pl. 52, fig. 5. La femelle est longue de neuf à dix lignes; ainsi que le mulet, elle est noire avec l'anus d'un rouge de brique vif; le mâle a l'anus de la même couleur, mais il a en outre trois bandes jaunâtres, deux aux deux extrémités du corselet, et l'autre à la base de l'abdomen. Cette espèce ne se creuse pas de nids comme les autres : elle vit sous les pierres; c'est une des espèces les plus communes.

(A .P.)

**BOURDONNEMENT.** (ins.) On donne ce nom au bruit que font entendre certains insectes en volant. Les causes assignées à ce phénomène seront examinées à l'article Trachées. (*Voy.* ce mot.)

(P. G.)

**BOURDONNEMENT.** (phys.) Bruit sourd, perçu par les malades dans certaines dispositions maladives. Il est plus ou moins violent : tantôt il ressemble au Bourdonnement des insectes, au sifflement du vent, tantôt au roulement d'une voiture, au tintement des cloches. Son intensité et son caractère dépendent le plus ordinairement des causes qui le produisent; souvent il est le résultat de la violence avec laquelle le sang se porte vers le cerveau; il peut dépendre d'une cause plus immédiate, comme de l'occlusion incomplète de la trompe d'Eustache, de l'accumulation ou de l'endurcissement du cérumen. C'est parfois un phénomène tout nerveux.     (P. G.)

**BOURDONNEURS.** (ois.) Les créoles des Antilles donnent ce nom aux Oiseaux-Mouches et Colibris, parce qu'ils produisent, en volant autour des fleurs, un bruit semblable à celui d'un rouet. Les Espagnols nomment ces jolis oiseaux *Pica flor.* (*Voy.* Colibri et Oiseau-Mouche.)     (Grér.)

**BOURGEON.** (bot. et agr.) Certains botanistes et surtout beaucoup d'horticulteurs confondent ensemble le Bourgeon, le bouton et l'œil; ils les emploient indifféremment, quoique ces trois mots soient très-distincts les uns des autres, et qu'ils présentent aux yeux de l'observateur attentif, comme dans le travail de la nature, une véritable progression qu'il importe donc de rendre sensible. L'*œil* n'est que le germe du bouton; c'est un petit corps ordinairement de forme conique, composé d'écailles imbriquées, que l'on observe à l'aisselle des feuilles ou au sommet des rameaux dans les arbres et arbrisseaux. Le *bouton* est ce même germe développé, porté déjà sur une tige fruticuleuse, mais encore tendre, et qui, par sa forme, peut annoncer s'il ne renferme que des feuilles et du bois, ou s'il sert de réceptacle au précieux dépôt de la multiplication par les fleurs et les fruits. Le bouton prend le nom de *Bourgeon* dès

qu'il est beaucoup plus caractérisé, et que la jeune pousse, que la branche naissante a pris de l'accroissement tant en grosseur qu'en longueur. OEil à la fin du printemps et au commencement de l'été, bouton pendant l'automne et l'hiver, le germe devient Bourgeon au printemps suivant. Le froid resserre les pores du Bourgeon, le force à changer de couleur, et quelquefois le fait périr; lorsqu'il a résisté à cette épreuve, sa végétation prend de la force à mesure que la température s'élève; alors il rougit sur l'orme, il verdit sur le saule, il est légèrement violacé sur le chêne, etc.; après la seconde année il prend une couleur semblable à celle du reste de l'arbre.

Le Bourgeon n'est pas toujours très-apparent à l'extérieur; dans les acacias, les robiniers, les cytises et autres légumineuses, il est engagé dans la substance même du bois; il est caché sous la base des pétioles chez les platanes, les sumacs et beaucoup de polygonées; il est *simple* dans le plus grand nombre des plantes ligneuses; mais il est *composé* dans les conifères. On le dit *vertical* ou *direct* lorsqu'il est perpendiculaire à la branche; *gourmand* il emporte toute la sève, il exténue les autres branches, on le supprime ordinairement, surtout sur les arbres fruitiers; il est appelé *latéral*, quand il croît de droite et de gauche et qu'il importe de le conserver. Les Bourgeons *antérieurs* et *supérieurs* doivent être abattus. Le Bourgeon qui part du bas de la tige a reçu le nom particulier de *surgeon*; celui qui s'élève des racines, *drageon*; tout Bourgeon qui perce de l'écorce et ne sort pas directement du bouton, prend le nom de *faux Bourgeon*: il est toujours maigre, poreux, et n'est jamais assez élaboré pour donner un bon Bourgeon : on le laisse quelquefois pour garnir des vides, mais hors ce cas il faut l'enlever. Pour l'horticulteur, le Bourgeon se considère encore selon les organes qui se développent au moment de son évolution. A-t-il la forme allongée et pointue, il donnera des feuilles, et est nommé Bourgeon *foliifère*; se montre-t-il plus gros, plus arrondi, il renferme des fleurs et est appelé *fructifère*; et s'il dénonce, par un renflement plus prononcé que dans le premier et par un allongement plus grand que chez le second, qu'il contient à la fois feuilles et fleurs, on le dit *mixte*. A l'époque de la taille l'horticulteur qui veut pousser ses arbres à la production du fruit supprime sans pitié tout Bourgeon mixte et foliifère.

On applique encore le mot Bourgeon aux gemmes qui se montrent au collet de la racine des plantes herbacées vivaces; comme le véritable Bourgeon, les gemmes renferment, au milieu d'écailles diversement disposées, les rudimens d'une jeune tige de feuilles et de fleurs; mais leurs évolutions diffèrent absolument, puisqu'ils donnent, placés dans des circonstances favorables, une autre plante semblable à celle qui leur servit de berceau. Nous en traiterons à leur place naturelle, aux mots Bulbes, Tubercules et Turion.

Du Petit-Thouars regardait le Bourgeon comme le premier mobile apparent de la végétation, comme la source des points reproductifs fournie par toutes les fibres qui composent la feuille dont il dépend. De ce principe beaucoup plus important que le rôle communément attribué au Bourgeon, il en déduisit une théorie peut-être plus ingénieuse que solide, de laquelle il résulte que le Bourgeon est une vraie graine, la pousse sa plumule, la nouvelle couche ligneuse sa racine, et la moelle son cotylédon. Il le considérait aussi comme le seul agent de l'accroissement en diamètre du tronc dans les arbres dicotylédonés; il se nourrit, suivant lui, aux dépens des sucs contenus dans le parenchyme intérieur du végétal, et c'est là ce qui fait passer ce parenchyme à l'état de moelle. Dès que le Bourgeon se manifeste, il obéit à deux mouvemens généraux, l'un ascendant ou aérien, l'autre descendant ou terrestre : du premier résultent les embryons des feuilles, du second la formation de nouvelles fibres ligneuses et corticales. Nous reviendrons sur ce sujet dans notre article général Physiologie végétale.

(T. D. B.)

BOURGEON SÉMINIFORME. (zool. bot,) Ce nom, imposé par quelques naturalistes aux corps reproducteurs des Conferves, des Varecs, des Champignons, des Polypes, et autres animaux et plantes qui n'ont pas d'organes visibles de reproduction, n'est pas généralement adopté. (Voy. Ovules.)

(P. G.)

BOURGEONNEMENT. (bot. et agr.) Par ce mot on doit entendre tout l'ensemble du phénomène qui précède et accompagne le premier développement du Bourgeon, ou de sa conséquence dans les diverses évolutions qu'il subit jusqu'à son entière maturité ou lignification. Donner à ce mot une tout autre valeur, c'est jeter de la confusion dans le langage scientifique, que Linné veut toujours simple, expressif et facile à comprendre.

(T. D. B.)

BOURGEONNIER. (ois.) Nom vulgaire du Bouvreuil. (Voy. ce mot.)

BOURG-ÉPINE ou BOURGUE-ÉPINE. (bot. phan.) On confond sous ces noms le *Rhamnus alaternus* et le *Phyllira latifolia*, dans le midi de la France. (Guér.)

BOURNONITE. (min.) *Plomb sulfuré stibio-cuprifère*, *Antimoine, sulfuré plombo-cuprifère*, *triple Sulfure d'antimoine, de plomb et de cuivre*, *Endellionite*, et enfin *Jamesonite*. Substance métalloïde, cristallisant en prismes rhomboïdaux d'environ 101°20', ordinairement en gros cristaux, d'un gris d'acier, à surface souvent brisée et très-éclatante, à texture vitreuse, à cassure inégale, à gros grains et à éclat très-faible; rayant la chaux carbonatée, mais étant rayée par la chaux fluatée, et laissant une trace noire sur le papier; elle est aisément frangible et se laisse couper au couteau; sa pesanteur spécifique est de 5,56.

La poussière de la Bournonite, projetée sur un fer rouge, donne une lueur phosphorescente d'un blanc bleuâtre, sans odeur; chauffée lentement au chalumeau, elle répand des vapeurs antimoniales, fond en un globule dans le centre duquel

se trouve un peu de cuivre, tandis que, chauffée rapidement, elle pétille et éclate; elle est attaquable par l'acide nitrique, donne un précipité blanc immédiat, antimonifère, et sa solution nitrique produit des lamelles métalliques de plomb sur une lame de zinc. On la trouve quelquefois en masses amorphes, mais le plus souvent en masses cristallines, dans les mines de cuivre, d'argent et de plomb cuprifère, en Angleterre, dans le Cornwal; en Savoie, aux environs de Servon; en Saxe, à Freyberg; au Pérou, au Brésil, etc.

(Th. V.)

BOURRACHE, *Borrago*. (bot. phan.) Type de la famille naturelle des Borraginées; ce genre de la Pentandrie monogynie renferme six ou sept espèces herbacées. Robert Brown en a détaché plusieurs pour en constituer son genre Trichodesma (v. ce mot), et s'est appuyé sur des caractères peu solides, dus particulièrement à la culture des serres, que j'ai vus varier en diverses circonstances. Je n'admets point cette coupe et j'estime que le genre créé par Linné, adopté par De Jussieu, doit demeurer intact.

Un autre point sur lequel je ne puis être d'accord avec tous les auteurs qui se sont mutuellement copiés, c'est de dire que la Bourrache commune, *B. officinalis*, plante indigène, annuelle, et employée autrefois par les druides dans leurs préparations pharmaceutiques, nous est venue de la Syrie, aux temps des Croisades, et qu'elle s'est naturalisée parmi nos végétaux spontanés. (Nous l'avons figurée dans notre Atlas, pl. 54, f. 2.) On a confondu ensemble deux espèces très-distinctes, quoique très-voisines, et au lieu de voir la nature vivante, on a répété, on a consacré une erreur grossière. L'espèce indigène monte à quarante centimètres, elle est hérissée de poils raides, de feuilles alternes, lancéolées, également velues; sa tige cylindrique est tendre, succulente, rameuse, et garnie à ses extrémités de corymbes; ses fleurs très-élégantes, que l'on rechercherait davantage si elles étaient moins communes, naissent blanches, rougissent en s'ouvrant, et ne tardent pas à se colorer d'un beau bleu d'azur; elles sont disposées en roue à cinq divisions très-ouvertes, varient quelquefois du blanc pur au carné le plus aimable, au rougeâtre, et s'épanouissent durant toute l'année; leur largeur est de vingt-huit à trente millimètres. La plante se propage d'elle-même par ses graines, qui tombent et se conservent bonnes deux ans. On mange ses feuilles comme les épinards, on les met dans les potages comme le chou : ses fleurs servent à parer les salades; les Anglais, au rapport de l'horticulteur Miller, les pilent pour en préparer une boisson rafraîchissante qu'ils boivent en été, et qu'ils nomment *cool-tankards*.

La Bourrache du Levant, *B. orientalis*, a été rapportée de Constantinople par Tournefort, et précédemment introduite dans quelques jardins particuliers par des Croisés venus de la Syrie. Cette espèce, confondue avec la précédente, quoiqu'elle soit vivace, est un peu plus petite, a la racine plus noire extérieurement, la tige moins charnue, ne s'élevant qu'à trente-deux centimètres; ses fleurs sont petites, en bouquets terminaux d'un pourpre bleuâtre, elles fleurissent en juin et juillet, sont sans agrément, et ses feuilles cordiformes, pointues, d'un gros vert. La plante entière est d'un vert foncé, elle vient partout et ne demande aucun soin particulier; elle est couverte de poils, mais ils sont moins durs que dans l'espèce précédente. Elle s'étend beaucoup dans les sols profonds et doux.

Une autre, apportée en France en 1800, plus basse et peut-être plus convenable à nos parterres, encore qu'elle ait moins de fleurs, est la BOURRACHE LAXIFLORE, *B. laxiflora*. Elle produit un bel effet par ses bouquets de petites fleurs, tantôt bleues, tantôt couleur de chair, écartées les unes des autres.

Quant aux espèces que l'on trouve aux Indes orientales, au Ceylan, au cap de Bonne-Espérance et en Perse, elles présentent plus d'intérêt au botaniste qu'à l'horticulteur et au florimane. Toutes sont considérées autant plantes potagères que plantes médicinales. Elles fournissent du nitrate de potasse; sa présence est particulièrement sensible dans l'espèce commune, elle s'y décèle en pétillant lorsqu'on la brûle. On attribue à cette plante la propriété de ranimer les forces; mais, privée, comme elle l'est, d'odeur et de saveur aromatiques, cette qualité est plus que contestable; il n'en est pas de même considérée comme sudorifique très-recommandable, on ne saurait trop employer sous ce rapport le suc visqueux et fade de sa racine et de ses feuilles fraîches.

On donne improprement le nom de petite Bourrache à la Cynoglosse printanière, *Cynoglossum omphalodes*, admise comme ornement dans les parterres. (T. D. B.)

**BOURRE.** (MAM.) On nomme ainsi le poil de quelques animaux que l'on emploie dans la fabrication des meubles. Quelques parties des végétaux offrent un produit semblable, et sont employées aux mêmes usages. (GUÉR.)

**BOURREAU DES ARBRES.** (BOT. PHAN.) On donne ce nom au Lierre, au *Cœlastrum scandens*, et aux Lianes, parce que ces végétaux serrent quelquefois les troncs des arbres à un tel point qu'ils causent leur mort. (GUÉR.)

**BOURRELET.** (MOLL.) On nomme ainsi le renflement qui se remarque sur le bord ou sur la surface externe de plusieurs coquilles. (GUÉR.)

**BOURRELET.** ( PHYS. VÉGÉT. et AGR. ) Sorte de renflement ou excroissance plus ou moins considérable, de forme arrondie, que l'on remarque sur les végétaux ligneux dicotylédonés; il est d'abord vert et lisse, puis il brunit insensiblement et prend la couleur de l'ancien épiderme. Il doit sa formation à des causes généralement apparentes et appréciables; on le divise en trois sortes, savoir : le Bourrelet naturel, le Bourrelet artificiel et le Bourrelet accidentel.

Le *Bourrelet naturel* se forme sur les branches, sur les rameaux des arbres et des arbrisseaux, à l'endroit même d'où sortiront un peu plus tard un bourgeon, une feuille, une fleur ; c'est leur point d'origine ou, si l'on aime mieux, leur matrice. Le *Bourrelet artificiel* 1° est le résultat de la culture par marcottes ou par boutures: sa présence favorise le prompt développement des mamelons et des racines qui en assurent le succès; la formation de ce Bourrelet est d'un intérêt majeur pour l'art agricole; 2° il est dû à une greffe mal assortie au sujet, laquelle a acquis une dimension beaucoup plus considérable que lui; dans ce cas, le renflement est au dessus; il est au dessous lorsque, au contraire, le sujet est mieux constitué que l'arbre sur lequel la greffe a été prise; 3° il est produit par l'action d'une forte ligature de ficelle ou de fil de fer; 4° ou bien par l'enlèvement d'un anneau d'écorce. Le *Bourrelet accidentel* est occasioné intérieurement par l'obstacle que les fluides nourriciers éprouvent lorsqu'ils redescendent de la partie supérieure du végétal vers l'inférieure; il l'est encore par les contusions faites extérieurement avec un corps dur ou tranchant, et par la dent des animaux qui a entamé l'écorce. Dans le premier cas, les fluides s'accumulent au dessus de l'obstacle, distendent la partie et donnent un Bourrelet assez gros; dans le second, le renflement s'opère aux bords de la plaie, la rapproche peu à peu, la réunit enfin et la consolide parfaitement; mais le bois entaillé, coupé, mutilé, ne végète plus, l'écorce seule recouvre les parties desséchées, qui demeurent ensevelies sous le Bourrelet.

C'est à Duhamel-du-Monceau que l'on doit les meilleures observations sur les Bourrelets; il en a étudié toutes les circonstances et fondé la théorie. Du Petit-Thouars n'est pas toujours d'accord avec lui sur les lois qui régissent l'accroissement en diamètre, c'est-à-dire la formation des nouvelles couches ligneuses.

Quelques botanistes étendent beaucoup trop l'emploi du mot *Bourrelet* quand ils l'appliquent aux tiges articulées de la vigne, de la clématite, de la belle-de-nuit, etc., ou bien, à l'exemple de Cassini, au rebord saillant qui entoure l'aréole du péricarpe de quelques synanthérées. (T. D. B.)

**BOURSES.** ( PHYS. VÉGÉT. et AGR. ) Les botanistes donnent le nom de Bourses aux capsules des anthères, et à la membrane qui renferme quelques espèces de Champignons avant leur développement ( *v.* ANTHÈRE et VOLVA ). Les horticulteurs l'appliquent tantôt aux bourgeons courts et coniques des arbres fruitiers, qui ne produisent que des boutons à fleurs, tantôt à la LAMBOURDE ( *v.* ce mot ), et à la branche à bois. Pour eux les Bourses sont les signes d'une heureuse fécondité ; quand elles sont trop abondantes, elles épuisent l'arbre, et pour éviter une perte totale, il faut couper les branches qui les portent, à peu de distance du tronc, afin qu'il puisse fournir du nouveau bois. Quelques vieux pommiers n'offrent plus que des Bourses lorsqu'ils sont voisins de leur ruine totale.

On appelle vulgairement Bourse a pasteur l'espèce la plus commune de Thlaspi, dont la silicule, de forme triangulaire, est semblable à une Bourse ( *v.* Thlaspi ), et simplement Bourse et Boursette, la Mâche, *Valeriana locusta.*

( T. D. B. )

**BOURSOUFLEMENS.** ( géol. ) On appelle Boursouflemens, des gonflemens de certaines parties de laves qui se sont dilatées par suite de l'expansion des gaz, de manière à présenter ces petits mamelons, qu'on observe souvent à la surface des courans de laves ; quelquefois la croûte qui enveloppait ce gaz a fait explosion et présente à sa partie supérieure un petit cratère par où il y a eu éruption des gaz, et quelquefois projection de matières, en sorte qu'on a là exactement en petit ce qui se passe en grand dans le volcan lui-même ; d'autres fois, les gaz, en se dilatant, ayant perdu de leur force expansive, n'ont pas pu vaincre la résistance opposée par la masse visqueuse, et il en est résulté de simples Boursouflemens. On peut voir ce phénomène se répéter souvent et de différentes manières dans le fond des cratères où la lave n'est pas en éruption, mais simplement en ignition, comme cela a souvent lieu au Stromboli, au Vésuve, etc. : à mesure que des petites quantités de gaz, provenant de l'intérieur, cherchent à s'échapper, il se forme à la surface de la lave des Boursouflemens d'autant plus grands, que celle-ci est plus visqueuse ; si la quantité de gaz augmente, la cloche éclate, puis retombe pour en former d'autres, etc.

On observe aussi dans la nature des Boursouflemens beaucoup plus considérables, formant de véritables montagnes ; et le docteur Hardie, Écossais, qui vient de mourir à Paris à l'âge de 52 ans, après avoir visité l'Inde, nous a fait connaître dans l'île de Java une montagne trachytique qui est une véritable Boursouflure volcanique, un soulèvement en cloche. Cette montagne, nommée Jasinga, et en malais Guning-Kopak, est située à 20 milles environ au sud de Batavia, dans le district de Bantam ; elle est élevée de deux à trois cents pieds et présente un dôme rond et isolé. A peu près aux deux tiers de sa hauteur, il y a une petite ouverture semblable à l'entrée d'une tanière, à peine assez grande pour pouvoir y pénétrer en rampant ; mais elle augmente très-promptement, et, à la distance de quelques pieds, on se trouve dans une grande cavité voûtée, qui occupe le centre de la montagne. C'est une caverne formée par un demi-sphéroïde allongé ; le plafond et les côtés en sont parfaitement réguliers ; ils sont formés de couches concentriques. Le sol est un bassin en pente assez forte, terminé dans le milieu par une petite mare d'eau. La partie qui est à sec est composée d'une argile humide, onctueuse, et si glissante qu'on ne peut s'y tenir qu'avec difficulté. Le plus grand diamètre de cette caverne est de 132 pieds, et le plus petit de 96 ; la hauteur de la voûte est de 30 pieds, et la plus grande profondeur de la masse d'eau ne dépasse pas 12 pieds. Dans les environs de cette montagne et dans

les plaines de Bantam, il y a plusieurs autres dômes surbaissés, semblables ; ils sont tous isolés, dispersés sans régularité apparente, et jusqu'ici aucune de ces protubérances n'a été reconnue pour être creuse intérieurement, mais elles sont évidemment, comme la première, le résultat de Boursouflemens ou soulèvemens en cloches.

Il serait fort possible que le grand volcan de Jorullo ne fût aussi qu'un terrain bombé ou soulevé en forme de vessie ou de cloche, qu'une véritable Boursouflure de 510 pieds d'élévation ; c'est, comme disent les indigènes, un *terrain creux,* opinion populaire qui est confirmée par le bruit sourd que fait un cheval en marchant au dessus, par la fréquence des crevasses, par des affaissemens partiels, et par l'engouffrement des rivières de Cuitamba et de San-Pedro, qui se perdent à l'est du volcan et reparaissent à l'ouest, avec une température de 62° centigrades. Ce sont des bancs d'argile noire ou brun-jaunâtre, qui ont été soulevés ; la surface du sol n'est couverte que de quelques cendres volcaniques. Sur ce terrain soulevé du Mal-Pais, sont sortis plusieurs milliers de petits cônes ou buttes basaltiques, à sommets très-convexes, appelés *hornitos* ( fours ) par les habitans. Ils sont tous isolés et disséminés, de manière que pour s'approcher du pied du grand volcan, on passe par des ruelles tortueuses. Leur élévation est de 6 à 9 pieds. La fumée en sort généralement un peu au dessous de la pointe du cône, et reste visible jusqu'à environ 50 pieds de hauteur. En approchant l'oreille d'un de ces cônes, on entend un bruit sourd qui ressemble à celui d'une cascade souterraine ; il est sans doute causé par les eaux des deux rivières qui s'engouffrent dans le *Mal-Pais.*

Il est probable, dit M. de Humboldt, que c'est la force élastique des vapeurs qui a couvert de ces *hornitos,* en forme d'ampoules, la plaine bombée du *Mal-Pais,* tout comme la surface d'un fluide visqueux se couvre de bulles par l'action des gaz qui tendent à se dégager. La croûte qui forme les petits dômes des *hornitos* est si peu solide, qu'elle s'enfonce sous les pieds du mulet que l'on force d'y monter.            ( Th. V. )

**BOURTOULAIGO.** ( bot. phan. ) C'est le nom du Pourpier dans nos provinces méridionales.

**BOUSCARDE** et **BOUSCARLE.** ( ois. ) Nom vulgaire de plusieurs Fauvettes, dans le midi de la France.            ( Guér. )

**BOUSIER,** *Copris.* ( ins. ) Genre de Coléoptères, section des Pentamères, famille des Lamellicornes, tribu des Scarabéides ; ce genre a été établi par Geoffroy et adopté depuis par tous les entomologistes ; mais les travaux postérieurs à sa création l'ont beaucoup restreint ; les caractères qui le distinguent actuellement sont d'avoir presque toutes les parties de la bouche membraneuses, les palpes labiaux de trois articles, dont le premier, le plus grand, est presque cylindrique ; la massue des antennes de trois feuilles, et les quatre tibias postérieurs coniques. Il est assez difficile d'indiquer la forme générale de ces insectes, vu que la tête et le corselet sont, la plupart du temps, chargés de cornes et de dilatations qui les font varier dans chaque espèce; leur corps est en général très-épais; la tête et le corselet forment à eux deux la moitié du corps; le chaperon est presque toujours demi-circulaire; le corselet est transversal, sans écusson; les élytres sont très-bombées, garnies de stries; les tibias antérieurs sont déprimés, tranchans, dentelés sur le côté externe; les deux autres paires sont plus courtes, en cône comprimé, dont le sommet est attaché au fémur, et la base, dentée tout autour, donne à un de ses côtés attache au fémur; les intermédiaires sont munies de deux éperons et les postérieures d'un seul; le tarse est comprimé, tous les articles sont en triangle, allongé et rond, en diminuant du premier au dernier. Ce genre est très-nombreux en espèces, surtout parmi les exotiques; elles n'ont pas de couleurs vives, étanttoutes ou brunes ou noires, quoique quelques unes offrent des couleurs métalliques; mais elles sont remarquables par les éminences extraordinaires dont elles sont armées, et aussi par leur taille, qui varie de deux ou trois lignes à trois pouces et plus de long; les larves, qui ont la forme du ver blanc du hanneton, vivent dans les bouses de vaches, et probablement aussi dans les amas de detritus en décomposition. C'est aussi aux mêmes endroits qu'il faut chercher les insectes parfaits qui volent le soir autour, soit pour s'accoupler, soit pour déposer leurs œufs.

B. Anténor, *C. Antenor*, Oliv., Entom., t. I, n° 3, planc. 6, figure. 42. Long d'environ deux pouces, entièrement brun noir; la tête est très-avancée, échancrée des deux côtés, avant les yeux; au commencement de cette échancrure, s'élève une corne comprimée d'avant en arrière, tridentée, mais dont la dent intermédiaire est du double plus élevée que les latérales; le corselet est coupé brusquement, la partie la plus élevée offre quatre épines disposées deux par deux, l'une au dessous de l'autre de chaque côté, le bord présente une dépression et une carène au milieu; au dessous et des deux côtés, sont deux forts enfoncemens très-lisses, au dessus du milieu desquels est une dent avancée; le derrière de la tête et le devant du corselet sont chagrinés, le reste est ponctué par place; les élytres sont légèrement striées.

B. Isidis, *C. Isidis*, Savigny. Long de 18 à 21 lignes, entièrement d'un brun noir avec des poils fauves foncés; le chaperon est un peu avancé, avec quatre lobes, deux latéraux et deux à l'extrémité; sur le vertex s'élève une carène transverse tridentée; le bord antérieur du corselet est coupé carrément; la crête supérieure de la coupure est labiée au milieu, échancrée des deux côtés et donne ensuite naissance à deux dentelures relevées, armée de deux fortes cornes chez le mâle; la tête est rugueuse en devant, ponctuée au vertex; la partie perpendiculaire du corselet l'est aussi; mais la partie supérieure est très-rugueuse, surtout sur les côtés; les élytres sont vaguement

ponctuées dans les intervalles des stries. Cet insecte vient d'Egypte et de Nubie; il est représenté dans notre Atlas, pl. 54, fig. 5.

B. Bucéphale, *C. Bucephalus*, Olivier, Hist. des Coléopt., gen. Scarab., pl. 4, fig. 26. Long d'environ 21 lignes, noir avec les élytres brunes; le chaperon est arrondi, relevé; sur le vertex s'élève une corne légèrement courbée en arrière; à sa base et en arrière sont deux doubles carènes ayant la forme d'un V; le corselet est coupé perpendiculairement en devant, il offre d'abord au milieu un espace absolument droit, il est ensuite légèrement échancré pour former deux pointes aiguës après lesquelles sont deux échancrures très-profondes et deux enfoncemens lisses; tout le reste de la tête et du corselet est fortement ridé transversalement; les élytres sont à peine striées. Cette espèce vient des Indes orientales.

B. porte-lance, *C. Lancifer*, Oliv., Coléoptères, n° 3, pl. 4, fig. 52. Long de 21 à 24 lignes. Cet insecte très-remarquable n'a pas besoin de grande description; sa tête est armée d'une corne presque aussi longue que la tête et le corselet pris ensemble; il est en outre d'un beau bleu d'acier. De toute l'Amérique méridionale.

B. a trois pointes, *C. tricuspis*, Mihi. Long de 10 à 12 lignes, entièrement noir; chaperon demi-circulaire, tridenté antérieurement; sur le vertex s'élève une corne courte, droite, paraissant comme tridentée, laquelle diminue brusquement de largeur au milieu de sa longueur; le corselet a ses deux côtés avancés; au milieu de son disque, qui est médiocrement convexe, s'élèvent deux mamelons pointus, espacés entre eux, divergens; la tête et le corselet sont en outre finement ponctués; les élytres sont lisses avec les côtes à peine senties. Du Sénégal.

B. porte-fourche, *C. furcifer*, Mihi. Long de dix à onze lignes; chaperon demi-circulaire, légèrement rebordé; au milieu du vertex est une très-petite corne tridentée; le corselet est très-avancé sur les côtés; du milieu de son disque s'élèvent deux cornes méplates dans le sens de la longueur, échancrées postérieurement, fortement évidées vis-à-vis l'une de l'autre; l'espace compris entre elles forme un enfoncement parfaitement lisse, s'élevant un peu en carène au milieu; tout le reste du corselet ainsi que la tête sont finement pointillés: les élytres sont très-lisses, avec des stries très-légères, couvertes cependant de points à peine sensibles. Du Sénégal.

Je ne connais ces deux espèces décrites nulle part; notre pays ne fournit que les espèces suivantes:

B. espagnol, *C. hispanus*, Linn. Oliv., Ent., n° 3, pl. 6, fig. 47. Long de dix à onze lignes, entièrement noir, tête et corselet fortement ponctués, élytres lisses; le chaperon est demi-circulaire, un peu refendu à son milieu; sur le vertex est une corne méplate médiocrement longue, couchée en arrière; le corselet est coupé droit dans son milieu et tombe brusquement vers la tête. D'Espagne et de la France méridionale.

B. LUNAIRE, *C. lunaris*, Linn. Oliv., Entom., n° 3, pl. 5, fig. 36. Long de huit à neuf lignes, entièrement noir brillant ; le chaperon est demi-circulaire, refendu à son milieu, un peu bilobé des deux côtés de la fente ; sur le vertex s'élève une corne droite avec deux petits mamelons pointus en arrière de sa base ; le corselet est coupé perpendiculairement en arrière de la tête ; au milieu il offre sur la crête un sillon profond et deux petites dents, à droite et à gauche sont ensuite deux profonds enfoncemens comme divisés en deux parties, enfin les deux côtés sont armés chacun d'une forte dent conique perpendiculaire ; dans la femelle, la corne de la tête est très-courte et tridentée ; on en a long-temps fait une espèce sous le nom de *C. emarginatus*. Ce Bousier est représenté dans notre Atlas, pl. 54, f. 3, *a*.

( A. P. )

BOUSSOLE. (GÉOGR. PHYS.) La Boussole, qui pour nous Européens est une découverte du 15e siècle, était connue par les Chinois plus de mille ans avant l'ère chrétienne ; mais il est juste de dire que, si nous n'avons connu la Boussole que 25 siècles après les Chinois, nous en avons bien mieux tiré parti, puisqu'au moyen de cet instrument, nos vaisseaux ont su se guider sur toutes les mers du globe, et ont imprimé par conséquent une activité toute nouvelle aux relations commerciales de tous les peuples civilisés, et aux nombreuses et importantes observations scientifiques qui reposent sur l'aiguille aimantée.

Il n'est aucun de nos lecteurs qui n'ait vu une Boussole, je ne chercherai donc pas à leur en faire ici une description ; ils savent tous que ce n'est autre chose qu'une aiguille aimantée reposant sur un pivot fixé au dessus d'une rose de vents dans une boîte transparente, qui la met à l'abri des oscillations de l'air ambiant : on voit sans peine que ce n'est pas la boîte qu'il est essentiel de connaître ici, mais bien l'aiguille aimantée et les différens mouvemens auxquels elle est soumise.

Une aiguille aimantée, suspendue horizontalement par un moyen quelconque, ne reste pas dans toutes les positions où on voudrait la maintenir, comme il arriverait de toute autre aiguille non aimantée : l'aiguille aimantée a un point fixe vers lequel elle ne cesse de se diriger, et, quelle que soit la force qui l'arrache à cette position, du moment où elle est abandonnée de nouveau à elle-même, elle revient à sa situation primitive après une série d'oscillations plus ou moins rapides. Or un corps ne peut pas plus se diriger par lui-même qu'il ne peut se mouvoir par lui-même : il faut que cette aiguille soit soumise à une force extérieure, et cette force est une force magnétique. De prime abord, il est vrai, on pourrait croire que ce retour de l'aiguille aimantée vers le même point est un fait local et rien autre chose : on pourrait le regarder comme le résultat du voisinage de quelque morceau de fer, puisqu'on sait que la plus petite parcelle de fer suffit pour changer la direction de cette aiguille aimantée ; mais

cette objection tombe d'elle-même, lorsqu'on saura que sur quelque point de la terre que l'on transporte l'aiguille aimantée, sa position est toujours fixe et invariable, et se dirige toujours vers le même but ; ainsi, placée sous l'équateur ou dans les régions polaires, élevée dans les airs, sur les sommets des montagnes ou descendue dans les entrailles de la terre, au fond des mines les plus profondes, sa position est invariable, elle court toujours vers le même point, si une force extérieure ne vient point arrêter la spontanéité de son mouvement.

L'aiguille aimantée est donc soumise à une force qui préexiste et qui est en dehors du fait de l'homme. Ce centre d'attraction, qui a tant de puissance, a été pendant long-temps le sujet de recherches scientifiques : les uns faisaient reposer le siége de cette vaste influence dans une petite étoile de la queue de la Grande-Ourse, par la raison que cette étoile se rapproche beaucoup de l'étoile polaire, et que l'aiguille aimantée se dirige vers le nord ; d'autres la regardaient comme placée au pôle du Zodiaque ; d'autres la rejetaient au-delà des cieux ; Gilbert enfin vint mettre un terme à toutes ces indécisions, en démontrant qu'il était inutile de courir si loin pour trouver le siége de cette influence, et que le globe terrestre était essentiellement magnétique. Cet homme, d'une sagacité remarquable, écrivait au 16e siècle son Traité *de magnete magneticisque corporibus et magno magnete tellure*, et ouvrit ainsi un vaste champ aux découvertes modernes par l'importance de ses recherches, dans lesquelles il accorda une part si large et si vaste aux influences magnétiques.

Il est bon de dire que les pôles magnétiques ne sont pas les mêmes que les pôles terrestres ; il s'ensuit nécessairement que le méridien magnétique diffère aussi du méridien terrestre ; les plans de ces deux méridiens font donc un angle entre eux, dont nous verrons l'application tout à l'heure. Si l'on examinait les deux directions d'une aiguille aimantée dans deux lieux distans l'un de l'autre de quelques degrés de longitude ou de latitude, on reconnaîtrait que ces deux directions ne sont point toujours parallèles ; je dis toujours, parce qu'il y a certains lieux du globe où le parallélisme existe ; lorsque les deux directions ne sont point parallèles, on dit qu'il y a déclinaison, et cette déclinaison se mesure par l'angle que forment entre eux les méridiens magnétique et terrestre. La ligne courbe que l'on ferait passer par tous les points où les directions de l'aiguille sont parallèles, et où par conséquent la déclinaison est nulle, se nomme ligne sans déclinaison.

Les instrumens avec lesquels on observe ces déclinaisons se nomment Boussoles de déclinaison. Il n'est pas sans intérêt de savoir que ces variations de l'aiguille aimantée ne sont pas toujours les mêmes dans les mêmes lieux ; ainsi les observations faites à l'Observatoire de Paris ont démontré qu'en 1580 la déclinaison était orientale (c'est-à-dire que le pôle central de l'aiguille était à l'est de la méridienne), et égale à 11° 3o'; en 1653, elle était nulle. Pendant deux années, elle est restée dans cette position; puis elle a marché vers l'Occident, ainsi :

En 1678 la déclinaison occidentale était de 1° 3o'
En 1700 8° 18'
En 1780 19° 55'
En 1805 22° 5'
En 1816 22° 25'
En 1818 22° 26'

Il paraît qu'elle est arrivée à sa limite occidentale, et que maintenant elle court vers l'orient : les nombreuses masses de fer apportées depuis plusieurs années à l'Observatoire de Paris, n'ont pas permis à M. Arago de faire ses observations sur la déclinaison de l'aiguille aimantée.

Jusqu'à présent nous n'avons observé l'aiguille aimantée que par rapport à ses déclinaisons; elle a une autre espèce d'oscillations; celles-là portent le nom d'inclinaisons, et les instrumens avec lesquels on les étudie s'appellent Boussoles d'inclinaison. L'inclinaison est l'angle que fait avec l'horizon l'aiguille aimantée dans le plan vertical du méridien magnétique. L'inclinaison est nulle sur tout une ligne assez irrégulière qui fait le tour du monde sans sortir de la zone équatoriale : cette ligne, qu'on nomme équateur magnétique, a été déterminée avec un grand soin par le capitaine Duperrey dans son Voyage autour du monde, en 1822, 1823, 1824 et 1825, ainsi que par le capitaine Sabine et M. Jules de Blosseville.

Un fait assez curieux, c'est que l'aiguille aimantée n'est pas indifférente à un certain phénomène de météorologie dont nous avons déjà entretenu nos lecteurs, (je veux dire l'aurore boréale. (*Voyez* AURORE BORÉALE.) Il existe entre l'aiguille aimantée et le météore certains rapports que nous allons relater ici.

1° Le sommet de l'arc de l'aurore boréale est toujours situé sur le méridien magnétique du lieu de l'observateur.

2° La couronne de l'aurore boréale est toujours sur le prolongement de l'aiguille d'inclinaison.

3° L'aurore boréale fait sentir son influence sur les aiguilles de déclinaison et d'inclinaison, même dans les lieux où l'aurore boréale ne pourrait être observée; leur influence se fait même sentir avant le moment où elles apparaissent à l'horizon : ainsi M. Arago a observé que, dès le matin du jour où l'aurore boréale doit se montrer dans quelques régions polaires, l'aiguille de déclinaison dévie à l'occident, et que le soir elle dévie à l'orient.

Les recherches auxquelles se livrent plusieurs savans en Écosse, en Allemagne, en Russie, et même en Chine, donnent à penser que d'ici à quelques années on aura de précieux documens sur les mouvemens de l'aiguille aimantée. (C. J.)

BOUTAN (État de). (GÉOGR. PHYS.) L'État de Boutan (pays du Deab-Radja), fait partie de la Grande-Tartarie et est situé entre le 26° et le 29° degré de latitude nord, et entre le 87° et le 92° degré de longitude est : il a pour frontière au nord la fameuse chaîne du Thibet; au sud il est borné par la presqu'île du Bengale, à l'ouest par le Népaul, et à l'est par le royaume d'Assam.

Le Boutan est encore un pays peu exploré, et que les voyageurs visitent difficilement à cause de la jalouse circonspection des Chinois, qui défendent l'entrée de leur territoire aux étrangers. Tout récemment encore un voyageur français que la mort est venue enlever bien rapidement aux sciences, M. Victor Jacquemont, eut à surmonter bien des difficultés et des obstacles pour réussir à pénétrer dans la chaîne du Thibet et à en examiner les différentes parties : c'est au moment où il était sur le point de terminer son voyage si riche de découvertes et d'observations, où il allait rapporter le résultat de tant de recherches, le fruit de tant de travaux, qu'il a succombé victime d'une longue et douloureuse maladie. Dans quelques lettres qu'on a publiées, et qui ont fait vivement désirer l'impression de tous ses manuscrits, il donne quelques détails fort intéressans sur la constitution physique du Thibet et sur les mœurs de ses habitans; nous nous permettrons de citer ici un passage qui, nous l'espérons, présentera quelque intérêt à nos lecteurs, puisqu'il a été écrit au sein même de cette vaste chaîne asiatique.

«L'Himalaya indien a quelques termes de com-
» paraison en Europe, dit M. Victor Jacquemont.
» Il est couvert de forêts dont les arbres ont un
» air de famille avec ceux des forêts alpines. Ce
» sont des pins, des sapins, des cèdres, des syco-
» mores, des chênes, diversement associés les uns
» avec les autres, selon la hauteur des montagnes.
» Au dessus de la limite des forêts verdissent des
» pâturages, entremêlés d'arbustes nains, de sau-
» les, de genévriers, et cette zone s'étend jusqu'à
» celle des neiges éternelles. Mais vers le Thibet la
» contrée tout entière est si élevée, que le fond
» des vallées excède le niveau où s'arrêtent les
» forêts sur les pentes méridionales de la chaîne.
» La végétation, réduite à quelques arbrisseaux
» rampans, épineux, rabougris, et à quelques
» herbes rares et desséchées, forme çà et là quelques
» taches noirâtres au bord des torrens; les pentes
» des montagnes ne sont couvertes que de leurs
» débris éboulés; l'horizon immense n'offre qu'une
» scène uniforme de stérilité et de désolation qui
» se termine de toutes parts à des cimes neigées.

» Telle est la constitution étrange du climat que
» ces chaînes thibétaines, si leur hauteur n'excède
» pas 20,000 pieds, se dépouillent entièrement de
» neiges vers le milieu de l'été. J'ai campé plu-
» sieurs fois plus haut que le sommet du Mont-
» Blanc, au nord du 32° degré de latitude, et
» comme c'était toujours le voisinage d'un ruis-
» seau qui décidait de mes stations, chaque jour
» presque m'apportait l'occasion d'examiner à loi-
» sir les traces si rares d'une végétation extraordi-
» naire. A la même élévation, dans la chaîne mé-
» ridionale de l'Himalaya, je n'eusse jamais été
» environné que de scènes de neiges. »

Quoique ce passage se rapporte à une partie plus occidentale de la chaîne de l'Himalaya, il suffira pour indiquer la variété de climat des frontières septentrionales du Boutan : au pied des montagnes qui les forment, se trouve une immense plaine où l'on trouve de vastes et nombreux marais, et dont une grande partie est couverte de bois ; aussi compte-t-elle dans son sein un très-petit nombre d'habitans.

On peut diviser le Boutan en Boutan proprement dit et en Bahar : cette dernière contrée est une conquête faite en 1772 par les Boutaniens ; son sol est très-humide et peu fertile ; son climat malsain ne permet pas à l'espèce humaine de s'y développer avec avantage : aussi l'on voit dans cette province une race amoindrie, détériorée et qui renferme dans son sein une grande quantité de crétins. La misère des habitans est tellement grande qu'ils sont obligés de vendre leurs enfans pour se procurer les moyens de pourvoir à leur existence, et pourtant la nourriture d'un paysan ne lui revient pas à plus d'un sou par jour.

Le Boutan proprement dit est au contraire un pays assez fertile, où se trouve une race d'hommes robustes et bien établis, aux mœurs belliqueuses, et au caractère entreprenant. Ils font un contraste bien frappant avec les Bengalis aux mœurs douces et timides ; aussi on serait tenté de croire, en examinant comparativement deux individus de ces deux races, que l'une appartient à l'occident et l'autre à l'orient.

Le Boutan est traversé dans sa longueur par diverses chaînes de montagnes, parmi lesquelles nous en citerons deux, celle de Pichnkom et celle de Oumkou, remarquables par les immenses forêts qui les couvrent ; les arbres de ces forêts sont enlacés par les sarmens de la vigne sauvage, doués ici d'une qualité toute spéciale : à une solidité à toute épreuve, ils joignent une flexibilité toute particulière qui les fait employer généralement aux divers usages dans lesquels on se sert habituellement de cordes.

La montagne d'Oumkou est en certains endroits de nature argileuse ; elle produit une grande quantité de bambous qui croissent à sa surface et dont les feuilles sont d'une grande ressource pour la nourriture des bestiaux.

Plusieurs lacs assez considérables sont répandus à la surface du Boutan : le plus grand de tous porte le nom de *Terkiri* : il a environ 27 lieues de long sur 9 lieues de large. Mais le plus singulier et le plus extraordinaire est certainement celui de *Jambro* ou *Palté*, qu'on appelle aussi *Yarbrogh-Yousntso*, ou bien encore *lac de Baldhi*. Ce lac figure un vaste fossé qui n'a pas moins de deux lieues de large, et qui entoure une île circulaire d'environ douze lieues de diamètre : c'est dans cette île que réside la grande-prêtresse lamaïque, regardée comme une divinité incarnée. Nous nous contenterons, parmi les villes qui sont au reste peu nombreuses, de citer *Tassisudon*, résidence du Daeb-Radja. Ce n'est, à proprement parler, qu'un immense château-fort à sept étages ; c'est au quatrième étage que demeure le Daeb-Radja, qui est le prince séculier du pays : au septième

étage habite le Dharma-Radja ou pontife souverain, regardé comme une incarnation de Mahomoni.

(C. J.)

**BOUTOIR.** (MAM.) Ce nom, donné par les chasseurs au museau du sanglier, a été étendu à tous les prolongemens nasaux analogues, existant non-seulement chez les cochons de quelque genre qu'ils soient, mais aussi chez les coatis, les taupes, les bali-saurs, les tapirs, etc. Ces sortes de nez sont propres à fouiller la terre et à soulever un sol humide ou peu résistant ; la peau de leur extrémité jouit d'une sensibilité exquise, à cause des nombreux nerfs qui s'y rendent et de la sueur visqueuse que sécrètent à sa surface des cryptes abondantes. La masse charnue dont cet organe se compose est soutenue par un os particulier appelé *Os du Boutoir*.

(Gerv.)

**BOUTON.** (MOLL.) On donne vulgairement ce nom à quelques coquilles de forme ronde rappelant celle d'un Bouton. Ainsi le Bouton de camisole, ou Turban de Pharaon, est le *Trochus Pharaonis*, L. ; le Bouton de la Chine est le *Trochus niloticus*, Lin. et Lam. ; le grand Bouton de la Chine est le *Trochus maculatus*, que quelques marchands appellent Cardinal vert ; le Bouton de rose est la *Bulla amplustra*, Linn. ; enfin le Bouton terrestre est l'*Helix rotundata* de Muller. *Voy.* Monodonte, Toupie, Bulle, Hélice et Hélicelle.

(Guér.)

**BOUTON.** (BOT. et AGR.) Quand on désigne par ce mot le petit corps arrondi, un peu allongé, quelquefois terminé en pointe, que l'on remarque sur quelques plantes vivaces, surtout le long de la tige et des rameaux des plantes ligneuses, et qui est le rudiment de nouvelles pousses, le *Bouton* n'est à proprement parler que le Bourgeon (*v.* ce mot). Lorsqu'il exprime la fleur avant son épanouissement, c'est le véritable sens que l'on doit donner au mot Bouton, et c'est sous cette valeur seule qu'il doit trouver place dans la langue agricole et dans celle des botanistes.

**Bouton d'argent.** Nom vulgaire de l'Achillée sternutatoire, *Achillea ptarmica*, de la Matricaire commune, *Matricaria parthenium*, de la Camomille romaine, *Anthemis nobilis*, de la Renoncule aux feuilles d'aconit, *Ranunculus aconitifolius*, dont la culture a fait doubler les fleurs.

**Bouton de bachelier.** Les jardiniers appellent ainsi la Lychnide visqueuse, *Lychnis viscaria*, dont les fleurs purpurines sont doublées.

**Bouton de culotte.** Nom bizarre d'une variété de radis blanc.

**Bouton d'or.** Diverses plantes à fleurs jaunes doublées ont reçu ce nom vulgaire ; on le donne plus généralement à la variété cultivée de la Renoncule âcre, *Ranunculus acris*, de la Renoncule rampante, *Ranunculus repens*, de l'Immortelle jaune, *Gnaphalium orientale*, etc.

**Bouton de la mariée.** C'est la Lychnide visqueuse que l'on appelle ainsi dans quelques cantons ; on la présente à la mariée quand elle a reçu la bénédiction nuptiale, dans le même temps que

les

les garçons enlèvent adroitement sa couronne blanche et en distribuent les boutons blancs aux jeunes filles de la noce.

**Bouton noir.** Nom vulgaire des baies noires de la Belladone commune , *Atropa belladonna.*

**Bouton rouge.** Synonyme du **Gainier** du Canada , *Cercis canadensis. Voy.* ce mot. (T. d. B.)

**BOUTONS.** ( bot. crypt. ) Plusieurs espèces ou variétés d'Agarics sont appelées Boutons. Il est assez difficile de leur donner à toutes le nom qu'elles portent dans la nomenclature des botanistes modernes. Le genre Agaric est un des plus nombreux, des plus diffus et des moins bien étudiés de la cryptogamie. Le docteur J.-H. Léveillé travaille depuis long-temps à une monographie de ce genre; elle est impatiemment attendue par les amis de la science qui connaissent l'exactitude , les recherches étendues et les dessins si rigoureusement fidèles de ce patient observateur. Le *Bouton d'or* est un agaric roussâtre qui affecte , dans sa jeunesse, la forme de petites boules agglomérées; le *Bouton blanc et roux* offre un chapeau blanc argenté en dessus, garni de feuillets roussâtres en dessous; le *Bouton lilas* est très-petit, mignon dans toutes ses parties, et a les feuillets couleur carnée ; le *Bouton plateau* s'élève en cône déprimé, remarquable par son blanc de neige. Tous habitent les bois des environs de Paris et sont réputés non malfaisans.    (T. d. B.)

**BOUTURE.** (bot. et agr.) Branche d'un arbre, d'un arbrisseau, d'une plante herbacée à racine vivace et même de plantes bisannuelles ou simplement annuelles, que l'on sépare de la tige mère, et qu'on coupe horizontalement pour être mise en terre. Ce moyen de propagation , naturel chez les polypes et les animaux voisins du dernier échelon végétal, fort en usage en agriculture et surtout parmi les horticulteurs et les pépiniéristes , est d'invention humaine; il est plus puissant que la voie des semences, puisqu'il développe dans les plantes une double propriété nouvelle, celle de ne point mourir, et celle de faire pousser, par le secours de la chaleur et de l'humidité, des racines à une portion végétale, isolée de la tige qui la nourrissait, confiée à la terre, et des feuilles, des fleurs et des fruits à celle qui demeure hors de terre. Une bouture parfaite est munie de boutons perçant directement de l'écorce, et le signe certain de sa réussite se manifeste par la présence d'un bourrelet (*V.* Bourrelet et Bouton.)

Le temps propre à faire des Boutures, le terrain qui leur convient, la manière d'opérer, les soins à donner pour assurer leur réussite sont des détails de pratique qui appartiennent à l'art du cultivateur. Ils nous entraîneraient hors du cadre que le titre de notre ouvrage nous impose, et puis ils varient en raison des climats et des années plus ou moins hâtives, de la nature de la plante, du lieu de sa naissance, de sa culture en plein champ, sur couche, sous châssis, etc., dans la terre franche, le terreau, la terre de bruyère, etc. Il convient d'ailleurs d'ajouter ici que les connaissances physiologiques relativement aux boutu-

res sont loin d'être entièrement satisfaisantes ; il reste encore une foule d'expériences à faire , à répéter sous divers points de vue , pour pouvoir en appuyer l'histoire sur des bases solides. Le temps n'est peut-être pas éloigné où je pourrai fournir plusieurs lois méconnues jusqu'ici. En voici quelques unes qu'on ne peut contester.

Il est indifférent pour le succès d'une bouture que son extrémité inférieure, celle qui doit entrer en contact absolu avec le sol, soit coupée net ou en biseau. Il n'en est pas de même de la forme en pointe que l'on adopte généralement. — Il importe aussi que la portion de branche destinée à former bouture ait assez de séve pour entretenir la vie, et une quantité suffisante de matériaux de la partie solide des végétaux pour fournir à la nutrition des racines et des feuilles dans les premiers instans de leur existence; je veux dire jusqu'à ce que ces deux sortes d'organes soient suffisamment développés pour en puiser de nouveaux dans la terre et dans l'air. — Les fragmens de racines des arbres et arbustes, poussant volontiers des fibrilles et des tiges, quoique dépourvus de collet et de bourgeons, sont de véritables boutures, ainsi que les bourgeons que l'on enlève aux racines d'un cep de vigne, et des écailles des plantes bulbeuses. — La propagation par Boutures conserve exactement les espèces et variétés , tandis que celle résultant de la voie des graines produit presque autant de variétés qu'il naît d'individus. — Les arbres venus de Boutures n'ont jamais de pivot ni même une tige aussi belle que ceux nés de semences. Ils tracent beaucoup. — Les Boutures veulent être déposées dans une terre légère, bien divisée et qui ne soit point tassée autour d'elles ; sans cette précaution, les radicules faibles ne pourraient ni s'allonger, ni prendre de la consistance, ni recevoir l'influence de l'air atmosphérique, dont le contact bien ménagé favorise la végétation. — Toutes les fois qu'il y a production de racines dans une Bouture, c'est qu'il y a eu auparavant formation d'un bourrelet. — Le trop grand nombre de boutons est un obstacle aussi puissant à la reprise des Boutures que leur absence totale.

(T. d. B.)

**BOUVARDIE,** *Bouvardia.* ( bot. phan. ) Ce genre, placé dans la famille des Rubiacées, Tétrandrie monogynie de Linné, diffère un peu des *Rondeletia*, et s'en distingue seulement par les bractées qui accompagnent son calice, et par le nombre des étamines. Du reste, il renferme des arbustes exotiques, à feuilles opposées ( parfois verticillées), munies de stipules à fleurs rouges ou blanches, composées d'une corolle régulière, de quatre étamines et un style, et d'une capsule à deux loges couronnées par les quatre dents du calice. Les graines sont fort petites, et bordées d'une membrane.

Salisbury, auteur de ce genre, en a pris pour type l'*Houstonia coccinea* d'Andrews, que l'on voit dans les jardins botaniques; depuis on y a joint plusieurs espèces de *Rondeletia* et l'*Ægynetia* de Cavanilles, qui après avoir erré autour de plusieurs genres, semblent naturellement placées avec les *Bouvardies*.     (L.)

**BOUVIER.** (ois.) Ce nom est donné à plusieurs petits oiseaux appartenant à des genres différens, tels que le GOBE-MOUCHE gris, le BOUVREUIL ordinaire, le TRAQUET moteux, quelques BERGERONETTES, etc. (*Voy.* ces mots.)     (GUÉR.)

**BOUVREUIL**, *Pyrrhula*. (ois.) Genre de Passereaux granivores, de la famille des Conirostres fringillés, et intermédiaire aux Becs-croisés et aux Gros-becs. Caractères : bec robuste, épais, convexe plutôt que conique, à mandibule supérieure plus longue que l'inférieure et courbée; l'inférieure droite ou un peu relevée à sa pointe; narines rondes, ouvertes sous de petites plumes dirigées en avant; ailes obtuses; la première, la seconde et la troisième penne également étagées; queue légèrement arrondie ou carrée.

Ce genre se compose d'espèces assez remarquables sous le rapport de leur distribution géographique, les unes habitant les contrées les plus froides des deux continens, tandis que d'autres se plaisent en Asie et en Afrique jusque sous la zone torride. La Nouvelle-Hollande n'en a pas encore fourni.

Ces oiseaux habitent les bois et les jardins; ils nichent dans les buissons et sur les branches basses et touffues; leur nourriture se compose de fruits mous et le plus souvent de graines qu'ils ne mangent qu'après les avoir dépouillées de leur péricarpe.

Parmi les espèces européennes de ce genre, nous citerons en premier :

Le BOUVREUIL COMMUN, *Pyrrhula vulgaris*, figuré dans ce Dictionnaire, pl. 54, fig. 4, le seul qui se trouve en France.

Cet oiseau se fait remarquer par la beauté de son plumage et la facilité avec laquelle il se familiarise.

Il est cendré en dessus, rouge dessous avec la calotte noire; la femelle ayant du gris roussâtre au lieu de rouge.

On le trouve dans toute l'Europe, dans les bois et particulièrement dans les taillis et les bosquets; en hiver il se rapproche des jardins et des habitations rurales. Il fait beaucoup de dégâts dans les vergers, détruisant et mangeant les bourgeons des arbres fruitiers, ceux des pruniers, des poiriers ou des pommiers principalement.

« Le Bouvreuil, dit l'abbé Manesse, que les anciens naturalistes, se copiant les uns les autres, ont dit avoir un chant agréable et une grande facilité de prononciation, n'a qu'un cri triste et plaintif, semblable dans toutes les saisons et le même pour les deux sexes. Le mâle a de plus que la femelle une sorte de sifflement qu'il fait entendre au temps des amours. »

Cet oiseau, naturellement sombre et timide, quoiqu'il ne soit pas défiant, se tient dans les endroits ombragés et couverts, où il est souvent assez difficile de le découvrir. C'est dans le feuillage qu'il place son nid, dans les buissons, les haies fourrées et quelquefois aussi dans les charmil-

les des grands jardins. Ce nid, aussi simple que léger, est composé de petits morceaux de bois enlacés et couverts par des racines très-menues. La femelle y pond cinq ou six œufs d'un blanc bleuâtre, marqués à leur gros bout d'un cercle de taches brunes et violettes. L'incubation dure quatorze ou quinze jours; le mâle prend soin de sa compagne, et la remplace lorsqu'elle a besoin de s'absenter.

L'espèce du Bouvreuil varie accidentellement du noir général au blanc mêlé de noir; quelques individus ont le devant du cou et de la poitrine d'un bel orangé. Les prétendues espèces du grand et du petit Bouvreuil sont de simples variétés produites par les localités et la plus ou moins grande abondance dans laquelle l'oiseau se trouve.

La chasse aux Bouvreuils se fait de plusieurs manières, tantôt à l'archet ou sauterelle, tantôt au trébuchet, en mettant pour appât de petites baies telles que des graines de morelle; ou bien aux gluaux, etc.

On peut apparier le Bouvreuil avec la femelle du serin; mais cette alliance se fait très-difficilement. On conseille de choisir un jeune Bouvreuil de la petite race; on doit le laisser au moins une année avec la serine, qui doit être jeune et n'avoir eu aucune communication avec les mâles de son espèce. Toutes les difficultés que présente cette union ne proviennent que de la femelle, d'abord fort effrayée des prétentions de son jeune amant.

Les autres Bouvreuils européens, tous étrangers à notre pays, sont :

Le BOUVREUIL DUR-BEC, *Pyrrhula enucleator*, figuré par Edwards, pl. 123 le mâle, et 124 la femelle. Cet oiseau vit à peu près à la manière des becs-croisés; habitant des régions du cercle arctique, il se trouve quelquefois, mais de passage, dans le nord de l'Allemagne; sa nourriture consiste en semences d'arbres et de plantes alpestres et en baies de plusieurs sortes.

Les parties supérieures du corps sont d'un brun noirâtre avec la bordure des plumes d'un jaune orangé, les parties inférieures rouges ainsi que la tête et le cou. Longueur totale, sept pouces trois lignes. Les femelles ont le haut de la tête et le croupion rougeâtres, et les parties inférieures cendrées. Il se trouve plus particulièrement en Sibérie, aux environs des fleuves; en hiver il se répand dans les parties orientales de l'Europe, et se montre quelquefois en Hongrie.

BOUVREUIL CRAMOISI, *Pyrrhula erithrina*. C'est une autre espèce du nord de l'Europe. Il s'avance jusqu'en Allemagne. Il niche sur des arbres dans les forêts, et pond cinq ou six œufs verdâtres.

BOUVREUIL A LONGUE QUEUE, *Pyrrhula longicaudata*, cinquième et dernière espèce connue en Europe. Il est aussi des régions boréales, de la Sibérie principalement; en hiver il approche des provinces méridionales de la Russie. On le prend aussi quelquefois en Hongrie.

Parmi les nombreuses espèces étrangères à notre continent, nous citerons celles qui sont le mieux connues par les figures qui en ont été données.

Le Bouvreuil cendrillard, *Pyrrhula cinercola*, Temm., pl. col. 11, f. 1, qui habite le Brésil, où il paraît être assez commun. Il a les parties supérieures d'un cendré bleuâtre, avec les pennes des ailes et de la queue plus foncées; son ventre est blanchâtre. Longueur, quatre pouces et demi.

Le Bouvreuil perroquet, *Pyrrhula falcirostris*, Temm., pl. col. 11, f. 2, est aussi du Brésil; on le distingue aisément du précédent par son bec très-fortement bombé, ayant quelques rapports avec celui du perroquet; il est long de quatre pouces seulement; son plumage est généralement brun, nuancé d'olivâtre.

Le Bouvreuil flavert, *Loxia canadensis* de Latham, figuré à la pl. enl. 152, f. 2, qui est long de six pouces six lignes, vient de l'Amérique méridionale; il a les parties supérieures vertes, les inférieures jaunes, ainsi que les joues et la gorge.

Le Bouvreuil githagine, *Pyrrhula githaginea*, pl. col. 400, f. 1 et 2, a été observé dans les contrées septentrionales de l'Afrique. Il est caractérisé par son bec très-gros et fortement bombé; sa queue est échancrée. (Gerv.)

BOVICHTE, *Bovichtus*. (poiss.) Nouveau genre de Percoïdes à ventrales jugulaires, établi par Cuvier, dans son Histoire naturelle des poissons, décrit et figuré par lui comme étant très-voisin des Vives. Ne connaissant pas ce nouveau genre, nous allons extraire la description qu'en a faite ce savant naturaliste.

C'est un genre particulier, voisin des Vives, ayant comme elles des dents en velours aux mâchoires, aux palatins et au devant du vomer, mais qui se distingue non seulement des Vives, mais encore de tous les autres Percoïdes jugulaires, les Percophies exceptés, par les sept rayons de sa membrane branchiostége; sa tête, d'ailleurs, plus grosse et plus courte, sa première dorsale composée de rayons plus grêles et plus longs, lui donnent une physionomie toute différente des autres Vives : il ressemble davantage aux Cottes.

La seule espèce que l'on connaisse de ce genre est le Bovichte diacanthe, *Bovichtus diacanthus*, Cuvier. Il a la tête grosse et renflée, légèrement bombée sur l'occiput et plane en dessous. Le museau est obtus et de forme parabolique; ses ventrales sont grandes, écartées l'une de l'autre, situées bien au devant des pectorales. La peau paraît avoir été lisse, sans écailles; la ligne latérale seule porte une série de petits grains durs, placés à la suite les uns des autres, mais non imbriqués comme les écailles. Ces grains sont percés d'un tube dans le sens de la longueur du poisson. Sa couleur paraît avoir été noirâtre.

Ce poisson abonde parmi les rochers, et sa chair a été trouvée délicate. (Alph. G.)

BOVINÉS. (mam.) On réunit sous ce nom, comme devant former une petite famille, tous les ruminans à cornes creuses, dépourvus de larmiers. Les genres qu'on y comprend sont les Bœufs, les Ovibos, les Moutons et les Chèvres. Dans sa classification des animaux, M. de Blainville n'a point admis cette manière de voir. Il considère au contraire tous les genres dont nous venons de parler comme des sections d'un grand genre Bos, lequel comprend aussi les Antilopes. (Gerv.)

BOVISTA. (bot. crypt.) Genre de plantes que Persoon a séparé des Lycoperdons à cause du péridium qui est double, et dont on connaît quatre ou cinq espèces. La plus commune est le *Bovista plumbea*, Lycoperdon ardoisé de Bulliard, qui croît sur la terre, dans les pelouses sèches, ou sur les vieux troncs d'arbres; qui est globuleux, lisse à sa surface, et dont la chair, d'abord rougeâtre, se change en une poussière violacée; il est représenté dans notre Atlas, pl. 54, fig. 5. (F.F.)

BRACE. ( bot. et agr. ) Variété d'Épeautre cultivée par les Celtes et les Gaulois leurs successeurs; elle fournissait beaucoup de farine et était fort estimée pour la fabrication d'un pain léger, très-agréable. Les Romains l'introduisirent en Italie, où l'on ne tarda pas à la préférer à l'Épeautre que l'on y cultivait depuis long-temps sous le nom de *Sandala*. J'ai retrouvé le Brace dans la Brutie ( les Abruzzes ), où il porte encore son nom gaulois, et est d'un usage habituel. L'Épeautre-Brace est sans aucun doute notre grande espèce de Locular, *Triticum monococcum majus*. ( *V*. ce que j'ai dit de la petite espèce au mot Arinca et au mot Épeautre. ) (T. d. B. )

BRACHÉLYTRES, *Microptera*. (ins.) Deuxième famille de la section des Pentamères, de l'ordre des Coléoptères; elle a été établie par Cuvier et adoptée par tous les entomologistes. M. Gravenhorst, qui a le plus travaillé ces insectes, lui a donné le nom de *Microptères*, qui n'est que la synonymie du précédent; on peut réduire ses caractères à ceux-ci : élytres couvrant à peine le tiers de l'abdomen; un seul palpe à chaque mâchoire, deux vésicules près de l'anus. Cette famille, fort nombreuse, formait autrefois le genre *Staphilin* de Linné; mais elle offrait une si grande quantité d'insectes différens, qu'il a fallu la subdiviser; cependant, malgré les travaux de M. Gravenhorst et de quelques autres naturalistes, son étude est encore fort en arrière sous le point de vue des genres et surtout des espèces. Les individus qui la composent vivent presque tous dans les matières en putréfaction, soit animales, soit végétales; aussi en connaît-on peu d'exotiques; quelques petites espèces se trouvent cependant sur les fleurs, mais peut-être leurs larves vivent-elles comme beaucoup d'autres dans les champignons. Les Brachélytres sont des insectes très-allongés, leur tête et leur corselet sont aussi larges que l'abdomen; la bouche est armée de fortes mâchoires; les antennes sont le plus souvent composées d'articles granuliformes; les élytres courtes, tronquées à l'extrémité, couvrent à peine le tiers de l'abdomen, aussi le reste de la partie supérieure de l'abdomen est-il écailleux; les ailes sont aussi longues qu'à l'ordinaire, mais pour tenir sous les élytres elles sont pliées en trois : la grande mobilité de l'abdomen que l'animal peut diriger dans toutes les directions, lui aide à les faire rentrer sous leurs étuis; cet abdomen est terminé par deux appendices sétacés, qui peuvent lancer une liqueur volatile; M. L. Dufour a donné la description de l'appareil qui la produit; les pattes antérieures sont souvent dilatées, surtout dans les mâles, et les hanches des deux premières paires sont très-développées; ces insectes sont voraces, fort agiles, et s'envolent avec beaucoup de facilité. Les larves sont presque semblables aux insectes parfaits et ont la même manière de vivre.

( A. P. )

BRACHIAL. Qui a rapport au bras.

*Artère Brachiale.* Elle s'étend de la partie inférieure du pli de l'aisselle à l'articulation du coude, en suivant le bord interne du muscle biceps.

*Plexus Brachial.* Nom donné au faisceau formé par les branches antérieures des cinquième, sixième, septième et huitième paires de nerfs cervicaux et de la première paire dorsale.

*Brachial antérieur.* Muscle de la partie antérieure, inférieure et interne du bras.

*Brachial postérieur.* Nom donné quelquefois au triceps Brachial.

( P. G. )

BRACHINE, *Brachinus*, Web. ( INS. ) Genre de Coléoptères, de la section des Pentamères, famille des Carnassiers, établi par Weber, et auquel nous réunissons celui d'*Aptine*, ayant pour caractères : dernier article des palpes extérieurs des mâchoires et des labiaux plus gros, languette membraneuse, mais ses paraglosses formant une petite pointe. Tous les insectes composant ce genre ont une forme bien semblable qui permet presque de les confondre, sauf les couleurs, dans une même description; la tête et le corselet sont presque de même largeur, mais après eux l'abdomen s'élargit brusquement et continue jusqu'à l'extrémité des élytres; tout le corps est épais, les antennes et les pattes participent à cette épaisseur; la tête est avancée, avec les yeux assez saillans; le corselet est en carré un peu cordiforme, les élytres sont généralement cannelées, tronquées et même échancrées à leur extrémité; l'abdomen les dépasse toujours; l'extrémité de cette partie est très-mobile et contient un appareil, qui a été décrit par M. Dufour, au moyen duquel ces insectes éjaculent, quand ils se croient en danger, une liqueur volatile, sortant avec explosion et fumée, et qu'ils peuvent réitérer un certain nombre de fois. Cette liqueur est corrosive; quand on tient l'insecte entre les doigts, elle jaunit la peau comme l'eau seconde, et dans les espèces de taille un peu grande, elle occasione une petite brûlure accompagnée de douleurs; quand on excite l'insecte, au bout d'un certain nombre de coups il ne se fait plus d'explosion, mais on voit seulement un peu de fumée; il a ensuite besoin de repos pour que les glandes qui fournissent la liqueur se remplissent de nouveau.

Ces insectes sont plus généralement propres aux pays chauds : le Sénégal en fournit beaucoup d'espèces aux collections. On en trouve aussi quelques petites aux environs de Paris. C'est ordinairement au printemps qu'on les voit rassemblés sous les pierres en assez grand nombre; la faculté qu'ils possèdent leur a valu les noms expressifs dont les premières espèces décrites ont été baptisées; tels sont les :

B. TIRAILLEUR , *B. displodens*, Duft. Déj., Hist. nat. des Coléopt. d'Europe, t. 1, pl. 16, fig. 3, *B. Balista.* Il est long de cinq à six lignes, entièrement noir, avec le corselet rouge. C'est une des plus grandes espèces d'Europe; elle se trouve en Espagne et en Portugal : cet insecte est aptère et forme le type du sous-genre *Aptine*.

B. CRÉPITANT , *B. crepitans*, Fab. , représenté dans notre Atlas, pl. 54, fig. 6. Long de trois à quatre lignes, fauve, avec les élytres vert-bleu. Des environs de Paris.

B. PISTOLET, *B. Sclopeta*, Fab. Déj., Hist. nat. des Col. d'Europe, t. 1, pl. 18, fig. 3. Long de deux à trois lignes, fauve-rouge, avec les élytres vertes, lisses et la partie antérieure de la suture fauve. Des environs de Paris. ( A. P. )

BRACHION. ( CRUST. POLYP. ) Genre de la famille des Brachionides, auquel M. Bory-Saint-Vincent assigne pour caractères : « Test transparent, cap- » sulaire, antérieurement denté, ou simplement » émarginé, foraminé postérieurement pour donner » passage à une queue rétractile, fissée; organes » gastriques centraux; les ciliaires se développent » en deux rotifères complets. » Suivant le même naturaliste on trouve les Brachions dans les eaux douces et pures, parmi les Conferves et les Lenticules; ils y nagent avec rapidité, leur figure est fort bizarre et jusqu'ici on ne les a jamais rencontrés dans des infusions fétides. On en reconnaît plusieurs espèces. (P. G.)

BRACHIONIDES. ( CRUST. POLYP. ) En détachant cette famille de la classe des Polypes, M. Bory-Saint-Vincent s'est appuyé de raisonnemens qui nous paraissent sans réplique. Il a pensé que des êtres essentiellement privés d'organes locomoteurs rappelant l'idée de membres, ne pouvaient être rangés parmi ceux qui devaient leur dénomination à une multitude de pieds. Il a pris pour type de cette famille le genre BRACHION (*v.* ce mot), en lui assignant les caractères ci-dessous : « Corps microscopique invisible à l'œil nu, con- » tractile et recouvert d'un test solide qui laisse » apercevoir dans sa transparence un organe plus » ou moins agité, paraissant avoir rapport à la di- » gestion : évidemment ovipares; émettant des glo- » mérules productifs qu'on a vus plus ou moins de » temps enfermés dans leurs corps plus ou moins » de temps avant leur émission. » Les genres dont les noms suivent composent cette famille : 1° ANOU-RELLE; 2° KERATELLE; 3° TESTUDINELLE; 4° LEPA-DELLE; 5° MITILINNE; 6° SQUOTINELLE; 7° BRACHION; 8° SILIQUELLE; 9° SQUAMULELLE; 10° COLURELLE; 11° SILURELLE. Les Brachionides peuvent être considérés comme formant le chaînon le plus inférieur de la classe des Crustacés, et comme servant de transition aux Brachiopodes de Cuvier. (P. G.)

BRACHIOPODES, *Brachiopoda.* ( MOLL. ) Classe de Mollusques instituée par M. Duméril dans sa Zoologie analytique en 1806, et adoptée ensuite par Cuvier pour des animaux à coquilles bivalves munis de deux bras charnus garnis de nombreux filamens qu'ils peuvent étendre hors de la coquille ou retirer en dedans, et dont la bouche est entre les bases des bras. Cuvier faisait de cette classe la 5ᵉ de sa 2ᵉ grande division du règne animal (les Mollusques); Lamarck, la dernière famille de la classe des Conchifères; M. de Blainville, l'ordre premier de ses Acéphalophores, sous la dénomination de Palliobranches; et nous, qui avons établi notre classification méthodique sur celle de Cuvier, nous avons cependant cru devoir nous en écarter à l'occasion des Brachiopodes, que nous ne saurions plus considérer comme une classe, mais bien comme un ordre commençant la 4ᵉ, celle des Acéphales, parmi lesquels ils entrent de droit et où ils établissent par quelques uns de leurs genres un rapprochement évident avec les Cyclobranches qui terminent les Gastéropodes.

Les Brachiopodes sont des animaux qui se fixent soit par un pédoncule fibreux comme les Lingules ou les Térébratules, soit par l'adhérence même de l'une de leurs valves, comme les Orbicules et les Cranies. Le nombre des genres qui les composent n'est devenu un peu considérable que depuis les démembremens que l'on a fait subir aux seules Térébratules. Les Brachiopodes sont en général des coquilles assez rares à l'état vivant, sans doute à cause de la difficulté qu'il y a à les pêcher dans les grandes profondeurs où ils habitent tous. On en connaît beaucoup à l'état fossile.

(R.)

**BRACHYCÈRE**, *Brachycerus*. (INS.) Genre d'insectes coléoptères de la section des Tétramères, famille des Rhynchophores, formé par Fabricius avec des Charançons de Linné à rostre court et ayant les antennes courtes et peu coudées, de neuf articles, dont le dernier formant la massue. Ces insectes ont une forme très-raccourcie, le corps et le corselet sont fortement rugueux, les pattes et les antennes courtes et trapues, les ailes manquent, les élytres sont soudées et embrassent presqu'entièrement l'abdomen. Les Brachycères sont plus généralement propres aux parties méridionales, une espèce rapportée par M. Caillaud dans son voyage de Nubie se porte au cou en guise d'amulette; on ne sait rien de leurs mœurs. On en trouve assez communément une espèce dans le midi de la France, dont le corps est toujours couvert de terre ou de poussière: c'est le B. ONDÉ, *B. undatus*, Fab. (*Barbarus*, Linn.), long de 7 à 8 lignes, noir, mais couvert de terre qui le fait paraître comme gris; au dessus de chaque œil s'élève une crête aiguë; le corselet porte 4 stries longitudinales et deux épines robustes sur les côtés; les élytres ont plusieurs stries irrégulières, dont deux principales, une formant le pli de l'élytre au moment où elle s'incline pour embrasser l'abdomen, qui est comme dentelée à son extrémité, et une entre celle-ci et la suture, très-ondulée; l'intervalle entre les stries est en outre très-rugueux. Nous avons représenté cette espèce dans notre Atlas, pl. 54, fig. 7. (A. P.)

**BRACHYRIS.** (BOT. PHAN.) Genre établi par Nuttal dans la famille des Synanthérées et dans la Syngénésie polygamie superflue. Ce botaniste, considérant que le *Solidago Sarathræ* de Pursh diffère des autres *Solidago* par une aigrette sans poils, composée de cinq à huit écailles allongées et persistantes, a cru qu'il convenait de le retirer de la foule, et que ces caractères étaient assez tranchés pour faire de cette plante un genre distinct.

Le *Brachyris Euthamia* de Nuttal, ou *Solidago Sarathræ* de Pursh, est une plante vivace dont les tiges sont anguleuses et scabres; les feuilles rapprochées et linéaires, les fleurs terminales et formant une sorte de corymbe. Elle croit sur les bords romantiques du Missouri; mais que les rives de nos fleuves ne la lui envient pas: son odeur forte serait loin de les parfumer. Au reste, et ceci rentre dans le système des compensations, si elle n'a point une odeur agréable, elle a des vertus précieuses, et les médecins des contrées missouriennes l'emploient comme diurétique. (C. É.)

**BRACHYURES**, *Brachyuri*. (CRUST.) Plusieurs auteurs ont employé ce mot pour désigner un ordre de Crustacés. Latreille a appliqué ce mot à la première famille de l'ordre des Décapodes, répondant à celui de *Kleistagnatha* de Fabricius. La famille des Brachyures a pour caractères distinctifs: queue plus courte que le tronc, sans appendices ou nageoires à son extrémité, et se reployant en dessous pour se loger dans une fossette de la poitrine; branchies formées d'une seule pyramide à deux rangées de feuillets vésiculeux, et point séparées entre elles par des lames tendineuses. Cette famille embrasse celles que Latreille avait antérieurement établies (Considér. génér.) sous les noms de *Cancérides* et d'*Oxyrhinques*.

Les crustacés qui composent cette famille ont, outre les caractères que nous venons d'indiquer, les suivans, que nous présentons d'après Latreille. Le tronc est tantôt en segment de cercle ou presque carré, tantôt arrondi, ovoïde ou triangulaire; les antennes sont petites, surtout les intermédiaires, qui sont ordinairement logées dans une fossette sous le bord antérieur de la carapace; celles-ci se terminent chacune par deux filets très-courts; les antennes extérieures, insérées au côté interne des yeux, ont plus de longueur, et sont pourvues d'un seul filet; les yeux sont, dans plusieurs, portés sur de longs pédicules. Le tube auriculaire est presque toujours pierreux. La première paire de pieds se termine par une serre. Dans le plus grand nombre, la dernière paire de pieds-mâchoires, à l'état de repos, forme comme une sorte de lèvre qui recouvre toute la bouche; l'abdomen triangulaire dans les mâles et garni seulement à sa base de quatre ou deux appendices, dont les supérieurs plus grands, en forme de cornes; il s'arrondit, s'élargit et devient bombé dans les femelles, son dessous supporte quatre paires de doubles filets velus, destinés à porter les œufs, et analogues aux pieds natatoires et sous-caudaux des Crustacés macroures et autres. Les mâles sont dépourvus de ces parties, et offrent cependant deux ou quatre appendices qui sont des organes de copulation. Les valves sont doubles, placées sous la poitrine, entre les pieds de la troisième paire. Latreille, dans son Cours d'Entomologie, divise la famille des Brachyures en deux sections, partagées en quatre divisions, lesquelles se divisent en neuf tribus.

*Première section.* —HOMOCHÈLES, *Homocheles.*

Serres de grandeur identique ou peu différente dans les deux sexes. Carapace tantôt trapézoïde, tantôt en segment de cercle, tronquée à sa pointe (vers la réunion du test avec le post-abdomen), généralement plus large en devant, à l'exception de quelques espèces, où elle est dilatée vers les angles postérieurs pour former une voûte recevant et cachant les pieds.

*Première division.*

Tous les pieds insérés sur la même ligne, ou de niveau à leur naissance.

A. Tous les pieds toujours à découverts est rétréci postérieurement, ou point dilaté vers les angles postérieurs pour former une voûte au dessus de ces organes.

Cette subdivision comprend les tribus suivantes : Les *Quadrilatères*, les *Arqués*, les *Nageurs*, et les *Cristimanes.*

B. Test dilaté vers les angles postérieurs, et formant une voûte sous laquelle les pieds, dans la contraction, se retirent et sont cachés, l'animal étant vu sur le dos.

*Tribu* des *Cryptopodes.*

*Première tribu.* LES QUADRILATÈRES, *Quadrilatera.* Pieds toujours découverts, aucun d'eux n'étant terminé par un tarse comprimé, lamelliforme, ou en nageoire; queue presque toujours composée de sept tablettes, à sections distinctes dans toute leur étendue. Test carré ou trapézoïde, cordiforme, avec le front souvent prolongé ou incliné en manière de chaperon; yeux souvent portés sur de longs pédicules. Quatrième article des pieds-mâchoires inséré en dehors de l'extrémité interne du précédent, ou uni avec lui par toute la largeur de sa base.

Genres. *Ocypode, Gélasime, Mictyre, Macrophthalme, Gécarcin, Cordisome, Uca, Pinnothère, Plagusie, Grapse, Gonoplax, Trapézie, Thelphuse, Trichodactyle, Pilumne.*

2ᵉ *Tribu.* LES ARQUÉS, *Arcuata.* Pieds toujours découverts, sans nageoire; test évasé, en forme de cercle, rétréci et tronqué postérieurement.

Genres. *Xanthe, Clorodie, Carpilie, Crabe, Atélécycle, Pirimèle, Thie, Carcin.*

3ᵉ *Tribu.* LES NAGEURS, *Pinnitarsi.* Pieds toujours découverts, les deux derniers terminés au moins en nageoire.

Genres. *Platyonique, Polybie, Portune, Thalamite, Pédophthalme, Lupée, Matute, Orithye.*

4ᵉ *Tribu.* LES CRISTIMANES, *Cristimani.* Cavité buccale se rétrécissant vers son extrémité supérieure, ainsi que le troisième article des pieds-mâchoires extérieurs; pinces fortes, élevées, comprimées et dentées en manière de crête à la

tranche supérieure; ainsi que les autres, pieds toujours à découvert.

Genres. *Hépate, Mursie.*

5ᵉ *Tribu.* LES CRYPTOPODES, *Cryptopoda.* Pieds sans nageoire; les quatre dernières paires susceptibles de se retirer ou de se cacher sous une avance en forme de voûte de l'angle postérieur de chaque côté du test.

*Deuxième division.*

Les quatre ou deux pieds postérieurs insérés sur le dos (plus petits que les autres).

6ᵉ *Tribu.* NOTOPODES, *Notopoda.*

Genres. *Dromie, Dynomène, Cymopolie, Ethuse, Dorippe.*

*Deuxième section.* —HÉTÉROCHÈLES, *Heterocheles.*

Serres des mâles plus longues que celles des femelles. Test se rétrécissant généralement d'arrière en avant, pour se terminer en pointe; œil triangulaire, soit ovoïde ou presque globuleux, quelquefois en rhomboïde transversal.

*Première division.*

Tous les pieds insérés sur la même ligne; les deux postérieurs semblables aux précédens, tant pour la forme que pour l'usage. Pieds-mâchoires extérieurs n'étant pas saillans au-delà de la cavité buccale.

7ᵉ *Tribu.* ORBICULAIRES, *Orbiculata.* Pieds toujours découverts, sans nageoire; test presque orbiculaire ou elliptique, simplement crustacé et non pierreux.

Genres. *Coryste, Leucosie, Ebalie, Nursie, Phylire, Perséphone, Myra, Ilia, Arcania, Iphis.*

8ᵉ *Tribu.* LES TRIANGULAIRES, *Trigona.* Pieds toujours découverts, sans nageoire; test presque triangulaire ou rhomboïdal, se rétrécissant à sa base en avant.

Genres. *Parthénope, Lambre, Eurynome, Mithrax, Sténocionops, Acanthonyx, Maia, Camposcie, Hypéricère, Naxia, Pisa, Chorine, Micippe, Hyas, Halime, Libinie, Doclée, Egérie, Hyménosome, Inachus, Eurypode, Achée, Sténorhynque, Macropodie, Leptopodie, Latreillie, Pactole.*

*Deuxième division.*

Les deux pieds postérieurs plus petits que les précédens, soit insérés sur le dos, purement préhensibles, soit de forme différente, et comme faux ou inutiles. Pieds-mâchoires extérieurs saillans.

9ᵉ *Tribu.* LES HYPOPHTHALMES, *Hypophthalma.* Genres. *Homole, Lithode.*

*V.* chacun de ces noms génériques.   (H. L.)

BRACON, *Bracon.* (INS.) Genre d'Hyménoptères, de la famille des Pupivores, tribu des Ichneumonides, ayant pour caractères : un hiatus entre les mandibules et le chaperon, mâchoires prolongées au dessous des mandibules; palpes labiaux de trois articles; seconde cellule cubitale aussi grande que la première, presque carrée; tarière saillante; ce que ces insectes offrent de plus remarquable est sans contredit l'espace vide insolite que l'on voit entre le chaperon et les mandibules : quelle est son utilité? on ne le sait pas encore ; cependant je présume que ce vide est destiné à recevoir la trompe quand l'insecte veut s'en ser- vir : elle s'élève alors au dessus des mandibules qui s'écartent pour lui laisser passage; les mandibules sont fortes, presque coniques et bidentées. On ne sait rien de positif sur les mœurs de ces insectes ; on présume par analogie que leurs larves, qu'on ne connaît pas, vivent, comme les autres Ichneumo- nides, aux dépens des larves d'autres insectes. On en connaît un assez grand nombre et même quelques exotiques; mais leur détermination est loin d'être fixée, parce que l'on connaît beaucoup plus de femelles que de mâles. Nous nous conten- terons d'en citer une espèce qui est la plus jolie de notre pays et une des plus faciles à bien déter- miner, en renvoyant à l'Iconographie de M. Gué- rin pour les détails de la bouche et quelques bon- nes figures d'espèces peu connues.

B. **dénigrant**, *B. denigrator*, Fab. Schœf., Icon. Hist. nat., pl. xx, fig. 4. Long de trois à quatre lignes, noir brillant avec l'abdomen d'un beau rouge de sang; la tarrière est noire, courte et un peu recourbée inférieurement ; on le trouve aux environs de Paris ; mais il n'y est pas très-com- mun. Nous l'avons représenté dans notre pl. 55, fig. 1. (A. P.)

**BRACTÉES.** (bot.) Ce sont, dans un grand nombre de plantes, des folioles florales, quelque- fois semblables au reste des feuilles, plus souvent distinctes par leur forme, leur structure ou leur couleur. Elles s'insèrent généralement à la base des fleurs, les enveloppent avant leur épanouis- sement, les soutiennent ou ajoutent même à leur éclat. Lorsqu'elles sont disposées sur plusieurs rangs, les plus petites prennent le nom de *Brac- téoles*.

La présence et la 'conformation des Bractées fournissent au botaniste des caractères utiles à la détermination des espèces. (L.)

**BRADYPE**, *Bradypus*. (mam.) Ces animaux forment dans la classe des Mammifères un groupe tout-à-fait disparate, et dont la place a fort em- barrassé les naturalistes; c'est ainsi que les uns en font des Édentés, se fondant sur leur manque d'incisives, et que d'autres, avec M. de Blainville, les rapportent à l'ordre des Quadrumanes, avec lesquels ils offrent en effet quelques rapports de patrie, d'organisation et d'intelligence.

Les naturalistes, toujours mal informés, se sont presque tous fait de ces animaux une idée entière- ment fausse; stupides, informes et paradoxaux, telles sont les épithètes qui ont servi à les quali- fier ; mais les observations des voyageurs moder- nes nous ont appris qu'il n'en était rien, et que la lenteur de ces animaux était loin d'être aussi grande qu'on le croyait; ainsi tous les marins à bord de l'*Uranie* pendant son expédition de cir- cumnavigation, ont vu un *Aï dos-brûlé* partir du pont et arriver, en vingt minutes, par les cor- dages, au haut d'un mât de cent vingt pieds; un jour le même animal se jeta volontairement à

l'eau, et l'on eut occasion de remarquer qu'il nageait très-bien, portant sa tête haute, et avec accélération de mouvemens beaucoup plus consi- dérable que dans l'action de grimper. (*Voy.* Zool. de l'*Uranie*, p. 16.)

Ces animaux ne sont nullement organisés pour marcher ; aussi ne le font-ils qu'avec difficulté ; mais ils grimpent avec agilité, et dans les forêts épaisses qu'ils habitent, il leur est très-facile de passer d'un arbre à l'autre sans descendre à terre.

M. de Blainville, qui a placé les Bradypes parmi les Quadrumanes, en a fait des Quadrumanes ano- maux disposés pour grimper. (*Voy.* le Traité des animaux, tableau troisième.)

On distingue aujourd'hui deux genres de Bra- dypes : celui des vrais Bradypes, qui ne ren- ferme qu'une espèce, et le genre *Acheus*, F. Cuv., dont l'espèce type est l'*Acheus Aï*, représenté dans notre Atlas, pl. 55, fig. 2. Nous parlerons de ce genre avec plus de détails au mot Pares- seux, auquel nous renvoyons. Occupons-nous ici du premier genre, celui du Bradype, qui a pour caractères d'avoir les doigts antérieurs, au nombre de deux seulement, réunis et terminés par deux fortes griffes en forme de crochets. Les dents mo- laires, au nombre de quatre à la mâchoire supérieure et de trois à l'inférieure, sont de forme cylindrique ; les canines sont aiguës et plus longues qu'elles.

L'espèce unique est le Bradype unau, *Brady- pus didactylus*, représenté dans l'Iconographie du Règne animal, pl. 5, et dans notre Atlas, pl. 55, fig. 3. Il se tient dans les forêts du Brésil et de la Guiane ; sa nourriture consiste en feuilles qu'il prend sur les arbres. Le Kouri ou Petit Unau, qui est long d'un pied seulement, est considéré généralement comme une variété de cette espèce. On le trouve à la Guiane, où il est rare.

(Gerv.)

**BRAHMAPOUTRA** (fleuve). (géogr. phys.) Le cours de ce fleuve a été long-temps pour les géo- graphes une source de nombreuses hypothèses : cependant, sur l'autorité de Rennel et de Turner, ils s'accordaient à l'indiquer comme une continua- tion du grand courant qui traverse le Thibet et auquel on donne le nom de *Zangtsiou*; aujour- d'hui une nouvelle opinion prédomine, et l'explo- ration faite en 1827 par les lieutenans Wilcox et Burlton ne laisse plus de doute sur le cours du *Brahmapoutra* et sur les contrées qu'il baigne de ses eaux.

Le *Brahmapoutra*, ou fleuve de Brahma, prend sa source au pied de ce groupe de montagnes nei- geuses, nommées Langtan, qui s'élèvent dans le pays de Borkhamti, et qui forment les limites orientales du royaume d'Assam et les limites sep- tentrionales de l'empire Birman. Ce fleuve reçoit dans l'étendue de son cours, qui est de 150 lieues environ, quelques courans d'eau assez impor- tans qui lui arrivent des contrées voisines de celle qu'il traverse: tels sont le *Goddado*, qui sort du Boutan, pour se jeter à sa droite ; le *Brack*, qui traverse successivement le Kassay occidental, le Katchar et le Silhet, pour venir joindre la rive gauche du Brahmapoutra, ainsi que le *Goumti*, qui arrose le haut et le bas Tiperah. Dans sa course , le *Brahmapoutra* baigne le pays des Mismi, le royaume d'Assam, et le Bengale oriental. Après s'être confondu une première fois avec une branche du Gange, le fleuve dont nous parlons abandonne son nom de fleuve de Brahma, pour prendre celui de *Megna*. Enfin, en sortant de la ville de Likapour, il perd entièrement son existence individuelle, en se confondant avec le Gange. Ces deux fleuves courent alors de concert vers le golfe de Bengale, où leurs embouchures forment un vaste delta, avant que leurs eaux se précipitent à la mer. (C. J.)

BRAIMENT ou BRAYEMENT. (zool.) Noms que l'on donne quelquefois à la voix de l'âne. On dit aussi le BRAIRE. (GERV.)

BRAINVILLIÈRE. (bot. phan.) Nom donné à une espèce du genre SPIGÉLIE. *Voy.* ce mot. (L.)

BRAMER. (zool.) On désigne ainsi la voix du cerf. (GERV.)

BRANCHELLION. ( annel. ) Savigny a donné ce nom à un genre de l'ordre des Hirudinées et de la famille des Sangsues, qui se distingue de tous les autres par des branchies saillantes, et une ventouse orale à ouverture circulaire d'une seule pièce, séparée du corps par un assez fort étranglement. Ce genre est formé sur une espèce de petite Sangsue qui vit sur la torpille, c'est le BRANCHELLION DE LA TORPILLE, *B. Torpedinis*, Savigny. Il a été trouvé par M. d'Orbigny sur les côtes qui avoisinent La Rochelle. Il a été trouvé aussi à Naples, en Italie, etc. ( GUÉN. )

BRANCHES. ( bot. et agr. ) La tige, en s'élevant, jette de côté et d'autre des bourgeons à bois qui prennent le nom de *Branches* quand ils sont très-forts, et celui de *Rameaux* quand ils sont petits et grêles. Les Branches offrent, en général, la même disposition sur la tige, que les feuilles sur les Branches et les rameaux; on les voit tantôt opposées ou alternes, tantôt éparses ou verticillées. Des avortemens accidentels dérangent parfois cette disposition et déterminent des changemens plus ou moins notables. L'organisation des Branches est semblable à celle de la tige ou du tronc qui les porte, elles n'en sont véritablement qu'une simple expansion, se développant de la même manière ; elles reçoivent de la tige la nourriture qu'elle puise directement dans le sol, et elles lui rendent celle qu'elles prennent dans l'air au moyen des feuilles. Les Branches sont le plus souvent cylindriques ; mais il y en a beaucoup qui présentent des angles, soit réguliers, soit irréguliers, lesquels s'oblitèrent ordinairement par l'effet de l'âge. Les Branches montent droites et comme dressées le long de la tige dans les arbres pyramidaux, tels que les peupliers, le cyprès commun, etc. ; elles se divisent en étages réguliers dans le pin-laricio ; elles sont habituellement pendantes dans le saule pleureur ; elles ne le sont que dans leur jeunesse chez le hêtre ; on les voit ramassées dans le genévrier, lâches et étalées dans le févier à trois épi-

nes, presque horizontales et donnant à l'arbre une forme large et arrondie, comme dans le pommier, etc. , etc.

On connaît trois sortes de Branches, les grosses, les moyennes et les petites. Rarement on supprime les grosses Branches, à moins qu'on n'y soit contraint pour faire prendre à l'arbre une forme avantageuse à la culture et aux produits qu'elle lui demande. On respecte surtout les Branches dont la direction se rapproche le plus de la verticale, parce que chez elles la marche de la séve est plus rapide, et que la production des feuilles, des fleurs et des fruits est plus certaine, plus heureuse; mais on a soin d'y multiplier les coudes, les obstacles, pour que la séve s'élabore, s'accumule aux places déterminées et réponde à l'attente du cultivateur ( *v.* aux mots GREFFE et TAILLE). C'est sur les Branches moyennes que l'on place les greffes, comme ce sont les petites Branches que l'on choisit pour boutures ( *v.* au mot BOUTURE ); aux unes et aux autres, il faut pour réussir une espèce analogue et un terrain convenable.

Les grosses Branches prennent le nom de *Mères-Branches*, ou *Branches du premier ordre*; les moyennes sont appelées *Branches du second ordre*, et les petites *Branches du troisième ordre*. Les Branches sont perpendiculaires, directes, verticales et d'aplomb à la tige et au tronc, ou bien latérales. Les perpendiculaires s'élèvent en ligne droite; les directes partent immédiatement du tronc et de la tige; les verticales sont placées à l'extrémité de l'arbre; celles que l'on dit d'aplomb s'élancent du bas vers le haut; les Branches latérales sont celles qui poussent de côté.

Dans la culture on divise les Branches en différentes classes, ou, pour mieux dire, on leur donne divers noms qui servent à distinguer leur usage particulier. Il n'est pas inutile de les faire connaître ici :

BRANCHE A BOIS, celle qui ne donne ni fleurs ni fruits, mais seulement des bourgeons ou des rameaux; elle naît du dernier œil de la Branche taillée, se tord aisément sans casser, est destinée à porter d'autres Branches, à donner la forme à l'arbre, et lorsqu'on la rompt, elle fait des éclats inégaux.

BRANCHE A BOUQUET, courte, de peu de durée, propre aux arbres à noyau, naissant sur une Branche de l'année précédente et terminée par un groupe de fleurs, au centre duquel se trouve un paquet de feuilles; lorsque celles-ci ne se développent pas, les fruits avortent.

BRANCHE A FRUIT, celle qui porte des fleurs et des fruits; elle est généralement faible, à boutons ronds et gros, munie de rides circulaires ou espèces d'anneaux à leur empâtement; elle casse net et sans éclat.

BRANCHE AVORTÉE, celle qui s'endurcit et devient noirâtre lorsqu'elle outrepasse le dernier degré de perfectionnement.

BRANCHE-BOURSE. Née sur du jeune bois, elle est toujours courte et grosse, comme je l'ai dit

au

au mot Bourse: elle produit abondamment et long-temps du fruit sans donner de nouveau bois.

**Branche-brindille ou brindelle.** Petite Branche mince, très-courte, ayant des feuilles ramassées toutes ensemble, n'excédant jamais 54 à 80 millimètres de longueur, souvent placées sur le devant, en forme de dard, et au milieu desquelles il existe toujours un ou plusieurs boutons à fruit, qui, se développant l'année suivante, deviennent fort gros et sont exquis.

**Branche chiffonne.** Menue Branche sans aucune valeur, et n'étant d'aucun avantage à l'arbre. Plus elle abonde, plus l'arbre regorge de séve ou plus il est malade. On la coupe ordinairement; mais quand on a besoin d'une nouvelle Branche à bois, on la taille à un ou deux yeux. Quelques horticulteurs nomment aussi cette Branche *folle*.

**Branche crochet.** Branche à fruit du pêcher. On l'appelle ainsi de la forme qu'elle affecte.

**Branche de réserve.** C'est celle qui se trouve placée entre deux branches à fruit et que l'on conserve pour remplacer l'année suivante la Branche qui a porté fruit. On la taille très-courte.

**Branche descendante et ascendante**, celle qui sort des Branches-mères ou tirantes en dessus et en dessous. Les pépiniéristes et les horticoles l'appellent encore *membre*.

**Branche-faux-bois**, celle qui perce à travers l'écorce du tronc ou des grosses Branches, au lieu de sortir de l'œil ou bouton; elle est ordinairement grosse et offre le même caractère que la Branche à bois.

**Branche-gourmande.** Grosse, longue, droite, elle absorbe toute la nourriture des Branches voisines, les affame et doit nécessairement tomber sous la serpette. Il y a trois sortes de Branches gourmandes : la naturelle, proprement dite *Gourmand*, qui provient de la Branche greffée; le *Sauvageon* que l'on voit naître au dessus de la greffe, et le *Demi-gourmand* produit par diverses parties de l'arbre.

**Branche-lambourde**, ressemble à la Branche à bouquet; elle naît sur le gros bois vers le bas, a les yeux drus, de couleur noirâtre ( *v.* au mot *lambourde* ), et son extrémité supérieure est terminée par un groupe de boutons, dont un seul est à bois.

**Branche-tirante.** Elle est perpendiculaire ou oblique, tire beaucoup de séve, forme ordinairement le V, et sert de base à toutes les Branches qui constituent un *Espalier* ( *v.* ce mot ). On la nomme aussi *Branche-mère*.

**Branche veule**; elle est longue et stérile.

( T. D. B. )

**BRANCHIES.** ( zool. ) On appelle ainsi les organes propres à la respiration de l'oxygène dissous ou mêlé dans l'eau. Leur forme *en panache, en feuille, en filament, en cône*, etc., favorise le contact des surfaces branchiales avec l'eau qui doit agir sur le sang, à travers les parois vasculaires de ces mêmes organes. On trouve des Branchies chez les poissons et les crustacés, chez

certains reptiles à l'état de larves, dans la plupart des mollusques, chez presque tous les vers et dans quelques larves aquatiques d'insectes.

Dans les poissons, les Branchies sont situées aux côtés du cou, dans ces fentes vulgairement nommées ouïes. Une classe particulière, les *Chondroptérygiens*, n'a point sa grande ouverture des ouïes : celle-ci se trouve alors remplacée par des ouvertures plus ou moins nombreuses qui servent au passage de l'eau. Dans les crustacés, les Branchies sont des pyramides situées sur les bases des pieds, recouvertes par les rebords du corselet; dans les crabes, ce sont des lames; dans les écrevisses enfin, ce sont des espèces de tubes. Quelques genres (les squilles) ont leurs Branchies en forme de panache placé sous la queue. Les têtards de salamandres et de grenouilles portent les leurs sur les parties latérales de la tête; les larves de salamandres les ont flottantes à l'extérieur, tandis que les têtards de grenouilles les ont recouvertes par la peau. Chez ces derniers, les Branchies communiquent à l'extérieur par une ouverture située sur le côté gauche de la région du cou ou sur le milieu du ventre, suivant les espèces. Parmi les mollusques, les *serches* ont deux Branchies pyramidales situées de chaque côté, dans le sac du corps, et composées de feuillets très-compliqués; les *Aplysies* les ont en forme de feuilles compliquées; les *Doris* les ont nues et elles forment autour de l'anus une fleur radiée; les *Tritonies* les portent en panaches autour du dos; les *Scyllées* les ont sur le dos, disposées en forme d'ailes, sur deux lignes et par paires; les *Phyllidies* les recouvrent sous le rebord du manteau, etc., etc. Les vers marins ont pour Branchies de petits panaches ou de petites lames rangées sur toute la longueur du dos. Enfin, d'après M. Cuvier, les larves de quelques insectes ( les *Éphémères* ) et de quelques autres genres ont des espèces de fausses Branchies en forme de lames ou de panaches, et dans l'épaisseur desquelles on voit ramper des trachées ou des vaisseaux aériens.

En général, la Branchie elle-même consiste en une nombreuse série de lames placées à la suite les unes des autres. L'artère branchiale, qui sort du cœur, donne, en se portant en avant, une branche vis-à-vis de chaque arc osseux qui les soutient; cette branche rampe le long de cet arc, et donne un rameau à chaque petite lame. Ce rameau suit le milieu de la lame, en donnant de chaque côté une quantité innombrable de petits ramuscules, qui se changent en autant de veinules, aboutissant dans un rameau veineux qui remonte de chaque côté le long du bord de la lame; ensuite ces deux rameaux venant de chaque lame, aboutissent eux-mêmes à une grande branche veineuse, qui rampe le long de l'arc, parallèlement à l'artère; enfin, les veines branchiales se réunissent en un tronc, qui, redevenant artériel, porte le sang dans tout le corps. Le but final de tout le mécanisme respiratoire est donc de présenter le sang à l'air; d'où il suit que, toute chose égale d'ailleurs, la respiration sera d'autant plus complète, que l'organe respiratoire présentera plus complétement le sang à l'air. Sous ce point de vue, la structure des Branchies a la plus grande analogie avec celle des poumons, en ce sens que les dernières radicules des vaisseaux sanguins constituent de part et d'autre le point où s'effectue l'oxygénation du sang. Mais ce qui établit une différence importante entre les poumons et les Branchies, c'est que les premiers sont formés de vésicules à parois vasculaires, plus ou moins grandes, qui quelquefois constituent un véritable sac, propre à recevoir et à contenir l'air libre, tandis que les seconds sont formés de vaisseaux qui, rampant ou se distribuant sur des surfaces ordinairement planes, sont nécessairement impropres à recevoir et à contenir l'air libre. On conçoit du reste que si les poumons étaient perforés de manière à laisser passer un courant d'eau par toutes leurs cellules, il en résulterait une respiration branchiale ; de même que si l'on pouvait rejoindre toutes les lamelles qui composent les Branchies, pour en former des cellules, ou un sac communiquant d'un seul côté avec l'air libre, on aurait un véritable poumon.

S'il reste donc démontré que les Branchies et les poumons ont une structure analogue, différant seulement par l'arrangement ou la disposition des parties constituantes, on peut se demander pourquoi la plupart des poissons et certains reptiles meurent aussitôt qu'on les retire de l'eau, pourquoi il en est d'autres qui vivent quelque temps hors de l'eau, et comment il se fait que certains animaux dits amphibies, ainsi que quelques crustacés, puissent vivre également sur terre et dans l'eau.

Nous ferons d'abord remarquer que certains poissons meurent lorsqu'ils sont hors de l'eau, non par l'effet du changement du milieu où ils se trouvent, mais bien à cause de la pression que l'air exerce sur l'animal, et plus particulièrement sur les lamelles qui composent les Branchies. En effet, quand le poisson se trouve dans l'eau, on voit tout son appareil respiratoire extérieur se mouvoir, en se dilatant pour l'inspiration, et se resserrant pour l'expiration : il en est de même de l'appareil intérieur ; on voit les Branchies et toutes leurs annexes suivre un mouvement analogue. Mais quand le poisson est dans l'air, il n'y a plus que l'appareil extérieur qui joue ; l'intérieur, le véritable organe respiratoire, celui qui seul, par son développement, présente le sang à l'air, reste immobile ; les Branchies ne forment plus qu'un faisceau solide ; l'air ne les pénètre plus, ou du moins ne les pénètre qu'imparfaitement ; voilà pourquoi le poisson meurt par asphyxie. D'après les expériences faites par M. Flourens, sur les mouvemens des organes branchiaux, il résulte que tous ceux d'écartement ou de développement s'opèrent simultanément, et que par opposition, tous les mouvemens de resserrement ou de rétrécissement, s'opèrent aussi simultanément ; enfin, que chacun de ces deux mouvemens principaux, correspond toujours au mouvement des organes extérieurs de la respiration.

Il suit de là que, pour ce qui n'est que le développement ou le jeu des Branchies, tout autre liquide pourrait y servir aussi bien que l'eau. Il s'ensuit encore que, dans l'eau elle-même, l'asphyxie du poisson aurait lieu comme dans l'air, si l'on pouvait maintenir les feuillets branchiaux appliqués les uns contre les autres. On voit donc que la contradiction entre ces deux faits, l'un, que le poisson ne respire dans l'eau que l'air, et l'autre, qu'il meurt asphyxié dans l'air, n'est qu'apparente, puisque c'est précisément quand il est dans l'air que l'air ne pénètre pas dans ses organes respiratoires, et que l'air n'y pénètre que quand il est dans l'eau.

On voit aussi combien est peu fondée l'opinion de Duverney, qui, pour expliquer ce singulier contraste, suppose que le poisson meurt asphyxié dans l'air, parce que ses Branchies *laissent un passage trop libre, trop large à l'air* ; c'est précisément, au contraire, parce que l'air n'y peut plus passer ou les pénétrer.

Si nous examinons actuellement ce qui se passe chez les animaux qui peuvent vivre quelque temps hors de l'eau, nous voyons que c'est à cause de la disposition de leurs Branchies, dont l'arrangement se rapproche plus ou moins de celle des poumons.

Si les crustacés peuvent vivre hors de l'eau pendant un temps plus ou moins long, c'est que la disposition de leur cavité branchiale leur permet de retenir ce liquide comme dans une sorte de réservoir, et d'humecter ainsi à un degré suffisant les lames ou les filets dont leurs Branchies se composent.

Les espèces qui passent beaucoup de temps à terre sont celles où la membrane qui tapisse intérieurement cette cavité, se repliant sur elle-même, forme des espèces de cellules ou des rigoles, dans lesquelles l'eau est retenue plus abondamment. Cette organisation est analogue à celle des poissons que le célèbre Cuvier appelle *Pharyngiens labyrinthiques*, et qui sont connus aussi pour ramper des heures et des journées entières loin des rivières, leur séjour ordinaire. Du reste, si on retient de force des crustacés, quels qu'ils soient, dans une petite quantité d'eau, ils s'y asphyxient, quand ils l'ont épuisée d'oxygène, plus vite que dans l'air libre, et l'air sec les tue beaucoup plus tôt que l'air humide, en desséchant leurs Branchies.

Enfin, pour ce qui regarde les animaux dits amphibies, nous pensons que la coïncidence chez eux de Branchies et de sacs pulmonaires, n'implique pas contradiction à la définition que nous avons donnée des Branchies. Car, s'il est vrai que ces organes se trouvent sur des animaux qui ont en même temps des poumons et des Branchies, il est vrai aussi de dire que chez eux les sacs pulmonaires sont si peu vasculaires, que la respiration aérienne n'est jamais complète, et qu'elle a besoin du secours des Branchies pour donner au sang tout le degré d'artérialisation nécessaire. Voir pour plus de détails ce que nous avons dit à l'article Amphibiens. (M. S. A.)

**BRANCHIOBDELLE**, *Branchiobdella*. (ANNEL.)
Sous ce nom, M. Aug. Odier a fondé un genre
voisin des sangsues, et que l'on trouve sur les
Branchies des écrevisses. L'espèce type de ce
genre avait déjà été observée et figurée par Roesel.
( GUÉR. )

**BRANCHIOPODES**, *Branchiopoda*. (CRUST.) Cette
dénomination, composée des mots grecs Branchie
et Pieds, avait été employée par Othon Frédéric
Muller comme synonyme de celle des Entomostracés; elle n'était qu'une légère modification de
celle de *Branchipus*, consacrée généralement par
Schoeffer aux mêmes animaux. Une espèce de ce
groupe, le *Cancer stagnalis* de Linné, est devenue
pour Lamarck le type d'un nouveau genre auquel il applique cette dénomination de Branchio-
pode, genre que Bénédict Prévost a reproduit depuis sous le nom de Chirocéphale. Dans le Règne
animal de Cuvier, les Branchiopodes forment le
premier ordre des Entomostracés, ou le sixième
de la classe des Crustacés, répondant au genre
Branchipe de Schoeffer, et composé du genre Monoculus de Linné, ainsi que des dernières espèces
des genres Cancer et Lernea du même auteur.
Leach (Dict. des Sc. nat.) a conservé à cet ordre
la dénomination d'Entomostracés, ou insectes à
coquilles, donnée par Muller à une réunion des
genres qu'il avait établis par le démembrement de
ceux des Monocles et des Lernées de Linné. Il paraît que plus anciennement Frisch avait désigné
ces crustacés sous le nom générique d'*Apus*, adopté
d'abord par Schoeffer et restreint ensuite par Cuvier à un groupe d'espèces que Muller plaçait dans
son genre Limule, et que Fabricius en avait dis-
traites pour les reporter dans celui des Monocles,
auquel il n'avait fait aucun changement. Ainsi
que les animaux de la même classe, les Branchiopodes ont quatre antennes, dont deux, à
raison de leur usage, ont été prises pour des pieds
par quelques auteurs; mais, quelles que soient leurs
formes et leurs fonctions, toute difficulté dispa-
raîtra, si l'on fait attention à l'insertion de ces organes. C'est toujours avec la tête et au dessus des
mandibules qu'ils s'articulent; lorsqu'il y en a quatre, leur situation relative varie de la même manière
que dans les Salicoques, les Crevettes, etc. Il est
évident, d'après ces principes, que les bras des
Daphnies, et que les deux appendices que M. Straus,
à l'égard des Cypris, prend pour deux pieds antérieurs, répondent aux antennes latérales et inférieures des crustacés précédens. Ces deux antennes sont généralement destinées à favoriser, lorsqu'elles sont grandes, la locomotion, ou bien,
lorsqu'elles sont petites, à faire tourbillonner l'eau.
Les deux intermédiaires, souvent supérieures aux
précédentes, sont des organes de préhension, surtout dans les Branchiopodes suceurs; c'est ce qui
prouve pourquoi, dans les mâles des Cyclopes, des Daphnies, des Branchipes, etc., ces organes présentent des caractères sexuels; mais ce
n'est pas là que sont situées, comme on l'avait cru
jusqu'alors, les parties masculines; c'est près de
la base du ventre que, dans tous ces animaux,

tant mâles que femelles, sont placés les organes
de la génération. Jusqu'à ces observateurs, on
n'avait vu que les préludes de l'accouplement; il
n'est pas sûr néanmoins que tous les Branchiopodes
mâles aient des parties propres à la copulation; à
l'égard de plusieurs espèces, elles ont du moins
échappé aux regards d'observateurs très-attentifs.
M. Straus, d'après sa manière de voir, dit que dans
les Daphnies la fécondation s'opère par le simple
contact de la liqueur vivifiante que le mâle éjacule.

Le corps des Branchiopodes est ovale-oblong,
mou, ou presque gélatineux, et va en se rétrécissant de la base du thorax à son extrémité
postérieure, de sorte que l'abdomen a la forme
d'une queue, toujours terminée par des appendices. Les espèces dont le test est bivalve, ou du
moins plié longitudinalement en deux, s'y renferment en tout ou en grande partie et y font rentrer cette queue en la courbant en dessous. Tous
ces animaux sont généralement aquatiques. Ceux
qui ont un siphon, ou qui sont suceurs, habitent
plus généralement les mers, parce que c'est là
aussi que se tiennent un plus grand nombre de
poissons, à la peau desquels ils se fixent pour en
sucer le sang. Quelques espèces cependant vivent
sur les poissons d'eau douce ou sur les têtards des
batraciens. C'est sur les rivages maritimes ou près
de l'embouchure des fleuves qu'il faut chercher les
Limules. Les autres Branchiopodes, qui sont tous
broyeurs ou munis de mandibules ou de mâchoires, font leur séjour, à l'exception d'un petit
nombre, dans les eaux douces, mais point ou peu
coulantes, telles que celles des mares, des fossés,
des bassins; souvent même ils y fourmillent et y
paraissent et disparaissent presque subitement:
aussi, pour expliquer cette subite apparition, a-t-on
pensé que les œufs pouvaient se conserver assez
long-temps dans les lieux où ils avaient été déposés, lorsqu'ils étaient remplis d'eau, sans que leur
germe s'altérât; mais les expériences de M. Straus
et de Jurine sembleraient prouver qu'une dessiccation absolue les ferait périr.

Divers Branchiopodes, comme les Phyllopes et
les Cyclopes, portent leurs œufs dans des sacs particuliers, placés près de l'origine de la queue ou
bien sur celles de leurs pattes qui séparent le thorax de l'abdomen, et dont deux quelquefois présentent une capsule particulière qui a été appelée
matrice par Schoeffer. Tous les autres Branchiopodes les font passer au dessus du dos, et l'espace
qu'ils occupent de chaque côté représente, avec
la substance verte qui les accompagne, une sorte
de selle, *ephippium*. Chacun des espaces est quelquefois partagé en deux loges. Cette sorte de matrice est sujette à une maladie indiquée par une
tache noire, mais qui, d'après les observations de
Jurine, cesse ordinairement aux mues suivantes.
Ces mues sont très-fréquentes, et ce n'est guère
qu'après la troisième que ces animaux sont capables de se reproduire. Il en faut quelquefois cinq
pour qu'ils soient semblables à leur parens. Leurs
pontes ont lieu toute l'année; mais les intervalles
qui s'écoulent entre elles sont plus ou moins courts

selon que la température est plus ou moins élevée. Les métamorphoses qu'ils éprouvent dans leur jeune âge sont très-remarquables ; aussi Jurine les désigne-t-il, sous la forme de larves, par le nom ou de têtards. Il nous a donné d'excellentes observations sur le développement du fœtus dans l'œuf, et sur les phénomènes qui ont lieu lorsqu'on asphyxie un instant ces animaux et qu'on les rappelle à la vie. Ne pouvant exposer ici les diverses manières dont on a divisé le genre *Monoculus* de Linné, nous suivrons la méthode du Règne animal de Cuvier, nouvelle édition, mieux encore celle du Cours d'Entomologie de Latreille. Dans le premier, cet ordre est partagé en deux sections, les Lophyropes, *Lophyropa*, les Phyllopes, *Phyllopa;* dans le second ouvrage, il forme trois ordres, le septième, le huitième et neuvième ; le septième ordre, ou les Lophyropes, *Lophyropa*, est partagé en deux familles, les Séticères, *Seticera*, les Cladocères, *Cladocera ;* le huitième ordre, les Ostrapodes, *Ostrapoda ;* le neuvième ordre, les Phyllopodes, *Phyllopoda*, compose trois familles : celle des Mytiloïdes, *Mytiloides ;* Aspidiphores, *Aspidiphora ;* Cératophthalmes, *Ceratophthalma.* (*V.* les noms de ces familles.)        (II. L.)

**BRANCHIOSTÉGE.** (zool.) On a donné ce nom 1° à un appareil osseux qui concourt, avec l'*opercule*, aux mouvemens respiratoires des poissons ; 2° à un ordre de poissons cartilagineux, à squelette sans côtes ni arêtes, et à branchies libres : tels sont les genres Mormyre, Ostracion, Tétraodon, Doidon, Syngnathe, Pégase, Centrisque, Baliste, Cycloptère et Lophie.

       (M. S. A.)

**BRANCHIPE**, *Branchipus.* (crust.) Genre de l'ordre des Branchiopodes, section des Phyllopes (Règne anim. de Cuv., nouv. édit.) Latreille, dans son Cours d'Entomologie, place ce genre dans le neuvième ordre, les Phyllopes, *Phyllopoda*, et dans la troisième famille les Cératophthalmes, *Ceratophthalma.* Ses caractères, suivant cet auteur, sont : yeux portés sur d'assez longs pédicules ; tête bien distincte du thorax ; sur son sommet, près du côté interne des yeux, sont deux antennes courtes, grêles et sétacées. L'on voit immédiatement au dessous deux appendices sous la forme de cornes dans les uns, sous celle d'un tentacule bi-articulé dans d'autres, plus grands et accompagnés à leur base d'un filet antenniforme dans les mâles, et quelquefois dans les mêmes individus d'un autre appendice interne. Ces appendices ne sont peut-être qu'une division de deux antennes inférieures, dont l'existence est indiquée dans ces individus par le filet ci-dessus mentionné. La composition de la bouche paraît être essentiellement la même que celle des Apus (*v.* ce mot) ; mais on manque à cet égard d'observations complètes et précises. Le thorax est divisé en onze segmens, portant chacun une paire de pattes, composées d'articles lamellaires, avec les bords garnis d'une frange de poils ou de soies barbues, qui, suivant les observations de Schœffer, sont des vaisseaux aériens. La surface même de ces pattes paraît absorber une portion de l'air qui y s'attache sous la forme de petites bulles. Les deux antérieures sont un peu plus courtes que les suivantes, et ne sont composées, du moins dans le Branchipe stagnal, que de deux articles. Les autres en ont un de plus, et M. Prévost en a compté quatre dans l'espèce qu'il a décrite, le Chirocéphale diaphane. La queue est allongée de huit à neuf segmens, dont le premier, soit seul, soit conjointement avec le suivant, porte les organes sexuels, et dans la femelle des ovaires sous la forme de sacs ; elle se termine par deux feuillets elliptiques et bordés de soies ou de poils.

Le Chirocéphale diaphane de M. Bénédict Prévost, auquel nous rapporterons le *Cancer paludosus* de Muller, et le crustacé décrit dans le Manuel du Naturaliste de Duchesne sous le nom de Marteau d'eau, éprouve, ainsi que les autres branchiopodes, des métamorphoses remarquables à sa sortie de l'œuf : le corps est partagé en deux masses presque globuleuses ; l'antérieure offre un œil lisse, deux antennes courtes, deux grandes rames ciliées au bout, et deux pattes assez courtes, grêles, de cinq articles. Après la première mue, les deux yeux composés se montrent, le corps est allongé et terminé par une queue conique, articulée, avec deux filets au bout. Les mues suivantes développent graduellement les pattes, et celles en rames s'évanouissent. Un organe que l'auteur nomme soupape, et qu'on présume être le labre, s'étend dans le jeune âge jusque sous le ventre, et diminue ensuite en proportion. Les Branchipes se trouvent en grande abondance dans les petites mares d'eau douce trouble, et souvent dans celles qui se forment à la suite des grandes pluies, mais plus particulièrement au printemps et en automne. Les premiers froids les font périr. Ainsi que les Apus, ils nagent sur le dos et par ondulations ; mais lorsqu'ils veulent avancer, ils frappent vivement l'eau, de droite à gauche, avec leur queue, et ils vont alors comme par sauts et par bonds. Retirés de ce liquide, ils remuent quelque temps leur queue, et la recourbent circulairement. Privés d'une humidité convenable, ils ne font plus de mouvemens. Ils paraissent se nourrir de petites corpuscules que les courans de l'eau portent à leur bouche. Le mâle de l'espèce qui fait le sujet du Mémoire de M. Bénédict Prévost, saisit avec ses cornes le cou de sa femelle, après s'être placé au dessous d'elle, et s'y tient fixé jusqu'à que celle-ci recourbe l'extrémité postérieure de sa queue, pour rapprocher ses organes sexuels de ceux du mâle. Mais il suppose que les deux vulves de la femelle sont au bout de cette queue ; ce qui, d'après l'analogie, et d'après les observations de Schœffer sur une autre espèce congénère, est invraisemblable. Les œufs sont jaunâtres, d'abord sphériques, ensuite anguleux, avec la coque épaisse. Il paraîtrait que la dessiccation, à moins qu'elle ne soit trop forte, n'altère pas le germe, et que les petits naissent lorsqu'il y a une quantité d'eau suffisante. Les femelles font plusieurs pontes distinctes à la suite d'un seul accouplement ;

ces pontes durent ensemble plusieurs heures, et jusqu'à un jour entier. Chaque ponte est de cent à quatre cents œufs. Ils sont lancés au dehors avec une grande vitesse, et par jets de dix à douze. Ces observations sont dues à M. Desmarest. Suivant M. Bénédict Prévost, le Chirocéphale diaphane est sujet à plusieurs maladies. Dans cette espèce les deux cornes situées au dessous des antennes supérieures sont composées, dans les deux sexes, de deux articles, mais dont le dernier est grand et arqué dans le mâle, très court et conique dans la femelle. Dans le Branchipe stagnal, ces cornes n'offrent aucune articulation, et celles du mâle ressemblent aux mandibules des Lucanes (*v.* ce mot). Nous ajouterons que, dans l'autre espèce, ces deux appendices singuliers, situés au dessous des antennes, se composent de deux articles, dont le dernier, grand, arqué, en forme de corne dans le mâle, est court et conique dans l'autre sexe. Dans les premiers individus ou les mâles, à leur côté interne, est un autre appendice allongé, offrant, à la suite du premier article, une sorte de languette membraneuse, longue, se roulant en spirale, à la manière de la trompe d'un éléphant, dentelée latéralement, et jetant en dessous quatre rameaux en forme de doigts. M. Bénédict Prévost désigne l'un et l'autre appendice sous la dénomination de mains, et les rameaux sous celle de doigts. L'extérieur offre aussi, près de sa base, un autre petit appendice. On présume que ces pattes représentent deux antennes divisées en deux branches, analogues aux antennes en rames des Daphnides (*v.* ce mot), mais qui ont ici reçu une autre destination, et dès-lors une forme appropriée à leur usage.

┤ Ces crustacés vivent dans les eaux stagnantes. Deux espèces sont connues. La première est le Branchipe stagnal, *B. stagnalis,* ou le *Cancer stagnalis* de Linné, *Gammarus stagnalis,* Fabr. (Ent. syst., t. II, p. 518), figuré par Herbst (Crust., tab. 35, fig. 9, 10). Cette espèce a été rencontrée dans plusieurs lieux de France, aux environs de Paris et dans la forêt de Fontainebleau. Nous l'avons fait représenter dans notre Atlas, p. a, b, f. 56. La seconde espèce est le Branchipe paludeux, *B. paludosus* ou le *Cancer paludosus* de Muller, figuré par Herbst (*loc. cit.*, fig. 3, 4 et 5). On rapporte à cette espèce le Branchipe décrit par M. Bénédict Prévost sous le nom générique de Chirocéphale, dans un mémoire imprimé à la suite de l'ouvrage de Jurine, sur les Monocles (in-4°, Genève, 1820.).           (H. L.)

‹ BRAS. (Anat.) On appelle assez ordinairement ainsi chez l'homme tout le membre supérieur, mais plus exactement cette dénomination est réservée à la portion de ce membre qui s'étend de l'épaule au coude; le reste du membre jusqu'au poignet a reçu le nom d'avant-bras. Indépendamment des vaisseaux et des nerfs qui le parcourent, le bras est composé d'un seul os, long et cylindrique, nommé *Humérus.* Sa tête ou extrémité supérieure est arrondie et s'articule avec la cavité glénoïde de l'omoplate, dans laquelle elle peut rouler dans tous les sens.

Les muscles qui impriment les mouvemens à l'humérus s'insèrent au tiers supérieur de cet os, tandis que leur extrémité opposée est fixée à l'omoplate et au thorax. Les trois principaux sont le grand pectoral, qui porte le bras en dedans, en même temps qu'il l'abaisse; le grand dorsal, qui le porte en arrière et en bas; et le deltoïde, qui le relève.

L'extrémité inférieure de l'humérus est élargie et a la forme d'une poulie, sur laquelle l'avant-bras se meut comme sur une charnière.

                    (P. G.)

BRASSICÉES. (Bot. phan.) Douzième tribu, troisième ordre des Crucifères, selon les divisions que M. De Candolle a introduites dans cette vaste famille. Elle renferme les genres *Brassica*, *Sinapis*, *Moricandia*, *Diplotaxis* et *Eruca*, qui ont pour caractères communs une silique allongée à cloison linéaire, à valves s'ouvrant longitudinalement; graines ordinairement globuleuses; à cotylédons incombans et condoublés, c'est-à-dire pliés longitudinalement, et formant un angle ou gouttière où se place la radicule.           (L.)

BRASSIE, *Brassia.* (Bot. phan.) Genre de la famille des Orchidées, tribu des Vandées (A. Richard), voisin du *Cimbidium*, dont il se distingue par un *labellum* plane indivis, et de l'*Oncidium*, dont il diffère par son labelle entier et son gynostème sans ailes latérales. C'est une plante parasite, originaire de la Jamaïque, portant de longues feuilles radicales et un épi de fleurs jaunes maculées de pourpre. Link et Otto en ont donné une très-bonne figure dans leurs *Icones* du jardin de Berlin.           (L.)

BRAY (Pays de). (Géogr. phys.) La région de France anciennement connue sous le nom de *Pays* ou *Vallée de Bray*, forme une division naturelle physique de l'ancienne province de Normandie. Elle est située au nord ouest de Paris, entre le pays de Caux, le Vexin et la Picardie, moitié dans le département de la Seine-Inférieure, moitié dans celui de l'Oise; et comme la Normandie n'en possédait qu'une partie et le Beauvoisis l'autre, on distinguait ces deux parties par les noms de Bray-Normand et Bray-Picard.

L'étendue du Pays de Bray n'est pas bien considérable; il a environ dix-huit lieues de longueur sur quatre à cinq dans sa plus grande largeur vers Forges; ses limites sont naturellement tracées par les côtes crayeuses qui s'étendent des deux côtés de la vallée depuis Frocourt (Oise) jusqu'à Bures, au dessous de Neufchâtel. La vallée de Dieppe, resserrée entre les prolongemens de ces côtes de craie, ne présente qu'un sol alluvial jusqu'à la mer. Le sol du Bray, formé par une suite de mamelons nombreux, entre lesquels circulent de courtes vallées, toutes arrosées par de petites rivières, des ruisseaux et de nombreuses sources, se distingue de celui des pays environnans par l'absence presque complète de la formation crayeuse, et résulte, suivant M. Passy, d'un soulèvement ou relèvement des terrains inférieurs, qui viennent affleurer au jour, tandis que la craie qui les recouvrait a été dénudée ; il appartient presque exclusivement au troisième étage du terrain oolithique, et la disposition presque horizontale du grand nombre de couches de marnes et d'argiles qui séparent les lits de sables et de calcaires, donnent naissance à des sources qui se réunissent aux quatre principales rivières du pays.

Ces rivières sont l'Andelle, l'Epte, le Thérain et la Béthune, et ont toutes leurs sources dans les sables marécageux qui règnent vers Forges et Gaillefontaine, ce qui indique que cette partie est la plus élevée du pays. L'Andelle naît à Serqueux et coule vers le sud, à travers la longue côte de craie qui s'étend d'un côté de la Vallée de Bray, depuis Sainte-Geneviève (Oise) jusqu'à Dieppe, et va se jeter dans la Seine au dessus de la côte des Deux-Amans. L'Epte a deux sources, l'une près de Serqueux, l'autre près de Gaillefontaine ; elle se grossit dans son cours de beaucoup de petits ruisseaux, passe à Gournay, et coupant aussi la côte de craie, elle entre dans la vallée qui la conduit à la Seine, près Linetz, au dessous de la Roche-Guyon. Le Thérain prend sa source près de Gaillefontaine, court au sud-est, passe à Beauvais et va se réunir à l'Oise, à Creil ; enfin, la Béthune prend aussi sa source près de celles du Thérain et de l'Epte, coule directement au nord-ouest vers la mer, où elle va former le port de Dieppe.

La côte qui borne la vallée au nord-est ne laisse échapper aucune rivière, mais en laisse au contraire arriver, par des dépressions, plusieurs petites. Autant les plateaux qui dominent à droite et à gauche de Bray sont plats et unis, autant le sol de l'intérieur de la vallée, formé de collines, de mamelons et de vallées sinueuses, est inégal ; il est divisé en deux zones, l'une au sud-ouest, où dominent les argiles et le sable ferrugineux, qui occupent aussi les deux extrémités de la vallée ; les parties où dominent les sables sont occupées par des forêts, des bois et des landes marécageuses, qui commencent à être cultivées ; et les plantations qu'on y a faites y réussissent très-bien. L'autre zone du nord-est, qui occupe la partie moyenne de la vallée, est composée de calcaires et de marnes alternant ensemble. Une contrée ainsi formée d'une nombreuse suite de mamelons, entre lesquels circulent de courtes vallées, toutes arrosées par de petites rivières, des ruisseaux ou des sources, ne peut qu'être très-riche ; les pentes des coteaux et le fond des vallées forment en effet des pâturages, dont la richesse généralement connue rappelle les plus fertiles contrées de l'Angleterre ; et la culture des céréales, qui n'est que fort accessoire dans ce pays, occupe quelques uns des sommets des nombreuses collines qui le dessinent.

Le pays de Bray contient des tourbes en général pyriteuses, et il est probable que c'est à la présence de ces pyrites que les eaux minérales de Forges doivent leurs vertus. On exploite les couches superficielles, qui contiennent une grande quantité d'arbres avec leur écorce encore bien conservée, comme combustible ; et les inférieures, qui sont décomposées et très-riches en sulfate de fer, sont exploitées pour en extraire cette substance minérale. Au Thil et à Gournay, il existe, au milieu des sables et grès ferrugineux, de la craie, des argiles connues dans le pays sous les divers noms de *glaises bigarrées*, d'*argiles à creusets* ou *à fougères* ; elles sont analogues à l'argile plastique et contiennent comme celle-ci des lignites. Dans leur état de pureté, telles qu'on les recherche pour le commerce, ces argiles bigarrées sont d'un gris argentin et sont très-estimées pour la fabrication des creusets. ( Th. V. )

BRAY ( bot. chim. ) Le Bray est une matière résineuse que l'on retire des pins et des sapins et dont on distingue trois espèces : le *Bray sec* ou *Arcanson*, appelé plus communément *Colophane;* le *Bray liquide* ou *Goudron;* et le *Bray gras*, qui est un mélange à parties égales de Colophane, de Goudron et de Poix noire. *V.* Colophane, Goudron. ( F. F. )

BRAYÈRE, *Brayera*. ( bot. phan. ) Sous le nom d'Alexandre Brayer, docteur-médecin à Rio-Janeiro, Kunth a fondé un nouveau genre dans la famille des Rosacées, en 1822, avec les débris des fleurs d'une plante herbacée, originaire de l'Abyssinie. Cette plante est apportée par les Arabes au Kaire, et de là à Alexandrie, sous le nom de *Kotz*, diminutif de celui de *Kabotz*, que lui donnent les Abyssins, chez lesquels il désigne et la plante et le tænia qu'elle a, dit-on, la propriété de tuer.

L'anecdote qui a amené la découverte de cette plante mérite d'être citée. Brayer, se trouvant, en 1820, dans un café à Constantinople, fut frappé d'entendre un Arménien promettre à l'un des garçons du café de le guérir radicalement du tænia qui l'amaigrissait à vue d'œil et le menaçait incessamment des plus cruelles douleurs, s'il consentait à prendre une forte infusion de fleurs du Kotz. L'odeur et le goût désagréables de ce médicament occasionent, disait-il, de fortes nausées, puis des déchiremens d'entrailles ; mais elles débarrassent à l'instant du tænia, et même elles sont un moyen certain de prévenir sa réapparition. Le garçon consentit, et après de nombreuses déjections il eut la certitude que son ennemi n'existait plus : son extrémité la plus grosse était sortie la dernière. Brayer, qui avait vu la santé de ce jeune homme s'améliorer de jour en jour, et qui six mois après l'avait trouvé parfaitement guéri, voulut connaître la plante qui opérait de semblables guérisons ; il parvint à en obtenir quelques débris, et, à son passage à Paris, il les remit au botaniste que j'ai nommé pour tâcher d'en découvrir la famille et le genre.

Le Kabotz des Abyssins est très-voisin du genre Aigremoine, *Agrimonia*, dont il diffère, selon Kunth, par son limbe double, par ses pétales extrêmement petits, et par ses stigmates élargis, ce qui l'a déterminé à en faire le type d'un genre particulier, et, à raison des propriétés héroïques de l'espèce, à lui imposer le nom de *Brayera an-*

*thelmintica.* Si l'échantillon que l'on m'a envoyé de la Haute-Égypte, sous le nom de *Kotz*, appartient véritablement aux débris de fleurs que Brayer a rapportés, il ne constitue point un genre nouveau, mais bien une variété très-remarquable de l'*Agrimonia repens*, que Tournefort apporta le premier en Europe. Les deux plantes paraissent jouir des mêmes propriétés. Il serait à désirer qu'on pût en obtenir de la graine ; comme elle est fort rustique, on pourrait la multiplier chez nous. Son port assez pittoresque lui donnerait accès sur la lisière de nos bosquets agrestes. En attendant de nouveaux renseignemens, nous donnons une figure du genre de Kunth. *Voy.* notre Atlas, pl. 56, fig. 2.     ( T. D. B. )

**BREBIS.** (MAM.) Femelle du BÉLIER, (*v.* ce mot). Dans l'ancienne Afrique, les Brebis étaient sacrées ; l'époque de leur tonte était celle d'une fête religieuse ; on ne pouvait tuer que les vieilles Brebis, et il n'était permis de le faire qu'après les avoir tondues et porté la dîme aux ministre du culte. Les Arcadiens et les Phéniciens possédaient de grands troupeaux de Brebis à longue laine. Comme ils remarquèrent que les Brebis portent toujours les laines les plus fines, ils introduisirent l'usage de la castration sur les antenois, afin de rapprocher le plus possible leur laine de celle de leurs mères. C'est d'Afrique que l'Espagne a tiré ses Brebis à longue laine soyeuse ; elle en doit la conservation à l'institution de la Mesta, dont l'origine remonte à l'an 653 de l'ère vulgaire. C'est aussi de l'intérieur de l'Afrique que descendent les races de Brebis anglaises à longue laine ; on en fixe ordinairement l'époque à l'année 712 ; si cette date n'est pas certaine, c'est au moins celle des premières lois concernant leur entretien et leur multiplication. La Brebis porte cent cinquante jours, c'est-à-dire environ cinq mois ; elle est très-sujette à l'avortement.

Nos aïeux avaient un proverbe qui disait : *Brebis trop apprivoisée, de trop d'aigneaux est tettée,* c'est-à-dire qu'une femme courtisée par plusieurs galans succombe tôt ou tard. Le moyen de prévenir le mal est une instruction solide, bien préférable à l'éducation frivole que l'on donne aux filles, aux préjugés dont on les berce incessamment et aux convenances ridicules qu'on leur impose. Femme instruite voit le danger et le brave sans efforts.     ( T. D. B. )

**BRÉCHET.** ( ANAT. ) On nomme ainsi vulgairement le sternum ou seulement le cartilage xiphoïde. ( *Voy.* SCROBICULE. )     ( P. G. )

**BRÈDES.** (AGR. et BOT.) Nom collectif donné dans l'Inde et par les créoles des îles de l'Asie méridionale, de l'Australie et même des Antilles, à toutes les plantes herbacées dont on mange les feuilles en guise d'épinards, ou les pousses nouvelles cuites sans beaucoup d'apprêt et additionnées de plusieurs épices pour en corriger la fadeur naturelle, ce qui donne en même temps du ton à l'estomac.

Le mot Brèdes vient du portugais *Bredos,* qui lui-même est une altération du grec *Bliton* et du latin *Blitum,* dont la valeur en français équivaut à plante fade employée dans la cuisine. Chez les anciens comme chez les modernes, certains mots reçurent une extension plus ou moins grande du moment qu'ils descendirent dans le langage vulgaire : aussi pour s'entendre a-t-on fini par ajouter un second mot comme spécifique. Je vais indiquer les principaux du mot Brèdes.

BRÈDE-BENGALE. Espèce d'Ansérine, *Chenopodium atriplex,* transportée depuis quelques années à l'île Maurice et qu'on y appelle aussi *Epinard de la Chine.*

BRÈDE - CHEVRETTE. Variété de l'Illécébrum à tête de fleurs un peu velues, *Illecebrum sessile.* Les Malais l'appellent *Sajor-oran,* que Rumph a traduit par *Olus squillarum.*

BRÈDE - CHOU-CARAÏBE. Les jeunes feuilles du Gouet comestible, *Arum esculentum,* que l'on accommode parfois en friture. On prend aussi les premières pousses d'un autre Gouet, l'*Arum colocasia ;* mais il faut les bien choisir, si l'on ne veut pas éprouver l'irritation que l'âcreté des Aroïdées fait éprouver au gosier.

BRÈDE-CHOU DE CHINE. Très-bonne espèce de chou, portée de la Chine aux colonies françaises situées à l'est du cap de Bonne-Espérance. Ses feuilles tendres sont vraiment friandes. Dans plusieurs localités la culture de ce chou est très-difficile à cause de la présence de la larve d'une petite phalène qui multiplie considérablement et dévore en peu de jours les pieds les plus beaux et les plus vigoureux.

BRÈDE-CRESSON. Notre cresson de fontaines, *Sysimbrium nasturtium,* transporté aux îles Mascareigne et Maurice, où il acquiert des dimensions démesurées.

BRÈDE-DE-FRANCE. Les Nègres appellent ainsi les épinards servis sur nos tables, *Spinacia oleracea.*

BRÈDE-GANDOLE, que d'autres disent improprement *Brède-d'Angole,* parce qu'ils la croient originaire d'Angola sur la côte d'Afrique. La Brèdegandole, appelée simplement *Gandole* par les peuples malais, est la Baselle rouge, *Basella rubra,* dont nous avons parlé plus haut. *Voy.* BASELLE.

BRÈDE-GIRAUMON, jeunes pousses de la citrouille ordinaire, *Cucurbita pepo.* Ce mets est très-savoureux, quand la plante n'a pas encore développé toute son odeur de musc, qui la rend si désagréable à beaucoup de personnes.

BRÈDE-GLACIALE. A l'île Mascareigne on cultive et l'on mange avec plaisir, sous ce nom, les feuilles épaisses de la Ficoïde glaciale, *Mesembryanthemum crystallinum.* Quelques colons appellent aussi Brède-glaciale et mangent de même la Languette des Canaries, *Aizoon canariense,* dont les feuilles nombreuses sont chargées de molécules cristallines.

BRÈDE-MALABARE. Plusieurs espèces de plantes portent ce nom ; les plus communes sont l'Amaranthe épineuse, *Amaranthus spinosus,* l'Arroche du Bengale, *Atriplex bengalensis,* et plus rare ment la Corette potagère, désignée par Linné sous le nom de *Corchorus olitorius*, mais qu'il faut appeler *Spiræa olitoria*, comme je le démontrerai plus bas. *Voy.* au mot CORETTE.

BRÈDE-MALGACHE. Les uns estiment qu'il s'agit du Spilanthe à feuilles lancéolées que l'on trouve spontané dans l'île de Ceylan, *Spilanthus acmella;* d'autres, avec plus de raison, y reconnaissent le Spilanthe alimentaire de l'Inde, *S. oleracea*, que l'on nomme aussi *Cresson de Para.*

BRÈDE-MARTIN. Un des noms vulgaires de la Brède-morelle dans l'île de Mascareigne. Ce nom lui vient de l'oiseau Martin, *Paradisea tristis*, qui en dépose la graine, avec ses déjections, sur les couvertures des cases.

BRÈDE-MORELLE, Brède par excellence, que l'on sert indistinctement sur la table somptueuse du riche créole et sur celle si triste des nègres; personne ne se lasse de ce mets dont la préparation est très-simple. Ce sont les feuilles et les jeunes pousses du *Solanum nigrum* que le ciel des tropiques rend moins vénéneux que partout ailleurs; mais il ne lui enlève pas le principe amer, qui se développe de plus en plus à raison que le sol sur lequel croît la Morelle noire est plus élevé. Les noirs font bouillir cette Brède et jettent simplement un peu de sel dessus; les moins riches des habitans y ajoutent du saindoux; quand on l'additionne de gingembre, c'est pour la manger le matin avec du poisson ou de la viande salée; mêlée au carris, elle paraît au dîner sur la table du riche blasé; le soir, avec un poisson frit, elle forme le souper de presque toute la population des îles et du continent méridional de l'Asie. On la mange seule et le plus souvent unie à du riz cuit à l'eau. La Brède-Morelle est nommée *Anghive* à Madagascar, *Laman* aux Antilles françaises, *Sajor* aux îles Malaises, etc.

BRÈDE-MORONGUE, Racine râpée du Ben, *Guilandina-moringa*, ainsi que les pousses nouvelles que plusieurs personnes préfèrent à la racine.

BRÈDE-MOUTARDE. Pousses d'un sinapi qui paraît être le *Sinapis indica.*

BRÈDE-PIMENT. Comme les pousses du piment ordinaire, *Capsicum annuum*, n'ont rien de l'âcreté du fruit, on les recherche pour les manger comme une Brède fort agréable.

BRÈDE-PUANTE. Sur les vieux murs on recueille le Mozambé à cinq feuilles, *Cleome pentaphylla*, quoique son odeur, qui rappelle celle si pénétrante de l'urine de chat, soit des plus désagréables; mais il la perd par l'ébullition, et devient dèslors comestible.

BRÈDE-TALI. La même que la Brède-gandole.

(T. D. B.)

BREDOUILLEMENT. (PHYSIOL.) Prononciation vicieuse qui diffère du bégaiement en ce que celui-ci est caractérisé par des hésitations continuelles et la répétition fréquente des mêmes syllabes, tandis que le Bredouillement dépend d'une trop grande précipitation en parlant. (P. G.)

BRÈME, *Abramis.* (POISS.) Genre de Cyprinoïdes voisin, par l'ensemble de ses caractères, des Cirrhines et des Labious entre lesquels il se trouve intermédiaire. Ce Cyprin, dont le corps est couvert de grandes écailles, se reconnaît aisément à sa petite bouche, et à ses mâchoires sans aucune dent. Sa langue est lisse, son palais garni d'une substance épaisse, molle, singulièrement irritable, que l'on nomme vulgairement langue de carpe. Les Brèmes manquent d'épines et de barbillons, et leur dorsale est courte, placée en arrière des ventrales; l'anale au contraire est assez longue. Ce genre ne se compose encore aujourd'hui que de deux espèces; celle qui lui a servi de type, Brême commune ( *Cyprinus* la *Brama*, Linn.) est en même temps plus grande et plus commune; sa longueur est d'environ dix-huit pouces; elle a vingt-neuf rayons à l'anale, douze à la dorsale; la mâchoire supérieure est un peu plus avancée que l'inférieure; le dos est arqué, élevé et comprimé; il existe à la base de chaque ventrale un appendice squameux, absolument semblable à celui qu'on remarque à la même partie du corps chez les sparoïdes. Ce poisson vit dans les fleuves et les rivières de presque toute l'Europe, ainsi que dans les grands lacs: il est l'objet d'une pêche importante; on le prend fréquemment sous la glace, où il se tient; il est si commun dans certaines contrées de l'Europe, qu'on rapporte qu'en mars 1749 on en prit d'un seul coup de filet, dans un grand lac en Suède, cinquante mille individus, qui pesaient ensemble plus de mille kilogrammes.

Lorsque dans le printemps les Brèmes cherchent les rivières unies, ou les fonds de rivières garnis d'herbages pour frayer, chaque femelle est souvent suivie de trois ou quatre mâles; elles produisent un bruit assez fort en nageant en troupes nombreuses, et cependant elles distinguent facilement celui que l'on produit autour d'elles, qui quelquefois les effraie, les éloigne, les disperse, ou les pousse dans les filets du pêcheur. Les Brèmes fraient à trois époques de l'année; les plus grosses se débarrassent de leurs œufs pendant la première, et les plus petites pendant la troisième; durant cet acte les mâles, comme ceux de toutes les autres espèces de Cyprins, ont sur les écailles du dos et des côtés de petits boutons qui leur ont fait appliquer différentes dénominations, boutons que l'on avait observés dès le temps de Salvian, et que Pline même a remarqués. Si la saison à la fin du frai devient froide, les femelles éprouvent les accidens les plus funestes; l'orifice qui livre passage à la sortie des œufs se ferme et s'enflamme, le ventre se gonfle, les œufs s'altèrent, se changent en une substance granuleuse, gluante et rougeâtre; alors l'animal dépérit et meurt.

Les Brèmes sont poursuivies par l'homme, par les poissons voraces, par les oiseaux nageurs; les buses et d'autres oiseaux de proie veulent aussi dans certaines circonstances en faire leur proie; mais il arrive souvent que si la Brème est forte et grosse, et que les serres aient pénétré assez avant dans son dos pour s'engager dans sa charpente

pente osseuse, elle entraîne au fond son ennemi qui y trouve la mort.

Les Brèmes croissent assez vite; leur chair est agréable au goût pour sa bonté, et à l'œil par sa blancheur. Elles perdent difficilement la vie lorsqu'on les tire de l'eau pendant le froid; et alors on peut les transporter assez loin sans les voir périr, pourvu qu'on les enveloppe dans un linge humide ou dans de la neige.

M. Noël a écrit qu'on avait cru reconnaître dans la Seine trois ou quatre variétés de la Brème; on rencontre à la tête d'une troupe de Brèmes un poisson que les pêcheurs ont nommé chef de ces Cyprins, et que Bloch était tenté de regarder comme un métis provenant d'une Brème et d'un Rotengle. Ce poisson a l'œil plus grand que la Brème, les écailles plus petites et plus épaisses, l'iris blanchâtre, la tête pourpre, la surface enduite d'une matière visqueuse très-abondante. Bloch considère aussi comme métis de la Brème et du Cyprin large, des poissons qui, semblables à la Brème, ont la tête ainsi que le corps et les nageoires comme le Cyprin large; la seconde espèce est la Bordelière, petite Brème ou Hazelin ( *Cyprinus blicca*, *Cyprinus balus*, Gm., Bloch, p. 10). Celle-ci a les pectorales et les ventrales rougeâtres, vingt-quatre rayons à l'anale, et est peu estimée; aussi les pêcheurs les laissent-ils pour servir de nourriture aux autres poissons, et particulièrement aux brochets.        (ALPH. G.)

BRENTE, *Brentus*. (INS.) Genre de Coléoptères de la section des Tétramères, famille des Rhyncophores, formé par Fabricius, ayant pour caractères : corps linéaire, rostre toujours porté en avant, souvent terminé autrement dans les mâles que dans les femelles; pénultième article des tarses bilobé. Les Brentes ont une figure très-singulière, leur corps est en général très-allongé, cylindrique; la tête très-rétrécie a la forme d'une alène; à l'extrémité est la bouche quelquefois peu apparente, mais quelquefois aussi les mandibules sont très-développées dans les mâles; aux deux tiers de la longueur de la tête sont insérées les antennes; celles-ci sont droites et non coudées, les articles en sont assez longs et forment un peu la massue à l'extrémité; le corselet est aussi long que la tête et que le corps; il est conique, déprimé et souvent marqué d'une impression longitudinale; les élytres sont terminées en deux pointes dans les mâles, les femelles les ont tronquées à leur extrémité; la tête, les antennes et le corselet sont aussi beaucoup plus courts que dans l'autre sexe; les fémurs sont claviformes, les pattes sont un peu cambrées, peu robustes; le pénultième article des tarses est bilobé. Ces insectes, à l'exception d'un seul qui se trouve en Italie, sont propres aux pays chauds exotiques. On en connaît un certain nombre dont quelques-uns atteignent jusqu'à deux à trois pouces. Il paraît, d'après les observations de M. Lacordaire pour les espèces de l'Amérique, et de M. Savi pour celles d'Italie (*Brentus italicus*), qu'ils vivent sous les écorces des arbres.

B. ANCHORAGO, *B. anchorago*, Fab. ; Oliv., Entomol. v, p. 437, n° 8, pl. 1, fig. 2. Long de quinze à seize lignes; noir avec deux raies jaunes sur les élytres, une dorsale atteignant les deux extrémités, et une marginale n'atteignant aucune des deux extrémités. C'est l'espèce la plus commune dans les collections. Le B. A QUEUE, *B. caudatus*, en diffère par un prolongement assez considérable de l'extrémité postérieure des élytres; nous l'avons figuré dans notre Atlas, pl. 56, fig. 4. Ainsi que le *B. Temminckii*, la plus grande espèce du genre, cette belle espèce vient de Java; elle est figurée sous le n° 3.        (A. P.)

BRÉSIL (Empire du). (GÉOGR. PHYS.) Le Brésil est cette partie de l'Amérique méridionale, située entre le 37° et le 75° de longitude occidentale, et entre le 4° de latitude boréale et le 35° de latitude australe. Cet empire est borné au nord par la république de Colombie, par les Guianes anglaise, hollandaise et française et par l'océan Atlantique; à l'est par l'océan Atlantique; au sud, par l'océan Atlantique, par la république orientale de l'Uraguay et par le dictatorat du Paraguay; à l'ouest, par la confédération du Rio de la Plata, par le dictatorat du Paraguay, et par les républiques de Bolivia, du Pérou et de la Colombie.

Cette partie de l'Amérique du Sud est arrosée par des cours d'eaux très-considérables. Parmi eux se trouve le fleuve des Amazones que nous avons traité dans un article séparé ( *voyez* AMAZONE); on peut encore citer, parmi les fleuves importans du Brésil, l'*Oyapoc*, le *Tocantin* ou *Para*, le *Maranahô*, l'*Itapicuru*, le *Paranahiba*, le *Rio Grande do Norte*, le *Rio-san-Francisco*, etc.

Le Brésil offre plusieurs chaînes de montagnes entièrement indépendantes du grand système des Andes; elles sont loin d'offrir des points aussi élevés que ceux qu'on retrouve dans les autres chaînes du Nouveau Monde; mais cependant elles ne sont pas sans importance. Le système Brésilien peut se diviser en trois chaînes : la chaîne maritime, la chaîne centrale et la chaîne occidentale.

La chaîne maritime, que les Brésiliens nomment *Serra do mar*, s'étend le long des côtes, et forme une suite de groupes plutôt qu'une seule et même chaîne, attendu les nombreuses et considérables interruptions que l'on y remarque. Elle parcourt ainsi successivement les provinces de la côte, qui sont les provinces de Rio-Grande, de Paraïba, de Fernambuco, d'Alagoa, de Fergipe, de Bahia, d'Espiritu-Santo, de Rio-de-Janeiro, de San-Paulo et de San-Pedro.

La chaîne centrale, qu'on nomme aussi *Serra do Espinhaço*, qui prend ensuite divers noms dans plusieurs de ses parties, tels que ceux de *Serra das Almas* dans le nord, et de *Serra da Mantequeira* dans le sud, s'étend depuis la rive droite de San-Francisco jusqu'à l'Uraguay, en traversant les provinces de Bahia, de Minas-Geraes, de San-Paulo et l'extrémité septentrionale de Rio-de-Janeiro. C'est dans la partie méridionale de cette chaîne que l'on trouve ces mines si fécondes d'or, d'argent et de diamans, qui font du Brésil l'une des plus riches contrées du globe.

Enfin la chaîne occidentale, nommée aussi *Serra dos Vertentes*, parce qu'elle sépare les affluens de l'Amazone du Tocantin, du Paranahiba de ceux de San-Francisco, du Parana et du Paraguay, s'étend depuis la frontière méridionale de la province de Seara jusqu'à l'extrémité occidentale de la province de Matto-Grosso; elle prend différens noms dans ce demi-cercle immense décrit par elle, tels que *Serra Alegre*, *Serra de Pycuy*, *Serra de Santa Marta*, etc.

Nous allons donner ici la hauteur des points culminans de ces diverses chaînes, d'après les observations les plus récentes.

TABLEAU DES POINTS CULMINANS DU SYSTÈME BRÉSILIEN.

*Chaîne maritime.*

| | |
|---|---|
| La Serra d'Arasoiaba, au S.-O. de San-Paulo | 640 |
| La Serra Tingua, au N. de Rio-de-Janeiro | 555 |

*Chaîne centrale.*

| | |
|---|---|
| Le mont Itacolumi, près de Villa-Rica (Minas-Geraes), point culminant de tout le système | 950 |
| La Serra da Piedade, près de Sabara | 910 |
| La Serra da Frio, près de Villa do Principe | 932 |

*Chaîne occidentale.*

| | |
|---|---|
| Le point culminant des Pirenéos | 400 |

Le climat du Brésil est sain et bon, quoiqu'il renferme de ces variations si bizarres et qu'on ne trouve que sur la terre du Nouveau-Monde : écoutons à ce sujet M. de Humboldt; il nous expliquera quelles sont les causes de ces singulières différences : « Le peu de largeur du continent, » son prolongement vers les pôles glacés; l'Océan, » dont la surface non interrompue est sans cesse » balayée par les vents alisés; des courans d'eau » très-froide qui se portent depuis le détroit de » Magellan jusqu'au Pérou; de nombreuses chaînes » de montagnes remplies de sources et dont les » sommets couverts de neiges s'élèvent bien au » dessus de la région des nuages; l'abondance de » fleuves immenses qui, après des détours multi- » pliés, vont toujours chercher les côtes les plus » lointaines; des déserts en général non sablon- » neux, et par conséquent moins susceptibles de » s'imprégner de chaleur; des forêts impénétrables » qui couvrent les plaines de l'équateur, remplies » de rivières, et qui, dans les parties du pays les » plus éloignées de l'Océan et des montagnes, don- » nent naissance à des masses énormes d'eaux » qu'elles ont aspirées, ou qui se forment par l'acte » de la végétation; toutes ces causes produisent, » dans les parties basses de l'Amérique, un climat » qui contraste singulièrement, par sa fraîcheur » et son humidité, avec celui de l'Afrique. C'est à » elles seules qu'il faut attribuer cette végétation si » forte, si abondante, si riche en sucs, et ce feuil- » lage si épais, qui composent le caractère parti- » culier du nouveau continent. »

Nous ne terminerons pas cet article sans indiquer à nos lecteurs que la capitale de l'empire du Brésil, Rio-de-Janeiro, passe pour le plus beau port que la nature se soit plu à tracer sur le globe. (C. J.)

**BRETAGNE** (Grande-). (GÉOGR. PHYS.) Cette île est la plus considérable de toutes celles de l'Europe : sa longueur est d'environ 200 lieues; dans sa partie méridionale, elle en a 110 de largeur, au centre 28, et vers le milieu de l'Ecosse 62. Sa superficie, d'après nos calculs, est d'environ 11,400 lieues. Ses côtes orientales et méridionales sont bien moins profondément découpées que les côtes occidentales; leurs pentes sont aussi plus abruptes.

Les montagnes de cette île forment un système auquel on peut rattacher toutes les îles Britanniques. Elles composent trois groupes : celui du nord est formé par les hauteurs de Caithness et de l'Inverness, dont les Orcades, les Hébrides, Skye et Mull forment les extrémités; le central comprend les monts Grampians et quelques petites chaînes qui se terminent au golfe de Forth et à celui de Clyde; le méridional comprend les monts *Cheviot* et tous ceux du reste de l'île. Le premier de ces groupes n'a pas plus de 800 mètres dans sa plus grande hauteur; le point culminant du second n'en a guère que 1340; enfin dans le troisième on en cite quelques uns de 800 à 950, que le *Snowden* ou *Snowdon* dépasse de plus de 100 mètres. Ce sommet, qui conserve la neige pendant sept mois, et qui pendant les cinq autres est presque toujours couvert de nuages, donne son nom à une longue chaîne.

Ces montagnes ne circonscrivent que des bassins peu considérables : le plus septentrional est arrosé par la *Spey*, rivière obstruée par plusieurs grandes cataractes, et qui s'élance avec fureur dans le golfe de Murray. La belle rivière du *Tay* sort d'un lac du même nom, et se jette dans un golfe qui porte aussi celui de Tay. Les ramifications des monts Grampians et Cheviot forment le bassin du Forth, rivière d'environ 60 lieues de cours. Les monts Moorlands et quelques collines circonscrivent le vaste bassin de l'*Ouse* qui, portant d'abord le nom de Ure, prend celui de l'Ouse après avoir reçu la Swale, et celui de *Humber* en se jetant dans l'Océan. L'arête qui forme la limite méridionale de ce bassin borne au nord celui de la *Thame* et de l'*Isis* dont la réunion forme la *Tamise*, le fleuve le plus célèbre de la Grande-Bretagne. Les autres bassins de l'île sont trop peu considérables pour donner naissance à des rivières de quelque importance : il faut cependant en excepter celui que traverse la *Severn* ou *Saverne*, et que forment les principales montagnes de l'Angleterre et de la principauté de Galles : ce fleuve a 70 lieues de cours.

Les lacs sont assez nombreux dans la Grande-Bretagne, mais d'une faible étendue; les plus considérables sont : le *Derwent*, le *Lomond*, et celui de *Ness*, célèbre par ses eaux limpides qui ne gèlent jamais, et par sa profondeur qui varie de 60 à 155 brasses.

Ainsi que nous l'avons dit dans le *Précis de la Géographie universelle*, la constitution physique de la Grande-Bretagne est d'autant plus intéressante, qu'elle renferme des roches de tous les âges. De là vient l'extension qu'ont prise en Angleterre l'étude de la géologie et celle de la métallurgie. L'ardoise et la houille sont au nombre des plus importantes productions minérales de l'île. Au nord comme au sud les mines de fer et de plomb sont également nombreuses ; celles de cuivre et d'étain s'étendent vers le sud-ouest ; le nord recèle du cuivre, du mercure et des pierres précieuses ; partout on trouve des sources minérales. En Écosse le micaschiste est la roche dominante : il occupe plus de la moitié de sa superficie. Près des Orcades et de l'île de Skye, ainsi que sur les bords du Tay, le grès rouge succède à ce grand dépôt ; mais à partir de l'extrémité du golfe de Clyde jusqu'à Stonehaven, une longue bande de roches chloriteuses et quartzeuses sépare le grès rouge du micaschiste ; en descendant vers le sud, le grès houiller, le grès rouge et la roche que les Allemands appellent *grauwacke*, se montrent tour à tour. Dans le reste de la Grande-Bretagne, différentes variétés du grès rouge et de vastes dépôts houillers s'étendent depuis le nord jusqu'au bord du Trent. A l'ouest de ce terrain se montrent des schistes ardoisiers qui occupent un large espace sur toute la côte occidentale, tandis qu'un vaste dépôt de marne rouge et de grès entoure, au sud et à l'est, ces mêmes amas de houille. Depuis l'embouchure de la Severn jusqu'à celle de l'Humber, s'étend du sud-est au nord-ouest une longue bande de marne bleue et de cette roche calcaire appelée *lias* par les Anglais. Une bande parallèle de calcaire oolithique, un dépôt de calcaire à polypiers, un autre de marne bleue, sont suivis jusqu'à la Manche par les bancs friables et sableux de glauconie, par la craie, l'argile plastique et des terrains analogues, du moins quant aux restes organiques, à ceux des environs de Paris. Ces dépôts, qui se continuent au-delà du détroit, et jusqu'à une assez grande distance de nos côtes, sont des preuves presque irrécusables de la réunion primitive de la Grande-Bretagne au continent. Le peu de largeur du Pas-de-Calais n'annonce-t-il pas d'ailleurs que l'Océan a pu miner à la longue des roches aussi faciles à rompre que des argiles, des sables et de la craie ?

Le climat de la Grande-Bretagne, généralement très variable, n'est pas sujet aux chaleurs et aux froids qui se font souvent sentir sous la même latitude ; les vents de mer y tempèrent les saisons. Dans le midi on peut quelquefois espérer d'abondantes récoltes, mais trop souvent des pluies continuelles y viennent détruire une espérance trop tôt fondée. Au nord, de grands espaces sont stériles ; sur les côtes orientales des sables et des marais s'opposent à la culture. Les parties les plus productives sont au centre et au midi.

Les plantes et les animaux les plus utiles ont été importés du continent dans la Grande-Bretagne. Lorsque ce pays était encore couvert de forêts impénétrables aux rayons du soleil, l'ours, le loup et le sanglier erraient paisiblement dans de vastes solitudes. Vers la fin du X<sup>e</sup> siècle, les loups et les ours ont été détruits ; les seules forêts du nord cachent encore quelques sangliers. Le chat des bois et le renard y sont les animaux les plus destructifs ; ces derniers y sont tellement nombreux, que leur chasse est un divertissement presque général. Les autres mammifères sauvages ne sont que des animaux de petite taille, qui peuplent les montagnes et les forêts du continent.

Les chèvres sont très-rares en Angleterre, excepté dans le pays de Galles, où elles sont communes même à l'état sauvage ; on y voit des boucs dont les cornes ont plus de trois pieds de longueur. L'île possède une race de chiens, renommée par son courage et par sa force : tout le monde connaît le *Bull-dog* (*Canis molossus*) ; mais il dégénère hors du sol de sa patrie. Le cochon domestique croisé avec le porc de l'Indo-Chine a fourni aux Anglais une race fort estimée.

En Écosse on trouve le *Colley*, le véritable chien de berger. Jadis on y rencontrait le loup, le bison et le castor ; mais ils n'y existent plus. Cependant le cerf et le chevreuil s'y trouvent encore, bien qu'ils aient presque disparu de l'Angleterre.

Nous ne terminerons pas ce coup d'œil sur les animaux de la Grande-Bretagne, sans parler du cheval anglais, qui forme une des principales richesses du pays. Cette race, si distinguée par sa vitesse et ses proportions élégantes, n'est pas originaire d'Angleterre ; elle y a été formée par des étalons arabes et des jumens barbes, et considérablement améliorée par les soins que l'on apporte à sa reproduction. On en distingue plusieurs espèces : les chevaux de pur sang (*blood horse*), plus grands et plus étoffés que les arabes, et excellens coureurs ; les chevaux de chasse, plus membrés que les précédens, résistant bien à la fatigue ; les chevaux de carrosse, dont on importe une grande quantité en France ; et enfin les chevaux communs, parmi lesquels on distingue encore une variété remarquable par sa taille énorme et la force de ses membres.

Les oiseaux du continent se retrouvent presque tous dans la Grande-Bretagne ; la volaille qu'on y élève ne suffit pas à la consommation ; les aigles et d'autres grands oiseaux de proie établissent leurs nids dans les régions montagneuses ; mais les bois de l'Écosse ne retentissent jamais des chants harmonieux du rossignol, assez commun cependant en Angleterre. (J. H.)

BRÈVE, *Pitta*. (ois.) Ce genre d'oiseaux insectivores, de la tribu des Dentirostres, est encore assez mal connu ; les espèces qui le composent sont toutes des parties chaudes de l'ancien continent. Ce n'est pas que l'Amérique ne possède aussi des oiseaux analogues aux Brèves, mais que la seule différence d'habitat a empêché d'associer aux *Pitta* de l'ancien monde. Vieillot a créé pour celles-ci le genre Grallarie.

M. Lesson, qui fait une famille des Brèves, ajoute

aux Brèves proprement dits, et aux Grallaries, un troisième groupe, celui des Myiophages, *Myiophaga* (*voy.* Traité d'Ornith., p. 395); mais les caractères de ce dernier genre paraissent mal indiqués : ainsi, le Brève bleuet, *Pitta glaucina*, Temm., pl. 194, l'un des trois myiophages de M. Lesson, a les ailes établies sur le type surobtus, c'est-à-dire la cinquième penne la plus longue, tandis que les ailes allongées, pointues, à deuxième et troisième rémiges plus longues, constituent un des principaux caractères du genre.

La figure 5 de la planche 56 de notre Atlas représente le Brève a sourcils, *Myothera superciliosa*, ainsi nommé par Cuvier, dans les galeries du Muséum. Il est originaire de l'Inde.

(Gerv.)

BRÉVIPENNES. (ois.) Ce nom a été donné par M. Duméril ( Zool. analyt.) à une famille d'oiseaux comprenant les Autruches, les Casoars et le Dronte. Quelques auteurs font de cette famille un ordre particulier; d'autres, comme M. Cuvier, la considèrent comme appartenant à l'ordre des Échassiers, et quelques uns, à l'exemple de M. Duméril, la mettent parmi les Gallinacés proprement dits.

C'est en effet avec ces derniers que les Brévipennes présentent un plus grand nombre de rapports ; incapables de voler, car ils n'ont que des rudimens d'ailes, ces oiseaux sont coureurs par excellence, et présentent un développement considérable de l'épine iliaque inférieure, à laquelle s'attachent les muscles fléchisseurs de la jambe : cette disposition du bassin est particulière aux Brévipennes et aux gallinacés.

On peut admettre dans cette famille les cinq genres suivans : le genre *Autruche*, pour l'espèce africaine qui n'a que deux doigts à chaque pied ; le genre *Nandou*, dont le caractère essentiel est d'avoir trois doigts : ces *Nandous*, ou Autruches d'Amérique, ont les ailes empennées et l'aileron armé d'un petit ongle ; ces oiseaux habitent l'Amérique méridionale. M. d'Orbigny, qui a pu en observer un grand nombre, pense qu'ils constituent deux espèces distinctes, l'une ordinaire qui est l'Autruche d'Amérique, dont nous avons déjà parlé (*roy.* Autruche), et l'autre plus petite, à tarses proportionnellement plus longs, laquelle habite le sud au-delà de Buenos-Ayres.

Les autres Brévipennes à trois doigts diffèrent des Nandous par leurs ailes dépourvues de pennes ; on en fait deux genres, celui de l'*Émou*, qui n'a ni penne ni baguette à l'aile, et celui du *Casoar*, proprement dit, dont les ailes également sans pennes, portent cinq longues tiges arrondies. Nous parlerons de ces deux groupes au mot Casoar. Un dernier genre complète la famille des Brévipennes, c'est celui du *Dronte*, que sa taille, son bec et ses pieds à quatre doigts suffisent pour caractériser.

(Gerv.)

BRINDAONIER ou BRINDERA. *Voyez* Brindonia.

BRINDONIA ou BRINDONIER. (bot. phan.) Genre de la famille des Guttifères, établi par Dupetit-Thouars, et dans lequel il a réuni trois arbres des Indes orientales, imparfaitement décrits par les anciens voyageurs. Leurs caractères communs sont : fleurs polygames, dioïques, toutes ayant un calice de quatre sépales, et autant de pétales alternant avec ceux-ci ; des pieds différens portent les mâles et les hermaphrodites : les premiers offrent un simple faisceau d'étamines, les autres ont environ vingt étamines, groupées en quatre faisceaux, et un ovaire surmonté de six styles cylindriques et courts ; le fruit est une baie à six graines munies d'un arille ; on a remarqué que leurs deux cotylédons sont soudés en une seule masse solide, ce qui a lieu dans plusieurs genres de la famille des Guttifères.

Le *Brindonia* diffère donc des Mangostans par ses fleurs diclines, par la polyadelphie des étamines, et par la forme des pistils. Cependant ces différences ne sont pas tellement essentielles qu'on ne puisse le considérer comme une section du genre *Garcinie*.

Nous avons dit qu'il y a trois espèces de *Brindonia*. L'une, décrite par Linscot sous le nom de *Brindoyn*, devient pour nous le *Brindonia indica*; c'est un bel arbre, à forme pyramidale, à rameaux opposés, à feuilles d'un vert luisant, à fleurs terminales, les mâles fasciculées par quatre ou cinq, les hermaphrodites solitaires. On tire de ses diverses parties, surtout quand elles sont jeunes, un suc résineux jaune, analogue à la gomme-gutte. Le fruit de ce Brindonia, rouge, épineux, et de la grosseur d'une petite pomme, a une pulpe très-acide; mais, cuit et réduit en gelée ou en sirop, il est fort recherché dans l'Inde, et employé avec succès contre les fièvres aiguës.

L'autre espèce est le *B. cochinchinensis*, décrit par Louvreiro sous le nom d'*Oxycarpus*; ses fruits sont acides et comestibles comme ceux du précédent. On le distingue à ses fleurs axillaires, presque sessiles, rassemblées par trois ou quatre.

La troisième espèce a été décrite par Rumph, c'est le *Garcinia celebica* de Linné ; ses feuilles sont lancéolées, et ses fleurs terminales et groupées par trois. Son bois, préparé avec de la pâte de riz, acquiert, dit-on, une dureté égale à celle de la corne; cette propriété lui est commune avec une espèce de mangostan. (L.)

BRINDOYN. (bot. phan.) C'est, dans Linscot, le *Brindonia indica*. (L.)

BRIQUE. (chim.) La Brique est un mélange d'argile commune et de sable pulvérisé, que l'on pétrit exactement, que l'on moule, et que l'on calcine, ou que l'on cuit, comme on le dit vulgairement, dans des fours faits exprès au milieu des campagnes, mais pourtant à la proximité du bois et de la matière première. A la longue, les particules qui constituent la Brique se séparent sous l'influence de l'humidité de l'air, puis tombent en poussière, si on ne les recouvre pas de vernis ou de mortier. La Brique est d'autant meilleure, et dure plus long-temps, qu'elle a été plus calcinée.

Ses usages dans la construction des fours des boulangers, des fourneaux de cuisine, des maisons, des voûtes, etc., sont connus de tout le monde. En thérapeutique, les Briques sont quelquefois employées, soit entières, après les avoir fait chauffer, pour entretenir la chaleur des pieds, ou d'un membre opéré, soit en poudre et mélangées avec un corps gras, en forme de topique, dans le traitement des affections herpétiques et psoriques.

(F. F.)

BRIQUET. ( CHIM. ) Tous nos lecteurs savent que le Briquet ordinaire est une petite pièce de fer ou d'acier dont on se sert pour frapper sur un caillou et en extraire du feu. Par le fait du choc brusque et instantané opéré entre ces deux corps durs, une petite parcelle métallique est détachée et brûlée par le calorique développé pendant la percussion.

On connaît plusieurs sortes de Briquets. La plus commune est celle dont nous venons de parler ; on la trouve dans la plus humble chaumière. Les autres sont le *Briquet physique* ou *phosphorique*, le *Briquet oxygène*, le *Briquet pneumatique*.

Le Briquet phosphorique est une petite boîte de poche qui contient des allumettes, souvent une bougie et un flacon de cristal rempli de phosphore. Le flacon doit avoir été choisi à col étroit et bien sec. On l'a ensuite rempli à moitié de phosphore, également bien sec ; on l'a fermé d'une simple feuille de papier et placé sur un poêle chaud jusqu'à ce que le phosphore soit devenu brun, puis on l'a bouché hermétiquement. Il contient alors un mélange d'acide phosphoreux sec ou anhydre, de l'oxide de phosphore et du phosphore incomplétement brûlé. Pour se servir du Briquet, il suffit de plonger brusquement une allumette soufrée dans le petit flacon, de retirer promptement cette dernière, qui entraîne avec elle un peu d'acide phosphoreux, lequel, en attirant l'eau et l'oxygène de l'air, produit une flamme qui allume le soufre et le bois.

Les soins à apporter dans la confection et la conservation du Briquet phosphorique sont les suivans : 1° le bouchon doit parfaitement s'adapter au col du flacon, et être enduit de suif pour fermer exactement l'ouverture ; 2° chaque fois qu'on referme le flacon, et cela doit se faire promptement, il faut faire décrire au bouchon plusieurs tours sur lui-même ; 3° il faut que ce même bouchon soit frotté de suif dès qu'il commence à se dessécher ; 4° enfin, il faut surtout éviter l'entrée de l'humidité dans le flacon.

Pour préparer le *Briquet oxygène*, on prend 30 parties de chlorate de potasse réduit en poudre fine, 10 parties de soufre également pulvérisé et lavé, 8 parties de sucre, 5 parties de poudre de gomme arabique, et assez de cinabre porphyrisé pour colorer le tout en beau rouge. Toutes ces substances sont mélangées exactement et dans l'ordre suivant, sucre, gomme, chlorate de potasse et cinabre, avec suffisante quantité d'eau ; on fait du tout une pâte molle à laquelle on ajoute le soufre. Cela fait, on trempe des allumettes, ordinairement soufrées par une seule extrémité,

dans cette bouillie, de manière qu'une couche mince en recouvre le soufre, et on fait sécher pendant plusieurs jours, car la gomme retient assez long-temps une petite quantité de l'eau du mélange.

On se sert du Briquet oxygène en plongeant l'allumette dans un petit flacon contenant de l'amiante arrosé d'acide sulfurique concentré ; la masse s'allume, brûle le soufre qui, à son tour, enflamme le bois.

Dans la fabrication de cette sorte de Briquet, il est important de ne pas mêler le soufre à l'état sec avec les autres substances, car on a vu des explosions avoir lieu et tuer les ouvriers. Il faut également avoir soin de tenir le flacon bien bouché, parce que l'acide sulfurique attire l'humidité de l'air, et perd ainsi sa propriété d'enflammer le mélange. L'amiante sur lequel on verse l'acide n'a été placé dans le flacon que pour empêcher l'allumette de pénétrer trop profondément et de se charger d'une trop grande quantité d'acide.

Le Briquet pneumatique est un petit cylindre creux, en cuivre ou en tout autre métal, dans lequel joue un piston garni à son extrémité inférieure de quelque substance très-inflammable, un morceau d'amadou, par exemple. En poussant fortement ce piston, on comprime l'air contenu dans le corps du cylindre, et au moyen de cette compression, qui doit être très-rapide et en quelque sorte instantanée, le calorique contenu dans l'air se dégage et enflamme la matière mise au bout du piston.

(F. F.)

BRISANS. (GÉOGR. PHYS.) On appelle ainsi des pointes de rochers qui s'élèvent quelquefois au dessus des eaux de la mer, ou s'arrêtent seulement à leur niveau et présentent ainsi un obstacle où les houles viennent rompre et briser. Comme les Brisans sont fort dangereux pour les vaisseaux qui les approchent, on a soin d'indiquer sur les cartes marines la situation de ceux qui sont connus : ils sont ordinairement figurés par de petites croix disposées ainsi +‡+, suivant leur étendue et leur position.

Nous citerons, parmi les Brisans connus qui ont acquis quelque célébrité, ceux qui garnissent les côtes de la Nouvelle-Hollande, et sur lesquels Cook fut précipité dans son second voyage autour du monde. Ces Brisans sont formés d'un amas de polypiers très-considérable, d'une dureté remarquable, et dont les animaux présentent une fort belle nuance verte. Ils sont à fleur d'eau, de sorte que quelques uns d'entre eux apparaissent à la marée basse.

(C. J.)

BRISES. (MÉTÉOR.) Régulièrement le long des côtes, on trouve deux espèces de Brises : la première qui souffle lorsque le soleil est élevé sur l'horizon : celle-là vient de la mer : la seconde qui souffle lorsque le soleil a disparu ; celle-là part de terre et se dirige vers la mer. On devinera sans peine les différens noms qui leur ont été données : les unes sont les *Brises de mer* ou *du large*, les autres les *Brises de terre*.

L'expérience que nous avons indiquée à la page

97 en parlant des vents alisés (*voy.* Alisés) peut donner une juste idée des causes qui produisent les Brises de mer et de terre : nous avons vu comment la fumée, entraînée par l'air froid, se précipitait avec force vers le vase contenant l'eau chaude, et dont l'atmosphère était par conséquent plus échauffée. Le même effet se reproduit ici : lorsque le soleil est sur l'horizon, et qu'il projette également ses rayons sur les eaux de la mer et sur la terre, il développe une chaleur bien plus intense sur la terre que sur la mer ; et cela par la raison que la transparence de l'eau ne permet pas à la mer de s'échauffer aussi facilement. Aussi chaque jour quelques heures après le lever du soleil, la Brise de mer commence à souffler : d'abord elle est faible ; mais elle prend bientôt de la force, et souffle avec assez de vigueur de midi à quatre heures du soir ; à cette heure elle décroît peu à peu et enfin redevient tout-à-fait nulle après le coucher du soleil : alors les rôles changent ; la Brise, au lieu de venir de la mer vers la terre, se dirige au contraire de la terre vers la mer : nous avons vu qu'elle était produite par la condensation des vapeurs aspirées par la chaleur du soleil et qui retombent lorsque cet astre abandonne l'horizon. Lorsque les vapeurs sont abondantes, les brises sont plus fortes, et quelquefois, lorsqu'il y a peu ou point de vapeurs, les Brises, de terre sont nulles. Sur les côtes de Saint-Domingue, elles sont quelquefois si violentes, qu'elles chassent des vaisseaux sur leurs ancres et cassent des grelins.

On appelle aussi Brises, en Amérique, certains vents du nord et du nord-est, qui soufflent assez irrégulièrement pendant certains mois de l'année, et qui tempèrent quelque peu la chaleur de ces climats.        (C. J.)

BRIZE, *Briza*. (bot. phan.) Le petit nombre d'espèces que contient ce genre, de la famille des Graminées, se trouvent abondamment dans les prés naturels de France et d'Europe ; elles sont fort jolies, lorsque leurs épillets, souvent teints de pourpre, tremblent au moindre vent ; elles s'agitent avec grâce, fleurissent en mai, juin, juillet et août, ont le port élégant, et plaisent à tous les bestiaux, seules ou mêlées aux autres plantes fourragères.

La grande espèce, dite Brize majeure, *B. maxima*, est la plus belle de toutes ; ses épillets, gros, cordiformes, roussâtres, moins nombreux que chez les suivans, sont soutenus par des pédoncules filiformes, rapprochés de la tige, qui est haute de trente-deux centimètres, lisse et d'un vert tendre. Les fleurs qui les ornent, au nombre de cinq à quinze, pendent, brillent d'un beau jaune, tandis que les feuilles, à peine velues, sont grandes, vertes et blanches. La Brize Mouvette, *B. media*, dont j'ai déjà parlé au mot Amourette, et qui est représenté dans l'Atlas de ce Dict., p. 56, f. 6, a les épillets violacés toujours en mouvement ; elle est vivace et fort commune. Sa panicule lâche est garnie de cinq à sept fleurs. On en distingue deux variétés, sous les noms de Brize a petite panicule, *B. minor*, qui se rencontre partout, et de Brize

d'Espagne, *B. virens*, dont la panicule est plus garnie.

A l'extrémité du genre se trouve la Brize élégante, *B. eragrostis*, qui l'unit au genre Paturin, *Poa*, et prend la place qu'on assigne ordinairement à l'Uniole, *Uniola*. Ce dernier genre marchera désormais après les Brizes. Le *Briza eragrostis* croît aux lieux stériles et sablonneux ; il a les tiges légèrement coudées en leurs articulations ; sa panicule oblongue est chargée d'épillets de douze à quinze fleurs, et de semences réticulées.        (T. D. B.)

BROCHET, *Esox*. (pois.) Dans la division qui a été faite par Cuvier du genre Esox de Linné en plusieurs autres groupes génériques, il en établit un sous le nom de Brochet, dans lequel il range tous les poissons qui ont l'ouverture de la bouche grande, les mâchoires garnies de dents nombreuses et aiguës, le museau pointu, le corps allongé, comprimé latéralement, et couvert de grandes écailles. Ces poissons n'ont qu'une seule nageoire du dos, située vis-à-vis de celle de l'anus. Leur estomac est ample, plissé, et se continue avec un intestin mince et sans cœcum, qui se replie deux fois, et leur vessie natatoire est très-grande. Trois espèces seulement jusqu'à présent paraissent former ce genre. La première, qui existe en Europe aussi bien que dans les eaux douces de l'Amérique septentrionale, est le Brochet commun, *Esox lucius*, Linné, figuré par Bloch, pl. 32, Encycl., poiss., pl. 174, fig. 292. Ses caractères particuliers consistent en de fortes dents, acérées et inégales, qui garnissent ses mâchoires. Les unes sont immobiles, fixes et plantées dans les alvéoles, les autres mobiles, et seulement attachées à la peau. L'ouverture de sa bouche s'étend jusqu'aux yeux. Ordinairement, pendant la première année, la couleur générale du Brochet est verte ; elle devient dans le second âge grise, et diversifiée par des taches pâles, qui, l'année suivante, présentent une nuance d'un beau jaune. Ces taches irrégulières, distribuées presque sans ordre, sont quelquefois si nombreuses qu'elles se touchent, et forment des bandes ou des raies. Elles acquièrent souvent l'éclat de l'or pendant le temps du frai, et alors le gris de la couleur générale se change en un beau vert. Lorsque le brochet séjourne dans les eaux d'une nature particulière, qu'il éprouve la disette, ou qu'il peut se procurer une nourriture trop abondante, ses nuances varient. On le voit dans certaines circonstances, jaune, avec des taches noires ; au reste, parvenu à une certaine grosseur, il a presque toujours le dos noirâtre et le ventre blanc, avec des points noirs. Le Brochet passe pour avoir le sens de l'ouïe très-développé ; cet avantage lui donne la facilité d'éviter de plus loin un ennemi dangereux, ou de s'assurer de l'approche d'une proie difficile à surprendre. C'est en effet dans les rivières, dans les fleuves, les lacs et les étangs qu'il se plaît à séjourner ; on ne le voit dans la mer que lorsqu'il est entraîné par des accidens passagers, et retenu par des causes extraordinaires ; mais il a été observé dans presque toutes les eaux d'Europe. Le Brochet parvient jusqu'à la longueur de deux ou trois mètres, et jusqu'au poids de quarante ou cinquante kilogrammes. Il croît très-promptement ; on sait que dès sa première année il est très-souvent long de trois décimètres ; dès la seconde de quatre ; dès la troisième de cinq ou six ; dès la sixième de près de vingt : ce ne sont point ici des exagérations, ni des opinions établies sur des renseignemens vagues. Willugby parle d'un Brochet qui pesait quarante trois livres. Brand en prit un dans ses terres, près de Berlin, qui avait sept pieds. Bloch a vu le squelette d'une tête qui avait dix pouces de large, ce qui donnait au corps une longueur de huit pieds ; mais de tous les faits de cette nature, le plus remarquable et le plus constaté est le suivant : En 1494, on prit à Kaiserslautern, dans le Palatinat, un Brochet qui avait dix-neuf pieds de long, et qui pesait trois cent cinquante livres. Le Brochet n'est pas dangereux seulement par la grandeur de ses dimensions, la force de ses muscles, le nombre de ses armes, il l'est encore par les finesses de la ruse et les ressources de l'instinct. La voracité du Brochet est telle, qu'il s'élance sur de gros poissons, sur des serpens, des grenouilles, des oiseaux d'eau, des rats, de jeunes chats, ou même de petits chiens tombés ou jetés dans l'eau, et que, si l'animal qu'il veut dévorer lui oppose une trop grande résistance, il le saisit par la tête, le retient avec ses dents nombreuses et recourbées jusqu'à ce que la portion antérieure de sa proie soit ramollie dans son large gosier, en aspire ensuite le reste, et l'engloutit ; s'il prend un poisson hérissé de piquans mobiles, il le serre dans sa gueule, le tient dans une position qui lui interdit tout mouvement, et l'écrase ou attend qu'il meure de ses blessures. Rondelet raconte qu'une mule buvant dans le Rhône vis-à-vis un brochet qui, sans doute, était en observation, celui-ci s'attacha si fortement à sa bouche par une morsure profonde, qu'il n'abandonna la partie mordue qu'assez loin dans les terres, où la mule en fuyant l'avait emporté.

Tous les Brochets ne fraient pas à la même époque : les uns pondent ou fécondent les œufs dès le milieu de février, d'autres en mars, et d'autres en avril. S'ils sont redoutables pour les habitans des eaux qu'ils fréquentent, ils sont souvent livrés à des ennemis intérieurs qui les tourmentent vivement. Bloch a vu dans leur canal digestif des vers intestinaux. Les œufs, pour qu'ils puissent éclore, doivent recevoir à peu de profondeur sous l'eau l'influence du soleil. On prétend que les oiseaux, et particulièrement les hérons, quand ils en avalent, sont bientôt purgés, et qu'ils rendent, sans avoir eu le temps de les digérer, une partie d'entr'eux. C'est ainsi que la progéniture carnassière peut être répandue dans certaines eaux qui n'ont nulle communication entre elles. On ne sait quelle peut être la source de la ridicule opinion de certains pêcheurs qui prétendent trouver l'origine des anguilles dans le frai du Brochet, ou qui as-

surent que les œufs parviennent dans les ouïes d'autres poissons, et qu'arrivé à l'âge où ses forces développées permettent au Brocheton de dévorer celui qui lui prêta la protection de ses organes respiratoires, le jeune nourrisson lui conserve une reconnaissance éternelle et ne lui fait jamais de mal. On les prend de diverses manières : en hiver, sous les glaces ; en été, pendant les orages, qui, en éloignant d'eux leurs victimes ordinaires, les portent davantage vers les appâts ; on les prend dans toutes les saisons, au clair de la lune ; dans les nuits sombres ; on emploie pour les pêcher le trident, la ligne, le collet, la nasse et l'épervier, qui est un filet en forme d'entonnoir ou de cloche, dont l'ouverture a quelquefois vingt mètres de circonférence. Cette circonférence est garnie de balles de plomb, et le long de ce contour le filet est retroussé en dedans et attaché de distance en distance pour former des bourses. On se sert de l'épervier de deux manières, en le traînant et en le jetant. Lorsqu'on le traîne, deux hommes placés sur les bords du courant d'eau maintiennent l'ouverture du filet dans une position à peu près verticale, par le moyen de deux cordes attachées à deux points de cette ouverture, un troisième pêcheur tient une corde qui répond à la pointe du filet. Si l'on s'aperçoit qu'il y ait du poisson de pris, et qu'on veuille relever l'épervier, les deux premiers pêcheurs lâchent leurs cordes de manière que toute la circonférence de l'ouverture du filet porte sur le fond. Le troisième tire à lui la corde qui tient au sommet de la cloche, se balance pour que les balles de plomb se rapprochent les unes des autres, et quand il les voit réunies, tire à lui l'épervier, et le met sur le rivage. Lorsqu'on jette le filet, on a besoin de beaucoup d'adresse, de force et de précaution. On déploie l'épervier par un élan qui fait faire la roue au filet, et qui peut entraîner le pêcheur dans le courant si une maille s'accroche à ses habits ; la corde plombée se précipite au fond de l'eau et renferme les poissons compris dans l'intérieur de la cloche.

La chair du Brochet est agréable au goût. On la sale dans beaucoup d'endroits, après avoir vidé le poisson, l'avoir nettoyé et coupé par morceaux ; on la sert sur nos tables. Il est des contrées, particulièrement en Allemagne, où l'on fait du caviar avec leurs œufs. On mêle ces mêmes œufs avec des sardines, pour en composer un mets que l'on nomme *Netzin*, et que l'on regarde comme excellent. Cependant ces œufs passent pour difficiles à digérer, purgatifs et malfaisans, lorsqu'ils n'ont pas subi certaines préparations.

C'est sur les Brochets qu'on a essayé particulièrement cette opération de la castration, par le moyen de laquelle on est parvenu à engraisser facilement les individus auxquels on l'a fait subir.

Si l'on veut se procurer une grande abondance de gros Brochets, il faut choisir pour leur multiplication des étangs, parce que toutes les eaux douces leur conviennent. On y placera pour leur nourriture des cyprins ou d'autres poissons de peu de valeur. Au reste, on peut les porter facilement d'un séjour dans un autre sans leur faire perdre la vie.

Les pêcheurs et les marchands de poissons nomment vulgairement Lancerons ou Lançons les jeunes Brochets, Poignards les moyens Brochets, Carreaux ou Loups les vieux, Pansards les grosses femelles dont les œufs font saillir le ventre, et Levrins les mâles les plus allongés.

La seconde espèce est le Brochet américain(*Esox americanus*, Lacép.), *Esox reticularis*, Lesueur, Ac. sc. nat. Philad. Cette espèce est très-rapprochée de la précédente par ses formes et sa couleur ; mais elle est caractérisée par sa mâchoire supérieure proportionnellement beaucoup plus courte que l'inférieure, par l'ensemble de son museau qui est très-aplati, et par l'élévation de cette partie de la tête qui est située entre les yeux et la nuque, laquelle est fort plate chez le Brochet commun.

La troisième enfin, qui est semée de taches rondes et noirâtres, est désignée par Lesueur sous le nom d'*Esox estor*, (Ac. sc. nat. Philad., 1, 415).

(ALPH. G.)

BROME, *Bromus*. (BOT. PHAN.)Genre fort nombreux de la famille des Graminées et très-voisin des Fétuques. On en rencontre les espèces partout, et quelquefois en si grande abondance qu'elles couvrent presque exclusivement des espaces de terre considérables. Loin de s'en plaindre, le cultivateur les voit avec plaisir pulluler dans ses prairies naturelles et artificielles ; il sait que leurs grains, surtout ceux du BROME SEGLIN, *B. secalinus* (*voy.* notre Atlas, pl. 56, fig. 7), et du BROME DROUE, *B. mollis*, mêlés à la farine du froment, après avoir subi la chaleur du four, donnent un pain excellent ; qu'ils engraissent les volailles, particulièrement ceux du BROME A GROS ÉPILLETS, *B. grossus*, et du BROME A BARBES DIVERGENTES, *B. squarrosus*. La fane du BROME DES PRÉS, *B. pratensis*, du BROME CILIÉ, *B. distachyos*, et du BROME CORNICULÉ, *B. pinnatus*, fournit un très-bon fourrage aux bestiaux ; le dernier plaît beaucoup aux moutons, ses feuilles étant très-courtes et formant touffe. On a remplacé l'avoine pour les chevaux par les graines du BROME STÉRILE, *B. sterilis*, qui mûrissent avant la coupe des autres Graminées. C'est de l'ensemble de ces diverses propriétés que la plante a reçu de Théophraste le nom de *Bromos*, qui veut dire bonne nourriture.

(T. D. B.)

BROME. (CHIM.) Le Brôme, substance ainsi désignée à cause de sa fétidité, a été découvert en 1826, par M. Balard, dans l'eau mère provenant de la cristallisation du sel marin. On le rencontre encore dans les eaux de la mer Morte, dans presque toutes les salines du continent, et surtout dans celles d'Allemagne.

Le Brôme est liquide à l'état de température ordinaire de l'atmosphère ; en masse, sa couleur est d'un rouge brun foncé ; sous un plus petit volume, elle est d'un rouge hyacinthe. Son odeur forte rappelle celle du chlore ; sa saveur est âpre

et très-prononcée. Soumis à une température de 22 à 25° au dessous de zéro, il devient dur, cassant, facile à pulvériser, et d'un aspect presque métallique. Il entre en ébullition à 47° au dessus de zéro ; le gaz qui en résulte a la couleur rouge de l'acide nitreux. Il s'évapore avec facilité, n'est point conducteur de l'électricité, à moins cependant qu'il n'ait été dissous dans l'eau.

A l'état gazeux, et mis en contact avec la flamme d'une bougie, le Brôme communique à celle-ci une teinte verdâtre, puis il l'éteint ; traité par l'eau, il s'y dissout, mais un peu plus à chaud qu'à froid ; l'alcool le dissout également, ainsi que l'éther : l'action dissolvante de ces deux liquides est plus prononcée que celle de l'eau. Le soluté aqueux est d'un rouge orangé ; les solutés alcoolique et éthéré sont d'un rouge hyacinthe.

Ainsi que le chlore, le Brôme blanchit et décolore les substances colorées végétales ; il attaque le bois, le liége, les résines, les huiles essentielles ; se combine avec l'amidon qu'il colore en jaune ; corrode la peau qu'il jaunit également ; se combine avec l'oxygène et l'hydrogène pour donner naissance aux acides bromique et hydrobromique, avec le soufre pour former un bromure liquide, oléagineux, etc. ; enfin, il s'unit en deux proportions avec le phosphore et en une avec le chlore.

Le Brôme jouit de propriétés délétères très-prononcées ; on ne l'a pas encore employé dans les arts, ni en médecine. On l'obtient, suivant M. Balard, de la manière suivante : après avoir fait passer dans les eaux mères des salines dont nous avons parlé, et qui contiennent du bromure de magnésie, un courant de chlore gazeux, on verse à la surface du liquide une certaine quantité d'éther ; on agite fortement et on laisse reposer. Après quelques instans, l'éther, qui occupe la partie supérieure du mélange, s'empare du Brôme provenant du bromure décomposé par le chlore ; cela fait, on dépouille l'éther du Brôme en l'agitant avec un soluté de potasse caustique qui se combine avec celui-ci. Ces opérations ayant été répétées jusqu'à la saturation complète de la potasse, on dessèche celle-ci, on l'introduit dans une petite cornue avec du peroxide de manganèse pulvérisé et de l'acide sulfurique étendu de la moitié de son poids d'eau ; on dirige le col de la cornue au fond d'un petit récipient plein d'eau froide et on chauffe. Le Brôme ne tarde pas à paraître sous forme de vapeurs rutilantes qui se condensent sous l'eau, en forme de gouttelettes brunes et pesantes.

Le Brôme se conserve dans des flacons remplis d'eau et placés hors des rayons de la lumière.(F. F.)

BROMÉLIACÉES. (BOT. PHAN.) Famille naturelle de plantes monocotylédonées, la plupart parasites, sans corolle, à étamines attachées au calice, nies de racines fibreuses s'attachant au tronc des arbres voisins. Tous les genres qui la composent, originaires des contrées chaudes du continent américain, appartiennent à la classe des Liliacées de Tournefort, et à l'Hexandrie de Linné ; on les divise en deux sections, d'après la disposition respective

respective de l'ovaire et du calice. La première renferme les genres *Burmannia* de Linné, *Pitcairnia* de L'Héritier qui est le même que l'*Hepestis* de Swartz, et le *Tillandsia*, auquel on a réuni le *Bonapartea* de Ruiz et Pavon; on range dans la seconde section l'*Agave*, l'*Æchmea*, le *Bromelia* qui sert de type à la famille, le *Furcræa* de Ventenat, le *Karatas* et le *Radia* de C. Richard, ainsi que le *Xerophyta* de Jussieu, près duquel sont placés les deux genres *Guzmannia* et *Pourretia* de Ruiz et Pavon, qui en diffèrent infiniment peu.

Les feuilles des Broméliacées sont alternes, engaînées à leur base et armées d'épines sur leurs bords; les fleurs varient dans leur disposition : ici ce sont des épis écailleux, là des grappes rameuses; chez quelques individus elles sont presque soudées les unes aux autres, tant elles se trouvent rapprochées; dans d'autres, on les voit solitaires et terminales. Le fruit est d'ordinaire une baie à trois loges, couronnée par les lobes du calice; quelquefois toutes les baies sont tellement unies ensemble qu'elles forment un fruit composé, semblable au cône du pin pignon; d'autres fois le fruit est sec et capsulaire. (T. D. B.)

BROMÉLIE, *Bromelia*. (BOT. PHAN.) Genre de plantes de la famille des Broméliacées à calice double, tous deux tubulés, l'extérieur plus court, trifide, l'intérieur plus long, pétaloïde, à trois parties appendiculées à leur onglet; les étamines sont insérées au sommet du calice; l'ovaire est inférieur, la baie ombiliquée et polysperme. Nous avons parlé plus haut de l'ANANAS (*v.* ce mot), qui constitue, avec ses variétés, le genre type de la famille; nous renvoyons au mot KARATAS pour ce qui concerne en particulier le *Bromelia pinguis*, le *B. chrysantha*, et le *B. aquilegia*, que l'on a détachés du genre Bromélie proprement dit pour le réunir au *B. karatas*, dont Richard a fait un genre séparé. (T. D. B.)

BROMURES. (CHIM.) Combinaison du brôme avec les corps simples métalliques ou non métalliques. Les Bromures, assez semblables aux chlorures, sont solides ou liquides, colorés ou incolores, sapides ou insipides, plus ou moins solubles dans l'eau, l'alcool et l'éther, précipitent en jaune pâle presque blanc la dissolution d'argent, etc. Excepté le Bromure de plomb, qui a été employé en médecine dans les affections scrofuleuses, dartreuses et syphilitiques, la plupart de ces composés sont encore sans usage. On les prépare comme les iodures, c'est-à-dire en combinant directement le brôme avec les corps dont ils doivent prendre le nom. (F. F.)

BRONCHES. (ANAT.) On appelle ainsi les deux conduits qui naissent de la bifurcation de la trachée-artère, et s'introduisent dans les poumons pour y porter l'air nécessaire à l'acte de la respiration. Aussitôt après leur naissance, les Bronches s'écartent l'une de l'autre, en formant un angle presque droit. La Bronche droite est plus large, plus courte, plus horizontale que la gauche. Parvenues dans les poumons, les Bronches se divisent, dans les mammifères, en deux ou trois branches qui, après un court trajet, se bifurquent ellesmêmes, et fournissent des rameaux de moins en moins volumineux qui se portent dans toutes sortes de directions et se comportent à la manière des artères. Les Bronches, ramifiées à l'infini, se terminent à leur extrémité par un petit cul-de-sac non dilaté, qu'on appelle un *lobule pulmonaire*. Elles sont composées 1° de canaux fibro-cartilagineux, assez irréguliers, surtout dans les dernières ramifications, et réunis par une membrane blanchâtre, comme fibreuse; 2° d'une membrane muqueuse qui en tapisse l'intérieur; 3° de vaisseaux artériels, veineux et sympathiques, qu'on nomme *bronchiques*; 4° de nerfs fournis par le plexus pulmonaire; 5° de follicules muqueux.

Chez les ruminans, dont le poumon se dégrade et s'éloigne de la structure lobulaire que nous venons d'indiquer, il n'y a plus de divisions tranchées et de subdivisions des Bronches provenant de la trachée-artère, ou du moins, si elles existent, elles sont toujours incomplétement formées. Ainsi, par exemple, les Bronches des tortues sont déjà composées d'anneaux circulaires incomplets; dans les serpens il y a à peine quelques divisions bronchiales, et chez les grenouilles et les salamandres les Bronches s'ouvrent presque immédiatement dans les sacs pulmonaires. (M. S. A.)

BRONTOLITHE ou BRONTIAS. (MIN. ANC.) C'est à tort qu'on a voulu rapprocher les substances minérales que les anciens désignaient par ce nom, de celles qu'ils nommèrent BATRACHITES (*v.* ce mot); c'étaient, ainsi que l'indique assez leur nom seul, des substances tout-à-fait différentes. Rien non plus, dans les descriptions des anciens, ne peut faire supposer que c'était, comme quelques personnes l'ont pensé, des pyrites globulaires qu'ils désignaient spécialement sous les noms de βρόντεα et κεραύνια, qu'on ne peut mieux traduire que par les mots *pierres de foudre* ou de *tonnerre*, ainsi qu'on les a quelquefois appelées en France.

Si l'on réfléchit à l'esprit de la langue grecque, où la plupart des noms sont significatifs, il est naturel de supposer que les Grecs ont d'abord voulu désigner sous le nom de Brontias les aérolithes, et que ce n'est que par suite du rapprochement qu'ils auront fait plus tard de ces corps avec quelques substances minérales, telles que quelques pyrites de fer, qui, arrivées à un certain degré de décomposition, ont avec eux une assez grande ressemblance, qu'ils leur auront appliqué le même nom. Cette ressemblance dans le faciès, qui, dans un temps où les moyens d'analyse chimique manquaient, devait servir en quelque sorte de guide, n'est pas la seule cause qui eût pu induire les anciens en erreur à ce sujet; car la disposition de certaines pyrites, que nous avons eu occasion d'observer dans quelques parties de la Grèce, devait encore les confirmer dans l'opinion que c'était des *Brontias* ou *pierres de foudre*, ainsi que les Grecs modernes les appellent encore aujourd'hui; en effet, par suite de la décomposition des roches anciennes qui les contiennent, les macles ou les cristaux cubiques y font ordinairement saillie à la surface des roches, et ont l'air d'être venus s'y implanter après coup. D'ailleurs, les nombreuses traditions qui se sont conservées chez le peuple grec doivent faire supposer que le mot Brontias s'y est aussi conservé par tradition jusqu'en ces temps modernes. L'île de Skyros surtout nous a offert en grande quantité, à la surface du sol, de ces Brontias ou pyrites cubiques, résultant de l'altération séculaire des roches schisteuses qui les renferment.

C'est par une extension assez mal fondée, selon nous, que plus tard les Grecs ont donné le même nom à ces jaspes ou silex, qu'on rencontre çà et là à la surface du sol, et dont les anciens, avant la découverte des métaux, ont fait usage en guise d'outils ou d'armes, et que l'on a aussi désignés en France sous les noms de *pierres de foudre*, de *tonnerre* ou de *carreaux*. Enfin, les Grecs ont encore donné aussi le nom de Brontias à certaines échinides fossiles. ( Th. V. )

BRONZE. ( chim. ) On donne les noms de *Bronze*, *Airain*, *Métal des canons*, *Métal des cloches*, à des alliages de cuivre et d'étain, faits dans des proportions différentes, et avec lesquels les anciens fabriquaient des épées, des armes, etc., avant que l'acier fût connu.

Les quantités dans lesquelles l'étain est ajouté au cuivre, et cela pour augmenter la dureté de ce dernier sans diminuer en rien sa ténacité, sont les suivantes : 100 parties de cuivre et 10 parties d'étain constituent le Bronze ou métal des canons, des statues, des médailles, etc. ; 100 parties de cuivre et 20 à 25 parties d'étain donnent le métal des cloches, métal élastique, sonore et cassant, auquel on ajoute quelquefois du zinc et de l'antimoine ; enfin, 100 parties de cuivre et 14 ou 15 d'étain, forment l'airain proprement dit, métal un peu plus aigre, plus cassant que celui des canons, mais moins que celui des cloches. L'alliage que l'on appelle encore *Airain natif*, *Bronze* ou *Mine de cloches des Allemands*, est un mélange d'étain sulfuré et de cuivre pyriteux, qui donne par la fusion un métal semblable à celui des cloches. Enfin, ce que l'on nomme *Airain de Corinthe* n'est autre qu'un mélange d'or, d'argent, de cuivre et de plusieurs autres métaux, dû probablement à la fusion simultanée de tous les vases, statues et autres beaux monumens de sculpture métallique qui décoraient les lieux et édifices publics de cette ville opulente, détruite par un incendie, 146 ans avant l'ère vulgaire.

M. Darcet, qui a composé avec 100 parties de cuivre et 12 parties d'étain un alliage assez dur pour en fabriquer des lames de rasoirs et de canifs, qui s'est également occupé de la fabrication des cymbales, a découvert que la *trempe*, qui donne la dureté connue de l'acier, ramollit au contraire et rend ductile l'alliage de cuivre et d'étain dont ces instrumens de percussion sont formés, et qu'il faut, pour durcir ces derniers, les laisser lentement refroidir dans l'air, après les avoir fait rougir. La dureté des cymbales est en raison inverse de la haute température à laquelle elles ont été soumises, et de la lenteur avec laquelle leur refroidissement a eu lieu. ( F. F. )

BRONZITE. ( min. ) Selon M. Werner et la plupart des minéralogistes étrangers, on donne le nom de *Bronzite* à un minéral à tissu fibreux et serré, de couleur jaune ou brune, que Haüy regardait comme une simple variété de Diallage. ( *Voyez* ce mot. ) ( F. F. )

BROSIME, *Brosimum*. ( bot. phan. ) Genre de la famille des Urticées et de la Diœcie triandrie. C'est un grand arbre de la Jamaïque, que Brown et après lui Adanson nommaient *Alicastrum*. Ce dernier nom, d'abord générique, est devenu spécifique. Les fleurs sont en chatons globuleux ou allongés, couverts d'écailles orbiculaires et peltées, dont trois plus grandes que les autres sont situées à la base, et forment une sorte d'involucre. Dans les mâles, à chacune de ces écailles répond un filet portant une anthère peltiforme, dont la déhiscence se fait par une fente circulaire, presque à la manière des fruits pyxides. Au sommet du chaton mâle est un ovaire unique, stérile, à un seul style et deux stigmates. Dans les fleurs femelles, cet ovaire est aussi unique, situé au centre du chaton, dont les écailles lui forment une enveloppe charnue. Il ne contient qu'une graine dans laquelle l'embryon nu a sa radicule recourbée sur ses cotylédons. Les différentes parties de l'arbre sont laiteuses. Les chatons sont axillaires et pédicellés. Les feuilles, alternes. Avant leur développement, elles sont renfermées dans des stipules qui se contournent en cornets, et laissent après leur chute des vestiges persistans sur la tige. On voit, par tout ce que nous venons de dire, que le Brosime se rapproche beaucoup de l'arbre à pain ; il s'en rapproche encore sous d'autres rapports. Les fruits du Brosime sont un aliment sain et agréable, facile à digérer, et, circonstance admirable et qui prouve une puissance protectrice qui n'abandonne jamais l'homme : c'est pendant les grandes sécheresses, quand la terre n'est plus qu'une fournaise ardente qui fait périr tous les germes, c'est précisément alors que le Brosime plie sous le poids de ses fruits ; et le voyageur mourant se ranime à sa vue, comme se ranimèrent les Israélites dans le désert, en voyant la source jaillir du rocher. Ce fruit si nourrissant, les Anglais le nomment Bread-nuss, Noix-pain ; et cette dénomination manifeste tout le prix qu'ils y attachent. Arbre vraiment providentiel, il ne se borne pas à prodiguer ses fruits à l'homme dans les temps de disette, il fournit encore, dans ses feuilles, un excellent fourrage aux animaux domestiques ; en sorte que sur le sol le plus aride de la zone brûlante, l'homme est doté avec une cabane et le Brosime. M. de Tussac, qui voulut naturaliser cet arbre à Saint-Domingue, l'a figuré, tab. 9 de sa Flore des Antilles. ( C. k. )

BROSME, *Brosmius*. ( poiss. ) Ce genre, établi par Schneider sous le nom de *Enchelyopus*, que Cuvier a changé en celui de Brosme, appartient à la famille des Gadoïdes : sa place est auprès des

Motelles. Il a le corps médiocrement allongé et un peu comprimé, les ventrales attachées sous les pectorales, et une seule dorsale qui occupe presque toute l'étendue du dos. On rapporte deux espèces à ce genre; nous citerons seulement la plus commune, le Brosme ordinaire (*Gadus*, *Brosmius* de Linné); il est remarquable par la forme en fer de lance de sa caudale; il arrive quelquefois jusqu'à un mètre de long; la couleur de son dos est d'un brun foncé, ses nageoires et sa partie inférieure sont d'une teinte plus claire; on remarque sur les côtés de son corps des taches transversales brunes. Cette espèce est originaire du Nord.

La chair de ce poisson est blanche, aisément divisible par couches; elle se sale et se sèche.

(ALPH. G.)

**BROTULE**, *Brotula*. (POISS.) C'est un petit genre de l'ordre des Malacoptérygiens subbrachiens que Cuvier a créé aux dépens des Enchelyopes de Schneider.

Son principal et peut-être son unique caractère consiste dans la réunion en pointe de la dorsale et de l'anale avec la caudale.

La seule Brotule qu'on connaisse a six barbillons autour de la bouche, et est originaire des Antilles.

( ALPH. G. )

**BROSSE.** (INS.) Réunion de plusieurs poils raides serrés, d'égale hauteur, qu'on remarque sur les différentes parties du corps des insectes, sur les larves, sur les chenilles et sous les tarses de la plupart des diptères. C'est dit-on, à l'aide de ces poils qu'ils peuvent marcher sur les corps polis.

(P. G.)

**BROUILLARDS.** (MÉTÉOR.) L'existence des Brouillards est due à cet équilibre dont l'atmosphère a besoin et qu'elle cherche toujours à rétablir, lorsque quelques causes sont venues le troubler. Les Brouillards se forment donc dans l'air humide, lorsque la force élastique de la vapeur est plus grande que la force élastique correspondante à la température de l'air.

Ainsi lorsque des Brouillards s'élèvent au-dessus des lacs, des fleuves, des rivières, c'est que, la température de ces eaux étant plus élevée que celle de l'air, il faut nécessairement que la vapeur qui s'en élève, mise en contact avec l'air plus froid, se condense et forme alors à leur surface des Brouillards plus ou moins épais; c'est exactement le même phénomène que nous voyons sans cesse se passer sous nos yeux lorsqu'il s'échappe de la vapeur d'un vase où est contenue de l'eau chaude: cette vapeur doit son existence aux mêmes causes qui déterminent la formation des Brouillards à la surface des eaux.

Les mêmes causes produisent des Brouillards dans les circonstances qui, de prime abord, semblent renverser le principe que nous avons établi. En effet, quand arrive le moment du dégel, les rivières, les lacs, enfin toutes les surfaces d'eau quelconques, se couvrent de Brouillards épais, et cependant ici ce ne sont plus les eaux qui présentent une température plus élevée. Mais qu'importe?

Tout à l'heure c'était l'eau, maintenant c'est l'air qui, plus élevé en température, se condense, lorsqu'il se met en contact avec la surface plus froide de l'eau qu'il approche. Il en est de même lorsque pendant l'été il se forme des Brouillards au dessus des eaux, lorsqu'il a plu; c'est qu'alors l'air étant plus chaud que la surface des eaux, il doit nécessairement se condenser.

En général le mélange de deux airs saturés d'humidité et inégalement échauffés produit essentiellement des Brouillards, par la raison que la moyenne température qui en résulte est trop basse pour contenir la moyenne force élastique de la vapeur.

Il est une autre espèce de Brouillards qui ne se rapporte pas au même ordre d'idées: je veux parler des Brouillards secs qui enveloppent sans cesse les régions polaires; quelques savans les ont indiqués comme étant essentiellement liés aux éruptions volcaniques, et à l'appui de ce qu'ils avancent, ils citent le fameux Brouillard sec qui enveloppa toute l'Europe en 1783, au moment où l'Islande était ébranlée par les feux souterrains, et le Brouillard qui se jeta sur le Tyrol et la Suisse en 1755, et fut l'avant-coureur du désastre de Lisbonne: ce dernier, soumis à l'analyse, parut être composé de molécules terrestres, réduites à une extrême finesse.   (C. J.)

**BROUSSONNETIE**, *Broussonnetia*. ( BOT. PHAN.) Sous cette forme latinisée d'un nom célèbre dans la science, on ne devinerait pas facilement l'arbre que Linné appelait le *Mûrier à papier*, et qui, différant par quelques caractères du genre *Morus*, a été érigé en un nouveau genre par L'Héritier. Il est bien, au reste, qu'un végétal utile porte le nom d'un homme utile.

Le *Mûrier à papier*, ou *Broussonnetia*, a tout le port de l'arbre dont il usurpait le nom, une forme arrondie, une écorce épaisse et dure, un bois fragile et rempli de moelle, des feuilles entières ou découpées en plusieurs lobes crénelés. Ses fleurs sont dioïques, comme celles de la plupart des Urticées, auxquelles ce genre appartient par les caractères suivans: fleurs mâles en épis ovoïdes allongés, accompagnées chacune d'une écaille, et se composant d'un calice monosépale à quatre divisions, et de quatre étamines à anthères globuleuses; fleurs femelles en épis globuleux, ayant une écaille à leur base, et offrant un calice urcéolé dans lequel est renfermé l'ovaire; celui-ci porte un stigmate capillaire. Après la fécondation, les parois du calice deviennent charnues, passent de la couleur verte au rouge foncé, et enveloppent le petit akène qui est la graine.

Le Mûrier à papier, *Broussonnetia papyrifera*, ou *Papyrus japonica* (Lamarck), représenté dans notre Atlas, pl. 57, fig. 1, ne doit pas être confondu avec l'arbre des vers à soie; ses feuilles raboteuses ne peuvent servir à les nourrir. Mais en Chine, au Japon, aux îles de la Société, où il est indigène, l'industrie humaine a tiré de son écorce un fil propre à la fabrication du papier et même des étoffes. C'est par le rouissage ou la macération dans une eau alcaline qu'on dépouille les jeunes branches de leur partie ligneuse; les fils qu'on obtient sont assez semblables à ceux du chanvre, et on peut les tisser; c'est ce qu'on fait à O-Taïti; les Chinois réduisent la partie filamenteuse en une pâte épaisse, qu'ils délaient ensuite dans une eau mucilagineuse, préparée avec le riz ou la racine de l'*Hibiscus manihot*, et cette pâte, étendue sur des moules, devient un papier excellent pour les ouvrages du pinceau.

On connaît une seconde espèce de *Broussonnetie* dont la racine fournit une teinture jaune; elle croît dans les contrées les plus chaudes de l'Amérique méridionale, à la Jamaïque; c'est le *Morus tinctoria* de Jacquin, ou *Broussonetia tinctoria* de Kunth. (L.)

Le Broussonnetie mâle existait depuis longtemps en Europe, répandu dans les jardins paysagers; l'introduction de l'arbre femelle, en 1786, par Broussonnet, en a fait connaître les caractères distinctifs et décidé à créer le genre qui porte son nom. Les deux individus se font remarquer par une belle tête, leur tige droite qui grossit assez vite, et par la bizarrerie de leur feuillage cordiforme, d'un vert obscur, tantôt découpé profondément et symétriquement des deux côtés en trois et cinq lobes, tantôt échancré d'un seul côté, quelquefois entier et seulement denté en ses bords. Le bois est blanc, sillonné de veines brunes et de couleur dite tabac d'Espagne; ses pores sont fortement prononcés et les couches annuelles varient de huit à dix millimètres d'épaisseur, selon que la température atmosphérique est plus ou moins élevée. Depuis l'hiver si rigoureux de 1789, qui fit périr beaucoup de Broussonneties, cet arbre de troisième grandeur s'est complétement acclimaté.

Quand on veut l'employer à fournir du papier, il faut le cultiver comme les osiers, couper ses jeunes branches au printemps ou mieux encore en octobre après la chute des feuilles. L'eau bouillante m'a suffi pour enlever l'écorce. C'est une ressource pour les papeteries quand le chiffon manque, mais j'ai acquis la certitude que ce papier, outre qu'il est cassant et spongieux, n'offrira jamais les qualités de celui fait avec le chiffon, lors même qu'on le traiterait par la méthode européenne, plus simple, plus prompte, plus économique que celle des Orientaux.

Les étoffes douces et fraîches préparées avec la filasse du Broussonetie ont un rapport remarquable avec celles du genêt d'Espagne. Je me suis assuré qu'elles prennent très-bien les couleurs les plus brillantes et les plus délicates. La toile est encore meilleure, elle acquiert une grande blancheur, mais elle demande à être lavée avec quelque précaution.

On mange le fruit pulpeux de cet arbre, et les moutons appètent singulièrement ses feuilles, ce qui est d'un haut intérêt pour le cultivateur.

(T. D. B.)

BRUANT, *Emberiza*, (ois.) Genre de Passe-reaux déodactyles conirostres, ayant pour caractères : bec court, fort, conique, comprimé latéralement, pointu; bords des mandibules rentrant en dedans, la supérieure moins large que l'inférieure et garnie intérieurement d'un petit tubercule osseux; narines placées à la base du bec, couvertes en partie par les plumes du front; première rémige de l'aile un peu plus courte que les deuxième et troisième qui sont les plus longues.

Ce groupe se compose d'espèces en général assez petites, mais très-nombreuses en individus; pendant l'hiver elles quittent pour la plupart les régions du Nord et s'approchent des pays méridionaux. Toutes se nourrissent de graines, de baies et d'insectes.

Ces oiseaux sont recherchés comme un petit gibier; il est parmi eux plusieurs espèces auxquelles la délicatesse de leur chair a mérité de la part des amateurs une attention toute particulière. On peut établir parmi les Bruans deux coupes assez distinctes. La première, celle des BRUANS PROPREMENT DITS, comprend les nombreuses espèces qui ont l'ongle du pouce court et courbe. Nous citerons parmi celles-ci :

Le BRUANT JAUNE, *Emberiza citrinella*, enl. 30, fig. 1. Long de six pouces trois lignes, il a le dos fauve, tacheté de noir; tête et dessus du corps jaunes, les deux pennes externes de la queue à bord interne blanc.

Ce Bruant se trouve par toute l'Europe; en France, il est commun pendant le printemps et l'été le long des haies, des taillis et sur la lisière des bois : il pose son nid à terre dans une touffe d'herbe; ses œufs sont au nombre de quatre, marqués de taches et de lignes brunes sur un fond blanc.

BRUANT ZIZI OU DES HAIES, *Emb. cirlus*, enl. 653. Il a la gorge noire et les côtés de la tête jaunes; il est commun en automne dans nos provinces méridionales; niche auprès des buissons, le long des eaux, etc. ; pond quatre ou cinq œufs grisâtres parsemés de points et de taches d'un roux rembruni.

PROYER, *Emb. miliaria*, enl. 233. Cette espèce, la plus grande de notre pays, est d'un gris brun, tacheté partout de brun foncé. Elle nous arrive au printemps, s'établit dans les prairies et les champs où elle se niche, et ne part qu'en automne. Sa ponte est de quatre ou cinq œufs gris-cendré, tachetés et pointillés de roux avec quelques zigzags noirs.

On distingue deux variétés de Proyers, la grande et la petite.

BRUANT FOU, *Emb. cia*, pl. enl. 30, fig. 2. Cette espèce, qui a le dessous du corps gris roussâtre, avec les côtés de la tête blanchâtres, entourés de lignes noires en triangle, habite l'Allemagne, l'Italie, l'Espagne; en France, il n'est que de passage.

On nomme ce Bruant *Oiseau bête* et *Bruant fou*, parce qu'il donne dans tous les piéges. Sa ponte est de cinq œufs blanchâtres avec des taches et des raies noires peu nombreuses.

ORTOLAN, *Emb. hortulana*, représenté dans

notre Atlas à la pl. 57, fig. 2. Cette espèce, célèbre par la délicatesse de sa chair, est commune dans le midi de l'Europe. On ne la trouve en France que pendant la belle saison ; elle y arrive par petites troupes, presque en même temps que les cailles et les hirondelles, habite les vignes, les blés et les champs, et fait son nid à terre comme les alouettes, et quelquefois sur des ceps de vigne. La ponte est de cinq œufs grisâtres. Les jeunes commencent à partir dès le mois d'août, les vieux restent jusqu'à la fin de septembre.

C'est surtout dans le Midi qu'on fait un plus grand commerce de ces petits oiseaux ; les riches habitans et les oiseleurs les élèvent pour les engraisser, ce qu'ils font de deux manières différentes ; l'une consiste à enfermer les ortolans dans une chambre entièrement obscure ou simplement éclairée par une lanterne et au milieu de laquelle on répand une grande quantité d'avoine et de millet ; ou bien on les enferme dans une cage tout-à-fait couverte de serge, à l'exception de l'auget, qui reste éclairé.

Ces oiseaux, ainsi privés d'exercice et pourvus d'une nourriture abondante, prennent en quelque temps une grande masse de graisse, qui ne tarderait certainement pas à les faire périr si l'on ne savait les tuer à temps.

BRUANT CROCOTES, *Emb. melanocephala.* Cet oiseau est des contrées méridionales et orientales de l'Europe ; on le trouve quelquefois en Lombardie et en Toscane.

BRUANT DE ROSEAU, *Emb. schœniculus.* Cette espèce, avec laquelle plusieurs autres avaient été confondues, habite depuis les provinces méridionales de l'Italie jusque dans les régions froides de la Suède et de la Russie ; elle niche près de terre dans les roseaux ou entre les racines des arbustes et souvent dans les herbes ; sa ponte est de quatre œufs gris avec des taches et des raies angulaires brunes.

BRUANT MITYLÈNE, *Emb. lesbia.* Est du midi de l'Europe. On ne doit pas le confondre avec le Gavéou de Provence, *Emb. provincialis,* qui habite les mêmes contrées.

M. Savi, Ornith. Toscan., II, p. 91, fait connaître sous le nom de *Emb. palustris* (*Passera di Palude*) une espèce qu'il a observée en Toscane.

BRUANT A COURONNE LACTÉE, *Emb. pithyornus.* Cet oiseau du genre Bruant se trouve dans les contrées orientales, la Sibérie, la Russie et la Turquie, quelquefois aussi en Hongrie et en Bohême.

Les espèces exotiques du genre Bruant appartiennent toutes à cette section ; nous citerons :

Le BRUANT COMMANDEUR, *Emb. gubernatrix,* pl. col. 63 et 64, qui habite Buénos-Ayres.

Le BRUANT A GORGE NOIRE, *Emb. melanodera,* Quoy et Gaimard, Zool., *Uranie,* p. 109, dont le corps est d'un jaune verdâtre, la tête et le cou fauves, et la gorge noire. Cette espèce habite les îles Malouines, où elle est très-commune pendant une portion de l'année.

BRUANS ÉPERONNIERS.

Ces Bruans de la seconde section ont l'ongle du pouce long et faiblement arqué ; on ne leur connaît point d'analogues parmi les espèces étrangères.

BRUANT DE NEIGE, *Emb. nivalis.* Habite les régions du cercle arctique ; en automne et en hiver, ils est de passage dans le nord de la France et de l'Allemagne ; pendant les mois de novembre et de décembre, les côtes de la Hollande en possèdent un très-grand nombre.

BRUANT MONTAIN, *Emb. calcarata.* Espèce des régions boréales, d'où elle émigre en hiver. Elle visite, quoique rarement, les provinces du nord de l'Allemagne. On la rencontre aussi quelquefois en Suisse. (GERV.)

BRUCÉE, *Brucea.* ( BOT. PHAN. ) Arbrisseau d'Abyssinie, observé par le célèbre Bruce, à qui les habitans du pays avaient indiqué ses feuilles comme antidysentériques. Il a beaucoup de rapports avec la famille des Térébinthacées, mais surtout avec le genre *Zanthoxylum,* près duquel M. Ad. de Jussieu le range dans son travail sur les Rutacées, en lui assignant les caractères suivans : fleurs dioïques, ayant un calice et une corolle à quatre divisions alternant entre elles ; fleurs mâles à quatre étamines, insérées sur une glande ou rudiment d'ovaire ; fleurs femelles portant quatre filets stériles autour d'un nombre égal d'ovaires, ayant chacun un style et un stigmate ; les ovaires deviennent des capsules monospermes.

L'espèce rapportée par Bruce est le *Brucea ferruginea* de L'Héritier, ou *B. antidysenterica* de Miller. Cet arbrisseau a l'aspect d'un petit noyer de 5 à 6 pieds de haut ; les feuilles sont ailées, à 11-13 folioles ovales, pointues, bordées de quelques poils. On le cultive chez nous en serre chaude ou même tempérée.

L'écorce de *Brucea* passe pour être la *Fausse angusture* du commerce ; elle renferme un principe très-amer qui sera décrit à l'article *Brucine.*
(L.)

BRUCHE, *Bruchus.* ( INS. ) Genre de Coléoptères, de la section des Tétramères, de la famille des Rhyncophores, fondé par Fabricius, dont les caractères consistent à avoir le prolongement de la tête court, large, en forme de museau, et des palpes très-visibles ; les yeux échancrés ; les antennes en forme de fils, l'anus découvert, et les pieds postérieurs très-grands. Ces insectes sont en général de petite taille ; ils portent la tête inclinée ; le corselet est demi-circulaire ; les élytres n'atteignent pas à beaucoup près l'extrémité de l'abdomen ; ils volent avec facilité ; leurs larves vivent aux dépens de la substance des différentes graines de la famille des légumineuses, et de quelques autres arbres. Chez nous elles attaquent principalement les fèves, les pois, les lentilles, où l'on trouve souvent l'insecte qui n'a pu en sortir. Ils sont quelquefois en assez grand nombre pour être considérés comme un fléau par l'agriculture. L'insecte parfait vit sur les fleurs.

B. DU POIS, *B. pisi* ; Lin., Oliv. (*Voy.* notre

Atlas, pl. 57, fig. 3). Long de deux lignes, noir, avec une petite tache blanche sur le corselet, vis-à-vis de l'écusson, une sur celui-ci, et quelques points sur les élytres; mais ce qui est le plus remarquable est une croix blanche très-prononcée sur la plaque anale; il est commun partout.

(A. P.)

BRUCINE. (chim.) Substance alcaline végétale, retirée par MM. Pelletier et Caventou de l'écorce du *Strychnos nux vomica* (fausse angusture), par le procédé mis en usage pour extraire la strychnine de la fève Saint-Ignace, et que nous indiquerons dans un instant.

La Brucine se présente tantôt sous forme de cristaux prismatiques à quatre pans obliques, transparens et incolores, tantôt sous forme de paillettes nacrées, ou bien encore sous l'aspect d'excroissances de choux-fleurs. Sa saveur, excessivement amère, persiste très-long-temps; son odeur est nulle. Sa solubilité, très-prononcée dans l'alcool, est presque nulle dans l'éther et les huiles grasses; les huiles volatiles la dissolvent, mais en petite quantité; l'eau la dissout également, mais plus à chaud qu'à froid; ses solutés ramènent au bleu le papier de tournesol rougi par les acides, et verdissent les couleurs bleues végétales.

Soumise dans un petit tube de verre à une température un peu supérieure à celle de l'eau bouillante, la Brucine se fond d'abord, puis se solidifie comme de la cire quand on la laisse refroidir, et enfin se décompose si on chauffe davantage.

La Brucine jouit de la propriété de former des sels avec les acides; mêlée avec de l'acide nitrique, elle acquiert une belle couleur rouge: cette couleur, qui passe au jaune si on élève un peu la température, au violet quand on y ajoute du chlorure d'étain, est un des caractères distinctifs de la Brucine.

La Brucine jouit de propriétés vénéneuses très-énergiques; elle agit principalement sur la moelle épinière en déterminant des contractions tétaniques.

On l'obtient en traitant par l'eau la teinture alcoolique concentrée d'écorce de fausse angusture, afin d'en séparer la matière grasse contenue; on filtre, on traite la masse par le sous-acétate de plomb; on filtre de nouveau, et à l'aide d'un courant de gaz hydrogène sulfuré qu'on fait passer dans la liqueur, on précipite le plomb en excès. On filtre pour une troisième fois; on fait évaporer après avoir préalablement ajouté dans la liqueur un excès d'acide oxalique qui s'empare de la Brucine et qui chasse l'acide acétique qui était combiné avec elle; on favorise le dégagement complet de cet acide en ajoutant de temps en temps à la masse, que l'on dessèche lentement au bain-marie, un peu d'alcool très-fort. Cela fait, on ajoute à l'oxalate de Brucine formé un excès de chaux ou de magnésie; on fait bouillir avec un peu d'eau; on évapore jusqu'à siccité, on reprend la Brucine isolée par de l'alcool fort, on concentre la liqueur pour une dernière fois et on procède à la cristallisation. Si la Brucine n'est pas parfaitement blanche, on fait un nouvel oxalate acide qu'on lave avec de l'alcool froid et très-fort; on enlève ainsi la matière colorante jaune.

(F. F.)

BRUISSEMENT. (physiol.) Bruit confus. On emploie plus particulièrement ce mot pour indiquer le son particulier que détermine le sang en passant du cœur dans les anévrysmes de cet organe, à une époque avancée de la maladie. (P. G.)

BRUNIACÉES. (bot phan.) Nom d'une nouvelle famille proposée par Robert Brown pour les genres *Brunia* et *Staavia*, qui en effet diffèrent des Rhamnées par leur inflorescence et leur fructification. (*Voy.* l'article suivant.) (L.)

BRUNIE, *Brunia*. (bot. phan.) Genre de la Pentandrie monogynie, L., créé par R. Brown, type d'une nouvelle famille très-voisine des Rhamnées. Il se compose de sous-arbrisseaux originaires du cap de Bonne-Espérance, et ressemblant assez aux bruyères; leurs feuilles sont linéaires, alternes, très-rapprochées; les fleurs, rassemblées sur un réceptacle ovoïde velu, environné de folioles comme celui des composées, offrent un calice subtubuleux, une corolle de cinq pétales linéaires, alternant avec les lobes du calice; cinq étamines, un ovaire semi-infère, à une seule loge (selon M. A. Richard), devenant un drupe sec.

On connaît dix ou douze espèces de *Brunies*, dont plusieurs sont cultivées dans nos serres; elles y fleurissent rarement, et ne peuvent être recherchées que pour leur feuillage. Nous donnons (planche 58, figure 1, de notre Atlas) la figure d'une jolie espèce à fleurs jaunes, le BRUNIE A FEUILLES SÉTACÉES, *Brunia lanuginosa*, Linné.

(L.)

BRUTE, *Bruta*. (mam.) Ce nom a été donné par Linné à un ordre d'animaux mammifères dépourvus d'incisives, ayant les doigt onguiculés et se nourrissant de végétaux. Les Rhinocéros, les Morses, les Éléphans, les Pangolins, les Bradypes et les Fourmiliers y ont tous été placés. M. de Blainville range dans sa famille des Ongulogrades brutes les genres Daman, Tapir et Rhinocéros. (Gerv.)

BRUTS. (chim.) Corps inorganiques, tels que les pierres, les minéraux. Ils diffèrent des corps organisés, animaux ou végétaux, en ce qu'une fois formés, ils existent tant qu'une force étrangère ne vient pas les détruire en ce que, et pendant ce temps, dont la durée n'a pas de limites nécessaires, ils ne sont pas le siège d'un mouvement de nutrition. Leur accroissement se fait par simple juxta-position d'un corps semblable à eux, et s'ils perdent une partie de leur propre substance, c'est par l'action d'une force agissante en dehors d'eux et entièrement étrangère à la cause de leur existence (*voyez* Accroissement). Ainsi les caractères différentiels des corps bruts sont leur *forme* anguleuse, leur *volume* indéterminé, leur *composition* constante: quelquefois simples, ils sont rarement formés de plus de trois élémens; chacune de leurs parties peut exister indépendamment des autres, et ils peuvent être décomposés et recomposés ; enfin' ils sont entièrement soumis à l'altération et à l'affinité chimique.      (P. G.)

**BRUYÈRE**, *Erica*. (BOT. PHAN.) Rien de plus joli qu'une prairie plantée de ces végétaux élégans ; port gracieux chez les individus en miniature, à peine hauts de dix centimètres, comme chez ceux qui montent jusqu'à sept mètres ; les uns forment des touffes arrondies, les autres des tapis serrés de plusieurs myriamètres d'étendue ; et tandis que ceux-ci présentent un buisson ouvert à tiges fléchissant en divers sens et tout-à-fait pittoresque, ou qu'ils affectent de s'élancer en pyramide de la manière la plus variée, ceux-là se pressent en faisceau ou font pompe de leurs rameaux verticillés par étages. Tous sont remarquables par leur verdure persistante, suivant avec les saisons divers degrés d'intensité, par leur végétation continuelle, par le nombre, la gentillesse, la singularité, la disposition et la couleur de leurs fleurs, qui est tantôt d'un vert herbacé, blanche, violette, lilas, tantôt jaune, aurore, rouge, ponceau, écarlate, et qui n'arrive à cette couleur qu'après avoir passé par toutes les teintes. Les fleurs sont sphériques, en grelot, en cloche, en massue, depuis la grosseur de la tête d'une épingle jusqu'à celle d'un fort pois chiche, ou bien elles simulent un carquois, une phiole, une trompette, ou se prolongent en tubes cylindriques de seize millimètres à quarante et cinquante-quatre de long. Elles s'épanouissent que la plante est encore très-jeune ; elles durent un mois, se succèdent sur le même rameau ; il en est même qui fleurissent deux fois et d'autres qui répandent une odeur fort agréable.

Les Bruyères constituent un genre nombreux de l'Octandrie monogynie et de la famille des ÉRICINÉES (*voy.* ce mot) ; on en compte plus de quatre cents espèces ou variétés, dont une vingtaine indigènes à l'Europe, trois ou quatre appartiennent à l'Asie ; toutes les autres naissent en Afrique, principalement en Éthiopie, aux plages sablonneuses du cap de Bonne-Espérance, sur les montagnes des îles de Madagascar, Mascareigne, Maurice et Seychelles. On n'en connaît point sur tout le continent américain. Elles vivent beaucoup moins de temps dans l'état de nature que la plupart des autres végétaux ligneux, même les plus faibles. On les trouve dans les terrains quartzeux qui contiennent une plus ou moins grande quantité d'oxide de fer ; elles y fixent une humidité stagnante nécessaire à leur prospérité, sans laquelle leurs racines, d'une consistance sèche, cassante, à chevelu très-délié, se dessécheraient instantanément au contact de l'air, l'épiderme qui les recouvre étant fort mince.

Ce fut en 1771 que l'on apporta pour la première fois du Cap plusieurs des plus belles espèces de Bruyères exotiques. Les voyages de Masson, Sparmann, Labillardière, Péron, etc. ; les ouvrages de Wendland, Andrews, Salisbury, où la description des espèces est accompagnée de figures excellentes ; les cultures de André Thouin, de Cels et de Dumont de Courset, en ont enrichi les serres de l'Europe d'un très-grand nombre. Ces végétaux demandent des soins assidus et quelques procédés particuliers ; pour les multiplier, on a la voie des semis, des boutures et des marcottes. Les semis se font à la mi-mars, au moment où la graine, parvenue à maturité, va s'échapper des capsules qui la renferment. Cette graine est très-fine, en grande quantité ; elle n'a pas d'époque fixe pour la germination ; il y en a qui lève au bout d'un mois, d'autres qui en mettent deux, trois, quatre pour paraître, et même qui à la fin de ce terme ne donnent aucun signe : il ne faut cependant pas désespérer encore du succès, quelques unes se faisant attendre un an, un an et demi. Chez nous, il faut déposer la graine dans des terrines à moitié remplies de gros sable ou de fragmens de poteries pour faciliter l'écoulement des eaux, et par dessus de la terre dite de bruyère bien fine et bien ameublie. Dans les situations favorables à la propagation de ces plantes, la graine tombe sur le sol et y forme bientôt un joli gazon du plus bel effet lors de la saison des pluies. Elle perd promptement ses propriétés germinatives, lorsqu'elle est nue et séparée des capsules. Celle que l'on récolte se garde une année sans altération aucune.

Quant aux boutures, elles se prennent toujours sur les jeunes rameaux de l'année pendant les mois de mai et de juin ; on les coupe avec soin, à vingt-sept millimètres de long ; on les effeuille dans le bas et on les met en terrines que l'on recouvre d'une cloche en verre. Les Bruyères à petit feuillage réussissent plus facilement par cette voie que les Bruyères à feuilles plus longues ; celles admises depuis quelque temps dans les cultures mieux que les nouvelles, les espèces aquatiques de préférence à celles des lieux secs. Les boutures fleurissent dans l'année même de la reprise, qui est très-prompte quand elles sont faites convenablement. Les marcottes se séparent au bout de l'an, elles se trouvent alors munies de racines, que l'on ait plié les branches inférieures dans des pots où on les assujettit, ou bien qu'on les ait laissées dans leur vase ou que l'on ait simplement couché le pied sur un lit de bonne terre de bruyère. Il faut arroser très-fréquemment.

Manque-t-on de la terre propre à la culture de ces charmans végétaux, on peut s'en procurer artificiellement, et voici comment. On ouvre une fosse d'un mètre et demi ou deux de profondeur, on en bat fortement le fond, on en corroie toutes les parois, on y dépose des feuilles d'arbres de bonne essence, qui s'y décomposent dans l'espace d'une année en ayant soin de les remuer deux ou trois fois ; on verse dessus quantité suffisante de sable de carrière ni trop sec ni trop gras, on mêle le tout ensemble afin d'en lier les diverses parties, et l'on en fait usage avec un plein succès.

Je ne m'étendrai pas sur la culture, elle dépend de la position des Bruyères dans leur pays natal. On ne peut point traiter de même les espèces qui croissent sur les montagnes et dans les lieux secs, celles des lieux humides et même marécageux. Je dirai seulement que toutes ne sont pas également délicates par rapport au froid, mais que la température de l'orangerie leur suffit ; pourvu que le thermomètre n'y descende pas plus bas que deux degrés au dessus du point de congélation, toutes y viendront très-bien.

Il est peu de genres qui présentent autant de difficultés que ceux des Bruyères pour en déterminer les caractères essentiels ; aucune des parties de la fructification et de la plante entière n'est véritablement constante. Linné a fondé ses divisions sur les anthères et les verticilles des feuilles, qui changent de forme et de nombre dans la majorité des espèces connues ; Salisbury s'est attaché aux affinités réciproques, ce qui est nécessairement arbitraire si l'on s'en rapporte à la simple vue, et absolument nul par la voie de l'analyse ; Dumont de Courset, qui fut le maître le plus habile en fait de culture botanique, prend la longueur de la corolle comme la partie la plus constante, et pour diminuer l'incertitude sur ses dimensions, il prend pour second caractère les anthères qui sont nues saillantes et non saillantes, ou appendiculées saillantes et non saillantes, et enfin le nombre des feuilles composant chaque verticille.

Nous citerons seulement quelques espèces. Commençons par nommer les plus intéressantes parmi celles indigènes à l'Europe. La Bruyère vulgaire, *Erica vulgaris*, que l'on trouve partout et qui a une variété à fleurs doubles extrêmement jolie ; dans quelques individus les fleurs sont blanches, mais le grand nombre porte des fleurs roses ou lilas pâle ; elles s'épanouissent en juillet, août, septembre et octobre. Cette plante est aussi nuisible à l'agriculture qu'elle lui est avantageuse ; elle couvre de grands espaces dans certaines parties de la France, telles que les landes de Bordeaux, de la Sologne, de l'Ouest, le département de la Sarthe, les montagnes des environs de Paris, etc. Les moutons, les chèvres, les lapins et même les vaches la mangent avec plaisir quand elle est jeune ; on en fait du feu, de la litière, des balais ; les abeilles récoltent sur elles une grande abondance de miel ; les tanneurs la mêlent à l'écorce du chêne pour préparer les cuirs. Elle est figurée dans notre Atlas, pl. 58, fig. 3.

La Bruyère ciliée, *E. ciliaris*, très-belle espèce qu'on devrait introduire dans les jardins ; ses grandes fleurs purpurines, ramassées en grappes unilatérales un peu au dessous du sommet des tiges et des rameaux, sont fort recherchées par les abeilles. On dit à tort qu'elle communique au miel un goût peu agréable. Celui de nos montagnes des Corbières est le plus réputé de l'Europe, et il provient d'une contrée où la Bruyère ciliée forme de larges tapis.

La Bruyère arborescente, *E. arborea*, dont la tige droite et tomenteuse monte dans nos départemens du Midi à trois mètres, porte des fleurs blanches, nombreuses, odorantes, depuis février jusqu'en juin ; elle végète même en hiver.

La Bruyère a balai, *E. scoparia*, des terrains sablonneux ; elle est très-utile et malheureusement on l'arrache avant l'âge requis, aussi diminue-t-elle singulièrement en France ; elle est très-rare aujourd'hui dans la forêt de Fontainebleau, où j'en ai vu il y a vingt ans des espaces assez considérables. Les racines deviennent fort grosses et donnent le meilleur charbon connu, c'est celui qui dure le plus et dont la chaleur se soutient le plus long-temps dans son intensité.

La Bruyère quaternée, *E. tetralix*. Son buisson large, touffu, rempli de tiges, couvert de fleurs d'un pourpre rose, quelquefois blanches, ramassées huit à douze ensemble, et de feuilles d'un vert grisâtre disposées en croix, se plaît dans les lieux marécageux dont le sol est sablonneux.

La Bruyère cendrée, *E. cinerea*. Cette belle espèce, de nos coteaux arides, est peu élevée ; elle a reçu son nom des poils plus ou moins abondans qui garnissent ses rameaux et ses feuilles. Sa fleur, plus grande, d'un rouge plus vif que celle de la Bruyère commune, dure tout l'été ; elle fait l'ornement de nos bois et produit un bel effet dans les jardins, où l'on recherche principalement sa variété à fleurs blanches et celle à fleurs doubles.

Parmi les espèces exotiques, j'en nommerai quelques unes. Une des plus remarquables, que nous avons fait placer dans notre Atlas, pl. 58, fig. 2, est la Bruyère a grandes fleurs, *E. grandiflora*, apportée du Cap en 1775. C'est un arbuste d'un mètre et demi, garni de fleurs d'un rouge orangé en dessus et en dessous d'un beau jaune, étalées, presque pendantes et longues de trente-quatre à quarante millimètres, qui s'épanouissent en juillet ; on lui connaît une variété plus belle encore, d'un port superbe, avec des fleurs d'un rouge écarlate.

La Bruyère a cothurne, *E. Pluknetii*. Elle forme un petit buisson verdoyant sur lequel tranche le rouge vif des fleurs qui se courbent fortement en dessous et que l'on a comparées à des pattes de crabe cuites.

La Bruyère en bouteille, *E. obbata*, non moins branchue et non moins remarquable que la précédente ; ses fleurs gris de lin ou blanchâtres, avec bordure rouge vif, affectent la forme d'une petite carafe ; elles sont disposées quatre ensemble au sommet des rameaux, et au dessus d'un groupe de boutons rouges destinés à s'épanouir plus tard ; elles se montrent dans tout leur éclat depuis le 1ᵉʳ avril jusqu'à la fin de l'été.

La Bruyère mamelonnée, *E. mammosa*, et *abietina*. Son introduction en Europe remonte à l'année 1762. C'est un joli sous-arbrisseau qui s'élève au plus à un mètre ; sa tige, divisée en plusieurs rameaux, s'orne de longues fleurs pendantes, serrées les unes contre les autres, passant du rose foncé au rouge ponceau et conservant alors tout leur éclat durant plus de deux mois de juillet à octobre. A mesure que la corolle tend à se flétrir, elle acquiert plus de raideur et se sillonne de stries longitudinales très-sensibles. Cette espèce fournit plusieurs variétés à couleur vermillon, pourpre vif, pâle ou obscure.

L

La Bruyère élégante, *E. formosa*, mérite le nom qu'Andrews lui a imposé, par la grandeur et l'éclat de ses fleurs d'une superbe couleur écarlate, incomplétement disposées en épis dans la partie supérieure des rameaux, qui sont redressés, garnis de feuilles aiguës, verticillées cinq à six ensemble. Comme toutes les précédentes, cette Bruyère est originaire du cap de Bonne-Espérance. Elle fleurit en France depuis le mois d'août jusqu'en décembre.

La Bruyère porcelaine, *E. ventricosa*. Charmante espèce dont la fructification a lieu, contrairement à toutes les autres, dans la partie inférieure de l'ovaire qui s'allonge, prend une forme cylindrique, un peu plus longue vers le haut, et recèle des graines fines et rouges qu'il faut observer à la loupe. Outre cette particularité, la Bruyère porcelaine se fait remarquer par ses ombelles presque terminales aux fleurs, en forme de burettes, qui sont nombreuses, blanches ou finement carnées, très-lisses, luisantes et resserrées sous un limbe, dont l'entrée est d'un beau rouge et les divisions très-recourbées. Elle est cultivée en France depuis 1800, et est en fleurs en avril ou en septembre.

Enfin je nommerai la Bruyère alvéolée, *E. gelida*, également apportée du Cap en France dans la dernière année du 18ᵉ siècle; cette espèce, haute d'un mètre, que ses corolles vertes, couleur assez rare dans les fleurs des Ericinées, rendent pour ainsi dire étrangère parmi ses congénères, produit un très-bel effet mêlée aux tiges des espèces à fleurs d'une couleur éclatante. Ses fleurs sont axillaires, pendantes, disposées en espèces d'épis dans la partie moyenne des jeunes rameaux, se montrent depuis le mois d'avril jusqu'en juillet. Le vert de la corolle est foncé dans sa partie supérieure, et devient de plus en plus clair à mesure qu'il approche davantage de son extrémité inférieure, où l'on voit une tache rose.

Bruyère a feuilles de myrte. Cette plante rustique, que Tournefort fit le premier connaître comme une Bruyère d'Espagne, *Erica contarica*, qui a changé plusieurs fois de nom et a fini par celui de *E. Dabeoci*, fut placée avec doute par Linné à la fin du genre Bruyère, n'ayant pu se la procurer et la cultiver pour la bien connaître. Jussieu et Smith l'ont classée dans la famille des Rosages, et dans le genre Menziezia (ce mot), quoiqu'un peu différente par le port.

Bruyère du Cap. On désigne sous ce nom vulgaire un sous-arbrisseau de la famille des Nerpruns, qui fait partie du genre Phylique (*v.* ce mot).

(T. D. B.)

BRY, *Bryum*. (bot. crypt.) Mousses. Hooker caractérise ainsi le genre Bryum : capsule portée sur un pédicelle terminal; péristome double, l'extérieur de seize dents simples, l'intérieur à seize segmens égaux; coiffe fendue latéralement.

A ce genre, qui ne doit plus renfermer que les genres *Mnium*, *Gymnocephalus* et *Webera*, on pourrait encore rapporter : 1° le genre *Pohlia*, qui n'a pas de cils entre les lanières du péristome interne; 2° le genre *Diploconium* de Mohr, dont la membrane interne est divisée jusqu'à sa base en lanières capillaires; 3° le genre *Paludella* de Bridel, qu'on ne peut réellement distinguer du *Bryum*; 4° le genre *Meesia*, et 5° le genre *Arrhenopterum*. Quant aux genres *Timmia* et *Cinclidium*, que quelques auteurs ont conservés parmi les *Bryum*, on doit les en distinguer.

Le genre Bryum renferme environ cent espèces qui se ressemblent beaucoup par leur tige, souvent simple et droite; par leurs feuilles imbriquées, par leur capsule terminale et presque toujours lisse, penchée ou droite, et striée comme dans les espèces *Androgynum* et *Palustre*.

Le plus grand nombre d'espèces de mousses appartenant au genre Bryum, Mousses qui forment des gazons très-étendus dans les terrains sablonneux, présentent au printemps, comme organes de propagation, des capitules de gemmes vertes portées sur des pédicules terminaux.     (F.F.)

BRYONE, *Bryonia*. (bot. phan.) Genre de plantes qui dépend des Cucurbitacées de Jussieu et de la Monœcie syngénésie de Linné, et qui renferme environ une dizaine d'espèces indigènes ou exotiques. Les fleurs sont unisexuées, monoïques ou dioïques. On distingue, dans les fleurs mâles, un calice et une corolle en partie soudés, campanulés; les étamines sont au nombre de cinq, rassemblées en trois faisceaux. Les fleurs femelles ont le calice et la corolle semblables à ceux des fleurs mâles; la seule différence, c'est que l'ovaire infère forme au dessous d'eux un renflement globuleux et pisiforme; le style est simple, à trois branches, terminées chacune par un stigmate, élargi, tronqué et bilobé. Le fruit est une petite baie qui renferme de trois à six graines. Les tiges sont grêles, rameuses, munies de vrilles, situées à côté des pétioles. Les feuilles sont alternes, et généralement lobées.

Nous ne mentionnerons ici que la Bryone commune ou couleuvrée, ou Vigne blanche, *Bryonia alba*, L., *B. dioica*, Jacq., si commune dans nos haies, sur les lisières des bois ou dans les lieux incultes. Ses fleurs dioïques sont disposées en grappes d'un blanc verdâtre. Les baies qui succèdent aux fleurs femelles, sont pisiformes et rougeâtres ou noires. Le long des tiges herbacées, rameuses, à vrilles montantes, courent des feuilles à peu près cordiformes, à cinq lobes anguleux, munies de points calleux sur les deux surfaces. Cette plante a une racine grosse et charnue, qui lui a fait donner le nom de *Navet du Diable*. Cette racine, de couleur blanche, se compose presque entièrement d'amidon et d'un principe âcre, vénéneux, qui en fait un violent purgatif. Elle est encore hydragogue et diurétique. Toutefois, par des lavages fréquemment répétés, ou par la torréfaction, on enlève ce principe âcre, et la racine de la Bryone devient alors un bon aliment, à cause de la grande quantité de fécule qu'elle renferme. Cette fécule amylacée peut aussi servir à blanchir le linge.

En Allemagne, les artisans cultivent la Bryone

dans des pots-à-fleurs ; et, quand la racine a acquis une certaine grosseur, ils la dépotent, n'en remettent en terre que les jets et le chevelu, et profitent de la forme arrondie de la racine pour la tailler en forme de tête humaine, à laquelle le feuillage sert de chevelure ; ils l'enduisent de couleurs diverses, propres à exprimer le ton des chairs, et la nature se prête avec complaisance au caprice de ces bonnes gens ; car, malgré cette opération, la plante vit et prospère. Nous avons représenté la Bryone dans notre Atlas, pl. 58, f. 4. ( C. É. )

BRYOPHYLLUM, *Bryophyllum*. (BOT. PHAN.) Genre proposé par Salisbury. Il a pour type le *Cotyledon calyculata* de Solander, *C. pinnata* de Lamarck, et se rapporte à la famille des Joubarbes ou Crassulacées (*Sempervivæ*) de Jussieu, et à l'Octandrie monogynie de Linné. Caractères génériques : calice monosépale, cylindrique ; corolle tubulée à limbe quadrifide, redressé ; filets des étamines égaux, insérés à la base de la corolle ; quatre semences, quatre écailles nectarifères, une pour chaque semence.

Ce en quoi il diffère du Kalanchoe d'Adanson, c'est surtout en ce que les filets des étamines sont égaux, et qu'ils ne sont point disposés en série binaire.

On ne connaît encore qu'une espèce de ce genre ; c'est le *Bryophyllum* auquel Salisbury applique l'épithète spécifique de *Calycinum*, le *Cotyledon calyculata* de Solander, *C. pinnata* de Lamarck (*Calanchoe pinnata* de Persoon, *Crassuvia floripendula* de Commerson). Voici les caractères spécifiques : étamines droites ; rameaux terminés par les vestiges d'un pétiole tombé, de couleur cendrée à la partie inférieure, et rougeâtre vers le haut, avec des taches blanches, oblongues ; feuilles à longs pétioles, qui continuent à croître, et se recourbent après la chute de la feuille, opposées, charnues, ternées ou même pinnées, ovales, crénelées, veinées à la surface supérieure, plus pâles en dessous ; fleurs pendantes en ombelles terminales ; pédoncules à deux divisions, recourbés à l'extrémité. Corolle environ deux fois plus longue que le calice, ouverte, un peu resserrée vers le haut, et à quatre angles peu saillans ; limbe à quatre divisions lancéolées ; quatre écailles nectarifères, en forme de languettes rouges, insérées à la base des carpelles, qui sont au nombre de quatre, et dont les styles s'élèvent à la hauteur des étamines ; filets des étamines insérés à la base de la corolle.

Cet arbuste, d'environ deux pieds de haut, a été heureusement nommé par M. Salisbury, de *bruô*, germer, et de *phullon*, feuille ; car sa feuille, étendue sur de la terre humide, possède la singulière propriété de prendre racine par les points noirs qu'on observe à la base de chacune de ses dentelures, non pendant sa croissance, mais après sa chute. Ainsi un botaniste, essayant de dessécher un échantillon de cette plante, fut tout surpris d'y remarquer bientôt après une prodigieuse quantité de bulbes prolifères, quoique auparavant il n'y en eût pas la moindre apparence. Cet échantillon était placé entre des feuilles de papier.

Le *Bryophyllum calycinum* est originaire des Moluques, et a été apporté en Angleterre du jardin de Calcutta par le docteur Roxburgh. Il est cultivé à Paris chez M. Cels. C'est un des fleurons de la couronne du mois de mai. Quand il paraît avec ses belles fleurs pendantes, on dirait d'un petit pavillon chinois décoré de ses clochettes.

( C. É. )

BRYOPSIS. (BOT. CRYPT.) Hydrophytes. Genre de l'ordre des Ulvacées, que quelques auteurs ont rangé parmi les fucus et les ulves, d'autres parmi les conferves, et qui a pour caractères une tige rameuse, transparente, fistuleuse, blanche et diaphane ; des séminales vertes et globuleuses nageant dans un liquide aqueux et incolore ; une teinte brillante, une élégance et un faciès qui les ferait prendre, surtout après la dessiccation, pour des mousses.

Les Bryopsis sont annuels ; on les trouve sur les rochers, sur beaucoup d'autres corps marins solides, et à toutes les latitudes. Nous distinguerons surtout :

1° Le BRYOPSIS EN ARBRISSEAU, ainsi nommé à cause de sa forme semblable tantôt à un petit arbrisseau touffu, tantôt à un arbre pourvu d'un tronc et de branches à tête touffue, que l'on rencontre dans les mers de l'Europe, et dont la tige rameuse, comprimée, presque transparente pousse des rameaux verts, grêles, cylindriques, rameux vers les deux tiers de sa longueur. Ces rameaux, dont la dimension va sans cesse en diminuant du sommet à la base du cône qu'ils représentent, varient de forme et de couleur suivant leur âge et leur exposition.

2° Le BRYOPSIS PENNÉ, qui croît dans la mer des Antilles ; sa tige est simple, comprimée, pennée et haute tout au plus de trois centimètres ; les pinnules sont recourbées, opposées et alternes.

3° Le BRYOPSIS HYPNOÏDE qui habite la Méditerranée, qui s'élève à un décimètre de hauteur, dont la tige rameuse, cylindrique, supporte des rameaux et des ramuscules épars, allongés et un peu renflés dans leur partie supérieure.

4° Le BRYOPSIS CYPRÈS, espèce très-jolie, qui se trouve sur les côtes de Barbarie et dont la forme et la disposition des rameaux lui donnent l'aspect du cyprès.

5° Le BRYOPSIS MOUSSE, espèce la plus petite de toutes ; on la rencontre aux environs de Marseille. Sa tige, simple et presque nue jusqu'à moitié de sa hauteur environ, est couverte dans sa partie supérieure de ramuscules simples, cylindriques très-nombreux, redressés et comme imbriqués.

( F. F. )

BRYTON. (AGR.) Nom que les Grecs ont donné à la bière des Celtes ; ils ont voulu rendre la valeur du mot *bitter-oel*, bière amère que nos aïeux préparaient avec du houblon. Tous les mots des langues du Nord conservés par les Grecs et les romains sont si singulièrement défigurés, qu'il faut une étude attentive pour les rétablir et profiter du peu de documens qu'ils nous ont transmis.

( T. D. B. )

**BUBALE.** (mam.) Ce mammifère, l'*Antilope bubalis* des naturalistes modernes, est quelquefois indiqué sous les noms de Bœuf d'Afrique, Vache biche, Taureau cerf, etc. Il vit par petites troupes dans les déserts de l'Afrique; on le voit assez communément en Barbarie.     (Gerv.)

**BUBON,** *Bubon.* (bot. phan.) Plante de la famille des Ombellifères, caractérisée par un involucre et un involucelle à plusieurs folioles; un calice à cinq dents à peine apparentes, cinq pétales lancéolés, presque égaux, recourbés; un fruit ovoïde, strié, velu dans quelques espèces. Ses feuilles sont plusieurs fois ailées, sa tige tantôt herbacée, tantôt frutescente.

Le B. macedonicum, ou Persil de macédoine, croît dans la France méridionale, et se cultive dans nos jardins; il a une tige herbacée, couverte d'un duvet blanchâtre, des folioles rhomboïdales bordées de dents aiguës, et les fleurs blanches. Les anciens l'employaient pour guérir l'inflammation des aines, c'est la signification du mot grec *Bubon.*

Le B. galbanum, arbrisseau de trois à quatre pieds, couvert d'une espèce de rosée bleuâtre, et portant des fleurs jaunes, fournit dans l'Orient et en Afrique la gomme-résine appelée Galbanum (*voy.* ce mot). On la retire aussi du *B. gummiferum.*     (L.)

**BUCARDE,** *Cardium.* (moll.) Genre de coquille acéphale de l'ordre des Lamellibranches, famille des Conchacés, établi par Bruguière et dont les caractères sont d'être bombée, souvent subglobuleuse, subcordiforme, équivalve, à côtes rayonnées; d'avoir les bords des valves dentés ou plissés, les sommets plus recourbés en avant; la charnière formée de quatre dents sur chaque valve, deux cardinales obliques et deux autres latérales écartées; le ligament postérieur très-court.

Les coquilles de ce genre offrent généralement la forme d'un cœur; aussi, à l'exemple de d'Argenville, les amateurs les ont-ils presque toujours désignées par ce nom, qui d'ailleurs est mauvais, car on pourrait aussi le rapporter à d'autres coquilles qui, tout en offrant par leurs formes la même apparence, ont cependant des caractères qui les placent dans d'autres genres. Bruguière jugea à propos de créer la dénomination de Bucarde afin d'éviter toute erreur, et elle est adoptée depuis long-temps pour toutes les coquilles que nous venons de caractériser.

Les animaux des Bucardes ont le manteau amplement ouvert inférieurement; le pied très-grand et recourbé en forme de faux, les lobes réunis, courts et quelquefois inégaux, ayant leurs ouvertures bordées de papilles. Ils vivent tout proche des côtes sous une légère couche de sable; leurs espèces, extrêmement nombreuses et variées, sont répandues dans toutes les mers. L'une d'elles, la Bucarde exotique (Atlas, pl. 59, f. 2), remarquable par sa fragilité, sa blancheur et la disposition de ses côtes minces et élevées, est considérée comme très précieuse lorsque les deux valves qui la com-

posent sont bien celles du même individu. Elle habite à la côte d'Afrique où nous avons quelquefois trouvé ses valves dépareillées couvrant en nombre considérable les plages sablonneuses, et ce n'est qu'à l'embouchure de la Gambie qu'après des essais réitérés nous sommes parvenus à nous la procurer bien complète.

Une autre espèce petite et d'un aspect peu agréable, le *Cardium edule* (Atlas, pl. 59, f. 1), habite nos côtes, particulièrement celles de La Rochelle où elle est connue sous le nom de Sourdon et offre à la classe pauvre et laborieuse un mets peu agréable, mais d'une acquisition facile. On la trouve quelquefois en nombre très-considérable lorsque les marées laissent à découvert sur la rade de ce port les ruines des fameuses digues de Richelieu.     (R.)

**BUCCIN,** *Buccinum.* (moll.) Nom donné par les anciens auteurs depuis Aristote à une quantité considérable de coquilles univalves classées depuis, d'abord par Bruguière, ensuite par Lamarck, en genres différens et bien caractérisés. Les Buccins, réduits par Lamarck en cinquante-huit espèces, du nombre desquelles il fut convenable d'en extraire encore quelques unes qui appartiennent à d'autres genres, forment aujourd'hui une série des plus grandes de la conchyliologie, en raison des nombreuses recherches et découvertes qui ont été faites récemment dans toutes les mers.

Les formes variées que présentent ces coquilles ayant donné lieu, dans toutes les collections, aux erreurs les plus étranges, nous avons dû nous occuper de leur classement méthodique comme nous l'avons fait pour beaucoup d'autres genres; ce travail d'une assez grande difficulté, divisé en groupes naturels, présentera aux naturalistes, lorsque nous le publierons, des moyens certains de ne plus se tromper. Voici les caractères posés par Lamarck pour les cinquante-huit espèces qu'il a décrites, caractères qui devront être changés selon les groupes différens qu'il était impossible de ne pas établir dans ce genre.

Coquille ovale ou ovale conique, ouverture longitudinale ayant à sa base une échancrure sans canal, columelle non aplatie, renflée dans sa partie supérieure.

On sait que les Buccins sont en outre globuleux ou effilés, que quelques uns sont assez gros, mais qu'en général ils sont de formes très-petites, il en est même qui ne peuvent se décrire qu'à la loupe. Voilà sans doute pourquoi tant d'espèces sont restées inédites ou ont été mal étudiées. Ce genre présentera un ensemble d'environ deux cents espèces, dont beaucoup sont de nos côtes. Nous avons fait figurer, pl. 59, f. 4 de notre Atlas, le Buccin lime dont Lamarck avait fait une Cancellaire; cette erreur, que nous avions signalée depuis long-temps, a été également relevée par MM. Quoy et Gaimard qui ont donné une fort bonne figure de son animal dans la pl. 51 de l'Atlas du voyage de *l'Astrolabe,* sur laquelle ces naturalistes ont également figuré le Fuseau Raifort, qu'ils classent parmi les Buccins, quoiqu'il existe des différences notables entre l'un et l'autre de ces deux mollusques. Nous signalons cette erreur nouvelle, dans l'intérêt de la science, afin d'empêcher qu'elle ne se perpétue. On voit encore figuré dans notre Atlas, sous le n° 3, pl. 59, le Buccin ondé, si commun sur nos côtes.

(Duclos.)

**BUCCINOIDES.** (moll.) Deuxième famille des Gastéropodes pectinibranches, établie par Cuvier, dans son Règne animal, tome II, p. 429. Elle comprend tous les mollusques qui ont une coquille à ouverture échancrée ou canaliculée, et renferme les genres: Cône, Porcelaine, Ovule, Tarrière, Volute, Olive, Marginelle, Colombelle, Mitre, Cancellaire, Buccin, Cérite, Rocher, Strombe et Sigaret. Lamarck, plus heureux que Cuvier dans cette partie de l'histoire naturelle, a divisé cette immense famille en groupes naturels que nous décrirons à leur rang respectif. (Duclos.)

**BUCCONÉS.** (ois.) *Voy.* Barbus. On désigne sous ce nom une famille d'oiseaux Zygodactyles ou Grimpeurs, répondant au genre *Bucco* de Linné. Les genres qu'on y comprend aujourd'hui sont les suivans: Barbacou, Barbican, Barbu et Tamatia; M. Temminck y ajoute les Barbions, oiseaux assez semblables aux pies et aux coucous, parmi lesquels d'autres ornithologistes pensent qu'on doit les classer. (Gerv.)

**BUDDLÉE**, *Buddlea* et non pas *Buddleia*. (bot. phan.) Dédié en 1733 au botaniste anglais Adam Buddle, ce genre de la Pentandrie monogynie et de la famille des Scrophulariées, renferme un bon nombre d'arbrisseaux élégans, tous étrangers à l'Europe. Un seul est cultivé dans nos jardins, dont il fait l'ornement, c'est le Buddlée globuleux, *B. globosa*, qui croît spontanément aux bords des ruisseaux du Chili, et dont les rameaux se balancent avec grâce sur les ondes. Il monte à trois mètres et plus; son feuillage, vert foncé en dessus, blanc en dessous, s'agite au moindre souffle du vent; ses fleurs odorantes, d'un jaune safrané assez éclatant, sont réunies en boules au sommet des rameaux et s'épanouissent en juin. Les rameaux sont blancs dans leur jeunesse, ainsi que les jeunes pousses des tiges; la plante vient dans tous les terrains; elle croit très-vite dans les terres fortes et franches, mais cette belle végétation cause souvent sa perte; il vaut mieux la tenir sur un sol abrité, voisin d'une eau courante. Le Buddlée globuleux résiste fort bien en pleine terre aux froids qui ne passent point le sixième degré au dessous de zéro; une température plus rigoureuse le fait périr; ce sont d'abord les tiges qui succombent, puis c'est le tronc. Dans les terres médiocres, je l'ai vu résister à sept degrés. Il est prudent de l'empailler quand le thermomètre est arrivé à six.

Il est impossible de se figurer l'effet piquant de cet arbrisseau quand on ne l'a point observé. Sombre quand son feuillage persistant est tranquille, il devient gai au premier mouvement de l'air, sa couleur passe rapidement du vert foncé au blanc cotonneux selon la face que ses feuilles lancéolées et finement dentées présentent à l'œil;

ses gros boutons d'or tranchent sur cette robe légère et la rendent très-agréable. On le cultive en France depuis 1774, on l'y multiplie facilement de boutures et de marcottes. (T. d. B.)

**BUFFLE**, *Bos bubalus.* (mam. et agr.) Il a été fait mention de cet animal en décrivant la première section du genre Bœuf (*v.* ce mot), nous allons maintenant le considérer dans ses rapports avec l'art agricole et l'économie domestique.

On a plusieurs fois tenté d'introduire le Buffle sur le sol de notre patrie. Vers l'an 580 ou 590, dans le même temps qu'en Italie, dans les Marais-Pontins, dans les plaines maritimes et noyées de la Toscane et de l'Apulie daurienne, on le transporta dans les forêts de l'ancienne Bourgogne, principalement dans celle de Vassat, aux environs de Flavigny, aujourd'hui département de la Côte-d'Or, il ne tarda pas à périr, quoiqu'il y trouvât l'eau et l'humidité qui lui sont essentiellement nécessaires, parce que l'atmosphère des contrées froides ou seulement tempérées ne lui convient point. A la fin du dix-huitième siècle, en 1797, on en amena un troupeau qui fut partagé entre la Camargue et les marécages de Rambouillet. Les Buffles y vécurent quelque temps; ils auraient pu prospérer dans le Delta du Rhône, mais leur extérieur sauvage et surtout l'incurie de l'administration rendit nulle cette nouvelle tentative.

Cet animal est très-utile; on s'en sert pour cultiver les terres, pour traîner des fardeaux. Un attelage de deux Buffles tire autant et beaucoup plus de temps que quatre forts chevaux, particulièrement dans les terrains fangeux. Il résiste aussi plus à la fatigue que le bœuf. On ne le tient point dans les écuries, on le laisse libre dans les bois, et lorsqu'on a besoin de son service, les Italiens le courent montés sur des petits chevaux et lui jettent adroitement une corde qui le saisit par ses cornes un peu inclinées vers les épaules, ou bien ils ont des chiens dressés pour les chasser devant eux. Lorsque le labourage est fini, ou le travail suspendu, l'animal retourne gaîment et très-vite dans sa retraite pour s'y vautrer, pour y descendre dans l'eau. Sa mémoire est si bonne qu'on n'a nul besoin de l'y conduire, quelle que soit la distance, il sait le chemin le plus court pour y arriver. Le Buffle nage très-bien et traverse hardiment les fleuves les plus rapides et les plus profonds. Je l'ai vu franchir rapidement le Tibre et le Rhône pour obéir à la voix de son maître.

Il est très-ardent en amour, s'accouple comme le taureau et évite d'être vu dans ce moment; il aime beaucoup sa femelle. Il a une répugnance extrême pour la vache, et quoique l'on assure qu'il existe à l'embouchure du Don et du Volga des produits de son union avec elle, j'en doute fort. Toutes les tentatives faites à Rambouillet et à Versailles n'ont eu aucun succès; elles pourraient réussir, l'organisation intérieure du Buffle se rapprochant beaucoup de celle du taureau, les appareils de la génération ayant la même forme dans les deux sexes. Il mange les herbes les plus dures des marais et des bois; il se nourrit, sans en être incommodé, des litières et des chaumes que nos bêtes à cornes refusent quand ils sont altérés ou couverts de vase. Il est peu sujet aux maladies et succombe très-rarement aux épizooties.

La femelle, que l'on nomme *Bufflesse*, a les mamelles au nombre de quatre, et, chose remarquable, placées sur une même ligne transversale; elle est en état d'être fécondée à quatre ans, porte douze mois, met bas au printemps un seul petit, qu'elle allaite avec plaisir. La Bufflesse s'irrite quand on veut la traire; on n'obtient son lait qu'à force de caresses, en chantant son nom et en présence de son Buffletin. Ce lait, très-blanc, clair, doux et très-sain, fort abondant, légèrement musqué, ne vaut pas celui de la vache. quoique très-riche en crème et en parties caséeuses. On en fait du beurre et des fromages de bonne qualité. La Bufflesse porte deux années de suite et se repose la troisième, lors même qu'elle recevrait le mâle, qu'elle repousse d'ordinaire; elle demeure stérile cette année. Arrivée à sa douzième année, elle ne produit plus. Comme le mâle, elle vit de vingt à vingt-cinq ans.

La chair du Buffle n'est point noire, puante et dure comme on le dit dans presque tous les livres. J'en ai mangé fort souvent durant mon séjour sur les côtes de l'Italie : elle est blanche, assez agréable, et le petit goût de muscade qui l'accompagne ne m'a point paru lui nuire. Les *Juifs*, à Rome, en font une grande consommation; on en mange aussi beaucoup dans la Terre de Labour, aux états de Naples; les Arabes et les Égyptiens en sont très-friands; le morceau de choix est la langue; celle que l'on tire de la Romélie, fumée et préparée, est excellente et recherchée par les gourmets.

La couleur du pelage est d'un brun foncé; elle est blanche aux environs de Hermanstadt et de Carlsbourg en Transylvanie. Le Buffle d'Italie a plus de poils que celui d'Egypte, et celui-ci plus que le Buffle des contrées les plus chaudes de l'Asie. Son cuir est très-fort et en même temps très-léger, souple, beaucoup plus épais, plus solide que celui du bœuf, et presque imperméable à l'eau.

La voix du Buffle est un affreux mugissement, d'un ton plus grave, plus pénétrant que celui du taureau. ( T. D. B. )

BUFONIE, *Bufonia*. (BOT. PHAN.) Petit genre de la famille des Cariophyllées dont on ne connaît encore qu'une seule espèce, la BUFONIE A FEUILLES MENUES, *B. tenuifolia*, que l'on trouve dans les terrains secs et arides de la France méridionale, de l'Espagne, de l'Angleterre. Cette plante annuelle s'élève à seize centimètres sur une tige grêle, garnie de feuilles petites, pointues, très-étroites, réunies deux à deux par leur base. Ses fleurs blanches, axillaires et terminales sont portées sur des pédoncules courts et disposées en panicules serrées. Le fruit qui leur succède est une capsule à une seule loge bivalve, contenant deux semences.

On a indignement calomnié Linné quand on a dit qu'il avait donné le nom de Buffon à cette plante par esprit de vengeance. Le botaniste d'Upsal s'estimait trop et avait pour le naturaliste français trop d'admiration pour descendre à une semblable petitesse : c'est le fait des hommes ordinaires, des ambitieux crottés. Le nom de la Bufonie lui vient de ce que le crapaud, *bufo*, se plaît sous les touffes de cette plante. (T. D. B.)

BUFONITES. (POISS. ) On donne ce nom à des dents fossiles de quelques poissons qui paraissent avoir appartenu au genre Spore et à l'Anarrhique-loup. Ce nom vient de la ressemblance que l'on a cru trouver entre ces molaires fossiles et des crapauds pétrifiés. (GUÉR.)

BUGLE, *Ajuga*. (BOT. PHAN.) Ce genre appartient à la famille des Labiées et à la Didynamie gymnospermie. Voisin des Germandrées, il n'en diffère que par la corolle, dont la lèvre supérieure très-ouverte ne présente que deux petites dents, tandis que, dans les Germandrées, la lèvre supérieure, courte à la vérité comme dans la Bugle, a une profonde scissure à travers laquelle passent les étamines.

Les Bugles sont de petites plantes herbacées, vivaces, souvent rampantes et stolonifères, à tige simple, carrée. Les fleurs sont groupées à l'aisselle des feuilles supérieures de manière à former des épis foliacés; le calice est tubuleux, à cinq dents presque égales; la corolle est irrégulière, à deux lèvres, dont la supérieure est extrêmement courte et remplacée par deux petites dents, et dont l'inférieure est à trois lobes, celui du milieu très-grand. Les quatre étamines sont saillantes.

Le sol de la France possède plusieurs espèces de Bugles :

1° La BUGLE COMMUNE, *A. reptans*, L., représentée dans 'notre Atlas, pl. 59, fig. 5, plante vivace, stolonifère, presque glabre, dont les fleurs sont bleues; elle est fort commune aux environs de Paris dans les premiers jours du printemps. On la regarde comme astringente et vulnéraire.

2° La BUGLE PYRAMIDALE, *Ajuga pyramidalis*, L., qui se distingue de la précédente par des fleurs plus grandes et plus nombreuses, et par des feuilles très-velues. Elle est cultivée dans quelques jardins. (. C. É.)

BUGLOSSE, *Anchusa*. (BOT. PHAN.) Genre de la famille des Borraginées et de la Pentandrie monogynie. Il est ainsi nommé des deux mots grecs *bous*, bœuf, et *glossa*, langue, à cause de la ressemblance et de l'analogie de ses feuilles avec la langue du bœuf. Dans les plantes de ce genre, le calice est monosépale, tubuleux, à cinq divisions peu profondes; la corolle, monopétale, régulière, infundibuliforme, à limbe plane avec cinq divisions égales; l'entrée du tube de la corolle est fermée par cinq appendices rapprochés et ordinairement barbus; les étamines, au nombre de cinq, sont incluses dans le tube, et le fruit se compose de quatre akènes réunis et à surface chagrinée.

Ce genre comprend plus d'une trentaine d'espèces, parmi lesquelles les cinq suivantes sont indigènes :

1° La Buglosse a fleurs lâches, *A. laxiflora.* Labillardière l'a rapportée de l'île de Corse, et elle se trouve dans l'herbier de Desfontaines. Le port de cette plante est grêle et allongé ; des poils raides hérissent ses feuilles vers le haut de la tige, ils hérissent aussi les pédicelles et les calices ; les feuilles sont semi-amplexicaules, oblongues, pointues, un peu sinuées, ondulées et ciliées sur leurs bords ; les fleurs sont rougeâtres, écartées les unes des autres, presque toutes déjetées d'un seul côté ; l'*Anchusa laxiflora* est voisine de l'*A. paniculata,* dont elle ne diffère que parce qu'elle n'a ni feuilles entières, ni panicule bifurquée.

2° La Buglosse d'Italie, *A. italica.* (v. notre Atlas, pl. 59, fig. 6.) Celle-ci est commune à toute la France. Elle parvient à une hauteur de 56 décimètres. Ses feuilles sont raides, oblongues, rétrécies en pointe aux deux extrémités ; ses fleurs sont en grappes serrées, unilatérales, courbées en queue de scorpion, accolées deux à deux ; le calice est à cinq divisions linéaires et profondes. Toute la plante est hérissée de poils raides ; la corolle est violette, un peu irrégulière ; le limbe est à cinq divisions arrondies ; l'entrée du tube porte cinq écailles très-barbues et semblables à de petits pinceaux ; le stigmate est à deux lobes. Cette plante croît le long des chemins, dans les lieux secs et parmi les décombres. Elle possède les mêmes propriétés que la Bourrache, et diffère de la véritable *A. officinalis,* qui, selon Retzius, a des fleurs irrégulières en entonnoir, plus imbriquées, les divisions du limbe ovales, les écailles de la gorge seulement cotonneuses et presque en capuchon, et les divisions du calice plus larges et plus courtes.

3° La Buglosse a feuilles étroites, *A. angustifolia.* Elle diffère de la précédente par des feuilles plus étroites, moins fortement hérissées ; par un calice fendu seulement jusqu'au milieu de sa longueur ; par des épis plus allongés qui ont une bractée à leur base ; par une corolle dont le tube est fermé par des écailles obtuses et non barbues. Cette espèce vient dans les lieux secs, aux environs de Briançon, de Nantes, etc.

4° La Buglosse ondulée, *A. undulata,* Linn. Cette espèce se fait remarquer par ses feuilles oblongues ou presque linéaires, toujours sinuées et ondulées sur leurs bords. Les feuilles et surtout les tiges et les pédicules sont plus courts que les feuilles florales ; le calice est divisé jusqu'au milieu de sa longueur ; la corolle est d'un violet foncé ; le tube est garni à l'entrée de cinq écailles un peu hérissées ; le limbe est à cinq lobes courts et ovales. C'est principalement aux environs de Montpellier qu'on trouve la Buglosse ondulée.

5° La Buglosse toujours verte, *A. sempervirens.* On la reconnaît facilement à ses feuilles, dont les inférieures sont pétiolées, ovales et très-larges, un peu semblables par leur forme à celles du plantain, hérissées de poils et un peu sinueuses sur leurs bords ; les supérieures sont plus étroites et sessiles ; de leur aisselle partent des pédoncules moitié plus courts que les feuilles, très-hérissés, munis à leur sommet de deux feuilles opposées,

entre lesquelles naît une touffe de fleurs serrées et presque sessiles ; le calice est à cinq divisions profondes, ovales et hérissées ; les fleurs sont petites et disposées en une sorte d'ombelle ; la corolle est d'un bleu charmant ; le tube est égal au calice, fermé au sommet par cinq écailles droites, presque glabres. Cette jolie espèce est cultivée dans les jardins d'agrément, concurremment avec les suivantes, qui sont exotiques :

La Buglosse de Virginie, *A. virginica,* L., *Lithospermum sericum,* Lehm. Ses tiges sont moins grandes, mais aussi rudes que celles de la précédente. Ses fleurs sont jaunes, en épi et d'un effet agréable. Il y a des peuplades sauvages qui font usage de la racine de cette plante vivace pour se peindre le corps en rouge.

La Buglosse de Candie, *A. cespitosa,* Wild. Cette jolie plante de l'Orient, que nous devons à Tournefort, vient en touffes épaisses sur lesquelles ses fleurs, d'un bleu clair, se détachent agréablement.

Nous terminerons cet article par l'indication de la plus intéressante des Buglosses, qui est la Buglosse des teinturiers, *A. tinctoria,* L., originaire d'Amérique et naturalisée dans le midi de la France. Sa racine, connue sous le nom d'*Orcanette,* renferme un principe colorant, analogue à celui de la garance, et qui sert à teindre les laines et les cires en rouge. Les peintres en font aussi quelque usage.

On nous pardonnera sans doute de nous être un peu étendus sur un genre de plantes qui intéresse tout à la fois le jardinage, la médecine et les arts.

(C. É.)

BUIS, *Buxus.* (bot. phan.) Quand on est habitué à ne voir le Buis qu'en bordures, comme on y tient l'espèce naine, *Buxus humilis* de nos jardins, on demeure tout surpris lorsque, arrivé dans le midi de l'Europe, on trouve dans les forêts les deux espèces géantes, *B. arborea,* et à branches étalées, *B. arborescens.* C'est ce que j'éprouvai durant une course dans l'île de Corse, en m'arrêtant aux pieds de bouquets de bois entièrement composés de la première espèce, à laquelle on conserve à tort le nom de *Buis de Mahon,* que lui donnèrent plusieurs botanistes. L'arbre monte à la hauteur de vingt à trente mètres, le tronc et les branches sont droits, garnis de feuilles épaisses, oblongues-ovales, de quarante millimètres de long ; il abonde dans toutes les îles de la Méditerranée, en Grèce sur le mont Olympe, en Espagne et dans quelques localités du midi de la France. On le retrouve sur le Caucase, en Perse et jusqu'au Japon. Il est d'un très-bel effet dans les bosquets d'hiver. La seconde espèce ne diffère de la précédente que par sa taille qui dépasse rarement trois mètres et demi, par ses paquets de fleurs petits ou médiocres et par ses jeunes tiges qui ont deux côtés glabres et les deux autres opposés velus.

Le bois du Buis, recherché par les anciens pour faire des flûtes et surtout des cassettes, *pyxis,* d'où lui vient son nom, est le plus dur, le plus dense, le plus pesant de tous les bois de l'Europe ; il ne se gerce et ne se carie jamais ; d'un jaune brillant, il est excellent pour les essieux de charrettes et sert beaucoup aux ouvrages de tour et aux tabletiers. Employé au chauffage il donne d'excellentes cendres pour les lessives. La racine, qui est très-grande et très-forte, est remplie de nœuds et de tubérosités comme le tronc et les grosses branches ; divisée par tranches elle offre des marbrures superbes, des figures bizarres et très-variées, une couleur plus foncée que le bois ; elle sert aux mêmes usages. Les feuilles et les sommités du Buis font un très-bon engrais pour la vigne ; employées comme succédanées du houblon, elles donnent à la bière une fâcheuse qualité ; aucun animal n'y touche et l'on dit que le chameau, pressé par la faim, qui les broute, ne tarde pas à périr. Leur décoction est un puissant sudorifique ; la fleur sucée par l'abeille imprime à son miel un goût âcre et dur. Le bois remplace quelquefois dans les pharmacies celui de gayac, *Guajacum officinale* ; on en retire une huile fétide.

On connaît l'usage du Buis à parterre, on le tond au ciseau tous les ans pour qu'il reste garni et forme une jolie bordure. Cette opération se fait avant ou après la pousse ; la première époque est préférable à la seconde pour l'agrément. On multiplie le Buis par sa graine ovoïde, brune et luisante ; on le fait aussi de marcottes et de boutures. Le genre appartient à la Monoecie tétrandrie et à la famille des Euphorbiacées. Plusieurs végétaux différens ont reçu le nom de Buis, à cause de quelques rapports extérieurs avec cette plante ligneuse. Le Buis de la Chine est le *Murraya sinica* ; le Buis de Haïti, le *Polygala penœa* ; le Buis piquant, le *Ruscus aculeatus* ; le faux Buis des Antilles, le *Randia aculeata*. (T. D. B.)

BUISSON. (agr.) Nom collectif de tous les arbrisseaux et arbustes sauvages très-rameux, soit qu'ils aient des épines, soit qu'ils n'en aient point, et qui ne s'élèvent jamais à plus de trois mètres. On appelle encore *Buissons*, 1° les arbres qui, étant coupés tous les trois ou quatre ans, ne montent pas à une plus grande hauteur ; 2° les arbres fruitiers presque nains et à plein vent, tels qu'abricotiers, poiriers et pommiers, dont les branches sont disposées de manière à représenter un entonnoir ; 3° enfin, en terme forestier, aux très-petits bois, ceux, par exemple, qui n'excèdent pas cinquante à cent ares d'étendue. En bonne agriculture, tout arbre tenu en Buisson doit n'occuper que les places dont il est impossible de tirer un meilleur parti. Le bois que l'on en obtient sert à chauffer le four. La formation des Buissons d'arbres à fruits est une des parties de la taille qui demande le plus de connaissances et les soins les plus assidus.

Buisson a baies de neige. (bot. phan.) Espèce de Ciococque, *Chiococca racemosa*, des Antilles, dont les baies d'un blanc éclatant sont pendantes et rassemblées en grappes axillaires.

Buisson a mouche. (bot. phan.) Nom vulgaire de la *Roridula dentata*.

Buisson ardent. (bot. phan.) En Europe nous donnons ordinairement ce nom au Néflier qui nous est venu de la Virginie, *Mespilus pyracantha*, à cause du rouge vif de ses gros bouquets de fruits. A la côte du Malabar on appelle ainsi l'Ixore écarlate, *Ixora coccinea*, dont les ombelles globuleuses sont d'un écarlate de garance et font paraître ce sous-arbrisseau tout en feu. (T. D. B.)

BULBE, *Bulbus*. (bot. phan.) Corps plus ou moins arrondi et charnu, formé d'écailles insérées les unes sur les autres, et naissant au dessus de la racine chevelue d'un certain nombre de plantes vivaces.

L'ognon de nos cuisines est un Bulbe ; la tulipe, le lys naissent d'un Bulbe, formant le collet de leur racine : tantôt les écailles sont emboîtées les unes dans les autres, de sorte que l'extérieure les embrasse toutes ; c'est ce qu'on appelle *Bulbe à tuniques*, comme celui de l'ognon ; tantôt elles ne se recouvrent qu'imparfaitement et seulement par leurs côtés ; ce sont là des *Bulbes écailleux*, dont les lys offrent un exemple. Enfin le safran a un Bulbe dont les écailles sont soudées intimement et forment un *Bulbe solide*. Il ne faut pas, dans ce cas, confondre cette espèce de Bulbe avec le *tubercule*, dont la masse compacte ne se divise ni en lames ni en écailles.

Les observations modernes ont conduit à regarder le Bulbe comme un véritable bourgeon. En effet, la structure de ces deux organes est semblable : l'un et l'autre, composés d'écailles, renferment les rudimens des jeunes tiges et des feuilles. La seule et réelle différence, c'est que le Bulbe est prolifère ; chaque année il se renouvelle ; tantôt un nouveau Bulbe naît du premier ; tantôt il se produit à côté, au dessus, ou bien au dessous.

Le Bulbe, faisant peu à peu partie de la racine, végète ordinairement en terre ; cependant, s'il faut voir, avec M. Richard, un organe semblable dans la couronne du palmier et dans celle du balisier, on cherchera des Bulbes en se baissant aussi bien qu'à une hauteur souvent considérable (L.)

BULBEUX, BULBEUSE. (bot. phan.) Végétaux dont la racine produit un Bulbe.

Toutes les plantes Bulbeuses sont monocotylédones et vivaces. Plusieurs se développent et végètent par la simple humidité : des Bulbes de jacinthe, de narcisse, suspendus en l'air, produiront, comme on sait, des tiges et des fleurs. (L.)

BULBILLE, *Bulbillus*. (bot. phan.) Diminutif de *bulbe*. Ce nom est spécialement attribué aux petits bulbes ou bourgeons prolifères qui se développent sur plusieurs végétaux, soit à l'aisselle de leurs feuilles (lys orangé), soit à la place ou au milieu des fleurs (plusieurs espèces d'ail, et entre autres l'*Allium viminale*), soit enfin dans l'intérieur des capsules ou péricarpes (*Agave fœtida*, *Crinum asiaticum*). Placées en terre, ces Bulbilles reproduisent la plante comme de véritables graines.

Les corpuscules reproducteurs des mousses, des fougères et autres végétaux cryptogames, paraissent être des *Bulbilles* analogues à celles dont nous venons de parler.                    (L.)

BULIME, *Bulimus*. (MOLL.) Genre de coquilles univalves terrestres, cité par beaucoup d'auteurs d'après Linné, comprenant alors beaucoup de coquilles étrangères les unes aux autres, telles que bulles, ampullaires, tornatelles, pyramidelles, etc. , etc.; mais depuis circonscrit d'une manière rationnelle par Lamarck, dans sa dernière édition des *Animaux sans vertèbres* ( vol. 6, 2ᵉ part. , pag. 116 ). Voici les caractères que ce naturaliste donne à ce genre : coquille ovale, oblongue ou turriculée; ouverture entière, plus longue que large, à bords inégaux, désunis supérieurement; columelle droite, lisse, sans troncature et sans évasement à sa base. Ces coquilles sont toutes mutiques, lisses ou striées dans leur longueur; leur forme varie, les unes sont ovales, les autres oblongues ou turriculées et le dernier tour de leur spire est plus grand que le pénultième. A l'état complet, ces coquilles ont leur bord droit revêtu d'une espèce de bourrelet souvent fort épais. L'animal qui leur donne naissance est un trachélipode à collier et sans cuirasse; sa tête est munie de quatre tentacules, dont les deux plus grands sont terminés par les yeux. Le pied est comme celui des hélices ; point d'opercule.

L'analogie qui existe entre ces animaux et ceux des hélices ont porté quelques naturalistes modernes à confondre ces deux genres; mais comme la forme n'est point la même dans ces coquilles, comme elle diffère tellement que l'enfant le plus innocent saurait la distinguer, il a fallu de toute nécessité en faire un sous-genre, et M. de Férussac est le premier qui ait fabriqué pour lui celui de Cochlogène, en annonçant dans son article du *Dictionnaire classique* toute la peine qu'il avait prise pour faire adopter cette opinion, tant , dit-il, est fort l'empire de l'habitude. A prendre cette phrase au pied de la lettre, il serait fort clair que le genre Bulime demeurerait supprimé et que le nom de Cochlogène aurait été sanctionné par la masse des naturalistes qui s'occupent de cette partie de l'Histoire naturelle; mais nous devons, avant tout, rendre hommage à la vérité, nous savons qu'il n'en est point ainsi, et que le nom de Bulime a survécu, quoi qu'on ait pu faire pour le détruire, et nous apportons pour preuve de cette assertion l'examen que nous avons fait des collections hollandaises, belges, anglaises et françaises, où le mot de Cochlogène non seulement ne figure pas, mais est totalement inconnu. M. de Férussac, en publiant son nouveau système de classification, n'a point assez réfléchi qu'on était en garde contre tous ces grands changemens, et qu'on était même revenu de ces innovations qui peuvent bien rectifier quelques erreurs, mais le plus souvent les multiplient d'une manière déplorable. Ensuite il n'a pas vu que tous les mots nouveaux qu'il a créés avaient trop de rapports entre eux pour pouvoir facilement être retenus

et adoptés à propos; il n'est donné qu'à l'enfance de pouvoir classer dans sa tête tout ce que l'imagination humaine se plaît à inventer; l'homme studieux a besoin de choses plus sérieuses : en effet, qui de nous pourrait se vanter d'apprendre sans beaucoup de peine la valeur respective des mots nouveaux de M. de Férussac, dont voici seulement le commencement, *cochlicelle, cochlicope, cochlitome, cochlodine, cochlodonte, cochlogène, cochlohydre, cochlostyle*, etc., etc.?

Les Bulimes sont en grand nombre; Lamarck n'en décrit que trente-quatre espèces, mais on peut avancer, sans craindre de faire erreur, que le genre s'est accru en espèces nouvelles, des trois quarts en sus; les Bulimes ovale, hémastome et poule sultane sont les plus grands ; ce dernier est l'un des plus beaux et des plus recherchés des amateurs ; il vient d'Amérique, d'où il a été rapporté en assez grande quantité par M. Alc. d'Orbigny, voyageur du Muséum d'Histoire naturelle. Nous donnons la figure du Bulime hémastome avec son animal, dans notre Atlas, planche 60, fig. 9, et celle du *B. decollatus*, fig. 8.

(Duclos.)

BULIMINE, *Bulimina*. (MOLL.) M. Alcide d'Orbigny a formé ce genre pour des Céphalopodes microscopiques de la troisième famille des Foraminifères, dont la coquille est spirale, turriculée, avec une spire allongée, et dont l'ouverture virgulaire latérale est près de l'angle supérieur de la dernière cloison.                    (R.)

BULLE, *Bulla*. ( MOLL. ) Coquilles univalves marines, appartenant à la division des Gastéropodes de Lamarck (vol. 6, 2ᵉ part. , pag. 31 ), et formant avec les genres Acère et Bullée la petite famille qu'il a établie sous la dénomination de Bulléens (*v.* ce mot). Les *Bulles* sont des coquilles fort jolies, tant par leur forme représentant assez bien un œuf d'oiseau, que par leurs couleurs vives et variées; elles sont presque toutes d'une fragilité extrême. Voici leurs caractères. Test plus ou moins ovale, globuleux, enroulé, sans columelle ni saillie à la spire, ouvert dans toute sa longueur, à bord droit tranchant.

L'animal, bien étudié par Cuvier et décrit par lui dans un Mémoire inséré dans les *Annales du Muséum*, présente un corps ovale-oblong, un peu convexe, divisé supérieurement en deux parties transversales; ayant le manteau replié postérieurement, tête très-peu distincte; point de tentacules apparens; branchies dorsales et postérieures recouvertes par le manteau; anus sur le côté droit; partie postérieure du corps recouverte par une coquille externe qui y adhère par un muscle.

MM. Quoy et Gaimard ont fait connaître, dans la Zoologie de *l'Astrolabe*, les animaux de plusieurs espèces exotiques; parmi les plus remarquables nous mentionnerons la Bulle banderolle, figurée pl. 60, fig. 1 et 2 de notre Atlas; la Bulle hirondelle, fig. 3, 4 ; et la Bulle ovoïde, fig. 5, 6, 7. Toutes trois étaient encore inédites il y a peu de temps.

Les espèces qui appartiennent à ce genre ont été long-temps confondues avec les porcelaines et les ovules. Bruguière est le premier naturaliste qui signala cette erreur; aujourd'hui bien connues et bien caractérisées, elles présentent un ensemble de quarante espèces environ, quoique Lamarck n'en décrive que onze. Les plus remarquables sont les Bulles oublie, ampoule, striée, papyracée, rayée et fasciée, qui toutes sont figurées dans un grand nombre d'auteurs, mais particulièrement dans l'Encyclopédie. Parmi les espèces nouvelles, nous en possédons une qui a été rapportée de la Terre des Papous ( Nouvelle-Guinée) par l'expédition du capitaine Freycinet, et dont la beauté surpasse tout ce qui était connu jusqu'alors. Feu M. Dufresne, chef du laboratoire de zoologie, au Jardin des Plantes, nous en a donné souvent cent francs de la paire, pour la collection, disait-il, de M. le duc de Rivoli. Cette espèce, que nous avons nommée *Anazorine*, se rapproche de la Bulle *fasciée* de Lamarck. ( Ducl. )

**BULLÉE**, *Bullœa*. (moll..) Coquilles univalves marines, fort rapprochées des bulles, mais présentant des différences assez tranchées, qui ont autorisé Lamarck à en former un genre, quoique composé d'une seule espèce (vol. 6, 2ᵉ part., pag. 29). Le corps de ce gastéropode est ovale, allongé, un peu convexe en dessus, divisé transversalement en partie antérieure et postérieure; les bords latéraux du pied un peu épais et se réfléchissant en dessus; tête peu distincte; point de tentacules; branchies dorsales placées sous la partie postérieure du manteau; coquille cachée dans l'épaisseur de ce manteau au dessus des branchies, et, ce qui est surprenant, sans aucune adhérence.

Test très - mince, partiellement enroulé en spirale d'un côté, sans columelle et sans spire; à ouverture très-ample, évasée supérieurement et très-amincie.

L'espèce connue est la Bullée plancienne, *Bullœa aperta*, figurée dans Chemnitz, Conch. 10, pl. 146, nᵒˢ 1354 et 1355. Elle habite les mers d'Europe. ( Ducl. )

**BULLÉENS.** (moll.) Famille créée par Lamarck, dans son Système (vol. 6, part. 2, pag. 27), pour trois genres de coquilles univalves marines, auxquels M. Cuvier avait donné le nom générique d'*Acères*. Cette famille est composée ainsi qu'il suit : Acère, Bullée et Bulle. (*Voyez* ces mots.)

**BULLIARDE**, *Bulliarda*. (bot. phan.) Le nom de ce genre de la famille des Crassulacées, rappelle celui d'un botaniste estimable qui le premier a donné une Flore française, dans son Herbier de la France, et dans son Histoire des champignons. Il a été formé avec une petite plante aquatique nommée précédemment par les botanistes *Tillœa aquatica*, et dont Vaillant a donné une excellente figure. On la trouve en fleurs presque tout l'été dans les parties humides et auprès des mares

des forêts situées aux environs de Paris, surtout dans celles de Fontainebleau et de Villers-Cotterets. Elle est annuelle et sans propriétés connues.
(T. d. B.)

**BULLINE**, *Bullina*. (moll.) Genre de coquilles univalves marines, institué par M. de Férussac dans ses Tableaux généraux des animaux mollusques, p. 30, pour quelques espèces de bulles à spire saillante, dont l'animal, d'après les observations de MM. Quoy et Gaimard, présenterait des caractères particuliers. Il paraît que, dans l'espèce appelée *Bulla undata*, de Bruguière, la tête de l'animal, assez distincte, est pourvue de chaque côté d'une sorte de tentacule assez allongé, avec deux appendices ovales placés en arrière. Les espèces rapportées à ce genre par M. de Férussac sont : 1° la *B. apulstra*, figurée dans Chemnitz, Conch. 10, pl. 146, nᵒˢ 1350, 1351; *B. lineolata*; 3° *B. undata*, figurée dans l'Encyclopédie, p. 380; 4° *B. scabra*, figurée dans Chemnitz, Conch. 10, pl. 146, nᵒˢ 1352 et 1353; et 5° *B. secalina*, petite espèce fossile des environs de Londres. ( Ducl. )

**BUNIADE**, *Bunias*. (bot. phan.) Quand Linné fonda ce genre de la Tétradynamie siliculeuse et de la famille des Crucifères, il était beaucoup plus considérable qu'il ne l'est aujourd'hui que les botanistes ont adopté les coupes faites par Gœrtner et par Robert Brown. Les Buniades sont herbacées et annuelles, une seule exceptée; elles n'ont ni usage ni agrément. Une d'elles, la Buniade a massettes, *B. erucago*, croît dans nos départemens du midi; la seconde espèce, *B. aspera*, est originaire du Portugal; et la troisième, *B. orientalis*, se trouve dans le Levant, en Russie et jusque dans la Sibérie. Toutes trois fleurissent en mai, juin et juillet, et sont de pleine terre.

De Candolle a fait une tribu isolée de ce petit genre; c'est pour lui la dix-septième de la famille des Crucifères. (T. d. B.)

**BUNION**, *Bunium*. (bot. phan.). Autrefois ce nom s'est appliqué, dans la nomenclature de Dioscoride, au navet commun, *Brassica napus*; Daléchamps le donnait à l'Æthuse de montagne, *Æthusa bunias*; Camerarius, au Vélar à fleurs doubles, *Erysimum barbarea*; Dodœus, à la Noix de terre, *Bunium bulbocastanum*; Linné l'a conservé pour nom générique de cette dernière plante, qui appartient à la famille des Ombellifères. Des trois espèces connues, on ne recherche que le Bunion bulbeux, ou noix de terre, à cause de sa racine qui est un tubercule gros comme une noix, très-blanc à l'intérieur, mais très-noir extérieurement. On le mange quand il est cuit et qu'il a, par conséquent, perdu son âcreté; frais, il est appétissant, son goût est assez doux, mais il faut en prendre modérément, sans quoi son âcreté se manifeste à la gorge et dure assez long-temps. La racine du Bunion allongé, *B. majus*, de Gouan, est plus irritante encore: quant au Bunion aromatique, *B. aromaticum*, il habite la Crète et la Syrie : je ne puis rien en dire. (T. d. B.)

BUPHTHALME, *Buphthalmum*. (bot. phan.) Genre des Corymbifères, Juss., et de la Syngénésie polygamie superflue, Linn. Caractères : involucre composé de folioles imbriquées, tantôt à peu près égales, écailleuses et plus courtes que le rayon, et c'est ce qui constituait le genre *Asteroides* de Tournefort et de Vaillant, *Bustia* d'Adanson ; tantôt extérieures, allongées et foliacées, dépassant le rayon, et c'est ce qui caractérisait le genre *Astericus* de Tournefort et de Vaillant, *Borrichia* d'Adanson. Le réceptacle est garni de paillettes ; les fleurs sont radiées, à fleurons hermaphrodites, à demi-fleurons femelles fertiles ; les akènes sont ailés et couronnés d'un rebord membraneux, denté ou presque foliacé.

Ce genre comprend des herbes et des arbrisseaux à feuilles opposées ou alternes, à fleurs souvent terminales. On en connaît plus de vingt espèces qui croissent dans les régions méridionales.

Dans la première section (*Asteroides*) se rangent : les *Buphthalmum salicifolium* et *B. grandiflorum*, espèces très-voisines, à tiges herbacées, appartenant au midi de la France, et dont les feuilles, qui sont alternes, peuvent, dit-on, remplacer avantageusement le thé, dont elles ont les propriétés.

Le *B. oleraceum*, à feuilles opposées, épaisses, cendrées, qui croît spontanément, et est cultivé dans la Chine et dans la Cochinchine, comme substance alimentaire.

Dans la deuxième section (*Astericus*), viennent se grouper :

Le *Buphthalmum frutescens*, arbrisseau à feuilles opposées, originaire de la Jamaïque et de la Virginie, figuré tab. 25 du Jardin de Celse par Ventenat ; et trois espèces à feuilles alternes, qui habitent nos départemens méridionaux.

Le *Buphthalmum spinosum*, dont les feuilles de la tige se terminent par une épine, et dont les fleurs jaunes, solitaires, sont garnies de demi-fleurons très-étroits. On trouve cette espèce aux environs de Marseille, de Sorrèze, de Montpellier, d'Agen, de Bordeaux, et dans un lieu nommé *Tempé*. Mais que l'imagination de nos lecteurs ne se monte pas, et n'aille pas s'égarer dans les frais vallons de la Thessalie, sur les rives fleuries de Pénée ; non, c'est tout bonnement un village, près de Montauban.

Le *Buphthalmum aquaticum*, dont la tige, de deux décimètres de haut, est cylindrique, pubescente, et plusieurs fois bifurquée ; et dont les feuilles sont allongées, mais moins velues, moins obtuses et moins rétrécies à la base que celles du *Buphthalmum maritimum*. Ses fleurs sont petites, très-garnies de feuilles florales, les unes sessiles et axillaires, les autres situées au sommet des rameaux. Elle croit au bord des eaux, en Languedoc et en Provence.

Le *Buphthalmum maritimum*, qui de sa racine pousse plusieurs tiges de dix-huit à vingt centimètres de haut. Ces tiges sont velues, branchues et diffuses ; les feuilles sont allongées en forme de spatule, très-obtuses, et velues en leur bord, et principalement à la base où elles sont fort étroites ; les fleurs sont solitaires et toutes terminales, assez grandes ; les demi-fleurons sont larges et à trois dents. Cette espèce se trouve principalement aux environs de Marseille, près du mont Rédon, et sur les collines sèches des côtes de Provence.

On cultive, comme plantes d'agrément, le Buphthalme à grandes fleurs, *Buphthalmum grandiflorum*, Linn., et le Buphthalme à feuilles en cœur, *Buphthalmum cordifolium*, Wald., originaire de Hongrie. *Voyez* l'Almanach du Bon Jardinier.      (C. F.)

BUPLÈVRE, *Bupleurum*. (bot. phan.) Genre de la famille des Ombellifères, qu'on peut distinguer assez facilement à ses fleurs jaunes, à ses tiges glabres et à ses feuilles simples (excepté dans une espèce d'Afrique). Voici ses caractères botaniques : un involucre d'une à cinq folioles (nul parfois) ; un involucelle à cinq folioles souvent colorées ; cinq pétales entiers, égaux, courbés en demi-cercle ; un fruit arrondi ou ovoïde, strié et un peu comprimé.

Un savant botaniste, connu par ses recherches spéciales sur les Ombellifères, a scindé le genre Buplèvre d'après des considérations assez minutieuses ; nous ne pouvons nous y arrêter, d'autant plus que si l'on trouvait des caractères dans des organes à peine appréciables, la création des genres n'aurait plus de bornes. Tel qu'il est généralement admis, le genre Buplèvre comprend une trentaine d'espèces, la plupart herbacées, quelques unes frutescentes.

Parmi les premières, nous citerons le *Bupleurum rotundifolium*, ou *Percefeuille*, à feuilles perfoliées, à ombelles sans involucre, représenté dans notre Atlas, pl. 60, fig. 10 ; le *B. falcatum*, ou *Oreille de lièvre*, à tiges flexueuses, à involucres de cinq folioles aiguës ; le *B. tenuissimum* et le *B. junceum*, à feuilles linéaires aiguës ; ces quatre espèces croissent aux environs de Paris. Le *B. stellatum*, indigène en Suisse, a les folioles de ses involucelles soudées à leur base et formant une espèce de bassin ; le *B. odontites* est remarquable par ses involucres en étoile, composés de cinq folioles à trois nervures saillantes.

Parmi les espèces à tige ligneuse, on cultive dans les jardins le *B. fruticosum*, à feuilles persistantes ; le *B. spinosum*, d'Espagne, dont les rameaux effilés dégénèrent en épines ; le *B. arborescens*, du cap de Bonne-Espérance, et le *B. coriaceum* ; ces deux dernières doivent être retirées dans l'orangerie.      (L.)

BUPRESTE, *Buprestis*. (ins.) Genre de Coléoptères de la famille des Serricornes, tribu des Buprestides, section des Pentamères. Ce genre a été établi par Linné, et il y a employé un nom qui, chez les anciens, d'après sa signification, indiquait un animal tuant les bœufs quand ils en mangeaient avec l'herbe qu'ils broutaient ; il est plus que probable que, si les anciens ont voulu désigner un insecte ayant cette qualité malfaisante, ce doit être dans le groupe des insectes voisins des méloées, mylabres, etc., enfin dans ceux qui portent comme eux une faculté vésicante, comme les cantharides, qu'il faut les chercher et non dans ces insectes rares dans nos pays, et qui vivent non sur les herbes, mais sur les fleurs et le tronc des arbres; Geoffroy les avait, avec plus de raison, nommés *Richards*, à cause des belles couleurs métalliques dont ils sont en général revêtus; mais le premier nom a prévalu. Leur corps est en général ovale, allongé, quelquefois bombé; les yeux sont ovales, avec les antennes insérées entre eux; les mâchoires sont robustes, bidentées; le corselet est court et large. Les élytres sont souvent dentelées en scie à leur extrémité; les pieds sont courts, aussi marchent-ils lentement; mais ils s'envolent avec beaucoup de facilité, et le soleil à l'exposition duquel ils se tiennent toujours augmente encore leur activité. Les petites espèces, quand on veut les saisir, se laissent tomber à terre; dans les femelles l'extrémité de l'abdomen offre un tuyau en forme de tarière, propre à introduire les œufs; quelques espèces exotiques sont écloses dans notre pays ayant été transportées dans des bois étrangers. Le genre actuellement est restreint à ceux qui ont les antennes tout au plus en scie, les articles des tarses en forme de cœur renversé et le pénultième au moins bifide. Il est excessivement nombreux, et quelques entomologistes s'occupent en ce moment avec ardeur de sa monographie.

**† Pas d'écusson.**

B. **marron**, *B. castanea*, Linn., Oliv., Ent., t. 2, n° 52, pl. ii, fig. 8. Long de 18 à 22 lignes, corps épais très-bombé, sternum aigu divergent, élytres tridentées à l'extrémité; d'un vert noir, avec les antennes, les pattes et les élytres marron clair; le corselet est profondément entaillé de cicatrices longitudinales remplies de poil rouge de brique, et plusieurs taches formées du même poil se trouvent répandues sur les élytres, dont deux rondes à leur base et deux autres près de l'extrémité de la côte externe; les autres, plus petites, se trouvent réparties le long de la suture. Du Sénégal.

B. **riche**, *B. chrysisor*., Fal., Oliv., Ent., t. 2, n° 52, pl. ii, fig. 8. Olivier ne l'a considéré, mais à tort, que comme une variété du précédent. Long de 15 à 18 lignes; corps très-épais, bombé; sternum aigu, divergent; élytres tridentées à l'extrémité; vert doré; antennes, pattes et élytres marron lisse. Le corselet est fortement ponctué. Des Indes orientales.

B. **sternicorne**, *B. sternicornis*, Fabr., Oliv., Ent., t. 2, n° 52, pl. vi, fig. 52. Même forme que les précédens; tout le corps est entièrement d'un beau vert doré, avec les antennes noires; le corselet est fortement ponctué, et les élytres ont des impressions arrondies, disposées en stries garnies d'un léger duvet gris. Des Indes orientales.

B. **interrompu**, *B. interrupta*, Fabr., Oliv., Ent., t. 2, n° 52, pl. xi, fig. 128. Long de 18 à 20 lignes, même forme que les précédens, excepté

que les élytres ne sont point dentelées; tête, corselet vert bronzé foncé; pattes, dessous de l'abdomen vert bronzé clair, avec un duvet très-épais blanc; le corselet est fortement ponctué, avec un duvet blanc dans les ponctuations. Les élytres sont noires, avec plusieurs bandes blanches assez courtes, une à la partie humérale près du bord externe, une à la base de l'élytre; au milieu du dos un point entre elle et la suture, et enfin une bande plus longue divisée souvent sur sa longueur à partir du milieu de la seconde moitié de l'élytre, mais n'atteignant pas son extrémité. Du Sénégal.

B. **versicolor**, *B. versicolor*., Fabr., Oliv., t. 2, pl. iv, fig. 58. Long de 12 à 15 lignes, vert bleuâtre, très-fortement ponctué; de toutes les parties du corps s'élèvent des touffes de poils jaunes, mais autour des élytres elles sont rouges. Cette espèce se trouve au cap de Bonne-Espérance, quelquefois en si grande quantité que les arbres paraissent couverts de fleurs.

B. **de caillaud**, *B. Calllaudi*, Latr. Long d'un pouce 1/2 environ; d'un vert bronzé, rugueux; élytres ayant quatre larges bandes peu marquées et longitudinales, garnies d'un duvet blanchâtre. Dessous du corps couvert du même duvet à reflets argentés. Ce Bupreste vient d'Égypte; il a été rapporté par M. de Joannis, capitaine du *Luxor*, et nous l'avons représenté dans notre pl. 61, fig. 5.

**† † Un écusson.**

B. **géant**, *B. gigas*, Linn., Oliv., Ent., t. 2, pl. 1, fig. 1; Atlas, pl. 61, fig. 1. Long de 2 à 3 pouces, corselet transversal, comme lobé sur les côtés, præsternum s'emboîtant dans le segment suivant; élytres régulièrement chagrinées, bi-épineuses à leur extrémité; entièrement d'un vert cuivreux passant au rouge. Cette espèce, l'une des plus grandes du genre, se trouve communément dans la Guiane.

B. **a deux bandes**, *B. bivittata*, Fabr., Oliv., Ent., t. 2, n° 52, pl. iii, fig. 17. Long de 15 à 18 lignes; forme du précédent, mais beaucoup plus allongé, entièrement du plus beau vert doré, avec deux bandes couleur de feu occupant tout le milieu de la longueur de l'élytre. Des Indes orientales.

B. **joyeux**, *B. lepida*, Gory., Ann. de la Société ent. de France, t. 1, fasc. 4, pl. xii, fig. 3, b; Atlas, pl. 61, fig. 3. Long de 10 à 12 lig. C'est une des plus jolies espèces du genre. Il a la forme du précédent, mais les élytres sont finement en scie à leur extrémité; d'un beau vert doré, avec le vertex et les côtés du corselet d'un rouge de feu; tout le disque de l'élytre est occupé dans sa longueur par une large bande jaune sale, entouré d'un liséré bleuâtre. Du Sénégal. Cet insecte n'avait été rapporté qu'une ou deux fois, il y a un an, et se vendait 60 francs. On en a trouvé un si grand nombre depuis, qu'il ne se vend plus actuellement que 50 centimes.

B. **autrichien**, *B. austriaca*, Fab. Long de 7 à 10 lignes; forme du précédent, avec les élytres bidentées à l'extrémité; d'un beau vert, avec le pourtour des élytres comme doré. Du midi de la France.

B. RUSTIQUE, *B. rustica*, Fab. Long de 7 à 9 lignes; corps un peu déprimé, large, avec des dépressions transverses sur les élytres; d'un vert bronzé, quelquefois bleu. Du Piémont.

B. TARDA, *B. tarda*, Fab. Long de 3 à 4 lignes; forme du précédent, entièrement d'un bleu d'indigo. De la France méridionale, où on ne le trouve que sur les pins.

B. TACHÉ DE JAUNE, *B. flavomaculata*, Fabr. Long de 8 lignes; forme des précédens; bronze foncé, une bande jaune de chaque côté du corselet, et huit taches jaunes sur les élytres, laissant paraître en noir les stries qui les traversent. De France.

B. HUIT POINTS, *B. octoguttata*, Fab. Long de 5 lignes; forme des précédens; tête, corselet, abdomen bronzés; élytres bleues sur les côtés, et en avant du corselet de petites bandes jaunes; quatre taches de même couleur sur le disque des élytres, et une de plus à la partie humérale, plus quatre autres sur chaque anneau de l'abdomen. De la France méridionale.

B. IMPÉRIAL, *B. imperialis*, Fab. Long de 13 à 14 lignes; forme des précédens; entièrement noir, brillant, avec une bande jaune d'ocre de chaque côté du corselet et quatre bandes partie transversales, partie longitudinales sur chaque élytre. De la Nouvelle-Hollande.

B. MARIANA, *B. mariana*, Fab., représenté dans notre Atlas, p. 61, f. 4. Long de 12 à 14 lignes; forme des précédens, avec 4 dépressions au milieu des élytres, et tout le reste ainsi que le corselet très-rugueux par place; extrémité des élytres finement en scie sur les côtés, vert bronzé cuivreux en dessus, rouge-cuivreux en dessous. C'est la plus grande espèce de notre pays; elle est fort difficile à prendre, se tient habituellement sur les pins coupés dans le midi, et s'envole rapidement dès qu'on l'approche.

B. VOISIN, *B. affinis*, Fab. Long de 6 à 7 lignes; forme des précédens; élytres dentées finement en scie; bronze terne, avec quatre dépressions très-profondes au milieu des élytres, plus claires de couleur. De la France méridionale.

B. DU SAULE, *B. salicis*. Long de 3 lignes; forme des précédens; vert en dessous; élytres pourpres, avec une tache triangulaire à la base; les côtés et une ligne au milieu du corselet verts, ce dernier bleu foncé. Charmante espèce de notre pays.

B. MANCA, *B. manca*, Fab. Long de 3 à 4 lignes; dessous du corps rouge-cuivreux, tête et corselet noirs, avec trois bandes cuivreuses; élytres bronze terne, très-rugueuses. De Paris.

B. AGRÉABLE, *B. amœna*, Kirby. Corps presque en carré long, tête allongée, corselet triangulaire, élytres fortement en scie sur les côtés; d'un beau bleu d'acier, une bande transverse jaune près de l'extrémité des élytres. Du Brésil.

B. CASSIDIOIDE, *B. cassidioides*, Guérin, Magasin de zoologie, 1832. Cette espèce est remar-

quable par sa forme arrondie et aplatie, ce qui l'a fait comparer avec raison à une Casside. Il est long de 7 ou 8 lignes et large de 5; il est d'un noir bronzé, avec les bords du corselet, la suture et trois bandes transversales sur les élytres, dorés. Il se trouve à Madagascar. (*Voy.* la figure que nous en donnons dans notre Atlas, pl. 61, fig. 2.

B. NEUF TACHES, *B. novemmaculata*, Fab. Long de 4 à six lignes; corps très-bombé, corselet fortement convexe, élytres sans dentelures à l'extrémité; d'un vert noir, six taches jaunes d'ocre transverses sur les élytres, une sur le vertex et deux sur le corselet de la même couleur. De la France méridionale.

B. ALLONGÉ, *B. teniata*, Fab. Long de 3 à 4 lignes; même forme que le précédent; corselet avec deux impressions près de son extrémité; cette partie et le commencement des élytres sont en outre finement dentés; élytres profondément striées; noir, avec le corselet velu, quelques taches jaunes d'ocre sur les élytres. D'Autriche.

B. DE LA RONCE, *B. rubi*, Fab. Long de 4 à 5 lignes; forme des précédens; corselet strié à sa partie postérieure; d'un noir bleu, et le corselet bronzé, avec quatre ou cinq bandes transverses vermiculées, grisâtres, sur les élytres. De France, peu commun aux environs de Paris.

B. VERT, *B. viridis*, Fabr., Oliv., Ent., t 2, pl. x, fig. 127. Long de 3 à 4 lignes; corps très-étroit, mais du reste analogue au précédent; tête, corselet, corps en dessous, bronze-vert; élytres vertes ou bleuâtres métalliques. Il se trouve sur les arbres aux environs de Paris. (A. P.)

BUPRESTIDES, *Buprestides*. (INS.) Tribu de Coléoptères de la famille des Serricornes, section des Pentamères, formée du grand genre Bupreste de Linné, ayant pour caractères: præsternum simplement reçu dans une dépression du mésosternum, n'ayant pas par conséquent d'organisation propre au saut; les angles postérieurs du corselet ne sont pas non plus terminés en angles prolongés; le dernier article des palpes n'est guère plus gros que les précédens; les tarses à articles dilatés; on ne connaît rien des mœurs de ces insectes, on présume que leurs larves vivent dans les bois, où on trouve quelquefois l'insecte mort sous les écorces des arbres d'où il n'a pu sortir. *Voy.* BUPRESTE, TRACHYS.

BURCHELLIA. (BOT. PHAN.) Joli arbuste du cap de Bonne-Espérance, voisin du *Mitchella*, et de la famille des Rubiacées. R. Brown, qui a institué ce genre, en décrit une seule espèce, le *Burchellia capensis*, qu'on reconnaît dans nos serres à ses feuilles cordiformes, allongées, coriaces; à ses fleurs écarlates et ramassées en tête; elles s'épanouissent à la fin de mai. (L.)

BURGAU. (MOLL.) Les pêcheurs donnent ce nom, sur nos côtes, à diverses espèces du genre Sabot, et surtout au Sabot limaçon. *Voy.* SABOT.
(GUÉR.)

BURSAIRE, *Bursaria*. (ZOOPH. INFUS.) Genre

de l'ordre des Infusoires homogènes, composé d'animaux microscopiques que l'on trouve dans les eaux douces et salées, mais jamais dans les infusions. Leur corps est composé de deux membranes creuses, sans organes apparens, et qui ont cependant une action vitale très-prononcée. Les mouvemens de ces animaux sont peu vifs, fort irréguliers; ils parcourent ordinairement une ligne spirale avec plus de rapidité que lorsqu'ils reviennent au point de leur départ.

Ce genre, fondé par Muller, se compose jusqu'à présent de cinq espèces décrites et figurées dans son ouvrage sur les animaux infusoires. (GUÉR.)

BURSATELLE, *Bursatella*. (MOLL.) Genre de Gastéropodes de l'ordre des Tectibranches, famille des Aplysiens, créé par M. de Blainville pour un animal conservé dans l'esprit-de-vin au muséum britannique, et qu'il a dédié à M. Leach sous le nom de *Bursatella Leachii* (*voy*. Dict. des Sc. nat., t. v, et Manuel de Malacologie, pl. 473). Ses caractères sont: corps subglobuleux, offrant intérieurement un espace ovalaire circonscrit par des lèvres épaisses indiquant le pied, supérieurement une fente ovalaire à bords épais, communiquant dans une cavité où se trouvent une très-grande branchie libre et l'anus; quatre tentacules fendus, ramifiés entre deux appendices buccaux; aucune trace de coquille.

Depuis la connaissance que ce savant nous a donnée de la Bursatelle, M. Audouin d'abord, et nous un peu plus tard, avons eu occasion de nous en occuper. Dans l'explication sommaire des planches de mollusques de la description de l'Égypte, M. Audouin crut voir dans un animal figuré par Savigny une Bursatelle, et en conséquence la nomma *Bursatella savignana*; mais, frappé de la grande analogie qu'il y a entre les Bursatelles et les Aplysies, il fit des premières un sous-genre des secondes. Dans notre Monographie des Aplysiens, nous avons fait connaître depuis que ces deux Bursatelles, ainsi qu'une nouvelle espèce fort voisine, l'*Aplysia Pleii*, ne différaient des Notarches de Cuvier que par de très-faibles caractères, et nous les avons aussitôt fait entrer dans notre sous-genre Notarche du beau genre Aplysie. Nous pensons donc que ce genre ne saurait se maintenir davantage, et que l'espèce sur laquelle il a été établi doit prendre la dénomination d'*Aplysia bursatella*. (R.)

BUSARDS, *Circus*. (OIS.) Ces oiseaux forment dans la famille des Falconidés, un petit genre voisin des Buses, desquelles ils diffèrent surtout par leurs tarses grêles et élevés; la plupart des espèces présentent un demi-collier de plumes allant du menton aux oreilles, ce qui leur donne quelque chose de la physionomie des ducs.

Les Busards sont plus agiles et plus rusés que les buses, mais ils sont loin d'avoir l'audace des faucons; jamais ils ne poursuivent leur proie au vol, ils la saisissent à terre; on les trouve ordinairement dans les marais et les lieux humides, où ils construisent leur nid.

L'Europe possède en propre trois espèces de ce genre.

Le BUSARD HARPAYE OU DES MARAIS, *Falco rufus* de Linné. «Cet oiseau, dit M. Temminck, Man. p. 70, très-abondant dans tous les marais de la Hollande, et dont j'ai suivi le changement de livrée sur plusieurs individus élevés en captivité, éprouve, aux diverses époques de l'âge, des différences très-marquées dans les couleurs du plumage; ces différences sont cause que l'espèce a été présentée, par les auteurs, sous plusieurs dénominations particulières.»

Buffon a fait du mâle adulte la Harpaye, Ois. vol. 1, pag. 217, et pl. enl. 460. Son Busard des marais, pl. 424, est le même oiseau à l'âge d'un an.

On trouve cette espèce dans toute l'Europe, mais c'est en France et surtout en Hollande qu'elle est commune; elle habite les roseaux et les buissons proche des marais, des rivières et des lacs; le nid qu'elle y construit contient trois ou quatre œufs blancs de forme arrondie.

Le BUSARD SAINT-MARTIN, *F. cyaneus*. Les raies transversales disposées sur la partie externe des ailes, sur les pennes de la queue et sur les plumes du dos, suffisent pour faire distinguer cette espèce de la précédente; ses ailes aboutissent aux trois quarts de la longueur de la queue; leurs troisième et quatrième rémiges sont d'égale longueur.

Cet oiseau figure aussi dans les œuvres de Buffon sous deux noms spécifiques différens (l'*Oiseau Saint-Martin*, pl. 459, qui est le mâle; la *Soubuse*, pl. 443, jeune femelle; et 480 jeune mâle).

Ce Busard niche à terre dans les bois marécageux ou dans les joncs; sa ponte est de quatre ou cinq œufs d'un blanc terne, mais sans tache. On le trouve en France, en Allemagne, en Angleterre, ainsi que dans l'Afrique et l'Amérique septentrionale.

Le BUSARD MONTAGU, *F. cineraceus*, dont les ailes aboutissent à l'extrémité de la queue et ont leur troisième rémige plus longue que toutes les autres. Suivant M. Temminck cette espèce forme, avec les deux précédentes, la série des Busards européens. On la rencontre principalement dans les contrées orientales, en Hongrie, en Pologne et en Autriche; elle est plus rare en France et en Angleterre. Le mâle a un pied cinq pouces de longueur totale.

Les principales espèces étrangères de ce genre, indiquées par les auteurs, sont:

Le BUSARD GRENOUILLARD, figuré par Levaillant, Ois. d'Afrique, pl. 23.

Le BUSARD TCHOUD, *Falco melanoleucus*, Ois. d'Afrique, pl. 3.

Le BUSARD MAURE, *F. maurus*, Temm. pl. col. 461.

Le BUSARD BARIOLÉ, *Circus histrionicus* de MM. Quoy et Gaimard. Voy. *Uranie*, pl. 15 et 16. Cet oiseau se trouve aux îles Malouines.

Le BUSARD A SOURCILS BLANCS, *Falco palustris*, pl. col. 22, est d'un noir bleuâtre, ardoisé en dessus, avec les ailes d'un gris cendré, marquées de noir et de roux; les parties inférieures sont blanches, excepté la poitrine. Cette espèce habite le Brésil. (Geoff.)

**BUSES.** ( ois. ) Ces oiseaux forment dans la famille des Falconidés ( grand genre *Falco* de Linné ), un petit groupe distinct; leur bec, non denté, est courbé dès sa base, ce qui les distingue des Aigles, et leur ailes sont généralement obtuses; les tarses variables ne présentent aucun caractère commun à toutes les espèces; les yeux ont leur pupille très-dilatée; cette analogie, qui n'est pas la seule que les Buses présentent avec les Accipitres nocturnes, nous explique pourquoi les ornithologistes les ont toujours placées les dernières parmi les Diurnes, comme formant le passage de ceux-ci aux premiers. Ce sont des oiseaux de proie ignobles, desquels on n'a jamais pu tirer aucun parti pour la chasse.

On peut admettre dans le groupe des Buses, trois petits genres assez distincts, auxquels nous arriverons par le tableau suivant :

1° Tarses longs et grêles; une collerette de plumes raides disposées en demi-cercle depuis le menton jusqu'aux oreilles (Busards).

Tarses de longueur moyenne, point de collerette de plumes (*voy.* n° 2).

2° Tarses emplumés jusqu'aux doigts (Busaigles).

Tarses nus ou simplement empennés au genou ( *voy.* n° 3 ).

3° Espace situé entre la commissure du bec et l'œil, nu ou simplement garni de poils (Buses).

Espace entre la commissure et l'œil couvert de plumes ( Bondrées ).

Nous commencerons par le

### Genre Bondrée, *Pernis.*

Les espèces de ce genre ont les tarses courts, assez robustes et réticulés; et, ce qui les caractérise nettement, c'est d'avoir l'espace situé entre la commissure du bec et l'œil, couvert de plumes écailleuses.

La France et l'Europe n'en possèdent qu'une seule espèce, la Bondrée, *Pernis communis*, Cuv. représentée à la pl. enl. 420.

Cet oiseau, qui paraît avoir été beaucoup plus commun en France qu'il ne l'est aujourd'hui, se tient ordinairement sur les arbres en plaine pour épier sa proie, car il ne chasse point au vol. Les grenouilles, les lézards, les petits quadrupèdes, certains oiseaux et aussi les insectes, composent sa nourriture ordinaire. La Bondrée ne vole guère que d'arbre en arbre et de buisson en buisson; elle est brune en dessus, différemment ondée de brun et de blanc en dessous; sa longueur est de deux pieds environ pour le mâle adulte.

La femelle construit son nid dans les forêts sur les arbres les plus élevés; ses œufs sont d'une couleur cendrée et marquetés de petites taches brunes.

La Bondrée huppée, *Pernis cristata*, Cuv., est une autre espèce que l'on trouve dans l'Inde et dans les grandes îles voisines; elle a été représentée par M. Temminck, planche col. 44, et décrite dans le même ouvrage sous le nom de *Falco pti-*

*torhynchus.* M. Lesson, Ornithologie, pages 76 et 77, indique trois autres espèces : Bondrées à collier noir, à collier roux et à gosier blanc; les individus sur lesquels sont fondées ces espèces font partie de la collection du Muséum; leur patrie est inconnue.

### Genre Buse, *Buteo.*

Ce genre comprend les Buses proprement dites; toutes ont les tarses forts, nus, ordinairement assez courts, et garnis d'écailles en avant, ainsi que le dessus des doigts : l'espace entre l'œil et les narines est couvert de poils, et non de plumes comme chez les précédens.

Ces oiseaux ont quelques rapports avec les Aigles et les Spizaètes ( *voy.* ces mots); ils se distinguent des premiers par leur bec courbé dès sa base, et des seconds par leurs ailes aussi longues ou presque aussi longues que la queue.

La Buse commune, *Buteo communis*, pl. enl. 419, est la seule espèce européenne du genre.

Cet oiseau, que tout le monde connaît, se tient dans les bois touffus qui avoisinent les champs; il est très-commun en Hollande et en France. Son air stupide, qui est devenu proverbial, paraît tenir en grande partie de la faiblesse de ses yeux, que le grand jour blesse presque autant que ceux de certains oiseaux diurnes; c'est aussi pour cette raison que pendant la journée on le voit souvent rester plusieurs heures de suite perché sur la même branche.

La Buse chasse les oiseaux, les petits quadrupèdes, les serpens et les gros insectes. Son nid, qu'elle place sur de vieux arbres, des chênes ou des bouleaux, est construit avec de petites branches et garni en dedans de laine et d'autres matériaux légers; la femelle y pond trois ou quatre œufs blanchâtres tachetés de jaune, qu'elle couve avec soin; lorsque les petits sont éclos, elle les garde plus long-temps que les autres oiseaux de proie.

Cette espèce varie beaucoup; le plus souvent elle est d'un brun roussâtre, zoné de blanchâtre et de brun sur la poitrine et le ventre; mais il est presque impossible de voir deux individus qui se ressemblent. On en trouve un grand nombre qui sont plus blancs, d'autres plus foncés.

Les espèces étrangères sont fort nombreuses; nous ne ferons que les indiquer.

Buse bacha, *Buteo bacha*, Vieill., figurée parmi les oiseaux d'Afrique de Levaillant, pl. 15. Elle habite le Cap, où elle chasse les damans; on la trouve aussi au Bengale et à Pondichéry.

Buse blanchet, *Buteo albidus*, pl. col. 19, habite Pondichéry.

Buse a joues grises, *Falco Polyogenys*, pl. col. 525, se trouve aux îles Philippines.

Buse roussatre, *F. rutilans*, Temm. col. 25; cette espèce, la Buse des savanes noyées, d'Azara, habite le Paraguay et toute l'Amérique méridionale chaude.

Buse a queue rousse, *Buteo borealis*, Vieill., figurée à la pl. 52, f. 2 de l'Am. ornith. de Wilson, a été observée aux Antilles, dans les États-Unis et à New-York.

La Buse aux ailes longues, *Falco Pterocles*, Tem. pl. 56 et 159, et la Buse mantelée, *F. lacernulatus*, pl. 437, ont été rapportées du Brésil.

La Buse buseray, *Buteo Busearellus*, Levaill. Ois. d'Afrique, pl. 20 ; la Buse a dos tacheté, *Buteo pœcilonatus*, pl. col. 9 ; la Buse a calotte noire, *B. melanocephalus*, Vieill. gal. pl. 14, viennent de Cayenne.

La Buse hale, *Falco liventer*, Temm. pl. 458, habite Java, le continent indien et les îles Célèbes.

Les autres espèces connues sont : La Buse bau-noir, *Buteo jackal*, Ois. d'Afr., pl. 16 ; la Buse d'hiver, *Falco hiemalis*, Vieill. Am., pl. 7 ; la Buse polysome, *F. polysoma*, Quoy et G., Zool. *Uranie*, pl. 14, qui habite les îles Malouines, où elle est très-commune et chasse aux petits oiseaux.

M. Lesson a retiré du genre Buteo, pour en faire un groupe à part, le Buson, *F. buson*, Latr., qui a le bec un peu plus long et présentant un rudiment de dents.

Cette espèce, qu'il nomme *Buteo-Gallus cathartoides* ( Ornith. p. 85 ), habite la Guiane et le Paraguay.

#### Génre Busaigle, *Buteates*.

Ce genre établi par M. Lesson, *loco cit.* ne diffère des précédens que par les tarses qui sont emplumés jusqu'aux doigts.

Le Busaigle ou Buse pattue, *Falco lagopus*, est la seule espèce connue ; on la trouve par toute l'Europe, sur la lisière des bois qui avoisinent les marais et les eaux ; elle niche sur les grands arbres et pond quatre œufs nuancés de rougeâtre.

Elle est un peu plus petite que la Buse, c'est-à-dire longue seulement de 19 pouces ( pour le mâle ) au lieu de 20 et 22. La femelle a 2 pieds 3 pouces.

#### Genre Busard.

Ce genre est le quatrième et le dernier du groupe des Buses, celui qui se rapproche le plus des Chouettes : nous en avons parlé au mot Busard.

( Gerv. )

BUTÉE, *Butea*. ( bot. phan. ) Arbrisseau observé par Roxburg sur la côte de Coromandel, où il est assez commun ; ses fleurs papilionacées le rapportent à la famille des Légumineuses, près des genres Erythrine et Rudolphie, dont il diffère par sa gousse plane et monosperme.

Roxburg décrit deux espèces de *Butea* ; l'une, *B. superba*, a des branches sarmenteuses, des feuilles trifoliées, et des grappes de fleurs écarlates ; l'autre, *B. frondosa*, non moins remarquable par la beauté de ses fleurs, diffère de la précédente par ses rameaux pubescens, ses folioles souvent échancrées au sommet, ses grappes courtes et peu étalées. Lamarck l'appelle *Erythrina monosperma* ; Rhéede et Adanson l'ont décrit sous le nom de *Plaso*. ( L. )

BUTOME, *Butomus*. ( bot. phan. ) Tout le monde a vu, sur le bord des rivières ou des étangs, une belle plante dont la tige, effilée comme un jonc, s'élance du milieu d'une touffe de feuilles longues et tranchantes, et porte, à trois ou quatre pieds de hauteur, une ombelle de fleurs roses, ceinte d'une collerette de quelques folioles. C'est le *Butomus umbellatus*, ou *Jonc fleuri*, classé par Linné dans son Ennandrie hexagynie, et ballotté par la méthode naturelle entre les Joncées et les Alismacées, dont il offre la plupart des caractères. Il se distingue par son calice à six divisions ovales, dont trois extérieures, concaves et verdâtres, et trois intérieures, longues et pétaloïdes ; neuf étamines, qui présentent la circonstance rare d'anthères à quatre loges ; six pistils et autant d'ovaires ou capsules ; enfin par le mode singulier d'annexion de ses graines, attachées à la paroi interne des capsules par un réseau vasculaire. C'est appuyé sur ce dernier caractère que M. Richard a fait de la plante qui nous occupe le type de la famille des Butomées.

Le *Jonc fleuri* est très-commun aux environs de Paris ; on n'en connaît qu'une espèce, que nous avons représentée dans notre Atlas, pl. 61, fig. 6. ( L. )

BUTOMÉES, *Butomeæ*. ( bot. phan. ) Cette nouvelle famille, établie par M. Richard, se compose seulement de deux ou trois plantes monocotylédones, fort voisines des Joncées et des Alismacées, mais distinctes par un caractère assez remarquable, consistant dans la structure des capsules, dont la paroi interne est garnie d'un réseau vasculaire, où les graines sont attachées sans ordre. Les genres *Butomus*, L., *Hydrocleis*, Richard, et *Limnocharis*, Humboldt, présentent seuls cette singularité.

Du reste, les Butomées sont des plantes aquatiques, semblables aux Joncées et aux Alismacées ; par la structure de leurs diverses parties, elles pourraient former une subdivision dans le groupe très-naturel où l'on réunirait les genres de ces trois familles. ( L. )

BUTORS. ( ois. ) On donne ce nom à un petit genre de Hérons ( *voy.* ce mot ).

BUTYRATES. ( chim. ) Sel résultant de la combinaison des bases avec l'acide butyrique ; acide liquide, incolore, oléagineux, d'une saveur très-piquante d'abord, puis douceâtre, etc., qui existe dans le lait de beurre, et que l'on obtient en saponifiant le beurre de vache par de la potasse à la chaux, décomposant la masse savonneuse par l'acide gastrique, distillant le produit par l'eau de baryte, l'acide sulfurique, etc.

A l'état sec, les Butyrates sont ordinairement inodores ; humides, ils exhalent l'odeur du beurre. Ces sels sont encore sans usage. ( F. F. )

BUTYRINE ( chim. ) Matière graisseuse, ainsi nommée par M. Chevreul, qui l'a découverte, parce qu'elle contient les élémens du principe odorant du beurre. La Butyrine, ordinairement de couleur jaune, bien qu'on puisse l'obtenir incolore, a une odeur de beurre chaud, est sans action sur le tournesol, insoluble dans l'eau, soluble dans l'alcool bouillant, saponifiable par la potasse, etc. On l'obtient en traitant le liquide qui surnage le dépôt formé par le lait de beurre.

abandonné à lui-même, par de l'alcool; distillant avec ménagement; ajoutant au produit obtenu, qui est un mélange de Butyrine et d'acide butyrique, d'abord du sous-carbonate de magnésie pour séparer l'acide, puis de l'eau pour dissoudre le butyrate de magnésie, enfin de l'alcool chaud pour séparer la Butyrine de l'excès de sous-carbonate de magnésie. La Butyrine est sans usage. (F. F.)

BUXBAUME. (bot. crypt.) Mousses. Ce genre *Buxbaume* ou *Buxbaumie*, dédié par Linné au célèbre botaniste Buxbaum, limité aujourd'hui à la seule espèce dite *Buxbaumia aphylla*, peut être caractérisé de la manière suivante : capsule terminale oblique, plane en dessus, renflée en dessous; péristome double avec cils nombreux, filiformes, simples extérieurement; membrane conique, plissée intérieurement; coiffe conique.

Le *Buxbaumia aphylla*, qui est d'un beau rouge orangé ou brunâtre, habite toute l'Europe, et jusque sur les bords de la mer Caspienne; on le trouve sur le bois pourri et à la surface de la terre; il a pour tige une sorte de tubercule couvert de petits poils ou feuilles avortées. Ces feuilles sont innervées, réticulées et divisées en segmens capillaires; le pédicelle est rude et tuberculeux, avec une gaîne à sa base, convexe et renflée intérieurement, et repose sur une apophyse étroite et arrondie. (F. F.)

BYRRHE, *Byrrhus*. (ins.) Genre de Coléoptères, de la famille des Clavicornes, section des Pentamères, établi par Linné; ayant pour caractères, menton de grandeur moyenne, partiellement engagé dans le præsternum; toutes les pattes très-contractiles; antennes grossissant insensiblement, se terminant en massue de deux à six articles. On a établi sur ce genre quelques coupes, mais qui ne sont pas tranchées; ces Byrrhes sont des insectes ovalaires, très-bombés, et qui n'offrent pas une couleur remarquable; la larve du B. PILULE, que nous allons décrire, est étroite, allongée, avec la tête et le premier segment du corps plus larges; elle se tient sous la mousse.

B. PILULE, *B. pilula*, Linn. Voy. notre Atlas, pl. 61, fig. 7. Long de quatre ou cinq lignes, noir grisâtre, avec des bandes sur les élytres, formées en duvet, alternativement noir et gris. De Paris.

B. BRILLANT. *B. nitens.* Long d'une ligne et demie, corps et tête noirs, corselet et élytres vert bronzé, très-ponctué. De Paris. (A. P.)

BYRRHIENS, *Byrrhii.* (ins.) Tribu de Coléoptères, de la famille des Clavicornes, section des Pentamères, différant de celles de la même famille par les pieds, qui sont parfaitement contractiles, puisque les tibias se replient antérieurement sur les fémurs et les tarses sur les tibias. Aussi ces insectes ont-ils l'air d'une boule; on les trouve ordinairement dans les lieux sablonneux. (*Voy.* BYRRHE.) (A. P.)

BYSSE. (bot. crypt.) Mucédinées. Le genre *Byssus*, qui correspond à celui que Persoon a nommé dans sa Mycologie européenne *Hypha*, et que Rebentisch avait appelé *Hyphasma*, croît dans les lieux sombres et humides. Il est composé de filamens délicats, fins, rameux, opaques, continus, blancs, pulvérulens, déliquescens lorsqu'on les touche ou qu'on les expose à l'air ou à la lumière.

L'espèce la plus connue est le *Byssus bombycina*; elle forme dans les mines de larges touffes d'un blanc éclatant, composées de filamens plus déliés que la soie la plus fine et la plus belle. (F. F.)

BYSSOIDES. (bot. crypt.) Mucédinées. La tribu des Byssoïdes se distingue par des filamens continus ou articulés, sans sporules extérieures, mais dont les articulations se séparent quelquefois et paraissent remplacer les sporules; de là leur division en *Byssoïdes épiphytes*, et en *Byssoïdes continues* ou articulées seulement vers l'extrémité. (F. F.)

BYSSOMIE, *Bissomia*. (moll.) Cuvier a établi ce genre de Pyloridé d'après les caractères suivans : coquille épidermée, oblongue, irrégulière, souvent grossièrement striée en long, équivalve, très-inéquilatérale, très-haute en avant, atténuée en arrière; sommets peu marqués, cependant distincts, faiblement courbés en avant; charnière sans dents ou ne présentant qu'un rudiment de dents sous le corselet; ligament extérieur allongé; impressions musculaires fortes.

Très-voisines des Saxicaves, les Byssomies en diffèrent cependant par la présence d'un byssus. Elles se logent dans les petites cavités des rochers, ou même des plantes marines. On en trouve aussi quelquefois dans le sable. (R.)

BYSTROPOGON. (bot. phan.) Sept ou huit espèces d'arbrisseaux et d'herbes exotiques de la famille des Labiées, Didynamie gymnospermie, confondues autrefois avec nos menthes, nos mélisses, etc., ont été réunies par L'Héritier en un seul genre, dont le nom grec indique le caractère commun; c'est d'avoir un calice barbu à son orifice et terminé par cinq dents aristées. Leur corolle forme deux lèvres, la supérieure bifide, l'inférieure à trois lobes, dont le moyen plus grand; les quatre étamines sont écartées les unes des autres. Leurs feuilles sont en général tomenteuses et blanchâtres en dessous.

Deux espèces sont particulièrement cultivées; l'une, le BYSTROPOGON PLUMEUX, *B. plumosum* (*Mentha plumosa* de Linné), est un arbrisseau originaire des Canaries; on le reconnaît aux poils touffus qui garnissent l'orifice du calice, à ses fleurs bleues, en panicule dichotome. L'autre, BYSTROPOGON PONCTUÉ, *B. punctatum*, a des feuilles ponctuées, et des fleurs en têtes globuleuses.

Citons encore le *B. suaveolens*, plante annuelle très-odorante, originaire de l'Amérique méridionale, et le *B. pectinatum*, à fleurs jaunes en longs épis interrompus. Toutes ces plantes redoutent l'hiver, bien que dans leur patrie plusieurs fleurissent au mois de janvier; il faut chez nous les rentrer dans l'orangerie. (L.)

BYSSUS DES ANCIENS. (bot.) On a beaucoup écrit sur la question de savoir ce que les anciens appelaient *Byssus*; les uns ont cru qu'il s'agissait de la soie fournie par la PINNE-MARINE (*v.* ce mot); les autres affirment avec une joyeuse assurance que ce nom était celui du COTONNIER (*v.* ce mot); mes recherches ne me permettent point de partager ces deux opinions entièrement erronées. Les étoffes précieuses fabriquées avec le Byssus avaient la couleur et l'éclat de l'or; celles que j'ai vu préparer à Tarente, avec les filamens du mollusque vulgairement appelé JAMBONNEAU (*v.* ce mot), sont d'un brun doré avec un reflet vert qu'elles perdent aisément; celles confectionnées avec le coton sont d'un blanc plus ou moins pur. Et puis, cette dernière substance n'a été cultivée chez les Grecs qu'à l'époque de leur décadence, c'est-à-dire quelques années après l'invasion des Macédoniens en Perse; ils ne la connaissaient auparavant que d'une manière confuse, et comme production de l'Inde. Il n'en était pas de même du Byssus qu'ils avaient reçu de la Palestine, et qu'ils récoltaient chaque année dans les plaines de l'Elide, en petite quantité, il est vrai. C'était le *Buz* ou *Butz* des Hébreux; la récolte ne paraissait pas très-productive; la plante occupait beaucoup de terrain, et sa culture diminua sensiblement à mesure que la soie fournie par le bombix fileur (*v.* VER A SOIE) devenait moins rare. Ce fait dément donc positivement les conjectures de ceux qui regardaient le Byssus comme n'étant rien autre que cette belle production.

Quant à l'espèce de plante qui donnait le Byssus, elle est encore inconnue; je la soupçonne appartenir à la tribu des Cynarocéphalées, qui comprend les genres Pedane, *Onopordum*, et Chardon, *carduus*; les filamens soyeux formés sur le collet des racines d'une ou plusieurs plantes épineuses, vivaces, dans leur état adulte, se recueillaient avec soin, n'étaient jamais fort abondans, et la main-d'œuvre pour la culture, la récolte et la fabrication forçait nécessairement à tenir élevé le prix des étoffes : ce prix s'est toujours maintenu fort cher. Bodée de Stapel et Reynier m'ont amené par leurs études à ce premier résultat que je travaille à pousser plus loin, afin de rendre moins vagues les données que j'ai déjà obtenues, et que confirment déjà les momies d'Égypte qui m'ont fourni des bandelettes de cette étoffe très-fine, laquelle n'a réellement aucun rapport avec la laine, la soie, ni le coton.      (T. D. B.)

BYTHINE, *Bythinus*. ( INSECT. ) Genre de Coléoptères de la section des Trimères, famille des Pselaphiens, et qui ne diffère des Pselaphes, proprement dits, que par le second article des antennes. ( *Voy.* PSELAPHE.)      (A. P.)

BYTTNÉRIACÉES, *Byttneriaceæ*. (BOT. PHAN.) Cette nouvelle famille, instituée par R. Brown, aux dépens des Malvacées de Jussieu, a été plus ou moins étendue par différens auteurs, M. Kunth, entre autres, dans un mémoire rempli de science et d'observations ingénieuses, compose sa famille, ou plutôt sa classe des *Byttnériacées*, de tous les genres qui, avec des étamines soudées et monadelphes, ont leur embryon à cotylédons planes, renfermé dans un endosperme charnu; telles sont toutes les *Sterculiacées* de Ventenat, beaucoup de *Malvacées* et les *Hermanées* de Jussieu. Robert Brown, au contraire, ne faisait de ses *Byttnériacées* qu'une section des Malvacées. Quoi qu'il en soit, c'est une idée très-juste que de généraliser les coupes dans la classification botanique, afin de fixer plus promptement l'intelligence de l'étudiant; mais le jour n'est pas encore venu où une autorité linnéenne proclamera la limite définitive des familles artificielles ou naturelles. Décrivons en attendant le simple groupe des *Byttnériacées* d'après Brown, Gay et A. Richard.

Ce sont en général des arbustes tous exotiques; beaucoup sont couverts de poils étoilés; leurs feuilles sont simples et alternes, souvent accompagnées de stipules. Les fleurs offrent pour caractères principaux : un calice monosépale, ordinairement coloré, à cinq divisions; une corolle (parfois nulle) de cinq pétales distincts, tantôt irréguliers et creusés en corne ou gouttière, tantôt ayant la forme d'une écaille; cinq étamines fertiles, ou bien dix étamines dont la moitié est stérile; un ovaire à trois ou cinq loges, portant autant de styles et de stigmates, mais quelquefois un seul organe femelle; une capsule à plusieurs valves ou à plusieurs carpelles; des graines à endosperme charnu et à cotylédons planes ( les genres *Ayenia* et *Theobroma* font exception à ce dernier caractère de la graine ).

Ajoutons, pour compléter cette rapide description des Byttnériacées, que cette famille se distingue des Malvacées par ses pétales distincts, ses étamines en nombre défini, ses anthères biloculaires, et son embryon endospermique; des Sterculiacées par l'unité d'ovaire, et la déhiscence des carpelles; enfin des Tiliacées par ses étamines monadelphes et en nombre défini.

M. Richard distingue les Byttnériacées en deux sections : 1° *Byttnériacées vraies*, à pétales irréguliers, à filets des étamines étoilés dilatés : *Byttneria*, *Commersonia*, *Ayenia*, *Abroma*, *Theobroma*, etc. ; 2° *Lasiopétalées*, à pétales squamiformes ou nuls, à filets des étamines stériles filiformes : *Lasiopetalum*, *Seringia*, *Guichenotia*, *Thomasia*, *Keraudrenia*.      (L.)

BYTTNÉRIE, *Byttneria*. ( BOT. PHAN. ) Ce genre, placé par Jussieu dans la famille des Malvacées, Pentandrie monogynie de Linné, et devenu le type d'une nouvelle famille ( *voy.* l'article précédent), se compose d'arbrisseaux ou arbustes originaires de l'Amérique méridionale; ils ont une tige garnie d'aiguillons, de feuilles simples et alternes, munies de stipules, et des fleurs axillaires distinguées par les caractères suivans : un calice à cinq découpures profondes; une corolle de cinq pétales irréguliers se terminant au sommet par une longue corne; dix étamines, réunies en un godet court; cinq sont stériles, les autres portent deux anthères; un ovaire sessile au milieu du godet; un style, un stigmate à cinq lobes; une capsule à cinq loges, souvent hérissée de pointes, et s'ouvrant en cinq valves.

On compte dix ou douze espèces de *Byttneria*, parmi lesquelles nous en citerons deux cultivées dans nos serres; l'une est la Byttnerie a feuilles ovales, *B. ovata*, trouvée par J. de Jussieu, au Pérou, où on l'appelle *China-Cacha*; c'est un arbrisseau de quatre à cinq pieds, à rameaux anguleux et garnis d'aiguillons; ses fleurs, réunies par trois ou six, sont blanchâtres et violettes; l'autre, *B. cordata*, se distingue par ses feuilles cordées. (L.)

BYTURE, *Bytura*. (ins.) Genre d'insectes coléoptères, de la section des Pentamères, famille des Clavicornes; les Bytures ont la massue des antennes formée de trois articles presque égaux, les deux premiers le sont aussi; les élytres couvrent entièrement l'abdomen, le corselet est transversal; ce sont de très-petits insectes dont le nombre est très-limité. On ne sait rien de leurs mœurs; l'espèce la plus connue se trouve sur les fleurs, c'est le B. tomenteux, *B. tomentosus*, Fab. Il est long de deux lignes, entièrement d'un jaune d'ocre soyeux, avec la tête un peu plus obscure et les yeux noirs. (A. P.)

# C.

CABARET. (ois.) C'est le nom du Sizerin, *Fringilla linaria*. (*Voy.* Gros-Bec.) (Guér.)

CABÉRÉE. (zooph. polyp.) Lamouroux a donné ce nom à un genre de Polypiers établi avec quelques Cellulaires. (*Voy.* ce mot.) (Guér.)

CABEZON. (ois.) Vieillot a proposé en 1816, dans le nouveau Dictionnaire d'histoire naturelle, d'établir sous ce nom un genre dans lequel il fait entrer, comme espèce type, le *Tamatia* de Buffon. Le genre Tamatia (*Capito*) de Cuvier et Temminck, qui correspond à celui des Cabezons, ne renferme cependant pas toutes les espèces de Vieillot. Le *Bucco macrorhynchos*, Enl., 689; le *Melanoleucos*, Enl., 688, 2; le *Collaris*, Enl., 395, et quelques autres, y ont seuls été laissés; le plus grand nombre a été rendu au genre *Bucco*, Barbu, auquel il paraît appartenir. (Gerv.)

CABIAI. (mam.) Le genre *Cavia* de Linné (famille des Rongeurs caviens ou Marcheurs de M. de Blainville), comprend aujourd'hui plusieurs genres qui sont les suivans :
1. Système digital 5-5, c'est-à-dire cinq doigts aux pieds de devant et cinq à ceux de derrière (Paca).
    Système digital 4-3, ou quatre doigts aux pieds de devant et trois à ceux de derrière (2).
2. Doigts réunis par une membrane (3).
    Doigts séparés (Cobaye).
3. Point de queue du tout (Cabiai).
    Une petite queue, ou un tubercule à sa place (Agouti).

Nous n'étudierons point ici tous ces genres, quelques uns ont déjà été décrits, d'autres le seront plus tard; celui des Cabiais, *hydrochœrus*, doit seul nous occuper. Les Cabiais, que l'on pourrait regarder comme intermédiaires entre les Cochons et les Rongeurs, quoiqu'ils appartiennent évidemment à cette dernière catégorie, ont pour caractères génériques quatre doigts devant et trois derrière, tous à moitié palmés et armés d'ongles larges, surtout aux pieds de derrière; ils ont quatre mâchelières partout; les postérieures sont plus longues et composées de nombreuses lames simples et parallèles; les trois antérieures offrent des lames fourchues; tous ont douze mamelles et produisent quatre petits à chaque portée; ils sont entièrement privés de queue.

Formule dentaire : incisives $\frac{1}{1}$, molaires $\frac{4-4}{4-4}$, total 20.

Ces animaux, les plus grands de l'ordre des Rongeurs, ont un caractère craintif; ils sont de l'Amérique méridionale, où ils vivent par troupes. Ils ne sortent que le soir et ne s'éloignent guère des eaux, dans lesquelles ils se jettent au moindre danger. On les chasse pour leur peau et quelquefois aussi pour leur chair, qui est peu estimée : les Espagnols la mangent dans les jours d'abstinence.

CABIAI capybare, *Cavia capybara*, Linn., figuré à notre pl. 62, f. 1. Cette espèce, qui est le *Capiygoua* de d'Azzara, est de la taille d'un cochon de Siam; son museau est très-épais, ses jambes courtes et son poil grossier, de couleur brun jaunâtre. Elle se nourrit de végétaux, vit par troupes et nage avec facilité. On la trouve sur les bords des grands fleuves, au Brésil, à la Guiane et au Paraguay; on la tient domestique dans quelques endroits.

Le CABIAI éléphantipède est une autre espèce de ce genre, décrite par M. Geoffroy. (Gerv.)

CABOCHE. (ois.) Synonyme vulgaire de la Chevèche, *strix passerina*, L. (*Voy.* Chouette.) (Guér.)

CABOCHON, *Pileopsis*. (moll.) Genre établi par Montfort, et conservé par Lamarck pour huit espèces de coquilles représentant assez bien la forme d'un bonnet phrygien, et dont les caractères sont ainsi posés : coquille univalve, en cône oblique, courbée en avant; à sommet unciné ou en crochet, presque en spirale; à ouverture arrondie-elliptique; ayant le bord intérieur plus court, aigu, un peu en sinus; le postérieur plus grand et arrondi. Une impression musculaire allongée, arquée, transverse, est située sous le limbe postérieur. L'animal, pourvu de deux tentacules coniques, ayant les yeux à leur base antérieure près du cou. L'espèce la plus grande et la plus remarquable est le CABOCHON bonnet hongrois, *Pileopsis ungaria*, que l'on trouve en abondance dans la Méditerranée, et qui est figuré dans l'Iconographie du règne animal et dans presque tous les auteurs. Les Cabochons fossiles, dont les espèces sont en grand nombre, ont donné lieu à une observation fort curieuse de la part de M. Defrance, et par suite à la création d'un genre sous la dénomination d'Hipponice ; mais le seul caractère sur lequel repose ce genre, et qui consiste dans la découverte faite que ces coquilles ont vécu sur un support testacé, peut-il suffire ? et n'est-il pas plutôt présumable que tous les Cabochons présentent le même phénomène ? Nous nous garderons bien de le dire affirmativement, quoique tout porte à le croire : dans ce dernier cas, le genre Hipponice demeurerait supprimé, et il faudrait se borner à ajouter aux caractères des Cabochons la pièce testacée ci-dessus mentionnée, qui quelquefois est fort considérable, et dont les lignes d'accroissement sont fortement marquées.

(Ducl.)

**CABOMBA**, *Cabomba*. (bot. phan.) C'est le nom d'une plante assez commune dans les eaux courantes à la Guiane, en Caroline et en Georgie. Michaux et Aublet, en nous la faisant connaître, ne savaient pas que ce brin d'herbe semerait la discorde entre nos plus grands botanistes.

Le *Cabomba* représenté dans notre Atlas, pl. 62, f. 2, ressemble, quant à son aspect, à la renoncule aquatique ; il a des tiges longues et fistuleuses, des feuilles très-découpées et opposées si elles croissent sous l'eau, mais alternes, ovales et entières si elles s'étendent à sa surface. Entre les aisselles de ces dernières s'élèvent des pédoncules assez longs qui portent chacun une fleur jaune ; celle-ci est composée d'un calice à six divisions profondes, disposées sur deux rangs, les intérieures faisant l'office de corolle ; elle a six étamines, deux pistils, deux stigmates ; chaque ovaire contient deux ovules, et devient une capsule à deux graines, dont l'une avorte fréquemment.

Cette simple énumération de caractères rapporterait le *Cabomba* au groupe des Butomées ou des Alismacées ; mais on a mis en avant une grave question : l'embryon de cette plante est-il simple ou à deux cotylédons ? C'est ce qu'on avait demandé aussi au sujet du *Nymphæa*. M. de Candole a vu deux cotylédons dans la graine du Cabomba ; M. Richard n'en voit qu'un. On nous permettra de ne pas décider une question dont la réponse, dira-t-on, devrait sauter aux yeux ; mais la science ne peut se contenter d'une observation superficielle.

M. Richard, tout en reconnaissant les rapports très-intimes du Cabomba avec les Butomées et les Alismacées, s'est fondé sur la structure du fruit de cette plante, pour en faire le type d'une nouvelle famille ; nous allons en dire quelques mots.

(L.)

**CABOMBÉES**, *Cabombeæ*. (bot. phan.) Décrivons d'abord le fruit du *Cabomba*, afin de faire connaître les caractères de cette nouvelle famille.

L'ovaire est constamment uniloculaire, et contient deux ovules renversés, attachés l'un au sommet, l'autre au milieu de la loge : l'un des deux avorte ordinairement. La graine ou l'amande se compose d'un endosperme charnu et farineux, au sommet duquel se trouve l'embryon. Celui-ci, fort petit relativement à l'endosperme, offre à peu près la forme d'un clou ; la radicule est supérieure, et la partie cotylédonaire est simple et indivise.

Les autres caractères des *Cabombées* ne diffèrent point de ceux des Alismacées et des Butomées ; la structure de la fleur est la même. Cette famille se compose des genres *Cabomba* et *Hydropeltis*.

M. Richard regardant les *Cabombées* comme monocotylédonées, les place auprès des groupes que nous avons déjà cités ; M. de Candole en a fait une section de sa famille des Podophyllées. (L.)

**CABORGNE.** (poiss.) Nom vulgaire du *Cottus gobio*, Linn., qu'on appelle aussi Cabor sur nos côtes. On appelle encore Cabor le *Mugil cephalus*.

(Guér.)

**CABOUL** ( Royaume de ). ( Géog. phys. ) Le royaume de *Caboul* ou *Kaboul*, qui porte aussi le nom d'*Afghanistan*, se trouve entre les 57° et 70° de longitude orientale, et les 28° et 36° de latitude nord. Il est borné au nord par le royaume actuel de Herat ou du Khorassan oriental, le Turkestan et le Baltistan ; à l'est, la confédération des Sykes et particulièrement les vastes possessions de Runjet-Sing ; au sud, par le Beloutchistan ; à l'ouest, par le royaume de Perse.

Ce pays est encore un de ceux dont la physionomie politique et les divisions administratives changent tous les jours, grâce aux révolutions sans cesse renaissantes occasionnées par les partages et les envahissemens des peuples voisins. Aussi nous n'indiquerons ici aucune division politique ou administrative, nous nous renfermerons dans les indications de la géographie physique.

Les montagnes qui parcourent ce pays appartiennent au groupe de l'Himalaya, qui lui-même fait partie du système Altaï-Himalaya, ou système oriental de l'Asie. La direction générale de ce groupe est du nord-ouest au sud-est ; il sépare le Caboul du Cachemyr et court se joindre au petit Thibet, en se mêlant ainsi entièrement au groupe de l'Hindou-koh et du Thsoung-ling. Le Caboul possède des mines de fer assez riches, mais assez mal exploitées.

Quoiqu'on ait encore peu d'observations barométriques sur les différentes hauteurs des nombreux plateaux de l'Asie, on peut cependant fixer la hauteur approximative du *Plateau paropamisien*, dans lequel on trouve le Caboul. Les géographes, en s'appuyant sur les diverses productions du pays, la font varier de 700 à 1000 toises. Outre le Caboul, ce plateau contient encore toutes les hautes plaines du Turkestan indépendant, le Khorassan et le Beloutchistan.

Parmi les fleuves qui arrosent ce pays, un seul, l'*Indus*, se rend directement à la mer, tous les autres se perdent dans les sables ou se rendent dans des lacs sans écoulement.

L'*Indus* ou *Sindh*, appelé aussi par les naturels *Mila moran*, ce qui veut dire *fleuve doux*,

a sa source dans le versant septentrional de l'Himalaya, traverse le petit Thibet, le Caboui, une
partie de l'Inde occidentale , et court se précipiter dans les eaux du golfe d'Oman.

Son principal affluent est le Caboul, qui baigne
la capitale de ce pays, auquel il donne son nom.

Le plus grand cours d'eau de la contrée que
nous examinons dans cet article , est l'*Helmend*
ou l'*Hirmend*, qui prend sa source dans le royaume
de Herat , traverse l'Afghanistan , et se perd
dans les eaux du lac de Zerrah. Citons encore
l'*Urghendab*, le *Lora*, le *Kachroud*, et le *Far-
rahroud*.

Parmi les villes de ce pays quelques unes méritent d'être indiquées ici ; nous nommerons *Caboul*,
qui est sa ville principale et qui est regardée
comme le plus grand marché de chevaux de tout
l'Afghanistan.

*Ghiznèh*, qui, à cause du grand nombre de
saints qui y sont enterrés , passe parmi les
Mahométans pour une seconde Médine.

*Kandahar* enfin , l'une des plus belles villes de
l'Asie, est la première place du Caboul pour le
commerce et les fabriques : c'est dans cette ville
qu'on frappe la monnaie du pays. (C. J.)

CACALIE , *Cacalia*. (BOT. PHAN.) Ce genre,
établi par Linné, appartient à la famille des Synanthérées, section des Corymbifères , et à la
Syngénèsie égale de Linné. Les caractères auxquels on le reconnaît sont les suivans : Involucre
cylindrique, oblong, simple ou muni de petites
écailles à sa base ; fleurons tubuleux et hermaphrodites ; réceptacle nu ; akènes surmontés d'une
aigrette de poils simples. Ce genre est répandu
dans presque toutes les parties du monde ; mais
chacune de ses espèces ne se trouve que dans un
arrondissement assez limité. Nous n'en connaissons , en Europe , que quatre :

1° La CACALIE ALPINE , *Cacalia alpina*, presque
entièrement glabre , à tige simple , à feuilles écartées , pétiolées , minces, cordiformes, dentelées ;
à fleurs en corymbe irrégulier ; à bractées linéaires ; à involucre glabre , rougeâtre , renfermant
de 3 à 5 fleurs purpurines , deux fois plus longues
que l'involucre. ♃. On la trouve assez communément dans les lieux pierreux, humides et ombragés des monts Pyrénées , des Alpes , du Dauphiné, de la Savoie, et dans les Vosges.

2° CACALIE PÉTASITE, *Cacalia petasita*, Lamk. ;
*C. albifrons*, L. ; *C. hirsuta*, Wild ; *C. alliara*,
Gouan ; *C. tomentosa*, J. Austr. Cette espèce est
intermédiaire entre la précédente et la suivante.
Elle ressemble à la Cacalie alpine par ses involucres glabres, qui ne contiennent que 3 à 5 fleurs ;
elle s'en éloigne et se rapproche de la Cacalie à
feuilles blanches, parce qu'elle est couverte, surtout à la surface inférieure des feuilles , d'un duvet cotonneux, blanchâtre , mais beaucoup moins
abondant que dans l'espèce suivante. On connaît
deux variétés de la Cacalie pétasite. Dans l'une
le pétiole des feuilles est dilaté à la base en large
appendice arrondi ; dans l'autre le pétiole est nu.

3° La CACALIE A FEUILLES BLANCHES , *Cacalia
leucophylla*, Wild ; *C. tomentosa*, B. ; *C. hybrida*,
Vill. Dauph. Cette espèce diffère des précédentes
par un duvet blanc , cotonneux, qui revêt toute la
surface de la plante. Les fleurs sont en corymbe
arrondi , serré. Chaque involucre renferme de 15 à
20 fleurs. La tige est simple , et a de 2 à 3 décimètres de haut. Les feuilles sont pétiolées, presque en forme de rein , bordées de dentelures plus
étroites et plus rapprochées que dans la Cacalie
des Alpes. La *Cacalia leucophylla* croît dans les
lieux pierreux du Dauphiné, de la Provence, et
dans les Alpes de la Savoie. ♃.

4° La CACALIE SARRASINE , *Cacalia sarracenica*,
L. ; *senecio cacaliaster*, Lamk. Cette plante ressemble au Seneçon sarrasin et au S. doria. Sa tige,
haute de 6 décimètres, est simple , glabre , anguleuse. Ses feuilles sont nombreuses, lancéolées , pointues, un peu découvertes , dentées sur
leurs bords , presque entièrement glabres , longues
de 12 à 15 centimètres , et larges de cinq à six.
Ses fleurs sont d'un jaune très-pâle , en corymbe
terminal. Les fleurons sont tous hermaphrodites
dans les individus qu'on trouve au Mont-d'Or.
Dans les individus cultivés au Jardin du Roi , les
fleurons de la circonférence sont femelles. Ainsi
la nature se joue de nos systèmes : quand nous
l'avons saisie d'un côté, elle nous échappe d'un
autre.

Deux espèces exotiques de Cacalies sont cultivées dans nos jardins , comme plantes d'agrément :
ce sont la CACALIE ODORANTE , *Cacalia suaveolens*,
L. , de la Virginie ; et la CACALIE A FEUILLES HAS-
TÉES , *Cacalia sagittata*, Wild. , de Java. (C. É.)

CACAO. (BOT. PHAN.) L'on donne ce nom au
fruit du Cacaoyer, que l'on appelle aussi Cabosse;
dans le commerce on désigne par le mot *Cacao* les
amandes de ce fruit. Il est à peu près de la grosseur et de la forme de nos concombres ; sa pulpe
blanche, ferme , gélatineuse, acide , est agréable
au goût ; on l'emploie à faire des liqueurs spiritueuses. Les graines renfermées dans le fruit, au
nombre de vingt-cinq à quarante, sont ovoïdes ,
semblables à une grosse olive, charnues, un peu
violettes au moment de la maturité, d'un brun
roussâtre quand elles sont terrées ou mises en
tas pour se ressuyer, noircir , et exposées au soleil pour sécher. On les pile , on les broie aussi
fin que possible , puis , édulcorées avec du sucre,
et additionnées d'une certaine quantité de vanille
et de cannelle, elles donnent le chocolat. Ce sont
les Mexicains qui nous ont appris à préparer cette
confection stomachique, alimentaire ; les Espagnols ont perfectionné la méthode adoptée aujour-
d'hui. On retire encore des amandes une huile
concrète, qui s'épaissit naturellement et est connue
sous le nom de BEURRE DE CACAO (*v.* ce mot).
En Amérique il suffit de les soumettre à l'action
de l'eau bouillante ou de la presse quand on veut
l'obtenir ; en Europe, il faut les faire torréfier
auparavant. Le meilleur beurre de Cacao est celui
qui n'a aucune odeur. On s'en sert comme médicament , comme antidote des poisons corro-
sifs , et surtout comme pommade cosmétique. On

a dit avec raison que, si l'on voulait rétablir l'ancienne coutume qu'avaient les Grecs et les Romains de se frotter d'huile pour donner de la souplesse aux muscles, et pour les garantir des rhumatismes, ce serait l'huile de Cacao qu'il faudrait choisir : elle sèche promptement et ne donne point de mauvaise odeur; quelque vieille qu'elle soit, elle ne rancit jamais.

On distingue plusieurs sortes de Cacaos dans le commerce; le *Cacao de Caraque*, amande longue, un peu aplatie et moins onctueuse que les suivantes, quoique l'on ait écrit le contraire; le *Cacao berbiche*, amande courte et ronde; le *Cacao surinam*, amande longue, moins aplatie que la première sorte; et le *Cacao des îles* ou des Antilles, amande petite et plus aplatie.     (T. D. B.)

CACAOYER et CACAOTIER, *Theobroma cacao*. (BOT. PHAN.) Assez semblable par le port et l'aspect à un cerisier de moyenne taille, cet arbre de l'Amérique du sud, que l'on y cultive de temps immémorial, et qui s'y plaît dans les forêts et les lieux ombragés, nous présente son bois blanc, poreux, cassant et fort léger, recouvert d'une écorce couleur de cannelle, laquelle devient plus foncée à mesure que le Cacaoyer avance en âge. Haut d'un mètre et demi, cet arbre est garni de rameaux chargés de feuilles alternes, lancéolées, lisses, pendantes, longues de vingt à vingt-sept centimètres, sur une largeur de quatre-vingt-quinze millimètres. Ses fleurs petites, jaunâtres, ponctuées dans le fond, réunies en faisceaux nombreux et sans odeur, donnent naissance à une capsule grande, ovale. oblongue, ligneuse, sillonnée, raboteuse, à cinq loges, contenant plusieurs amandes, vulgairement appelées CACAO (*v. ce mot*), qui fournissent au commerce une branche importante de spéculation. Les Mexicains en tiennent dans la bouche pour la rafraîchir agréablement, et comme moyen d'étancher la soif, mais ils ont soin de ne pas appuyer la dent sur les enveloppes, dans la crainte de dégager une amertume extrême.

Le Cacaoyer appartient à la Polyadelphie pentandrie, et à la famille des Byttnériacées; on le cultive avec succès et en abondance aux Antilles et dans la Guiane, à cause du grand revenu qu'il produit. Il lui faut une bonne terre légère, ni trop sèche, ni trop humide, une exposition abritée des grands vents. On est dans l'habitude d'arrêter sa croissance en hauteur par la suppression de sa flèche : cette méthode me paraît essentiellement vicieuse, quoiqu'elle facilite la récolte des fruits. L'arbre produit pendant vingt-cinq et trente ans. Comme il veut être très-espacé, l'on emploie l'intervalle en y plantant des patates, ou bien en y semant des plantes légumières. Il est représenté dans notre Atlas, pl. 62, fig. 5.

A la Guiane on donne à tort le nom de Cacaoyer sauvage au PACHIRA CAROLINE, *Carolinea princeps*.     (T. D. B.)

CACATOES, *Cacatua*. (OIS.) Ces oiseaux sont des Grimpeurs, de la famille des Perroquets; ils ont sur la tête une huppe formée de plumes longues et étroites qui se couchent et se redressent à leur gré. Leur bec est grand, épais et crochu, et le tour de leur œil nu.

Les Cacatoës vivent dans les îles Moluques et à la Nouvelle-Hollande; ce sont des oiseaux remarquables par la beauté de leur plumage, qui est assez généralement de couleur blanche; la belle huppe qui surmonte leur tête leur donne une physionomie fort agréable. Ils sont les plus dociles de la famille, et fréquentent de préférence les terrains humides.

Le *Psittacus cristatus*, enl. 265; le *Ps. Philippinarum*, enl. 191; le *Ps. malanensis*, enl. 498, et le *Ps. sulfureus*, enl. 14, sont autant d'espèces de Cacatoës anciennement connues. Plus récemment, M. Temminck a décrit et fait figurer dans son recueil de planches, le CACATOES NASIQUE, *Ps. nasicus*, pl. 551, qui est blanc, teinté de rouge sur les côtés de la tête, avec le tour des yeux d'un rouge vif et les pieds gris. Cette espèce a de longueur totale quinze ou seize pouces; on la trouve à la Nouvelle-Hollande.

CACATOES ROSALBIN, *Ps. roseus*, Kuhl., col. 81. Cette espèce, connue d'après un seul individu provenant des îles Malaises, est d'un gris clair sur les ailes et la queue, avec le corps d'un rose plus ou moins vif. Longueur totale, douze pouces.

Les *Calyptorhynques*, oiseaux découverts plus récemment à la Nouvelle-Hollande, sont des Cacatoës à huppes plus simples, moins mobiles, et composées de plumes larges et de longueur médiocre. MM. Vigors et Horsfield qui ont établi ce petit genre ( Trans. soc. Linn., Lond., t. xv, p. 269) y font entrer les *Ps. Cookii*, *Banksii*, *funereus*, et *Solandri*. (*Voy.* l'article PERROQUET.)

(GERV.)

CACHALOT, *Physeter*. (MAM.) Genre de Cétacés qu'on rencontre dans toutes les mers et sous toutes les zones, mais qui paraît choisir de préférence les régions intertropicales.

Rejetant les récits mensongers que l'exagération des navigateurs avait dès long-temps accrédités, Lacépède a établi pour les Cachalots un ordre méthodique auquel il a assigné des caractères constamment invariables, et en a distribué les diverses espèces en trois genres différens. Cuvier, pensant que la figure fournie par Anderson ne pouvait suffire pour admettre le genre Physale, l'a depuis supprimé. Nous admettrons cette réforme; mais, avant d'indiquer les caractères particuliers aux diverses espèces, nous tracerons ici ceux qui appartiennent à l'histoire générale des Cachalots.

En étudiant leur organisation, nous voyons d'abord que leur forme varie suivant les individus; que celle de leur corps présente, comme celle du corps des baleines, une ellipse plus ou moins parfaite; que leurs mâchoires offrent des dispositions et des proportions extrêmement variables non-seulement en raison des espèces, mais encore suivant les individus; qu'ils se distinguent surtout par l'étroitesse et l'allongement de la mâchoire inférieure dont les deux branches, déprimées transversalement, restent juxtaposées dans leurs trois quarts antérieurs; que des dents coniques ou cylindriques, cannelées, creusées, dont quelques unes pèsent jusqu'à deux livres, s'y implantent et correspondent à autant d'emboîtemens de la mâchoire supérieure; enfin que sur le bord d'un mufle énorme se remarque l'orifice unique des évens, qui dans tous n'occupent pas absolument la même place et ne sont pas conformés de même.

La structure intérieure des Cachalots fournit encore des caractères plus tranchés, et sur lesquels les naturalistes ont surtout insisté: le crâne de ces cétacés, comprimé d'avant en arrière, est débordé en haut par les prolongemens lamelleux des maxillaires et de l'occipital, prolongemens qui semblent étendre la face jusqu'à la nuque et rendent l'os frontal invisible. De la réunion du bord libre de l'occipital qui s'élève verticalement, et des deux maxillaires qui se redressent brusquement en arrière pour atteindre jusqu'au niveau du premier de ces os, il résulte une vaste cale, s'élevant parfois de six pieds au dessus de la boîte cérébrale, qui se trouve ainsi placée sous l'extrémité postérieure de cette grande cavité sans communiquer avec elle. Nous dirons bientôt les usages de cette cale profonde, de forme cylindrique, sur les bords osseux de laquelle s'insère une espèce de tente fibro-cartilagineuse, d'une grande élasticité, recouverte d'une membrane noire parcourue par de très-gros rameaux nerveux, protégée par une couche de graisse sous-cutanée d'un décimètre d'épaisseur. Cette profonde cavité est divisée en deux étages par une cloison membraneuse transversale: l'étage inférieur communique, dit-on, avec un long canal presque sous-cutané, et de huit à dix pouces de diamètre. C'est encore à travers cette cavité que chemine un autre canal, unique suivant quelques auteurs, double, selon d'autres, et qui s'ouvre au bord supérieur du mufle par un seul orifice déjeté à gauche. Ce canal est celui de l'évent.

C'est par l'orifice de ces évens qu'ils! rejettent cette pluie d'eau qui retombe obliquement en gerbes, dont l'explosion annonce au loin leur présence.

Les différentes directions de l'orifice des évens expliquent pourquoi l'eau que l'animal rejette jaillit et tombe quelquefois perpendiculairement, tandis qu'elle est dans d'autres circonstances dirigée obliquement ou lancée en arrière.

L'œil du Cachalot, situé à peu près à égale distance de la commissure des lèvres, du sommet de la tête et de la nageoire, se trouve plus élevé au dessus de la fente de la bouche que dans les autres cétacés: le petit calibre et le peu de longueur du canal optique doivent faire supposer que chez ces animaux la vue est assez faible. On a démontré aussi, contrairement à une assertion de Camper, que les surfaces osseuses sur lesquelles s'inséraient les muscles temporaux maxillaires, étaient moindres dans les Cachalots que dans les baleines, et que la réduction de force et d'énergie qui devait en résulter était en rapport avec les proportions de la mâchoire inférieure, dix fois moins large et moins pesante chez les Cachalots que chez les baleines. Les six dernières vertèbres de la région cervicale sont soudées ensemble, tandis que la première est libre, dépourvue de trou à son arc supérieur pour le passage de l'artère vertébrale, mais présentant seulement une légère échancrure sur le bord postérieur. On compte au squelette que possède le Museum, quatorze côtes et cinquante-cinq vertèbres; les vertèbres caudales ont des os en V depuis la trente-sixième, jusqu'à la quarante-cinquième; les dernières, de forme à peu près cubiques, servent d'axe à la première moitié de la longueur de la queue, mais n'envoient aucun rayon osseux pour en tendre les lobes. Comme chez tous les animaux carnivores, on doit supposer que le canal digestif a peu d'étendue, mais on en ignore la structure.

La taille du Cachalot varie de vingt à soixante-dix et soixante-quinze pieds: celle des femelles est constamment plus petite.

Ce géant des mers y règne en despote cruel; répandant sur son passage le carnage et l'effroi, il poursuit ses victimes à travers tous les obstacles, tous les dangers; il attaque sans provocation et exerce sa férocité sans besoin. Ses mouvemens sont prompts, rapides, sa vitesse est extrême; il se montre, disparaît avec la plus grande agilité; s'échappe, plonge pour se montrer de nouveau et attaquer son ennemi avec une vélocité incroyable. Au milieu du combat, il fait entendre d'effroyables mugissemens ou des sifflemens aigus qui rassemblent autour de lui des animaux de même espèce, à l'aide desquels il se précipite de nouveau sur son ennemi.

Les Cachalots voyagent en troupes immenses et l'on en rencontre quelquefois des bandes qui occupent un espace de quinze à vingt lieues; Humboldt et Quoy affirment que ces cétacés préfèrent la partie équatoriale du Grand-Océan, qu'on les trouve là plus communément que dans l'océan Atlantique; que c'est vers le golfe de Baçonna jusqu'au cap San-Lucar, et surtout aux îles Gallapagos, que se font les pêches les plus productives. Cet archipel paraît être leur rendez-vous d'amour. Ils se montrent dans les mers qui ont une grande profondeur, comme celles des côtes occidentales d'Afrique, et l'on remarque que les baleines sont très-rares dans les parages qu'ils parcourent.

Lorsqu'ils voyagent en troupe, des chefs semblent guider leur marche, diriger leurs évolutions s'ils se préparent au combat. Ils se choisissent par couple; le mâle et la femelle semblent se vouer un attachement si vrai que la mort seule paraît devoir le rompre. La femelle, qui ne met au monde qu'un seul petit, après une gestation de neuf à dix mois, le porte et l'entraîne avec elle au sein de l'onde, et veille sur ses dangers avec autant de sollicitude que de courage. Ces animaux se nourrissent de poissons tels que les pleuronectes, les holocentres, les gades, les aiglefins, les morues et de quelques mollusques; il en est qui poursuivent les phoques, les squales, le requin, et même certaines espèces de baleines.

On pêche le Cachalot pour en obtenir l'ambre gris (*voy.* ce mot) qu'on trouve chez quelques uns dans le canal alimentaire, sous forme d'excrémens endurcis, renfermant dans sa masse des débris de poissons. Sa pêche procure encore une multitude d'autres avantages : indépendamment de son lard, de sa chair et de ses intestins, ses tendons, ses dents et ses os servent à faire des instrumens de pêche et de chasse. Sa langue cuite est regardée comme un mets délicat, son lard fondu donne une huile employée dans les arts, et les fibres de ses muscles fournissent une colle excellente. Mais la plus précieuse, comme la plus abondante de toutes les substances qu'il fournit, est le blanc de baleine ( *voy.* ADIPOCIRE, BLANC DE BALEINE, CÉTINE). C'est dans la grande cale cylindrique, placée au dessus de la voûte cranienne, que se trouve la plus grande quantité de ce précieux produit. L'étage supérieur renferme le plus recherché ; dans l'étage inférieur les cellules qui le contiennent sont distribuées comme celles d'une ruche, et ont pour paroi une membrane semblable à celle du blanc d'œuf. Les pêcheurs affirment qu'en vidant l'étage inférieur il se remplit de nouveau par le reflux de l'adipocire venant de tout le corps à l'aide des ramifications du canal dont nous avons parlé. Anderson dit avoir tiré de l'adipocire des lobes de la queue, ce qui suppose que le grand vaisseau dorsal se ramifie dans tout le corps. On a calculé que la tête d'un Cachalot des Moluques, de soixante pieds de long, donnait vingt-quatre barils d'adipocire, à cent vingt pintes le baril, et environ quatre fois autant d'huile. Les femelles en fournissent un peu moins. Mais ce produit est plus considérable sur les côtes de la Nouvelle-Zélande où les Cachalots sont d'une taille supérieure. De si riches avantages expliquent l'avidité avec laquelle l'homme recherche ce précieux cétacé ; poussé par l'appât d'un gain considérable, il brave les tempêtes, affronte tous les dangers, et poursuit à travers toutes les latitudes ce féroce animal qu'il va combattre jusqu'aux extrémités du monde.

Nous avons dit que les Cachalots avaient été rangés par Lacépède sous trois genres différens. Ces trois genres renferment six espèces dont nous indiquerons en peu de mots les divers caractères.

A. CACHALOT, *Catodon*, Lacép. Pas de nageoire dorsale, évent sur le bord du mufle.

a. Le GRAND CACHALOT, *Physeter macrocephalus*, représenté dans notre Atlas, planche 65, figure 1. Mâchoire inférieure plus courte de trois pieds que la supérieure, portant de chaque côté vingt ou vingt-trois dents, et trente même dans un âge plus avancé, s'il faut en croire quelques auteurs ; l'œil saillant sur une éminence découvre en avant les objets un peu avancés. La queue bilobée est très-mobile ; sa longueur est, dit-on, de huit pieds sur un sujet dont la taille est de soixante-dix. Cette espèce est très-commune dans beaucoup de mers. On en a pris jusque dans l'Adriatique.

b. CACHALOT TRUMPO, *Catodon macrocephalus*.

Cuvier ne trouve aucune différence entre cette espèce et la précédente.

c. PETIT CACHALOT. La taille et les dents aiguës sont encore, suivant Cuvier, les seuls caractères particuliers du petit Cachalot.

d. CACHALOT AUSTRALASIEN. Ainsi nommé parce qu'on en a rencontré un assez grand nombre dans l'Océanique ; il est remarquable par une rangée continue de bosselures de la nuque à la queue. La plus considérable répond au dessus de l'anus. Une autre particularité de cette espèce, c'est que l'œil, qui dans les autres répond au sommet d'un triangle dont la base serait une ligne étendue de la nageoire à la commissure des lèvres, touche à cette ligne par son bord inférieur dans le Cachalot australasien. Placé au fond d'un creux, il ne peut voir que de côté ; sa forme est oblongue au lieu d'être circulaire.

B. PHYSETER. Cachalot avec une nageoire dorsale.

e. PHYSETER MICROPS (c'est plutôt un dauphin). Dents en faucille, présentant pour caractère particulier cette courbure des dents.

f. PHYSETER TURSIO OU MULLAR. Dents droites, à sommet obtus.

g. CACHALOT SILLONNÉ. Dents pointues et droites, sillons inclinés de chaque côté de la mâchoire inférieure. Nageoire dorsale conique, recourbée en arrière et située au dessus des pectorales qu'elle égale en longueur. (P. G.)

CACHEMYR. ( Province de ) ( GÉOGR. PHYS. ) La province de Cachemyr, qui passe, parmi les habitans de l'Asie centrale, pour être le paradis terrestre, est située entre le 72ᵉ et le 78ᵉ degré de longitude, et le 32ᵉ et le 37ᵉ degré de latitude-nord. Ce pays, habité par un peuple doux et timide, a toujours été l'objet de l'envie et de la convoitise des peuples guerriers ses voisins ; aussi a-t-il été successivement soumis à la domination étrangère des Afghans, des Sykes, des Hindous, et dans ce moment de Runjet-Sing, roi du Punjab : aussi le nombre des habitans de ce malheureux pays diminue-t-il chaque jour sensiblement. Le gouverneur actuel de la province de Cachemyr, au nom de Runjet-Sing, se vante d'avoir fait pendre deux cents individus pendant la première année de son gouvernement. On conçoit sans peine que de pareils moyens ne peuvent manquer de dépeupler promptement cette contrée, surtout lorsqu'on saura que toutes les jeunes filles sont vendues à des marchands pour aller orner les harems des Musulmans et des Hindous, dont les mœurs efféminées envoient chercher au loin, jusqu'au-delà des montagnes élevées qui entourent le Cachemyr, de jeunes et délicates filles capables de réveiller leurs sens engourdis. Aussi, ce qui reste de femmes dans le pays est-il le rebut des marchands, et sert-il comme esclaves : leur vie est peut-être plus heureuse néanmoins que celle des malheureuses enlevées pour être conduites dans les harems, car elles sont traitées avec assez de douceur, tandis que les *sultanes* sont soumises à la brutalité des eunuques chargés de les garder, qui les accablent de coups. M. Victor Jacquemont, dans sa correspondance publiée récemment, dit : « Je ne sais pas de pays où l'on recrutât aussi faci- » lement que dans celui-ci des sorcières pour » Macbeth, quand, au lieu de trois, Shakspeare en » eût fait assembler cent mille sur la bruyère de je » ne sais où. » En revanche, la race des hommes est remarquablement belle.

La province de Cachemyr présente une éléva- tion absolue assez considérable au dessus du niveau de la mer : les observations barométriques les plus récentes lui donnent une hauteur de cinq mille trois cent cinquante pieds.

Le Cachemyr, sur le revers septentrional d'une grande chaîne neigeuse, se trouve isolé par cette haute barrière du climat de l'Inde, et en a un propre qui ressemble infiniment à celui de la Lom- bardie. Le peuplier et le platane dominent dans le paysage ; le platane y devient colossal ; la vigne dans les jardins est gigantesque ; les forêts sont composées de cèdres et de diverses variétés de sa- pins et de pins, absolument semblables, pour l'effet général, à ceux d'Europe ; et, dans une zone plus élevée, de bouleaux qui ne paraissent pas différer des nôtres. ( Victor Jacquemont. — Cor- respondance. )

Le Cachemyr se trouve ceint de tous côtés de hautes montagnes d'un accès difficile. L'Indus, le Jelum, ancien Hydaspes, et le Chenaule ou Ace- sines, sont les fleuves principaux qui l'arrosent ; plusieurs lacs se trouvent aussi sur le territoire de cette province ; parmi eux on compte le lac Oller et le lac Dall ; sur le lac de Cachemyr est située l'île des Platanes, où l'on voit encore quelques traces de la splendeur et de la domination des chefs mongols. Fort petite, elle est ombragée par deux énormes platanes plantés par le fameux chef mongol Châb-Jehan. L'ancien palais, qu'un spi- rituel voyageur a surnommé le Petit-Trianon des rois mongols, n'offre plus aujourd'hui qu'un amas de ruines ; à quelque distance se trouve, au mi- lieu d'une forêt de platanes gigantesques, par des- sus lesquels elle montre la cîme dorée de son clo- cher, la mosquée où les fidèles musulmans vien- nent adorer, de l'Inde et de la Perse, Azrelle boll, mots qu'on peut traduire littéralement par ceux-ci : Son excellence le poil de la barbe du Prophète.

La principale ville de cette province est Cache- myr, nommée aussi en langue indienne Scrina- gar, mot qui veut dire habitation du bonheur ; cette ville, autrefois grande et industrieuse, est bien tombée de son ancienne splendeur ; la domi- nation étrangère a tout détruit ; un pillage géné- ral suivant chaque nouvelle conquête, le pays se trouve actuellement si complètement ruiné, que les pauvres Cachemyriens sont devenus les hom- mes les plus indolens de la terre : ils dorment tout le jour à l'ombre des platanes, en disant que, jeûner pour jeûner, encore vaut-il mieux le faire les bras croisés que courbé sous le poids du tra- vail. ( C. J. )

CACHICAME. ( MAM. ) V. TATOU.

CACHOU. ( BOT. PHAN. ) Le Cachou, Catechu, (de cate arbre, et chu suc), encore désigné, mais très-improprement, sous le nom de terre du Ja- pon, parce que quelques auteurs l'ont pris pour un produit minéral, est un extrait préparé avec le cœur du bois, les feuilles, les écorces et les fruits de plusieurs arbres des Indes orientales, et surtout du Bengale, de la famille des Légumineuses de Jussieu. Ces arbres, qui sont l'Acacia catechu, de Willdenau, le Mimosa catechu, de Linné, etc., ont un tronc élevé, des rameaux cylindriques, des feuilles grandes, bipinnées, chargées de folio- les visqueuses, portées sur un pétiole commun, muni de deux aiguillons comprimés et un peu re- courbés ; des fleurs axillaires, en épis cylindriques ; des fruits aplatis, allongés, contenant cinq à six graines.

Il existe dans le commerce trois sortes de Ca- chou : le Cachou du Bengale, le Cachou Bombay, et le Cachou en sorte ou en masse.

Le Cachou du Bengale est en masses plus ou moins volumineuses, du poids de trois à quatre onces, de forme carrée ; présentant quelquefois, sur l'une des faces, des semences de chenevis qui ont été mises dans le but d'empêcher leur adhérence lors de leur dessiccation ; d'une couleur brunâtre ; d'une cassure terne, rougeâtre, ondulée, quel- quefois marbrée ; inodores ; d'une saveur astrin- gente, non amère, puis un peu sucrée ; donnant une poudre assez semblable à celle du quinquina gris.

Le Cachou Bombay se présente sous forme de pains ronds aplatis, du poids de deux à trois on- ces ; offrant, comme le précédent, des semences à leur surface ; il est plus dur, moins friable, plus brun, moins marbré et moins estimé que celui du Bengale ; sa cassure est luisante ; sa saveur est as- tringente, amère, non ou à peine sucrée.

Les masses du Cachou dit en sorte sont de forme irrégulière, du poids de trois à quatre on- ces, d'une couleur brun-rougeâtre ou noirâtre, uniforme ; d'un aspect luisant ; d'une saveur as- tringente, un peu amère, suivie d'un arrière-goût agréable. Le Cachou en sorte nous arrive enve- loppé dans de grandes feuilles fortement nouées, indéterminées ; sa poudre est analogue à celle du quinquina orangé, et sa qualité est assez estimée.

Quoi qu'il en soit des différentes formes sous lesquelles on trouve le Cachou dans le commerce, formes qui sont arbitraires, on doit choisir cette substance astringente, sèche, dure, brune ou rous- sâtre à l'extérieur, rouge-brunâtre à l'intérieur, d'une cassure terne ou luisante, soluble presqu'en totalité dans l'eau et l'alcool (il ne doit y avoir qu'un dixième de résidu sur cent), inodore, d'une sa- veur astringente, suivie tantôt d'un goût légère- ment sucré et agréable, tantôt sans saveur su- crée.

D'après Kerr et Garcias, voici la manière dont on prépare le Cachou dans l'Inde. Dans des vases de terre et suffisante quantité d'eau, on fait bouil- lir, jusqu'à réduction d'un tiers, le cœur du bois ( de couleur rouge pâle), et probablement d'au- tres parties de végétaux. Après vingt-quatre heu- res

res de repos ; on décante le décocté , on le filtre et on l'expose au soleil jusqu'à complète dessiccation. Cet extrait est loin d'être pur ; il est donc nécessaire de le purifier. Dans les pharmacies on le traite par solution dans l'eau, filtration et évaporation. Cette opération altère un peu la saveur du Cachou, qui devient plus amer et moins agréable.

Dans le commerce le Cachou se trouve souvent falsifié avec une terre argileuse, du sable, du grès, des extraits provenant de végétaux astringens et de l'amidon. Les premières substances se reconnaissent à leur insolubilité dans l'eau et le précipité plus ou moins abondant qu'elles donnent quand on traite le Cachou par ce véhicule ou l'alcool. Les extraits étrangers qui d'abord altèrent la saveur et la couleur du Cachou pur , changent en noir ou en violet le précipité vert que forme dans son soluté aqueux l'hydrochlorate de fer brun. Enfin , on démontre la présence de l'amidon en traitant le Cachou par l'eau froide et l'alcool, décantant la liqueur et versant sur le précipité de la teinture d'iode , qui colore la masse en bleu foncé, s'il y a de la fécule.

D'après Davy , le Cachou de Bombay est composé de :

Tannin . . . . . . . . . . . . . . . 109
Matière extractive. . . . . . . . . . . . . 68
Mucilage . . . . . . . . . . . . . . 15
Résidu insoluble . . . . . . . . . . . . 10

Celui du Bengale contient :

Tannin. . . . . . . . . . . . . . . 97
Matière extractive. . . . , . . . . . . . 75
Mucilage . . . . . . . . . . . . . . 16
Résidu insoluble . . . . . . . . . . . . 14

Le Cachou est un des astringens les plus usités. A petites doses, il agit comme tonique, stomachique ; il augmente l'appétit, facilite les digestions, etc. ; il sert encore en lotions et en gargarismes , pour combattre le ramollissement des gencives, les ulcérations aphtheuses, le scorbut, la fétidité de l'haleine, etc. Dans le traitement des diarrhées chroniques , on l'associe ordinairement au riz ou à la gomme arabique. Dans les arts, quelques économistes pensent que l'on pourrait se servir avec avantage du Cachou pour tanner les cuirs. Enfin les pharmaciens en préparent une teinture alcoolique, des tablettes et des trochisques pour les besoins de la médecine. Les trochisques de Cachou, petits fragmens formés de Cachou en poudre, de sucre, de mucilage et d'un aromate quelconque, se vendent sous le nom de *Cachou à la rose, à la vanille, à la violette,* etc. , selon l'odeur qu'on leur a donnée.     (F. F.)

**CACHRYDE**, *Cachrys.* ( Armarinte ). ( BOT. PHAN.) Ce genre dépend des Ombellifères de Jussieu et de la Pentandrie digynie de Linné. Ses caractères sont : calice entier ; pétales lancéolés, égaux et courbés à leur sommet ; fruit très-gros, ovoïde, cylindrique , anguleux , velu dans les espèces étrangères, mais lisse dans la seule qui soit indigène en France ; il est recouvert d'une écorce épaisse et fongueuse ; fleurs jaunes en ombelles, dont les ombellules ont beaucoup de rayons et des collerettes à plusieurs folioles simples ou pinnatifides.

Toutes les espèces de ce genre, à l'exception d'une , habitent la Sibérie , les parties orientales et méridionales de l'Europe, et les côtes septentrionales de l'Afrique.

L'unique espèce qui nous ait été dévolue par la providence, est la CACHRYDE OU ARMARINTE A FRUITS LISSES , *Cachrys lævigata,* Lamk. Sa tige est cylindrique , striée , rameuse , haute de six décimètres ; ses feuilles sont amples , décomposées et partagées en découpures fines , linéaires et pointues ; ses fleurs sont jaunes , terminales , et forment des ombelles bien garnies ; ses fruits sont ovoïdes, lisses , sillonnés, et se divisent en deux portions fongueuses, dans chacune desquelles est une espèce de noyau. Cette plante se trouve près de Montpellier, de Narbonne , en Provence , et dans le Piémont.

Les Cachrydes, comme les autres ombellifères, ont des vaisseaux propres qui contiennent une huile volatile et un suc gommo-résineux, doué de qualités très-prononcées. Les populations riveraines du Volga font de la racine du *Cachrys odontalgica* , le même usage que nous faisons de la racine du pyrèthre.     ( C. É. )

**CACIQUE**. ( OIS.) *Voyez* CASSIQUE.

**CACTÉES**. ( BOT. PHAN.) Famille de plantes que l'on range à tort parmi les arbres et arbrisseaux, quoique sa tige soit permanente, divisée en branches et en rameaux, quoique son axe ligneux grossisse lentement en diamètre d'après les lois communes aux plantes dicotylédonées ; elle est composée d'un seul groupe formant deux grandes tribus, selon que la graine est attachée aux parois de la baie, ou bien à l'axe central. La première tribu comprend le genre *Mamillaire* qui n'a point de cotylédons, à tige laiteuse, mamelonnée; les *Mélocactes,* à petits cotylédons, tige verticale, non laiteuse; les *Échinocactes* et les *Cierges,* n'ayant point de vraies feuilles, mais qui sont garnis de faisceaux d'épines placés symétriquement et à égale distance; les *Raquettes* ou Nopals à feuilles cylindriques , et les *Peirescies* de Plumier, à feuilles planes. La seconde tribu contient les *Rhypsalides* de Gærtner, que l'on devrait nommer *Hariotes* avec Adanson, à qui l'on doit la première création de ce genre.

La famille des Cactées a de grands rapports avec les Portulacées et les Ribésiées, qui faisaient naguère encore partie de leur ordre ; certes il existe plusieurs analogies entre le groseiller et le Cactier, consacré à la mémoire du docte Peiresc ; mais ils s'éloignent l'un de l'autre par le port et divers caractères d'organisation, tels que la structure de l'ovaire et du périanthe, le nombre des pétales et des étamines, etc. Les Cactées ont pour caractères le calice en godet ou en long tube, souvent couvert d'écailles nombreuses, imbriquées ; les pétales nombreux, disposés sur plusieurs rangs , réunis à leur base, les intérieurs souvent plus grands ; les étamines nombreuses , réunies de même à leur base; anthères oblongues, un style long ; le stigmate multifide ; la baie ombiliquée, hérissée de vestiges des écailles, contenant plusieurs semences noires nichées dans une pulpe dont la couleur varie du blanc au jaune citrin.

De Candolle a publié, en 1828, une Revue de cette famille, accompagnée de 21 planches, qui demande à être étudiée. Elle offre des lacunes ; c'est aider à les remplir que d'appeler sur elle l'attention du botaniste. (T. D. B.)

CACTIER, *Cactus*. (BOT. PHAN.) Les plantes que nous appelons ainsi, à cause de la ressemblance, plus ou moins vraie, de leurs fleurs avec celles du chardon épineux, abondant en Sicile, *Carduus ferox*, et non pas avec l'artichaut, *Scolymus cynara*, comme on l'a dit, ont reçu ce nom de Linné, parce qu'il rappelle le mot *Cactos* employé par Théophraste pour désigner une plante armée d'aiguillons dont la piqûre excite une douleur brûlante. Elles sont toutes originaires de l'Amérique équatoriale. Tellement bizarres par leurs formes et leur aspect que l'on pourrait presque douter à la première vue qu'elles font partie du règne végétal, ces plantes attirent les regards par la disposition singulière de leurs corolles si riches en couleurs variées, par les faisceaux d'aiguillons qui les accompagnent et semblent défendre que l'on y touche. Comme nous venons de le dire, les Cactiers constituent une famille qui appartient à l'Icosandrie monogynie ; le nombre des espèces connues est très-grand ; presque toutes croissent dans les forêts ou sur les rochers, demandent les rayons directs du soleil et redoutent l'humidité ; d'autres sur le tronc de vieux arbres,

Celui qui n'a jamais vu les Cactiers que dans les serres, ne peut se flatter de les connaître. Dans ces enceintes artificielles ils dégénèrent, ils perdent leur physionomie et les traits énergiques de leur caractère : ce ne sont plus que des plantes faibles, sortant à regret de terre pour remplir, dans un état de langueur continuelle, le cercle de leur existence. Sous les tropiques, dans les terrains qu'elles se sont choisis pour y vivre en colonies nombreuses, elles rivalisent en hauteur, en puissance, avec les arbres les plus élevés, avec les végétaux les plus robustes. Transportons-nous par la pensée en ces climats, et jetons un coup d'œil rapide sur ces plantes si extraordinaires dans leur constitution, si belles, si nombreuses et si étonnantes.

Les unes présentent une masse sphéroïde, plus ou moins considérable, depuis la grosseur d'un œuf de poule (*Cactus pusillus*) jusqu'à celle de nos potirons les plus énormes (*C. monstrosus*), remplie d'un suc laiteux et à enveloppe rouge (*C. nobilis*), ou jaune (*C. repandus*), et le plus ordinairement verte ou grisâtre ; hérissée de toutes parts de tubercules coniques, cotonneux en leur sommet et couverts de petites pointes divergentes (*C. mamillaris*) ; ou bien cette boule est à côtes droites, très-prononcées, à rosaces épineuses, et surmontée d'une espèce de spadice laineux où naissent les fleurs (*C. melocactus*) ; ou bien encore une sphère plus ou moins irrégulière, à côtes en

spirale, formée de larges tubercules déprimés, portant une houppe d'aiguillons très-forts, très-acérés, inégaux, un seul en forme d'ergot (*C. macrocanthos*). Toutes les espèces globuleuses sont privées d'axe ligneux, principalement les *C. depressus*, *C. gibbosus*, etc. Les autres sont munies de tiges à suc aqueux, anguleuses, cylindriques ou cannelées, dont l'axe ligneux varie de solidité et la direction est soumise tantôt à la nature de l'espèce, tantôt à la qualité du sol. Cette tige est parfaitement simple (*C. monoclonos*), grêle, faible (*C. pentagonus*), ou très-droite (*C. serpentinus*), montant en candélabres à un mètre (*C. heptagonus*), à quatre mètres (*C. tetragonus*), de sept à dix (*C. hexagonus*), à quinze, vingt, et même plus (*C. peruvianus*) ; ailée (*C. phyllanthus*), ou chargée d'articles globuleux placés bout à bout (*C. moniliformis*) ; couchée et poussant des racines très-facilement (*C. triangularis*), rampante (*C. parasiticus*), grimpant aux arbres voisins et s'accrochant par les racines qui poussent des exarticulations (*C. pendulus*), ou bien prenant la forme d'un petit buisson (*C. jamacaru* de Marcgraf). Elle est garnie de rameaux composés d'articulations (*C. polygonus*), naissant les unes au dessus des autres et tronquées à leur sommet (*C. truncatus*), comprimées et aplaties (*C. opuntia*) ; ces rameaux sont horriblement hérissés d'épines fines longues, jaunâtres et très-piquantes (*C. spinosissimus*) ; quelquefois longs et sarmenteux (*C. flagelliformis*), cylindriques et ligneux (*C. fimbriatus*), ou redressés seulement dans leur jeunesse où ils sont rougeâtres, conchés et à angles très saillans quand ils ont pris plus d'accroissement (*C. speciosissimus*) ; d'autres fois ils sont sessiles allongés et festonnés sur les bords (*C. speciosus*) ou à jets flexueux (*C. ambiguus*). Chez les uns, on voit des feuilles persistantes, planes, charnues en forme de semelles (*C. campechianus*), d'apparence vraiment foliacée, essentiellement disposée en spirale-quinconce, et offrant souvent des aberrations de position (*C. peirescius*), ou ayant chaque côté de leur aisselle un seul aiguillon droit et d'un brun rougeâtre (*C. zinniæflorus*) ; chez les autres elles sont caduques, cylindrico-coniques et disposées en spirale multiple sur les jeunes rameaux (*C. cochenillifer*). Dans toutes les espèces le nombre des côtes ou angles qui garnissent la tige n'est pas rigoureusement constant ; il varie avec l'âge de la plante et ne constitue pas toujours caractère spécifique régulier.

Les fleurs des cactiers sont généralement remarquables ; tandis que les écailles calicinales, souvent au nombre de vingt-quatre et beaucoup plus, affectent une couleur, les pétales, qui s'élèvent tantôt au nombre de trente-deux, tantôt au double, se colorent de nuances variant du blanc au pourpre foncé ; elles sont en roue (*C. Hernandezii*), ou en tube plus ou moins plongé (*C. jamacaru* de Pison) de trente-deux centimètres (*C. alatus*), très-souvent solitaires et terminales (*C. lychnidiflorus*), rarement formant par leur union une petite panicule (*C. portulacæfolius* de Plumier). La couleur de la fleur est herbacée dans le *C. lanuginosus*, d'un blanc sale dans le *C. mamillaris*, d'un blanc éblouissant et sans tache dans le *C. triangularis*, d'un blanc lavé de pourpre dans le *C. repandus*, blanche avec une bande violacée sur le dos des pétales externes dans le *C. discolor*, rose dans le *C. roseus*, d'un rouge pourpre dans le *C. geminiflorus*, d'un rouge vif dans le *C. cylindricus*, d'un rouge magnifique et tellement brillant que l'œil peut à peine en supporter l'éclat dans le *C. speciosissimus*, d'un jaune doré dans le *C. curassavicus*. Ces fleurs sont grandes, régulières, d'une beauté ravissante et répandent un parfum exquis; mais elles durent au plus de six à douze heures dans le *C. grandiflorus*, tandis qu'elles sont inodores, nombreuses, fort petites, et se succèdent pendant deux mois dans le *C. flagelliformis*.

Aux noces que célèbrent les étamines qui s'élèvent jusqu'au nombre de 550 dans le *C. grandiflorus* et les pistils, succède une baie ovoïde ou oblongue, uniloculaire; elle est, chez quelques espèces, d'un beau rouge (*C. pitagaya*), ou jaunâtre (*C. subquadriflorus*); chez d'autres elle est d'un vert tirant sur le jaune (*C. undulosus*), ou noirâtre (*C. phyllanthoïdes*), tantôt lisse, terminée à son sommet par le limbe des tégumens floraux, qui souvent tombe à la maturité complète (*C. flavescens*) ; tantôt comme écailleuse (*C. melocactus*), ici sans épines (*C. peruvianus*), là tellement chargée de petits faisceaux d'aiguillons que l'on redoute d'y porter la main (*C. echinocactus*), ou bien elle présente des aspérités soyeuses peu apparentes (*C. rotundifolius*). La pulpe est acidule dans le *C. aculeatus*, bonne à manger dans le *C. compressus*, le *C. triangularis*, et plusieurs autres espèces, généralement blanche, quelquefois jaune ou rougeâtre.

Le volume de la baie des Cactiers est fort variable. Elle est de la forme et de la grosseur d'une groseille (*C. parasiticus*), d'un œuf de pigeon (*C. moniliformis*), d'une pomme de reinette (*C. pitagaya*), de l'ananas (*C. grandiflorus*), et contient des semences nombreuses, petites, grises, (*C. opuntia*), noires (*C. melocactus*), ou d'un jaune doré (*C. moniliformis*), et réniformes (*C. polyanthos*).

Tous les Cactiers se multiplient de bouture que l'on enfonce de huit centimètres dans le sol; on l'arrose légèrement pour que la terre la presse de toutes parts et on ne lui donne que rarement de l'eau, jusqu'à ce que la plante nouvelle soit enracinée, ce qui se reconnaît aux pousses qu'elle commence à donner. Dans nos serres cette évolution a lieu après trente ou quarante jours. Le plus anciennement cultivé en France date de l'année 1601; ce fut le CACTIER MELONIFORME, *C. melocactus*; le plus récent remonte à l'an 1816, c'est le CACTIER A FLEURS POURPRES, *C. speciosissimus*. L'une des espèces les plus singulières, c'est le CACTIER MONILIFORME, *C. moniliformis*; il se montre d'abord sous la forme d'un globe de la grosseur d'une noix ordinaire, autour de laquelle se réunissent une foule d'autres globules, implantés les uns sur les autres, et représentant une masse assez semblable à un tas de cailloux arrondis. Le CACTIER ROUGE, *C. nobilis*, offre les épines longues, très-blanches, un peu courbées, qui sont réunies en faisceaux, sur ses côtés obliques et en spirale, pour en faire d'excellens cure-dents. Au Mexique, dans d'autres parties de l'Amérique méridionale, et depuis quelques années au Sénégal, on élève l'insecte qui donne la cochenille sur les articulations oblongues, épaisses et presque entièrement lisses du Nopal, *C. cochenillifer*, du CACTIER SPLENDIDE, *C. splendidus*, et du CACTIER DE CAMPÊCHE, *C. campechianus*.

Une espèce devenue très-rustique en Europe, qui prospère à 525 mètres au dessus du niveau de l'océan sur la montagne de Toringas, dans l'île de Madère, que l'on rencontre sur tous les rivages de la Méditerranée et sur les roches maritimes de nos départemens du Var, des Bouches du Rhône, de l'Hérault, de l'Aude et des Pyrénées orientales; une espèce sur laquelle j'appelai l'attention de nos agriculteurs en 1808, dans la narration de mes voyages à l'île d'Elbe, et en 1813, dans un mémoire particulier, en leur montrant les divers avantages que l'économie rurale et l'industrie peuvent en retirer, le CACTIER EN RAQUETTE, *C. opuntia*, doit particulièrement nous occuper.

On en connaît quatre variétés. La première a les feuilles obrondes sans piquans; dans la seconde, elles sont oblongues, à épines sétacées; la troisième porte également des feuilles oblongues, mais elles sont plus épaisses, à épines inégales, jaunes, très-prononcées; la quatrième est munie de feuilles longues, minces, couvertes d'aiguillons noirâtres et fort longs. Toutes viennent sur les rochers, dans les terres argileuses, arides, sablonneuses; elles languissent dans une terre grasse et fertile; elles périssent bientôt quand on les place sur un sol marécageux ou plein d'eaux vives. Elles ne demandent aucun soin de culture, et prospéreront même dans nos départemens du centre, si on leur donne une bonne exposition.

Le Cactier en raquette monte à la hauteur de deux à trois mètres sur nos côtes méditerranéennes; je l'ai vu atteindre six et sept mètres en Corse et le long du littoral italien; il va jusqu'à vingt et même plus dans les plaines arides du Mexique, depuis le golfe de Honduras jusqu'à Guatemala, et depuis Mexico et Chapulco jusqu'aux côtes de la Californie, si fameuse par la pêche des perles. On en rencontre de très-beaux individus en Espagne, en Suisse et en Piémont, particulièrement entre Ivrée et Sospello. Sa tige, d'un vert glauque, se compose d'un grand nombre d'articulations ou raquettes ovales, plus ou moins épaisses, portant des épines sétacées, grêles, rousses, disposées par petits bouquets, autour desquels sont trois, quatre, et cinq aiguillons solides, aigus, très-dangereux par leur piqûre, tantôt en étoile, tantôt en houppe. C'est du centre de ces défenses que sort une fleur solitaire, inodore, jaune, s'épanouissant en avril et se succédant jusqu'au mois de juin, et qui fournit, en août, un fruit succulent, bon à manger, quoique un peu fade, de la forme et de la grosseur d'une figue, qui a fait donner, dans quelques localités, à ce Cactier le nom vulgaire de *Figuier d'Inde*, de *Figue de Barbarie*.

La pulpe aqueuse et rougeâtre de ce fruit est appétissante ; les Siciliens en mangent journellement pendant cinq mois entiers, et en font sécher des quantités considérables pour leurs repas en hiver. On peut servir sur les tables la fleur et les bourgeons ayant de vingt-sept à cinquante-quatre millimètres de hauteur, et les accommoder de la même manière qu'on le fait pour les asperges. Cette méthode des Mexicains m'a parfaitement réussi en Italie. Le bœuf mange avec plaisir les enveloppes de ce fruit ; j'ai vu dans la Calabre les moutons, les chèvres, se nourrir des articles de l'opontie coupés par tranches et dépouillés de leurs épines : ce mets insolite ne leur plaît que lorsque les grandes sécheresses ont brûlé les herbages ; ils peuvent ainsi attendre l'époque des pluies qui leur rendra leur nourriture habituelle. On se sert de ces mêmes articles en place de cantharides ou de sinapismes ; on les regarde comme un excellent spécifique contre les affections goutteuses et rhumatismales ; dans l'île Minorque on les emploie en cataplasmes dans les dysenteries et autres inflammations intestinales.

Une autre propriété du Cactier opontie, c'est d'engraisser le sol qui l'a porté, au bout de dix-huit à vingt ans. On en forme des haies impénétrables autour des habitations ; son bois sert aux nègres de la plaine du Cul-de-Sac dans l'île de Haïti, ainsi qu'aux naturels de l'Amérique, à faire non seulement des assiettes et autres ustensiles de ménage, mais encore des rames, des planches, etc. On peut aussi l'employer à chauffer le four. Mais la propriété la plus intéressante, celle que l'on peut exploiter avec profit en France, c'est de nourrir le galle-insecte qui fournit la couleur écarlate, et surtout la cochenille sylvestre qui donnerait, chez nous, un produit plus constant que ne le ferait la mestèque ou cochenille fine, parce qu'elle brave les pluies, le froid, comme l'extrême chaleur. Quelques essais m'ont appris que la réussite est certaine. (*Voyez* à ce sujet mon Mémoire sur le *Cactus opuntia* ; Paris, 1815 ; in-8° de seize pages.) La planche 63, fig. 5, de notre Atlas, représente le CACTIER FRANGÉ, *C. fimbriatus* ; fig. 3, le CACTIER ÉLÉGANT, *C. speciosus* ; fig. 4, le CACTIER QUEUE DE SOURIS, *C. flagelliformis* ; fig. 7, le *C. cochenillifer* ; fig. 2, le *C. melocatus*, et fig. 6, le *C.* RÉTICULÉ. (T. D. B.)

CADAVRE. (ZOOL.) Ce mot désigne le corps d'un animal privé de la vie ; par une extension pittoresque on l'a appliqué aux végétaux morts. Chez les animaux l'instant où finit l'existence imprime à leur corps des conditions qui constituent cet état de Cadavre, que nous allons spécifier en peu de mots, en prenant surtout l'homme pour exemple.

Dans les premières heures qui suivent la mort : raideur des membres, saillies musculaires plus effacées, quelquefois plus marquées au contraire ; saillies osseuses plus prononcées, peau décolorée, face et lèvres livides, absence complète de la respiration, du pouls, des battemens du cœur, habitude du corps qui donne une sensation de froid très-marquée à ceux qui le touchent. Mais l'aspect du cadavre, loin d'être constamment le même, diffère en raison du sujet, du temps qui s'est écoulé depuis la fin de l'existence, de la température atmosphérique, de la nature des lieux qui le renferment, et surtout du genre de mort. Produisons quelques exemples qui feront mieux sentir ces différences : toutes choses égales d'ailleurs, chez les enfans les saillies osseuses sont moins évidentes que chez les vieillards. — Quelques jours après la mort la raideur cadavérique fait place à une souplesse qui s'augmente avec la putréfaction. — Pendant les chaleurs de l'été et chez les sujets pourvus d'un certain embonpoint, il se manifeste quelquefois un développement considérable de gaz, qui distend outre mesure toutes les parties, et rend en peu de temps le cadavre méconnaissable. — Celui qu'on trouve dans l'eau ne présente pas les mêmes caractères que celui qui se rencontre dans un lieu sec et chaud. — Celui d'un individu mort à la suite d'une hémorrhagie présente une pâleur remarquable, tandis que, dans l'asphyxie, la face est rouge, violacée, fortement injectée. L'expression de la physionomie conserve quelquefois cependant un certain temps l'empreinte des sentimens qui animaient l'individu au moment de sa mort. Ainsi l'on a vu des têtes de criminels suppliciés qui, dans les heures qui suivaient l'exécution, offraient encore l'empreinte de la férocité ; lorsque d'horribles souffrances ont terminé la vie, il est facile d'en retrouver les traces dans la contraction des traits. Nous avons examiné récemment le cadavre d'un individu mort apoplectique, après une suite de dîners copieux, et dont la figure conservait encore l'image des sensations heureuses qui accompagnent quelques congestions cérébrales ; un sourire expressif, que des signes positifs expliquaient assez, ne laissait aucun doute sur la nature de ces sensations au milieu desquelles la mort était venue surprendre cet homme à peine âgé de cinquante ans. Les médecins légistes doivent attacher une grande importance à reconnaître et à différencier les phénomènes essentiellement cadavériques que nous ne devons présenter ici que d'une manière sommaire, et que nous aurons, au reste, l'occasion d'indiquer de nouveau. (*Voyez* MORT.) (P. G.)

CADELLE. (INS.) On donne ce nom, dans le midi de la France, à la larve du Trogossite mauritanique, qui vit de la substance farineuse du blé renfermé dans les greniers. (*V.* TROGOSSITE.) (GUÉR.)

CADMIE. (CHIM.) Ce mot a servi à désigner plusieurs substances : ainsi on appelle *Cadmie naturelle* ou *fossile*, le cobalt ; *Cadmie naturelle, calamine* ou *pierre calaminaire*, l'oxide naturel de zinc qui est jaune ou rougeâtre ; *Cadmie artificielle* ou *des fourneaux*, l'oxide de zinc qui se sublime pendant la fonte de ce métal et qui va s'appliquer sur les parois intérieures du fourneau ; enfin le même nom a été donné à tous les sublimés métalliques qui ont lieu dans les fontes en général. (F. F.)

**CADMIUM.** ( chim. ) Le Cadmium est un métal qui a été entrevu pour la première fois vers la fin de l'année 1817, par Stromeyer, dans l'oxide de zinc impur, dans plusieurs minerais de zinc, et sur lequel Roloff écrivit la première notice, dans le cahier d'avril 1818 du Journal médical de Hufeland.

Le Cadmium se rencontre surtout en Silésie. On l'extrait des minerais de zinc qui le contiennent, toujours en petite quantité, en dissolvant ces derniers dans l'acide sulfurique, étendant d'eau le soluté qui doit contenir un excès d'acide, et faisant passer un courant de gaz hydrogène sulfuré jusqu'à ce qu'il ne se forme plus de précipité jaune ou sulfure de Cadmium. On dissout celui-ci dans l'acide hydrochlorique concentré ; on chasse l'excès d'acide par l'évaporation ; on traite le sel par l'eau et on le précipite par le carbonate d'ammoniaque. Il faut ajouter un excès de carbonate d'ammoniaque pour dissoudre le cuivre ou le zinc qui aurait été précipité par le gaz hydrogène sulfuré. Alors on fait rougir le carbonate de Cadmium, on le mêle avec du noir de fumée calciné, on introduit le mélange dans une cornue de verre ou de porcelaine, et l'on chauffe jusqu'au rouge obscur ; l'oxide se réduit et le métal distille. Si on veut l'avoir en culot, on le détache du col de la cornue et on le fond.

Les propriétés du Cadmium sont les suivantes : la couleur est presque aussi blanche que celle de l'étain ; son aspect est brillant, sa texture susceptible d'un beau poli ; sa cassure est fibreuse ; il cristallise en octaèdres réguliers, et sa surface, lorsqu'il se refroidit, se couvre d'arborisations confuses qui ont l'apparence de feuilles de fougère. Il est mou, facile à ployer, et fait entendre lorsqu'on le ploie un cri analogue à celui de l'étain. Il est plus dur, plus tenace que ce dernier ; on peut le limer, le couper et le réduire en fils très-déliés, en feuilles extrêmement minces, sans qu'il se fendille sur ses bords, à moins qu'il ne contienne un peu d'étain ; enfin, il jouit, comme le plomb, de la propriété de tacher les corps avec lesquels on le frotte.

Soumis à l'action de la chaleur, le Cadmium fond, mais à une température inférieure à celle du rouge ; il se transforme même en une vapeur inodore qui se condense, dans le col de la cornue dans laquelle on opère, en gouttelettes brillantes et cristallines.

À froid, il est, comme l'étain, sans action sur le gaz oxigène et sur l'air, que ces deux gaz soient secs ou humides ; mais, si on vient à chauffer, il brûle facilement avec lumière, et se transforme en un acide d'un jaune brunâtre.

Le Cadmium est sans usage. (F. F.)

**CADOREUX.** ( ois. ) Nom du Chardonneret en Picardie. (Guér.)

**CADRAN**, *Solarium*. ( moll. ) Coquille univalve marine de la division des Trachélipodes turbinacés de Lamarck (An. S. V., vol. 7, p. 2.) Ces coquilles, rangées par Linné et conservées long-temps après lui parmi les Troques, en ont été extraites par Lamarck, qui en a fait un genre séparé et bien tranché. Ces coquilles sont orbiculaires, en cône déprimé ; à ombilic ouvert, finement crénelé ou denté sur le bord interne de tous les tours de spire. Leur bouche ou ouverture est subquadrangulaire : point de columelle. Des sept espèces décrites par Lamarck, une seule, le Cadran tacheté, habite la Méditerranée ; toutes les autres habitent les mers australes et des Indes. La plus grande, et sans contredit la plus remarquable, est aussi la plus commune ; elle est très-bien figurée pl. 446 de l'Encyclopédie et dans l'Iconographie du Règne animal, et porte le nom de CADRAN STRIÉ, *Solarium perspectivum*. Son plus grand diamètre est de trois pouces. Les espèces fossiles en nombre à peu près égal n'ont pas d'analogues vivans ; on les trouve dans les terrains des environs de Paris, à Bordeaux, à Dax, et en Italie. (Ducl.)

**CADUC.** ( physiol. ) Ce mot tire son origine du verbe latin *cadere*, tomber ; aussi l'a-t-on appliqué à certains cas qui réveillent l'idée d'une chute probable ou certaine ; on dit le mal *Caduc* pour désigner l'épilepsie, maladie commune à l'homme et à certains animaux ; santé *Caduque*, comme synonyme de *chancelante* ; âge *Caduc* ou *Caducité*, âge avancé, vieillesse, décrépitude ; *dents Caduques*, celles qui tombent les premières chez le cheval pour être remplacées par la seconde dentition. On appelle enfin *membrane Caduque* la plus extérieure des enveloppes du fœtus, adhérente d'une part au chorion, et de l'autre à la matrice, entre lesquelles elle forme, comme toutes les membranes séreuses, un sac sans ouverture. Vers le milieu de la grossesse, la portion utérine se détache et s'unit à l'autre pour ne plus former ensemble qu'une couche assez mince. C'est à cette circonstance qu'elle doit son nom. Cuvier a donné le nom de Caduque à une substance muqueuse située plus en dehors que la membrane que nous venons de désigner, et il compare cette substance à la coquille de l'œuf des oiseaux. (P. G.)

**CADUC**, *Deciduus*. ( bot. ) Epithète appliquée aux parties végétales qui ne persistent pas pendant toute la vie de la plante à laquelle ils appartiennent. Par exemple, dans le pavot, le *calice* tombe après le développement de la fleur ; la vigne perd bientôt la *corolle* qui environnait d'abord son fruit : ces deux organes sont *Caducs*, par opposition à ceux qui persistent. (L.)

**CÆLESTINE** ou **COELESTINE**, *Cælestina*. ( bot. phan. ) Une Eupatoire très-élégante, remarquable surtout par le bleu céleste de ses fleurs, est devenue pour M. Cassini le type d'un nouveau genre de la famille des Corymbifères ; il l'a nommé *Cælestina*, en lui assignant les caractères suivans : calatide flosculeuse, composée de fleurons hermaphrodites ; involucre formé d'écailles foliacées, inégales, irrégulièrement imbriquées ; réceptacle conique, nu ; graine glabre, surmontée d'une membrane cartilagineuse, à bord denticulé et sinué.

La Cœlestine se trouve dans quelques serres et au Jardin des Plantes ; on en voit une figure dans l'*Hortus ethamensis*, t. 114, f. 139, et dans notre Atlas, pl. 64, f. 1. (L.)

CÆSALPINIE, *Cæsalpinia*, L. (BOT. PHAN.) Ce genre fait partie des Légumineuses de Jussieu et de la Décandrie monogynie de Linné. Voici ses caractères : calice urcéolé, quinquéfide ; corolle presque régulière à cinq pétales, dont l'inférieur est souvent plus coloré que les autres ; dix étamines libres et d'une longueur à peu près égale à celle des pétales, à filet laineux ; légume oblong, comprimé, bivalve et polysperme, quelquefois tronqué au sommet, et terminé obliquement en pointe, renfermant deux ou six graines ovoïdes ou rhomboïdales. Ces caractères sont à peu près les mêmes que ceux qui sont attribués au genre *Poinciana* : aussi Persoon a-t-il confondu les deux genres en un seul dans son *Enchyridium botanicum*. D'ailleurs ces deux genres sont composés de végétaux arborescens, qui habitent entre les tropiques.

Le genre *Cæsalpinia* renferme plusieurs espèces dont deux surtout ont droit à une mention particulière : ce sont le *Cæsalpinia echinata*, Lamk, et le *C. sappan*, L. Le premier fournit le bois du Brésil, ou brésillet de Fernambouc. C'est un grand arbre qui croît naturellement dans l'Amérique méridionale. Il a des rameaux longs et divergens, couverts de feuilles deux fois ailées, à folioles ovales et obtuses ; ses fleurs sont en grappe, panachées de jaune et de rouge ; elles exhalent une bonne odeur, et produisent un effet agréable à la vue. On se sert de son bois pour la teinture en rouge ; mais, pour donner de la fixité à cette teinture, il faut combiner le brésillet de Fernambouc avec l'alun et le tartre, ou enfin avoir recours à quelque autre procédé chimique. Ce bois prend bien le poli : aussi est-il très-propre aux ouvrages de tour et de marqueterie. Il est très-pesant, fort sec, et pétille beaucoup dans le feu, où il ne fait presque point de fumée. Pour être de bonne qualité, il faut qu'il soit en bûches lourdes, compactes, saines, sans aubier ; qu'après avoir été éclaté, de pâle qu'il est, il devienne rougeâtre, et qu'étant mâché, il ait un goût sucré.

Le *Cæsalpinia sappan*, qu'on appelle quelquefois *Campêche sappan*, est originaire des Indes orientales, où il sert aux mêmes usages que le brésillet de Fernambouc en Europe. Mais il est plus facile à travailler, plus riche en principe colorant, et donne une plus belle teinte au coton et à la laine. La teinture qu'il fournit est d'abord noire comme de l'encre ; mais on y délaie de l'alun, et elle devient aussitôt d'un beau rouge. A Sédan, on emploie la simple décoction de ce bois pour adoucir et velouter la draperie. Cette décoction sert aussi de fond aux teinturiers pour les couleurs violettes et le gris. A Amboine on emploie le bois de la Cæsalpinie sappan, à cause de sa dureté, en

guise de clous et de chevilles pour la construction des vaisseaux. On en fait aussi de fort jolis meubles.

Cet arbre, qui ne s'élève qu'à 4 ou 5 mètres de hauteur, et dont le tronc n'a que vingt centimètres de diamètre dans sa plus grande grosseur, pousse des branches armées de piquans et chargées de feuilles bipennées à folioles oblongues et échancrées. Les habitans de Saint-Domingue font, avec cet arbre, des haies vives qui croissent en peu de temps, et font un plus bel effet que celles de citronnier. Mais il faut avoir soin de les tailler cinq ou six fois par an ; sinon ses branches s'élèveraient bientôt à une hauteur considérable, et produiraient quantité de graines qui donneraient naissance à une infinité de jeunes plants couverts d'épines, qu'on aurait bien de la peine à détruire.

La Cæsalpinie sappan est figurée dans Roxburg. Fl. Coromand., t. 16, et est connue dans le commerce sous le nom de *Bois de sappan*, ou de *Brésillet des Indes*.

Lamarck a décrit (Enc. 1, p. 462), une espèce de ce genre indigène du Malabar qui a des folioles contractiles, comme la sensitive ; aussi lui a-t-il donné le nom de *Cæsalpinia mimosoïdes*.

(G. É.)

CÆSIO, *Cæsio*. (POISS.) Les Cæsio constituent un petit genre établi par Commerson, d'après une espèce qu'il avait prise dans l'archipel des Moluques, et à laquelle M. de Lacépède a donné l'épithète d'azuror, à cause de ses couleurs ; mais il s'en est trouvé quelques autres depuis, et même Bloch en a décrit deux : le *Sparus cuning* et le *Bodianus argenteus* de cet auteur sont manifestement des Cæsio. Ces poissons ont de grands rapports avec les Mendoles et les Picarels ; cependant les Cæsio, bien que voisins des Smaris, ne leur ressemblent pas sur tous les points. Leur dorsale commence un peu plus en arrière, c'est-à-dire à peu près vis-à-vis le milieu de leurs pectorales ; les premiers rayons sont plus élevés, et les autres vont en s'abaissant ; les écailles frêles et minces recouvrent presque toute la hauteur de leur dorsale et de leur anale. Du reste, ils ont la bouche des Smaris, mais un peu moins extensible ; leurs dents aux mâchoires seulement sont si petites que le tact seul aide à les faire distinguer, et non pas au vomer, comme en ont les Mendoles. On leur trouve jusqu'aux trois grandes écailles pointues qui sont aux côtes et dans l'intervalle des ventrales. Neuf espèces composent le genre Cæsio. Nous prendrons pour type du genre le Cæsio TILÉ, *Cæsio tile*, qui a été décrit et figuré par Cuvier, Histoire naturelle des poissons, et dans l'Iconographie du règne animal. Cette espèce est originaire de l'archipel des Carolines. Les indigènes la nomment *Tilé*. Son corps en fuseau rappelle un peu les proportions d'un petit maquereau ; seulement sa queue n'est pas si mince, et n'a aucune crête latérale ; ses grandes écailles empêchent d'ailleurs que l'on ne songe à le placer dans la même famille. Son corps est couvert d'écailles presque carrées ; il y en a sur la joue et sur l'opercule ; la ligne latérale est parallèle au dos, et à peu près au tiers supérieur, sauf près de la caudale où elle est, comme d'ordinaire, au milieu de la hauteur ; elle se marque par un petit point sur chaque écaille ; le dos et les flancs de ce poisson paraissent d'un bleu d'acier, plus rembruni du côté du dos, plus clair sur les flancs. Le bord des écailles tire à l'argenté. Les joues et toute la partie inférieure sont argentées. Une bande étroite noirâtre règne depuis le haut de l'ouïe en ligne droite, jusqu'au lobe supérieur de la queue, sur le milieu duquel elle se prolonge jusqu'à sa pointe ; elle suit la ligne latérale jusque vers le tiers postérieur du tronc, où cette ligne quitte la bande et descend plus bas. Le brun du dos fait qu'il semble y avoir une bande bleue au dessus et une au dessous de cette bande noirâtre. Le tube inférieur de la queue a aussi sur son milieu une bande longitudinale noirâtre. La caudale semble aussi toute bordée de blanchâtre, la pectorale paraît aussi blanchâtre, et a dans son aisselle une grande tache noire, qui se recourbe sur le bord antérieur de sa base, et y forme une petite tache triangulaire de même couleur. Les ventrales paraissent aussi blanchâtres. Nous donnons une figure de ce poisson dans notre Atlas, pl. 64, f. 2. La seconde est le Cæsio azuror, *Cæsio cærulaureus*, Lacép. t. 3, pl. 86. Cette espèce, décrite par Commerson, se distingue de la précédente par le nombre des rayons de sa dorsale et par ses couleurs qui sont très-belles et fort agréablement distribuées. Son dos et ses flancs sont d'un beau blanc coupé longitudinalement par une bande d'un beau jaune doré, placée au dessus de la ligne latérale, et qui en suit à peu près la courbure. La dorsale est brunâtre, les pectorales rougeâtres ont aussi une large tache noire sur leur base intérieure qui se recourbe en pointe sur le bout antérieur de la base externe ; la caudale est bordée de rouge tout autour ; mais le bleu du corps s'étend en brunissant longitudinalement sur le milieu de chacun de ses lobes. L'anale est rougeâtre ; les ventrales blanchâtres ; l'iris des yeux tantôt argenté, tantôt doré. Ce Cæsio est assez bien dessiné dans le Recueil de Vlaming, n° 54.     (Alph. G.)

CAFÉ. (bot. phan.) Nom que l'on donne également à la graine du Caféyer (*v.* ce mot), et à la liqueur que l'on obtient d'elle lorsqu'elle est torréfiée, réduite en poudre et infusée dans de l'eau. Chacun sait combien cette boisson gracieuse fortifie l'estomac, récrée le cerveau, aiguise l'esprit, soulève les grandes pensées ; elle porte à l'imagination ces vapeurs légères et bienfaisantes qui la transportent dans un monde fleuri, tout aérien, tandis que le goût épuré la balance sur ses ailes d'or, et que la raison l'empêche de s'égarer dans un vague trompeur. Rien n'est comparable au Café : c'est le nectar rêvé par la brillante antiquité, c'est la flamme céleste qui brille au front des grands hommes et leur assure l'immortalité. Boire le Café, c'est, selon l'expression d'un poète, *boire un rayon du soleil*, c'est donner à l'âme une vie réelle, une vie de bonheur et d'aimables illusions.

Durant les guerres maritimes et les entraves mises au commerce et aux relations avec les pays où l'on cultive aujourd'hui le Caféyer, on a cherché parmi nos végétaux indigènes une succédanée au Café ; moi-même j'ai fait de nombreuses tentatives pour y arriver ; aucune n'a complétement répondu à mon attente. Les racines de la chicorée sauvage et de la scorsonère, préconisées par quelques médecins, la pulpe de la betterave, le gland du chêne-roure, le fruit de l'églantier, la graine du maïs, du petit houx, du lupin blanc, de l'astragale bétique, de la vesce d'hiver, du pois-chiche, du lotier rouge et d'autres légumineuses, de l'iris des marais, du grateron, du tournesol annuel, le seigle, l'orge, les amandes ordinaires, etc., donnent bien une décoction colorée très-voisine, je pourrais dire absolument semblable à celle de la fève du Caféyer ; mais on leur demande en vain l'arôme délicat, la sensation délicieuse, le principe éthéré qui chasse la tristesse, engourdit les noirs chagrins, qui égaie, qui enivre si heureusement : on boit, l'estomac paresseux ou surchargé se sent bien un instant soulagé ; mais on attend sans espoir le ravissement, la féerie ; le feu sacré ne s'allume pas, l'étude profite moins, la jouissance est fade et laisse après elle un vide pénible, fatigant. Amis du beau, du bon, du sublime, brisez la tasse émaillée dans laquelle coule la liqueur enchanteresse, du moment que le despotisme farouche, que l'ambition sans entrailles enchaîne les vaisseaux dans le port. Ne faites rien pour la remplacer, telle douloureuse que soit la privation : sur les autels de la noble littérature vous élèveriez la vase infecte des égouts, au grandiose qui décore le temple des sciences vous substitueriez le grotesque, aux découvertes du génie les impostures du charlatan. Pendant que les mers sont libres, buvez, amis, buvez, joyeux, la divine liqueur, et chaque matin, au lever de l'aurore, répétez en chœur avec notre ami Ducis :

> Mon cher Café, dans mon humble ermitage,
> Que les beaux arts, les innocens loisirs,
> La liberté, ce seul besoin du sage,
> Que tes faveurs soient toujours mes plaisirs.

En te buvant, divin Café, j'aime mes semblables, j'adore les femmes, je retrouve les jours de félicité, de jeunesse, de plaisirs, je respire les doux parfums des fleurs, je me sens enveloppé par l'haleine caressante des zéphyrs, je goûte les fruits les plus exquis ; la nature me paraît plus belle, plus grande, le fardeau de la vie moins pénible ; j'en vois approcher le terme avec plus de calme, enfin tu triples à mes yeux le bonheur d'être père.

On raconte diversement l'origine de l'usage que l'on fait du Café. Selon les uns, le supérieur d'un couvent de l'Arabie, voulant chasser le sommeil de ses derviches qui s'y livraient pendant les offices de la nuit, imagina de leur faire boire l'infusion de la fève du Caféyer, d'après les effets que ce fruit passait pour produire sur les chèvres qui en avaient mangé. Selon les autres, ce fut le mollach Chadely qui fit la première expérience sur lui-même ; et, comme elle lui procura de douces extases, il la recommanda aux musulmans les plus fanatiques. Ce qu'il y a de certain, c'est que la violence des lois et l'austérité de la religion qui vinrent en proscrire l'usage, contribuèrent singulièrement à l'étendre. Des contrées de l'Orient il passa en Europe ; son introduction en France date de l'an 1669. A cette époque un demi-kilogramme de grains brûlés coûtait jusqu'à cent vingt francs. Ce fut en 1672 que l'arménien Pascal ouvrit à Paris la première maison publique où l'on pouvait boire du Café ; elle fut d'abord située à la Foire Saint-Germain, puis transportée sur le quai de l'École. Etienne d'Alep et Procope, de Florence, appelèrent bientôt la foule dans les salles bien décorées où ils distribuaient cette liqueur.

Généralement on prépare mal le Café ; quand on le met à cuire, quand on le condamne à l'ébullition de l'eau chaude, on le dépouille d'une grande portion de son huile essentielle, on le déshonore presque entièrement. Il faut le faire à l'eau froide, le tenir couvert quand passe sa larme dorée, et lorsqu'elle a cessé de tomber, versez seulement quelques gouttes d'eau bouillante pour s'emparer des derniers atomes bienfaisants. La liqueur est alors dans son état le plus parfait ; chauffez au bain-marie et savourez. Coulez de l'eau bouillante sur le marc, elle vous servira pour la préparation suivante. Si vous avez bien agi dans le travail, cette eau sera fortement ambrée.

N'altérez jamais l'excellence du café en liqueur en l'additionnant avec du lait, du thé, du chocolat ; cette alliance est pernicieuse pour les tempéramens délicats, pour les femmes et surtout pour les jeunes filles ; elle cause des aigreurs sur l'estomac, des pesanteurs, des maux de tête, la mollesse des chairs et un fâcheux écoulement d'humeurs séreuses. On n'ajoute pas impunément du lait ou de la crème au Café que l'on boit après le dîner ; pour beaucoup de personnes, même les plus robustes, ce filet de lait, ce nuage de crème atténue l'effet digestif de la liqueur divine. Sur cent individus, dix au plus pourront le prendre sans en être incommodés, mais les autres en souffriront habituellement. Qu'on ne dise pas que c'est un caprice de l'estomac, ce phénomène d'indigestion s'explique cliniquement. (V. au mot LAIT.)

Le besoin d'argent qui tourmente tant de gens, le luxe qui entraîne si loin quand on cède volontiers à ses prestiges, le plaisir insatiable de la nouveauté qui sollicite tant d'inventions utiles et bizarres, ont créé une foule d'instrumens pour faire le café ; tous sont également bons, quand ils ne contrarient point la méthode simple que j'indique et que je suis depuis longues années.

On retire de la pulpe qui enveloppe les grains du Caféyer une liqueur spiritueuse analogue au rhum et remarquable par un parfum qui rappelle avec délices son origine. Les habitans de divers cantons de l'Afrique emploient le Café comme aliment, dans leurs expéditions militaires ; ils en grillent la fève, la pulvérisent, et mêlent cette poudre avec de la graisse pour lui donner de la consistance ; un petit volume de cette préparation leur suffit pour les soutenir pendant des marches de plusieurs jours. Cet usage est fort ancien parmi eux, il est très-présumable que l'on doit à des individus de ces peuples, restes de l'antique Ethiopie, la connaissance des propriétés du Café, et que le conte des chèvres, révélant son existence dans l'Yémen, est une allusion poétique au costume ou aux habitudes de ces vieux guerriers. La qualité nutritive du Café est encore attestée par l'expérience de nos soldats qui firent partie de la mémorable expédition d'Egypte, en 1799 ; lorsqu'ils avaient de fortes fatigues à supporter, à pénétrer dans les déserts qui longent la vallée du Nil, ils préféraient à leurs rations le Café en grains brûlés ou réduits en poudre, il les soutenait davantage, disaient-ils. J'ai vu des personnes, instruites de ce fait, manger le marc du Café ; elles pensent se nourrir, elles lestent seulement l'estomac sans lui fournir la plus légère substance alimentaire.

Le Café avarié peut recevoir une utile destination. En 1819, Bizio, de Venise, nous a appris qu'il donnait une très-belle couleur vert émeraude qui manquait à la peinture, inaltérable aux différens agens chimiques, et même à l'influence corrosive de la lumière et de l'humidité. La décoction du Café étant faite comme à l'ordinaire, on emploie la soude pure pour avoir un élégant précipité vert qu'on travaille pendant six à sept jours sur le marbre poli, afin que toutes les parties de la matière soient en contact avec l'air atmosphérique, et en reçoivent une nouvelle vivacité. (T. D. B.)

CAFÉ BATARD. (BOT. PHAN.) A la Martinique on donne vulgairement ce nom à un arbrisseau qui a de grandes affinités avec le genre IXORE. (Voy. ce mot).

CAFÉ DIABLE. (BOT. PHAN.) Les créoles de Cayenne et de la Guiane appellent ainsi le fruit d'une espèce d'Anavingue qu'Aublet désigne sous le nom de Iroucana guianensis. (T. D. B.)

CAFÉYER, Coffea. (BOT. PHAN.) Joli arbrisseau qui, par son port, ses feuilles, ses fleurs et ses fruits, ajoute beaucoup à la beauté du site où on le cultive et à l'ornement des serres. Il est originaire de l'Ethiopie, a été porté dans l'Yémen, et n'a pris en Europe le nom de l'Arabie, Coffea arabica, que parce que, sans respect pour les vieilles traditions, les premiers voyageurs l'ont dit spontané dans cette partie de l'Arabie, tandis qu'il n'y est que cultivé en terrasses sur les grandes chaînes de montagnes de Karkari et d'Akakre. Le Caféyer était déjà introduit dans les serres d'Amsterdam, quand Resson le donna, en 1714, au Jardin des Plantes de Paris : il y a été soigné et multiplié, c'est de là que Déclieux en prit pied et des graines qu'il alla planter à la Martinique, en 1720. Ils y prospérèrent tellement que, six ans après, en 1726, on y comptait déjà deux cents pieds assez forts et produisant du fruit, plus de deux mille plants moins avancés et un nombre infini

infini d'autres sortant du sol auquel on avait confié des graines. La culture du Caféyer s'est propagée dans toutes les Antilles avec le plus grand succès. Il en a été de même sur la côte méridionale de l'Asie ; le premier pied porté à Batavia a fourni tous les Caféyers qui peuplent et le continent et les îles de l'Asie. Partout où on le cultive, il ouvre au commerce de grandes ressources, et assure au pays une longue et brillante prospérité.

Cet arbrisseau, placé sur un sol convenable, monte de dix à treize mètres. Il a la tige droite, très-rameuse, couverte de feuilles d'un beau vert luisant ; ses fleurs blanches, d'une odeur douce mais légère, imitent celles du jasmin, s'épanouissent deux fois l'an, naissent aux aisselles des feuilles précédentes, sur la partie nue des rameaux, et dans les aisselles des feuilles existantes. La floraison dure souvent six mois consécutifs, de manière que la baie rouge que l'on voit succéder à la fleur qui brille trois ou quatre jours seulement, marie sa couleur à la verdure du feuillage, à la blancheur des corolles, et donne à l'arbrisseau l'aspect le plus séduisant. (Nous en avons représenté un rameau dans notre Atlas, pl. 64, fig. 5.) Je ne dirai point tous les soins que réclame sa culture, les méthodes suivies pour la récolte et la préparation des graines ; ces détails m'entraîneraient trop loin, sans profit pour nos lecteurs, puisque l'on est persuadé, bien à tort à mon sens, qu'on ne pourra jamais l'acclimater en France. Je dirai seulement que le Caféyer n'est pas très-délicat, puisqu'il réussit sur les montagnes de l'Yémen où il gèle en hiver, où la neige couvre le sol pendant plusieurs jours de suite. Il veut une terre substantielle, médiocrement arrosée, l'exposition du levant ; sur un terrain humide ou exposé à des pluies fréquentes, il vient très-vite, mais ses produits sont médiocres et bientôt il périt ; dans les serres, il lui faut des arrosemens modérés en hiver, fréquens en été, et dans le temps des chaleurs, sur les feuilles.

Le Caféyer appartient à la Pentandrie monogynie et à la famille des Rubiacées. On a calculé que l'Asie et l'Amérique fournissent à l'Europe plus de quarante millions de kilogrammes de graines, dont dix millions au moins se consomment en France. On peut évaluer à vingt millions d'arbrisseaux, c'est-à-dire à une forêt de trois myriamètres carrés de surface, le contingent de l'Asie méridionale et de ses îles, tandis que celui des Antilles, de Cayenne et de la Guiane provient d'une forêt de soixante-cinq millions de Caféyers plantés sur une surface de dix myriamètres carrés.

Le commerce distingue le Caféyer en trois espèces, le *Caféyer moka* ou de l'Arabie Heureuse, au grain petit, généralement arrondi ; le *Caféyer mascareigne*, que l'on tire de cette île et de l'île Maurice, à grain gros, jaunâtre, et le *Caféyer martinique*, dont le grain est moyen et d'une teinte verdâtre. Ces prétendues espèces ne sont que de simples variétés. (T. D. B.)

CAGOT. (PHYSIOL.) Nom vulgaire donné à des individus difformes, estropiés, et que cette dégradation morale réduit à la misère ; on les rencon-

tre dans les Pyrénées, la Haute Gascogne, le Béarn. On donne pour étymologie à ce nom les deux mots latins *canis gottus*, chien goth.

(P. G.)

CAIEU, *Bulbulus*. (BOT. PHAN.) On nomme ainsi un petit bulbe que produit un autre bulbe, qui le remplace, et qui naît soit dans sa substance, soit au dessous. De Candolle regarde les Caïeux comme des bourgeons axillaires des bulbes, comme de jeunes branches qui se développent à l'aisselle des feuilles ; ils ne sont attachés à la tige que par un filet mince, qui se brise aisément et souvent de lui-même. Les Caïeux peuvent se développer eux-mêmes, après avoir été détachés du bulbe qui les a produits. Voyez BULBE et OGNON. (GUÉR.)

CAILLE, *Coturnix*. (OIS.) Ces oiseaux appartiennent à l'ordre des Gallinacés et constituent dans la famille des Perdicidés ou Perdrix un petit genre dont les caractères essentiels sont les suivans :

Bec court, plus large que haut, à mandibule supérieure courbée ; narines basales, latérales, à moitié fermées par une membrane voûtée ; tête emplumée ; yeux n'ayant jamais derrière eux ni à leur pourtour d'espace dénudé ; pieds à tarses lisses, sans éperons, quelquefois un simple tubercule calleux à leur place ; queue courte, ordinairement composée de quatorze pennes étagées et arrondies, cachées par leurs couvertures supérieures et inférieures ; ailes médiocres, mais cependant établies sur le type aigu, c'est-à-dire ayant leur deuxième penne la plus longue ; quelquefois même elles sont sur-aiguës, c'est lorsque la première penne dépasse toutes les autres.

Les Cailles, que quelques auteurs avaient voulu placer dans un même genre avec les Perdrix, en diffèrent non seulement par leurs caractères zoologiques, mais aussi par leurs mœurs ; ce sont des oiseaux peu sociables, et qui vivent isolés ; les mâles ne se tiennent avec les femelles que pendant le temps des amours, et ils les quittent lorsqu'elles sont près de pondre ; ils sont polygames ; les dernières font beaucoup d'œufs, et sont seules chargées de les soigner.

Les Cailleteaux courent au sortir de l'œuf ; ils sont plus robustes que les petits des perdrix, et peuvent se passer beaucoup plus tôt des soins de leur mère ; lorsqu'ils sont parvenus à ce terme, la compagnie se sépare avec une entière indifférence ; et, passé le temps des couvées, il est rare de trouver plusieurs Cailles réunies.

Les oiseaux de ce genre paraissent appartenir principalement aux contrées chaudes du globe ; une seule espèce se trouve en Europe, encore n'y vient-elle que pendant la belle saison ; les autres sont de l'Asie, des îles de la mer des Indes et de l'Océanie, de l'Afrique et de Madagascar ; on n'en connaît point en Amérique. Les espèces qui s'approchent le plus des contrées froides, les abandonnent pendant l'hiver pour se rapprocher des tropiques ; elles se livrent alors à de longs voyages, qui ont rendu si célèbre notre Caille d'Europe.

Le froid est certainement la cause principale de ces migrations; mais il n'agit pas directement sur les Cailles, oiseaux frileux; il les prive de tous leurs moyens d'existence, leur enlevant en même temps les blés dans lesquels elles se tiennent, ainsi que les grains et les insectes dont elles se nourrissent exclusivement. Plusieurs espèces des pays chauds ont aussi l'habitude des migrations. Tous ces oiseaux vivent habituellement dans les champs couverts de moissons ou dans les herbes; on ne les trouve que très-rarement dans les bois; jamais ils ne se perchent; ils courent avec agilité, ei, lorsqu'on leur donne la chasse, ils ne prennent leur vol que si le danger devient trop pressant.

Les principales espèces de Cailles sont :

La CAILLE VULGAIRE, *Perdix coturnix* de Linné, représentée à la pl. 65, f. 1 de notre Atlas. Elle a de longueur totale sept pouces trois ou quatre lignes; son bec et ses pieds sont de couleur de chair; sa queue est composée de quatorze pennes; dans le mâle, âgé d'un an et après la seconde mue, les plumes de la tête sont d'un brun foncé avec leurs bords roussâtres; au dessus des yeux est une bande d'un blanc jaunâtre qui se dirige de chaque côté sur la nuque, où elle s'élargit; une semblable bande, mais moins large, passe au milieu du crâne et à l'occiput. La gorge est rousse et porte deux bandelettes de brun roussâtre; le cou, le dos, le croupion et les épaules offrent un mélange de jaunâtre et de noir, de roux et de gris. Les femelles se distinguent du mâle adulte par leur gorge qui est blanchâtre et sans aucune tache, par les couleurs du dos qui sont plus foncées, par les plumes de la partie inférieure du cou et de la poitrine qui sont blanchâtres et parsemées de taches noires, presque rondes. L'âge et les localités occasionent dans le plumage des deux sexes quelques autres différences; ils en produisent aussi souvent dans les dimensions; certains individus varient accidentellement du blanc plus ou moins pur au brun foncé et même au noir. On conserve au muséum de Paris une variété albine de la Caille, tuée par le roi Louis XV; la variété noire ne se produit qu'en domesticité; elle dépend du chenevis qui est ordinairement donné aux Cailles pour toute nourriture.

Quoique les Cailles soient des oiseaux très-répandus, on connaît à peine leurs mœurs: que de contes absurdes n'a-t-on point écrits! que de circonstances merveilleuses ont été répétées avec une assurance vraiment désespérante! Qui n'a entendu dire que les Cailles se retirent, aux approches du froid, dans des trous en terre pour y passer l'hiver à la manière des hérissons et des marmottes; ou qu'elles s'engendrent des thons que la mer agitée jette quelquefois sur le rivage, et qu'elles passaient successivement sous diverses formes, grossissant par degrés jusqu'à ce qu'elles devinssent des Cailles; et mille autres absurdités que nous rougirions de rapporter?

Les anciens et les modernes se sont beaucoup occupés des voyages des Cailles; ces voyages que les habitans des côtes ont observés mille fois, des savans n'ont pas craint de les mettre en doute. L'inclination de voyager et de changer de climat à certaines époques de l'année est une des affections les plus fortes de l'instinct des Cailles; la cause de ce désir, dit Buffon, ne peut être qu'une cause très-générale puisqu'elle agit non seulement sur toute l'espèce, mais aussi sur des individus séparés, pour ainsi dire, de leur espèce, et auxquels une étroite captivité ne laisse aucune communication avec leurs semblables; c'est ainsi que l'on voit de jeunes Cailles tenues depuis leur naissance dans des cages, éprouver régulièrement deux fois par an une inquiétude et une agitation tout-à-fait singulière pendant l'époque des voyages, savoir, aux mois de septembre et d'avril. Cette inquiétude se fait principalement remarquer le soir et pendant une partie de la nuit, car c'est à cette heure que les Cailles se disposent à partir, traversant la Méditerranée pour se rendre en Afrique, où elles se répandent jusqu'au Cap. Quelquefois elles se reposent pendant la traversée sur les îles qu'elles rencontrent; les îles et les écueils du Levant sont en automne tout couverts de ces oisseaux; les habitans en font une grande exploitation. En Morée, les Cailles arrivent au mois de septembre, fatiguées et presque incapables de mouvement; les habitans, qui ont fait tous leurs préparatifs, se livrent alors à une véritable récolte, les ramassent pour les saler et en approvisionner divers pays; ils disent que Dieu, qui les leur envoie, les prive de la faculté de voler.

Caprée, île situé à l'entrée du golfe de Naples, est aussi à la même époque presque entièrement couverte de Cailles; l'évêque de l'île, qui perçoit la dîme sur le commerce qu'on en fait, touche chaque année quarante ou cinquante mille francs. On se fera une idée du nombre d'oiseaux qu'il faut pour que la dixième partie de leur valeur produise une telle somme, en apprenant qu'à Naples, l'un des principaux débouchés de l'île, les Cailles ne valent que quatre ou cinq sous la pièce. Cet évêque a été appelé *l'évêque des Cailles*.

Ce n'est qu'au temps des voyages que les Cailles se réunissent; elles choisissent pour partir un vent favorable qui les aide beaucoup dans la traversée, le prenant nord-ouest ou nord pour aller en Afrique, et sud-est ou sud pour revenir en Europe; mais il arrive quelquefois que le vent change avant qu'elles aient atteint la terre; elles sont alors dans l'impossibilité de continuer, et périssent presque toutes engiouties par les eaux. Dans ces circonstances il n'est pas rare qu'elles s'abattent sur un bâtiment; mais toutes n'ont pas ce bonheur, et elles tombent le plus souvent dans la mer; on les voit alors flotter pendant quelque temps et se débattre sur les vagues, une aile en l'air, comme pour prendre le vent, d'où quelques naturalistes ont pris occasion de dire qu'elles se munissaient en partant d'un petit morceau de bois qui leur servait de radeau pour se reposer de temps en temps, en voguant sur les flots, de la fatigue de voguer en l'air. Pline leur a fait porter trois petites pierres dans le bec pour se soutenir contre le vent; Oppien veut au contraire que ces pierres soient destinées à indiquer à l'oiseau, qui les laisse tomber une à une, s'il a dépassé la mer. Ces erreurs ne sont pas les seules : le râle des genêts, oiseau solitaire et voyageur, arrive et part en même temps qu'elles, et se tient aussi dans la campagne : on a dit qu'il les conduisait, et on l'a nommé *le roi des Cailles*.

Dans nos provinces méridionales, on voit arriver les Cailles dès les premiers jours d'avril, mais ce n'est que vers la fin de ce mois qu'elles viennent dans le nord. Des jeunes qui viennent quelques jours avant les vieilles, ont reçu des chasseurs le nom de Cailles vertes, parce qu'on ne les trouve alors que dans les prairies; passé cette époque et jusqu'à leur départ, ils les appellent *Cailles grasses*. Dès le mois d'août et surtout de septembre ces oiseaux nous quittent, et vont se répandre en Égypte, en Asie, en Syrie, etc. Cependant il en reste même dans notre pays quelques individus blessés ou provenant de couvées tardives; ils passent l'automne et l'hiver dans les endroits les mieux exposés.

La Caille vole avec célérité, mais elle se lève difficilement et seulement lorsqu'on la poursuit; elle file droit à une petite élévation des terres, et redescend bientôt : en un mot, elle court plus qu'elle ne vole. Les mâles de cette espèce sont polygames et très-lascifs; on en a vu un réitérer dans un jour jusqu'à quinze fois ses approches avec plusieurs femelles. Celles-ci ne font qu'une couvée, du moins dans nos climats; elles pondent assez tard, vers la fin de juillet, huit, dix, et jusqu'à quatorze œufs obtus, d'un verdâtre clair, marqués de petits points ou de taches brunes et noirâtres; elles les déposent dans un simple trou, entouré de quelques brins d'herbe, et les couvent pendant trois semaines. Les petits courent en quittant leur coquille; ils ont bientôt pris tout leur accroissement, et sont capables d'exécuter les voyages aussi bien que leurs parens.

La Caille est partout considérée comme un fort bon gibier; sa chair diffère peu de celle de la perdrix; elle est susceptible de se couvrir d'une couche de graisse absolument comme celle des becs-figues et des ortolans. La Caille grasse habite les récoltes de chanvre, de sarrasin, les genêts, les bruyères, et même les buissons; on la chasse, ainsi que la Caille verte, avec le chien d'arrêt et le fusil, de la même manière que la perdrix. Suivant les saisons on emploie divers instrumens pour chasser les Cailles; tels sont les *appeaux* artificiels ou vivans, le *tramail* ou *halier*, la *tirasse* et le *traîneau*.

Pour attirer ces oiseaux dans le piége qu'on leur a tendu, on se sert d'une femelle (appeau vivant), ou d'un sifflet qui imite son cri (appeau artificiel). La plus amusante et la plus fructueuse de toutes les chasses est sans contredit celle de la *tirasse*, depuis l'arrivée des cailles jusqu'à leur départ; on peut avec cet instrument en prendre une quantité considérable. C'est un filet long de trente-cinq à quarante-cinq pieds, et large de vingt à trente,

dont les mailles en losange doivent avoir un pouce et demi. Il faut deux personnes pour manœuvrer ce filet; cependant un seul homme peut s'en servir utilement en fixant sa tirasse par un pieu. La manière dont les Cailles se prennent à ce piége est facile à concevoir; comme elles se tiennent habituellement à terre, il est aisé de les environner et de les couvrir avec le filet. Le *traîneau* est une sorte de tirasse dont un côté rase la terre et ramasse les Cailles comme un filet prend le poisson de la partie d'une rivière dont il balaie le fond.

Les Cailles et surtout les individus du sexe mâle ont le caractère triste et querelleur; on a souvent exploité ce penchant pour amuser la multitude; des combats de cette sorte sont même encore usités aujourd'hui dans quelques villes d'Italie : on prend deux Cailles habituées à une nourriture abondante, et on les met vis-à-vis l'une de l'autre, chacune au bout opposé d'une longue table, et l'on jette entre elles deux quelques grains de millet; car, comme le dit Buffon, parmi les animaux il faut un sujet réel pour se battre. D'abord les deux champions se lancent des regards menaçans, puis, partant comme un éclair, ils se joignent, s'attaquent à coups de bec, et ne cessent de se battre que jusqu'à ce que l'un cède à l'autre le champ de bataille. Cette espèce de gymnastique, qui nous semble puérile, était fort goûtée des anciens; il fallait même qu'elle tînt à leur politique, puisque nous voyons qu'Auguste punit de mort un préfet d'Égypte pour avoir fait servir sur sa table une Caille que ses victoires avaient rendue célèbre, et que Solon voulait que les enfans et les jeunes gens assistassent aux combats de ces oiseaux, afin, sans doute, d'y prendre des leçons de courage.

Parmi les espèces exotiques du genre des Cailles, nous citerons les suivantes :

CAILLE A VENTRE PERLÉ, *C. perlata*, Temm. C'est une belle espèce qui habite l'île de Madagascar, d'où elle émigre tous les ans pour se rendre sur la côte orientale de l'Afrique.

CAILLE AUSTRALE, *C. australis*. Longue de sept pouces ou un peu moins, cette espèce est très-abondante à la Nouvelle-Hollande; elle paraît avoir les mœurs de notre Caille vulgaire; on ignore si elle est sédentaire sur ce vaste continent, ou si elle visite aussi les nombreuses îles de l'océan Pacifique.

CAILLE DE LA NOUVELLE-ZÉLANDE, *Coturnix Novæ Zelandiæ*. Cette espèce a été récemment découverte par MM. Quoy et Gaimard, qui l'ont décrite et fait figurer dans la partie zoologique du voyage de l'*Astrolabe*; on n'en connaît que la femelle.

CAILLE NATTÉE, *C. textilis*. Modelée sur les formes de notre Caille vulgaire, cette espèce est d'une taille inférieure, mais son bec est plus fort et plus gros. Son plumage présente d'ailleurs un plus grand nombre de taches et de raies foncées, et la livrée des deux sexes imite assez bien un tissu natté de couleurs noire, blanche et rousse; une large bande noire longitudinale, qui s'étend au milieu de la poitrine jusque sur le ventre, distingue encore cette espèce de la Caille vulgaire. Elle habite le continent de l'Inde.

CAILLE A FRAISE , *C. excalfactoria* , Temm. Cette espèce a reçu de Buffon le nom de *Fraise* à cause de l'espèce de fraise blanche qu'elle a sous la gorge, et qui tranche d'autant plus que son plumage est d'un brun noirâtre. Cette Caille est moitié moindre que la nôtre ; elle habite la Chine, où les habitans la tiennent souvent chez eux, car ils s'en servent l'hiver pour se chauffer les mains, le bois étant fort rare. Ils l'élèvent aussi pour faire battre les mâles les uns contre les autres ; ces combats donnent lieu à de fortes gageures.

CAILLE A GORGE BLANCHE , *C. torquata*. Cet oiseau décrit par Mauduit, a le sommet de la tête noirâtre, les joues d'un noir foncé qui s'étend sur les côtés et sur le devant du cou, et forme un cadre autour de la gorge dont la couleur est d'un blanc éclatant. Patrie inconnue.

La CAILLE BRUNE, *C. grisea*, Temm., est une autre espèce de l'île de Madagascar. La CAILLE DE LA NOUVELLE-GUINÉE, *C. Novæ Guineæ*, du même auteur, est d'un tiers moins grosse que l'espèce commune ; elle a reçu le nom de la contrée où on l'a observée.

La CAILLE DES BOIS, *Tetrao sylvaticus*, décrite par Desfontaines dans les Mémoires de l'académie des sciences, est une espèce du genre *Turnix*, le T. TACHYDRÔME, Temm. On la trouve sur la côte septentrionale de l'Afrique où elle reste toute l'année ; à Alger elle est assez commune.       ( GERV. )

CAILLES D'AMÉRIQUE. ( ois. ) Ces Oiseaux ne doivent point être confondus avec ceux du genre *Coturnix* ; ils appartiennent au groupe des *Colins* , auquel nous renvoyons.     ( GERV. )

CAILLETEAUX et CAILLETONS ( ois. ) sont deux noms par lesquels on indique les petits de la Caille.       ( GERV. )

CAILLETTE. ( ANAT. ) C'est le quatrième estomac des ruminans , c'est la plus grosse des poches après la panse ; elle a reçu le nom de Caillette, parce que chez les jeunes animaux on y trouve la *présure* qui sert à faire cailler le lait. Les parois en sont très-épaisses et ridées. Elle communique avec l'intestin par l'orifice pylorique. Cet estomac est le seul développé tant que tette l'animal : la rumination alors ne s'opère pas. On a aussi donné à la Caillette le nom de *Franche mulle*.     ( P. G. )

CAILLOT. ( PHYSIOL. ) Tant qu'il se meut et circule, le sang reste liquide, mais dans certaines circonstances ses propriétés physiques changent totalement. Si , par exemple, on l'extrait des vaisseaux qui le renferment dans le corps vivant, et qu'on l'abandonne à lui-même, il se transforme, au bout de quelques instans, en une masse de consistance gélatineuse, qui se sépare bientôt en deux parties, l'une liquide, jaunâtre, transparente, qu'on appelle sérum ( *voyez* ce mot ) ; l'autre compacte, de couleur rouge, à laquelle on donne le nom de *Caillot* ou *cruor* du *sang*. Il ne

faut pas confondre le *Caillot* avec cette couche molle et grisâtre qui souvent en couvre la surface, et qu'on désigne par le nom de *couenne du sang*. La formation de cette troisième partie est le plus ordinairement un des signes d'affection inflammatoire, surtout de la pneumonie ou fluxion de poitrine. Elle peut également être due à des circonstances sans importance, telles que la grandeur de l'ouverture de la veine, la forme du vase qui reçoit le sang, etc.

Selon Berzelius, le Caillot se compose de 36 de fibrine, de 64 de matière colorante rouge chez le bœuf ; la fibrine n'est que dans la proportion de 0,075 dans l'homme.       ( P. G. )

CAILLOU. ( GÉOL. ) Dans le langage ordinaire on donne le nom de Caillou à toutes les pierres siliceuses, c'est-à-dire composées essentiellement de *silice*, quelle que soit leur couleur ; mais principalement à des morceaux arrondis, soit par suite de leur mode de formation, soit par suite d'un long frottement. C'est ainsi qu'on a appelé *Caillou* d'Égypte un beau jaspe zonaire quelquefois dendritique, c'est-à-dire offrant des zones concentriques et des espèces d'herborisations, roche qui se trouve en fragmens arrondis dans les plaines qui bordent le Nil ; *Caillou de Rennes*, une réunion de petits fragmens de quartz jaspe tantôt rouges, tantôt jaunes, à ciment siliceux et fin ; *Caillou d'Angleterre*, un véritable POUDINGUE ( *voy.* ce mot ) ; enfin *Cailloux de Médoc, de Bristol, de Cayenne* et *du Rhin*, des morceaux de quartz hyalin ou de cristal de roche roulés.

On a même appelé *Caillou d'Alençon*, ce qu'on nommait non moins singulièrement autrefois *Diamant d'Alençon*, un quartz hyalin enfumé , et quelquefois noir, qui occupe les cavités du granite des environs de cette ville.

En géologie on désigne souvent sous le nom de *Cailloux roulés* les fragmens arrondis de quartz, de silex, provenant de la craie, du granite, du gneiss et d'autres roches qui forment les dépôts diluviens ou de transport que l'on remarque dans certaines plaines , telles que celles de Boulogne et de Clichy près de Paris, de la Crau aux environs des Bouches-du-Rhône, et du nord de l'Allemagne, où ils sont accompagnés, principalement dans la Prusse septentrionale et le Mecklenbourg, d'énormes morceaux de roches arrachés aux montagnes de la Suède, et qui ont reçu des géologistes le nom de BLOCS ERRATIQUES ( *voy.* ce mot ). Quelquefois on donne à ces cailloux roulés le nom de *Galets* ; mais cette expression est principalement en usage sur les côtes de France pour désigner les fragmens de diverses roches roulés par les flots, et que la mer accumule et refoule sur la partie la plus haute du rivage qu'elle couvre, en laissant dans la partie basse les fragmens les plus tenaces de ces mêmes roches qui forment le sable le plus fin.       ( J. H. )

CAIMAN. ( REPT. ) On a donné ce nom, en Afrique et en Amérique, à diverses espèces de crocodiles et d'alligators. Les habitans de ces pays, les nègres, les voyageurs ont appliqué ce nom à toutes les espèces qu'ils ont rencontrées, comme chez nous les personnes peu instruites désignent par le nom de Scarabée tous les insectes coléoptères, ou dont les ailes sont recouvertes par des étuis cornés. Dans l'état actuel de la science le nom de Caïman a été restreint aux crocodiles du genre ALLIGATOR. (*V.* ce mot.) (GUÉR.)

CAJEPUT (huile de). (BOT. PHAN.) L'huile volatile de Cajeput, à laquelle on a voulu faire jouer un rôle important dans le traitement de l'épidémie (choléra-morbus) qui désola la France en 1832, est extraite par la distillation des feuilles du *Melaleuca Cajeputi,* arbuste des îles Moluques, nommé *Cajeputi,* ou *Arbre blanc,* qui appartient à la famille des Myrtacées, et qui a été décrit par Rumph sous le nom d'*Arbor alba minor,* afin de le distinguer d'autres espèces voisines qui portent le même nom, mais qui ne fournissent pas d'huile.

L'huile de Cajeput est très-fluide, transparente, ne donne aucun dépôt, est soluble dans l'alcool, ne se saponifie pas par l'ammoniaque, répand une odeur particulière, très-agréable, qui rappelle tout à la fois celle de la térébenthine, du camphre, de la menthe poivrée et de la rose. Sa couleur, ordinairement d'un beau vert ou d'un vert bleuâtre, est due à une très-petite quantité de cuivre : la présence de cet oxide n'étant guère que dans des proportions de un vingt-deuxième le grain par gros, peut être considérée comme de nul effet dangereux dans l'usage médical. Toutefois on peut séparer tout le cuivre en agitant l'huile avec un soluté de cyanure de fer et de potassium, filtrant et laissant reposer. L'huile ne tarde point à surnager, et on l'enlève.

L'huile de Cajeput étant susceptible d'être falsifiée, d'être préparée de toutes pièces avec d'autres huiles d'une moindre valeur, il est important de se rappeler les caractères que nous venons de lui donner, car ils sont ceux de l'huile de bonne qualité. On mettra également de côté tous les produits qui sentiront la lavande, le romarin, la sauge, la rue, la sabine, ou autres essences de nos climats. (F. F.)

CAKILE. (BOT. PHAN.) Petit genre de la famille des Crucifères et de la Tétradynamie siliceuse, composé de trois espèces, dont la plus remarquable est le CAKILE DES SABLES, *C. maritima,* qui se plaît sur les côtes baignées par la mer. Cette plante charnue, que l'on brûle en certaines localités, pour en retirer la soude, a une tige très-diffuse, haute de trente centimètres, garnie de feuilles ailées, pinnatifides, et de bouquets à fleurs rougeâtres, quelquefois blanches, épanouies en juin, et auxquelles succèdent des silicules bis-articulées, dont les loges ne renferment qu'une seule graine. On la trouve abondamment dans les environs de Boulogne-sur-Mer. (T. D. B.)

CAKILINÉES. (BOT. PHAN.) Coupe nouvellement introduite dans la famille des Crucifères, et fondée sur la forme de la silicule et des cotylédons que j'ai vus être très-peu fixes. Elle com-

prend les genres démembrés *Rapistrum, Cordylocarpus, Chorispora* de De Candolle, et le genre *Cakile* créé par Desfontaines, et qui lui sert de type. D'après ce système il n'est pas un seul genre, il n'est pas une seule espèce qui ne puisse espérer de prendre un jour le titre de famille ou de tribu. Voilà du désordre et non de la science. (T. D. B.)

CALADION, *Caladium.* (BOT. PHAN.) Jusqu'en 1798, les plantes de ce genre, qui sont au nombre d'environ une vingtaine, faisaient partie du genre GOUET, *Arum* (*voy.* ce mot); elles en ont été définitivement détachées par Ventenat. Cette coupe, proposée par Rumph, dans sa Flore d'Amboine, a été adoptée, parce qu'elle est établie sur des caractères positifs, constans, sur la situation et la forme des glandes, sur les stigmates qui sont glabres et ombiliqués, et principalement sur le spadice dont le sommet n'est pas nu, mais garni d'anthères dans son entier.

Presque tous les Caladions sont herbacés et parasites. Deux seules espèces sont comestibles, le *Caladium esculentum,* provenant de l'Amérique méridionale, dont on mange la racine tubéreuse blanche quand elle est cuite, et le *Caladium sagittatum,* vulgairement appelé *Chou caraïbe,* qui a la racine grosse et de très-belles feuilles.

Une autre espèce, le CALADIUM A DEUX COULEURS, *C. bicolor,* découverte en 1766, par Commerson, près de Rio-Janeiro, au Brésil, et cultivée dans nos serres depuis 1785, est agréable à voir. Sa racine est fibreuse, d'une saveur caustique, produit plusieurs feuilles radicales, assez grandes, disposées en fer de lance, d'un superbe rouge cramoisi dans le milieu, et d'un vert foncé sur les bords. Du milieu de ces belles feuilles s'élève la hampe, et quelquefois trois ensemble, portant à l'extrémité la spathe florifère, qui s'épanouit en juin et juillet, colorée d'un violet tendre. L'éclat de cette plante égale sa délicatesse. On la multiplie de drageons qu'elle produit en abondance.

Le genre Caladion fait partie de la famille des Aroïdées et de la Monœcie polyandrie. Rumph nous apprend que son nom botanique est la traduction du mot égyptien *Kelady,* sous lequel on désigne dans ce pays les espèces comestibles de Gouet. (T. D. B.)

CALAIS (Pas-de-). (GÉOGR. PHYS.) On appelle ainsi le détroit qui sépare la France de l'Angleterre : il est placé entre deux mers libres, et le flux et reflux s'y fait vivement sentir contre les côtes escarpées. Beaucoup de raisons donnent à penser que les terres de la Grande-Bretagne et de la France étaient jadis unies entre elles au moyen d'un isthme ; et entre autres faits qui peuvent être cités comme preuves de cette assertion, on peut ranger la formation des terrains qui composent l'une et l'autre côte : depuis Calais jusqu'à Boulogne, on trouve en France les collines de craie de Blanc-Nez. En Angleterre, à l'occident de Douvres, on trouve un lit immense de craie de même nature; c'est à cette formation de ces côtes occidentales que l'Angleterre dut son ancien nom d'Albion.

Entre Fallstone et Boulogne, on trouve encore un autre monument qui peut faire présumer l'ancienne jonction de la grande île au continent : en effet, à environ six milles de Fallstone, on rencontre une étroite colline sous-marine, qui forme comme la crête de l'ancien isthme, environ d'un mille de largeur sur deux milles de longueur, et s'étendant à l'est vers les bancs de Godwin. Cette colline se nomme *Rip-Raps*, et les matériaux qui la composent sont un assemblage de cailloux ronds et durs. Dans les plus hautes marées l'eau ne s'élève pas à plus de quatorze pieds au dessus de cette colline : cette observation fera facilement entrevoir tous les dangers que les bâtimens courent en s'approchant de cette colline sous-marine; aussi plus d'un grand vaisseau y a-t-il péri : en juillet 1782, la *Belle-île*, de 74 canons, y toucha et fut trois heures avant de pouvoir sortir de la cruelle position où elle était; ce ne fut qu'en jetant une grande partie de son chargement, qu'elle vint à bout de se relever et de se dégager.

Ce détroit est quelquefois très-dangereux : les marées les plus élevées sont de vingt-quatre pieds, les plus basses de quinze pieds. Le flot vient de la mer d'Allemagne, passe le détroit, et rencontre ensuite la marée occidentale de l'Océan, qu'elle combat violemment et dont elle triomphe. Le détroit dans sa largeur la plus resserrée n'a que vingt-un milles, et de Douvres à Calais on en compte vingt-quatre.       ( C. J. )

CALAMAGROSTIS (BOT. PHAN. et AGR.) Beaucoup de plantes sont naturellement appelées à forcer les sables stériles à donner quelques productions utiles, à s'arrêter en dunes plus ou moins élevées sur les bords de la mer, et à mettre un terme à leur empiétement sur le sol que l'industrie fertilise. De ce nombre se distingue particulièrement le *Calamagrostis arenaria*, vulgairement connu sous le nom de *Roseau des sables*. Munie de racines très-longues et traçantes, cette plante jouit au plus haut degré de la propriété de fixer ces masses de sables mouvans qui donnent un si triste aspect aux côtes dépourvues de falaises. De temps immémorial les peuples du Jutland et ceux de la Zélande le sèment en lignes très-serrées pour opposer une barrière aux sables que l'Océan dépose sur leurs rives abaissées. En 1787 et jusqu'en 1809 Brémontier a eu recours au Calamagrostis, et par son moyen il est parvenu à suspendre la grande mobilité des dunes qui, de l'embouchure de l'Adour à celle du Bec-d'Ambès, dévoraient la partie occidentale de nos départemens des Landes, de Lot-et-Garonne et de la Gironde. Depuis cette époque, des forêts de pins maritimes couvrent ce sol et portent l'abondance là où régnait la plus affreuse stérilité. Le Calamagrostis est mangé par les bestiaux; on le convertit aussi en engrais.       (T. D. B.)

CALAMINE. (CHIM.) La *Calamine* ou *pierre calaminaire*, est une mine de zinc oxidé, mélangée le plus ordinairement d'oxide de fer, de plomb sulfuré et de parties terreuses. On en distingue trois variétés : la *Calamine lamelleuse*, que l'on trouve en Angleterre; la *Calamine chatoyante*, de Daourie, et le *Zinc Calamine commune*, qui est opaque, rougeâtre, impure, et que l'on trouve en Souabe, en Carinthie, en France, etc.

La Calamine, appelée en médecine *Cadmie fossile* et *Tuthie*, n'est employée dans l'art de guérir, comme astringente ( dans ces derniers temps on l'a conseillée pour prévenir les cicatrices de la petite-vérole ), qu'après avoir été lavée et triturée dans l'eau par les pharmaciens, pour en séparer les parties les plus grossières. Elle entre dans plusieurs onguens et emplâtres.       (F. F.)

CALAMITES, *Calamites*. ( BOT. PHAN. ) Groupe de végétaux fossiles, appartenant au terrain de houille, et présentant des tiges simples, articulées, marquées de stries longitudinales et régulières, terminées chacune par de petits points ronds imprimés autour de l'articulation; on voit aussi parfois des marques assez grandes placées à intervalles égaux sur cette même articulation.

Si l'on cherche, dans nos végétaux actuels, ceux qui se rapprochent le plus de cette antique organisation, on trouvera que la famille des Prêles, *Equisetum*, renferme les véritables analogues des Calamites; M. Adolphe Brongniart l'a prouvé par une comparaison attentive et scrupuleuse.

Le nom de *Calamites* ne donne donc pas une idée exacte des fossiles en question; Schlotheim et Sternberg, en introduisant ce mot dans leur classification, avaient en vue les Rotangs, *Calami*, dont ils croyaient retrouver les analogues fossiles; les Calamites sont en effet d'une taille beaucoup plus élevée que nos prêles; mais cette différence, commune entre les productions du monde actuel et celles du monde antédiluvien, ne doit pas empêcher de reconnaître la conformité d'organisation.       (L.)

CALAMUS AROMATICUS ( Roseau aromatique). (BOT. PHAN.) Le Calamus aromaticus est une plante de la famille naturelle des Aroïdes, de l'Hexandrie monogynie de Linné, qui croît en France, dans le nord de l'Europe et de l'Amérique septentrionale, dans les Indes, etc. Ses caractères botaniques sont les suivans : tige comprimée, haute de trois à cinq pieds; feuilles en faisceau, longues, étroites, ensiformes, glabres, d'un beau vert; fleurs petites, très-serrées, d'une couleur jaunâtre, supportées par un chaton sessile, cylindrique, long de deux pouces environ et naissant du milieu de la tige; calice à six divisions; six étamines; un ovaire à stigmate sessile; fruit : capsule triangulaire à trois loges.

La racine de Calamus, seule partie employée en médecine comme tonique et stomachique, est cylindrique, noueuse, de la grosseur du doigt, grisâtre extérieurement, blanche intérieurement, d'une saveur amère, âcre, comme poivrée, et d'une odeur aromatique assez agréable. Telles sont les propriétés et les caractères de la racine de Calamus indigène. Celle des Indes proprement dite, plus petite, plus noueuse, d'une saveur plus forte, et d'une odeur plus pénétrante, se rencontre difficilement aujourd'hui dans le commerce.

( F. F. )

CALANDRE. (ois.) Nom d'une espèce d'alouette (*Alauda calandra*, Lin. ) V. Alouette.

( Guér. )

CALANDRE , *Calandra*. (ins.) Genre de l'ordre des Coléoptères, section des Tétramères, fondé aux dépens du grand genre Charançon de Linné, et rangé par Latreille dans la famille des Rynchophores avec les caractères suivans : antennes très-coudées, insérées près de la base de la trompe, et dont le huitième article forme une massue triangulaire ou ovoïde. Les Calandres se distinguent sous plusieurs rapports des autres genres de leur famille. Elles ont une tête terminée par une trompe cylindrique, longue, un peu courbée et sans sillons latéraux; des antennes de huit articles, dont le premier est allongé, les suivans courts, arrondis, et le dernier ovoïde, triangulaire ou conique, offrant quelquefois l'apparence d'une division transversale ; une bouche très-petite , munie cependant de mandibules dentelées , de mâchoires velues ou ciliées, de palpes coniques et presque imperceptibles, et d'une lèvre linéaire et cornée ; les yeux embrassant les côtés de la tête; le prothorax est arrondi, de la longueur de la trompe , rétréci en avant pour recevoir la tête; les pattes sont fortes avec les jambes pointues; les tarses ont leur pénultième article plus grand , velu en dessous et en forme de cœur; l'abdomen, terminé en pointe, est plus long que les élytres; le corps est allongé, elliptique, très-déprimé en dessus.

Ces insectes ont la démarche lente ; ils se nourrissent de monocotylédones, attaquent principalement les semences, et occasionent souvent des dégâts incalculables. Leurs larves s'introduisent dans le blé, le seigle, le riz, les palmiers, et détruisent en fort peu de temps les récoltes amassées dans nos greniers, sans qu'il soit possible d'arrêter leur ravage.

L'espèce servant de type au genre est la Calandre raccourcie , *Calandra abbreviata*, Oliv. Elle est la plus grande de celles qu'on rencontre en Europe, et atteint quelquefois huit lignes de longueur.

La Calandre palmiste , *Calandra palmarum*, Linn., Oliv., qui est figurée dans notre Atlas, pl. 65, fig. 5, a un pouce et demi de long, la massue de ses antennes est tronquée; l'insecte est tout noir, avec des poils soyeux à l'extrémité de la trompe. Cette espèce vit dans la moelle des palmiers de l'Amérique méridionale. Les habitans mangent sa larve, nommée *ver palmiste*, comme un mets délicieux. Malheureusement nous ne connaissons que trop la Calandre du blé , *Calandra granaria*, que nous avons représentée pl. 65, fig. 2 ( *Curculio granarius*, Lin., Oliv., Col. v, 85 , xvi, 196); son corps est allongé, brun, avec le corselet peu élevé , aussi long que les élytres. A cet état la Calandre n'occasione pas de très-grands dommages dans les tas de blé ; il n'est pas même certain qu'elle vive alors de grains, et si on la rencontre au milieu de ceux-ci, elle y est plutôt pour déposer ses œufs que pour s'en nourrir. A peine devenue insecte parfait, et lorsque la température est au dessus de 8 à 9 degrés du thermomètre de Réaumur, la Calandre se livre à la copulation; s'il faisait plus froid, l'accouplement n'aurait pas lieu; l'animal pourrait même à un certain degré rester engourdi et présenter tous les caractères de la mort apparente. La ponte a lieu plus ou moins long-temps après l'union des deux sexes. Dans le midi de la France elle commence au mois d'avril, et se continue jusqu'à l'automne. La femelle s'enfonce dans les tas de blé, et fait une piqûre à l'enveloppe du grain. La pellicule, soulevée dans cet endroit, forme une élévation peu sensible, au dessous de laquelle est pratiqué un trou elliptique ou même parallèle à la surface du grain; un seul œuf y est déposé, après quoi l'ouverture du trou est bouchée avec une sorte de gluten de la couleur du blé. Il devient alors très-difficile de distinguer à la simple vue les grains attaqués; on les reconnaît cependant à leur poids spécifiquement moindre que celui de l'eau, et à leur légèreté, très-sensible lorsqu'on les manie. L'accouplement, la ponte des œufs et toutes les autres fonctions des Calandres n'ont pas lieu à la surface des tas de blé, mais à la profondeur de quelques pouces; elles n'abandonnent leurs retraites que lorsqu'on les inquiète et quand la saison rigoureuse arrive; à cette époque elles vont chercher un abri contre le froid dans les angles et les crevasses des murailles, ou dans les fentes des boiseries. Un grand nombre périt , et celles qui échappent retournent au printemps dans les tas de blé. Comme nous l'avons dit ci-dessus, l'œuf déposé dans le grain ne tarde pas à éclore. Il en naît une petite larve blanche, allongée, molle , ayant le corps composé de neuf anneaux, de consistance cornée, munie de deux fortes mandibules au moyen desquelles elle agrandit journellement sa demeure, faisant tourner au profit de son accroissement la substance farineuse dont elle se nourrit. Arrivée au terme de sa grandeur, elle se métamorphose en nymphe, reste dans cet état huit ou dix jours, et se transforme en insecte parfait qui perce l'enveloppe du grain; on conçoit que la durée de toutes ces périodes est toujours due au degré de température, la chaleur accélérant beaucoup les transformations, et le froid les retardant singulièrement; cette influence est générale dans la classe des insectes. A l'époque où les idées de génération spontanée avaient une grande vogue, on pensait que les Calandres étaient engendrées par les grains de blé imprégnés d'humidité. Plus tard, on crut que ces insectes déposaient leurs œufs dans l'épi encore vert, et que de là ils étaient transportés dans les greniers. Mais des observations faites par Lœuwenhock détruisirent toutes les erreurs. Chaque larve détruisant à elle seule un grain de blé, on sent que toujours les ravages seront exactement proportionnels au nombre de ces larves , et on ne se rend compte des grands dégâts que par la multiplication excessive : c'est aussi ce qu'a démontré l'observation. D'après un calcul de Degeer, un seul couple de Calandres , y compris plusieurs générations auxquelles il donne naissance et qui se multiplient entre elles , peut avoir produit au bout de l'année vingt-trois mille six cents individus. D'autres observateurs sont arrivés à un résultat moins effrayant ; ils ont calculé que le nombre des Calandres, provenant d'un seul couple, ne fournissait que le nombre dix mille quarante-cinq. Pour les agriculteurs et les économistes , on conçoit qu'il était très-important d'opposer des obstacles à cette multiplication excessive ; aussi le nombre des moyens que l'on a proposés est-il très grand , mais il n'en est que fort peu dont l'expérience ait constaté l'efficacité. Nous passerons donc sous silence les fumigations des plantes odorantes , l'exposition subite à une chaleur de dix-neuf degrés ou à celle de soixante-dix dans une étuve. Ces procédés, s'ils offrent quelque avantage réel , présentent aussi des inconvéniens incontestables. Il n'en est pas de même du suivant : lorsqu'on s'aperçoit qu'un tas de blé est attaqué par les charançons, on dresse un petit monticule de grains, auquel on ne touche plus , tandis qu'on remue avec une pelle le monceau de blé ; les Calandres qui l'habitent , étant inquiétées , l'abandonnent et se réfugient presque toutes dans le petit tas qui est placé auprès. On doit continuer cette opération pendant quelques jours et à des intervalles assez rapprochés. Lorsqu'on juge qu'un grand nombre d'individus se sont réunis dans le petit tas , on les fait tous périr en jetant dessus celui-ci de l'eau bouillante. On doit employer ce procédé , qui détruit les insectes parfaits et non les larves, aux premières chaleurs du printemps, et avant que la ponte n'ait eu lieu. L'opération réussit encore bien plus complétement, si à la place du petit tas de blé on substitue une quantité égale de grains d'orge , les Calandres ayant une préférence bien marquée pour ces derniers. Un second moyen consiste à entretenir dans les greniers, au moyen d'un ventilateur, une température assez basse pour que les Calandres soient dans un état d'engourdissement qui les empêche de s'accoupler et même de se nourrir. Les expériences que Clément a tentées ont fait encore découvrir que l'air desséché avec la chaux pouvait devenir un moyen certain de conservation par la propriété qu'il a de faire périr les œufs, les larves et les insectes parfaits.

Le genre Calandre se compose d'un grand nombre d'espèces qui pour la plupart sont étrangères à l'Europe.     (H. L.)

CALANDRELLE. (ois.) Nom de l'*Alauda brachydactyla*. Temm. *V.* ALOUETTE.

CALANDROTE. (ois.) Nom vulgaire des *Turdus italicus* et *pilaris. V.* GRIVE.     (GUÉR.)

CALANTHE (bot. phan.) C'est le nom d'une fort belle Orchidée de l'île d'Amboine, très-voisine des Epidendres , et décrite par Robert Brown avec l'épithète de *veratrifolia*. Elle offre un faisceau de grandes feuilles lancéolées et plissées , du milieu desquelles s'élance une hampe de deux à trois pieds , portant une grappe pyramidale de fleurs blanches , larges d'un pouce , et élégantes. Le *Calanthe* se cultive chez nous en serre chaude.     (L.)

CALAO, *Buceros.* (ois.) Ces oiseaux forment, parmi les Passereaux syndactyles , un genre fort naturel répandu dans toute les contrées chaudes de l'ancien-monde ; on peut les caractériser ainsi : bec long, gros, plus élevé que large et légèrement courbé ; arête lisse et élevée ou surmontée par un casque, c'est-à-dire une protubérance cornée qui s'accroît avec l'âge ; bords des mandibules lisses ou accidentellement échancrés ; narines rondes , percées dans la substance du bec et couvertes à leur base par une membrane ; pieds courts , forts , musculeux, à plante élargie ; ailes médiocrement longues, mais amples et dont les trois premières rémiges sont étagées, avec la quatrième seulement ou même la cinquième la plus longue.

Les diverses espèces de ce genre se ressemblent assez entre elles par la coloration ; leur bec, dont la protubérance varie beaucoup de forme, fournit , pour les distinguer , des caractères satisfaisans ; l'âge et le sexe font éprouver à ce bec plusieurs variations qu'il est bon de noter ; ainsi tous les jeunes des espèces à casque n'ont qu'une arête longitudinale saillante, et surtout manifeste à l'endroit où la protubérance se développera. La substance du bec, qui dans le premier âge est très-consistante, devient plus légère à mesure que l'oiseau se développe, et chez l'adulte elle est souvent diaphane et creusée en divers sens de conduits et de cavités cellulaires qui communiquent avec les narines et facilitent l'entrée de l'air dans son intérieur. C'est pour cela que le bec des Calaos, si considérable et en apparence si lourd , ne dérange nullement leur équilibre. Les tarses de ces oiseaux sont courts et couverts de larges écailles ; leurs doigts réunis en partie ne leur permettent guère de marcher, mais ils leur fournissent un ferme appui lorsqu'ils se perchent ; quand les Calaos veulent aller à terre, ils sont obligés de sauter comme les corbeaux.

Ce sont des oiseaux tristes et taciturnes , qui se réunissent en bandes nombreuses dans les forêts, en Asie, en Afrique et dans les îles de la mer des Indes jusqu'à la Nouvelle-Hollande. Leur vol lourd et de peu de durée se compose de fréquens battemens d'ailes qui, joints à un claquement qu'ils font avec leurs mandibules, occasionent dans les lieux sombres où ils se tiennent un bruit fort et très-inquiétant lorsqu'on n'en connaît pas la cause.

Tous sont omnivores et se nourrissent, selon les lieux où ils se trouvent, de fruits, de chair fraîche ou de charogne. Quelques uns, parmi les plus grands, suivent, dit-on, les chasseurs de sangliers, de vaches et de cerfs, pour manger la chair et les intestins de ces animaux qu'on veut bien leur abandonner : ils recherchent aussi les rats et les

souris ;

souris ; c'est pourquoi les Indiens les tiennent souvent dans leurs maisons ; ils mangent ces petits animaux tout entiers ; après les avoir serrés quelque temps dans leur bec pour les ramollir, il les avalent en les jetant en l'air et les recevant dans leur large gosier ; ils font la même chose pour les fruits et les œufs.

On peut diviser le genre des *Buceros* en deux sections, la première comprenant les espèces qui ont le bec surmonté de quelques protubérances, et la deuxième celles qui l'ont simple. M. Lesson a séparé des vrais Buceros le CALAO NOIR D'ABYSSINIE, *Buceros abyssinicus* des auteurs, qui a les tarses plus longs que les autres et les plumes des narines très-développées ; il en fait un petit genre distinct sous le nom de Bucorves, et lui donne le nom de BUCORVE D'ABYSSINIE, *Bucorvus abyssinicus.*

Parmi les nombreuses espèces de Calaos à casque nous citerons :

Le CALAO RHINOCÉROS, *Buceros rhinoceros*, représenté dans notre Atlas, pl. 65, fig. 4., oiseau que l'on trouve à Java, à Sumatra, aux Philippines et au pays de l'Inde. Sa longueur totale est de quatre pieds depuis le bec, qui mesure dix pouces, jusqu'à l'extrémité de la queue. Son casque s'étend et se recourbe en manière de corne.

CALAO BICORNE, *Buceros bicornis*, Oiseaux rares de Le Vaillant, pl. VII et VIII, et long de deux pieds huit pouces depuis le haut du bec jusqu'à la fin de la queue. Son casque, concave dans sa partie supérieure, a deux saillies en avant, en forme de double corne.

CALAO BLANC, *Buceros albus.* Tout le plumage blanc ; cou long et étroit ; bec très-grand, courbé, noir : taille de l'oie ordinaire. Cette espèce est douteuse ; elle ne repose que sur un individu pris en mer, dans l'archipel des Larrons.

CALAO A CIMIER, *Buceros cassidix*, pl. col. 210. Cette espèce est remarquable par son bec trèsgrand, d'un jaune vif, et garni à la base de ses deux mandibules d'une seconde couche cornée, couverte de rides transversales. Ce Calao est long de trois pieds cinq ou six pouces ; il habite l'île Célèbes, où on lui donne le nom d'*Alo*. Il fréquente les hautes montagnes boisées, et se nourrit principalement des fruits des nombreuses espèces de figuiers qui abondent dans cette île ; il niche dans les creux des arbres et perche toujours à leur cime ; son vol est élevé et bruyant.

CALAO A CASQUE SILLONNÉ, *Buceros sulcatus*, pl. col. 69, que l'on trouve à Mindanao et dans quelques autres îles de l'archipel des Philippines et des Mariannes. Il a le bec surmonté d'un casque garni latéralement de quatre ou cinq plis en sillons très-profonds qui ne viennent qu'avec l'âge.

CALAO A CASQUE PLAT, *Buceros hydrocorax* de Linné, représenté dans l'Iconographie de M. Guérin, Ois., p. 27, f. 2 ; il est long de deux pieds sept pouces, et a été rapporté des îles Philippines, où il se nourrit de fruits et principalement de figues.

CALAO TROMPETTE, *Buceros buccinator*, Temm. col. 284, diffère du Calao à bec blanc, avec lequel on pourrait le confondre, parce qu'il n'a qu'une nudité peu large environnant l'œil, et que la base de sa mandibule inférieure et tout le menton sont couverts de plumes ; il est généralement noir, lustré de vert foncé, avec le ventre, le croupion, le bout des pennes latérales de la queue de couleur blanche, ainsi que l'extrémité de toutes les pennes secondaires des ailes ; ses flancs sont noirs, et ses rémiges noirâtres. Longueur totale vingt-deux ou vingt-trois pouces. Le Calao trompette habite la partie la plus méridionale de l'Afrique ; on l'a plusieurs fois rapporté du Cap, où les colons l'appellent *Trompet-Vogel*, c'est-à-dire Oiseau trompette.

CALAO A BEC BLANC, *Buceros malabaricus*, figuré parmi les Ois. rares de Le Vaillant à la pl. XIV, a pour patrie le continent de l'Inde, les îles de Java et de Sumatra. Son régime est omnivore ; il se tient dans les grands bois, se perche sur les arbres les plus hauts ; et, comme on l'observe aussi pour tous ses congénères, il préfère les branches desséchées. Sa ponte est de quatre œufs d'un blanc sale.

Parmi les petites espèces et celles qui sont privées de casque pendant toute leur vie, nous citerons :

CALAO TOCK, *Buceros nasutus*, pl. enl. de Buffon, 260 et 890, long de vingt pouces ; il a les parties supérieures du corps variées de noir et de blanc ; une huppe effilée sur la nuque, et les parties inférieures blanches ; ses rectrices sont grises, bordées et terminées de blanc : son bec est rouge. Cette espèce habite le Sénégal ; elle se nourrit de fruits sauvages.

CALAO GINGALA, *Buceros gingalensis* de Shaw. Espèce que l'on trouve à Ceylan et dans l'Inde, et qui appartient aussi à la section des Calaos sans casque ; elle a été représentée par Le Vaillant à la planche XXIII de ses Oiseaux rares.

Le Corbi-Calao de Levaillant, Ois. rares, pl. XXIV, n'est point du genre des Calaos, comme son nom pourrait le faire croire ; il est de la famille des Philédons.       (GERV.)

CALAPPE, *Calappa.* (CRUST.) Genre établi par Fabricius aux dépens du grand genre Crabe, et rapporté par Latreille (Cours d'Entomologie, première année) à l'ordre des Décapodes, famille des Brachyures, section des Homochèles, cinquième tribu, les Cryptopodes. Les caractères que lui assigne cet auteur sont d'avoir tous les pieds, à l'exception des serres, pouvant se retirer sous deux voûtes formées, une de chaque côté, par des dilatations latérales et postérieures du test, de sorte que, lorsqu'on considère l'animal par le dos dans ce moment de contraction, on ne voit aucun de ces organes ; car il applique aussi ses serres sur la face antérieure du corps, et peut d'autant mieux cacher cette face que la tranche supérieure des pinces forme, par son élévation, sa compression et les dentelures de son bord, une crête. Aussi a-t-on nommé ce crustacé Coq de mer, Crabe honteux. Le deuxième article des pieds-mâchoires est terminé en pointe. Les Calappes, qu'on nomme aussi Migranes, diffèrent donc de tous les autres genres de la famille des Brachyures par le développement considérable de leur carapace, particularité qui caractérise la section des Cryptopodes. Cette tribu se compose de deux genres, celui de CALAPPE, *Calappa*, Fab., que la forme bombée du test, le rétrécissement et la division biloculaire de l'extrémité supérieure de la cavité buccale, l'espèce de crochet que forme en se terminant le troisième article des pieds-mâchoires, séparent nettement du genre ÆTHRE (*v.* ce mot). Plusieurs espèces composent ce genre; celle qui lui sert de type est le CALAPPE GRANULÉ, *Calappa granulata* de Fabricius, représenté dans notre Atlas, pl. 66, fig. 1. C'est le Crabe honteux ou le Coq de mer, la *Migrane* ou la *Migraine* des Provençaux et des Languedociens. Selon Rondelet, cette espèce serait le Crabe ours d'Aristote et d'Athénée. Risso (Hist. nat. des Crust. des env. de Nice, p. 18,) dit que cette espèce se tient ordinairement dans les fentes des rochers des côtes, et en sort vers le crépuscule, pour chercher sa nourriture. Ces crustacés s'accouplent au printemps, et la femelle pond ses œufs en été. Leur chair est fort bonne à manger. M. Guérin, dans son Iconographie du Règne animal de Cuvier, Crustacés, pl. 12, fig. 2, en a représenté une autre espèce sous le nom de *Calappa tuberculata*; enfin les autres crabes désignés sous les noms de *Lophos*, *Circonspectus*, *Gallus*, etc., figurés par Herbst, appartiennent aussi au genre Calappe. (H. L.)

CALATHE, *Calathus*. (INS.) Genre de Coléoptères, de la famille des Carnassiers, tribu des Carabiques, créé par Bonelli, adopté par tous les entomologistes, et qui a pour caractères : les trois premiers articles des tarses dilatés dans les mâles; crochets dentelés en dessous; labre presque carré; dernier article des palpes allongé, presque cylindrique; une dent bifide au milieu de l'échancrure du menton.

Ces insectes sont tous de taille moyenne, ne dépassant guère six lignes, déprimés; le corselet est carré ou trapézoïdal, et non rétréci en arrière; ils sont aptères; leurs couleurs sont le plus souvent sombres, et presque jamais métalliques. On les trouve communément courant à terre ou cachés sous les pierres, les végétaux, les écorces, etc., qui peuvent leur offrir un abri; la plus grande partie de ces insectes habite l'Europe et les localités analogues des autres régions; je ne crois pas que l'on en connaisse dans les régions intertropicales.

C. CISTÉLOÏDE, *C. cisteloides*, Illiger, Dej. col. europ., pl. 110, fig. 4. Long de cinq à six lignes, brun noir, quelquefois bleuâtre dans les mâles; antennes, palpes et pattes fauves; la partie postérieure du corselet offre, à droite et à gauche, un espace très-ponctué, et en outre un très-

gros point à chaque angle; les sillons des élytres, qui sont très-prononcés, ont le troisième et le cinquième, en partant de la suture, chargés de points plus gros; l'avant-dernier en est garni aussi, mais ils sont beaucoup plus rapprochés. Commun.

C. A TÊTE NOIRE, *C. melanocephalus*, Fab. Dej. col. europ., pl. 112, fig. 5. Long de trois à quatre lignes; noir bleuâtre; antennes, palpes, corselet et pattes fauves. Commun aux environs de Paris. (A. P.)

CALATHIDE. (BOT.) Nom grec qui signifie Corbeille, proposé par M. Mirbel et employé par M. Cassini pour désigner les groupes partiels de fleurs dans la famille des Composées. L'élégance de ce mot l'a fait passer dans le langage de plusieurs botanistes; mais la science a conservé les mots de CAPITULE et d'INVOLUCRE, auxquels nous renvoyons. (L.)

CALCAIRE. (MIN. GÉOL.) Sous ce nom on désigne à la fois une *espèce minérale* et une *roche* : dans l'une comme dans l'autre c'est un composé d'oxide du métal appelé *Calcium* par les chimistes et d'acide carbonique, c'est-à-dire un *Carbonate de chaux*.

Dans la Nomenclature minéralogique d'Haüy le carbonate de chaux porte le nom de *Chaux carbonatée*; dans la Nomenclature nouvelle de M. Beudant le carbonate de chaux formule la quatrième espèce du genre *Carbonate*, et se divise en deux sous-espèces : le *Calcaire* et l'*Arragonite* (*v.* ce mot).

Si nous considérons le Calcaire comme espèce ou sous-espèce minérale, nous dirons qu'à l'état *spathique* ou cristallin il se divise par la percussion en rhomboïdes, tellement que les plus petites parcelles de cette substance, celles même qui ne sont à l'œil nu qu'une sorte de poussière, sont en réalité, vues avec une loupe, de petits fragmens rhomboïdaux. Un autre caractère physique que présente le Calcaire à l'état cristallin, c'est, lorsqu'il est doué de la transparence, de jouir à un très-haut degré de la double réfraction, c'est-à-dire qu'une ligne ou un point tracés sur un morceau de papier paraissent doubles lorsqu'on les regarde à travers une lame ou un cristal de Calcaire. Cette substance se reconnaît encore à une propriété qui cependant ne lui est pas propre, puisqu'elle est commune à presque tous les carbonates : c'est de faire effervescence dans l'acide nitrique. Enfin une propriété chimique qui en fait une matière très-utile est celle dont elle jouit, de perdre par l'action du feu l'acide carbonique avec lequel elle est combinée, et de se convertir en chaux vive, dont l'emploi est si utile dans les constructions.

Nous venons de dire que le Calcaire à l'état cristallin se divise en rhomboïdes; nous devons ajouter que sa cristallisation la plus simple est aussi rhomboïde; mais cette forme est tellement féconde en décroissemens, qu'elle donne lieu à près de 1400 cristallisations secondaires différentes. Haüy seul en a décrit 154. Mais, nous le répétons, chacun de ces cristaux se divise par le choc en fragmens rhomboïdaux. Si à toutes les variétés de forme régulière que présente le Calcaire on ajoute toutes les formes irrégulières, toutes les variétés de structure, de couleur, d'éclat et même d'odeur, on pourra dire qu'aucune substance minérale dans la nature n'est aussi riche en variétés.

Considéré comme *roche*, c'est-à-dire comme une masse minérale formant de grands dépôts dans la nature, le Calcaire jouit aussi de la faculté d'être extrêmement varié dans sa structure : aussi l'on nomme *Calcaire lamellaire* celui qui offre dans sa cassure des lamelles bien distinctes, telles qu'on les remarque dans le marbre de Paros, *Calcaire grenu* ou *saccaroïde*, celui dont la texture grenue ressemble à celle du sucre, comme dans le marbre de Carare ; *Calcaire compacte*, celui qui présente un grain plus ou moins fin et une cassure inégale conchoïde et écailleuse, comme dans la pierre lithographique ; *Calcaire sublamellaire*, celui qui tient à la fois du compacte et du lamellaire : c'est la texture de la plupart des marbres colorés ; *Calcaire oolithique* ou globuliforme, celui qui présente une réunion de grains arrondis plus ou moins gros ; *Calcaire crayeux*, celui qui offre généralement une texture lâche et terreuse, comme dans la craie blanche des environs de Paris ; *Calcaire marneux*, celui qui, tendre et friable, se désagrège facilement et devient par là propre à l'amendement des terres ; *Calcaire grossier*, celui dont la texture lâche et le grain irrégulier lui ont mérité ce nom, comme dans la pierre à bâtir des environs de Paris ; enfin, *Calcaire siliceux*, celui qui renferme une quantité plus ou moins considérable de silice, soit en noyaux, soit disséminée d'une manière invisible dans la pâte.

Le Calcaire est très-abondant dans la nature : on en trouve dans les terrains les plus anciens et dans les plus modernes ; cependant son abondance augmente dans les couches terrestres à mesure qu'on s'éloigne des formations anciennes.

(J. H.)

**CALCANÉUM.** (ANAT.) Os du talon, le plus grand os du tarse, celui qui soutient le poids du corps dans la station et la progression. Sa forme est cubique et allongée. MM. Bourgelas et Girard ont aussi donné le nom de Calcanéum à l'os du jarret du cheval.

(P. G.)

**CALCARINE**, *Calcarina*. (MOLL.) Genre de céphalopodes foraminifères, de la famille des Hélicostègues, établi par M. d'Orbigny sur de petites coquilles microscopiques qui ont des appendices marginaux rayonnant tout autour de la carène ; jamais de disque ombilical ; la spire souvent masquée, le test rugueux ou épineux et l'ouverture en fente longitudinale contre l'avant-dernier tour de spire. Ce naturaliste réunit aux Calcarines les *Sidérolites* de Lamarck, et peut-être faut-il y réunir encore les *Tinopores* et *Cortales* de Denis de Montfort.

(R.)

**CALCÉDOINE.** (MIN.) Nom d'une ville de Bithynie dans l'Asie mineure, donné à une variété d'Agate qui est d'un blanc laiteux, d'une transparence nébuleuse, et que l'on taille pour en faire des bijoux d'ornement. Les Calcédoines les plus estimées nous viennent maintenant de l'Islande et des îles Féroé ; celles dont la pâte est très-fine, l'intérieur comme pommelé, sont appelées *Calcédoines orientales*.

(F. F.)

**CALCÉOLE**, *Calceola*. (MOLL.) Genre de Rudistes établi par Lamarck pour des coquilles fossiles de Juliers très-répandues aujourd'hui dans les cabinets. Elles sont épaisses, équilatérales, très-inéquivalves, triangulaires, adhérentes par la face postérieure de leur valve inférieure ; celle-ci très-grande, pyramidale, plate en arrière, convexe en avant, à ouverture oblique, demi-circulaire, le bord antérieur étant arrondi et le postérieur droit ; celui-ci muni de dents sériales, celle du milieu plus grande que les autres ; la valve supérieure operculiforme, aplatie, présentant à son bord postérieur deux petites dents de chaque côté d'une fossette, outre quelques petites dents sériales s'étendant de chaque côté.

Lamarck plaça les Calcéoles, comme nous l'avons déjà dit, dans la famille des *Rudistes*, entre les *Radiolites* et les *Birostrites*. Cuvier les mit dans la famille des *Ostracés*, entre les *Sphérulites* et les *Hippurites*, ce qui revient au même, et M. de Blainville à la fin de la famille des *Rudistes*, immédiatement après les *Birostrites*, et faisant le passage aux *Ostracés*.

Depuis lors, un savant naturaliste, M. Charles Des Moulins, s'étant particulièrement occupé des Rudistes, dont il a fait une classe à part, s'est servi du genre Calcéole pour en faire le type de la famille des *Calcéolées*, dans laquelle il range ce genre à côté des *Sphérulites* et des *Hippurites*. Ainsi l'on voit, par ce que nous venons de dire, que c'est avec les Sphérulites et les autres Rudistes que l'on a généralement cru devoir ranger les Calcéoles ; et, il faut l'avouer, ce n'a jamais été que d'après des caractères vagues ou peu certains, par une simple analogie dans les formes générales, et peut-être aussi par l'embarras où l'on était de placer convenablement certains genres que l'on s'est décidé à réunir sous le nom *Rudiste*, comme pour former un *incertæ sedis*. Aujourd'hui qu'une belle observation de M. Deshayes a prouvé que les Sphérulites sont toutes différentes de ce que l'on pensait et qu'elles se rapprochent des *Cames*, avec lesquelles on n'avait pas soupçonné leur analogie, la place des Calcéoles dans les Rudistes devient moins admissible. C'est d'après cela que, considérant les caractères particuliers de cette coquille et même ceux d'ensemble, nous avons, dans notre Manuel de l'histoire naturelle des coquilles et des mollusques, rangé les Calcéoles dans l'ordre des Brachiopodes, famille des Térébratules, où elle fait le passage de celles-ci aux Cranies.

On ne connaissait que deux espèces de ce genre, la CALCÉOLE HÉTÉROCLITE de M. Defrance, remarquable par une côte médiane et élevée qui se trouve sur sa partie postérieure, espèce que M. Ch. Des Moulins n'admet qu'avec doute, et la CALCÉOLE SANDALINE, *Anomia sandalina*, de Lin., représentée dans notre Atlas, pl. 66, f. 2, qui est du pays de Juliers et de quelques autres parties de l'Allemagne; c'est la plus connue. Aujourd'hui nous en désignons une troisième sous le nom de CALCÉOLE ÉLARGIE, *C. depressa*, qui est remarquable par la solidité et l'épaisseur de son test, par sa brièveté, sa largeur plus grande que sa longueur, ce qui est le contraire dans la Calcéola sandaline, et enfin sa dimension double de l'autre. Elle est également d'Allemagne. (R.)

CALCINATION. ( CHIM. ) On désigne ainsi la réduction des pierres calcaires en chaux par l'actoin du feu. (*V.* CHAUX.) (GUÉR.)

CALCIPHYRE. ( GÉOL. ) Nom proposé par M. Al. Brongniart pour désigner une roche calcaire, empâteuse des cristaux de feldspath, de pyroxène, d'amphibole et de grenat : ce qui lui fait donner les surnoms de *Feldspathique, Pyroxénique, Amphibolique, Mélanique* ou *Pyropienne,* selon que ce sont des grenats mélanites ou des grenats pyropes qu'elle renferme. Cette espèce de roche n'a pas été admise dans la nomenclature par tous les géognostes. (J. H.)

CALCITRAPE, *Calcitrapa.* (BOT. PHAN.) Voici un genre qui ressemble à bien des choses de notre époque : établi, supprimé, rétabli, reconnu des uns, méconnu des autres...... Faut-il l'admettre avec Jussieu? faut-il le confondre dans les *Centaurea* avec De Candolle? Le lecteur jugera. Selon M. Bory de Saint-Vincent, la Chausse-Trape (*Centaurea calcitrapa*) est le type de ce genre, et, comme telle, lui a donné son nom. Il appartient à la famille des Carduacées, J., et à la Syngénésie polygamie frustranée de L. On le reconnaît à l'épine qui termine les folioles des involucres. Ce genre, qui n'est autre chose que la cinquième section des Centaurées, renferme onze espèces indigènes.

1° La CHAUSSE-TRAPE ou CHARDON ÉTOILÉ, *Calcitrapa stellata,* dont la tige est rameuse, étalée, les feuilles pinnatifides, linéaires, dentées; les fleurs axillaires et terminales et de couleur de pourpre; les écailles calicinales, terminées par une épine digitée très-longue; les semences nues.

Ses feuilles infusées dans du vin blanc ont souvent bien réussi dans les fièvres intermittentes. M. Laterrade assure qu'il les a employées ainsi avec succès.

*N. B.* Nous nous bornerons à indiquer les noms des autres espèces de *Calcitrapes* indigènes, renvoyant pour leur description à l'article CENTAURÉE (5° section).

2° La FAUSSE CHAUSSE-TRAPE, *Calcitrapa calcitrapoides.*

3° La CENTAURÉE A DENTS, *Centaurea myacantha.*

4° La CALCITRAPE HYBRIDE, *C. hybrida.*

5° La C. BÉNITE, *C. benedicta.*

6° La C. LAINEUSE, *C. lanata.*

7° La C. SOLSTICIALE, *C. solstitialis.*

8° La C. POUILLEUSE, *C. apula.*

9° La C. DE MALTE, *C. melitensis.*

10° La C. DES COLLINES, *C. collina.*

11° La C. CENTAUROÏDE, *C. centauroides.*
(C.-É.)

CALCIUM. (CHIM.) Le Calcium est un métal qui a été découvert par Davy, qui n'existe point à l'état natif, et que l'on ne rencontre dans la nature qu'à l'état d'oxide, uni à beaucoup d'autres oxides ou à l'un des acides sulfurique, carbonique, phosphorique, fluorique, nitrique, hydrochlorique et tungstique.

On l'obtient en faisant une pâte d'un sel calcaire quelconque et d'eau, transformant cette pâte en une sorte de capsule, plaçant celle-ci sur un disque de métal, versant du mercure dans la capsule et enfin mettant en contact d'une part avec le mercure le fil négatif d'une pile en activité, et d'autre part avec le disque métallique le fil positif de la même pile. L'acide du sel calcaire et l'oxigène de la base se rendent au pôle positif, le Calcium se rend au pôle négatif où il trouve du mercure qui le dissout. Cela fait, on met l'alliage de mercure et de Calcium ainsi obtenu dans une petite cornue, avec de l'huile de naphte, et on distille ; l'huile se vaporise, chasse l'air; le mercure passe ensuite, et le Calcium reste presque pur.

Le Calcium est blanc comme l'argent, plus pesant que l'eau, solide à la température ordinaire, très-avide d'oxigène qu'il enlève à presque tous les corps, très-altérable au contact de l'eau et de l'air, etc. (F. F.)

CALCULS. ( ZOOL. ) Concrétions inorganique qui peuvent se former dans toutes les parties du corps des animaux, mais qu'on trouve le plus ordinairement dans les organes destinés à servir de réservoirs et dans les conduits excréteurs. Ainsi on en rencontre dans la vessie, les reins, les uretères, l'urètre ; dans l'estomac, l'intestin, la vésicule du fiel, les conduits biliaires; dans les voies lacrymales, dans le conduit auditif, dans les amygdales, dans les mamelles, l'utérus, le pancréas; dans les articulations, etc., etc.

On a pensé avec quelque raison que la formation des Calculs était assez ordinaire due au retard, aux obstacles que les fluides éprouvent dans leur circulation à travers les filières qu'ils parcourent; que ces obstacles, en arrêtant ce fluides, devaient déterminer l'agglomération de principes concrescibles qu'ils contiennent; que l'étroitesse naturelle des conduits pouvait être regardée comme une cause de ce genre, et l'on a ainsi expliqué la présence de certaines concrétions dans les appendices des intestins grêles, dans les valvules et les plicatures du gros intestin, dans l'oreille et le sac lacrymal. Mais nous sommes loin de regarder cette explication comme la seule ou la plus satisfaisante; nous pensons au contraire que l'altération des fluides eux-mêmes est une cause bien plus fréquente des affections calculeuses. La prédominance ou l'absence de quelques uns des élémens qui les constituent suffit pour déterminer l'insolubilité de certains sels qui se déposent, et autour desquels viennent incessamment s'agglomérer de nouvelles particules salines. Raspail considère le Calcul urinaire comme un organe anormal dont le tissu s'est incrusté d'un sel insoluble ; et leur origine comme tissu, dit-il, est démontrée par l'emprisonnement fréquent des Calculs urinaires dans une espèce de poche, qui est évidemment la cellule dans laquelle ils ont pris naissance.

Ces accidens physiologiques ou chimiques qui président à la formation des Calculs reconnaissent, au reste, des causes éloignées qu'il est peut-être plus essentiel de connaître. Les progrès de l'âge ont une grande influence sur la production des concrétions calculeuses : on a prétendu que l'enfance et la vieillesse étaient plus exposées aux affections de cette espèce ; mais il a été démontré, par des tables comparatives, que la vieillesse est réellement l'époque de la vie où on en rencontre davantage, et que l'âge adulte y est soumis plus que l'enfance, ou, en d'autres termes, que la fréquence de ces affections est en raison directe du nombre des années. Mais une remarque digne de fixer l'attention, c'est que les enfans pauvres y sont plus sujets que les enfans du riche, tandis que les vieillards riches en sont au contraire plus fréquemment atteints que les pauvres. La vie sédentaire, les professions qui exigent une position constamment la même, le séjour prolongé au lit semblent encore être autant de causes productrices de ces maladies. Les climats exercent aussi à cet égard une grande influence ; les Calculs urinaires sont très-rares dans les pays chauds, ils ne se développent presque jamais chez les habitans des tropiques ; il en est de même dans les pays très-froids, en Suède, en Russie, tandis qu'on en rencontre fréquemment chez les Anglais, les Hollandais ; les vins généreux, les liqueurs fortes contribuent à leur formation, surtout les vins chargés de tartre, ce qui explique peut-être le nombre de Calculeux qu'on trouve dans certains pays vignobles, et notamment en Bourgogne. On a très-bien observé enfin que le régime animal, en rendant les urines plus rares et en les chargeant d'une plus grande quantité d'acide urique, devenait ainsi une double cause de productions calculeuses. La présence d'un corps étranger, comme un caillot, une épingle, une arête, une parcelle de bois, un ou plusieurs noyaux, peuvent déterminer la formation d'un Calcul et devenir le centre de cette production, car on a démontré que tous les corps étrangers qui demeurent quelque temps dans l'économie s'encroûtent facilement de matière calcaire, par suite de la disposition des fluides à se solidifier.

Nous devons encore dire qu'on a cherché l'explication de la formation des Calculs dans le refroidissement des fluides, et dans la puissance de l'électricité. Mais ces spéculations de la science, qu'on peut bien admettre hypothétiquement, n'ont pas encore pour elles la sanction que pourront leur donner un jour des expériences concluantes.

Les accidens que déterminent les concrétions calculeuses diffèrent en raison de l'organe dans lequel elles se développent. On peut dire en général qu'un sentiment de pesanteur habituelle, que le trouble apporté dans les fonctions de l'organe, que les changemens survenus dans la couleur, la consistance du fluide sécrété sont autant de signes généraux qui peuvent révéler l'existence des Calculs. C'est dans les ouvrages de médecine qu'il faut rechercher la longue série des symptômes qui différencient chacune de ces affections, comme les ressources immenses que l'on a su leur opposer. Disons seulement que, pour les affections calculeuses des voies urinaires, les procédés opératoires ont été admirablement perfectionnés de nos jours par les Dupuytren, les Sanson, les Amussat, les Heurteloup, les Civiale, les Leroy et d'autres praticiens dont les travaux promettent encore à la chirurgie de nobles et de glorieuses conquêtes.

Les Calculs n'affectent pas constamment la même forme, et sous ce rapport ils diffèrent autant que sous celui du volume, de la couleur, du nombre, etc. ; quelquefois leur surface est lisse, polie, tandis que parfois au contraire elle présente des inégalités, des aspérités, ce qui leur a fait donner certaines dénominations en rapport avec les figures qu'ils représentaient. Les cabinets de l'École de médecine de Paris en renferment une collection des plus curieuses, où l'on en trouve de formes et de dimensions vraiment extraordinaires. Mais c'est surtout en raison de leur composition chimique que les concrétions calculeuses présentent des différences notables, et qui tiennent surtout à la nature des fonctions de l'organe dans lequel ils se forment, comme à l'organisation et aux habitudes de vivre de l'homme ou des animaux qui en sont affectés.

Sans entrer dans l'exposé des analyses faites de chacune de ces concrétions, disons, en général, que les principes constituant les *Calculs des voies urinaires* sont l'acide urique, l'oxide cystique et xanthique, une substance animale, l'urate d'ammoniaque, l'oxalate de chaux, le phosphate de chaux, le phosphate ammoniaco-magnésien, la silice, etc. ; que les *Calculs biliaires* sont composés de cholestérine et de matière jaune résineuse ; que ceux qui se forment dans l'*intestin*, et n'y sont point déposés par les conduits biliaires, donnent à l'analyse du phosphate calcaire ou ammoniaco-magnésien ; que les *Calculs salivaires* contiennent principalement du phosphate de chaux, du mucus et du carbonate calcaire ; que ceux des voies lacrymales, des mamelles, du pancréas, etc., n'ont pas été suffisamment examinés. Beaucoup d'animaux sont sujets, comme l'homme, aux affections calculeuses ; on trouve dans les intestins de plusieurs d'entre eux de ces concrétions auxquelles on a donné le nom de *Bezoards* et dont nous avons parlé ailleurs (*voy.* Bezoards) ; on rencontre assez fréquemment des Calculs urinaires chez les chevaux, les singes, etc.    (P. G.)

**CALEBASSE.** (bot. phan.) On donne ce nom en Afrique et en Amérique aux fruits de diverses Cucurbitacées, dont les naturels dessèchent la peau et en font des ustensiles de ménage. (*Voyez* Courge.)    (Guér.)

**CALICE**, *Calix*. (BOT.) Enveloppe la plus extérieure de la fleur. Le calice est d'une seule pièce ou monosépale dans l'OEillet, *Dianthus*, la Primevère, *Primula*; composé de plusieurs pièces distinctes, séparables sans déchirure, c'est-à-dire polysépale, dans les Renoncules, *Ranunculus*, le Tilleul, *Tilia*. Le calice monosépale peut être entier ou découpé en segmens plus ou moins profonds, qui se nomment lobes quand ils sont larges et arrondis, comme dans le Fraisier, *Fragaria*. La couleur verte du calice suffit d'ordinaire pour le distinguer de la corolle, mais, lorsque l'un et l'autre appareil sont colorés, les limites sont assez difficiles à saisir. L'insertion est alors le meilleur caractère distinctif. Le Calice n'est pas essentiel à l'existence de la fleur, puisqu'il s'en trouve un grand nombre chez lesquelles il manque. Toute enveloppe florale persistante et faisant corps avec le fruit est un calice.

Linné, dont on s'est beaucoup écarté, mettait au nombre des calices les tégumens floraux, tels que l'INVOLUCRE, le CHATON, la COIFFE, le VOLVA (*voy.* chacun de ces mots), qui simulent, il est vrai, quelquefois le calice; mais ils s'en éloignent beaucoup par leur position et d'autres caractères. (*Voy.* aussi PHYSIOLOGIE VÉGÉTALE.)

On donne le nom de *Calice commun* aux rosettes de feuilles qui sont autour des gemmes dans plusieurs mousses, quelquefois à une espèce d'involucre ou à la réunion de bractées entourant un certain nombre de fleurs. Le *Calice double* est celui à deux rangées de sépales; le plus extérieur se distingue facilement, ou par sa forme ou par son insertion. (T. D. B.)

**CALICULE**, *Caliculus*. ( BOT. ) Espèce de collerette, formée de petites écailles, qui semble être un second calice; elle se trouve en dehors du calice proprement dit. Les Mauves, *Malva*, ont la calicule triphylle; la Guimauve, *Althæa*, l'a pentaphylle, tandis que dans la Passe-rose, *Alcea*, elle est polyphylle. Les fleurs de la Cacalie, *Cacalia*, de la Lampsane, *Lampsana communis*, du Seneçon, *Senecio*, sont caliculées. (T. D. B.)

**CALIFORNIE** (Vieille). ( GÉOGR. PHYS. ) On donne ce nom à une étroite péninsule de l'Amérique septentrionale qui s'étend du nord-ouest au sud-est, depuis le 32e degré 30 minutes de latitude nord jusqu'au 22e degré 40 minutes, et qui est comprise entre le 111e et le 118e degré de longitude ouest. Sa longueur est d'environ 500 lieues, et sa largeur moyenne de 25. Une chaîne de montagnes, dont les plus hautes n'atteignent pas 1600 mètres, la traverse longitudinalement. Le *Cerro-de-la-Gignata*, l'un des points les plus élevés, a environ 1500 mètres : son origine paraît être volcanique. Le sol est sablonneux et donne naissance à un petit nombre de sources et à quelques petites rivières sans importance. Le climat y est sain, il y pleut rarement; le ciel est toujours serein et ne se couvre de nuages que vers le moment du coucher du soleil; mais alors ceux-ci offrent un spectacle magnifique, en se colorant des plus belles nuances de violet, de pourpre et de vert.

La sécheresse de cette contrée naturelle est un obstacle à la végétation : aussi le bois y est-il rare. La plupart des arbres qui y croissent fournissent des résines qui forment une branche de commerce. La vigne y donne un vin excellent, qui rappelle celui des îles Canaries. Les terres basses sont cependant assez riches en prairies qui nourrissent un grand nombre d'animaux transportés de l'Europe, tels que le bœuf et le cheval, ainsi qu'une espèce de mouton indigène qui ressemble beaucoup au Mouflon (*Oris ammon*) que nourrit la Sardaigne. Dans les montagnes on rencontre des jaguars, une espèce de loup à poil fauve rayé de bandes noires (*Canis mexicanus*), et le porc-épic. Dans les terrains bas les serpens et d'autres reptiles sont nombreux, et plusieurs insectes incommodent les habitans.

Les naturels de la Vieille Californie, et surtout ceux de la partie méridionale, montrent une extrême répugnance pour la vie civilisée et pour le travail: ils ont les vêtemens en horreur. Ils passent une partie du jour étendus sur la terre, exposés à l'ardeur du soleil. Ces peuples se divisent en plusieurs tribus; ils adorent la Lune, et ont aussi des fétiches. M. de Humboldt dit que trois divinités font la terreur de trois de leurs peuplades : les Péricues craignent la puissance de Niparaya, les Menquis et les Vehities celle de Wactupuran et de Sumongo. Toute la population indigène de cette péninsule est d'environ 4,000 individus.

Le long golfe que forme la Vieille Californie avec les côtes du Mexique, et qui a reçu les noms de *Mer de Vermeille* et de *Mer de Cortès* est depuis le XVIe siècle célèbre par la pêche des perles. Ce golfe a 290 lieues de longueur, et 35 dans sa moyenne largeur. Il renferme une vingtaine d'îles dont les plus importantes sont S. Ignacio, S. Inès de Tiburon, S. Jose et S. Francisco. Quelques-unes étaient très-fréquentées lorsque la recherche des perles était dans toute son activité; mais le métier de plongeur est aujourd'hui si mal payé que ces recherches ont presque cessé. Les perles que fournit le mollusque conchifère appelé *Avicule* ou *Pintadine*, si commun dans le golfe de Californie, sont d'une très-belle eau. C'est surtout vers la partie méridionale de la presqu'île que la pêche de l'avicule perlière était autrefois la plus productive. (J. H.)

**CALIGE**, *Caligus*. (CRUST.) Ce genre, établi par Othon Frédéric Muller, est rangé par Latreille dans la tribu des Pynnodactyles, famille des Caligides. Les caractères assignés à ce genre sont : deux soies ou deux filets articulés et saillans à l'extrémité postérieure de la queue, qui pourraient être des ovaires; deux sortes de pieds, les uns à crochets, les autres en nageoires. Leach, qui a fait une étude minutieuse des animaux de cet ordre, les caractérise ainsi : quatorze pattes, six de devant unguiculées; cinquième paire bifide; le dernier article garni de poils en forme de cils ; soies de la queue allongées, cylindriques et simples. Nous pensons qu'à l'aide de ces caractères on ne confondra plus les Caliges avec aucun des genres qui les avoisinent. De plus leur corps est allongé, déprimé et formé de deux pièces principales, dont l'antérieure plus grande, recouverte par un bouclier membraneux, présente deux antennes très-petites, sétacées; les yeux écartés, situés sur le bord du bouclier, et supportés latéralement par une petite saillie; une bouche en suçoir ou en bec, placée inférieurement; enfin toutes les pattes ou seulement un certain nombre. La pièce abdominale, moins étendue que la précédente, varie singulièrement dans sa forme; elle est carrée, ovale ou oblongue; nue ou imbriquée d'écailles membraneuses de diverses formes, et terminée ordinairement par deux longs filets que Muller a considérés comme des ovaires, et que des auteurs plus anciens avaient crus être les antennes de l'animal. Ce sont les appendices analogues aux filets abdominaux des Apus.

Les pattes, au nombre de dix à quatorze, sont de deux sortes; les premières se terminent par un crochet, et les autres ont ou bien la forme de lames natatoires plus ou moins larges, ou bien celle d'appendices digités et pectinés. Ces deux espèces de pattes, fixées en partie au bouclier et en partie à la pièce abdominale, sont toujours branchiales, et se rencontrent quelquefois sur une même espèce. Ces crustacés sont connus depuis fort long-temps; on les désignait vulgairement sous le nom de Pou de poissons. Linné les a rangés parmi les Lernées et les Monocles, et dans les ouvrages de Fabricius ils appartiennent encore à ce dernier genre. Leurs habitudes sont de vivre fixés sur divers poissons cartilagineux. Plusieurs espèces composent ce genre; celle qui lui sert de type est le Calige des poissons, *Caligus piscinus*, Latr., Dam., *Caligus currus*, Mull., *Monoculus piscinus*, Linn.; il est long de quatre à cinq lignes, sans compter les filets de la queue, qui ont à peu près la même grandeur; couleur d'un blanc jaunâtre, avec quelques points d'un jaune obscur sur le test. Cette espèce habite l'Océan et se rencontre sur le merlan commun et le saumon. Une autre espèce est le Calige de Muller, *Caligus Mulleri*, Leach. Cette espèce diffère de la précédente en ce qu'elle n'a pas d'appendice bifurqué en forme de queue à la suite de son abdomen. Sa couleur est pâle et sans taches. On l'a trouvée sur la morue. (H. L.)

CALLE, *Calla*. (BOT. PHAN.) Plante de la famille des Aroïdées, Monœcie polyandrie, à fleurs monoïques, placées sur un spadice cylindrique, et environnées d'une spathe monophylle et roulée en cornet. Aucun périanthe ne les distingue individuellement; les étamines se trouvent presque toujours mêlées avec les ovaires; dans une espèce elles occupent le sommet du spadice. On peut considérer chaque étamine comme une fleur mâle; la fleur femelle se compose d'un ovaire portant un stigmate sessile. Le fruit est une baie à plusieurs loges, renfermant chacune une ou plusieurs graines.

Les espèces de Calles, au nombre de quatre ou cinq, sont des plantes herbacées à tiges rampantes, à feuilles entières et alternes, vivant dans les marécages de l'ancien et du nouveau continent. En général leur aspect est triste; leur odeur fétide, leur suc âcre et vénéneux. Hâtons-nous d'excepter de cet anathème la Calle d'Éthiopie, *C. œthiopica*, plante élégante et parfumée, qui orne nos serres à la fin de l'hiver. Ses feuilles sagittées, grandes, d'un beau vert, entourent la base d'une hampe de deux à trois pieds, au sommet de laquelle une spathe blanche, qu'on appelle vulgairement la fleur, embrasse les organes de la fructification; les étamines sont placées au dessus des ovaires. M. Kunth a fait de cette espèce le genre *Richardia*.

Une autre espèce, devenue intéressante dans des pays très-pauvres, est la Calle des marais, *C. palustris*, commune dans le nord de l'Europe; sa racine épaisse et charnue contient une fécule abondante et nutritive lorsque le lavage lui a enlevé son âcreté naturelle. Cette plante se trouve jusque dans les Vosges, où son usage est connu.

M. Kunth a rapporté au genre *Calla* le *Dracuntium pertusum* de Linné, qui en effet y appartient par la disposition de ses fleurs et le manque de calice. Cette plante, indigène de l'Amérique méridionale, est assez singulière, en ce que ses feuilles, percées de plusieurs trous, offrent l'aspect d'un treillage. (L.)

CALLIANIRE, *Callianira*. (ZOOPH. ACAL.) Péron a établi sous ce nom un genre de l'ordre des Acalèphes libres, composé d'animaux gélatineux, mollasses, transparens dans toutes leurs parties. Leur corps est vertical dans l'eau, presque cylindrique, comme tubuleux, obtus aux deux extrémités. Il est muni, sur les côtés, de deux espèces de nageoires opposées, qui se divisent chacune de deux ou trois feuillets membraneux, gélatineux, verticaux et fort simples. Ces feuillets sont contractiles et bordés de cils. On connaît deux espèces de ce genre; on les rencontre dans les mers des pays chauds par troupes nombreuses, qui se tiennent à la surface de la mer ou à une profondeur d'un ou deux pieds au plus. L'espèce que nous avons représentée dans notre Atlas, pl. 56, fig. 6, est la Callianire triploptère, *C. triploptera*, Lamarck. Elle est lumineuse la nuit et on la rencontre dans les mers de Madagascar. L'autre espèce (*C. diploptera*, Péron) a été trouvée dans les parages de la Nouvelle-Hollande. (Guér.)

CALLICHROME, *Callichroma*. (INS.) Genre de Coléoptères de la famille des Longicornes, tribu des Cerambycins, établi par Latreille, ayant pour caractères : antennes un peu dentées en scie, palpes maxillaires plus petits que les labiaux; corps déprimé, avec le devant de la tête pointu. Les Callichromes sont des insectes à couleurs métalliques très-brillantes, de taille souvent assez grande, et dont plusieurs répandent une odeur musquée assez prononcée pour les faire découvrir sur les arbres où ils se tiennent habituellement;

leurs larves vivent dans l'intérieur du bois, et leurs mœurs n'offrent rien de bien remarquable ; tout leur mérite gît donc dans leurs couleurs qui sont souvent très-belles, ce qu'exprime le nom grec qu'on leur a donné. Notre pays en produit peu d'espèces, mais les pays chauds des autres continens en offrent une très-grande quantité.

: C. des Alpes, *C. Alpina*, Fab., représenté dans notre Atlas, planche 67, figure 1. Long de 12 à 18 lignes, d'un gris laqueux, avec des taches veloutées noires, une sur le corselet vis-à-vis le vertex, et trois à la suite l'une de l'autre sur chaque élytre, celle intermédiaire formant une bande qui tient toute la largeur des élytres ; ses antennes sont en outre annelées de noir et velues à chaque articulation. Cette jolie espèce, ainsi que l'indique son nom, nous vient des montagnes des Alpes, où elle n'est pas très-rare.

: C. musqué, *C. moschatus*, Linn., Oliv., Col. iv, 67, xvii, 7. Long de près de 15 à 18 lignes, entièrement d'un vert bronzé brillant, tournant quelquefois au bleu : cette espèce est très-commune sur les saules aux environs de Paris.

C. ambroisien, *Ambrosiacus*, Chap. (*V.* notre Atlas, pl. 67, fig. 2). De même taille et de même couleur que le précédent, mais avec une large tache cramoisie occupant chaque côté du corselet. Cette espèce se trouve en Espagne, dans le midi de l'Allemagne, en Italie, etc.

( A. P. )

CALLICHTE, *Callichthys*. (poiss.) Linné réunissait sous le nom générique de Silure, *Silurus*, un grand nombre de poissons malacoptérygiens abdominaux, dont les mœurs et surtout l'organisation sont assez différentes. Depuis lui, plusieurs naturalistes ont subdivisé ce groupe, et Cuvier, dans le Règne animal (éd. 2e), en a fait une grande famille, sous le nom de Siluroïdes ou d'Oplophores de Duméril. Mais nous ne pouvons partager l'opinion de Bloch qui, dans son traité d'Ichthyologie, réunit au genre Callichte de Cuvier le genre Doras de Lacépède. Ces deux genres nous paraissent avoir des caractères suffisans pour rester séparés. Voici ceux que nous avons observés dans ce genre : les Callichtes ont le corps presque entièrement cuirassé sur ses côtés par quatre rangées de pièces écailleuses, et il y a aussi sur la tête un compartiment de ces pièces, mais le bout du museau est nu, ainsi que le dessous du corps. Leur deuxième dorsale n'a qu'un seul rayon, mais la première est faible et courte. La bouche est peu fendue, et les dents presque insensibles ; les barbillons sont au nombre de quatre ; les yeux sont petits et sur les côtés de la tête. Ce genre comprend plusieurs espèces, parmi lesquelles nous citerons particulièrement le Cataphracte-Callichte ( *Cataphractes callichthys*, Lacép.), *Silurus callichthys*, Bloch, p. 577, t. 1, qui a la tête revêtue d'une couverture osseuse, dure. La mâchoire supérieure avance plus que l'inférieure ; la langue est lisse. Presque tous les rayons des nageoires sont garnis de trois petits piquans. Les lames dentelées qui revêtent chacun des côtés du Callichte sont ordinairement en

nombre assez considérable, et elles présentent assez de largeur pour que les quatre rangs qu'elles offrent continuent de manière à produire un sillon longitudinal sur chaque côté du poisson. Cet abdominal est originaire des Indes ; il aime les eaux courantes et limpides. Plusieurs auteurs ont écrit qu'il pouvait, comme l'anguille et quelques autres poissons, s'éloigner en rampant ou en sautillant jusqu'à une distance assez grande des fleuves qu'il habite, et se creuser dans la vase ou dans la terre humide des trous assez profonds ; il ne parvient que rarement à la longueur de trois ou quatre décimètres. Sa couleur générale paraît brune ; on voit des taches brunâtres et des nuances jaunes sur la nageoire de la queue. Sa chair est agréable au goût. (Alph. G.)

CALLIDIE, *Callidium*. (ins.) Genre de Coléoptères, section des Tétramères, famille des Longicornes, tribu des Cerambycins, créé par Olivier, et ayant pour caractères : antennes guère plus longues que le corps, filiformes ; palpes très-courts, terminés par un article en forme de triangle renversé. Ce genre a été depuis divisé en trois d'après des considérations peu importantes, aussi nous croyons devoir les réunir sous leur type primitif ; ce sont les genres *Certallum*, où la tête est aussi large que le corselet, et où celui-ci est presque cylindrique ; les *Clytes* de Fabricius, où la tête est plus étroite et le corselet élevé et presque globuleux ; enfin les *Callidies* véritables, où la tête est aussi plus étroite que le corselet, et où celui-ci est un peu déprimé. On ne connaît rien des mœurs de ces insectes ; on sait que leurs larves vivent dans le bois, et on les trouve habituellement dessus ; quelques petites espèces se trouvent aussi sur les fleurs en ombelles. Ils volent avec beaucoup de facilité.

C. Portefaix, *C. Bajulus*, Fab. (*Voy.* notre Atlas, planche 67, fig. 3.) Long de 7 à 8 lignes, brun noirâtre, avec un duvet grisâtre, plus serré sur le corselet ; celui-ci offre deux éminences brillantes, et les élytres, vers leur milieu, des taches transverses. Commun partout.

C. variable, *C. Variabilis*, Linn. Long de 6 à 7 lignes, quelquefois entièrement fauve clair ; quelquefois les fémurs et les antennes sont plus foncés ; quelquefois enfin les élytres sont bleues ; on voit que cette espèce a bien mérité son nom. Très-commun dans les chantiers de Paris.

C. sanguin, *C. sanguineum*, Linn., Oliv., iv, 70, 1, 1. Long de 4 à 5 lignes, d'un rouge sanguin, soyeux, avec les antennes et les pattes noires ; cette espèce se trouve quelquefois communément dans les maisons ; elle y pénètre avec le bois à brûler que l'on y apporte des chantiers.

Ces trois espèces sont des Callidies proprement dits ; la suivante appartient au genre Clytus.

C. arqué, *C. arcuatum*, Linn., Oliv., iv, 70, 11, 16. (*Voy.* notre Atlas, pl. 67, fig. 4). Long de 7 à 8 lignes, noir mat, antennes et pattes fauve clair, deux bandes sur la tête, deux sur le corselet, trois arquées au milieu des élytres, une longitudinale à la partie humérale, quatre points

à leurs

à leur base, dont un sur l'écusson et deux autres petites bandes internes à l'extrémité des élytres; jaune soyeux; les anneaux de l'abdomen sont en outre bordés de la même couleur. Commun à Paris. (A. F.)

**CALLIMORPHE**, *Callimorpha*. ( ins. ) Genre de l'ordre des Lépidoptères établi par Latreille, qui le place dans la section des faux Bombyces, avec ces caractères : langue allongée et dont les deux filets sont réunis en un seul; palpes unis et ne paraissant pas hérissés; antennes simples ou seulement ciliées. Ces insectes avaient été confondus avec les Bombyces par Fabricius, mais ils en diffèrent par la présence d'une trompe assez allongée. On joint à ce caractère celui des antennes qui sont plus ou moins ciliées dans les mâles, et à celui des palpes inférieurs couverts seulement de petites écailles. Ces caractères empêcheront sans doute de les confondre avec les Noctuelles, parce que leurs palpes sont cylindriques; les chenilles des Callimorphes présentent seize pattes, ce qui les éloigne beaucoup des Phalènes. Les insectes parfaits qui naissent de ces chenilles portent leurs ailes en toit; leurs habitudes sont analogues à celles des Bombyces. Ce genre est composé d'un assez grand nombre d'espèces, celle qui lui sert de type est la CALLIMORPHE DU SENEÇON, *Call. Jacobeæ*, Fab., Roesel. (*Voy.* notre Atlas, pl. 77, fig. 6.) Elle est noire, ses ailes supérieures ont une ligne et deux points d'un rouge carmin; les inférieures sont de cette couleur et bordées de noir. Sa chenille (fig. 7) est noire annelée de jaune. Nous avons aussi représenté dans notre Atlas (fig. 5) la CALLIMORPHE HERA, *Call. hera*, Fab., Linn., dont les ailes supérieures sont d'un noir glacé de vert, avec deux bandes obliques d'un jaune pâle, et dont les inférieures sont d'un rouge écarlate avec quatre taches noires. Ces deux espèces se trouvent à Paris. (H. L.)

**CALLIODON.** ( poiss. ) Ce genre, formé par Gronon et adopté par Schneider qui le plaçait entre les Holocentres et les Lutjans; était désigné par Linné sous le nom de Scare; Cuvier a retiré ces poissons de ce genre pour en former un particulier sous le nom de Calliodon, qu'il place dans la famille des Labroïdes, parmi les poissons acanthoptérygiens.

Ce genre se distingue des Scares proprement dits par les dents latérales de sa mâchoire supérieure, pointues et écartées, et parce que cette mâchoire en a un rang intérieur de beaucoup plus petites; le corps de ces poissons est oblong et recouvert, ainsi que la tête, de grandes écailles.

L'espèce servant de type au genre est le CALLIODON A DENTS ÉPINEUSES, *Scarus spinidens*, recueilli à l'île de Waigiou, décrit par Quoy et Gaimard, Zool. du voyage de Frécinet, pl. 289. Ce Calliodon dont la tête est grosse mais peu élevée, ressemble beaucoup aux Scares proprement dits. Son museau est obtus, sa mâchoire supérieure se dirige un peu en haut, et l'inférieure s'arrondit pour aller à sa rencontre : elles sont égales entre elles, armées de dents pointues, dont les supérieures sont en crochet et rayonnantes; les lèvres sont rétractiles; le front aplati; les yeux grands, rapprochés et placés au sommet de la tête; les joues sont écailleuses; la courbure du dos est à peine sensible, tandis que le ventre forme au contraire une saillie très-remarquable. Les nageoires dorsales, pectorales et ventrales se correspondent à leur origine; les écailles sont arrondies, grandes, assez serrées et membraneuses; plusieurs d'entre elles sont très-longues et recouvrent la base des rayons de la queue, qui est arrondie. La couleur de ce Calliodon est verdâtre, avec des taches rougeâtres sur les écailles; le sommet de la tête est brun, la caudale et les pectorales sont ponctuées d'un brun pâle.

La longueur de ce poisson est de trois pouces dix lignes environ; sa hauteur est de quatorze lignes et son épaisseur de cinq. (ALPH. G.)

**CALLIONYME**, *Callionymus*. (poiss.) Les Callionymes forment le premier ordre des poissons acanthoptérygiens. Ce genre présente des caractères fort marqués dans les ouïes, ouvertes seulement par un trou de chaque côté de la nuque, et dans leurs nageoires ventrales placées sous la gorge, écartées et plus longues que les pectorales; leur tête est oblongue, déprimée; leurs yeux rapprochés et regardant en haut; leurs intermaxillaires très-protractiles, et leurs préopercules allongés en arrière et terminés par quelques épines; leurs dents sont en velours. Le nom de Callionyme indique la beauté et la singularité de ces poissons. Leur peau est lisse, leurs couleurs variées et brillantes. La première dorsale, soutenue par quelques rayons sétacés, s'élève quelquefois beaucoup. La seconde est allongée, ainsi que l'anale. Enfin, ils ont derrière l'anus un appendice. Tels sont les caractères de ce genre de la famille des Gobioïdes : le nombre des espèces connues est peu considérable.

La Méditerranée en fournit quelques espèces distinctes; la plus répandue a été nommée par Linné CALLIONYME LYRE, *Callionymus lyra*, figuré dans Bloch, pag. 161. L'ouverture de sa bouche est très-grande; ses lèvres sont charnues, ses mâchoires hérissées de plusieurs petites dents; sur le dos s'élèvent deux nageoires; la première est composée de quatre ou de cinq, et quelquefois même de sept rayons. Le premier est allongé et dépasse la membrane en s'étendant à une grande hauteur; sa longueur égale l'intervalle qui sépare la nuque du bout de la queue. Les trois ou quatre qui viennent ensuite sont beaucoup moins longs, et décroissent insensiblement. Les autres nageoires, et particulièrement celle de l'anus et la seconde dorsale, qui se prolongent vers l'extrémité de la queue en bandelette membraneuse, ont une assez grande étendue, et forment de larges surfaces, sur lesquelles les belles nuances de la Lyre peuvent, en se déployant, expliquer le nom qu'elle porte. Les tons de couleurs qui dominent au milieu de ces nuances sont le jaune, le bleu, le blanc et le brun. Le jaune règne sur les côtés du dos, sur la partie supérieure des deux nageoires dorsales, et sur toutes les autres nageoires, excepté celle de l'anus. Le bleu paraît avec des teintes plus ou moins foncées sur cette nageoire de l'anus, sur les deux nageoires dorsales où il forme des raies souvent ondées, sur les côtés, où il est distribué en taches irrégulières. Le blanc occupe la partie inférieure de l'animal. Cette espèce, qui parvient à la longueur d'un pied ou quatorze pouces, a la chair délicate et fort estimée : on la trouve dans la Méditerranée et dans la Manche, où elle se nourrit de petites astéries et d'oursins.

Le CALLIONYME DRAGONNEAU, *Callionymus dracunculus*, Bloch., 162. Habite les mêmes mers que la Lyre, avec laquelle il a de très-grands rapports. Il n'en diffère même d'une manière très-sensible que par la brièveté et les proportions des rayons qui soutiennent la première nageoire dorsale, par le nombre des rayons des autres nageoires, par la forme de la ligne latérale qu'on a souvent de la peine à distinguer, et par les nuances et la disposition de ses couleurs, beaucoup moins brillantes que celles de la Lyre.

Enfin nous donnons, pl. 67, fig. 8, la figure d'une autre espèce, trouvée en Sicile par M. Biberon, et à laquelle Cuvier a donné le nom de CALLIONYME FASCIÉ, *C. fasciatus*. Elle ressemble beaucoup aux précédentes, mais en diffère cependant sur les bandes de la nageoire dorsale et par d'autres caractères bien tranchés.

(ALPH. G.)

**CALLIRHIPIS**, *Callirhipis*. (INS.) Genre de Coléoptères de la section des Pentamères, famille des Serricornes, tribu des Cébrionites ; ce genre a été fondé par Latreille, qui lui donne pour caractères : præsternum ne se prolongeant point en pointe ; articles des tarses entiers ; antennes très-rapprochées à leur naissance, insérées sur une éminence formant, à compter du troisième article un éventail ; ces antennes n'ont que onze articles et par là diffèrent de celles des Rhypicères, qui en ont un plus grand nombre dans les individus du même sexe.

M. Delaporte a publié une Monographie de ce genre, dans les *Annales de la Société entomologique* ; il en décrit plusieurs espèces, toutes fort rares dans les collections.

L'espèce qui a servi de type à ce genre est le C. DE DEJEAN, *C. Dejeanii*, Latr., Guérin (*Voy. autour du Monde*, du cap. Duperrey.*)

Nous avons reproduit la figure publiée par M. Guérin, dans notre Atlas, planch. 68, fig. 2.

( A. P. )

**CALLIRHOÉ.** ( ZOOPH. ACAL. ) Ce genre appartient à l'ordre des Acalèphes libres ; il a été fondé par Péron et Lesueur, et diffère peu des Méduses ordinaires et des Cyanées, dont il est très-voisin : son corps est orbiculaire, transparent, garni de bras en dessous, mais privé de pédoncules et le plus souvent de tentacules au pourtour : ces animaux se trouvent dans toutes les mers, et nagent à la surface de l'eau. On en connaît deux ou trois espèces, parmi lesquelles nous citerons la CALLIRHOÉ BASTÉRIENNE, *C. basteriana*, Pér. et Les., dont nous donnons une figure pl. 67, fig. 9. On la trouve dans la mer du Nord. ( GUÉR. )

**CALLISTE**, *Callistus*. (INS.) Genre de l'ordre des Coléoptères, section des Pentamères, établi par Bonelli dans ses Observations entomologiques, et rangé par Latreille dans la famille des Carnassiers, tribu des Carabiques, section des Patellimanes. Les insectes qui composent ce genre ont les palpes antérieurs filiformes, avec le dernier article ovalaire, et le prothorax en forme de cœur tronqué. La forme des articles de leurs palpes antérieurs empêche de les confondre avec les Epomis, les Dinodes, les Chlœnies, et leur est commune au contraire avec les Oodes ; mais ils diffèrent de ceux-ci par leur corselet, qui est en forme de cœur tronqué ; les Callistes mâles sont surtout remarquables par les articles dilatés de leurs tarses garnis en dessous d'une brosse très-serrée et sans vide. Ce genre est composé de plusieurs espèces ; la plus connue est le *Callistus lunatus*, que nous avons représenté dans notre Atlas, pl. 68, fig. 3. La tête est d'un bleu noirâtre, avec le corselet entièrement d'un rouge ferrugineux, tant en dessus qu'en dessous ; les étuis sont jaunâtres, ayant chacun trois taches noires ; les cuisses et les jambes sont jaunâtres à la base et noirâtres à l'extrémité ; les tarses sont brunâtres. On trouve communément cette espèce sous les pierres, dans diverses parties de la France, en Allemagne, en Russie, en Espagne et en Portugal ; assez rare aux environs de Paris.

( H. L. )

**CALLITRIC**, *Callitriche*. ( BOT. PHAN. ) Genre de plantes à feuilles ovales, d'un beau vert, disposées en rosette, les unes nageant à la surface des eaux douces et courantes, les autres spatulées, quelquefois même arrondies, habituellement submergées. Selon Jussieu, il fait partie de la famille des Naïades ; d'après de nouvelles observations, il doit en être détaché et former une coupe séparée parmi les Dicotylédonées ; il occupe deux places dans le système sexuel ; certains individus, étant hermaphrodites ou monoïques, appartiennent à la Monandrie digynie ; tous les autres rentrent dans la Monœcie monandrie, puisque le même pied porte des fleurs mâles et des fleurs femelles séparées. Son nom lui vient du mot grec *Kallithrix*, belle chevelure, de la forme de ses longues racines vermiculaires, de ses tiges délicates et flottantes, de ses feuilles supérieures nombreuses, linéaires.

Tous les Callitrics ne sont véritablement que des variétés de l'espèce que Linné appelait CALLITRIC PRINTANIER, *C. verna* ; tous végètent pendant huit à dix mois de l'année, et meurent au bout de ce laps de temps. Il est de l'intérêt du cultivateur de les arracher au commencement de l'automne avec des râteaux à dents de fer, et de les porter sur des fumiers dont ils augmenteront et bonifieront la masse. Dans les localités voisines des eaux stagnantes où les Callitrics abondent, on fera bien de les déposer au bord de l'étang; là ils se décomposeront et produiront un excellent terreau.

Jusqu'ici les botanistes ont donné de ce genre une description vicieuse; il faut lui substituer désormais celle-ci, révélée par une suite d'études et d'analyses scrupuleuses : fleurs monoïques; les mâles ont un calice à deux sépales, une étamine à anthère réniforme, s'ouvrant sur son bord convexe, et présentant dans toute sa longueur une légère rainure, un rudiment d'ovaire; les fleurs femelles offrent un calice à deux sépales, un ovaire supère tétragone, surmonté de deux styles filiformes, donnant quatre graines nues, légèrement ailées, étroitement unies par un tissu cellulaire jusqu'à l'époque de la maturité qu'elles paraissent ne former qu'un seul corps; elles se séparent alors. Après la fécondation, la fleur s'immerge. La germination de la graine a lieu de dix à quinze jours; elle commence par deux feuilles séminales opposées, attachées à une tige frêle portant deux racines filiformes assez longues. (T. D. B.)

**CALLITHRICHES**, *Callithrix*. ( MAM. ) Ces quadrumanes forment, parmi les Sagoins ou Géopithèques, un genre dont l'espèce type est le Saïmiri de Buffon; voici leurs caractères généraux tels qu'on les trouve dans les auteurs : tête petite, arrondie; museau court; angle facial de soixante degrés; les canines médiocres; les incisives inférieures verticales et contiguës aux canines; les oreilles grandes et déformées; la queue un peu plus longue que le corps et couverte de poils courts; le corps assez grêle; leur pelage agréablement coloré leur a mérité le nom de *Callithrix*, qui veut dire beau poil.

Les mœurs de ces animaux sont peu connues : on sait seulement que quelques espèces ont beaucoup d'intelligence, qu'elles se nourrissent d'insectes et vivent réunies par troupes considérables dans les forêts équatoriales du Nouveau-Monde.

Le **Saïmiri**, *Callithrix sciureus*, Geoff. Ce joli petit singe a reçu une foule de noms vulgaires; on l'appelle *Sapajou-aurore*, *Singe-écureuil*, etc. Le nom de *Saïmiri* lui est donné par les Galibis de la Guiane, *Titi* est celui qu'il porte sur les bords de l'Orénoque; Schreiber dans sa planche XXXIII l'a nommé, ainsi que Linné, *Simia sciurea*, c'est-à-dire Singe-écureuil.

Le Saïmiri n'a guère plus de dix ou onze pouces de longueur, depuis le bout du museau jusqu'à l'origine de la queue, qui en a un peu davantage. Son pelage est généralement d'un gris olivâtre; les bras et les jambes sont d'un roux vif, le museau est noirâtre. Cet intéressant animal est certainement le plus intelligent en même temps que le plus élégant de tous les singes : «Sa physionomie, dit M. Geoffroy, est celle d'un enfant; c'est la même expression d'innocence, quelquefois même le sourire malin, et constamment la même rapidité dans le passage de la joie à la tristesse : il ressent aussi vivement le chagrin et le témoigne de même en pleurant. Ses yeux se mouillent de larmes lorsqu'il est inquiet ou effrayé. Il est recherché par les habitans pour sa beauté, ses manières aimables et la douceur de ses mœurs. Il étonne par son agitation continuelle; cependant ses mouvemens sont pleins de grâce. On le trouve occupé sans cesse à jouer, à sauter, et à prendre des insectes, surtout des araignées qu'il préfère à tous les alimens végétaux». M. de Humboldt a souvent remarqué que le Saïmiri reconnaissait visiblement des portraits d'insectes, qu'il distinguait même sur des gravures en noir, et qu'il cherchait à les saisir avec ses petites mains.

Ces preuves de discernement ne sont pas les seules que ces intéressans animaux aient fournies aux observateurs; on en a vu que nos discours suivis prononcés devant eux occupaient au point qu'ils suivaient des yeux les gestes de l'orateur, et qu'ils s'approchaient souvent de sa tête pour toucher sa langue ou ses lèvres.

Ils habitent par petites troupes au Brésil et à la Guiane; ils recherchent les insectes et savent les prendre avec beaucoup d'adresse. On en distingue plusieurs variétés.

SAGOIN VEUVE, *C. lugens*. Cette espèce, qui a le pelage noirâtre, avec la gorge et les mains antérieures blanchâtres, habite les forêts qui bordent les rivières de San-Fernando d'Atapabo, et les montagnes granitiques de Santa-Barba. M. de Humboldt l'a décrite dans ses *Mélanges zoologiques* sous le nom de *la Viduita*.

SAGOIN A MASQUE, *C. personatus*; il a le pelage gris fauve, la tête et les quatre mains noirâtres; queue rousse. Il vit au Brésil sur le bord des rivières qui arrosent cette portion de l'Amérique.

SAGOIN A FRAISE, *C. amistus*. On pense que cette espèce vient du Brésil.

SAGOIN A COLLIER, *C. torquatus*, décrit dans le tome X des Mém. des cur. de la nat., de Berl. Ce singe habite le Brésil.

SAGOIN MOLOCH, *C. Moloch*. Ce singe habite le Para, mais il y est rare.

SAGOIN AUX MAINS NOIRES, *C. melanochir*, et SAGOIN MITRÉ, *C. infulatus*, qui sont du Brésil, composent avec quelques autres espèces moins bien connues le genre Callitriche de M. Geoffroy.

Buffon a nommé CALLITRICHE, un singe du Sénégal, le *Simia sabœa* de Linné, figuré dans le tom. XIV de son *Histoire naturelle*, planche 57, et dans la livraison XIX de l'*Histoire des Mamm.* de M. F. Cuvier. Ce singe est d'un beau vert sur le corps, avec la gorge et le ventre blancs, et la face noire. Les anciens, et Pline entre autres, se sont servis du mot *Callitriche* pour indiquer une espèce de singe qui paraît être l'Ouandaron.

( GERV. )

**CALLORHYNQUE**, *Callorhinchus*. (POISS.) Gronovius a le premier appliqué ce nom à un genre de poissons de l'ordre des Chondroptérygiens à branchies libres, famille des Sturioniens, que Linné réunissait sous le nom de CHIMÈRE, *Chimæra*. Cuvier l'en a séparé et l'a placé à la suite des Sélaciens (Plagiostomes, Dumér.), avec lesquels, ainsi que les chimères proprement dites, les Callorhinques offrent de grands rapports. Les caractères du genre consistent dans la disposition des branchies, qui s'ouvrent à l'extérieur par un seul trou apparent de chaque côté du cou; ils ont cependant un vestige d'opercule caché sous la peau; le museau est terminé par un lambeau charnu comparable pour la forme à une houe. Il y a deux dorsales, dont la deuxième commence sur les ventrales, et finit vis-à-vis le commencement de celle qui garnit le dessous de la queue. La première est armée d'un fort rayon osseux. Les mâles portent en outre sur la tête, au dessus du prolongement singulier dont nous avons parlé plus haut, une autre sorte de tubercule allongé, terminé en boule et tuberculeux. On n'en connaît qu'une espèce des mers méridionales.

La Chimère antarctique, *Chimæra callorynchus*, Linn., Lacép., tome i, pl. xii, et dans notre Atlas, pl. 68, fig. 4. Dans cet individu, la seconde dorsale est à une égale distance de la première et de la caudale. Entre les nageoires, sur le dos, règnent un ou deux rangs d'aiguillons tournés vers la queue; la caudale présente une autre petite nageoire antérieure, et les pectorales, beaucoup plus grandes, sont marquées à leur base d'une tache particulière; enfin le rayon antérieur de la dorsale est muni de dents en arrière.

(Alph. G.)

CALLOSITÉ. (zool.) Endurcissement de l'épiderme ou de quelque autre partie qui prend une consistance cornée; induration qui survient sur les bords des ulcères par suite de l'irritation et de l'engorgement continuels des tissus.

Chez les animaux on donne ce nom à certaines parties recouvertes d'une peau plus épaisse, souvent rugueuse, raboteuse, dépourvue de poils et quelquefois colorée: on remarque surtout ces callosités sur la poitrine et les genoux des chameaux, aux fesses des singes. La peau de la plante des pieds, qui chez l'homme est d'un tissu plus serré que celle des autres parties du corps, devient encore plus dure avec l'âge, et peut être considérée comme véritablement calleuse chez certains individus qui marchent pieds nus ou font chaque jour de longues courses avec d'épaisses chaussures. Quelquefois aussi celle qui recouvre la partie postérieure des cuisses prend également une consistance cornée chez les postillons ou les hommes qui voyagent continuellement à cheval.

Le nom de *callosités* a été donné aussi, dans les mollusques, à certaines protubérances placées sur diverses parties des coquilles, et qui diffèrent des varices en ce que celles-ci sont plus allongées dans le sens de la longueur du test.     (P.G.)

CALMAR, *Loligo*. (moll.) Genre de Mollusques céphalopodes, de l'ordre des Cryptodibranches, famille des Décapodes, établi par Lamarck pour des animaux marins, munis d'un sac allongé, cylindracé, acuminé postérieurement; à bord dorsal du sac bien distinct du cou, quelquefois prolongé en pointe; ayant des nageoires grandes, formant un rhombe par leur réunion; des bras sessiles assez égaux, pédonculés, longs, et terminés en massue; des ventouses garnies quelquefois de dents ou de crochets dans une portion de leur circonférence, mais jamais de véritables griffes; présentant enfin un rudiment interne corné, mince, transparent, quelquefois partiellement gélatineux, de forme un peu variable, mais en général élargi et aplati, en forme de plume.

Ce genre était connu des anciens. Aristote en parle beaucoup et entre dans de grands détails sur son organisation, et surtout sur ses facultés et ses habitudes; mais, parmi une grande quantité d'observations exactes et aujourd'hui confirmées, on en rencontre quelques unes qu'il est impossible d'admettre, et que les découvertes des modernes sont venues démentir; néanmoins Pline copia Aristote, et ce n'était certainement pas lui qui pouvait détruire le merveilleux que le savant grec avait répandu sur le genre Calmar. Ovide, Varron, et beaucoup d'autres parlèrent encore du Calmar; au moyen-âge, Rondelet donna le premier les figures de ces animaux; Gesner, Aldrovande et Johnston réunirent tout ce que leurs prédécesseurs en avaient dit, et y ajoutèrent les figures de Rondelet. Swammerdam et Monro donnèrent de nouveaux détails anatomiques sur les Calmars; mais ces recherches ne suffirent pas, et bientôt Cuvier, dans son beau travail sur les Céphalopodes, publia une anatomie de chaque genre en particulier, et fit connaître celle du Calmar au point à peu près où elle est aujourd'hui.

Le genre Calmar était connu sous les noms de *Theutos*, *Theutis*, ou *Thetis* par les Grecs, et par ceux de *Loligo* et plus tard *Lollium* par les Latins. De ces différens noms, de la forme des rudimens internes, et de la liqueur noire que répandent ces mollusques, dérivent aujourd'hui la plupart des noms sous lesquels ils sont connus, tels que celui de Calmar qui vient de *theca calamaria*, (encrier); on le nomme même encore *Calamar* ou *Glangio* sur les côtes du Languedoc; sur quelques points du golfe de Gascogne *Corniche* ou *Cornet*, ou plus souvent *Encornet*, expression répandue non seulement sur nos côtes, mais encore à Terre-Neuve et dans nos colonies; en Provence et à Venise, dit M. de Férussac, une espèce de Calmar est appelée *Tothena* ou *Totena*, et à Marseille *Taute*, noms évidemment corrompus du mot grec *theutos*; enfin en Italie les Calmars sont nommés *Calamaro*, *Calamaio*, *Glangio*, etc.

Les Calmars sont des mollusques très-voraces et agiles qui habitent généralement la haute mer. Les anciens avaient remarqué que la tempête les forçait à se rapprocher des côtes, et cette observation, qui n'a point été renouvelée depuis, que nous sachions, est fort exacte. Nous avons beaucoup observé ces animaux dans la haute mer, et nous avons été quelquefois témoins de l'agilité avec laquelle ils poursuivent les petits mollusques ou s'élancent tout à coup sur eux du fond des eaux. Nous avons vu aussi ces mollusques, lorsque la mer était agitée, s'élancer hors de l'eau à une telle hauteur, que parfois ils tombaient dans les porthaubans de notre navire. Cette remarque a déjà été faite par Pline, mais il était d'autant plus essentiel de la confirmer, que certains naturalistes avaient paru en douter. Au surplus cette faculté de s'élancer comme une flèche n'appartient pas exclusivement à ce genre de Céphalopodes, il convient seulement de dire qu'il la possède à un plus haut degré que les autres, sans doute à cause de sa légèreté et de sa forme élancée. Cet élancement n'a jamais lieu pendant le repos de l'individu, mais bien dans sa course et lorsqu'il a déjà acquis un certain degré de vitesse qu'il doit sans doute à la puissance de ses nageoires. Il est le résultat d'une contraction forte et subite de son sac qui repousse l'eau au dehors; le mollusque s'échappe alors, l'extrémité postérieure en avant; puis, arrivé hors de l'eau au terme de son élancement, il retombe, pour prendre dans son élément une nouvelle vitesse.

Ces mollusques, comme les sèches, répandent à volonté une encre noire très-divisible dans l'eau et qu'ils laissent derrière eux, afin, pensent quelques naturalistes, de se soustraire à la poursuite de leurs ennemis. Nous ne nions pas que ce ne soit là l'intention de la nature, mais nous n'avons aucune observation qui nous autorise à l'admettre. On n'est pas encore fixé sur ce fait, tant pour les Calmars que pour les sèches.

On peut compter les Calmars au nombre des mollusques les plus utiles; non seulement ils fournissent dans leur liqueur une encre qui peut être avantageusement employée dans les arts, mais ils sont encore pour la pêche de la morue d'une utilité majeure. L'appât ou bouette que l'Encornet fournit aux pêcheurs terreneuviens est des plus précieux, mais il est souvent assez difficile à se procurer en assez grande abondance. Comme nourriture, ce mollusque est utile aux classes peu aisées qui habitent les bords de la mer et se nourrissent ordinairement de ses produits. Il paraît que les anciens en faisaient eux-mêmes usage. Apicius, l'un des célèbres gourmands de Rome, connaissait le moyen de le rendre succulent, et il indique le procédé qu'il employait. Rondelet raconte aussi comment de son temps on mangeait le Calmar; on le préparait avec son encre, dans une sauce au beurre et à l'huile avec des épices et du verjus, comme on fait encore aujourd'hui à La Rochelle pour les *casserons*, qui sont de très-jeunes sèches. Ce mets est, selon nous, un des plus délicats que l'on puisse manger dans un port de mer.

On est parvenu à connaître les œufs du Calmar, ils forment par leur réunion des rangées de tubes ou de grappes cylindriques partant en rayonnant d'un centre commun. Bohadsch, à qui on en doit la découverte, les a figurés et a fait des recherches pour s'assurer de la quantité d'œufs contenus dans une des masses de grappes qu'il a observées; le nombre s'en élevait à environ 40,000.

Il y en a de petites espèces, mais il y en a aussi de fort grandes; les anciens en citaient de gigantesques; nous en avons vu une au bazar de Saint-Denis, à l'île Bourbon, dont la longueur, les bras non compris, était de 29 pouces; son rudiment interne en avait près de 20.

MM. de Férussac et d'Orbigny, qui ont rassemblé une suite de planches pour le beau travail qu'ils publient sur les Céphalopodes, comptent un bon nombre d'espèces dont ils font deux groupes principaux, d'après la présence ou l'absence de ventouses sur les pédoncules des bras.

Parmi les vingt et quelques espèces décrites par ces savans, le Calmar ordinaire, *Loligo vulgaris*, le plus anciennement connu, représenté dans notre Atlas, pl. 68, fig. 1, le C. sagitté, *L. sagittata*, et le C. subulé, *L. subulata*, sont des mers d'Europe. (R.)

CALMARET, *Loligopsis*. (moll.) Genre de Céphalopodes, de l'ordre des Décapodes, famille des Poulpes, établi par Lamarck pour un mollusque rapporté par Péron des mers australes, et qui ne diffère des calmars que par le nombre des bras. Ses caractères sont d'avoir le sac oblong, pointu à son extrémité, avec une nageoire circulaire qui embrasse sa partie postérieure, ou des nageoires latérales triangulaires et terminales.

Lesueur, qui depuis la découverte de l'espèce qui sert de type au genre en a reconnu une seconde, a cru devoir faire pour ces deux mollusques son genre Léachie, qui ne saurait être adopté vu la priorité du travail de Lamarck; au surplus M. de Férussac est porté à croire que ces mollusques devaient être portés dans le genre Cranchie. (R.)

CALOBATE, *Calobates*. (ois.) Cette coupe nouvelle, établie par M. Temminck dans la famille des Grimpeurs, ne comprend encore qu'une seule espèce, le Calobate radieux, *C. radiosus*, pl. col. 538, rapporté par Diard du district de Pontianak, sur la côte orientale de Bornéo; le mâle et la femelle de cette espèce sont parés des couleurs les plus vives et les plus brillantes. (Gerv.)

CALOBATE, *Calobata*. (ins.) Genre de l'ordre des Diptères, établi par Fabricius aux dépens du genre Musca de Linné, adopté par Meigen et Latreille. Ce dernier le place dans la quatrième tribu, les Muscides, et dans la sixième division, les Leptodites, *Leptodites*; les caractères distinctifs sont : antennes en palette, plus courtes que la tête, dont le troisième article est presque orbiculaire, avec une soie latérale et simple; les balanciers sont à découvert : les yeux sont sessiles; le corps et les pattes sont très-allongés, presque filiformes; la tête est ovoïde ou presque globuleuse; les ailes sont couchées sur le corps. Duméril dans sa Zoologie analytique avait désigné les Calobates sous le nom générique de Ceyx. Ces insectes ont beaucoup de ressemblance avec les Microptères et les Tephrites qui en ont été séparés par Latreille et Meigen, à cause de leurs ailes vibrantes, et parce qu'ils ont les pattes proportionnellement moins longues qu'aucune des espèces dont est composé le genre Calobate. L'espèce qui lui sert de type est la CALOBATE FILIFORME, *Jalobata filiformis*, Fab. Noirâtre, avec les anneaux de l'abdomen bordés en dessus d'une couleur blanchâtres ; les pieds fauves et ayant un anneau noir aux cuisses postérieures. Il se trouve dans les bois des environs de Paris.

(H. L.)

**CALODROME**, *Calodromus*. (INS.) Genre de Coléoptères de la famille des Charançonites, tribu des Brenthides, établi par MM. Guérin et Gory dans le Magasin de zoologie, sur un insecte de la côte de Coromandel, présentant une anomalie tout-à-fait singulière dans les tarses. Voici quels sont ses caractères : corps allongé, antennes assez courtes, dont les trois derniers articles forment une massue un peu aplatie, le dernier un peu plus long, arrondi au bout ; la tête courte ; le corselet aussi long que l'abdomen ; les deux premières paires de pattes courtes, dans la première paire le tarse égale le tibia, et ses trois premiers articles sont égaux ; dans les intermédiaires le premier article du tarse égale à lui seul le tibia, et le reste du tarse est aussi grand que lui ; dans les pattes postérieures le tibia s'oblitère presque entièrement ; le premier article du tarse au contraire acquiert un développement tel qu'il égale ou surpasse même l'animal entier en longueur, c'est ce qui a fait donner à ce genre le nom qu'il porte et qui signifie, qui marche avec des échasses ; l'article suivant est aussi un peu plus allongé que le suivant ; quant au quatrième, il est simplement rudimentaire dans tous les tarses.

Ce singulier insecte est-il sauteur ? Pourquoi alors cet allongement du tarse plutôt que du fémur, comme il arrive dans les autres espèces douées de cette faculté ? Cet organe est-il seulement propre au mâle et destiné à saisir la femelle dans l'accouplement ? mais alors pour conserver la position habituelle, il replierait ses pattes en dessous son corps, saisirait peut-être la femelle avec par les côtes ; tandis que les autres paires se maintiendraient sur son dos, les crochets de ses tarses parviendraient alors jusqu'auprès de sa tête. Il est probable que cette organisation tient à son *habitat* et à la manière de prendre sa nourriture, que nous ne pouvons deviner faute de renseignemens sur ses mœurs.

C. DE MELLY, *C. Mellyi*, Guér. et Gory, Magasin zool. de Guérin, 2, v., cl. IX, pl. 34. Long de 8 millimètres, le corps est entièrement ferrugineux, ses antennes sont lisses avec les trois derniers articles velus ; sa bouche est large, armée de deux fortes mandibules ; excepté une petite partie du labre qui est au dessus, on ne distingue aucune des autres parties ; le corselet offre au dessus deux compressions latérales en arrière de la tête ; il se rétrécit en outre avant de se joindre aux élytres ; le tarse postérieur, qui est si anomal, est à son origine couché, méplat, mais il donne naissance à une apophyse qui se courbe sur le côté ; à un tiers plus loin de sa longueur est une autre petite apophyse courbée dans le même

sens et accompagnée d'une petite dent. Je n'ai point vu cet insecte en nature, mais la planche que je cite, exécutée par M. Guérin, ne laisse rien à désirer pour l'exécution et la rigueur des détails, et peut suppléer à toutes les descriptions. De la côte de Coromandel.          (A. P.)

**CALOMEL.** (CHIM.) Le Calomel, Calomélas, Panacée Mercurielle, Mercure doux, *Aquila alba*, Proto-chlorure de mercure, etc., est un sel qui existe dans la nature, où il porte le nom de *Plomb corné*, ou mieux celui de *Mercure muriaté*, et qui cependant est ordinairement le produit de l'art.

Le Calomel se présente en masses plus ou moins volumineuses, solides, très-pesantes, circulaires, concaves d'un côté, convexes de l'autre, affectant enfin la forme des vases dans lesquels le sel a été préparé, parfaitement blanches, cristallisées en prismes tétraédriques, terminés par des pyramides : les cristaux existent principalement au centre des pains.

Le Proto-chlorure de mercure jaunit et brunit à l'air ; il est insipide, inodore, insoluble dans l'eau, l'alcool et l'éther ; soluble dans le chlore, et décomposable par la potasse et la chaux, qui le réduisent à l'état d'oxide noir. On l'obtient en sublimant ensemble dans un vase convenable quatre parties de deuto-chlorure de mercure (sublimé corrosif) et trois parties de mercure métallique.

Le Calomel, préparé à la vapeur d'après la méthode de Josias Jemel, modifiée par M. Ossian Henry, s'obtient en recevant dans un flacon plein de vapeur d'eau, les vapeurs blanches sous lesquelles se transforme le Proto-chlorure de mercure déjà préparé, placé dans une cornue de grès et chauffé dans un fourneau à réverbère.

Le Proto-chlorure de mercure ainsi obtenu est moins exposé à contenir du deuto-chlorure que celui qui a été préparé par la simple sublimation. En effet, la vapeur d'eau condensée dissout le sublimé, et le Proto-chlorure insoluble se précipite ; il suffit de décanter, laver et faire sécher pour l'avoir pur. Dans tous les cas il est bon d'essayer le Calomel avant de l'employer en médecine ; pour cela, on l'agite dans de l'eau, on le laisse déposer, on décante et dans l'eau de lavage on verse de la potasse ou de la chaux ; si la liqueur est pure, c'est-à-dire si elle ne contient pas de sublimé, il n'y a pas de précipité ; dans le cas contraire elle précipite en jaune.

Le proto-chlorure de mercure est employé en médecine comme purgatif, contre-stimulant, anthelmintique et quelquefois comme antisyphilitique. Son usage exige des soins et de la prudence.

(F. F.)

**CALOPE**, *Calopus*. (INS.) Genre de l'ordre des Coléoptères, seconde section des Hétéromères, seconde famille des Taxicornes, créé par Fabricius aux dépens du grand genre Cerambix de Linné, et ayant, selon lui, pour caractères : quatre palpes, les antérieures en massue, les postérieurs filiformes ; mâchoires bifides ; lèvre inférieure membraneuse et bifide ; antennes filiformes.

Latreille place ce genre dans la famille de Sténélytres et dans la quatrième tribu des Œdémérites,
en lui donnant pour caractères : pénultième article des tarses bilobé ; mandibules bifides ; dernier article des palpes maxillaires en forme de hache ; languette profondément échancrée ; antennes fortement en scie ; corps étroit et allongé avec
la tête et le corselet plus étroits que l'abdomen ;
les yeux sont allongés et échancrés. Malgré la
grande ressemblance qu'ont ces insectes avec les
Capricornes, ils s'en éloignent cependant par le
nombre des articles des tarses : ils ont aussi quelque ressemblance avec les Cistèles, mais ils en diffèrent essentiellement par l'échancrure du pénultième article de tous les tarses. Les Calopes, outre
les caractères désignés ci-dessus, ont des antennes
longues, en scie, placées dans une échancrure
devant les yeux, et formées de onze articles, dont
le premier est gros et en massue, le second petit,
les autres un peu comprimés ; le labre est entier,
l'extrémité des mandibules est bidentée, avec la
division interne pointue ; les palpes maxillaires
sont plus longs que les labiaux, terminés par un
article encore ponctué. L'espèce formant le type
du genre est le Calope serraticorne, *Calopus
serraticornis*, Fabr., représenté dans notre Atlas,
pl. 69, fig. 1 ; il est long d'environ neuf lignes,
de forme allongée ; son corselet est en carré long,
sans rebords, dilaté en devant, un peu raboteux
en dessus ; les étuis sont longs, sans rebords, et
présentent à leur surface quelques lignes élevées,
à peine distinctes ; les pattes sont grêles et de
longueur moyenne : la couleur de cet insecte
est d'un brun clair pubescent. On le trouve dans
les bois en Suède.                         (H. L.)

**CALOPHYLLE**, *Calophyllum*. (bot. phan). Ce
genre, qui appartient à la famille des Guttifères
de Jussieu et à la Polyandrie monogynie de Linné,
est caractérisé ainsi qu'il suit : calice coloré, de
deux, trois, quatre sépales caducs, manquant quelquefois ; corolle de quatre pétales ; étamines fort
nombreuses à anthères allongées ; ovaire libre,
style simple, stigmate capitulé ; fruit en drupe
globuleux ou ovoïde, renfermant un seul noyau
dans lequel se trouve une graine de même forme ;
embryon droit, dépourvu d'endosperme. A ce genre
se rapportent environ sept espèces, toutes formant
des arbres plus ou moins élevés, à feuilles entières et
opposées, dont la structure singulière fait reconnaître aisément le genre, car elles sont partagées
en deux moitiés égales par une nervure longitudinale de chaque côté de laquelle naissent quantité
de nervures parallèles, très-rapprochées, qui se
dirigent vers les bords. Les fleurs sont groupées
à l'aisselle des feuilles supérieures, où elles sont
portées sur des pédoncules triflores, qui par leur
réunion forment une panicule terminale.

L'espèce la plus intéressante de ce genre exotique est le Calophylle inophylle, *Calophyllum
inophyllum* de Linné ou *C. tacamahaca* de Wildn.
C'est un grand arbre qui croît naturellement dans
les lieux stériles et sablonneux des Indes orientales
et des îles australes de l'Afrique. Son tronc est
épais ; son écorce, noirâtre et fendillée, laisse dé-
couler, quand elle est entamée, une matière visqueuse et résineuse, verte, qui se solidifie et
porte le nom de *gomme* ou *résine de Tacamahaca*.
Les jeunes rameaux de cet arbre sont carrés ; les
feuilles sont opposées, obovales, obtuses, entières, luisantes, à nervures parallèles et très-serrées. Les fleurs sont ordinairement blanches, odorantes, placées à l'aisselle des feuilles supérieures, en grappes opposées. Les fruits sont globuleux,
jaunâtres et charnus. Du Petit-Thouars assure
que le bois de cet arbre est employé, aux îles de
France et de Bourbon, pour la charpente, la
construction des navires et le charronnage. Cette
espèce de Calophylle est appelée par Loureiro
*Balsamaria anophyllum* : ce qui la distingue des
autres, c'est le calice qui se compose de deux sépales, la corolle qui est de six pétales, et les étamines qui sont disposées en plusieurs faisceaux,
ou polyadelphes. *Voy.* Balsamaria.      (C. É.)

**CALORIQUE.** (phys.) Jusqu'à présent nous
ignorons ce qu'est, à proprement parler, le Calorique. La chaleur et la lumière ne sont-elles qu'une
seule et même substance qui nous apparaît sous
la forme de lumière quand elle se propage avec
une grande vélocité, et sous celle de chaleur
lorsque sa propagation se fait d'une manière plus
lente ? La chaleur est-elle le résultat d'une certaine vibration des corps, qui nous donne la sensation du chaud en agissant sur nos organes, qui
se communique aux corps froids, etc. ? Toutes ces
hypothèses ne nous rapprochent nullement de la
vérité. Mais qu'il en soit ainsi ou autrement, nous
définirons le Calorique un principe, un fluide im-
pondérable, comme la lumière, généralement répandu dans la nature, dont la présence nous est
manifestée : 1° par la sensation de chaleur qu'il
fait éprouver à nos organes ; 2° par l'augmentation de volume qu'il détermine dans tous les corps ;
qui a la propriété de se transmettre entre ces derniers et de se propager entre leurs parties, soit
par voie de rayonnance directe, soit par voie de
réflexion ; enfin, qui tend continuellement à établir entre les corps un équilibre de température,
et qui a la force de changer, de modifier l'état
d'un grand nombre d'entre eux.

Le Calorique, qui pénètre tous les corps qui
nous environnent, qui est répandu dans l'atmosphère que nous respirons, qui se développe dans
nous-mêmes pendant les actes de la vie, a sur
notre existence et notre conservation une si
grande influence que nous ne saurions prendre
une idée trop exacte de tout ce qui tient à sa nature.

Les causes physiques qui développent le plus
sensiblement le calorique sont : le frottement, la
percussion, la condensation subite par une compression instantanée (briquet pneumatique), les
changemens qui font passer et repasser les corps
de l'état solide à l'état liquide, et de l'état liquide
à l'état gazeux ; enfin le contact ou la proximité
des corps échauffés. L'électricité, les mélanges
et les opérations chimiques, les fonctions de la

vie, les phénomènes et les symptômes morbides sont encore des causes de dégagement du Calorique.

Les mots *calorique*, *chaleur* et *température* n'expriment pas la seule et même chose; le mot *température* sert à indiquer le degré appréciable de la chaleur; le mot *chaleur* représente l'effet du Calorique; le Calorique est la *cause* de la chaleur.

Déjà nous avons dit que les phénomènes particuliers qui attestent la présence du Calorique sont la sensation de la chaleur et l'augmentation du volume des corps; ceux qui nous font juger des températures sont le témoignage de nos sens d'abord, témoignage peu exact et peu fidèle, car il varie selon notre sensibilité, selon les individus, selon les circonstances dans lesquelles nous nous trouvons; puis les instrumens de physique appelés Thermomètre, Thermoscope, Calorimètre. (*V.* ces mots.)

Dans un corps dont on élève la température et dont on augmente le volume à l'aide du Calorique, celui-ci se partage en deux portions : une qui contribue à élever la température sans donner lieu à la dilatation, ou, en d'autres termes, qui excite la sensation de la chaleur ou du froid selon ses rapports avec nos organes; c'est le *Calorique sensible*; une autre qui est tout employée à la dilatation, sans élever en rien la température; c'est le *Calorique latent*. On appelle encore *Calorique latent* le Calorique qui fait passer un corps solide à l'état liquide, puis à l'état de fluide élastique, mais qui ne produit pas de la chaleur sensible; en un mot, toutes les fois que le Calorique fourni n'est employé qu'à opérer le changement d'état des corps, il est *Calorique latent*; il est *Calorique sensible* dans toutes les circonstances contraires.

Les quantités de Calorique latent ou de dilatation, de constitution des corps, et les quantités de Calorique sensible ou de température, sont extrèmement variables, soit qu'on les compare dans des corps de nature différente, soit qu'on les évalue dans un même corps pris à des températures également différentes; cependant on peut les connaître avec exactitude en tenant compte de la quantité de glace qui se fond dans l'appareil connu sous le nom de *Calorimètre*. Les quantités de glace fondue, différentes dans chaque corps pour une même température, constituent ce qu'on nomme le *Calorique spécifique*; on donne au contraire le nom de *Capacité des corps pour le Calorique*, à la propriété que les corps ont d'absorber et de contenir une plus ou moins grande quantité de Calorique pour parvenir à une même température.

On appelle *équilibre de température* les rapports qui s'établissent entre les corps échauffés; ces rapports dépendent immédiatement du Calorique de température, et ils se font, ou par la facilité avec laquelle le Calorique libre se répand au dehors, même dans le vide, facilité qui est proportionnelle à l'élévation de température, et qu'on

a nommée *rayonnance* ou *rayonnement*, ou par communication et transmission immédiate entre des corps contigus, et entre les parties continues d'un même corps; c'est ce qui constitue la *propriété conductrice* des corps pour le Calorique.

De même que le Calorique peut être *émis* au dehors, qu'il peut *rayonner*, de même il peut être *absorbé*, il peut être *réfléchi*. Plus un corps doué de la faculté conductrice du Calorique jouit de la propriété d'*absorption*, plus promptement il s'échauffe; plus il *réfléchit* au contraire, moins promptement il s'échauffe. Tous les corps polis, luisans à leur surface, *réfléchissent* très-facilement, très-promptement le Calorique : les angles de réflexion sont égaux à ceux d'incidence ( cette propriété du Calorique est partagée par la lumière ). Cette vérité en physique sera mise à profit dans nos usines et dans nos opérations domestiques, si nous employons des vases qui conduiront et qui absorberont très-bien le Calorique : les vases de métal sont dans ce cas. En pensant que le poli de leur surface est une des grandes causes de la réflexion du Calorique, on tiendra moins à cette qualité, si l'on veut économiser le combustible.

Une autre propriété, non moins intéressante que celles que nous venons de signaler très-sommairement, et que nous ne devons pas négliger dans l'étude du Calorique, c'est son influence sur l'état des corps, c'est l'augmentation qu'il produit dans leur volume, augmentation qu'on ne peut concevoir qu'en admettant l'écartement de leurs parties, l'éloignement de leurs molécules les unes des autres. Tant que cet effet du Calorique se borne, dans un solide, à la simple dilatation, la forme absolue du corps ne change pas; la forme relative seule est modifiée, c'est-à-dire que le corps est actuellement plus gros, plus volumineux qu'il ne l'était avant qu'on ne l'ait échauffé; mais si on ajoute un degré de plus de chaleur, les parties se dissocient, le corps devient mou, puis liquide, enfin fluide élastique si on continue à accumuler une plus grande quantité de Calorique entre ses parties intégrantes. Enfin, si le Calorique est accumulé en telle proportion que les forces expansives des corps et la pesanteur de l'atmosphère soient rompues, la masse entre en ébullition, la masse bout, comme on le dit vulgairement.

Les lois suivies par le Calorique dans sa distribution et sa marche dans les corps, ainsi que tous les phénomènes qui en découlent, sont exposées avec les plus grands détails dans des ouvrages de physique et de chimie qu'il est hors de notre sujet d'analyser ici, et auxquels nous renvoyons le lecteur. On consultera avec avantage le *Traité chimique de l'air et du feu*, par Schéele; les *Recherches physico-mécaniques*, par Prévost; les *Traités de physique* de Haüy, de Despretz, etc. ; les *Traités de chimie* de Thompson, Thénard, etc. Nous renvoyons également aux articles de physiologie de ce Dictionnaire, et aux ouvrages d'hygiène et de thérapeutique, tout ce que nous aurions pu dire ici sur les applications des phénomènes du Calorique aux corps vivans, qui sont relatives à l'homme sain et à l'homme malade. Enfin l'étude du Calorique nous amenait naturellement à parler du froid et des moyens propres à produire les froids artificiels que l'on emploie journellement dans les arts et l'économie domestique; c'est ce que nous ferons dans un article spécial à la lettre F de cet ouvrage.        (F. F.)

**CALORIMÈTRE.** ( CHIM. et PHYS. ) Le Calorimètre, inventé par Lavoisier et Laplace, est un instrument au moyen duquel on apprécie avec une grande exactitude la quantité de calorique absorbé par la glace fondante. Cet instrument consiste, quant aux dispositions principales, en une sphère creuse de glace dans laquelle on renferme le corps dont on veut connaître la chaleur propre. La sphère est entourée d'une autre couche de glace qui ne communique point avec la première, en sorte que celle-ci demeure constamment à zéro, et que la température de l'air ambiant ne peut point la faire fondre. On place dans la première sphère, sur un support disposé exprès, un corps dont on a déterminé le poids et le degré de température ; le corps chaud, en se refroidissant presqu'au degré de la congélation, fait fondre une quantité de glace proportionnelle à celle de son calorique spécifique. La quantité de glace fondue varie selon la nature des corps échauffés ; ainsi, que deux onces d'eau à 40° au dessus de zéro fondent une once de glace , deux onces de mercure, deux onces de fer, au même degré de chaleur, n'en fondent, le premier que un trente-trois millième d'once, et le second, un onze centièmes.        (F. F.)

**CALOSOME** , *Calosoma*. (INS.) Genre de l'ordre des Coléoptères, section des Pentamères, créé par Weber, ( *Observ. entomologicæ* ) aux dépens des Carabes de Linné et de Fabricius, adopté par ce dernier auteur et par le plus grand nombre des entomologistes. Latreille le place dans la famille des Carnassiers et dans la division des Grandi-palpes , en le caractérisant ainsi : mandibules sans dents notables au côté interne et striées transver-salement; tarses antérieurs dilatés dans les mâles; corselet transversal, également dilaté et arrondi latéralement, sans prolongement aux angles postérieurs; abdomen presque carré ; palpes extérieurs moins dilatés au bout; mâchoires se courbant brusquement à leur extrémité; second article des antennes court, troisième allongé ; les quatre jambes postérieures arquées dans plusieurs mâles. Les caractères que nous venons d'énoncer empêcheront sans doute de confondre les Calosomes avec les Pambores, les Cychres et les Scaphinates, qui en diffèrent par l'absence des dents au côté interne des mandibules. La dilatation des tarses antérieurs dans les mâles empêchera aussi de les confondre avec les Tefflus et les Procères : ils diffèrent des Procrustes et des Carabes proprement dits par le peu de développement du second article des antennes. De plus, ils sont caractérisés par leurs habitudes et la forme générale de leur

corps, qui est déprimé et oblong : la tête est grande et de forme ovalaire ; elle supporte deux yeux globuleux, et des antennes sétacées à articles comprimés, d'inégale longueur, le premier très-gros , le second très-petit, le troisième aussi étendu que les deux précédens réunis, et tous les autres assez courts et à peu près également développés. Ces antennes sont insérées au devant des yeux. La bouche présente un labre bilobé , des mandibules larges et avancées, des mâchoires donnant insertion à quatre palpes dont les maxillaires sont découverts dans toute leur longueur ; puis une ligne intérieure supportant une paire de palpes très-saillans. Le prothorax est plus large que long, avec ses bords latéraux arrondis et relevés. Il est tronqué antérieurement et postérieurement. Les étuis sont larges et embrassent un peu sur les côtés l'abdomen; celui-ci est fort étendu dans le sens transversal. Les pattes sont ordinairement longues et fortes.

Ce genre se compose de plusieurs espèces, celle qui lui sert de type est le CALOSOME SYCOPHANTE , *Calosoma sycophanta* , Fabr., ou le *Bupreste carré*, couleur d'or, de Geoffroy, représenté dans notre Atlas, pl. 69, fig. 2. Il est long de huit à dix lignes, d'un noir violet, avec les étuis d'un vert doré ou cuivreux très-brillant, très-finement striés, et ayant chacun trois lignes de petits points enfoncés et distans. La larve vit dans le nid des chenilles processionnaires, dont elle se nourrit. Elle en mange plusieurs dans la même journée; d'autres larves de son espèce, encore jeunes et petites , l'attaquent et la dévorent, lorsqu'à force de s'être repue elle a perdu son activité. Ces larves sont noires, et on les trouve quelquefois courant à terre ou sur les arbres, et sur le chêne particulièrement. Le CALOSOME INQUISITEUR, *Calosoma inquisitor*, de Fabr., ou le *Bupreste carré* , couleur de bronze antique, de Geoffroy, vit, ainsi que le précédent, sur le chêne, et y fait la chasse aux insectes, et particulièrement aux chenilles. L'une et l'autre espèce se trouvent aux environs de Paris.        (H. L.)

**CALPIDIE** , *Calpidia*. ( BOT. PHAN. ) Arbre de l'île de France , famille des Nyctaginées. Haut de huit à neuf pieds seulement, sur un diamètre de deux ou trois, il porte des rameaux en tête touffue, des feuilles alternes, entières et charnues, à pétiole court et épais. De leur aisselle partent des ombellules de fleurs roses et parfumées, environnées de plusieurs bractées en forme d'involucre. Cet arbre se rapproche beaucoup du genre *Pisonia*, comme on le verra par l'énumération de ses caractères génériques : un calice pétaloïde campanulé, terminé à son sommet par cinq divisions en étoile; dix étamines insérées à la base du calice; un style court, surmonté d'un stigmate velu et à deux lobes; un ovaire à un seul ovule; un fruit enveloppé par le calice qui croît avec lui; il présente une forme allongée et prismatique, à cinq angles visqueux au toucher.

Le *Calpidia* a été observé par Aubert du Petit-Thouars, qui l'a figuré dans son Voyage aux îles australes d'Afrique, p. 25, tab. 8.        (L.)

**CALSCHISTE.** ( GÉOL. ) Les schistes argileux contenant des nodules, des lamelles ou des veines calcaires, ont été réunis par M. Al. Brongniart sous le nom de Calschiste. Lorsque cette roche est remplie de veines calcaires, elle porte le surnom de *veinée*; lorsqu'elle est remplie de grains et de nodules, elle reçoit celui de *granitellin*; enfin, lorsqu'elle offre l'apparence de l'homogénéité, on l'appelle Calschiste *sublamellaire*. (J. H.)

**CALTHE,** *Caltha*. (BOT. PHAN.) Les anciens Romains donnaient ce nom au SOUCI DES JARDINS, *Calendula officinalis*, à cause de la forme de sa fleur radiée, qui représente une petite corbeille dorée, que les Grecs appelaient *Calathos*. Linné, d'après C. Bauhin, l'a imposé à une plante des lieux marécageux, vulgairement dite *Populage des marais*, dont il a fait un genre de la Polyandrie polyginie, appartenant à la famille des Renonculacées.

Le genre Calthe ne contient réellement qu'une seule espèce, très-commune dans les marais, les ruisseaux et les fossés, le CALTHE DES MARAIS, *Caltha palustris*, plante vivace, basse, qui vient en touffe arrondie et serrée, dont la tige, haute de trente à trente-deux centimètres, est garnie de belles feuilles d'un vert foncé, et de fleurs éclatantes, assez grandes, d'un jaune superbe qui s'ouvrent en avril et se prolongent jusqu'à la fin de mai. L'espèce *C. dentata*, des botanistes anglais, n'est qu'une simple variété. Les horticulteurs en possèdent une variété à fleurs doubles, beaucoup plus grandes, plus brillantes et aussi doubles que les boutons d'or; elle s'épanouit en mai et refleurit quelquefois en automne; on la tient en pleine terre, dans un lieu très-frais. On en sépare les racines en automne. Le Calthe est employé contre les ulcères comme détersif.

(T. D. B.)

**CALVIL.** (BOT. PHAN.) On nomme ainsi une variété de Pommier dont les pommes portent le nom de Calville. (*Voyez* POMMIER.) (GUÉR.)

**CALYCANT** ou **CALYCANTHE,** *Calycanthus*, L. (BOT. PHAN.) Genre qui se rapporte à l'Icosandrie polyginie de L., mais qui n'a point de place déterminée dans la série des ordres naturels. Quelques uns le placent dans les Rosacées. Il comprend cinq ou six espèces exotiques, qui, pour la plupart, sont originaires de l'Amérique septentrionale. Ce sont des arbrisseaux dont la tige ligneuse et ramifiée porte des feuilles opposées et simples, dépourvues de stipules. Les fleurs sont hermaphrodites, solitaires, d'un pourpre foncé, et décorent l'extrémité des jeunes rameaux. Le périanthe paraît simple et monosépale, quoique le limbe présente un très-grand nombre de divisions sur plusieurs rangées. Mais on ne saurait y distinguer un calice et une corolle. Le tube du périanthe est turbiné, dur et épais à sa base. Les divisions du limbe sont extrêmement nombreuses et à plusieurs rangs. L'ouverture du tube calicinal est singulièrement rétrécie, et de ce rétrécissement considérable naissent des étamines fort nombreuses, dont une quarantaine au moins des plus

intérieures sont avortées et filamenteuses, et une douzaine fertiles. Les anthères de celles-ci sont sessiles, allongées, biloculaires, et tournées en dehors. Les pistils naissent du fond et des parois du tube calicinal, ainsi que dans les roses; ils sont sessiles, formés d'ovaires allongés et uniloculaires. On y trouve deux ovules superposés, attachés au côté interne de la cavité. Le stigmate est oblong et glanduleux. Le fruit est formé par de nombreux petits akènes charnus, renfermés dans l'intérieur du tube calicinal. Le péricarpe est mince et appliqué immédiatement sur une seule graine dressée, contenant un embryon épispermique, dont les cotylédons larges, minces, membraneux, sont roulés plusieurs fois sur eux-mêmes, autour de l'axe de la graine.

Ce genre a quelque rapport avec les Rosacées, dont il retrace plus ou moins la structure : Jussieu l'a rapproché de sa famille des Monimiées, avec laquelle il n'a que des rapports éloignés. John Lindlay propose d'en faire le type d'un ordre naturel, désigné sous le nom de *Calycanthées*. Cette nouvelle famille devrait se placer à côté des Rosacées. Les Calycanthes qui font l'ornement de nos jardins sont :

Le CALYCANTHE POMPADOUR, OU DE LA CAROLINE, OU ARBRE AUX ANÉMONES, *Calycanthus pompadoura*, *C. floridus*, L., arbrisseau de 6 à 8 pieds, à bois odoriférant et rameaux étalés; à feuilles opposées, ovales, aiguës, d'un vert terne; à fleurs moyennes, d'un rouge foncé, exhalant une odeur de pomme de reinette et de melon.

Le CALYCANTHE GLAUQUE, *C. glaucus*, W., aux rameaux étalés; aux feuilles oblongues, aiguës, glauques en dessous; aux fleurs d'un rouge brun.

Le CALYCANTHE A FEUILLES LISSES, *C. lævigatus*, W., *C. ferox*, Mx., aux rameaux érigés; aux feuilles oblongues, aiguës, glabres, vertes des deux côtés; aux fleurs plus petites et un peu plus hâtives que celles des espèces précédentes. Cette dernière espèce a une variété naine, *C. nanus*.

Le CALYCANTHE PRÉCOCE, *C. præcox*, dont quelques auteurs ont fait le type d'un genre distinct sous le nom de *Meratia*, et qu'ils désignent sous le nom de *Meratia fragrans*, Lois., ou de *Chimonanthus*, Lind. C'est un arbrisseau de 4 à 10 pieds, originaire du Japon; à feuilles lancéolées, luisantes en dessus; à fleurs naissant avant les feuilles, d'un blanc sale, rougeâtres en dedans, et d'une odeur très-agréable. (C. L.)

**CALYCIFLORES** ( végétaux ). (BOT. PHAN.) C'est, dans la classification de M. de Candolle, la seconde division des végétaux dicotylédonés; elle comprend ceux dont la corolle est insérée sur le calice. (L.)

**CALYCIUM.** (BOT. CRYPT.) Urédinées. Le genre Calycium, que Nées rapporte à ses *Protomyci*, peut être caractérisé ainsi : sporules globuleuses ou ovales, libres, portées sur un réceptacle fibreux en forme de tête ou de cône renversé, pédicellé, et présentant quelquefois à sa base une croûte lichénoïde, croûte qui n'existe pas dans toutes les espèces.

Les vingt et quelques espèces de Calycium connues croissent presque toutes sur les bois pourris ; elles sont très-petites et de couleur brune, plus ou moins foncée ; leur réceptacle est tantôt sessile, tantôt pédiculé et en forme de calice, tantôt enfin pédiculé et arrondi à son sommet ; de là trois sections auxquelles Achar a donné les noms d'*Acolium*, *Phacotium*, et *Strongylium*.

L'espèce la plus commune, le *Calycium claviculare*, de Achar, croît dans les vieux saules creux.
(F. F.)

**CALYMÈNE.** (crust.) *Voyez* Trilobites.

**CALYPTOMÈNE.** (ois.) *V.* Coq de roche.
(Guér.)

**CALYPTRÉE**, *Calyptræa*. (moll.) Coquilles univalves, assez singulières par leur forme, dont Lamarck a fait un genre pour quatre espèces seulement, mais dont le nombre s'est considérablement accru par les derniers voyages autour du monde entrepris pour le compte du gouvernement. Voici les caractères que ce professeur leur assigne : coquille conoïde, à sommet vertical, imperforé et en pointe, à base orbiculaire ; cavité munie d'une languette en cornet, ou d'un diaphragme en spirale. A l'époque où Lamarck posait ces caractères, l'animal de la Calyptrée était totalement inconnu. M. Deshayes, dans un mémoire inséré aux Annales des Sciences naturelles (nov. 1824, p. 356), en donna une description détaillée, et le représenta sur toutes les faces. Ce travail, bien fait et consciencieux, fut corroboré par M. Deslonchamps, le 6 décembre même année, ainsi qu'on peut le voir dans la Revue encyclopédique de cette époque. D'après la description que donnent ces deux naturalistes, cet animal est pourvu de deux tentacules un peu aplatis, oculés extérieurement dans leur milieu et légèrement coudés à l'insertion de l'œil. Ces tentacules ne paraissent pas rétractiles. Le manteau est dépourvu d'appendices ; les branchies consistent en une seule rangée de filets simples, insérés au côté gauche de l'animal, traversant de gauche à droite, et saillant quelquefois à droite du cou. Le pied est petit, ovalaire, et mince sur les bords. Le sac abdominal est en partie jeté à droite, et les branchies à gauche.

La Calyptrée scabre, *C. equestris*, Lam., est commune dans les mers de l'Inde. C'est cette espèce qui est représentée dans notre Atlas, pl. 69, fig. 5.

Dans le nombre des espèces connues, quelques unes, fort remarquables, présentent à l'intérieur une véritable double coquille en forme de cloche. La *Calyptrée tubifère*, dont M. Lesson a fait dans ses Illustrations zoologiques, sans qu'on puisse en deviner la cause, son nouveau genre *Calypeopsis*, en offre l'image fidèle. Cette intéressante coquille n'est pas munie de son animal, mais M. Lesson nous donne, à la planche 15 du Voyage autour du monde sur la corvette *la Coquille*, la figure d'une autre nouvelle espèce qui a quelque chose de pittoresque, car ce savant zoologiste place la tête de l'animal précisément à l'endroit que doit occuper la partie opposée, ce qui prouve d'une manière incontestable qu'on n'est point universel, et qu'il n'est pas donné à l'homme, quel que soit le génie dont la nature l'ait doué, de traiter également bien toutes les sciences.
(Ducl.)

**CAMACÉES.** (moll.) Nom donné par Lamarck à une famille de Conchyfères, qui a pour caractères d'avoir la coquille inéquivalve, irrégulière, fixée ; une seule dent grossière ou aucune à la charnière ; deux impressions musculaires séparées et latérales. Elle se composait, d'après cet auteur, seulement des genres *Dicérate*, *Came*, et *Ethérie*.

M. de Blainville a fait aussi une famille des Camacées d'après Lamarck, et y a rangé, outre les genres de cet auteur les *Tridacnes*, les *Isocardes*, et les *Trigonies*. Dans notre Manuel nous avons reproduit la famille de Camacées de M. de Blainville, mais nous y avons ajouté d'une part la Caprine de M. D'Orbigny qui, si elle n'est point bien connue, n'en mérite pas moins de fixer l'attention des naturalistes, et nous en avons retiré, de l'autre, la Trigonie, que d'après la connaissance de son animal, découvert par MM. Quoy et Gaimard, nous avons dû porter dans une autre famille.

M. Cuvier, dans la dernière édition du Règne animal, publiée une année après notre travail, a adopté la composition de la famille des Camacées telle que nous venions de l'établir, à l'exception cependant du genre Éthérie, qu'il en éloigna pour en enrichir la famille des Ostracés, et du genre Caprine de M. D'Orbigny, dont il ne parla pas.

D'après les observations que nous venons de faire sur l'animal de l'Éthérie, et qui sont publiées dans les Annales du Muséum, et d'après quelques renseignemens que nous venons d'obtenir sur la Dicérate, et qui font suffisamment connaître que ce genre n'est qu'une espèce de came, nous pensons que, dans l'état actuel des choses, la famille des Camacées ne doit se composer que des genres *Came*, *C. Caprine*, *Isocarde Tridacne*, et *Hippope*, si toutefois encore ce dernier ne doit pas être réuni aux *Tridacnes*.
(R.)

**CAMARE**, *Camara*. (bot. phan.) On appelle ainsi le fruit multiple dont l'*Aconit* et le *Delphinium* présentent un exemple : c'est une réunion de capsules, s'ouvrant en deux valves par leur côté interne, et contenant une ou plusieurs graines. Ce nom est peu employé.
(L.)

**CAMARGUE.** (géog. et agr.) Ile basse ou delta marécageux, créé par les dépôts successifs du Rhône, à son embouchure dans la Méditerranée. Ce vaste bassin triangulaire, aujourd'hui garanti des inondations du fleuve par de fortes digues, est seulement séparé de la mer par des monticules de sables mobiles, élevés d'un mètre au dessus de l'étiage, et de quarante centimètres au dessus des plus fortes marées. Sa surface est de 74,000 hectares, dont 12,600 en état de culture, 31,000 en pâturages, le surplus en marais, étangs et basfonds salés. La Camargue fait partie du département des Bouches-du-Rhône.

Le sol est presque partout argilo-calcaire, de la

même nature que le limon charrié par le fleuve dans ses basses eaux. Sa formation, très-lente primitivement, est devenue depuis des siècles tellement rapide, qu'à l'époque de l'arrivée des Phocéens, qui désertaient une patrie devenue la proie du plus odieux despotisme, l'île était couverte d'arbres de haute futaie ; au treizième siècle on y comptait encore deux villes et des villages, tandis que de nos jours il n'y a plus de forêts, et on n'y trouve plus que la misérable bourgade de Sainte-Marie. Ce changement pénible, dû à l'insalubrité de l'air, au grand nombre d'insectes dont le pays est couvert huit mois de l'année, à l'excessive salure du sol, à sa trop grande capillarité, et aux désastres que cause le vent quand il souffle du nord-ouest, et qu'il est chargé d'une pluie froide, ce changement, dis-je, cessera d'exister bientôt, si, comme tout me le donne à penser, l'agriculture, convenablement encouragée, parvient à conquérir le terrain précieux que cache un cloaque infect et étendu.

Sillonné par de nombreux canaux, ouverts les uns pour faciliter l'écoulement des eaux surabondantes, les autres pour fournir l'arrosage des terres, le sol de la Camargue est exploité de la manière la plus utile. Les bonnes terres donnent du très-beau maïs et du blé qui rapporte ordinairement de quarante à cinquante pour un. Dans les terrains sablonneux, le mûrier et l'olivier réussissent parfaitement, la vigne y fournit un vin agréable, quoiqu'il retienne, surtout à la suite des longues sécheresses, un peu de la salure du sol ; les fruits y sont excellens, le foin très-abondant ; la garance, la gaude, la luzerne, la soude, d'un rapport remarquable. L'orme, le peuplier, le frêne élevé, le saule, marient leur tiges variées au feuillage persistant, aux fleurs d'un blanc pourpré du tamaris, qui jouit de la propriété de neutraliser l'action du salant sur les autres végétaux. De gros buissons de filarias toujours verts, de tristes yeuses, quelques pins d'une très-belle venue, de vieux chênes, au pied desquels l'asphodèle et la clématite, la jolie ibéride aux feuilles déliées, aux fleurs rougeâtres, et la jaune trigonelle, fournissent de très-bons abris contre les chaleurs insupportables.

De nombreux troupeaux de bêtes à laine très-estimées, de bœufs, de chevaux, d'ânes et de mulets paissent jour et nuit dans la Camargue. Les taureaux et les bœufs y sont renommés par leur grande force. Les moutons y demeurent durant la saison des froids, se rendent au printemps dans la plaine pierreuse de la Crau, pour de là gagner les hautes Alpes vers la fin de mai, et revenir dans leur quartier d'hiver au milieu du mois d'octobre. La race des chevaux est indigène et ne ressemble à aucune autre race domestique ; ils naissent presque tous revêtus d'une robe noire, qui passe au gris cendré, puis au blanc, qu'elle conserve pendant les vingt-cinq ans que dure la vie de l'animal. Ces chevaux sont indomptables ; l'on parvient difficilement à les assujettir ; toujours ils montrent la plus grande aversion pour l'écurie, et lors-

qu'on les y renferme, ils deviennent tristes, colères, ne se laissent point approcher, et ne sont jamais sûrs. Ils se vengent incessamment du joug qu'on leur impose. Chez eux, l'amour de la liberté est excessif, inaltérable ; après de longues et rudes fatigues, ils peuvent renverser celui qui les monte, se débarrasser de leurs harnais et fuir ; ils en saisissent l'occasion avec joie ; ils partent au galop, aucun obstacle ne les arrête ; ils franchissent les haies épaisses, les rochers ardus, les fossés les plus larges ; ils passent à la nage une rivière rapide, un bras de mer ; ils traversent avec patience et intrépidité les marais fangeux ; rien ne les effraie, rien ne les rebute, pourvu qu'ils soient libres et qu'ils retrouvent les forêts de joncées qui les ont vus naître. Ils préfèrent les pâturages stériles au râtelier le mieux fourni. Pleins de feu, sobres, infatigables à la course, ils sont capables de faire avec rapidité jusqu'à onze myriamètres ou vingt-cinq lieues d'un trait ; mais, quoique très-nerveux et souples, ils ne pourraient soutenir long-temps un exercice aussi violent. Comme ils parcourent habituellement un terrain plat, presque entièrement inondé, ils lèvent peu et rasent le tapis ; sur un sol plus ferme, ils prennent un pas très-rapide, qu'ils soutiennent sans se ralentir pendant une journée entière.

Le cheval de la Camargue a quelque analogie avec le cheval arabe et celui de la Barbarie. Il a la croupe fine, pleine de grâces, toutes ses extrémités sont parfaites ; son encolure longue, sa crinière étroite, flottante, sa tête bien attachée, et sa taille, ordinairement de treize décimètres, arrive au plus à quatorze. On le regarde comme d'origine africaine, et seulement introduit en France par les Maures ; je ne partage pas ce sentiment ; je le crois descendre du cheval des anciens Gaulois, que les Phocéens de Marseille recherchaient de préférence à tout autre. On a voulu régénérer sa race, mais les essais ont été tout-à-fait infructueux, parce qu'ils étaient dirigés par des mains inhabiles, étrangères au pays, et agissant d'après des instructions écrites à Paris.

Rien de plus gai que le spectacle du laboureur allant demander à ce cheval indépendant quelques heures de service pour tirer la charrue, ou pour fouler le blé pendant six ou huit semaines sur l'aire battue au milieu des champs. Dans cette circonstance, la ruse et l'adresse font plus que la force ; les jeunes gens qui se livrent à cet exercice le font avec autant d'ardeur qu'ils en mettent dans les jouissances, avec la même intelligence qu'ils apportent dans les travaux champêtres qu'on leur confie, dans le régime hygiénique qu'ils ont adopté.

Ce qui excite le plus l'étonnement, c'est d'assister aux *ferrades*, espèces de luttes, réunissant à un caractère particulier un but d'utilité réelle et une apparence guerrière, j'allais presque dire lacédémonienne. Des femmes, qui ne sont dépourvues ni de grâce ni de beauté, vêtues d'un jupon court, de couleur brune, tombant à moitié sur des jambes fines que termine un petit pied chaussé d'un soulier sans talon et orné de grandes boucles en argent; la taille bien dessinée, pressée par un drolet noir, laissant les bras presqu'à nu; la tête coiffée d'un chapeau noir à larges bords, viennent courir le taureau, le dompter, et faire ainsi preuve d'audace et de courage; hardies et légères, elles s'avancent sur le jeune taureau qui fuit vainement; elles le saisissent à la corne et à l'oreille, et tandis qu'elles le tiennent ainsi, qu'elles amènent sa tête sur leur genou droit pour l'abaisser jusqu'à terre, une compagne le marque avec un fer chaud, ou bien un jeune bouvier ou pâtre, qui vient de quitter le trident dont son bras est sans cesse armé, lui impose le joug en même temps qu'il lui fait subir la cruelle opération de la castration. Je vois encore la honte de ce pauvre animal et l'espèce d'asphyxie qui le tient comme cloué au sol, je vois encore le triomphe de son agile vainqueur; ses grands yeux noirs, ses sourcils bien arqués, ses joues rondes et colorées, son visage si mobile, son sourire si touchant, prenant en ce moment quelque chose de si fier, de si noble, de si expressif, qu'ils ont laissé dans mon âme des souvenirs que le laps des années écoulées efface difficilement.

Le bœuf de la Camargue tient du buffle par la couleur noire, par son ventre qui descend fort bas, et surtout par un air farouche, toujours menaçant. Il porte de grandes cornes, formant un croissant parfait, dont les pointes se rapprochent; il est très-agile, très-vite à la course, et son allure ordinaire est un grand trot; son cuir épais le met à l'abri de la piqûre de l'arabia (*simulium reptans*), du taon, des œstres si redoutables, et du cousin nocturne, très-multipliés autour des marais. Le bœuf camargois a des habitudes presque sauvages, il quitte aussi volontiers la charrue qu'il montre d'impatience à s'y voir attelé; il est sujet à fort peu de maladies, supporte la faim en hiver, a soif en été, quelquefois l'une et l'autre en toute saison, avec une résignation vraiment surprenante. Celui de la partie méridionale de l'île, voyant fort rarement d'autre personne qu'un gardien, qu'il évite d'ordinaire, est dangereux pour le voyageur. Si l'on veut s'épargner ses coups, il faut monter sur un arbre ou se jeter ventre à terre, les bras étendus : quelque furieux qu'il soit, le bœuf flaire et passe outre lorsqu'il aperçoit l'homme sans mouvement.

Au printemps, une foule d'oiseaux quittent les côtes brûlantes de l'Afrique pour prendre possession des étangs de la Camargue. Auprès du stupide cormoran et de l'oie d'Égypte, le phénicoptère au plumage blanc rosé, aux ailes couleur de feu, se réunit en troupes réglées prêtes à s'éloigner dès qu'une de leurs sentinelles avancées sonne le danger; le butor si patient, le pélican qui ramasse tout le poisson qu'il pêche dans l'énorme sac pendant sous son large bec, contrastent singulièrement avec l'ibis blanc et noir qu'on révérait autrefois sur les rives du Nil, avec le rollier à la robe d'un vert d'aigue-marine, mêlé de noir, de bleu et de brun, avec la bécassine sautillante qui se

plaît parmi les roseaux. Leur présence rend le temps de la chasse une importante affaire pour l'habitant de la Camargue.

Quant, après les équinoxes, le flot de la mer, venu à la suite des inondations de la Méditerranée, commence à se retirer, des hommes armés d'une sorte de trident, vulgairement appelé *fichouire*, plongés dans l'eau jusqu'à la ceinture, se livrent à la pêche singulière du turbot. En piétinant le sol, ils sentent le poisson s'agiter sous leurs pieds, le frappent de leurs instrumens, quoiqu'à moitié enterré sous le sable, et le soulèvent vivement hors de l'eau. Cette pêche, qui rappelle celle des Écossais si bien décrite par Walter Scott, dans son roman de *Guy Mannering*, est rarement abondante, et n'est pas toujours sans danger pour le pêcheur inexpérimenté, à cause de la présence de la raie-torpille, dont la violente secousse électrique le renverse et l'étourdit.

Il convient, avant de terminer le tableau de la Camargue, de parler du mirage qui a lieu dans ses étangs, lorsqu'ils sont presque entièrement desséchés. Celui qui n'a jamais observé ce singulier phénomène, si fameux, sous le nom de *Fate Morgane*, sur les côtes de la Calabre occidentale, et où je l'ai étudié, s'effraie aisément des formes fantastiques qui se présentent à lui. Dans la Camargue, il se voit d'abord enveloppé d'un épais brouillard, puis d'une vaste étendue d'eau, sur laquelle paraissent des arbres, des tours ruinées, des animaux d'une taille gigantesque; il peut les toucher, mais il n'ose avancer la main, encore moins le pied; enfin l'illusion se dissipe, et l'on sort comme d'une rêve mystérieux.    (T. D. B.)

CAMBIUM. (PHYSIOL. VÉGÉT.) Substance blanche, limpide, sans odeur, d'une saveur douce, puis visqueuse, tenant également du mucilage et de la gomme, qui est composée d'une foule de grains blancs. Duhamel du Monceau en a parlé le premier. C'est la séve dépouillée de toutes ses parties étrangères; on la trouve à la fin du printemps et de l'été entre l'aubier et l'écorce des arbres. On regarde maintenant le Cambium comme une sorte de matrice où se passent les phénomènes de l'accroissement en diamètre, et on lui attribue la solidification des couches annuelles du bois. Il est fort abondant dans le chêne, le sophora; le peuplier, le saule en contiennent très-peu; dans les plantes herbacées annuelles il y en a une très-petite quantité, et quoiqu'on ne le voie point dans une foule de végétaux, il y aurait plus que de la témérité à dire positivement qu'il n'y existe pas. Le Cambium ne coule point dans des vaisseaux particuliers, il transsude à travers les membranes, il se montre partout où doivent s'opérer de nouveaux développemens, et, analogue à la lymphe chez les animaux, il produit par sa surabondance des effets morbifiques. Il remplace par son épaississement la plaque d'écorce enlevée aux arbres; des filamens ligneux se montrent sur la couche liquide, ils s'anastomosent, se multiplient, et finissent par devenir une sorte de tissu cellulaire.    (T. D. B.)

CAME, *Chama*, (MOLL.) Genre de Mollusques

établi par Linné, pour réunir une grande quantité de coquilles assez disparates, et parmi lesquelles il y en avait d'équivalves et d'inéquivalves. C'est à Bruguière que l'on doit d'avoir mieux circonscrit ce genre, en ne conservant pour le former que les coquilles inéquivalves et irrégulières. Lamarck et les auteurs qui ont écrit après lui ayant adopté cette manière de voir, les Cames se trouvent caractérisées comme il suit : coquille épaisse, solide, souvent adhérente, irrégulière, inéquivalve, inéquilatérale, ayant les sommets inégaux, plus ou moins contournés en spirale et distincts ; charnière composée d'une seule dent lamelleuse, épaisse, oblique, sub-crénelée, s'articulant avec un sillon de la valve opposée ; ligament extérieur et enfoncé ; impressions musculaires assez grandes.

Il est probable que le genre Dicérate, que l'on ne connaît encore qu'à l'état fossile, doit se rapporter aux Cames, et il doit peut-être en être autant du genre Caprine de M. D'Orbigny. On a toujours regardé les Cames comme étant des coquilles adhérentes ; il est bien vrai que la plupart d'entre elles le sont, mais on a eu le tort de faire de cette particularité un des caractères du genre, car elles ne le sont pas toutes, comme nous avons eu occasion de le reconnaître à la côte d'Afrique, et comme vient aussi de nous le faire remarquer M. Fontaine, chirurgien de la marine, qui, au nombre des objets qu'il a rapportés des mers du Pérou et du Chili, a une belle espèce de Came qui ne se fixe jamais.

L'animal des Cames a le manteau très-peu ouvert inférieurement pour le passage du pied, qui est très-petit et coudé ; ses branchies sont formées de deux lames de chaque côté du corps, la lame extérieure étant beaucoup plus courte que l'inférieure ; en arrière il porte deux ouvertures situées l'une au dessus de l'autre, et ces ouvertures ont quelquefois leurs bords un peu saillans, de manière à former le passage des animaux qui n'ont dans cette partie que des ouvertures simples à ceux qui les ont surmontées d'un tube plus ou moins allongé. L'une de ces ouvertures, celle qui est supérieure, répond au petit tube de l'anus et sert à l'expulsion des matières excrémentitielles emportées par les eaux qui ont servi à la respiration ; et l'autre, qui répond à la cavité des branchies, sert à l'introduction de l'élément qui doit baigner ces organes.

Les espèces de Cames sont assez nombreuses : Lamarck en cite dix-sept vivantes et huit fossiles ; mais le nombre de celles que l'on connaît aujourd'hui est plus grand. Ce naturaliste les divise en deux sections : la première renferme les espèces dont les crochets sont tournés de gauche à droite, et la seconde celles dont les crochets tournent de droite à gauche.

Dans la première se trouvent la Came crénelée qu'Adanson a trouvée sur la rade de Gorée, et qu'il a nommée *Jataron.* Cette espèce, que nous avons aussi recueillie dans la même localité, nous a présenté le fait que nous signalons plus haut ; c'est que, quoiqu'à l'exemple d'Adanson nous en

ayons recueilli des individus qui étaient fixés aux rochers, nous en avons cependant rencontré un plus grand nombre qui étaient libres, pêle-mêle avec d'autres coquilles, sur un fond de sable gris mêlé de vase, et à une profondeur de douze à quatorze brasses. L'examen de ces coquilles, dont nous possédons encore plusieurs exemplaires, ne nous a laissé voir aucune trace d'une ancienne adhérence.

Adanson nous apprend qu'on ne fait aucun usage au Sénégal du Jataron : cette observation est exacte ; mais les habitans, peu friands d'ailleurs de coquillages, ont tort de négliger celui-ci, car il est d'un goût exquis et sa chair est aussi délicate au moins que celle de l'huître.

Dans le nombre des espèces de Cames qui ornent les cabinets, il y en a de fort curieuses, telles que la Came feuilletée que nous représentons dans notre Atlas, pl. 69, fig. 5, par les lames feuilletées ou les pointes dont leurs valves sont hérissées, et surtout fort agréables à l'œil par l'éclat de leurs couleurs. Les Cames sont de toutes les mers intertropicales, et quelques unes mêmes se rencontrent par des latitudes plus élevées ; on en trouve de belles espèces dans l'Inde, au Japon, aux terres australes, dans la mer du Sud, dans celle des Antilles, sur les côtes d'Afrique et même dans la Méditerranée. Nous n'en connaissons pas des mers d'Europe d'autre que cette dernière. (R.)

CAMÉLÉON, *Chamelæ.* (rept.) Reptile analogue, sous quelques rapports, à nos lézards mais présentant des différences d'organisation telles qu'il ne peut être confondu avec eux dans un même famille, et que les auteurs systématiques se trouvent obligés de les réunir dans un groupe part, dont les affinités et les relations les ont toujours embarrassés.

L'on ne sait quels motifs ont déterminé les anciens à donner à ces animaux le nom de Caméléon, formé des mots grecs, *chamai leôn*, petit lion, selon les uns, ou *chamelos leôn*, chameau lion, selon les autres ; on ne voit en lui rien en effet qui le rapproche d'un chameau, à moins que ce ne soit la forme arquée de son échine, et rien surtout qui rappelle en lui le farouche animal auquel on a donné, ironiquement sans doute, le surnom de roi des animaux, à moins que dans la chasse que le Caméléon donne aux insectes on ne voie quelques rapports de rapacité avec celle du lion et des rois ; mais, quoi qu'il en soit, le Caméléon a été très-bien connu des anciens, et Aristote a décrit les principaux phénomènes de l'organisation du Caméléon de telle sorte, que comme l'a dit quelque part l'un de nos savans collaborateurs, Thiébaud de Berneaud : « Si l'on eût voulu lire, étudier et vérifier ce qu'Aristote en a dit, l'on n'aurait pas tant de feuillets déchirer dans les livres des naturalistes modernes ». Les Caméléons sont des reptiles quadrupèdes de taille variable au dessous d'un pied et demi, à tête volumineuse, pyramidale, quadrangulaire, comprimée latéralement, plus haute que large, et presque aussi haute que longue, terminée en avant par un museau aigu, non tranchant, parfois surmonté de crêtes saillantes, osseuses, diversement disposées. Aristote a comparé le museau du Caméléon à celui du *cochon singe*, mais, comme l'on ne connaît pas l'animal qu'il désignait sous ce nom, il serait difficile de juger de l'exactitude de cette comparaison. Les côtés de la tête sont aussi relevés en crêtes saillantes, parfois denticulées, qui passent au dessus des yeux et se réunissent en avant sur le museau. L'occiput est renflé, plus ou moins prolongé en arrière, et marqué aussi d'une crête dont la forme varie selon les espèces ; la gorge est susceptible de se renfler en une sorte de jabot ou goître, comprimé, plus ou moins saillant ; le cou n'est guère marqué que par le renflement de la tête, il est peu mobile ; le corps est court, fortement comprimé latéralement, relevé en carène arquée, souvent dentelée sur le dos, et en carène denticulée sur le ventre. La queue est arrondie, à peu près de la longueur du corps, susceptible de s'enrouler fortement par son côté inférieur. Les membres, longs et grêles, offrent cette singulière disposition, que les bras sont à peu près de même longueur que les cuisses, que les avant-bras sont plus longs que les jambes ; mais ce qui distingue surtout les Caméléons des autres reptiles, c'est la disposition des doigts, presque égaux, réunis par la peau jusqu'à la base de la phalange unguéale ; ils sont à chaque pied disposés en deux faisceaux, opposables comme les mors d'une pince, composés de deux doigts en dehors et trois en dedans aux membres antérieurs, et de trois en dehors et deux en dedans aux membres postérieurs. L'anus est transversal comme chez tous les lézards.

Le squelette des Caméléons offre aussi des particularités assez saillantes. Sans entrer dans le détail des particularités que présente la disposition des os de la tête, on peut signaler la grandeur remarquable des orbites séparés l'un de l'autre par une simple cloison membraneuse. Les vertèbres du cou sont à peine mobiles et souvent soudées en une seule pièce : les trois premières sont libres, les suivantes portent des petites côtes flottantes comme chez la plupart des lézards. Le sternum est composé de deux pièces : une dilatée, lancéolée, porte la clavicule ; l'autre étroite, allongée, porte cinq côtes de chaque côté. Mais ce qu'il y a de plus remarquable chez le Caméléon, c'est que les autres côtes dorsales se réunissent à leurs congénères opposées sans intermédiaire. Le nombre total des côtes est de quinze. Il y a deux vertèbres lombaires, deux pelviennes, quarante-trois caudales, mais ce nombre paraît n'être pas invariable et peut aller, par exemple, jusqu'à cinquante-quatre. L'épaule du Caméléon offre aussi cette particularité, que la clavicule est courte, large ; l'omoplate long, grêle, terminé en arrière par un disque cartilagineux, et que le coracoïde n'existe pas. Le bassin est à peu près conformé comme chez les lézards, mais plus comprimé ; l'os cloacal est mince, grêle et presque rudimentaire.

Les narines sont grandes, libres, dirigées en arrière, et ouvertes fort loin sur les côtés du museau, percées dans l'épaisseur des maxillaires, et s'ouvrant en dedans de manière à laisser un passage à l'air qui doit servir à la respiration, bien que l'on ait dit le contraire.

L'œil est très-développé, remarquable par la quantité de pigmentum de la choroïde et du peigne : l'on sait que ces organes jouissent chez les Caméléons de la singulière propriété de se mouvoir tout-à-fait indépendamment l'un de l'autre et de se diriger même en sens opposé ; leur globe énorme est recouvert presqu'en totalité par une paupière revêtue d'écailles granulées, analogues, à la grandeur près, à celles du reste du corps, à peine fendue d'une à deux lignes à sa partie centrale. Le système nerveux optique présente cette particularité, que les cordons s'entre-croisent complétement en se perforant l'un l'autre à la manière des tendons du fléchisseur profond des doigts à l'égard de ceux du fléchisseur sublime. L'oreille cachée par la peau existe, mais les parties qui la constituent sont peu développées, ce qui a induit quelques auteurs en erreur.

La bouche est grandement fendue, comprimée latéralement ; les lèvres et les dents se recouvrent mutuellement, de manière à former une double rainure de clôture. Les dents sont petites, nombreuses, uniformes, presque égales, trifides ; l'on en compte de douze à seize de chaque côté de la mâchoire inférieure, et quelques unes de plus à la mâchoire supérieure ; les Caméléons n'offrent point de dents au palais.

La langue du Caméléon est un des organes les plus remarquables de cet animal singulier ; dans l'état de repos elle est renfermée dans l'intervalle des mâchoires ; ellipsoïde, molle, spongieuse, sillonnée à sa surface comme la pulpe des doigts, entière et libre à sa pointe, sans vestige de frein ou filet, elle se continue en arrière, par une tige plus grêle, dans une sorte de fourreau, présentant en dessus de sa partie postérieure buccale une sorte d'éperon, qui rappelle la disposition de la langue des batraciens ; lorsque l'animal veut saisir quelque insecte, il imprime à sa langue un mouvement brusque qui la porte hors la bouche, à plusieurs pouces de distance, avec la rapidité d'une détente de fusil, et la retire avec la même promptitude, ramenant dans le pharynx l'animal qu'il a saisi avec son extrémité. L'on a dit que cette extrémité saisissait au moyen de la mucosité qui exsude à sa surface et qui attire l'animal dont le Caméléon fait sa proie, on a ajouté que les bords de l'extrémité antérieure de la langue se replient en dehors pour présenter plus de surface à cette muqueuse préhensible ; mais si je ne me trompe, c'est par un mécanisme analogue à celui des batraciens anoures que les Caméléons saisissent leur proie. L'extrémité de la langue m'a paru se renverser et l'éperon guttural se replier ensuite en dedans comme la valvule pharyngienne de la langue des grenouilles et des crapauds. Quelques auteurs ont pensé que ce n'était pas seulement par l'action des muscles sur l'os hyoïde que la langue acquérait un développement aussi grand, aussi rapide et aussi fort, car le choc de la langue sur le papier, par exemple, produit le bruit que ferait une *pichenette* donnée avec une certaine violence ; aussi ont-ils été chercher dans des circonstances différentes l'explication d'un phénomène dont la longueur insuffisante des pièces de l'hyoïde, le peu d'étendue et le peu de volume des muscles qui le meuvent ne paraissent pas donner la solution entière ; on crut en trouver le complément dans le mode particulier d'expiration, dans une force élastique particulière, et enfin dans ces derniers temps on l'a attribué à une sorte d'érection de la portion de la langue renfermée dans le fourreau, mais ce mécanisme paraît produit par l'action de fibres musculaires circulaires qui entrent dans la composition de cette partie de la langue.

L'estomac est glanduleux dans sa partie antérieure, lisse à sa partie postérieure ; la surface de l'intestin est recouverte d'un *pigmentum* noirâtre, que l'on a cru devoir jouer un certain rôle dans le mécanisme des changemens de couleurs dont la peau du Caméléon est susceptible. La rate, dont on a contesté l'existence chez le Caméléon, existe, mais à un état rudimentaire. L'on retrouve ici, vers la partie inférieure de l'abdomen, de ces sacs graisseux analogues aux épiploons, qui peut-être contribuent à l'entretien de la vie dans les temps d'abstinence, et pendant l'époque de l'engourdissement hiémal.

Les Caméléons ne se nourrissent pas d'air, comme quelques anciens auteurs l'ont prétendu ; ils vivent d'insectes, de vers qu'ils vont saisir à distance avec leur langue ; ils avalent leur proie sans la mâcher, comme le font tous les reptiles. Ils paraissent pouvoir supporter l'abstinence pendant un temps assez long, et c'est sans doute cette propriété qui, avec l'ampleur de leurs poumons, a donné lieu à la fable que l'on a jadis débitée sur leur mode de nutrition.

Le larynx est remarquable par une ouverture située à la partie inférieure, et communiquant dans une arrière-poche membraneuse qui probablement sert à la dilatation de la gorge, mais dont on ignore le but. Les poumons sont très-développés, vésiculeux et donnent à l'animal une pesanteur spécifique moindre que celle qu'on serait tenté de lui croire au premier abord. Les parois de la poitrine sont si minces, que par instant l'animal acquiert une demi-transparence assez sensible. Ces poumons se terminent en arrière par de longs appendices, qui rappellent un peu les sacs aériens des oiseaux, mais qui n'ont pas comme eux des communications étendues dans presque toutes les parties du corps, ainsi que quelques auteurs l'ont supposé.

La peau des Caméléons est couverte partout de petites écailles granulées, juxtaposées, polygones sur la tête où elles sont un peu plus dilatées, quadrangulaires sur le reste du corps, lisses à leur surface, relevées parfois en carènes plus ou moins saillantes sur le rachis, à la région jugulaire et abdominale, disposées en épines aiguës et droites sur le dos de quelques espèces, rangées en verticilles peu arrêtés sur la queue, et en échiquier à la partie extérieure des membres. Chez quelques Caméléons, on rencontre, parsemées symétriquement ou irrégulièrement, des écailles plus grandes, tuberculeuses, qui servent de caractères différentiels assez bons pour la distinction des espèces. Les plantes des pieds et des mains sont garnies de lamelles transversales analogues à celles des doigts des geckos. Les ongles sont petits, libres, arqués, légèrement comprimés, à peu près égaux en longueur et en grosseur.

La peau des Caméléons est diversement colorée suivant les espèces ; néanmoins ces variations sont peu considérables, et les dessins se bornent en général à des taches, des bandes onduleuses peu arrêtées. Mais ce qui de tout temps a justement frappé l'attention des observateurs, c'est la faculté que ces animaux possèdent de changer presque subitement leur coloration. Leur teinte, naturellement d'un vert grisâtre, passe, selon certaines circonstances, au jaune plus ou moins clair, ou bien au vert foncé plus ou moins rougeâtre et violacé, au brun plus ou moins intense et même au noir, qu'Aristoteles regardait comme la couleur propre de l'animal. Les philosophes ont trouvé dans cette singulière disposition un emblème de la versatilité, de la bassesse et de l'hypocrisie, et depuis Plutarchos jusqu'à nous, l'on n'a pas manqué de flétrir du nom de Caméléon ces hommes qui, au gré de leur intérêt, changent d'opinion et de manière de voir, comme cet animal change de livrée. C'est ainsi que La Fontaine a dit :

> « Je définis la cour un pays où les gens.
> » Tristes, gais, prêts à tout, à tout indifférens,
> » Sont ce qu'il plait au prince, ou s'ils ne peuvent l'être,
> » Tâchent au moins de le paraître :
> » Peuple Caméléon, peuple singe du maître. »

Mais il faut remarquer ici que le Caméléon ne change pas sans doute de couleur au gré de son caprice, et dès-lors l'allégorie manque un peu de justesse. L'on a beaucoup cherché à saisir les causes et le mécanisme de ces changemens de couleur. Quelques auteurs ont prétendu que le Caméléon réfléchissait la couleur des corps environnans, et que ce phénomène se passait dans les écailles qui jouaient en cela le rôle d'une glace ; mais cette erreur, admise par Godard, Goldsmith et autres, ne peut soutenir d'examen sérieux. Les écailles des Caméléons sont opaques, et l'épiderme qui les recouvre n'a lui-même qu'une demi-transparence, il n'est jamais assez lisse pour produire la moindre réflexion de la lumière. Plinius a dit que le Caméléon prenait la couleur des corps environnans, excepté le rouge et le blanc ; or ces deux couleurs se rencontrent à peu près dans les nombreuses variations de teintes de cet animal, et l'on peut dire que les variations de coloration trouve aussi dans le midi de l'Espagne. Il faut peut-être rapporter à cette espèce le CAMÉLÉON JAUNATRE, *C. subcroceus*, établi comme espèce distincte par Merrens, ainsi que le CAMÉLÉON ÉPERONNÉ, *C. calcaratus*, du même auteur, qui paraît n'avoir été établi que sur une figure monstrueuse ou inexacte de Séba.

Le CAMÉLÉON DU SÉNÉGAL, *C. senegalensis*, décrit aussi sous les noms de Caméléon casque plat, *C. submitratus*, *C. gymnocephalus*, *C. planiceps*, ou à tête plate, et sous celui de C. à ventre dentelé en scie. Il a l'occiput aplati, à peine surmonté d'une crête inerme; la crête dorsale est très-marquée, la crête jugulaire et l'abdominale assez saillantes, denticulées. Les écailles du corps sont petites et uniformes. Il est d'un gris cendré, ombré d'une teinte brunâtre sur le dos. Ce Caméléon, qui se trouve en Barbarie, au Sénégal, sur les rives de la Gambie, et qui se rencontre aussi, dit-on, en Géorgie, a été, à ce qu'il paraît, l'objet d'une vénération particulière sur la côte occidentale d'Afrique, mais son culte ne s'est pas perpétué jusqu'à nos jours.

Le CAMÉLÉON NAIN, *C. pumilus*, décrit encore sous les noms de Caméléon à pierreries, *C. margaritaceus*, de Caméléon du Cap; à casque occipital assez marqué, à crêtes dorsale et jugulaire plus ou moins saillantes et denticulées; le menton frangé; les écailles du corps sont petites, entremêlées sur les flancs de tubercules écailleux, ellipsoïdes, disposés longitudinalement sur la partie basse des flancs. Ce Caméléon est jaunâtre avec de petites bandes onduleuses, sombres, irrégulièrement disséminées sur le dos. A cette espèce, la plus petite de la famille, et qui se retrouve au cap de Bonne-Espérance, aux Séchelles, à l'île de France, et dans la plupart des îles de l'Archipel, les mers du Sud, il faut rapporter le CAMÉLÉON FRANGÉ, *C. fimbriatus*, qui a été décrit comme espèce distincte.

Le CAMÉLÉON TIGRE, *C. tigris*, est une espèce de taille moyenne, au corps grêle, à occiput comprimé et surmonté d'une carène, à menton lobulé, comprimé et denticulé, à crête dorsale assez marquée. Les écailles du corps sont petites, uniformes; celles des crêtes occipitale, surciliaire et dorsale, sont plus grandes et en forme de denticules. Le Caméléon tigre est jaunâtre et parsemé sur le dos de petits points noirâtres qui lui ont valu le nom qu'il porte. Cette espèce a été rapportée des Séchelles par Péron.

Le CAMÉLÉON A VERRUES, *C. verruculosus*, à casque occipital saillant, à crête dorsale prononcée, et à crête abdominale peu marquée. Les écailles du corps sont petites, parsemées d'écailles tuberculeuses plus grandes, disposées en bandes obliques sur les flancs, et en rangée longitudinale à quelque distance de la crête dorsale. Le CAMÉLÉON A CHAPELET, *C. moniliger*, paraît devoir être rapporté à cette espèce, qui provient de l'île Bourbon.

Le CAMÉLÉON PANTHÈRE, *C. pardalis*. Grande espèce de l'île de France, à occiput aplati, à écailles petites, granulées, entremêlées de plus grandes, irrégulièrement disséminées, muni d'une crête dorsale et jugulaire, le museau surmonté d'un rebord saillant, irrégulièrement tacheté de taches rondes, noires, bordées de blanc. Cette espèce, qui a été confondue comme variété d'une autre espèce, en est certainement très-distincte.

Le CAMÉLÉON DE LEACH, *C. dilepis*, *C. bilobus*. Ce Caméléon, décrit d'abord par Leach dans l'ouvrage de l'Expédition anglaise au Congo, paraît propre à l'intérieur de l'Afrique. Sa taille est moyenne et de dix à douze pouces; la queue forme à peu près la moitié de la longueur totale, l'occiput est déprimé, surmonté d'une crête saillante, lobulée, pyramidale, garnie d'écailles hexagonales plus grandes que celles du reste du corps, qui sont petites, uniformes, si ce n'est sous le ventre, où elles forment une crête légère. Ce Caméléon est gris verdâtre, avec une bande blanchâtre sur les flancs.

Le CAMÉLÉON A BANDES LATÉRALES, *C. lateralis*, est une petite espèce à occiput comprimé et légèrement caréné, à crête surciliaire peu saillante, à écailles granuleuses, petites, uniformes, à crêtes dorsale, jugulaire et abdominale peu prononcées; de couleur brune uniforme, avec une bande d'un jaune clair, large de deux à trois millimètres sur chacun des flancs. Cette espèce vient de Madagascar, et a été indiquée pour la première fois par M. Gray.

D'autres espèces n'ont point de saillie en capuchon sur l'occiput, mais leur museau est surmonté de proéminences de formes variées, comme

Le CAMÉLÉON A NEZ FOURCHU OU BIFURQUÉ, *C. bifurcatus*, *C. bifidus*. Espèce de plus d'un pied de longueur, à occiput déprimé, relevé seulement d'une carène transversale peu saillante, semi-circulaire, à crête dorsale très-marquée en avant; à écailles petites, parsemées de plus grandes disposées en bandes transversales ou obliques, irrégulièrement tacheté de bleu et marqué sur les flancs de deux rangées de taches blanches. Cette espèce vient des Moluques; elle se distingue surtout par une sorte de crête plus ou moins prolongée qui s'élève de chaque côté du museau, s'avance au devant de lui, et le dépasse de plusieurs lignes; cette crête, formée par un développement particulier des maxillaires supérieurs et des frontaux, est comprimée latéralement, presque lisse et denticulée sur son bord libre.

Le CAMÉLÉON DE PARSON, *C. Parsonii*. Grande espèce à occiput aplati, tronqué en arrière, sans crête sur le dos ni sur le ventre, à écailles uniformes, ovalaires, et à crête surciliaire saillante, relevée sur les côtés du museau en lobes longs, rugueux, stalactiformes, soutenus par des prolongemens tuberculeux des os de la face.

Le CAMÉLÉON A CAPUCHON, *C. cucullatus*, paraît n'être qu'un individu peu âgé de cette espèce, qui est propre à Madagascar, et qui d'abord a été confondue avec le Caméléon à nez fourchu.

Le CAMÉLÉON D'OWEN OU A TROIS CORNES, *C. tricornis*, représenté dans notre Atlas, pl. 69, fig. 7, de taille moyenne, à crête surciliaire saillante, anguleuse, dentelée; l'occiput aplani;

le front excavé ; à écailles grandes, pentagonales, celles du corps petites, à peu près uniformes, entremêlées irrégulièrement de plus grandes, celles de la ligne dorsale à peu près quadrilatères, le gosier et le bord antérieur des membres garnis d'une rangée de petites écailles légèrement épineuses, la tête surmontée de trois sortes de cornes, longues d'un centimètre et plus, coniques, légèrement courbes, l'antérieure placée entre les narines, les latérales au dessus des yeux ; d'un brun pâle, irrégulièrement rayé en travers de couleur plus foncée. Cette espèce appartient à l'Afrique méridionale. Il faut en rapprocher le Caméléon décrit sous le nom particulier de C. DE BROOKES, parce qu'il a été rencontré dans la Collection de ce naturaliste, et sous celui de *C. superciliaris*. Il paraît différer du Caméléon à trois cornes par la taille, et par les légères éminences des sourcils qui ont motivé l'un des noms qu'on lui a donnés. Il a aussi été rapporté de Madagascar.   (Th. C.)

**CAMÉLÉON MINÉRAL.** (chim.) Le Caméléon minéral des anciens chimistes, manganate et oxi-manganate de potasse des chimistes modernes, est une combinaison que l'on obtient en mêlant exactement parties égales de peroxide de manganèse et de potasse hydratée, soumettant le mélange pendant quelque temps à l'action simultanée de l'air et d'une légère chaleur rouge, dissolvant la masse, après son refroidissement, dans une très-petite quantité d'eau, décantant le soluté limpide et de couleur rouge ( il est important de ne pas filtrer), et évaporant jusqu'à ce qu'on aperçoive dans la liqueur de petites aiguilles cristallines qui ont six à huit lignes de long et une belle couleur pourpre foncé. C'est là l'oxi-manganate de potasse, sel inaltérable à l'air, d'une saveur d'abord douce, puis astringente, soluble dans l'eau à laquelle il donne une belle couleur purpurine qui, par l'addition d'une quantité variable d'eau, peut passer jusqu'au rouge ponceau.

Lorsque, pour préparer l'oxi-manganate de potasse, on emploie une plus grande quantité d'alcali, on a un soluté vert. La même chose a lieu si on ajoute dans le soluté un peu concentré de ce sel ( oxi-manganate), une certaine proportion de soluté concentré de potasse. La couleur passe au vert par le violet foncé, le bleu indigo et le bleu pur. Cette combinaison verte est le manganate de potasse.

Quand on prépare un Caméléon avec trois parties de potasse hydratée et une partie de peroxide de manganèse, on a un soluté vert qui passe au rouge quand on le chauffe jusqu'à l'ébullition, qui reste rouge après son refroidissement, mais qui devient vert quand on l'agite.

L'oxi-manganate de potasse est décomposé par les corps combustibles ; il détone vivement avec le phosphore, avec le soufre, etc. ; il est également décomposé, ainsi que le manganate, par toutes les matières organiques (de là la recommandation de ne point filtrer la liqueur à travers le papier).

Dissous dans l'acide sulfurique concentré, l'oxi-manganate de potasse donne, sans dégagement de gaz oxigène, et sans qu'il y ait de précipité, une liqueur d'un vert olive foncé, laquelle liqueur, étendue d'eau qu'on ajoute peu à peu, passe au jaune clair, puis au rouge de feu, au beau rouge, à l'écarlate, et enfin, par l'addition de beaucoup d'eau, au pourpre, couleur naturelle du sel. Tels sont les principaux caractères de deux sels dont on rencontre les analogues parmi quelques politiques du jour, véritables Caméléons qui changent d'avis ou de parti suivant qu'on les traite plus ou moins largement, non avec de l'eau, comme les deux combinaisons dont nous venons de parler, mais avec les bénéfices du budget ou les hochets de la vanité.     (F. F.)

**CAMÉLÉOPARD**, *Cameleopardalis*. (mam.) La girafe était connue sous ce nom à Rome ; c'est sous ce nom aussi qu'on la trouve mentionnée dans les anciens auteurs. (*Voy.* GIRAFE.)   (Guér.)

**CAMELINE**, *Camelina*. (bot. phan.) Genre de plantes de la famille des Crucifères et de la Tétradynamie siliculeuse, que l'on a détaché de l'ancien genre *Myagrum* de Linné. Il est établi sur une petite plante, la CAMELINE CULTIVÉE, *C. sativa*, dont on retire une huile qui perd bientôt l'odeur forte et pénétrante d'ail qu'elle exhale étant fraîche. Brûlée, cette huile jette une lumière vive, éclatante, et rend peu de fumée ; elle est siccative ; on l'emploie avec succès pour les fritures. En trois mois de temps, la Cameline remplit sa carrière végétale, et donne une récolte abondante. Sa semence est très-petite, triangulaire, jaunâtre ; elle plaît fort aux oiseaux. Toutes les terres lui conviennent, mais elle se montre plus vigoureuse sur un sol substantiel. On avait pensé retirer de bonnes étoupes de sa tige mise à rouir, mais des essais nombreux me laissent encore douter de cette propriété.     (T. D. B.)

**CAMELLI**, *Camellia*. (bot. phan.) Un moine allemand, établi comme missionnaire dans l'île de Luçon, la plus considérable des Philippines, adonné par goût aux recherches botaniques, auquel on doit un grand nombre d'observations fort curieuses et exactes sur l'histoire naturelle, que l'on trouve consignées dans les *Transactions philosophical* de Londres et dans les ouvrages de Rai, de Petiver, fit passer en Europe, en 1740, le premier individu de ce superbe genre de la famille des Hespéridées et de la Monadelphie polyandrie. On l'appela d'abord *Rose du Japon* et de la *Chine*, parce qu'il provenait des forêts de la Chine et du Japon, où il est cultivé dans tous les jardins, et à cause de la ressemblance de ses belles fleurs avec la rose des haies, et mieux encore avec celle de l'arbre à thé. Linné lui imposa le nom de son introducteur, de G. J. Kamel, de Brunn en Moravie. On devrait donc écrire *Kamelia*, mais l'usage a prévalu, et chacun sait combien est grand le despotisme qu'exerce l'usage.

Dans son pays, le Camelli est un grand arbre ; chez nous il n'est encore qu'arbrisseau : quand il sera parfaitement acclimaté, nous le verrons s'élever et s'associer en pleine terre, dans nos départemens du midi, avec les myrtes, les lauriers. On en connaît deux espèces, le CAMELLI TSUBAKKI, *C. japonica*, que l'on trouvera figuré dans notre Atlas, pl. 70, f. 1, et le CAMELLI THÉ, *C. sasanqua*. L'un et l'autre comptent plusieurs variétés remarquables. La première espèce est fort répandue; c'est un arbrisseau toujours vert, haut de trois et quatre mètres, fourni d'un grand nombre de rameaux à écorce brunâtre, ornés en tout temps de feuilles ovales, lisses, d'un vert luisant et foncé en dessus, jaunâtre en dessous. Les fleurs, d'un rouge vif, solitaires, ou deux et même six au sommet des rameaux, demeurent épanouies depuis le mois d'avril jusqu'en octobre; elles sont inodores et se conservent long-temps après être cueillies. Celles qu'une pluie forte frappe durent peu et se gâtent très-vite. Aussi les amateurs, désireux de prolonger leurs jouissances, sont-ils dans l'habitude de couvrir les Camellis à l'époque de la fleuraison, toutes les fois que la pluie menace. Aux fleurs succède une capsule ovale-conique à trois sillons et à trois loges, contenant chacune deux graines d'un brun clair et ailées.

Parmi les variétés que l'on rencontre dans les orangeries, je citerai le *rouge double*, de la couleur la plus brillante, qui a fleuri pour la première fois en France dans l'année 1794; on le propage par la greffe en fente; le *blanc double*, aux fleurs larges, très-étoffées, magnifiques quand elles sont épanouies entièrement, mais sujettes à tomber avant d'avoir perdu leur fraîcheur; l'*axillaire*, dont les fleurs d'un blanc transparent ne peuvent être mieux comparées qu'à un morceau de mousseline mouillée; les étamines sont nombreuses, leurs filets, courbés en S, sont d'un rouge de chair un peu foncé; les anthères, dont ces filets sont surmontés, sont grosses et safranées. Quand les pétales se détachent du calice, ils tiennent ensemble à un rudiment d'anneaux sur lequel se fixent également les étamines, qui quittent alors le calice en même temps que la corolle. Ses feuilles sont éparses, rassemblées le plus souvent en rosette à l'extrémité des rameaux; les jeunes sont entières, les autres dentelées en scie à leurs bords. Le *jaune*, que quelques horticoles appellent *buff*, porte des fleurs jaunes doubles. Il date de 1815. Le *panaché*, superbe variété dont les fleurs sont moins grandes que celles des autres, parce que, n'étant pas toujours pleines, on y retrouve des étamines conservant leur forme et leur anthère, mais elles compensent ce défaut par le charme de leur corolle, où le carmin le plus tendre se marie à un blanc pur de lait, tantôt par zones irrégulières, tantôt par taches affectant toutes sortes de formes. Cette variété, difficile à conserver, même en recourant à la voie des marcottes et de la greffe, est sujette à perdre ses panachures, et à ne donner que des fleurs uniquement rouges. Le *Pinck*, qui donne des fleurs d'un rose tendre et porte des feuilles plus arrondies et moins dentées que celles du Camelli tsubakki; le *Pompon*, à fleurs petites, blanches extérieurement, au centre roulées en cornets et rouges à leur base; le *semi-double* est très-beau et dure plus long-temps que les doubles; ses fleurs sont blanches et quelquefois d'un rouge extrêmement vif. On réussit aujourd'hui très-bien à multiplier ces variétés par boutures, mais il ne faut en ôter que les feuilles placées sur la portion de tige qui doit être mise en terre; on les coupe avec précaution; on entaille la tige au dessous d'un nœud; on doit encore placer les boutures sur couche tiède, et les étouffer sous un verre dépoli.

Toutes les peintures chinoises représentent le Camelli tsubakki et ses nombreuses variétés. Au Japon les graines fournissent une huile très-fine, bonne à manger; j'en ai retiré de celles mûries à Paris; elle m'a semblé tenir de l'huile de pavot et de celle de l'héliante annuel, peut-être plus encore de celle-ci que de l'autre. Je ne crois pas cependant qu'elle soit jamais d'une grande ressource en France.

Quant au Camelli thé, dont Kœmpfer a le premier parlé sous le nom de *Sasankwa*, on le cultive en France depuis 1811; sa fleur blanche, petite, est semblable à celle de l'arbre à thé; elle est odorante et se jette quelquefois dans les caisses de thé pour en augmenter le parfum. Les feuilles, plus étroites que celles de l'espèce tsubakki, séchées à l'ombre, au rapport de feu mon ami le savant Thunberg, fournissent à la toilette des dames japonaises une eau suave, que l'on emploie aussi pour mettre infuser le thé. Selon Macartney, l'huile qu'on retire de ses graines est aussi bonne que celle de l'olive: on en fait un grand commerce à la Chine. On possède plusieurs variétés de ce Camelli, une entre autres à fleurs roses très-doubles, qui paraissent en mars et avril. (T. D. B.)

**CAMERISIER** et **CAMECERISIER**, *Xylosteum*. (BOT. PHAN.) Arbrisseaux que l'on a souvent confondus avec le genre Chèvrefeuilles, dont ils sont très-voisins, surtout par la forme de leurs fleurs, et qui font partie de la même famille et de la Pentandrie monogynie. On les trouve abondamment dans certaines localités, surtout dans les pays montagneux de l'Europe, où ils fleurissent au milieu du printemps et amènent leurs baies noires, bleues ou rouges en maturité vers la fin de l'été. Ces arbrisseaux, au bois dur, qui ne sont ni sarmenteux ni grimpans, contribuent d'une manière agréable à la décoration des jardins et des bosquets; ils se plaisent à peu près dans tous les terrains, à toutes les expositions; ils forment des buissons, des masses, des palissades très-pittoresques, qui se courbent, s'étendent ou s'arrondissent au gré de l'amateur; ils se multiplient de semences, par la greffe ou de marcottes. Il est seulement fâcheux de les voir exposés quelquefois à devenir victimes des pucerons, qui se réunissent en innombrable quantité sur leurs rameaux chargés d'un beau feuillage.

Tournefort leur a donné le nom qu'ils portent; celui de Camecerisier leur vient de la ressemblance de leurs fruits avec une petite cerise. Des neuf espèces connues, on cultive particulièrement le CAMERISIER DE TARTARIE, *X. tartaricum*, qui forme un buisson bien garni, s'élevant jusqu'à deux mètres; au premier printemps, il est garni d'un grand nombre de fleurs roses auxquelles succèdent des baies rouges de la grosseur d'une groseille, dont la couleur contraste agréablement avec l'écorce blanchâtre des tiges, le vert léger et bleuâtre des feuilles, et l'élégance du port. Les jardiniers lui donnent d'ordinaire le nom impropre de *Cerisier nain*. On place volontiers près de lui pour former contraste :

1° Le CAMERISIER DES HAIES, *X. dumetorum*, aux feuilles larges, d'un vert terne, aux fleurs blanches, aux rameaux nombreux; il est susceptible d'améliorer les plus mauvaises terres, d'y fournir en peu de temps un taillis en coupe réglée, et de rapporter un bon revenu à celui qui le plante;

2° Le CAMERISIER DES ALPES, *X. alpinum*, dont le vert foncé du feuillage, la couleur des fleurs qui est purpurine en dehors et jaune en dedans, et ses baies réunies, lui donnent un aspect remarquable;

3° Le CAMERISIER DES PYRÉNÉES, *X. pyrenaicum*, petit, ramassé, couvert aux premiers jours d'avril de feuilles très-entières, glabres, d'un vert glauque; en mai, de fleurs blanches, un peu rosées, presque régulières; et en juin, de baies rougeâtres;

4° Le CAMERISIER BLEU, *X. cœruleum*, aux fruits bleus; et le CAMERISIER NOIR, *X. nigrum*, qui les a noirs, avec des fleurs blanches. (T. D. B.)

CAMOMILLE, *Anthemis*. (BOT. PHAN.) De nombreuses espèces composent ce genre de plantes herbacées de la Syngénésie superflue et de la famille des Corymbifères; toutes sont peu élevées, à feuilles alternes, très-découpées, à fleurs grandes, ordinairement solitaires à l'extrémité des rameaux, tantôt jaunes avec des demi-fleurons blancs, tantôt toutes jaunes et tantôt pourprées. Les graines sont nues ou couronnées d'un rebord presque entier. Les Camomilles habitent l'Europe, et abondent principalement autour du bassin de la Méditerranée; elles répandent une odeur pénétrante, due à la présence d'une huile essentielle, de couleur azurée et très-volatile. On divise communément les espèces selon que les demi-fleurons sont blancs, et selon qu'ils sont jaunes ou pourpres : ce caractère artificiel me semble trop peu constant pour en faire la base d'une coupe régulière aux yeux d'un botaniste; elle convient seulement à l'horticulteur.

Parmi les espèces que je citerai, je m'attacherai aux plus belles et aux plus utiles. En tête des premières est placée la CAMOMILLE A GRANDES FLEURS, *A. grandiflora*, que l'on cultive le plus à la Chine pour la décoration des jardins. Son introduction en France date de 1789, et est due à Blancard, négociant de Marseille. Il l'apporta sous le nom vulgaire qu'on lui donne encore quelquefois, celui de *Crysanthème des Indes*. C'est sous cette dénomination qu'on la trouve dans certains ouvrages de botanique. Desfontaines est le premier qui reconnut le réceptacle garni de paillettes, et qui l'a rendue au genre Camomille : c'est à tort qu'on attribue cette remarque à un autre botaniste. Il faut rendre à chacun ce qui lui appartient, c'est un devoir que nous aimons à remplir, dussions-nous blesser un amour-propre très-susceptible.

Cette précieuse espèce fleurit au milieu de l'automne; lorsque les autres fleurs disparaissent, elle résiste aux premières gelées. Elle réussit partout, se multiplie très-facilement et fournit un bon nombre de variétés offrant toutes les nuances de couleurs, excepté le bleu. La Camomille à grandes fleurs est sous-ligneuse, forme un buisson à tiges rougeâtres et nombreuses, hautes d'un à deux mètres, chargées de feuilles alternes, toujours vertes en dessus, blanchâtres en dessous, légèrement velues, douces au toucher et persistantes. Les fleurs, de la grandeur de celles d'une anémone et quelquefois d'un aster, sont d'un pourpre foncé, du plus bel aspect, et varient du blanc au jaune, du rouge au panaché.

La CAMOMILLE D'ITALIE, *A. cota*, est annuelle, a la tige droite, haute de quarante centimètres, divisée en plusieurs rameaux; ses feuilles sont vertes, ses fleurs tout-à-fait blanches et grandes, quelquefois blanches en dessus et rouges en dessous. A mesure que le fruit approche de sa maturité, elles forment de grosses têtes arrondies, hémisphériques et comme épineuses par la présence des paillettes du réceptacle, qui sont alors très-raides et piquantes. Cette espèce produit un fort bel effet comme plante d'ornement.

Une espèce, quelquefois délicate pour nos départemens du nord, et qui demande alors une chaude exposition et une bonne terre un peu légère, c'est la CAMOMILLE PYRÈTHRE, *A. pyrethrum*. Originaire du Levant, cultivée en pleine terre en Espagne et dans le midi de la France, cette espèce intéressante pour l'horticulteur, par la beauté de ses fleurs grandes, blanches, ayant leurs demi-fleurons pourprés en dessous, l'est encore aux yeux du cultivateur par la saveur piquante de sa racine longue, vivace, épaisse et inodore, qui est recherchée contre les maux de dents, les fluxions de la bouche, les engorgemens des amygdales; quand on la mâche, elle excite une forte salivation, importante en certaines circonstances; réduite en poudre, elle est sternutatoire, et s'emploie en frictions pour ramener la transpiration; nouvellement coupée, elle détermine sur les mains un sentiment aigu de froid bientôt suivi de chaleur. Les vinaigriers s'en servent pour confectionner leurs vinaigres.

On admet encore dans quelques jardins la CAMOMILLE MARITIME, *A. maritima*, dont les tiges peu rameuses et rougeâtres s'étalent sur le sol et couvrent de grands espaces fort agréables à voir, à cause de ses feuilles larges et vertes, de ses fleurs blanches, solitaires, qui répandent une odeur de matricaire. La CAMOMILLE ROMAINE, *A. nobilis*, est reconnue plante d'ornement et plante utile. On l'estime généralement être le Chamaimelon des anciens, tandis que, au sentiment de Sibthorp, ce nom fut celui de la CAMOMILLE de l'île DE CHIO, *A. chia*. Notre espèce, appelée aussi *Camomille odorante*, est indigène aux pâturages secs de l'Italie, de l'Espagne, du midi de la France, et surtout des environs de Rome; sa tige rameuse, presque couchée, porte des feuilles aiguës, d'un vert foncé;

elles répandent une odeur forte assez agréable, ainsi que ses fleurs, qui sont blanches, tantôt doubles, tantôt sans rayons ; c'est cette espèce que nous avons représentée dans notre Atlas, pl. 70, fig. 2. On la multiplie par ses racines éclatées. Cette plante est d'un fréquent usage en médecine; ses propriétés sont parfaitement constatées. Ses fleurs, prises en infusion théiforme, sont fébrifuges, stomachiques, très-résolutives; l'huile essentielle qu'on en retire est d'un bleu de saphir, et jouit des mêmes vertus à un plus haut degré; aussi convient-il de la prendre avec précaution. Il faut cueillir les fleurs destinées à servir de médicament quand elles sont aux trois quarts épanouies.

Il est encore beaucoup d'autres espèces dignes de l'attention du botaniste cultivateur ; de ce nombre il doit distinguer la Camomille des teinturiers, *A. tinctoria*, que l'on appelle vulgairement OEil de Bœuf; elle est vivace, regardée comme vulnéraire, d'une forme élégante, d'un aspect fort agréable quand elle est décorée de ses fleurs jaunes : elle communique aux laines une belle couleur aurore ; on la trouve dans les pâturages secs du Midi. La Camomille puante ou Maroute, *A. cotula*, repousse par son odeur désagréable, mais elle fournit à la teinture un jaune citron solide. Dans le pays de Caux, on met à sécher ses tiges, hautes de soixante centimètres, et très-rameuses, pour en faire des balais.     (T. D. B.)

**CAMPAGNOL**, *Arvicola*. (mam.) Ce genre, de la famille des Rongeurs murins, doit être séparé des Lemmings; ses caractères sont les suivans : queue à peu près de la longueur du corps; doigts toujours au nombre de quatre, et un tubercule en place de pouce aux membres antérieurs, dont les ongles ne sont pas plus forts que ceux des postérieurs. Ces petits animaux sont assez semblables aux rats ; ils vivent dans les champs ou sur le bord des eaux ; leurs mœurs sont très-intéressantes.

On connaît un assez grand nombre de Campagnols. M. Lesson les range dans deux petites sections différentes, selon qu'ils sont aquatiques ou terrestres, c'est-à-dire qu'ils vivent au bord des eaux ou dans les champs. Mais cette distinction ne repose sur aucun caractère : aussi est-il arrivé à ce naturaliste de placer, parmi les Campagnols terrestres, le Schermaus, dont les habitudes sont entièrement semblables à celles du Rat d'eau, qui fait partie des espèces aquatiques.

On trouve des Campagnols dans les deux continens. Nous commencerons par ceux de l'ancien.

Le Rat d'eau, *Arvicola amphibius* de Desmarest, *Mus arvalis* de Linné, est l'espèce type du genre. Il est un peu plus grand que le rat ordinaire; son poil est d'un gris brun foncé, sa queue d'un tiers plus courte que le corps.

Il vit sur le bord des eaux, par toute l'Europe ainsi que dans le nord de l'Asie, et même de l'Amérique. Ses trous parallèles au sol, et peu profonds, ont de fréquentes sorties; quand on l'y inquiète, il s'échappe et se jette à l'eau; mais il nage assez mal.

Campagnol du Nil, *Arvicola niloticus*, Desm., est le *Lemmur niloticus*, Geoff. Descript. de l'Égypte. Son pelage est brun mêlé de fauve sur le dos, gris jaunâtre sur le ventre ; les oreilles sont presque nues et brunâtres ; la queue est brune, et presque aussi longue que le corps. L'Égypte est la patrie de ce Campagnol.

Le Schermaus, *A. argentatorius*, Desm., avait d'abord été considéré comme une simple variété du Rat d'eau, mais il s'en distingue par plusieurs bons caractères. Il habite les environs de Strasbourg.

Campagnol ou petit Rat des champs, *Mus arvalis*, Linn. ; Buff. t. VII, pl. 47. Cette espèce a le corps long de trois pouces, la queue d'un pouce; les oreilles sont dégagées de poil; le pelage est jaune brun dessus, et blanc sale sous le ventre; il est représenté dans notre Atlas, pl. 71, fig. 1. Ce Campagnol est commun dans toute l'Europe et dans le nord de la Russie jusqu'à l'Obi. On le trouve dans les champs et les jardins, mais jamais dans les habitations, pas même dans les granges. Il se creuse plusieurs trous qui aboutissent par des zig-zags à une chambre de trois ou quatre pouces de diamètre en tous sens. C'est là que la femelle met bas, deux fois par an, de huit à dix, et jusqu'à douze petits, qu'elle dépose sur un lit d'herbes sèches.

Les Campagnols se multiplient avec une extrême rapidité, et lorsque les pluies de l'automne ou les neiges ne viennent point les détruire, ils causent aux cultivateurs des torts irréparables ; quelquefois ils détruisent entièrement les récoltes. Le département de la Vendée en a offert, il y a une trentaine d'années, un exemple bien affligeant : en moins de deux ans, les Campagnols y ont occasioné une perte de 2,720,575 francs, comme les procès-verbaux en font foi.

Ces animaux recherchent, pour se nourrir, les fruits, les grains, les racines; et, lorsque le besoin les presse, ils mangent aussi des ognons, et les feuilles de toutes sortes de plantes, même celles du tabac. Bien que les pluies fassent périr un grand nombre de Campagnols, on a dû leur tendre des piéges, afin d'activer leur destruction. Lorsqu'un champ renferme beaucoup de Campagnols, on peut, en le labourant profondément, faire périr beaucoup de ces animaux, qui sont écrasés dans leur retraite, ou que l'on tue à coups de pioche, à mesure qu'ils s'échappent.

Le Campagnol qui rencontre une fosse dans sa course ne manque jamais de s'y précipiter, comme poussé par une sorte d'instinct : cette habitude, que l'on a remarquée dans plusieurs cantons, a été très-bien exploitée. On pratique dans un même champ plusieurs fosses peu distantes les unes des autres : ces fosses doivent être des cylindres parfaits, à parois bien lisses, et tassés de manière à ne point donner prise aux ongles de l'animal. On pourrait aussi, mais dans un cas extrême seulement, avoir recours au poison ; il faudrait le répandre dans plusieurs cantons à la fois. Les sucs des plantes caustiques, de la poudre de noix vomique, ou même de l'arsenic, sont les poisons que l'on conseille d'employer.

**Campagnol fauve**, *A. fulvus*. Cette espèce est d'un brun fauve, avec le ventre et les pattes jaunâtres ; les oreilles sont à peine visibles ; la queue est un peu plus courte que la moitié du corps. Un peu plus grande que l'espèce commune, elle habite la France.

**Campagnol économe**, *Mus œconomus* de Pallas, est long de quatre pouces environ ; son pelage est d'un gris jaunâtre sur le dos, plus pâle sous le ventre ; ses mœurs se rapprochent beaucoup de celles du Lemming, comme lequel il émigre aussi souvent. On l'a nommé ainsi, parce qu'il a soin de ramasser pendant l'été de nombreuses provisions qu'il dépose dans son trou pour s'en nourrir pendant la mauvaise saison. Le *Mus œconomus* habite la Sibérie ; son domicile est encore plus curieux que celui des autres Campagnols ; c'est une chambre de trois ou quatre pouces de hauteur, et d'un pied de largeur, garnie d'un lit de mousse, et plafonnée par le gazon même. De cette chambre principale part un bon nombre de boyaux, ouverts latéralement, à quelque distance l'un de l'autre, par des trous du diamètre du doigt. D'autres boyaux plus profonds conduisent de la chambre d'habitation à d'autres chambres plus vastes que celle-ci, et qui sont de véritables magasins, où l'économe apporte pendant toute la belle saison des graines et de petits morceaux de racines taillées convenablement pour le transport et l'empilage. Ce travail est ordinairement l'œuvre de deux individus seulement, d'un mâle et d'une femelle, quelquefois même d'un seul qui vit solitaire. Les magasins renferment beaucoup de provisions ; on en a vu qui en contenaient plus de trente livres. Les excursions non périodiques de ces animaux, dit Desmoulins, sont aussi célèbres dans le nord-est de l'Asie que celles des Lemmings dans le nord de l'Europe. Au Kamtschatka, quand ils doivent émigrer, ils se rassemblent de toutes parts en grandes troupes au printemps, excepté ceux qui trouvent à vivre près des *Ostrogs*. Dirigés sur le couchant d'hiver, rien ne les arrête : ni lacs, ni rivières, ni bras de mer. Beaucoup se noient, d'autres deviennent la proie des plongeons et des grandes espèces de salmones. Ceux qui sont trop fatigués restent couchés sur la rive pour se sécher, se reposer, et pouvoir ensuite continuer leur route. Heureux quand ils rencontrent des Kamtschadales qui les réchauffent et les protégent autant qu'ils peuvent ! Il y en a des colonnes si nombreuses qu'il leur faut au moins deux heures pour défiler. Au mois d'octobre ils reviennent au Kamtschatka. Leur retour est une fête pour le pays. Outre l'escorte de carnassiers à fourrures dont ils ramènent une chasse abondante, ils présagent encore une année heureuse pour la pêche et les récoltes. On sait au contraire, par expérience, que la prolongation de leur absence est un pronostic de pluies et de tempêtes.

Cet animal habite dans le nord de l'Europe et de l'Asie les prés humides, les pâturages et les îles situées au milieu des fleuves. Il paraît douteux qu'on l'ait trouvé en Danemarck et en France, comme on le dit.

**Campagnol saxin ou des rochers**, *A. saxatilis*, Desm., habite les mêmes contrées que le Campagnol économe ; c'est le *Mus saxatilis* de Pallas.

**Campagnol doré**, ou **roux**, *Mus rutilus*, Pallas, Glires pl. 14. Ce Campagnol est roux sur le dos et le ventre ; sa bouche est un peu blanchâtre, ses pieds sont blancs et plus velus que dans tous les autres. La femelle n'a que deux mamelles à deux tétines chacune. Cet animal est le seul de son genre qui entre dans les maisons et les greniers ; il habite les forêts de la Sibérie à l'est de l'Obi, vit errant et de rapine ; on le prend souvent dans les piéges tendus aux hermines.

**Campagnol grégali, ou des hauteurs**, *Mus gregalis*, Pallas, Glires p. 238 ; fort semblable aux Campagnols ordinaires, il est d'un gris pâle, avec le ventre blanchâtre ; sa patrie, comme celle des deux espèces précédentes, est la Sibérie et les contrées voisines ; il recherche les lieux élevés, et ne fait provision que des bulbes de lis.

**Campagnol social**, *Mus socialis* de Pallas, *Arvicola socialis* Desmarest. Cette espèce est remarquable entre toutes par la mollesse de son poil. Elle est très-commune, en été, dans le désert sablonneux qui borde le Jaïck. Son existence est liée, pour ainsi dire, à celle de la *Tulipa gesneriana*, dont elle amasse les bulbes ; elle n'approche que peu des eaux.

**Campagnol d'Astrakan**, *Arvicola astrachanensis*, Desm. Jaune en dessus, cendré en dessous, ce Campagnol est de la taille d'une souris ; sa queue n'a que le quart de la longueur du corps. Habite les environs d'Astrakan.

**Campagnol rayé**, *Arvicola pumilio* de Desmarest, est une espèce africaine, le *Mus pumilio* de Sparmann. Pelage brun clair en dessus, et marqué de bandes longitudinales noires. On l'a observé au cap de Bonne-Espérance.

Les espèces de Campagnols de l'Amérique sont au nombre de deux seulement.

**Campagnol aux joues fauves**, *Arv. xantognathus*, Leach. Miscellany. Cette espèce est fauve, variée de noir en dessus, et d'un gris cendré assez clair en dessous. Ses joues sont fauves ; sa queue est noire en dessus, et blanche en dessous. Elle habite les bords de la baie d'Hudson.

**Campagnol des rivages**, *Arv. palustris*, Harlan, Faun. Am. Ce Campagnol nage très-bien et fréquente les rivières, où il cherche les graines du *zizania aquatica*. Son pelage est brun rougeâtre, mêlé de noir en dessus, et cendré en dessous. Sa queue est moins longue que le corps, qui a cinq pouces.

**Campagnol albicaude**, *Arv. albicaudatus*, Desm. Cette espèce, dont la patrie est inconnue, est brune ; les pattes et le dessus de sa queue sont blancs ; celle-ci est à peine longue comme la moitié du corps.

**Campagnols fossiles.** Cuvier a découvert dans les brèches osseuses du rocher de Cette, des restes fossiles de Campagnols, qui ne présentent aucune différence avec le squelette du Campagnol ordinaire.

(Gerv.)

**CAMPANIFORME,**

CAMPANIFORME , *Camponiformis*. ( BOT. PHAN.) C'est-à-dire, *en forme de cloche.* Cette épithète s'applique aux calices et aux corolles monopétales régulières qui, n'ayant pas de tube, s'évasent progressivement de la base au sommet, et dessinent à peu près une cloche, comme on le voit dans le Liseron et la Campanule. (L.)

CAMPANIFORMES , *Campaniformæ*. ( BOT. PHAN.) Tournefort, dans son système botanique, si simple, mais trop souvent fondé sur le seul extérieur des végétaux, avait donné le nom de Campaniformes à ceux dont il composait sa première classe, parce que leurs fleurs offraient plus ou moins la forme d'une clochette. On y voyait les Mauves avec les Solanées, les Melons avec les Garances, etc. Le point de départ était trop vague pour conduire à une série vraiment naturelle. (L.)

CAMPANULACÉES. (BOT. PHAN.) Grande famille de plantes lactescentes, herbacées; quelquefois arbrisseaux, à feuilles alternes le plus ordinairement, opposées très-rarement; fleurs assez grandes, disposées tantôt en thyrses ou en épis, tantôt rapprochées en capitules, quelquefois rassemblées dans un calice commun; les étamines en nombre égal aux divisions de la corolle, qui sont presque toujours régulières, quatre, cinq ou huit, très-rarement irrégulières; les anthères libres et écartées les unes des autres, ou bien réunies et soudées en tube; ovaire infère, rarement semi-infère, glanduleux en dessus, d'ordinaire à deux loges, à cinq, à six semences, le plus souvent polysperme; le fruit est couronné par les divisions persistantes du calice; la graine est fort petite, nue. Cette famille tire son nom du genre Campanule, dont nous allons nous occuper; elle se rapproche des Chicoracées et se lie aux Éricinées. (T. D. B.)

CAMPANULE , *Campanula*. ( BOT. PHAN. ) Genre de plantes de la Pentandrie monogynie, servant de type aux campanulacées; il est très-nombreux en espèces, les unes herbacées, les autres s'élevant à la hauteur des sous-arbrisseaux et même des arbustes; toutes se faisant, en général, remarquer par la forme élégante et la beauté de leurs fleurs, qui sont presque habituellement d'un bleu plus ou moins foncé, très-agréable à la vue. Elles croissent bien dans tous les terrains, mais elles se plaisent de préférence dans les terres assez légères, un peu chaudes, et dans les situations ouvertes : elles s'étiolent dans les lieux ombragés. On en connaît aujourd'hui plus de cent quarante espèces, dont un tiers est indigène à l'Europe. Il y en a d'annuelles, de bisannuelles et de vivaces, d'utiles et de pur agrément. Je parlerai d'abord de celles comestibles, la CAMPANULE RAIPONCE, *C. rapunculus*, la CAMPANULE DOUCETTE, *C. speculum*, si remarquable par sa corolle en roue et sa capsule prismatique, ce qui avait décidé quelques botanistes à en faire un genre particulier, et la CAMPANULE A FEUILLES DE PÊCHER, *C. pericifolia*. L'on mange leurs racines et leurs fanes en salade; les racines ont un goût de noisette, mais elles sont un peu dures. Celles de la CAMPA-

NULE GANTELÉE, *C. trachelium*, entrent aussi, au printemps, dans les cuisines; on les mange en salade sur l'arrière-saison: cette plante est estimée en médecine comme astringente et comme vulnéraire.

A propos de cette dernière espèce, je dois citer l'usage que l'on en faisait dans les XIIe et XIIIe siècles, dans ces temps désastreux, époque d'esclavage, de féodalité, où le désordre était un besoin de tous les instans, où la force et l'astuce étaient seules réputées vertus. Un bouquet de tiges de la Campanule gantelée, garnies de leurs fleurs axillaires, variant du bleu au violet et au blanc, porté au bout d'un long bâton, servait de garantie et autorisait celui qui le tenait à assommer ses voisins, à se déclarer l'ennemi de tout venant, et à se livrer à des atrocités de tout genre. La manière adoptée alors pour cette affreuse déclaration de guerre civile était singulière: il fallait que les tiges de la Campanule fussent tressées et mêlées à quelques rameaux feuillus; on les élevait en l'air, puis on injuriait les personnes que l'on voulait attaquer, et tout était légitimé. Des horreurs ont été commises ainsi dans les villes et les campagnes de la France; c'était à qui se signalerait par les massacres les plus nombreux et les plus sanglans. La folie barbare des croisades les entretint long-temps; il fallut prendre des mesures très-sévères pour y mettre un terme.

Cette cruelle destination, et les tristes souvenirs qu'elle a laissés, firent long-temps proscrire la plante; on la repoussa des jardins, on la détruisit dans les prés, le long des vallées, aux lieux ombragés où elle croît de préférence, et ce ne fut que trois siècles après que nous la retrouvons comme plante d'ornement. Quoiqu'elle double volontiers et qu'elle offre des variétés d'un blanc pur fort jolies, elle mérite moins la préférence de l'amateur que les espèces suivantes; je les rangerai d'après la couleur la plus habituelle des corolles.

*Espèces à fleurs blanches.* La CAMPANULE DES RÉGIONS SOUS-ALPINES, *C. thyrsoidea*, très-belle plante, ne donnant que des feuilles la première année, développant son épi cylindrico-pyramidal, chargé de fleurs d'un blanc jaunâtre, en juillet, la seconde année, puis mourant. La CAMPANULE A FEUILLES RONDES, *C. rotundifolia*, originaire de nos bois, à tiges de soixante-cinq centimètres de long, terminées par une grande fleur, et formant de très-larges touffes.

*Espèces à fleurs jaunes.* La CAMPANULE DORÉE, *C. aurea*, arbuste laiteux des rochers de l'île de Madère, apporté en Europe par Masson dans l'année 1777; c'est une superbe plante à fleurs d'or du plus bel aspect, disposées en panicule piramydale, qui s'épanouissent en été, jettent autour d'elles l'éclat le plus brillant, que relèvent de plus en plus le vert tendre de ses feuilles assez longues et le grisâtre de ses tiges allongées.

*Espèces à fleurs bleues.* A leur tête se place naturellement la CAMPANULE PYRAMIDALE, *C. pyramydalis*, qui s'élève jusqu'à deux et trois mètres de haut, et se garnit depuis le bas de bouquets latéraux à grandes fleurs, épanouies dès le mois de juillet, et se prolongeant jusqu'à la fin de septembre et même d'octobre. A ses pieds je vois la Campanule du Mont-Cenis, *C. cenisia*, espèce traçante, à rejets ne donnant que des feuilles radicales disposées en rosette sur le sol. G. Forster a rapporté des coteaux arides de la Nouvelle Calédonie une espèce nouvelle dont les fleurs bleu d'azur parurent à Ventenat ressembler à celles de la petite Pervenche, d'où il l'appelle, *C. vincæflora*; mais ce rapport est si éloigné, à mon sens, que j'aime mieux lui conserver le nom que lui imposa son inventeur, *C. gracilis*, qui lui convient à cause de ses tiges grêles, très-rameuses, couvertes de feuilles linéaires, lancéolées, d'un vert gai. Je dois nommer aussi parmi les plus remarquables la Campanule a grandes fleurs, *C. grandiflora*, qui nous est venue de la Sibérie, réussit bien en pleine terre, a la racine vivace, donnant naissance à une ou plusieurs tiges, se soutenant difficilement, à cause de son lourd feuillage, de ses fleurs qui sont très-grandes, et de la capsule pyramidale triangulaire qui leur succède. Nous l'avons figurée dans notre Atlas, pl. 71, fig. 2.

*Espèces à fleurs violettes.* Une fut apportée du Levant en Europe, en 1790, par Sibthorp; c'est la Campanule cotonneuse, *C. tomentosa*, fort jolie plante herbacée, bisannuelle, remarquable par ses tiges et son feuillage lyré, couvert d'un duvet très-serré, blanchâtre, par l'éclat, la disposition en panicule de ses fleurs, et par sa corolle presque infundibuliforme, à tube long, cylindrique, qui s'épanouit au commencement du printemps. La Campanule violette marine, *C. medium*, que l'on trouve spontanée en Allemagne, en Italie, et dont les fleurs, très-nombreuses, affectent la forme de cloche allongée, à bords retournés en dedans. Enfin la Campanule de Virginie, *C. perfoliata*, à tiges basses, chargées de petites fleurs attachées trois et quatre ensemble.

Toutes les Campanules ont la propriété de se propager par leurs racines coupées en tranches; de là l'immense quantité de variétés plus ou moins jolies que la main de l'horticulteur se plait à multiplier. Le semis de leurs graines, extrêmement menues, assure les plus belles conquêtes; mais il faut avoir soin de les employer aussitôt la parfaite maturité, qui a lieu d'août en novembre.

(T. D. B.)

CAMPANULÉ, *Campanulatus*. (bot. phan.) Ce terme, qui présente au fond le même sens que celui de *Campaniforme*, s'applique toutefois plus particulièrement aux fleurs polypétales, et indique la disposition qu'affectent leurs parties.  (L.)

CAMPHRE. (bot. phan.) Le Camphre est un produit immédiat des végétaux, une sorte d'huile volatile concrète, que l'on trouve dans plusieurs plantes des familles des Labiées et des Synanthérées, mais que l'on retire principalement du Camphrier. *V.* ce mot.

Le Camphre s'obtient de la manière suivante : on coupe par petits morceaux toutes les parties du *Laurus camphora*; on les introduit dans des sortes de cucurbites en fer avec de l'eau; on adapte à celles-ci un chapiteau de terre cuite, garni de chaume à l'intérieur; on lutte l'appareil et l'on fait bouillir. Le Camphre se volatilise, et vient s'attacher au chaume d'où on le détache ensuite; c'est là le Camphre brut du commerce, qui se présente en masses plus ou moins volumineuses, grenues, grisâtres, un peu humides, contenant plus ou moins de parties hétérogènes, etc., et que l'on purifie, ou qu'on raffine, comme on le dit encore, par une nouvelle sublimation.

La purification du Camphre, qui n'avait lieu autrefois qu'en Hollande, se fait maintenant partout, et voici le procédé conseillé pour la première fois par Clémandot, un des nombreux pharmaciens de Paris. Dans des vases sublimatoires faits exprès, c'est-à-dire à panse très-large et aplatie, à col étroit, en verre vert et très-léger, on introduit un mélange de camphre brut pulvérisé et de chaux vive, proportion de un douzième de cette dernière; on place les vases dans un bain de sable, on les recouvre d'un cornet de papier, et l'on chauffe modérément. Le Camphre se volatilise, privé des matières fuligineuses qui le coloraient et qui ont été retenues par la chaux.

Ainsi purifié, le Camphre se trouve dans le commerce sous forme de pains plus ou moins volumineux, arrondis, concaves d'un côté, convexes de l'autre, parfaitement blancs, transparens, lisses, fragiles, compressibles, cristallins, d'une cassure brillante, d'une odeur forte et particulière, d'une saveur âcre suivie d'un sentiment de froid; très-peu solubles dans l'eau (une partie sur mille); plus solubles dans l'alcool, l'éther, les huiles fixes et volatiles, les graisses; inattaquables par les alcalis; donnant, d'après Hatchett, une huile jaune, du charbon, et une sorte de tannin artificiel par l'acide sulfurique; transformés en un acide particulier appelé *acide camphorique*, quand on les traite par l'acide nitrique et la chaleur; volatils en totalité et brûlant sans résidu quand ils sont purs, s'agitant violemment à la surface de l'eau, etc., etc.

D'après Liebig, le Camphre est composé de douze atomes de carbone, dix-huit d'hydrogène et un d'oxigène.

Le Camphre artificiel, que l'on prépare en faisant passer un courant de gaz acide hydrochlorique dans de l'huile essentielle de térébenthine, n'est point employé. Il diffère principalement du Camphre naturel par l'odeur de chlore qu'il dégage quand on le chauffe.

Le Camphre est très-employé en médecine, soit à l'intérieur, soit à l'extérieur; on l'administre tantôt à l'état solide, sous forme de poudre ou de pilules, tantôt en dissolution dans l'alcool, les huiles, les graisses, les cérats, etc. Il jouit de propriétés sédatives et sudorifiques. On le donne journellement et avec succès dans les affections nerveuses et spasmodiques, dans la goutte, les rhumatismes, les ardeurs d'urine, etc., etc. Son usage est encore bon dans le traitement des typhus, de la peste, des maladies putrides, ataxiques, etc. Enfin on s'en sert dans les embaumemens, dans l'économie domestique pour éloigner les insectes des étoffes: cette dernière précaution est à peu près inutile.                    (F. F.)

**CAMPHRÉE**, *Camphorosma*. ( BOT. PHAN. ) Plante de la famille des Chénopodées, Tétrandrie monogynie L., dont les quatre ou cinq espèces connues habitent les lieux stériles et sablonneux des contrées méridionales. On la caractérise par un périanthe simple, urcéolé, à quatre dents, dont deux plus grandes; quatre étamines saillantes, et une capsule monosperme recouverte par le calice.

Une espèce de ce genre est remarquable, et a même joui de quelque célébrité parmi les empiriques. C'est la CAMPHRÉE DE MONTPELLIER, *Camphorosma monspeliaca*, L., petit arbrisseau d'un pied, à rameaux longs et blanchâtres, à feuilles alternes, petites et nombreuses, à fleurs verdâtres, peu apparentes. On attribuait à cette plante de nombreuses propriétés médicinales, particulièrement contre l'asthme et l'hydropisie : la forte odeur de Camphre qu'elle exhale est sa qualité la plus réelle, et il est possible de la mettre à profit dans quelques circonstances.

Le *C. pteranthus* de Linné a été érigé en genre par L'Héritier, sous le nom de LOUICHEA. Voyez ce mot et celui de DRACOCÉPHALE, genre que Morison avait aussi appelé *Camphorosma*.         (L.)

**CAMPHRIER**, *Laurus camphora*. (BOT. PHAN.) Comme le genre Laurier est nombreux, qu'il demande depuis long-temps une étude particulière, afin d'y introduire plusieurs coupes nécessaires, autres que celles adoptées jusqu'ici, nous avons pensé utile, pour faciliter les recherches, de parler ici du Camphrier, sauf à l'inscrire parmi les genres ou sous-genres à créer dans la famille des LAURINÉES (v. ce mot ). Ce bel arbre a le port élégant du tilleul; il est originaire des contrées montueuses de l'Orient, et se trouve plus particulièrement au Japon, en Chine, aux îles Gotho, Sumatra et dans l'Inde. Il vient en pleine terre dans le midi de la France, où il a été introduit vers l'année 1760; mais il y est rare, quoique l'on puisse très-aisément l'y multiplier par les marcottes, qui demeurent souvent plus d'une année à prendre racine, et par le moyen des graines qui y parviennent quelquefois à parfaite maturité. Le bois est blanc, ondulé de rouge pâle ; en se desséchant, il prend une teinte rousse uniforme. L'odeur propre qu'il exhale, et que l'on retrouve dans toutes les autres parties quand on les froisse, est due à la présence d'une huile volatile, légère, blanche, qui rend le bois inflammable, et que l'on retire en mettant le bois coupé par morceaux, ou les racines, à bouillir avec de l'eau (*V.* CAMPHRE.)

Le Camphrier a la tête bien garnie de branches et de rameaux, dont l'écorce est verte, luisante, tandis que celle du tronc est raboteuse et grisâtre; ses feuilles longues, alternes, ovales et terminées en pointe, sont d'un beau vert luisant. A la partie supérieure des rameaux naissent des panicules

axillaires de fleurs blanches, petites, qui s'épanouissent pendant l'été, et qui produisent des fruits pourprés noirâtres, monospermes, de la grosseur d'un pois chiche. Sa culture est très-facile, en lui donnant une bonne terre et de fréquens arrosemens durant les grandes chaleurs, on le verra réussir promptement. C'est une acquisition importante à faire. Il a fleuri, en 1805, au Jardin des Plantes de Paris, et tout annonce qu'il prospérera dans nos départemens du centre, puisqu'il supporte, sans en être aucunement affecté, les trois premiers degrés de congélation.        (T. D. B.)

**CANAL.** (GÉOGR. PHYS.) Voy. DÉTROIT.

**CANAL INTESTINAL.** (ANAT.) Voy. INTESTIN.

**CANAL MÉDULLAIRE.** ( BOT. PHAN. ) Tandis que dans les végétaux monocotylédonés, la moelle forme en quelque sorte la masse de la tige, elle est circonscrite, dans les dicotylédonés, par les parois d'une espèce d'étui longitudinal qui en occupe le centre; c'est là ce qu'on appelle le *Canal médullaire*; il se compose essentiellement de vaisseaux, qui se montrent aussitôt que l'embryon de la plante se développe.

La forme du Canal médullaire varie selon la disposition des feuilles sur la tige; c'est ce qu'a prouvé Palisot de Beauvois. Ainsi, son aire est allongée si les feuilles sont opposées, triangulaire si elles sont verticillées par trois, polygone lorsqu'elles sont alternes.

Le Canal médullaire existe dans tous les végétaux dicotylédonés; s'il est quelquefois vide, s'est après que la plante a pris un accroissement considérable, comme la plupart des Ombellifères, dont la tige devient fistuleuse. On remarque aussi que dans la vieillesse des arbres, ce Canal semble disparaître, soit que ses parois se resserrent en se solidifiant, soit que des parties solides se déposent peu à peu dans son intérieur, et empêchent de le distinguer du bois. Cette dernière opinion est celle de Du Petit-Thouars.                    (L.)

**CANALICULÉ.** (BOT. PHAN.) Dans certains végétaux, les feuilles et particulièrement les pétioles offrent une rainure longitudinale plus ou moins large ou profonde; c'est ce qu'on appelle *Canaliculé*, c'est-à-dire en forme de canal.          (L.)

**CANARD**, *Anas*. (ois.) Sous ce nom on comprend généralement, dans les ouvrages d'histoire naturelle, les oiseaux que Linné plaçait dans son grand genre *Anas*, c'est-à-dire les Cygnes, les Oies, et les nombreuses espèces qu'on désigne vulgairement sous le nom de Canards. Ces trois groupes ont en effet entre eux des rapports très-intimes, mais cependant le nombre des espèces qu'ils renferment est si considérable, que force a été de relever, pour ainsi dire, la valeur des caractères qui les différencient, et de les considérer comme autant de genres distincts; c'est pour cette raison que nous consacrerons à chacun de ces groupes un article spécial; nous donnerons aussi, à l'exemple de Latham, de Temminck et de Cuvier, le Céréopsis comme formant un genre distinct, ce qui fera, au total, quatre genres parmi les Anas de Linné.

I. Les Cygnes (*voy.* ce mot), qui se distinguent par leurs formes gracieuses, et surtout par leurs tarses courts et leur cou allongé. Le *lorum* de ces oiseaux est ordinairement glabre, c'est-à-dire dépourvu de plumes ( on nomme *lorum* l'espace qui se trouve entre l'œil et le bec). Cette partie est dénudée chez tous les Cygnes; une seule espèce américaine, non encore nommée, que l'on pourrait regarder comme ayant le lorum emplumé, offre cependant entre l'œil et le bec une ligne glabre, à la vérité bien étroite et cachée sous les plumes de ses bords, mais dont l'existence est facile à constater.

II. Les Oies. Les espèces de ce genre ont le cou moins long que les Cygnes, mais cependant moins court que les Canards; leurs tarses sont plus élevés, et leur permettent de marcher avec assez de facilité. Quelques unes, dont le bec, semblable à celui des Cygnes, est garni d'un tubercule à sa base, ont été rapportées par Cuvier au groupe de ces derniers, mais elles sont loin d'en avoir l'élégance, et d'ailleurs, leurs tarses sont beaucoup plus longs.

III. Le troisième genre, nommé Céréopsis, ne comprend qu'une seule espèce, assez semblable pour le port aux véritables Oies, mais en différant par son bec qui est très-court, et à membrane beaucoup plus large et un peu avancée sur le front.

IV. Les Canards, auxquels on a réservé le nom d'*Anas*, forment le quatrième genre. Ils doivent seuls nous occuper maintenant.

Toutes les espèces du genre Canard (*Anas*) ont le bec moins haut que large à sa base, et ordinairement aussi haut à son extrémité que vers la tête; leurs jambes plus courtes et placées plus en arrière encore que celles des Cygnes, leur rendent la marche assez difficile; elles ont aussi le cou beaucoup moins long. Ces oiseaux volent pour la plupart avec facilité, mais c'est surtout dans la natation qu'ils excellent; ils fendent les eaux avec grâce et plongent avec beaucoup d'adresse. Presque tous exécutent de longs voyages, passent l'hiver dans les contrées tempérées, et retournent dès le printemps vers le nord où ils construisent leurs nids. Ils ne quittent les eaux que pour couver, et ils y retournent dès que leurs petits sont éclos. Le plus grand nombre se retire pendant le jour dans les champs et sur les arbres, ou se cache dans les herbes, pour n'en sortir que le soir ou le matin, afin d'aller chercher la nourriture.

On peut admettre dans le genre Canard deux divisions assez faciles à caractériser. La première, celle des *Hydrobates*, comprend toutes les espèces qui ont le pouce bordé par une membrane; la seconde renferme les espèces dont le pouce n'a point de membrane : ce sont les Canards proprement dits.

#### † Hydrobates.

Ces espèces ont, comme nous venons de le dire, le pouce bordé par une membrane, servant à son élargissement; elles marchent encore plus mal que les Canards proprement dits; leur cou est plus court, leurs ailes plus petites, et leurs tarses plus comprimés : aussi les voit-on le plus souvent à l'eau, où ils recherchent les insectes, les mollusques et les poissons; ils plongent très-souvent. On doit distinguer parmi les Hydrobates plusieurs petits groupes, tels sont :

I. Les Macreuses, qui ont le bec large et renflé à sa base.

La Macreuse commune, *Anas nigra*, Enl. 972. Cette espèce se distingue de toutes les autres par sa couleur entièrement noire dans l'âge adulte, et par le jaune de ses paupières. Sa longueur totale est de dix-huit pouces. Les jeunes individus sont grisâtres. Pendant l'hiver on voit sur nos côtes de la Picardie un grand nombre de ces oiseaux, ils se nourrissent de mollusques qu'ils vont chercher au fond des eaux, en plongeant très-profondément.

La chasse des Macreuses, ou plutôt leur pêche, est assez curieuse; on tend pendant la marée basse des filets que l'on place dans les endroits qu'elles fréquentent; peu d'heures après, la mer étant dans son plein a recouvert les filets; les Macreuses suivent le reflux, et lorsqu'une d'elles aperçoit les petits mollusques qui sont au dessous du filet, elle plonge, les autres la suivent et s'empêtrent avec elle dans les mailles du filet qui est interposé entre elles et l'appât; quelques unes évitent le piége en s'enfonçant, mais elles s'y prennent à leur retour. Cette chasse, lorsqu'elle réussit, est assez fructueuse, elle permet souvent de prendre, dans une même marée, plusieurs douzaines de Macreuses; mais aussi il arrive souvent que l'on tend ses filets vingt fois sans prendre un seul oiseau, ou bien aussi que les marsouins et les esturgeons les déchirent et les emportent.

Double macreuse, *Anas fusca*, Enl. 956, diffère de la précédente par sa taille qui est plus forte, par une tache blanche sur l'œil et un trait blanc dessous. Elle habite les mers arctiques des deux continens; on la trouve surtout abondamment aux îles Hébrides, aux Orcades, en Norvége et en Suède; elle est de passage périodique en Angleterre, en France et en Hollande. Elle pond dans le Nord sous des touffes d'herbe et d'arbustes; ses œufs sont blancs et au nombre de huit ou dix.

Macreuse a large bec, ou Canard marchand, *Anas perspicillata*, Enl. 995. Cette Macreuse est de la baie d'Hudson et de celle de Baffin. Elle a du blanc à l'occiput et derrière le cou; la peau nue et jaune de la base de son bec entoure aussi ses yeux. Quelquefois, mais accidentellement, dans le nord de l'Europe.

La petite Macreuse est une espèce peu connue du banc de Terre-Neuve.

II. Les Microptères constituent pour M. Lesson un second groupe dans la section des Hydrobates, ils sont caractérisés par leur bec court, très élevé à sa base, à arête formant une ligne droite; tarses très-courts; ailes impropres au vol, deux tubercules à chacune.

L'espèce unique est le Canard aux ailes courtes, *Anas brachyptera*, Q. et G., Zool. de *l'Uranie*, pl.39. Ce Canard vit aux îles Malouines. Les marins anglais l'appellent *Racc-horse*, c'est-à-dire cheval de course; c'est sous ce nom que Cook en a parlé.

**III. Les HYDROBATES PROPREMENT DITS.** On peut réserver ce nom, que Temminck avait appliqué à toute la section, aux espèces qui ont le bec court, déprimé, dilaté sur ses bords, des caroncules charnues pendantes sous la gorge. L'espèce type est

L'HYDROBATE A FANON, *Hydrobates lobatus*, Temm., Col. 406, *Anas lobata* des nomenclateurs, le mâle, à plumage très-luisant, noir sur la tête et le cou, qui est irrégulièrement rayé de blanc terne sur les côtés; tout le dessus du corps, la poitrine, le cou et les flancs sont d'un brun noirâtre luisant, irrégulièrement jaspé de zig-zags blanchâtres. Le ventre est couvert de plumes brunes à leur origine et blanches vers leur bout; les ailes de ses pieds sont noires. Longueur, deux pieds six pouces.

Cet oiseau a été observé à la Nouvelle-Hollande, aux environs du port Georges.

**IV. Les GARROTS,** qui ont le bec court et plus étroit en avant; queue cunéiforme, plus ou moins allongée, quelquefois arrondie.

1° On peut mettre en tête les espèces qui ont les pennes du milieu de la queue plus longues, ce qui rend celle-ci pointue.

MICLON ou MIQUELONNAIS, *Anas glacialis*, Enl. 1008, est blanc, avec une tache fauve sur la joue et le côté du cou; la poitrine, le dos, la queue et une partie des ailes, noirs.

Ce canard a le bec très-court, il habite les mers arctiques des deux continens; on le trouve au Spitzberg, en Irlande et à la baie d'Hudson; il est de passage accidentel sur les grands lacs de l'Allemagne, et le long de la mer Baltique; il vient aussi en Hollande et en France. C'est fort avant dans le Nord qu'il fait sa ponte; ses œufs au nombre de cinq sont blancs tachetés de bleuâtre.

CANARD A COLLIER ou ARLEQUIN, *Anas histrionica*, Enl. 798, cendré; le mâle bizarrement bigarré de blanc, les sourcils et les flancs roux.

Il est abondamment répandu dans les contrées orientales de l'Europe; on le voit quelquefois en Allemagne et dans le nord de la France; il existe aussi dans l'Amérique septentrionale.

Sa ponte, qu'il fait sur le bord des eaux, dans les taillis et dans les herbes, est de dix ou douze œufs d'un blanc pur.

2° Les Garrots ordinaires ont la queue ronde ou carrée.

GARROT, *Anas glangula*, est très-commun en hiver sur nos rivières et nos étangs; il a la tête, le haut du cou et la gorge couverts d'un capuchon vert-noir, changeant en violet et en vert doré; deux taches blanches entre le bec et l'œil; le dessus du corps, les grandes couvertures des ailes, et quelques plumes scapulaires d'un beau blanc; le dos et le croupion d'un noir foncé; les pieds et les doigts d'un jaune orangé à membrure noire, ainsi que le bec.

Les Garrots ont les pieds courts et marchent fort mal, mais ils nagent bien et plongent avec beaucoup d'aisance. Ils sont du nord des deux mondes, nichent sur les mers et les lacs dont les bords ne sont point garnis de beaucoup de roseaux, quelquefois, et, suivant la localité, sur les arbres. Leur ponte est de quatorze œufs d'un blanc pur. Ajoutez comme espèce du même groupe l'*Anas albeola*, Enl. 948. Iconogr. du règne animal, pl. 66, fig. 5, le même que l'*An. bucephala*, Catesby, 1, 95.

**V. Les EIDERS** ont le bec plus allongé que les Garrots, remontant plus haut sur le front où il est échancré par un angle de plume.

EIDER, *Anas mollissima*, Enl. 208, 209, Guérin, Iconogr. du règne animal, Ois., pl. 67, fig. 1, ( les adultes des deux sexes ). Blanchâtre, à calotte, ventre et queue noirs; la femelle grise, maillée de brun.

L'Eider habite les mers glaciales; il est commun en Islande, au Groënland et au Spitzberg, aux Hébrides et aux Orcades; il vit de poissons, de coquillages, de plantes marines et d'insectes; niche sur des terres baignées par la mer, sur des caps et des promontoires; construit son nid de fucus et le recouvre de duvet : c'est ce duvet que l'on connaît sous le nom d'*édredon*; des hommes vont le chercher au péril de leur vie dans les fentes des rochers. Chaque nid en contient à peu près deux hectogrammes, mais il faut l'éplucher avec soin. Deux kilogrammes et demi du duvet de l'Eider, qui forment, si on les tasse bien, une boule grosse à peu près comme les deux poings, peuvent, lorsqu'on les laisse libres dans un four ou dans une étuve bien échauffée, occuper un espace deux mille fois plus grand, et remplir le matelas d'un lit de près de deux mètres de long sur un mètre et demi de large.

M. Brehm, qui a proposé le groupe des Eiders, y plaçait aussi l'*Anas perspicillata* ou Canard marchand, la grande Macreuse, la Macreuse commune et quelques autres espèces. On n'y comprend ordinairement que l'Eider et le Canard à tête grise, *Anas spectabilis*. Cette espèce du nord des deux continens est surtout répandue au Spitzberg et au Groënland. On ne connaît point le lieu où elle niche, non plus que les circonstances de sa ponte; ses œufs sont très-oblongs et d'un cendré olivâtre.

**VI. Les MILLOUINS,** qui ont le bec large et plat, décrivant par sa surface dorsale une ligne très-concave; leurs ailes sont courtes.

MILLOUIN COMMUN, *Anas ferina*, L., et *Anas ferina*, Gm., Enl. 803. Cendré, finement strié de noirâtre, la tête et le haut du cou roux.

Les Millouins sont, après les Canards sauvages, les oiseaux nageurs les plus répandus dans notre pays. Ils arrivent au mois d'octobre par troupes de vingt, trente ou quarante, et s'en retournent au printemps. Inquiets et farouches, ils ne donnent dans aucun des piéges où l'on prend les Canards sauvages; ils sont aussi abondans en Russie, en Danemarck et en Allemagne. Leur ponte est de douze ou treize œufs d'un blanc verdâtre.

MILLOUIN HUPPÉ, appelé aussi Canard siffleur huppé, *Anas rufina*, Enl. 928. Il est noir, avec le dos brun, du blanc à l'aile et aux flancs, et la tête rousse, à plumes relevées en huppe : son bec est rouge. On le trouve dans les contrées orientales de l'Europe, sur les bords de la mer Caspienne, en Hongrie et en Turquie ; quelquefois les vents le portent jusque chez nous.

MILLOUINAN, *Anas marila*, Enl. 1002. Ce Canard est cendré, strié de noir, avec la tête et le cou noirs changeant en vert ; sa queue est noire, son ventre blanc, ainsi que quelques taches sur ses ailes. Il niche dans les contrées polaires, en Russie principalement ; mais il quitte ces régions vers la fin de l'automne, et vient passer l'hiver sur les côtes maritimes de la Hollande et de l'Angleterre ; on le voit aussi souvent en Allemagne, en France, et même en Suisse.

CANARD A IRIS BLANC, petit Millouin, etc., *Anas nyroca*, est une espèce brune, avec la tête et le cou roux, le ventre blanchâtre et une tache blanche sur l'œil. Il niche dans le nord de l'Allemagne, dans les joncs qui bordent les grandes rivières et les marais ; sa ponte est de neuf ou dix œufs d'un blanc légèrement verdâtre. Il nous arrive rarement.

MORILLON, *Anas fuligula*, Enl. 1001. Ce Canard est presque entièrement d'un beau noir luisant à reflets pourpres et verdâtres ; on ne lui voit du blanc qu'au ventre, au haut des épaules et sur le milieu des ailes ; son bec est large et bleu, ses pieds sont bleuâtres, à membrane noire. Sa longueur est de quinze à seize pouces.

Les Morillons arrivent en France en hiver, et s'avancent très-loin dans les terres ; on les trouve sur toutes nos grandes rivières et sur nos étangs. Beaucoup moins défians que les Millouins, ils se laissent aisément approcher à la portée du fusil ; mais, quand on les a blessés, ils plongent avec tant de rapidité qu'il est souvent fort difficile de les prendre.

Ajoutez quelques espèces étrangères, telles que le Millouin Valisnieri, Wilson, VIII, pl. 70, f. 5, qui vit aux Etats-Unis ; le Mill. à queue épineuse, de Porto-Rico ; le Mill. du Cap ; le Mill. à cou rose, du Bengale ; le Mill. en deuil, du Brésil ; le Mill. des Malouines ; le Morillon des Mariannes, et le Morillon-pie, des Etats-Unis.

†† CANARDS proprement dits.

Ces Canards n'ont point le pouce bordé d'une membrane ; leur tête est moins large, leur cou un peu plus long et leur démarche plus assurée que chez les espèces de la section précédente. Leur nourriture se compose indistinctement d'insectes, de poissons, de végétaux et de graines. On peut établir parmi eux les sections suivantes :

I. Les SOUCHETS, qui sont principalement remarquables par leur bec long, dont la mandibule supérieure, ployée parfaitement en demi-cylindre, est élargie à son extrémité : les lames qui bordent ce bec sont si longues et si minces, qu'elles ressemblent plutôt à des cils. Les Souchets vivent de vermisseaux qu'ils recueillent dans la vase au bord des ruisseaux.

CANARD SOUCHET, *Anas clypeata*, Enl. 971 et 972, mâle et femelle, est une très-belle espèce à tête et cou verts, à poitrine blanche, ventre roux, dos brun et ailes variées de blanc, de cendré, de vert et de brun. Ses deux larges mandibules, très-garnies de dentelures, lui servent à retenir les vermisseaux, les insectes et les crustacés qu'elle cherche dans la fange au bord des eaux. Cet oiseau est triste et sauvage ; il dort tout le jour, et ce n'est que le soir qu'il se donne un peu de mouvement ; il serait à désirer qu'il pût devenir un habitant de nos basses-cours, car sa chair est délicate et son plumage très-recherché. Il est commun dans le Nord, au Kamschatka et même en Amérique ; pendant l'hiver, il se rapproche des régions tempérées. On le trouve en France depuis le mois de novembre jusqu'en avril : il reste même pendant l'été quelques individus sur nos côtes septentrionales. La femelle fait son nid dans les marais ; elle le place dans quelque grosse touffe de joncs, et y dépose dix à douze œufs d'un roux pâle, qu'elle couve pendant environ un mois ; les petits naissent couverts d'un duvet grisâtre, ils ont alors une physionomie désagréable ; leur bec presque aussi large que le corps semble les fatiguer.

L'*Anas fasciata*, est un Souchet de la Nouvelle-Hollande, chez lequel les bords du bec supérieur se prolongent de chaque côté en un appendice membraneux.

II. Les TADORNES. Ces espèces ont le bec très-aplati vers le bout et renflé à la base de la mandibule supérieure, qui décrit une ligne concave.

TADORNE COMMUN, *Anas tadorna*, Enl. 55, que Buffon a pris à tort pour le *Chenalopex* ou *Vulpanser* des anciens, a le duvet aussi fin et aussi doux que celui de l'Eider, c'est sans contredit le plus vivement coloré de tous nos Canards ; blanc avec la tête verte, il a une ceinture couleur de tanche autour de la poitrine, et l'aile variée de noir, de blanc, de roux et de vert.

Il vient par petites troupes au printemps visiter nos côtes, et repart à l'automne ; il niche dans les dunes de sables, et aussi dans les trous abandonnés des lapins ; sa ponte est de dix ou douze œufs d'un blanc pur.

III. Le CANARD MUSQUÉ est le type d'une petite coupe à laquelle on donne le nom de MUSQUÉ, *moschatus*. Les caractères des Musqués sont d'avoir le bec épais à sa base, et les joues, le tour des yeux, ainsi qu'une partie de la tête, garnis de caroncules charnues. La membrane des doigts est réticulée.

Le CANARD DE BARBARIE ou MUSQUÉ, *Anas moschatus*, Enl. 989, est originaire d'Amérique, où il existe encore sauvage, et non de la côte de Barbarie, comme son nom pourrait le faire croire ; il est aujourd'hui fort multiplié dans nos basses-cours. L'épithète de *musqué* lui a été donnée parce qu'il exhale une odeur de musc assez forte, due à une huile que sécrètent les glandes placées près du croupion. Dans l'état de nature, le mâle est entièrement d'un noir-brun, lustré de vert sur le dos, avec une large tache blanche sur les ailes. Son bec est rouge ainsi que ses pieds et ses caroncules. Le plumage de la femelle ne diffère de celui du mâle que par un moins grand nombre de reflets.

Ce **Canard** a éprouvé, par l'effet de la domesticité, plusieurs variations ( certains individus sont noirs, variés de différentes teintes, d'autres sont entièrement blancs ); il est d'un bon rapport par sa fécondité, sa grosseur et la qualité de ses plumes, mais est de plus grande dépense que toutes les autres volailles, et si l'on veut en retirer un parti avantageux, il faut le nourrir largement. Le mâle s'appareille souvent avec la Cane commune, et de cette union proviennent les métis, qui n'engendrent pas entre eux, mais qu'il est avantageux de mêler et de faire produire avec l'espèce commune.

IV. Les VRAIS CANARDS se reconnaissent à leur bec proportionné, non gibbeux, et à leur cou emplumé.

1° Les uns, ce sont les PILETS, ont la queue pointue ou dépassée par deux rectrices plus longues.

L'espèce type est l'*Anas acuta*, Enl. 954, dont le mâle, que l'on nomme aussi Canard à longue queue, a deux pieds de long; il ne prend ses belles couleurs qu'au printemps; le dessus de sa tête est alors d'un brun varié de gris roussâtre; ses joues, sa gorge, ses côtés et le devant de son cou sont bruns; un trait d'un noir brillant à ses extrémités, et cendré au milieu, s'étend en longueur depuis le sommet de la tête jusque sur le dos, qui est cendré avec des lignes en zig-zags bruns à sa partie antérieure. La femelle a des taches noires semées sur le fond roux-brun de son plumage; ses couvertures alaires sont d'un brun clair, avec leur bord extérieur gris; le miroir est d'un jaune pâle, entouré de blanc. Cet oiseau niche dans les prairies et les marais; il pond huit ou neuf œufs d'un bleu verdâtre. Sa patrie est le nord de l'Europe et les régions correspondantes dans l'Amérique septentrionale; on le trouve abondamment en Hollande et en France lors de son double passage.

2° D'autres espèces, parmi les Canards proprement dits, ont, dans le sexe, quelques plumes relevées sur la queue, ou n'offrent aucune marque notable; on leur réserve plus particulièrement le nom de Canards.

CANARD SAUVAGE, *Anas boschas*, représenté dans notre Atlas, pl. 75, fig. 1, le mâle et la femelle.

Le mâle de cette intéressante espèce à la tête et le cou d'un vert très-foncé, un collier blanc au bas du cou, et les parties supérieures rayées de zig-zags très-fins, d'un brun cendré et d'un gris blanchâtre; la poitrine est marron foncé; le reste des parties inférieures gris-blanc, varié de brun cendré; le miroir de l'aile est d'un vert violet, bordé en dessus et en dessous d'une bande blanche; bec d'un jaune verdâtre, ses pieds orangés. Longueur totale, un pied neuf ou dix pouces. La femelle est plus petite, tout son plumage est varié de brun sur un fond grisâtre; elle ressemble aux jeunes mâles avant leur première mue.

Cette espèce, à l'état sauvage, varie peu; elle est le type de la plupart des races de Canards que nous nourrissons en domesticité; elle habite le nord des

deux continens, et est de passage dans presque toutes les contrées de l'Europe où il se trouve des rivières, des lacs ou des marais. Elle se nourrit de poissons et de frai, de limaçons, d'insectes aquatiques, de plantes et de semences. Son nid, qu'elle pose dans les roseaux, dans les herbes, dans les champs, et même dans les taillis ou sur les arbres qui bordent l'eau, renferme seize œufs de couleur blanchâtre. Dès que les petits sont éclos, le père et la mère les conduisent à l'eau, et ils ne retournent plus dans le nid; les canetons acquièrent presque toute leur grosseur avant de pouvoir voler; on les a nommés *Halbrans*.

Les Canards sauvages ont le vol très-élevé, et ils ne s'abattent jamais avant d'avoir fait plusieurs circonvolutions au dessus du lieu où ils veulent se poser; ils vivent en société et voyagent par troupes nombreuses; on les recherche à cause de leur chair qui est très-estimée, mais il est fort difficile de les tuer avec le fusil, parce que le plus souvent ils partent de loin, et que leur plumage les garantit contre le plomb déjà amorti par la distance. Cependant, lorsque la gelée a solidifié les étangs et les marais, ils sont obligés de se retirer sur les rivières et les eaux vives; alors deux chasseurs qui s'entendent bien peuvent les approcher et les tirer: chacun se place sur un côté de la rivière, et le premier qui aperçoit les Canards fait un signe à son camarade, celui-ci s'éloigne aussitôt du rivage, fait un long circuit et ne s'en rapproche qu'à un nouveau signe, pour tomber sur la bande occupée à regarder le premier qui fait les signaux et a soin de la tenir en éveil, en même temps qu'il évite de trop approcher.

On tend aux Canards une foule de piéges, parmi lesquels un des plus simples et en même temps des plus productifs, est celui de la *glanée*. On se procure plusieurs tuiles en terre cuite plates, plus grandes et plus pesantes que celles qui servent à couvrir les toits; on fait un trou au milieu de chacune et on y passe quatre fils de fer de moyenne grosseur, que l'on tord ensemble et dont on courbe les quatre extrémités vers les quatre côtés de la brique. Chacun de ces bouts est destiné à porter un lacet solide fait avec sept ou huit crins de cheval; on garnit le dessus de la brique avec de la terre glaise sur laquelle on sème du blé cuit dans l'eau. Le piége ainsi disposé se place sur le bord d'une rivière, d'un étang, etc., dans un lieu où les Canards ont l'habitude de venir pâturer. La brique doit être placée dans l'eau et en avoir au moins quatre pouces au dessus d'elle. Les Canards se prennent au lacet lorsqu'ils viennent pour manger le blé qui sert d'appât.

CANARDS DOMESTIQUES. Ces oiseaux, en exceptant les Canards de Barbarie, paraissent descendre du Canard sauvage; ils proviennent sans doute d'œufs de cette espèce qui ont été couvés par des poules et conservés dans nos habitations. Ils sont, ainsi que leurs nombreuses variétés, d'une grande utilité dans l'économie domestique. Leurs œufs moins gros mais plus agréables au goût que ceux de l'oie, leur chair plus facile à digérer que celle de cette espèce, et leurs plumes, sont des biens d'autant plus précieux qu'il faut moins de peine pour les obtenir. En effet, les Canards ou les *Barbotteux*, comme on dit vulgairement, sont peu difficiles pour la nourriture; bien différens sous ce rapport des Canards de Barbarie, ils pourraient presque se contenter des graines répandues dans la basse-cour et que dédaignent les autres volailles, des restes les plus dégoûtans de la cuisine et des ordures que le nettoyage de la maison fournit; il leur suffit d'avoir à leur portée quelque peu d'eau, soit un petit bassin, soit un ruisseau dans lequel ils puissent tremper leurs alimens pour les ramollir.

On distingue deux sortes de *Canards barbotteux*, les grands et les petits; on peut aussi en admettre de moyens.

Ceux de la première sorte se trouvent principalement en Normandie : il s'en fait à Rouen un commerce assez considérable. Dans la Picardie, au contraire, on s'adonne plutôt à l'éducation de la race moyenne, qui est plus féconde et exige moins de soins.

Un seul Canard mâle peut suffire à huit ou dix femelles. Celles-ci commencent leur ponte vers le mois de février et la continuent jusqu'au mois de mai, lorsqu'elles sont dans des conditions favorables. On ne donne guère à chacune que de huit à douze œufs, qu'elles couvent pendant un mois. Après ce temps les petits éclosent; ils sont à leur sortie assez forts pour marcher un peu et nager avec facilité. Ils peuvent même se passer des soins de leur mère. La nourriture qui leur convient le mieux est du pain émietté et imbibé de lait, d'eau, d'un peu de vin ou de cidre. Dès qu'ils ont pris un peu de corps, on leur donne des herbes potagères, et bientôt ils peuvent suivre le régime des adultes.

S'il est facile d'élever les Caneteaux, il n'est pas moins aisé de les engraisser lorsqu'ils sont assez développés; on peut les laisser libres, et il n'est pas même besoin de les chaponner comme les poulets. Les pommes de terre cuites, les résidus des brasseries, etc., sont les alimens qu'il faut alors leur donner.

Canard ridenne, *Anas strepera*, appelé en Picardie *Ridelio*, *Chipeau* en Normandie, et *Rousseau* en Bretagne.

Ce Canard a la tête grise, piquetée de brun; le gris domine sur le dessus de la tête et du cou; son dos et ses flancs sont vermiculés de ces deux couleurs qui forment des festons ou des écailles sur la poitrine; longueur, dix-sept pouces environ. Le Ridenne habite les marais et les vastes jonchaies du nord de l'Europe. Il vit dans les mêmes lieux que le Canard sauvage; il se montre chez nous en novembre et s'en retourne au printemps. On l'approche assez facilement, soit avec le *nageret*, soit à pied; il se tient tout le jour caché dans les roseaux, et n'en sort guère que la nuit pour aller pâturer. Sa ponte est de huit ou neuf œufs d'un cendré verdâtre.

Canard siffleur, *Anas penelope*, appelé aussi *Siffleur* et *Vingeon*. Il a le bec court, bleu en dessus, noir en dessous et à la pointe; ses pieds sont plombés et ses ongles noirs. Longueur totale, dix-huit pouces.

Le Siffleur arrive chez nous en novembre et repart vers le mois de mars; ses mœurs sont à peu près semblables à celles du Canard sauvage; il fait en volant un cri aigu assez semblable au sifflement d'un fifre, d'où le nom qu'on lui a donné. Il niche en grand nombre dans les contrées orientales du nord de l'Europe, et pond une huitaine d'œufs de couleur cendrée, lavée de verdâtre sale.

Canard de la Caroline, *Anas sponsa*. Enl. 980 et 981. Cette espèce, étrangère à nos contrées, habite la Louisiane et la Caroline du sud, où elle reste toute l'année; ses couleurs sont très-remarquables. On assure qu'elle fait son nid sur les arbres.

Canard radjah, *Anas radjah*. Canard décrit par MM. Lesson et Garnot, et figuré à la pl. 49e de leur atlas (Voyage zool. de la Coquille). Il est de la grosseur du Canard ordinaire; et il habite les étangs de l'île Bouron.

V. Les Canards-oies. M. Lesson a donné ce nom à un petit sous-genre indiqué par Cuvier, et dans lequel on doit placer comme espèce unique le Canard-pie, à pieds demi-palmés, *Anas melanoleuca*, de Lild. Ce Canard a de longueur totale deux pieds deux pouces; il est aujourd'hui bien connu, depuis la description que M. Cuvier en a donnée dans les Mémoires du Muséum, tom. xix, pl. 21.

VI. Les Sarcelles. On fait aussi quelquefois un groupe distinct des Sarcelles, qui sont plus petites que les Canards, et qui ont les narines ovalaires situées près du front et rapprochées.

Nous en avons quelques espèces en Europe : Sarcelle ordinaire, *Anas querquedula*, qui est connue sous les noms vulgaires de *Tiers*, *Racanette*, *Mercanette*, etc.; le mâle, que Buffon a décrit comme une espèce distincte sous le nom de Sarcelle d'été, a de longueur totale quinze pouces; le sommet et le derrière de la tête sont d'un brun noirâtre; un trait blanc se dessine autour des yeux et derrière eux.

Ces oiseaux s'avancent assez vers le midi de l'Europe; ils paraissent en France au printemps et en automne. Leur nourriture consiste en petits limaçons, en insectes, vers et plantes aquatiques, rarement en poissons. Ils nichent chez nous et dans toute l'Europe tempérée; leur nid, construit dans les herbes et dans les prairies marécageuses, renferme jusqu'à douze et quatorze œufs d'un fauve verdâtre.

La Sarcelle voyage en troupes plus ou moins nombreuses. Elle est plus facile à approcher que le Canard, et donne dans les mêmes piéges que lui.

Petite Sarcelle ou Sarcelle d'hiver, *Anas crecca*. Cette espèce est un peu moins grosse que la précédente; son mâle n'a que quatorze pouces de long. Elle habite plus avant dans le Nord; on la trouve aussi dans l'Amérique septentrionale.

La petite Sarcelle est commune en France, où elle reste toute l'année; elle habite les marais et

étangs

étangs qu'elle ne quitte que pendant les gelées pour gagner les rivières et les fontaines chaudes. Elle fait son nid dans les joncs et y pond dix ou douze œufs gros comme ceux des pigeons. On la chasse avec le chien d'arrêt et on la tue au vol ; c'est un gibier très-estimé.

**Sarcelle de la Chine**, *Anas galericulata*, Enl. 805 et 806. Cette espèce surpasse toutes les autres par l'éclat de ses couleurs et la richesse de son plumage, relevé chez le mâle par un magnifique panache vert et pourpre. On la trouve dans la province de Nankin, d'où le nom de Canard de Nankin qui lui a été donné ; elle existe aussi au Japon. Les Chinois l'estiment un très-haut prix, ils la tiennent dans les cours et les bassins de leurs habitations, non-seulement à cause de sa beauté, mais aussi parce qu'elle passe chez eux pour le symbole de la fidélité conjugale. La veille du mariage, les compagnes de la jeune épouse lui offrent, dit-on, en présent, une paire de ces oiseaux ornés de rubans.          (Gerv.)

**CANARI.** ( ois. ) C'est-à-dire, oiseau des îles Canaries. On donne par abréviation ce nom au serin des Canaries, *Fringilla canaria*. La Mésange penduline, *Parus narbonensis*, a quelquefois reçu le nom de *Canari sauvage*.     (Gerv.)

**CANARIES** ( îles ). ( géogn. phys. ) Cet archipel, qui se compose de vingt îles et îlots, est situé dans l'océan Atlantique, non loin des côtes occidentales de l'Afrique, entre 14° et 21° de longitude occidentale, et 30° et 54° de latitude septentrionale. L'heureux climat de ces îles, le ciel serein qu'on y trouve toujours, les firent nommer, lorsqu'on les découvrit, *îles Fortunées* ; depuis elles ont reçu le nom d'*îles Canaries*.

Les sept principales sont les seules qui soient habitées ; ce sont les îles de *Teneriffa*, de *Canaria*, de *Palma*, de *Lancerota*, de *Forteventura*, de *Gomera*, et de *Fer*.

Parmi les montagnes qui courent à leur surface, nous citerons le *Pic de Ténériffe*, situé sur l'île de ce nom, et qui a passé pendant long-temps pour la plus haute montagne du monde ; son élévation au dessus du niveau de la mer est de 1838 toises. Cette montagne étend sa base jusqu'à la mer, et quoiqu'elle paraisse se terminer en pain de sucre, cependant à son sommet elle offre une espèce de plaine ; c'est au milieu de cette plate-forme que se trouve le cratère du volcan. La route, pour y parvenir, a sept lieues de longueur ; on en parcourt une partie à dos de mulet ; mais, arrivé à une certaine hauteur, on est obligé de continuer la route à pied, et ce n'est même pas sans peine et sans difficulté qu'on parvient à gravir jusqu'au sommet ; à peu près à moitié chemin, on éprouve un froid assez vif. Toutes les époques de l'année ne sont pas propres à cette ascension ; on doit surtout éviter le moment de la fonte des neiges, qui forme sur le versant de la montagne des torrens nombreux et considérables. L'île de Ténériffe renferme encore une autre montagne, nommée le *Chahorra*, et qui a 1,546 toises d'élévation au dessus du niveau de la mer.

Les autres îles n'ont pas de montagnes aussi élevées ; dans l'île de *Palma* on trouve le *Pico de los muchachos*, qui s'élève à 1206 toises au dessus du niveau de la mer.

Dans l'île de *Canarie*, on voit le *Pico del Poso de las nieves*, haut de 974 toises seulement.

Enfin *Lancerota* a aussi son petit volcan de la Corona, qui n'a que 506 toises de hauteur.

*Forteventura*, en 1730, souffrit beaucoup d'un volcan qui s'ouvrit dans une des petites montagnes qui recouvrent sa surface ; l'éruption fut très-violente et causa de très-grands ravages ; une grande partie des richesses de l'île fut détruite.

Les fruits, les plantes et les animaux de l'Ancien comme du Nouveau-Monde s'acclimatent et prospèrent dans la presque totalité des îles qui composent l'archipel des Canaries. On y récolte des huiles, une grande quantité de sucre, mais inférieur à celui d'Amérique ; leur principal commerce est en vins ; les exportations du seul vin de Malvoisie s'élèvent par an à quinze ou vingt mille pipes.          (C. J.)

**CANCELLAIRE**, *Cancellaria*. (moll.) Coquilles univalves marines, dont Lamarck, dans la dernière édition de ses Animaux sans vertèbres, vol. 7, p. 3, a fait un genre aux dépens des *Volutes* de Linné, lequel appartient à la famille des Trachélipodes canalifères et présente les caractères suivans : coquille ovale ou turriculée, ouverture légèrement canaliculée à sa base, le canal court ou presque nul, columelle plicifère ; les plis plus ou moins nombreux, le plus souvent fortement prononcés, la plupart transverses, bord droit sillonné à l'intérieur. Lamarck a décrit douze de ces coquilles, dont deux appartiennent à d'autres genres, savoir : la Cancellaire brune, *Cancellaria ziervogeliana*, qui est une mitre parfaitement caractérisée, et la Cancellaire lime, *C. senticosa*, qui doit être reportée au genre Buccin, quoique M. de Blainville en ait fait, dans son Traité de Malacologie, pag. 412, un Rocher ou une Turbinelle, *ad libitum*, genres qui n'ont point la moindre analogie avec la coquille dont il est question ici. Les dix espèces restantes, toutes assez rares et fort recherchées, ne faisaient pas le moindre ornement des collections, et les naturalistes s'empressaient de les montrer lorsqu'ils avaient le bonheur de les posséder toutes ; ils pouvaient même leur donner telle valeur qu'il leur plaisait, avant qu'un voyageur intrépide récemment arrivé à Londres, M. Cuming, fût venu enrichir ce beau genre de quarante espèces nouvelles, dont une grande partie appartient aux mers d'Amérique. Le genre Cancellaire est donc composé aujourd'hui de cinquante espèces toutes plus belles et plus rares, et conservant un prix fort élevé dans le commerce.

Nous donnons, à la p. 72, f. 4, de notre Atlas, la figure de la Cancellaire asperelle que Lamarck a décrite à son n° 2 ; elle est ventrue, gaufrée, de couleur jaunâtre : sa patrie est inconnue. (Duel.)

**CANCER.** (zool.) On a donné ce nom latin du Crabe à toutes les espèces qui lui ressemblent, soit fossiles, soit vivantes ; il s'est étendu même jusqu'aux Limules qui en sont si éloignées. (*Voy.* Crabe, Crustacés et Limule.)

Ce nom de Cancer a été aussi donné à une maladie, soit des hommes, soit des arbres.

(Guér.)

CANCRE. ( crust. ) Vieux nom dont on s'est servi pour désigner plusieurs Crustacés à courte queue, de la famille des Brachyures. (*V.* ce mot.)

(Guér.)

CANCRELAT. (ins.) Nom vulgaire de la Blatte américaine, appelée aussi Ravet. (*Voy.* Blatte.)

(Guér.)

CANDIE. (géogr. phys.) Cette île, la plus considérable de l'archipel grec qu'elle ferme au sud, en donnant son nom à un bassin formé par ses côtes septentrionales et les îles de Cérigo, Milo, Santorin, Stampalie, Scarpento, etc., et que l'on appelle pour cette raison *Mer de Candie*. Elle est située entre 34° 52′ et 35° 40′ de latitude septentrionale, et entre 21° 8′ et 24° de longitude orientale. Sa longueur, de l'ouest à l'est, est de 65 lieues, et sa plus grande largeur de 15. Sa côte, très-profondément découpée au sud, présente six corps principaux, formés par les ramifications d'une chaîne de montagnes qui occupe toute sa longueur ; au sud, ses bords sont très-élevés et presque inaccessibles.

La chaîne qui la traverse se divise en plusieurs parties qui portent de l'est à l'ouest les noms de *Levka-Ori* et *Aspro-Vouna*, ou monts Blancs, parce qu'elles conservent la neige pendant 8 à 9 mois de l'année ; plus loin sont les monts *Spakia*, jadis les monts *Leucé* ; au centre le *Psilority*, l'*Ida* des anciens ; puis les monts *Joukta* et *Lassiti* ; enfin les monts *Cavoutci* et *Sitia*, appelés *Dictée* dans l'antiquité.

Leurs principaux sommets, mesurés par M. Sieber, sont les suivans :

Le mont Psilority. . . . . . . 2,339 mètres.
Le Ligrestosovo (dans les montagnes
  Blanches ). . . . . . , . . 2,308 *Id.*
Point culminant des monts Lassiti 2,272 *Id.*
Le Kentros. . . . . . . . . . 1,120 *Id.*

Le Psilority conserve la neige pendant la plus grande partie de l'année.

Ces montagnes sont presque entièrement calcaires, mais de l'époque secondaire ; cependant on y trouve aussi d'autres roches, telles que des grès, des gypses et des schistes, appartenant à la même époque.

Il n'y a dans l'île de Candie aucun cours d'eau qui mérite le nom de rivière : ceux auxquels on a donné cette dénomination ne sont que des torrens grossis par les pluies et la fonte des neiges, et qui tarissent presque toujours en été. Il en est de même des lacs, ils ne conservent leurs eaux qu'une partie de l'année. Mais la nature a suppléé à ce manque périodique d'eau par des sources nombreuses, dont plusieurs sont habilement utilisées par des irrigations.

Les rameaux que projette, principalement au nord, la chaîne principale, forment quelques larges vallées qui portent improprement le nom de plaines : les principales sont celles de Candie, de la Canée, de Girapetro et de Gortyna. Ces vallées sont d'une grande fertilité.

Située à une égale distance de l'Europe et de l'Asie, Candie est sous l'influence d'un climat plutôt asiatique qu'européen. L'automne est la saison des pluies et celle où la végétation prend toute sa vigueur ; l'été, les pluies sont rares ; mais la rosée supplée alors au manque d'eau. Dans cette saison le thermomètre s'élève jusqu'à 32 degrés : cette chaleur serait insupportable si elle n'était tempérée par les courans d'air qui viennent de l'Archipel. Les neiges qui, dès le mois de novembre, couvrent les monts Blancs et la cime du Psilority, ne répandent pas leur influence dans les régions basses : jamais il ne gèle dans les plaines. Pendant les saisons autres que l'été, la mobilité des vents est remarquable, surtout aux époques des équinoxes. Les tremblemens de terre y sont assez fréquens, principalement dans la partie septentrionale.

*Végétation de l'île.* Les montagnes de Candie sont couvertes de forêts formées principalement de chênes, d'yeuses et de caroubiers. Ces derniers sont assez communs pour que leurs fruits soient l'objet d'un petit commerce. L'*Astragalus gummifer*, qui produit la gomme adragant, couvre les pentes inférieures du mont Ida. L'olivier croît partout ; on en voit des forêts entières, dans lesquelles cet arbre acquiert une grosseur extraordinaire. Une partie des montagnes se couvre aussi de châtaigniers, de cyprès et de platanes. Les botanistes signalent encore dans cette île le laurier qui y atteint une grande taille, le myrte qui est l'ornement des jardins, le ciste ladanifère qui fournit le *ladanum*, et parmi les liliacées les scilles à gros ognons. Le figuier, le palmier-dattier et le grenadier croissent sans culture ; mais le cultivateur tire un grand profit de la vigne qui produit des vins estimés, entre autres le Malvoisie, que l'on prépare principalement à Milopotamo. Le blé, l'orge, le maïs, le riz, le coton, le chanvre, le lin et la canne à sucre couvrent quelques champs. Quelques plantes potagères, parmi lesquelles figure au premier rang la Ketmie ( *hibiscus esculentus* ), malvacée visqueuse originaire des Antilles, cultivées avec soin, forment la principale nourriture des habitans. Il est à remarquer que la partie occidentale de Candie est la plus fertile.

*Animaux.* On élève dans cette île beaucoup de bœufs, de buffles et de moutons qui doivent à d'excellens pâturages une chair succulente. La chèvre y est plus belle que partout ailleurs ; les mulets et le porc y sont d'une bonne race ; les chevaux, quoique petits, y sont robustes et légers. La volaille et le gibier y sont communs ; le lièvre habite principalement les parties basses de l'île. Les abeilles fournissent un miel délicieux ; les côtes sont très-poissonneuses.

On trouve à Candie plusieurs reptiles, particulièrement des petits lézards et des stellions d'une incroyable agilité. On y rencontre aussi différentes espèces de serpens dont quelques unes sont venimeuses, mais qui ne parviennent jamais à une grande taille. Un saurien du genre Scinque, peut-être le *Scincus pavimentatus*, vit dans les terrains sablonneux; il est fort agile et regardé comme un reptile dangereux; cependant l'expérience faite par le voyageur Olivier, qui se laissa mordre en présence de plusieurs habitans, aurait pu les détromper, si les Candiotes, qui croient tous aux sorciers, n'avaient pas regardé l'expérience de ce savant français comme un sortilége.

Il est difficile de fixer le chiffre de la population de Candie; mais il est probable qu'elle s'élève à 2 ou 3,000 âmes.

*Labyrinthe.* Nous ne terminerons pas ce que nous avons à dire de Candie, si célèbre dans l'antiquité sous le nom *d'île de Crète*, sans parler de son fameux labyrinthe. Il est situé près de l'ancienne ville de Gortyne, au pied du mont Ida. Tout y rappelle encore les malheurs de Dédale, les amours de Pasiphaé, le Minotaure ainsi que les aventures de la tendre Ariadne et de l'inconstant Thésée. Quelques auteurs ont prétendu que ce souterrain n'était qu'une réunion d'anciennes carrières d'où l'on avait tiré les pierres qui servirent à la construction de Gnosse ou de Gortyne; mais tout prouve au contraire que c'est une caverne naturelle qui a seulement été modifiée par les travaux de l'homme. Ce qui démontre seul que ce n'est point une carrière, c'est l'entrée, qui consiste en une ouverture de 7 à 8 pas de large, par laquelle un homme de médiocre grandeur ne pourrait pas entrer sans se courber. L'intérieur est une réunion de galeries et de salles élevées de 7 à 8 pieds et taillées en murailles droites, parce que les Grecs ont voulu embellir ici ce qu'avait fait la nature. Quelques endroits sont assez bas pour qu'il faille s'y baisser. Enfin cette vaste enceinte se compose d'une si grande quantité de chemins et de détours qu'on s'y égarerait infailliblement sans les plus grandes précautions. Il n'est pas inutile d'ajouter que, dans les collines voisines de ce labyrinthe, il existe deux ou trois systèmes de cavernes naturelles que l'on pourrait transformer à peu de frais en labyrinthes semblables.     (J. H.)

**CANEPETIÈRE ou CANNEPETIÈRE.** (ois.) Cette espèce, l'*Otis tetrax* de Linné, porte aussi quelquefois le nom de petite Outarde. Les continuateurs de la Zoologie de Shaw l'ont prise pour type de leur genre *Tetrax*, mais elle ne diffère des vraies Outardes par aucun caractère qui puisse autoriser cette distinction.

La Canepetière recherche les lieux arides et découverts; elle se nourrit de graines et principalement d'insectes et de vers; on la trouve en Espagne, en Italie et en Turquie, ainsi que dans le midi de la France; elle est plus rare dans le nord, cependant on la voit quelquefois dans nos départemens septentrionaux ainsi qu'en Belgique.

Sa taille moindre (elle n'a que 18 pouces de longueur totale) et quelques différences dans la coloration la distinguent de l'*Otis tarda* ou grande Outarde, dont elle présente d'ailleurs les mœurs et les habitudes.

Elle niche dans les herbes et les champs; sa ponte est de trois à cinq œufs d'un vert uniforme et lustré.     (Gerv.)

**CANNAMELLE,** *Saccharum.* (bot. phan.) Genre de plantes de la famille des Graminées et de la Triandrie digynie. Son caractère distinctif est d'avoir deux valves calicinales, manquant quelquefois, garnies à leur base d'un duvet long et soyeux; une seule fleur pâle à deux valves mutiques ou terminées par une barbe. Les espèces qui constituent ce genre intéressant sont remarquables par leur port et les usages auxquels on les emploie. Nous parlerons plus bas de la Canne a sucre (*v.* ce mot); nous allons seulement ici citer, parmi les autres, celles que l'on est en droit de voir introduites tôt ou tard dans nos cultures.

La Cannamelle de Ravenne, *S. Ravennæ*, plante d'une grande beauté que j'ai vue sur les bords humides de l'Adriatique monter à deux et trois mètres de haut; elle produit le plus bel effet possible lorsque les rayons solaires se jouent sur ses longues et magnifiques aigrettes dont les flots argentés ondulent au moindre vent sur sa panicule rameuse. Sa tige est munie de feuilles glabres, de trente-deux centimètres de long; elle est droite, de grosseur moyenne, et fort recherchée par les Turcs et les Arabes pour faire des tuyaux de pipe. Cette plante était connue des anciens Grecs sous le nom de *Suri.*

Dans les sables mouvans du midi de la France la Cannamelle cylindrique, *S. cylindricum*, sert à les fixer au moyen de ses racines tortueuses, traînantes et fort longues. Sa tige monte jusqu'à quatre mètres, le plus habituellement à deux; elle est garnie de feuilles glauques enroulées sur elles-mêmes. L'épi est long et décoré d'un duvet soyeux à reflets argentés, beaucoup plus court que dans l'espèce précédente. Cette plante paraît nous être venue des côtes de la Barbarie par l'Espagne, où on la retrouve spontanée.     (T. D. B.)

**CANNE.** (bot.) Mot vulgairement employé pour désigner toutes les espèces de plantes à tiges droites, articulées par intervalles, et qui laissent échapper de ces nœuds ou renflemens des feuilles formant gaîne à leur base. C'est sous cette dénomination que l'on entend plus particulièrement parler des Roseaux; on l'applique aussi à d'autres végétaux, mais on y ajoute d'ordinaire un surnom ou bien une épithète; j'en citerai quelques cas.

Canne-a-main, les jets droits et plians du Rotang, *Calamus petræus* de Loureiro, qui sont les cannes que l'on porte tantôt par nécessité, le plus souvent par mode.

Canne-bamboche. Quelques auteurs donnent ce nom au Bambou, l'*Arundo bambos* de Jussieu, dont les tiges servent au même usage en Europe, quand dans l'Inde elles sont employées à bâtir des maisons.

Canne-berge. Nom vulgaire de l'espèce d'Airelle, *Vaccinium oxycoccus*, qui croît dans nos forêts marécageuses, et dont la baie acide a la propriété de nettoyer et de blanchir l'argenterie. On mange aussi ce fruit qui est d'un beau rouge. Cette plante est rebelle aux soins de l'horticulteur; elle aime l'indépendance; et lorsqu'on veut la plier au joug de la domesticité, elle périt bientôt. (*Voy.* au mot AIRELLE.)

CANNE CONGO ou d'Inde. C'est aux Antilles le nom vulgaire du Balisier le plus anciennement connu, *Canna indica.* (*V.* BALISIER.) Les créoles de Cayenne appellent ainsi le Pacocaatinga du Brésil, qui est le *Costus arabicus* des botanistes.

CANNE DE RIVIÈRE. A la Martinique , c'est le nom du *Costus arabicus*, que l'on trouve en Asie comme en Amérique ; à Cayenne, c'est l'Alpinie en épi, *Alpinia spicata* de Jacquin.

CANNE DE TABAGO. Espèce de palmier poussant des jets assez élevés pour en faire des cannes que l'on expédie en Europe des ports de l'Amérique du sud, principalement de Carthagène. Jacquin a donné à ce genre le nom de *Bactris*, qui en grec signifie bâton. (*V.* aux mots BACTRIS et PALMIER).

CANNE-MARONE. Aux Antilles on donne ce nom vulgaire au Gouet vénéneux, *Arum seguinum*, ainsi qu'au poison que l'on extrait de sa racine ; à Mascareigne, c'est celui d'un scirpe, *Scirpus iridifolius*, dont le port rappelle celui de la Canne à sucre , et dont la tige élevée est munie de feuilles ressemblant à celles de l'iris des marais; tandis qu'à Cayenne c'est le nom d'une espèce d'Alpinie, l'*Alpinia occidentalis*.

CANNE-ROSEAU et CANNE ROYALE, Variété du Roseau à quenouilles, *Arundo donax*, dont les feuilles sont panachées de blanc.

CANNE-VÈLE. Mot vulgaire corrompu de celui de Canne vraie que porte le Roseau à quenouilles, *Arundo donax*, dans plusieurs localités du midi de la France.       (T. D. B.)

CANNE A SUCRE, *Saccharum officinale.* (BOT. PHAN.) Plante vivace aussi utile qu'elle est intéressante, que l'on cultive dans l'Inde, aux îles de l'Afrique , en Amérique et plus particulièrement aux Antilles, où l'on dit généralement qu'elle fut portée lors de la découverte, au xv⁰ siècle, du second hémisphère oublié depuis des siècles. Je ne partage point ce sentiment; tout me prouve qu'elle y a été trouvée spontanée, et même employée, aussi bien qu'aux îles de Madère et des Canaries. Il est également hors de doute à mes yeux que Théophraste et les naturalistes venus après lui connaissaient cette précieuse graminée, ou du moins ils savaient qu'elle donnait une liqueur éminemment sucrée, qu'ils appelaient *Miel de Roseau*, mais ils estimaient à tort qu'elle se cristallisait naturellement sur la plante. A une époque très-ancienne, elle passa des terres légères et profondes que baigne le Gange, sur les bords du Nil, dans l'Arabie, où elle s'est conservée long-temps, et dans les parties les plus chaudes de l'Afrique; elle remonta aux côtes de la Phénicie, se répandit lentement et presque sans bruit dans les îles de l'Archipel grec, en Chypre et à Candie, à Rhodes, sur les côtes de la Morée ou elle abondait encore

en 1506, au rapport de Bongues, et dans l'île de Malte , dont le sucre était reconnu pour le plus dur, mais aussi le moins blanc. Un siècle auparavant, selon le géographe de Nubie, il y avait des Cannes à sucre aux environs d'Achmim; leur culture était aussi à la même époque très-florissante en Sicile, principalement dans les délicieuses campagnes d'Enna; en 1242 elle formait une branche importante de commerce; les belles plantations qui couvraient alors les riches vallées de Massara, de Noto, les environs d'Avola et de Mellifi, y sont encore représentées aujourd'hui par quelques champs où la Canne à sucre prospère de la manière la plus heureuse, mais plus par curiosité qu'utilement.

De cette île, autrefois la contrée de l'Europe la plus célèbre par sa fertilité, par l'immense variété de ses excellens produits, la Cannamelle officinale fut portée dans la Calabre, où d'anciennes descriptions de ce pays très-peu connu, même des géographes, m'ont indiqué plusieurs villages qui fournissaient au commerce de fortes quantités de sucre bien cristallisé. A la fin du treizième siècle elle vint en France, où elle fut cultivée d'abord par engouement, puis abandonnée; cependant au commencement du siècle suivant, et même en 1333 et en 1353 il y a des actes authentiques parlant du sucre recueilli et raffiné qui, de nos régions du midi, remontait vers le nord; et, au dire de Beaujeu, écrivain du seizième siècle, cette culture demeura en plein rapport dans nos départemens riverains de la Méditerranée, surtout depuis les dernières bouches du Rhône jusqu'à Hyères , et s'y conserva jusqu'à l'année 1551. Ses grands succès aux Antilles, où elle donne des résultats meilleurs, plus certains et plus abondans , mirent un terme à cette exploitation en France. On a tenté aux derniers jours du dix-huitième siècle de la reprendre aux environs de Hyères; on eut quelques succès , mais la concurrence du sucre obtenu de la BETTERAVE ( *v.* ce mot ) n'a pas permis d'en faire un sujet durable de culture. On a répété l'essai auprès de Lille, département du Nord, en 1831 , et ceux qui s'y sont livrés ont eu motif de s'en applaudir. C'est donc sans examen et bien gratuitement que certains agriculteurs de cabinet ont prononcé que l'entreprise ne pouvait point réussir en France. Charpentier-Cossigny a été plus sage et plus vrai quand il a dit, au contraire, qu'elle y reparaîtrait tout aussi brillante que par le passé, en adoptant une culture différente de celle des colonies. Il en a fourni les moyens en publiant en 1808 un *Mémoire* détaillé *sur les plantations de Cannes à sucre à faire dans les départemens méridionaux de la France, sur l'extraction du sucre* qui en proviendra. (J'y renvoie en toute confiance, l'ouvrage étant écrit consciencieusement par un habile praticien.)

La Canne à sucre est très-agréable à voir, comme on pourra s'en faire une idée en portant les yeux sur la pl. 72, fig. 1, de notre Atlas. De sa racine genouillée, fibreuse et pleine de sucre, sortent plusieurs tiges qui s'élèvent à deux et quatre mètres de hauteur, avec un diamètre de trente-quatre à quarante-cinq millimètres. Ces tiges sont très-lisses, luisantes, articulées et garnies chacune de quarante à soixante et même quatre-vingts nœuds plus ou moins rapprochés, remplies d'une moelle succulente qui, étant exprimée, porte le nom de *vin de Canne*, et c'est de cette liqueur que l'on extrait le sucre. De chaque nœud partent de longues feuilles, striées, larges, d'un vert glauque, avec une nervure blanche; elles embrassent la tige à leur naissance, forment une espèce d'éventail dans leur partie supérieure, et tombent à mesure que la canne mûrit. Au sommet de la tige ou flèche, lequel est sans nœuds, est une large panicule soyeuse, argentée, couverte de petites fleurs blanchâtres, très-nombreuses, cachées à la vue et donnant naissance à des graines oblongues, enveloppées par les valves.

Cette belle graminée met cinq à six mois pour parvenir à son entier accroissement, et dès l'instant qu'elle a fleuri, le terme de son existence est certain; il arrive plus promptement quand sa constitution est plus faible. Lorsqu'elle est dans sa maturité, elle est pesante, facile à casser, d'une couleur jaunâtre, violette ou blanchâtre, selon les variétés : c'est le moment de la récolte. Alors la tige se divise en deux parties; l'une, dépouillée de feuilles, se nomme *Canne sucrée*, parce qu'elle présente le sucre tout formé; l'autre, dite *Tête de Canne*, est garnie de feuilles vertes, au nombre de douze à quinze, que l'on enlève, et avec elle on forme un plançon de trente-deux centimètres de long qui est destiné à donner un nouvel individu, là où l'on n'a pas recours à la voie des graines.

Ses produits sont immenses. Outre le sucre dont on connaît les qualités et l'emploi dans l'économie domestique ( *voyez* Sucre ), elle donne des sirops que l'on convertit en tafia ou rhum, en vinaigre, en bière excellente, en liqueurs diverses. Elle fournit aux bestiaux un très-bon fourrage. Ses racines, brûlées sur le sol, l'ameublissent et le fertilisent par leurs cendres.

Ainsi que je l'ai dit, la Canne à sucre compte plusieurs variétés. On en cultive quelques unes hâtives dans l'Inde, au Bengale, à Amboine, à la Cochinchine, à O-Tahiti. La blanche, que l'on estime davantage aux Moluques, a une grande écorce très-mince, elle rend beaucoup de jus et fournit du sucre en quantité ; la rouge de Batavia a la tige et les feuilles de cette couleur, elle produit moins de sucre, mais il est plus doux que celui de la variété blanche; la verte, pour sa tige très-mince, son écorce peu épaisse, sa saveur très-douce et la quantité de sucre qu'elle produit, est particulièrement recherchée par les Javanais, surtout ceux de la côte de Zurocbaya. (T.D.B.)

**CANNELLE** et **CANNELLIER**. (BOT. PHAN.) Sous le nom de *Cannelle*, on emploie ordinairement l'écorce privée de son épiderme, ou plutôt la première couche du liber du CANNELLIER, qui habite l'île de Ceylan, que l'on cultive à la Jamaïque, à Cayenne, etc., et qui appartient à la famille des Laurinées de Jussieu. Je dis ordinairement l'écorce du Cannellier, parce qu'on désigne encore sous le même mom diverses écorces qui n'ont pas toujours de l'analogie, et qui ne sont pas non plus de la même famille : telles sont par exemple, les Cannelles blanche, giroflée, poivrée, etc.

Le mot *Cannelle* vient de *Cannella*, qui signifie en italien, tuyau, ou du mot *canne*, à cause de la ressemblance qu'ont les écorces longues et cylindriques, avec de petites baguettes.

Les caractères botaniques du Cannellier, dont nous avons représenté un rameau, pl. 72, fig. 2, sont les suivans: tronc de quinze à vingt pieds de hauteur sur un pied et demi de diamètre; écorce d'un roux grisâtre; bois doux, léger, poreux, odorant et assez semblable à l'osier : on en fait des meubles dans le pays; feuilles opposées, ovales, oblongues, lisses, pétiolées, odorantes, pointues à leur sommet, trinervées à la base, à la partie moyenne seulement, de couleur écarlate quand elles apparaissent, mais devenant peu à peu d'un vert luisant en dessus, d'un vert plus clair en dessous; donnant à la distillation une huile volatile analogue à celle du girofle; fleurs petites, blanches, nombreuses, disposées en panicule terminale, paraissant de février en mars, et donnant à la distillation une huile volatile un peu moins suave que celle des écorces ; fruit (baie) ovale, bleuâtre dans sa maturité, renfermant un noyau où se trouve une amande rougeâtre fournissant également de l'huile essentielle, et une huile concrète dite *cire de Cannelle*, avec laquelle on fait des bougies; racines très-aromatiques, contenant beaucoup de camphre que l'on extrait et que l'on consomme dans le pays.

On distingue dans le commerce les *Cannelles Ceylan*, *Chine*, *Cayenne* et *Malte*. Ces quatre sortes sont toutes fournies par le *Laurus cinnamomum* que nous venons de décrire, et ne diffèrent les unes des autres que par leur épaisseur, leur couleur, leur odeur et leur saveur, différences dues à ce que ces écorces sont récoltées à des époques qui ne sont pas les mêmes, et sur des sujets un peu plus ou un peu moins avancés en âge. Nous ne ferons connaître avec quelques détails que les deux premières, comme étant les plus employées, l'une en médecine, l'autre par les parfumeurs pour en extraire l'huile essentielle.

La Cannelle de Ceylan, la plus estimée, la seule que l'on doive employer en pharmacie, se présente sous forme de morceaux cylindriques, longs de trois à quatre pieds, à peu près de la grosseur du petit doigt, formées quelquefois de quatre à six feuillets emboîtés les uns dans les autres, minces comme une feuille de papier, d'une couleur blonde plus ou moins foncée, d'une cassure un peu fibreuse, d'une odeur aromatique, agréable, qui se perd à la longue, et surtout dans des vases exactement fermés; d'une saveur chaude, aromatique, piquante, un peu sucrée et agréable.

La Cannelle de Chine, ainsi nommée parce qu'on croyait qu'elle venait de la Chine, et d'un arbre particulier, diffère de la précédente par son épaisseur beaucoup plus considérable , par le plus petit nombre ( 1 ou 2 ) de ses feuillets emboîtés , par sa couleur plus prononcée , sa cassure plus nette , son odeur plus forte , moins suave ; sa saveur plus chaude , âcre , non sucrée , désagréable.

Dans le commerce on vend assez souvent la *Cannelle Cayenne* pour la *Cannelle Ceylan* , et la *Cannelle Malte* ou *plate* , ainsi que des débris d'écorces inodores et presque insipides, pour de la *Cannelle Chine*. La première substitution est de peu d'importance, surtout quand l'écorce du Cannellier cultivé à Cayenne est de première sorte. Quant à la seconde fraude , le plus léger examen suffit pour la reconnaître ; ainsi la Cannelle Malte est beaucoup plus épaisse , plus colorée , moins sapide , moins odorante que celle de Chine, et les morceaux de cette dernière , loin d'être brisés comme ceux qu'on y a mélangés , ont toujours une certaine longueur. On trouve quelquefois dans les Cannelles des morceaux dont on a frauduleusement retiré l'huile essentielle à l'aide de la distillation , et des écorces du *Cassia lignea*. A moins d'agir en grand et d'avoir à sa disposition d'excellente Cannelle qui , sur quatre-vingts livres, donne deux onces d'huile plus légère , et cinq onces d'huile plus pesante que l'eau , il est difficile de démasquer cette sophistication , car l'odeur et la saveur moins prononcées des morceaux privés de leur huile essentielle , ne peuvent guère suffire dans ce cas.

L'écorce de Malabar , la Cannelle de Malabar ou de Java , ou écorce du Laurier *Cassia lignea* , *Laurus cassia* de Linné , famille des Laurinées , arbre que l'on trouve à Malabar , à Java , à Sumatra , etc. , diffère des vraies Cannelles par sa couleur rouge brune , son épaisseur plus considérable, son odeur très-faible , et surtout par sa saveur très-mucilagineuse et un peu amère.

La culture des Cannelliers est extrêmement facile ; elle se fait sans ordre et à côté d'autres végétaux plus ou moins dissemblables. Les semis ont lieu en août , et vingt jours après , la germination a commencé. Les *jardins* ou bosquets de Cannelliers ressemblent assez bien à nos taillis de quatre à cinq ans. On les transforme quelquefois en pépinières , afin de pouvoir transporter les plus jeunes , la première année , après la saison des pluies. Le sol qui paraît le plus convenable à cette culture , celui qui , entre Matura et Négambo , constitue ce que l'on nomme le *champ de Cannelle* , est de sable très-fin , quartzeux , et blanc à sa surface. Les Cannelliers qui croissent dans des terrains plus riches en *humus*, donnent des écorces épaisses , peu aromatiques , et généralement inférieures en qualité.

Quand les Cannelliers ont atteint 7 à 8 pieds de hauteur , que leur tronc a de un demi-pouce à deux pouces au plus de diamètre , ce qui a lieu ordinairement après la sixième ou la septième année , on procède à leur décortication , opération qui a lieu deux fois par an , après les pluies , et lors de l'ascension de la sève. La première exploitation commence en avril et finit au mois d'août , la seconde en novembre jusqu'en janvier.

Pour cela, des ouvriers priviligiés, dit le célèbre Thunberg, nommés *écorcheurs de cannelle*, s'assurent, à l'aide d'une entaille faite au Cannellier, si l'écorce est mobile. La non-adhérence de l'écorce étant reconnue, on l'enlève en lanières, à l'aide d'incisions longitudinales , dont le nombre est subordonné à la grosseur de la branche. On superpose ensuite toutes les lanières, et on en fait des paquets de 8 à 10 pouces d'épaisseur, que l'on abandonne à eux-mêmes pendant vingt-quatre ou trente-six heures, ou jusqu'à ce qu'une légère fermentation établie permette la séparation de l'épiderme ou de la partie verte de l'écorce. Ainsi préparée , celle-ci se roule sur elle-même en cylindres qu'on emboîte les uns dans les autres, et que l'on fait sécher sur des claies , à l'ombre d'abord , puis au soleil.

Les morceaux de Cannelle que l'on ne peut mettre en bottes à cause de leur petitesse, les arbres que l'on ne peut écorcer, etc., sont soigneusement ramassés et coupés pour l'extraction de l'huile si recherchée et si chère en Europe.

Les Cannelles nous arrivent cousues dans des sacs de laine, par balles de soixante-et-dix à quatre-vingts livres : la récolte n'excède pas, dit-on , 400,000 livres.

La Cannelle de Ceylan , dont les principes actifs sont solubles dans l'eau et l'alcool , est journellement employée en médecine , en pharmacie et dans l'économie domestique. En médecine , on la prescrit avec avantage, unie au quinquina , à l'absinthe, etc. , dans les cas d'atonie de l'estomac, de diarrhées anciennes , de fièvres ataxiques et adynamiques arrivées à leur dernière période, de salivations spontanées, non symptomatiques, etc. Les pharmaciens en font une foule de préparations , telles que : poudre, tisane, sirop, eau distillée , teinture , qui sont toutes très-usitées , et qui servent à masquer l'odeur ou la saveur désagréable de quelques autres médicamens. Enfin dans les pays méridionaux , elle est un condiment très-usité , et les parfumeurs, les confiseurs, les distillateurs, confectionnent avec la Cannelle des poudres, des gelées, des liqueurs extrêmement agréables. On la mâche quelquefois pour parfumer l'haleine.

On ignore encore si la Cannelle était connue ou non des Hébreux et des Grecs. Dioscoride, Pline et Théophraste , qui ont beaucoup disserté sur l'origine et les étymologies des *Cassia* et des *Cinnamomum* , ne nous apprennent rien de positif sur ce sujet.

*Nota*. Parmi les quelques écorces que l'on désigne improprement sous le nom de *Cannelle*, nous ne citerons en passant que les écorces du *Cannella alba* et du *Myrtus caryophyllata*.

Le *Cannella alba* de Murray, de la famille des Guttifères de Jussieu , arbre de la Jamaïque, donne la *Cannelle blanche* ou *fausse écorce de Winther*. Cette écorce, peu usitée aujourd'hui, jouit cependant des mêmes propriétés que l'écorce de

Cannelle Ceylan. Elle se présente en morceaux plus ou moins volumineux, roulés en tube ou en gouttière, assez épais, d'un jaune blanchâtre à l'extérieur, parsemés de taches blanches elliptiques, tapissés d'une pellicule blanche à l'intérieur; d'une cassure grenue, marbrée; d'une odeur agréable de girofle, d'une saveur âcre et piquante, très-peu amère.

La véritable écorce de Winther, *Cortex digmis Wintheri*, arbre du détroit de Magellan et de la famille des Magnoliacées de Jussieu, est en morceaux plus gros et plus rugueux que ceux de la Cannelle blanche; leur surface est parsemée de taches rouges elliptiques; leur couleur est rougeâtre; leur cassure moins nette; leur odeur analogue à celle du basilic; leur saveur âcre et brûlante, etc.

La Cannelle giroflée ou *tout épice*, écorce du *Myrtus caryophyllata* de Linné, de la famille des Myrtes de Jussieu, arbre qui croît à la Jamaïque, à Cuba, etc., est en morceaux cylindriques plus ou moins gros, plus ou moins longs, formés de plusieurs feuillets roulés les uns dans les autres; sa couleur est rougeâtre, sa cassure fibreuse, son odeur de girofle (de là son nom) forte et prononcée; sa saveur chaude, aromatique, piquante et un peu astringente, etc.      (F. F.)

CANONNIER. (ins.) Nom vulgaire de plusieurs espèces de Brachines. (*V.* Brachine et Bombardier.)      (Guér.)

CANOPE, *Canopus*. (ins.) Genre de l'ordre des Hémiptères, famille des Géocorises, établi par Fabricius et ayant pour caractères essentiels : corps très-renflé, un peu comprimé, concave en dessous, avec les bords de l'écusson pendans sur les côtés; point d'yeux lisses, pieds mutiques.

Depuis que Fabricius a établi ce genre, on n'avait pas vu d'insectes s'y rapportant exactement; M. Delaporte, dans son Essai d'une classification des Hémiptères, inséré dans notre Magasin de Zoologie, avait établi, avec quelques espèces très-globuleuses, son genre *Platycephala*, et l'avait considéré comme très-voisin des *Canopus* de Fabricius; mais M. Gray, dans le Règne animal anglais, ayant rapporté une espèce de ce genre aux *Canopus*, M. Delaporte a adopté cette idée, et dans une note placée à la suite de son travail, il dit que le nom de *Canopus* doit être restitué à son genre *Platycephala*.

Nos connaissances en étaient à ce point sur le genre *Canopus*, quand nous avons fait graver la figure 3, pl. 72 de notre Atlas; pendant le peu de jours écoulés depuis, M. Chevrolat, l'un des entomologistes les plus distingués de Paris, de retour d'un voyage en Danemarck et en Suède, a rapporté le véritable *Canopus*, provenant de la collection de Fabricius lui-même, et nous avons pu nous convaincre que tout ce qu'on avait dit sur ce genre n'est qu'erreur; il résulte de notre observation que le genre *Platycephala* de M. Delaporte doit être conservé, quoique cet auteur y ait renoncé, et que l'insecte que nous avons figuré dans notre Atlas doit lui appartenir; nous proposons donc de le nommer *Platycephala madagascarien-*

*sis*, pour rappeler sa patrie; il est très-globuleux, de couleur d'acajou, avec une bande transverse jaune sur le bord postérieur du corselet et une autre bande également jaune et transversale au milieu de l'écusson qui couvre tout le corps.

Le genre Canope proprement dit se compose de deux espèces; M. Lefebvre, qui les a eues de M. Chevrolat, en donnera bientôt une description détaillée et des figures; l'espèce type du genre, et seule décrite par Fabricius, est le *Canopus obtectus*: cet insecte ressemble à une petite coccinelle, ou bête à bon dieu, mais il est encore plus bombé. Il est tout noir, luisant, avec les pattes jaunes; il se trouve, suivant Fabricius, dans l'Amérique méridionale.      (Guér.)

CANTHARIDE, *Cantharis*. (ins.) Genre de Coléoptères de la section des Hétéromères, famille des Trachélides, tribu des Cantharidiens, établi par Geoffroy et adopté par Olivier; nous le maintiendrons malgré l'autorité de Fabricius qui a changé ce nom en celui de *Lytta* et reporté le nom de Cantharis à des insectes tout-à-fait différens, ou du moins qui, dans la méthode actuelle, en sont très-éloignés : les caractères qui distinguent principalement les Cantharides sont d'avoir tous les articles des tarses entiers; le corselet presque ovoïde, tronqué postérieurement; le second article des antennes beaucoup plus court que le précédent, et le dernier article des palpes maxillaires plus gros que le précédent.

Les Cantharides sont assez reconnaissables, cependant on donne ce nom assez souvent à un autre insecte de couleur verte que l'on trouve sur les roses et qui n'est autre que la *Cétoine dorée* : c'est un insecte carré plat à antennes lamellées; les Cantharides ont la tête beaucoup plus large que le corselet, perpendiculaire; le corselet est incliné en avant, plus étroit à son bord antérieur où la tête paraît montée comme sur un pivot; il est droit à son bord postérieur; les élytres sont arrondies et plus larges à leur extrémité; les antennes sont filiformes ou sétacées, quelquefois un peu renflées dans les mâles. Le premier article des tarses est échancré intérieurement dans les mâles. Les Cantharides vivent dans nos pays sur les lilas et les frênes, surtout sur ces derniers; elles y sont quelquefois en si grand nombre, qu'elles en dévorent entièrement les feuilles. Lors de l'accouplement, les mâles, au moyen de l'échancrure du premier article de leurs tarses, saisissent les femelles par les antennes pour se maintenir sur elles; cette observation, qui a été de nos jours reproduite comme nouvelle, se trouve consignée très au long dans le *Naturforscher* (23, st., tab. 1, fig. 8), journal allemand qu'on ne saurait trop consulter; après l'accouplement, la femelle s'occupe de la ponte qui consiste en une masse de très-petits œufs de forme cylindrique, jaunâtres, aplatis à leur extrémité. Les larves en sortent au bout d'une quinzaine de jours; elles sont blanchâtres, munies de pattes, d'antennes et de deux filets à l'extrémité du corps. On croit qu'elles vivent dans l'intérieur de la terre aux dépens des racines, mai la forme de leurs mandibules, qui est très-pointue, me ferait plutôt penser que, comme les larves de meloé, elles vivent en parasites; cependant c'est en terre qu'elles opèrent leur dernière métamorphose.

Les anciens ont connu les Cantharides et leurs propriétés, mais à quelle espèce ont-ils donné ce nom? c'est une question qu'il est bien difficile de résoudre; cependant, d'après un passage de Galien, on peut penser que ce doit être un Mylabre, parce qu'il indique qu'elles ont un cercle jaune transversal sur les ailes, et l'on sait que ces espèces sont encore employées en Italie et même en Chine; on ne sait pas non plus à quelle époque s'est introduit l'usage de la Cantharide dite des boutiques; il paraîtrait que son usage nous vint d'abord d'Espagne, car elle porte quelquefois le nom de mouche d'Espagne, au moins le commerce la tirait de ce pays; maintenant notre propre pays en fournit autant qu'il lui est nécessaire; leur odeur pénétrante les fait facilement découvrir, aussi quand on veut les récolter on étend des draps sous les frênes où elles sont rassemblées en grand nombre, et en secouant l'arbre fortement elles tombent à terre; on les ramasse et on les jette dans le vinaigre pour les faire périr promptement; on les met ensuite à sécher; plus ces insectes sont nouvellement éclos, plus leur action est active; on doit donc tâcher de les ramasser aussitôt après leur éclosion.

Ce genre est devenu assez nombreux en espèces, mais nous nous contenterons d'en citer deux, parce que toutes deux sont employées par la médecine.

C. A VÉSICATOIRE, *C. vesicatoria*, Linn., Oliv., représentée dans notre Atlas, pl. 72, f. 5. Longue de six à huit lignes, tête refendue postérieurement, corselet, avec une impression longitudinale dans son milieu; d'un vert métallique brillant, quelquefois bleuâtre, quelquefois jaunâtre; les antennes, à partir du deuxième article, sont noires. Commune dans toute l'Europe.

C. A BANDES, *C. vittata*, Fab. Longue de six à sept lignes, noire, tête corselet, cinq bandes longitudinales sur les élytres, dont une suturale, origine des fémurs fauve. Cette espèce, propre aux États-Unis, y est employée aux mêmes usages que la Cantharide à vésicatoire. (A. P.)

CANTHARIDE. (MOLL.) Nom marchand d'une belle espèce de Troque, le *Trochus iris*, Gmelin. (*V.* TROQUE.) (GUÉR.)

CANTHARIDIES, *Cantharidiæ*. (INS.) Tribu de Coléoptères de la section des Hétéromères, famille des Trachélides, ayant pour caractères: crochets des tarses profondément divisés ou comme doubles; la tête est verticale, les mandibules ont une pointe simple; les palpes sont filiformes; l'abdomen est mou, les élytres flexibles, tombant le plus souvent sur les côtés; ces insectes sont en outre connus sous le nom de vésicans à cause de la propriété caustique qu'ils possèdent, et qui est souvent utilisée en médecine pour les vésicatoires; mais leur emploi demande beaucoup de prudence, et s'ils peuvent agir comme remède, ils peuvent

agir aussi comme poison. Dans leur dernier état ils vivent sur les végétaux, mais quelques uns vivent dans le premier âge en parasites; on ignore les mœurs de la plupart, et ce que l'on sait des autres est encore peu de chose. Nous dirons ce que l'on sait de chacun d'eux à leur article. (A. P.)

CANTHÈRE, *Cantharus*. (POISS.) Le genre Canthère compose à lui seul une tribu dans la famille des Sparoïdes de Cuvier, caractérisée par un corps ovale, une bouche étroite, un museau à peine protractile, et par l'absence des épines et des dentelures aux pièces operculaires, et enfin par une rangée de dents en velours ou en cardes. L'on connaît maintenant douze espèces de ce genre, quatre d'entre elles sont originaires de la mer Méditerranée et des parages qui l'avoisinent, les autres sont étrangères. Parmi celles qui habitent nos mers, nous citerons premièrement le CANTHÈRE COMMUN (*Cantharus vulgaris*, Cuv., *Sparus Cantharus*, Linné), Duhamel, sect. IV, pl. IV, fig. 1, et Rondelet, p. 120, seul des auteurs de son temps qui ait bien connu ce Canthère : le corps de ce poisson est ovale, son museau est assez aigu, l'œil grand, arrondi; l'anale est moins haute que la dorsale, et ses épines sont plus fortes que celles de la dorsale qui sont grêles; la candale est un peu fourchue; les pectorales sont de longueur médiocre; les ventrales sont attachées sous les pectorales. Les couleurs du Canthère sont d'un gris argenté très-brillant, avec quinze ou seize lignes longitudinales brunes, dorées, très-vives, et qui sont plus visibles au dessous de la ligne latérale que sur le dos. La dorsale et l'anale sont violacées; les pectorales sont pâles; les ventrales brunâtres. Les auteurs indiquent différens noms, qui sont tous des altérations plus ou moins fortes de celui que l'on applique à celui-ci. Suivant Bélon, les Marseillais le nomment *Canthena*, et nos Provençaux, d'après Rondelet, *Canthens*. Ces deux auteurs disent que les Génois l'appellent *Tuma*, ce qui veut dire enfumé, à cause de la couleur de son dos. Brünnich et Rafinesque lui donnent comme nom vulgaire celui de Contors. Laroche l'a entendu nommer ainsi à Ivica. Risso croit que les pêcheurs de Nice appellent les jeunes Canthères *Canthena*, les adultes *Canuda*. Suivant cet auteur, le Canthère vit isolé, et sa chair est molle et peu estimée; il s'accorde en ce dernier point avec Rondelet, mais ce naturaliste dit au contraire que les Canthères vont par bandes, qu'ils cherchent les endroits où les eaux sont vives, et que, lorsqu'on les prend dans ces lieux, leur chair a meilleur goût, s'ils y ont séjourné pendant quelque temps. La seconde espèce est le CANTHÈRE BRÊME (*Cantharus Brema*, Cuv., *Sparus Brema*, Linn.). Son corps a moins de hauteur que l'espèce précédente; sa nuque est plus déprimée, son front plus aplati, l'œil plus grand, les dents plus fines et plus égales, ses écailles plus lisses, et sa ligne latérale marquée par une suite de petits pores. Sa couleur est d'or argenté avec des lignes longitudinales dorées, et quelques nébulosités brunâtres sur les flancs. La dorsale est violacée

lacée et tachetée ; la caudale a des marbrures violettes. Duhamel est le premier qui en parle. Il se rappelle, dit-il, avoir mangé sur les côtes de la haute Normandie un poisson qu'il nomme *Brême de mer*, et dont il a conservé un dessin gravé dans son Traité des pêches, 2ᵉ partie, sect. 4, pl. 4, fig. 2. Le **CANTHÈRE ORBICULAIRE** ( *Cantharus orbicularis*, Cuv.). Cette espèce a le museau plus court, le profil plus vertical que le Canthère commun ; ce n'est qu'auprès de la dorsale que le dos commence à prendre la courbure ; la ligne du ventre est courbe, ce qui donne au poisson une forme plus orbiculaire. La tête est moins longue, le front plus large et plus bombé : l'œil est moins grand. La dorsale est assez haute, et l'anale presque aussi haute que la précédente ; la caudale est moins fourchue , et la pectorale est plus large que dans l'espèce commune ; la ligne latérale est marquée par une double série de pores. Ce poisson paraît plus doré que les précédens, parce que chaque écaille porte un large trait vertical doré, et leur bord gris est argenté. La dorsale et l'anale sont d'un bleu violacé très-foncé. Enfin la quatrième espèce que l'on trouve dans la Méditerranée est le **CANTHÈRE GRIS** (*Cantharus griseus*, Cuv.). La hauteur de ce poisson est à peu près la même que celle du Canthère commun, et cependant son dos est plus arqué, sa tête de grandeur médiocre ; son front est légèrement convexe, et un peu élargi au dessus des yeux ; ceux-ci sont grands , arrondis, placés sous le haut de la joue ; sa bouche est petite ; ses mâchoires sont d'égale longueur. Les rayons de la dorsale sont grêles , elle est échancrée, peu fourchue. La couleur générale de ce poisson est argentée, gris sur le dos avec des reflets bleus, et quatre à cinq raies longitudinales d'un brun violâtre sur chaque flanc ; la dorsale épineuse est noirâtre, et la portion molle de cette même nageoire est moins foncée ; la caudale et les pectorales sont grises ; les ventrales sont bleuâtres en dessous et blanchâtres en dessus. Ce Canthère est figuré par Duhamel dans son Traité des pêches, 2ᵉ partie, sect. 4, p. 7, fig. 1. La chair de ce poisson est ferme et d'assez bon goût. (ALPH. G.)

**CAOUANNE. (REPT.)** *Voy.* CHÉLONÉE.

**CAOUT - CHOUC**, GOMME ÉLASTIQUE. ( BOT. PHAN.) Le Caout-chouc est une substance végétale extrêmement élastique, d'une couleur blonde, quelquefois brunâtre, opaque quand elle est en masse, demi-transparente quand on diminue son volume, imperméable à l'eau et aux gaz, etc., dont on a long-temps ignoré l'origine , et dont La Condamine a parlé le premier en 1736. On sait aujourd'hui que le Caout-chouc est formé par l'*Hevea guianensis* d'Aublet et de Lamarck, arbre des forêts de la Guyane française, et qui appartient à la famille des Euphorbiacées de Jussieu.

Le Caout-chouc se trouve dans le commerce en masses plus ou moins volumineuses et de formes variables. Les unes ressemblent à des poires, à des bouteilles, à des oiseaux, etc. : les autres offrent l'empreinte de figures, de dessins, de lettres plus ou moins régulières.

Les naturels obtiennent la gomme élastique à l'aide d'incisions faites sur l'écorce de l'*Hevea*. Ils reçoivent le suc blanc et laiteux sur des moules de terre glaise, le font sécher couche par couche, brisent les moules quand tout est parfaitement sec, et en font sortir les fragmens par une ouverture réservée à cet effet.

Ce n'est que depuis quelques années que l'industrie a tiré parti de l'imperméabilité du Caoutchouc ; avant cette époque on ne l'employait que pour enlever les traces de crayon sur le papier, pour fabriquer des vernis, pour enduire du taffetas, faire des instrumens de chirurgie, etc. Mais aujourd'hui on sait tirer parti de leur extrême élasticité ; MM. Dodé, Ratier, Guibal, etc., sont parvenus à *filer* cette substance. Cette belle découverte a donné lieu à de nombreuses applications économiques. Déjà on avait fait des bottes, des souliers de Caout-chouc ; maintenant, et on a pu en voir de nombreux échantillons à l'exposition de l'industrie de cette année (1834), on en fait des bas , des chaussons, des ceintures, des bretelles, des bandages, des corsets, etc.

Ce que l'on a vendu jusqu'alors, et ce que l'on vend encore tous les jours, à la chirurgie, comme instrumens en gomme élastique, ne se prépare pas chez le parmacien et n'est point fait avec de la gomme élastique pure : quelques fabricans cherchent à faire croire le contraire ; d'autres, de meilleure foi, nous ont affirmé qu'il ne pouvait en être ainsi. Ce qui sert à recouvrir ou à enduire les tissus en soie, en fil, ou en coton, mais surtout en soie, avec lesquels on prépare les sondes, les bougies, les pessaires, etc., est un mélange d'huile de lin rendue siccative par la litharge, de succin, d'huile de térébenthine, et d'une quantité variable de Caout-chouc. (F. F.)

**CAP. (GÉOGR. PHYS.)** La dénomination que nous avons donnée, en français, à ces pointes de terre qui s'avancent dans la mer plus que les terres contigues, est dérivée du mot italien *Capo*, qui veut dire tête. Les Latins avaient donné à ces excroissances terrestres le nom de *Promontorium*, d'où nous avons fait notre mot français *Promontoire*. Les Grecs les appelaient ακρον, et ce fut de cette dénomination que la Sicile reçut des anciens le nom de *Trinacria*, à cause de sa forme triangulaire et par conséquent des trois Caps principaux qui se trouvent à ses angles : ces trois Caps portaient alors les noms de *Pelorium promontorium* , *Pachynum promontorium*, et *Lilybeum promontorium* : aujourd'hui ce sont les Caps *di Peloro, di Passaro* et *Boea. Doubler un Cap* en terme de marine, c'est passer devant un Cap en longeant une côte. (C. J.)

**CAPELAN ou CAPLAN. (POISS. INS.)** On donne ce nom, dans nos provinces méridionales, au *Gadus luscus*, Linn. , et au mâle du Ver luisant, *Lampyris splendidula*, Linné. *Voy.* GADE et LAMPYRE. (GUÉR.)

**CAPILLAIRE. (BOT.)** On donne ce nom à toutes les parties d'une plante dont la ténuité peut être comparée à celle du cheveu. Ainsi l'on dit que des racines sont Capillaires quand elles sont longues, chevelues, filamenteuses : les étamines du *Plantain*, les feuilles de l'*Asperge* sont capillaires. (P. G.)

CAPILLAIRE. (bot.) On donne vulgairement ce nom à la plupart des petites fougères qui croissent sur les murs ou dans les fentes des puits et des rochers. Ainsi le CAPILLAIRE PROPREMENT DIT, est l'*Asplenium trichomane*, Linn. (*V.* ASPLÉNIE et POLYTRIC.)

Le CAPILLAIRE DU CANADA est l'*Adianthum pedatum*, Linn. (*V.* ADIANTHE.)

; Le CAPILLAIRE DE MONTPELLIER est l'*Adianthum capillus Veneris*, Linn.

Et le CAPILLAIRE NOIR est l'*Asplenium nigrum*, Linn. (GUÉR.)

CAPILLAIRE, *Capillaris.* (zooph. intest.) Zeder a établi sous ce nom un genre déjà formé par Rudolphi, sous le nom de *Trichosoma* : comme ce nom a été adopté par les naturalistes, nous y renvoyons. (GUÉR.)

CAPILLAIRES. (anat.) On nomme ainsi, en raison de leur extrême ténuité, les vaisseaux étroits qui servent de communication entre les artères et les veines, et qui peuvent être considérés comme la terminaison des unes et l'origine des autres. Leur ensemble forme le *système* capillaire que Bichat distinguait en *général*, pénétrant dans la structure de tous les organes, et servant de moyen de communication entre les artères qui proviennent de l'aorte et les veines de toutes les parties du corps ; et l'autre *pulmonaire*, contenant le sang qui des artères va aux veines pulmonaires et subit l'influence de la RESPIRATION (*voyez* ce mot).

CAPITAINE. (zool.) Parmi les poissons, on nomme ainsi l'Erémophile de Humboldt, le *Xyphias gladius*, et un Spare.

Parmi les mollusques, c'est le *Chama capitanus*, Linn.

Parmi les oiseaux, c'est la *Fringilla capitana*, L. (*V.* GROS-BEC.) (GUÉR.)

CAPITAINE, *Lachnolaimus.* (poiss.) Les Capitaines se distinguent des Labres proprement dits en ce que les rayons de la première dorsale s'élèvent en longs filets flexibles, et parce que leurs pharyngiens n'ont de dents qu'à leur partie postérieure ; le reste de leur étendue, ainsi qu'une partie du palais, est garnie d'une membrane villeuse. Ces poissons, originaires d'Amérique, sont de grandeurs différentes ; mais les plus grands que l'on ait observés étaient entre trois ou quatre pieds. Tel est le Capitaine, *Lachnolaimus suillus*, vulgairement nommé grand pourceau, figuré par Catesby, tome 2, pl. xv. Ce poisson a l'iris des yeux rouge, la mâchoire supérieure d'une substance charnue, celluleuse et d'une couleur violette tirant sur le rouge, défendue et couverte d'une substance osseuse, qui lui sert comme de bouclier, dont le dessus jusqu'à l'œil est noir, et depuis le dessous de l'œil jusqu'au coin de la gueule violet et parsemé de petites lignes bleues ondées en forme de petits vers. Le bout de la mâchoire su-

périeure est armé de quatre dents fort grandes ; il y en a aussi deux semblables au bout de la mâchoire inférieure. Les autres dents sont petites, et il y en a une rangée tant en haut qu'en bas. Le dedans de la gueule, dans l'état frais, est d'un rouge couleur de sang. La mâchoire inférieure est jaune depuis les yeux jusqu'à la queue. Le dos est couvert de grandes écailles violettes, celles du ventre sont semblables, mais plus claires, et ont quelques taches jaunes. Il y a sur le dos de ce poisson une nageoire noire fort remarquable, qui se divise à sa base en quatre longues branches souples, qui se terminent en pointe. (ALPH. G.)

CAPITULE, *Capitulum.* (bot. phan.) Mot adopté par l'école actuelle pour désigner le mode d'inflorescence qu'on observe dans les Scabieuses, les Dipsacus, le Jasione et dans toute la famille des Synanthérées, où les fleurs sont rassemblées en tête au sommet d'un pédoncule commun. Le nom de *Capitule* réunit donc l'ancienne dénomination de *Fleurs en tête*, *Fleurs agrégées*, et celles de *Céphalante* et de *Calathide*, que Richard père et Mirbel ont appliquées spécialement aux Synanthérées ; partout, en effet, le mode d'inflorescence est le même, et tel qu'il suit : réunion d'un certain nombre de fleurs fertiles ou non, régulières ou irrégulières, disposées avec plus ou moins d'ordre sur un disque ou *réceptacle* formé par l'évasement du pédoncule à son sommet ; ce réceptacle est lui-même environné de folioles ou écailles disposées en forme de calice commun, sur un ou plusieurs rangs.

Ainsi, qu'on prenne un tournesol, et qu'on examine son *Capitule*, ou vulgairement sa fleur ; à partir du pédoncule on trouve d'abord l'involucre, puis le réceptacle, et enfin les fleurs. (*V.* les mots INVOLUCRE et RÉCEPTACLE pour la forme ou la disposition particulière de ces organes.)

Considéré dans son ensemble, le Capitule présente des distinctions importantes ; il est 1° *flosculeux*, s'il se compose uniquement de fleurons ou petites fleurs à corolle régulière, comme dans l'Artichaud, le Chardon et les *Flosculeuses* de Tournefort, ou *Cinarocéphales* de Jussieu ; 2° *semiflosculeux*, s'il ne porte que des demi-fleurons ou petites fleurs à corolle irrégulière et prolongée sur un côté en forme de languette, comme dans la Chicorée, le Pissenlit et toutes les *Semi-flosculeuses* de Tournefort, ou *Chicoracées* de Jussieu ; 3° enfin le Capitule est *radié* lorsqu'il présente des fleurons sur le centre de son disque, et des demi-fleurons à sa circonférence, comme on le voit dans la Marguerite, le Soleil, etc., et la plupart des Radiées de Tournefort ou Corymbifères de Jussieu.

CAPITULÉ. Cet adjectif s'applique aux groupes de fleurs disposées en *capitule*. (L.)

CAPPARIDÉES. (bot. phan.) Famille de plantes polyandres dont tous les genres ont une grande affinité avec le Câprier qui va nous occuper, et sont rangés parmi les Dicotylédonées polypétales, aux étamines insérées sous l'ovaire, entre les Crucifères et les Sapindacées. Les Capparidées se rapprochent des premières par leurs semences attathéces aux parois du fruit, et des secondes par son embryon, le calice et la corolle. Ce sont des plantes herbacées, des arbrisseaux, des arbres portant des feuilles alternes, simples ou digitées ; les fleurs sont tantôt terminales et en forme d'épis ou de grappes, tantôt axillaires et solitaires, auxquelles succède un fruit polysperme siliqueux ou une baie uniloculaire. Semences réniformes.

Les genres qui appartiennent à la famille naturelle des Capparidées sont au nombre de dix, savoir : le *Cadaba* de Forskahl, le *Câprier* de Linné, le *Cratæva* de Jussieu, le *Durio* de Rumph, le *Morisonia* de Plumier, le *Mozambé* ou *Cléome* de Linné, l'*Othrys* de Du Petit-Thouars, le *Podoria* de Persoon, le *Stephania* de Willdenow et le *Thilachium* de Loureiro.          (T. D. B.)

**CAPRAIRE**, *Capraria*. (BOT. PHAN.) Genre exotique appartenant à la famille des Scrophulaires ou Personnées et à la Didynamie angiospermie, et dont le nom vient de *Capra*, parce que les chèvres en recherchent avidement quelques espèces. Voici ses caractères génériques : calice pentasépale, corolle campaniforme, anomale, à cinq divisions aiguës ; quatre étamines, dont deux s'élèvent au dessus des autres ; un style ; capsule oblongue, comprimée au sommet, à deux valves et à deux loges polyspermes. Ce genre se compose d'arbrisseaux qui croissent surtout aux Antilles. Nous ne mentionnerons ici que deux espèces, la *C. multifida*, figurée dans notre Atlas, p. 73, f. 1, et la *C. biflora*. La première, que Michaux a découvert dans l'Amérique septentrionale, est petite, à odeur fort agréable, dont l'infusion est réputée meilleure que celle du thé. Ses tiges sont rougeâtres, fleurs purpurines, portées sur un long pédoncule, à l'aisselle des feuilles, quelquefois deux ensemble ; elles s'épanouissent en juillet et août. La tige et les rameaux de la seconde sont garnis de piquans ; ses feuilles sont pennées, et ses folioles sont les unes entières, les autres à deux ou trois lobes ; ses fleurs naissent par couples à l'aisselle des feuilles, et sont portées sur des pédoncules dont la longueur égale celle de la corolle. Elles affectent les diverses positions de cloches qu'on laisserait en repos ou qu'on mettrait à la volée. Au total, le port de cette plante est fort élégant, mais ce n'est pas son seul mérite : ses feuilles exhalent un doux parfum, et leur infusion procure aux Mexicains une boisson qui ne le cède en rien au thé de la Chine. Aussi lui donne-t-on le nom de *thé du Mexique*.          (C. É.)

**CAPRICORNE**, *Cerambyx*. (INS.) Genre de Coléoptères de la section des Tétramères, famille des Longicornes, tribu des Cérambycins, établi par Linné, qui lui donnait beaucoup plus d'extension, puisqu'il contenait plusieurs des tribus de cette famille ; il offre pour caractères : antennes très-longues, sétacées dans les mâles, dernier article des palpes en forme de cône renversé. Les Capricornes tiennent pour la taille un des premiers rangs parmi les insectes de notre pays ; leur forme est très-allongée ; le cou est plus gros que la tête, et les mandibules sont toujours perpendiculaires ;

le corselet est cylindrique, un peu renflé au milieu, rugueux ; les élytres sont parallèles, un peu rétrécies à leur extrémité ; ces insectes volent assez bien, et surtout le soir. Dans le jour on les trouve sur les plaies des arbres, dont ils sucent les extravasions de la séve ; leurs larves vivent dans l'intérieur des arbres, où elles font des trous très-gros et très-profonds ; ces larves pourraient bien être celles que les anciens ont nommées *cossus*, et qu'ils mangeaient avec plaisir : notre pays produit quelques Capricornes proprement dits, tous d'assez grande taille, tels sont :

Le C. HÉROS, *C. heros*, Fab., Oliv. Long de 21 lignes environ, brun noir ; antennes du mâle deux fois de la longueur du corps, corselet chagriné régulièrement en large, avec une épine sur les côtés ; élytres finement chagrinées, tronquées à l'extrémité, avec une épine à la suture. Cet insecte est commun partout ; nous l'avons représenté pl. 73, fig. 2.

C. VELUTINUS, *C. velutinus*. Espèce de la France méridionale, de même taille que la précédente, mais distincte par sa couleur moins foncée ; les antennes une fois et demie plus longues que le corps dans le mâle, les rugosités du corselet irrégulières, sans direction suivie, offrant au milieu quelques plis plus élevés, une épine de chaque côté du corselet ; les élytres, presque lisses, surtout à la partie postérieure, sont arrondies, avec une épine à la suture.

C. SOLDAT, *C. miles*, Bonelli. Autre espèce de la France méridionale, de même taille encore que la première, mais les antennes encore plus courtes ne sont plus que presque de la longueur du corps dans les mâles ; les rugosités du corselet paraissent transversales, mais le disque est très-lisse malgré les ondulations des rugosités ; les rugosités des élytres sont peu enfoncées ; elles sont arrondies à leur extrémité, sans épine à la suture.

C. SAVETIER, *C. cerdo*, Fab. Long de 12 lignes, entièrement noir ; antennes de la longueur du corps, corselet rugueux transversalement, élytres rugueuses. Commun partout.          (A. P.)

**CAPRIER**, *Capparis*. (BOT. PHAN.) Genre de plantes de la Polyandrie monogynie, type de la famille des Capparidées, contenant environ une trentaine d'espèces, toutes arbrisseaux sarmenteux, à feuilles alternes et simples, à fleurs grandes, blanches, chargées d'un grand nombre d'étamines, à longs filamens purpurins du plus bel effet, qui donnent naissance à une baie sphérique ou ovale, quelquefois allongée en forme de silique en cylindre, contenant beaucoup de graines réniformes, fixées sur une cloison et nichées dans la pulpe.

Une seule espèce habite l'Europe, particulièrement les plaines et les fentes des rochers situés à peu de distance des eaux de la Méditerranée ; elle fut, assure-t-on, apportée sur le littoral de Marseille par les Phocéens désertant le beau ciel et la douce température de l'Ionie devenue esclave ; c'est le CAPRIER ÉPINEUX, *C. spinosa*, dont nous donnons un rameau dans notre Atlas, pl. 73, f. 3.

Cet arbuste est abondant sur la côte qui s'étend de la Camargue et de la Crau aux environs de Toulon et jusqu'à l'embouchure du Var; on le retrouve implanté sur les vieilles murailles, au milieu des décombres et des ruines amoncelées par le temps ou par la main destructrice des passions pleines de rancœur. Il aime les situations chaudes et craint peu les sécheresses. Il monte à près de deux mètres; sa racine est grosse, ligneuse, recouverte d'une écorce épaisse; les tiges sont cylindriques, souvent rougeâtres, très-rameuses, menues, hautes d'un mètre, garnies de feuilles épaisses, très-entières, d'un vert luisant, et accompagnées de deux grosses épines crochues; ses fleurs blanches, avec une légère teinte rose sur les étamines, qui sont disposées en houppe et surmontées d'anthères violettes, produisent un effet agréable sur la corolle, grande, à quatre pétales, solitaire et portée sur de longs pédoncules axillaires. Ces fleurs s'épanouissent en mai, en juin, et même au mois de juillet : il leur succède une capsule verte, grosse comme une olive pointue par les deux bouts, que l'on cueille, que l'on confit, et qui se mange sous le nom de *cornichon de câpres* : c'est un mets fort agréable. Le Câprier perd ses tiges pendant l'hiver, et en repousse au printemps de nouvelles armées de pointes aiguës. Il ne s'étiole point dans les serres chaudes, mais il redoute les lieux ombragés plus encore que les froids auxquels il est fort sensible.

Aux environs de Toulon on le cultive en grand, planté en quinconce; chaque pied est à trois mètres de distance l'un de l'autre; dans d'autres localités on le place sur la limite des champs, le long des chemins les plus voisins de l'habitation; ailleurs on ne le trouve que dans les jardins, tantôt comme plante d'ornement, tantôt comme plante économique, le plus souvent pour l'un et l'autre objet en même temps. Je l'ai vu dans les régions tempérées de la France sur des murs de terrasses, construits en pierres sèches, et exposés au midi; là, le Câprier veut être rabattu avant les froids à seize centimètres du sol, couvert avec la terre des entre-deux, et au printemps on taille les vieux jets jusqu'auprès du collet; les pousses nouvelles ne tardent pas à paraître : traité de la sorte, il vit quinze à vingt ans, pourvu quel a chaleur, la pluie, les bienfaits de l'air atmosphérique pénètrent facilement jusqu'aux racines; mais on espérerait vainement de le voir rapporter autant qu'au midi. L'on a dans cette contrée une bonne récolte de fruits et une jolie plante très-pittoresque.

Ce n'est point le fruit du Câprier, ni sa graine, que l'on nomme *Câpre*, ainsi qu'on le croit communément, et comme quelques écrivains l'ont avancé dans leurs compilations informes; c'est le bouton fructifère que l'on coupe avant l'épanouissement de la fleur, alors qu'il est de la grosseur d'un petit pois; plus gros, il est moins tendre, moins délicat, et par conséquent rejeté. La plante qui porte fruit perd insensiblement de sa force d'année en année, et finit par s'épuiser complétement.

On connaît trois variétés du Câprier cultivé; l'une, fournissant des *Câpres plates*, n'a que cinquante étamines et devrait être abandonnée à cause du peu de valeur de son fruit; l'autre, portant cent étamines, présente une Câpre vulgairement appelée *Câpre-capucine*, anguleuse aux quatre imbrications des folioles calicinales, pointue à son sommet, d'un vert foncé teint de rouille sur la face exposée directement aux rayons solaires. La troisième compte jusqu'à cent cinquante étamines, sa *Câpre ronde* est ferme et même dure au toucher, verte, avec un reflet rouge pourpré qui s'efface lorsque le bouton a passé plus d'une année dans le vinaigre. C'est la variété la plus estimée; elle n'est cultivée avec succès qu'à Cuges et à Roquevaire, département des Bouches-du-Rhône, et à Olioulles, département du Var; et parmi ces trois localités la première, à mon avis, mérite la préférence, comme celle où le Câprier est parfaitement cultivé, la cueillette faite avec le plus de soin et la récolte plus abondante.

Nos lecteurs nous sauront sans doute gré d'entrer dans quelques autres détails; ils intéressent le cultivateur et aideront peut-être à multiplier davantage, aux lieux qui lui conviennent, un arbuste qui vient aisément de graines, de boutures et d'éclats des racines. D'ailleurs c'est un genre d'industrie qu'il est bon d'améliorer et d'étendre.

La cueillette commence en juin et finit en août; elle se confie à des femmes portant à leur ceinture un sachet, où elles déposent les câpres à mesure qu'elles les détachent du rameau; la journée commence du moment que la rosée est entièrement dissipée, et a son terme lorsque le soleil n'est plus à l'horizon : elle doit fournir de douze à quinze kilogrammes de boutons. Une câprière se divise à cet effet en plusieurs sections; une section est le travail de la semaine, c'est le plus long intervalle qu'on puisse mettre entre une cueillette et l'autre. On commence par enlever les plus petits boutons qui prennent le nom de *nompareille*, c'est-à-dire première qualité; viennent ensuite la *capucine* et la *capote*; ces trois qualités sont les meilleures, celles qui donnent un véritable profit. Les trois autres qualités prennent le nom de *fine*, si la Câpre est anguleuse; *demi-fine*, si elle est prête à s'ouvrir, et *commune*, quand le bouton est épanoui.

Veut-on s'assurer que la cueillette a été faite régulièrement et que le choix des Câpres est irréprochable, on a une espèce de crible ou passoire, dont les trous ont été faits avec des poinçons. La sentence est alors équitable et sans appel; le pouvoir ne l'a point influencée comme il arrive si souvent.

Quand le travail de la cueillette est terminé, on étend les Câpres sur un linge en plein air, mais à l'ombre; elles s'amollissent, se froncent au bout d'un à trois jours suivant l'action atmosphérique; elles perdent aussi leur suc âcre et avec lui leur rondeur si joliette, leur couleur et une grande portion de leur parfum : pour les qualités ordinaires c'est peu de chose; il n'en est pas de même pour celles de haut choix. Ces dernières ne subissent point une pareille épreuve à Cuges ; on les dépouille avec une attention minutieuse de tout corps étranger, et on les met, à l'aide d'une espèce de cuiller, dans du bon vinaigre blanc ; on ferme exactement le vase ; après huit jours on change le vinaigre, et on n'y touche plus jusqu'au moment de la vente, dont l'époque la plus favorable est le mois de septembre : alors on soutire le liquide, on reçoit les câpres dans des corbeilles que l'on met à égoutter par un temps favorable, puis on les enferme dans des barriques qu'on emplit avec le vinaigre soutiré.

Sous la zone de Paris et même plus haut, on peut avoir des Câpriers, mais ils y demandent de grands soins, et y sont fort difficiles à conserver long-temps. On peut cependant les tenir en pots remplis de terre légère substantielle, placée sur de petites pierres occupant le fond des vases. En été, l'on mettra les pots dans des trous faits au pied d'un mur exposé au midi ; si l'on a un rocher naturel ou factice, présentant une surface directe aux rayons du soleil, cette situation convient de préférence. En hiver on retire les pots ou du moins on les couvre, ainsi que les tiges, de longues pailles. Les arrosemens doivent être très-modérés, même en été. Je ne crois pas utile de faire observer qu'il ne faut qu'une seule graine dans un pot si l'on veut réussir.

Deux autres espèces de Câpriers ont droit à trouver place ici : ce sont, 1° le **Câprier ovale**, *C. ovata*, ainsi nommé de ses feuilles ovales-aiguës ; on le trouve sur les côtes de la Barbarie, et il se cultive de même que l'espèce épineuse. Linné, qui ne l'avait point vu vivant, le regardait comme une simple variété ; Desfontaines l'a étudié dans sa patrie, et en a fait une espèce distincte ; 2° et le **Câprier sans épines**, *C. orientalis*, très-belle espèce que Bélon a le premier fait connaître. Il abonde sur les âpres rochers de l'île de Crète et sur ceux de la Syrie. Ses tiges flexueuses descendent en festons verdoyans, en rameaux sans cesse fleuris et chargés de fruits, autour de la grotte d'Antiparos ; elles en tapissent les parois élevées, et vont, à son sommet, se mêler artistement au Thym toujours vert, *Thymus vulgaris*, au faux Dictame, *Marrubium crispum*, garni de fleurs d'un pourpre pâle ; au Cèdre à feuilles de cyprès, *Juniperus sabina α*, et au Lentisque, *Terebinthus lentiscus*, qui donne la fameuse résine de Chio. Ce Câprier fleurit à la fin du printemps ; on mange ses feuilles et ses gros boutons confits dans du vinaigre. On devrait le multiplier dans nos départemens du midi.     (T. D. B.)

**CAPRIFICATION.** (AGR.) Procédé anciennement employé dans tout l'Orient pour hâter la maturité des fruits, pour avoir des figues de primeur dont la chair soit excellente. Théophraste l'a décrit d'une manière très-exacte. De son temps la Caprification n'était point usitée aux environs de Corinthe, à Sparte, à Mégare et en Italie, quoique l'on ait dit le contraire. On ne la retrouve plus aujourd'hui que dans quelques coins des îles de l'Archipel grec. Des voyageurs en ont parlé comme d'une opération admirable. Elle consistait à placer sur un figuier, qui ne produisait pas de figues-fleurs, ou figues-primeurs, quelques unes de celles-ci enfilées avec une soie. Des insectes ou Cynips, qui en sortent chargés de poussière fécondante, s'introduisaient par l'œil dans l'intérieur des secondes figues, animaient par ce moyen toutes les graines, et provoquaient la maturité du fruit. Les premières figues paraissaient un mois avant l'époque naturelle ; les secondes mûrissaient successivement depuis le mois d'août jusqu'en octobre et même plus tard.

Les Egyptiens obtiennent le même résultat en cernant l'œil de la figue ; on peut encore, comme La Billardière nous l'a appris, mettre tout simplement une goutte d'huile sur l'œil, ou bien piquer la figue avec une aiguille enduite de ce corps gras.

Le savant entomologiste Olivier a prouvé aux Orientaux que cette opération est inutile ; sa voix a été écoutée, et elle fut abandonnée. On ne s'en sert point en France, ni en Italie, ni en Espagne ; et cependant on y mange de très-bonnes figues. Chaque figue contient quelques fleurs mâles vers son œil, capables de féconder à elles seules toutes les fleurs femelles de l'intérieur ; d'ailleurs chaque fruit peut croître, mûrir et acquérir une chair excellente, lors même que les graines ne sont pas fécondées.     (T. D. B.)

**CAPRIFOLIACÉES,** *Caprifoliaceæ.* (BOT. PHAN.) Nom donné à une famille de plantes, dont le type est le Chèvre-feuille, *Lonicera caprifolium*, L., et qui, telle qu'elle avait d'abord été présentée par Jussieu, dans son *Genera plantarum*, se composait de genres trop dissemblables pour rester long-temps ensemble. Aussi Jussieu, Richard, Robert Brown et les auteurs du Dictionnaire classique d'histoire naturelle ont-ils successivement éliminé de cette famille 1° les genres *Loranthus*, *Viscum*, pour en former l'ordre des Loranthées (*voyez* ce mot) ; 2° les genres *Rhizophora*, *Ægiceras*, pour en faire l'ordre des Rhizophorées (*voy.* ce mot) ; 3° enfin les genres *Hedera*, *Cornus*, pour les ranger dans une nouvelle famille sous le nom d'Hédéracées (*v.* ce mot).

Ainsi réduite, la famille des *Caprifoliacées* ne comprend plus que deux sections, dont les caractères communs sont : calice monosépale ; corolle monopétale ; quatre ou cinq étamines ; un style ; ovaire infère ; graines dans une baie ; feuilles opposées, souvent soudées par la base, sans stipules ; tiges ligneuses, souvent grimpantes.

On donne le nom de *Caprifoliées* aux plantes de la première section, et celui de *Sambucinées* à celles de la seconde.

† **Caprifoliées** : style surmonté d'une stigmate trilobé.

A cette section appartiennent les genres suivans : *Linnæa*, Gron. ; *Triosteum*, L. ; *Oviedia*, L. ; *Symphoricarpos*, Dillon. ; *Diervilla*, Tourn. ; *Xilosteum*, Tourn. ; *Caprifolium*, Tourn.

†† **Sambucinées** : style nul ; trois stigmates sessiles.

Sous ce titre vient se ranger le genre *Viburnum*, Tourn.; *Sambucus*, L.

Il y a une grande analogie entre les Caprifoliacées et les Rubiacées, et surtout les Rubiacées à fruit charnu; car la seule différence essentielle qu'on remarque entre ces deux familles, c'est que, dans les Rubiacées, les feuilles verticillées ou opposées ont des stipules intermédiaires, tandis que les véritables Caprifoliacées en sont constamment dépourvues. (C. É.)

CAPRIMULGUS. (ois.) C'est le nom latin des Engoulevens; il vient de la fausse idée où l'on était que ces animaux tétaient le lait des chèvres. Quelques ornithologistes ont formé le mot *Caprimulgidés* pour indiquer une petite famille comprenant les Engoulevens et les Podarges. (Gerv.)

CAPRINE, *Caprina*. (moll.) Genre établi pour une coquille fossile de la Charente-Inférieure, par M. d'Orbigny père, et dont les caractères paraissent être ceux-ci:

Coquille irrégulière, inéquivalve, à sommets coniques, écartés, plus ou moins inégalement prolongés et roulés sur deux plans opposés; charnière et ligament inconnus; cavité des valves divisée par une cloison en deux loges coniques, inégales; deux impressions musculaires situées dans de petites cavités, l'une antérieure et inférieure, l'autre supérieure et postérieure.

On distingue plusieurs espèces de ces coquilles offrant plus ou moins les caractères génériques que nous venons d'indiquer. Au surplus ce genre est fort incomplétement connu, et la plupart des naturalistes n'ont point voulu l'admettre, pensant qu'il se confondait avec le genre Dicérate. (R.)

CAPROMYS, *Capromys*. (mam.) Ce genre de mammifères appartient à l'ordre des Rongeurs, et prend place parmi ceux de la famille des Murins, entre les Rats et les Campagnols. Il a été établi par M. Desmarest pour un animal envoyé de Cuba. M. Say, qui avait eu l'occasion d'étudier le même animal quelque temps avant M. Desmarest, reconnut qu'il devait former un genre distinct, et proposa de le nommer *Isodon*; mais ce nom, déjà appliqué par M. Geoffroy à un mammifère Didelphe, n'a pu être conservé.

Les Capromys sont des animaux grimpeurs, et entièrement herbivores; ils ont quatre molaires prismatiques de chaque côté de la mâchoire, ayant leur couronne traversée par des replis d'émail qui pénètrent assez profondément, et sont semblables à ceux qu'on voit sur la couronne des molaires des Castors. Les pieds de ces animaux sont très-robustes, mais ils ne peuvent servir à fouir.

L'espèce la mieux connue est le Capromys de Fournier, *C. Fournieri*, Desm., *Isodon pilorides* de Say (Journal de l'Acad. des sc. nat. de Philadelphie). Cet animal, représenté à not. c pl. 73. f. 4, est de la taille d'un Lapin de moyenne grosseur; son corps est ramassé dans ses formes, ses membres antérieurs ont quatre doigts avec un pouce rudimentaire, les postérieurs cinq; ceux-ci appuient presque entièrement sur le sol; la queue est de moitié moins longue que le corps et couverte d'écailles comme celle du Rat; le pelage est grossier, d'un brun noirâtre, lavé de fauve, avec les mains, les pieds et le museau noirâtres.

Le Capromys de Fournier est, selon M. Desmarest, l'animal dont Oviédo a parlé il y a trois cents ans sous le nom de *Chenis*; il est commun dans toute l'île de Cuba, où on lui donne encore ce nom; les colons l'appellent aussi *Agutia congo*.

Deux individus ont été envoyés vivans à M. Desmarest, qui a pu étudier leurs mœurs à l'état de domesticité, et nous a appris qu'ils se nourrissent exclusivement de substances végétales, que la chicorée, les choux et les plantes aromatiques leur plaisent principalement, et qu'ils aiment aussi le pain, surtout lorsqu'on l'a trempé dans l'anisette ou le kirschenwasser; lorsqu'ils marchent lentement, leur port est semblable à celui de l'Ours; ils se redressent souvent, comme les Kangourous, sur la plante des pieds et la queue, et jouent entre eux avec beaucoup de gentillesse. Leur voix est un petit cri aigu, analogue à celui du Rat; ils s'en servent pour s'appeler; un petit grognement très-bas, qu'ils font entendre lorsqu'on les caresse, exprime leur contentement.

Capromys prehensile, *C. prehensilis*, Poppig. Cette espèce, plus récemment connue, habite également Cuba, mais elle y est plus rare que la précédente; on ne la trouve guère que dans la partie méridionale de l'île. Sa queue, plus grêle, est égale en longueur au corps, qui a vingt-trois pouces. Cette queue, dont la base est couverte de poils ferrugineux, a l'extrémité nue en dessous. La tête, le dessus des pattes, les moustaches et les ongles sont blancs, le reste est couvert d'un poil mou et flexible de couleur ferrugineuse mêlée de gris. Cet animal est paresseux et lent; il se tient dans les arbres, où il grimpe avec facilité en se prenant aux branches. Il paraît être l'*Utia* d'Oviédo; les colons le nomment *Agutia carravalli*.

Capromys de Poey, *C. Poeyi*, Guérin, Magasin de zoologie, cl. 1, pl. 15. Cette troisième espèce vient d'être décrite par M. Guérin dans le Journal que nous citons ci-dessus; elle est très-voisine du *C. prehensilis*, mais elle en diffère par un pelage marron, tiqueté de jaunâtre; par une tête d'un jaune ferrugineux en dessus, blanche en dessous; par les pattes qui ont les doigts couverts de poils marrons; par les moustaches qui sont noirâtres, avec la base seulement blanche, et par la queue, qui est entièrement couverte de poils ferrugineux, un peu hérissés, et dont l'extrémité n'est point nue en dessous. L'individu sur lequel repose cette espèce vient de l'île de Cuba; il a été envoyé à M. Guérin par M. Poey, naturaliste distingué de ce pays, et fait partie de la collection du Muséum de Paris, dans lequel M. Guérin l'a déposé. Cet animal est représenté depuis plus de deux ans dans l'Iconographie du règne animal, Mamm., pl. 25, fig. 2. (Gerv.)

CAPROS. (poiss.) Ce genre, établi par M. Lacépède et adopté par Cuvier, est classé dans le grand genre Zeus de Linné. C'est des Dorées et des Chrysosloses qu'il se rapproche davantage par son organisation ; il se distingue des premiers par l'absence des aiguillons le long de la dorsale et de l'anale ; mais la disposition de la dorsale est la même que dans ces poissons. Le corps du Capros est comprimé comme celui des autres genres de la même famille, et couvert d'écailles fort rudes. Sa bouche est encore plus protractile que dans le genre mentionné plus haut.

On n'en connaît qu'une espèce de la Méditerranée ; c'est le CAPROS SANGLIER ( *Zeus aper*, Linné, *Perca pusilla* de Brunnich). Ce poisson a le museau avancé, un peu cylindrique, terminé par une ouverture assez petite et par sa lèvre supérieure facile à étendre , ce qui donne à cette partie de la tête quelque ressemblance avec le groin d'un cochon ou d'un sanglier : cette analogie l'a fait distinguer par le nom spécifique que nous lui conservons, ainsi que celui de Capros, qui, en grec, signifie sanglier ou verrat, d'où l'on a tiré son nom générique. D'ailleurs les écailles dont ce poisson est revêtu sont frangées sur leurs bords ; aussi n'a t-on pas manqué de trouver un assez grand rapport entre les brins écailleux de ces franges et les soies du cochon.

La couleur générale de ce petit poisson est jaunâtre ou verte ; on le recherche d'autant moins que sa chair est dure et répand une mauvaise odeur. (ALPH. G.)

**CAPSE**, *Capsa*. (MOLL.) Genre établi par Bruguière pour des coquilles bivalves , subtrigones , épidermées, assez bombées, équivalves, inéquilatérales , plus longues que hautes, dont la charnière est formée de deux dents assez minces sur la valve gauche, et d'une dent bifide et intrante sur celle de droite ; leur ligament est extérieur et postérieur ; les impressions musculaires sont assez grandes, ovales et distantes, réunies par une impression palléale étroite, peu marquée et très-excavée en arrière. L'animal des Capses a le manteau largement ouvert au bord antéro-inférieur pour le passage d'un pied comprimé et très-large ; les tubes sont séparés et assez longs , avec des papilles tentaculaires à leurs orifices.

Le genre Capse, adopté par beaucoup de naturalistes, a cependant été repoussé par quelques uns, et par M. de Blainville entre autres, qui les réunit aux Donaces, avec qui elles ont en effet beaucoup de rapport : nous pensons également que, dans une méthode naturelle fondée sur la connaissance des animaux, ces deux genres devront être réunis.

On ne connaît qu'un très-petit nombre de Capses ; encore sont-elles toutes étrangères à l'Europe. M. de Lamarck ne cite que la CAPSE LISSE et la C. DU BRÉSIL, coquille jaunâtre que nous avons représentée dans notre Atlas , pl. 74, fig. 1. Il y en a encore deux ou trois espèces. ( R. )

**CAPSULAIRE**, *Capsularis*. ( BOT. PHAN. ) Adjectif appliqué aux végétaux qui portent des capsules ; le lychnis est *uni-capsulaire* ; l'érable, qui a deux capsules, est *bi-capsulaire*, etc. (L.)

**CAPSULAIRES** ( FRUITS ), *Fructus capsulares*. (BOT. PHAN.) M. Richard a classé sous cette dénomination les fruits secs et déhiscens, c'est-à-dire s'ouvrant d'eux-mêmes à l'époque où leurs graines sont mûres. Tels sont : le FOLLICULE, fruit de la famille des Apocynées ; la SILIQUE et la SILICULE , fruit constant des Crucifères ; la GOUSSE ou LÉGUMES, que produisent toutes les Légumineuses ; la PYXIDE ou BOITES A SAVONNETTE, dont l'*Anagallis* offre un exemple ; enfin la CAPSULE proprement dite. (*Voy*. ces divers articles.) (L.)

**CAPSULE**. (ANAT.) Les diverses parties que les anatomistes désignent par ce nom sont loin de présenter entre elles la moindre identité. Ainsi l'on appelle *Capsules articulaires*, les appareils ligamenteux qui environnent certaines articulations ; *Capsule de Glisson*, une sorte de membrane trèsdense, qui environne dans le foie les ramifications de la veine-porte ; *Capsules surrénales*, de petits corps aplatis, triangulaires, placés au dessus des reins ; *Capsules synoviales*, de petits sacs sans ouvertures, formés par une membrane très-mince qui sécrète la synovie, etc. (P. G.)

**CAPSULE**, *Capsula*. (BOT. PHAN.) Enveloppe ou *petite boîte* qui, dans la plupart des végétaux, contient les graines, et s'ouvre d'elle-même pour les répandre sur le sol lorsqu'elles sont parvenues à leur dernier degré de maturité. La forme et le nombre des pièces de la *Capsule*, la manière dont elle s'ouvre, le nombre de ses compartimens intérieurs, sont l'objet d'autant de distinctions de la part du botaniste, et lui fournissent d'excellens caractères pour déterminer les plantes et étudier leurs rapports naturels.

Ainsi la Capsule peut être d'une seule pièce ; elle s'ouvre alors par de simples trous, comme dans le pavot , ou bien par une ouverture terminale , comme dans l'œillet ; tantôt elle n'offre aucune division dans son intérieur, et par conséquent est dite *à une seule loge* ; tantôt elle est divisée en deux, trois, ou un plus grand nombre de parties , d'où les épithètes de *biloculaire, triloculaire, multiloculaire*, etc.

La Capsule est souvent formée de plusieurs panneaux ou valves, soudées par leurs bords, et se séparant naturellement lorsque les graines sont mûres ; selon le nombre de ces parties, la Capsule est dite à deux valves, ou *bivalve, trivalve, multivalve*, etc.

Dans ce genre de Capsules, qui est le plus commun, on distingue trois modes de déhiscence. La plupart des Capsules de bruyères, par exemple, s'ouvrent par le milieu des loges, et chaque valve entraîne avec elle une cloison ; dans les Rhododendrons, l'ouverture s'effectue vis-à-vis chaque cloison, qui se partage ordinairement en deux lames ; enfin, dans les Bignonia, les cloisons restent en place au moment de la séparation des valves. L'école actuelle donne à ces trois modes d'ouverture les noms de *loculicide, septicide*, et *septifrage*.

La Capsule de l'Anagallis et celle de plusieurs Euphorbiacées seront décrites aux articles PYXIDE et ÉLATÉRIE. (L.)

CAPUCHON. (bot. phan.) L'aspect de quelques fleurs irrégulières a donné lieu à l'introduction de ce mot dans la botanique. L'*Aconit Napel*, par exemple, offre deux pétales concaves et contournés en *Capuchon*.

On s'est quelquefois servi de cette même expression pour désigner les filets staminaux qui, dans l'Asclépiade, recouvrent le pistil.　　(L.)

CAPUCINE, *Tropæolum*. (bot. phan.) Genre exotique de plantes élégantes, qui appartiennent à la famille des Géraniées de Jussieu et à l'Octandrie monogynie de Linné. Caractères: calice coloré, divisé profondément en cinq lobes, dont le supérieur se prolonge à la base en éperon creux ; cinq pétales, qui paraissent attachés au calice, alternes avec ses divisions ; les deux supérieurs sessiles au dessus de l'orifice intérieur de la cavité de l'éperon, qui les sépare de la base de l'ovaire ; les trois autres onguiculés et touchant cette base ; huit étamines dont les filets sont libres, mais rapprochés, portant des anthères oblongues, dressées et biloculaires, et s'insérant au disque hypogynique : ovaire libre, sessile, trigone, à trois loges qui contiennent chacune un ovule renversé, surmonté d'un style marqué dans sa longueur de trois stries, et terminé par trois stigmates. A sa maturité il se divise en trois akènes, dont la face extérieure est sillonnée, et dont l'intérieure s'applique contre la base du style, qui est persistant. L'embryon est dépourvu de périsperme, et les cotylédons, étroitement unis et cachant la partie supérieure de la radicule, paraissent, au premier coup d'œil ne former qu'une seule masse ; mais il existe réellement deux cotylédons, comme l'ont démontré plusieurs botanistes, au premier rang desquels on doit mettre M. Aug. de Saint-Hilaire. (*Voy.* Ann. du Muséum 18, p. 461, tab. 24). Quelques auteurs hésitent à ranger les Capucines parmi les Géraniées, parce que, dans les premières, les pédoncules sont axillaires, au lieu d'être opposés aux feuilles comme dans les vraies Géraniées.

On compte une douzaine d'espèces dans le genre qui nous occupe en ce moment : elles sont originaires de l'Amérique méridionale et surtout du Pérou.

Également propres à flatter le goût, à récréer la vue, elles sont à la fois réclamées par le potager et par le parterre. Le potager réclame spécialement la GRANDE CAPUCINE, *T. majus*, et la PETITE CAPUCINE, *T. minus*. On en cueille les fleurs pour parer les salades ; les boutons des fleurs à peine formés, et les graines encore vertes, pour les confire au vinaigre et remplacer les câpres. Voici leur caractères distinctifs :

La grande, qui s'appelle encore Cresson du Pérou ou du Mexique, *T. majus*, L., et qui fut apportée en Europe en 1684, est représentée dans notre Atlas, pl. 74, fig. 2. C'est une plante annuelle, dont la tige succulente est grimpante ou couchée, suivant qu'elle trouve un support ou qu'elle n'en trouve point : ses feuilles sont ombiliquées, peltées et à cinq lobes obtus: ses fleurs sont axillaires, d'un jaune orangé, irrégulières,

barbues en dedans, et formant avec toutes les autres parties de la plante, en s'étalant sur la surface d'un mur, ou en grimpant le long de la tige d'un arbre, ou en suivant agréablement les contours d'un berceau, une magnifique tenture d'été. On doit à M. Vilmorin une variété de la Grande Capucine dont les semis donnent quelques individus à fleurs très-pleines.

La PETITE CAPUCINE, *T. minus*, Linn., qui fut apportée du Pérou en 1680, se distingue de la précédente, non seulement par de moindres dimensions dans toutes ses parties, mais encore par l'éclat moins vif de ses fleurs. Celle-ci, comme la précédente, a sa variété à fleur double, qui est connue et cultivée depuis long-temps.

Une chose digne de remarque, c'est que, dans la série des espèces du genre qui nous occupe, les feuilles deviennent de plus en plus lobées, jusqu'à être digitées dans le *T. pentaphyllum*. Le *T. bipetalum* se fait reconnaître par l'avortement de trois de ses pétales. *Voyez* LAMARCK, Ill., table 277. Le *T. peregrinum*, Linn., offre des fleurs jaunes, à pétales frangés, qui ressemblent à des Canaris en miniature.

Parisiens, vous, surtout, habitans de la cité, que l'âge, les infirmités ou la nature de votre profession clouent à votre mansarde, rendez grâce à l'aimable étrangère qui a traversé les mers pour établir parmi nous des colonies de fleurs, tandis que nous allions chez elle former des colonies d'hommes ; c'est à elle surtout que vous devez d'avoir quelques idées champêtres qui rafraîchissent votre imagination ; elle est la providence de vos petits jardins suspendus, qui ne ne sont pas ceux de Babylone.　　(C. É.)

CAPUT MORTUUM. (chim.) Expression des alchimistes, par laquelle on désignait ce qui restait dans la cornue après une distillation. On comparait ce résidu à une tête morte de laquelle l'opération avait chassé tout l'esprit.　　(F. F.)

CAQUENLIT. (bot. phan.) Nom vulgaire du *Mercurialis annua*, Linn., plante à laquelle, dit Bory, l'on attribue une vertu laxative. *Voy.* MERCURIALE.　　(Guér.)

CARABE, *Carabus*. (ins.) Genre de Coléoptères de la famille des Carnassiers, tribu des Carabiques, établi par Linné, et dont les caractères peuvent se réduire à avoir le labre seulement bilobé, et la dent de l'échancrure du menton entière ; les Carabes sont des insectes de taille moyenne, c'est-à-dire de 6 à 15 lignes. Ils ont la tête allongée, horizontale ; les mandibules très-allongées, à peine dentelées à leur base ; les palpes sont terminés par un article sécuriforme ; les yeux sont ronds, très-saillans ; le corselet est presque droit à son bord antérieur, sinué sur les côtés, avec deux appendices avancés aux angles de son bord postérieur ; il est aussi relevé sur les côtés ; les élytres sont ovoïdes, relevées tout autour, et souvent garnies de stries et de points qui distinguent les espèces ; les ailes manquent ; les tarses antérieurs sont toujours dilatés dans

les

les mâles. Ces insectes sont propres aux régions tempérées de tous les continens; il est probable que les montagnes des pays chauds en recèlent des espèces qui ont jusqu'à présent échappé aux investigations des naturalistes; l'Europe en fournit un très-grand nombre, puisque ceux décrits dans l'Iconographie des Coléoptères d'Europe se montent à plus de cent vingt espèces, mais dont plusieurs se rapprochent beaucoup; ils ont cependant donné lieu à la formation de plusieurs genres que nous réunissons à celui de Carabe, comme n'en différant par rien de bien essentiel.

Les Carabes vivent, ainsi que leurs larves, principalement de chenilles; j'ai souvent vu cependant l'insecte parfait occupé à déchirer les hélices qui avaient été écrasées dans les jardins; sous ces différens points de vue on devrait, au lieu de les tuer, comme on fait continuellement, les ménager avec soin, puisqu'ils nous débarrassent d'insectes nuisibles, et qu'eux-mêmes ne font aucun mal.

C. MONILIS, *C. monilis*, Fab. Dejean. Icon. des Coléopt. d'Europe, t. 1, planche 45, fig. 4. Long d'une douzaine de lignes; vert cuivreux et quelquefois violet; intervalles des côtes des élytres remplis par des élévations régulières en forme de perles allongées qui lui ont fait donner son nom : corps en dessous noir. Commun dans toute l'Europe.

C. CLATHRATUS, *C. clathratus*, Fab. Dej., Icon. des Col. d'Europe, t. 1, pl. 51, fig. 4. Long d'environ 15 lignes, vert très-foncé avec les côtés plus clairs; les intervalles des côtes des élytres offrent trois rangées de très-gros points enfoncés dorés; corps en dessous noir. D'Allemagne.

C. DORÉ, *C. auratus*, Linn. Dej., représenté dans notre Atlas, pl. 74, fig. 3. Long de 10 à 12 lignes. Cette espèce, la plus commune des environs de Paris, a trois côtes arrondies sur les élytres; le dessous de l'abdomen est noir; la tête, le corselet en dessus et en dessous et les élytres sont vert doré terne; les antennes, les palpes et les pattes fauves avec l'extrémité plus foncée; dans quelques variétés les pattes sont beaucoup plus foncées. Paris.

Parmi les belles espèces que produit le midi de notre pays, nous nous contenterons de citer les trois suivantes qui peuvent rivaliser avec tout ce que les pays intertropicaux offrent de plus riche et de plus brillant; ce sont les *C. splendens* des Cévennes, Dej., Icon. des Col. d'Europe, t. 2, pl. 66, fig. 3; *C. rutilans* des Hautes-Pyrénées. Dej., Guérin, Icon. du Règne anim., Insectes, pl. 7, fig. 7; *C. hispanus*, d'Espagne et du département de la Lozère, Dej., Icon. des Col. d'Europe, t. 2, pl. 67, fig. 2.

Les espèces suivantes sont beaucoup plus déprimées, mais ne méritent pas pour cela de former un genre comme on l'a fait depuis quelque temps.

C. DÉPRIMÉ, *C. depressus*, Bonelli. Dej., Icon. des Col. d'Europe, t. 2. pl. 68, fig. 2. Long d'une dizaine de lignes, corps déprimé, noir en dessous, bronzé en dessus, avec le pourtour du corselet,

des élytres et une rangée de points sur ces dernières, ainsi que quelques autres points sur leur disque, vert doré; espèce alpine et que j'ai trouvée en abondance au grand St-Bernard.

C. IRRÉGULIER, *C. irregularis*, Fab. Dej., Icon. des Col. d'Europe, t. 2, pl. 69, fig. 4, représenté dans notre Atlas, pl. 74, fig. 4. Long d'une dizaine de lignes, voisin du précédent; mais le corselet et la tête sont plus larges; les élytres présentent plutôt deux rangées de points qu'une, et quelques autres dans l'intervalle disposés irrégulièrement; il est d'un bronzé rougeâtre avec les points plus brillans. De Suisse.    (A. P.)

CARABIQUES, *Carabici*. (INS.) Tribu de Coléoptères de la famille des Carnassiers, section des Pentamères, établie par Latreille, ayant pour caractères : mâchoires terminées simplement en pointe, sans articulation à son extrémité. La tête est ordinairement plus étroite que le corselet, ou tout au plus de sa largeur; les mandibules sont simplement pointues à leur extrémité, sans dentelure intérieure; la languette est saillante, et les palpes labiaux n'offrent que trois articulations. Leurs larves variant selon les genres, nous parlerons de celles que l'on connaît à leurs articles respectifs.

Geoffroy avait pensé que ces insectes étaient ceux que les anciens avaient appelés *Buprestes*, et qui faisaient périr les bestiaux qui venaient à les avaler en broutant l'herbe des prairies. Mais il y a erreur, et ce doivent plutôt être des *Mylabres* ou des *Méloés*, que leur propriété vésicante rend dangereux, tandis que ces insectes, quoiqu'ils laissent écouler une humeur fétide par la bouche, et même dans quelques genres, une caustique par l'anus, ne peuvent causer le mal qu'on signalait. (A. P.)

CARACAL, ou LYNX DE BARBARIE et du LEVANT. ( MAM. ) C'est une espèce de Chat, le *Felis caracal*, L., que l'on regarde comme le lynx des anciens. Ce Chat habite en Afrique et en Asie; on en connaît plusieurs variétés provenant de Barbarie, de Nubie, d'Arabie, etc., ainsi que de Perse et du Bengale.    (GERV.)

CARACARA, *Polyborus*. (OIS.) Ce genre d'oiseaux de proie ignobles a été établi dans le nouveau Dict. d'Hist. nat., par Vieillot; il prend place entre les Circaètes et les Harpies. Voici comment on le caractérise : bec droit à sa base, allongé, rétréci en dessus; cire large; face, joues et quelquefois aussi la gorge dénués de plumes; tarses nus, écussonnés; ongles émoussés, le postérieur plus fort; ailes longues, à troisième ou quatrième rémige la plus longue.

Les Caracaras sont des oiseaux de l'Amérique du Sud, qui ont des habitudes assez semblables à celles des vautours; mais ils ont beaucoup plus de courage, et leur vol est plus facile. Ils sont très-répandus dans les contrées qu'ils habitent; leur nombre est, dit-on, aussi grand que celui de tous les autres oiseaux de proie réunis. Ils vivent séparés ou par paires, et ne se réunissent en troupe que lorsqu'ils ont quelque charogne à dévorer ou quelque gibier à attaquer. Ils chassent aussi les reptiles, les petits mammifères et les oiseaux.

On les voit souvent attaquer les autres oiseaux lorsqu'ils ont fait quelque proie, et les forcer à la leur céder.

On peut établir parmi les Caracaras trois sections, que Vieillot considérait comme autant de genres ; leurs caractères seront tirés de l'étendue des parties nues de leur tête.

† Les IRIBINS, *Daptrius*, Vieill., dont on ne connaît qu'une espèce assez semblable aux Urubus, sont caractérisés par leur orbite, leur gorge et leur sabot nus, leurs tarses grêles et réticulés, ainsi que leurs ailes, dont la première rémige est très-courte, et les troisième, quatrième et cinquième plus longues que les autres.

L'espèce unique est le CARACARA NOIR, *F. aterrimus*, Temm., Enl. 37 et 342, décrit et figuré par Vieillot, dans la Galerie des Oiseaux, pl. V, sous le nom de *Daptrius ater*, Iribin noir. Cet oiseau habite le Brésil et la Guïane ; il est entièrement noir avec des reflets bleuâtres, excepté la naissance de la queue qui est blanche. Le tour des yeux est nu et de couleur jaune, ainsi que les joues, la gorge et les tarses.

†† Les RANCANGAS, *Ibycter*, Vieill., composent la seconde section. Ils ont les joues, la gorge et le sabot dénués de plumes ; les tarses réticulés, mais plus longs que ceux des précédens ; la première rémige des ailes courte, les quatrième, cinquième et sixième plus longues que les autres. La seule espèce connue est le PETIT AIGLE D'AMÉRIQUE, *Falco aquilensis*, Gm., Enl. 417.

Le RANCANGA A VENTRE BLANC, *Ibycter leucogaster*, Vieill., Gal., pl. VI. Cet oiseau est noir avec le ventre et les couvertures inférieures de la queue blancs ; la peau nue de la gorge et du devant du cou, ainsi que les tarses, sont d'un beau rouge ; le bec est jaune et la cire grisâtre. Longueur totale, seize à dix-huit pouces.

††† Les CARACARAS proprement dits, *Polyborus*, Vieill., forment la troisième section ; ils ont la face nue, et le sabot couvert de plumes en duvet ; la première rémige de leurs ailes est courte ; les troisième et quatrième sont plus longues que les autres. Les principales espèces sont :

Le CARACARA DU BRÉSIL, *Falco brasiliensis*, *Polyb. vulgaris*, Vieill., Gal., VII. Cet oiseau, indiqué par Marcgrave, a été décrit par Buffon et d'Azara sous le nom de *Caracara*, qu'on lui donne au Paraguay. Ce nom paraît exprimer assez le cri que l'oiseau fait entendre.

Le Caracara est de la taille du Balbuzard ; il est surtout très-commun au Paraguay et au Brésil : c'est l'oiseau de proie le plus répandu ; nous l'avons représenté dans notre Atlas, pl. 74, fig. 5.

Une autre espèce de ce genre est le *Falco degener* d'Illig., qui habite les pampas de Buénos-Ayres ; il suit, dit-on, le bétail pour dévorer les insectes.

*Falco Novœ-Zelandiœ*, de Hartz., figuré à la pl. col. 192 (adulte) et 224 (jeune). Il est noir, ponctué ou flammé de jaune sur le manteau, le bas-ventre jaune-ocreux, et les plumes du ventre ponctuées de la même couleur. Taille de l'aigle criard.

Cet oiseau, décrit par Forster sous le nom de Faucon-Harpie, habite la Nouvelle-Zélande, la terre de Diémen et les îles Malouines.

MM. Quoy et Gaimard, qui l'ont observé dans cette dernière localité, disent qu'il y est très-nombreux et très-audacieux ; ces oiseaux passent très-près de vous, jusqu'à vous toucher de l'aile ; ils suivent le chasseur et lui enlèvent le gibier qu'il vient d'abattre s'il l'abandonne un instant pour en poursuivre un autre. Leur chair est bonne à manger. (GERV.)

CARACOLLE. (BOT. PHAN.) C'est le nom vulgaire d'un Haricot d'Amérique, *Phaseolus caracolla*, L., dont les fleurs sont contournées en spirale ou limaçon. On le cultive comme plante d'ornement. (L.)

CARAMBOLIER, *Averrhoa*. (BOT. PHAN.) Genre exotique, que Jussieu place à la suite des *Térébinthacées*, mais que Corréa range parmi les *Rhamnées*. Voici ses caractères : calice profondément découpé en cinq parties, avec lesquelles alternent cinq pétales plus longs, comme onguiculés, et dont le limbe se réfléchit après la floraison ; filets réunis inférieurement en un anneau, cinq extérieurs plus courts, cinq intérieurs alternant avec les premiers et allongés, tous inférieurement élargis ; anthères fixées à leur sommet par le milieu du dos, oscillantes et introrses, à deux loges qui s'ouvrent par une suture longitudinale ; ovaire libre à cinq côtes séparées par autant d'enfoncemens, surmonté de cinq styles, de cinq stigmates, et présentant intérieurement cinq loges ; calice persistant à la base du fruit qui est une baie allongée, marquée de cinq angles saillans, qui correspondent à autant de loges tapissées par une membrane propre, et renfermant chacune de deux à cinq graines ; embryon dressé au milieu d'un périsperme charnu, offrant une radicule courte et des cotylédons comprimés. Ce genre n'offre que deux espèces, et toutes deux appartiennent à l'Inde.

Consultez Cavanilles, Dissert., 219 et 220 ; Lamk., Ill., tab. 385, les Ann. du Musée, t. VIII, p. 72, t. XXXIII. (G. CLAV.)

CARANGUE, *Carangus*. (POISS.) M. Cuvier sépare des Caranx, sous le nom générique de Carangues, les espèces où le corps est plus élevé, le profil plus tranchant, courbé en axe convexe et descendant rapidement, et où la ligne latérale est cuirassée de pièces ou de bandes écailleuses, carénées, et surtout épineuses. Les poissons qui composent ce sous-genre dans la famille des Centronotes, ressemblent si fort au genre mentionné plus haut, qu'il est presque impossible de les distinguer au premier coup d'œil de ces derniers. Les espèces en sont très-nombreuses dans les deux océans. La première est la Carangue des Antilles (*Scomber carangus*), figurée dans l'ouvrage de Bloch, pl. 340. Ce poisson est d'une belle couleur d'argent, teint de plombé ; une tache noire foncée occupe une partie de l'opercule ; l'angle surtout est d'un beau jaune ; il y a du bleuâtre au bord postérieur de la pointe de la dorsale, et un bleuâtre liséré au bord de la caudale. On remarque une tache noire et ronde dans l'aisselle de la pectorale, et un trait noir sur son huitième rayon et les suivans. La Carangue devient grande; elle pèse souvent jusqu'à vingt-cinq livres. Très-commune dans toutes les parties chaudes de l'Amérique, elle vient du Brésil, de Cayenne, de Porto-Rico, et est du nombre des poissons qui traversent l'Océan. Les colons espagnols nomment la Carangue, comme d'autres poissons de ce genre, Jorel ou Xurel, c'est-à-dire Saurel. A la Havane, on lui donne aussi le nom particulier de Juguagua. A Cayenne, nos colons l'appellent Dorade. Elle y passe pour un des meilleurs poissons; on la mange avec d'autant plus de plaisir qu'elle passe pour ne donner jamais cette maladie dangereuse de la Signatera. Une seconde espèce, très-semblable, mais sans tache noire, la Carangue bâtarde ( *Guaratereba*, Sib., t. III, pl. xxvii), est au contraire très-sujette à être empoisonnée. (ALPH. G.)

**CARANX**, *Caranx*. (POISS.) C'est à la suite des Temnodons, et surtout des Citules, que se place naturellement un groupe de poissons à corps oblong, à ligne latérale cuirassée sur une étendue plus ou moins longue de pièces ou de bandes écailleuses, carénées, et souvent épineuses, à dorsales distinctes, à épine couchée en avant de la première dorsale; les rayons de la seconde sont faiblement liés, et quelquefois séparés en fausses nageoires. Ces poissons ont de grands rapports avec la plupart de ceux de la famille des Leptosomes de Duméril, Scombéroïdes de Cuvier. Ce genre renferme un grand nombre d'espèces. Celle qui sert de type à ce genre est le SAUREL OU MAQUEREAU BATARD, *Caranx trachurus*, Lacép., *Scomber trachurus*, Lin., Bloch., 56. Les écailles qui recouvrent le trachure sont petites, vides et molles. Sa couleur générale est argentée. Une tache noire occupe le bord de l'opercule; l'iris de son œil est doré; il y a quelques teintes rougeâtres aux côtés de la tête. Les nageoires sont grises. Le nom de Trachure, donné à ce poisson, est formé de deux mots grecs qui signifient queue épineuse, parce qu'en effet la fin de la ligne latérale est armée d'un aiguillon, recourbé en arrière sur chaque écusson qui la compose : lorsque l'animal agite vivement sa queue, et en frappe violemment sa proie, non seulement il peut l'étourdir, l'assommer, l'écraser sous ses coups redoublés, mais encore la blesser avec ses pointes latérales, la déchirer profondément, et lui faire perdre son sang. Le Saurel s'approche des rivages en troupe nombreuse pour frayer; on en prend alors en grande quantité à la ligne ou au filet.

On le trouve dans l'océan Atlantique, dans la Méditerranée, sa chair est bonne à manger, quoique moins tendre et moins agréable que celle du Maquereau. Mais à Nice, et sur les bords de la mer Méditerranée; on l'abandonne au bas peuple.

Le CARANX GROS ŒIL, *Caranx boops*, Cuv., est plus court que le maquereau. Il est d'un bel argenté, teint sur le dos d'un bleu d'acier bruni,

fort brillant, tirant au verdâtre. Les nageoires sont grises et la seconde dorsale est un peu teinte de noirâtre. Ce poisson vient des Grandes-Indes, d'Amboine, de Vanicolo, etc. Il est représenté dans notre Atlas, planche 75, figure 1.

(ALPH. G.)

**CARAPA.** (BOT. PHAN.) Arbre exotique de la famille des Méliacées, à feuilles alternes, ailées sans impaire, à fleurs polygames par avortement, et disposées en grappes axillaires. Ce genre est caractérisé ainsi qu'il suit : calice à quatre lobes; pétales en nombre égal, attachés sous l'ovaire; étamines soudées en un tube à huit découpures supérieures, contre lesquelles sont appliquées les anthères; style épais, à stigmate tronqué, percé au milieu, garni d'un rebord sillonné; fruit globuleux, gros, coriace, renfermant plusieurs noyaux; graine sans périsperme. On voit que le Carapa, quoique voisin des Méliacées, s'en éloigne sous quelques rapports; aussi l'a-t-on rangé dans une section particulière de cette famille.

On connaît deux espèces de *Carapa*. L'une, découverte par Aublet à la Guiane, se distingue par ses folioles lancéolées et nombreuses; ses amandes fournissent une graisse ou huile trèsamère, dont l'odeur éloigne les insectes, propriété fort utile sous ce climat. L'autre, indigène des Moluques, est le *Granatum* de Rumph, et le *Xylocarpus* de Kœnig; il a des folioles ovales aiguës, et un fruit beaucoup plus gros que le précédent.

Les Indiens de la Guiane emploient l'écorce du Carapa comme fébrifuge; on y trouve en effet, par l'analyse chimique, des matières très-analogues à celles qui entrent dans le quinquina. (L.)

**CARAPACE**, *Testa*. (REPT. CRUST.) C'est le nom de l'enveloppe supérieure des tortues et des crabes. *Voy.* TORTUES et CRUSTACÉS. (GUÉR.)

**CARAPE**, *Carapus*. (POISS.) Nom d'un sousgenre établi avec quelques GYMNOTES. (*Voy.* ce mot.) (GUÉR.)

**CARBOCÉRINE.** (MIN.) Carbonate de cérium formant une espèce unique, composée d'un atome d'oxide de cérium et de deux atomes d'acide carbonique. Cette substance, très-rare et très-peu connue, se décompose par la chaleur, surtout au contact de l'air. Elle forme de petits cristaux à la surface du silicate de cérium appelé cérine. Son gisement en Suède est dans le terrain primitif. (J. H.)

**CARBONATE.** (MIN.) Ce genre, de la famille des Carbonides, comprend des corps plus ou moins solides, solubles dans les acides avec effervescence et dégagement plus ou moins considérable de gaz acide carbonique. Plus de la moitié des espèces de ce genre cristallisent dans le système rhomboïdique; le plus grand nombre des autres se rapportent au prisme droit rhomboïdal, et trois espèces seules au système rectangulaire oblique. Toutes jouissent de la propriété de la double réflexion; toutes aussi se laissent rayer par une pointe d'acier, et même par la fluorine ou le fluorure de chaux. Ce genre comprend vingt-six espèces dont quelques unes ont été décrites dans cet ouvrage, et dont les autres viendront à leur rang. (J. H.)

CARBONE. (chim.) Le Carbone n'existe à l'état de pureté dans la nature que dans le *diamant*, pierre précieuse que l'on rencontre dans le royaume de Golconde (Indes), au Brésil, etc. L'art n'a eu jusqu'alors aucun moyen de faire du diamant, et il n'est point déraisonnable de penser qu'il en sera toujours ainsi malgré tous les essais plus ou moins heureux qui ont été tentés pour réussir.

Le Carbone fait partie constituante des végétaux et des animaux; combiné avec l'oxigène, il forme l'acide carbonique, les carbonates, etc.

A l'état brut, le Carbone pur, ou diamant, est couvert d'une croûte opaque; on le trouve cristallisé, tantôt en octaèdres réguliers, tantôt en petits solides formés par la réunion de quarante-huit faces triangulaires et convexes. Dépouillé de tout corps étranger, le diamant est transparent, le plus ordinairement incolore; je dis le plus ordinairement, car on en rencontre parfois de jaunâtres, de roses, de bruns, de verts, etc.

Le Carbone est le plus dur de tous les corps connus; il raie l'acier et le verre, brûle dans le gaz oxygène, et se convertit en totalité en gaz acide carbonique; privé du contact de l'air et de l'oxigène il n'éprouve aucune action de la part de la chaleur, même la plus forte; enfin de tous les corps transparens c'est celui qui réfracte la lumière avec le plus vif éclat; les parures de nos dames réunies dans les salons et les salles de spectacle, sont une preuve éclatante de cette riche et brillante propriété du Carbone. (F. F.)

Dans la minéralogie qui a pour base l'analyse chimique, le genre *Carbone* se compose de l'espèce unique appelée *Diamant* et d'autres subtances qui s'y réunissent comme appendice: telles que le *graphite*, l'*anthracite*, la *houille*, le *stippite*, le *lignite*, la *terre de Cologne*, la *tourbe*, et même le *terreau* (v. Anthracite); quant aux autres mots, nous les traiterons dans leur ordre alphabétique. (J.H.)

CARBONIDES. (min.) M. Beudant comprend dans la famille des Carbonides, les genres Carbone, Carbure, Mellate, Urate, Carbonite, Carbonoxide et Carbonate (v. ces différens mots). (J.H.)

CARBONIQUE (acide). (minér.) L'acide carbonique se trouve dans la nature à l'état gazeux. Il est inodore, incolore, et soluble dans l'eau. C'est principalement dans les cavernes des puits volcaniques, au fond de certains puits et dans l'intérieur des mines, qu'il existe à l'état libre. Les principales cavités naturelles dans lesquelles il se trouve sont la grotte du Chien, sur les bords du lac Agnano, dans les environs de Naples; diverses cavernes des environs de Bolzena, dans les états de l'Eglise (voy. Acide); la grotte d'Aubenas dans le département de l'Ardèche; l'Estouffi près de Clermont-Ferrant dans la vallée de Royat, etc. L'Acide carbonique en dissolution dans l'eau constitue les sources acidules gazeuses, telles que celles de Provins, de Vichy, de Bologne et du Mont-d'Or, etc. (J. H.)

CARBONITE. (min.) *Voy.* Oxalate.

CARBONOXIDE. (min.) Genre de la famille des Carbonides. Il se compose d'une seule espèce, l'*Acide carbonique. V.* Acide. (J. H.)

CARBURE. (min.) Ce genre, de la famille des Carbonides, comprend des substances gazeuses, liquides ou solides; mais ces dernières se ramollissent, se fondent même au feu, et toutes s'enflamment facilement et brûlent avec une flamme plus ou moins vive, souvent avec fumée, et quelquefois laissent un résidu charbonneux.

Parmi les substances gazeuses de ce genre se trouve le *Grisou* qui est un proto-carbure d'hydrogène, parmi les liquides le *Naphte*, et parmi les solides l'*Asphalte* et le *Succin*. (*Voy.* Bitumes.) (J. H.)

CARBURES. (chim.) Combinaison des métaux avec le carbone.

Bien qu'une quantité de Carbone retenue par les métaux soit très-faible, elle diminue cependant et anéantit parfois la malléabilité dont jouissent ces corps.

Les Carbures métalliques les plus remarquables sont la Fonte et l'Acier. *Voy.* ces mots. (F. F.)

CARCAJOU ou CARCAJON. (mam.) Deux noms par lesquels on désigne le Blaireau américain, *Meles labradoria*, que certains auteurs ont décrit comme une variété du Blaireau d'Europe. (v. ce mot.)

On a aussi donné, mais à tort, le nom de Carcajou au Couguar, *Felis discolor*, Linné. (Gerv.)

CARCIN, *Carcinus*. (crust.) Genre de l'ordre des Décapodes, de la famille des Brachyures, établi par Leach (Linn. Trans. societ. t. xi), aux dépens du genre Crabe, *Cancer*, Linné. Latreille, dans son Cours d'Entomologie, place ce genre dans la deuxième tribu, les Arqués, *Arcuata*, en lui assignant pour caractères: fossettes des antennes intermédiaires transverses; troisième article des pieds-mâchoires étant presque carré, les seuls deux tarses postérieurs subelliptiques, et le test plus large que long. L'espèce servant de type à ce genre est le Crabe commun de nos côtes, *Carcinus mœnas*, Leach. Son test est verdâtre, avec l'impression dorsale ordinaire bien prononcée, cinq dents à chaque bord latéral, trois au front et une à chaque carpe; les pinces sont angulaires. On trouve cette espèce très-communément sur les bords de nos mers, et, d'après M. Savigny, elle paraît s'étendre jusqu'aux rivages de l'Égypte. Suivant M. De Brébisson, le peuple, dans le département du Calvados, lui a donné le nom de *Crabe enragé*. Cette espèce est représentée dans notre Atlas, pl. 75, fig. 2. (H. L.)

CARDAMINE, *Cardamine*. (bot. phan.) Genre appartenant à la famille des Crucifères, Juss., et à la Tétradynamie siliqueuse, Linn. C'est Tournefort qui a établi ce genre, et tous les botanistes modernes l'ont adopté tel qu'il avait été formé par leur illustre prédécesseur. Seulement Brown et De Candolle en ont distrait, l'un, le *C. nivalis* de Pallas, dont il a fait le nouveau genre *Macropodium*; l'autre, le *C. græca*, Linn., dont il a fait aussi un genre nouveau, sous le nom de *Pteroneuium*. Les Cardamines sont comprises dans la tribu des *Arabidées* ou *Pleurorhizées siliqueuses*, que De Candolle a établie dans sa nouvelle distribution des Crucifères (Syst. vég. Univ., t. ii). Voici ce qui, suivant ce botaniste célèbre, caractérise le genre Cardamine : calice fermé ou fort peu ouvert; pétales onguiculés, à limbe entier; étamines libres, sans appendices ; siliques sessiles, linéaires, comprimées, à valves sans nervures et s'ouvrant élastiquement ; semences ovées, sans bordures, unisériées et portées sur des cordons ombilicaux très-grêles ; cotylédons accombans.

La plupart des Cardamines sont des plantes herbacées, glabres, à fleurs bleues ou roses, à feuilles pétiolées, tantôt simples et indivises, tantôt lobées ou pinnées ; et souvent ces deux formes fondamentales de feuilles se voient sur les mêmes individus. Des cinquante-cinq espèces de ce genre décrites par De Candolle, quarante-quatre sont bien connues et bien caractérisées. De toutes les Crucifères, les Cardamines sont les plus répandues sur la surface du globe; car on les trouve au Japon, au cap de Bonne-Espérance, aux îles de France et de Bourbon, aux Terres-Australes, dans l'Amérique méridionale, etc., etc. Mais l'espèce qui doit nous intéresser particulièrement, c'est la CARDAMINE DES PRÉS, *C. pratensis*, Linn., qu'on nomme aussi Cresson des prés ou Cresson élégant ; elle est représentée dans notre Atlas, pl. 75, fig. 3. C'est une plante vivace, à tige verticale, haute d'un pied, feuillée et surmontée de fleurs purpurines assez grandes, disposées en corymbe, portées par un long pédoncule. Gardons-nous de la mépriser, quoiqu'elle soit commune : elle a tant de titres à notre estime ! Herbe de pâturage, simple, légume, plante d'agrément, elle se trouve partout, dans les prairies, dans les jardins de botanique médicale, dans les potagers, dans les parterres ; et partout elle tient bien son rang. La variété à fleurs doubles, que l'on peut voir chez M. De Bugny, à Paris, fait un très-joli effet. (*Voy* l'Almanach du Bon Jardinier.)

L'apparition du *Cardamine pratensis* dans les prés est une époque intéressante pour les pêcheurs, s'il faut en croire le poète Castel :

> « Sitôt que dans les prés s'élève le cresson,
> » De la mer, à l'envi, franchissant les barrières,
> » Les saumons, en sautant, remontent les rivières. »

(G. É.)

**CARDAMON.** (BOT. PHAN.). Nom donné par les Indiens à une plante que le commerce apporta dans l'ancienne Égypte et dans la Grèce. On l'appliqua d'abord au Cresson alénois, *Lepidium sativum*, que l'on mangeait au solstice d'hiver au rapport de Théophraste, et dont l'âcreté fait tordre le nez, selon l'expression de Virgile : *Quœque trahunt acri vultus nasturtia morsu.* Plus tard, on allongea ce mot en *Cardamomon*, pour exprimer une sorte d'onguent aromatique que les caravanes recevaient sur les plages du golfe Persique pour les transmettre aux marchands des bords de la Méditerranée, dans des temps très-reculés. D'après le peu de mots que nous trouvons à ce sujet dans les livres grecs et latins, on peut présumer que cet aromate est la plante que nous appelons aujourd'hui Cardamome, *Amomon cardamomum*, originaire de l'Inde, et non pas, ainsi que le disent certains auteurs, l'Amome à grappes, *Amomum granum paradisi*, qui croît spontanément dans la Guinée, et qui nous est venu très-tard de ce pays. *Voy.* AMOME et CRESSON (T. D. B.)

**CARDÈRE**, *Dipsacus*. (BOT. PHAN.) De grandes herbes ayant le port des chardons, des tiges anguleuses et hérissées d'épines, à racines fusiformes, épaisses, à feuilles opposées, à fleurs réunies en tête comme les scabieuses, et dont on connaît quatre espèces bisannuelles, qui croissent naturellement en France, forment le genre Cardère, lequel appartient à la famille des Dipsacées et à la Tétrandrie monogynie.

Une des espèces les plus communes, la CARDÈRE SAUVAGE, *Dipsacus sylvestris*, que l'on trouve dans les lieux incultes, le long des grandes routes, se fait remarquer par ses grosses fleurs d'un bleu rougeâtre et par l'espèce d'abreuvoir qui existe à l'aisselle de ses grandes feuilles, et où l'on trouve presque habituellement de l'eau. La variété dont les paillettes des têtes de fleurs sont crochues, appelée CARDÈRE A FOULON et Chardon-bonnetier. *Dipsacus fullonum*, cultivée de nos jours en plein champ pour les besoins des manufactures d'étoffes de laines, était connue dès la plus haute antiquité chez les Celtes, et employée par leurs femmes ouvrières, ainsi que le prouve le nom *Houasouen al corn* qu'elle portait parmi eux, à peigner le drap et polir sa surface. C'est la plante que l'on trouvera dans notre Atlas, pl. 75, fig. 4.

Vouloir rechercher le pays d'où elle a été primitivement tirée, serait remonter un fleuve dont les sources sont ensevelies sous le linceul de sable d'une époque à jamais perdue. Ce que l'on peut dire de plus raisonnable à ce sujet, c'est que cette utile variété de la Cardère sauvage est due à une culture très-ancienne. Elle veut une terre un peu fraîche, profonde, bien meuble, ni peu ni trop fumée; sur un sol sec et très-aéré elle souffre peu des rigueurs de l'hiver : il n'en est pas de même dans les vallons; elle y gèle souvent et y périt par excès d'humidité. Quoique bisannuelle, soit qu'on l'ait semée en automne ou bien au printemps, il y a toujours des pieds qui montent dès la première année : c'est une anomalie due à la culture. On a voulu remplacer les têtes blanchâtres de cette Cardère par des machines, toutes les tentatives ont échoué. Son importance et la préférence qu'on lui donne sont suffisamment justifiées par les grands espaces qu'elle couvre aux environs des manufactures, surtout de celles de Louviers, Elbeuf, Sedan, Carcassonne, etc.

Les mouches à miel aiment beaucoup la Cardère à foulon; les ruches placées dans son voisinage rapportent considérablement. (T. D. B.)

**CARDES.** (AGR.) Sous ce nom les horticoles cultivent et livrent aux cuisines les côtes des feuilles du cardon et celles de la poirée, dont on fait des plats fort estimés, après les avoir blanchies. *V.* BETTE et CARDON. (T. D. B.)

**CARDIA.** Orifice supérieur de l'estomac. (*Voy.* Estomac.)      (P. G.)

**CARDIACÉES.** (moll.) Famille de Mollusques, établie par Cuvier, pour les animaux qui ont le manteau ouvert en avant avec deux ouvertures séparées, l'une pour les excrémens, l'autre pour la respiration, se prolongeant quelquefois en tubes.

Les Cardiacées forment aussi une famille pour Lamarck, qui la caractérise par la charnière des coquilles, de la manière suivante : dents cardinales irrégulières, soit dans leur forme, soit dans leur situation, et en général accompagnées d'une ou deux dents latérales.

Enfin, M. de Férussac a élevé au rang d'ordre la famille des Cardiacées de Cuvier, et il divise cet ordre en sept familles, qui sont : les Camaris, les Bucardes, les Cyclades, les Nymphacées, les Vénus, les Lithophages et les Mactres.      (R.)

**CARDIAQUE.** (anat.) Qui appartient au Cardia ou au cœur. Ainsi l'on dit les veines, les artères, les nerfs Cardiaques, le plexus ou ganglion Cardiaque.      (P. G.)

**CARDINAL.** (zool.) De même qu'on a appelé des animaux *capucins*, *moines*, etc., on a aussi désigné sous celui de *Cardinal* un grand nombre d'espèces de genres et d'ordres différens ; nous allons mentionner les plus communs.

Cardinal d'Amérique. (ois.) Nom du Tangara rouge, du Cap, *Tangara gularis*, L. Voyez Tangara.

Cardinal du Canada, du Mexique et a collier. (ois.) C'est le *Tangara rubra*, L.

Cardinal du Cap. (ois.) C'est le *Fringilla orix*, L. *Voy.* Gros-bec.

Cardinal Carlsonien. (ois.) C'est le *Pirrhula Carlsonii*. V. Bouvreuil.

Cardinal commandeur. (ois.) C'est l'*Icterus phœniceus*, L. V. Troupiale.

Cardinal dominicain huppé et Cardinal huppé. (ois.) Ce sont les noms des *Fringilla cucullata* et *cardinalis*. V. Gros-bec.

Cardinal noir et rouge huppé (ois.) Nom du Siscrin malimbe. V. Sinerin.

Le nom de Cardinal sert à désigner un poisson du genre Spare, un mollusque du genre Cone, un papillon du genre Argynne, et un coléoptère du genre Pyrochroa, qu'on appelle Cardinale. (Voy. tous ces noms de genres.)      (Guér.)

**CARDINALES.** (moll.) On donne ce nom aux dents des coquilles de mollusques acéphales, qui se trouvent placées immédiatement sous les sommets et qui sont d'ordinaire les plus importantes (*dentes cardinales*). On dit encore le Bord cardinal, *Margo cardinalis*; la Lame cardinale, *Dissepimentum cardinis*, pour indiquer la partie ou le bord de la coquille qui porte la charnière. Ces expressions viennent du mot latin *cardo*, qui signifie charnière.

Les conchyliologistes mettent une grande importance à la considération des dents de la charnière et surtout des dents cardinales, mais les caractères artificiels qu'ils en tirent ne peuvent être d'aucun secours pour les zoologistes ; aussi tombent-ils de jour en jour en discrédit.      (R.)

**CARDISOME,** *Cardisoma*. (Crust.) Genre de l'ordre des Décapodes, de la famille des Brachyures, établi par Latreille, Règne animal de Cuvier, nouv. édition, et placé par le même Cours d'Entomologie, dans la première tribu des Quadrilatères, *Quadrilatera*, en lui donnant les caractères suivans : antennes étant toujours découvertes ; pieds-mâchoires extérieurs rapprochés parallèlement au bord interne, avec tous les articles découverts, dont le troisième, plus court que les précédens, est échancré à son sommet. L'espèce servant de type à ce genre est le Cardisome bourreau, *Cardisoma carnifex*, Latr. Ces crustacés sont désignés aux Antilles sous le nom de Crabes blancs ; quelquefois cependant le test est jaune, avec des raies rouges.      (H. L.)

**CARDITE,** *Cardita*. (moll.) Genre de Mollusques acéphales établi par Bruguière, adopté par tous les auteurs et auquel nous réunissons les Vénéricardes de Lamarck, sous la description générique suivante : coquille très-épaisse, solide, équivalve, souvent très-inéquilatérale, à sommets recourbés en avant, à charnière munie de deux dents inégales, obliques, l'une courte, cardinale, et l'autre plus en arrière, longue, lamelleuse et arquée. Le ligament est allongé, subextérieur et enfoncé ; les impressions musculaires sont assez grandes et très-distinctes ; l'impression palléale est étroite.

L'animal de la Cardite est semblable à celui des Anodontes, c'est-à-dire qu'il a le manteau ouvert dans toute sa moitié inférieure et en avant, et qu'il porte en arrière un orifice particulier pour l'anus et un tube incomplet pour la respiration.

Outre les Vénéricardes, M. de Blainville réunit encore aux Cardites les Cypricardes, et forme dans ce genre composé les quatre divisions suivantes :

1ᵉʳ groupe. Mytilicardes.

Ont la coquille allongée, un peu échancrée ou bâillante au bord inférieur ; le sommet presque céphalique, le ligament caché.
Ex. *C. crassicosta*.

2ᵉ groupe. Cardiocardites.

Ont la coquille ovale, à bord inférieur presque droit ou un peu bombé, crénelé et complétement fermé.
Ex. *C. ajar*.

3ᵉ groupe. Vénéricardes.

Ont la coquille presque ronde ou suborbiculaire, à bord inférieur arrondi, denticulé, de plus en plus équilatéral ; les deux dents plus courtes et plus obliques.
Ex. *C. australis*.

4ᵉ groupe. Cypricardes.

Ont la coquille allongée, très-inéquilatérale ; le sommet presque céphalique et recourbé en avant ; deux dents cardinales courtes, divergentes, outre la dent lamelleuse ; le ligament très-long , peu ou point saillant ; l'impression abdominale quelquefois un peu rentrée en arrière.

Ex. *C. guineica.*

Le genre Cardite, composé comme nous venons de l'indiquer, d'après M. de Blainville , comprend un grand nombre d'espèces presque toutes exotiques. On aura une idée de ce genre en consultant notre pl. 76, à la fig. 1 , qui représente la CARDITTE MOUCHETÉE, *C. calyculata*, Lamarck. Cette coquille, qui appartient aux Mytilicardes, est oblongue, d'un blanc jaunâtre, avec des taches brunes et rougeâtres en forme de croissant. Ses côtes sont embriquées, écailleuses et au nombre de vingt et une. Elle se trouve dans l'océan Atlantique. (R.)

CARDON, *Cynara cardunculus.* (BOT. PHAN. et AGR.) En traitant du genre Artichaut, j'ai remis à parler avec quelques détails de cette espèce, que d'autres regardent comme une simple variété de l'Artichaut sauvage ; je m'acquitte de ma promesse. Le Cardon est une espèce distincte, bisannuelle , originaire des côtes de la Barbarie, dont la culture s'est emparée pour la rendre plus grande, plus volumineuse, plus agréable au goût, et lui créer plusieurs variétés dépouillées de la majeure partie de leurs épines aiguës, longues , et par conséquent rendues faciles à manier. Nous en possédons trois. Le CARDON DE TOURS, ainsi nommé de ce qu'autrefois la culture en était limitée aux environs de cette ville. Il est armé de toutes parts d'aiguillons très-pointus ; sa côte, légèrement concave, est pleine, un peu rougeâtre ; et, comme la plante monte peu, elle est plus tendre, plus délicate à manger. Les maraîchers de Paris en ont des pieds aussi beaux, aussi bons que ceux de Tours si réputés aux 16e et 17e siècles. Ils évitent cependant de le multiplier beaucoup, parce que ses piquans leur en rendent l'approche difficile et souvent fâcheuse.

Le CARDON D'ESPAGNE, qui monte à la hauteur de deux et même quatre mètres ; il a des feuilles peu épineuses, d'un vert d'eau, divisées en lanières découpées, la côte ou nervure médiane large de trois doigts, épaisse, charnue, ouverte en gouttière. On le préfère au premier pour la culture, parce qu'il donne beaucoup, parce que ses épines sont peu ou point caractérisées, quoique sa côte soit filandreuse et moins délicate. Il n'a été introduit dans nos jardins que depuis le milieu du 17e siècle.

Le CARDON PLEIN, absolument sans épines, a les nervures plus épaisses encore que la variété d'Espagne, et légèrement concaves. On connaît cette variété depuis les dernières années du 18e siècle. Elle provient de la première variété, et est due à des semis faits avec intelligence. On lui trouve toutes les qualités et la succulence des meilleurs Cardons de Tours.

Sa culture varie suivant les cantons ; il y a deux principales méthodes ; l'une a pour but de procurer des Cardons toute l'année, et à mon avis la jouissance anticipée et prolongée ne compense pas les frais qu'elle nécessite ; l'autre, plus simple, plus commode, se sème à demeure, à la volée et très-clair, dès qu'on ne craint plus les effets des gelées, dans le courant d'avril ; on arrose quand les plantes ont quatre feuilles bien formées ; on arrache les individus qui peuvent s'entre-nuire, on sarcle les mauvaises herbes, on tient le terrain frais ; on lie, puis on butte pour faire blanchir ; les feuilles inférieures ainsi privées d'air et de lumière sont bonnes à manger au bout de quinze ou vingt jours. Le Cardon que l'on abandonne à lui-même est dur, d'une saveur acerbe, et reprend au bout de quelque temps ses épines.

Outre la côte des Cardons, on mange encore la racine au gras et au maigre et surtout au jus dans les entremets. La fleur a la vertu de faire cailler le lait aussi bien et aussi promptement que la présure. La graine conserve sa propriété germinative jusqu'à la dixième année après sa récolte. Pour l'avoir excellente, il convient de laisser vieillir le pied ; il peut durer huit ou dix ans sans cesser de produire.

Dans les auteurs on trouve le mot Cardon appliqué à plusieurs plantes de diverses espèces et surtout, en Amérique et aux Antilles, à différens Cactiers ; au Mexique, on le donne à l'Agavé ; à Ténériffe, à l'Euphorbe des Canaries ; en Espagne, au Scolyme ramassé, *Scolymus hispanicus* , etc.

(T. D. B.)

CARDUACÉES , *Carduaceæ.* (BOT. PHAN.) Une des trois grandes tribus de la famille des Composées ; elle tire son nom du Chardon, *Carduus*, et correspond à peu près aux *Flosculeuses* de Tournefort, ou aux *Cinarocéphales* de Jussieu, qui avait pris le *Cinara* (Artichaut) pour type de sa famille. Quel que soit ce nom, voici les caractères constans auxquels on reconnaît toute fleur composée qui appartient à la tribu en question : corolles tubuleuses (non en languette), à cinq lobes plus ou moins égaux ; étamines à filamens libres, quelquefois velus ; style long, renflé au sommet, où il est garni d'une touffe circulaire de poils ; stigmate formé de deux lanières, planes et glabres extérieurement, convexes et velues en dedans ; graine ou akène ovoïde, lisse, glabre, attaché au réceptacle soit immédiatement par sa base, soit par un point latéral ; aigrette sessile ou stipitée simple ou plumeuse ; réceptacle garni de soies ou d'écailles, ou parfois creusé d'alvéoles ; involucre composé d'écailles imbriquées, souvent épineuses à leur sommet.

Les travaux de quelques savans, en multipliant les observations et les moyens de classer, ont aussi jeté un peu de confusion dans une étude où l'élève ne sait comment choisir entre les opinions diverses des maîtres ; les *Carduacées* de Kunth , par exemple, contiennent beaucoup de plantes qu'on range ordinairement parmi les Astéries. De Candolle et Cassini , de leur côté, les ont divisées en deux sections, selon le point d'attache de la graine par sa base (*Carduacées vraies*), ou par son côté (*Centaurées*). Voici, d'après ces derniers professeurs et les caractères assignés ci-dessus aux Carduacées, les principaux genres qu'il faut y rapporter : *Arctium*, J.; *Carduncellus*, Adans., *Centaurea*, L..; *Carduus*, Gaertner; *Cirsium*, Tournefort; *Carthamus*, Gaertner; *Cinara*, Juss.; *Onopordon*, L.; *Serratula*, De Cand., etc.       (L.)

CARELET. (poiss.) Nom vulgaire donné à une espèce de Pleuronecte du genre PLIE (*voyez ce mot.*)       (ALPH. G.) .

CARÈNE, *Carina*. (bot. phan.) Nom spécialement attribué aux deux pétales inférieurs des fleurs papilionacées ; en effet, rapprochés, souvent même soudés par leur bord, ils offrent quelque ressemblance avec la Carène d'un vaisseau. (L.)

CARÉNÉ, *Carinatus*. (bot.) Disposé en *carène*, c'est-à-dire offrant une crête longitudinale semblable à la carène d'une nacelle ; telles sont les glumes de plusieurs graminées, les valves de la cosse du Pois, etc.       (L.)

CARET. (rept.) (*V.* CHÉLONÉE.)

CARIAMA, *Microdactylus*. (ois.) M. Geoffroy a proposé le nom de Microdactylus, c'est-à-dire *petits doigts*, pour un genre comprenant une espèce décrite anciennement par Marcgrave sous le nom de Cariama. Quelques auteurs placent ce genre parmi les Gallinacés, d'autres dans l'ordre des Accipitres, et quelques uns à la suite des Echassiers pressirostres, à côté des Coure-vite.

Les caractères du genre *Microdactylus* sont les suivans : bec convexe en dessus et renflé, la mandibule supérieure plus longue que l'inférieure et terminée par un crochet ; tarses très-longs, grêles, à tibia dénudé sur les deux tiers de sa longueur ; doigts courts et gros, les antérieurs réunis à leur base par une membrane, le pouce n'atteignant point le sol ; ailes non armées, arrondies et médiocres, la première rémige très-courte, les cinquième, sixième et septième plus longues.

On ne connaît encore qu'une seule espèce, le CARIAMA DE MARCGRAVE, *Microdactylus Marcgravii*, Geoff., Ann. Mus., XIII, pl. 26, le *Dicholophus cristatus* d'Illig., figuré à la pl. coloriée 237.

Cet oiseau habite l'Amérique septentrionale ;
les colons portugais du Brésil le nomment *Cariama* ou *Sariama* ; les indigènes *Scriema*, et les Guaranis du Paraguay, *Saria*. Sa longueur totale est de trente à trente-deux pouces ; ses tarses, qui sont de couleur jaune, sont hauts de sept à huit pouces ; une huppe de plumes décomposées et droites surmonte son front ; le plumage est d'un grisâtre roux, très-finement vermiculé de brun. Les ailes sont courtes, la queue longue et arrondie ; le tour des yeux est bleuâtre, l'iris fauve.

Le Cariama est très-farouche ; le moindre bruit l'effraie ; quoique semblable par la forme aux oiseaux de rivage, il n'en a cependant point les habitudes ; jamais on ne le voit sur le bord des rivières, ni même dans les lieux bas ; il recherche au contraire les forêts claires et élevées, ainsi que les collines montueuses, où il chasse les lézards, les petits serpens, les insectes orthoptères et les larves qui font sa nourriture. Sa voix forte et sonore a quelque ressemblance avec le nom qu'on lui a donné ; son vol est lourd et peu étendu. Lorsqu'on poursuit un de ces oiseaux, il se blottit contre terre ou dans un buisson et ne se lève que rarement, encore est-ce pour se placer sur quelque arbre voisin.

La femelle fait son nid avec des branches sèches et enduites de bouse de vache ; elle pond deux œufs de couleur blanche. Les petits peuvent courir peu de temps après leur naissance.

Cette espèce est commune dans tout le Brésil et au Paraguay ; dans quelques endroits on la tient domestique et on mange sa chair.       (GERV.)

CARIE. (zool. bot.) Ulcération des os. On a étendu ce nom à certaines maladies des arbres qui pénètrent jusque dans leur tronc. La Carie du *froment* est attribuée à un végétal particulier, *Uredo caries* de De Candolle.       (P. G.)

CARILLON. (bot. phan.) Nom vulgaire du *Campanula medium*. (*V.* CAMPANULE.)

CARILLONNEUR. (ois.) Nom d'un Merle, *Turdus tintinnabulatus*, L. *V.* MERLE.       (GUÉR.)

FIN DU TOME PREMIER.

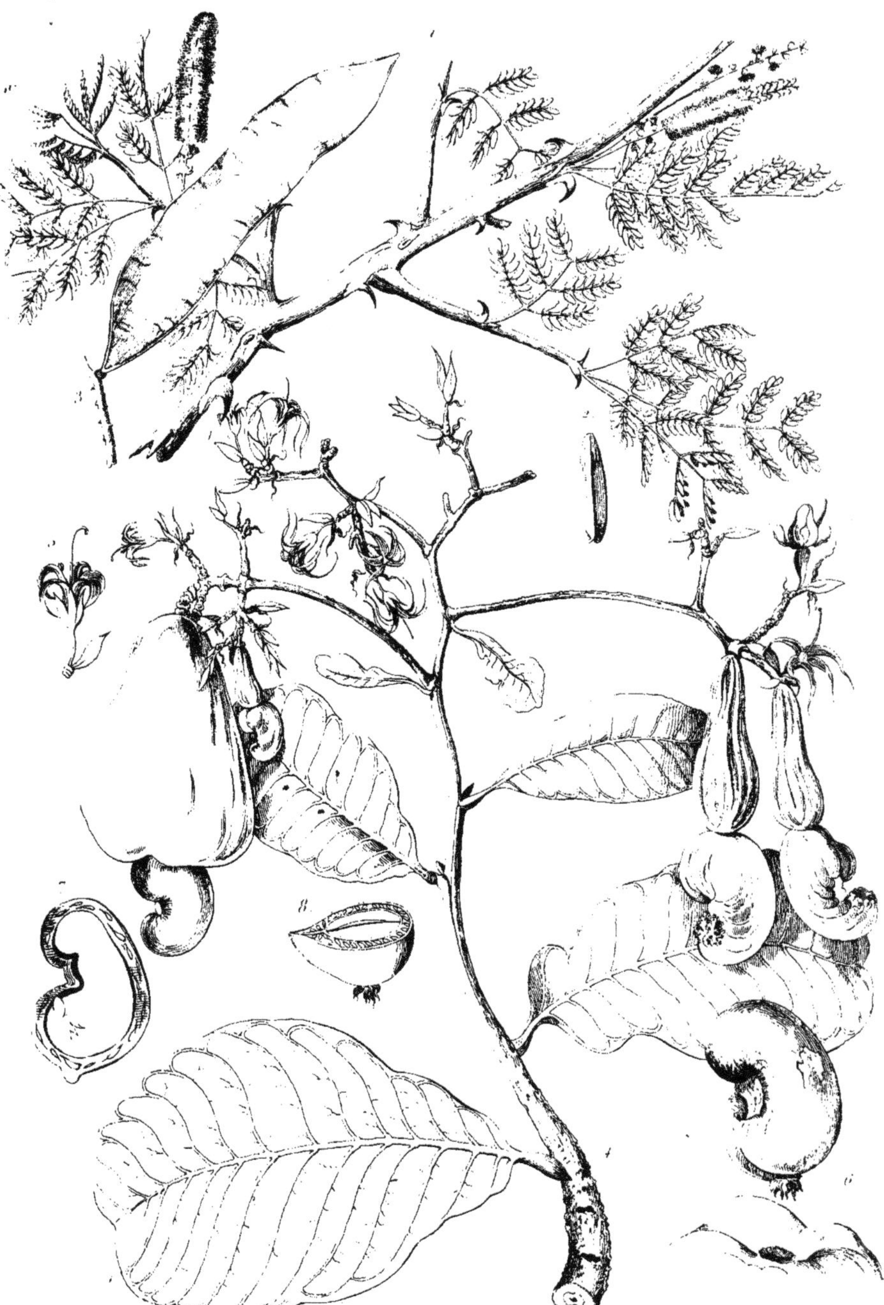

1. Acacie qui produit la gomme arabique
2. une de ses folioles
3. une gousse
4. Acajou à pommes
5. une de ses fleurs
6 - 3. son fruit nommé noix d'acajou

Agérine escartienne

Agave d'Amérique

Fleurs et fruit de l'Agave

Pl.

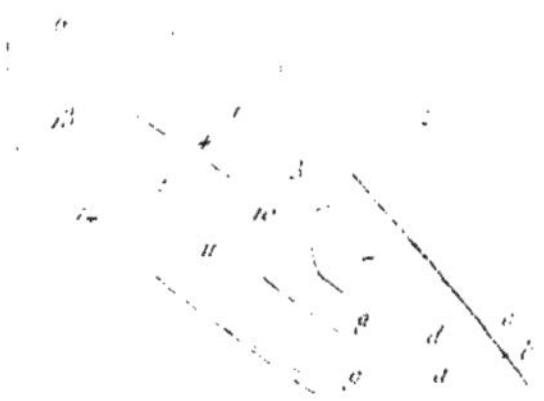

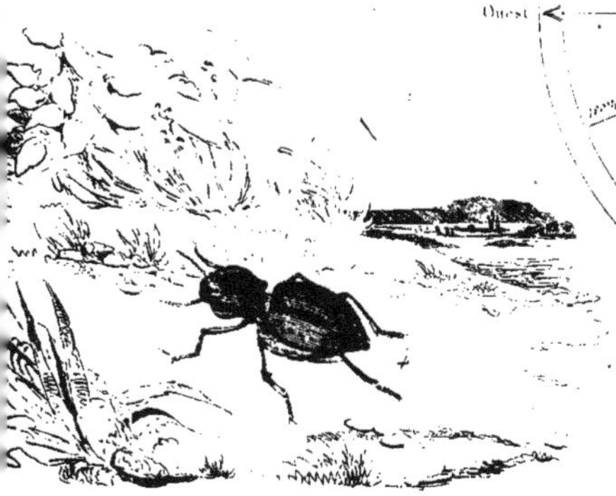

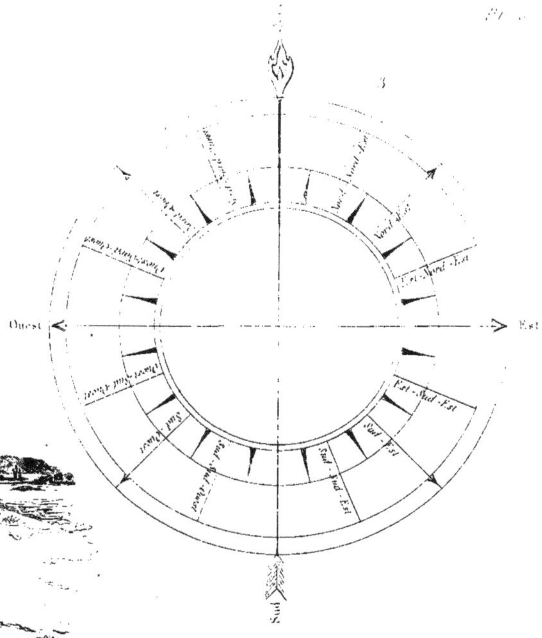

Ouest
Est
Sud
Est-Nord-Est
Nord-Est
Est-Sud-Est
Sud-Est
Sud-Sud-Est
Sud-Ouest
Ouest-Sud-Ouest
Ouest-Nord-Ouest


1. Aigle impérial
2. … Hyménoptère
3. Aires de vents
4. Akis

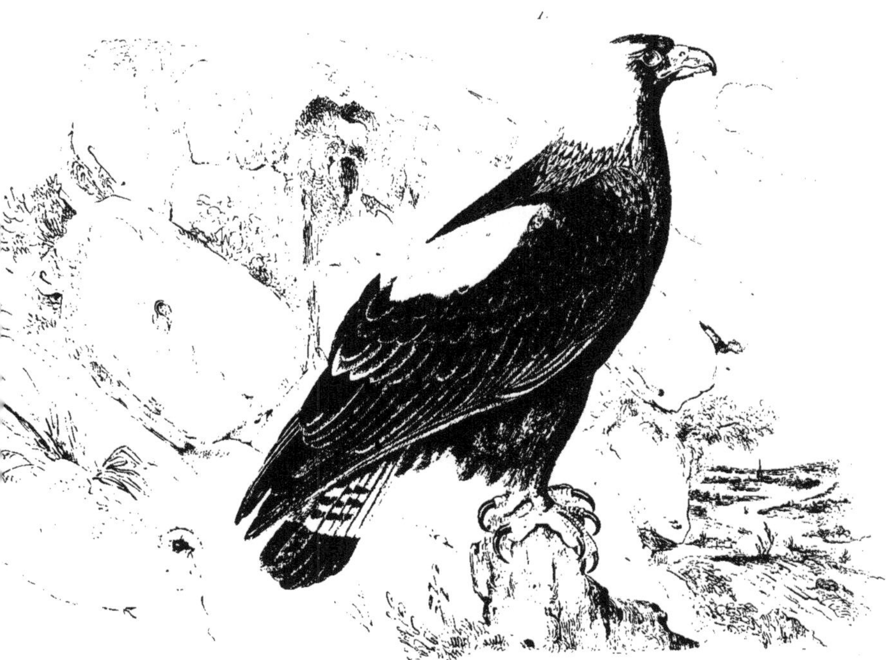

1. Albatros                    2. Albinos

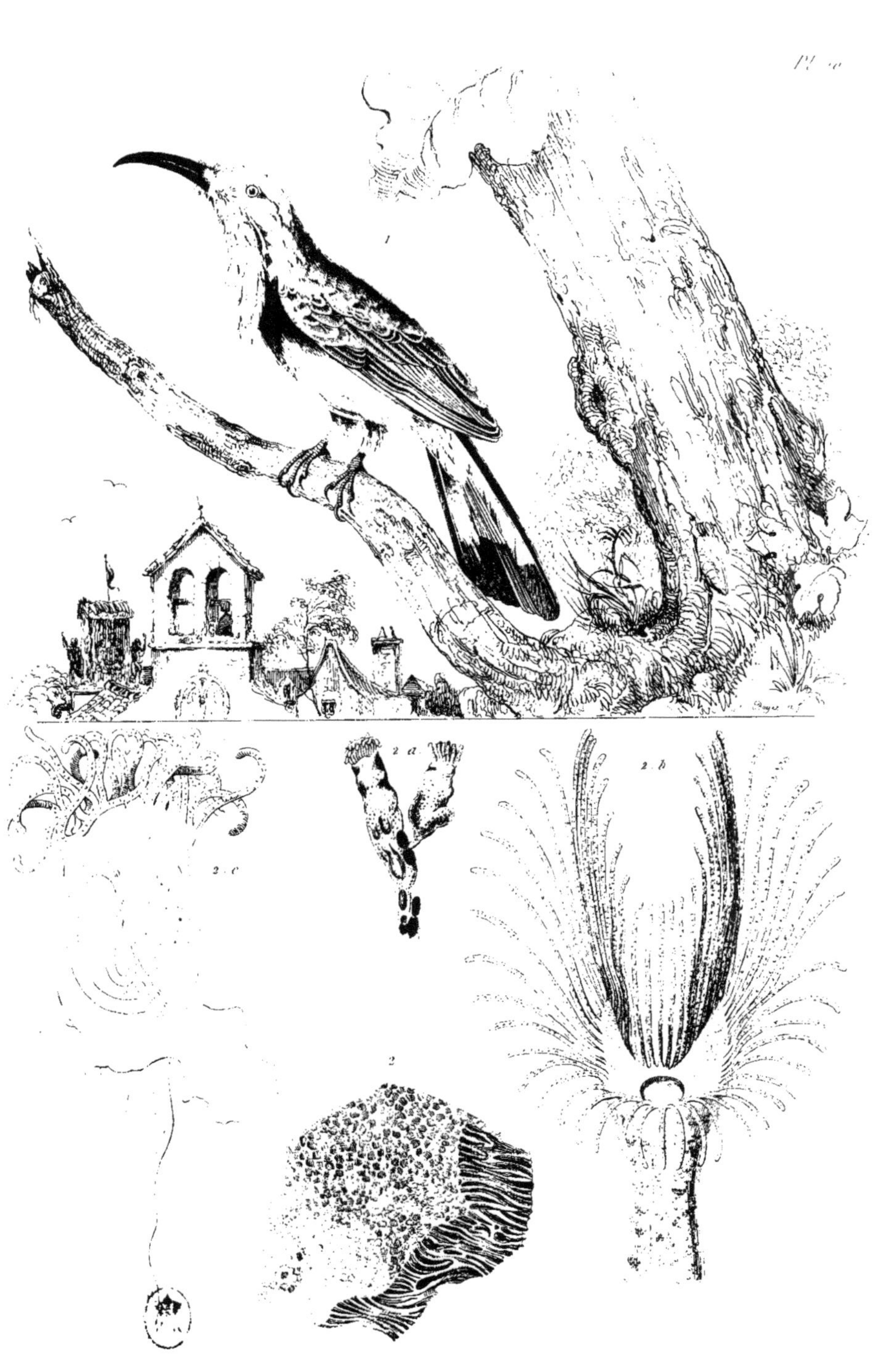

1. Alcmérops    2. Alcyonelle

1 Alligator.                    2 Alysme Plantain d'eau.

E. Guerin del.

1 Aloès        2 Alouate

1 Alise      2. Amanite *oronge vraie*      3. Amanite *oronge fausse*      4 Amaryllis

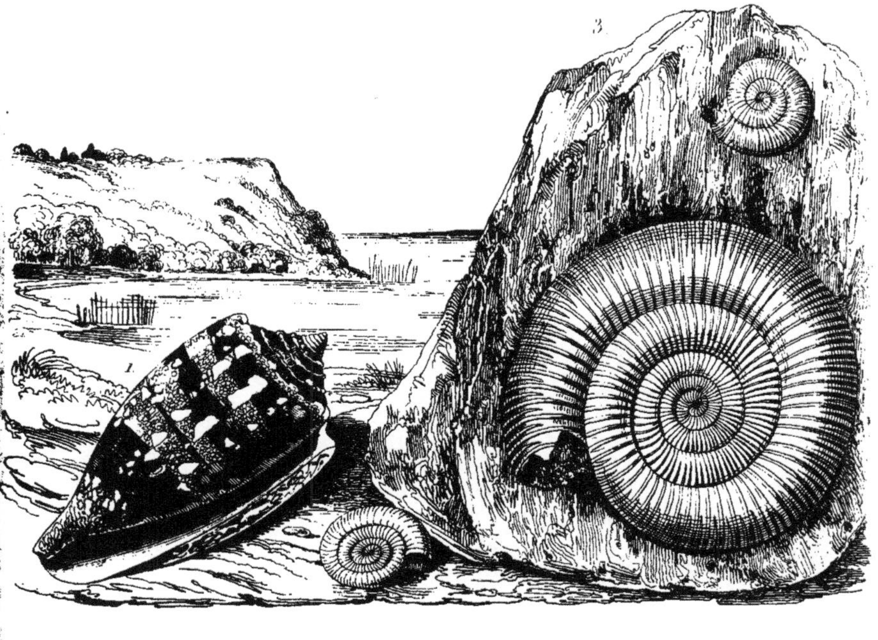

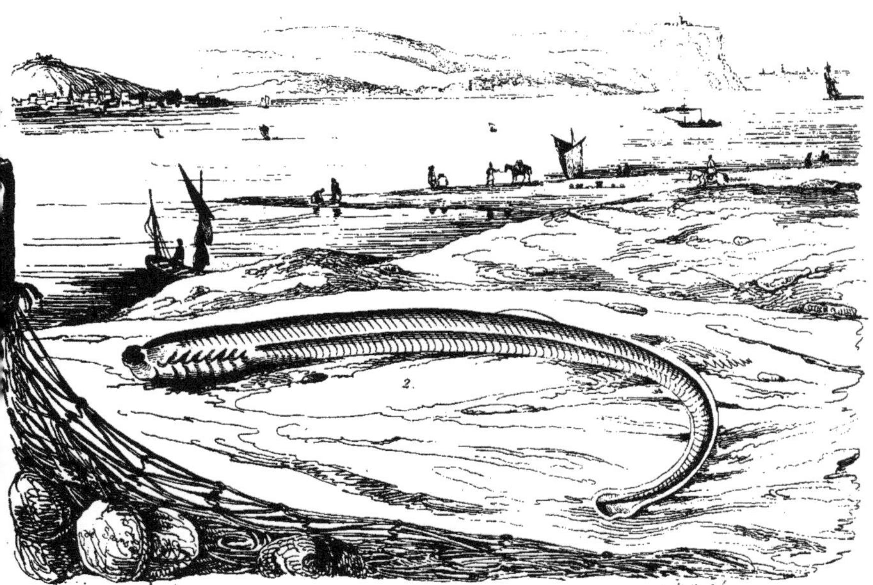

1 Amiral (Cône)  2 Ammocète  3 Ammonite

Amphicome    2 Amphiprion    3 Amphisbène

Pl. 16.



1.

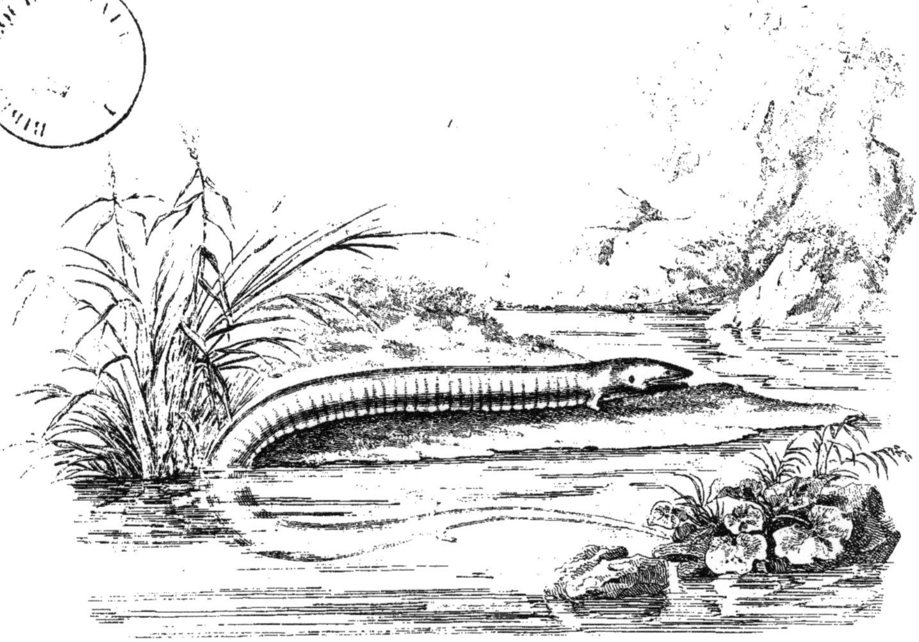

2.

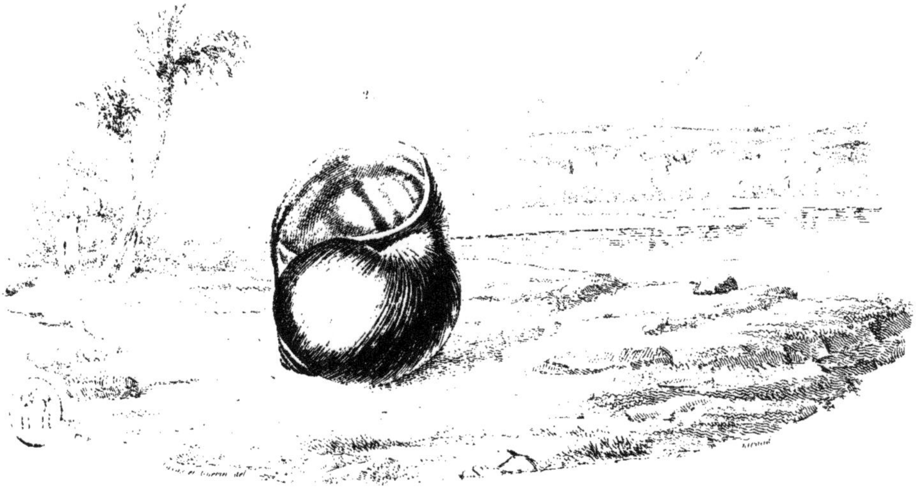

1. Amphiume. 2. Ampullaire.

1. Anabas.          2. Anableps.

E. Guérin dir.

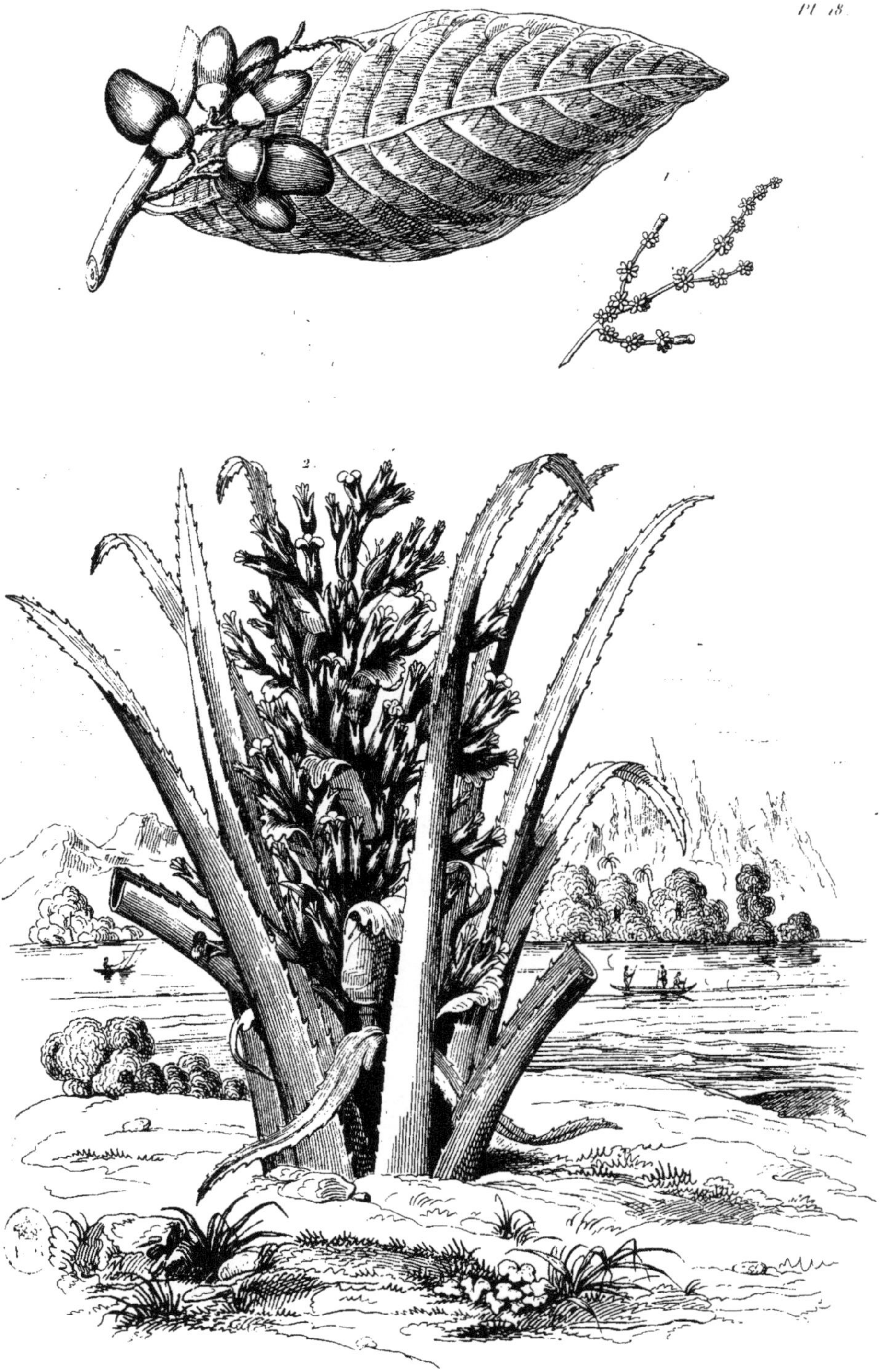

1. Anacardier. — 2. Ananas sauvage.

1 Anastatique       2 Anatife       3 Anatine       4 Ancey

Pl. 20

Pl. 2.
1 Ange
2 Angélique
3 Angusture

1. Ani.    2. Anhinga.    3. Anguis.

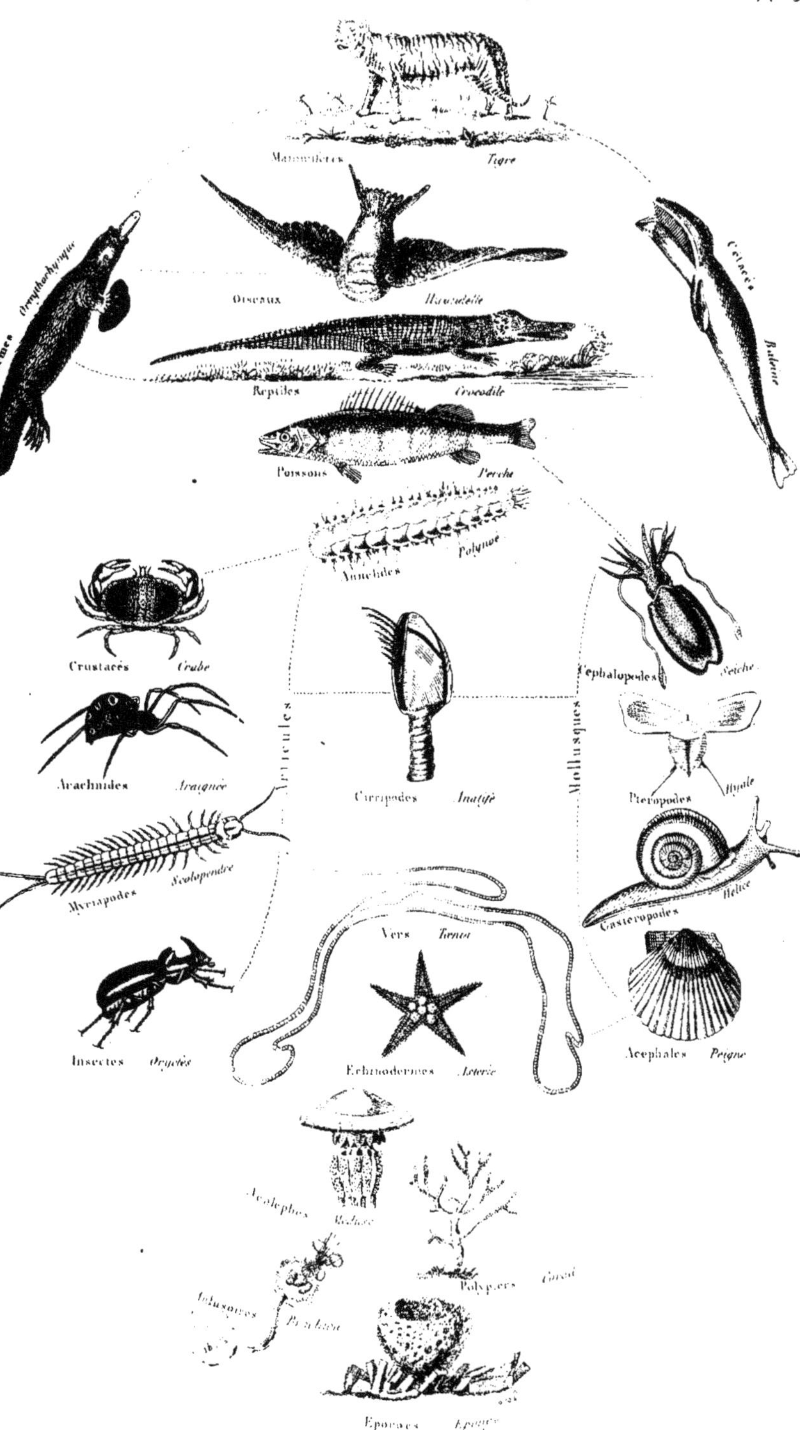
Mammifères
Tigre
Ornithorhynque
Oiseaux
Hirondelle
Cétacés
Baleine
Reptiles
Crocodile
Poissons
Perche
Annelides
Polynoé
Crustacés
Crabe
Céphalopodes
Seiche
Arachnides
Araignée
Articulés
Cirripèdes
Anatife
Mollusques
Ptéropodes
Hyale
Myriapodes
Scolopendre
Gastéropodes
Hélice
Insectes
Oryctes
Vers
Ténia
Echinodermes
Astérie
Acéphales
Peigne
Acalèphes
Méduse
Infusoires
Paraméie
Polypiers
Corail
Eponges
Eponge

1. Anolis.    2. Anodonte.

Antilopes.

1 Aphrodite        2 Aplysie        3 Ara

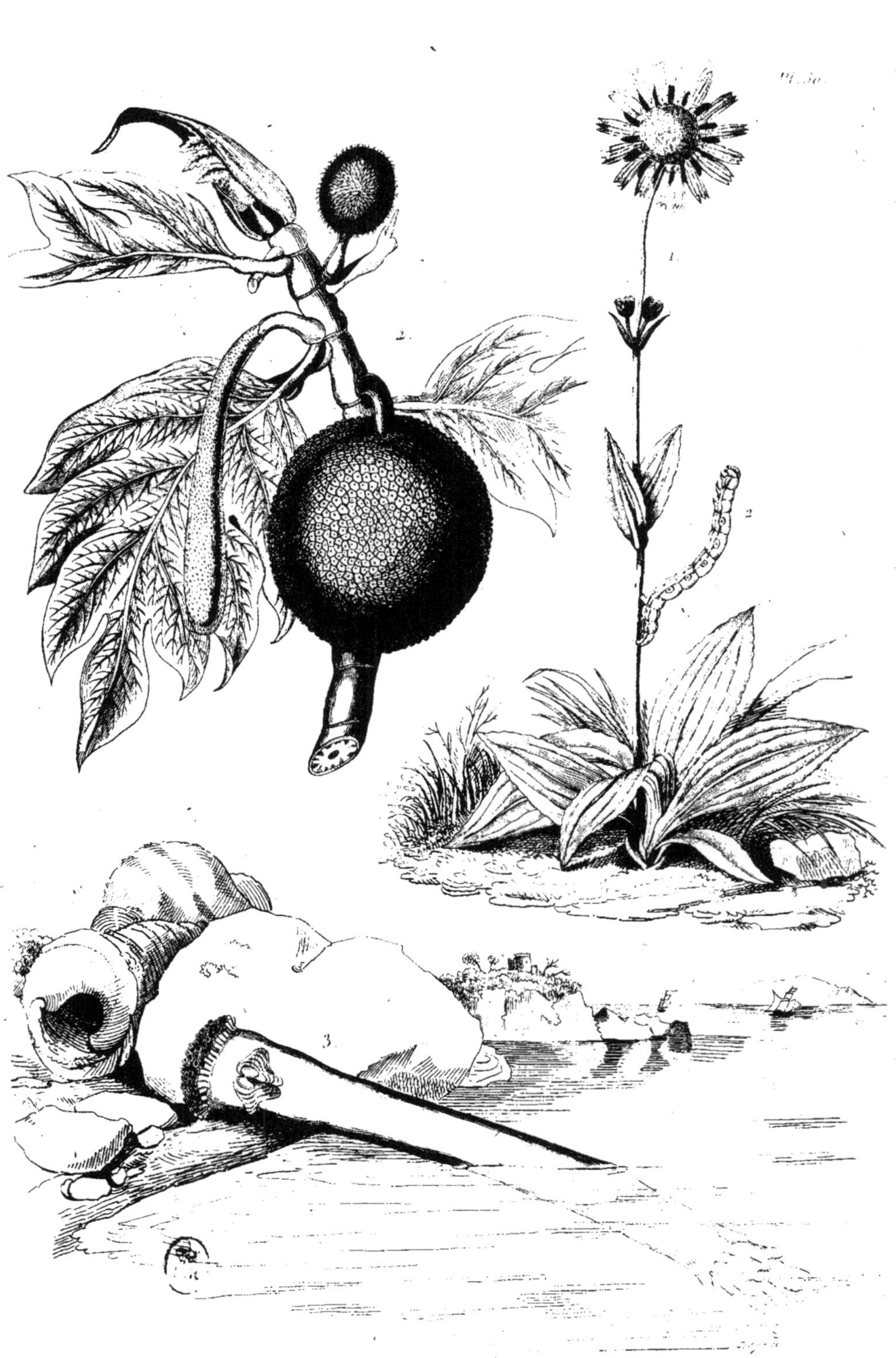

1 Araque    2 Arpenteuse    3 Arrosoir    4 Artocarpe

1. Asaret.    2. Ascalaphe.    3. Asclépiade.    4. Asile.

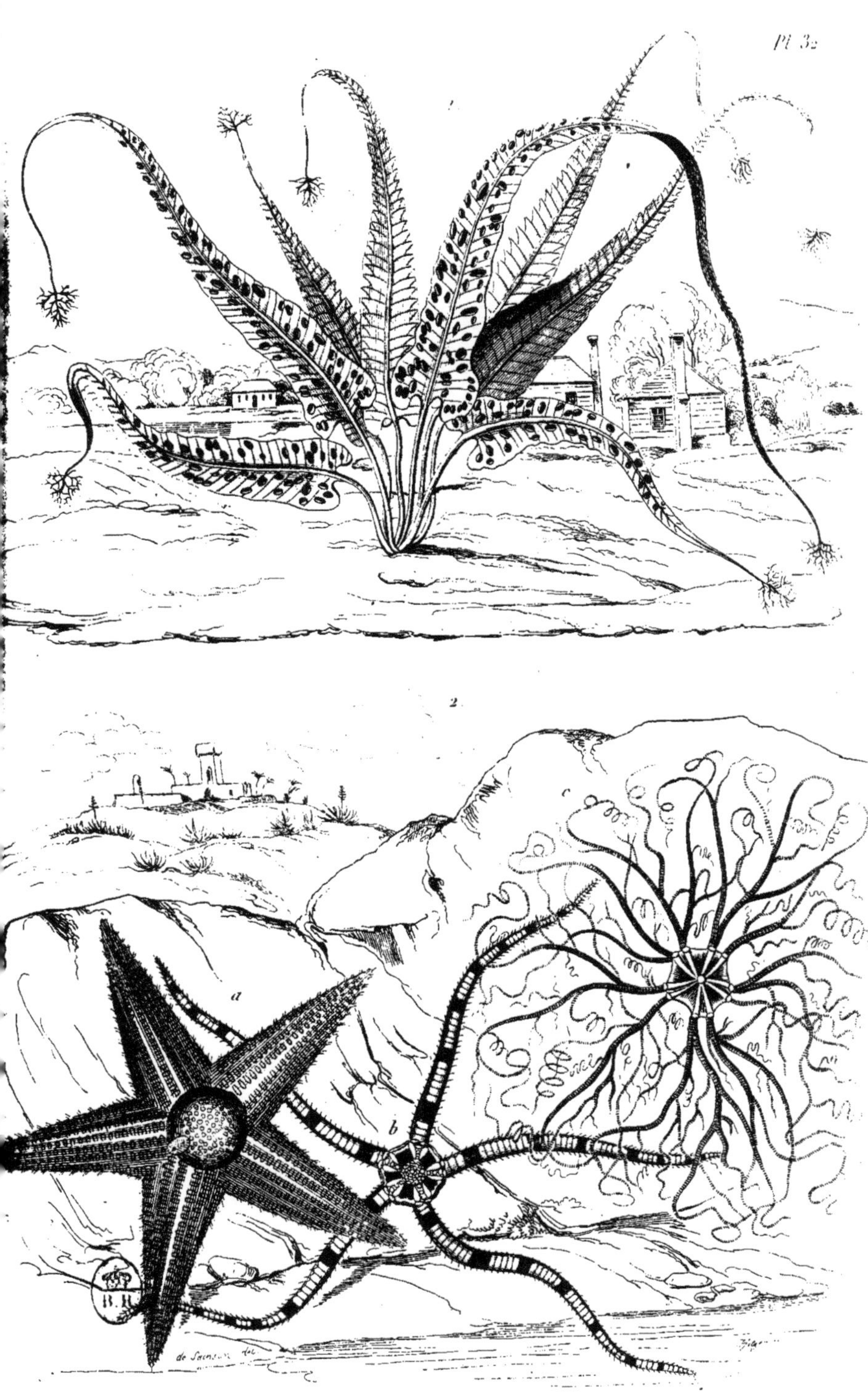


de Saincson del.
E. Guérin dir.
1 Asplénie
2 Astéries

1. Astragale. — 2. Astrée. — 3 et 4. Ateuchus.

1. Auricule     2. Autruche     3. Atte

1 Kerano.     2 Avocette.

2
1
1. Aye Aye        2. Azedarach

Babiroussa.

1 Babouin.                    2 Baccahte.

Et. Guerin del.

1. Baleine    2. 3. 4. 5. Balanes

1 Balisier     2 Baliste     3 Baisamier de la Mecque

Baobab

Basaltes

1 Basilic.	2 Baudroie.	3 Barracouda.

1. Batrachosperm. 2. Bécasse.

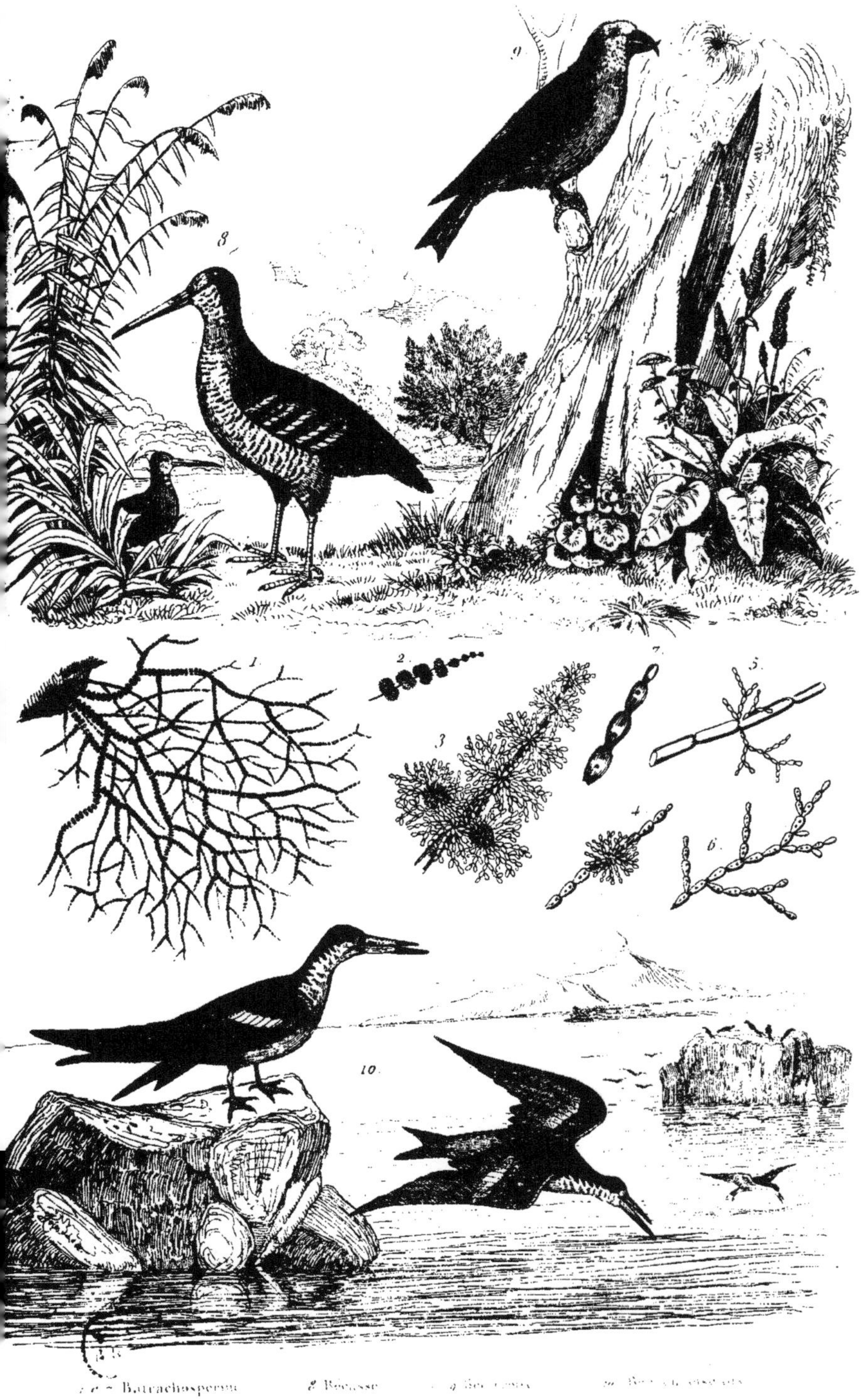

1 Bégone — 2.3 Bélemnites — 4.5 et 6 Belladone, mandragore — 3 Ladone médicinale — 5 Bergeronnette

1 Bembex    2 Benturong    3 Beris    4 Bernadienne    5 & 6 Beroé    7 Bichir

2 Cuvier do

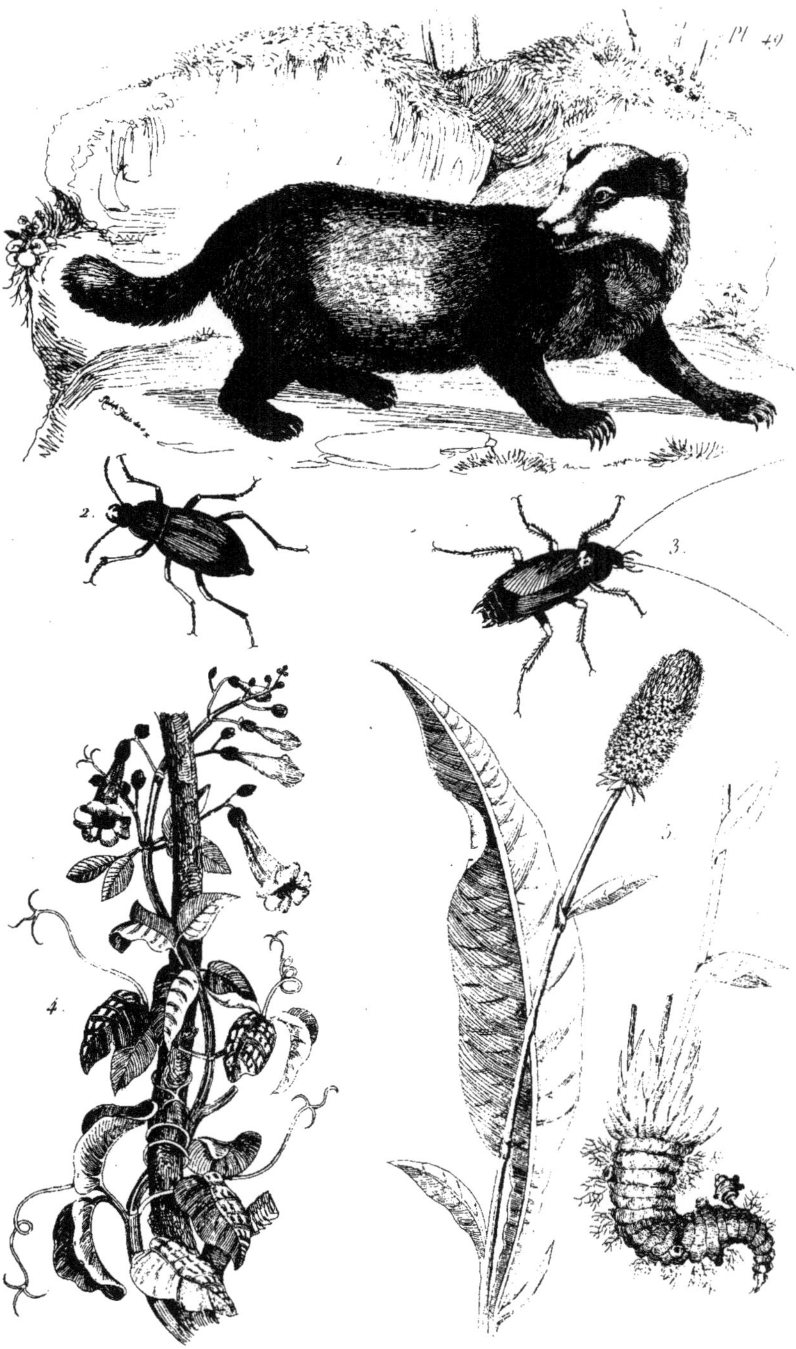

Pl. 49

1 Blaireau    2 Blaps    3 Blatte    4 Bignone    5 Bistorte

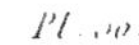

1 Boa 2 Bison 3 Bœuf — Buffle

1 Bombille    2 Bongare    3 Bourdon

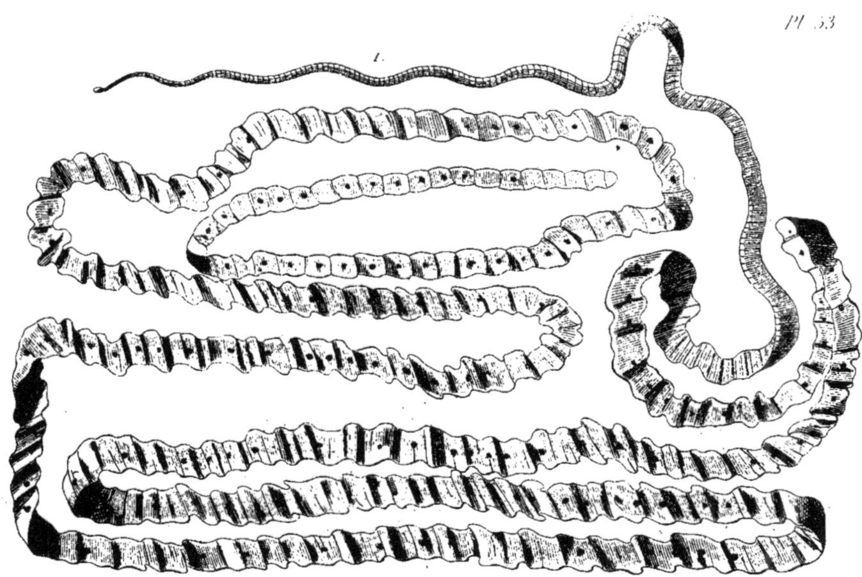

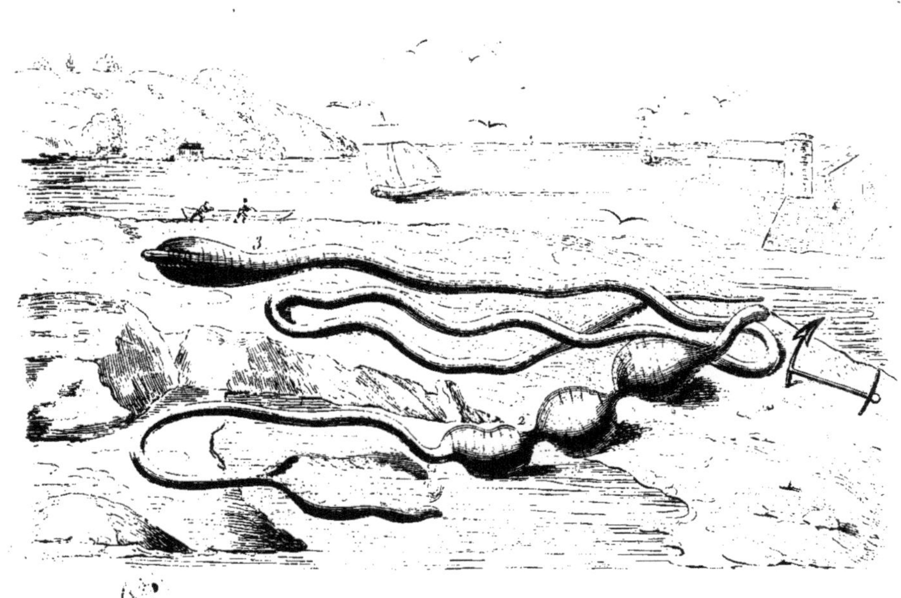

1 Botryocéphale.    2 Bonellie.    3 Bortasie.

Bostriche  2 Bourrache  3 Bousiers  4 Bouvreuil  5 Bovista  6 Brachine  7 Brachycère

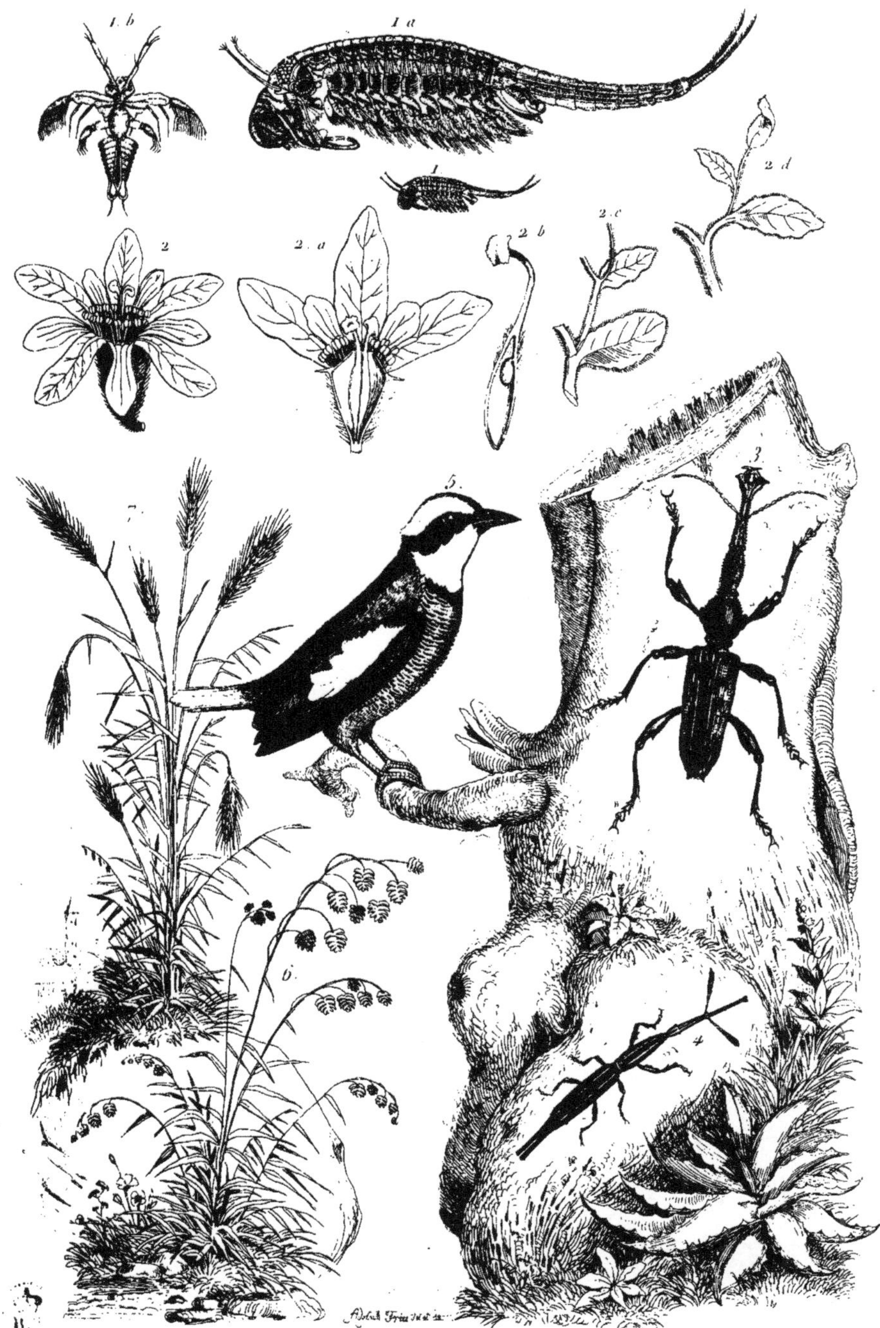


Pl. 56
1 Branchipe    2 Bruyère    3 Brente de Temminck    4 Brente à queue
5 Brève    6 Brize    7 Brome

1 Broussonetie.    2 Bruant.    3 Bruche.

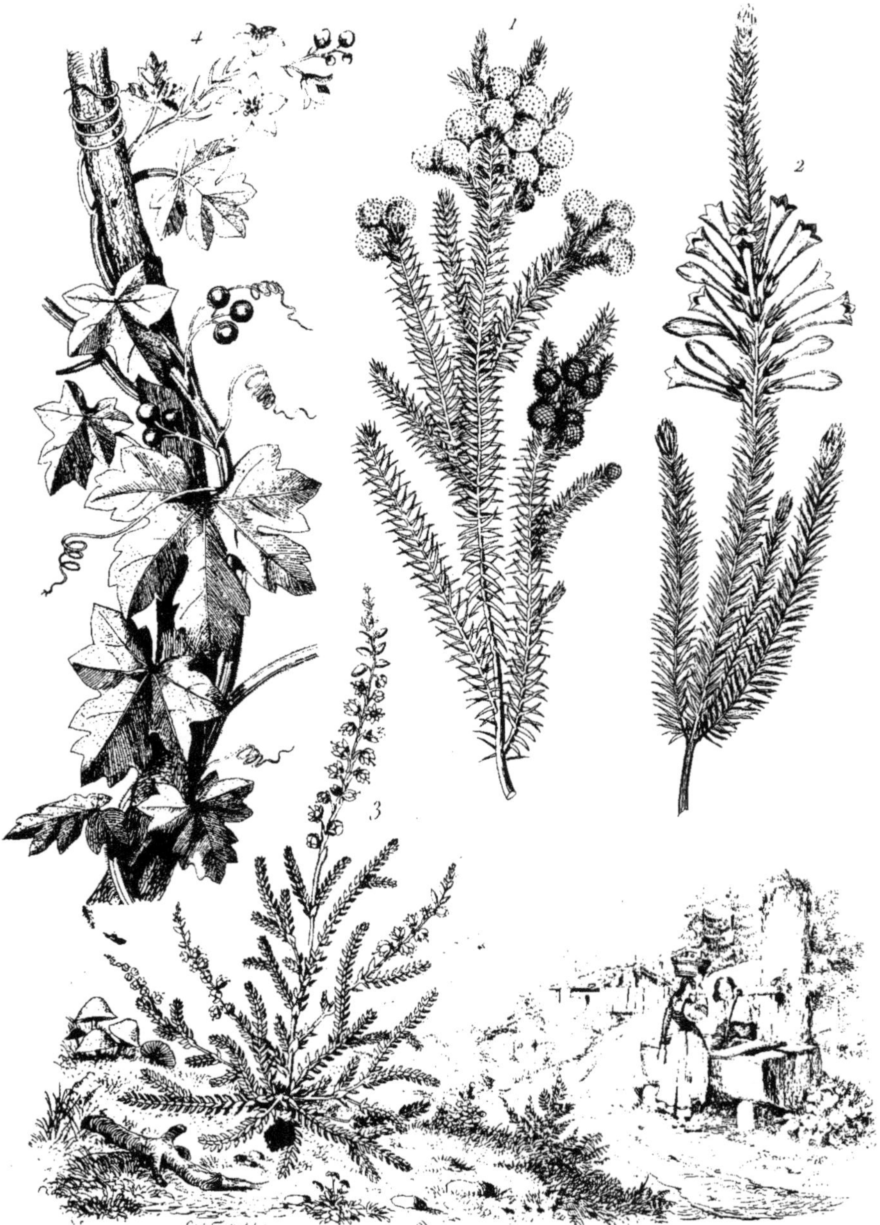

1 Brume. 2 et 3 Bruyères. 4 Bryone

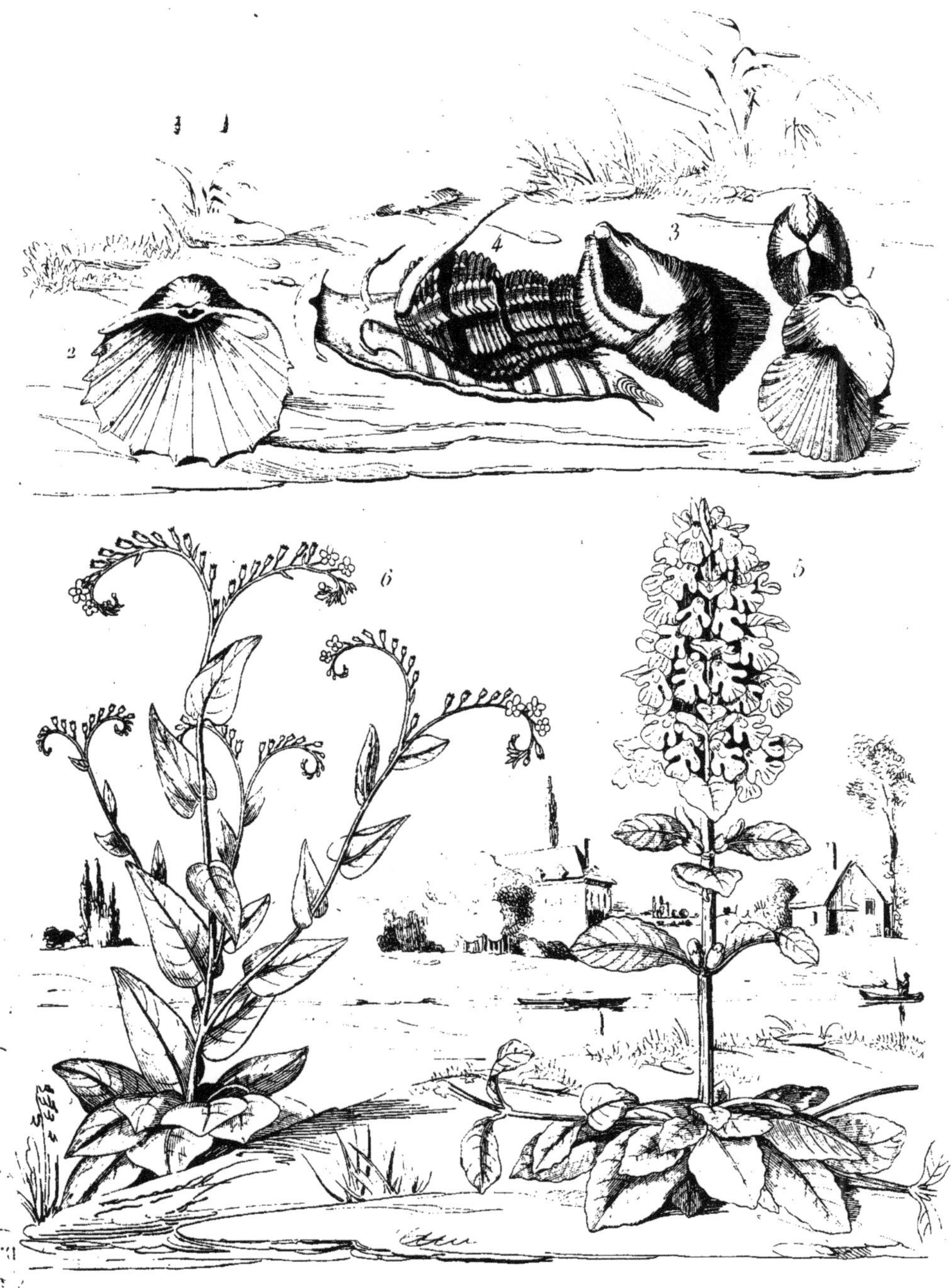


Pl. 59



1. 2. Bucardes.     3. 4. Buccins.     5. Bugle.     6. Buglosse.

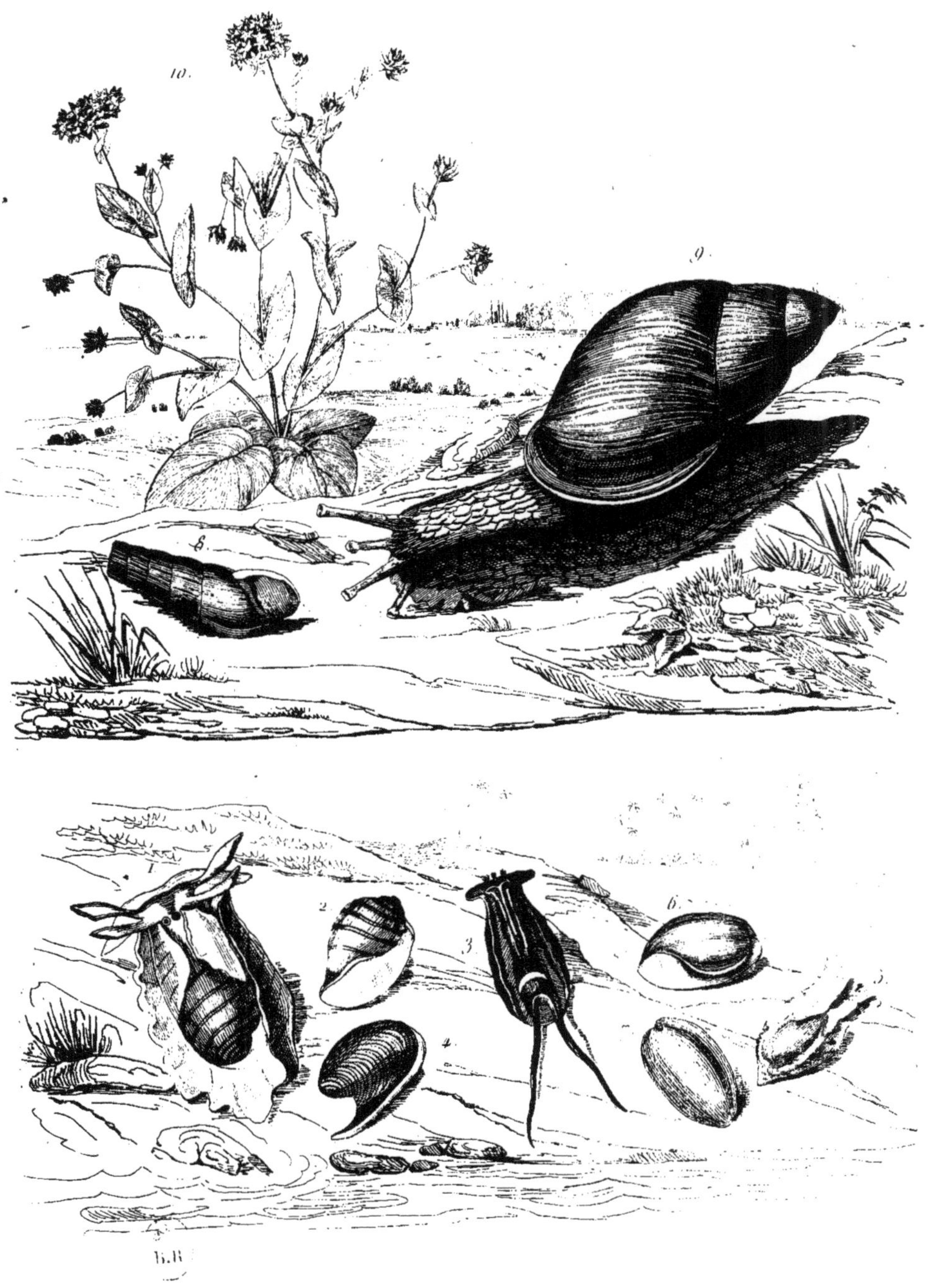

1 à 7 Bulles          8 9 Bulimes          10 Buplèvre

1 à 5 Buprestes        6 Balome        7 Scirpe

1 Cabiai    2 Cabombe    3 Cacaotier

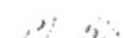

1 Cachalot.  2 à 7 — Cactiers.

1 Cælestine  2 Cæsio  3 Café

1 Caille     2 et 3 Calandres     4 Calao

1. Calappe
2. Calcéole
3. Caloge
4. Calhanne
L. Guérin dir.

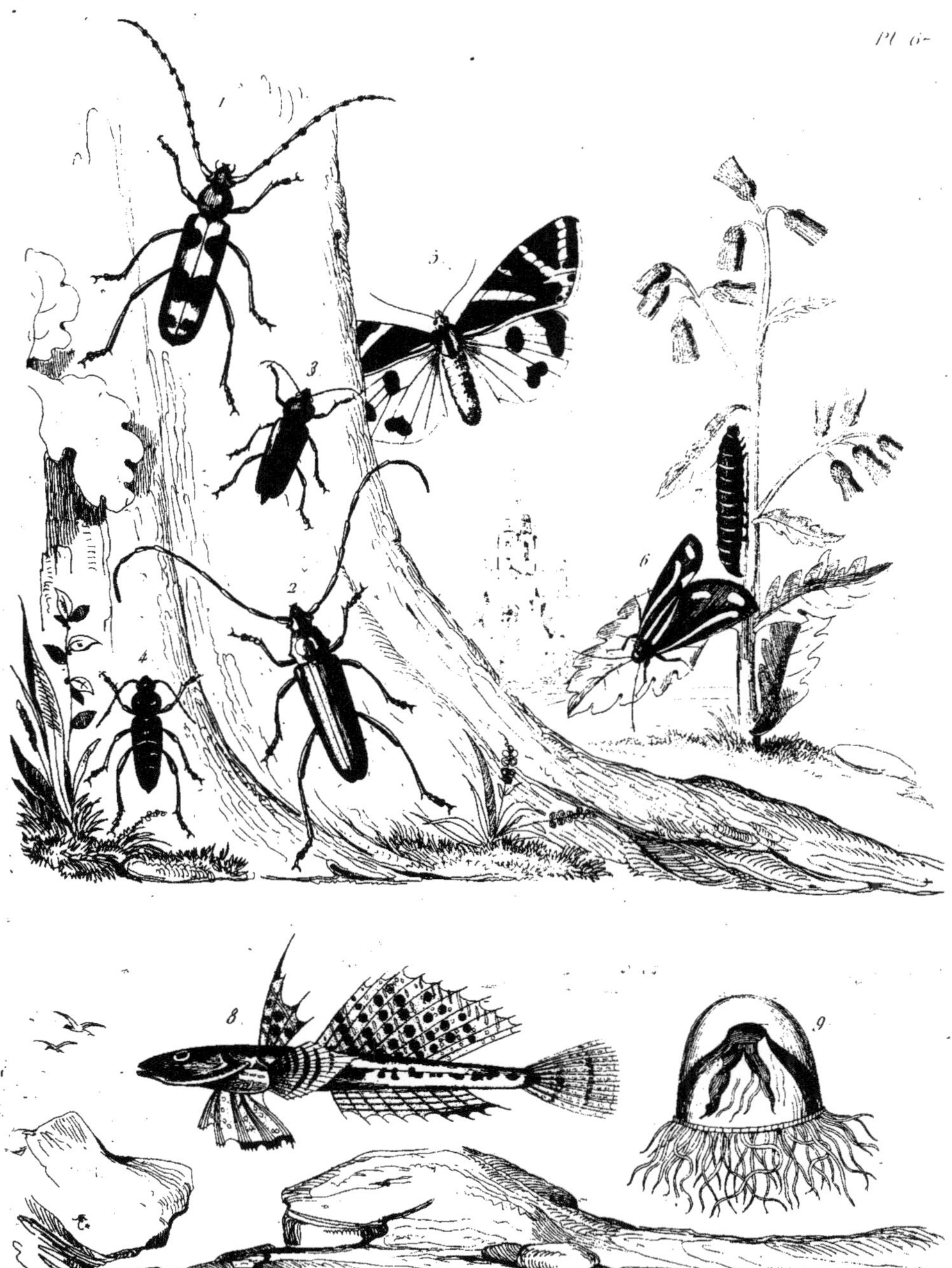

1 2 Callichrome   3 4 Callidie   5 6 - Callimorphe   8 Callionyme   9 Calmaroc

1. Calmar      2. Callirhipis      3. Calliste      4. Callorhynque

E. Guérin dir.

1 Calope.  2 Calosome.  3 Calyptrée.  4 Calyptomène.  5 Came.  6 - Caméléon.

1. Camellia     2 Camomille

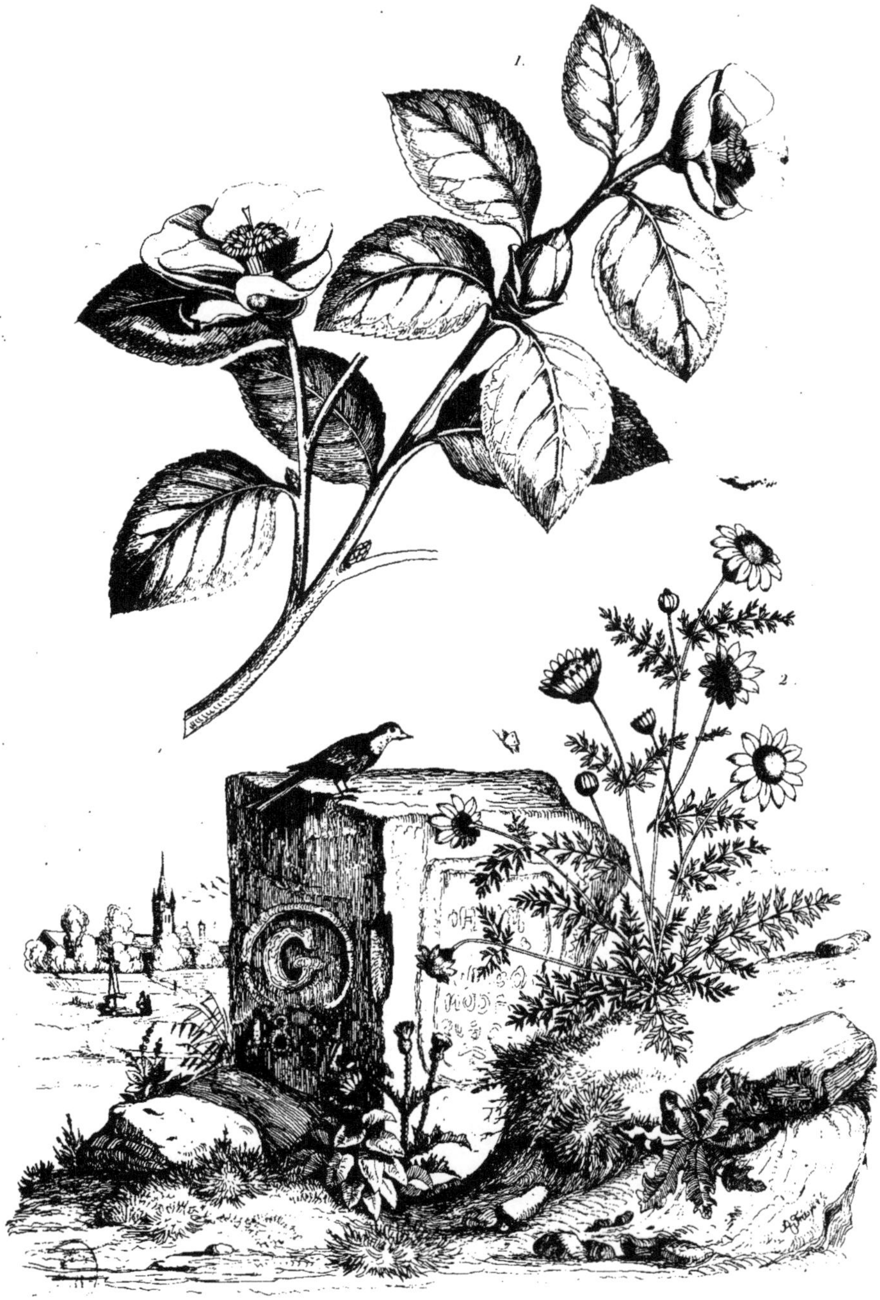

1 Campagnol          2 Campanule          3 Canard

1 Canne à sucre
2 Cannelle
3 Canope
4 Cancellaire
5 Cantharide

1 Caprare    2 Capricorne    3 Caprier    4 Caproïs

1 Capse   2 Capucine   3 4 Carabes   5 Caracara

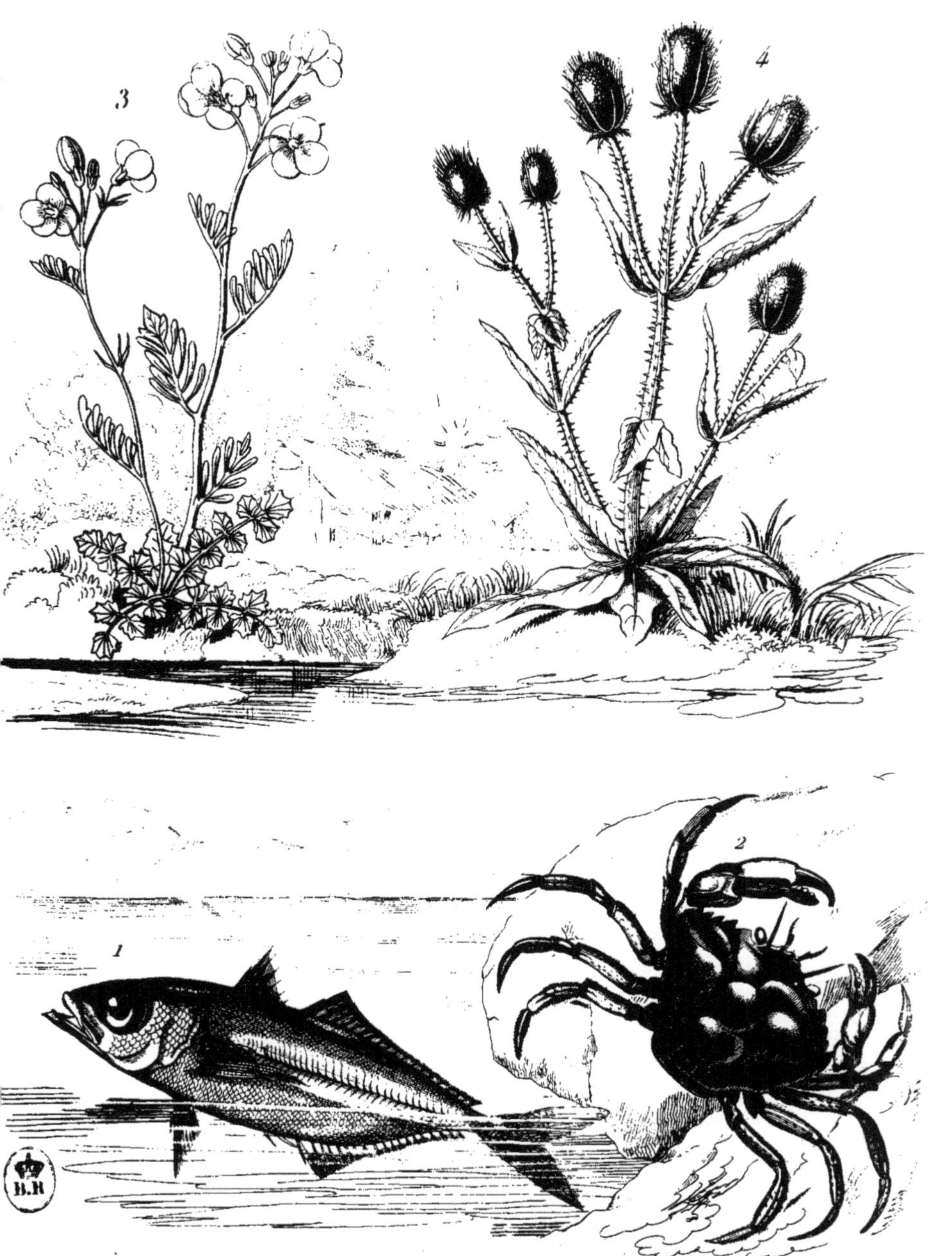



Caranx.    2 Carcin    3 Cardamine    _ Cardère

1 Cardite.　　　2 Carinaire.　　　3 Carline.